U0639377

中国泡桐志

PAULOWNIA IN CHINA

范国强　主编

科 学 出 版 社
北 京

内 容 简 介

《中国泡桐志》作为我国泡桐学领域的首部集大成之作，系统地梳理了国内外泡桐研究的丰硕成果。该书以“基础理论–培育技术–加工应用–未来展望”为逻辑框架，构建了一个包含5编26章的完整科学体系，内容涵盖泡桐的起源、演化、分类，泡桐文化，泡桐生物学和生态学特性，泡桐速生与丛枝病发生的分子机理，泡桐遗传育种与栽培技术，泡桐主要病虫害防治，以及泡桐资源的开发利用等多个方面。本书内容科学严谨、资料翔实、结构清晰，具有极高的权威性和实用性，堪称泡桐研究领域的百科全书。

本书不仅为林业科研人员提供了详尽且宝贵的参考资料，也为从事林业生产实践的专业人士、高等院校涉林专业师生提供了丰富的知识资源，还可作为行业管理者的重要决策参考。

图书在版编目（CIP）数据

中国泡桐志 / 范国强主编. — 北京 : 科学出版社, 2025. 3. — ISBN 978-7-03-079894-7

Ⅰ. S792.43

中国国家版本馆 CIP 数据核字第 2024PW4694 号

责任编辑：张会格 / 责任校对：严 娜
责任印制：肖 兴 / 封面设计：无极书装

科学出版社 出版
北京东黄城根北街16号
邮政编码: 100717
http://www.sciencep.com
北京中科印刷有限公司印刷
科学出版社发行 各地新华书店经销
*
2025年3月第 一 版 开本：889×1194 1/16
2025年3月第一次印刷 印张：58 1/4
字数：1 726 000

定价：598.00 元

（如有印装质量问题，我社负责调换）

《中国泡桐志》编委会

主　编

范国强

副主编

翟晓巧　赵振利　范宇杰

编　委

（以姓氏拼音为序）

曹亚兵　常德龙　陈　卓　邓　鹏　范国强
范宇杰　冯梦琦　郭　娜　何长敏　胡华敏
胡建硕　李留振　林彩丽　林　海　刘春洋
刘荣宁　刘海芳　毛　欣　毛秀红　尚忠海
孙丹萍　唐雪飞　王安亭　王　东　王　娜
王　迎　王　哲　杨海波　翟晓巧　张变莉
张靖曼　张少伟　张晓申　张玉君　张志华
赵晓改　赵振利

前　言

泡桐，玄参科泡桐属多落叶、偶常绿或半常绿乔木树种，分布于中国的25个省（自治区、直辖市），在世界五大洲均有种植或引种，是我国重要的用材林、防护林和绿化树种。泡桐因具有生长快、适应性强，桐材不翘不裂、纹理美观、导音效果好，桐花鲜艳、可入药等特点而深受广大劳动人民的喜爱。大量栽植泡桐在改善生态环境、保障我国木材安全以及助力乡村振兴等方面具有重要意义。此外，由于具有开花早、展叶晚和根系发达等生物学特性，泡桐能与小麦等农作物形成理想的复合生态系统，为我国粮食稳产高产提供生态保障。

据研究，泡桐起源于第三纪早期，并于第三纪中新世逐渐分化为台湾泡桐和毛泡桐，在中国、法国、捷克以及北美洲一些国家的第三纪地层中发现了毛泡桐的叶片化石。目前，泡桐共有9种2变种。这些泡桐种在我国皆有自然分布，除白花泡桐在越南和老挝、毛泡桐在日本有分布外，楸叶泡桐、兰考泡桐、鄂川泡桐、川泡桐、南方泡桐、台湾泡桐和山明泡桐等7种泡桐则为我国所特有。我国栽培泡桐历史悠久，《诗经》《墨子》《庄子》《齐民要术》《桐谱》等古籍中均有栽培或利用的记载。

1953年，以河南农业大学（原河南农学院）蒋建平教授为代表的泡桐科技工作者开启了现代泡桐研究的先河。截至2000年，科技工作者针对泡桐生产中存在的优良品种少、冠大干低和丛枝病发生严重等问题开展了联合攻关，收集了我国的22个省（自治区、直辖市）的泡桐种质资源，在河南禹州市（原禹县）褚河乡余王村建成了规模最大、技术水平世界领先的泡桐基因库；培育出了“豫选一号泡桐”、“豫杂一号泡桐”和“豫杂二号泡桐”等系列泡桐新品种；荣获国家、省（部）级科技成果奖20余项，在国内外期刊上公开发表学术论文100余篇，并编写出版了《泡桐》《泡桐栽培技术》《泡桐栽培学》等学术著作。

2000年以来，泡桐研究者利用遗传育种学、分子生物学、基因工程和细胞工程等理论与技术，开展泡桐种质资源创制与新品种培育、泡桐绿色栽培技术、泡桐丛枝病发生机理与防治、泡桐资源开发与利用等方面研究工作，培育出一批具有独立知识产权的泡桐新品种，并发表了一系列学术论文，出版了《现代泡桐遗传育种学》《四倍体泡桐》《泡桐丛枝病发生的表观遗传学》《泡桐丛枝病发生机理》《泡桐研究与全树利用》等学术专著，荣获国家科学技术进步奖二等奖3项、省（部）级科学技术进步奖一等奖6项及二等奖10余项。半个多世纪以来，泡桐理论和应用研究皆取得了丰硕的原创性成果，亟需全面汇总整理，并编纂成权威学术著作，以期为后来的泡桐研究者提供系统准确的文献资料。

目前，国内外出版的泡桐著作大多着眼于泡桐某一方面的研究成果，未能全面系统阐述泡桐研究已取得的成果。随着科学技术的进步和泡桐研究者的不断努力，泡桐基础理论和技术成果不断涌现，已出版的著作已无法满足林业科技工作者及泡桐从业者的需求。因此，亟需组织相关人员编纂泡桐领域的权威学术著作——《中国泡桐志》，以推动泡桐产业和林业事业的发展。目前，我国泡桐研究居世界领先水平，笔者组织协调国内相关专家和学者编纂了《中国泡桐志》，期望为我国泡桐研究保持世界领先水平贡献微薄之力。

《中国泡桐志》编委会自2022年11月成立以来，召开了5次编纂修改推进会，就提纲、重点内容等进行讨论、修改并完善。该著作涵盖泡桐概述、基础理论、育种与栽培、加工与利用以及研究展望等内容，是对我国泡桐研究的阶段性总结，全方位反映了中国泡桐综合研究的面貌，以期为将来泡桐“产学研用”的协调发展奠定坚实基础。本书内容全面、结构完整、逻辑严谨、系统全面，是一部中国泡桐基础理论研究和综合利用的重要学术论著。

全书共分 5 编。第一编为概述，包括第一章至第五章内容。第一章为泡桐的起源、演化与分布，第二章为泡桐的分类及栽培区域，第三章为泡桐的生物学和生态学特性，第四章为泡桐的价值，第五章为泡桐文化。第二编为基础理论研究，包括第六章至第十二章内容。第六章为泡桐的基因组，第七章为泡桐的蛋白质组，第八章为泡桐的表观组，第九章为泡桐的代谢组，第十章为泡桐体外植株高效再生系统，第十一章为泡桐速生的分子机理，第十二章为泡桐丛枝病发生的分子机理。第三编为育种与栽培，包括第十三章至第十九章内容。第十三章为泡桐种质资源保存及利用，第十四章为泡桐育种，第十五章为四倍体泡桐优良特性研究，第十六章为泡桐育苗技术，第十七章为泡桐栽培技术，第十八章为泡桐主要病虫害防治，第十九章为农（林）桐复合经营。第四编为加工与利用，包括第二十章至第二十五章内容。第二十章为泡桐木材的特性，第二十一章为桐木家具制作，第二十二章为泡桐装饰材的研发，第二十三章为泡桐乐器的研究与利用，第二十四章为泡桐非木质资源的开发利用，第二十五章为泡桐产业现状与发展对策。第五编为研究展望，仅包括第二十六章的内容。《中国泡桐志》还列有 8 个附表，附表一为泡桐专利，附表二为泡桐标准，附表三为泡桐软件著作权，附表四为泡桐新品种权，附表五为泡桐良种，附表六为泡桐论文，附表七为泡桐著作，附表八为泡桐获奖成果。

该书在编著过程中，得到了河南农业大学蒋建平教授的大力支持和帮助，在此表示诚挚的感谢！

中国工程院院士、中国林业科学研究院张守功研究员审阅了书稿，并提出了宝贵的意见和建议，特在此表示衷心感谢！

河南农业大学林学院徐宪书记、学报编辑部主任吴海峰编审和风景园林与艺术学院苏金乐教授等领导、专家和教授对书稿提出了修改意见，特在此表示感谢！

曹申全、仲凤维、张潇、徐朝钦、任营慧、黄晥清、何畅等博士和专家分别对书稿的部分章节内容进行了修改润色，在此表示感谢！

本书的出版得到了河南农业大学专项经费的支持。同时，科学出版社对本书出版也给予了大力支持与帮助，在此一并表示诚挚的谢意！由于编写人员水平有限，书中难免存在不足之处，恳请广大读者不吝指正。

范国强
2024 年 6 月 21 日

目　　录

第一编　概　　述

第二编　基础理论研究

第三编 育种与栽培

第四编　加工与利用

第五编　研 究 展 望

第一编 概 述

第一章　泡桐的起源、演化与分布

泡桐原产我国，是玄参科（Scrophulariaceae）泡桐属（*Paulownia*）多落叶、偶常绿或半常绿木本植物的总称。在中国古代，泡桐树被视为吉祥之树，常用于皇家园林和宫殿建筑。泡桐具有速生、适应环境能力强、材质优良等特点，是我国重要的速生用材、庭院绿化和防护林树种。泡桐还具有独特的生物学特性，既能改变生态环境条件，又可在短期内提供大量木材，产生显著的经济效益、生态效益和社会效益。

第一节　泡桐的起源

一、中国泡桐栽培历史

早在远古时期，就有“神农、黄帝削桐为琴”的传说。《墨子》中记载：“禹东教乎九夷，道死，葬会稽之山，衣衾三领，桐棺三寸。”《诗经》中记载：“树之榛栗，椅桐梓漆，爰伐琴瑟。”《庄子》中记载有“夫鹓鶵发于南海而飞于北海，非梧桐不止，非练实不食”，成为古代广泛流传的“凤凰非梧桐不栖”的美谈。古诗咏桐“拆桐花烂漫，乍疏雨、洗清明”，这都反映了历史上劳动人民对泡桐的深刻认识。

最早的关于泡桐属的记录出现在约公元前 3 世纪的《尔雅》一书中。书中称泡桐为“荣桐木”。后魏贾思勰的《齐民要术》中说：尔雅称“荣桐木”注云：“即‘梧桐’也”。

北宋（1049 年）陈翥所著《桐谱》是我国最早一本关于泡桐的专著，全书从叙源、类属、种植、所宜、所出、采斫、器用、杂说、记志、诗赋等 10 个方面，较为全面地总结了古人对桐树的认识。不仅对泡桐形态、传播方式及种植技术均有较为详细的描述，还整理、分辨了当时以“桐”为名的各树种，其中提出“白花桐”和“紫花桐”（对应白花泡桐和毛泡桐）两种泡桐，对其木材纹理、叶形等进行了详细的描述，可以认为是泡桐分类最早的记载。

明代李时珍在《本草纲目》中把“桐”称为“泡桐”，他认为：“桐华（花）成筒，故谓之桐，其材轻虚，色白而有绮文，故俗谓之白桐，先花后叶，故尔雅谓之荣桐。”又说：“桐”也称为“白桐、黄桐、泡桐、椅桐、荣桐”。李时珍根据泡桐的筒状花、白色的木材，主张把泡桐称为白桐。古代所传说的所谓“凤凰非梧桐而不栖”等传说中的梧桐，均应该理解为现今我们所指的泡桐。直至目前，我国大部分地区的群众仍称泡桐为“梧桐树”“桐树”。有的地区称之为“凤凰木”，仅南方一些地区才称之为泡桐。

二、国外泡桐的引种

国外的泡桐除了越南和老挝是我国白花泡桐自然向南延伸分布外，其他国家均是直接或间接从我国引入。英国官员 Augustine Henry 曾对我国海南、台湾和云南等省份的植被进行了研究，并在 1912 年提出日本泡桐原产于中国中部，可能是佛教僧侣早期从中国引入朝鲜和日本的。

欧洲最早关于泡桐的记录可追溯到 1712 年 Kaempfer 出版的《异国政治物理医学杂志》（第五册）。Kaempfer 是荷兰东印度公司的一名官员，于 1690～1692 年居住在日本长崎西北的平户市。在他的论文中，他对泡桐进行了生动的描绘，并将中文名称记为“桐”，日文名称为“Kiri”。

荷兰植物学家 Siebol 于 1829 年在日本采集毛泡桐于翌年运送到荷兰。1835 年他出版了有关泡桐幼树生长情况的报告，详细地描述了泡桐幼苗的年高生长和地径变化。后来他把这株泡桐移栽到比利时 Chent

植物园，又因为某些原因他独自一人回国，这株泡桐便留在比利时。比利时就成为全欧洲第一个拥有泡桐的国家。

法国于 1834 年引进泡桐，Roi 公园主任 Neumann 收到一些毛泡桐种子，在室内进行播种，之后又将枝条进行扦插，经过他的精心养护，这些泡桐长成参天大树，并能适应当地气候，成功繁殖下一代。现今毛泡桐在巴黎用作行道树栽植。

1838 年，一些泡桐种子直接从日本传入英国。从这批种子中培育出来的泡桐，分别生长在切尔滕纳姆附近的奥克菲尔德的温室和奇斯威克的皇家园艺学会植物园。1843 年，Loudon 报道一株泡桐在奥克菲尔德的温室里开花。Paxton 在 1843 年记录了从法国引进大量泡桐到英国，但在英国它们并没有开花。Elwes 和 Henry 在 1912 年通过调查发现泡桐只在英国南部开花。

Tinti 在 1863 年记录了奥地利泡桐的开花情况。Nicholas 在 1888 年讲述了他在罗马梵蒂冈花园和威尼斯贾尔迪诺庄园看到泡桐标本制作的经历。1892 年，Goldring 写信给阿诺德植物园的主任 S. C. Sargent 说："要想在欧洲看到完美的泡桐，你必须去阳光明媚的南方。四月底，我在罗马的波格塞别墅和平西亚山的花园里看到它盛开的花朵。"显然，泡桐在意大利的花园中很受欢迎。

泡桐在德国的公园和公共场所并不罕见，但它并不经常开花和结果。Schwerin 在 1921 年记录了当年洪堡公园的两棵泡桐树大量开花，他认为这对柏林人来说是一种难得的享受。1927 年，Graebner 记录了巴登的奥伯基奇的泡桐果。

泡桐曾多次独立引种到美洲。阿诺德植物园的 J.G. Jack 教授于 1905 年前往日本，并引种了一株泡桐，种植在牙买加平原。研究人员分别在 1913 年、1919 年和 1941 年从这株植物上采集到花枝并制作了标本。

三、泡桐的起源

根据地质历史资料和形态、生态综合分析，泡桐属在第三纪早期还只有一种，到第三纪中新世时，才分化形成华东泡桐（*P. kawakamii*）和毛泡桐（*P. tomentosa*）两个种。据 Laurent（1904）报道在法国第三纪地层上发现有似毛泡桐的化石叶。他的化石标本与欧洲种植的泡桐在叶脉、形状和大小及心形基部完全吻合。另据 Watari（1948）报道，在日本岛根县第三纪地层上发现类似华东泡桐的直径为 155cm、高为 180cm 的泡桐的硅化树干。另外，在形态上两种泡桐均为树形较小、叶宽有角、叶缘有锯齿、宽大圆锥花序、深裂的花萼、较小的果实，以及种子、叶、花、果被有不易脱落的茸毛等，特别是宽大有角和边缘具锯齿的叶，这是泡桐属各个种幼苗的共同特征。但其他种在成年树上发出的叶，都发生了明显的分化，只有华东泡桐和毛泡桐仍保持幼态性状，根据个体发育重演系统发育的进化论观点，也可认为这两种为原始种（陈志远等，2000）。

根据泡桐古植物的有关资料来看，泡桐在第四纪以前，分布区十分广泛。在第三纪地层中，毛泡桐叶的化石在我国山东、法国、捷克和北美都有发现（Smiley，1961），说明当时欧亚大陆均有泡桐分布。在地质年代新生代第三纪，在上述地区的气候是十分温暖而湿润的，属于热带或亚热带气候。据中国科学院古植物室 1978 年报道，在山东临朐县（北纬 36°04′，东经 118°14′，平均气温 12.4℃）山旺村第三纪中新世地层中发现有泡桐叶片的化石，定名为山旺泡桐（*P. shanwangsis*）。从同一地层中发现的其他植物化石中还有榕属（*Ficus*）、枇杷属（*Eriobotrya*）、榉属（*Zelkova*）、木兰属（*Magnolia*）、板栗（*Castanea mollissima*）、柿树（*Diospyros kaki*）、漆树（*Rhus verniciflua*）、化香树属（*Platycarya*）、枫香属（*Liquidambar*）、山胡椒属（*Lindera*）、刺楸属（*Kalopanax*）、七叶树（*Aesculus chinensis*）、皂角（*Gleditsia sinensis*）等。可见在当时，泡桐所在地有常绿与落叶阔叶混交林。从植物群落组成来看，基本上与目前长江中下游流域的组成相似，属于亚热带气候。

现代生物学研究可为泡桐起源提供有力证据。在被子植物的分类系统中，泡桐属植物属于唇形目玄参科分支。目前关于唇形目各科之间的进化地位仍有争议，研究表明通过多物种的比较基因组分析可以从基因组层面探讨特定植物类群的进化。比较基因组学主要通过比较基因组分析将有效地确定目标物种中基因家族的扩张和收缩，将微观基因家族的变化与宏观性状相关联，从而确定形成物种特异性状的分子机制。对泡桐进行进化树构建及基因家族扩张和收缩分析，可为泡桐特有的生物学特性的形成寻找分子证据，同时也为以后研究植物分类和基因功能演化提供了思路。

（一）泡桐基因家族分析

为了解泡桐基因组所具有的一些特性及与其他代表性物种的共性，利用 OrthoMCL 软件对包括透骨草科、列当科、茄科和茜草科的 9 个物种进行比较基因组分析。首先，通过对这些物种进行基因家族聚类分析，发现白花泡桐中共有 15 234 个基因家族，其中有 1367 个单拷贝基因家族是这些物种中共有的。对唇形科几个物种的基因家族进行进一步的分析，结果表明相对于其他几个物种，泡桐基因组特异的基因家族有 175 个，包含 460 个基因（表 1-1）。

表 1-1　泡桐与其他物种基因家族聚类统计

物种名称	总的基因个数	聚类的基因个数	总的基因家族个数	单拷贝基因个数	多拷贝基因个数	特有基因个数	特有基因家族个数
芝麻	23 018	21 577	13 849	5 568	8 872	276	85
柚木	31 168	26 487	14 810	5 178	11 616	1 065	440
黄芩	28 798	23 714	14 422	5 140	10 090	1 553	646
咖啡	25 574	20 849	13 793	6 916	6 130	1 678	538
番茄	34 674	25 693	14 453	5 946	8 441	4 020	919
油橄榄	39 797	33 063	14 422	4 106	14 771	3 353	791
葡萄	29 825	21 965	13 686	6 525	7 227	2 258	753
独脚金	33 426	23 487	13 594	5 765	8 078	4 276	1 118
多斑沟酸浆	28 140	24 108	14 694	5 936	8 577	1 545	473
白花泡桐	31 985	27 623	15 234	4 265	13 269	460	175

（二）唇形目物种系统发育

泡桐属于唇形目玄参科，但与唇形目其他物种的进化关系尚不明确。为了进一步阐明玄参科的进化地位，利用 PHYML 软件对鉴定到的 1367 个单拷贝基因构建物种系统发育树。结果表明玄参科与透骨草科和列当科来源于同一祖先(图 1-1)。同时使用 MCMCTree 软件估算出物种间的分化时间。玄参科在 4092 万年前从透骨草科和列当科的共同祖先中分离出来（Cao et al.，2021）。

（三）泡桐基因组家族收缩与扩张

基于已经构建的系统进化树，可以挖掘出某物种中哪些基因发生了明显的扩张或收缩，进而对一些潜在的功能基因进行进一步研究。通过 CAFE 软件分析，与芝麻、黄芩和柚木相比，在泡桐的多拷贝基因家族中，有 3022 个家族检测到扩张或收缩（图 1-2）。进一步分析显示，扩张的基因家族包括与木质素和纤维素合成（UDP 形成）相关的基因家族，为玄参科物种的进化和适应环境研究提供了依据和方向。

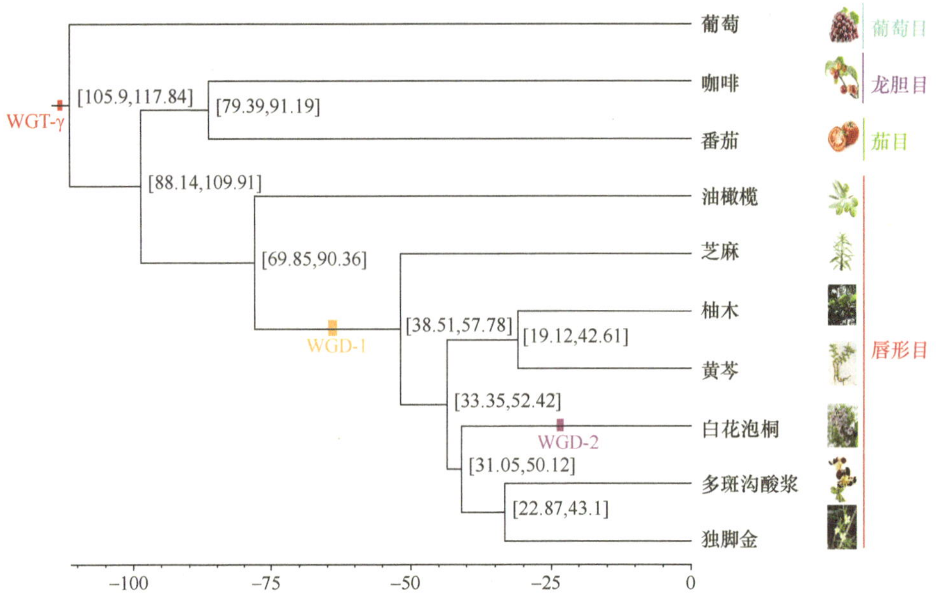

图 1-1　泡桐与其他科物种的进化关系图

最大似然树由 1367 个单拷贝直系同源基因生成。WGD，whole genome duplication，全基因组复制；WGT-γ，双子叶植物中的全基因组三倍体事件；WGD-1，可能发生在百万年前的泡桐和芝麻的共同祖先中的最近 WGD 事件。Bootstrap 值显示在分支下方

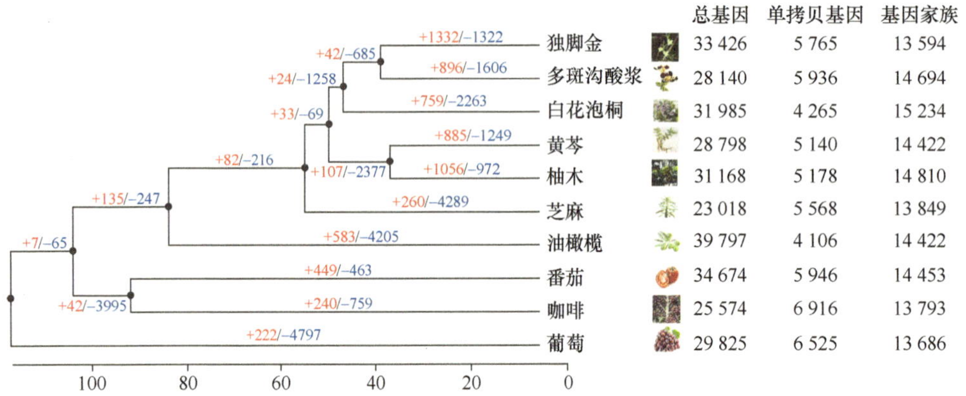

图 1-2　泡桐和其他 9 种代表性物种基因家族的扩张和收缩

利用最大似然法基于 1367 个单拷贝同源蛋白构建系统树。每个分支上方的红色和蓝色数字分别表示扩张（+）和收缩（−）基因家族的数量。分支中的黑点表示 100%的支持率

（四）泡桐全基因组复制事件

同义替换（Ks）和物种分化曲线分析表明泡桐与多斑沟酸浆（Hellsten et al.，2013）和芝麻（Wang et al.，2014）相似，经历了两次全基因组复制（WGD）（图 1-3A）。第一次是 γ 三倍化事件（WGT-γ 在 12 200 万～16 400 万年前），第二次 WGD 发生在最近。为进一步分析泡桐分化中的两次 WGD 事件，本研究在基础被子植物无油樟、葡萄和泡桐中进行种间同线性分析，结果显示葡萄中多达三个区域可以对应无油樟中的一个区域，这与先前报道的葡萄全基因组三倍体一致（Ming et al.，2015）。同时，如 Ks 分析所示，葡萄基因组中高达 66%的区域可以与 87%的泡桐基因组序列形成 1∶2 的关系，这表明了泡桐发生了一次特有的 WGD 事件（图 1-3B、C 和图 1-4）。唇形目物种中最近一次 WGD 的 Ks 峰的范围为 0.33～0.82（图 1-3A），表明这是独立的物种特异性 WGD 事件。考虑到世代间隔的巨大差异可能导致物种的不同进化速率（Andersen et al.，2013），说明最近的 WGD 事件可能发生在唇形目的共同祖先中。为了验证这一

假设，我们分析了白花泡桐、芝麻和葡萄中具有共线关系的所有基因，并构建了 581 个进化树，其中 393 个进化树（67.6%）结果表明基因重复发生在白花泡桐和芝麻的共同祖先中，并且系统进化树近似无偏检验结果表明，86.3%的进化树不支持独立的 WGD 假设（图 1-5）。这表明白花泡桐和芝麻可能共享最近的 WGD 事件。

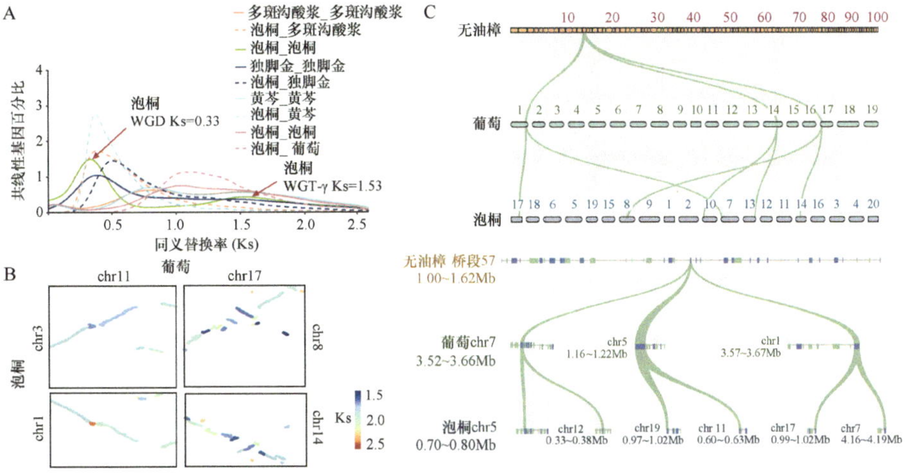

图 1-3　泡桐全基因组复制事件分析

A. 泡桐、独脚金、多斑沟酸浆、葡萄和黄芩的共线直系同源基因的 Ks 分布，y 轴表示共线块中基因对的比率；B. 泡桐的 4 个染色体和葡萄的 2 个染色体中的共线直系同源基因的点图，Ks 值用颜色标记，仅绘制 Ks 值在 1.5～2.5 的基因对以更好地可视化；C. 泡桐与无油樟和葡萄的共线性分析。微共线性分析表明，由于基因组三倍化事件，基础被子植物无油樟中的典型片段可以追溯到葡萄中多达 3 个区域和泡桐中 6 个区域

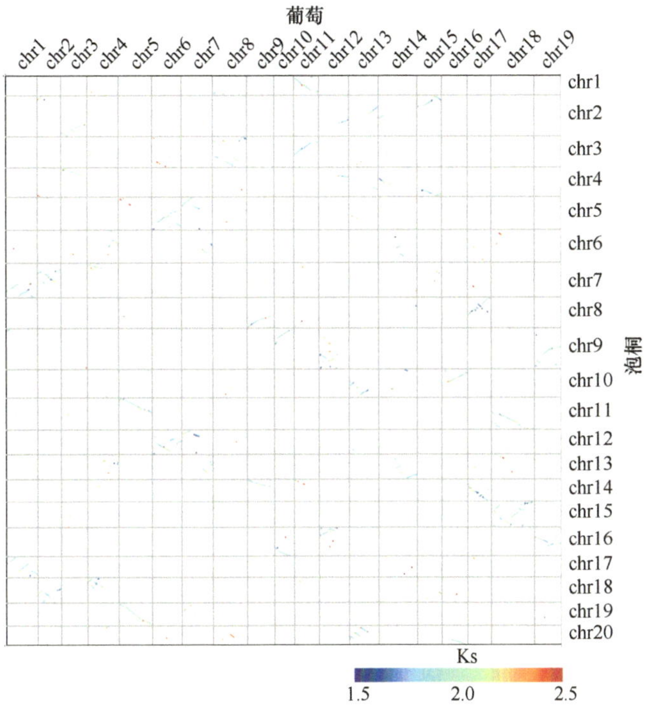

图 1-4　泡桐与葡萄基因组比较中的共线点图

Ks 值用颜色标记，仅绘制 Ks 值在 1.5～2.5 的基因对以获得更好的可视化效果；利用 14 960 个基因对分析泡桐和葡萄的共线性

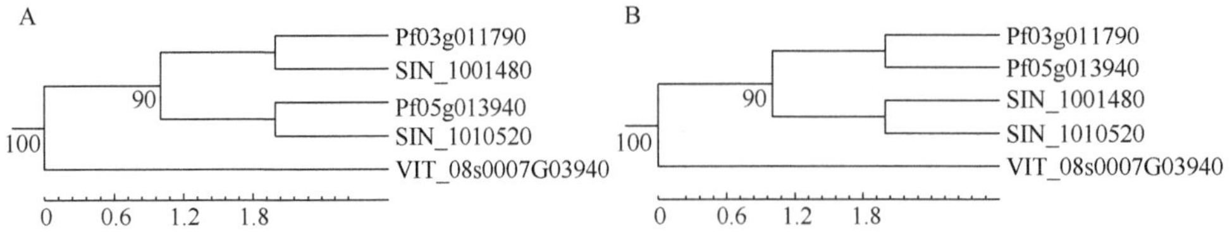

图 1-5 泡桐、芝麻和葡萄共线区域的基因树

构建的基因树支持了共享 WGD 的假设。A.支持泡桐和芝麻共享 WGD 的基因系统发育树；B.近似无偏检验否定由独立 WGD 产生的基因系统发育树（$P<0.05$）

第二节 泡桐的演化

一、泡桐进化系统发育树构建

叶绿体基因组由于序列结构较为保守和其母系遗传的特点，被广泛应用于系统进化分析中。而玄参科内植物的分类较为复杂，泡桐属内物种之间的分类关系也一直备受争议，此前研究玄参科及泡桐属内的系统发育构建主要是利用了个别叶绿体基因如 *pet L-psb E*、*trn*、*D-trn T* 及核基因序列，这些方法所构建的系统进化树较为片面，可利用数据信息较少，易造成误差，不能全面地反映泡桐属的进化位置。因此，为了更加准确地说明泡桐属在唇形目中的分类地位和属内的进化关系，李冰冰（2019）以新测序的 8 个泡桐种叶绿体基因组与管状花目、茄目、锦葵目和捩花目等已公布的 23 个物种的叶绿体基因组为研究目标构建了系统发育树。这些物种包含了唇形目中的苦苣苔科（Gesneriaceae）、胡麻科（Pedaliaceae）、爵床科（Acanthaceae）、唇形科（Lamiaceae）、马鞭草科（Verbenaceae）、列当科（Orobanchaceae）和玄参科（Scrophulariaceae），茄目中的茄科（Solanaceae），锦葵目中的锦葵科（Malvaceae），捩花目的木犀科（Oleaceae）。以捩花目和锦葵目作为外类群，基于叶绿体全基因组序列和 CDS 序列并采用 ML 方法进行系统进化研究。

不同数据集所构建的系统进化树，其进化树的拓扑结构基本上保持一致，只在小部分分支的支持率上会有所差异，并且利用叶绿体全基因组序列所构建的进化树在每个分支具有更高的支持率（图 1-6 和图 1-7）。但是不管是基于哪种数据集构建的进化树，泡桐属中的所有物种均聚为一个单系，并与列当科中的物种构建了一个 bootstrap 值较大的姐妹类群，而并没有归类到玄参科中。此外，关于泡桐属内的种间关系而言，基于全基因组序列和蛋白质编码序列构建的系统发育树其拓扑结构完全一致，并以较高的支持率支持：川泡桐位于单独的一个分支上；兰考泡桐与白花泡桐聚成一个姐妹分支，然后与鄂川泡桐又聚成一个分支，表明三种泡桐亲缘关系较近；韩国已发表的 *Paulownia coreana* 和 *Paulownia tomentosa* 单独聚为一支；台湾泡桐与楸叶泡桐、南方泡桐与毛泡桐构成两个分支，两个分支又聚成一个分支并与韩国泡桐种形成一个类群，因此可以得出兰考泡桐与白花泡桐、台湾泡桐与楸叶泡桐、南方泡桐与毛泡桐的进化关系较近，川泡桐最先分化出来。该研究从叶绿体基因组的角度虽然能阐明部分双子叶植物的进化及系统发育，但是仍不能完全明确其他一些物种的系统分类地位。

二、种的演化

泡桐属植物经过漫长的自然迁移、种间杂交和反复回交等出现了大量的表型过渡性杂种群集（association），从而形成了丰富的泡桐属种质资源。由于泡桐属种间均可天然杂交，并能产生可育后代，经过长时间的种间杂交和基因突变，泡桐属形成了 9 个种，其中的种间关系非常复杂。研究者们通过形态学观察、地理分布、基因片段对比等多层面对泡桐属各个种进行了比较分析研究（龚彤，1976；陈志远，1983；1986；苌哲新和史淑兰，1989；熊金桥和陈志远，1991；龚本海等，1994），具体演化关系论述如下。

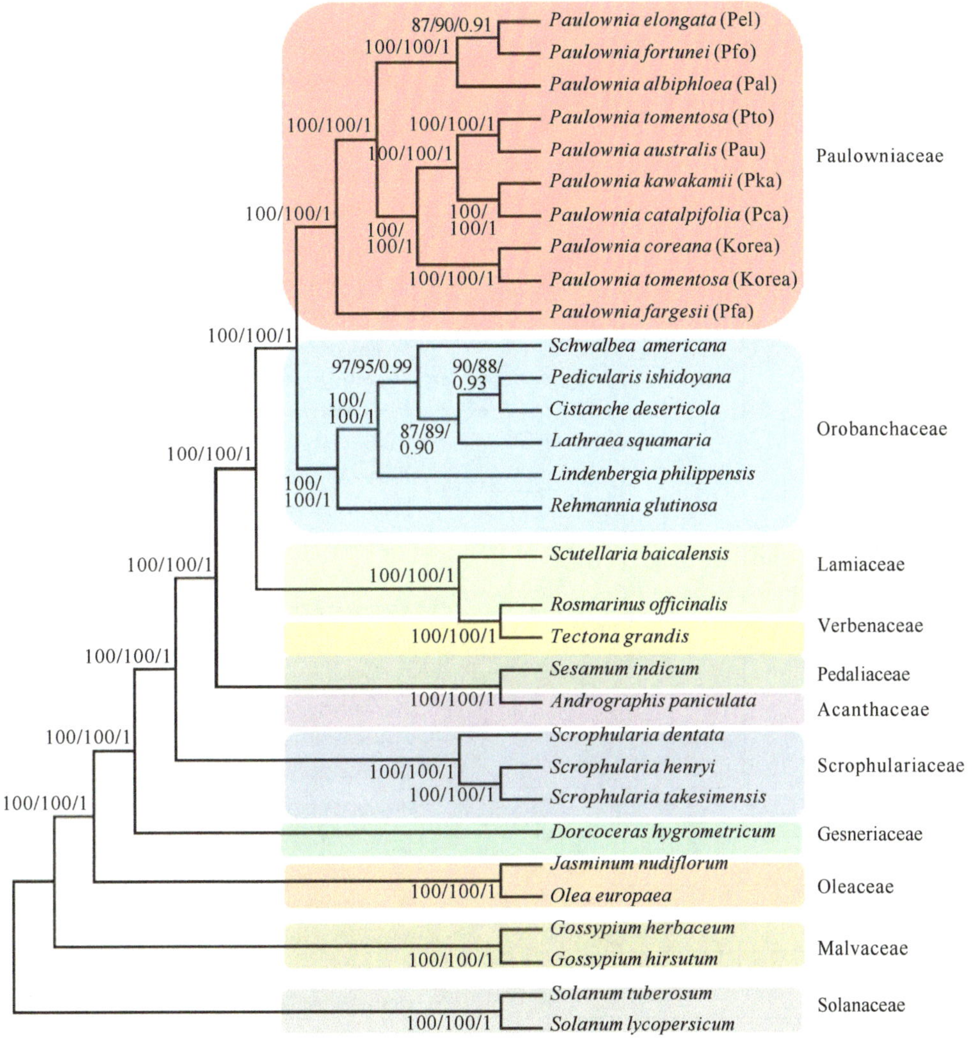

图 1-6　基于叶绿体基因组全序列构建的 31 个物种的系统发育树

白花泡桐（*P. fortunei*）是公认的原始种，是当今许多杂交种的直接或间接的亲本。其树形高大、叶长无角、圆锥花序短而窄、花大、花冠为漏斗形、果大、聚伞花序总梗明显、花萼浅裂、种子大，枝、叶、花、果的茸毛易脱落等。

兰考泡桐（*P. elongata*）是天然杂交种。1959 年胡秀英根据她多年的研究对泡桐属种类进行整理并发表了新种——兰考泡桐。研究者多认为毛泡桐是兰考泡桐的亲本之一（匿名，1982；陈志远等，2000；莫文娟等，2013），并根据花序形状、果实形状等特征将兰考泡桐划入毛泡桐组。后大量资料证实兰考泡桐是毛泡桐和白花泡桐的天然杂交种。

川泡桐（*P. fargesii*），一般被认为是原始种，与毛泡桐在形态特征上均有花小、花冠为钟状、果小、花萼多深裂过半等相同特征。有研究者认为川泡桐来源于毛泡桐，该结论尚有争议。川泡桐与其他种进行种内杂交产生多种新种，普遍被认为是原始种。

毛泡桐（*P. tomentosa*）是原始种之一，花枝为塔形，具有渐短的分支，圆筒状的聚伞花序，花序疏松，具花 3～5 朵，蒴果形状与大小有变化。

鄂川泡桐（*P. albiphloea*）的花药表皮均缺星状毛，与其他 8 种泡桐均不同，与南方泡桐一样无气孔。花粉形态与兰考泡桐极相似，而与川泡桐和建始泡桐相差甚远，结合地理分布及 DNA 水平上的分析，应为南方泡桐与兰考泡桐的杂交种。

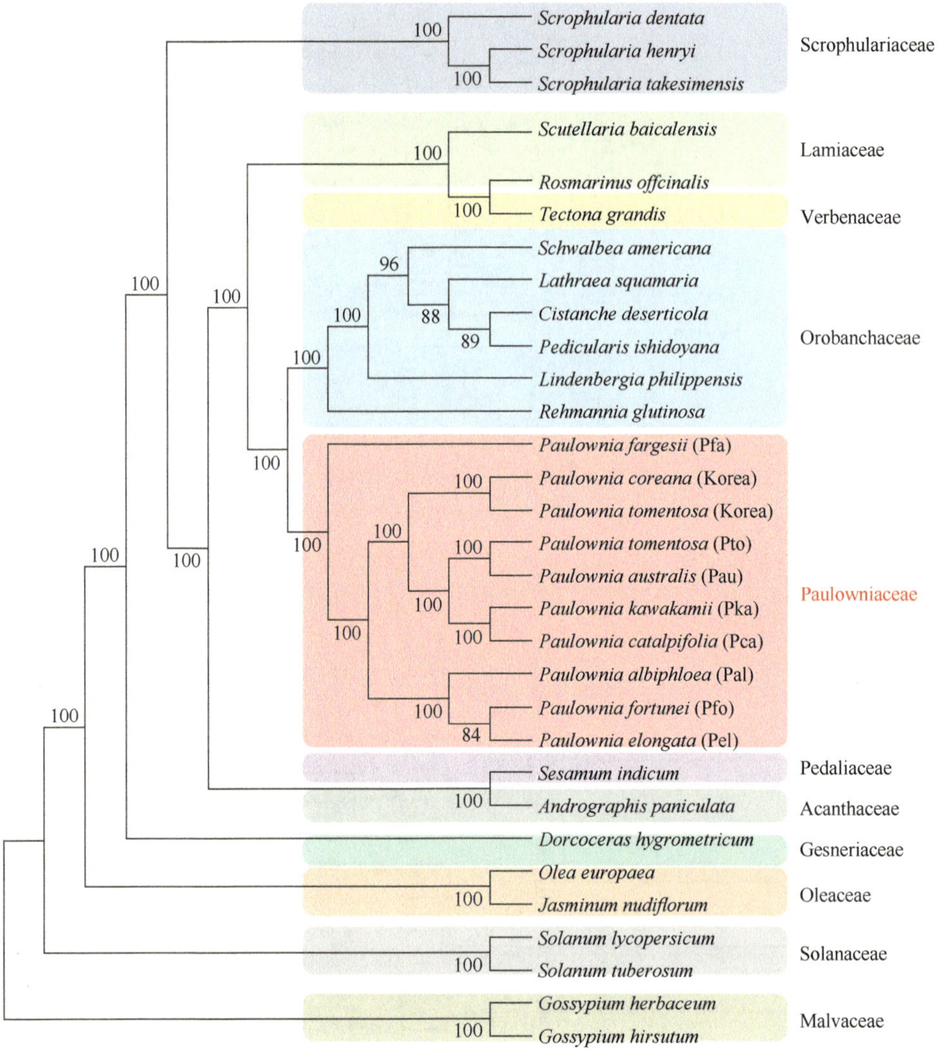

图 1-7 基于 CDS 构建的 31 个物种的系统发育树

南方泡桐（*P. australis*）花粉沟界极区大，凸起，内孔不明显，网眼小而均匀，极面观形状等与其他种不尽相同，可作为新种（Hu and Chang，1975）。

台湾泡桐（*P. kawakamii*）是白花泡桐与其他品种杂交而产生的新种。

楸叶泡桐（*P. catalpifolia*）叶的毛状体与白花泡桐和建始泡桐相似。同工酶又与毛泡桐和兴山泡桐相似，特别是在染色体核型分析中，它是 9 种泡桐中唯一的 2A 型，其余均为 2B 型，且与毛泡桐最接近，二者均在第 7 对染色体上有髓体，说明它是原始种，并与毛泡桐亲缘关系很近。ISSR 分析显示楸叶泡桐与毛泡桐聚为一类，结合地理分布，可认为它是毛泡桐早期演化而成的新种，非杂交起源。

山明泡桐（*P. lamprophylla*）于 1973 年在全国各地开展泡桐种类调查工作时在南阳地区被发现。龚本海等（1994）等通过对山明泡桐同工酶的研究，发现其酶谱与毛泡桐和兰考泡桐有很大的相似性，形态特征与地理分布也互相重叠，因此认为山明泡桐是毛泡桐与兰考泡桐的杂交种。ISSR 分析显示山明泡桐与兰考泡桐聚在一起，进一步在 DNA 水平上支持这一观点。

第三节　泡桐的分布

近年来，随着泡桐生产的发展，关于泡桐植物的研究工作不断拓展深入，发表了 50～60 个品种及变种，国家新认定的品种也有不少，还有众多的杂交新品种未正式命名。本节重点介绍泡桐共 9 种 4 变种，着重描述其地理分布，对不常见到的、资源量少的及未正式命名的种、变种、变型，此处不做论述。

一、毛泡桐（*P. tomentosa*）

毛泡桐广泛分布于我国黄河流域和长江流域中下游各省，主产于陕西、河南西部和湖北西北部地区。湖北省的毛泡桐分布甚广，在十堰市郧阳地区和神农架林区，泡桐属植物都只见到毛泡桐一种，在襄阳地区毛泡桐也占该区泡桐总株数的 85%，孝感地区占 11%，咸宁地区占 21%，荆州地区也较多，宜昌地区主要分布于东部和北部丘陵山区，其西部山区和整个恩施地区，都只见零星分布，武汉市郊县也不多见。垂直分布在神农架山区，可达海拔 1800 m。

很长一段时间内，我国学者认为湖北西南和长江中下游一带为毛泡桐自然分布区的西部和南部边缘。但陈龙清等（1995）考察认为，该种在云南省的广南、西畴、屏边及贵州省的雷山等地均有较多的分布。此外，福建省亦有毛泡桐分布，陈龙清等（1995）在福州森林公园后山考察时，见到 2 株萌生的毛泡桐幼树，这说明此地曾有毛泡桐大树。

毛泡桐分布面广，适应性强，变异大，类型多，下述 3 变种较常见。

二、兰考泡桐（*P. elongata*）

该种在华北平原地区广泛栽培、数量极多，但丛枝病等病害相当严重。

兰考泡桐相当长一段时期内都被认为是一种原产于北方的泡桐种，胡秀英在发表此种时，就认为它“原产河南西部山区”，1979 年《中国植物志》对兰考泡桐的分布也表述为“河南有野生”。但华中农业大学学者调查发现，兰考泡桐在湖北省分布相当广泛，不仅栽培很多，而且野生的也不少，特别是孝感、荆州、黄冈地区和武汉市郊县，兰考泡桐均占该区（市）泡桐总株数的 60%～85%。随州市则以桐柏山南麓的随县数量最多，且有不少大树，咸宁和恩施两地区，则只有零星分布，而湖北十堰市郧阳地区和神农架林区，均未发现。由此可见兰考泡桐在湖北省的分布规律：从北到南、从东到西，数量递减，以至绝迹。其垂直分布多在平原、低丘、山区，一般不超过海拔 500m。

陈志远等（1993）考察发现兰考泡桐亦大量分布在四川、湖北西南等地，而且有约 40 年生之大树，生长佳，未见病虫害。陈龙清等（1995）报道，云贵地区亦广泛分布兰考泡桐。贵州省的贵阳及平坝、幺铺、黄果树，云南省的昆明、昭通及会泽等地均有分布，树形高大、生长良好，生长健壮，无病虫害。

Hu（1959）认为，兰考泡桐可能为白花泡桐和毛泡桐的天然杂交种，国内不少泡桐研究工作者均同意这一意见。因此，河南、湖北、四川，甚至云南、贵州等省份的白花泡桐和毛泡桐两种重叠分布的地区，都有可能是兰考泡桐的发源地和野生分布区域。

此外，福建省福州市亦有典型的兰考泡桐标本材料采集记录，当地可见到少量 8～9 年生兰考泡桐，但无法确定其为本地野生分布，或为自北方地区引种而来。

三、楸叶泡桐（*P. catalpifolia*）

楸叶泡桐分布于山东、河北、山西、河南、陕西；太行山区有野生分布；在江苏徐州，安徽岳西、宿州、淮北等地亦有采集记录。

楸叶泡桐在陕西省分布较窄，主要分布在渭北高原东部，包括蒲城、澄城、白水、大荔、洛川等县，以蒲城最多，几乎遍及全县。

根据陕西林业科研工作者调查访问，楸叶泡桐为陕西本地原有的乡土树种，栽培历史在百年以上。

四、山明泡桐（*P. lamprophylla*）

山明泡桐是1973年在泡桐资源调查过程中发现的一个特异泡桐种。内乡县群众称为“光桐”，由于其叶大而厚，且光滑发亮，群众用它替代笼布蒸制馒头。主要分布于河南西南部的南阳市内乡和镇平等地及湖北西北部（苌哲新和史淑兰，1989）。华中农业大学园林系泡桐研究组在襄阳地区调查泡桐时，发现襄阳（南漳）宜城、枣阳市均有分布，数量众多，且有不少大树。其分布地区多在偏僻乡野和丘陵山坡，而城镇地区反而未发现，说明襄阳地区的山明泡桐，很可能并非由外地引进，而是本地自然分布的。

五、白花泡桐（*P. fortunei*）

白花泡桐广泛分布于我国南方，在湖北省则主要分布于31°N线以南的地区。在湖北南部的咸宁地区，白花泡桐为主要泡桐种类，许多地区甚至只分布白花泡桐一种。在黄冈、恩施地区，白花泡桐也主要分布于南部靠近长江的黄梅县及与湖南和四川省交界的来凤县。荆州、宜昌、武汉、黄石等地虽有白花泡桐分布，但数量不多；孝感、襄阳地区白花泡桐分布很少，湖北十堰市郧阳地区和神农架林区均未见有自然分布。整体而言，白花泡桐在湖北的分布呈现由南向北逐渐减少的规律。

该种在云南、贵州地区分布相当广泛。云南文山市的西畴、广南及周边的屏边、河口、富宁，贵州省的平坝、兴仁、贵阳及安顺市的幺铺、黄果树等地区均有分布。垂直分布于海拔100～2200m，且生长良好，无病虫害（陈龙清等，1995）。

白花泡桐的分布区在三明、福州、龙岩、南平等地均有采集记载，以南平和三明地区数量最多。除此以外，20世纪90年代，沙县高桥林场还发现一株白花泡桐，树高达30余米，胸径1.2 m，被誉为福建的“泡桐王”（陈志远等，1993）。

六、鄂川泡桐（*P. albiphloea*）

分布于湖北西部的恩施地区、四川东部及四川盆地，野生或栽培，多生长在海拔200～600m的丘陵山地。自然接干性强，果形似楸叶泡桐，但花冠形状、叶形、被毛和自然分布区等均不同于楸叶泡桐。

成都泡桐（*P. albiphloea* var. *chengtuensis*）（变种）

分布与鄂川泡桐基本吻合，在四川盆地栽植较多。

七、南方泡桐（*P. australis*）

南方泡桐分布于我国南方及东南各省，多在台湾泡桐和白花泡桐两种重叠分布的地区出现，其形态特征也介于这两种之间，有人推测南方泡桐是台湾泡桐和白花泡桐的天然杂交种，我们在湖北西南来凤县城郊海拔400～450m的地方发现的南方泡桐，也是在台湾泡桐与白花泡桐重叠分布区内。

八、台湾泡桐（*P. kawakamii*）

台湾泡桐是分布于我国东南部和南部的泡桐种，湖北省仅分布于湖北西南的恩施、宣恩、咸丰、鹤峰、来凤、利川等县（市），湖北东南的黄梅县和湖北南部的通山、通城等县，数量均不多。可见湖北省南部是台湾泡桐分布的北缘，比白花泡桐分布纬度更低。其垂直分布在恩施地区海拔达 1000m 高山。

该种在云南、贵州部分地区有分布，且数量多、变异类型丰富。贵州省的平坝、凯里、雷山，云南省的昆明、昭通、文山西畴等地有分布（陈龙清等，1995）。中国科学院昆明植物研究所标本馆保存有采自广东连南、连山等地的 *P.viscosa* 的标本，胡秀英及《中国植物志》将其归并于 *P. kawakamii*，可见广东地区也有台湾泡桐分布。

台湾泡桐在福建省分布甚广，且多为野生。在漳州、三明、龙岩、南平等市均有采集记载，特别在南平和三明地区数量较多。海峡对岸的台湾省，亦有大量台湾泡桐分布。

九、川泡桐（*P. fargesii*）

川泡桐是我国西南部四川、云南、贵州及湖北西部分布的泡桐种。在湖北省仅分布于恩施地区和宜昌地区西部。在恩施地区除来凤县没有外，其余各县的川泡桐数量均占泡桐属中绝对优势。在宜昌地区主要分布于五峰、长阳、兴山、秭归等与恩施地区相连的山区县。湖北省的其他地区，均无自然分布。其垂直分布，从江河两岸、丘陵山麓至海拔 1700m 的高山均有。

川泡桐的这一分布特点，说明湖北西部是其自然分布的东缘，湖北西部可能是其发源地，其分布区由此地逐渐向西南扩移，延伸至云南、贵州两省。云南省的昆明、昭通地区，贵州省的印江、玉屏、凯里、盘州、松桃等地均有分布（陈龙清等，1995）。

参考文献

曹东威, 陈受宜. 1992. RAPD 技术及其应用. 生物工程进展, 12(6): 1-5.
苌哲新, 史淑兰. 1989. 中国泡桐属新植物. 河南农业大学学报, 23(1): 53-58.
常德龙. 2016. 泡桐研究与全树利用. 武汉: 华中科技大学出版社.
陈红林, 陈志远, 梁作侑, 等. 2003. 泡桐属植物同工酶分析. 湖北林业科技, (2): 1-4.
陈龙清, 王顺安, 陈志远, 等. 1995. 滇、黔地区泡桐种类及分布考察. 华中农业大学学报, (4), 392-396.
陈志远. 1983. 泡桐属(*Paulownia*)花粉形态学的初步研究. 武汉植物学研究, 1(2): 11-14.
陈志远. 1986. 泡桐属(*Paulownia*)分类管见. 华中农业大学学报, 5(3): 53-57.
陈志远, 王长清, 戴振伦. 1993. 湖北省木本植物新纪录. 华中农业大学学报, (3): 289-295.
陈志远, 姚崇怀, 胡惠蓉, 等. 2000. 泡桐属的起源、演化与地理分布. 武汉植物学研究, 18(4): 325-328.
龚本海, 郭燕舞, 姚崇怀. 1994. 泡桐属植物 SOD 同工酶和可溶性蛋白质分析. 华中农业大学学报, 13(5): 507-510.
龚彤. 1976. 中国泡桐属植物的研究. 中国科学院大学学报, 14(2): 38-50.
侯婷. 2016. 泡桐属植物的系统发育研究. 河南农业大学硕士学位论文.
蒋建平. 1990. 泡桐栽培学. 北京: 中国林业出版社.
李冰冰. 2019. 八种泡桐叶绿体基因组测序及进化关系分析. 河南农业大学硕士学位论文.
梁作侑, 陈志远. 1995. 泡桐属与其近缘属亲缘关系的探讨. 华中农业大学学报, 14(5): 493-495.
林兵, 林建兴. 1990. RFLP-遗传学研究的新领域. 生物学通报, 7: 16-17.
卢龙斗, 谢龙旭, 杜启艳, 等. 2001. 泡桐属七种植物的 RAPD 分析. 广西植物, 21(4): 335-338.
莫文娟, 傅建敏, 乔杰, 等. 2013. 泡桐属植物亲缘关系的 ISSR 分析. 林业科学, 49(1): 61-67.
匿名. 1982. 湖北省林学会一九八一年工作总结[J]. 湖北林业科技, (1): 50-52, 10.
潘章军. 2018. 陈翥与他的《桐谱》. 中国林业产业, (Z2): 132-138.
彭海凤, 范国强, 叶永忠. 1999. 泡桐属植物种间关系研究. 河南科学, (S1): 30-34.
彭海凤, 孙君艳, 张淮, 等. 1999. 电泳分析法在泡桐属植物分类中的研究与应用. 信阳农林学院学报, 9(4): 1-5.
舒寿兰. 1985. 四种泡桐染色体数目的初步研究. 河南农业大学学报. 19(1): 48-51.
孙蒙祥, 王灶安. 1990. 宜昌泡桐雌雄配子体发育及其生殖过程的研究. 华中农业大学学报, 9(2): 107-111.
佟永昌, 杨自湘, 韩一凡. 1980. 一些树种染色体的观察. 中国林科院林业研究所研究报告, (1): 83-88.
吴征镒. 1980. 中国植被. 北京: 科学出版社.

熊金桥, 陈志远. 1991. 泡桐属花粉形态及其与分类的关系. 河南农业大学学报, 25(3): 280-284.

于兆英, 李思峰, 徐光远. 1987. 泡桐属植物染色体数目和形态的初步研究. 西北植物学报, 7(2): 127-133.

中国科学院北京植物所. 1978. 中国的新生代植物. 北京: 科学出版社.

朱熹. 1987. 诗经集传. 上海: 上海古籍出版社.

Andersen M T, Liefting L W, Havukkala I, et al. 2013. Comparison of the complete genome sequence of two closely related isolates of '*Candidatus Phytoplasma australiense*' reveals genome plasticity. BMC Genomics, 14: 529.

Cao Y, Sun G, Zhai X, et al. 2021. Genomic insights into the fast growth of paulownias and the formation of *Paulownia* Witches' Broom. Molecular Plant, 14(10): 1668-1682.

Hellsten U, Wright K M, Jenkins J, et al. 2013. Fine-scale variation in meiotic recombination in Mimulus inferred from population shotgun sequencing. Proc Natl Acad Sci USA, 110: 19478-19482.

Hu S Y. 1959. A monograph of the genus *Paulownia*. Taiwan Museum, 7(3): 1-54.

Hu T W, Chang H J. 1975. A new species of *Paulownia* from Taiwan, *P. taiwaniana*. Taiwania, 20(2): 165-170.

Laurent L. 1904. Contribution a la flore des cinérites du CantaI. Ann. Fac. Sci., 14: 153-158.

Ming R, VanBuren R, Wai C M, et al. 2015. The pineapple genome and the evolution of CAM photosynthesis. Nat Genet, 47: 1435-1442.

Smiley C J. 1961. A record of Paulownia in the Tertiary of North America. American Journalof Botany, 48(2): 175-179.

Wang L H, Sheng Y, Tong C B, et al. 2014. Genome sequencing of the high oil crop sesame provides insight into oil biosynthesis. Genome Biology, 15: R39.

Wang W Y, Pai R C, Lai C C, et al. 1994. Molecular evidence for the hybrid origin of *Paulownia taiwaniana* based on RAPD markers and RFLP of chloroplant DNA. The Appl Genet, (89): 271-275.

Watarir S. 1948. Studies on the fossil woods from the tertiary of Japón V. Fossil wood from the lower mioccne of Hanenisi, Simone Prefecture. Japanese Journal of Botany, 13(4): 503-518.

Yi D K, Kim K J. 2016. Two complete chloroplast genome sequences of the genus *Paulownia*(Paulowniaceae): *Paulownia coreana* and *P. tomentosa*. Mitochondrial DNA Part B, 1(1): 627-629.

第二章　泡桐的分类及栽培区域

北宋陈翥所著《桐谱》较全面地对泡桐的形态、传播方式及种植技术进行了描述，同时整理、分辨了当时以“桐”为名的各树种，其中提出“白花桐”和“紫花桐”（对应白花泡桐和毛泡桐）两种泡桐，并对其木材纹理、叶形等进行了详细的描述，可以认为是最早的泡桐分类记载。

泡桐的现代分类始于1785年，瑞典植物学家C. P. Thunberg首先对泡桐进行描述和记载，在《日本植物志》中，他根据其他人从日本长崎采集到的泡桐标本，定名为*Bignonia tomentosa* Thunb.（毛紫葳），并将其放入紫葳科中，这是泡桐植物分类与描述的开端。

现今，泡桐分布广泛，有9种4变种和众多变异类型。其中，除白花泡桐（*P. fortunei*）的分布区域由我国向南延伸到越南和老挝，毛泡桐（*P. tomentosa*）在日本亦有自然分布以外，楸叶泡桐（*P. catalpifolia*）、兰考泡桐（*P. elongata*）、山明泡桐（*P. lamprophylla*）、鄂川泡桐（*P. albiphloea*）、南方泡桐（*P. australis*）、川泡桐（*P. fargesii*）和台湾泡桐（*P. kawakamii*）7种为我国所特有。泡桐由于具有突出的速生、抗逆特性及优良的木材性能，不仅在我国西北、华北、华中、华南大部分地区有大量栽培，也被西亚及欧美地区国家广泛引种栽培，如巴基斯坦、以色列、西班牙、意大利、奥地利、土耳其、印度、美国、加拿大、墨西哥和巴西等国（Lucas Borja et al.，2010）。

第一节　泡桐的分类

一、泡桐属植物及其系统分类地位

1835年，荷兰自然科学家Philipp Franz von Siebold和德国植物学家J. G. Zuccarini发表泡桐属*Paulownia* Sieb.& Zucc.，并将它置于玄参科，泡桐属由此建立。

关于泡桐属植物的系统分类地位，国内外学者存在较大分歧。早在泡桐属尚未建立之前，Thunberg把毛泡桐放在紫葳属（*Bignonia*），1828年Sprengel则进一步将其归入紫葳科角蒿属（*Incarvillea*）中；1867年，Seemann曾把白花泡桐放入紫葳科凌霄属（*Campsis*）。与之相一致，于兆英等（1987）通过对泡桐属植物染色体数目与形态、胚胎发育过程及解剖学研究，主张把泡桐属归入紫葳科，《云南植物志》和《科学庐山》等论著也坚持这一处理意见。而Siebold和Zuccarini建立泡桐属时，将它归入玄参科（Scrophulariaceae），Eedlicher、Bentham和Hooker、Engler和Prantl、Rehder、陈嵘、胡秀英、陈志远等诸多研究者和《中国植物志》《中国高等植物图鉴》等权威论著都同意这一意见（陈志远，1986）。

两种意见的主要分歧在于分类所依据的形态特征不同。主张归入玄参科的意见，主要依据中轴胎座、胎座膨大、蒴果卵形等生殖器官的形态特征；而主张归入紫葳科的意见，依据的主要特征是其木本生态习性、木材解剖结构和种子具翅等。陈志远（1983）对泡桐属植物花粉与紫葳科、玄参科植物花粉形态作了比较，发现泡桐属植物花粉与紫葳科植物花粉形态差异显著，而与玄参科植物花粉的萌发孔类型、数目和外壁纹饰非常接近，这在一定程度上支持了泡桐属应归入玄参科的系统分类意见。

日本学者中井在1949年曾提出一个新科——泡桐科，仅包含泡桐属1个属，这是泡桐属植物系统分类地位的第三种意见。梁作栯和陈志远（1995）对泡桐属植物与其近缘9属植物的枝条、叶、花、果、种子、花粉粒等29个特征性状，通过系统聚类分析，认为泡桐放在玄参科和紫葳科均不甚恰当，赞同应将泡桐属置于泡桐科的意见。

基于基因组学的研究表明，泡桐科植物是大约在 4000 万年前从透骨草科（Phrymaceae）和列当科（Orobanchaceae）的共同祖先中分离出来的（Cao et al.，2021）。同义替换及共线性等分析表明，白花泡桐与锦花沟酸浆（*Mimulus guttatus*）及芝麻（*Sesamum indicum*）一致，都发生过两轮全基因组复制事件。这一结论在一定程度上否定了泡桐属植物与紫葳科的归属关系，而支持了泡桐属与玄参科更为接近的进化关系。

二、泡桐属植物的分类现状

1825 年，德国学者 Kurt Sprengel 编辑林奈的《植物分类》时，将 Thunder 发表的 *Bignonia tomentosa* 移入紫葳科（Bignoniaceae）的角蒿属（*Incarvillea* Juss.），定名为毛角蒿［*I. Tomentosa* (Thunb.) Spreng.］。

1841 年，德国植物学家 E. G. Steudel 把 Thunberg 发表的 *Bignonia tomentosa* Thunb.转移至玄参科泡桐属中，相应地，学名改为 *P. tomentosa* (Thunb.) Steud.。至此，毛泡桐才按照国际植物命名法规范命名，毛泡桐也成为泡桐属中第一个正规命名的种。

1847 年，Hortorum 发表日本毛泡桐变种（*P. imperialis* var. *japonica* Hort. ex Juart.）。

1867 年，德国学者 B. C. Seemann 发表白花泡桐（*Campsis fortunei* Seem.）。1890 年英国学者 W.B. Hemsley 将其移入泡桐属，拉丁学名规范为 *P. fortunei*（Seem.）Hemsl.。

1870 年，Rehder 发表日本泡桐（*P. japonica* Rehd.）。

1896 年，法国学者 A. R. Franchet 发表川泡桐（*P. fargesii* Franch.）。

1908 年，法国植物学家 L. A. Dode 发表紫泡桐（*P. duclouxii* Dode）和越南泡桐（*P. meridionalis* Dode.），以及毛泡桐（*P. imperialis* Sieb. et Zucc.）的两个新变种 *P. imperialis* var. *lanata* Dode 和 *P. imperialis* var. *pallida* Dode。

1911 年，德国植物学家 C. K. Schneider 将 *P. imperialis* var. *lanata* Dode 和 *P. imperialis* var. *pallida* Dode 两个变种置于毛泡桐种下，拉丁名改为 *P. tomentosa* var. *lanata*（Dode）Schneid.和 *P. tomentosa* var. *pallida*（Dode）Schneid.。

1911 年，意大利学者 R. Pampanini 和法国人 G. Bonati 发表了 *P. silvestrii* Pamp. et Bon.

1912 年，日本植物学家伊藤笃太郎（T. Ito）发表米氏泡洞（*P. mikado* Ito）和台湾泡桐（齿叶泡桐）（*P. kawakamii* Ito）。

1913 年，美国植物学家 A. Rehder 发表光泡桐（*P. glabrata* Rehd.）、白桐（*P. thyrsoidea* Rehd.）和兴山泡桐（*P. recurva* Rehd.）。

1921 年，英国植物学家 H. J. Elwes 发表日本毛泡桐（*P. tomentosa* var. *japoica* Elwes）。

1921 年，奥地利植物学家 Hand-Mazz.发表江西泡桐（*P. rehderiana* Hand-Mazz.）。

1925 年，日本植物学家植木秀干（H. Uyeki）发表朝鲜泡桐（*P. coreana* Uyeki）。

1929 年，英国学者 A. Osborn 发表川泡桐（*P. fargesii* A. Osborn）。

1934 年，奥地利植物学家 Hand-Mazz.发表了广西泡桐（*P. viscosa* Hand-Mazz.）。1936 年，Hand-Mazz.又发表了广东泡桐（*P. longifolia* Hand-Mazz.）。

这一阶段，泡桐属的分类研究均为国外学者发表，直至 1935 年，我国植物学工作者白荫元发表陕西泡桐（*P. shensiensis* Pai）和白花泡桐的变种——秦岭泡桐［*P. fortunei* (Seem.) Hemsl. var. *tsinlingensis* Pai］，这是我国学者发表泡桐属植物分类学意见的开端。

1937 年，陈嵘教授所著《中国树木分类学》中收录 8 种泡桐，分别是：泡桐［*P. fortunei* (Seem.) Hemsl.］、紫桐（*P. duclouxii* Dode）、毛泡桐［*P. tomentosa* (Thunb.) Steud.］、兴山桐（*P. recurve* Rehd.）、川桐（*P. fargesii* Franch.）、白桐（*P. thyrsoidea* Hand-Mazz.）、光桐（*P. glabrata* Rehd.）、赣桐（*P. rehderiana* Hand-Mazz.）

和毛泡桐的两个变种——黄毛桐（*P. tomentosa* var. *lanata* Schneid.）和白花桐（*P. tomentosa* var. *pallida* Schneid.）。

1959 年，华人学者胡秀英在前人分类研究的基础上，废弃了一些同物异名等不规范命名，整理确认了 5 个种，即毛泡桐［*P. tomentosa*（Thunb.）Steud.］、白花泡桐［*P. fortunei*（Seem.）Hemsl.］、川泡桐（*P. fargesii* Franch.）、光泡桐［秦岭光泡桐，*P. glabrata* var. *tsinlingensis*（Pai）Gong Tong］和台湾泡桐（齿叶泡桐，*P. kawakamii* Ito），并发表一新种兰考泡桐（*P. elongate* S. Y. Hu）。此后，我国学者又发表了许多泡桐属植物新种，泡桐属植物分类研究进入新的阶段。

1975 年，胡大维和张惠珠发表海岛泡桐（台湾泡桐，*P. taiwaniana* Hu et Chang）。

1976 年，竺肇华发表南方泡桐（*P. australis* Gong Tong）和楸叶泡桐（*P. catalpifolia* Gong Tong）。

1979 年，《中国植物志》第六十七卷第二分册，基本确认了胡秀英关于泡桐属的分类意见，但将光泡桐［秦岭光泡桐，*P. glabrata* var. *tsinlingensis* (Pai) Gong Tong］作为毛泡桐变种处理。在此基础上，又收录了竺肇华 1979 年发表的南方泡桐（*P. australis* Gong Tong）和楸叶泡桐（*P. catalpifolia* Gong Tong）两个泡桐新种，提出了泡桐属含 7 种 1 变种的分类意见。

20 世纪 70～90 年代，我国泡桐产业发展迅速，国内学者组织开展了大量资源调查及研究工作，发现、发表了一些种和变种。

1980 年，竺肇华发表鄂川泡桐（*P. albiphloea* Z. H. Zhu）和成都泡桐（*P. albiphloea* Z. H. Zhu var. *chengtuensis* Z. H. Zhu）。

1981 年，陈志远发表宜昌泡桐（*P. ichengensis* Z. Y. Chen）。

1982 年，苌哲新等发表亮叶毛泡桐［*P. tomentosa* (Thunb.) Steud. var. *lucida* Z. X. Chang et S. L. Shi］。

1989 年，苌哲新等发表山明泡桐（*P. lamprophylla* Z. X. Chang et S. L. Shi）、圆叶山明泡桐（*P. lamprophylla* f. *rounda* Z. X. Chang et S. L. Shi）和白花兰考泡桐（*P. elongata* S. Y. Hu f. *alba* Z.X. Chang et S. L. Shi）。

1990 年，蒋建平等著《泡桐栽培学》，在《中国植物志》泡桐属分类意见的基础上，承认了鄂川泡桐（*P. albiphloea*）和山明泡桐（*P. lamprophylla*）两个泡桐新种和鄂川泡桐变种成都泡桐（*P. albiphloea* var. *chengtuensis*）、毛泡桐变种亮叶毛泡桐（*P. tomentosa* var. *lucida*）和黄毛泡桐（*P. tomentosa* var. *lanata*）等变种（蒋建平，1990），泡桐属包括 9 种 4 变种的分类意见由此形成，并被广泛认可、采用。

1995 年，陈志远发表建始泡桐（*P. jianshiensis* Z. Y. Chen）。

1995 年，张存义和赵裕后发表圆冠泡桐（*P.* × *henanensis* C. Y. Zhang et Y. H. Zhao）。

2003 年，付大立发表了齿叶泡桐（*P. serrata* D. L. Fu et T. B. Zhao）。

2013 年，李芳东等著《中国泡桐属种质资源图谱》一书，否定了南方泡桐 1 种和光泡桐、黄毛泡桐两个变种，将 *P. kawakamii* 的中文名由台湾泡桐改为华东泡桐，认可了 *P. taiwaniana* Hu et Chang 并以台湾泡桐为其中文名，并收录了宜昌泡桐（*P. ichengensis* Z. Y. Chen）和建始泡桐（*P. jianshiensis* Z. Y. Chen）两个种，提出了泡桐属植物含 11 种 2 变种 6 变型的分类意见。

三、泡桐属下的分类意见

Dode 首先于 1908 年提出泡桐属下分类意见，即根据花萼上被毛的有无、多少等情况，将泡桐属分为 2 组，毛泡桐组｛Sect. Ⅰ. *Paulownia*，含毛泡桐［*P. tomentosa* (Thunb.) Steud.］和川泡桐（*P. fargesii* Franch.）｝与白花泡桐组｛Sect. Ⅱ. *Fortuneana*，含白花泡桐［*P. fortunei* (Seem.) Hemsl.］、紫泡桐（*P. duclouxii* Dode）和越南泡桐（*P. meridionalis* Dode）｝。随后，日本植物学家伊藤笃太郎（T. Ito）于 1912 年按圆锥花序及花序分枝大小和果实开裂情况将泡桐属植物分为两组：Kiri 组｛包括毛泡桐［*P. tomentosa* (Thunb.) Steud.］和台湾泡桐（*P. kawakamii* Ito）｝与 Mikado 组｛包括米氏泡桐（*P. mikado* Ito）、白花泡桐［*P. fortunei*

(Seem.) Hemsl.］和紫泡桐（*P. duclouxii* Dode）}。胡秀英根据花序枝形状、花梗长度和果实形状等形态学特征，在当时国内外分类意见的基础上，肯定了 Dode 的分组意见，并增设一组 Sect. *Kawakamia*，形成了泡桐属下分 3 组的分类意见。

蒋建平（1990）参照胡秀英教授的意见，根据花序形状、聚伞花序总柄的长短、花萼和果实形状、果皮厚薄等，将泡桐属植物分为 3 组：

第 1 组大花泡桐组（Sect. Ⅰ. *Fortuneana*）：包括白花泡桐（*P. fortunei*）、楸叶泡桐（*P. catalpifolia*）、山明泡桐（*P. lamprophylla*）和兰考泡桐（*P. elongata*）及其变种。第 2 组毛泡桐组（Sect. Ⅱ. *Paulownia*）：包括毛泡桐（*P. tomentosa*）、光泡桐（*P. glabrata*）及毛泡桐的 2 变种。第 3 组台湾泡桐组（Sect. Ⅲ. *Kawakamia*）：包括川泡桐（*P. fargesii*）和台湾泡桐（*P. kawakamii*）。

这一分组意见被诸多泡桐分类研究单位和学者广泛认可（西北农学院林学系，1975；蒋建平，1990），叶绿体 DNA 的 RFLP 分析及 ISSR 分子标记亲缘关系分析研究亦支持了该分组处理（马浩和张冬梅，2001；莫文娟等，2013）。但也有学者基于形态性状（熊金桥和陈志远，1991）和染色体核型（陈志远和梁作楠，1997）提出与之不同的分组意见，尤其基于 RAPD（卢龙斗等，2001）、RFLP（马浩和张冬梅，2001）、全基因组重测序（张慧源，2018）、叶绿体基因组（李冰冰，2019）和 SNP（赵阳等，2023）等分子生物学研究方法，提出了一些不同的分组建议，这表明泡桐属的分类与演化具有一定的复杂性。

上述三组分类意见之外的形态学、分子生物学研究均未能提出一种相互印证、广为认可的分组处理，本书仍采用胡秀英先生的意见，将泡桐属分为三组，并根据已报道的亲缘关系和进化分析研究，将新命名的种也纳入 3 个组中。

第一组：毛泡桐组（Sect. Ⅰ.*Paulownia*）

本组含 4 种：毛泡桐（*P. tomentosa*）、兰考泡桐（*P. elongata*）、楸叶泡桐（*P. catalpifolia*）和山明泡桐（*P. lamprophylla*）。本组识别特征：聚伞花序松散，呈宝塔形或圆锥形，小花序梗与花梗近等长；蒴果球形至卵形，果皮软骨质至壳质。

第二组：白花泡桐组（Sect. Ⅱ. *Fortuneana*）

本组含 3 种：白花泡桐（*P. fortunei*）、鄂川泡桐（*P. albiphloea*）、南方泡桐（*P. australis*）。本组识别特征：聚伞花序主轴明显，花序枝侧枝无或远不及主枝发达；蒴果椭圆形或长椭圆形，基部缢缩，果皮木质；花冠亚漏斗状，长 8～10cm，花向基部渐狭。

第三组：台湾泡桐组（Sect. Ⅲ. *Kawakamia*）

本组含 2 种：台湾泡桐（*P. kawakamii*）和川泡桐（*P. fargesii*）。本组识别特征：聚伞花序松散，主轴不明显，花序枝具有几乎与主轴一样发达的侧枝，小聚伞花序几无总梗，近呈伞形花序状；蒴果球形至卵球形，果皮壳质。

第二节　泡桐的栽培区域

泡桐适应性、抗逆性强，在盐碱土壤，瘠薄的低山、丘陵等困难立地条件及平原地区均能生长。泡桐又具有喜高温且耐低温的生物学特性，从我国东北辽宁南部、华北、华中、华东、华南、西南至西北部分地区都能生长，各地都有适应当地生态环境的种类，除东北北部、内蒙古、新疆北部和西藏等地区外，全国均有人工栽培或野生分布。

在我国，泡桐分布区的北界大致在辽宁南部（金县、营口以南）、北京、山西太原、陕西延安、甘肃平凉一线，向南分布到广东、海南、广西和云南，跨越北纬 20°～40°；东起台湾，西至甘肃岷山、四川的大雪山和云南的高黎贡山以东，横跨东经 98～125°，分布范围达 25 个省（自治区、直辖市）（竺肇华，1981）。

一、黄河中下游栽培区

《黄河年鉴》《河南省志》，以及2008年国务院批复同意的《黄河流域防洪规划》，都明确提出“自内蒙古托克托县河口镇至河南荥阳市桃花峪为黄河中游，自桃花峪以下至入海口为黄河下游”。因此，黄河中下游地区包含黄土高原、汾渭盆地、华北平原、鲁中丘陵及河口三角洲等地理区域。该区域自西向东横跨我国地势的第二、第三级阶梯，地势起伏大，高低悬殊，生态环境、立地条件复杂多样，是我国重要的生态脆弱区域和生态屏障。

该区域地处中纬度地带，属暖温带半湿润气候区，但各地区气候差异显著。整体来说，表现为光照资源丰富、气温年际变化大、降水分布不均等特点。整体而言，该区域大部分地区均为泡桐的适生区域，以兰考泡桐、毛泡桐、光泡桐为主，亦有楸叶泡桐及山明泡桐等种，‘豫杂一号’、四倍体泡桐等人工选育的泡桐良种亦占据很大比重。该区为我国重要的农业区，泡桐的主要经营方式以四旁及农田林网种植为主，在部分浅山丘陵亦有连片种植，是我国泡桐用材林的主要栽培区域和最重要的泡桐木材产区。

二、长江中下游栽培区

长江中下游地区是长江三峡以东的中下游沿岸带状平原，为中国三大平原之一，西起巫山东麓，东至黄海、东海海滨，北接桐柏山、大别山南麓及黄淮平原，南至江南丘陵及钱塘江、杭州湾以北沿江平原，自西向东横跨四川、湖北、湖南、安徽、江西、江苏、浙江和上海8省（直辖市），东西长约1000km，南北宽100～400km，总面积约20万km^2，年均温14～18℃，年降水量1000～1500mm。

长江中下游地形复杂多样，山区为我国植物资源最为丰富的地区之一，平原是中国重要的粮、油、棉生产基地，泡桐属几乎所有种及变种均有分布，亦有大量种间过渡类型、变异类型，因此又是泡桐属的起源及演化中心和分布中心。

三、西北栽培区

西北栽培区主要包括甘肃、青海等区域，是我国泡桐分布的西北界限。该区地形复杂，气温和降水量各地差异较大。

从东南向西北延伸至永靖、岷县均有栽培分布，而自庆阳西峰、平凉及天水秦安和武山一线的东南是泡桐属各个种比较集中的地区。其中自然分布1种1变种，即毛泡桐、光泡桐，主要分布于陇南地区，以文县、武都、康县为主，徽县、两当、成县亦有分布，主要垂直分布于海拔700～900m，多见于山区坡脚沟台、林缘地带，亦散生于村围“四旁”。同时，该区还引种了兰考泡桐、楸叶泡桐、白花泡桐、川泡桐4种和白花兰考泡桐1变种，以及‘豫杂一号’‘桐杂1号’‘毛白’‘兰考3号’等数十种杂交无性系或品种。

此外，甘肃省兰州市西固区、青海省海东市化隆县群科镇将泡桐作为行道树，花开季节“桐树大道”景观效果极好。

四、华北栽培区

华北栽培区是我国泡桐分布的北界，主要包括北京、天津、河北、山西和内蒙古，辽宁南部至辽东半岛。区域气候、纬度与华北地区接近，且有泡桐栽培分布，因此也纳入该区域进行概述。该区与我国华北林区和华北防护林区基本重叠，是我国重要的经济林区、木材产区和林业生态屏障。

该区属于典型的暖温带半湿润大陆性季风气候，四季分明，雨热同期，夏季炎热多雨，冬季寒冷干燥，春、秋短促；年平均气温 5～20℃，年降水 400～800mm，是我国重要的小麦、玉米产区。该区主要分布有楸叶泡桐、兰考泡桐和毛泡桐，由于其根深冠大，在冬春防风阻沙、夏季防干热风方面具有明显优势，是防护林营建的优良树种，亦是农田林网与林粮间作的重要树种。

五、华南及西南栽培区

该区主要包括云南、贵州、四川、广西、广东、海南、福建、台湾等省（自治区），地理跨度大、海拔落差大，地形复杂，生态类型多样，气候涵盖热带、亚热带季风气候和高原山地气候。

该地区气候温暖湿润，雨量充沛，年均温在 15～19℃，年降水量多在 900～1600mm。不仅泡桐种类多，而且存在大量种间、种内变异类型，泡桐分类中的多数争议均产生于这一分布区内的种类上。该区内的泡桐以白花泡桐分布最广，在四川、云南、贵州山区，分布有川泡桐，在湖北西部、四川东部区域有一泡桐类型，竺肇华发表为鄂川泡桐，分布于成都的一个少果变异类型，则作为鄂川泡桐的变种处理，定名为成都泡桐。

该分布区的东、南大部地区，分布有台湾泡桐和南方泡桐。台湾地区约有 3 种泡桐，即白花泡桐、台湾泡桐和海岛泡桐。该分布区泡桐以山区自然野生分布为主，亦有四旁种植，农桐间作及成片造林经营相对较少。

参 考 文 献

苌哲新, 史淑兰. 1989. 中国泡桐属新植物. 河南农业大学学报, 23(1): 53-58.
陈志远. 1983. 泡桐属(*Paulownia*)花粉形态学的初步研究. 武汉植物学研究, (2): 11-14.
陈志远. 1986. 泡桐属(*Paulownia*)分类管见. 华中农业大学学报, (3): 53-57.
陈志远, 梁作栯. 1997. 泡桐属细胞分类学研究.华中农业大学学报, (6): 81-85.
陈志远, 姚崇怀, 胡惠蓉, 等. 2000. 泡桐属的起源、演化与地理分布. 武汉植物学研究, (4): 325-328.
龚彤. 1976. 中国泡桐属植物的研究. 中国科学院大学学报, 14(2): 38-50.
蒋建平. 1990. 泡桐栽培学. 北京: 中国林业出版社.
李冰冰. 2019. 八种泡桐叶绿体基因组测序及进化关系分析. 河南农业大学硕士学位论文.
梁作栯, 陈志远. 1995. 泡桐属与其近缘属亲缘关系的探讨. 华中农业大学学报, (5): 493-495.
林兵, 林建兴. 1990. RFLP——遗传学研究的新领域. 生物学通报, 7: 16-17.
刘炜. 2022. 黄河中下游地区农业现代化的时空演变及机制分析. 山西师范大学硕士学位论文.
卢龙斗, 谢龙旭, 杜启艳, 等. 2001. 泡桐属七种植物的 RAPD 分析. 广西植物, 21(4): 335-338.
马浩, 张冬梅. 2001. 泡桐属植物种类的 RFLP 分析. 植物研究, 21(1): 136-139.
莫文娟, 傅建敏, 乔杰, 等. 2013. 泡桐属植物亲缘关系的 ISSR 分析. 林业科学, 49(1): 61-67.
彭海凤, 范国强, 叶永忠. 1999. 泡桐属植物种间关系研究. 河南科学, (S1): 30-34.
舒寿兰. 1987. 四种泡桐染色体数目的初步研究. 河南农业大学学报, 1(1): 29.
孙蒙祥, 王灶安. 1990. 宜昌泡桐雌雄配子体发育及其生殖过程的研究. 华中农业大学学报, 9(2): 107-111.
佟永昌, 杨自湘, 韩一凡. 1980.一些树种染色体的观察. 中国林科院林业研究所研究报告, (1): 83-88.
西北农学院林学系. 1975. 我国泡桐属的主要种类和分布. 陕西林业科技, (4): 2-11.
熊金桥, 陈志远. 1991. 泡桐属花粉态及其与分类的关系. 河南农业大学学报, (3): 280-284.
于兆英, 李思峰, 徐光远. 1987. 泡桐属植物染色体数目和形态的初步研究. 西北植物学报, 702: 127-133.
张慧源. 2018. 九种泡桐基因组重测序及变异位点分析. 河南农业大学硕士学位论文.
赵阳, 冯延芝, 杨超伟, 等. 2023. 基于全基因组重测序的泡桐属植物遗传关系分析. 中南林业科技大学学报, 43(6): 1-10.
竺肇华. 1981. 泡桐属植物的分布中心及区系成分的探讨. 林业科学, (3): 271-280.
Cao Y, Sun G, Zhai X, et al. 2021. Genomic insights into the fast growth of paulownias and the formation of *Paulownia* Witches' broom. Molecular Plant, 14(10): 1668-1682.

Hu T W, Chang H J． 1975. A new species of *Paulownia* from Taiwan, *P.taianiana*. Taiwania, 20(2): 165-170.

Lucas Borja M E, Universidad de Castilla-La Mancha. 2010. *Paulownia* (*Paulownia elongata* × *foutunei*) cultivation to obtain wood and biomass in Castilla-La Mancha (Spain): first results. Foresta: 47-48.

Wang W Y, Pai R C, Lai C C, et al. 1994. Lin Molecular evidence for the hybrid of *Paulownia* based on RAPD markers and RFLP of chloroplant DNA. The Appl Genet, (89): 271-275.

Yi D K, Kim K J. 2016. Two complete chloroplast genome sequences of the genus *Paulownia*(Paulowniaceae): *Paulownia coreana* and *P. tomentosa*. Mitochondrial DNA Part B, 1(1): 627-629.

第三章　泡桐的生物学和生态学特性

植物的生物学特性包括植物的形态学特征、主要分布地区、物候期和生长发育规律等。形态学特征是指叶、茎、花、果、种子和根等器官，在生长发育过程中所表现出来的特征，不同植物或同类植物的不同品种分别具有复杂多样的形态学特征。同类植物不同品种间的形态学特征在性状表现方面，既存在有联系、有区别的变异性，又存在一定的遗传稳定性和连续性。形态学特征能够有效反映出植物在环境变化过程中的适应和在进化上的变化，对植物在演变、进化和变异等方面的研究具有重要意义。物候期是指植物的生理机能随气候变化而呈现出的规律性反应，如叶片的展叶期、变色期、落叶期，花的始花期、盛花期、末花期及果实的形成期、成熟期等。通过观测和记录一年中植物的生长荣枯随气候环境的变化，可探索植物发育过程的周期性规律，及其对周围环境条件的依赖关系，进而了解气候变化规律对植物生长发育的影响。

不论是古代还是现代，人们对植物的生物学特性都有着广泛而深入的研究。通过对叶片（包括形状、大小、质地等）、枝条（包括颜色、皮孔、枝髓等）、花（包括花期、颜色、形状、大小等）、果实（包括形状、大小、形态等）和种子（包括颜色、形状、大小等）这些形态学特征的观察，以及对物候期、生长发育规律的研究和评价对比，可为植物的起源、品种分类、亲缘关系、品种识别、多样性研究和保护等提供数据参考。

植物的生态学特性包括影响植物繁育的光照、温度、水分和土壤等，这是决定植物正常生长、发育和繁殖的基本条件。从种子的萌发到幼苗的生长，从根、茎、叶的发育到植株生长健壮，从花朵的开放、果实的形成到种子的收摘，都离不开光照、温度、水分和土壤这些环境因子。光照是植物能够存活的主要能量来源；温度是影响植物生长发育的关键因素；水分是植物各种生理活动的必要条件，是植物细胞扩张生长的动力；土壤是植物生长的载体，为植物生长发育提供必需的各类元素。研究表明，光照的时长、强度和光质，温度的高低，水分的多少，土壤的质地、肥力、疏松透气性和酸碱度等，都在不同程度上对泡桐种子发芽势和发芽率、枝叶分布和叶片大小、光合作用和色素合成、根系生长和根茎比、花芽分化和花色呈现、高生长和粗生长、蒸腾作用和物质运输、免疫系统响应和抗病虫害能力、有机物质积累和碳水化合物合成等方面起着促进或抑制作用。

多年来，学界对泡桐属植物的生物学和生态学特性开展了大范围的研究，这些研究积累的数据为泡桐属种间的形态学特征比较、亲缘关系分析、遗传育种和品种利用等奠定了坚实的基础。

第一节　泡桐的生物学特性

一、泡桐的形态学特征

泡桐的树冠为圆锥形、伞形或近圆柱形，幼时树皮平滑而具显著皮孔，老时纵裂，通常假二叉分枝，枝对生，常无顶芽；除老枝外全体均被毛，毛有各种类型，如星状毛、树枝状毛、多节硬毛、黏质腺毛等，有些种类密被星状毛和树枝状毛，肉眼观察似茸毛，故通称茸毛。某些种在幼时或营养枝上密生黏质腺毛或多节硬毛。叶对生，大而有长柄，有时在生长旺盛的新枝上为 3 枚轮生，心脏形至长卵状心脏形，基部心形，全缘、波状或 3～5 浅裂，在幼株中常具锯齿，多毛，无托叶。花 3（1）～5（8）朵成小聚伞花序，具总花梗或无，但因经冬叶状总苞和苞片脱落而多数小聚伞花序组成大型花序，花序枝的侧枝长短不一，使花序呈圆锥形、金字塔形或圆柱形；萼钟形或基部渐狭而为倒圆锥形，被毛，萼齿5，稍不等，后方一枚较大；花冠大，紫色或白色，花冠管基部狭缩，通常在离基部5～6mm处向前驼曲或弓曲，曲处以上突然膨大或逐渐扩大，花冠漏斗状钟形至管状漏斗形，腹部有两条纵褶（仅白色泡桐无明显纵褶），内面常有深紫色斑点，在纵褶隆起处黄色，檐部二唇形，上唇2裂，多少向后翻卷，下唇3裂，伸长；雄蕊4枚，二强，不伸出，花丝近基处扭卷，药叉分；花柱上端微弯，约与雄蕊等长，子房2室。蒴果卵圆形、卵状椭圆形、椭圆形或长圆形，室背开裂，2片裂或不完全4片裂，果皮较薄或较厚而木质化；种子小而多，有膜质翅，具少量胚乳（中国科学院中国植物志编辑委员会，1979）。

分种检索表

1. 小聚伞花序有总花梗，花序圆锥形或圆柱形，叶片卵状心脏形至长卵状心脏形，萼在花后脱毛或不脱毛……………2
   聚伞花序除位于下部者外，无总花梗或仅有比花梗短得多的总花梗；花序枝的侧枝发达，稍短于中央主枝或至少超过中央主枝之半，故花序宽大呈圆锥形，最长可达1m。萼深裂达一半或超过一半，毛不脱落……………9
2. 小聚伞花序都有明显的总花梗，总花梗几与花梗等长；花序枝的侧枝较短，长不超过中央主枝之半，故花序较狭而呈金字塔形、狭圆锥形或圆柱形，长在50cm以下……………3
   小聚伞花序总花梗短，花序圆锥形或圆柱形，花萼浅裂1/4～2/5……………7
3. 果实卵圆形、卵形或椭圆形，稀卵状椭圆形，长3～5.5cm；果皮较薄，厚不到3mm；花序金字塔形或狭圆锥形；花冠漏斗状钟形或管状漏斗形，紫色或浅紫色，长5～9.5cm，基部强烈向前弓曲，曲处以上突然膨大，腹部有两条明显纵褶；花萼长在2cm以下，开花后脱毛或不脱毛；叶片卵状心脏形至长卵状心脏形……………4
   果实卵形或椭圆状卵形，长5～6cm，果皮木质，中厚；花序圆柱形或狭圆锥形；花冠近漏斗形，向阳面浅紫色，背阴面近白色，后期全变白色；花萼肥厚，倒圆锥状钟形，长1.8～2.6cm，裂深1/4～1/3；叶厚，革质，长椭圆状卵形、长卵形或卵形（河南西南部、湖北西北部）……………**1.山明泡桐 *P. lamprophylla***
4. 果实卵圆形，幼时被黏质腺毛；萼深裂过一半，萼齿较萼管长或最多等长，毛不脱落；花冠漏斗状钟形；叶片下面常具树枝状毛或黏质腺毛……………5
   果实卵形或椭圆形，稀卵状椭圆形，幼时有茸毛；萼浅裂至1/3或2/5，萼齿较萼管短，部分脱毛，叶片下面被星状毛或树枝状毛……………6
5. 叶片背部密被毛，毛有较长的柄和丝状分枝，成熟时不脱落（辽宁、河北、河南、山东、江苏、安徽、湖北、江西）……………**2.毛泡桐 *P. tomentosa*（Thunb.）Steud.**
   叶片背部幼时被稀疏毛，成熟时无毛或仅残留极稀疏的毛（山西、河北、河南、陕西、甘肃、湖北、四川）……………**光泡桐 *P. tomentosa* var. *tsinlingensis*（Pai）Gong Tong**
6. 果实卵形，稀卵状椭圆形；花冠紫色至粉白，较宽，漏斗状钟形，顶端直径4～5cm；叶片卵形或阔卵形，长宽几相等或长稍过于宽（河北、河南、山西、陕西、山东、湖北、安徽、江苏）……………**3.兰考泡桐 *P. elongata* S. Y. Hu**
   果实椭圆形；花冠淡紫色，较细，管状漏斗形，顶端直径不超过3.5cm；叶片长卵状心脏形，长约为宽的2倍（山东、河北、山西、河南、陕西）……………**4.楸叶泡桐 *P. catalpifolia* Gong Tong**
7. 花序枝较发达，花序呈宽圆锥形或狭长圆锥形，花紫色，花萼浅裂1/3左右，成熟叶片厚，叶背具毛，果实长4～6cm……………8
   花序枝几无或仅有短侧枝，花序圆柱形；果实长圆形或长圆状椭圆形，长6～10cm；果皮厚而木质化；花冠管状漏斗形，白色或浅紫色，长8～12cm，基部仅稍稍向前弓曲，曲处以上逐渐向上扩大，腹部无明显纵褶；花萼长2～2.5cm，开花后迅速脱毛；叶片长卵状心脏形，长大于宽很多（长江流域以南，东起台湾，西至云南、四川广大地区野生，山东、河北、河南、陕西有栽培）……………**5.白花泡桐 *P. fortunei*（Seem.）Hemsl.**
8. 小聚伞花序具比花梗短得多的总花梗，总花梗长6～7mm，位于顶端的小聚伞也有很短而不明显的总花梗；萼浅裂1/3～2/5，逐渐脱毛或稀不脱毛，果实椭圆形，长约4cm（浙江、福建、湖南、广东）……**6.南方泡桐 *P. australis* Gong Tong**
   果实椭圆形，长4～6cm，成熟果被毛大部分不脱落；叶片卵状至长卵状心形，成熟叶厚革质，上面光滑具光泽，下面密生具有长毛发状侧枝的短柄树枝状毛；聚伞花序总梗短于花柄；花冠漏斗状，内有紫色细斑点；萼浅裂1/4～1/3，萼筒较细长，开花后毛逐渐脱落或不脱落（湖北西部、四川）……………**7.鄂川泡桐 *P. albiphloea***
   少果，很少结实（成都）……………**成都泡桐 *P. albiphloea* var. *chengtuensis***
9. 果实卵圆形；萼齿在果期常强烈反折；花冠浅紫色至蓝紫色，长3～5cm；叶片两面均有黏质腺毛，老时逐渐脱落而显现单条粗毛（湖北、湖南、江西、浙江、福建、台湾、广东、广西、贵州）………………**8.台湾泡桐** ***P. kawakamii*** **Ito**

果实椭圆形或卵状椭圆形；萼齿在果期贴伏于果基，长不反折；花冠白色有紫色条纹至紫色，长 5.5～7.5cm；叶片幼时具星状茸毛，老时不脱落或脱落近无毛（湖北、湖南、四川、贵州、云南）………………**9.川泡桐** ***P. fargesii*** **Franch.**

（一）山明泡桐

山明泡桐树冠广卵圆形。树皮灰褐色至灰黑色，浅纵裂，小枝初有毛，后渐脱落光滑。叶片长椭圆状卵形、长卵形或卵形，长 14～30cm，宽 12～20cm，全缘，叶先端尖锐或渐长，叶基心形、稀圆形或楔形，叶厚，革质，叶片上表面初有毛后脱落渐变光滑，成熟叶片表面深绿色、光亮，叶背面黄绿色，密被白色无柄分枝毛；叶柄长 8～20cm。花序短小，圆柱形或狭圆锥形，长 10～30cm，下部分枝长约 10cm，分枝角 45°左右，花序轴及分枝初时有毛，后渐脱落；聚伞花序柄及花梗长 5～18mm，密被黄色分枝短柔毛，毛易脱落；花蕾大，洋梨状，长 14～18mm，径 10mm 左右，密被黄色分枝短柔毛，毛易脱落；花大，全长 8～10cm；萼倒圆锥状钟形，肥大而厚，长 18～26mm，基部钝尖，中部直径 10～12mm，上部直径 14～20mm，外部毛易脱落，裂深 1/4～1/3，裂片外曲或不外曲，上方裂片大，舌状，端圆，下部两裂片较小，三角形，端尖，侧方两裂片端钝；花冠近漏斗形，长 8～9.5cm，基部直径约 6mm，中部直径约 20mm，口部直径 30～42mm，冠幅 60～70mm，向阳面浅紫色，背阴面近白色，后期则变为白色，外面几光滑无毛，里面无毛，沿下唇二裂处隆起，有黄色条纹，下壁除有清晰的紫色虚线及少数细紫斑点外，全部秃净；雄蕊长 20～25mm，花药长 3～4mm，未开花前花药为紫褐色，有的为白色，均无花粉；雌蕊长约 48mm，花柱微带紫色，子房卵形，长约 8mm，柱头位于花药上方 10～15mm 处。花期 4 月。蒴果卵形或椭圆状卵形，长 5～6cm，直径 3～3.5cm，先端嘴长 3～4mm，二瓣裂；果皮木质，中厚；宿萼光滑无毛，裂齿尖，向外反曲。果熟期 9～10 月，一般结果量极少或不结果实（图 3-1，图 3-2）。

图 3-1　山明泡桐（修改自蒋建平，1990）

1. 叶；2. 叶背毛；3. 花序枝；4. 花正面观；5. 花侧面观；6. 花纵剖面；7. 果实；8. 果爿；9. 种子

图 3-2　山明泡桐（修改自李芳东等，2013）

（二）毛泡桐

毛泡桐高达 20m，树冠宽大伞形；树皮褐灰色，幼时平滑有皮孔且常具黏质短腺毛等，老时开裂。单叶，对生；叶片心脏形，长 20～30cm，宽 15～28cm，全缘或波状浅裂，叶片上表面毛稀疏，背部密生灰白色树枝状毛或腺毛；老叶背部的灰褐色树枝状毛常具柄和 3～12 条细长丝状分枝，新枝上的叶较大，其毛常不分枝，有时具黏质腺毛；叶柄长 10～25cm，常有黏质短腺毛。花序为金字塔形或狭圆锥形，花序枝的侧枝不发达，长约为中央主枝的一半或稍短，多数 50cm 以下，小聚伞花序总花梗几与花梗等长，长 1～2cm，具花 3～5 朵；花蕾近球形，密被黄色毛；萼浅钟形，长约 1.5cm，外面茸毛不脱落，分裂至中部或裂过中部，萼齿状长圆形，在花中锐头或稍钝头至果中钝头；花冠紫色，漏斗状钟形，长 5～7.5cm，在离管基部约 5mm 处弓曲，向上突然膨大，外面有腺毛，内面几无毛，檐部 2 唇形，直径约 4.5cm；雄蕊 4，2 强，雌蕊 1，子房上位，卵圆形，有腺毛，2 室，花柱 1，细长，与雄蕊花药略等长。花期 4～5 月。蒴果卵圆形，幼时密生黏质腺毛，长 3～4.5cm，顶端急尖，尖长 3～4mm，基部圆形，果皮薄而脆，厚约 1mm，宿萼不反卷。果期 8～9 月。种子连翅长 2.5～4mm（图 3-3，图 3-4）。

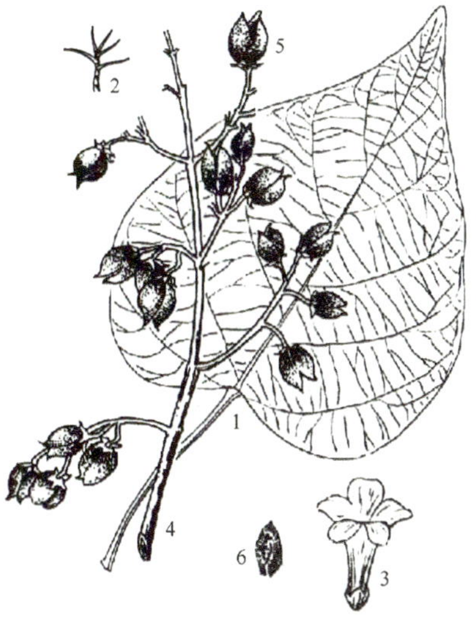

图 3-3　毛泡桐（修改自龚彤，1976）
1. 叶；2. 分枝毛；3. 花；4. 果序；5. 果；6. 种子

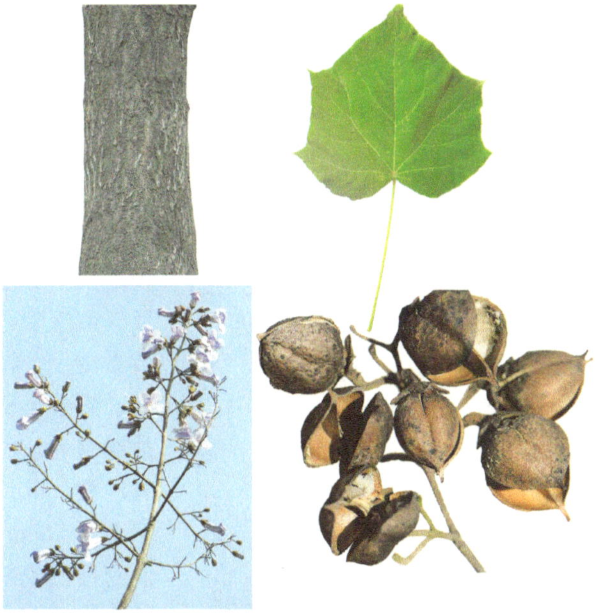

图 3-4　毛泡桐（修改自李光敏，2009；朱鑫鑫，2019；朱仁斌，2019a）

光泡桐（变种）

光泡桐是毛泡桐的变种，其与毛泡桐的区别是，叶基部浅心形或圆形，成熟叶片背部无毛或极少毛。如图 3-5 所示。

图 3-5　光泡桐（修改自陈又生，2008；刘兴剑，2023）

（三）兰考泡桐

兰考泡桐高达 10m 以上，树冠宽圆锥形，稀疏，干形好；树皮灰褐色，浅纵裂。小枝褐色，有凸起的皮孔，具星状茸毛。生长期通常能自然接干 3～4 次，少有 5 次；通常栽植 2～8 年后第一次向上自然接干，第一次接干高生长量最大，高生长量有的超过 3m，以后逐渐降低。胸径的连年生长量高峰在 4～10 年。材积连年生长量高峰为 7～14 年，高峰出现的时间和质量受土壤条件和抚育管理措施影响。单叶，对生；叶片卵形或阔卵形，顶端锐头且渐变狭长，叶基心形或近圆形，全缘或 3～5 浅裂，长 15～25cm，宽 10～20cm；叶上表面初有分枝毛，后脱落，背部有灰白色无柄或几无柄树枝状毛；叶柄长 10～18cm。花序金字塔形或狭圆锥形，花序枝的侧枝不发达，长约 30cm，小聚伞花序，总花梗几与花梗等长，长 8～20mm，有花 3～5 朵，稀有单花；花蕾倒卵形，长约 1cm，密被黄褐色毛；萼倒圆锥形，长 16～20mm，基部渐狭，分裂至 1/3 左右成 5 枚卵状三角形的齿，管部的毛易脱落；花冠漏斗状钟形，紫色至粉白色，长 7～9.5cm，管在基部以上稍弓曲，外面有腺毛和星状毛，内面无毛而有紫色细小斑点，檐部略作 2 唇形，直径 4～5cm；雄蕊 4，2 强，雌蕊 1，子房上位，卵状圆锥形，柱头白色略膨大，子房和花柱有腺，花柱长 30～35mm。花期 4～5 月。蒴果卵形，稀卵状椭圆形，长 3.5～5cm，有星状茸毛，宿萼碟状，顶端具长 4～5mm 的喙，果皮厚 1～2.5mm。果期秋季。种子连翅长 4～5mm（图 3-6，图 3-7）。

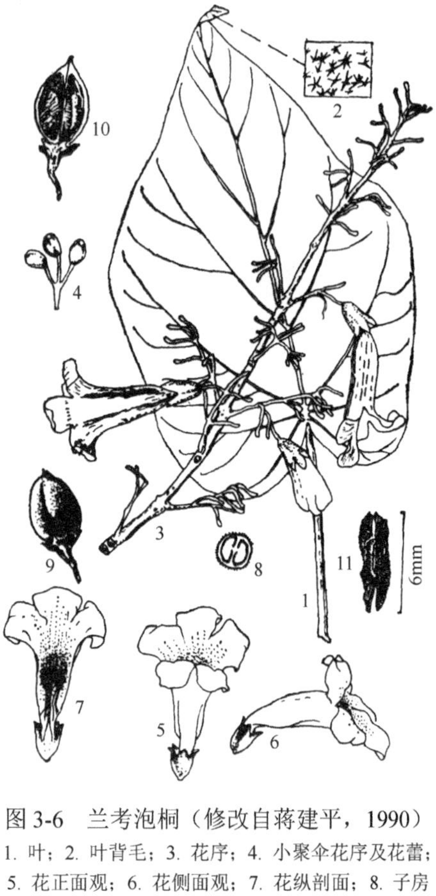

图 3-6　兰考泡桐（修改自蒋建平，1990）
1. 叶；2. 叶背毛；3. 花序；4. 小聚伞花序及花蕾；5. 花正面观；6. 花侧面观；7. 花纵剖面；8. 子房横切；9、10. 果实；11. 种子

（四）楸叶泡桐

楸叶泡桐树冠为高大圆锥形，分枝角度小，常有明显的中心主干；主干通直，连续向上生长，树皮幼时浅灰褐色，老时灰黑色，浅裂或深裂，有时甚粗糙，似楸树皮。小枝节间较短，幼时被白色或微黄色分枝柔毛，后渐脱落；幼枝绿褐色，老枝赤褐色；皮孔明显，圆形至长圆形，黄褐色，稍凸起，叶痕近圆形，髓心较小。叶片通常为长卵状心脏形，顶端锐头且渐变狭长，叶基心形，全缘或有浅裂，叶片下垂，叶片细长，长约为宽的 2 倍，长 12～28cm，宽 10～18cm。叶上表面深绿色，初被毛，后渐无且变光滑；叶背面密被白色或淡灰黄色分枝毛，毛密而无柄。初生叶常狭长卵形，长为宽的 2～3 倍，基部圆形；冠内叶及林木树冠下部的叶常较宽，卵形或广卵形，叶色较浅，全缘，少有裂；叶柄初有毛后渐脱落；苗期叶大，近圆形有浅裂。花序金字塔形或狭圆锥形，花序枝的侧枝不发达，长一般在 35cm 以下，小聚伞花序有明显的总花梗，与花梗近等长；花蕾洋梨状，密被黄色短柔毛；萼浅钟形，在开花后逐渐脱毛，浅裂 1/3～2/5 处，上方一裂片较大，舌状，端圆，下方两裂片狭三角形，萼齿三角形或卵圆形；花细而长，花冠漏斗状或管状漏斗形，浅紫色，长 7～8cm，内部常密布紫色细斑点，顶端直径不超过 3.5cm，喉部直径 1.5cm，基部向前弓曲，檐部 2 唇形。花期 4 月。蒴果细小，椭圆形，幼时被星状茸毛，长 4.5～5.5cm，直径 1.8～2.4cm，先端短尖，常微歪嘴，果皮厚达 3mm，木质，成熟前被黄色短柔毛，后渐脱落，宿萼钟形。果期 7～8 月。种子狭长圆形，长约 2mm，连翅长 5～7mm，翅白色（图 3-8，图 3-9）。

（五）白花泡桐

白花泡桐高达 30m，树冠圆锥形，分枝角 45°左右；主干通直，胸径可达 2m，树皮灰褐色，不裂或浅裂。幼枝被黄褐色星状茸毛；小枝灰褐色，初时有毛，后渐光滑。叶片长卵状心脏形，有时卵状心脏形，长 10～25cm，宽 6～15cm，全缘或微呈波状，新枝上的叶顶端锐头且渐变狭长，锐尖长度可达 2cm，基部心形，近革质。叶背部被黄褐色星状茸毛及腺毛，叶柄、叶片上表面和花梗渐变无毛。成熟叶片叶背部有时稀疏至近无毛；叶柄长 6～14cm。花序狭长几呈圆柱形，花序枝几无或仅有短侧枝，长 15～35cm，小聚伞花序有花 3～8 朵，总花梗几与花梗近等长，或下部者长于花梗，上部略短于花梗。花蕾大，洋梨状，长 15～18mm，直径 8～12mm；花序柄、花梗及花蕾均密被易脱落的淡灰黄色短柔毛。花萼肥大，倒圆锥状钟形，长 2～2.5cm，花后逐渐脱毛，分裂至 1/4 或 1/3 处，萼齿卵圆形至三角状卵圆形，至果期变为狭三角形，基部钝尖，中部直径 10～13mm，顶部直径 11～17mm，裂片外曲或不外曲。花大，白色或淡紫色，稀红紫色，全长 8～11cm。花冠管状漏斗形，白色仅背面稍带紫色或浅紫色，长 8～12cm，管部在基部以

图 3-7 兰考泡桐（修改自郭青松，2017；聂廷秋，2017；夏尚华，2023；叶喜阳，2023）

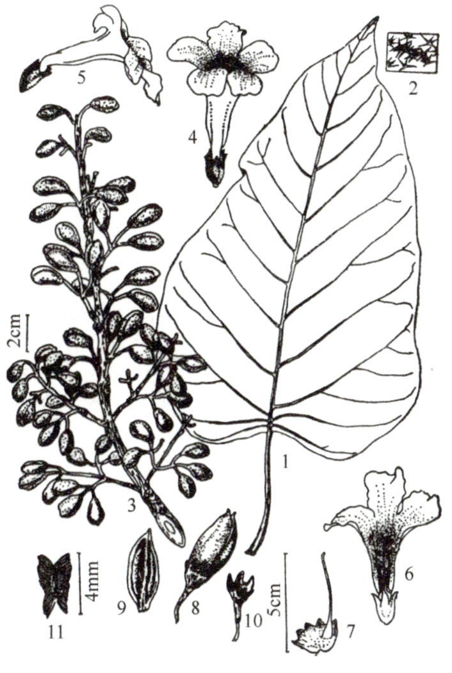

图 3-8 楸叶泡桐（修改自蒋建平，1990）

1. 叶；2. 叶背毛；3. 花序枝；4. 花正面观；5. 花侧面观；6. 花纵剖面；7. 花萼及雄蕊；8. 果实；9. 果爿；10. 萼；11. 种子

图 3-9 楸叶泡桐（修改自刘昂，2019；朱仁斌，2019b；周立新，2021；朱鑫鑫，2022）

上不突然膨大，而逐渐向上扩大，稍稍向前曲，外面有星状毛，腹部无明显纵褶，内部密布紫色细斑块。雄蕊长 3～3.5cm，有疏腺；子房有腺，有时具星状毛，花柱长约 5.5cm。花期 3～4 月。蒴果长圆形或长圆状椭圆形，长 6～10cm，直径 3～4cm，顶端之喙长达 6mm，宿萼开展或漏斗状，二瓣裂，稀三瓣裂，果皮木质，厚 3～6mm，未成熟前表面被黄褐色星状茸毛。果期 7～8 月。种子长圆形，连翅长 6～10mm，翅白色（图 3-10，图 3-11）。

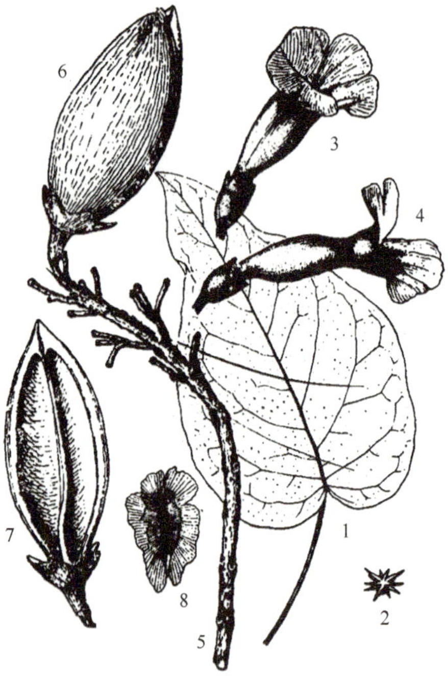

图 3-10　白花泡桐（修改自龚彤，1976）

1. 叶；2. 星状毛；3. 花正面观；4. 花侧面观；5. 果序；6. 果实；7. 果爿；8. 种子

图 3-11　白花泡桐（修改自牛余江，2010；徐永福，2013；吴棣飞，2016；薛自超，2019；岑华飞，2022；李光敏，2023）

（六）南方泡桐

南方泡桐树冠伞状，枝下高达 5m，枝条开展；树干通直，树皮灰黑色，浅纵裂；皮孔多为圆形，灰白色突起；侧枝发达，小枝被软毛。叶片卵形至宽卵形，长 10～30cm，宽 8～30cm，全缘或 3～5 浅裂，叶基心形，厚纸质，叶背密生茸毛和黏腺毛。花序宽圆锥形，花序枝宽大，侧枝长，超过中央主枝一半，长达 80cm。小聚伞花序有短总花梗，花梗长 8～15mm，具星状毛；萼在开花后部分脱毛或不脱毛，浅裂 1/3～2/5；花冠紫色，腹部稍带白色并有两条明显纵褶，长 5～7cm，管状钟形，檐部 2 唇形。花期 3～4 月。果实椭圆形，长约 4cm，幼时具星状毛，果皮厚可达 2mm，宿萼近漏斗形。果期 7～8 月。种子连翅长 3～3.5mm（图 3-12，图 3-13）。

（七）鄂川泡桐

主干通直，自然接干性强，树干在前 7～8 年呈灰白色，较光滑。叶片卵状至长卵状心形，成熟叶厚革质，上面光滑具光泽，下面密生具有长毛发状侧枝的短柄树枝状毛。花序狭圆锥状，枝较长，一般 40cm 左右，有时无侧枝，呈圆筒状，聚伞花序总梗短于花柄；萼浅裂 1/4～1/3，萼筒较细长，开花时一般不脱毛，以后逐渐脱落或不脱落；花紫色，长 7～8cm，内有紫色细斑点，花冠漏斗状。蒴果椭圆形，长 4～6cm，先端往往偏向一侧，成熟果被毛大部分不脱落（图 3-14，图 3-15）。

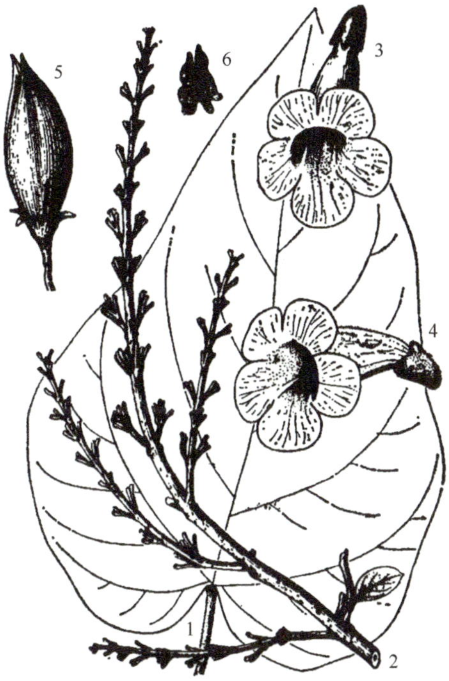

图 3-12　南方泡桐（修改自龚彤，1976）

1. 叶；2. 花序枝；3. 花正面观；4. 花侧面观；5. 果实；6. 种子

图 3-13　南方泡桐（修改自方万里，2016；孔繁明，2016；栗茂腾，2021；邱相东，2022a）

图 3-14　鄂川泡桐（修改自蒋建平，1990）

1. 叶；2. 叶背面；3. 花序枝；4. 花；5. 果实；6. 种子

图 3-15　鄂川泡桐（修改自李芳东等，2013）

成都泡桐（变种）

成都泡桐是鄂川泡桐的变种，其与鄂川泡桐的区别是：少果、很少结实，成熟果大部分脱毛，果矩圆形，长 4～6cm，直径 1.5～2.5cm，果壳厚 2～2.5mm；成熟叶光滑无毛，聚伞花序有明显总梗，花冠内无紫色斑点，萼片浅裂（图 3-16）。

（八）台湾泡桐

台湾泡桐树冠伞形，小乔木，高 6～12m，主干矮；小枝褐灰色，有明显皮孔。叶片心脏形，叶片大，大者长达 48cm，顶端锐尖头，全缘或 3～5 裂或有角；叶片两面均有黏毛，老时显现单条粗毛，叶面常有腺毛，叶柄较长，幼时具长腺毛。花序为宽大圆锥形，花序枝的侧枝发达、与中央主枝近等长或稍短，长可达 1m，小聚伞花序无总花梗或位于下部者具短总梗，但比花梗短，有黄褐色茸毛，常具花 3 朵，花梗长达 12mm；萼有茸毛，具明显的凸脊，深裂至一半以上，萼齿狭卵圆形，锐头，边缘有明显的绿色之沿；花冠近钟形，浅紫色至蓝紫色，长 3～5cm。外面有腺毛，管基部细缩，向上扩大，檐部 2 唇形，直径 3～4cm，雄蕊长 10～15mm；子房有腺，花柱长约 14mm。花期 4～5 月。蒴果卵圆形，长 2.5～4cm，顶端有短喙，果皮薄，厚不到 1mm，宿萼辐射状，常强烈反卷。果期 8～9 月。种子长圆形，连翅长 3～4mm（图 3-17，图 3-18）。

图 3-16　成都泡桐（修改自李芳东等，2013）

图 3-17　台湾泡桐（修改自龚彤，1976）
1. 叶；2. 花序枝；3. 花序枝侧枝；4. 花冠；5. 果实；6. 种子

（九）川泡桐

川泡桐高达 20m，树冠宽圆锥形，主干明显。小枝紫褐色至褐灰色，有圆形凸出皮孔，全体被星状茸毛，后逐渐脱落。叶片卵圆形至卵状心脏形，长 20cm 以上，叶片全缘或浅波状，顶端锐头渐尖长，叶上表皮疏生短毛，叶背毛具柄和短分支，毛密度变化幅度大，从有到无；叶柄长达 11cm。花序为宽大圆锥形，花序枝的侧枝长可达主枝之半，长约 1m，小聚伞花序无总梗或几无梗，有花 3～5 朵，花梗长不及 1cm，萼倒圆锥形，基部渐狭，长达 2cm，不脱毛，分裂至中部成三角状卵圆形的萼齿，边缘有明显较薄之沿，花冠近钟形，白色有紫色条纹至紫色，长 5.5～7.5cm，外面有短腺毛，内面常无紫斑。管在基部以上突然膨大，多少弓曲；雄蕊长 2～2.5cm；子房有腺，花柱长 3cm。花期 4～5 月。蒴果椭圆形或卵状椭圆形，长 3～4.5cm，幼时被黏质腺毛，果皮较薄，有明显的横行细皱纹，宿萼贴伏于果基或稍伸展，常不反折。果期 8～9 月。种子长圆形，连翅长 5～6mm（图 3-19，图 3-20）。

图 3-18　台湾泡桐（修改自陈炳华，2010；孔繁明，2017；徐晔春，2022；邱相东，2022b）

图 3-19　川泡桐（修改自龚彤，1976）
1. 叶；2. 分枝毛；3. 花；4. 果序；5. 果爿；6. 种子

二、泡桐的物候期

对 1963～1968 年、1972～1997 年、2001～2008 年北京植物园的泡桐物候观测记录进行研究，发现泡桐的展叶期在 4 月，展叶期对温度的敏感性为–5.35d/℃，对降水的敏感性为 0.76d/mm，对日照时长的敏感性为–0.08d/h；开花期在 4 月，开花期对温度的敏感性为–6.19d/℃，对降水的敏感性为 0.6d/mm，对日照时长的敏感性为–0.01d/h；泡桐叶片的变色时期通常在 10 月，叶片变色时期对温度的敏感性为 2.92d/℃，对降水的敏感性为–0.27d/mm，对日照时长的敏感性为–0.09d/h；泡桐的落叶时期一般都在 10 月，落叶时期对温度的敏感性为 3.93d/℃，对降水的敏感性为–0.02d/mm，对日照时长的敏感性为–0.01d/h（陈沁，2022）。

图 3-20　川泡桐（修改自黄江华，2015；林秦文，2021；刘翔，2022；刘力嘉，2023）

分别在 1964～1967 年、1973～1995 年、2003～2008 年及 2014～2019 年 4 个时期，对广西桂林植物园内泡桐的生长发育情况进行物候监测记录，经过认真细致的观察和研究发现，不同时期的泡桐，其展叶期通常都在 3 月，泡桐展叶期对温度的敏感性为–7.42d/℃，对降水的敏感性为 0.07d/mm，对日照时长的敏感性为–0.18d/h；泡桐的始花期一般都在 3 月，开花时期对温度的敏感性为–7.38d/℃，对降水的敏感性为 0.13d/mm；泡桐叶片的变色时期通常都在 9 月，叶片变色时期对温度的敏感性为–20.74d/℃，对降水的敏感性为 0.37d/mm，对日照时长的敏感性为–0.27d/h；泡桐的落叶时期通常都在 10 月，落叶时期对温度的敏感性为 28.37d/℃，对降水的敏感性为 0.37d/mm，对日照时长的敏感性为–0.62d/h；泡桐的结果时期一般都在 10 月，结果时期对温度的敏感性为 26.58d/℃，对降水的敏感性为 0.86d/mm，对日照时长的敏感性为–1.4d/h，泡桐的结果时期表现出对日照的高敏感性（陈沁，2022）。

（一）山明泡桐

花期 4 月，果熟期 9～10 月。

观察发现，20 世纪 70 年代，在同样条件下，河南省郑州市山明泡桐的花期与兰考泡桐（表 3-1）接近（蒋建平等，1980）。

表 3-1　河南省郑州市兰考泡桐开花期

年份	初花期	盛花期	末花期	开花天数
1974	4 月 6 日	4 月 13 日	5 月 2 日	27
1976	4 月 16 日	4 月 22 日	5 月 5 日	20

（二）毛泡桐

花期 4～5 月，果期 8～9 月。

对北京植物园 20 世纪 80 年代至 21 世纪初园林树木物候的年代际变化特征的观察发现，21 世纪前 10 年与 20 世纪 80 年代相比，毛泡桐的始花期提前 4.8 天，盛花期延长 1.5 天，末花期提前 2.3 天，开花持续期延长 2.4 天；展叶始期提前 5.2 天，落叶末期延后 8.0 天，叶幕期延长 13.2 天。20 世纪 80 年代至 21 世纪初这段时期，北京地区的年均温和春夏秋冬四季的季均温均呈上升趋势。以花期和叶期的物候期变化量绝对值（APV）对树木物候敏感性进行衡量的结果表明，毛泡桐是低物候敏感性树种，毛泡桐的年代际变化程度与物候变化趋势不明显，说明气候变化影响下其生长发育节律比较稳定（邢小艺等，2023）。

在 2018 年南京市泡桐花朵开放的时期，分别对市区内古林公园、情侣园这两个公共游园内生长的泡桐的观察发现，情侣园内生长健壮的毛泡桐，3 月 26 日有 5%的花瓣开始完全展开，当日平均温度 18℃、最高温度 25℃，4 月 1 日有 50%以上的花瓣展开，当日平均温度 19℃、最高温度 24℃，4 月 14 日树上的花凋落剩余 5%，当日平均温度 13℃、最高温度 15℃。在古林公园中生长的发育良好的毛泡桐，在 3 月 27 日这一天全树 5%的花瓣处于绽放盛开状态，当天的最高气温为 24℃，平均气温为 17℃，在 4 月 2 日这一天超过 50%的花瓣完全绽放盛开，当天的最高气温为 26℃，平均气温为 22℃，到 4 月 19 日时，全树花朵大部分都已凋落，残留大约 5%，当天的最高气温为 26℃，平均气温为 20℃（邸聪，2019）。

20 世纪 70 年代，河南省郑州市树龄为 8～10 年生毛泡桐的开花期如表 3-2 所示（蒋建平等，1980）。

表 3-2　河南省郑州市毛泡桐开花期

年份	初花期	盛花期	末花期	开花天数
1974	4 月 13 日	4 月 17 日	5 月 10 日	28
1976	4 月 23 日	5 月 1 日	5 月 15 日	23

（三）兰考泡桐

花期 4～5 月，果期 9～10 月。

对 20 世纪 60～80 年代引种到甘肃陇中黄土高原的兰考泡桐生长情况的研究发现，兰考泡桐花蕾出现在 7 月下旬～9 月初。第 2 年春天 4 月 12～18 日为初花期，4 月 18～25 日为盛花期，5 月 3～10 日为开花末期。叶芽及枝芽出现在 3 月 25 日～4 月 10 日，开始展叶期在 4 月 18～29 日，盛叶期为 5 月下旬～9 月底，叶变色期出现在 10 月上旬，落叶期为 10 月 18 日～11 月 10 日。5 月中旬落花后，果实开始形成，6 月下旬～8 月中旬为果实旺盛生长期，8 月下旬果实变色，10 月下旬以后果实逐渐干裂、脱落（徐鹏程等，1989）。

20 世纪 70 年代，对生长在河南省郑州市的兰考泡桐花期的观察发现，树龄为 8～10 年的兰考泡桐，其初花期、盛花期、末花期和开花天数分别如表 3-1 所示（蒋建平等，1980）。

20 世纪 70 年代，浙江省长兴县小浦林场兰考泡桐的花期如表 3-3 所示（欧阳名玲等，1979）。

表 3-3　浙江省长兴县兰考泡桐开花期

年份	初花期	盛花期	末花期	花落完期	开花天数	初发叶期
1978	4 月 13～15 日	4 月 16～21 日	4 月 22～25 日	4 月 25～29 日	14	4 月 17 日
1979	4 月 10～18 日	4 月 18～22 日	4 月 23 日			4 月 13 日

（四）楸叶泡桐

楸叶泡桐的花期因地区不同而有所差别，郑州 4 月中上旬，西部延至 5 月底；果期 7～8 月。

20 世纪 70 年代，对陕西省武功县种植的楸叶泡桐的生长情况观察发现，楸叶泡桐在该地区的始花期在 4 月 10 日左右，始花后 2～3 天即进入盛花期，花期较长，通常在 15～20 天（缪礼科和雷开寿，1980）。

20 世纪 70 年代，对生长在河南省郑州市的楸叶泡桐的花期观察发现，树龄为 8～10 年的楸叶泡桐，其初花期、盛花期、末花期和开花天数分别如表 3-4 所示（蒋建平等，1980）。

表 3-4　河南省郑州市楸叶泡桐开花期

年份	初花期	盛花期	末花期	开花天数
1974	4 月 1 日	4 月 7 日	4 月 20 日	20
1976	4 月 10 日	4 月 17 日	4 月 24 日	15

（五）白花泡桐

花期 3～4 月，果期 7～8 月。

对 2021 年 11 月 7 日～2022 年 11 月 6 日浙江农林大学东湖校区内白花泡桐的生长情况观察发现，3 月 1～15 日为芽膨大期，3 月 11～15 日为芽开放期，3 月 21～25 日为展叶始期，4 月 30 日～5 月 4 日为展叶盛期，3 月 21～25 日为始花期和盛花期，3 月 26 日～4 月 4 日为末花期，10 月 2 日～11 月 5 日为果实成熟期，11 月 6 日～12 月 10 日为果实脱落期，11 月 1～5 日为叶色始变期，12 月 1～5 日为秋色叶盛期，10 月 22～26 日为落叶始期，12 月 1～5 日为落叶末期（傅东示，2023）。

通过观察和对比发现，20 世纪 70 年代，在相同的生长环境和立地条件下，生长在河南省郑州市的发育良好、生长健壮的白花泡桐，其初花期、盛花期和末花期比兰考泡桐（表 3-1）早 5～7 天（蒋建平等，1980）。

20 世纪 70 年代，对生长在浙江省长兴县小浦林场白花泡桐的研究和对比表明，其花期变化明显，如表 3-5 所示（欧阳名玲等，1979）。

表 3-5　浙江省长兴县白花泡桐开花期

年份	初花期	盛花期	末花期	花落完期	开花天数	初发叶期
1978	4 月 1～5 日	4 月 6～15 日	4 月 16～20 日	4 月 21～25 日	20	4 月 15 日
1979	4 月 2～11 日	4 月 12～18 日	4 月 29 日			4 月 20 日

（六）南方泡桐

花期 3～4 月，果期 7～8 月。

不同地区的南方泡桐的花期有所差别，如 20 世纪 70 年代，在广西壮族自治区蒙山县海拔 600m 处的天然杂木林的边缘发现 2 棵南方泡桐，树高、胸径分别为 9m、23cm 和 10m、27cm，其花期为 4～5 月（李盛雄和邱传真，1981）。

20 世纪 70 年代，对生长在浙江省长兴县小浦林场发育良好、生长健壮的南方泡桐的观察发现，其初花期、盛花期、末花期、花落完期、开花天数和初发叶期如表 3-6 所示（欧阳名玲等，1979）。

表 3-6　浙江省长兴县南方泡桐开花期

年份	初花期	盛花期	末花期	花落完期	开花天数	初发叶期
1978	4 月 13～20 日	4 月 14～24 日	4 月 20～28 日	5 月 5 日	15	4 月 21 日
1979	4 月 11～13 日	4 月 14～23 日	4 月 24 日			4 月 23 日

（七）鄂川泡桐

20 世纪 70 年代，对长江流域和长江以南地区的泡桐观察发现，鄂川泡桐的开花年龄为 4～5 年（欧阳名玲等，1979）。

（八）台湾泡桐

花期 4～5 月，果期 8～9 月。

20 世纪 70 年代，对长江流域和长江以南地区的泡桐观察发现，台湾泡桐的开花年龄为 2～3 年。生长在浙江省长兴县小浦林场的植株健康状况较好的台湾泡桐，因种类不同，其花期相应有所差别，如表 3-7 所示（欧阳名玲等，1979）。

表 3-7　浙江省长兴县台湾泡桐开花期

年份	种类	初花期	盛花期	末花期	花落完期	开花天数	初发叶期
1978	台湾泡桐（紫花）	4 月 17～23 日	4 月 18～28 日	4 月 25 日～5 月 10 日	5 月中旬	22	4 月 19 日
	台湾泡桐（小果）	4 月 20～25 日	4 月 26 日～5 月 10 日	5 月中旬	5 月中旬以后	20 天以上	4 月 20 日
	台湾泡桐（纯白）	4 月 13 日左右	4 月 15～20 日	4 月 21～26 日	4 月 30 日	17	4 月 20 日前后
1979	台湾泡桐	4 月 13～19 日	4 月 20～25 日	4 月 26 日			4 月 22 日

研究发现，生长在台湾地区的台湾泡桐，其生长期为 3 月下旬～8 月下旬，生长休止期为 8 月下旬～10 月下旬，生长休眠期为 11 月上旬～翌年 2 月中旬（林文镇和陈佩钦，1979）。

（九）川泡桐

花期 4～5 月，果期 8～9 月。

20 世纪 70 年代，对生长在四川省内的川泡桐调查发现，4～6 年生的川泡桐未开花，5 年生、9 年生、11 年生的川泡桐均开花，始花期通常在 9 年生左右。在海拔 1000m 的地方，4 月下旬～5 月中旬为开花期，天然生的川泡桐比毛泡桐、光泡桐、兰考泡桐的始花期晚 2～4 年（蒋临轩，1977）。

三、泡桐的生长发育

泡桐属起源于亚热带，原属单轴分枝乔木，泡桐种分布跨越不同的地理区和植被区，由于在不同的栽培区泡桐生长及其特性差异极大，顶芽产生分化。决定泡桐分布的主要因子有纬度、经度、海拔、山脉、水系、气候条件和各个种的生物学、生态学特性。泡桐分布受纬度影响最大，经度和海拔对泡桐的分布也有明显的影响。我国一些气候炎热地区泡桐会表现出顶芽不死，有的植株出现单轴分枝的特点。

通过秋末出圃和平埋苗木等方法保护顶芽安全越冬，待翌年春季进行定植，大部分苗木顶芽越冬后均可存活。泡桐顶芽干枯死亡多是由冬季气候寒冷引起的，通过平埋可能改变泡桐原有的养分运输途径，顶芽利用储存的营养物质可以安全越冬，也可能是平埋后产生生理后熟作用保护顶芽存活。

泡桐主茎或分枝近顶端的 1～3 节侧芽在寒冷地区不能安全越冬，第二年春季，通过下端部分侧芽的萌发形成假二叉分枝；处于休眠（潜伏）状态的基部侧芽可在适宜时机自然萌发，通过创伤、修剪等刺激方式促使其萌发和徒长形成壮枝。假二叉分枝在毛泡桐和兰考泡桐中表现最为明显；白花泡桐和楸叶泡桐等泡桐品种大多数具有两个侧芽，生长健壮的侧芽可以成为顶芽继续朝上生长，过渡为合轴分枝，成为自然接干；3～5 年生兰考泡桐和南方泡桐等泡桐品种，大多会通过创伤、修剪等刺激，使顶端侧枝基部的潜伏芽或不定芽萌发成徒长枝代替顶芽向上生长，形成接干，其主干生长常呈间歇性。侧枝生长势有明显差异的原因，主要是因为在 1 年生苗干的不同部位，其组织发育和生理机能也不相同。例如，泡桐主干上半部分某个萌发的侧枝生长最旺盛，则其上端或下端的侧枝生长势就会表现出逐渐减弱。上部腋芽在萌发和生长过程中产生的生长素类物质对下部腋芽萌发会产生抑制作用，越接近苗干下部，抑制作用越强。

大部分位于根茎、干和侧枝基部的不定芽，在适宜时机可以通过修剪、创伤等刺激进行萌发或徒长，这种现象在泡桐树接干的形成过程中，与潜伏芽一样有重要作用。在泡桐的生长过程中，可以充分利用不定芽或潜伏芽这种萌发特性对泡桐进行人工接干。经查阅文献，兰考泡桐第一次自然接干的树龄在第 2～8 年，大多是在第 3～5 年，第二次与第一次接干的间隔期在 1～4 年，以一年的为多，其年龄多在第 4～6 年，其后接干的间隔期多在 2～4 年，能接干 7 次左右。兰考泡桐在第一次接干之后，直至其长到第 3～4 年时，泡桐的树形通常表现较好，如果在生长过程中接干树龄推迟，接干高度就会出现明显增加，而接下来后续几次接干的高度就会出现逐渐减小的现象。

（一）人工接干技术

泡桐因为具有假二叉分枝特性，“冠大干低”现象比较明显。根据各地区泡桐栽植生长情况，虽然发现一些泡桐种或新选优良无性系可通过顶端优势或利用潜伏芽和不定芽萌发徒长枝自然接干，但是不同的泡桐品种发生自然接干的树龄和部位具有不确定性，并且接干后的分枝强度（分枝数、分枝角、小枝数、分枝长和分枝粗）、接干强度（接干粗度、高度和连续接干次数）、接干质量（通直性和完满度）和主干生长等参差不齐，多数不能自然形成通直高干，很难达到预期目标，人工接干技术是培育泡桐通直高干的重要措施。

接干时间一般选择树液开始流动、芽刚刚萌发时期进行，4 月下旬～5 月上旬最为适宜。为了让泡桐枝干剪口快速愈合，主干直立生长，常常选择栽植 1～2 年生的泡桐进行接干技术处理，接干效果可以达到最优。如果是泡桐留床苗或栽植 1 年生泡桐幼树，则必须选择在树液流动前进行接干，因为此时对幼树今后生长抑制性最小，可以不用缓苗，即可达到预期目标。

在泡桐生长管理过程中，主要采用的人工接干方法有平茬接干法、钩芽接干法、剪梢接干法、“目伤”接干法、平头接干法，这 5 种接干方法要结合泡桐种类、树龄、树势、立地条件、管理水平等灵活选择。靠近顶端侧芽萌发能力强的泡桐品种可以选择采用剪梢接干法或钩芽接干法；潜伏芽或不定芽具有前发特性的泡桐品种常常选择平茬接干法、平头接干法或“目伤”接干法。

1. 平茬接干法

在立地条件较好的泡桐栽植区，泡桐根桩往往具有不定芽萌发能力强的特点，可以选择使用平茬接干法对泡桐进行接干技术处理，这一方法主要在冬春季节进行，将 1～3 年生苗木或幼树的地上部分全部去除，泡桐根桩在重创刺激下，能够重新萌发长成健壮苗木。在我国北方泡桐栽植区常用这个方法在育苗地培养高干壮苗和改造种植 2～3 年生低干细弱苗木造林地，整个休眠季节均可进行，最适宜在春季树液流动前进行。平茬的茬口高度宜在距离最上层侧根 3cm 处，要保证茬口平滑，避免劈裂。平茬接干法操作简单，但在延缓成林期、丛枝病发病率较高时期和平茬后的生长期必须做好水肥管理、丛枝病防治及定苗除萌等工作。

2. 钩芽接干法

泡桐的腋芽饱满、组织充实，有较强的萌发和生长能力，可以利用保留的泡桐腋芽重新生长形成接干枝。钩芽接干法最关键是何时选芽和如何钩芽，选芽通常在泡桐芽萌动后进行，选取生长在主干迎风面位置，靠近顶端、生长健壮、夹角较小的芽作为保留芽进行接干；钩芽时去除保留芽的对生芽和其他各节间的芽，根据苗木高度和泡桐生长的立地条件保留 4 对或 6 对芽。在进行泡桐造林当年钩去上部腋芽及对生腋芽，钩芽接干法操作简单，方便管理，这种方法主要适用于分枝角度不大、自然接干能力较强的楸叶泡桐、白花泡桐和其他泡桐优良无性系，也可以在接干枝未木质化前使用此方法，利用钩过芽的梢部校正一些分枝角度较大的泡桐树干枝夹角。泡桐栽植当年多因为处于缓苗期，接干枝的高度只有 1m 左右，需要进行 2～3 次接干，且与苗干部往往形成一定的夹角影响通直主干的形成。与该方法类同的有腋芽接干法、人工摘除侧枝接干法等。

3. 剪梢接干法

剪梢接干法主要包括选芽、剪梢、抹芽和控制竞争枝等技术环节，主要利用泡桐在重截刺激下腋芽具有重新萌发形成徒长枝的能力，因泡桐种类不同而有所差异，适宜品种为白花泡桐、兰考泡桐、楸叶泡桐等种类和多种优良无性系。这种方法适用于 1～2 年生泡桐苗木，在苗木春季萌芽前，顶梢长出 15cm 左右时，用高枝剪将假二叉梢去除一个，尽量保留主风向一侧的顶梢，以防风折。选芽时选择生长在主干充实部分的迎风一面且夹角较小的芽，芽体生长健壮、饱满、无病虫害、无机械损伤，一般选择在顶芽向下 5～6 对腋芽处剪除，在距离剪口芽 1～2cm 的上端倾斜 45°剪除，下端剪至剪口芽的对生芽下边，剪口保证平滑，避免剪破节间横隔和劈裂，芽体萌发后保留靠近叶痕的芽、及时抹除剪口处附近的副芽，同时抹除苗干下部芽，根据苗高和立地条件保留 4 对或 6 对芽，采用压枝或拉枝的方法控制竞争枝。剪梢接干法接干效果类似于钩芽接干方法，需连续进行 2～3 次接干，与该方法类同的有抹芽接干法、单芽接干法、接顶接干法、重截单芽接干法、抹芽截干接干法、抹芽斜截接干法等。

4. “目伤”接干法

“目伤”接干法是利用主干顶端的不定芽，经过有目的的刻伤、截留、刺激之后，萌发出向上生长的新芽，形成直立新接干的方法。利用泡桐 3～5 年生潜伏萌发能力强和树木形状长势强的特性，在泡桐春季发芽前 14 天左右，选择树干最上端侧枝上方且与主干通直的潜伏芽，在距离芽眼上侧 2～3cm 处横砍两刀，伤口宽 0.8～1.0cm，伤口长占“目伤”的 1/3～1/2，深达木质部，剥去皮层，并结合截枝和疏枝促使该潜伏芽萌发和徒长形成与基部主干通直的接干主干。截枝主要选择在“目伤”前一对分枝处进行，疏枝主要是疏除对生枝、上方枝和“目伤”位置附近的枝条，利用“目伤”接干法所形成的接干高度可达 4m，适用于各类泡桐品种，尤其是能够依靠潜伏芽萌发徒长形成自然接干的泡桐种类。泡桐栽植要有较好的立地条件，由于下层侧枝的影响，“目伤”接干法接干的苗木径生长受到限制，其主干材多为两节材。与该方法类同的有干顶粗环状剥皮接干法。

5. 平头接干法

利用泡桐苗木位于主干下端的潜伏芽在养分供应充足的条件下具有很强的萌发和徒长能力这一特性，可以使用平头接干法。主要适用于 2～3 年生主干低矮、弯曲、生长不健壮或树冠丛枝病严重的泡桐苗木，在春季树液流动前去除全部树冠和弯曲部位，以促使锯口位置附近的潜伏芽萌发徒长形成接干。锯口上端在芽眼上方 1cm 左右，倾斜角度锯成斜面，防止劈裂。平头接干法对泡桐生长的立地条件要求不高，适用于各类泡桐品种，一些用其他接干法不易达到接干目的的泡桐，使用平头接干法均可形成较通直的接干，接干高度通常在 4m 左右，但苗木径生长量会明显降低。与该方法类同的有截杆接干法。

（二）人工接干技术对泡桐生长和干性的影响

为了培育通直高干的泡桐良材，在泡桐的栽培生长管理过程中，采用适宜的人工接干方法是极为有效的措施。通过查阅泡桐相关文献得知，由于苗干部分与第一接干的材积之和约占主干总材积的 90%，且随着树龄增加，第一接干材积的比重愈益增大，因此在培育立木材积的质和量上，重点应放在苗干和第一接干上。人工接干对泡桐生长的影响主要体现在主干高度和干形改善上，并通过促进树冠长度生长和增加单株总叶面积，提高泡桐主干的径生长和材积生长量。

影响泡桐人工接干效果的因素诸多，主要有泡桐种类、立地条件、造林苗木的规格、接干时的树龄、树势和水肥管理等。接干效果因接干方法不同而有所差异，利用泡桐侧芽特性选择接干，从接干高度方面分析，因为第一次接干大多在泡桐造林当年进行，苗木处于缓苗期，接干高度常常不高，但是为第二次接干创造了较好的条件；利用泡桐潜伏芽或不定芽特性，因为在泡桐树势旺盛、萌发徒长枝的能力强时进行接干，接干高度通常比较高。从接干对泡桐胸径生长的影响来看，不同接干方法的效果有所差异，如采用平头接干法或平茬接干法时，需要去除泡桐苗木整个树冠，苗木减少大部分枝叶后光合作用面积明显降低，进而会影响其胸径生长量；采用剪梢接干法或钩芽接干法时，因为可以保留原苗木树冠，光合作用面积没有减少，并且通过接干增加了光合作用面积，泡桐胸径生长量在苗木光合作用面积增加的情况下增加；采用"目伤"接干法时，因为泡桐苗木原树冠没有大范围变化，所以对泡桐苗木的胸径生长没有太大影响，但由于接干后受到下层侧枝的影响，苗木的径生长会产生较大差异。每种接干方法都各有优缺点，在泡桐栽培管理中，需要综合考虑后选择最优的接干方法。例如，使用剪梢接干法和钩芽接干法接干后，接干处伤口的愈合程度比其他几种接干方法更圆满。在立地条件较好的生长环境下，优先选择平茬接干法和"目伤"接干法进行人工接干，在立地条件较差的情况下，则可以选择其他几种接干方法进行。通过查阅相关文献得知，不同种类泡桐经过接干后表现差异显著，从接干枝生长量和通直率两个方面综合分析，不同种类泡桐经剪梢接干后可分为 4 类，分枝角度小的如白花泡桐、'豫杂一号'泡桐、楸叶泡桐、'豫选一号'泡桐等可全部形成通直接干且生长量较大；分枝角度大的如台湾泡桐，不能形成通直接干；分枝角度大的如毛泡桐和光泡桐，部分植株可形成通直接干；分枝角度较大的如兰考泡桐和山明泡桐也能全部形成通直接干。通过对各个树龄接干效果的观察和对比发现，兰考泡桐第一次接干时的生长高度，受树龄的影响较大，接干长度与树龄呈正相关，即接干树龄越大，接干长度越大；但在第 3、第 4 年接干的泡桐树形较好，大多能形成 I 类树形。

一般高而细的泡桐苗木，造林成活率低，幼林生长差。粗而壮的泡桐苗木，则造林成活率高，幼林生长好。在立地条件较差的情况下，必须选择粗壮的一年生泡桐苗造林，不适宜利用二年生大苗造林。节间长短、皮色深浅及尖削度大小是衡量泡桐苗干木质化程度的相关因子，一般节间较均匀、皮色较深、尖削度较大，则苗干较充实。

（三）修枝技术

通过查阅泡桐相关文献得知，对泡桐早期进行接干修枝可以显著增大泡桐主干的枝下高，提高泡桐木材质量，但是如果修枝不合理，则会对泡桐的早期生长产生不利影响。经过人工接干的泡桐，主干的高度大大增加，但由于泡桐侧枝生长快和自然整枝力差，严重影响着主干的生长和树干的形状。因此在提高枝下高、调控树冠结构以培育高干通直良材方面，泡桐的修枝技术显得非常重要。

泡桐苗木经过自然接干和人工接干后，上层树冠慢慢形成并成为进行光合作用的重要场所时，泡桐树冠下部的侧枝受上层树冠的遮挡，不能很好地接受太阳照射，光合作用减弱，叶片得不到足够的光照强度，产生的有机物质减少，枝叶生长受到影响慢慢干枯死亡，泡桐修枝是解决树冠下层侧枝不能得到良好生长问题的重要措施，通过修剪疏除部分侧枝，改善树冠下层枝叶透光条件，促使下层枝干产生更多光合产物，促进苗木生长。泡桐修枝效果优劣的关键是要把握好修枝树龄、修枝季节及修枝的强度。

经查阅相关文献，在确定泡桐修枝树龄方面，树龄的确定应符合侧枝径粗不超过 5cm、下层侧枝叶面积或叶片数占单株总叶面积或总叶片数不超过 20%、下层侧枝得到的垂直透光率 30%左右等数量指标，一般树龄为 3～5 年生，如水肥条件好、树势旺盛，可在 3 年生时首次修枝；如水肥条件较差、树势较弱，可到 5 年生时首次修枝。修枝越早，下层侧枝叶面积占单株总叶面积的比例越大，对泡桐幼树生长的影响也就越大；修枝越晚，侧枝越粗，修枝口越大，愈合效果也就越差，不但会降低泡桐木材质量，还会显著降低泡桐胸径和材积的生长量。修枝既要考虑到修枝口的愈合，又要考虑到对泡桐幼树生长的影响。在确定修枝季节方面，一般认为修枝口的愈合程度及主干遗留伤疤与修枝季节息息相关。在修枝强度方面，一般与修剪下层侧枝的枝数或枝下高、次数、冠干比等有关，在很大程度上影响着修枝后泡桐的生长和干形。接干后并及时修枝的泡桐，虽其胸径生长量较未修枝的有所降低，但通过促进接干部分的生长，其立木材积的生长量却相应地有所增加。泡桐是否实行修枝或修枝强度的大小，主要取决于立地条件。立地条件好、土壤肥沃的情况下，泡桐可强修枝；立地条件较差的应轻修枝，在立地条件瘠薄的地块，泡桐则不宜实行接干修枝。对接干良好的泡桐可一次性全部修枝，当年树形呈“刺刀形”对新接干细弱的泡桐则应分次修枝。修枝应与人工接干结合起来，立地条件好的剪梢接干时应强抹芽，只留 2 对侧芽；立地条件一般的接干时留 3～4 对侧芽，当年冬季修除下部 1～2 对侧枝，第二年冬修除上部侧枝，2 年内完成修枝。一次性修枝的新干与原主干相接处上下粗细均匀、圆滑，无“卡脖子”现象，伤口愈合等也都优于分次修枝。修枝要按用材需要，在适当增加枝下高的同时分期疏除下层枝，以保持适宜的冠干比；对于基径大于着生部位干径 1/2 的侧枝可采取促主控侧措施，待相对粗度小于 1/3 时再进行疏除；对徒长竞争枝要及时疏除。

第二节　泡桐的生态学特性

一、光照对泡桐的影响

泡桐喜好强光照，是强阳性树种，在阳光充足地区栽种的泡桐萌芽早、长势好。据调查，用毛泡桐与箭杆杨营造混交林，密度为 3m×2m，6 年后林内郁闭，泡桐的生长不良，以致造成 20%的死亡。因此，泡桐造林不宜密植，栽植时周边也不应有比其高大的其他树木，也不适合与其他阳性速生树种混植。同时泡桐种子的发芽必须在有光的条件下进行，且苗期光照要求强烈，因此需要在能保证光照的开阔地带栽种以保证其正常萌发生长，如撂荒地、采伐迹地和疏林地等。泡桐种类丰富，不同种泡桐的喜光程度亦不相同，通常认为兰考泡桐、毛泡桐为强阳性，楸叶泡桐稍次之，而川泡桐和白花泡桐具有一定的耐阴能力。

泡桐的叶片结构、叶绿素含量与透光率之间存在一定的相关性，未完全展开的幼嫩叶片中叶绿素含量较少，透光率为 7%；完全展开的功能叶片透光率减少到 5%；当秋季叶片枯黄即将落叶时，叶绿素受到破坏，透光率增加到 15%～20%。泡桐有较强的自然整枝能力，若遇遮挡物影响光照，很容易造成生长偏移，如果树冠周围受到遮挡，其光合作用受阻，光合产物的合成量减少，泡桐的生长发育就会受到严重影响。研究表明，充足的日照长度和光照百分率，有利于泡桐的高、地径和材积生长。泡桐树冠结构对透光性有很大作用，枝条与树干夹角较大时，树冠稀松常形成自然光窗；冠下光窗面积占比为 5%～10%时，光窗的光强是全光的 80%～90%，占冠上透光总量的 25%左右；冠下光窗占总透光量为 30%时，光窗的光强为全光的 50%左右。

专家对泡桐的生长观察发现，泡桐树位于向阳面的花接受光照最多，也最先开放，两侧开放略晚，而位于背阴面的花开放最迟；研究发现，泡桐树阳面的花期短，阴面的花期长，花朵开放多在上午的8～10时。

（一）山明泡桐

调查发现，山明泡桐在年日照时数超过1900h的湖北西北部地区生长良好。湖北宜城6年生的山明泡桐，树高10.75m，枝下高6.75m，胸径31.3cm，年平均胸径生长量5.2cm（襄阳地区林业科学研究所和华中农学院园林系，1979）。

（二）毛泡桐

1. 一年生实生苗

对一年生毛泡桐实生苗的研究表明，光照时间越长，叶片内叶绿体中的超氧化物歧化酶（SOD）的活性下降越快；叶片中过氧化氢酶（CAT，主要作用是催化H_2O_2分解为H_2O与O_2，可有效降低H_2O_2与O_2在铁螯合物的催化作用下反应生成有害性很强的—OH的概率）的活性随着光照时间的延长而增强；叶片中的丙二醛（MDA，过量积累会引起蛋白质、核酸等生命大分子的交联聚合，导致细胞膜的结构和功能发生改变）的含量的增加速度也随光照时间加长而加快；叶片中脯氨酸（Pro，反映植物的抗逆性，抗逆性强脯氨酸就积累多，即植物在受到渗透胁迫时，细胞中脯氨酸含量增加）含量的增加也随光照时间的加长而加快（翟晓巧，2008）。

2. 行道树毛泡桐

5～10月这段时间是树木生长发育较快的时期。根据此期间对平均干周长为55.2cm的行道树毛泡桐生长情况的研究可知，毛泡桐在5月、8月和10月净光合速率较高。其中5月净光合速率值是这段时间中最高的，可能是因为5月毛泡桐生理活动较旺盛、光合作用较强、生长较强势；而6月、7月叶温持续上升，形成一定程度的高温胁迫，引起叶片呼吸作用增强，从而导致净光合速率下降；8月气温值达到年度最高，而此时的空气相对湿度要比6月、7月高，因此净光合速率再次出现回升；9月的叶温值比8月的低，同时相对湿度值出现下降，该月的净光合速率值出现一定程度的下降，根据树木生理特点推测其下降原因是这段时间泡桐叶片有效光合作用固定CO_2的量较之前大量减少，使得叶片鲜重、干重、水含量等生物量及光合产物，无法快速、有效、足额地供应到相应的组织器官中；至10月时，温度下降，植物生长迎来“小阳春”，所以净光合速率再次上升（蒲光兰等，2009）。

（三）兰考泡桐

兰考泡桐在从幼苗至成龄的生长过程中皆不耐荫蔽，是一种对光照需求较大的强阳性树种。兰考泡桐枝叶稀疏，树冠透光率高，有较强的自然整枝能力，通常情况下，侧方稍有荫蔽就会造成明显的偏冠，冠顶遮光则会引起严重的生长不良，甚至导致死亡。在混交林中，兰考泡桐永远是上层木，自然条件下极难进行天然更新。

通过对兰考泡桐年轮指数、材积指数分别与日照时数和日照百分率的单元回归分析，发现年轮指数与日照时数关联紧密，相关系数为0.888；材积指数与日照时数相关，相关系数为0.806；材积指数与日照百分率相关，相关系数为0.793；年轮指数与日照百分率接近相关，相关系数为0.743。根据以上相关系数可知兰考泡桐径向生长和材积生长与日照时数、日照百分率的相关性均较为紧密，其中材积生长与光照条件的相关稳定性更好。因此，可以认为光照条件对兰考泡桐生长的影响是较为显著的，尤其是对材积生长的影响更为明显（齐金根，1987）。

（四）楸叶泡桐

楸叶泡桐喜光，不耐荫蔽，自然整枝能力很强，通常向光面枝叶茂盛，弱光面容易形成明显的偏冠，同时枝叶过密时还会引起主干长势细长，树冠狭小，使枝叶集中于顶端。同时，光照还会影响其正常的生长发育，光照充足则正常发育，树冠呈现圆锥形，冠形结构合理；光照不足时则影响其发育，具体表现为枝干易受冻害、易感病形成病斑等。

为保证适宜的光照，楸叶泡桐叶面斜立（45°左右），透光率大，叶幕层较厚，使其能保持较大的单株叶面积。叶面积系数大，既方便接受上方直射光，又方便接受侧射和散射光，当上方光强达饱和点以上时，叶片可避开直射光，使接受的光强强度适宜并能更有效地利用光能，因此楸叶泡桐的相对单位叶面积光合物质积累多、生长量大，通常 4～10 年生的楸叶泡桐每平方米光照面积的年材积积累量（有效材）为 0.003 49～0.0065m^3（沈士训，1981）。

（五）白花泡桐

将收集的白花泡桐种子在 3 月播种在容器中，当年 8 月从中选出发育较好、生长整齐的实生苗移植到 25℃的恒温气候室中，用“8h 光照/16h 黑暗”的短日照条件进行处理。观察发现，在光照处理的前 14 天，幼苗持续高生长，顶芽和幼叶均呈现嫩绿色，叶片上密布白色腺毛；光照处理 28 天后，基本不再继续高生长，植株顶部的颜色由嫩绿色逐渐转为深绿色，并且之后没有新叶发出；处理 42 天后，顶部的幼小叶片陆续脱落，顶芽枯萎皱缩，颜色变成红褐色，顶芽下端出现断痕。

分别在短日照处理后的 14 天、28 天和 42 天对实生苗进行采样，提取样品中的 RNA 进行分析。研究发现，短日照处理 28 天后，脱落酸和乙烯的响应因子表现为上调表达，生长素、赤霉素和油菜素内酯信号转导通路上相关基因表现为下调表达，促使泡桐高生长停止；之后在短日照条件的持续处理下，脱落酸的响应因子 *ABF* 表现为下调表达，油菜素内酯信号转导通路上的 *TCH4* 和 *CYCD3* 表现为上调表达，促使顶端分生组织细胞的分裂活动仍继续进行，同时乙烯响应因子 *ERF1* 表现为上调表达，推断这可能是分生组织分化的叶原基展开的幼叶脱落而无法形成芽鳞包裹的主要原因，使得白花泡桐顶芽不能形成越冬休眠芽而死亡（李顺福等，2022）。

（六）南方泡桐

对江西省井冈山国家级自然保护区野生林木种质资源的调查研究表明，南方泡桐在该地区是具有较大开发利用潜力的速生丰产树种，该地区的历年日照时数约为 1365.5h，年辐射总量为 85～105MJ/cm^2（龙川等，2020）。

（七）鄂川泡桐

鄂川泡桐在湖北西部、四川和重庆有栽种，其他地区很少引种栽培，目前没有关于光照、光强等影响鄂川泡桐形态和生长发育的相关学术研究。

（八）台湾泡桐

平茬截干 2 年生的台湾泡桐，叶的光合作用速度与光照强度关系的测定结果如图 3-21 所示。CO_2浓度 300ppm[①]，在叶温 25℃的条件下，光饱和点是在 60klux 左右，光补偿点是 2klux 左右。光饱和点左右的单个叶面积的纯光合作用速度是 16～17mgCO_2/（$dm^2 \cdot h$）（林文镇和徐新铨，1980）。

---

① 1 ppm=10^{-6}。

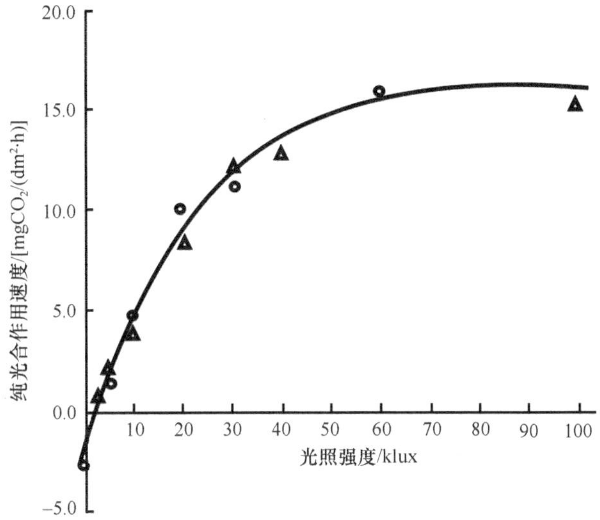

图 3-21　台湾泡桐单张叶的光合作用–光照强度曲线

（九）川泡桐

川泡桐具有较强的耐阴性。调查发现，川泡桐在林内能够比较容易地进行自然更新，如四川省沐川县、洪雅县以栲属、石栗属等为主的常绿阔叶次生林内有川泡桐混生，沐川县罗锅凼半阴坡的高大楠木属、石栗属和灯台树的林内亦有川泡桐（蒋临轩，1977）。

二、温度对泡桐的影响

泡桐是热带、亚热带起源的树种，在不同气候地区对高温和低温的适应范围都很大，通常可在北方冬季–25～–20℃的温度环境下安全越冬，目前在我国大部分地区都有栽植，并且从南到北的不同地区都有与当地气候和生态环境相适宜的生长良好的品种类型。

各个品种的泡桐在耐寒、耐高温及生长发育的最适温度方面差异明显。兰考泡桐、毛泡桐、楸叶泡桐耐寒性较强，分布范围较广，在最低温度–20℃左右，甚至短暂的–25℃的地区仍可安全越冬或仅顶梢略有冻伤。白花泡桐和川泡桐的耐低温和春旱的能力较差，其中川泡桐在四川的垂直分布地区多在 1000m 左右，最高可达海拔 2400m，最低温度有–11.2℃。台湾泡桐则在南方的分布较广，在黄河流域以北，冬季冻害严重。根据泡桐的形态和物候表现可知，泡桐在生长过程中仍保持着喜温暖的习性。例如，兰考泡桐和其他种类的泡桐速生阶段均在 7～8 月，适合于速生的平均温度为 25～27℃，但超过 30℃生长速度反而下降（全国泡桐科技协作组，1977）。

以埋根方式培育的泡桐幼树，其发芽的最适日平均温度在 16～18℃，其向上生长和加粗生长的增长量较快的最适日平均温度在 24～30℃，如果一段时期内日平均温度连续低于 18℃，那么树木就会停止向上生长。冬季泡桐虽仍能安全越冬，但树干会出现冻裂现象，顶芽也被冻死失去活力。因此泡桐一般由顶芽以下的第 3～第 4 对芽长出侧枝，形成二叉分枝，这也可能是泡桐典型的假二叉分枝现象产生的原因（中国林学会泡桐文集编委会，1982）。

多年来各地泡桐造林的实践表明，秋季带叶栽种泡桐对提高泡桐造林成活率、缩短缓苗期、促进泡桐生长具有显著的效果。1974 年 10 月～1975 年 9 月，在河南省民权县进行的逐月植桐试验表明，在霜降前后带叶栽植的泡桐生长效果最好。在试验地内每月 15 日栽一次，每次栽 12～24 株，根据试验和调查结果可以看出，年前 12 月和当年 1～3 月栽植的泡桐虽有较高的成活率，但是有枯梢甚至枯干现象。4～9 月栽种的泡桐，大部分也能成活，但呈现不同程度的枯梢、枯干现象，尤以 7～8 月栽植的最为严重，部分苗木甚至地上部分全部枯死。10月中旬～11月中旬栽植的泡桐，不仅能全部成活，而且根系、胸径和侧枝生长等方面比12月～翌年4月栽植的泡桐更好。每月植桐的成活率与各月的气候条件密切相关，在民权县这样的气候条件下，带叶植桐最适宜的时间应在秋季的霜降前后，即10月中旬～11月上旬，当时民权县日平均气温16.5～10.9℃，地下20cm处地温为17.9～13℃。其他地区带叶植桐的最适时间，应根据各地的气候条件及苗木的木质化程度来定。例如，四川省资阳县林业局（现为资阳市林业和草原局）的试验表明，根据当地为亚热带气候、冬季气温比较高（最低气温-2～-1℃）、秋冬季空气湿度大（平均约85%）的特点，10月上中旬栽植比较好。

在10月中旬进行带叶栽植可更好地促进泡桐生长发育。霜降前后是气温急剧下降的阶段，昼夜温差很大，在夜间有时温度降到0℃以下，出现霜冻，但这个时候的地温比气温高，也比较稳定，下降趋势也较气温缓慢，所以此时移栽由于气温较低，苗干不易失水，并能保证土壤有足够的积温，使得桐苗断根伤口愈合，并发出部分新根。

不同季节和同一季节不同时间栽植的泡桐的新生根系有明显差异。1982年7月在河南省民权县，分别对1981年10月和1982年3月栽植的泡桐采用随机抽样进行根系调查。分别挖其全株和半株根系，采挖时将刨坑剖面10cm划分为一层，依次收集其全部输导根、吸收根和大部分根毛，并测绘出刨坑东、南、西、北等8个方向上新生根的长度和深度，将根系冲洗干净，晾晒后烘干，按粗度将新生根分为三级，以各级根系单位长度的干物质重量作标准，推算出新生根的总长度。结果显示，秋季带叶栽植入冬前生根30～34条，每条根平均长13～15.3cm，春季发出的新根（不包括次生根）326～395条；根系干重54.4～78.6g，水平根幅为198cm×184cm。春季栽植的新生根为128～192条（不包括次生根），新根干重4.9～7.4g，水平根幅为130cm×90cm。两者相比，秋季带叶栽植新生根系干物质重量为春季栽植的8～16倍，根幅面积前者为后者的3.1倍，新根总长度前者是后者的6～9倍。数据表明，秋季霜降前后栽植，既可年前根系愈合扎根，到翌年春天，在温度适宜的情况下，又具备吸收水分和养分的能力，比春季栽植生出的根系更加发达，显著缩短了缓苗期并促进了地上部分的生长。

对带叶植桐的地上部分生长情况的调查显示，在苗木来源一致，苗高、径粗基本相等、立地条件相同的情况下，秋季带叶栽植的泡桐，地上部分主干的增粗、侧枝的伸长都明显地超过春季栽植的泡桐，新梢生长长度也明显超过春季定植的泡桐。

冬春季节栽植的泡桐，其成活率和生长量低于秋季栽植的原因，主要是冬前栽植断根伤口不能愈合、生根，苗木抵御严寒的能力较低。春天是气温迅速回升的时期，特别是白天，气温回升得很快，而同时期的地温还比较低，导致冬、春定植的泡桐根部伤口长时间不能愈合。如果是2月下旬栽植，那么要等到3月下旬，经过25天左右才能使断根愈合，4月上旬才能生根。如果是3月上旬栽植，那么要等20天左右根才能愈合。此时白天气温已相当高，有时会达到30℃以上，而空气湿度比秋季低得多，天气也十分干旱，并时有寒流侵袭及大风天气，因此造成根部伤口较长时间不能愈合，极易使苗干失水干枯。秋季带叶栽植的泡桐根部在较短的时间内即可愈合，并在越冬前生出部分新根，到了春季在适宜泡桐生长的温度下即可及时向根上部分提供水分和养分，不但没有缓苗期，而且苗木有较强的抵御冬春严寒、干旱的能力，所以秋季带叶栽种是提高泡桐造林质量和促进其生长的有效措施。

（一）山明泡桐

研究表明，山明泡桐在年平均温度15.8℃，1月平均温度2～3℃，7月平均温度28℃的湖北西北部地区生长良好，如湖北宜城9年生的山明泡桐，树高11.98m，胸径32.3cm（襄阳地区林业科学研究所和华中农学院园林系，1979）。

（二）毛泡桐

通过对毛泡桐实生苗（一年生）的实验观察和对比，结果表明在气温分别为25℃、15℃、5℃和0℃

的条件下，毛泡桐叶片中超氧化物歧化酶（SOD）的活性及过氧化氢酶（CAT）的活性都与温度显著相关，其活性都随温度下降而下降；叶片中丙二醛（MDA，反映植物在受到逆境伤害时清除和抵御活性氧自由基的能力水平）的含量随着温度的下降不断增加；叶片中脯氨酸（Pro，可有效反映植物对环境胁迫的抗性，在胁迫环境中抗逆性强的植物脯氨酸就会相应地积累多，即植物在高渗胁迫下，其组织细胞内脯氨酸的含量会随之显著增加）的含量随着温度的下降呈上升趋势（翟晓巧，2008）。

（三）兰考泡桐

温度对兰考泡桐生长的影响包括积温、均温和极端温度三个方面。

通过对兰考泡桐生长与≥10℃有效积温的回归分析得知，年轮指数与≥10℃积温的相关性较小，而材积指数与≥10℃积温的相关性较强，为极显著相关，相关系数为0.945。同时积温对兰考泡桐直径生长影响较小，对材积生长的影响较大。

不同育苗方式的兰考泡桐苗木在8～10月这段时期的生长情况有明显差别。兰考泡桐平茬苗8月底高生长停止，9月上旬粗生长停止；当年埋根苗9月中旬高生长停止，9月底～10月初粗生长停止；实生苗9月下旬高生长停止，10月初粗生长停止。一般到了10月中旬，桐苗的中下层叶片已相继脱落。此阶段顶端3～5对叶片的生长速度明显地减慢，这标志着兰考泡桐苗干的组织已基本充实和木质化，能够保证移栽后安全越冬。因此，兰考泡桐的平茬、留根苗可在10月上旬以后造林，当年埋根苗应在10月中旬之后栽植，当年的种子苗要在10月下旬后移栽。

通过大量的观测、调查和研究发现，兰考泡桐比较喜欢温暖环境，树木发芽的最适日平均温度为13～14℃，高生长和直径生长的最适日平均温度为24～30℃，其中以28℃最为理想，该温度条件下，兰考泡桐的日高生长量可以超过5.0cm，最高可达15.0cm；如果某个时期内日平均温度连续低于18℃，那么树木就会停止高生长。

兰考泡桐直径生长与温度变化呈正相关关系，6～7月温度在25℃以上，直径生长量最大，8月虽然温度也很高，但因为雨季已过，气候仍以高温干燥为主，树木的直径生长量随之减小。据中国林业科学研究院竺肇华等报道，气温高于35℃，兰考泡桐生长将受到抑制（中国林学会泡桐文集编委会，1982）。

极端温度会对兰考泡桐造成极为明显的树体损伤，不论是极端最高温还是极端最低温都会直接影响树木的生长发育。极端高温引起的土表高温会使幼苗的根茎被严重灼伤，树皮因暴晒失水而干裂；极端低温则往往限制兰考泡桐的生长和分布，出现冻干冻梢，树势衰弱，干形低劣，树木处于濒死边缘。一般认为，兰考泡桐应生长于1月–5.0℃等温线以南地区，绝对最低温不应低于–20.0℃。

（四）楸叶泡桐

夏季高温时期是楸叶泡桐纵向生长和横向生长最快速的时期，是楸叶泡桐的速生期。周长瑞等（1998）对林地中栽种的楸叶泡桐（栽后3年，苗龄4年）年生长节律的观测和研究表明，楸叶泡桐粗生长的速生期为6月30日～9月10日，约70天，高生长的速生期为6月30日～8月20日，历时50天；如果立地条件较好，那么春季的缓慢生长期就会变短，速生期持续的时间就会延长。

（五）白花泡桐

20世纪80年代，在对湖南祁阳县白花泡桐多年育苗的过程观察发现，播种育苗采用冬季薄膜育秧的方式要比春播效果更好，先冬播育秧，再在春季换床移栽育大苗，能更好地克服自然因素影响造成育苗失败的缺点。冬播育秧的时间最晚要在立春前进行，不宜过晚。播种前，先将白花泡桐种子用40℃的温水浸泡，待水冷却后，更换清水再浸泡24h，之后把种子晾干，用塑料膜包好，放在25～30℃的环境中进行催芽处理；等到10%的种子露出白嘴时，再将种子播种到土里，播种完成后先用稻草覆盖，注意不要覆盖太密太厚，再用薄膜封住保温。种子发芽出土后及时揭去稻草，适时揭开薄膜两端透气降温。春季时在无寒潮低温的晴暖天气进行揭膜炼苗和间苗（廖克勤，1984）。

（六）南方泡桐、鄂川泡桐

20 世纪 70 年代，江苏省林业科学研究所对一年生埋根苗的生长观察发现，南方泡桐和鄂川泡桐的速生期为 7 月上旬～9 月上旬，速生期内的平均气温为 26～31.5℃，在此期间苗木生长迅速，总生长量占全年生长量的 77%左右，在这一时期尤其以 8 月 15 日～9 月 5 日生长最快，为生长高峰阶段，平均气温为 27.7℃。9 月上旬以后苗木高生长显著下降，平均气温约 24℃，至 9 月下旬基本停止高生长（倪善庆，1981）。

（七）台湾泡桐

通过对发育良好的台湾泡桐的生长观察和对比研究发现，台湾泡桐一年之中整个生长期通常有 5 个月，高生长和粗生长一般在 3 月下旬～8 月下旬，生长休止期一般在 8 月下旬～10 月下旬，生长休眠期通常在 11 月上旬～第二年的 2 月中旬。研究表明，从 4 月上旬～11 月下旬，月平均温差在 5℃以内的气候条件更适合台湾泡桐的生长，月平均温差变化不能太大（林文镇和陈佩钦，1979）。

（八）川泡桐

川泡桐的适应性很强，在高海拔的低温地带仍能进行自然更新。在四川省沐川县的调查发现，在海拔 1320m 的一块坡地上，1975 年天然更新的川泡桐，当年高 30～50cm，1976 年早春低温导致幼苗被冻死，当年 5 月又萌发新苗，高 20～30cm，每亩[①]45 株，且分布均匀（蒋临轩，1977）。

三、水分对泡桐的影响

泡桐具有较强的耐旱特性和耐旱适应性，根部忌土壤积水，喜温湿，但是不耐水淹。在地下水位不高、排水良好的地区生长较好，在年降水量 400～500mm 的地方也能正常生长，但过度干旱或过涝则会影响泡桐生长发育。根据调查，短时期林地积水 10 天左右，泡桐的叶片会发生萎蔫、变黄、脱落，以致死亡，如淹水后及时排水或翻表土使浅根层露出地面，虽然叶片脱落但植株不致死亡。这进一步表明泡桐喜湿润怕积水。

国外相关研究表明，泡桐的根系能储存大量的水分，含水率较高，并且呼吸比较旺盛，因此泡桐在生长过程中需要土壤具有较好的通气条件。如果地下水位偏高导致土壤的透气性较差，或者地下水位偏低使得表土长期处于干旱状态，都会严重影响泡桐的生长发育，地下水位在 3～5m 对泡桐的生长最有利（Larcher，1980）。

泡桐的速生性与生长期内水分的供给程度密切相关。据测定，维持泡桐速生的土壤含水率在 17%～21%。泡桐具有一定的耐干旱能力，兰考泡桐、楸叶泡桐和白花泡桐，这三种泡桐的凋萎系数都在土壤含水率为 4%左右。

研究发现，组织细胞内的水分含量超过 8%时，泡桐种子的寿命会缩短，发芽能力会降低。土壤水分也影响着育苗质量，土壤水分含量过高，易导致根系腐烂；土壤水分含量较低时，泡桐因其耐旱性，在一定程度上也能够维持生长。在干旱胁迫下泡桐的材积生长量明显减少，泡桐材积生长受到土壤水分含量和蒸发量的共同影响。速生期或幼年期，泡桐叶片蒸腾、生长发育消耗水量大，此时需适时浇水，通过增加土壤含水量，能明显提高泡桐成活率和生长速率；生长后期，土壤含水量过高反而会抑制泡桐的生长。研究表明，秋季在河沙地区造林，浇水两次，造林成活率、吸收根形成量和苗干梢部成熟度等方

① 1 亩≈666.67m^2。

面均与对照组之间呈显著差异。叶金山等（2009）发现对温室盆栽泡桐苗木顶梢进行套瓶加注水措施，顶芽能够存活，而在自然状态下却不能，提出“低温–水分胁迫假说”，而采取平埋等措施保存泡桐顶芽效果不理想，多项尝试通过温室栽培保存顶芽的方式均未取得理想效果。对毛泡桐 1 年生盆栽实生苗顶芽的解剖发现，毛泡桐顶芽死亡可能是水分胁迫所致。

降水直接影响大气湿度及不同土壤类型的浅层和深层湿度。泡桐叶片的叶面积在发芽后 2 个月达到最大，叶片的蒸腾量也随之变大；泡桐树的主根和侧根都很发达，根对水分的吸收能力很强、吸收量也很多，因此降水充沛、灌溉及时是泡桐能够快速高生长和粗生长的重要因素之一。其中降水量的逐月分布对泡桐尤为重要，即使年降水量较低，若比较集中在夏季高温的月份，仍十分利于泡桐生长。同时由于泡桐对大气湿度敏感度低，所以在降水量虽少而有灌溉条件的地区，利用地下水灌溉，仍能保证泡桐生长良好（全国泡桐科技协作组，1977）。

（一）山明泡桐

山明泡桐具有较强的耐水性，20 世纪 70 年代襄阳地区林业科学研究所和华中农学院园林系的调查发现，地下水位在 1.3m 范围内，山明泡桐仍能生长正常，在渠道旁、堰塘边、房前屋后和水田附近生长的山明泡桐，虽有侧方积水，也都正常生长，如湖北南漳县生长在水田边的 6 年生泡桐，其树高 9m、枝下高 4.1m、胸径 22.27cm，年平均胸径生长量 3.71cm。

调查还发现，在地下水位为 1m 以上时，往往导致根系腐烂，如湖北南云公社五连大队林场一棵 11 年生山明泡桐树高 17.39m，枝下高 9.1m，胸径 26.4cm，由于生长在堰塘边，地下水位 90cm，根颈与水边水平距离 2.4m，该泡桐垂直根系 60cm 发生腐烂，80cm 以下韧皮部脱落，发出酸腐气味，而分布深度 41cm 的 12 条水平根系则生长正常，没有烂根现象（襄阳地区林业科学研究所和华中农学院园林系，1979）。

（二）毛泡桐

毛泡桐喜湿怕积水。对山西省太原市全市范围内 10 个县（区、市）的景观绿化树种毛泡桐的研究表明，年均降水量小于 450mm 不适宜毛泡桐的生长，450～480mm 基本适宜毛泡桐生长，480～510mm 较适宜毛泡桐生长，510～540mm 适宜毛泡桐生长，年降水量大于 540mm 很适宜毛泡桐的生长（王茹等，2023）。

（三）兰考泡桐

兰考泡桐属于中等耐旱树种，在较好的水热配合下，生长极为迅速；但也有一定的耐旱能力，只要土壤水分维持在一定的水平以上，即使年降水量偏低，兰考泡桐也仍然可以生长。

1. 降水、降水/蒸发的影响

通过对降水、降水/蒸发与兰考泡桐径向生长和材积生长的回归分析发现，材积指数与降水/蒸发的相关性最好，达到极显著，年轮指数与降水/蒸发的相关性较小。兰考泡桐虽然能够生长在较为干旱的环境中，但其生长量，尤其是材积生长量在很大程度上受制于水分状况。

另外，对相对湿度、干燥度、干燥指数、湿润度等水分指标与兰考泡桐径向生长和材积生长进行的回归分析结果发现，相对湿度、湿润度与降水/蒸发的效用完全相同，同向变化，可以互为补偿；干燥度、干燥指数的影响则正好相反，但所有指标中仍以降水/蒸发为最好，换言之，降水/蒸发对兰考泡桐材积生长的影响最为明显。

2. 土壤水分和地下水位的影响

土壤水分和地下水位的状态一方面直接影响到树木根系对通气度的要求，另一方面它们又关系到根系对矿物养分的吸收和植物体对水分的需求。因此，土壤中含水量过高或严重缺水，地下水位偏高或偏低都会直接或间接地影响兰考泡桐的正常生长发育。若是土壤含水量过高、湿度过大或地下水位太高的话，就会造成树根腐烂，严重的整株死亡。地下水位处于 2.5m 时，兰考泡桐能够保持正常且良好的生长状态；3～5m 时，生长影响较小，枝叶生长状况基本正常；地下水位处于 1～1.5m 时，树木的高生长和粗生长受到明显抑制，植株的材积生长量只有不到良好状态的 1/4；地下水位高于 1m 时，不仅生长停止，而且枝叶状态极其不佳，植株基本上处于濒死边缘。

（四）楸叶泡桐

采用楸叶泡桐的幼苗作为供试材料，以盆栽方式开展水分胁迫试验。试验表明，在进行水分胁迫处理后的第 4 天、第 8 天、第 12 天和第 16 天，土壤的相对含水量从田间持水量的 85%（对照）分别依次下降到 60.37%、35.96%、23.78%和 11.01%；幼苗叶片在干旱胁迫后，随着干旱胁迫程度的不断增加，叶片的相对含水量、蒸腾速率、净光合速率、气孔导度、胞间 CO_2 浓度、最大光化学效率、实际光化学量子效率、电子传递速率和光化学猝灭系数均逐渐降低。随着干旱胁迫的持续加剧，细胞膜相对透性、水分利用效率、气孔限制值、最小初始荧光和非光化学猝灭系数均逐渐升高；在土壤的含水量恢复至对照的第 4 天后各项指标均逐渐得以恢复，并且与之前进行水分胁迫后第 4 天的实验数据无显著差异。对实验过程进行认真观察后发现，在土壤相对含水量低于田间持水量的 11.01%时，叶片出现变干、枯萎、脱落现象，幼苗的正常生长发育受到极大抑制；另外在短期水分胁迫下胞间的 CO_2 浓度下降、气孔限制值升高，说明净光合速率的降低主要是气孔因素导致的（冯延芝等，2020）。

（五）白花泡桐

采用盆栽法，对长出 10 片真叶、生长良好、长势相近的白花泡桐实生幼苗进行干旱胁迫试验，干旱胁迫的设定条件为，土壤含水量为田间持水量的 80%～85%时为水分充足，40%～45%时为中度干旱，30%～35%时为重度干旱。研究表明，随着干旱胁迫程度的持续加大，白花泡桐幼苗的生物量和株高均呈下降趋势，在重度干旱条件下，泡桐的生物量和株高与对照相比分别降低 30.56%和 31.12%。

随着干旱胁迫的加重，与对照组相比，在中度干旱和重度干旱条件下，白花泡桐幼苗的超氧化物歧化酶（SOD）活性增加，增幅分别为 48.35%和 2.23%。在干旱胁迫下，白花泡桐幼苗叶片过氧化物酶（POD）活性随着胁迫程度的增加逐渐上升，与对照相比，增幅分别为 171.27%和 268.01%；幼苗丙二醛（MDA）、脯氨酸（Pro）含量均呈上升趋势；幼苗叶片可溶性蛋白含量随着灌水量的减少逐渐升高，增幅分别为 5.4%和 16.73%；幼苗叶片过氧化氢酶（CAT）活性随着土壤含水量的减少而降低，与对照组相比，降幅分别为 33.95%和 35.22%。

以上实验结果表明，白花泡桐对干旱胁迫具有较强的自我保护和抵抗能力，能在一定程度上降低干旱带来的损害（朱秀红等，2021）。

（六）南方泡桐

南方泡桐耐干旱。江苏省林业科学研究所 1978 年采用春季室外苗圃地直接埋根法进行育苗，虽然当年气候特别干旱，且持续时间较长，但南方泡桐成苗率为 73%，成苗率较高（倪善庆，1981）。

（七）鄂川泡桐

对 3 个月株龄的鄂川泡桐盆栽苗，按照持续自然干旱的方法进行干旱胁迫处理。试验发现，随着干旱程度加强，鄂川泡桐叶片和根的含水率都出现下降，复水后均会回升。在干旱胁迫下，鄂川泡桐逐渐出现叶柄下垂、叶片萎蔫变黄的情况，不过这种损伤是可逆性的，在复水之后，叶片萎蔫可得到明显缓解和恢复，但根受到的损害在胁迫解除后的短期内无法缓解和恢复。研究表明，干旱胁迫不仅会使鄂川泡桐光合色素的合成受到抑制，而且还会加快光合色素的水解，进而导致鄂川泡桐的光合能力下降；鄂川泡桐叶片的净光合速率、蒸腾速率、气孔导度、叶绿素 a 含量、叶绿素 b 含量、叶绿素总含量整体上均随着干旱程度的增加而降低，复水后有所回升（张培源，2023）。

（八）台湾泡桐

研究发现，台湾泡桐种根萌芽所需的土壤持水量为 70%～80%，以 80%最为合适。土壤含水量直接影响台湾泡桐的光合作用，如果土壤含水量合适，光合作用能力就强，否则，光合作用能力就下降。

台湾泡桐属白天吸水型植物，吸水日变化对日照量反应比较敏感。白天吸水能力很强，阴天和雨天的吸水力分别是晴天的 18%、57%。吸水量在生长初期逐渐增加，7 月下旬达到最大吸水能力，后持续下降，到翌年月初降为最低点（林文镇和陈佩钦，1979）。

（九）川泡桐

川泡桐具有较强的耐水湿性。在四川省沐川县的调查中发现，水沟边生长的川泡桐，年平均胸径生长量为 1.3～1.8cm（蒋临轩，1977）。

四、土壤对泡桐的影响

泡桐通常在透水性好、耕层较厚、质地疏松、透气性强的砂壤土或砂砾土中生长更快、长势更好。泡桐喜含水量适中、肥力较强的土壤；酸碱度 pH 在 6～8 最好，泡桐对土壤 pH 具有广泛的适应性，同样一个种往往既可在酸性土壤也可在碱性土壤中生长，但各个种类之间仍有一定差异；在不同地区和不同生长阶段对镁、钙、锶等元素的吸收需求不同，因此要根据树种、栽种地区及生长时期等合理增施氮、镁、钙、磷等肥料。泡桐是一种对立地环境适应性比较强的树种，通常在偏酸性或偏碱性的土壤中都能够生长成活，在土地贫瘠、养分缺乏、生长环境差的低山和丘陵等地也能生长。调查发现，平原、岗地、丘陵、山区这些地区如果土壤比较肥沃、土层比较深厚、透气性良好的话，泡桐都能正常生长并且长势健壮；但是如果土壤黏性较大、孔隙度小、比较紧实，那么泡桐就会生长缓慢、长势衰弱。

20 世纪 80 年代中国林业科学研究所和四川农学院的研究表明，各种泡桐对土壤条件要求有所不同，但总体而言泡桐对土壤质地和通气性、地下水位、土壤厚度等有较高的要求。泡桐适合在砂壤土至重壤土中生长，多数种类不适合在黏土中生长；泡桐需要土壤通气性良好，总孔隙度大于 10%，土壤平均通气度 30%；泡桐要求土壤排水良好，地下水不能过高。泡桐对肥力要求的水平并不高，具有较高的耐瘠薄能力。

20 世纪 80 年代的调查显示，在一般立地条件下，10 年生的兰考泡桐，平均胸径为 30～40cm，材积为 0.4～0.5m^3，最高可达 2.0m^3；南方 10 年生白花泡桐（据中国林业科学研究院泡桐组调查，在四川涪陵地区）的材积平均为 0.67m^3；广西桂林砖厂 11 年生白花泡桐胸径 77cm，树高 21.7m，材积为 3.7m^3；在台湾苗栗县 1 棵 6 年生海岛泡桐胸径 35.8cm^3，高 14m；在拉丁美洲巴拉圭热带地区，泡桐生长更为迅速，据日本熊仓国雄 1974 年调查，在海拔 600m、未施肥的黑褐色土中生长的 1 株 6 年生海岛泡桐，其胸径 57cm、树高 12m（熊苍国雄，1980）。

在光照、温度达到苗木进入速生期的情况下，肥水管理是培育壮苗的关键措施。一般在 5 月底～7 月中旬，每隔 10～15 天，以速效性氮肥进行追肥提苗，有条件的用经过稀释的人粪尿进行追肥，效果明显，并注意排灌工作。如果基肥不足或追肥不及时的话，苗木质量会受到严重影响。

20世纪80年代四川农学院进行的N、P、K、Mg按营养配方进行栽培试验，结果表明，在生长初期N、Mg的效果最为显著。而6～7对叶时以P的效益为最好。四川农学院等进行的微量元素对泡桐种子的浸种试验表明，在铜、锌、硼、钼等元素中，钼（50ppm浸种24h）对提高毛泡桐、白花泡桐作用最好，而钼（20～25ppm）对促进泡桐幼苗生长效果最好。

据20世纪80年代江苏林业科学研究所对泡桐耐盐性的试验表明，泡桐种子发芽阶段，有一定的耐盐性，盐渍度高达1%时，其发芽仍达对照的70%；盐渍度达16%～25%时没有发芽。泡桐种根及实生苗的耐盐在0.3%左右。单盐对泡桐发芽率的影响比复盐要严重。不同种或同种不同种源的泡桐，其耐盐性存在明显的差异。

在建设苗圃地时，要选择肥力中等以上、耕作层超过50cm、通气良好的砂壤土或壤土。苗圃地必须排水良好，地下水位应在1.5m以下，并便于灌溉；苗圃地要远离大树，并且土壤无严重地下害虫；重茬地育苗会引起苗木生长不良和病虫危害严重等问题，故不能在重茬地育苗；土壤pH6.5～7.5均可育苗，但泡桐对土壤含盐量敏感，含盐量超过0.1%的土壤不宜育苗。

（一）山明泡桐

山明泡桐对土壤的适应性较强，在瘠薄、黏重土壤上栽植的山明泡桐仍能表现出速生特性。例如，20世纪70年代，在湖北南漳县生长在山脚黏重土壤上的10年生山明泡桐，树高12m，枝下高4.6m，胸径36.6cm，年平均胸径生长量达3.66cm；同时期在该地区林场一块填方黏土地上，10年生山明泡桐年平均胸径生长量达3.15cm（襄阳地区林业科学研究所和华中农学院园林系，1979）。

（二）毛泡桐

毛泡桐对土壤的质地要求不高，耐瘠薄。20世纪70年代，在陕西周至县开展的毛泡桐播种育苗实验中，实验地的土壤为渭河淤积土，0～25cm为轻壤土，25cm以下为松沙土或紧沙土，土壤比较贫瘠，pH8.3，地下水位2m左右。播种后观察发现，种子出苗好，生长健壮，一年生苗高和地径分别达到2m和3cm以上（王忠信等，1979）。

（三）兰考泡桐

1. 土壤质地的影响

兰考泡桐适合生长的土壤主要以砂土、砂壤土和壤土为主，其中以其黏土夹层位于地表1.5cm左右的上砂下黏的“蒙金土”（腰黏轻壤）为最佳；而黏土、重壤土这类土壤，因通透性差泡桐根系生理活动受阻进而引起生长不良而不适于兰考泡桐栽植生长；砂质土则由于土壤贫瘠，且保蓄养分、水分的能力较差也不适合泡桐生长。以9年生的兰考泡桐林作为调查和研究对象，对其质地和生长量进行详细记录、对比和分析，结果发现，“蒙金土”（腰黏轻壤）、青沙地（砂壤）、两合土（通体轻壤）这三种土壤类型都是比较适宜于兰考泡桐生长的，其单株立木材积生长量分别是110.45%、106.26%和100%，而黏性过大的淤土（黏土质）则不利于兰考泡桐生长，其材积生长量仅为39.43%；在泡沙地（砂土）中，兰考泡桐生长量亦较小，但比淤土地好，约为61.15%，原因是这类调查木均生长于农田之中，水肥都得到了适当补充，因而其生长量尚可，一般来说这类土壤是可以种植兰考泡桐的，但经济效益不高。

2. 土层厚度的影响

土层厚度既关系到根系的横向生长和纵向生长，也直接影响着土壤的含水量和肥力。兰考泡桐是侧根发达的深根性树种，侧根主要集中分布在40～100cm，只有较深厚的土层才能保证兰考泡桐速生所需的养分、水分，因此兰考泡桐正常生长的土层厚度宜在100cm以上，不应小于70cm。

3. 土壤养分的影响

土壤养分与树木的长势、生长状态密切相关，是树木能够存活且生长良好的物质基础和必要条件。土壤养分是否充足直接决定了树木的生长速度和材积增长量，其中有机质、氮、磷、钾等营养成分和营养元素如果缺失较多的话，会严重抑制兰考泡桐的长势和连年生长量。

20 世纪 80 年代，中国林业科学研究所对兰考泡桐以 N、P、K 三要素不同浓度的配方进行无土栽培试验，试验结果显示，N0.005%、P0.05%、K0.01%这种配方对兰考泡桐的高、径生长促进作用最明显。试验还表明，兰考泡桐苗期对 P 的吸收率较大，在 N、P、K 三要素中，P 对苗期生长起主要的调节作用。

4. 土壤酸碱度的影响

兰考泡桐是一种对土壤 pH 有较高适应性和较强抵抗力的树种，可在 pH5～8 的土壤中生长成活或受酸碱性影响不是很大，不过对其生长最有利、最有促进作用的 pH 范围是中性偏碱，即 pH 在 7～8。

（四）楸叶泡桐

楸叶泡桐的根系无论是主根还是侧根都比较发达，但对耕层厚度、疏松度、透气性及养分含量等有较高的敏感度。在土质深厚、养分充足、含水量适中并且透气性较好的壤土中，其自身的速生特性才能得到更好的体现，在砂壤土或黏粒较少、黏性不大的土壤中也可正常生长。楸叶泡桐一般情况下比较耐干旱瘠薄，其根系在黏性较大、黏粒较多、质地偏硬的土层中也能够较好地延展，但在质地黏重的土壤中会出现严重的生长不良的情况。

（五）白花泡桐

白花泡桐存在连作障碍（再植病），如果在同一块地里连续种植两茬以上其长势就会变弱，产量和品质会显著下降，同时还可导致根际原有微生态系统失衡，甚至引起土传病害发生，进而导致连作障碍。对连续种植 1～3 年的白花泡桐的研究表明，白花泡桐表现出典型的连作障碍现象，主要表现为，种植 1 次白花泡桐的地块，白花泡桐生长状况良好，生长迅速，株型较高，而随着连作年限的增加，白花泡桐株高逐渐降低，并且连作年限的增加也引起叶宽和叶片数量的下降（赵振利等，2023）。

1. 连作大幅度降低白花泡桐根内细菌和真菌群落的丰富度

白花泡桐根内细菌酸杆菌门和根内真菌球囊菌门的相对丰度随着连作年限的增加而降低。酸杆菌门是环境中比较常见且具有重要作用的一类细菌，通常在土壤环境中大量存在。球囊菌门的成员又称为丛枝菌根真菌（AMF），该门真菌均可以与植物根系形成菌根，可以提高植物对氮、磷等养分的利用率，在植物生长发育过程中发挥了重要作用。例如，接种 AMF 可提高苹果对镰刀菌侵染的抗性，进而可有效缓解苹果的连作障碍。白花泡桐也是菌根植物，因此，连作条件下白花泡桐的根内细菌和真菌相对丰度的下降可能影响白花泡桐的抗逆能力，在一定程度上加剧连作障碍的发生。

2. 连作导致病原菌增加

镰刀菌是典型的植物病原菌，可导致多种植物疾病，在多种作物连作障碍中均有发现，如苹果连作后，其根际的病原菌是以镰刀菌为代表的优势真菌，通过盆栽试验已证明接种镰刀菌对苹果幼苗具有致病性，表明镰刀菌可引起林木树种的连作障碍。白花泡桐根际镰刀菌的相对丰度随着连作年限的增加而升高，表明镰刀菌可能是导致白花泡桐连作障碍的重要病原菌之一。

3. 连作影响氮代谢

剑菌属和贪铜菌属细菌都是具有一定固氮功能的固氮菌，其相对丰度随着白花泡桐连作年限的增加而升高，这可能是连作造成氮代谢功能改变和土壤氮素含量增加的重要原因。

（六）南方泡桐

南方泡桐在红壤、黄壤和黄棕壤土中都能正常生长。20 世纪 70 年代，江苏省林业科学研究所在冲积性黄棕壤、质地偏黏、中壤质至重壤质、pH6 左右呈酸性的苗圃地上进行南方泡桐育苗实验，该苗圃地由于长期耕种和施肥，土壤较肥沃，根据多次测定，有机质为 2%左右，全氮 0.1%，速效磷 6ppm 左右，速效钾 45ppm。实验发现，一年生实生苗 7～9 月每月高生长量分别为 0.15m、0.45m、0.72m、0.72m，基径生长量分别为 0.69cm、1.49cm、2.03cm、2.18cm（江苏省林业科学研究所，1977）。

（七）鄂川泡桐

陕西省林业科学研究所曾引进鄂川泡桐，种植在陕西周至渭河试验站，经过 10 多年的观察，发现鄂川泡桐的生长极差。该地的土壤为砂质壤土，pH7.7，土层厚度一般为 0.5～1m，土层下为冲积沙，地下水位 2m，土壤是渭河冲积形成的，土层厚度不一，土壤质地不均（樊军锋和周永学，2002）。

（八）台湾泡桐

台湾泡桐是一种耐肥性相当强的树种。对一年生根植苗的施肥试验表明，台湾泡桐最需要的元素是 N，施用 N、P、K 混合肥料比单独其中一种的肥料利用率要高，120g/株 N 的利用率约为 62%，台湾泡桐对 N、P、K 肥料表现出非常高的利用率（林文镇和陈佩钦，1979）。

（九）川泡桐

调查发现，川泡桐在湖北西部山区以在质地疏松、土层深厚的灰色土上生长最快，砂土次之，黄黏土上最慢。例如，种植在湖北建始县海拔 900m 的灰色土上，树龄 6 年，树高 8m，胸径 30cm；种植在鹤峰县与利川县同为海拔 800m 的山地砂土上，在鹤峰县的 11 年龄树高 16m，胸径 33cm，种植在利川县的 14 年龄树高 13m，胸径 34cm。而种植在鹤峰县海拔 960m 的黄黏土上，树龄 14 年，树高 15m，胸径仅 24cm（陈志远，1982）。

参考文献

岑华飞. 2022. 白花泡桐. https://ppbc. iplant. cn/tu/10651792[2023-11-16].

陈炳华. 2010. 台湾泡桐. https://ppbc. iplant. cn/tu/499101[2023-11-16].

陈沁. 2022. 不同纬度下植物物候格局及其对气候变化的响应. 海南大学硕士学位论文.

陈又生. 2008. 光泡桐. https://ppbc. iplant. cn/tu/87840[2023-11-16].

陈志远. 1982. 泡桐属(*Paulownia*)在湖北省生长情况及其生态特性. 华中农学院学报, 2: 48-55.

邸聪. 2019. 南京市两所综合公园观花树种群落调查及时序景观研究. 南京农业大学硕士学位论文.

董琪. 2011. 秦州区毛泡桐剪梢接干技术. 农业科技与信息, 6: 16.

樊军锋, 周永学. 2002. 陕西泡桐种类分布、形态识别及适地适树栽培. 陕西林业科技, 1: 18-20.

樊念社. 2010. 河南地区泡桐优质干材培育技术初探. 农家之友, 6: 91-92.

范国强, 王安亭, 王国周, 等. 2000. 接干和施肥对不同初植苗高泡桐幼树主干生长影响的研究. 林业科学研究, 13(6): 628-633.

方万里. 2016. 南方泡桐. https://ppbc. iplant. cn/tu/2696242[2023-11-16].

冯延芝, 赵阳, 王保平, 等. 2020. 干旱复水对楸叶泡桐幼苗光合和叶绿素荧光的影响. 中南林业科技大学学报, 40(4): 1-8.

傅东示. 2023. 植物物候期对城市鸟类群落多样性的影响. 浙江农林大学硕士学位论文.

耿晓东. 2006. 泡桐侧芽萌发成冠与抹芽接干培育高干材关系的研究. 河南农业大学硕士学位论文.

耿晓东, 陈叙仲, 蔡齐飞, 等. 2022. 截干对泡桐根冠协同生长及平茬接干的影响. 河南农业大学学报, 56(4): 569-573.

龚彤. 1976. 中国泡桐属植物的研究. 植物分类学报, 14(2):38-50.

郭青松. 2017. 兰考泡桐. https://ppbc. iplant. cn/tu/3712996[2023-11-16].

皇建业, 任玉华, 张霞, 等. 2021. 低干泡桐苗木造林剪梢接干技术. 现代农村科技, 2: 46-47.

黄江华. 2015. 川泡桐. https://ppbc. iplant. cn/tu/2342253[2023-11-16].

江苏省林业科学研究所. 1977. 泡桐引种试验小结. 林业科技资料, 4: 16-20.

蒋建平. 1990. 泡桐栽培学. 北京: 中国林业出版社.

蒋建平, 苌哲新, 李荣幸, 等. 1980. 泡桐实生选种研究初报. 河南农学院学报, 2: 49-58.

蒋临轩. 1977. 沐川县天然生川泡桐 *Paulownia fargesii* Franch.生物学特性及生长情况初步调查. 四川林业科技通讯, 2: 15-17.

孔繁明. 2016. 南方泡桐. https://ppbc. iplant. cn/tu/2921883[2023-11-16].

孔繁明. 2017. 台湾泡桐. https://ppbc. iplant. cn/tu/3974693[2023-11-16].

李芳东,乔杰,王保平, 等. 2013. 中国泡桐属种质资源图谱. 北京: 中国林业出版社.

李光敏. 2009. 毛泡桐. https://ppbc. iplant. cn/tu/136013[2023-11-16].

李光敏. 2023. 白花泡桐. https://ppbc. iplant. cn/tu/13954991[2023-11-16].

李盛雄, 邱传真. 1981. 蒙山发现的南方泡桐初步观察. 广西植物, 1: 42.

李顺福, 王慧敏, 房丽莎, 等. 2022. 短日照诱导白花泡桐顶芽死亡过程相关基因的表达. 林业科学, 58(2): 148-158.

栗茂腾. 2021. 南方泡桐. https://ppbc. iplant. cn/tu/8636118[2023-11-16].

廖克勤. 1984. 对白花泡桐育苗的几点技术见解. 湖南林业科技, 2: 15-17.

林秦文. 2021. 川泡桐. https://ppbc. iplant. cn/tu/7917418[2023-11-16].

林文镇, 陈佩钦. 1979. 台湾泡桐生理生态特性的研究. 林业科技资料, 3: 42-44.

林文镇, 徐新铨. 1980. 泡桐的生态特性与栽培技术. 浙江林业科技, 5: 14-18.

刘昂. 2019. 楸叶泡桐. https://ppbc. iplant. cn/tu/5054903[2023-11-16].

刘华. 2011. 泡桐沙床埋根催芽育苗及幼林接干抚育技术. 安徽农学通报, 17(11): 171-173.

刘力嘉. 2023. 川泡桐. https://ppbc. iplant. cn/tu/13129275[2023-11-16].

刘翔. 2022. 川泡桐. https://ppbc. iplant. cn/tu/12017106[2023-11-16].

刘兴剑. 2023. 光泡桐. https://ppbc. iplant. cn/tu/15025802[2023-11-16].

龙川, 郑圣寿, 黄子发, 等. 2020. 井冈山国家级自然保护区野生林木种质资源调查研究. 农业与技术, 40(21): 80-84.

马小芬. 2015. 泡桐高干壮苗的培育. 现代园艺, 20: 52.

缪礼科, 雷开寿. 1980. 楸叶泡桐调查报告. 陕西林业科技, 3: 13-17.

倪善庆. 1981. 泡桐种及种源苗期生长特性分析. 江苏林业科技, 3: 21-25.

聂廷秋. 2017. 兰考泡桐. https://ppbc. iplant. cn/tu/3457966[2023-11-16].

牛余江. 2010. 白花泡桐. https://ppbc. iplant. cn/tu/644959[2023-11-16].

欧阳名玲, 熊耀国, 陶栋伟, 等. 1979. 南方桐区泡桐杂交育种试验. 浙江林业科技, 4: 1-10, 20.

蒲光兰, 袁大刚, 刘世全 等. 2009. 天津开发区毛泡桐叶片光合作用年变化动态研究. 内江师范学院学报, 24(4): 56-59.

齐金根. 1987. 主要气候、土壤因素对兰考泡桐生长影响的初步研究. 植物生态学报, 11(1): 11-20.

邱相东. 2022a. 南方泡桐. https://ppbc. iplant. cn/tu/10096613[2023-11-16].

邱相东. 2022b. 台湾泡桐. https://ppbc. iplant. cn/tu/10738908[2023-11-16].

全国泡桐科技协作组. 1977. 泡桐特性与适地适树. 中国林业科学, 2: 30-36.

沈士训. 1981. 楸叶泡桐栽培中几个问题的探讨. 山东林业科技, 4: 13-18, 25.

王保平. 2008. 泡桐修枝促接干技术及其效应的研究. 北京林业大学硕士学位论文.

王茹, 张先平, 昌秦湘, 等. 2023. 基于固碳需求的毛泡桐适宜栽植区区划研究. 山西大学学报(自然科学版), 46(6): 1456-1466.

王忠信, 符毓秦, 张近勇, 等. 1979. 毛泡桐种内有性杂交试验. 陕西林业科技, 5: 11-15.

吴棣飞. 2016. 白花泡桐. https://ppbc. iplant. cn/tu/2798836[2023-11-16].

夏尚华. 2023. 兰考泡桐. https://ppbc. iplant. cn/tu/14954231[2023-11-16].

襄阳地区林业科学研究所, 华中农学院园林系. 1979. 襄阳地区泡桐调查报告. 湖北林业科技, 2: 18-28.

邢小艺, 董丽, 范舒欣, 等. 2023. 北京园林树木物候的年代际变化——多物候阶段的树种响应. 园林, 40(8): 21-31.

熊仓国雄. 1980. 泡桐在巴拉圭的生长量.陈章水译. 北京：中国林业科学研究院林业研究所.

徐鹏程, 周映梅, 于洪波, 等. 1989. 兰考泡桐引种的调查研究. 甘肃林业科技, 2: 22-29.

徐晔春. 2022. 台湾泡桐. https://ppbc. iplant. cn/tu/9600497[2023-11-16].
徐永福. 2013. 白花泡桐. https://ppbc. iplant. cn/tu/1350885[2023-11-16].
薛自超. 2019. 白花泡桐. https://ppbc. iplant. cn/tu/5167296[2023-11-16].
姚顺阳. 2014. 泡桐顶侧芽保护与高干材培育技术研究. 河南农业大学硕士学位论文.
叶金山,杨文萍. 2009. 泡桐假二叉分枝机理. 东北林业大学学报, 37(2):6-7.
叶喜阳. 2023. 兰考泡桐. https://ppbc. iplant. cn/tu/13138650[2023-11-16].
翟晓巧. 2008. 光周期和低温处理对泡桐叶片抗性影响研究. 河南林业科技, 28(3): 6-8.
张培源. 2023. 干旱胁迫下不同倍性鄂川泡桐的生理特性及代谢组学研究. 河南农业大学硕士学位论文.
张兆松. 2003. 干旱盐碱地区毛泡桐花期营养调控防“早衰”技术的研究. 南京农业大学硕士学位论文.
赵振利, 李慧珂, 李烜桢, 等. 2023. 连作对白花泡桐生长及根内外微生物群落的影响. 森林与环境学报, 43(4): 407-415.
中国科学院中国植物志编辑委员会. 1979. 中国植物志: 第 67 卷第 2 分册. 北京: 科学出版社.
中国林学会泡桐文集编委会. 1982. 泡桐文集. 北京: 中国林业出版社.
周长瑞, 杜华兵, 王月海, 等. 1998. 楸叶泡桐年生长节律的研究. 山东林业科技, 4: 24-26.
周立新. 2021. 楸叶泡桐. https://ppbc. iplant. cn/tu/7822394[2023-11-16].
朱仁斌. 2019a. 毛泡桐. https://ppbc. iplant. cn/tu/6008312[2023-11-16].
朱仁斌. 2019b. 楸叶泡桐. https://ppbc. iplant. cn/tu/6013321[2023-11-16].
朱鑫鑫. 2019. 毛泡桐. https://ppbc. iplant. cn/tu/5386462[2023-11-16].
朱鑫鑫. 2022. 楸叶泡桐. https://ppbc. iplant. cn/tu/10439982[2023-11-16].
朱秀红, 李职, 蔡曜琦, 等. 2021. 白花泡桐幼苗对盐、干旱及其交叉胁迫的生理响应. 西部林业科学, 50(3): 135-143.
Larcher W. 1980. Physiological Plant Plant Ecology. Berlin Heidelberg, NewYork: Springer-Verlag.

第四章　泡桐的价值

泡桐为我国独有树种和乡土树种，因其适应性强、栽植容易和用途广泛，在农村的房前屋后、田间地头随处可见，深受大众欢迎。历史上，在《齐民要术》《桐谱》等书中较详细地记述了泡桐的形态栽培材性及加工利用等方面的情况。随着科学技术的发展，泡桐的价值得到越来越多的发现、挖掘、开发和利用，主要体现在经济、生态、社会 3 个方面。经济价值方面，重点是泡桐木材和泡桐器官的利用。泡桐木材材质优良，轻而韧，具有很强的防潮隔热性能，耐酸耐腐，导音性好，不翘不裂，不被虫蛀，不易脱胶，纹理美观，油漆染色良好，易于加工，便于雕刻。在工业和国防方面，可用于制作胶合板、航空模型、车船衬板、空运水运设备，还可制作各种乐器、手工雕刻工艺品、家具、电线压板和优质纸张等；在建筑方面，可做梁、檩、门、窗和房间隔板等；在农业上，可制作水车、渡槽、抬杠等。经过现代技术改造，泡桐木可制作性能更优、价值更高的泡桐重组木、泡桐木丝、泡桐木炭、活性炭等。除木材之外，泡桐的根、叶、花、果等器官的作用逐步得到发现和开发，在药用、食用、饲料、肥料方面有重大应用价值。生态价值方面，泡桐不仅具有防风固沙、涵养水源、保持水土、调节气候、净化空气、固碳释氧、保存生物遗传资源、维护地球生态平衡等与森林普遍共有的生态作用，而且还具有泡桐独有特性，发挥出泡桐与小麦相互依赖、相互促进的桐粮间作生态价值。社会价值方面，主要体现在就业增收、保健康养、文化传承、教育科研等方面。

第一节　泡桐的经济价值

泡桐的经济价值主要包括泡桐木材价值和泡桐器官价值两个方面。泡桐木材的价值主要体现在木材应用方面，泡桐器官的价值主要体现在叶、花、果、根的药用价值、饲料价值、肥料价值和食用价值方面。

一、泡桐木材利用

泡桐木材的构造和性质均匀一致，木材的价值主要体现在发挥其优良的物理性质和充分开发其纤维的利用。目前泡桐木材广泛用于板材制作、家居用品、文化用品、造纸原料、建筑农具等。

（一）板材制作

1. 桐木拼板

泡桐原木经锯解、变色预防、干燥、目标造材、胶拼、刨光等工序加工而成的天然板材，是生产制作家具、室内装饰的优等天然无污染环保材料，加之泡桐尺寸稳定性好、耐湿、耐腐、耐烤等特性，深受国内外客户喜爱。桐木拼板 20 世纪 70 年代开始在山东菏泽及河南开封、许昌、郑州兴起，规模产值迅速提高，目前生产厂家约 2000 家、产量 500 万 m^3。泡桐原产中国，国外引种栽培数量有限，桐木拼板以其独特的优势，吸引了日本、韩国、美国、意大利、法国、英国、澳大利亚等发达国家持续关注和大量进口，成为我国木材出口创汇的主要产品之一。

2. 胶合板

胶合板是由木段旋切成单板或由木方刨切成薄木，再用胶黏剂胶合而成的三层或多层的板状材料，通常用奇数层单板，并使相邻层单板的纤维方向互相垂直胶合而成。胶合板是家具常用材料之一，亦可供飞机、船舶、火车、汽车、建筑和包装箱等用材。常用的胶合板类型有三合板、五合板等。胶合板能提高木材利用率，是节约木材的一个主要途径。通常的长宽规格是：1220mm×2440mm。泡桐木材旋、刨容易，材色淡雅，富有花纹，胶黏及油饰性能均好，适合作胶合板。桐木胶合板主要用于室内装饰行业。

3. 刨花板

刨花板又称为碎料板，是利用施加胶料和辅料，或未施加胶料和辅料的木材，或非木材植物制成的刨花材料等经干燥拌胶、热压而制成的薄板。泡桐树冠大、枝杈多、小径材产量高、板材加工下脚料多，是生产刨花板的优良材料，也使得泡桐木质材料不被浪费，得到充分利用。

4. 细木工板

细木工板是指在胶合板生产基础上，以木板条拼接或空心板作芯板，两面覆盖两层或多层胶合板，经胶压制成的一种特殊胶合板。细木工板的特点主要由芯板结构决定。被广泛应用于家具制造及缝纫机台板、车厢、船舶等的生产和建筑业等。泡桐细木工板，是指主要以泡桐木条作芯板拼接而成，对泡桐小径材和板材下角料充分利用意义较大。

（二）家居用品

1. 室内家具

泡桐材的稳定性好，胀缩性很小，无翘裂、变形等，适于做各种家庭用具、床板等；同时刨光、油漆、胶粘、钉钉性能良好，材色一致（先水泡预防色斑），且具花纹，是门、箱、柜、桌、椅等家具的上等材料。尤其橱柜的抽屉特别需要多次抽拉不变形，泡桐木是首选材料。泡桐材料对电、热的绝缘性能优良，农村中常用来制作风箱、火盆架，作为熨斗、汤勺的木柄，作为冰柜、金库、保险柜的内衬，制作室内电线板、电表板等。泡桐木屐有特别的适足感，成为日本民族家居生活的必需品。

2. 饮食用具

泡桐材无臭、无味、环保，可适于制作饮食生活所需的盆、碗、瓢、勺、桶、盒、蒸笼、锅盖等用具。由于桐材很轻且隔热保温性能好，还可适于制作茶叶、水果等食品盒（箱）。

（三）文化用品

1. 乐器

由于泡桐木材具有良好的声学性能（高的声辐射品质常数和低的对数缩减量），材色浅而一致，年轮通常均匀，加工容易，刨面光洁，是制作乐器的极佳材料。目前主要桐材乐器产品有：琵琶、古筝、扬琴等。河南省兰考县几十年来持续栽植泡桐，泡桐资源的积累带动了乐器产业形成。该县桐木乐器的生产量、出口量和产值、出口额均为全国第一位，堪称全国桐木乐器第一县。

2. 工艺品

将桐木枝桠材、小径材经旋切制成坯材，经雕刻、制备、打磨、批灰、油漆，绘成各种产品。主要有茶具、酒具、花瓶、笔筒、碗、碟、礼品盒、佛像、神龛、木鱼、玩具、屏风等。

（四）造纸原料

泡桐木材纤维长度平均值 0.95～1.17mm，宽度平均值 0.26～0.32mm，细胞壁厚 3.2～3.8um，细胞腔直径 18.8～24.4um；粗、细浆得率分别为 50.37%～53.37%和 50.34%～53.02%；浆纸耐破因子 33～57，撕裂因子 63～80。泡桐木材均可作为各种文化用纸的造纸原料。泡桐材木浆的白度高，纸的强度也佳。泡桐是我国大有希望的造纸用材树种，造纸企业应积极建立泡桐造纸木材原料林基地。

（五）建筑农具

泡桐木材的保温隔热和防火阻燃特性，使其成为良好的建筑用材。农村随处可见的泡桐树，采伐形成的泡桐木，常用作民用房屋、敞篷建筑等的屋架、檩条、木柱、格栅等。泡桐木不翘裂、不变形，尺寸稳定性好，容易加工，是制作窗框的优良材料。油漆后光亮性好，作门、墙壁板、隔板、天花板的室内装饰效果较好。泡桐木以其优良的物理特性，还适于制作水车和风车的车厢、盆、抬杠、扁担等农具。在建筑上，可制作水泥模板及各种木模型。

（六）现代用途

随着时代进步和科学发展，泡桐木材有了新的用途。

1. 重组木

重组木是指对自然速生木材的功能增强的一种改进方式，在不打乱木材纤维排列方向、保留木材基本特性的前提下，将木材碾压成“木束”重新改性组合，制成一种强度高、规格大、具有天然木材纹理结构的新型木材。经过多种物理与化学工艺处理后，使其密度增大，强度增高，耐水性能、防腐性能、尺寸稳定性能得到显著提高。当前市场常见的是桐木与杨木的重组木。“钢化木”是一种性能类似或超过钢材的重组木，已经开始产业化生产，经济效益高、市场前景好。

2. 飞机船舶用材

滑翔机及农用飞机的机面可以使用木材复合结构，中心用泡桐木作衬垫。桐木材质轻、加工易，可制作靶机和模型机。桐材在船舶制造中，可锯解制作渡船和货船及救生圈、浮子。现代玻璃机帆船中心用桐木，两面用玻璃钢。

3. 木丝

木丝要求轻、软、色浅、弹性好、纹理直、无气味和树脂，具吸收性。泡桐木丝具备以上条件，主要用于包装缓冲填料，床、椅垫褥，冷却系统绝缘材料，牲畜、家禽垫料和玩具填料等方面。

4. 木炭和活性炭

泡桐木炭可制黑色炸药、烟火、炭笔，并用于冶金方面。活性炭具有吸收气体、液体乃至微粒的高效能，可用作水、食物、药品、空气等的净化剂。

二、泡桐器官价值

泡桐全树都是宝，木材价值的开发较为成熟。随着科学技术的进步，泡桐的叶、花、果、皮、根的功能逐渐被深入发现、挖掘，开始展现出较大的经济潜力，有的已经发挥出较高的经济效益。泡桐全树利用和价值挖掘，主要从药用、饲料、肥料、食用 4 个方面入手。

（一）泡桐叶的价值

1. 药用价值

桐叶入中药，味苦，性寒，入心、肝经。具有清热解毒、化瘀止血之功效。主治疔疮、乳痈，肠痈，丹毒，跌打损伤，瘀滞肿痛。用法与用量：外用以醋蒸贴、捣敷或捣汁涂。内服为煎汤，15～30g。《神农本草经》记载“主恶蚀疮著阴”，《本草纲目》记述“消肿毒、生发”。《圣惠方》记有药方：“治手足浮肿，桐叶煮汁渍之，并饮少许。或加小豆，尤妙。”《肘后方》也有药方：“治发落不生，桐叶一把，麻子仁三升，米泔煮五六沸，去滓。日日洗之则长。”现代医学试验，泡桐叶成分还有抗癌作用。夏、秋季采摘，鲜用或晒干。

2. 饲料价值

古典文献《神农本草经》中有“桐叶饲猪，肥大三倍，且易养”的记载。泡桐叶中粗脂肪、粗蛋白和纤维的含量分别为 10.36%（相当于麦麸）、16.3%和 16.95%。同时，它还含有大量的铁、锰、锌等矿物质元素，是猪生长发育所需要的。因此，它不仅能促进猪的生长，还能提高猪的抗病能力。用法：先将泡桐叶浸泡在温水中（泡桐叶的用量应为每日饲料的 10%左右），泡桐叶与水的比例为 1∶10，浸泡 10～15min 后取出，再加入剩余的饲料（约为饲料的 90%），加入适量的水拌匀喂猪。要注意的是，猪对泡桐叶饲料的适应一般需要 3～5 天。泡桐叶提取物饲料添加剂的制备方法：干燥后的泡桐叶经粉碎后过 5～20 目筛，加入 8～12 倍泡桐叶重量的水，浸泡 1h，煮沸，提取 1～2h，滤过，再加 4～6 倍泡桐叶重量的水，煮沸，提取 1～2h，滤过；合并两次提取液，混匀，浓缩成相对密度为 1.10～1.20 的浸膏。然后将泡桐叶提取物浸膏经喷雾干燥塔喷雾加工成泡桐叶提取物干粉。喷雾干燥的工艺条件为进风温度 170～190℃，出风温度 80～90℃，进风压力为 40MPa。得到的泡桐叶提取物干粉水分含量≤5%。再将泡桐叶提取物干粉与载体如二氧化硅、碳酸钙、谷壳粉、石粉中的一种或多种按一定比例混合均匀后制成饲料添加剂。

3. 肥料价值

泡桐树木在生长期人工去叶或休眠期正常落叶，可直接落地翻入地内作为土壤肥料。由于泡桐叶营养丰富，也适合作家庭花肥，但需要把采回来的落叶放入容器，一层叶一层土浇水发酵，一般 3 个月左右的时间完全腐熟就可使用。养君子兰、吊兰等肉质根花卉，用泡桐叶肥较好。

（二）泡桐花的价值

1. 药用价值

桐花入中药，味苦，性寒。其功效为清肺利咽，解毒消肿。主治肺热咳嗽、急性扁桃体炎、菌痢、急性肠炎、急性结膜炎、腮腺炎、疖肿、疮癣等病证。泡桐花中含有丰富的精油成分，还含有三萜、倍半萜、黄酮类、β-谷甾醇、环烯醚萜苷、苯丙素苷、木脂素苷等多种化学成分，具有疏风散热、清肝明目、清热解毒、燥湿止痢之功能，对治疗呼吸道疾病也有一定药效。黄酮类物质被证实存在于毛泡桐花中，而黄酮是一种优质的抗氧化剂，具有保健功能。能抗衰老，对治疗心脑血管疾病也有一定的功效，并且对现在人类普遍存在的“三高”问题也有一定的降低作用，还具备抗癌、抗炎等功效。春季花开时采收，晒干或鲜用。内服：煎汤，10～25g。外用：鲜品适量，捣烂或制成膏剂搽。现代配伍处方 2 例：处方一，治腮腺炎、细菌性痢疾、急性肠炎、结膜炎等：泡桐树花 25g，水煎，加适量白糖冲服；处方二，治玻璃体混浊（飞蚊症）：泡桐树花、玄明粉、羌活及酸枣仁各等量，共研细末。每次 6g，每日 3 次，煎服。民间土方治疗“青春痘”：春天泡桐树开花时，采摘一把鲜桐花，晚上睡觉时，先以温水洗脸，取桐花数枚，双手揉搓至出水，在患部反复涂擦，擦到无水时为止。然后上床睡觉，第二天早上洗脸。同法连用三天，一周后“青春痘”便会自然消失。

2. 食用价值

新鲜的泡桐花，富含人体需要的各种营养元素，具有较高食用价值。泡桐花春季先叶而开，紫色、粉红色的喇叭花几百上千朵着生在同一株上，成百上千株的泡桐树先后开放，持续 20 多天，不仅带来了令人震撼的美丽景观，吸引大量游客赏花观光，而且可以将摘下的桐花，制作成色香味俱全的美味佳肴。鲜食、烹炸、烙饼、炒菜等各种吃法不断翻新。泡桐花分泌能力强，哪里泡桐成片，哪里就成为养蜂者的放蜂地。桐花蜜营养价值极高，医疗保健作用独特，味道极其鲜美可口，成为新时代“蜂蜜王国”的极品和经济价值极高的商品。

（三）泡桐果的价值

泡桐果，中药名称，味苦，性微寒。归肺经。功效化痰，止咳，平喘，抗菌。主治慢性气管炎、咳嗽咳痰。医学研究证明，泡桐果中含有苯丙素类化合物、环烯醚萜类成分、倍半萜、类黄酮、桐酸、脂肪油、生物碱等成分。可以起到活血化瘀、增强免疫力、调理肠胃道的作用。夏、秋季采摘，晒干。

（四）泡桐皮的价值

泡桐皮可入药，味苦，性寒。功效祛风，解毒，消肿，止痛，化痰止咳。主治筋骨疼痛，疮疡肿毒，红崩白带，气管炎。有专家从泡桐皮内提取丁香苷、咖啡酸、毛蕊花糖苷、异毛蕊花糖苷和肉苁蓉苷等药用化学成分。现代配伍处方 3 例：处方一，痈疮，疽，痔瘘，恶疮：泡桐皮水煎敷之（《普济方》）；处方二，跌打损伤：泡桐树皮（去青留白），醋炒捣敷（《濒湖集简方》）；处方三，治寒痹疼痛：老泡桐树皮 500g，煎水去渣，趁热拌入麦麸皮 500g，热敷患处，凉了再换。

（五）泡桐根的价值

泡桐根可入药，味微苦，性微寒。功效祛风湿，解毒活血。主治风湿热痹，筋骨疼痛，疮疡肿毒，跌打损伤。现代配伍处方 4 例：处方一，治风湿痹痛：泡桐树根皮 18g，老鹳草 30g，八角枫根 3g，水煎服；处方二，治便血，痔疮出血：泡桐树根皮 18g，仙鹤草 15g，陈艾 15g，水煎服。（处方一和处方二出自《四川中药志》1982 年）；处方三，治跌打损伤，骨折：泡桐树根皮、韭菜各适量，共捣烂，敷患处，包扎固定（《河南中草药手册》）；处方四，治腰扭伤：鲜泡桐根 60g，加鸡 1 只或者猪脚适量水炖，服汤和肉（《福建药物志》）。秋季采挖，洗净，鲜用或晒干。

第二节　泡桐的生态价值

一、防风固沙

（一）意义

干旱半干旱地区水资源匮乏、植被覆盖度低，对外界强迫响应敏感、反应迅速，往往是荒漠化发生、发展的高频地带（郭瑞霞等，2015）。荒漠化不仅造成生物多样性减少、土壤生产力下降、风沙活动频繁，而且容易造成大片的农田沙化，严重威胁耕地和粮食安全，还会影响到人们的生产生活秩序（Bagnold，

1941；包岩峰等，2013）。目前全球 100 多个国家遭受荒漠化侵扰，受灾面积约 3600 万 km^2，占全球耕地面积的 25%以上，且荒漠化面积仍以每年 15 万 km^2 的速度增加，有超过 10 亿人口直接受到荒漠化的影响（高照良，2012），荒漠化土地的迅速扩展已成为威胁人类生存、社会稳定和可持续发展的重要因素。

防风固沙林是在流动、半固定沙地和潜在土地沙漠化地区，以及沿海岸等受风沙危害严重的城镇、村庄、农田、牧场、工矿区、道路、水利、特殊设施等周围营建特用防护林，以发挥其固沙阻沙、阻止风沙侵害蔓延、国土整治等效能。防风固沙林是以森林生态功能为基本目标的一类森林经营类型，对森林生态系统起着防护作用，可有效减少风沙危害、维持生态环境的平衡（曲杨，2018）。土壤砂砾化是造成土壤沙化的前提，降水量少、蒸发量大和过于干燥气候，是形成土壤沙化的条件。水资源严重不足，地表植被覆盖率低，人为活动过度干扰等因素加剧了土壤沙漠化趋势。因此说土地沙漠化是自然界与社会经济关联的结果（管颖，2023）。

我国至今受到风沙危害影响的地域很广，尤以新疆、内蒙古、河北 3 省及黄河流域等地为风沙灾害的重点区域。在历史发展的长河中，人们为保家乡和生存而开展了抵御风沙的斗争，特别是新中国成立后各地结合实际广泛开展了行之有效的防风固沙造林工程，引进推广一批优良的树种，取得良好效果，同时也形成了各具特色的地域性政治经济社会文化，是一笔不朽的物质和精神财富。

泡桐因其独有的深根、耐旱耐瘠薄等优良特质，其生态服务功能突出表现在防风固沙、土壤改良与修复、碳汇、文旅康养等许多方面，并在长期的实践中形成固有形式，已被广泛应用在社会生产生活的各个方面，有些已经或正在形成相关产业，发挥出泡桐应有的生态经济和社会价值。随着我国经济社会发展取得不断进步，林业生态文明建设地位将日益凸显，泡桐作为造林主要优势树种必将会发挥出其更加强大的生态服务功能。

（二）防风固沙实践

河南省兰考县位于黄河故道区，在 20 世纪中期曾遭受过严重的自然灾害，全县在干旱的风沙盐碱地广植泡桐，对当地自然环境进行了长达 30 年的系统性治理（赵颢迪，2020）。研究发现，泡桐等耐干旱、耐盐碱植物具有其独特的生物特性及经济价值，生物多样性及生态系统整体性、稳定性得到充分体现。兰考通过“三害”治理，1958～2018 年部分气候、土壤指标发生变化：①在风沙灾害严重地区，植树造林是抵御风沙、保护农田的主要措施。20 世纪 70 年代，我国在黄河故道区大规模平沙造田而营建的农田防护林及“三北”防护林、京津风沙源治理工程中，同样将植树造林与退耕还草等方式作为抵挡风沙的主要措施。兰考县采用农桐间作大面积种植方式，创造了保护农田、改良土壤的成功范式。同时，治理盐碱地采用的洗盐沥碱改良土壤措施今天仍被广泛运用（如农业综合开发、高标准农田建设）。②森林生态系统中，造林面积、林木覆盖率及施肥措施对系统稳定性起关键作用，成为一种生态效益与经济效益有机结合的农业发展方式（如高标准农田）。③农桐间作构建地上地下复合生态系统的生物多样性，成为风沙治理与盐碱土壤改良的重要措施，是一种见效快、最经济、可持续的解决方式；利用耐旱型植物泡桐等植物的抗逆性，应用于沙区、干旱地区的林业发展和城镇绿化等生态建设工程中，发挥了显著的作用（赵颢迪，2020）。泡桐是碳汇林的重要树种，泡桐防风固沙林是发展泡桐碳汇的重要载体，对建设生态文明、推动绿色发展具有重要意义。

（三）国内外研究进展

防风固沙林在降低风速、防治风沙侵蚀、固定流沙、改变微环境、维系生态系统功能等方面发挥着至关重要的作用（朱教君，2013）。多年来，国内外科学家和林业工作者在营建防风固沙林方面开展了大量的研究与生产实践探索，对防风固沙林在树种选择、空间配置、研究方法、防护效益及其优缺点等方面进行总结，为研究如何科学营建生态及农田防风固沙林方面提供了参考。

1. 空间配置

（1）树种选择

防风固沙林带的树种选择不仅会影响防护林树木的成活率和生长状况，还将影响到防护林的结构和防护效益（曹新孙，1983）。适地适树适种源是树种选择的首要原则（曹新孙和陶玉英，1981；姜凤岐，2003），也是科学造林首先应遵循的原则。随着森林功能和经营的多元化，营建防护林时应充分考虑树种的适应性、持久性、抗逆性及经济性（Motta and Haudemand，2000）。树种选择常采用试验样地法和综合选择法 2 种（厉静文等，2019）。营建防风固沙林旨在有效阻挡风沙危害，维护生态平衡，故其树种应具备根系发达、盘结力和根蘖性强、耐风蚀、能适应温差变化等多重特性；同时也是防护效能好、经济价值高的乡土树种。可见，营建高质量的泡桐防风固沙林不能仅依靠单一树种来完成，应因地制宜选择乔灌草相结合形式才能够达到预期效果。例如，陈艳瑞等（2011）利用专家打分法、层次分析法、指数和法对准噶尔南部防风固沙林树种进行适宜性评价，选择银×新、水曲柳、夏橡、黑核桃、棒子等树种；李荔（2016）利用灰色关联分析法对南疆沙丘乔灌木树种进行适宜性评价，确定不同立地条件下防风固沙林采用胡杨、新疆杨、竹柳、箭杆杨等速生乔木，辅以柽柳、沙棘等抗逆性强的灌木。实践证明，黄河中下游地区河南省宜选用杨树、泡桐、刺槐、楸树、柳树、苦楝、臭椿、香椿、白榆、白蜡、栎类、黑核桃、侧柏、油松等，配以枣、柿子、桃、石榴、山楂、文冠果、黄连木等和紫穗槐、沙棘、杞柳、盐肤木等灌木和苜蓿等草本植物营建防风固沙林。各地应结合实际选择适宜的树种结构，科学营建防风固沙林。

（2）林带疏透度

林带疏透度是指林带迎风垂直面上透光空隙投影面积与该垂直面上林带投影总面积之比（郑波，2017）。它是防护林各因子的综合体现，能综合评价林带结构优劣和空气动力学特征（范志平等，2010）。长期以来，国内外学者针对林带疏透度的测量方法、计算过程、空气动力学特征等展开大量研究。传统的疏透度测量方法均存在测量精度不高或操作不便等问题，Kenney（1987）借助林带的数码照片测算其透光率，提高疏透度定量测算精度。周新华等（1991）利用模型计算订正林带疏透度测定值随机误差、投影误差和缩影误差，建立数字图像处理法测定疏透度新途径。姜凤岐等（1994）应用数字图像处理法，结合回归分析、推理分析，构建林带疏透度与结构的关系模型。此后，Lee 等（2003）利用林带疏透度机理模型确定疏透度优化系数，获取林带不同生长过程的疏透度数据。Zhou 等（2002）把地上生物体积密度因素纳入林带结构；朱教君等（2003）在次生林研究中提出用来表示林带垂直结构的“分层疏透度”概念，推动林带定量化研究发展。

最佳疏透度是国内外学者研究热点之一。多数学者普遍认同的林带最佳疏透度为 0.25～0.4。杜鹤强等（2010）利用样地调查、回归模型等方法对盐池防风固沙林研究表明，防风效能与疏透度呈极显著负相关，疏透度 < 50%的林带平均防风效能达 29.94%。段娜等（2016）对比分析乌兰布和沙漠几种典型防风固沙林，林带疏透度在 30%～50%时防风效果最佳，分层疏透度也是影响防风效能的直接因素。李荔（2016）利用逐步回归法，确定南疆防风固沙林的防风效果与疏透度和主林带间距关系密切，稀疏型林带防风效果最佳（30.56%）；稀疏型林带空隙分布均匀，气流穿过林带时被枝干阻挡、摩擦，其动能迅速消耗，风速明显下降。

林带密度与疏透度关系密切，直接反映林带的空间结构。Brandle 和 Findch（1991）发现，当林带高度一定，林带密度直接影响林带有效防护面积，林带密度越大，防护范围越大，但当林带密度不超过 0.8 时，林带后湍流将影响农作物生长，影响 8H（H 指林带平均树高）后的防护效果，其最佳种植密度为 0.2～0.8。马瑞等（2009）测定民勤青土湖区不同密度梭梭林风速变化，林带宽度达 200m 时，不均匀配置的林带能达到最佳防风固沙效果。王忠林等（1995）认为，风沙区沙害严重，采用多行宽林带结构，株行距 2～3m、带宽 6～8m 效果最佳。

（3）林带高宽度

林带高度影响林带的有效防护距离，其与林带树种、结构、树木生长状况密切相关。林带越高，其防护距离的绝对值越大（姜凤岐，2003），树木成熟后林带防护效果几乎不变（高照良，2012）；混交林树高一般为林带中最高林木高度（Garrett et al.，2009），疏透度相同的防护林，因林带树种和高度不同，防护效果不同。

林带宽度作为林带结构的重要参数，其范围受防护林立地区域、防护目的等影响。Caborn（1957）认为防护林带宽与带高之比超过其阈值，将直接影响防护效果，如紧密型防护林，林带宽高比超过 5，林带越宽，其有效防护距离越小。国外有学者对比不同带宽防护林，得出防护林宽度增加应同步提高疏透度（曹新孙和陶玉英，1981）。而傅抱璞（1963）从理论上探讨不同结构防护林的防风效果，提出一般通风与半通风林带的最适宜宽度 9～28m。何有华等（2018）根据甘肃河西走廊金塔县鸳鸯池水库（位于鸳鸯池水库西岸、白水泉沙系东南端，东北距金塔县城 12km）的边缘防风林的阻沙效益，得出其带宽约 150m，最宽不应超过 200m。

（4）林带结构优化

林带结构主要是指带内树木枝、干、叶的密集度和空间分布状态，其受林带树种、疏透度、密度、宽度等参数影响（Torita and Satou，2007）。林带结构优化是指合理搭配林带树种，综合评价林带防护效益（厉静文等，2019），主要包括水平和垂直结构研究。其中水平结构研究多是指基于生态效益和经济效益最大化，合理选择树种，优化树种比例和分布。郭浩（2003）采用水量平衡法研究辽西地区油松水土保持林的合理结构。孙枫等（2003）利用层次分析法建立防护林优化模型，提出盐池风沙区防护林体系林种选择、树木配置最优方案。水平结构研究的常用方法还有灰色系统理论、线性规划、多目标灰色局势决策等（厉静文等，2019）。乔、灌、草相结合的多树种、多层次异龄混交林有利于涵养水源、保持水土，被认为是最优林带垂直结构（孙尚海和张淑芝，1995）。在立地、气候条件相同情况下，防风固沙林的树种类型、层次结构和林分密度是其防护效益的限制性因子（刘霞等，2000）。在泡桐防风固沙林建设中，应结合实际需要因地制宜建设高质量的多结构、异龄化、层次型的林分结构，同时要考虑林分的综合固碳及碳汇功能，提高抚育措施和采取延迟采伐制度等，长期发挥其应有的生态经济和社会价值。

2. 防护效益

（1）防风

防风效益是林带最直接、最显著的防护效益，其大小主要通过有效防护距离来体现（曹新孙，1983）。在风沙灾害严重土地的外围营建防风固沙林可有效减缓土地的风沙荒漠化危害，维持生态系统的稳定性。朱廷曜（2001）对单林带的风降曲线研究发现，透风系数越大，林带风速增加的速度越慢，其有效防护距离越长，带后 25～30H 的有效防风效能可达 40%。符亚儒等（2005）对陕北榆林地区防风固沙林中 5 种灌木的防风效益进行多元回归分析发现，在 2.5m 处花棒能降低风速 52.2%，在近地表 0.3m 处沙柳防风优势明显，可降低风速 45.6%。李荔（2016）认为，稀疏型林带的防护距离为 10～13H，且 3～5H 的防风效果最好，带前灌木林的密度、分枝数、灌高是影响防风效能的关键因素。

（2）小气候

防风固沙林建成后，对局地的气流运动、空气湿度和地表温度等均有显著影响，能有效改善林间小气候。毛东雷等（2018）利用观测法、相关统计法等，对新疆和田吉亚乡防风固沙林小气候要素的空间差异对比分析，植被密度越大带间温度越低，且在扬尘天气时气温变化幅度大于晴天。防风固沙林内昼夜气温变化幅度也存在差异，白天灌草带内的气温降低幅度小于日平均值，夜晚气温降低水平明显大于日均值，这是由于白天绿洲和荒漠间对流强度高于夜间 1℃（张玉婷和陈正英，2016）。

在林带内，由于风速和乱流交换减弱，植物蒸腾和土壤蒸发的水分在近地层的滞留时间会延长，使得林带水分发生变化。张红利等（2009）分析乌兰布和沙漠东北边缘防风固沙林发现，6 月和 7 月林带相对湿度增加最明显（7.8%～9.1%），这有利于减少干热风对林带的影响。营建防风固沙林有助于增加土壤水分。王雪芹等（2012）对古尔班通古特沙漠的沙拐枣-梭梭防护林进行长期观测，在营建防护林初期，地表 20～40cm 土层内土壤含水量是自然沙垄的 2 倍，而 5 年后地表 0～50cm 土层内的含水量与自然状态持平。研究表明，不同配置的混交型防风固沙林能有效改良土壤，在地表 30cm 土层内，土壤有机质比流动沙地增加 0.4～7.15 倍，速效 P 和速效 K 分别增加 0.07～0.42 倍和 0.12～0.63 倍；且林草密度越大，其土壤有机质、P、K 的含量增加倍数越高（高海艳和王亚昇，2014）。

（3）经济社会效益

优质的防风固沙林不仅能产生生态效益，而且能作为林化产品给当地居民直接带来净收益。赵明等（2000）对民勤绿洲枣树林、杨树林及其防护下的作物分析，枣树防护林带的年均净收入 6584.23 元/hm^2，枣树防护林带的经济效益优于杨树林带。周凤艳等（1998）计算得出，科尔沁沙地防护林年收益 770.72 元/hm^2，生态效益转化价值 470.79 元/hm^2，且以固沙效益和防风减灾效益为主。郑长禄和耿生莲（1995）研究表明，沙珠玉地区防护林营建 15 年间取得巨大收益，产生的直接经济效益为农业的 7 倍。

孙保平和岳德鹏（1997）结合景观生态学对防护林的空间格局和功能进行探究，开辟了防护林研究新领域。

3. 问题及建议

纵观国内外研究现状，虽然防风固沙林的研究有较大进展，但也存在诸多问题亟须解决。目前多数防风固沙林存在配置单一，高大乔木林带下部疏透度较大，阻挡风沙能力有限，加之干旱沙区水资源匮乏，高大乔木纯林的成活率、保存率较差。同时，防风林的树种多为杨柳，林带寿命较短、病虫为害严重，影响了防风固沙林效果。西部地区的少数固沙林仍为大面积低矮灌木纯林，仅能起到遏制沙丘移动蔓延的作用，防风效益较小。此外，林带观测仅局限在特定时间段，未结合实际测算未来林带防护效果。

随着工业化和城镇化进程的不断推进，人类的生存环境愈发脆弱，对地球环境的关注度愈加密切。如今荒漠化防治工作逐步深入，研究工作在从定性向定量科学监测等转变。为此提出以下建议。

1）宏观空间配置研究应注重树种多样性选择，营建以杨柳、泡桐、栎类、杉等乡土树种为主，多功能、高效益、乔灌混交的防风固沙林，构建以戈壁（沙漠）、草原与农田（低质低效田、山前丘陵地、滩涂地）、河流、湖泊、道路、防护林、防浪林等镶嵌分布的复合景观。

2）微观从定性研究向定量研究转变，如开展防风固沙林带宽/密度阈值、树木成活的灌溉阈值、不同地下水位对生长的影响等复合因子研究。建立监测模型和检测方法。采取多策并举，如风洞实验、数学模型和 GIS 相结合，多渠道、多角度验证，选择适配林带模式。

3）完善评价体系。目前的效益评价体系和方法不能全面反映其作用，仅包括短期成果与产出，缺少定位连续观测数据。因此，建立野外观测站开展长期连续观测，实施多角度量化评价方法，包括防风固沙效益、林木产品加工效益、促进农业增收、发展第三产业、乡村振兴及环境和社会发展成果等的评价体系，对防风固沙林体系做出更客观的评价。

（四）产业化利用

虽然泡桐作为防风固沙林的造林类型不同，但对其木材及全树利用价值是一致的（除受工业污染的土地不可用于食品、畜禽饲料、医药、特殊化学成分提取外），通过建立不同类型（纯林或混交林、乔灌草结合型）的规模化原料林基地，更好发挥其综合效益。同时要在保证防风固沙稳定及效益发挥前提下做好树木的合理采伐利用，通过造林再造林、更新改造、优化抚育措施等，满足泡桐防风固沙林的持续生态防护需要，确保泡桐防护林的完整性、连续性和可持续性，实现其生态、经济和社会效益最大化。

泡桐森林生态系统的建设多种多样，人工林可结合实际筹建不同的生产经营模式。例如，从经济成本角度，营建混交林（包括乔灌草结合型等）既可以保持生态系统良好的稳定性，又节约森林管护成本，实现节本增效。从木材利用角度，提高乔木林比例尤其是泡桐优质速生树种比例，研究泡桐森林生态系统各树种之间的病虫害影响及系统内的生物多样性稳定性关系，提高森林木材的产量及品质，有利于提升泡桐森林系统碳汇等功能。泡桐的特殊用途，可以为社会提供用于食品、医药、畜禽饲料、特殊化学成分提取等初级产品原料基地，促进文旅康养、畜禽养殖、医药化工等相关产业的健康发展。泡桐的土壤修复功能方面，泡桐森林系统可以对我国受工业污染土地进行快速修复与土壤改良，为保护耕地和粮食安全提供生态保护。从美丽乡村建设相结合空间维度出发，营建乔灌花草结合型的多功能混交林（包括落叶与常绿植物结合、森林与休闲场所草地结合等类型）既可以保持生态系统良好的稳定性，又可以美化环境、四季常青四季有花的复合森林体系，实现林、农、路、渠、村镇等多用途林的深度网融合和产业发展、营造城乡人类宜居环境，同时又能够实现社会统筹协调发展、节本增效之目的。

二、土壤改良

（一）泡桐间作与土壤养分

吴刚等（1993）研究发现，在泡桐-小麦-玉米间作生态系统中，P 发生亏损，N 和 K 基本平衡；在植物组分库和枯落物库中，N、P、K 均发生累积；在土壤库中，N、P、K 均发生亏损。土壤表层（0～20cm）中 N 和 P 是限制农作物生长的主要因子，20～80cm 土层中 P 是限制泡桐生长的主要因子。群落内 N、P、K 的吸收系数为 0.078、0.014、0.052，利用系数为 0.95、0.90、0.94，循环系数为 0.042、0.05、0.063。可见，泡桐间作不仅未降低土壤中 N、P、K，相反还增加植物组分库和枯落物库中的总养分。

随着土壤深度增加，土壤中磷元素的有效性降低，这是土壤性质、环境和土壤生物等因素综合作用的结果（郗敏等，2018）。泡桐根系分布主要在下层，成功构建泡桐-农作物的土壤矿物质元素吸收互补模式，能增加土壤 N、P、K 总量，充分吸收耕作层随着水分下渗而流失的养分，提高土壤养分利用率，相互间不构成养分竞争关系。同时，随着泡桐的深根性生物量的生长，增加土壤通透性；泡桐根系的代谢物、分泌物及其周围构成的丰富有益土壤微生物群落，为泡桐-小麦、玉米间作系统建起生物多样性空间，促进矿物元素 N、P、K 吸收与循环利用。这显示系统内部建立的互利共生关系，为稳定生态系统、促进农业增产增收和高质量发展创造了新的生产模式。

（二）泡桐凋落物分解及氮沉降响应

植物根系分解进入土壤的有机碳多于凋落物，同时植物细根分解进入土壤的有机碳达到土壤总碳的 50%～80%（Clemmensen et al.，2013）。植物根系的分解与周转是土壤中有机碳形成重要部分，该分解过程对陆地生态系统养分循环有重大意义（陈雨芩，2019）。

陈桐（2022）研究 3 种进化树种（麻栎、泡桐、冬青）和 3 种古老树种（枫香、杜仲、马褂木），不同树种凋落物分解特征及其对氮沉降的响应：①施氮促进凋落叶 N、P 的富集和 C 的释放；促进细根 C 的释放和 N 的富集，抑制细根 P 的释放。降低凋落叶和细根 C/N、C/P，增加进化树种与古老树种凋落叶和细根 N/P。②施氮显著降低土壤 pH，增加土壤中的全氮、全磷含量。施氮改变土壤 pH 与凋落叶 C、P 相关性，改变土壤全磷与凋落叶 C、N 相关性，以及 pH 与细根 C 和有机碳与细根 P 的相关性。③凋落叶分解速率与初始 C、C/N、C/P、木质素、纤维素、木质素/N 呈显著负相关，与初始 N、P、叶厚度、叶面积呈显著正相关；细根分解速率与初始 C、C/N、木质素、木质素/N 呈显著负相关。施氮改变细根初始木质素、纤维素、N/P 与细根分解速率的相关性。④凋落叶和细根分解速率与土壤 pH、全氮呈极显著正相关（$P < 0.01$），凋落叶分解速率与细菌群落多样性指数（Shannon 指数）呈显著正相关（$P < 0.05$），叶的分解速率与真菌菌群丰富度指数（Chaol 指数和 ACE 指数）呈极显著负相关（$P < 0.01$），细根的分解速率与真菌菌群丰富度指数（Chaol 指数和 ACE 指数）呈极显著负相关（$P < 0.01$）。可见，施氮增加土

壤中的N含量、微生物含量，降低土壤pH、增加土壤全N含量，降低土壤全P含量，促进凋落物及根系分解进程，对稳定土壤生物多样性、树木生长有促进作用。

（三）泡桐人工林土壤微生物群落

1. 根系分泌物与土壤酶活性和微生物

林木根系分泌物能促进土壤养分的释放，提高养分有效性和速效养分含量（吴健健等，2019）。5年生、10年生、15年生不同林龄泡桐根系分泌物均不同程度增加土壤中有机质、碱解氮、速效磷和速效钾含量，以10年生效果较佳，土壤有机质含量比对照增加61.27%，土壤速效氮、磷、钾增加57.48%、22.22%、40.38%，差异显著（田磊，2022）。与易艳灵等（2019）研究结果一致，说明泡桐根系分泌物能够增加土壤有机质，促进速效养分的释放。

土壤酶是土壤最活跃的有机成分，参与土壤中的生物化学过程，对土壤肥力变化有重要作用（肖明礼等，2017）。研究表明，泡桐根系分泌物能够促进土壤酶活性，随林龄增加呈先增后降趋势，以10年生效果最佳。其中，土壤脲酶活性增加37.56%、过氧化氢酶活性增加31.64%、磷酸酶活性增加25.05%，差异显著；土壤转化酶活性增加7.88%，但差异不显著。土壤酶活性与土壤有机质、速效氮磷钾呈正相关关系，其中，土壤脲酶与碱解氮、速效磷和速效钾相关性呈极显著，与有机质相关性呈显著；过氧化氢酶与有机质含量相关性显著；土壤转化酶与土壤有机质、碱解氮、速效磷和钾含量相关性呈显著水平；磷酸酶与速效磷相关性显著。说明土壤酶直接参与土壤养分的释放和固定，与土壤肥力状况关系密切。根际环境土壤酶活性与土壤有机质、速效氮磷钾等营养元素密切相关，对探讨植物对土壤生态系统的影响有重要意义。

植物根系分泌物决定根际微生物的种类分布，而根际微生物的群落结构对植株生长发育有重要作用。泡桐根系分泌物均不同程度提高土壤微生物群落数量，随泡桐林龄的增加呈先增后降趋势。10年生土壤细菌数量增加60.37%，土壤放线菌数量增加94.56%，土壤真菌数量增加53.72%，差异显著；土壤中各成分占比为细菌73.68%、放线菌9.92%、真菌16.40%，放线菌明显增加，说明泡桐根系分泌物为根际微生物生长繁殖提供能源，影响土壤微生物数量和种群结构（杨智仙等，2014；刘艳霞等，2016）。土壤微生物数量与土壤有机质、速效氮磷钾含量存在显著正相关，土壤细菌、放线菌和真菌与土壤有机质相关性呈极显著，细菌和放线菌与碱解氮相关性呈极显著水平；细菌与速效钾相关性呈显著水平，真菌与碱解氮相关性呈显著水平，说明根系分泌物对土壤养分的释放与土壤微生物结构和数量密切相关，根系分泌物中的氨基酸、酚类、有机酸等代谢物促进土壤细菌、真菌和放线菌的繁殖（周慧杰，2013；吴凤芝等，2014；谢晓梅等，2011），土壤中的固氮菌、解磷菌、解钾菌等可促进难溶态氮、磷、钾的释放，从而提高土壤肥力，因此土壤微生物数量可作为衡量土壤肥力的重要指标。综述，泡桐根系分泌物对提高土壤酶活性、增加土壤微生物数量、培肥地力具有重要作用，并随泡桐林龄的增加呈先增后降趋势，其中以10年生树龄效果最佳。根系分泌物与微生物群落结构和数量的关系及机理仍需深入研究。

2. 施肥与泡桐人工林土壤微生物

土壤微生物对施肥管理措施具有响应作用，一般来说，细菌、真菌多样性与施肥具有相关性。土壤微生物作为土壤中的复杂有机整体，影响多样性动态变化的因素很多，不同群落具有的功能各有不同（张雅坤，2016）。例如，细菌多参与土壤中氮元素的转化及运输，真菌一般参与分解有机质，因此土壤微生物是土壤生态系统碳氮转化、物质循环的重要载体（刘森，2020）。刘森（2020）对泡桐人工林开展1～13年施肥对土壤微生物影响试验，细菌优势群落为绿弯菌门、变形菌门、酸杆菌门及放线菌门，说明绿弯菌门（矿化作用）对泡桐生长发育具有促进作用，可能是提高泡桐土壤肥力的有效菌种。细菌变形菌门利用自身庞大菌群基数，为土壤微环境奠定稳固基石；酸杆菌门在南方酸性土壤中广泛分布；放线菌门对植物凋落物分解及土壤氮素循环起重要作用。真菌优势群落主要为子囊菌门、担子菌门和接合菌门，对土壤有机质分解有重要意义。从功能角度，绿弯菌门参与土壤有机质的分解（Lu et al.，2018），随泡桐人工林施肥年限增加，绿弯菌门始终保持较高丰度，说明土壤施肥使林木有机质积累量保持较高水平，并利用根系及其他微生物呼吸的 CO_2 完成自身生命活动（Reis et al.，2009）。次优势细菌酸杆菌门为嗜酸菌，施肥 3 年保持较高丰度，可能是施用有机无机肥料改变酸性环境适合生长的缘故（Li et al.，2015）。成熟的泡桐根系可为变形菌门提供更舒适的环境。放线菌门也是林地优势菌门，其作用为分解土壤中的腐殖质，参与土壤中氮循环（王雪昭，2018）。从细菌属水平，嗜酸栖热菌属作为丰度最大的细菌属，呈先减后增趋势，可能是施肥 pH 降低嗜热菌增加，参与土壤氮转化并为土壤养分循环提供氮元素帮助。泡桐土壤真菌群落的优势菌门为子囊菌门，其丰度决定着林木生长的基础养分（Angelini et al.，2012）；同时子囊菌门部分属种会造成林木致病（泡桐尚未发现致病种），它能促进木质素分解，也可降低外来菌根的致病侵染概率（刘桂要，2018）。接合菌门也是丰度较高的真菌菌门，呈先降低后缓增，有溶解土壤有机质功能，但对土壤凋落物聚合物不能发挥作用（Schmidt et al.，2008），故此显著改善了泡桐人工林土壤。另外，壶菌门多数物种可分解纤维素和几丁质，使多糖转化为可吸收营养元素，促进泡桐生长，也有部分群落可能会导致植物褐斑病（姚露花，2018）。青霉菌属作为真菌属丰度最高的群落，可能与泡桐生长有一定共生关系。被孢霉属为次优势菌属，根系生长抑制该菌属生长繁殖，可产生多种生物活性物质，是单细胞油脂主要生产者，能利用豆科植物残基快速生长，对多种土壤有机污染物具强降解功能（Takashi，2005；Ellegaard-Jensen et al.，2013）。总之，施用有机无机复混肥能显著改善土壤肥力，促进微生物活性改善，提高泡桐人工林生产力。

综述，细菌和真菌群落之间的共同养分元素较为一致，但细菌优势群落对磷元素的限制因素反应更为敏感，而真菌群落则对钾元素更为敏感，同时二者共同的敏感养分为有机质和有效硼，因而在其后的肥料配方改良中应着重考虑。而影响泡桐人工林土壤微生物多样性的关键因子为黏粒含量、有效铁及微生物磷。这有利于优化泡桐专用肥配比，选用有针对性微生物肥料，在肥料中添加铁磷元素供给微生物生长发育，进而调控土壤环境，促进泡桐人工林持续增产。延长施肥年限在一定程度上增加泡桐林木蓄积量，为优化林业生产结构及产能升级、延长人工林采伐期（增加碳汇功能）奠定基础（Ramirez et al.，2010）。

吴增凤等（2021）通过研究微生物菌肥对泡桐生长的影响，进一步验证了施肥对泡桐的树高、胸径和木材的影响效果，与上述理论基本一致。施用泡桐专用微生物菌肥与常规复合肥，不同处理连续 3 年对泡桐株高、胸径和木材硬度的影响不同。其中，泡桐专用微生物菌肥有 A 肥和 B 肥，A 肥总养分 25%，N∶P_2O_5∶K_2O 为 18∶3∶4，有效活菌数≥2000 万/g，有机质（以干基计）≥25%；B 肥总养分 15%，N∶P_2O_5∶K_2O 为 11∶2∶2，有效活菌数≥2000 万/g，有机质（以干基计）≥5%；复合肥 N∶P_2O_5∶K_2O 为 16∶16∶16。3 年后测得泡桐的树高、胸径和木材硬度均显著高于施复合肥。其中，施 B 肥效果最显著，对比施复合肥，第 1、第 2、第 3 年泡桐树高增加 18.8%、12.7%、7.8%，胸径增加 14.4%、7.6%、7.8%，第 3 年木材硬度增加 8.8%。同时，微生物菌肥对泡桐幼龄苗有明显增产效果。

3. 农桐间作与泡桐丛枝菌根真菌群落

农桐间作能有效改善林地土壤质量，提高经济效益（万福绪和陈平，2003）。对农桐间作模式的研究集中在产量及土壤养分方面。20 世纪 80 年代我国就开始对泡桐组培苗人工接种丛枝菌根真菌，可缩短缓苗期，提高幼苗抵抗力，是培育泡桐壮苗的重要措施之一（郭秀珍等，1990）。丛枝菌根真菌（mycorrhizal fungi，AMF）是一类在土壤中广泛存在的功能微生物，能与绝大多数陆地植物共生形成丛枝菌根（Songachan and Kayang，2012；Sun et al.，2015）。丛枝菌根能提高植物对水分和营养物质的利用率，增强植物耐旱和抗逆能力（李元敬等，2014；刘丽丽等，2014；Hiiesalu et al.，2014）。此外，AMF 能在植物根际形成庞大的菌丝网络系统，具有改善土壤生态环境、有效缓解连作障碍、提高作物产量和品质之功能（Tahiri-Alaoui et al.，2002）。虽然AMF与植物的共生无专一性，但由于植物生理代谢、根系形态结构及分泌物等方面差异，AMF对宿主植物的侵染也具有选择性（Lugo et al.，2014），且农桐间作后土壤环境的改变对菌根形成和效应产生影响（Jansa et al.，2002；Gazey et al.，2004），而AMF群落组成是其功能的基础。

针对丛枝真菌在泡桐生长后期所发挥的功能及作用，贾全全（2019）采用Illumina MiSeq高通量测序技术，在江西鄱阳湖周边平原岗地研究泡桐-玉竹（*Polygonatum odoratum*）、泡桐-麦冬（*Ophiopogon japonicus*）和泡桐-射干（*Blackberry lily*）3种常见的桐-药复合经营模式对泡桐AMF群落组成的影响。泡桐是AMF的共生树种，其组培苗接种球囊霉科真菌可显著提高对养分的吸收效率（Sun et al.，2015）。通过研究发现，桐-药间作模式会降低泡桐根系AMF侵染率，改变土壤微生物群落结构组成，但这些群落结构的差异是否影响其生态功能尚不明确；另外，不同复合经营模式下AMF群落结构存在差异，对泡桐的生长及保持土壤健康与可持续经营方面的影响有待研究。

三、土壤修复

（一）土壤重金属镉锌胁迫的泡桐修复

关于对污染土壤中镉等重金属植物修复的研究多集中在草本植物，虽然表现出对某些重金属的超富集现象，但它有生物量低、重金属富集总量小、生长缓慢等缺点。因此，选择速生、短轮伐期、生物量大、生长速度快、对重金属富集能力较强的木本植物白花泡桐进行植物修复是一种新的途径。其中，重金属镉、锌对植物的影响研究主要集中于单一胁迫。由于重金属复合污染对植物的毒性机理更为复杂，植物对复合胁迫的响应也不同于单一胁迫，重金属复合胁迫的研究具有现实意义。栾以玲等（2008）对栖霞山体矿区修复植物研究表明，木本植物白花泡桐具有较高的重金属综合富集能力，可作为净化重金属污染绿化树种。因此，研究镉锌复合胁迫下白花泡桐的耐性特征及富集具有较强的实践意义。

1. 土壤重金属对植物的影响

（1）重金属污染与植物毒害

随着工业化进程的加剧，生活垃圾处理不当及农业农药化肥的滥用，造成土壤重金属面源污染日益严重。在外界环境中，土壤重金属含量一般不会对动植物造成伤害，能够完成正常代谢。在土壤中，含量0.01～0.7mg/kg的镉（Cd）即可产生毒性效应而且具有长期性、隐蔽性、滞后性等特点，会造成土壤结构损害、农产品品质和产量受损，严重时通过食物链危及人类健康安全（宋建清，2014；黄明煌等，2018）。人类食用的绝大部分植物和动物产品是“土壤–植物”系统的初级或次级产品（代全林，2007）。因为Cd在自然环境中不能自然分解，有长达20年的半衰期，使用常规方法难以将其彻底清除，污染治理是一项长期而艰巨的任务。随着人类对石化产品使用量的大幅度增加，进一步加剧对Cd及其复合污染治理难度。石化产品使用后产生大量硫化物进入空气，造成的酸雨有利于Cd在土壤中富集（刘爱中等，2011）。在植物生长发育方面，镉作为非必需的微量元素，不仅影响植物生长发育，甚至会造成植物死亡，还会在植物体内积累而威胁人类生命健康。在植物体内，根是积累Cd最多的部位，其次是叶、茎和籽实（罗春玲和沈振国，2003）。植物对外界环境中的Cd有一定耐性，即植物的忍耐阈值，当植物自身或外界环境对镉富集量超过阈值时，将会产生毒害现象，表现在植物生长不良和对植物造成不可逆伤害，严重可导致死亡（Foy et al.，1978；Cheng，2013）。Cd对植物的伤害表现在根系结构简单化、抑制根系生长，根尖数及分叉数减少，根系趋于粗短化等，造成根系吸收养分、水分能力受损。Zn是植物所必需的微量元素，在植物生理代谢过程中参与相关酶的合成，是构成Zn-SOD的重要元素，对SOD酶的完整性和活性维持起重要作用；Zn含量超过植物的忍耐阈值，会破坏植物细胞内营养元素平衡，引起植物细胞原生质膜氧化损伤，细胞膜渗透性改变，影响植物正常生理活动（Better and O'Dell，1981；Todeschini et al.，2011；Zhao et al.，2012）。研究表明，锌对植物的毒害先表现在根部，特别是较敏感脆弱的根尖区域，进而影响侧根发生及根系生长。如在低浓度下，锌能促进番茄种子发芽，随着锌浓度增加表现为抑制，叶绿素含量低于对照，且随浓度增加，抑制趋势明显增大（丁海东等，2006）。

（2）胁迫对抗氧化酶的影响

植物正常生长时体内活性氧（ROS）的产生和清除处于动态平衡，在外界逆境下平衡被打破，造成ROS 积累。抗氧化酶系统是植物抵抗外界逆境的第一道防线，其功能是清除植物在逆境中产生的活性氧自由基，防止损害植物细胞膜，抑制膜脂过氧化。超氧化物歧化酶（SOD）是抗氧化酶系统中的一员，其功能是催化超氧化物发生歧化反应，生成对植物无害的水和氧气，从而减轻对细胞的损害。过氧化物酶（POD）是植物体内抗氧化保护酶系统的重要酶，催化 H_2O_2 生成水和氧气，有效阻止 H_2O_2 的积累，限制潜在氧伤害。过氧化氢酶（CAT）是抗氧化剂，催化 H_2O_2 形成 O_2 和 H_2O，是植物防御系统中重要的一员，表现出的一些相应变化在植物受到重金属胁迫时，可作为植物受重金属污染指示剂。彭玲（2016）对日本楤木在镉铅锌复合污染下的反应进行研究，单一胁迫下，日本楤木体内 CAT 活性升高，锌对 CAT 活性影响最小，复合胁迫下，CAT 活性随重金属浓度的增加呈先增强后减弱趋势；POD 在重金属处理下高于对照，随处理浓度增加呈下降趋势。复合胁迫下，重金属锌铅对植物地下部 SOD 活性的影响表现为协同作用，而对植物地上部活性影响不明显（李裕红和黄小瑜，2006）。例如，铅锌复合胁迫，较铅单一胁迫，显著降低了鱼腥草地上部 SOD 活性，表明铅锌对鱼腥草 SOD 活性表现出协同作用；单一胁迫或复合胁迫，对其 CAT 活性的影响不明显（李东旭和文雅，2011）。另外，罗春玲（2003）发现豌豆幼苗在单一铅胁迫下，加入适量锌能促进 POD 酶活性，随锌浓度增加，铅毒害作用将会加深。

（3）胁迫对光合作用的影响

戴玲芬等（1998）研究表明，重金属胁迫下，植物光合速率下降，且随外界胁迫浓度增加，光合速率下降得越快。王焕校（1990）对水稻镉胁迫的研究表明，水稻在不同发育阶段，其光合速率下降的速度不同。光合速率降低与植物的种类、发育时期及重金属浓度等多因素有关，随着诸因素的变化，降低的程度不同（江行玉和赵可夫，2001）。植物在铅胁迫下，加入锌可促进植物叶绿素含量的增加。周小勇（2007）研究发现，在不同浓度的单一铅胁迫下，随着锌的加入，假繁缕植物叶绿素含量增加。王焕校（1990）、谷绪环等（2008）的研究也表现出同样特性。镉胁迫下，植物的叶绿体的亚显微结构发生改变，植物的叶绿体膜系统被破坏，植物的捕光能力降低，进而影响植物的光合作用功能（张金彪和黄维南，2000）。重金属胁迫下，植物叶绿素、叶绿素 a 和叶绿素 b 受到的影响程度不同，叶绿素含量随重金属浓度增加而减小（戴玲芬等，1998）。

（4）对植物根系的影响

植物器官中能接触到重金属的是根系，根系首先受到 Cd 的毒害影响而损伤，进而是根系生命活动，从而对植物的生长发育造成损害。所以，植物对 Cd 的忍耐机制、Cd 对根系产生的毒害机制是首当其冲的问题（宋玉芳和许华夏，2002；何俊瑜和任艳芳，2008；乔海涛等，2010）。例如，拟南芥根系在单一重金属胁迫下其初生根的根长生长受到明显抑制，低浓度 Cu 和 Pb 能促进侧根生长（陈杰等，2017）。苹果幼树根系在重金属单一处理下，表现出根系伸长抑制现象，高浓度下抑制现象更严重；重金属复合处理下，对其根系产生损害程度更大，表现出相关症状时间大大缩短，表明复合胁迫下，苹果幼树对重金属的忍耐阈值明显降低（张连忠等，2006）。Cd 对植物根系产生损害，造成植物根尖细胞不能进行正常有丝分裂、染色体畸变、细胞分裂周期延长等，导致植物根尖数和分叉数减少，且随处理浓度增加，根系组织细胞逐渐被破坏，核内染色质由凝集再到类似凝胶状态，核仁逐渐消失，根系结构趋于简单化（高家合和王树会，2006；关伟等，2010）。镉对根系组织细胞产生毒害引发根损伤，破坏根系细胞结构、细胞器、膜系统、核仁，阻碍植物相关 DNA 合成，使根部对硝酸盐的吸收及向地上部转运减少（李荣春，2000；施国新等，2000；安志装，2002）。高浓度镉胁迫下，植物根系表面积和根系体积减小，根系变得粗短，根系生物量减小，且有明显的时间效应和浓度效应（刘晓，2007）。例如，小白菜根伸长抑制率与镉在土壤和水溶液中的浓度呈明显线性关系（张菊平等，2011）。重金属复合胁迫下，根系生长抑制作用更明显，重金属间对植物的毒害有协同作用（徐惠风等，2011）。植物种类、品种不同，对同一胁迫会有不同的反应，说明其对重金属的忍耐阈值有着明显区别（何俊瑜等，2009）。可见，重金属镉对植物根系的损害表现在破坏根系细胞的正常有丝分裂，伴随浓度和时间效应，进而损害细胞表现出毒害症状；植物根系形态指标伴随重金属的浓度和时间效应，也会表现出相关的变化。

（5）植物的重金属耐性及抗性

细胞壁是阻止重金属进入植物细胞的第一屏障。植物对镉具排斥作用，细胞壁阻碍镉运输或将植物体内的镉排出（周纪成等，2016），细胞壁对重金属的沉淀作用机理可能是植物耐镉的原因，这种沉淀作用阻止植物体内镉离子的过多积累，对细胞原生质体产生迫害（杨居荣和黄翌，1994），进而阻止镉对植物的毒害（袁祖丽和马新明，2005）。植株受到镉胁迫后，将细胞内镉排出是植物耐镉的一种很好的机制。例如，烟草在重金属镉胁迫下，其表皮毛数量明显增加，将镉贮藏在表皮毛中，印度芥菜是镉超富集植物，有类似反应，在重金属镉胁迫下，其表皮毛中镉含量显著增加，是其叶片的43倍，远高于叶片中镉含量（Küpper et al.，2000；Chio et al.，2001）。植物将体内形成的Cd/Ca结晶体通过腺毛的方式排出体外，从而达到植物对镉解毒的作用。另外，区域化分布作用是植物降低镉对自身毒害和耐镉机制之一，将镉分布于植物体内的有限区域内，阻碍镉在植物体内自由循环，进而降低镉的毒害作用（孙波和骆永明，1999；陈丽鹃和周冀衡，2014）。进入植物细胞的镉离子多分布在植物细胞的液泡内，少数富集在其他介质中（Grill et al.，1987；Nishizono et al.，1987；Zenk，1996）。植物体内物质的络合作用是植物耐镉的另一机制，植物液泡内小分子物质或细胞质，通过螯合或沉淀方式使植物体内的镉无法与细胞内的细胞器接触，从而可减少毒害（Weigwl and Jager，1980；杨居荣和黄翌，1994）。生理生化过程中，植物体内某些应激蛋白的产生也对镉表现为耐性作用（韦朝阳和陈同斌，2001）。植物通过蒸腾作用，将根系中的镉随体内水分和养分运输，将镉运输到植物地上部分，减少镉在植物根系中的富集，使根系维持正常生长，完成相关生理活动（王新和贾永锋，2007）。植物对重金属Cd的脱毒机制主要表现为，根系对重金属的截留作用（Bebavides et al.，1998）、根系细胞壁对重金属的束缚作用（Hart et al.，1998）、体内相关物质的螯合隔离作用（Yannarelli et al.，2007）、体内抗氧化酶系统对自由基的清除作用（孙雪梅和杨志敏，2006；Maria et al.，2007）、植物基因表达调控作用等（徐正浩等，2006）。此外，在Si（Marek et al.，2009）、N（Salt and Rauser，1995）、S（Astolfi et al.，2004）、外源有机酸（Alexander et al.，2008）等物质作用下，有利于增加镉在植物体内的富集量，提高植物对Cd的忍耐阈值。

（6）重金属的植物吸收富集

研究表明，在外界重金属胁迫下，重金属在植物体内的富集部位不同，且随胁迫浓度和时间变化而变化，大多数超富集植物，在保证自身正常生长的前提下，体内能富集高出正常指标数倍的重金属，甚至在较低浓度的土壤或溶液中，超富集植物体内富集重金属的量仍明显高于一般植物（沈振国和刘友良，1998）。因此，在植物修复方面超富集植物能在相应的重金属污染区发挥作用。植物根系是吸收和富集重金属的主要部位，由于重金属离子和植物黏液中的糖醛羧酸基首先在根系的表面结合，阻止根系对重金属离子的吸收，保护植物的正常生长（李亚藏等，2009）。相反，如沉水植物的茎和叶是吸收重金属的主要部位，可能其叶片表面缺少角质层和蜡质层，重金属离子随茎叶对水分中矿质营养元素的吸收进入植物体内（曲仲湘等，1983）。重金属在植物根系中占比较大，茎、叶、种子中占比较小，植物种类不同，植物不同部位中重金属占比也会有所改变（王宏缤等，2002）。冯雪薇等（2018）对曼陀罗研究表明，其体内的重金属镉富集量与其所处的土壤中镉含量有关，同一处理下，镉在其各器官中的富集趋势表现为茎＞根＞叶，各器官中镉的富集量随镉处理浓度的增加而上升，而其各器官的生物量随镉浓度的增加呈下降趋势。张航等（2018）研究发现，在重金属镉胁迫下，镉在菊芋体内的富集特征表现为地下部＞地上部，徐州菊芋地上部表现为茎＞叶，潍坊菊芋在中低浓度下，地上部富集重金属表现为叶＞茎。而芦苇幼苗植株各器官对镉富集表现为根＞叶＞茎＞地下茎（江行玉等，2003）。可见，植物种类不同，生长发育程度不同，重金属在植物各器官内的富集量也不同。

（7）复合胁迫下植物交互作用

重金属复合胁迫对植物的影响表现在多个方面，主要集中在植物种子萌发、幼苗生理生化指标及对重金属的忍耐、吸收、富集等。研究植物对重金属的抗性及相互作用机理，可为重金属污染土地的治理和防护提供依据。香樟在重金属复合胁迫下，其体内叶绿素 a 和叶绿素 b 含量随处理浓度增加显著降低，抑制光合作用；其抗氧化 SOD 酶和 CAT 酶的活性高，POD 酶活性低。SOD 和 CAT 在抗氧化系统中起主导地位，重金属胁迫对 POD 酶活性起抑制作用（王锦文等，2009）。严涵等（2019）研究发现，锌、锰单一及复合胁迫均抑制水稻幼苗生长，表现在株高、根长、根系体积减小，叶绿素合成受到抑制，SOD 活性降低、丙二醛（MDA）含量增加等。随着处理浓度增加，水稻幼苗对逆境响应不断加剧；而单一锌胁迫对水稻幼苗生长的抑制，强于单一锰胁迫及其复合胁迫。张凤琴等（2008）通过重金属复合胁迫处理秋茄幼苗，发现叶绿素 a、叶绿素 b 含量及总量在低浓度处理下均有增加，叶和根系中 SOD、POD 活性均增加；高浓度下均降低且低于对照，表现出抑制作用，根系比叶更能有效清除组织中的活性氧自由基，保护根系生长，从而提高植物抗重金属能力。

铅镉污染是当前重金属面源污染的重要形式，了解其在土壤中的存在形式及其对植物的毒害机理，对研究掌握植物如何清除铅镉重金属和生物治理重金属污染土壤具有指导意义和实践价值。

2. 土壤重金属的植物修复

（1）植物修复技术

重金属污染土壤修复技术有：工程措施，固定化、稳定化技术，淋洗技术，化学修复技术，电动修复技术，植物修复技术，微生物修复技术等（梁佳妮等，2009；郝汉舟等，2011）。其中，植物修复技术作为一种环境友好型防治措施受到人们的关注（郝汉舟等，2011）。植物修复（phytoremediation）是指将某种特定的植物种植在重金属污染的土壤上，利用植物对土壤中的重金属元素具有的特殊吸收富集能力，将植物收获并进行妥善处理将该重金属移出土体，达到污染治理与生态修复的目的。现定义重金属超富集植物，一般是指其地上部能够积累超过标准值 10～500 倍的某种重金属。植物修复技术主要有：植物提取（phytoextraction）方式、植物转化（phytotransformation）方式、植物挥发（phytovolatilization）方式、植物固定（phytostabilization）方式、植物促进（phytostimulation）方式等（黄凯丰，2008）。

（2）木本植物修复

目前，被证明的重金属超富集植物已经超过 400 种，其中对重金属 Ni 的超富集植物最多。研究表明，超富集植物不仅对某种特定的重金属表现为超富集，也可对其他重金属或多种重金属表现为超富集作用（沈振国和陈怀满，2000）。美国在 20 世纪 80 年代，就已经展开了关于木本植物修复土壤重金属污染的研究与应用，树木修复概念直到 2002 年才由美国密歇根州立大学 Nguyen 等（2002）正式提出。树木修复是指开发和研究对污染土壤、水体或大气具有修复潜力的树木。在修复污染土壤的木本植物中，速生、短轮伐、生物量大、生长速度快的树种有较强的竞争力。美国在木本植物修复重金属污染方面，主要是通过柳树育种（Williams and David，1973）实现。木本植物吸收重金属的优势在于：①根系深、范围广；②生物量大；③摄取营养效率高。木本植物相较于草本植物，有更健壮的主根、发达的根系；其主根在土壤中能深入土层深部，侧根伸延范围大于树冠。因此，木本植物可对土壤深处的污染物或地下水源进行修复，木本植物具有很强的蒸腾作用，是根系吸收水分和养分的主要动力，而草本植物蒸腾作用较弱；而且木本植物木质部发达，利于运输水分和矿质元素，从而提高植物修复效率。选取对土壤重金属修复植物的关键是选取较为合适的植物作为修复树种。截至 2011 年，仅有 5 种草本植物表现出对镉超富集现象，虽然表现出对重金属镉有超强的吸收能力和提取效果，但其存在生物量小、生长缓慢、不易成活等缺点。因此，选择速生、短轮伐、生物量大、生长速度快、适应性广且对重金属富集能力相对较强的木本植物，便成为土壤植物修复一种较为实用的办法。

（3）木本植物的重金属耐性

在自然环境中，过量的重金属会影响植物正常生长发育。有些植物经长期自然演化后，表现出对某些离子有较强的忍耐性，高浓度胁迫下依然能够正常生长发育，完成其生命过程（江行玉和赵可夫，2001）。研究表明，植物对重金属的耐性表现在：一是对重金属的排斥性；二是对重金属的积累性。重金属的一种排斥性表现为植物吸收重金属后通过转运作用，将重金属排出体外或者脱落有重金属富集的部分；另一种排斥性则表现为重金属很难在植物体内进行迁移。重金属的积累性表现为植物吸收重金属后富集于体内，或与其他物质形成络合物。这些都可以作为植物土壤修复的理论依据。

3. 镉锌复合胁迫与白花泡桐耐性富集

（1）胁迫对白花泡桐的作用机理

通过白花泡桐组培苗水培在 Cd、Zn 单一及复合胁迫下的生理生化响应，研究 Cd、Zn 对白花泡桐的胁迫机理（季柳洋，2019）。主要结论为：①单一镉胁迫促进白花泡桐幼苗叶绿素的合成，可能是启动了防御解毒机制，这与王泽港等（2004）关于重金属对水稻光合作用的影响结果类似。镉锌高浓度及复合胁迫，幼苗叶片电导率降低，CO_2 吸收减少，膜系统损伤，抑制叶绿素合成；也可能是合成叶绿素的酶受胁迫，影响叶绿素合成及含量。同时，Cd 激发白花泡桐抵抗能力，SOD、CAT 在清除活性氧自由基中，前者的作用更大（De Filippis and Ziegler，1993；Suzuki et al.，2002；孙晓灿等，2004）。可能胁迫下 Cd^{2+} 与白花泡桐体内核酸结合，影响 POD 转录和翻译（黄凯丰，2008）。单一镉胁迫白花泡桐 MDA 明显增加，单一锌胁迫 MDA 明显减少，说明镉较锌胁迫的脂质过氧化损害更大。②Zn 是构成 Zn-SOD 的重要元素，对酶的完整性和活性维持起重要作用；但锌过量，超过忍耐阈值会产生毒害，破坏细胞内营养元素平衡，引起细胞原生质膜氧化损伤，影响膜的渗透性和植物的正常生理活动（Better and O'Dell，1981；Todeschini et al.，2011；Zhao et al.，2012）。复合胁迫下，叶片 MDA 含量随处理浓度增加而上升，对白花泡桐脂质过氧化损害最大。同时，锌胁迫下，白花泡桐体内的抗氧化防御系统迅速响应，大量活性氧自由基被清除，减少 MDA 的生成并将其排出体外；复合胁迫下，其体内的抗氧化防御功能受限，细胞受氧化损伤，导致 MDA 含量升高。③Cd 对植物的影响存在剂量效应特征。低剂量 Cd 刺激植物生长，植物体内低浓度活性氧自由基含量升高，可激活蛋白酶，调节蛋白质合成并诱导基因表达等，促进细胞分裂和增殖，宏观表现为刺激生长（谭万能等，2006；陈岩松等，2007；姜志艳等，2013；惠俊爱，2014；赵祥等，2015）。锌胁迫下，各指标均表现为毒害现象，复合胁迫下，均表现为抑制（梁琪惠等，2012）。根系根尖和根系分叉数在低浓度明显的抑制作用下，造成生长障碍，原因可能是重金属抑制白花泡桐根尖细胞分裂，破坏细胞结构，根系分支减少，根系形态结构简单化，出现根系生长受阻；也可能随重金属离子浓度增加，外界培养液水势降低，细胞吸水受阻，组织细胞出现生理性缺水，同时细胞膜的透性随之改变，影响根系正常生理活动及生长（邹日等，2011；李鸣等，2008）。根作为直接接触重金属的部位，首先对重金属做出反应，这与金美芳等（2012）关于镉胁迫下油菜根系生长的影响结果类似。在复合胁迫中，锌对白花泡桐生物量、根长、根系表面积、根系体积等指标的影响大于镉，这与邱喜阳等（2008）研究结果相似。④泡桐根系对重金属反应敏感，锌的加入对根茎叶的影响大于镉；复合胁迫下，镉的加入，利于缓解锌对根茎叶干重的影响；而低浓度锌，对茎叶干重影响无差异，高浓度锌对茎叶干重影响显著，表明锌对干重影响较大。由于镉和锌的晶体化学性质相似，可使镉的类质同像置换锌。在镉胁迫下，曼陀罗根、茎、叶对镉的富集系数均大于 1.00（杨海涛等，2015）。有学者对某矿区附近 34 种野生植物调查发现，曼陀罗地上部镉含量达 26.17mg/kg，富集系数 0.81。相较于对照，植物地上地下部生物量均有较明显增加，植物体内的镉随土壤中镉浓度的增加呈上升趋势，当土壤中镉浓度为 100mg/kg 时，植物地上部分对镉的富集系数为 1.15（董林林等，2008）。白花泡桐对镉锌的吸收能力较强，可作为重金属复合污染植物修复的选择，这与栾以玲等（2008）对栖霞山矿区植物的研究结果相似。有大量关于重金属在蔬菜体内的报道，且国内外学者也做过大量研究，Gogolev 和 Wilke（1997）对叶菜类蔬菜进行测定，Cd 含量为叶片＞根＞茎秆。

（2）白花泡桐土壤修复

在筛选土壤重金属污染修复植物时，应综合考虑植物的生物量、生长状况及对相关重金属的吸收、富集、转运及忍耐力等指标。白花泡桐组培苗镉富集量高于国际标准 100mg/kg，白花泡桐对镉锌的吸收能力较强，富集作用明显，这与陈小米等（2017）对竹柳在土壤污染复合胁迫下的结果类似，而白花泡桐对镉的转移系数最大值（0.45），明显小于一般镉超富集植物。考虑到白花泡桐生物量较一般草本 Cd 超富集植物巨大，富集能力强，且其具有速生、轮伐期短、生长速度快、适用范围广等特点，可作为土壤植物修复的优良树种。

为增加试验的灵敏度，试验中选取 6～8 叶龄的白花泡桐组培幼苗，因幼苗期对外界不利因素的抵抗敏感，待成苗后抵抗力渐强。伴随着苗木的生长与生物量增大，对 Cd、Zn 忍耐阈值将增强。等白花泡桐造林成林后对土壤进行植物修复功能凸显，对 Cd 污染忍耐和富集能力将迅速增加，还有待进一步的观察。

（二）矿渣重金属胁迫的泡桐修复

1. 矿渣锰胁迫蘑菇渣改良的泡桐修复

我国锰矿资源丰富，是世界上第五大锰矿生产国。据《中国矿产资源报告》，全国已查明锰矿山约 230 座，保有储量 1.846 亿 t（黎贵亮，2018）。随着我国工农业的快速发展，大量锰矿被开采冶炼。然而，采矿中大量废弃矿渣未及时处理造成生态环境污染（Lei et al.，2016；Wang et al.，2018）。废弃锰矿渣中的重金属等物质会迁移到周围地区或进入水体造成面源污染，严重影响动植物的生命安全，并可通过食物链进入人体内，危害人类健康（肖舒，2017；张倩妮，2019）。人类摄入过量锰元素会造成中毒，引起记忆力减退、肌肉疼痛，甚至神经毒性和帕金森病（王伟等，2010；王颖，2018）。

（1）泡桐的胁迫响应

1）泡桐是高耐锰植物，通过发达根系固定 Mn。低浓度锰促进泡桐根系生长，维持细胞正常生命活动；高浓度锰抑制泡桐生长发育。

2）低胁迫提高 SOD、CAT 的活性，清除体内自由基，缓解细胞受损；Mn 过量抑制酶的活性，细胞损伤严重，抑制泡桐生长发育。

3）泡桐细胞壁是固定 Mn 的重要部位，Mn 占细胞壁组分的 39%～90%。并主要积累于根部，Mn 与根部细胞壁组分螯合，减少向地上部转运，降低对茎叶的毒害。Mn 在根茎叶中主要以无机盐和氨基酸盐、果胶酸盐和蛋白质结合态存在（占 57%～86%）。随 Mn 浓度增加，Mn 在细胞内的迁移性增强，Mn 毒害加深。

4）胁迫造成根茎叶细胞壁变形，细胞器模糊；高胁迫下细胞内部结构严重破坏，影响细胞生命活动。泡桐通过增加细胞内—CH_3、—COOH、N—H 等官能团结合 Mn 形成稳定化合物，减少对细胞的损伤；高胁迫下，细胞壁固定能力减弱，毒害加深抑制生长。

（2）蘑菇渣改良锰矿渣泡桐响应

1）锰矿渣胁迫破坏了泡桐叶片叶绿体结构，抑制光合作用，植物启动了抗氧化机制抵抗逆境。添加蘑菇渣能疏松矿渣土质，提高锰矿渣的渗透性和肥力，通过有机质的螯合作用固定重金属，提高泡桐修复锰矿渣的能力。蘑菇渣改良剂可提高抗氧化酶活性，使细胞膜脂过氧化减轻 25%～48%，叶绿素增加 46%，利于细胞的光合代谢活动。

2）细胞壁固定与液泡区隔是泡桐耐锰的主要方式，Mn 在细胞壁和可溶性组分中占 57%～84%、8%～41%。改良剂增加 Mn 的相应组分，减少细胞器占比，毒害减轻。Mn 在根茎叶中以果胶酸盐和结合蛋白

（49%～82%）、有机盐（3%～35%）等形式存在。添加改良剂后 Mn 向迁移活性弱的提取态转化，形成更稳定化合物，以此提高泡桐修复锰矿渣的效率。

3）胁迫导致泡桐根茎叶的细胞受损，细胞壁变形，细胞器发生解体。蘑菇渣增加细胞内—CH_3 和—COOH 等官能团，与 Mn^{2+} 螯合成稳定化合物，减少毒害。

2. 铅锌渣泥炭土改良的泡桐富集

铅锌是我国重要的有色金属资源之一，广泛应用于军事、冶金、机械、医药、化工等重要领域（张明超，2015）。我国铅锌矿产资源丰富，储量多年位居世界第二（国土资源部信息中心，2013）。我国铅锌矿区土壤普遍存在 Pb、Zn、Cu、Cd 复合型污染，少数存在 As、Cr 等重金属污染（陆彬斌，2013；吴迪等，2014；何娜和刘静静，2016；李晓旭，2016；吕浩阳等，2017）。

（1）铅锌尾矿污染修复

铅锌尾矿重金属污染修复技术分三类：物理修复技术、化学修复技术和生物修复技术。传统物理、化学方法包括客土法、热处理法、化学淋溶法等，在实际应用中存在工程投资成本过高、施工难度大及二次污染等问题。生物修复主要包括微生物修复、动物修复和植物修复。微生物修复是利用微生物分泌物调节土壤环境使得重金属更易被微生物吸附或吸收，或是利用微生物改变土壤重金属形态使其低毒或无毒，又或是利用微生物促进植物对重金属的吸附和吸收，提高植物修复作用。其研究方向是筛选、制备对重金属具有耐性的微生物和探究微生物分泌物对土壤及植物的作用（达萨如拉，2009；廖佳，2015）。虽然微生物对重金属污染修复研究取得一定成果，但由于微生物对重金属具专一性，对生存环境的温度、pH 等要求极高，并且微生物自身体积小难以收集，因此微生物修复多数仅停留于实验室阶段（李梦杰等，2013；Benmalek et al.，2014；Hrynkiewicz and Baum，2014）。动物修复主要依靠土壤动物（蚯蚓、蜘蛛等）对土壤重金属吸收、转移、降解，土壤动物还有改善土壤结构、提高土壤肥力的作用（崔喜勤和林君锋，2016；王坤，2018）。动物修复具有操作简便、土壤动物养殖成本低等优势，但重金属仍存在随动物粪便重新回到土壤的风险，同时当重金属浓度超过土壤动物耐受阈值，土壤动物存在逃逸或死亡的可能。植物修复技术通过对重金属吸附、吸收、固定、降解、挥发等作用达到修复目的（杨姝等，2018；陆金等，2019；张云霞等，2019）。成本低、环境友好的植物修复成为尾矿重金属修复研究的热点。超富集植物能高效富集重金属，并有效从地下部转移到地上部，受到国内外学者广泛关注（申红玲等，2014；Sharma et al.，2019）。目前，国内外已被报道的超富集植物超过 500 种（Yang et al.，2014）。尽管超富集植物富集能力强大，但多为植株矮小、生物量小、生长速度慢的草本植物，且仅针对一种或两种重金属具超富集特性。这使得其体内重金属总量偏小，治理效率低，实际应用效果差。因此，筛选具有发达根系、生物量大、适应能力强，对重金属具普耐性的木本植物成为新的研究方向。

（2）泡桐的土壤修复机理

木本植物修复是指将适合的木本植物应用于环境修复领域，包括土壤、水体及大气污染治理（Nguyen et al.，2002）。木本植物修复重金属污染土壤的优势在于木本植物多为直根系植物，主根深度可达 10～20m，根系延伸范围达 10～18m，其直径超过木本植物本身树冠大小（王树凤，2015）。木本植物根系主根深、范围广，利于提取土壤中的重金属（贺庭等，2012）。同时木本植物强大的根系具有固定土壤、防止水土流失的生态功能。

植物所吸收的重金属多累积于根部及细胞活跃性低的木质部和衰老部分中，降低了重金属进入食物链的风险。同时，木本植物强大的蒸腾作用促进对重金属的吸收，如宁夏盐池沙地中甘草生长季蒸腾耗水量 164.2mm/m^2，沙柳生长季蒸腾耗水量 226.9mm/m^2（温存，2007）。在土壤修复方面，国内外多青睐于根系发达、生物量大且对污染物具一定耐性的速生树种。速生树种短期内拥有可观生物量，可提高修复效率，同时根系的快速生长利于防止水土流失、降低污染物淋溶迁移。

泡桐具有速生、根系发达、生物量大、适应能力强等特点，其木材广泛应用于建筑、家具、造纸等领域，经济价值良好。泡桐叶改性后，对重金属有很好的吸附作用，可用于重金属水污染治理（刘文霞等，2014）。泡桐对复合型重金属污染有普耐性和富集力（栾以玲等，2008）。魏凯（2016）研究盆栽 8 种木本植物在 Pb、Zn、Cu、Cd 复合污染下的重金属富集特性，发现泡桐对 Pb、Zn、Cu、Cd 表现出强富集力。朱连秋等（2009）测定了铅锌冶炼厂附近生态修复样地白花泡桐中重金属含量，发现叶根部的 Pb^{2+}含量超过超富集植物标准，同时泡桐对 Zn^{2+}、Cu^{2+}、Cd^{2+}具有同样强的富集力。陈三雄等（2011）研究了 13 种生长于大宝山矿区的优势植物重金属富集特性，其中泡桐叶对 Cu^{2+}有强富集力，叶内 Cu^{2+}含量达 1024.80mg/kg。张轩等（2016）对铅锌尾矿库及周边 6 种木本植物采样，发现泡桐对 Zn^{2+}有很好的转移、富集特性，其富集及转运系数为 0.374、1.452。欧阳林男等（2016）研究锰矿生态修复区内泡桐对重金属的富集特性，5 年生泡桐 Mn 富集能力强，植株内 Mn 积累量达 2295g/hm^2。Wang 等（2010）水培探究泡桐幼苗对重金属的耐性机制，得出其对 Pb^{2+}、Cd^{2+}具有良好的解毒机制。

泡桐是一种很有前途的铅锌尾矿矿渣植物修复材料。泡桐与超富集植物有一定区别。首先，超富集植物具有大量重金属转运蛋白，如 CDF、NRAMP、HMA，它们可将重金属离子从根部转运至地上部（Milner et al.，2013）。然而，泡桐可能缺乏这样的转运蛋白，因此导致泡桐体内重金属浓度明显低于超富集植物。其次，重金属主要富集于泡桐根部，其原因可能是泡桐拥有类似羽扇豆幼苗中的胼胝质链（Ruciriska-Sobkowiak et al.，2013）。胼胝质链能阻碍质外体的重金属运输，因此重金属不能有效从根部向地上部运输（Krzestowska，2009）。此外，超富集植物通常是草本植物，而泡桐是一种快速生长的木本植物（Yadav et al.，2013）。泡桐在短期内具有可观的生物量，虽然体内重金属浓度低于超富集植物，但地上部重金属积累量仍可观。

（3）铅锌矿渣的泡桐修复

泡桐对铅锌矿渣中的重金属胁迫有较好耐性。泥炭土有很好的矿渣改良效果（张倩妮，2019）。以泡桐幼苗为材料、铅锌矿渣为基质、泥炭土为改良剂（对照：无改良剂，改良 1：10%改良剂，改良 2：20%改良剂，改良 3：30%改良剂）室外盆栽培养，研究泡桐对矿渣最佳泥炭土施加量和重金属富集效果；然后以最优泥炭土施加量与红壤和铅锌原矿渣双对照，再次室外盆栽培养，分析重金属胁迫对泡桐的生理影响。

1）泥炭土改良下泡桐对矿渣重金属的富集特性。①Pb、Cu、Cd 在泡桐中含量呈根＞茎＞叶，迁移能力差。施加泥炭土可显著降低泡桐体内重金属含量，同时提高泡桐生物量，改良组间差异不显著。泡桐对重金属富集和转移系数较小，对 Pb 富集系数小于 0.01，说明泡桐不属超富集植物。泡桐转移量系数呈改良组＞对照，改良组间差异不显著。②根据各器官重金属亚细胞分布，细胞壁和可溶性组分是 Pb、Zn、Cu、Cd 主要分布位点，细胞壁组分中 Pb、Zn、Cu、Cd 占总量的 16.4%～80.6%、28.6%～88.5%、55.7%～82.2%、27.0%～72.3%；可溶性组分中 Pb、Zn、Cu、Cd 含量占总量的 17.7%～82.3%、8.1%～57.0%、10.4%～33.5%、17.5%～56.4%。施加泥炭土后可溶性组分对 Pb 固定作用增强，叶细胞壁组分对 Zn 固定作用增强，根可溶性组分对 Zn 固定能力增强。施加泥炭土对 Cu、Cd 作用不明显。③以泡桐的生物量及各梯度 Pb、Zn、Cu、Cd 地上部积累量为筛选指标，获最佳施加泥炭土指标的平均隶属函数值，其最佳施加比例为 10%。

2）泥炭土改良矿渣胁迫对泡桐的影响。①胁迫抑制泡桐地上及根系生长，降低叶片叶绿素含量，抑制光合及蒸腾作用等，施加泥炭土具缓解作用。②随胁迫浓度升高，叶片 MDA 上升，在试验早、中期，叶片 T-SOD、CAT、POD 活性先升后降，后期呈升高趋势。③根、茎、叶微观结构变化。高胁迫叶细胞结构被破坏、细胞壁变形、细胞膜多处断裂，施加泥炭土可缓解其影响。④体内糖类、纤维素、有机酸、金属硫蛋白、游离氨基酸等物质可有效结合重金属离子，高胁迫体内的这些物质便不能与之结合，造成体内囤积。

3. 泡桐幼苗对铝胁迫的生理响应

铝污染严重制约树木生长，研究铝胁迫条件下泡桐生理指标变化尤为重要。南方土壤呈酸性，富含铁铝元素。在湖南境内分布广泛的第四纪红壤中铝含量较高（阮建云等，2003）。土壤低浓度铝元素可促进茶树发育（Zhang et al.，2001），可活化小麦根系促进生长发育（胡文俐等，2019）。山苍子可有效改善金属污染土壤，对胁迫具有较强抗性。铝浓度过高会使小麦生长量急剧下降，导致根系周围的铝、磷元素累积（王伟等，2010）。低浓度铝对苜蓿幼苗生长有促进作用，过高浓度则抑制（孙文君，2018）。杨野等（2010）研究表明铝胁迫会抑制小麦光合作用。铝胁迫会抑制水稻对氮、钾元素的吸收，主要作用机制为磷铝结合形成沉淀阻碍根系吸收（王建林，1991）。研究表明铝胁迫破坏细胞膜质透性，降低细胞膜功能直至丧失（罗亮等，2006）。研究铝胁迫泡桐幼苗生理变化和泡桐幼苗逆境生长抗性，对矿山治理和困难地造林具有指导作用。刘森等（2020）以 3 年生‘9501’泡桐和白花泡桐的新鲜根作试材，采用沙培胁迫方式研究在铝胁迫处理 30 天和 60 天及 0.3mmol/L、0.6mmol/L、0.9mmol/L、1.2mmol/L 和 2.4mmol/L 浓度下，随着铝胁迫不断加剧，泡桐幼苗的抗逆性不断削减，细胞膜透性在胁迫加剧的过程中不断加大。泡桐幼苗在低胁迫下与对照组差异不显著，中度和重度胁迫程度下，泡桐幼苗的生长受抑制。铝胁迫会促进泡桐幼苗对磷元素的吸收，同时对细胞中锌元素的吸收造成影响。重度铝胁迫使幼苗叶绿素含量大量流失，导致光合作用效率降低。幼苗的细胞膜透性在胁迫加深过程中加剧，导致细胞内蛋白质、电解质流失，细胞内外酸碱、代谢平衡被打破，细胞膜功能被严重损害。泡桐幼苗的各项指标表明，泡桐幼苗的铝胁迫可适浓度为 0.3mmol/L，‘9501’泡桐的铝胁迫抗性优于白花泡桐。试验为未来泡桐逆境环境下的抗性研究提供依据，为生产实践中泡桐类型选择提供参考。

通过试验及对我国现存主要重金属矿山宕口的风险评估，提出重金属矿山的植物修复是一种经济实用的方法。通过植物吸收固定重金属元素的理论分析与实践调查，证明土壤植物修复的可行性；同时通过实地调查的案例分析，得出运用木本植物进行矿山重金属修复符合当前实际、可操作性强；特别是泡桐作为土壤修复优良树种符合生产实际及该类项目建设标准。为保证重金属矿山（宕口）修复的实施效果，应坚持适地适树原则，积极营建以泡桐为主的多树种、乔灌草相结合的综合修复结构，更符合生态建设实际。泡桐的重金属矿山宕口修复功能及效果需要在实践中逐步探索，可通过科学造林再造林及抚育、延长树木采伐期等措施与手段，为社会提供不同类型的泡桐重金属矿山修复复合经营方案。

四、碳汇功能

（一）概念及含义

森林碳汇是指森林植物吸收大气中的 CO_2 并将其固定在植被或土壤中，从而减少大气中 CO_2 浓度。森林碳汇是森林生态系统中的碳储存净能力的总和，是林木通过光合作用及森林土壤吸收并固定碳的净储存能力之和，也是森林生态系统服务功能的重要体现。森林生态系统是陆地中重要的碳汇和碳源，森林的生物量、植物碎屑和森林土壤固定碳元素而成为碳汇，森林及森林中微生物、动物、土壤等的呼吸、分解释放碳元素到大气中成为碳源。如果森林固定的碳大于释放的碳就成为碳汇，反之成为碳源（董文福和管东生，2002）。当生态系统固定的碳量大于排放的碳量，该系统就成为大气 CO_2 的汇，简称碳汇（carbon sink），反之，则为碳源（carbon source）（方精云等，2007）。依据政府间气候变化专门委员会（IPCC）报告（2006），常用正值表示碳源或碳排放，用负值表示碳汇或碳清除。中国森林碳源汇特征具有清晰的年代轨迹，大致可分为三个时期：1949 年至 20 世纪 70 年代末 80 年代初、80 年代初至 90 年代及 90 年代后期至今（Pacala et al.，2001；Fang et al.，2001；杨元合等，2022）。

森林碳汇功能是森林五大碳库固碳能力的综合体现，包括森林植被地上和地下生物量、木质残体、凋落物和土壤碳库（付玉杰等，2022）。森林植被和土壤碳库是全球森林碳储量的主要部分，分别占森林总碳储量的 44%和 45%；森林木质残体碳储量占 4%，凋落物碳储量占 6%（Pan et al.，2011；Food and Agriculture Organization of the United Nations，2020）。与森林植被相比，森林土壤碳库具有更高的稳定性，在提升森林碳汇功能、应对全球气候变化上具有重要作用（方运霆等，2004；Xiong et al.，2021）。早期估算的全球森林土壤碳储量占森林生态系统碳储量的近 70%（Dixon et al.，1994），然而无论通过何种方法，森林碳汇研究大多是基于对森林植被碳库的评估；对森林植被地上和地下碳库以外的土壤、木质残体和凋落物碳库空间分布、时间变化和驱动机制等研究的关注度远低于前者。近年来，人们逐渐认识到森林土壤碳库、木质残体和凋落物碳库的重要性，基于局域水平的研究发现老龄林土壤碳库和木质残体碳库是其碳汇功能的重要组分（Zhou et al.，2006；Tang et al.，2009）。2020 年联合国粮食及农业组织《全球森林资源评估报告》给出 45%的估值。

吴建国等（2003）综合土地利用变化对生态系统碳汇功能的影响，得出陆地生态系统碳汇/源功能体现在碳库储量、稳定性和碳库的输入/输出强度方面；天然次生林和人工林生态系统的碳储量汇功能较强，农田和草地较弱；土壤有机碳过程源/汇方面，天然次生林生态系统是强汇，人工林生态系统是弱汇，草地和农田生态系统是源。增加生态系统碳汇功能的措施包括保护低承载力的草地，实行轮作种植，把低产农田变成草地或森林，集约管理农田，实行农林、林草复合经营方式，提高草地有机碳输入、增加土壤有机碳储量，提高农田有机碳稳定性，通过土地利用方式的变化提高土壤有机碳储量和稳定性，实现增加土壤有机碳和生态系统碳汇功能目标。

森林在维护生态环境安全、调节碳平衡中发挥重要作用（吕衡等，2021）。森林面积占全球陆地总面积的 1/3，但其每年固定的碳约占陆地总碳库的 2/3，地上部植被储存碳占陆地地上总碳库的 86%，储存碳占陆地总碳库的 77%（Dixon et al.，1994；方精云等，2007；杜华强等，2012）。

森林是陆地生态系统中最大的碳库，显示出极为强的碳汇能力。大气 CO_2 监测数据显示，2010～2016 年中国陆地生物圈平均每年吸收的碳量为（1.11±0.38）Pg，相当于中国同期每年人为排放的 45%（Wang et al.，2020）。方精云和陈安平（2002）利用生物量换算因子连续函数法，推算中国森林碳库由 20 世纪 70 年代末期的 4.38PgC 增加到 1998 年的 4.75PgC，增加 0.37PgC。在全球尺度，土壤有机碳含量 1550PgC（Pan et al.，2013）；全球森林储存 6.62×10^{17}gC（白彦锋等，2007）。在陆地生态系统中，碳储量约 1146PgC，占全球陆地总碳储量的 46%（张萍和张进，2009）。1995～2050 年全球森林植被保存吸收碳的潜力为 60～87PgC，可吸收同期石化燃料排放碳的 11%～15%。

（二）国内外森林碳汇研究进展

1. 研究概况

周玉荣等（2000）利用森林清查资料，得出我国森林正起着碳汇的作用，主要森林生态系统碳储量 28.11PgC，其中森林生态系统植物碳储量 3.26～3.73PgC，占全球的 0.6%～0.7%。

不同树种碳汇能力差异较大。华南地区的树种，树种含碳量依次是常绿针叶＞常绿阔叶＞落叶阔叶；而北方的落叶阔叶乔木平均固碳量大于针叶树（李双成，2021）。一般生长快的速生树种碳汇能力较慢生树种高。不同龄组相同树种碳密度差异大。我国乔木碳密度依次为过熟林＞成熟林＞近熟林＞中龄林＞幼龄林。整体上林龄越大碳密度越高。然而，成熟林和过熟林尽管碳密度较高，但已近生长终末期，碳汇潜力不如中幼林。森林的自然灾害（火灾和病虫害等）和人为扰动（采伐）对森林碳汇/源动态产生重要影响。为此，应加强对该类林分的抚育和更新改造等人工干预，力争保持森林的碳汇等功能有效发挥。

2. 森林生态系统碳循环研究展望

黄从红等（2012）基于光学遥感、微波雷达和激光雷达 3 种常用遥感数据源综述国外森林地上部分碳汇遥感监测方法，以及各监测方法的精度和不确定性。运用微气象学、测树学等，以及地理信息系统

（GIS）和遥感（RS）图像数据处理等技术，建立完整的森林生态系统碳循环各环节数据库，实现时间和空间尺度上对森林资源碳储量及其价值的准确评估（续珊珊和姚顺波，2011），这对泡桐碳汇的研究有借鉴意义。

国内利用我国森林资源的清查数据建立生物量模型，完成对全国森林植被碳储量和碳密度的建模（刘金山等，2012）。李克让等（2003）按面积加权法估算中国森林土壤平均有机碳密度为 81.39t/h，森林土壤总碳储量约 105 亿 t。周玉荣等（2000）采用全国第四次森林资源清查资料，估算我国主要森林生态系统碳储量为 281 亿 t，其中土壤碳库为 210 亿 t，占总量的 74.6%。解宪丽等（2004）基于第二次土壤普查典型土壤剖面数据和 1∶400 万中国植被图，按不同植被类型对土壤有机碳密度和储量估算，表明 100cm 厚度的森林土壤碳储量为 173.9 亿 t。森林土壤碳库是土壤有机碳库的重要组成部分，森林土壤碳储量约占世界陆地土壤总碳储量的 73%（Post et al.，1982），在全球碳循环中发挥着重要作用，森林土壤呼吸对全球碳素平衡和大气 CO_2 浓度变化具有重要影响。近年来，我国森林面积和生物量显著增加，推测我国森林土壤碳库相应增加（方精云等，2007）。姜霞和黄祖辉（2016）通过经济增长和碳汇变化关系，预测 2030 年中国森林碳储量将达到 88.69×10^8t，2015～2018 年平均碳汇量 1.25×10^8t/a。张颖等（2010）利用最小值法估算，我国森林碳汇最优价格 10.11～15.17 美元/t，而按照价格汇率换算森林碳汇价格变动为 28.52～125.59 元/t。从我国 40 多年来林木碳储量价值量变化过程看，除薪炭林、疏林的价值量减少外，其他均为增加。其中，成熟林、过熟林碳储量价值年均增长 7.58%、8.99%，人工林碳储量价值年均增长 8.24%，防护林、特用林碳储量价值年均增长 8.16%、8.33%，这与森林资源碳储量实物量核算结果基本一致。

当前我国森林质量与世界平均水平及林业发达国家水平相比还有较大差距，但仍有较大提升空间（李德润和彭红军，2023）。为此，我们应重点做好以下工作：一是完善碳汇计量监测（模型）体系，建立森林碳汇计量监测理论与实践体系，完善相关法律制度，重视人才培养，为森林碳汇计量与监测体系标准化、专业化建设提供支持；二是坚持科学造林，实施分类经营，改进管理技术措施，提升森林质量效益；三是推动森林碳汇碳交易市场化，协调推动区域间林业高质量发展；四是发挥比较优势，因地制宜发展林业。以上基于森林碳汇的研究方法有助于推进泡桐碳汇研究与发展。

近年来，森林生态系统碳储量及碳汇功能的研究逐渐深入，现代科技创新方法与手段得到广泛运用，为准确预测全球碳源/汇变化及制定相应政策和技术措施提供了科学依据。

（三）泡桐碳汇研究

国际上最早于 1960 年左右开始了森林碳汇的研究（李顺龙，2005）。马学威等（2019）对森林碳汇研究进行了阶段划分，1960～2006 年为萌芽期，2007 年至今为快速发展期。早期的研究代表 Schroeder（1991）使用森林生长模型对森林集约经营对碳储量的影响进行探析，学者们在之后的研究中，将自然科学和经济学的融合纳入动态分析框架和模型之中，森林碳汇的研究不断走向完善（Golub et al.，2009；Nepal et al.，2012）。国内对森林碳汇空间溢出效应的研究存在不同观点，在森林碳汇的空间溢出效应是否显著及存在正向还是负向的空间溢出效应之间产生分歧（杜之利等，2021）。薛龙飞等（2017）通过对我国 31 个省份的森林碳汇进行研究，证明我国森林碳汇之间有着显著的负向空间溢出效应，但目前的大量国内学者还是在省域层面上对森林碳汇开展研究（吴胜男等，2015；黄晶等，2021）。森林资源禀赋类似地区在森林碳汇量上存在较大差异（薛龙飞等，2016），学者们从经济发展水平（李鹏和张俊飚，2013）、森林管理水平（Goulden et al.，1996；Keeling et al.，1996；Fang et al.，2001）及森林灾害（张旭芳等，2016）等方面对碳汇的影响因素研究，发现以上因素对森林碳汇量都有着重要影响。

国家林业局 2013 年发布碳汇林标准，如在发展和改革委员会备案的《碳汇造林项目方法学》（AR-CM-001-VO1）和《造林项目碳汇计量监测指南》（LY/T 2253—2014）。各个地方标准也相继发布，如北京市地方标准《林业碳汇计量监测技术规程》（DB 11/T 953—2013）、广东省地方标准《林业碳汇计量与监测技术规程》（DB44/T 1917—2016）、黑龙江省地方标准《林业碳汇计量监测体系建设技术规范》（DB23/T 2475—2019）、山东省地方标准《林业碳汇计量监测体系建设规范》（DB37/T 4203）、上海市地方标准《城市森林碳汇计量监测技术规程》（DB31/T 1234—2020）、浙江省地方标准《城市绿化碳汇计量与监测技术规程》（DB33/T 2416—2021）等。

近年来，就森林类型来看乔木林研究的较多，竹林、灌木林类研究较少；尤其是某一树种研究分析的较少，除对竹林生态系统碳汇功能的研究较为系统（周国模，2006；吕衡等，2021）外，其他树种如泡桐研究的较少。

樊星等（2014）对黄淮海平原20种主要农林复合树种含碳率进行研究，从含碳率看，栾树、107杨、泡桐、国槐、苦楝、大叶女贞和枣树可作为黄淮海平原农林复合系统优先选择的固碳树种（其中，栾树的平均含碳率47.09%，最高，泡桐44.08%；树种各器官含碳率34.19%～49.19%，树干、枝、叶之间差异不大）。原因是农林复合树种多为速生阔叶树种，含碳率较低。43.57%可作为黄淮海平原地区计算森林碳汇时的平均含碳率。综合分析，栾树、107杨、白蜡、泡桐、国槐、石楠和大叶女贞固碳能力更大。

张亚龙（2018）对河南优势树种进行比较，各树种碳吸收能力依次是硬阔类＜杉木＜落叶松＜柏木＜油松＜泡桐＜马尾松＜阔叶混＜栎类＜杨树，且杨树和栎类占总碳吸收能力的90%以上。其中杨树是当地乔木林中面积、蓄积量、总生长率最高的树种，其碳吸收能力约占46.43%（另外，泡桐占1.94%，杉木占0.55%）。随着树木龄级增大，储碳能力增大，需要森林在生长中不受自然和人为破坏，才能最大限度发挥森林碳汇能力，从而达到控制温室效应、提高环境承载力。但是，泡桐研究除涉及土壤及竹–桐及林–茶间作、平原农区林网的多树种综合性分析外，尚未见到泡桐碳源汇的系统研究报道。泡桐的农桐间作模式研究较为系统，在矿山宕口生态恢复中得到应用，为今后泡桐碳汇研究提供了空间。泡桐已成为我国主要的人工造林树种之一，发展潜力巨大，开展泡桐碳汇研究已迫在眉睫。

第三节　泡桐的社会价值

泡桐的社会价值，可以分为就业增收、康养保健、文化传承、教育科研等方面。

一、就业增收

泡桐起源于中国，是扎根我国大地、土生土长的乡土树种，不仅其生活习性适应我国气候、水土，而且其经济价值满足国民需要，成为当地人民群众“经济收入来源树”和“发家致富摇钱树”，为我国农村实现脱贫致富和乡村振兴做出了重要贡献。在当前我国木材危机的大背景下，泡桐作为木材可以快速获得、容易获得的优质用材树种，受到高度重视。泡桐产业化越来越成为农民就业的重要选择和未来方向，越来越成为农民增收的重要方式和有效措施。泡桐产业化就业增收的方式有以下方式。

（一）育苗增收

1. 泡桐常规育苗投资概算

泡桐常规育苗是指生产实践中常用的育苗方法，主要是指种根埋根育苗。

设计租地1.0亩，培育苗木1年，需投资（支出）4050.0元。具体分解如下。

①土地租金：需要气候适宜、土壤肥沃、水源良好、交通方便的土地用于育苗，每年每亩租金1000.0元。②种根费：设计育苗密度440株/亩（株行距1.0m×1.5m），需种根440条。精选特级种根，单价5.0元/条，种根费：440×5.0=2200.0元。③整地及种植费：平均每亩300.0元。④水肥农药费：平均每亩500.0元。⑤其他管理费：平均每亩投入50.0元。

2. 泡桐常规育苗效益估算

1 亩四倍体泡桐苗木培育 1 年，可获毛收入 10 000.0 元、纯收入 5450.0 元。计算如下：①苗木收入：按标准化管理，一年生苗木树高可达 4.0～5.0m，米径 5.0～6.0cm，预计可出圃特级苗 400 株，特级苗单价 25.0 元/株，苗木收入：25.0×400=10000.0（元）。②起苗装车支出：每亩 500.0 元。③育苗投资：4050.0 元。④纯收入：为苗木收入与支出之差：10000.0–4050.0–500.0=5450.0（元）。

3. 泡桐组培育苗效益分析

近年来，泡桐组培育苗技术获得突破，展现出独特优越性。一是泡桐组培苗可以做到全面良种化，为良种苗木供应奠定牢固基础；二是泡桐组培苗可以做到规格整齐化，为标准化种植打下坚实基础；三是泡桐组培苗可以做到数量巨大化，为规模推广提供坚强保障；四是泡桐组培苗可以做到苗木容器化，可以保证造林成活率；五是泡桐组培苗可以做到定时定量生产，满足市场需要常年栽植；六是泡桐组培苗可以成为脱毒苗，彻底消除了泡桐丛枝病的隐患。经过近几年的实践观察，泡桐组培苗与种根繁育苗相比，展现出更加速生、更加粗壮、抗性更强、长势更旺的喜人现象，值得今后积极推广。

泡桐组培苗的出现是科技进步的表现，泡桐组培苗生产需要具备先进的组培设施、设备，需要具有掌握组培技术的工作人员，需要具有长期经营经验的管理人员。泡桐组培苗生产流程主要有：

泡桐良种单株选择→组培材料采集→组培基质确定→组培继代苗配方调制确定→组培操作→组培生根苗配方调制确定→组培操作→移入穴盘温室大棚炼苗→移入室外大棚炼苗→装箱运输。

根据几年来摸索出的经验，按泡桐成苗单株成本核算，每批生产数量越大，成本越低。生产 100 万株为基数，成本每株 10.0 元；生产 200 万株，成本每株 9.0 元；生产 500 万株及以上，成本每株 6.0 元。如果按单价 15.0 元/株，销售 100 万株，可以推算出泡桐组培苗的经济效益如下：销售金额 100 万株×15.0 元/株=1500.0 万元，生产成本 100 万株×10.0 元/株=1000.0 万元，销售利润 1500.0 万元–1000.0 万元=500.0 万元。

（二）造林增收

1. 泡桐丰产林投资概算

设计租地 100 亩，造林密度 4.0m×6.0m（27 株/亩），栽植数量 2700 株，培育四倍体泡桐 5 年，需投资（支出）约 492 500.0 元。具体分解如下：①土地租金：每年每亩租金 500.0 元，100 亩土地 5 年租金为 500.0×100×5=250000.0（元）。②种苗费：选特级苗木，单价 25.0 元/株，2700 株金额：25.0×2700=67500.0（元）。③整地及定植费：平均每亩 500.0 元，100 亩投入：500.0×100=50000.0（元）。④水肥农药费：平均每亩每年投入 200.0 元，100 亩 5 年共计投资：200.0×100×5=100000.0（元）。⑤其他费用：平均每亩每年投入 50.0 元，100 亩 5 年共计投资：50.0×100×5=25000.0（元）。

2. 泡桐丰产林效益估算

100 亩四倍体泡桐丰产林，可出成材树 2700 株，毛收入 1 620 000.0 元，纯收入 1 127 500.0 元。分析如下：

①单株材积：根据实践数据和理论推算，栽植密度每亩 27 株（株行距 4.0m×6.0m）的泡桐丰产林，预计 5 年生平均胸径 30.0cm，平均树高 12.0m，单株材积约 0.5m^3。②总出材量：按单株材积 0.5m^3 计算，可得：0.5×2700=1350.0（m^3）。③毛收入：按单价 1200.0 元/m^3 计，100 亩丰产林毛收入：1350.0×1200.0=1620000.0（元）。④纯收入：毛收入与支出之差：1620000.0–492500.0=1127500.0 元。5 年平均每亩纯收入：1127500.0/100=11275.0 元，平均每年每亩纯收入 11275/5=2255.0 元，平均每年每株纯收

入 2255.0/27=83.5 元。⑤潜在效益：四倍体泡桐丰产林株行距为 4.0m×6.0m，适宜间作低矮作物，如花生、大豆、花卉、耐阴中药材等。根据间作种类不同，可间作 2～4 年。每年每亩间作纯收入 500～2000 元。

（三）加工增收

泡桐木材可以加工的产品类型很多，主要有桐木拼板、泡桐细木工板、泡桐刨花板、泡桐纤维板、泡桐木门、泡桐木地板、泡桐桌椅橱柜、泡桐百叶窗、泡桐棺木、泡桐乐器、泡桐纸浆、泡桐木炭、泡桐活性炭、泡桐钢化木等，现以隔墙板泡桐木材加工为例，分析其经济效益。泡桐原木 $1m^3$，净板出材率 35%，即 $1m^3$ 原木可生产净板成品为 $0.35m^3$，其中，A 级品占 50%，B 级品占 30%，C 级品占 20%，按照 A 级板 12 000 元/m^3、B 级板 9000 元/m^3、C 级板 4800 元/m^3，其中加工剩余物中 50%的材积可用于生产细木工板，售价 2800 元/m^3，碎料剩余物按 30%计算，用于纤维板 MDF 制造，价格按 400 元/m^3，其他 20%按损耗损失。售价：0.35×50%×12 000+0.35×30%×9000+0.35×20%×4800+（1–0.35）×50%×2800+（1–0.35）×30%×400=4369 元；原木到木材加工厂成本：1600 元/m^3，加工（管理）成本：1000 元/m^3，总成本：2600 元/m^3；利润=收益–总成本=4369–2600=1769 元；利润率=利润/收益=1769/4369=40.5%。由于市场木材原料紧缺，泡桐木材加工增收的效益较高，一般来说，泡桐木制品获得的利润是泡桐原木价格的 2～5 倍，对泡桐材质和规格要求较高的泡桐音乐器材、泡桐出口百叶窗、泡桐钢化木等，可增值 10 倍以上。

（四）栽树增收

树木生长的原料是光照、二氧化碳和水，成材后的木材是市场紧缺的产品，投入少、收入高、市场缺口大、风险低。四倍体泡桐良种喜光、热、水、肥，要求土壤透气性好，不能积水，特别速生，极其适合单株散生、道路绿化，不用占用基本农田。积极寻找和优先利用农村空闲地，坚决替换无用或低值树木，积极栽植泡桐，是农民增收致富的重要来源，是乡村产业振兴的重要途径。①投资概算。按 5 年成材计算，单株投资包括苗木款 25.0 元、管理费 15.0 元，合计支出约计每株 40.0 元。②效益估算。5 年生成材树，平均每株材积可达 0.3～$0.4m^3$，按单价 1200.0 元/m^3 计算，每株木材价值 340.0～440.0 元。因此，每株四倍体泡桐 5 年后木材纯收入为 300.0～400.0 元。据分析推断，我国有 20 余个省份适合推广泡桐良种“栽桐致富”的模式。保守估计，按我国 100 万个村、每村栽植 1000 株计算，可栽植良种泡桐 10 亿株。以此推算，5 年内栽植良种泡桐的村庄木材纯收入 3000 亿～4000 亿元。这是一笔相当可观的收入，是一种乡村产业振兴的林业模式，只要足够重视，措施有力，村村可以做到。

二、康养保健

森林康养是林业与健康养生融合发展的新业态，依托丰富多彩的森林景观、沁人心脾的森林环境、健康安全的森林食品、内涵浓郁的生态文化，配备相应的养生、休闲及医疗、康体服务设施，开展以修身养性、调适机能、延缓衰老为目的的森林游憩、度假、疗养、保健、养老等活动。突出特点是不以牺牲森林资源为代价，强调森林与人和谐共生。

森林康养从改善气、光、热、声环境 4 个方面影响人们。一是气环境。森林是天然氧吧，调节空气流动，其中的负离子起着消除疲劳、降高血压、提高细胞免疫力等作用。二是光环境。树叶的阳光过滤作用，使红外线适度，光线柔和。三是热环境。春夏秋季森林环境下，空气潮湿、林间溪水、气温柔和，宜人游玩。四是声环境。森林具有防噪声功能，声波遇到林带，其能量被吸收 20%～30%，降低 20～25 分贝。

森林康养产业的内涵主要有以下几点。第一，以森林环境为基础，良好的森林生态环境是业态存在的基本前提；第二，以人的健康为目的，让人们置身于森林环境之中，吸收天地精华，帮助人们达到预防疾病和增进（维持）身心健康及人格修炼等目的；第三，以多业融合为特征，是集养生、康复、健身、休闲、旅游、养老及康养产品研发与生产、自然体验与教育等多项功能于一体的综合性、服务性事业；是以林业为主体，融合农业、工业、旅游业、商业、医药、体育产业和健康服务业等产业性质的新兴产业业态。

森林康养是实施健康中国战略、推进林业生态价值实现、促进乡村振兴的重要举措。森林康养的意义主要表现在以下几个方面。第一，森林康养将成为人们提高生活质量的重要选择。森林康养在解决人们心理、生理和体质方面的突出地位和作用，决定了在追求高质量生活中是人们的一种必然选择。第二，森林康养将成为低碳经济发展的重要途径。低碳经济要求，经济社会发展与生态环境双赢，森林康养产业是一种在生态保护中利用、在利用中保护的产业模式，顺应潮流，大势所趋。第三，森林康养是创新驱动的重要突破。它将传统旅游、疗养、运动、养生等不同产业融合，实现集群化发展、基地化经营、规模化推进，将成为中国经济发展的支柱产业之一。第四，森林康养是乡村振兴的重要载体。良好的生态是建设康养基地的必要条件，这种指向就使得人们提高了保护和建设生态环境的自觉性和行动力。具有持续性、普惠性的康养产业，带动乡村产业兴旺。乡风文明，生活富裕，也随着康养产业的兴起而改善。

泡桐树具有净化空气、调温增湿、固碳释氧、先花后叶、花多色艳、冠大荫多、适应性强、病虫害少等独特功能和良好形象，深受群众喜爱，可谓森林康养的优选树种。

三、文化传承

文化传承是指泡桐作为诞生中国的、土生土长的、地地道道的、中国独有的树种，与中国人民的生活息息相关，与中国历史发展息息相关，在中华民族文明历史长河中，留下的众多泡桐文化典籍，留下的众多泡桐文化遗产。泡桐不仅满足了中国民众的物质生活需要，而且创造了激励人生并流传后世的宝贵精神财富，成为中华文化不可缺少的重要组成部分，也是泡桐社会价值的重要组成部分。

四、教育科研

近代以来，我国泡桐教育科研取得许多重大成就，有力地引领、支撑和推动了泡桐事业的顺利开展。现将我国主要代表泡桐著作、泡桐成果、泡桐新品种、泡桐良种列举如下。

1）主要代表泡桐著作：《泡桐栽培学》（蒋建平，1990）、《四倍体泡桐》（范国强，2013）、《泡桐丛枝病发生的表观遗传学》（范国强，2022）、《蒋建平文集》（蒋建平，2008)、《泡桐研究与全树利用》（常德龙等，2016）等。

2）主要代表泡桐成果："泡桐丛枝病发生机理及防治研究"（范国强等，获 2010 年度国家科学技术进步奖二等奖）、"四倍体泡桐种质创制与新品种培育"（范国强等，获 2015 年度国家科学技术进步奖二等奖）、"速生抗病泡桐良种选育及产业升级关键技术"（范国强等，获 2023 年度国家科学技术进步奖二等奖）、"泡桐属基因库的营建与基因资源的研究利用"（蒋建平等，获 1990 年度国家科学技术进步奖三等奖）、"泡桐新品种豫杂一号的选育"（蒋建平等，获 1991 年度国家技术发明奖三等奖）等。

3）主要代表泡桐新品种：杂四泡桐 1 号（范国强，2013）、兰四泡桐 1 号（范国强，2013）、白四泡桐 1 号（范国强，2013）、南四泡桐 1 号（范国强，2013）、毛四泡桐 1 号（范国强，2013）。

4）主要代表泡桐良种：豫选一号（蒋建平等，河南省林木良种）、豫杂一号（蒋建平等，河南省林木良种）、杂四泡桐 1 号（王迎等，山东省林木良种）等。

参 考 文 献

安志装. 2002. 重金属与营养元素交互作用的植物生理效应. 土壤与环境, 11(4): 392-396.

白彦锋, 姜春前, 鲁德, 等. 2007. 中国木质林产品碳储量变化研究. 浙江林学院学报, 24(5): 587-592.

包岩峰, 丁国栋, 吴斌, 等. 2013. 毛乌素沙地风沙流结构的研究. 干旱区资源与环境, 27(2): 118-123.

曹新孙. 1983. 农田防护林学. 北京: 中国林业出版社.

曹新孙, 陶玉英. 1981. 农田防护林国外研究概况(一). 中国科学院林业土壤研究所集刊, 5: 177-190.

常德龙, 胡伟华, 张云岭, 等. 2016. 泡桐研究与全树利用. 武汉: 华中科技大学出版社: 118-129.

陈杰, 许长征, 曹颖倩, 等. 2017. 不同重金属对拟南芥根系特征的影响比较. 应用与环境生物学报, 23(6): 1122-1128.

陈丽鹃, 周冀衡. 2014. 镉对烟草的毒害及烟草抗镉机理研究进展. 中国烟草科学, 35(6): 93-97.

陈三雄, 陈家栋, 谢莉, 等. 2011. 广东大宝山矿区植物对重金属的富集特征. 水土保持学报, 25(6): 216-220.

陈桐. 2022. 古老与进化树种凋落物分解特征及其对氮沉降的响应. 华中农业大学硕士学位论文.

陈祥伟, 胡海波, 袁玉欣, 等. 2005. 林学概论. 北京: 中国林业出版社: 119-134.

陈小米, 胡国涛, 杨兴, 等. 2017. 速生树种竹柳对复合污染土壤中镉和锌的吸收、积累与生理响应特性. 环境科学学报, 37(10): 3968-3976.

陈岩松, 吴若菁, 庄捷, 等. 2007. 木本植物重金属毒害及抗性机理. 福建林业科技, 21(1): 50-55.

陈艳瑞, 刘康, 陈启民, 等. 2011. 准噶尔盆地南缘防护林树种适宜性评价. 干旱区资源与环境. 25(11): 152-156.

陈雨芩. 2019. 两个常绿阔叶树根系与半分解凋落叶、腐殖土的短期混合分解. 四川农业大学硕士学位论文.

崔喜勤, 林君锋. 2016. 镉在拟环纹豹蛛体内的积累动态. 福建农林大学学报(自然科学版), 45(4): 465-470.

达萨如拉. 2009. 虎榛子根系分泌物及根际微生物分泌物对油松幼苗化感效益研究. 内蒙古农业大学硕士学位论文.

代全林. 2007. 植物修复与超级植物. 亚热带农业研究, 3(1): 51-56.

戴玲芬, 高宏, 夏建荣. 1998. 雪松聚球藻对重金属镉的抗性和解毒作用. 应用与环境生物学报, 4(3): 192-195.

丁海东, 齐乃敏, 朱为民, 等. 2006. 镉、锌胁迫对番茄幼苗生长及其脯氨酸与谷胱甘肽含量的影响. 中国生态农业学报, 14(2): 53-55.

董林林, 赵先贵, 巢世军, 等. 2008. 镉污染土壤的植物吸收与修复研究. 江苏农业科学, 24(3): 292-299.

董文福, 管东生. 2002. 森林生态系统在碳循环中的作用. 重庆环境科学, (3): 25-27, 31.

杜鹤强, 韩致文, 颜长珍, 等. 2010. 西北防护林防风效应研究. 水土保持通报, 30(1): 117-120.

杜华强, 周国模, 徐小军. 2012. 竹林生物量碳储量遥感定量估算. 北京: 科学出版社.

杜之利, 苏彤, 葛佳敏, 等. 2021. 碳中和背景下的森林碳汇及其空间溢出效应. 经济研究, 56(12): 187-202.

段娜, 刘芳, 徐军, 等. 2016. 乌兰布和沙漠不同结构防护林带的防风效能. 科技导报, 34(18): 125-129.

樊星, 田大伦, 樊巍, 等. 2014. 黄淮海平原主要农林复合树种的含碳率研究. 中南林业科技大学学报, 34(6): 85-87, 93.

范国强. 2013. 四倍体泡桐. 郑州: 中原出版传媒集团: 281-290.

范国强. 2022. 泡桐丛枝病发生的表观遗传学. 北京: 科学出版社.

范志平, 孙学凯, 王琼, 等. 2010. 农田防护林带组合方式对近地面风速作用特征的影响田. 辽宁工程技术大学学报(自然科学版), 29(2): 320-323.

方精云, 陈安平. 2002. 中国森林生物量的估算: 对 Fang 等 Science 一文(Science, 2001, 291: 2320～2322)的若干说明. 植物生态学报, (2): 243-249.

方精云, 郭兆迪, 朴世龙, 等. 2007. 1981—2000 年中国陆地植被碳汇的估算. 中国科学(D 辑: 地球科学), 37(6): 804-812.

方运霆, 莫江明, Brown S, 等. 2004. 鼎湖山自然保护区土壤有机碳贮量和分配特征. 生态学报, 24(1): 135-142.

房娟. 2011. 柳树对铅污染的生理、生长响应及吸收特性. 南京林业大学硕士学位论文.

冯雪薇, 包立, 张乃明. 2018. 不同区域曼陀罗对镉吸收转运特征研究. 安徽农业科学, 46(30): 71-73.

符亚儒, 高保山, 封斌, 等. 2005. 陕北榆林风沙区防风固沙林体系结构配置与效益研究. 西北林学院学报, 20(2): 22-27.

付玉杰, 田地, 侯正阳, 等. 2022. 全球森林碳汇功能评估研究进展. 北京林业大学学报, 44(10): 1-10.

傅抱璞. 1963. 论林带结构与防护效能田. 南京大学学报(自然科学), (增刊 1): 111-122.

高海艳, 王亚昇. 2014.陕北风沙区铁路防风固沙林效益研究. 陕西林业科技, (5): 41-44.

高家合, 王树会. 2006. 镉胁迫对烤烟生长及生理特性的影响. 烟草农业科学, 2(1): 62-65.

高照良. 2012. 黄土高原沙地和沙漠区的土地沙漠化研究. 泥沙研究, (6): 1-10.

谷绪环, 金春文, 王永章, 等. 2008. 重金属 Pb 与 Cd 对苹果幼苗叶绿素含量和光合特性的影响. 安徽农业科学, 36(24): 10328-10331.

关伟, 张金珠, 王占全, 等. 2010. 镉胁迫对桃树根尖细胞超微结果的影响. 北京农学院学报, 25(3): 18-21.
管颖. 2023. 辽西地区防风固沙林营建技术及应用模式探讨. 现代园艺, (1): 93-95.
郭浩. 2003. 水土保持林体系高效空间配置和稳定林分结构研究: 以辽西地区为例. 北京林业大学博士学位论文.
郭瑞霞, 管晓丹, 张艳婷. 2015. 我国荒漠化主要研究进展. 干旱气象, 33(3): 505-514.
郭秀珍, 赵志鹏, 毕国昌. 1990. 泡桐组培苗 V9 菌根的研究. 林业科学研究, 3(1): 9-14.
国土资源部信息中心. 2013. 世界矿产资源年评(2013) . 北京: 地质出版社: 141-154.
郝汉舟, 陈同斌, 靳孟贵, 等. 2011. 重金属污染土壤稳定/固化修复技术研究进展. 应用生态学报, 22(3): 816-824.
何佳丽. 2014. 杨树对重金属镉胁迫的分子生理响应机制研究. 西北农林科技大学博士学位论文.
何俊瑜, 任艳芳. 2008. 镉胁迫对不同水稻品种种子萌发、幼苗生长和淀粉酶活性的影响. 中国水稻科学, 22(4): 399-404.
何俊瑜, 王阳阳, 任艳芳, 等. 2009. 镉胁迫对不同水稻品种幼苗根系形态和生理特性的影响. 生态环境学报, 8(5): 1863-1868.
何娜, 刘静静. 2016. 铅锌矿周围土壤重金属形态分布研究. 轻工科技, 32(1): 87-89.
何有华, 张晓虹, 孙浩峰, 等. 2018. 干旱风沙区水库边缘防风林带减沙效益研究. 中国水利, (2): 36-37.
贺庭, 刘婕, 朱宇恩, 等. 2012. 重金属污染土壤木本-草本联合修复研究进展. 中国农学通报, 28(11): 237-242.
胡文俐, 李培旺, 李昌珠, 等. 2019. 铅锌胁迫对山苍子幼苗生理生化特性的影响. 中南林业科技大学学报, 39(9): 109-114.
胡亚虎. 2013. 杨树对干旱区重金属污染农田土壤的修复研究. 兰州大学博士学位论文.
黄从红, 张志永, 张文娟, 等. 2012. 国外森林地上部分碳汇遥感监测方法综述. 世界林业研究, 25(6): 20-26.
黄晶, 孙新章, 张贤. 2021. 中国碳中和技术体系的构建与展望. 中国人口·资源与环境, 31(9): 24-28.
黄凯丰. 2008. 重金属镉、铅胁迫对茭白生长发育的影响. 扬州大学硕士学位论文.
黄明煌, 章家恩, 全国明, 等. 2018. 土壤重金属的超富集植物研发利用现状及应用入侵植物修复的前景综述. 生态科学, 37(3): 194-203.
惠俊爱. 2014. 镉胁迫对超甜玉米 CT38 叶片 DNA 交联的影响. 广东农业科学, 13(2): 5-8.
季柳洋. 2019. 镉锌复合胁迫下白花泡桐的耐性特征及富集研究. 河南农业大学硕士学位论文.
贾全全, 龚斌, 李康琴, 等. 2019. 桐–药复合经营模式下泡桐丛枝菌根真菌群落结构特征. 生态学报, 39(6): 1954-1959.
江行玉, 王长海, 赵可夫. 2003. 芦苇抗镉污染机理研究. 生态学报, 23(5): 856-862.
江行玉, 赵可夫. 2001. 植物重金属伤害及其抗性机理. 应用与环境生物学报, 7(1): 92-99.
姜凤岐. 2003. 防护林经营学. 北京: 中国林业出版社.
姜凤岐, 周新华, 付梦华, 等. 1994. 林带疏透度模型及其应用. 应用生态学报, 5(3): 251-255.
姜霞, 黄祖辉. 2016. 经济新常态下中国林业碳汇潜力分析. 中国农村经济, (11): 57-67.
姜志艳, 王建英, 杨雪梅. 2013. 铜、铅、锌对黄芪生长及其 DNA 损伤的影响. 南方农业学报, 17(2): 205-209.
蒋建平. 1990. 泡桐栽培学. 北京: 中国林业出版社: 90-123.
蒋建平. 2008. 蒋建平文集. 北京: 中国林业出版社: 303-306.
解宪丽, 孙波, 周慧珍, 等. 2004. 不同植被下中国土壤有机碳的储量与影响因子. 土壤学报, (5): 687-699.
金美芳, 周杨, 卢瑛, 等. 2012. 镉胁迫对油菜根系生理特性的影响. 江西农业大学学报, 34(4): 664-670.
黎贵亮. 2018. 中国锰矿山现状. 中国锰业, 36(3): 5-7, 12.
李德润, 彭红军. 2023. 碳中和背景下基于森林质量的中国碳汇潜力评估. 中国林业经济, (3): 83-88.
李东旭, 文雅. 2011. 超积累植物在重金属污染土壤修复中的应用. 科技情报开发与经济, 21(1): 177-180.
李会合, 杨肖娥. 2009. 硫对超积累东南景天镉累积、亚细胞分布和化学形态的影响. 植物营养与肥料学报, 15(2): 395-402.
李克让, 王绍强, 曹明奎. 2003. 中国植被和土壤碳贮量. 中国科学(D 辑: 地球科学), (1): 72-80.
李荔. 2016. 南疆沙区防风固沙林结构与效益研究. 新疆塔里木大学硕士学位论文.
李梦杰, 王翠玲, 李荣春, 等. 2013. 汞、铅、铬污染土壤的微生物修复. 环境工程学报, 7(4): 1568-1572.
李鸣, 吴结春, 李丽琴. 2008. 鄱阳湖湿地 22 种植物重金属富集能力分析. 农业环境科学学报, 33(6): 2413-2418.
李鹏, 张俊飚. 2013. 森林碳汇与经济增长的长期均衡及短期动态关系研究——基于中国1998—2010年省级面板数据. 自然资源学报, 28(11): 1835-1845.
李荣春. 2000. Cd、Pb 及其复合污染对烤烟叶片生理生化及细胞亚显微结构的影响. 植物生态学报, (2): 238-242.
李双成. 2021. 科学认识森林的碳汇功能. 当代贵州, (31): 79.
李顺龙. 2005. 森林碳汇经济问题研究. 东北林业大学博士学位论文.
李晓旭. 2016. 土壤铜、锌、铅污染对上海草本植物群落的影响. 华东师范大学硕士学位论文.
李亚藏, 梁彦兰, 王庆成. 2009. Cd 对茶条槭和五角槭光合作用和叶绿素荧光特性的影响. 西北植物学报, 29(9): 1881-1886.

李裕红, 黄小瑜. 2006. 重金属污染对植物光合作用的影响. 引进与咨询, (6): 23-24.
李元敬, 刘智蕾, 何兴元, 等. 2014. 丛枝菌根共生体中碳、氮代谢及其相互关系. 应用生态学报, 25(3): 903-910.
李铮铮, 伍钧, 唐亚, 等. 2007. 铅、锌及其交互作用对鱼腥草叶绿素含量及抗氧化酶系统的影响. 生态学报, 27(12): 5441-5446.
厉静文, 刘明虎, 郭浩, 等. 2019. 防风固沙林研究进展. 世界林业研究, (5): 28-33.
梁佳妮, 马友华, 周静. 2009. 土壤重金属污染现状与修复技术研究. 农业环境与发展, 26(4): 45-49.
梁琪惠, 吴永胜, 刘刚, 等. 2012. Cr、As、Pb、Cd 复合污染对茶树叶片酶活性和细胞膜透性的影响. 南方农业, 13(7): 1-6.
廖佳. 2015. 铅锌矿区先锋植物根际土壤耐性微生物的筛选及其吸附机理研究. 中南林业科技大学硕士学位论文.
刘爱中, 邹冬生, 刘飞. 2011. 龙须草对镉的耐受性和富集特征. 应用生态学报, 22(2): 473-480.
刘桂要. 2018. 黄土丘陵区油松人工林土壤微生物群落结构与多样性的研究. 中国科学院大学博士学位论文.
刘金山, 张万林, 杨传金, 等. 2012. 森林碳库及碳汇监测概述. 中南林业调查规划, 31(1): 61-65.
刘丽丽, 刘仁道, 黄仁华. 2014. 丛枝菌根真菌(AMF)对红阳猕猴桃叶片富硒能力及光合特性的影响. 食品工业科技, 35(10): 234 237, 242.
刘森. 2020. 施肥年限对泡桐人工林土壤微生物群落结构和多样性的影响. 中南林业科技大学硕士学位论文.
刘文霞, 李佳昕, 王俊丽, 等. 2014. 改性泡桐树叶吸附剂对水中铅和镉的吸附特性. 农业环境科学学报, 33(6): 1226-1232.
刘霞, 张光灿,郭春利. 2000. 中国防护林实践和理论的发展. 防护林科技, (1): 36-37.
刘晓. 2007. 不同品种烟草忍耐镉的机制研究. 西南大学硕士学位论文.
刘艳霞, 李想, 蔡刘体, 等. 2016. 烟草根系分泌物酚酸类物质的鉴定及其对根际微生物的影响. 植物营养与肥料学报, 22(2): 418-428.
鲁绍伟, 高琛, 杨新兵, 等. 2014. 北京市不同污染区主要绿化树种对土壤重金属的富集能力. 东北林业大学学报, 42(5): 22-26.
陆彬斌. 2013. 海南昌化铅锌矿废弃地土壤重金属含量与优势植物富集特征. 海南师范大学硕士学位论文.
陆金, 赵兴青, 黄健, 等. 2019. 铜陵狮子山矿区尾矿库及周边 17 种乡土植物重金属含量及富集特征. 环境化学, 38(1): 78-86.
吕浩阳, 费杨, 王爱勤, 等. 2017. 甘肃白银东大沟铅锌镉复合污染场地水泥固化稳定化原位修复. 环境科学, 38(9): 3897-3906.
吕衡, 张健, 杨阳阳, 等. 2021. 竹林生态系统碳汇的组分、固定机制及研究方向. 竹子学报, 40(3): 90-94.
栾以玲, 姜志林, 吴永刚. 2008. 栖霞山矿区植物对重金属元素富集能力的探讨. 南京林业大学学报(自然科学版), 32(6): 69-72.
罗春玲, 沈振国. 2003. 植物对重金属的吸收和分布. 植物学通报, (1): 59-66.
罗亮, 谢忠雷, 刘鹏, 等. 2006. 茶树对铝毒生理响应的研究. 农业环境科学学报, 25(2): 305-308.
马瑞, 王继和, 刘虎俊, 等. 2009. 不同密度梭梭林对风速的影响. 水土保持学报, 23(2): 249-252.
马学威, 熊康宁, 张俞, 等. 2019. 森林生态系统碳储量研究进展与展望. 西北林学院学报, 34(5): 62-72.
毛东雷, 蔡富艳, 赵枫, 等. 2018. 新疆和田吉亚乡新开垦地防护林小气候空间差异. 干旱区研究, 35(4): 821-829.
欧阳林男, 吴晓芙, 李芸, 等. 2016. 锰矿修复区泡桐与栾树生长与重金属积累特性. 中国环境科学, 36(3): 908-916.
彭玲. 2016. 镉铅锌复合污染下日本楤木的耐性特征及重金属富集研究. 天津理工大学硕士学位论文.
乔海涛, 杨洪强, 申为宝, 等. 2010. 平邑甜茶根系形态构型对氯化镉处理的响应. 林业科学, 46(1): 56-60.
邱喜阳, 马淞江, 史红文, 等. 2008. 重金属在土壤中的形态分布及其在空心菜中的富集研究. 湖南科技大学学报(自然科学版), 23(2): 125-128.
曲杨. 2018. 辽西地区主要防风固沙林典型模式分析. 现代农业科技, (22): 149, 151.
曲仲湘, 吴玉树, 王焕校, 等. 1983. 植物生态学. 第 2 版. 北京: 高等教育出版社.
阮建云, 王国庆, 石元值, 等. 2003. 茶园土壤铝动态及茶树铝吸收特性. 茶叶科学, 23(6): 16-20.
尚武. 2014. 防护林体系树种选择. 农村科技, (9): 61-62.
申红玲, 何振艳, 麻密. 2014. 蜈蚣草砷超富集机制及其在砷污染修复中的应用. 植物生理学报, 50(5): 591-598.
沈振国, 陈怀满. 2000. 土壤重金属污染生物修复的研究进展. 农村生态环境, 16(2): 39-44.
沈振国, 刘友良. 1998. 重金属超量积累植物研究进展. 植物生理学报, (2): 133-139.
施国新, 杜开和, 解凯彬, 等. 2000. 汞、镉污染对黑藻叶细胞伤害的超微结构研究. 植物学报, 42(4): 373-378.
宋建清. 2014. 响叶杨组培体系建立及镉胁迫对组培苗生长的影响. 四川农业大学硕士学位论文.
宋玉芳, 许华夏. 2002. 土壤重金属对白菜种子发芽与根伸长抑制的生态毒性效应. 环境科学, 23(1): 103-107.

孙保平, 岳德鹏. 1997. 北京市大兴县北藏乡农田林网景观结构的度量与评价. 北京林业大学学报, 19(1): 46-51.
孙波, 骆永明. 1999. 超积累植物吸收重金属机理的研究. 土壤, 31(3): 113-118.
孙枫, 李生宝, 蒋齐. 2003. 宁夏盐池沙区生态经济型防护林体系林种树种优化比例研究. 林业科学研究, 16(4): 459-464.
孙尚海, 张淑芝. 1995. 应用耗散结构理论配置水保林体系及其效益的研究. 中国水土保持, (4): 23-27.
孙文君. 2018. 8 份云南苜蓿属优异种质资源对铝胁迫的生理耐受响应研究. 草地学报, 26(5): 151-158.
孙晓灿, 魏虹, 谢小红. 2004. 水培条件下秋华柳对重金属 Cd 的富集特性及光合响应. 安徽农业科学, 23(6): 240-243.
孙雪梅, 杨志敏. 2006. 植物的硫同化及其相关酶活性在镉胁迫下的调节. 植物生理与分子生物学学报, 32(1): 9-16.
谭万能, 李志安, 邹碧. 2006. 植物对重金属耐性的分子生态机理. 植物生态学报, 19(4): 703-712.
田磊. 2022. 不同林龄泡桐根系分泌物对土壤酶活性和微生物的影响. 林业调查规划, 47(1): 28-33.
万福绪, 陈平. 2003. 桐粮间作人工生态系统的研究进展. 南京林业大学学报: 自然科学版, 27(5): 88-92.
王宏镔, 王焕校, 文传浩, 等. 2002. 镉处理下不同小麦品种几种解毒机制探讨. 环境科学学报, 22(4): 523-523.
王焕校. 1990. 污染生态学基础. 昆明: 云南大学出版社.
王建林. 1991. 土壤中铝的胁迫与水稻生长. 土壤, 23(6): 302-306.
王锦文, 白秀, 陈锦峰, 等. 2009. 复合重金属 Pb/Zn 对香樟生理特征的影响. 安徽农业科学, 37(21): 10253-10254.
王坤. 2018. 蚯蚓对长期重金属污染土壤的生态适应性及其解毒机制. 中国农业大学博士学位论文.
王树凤. 2015. 柳树对重金属铅、镉响应的基因型差异及其耐性机制研究. 浙江大学硕士学位论文.
王伟, 杨野, 郭再华, 等. 2010. 铝胁迫对不同耐铝小麦品种根生理结构及活性氧代谢酶的影响. 华中农业大学学报, 29(6): 715-720.
王新, 贾永锋. 2007. 杨树、落叶松对土壤重金属的吸收及修复研究. 生态环境, 16(2): 432-436.
王雪芹, 蒋进, 张元明, 等. 2012. 古尔班通古特沙漠南部防护体系建成10a来的生境变化与植物自然定居. 中国沙漠, 32(2): 372-379.
王雪昭. 2018. 施肥和模拟放牧对甘肃马先蒿危害区土壤微生物种群组成和丰富度的影响. 西北农林科技大学硕士学位论文.
王颖. 2018. 锰矿区本土水生植物 *Hygrophila polysperma* 对锰耐受及吸收累积特性. 广西大学硕士学位论文.
王泽港, 骆剑峰, 刘冲, 等. 2004. 单一重金属污染对水稻叶片光合特性的影响. 安徽农业科学, 23(6): 240-243.
王忠林, 高国雄, 李会科, 等. 1995. 毛乌素沙地农田防护林结构配置研究. 水土保持研究, 2(2): 99-108, 140.
韦朝阳, 陈同斌. 2001. 重金属超富集植物及植物修复技术研究进展. 生态学报, 21(7): 1197-1203.
魏凯. 2016. 8 种常见树种对 Cu、Zn、Pb、Cd 复合污染耐性的筛选研究. 河南农业大学硕士学位论文.
温存. 2007. 宁夏盐池沙地主要植物群落土壤水分动态研究. 北京林业大学硕士学位论文.
吴迪, 邓琴, 耿丹, 等. 2014. 贵州废弃铅锌矿区优势植物中汞、砷含量及富集特征研究. 贵州师范大学学报(自然科学版), 32(5): 42-46, 56.
吴凤芝, 李敏, 曹鹏等. 2014. 小麦根系分泌物对黄瓜生长及土壤真菌群落结构的影响. 应用生态学报, 25(10): 2861-2867.
吴刚, 冯宗炜, 王效科, 等. 1993. 黄淮海平原农林生态系统 N、P、K 营养元素循环——以泡桐–小麦、玉米间作系统为例. 应用生态学报, (2): 141-145.
吴建国, 张小全, 徐德应. 2003. 土地利用变化对生态系统碳汇功能影响的综合评价. 中国工程科学, (9): 65-71, 77.
吴胜男, 李岩泉, 于大炮, 等. 2015. 基于 VAR 模型的森林植被碳储量影响因素分析——以陕西省为例. 生态学报, 35(1): 196-203.
吴增凤, 寇译丹, 戴曲顺. 2021. 微生物菌肥对泡桐生长特征的影响. 黑龙江生态工程职业学院学报, 34(5): 56-59.
郗敏, 孙小琳, 孔范龙, 等. 2018. 胶州湾光滩和盐沼土壤磷元素分布特征及有效性分析. 湿地科学, 16(1): 17-23.
肖明礼, 刘高, 韦建玉, 等. 2017. 烤烟根系分泌物对植烟土壤酶及养分活化作用的影响. 广东农业科学, 44(12): 59-66.
肖舒. 2017. 三种植物对锰矿渣污染土壤修复的盆栽试验. 中南林业科技大学硕士学位论文.
谢晓梅, 廖敏, 杨静. 2011. 黑麦草根系分泌物剂量对污染土壤芘降解和土壤微生物的影响. 应用生态学报, 22(10): 2718-2724.
徐惠风, 杨成林, 王丽妍, 等. 2011. 铅胁迫对金盏银盘的生长及其根系耐性的影响. 东北林业大学学报, 39(1): 52-54.
徐正浩, 沈国军, 诸常青, 等. 2006. 植物镉忍耐的分子机理. 应用生态报, 17(6): 1112-1116.
续珊珊, 姚顺波. 2011. 森林碳汇研究进展. 林业调查规划, 36(6): 21-25.
薛龙飞, 罗小锋, 李兆亮, 等. 2017. 中国森林碳汇的空间溢出效应与影响因素——基于大陆 31 个省(市、区)森林资源清查数据的空间计量分析. 自然资源学报, 32(10): 1744-1754.
薛龙飞, 罗小锋, 吴贤荣. 2016. 中国四大林区固碳效率: 测算、驱动因素及收敛性. 自然资源学报, 31(8): 1351-1363.

严涵, 方鑫, 朱贤豪, 等. 2019. 锌、锰单一及复合胁迫对水稻幼苗生理生化特性的影响. 浙江农业科学, 60(2): 237-240.
杨海涛, 张彪, 杨素勤, 等. 2015. 镉胁迫对苗期曼陀罗生长及镉富集的影响. 农业系统科学与综合研究, 43(10): 309 -311.
杨居荣, 黄翌. 1994. 植物对重金属的耐性机理. 生态学杂志, 15(6): 20-26.
杨姝, 贾乐, 毕玉芬, 等. 2018. 7 种紫花苜蓿对云南某铅锌矿区土壤镉铅的累积特征及品种差异. 农业资源与环境学报, 35(3): 222-228.
杨野, 刘辉, 叶志娟, 等. 2010. 铝胁迫对不同耐铝小麦品种根伸长影响的研究. 植物营养与肥料学报, 16(3): 584-590.
杨元合, 石岳, 孙文娟, 等. 2022. 中国及全球陆地生态系统碳源汇特征及其对碳中和的贡献. 中国科学: 生命科学, 52(4): 534-574.
杨智仙, 汤利, 郑毅, 等. 2014. 不同品种小麦与蚕豆间作对蚕豆枯萎病发生、根系分泌物和根际微生物群落功能多样性的影响. 植物营养与肥料学报, 20(3): 570-579.
姚露花. 2018. 内蒙古退化典型草原土壤理化性质与土壤微生物对施肥的响应. 西南大学硕士学位论文.
易艳灵, 吴丽英, 杨倩, 等. 2019. 柏木根系分泌物对盆栽香椿土壤养分和酶活性的影响. 生态学杂志, 38(7): 2080-2086.
袁祖丽, 马新明. 2005. 镉污染对烟草叶片超微结构及部分元素含量的影响. 生态学报, (11): 19-27.
张凤琴, 王友绍, 李小龙. 2008. 复合重金属胁迫对秋茄幼苗某些生理特性的影响. 生态环境, 17(6): 2234-2239.
张航, 苟秋, 诸伊曼, 等. 2018. 镉胁迫下菊芋的富集能力及其生理响应. 贵州农业科学, 46(7): 77-81.
张红利, 张秋良, 马利强. 2009. 乌兰布和沙地东北缘不同配置的农田防护林小气候效应的对比研究. 干旱区资源与环境, 23(11): 191-194.
张金彪, 黄维南. 2000. 镉对植物的生理生态效应的研究进展. 生态学报, 20(3): 514-523.
张菊平, 崔文朋、焦新菊, 等. 2011. 低浓度镉对小白菜生长及营养元素吸收积累的影响. 江西农业大学学报, 33(1): 22-28.
张连忠, 路克国, 杨洪强. 2006. 苹果幼树铜、镉分布特征与累积规律研究. 园艺学报, 33(1): 111-114.
张明超. 2015. 江苏栖霞山铅锌银多金属矿床成矿作用研究. 中国地质大学硕士学位论文.
张萍, 张进. 2009. 森林生物量与碳储量研究综述. 中国林业, (5): 56.
张倩妮. 2019. 泥炭土改良下铅锌矿渣对泡桐重金属富集特性的影响. 中南林业科技大学硕士学位论文.
张旭芳, 杨红强, 张小标. 2016. 1993—2033 年中国林业碳库水平及发展态势. 资源科学, 38(2): 290-299.
张轩, 赵俊程, 吴子剑, 等. 2016. 六种木本植物对铅锌尾矿库重金属富集力的研究. 湖南林业科技, 43(6): 64-68.
张雅坤. 2016. 不同施肥类型对杨树人工林土壤微生物功能多样性的影响. 南京林业大学硕士学位论文.
张亚龙. 2018. 河南省林业碳汇和时空特征分析. 华北水利水电大学硕士学位论文.
张颖, 吴丽莉, 苏帆, 等. 2010. 我国森林碳汇核算的计量模型研究. 北京林业大学学报, (2): 194-200.
张玉婷, 陈正英. 2016. 武威东沙窝荒漠区人工防风固沙林的生态效益分析. 林业勘察设计, (4): 92-94.
张云霞, 宋波, 宾娟, 等. 2019. 超富集植物藿香蓟(*Ageratum conyzoides* L.)对镉污染农田的修复潜力. 环境科学, (5): 1-13.
赵颢迪. 2020. 兰考"三害"治理过程中的生态学基础与抗性植物资源研究. 河南大学硕士学位论文.
赵明, 张锦春, 唐进年, 等. 2000. 民勤绿洲枣树、杨树防护林经济效益对比分析. 防护林科技, (2): 5-7, 40.
赵祥, 王金花, 朱鲁生, 等. 2015. 抗生素和铜联合作用对蚕豆根尖细胞微核率的影响. 环境科学研究, 23(7): 1085-1090.
郑波. 2017. 南疆基于果树为防护目标的农田防护林结构及林网优化. 石河子大学硕士学位论文.
郑长禄, 耿生莲. 1995. 沙珠玉农田防护林经济效益的研究. 青海农林科技, (4): 52-54.
周凤艳, 雷泽勇, 周景荣, 等. 1998. 科尔沁沙地草牧场防护林效益分析. 林业科学, 34(3): 127-132.
周国模. 2006. 毛竹林生态系统中碳储量、固定及其分配与分布的研究. 浙江大学博士学位论文.
周慧杰. 2013. 棉花根系分泌物对棉田土壤微生物的影响. 安徽农业科学, 41(36): 13880-13882.
周纪成, 张海枞, 张玉林, 等. 2016. 烟草对镉耐受机制及消减措施的研究进展. 贵州农业科学, 44(11): 33-36.
周小勇. 2007. 长柔毛委陵菜(*Potentilla grifithii* var. *velutina*)对复合污染的响应及其修复潜力研究. 中山大学博士学位论文.
周新华, 姜凤歧, 朱教君. 1991. 数字图像处理法确定林带疏透度随机误差研究. 应用生态学报, 2(3): 193-200.
周玉荣, 于振良, 赵士洞. 2000. 我国主要森林生态系统碳贮量和碳平衡. 植物生态学报, (5): 518-522.
朱建华, 田宇, 李奇, 等. 2023. 中国森林生态系统碳汇现状与潜力. 生态学报, 43(9): 3442-3457.
朱教君. 2013. 防护林学研究现状与展望田. 植物生态学报, 37(9): 872-888.
朱教君, 姜凤岐, 范志平, 等. 2003. 林带空间配置与布局优化研究. 应用生态学报, 14(8): 1205-1212.
朱连秋, 祖晓明, 汪恩锋. 2009. 白花泡桐对土壤重金属的积累与转运研究. 安徽农业科学, 37(25): 12063-12065, 12069.
朱廷曜. 2001. 农田防护林生态工程学. 北京: 中国林业出版社.
邹日, 沈镝, 柏新富, 等. 2011. 金属对蔬菜的生理影响及其富集规律研究进展. 中国蔬菜, 23(4): 1-7.
Alexander K, Rusina Y, Tibor J, et al. 2008. Treatment with Salicylic acid decreases the effect of cadmium on photosynthesis in

maize plants. Journal of Plant Physiology, 165(9): 920-931.

Angelini P, Rubini A, Gigante D, et al. 2012. The endophytic fungal communities associated with the leaves and roots of the common reed (*Phragmites australis*) in Lake Trasimeno (Perugia, Italy) in declining and healthy stands. Fungal Ecology, 5(6): 683-693.

Astolfi S, Zuchi S, Passera C. 2004. Role of sulphur availability on cadmium-induced changes of nitrogen and sulphur metabolism in maize (*Zea mays* L.) leaves. Journal of Plant Physiology, 161(7): 795-802.

Bagnold R A. 1941. The Physics of Blown Sand and Desert Dunes. London: Methuen.

Bebavides M, Gallego S, Tomaro M. 1998. Cadmium toxicity in plants. Brazilian Journal of Plant Physiology, 116(4): 1413-1420.

Benmalek Y, Halouane A, Hacene H, et al. 2014. Resistance to heavy metals and bioaccumulation of lead and zinc by *Chryseobacterium solincola* strain 1YB-R12T isolated from soil. International Journal of Environmental Engineering, 6(1): 68-77.

Better W B, O'Dell B L. 1981. A critical physiological role of zinc in the structure and function of biomembranes. Life Science, 28(13): 1425-1438.

Brandle J R, Findch S. 1991. How windbreaks work. Historical Materials from University of Nebraska-Lincoln Extension.

Caborn J M. 1957. Shelterbelts and microclimate. London: Edinburgh: HM Stationery office, 29: 125.

Cheng S. 2013. Heavy metals in plants and phytoremediation. Environmental Science and Pollution Research, 10(5): 335-340.

Choi Y E, Harada E, Wada M, et al. 2001. Detoxification of cadmium in tobacco plants: formation and active excretion of crystals containing cadmium and calcium through trichomes. Planta, 213(1): 45-50.

Clemmensen EK, Bahr A, Ovaskainen O, et al. 2013. Roots and associated fungi drive long-term carbon sequestration in boreal forest. Science, 339(6127): 1615-1618.

De Filippis L F, Ziegler H. 1993. Effect of sublethal concentrations of zinc, cadmium and mercury on the photosynthetic carbon reduction cycle of Euglena. Plant Physiology, 142(2): 167-172.

Dixon R K, Solomon A M, Brown S, et al. 1994. Carbon pools and flux of global forest ecosystems. Science, 263(5144): 185-190.

Ellegaard-Jensen L, Aamand J, Kragelund B B, et al. 2013. Strains of the soil fungus Mortierella show different degradation potentials for the phenylurea herbicide diuron. Biodegradation, 24(6): 765-774.

Fang J, Chen A, Peng C, et al. 2001. Changes in forest biomass carbon storage in China between 1949 and 1998. Science, 292(5525): 2320-2322.

Food and Agriculture Organization of the United Nations. 2020. Department Global Forest Resources Assessment 2020: Main Report. Rome: Food and Agriculture Organization of the United Nations.

Foy D C, Chaney L R, White C M. 1978. The Physiology of metal toxicity in plants. Annual Review of Plant Physiology, 29: 511-566.

Garrett H E, Rietveld W J, Fisher R F, et al. 2009. North American Agroforestry: an Integrated Science and Practice. Madison: American Society of Agronomy.

Gazey C, Abbott L K, Robson A D. 2004. Indigenous and introduced and introduced arbuscular mycorrhizal to plant growth in two agricultural soils from south-western Australia. Mycorrhiza, 14(6): 355-362.

Gogolev A, Wilke B M. 1997. Combination effects of heavy metals and fluoranthene on soil bacterial. Boil Fertil Soils, 25(3): 274-278.

Golub A, Hertel T, Lee H L, et al. 2009. The opportunity cost of land use and the global potential for greenhouse gas mitigation in agriculture and forestry. Resource and Energy Economics, 31(4): 299-319.

Goulden M L, Munger J W. Fan S M, et al. 1996. Exchange of carbon dioxide by a deciduous forest: response to interannual climate variability. Science, 271(5255): 1576-1578.

Grill E E L, Winnacker E L, Zenk M H. 1987. Phytochelatins, a class of heavy-metal-binding peptides from plants that are functionally analogous to metallothioneins. Proceedings of the National Academy of Sciences of the United States of America, 84(2): 439-443.

Hart J J, Welch R M, Norvell W A, et al. 1998. Characterization of cadmium binding, uptake, and translocation in intact seedlings of bread and durum wheat cultivars. Plant Physiology, 11(4): 1413-1420.

Hiiesalu I, Partel M, Davison J, et al. 2014. Species richness of arbuscular mycorrhizal fungi: associations with grassland plant richness and biomass. New Phytologist, 203(1): 233-244.

Hrynkiewicz K, Baum C. 2014. Application of microorganisms in bioremediation of the environment from heavy metals. Environmental Deterioration and Human Health, 2014: 215-227.

Jansa J, Mozafar A, Anken T, et al. 2002. Diversity and structure of AMF communities is affected by tillage in a temperate soil. Mycorrhuza, 12(5): 225-234.

Keeling R F, Piper S C, Heimann M. 1996. Global and hemispheric CO_2 sinks are deduced from changes in atmospheric O_2 concentration. Nature, 381(6579): 218-221.

Kenney W. 1987. A method for estimating windbreak porosity using digitized photographic silhouettes. Agricultural and Forest

Meteorology, 39(2): 91-94.
Krzestowska M, Lenartowska M, Mellerowicz E J. 2009. Pectinous cell wall thickening formation-a response of moss protonemata cells to lead. Environmental and Experimental Botany, 65(1): 119-131.
Küpper H E, Lombi F J, Zhao F J, et al. 2000. Cellular compartmentation of cadmium and zine in relation to other elements in the hyperaccumulator Aranodopsis halleri. Planta, 212(1): 75-84.
Lee I B, Choi K, Yun J H. 2003. Optimization of a large-sized wind tunnel for aerodynamics study of agriculture. ASAE, Meeting, St Joseph, Michigan.
Lei K, Pan H, Lin C. 2016. A landscape approach towards ecological restoration and sustainable development of mining areas. Ecological Engineering, 90: 320-325.
Li J, Liu Z, Zhao W, et al. 2015. Alkaline slag is more effective than phosphogypsum in the amelioration of subsoil acidity in an Ultisol profile. Soil and Tillage Research, 149: 21-32.
Liu T, Liu S Y. Guan H, et al. 2009. Transcriptional profiling of *Arabidopsis* seedings in response to heavy meal lead (Pb). Environmental and Experimental Botany, 67(2): 377-386.
Lu S, Lepo J E, Song H, et al. 2018. Increased rice yield in long-term crop rotation regimes through improved soil structure, rhizosphere microbial communities, and nutrient bioavailability in paddy soil. Biology and Fertility of Soils, 54(8): 909-923.
Lugo M A, Reinhart K O, Menoyo L, et al. 2014. Plant functional traits and phylogenetic relatedness explain variation in associations with root fungal endophytes in an extreme arid environment. Mycorrhllza, 25(2): 85-95.
Marek V, Alexander L, Miroslava L, et al. 2009. Silicon mitigates cadmium inhibitory effects in young maze plants. Environmental and Experimental Botany, 67(1): 52-58.
Maria C R, Francisco J C, Maria R S, et al. 2007. Differential expression and regulation of antioxidative enzymes by cadmium in pea plants. Journal of Plant Physiology, 164(10): 1346-1357.
Milner M J, Seamon J, Craft E, et al. 2013. Transport properties of members of the ZIP family in plants and their role in Zn and Mn homeostasis. Journal of Experimental Botany, 64(1): 369-381.
Motta R, Haudemand J C. 2000. Protective forests and silvicultural stability. Mountain Research and Development, 20(2): 180-188.
Nepal P, Ince P J, Skog K E, et al. 2012. Projection of US forest sector carbon sequestration under US and global timber market and wood energy consumption scenarios, 2010—2060. Biomass and Bioenergy, 45(45): 251-264.
Nguyen P V, Kielbaso J J, Williams J R, et al. 2002. Phytoremediation at tree level: assessment of heavy metal tolerance of different species and sources of willows. Plant Soil, 304(6): 35-44.
Nishizono H, Ichikawa H, Suziki S, et al. 1987. The role of the root cell wall in the heavy metal tolerance of *Athyrium yokoscense*. Plant Soil, 101(3): 15-20.
Pacala S W, Hurtt G C, Baker D, et al. 2001. Consistent land-and atmosphere-based U. S. carbon sink estimates. Science, 292(5525): 2316-2320.
Pan D, Birdsey R A, Fang J Y, et al. 2011. A large and persistent carbon sink in the world's forests. Science, 333(6045): 988-993.
Pan Y D, Birdsly R A, Phillips O L, et al. 2013. The structure, distribution, and biomass of the world's forests. Annual Review of Ecology, Evolution, and Systematics, 47(1): 97-121.
Post W M, Emanuel W R, Zinke P J, et al. 1982. Soil pool and world life zones. Nature, 298(8): 156-159.
Ramirez K S, Lauber C L, Knight R, et al. 2010. Consistent effects of nitrogen fertilization on soil bacterial communities in contrasting systems. Ecology, 91(12): 3463-3470.
Reis A M M, Araujo S D, Moura R L, et al. 2009. Bacterial diversity associated with the Brazilian endemic reef coral *Mussismilia braziliensis*. Journal of Applied Microbiology, 106(4): 1378-1387.
Rucinska-Sobkowiak R, Nowaczyk G, Krzestowska M. 2013. Water status and water diffusion transport in lupine roots exposed to lead. Environmental and Experimental Botany, 87: 100-109.
Salt D E, Rauser W E. 1995. MgATP-dependent transport of phytochelatin across the tonoplast of oat roots. Plant Physiology, 107(4): 1293-1301.
Schlesinger W H. 1999. Carbon sequestration in soils. Science, 284(5423): 2095.
Schmidt S K, Wilson K L, Meyer A F, et al. 2008. Phylogeny and ecophysiology of opportunistic “snow molds” from a subalpine forest ecosystem. Microbial Ecology, 56(4): 681-687.
Schroeder P. 1991. Can intensive management increase carbon storage in forests? Environmental Management, 15(4): 475-481.
Sharma K V, Li X, Wu G, et al. 2019. Endophytic community of Pb-Zn hyperaccumulator *Arabis alpina* and its role in host plant’s metal tolerance. Plant and Soil, 437(1): 1-15.
Songachan L S, Kayang H. 2012. Diversity and distribution of arbuscular mycorrhizal fungi in *Solarium* species growing in natural condition. Agricultural Research, 1(3): 258-264.
Sun J, Miller J B, Granqvist E, et al. 2015. Activation of symbiosis signaling by arbuscular mycorrhizal fungi in legumes and rice. Plant Cell, 27(3): 823-838.
Suzuki N, Koizumi N, Sano H. 2002. Screening of cadmium responsive genes in *Arabidopsis thaliana*. Plant Cell & Environment,

24(11): 1177-1188.

Tahiri-Alaoui A, Lingua G, Avrova A, et al. 2002. A cullin gene is induced in tomato roots forming arbuscular mycorrhizae. Canadian Journal of Botany, 80(6): 607-616.

Takashi O. 2005. Colonization and succession of fungi during decomposition of Swida controversa leaf litter. Micologyia, 97(3): 589-597.

Tang J W, Bolstad P V, Martin J G. 2009. Soil carbon fluxes and stocks in a Great Lakes Forest chronosequence. Global Change Biology, 15(1): 145-155.

Todeschini V, Lingua G, D'Agostino G, et al. 2011. Effects of high zinc concentration on poplar leaves: a morphological and biochemical study. Environmental and Experimental Botany, 71(1): 50-56.

Torita H, Satou H. 2007. Relationship between shelterbelt structure and mean wind reduction. Agricultural and Forest Meteorology, 145(3): 186-194.

Valenti R, Mattuci G, Dolman A J, et al. 2000. Respiration is the main determinant of carbon balance in European forests. Nature, (404): 861-865.

Wang J, Cheng Q, Xue S, et al. 2018. Pollution characteristics of surface runoff under different restoration types in manganese tailing wasteland. Environmental Science and Pollution Research, 25(10): 9998-10005.

Wang J, Feng L, Palmer P I, et al. 2020. Large Chinese land carbon sink estimated from atmospheric carbon dioxide data. Nature, 586(7831): 720-723.

Wang J, Li W, Zhang C, et al. 2010. Physiological responses and detoxific mechanisms to Pb, Zn, Cu and Cd in young seedlings of Paulownia fortunei. Journal of Environmental Sciences, 22(12): 1916-1922.

Weigwl H J, Jager H J. 1980. Subcellular distribution and chemical from of cadmium in bean plant. Plant Physiology, 65(3): 480-482.

Williams C H, David D J. 1973. The effect of superphosphate on the cadmium content of soils and plants. Soil Research, 11(1): 43-56.

Xiong X, Liu J, Zhou G, et al. 2021. Reduced turnover rate of topsoil organic carbon in old-growth forests: a case study in subtropical China. Forest Ecosystem, 8(1): 1-11.

Yadav N K, Vaidya B N, Henderson K, et al. 2013. A review of *Paulownia* biotechnology: a short rotation, fast growing multipurpose bioenergy tree. American Journal of Plant Sciences, 4(11): 2070.

Yang W, Zhang T, Li S, et al. 2014. Metal Removal from and microbial property improvement of a multiple heavy metals contaminated soil by phytoextraction with a cadmium hyperaccumulator *Sedum alfredii* H. Journal of Soils and Sediments, 14(8): 1385-1396.

Yang Y, Fang J, Ma W, et al. 2010. Soil carbon stock and its changes in northern China's grasslands from 1980s to 2000s. Global Change Biology, 16(11): 3036-3047.

Yannarelli G G, Fernóndez-Alvarez A J, Santa-Cruz D M, et al. 2007. Glutathione reductase activity and isoforms in leaves and roots of wheat plants subjected to cadmium stress.Phytochemistry, 68(4): 505-512.

Zenk M H. 1996. Heavy metal detoxification in higher plants-a review. Gene, 179(1): 21-30.

Zhang W H, Ryan P R, Tyerman S D. 2001. Malate-permeable channels and cation channels activated by aluminum in the apical cells of wheat roots. Plant Physiology, 125(3): 1459-1472.

Zhao H L, Zhou R L, Zhang T H, et al. 2006. Effects of desertification on soil and crop growth properties in Horqin sandy cropland of Inner Mongolia, North China. Soil& Tillage Research, 87(2): 175-185.

Zhao H, Wu L, Chai T, et al. 2012. The effects of copper, manganese and zinc on plant growth and elemental accumulation in the manganese-hyperaccumulator *Phytolacca americana*. Journal of Plant Physiology, 169(13): 1243-1252.

Zhou G Y, Liu S G, Li Z A, et al. 2006. Old-growth forests can accumulate carbon in soils. Science, 314(5804): 1417.

Zhou X, Brandle J R, Takle E, et al. 2002. Estimation of the three-dimensional aerodynamic structure of a green ash shelterbelt. Agricultural and Forest Meteorology, 111(2): 93-108.

第五章　泡 桐 文 化

树木为人类提供生态环境、生活资源和生存产品，先民和现代人与树木、森林朝夕相伴，积累了丰富的树木栽培、森林经营和林木资源利用的经验，并逐渐形成与树木有关的思想、传统、制度、情感、崇拜等树木文化。

泡桐属原产中国。在我国，其分布区北起辽宁南部，南达广东、广西及云南南部，包括 20 多个省份。长江流域以北至黄河流域主要为毛泡桐和兰考泡桐，黄河流域以北为楸叶泡桐，西南山地则以川泡桐为代表。白花泡桐数量较多，生长亦佳，分布于长江流域以南的广大地区，为本属的代表种，人们常常把泡桐属的树种统称“泡桐”。树木种类繁多，特性各异，而泡桐与人类关系非常密切，与中国人的生存和发展更是息息相关。

泡桐不仅是植物、是树木，而且是重要的文化载体，泡桐文化是中国文化乃至世界文化的重要组成部分。一棵小小的泡桐树苗，要经受十几年的风吹雨打，吸收几千个日日夜夜的日月光华，才能长成枝繁叶茂、茎干粗壮的参天大树。一株泡桐属植物，叶长千年茂，根扎大地深，世代交替，生生不息，与人类朝夕相处，与生产紧密相连。泡桐是自然的使者，也是人类生存的必需品。人有悲欢离合，树有春夏秋冬，在与泡桐树的长期共同生存的过程中，人们感悟泡桐的灵性和品位，赋予泡桐美好的文化内涵，从而形成了丰富多彩的泡桐优秀文化。

泡桐的经济价值、社会功能和文化内涵为世人瞩目。随着人们对泡桐资源的培育和综合开发利用向广度和深度的拓展，泡桐文化价值的地位渐趋明显。适时挖掘、研究、建立泡桐文化体系，进一步丰富泡桐文化内涵，大力弘扬泡桐优秀文化，有利于振奋民族精神，有利于推动绿色发展，促进人与自然和谐共生，有利于倡导尊重自然、顺应自然、保护自然，有利于树立和践行“绿水青山就是金山银山”的理念，有利于构建环境友好和资源节约型社会，有利于泡桐产业的创新发展。

该章从典籍里的泡桐、泡桐民俗文化、泡桐产业文化和泡桐精神文化 4 个方面揭示人类在社会实践中与泡桐相关的各种活动和现象，从物质层面、精神层面、文化和历史层面、生态层面、科学技术层面对泡桐文化进行概括总结，必将为人们认知泡桐文化、感悟泡桐灵魂，发展泡桐生产、改善生存环境贡献新的精神动力。

第一节　典籍里的泡桐

泡桐在我国是一个比较古老的多用途树种。它全身是宝，用途广泛，泡桐树可用于营造多种用途的森林，是良好的生态环保树种和观赏树种，也是林粮间作的优良树种。木材可作为工业用材，可制作乐器、家具等。花和树叶既可以做饲料饲养家畜，也可以发酵成为有机肥料，还具有药用价值。

依据古代传说，可以将我国先民植桐用桐的历史追溯到远古的神农和黄帝时期。在许多典籍中都有对泡桐的记载和描述。这些记载和描述，构成了十分经典的泡桐文化，为我们研究和传播泡桐文化提供了宝贵借鉴。

泡桐文化从悠久的中国传统文化中汲取营养，蕴含了独特的社会教化功能和文艺审美功能，它承载着中华民族祖先对生命、哲学、伦理及科学的体悟和思考，是中华民族文化积淀过程的历史烙印和文化记忆，是重要的传统文化符号和民族文化基因。

比如，被誉为中国古代最伟大的科技著作《齐民要术》是一部综合性农书，为中国古代五大农书之首，该书记述了黄河流域下游地区，即今山西东南部、河北中南部、河南东北部和山东中北部的农业生产。其中就有对泡桐、梧桐和油桐的分类和区别的相关描述。

卷帙浩繁的中国古代典籍是中国古代文明发展的产物，承载了博大精深的思想价值体系，对其溯本清源和守正创新是彰显文化自信的重要抓手。古代典籍里记载的与泡桐有关的内容很多，多数分布于农学、建筑学、植物学、风俗学、家具制造、文学等领域的书籍中，而北宋陈翥所著的中国古代泡桐著作《桐谱》就是中国古代泡桐文化集大成的专著经典。

一、泡桐文化集大成的《桐谱》

古典籍《桐谱》是陈翥搜集以往的文献资料，结合自己的野外调查和种植实践写成的。成书于皇祐末年（1054 年）前后。书稿约 1.6 万字，除序文外，正文共一卷，依次分为“叙源”“类属”“种植”“所宜”“所出”“采斫”“器用 ““杂说”“记志”“诗赋”，凡十篇。

《桐谱》从泡桐树的形态特征和生物学特性、品种和分类、产地分布，到泡桐树苗木繁育、造林技术、幼苗抚育，以至采伐和利用等方面比较全面而系统地总结了宋代及其以前我国古代关于泡桐树种植和利用的一整套经验。

在分类方面，古代泡桐树名称繁多，类属不清，《齐民要术》已初步将“桐花而不实者曰白桐”与“子可食”的梧桐相区别，陈翥则进一步根据叶形、花色、果实和材质，将泡桐分为白花桐和紫花桐，并指出白花桐较普遍，紫花桐较少。

在地理分布方面，纠正了过去关于泡桐主要分布于黄河流域，明确指出泡桐不仅能在四川长得好，而且“江南之地尤多”。在生物学特性和土壤方面，总结了泡桐喜光、喜暖，喜肥沃疏松之地、不耐庇荫，尤怕积水等特性。

在育苗造林方法上，总结了泡桐天然下种、人工播种、压条繁殖和分根繁殖 4 种方法，强调人工播种要慎选圃地、施用基肥、苗床高厚、均匀撒种；肥地上的泡桐苗一年可长高三四尺①，入冬要换床移栽，否则由于一根不能自持，长大易被风折倒；并指出种子繁殖不如分根和压条繁殖简便、易行、见效快。

在抚育管理方面，指出植后抽芽时，必生歧枝，要及时紧靠树干修枝，切忌留桩，否则会产生死节；若以物对夹树干，缚之令直，则可长至 10 丈②高，若经常松土施肥、勤锄周围草藤，便可达到速生丰产的目的。

在材质和用途方面，《桐谱》中指出了泡桐无论何时均不遭虫蛀，遇水湿不易腐烂。纵然风吹日晒也不开裂，在时干时湿的条件下不会改变原来的形状和性质，因此，泡桐不仅是一种优质用材树种，而且其材质是制造琴瑟的好材料，并指出桐花和树皮均可入药，“其花饲猪，肥大三倍”。这些科学的总结，无疑对泡桐的推广种植起到了积极的作用。

《桐谱》是我国乃至世界上最早论述泡桐的科学技术专著，也是谱录学的代表作之一。其中，关于泡桐树的品种分类，基本符合现代科学观点的要求，而有关泡桐的播种、压条、留根育苗，以及平茬造林，通过平茬、抹芽、修剪等培育高干泡桐的技术方法，均是历史上最早的记载，反映了我国古代林业技术的杰出成就，在林业发展史上具有重要的地位，是一份珍贵的历史遗产，在大力推广速生丰产泡桐林的今天，仍不失它的参考价值。

但由于时代和作者科学水平的限制，书中也有一些缺点和错误，如在“类属”中把泡桐与油桐并列，在“杂说”中宣扬以桐树生长好坏来推断当时政治是否清明，以及在诗赋中都有一些迷信传说等，这需要读者加以甄别，去伪存真，吸其精华，去其糟粕。

---

① 1 尺=33.33cm。

② 1 丈=3.33m。

二、典籍里的泡桐植物学分类

古代典籍中的桐木有多种，主要是梧桐、泡桐和油桐。《齐民要术》：“实而皮青者为梧桐；华而不实者为白桐，白桐冬结似子者乃明年之华（花）房，非子也；冈桐即油桐也，子大有油。白桐即泡桐也，叶大径尺，最易生长，皮色粗白，其木轻、虚，不生虫蛀，作器物、房柱甚良，二月开花，如牵牛花。”但徐珂的《清稗类钞》认为：“花白而叶光滑者为白桐；花紫而叶上密生黏毛者为紫桐。凡白桐通曰桐，梧桐、油桐则否，科属亦各不同”。他认为，泡桐才能叫桐。从植物分类学的角度，三者属于不同的植物科属。泡桐是玄参科泡桐属，为落叶乔木，高可达 27m。小枝粗，节间髓心中空。顶生聚伞圆锥花序，花紫或白色，有香气，花冠漏斗状或钟状，二唇形。花期为3～4 月。我国栽培的主要种类有兰考泡桐、毛泡桐、白花泡桐等。

系统分析考古出土资料、典籍、现代文献和诗词后发现，古人不仅对泡桐的利用有悠久的历史，积累了丰富的经验，而且一些古文献记载还折射出泡桐的古文化内涵。《本草纲目》载：“桐，释名白桐、泡桐、荣桐、黄桐。桐花成筒，故谓之桐。其材轻虚，色白而有绮纹，故俗谓之白桐。泡桐，古谓之椅桐也。先花后叶，故《尔雅》谓之荣桐”。

《桐谱》的记载中，人们可以看出最迟北宋中期，古人对泡桐的分类学依据就已基本确定：“叶片宽大厚实，叶形卵圆形或心形，树荫浓郁。”《桐谱》的正文专门对泡桐的物种及其分类进行论述，单列为“属类”目，该目还对白花泡桐和紫花泡桐的特征作了详尽的描述。《桐谱》所记载的泡桐属植物有 2 个种和 1 个变种，即白花桐和紫花桐 2 种，以及“白花之小异者”变种。

《桐谱》的“类属”目中，作者陈翥对白花桐和紫花桐形态特征的描述，可谓细致入微：白花桐“文理粗而体性慢”；紫花桐“文理细而体性紧”。白花桐“叶圆大而尖长”，而“毳稚者（指生有茸毛的嫩叶）”呈“三角”形；紫花桐“叶三角而圆大，白花，花叶其色青，多毳而不光滑”，“叶硬，文（指叶脉）微赤”，叶柄“擎”，茸毛“亦然”。白花桐“喜生于朝阳之地，因子而出者，一年可拨三、四尺；由根而出者，可五、七尺。”，紫花桐“多生于向阳之地，其茂拔，但不如白花者之易长也”。白花桐“花先叶而开，白色，心赤内凝红”；紫花桐“花亦先叶而开，皆紫色，而作毬，有类紫藤花也”。白花桐的果实“毬先长而大，可围三四寸。内为两房，房中有肉，肉上细白而黑点者，即其子也”；紫花桐的果实“亦毬，如乳而微尖，状如河子而粘（有黏性）。中亦两房，房中与白花实相似，但差小”。至此，《桐谱》作者不仅分别对白花桐和紫花桐的形态特征作了详细的描述，而且已经为读者提供了一份详尽的种名检索表，令人一目了然，对其作出分析判断，进行种名鉴定。作者可能觉得意犹未尽，还有如下的总结：“凡二桐，皮色皆一类，但花叶小异，而体性紧慢不同耳。”现代植物分类学从形态上无非也是主要从花（花序）、果实与叶的特征等，来区分白花桐与紫花桐的。

典籍中有时把泡桐称为梧和梧桐。例如，《急就篇》：“桐，即今之白桐木也，一名荣。”郭注云：即“梧桐”。李时珍认为这种称谓是不对的。但是古人及今人经常把泡桐称为梧桐。汉代仲长统的《昌言》载：“古之葬者，松柏梧桐，以识其坟也。”仲长统是山东人，山东泡桐分布广泛，栽培和利用泡桐历史悠久，现在山东人和官方仍然把泡桐称为“梧桐”，结合历史和现实考证，他们所说的梧桐就是泡桐。如今，山东、广西、福建等地区的群众称泡桐为梧或梧桐，这种叫法，混淆了泡桐和梧桐。

从古至今，中国人总是把“梧桐”与“凤凰”联系在一起，凤凰是传说中的神鸟，是美丽、吉祥的象征，而这里的“梧桐”指的就是泡桐。泡桐树上的“凤凰窝”是一种病害，它是泡桐树感染病毒后，从生大量的幼嫩成簇小枝形成的，状似鸟窝，名叫泡桐丛枝病，俗称“凤凰窝”。古代的先民们看到这个现象后，惊为天象，认为这是上苍下旨筑下的巢穴，且人眼无法看见栖息的鸟。既然是上天的旨意，那一定是给圣鸟所用，自然而然大家想到的就是凤凰。可见人们把泡桐与梧桐混淆的根源不仅有科学技术因素，还有历史文化因素。

在日本，泡桐木材作为嫁妆和家具的优质材料，而很多木工师傅习惯称这种木材为“梧桐木”，这也是混淆泡桐与梧桐的例子。

三、典籍里的泡桐木物件

泡桐木物件是指用泡桐木材制作的各种工艺品和实用品，可分为泡桐木木作物件和泡桐木木刻物件。泡桐木材轻质，木射线细，纹理通直优美，无味，不易变形和翘裂，耐潮隔湿，声学性质良好，易加工，易雕刻，易染色，材源丰富，常用于木作或雕刻各种物件，这些物件记载于各种典籍之中，形成泡桐文化的形态之一，供后人分享。

（一）典籍里的泡桐木木作物件

古代人常用泡桐木材制作木作木件。典籍里记载着有关泡桐木制作乐器、体育器械、法器、生活器具、木杖、棺椁等物件。

1．泡桐木乐器

我国素有礼仪之邦的美誉。乐器是古代人类物质财富及社会地位的象征，也是宝贵的传统文化资源。乐器对材质的要求很高。试验证明泡桐木材具有优良的共振性质，高的声辐射品质常数和低的对数缩减量，材色浅且一致，年轮均匀，加工容易，刨面光滑。

文献中常用“桐竹”泛指管弦乐器，“桐”泛指弦乐器，“竹”泛指管乐器。例如，唐代李贺的《公莫舞歌》载：“华筵鼓吹无桐竹，长刀直立割鸣筝。”而且，文献也记载泡桐木是制作乐器的好材料，如《尚书》：“峄山之阳特生桐，中琴瑟”。峄山在今山东邹县东南，秦始皇曾登此山刻石记功。《诗经·鄘风·定之方中》云：“树之榛栗，椅桐梓漆，爰伐琴瑟”，鄘属古代卫地，中心区域在今河南鹤壁。我国栽培的主要泡桐品种兰考泡桐的分布中心在河南省东部平原地区和山东省西南部；楸叶泡桐在山东省东部、中部和河南省西北部丘陵、浅山较多。而白花泡桐又称为白桐，主要分布在广东、广西和云南。因此，这里指的桐应为泡桐。

白桐是最好的琴瑟之材。“中琴瑟者，白桐也，椅桐梓漆之桐为白桐”“白桐宜为琴瑟也”。清代方以智《物理小识》云：“琴用白桐，乃泡桐也。”又云：“琴取泡桐，虚木有声，又削之而不毛”。“惟白桐无子可为琴瑟。”白桐无子，所以繁殖方式多为根繁。例如，白桐，“无子，亦绕大树掘坑，取栽移之，成树之后任为器用”。白桐的繁殖方式和梓树属中的楸树一样，从掘开根的四壁，取根繁殖，是一种无性繁殖方法。

而且，白桐以小枝为琴材更优。《古文苑》记载：“凡木，本实而末虚，惟桐反之。试取小枝削，皆坚实如蜡；而其本皆空。故世所以贵孙枝者，贵其实，故丝中有木声也。”又据《太平御览》引“《风俗通》曰：‘梧桐生于峄山之阳，岩石之上，采东南孙枝为琴，声甚清雅’”。前面说过，峄山在山东省，因此这里的梧桐，也应该是泡桐。

古人制琴，以泡桐属的木材做面板，梓树属的木材做背板，故云“桐天梓地”。例如，元代脱脱撰《宋史》：“夔乃定瑟之制：桐为背，梓为腹。”再比如“琴，前广后狭，上圆下方，通长三尺一寸五分九厘，为黄钟四倍又三分之一，弦长二尺九寸一分六厘，为四倍黄钟之度，凡七弦。面用桐木，底用梓木，黑漆虚中。岳山，焦尾用紫檀。徽，用螺蚌为饰，以漆。金几承之”。

东汉文学家蔡邕，亦精通音律，据《后汉书》所载：“吴人有烧桐以爨者，邕闻火烈之声，知其良木，因请而裁为琴，果有美音，而其尾犹焦，故时人名曰‘焦尾琴’焉。”现今北京市乐器研究所用泡桐木做钢琴音板，音响效果很好。正如白居易《夜琴》所写：“蜀桐木性实，楚丝音韵清。”

1978 年，从河南固始侯古堆春秋战国时期的墓葬中出土了 6 件漆雕木瑟。六件木瑟均为长方形，面板和底板都是用一块桐木斫成的。瑟体之所以选用桐木，除了纹理比较细腻均匀、质地比较轻柔外，更重要的是因为它有较好的共振性，发音清脆、透彻、醇厚。

目前，在榆林小曲国家级传承人王青的家中，有一台家传三代的十四弦形制“老筝”（为了与现在常用的二十一弦制筝相区分，榆林民间艺人把十四弦制筝称为“老筝”）。这台古筝由泡桐木制成，筝体直长 135cm，筝尾宽 20cm，印有“寿”字图案，且筝尾侧边有蝙蝠装饰。筝码高 3.8cm，宽 1.3cm，两柱间距 3.3cm，材质为木香。传统的十四弦古筝乐器成为明清时期典型的乐器代表。

2．泡桐木体育器械

《格致镜原》载：“《杜阳杂编》：倭国人韩志和尝于穆宗皇帝前，怀中出一桐木合子，数寸大小，中有物名蝇虎子，数不啻一二百焉，其形皆赤，云以丹砂啖之故也。乃分为五队，令舞《凉州》。”

除了文献记载外，考古发掘中也发现桐木娱乐用器。例如，长沙马王堆三号汉墓随葬木器，漆六博盖木胎和六博框木胎为泡桐。六博，又作陆博，是中国古代汉族民间一种掷采行棋的博弈类游戏，因使用了六根博箸，所以称为六博，以吃子为胜。六博是较早期的一种兵种棋戏，推测可能由六博演变成象棋类游戏。

3．泡桐木法器

木制鱼形法器最常用于佛道二教。木鱼有两种，长形的多用于召集信徒，圆形的一般在念经时使用。在西晋时人们已用泡桐木鱼用作击打之器，如《水经注》载：“晋武帝时，吴郡临平岸崩，出一石鼓，打之无声。以问张华，华云：‘可取蜀中桐材，刻作鱼形，叩之则鸣矣。’于是如言，声闻数十里。”明·沉谦《石彭亭晚步》诗：“桐鱼焉可问，博物愧张华。”

4．泡桐木生活器具

泡桐木可以制作生活用器。例如，《本草纲目》记载：“泡桐，叶大径尺，最易生长。皮色粗白，其木轻虚，不生虫蛀，作器物、屋柱甚良。”泡桐木轻，可做帽子上的楞骨，如《榕村语录》记载：“鱼朝恩则内用桐木为楞骨，使高而方，士大夫皆承用之。”《史记》载：“以桐木为小车轮。”

5．泡桐木杖

古代母亲去世时孝子所执的木杖，用泡桐木削成。《礼记》：“故为父，苴杖，竹也；为母，削杖，桐也。”父母丧制有别，孝子所持之杖也有别。贾公彦疏：“然为父所以杖竹者，父者子之天，竹圆亦象天，竹又外内有节，象子为父，亦有外内之痛。又竹能贯四时而不变，子之为父哀痛亦经寒温而不改，故用竹也。为母杖桐者，欲取桐之言同，内心同之于父，外无节，像家无二尊，屈于父。为之齐衰，经时而有变。又案变除削之使方者，取母象于地故也。”南京师范大学俞香顺在《农业考古》期刊 2011 年第 4 期发表论文《桐木器具与丧葬文化》中对中国典籍里的桐杖文化进行科学考究，他认为：“竹杖的杖端为圆形，桐杖的杖端为方形，取象于天圆地方，父为天，母为地；竹之节显露于外，桐之节隐含于内，比喻男外女内；竹子终年常绿，桐树秋冬枯瘁，父之丧期要长于母之丧期。”

6．泡桐木棺椁

用泡桐木制作棺椁，如清代姚炳《诗识名解》卷之十四：“梧固非琴瑟材，即棺椁亦从无用梧者，桐棺自是桐木，不可以梧通也。”意思是琴瑟和棺木是用泡桐木制作而非用梧桐木，如《正义》：“以桐木为棺，厚三寸也。”在现代，有些地区的棺仍然是用泡桐木制作。

泡桐木有许多优点，适合做棺。例如，《桐谱》“器用第七”描述了桐木材质：“采伐不时，而不蛀虫；渍湿所加，而不腐败；风吹日曝，而不坼裂；雨溅泥淤，而不枯藓；干濡相兼，而其质不变。”还说：“世之为棺椁，其取上者，则以紫沙茶为贵，以坚而难朽，不为干湿所坏，而不知桐木为之，尤愈于沙木。沙木啮钉久而可脱。桐木则粘而不锈，久而益固，更加之以漆，措诸重壤之下，周之以石灰，与夫沙茶可数倍矣。但识者则然，亦弗为豪右所尚也。”

一方面，泡桐木棺表示高等葬具或墓主人身份地位高。棺材不仅是葬具，还代表着中国传统丧葬文化。墓主人社会等级不同，不仅棺的大小、数量和装饰上存在很大差别，而且在木材种类上也有明显不同。在西汉时期，人们有“厚葬为德，薄终为鄙”的思想观念，等级和地位高的墓主人多用梓木和楠木做棺。例如，天子亲身的棺叫椑，以水牛、兕牛革蒙在棺木四周；第二重叫杝，用椵木制成；最外面的两层都用梓木，内层称属，外层叫大棺。南北朝萧统《文选》六臣注：“风俗通曰：‘梓宫者，礼，天子敛以梓器。’”梓木不仅是一种优质棺材，而且是墓主人身份等级的标志。同样，泡桐木棺也代表着中国传统丧葬文化。在清代，泡桐木棺被认为是高等葬具。例如，《清史稿》记载：“至乾隆三年，皇次子永琏薨。高宗谕曰：‘永琏为朕嫡子，虽未册立，已定建储大计，其典礼应视皇太子行。’……金棺用桐木。”

另一方面，泡桐木棺表示薄葬或墓主人身份地位低。泡桐分布广，生长快，容易就地取材，多而不贵。因此，人们理所当然地认为泡桐木为棺，表示薄葬。例如，《册府元龟》载：“帝尧富而不骄，贵而不舒……夏日衣葛，冬日鹿裘。其送死，桐棺三寸。”《后汉书》也载：“若命终之日，桐棺足以周身，外椁足以周棺。”墨子主张薄葬，反对奢侈。《史记》载：“墨者亦尚尧舜道……其送死，桐棺三寸，举音不尽其哀。教丧礼，必以此为万民之率。使天下法若此，则尊卑无别也。夫世异时移，事业不必同，故曰‘俭而难遵’。”

而且有些典籍认为泡桐木易腐坏，以其为棺，用于惩罚有罪之人。例如，《春秋左传正义》：“若其有罪，绞缢以戮，桐棺三寸，不设属辟……棺用难朽之木，桐木易坏……下卿之罚也”。还言：“记有杝棺、梓棺，杝谓椵也，不以桐为棺。郑玄云：‘凡棺用能湿之物，梓、椵能湿，故礼法尚之。’桐易腐坏，亦以桐为罚也。”

（二）典籍里的泡桐木木刻物件

古代人也常用泡桐木材雕刻物件。典籍里记载着人们用泡桐木刻制桐人、桐俑、桐马等物品，一般用于丧葬和宗教事务。

1．泡桐木木刻桐人

古代用泡桐木制作桐人，作为诅咒、巫蛊、厌胜、冥婚之具。

诅咒在原始社会已很盛行，古人认为以言语诅咒能祈求鬼神嫁祸于所恨的人；巫蛊是巫师使用邪术加害于人；厌胜意即“厌而胜之”，也是一种巫术，能以法术诅咒或祈祷以达到制胜所厌恶的人。泡桐木制作桐人，作为诅咒、巫蛊、厌胜之器具。例如，《汉书》载：“是时，上春秋高，疑左右皆为蛊祝诅，有与亡，莫敢讼其冤者。充既知上意，因言宫中有蛊气，先治后宫希幸夫人，以次及皇后，遂掘蛊于太子宫，得桐木人。太子惧，不能自明，收充，自临斩之。骂曰‘赵虏！乱乃国王父子不足邪？乃复乱吾父子也！’太子由是遂败。”

桐人还可用于冥婚。《太平广记•刘积中》载：“经年，复谓刘曰：‘我有女子及笄，烦主人求一佳婿。’刘笑曰：‘人鬼路殊，难遂所托。’姥曰：‘非求人也，但为刻桐木稍工者，可矣。’刘许诺。”

2．泡桐木木刻桐俑

俑，古代殉葬用的侍奉墓主人的仆役偶人，一般为陶质或木质，也有少量的泥质、石质和玉质。木俑葬在东周时期较为盛行，到了西汉时期，木俑艺术造型已有了很大进步，能够表现出人物特点，而且姿态生动传神。俑葬多出现在级别较高的墓葬中，俑的出现代替了人殉。俑是代替活人随葬的，最终目的是让它们在地下侍奉墓主。桐俑也具有这些功能，如《越绝书》第十卷记吴王占梦云：“桐不为器用，但为俑，当与人俱葬。”再如《事物纪原·农业陶渔·桐人》：“今丧葬家，于圹中置桐人，有仰视俯听，乃蒿里老人之类。”

在考古遗址中也发现了泡桐木俑。例如，安徽六安双墩一号汉墓祭器中的 3 件人俑和湖北省随州市曾都区周家寨 1 件人俑，都是泡桐木俑。江苏省泗阳县大青墩汉墓出土的 300 多件木制人俑中，大部分是泡桐木俑。

3．泡桐木木刻桐马

用泡桐木刻制木马可作为镇墓之神物。木马虽与俑人皆为殡葬之具，但木马不能称为马俑。俑有三层含义：首先，俑必须是用于陪葬，其他非陪葬而像人之物均不能称为俑；其次，俑必须像人，其他模型明器不能称为俑；最后，俑是用以替代刍灵而特指偶人的专用名词，具有一定的历史性。

马匹在经济社会中有重要作用，不仅用于农耕和交通，而且还用于战争，不仅平民百姓，而且达官贵族普遍酷爱养马、骑马。这种社会风尚必然会在墓葬中得到反映。专家对六安双墩一号汉墓祭器中的5件木马、湖北省随州市曾都区周家寨 1 件木马进行了鉴定，都为泡桐，高邮山二号汉墓御马也为泡桐。不仅如此，古代典籍中也有桐木马的记载，如《盐铁论》：“古者，明器有形无实，示民不用也。及其后，则有醯醢之藏，桐马偶人弥祭，其物不备。今厚资多藏，器用如生人。郡国繇吏素桑楺，偶车橹轮，匹夫无貌领，桐人衣纨绨。”

4．泡桐木木刻灵物

在古代，将泡桐木刻为囚象、木鱼等灵验之物。囚象用于判刑，木鱼用于祈雨。例如，王充《论衡》云：汉李子长为政，欲知囚情，以泡桐木刻为囚象，凿地为坎，致木人拷讯之，若正罪则木人不动，如冤枉则木人摇其头。精感立政，动神如此。

泡桐木鱼除了是佛道二教最常用的木制鱼形法器外，还有关于“石牛桐鱼”祈雨的故事。顾微《广州记》曰：“郁林郡山东南有池，池有石牛。岁旱，百姓杀牛祈雨。以牛血和泥，泥石牛背，祠毕天雨洪注，洗牛背，泥尽即晴。《淮南子》曰：‘董仲舒请雨，秋用桐木鱼’”。

此外，泡桐木还用来雕刻各种装饰。例如，《三辅黄图》记载：“帝常三秋闲日，与飞燕戏于太液池。以沙棠木为舟，贵其不沉没也。以云母饰于鹢首，一名‘云舟’。又刻大桐木为虬龙，雕饰如真，以夹云舟而行。以紫桂为舵枻。及观云棹水，玩擷菱蕖，帝每忧轻荡以惊飞燕，命佽飞之士，以金锁缆云舟于波上。每轻风时至，飞燕殆欲随风入水。帝以翠缨结飞燕之裙游倦乃返。飞燕后渐见疏，常怨曰：‘妾微贱，何复得预裙缨之游？’”今太液池尚有避风台，即飞燕结裙之处。

四、典籍里的泡桐药用价值

在我国的不少典籍里，都有关于泡桐药用价值的记载。例如，《本草纲目》《备急千金要方》《神农本草经》等就有泡桐药用的记载。

（一）古代典籍对泡桐药用价值的描述

使用泡桐治病在《本草纲目》就有记载。

气味：苦、寒、无毒。

主治：手足浮肿。用桐叶煮汁浸泡，同时饮汁少许，汁中加小豆更好；痈疽发背（大如盘，臭腐不可近）。用桐叶在醋中蒸过贴患处，退热止痛，逐渐生肉收口，极效；头发脱落。用桐叶一把、麻子仁三升，加淘米水煮开五六次，去渣，每日洗头部，则发渐长；跌打损伤。用桐树皮（去青留白），醋炒，捣烂敷涂；眼睛发花，眼前似有禽虫飞走。用桐花、酸枣仁、元肯粉、羌活各一两，共研为末，每服二钱，水煎，连滓服下，一天服三次。

《本草纲目》对泡桐各个部位的药用价值做了详细记载。桐木可治从脚引起的水肿，如“削楠及桐木，煮取汁以渍之，并饮少许，如小豆法”，意思是说，足部水肿。削楠木、桐木煮水泡脚，并饮此水少许。汁中加小豆更好。每日如此，直至病愈。

《备急千金要方》记载，桐叶可消肿毒，生发，如“麻子三升碎，白桐叶切一把，二位以米泔汁二斗，煮五六沸，去滓。以洗沐，则发不落而长”。

秦汉时期本草典籍《神农本草经》（简称《本草经》）记载：“桐叶味苦，寒，无毒。治恶蚀疮著阴，皮，治五痔，杀三虫。花，主敷猪疮，饲猪，肥大三倍。生山谷。”依《本草经》所载，桐花可以治疗猪疮，然实践经验告诉我们，桐叶同样可以治疗猪疮，因此，《本草经》所记“花，主敷猪疮”实际可以理解为桐花和桐叶均可以治疗猪疮，并且是优质的养猪饲料。

桐木皮可治伤寒，如《本草纲目》记载：“桐木皮，伤寒发狂，煎服。”白桐皮还能治五淋，如《药性论》记载：“白桐皮，能治五淋。沐发去头风，生发滋润。”

（二）现代中医学书籍对泡桐医学价值的认知

泡桐的叶、花、果、皮等均可入药。可治痈疽、疔疮、创伤出血；治慢性气管炎等。研究还表明泡桐具有抑菌、消炎、抗肿瘤的作用。

1.《全国中草药汇编》的记载

【拼音名】Pào Tóng 。

【别名】空桐木、白桐、水桐、桐木树、紫花树 。

【来源】玄参科泡桐属植物，泡桐及锈毛泡桐，以根、果入药。根秋季采挖，果夏季采收。

【性味】 苦，寒。

【功能主治】 根：祛风，解毒，消肿，止痛。用于筋骨疼痛，疮疡肿毒，红崩白带。果：化痰止咳。用于气管炎。

【用法用量】 根、果均为 0.5～1 两[①]。

2.《中华本草》的记载

泡桐叶

【性味】味苦；性寒。

【功能主治】清热解毒；止血消肿。主痈疽；疔疮肿毒；创伤出血。

【用法用量】外用：以醋蒸贴、捣敷或捣汁涂。内服：煎汤，15～30g。

泡桐根

【性味】微苦；微寒。

【功能主治】祛风止痛；解毒活血。主风湿痹；筋骨疼痛；疮疡肿毒；跌打损伤。

【用法用量】内服：煎汤，15～30g。外用：鲜品适量，捣烂敷。

泡桐皮

【性味】味苦；性寒。

【功能主治】祛风除湿；消肿解毒。主风湿热痹；淋病；丹；痔疮肿毒；肠风下血；外伤肿痛；骨折。

【用法用量】内服：煎汤，15～30g。外用：鲜品适量，捣敷；或煎汁涂。

---

① 1 两=50g。

3.《河南中草药手册》的记载

泡桐花

【性味】苦、寒。

【功效】清肺利咽，解毒消肿。

【主治】肺热咳嗽，急性扁桃体炎，菌痢，急性肠炎，急性结膜炎，腮腺炎，疖肿，疮癣等病症。

【相关配伍】

（1）治腮腺炎、细菌性痢疾、急性肠炎、结膜炎等

泡桐树花 25g。水煎，加适量白糖冲服。

（2）治玻璃体混浊（飞蚊症）

泡桐树花、玄明粉、羌活及酸枣仁各等量。共研细末。每次 6g，每日 3 次，包煎服。

【用法用量】内服：煎汤，10～25g。外用：鲜品适量，捣烂敷；或制成膏剂搽。

【药理作用】

抗菌和抗病毒作用；镇咳、祛痰和平喘作用；对中枢神经系统的作用；抗癌作用；增强杀虫剂作用；降压作用。

4.《河南医学院医药科研资料》的记载

泡桐果

【性味】味苦；性微寒。

【功能主治】化痰；止咳；平喘。主慢性支气管炎；咳嗽咳痰。

【用法用量】内服：煎汤，15～30g。

（三）畜牧兽医典籍对泡桐药用价值的记载

畜牧兽医典籍和当代期刊刊载很多关于泡桐树叶治疗猪白痢有良效。不同学者和兽医工作者对泡桐叶治疗猪白痢的配方和调制技术进行研究推广。仔猪白痢是哺乳仔猪的一种传染病，常发生于一个月内的仔猪。发病初期精神尚好，吃食正常或稍减、粪便稀薄呈乳白色、灰白色；后期精神沉郁，消瘦，走路摇摆，大便失禁，时久失治，也会引起死亡。泡桐叶煎剂治疗，获得良好效果。按每窝 7 头仔猪计算，以 1.5kg 干泡桐叶放入锅中，加水适量，以超过叶面为度，急火烧开后再文火煎熬 10min，取其汤液拌猪食，让母猪和仔猪同时食用，一日两次，一剂可见效，为巩固疗效可再服一剂。

泡桐叶各地皆有，取材方便，推广使用经济有效。

中国兽药典委员会中药专业委员会编制的《中国兽药典》2015 年版方案，对 45 个兽药标准进行修订，其中包括泡桐叶和泡桐花。内容如下。

1. 泡桐叶

本品为玄参科植物兰考泡桐或同属数种植物的干燥叶。秋季叶落时采收，除去杂质，干燥。

【性状】本品呈心脏形至长卵状心脏形，长可至 20cm，基部心形，全缘、波状或 3～5 浅裂，嫩叶常具锯齿，多毛、无托叶，脉光滑，有长柄。气微，味苦。

【鉴别】取本品粉末 2g，加乙酸乙酯 10mL，超声处理 15min，滤过，滤液蒸干，残渣加乙酸乙酯 2mL 使溶解，作为供试品溶液，另取熊果酸对照品加甲醇制成每 1mL 含 1mg 的溶液，作为对照品溶液。按照薄层色谱法试验，吸取上述两溶液各 4μL，分别点于同一硅胶 G 薄层板上，以甲苯–乙酸乙酯–甲酸（20∶4∶0.5）为展开剂，展开，取出，晾干，喷以 10%硫酸乙醇溶液，105℃加热至斑点显色清晰。供试品色

谱中，在对照品色谱相应的位置上，显相同的紫红色斑点；置紫外光线（365nm）下检视，显相同的橙黄色荧光斑点。

【性味】苦，寒。

【功能】清热解毒；促生长。

【主治】痈疽，疔疮，咽喉肿痛，疮黄。

【用法与用量】马、牛 250～750g；羊、猪 50～150g。

【贮藏】置阴凉干燥处。

2. 泡桐花

本品为玄参科植物兰考泡桐或同属数种植物的干燥花。春季花落时采收，除去杂质，干燥。

【性状】本品花 1～8 朵成小聚伞花序，花序枝的侧枝长短不一，使花序呈圆锥形、金字塔形或圆柱形；萼钟形或基部渐狭而为倒圆锥形，被毛，萼齿 5，花冠大，呈漏斗状钟形至管状漏斗形，紫色或白色，花冠基部狭缩，通常在离基部 5～6mm 处向前驼曲或弓曲；曲以上突然膨大或逐渐扩大，腹部有两条纵褶（白花泡桐除外），内面常有深紫色斑点或块，檐部二唇形，雄蕊 4 枚，二强，子房二室。气微，味苦。

【鉴别】取本品粉末 2g，加乙酸乙酯 10mL，超声处理 15min，滤过，滤液蒸干，残渣加乙酸乙酯 2mL 使溶解，作为供试品溶液。另取熊果酸对照品加甲醇制成每 1mL 含 1mg 的溶液，作为对照品溶液。照薄层色谱法试验，吸取上述两种溶液各 4μL，分别点于同一硅胶 G 薄层板上，以甲苯–乙酸乙酯–甲酸（20∶4∶0.5）为展开剂，展开，取出，晾干，喷以 10%硫酸乙醇溶液，105℃加热至斑点显色清晰。供试品色谱中，在与对照品色谱相应的位置上，显相同的紫红色斑点；置紫外光线（365nm）下检视，显相同的橙黄色荧光斑点。

【性味】苦，寒。

【功能】清热解毒；促生长。

【主治】痈疽，疔疮，咽喉肿痛，疮黄。

【用法与用量】马、牛 150～450g；羊、猪 30～80g。

【贮藏】置阴凉干燥处。

五、典籍里的泡桐意象

泡桐树形高大，树冠圆满，树叶翠绿宽阔，泡桐花色香宜人，让人心旷神怡，花蕊细长而优美，轻轻地勾勒出春天的景观。典籍里记载，古人有剪桐、借桐言志、歌颂桐花、赞美泡桐树的习俗文化。

（一）“剪桐”和“桐圭”

泡桐叶阔大，可以剪成各种式样。有一个“剪桐疏爵”的典故，《白氏六帖》载：“成王剪桐叶为圭与唐叔，曰：‘封汝于唐。’周公请择日成生，成王曰：‘吾与戏之耳。’周公曰：‘天子无戏言。’遂封之。”“圭”是古代帝王在举行仪式时所用的玉器。后世以“剪桐”作为“分封”的代称，“桐圭”是指帝王封拜之事。唐代王勃也说：“剪桐疏爵，分茅建社。”典故中的“唐”在黄河、汾河的东边，方圆百里，是泡桐的分布区，所以这里的桐木也是指泡桐。

剪桐是将泡桐树叶剪成圭形。“剪桐”可能是中国剪纸艺术的起源，在豫西地区流传着与剪纸有关的“周成王剪桐封弟”的故事。另外，在陕西民间至今还流传着“汉妃抱娃窗前耍，巧剪桐叶照窗纱”的民谣。

（二）“孤桐”言志

《尚书·禹贡》记载“峄阳孤桐”，意为“峄山南面的特产桐木”，峄山南坡所生的特异梧桐，古代以为是制琴的上好材料。峄阳孤桐是以制作琴瑟而闻名，曾经作为贡品进贡大禹。禹王根绝水患以后，心情大悦，以此琴奏乐，闻之犹如鹤唳凤鸣、莺歌燕舞、清脆悦耳，心情舒畅。峄阳孤桐从此成了乐坛的“千古绝唱”。孤桐就是指泡桐。

王安石的诗《孤桐》“天质自森森，孤高几百寻。凌霄不屈己，得地本虚心。岁老根弥壮，阳骄叶更阴。明时思解愠，愿斫五弦琴。”借孤桐表达了自己正直向上、虚心扎实、坚强不屈、甘愿解救百姓疾苦的人生追求。

唐代诗人白居易也曾创作过一首五言古诗《云居寺孤桐》：“一株青玉立，千叶绿云委。亭亭五丈馀，高意犹未已。山僧年九十，清静老不死。自云手种时，一颗青桐子。直从萌芽拔，高自毫末始。四面无附枝，中心有通理。寄言立身者，孤直当如此。”这是一首“讽喻诗”，但它更像一首托物寓人的哲理诗。诗中写寺中的孤桐，拔从萌芽，始自毫末，无所依附，但由于“中心有通理”，就长成亭亭五丈有余，而且仍继续生长，更反映了诗人当时的心理状态。

（三）“清明之花”

泡桐花期在3～4月，正值清明节，称为“清明之花”。《逸周书》称：“清明之日，桐始华”。“桐始华”是清明节三候之一。清明时节的桐花所指是泡桐花，高树繁花，浅紫柔白，深具清明节悲欣交集的气质，热烈而沉静。白居易的《桐花》诗“春令有常候，清明桐始发”和《寒食江畔》诗都是用泡桐花代表物候，意思是看到泡桐花，就意识到是清明时候了。从节气的角度来说，清明时，春天已过去了2/3，因此泡桐花也有“殿春”之花的意义。宋代林表民的《新昌道中》写道：“客里不知春去尽，满山风雨落桐花”。意思是作为客居异乡之人，整天忙忙碌碌，很少外出踏青赏花，竟然连春天快要过去了也不知道，连绵春雨过后，山上落满了泡桐花。

（四）“花香袭人”

泡桐树花香四溢。北宋陈翥《桐谱》称赞泡桐曰：“吾有西山桐，桐盛茂其花。香心自蝶恋，缥缈带无涯。白者含秀色，粲如凝瑶华，紫者吐芳英，烂若舒朝霞。”其中所谓的“桐”是指两种泡桐，开紫色花的毛泡桐和开白花的白花泡桐。白花泡桐又名白桐，李时珍在《本草纲目》中将之描述为：“桐华成筒，故谓之桐。其材轻虚，色白而有绮纹，故谓之‘白桐’。”这里的“华”字，即“花”，意思泡桐花似筒，这是玄参科花的共同特征。明代何镗辑《古今游名山记》云：“桐木花，其花香袭人”。柳永在《木兰花慢》中写道：“拆桐花烂漫，乍疏雨、洗清明。”清明时节风和日丽，泡桐花烂漫，成为街道上一道亮丽的风景，正如李商隐的那句“桐花万里丹山路”，写尽了泡桐花怒放的气势。

泡桐是玄参科中的“巨人”，生长快，民间流传“三年成林，五年成材”的说法。栽种后，很快形成巨大的树荫。正是泡桐生长快，高大挺拔，叶阔大，花色美丽鲜艳有香味，还有净化空气的作用，为优选的行道树种。

中国古代佛教史籍《洛阳伽蓝记》载：“六宅皆高门华屋，斋馆敞丽，楸槐荫途，桐杨夹植，当世名为贵里。”意思是说，凉州刺史尉成兴等六座宅子，都是高门华屋，宽敞宏丽，秋树槐树浓荫遮蔽着大路，泡桐树和杨树间隔着种植。当时被称为贵里。

第二节　泡桐民俗文化

民俗文化是指民间民众的风俗生活文化的统称。也泛指一个国家、民族、地区中集居的民众所创造、共享、传承的风俗生活习惯。是在普通人民群众（相对于官方）的生产生活过程中所形成的一系列非物质的东西，民俗及民众的日常生活。

民俗事象是民俗事物的外在形态或民俗活动的表现形式，即民俗之外观。例如，春节放鞭炮、用树木给城市命名、门前种植桃树辟邪等。有些民俗事象与信仰等心理因素互为表里，是考察一个民族的历史、社会形态、心理素质和文化发展的“活化石”。

民俗是人类传承民间文化的最贴近身心和生活的一种文化形式。劳动时有生产劳动的民俗，日常生活中有日常生活的民俗，传统节日中有传统节日的民俗，社会组织有社会组织的民俗，人生成长的各个阶段也需要民俗进行规范，结婚人们需要有结婚典礼或仪式来求得社会认同。

树木文化与民俗文化之间，无论从历史渊源，还是文化传承上，既相互独立，又相互交融，两者相辅相成，客观反映了人与自然的关系，凝聚了中华优秀传统文化的精华。

中国传统思想的精华之一“天人合一”思想，在某些方面表露了人与树木和谐相处的思想理念，这种文化思想精髓深深地影响着人们经营林木、利用森林的方式方法。中国的宗教思想基本上根植在山脉森林之中，而这些山脉由于赋有宗教的灵气，森林得到完美的保存，人气、山脉与森林相得益彰。

由于泡桐易植易活，冠大如盖，形态优美，分布广泛，古往今来，泡桐就成为人类生命的载体之一，人们以泡桐为劳动对象，创造、共享、传承着共同的生产生活过程，形成丰富多彩的泡桐民俗文化，栽种泡桐、欣赏泡桐花、以泡桐命地名、以泡桐木制作物件等在一些地区已形成风俗。

一、泡桐地名文化

泡桐在中国分布广泛，树种常见，树冠硕大，枝叶茂密，花朵繁盛，常连片种植，易形成美丽景观，给人清新标识，因此，很多地方用泡桐来命名地名。

（一）成都泡桐树街

在四川成都有一条以泡桐命名的街道——泡桐树街。

泡桐树街位于实业街与支矶石街之间，原来是清代满城之中的仁里胡同，后来“成都满蒙和平易帜”，民国新政府便宣布取消全城的“胡同”名称，因街内有一棵大泡桐树而得名泡桐树街。

传说，泡桐树街这个名字，是当时的一位大学士取的，他命名的泡桐街，也很有故事可说。

民国时期，满城一带环境幽静、建筑古雅，不少达官贵人、文官武将都喜欢把住宅选在这儿。此时正值取消“胡同”这一满人命名制的街道命名法，“仁里胡同”当然也不例外。

仁里胡同里面长着一棵大泡桐树，树干直径和树冠比胡同里其他树木大很多。当地有个道士，经常坐在这棵大泡桐树下讲道，当他讲述“无用之用方为大用”时，总是以身边的这棵大泡桐树为例。这个胡同里过去生长很多泡桐树，树干高大，通直圆满，人们为了利用桐木做家具、棺材等用品，把这些泡桐树砍伐，只剩下这一棵，因为它的外表看起来美好，可是里面的木头材质已经腐烂了一个大洞，人们知道这棵泡桐树没有用，也没有人砍伐它。老道士常说，这棵泡桐树看起来没用，可是它却能存活下来，枝繁叶茂。那些所谓的良材，有用之泡桐树全部消失，这就是因为没什么用，得以保全。故事听多了，人们信得也多了，关注这棵泡桐树的人自然多起来，这棵泡桐树也被赋予了“无用之用”的文化意义。这位大学士更是崇拜“无用之用”的这棵泡桐树，故而把“仁里胡同”改名为“泡桐树街”。后来，这棵大泡桐树因自然衰老而死亡，被人挖走，泡桐树街的名字却保留至今。

成都以泡桐树为地名的还有一处，就是今天的锦里西路。新中国成立以前，因为这里的南河边上有一棵很大的泡桐树，又是地处南城墙之外，所以人们就把这一带称为外南泡桐树。新中国成立以后这里修成了道路，命名为外南人民路。近年间南河沿岸的街道进行扩建，更名为锦里西路。

如今的泡桐树街已经成为一条网红街道，颇具休闲成都的味道。有人写道：“午后，泡桐树街内咖啡店正营业，小酒馆还没开门，来往行人颇多，街道商业化，楼上是矮小的居民楼，楼下有居民正打着羽毛球。这种市井的烟火气确实令人感受到惬意。”

（二）北京“泡桐大道”

北京经济技术开发区宏达路被誉为“泡桐大道”，是城市的春景“名片”。

北京经济技术开发区建设之初，初创者们在这里亲手种下这片泡桐，寄语：“栽上梧桐树，引来金凤凰”。经过20多年的生长，这条道路上的泡桐树干直径已有30多厘米，头顶的树冠交错在一起，用一朵朵形似喇叭的花朵，在每年的最美四月天，奏响北京经济技术开发区一首首发展的新乐章。

每年3月最后一周至4月底，这里高大挺拔的泡桐树，就纷纷开出淡紫与粉白的花朵。一团一团簇拥在树冠上，为这条全长3300m的道路撑起一把连绵不绝的浪漫“花伞”，每年都吸引众多市民到此“打卡”赏花。乘坐北京地铁亦庄线前往“泡桐大道”，列车伴随泡桐树一路驶向春天。车上乘客可以一边侧坐聊天，一边在地铁上欣赏一片一片的泡桐花海。如果游客想下车观赏，可以在万源街、荣京东街、荣昌东街站下车均可。这时候，列车员会通过广播提醒要下车的旅客：“拍照时一定要注意安全，不可以在马路中间逗留，不能影响车辆通行，文明拍照你我他”。走出车站，瞬间可以嗅到花朵的清香，一片紫色粉白，恍如隔世。阵阵清香随着微风弥漫开来，沁人心脾。地铁亦庄线沿着轨道线穿行于花海，仿佛一趟开往春天的列车。不少市民停止骑着的共享单车专心拍照，还有市民坐在摩托车后座一路拍着视频。步行的游人更是被泡桐花的美丽所吸引，个个展示出与泡桐花相互映衬的喜悦和浪漫。

（三）兰考泡桐森林公园

兰考泡桐森林公园是我国目前仅有的泡桐主题公园。

兰考泡桐森林公园是河南省兰考县城市综合提升重点建设项目，是集泡桐文化科研、花卉苗木生产、生态涵养、康体养生、休闲娱乐于一体的综合生态公园。

沿着兰考县城南的济阳大道一路向南，有一处凤鸣湖湿地公园，湖区中央的大桥上有座雄伟的复兴门。“复兴门”三个大字熠熠生辉，寓意中华民族伟大复兴的中国梦。

穿过复兴门，在郑徐高铁兰考段以南和连霍高速兰考段以北，东西绵延数公里的狭长地带，便是兰考泡桐森林公园。

兰考泡桐森林公园于2017年规划建设，占地面积6600亩，采取以种植泡桐为主，其他乡土树种及绿化苗木相结合的造林模式，对此交通干道中心区进行绿化，建设展示兰考生态形象的高标准绿色长廊。它是兰考城市的一道绿色生态屏障，更是展示兰考整体形象的一张新名片。

泡桐森林公园东区游玩及停车设施齐全，兰考泡桐森林公园每到傍晚游客如织非常热闹，是兰考城乡居民的休闲好去处和全国各地游客的旅游打卡地。

这里良好的生态环境，已经成为众多野生鸟类的栖息地。2019年8月21日，河南省野生动物救护中心、郑州市林业局野生动物救护站和兰考县人民政府联合举办2019年河南省野生动物放归大自然系列活动兰考站放归仪式。红隼、夜鹭、喜鹊、红角鸮等39只即将被放飞的野生禽鸟，将在这个水清树茂的新环境内飞回大自然的怀抱。救护站工作人员将它们拿在手中，轻轻一送，翅膀扇动，它们便飞到了空中，随后降落在灌木丛里、树枝上或草坪上，开始寻觅食物，将这里当成了新的落脚地。

二、泡桐节庆文化

近年来，随着文化旅游事业的发展，许多地方以泡桐花为媒着手打造有关特色节庆活动，并逐渐形成泡桐节庆文化。

（一）新安县东岭桐花艺术节

2021年4月25日上午，由洛阳市文学艺术界联合会、新安县委宣传部主办的新安县东岭首届桐花艺术节在新安县仓头镇东岭村梁兴庙（东岭美术馆）开幕，开幕式当天，有桐花艺术节文艺汇演活动，歌曲接龙、舞蹈串烧。

东岭村位于新安县仓头镇西北部，4月的东岭，泡桐花开满山野，石头民居传百年，村内人文遗存丰富，风光秀美，景色宜人，又有梁兴庙、普济桥、黑虎桥、擂鼓台等遗迹，历史文化底蕴丰厚，是写生创作的绝佳之地。

桐花摄影采风活动在4月25～28日举行。届时，成群结队的摄影爱好者奔赴一个隐藏在新安县石井镇大山中的小村落——寺坡山村拍摄泡桐花景观。在通往寺坡山村的路上，适合慢慢开车欣赏。路边泡桐树花开得正好，一只只喜鹊欢叫着，或飞上树梢，或从林间飞落地面。越往里走，泡桐树越多。远远望去，一层层泡桐花的粉白色或淡紫色，覆盖着一层层树叶的新绿色，层层递进，好看极了。

4月的新安，感觉整个世界都是紫色的云彩，散发着花香的云彩，云彩像丝绸一样娇嫩、润滑，那是世界上最美丽的云彩，白色和紫色混在一起，一会儿浓一会儿淡，像天上的仙女用紫色和白色的云彩相互混在一起，形成桐树花的颜色，然后又一朵一朵做成美丽的桐树花，之后将一堆堆桐树花撒在桐树上。

泡桐分布在中国的绝大多数地区。在过去，田间地头房前屋后，大都种有泡桐树，看到这样的桐花，这让游客们不禁想起小时候的快乐时光。

举办桐花节，旨在进一步弘扬黄河文化，持续叫响“我在新安等你”文旅品牌，扎实推动黄河流域生态保护和高质量发展。作为活动主办地的仓头镇地处黄河沿岸，沿黄生态廊道通车在即，区位优势愈发凸显，发展前景更加广阔，仓头镇抢抓机遇，统筹做好基层党建、乡村振兴等中心工作，全力构建“一山一水一村落”的旅游格局，着力打造黄河沿岸传统村落集群，力争把仓头镇建设成为沿黄示范镇、标杆镇。

活动中，新安县仓头镇人民政府还与洛阳城乡建设投资集团有限公司签约仓头镇全域乡村振兴项目，双方将围绕美丽乡村建设、沟域经济开发、传统村落保护、文旅资源开发等惠民项目，充分发挥各自优势，助推仓头镇全面乡村振兴。

（二）山东省巨野县核桃园镇前王庄村桐花节

2021年4月20日，首届“前王庄村”桐花节开幕。前王庄桐花节，以石头寨为主题，以泡桐花为媒介，通过丰富多彩的活动，带动前王庄旅游业发展，将“前王庄梧桐花节”打造成山东、江苏、河南、安徽四省交界处知名旅游品牌。梧桐树在鲁西南地区是一种吉祥树，幸福树。

每年4月，当煦暖的阳光洒向大地，当空气里流淌着甜丝丝的花香，人们便知是泡桐花开了。成串的花朵簇拥着，热热闹闹，有淡紫、深紫，张着小嘴巴，在温柔的春风里，悠然静默地绽放。泡桐花一季又一季地开放，静静地守候着岁月。一树花香一树暖，美了乡村，醉了乡亲。不与杏花争春，不与桃花争艳，泡桐花的大气沉稳，为朴素的乡村增添了别样魅力。

《诗经．大雅》中说“凤凰鸣矣，于彼高冈；梧桐生矣，于彼朝阳。”（后人对《诗经》里的“梧桐”有两种解释，一曰：“梧”是指梧桐，“桐”是指泡桐，二曰：当时人们对梧桐和泡桐统称“梧桐”。）也许是对泡桐树最好的夸奖与礼赞。

谷雨时节过后，满村泡桐花开，是石头寨前王庄村一年中景色最美的时候。站在凤凰山上，向西南方向眺望，到处都是泡桐花的海洋，显得诗情画意。和风吹来，梧桐花香扑面而来，令人感受到大自然的恩赐及石头寨的魅力！桐花节期间，游客来到前王庄石头寨既可以观赏到桐花的浪漫，又可以体验到古村的风貌和丰富的传统民间艺术表演。

桐花节还汇聚巨野县文创产品，在春夏之交与家人朋友品尝前王庄村村标造型的冷饮和冰镇蒸梨，亲手体验古村百年传承的传统手工艺品及手工编织筐制作过程，感受美好生活，打造休闲度假方式。除了观赏，还推出桐花蜜、桐花饼、桐花画等产品，游客们一边品味特色美食，一边体验石头寨的风土人情，寻找儿时的味道和感觉。

据了解，巨野县核桃园镇前王庄村又名“石头寨”，坐落在白虎山东侧，凤凰山西南侧，始建于1398年，院落大部分是四合院结构，如王家大院、五角楼、刘邓指挥部、战地医院等仍完整保存着历史原有的建筑格局。房屋由当地青石建筑而成，每处院落、每块石头都讲述着历史故事。古村内乡风淳朴，担经舞、揉花篮、抬花轿、鲁锦纺织、石雕、木工雕刻、刺绣等传统工艺和文化，体现了晋鲁文化的融合。

前王庄村于2016年12月被列入第四批中国传统村落名录，2018年11月被列入山东省第一批美丽村居建设省级试点村，2019年被授予“第七批中国历史文化名村”荣誉称号，2020年7月被列入“第二批全国乡村旅游重点村”。

（三）兰考桐花节

人间最美四月天。2021年4月16日，以“泡桐花开•千顷澄碧”为主题的河南省兰考首届桐花节在人民广场盛大开幕。此次活动由兰考县文学艺术界联合会、兰考县兰仪文化旅游投资有限公司、兰考民族乐器协会联合主办，兰考籍在外政商界成功人士、兰考在外商会、省内外知名企业代表，省内外部分高校，全县科级干部，民族乐器、木制品协会，群众和志愿者代表逾2000余人参加了此次开幕式。

作为全国省直管县体制改革试点县、国家级园林城市、国家新型城镇化综合试点县、全国普惠金融综合改革试验区、全国文明城市、河南省改革发展和加强党的建设综合试验示范县，今日的兰考焕发新春，致力于打造特色旅游品牌，依托焦裕禄精神和泡桐木制品产业，深入挖掘红色文化资源、黄河生态资源及乡村旅游资源，开发独具特色的文化旅游产品，稳步推进文化旅游强县建设。兰考县委书记在致辞中表示：“我们将以本次桐花节为契机，将传统民族乐器、木制品加工等产业推向全国、走出国门，拉动兰考文旅产业融合，推动兰考文旅产业再上新台阶，进一步提高兰考的知名度和影响力，为兰考高质量发展增添更多动力。”

多年来兰考围绕泡桐树做文章，逐步培育壮大形成了年产值20亿元的特色民族乐器产业，成为兰考一张靓丽的名片。参与这次为期三天的活动，可以深入到民族乐器产业的基层，考察相关制造产销的实际情况，收获颇多。参观兰考堌阳镇民族乐器产业的微观视角，可以看见兰考泡桐文化的现状和发展，以探索未来兰考民族乐器产业的发展方向。

2023年兰考桐花节暨文化旅游嘉年华系列活动于4月9日开启，系列活动以桐花为媒，传承弘扬焦裕禄精神。围绕“人民的节日 民乐的盛会”这一主题，桐花节以花为媒，通过开展“制琴大赛”“金钟奖决赛”“《兰考》话剧演出”等一系列丰富多彩的活动，致敬历史、致敬时代、致敬未来，共同追思“一个人，一棵树，一种精神，一个产业”，激励全县广大干部群众在中国式现代化的道路上拼搏赶考，奋力建设郑开同城的东部区域中心城市，共同描绘更加和美现代化兰考的崭新画卷。

此次兰考桐花节活动于5月14日结束期间，还举办了首届中国兰考定制家居博览会、兰考招商引资签约大会等活动，以花为媒助力特色产业发展。

三、泡桐木屐文化

泡桐木质轻，耐磨损，纹理美观，耐腐蚀，在古代常常被用来制作木屐，在国内外有些地方形成过穿木屐的风俗，形成了泡桐木屐文化。

（一）中国木屐文化产生与传承

在中国，有一种古老又熟悉的鞋，它就是木屐。木屐，简称屐，是木底鞋的统称，在夏天穿起来特别的凉爽，走起路来还会发出“哒哒哒”的响声。由于泡桐木材质轻耐腐，很多地区就用泡桐木制作木屐。

木屐最初盛行于春秋时期齐鲁一带，至今已有3000多年的历史，通过中原人南迁带到南方客家地区。

因南方地区气候温润，雨水充沛，如今春夏时节，粤东客家地区不少人仍会穿着木屐穿行过市，成为一道独特的风景。

广东省河源市龙川县各镇现在都有穿木屐的习惯，也不乏制作木屐的匠人，其中黎咀镇西园村制作木屐较为出名。在黎咀镇西园村，年过 70 岁的黄春才师傅从事木屐制作有 50 多年了，是龙川县第三批县级非物质文化遗产代表性项目“黎咀镇西园木屐制作技艺”的代表性传承人。据悉，20 世纪 70 年代黎咀镇上有很多家木屐铺，农村里很多人也自己做木屐自己穿或送人，如今，黎咀镇就只剩下了黄师傅一间小小的手工作坊，几十年如一日坚持生产经营木屐产品。

通过对当地村民的访谈得知，木屐制作技艺在龙川县由来已久，从清代以来，黄春才师傅家十几代人一直传承着做木屐的手工活。20 世纪 70 年代，村里几乎家家户户都会这门手艺，木屐是当地最接地气的生活必需品之一。黄师傅从小耳濡目染，从养家糊口再到传承这门手艺，50 多年来，虽然做木屐的过程断断续续，但不管走到哪里，木屐制作技艺一直是老人家心中解不开的情结。曾经男女老少都爱穿的适合在雨天泥路上行走的木屐，在农村石板路上可以发出清脆的木屐响声，总是让人感到心情舒畅，魂牵梦绕。木屐，镌刻着那一个时代人的印记。

现在南方的客家人对木屐仍然有着不解情结，即使市场销量变小，但还会有不少人会购买木屐，体验和消费木屐文化。

木屐生产工艺简单，生产工具要求不高，生产用的原材料更是随处可见。中国传统的木屐，是用轮胎的内胎或外胎做成船篷形鞋面固定在桐木板做成的鞋底上，简约大方。人们在沐浴、洗脚后，或者在家休闲时穿上木屐，穿脱都很方便，洗脚后脚很快就干爽，还能有效防止脚部疾病的生成。

传统木屐的制作技艺包括以下流程，首先是挑选木材，因为泡桐树比较多，容易获取，而且泡桐木轻，穿起来就不会那么重，硬度低，好雕琢，被人们认为是做木屐最好的木材。

选好桐木后，开刨木块，依屐画线，用宽口錾，錾木成型，锯根底起层，用布或胶、塑料片或牛皮等钉在木屐前方之上呈船篷状，或蜂腰状，即可穿用。做木屐过程看似简单，却也有一整套严格的工序。手指、手臂、肩、腰、腿的力量都要足够，锯、劈、剖、画、削、凿、磨、钉，至少也要一个半小时。从一截桐木棒开始，到一双组织紧凑、结构完整、雕刻精致的木屐制作完成，木工师傅可以一气呵成。

一直到 20 世纪 70 年代，中原地区农村木屐还非常多。有夏天穿的，下面不带两个短腿，凉快、方便、便宜，中原人称为呱嗒板，雨雪天穿的，为了防雪泥，人们在板下安装两个短腿，俗称泥屐子。冬天为了保暖，人们在木屐上用芦苇穗拧制出鞋帮，就是草鞋，草鞋是冬天的必需品。

如今中原地区买木屐的人，更在乎的其实是一种怀旧情结，或者把它当成一件艺术品来收藏。穿着熟悉哒哒作响的木屐，踢踏声让人们勾起对过去生活的回忆，展示出老一辈木屐艺人的精美技艺。

（二）木屐文化在日本的传播发展

中国传统木屐在减少的同时，在日本很多的节庆、祭典或是正式场合中，日本人总是穿着传统的和服来参加活动，以表达对活动的重视。而木屐在整套和服中，就属于重要配件之一，是不可或缺的存在。日本虽然是目前世界上木屐使用最多的国家，但其实木屐最早出现并非在日本，而是在中国。

相传，木屐是春秋五霸之一——晋文公发明的，距今已经 2000 多年。那时候的日本还处于绳纹时代——也就是石器时代的后期。因此，中国木屐的产生比日本木屐早得多，传说日本木屐是从中国传入的。

木屐传入日本后，在日本得到了很好的发展和改良，并在日本得到了传承。

在日本，木屐种类较多，木屐的木底通常是用桐木制作而成。

日本人最初穿木屐也是个因地制宜地选择。日本四面环海，气候潮湿，夏季多雨，一般材质的鞋都易腐烂，相比之下，桐木木质鞋子就坚固多了。而且，木屐底部还可以有两个用来隔离鞋子与地面的“齿”，有了这两个“齿”，既可便利攀登，又能保证地上的积水或湿气无法侵犯人的身体。因此，可以这样说，桐木木屐对于中国人来说是一种比较原始、比较古朴的鞋子，而对于日本人来说，却是一种最合适的鞋子。

四、异域泡桐风俗文化

泡桐原产中国，很早就被引种到越南、日本等亚洲各国，目前全世界都有分布。泡桐的拉丁名就来源于喜爱此树的俄国沙皇保尔一世的女儿、荷兰皇后安娜•帕夫洛夫娜。

在日本，泡桐被视为“神木”，日本的传统里，如果生了女儿，人们会在屋前栽一棵泡桐树，等到女儿出嫁，就用这棵泡桐树为女儿打出全套嫁妆家具。日本人将中国人对梧桐的传说附会到泡桐身上，认为泡桐会引来凤凰，寄托了美好。他们相信，泡桐不但象征吉祥幸福，还会像中国“梧桐引凤”的传说那样，引来护佑好运的凤凰。

泡桐文化已成为日本的纪念符号。进一步了解日本历史后我们就会发现，500 日元硬币上的泡桐花原来是日本战国时期名将丰臣秀吉的家徽“5-7-5 桐纹”的“自然版”。“5-7-5 桐纹”，是指三个直立花序上分别有 5 朵、7 朵、5 朵泡桐花，它曾是日本皇室家徽之一，象征荣誉和尊严，地位仅次于代表天皇的菊纹。“桐纹”徽记是日本人喜爱的传统美学符号，依据三个直立花序上泡桐花的不同数量，还有 3-5-3、5-5-5、7-9-7 等多种类型，但“5-7-5”皇家桐纹规格最高。5 和 7 是日本人偏爱的奇数，日本和歌、俳句也遵循 5-7-5 的音数律。1590 年丰臣秀吉首次统一日本，权倾天下，日本天皇御赐“5-7-5 桐纹”，后正式成为其家族徽记。日本明治维新后，“5-7-5 桐纹”成为日本政府印章，并一直沿用至今。目前日本护照上，象征国家的地方盖的是皇家菊纹印章，代表政府的签发页和签证上，盖的则是“5-7-5 桐纹”印章。其实，在早期的日本硬币上，也刻有此桐纹徽记，与现代 500 日元硬币上的泡桐花，可以说是一种历史的印证。

日本的 500 日元原来是纸币。20 世纪 80 年代，由于 100 日元硬币的流通量超过 60%，随着自动售货机的飞速发展，人们迫切希望发行更高面值的硬币，于是 1982 年起，500 日元硬币应运而生，成为世界上大面值流通硬币的代表。

昭和五十八年的 500 日元硬币，材质为铜镍合金。硬币背面上下为竹叶，左右为橘叶与果实，中间为 500 面额，下面为年号。硬币正面上下分别刻有“日本国”和“500 円”字样，中间为一幅有争议的花卉图案：花卉由美丽繁茂的花序和三片阔大的心状卵形叶片组成。这是一种什么花呢？常见的钱币书上有三种说法：其一是丁香花，其二是梧桐花，其三泛指“桐木花”。人们认为，前两种说法都不对，第三种说法似是而非，也不准确。正确的说法应该是“泡桐花”。多年来，专家学者查阅了很多植物图谱，并到植物园去实地观察、鉴别这些植物的明显区别，终于找到正确答案。在没有互联网的时代，这是一次漫长的纠正常识错误的“考试”，虽困难重重，却颇有乐趣，获益匪浅。

丁香、梧桐和泡桐，在植物学分类上是三种不同的树种，分别属于木犀科、梧桐科、玄参科植物。这三种植物都有“圆锥花序”，如果单单从钱币上看花，确实比较容易混淆。但在现实中，这三种花的区别一目了然：丁香花因花筒细长如钉且香得名，花色多为白色和紫色。梧桐花“开花嫩黄，小如枣花”。泡桐花则花朵硕大，呈淡紫色或白色，往往由几十朵筒状花簇拥聚合成串，其“总状花序”远比丁香和梧桐要大得多。但判别 500 日元硬币上的花是泡桐花的重要依据，是它的叶片形状。丁香的叶片呈长方卵形，梧桐叶叶缘一般三裂，裂片为三角形，泡桐的叶片则呈心状卵形，叶片无裂缺。泡桐叶的这个特征，在 500 日元硬币上特别明显。

第三节　泡桐产业文化

产业的文化化运作是经济和产业发展的新理念与新方法。它包括两个方面。一方面，它是以文化产业的方法来促进文化元素和文化艺术创意的跨界应用，其中的一个具体领域也可以称为文化产业的跨界化转型。比如说，通过举办专业会展来提升创意、设计水平，可以促进传统产业特别是制造业提高附加价值。另外一个领域是以专业化的文化产业带动传统产业的产品和服务营销，包括可以用动漫、影视来反向带动传统的玩具产业，以主题公园和影视植入广告来促进旅游产业发展等。另一方面，则是以文化和创意的要素来改造和提升某个行业，促进产业升级并走向高端产业。其中一个很重要的例子，是通过把握文化要素的应用，包括建设良好的企业文化，达到能够生产奢侈品等高端产业的水平。因为奢侈品等高端产业的附加价值主要是通过文化创意和品牌管理来提升的。再比如，农业文化产业也是一种对农业产业进行文化提升的形态，通过文化活动的设计和创意消费的提升，它就不再仅仅是农业产品乃至一种农业观光和农家乐，而是将农业资源和文化体验深度结合，形成真正具有高附加价值的现代农业的新产业形态。就此而言，产业的文化可以在很大程度上克服诸如产能过剩、资源过度消耗和同质化恶性竞争等低端制造业发展的瓶颈。

产业的文化化运作要求我们重视以文化提升产业价值的方法。就抽象层面来说，我们要更加重视文化要素和创意设计的运用能力，其中，我们需要关注技术与艺术的融合，或者需要关注“应用美学”和“生活美学”的实践能力的提升，前者主要是与产业的内在提升、产品的完美性相结合，后者则与我们的生活方式、与我们对流行文化元素相关的产品和服务的消费趋势的把握相关联。重视行业文化建设和企业文化建设，是推动“产业文化化”进程的基本支撑。任何行业及其机构的文化都涉及多种类别形态的文化、艺术表现及其之间的相互渗透。

泡桐从苗木培育到造林、经营、木材利用、人才培养等每一个环节，在全国各地都已经形成重要产业，这些产业与人们生活息息相关，而且在很多地方泡桐产业做得很大很优很强，在地方经济中居于战略支撑作用，成为区域经济的主导产业。人们对泡桐生产经营的过程、形式、方法、产品等进行创意和设计，从而创造财富和增加就业机会，形成泡桐经营产业文化化。

在全国各地中，与泡桐产业文化联系最为密切的当属河南省开封市兰考县。兰考县不仅泡桐种植面积大，而且形成了颇具影响的泡桐产业，这些泡桐产业已经文化化，形成特有的泡桐产业文化，并辐射到周边地区。

一、泡桐林经营产业文化

泡桐林经营历史悠久，农桐复合经营模式在广大平原地区大面积推广。在农林生态系统经营过程中，人们充分顺应泡桐的自然属性，融入传统和现代文化元素，使经营过程和获得的产品文化化。

（一）泡桐的林学和生态学特性为泡桐林经营的文化创意提供可能

泡桐是深根性树种，能发挥很好的生态作用，用于防风固沙、净化空气和抗大气污染效果良好，用作农田防护林能防干热风、晚霜，减轻对小麦等作物的危害，是良好的环保树种、林粮间作和农田防护林的优选树种。在构建平原农田林网、改善生态环境、保障粮食安全、出口创汇和提高农民收入等方面起着重要作用。

泡桐叶片硕大，吸收二氧化碳的能力较一般树木要强很多，速生，光合速度快，是良好的“碳汇”林建群树种。

泡桐是阳性树种，最适宜生长于排水良好、土层深厚、通气性好的砂壤土或砂砾土，它喜土壤湿润肥沃，以 pH6～8 为好，对镁、钙、锶等元素有选择吸收的倾向，因此要多施氮肥，增施镁、钙、磷肥。由于泡桐的适应性较强，一般在酸性或碱性较强的土壤中，或在较瘠薄的低山、丘陵或平原地区也均能生长，但忌积水。泡桐对温度的适应范围也较大，在北方能耐–25℃的低温，从我国东北辽宁南部、华北、华中、华东、华南、西南至西北部分地区都能生长，各地都有适应当地生态环境的种类。正是由于泡桐树生长快，适应性强，根蘖能力强，叶大荫浓，花繁密，因此泡桐是我国多地“四旁”绿化的优选树种。

泡桐树形挺拔，耐盐碱，生长迅速，适应于多种土壤类型，加之是深根性树种，适合用于生态脆弱生境的造林绿化。

新中国成立以来，我国高等学校、科研院所和农技人员，对农桐间作、平原地区生态林网建设进行了深入广泛的研究，对农林间作的种植模式和效益分析进行定量试验统计，大量数据和生产实践都获得共同结论：泡桐是平原地区农林间作的优选树种，是农田林网生态系统的主要树种，是乡村人工林群落的建群树种。

近年来，河南农业大学范国强团队培育并着力推广的四倍体泡桐，高抗、速生、丰产、材优，已在全国种植。四倍体泡桐树根系较深，与小麦、大豆等农作物间作，不与其争夺地表土层养分。开春时节，小麦陆续返青分蘖抽穗，而泡桐树正是开花季节，不与小麦争夺阳光。临近小麦收获，冠幅丰茂的泡桐林带又可有效抵御干热风对麦田的伤害。

平原农区大规模的农桐间作，不仅给农业生产带来增值收益，区域环境较过去也有明显改善，更可为解决农林争地、实现“双碳”目标贡献解决方案与绿色力量。同时，泡桐的大量种植，为泡桐产业链的形成和发展提供了物质基础，从而催生出更大的泡桐加工、文创、旅游、培训等产业。

（二）泡桐林经营的文化特征、文化形态及文化创意

创意农业起源于 20 世纪 90 年代后期，是指有效地将科技和人文要素融入农业生产，进一步拓展农业功能、整合资源，把传统农业发展为融生产、生活、生态为一体的现代农业。

以河南兰考为代表的泡桐产区，人们正在以创意农业的理念为先导，把文化融入泡桐经营全过程，把泡桐林经营做成产业文化。

1. 泡桐林经营呈现文化特征

特色农业、景观农业、科技农业、都市农业等新型农桐间作产业形态代替了传统农业的农桐间作模式，“创意、时尚、休闲、生态”成为新时代农业的特色标签。农桐间作经营模式融入了文化艺术、科技元素，把传统农业与文化结合起来，赋予了丰富的内涵与附加值，转化为更具审美价值形态、健康生态理念、文化创造内涵的全新农林经营产品。新型农桐间作的发展模式，最核心的观念在于通过创意打造“创意农林全景产业链”，全景产业链包括核心农林经营产业、支持产业、配套产业和延伸产业相关联的一系列产业，它构筑了融合“三产”的全景产业链条，实现传统产业与现代技术的有效融合。文化与科技紧密融合，带来产业融合的经济乘数效益。农桐生态系统的景观设计、休闲旅游、农村基础设施建设等一系列创新，提高了农业的效益，增加了农民的收入，提升了农民的文化水平，改善了农村环境，创造了农民“居家就业”的新型就业形式，并最终实现农村地区的经济形态、生活形态的结构变迁，改变农村的生产力布局和城乡生活格局，促进城乡经济社会发展的一体化，保障了城乡一体化建设的可持续性。

2. 泡桐林经营表现文化形态

农桐复合生态系统构建的目标是让泡桐树由“农田防护”功能向兼具文化审美功能转变，实现农林产品的多种功能性；农桐复合生态系统的经营创建了农村创意化的自然与人文环境，形成了优美的农业田园与优雅的民居庭院；农桐复合生态系统的经营融入了焦裕禄精神，继承了传统的兰考防风沙抗盐碱的光荣传统，赋予了泡桐林新的活力与生命力，达到改进化、创新化地传承优秀文化的目标，让焦裕禄精神和泡桐文化伴随时代的变迁，活化发展；乡村生活是创意农业的最高境界，当今泡桐林经营综合了农林产品、农林创意与文化的继承，通过凝练乡村生活的主题理念，发展乡村泡桐创意产业，实现对传

统乡村文化的改进与产业结构的调整，达到现代新农村建设与可持续发展的目标。

3. 泡桐林经营践行文化创意

在泡桐种植形式上，人们打破传统农业“横平竖直”的一垄一行的种植形状，而是种成一种有特定含义和艺术图案的形状，让人在享受自然风光、农业风情的同时体验娱乐、休闲；在泡桐种植区域上，人们打破传统农业种地就是种地、公园就是公园的形式，而是把种地按公园要求设计，成为观光休闲农业园，既能让人们观赏、休闲，又能生产农产品，使市民的观光、休闲与农民的生产、生活紧密结合。

泡桐林经营创意产业在提升现代农林生态系统的价值与产值的同时，也满足了现代人对“新、奇、特、优”农林产品不断增加的社会需求，拥有十分广阔的市场前景。把传统文化和泡桐林经营结合起来发展创意农林业，培育能带动千家万户老百姓增收致富的新产业。

（三）泡桐林经营产业文化化

经过长期农桐复合经营实践，中国广大平原地区特别是华北地区农民已经形成了泡桐+花生、泡桐+小麦等经营习惯，成为农民的一种情感认同。人们长期以泡桐新品种为核心构建了几种泡桐农林复合经营模式，综合效益较好。

为了对平原农区农桐间作生产习惯和经营情感的深入了解，探究其合理性，河南农业大学分别在许昌、禹州等地区开展了泡桐+花生、泡桐+小麦等农民通常习惯的不同复合经营模式进行研究。通过研究和试验，发现农民习惯的这些经营模式与科学研究的结论高度一致。

1. 泡桐+花生复合经营模式

泡桐+花生复合经营模式，即选择适宜的泡桐林地，在其株行距中种植优质花生品种，这种模式可以通过花生的固氮作用改善土壤养分促进泡桐林分健康生长。在河南省禹州市选建泡桐+花生复合经营试验林，试验设置 3 种花生种植模式（不间隔种植、间隔 1 行种植、间隔 2 行种植），花生种植密度为 25cm×30cm，通过调查统计花生的产量及品质、泡桐生长情况来分析其综合经济效益。研究结果表明不间隔种植花生的模式收益最好。5 年生泡桐亩产原木约 5.5m^3（1000 元/m^3），泡桐纯林平均每亩收益 5500 元，通过间作可使泡桐蓄积量提高 15%，则泡桐纯林每亩增收 825 元；花生亩产约 250kg（4 元/kg），减去成本后花生平均每亩收益 700 元；共计增收 825+700=1525 元，因此通过复合经营可使林地亩产效益提高 27.73%，取得了良好的经济成效。

2. 泡桐+小麦复合经营模式

泡桐+小麦复合经营模式，是在泡桐林分株行距中种植优质小麦品种，这种模式可以通过泡桐林分形成的小气候减少小麦病害来提高小麦产量。在河南省禹州市建设的泡桐试验林中开展泡桐+小麦复合经营研究，试验设置 3 种小麦种植模式（不间隔种植、间隔 1 行种植、间隔 2 行种植），小麦种植方式为 15cm 单条播种，每公顷保苗 500 万～550 万株。通过调查统计小麦的产量及品质、泡桐生长情况来分析其综合经济效益。研究结果显示不间隔种植的模式收益最好。5 年生泡桐亩产原木约 5.5m^3（1000 元/m^3），泡桐纯林平均每亩收益 5500 元，通过间作可使泡桐蓄积量提高 15%，则泡桐纯林每亩增收 825 元；间作物小麦亩产约 350kg（2.3 元/kg），减去成本后小麦平均每亩收益 805 元；共计增收 825+805=1630 元，因此通过复合经营可使林地亩产效益提高 29.64%。这种经营模式采用了河南省常见的粮食作物传统，林农也容易接受和掌握。

泡桐农林复合经营的方式有很多，但有些复合模式取得的效益不明显，或者影响了泡桐林分的正常生长，如在开展泡桐+玉米、泡桐+谷子、泡桐+芝麻的复合经营时发现，由于泡桐林分树冠遮阴从而影响了光照强度，而玉米、谷子和芝麻的光饱和点较高，造成其产量下降。同时玉米、谷子和芝麻的生长对泡桐的生长也有明显的抑制作用。而泡桐复合花生、小麦等间作物时，二者均呈现出良好的长势，取得了明显的效益，这种研究结果验证了人们长期生产实践所产生的感性认识是正确的，是科学的，从而也会更加坚定人们对自己长期形成的这种农桐间作文化的自信。

（四）泡桐林经营产业已形成文化景观

1963 年，兰考在焦裕禄的带领下为了除“三害”，大规模种植泡桐，防风固沙，蔚然成林，以林保粮。几十年来，泡桐的种植在兰考得到广泛推广。通过不断、持续地种植，已经形成近百万亩粮桐间作林，成功地锁住了风沙，治理了“三害”，成为国家平原造林模范县。这是兰考的一张绿色名片。

兰考“农桐间作，农林互补”模式在全国各地优化推广，正在平原农区变成现实，形成一道诱人的田园景观。人们通过农桐间作和营建农田林网，一排排高大挺拔的泡桐树与翻滚的麦浪交相辉映，长势喜人；泡桐树下已接近成熟的麦子，风吹麦穗伴着泡桐枝叶的哗啦声，成就着美妙的天籁之音，形成了树与麦和谐共生的农业生态新景观。

广大人民群众因地制宜，加大农林产品开发力度，使泡桐这一农林资源优势转化为产业优势，因此又反过来助推了泡桐的广泛种植。“要想富，种桐树”已成为广大平原地区的共识，广植泡桐已经是平原地区县域经济建设和生态文明建设的重要支柱。

每逢 4 月，桐花争相绽放在以泡桐为建群的农田林网覆盖的大地上，已成为新农村最亮丽的底色，也将成为乡村振兴的文化底蕴。

二、泡桐木材加工利用产业文化

人们在种植泡桐经营泡桐林的基础上，以泡桐为原材料的加工业已经成为当地支柱产业，同时以泡桐为主导的旅游、培训等第三产业也悄然兴起。用泡桐制作家具、乐器、棺椁等加工业已经成为地方经济的文化特色。从种植业到加工业，再从加工业到文化产业，形成了以泡桐文化为主基调的村落文明，有的泡桐产区按照“产业+文化+旅游”三位一体的思路融合发展，延伸出培训、研学、演艺等产业形态。

（一）泡桐树种的木材特质为其加工利用提供创意空间

泡桐对土壤不挑剔，好种、易活、长得快，3 年成檩、5 年成梁，生命周期短。泡桐全身是宝：根，防风固沙；躯干，用作板材；枝杈，粉碎后做胶合板。由于泡桐木质疏松度适中，不易变形，导音性好，渗透性好，被称为“会呼吸的木材”，成为制作民族乐器最佳的音板材料。一棵树龄 15 年的泡桐用作普通木料，市价不过千元。而经过深加工，把它制成古筝、琵琶、阮等民族乐器，泡桐材的附加价值有了更大的提高。

泡桐常被人们用来制作家具和鼓风的风箱等生活用具，后来发现泡桐木作为音板音质优美，便用来制作民族乐器，销往全国各地甚至出口到日本、新加坡等一些国家，受到了国内外市场的青睐。多年来，泡桐这一丰富的资源已经被广泛利用在建筑材料、乐器音板、装饰材料等方面，从泡桐的栽培到加工利用，已经成为某些农村经济发展的支柱产业。目前在国内，虽然泡桐的发展已逐步形成产业链，但是针对泡桐材综合利用的科研水平还处于一个起步阶段。国内泡桐材的利用主要是在人造板工业方面。用于桐木拼板、刨花板、胶合板、中密度纤维板、细木工板、木塑复合板材、室内装饰薄木、家居建筑用材、薄木贴面等都是较好的材料。

近些年，泡桐这一丰富的资源在建筑材料、民乐音板、装饰材料等方面的发展已经初具规模。泡桐材制成的民族乐器做工精细，音质优美，销往国内外，创造了巨大的经济效益。虽说泡桐木材的经济潜能巨大，但如何更加合理地使用这些丰富的资源，进一步开发综合利用、提高产品附加值、推动文化创意产业发展是亟待解决的问题。

（二）泡桐制品产业的现状

泡桐木材主要用于家具、乐器、工艺品制造及装饰材料生产，其中家具、古筝、扬琴、阮等的制造居泡桐木材市场消耗的首位。有学者统计认为，全球对泡桐木材的年消耗量达到120万m^3，其中日本需求量最大，达到60万m^3，占全球市场消耗量的50%，年产值突破120亿元。

泡桐木在一些高新领域也有自己的一席之地，如在军事和工业方面，由于泡桐木材相对于一般的木材要轻很多，故泡桐木被用来做航空模型、精密仪器的外壳、客轮和客车内的衬板及航空与水上运输包装箱，也可以用来生产高级纸张或加工成工艺品等。近年来，人们又把泡桐和铝合金材料匹配成双，用在航天器或潜艇上。

因为对泡桐木材本身需求的多样性，所以现在很多使用的木材都为拼接木材，制作拼接木板材时，木材先后需要经过漂白、干燥、黏合等一系列过程，虽然拼板会导致木材纹理上的延续性变差，但是大大改良了泡桐木材在尺寸上的不稳定性，这种加工多用于处理泡桐木的小尺寸板材。

泡桐木本身是制作家具的优良材料，同时因为在中国古代，“泡桐”本身也经常被称为“梧桐”，传说凤凰“非梧桐不止，非练实不食，非醴泉不饮”，所以在中国乃至东方文化圈中，泡桐木制作的家具一直备受推崇，在日本泡桐木制作的家具是名贵的象征，在国内大量的民用家具都是使用泡桐制作，或作为基本骨架材料，不过在高端消费领域因为红木家具的兴起已经基本难觅泡桐踪迹。

我国的泡桐木材，无论是市场规模还是行业产值在全球所占的份额均较小，与我国泡桐种植资源丰富、栽培历史悠久的国际地位不相适应，需要在林业供给侧结构性改革中予以重视。

为提升泡桐产业质量，河南农业大学泡桐研究团队研究并开发“泡桐新品种培育与产业提升关键技术”。针对泡桐新品种匮乏、桐材生产技术和工艺落后等问题，课题组在国家自然科学基金等项目资助下，采用现代生物技术和先进加工工艺等手段，在泡桐新品种培育与产业提升关键技术等方面进行了全面深入的研究。

该项目揭示了桐材变色机制和木材细胞结构组成特性，为泡桐加工产业提质升级奠定了坚实的理论基础。首次发现、分离并鉴定链格孢菌和根霉菌引起桐材前驱变色，使桐材内外部在氧气和光照作用下发生不同颜色的变化反应，由微生物诱导的生物化学变色机制。揭示泡桐木材微观半环孔材、孔腔分散与干燥处理后木材细胞腔封闭的微观特性，木材表现出空腔大、相对分散均的特点，声音乐理表现为振动悠扬，从微观构造研究上揭示了泡桐材适合制造民族乐器所具有的木材细胞结构特性。研究结果为桐材高附加值加工利用的科学化指明了方向。同时还研发了泡桐脱色、装饰材高质量加工和全桐木家具高端制造关键技术，开辟了泡桐加工利用新途径。构建了冷水、冷–热水和雨淋式等桐材预防变色与脱色技术体系。发明了大尺寸板材变形控制、高光洁加工、表面封闭封堵的新工艺，研发出高品质墙壁板、地板等装饰材料新产品。创建了合理的全榫卯结构、木质连接件、表面炭化、强化硬化的全桐木高端家具制作技术。截至2021年年底，泡桐种植和桐材加工已在河南、山东、安徽、广东和广西等地累计推广泡桐新品种22 030hm^2，研发桐材墙壁板8000m^3，新增销售额6.76亿元，经济、生态和社会效益十分显著。

（三）泡桐木材加工产业的创意文化

中国是世界公认的制造大国，20世纪制造业为推动我国经济发展做出了卓越的贡献。进入21世纪，在新的经济形势下强调创新是发展的源泉、发展的动力，我国的区域特色产业也到了优化升级的关口，泡桐特色产业也不例外，人们着眼于泡桐产业融合文化创意以加快产业升级。

1. 文化创意产业与泡桐特色产业结合

在文化创意产业逐渐成为社会关注热点的背景下，文化创意产品作为一种时尚消费文化主题之一，因其显著的经济拉动力和文化推动力而被社会重视。创新为产业发展奠定坚实基础，通过创新，企业形成自主知识产权，形成核心竞争力，才能与时俱进，应对市场的变化。

国内泡桐木材资源相对丰富，为泡桐产业的可持续发展提供了有力保障。但国内出口的泡桐木制品形式较为单一，产品结构不甚合理，外观造型没有新的突破。为此，人们正在将文化创意产业引入泡桐特色产业中，加大泡桐产业中产品的设计感，合理有效地利用泡桐材质特性（主要是泡桐材的物理性质及加工工艺性），不断更新改善泡桐木制品类型、材色、造型等因素，在充分利用我国丰富的泡桐木资源与劳动力资源的前提下，为泡桐加工业开创新的市场空间。

2. 区域经济引入文化创意产业

在木文化中，古语有云："东方木也，万物之所以始生也"。东方文化与木文化水乳交融，和谐共生。木文化记载着一个民族对自然的认识和对自然加以改造的历史。人类最早使用的一种造物材料便是木材，它是人们生活不可或缺的再生绿色资源，而且木材资源可再生、可降解，蓄积量大，资源分布广泛，易于加工成型，使用领域普遍。

中国泡桐加工企业为了提高产品附加值，试图引入真正的本土化设计，而本土化不是在设计中加入单纯的形态或是符号，而是要深刻地理解传统本土文化，将中国传统文化的精髓融入设计方案。首先把设计材料的文化价值体现出来，并在设计中融入自然的审美哲学，遵循绿色设计、可持续设计的原则。其次，在设计中融入人本思想，使产品体现人文特色。以泡桐木材为主要材料的木制品设计体现了人性化的一面，不仅能满足消费者的基本功能需求，而且又满足了他们的心理需求，在消费者与产品的交流中产生一种情感的认同。设计的本土化使得传统的文化内涵用现代的设计理论方法得以传达，使传统的民族文化与现代产品设计完美结合并形成独特的设计风格。中国风格的桐木制品本土化设计建立在中国传统文化和东方生活方式的基础上，既体现出传统文化精髓，又树立了鲜明的民族地方特色，不但具有传承和再造的特点，同时也具有时代特性。

人们通过设计引导生活并承载文化，使泡桐木制品既不失地域特色，又符合现代产品的功用，提高产品附加值。不仅为地方特色资源树立品牌象征，更好地开拓地域产业链和产品类型，同时也促进了地域经济的发展，使地方传统工艺产业得到更大的价值体现。

3. 泡桐本土化与创意化产业并行

当前，消费大众的认知观念由过去简单的单方向的资源消费观念转变为平等的生态保护观念；人们的美学欣赏水平更加趋于自然，在消费行为、生活行为上开始更多地选择那些资源友善型的产品。然而，对于泡桐本身来说，无论是物理性能，还是可加工性上它都是一种非常优良的生态材料，可以作为目前不可再生材料的替代。因此，泡桐材料在家居用品、办公用品领域的开发利用，既是泡桐产业发展的深入和扩大，也是家居、办公用品领域在生态美学上的一次丰富，符合泡桐木材加工利用的特性与消费者自身需求之间的内在逻辑。通常情况下，泡桐材在进入家居用品领域及办公用品领域以前，人们一方面在造型设计上考虑不同品种泡桐材本身的特点，将泡桐材的天然肌理、色泽与其他工业类材料、其他生物材料进行搭配设计，从而丰富泡桐的视觉效果，泡桐制品真正地充分适应了家居用品、办公用品、玩具等领域。

通过泡桐木材加工工艺的本土化与创意化并行，丰富了产品设计的造型语言，同时对传统文化的发展和继承及社会的可持续发展也具有重要的现实意义。

综上所述，以泡桐为代表的木制品在人们的日常生活中占有重要地位，这与中国传统的木居文化是分不开的，人们日渐形成的生活习惯、行为方式或是精神需求都离不开具有自然和人性化双重特点的木质材料。

以河南兰考和相邻的山东曹县等为代表的一些县域，泡桐木材加工业产业特色鲜明，规模宏大，效益显著，并形成了独特的产业文化。

（四）兰考民族乐器制造产业文化特色

近年来，兰考实行了一系列政策措施，促使机械制造、木制品加工、纺织服装、高新技术产业、医药化工五大产业相继崛起。其中，木制品加工产业主要依托当地丰富的泡桐资源，板材加工、乐器制造等泡桐加工业及由此催生的高档家具制造业，逐渐成为兰考经济发展的一大优势，在推动兰考经济发展中扮演了重要角色。现在，兰考已经成为泡桐种植、集散、加工与出口的主要地区，也是河南省最大的桐木板材加工基地、全国音板和民族乐器制造基地。

当年由焦裕禄倡导栽种的泡桐，经过多年发展，如今已经成为带动兰考农民致富的一项特色经济产业，而其产业化链条的延伸，也促进了兰考经济的发展。河南省商务厅2023年统计数据表明，兰考县建设有民族乐器产业园区、音乐小镇、民族乐器商业街，以及2个民族乐器专业村，形成了完整的产业链，已成长为兰考县特色支柱产业。全县共有乐器生产企业及配套企业219家，其中规模以上企业19家，主要生产古筝、古琴、琵琶等20多个品种30多个系列产品。年产销各种民族乐器70万台（把）、音板及配件500万套，全国市场占有率达35%，远销40多个国家，年产值20余亿元，带动就业1.8万余人。自主研发、注册、引进民族乐器品牌316个，拥有敦煌、中州、焦桐等知名品牌30多个，获得专利388项。

1. 兰考民族乐器产业现状

兰考的乐器厂家大部分开设在堌阳镇，堌阳镇因此成为远近闻名的“乐器镇”，是兰考的民族乐器生产加工中心。一进入堌阳镇，映入眼帘的就是堌阳镇民族乐器产业地标——一个巨大的琵琶造型设计。目前在堌阳镇下辖的48个行政村中，就有10个村进行民族乐器加工产业，古筝、古琴和琵琶是其主要产品，其中又以古筝为主，占到了生产份额的80%以上。

在堌阳镇，国道G240和日兰高速贯穿而过，为民族乐器的销售和原料运输提供了交通便利。堌阳镇最有代表性的两个民族乐器生产基地就坐落在日兰高速两侧。路南侧是徐场民族乐器村。徐场村从20世纪80年代开始生产古筝、古琴、琵琶等民族乐器，现有82个家庭式作坊，从业人员达900余人，年生产民族乐器可达7万台，村内建设有乐器展厅、民乐广场、休闲体验等配套设施，是一个集加工、体验、参观、研学等多功能于一体的乡村文旅产业特色村，2019年被河南省文化和旅游厅评定为“河南省乡村旅游特色村”。日兰高速的路北侧，则是以工厂形式为主的民族乐器工业园，气派的中国民族乐器博览中心矗立其中，其建筑风格极其富有民族乐器特色。目前产业园内有数十家民族乐器生产制造公司。这些公司也以生产古筝、古琴、琵琶为主，生产古筝的公司雇员能有几十人，而生产古琴的公司雇员略少。在这里工作的大都是附近村民，与外出打工相比，在这里工作离家更近，收入也颇为可观。君谊民族乐器有限公司里，很多工人的月收入可达上万元。工人实行计件制工作，一对夫妻合作配合，既保障了工作的稳定进行，又能照顾到家庭生活，是附近村民颇为理想的工作。随着当前人们生活水平的普遍提高，市场对民族乐器需求也越来越大，堌阳镇抓住这个历史机遇，打造兰考民族乐器的名片产业，为社会提供了大量优质的产品。如今兰考的桐木音板占到全国市场的90%，可谓名副其实的“民族乐器之乡”。

2. 兰考民族乐器的产销模式

兰考堌阳镇民族乐器工业园和民族乐器村呈现出两种截然不同的产销模式。工业园有较为规范的生产流程，形成了从原材料种植到采购、加工、零件配套、销售、服务的“一条龙”产业链。

以君谊民族乐器有限公司为例，该公司主要生产“君谊”牌古筝，同时，也为其他知名古筝品牌代工。在生产制造古筝时，每个工人都只负责自己工位上的作业，打磨的只管打磨，上弦的只管上弦。这种工作模式使每道工序有规可依，即使在生产过程中遇到了个别问题，也能够及时发现和整改，有效地保障了产品的质量。同时，大批量的生产必须借助高产能的工业设备，工业园的高速运转依赖于这些设备的稳定运行。目前，工业园生产的民族乐器产销海内外，有稳定的大客户源。园区内有的公司也有自己的网店，借助网上商城的东风，其网络销售额也在逐年增高。

以徐场村为代表的堌阳民间作坊，则是以家庭为单位完成整个乐器的制作工艺流程。如果一个家庭劳动人口多些，尚能有部分的分工，如力气大的男主人负责车削木板，女主人负责上漆、上弦；倘若家庭中有老人和小孩需要照顾，很多作坊即男主人包办了所有工作。过去堌阳镇的家庭作坊销售渠道有限，缺乏自有品牌和影响力，为了争夺市场而不惜大打价格战，造成了市场的无序竞争。近年来，在县政府的正确引导下，借助网络市场的东风，堌阳镇家庭作坊已经走出了之前的困境，这些工艺精良的作坊也逐渐得到市场的认可，慕名前来购买民族乐器的游客络绎不绝。以民族乐器为媒，有的作坊家庭甚至成就了美满姻缘成为当地的佳话。

泡桐开发产业已占据兰考县经济发展的半壁江山。创新与发展的互动推动着产业的可持续发展。兰考泡桐木的潜能巨大，适时引入产品创新意识，更加合理地使用这些丰富的资源，提高产品附加值，发展综合利用，推动产业的良性发展。

3. 兰考民族乐器产业发展策略

民谚云："今朝植得泡桐旺，明日招来金凤缘。"1963 年为治理"三害"，焦裕禄同志带领河南兰考人种下了泡桐树，今天，作为"泡桐之乡"的兰考，依托泡桐成就民族乐器产业，引领兰考人从贫困走向富足。毫无疑问，兰考人摸索出来了一条切实可行的道路，将民族乐器产业打造成了城市名片。兰考的民族乐器产业仍在不断进取，创新发展。

兰考人正在提高民族乐器制造从业者的器乐知识素养。在堌阳特色文化产业乡镇的形成与发展过程中，农户的自发性参与是根本力量。历史上的堌阳并无制作民族乐器的传统，当地农民祖祖辈辈以种田为生，既不懂乐理又不识乐器。时至今日，堌阳镇的一些民族乐器企业从业者（包括管理者和工人）仍是不懂音乐，很多人都是见到这个商机转行而来。在民族乐器市场竞争激烈之时，优良的产品质量无疑是市场的一种保障。乐器从业者正在通过多种途径提升自身器乐知识素养，用音乐知识理解自己生产的产品。不论古筝、古琴或是琵琶，企业里的管理者都要求能从音乐的角度来提高这些乐器的质量，与客户的需求建立起共鸣。

同时，兰考人正在建立民族乐器生产制作工艺与教学实践之间的联系，积极探索产教融合新途径。2023 年 11 月 15 日，兰考县百筝百企进央音活动在中央音乐学院成功举行。活动由中央音乐学院、中国乐器学会、中共兰考县委和兰考县人民政府联合主办。当天上午，中央音乐学院师生、中央音乐学院新时代文明实践文艺宣讲师、兰考筝乐团师生、全国各地一线古筝教师齐聚中央音乐学院醇亲王府，他们用以泡桐为原材料制作出的民族乐器——兰考古筝奏出中华乐音，奏响《焦桐花儿开》，展现了校企合作新气象。

近年来，中央音乐学院、上海音乐学院、河南大学音乐学院等多所高等学校纷纷与兰考县民族乐器企业合作，建立产学研基地，并努力构建兰考民族乐器产教融合共同体，共同探索现代泡桐乐器产业发展的新途径，从产业发展、技术交流、人才培养、学术研究、经验分享等方面，共同探讨产业发展的最新趋势和创新人才培养体系的构建。

（五）兰考依托泡桐文化发展教育、旅游等新兴产业

无论是板材加工还是乐器制造，都需要消耗大量的木材。即使泡桐属速生树种，也需要 10～20 年生长周期。那么，有没有一条不需砍伐就能实现产业发展呢？有，那就是教育培训或旅游。

早在 2005～2007 年，兰考县人民政府曾邀请郑州和北京的旅游专家分别作了《兰考县旅游发展总体

规划（2006—2020）》和《兰考旅游文化产业发展规划》，提出了依托“焦桐”建设“焦桐五彩园”、把兰考全域打造成国家森林公园、建设河南焦裕禄干部学院等规划建议，为以后的教育、培训、旅游产业发展描绘了蓝图。

1. 以泡桐为载体的文化符号丰富着兰考干部教育培训的内涵

兰考是焦裕禄精神的发祥地，是焦裕禄同志为之奋斗和献身的地方，更是全国宣传学习焦裕禄精神的主阵地。

在这个主阵地内，“焦桐”“焦林”“习近平手植树”、泡桐制品等以泡桐为载体的文化符号成为干部教育培训的案例实体，彰显着焦裕禄精神的文化内涵。

1966 年 2 月 7 日，《人民日报》刊登了新华社记者穆青、冯健、周原的长篇通讯《县委书记的榜样——焦裕禄》，兰考和焦裕禄从此进入人们视野。人们怀着崇敬的朝圣心情走进兰考，到这里接受教育、学习精神、寻找力量，几十年长盛不衰。

进入 21 世纪以来，在保持共产党员先进性教育、党的群众路线教育实践活动和学习贯彻习近平新时代中国特色社会主义思想主题教育开展过程中，兰考成为全国各地党员干部学习实践教育的重要基地，每天接待学习团组上百批次。

然而，这种蜻蜓点水式的考察学习，不能满足广大干部深度学习、体验式教育的需要。因此，一座焦裕禄精神体验教育基地——河南焦裕禄干部学院应运而生。

河南焦裕禄干部学院建成于 2013 年 7 月，是河南省委组织部重点建设的河南大别山干部学院、河南红旗渠干部学院三所干部学院之一，是中共中央组织部确定的全国 13 所地方党性教育特色基地之一。学院位于兰考县城东北部，占地面积 185 亩，建筑总面积 3.9 万 m^2，可同时容纳 700 人学习培训，300 人住宿。

2014 年 3 月，中共中央总书记、国家主席、中央军委主席习近平来到河南兰考，对第二批党的群众路线教育实践活动进行具体指导，号召全党结合时代特征大力学习弘扬焦裕禄精神。当时，他开会和住宿就在河南焦裕禄干部学院。

河南焦裕禄干部学院与焦裕禄书记亲手种植的“焦桐”仅一路之隔，院内及周边均是泡桐成林，环境优美，学员在这里学习生活，既可以近距离感受焦裕禄精神，又可以切身体验泡桐的浓荫和文化底蕴。

河南焦裕禄干部学院的基本定位是以弘扬焦裕禄精神为主题的全国党员领导干部党性教育培训基地。学院面向全国，培训对象以市厅级和县（市、区）党政正职干部为主体，兼及其他党政领导干部、企业经营管理者、专业技术人员等。学院坚持以焦裕禄精神创办河南焦裕禄干部学院，以焦裕禄精神培养焦裕禄式干部，对党员领导干部开展宗旨意识和群众路线教育，提高领导干部做群众工作的本领和能力，为培养更多更好的焦裕禄式好干部、好党员做出不懈的努力和贡献。

河南焦裕禄干部学院围绕新时期焦裕禄精神实质内涵，深入挖掘焦裕禄精神文化资源，以“接地气、创特色”的办学理念，全力打造精品培训项目和特色课程。以与焦裕禄同志相关的实物、实景、实事为载体，开发了焦陵、焦裕禄同志纪念馆、焦桐、焦林等 10 多个现场教学点，直观展现焦裕禄同志“心里装着人民群众，唯独没有他自己”的宗旨意识。以焦裕禄同志后代和焦裕禄时代的亲历者为重点，开发了互动课程、音像教学等，实现与学员面对面互动交流。与中共中央党校、中国浦东干部学院、中国延安干部学院等充分合作，开发了高端名家的专题教学，使学员及时掌握最新前沿理论与知识。以“行动学习法”培训理念为支撑，创新开发了蹲点调研、体验式教学、拓展训练、情景模拟、案例剖析、互动研讨等教学形式，使学员在学中做与做中学的深度融合中有效掌握实际工作方法和技巧。学院采取“菜单式”选课、“模块式”组课的课程开发模式，能较好地满足各个层次、各种类型的培训需求。

焦裕禄精神是兰考红色文化资源优势。兰考应在大力宣传焦裕禄事迹、弘扬焦裕禄精神的同时，深度挖掘和宣传学习践行焦裕禄精神的“时代楷模”，展示继承焦裕禄精神的新时代兰考人、河南人、中国人，将全域建设为以焦裕禄精神为主题的爱国主义和党性教育的重要基地。

2. 以泡桐为载体的文化符号促进兰考旅游产业的发展

当年，焦裕禄书记的足迹遍布兰考大地，处处都有他的身影和遗迹。焦裕禄纪念园、焦裕禄纪念馆、焦桐等都是兰考红色旅游资源的传统载体。近年来，焦林、兰考泡桐森林公园、兰考县展览馆（焦裕禄精神文化园）、兰考县文体活动中心、黄河湾风景区、凤鸣湖湿地公园、张良墓等景区（点）的建设，尤其以民族乐器制造为依托的工业旅游，为兰考的旅游产业发展注入了新的活力。兰考将全县国家森林公园打造、泡桐产业发展和焦裕禄精神红色旅游结合起来，开发一系列体验式研学产品，打造集宣传、展示、研学、体验等多种功能于一体的红绿相映的综合型全域旅游区。

2022 年 7 月 22 日，河南农业大学和兰考县人民政府共建泡桐研究院揭牌仪式在兰考三农职业学院举行。河南农业大学兰考泡桐研究院成立，开启了双方合作、发展、共赢的新起点。泡桐研究院作为打造服务乡村振兴的重要举措，将持续提升兰考泡桐国家品牌效应，推动产教融合健康发展。

徐场民族音乐文化森林特色小镇建设规划，依托徐场村泡桐乐器加工制造产业的基础，深入挖掘中国民族音乐文化，导入休闲旅游产业，策划主题性强、体验性强的一系列旅游项目，打造集文化体验、桐林休闲、养生度假、民俗风情等功能于一体的民族音乐文化旅游休闲小镇。

河南省兰考县固阳镇徐场村，距离村子约 1km 处宋九路旁，一座拱门上面写着：“中国民族乐器村徐场村”一行大字。

往前行，道路两旁，一排排的泡桐树，花开芬芳，香气四溢。穿过兰南高速下面的涵洞，就是中国民族乐器村。

进村时，首先看到的是一个很大的停车场，这是游客和顾客的第一站。在干净整洁的徐场村街道两边，一栋独具乡村风格的别墅格外显眼。几乎每扇门上都挂着古琴和古筝作坊的小旗，名字各不相同。

近年来，通过古琴、古筝的生产，徐场村家家户户都走上了致富的道路，建造了一座座乡村风格的别墅。

每逢大型节日，村里都会有古琴、古筝表演，吸引十里八村村民和外地游客观看。

近年来，为了能够种植优质的泡桐树，徐场村周边种植了大量泡桐树，形成了美丽的景观。

黄河湾森林特色小镇建设规划，以东坝头村九曲黄河最后一道大湾资源为依托，以森林、农耕、黄河文化三大特色资源为基础，构建在森林中养生度假、在农事中体验绿色有机生活、在黄河文化中品悟人生的生态旅游格局，打造集居住观光、体验、养生、养老、度假、娱乐等功能于一体的森林特色小镇。

（六）曹县棺椁制造产业文化特色

曹县隶属于山东菏泽，与河南兰考相邻。从明朝起，曹县人便流传下精湛的木雕手艺，至今已有 500 多年，素有“中国木艺之都”的称号。

曹县与兰考一样盛产泡桐树，5～8 年便可成材。明明手握泡桐产业和木雕手艺两张好牌，可这个历史悠久的小县却上了贫困县的名单，许多年轻人都外出打工。

20 世纪 90 年代，日本人看上了曹县的泡桐木，因为在日本的殡葬风俗中，棺木要与逝者一同火化，而用泡桐木做的棺材易燃又轻，颇受日本民众的欢迎。

日本人认为死亡本身是件有尊严的事情，他们注重葬礼的仪式感，对棺材的要求非常高，希望在临终前能亲手安排好自己的后事。

在他们的心目中，桐木象征着尊贵典雅，用此木制作棺材表达了对逝者的敬意，加上本土木材紧缺，日方棺材商得知曹县盛产泡桐木，主动前来购买，运回日本加工。

曹县泡桐木的出口量迅速占据了中国的 70%，人们怎么也没想到，曹县对日本棺材市场的垄断已悄悄拉开了序幕。

随着日本的经济萧条，日方棺材厂利润下降，很难再支付雕刻师傅每日 700 元的酬金。当得知曹县木雕工人日薪只需 10 元后，日本厂家便来曹县考察。

曹县人祖传的雕刻手艺果然名不虚传，日商非常满意，便将棺木的雕刻业务承包给了曹县的庄寨镇。镇里的厂家还派人去日本现场雕刻，淡雅的色调、细腻的雕花令日本人赞叹不已，现场订购火爆。

后来，庄寨人不甘心总这么给日本人做代工，受人制约。咱有木材，能加工，会雕刻，为什么不自己生产棺材卖给日本人呢？这可是中国制造啊！于是，他们带着自己生产的棺材参加上海华东交易会，结果吸引了许多日本人的眼球，除了质量上乘，价格更是焦点。最贵的棺木只有日本本土棺木价钱的一半，便宜的只需 300 多元。许多日本商家都来跟庄寨人洽谈业务，从此，曹县的棺材成功打入日本市场。

同时，日本人口严重的老龄化给棺木生意带来了巨大商机，每年春夏是淡季，秋冬是旺季。日本客户对棺材的细节要求特别严格，他们要求棺材上设有一个小窗，亲人可以通过窗口看到逝者的面容。小窗要求严丝合缝，不可发出任何声响，否则对逝者不敬。每副棺材都要用 38 颗钉子，多一颗产生垃圾，少一颗影响品质；棺内的布料不得有任何褶皱；成品棺木的各项尺寸误差不能超过 2mm……

曹县棺材厂每个一线工人上岗前，都要先进行 3 个月的日本文化礼仪课培训，企业领导则要到日本学习，知己知彼，才能百战不殆。

曹县许多家族企业为了拓展业务，几乎每家都要把孩子送到日本留学，在日本设立办事处，专门研究当地的文化风俗和消费动向。就连曹县的企业老板给姑娘找女婿，条件都是跨境贸易、电子商务专业、日语流利者优先。

不仅如此，曹县厂家还为日本客户提供私人定制，棺木的花样也不断创新。喜欢动漫的有二次元系列；醉心豪华的有牡丹刺绣风；在浪漫的樱花节还推出樱花唯美风……

2017 年，日本东京电视台在做节目《不可思议的世界》时，发现了一件令人吃惊的事情：日本人买的棺材九成来自中国制造，而且全都来自山东菏泽的一个小县——曹县。

为此，节目组专程来山东曹县一探究竟。真是不看不知道，一看吓一跳，小小的曹县仅庄寨镇就有 2500 多家木材加工厂，吸引了许多外地人来打工，一线工人每月薪资 7000 元左右。

每个工人都把棺材当作艺术品来做，固定骨架、打钉、装饰、雕刻……节目组的人看得目瞪口呆。

如今，曹县的棺材每月出口将近 10 万副，年产值达 500 亿，从 2010～2020 年，GDP 从 122 亿暴涨至 464 亿，成为菏泽市的龙头县。

曹县人有着垄断日本棺材市场，接轨国际的大格局。他们依托当地特点和产业优势，不断创新发展，以无可挑剔的质量，贴心的创意和亲民的价格，赢得日本客户青睐。

除棺椁加工之外，曹县还有大大小小几十家桐木加工厂，主营产品为泡桐木盒，用途为酒茶类产品的外包装，其产品畅销国内外。

第四节　泡桐精神文化

泡桐树木的生长发育、形态特征、生态习性、利用价值，有着不同于一般植物的个性，形成别具一格的文化历史。然而，它自身的潜能在与人们生产、生活交融发展过程中，尽情地释放出来，绚丽无比，令人迷醉。一棵泡桐树，在不同的季节，不同的生长发育阶段，展示出不一样的风景。每一道年轮，记录着时间的痕迹。一旦人与自然融合在一起，就会赋予自然物以人格的精神文化，泡桐树及其枝、叶、花等所象征的美丽、温馨、高雅、坚贞不屈、无私奉献的人格品质深深融入人们心中，这种精神文化被称为泡桐的自然精神文化。

同时，人们在以泡桐为实践对象的生产、科研、开发和生活过程中，不仅积累了丰富的栽培和利用经验，形成了科学的理论，掌握了先进的技术，而人们认识自然、改造自然、利用自然造福人类的精神品质浸润在泡桐这一植物中，赋予了泡桐以精神文化内涵，在“泡桐”这一文化符号上包含着人类的精神文化，形成另一种泡桐精神，这种泡桐精神从来源划分，包括但不限于焦裕禄精神、科学家精神和大国工匠精神，这种精神文化被称为泡桐的人文精神文化。

人们通过了解体悟泡桐的自然精神文化和人文精神文化的内涵，欣赏泡桐的雄姿，品味泡桐的风骨，歌颂泡桐的品格，潜移默化地进入道法自然的人生境界，这种泡桐所承载的人类精神品质形成的泡桐文化养育着中华民族积极、健康、向上延续。

一、泡桐的自然精神文化

本书的本章第一节中就对“典籍里的泡桐意象”进行陈述，比如“剪桐疏爵”的典故、“周成王剪桐封弟”的历史故事、王安石和白居易借 “孤桐”以言志，以及“清明之花”“花香袭人”等，都包含了泡桐的文化意蕴。

到了当代，人们在生产生活中植桐、用桐、赏桐、咏桐等更为普遍，寄予桐树、桐花、桐叶、桐林、桐木等自然本体更多精神象征和文化意蕴。

（一）泡桐花的文化意蕴

泡桐花紫色或白色，香味浓郁，花朵像喇叭，又被称为喇叭花。泡桐花可以食用，也可以药用，人们拿它来当蔬菜吃，营养价值很高。泡桐花长得很美，人们长期感悟泡桐花的形态结构，抽象出了泡桐花语，赋予泡桐花寓意和象征。

1. 泡桐花语

泡桐花很漂亮，每逢春季盛开，开花时满枝头都是，很浪漫很梦幻，更是壮观。泡桐花的一个花语是“永远的守候”，如果心中有喜欢的人，泡桐花就是不错的选择，送给爱人表达爱意。泡桐花的另一个花语是“期盼你的爱”，表达暗恋的美好，如果你暗恋一个人，送她泡桐花可以表达暗恋之情，让对方知道你在默默关心爱护她。

适用的对象也有很多，可以代表父母对子女的守候，也可以是爱情里或者友情里一方为另一方永远地守候，表现出送花的一方希望能够通过自己的努力坚持和不断地付出得到对方的回应，期待可以通过日久生情俘获芳心，收获爱情。

2. 泡桐花寓意

不同的文化背景下泡桐花的寓意不太一样。在一些传统文化里，泡桐花寓意美丽、大方的女子，开花时的泡桐树美丽无比，也有吸引凤凰的作用，因此泡桐花寓意美好的事物和值得等待的爱情。

泡桐花花苞较大而且比较饱满，淡紫色或浅白色地开在枝头，像是在表明自己爱的宣言，用守护的方式期待得到对方的爱和回应。对于想让对方知道自己喜欢他（她）但又不好意思表白的一类人，送给对方这种代表着“期盼你的爱”的泡桐花就再合适不过了。

3. 泡桐花象征

泡桐花很美丽，淡紫色和白色的花朵绽放在高高的枝头，高贵淡雅，恰似“情窦初开”，人们经常把它看作女孩子的象征。

泡桐花是爱情的象征，代表着爱情的升华与纯洁。泡桐花由于开放时间短暂，因此特别珍贵，在人们眼中代表着短暂的爱情。它还象征着爱情升华的美好愿望，即希望两个人能够一同经历爱情的磨难，最终在高峰时刻达到完美的结合。

泡桐花在花语中还代表着家庭和睦，和家人共同度过幸福生活的寓意。泡桐花芳香四溢，让人感受到家庭温暖和幸福的气息。因此，人们会将泡桐花作为送给自己家人或者亲友的礼物，表达家庭和睦、幸福美满的愿望。

泡桐花还代表着自由和独立，有勇气追求自己的梦想。正如泡桐树一样，在风中舞动的泡桐花，代表着勇敢追求自由和独立的精神。人们会将泡桐花作为送给朋友或者孩子的礼物，希望他们在未来能够勇敢追求自己的理想。

泡桐花还代表着美好祝愿和心愿。人们将泡桐花作为礼品或者用于装饰场所，通常带有“祝福”这一含义。例如，结婚典礼上，新人会摆放泡桐花来表达对新婚夫妻幸福美满的祝福。

泡桐花还代表着成功和荣耀。开满泡桐花的大街小巷就像荣耀之路一样，通向成功。因此，泡桐花也经常作为商业礼品或者企业形象宣传中的元素使用，带有成功和荣耀的象征意义。

泡桐花是青春与梦想之花，它代表着青春、梦想、希望和勇气。青春是美好的开始，梦想是未来的指引，因此泡桐花也经常被用于青少年文化活动、毕业典礼等场合，来表达对青年人美好未来的期许与祝愿。

泡桐花还象征坚韧不拔、顽强不屈的精神。在刮风下雨中舞动的泡桐花，展现出无畏无惧、始终坚韧不拔、努力拼搏不放弃的精神面貌。因此，在困境中坚持不懈、勇往直前时，人们会选择送一束泡桐花来表达对朋友或亲人无尽的支持和鼓励。

（二）泡桐树的精神象征

泡桐树司空见惯，房前屋后、地头渠边、山野空地，校园广场到处都有它的身影。人们与泡桐交往密切，印象深刻，感情深厚，通过泡桐树感受到美好的意蕴，体验了新颖独特的精神力量。

1. 低调含蓄不示弱

每至春日来临，牡丹、樱花、海棠、梨花、碧桃、连翘、紫荆、榆梅、丁香等百花齐放，争奇斗艳。于是，文人墨客们大笔一挥，用神奇的丹青高手，绝妙的神来之笔尽情地描绘着这个多姿多彩的世界。“李花如积雪”“梨花春带雨”“牡丹真国色”“桃花相映红”等，不吝笔墨，大加赞赏。

一旦那些花枝招展的花卉盛开得力尽之时，高大坚挺、威武雄壮的泡桐花鹤立鸡群，如云似霞的花飘浮在绿色的波浪里，舒展，悠长，一簇簇，一团团，一串串。淡淡的喇叭形的紫色桐花无须绿叶的陪伴竞相缀满遒劲的枝杈，毫无顾忌地释放着自己的热情，张扬着自己的个性，展示着自己的活力，挥洒着生命中一年一度的高光时刻。

无论人们是否关注，是否赞美，泡桐花依然在春风里摇曳，在山野间绽放，她宛如在田间劳作的农夫，普通得从不引人注意，十分平凡。

2. 奉献人类不索取

到了夏日，落英之中，泡桐的叶儿开始伸展了，青青的、嫩嫩的，滑滑的，叶片厚实而肥大，翠绿欲滴，一派生机盎然。熏风吹拂，泡桐叶犹如美人的团扇，风吹影动，声声作响。这时的泡桐像个不服输的汉子直挺着伟岸的腰板，伸长粗壮的脖颈，用高昂的头颅直视烈日，与蓝天交融。在烈日的暴晒下，扇面似的叶子宽大平展，向四周延伸着，一片叠着另一片，几乎不留一丁点儿缝隙，形成了一道遮天蔽日的屏障，老人们和谈情说爱的年轻人到泡桐树下纳凉、健身、休闲。晚上，明月如霜，皎洁的月光静静地倾泻在叶子上，地上洒下斑驳的树影，泡桐林的周围人山人海，广场舞、交谊舞、太极拳、一波接着一波，一群挨着一群，歌声、乐声、喝彩声在微风中摇曳出悦耳的音符。每遇雨天，泡桐枝条自由地向四周铺开，层层叠叠的树叶，油光嫩绿，稠密无缝，承载着雨滴的负重，形成了一座巨大的伞塔，用自己庞大的身躯为过往的行人遮风挡雨。在夏天里，光的绚丽、柳的柔美、水的清凉都可以在泡桐树下得到充分的享受和体验。

泡桐树分布广泛，随处可见。校园里的泡桐树更是受学生喜欢，风雨天泡桐树为校园里的同学们遮风挡雨，夏天为同学们庇荫乘凉，人们并没有为它们提供经常性的管护，甚至也没有感恩它，可是泡桐依然如故，年年如此。泡桐“利万物而不争”，奉献人类不索取。

无论是农田防护林体系还是“四旁”绿化，排列着的参差不齐或者整齐划一的泡桐树，高大的树冠，遒劲的枝条，傲视苍穹，直插云天。威武雄壮的英姿像卫士一样，日夜守卫着祖国的国土。春日散发芬芳；夏日挡雨遮阳；秋日展现金黄；冬日映雪耀光。宠辱不惊的君子风格，礼仪谦让的圣人品行，任劳任怨的敬业精神。不媚春色，不争妖艳，有的只是默默无闻，无私奉献。

3. 攻坚克难不畏惧

泡桐具有顽强的生命力，易生存，繁殖容易，耐旱，抗盐碱，不择土壤，不挑环境。严冬里，在凛冽的寒风中，泡桐笑傲严寒，腰杆直挺，尤其是冰雪过后，它银装素裹，挂在树枝上的冰凌在阳光照射下晶莹剔透，光彩耀眼，别具一格。

一颗小小泡桐种子或一粒根段上的幼芽穿越泥土，发育成一棵树木。在成长的过程中它接受阳光，也必须得包容风雨，还要承受外力的阻抗，它不抱怨自己的出生环境，因为它有梦想，始终坚信自己能成为参天大树。大树之所以可以枝繁叶茂拥抱阳光是因为它向上发枝高和向下扎根深，根源于它依然选择了坚强。

极端的生长环境和顽强的拼搏意志及团结奋斗的泡桐精神让人感动，人们感动生命的伟大。人与人形成的关系总和称为“社会”，树与树形成的关系总和称为“森林”，每一棵泡桐树都是从小小的一粒种子或者一棵树苗长大，每一片泡桐林都从幼弱状态成长为能够抵御自然灾害的成熟壮林，大树和成熟林见证了风雨雷电。人和社会都会经历曲折艰难，人们在与泡桐的朝夕相处中变得如大泡桐树一般坚强，像泡桐枝一样穿越出去拥抱阳光。

人的成长过程是需要有泡桐树的精神，每一个生命都不应被小瞧。纵使没有别人的鲜花和掌声，也应该依然坚定自己的梦想，没有人给自己遮风挡雨，那就把枝干变得强壮；没有人给自己遮阴纳凉，自己就可以“野蛮生长”，独木成林；没有人相信自己还能东山再起的时候，就要活出自己的新生和希望。

泡桐树是自然界里极普通而又平凡的一种树。然而，它却蕴含了人们的真挚情感，折射出这个时代的精神世界。从它的普通之处我们看到了它的不寻常，从它的平凡之处我们感受到了它的伟大……泡桐不仅仅是自然之树，更承载着深厚的文化意蕴和伟大的精神象征。

二、泡桐的人文精神文化

泡桐的人文精神文化可以概括为，兰考县委书记焦裕禄带领群众种植泡桐的事迹所体现的“亲民爱民、艰苦奋斗、科学求实、迎难而上、无私奉献”的焦裕禄精神；林业科技工作者从事泡桐的生产实践、科学研究、技术推广、人才培养过程中所体现的科学家精神；大批能工巧匠利用泡桐木材加工桐木产品过程中所体现的大国工匠精神。

焦裕禄精神、科学家精神、大国工匠精神等分别通过人的“实践”这一桥梁与泡桐相连接，便人为地赋予了泡桐内容丰富的精神文化。

（一）焦裕禄精神与泡桐

县委书记的好榜样——焦裕禄同志有一张广为流传的照片，肩披外套、双手叉腰、侧脸目视远方，背后斜伸出一枝泡桐。照片中那棵泡桐，便是1963年焦裕禄同志亲手栽下的，被兰考人民亲切地称为“焦桐”。半个多世纪过去了，“焦桐”挺拔伟岸，亭亭如盖。人们看到泡桐树，就会联想起焦裕禄和焦裕禄精神。如今，“焦桐”挺拔伟岸，枝繁叶茂，已经是焦裕禄精神的崇高象征。

1. 焦裕禄与泡桐的结缘

焦裕禄在兰考做县委书记期间，号召群众广植泡桐，并亲手种下了一株泡桐。在他去世后，群众将这棵泡桐很好地保护起来，并亲切地称为“焦桐”。1978 年，该树被兰考县人民政府公布为县级文物保护单位，周围园区历经几次修葺，环境风貌焕然一新，其已成为焦裕禄精神的一个象征，是人们纪念、缅怀焦裕禄的良好凭借，在兰考乃至全国都有着相当高的知名度和深远影响。

（1）兰考有名木，大名唤“焦桐”

泡桐树，是一种在我国华北平原上很常见的用材树。它躯干挺拔，根系发达，叶如蒲扇，花似杯盏，尤其是那紫粉色的花朵，层叠成簇，排列在铁青色的枝条上，不开则已，一开就开得满树繁花，轰轰烈烈，令人感到满眼蓬勃的活力与生机。更重要的是，泡桐成材周期较短，一般 10 年左右就可长成合抱粗的大树。因此，大多数庄户人家的房前屋后，榆杨楝槐等树木中间，都不难看到它的身姿。不过，也正是因为泡桐树的速生特性，在不太注重赏花的农村，人们能见到的树龄 20 年以上的泡桐树极少。

然而，在河南省兰考县城北不远的一块田地里，却生长着一棵高达 20 多米、树冠可荫近百平方米、需两三人方可合抱的泡桐树。这棵泡桐树已有 60 多年树龄，不但巍然屹立着，而且还被定为“重点文物”。一年四季总是有人前来瞻仰它的雄姿。中共中央总书记、国家主席习近平曾几次到兰考调研，其间也慕名来到这棵大泡桐树跟前，久久地凝视着它，称赞它的挺拔与高大。

这棵不同寻常的泡桐树，就是兰考人民为缅怀原兰考县委书记焦裕禄而称为“焦桐”的那一棵。

（2）一张合影照，伙伴是泡桐

焦裕禄平时很少照相，因此生前留下的照片极少。他在兰考最经典的一张照片，就是他和亲手栽种的这棵被称为“焦桐”的泡桐树的合影。这张照片后来成为国家邮电部发行的“党的好干部焦裕禄”的邮票上的图案，成为“国家名片”。

说起他和泡桐树的这张珍贵的合影，还真有点来之不易呢！

焦裕禄常常下乡调研，每逢出发时，他一定要求随行的县委通讯干事刘俊生带上照相机，随时捕捉干部群众在生产劳动中的典型场面，用“图片新闻”的形式，在报纸、板报上及时宣传。

在随焦裕禄下乡日子里，刘俊生不是看到他在农田里和农民一起劳动，就是看到他深入农家和群众促膝谈心；不是看到他在公社和大队具体指导农业生产，就是看到他现场解决栽种泡桐、管理泡桐过程中出现的各种问题。焦裕禄艰苦朴素的工作作风，和普通老百姓血肉相连的思想感情，无一不是宣传报道的极好内容，刘俊生很想抓住机会为焦裕禄多拍几张照片，可焦裕禄总是不让。

有一次，刘俊生按要求背着照相机，跟随焦裕禄来到许贡庄生产队。焦裕禄把自行车一放就拿起锄头到田间除草去了，他认真、细致、熟练的锄地情景又激起了刘俊生给他拍一张照片的欲望。刘俊生拿起照相机，满怀热情地要照相时，焦裕禄却向他摆摆手，婉言拒绝了刘俊生。

焦裕禄总是跟身边的人说，干部只有放下架子和群众打成一片，群众才会对你说真心话。他经常穿着补丁衣服下乡，这样做也是为了与穿着补丁衣的群众拉近距离和感情。

正是因为打心眼儿里敬佩焦裕禄这样的好干部，刘俊生觉得自己有宣传这位模范带头人的责任和义务，因此，他暗下决心：不管想什么办法，也要为焦裕禄拍几张照片。1963 年 9 月初的一天，刘俊生和焦裕禄一同从老韩陵来到胡集南地劳动和调研，在场的城关公社党委书记向焦裕禄请求，说自己想和焦裕禄同志照一张合影作纪念，焦裕禄却说，领导之间合影没有意义。刘俊生终于抓住了一个拍照的机会，于是他便问焦裕禄为什么不可以给领导照相时，焦裕禄笑着解释说，广大群众改变兰考面貌的决心和忘我劳动的精神才真正感人，应该给群众拍照片，对群众是一种鼓舞。刘俊生继续追问焦裕禄说：“如果把领导和群众在一起劳动的情景照下来，对群众鼓舞应该是更大。”焦裕禄一听便哈哈笑了起来，只好答应了刘俊生，但焦裕禄同时提出一个条件，要求自己就在泡桐树跟前照相，以示他对泡桐的热爱。于是，焦裕禄披着上衣，双手叉着腰，两眼深情地望着那棵泡桐树，高高兴兴地走了过去。就这样，刘俊生按下快门，将党的好干部焦裕禄的形象永久地定格在了胶片上。照片洗出来后，焦裕禄拿着刘俊生送来的他和泡桐树的合影，微笑着连声说好，喜爱之情溢于言表。

（3）“焦桐”浓荫在，惠泽众百姓

在大量培育和种植泡桐树的过程中，焦裕禄不仅亲自参加植树活动，还具体指导发展泡桐的重点公社和大队的栽种工作，总结经验，迅速推广，使全县的泡桐栽植数量和面积很快达到了县委的规划要求。

“三分造，七分管”。树种上了，管理措施必须跟上，这样才能保证泡桐的茁壮成长。焦裕禄非常重视泡桐林的管理工作，他要求：一是每个公社专门成立了一个林业派出所，派出所人员必须到位；二是各生产队都安排了专职的护林员，日夜巡逻；三是各主要路口都设了林业宣传站，向过路人宣传林业政策；四是队队有护林制度，户户有护林公约。

仅有制度和人员还不够，焦裕禄提出要抓关键、看落实。他经常骑自行车来到田间地头，与群众交流，并且非常重视与少年儿童交谈，了解人们对爱林、护林的认识，询问林业管理政策和制度的落实情况，亲身体验兰考人民关爱泡桐的自觉性、主动性。在焦裕禄同志的领导下，兰考县的少年儿童成了宣传林业政策的主力军，中小学校成为宣传林业政策的主阵地，学校教师成了宣传林业政策的主教员。

功夫不负有心人。焦裕禄同志经过多次各种形式的检查、调研，验证了兰考当时的育林和护林措施已经在群众中真正落实到位，兰考的 20 多万株泡桐树蓬蓬勃勃成长起来了。

两三年后，兰考境内的泡桐树和同时栽植的刺槐等防风固沙植物就长成了蔚为壮观的林带，加上焦裕禄任职时力主推广的用淤泥压沙等措施，兰考的 300 多个大沙丘和几十处“风口”全被制服。经深翻后的土地，又成为肥沃的良田。

焦裕禄带领兰考人民大力栽种的泡桐树，实现了防风固沙的初衷。更可以告慰焦裕禄英灵的是，经他大力推广栽种的泡桐树，在他身后为兰考几十万人民带来了无穷无尽的经济财富和精神财富。

焦裕禄累死在兰考这片热土上，兰考人民继承焦裕禄的遗志，且把泡桐树不惧恶劣环境、努力活出生命的本色特性与焦裕禄精神合二为一，把泡桐当成了寄托对焦裕禄哀思的载体。泡桐树成为焦裕禄精神的化身，更成为兰考的“形象大使”。人们把兰考泡桐简称为“兰桐”，有时也统称为“焦桐”。

泡桐树成材后，便成为兰考人的“摇钱树”。当地群众充分利用成材的泡桐树，进行木材深加工，生产出了家具、木制工艺品、桐木拼板，更为可喜的是，当地的能工巧匠，还利用轻灵的桐木板制作出了古筝、阮、柳琴等民族乐器，使泡桐走进了音乐大雅之堂。

焦裕禄的确称得上是兰考人民的“福星”，他给兰考人民留下的“绿色银行”——泡桐林，是兰考人民取之不竭的财源，兰考乃至全国人民都会永远铭记焦裕禄和泡桐树。可以告慰焦裕禄的是，他离开兰考人民几十年来，兰考历届县委、县政府在他的精神鼓舞下，始终把林业生态建设放在农村经济发展的重要位置，把发展泡桐产业作为兰考的重点经济工作来抓，每年都组织开展大规模的植树造林活动，经济效益、生态效益和社会效益取得了明显的成效。

为维护焦裕禄留给兰考的“绿色银行”，近年来兰考县每年都要购买 10 万株优质泡桐苗木，分发到各个乡、村，交给农民栽种，这些树木谁栽谁维护，成材以后树木也归谁所有。由于措施得力，群众种植泡桐的积极性很高。可以预言，泡桐树，这种被焦裕禄看好的树种，即使历经沧海桑田，在兰考大地，仍将成为“永久的风景”。

“焦桐”不老，它的浓荫将继续泽被后世，为兰考、为河南乃至为全国人民带来源源不断的物质利益和精神财富。

2. 焦裕禄精神与“焦桐”

当年的县委书记焦裕禄同志在兰考工作期间，为治理“三害”，带病深入基层，走遍风沙严重的所有小气候区，访问群众，科学观察，分析归纳，总结出“扎针贴膏药”治理沙丘模式。他带头植树造林，选择防风固沙能力强且适宜兰考地区生长的泡桐为先锋树种。从此，焦裕禄、兰考、泡桐三个名字便有机地联系在一起，兰考人民也习惯地深情称呼兰考大地上的泡桐树为“焦桐”。

焦裕禄精神是焦裕禄同志以做“毛主席的好学生”为起点，以为人民服务为宗旨，以自己的行动铸就而成的具有时代特征的意识形态。

在新时代下，人们正在认真学习、大力弘扬、努力践行焦裕禄精神。焦裕禄精神就像泡桐树扎根于中国人的精神土壤，支撑人们在建设中国式现代化的伟大事业中贡献力量。

逆境中的泡桐树之落地生根精神正在激励着中国人民。泡桐顽强的生命力，不仅是环境对植物生长的要求，更是国人特别是新时代青年人不可或缺的精神品质。站在新时代，人们不需要克服恶劣环境和物质匮乏所带来的困难。但是，优越的物质生活条件，并不代表我们就能惬意地享受美好生活。作为新时代下担当着复兴大任的青年一代，更不能躺在安逸的温床上迷失自我，在工作和生活中，应该学会艰苦奋斗、埋头扎根、汲取养分，强化自身适应力，做到无论在什么样的环境下都能扎得住根，都能向阳而生。

逆境中的泡桐树之屹立不倒精神正在激励着中国人民。中华民族自古以来从不缺少拼搏的斗志，敢于斗争，善于斗争。正是因为有无数祖辈的迎难而上，才使得中国人民以伟岸的身姿，巍然屹立于世界民族之林。无论何时，无所畏惧地拼搏，始终是解决困难的不二法宝。相较于焦裕禄带领兰考人民除“三害”改善群众生产生活条件时遇到的困难，当代青年所遇到的困境根本不值一提。“革命者要在困难面前逞英雄”，作为实现中华民族伟大复兴的革命者中不可或缺的青年中坚，应该学会像兰考坚挺的泡桐树一样，敢于同风沙做斗争、敢于拼搏、敢为人先。

逆境中的泡桐树之开枝散叶精神正在激励着中国人民。精神的传承不仅是一代人或一群人的事情，而是整个民族中的每个个体都义不容辞的责任。作为新时代青年人，有着承上启下的关键作用。人们能否传承好像焦裕禄精神这样的民族精神财富，关乎着我们整个民族的奋斗意志。因而青年更应该学习和发扬好焦裕禄精神，将属于中华民族的精神故事讲给更多的人听，将属于中华民族的精神意志以自身为标榜广泛传承。

“亲民爱民、艰苦奋斗、科学求实、迎难而上、无私奉献”的焦裕禄精神，短短的二十个字，却是焦裕禄一生真实的写照。焦裕禄虽然已经远离而去，但那面对风沙岿然不动，护一方平安的泡桐树，那一个个在中华民族伟大复兴的长征路上鞠躬尽瘁的身影，何尝不是焦裕禄精神的延续？

3. 焦裕禄精神的弘扬与“习近平手植树”

2009 年 4 月，习近平同志参观了焦裕禄纪念园，瞻仰了烈士纪念碑、焦裕禄事迹展室，看望了焦裕禄同志的亲属，深情地仰望焦裕禄同志当年亲手栽种的被人们亲切称呼“焦桐”的泡桐树，习近平同志在距离“焦桐”不远处的园林绿地内，也亲手栽种一棵泡桐树。现在“习近平手植树”已高大挺立，枝繁叶茂。据悉，习近平同志种下这棵泡桐树就是当年人们以“焦桐”的根段为繁殖材料培育的苗木，也是希望用这种方式传承和弘扬焦裕禄精神。“亲民爱民，艰苦奋斗，科学求实，迎难而上，无私奉献”这二十字的焦裕禄精神，正是这次习近平同志在兰考考察期间，在全县干部群众座谈会上提出的。

一株伟岸的“习近平手植树”由此在兰考的大地上植根生长。“焦桐”的挺拔和“习近平手植树”的伟岸，昭示着焦裕禄精神在共产党的干部中的薪火相传，赓续弘扬，召唤着后来之人，不忘初心、牢记使命，砥砺前行。

早在 1990 年 7 月 15 日，总书记习近平当时在福州担任市委书记，夜读了新闻报道《人民呼唤焦裕禄》一文，心情难以平静，当即填下一阕《念奴娇 • 追思焦裕禄》。第二天的《福州晚报》刊登了这首词，全文如下：

中夜，读《人民呼唤焦裕禄》一文，是时霁月如银，文思萦系……

魂飞万里，

盼归来，
此水此山此地。
百姓谁不爱好官？
把泪焦桐成雨。
生也沙丘，
死也沙丘，
父老生死系。
暮雪朝霜，
毋改英雄意气！

依然月明如昔，
思君夜夜，
肝胆长如洗。
路漫漫其修远矣，
两袖清风来去。
为官一任，
造福一方，
遂了平生意。
绿我涓滴，
会它千顷澄碧。

此后，习近平一直牵挂着兰考，对兰考心心念念。2009 年 4 月 1 日、2014 年 3 月 17～18 日和 2014 年 5 月 9 日，他先后三次到兰考考察调研，每次都强调要大力学习弘扬焦裕禄精神。他指出，虽然焦裕禄离开我们 50 年了，但焦裕禄精神是永恒的。他这样评价焦裕禄精神："无论过去、现在还是将来，都永远是亿万人民心中一座永不磨灭的丰碑，永远是鼓舞我们艰苦奋斗、执政为民的强大思想动力，永远是激励我们求真务实、开拓进取的宝贵精神财富，永远不会过时。"

人民有信仰，民族有希望，国家有力量。"习近平手植树"与"焦桐"一脉相承，互应而生，呼唤着中国人民特别是党员干部在以习近平同志为核心的党中央领导下，在中华民族和中国人民迈进中国特色社会主义新时代的今天，都应该深刻学习、广泛宣传、全面实践焦裕禄精神，以焦裕禄同志为榜样，为推进党和人民事业发展、实现中华民族伟大复兴的中国梦提供强大正能量。

4. 焦裕禄精神的传承与一家两代人对"焦桐"的守护

正是因为"焦桐"承载着焦裕禄精神，多年来，人们精心管护这棵象征焦裕禄精神的文化图腾，其中魏宪堂和魏善民父子就是典型代表。

由于家离"焦桐"较近，多年来，当地村民魏宪堂和魏善民父子承担了守护"焦桐"的义务，在他们的守护下，"焦桐"树依旧枝繁叶茂。

每天清晨，第一缕阳光洒下时，年过八旬的魏善民已经开始清理树下的落叶了。他已经在这里守护"焦桐"60 年了。魏善民告诉人们，"焦桐"是兰考人的精神寄托，也是自己心里挥之不去的记忆。1963 年，为了抵御遮天蔽日的风沙，焦裕禄亲自拿着铁锹，带领人民大面积种植泡桐。泡桐树种下后，魏善民的父亲魏宪堂被选为护林员。8 年后，魏善民从父亲手中接棒，将守护"焦桐"当成生命中最重要的事情。

2016 年，魏善民发现"焦桐"没有开花。几经查看才发现，原来是之前广场地面进行硬化，影响了"焦桐"根系的呼吸。他赶紧想办法，用电钻在周围地面打了 131 个孔，又一个孔接一个孔地浇水。

60 年过去了，当年的小树苗，如今变成了参天大树，遮天蔽日。一般的泡桐树寿命只有 30 年左右，而这棵“焦桐”，在魏善民和他父亲的共同守护下，寿命几乎延长了 1 倍，至今依旧生机盎然。

“焦桐”长大了，兰考也不再是那个风沙漫天的荒芜之地。昔日黄河边上百万亩的“三害”土地，全部变成了丰收的良田。多年来种下的 20 万亩泡桐林，也已成为兰考经济的支柱产业，每年可创造产值达 60 亿元。

年迈的魏善民虽然精神依旧矍铄，却已经在着手为这棵参天大树安排下一任守护者。他的儿子魏彦起表示，今后他将从父亲手里接棒承担起照顾“焦桐”的责任。

对于魏善民和其他的守护者来说，守着这棵树，就是守护着焦裕禄精神。焦裕禄虽然只在兰考工作了 475 天，但他在百姓心中铸就了永恒的丰碑。

（二）科学家精神与泡桐

泡桐树全身是宝，泡桐林具有经济效益、生态效益和社会效益，所以，泡桐吸引了全世界无数科学家对其进行科学研究、技术推广和人才培养，国际学术界对泡桐的科研成果日益丰富，泡桐培育技术与时俱进。中国的泡桐专家以泡桐为研究对象，以胸怀祖国、服务人民的爱国精神，勇攀高峰、敢为人先的创新精神，追求真理、严谨治学的求实精神，淡泊名利、潜心研究的奉献精神，集智攻关、团结协作的协同精神，甘为人梯、奖掖后学的育人精神为支撑，培育泡桐新品种，防治泡桐丛枝病，创新泡桐栽培技术，这些泡桐科研成果的取得，凝结了无数科学家的心血和汗水，汇聚林业科学家的智慧和毅力，同时也涌现出一批批优秀的林学专家，这些林学专家们的劳动过程使泡桐和泡桐制品上打上了科学家精神的烙印，使每一株泡桐树都体现着当代中国的科学家精神。河南农业大学的泡桐研究一直走在世界的前沿，创造出辉煌的成绩，其泡桐研究团队几十年如一日地进行泡桐研究的事迹就是中国科学家从事科学研究的优秀典型代表。

本节谨以河南农业大学泡桐研究团队及其开展的工作为例，叙述科学家精神与泡桐。

河南农业大学泡桐研究团队从 20 世纪 50 年代初开始从事泡桐研究，当时的团队带头人是蒋建平，蒋建平退休时，把泡桐研究团队的接力棒交给范国强。两代泡桐研究团队持之以恒地坚守泡桐科学研究与技术推广，为我国泡桐事业发展做出重大贡献，同时也成就了两代泡桐人的美好人生。

1. 第一代泡桐研究团队奠基与守护

蒋建平，原河南农业大学校长，泡桐专家。曾兼任国务院学位委员会林学科评议组成员、林业部科学技术委员会委员、中国林学会理事、河南省科学技术协会副主席等职。他长期从事造林学教学与泡桐研究，领导创建了中国第一个泡桐试验林基地和规模最大的泡桐基因库；首次开展了泡桐属人工杂交育种和杂种优势利用的研究；在泡桐良种选育、丰产栽培、成果推广应用等方面建树丰硕。

几十年来，蒋建平作为一位林业科学家，他与泡桐一往情深，精神相守，深情演绎了一首“泡桐恋曲”。

（1）社会实践，与桐结缘

1953 年，蒋建平从华中农学院森林系造林专业毕业，服从国家统一分配，来到当时位于开封禹王台的河南农学院工作。从在学校读书到走上工作岗位，是他人生的一个重要转折点。然而，从南方来到北方，除了生活上不适应，当时河南农学院的具体条件又使自己感到开展工作实在太困难，因而内心十分困惑；但他还是安下心来，努力去适应新环境、新生活、新工作。因为当时林学系助教很少，他承担的教学任务比较重，所以也就没有时间过多地想其他的事，只有全身心地投入教学工作。

来河南工作的第二年，有一件事对他触动比较大，令蒋建平终生难忘。1954 年，他第一次带学生到兰考县第四区（今堌阳镇）实习。当时情形是：风沙一起，庄稼偃伏，房屋被埋没，农民困苦不堪；然而有树的地方，特别是有泡桐林作屏障的地方，庄稼就能昂首挺立，房屋就可安然无恙。这强烈的对比使他看到泡桐这个树种的巨大威力，第一次感受到森林对改造大自然的作用，认识到植树造林与农民群众的生产、生活息息相关，同时也为自己所学的专业知识有了用武之地而感到高兴。从此，研究泡桐、推广泡桐的念头便在自己的脑海里打下了深深的烙印。

1960 年，他第二次带领学生去兰考县堌阳公社实习。当时正值三年严重经济困难时期。院领导决定，实行“以高带低，一四一条龙（由四年级学生带一年级新生进行毕业设计，到现场实习、实践）”的教学方法。林学系 61 届和 64 届学生 4 个班，共计 150 余人，老师 20 余人，由蒋建平（当时任林学系副主任）任总领队。

那时农村的生活很艰苦，一天三顿饭吃不上多少面。除参加农村的农业生产劳动外，他们还结合当地实际，确定以“平原园林化”作为毕业设计的题目。白天他们到现场测量、规划，晚上加班计算、统计、绘制图表，无论是年过半百的老师，还是年轻老师，每个人都十分认真地参加和指导毕业设计。经过两个多月的努力，毕业设计终于完成了，留下了一片片标准化的农桐间作样板林，为开封地区及河南省广大平原地区发展农桐间作起到了很大的推动作用。这次实践活动深深打动了蒋建平。从此以后，他就立志扎根河南、研究泡桐，把学到的林业科学知识贡献给河南人民。

（2）一旦结缘，终身相许

1960 年，国家林业部在广州召开全国林业科技大会。蒋建平作为河南省的代表出席了会议。大会确定在河南省开展泡桐研究。由于有了 1954 年、1960 年两次实践活动的思想基础，加上在这次会议上受到的启发，他更加坚定了信心，矢志把泡桐研究作为自己终生的追求。正如《河南日报》1998 年 4 月 10 日第 1 版刊登的《泡桐礼赞——记我省著名泡桐专家、农大教授蒋建平》一文中所说的那样：“他这 38 年呕心沥血的经历就像一条河。河的源头，是他来河南第二年的一次实习。那是 1954 年……”

下定决心后，蒋建平就开始踏踏实实地做好每一项工作。首先，他建了一个泡桐试验林基地，以便有计划地开展泡桐试验研究工作。经过调查研究，他选定了禹县褚河公社（今禹州市褚河街道）余王村林场作为基地。为此，蒋建平团队不畏艰苦，住在破旧的窑洞里，和禹州市林业局的同志及余王村林场的职工一道，用双手在颍河西岸的荒坡上建成了我国第一个百亩泡桐试验林基地。

几十年来，这个基地先后接待了来自 55 个国家的 250 名林业专家，受到他们的一致好评。国际上的一些杂志也不时报道中国泡桐的信息。日本专家竹野参观该基地后说：“贵国泡桐研究是世界领先的。农村这么大面积的正规研究，从未见过，标准高、品种全、技术先进。”另外，这个基地还带动了颍河两岸万亩泡桐生产基地，为河南省的泡桐研究、发展提供了新经验。

1972 年，第七届世界林业大会在阿根廷召开。与会代表对中国的泡桐非常感兴趣。有人问出席大会的中国代表团成员、中国林业科学研究院副院长吴中伦研究员：“你们中国的泡桐很好。我们想要些泡桐种子，但不知都有什么品种？”

吴中伦一回国，就在北京召开了一个小型座谈会，邀请山东、河南两省的代表参加。蒋建平作为河南的一名代表出席了座谈会。会上，吴中伦介绍了第七届世界林业大会的情况，并明确提出：“要把泡桐品种资源调查研究作为一项重要而紧迫的任务。”他对河南特别关心，再三叮嘱蒋建平要组织力量攻关，尽快拿出研究成果，为国家作出贡献。蒋建平深为中国的泡桐在世界上有了一席之地而感到高兴！

（3）精神守护，泡桐人生

回顾蒋建平在河南从事泡桐研究的 34 年，可以把这项研究分为以下三个时期。

第一个时期（1960～1973 年）研究的重点是：针对泡桐生产、推广中存在的技术问题，采取边试验、边总结、边推广的原则和点（禹县褚河公社余王村林场）、面（地处平原的鄢陵、兰考、许昌、博爱等县）相结合的办法，有计划地推广泡桐，发展平原园林化，推动农村经济的发展。

在禹县褚河公社余王村林场泡桐试验林基地，他们主要进行泡桐造林密度、丰产育苗技术、病虫害防治等试验，并撰写了《泡桐造林密度试验初步报告》，发表在《河南农学院学报》1964 年第 1 期上。这项成果对提高泡桐产量和木材质量起到了很好的指导作用。通过对许昌地区泡桐栽培技术进行全面调查，他们总结了其中的经验并撰写出《许昌地区泡桐栽培技术调查报告》，发表在《河南农学院学报》1965年第1期上。这些经验对全面推广泡桐栽培技术并使之应用于生产、提高造林质量都发挥了很好的作用。

根据河南省平原绿化的总体要求要在已取得成绩的基础上，把沙荒造林进一步扩大到“四旁”（水旁、路旁、宅旁、村旁）植树。在这一过程中，涌现出了全国闻名的“四旁”植树先进县——鄢陵县。当时，蒋建平正在鄢陵县蹲点，参加“四旁”植树实践并收集材料、编写教材。这也是全面推广泡桐种植和农桐间作的极好机会。他除了参加鄢陵县的平原绿化工作外，还向全国各地来鄢陵县参观“四旁”植树的同志宣传发展泡桐生产的好处，介绍泡桐育苗和造林技术。此举有力地推动了各地平原绿化的发展。

此后，他带领林学系部分老师参加了鄢陵县马栏公社（今马栏镇）和张桥公社（今张桥镇）的平原园林化规划设计工作。他们结合规划设计，因地制宜地推广泡桐栽培技术，在此基础上总结出的育苗经验和造林技术很快在平原绿化实践中得到推广应用，取得了很大的经济效益和社会效益。这一时期，他们从理论上总结出了《河南省平原地区园林化规划问题的初步研究》一文，发表在《河南农学院学报》1973年第1期上。

第二个时期（1974～1983年）是泡桐研究发展最快、取得科研成果最多、综合效益最好的一个时期。在林学家吴中伦的热情指导和积极倡导下，在总结推广禹县、兰考县试验研究初步成果的基础上，在农村大搞农田基本建设、增加外贸出口的推动下和第七届世界林业大会的促进下，河南省成立了河南省泡桐良种选育与速生丰产研究协作组（蒋建平任组长）。协作组组织有关单位开展协作攻关，推动了泡桐科研工作的全面开展，在泡桐种质资源调查、壮苗培育、丰产技术、农桐间作效益、选优、引种和杂种优势利用、病虫害防治、木材性质和用途的试验研究诸方面，都取得了可喜的成绩。

在泡桐种质资源调查研究方面，他们组织了全省50多个单位的100多人次，在全国范围内进行了为期10年的调查、收集工作，取得了丰硕的成果。调查人员先后到福建、江西、湖南、湖北、辽宁、河北、山西、山东等22个省、自治区的185个市、县进行了调查摸底，选定194个调查点进行实地调查和资源搜集工作，重点搜集以白花泡桐和毛泡桐为主的不同地理种源。在此基础上，他们在禹县、扶沟、桐柏、洛阳、安阳、荥阳等地建立了总面积230多hm^2的泡桐基因库，为进行泡桐遗传改良、良种选育和应用基础研究打下了坚实的基础。

在良种选育方面，协作组选育出泡桐新品种‘豫杂一号’。在泡桐壮苗培育和栽培技术方面，协作组制定了《黄淮海平原地区壮苗培育技术规程》《泡桐丰产的六项技术措施》《河南省速生丰产综合技术规程》并在省内外推广应用，使泡桐栽培技术规范化，提高了科学管理水平和造林质量。

在农桐间作生态系统研究方面，协作组撰写了题为《农桐间作人工栽培群落的光照研究》的论文，提出了泡桐和小麦间作的合理结构模式。

在泡桐应用基础理论研究方面，协作组在泡桐分类学、木材材性物理力学性质测定、泡桐结构解剖和丛枝病的病原、发病规律、传播途径、防治方法等方面，均取得了可喜的研究成果。

他们所编的《河南泡桐》一书，汇集了这10年的研究成果，并获得了多项国家、省部级奖励，同时也展示了协作组的全体同志不怕困难、团结战斗、协同攻关的精神。

第三个时期（1984～1994年）研究的重点是：充分利用泡桐试验基地优势、实验室手段及校内外科技人员的团队精神，从理论与实践的结合上阐述泡桐生产中的关键技术问题。

在良种选育方面进行了泡桐新品种‘豫杂2号’的选育、无性系性状的稳定性，毛泡桐种源早期选择、不同种源的性状变异和选择，白花泡桐不同种源生长规律、抗寒变异、生长差异、树形性状的典型相关分析等多项研究；在丰产栽培方面，进行了桐麦间作界面小麦生态条件变化、层次分析法在农桐间作模式化中的应用和生长季节浇水对泡桐幼树生长的影响、黄河滩地泡桐幼林生长与不同整地规格相关性等多项研究；在木材性质方面，进行了泡桐材性变异的特点与取样方法、泡桐属木材的材性变异与选择等多项研究。这些研究成果有较高的理论水平和鲜明的创新性，极大地丰富了林业科学宝库。这10年的研究成果被汇编成《河南农业大学学报（泡桐专辑）》，1994年出版，并获得多项国家、省部级科技进步、科技发明奖励。

（4）泡桐花开，繁盛似锦

为了纪念泡桐研究30年（1960～1990年），中国林业出版社1990年出版了由蒋建平主编的学术专著《泡桐栽培学》。该书对我国的泡桐研究进行了一次理论创新性的总结，展示了具有中国特色和优势的泡桐研究工作和成果。

1994年以后，泡桐研究跨上了一个新的台阶。其特点是：根据泡桐生产中长期存在的丛枝病和“干低冠大”两个关键技术问题进行研究。这两个问题不但严重影响泡桐的生长发育，同时也严重影响泡桐木材质量和农桐间作的发展。

21世纪是生物技术、信息技术发展的新世纪。充分利用现代生物技术解决泡桐生产中的关键技术问题，是一个极好的新途径。他们确定了泡桐研究的两个新领域：一是泡桐丛枝病转基因苗培育，二是泡桐顶侧芽休眠与高干材培育。

后来，蒋建平团队围绕这两个研究领域，就相关的基础理论问题进行了探讨与实验，并取得了一些新成果（如《泡桐丛枝病病原检测及应用技术》《泡桐无丛枝病病原检测苗的繁育造林及定向培育研究》《泡桐顶侧芽休眠发育的温度特性研究》）。他们期待着在这两个研究领域能取得突破性进展，以推动泡桐生产的发展，获得更大的经济效益、生态效益和社会效益。

蒋建平及其团队的泡桐科研成果，正如盛开的泡桐花，开遍了长城内外，大江南北，迎风摇曳，繁花似锦。

2. 第二代泡桐研究团队传承与发展

20世纪90年代初，泡桐研究团队带头人蒋建平光荣退休，团队最年轻的成员范国强接过泡桐研究团队的担子。从1994～2024年，整整三十年，这个团队做出了泡桐界的多个世界“第一”。

（1）种子初扎根：不管环境多恶劣，认准一个目标，坚持到底

泡桐是北方主要的造林树和行道树。它在生长过程中有种常见病——丛枝病，这种病会导致小树枯死、大树生长缓慢，被称为“泡桐的癌症”。河南省有1亿多株泡桐，因丛枝病造成的经济损失无可估量。

1993年，泡桐研究团队，开始对丛枝病问题进行研究。

那时候科研条件不比现在，钱少人少，泡桐研究团队成员不稳定。科技手段落后，基础理论水平也跟不上。面对这样的境况，团队成员艰苦奋斗，刻苦钻研，勤奋工作，持续提升自身素质和团队整体能力。一分耕耘一分收获，团队从泡桐丛枝病发生的寄主入手，寻找根治方法，找出了丛枝病发生的主要原因，创建了一整套泡桐丛枝病防治技术体系。之后又培育出了特性优良的泡桐新品种，还创建了一套四倍体泡桐苗木繁育和丰产栽培技术体系，将泡桐的生长周期从15年缩减至12年，这项成果在世界上都跑出了“加速度”。

（2）林子已形成：要干大事，一个人的力量是不行的，要团结

世界泡桐看河南，河南泡桐看农大。

河南农业大学泡桐研究团队进行了多年攻关研究，创建了世界上首个四倍体泡桐种质资源库、绘制了世界上第一张白花泡桐基因组精细图谱、创建了一套四倍体泡桐苗木繁育和丰产栽培技术体系……

该团队获国家科学技术进步奖二等奖3项、河南省科学技术进步奖一等奖6项、获授权发明专利15项，获得泡桐新品种权5个，培育泡桐良种10个……

一棵泡桐的抗逆能力不如一片泡桐林，只有抱团，孜孜不倦地吸收大地的养分，才能成为一片茂密的树林。在泡桐这种精神的感召下，泡桐研究团队就像泡桐林一样，形成了团结协作、勇于担当、大胆创新、携手攀登科学高峰的良好关系。

（3）森林要茂密：做人要像泡桐一样坚韧、耐腐蚀，才能越来越茂密

泡桐研究团队成员始终坚守着“一份劳动，一分收获，认认真真做事、踏踏实实做人”的人生信条，

“先学会做人再做工作”，这也是团队老师们每周实验室例会上都会跟学生们说的。

泡桐树木坚韧、耐腐蚀，用作门窗制作，安全系数高。不管环境如何，都保持自身清正，不走歪不变形。泡桐研究团队成员经常以泡桐这种品质激励自己，同时也告诉学生们，做人要实在，像泡桐一样，要保持初心，该干的活，不管环境和条件如何，都要把自己该承担的那份责任和义务承担下来。

保持初心，做好科研，永不退缩，成效显著。该泡桐研究团队 2010 年完成的项目“泡桐丛枝病发生机理及防治研究”研究成果获得国家科学技术进步奖二等奖；2015 年，项目“四倍体泡桐种质创制与新品种培育”研究成果获得国家科学技术进步奖二等奖；2023 年，项目“速生抗病泡桐良种选育及产业升级关键技术”研究成果获得国家科学技术进步奖二等奖。

（4）树木需文化：传承和创新泡桐文化，服务未来泡桐资源研究、开发、利用

正因为泡桐研究团队对泡桐的热爱和几十年如一日锲而不舍地刻苦钻研，团队萌生了给泡桐著书立说、作志立传的念头。该泡桐研究团队撰写的科技著作《泡桐丛枝病发生的表观遗传学》，2022 年 12 月由科学出版社出版。本书紧扣学科发展前沿，以白花泡桐基因组精细图谱为基础，反映泡桐丛枝病发生过程中表观遗传学的最新研究成果，重点介绍了丛枝病发生前后，泡桐染色质三维结构的差异、丛枝病发生相关基因和 DNA 甲基化变化、组蛋白甲基化和乙酰化的异同，以及丛枝病发生相关 ceRNA 调控网络、丛枝病发生特异相关基因及其调控途径。本书对逆境条件下林木功能基因挖掘和遗传改良具有一定借鉴意义。

该泡桐研究团队还撰写了科技著作《现代泡桐遗传育种学》，2024 年 3 月由科学出版社出版。本书紧扣学科发展前沿，重点总结了泡桐遗传育种学方面的新研究成果，其内容主要分为 4 个部分：第一部分介绍了泡桐的分布及种类；第二部分阐述了组学技术在泡桐研究中的应用；第三部分揭示了泡桐速生及丛枝植原体致病的分子机制；第四部分概述了泡桐体外植株再生体系，并阐明了四倍体泡桐优良特性形成的分子机理。本书为促进泡桐种质资源创制及产业发展提供理论指导，可供林学等相关专业的本科生、研究生、教师和从事相关研究的科研人员参考。

（三）工匠精神与泡桐

前面提到，泡桐原木是人类制作木制品的一种重要原料，泡桐木材加工市场主要分布在中国、美国、加拿大、日本等地，其中中国是最大的生产市场，也是最大的消费市场。在中国，桐木加工产业主要集中在浙江、江苏、河南、山东等地。例如，在河南省兰考县，人们都会禁不住对成片成片的泡桐林深情地多看几眼。当年，焦裕禄同志为治理兰考县的风沙带领干群种植的泡桐树，如今给全县人民留下宝贵的财富，在农民手中，变成了享誉海内外的民族乐器，成就了一大产业。在这个产业的萌发、发展壮大过程中，有多少木工木匠以大国工匠精神为价值取向和行为表现，大力弘扬追求卓越的创造精神、精益求精的品质精神、用户至上的服务精神，他们潜心研究、大胆尝试、持之以恒、精心制作桐木乐器，以泡桐为原材料的民族乐器加工行业，已经成为当地支柱产业之一，2022 年兰考被授予“中国民族乐器之乡”称号。

这些成效的取得，凝结了多少工匠的心血，涌现出很多大国工匠，同时也在泡桐和泡桐制品上打上了工匠精神的烙印。工匠有精神，器物有文化，器物搭起人与人之间的心灵交流桥梁，泡桐乐器奏响了中国工匠精神的优美音符。

河南省兰考县堌阳镇的代士永、代胜民父子就是其中的大国工匠的优秀典型代表。

本节谨以河南省兰考县堌阳镇泡桐乐器制作工匠代氏父子及其开展的工作为例，叙述工匠精神与泡桐。

2008 年 8 月 27 日，在国内某大型产品展销会上，兰考展区的古筝悠扬的声音吸引了众多客商驻足倾听。很多人知道兰考是“泡桐之乡”，却不知道泡桐是做乐器的好材料。现场美女演奏的古筝就是用兰考的泡桐制作的。“俺兰考盛产泡桐，泡桐木板不仅透气，而且透音性好，做乐器最动听。”当时的中原民

族乐器有限公司总经理代胜民告诉大家，兰考独特的地理条件，使生长的泡桐木质疏松度适中，不易变形，透气、透音性能好，被称为“会呼吸的木材”，具有良好的声学品质，经专家鉴定为制作民族乐器的最佳材料。

说起兰考县民族乐器产业，不得不提一个人——代胜民的父亲代士永。代士永当时是一名做风箱、家具的木匠。他制作的风箱做工精良，质优价廉，远涉千里卖到了上海。风箱在使用过程中，风箱的窗孔木盖发出清脆悦耳的响声，引起了一位民乐大师的注意。大师四处打听，得知产地为兰考，便辗转找到了代士永。于是代士永便将泡桐板销往上海的乐器厂，用于制作民族乐器音板。在与乐器厂业务合作的过程中，代士永感觉制琴上档次，泡桐板附加值高，于是他打起了“把制琴技术引回兰考”的主意。1988 年，他多次上门拜访上海著名制琴师张留根，最终以两万元的天价酬劳将张留根请回了家。

1988 年，靠着焦裕禄书记带领种下的泡桐，借助张留根的高超技艺，代士永带着十几人成立了堌阳镇福利乐器厂。1993 年，通过张留根之前的客户，厂里和台商合资成立了开封中原民族乐器有限公司，逐渐走上规模化发展道路。代士永创办了兰考县第一家民族乐器制造厂，并打响中原乐器的品牌，成为兰考县民族乐器的创始人。

2012 年，兰考县成立工业区，代胜民响应号召，将大部分厂区从堌阳镇搬到兰考县产业集聚区，改名为河南中州民族乐器有限公司，“中州”成为产品商标。在代胜民的经营下，3 年时间，中州民族乐器有限公司的年产值从 1000 多万元发展至 4000 多万元，成为兰考县脱贫攻坚的主力企业。其中最让代胜民自豪的是，该公司生产制作的新型民族乐器——文琴，被美国国会图书馆永久收藏，成为第一件进入该馆的中国乐器。

说起代胜民，从父亲开办乐器厂，他便放弃了在外发展的念头，在父亲厂里当了一名学徒。为学好制作和乐理，他将铺盖搬到工厂，和工人师傅们住在一起。这期间，代胜民不但掌握了一些乐器的制作原理，有了实践经验，还在父亲的指导下去全国不少地方推销乐器，积累了不少营销经验。

从亲眼看着父亲制作出第一台乐器，到陪伴父亲在国内外推销自己的乐器；从看着父亲把一个企业不断做大，到协助父亲承担经营在当地小有名气的乐器公司，让“中州”乐器成为知名品牌，年轻的代胜民，用民族乐器演奏着自己生命中最美的旋律。

2004 年，代胜民的父亲代士永去世了，代士永正值壮年去世让代胜民猝不及防，这个当时只有 25 岁的年轻人开始接手中原乐器公司，为了企业的发展几个月内他头发近半变白。短短 3 年时间，中原乐器公司就成为兰考县最大的民族乐器生产厂家，是兰考县民族乐器生产厂家的领头羊。

代胜民当时只有 25 岁，又赶上国内生产厂家竞争激烈，在原材料不断涨价的形势下，他愁白了头。然而聪明好学、性格倔强的代胜民很快适应了。不仅管理上更加科学严谨，而且在销售模式上不断创新。他们每年都要参加 10 多场展销会，以此来吸引更多的人士对中州乐器的了解和认可。除此之外，他们还与国内众多院校和著名演奏家联合，使中州乐器不断走进高校和不少票价不菲的演奏会。不断开发和研制新产品也成为代胜民在行业中站稳脚跟并成为领导者的制胜法宝。2008 年 11 月，由他研制的一种名叫新式文琴的乐器获得了国家专利，且开始批量生产。这款文琴不仅造型优美，而且音质特别好，发展前景广阔。

在荣誉和成绩面前，代胜民在致力于民族事业发展的同时，也以饱满的热情投身于社会公益事业，资助贫困大学生、捐助善款等，用真情来回报社会，并获得全县“十大新型农民”、全市“优秀社会主义建设者”等几十项荣誉称号。

2008 年对于中国来说是不平凡的，对于代胜民更是难忘的一年。他作为中国乐器行业的唯一代表参加了第 29 届北京奥运会圣火在开封的传递活动，成为一位光荣的奥运火炬手。

代胜民在民族乐器行业中已奋斗了 20 年。20 年前，初次涉足民族乐器行业的他就下定决心干好这一行，做强做大民族乐器行业。经过努力和拼搏，代胜民带领本县农民，用粗糙的双手拨动了海内外音乐界的心弦。

现在，河南中州民族乐器有限公司主要生产“中州”牌古筝、琵琶、柳琴、阮、古琴、二胡、文琴等10多个品种60多个系列的民族乐器，产品畅销国内及欧美等国外市场，其优质的工艺和声学品质获得了众多荣誉。“中州”商标分别于2006年、2009年、2012年、2015年四次被评为河南省著名商标，其产品于2010年、2015年被国家轻工业乐器质量监督检测中心授予质量达标产品。其中，拳头产品——“中州”牌古筝分别于2007年、2011年两次被评为河南省名牌产品。

河南中州民族乐器有限公司2008年被河南省文化厅评为河南省文化产业示范基地，2012年获得河南省文化创意产业最佳园区奖，2012年、2013年连续两年被中国乐器协会评为中国乐器50强企业，2014~2017年被河南省科技厅评为河南省科技型中小企业。该公司多次被中央、省市级电视台报道，党和国家领导人多次莅临公司视察，都给予了高度的赞扬和充分的肯定。

2023年10月14日闭幕的第20届中国（上海）国际乐器展览会上，中州·R998紫檀中阮荣获“全球业界新品首发”杯，中州民乐代胜民先生接受了乐器信息中心的采访。

几十年来，以代氏父子为代表的企业家们经过不懈奋斗，民族乐器制造开枝散叶，兰考民族乐器产业根深叶茂，深情演绎了一首“泡桐奏鸣曲”。

参考文献

常德龙. 2016. 泡桐研究与全树利用园林艺术. 武汉: 华中科技大学出版社.

戴士永, 张连根. 1990. 兰考泡桐及其在乐器制作中的应用. 乐器, (4): 5.

何薇. 2016. 中国原产泡桐木在西洋拉线乐器上的运用. 黄河之声, (20): 122-123.

河南农学院园林系. 1982. 河南速生树种栽培技术泡桐(修订本). 郑州: 河南科学技术出版社.

河南省《泡桐》编写组. 1978. 泡桐. 北京: 农业出版社.

黄泰康. 2001. 现代本草纲目. 北京: 中国医药科技出版社.

贾思勰, 缪启愉. 1998. 齐民要术校释. 2版. 北京: 中国农业出版社.

蒋建平, 苌哲新, 等. 1990. 泡桐栽培学. 北京: 中国林业出版社.

金录胜, 何虹, 陆春波. 2002.《中国兽药典》二〇〇〇年版一部浅析. 中国兽药杂志, 36(4): 17-18.

李芳东. 2013. 中国泡桐属种质资源图谱. 北京: 中国林业出版社.

潘法连. 1987.《桐谱》撰期末. 中国农史, (3): 5.

逄洪波, 高秋, 李玥莹, 等. 2016. 利用流式细胞仪测定鬼针草基因组大小. 基因组学与应用生物学, 35(7): 1800-1804.

钱超尘. 2008. 神农本草经校注. 北京: 学苑出版社.

山东省革命委员会. 1971. 为革命大种泡桐. 济南: 山东人民出版社.

天津人民出版社编. 1979. 泡桐的品格. 天津: 天津人民出版社.

王利虎, 吕晔, 罗智, 等. 2018. 流式细胞术估测枣染色体倍性和基因组大小方法的建立及应用. 农业生物技术学报: 26(3): 511-520.

王武生, 王爱菊, 张德府.1999.兰考县志. 郑州: 中州古籍出版社.

王先谦. 1984. 后汉书集解. 上海: 中华书局.

王志建. 2016. 泡桐花开香满园. 武汉: 武汉出版社.

中国林学会. 1982. 泡桐文集. 北京: 中国林业出版社.

第二编　基础理论研究

第六章　泡桐的基因组

随着测序技术的不断成熟和快速发展，越来越多的物种进行了基因组测序，植物全基因组测序为系统解析植物重要性状的内在分子机制提供了重要的信息基础。据 JGI 官网公布自人类基因组序列发表至 2024 年 2 月，科研工作者对 468 058 个物种进行了基因组测序（https://gold.jgi.doe.gov/index），其中包含 800 多种植物。基因组测序可以加速科研工作者对植物遗传多样性、系统进化及关键基因功能挖掘的研究。目前已经有大量木本植物完成了全基因组测序，包括毛果杨（*Populus trichocarpa*）、柚木（*Tectona grandis*）、枣树（*Ziziphus jujuba*）、白桦（*Betula platyphylla*）和蜡梅（*Chimonanthus praecox*）等。泡桐是我国重要的速生优质用材和绿化树种，也是黄淮海平原地区林网防护林的主要组成树种，在保障国家木材安全和改善生态环境等方面发挥着重要作用。目前，泡桐生产中面临着诸多问题，如“低杆大冠”和泡桐丛枝病（Paulownia witches' broom，PaWB）发生严重等问题，严重影响了人们种植的积极性。因此，解析丛枝病发生相关基因及其调控网络，对于揭示丛枝病发生的分子机制及培育优良新品种具有重要意义。然而，由于缺乏高质量的泡桐参考基因组信息，PaWB 发生的分子机制尚未完全阐述清楚，分子育种的进展依旧十分缓慢。基于此，采用二代 Illumina、三代 PacBio 和 Hi-C 测序相结合的方法对白花泡桐进行基因组测序和组装，获得了高质量的白花泡桐细胞核基因组精细图谱；并以蛋白质基因组学为研究策略，通过采用高质量的质谱分析结合生物信息学等手段，鉴定到新的蛋白质编码基因和可变剪切、修正了基因的结构模型，提高其基因组注释的准确性。同时，根据测序获得的 SNP 标记和叶绿体基因组 DNA 信息，构建了泡桐高密度遗传连锁图谱和叶绿体基因组图谱，系统分析了泡桐的进化地位。研究结果为泡桐生物学特性、泡桐优良新品种培育及泡桐科植物的相关研究提供了重要参考。

第一节　泡桐的核基因组

一、泡桐基因组组装及注释

（一）泡桐核基因组大小

1. 流式细胞术分析基因组大小

利用流式细胞术分析细胞在 G_0/G_1 期的荧光强度可以计算细胞的 DNA 含量（逄洪波等，2016；王利虎等，2018）。通常，检测的准确度由 G_0/G_1 峰的变异系数 CV 来反映，其中 CV% =（SD/mean）×100（SD：标准偏差；mean：平均通道数），若 CV%≤5%，则认为试验结果可信。以芝麻和番茄基因组为内参，测定泡桐基因组大小，结果如图 6-1 所示，以芝麻为内参，计算出泡桐的基因组大小为 544.21Mb，变异系数为 9.1% ；以番茄为内参，计算出泡桐的基因组大小为 528.24Mb，变异系数为 4.78%。由于变异系数≤5%所得的试验结果可靠性高，所以以番茄为内参获得泡桐基因组大小为 528.24Mb。

2. Suvery 测序评估基因组大小

为进一步评估泡桐基因组的大小和杂合率，并为泡桐基因组组装策略提供依据，将 Illumina 测序获得的短序列进行过滤分析，共得到 27 781.39Mb 有效序列（表 6-1）。对过滤后的数据进行 K-mer 分析表

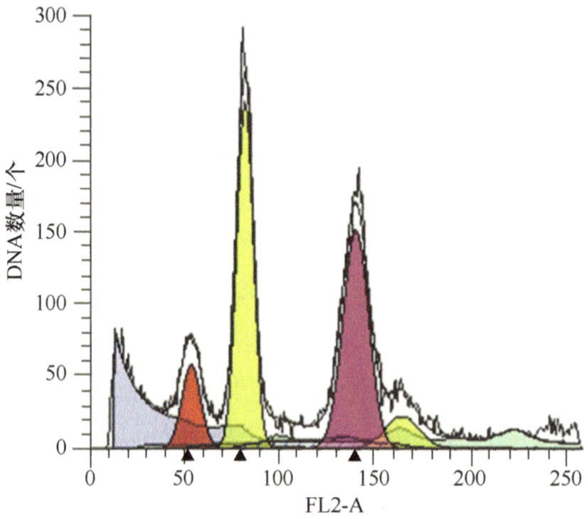

图 6-1　流式细胞术估计泡桐基因组大小

相对 DNA 含量通过流式细胞术分析泡桐碘化丙啶染色细胞核获得，以芝麻和番茄为内参。红色、黄色和紫红色的峰相应地代表了芝麻、泡桐和番茄的 G_1 峰

明，当 K=17 时，统计得到的 K-mer 总数为 22 634 911 492，主峰测序深度为 41，基因组大小为 552Mb（图 6-2，表 6-2），这也与前期利用流式细胞术分析获得的白花泡桐基因组大小较接近，说明 survey 预估的基因组大小较为准确，该数据可用于后续基因组杂合度及重复序列评估。同时，从 K-mer 分析曲线分布图来看，在期望深度的 1/2 处有一个非常明显的杂合峰，且在主峰后面存在一定程度的拖尾现象，说明白花泡桐基因组有一定的杂合度且可能存在一定的重复序列。通过计算得到白花泡桐基因组杂合率为 2.03%，重复序列占比 50%，表明白花泡桐基因组属于高杂合低重复性基因组。

表 6-1　白花泡桐 Illumina 测序数据统计

	插入片段大小/bp	序列长度/bp	数据量/Mb	测序深度/X
	170	85	17 267.32	28.78
	500	90	10 514.07	17.51
总计	—	—	27 781.39	46.29

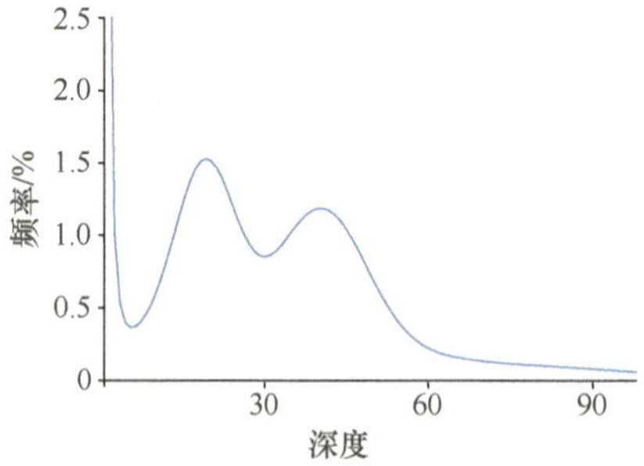

图 6-2　白花泡桐基因组 17K-mer 分布曲线

横轴表示 K-mer 深度，纵轴显示 K-mer 频率

表 6-2　白花泡桐基因组 17K-mer 分析数据统计

K	K-mer 数量	主峰深度	基因组大小/bp	所用碱基数	所用序列数	测序深度/×
17	22 634 911 492	41	552 071 012	27 748 547 620	319 602 258	50.26

（二）泡桐细胞核基因组组装

基于三种测序手段分别获得 45.53Gb、44.64Gb 和 46.49Gb 数据，测序深度分别为 89×、87.33× 和 90×，其 Q20 和 Q30 均符合质控标准（表 6-3），结果说明三种测序手段获得的数据可用于后续白花泡桐基因组组装。基于三代 PacBio 测序平台获得的高质量序列，首先利用 Canu 软件对测序数据进行过滤，然后利用 WTDBG 组装软件进行组装，通过 Pilon 软件结合二代数据进行纠错最终获得 3097 条重叠群（Contig）可用于基因组组装，组装得到基因组大小为 511.6Mb（图 6-3），Contig N50 长度为 852.4kb，Contig N90 长度为 56.785kb（表 6-4），该组装得到的基因组大小占流式细胞仪估计基因组大小的 96.85%，说明组装的白花泡桐基因组大小较为可靠。

表 6-3　白花泡桐基因组测序数据统计

类型	序列数量	碱基数/bp	Q20/%	Q30/%
PacBio	4 764 629	44 645 404 359	—	—
Illumina	318 848 399	45 530 327 236	90.87	84.3
Hi-C	155 146 735	46 485 016 778	93.26	85.01

注：PacBio 测序没有 Q20 和 Q30 的指标，用“—”表示

表 6-4　白花泡桐基因组组装结果统计

重叠群数	重叠群长度/bp	重叠群 N50/bp	重叠群 N90/bp	GC 含量/%
3097	511 622 439	852 400	56 785	32.55

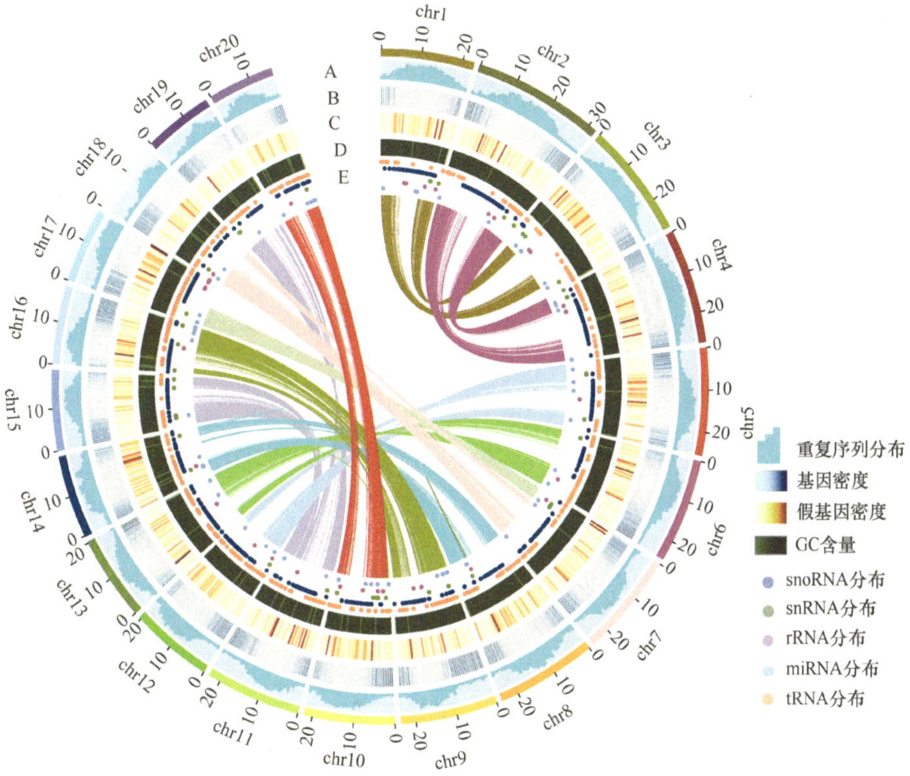

图 6-3　白花泡桐基因组特征图

从外到内每圈依次代表染色体重复序列（A）、基因密度（B）、假基因密度（C）、GC 含量（D）、非编码 RNA 分布（E）。橙色、蓝色、绿色、紫色和浅蓝色圆点分别表示转运 RNA（tRNA）、小核仁 RNA（snoRNA）、小核 RNA（snRNA）、核糖体 RNA（rRNA）和微小 RNA（miRNA）。彩色线条表示最近一次全基因组复制事件的共线块。密度图的非重叠滑动窗口为 500kb

同时，利用 Lachesis 软件对 Hi-C 测序获得的有效序列进行辅助组装，以获得染色体级别的白花泡桐基因组组装结果。首先将获得的有效序列比对到组装的基因组上，以获得有效的互作对；其次，在 Hi-C 纠错过程中通过依据互作图谱将最初组装得到的 3097 条 Contig 中错误的 Contig 打断并排序；最终，经嵌合错误校正后共有 1936 个 Contig 能准确锚定到 20 条染色体上（表 6-3 和表 6-4），大小为 476.9Mb，占基因组序列的 93.2%，组装得到的 20 条染色体的长度范围为 15 822 592～32 050 364bp。同时，利用染色体之间的相互关系对 Contig 进行定向和排序，结果表明有 1445 条 Contig 能够准确定向和排序，大小为 442.92Mb，染色体挂载率为 92.88%。此外，从白花泡桐全基因组染色体互作图谱结果可以看出 20 个染色体群组的每个组内对角线位置相互作用的频率较强，且邻近染色体序列的交互作用较强，非邻近染色体交互作用较弱（图 6-4），结果说明白花泡桐的 Hi-C 辅助基因组的组装结果较好。

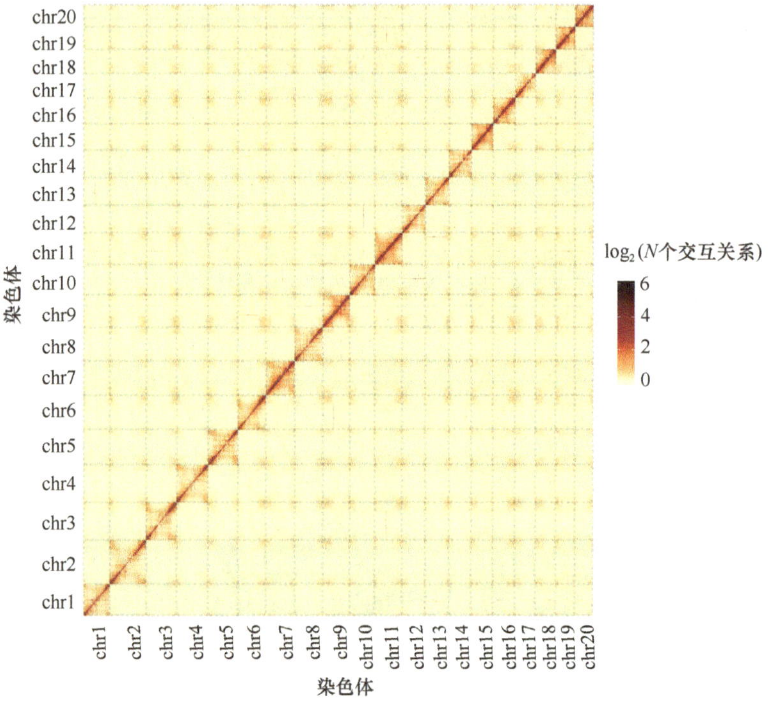

图 6-4　白花泡桐基因组 Hi-C 互作交互热图

横轴和纵轴表示 Scaffold 在相应染色体上的位置，颜色条表示 Hi-C 交互频率，颜色越深表示互作越强

（三）泡桐核基因组完整性评估

利用二代转录组测序得到的短序列和 BUSCO 数据库对组装的白花泡桐基因组完整性进行分析。结果显示，在 BUSCO 的 1614 个保守基因中，有 1573 个可以比对到白花泡桐的基因组序列上，组装的完整性为 97.45%（表 6-5）。此外，二代转录组数据中有超过 96.02%的转录本可以比对至组装的基因组中（表 6-6）。其中，有 98.14%的转录本长度大于 1000bp。以上结果表明白花泡桐参考基因组在染色体水平上具有高度连续性和完整性。

表 6-5　泡桐基因组组装 BUSCO 评估

类型	数量/个	比例/%
完整的 BUSCO	1573	97.45
完整且单一的 BUSCO	1364	84.51
完整且重复的 BUSCO	209	12.95
片段化的 BUSCO	13	0.81
丢失的 BUSCO	28	1.73

表 6-6　白花泡桐基因组组装转录本评估

长度范围/bp	总的转录本数量	覆盖度≥50%		覆盖度≥90%	
		比对数量	比例/%	比对数量	比例/%
合计	164 639	163 216	99.14	158 086	96.02
≥500	90 591	90 159	99.52	88 389	97.57
≥1000	55 807	55 617	99.66	54 771	98.14

（四）泡桐核基因组注释

在获得高质量的白花泡桐基因组序列的基础上，采用从头预测、同源比对及转录组测序对白花泡桐基因组进行蛋白质编码基因注释。通过去冗余，最终注释得到 31 985 个蛋白质编码基因（表 6-7），其中有 27 073 个能锚定在 20 条染色体上，占总基因数目的 84.6%。同时，从预测基因的染色体分布来看，Chr1 染色体所含基因个数最多，占总基因数目的 6.1%，Chr19 染色体所含基因个数最少，占总基因数目的 0.3%，这与基因组测序得到的染色体长度成正比。通过对这些蛋白质进行功能注释发现，有超过 97.65%的基因在公共序列数据库 GO（Gene ontology）、KEGG（Kyoto encyclopedia of gene and genome）、Pfam、Swiss-Prot、TrEMBL、NR 和 NT 中有功能注释（表 6-8），说明组装的基因组质量较好。此外，在基因组组装序列中还鉴定到了 613 个 tRNA、121 个 miRNA、152 个 rRNA、84 个小核 RNA 和 1113 个小核仁 RNA（图 6-3）。

表 6-7　泡桐基因预测统计

方法	软件	物种	基因个数
从头预测	Genscan	—	31 456
	Augustus	—	42 888
	GlimmerHMM	—	29 310
	GeneID	—	49 125
	SNAP	—	43 019
同源比对	GeMoMa	*Oryza sativa*	37 787
		Arabidopsis thaliana	36 657
		Mimulus guttatus	42 324
RNA 测序	PASA	—	46 990
	TransDecoder	—	70 744
	GeneMarkS-T	—	41 870
综合	EVM	—	31 985

注：“—”代表白花泡桐（*Paulownia fortunei*）

表 6-8　基于同源比对和功能分类的泡桐基因注释

数据库	注释数量	100aa≤蛋白质长度<300aa	蛋白质长度≥300aa	占总预测基因的比例/%
GO	16 365	5 103	10 850	51.16
KEGG	11 243	3 337	7 685	35.15
KOG	17 186	4 851	12 032	53.73
Pfam	25 873	7 842	17 601	80.89
Swiss-Prot	22 273	6 673	15 202	69.64
TrEMBL	30 564	10 487	19 202	95.56
NR	30 662	10 556	19 228	95.86
NT	30 575	10 492	19 037	95.59
所有注释	31 233	10 860	19 285	97.65

基于从头预测和同源注释发现，白花泡桐基因组重复序列约 257.65Mb，占基因组的 50.34%（表 6-9），其中转座子（transposon，Tn）占重复序列的 85.07%，占基因组序列的 43.18%。此外，在 Tn 中，Ty3/gypsy 和 Ty1/copia 长末端重复序列所占比例最多，分别占基因组的 15.96%和 13.54%。通常情况下，Tn 在基因组中分布不均，且倾向于在着丝粒区域积累。相比其他的染色体，在 17 号和 18 号染色体上，Tn 在一端积累，形成端着丝粒染色体（图 6-3），这与先前基于核型分析的报告一致（Liang and Chen，1997），结果说明组装得到的白花泡桐基因组质量较高。此外，在本研究中还鉴定到 9086 条简单重复序列（SSR），这些重复序列可能在群体遗传和分子演化中起到重要作用。在植物基因组中，长末端重复序列在基因组扩张中起到重要作用。对白花泡桐进行了重复序列插入动态分析显示在过去的 800 万年中，白花泡桐、芝麻（sesame）和油橄榄表现出持续的反转录转座子插入，而黄芩（*S. baicalensis*）、多斑沟酸浆、独脚金（*S. asiatica*）和柚木（*Tectona grandis*）在过去的 200 万年中发生了一次逆转录转座子暴发事件（图 6-5），此结果为后续泡桐遗传和进化研究提供了数据支撑。

表 6-9　白花泡桐基因组重复序列

类型		数量	长度/bp	比例/%
类型 I	ClassI/DIRS	19 206	15 838 684	3.09
	ClassI/LINE	5 923	2 089 547	0.41
	ClassI/LTR	1 204	573 129	0.11
	ClassI/LTR/Copia	114 063	69 278 158	13.54
	ClassI/LTR/Gypsy	90 530	81 659 388	15.96
	ClassI/PLE|LARD	94 870	28 074 793	5.49
	ClassI/SINE	2 731	500 972	0.1
	ClassI/SINE|TRIM	64	49 861	0.01
	ClassI/TRIM	2 380	2 198 750	0.43
	ClassI/Unknown	343	50 651	0.01
类型 II	ClassII/Crypton	14	808	0
	ClassII/Helitron	11 234	3 844 781	0.75
	ClassII/MITE	5 306	941 791	0.18
	ClassII/Maverick	55	19 060	0
	ClassII/TIR	35 991	15 175 873	2.97
	ClassII/Unknown	5 293	687 179	0.13
其他	可能的寄主基因	24 424	5 290 381	1.03
	SSR	9 086	4 924 460	0.96
未知		86 291	26 446 457	5.17
总计		509 008	25 7644 723	50.34

二、泡桐亚基因组构建及染色体重构

（一）泡桐亚基因组构建

泡桐种内共线性分析发现，其基因组内有 54 个共线性 block，包含 5781 个基因对的 26 542 个基因，这些基因占染色体区域的 94%，表明大量基因丢失以不对称和互换的方式发生。二倍化事件分析显示，二倍化后可划分为两个亚基因组：一个保留更多基因（less fractionated，LF），包括 11 条染色体，而另一个保留较少基因（more fractionated，MF），包括 9 条染色体（图 6-6）。

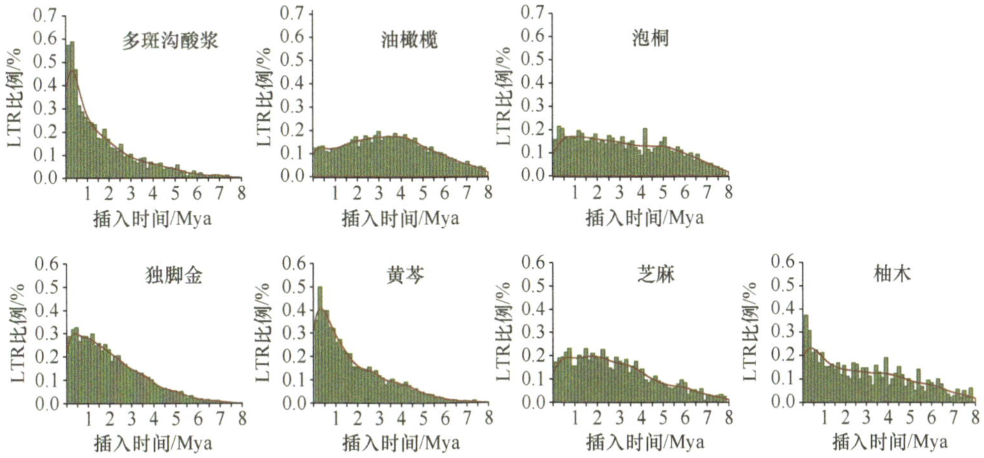

图 6-5 白花泡桐和唇形目其他六个物种的转座子插入时间分析

LTR.长末端重复反转录转座子

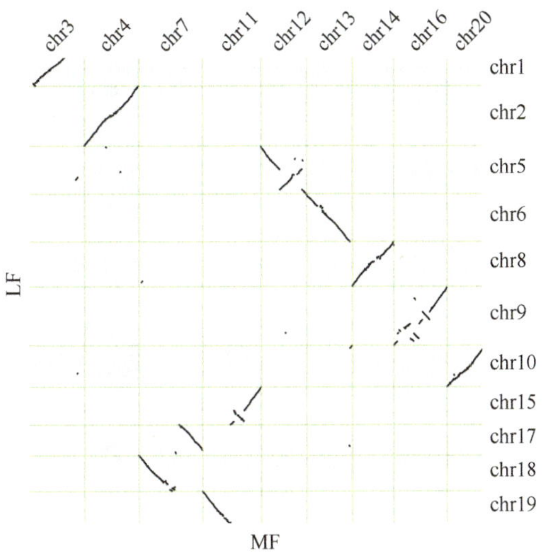

图 6-6 泡桐亚基因组 LF 和 MF 共线性关系分析

该图由 6454 基因对绘制而成

（二）泡桐亚基因组比较分析

在物种的进化过程中亚基因组之间存在变异区域。利用 1Mb 序列中基因的数目（个/Mb）来衡量基因的密度。通过对泡桐两个亚基因组进行进一步的分析显示，LF 亚基因组的 Tn 百分比低于 MF 亚基因组，两个亚基因组中所含的 LTR/Gypsy 比例较高。同时两个亚基因组之间的转录偏好性分析表明，LF 亚基因组具有更多的基因，这些基因在 4 个组织（顶端芽、叶、形成层和韧皮部）中的表达水平比 MF 亚基因组高（表 6-10 和图 6-7）。

（三）泡桐染色体重构

泡桐科进化分析显示泡桐经历了两次全基因组复制事件，并于 4092 百万年前与透骨草科和列当科发生了物种分化。泡桐染色体重构分析，结果表明 chr7 和 chr11 来源于最近一次 WGD 后的染色体融合，因为 chr17、chr15 和 chr19 分别仅与葡萄 chr1、chr18 和 chr5 保持祖先共线性（图 6-8）。同时，多对泡桐染色体显示出相同的融合模式，表明染色体融合发生在最近一次 WGD 之前：chr8 和 chr14 均起源于祖先葡萄 chr9 和 chr17 的融合，而 chr9 和 chr16 均起源于祖先葡萄 chr10、chr12 和 chr19 的融合（图 6-8

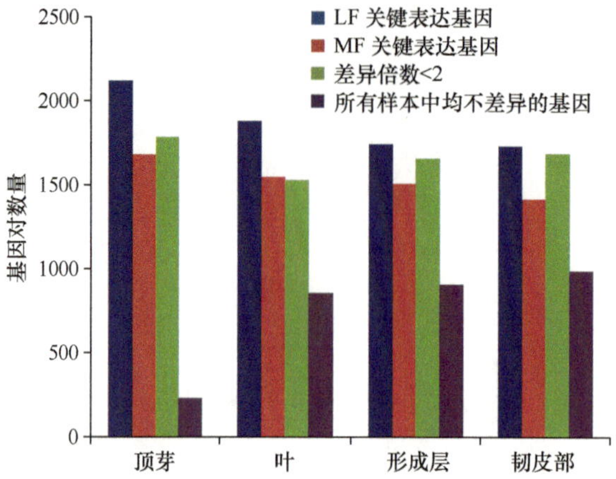

图 6-7 亚基因组基因表达水平分析

表 6-10 两个亚基因组基因密度分析

LF_同源区域			MF_同源区域			LF/MF 值
LF 染色体	基因数目/个	染色体长度/bp	MF 染色体	基因数目/个	染色体长度/bp	
chr1	1011	22 700 747	chr3	821	21 981 042	1.23
chr2	2026	31 876 066	chr4	1445	26 896 329	1.4
chr5	1620	25 186 712	chr12	1203	19 751 971	1.35
chr6	1592	24 378 266	chr13	1166	19 848 211	1.37
chr17	850	7 974 010	chr7	625	5 192 974	1.36
chr18	1082	13 686 912	chr7	966	18 208 433	1.12
chr8	1492	23 767 656	chr14	1075	19 295 504	1.39
chr9	1969	23 263 806	chr16	1421	18 606 012	1.39
chr10	1308	21 475 947	chr20	977	15 541 361	1.34
chr19	1045	15 327 581	chr11	750	15 901 739	1.39
chr15	1272	19 002 595	chr11	826	6 941 162	1.54
合计	15 267	228 640 298		11 275	188 164 738	1.35

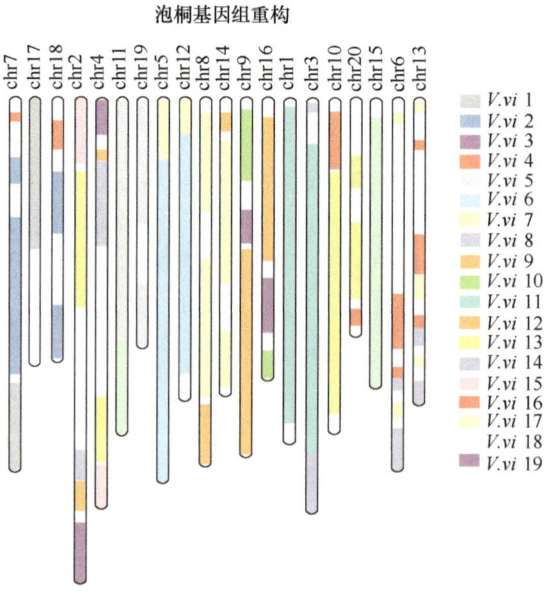

图 6-8 泡桐染色体重建的假定进化关系

泡桐染色体（chr1～chr20）用不同的颜色表示，以显示葡萄 19 条染色体（*V.vi* 1～*V.vi* 19）的不同片段和图 6-9)。功能富集分析表明，来自最近的 WGD 的基因（16 395）主要富集在“镉离子响应”和“对细菌的防御”反应，而来自串联重复的基因（3299）富集在“生物胁迫响应”和“防御反应”方面。结果表明基因组/基因复制在泡桐适应环境变化中的重要作用。

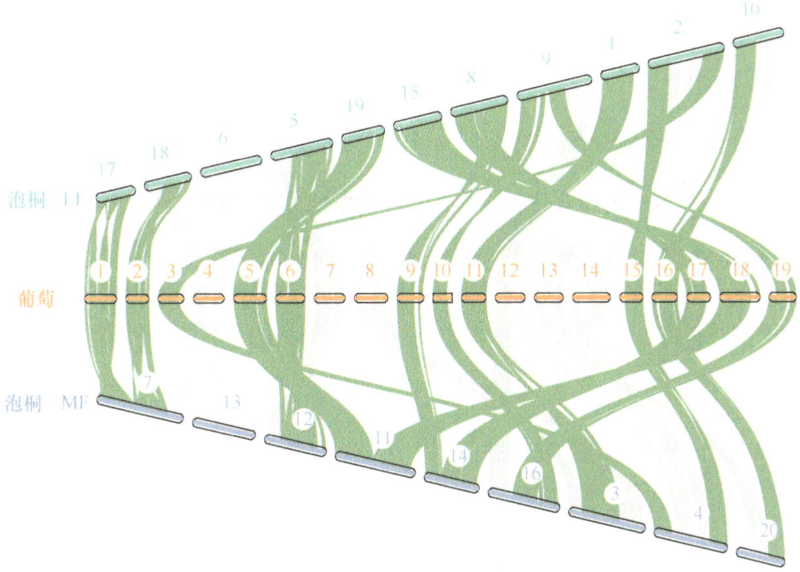

图 6-9 泡桐两个亚基因组与葡萄属基因组的微共线性
绿色方框表示泡桐中保留的葡萄祖先染色体结构区域

三、泡桐蛋白质基因组

（一）白花泡桐蛋白质组草图绘制

1. 白花泡桐非冗余蛋白质基因组数据库构建

研究采用基因组六框翻译和 RNA（mRNA 和非编码 RNA）三框翻译整合构建蛋白质 FASTA 数据库。同时，利用高分辨率、高精确度的质谱分析得到 3 382 875 张高质量的谱图数据。随后，通过序列去冗余及生成的谱图与白花泡桐蛋白质组学数据库进行匹配（FDR≤1%），最终获得 33 249 条序列可用于重新注释白花泡桐基因组及后续蛋白质组学研究。通过分析发现，这些质谱数据能对应 126 646 个肽段序列，其中有 104 387 个对应唯一的肽段。将肽段序列比对非冗余的蛋白质数据库之后，发现这些质谱数据能对应 16 726 个蛋白质，该结果约占基因组预测编码蛋白质的 50%。在这些鉴定到的蛋白质中有 13 723 个对应已知的基因，表明在白花泡桐的蛋白质数据库中至少有 13 723 个预测的编码基因能翻译成蛋白质，该结果也为这些基因在翻译水平的表达提供了有力的证据。利用主成分分析（PCA）和皮尔森相关分析对蛋白质定量结果进行评估，发现不同样品组内明显聚集，组间明显分离，且组内的相关系数均接近 1，说明 3 个生物学样品具有很好的重复性（图 6-10），鉴定的蛋白质结果可靠性较强。

此外，进一步的分析发现，有 1708 个蛋白质含有 1 个肽段，有 1973 个蛋白质对应 2 个肽段，有 3117 个蛋白质含有 10 个以上的肽段。这些鉴定的蛋白质氨基酸序列覆盖度大多都集中在 30%～40%，平均每个蛋白质的序列覆盖度为 10.3%，最高的为 97.8%（图 6-11）。

2. 白花泡桐蛋白质组草图绘制

将获得的蛋白质序列比对至白花泡桐基因组上，绘制了蛋白质在基因组上的分布图（图 6-12）。研究共鉴定到 16 324 个蛋白质定位在 20 条染色体上，其中，有 7743 个位于正链，有 8581 个位于负链上。染色体预测基因平均 GC 含量为 42.3%，其中，正链预测基因平均 GC 含量为 42.1%，负链预测基因平均 GC 含量为 42.5%。这些定位在染色体上的蛋白质中有 16 071 个是已知预测蛋白质编码基因编码，占预测蛋白质编码基因的 50.24%，平均每个预测基因的肽段序列覆盖度为 12.18%：正链上鉴定到 7701 个，占 24.07%，平均肽段序列覆盖度为 12.24%，负链上鉴定到 8370 个，占 26.16%，平均肽段序列覆盖度为 12.11%。除此之外，还有 402 个蛋白质定位在染色体的未知区域，该部分蛋白质占基因预测编码蛋白质的 1.25%，其中，定位于正链上的有 275 个，定位于负链上的有 127 个。

3. 白花泡桐非编码基因分析

研究表明通过基因组预测得到的一些基因实际上并没有蛋白质编码能力（Ezkurdia et al.，2014）。同时，Uniprot 数据库中泡桐的蛋白质注释结果显示，有 38.4%的蛋白质编码基因是通过预测获得的，60.6%的蛋白质来自同源比对，17 个蛋白质是基于转录水平的证据。通过蛋白质基因组分析发现在泡桐基因组预测的蛋白质编码基因中有 15 259 个未能被鉴定到，这些预测的基因是否具有编码蛋白质的能力需要进一步研究。

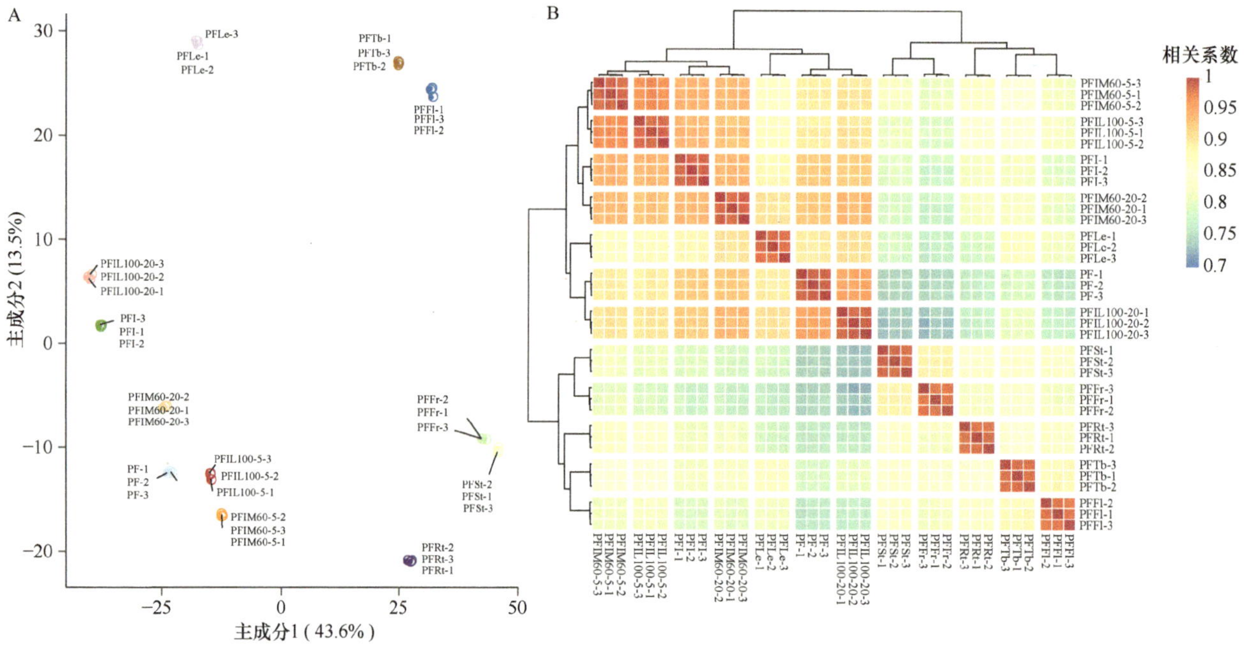

图 6-10　不同样品 3 次生物学重复的 PCA 和皮尔森相关分析

A.不同样品 3 个生物学重复的 PCA 分析；B. 不同样品 3 个生物学重复的皮尔森相关分析

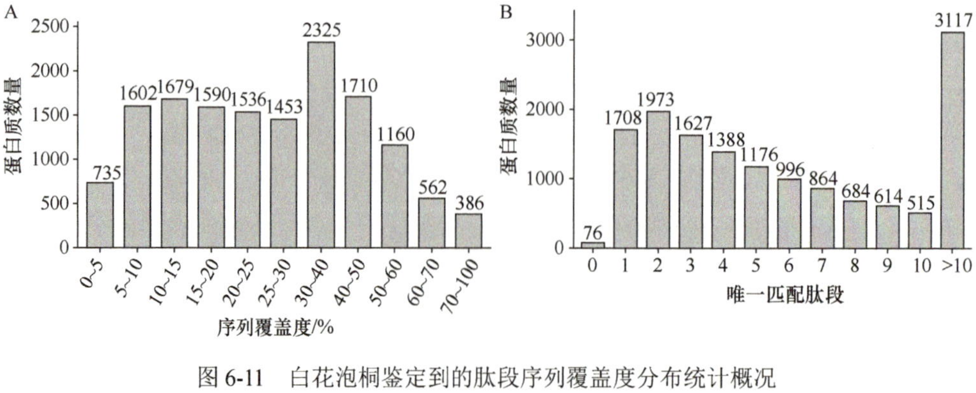

图 6-11　白花泡桐鉴定到的肽段序列覆盖度分布统计概况

A. 所有鉴定蛋白质的肽段序列覆盖度统计；B. 所有鉴定蛋白质的肽段数量统计

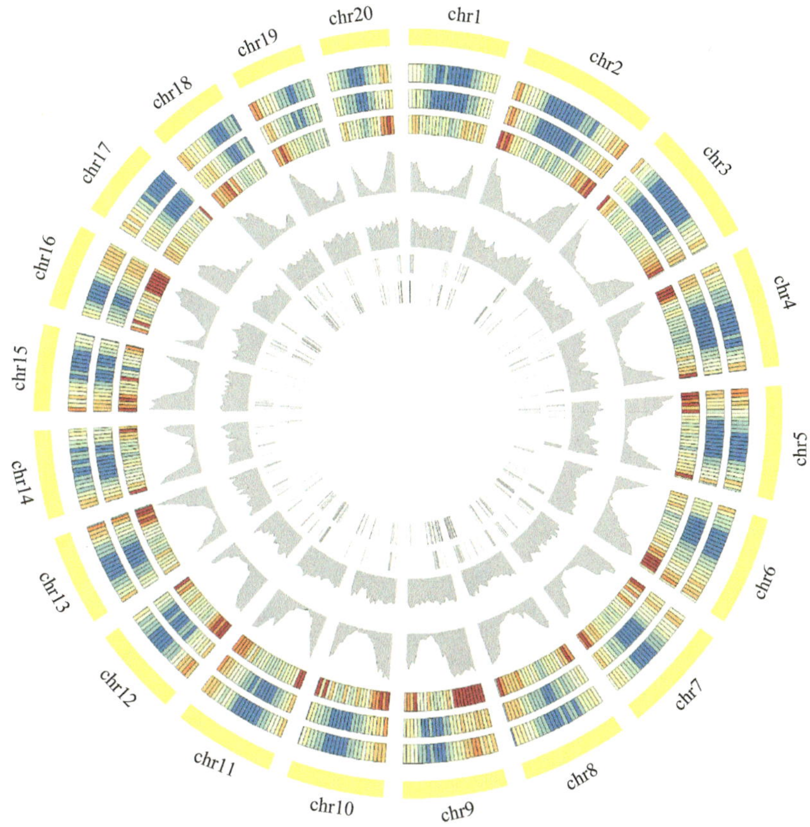

图 6-12　鉴定蛋白质在白花泡桐基因组常染色体上的分布情况

由外向内圆圈分别依次表示：1. 染色体；2. 正链上的预测基因；3. 负链上的预测基因；4. GC 含量；5. 鉴定到的肽段匹配到的蛋白质；6. 鉴定到的新肽段；7. 鉴定到的新基因；8. 可变剪切基因

首先，通过对未鉴定到的蛋白质进行序列长度分析，发现这些未被鉴定到的蛋白质序列长度均较短（图 6-13A）。其次，对所有未鉴定到的蛋白质序列进行保守性分析，以芝麻、黄芩和沟酸浆等近缘物种的蛋白质数据集为依据，通过双向 blastp 分析发现，在 9303 个白花泡桐直系同源基因中有 8297 个可通过蛋白质组鉴定到，有 1006 个未鉴定到（图 6-13B）。再次，对所有预测到的蛋白质进行 GO、KOG 和结构域注释分析，结果显示大约有 2500 个未鉴定到的蛋白质缺少任何功能注释（图 6-13C）。蛋白质亚细胞定位分析显示，约 20%具有功能注释的蛋白质定位于膜组分和细胞外环境（图 6-13D），而定位于这些亚细胞结构的蛋白质在传统的质谱分析过程中较难发现。最后，通过在 RNA 水平上检测不同生长条件下蛋白质编码基因的个数发现，未检测到的蛋白质编码基因的表达丰度要低于检测到的；另外，在蛋白质组鉴定到的 16 726 个蛋白质中，有 12 530 个蛋白质在转录水平能够表达，其中 11 873 个蛋白质在不同生长条件下均能检测到相应的转录本，而蛋白质组中未鉴定到的 15 259 个蛋白质中，有约 4600 个蛋白质在转录水平没有检测到（图 6-13E）。对这些蛋白质在不同公共数据库中的功能做进一步的分析注释，得到了相关蛋白质编码基因功能列表及潜在的非编码基因（图 6-13F）。通过上述分析，在白花泡桐基因组中有 1658 个基因可能不编码任何蛋白质，这些基因很有可能不具备蛋白质编码能力，研究结果为精准预测白花泡桐蛋白质编码基因奠定了基础。

（二）白花泡桐基因组重注释

1. 新基因、修正基因、可变剪接及单氨基酸突变鉴定

利用蛋白质基因组学分析方法，结合基因组六框翻译和转录组三框翻译序列比对分析对获得的高可

信度 GSSP 肽段谱图进行新基因鉴定、基因组已注释基因结构修正、可变剪接位点及单氨基酸突变位点鉴定，从而修正和提高白花泡桐基因组注释精确度。研究结果得到 666 个新蛋白质编码基因，修正了 208 个基因的翻译框，鉴定到 390 个发生可变剪切的基因和 3 个单氨基酸突变（图 6-14），该结果进一步修正和提高了白花泡桐基因组注释的精确度。

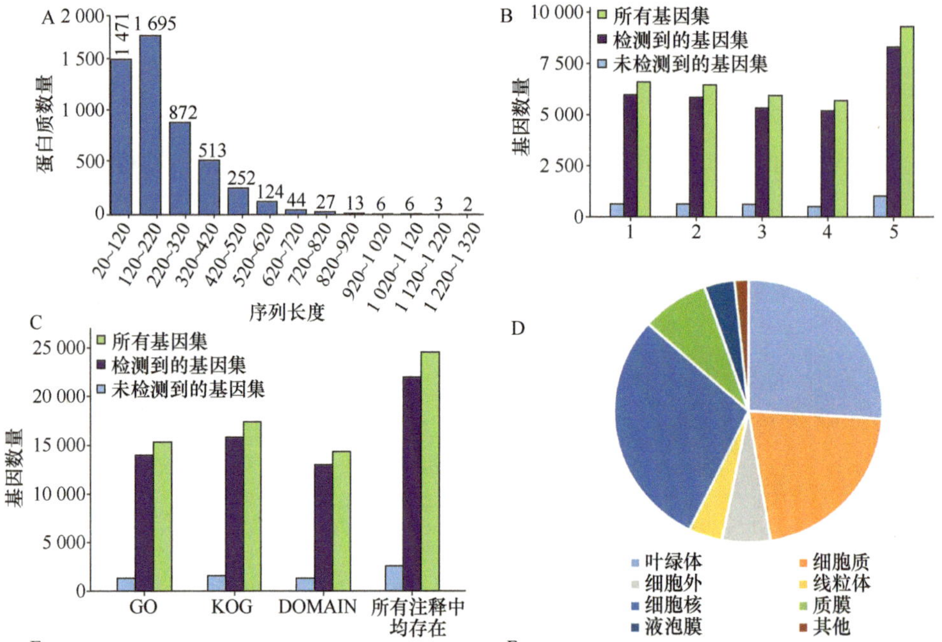

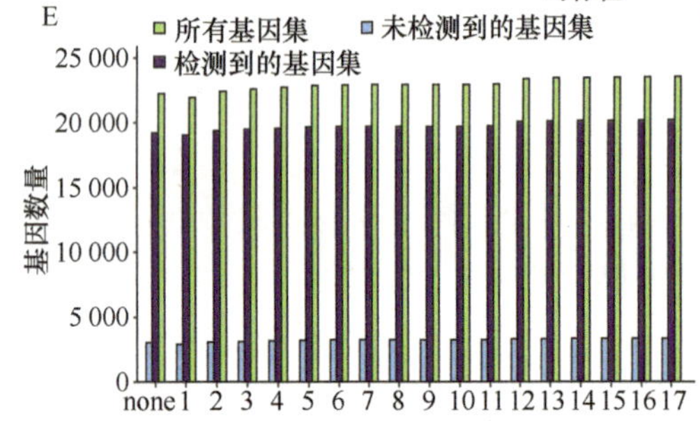

F

特征	所有基因数	未检测到的基因数
假设蛋白 (U/N)	6	1
预测存在(UNIPROT)	8	2
无功能 [GO/KOG]	9 889	2 870
低保守性 (BLASTP)	12 826	2 969
无蛋白特征 (Pfam)	17 669	3 708

图 6-13　白花泡桐蛋白质组概况

A. 未鉴定的蛋白质长度分析。B. 白花泡桐中基因在其他物种的保守性分析。1. 独脚金，2. 沟酸浆，3. 芝麻，4. 黄芩，5. 所有物种。C. 白花泡桐基因在不同数据库中的功能分析。D. 未鉴定到的有功能注释的蛋白质亚细胞定位。E. 白花泡桐基因在试剂处理条件下的表达分析。none. 健康苗，1. 30mg/L Rif 处理白花泡桐丛枝病苗 5 天，2. 30mg/L Rif 处理白花泡桐丛枝病苗 10 天，3. 30mg/L Rif 处理白花泡桐丛枝病苗 15 天，4. 30mg/L Rif 处理白花泡桐丛枝病苗 20 天，5. 100mg/L Rif 处理白花泡桐丛枝病苗 5 天，6. 100mg/L Rif 处理白花泡桐丛枝病苗 10 天，7. 100mg/L Rif 处理白花泡桐丛枝病苗 20 天，8. PFIL30-20 的顶芽在不含 Rif 的 1/2MS 培养基上培养 10 天，9. PFIL30-20 的顶芽在不含 Rif 的 1/2MS 培养基上培养 20 天，10. PFIL30-20 的顶芽在不含 Rif 的 1/2MS 培养基上培养 30 天，11. PFIL30-20 的顶芽在不含 Rif 的 1/2MS 培养基上培养 40 天，12. 20mg/L MMS 处理白花泡桐丛枝病苗 5 天，13. 20mg/L MMS 处理白花泡桐丛枝病苗 30 天，14. PFI20-30 的顶芽在不含 MMS 的 1/2MS 培养基上培养 10 天，15. PFI20-30 的顶芽在不含 MMS 的 1/2MS 培养基上培养 20 天，16. PFI20-30 的顶芽在不含 MMS 的 1/2MS 培养基上培养 30 天，17. PFI20-30 的顶芽在不含 MMS 的 1/2MS 培养基上培养 40 天。F. 白花泡桐非编码基因筛选

利用蛋白质基因组确定基因组中的新事件是提高基因组注释精确度的主要方式。通过蛋白质基因组分析在 2 号染色体的正链上鉴定到一个位于基因间区的新蛋白质编码基因（图 6-15A）。在基因组预测的基因编码区 Pfo02g000040 和 Pfo02g000050 的中间，没有任何编码序列存在，但通过分析发现有 8 个 GSSP 肽段可以比对至该基因组区域，并通过基因 ORF 查找，在这个基因间区鉴定到一个新的蛋白质编码基因，肽段覆盖度为 53.8%。另外，通过 qRT-PCR 验证了该基因的表达，其在感染了植原体后表达发生了一定的变化，说明该新蛋白质编码基因的存在（图 6-15B）。除了鉴定到这些新的基因外，利用蛋白质基因组修正了 208 个基因的翻译框（图 6-15C）。同时，通过将剩余的 GSSP 肽段进一步比对至基因组，还鉴定

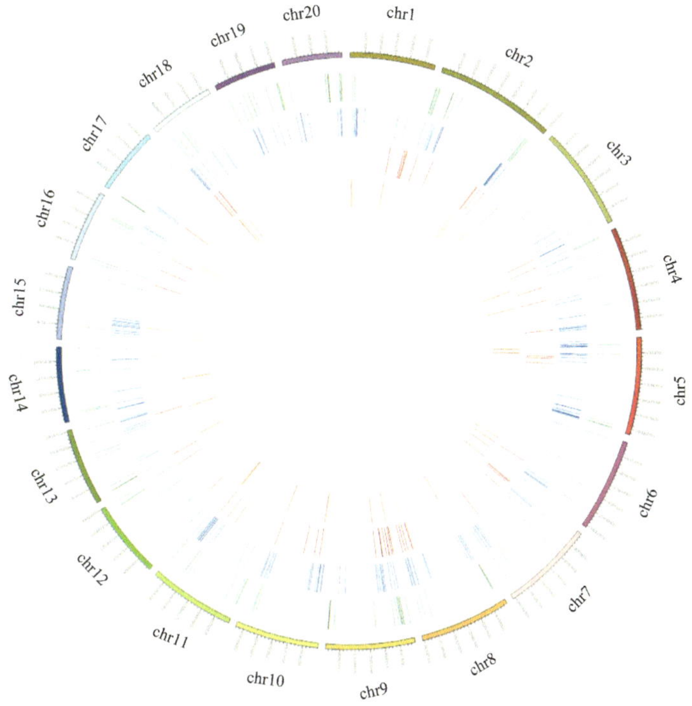

图 6-14　蛋白质基因组校正基因在染色体上的分布情况 circos 图

图中圆圈从外到内分别依次表示染色体、每条染色体上鉴定到的修正基因、每条染色体上鉴定到的新蛋白质、每条染色体上修正的已注释基因的可变剪切和每条染色体上鉴定到的新可变剪接

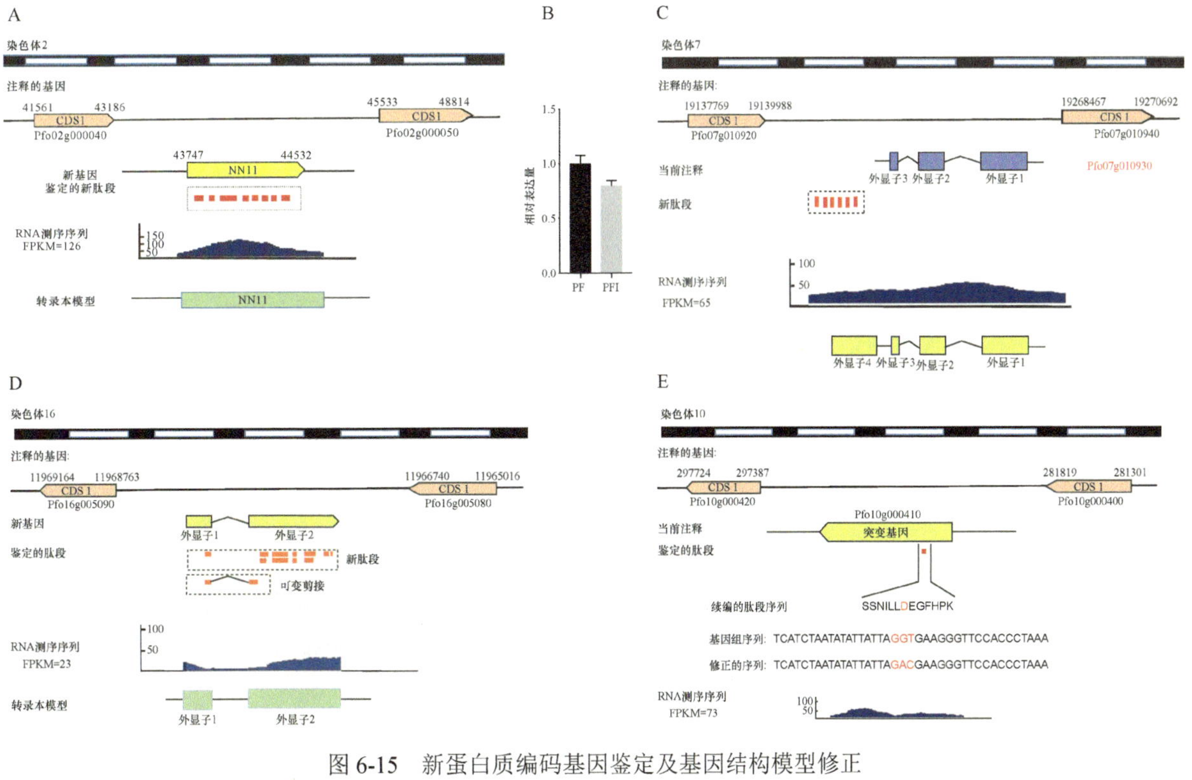

图 6-15　新蛋白质编码基因鉴定及基因结构模型修正

A.新蛋白质编码基因鉴定。虚线方框中的红色长方形模块代表鉴定到的新多肽，在两个基因中间鉴定到 8 个新的肽段，蓝色峰图代表在转录组数据中测到的基因 NN11 的表达丰度。B.新蛋白质编码基因 N11 qRT-PCR 分析（PF. 白花泡桐健康苗；PFI. 白花泡桐丛枝病苗）。C. 基因组注释基因结构模型修正。虚线方框中的红色长方形模块代表鉴定到的新多肽，Pfo07g010930 的 N 端上游鉴定到 6 个新的肽段，蓝色峰图代表在转录组数据中测到的基因表达丰度。D.新可变剪切基因。虚线方框中的红色长方形模块代表鉴定到的多肽和发生可变剪接的多肽，蓝色峰图代表在转录组数据中测到的基因表达丰度。E.单氨基酸突变基因。鉴定到 1 个含有单氨基酸突变的肽段和 RNA-seq 结果说明 Pfo10g000410 基因存在单氨基酸突变

到 390 个发生可变剪切的基因（图 6-15D），其中有 120 个属于新的可变剪切基因；修正了 270 个已注释基因的可变剪切位点。此外，还鉴定到 3 个单氨基酸突变事件，如在白花泡桐中编码丝氨酸/苏氨酸蛋白激酶 PBS 的基因（Pfo10g000410），该基因由负链编码，全长 1230bp，且由 5 个外显子组成，其中 1 个含单氨基酸突变，由谷氨酸密码子 GGT 转变为天冬氨酸密码子 GAC（图 6-15E）。总之，利用蛋白质基因组提高了基因组注释的可靠性。

2. 白花泡桐新蛋白质编码基因结构及功能分析

通过分析新蛋白质编码基因的结构和功能特征发现，大部分新鉴定到的蛋白质长度小于 400aa，平均长度为 88aa，这表明它们主要编码小的 ORF（图 6-16A）。起始密码子分析结果表明约有 56.9%（379 个）的序列以 ATG 为起始密码子，其次是 GTG 和 TTG（图 6-16B）。同时，大部分蛋白质所鉴定到的肽段的序列覆盖度是 20%～60%（图 6-16C）。蛋白质亚细胞定位分析显示，这些鉴定到的蛋白质大部分定位在细胞质（96），其次是叶绿体（83）、细胞核（64）和细胞外（24）等。对这些新鉴定到的蛋白质进行 GO 富集分析，结果表明这些新鉴定到的蛋白质主要参与了“代谢过程”“细胞过程”“生物过程调控”和“响应刺激”等，并具有“催化活性”“结合”“分子功能调控”“抗氧化活性”和“转运活性”等（图 6-16D）。此外，通过将这些蛋白质序列与 string 数据库中的拟南芥蛋白质序列进行同源比对分析构建了蛋白质-蛋

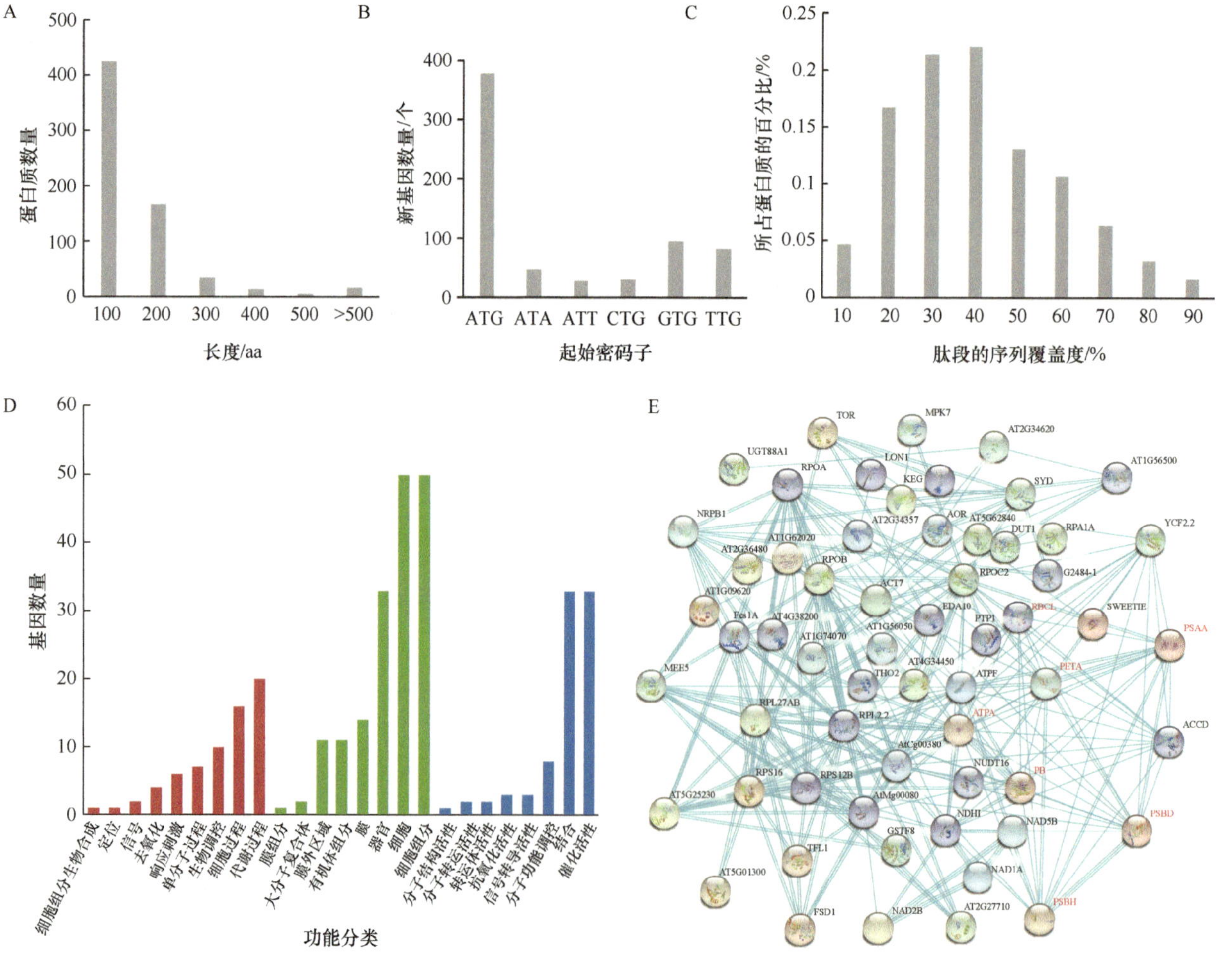

图 6-16　新蛋白质编码基因统计分析

A. 编码氨基酸长度分布统计；B. 起始密码子类型统计；C. 肽段覆盖度统计；D. GO 功能分析，横轴表示 GO term，纵轴表示基因个数；E. 新蛋白质相互作用网络分析。红色字体显示蛋白质为光合作用相关蛋白质

白质相互作用网络（图 6-16E），其包含了 67 个蛋白质，其中有 7 个与光合作用相关的蛋白质形成了一个关键的相互作用网络，推测这些新发现的蛋白质编码基因可能在调控泡桐生长发育方面具有重要作用，研究结果为后续研究蛋白质功能的相关性提供了重要的线索。

第二节　泡桐的高密度遗传图谱

一、RAD 文库构建及测序

（一）连锁群构建群体选择

以长势良好，树形优美的白花泡桐和毛泡桐为材料，在开花期进行杂交，并构建两种杂交组合：母本毛泡桐和父本白花泡桐杂交，母本白花泡桐和父本毛泡桐杂交，且以毛泡桐×白花泡桐为正交。同时，根据杂交结果选用 4 个亲本及正反交获得的子一代（F_1）群体（正交 F_1 代 91 株，反交 F_1 代 90 株）中挑选 181 株子代个体作为作图群体。

（二）RAD 测序及初始数据过滤

采集 4 个亲本和 181 个 F_1 代群体的叶片，利用改良的 CTAB 法提取各样本的基因组 DNA，并利用限制性内切酶 *Eco*R Ⅰ 和 Sbf 进行酶切，然后将片段连接到带有标记的测序接头上，将样品进行混合构成混池，利用 2%的琼脂糖进行凝胶电泳。选取 400～500bp 长度的 DNA 片段，依据 RAD 测序的文库构建原则，总共构建了 185 个 RAD 文库，构建好的 RAD 文库利用 Illumina 平台的设备 Hi-Seq 2000 测序仪进行测序，共获得 219.14Gb 原始下机数据，通过过滤掉原始数据中含接头的序列、低质量的序列及含 N 超过 20%的序列后，共产出有效数据 201.343Gb。通过分析 185 个样品的测序质量，发现这些样本的序列质量均较高，其 Q20 均大于 96%，且 GC 含量正常（表 6-11）。此外，分析显示亲本平均序列数为 26.405 Mb，子代的平均序列数为 12.23Mb，结果表明获得数据较为可靠，可用于后续的分析。

表 6-11　样品有效数据质量分析

样品 ID	序列数量/M	碱基/Mb	GC 含量/%	Q20/%
P1-B2-RA	21.76	1914.87	33.45	98.69
P2-M2-RA	21.20	1822.87	33.74	98.47
BF1A	36.01	3140.9	33.88	98.39
BM2A	26.65	2298.85	33.61	98.57
Y100A	12.44	1078.47	35.07	97.07
Y101A	11.38	978.67	34.38	97.50
Y102A	18.33	1594.73	34.56	97.57
Y104A	8.72	758.89	34.91	97.52
Y106A	8.88	763.7	34.63	97.60
Y112A	8.72	758.29	33.66	98.70
Y113A	6.62	572.58	34.32	98.63
Y114A	7.95	694.98	34.92	97.77
Y115A	11.80	1038.14	33.72	98.67
Y116A	12.37	1063.67	33.39	98.57
Y117A	7.20	618.83	33.89	98.76
Y118A	8.46	727.39	33.58	98.74
Y119A	13.37	1163.16	34.08	98.58

（三）RADtag 比对

利用 SOAP2 软件将过滤后所得的 RADtag 比对到泡桐基因组参考序列，允许 3 个错配，并统计比对信息（表 6-12 为部分比对结果），结果发现：亲本白花泡桐分别有 14 630 584 条和 21 333 202 条双末端 RADtag 比对到基因组，3 183 020 条和 5 612 901 条单末端 RADtag 比对到参考基因组，总共有 81.86%和 74.82%的序列比对到参考基因组序列上；亲本毛泡桐分别有 11 149 680 条和 16 259 650 条双末端 RADtag 及 3 679 989 条和 3 734 305 条单末端 RADtag 比对到基因组，总共有 69.96%及 75.02%的序列比对到白花泡桐参考基因组上；在 181 个子代中，RADtag 比对到基因组的比对率均在 72%以上，最高比对率为 82.94%。

表 6-12　RADtag 比对信息

样品名称	成对比对	成对比对率/%	单一比对	单一比对率/%	所有比对	所有比对率/%
P1-B2-RA	14 630 584	67.24	3 183 020	14.63	17 813 604	81.86
P2-M2-RA	11 149 680	52.60	3 679 989	17.36	14 829 669	69.96
BF1A	21 333 202	59.24	5 612 901	15.59	26 946 103	74.82
BM2A	16 259 650	61.01	3 734 305	14.01	19 993 955	75.02
Y100	8 312 136	66.82	1 613 277	12.97	9 925 413	79.79
Y101	7 218 934	63.44	1 360 794	11.96	8 579 728	75.39
Y102	11 797 194	64.36	2 365 162	12.9	14 162 356	77.26
Y104	5 811 110	66.62	1 011 630	11.6	6 822 740	78.22
Y106	6 000 696	67.57	1 019 179	11.48	7 019 875	79.05
Y112	5 657 016	64.90	1 158 305	13.29	6 815 321	78.19
Y113	4 768 776	72.04	538 023	8.13	5 306 799	80.17
Y114	5 743 818	72.29	609 768	7.67	6 353 586	79.97
Y115	8 186 648	69.40	1 153 618	9.78	9 340 266	79.17
Y116	7 769 832	62.82	1 496 224	12.10	9 266 056	74.92
Y117	4 662 500	64.80	890 953	12.38	5 553 453	77.18
Y118	5 465 126	64.61	1 184 436	14	6 649 562	78.62
Y119	8 407 368	62.88	2 118 484	15.85	10 525 852	78.73
Y120	5 990 528	66.21	1 223 541	13.52	7 214 069	79.73
Y121	8 124 040	62.40	1 868 857	14.35	9 992 897	76.75
Y122	5 637 972	74.35	571 792	7.54	6 209 764	81.89
Y123	4 730 500	67.83	729 650	10.46	5 460 150	78.29
Y124	7 840 824	61.70	1 893 565	14.90	9 734 389	76.60
Y125	6 233 918	72.41	755 490	8.78	6 989 408	81.19
Y126	7 176 994	71.14	936 416	9.28	8 113 410	80.42
Y127	10 065 022	63.17	2 160 448	13.56	12 225 470	76.73
Y128	7 185 324	63.93	1 468 655	13.07	8 653 979	77.00
Y129	8 229 690	61.58	1 916 653	14.34	10 146 343	75.92
Y130	3 425 604	67.83	564 989	11.19	3 990 593	79.02

二、基因分型及遗传图谱构建

（一）单核苷酸多态性检测及基因分型

将测序得到的原始数据拆分过滤后，利用亲本和群体这些序列，使用 RFAPtool 脚本建立模拟参考序列。同时，利用 SOAP 比对软件，将两个亲本和所有单株序列比对到模拟参考序列上进行 SNP 开发，每端最多允许两碱基错配。通过泡桐双亲和子代的测序序列进行聚类比对分析，获得了每个泡桐单株的标记开发结果（表 6-13），其中在母本毛泡桐中开发出 126 974 个 SNP，其中纯合 SNP 有 101 262 个，纯合率为 79.75%；在父本白花泡桐中开发出 117 277 个 SNP，其中纯合 SNP 有 54 036 个，纯合率为 46.08%；在母本白花泡桐中开发出 273 173 个 SNP，其中纯合 SNP 有 85 011 个，纯合率为 31.12%；在父本毛泡桐中开发出 195 414 个 SNP，其中纯合 SNP 有 65 688 个，纯合率为 33.61%；F_1 代 SNP 纯合率平均值为 47.64%，SNP 杂合率平均值为 52.36%。同时，利用一致性序列，按照过滤条件：碱基的质量值大于等于 20、SNP 之间至少 5bp 间隔、测序深度大于等于 6、拷贝数小于等于 1.5 等，将与参考序列比对的多态性位点条挑选出，得到各个样品的 SNP 信息，再将所有个体的 SNP 整合在一起，得到整个群体高质量的基因型，共 551 894 个多态 SNP 位点，最后对群体基因型进行过滤，获得 5 015 个分离位点，这些位点可用于后续连锁图谱的构建。

表 6-13　各样品 SNP 信息统计

样品名	SNP	纯和 SNP	杂合 SNP	纯和率/%	杂合率/%
P1-B2-RA	117 277	54 036	63 241	46.08	53.92
P2-M2-RA	126 974	101 262	25 712	79.75	20.25
BF1A	273 173	85 011	188 162	31.12	68.88
BM2A	195 414	65 688	129 726	33.61	66.39
Y100A	30 436	13 378	17 058	43.95	56.05
Y101A	46 196	26 779	19 417	57.97	42.03
Y102A	97 998	50 302	47 696	51.33	48.67
Y104A	19 027	12 210	6817	64.17	35.83
Y106A	17 448	9811	7637	56.23	43.77
Y112A	18 546	8754	9792	47.20	52.80
Y113A	4736	3406	1330	71.92	28.08
Y114A	5932	4114	1818	69.35	30.65
Y115A	35 542	20 127	15 415	56.63	43.37
Y116A	54 634	34 996	19 638	64.06	35.94
Y117A	10 801	7342	3459	67.98	32.02
Y118A	19 352	12 709	6643	65.67	34.33
Y119A	42 733	24 801	17 932	58.04	41.96
Y120A	17 187	11 154	6033	64.90	35.10
Y121A	39 336	24 231	15 105	61.60	38.40
Y122A	7525	4461	3064	59.28	40.72
Y123A	13 820	9860	3960	71.35	28.65
Y124A	37 902	23 828	14 074	62.87	37.13
Y125A	16 576	9271	7305	55.93	44.07
Y126A	16 582	10 750	5832	64.83	35.17
Y127A	61 360	35689	25 671	58.16	41.84
Y128A	33 610	18 077	15 533	53.78	46.22
Y129A	42 926	26 761	16 165	62.34	37.66
Y12A	3763	2255	1508	59.93	40.07
Y130A	55 231	32 606	22 625	59.04	40.96
Y131A	58 821	30 792	28 029	52.35	47.65
Y132A	33 508	22 043	11 465	65.78	34.22
Y133A	45 585	19 639	25 946	43.08	56.92

（二）图谱构建

在得到标记位点在群体中的基因分型数据后，根据基因分型信息计算位点间的重组率，最终构建得到遗传图谱。多位点的遗传作图主要需要解决三个问题：标记分群、标记排序和标记间距离的计算。通过对5 015个标记位点的相似位点进行去冗余（100bp坐标内只保留一个位点），最终得到3 785个标记位点，使用Joinmap 4.0构建遗传图谱，并手动去除相似标记，最后保留3 545个标记用于作图，作图群体个体数为178个，以连锁系数（LOD）等于13～20指标进行聚类分析，所有标记位点划分为20个连锁群（表6-14和图6-17），图谱总长度为2 050.77cM。以连锁群为单位，利用Joinmap 4.0软件获得连锁群内标记的线性排列，多点分析估算相邻标记间的遗传距离。由表6-14可以看出，各个连锁群的两点标记间的平均距离变化范围是0.39～1.55cM，连锁图的平均图距为0.58cM。各个连锁群上标记数目变化范围是87～282个SNP，其中标记数量最多的连锁群是LG1，标记数量最少的连锁群是LG20，20个连锁群中标记密度最大的是2.57个SNP/cM，位于LG1上。在形成的20个连锁群上连锁位点覆盖的遗传距离从67.89～134.49cM，平均为102.54cM，连锁群最长的是LG20，最短的是LG19。每一连锁群上含有的SNP连锁标记数从最少87个到最多282个。标记间平均间距最大的连锁群为LG18，平均间距为1.50 cM。采用Postlethwait等（1994）提出的方法计算得到的泡桐F_2群体遗传连锁图谱预期长度（Ge1）为2015.14cM；根据Chakravarti等（1991）提出的方法计算得到的泡桐遗传连锁图谱预期长度（Ge2）为2074.207cM；为获得高质量的泡桐连锁图谱，两种方法计算最终获得的泡桐的遗传连锁图谱长度（Ge）为2044.6735cM；图谱覆盖度为98.5%。从构建的2个亲本遗传图谱连锁群的数量来看，F_1代连锁图包含了20个连锁群，等于泡桐单倍体基因组染色体的数目（n = 20），说明构建的泡桐遗传图谱的连锁标记所覆盖的基因组比较完整。

表6-14 泡桐遗传连锁图谱统计

连锁群	遗传距离/cM	标记个数	平均距离/cM
LG1	109.77	282	0.39
LG2	82.07	193	0.43
LG3	133.81	173	0.77
LG4	131.19	235	0.56
LG5	105.66	237	0.45
LG6	111.23	220	0.51
LG7	95.55	207	0.46
LG8	115.86	204	0.57
LG9	87.94	194	0.45
LG10	111.37	192	0.58
LG11	91.40	188	0.49
LG12	80.14	189	0.42
LG13	86.14	174	0.50
LG14	95.91	151	0.64
LG15	115.83	147	0.79
LG16	79.46	149	0.53
LG17	81.80	122	0.67
LG18	133.28	89	1.50
LG19	67.89	112	0.61
LG20	134.49	87	1.55

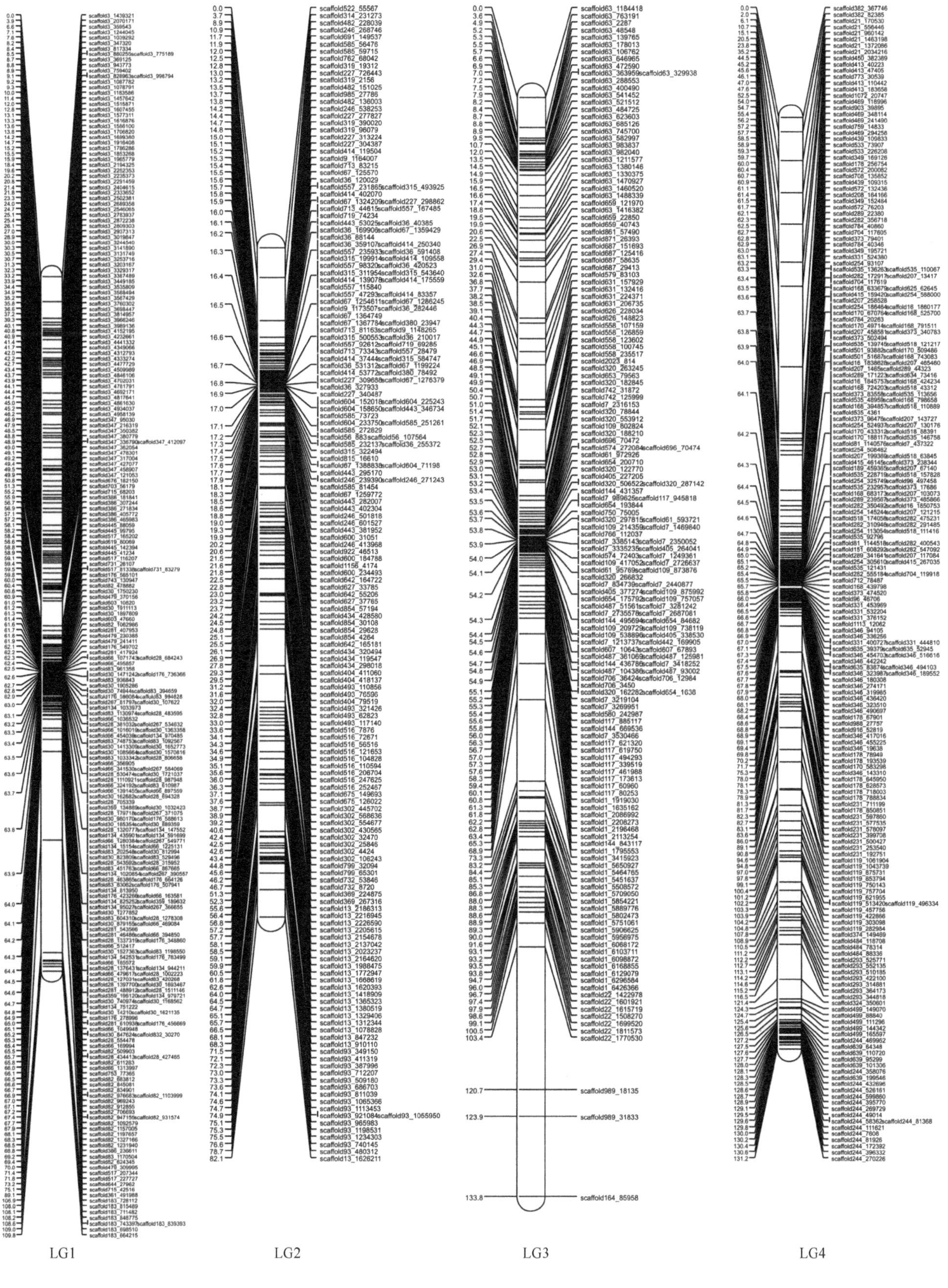
LG1
LG2
LG3
LG4

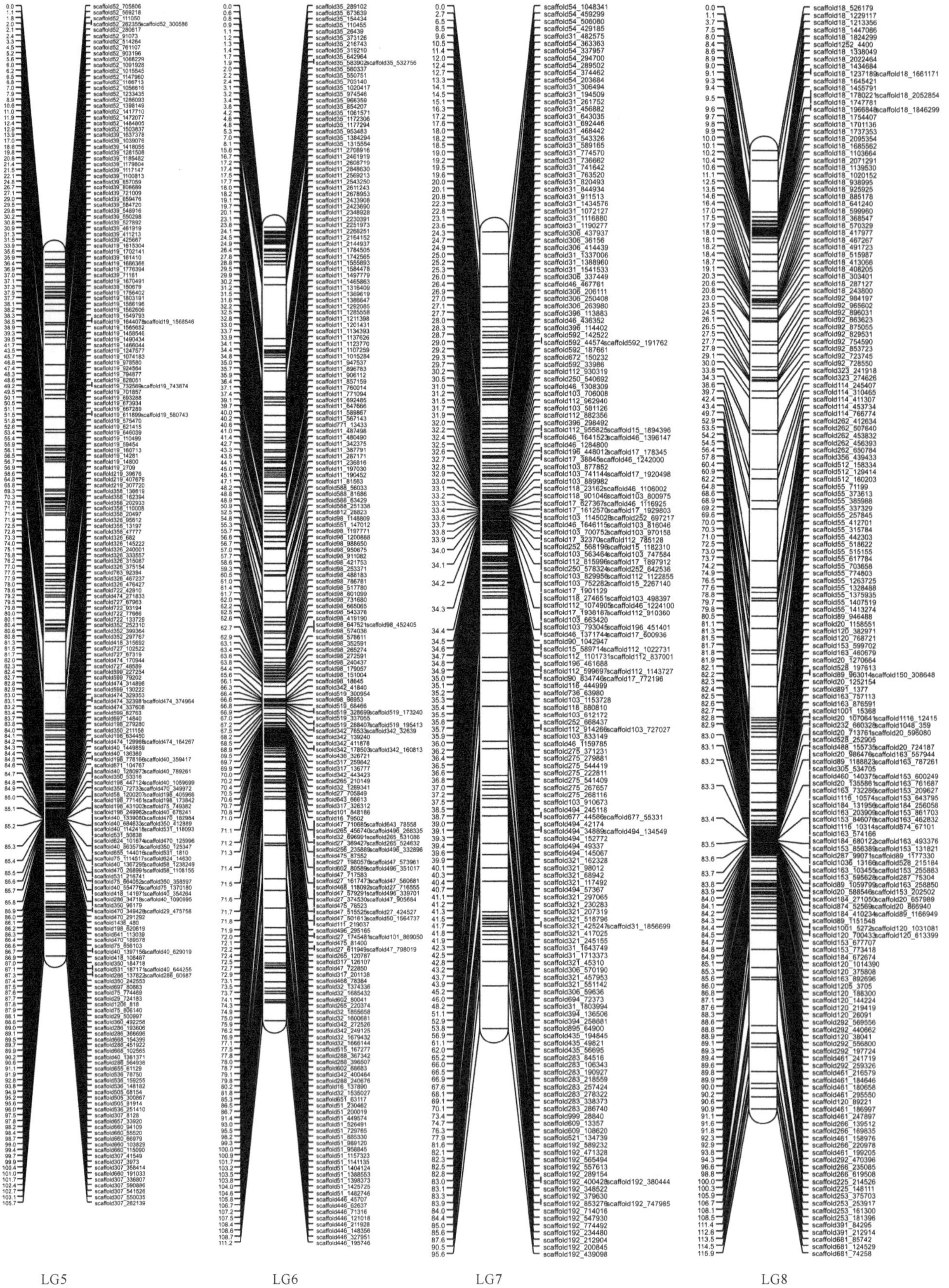
LG5
LG6
LG7
LG8

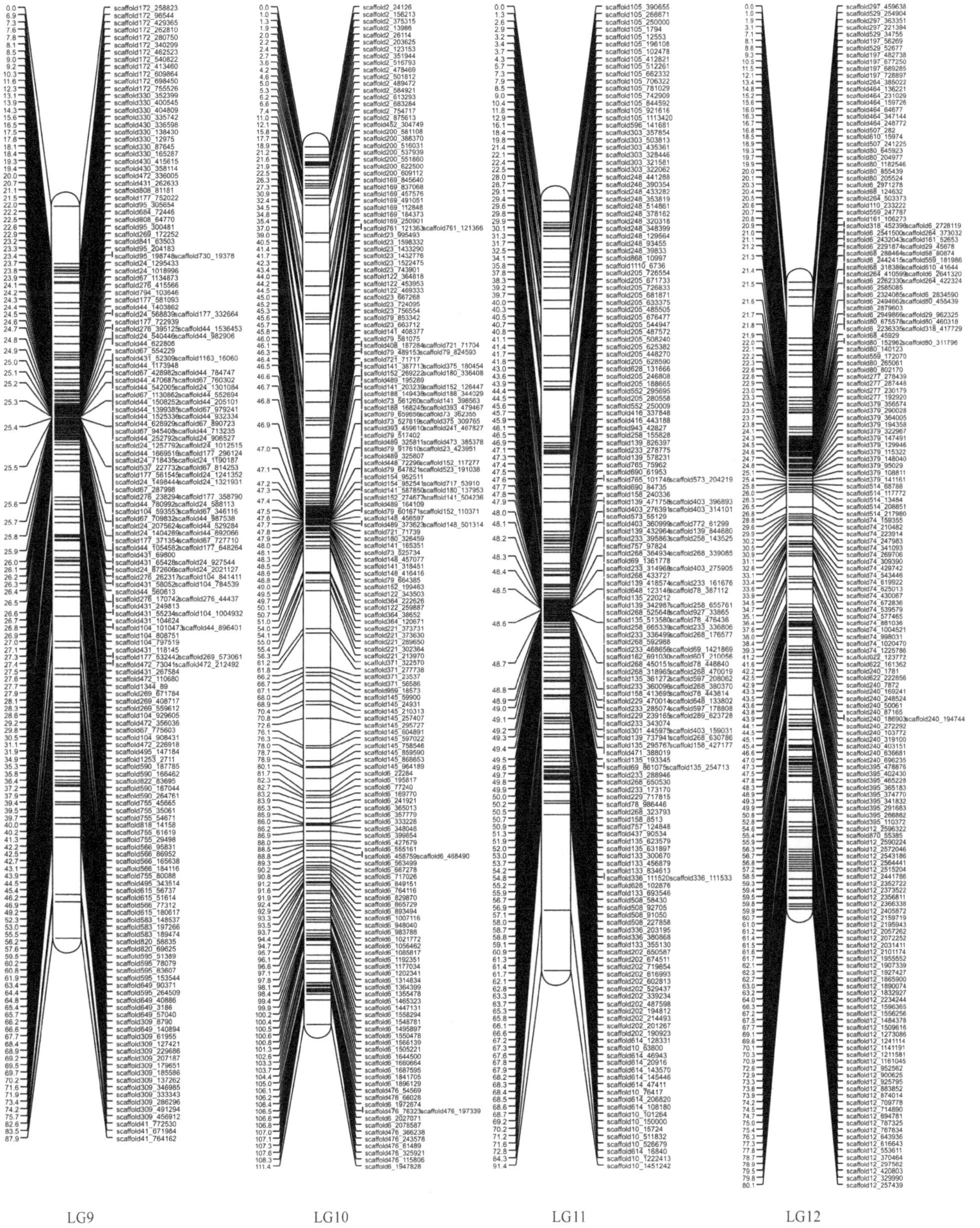
LG9
LG10
LG11
LG12

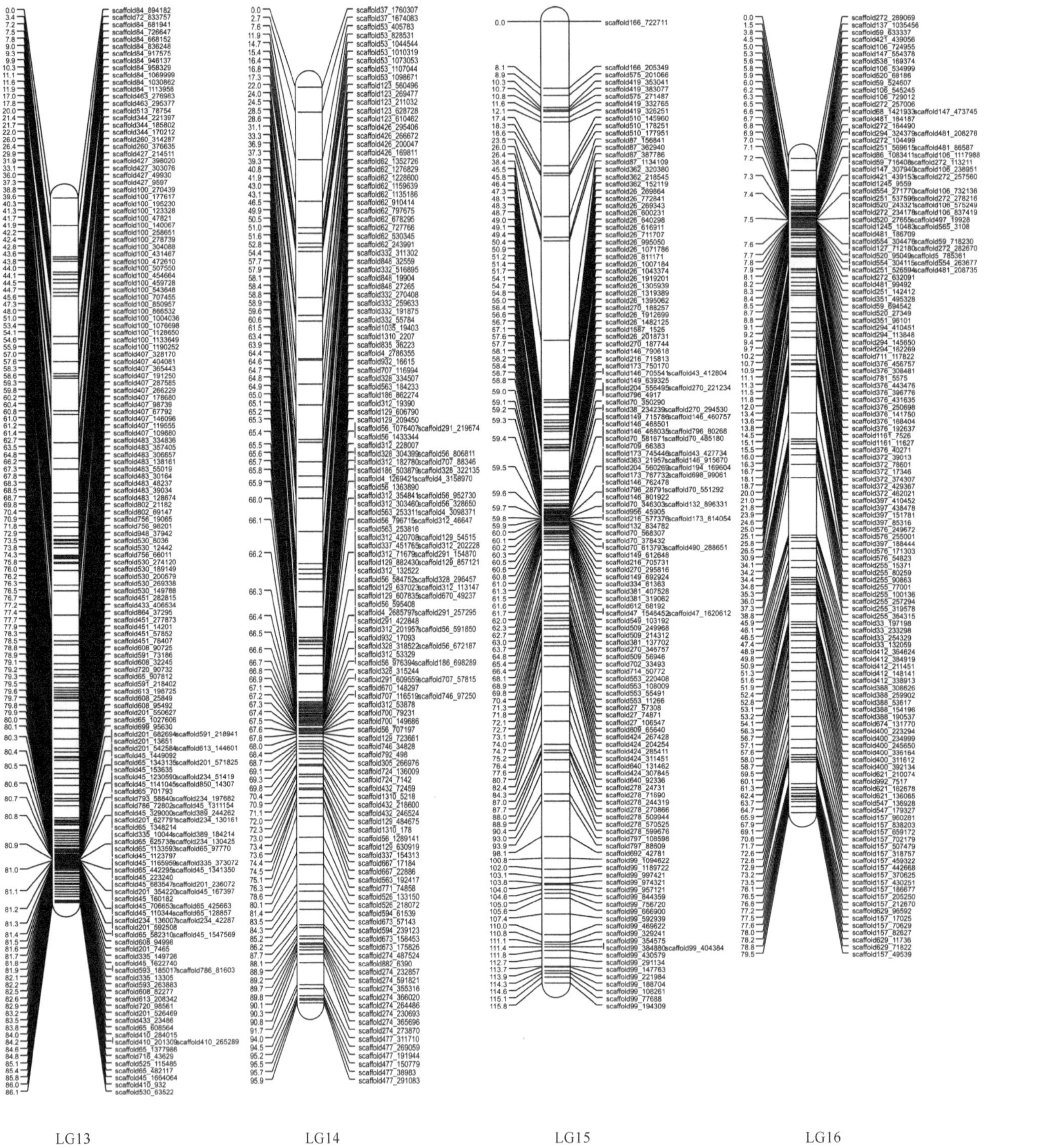
LG13
LG14
LG15
LG16

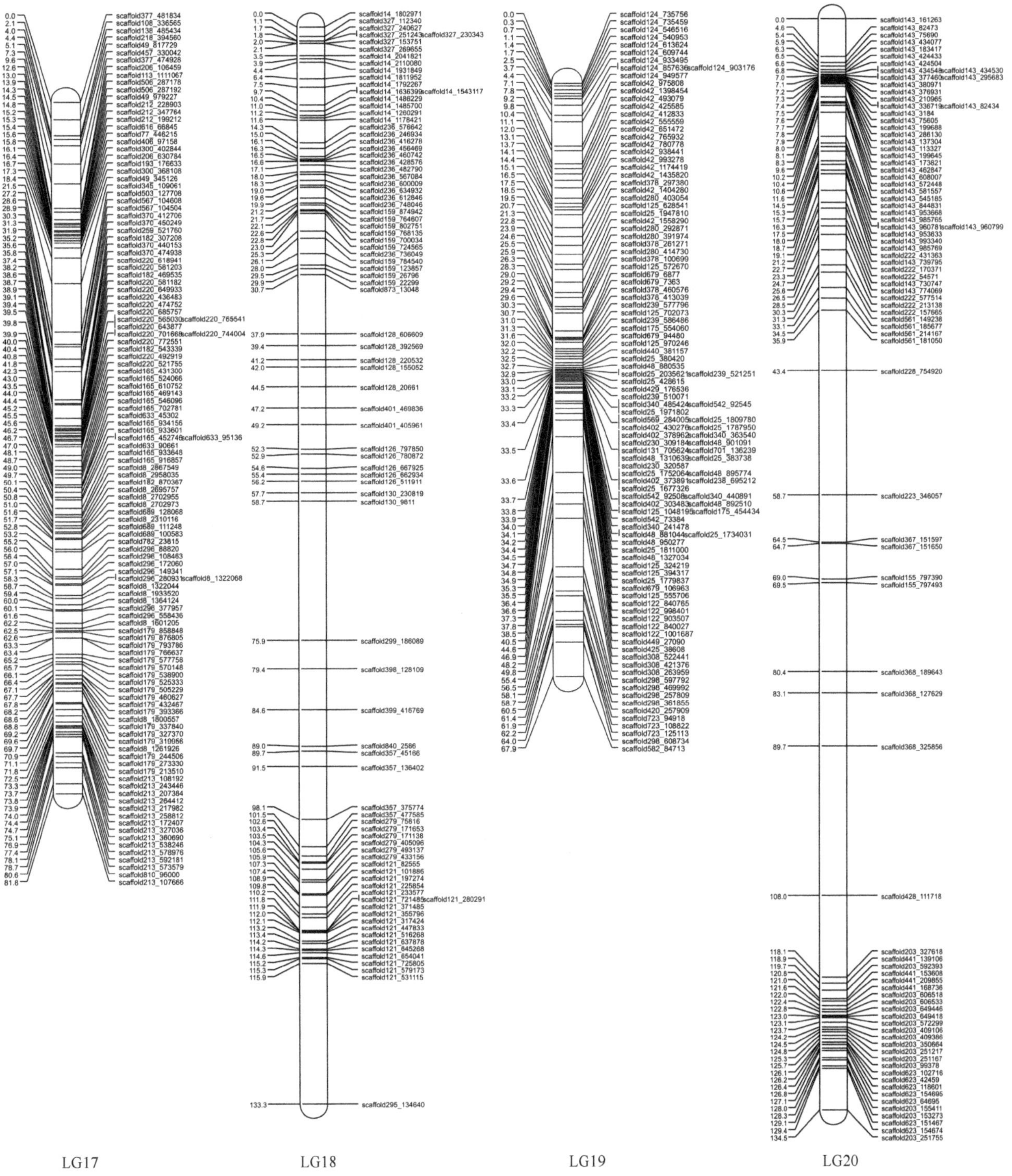

图 6-17　泡桐染色体连锁遗传图

第三节　泡桐的叶绿体基因组

泡桐叶绿体基因组测试样品：川泡桐（*P. fargesii*，Pfa）、鄂川泡桐（*P. albiphloea*，Pal）、楸叶泡桐（*P. catalpifolia*，Pca）、台湾泡桐（*P. kawakamii*，Pka）、兰考泡桐（*P. elongata*，Pel）、毛泡桐（*P. tomentosa*，Pto）、南方泡桐（*P. Australis*，Pau）和白花泡桐（*P. fortunei*，Pfo）的幼苗。

一、泡桐基因组 DNA 质量评估

泡桐总 DNA 的提取采用 CTAB（cetyl trimethyl ammonium bromide）法（姜文娟，2016）提取 DNA。DNA 样品使用 1%琼脂糖凝胶电泳检测其纯度和完整性；并使用 Nanodrop 测定不同种泡桐种的 DNA 的浓度，检测结果显示其质量完全符合叶绿体基因组 Illumina HiSeq 测序的要求。

二、不同泡桐种的叶绿体基因组测序数据质量检测

（一）不同泡桐种的叶绿体测序数据质控

利用 Illumina HiSeq 测序平台进行测序，得到的原始测序数据利用如下标准进行过滤分析：①去掉原始序列中的接头序列；②剪切前去掉 5'端含有非 ATCG 的碱基；③去除测序质量较低的序列末端；④去掉含“N”比例高达 10% 的配对序列；⑤经过以上步骤后若片段长度小于 50bp 则去除掉。

（二）NGSQC 对不同泡桐种测序数据的质控

使用 Illumina Hiseq 二代测序平台对泡桐属 8 个种泡桐总 DNA 进行测序。利用 PE150 双末端测序，经过过滤低质量序列后，最终得到有效序列。测序得到的原始数据质控情况如图 6-18 和表 6-15 所示。

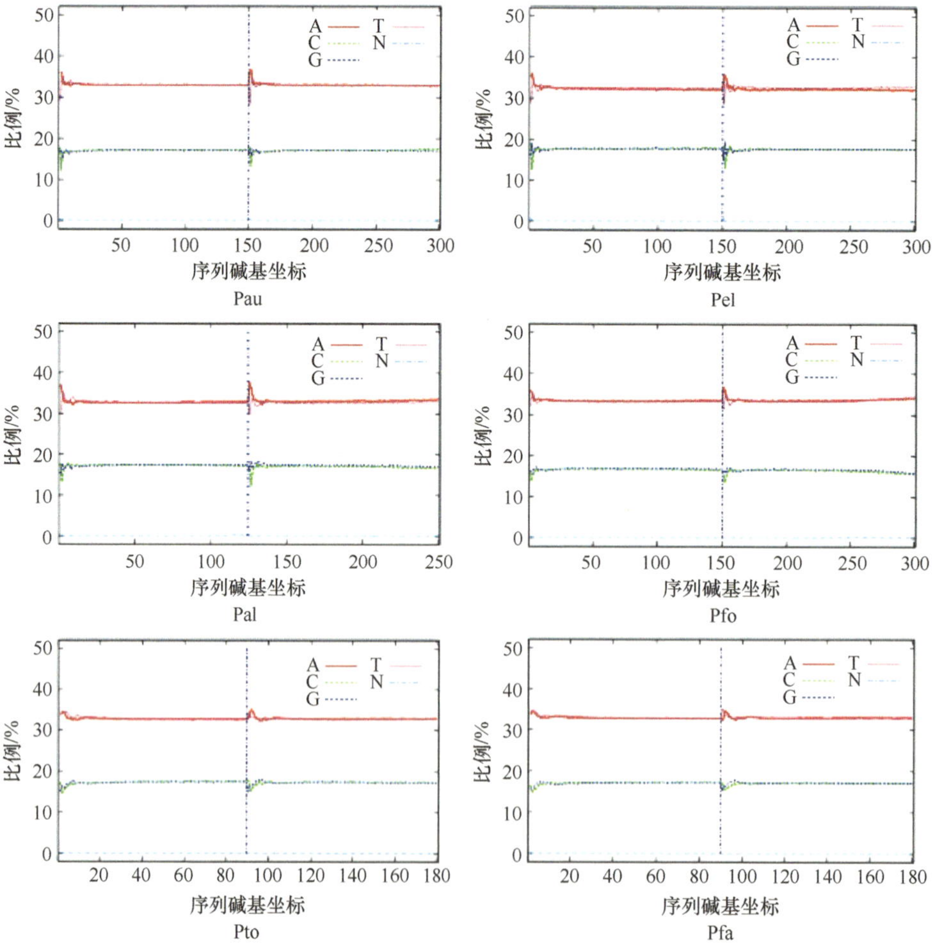

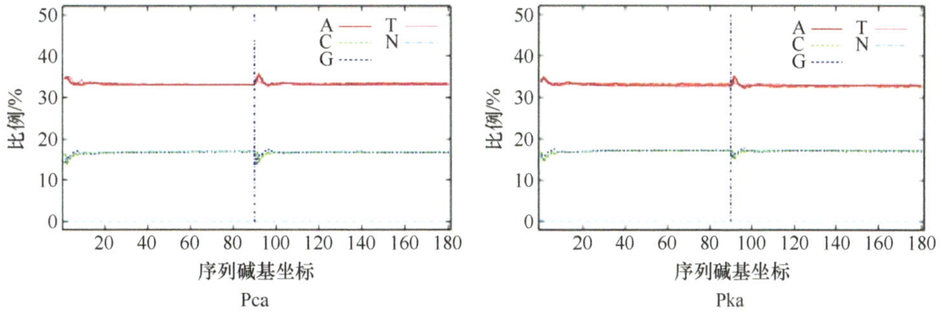

图 6-18　原始数据质量检测

横坐标代表序列碱基坐标，纵坐标代表全部序列的 A、T、C、G、N 碱基所占比例。在每个位置上的 A、T、G、C 碱基在刚测序时会有波动出现，后面会逐渐平稳。通常情况下 A 碱基和 T 碱基，G 碱基和 C 碱基的数量保持一致，每个碱基所占的比例会因物种的差异而存在不同。从图中可以看出，泡桐叶绿体基因组的建库情况比较均匀，四种不同碱基的颜色的分界线波动较小，几乎呈现为一条直线，表明本研究所得的数据质量较好，为后续叶绿体基因组组装和注释奠定基础

表 6-15　泡桐属叶绿体基因组测序数据统计表

样本名称	插入片段/bp	序列长度/bp	碱基错误率/%	高质量数据 Q20/%	高质量数据 Q30/%	高质量数据 GC/%
Pau	270	150	0.03	95.41	88.92	34.01
Pel	270	149	0.08	95.18	87.94	35.28
Pal	215	124	0.20	96.14	88.89	34.30
Pfo	263	149	0.05	94.17	87.44	33.14
Pto	91	90	0.03	93.15	87.10	34.45
Pfa	95	90	0.03	94.95	88.54	34.12
Pca	91	90	0.03	93.77	87.84	33.45
Pka	96	90	0.03	95.04	88.60	34.07

三、泡桐属叶绿体基因组序列特征分析

（一）组装和注释

8 个完整叶绿体基因组组装结果良好的覆盖度较高，并最终拼接得到完成图，其长度范围为 154 506～154 746bp。以白花泡桐为例，白花泡桐叶绿体基因组总长度为 154 612bp，是典型的四分体结构（图 6-19）；同时发现，在泡桐属不同种的叶绿体基因组中，利用 Sequin 注释软件得到的核糖体 RNA（rRNA）、转运 RNA（tRNA）和蛋白质编码基因均相同，其具体长度特征见表 6-16。

8 个泡桐种叶绿体基因组总 GC 含量在 34%～40%，但在基因组中不同区域分布不均匀（表 6-17）。8 个泡桐种的两个反向重复（IR）区域所含 GC 的含量（43.21%～43.24%）均明显高于大单拷贝（LSC）区域（35.95%～36.00%）和小单拷贝（SSC）区域（32.34%～32.39%）。其中的主要原因是位于 IR 区域的 *rrn16*、*rrn23*、*rrn4.5* 和 *rrn5* 基因中 GC 含量较高，而 SSC 区域中的 NADH 脱氢酶基因有较低的 GC 含量，所以造成了 SSC 区域中 GC 含量低于 IR 区；蛋白质编码基因区域的 GC 含量（38.10%～38.12%）高于叶绿体基因组的总 GC 含量（38%），此现象与唇形目唇形科中薄荷的叶绿体基因组相似（沈立群，2018）。

（二）基因内容和分类

白花泡桐叶绿体基因组中共注释得到 114 个唯一基因，其中 18 个基因含有 2 个拷贝，包括 7 个 tRNA［tRNA-Ala（UGC）、tRNA-Arg（ACG）、tRNA-Asn（GUU）、tRNA-His（CAU）、tRNA-Ile（GAU）、tRNA-Leu（CAA）和 tRNA-Val（GAC）］、4 个 rRNA 基因（*rrn16*、*rrn23*、*rrn4.5* 和 *rrn5*）和 7 个蛋白质编码基因

（*ndhB*、*rpl2*、*rpl23*、*rps7*、*ycf1*、*ycf15* 和 *ycf2*）；而 *rps12* 基因含有 4 个拷贝。

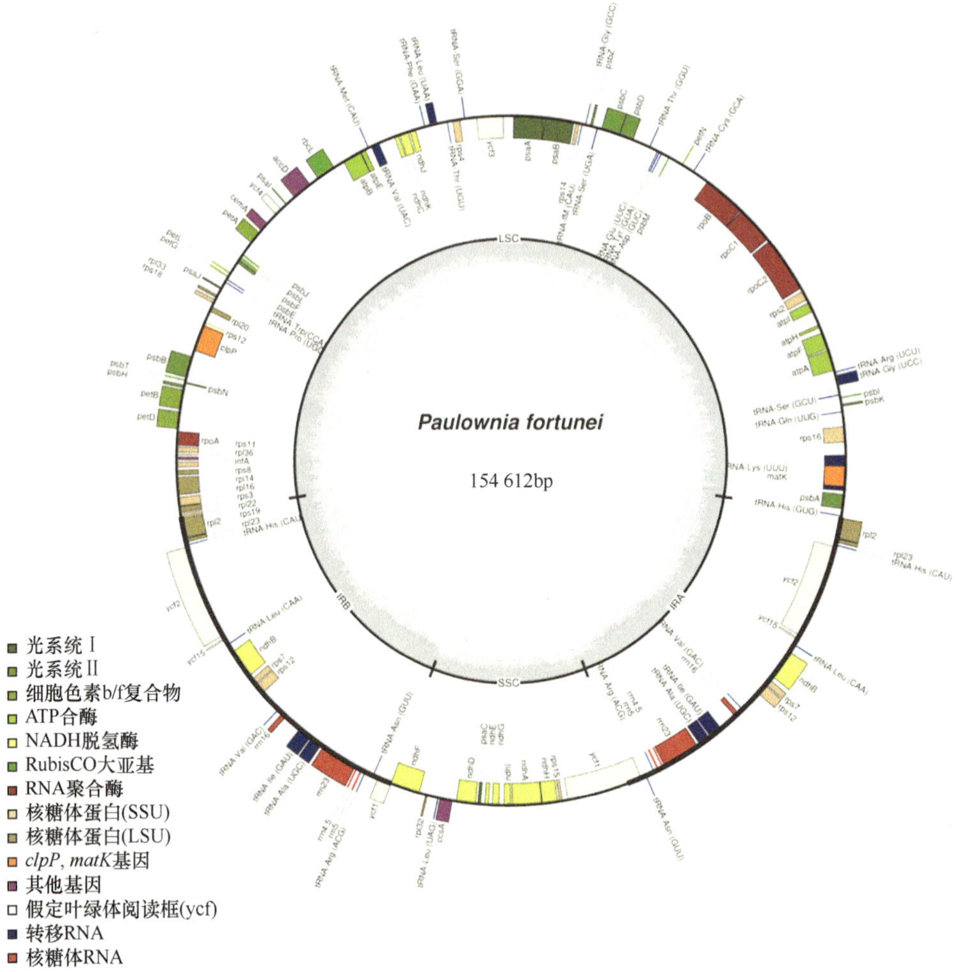

图 6-19　白花泡桐叶绿体基因组图谱

表 6-16　泡桐属叶绿体基因组基本特征

样本名称	基因组大小/bp	LSC/bp	SSC/bp	IR/bp	rRNA	tRNA	蛋白质编码基因	基因数量	GC/%
Pto	154 700	85 356	17 786	25 779	8（4）	37（30）	90（80）	135（114）	38.00
Pka	154 746	85 371	17 781	25 797	8（4）	37（30）	90（80）	135（114）	38.00
Pfo	154 612	85 337	17 735	25 770	8（4）	37（30）	90（80）	135（114）	38.00
Pfa	154 506	85 262	17 722	25 761	8（4）	37（30）	90（80）	135（114）	38.00
Pel	154 611	85 338	17 733	25 770	8（4）	37（30）	90（80）	135（114）	38.00
Pca	154 743	85 368	17 781	25 797	8（4）	37（30）	90（80）	135（114）	38.00
Pau	154 646	85 356	17 732	25 779	8（4）	37（30）	90（80）	135（114）	38.00
Pal	154 619	85 343	17 736	25 770	8（4）	37（30）	90（80）	135（114）	38.00

泡桐属中叶绿体基因组序列编码的基因（以白花泡桐为例）主要分为三类：①自我复制相关的基因，包括 4 个 rRNA 基因、30 个 tRNA 基因、21 个核糖体大小亚基基因以及 4 个编码叶绿体 RNA 聚合酶亚基的基因；②光合作用相关的基因 47 个；③3 个其他基因和 5 个未知功能基因（表 6-18）。

表 6-17　泡桐属叶绿体基因组各部分 GC 含量

	Pal	Pau	Pca	Pel	Pfa	Pfo	Pka	Pto
LSC/%	35.97	35.98	35.95	35.97	36.00	35.98	35.95	35.98
SSC/%	32.35	32.35	32.38	32.34	32.39	32.35	32.38	32.39
IR/%	43.22	43.24	43.21	43.22	43.24	43.22	43.21	43.24
蛋白质编码基因区域/%	38.10	38.12	38.10	38.10	38.11	38.10	38.10	38.12
内含子/%	37.98	37.98	37.96	37.98	38.00	37.98	37.96	37.99
基因间区/%	37.97	37.98	37.96	37.97	37.99	37.97	37.95	37.98
总 GC 含量/%	38.00	38.00	38.00	38.00	38.00	38.00	38.00	38.00

表 6-18　白花泡桐叶绿体基因组基因列表

基因功能	基因分类	基因名称
自我复制相关的基因	核糖体 RNA 基因	*rrn16*[c]、*rrn23*[c]、*rrn4.5*[c]、*rrn5*[c]
	转运 RNA 基因	*tRNA-Ala*（UGC）[c]、*tRNA-Arg*（ACG）[c]、*tRNA-Arg*（UCU）、*tRNA-Asn*（GUU）[c]、*tRNA-Asp*（GUC）、*tRNA-Cys*（GCA）、*tRNA-His*（CAU）、*tRNA-Gln*（UUG）、*tRNA-Glu*（UUC）、*tRNA-Gly*（GCC）、*tRNA-Gly*（UCC）、*tRNA-His*（CAU）[c]、*tRNA-His*（GUG）、*tRNA-Ile*（GAU）[c]、*tRNA-Leu*（CAA）[c]、*tRNA-Leu*（UAA）、*tRNA-Leu*（UAG）、*tRNA-Lys*（UUU）、*tRNA-Met*（CAU）、*tRNA-Phe*（GAA）、*tRNA-Pro*（UGG）、*tRNA-Ser*（GCU）、*tRNA-Ser*（GGA）、*tRNA-Ser*（UGA）、*tRNA-Thr*（GGU）、*tRNA-Thr*（UGU）、*tRNA-Trp*（CCA）、*tRNA-Tyr*（GUA）、*tRNA-Val*（GAC）[c]、*tRNA-Val*（UAC）
	核糖体小亚基基因	*rps11*、*rps12*[ad]、*rps14*、*rps15*、*rps16*[a]、*rps18*、*rps19*、*rps2*、*rps3*、*rps4*、*rps7*[c]、*rps8*
	核糖体大亚基基因	*rpl14*、*rpl16*[a]、*rpl2*[ac]、*rpl20*、*rpl22*、*rpl23*[c]、*rpl32*、*rpl33*、*rpl36*
	RNA 聚合酶亚基基因	*rpoA*、*rpoB*、*rpoC1*[a]、*rpoC2*
与光合作用有关的基因	光系统 I	*psaA*、*psaB*、*psaC*、*psaI*、*psaJ*
	光系统 II	*psbA*、*psbB*、*psbC*、*psbD*、*psbE*、*psbF*、*psbH*、*psbI*、*psbJ*、*psbK*、*psbL*、*psbM*、*psbN*、*psbT*、*psbZ*
	细胞色素复合物	*petA*、*petB*[a]、*petD*[a]、*petG*、*petL*、*petN*
	ATP 合酶亚基	*atpA*、*atpB*、*atpE*、*atpF*[a]、*atpH*、*atpI*
	ATP 依赖蛋白酶亚基 p 基因	*clpP*[b]
	二磷酸核酮糖羧化酶大亚基	*rbcL*
	NADH 脱氢酶基因	*ndhA*[a]、*ndhB*[ac]、*ndhC*、*ndhD*、*ndhE*、*ndhF*、*ndhG*、*ndhH*、*ndhI*、*ndhJ*、*ndhK*
其他基因	成熟酶基因	*matK*
	囊膜蛋白基因	*cemA*
	乙酰辅酶 A 羧化酶亚基基因	*accD*
	C 型细胞色素合成基因	*ccsA*
	转录起始因子基因	*infA*
未知功能基因	假定叶绿体阅读框	*ycf1*[c]、*ycf15*[c]、*ycf2*[c]、*ycf3*[b]、*ycf4*

注：a. 表示基因含有 1 个内含子；b. 表示基因含有 2 个内含子；c. 表示含有 2 个拷贝基因；d. 表示含有 4 个拷贝基因

（三）内含子

Pfo 的 10 个蛋白质编码基因（*rps12*、*rps16*、*atpF*、*rpoC1*、*petB*、*petD*、*rpl16*、*rpl2*、*ndhB* 和 *ndhA*）、6 个 tRNA 基因［*tRNA-Lys*（UUU）、*tRNA-Gly*（UCC）、*tRNA-Leu*（UAA）、*tRNA-Val*（UAC）、*tRNA-Ile*（GAU）和 *tRNA-Ala*（UGC）］发现均包含 1 个内含子；而 *ycf3* 和 *clpP* 基因则含有 2 个内含子，这与许

多叶绿体基因组中的现象相同。并且已有研究表明内含子在基因表达调控等方面发挥着重要的作用。大部分的内含子对外源基因在植物指定位置和指定时间的表达具有显著的促进作用，是提高植物转化率研究的热点内容之一（徐军望等，2003）。由于基因 *ycf1* 处于 SSC 和 IRa 之间，而 IR 区域具有反向重复的特性，所以使得 *ycf1* 基因拷贝的不完整而失去编码能力，从而使 *ycf1* 成为假基因。并且 *rps12* 基因是一个反式剪接基因，其 5′端位于 LSC 区域，而 3′端位于 IR 区域。

8 种泡桐叶绿体基因组比较发现，泡桐属叶绿体基因组的基因顺序和方向相同，其基因组大小、基因数量和 GC 含量等极为接近，从某一程度上表明泡桐属的物种在进化方面是比较保守的。

（四）密码子使用

本研究对 8 个泡桐种叶绿体基因组的密码子偏好性进行研究，发现所有泡桐物种编码的密码子数量相似，并且同义密码子相对使用频率（relative synonymous codon usage，RSCU）差异也较小，表明泡桐属的密码子偏好性差别较小（图 6-20）。

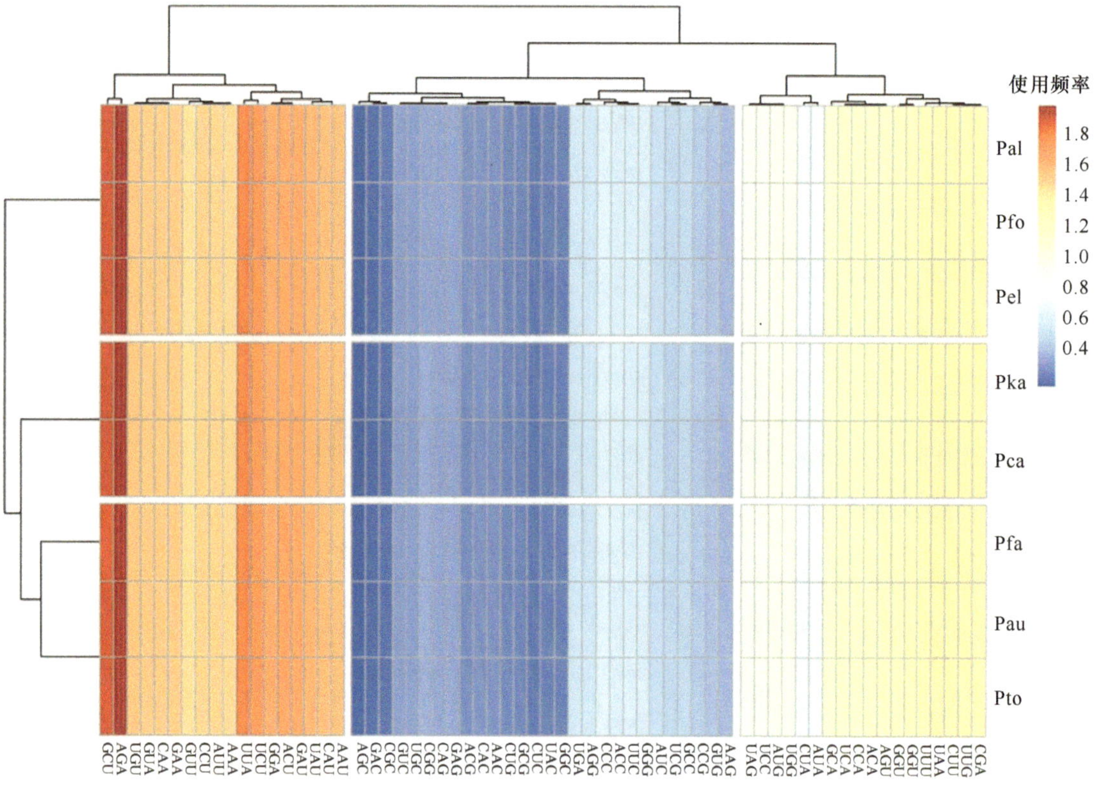

图 6-20　泡桐属蛋白质编码基因的密码子分布

红色表示使用频率较高，蓝色表示频率较低

白花泡桐叶绿体基因组共编码 80 个基因，有 26 415 个密码子，共编码 20 种氨基酸（不含终止密码子）。对得到的密码子分类进行统计，其中密码子编码的氨基酸数目最多的是亮氨酸（leucine），共有 2793 个，占总密码子的 10.57%，有 6 种同义密码子，UUA 数量最多；其次是异亮氨酸（Ile，8.42%）、丝氨酸（Ser，7.83%）、甘氨酸（Gly，6.58%）、精氨酸（Arg，6.07%）和苯丙氨酸（Phe，5.69% ）；编码最少的是半胱氨酸（Cys，1.13%）（图 6-21）。

在这些密码子中，使用频次最多的是编码异亮氨酸的 ATT，最少的是编码半胱氨酸的 TGC。经计算，8 个不同种泡桐中有 30 种密码子的 RSCU 值大于 1，说明它们具有密码子偏好性。这 30 个密码子的第三位有 16 个是以 T 结尾、13 个以 A 结尾，只有 1 个以 G 结尾（白花泡桐为例），表明泡桐属叶绿体基因组的密码子在第三位有强烈的 A/T 偏好性。此外，起始密码子 AUG 和 UGG 的 RSCU 值均等于 1，表示没有偏好性，每个终止密码子 UAA、UAG 和 UGA 均只出现一次。

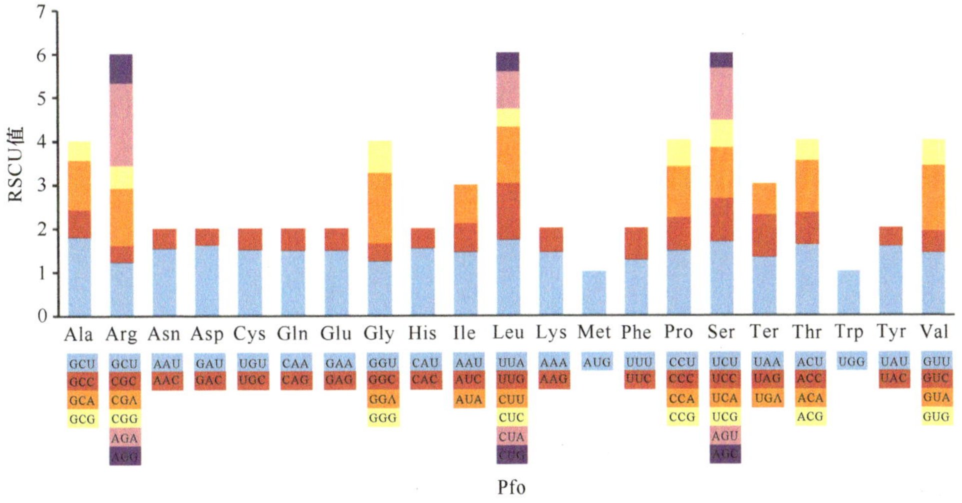

图 6-21 蛋白质编码基因中 20 个氨基酸和终止密码子的含量

Ter 为终止密码子

（五）重复序列

泡桐属内 8 个完整叶绿体基因组中共检测到 571 个重复序列（图 6-22A），得到的重复序列数量分别为 Pal（63 个）、Pau（74 个）、Pca（80 个）、Pel（63 个）、Pfa（69 个）、Pfo（63 个）、Pka（81 个）和 Pto（78 个），其中串联重复序列最多，占比为 42.03%，平均为 30 个；其次为正向重复（11.38%，平均为 20 个）和回文重复（26.44%，平均为 18 个）；互补重复序列只在 Pka 和 Pca 中检测到，分别为 4 个和 2 个，所占比例最少为 1.58%。8 个种泡桐的叶绿体基因组中大部分的重复序列长度分布在 30～49bp。在 Pal、Pau、Pca、Pel、Pfa、Pfo 和 Pto 中重复序列长度大部分是 30bp；只有 Pka 中的重复序列长度在 31～59bp 分布的较多；并且 Pal、Pau、Pfo、Pel、Pfa 中没有 50～59bp 的重复序列存在（图 6-22B）。在白花泡桐中检测到的几个重复序列，大部分的重复序列位于基因间隔区（IGS）；其次是蛋白质编码区域（CDS）：有 *ycf1*、*ycf2*、*rps18*、*rpoC2* 等基因；内含子（intron）区域：有 ndhA、rpl16 和 ycf3。

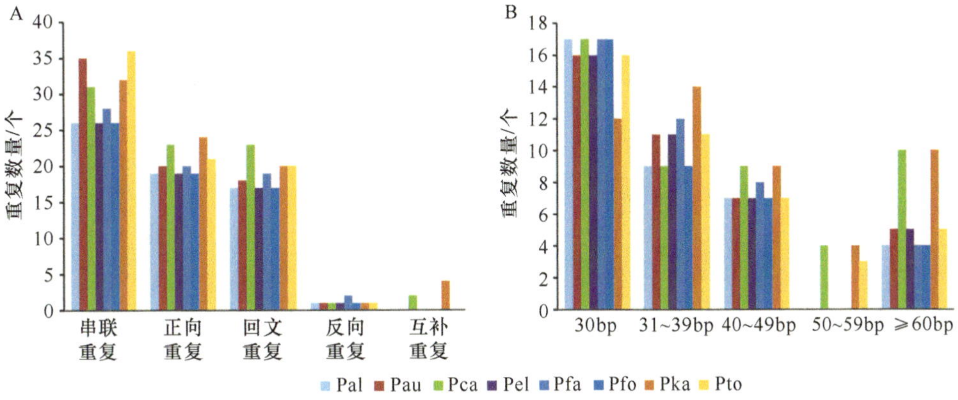

图 6-22 8 种泡桐叶绿体基因组重复序列类型

A. 重复类型及数量；B. 用长度表示的重复序列的数量

（六）SSR 分析

泡桐属内的 8 个泡桐种共检测到 431 个 SSR 序列，分别为 Pal（55 个）、Pau（52 个）、Pca（55 个）、Pel（55 个）、Pfa（52 个）、Pfo（56 个）、Pka（54 个）和 Pto（52 个）；在所有 SSR 序列中，单核苷酸重复（mononucleotide）数量最多，占总 SSR 序列的 78.42%，其次是二核苷酸重复（dinucleotide），占 7.89%，三核苷酸（trinucleotide）（2.78%）、四核苷酸（tetranucleotide）（9.05%）较少，其中五核苷酸（pentanucleotide）数最少（图 6-23 A）。

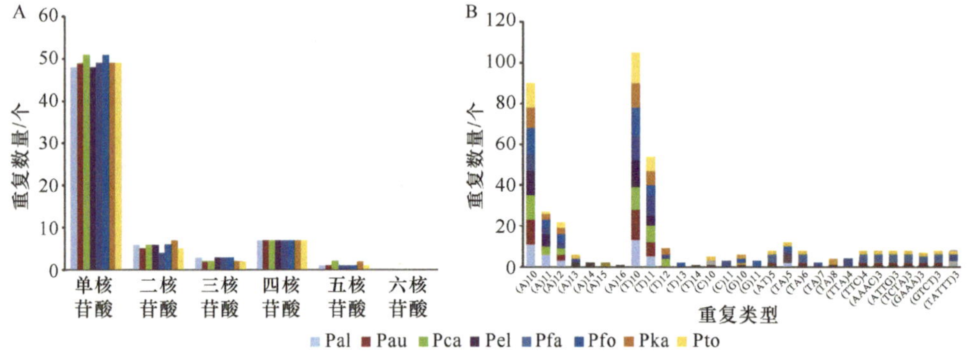

图 6-23　8 种泡桐叶绿体基因组 SSRs 的类型

A. SSR 类型及数量；B. 在各种类型中识别的 SSR 基序的数量

8 个泡桐种中的 SSR 序列多数为单核苷酸重复单元（A/T）；二核苷酸重复则全部为 AT/TA；三核苷酸重复为 TTA 和 TTC；四核苷酸为 AAAC、ATTG、GAAA、GTCT 和 TCTA；五核苷酸重复只有 TATTT6-23（B）。泡桐中 SSR 序列大部分是由聚胸腺嘧啶核苷酸（pyrimidine nucleotide）、聚腺嘌呤核苷酸（purine nucleotide）构成的，G 或者 C 碱基出现的频率少。泡桐中 SSR 重复序列大部分位于非编码区域 IGS 和 intron，且多集中在叶绿体基因组的 LSC 区（图 6-24）。SSR 位点之间的差异变化分析为该属系统发育的研究提供一个新的分析视角。

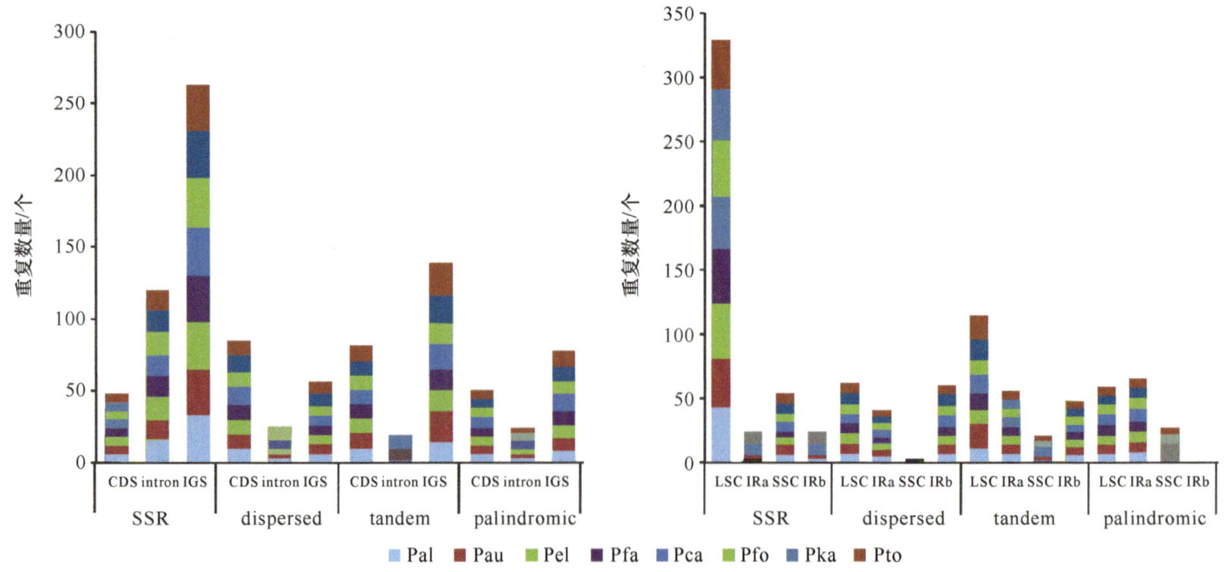

图 6-24　重复序列和 SSR 的分布位置

SSR. 简单重复序列；tandem. 串联重复；dispersed. 散在重复；panlindromic. 回文重复

四、泡桐属叶绿体基因组比对分析

(一)叶绿体基因组全序列比对分析

从 NCBI 数据库中下载了油橄榄(*Olea europaea*,GU_931818.1)、陆地棉(*Gossypium hirsutum*、NC_007944.1)、韩国已发表的 *P. coreana*(KP 718622)、毛泡桐(KP 718624)和地黄(*Rehmannia glutinosa*、NC_034308.1)的叶绿体基因组序列,以白花泡桐 Pfo 为对照,使用在线软件 mVISTA 与不同种的泡桐进行了全序列比对分析。泡桐属不同种之间的叶绿体基因组序列一致性较强,相似性高达 99%以上(图 6-25),呈现共线性,但尽管如此其中也仍存在一些较小的差异,此外不同区域之间的差异和变异率也不尽相同,这与泡桐属叶绿体基因组进化有着紧密的联系。

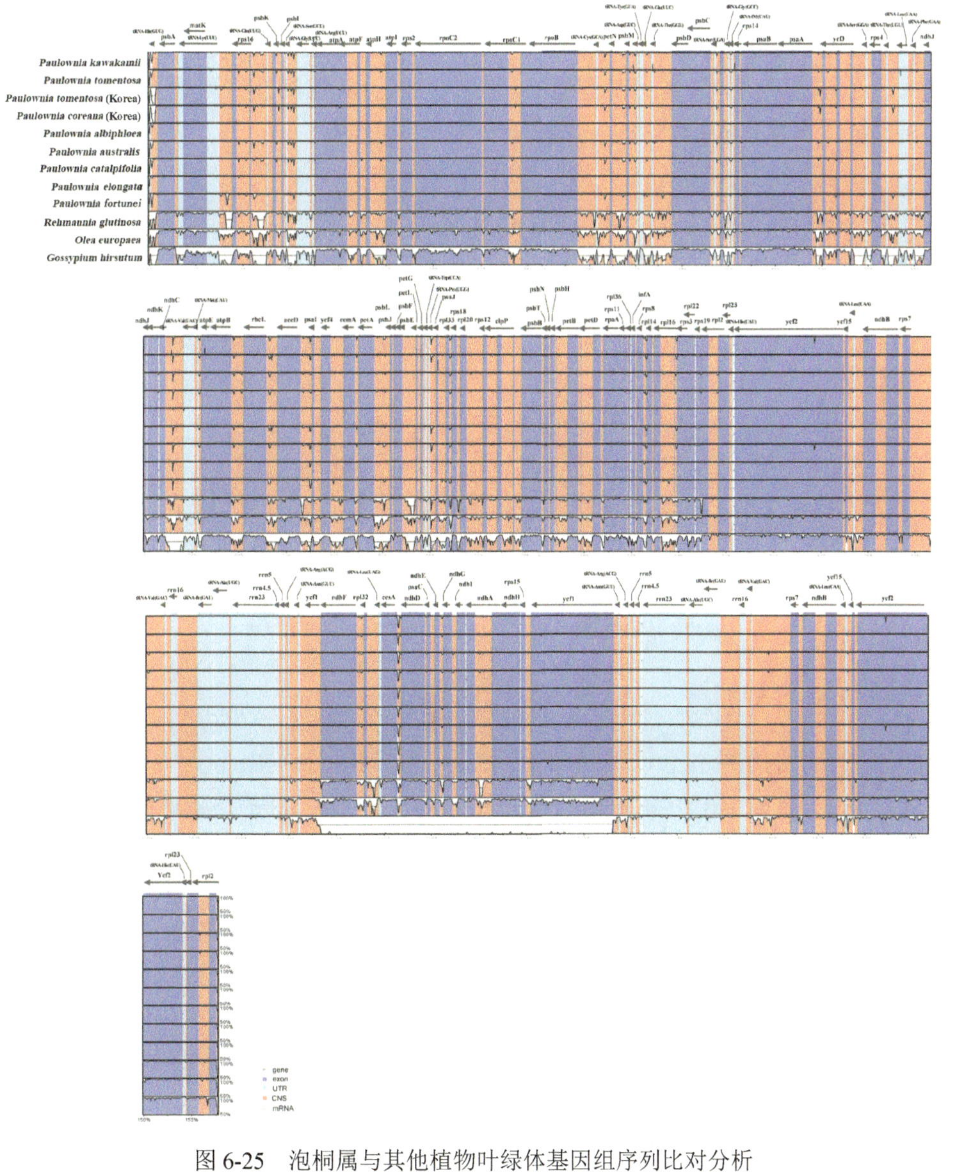

图 6-25 泡桐属与其他植物叶绿体基因组序列比对分析

泡桐属植物的叶绿体基因组多序列比对结果得出,编码区的突变频率比非编码区的要低,IR 区域比 SC 区域更保守。同时泡桐属内保守性较好的区域在其他物种中有较大的差异,如蛋白质编码基因 *matK*、*rpoC2*、*atpA* 和 *tRNA-cys* 在泡桐属叶绿体基因组中保守性较高,但与陆地棉和油橄榄相比则存在较大的差异；且相较于其他两种植物来说，泡桐属与地黄的差异相对较小，与非玄参科植物油橄榄和陆地棉的叶绿体基因组之间则差异较大。

（二）泡桐属序列分化分析

1. 重复序列和简单重复序列（simple sequence repeat，SSR）分析

泡桐属叶绿体基因组中 SSR 序列主要包括以下几种重复单元：mono-（单），di-（二），tri-（三），tetra-（四），penta-nucleotide（五核苷酸重复）。

泡桐全基因组序列中共有 411 个变异位点，核苷酸多态性（PI）值范围在 0.00042～0.02018，可能由于 IR 区域含有保守的 rRNA 基因，因此 LSC 和 SSC 区域与 IR 区域相比有着更高的分化片段（图 6-26）；泡桐叶绿体基因组存在分化程度高的区域（PI＞0.005），如 trnH-psbA、trnL-rps16、trnS-trnG、petN-trnA、trnG-trnT、psbZ-rps14、accD-psaI、rpl22-rps19 和 ccsA-ndhD，这些区域大多数位于非编码区域，只有少数位于编码区域，这些高可变片段区域在进化的历程中可能有更快的核苷酸替换，探索和认识这些区域，将有利于泡桐属系统发育重建和物种鉴定的潜在分子标记的研究。

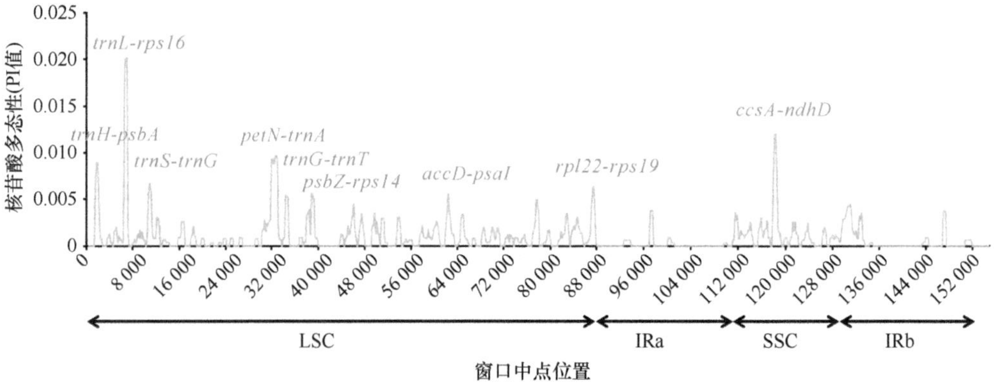

图 6-26　8 个泡桐种的滑动窗口分析

纵轴表示核苷酸多态性（PI 值）；横轴表示窗口中点位置

2. IR 区域的收缩与扩张

泡桐属叶绿体基因组的结构包含以下四部分：IRa、LSC、SSC 和 IRb 区域，相应地也产生了 IRa/LSC（JLA）、IRb/SSC（JSB）、LSC/IRb（JLB）和 SSC/IRa（JSA）4 个不同的边界区域。不同物种叶绿体基因组大小的变化与 IR 和 SC（LSC 和 SSC）区域的扩张和收缩密切相关，是叶绿体基因组进化过程中较为普遍的现象，在某种程度上反映出系统进化关系。研究认为 IR 在进化过程中可以分为两种：一是 IR 轻微发生变化；二是 IR 发生了大规模扩张或收缩，这可能是双链断裂后又进行修复造成的（Goulding et al.，1996）。泡桐属内几个种的 cpDNA 之间大小差异不大（154 506～154 746bp），而且不管是从 IR 区域长度范围（25 761～25 797bp），还是与其 SC 区的交界处来看，都表现出较高的保守性（图 6-27）。尽管如此，随着 IR 区域的收缩与扩张，在 IR 区域与 SC 区域的边界还是有一定的差异存在：如 *rps19*、*ycf1*、*ndhF* 和 *trnH* 基因的大小和位置发生了一些变化，并且产生了一个假基因 *ψycf1*。

rps19 基因分别在台湾泡桐、毛泡桐、楸叶泡桐和南方泡桐中分布：位于 LSC 区中的长度为 237bp、IRb 区域中为 42bp，但在白花泡桐、川泡桐、鄂川泡桐和兰考泡桐中 *rps19* 基因在 IRb 区域分布的长度为 30bp；*ycf1* 基因横跨了 SSC 和 IRa 两个区域，基因的其中一段（1071～1073bp）延伸到 IR 区域内部，因此就导致在 IRa 区域中形成了 *ψycf1* 假基因。*ycf1* 基因的大小基本一样，但随着物种变化，在 cpDNA 不同区域中的分布有所变化，主要包括：白花泡桐、鄂川泡桐和兰考泡桐（SSC 4510bp/IRa 1073bp）；毛泡

桐和南方泡桐（SSC 4518bp/IRa 1071bp）；台湾泡桐、楸叶泡桐和 *Paulownia tomentosa*（Korea）（SSC 4512bp/IRa 1071bp）；*Paulownia coreana*（SSC 4512bp/IRa 924bp）。特别的是，川泡桐的 SSC 区与 IRa 区的 *ycf*1 片段大小为 4501bp 和 1073bp；同样地，*ndhF* 也横跨了两个区域，位于 IRb/SSC 的边界，但长度一样。在毛泡桐（包括韩国已发表的毛泡桐）、台湾泡桐、南方泡桐、楸叶泡桐和 *Paulownia coreana* 中 *ndhF* 基因在不同区域的大小分别为 SSC：2195bp，IRb：43bp。而在白花泡桐、川泡桐、鄂川泡桐和兰考泡桐中基因片段长度为 SSC：2193bp，IRb：45bp；此外，还发现在白花泡桐、鄂川泡桐、川泡桐和兰考泡桐的叶绿体基因组中，在其 IRa/LSC 的边界处 *trnH* 基因与该边界之间存在一个 18bp 的间隔（gap），并且间隔长度大于其他 4 种泡桐叶绿体基因组中的间隔（1bp）；此外，不同泡桐属中 *ycf1* 基因的分布和长度不同之外，其余的均较为相似。

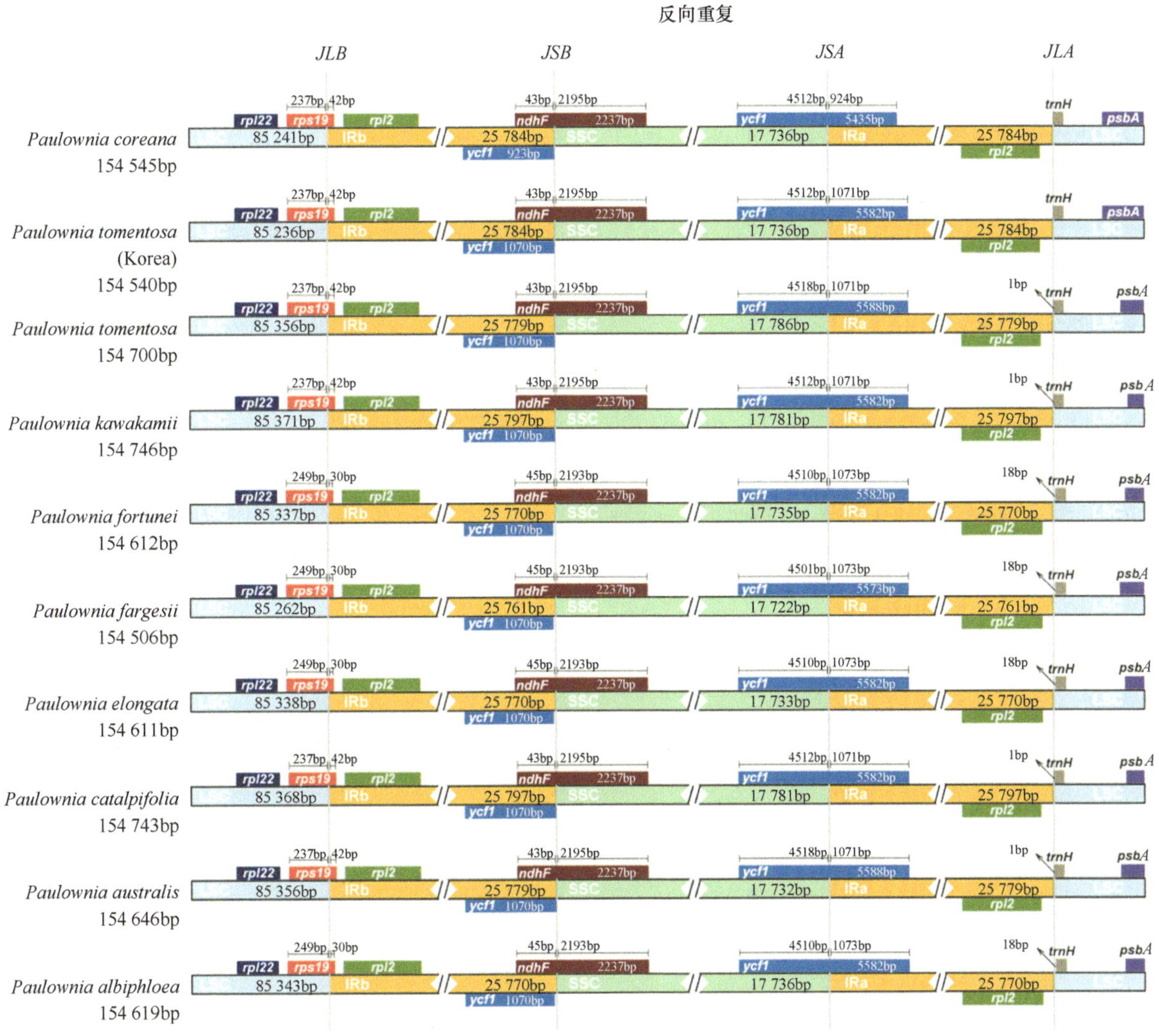

图 6-27　泡桐属叶绿体基因组四个边界区域的比较

（三）基因选择分析

以白花泡桐 Pfo 为参照，10 个泡桐种叶绿体基因组（包括韩国泡桐种 *Paulownia coreana*）中仅有 3 个基因的 Ka/Ks 较大，分别为 *ndhF*（Ka/Ks=0.7436）、*cemA*（Ka/Ks=0.7855）和 *ycf1* 基因（Ka/Ks=0.7524）。所有叶绿体蛋白质编码基因的 Ka 和 Ks 值都较小，说明叶绿体基因组进化速度慢，保守性好。

参 考 文 献

姜文娟. 2016. 基于 RPP13 基因的葡萄属欧亚支系的系统发育研究. 华中农业大学硕士学位论文.

逄洪波, 高秋, 李玥莹, 等. 2016. 利用流式细胞仪测定鬼针草基因组大小. 基因组学与应用生物学, 35(7): 1800-1804.

沈立群. 2018. 唇形科三种药用植物叶绿体全基因组及科内的比较与进化分析. 浙江大学硕士学位论文.

王利虎, 吕晔, 罗智, 等. 2018. 流式细胞术估测枣染色体倍性和基因组大小方法的建立及应用. 农业生物技术学报, 26(3): 511-520.

徐军望, 冯德江, 宋贵生, 等. 2003. 水稻 EPSP 合酶第一内含子增强外源基因的表达. 中国科学, 33(3): 224-230.

Chakravarti A, Lasher L K, Reefer J E. 1991. A maximum likelihood method for estimating genome length using genetic linkage data. Genetics, 128(1): 175-182.

Cheng F, Wu J, Fang L, et al. 2012. Biased gene fractionation and dominant gene expression among the subgenomes of *Brassica rapa*. PLoS One, 7(5): e36442.

Ezkurdia, I, Juan, D, Rodriguez, J M, et al. 2014. Multiple evidence strands suggest that there may be as few as 19 000 human protein-coding genes. Human molecular genetics, 23(22): 5866-5878.

Freeling M. 2009. Bias in plant gene content following different sorts of duplication: tandem, whole-genome, segmental, or by transposition. Annual Review of Plant Biology, 60: 433-453.

Garsmeur O, Schnable J C, Almeida A, et al. 2014. Two evolutionarily distinct classes of paleopolyploidy. Molecular Biology and Evolution, 31(2): 448-454.

Goulding S E, Wolfe K H, Olmstead R G, et al. 1996. Ebb and flow of the chloroplast inverted repeat. Molecular & General Genetics, 252(1-2): 195-206.

Li Z, Defoort J, Tasdighian S, et al. 2016. Gene duplicability of core genes is highly consistent across all angiosperms. The Plant Cell, 28(2): 326-344.

Liang Z Y, Chen Z Y. 1997. Studies on the cytological taxonomy of the genus *Paulownia*. J. Huazhong Agr. Univ., 16: 81-85.

Postlethwait J H, Johnson S L, Midson C N, et al. 1994. A genetic linkage map for the zebrafish. Science, 264(5159): 699-703.

Schnable J C, Springer N M, 2011. Freeling M. Differentiation of the maize subgenomes by genome dominance and both ancient and ongoing gene loss. Proceedings of the National Academy of Sciences, 108(10): 4069-4074.

Thomas B C, Pedersen B, Freeling M. 2006. Following tetraploidy in an Arabidopsis ancestor, genes were removed preferentially from one homeolog leaving clusters enriched in dose-sensitive genes. Genome Research, 16(7): 934-946.

第七章　泡桐的蛋白质组

因为受转录后调控，转录组不能完全代表蛋白质组，而在蛋白质水平上开展的基因组分析是基因表达更直接的体现。蛋白质组学是研究生物体在特定时间或特定空间内所表达的全部蛋白质的特征，包括蛋白质表达水平、翻译后修饰、蛋白质与蛋白质及其他生物分子的相互作用等，从而在蛋白质水平上揭示相关生物学进程或疾病发生的分子机理（钟云，2012）。

随着拟南芥等十余种模式生物的基因组全序列的测定，生命科学开启了“后基因组时代”。从基因到生命活动，需要经历蛋白质，蛋白质作为生命存在的物质基础，是生物功能的主要执行者和体现者，是基因功能活动的最终产物，而从 DNA 到 mRNA 再到蛋白质，存在转录水平调控（transcriptional-level control）、转录后水平调控（post-transcriptional control）、翻译水平调控（translational control）和翻译后水平调控（post-translational control）。从 DNA 到蛋白质是 mRNA 来行使的，mRNA 的表达丰度往往影响到蛋白质的表达，但是蛋白质的表达并不能完全由 mRNA 水平来描述。实验证明，mRNA 丰度与蛋白质丰度之间的相关性不是太高，尤其是低丰度蛋白，相关性更差（Gygi et al.，1999；Chen et al.，2002；Mackay et al.，2004；Tian et al.，2004）。所以判断蛋白质间的修饰加工、相互作用、转运及翻译后修饰等，需要在生物体及其细胞的整体蛋白质水平上进行探讨，蛋白质组学能很好地解决蛋白质间的很多问题，已经日渐成为生命科学领域的热点。

1994 年，在意大利召开的一次科学会议上，蛋白质组首次由澳大利亚学者 Wilkins 和 Williams 等人提出，并在 1995 年的 *Electrophoresis* 杂志上首次公开发表（Wasinger et al.，1995）。随着蛋白质组概念的提出，蛋白质组学也相应产生。蛋白质组学从整体蛋白质的水平去阐释生命活动的规律，反映的是一个整体的动态代谢过程，通过对基因编码的全部蛋白质的表达及活动方式的研究，在蛋白质水平上了解细胞的各项生命过程。蛋白质比基因更为直观，可以全面理解和认识生物的功能。早期蛋白质组学主要研究内容是各种蛋白质的识别和鉴定，随着生物技术的发展，还包括确定蛋白质间的相互作用、蛋白质的表达，催化特性及结构、活性及功能解析，蛋白质在细胞中的定位、修饰等。

第一节　蛋白质检测与鉴定

蛋白质组学的研究手段——同位素标记相对和绝对定量（isobaric tags for relative and absolute quantification，iTRAQ）技术可对蛋白质进行精确定量和鉴定，同时还能够找出差异表达蛋白，并分析其功能（Unwin et al. 2010）。植物多倍化过程，常伴随蛋白质的变化。因此，利用蛋白质组学在蛋白质水平阐明二倍体与四倍体差异的分子特性，给植物倍性研究提供了新的方向。前人通过蛋白质组学研究手段分析植物二倍体与四倍体差异的分子机制，并取得了一定的进展（Lu et al. 2014；Wang et al. 2013）。本研究对泡桐二倍体和四倍体的总蛋白质进行 iTRAQ 分析，获得了泡桐蛋白质图谱，并与转录组进行关联分析，为全面解析泡桐四倍体与二倍体差异的分子机制奠定理论基础。

一、蛋白质质量检测

试验材料选取南方泡桐（*P. australis*）二倍体（PA2）及四倍体（PA4）、‘豫杂一号’泡桐（*P. tomentosa* ×*P. fortunei*）二倍体（PTF2）及四倍体（PTF4），样品提取的蛋白质用 Bradford Protein Assay Kit（Brodford，

England）进行定量。结果见表 7-1。从定量信息来看，所有样品的蛋白质浓度质量均达到鉴定与定量的要求，能够满足后续实验。

表 7-1　提取蛋白质的定量信息

样本	含量/（μg/μl）	体积/μl	总蛋白质/μg
PA2-1	2.18	180	392.4
PA4-1	2.4	150	360
PTF2-1	1.82	180	327.6
PTF4-1	0.98	180	176.4
PA2-2	2.45	250	612.5
PA4-2	4.27	250	1067.5
PTF2-2	1.48	250	370
PTF4-2	1.92	250	480

二、肽段匹配误差分布

本实验质谱仪器采用 Triple TOF5600，其一级质谱和二级质谱质量精确度<2ppm。数据库搜索肽段匹配误差控制在 0.05Da 以下。图 7-1 显示了所有匹配到的肽段的相对分子量的真实值与理论值之间的误差分布。

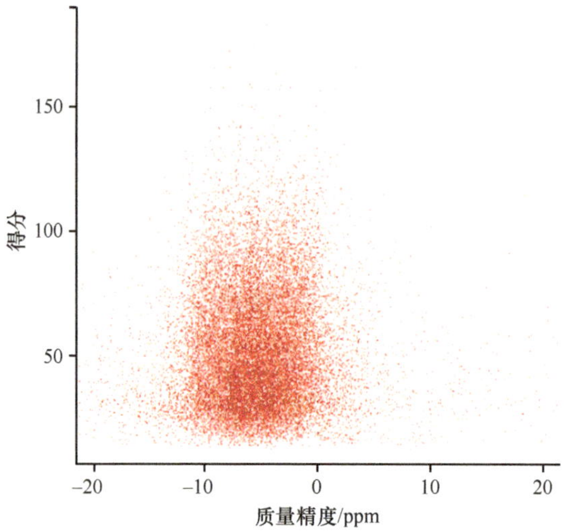

图 7-1　谱图匹配质量误差分布

三、基本鉴定信息

以泡桐基因组数据作为参考序列，对南方泡桐和‘豫杂一号’泡桐的二倍体与四倍体组培苗样品蛋白质进行了 iTRAQ 定量分析，鉴定基本信息统计见图 7-2。二级谱图总数（total spectra）为 366 435 张，匹配到的谱图（spectra）数量为 21 354 张，匹配到特有肽段的谱图（unique spectra）数量为 16 090 张，鉴定到的肽段（peptide）的数量为 8583 个，鉴定到特有肽段序列（unique peptide）的数量为 7203 个，鉴定到的蛋白质数量（protein）为 2820 个。

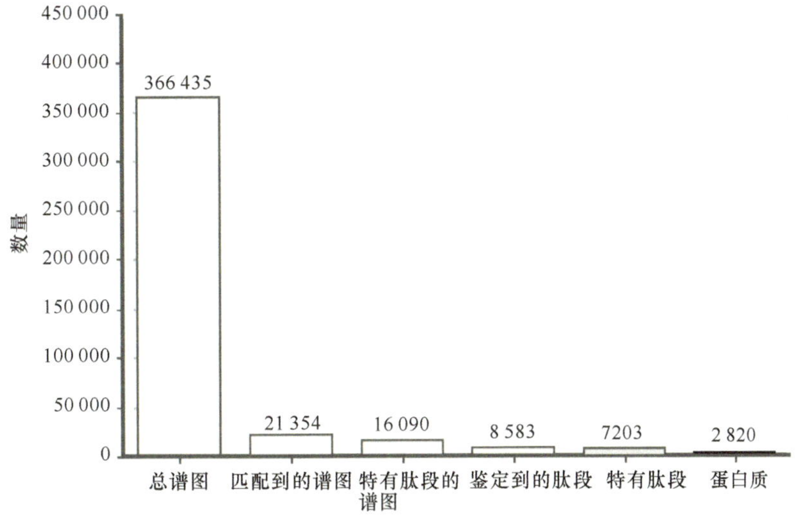

图 7-2　鉴定基本信息统计

四、蛋白质肽段整体分布情况

蛋白质分子量根据泡桐基因组数据计算得到，利用 iTRAQ 技术鉴定到的所有蛋白质按其相对分子质量进行分类。结果表明：鉴定到的蛋白相对分子质量大小不同，20～30kDa 占 15.1%，30～40kDa 占 16.0%，40～50kDa 占 14.0%，大于 100kDa 占 12.9%（图 7-3A）。对鉴定到的肽段序列长度分布情况进行统计表

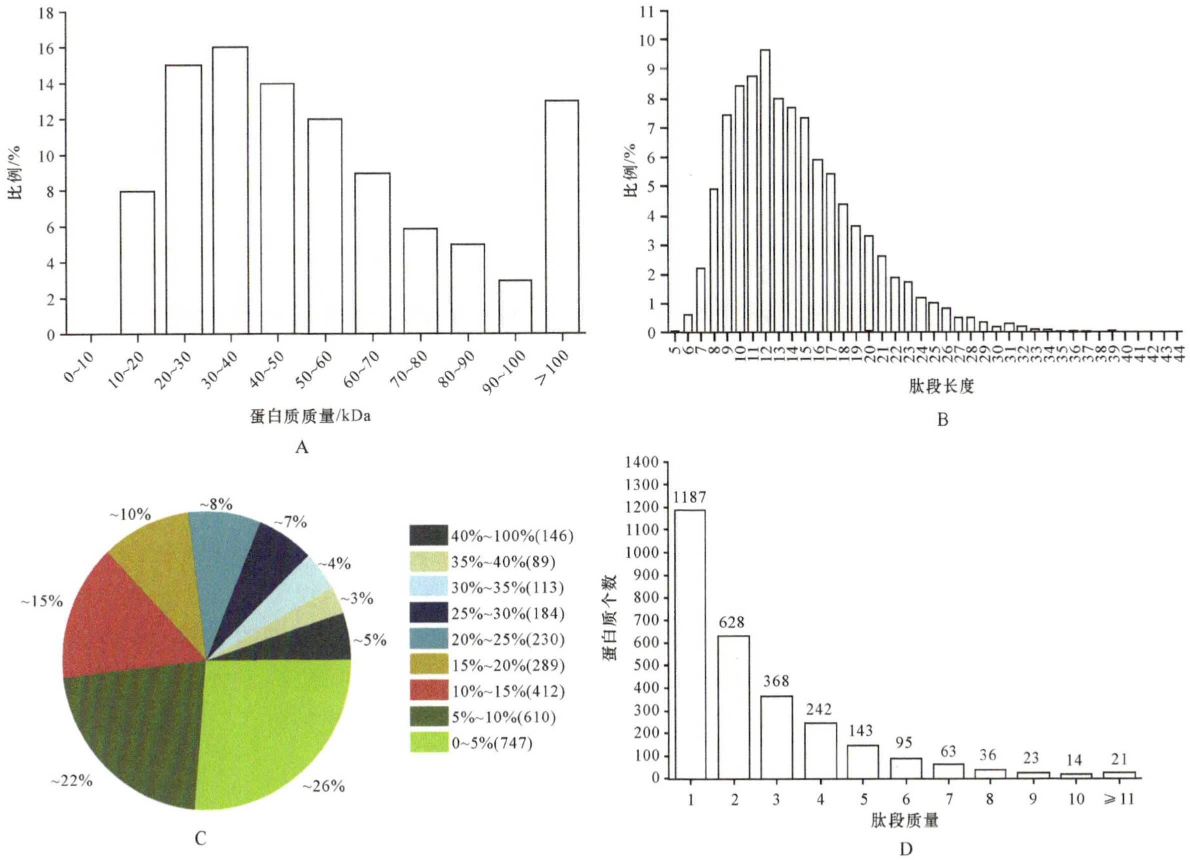

图 7-3　iTRAQ 鉴定到的蛋白质整体分布

A. 蛋白质相对质量分布；B. 肽段长度分布；C. 肽段序列覆盖度分布；D. 肽段数量分布

明，多数肽段长度在 8～20kDa，其中 9～15kDa 是高峰区（图 7-3B）。肽段序列覆盖度分布见图 7-3C，图中显示不同肽段序列覆盖度及其包括的蛋白质数量。覆盖度在 0%～10%的蛋白质为 1357 个，占鉴定到的所有蛋白质的 48%；覆盖度在 10%～20%的蛋白质为 701 个，占鉴定到的所有蛋白质的 25%；覆盖度在 20%～30%的蛋白质为 414 个，占鉴定到的所有蛋白质的 15%；覆盖度在 30%～40%的蛋白质为 202 个，占鉴定到的所有蛋白质的 7%；覆盖度在 40%以上的蛋白质为 146 个，占鉴定到的所有蛋白质的 5%。鉴定到蛋白质所含肽段数量分布如图 7-3D 所示，大部分覆盖到的蛋白质的肽段数量在 10 以内，且蛋白质数量随着匹配肽段数量的增加而减少。

第二节　蛋白质注释与分析

一、GO 和 COG 注释

为了解泡桐蛋白质组的功能概况，对所有鉴定到的蛋白质进行 GO 功能注释及统计分析。结果（图 7-4）表明，1752 个鉴定蛋白质被注释到 49 个 GO term 上。生物学过程相关蛋白质主要参与了代谢过程（29.72%），生物学过程（24.33%），单有机体过程（8.69%）和对刺激的反应（7.95%）。作为细胞组分的蛋白质主要集中在细胞（23.75%）和细胞部分（23.75%）。而与分子功能相关的蛋白质主要是催化活性（49.22%）和结合（37.07%）。

将鉴定到的蛋白质和 COG 数据库进行比对，注释到的蛋白质分别属于 24 个 cluster。COG 分析结果如图 7-5 所示。蛋白质数量最多的是一般功能类（general function prediction only，391），其次是翻译后修饰/蛋白质折叠/分子伴侣（posttranslational modification，protein turnover，chaperones，316），碳水化合物运输和代谢（carbohydrate transport and metabolism，234）和能量生产和转换（energy production and conversion，229）。而细胞移动（cell motility，2）和核结构（nuclear structure，1）类最少。

二、KEGG 代谢通路注释

通过对泡桐蛋白质代谢通路分析发现有 2056 个蛋白质注释到 121 个代谢通路中。表 7-2 表示鉴定的蛋白质注释到各个通路数目和比例最高的前 20 个代谢通路信息。其中涉及植物–病原体互作（plant-pathogen interaction）、光合生物碳固定（carbon fixation in photosynthetic organisms）、植物激素信号转导（plant hormone signal transduction）、苯丙烷生物合成（phenylpropanoid biosynthesis）和光合作用（photosynthesis）等。

三、蛋白质相对定量

在相对定量时，如果同一个蛋白质的量在两个样品间没有显著的变化，那么其蛋白质丰度比接近 1。当蛋白质的丰度比即差异倍数达到 1.2 倍以上，且其 P 值<0.05 时，视该蛋白质为不同样品间的差异蛋白。南方泡桐多倍化后其蛋白质表达量相对于其二倍体会发生不同程度的改变。分别以二倍体南方泡桐（PA2）和‘豫杂一号’泡桐（PTF2）样品为对照，四倍体南方泡桐（PA4）和‘豫杂一号’泡桐（PTF4）样品蛋白质与之相比，对每个蛋白质差异倍数以 2 为底取对数后作出蛋白质丰度比对分布图（图 7-6）。

为减少假阳性结果，差异倍数小于 1.2、大于 0.8 的蛋白质点不作为差异蛋白讨论。分别将 PA4 与 PA2、PTF4 与 PTF2 两两比较，统计得到差异蛋白数量（图 7-7）。PA4 相对于 PA2 中鉴定到的差异蛋白有 317 个，其中，上调蛋白数量为 183 个，下调蛋白数量为 134 个。PTF4 相对于 PTF2 中鉴定到的差异蛋白有

138 个，其中，上调蛋白数量为 83 个，下调蛋白数量为 55 个。结果可见，‘豫杂一号’泡桐四倍体中获得的差异蛋白数比南方泡桐四倍体中的相对较少。

四、差异蛋白 GO 富集分析

满足 *P* 值<0.05 的 GO term 定义为差异表达蛋白中显著富集的 GO term。结果显示（表 7-3）：南方泡桐四倍体与二倍体相比差异表达蛋白所参与的生物学过程（biological process）、细胞组分（cellular

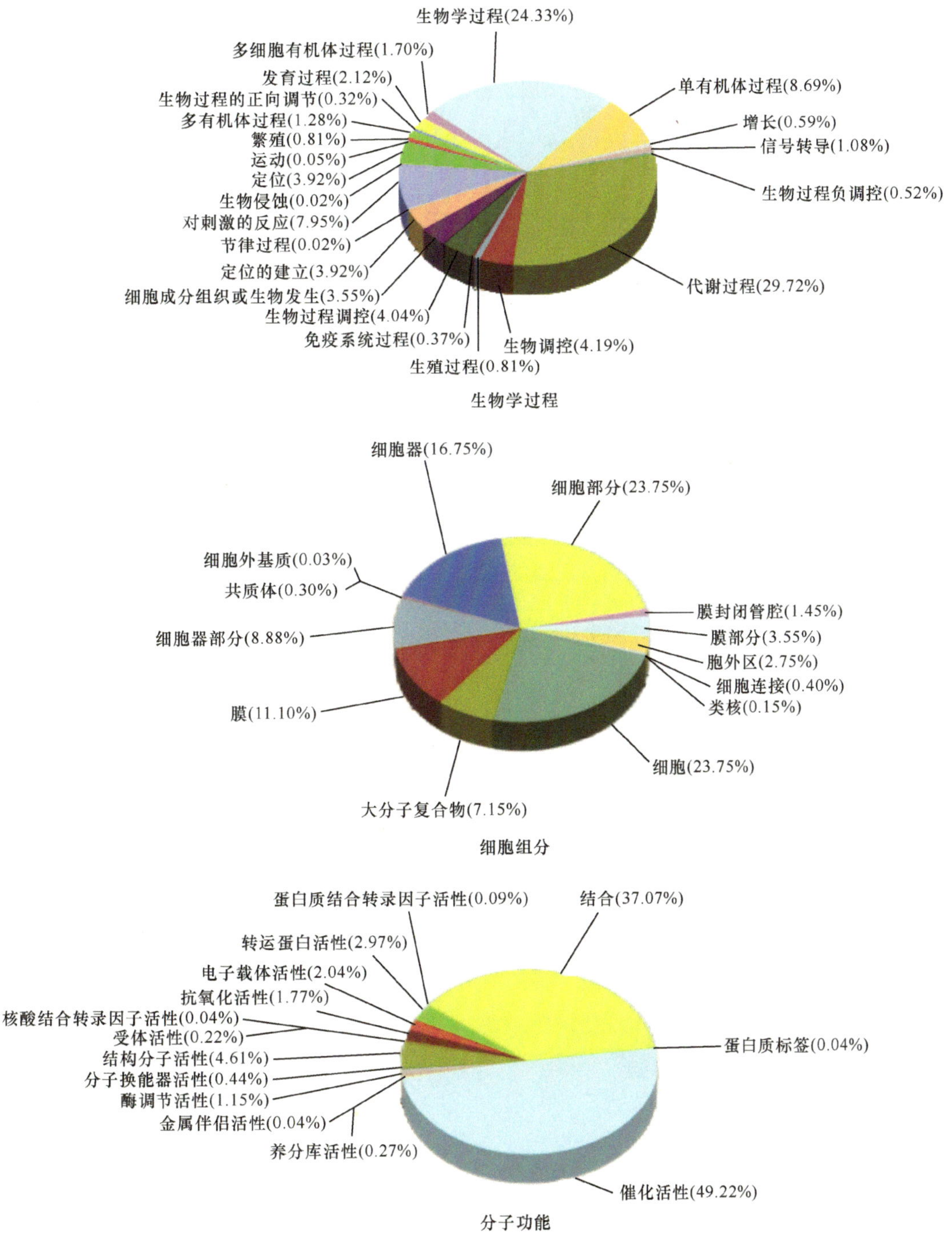

图 7-4　GO 分类

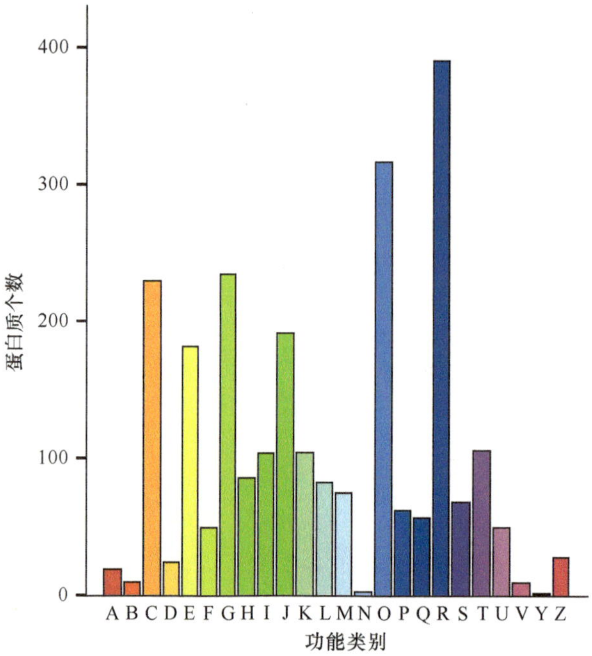

图 7-5　泡桐蛋白质序列的 COG 功能分类

A. RNA 加工和修饰；B. 染色质结构与动力学；C. 能源生产和转换；D. 细胞周期控制、细胞分裂、染色体分配；E. 氨基酸运输和代谢；F. 核苷酸转运和代谢；G. 碳水化合物运输和代谢；H. 辅酶运输和代谢；I. 脂质运输和代谢；J. 翻译、核糖体结构与生物发生；K. 转录；L. 复制、重组和修复；M. 细胞壁/膜/包膜生物发生；N. 细胞移动；O. 翻译后修改/蛋白质折叠/分子伴侣；P. 无机离子运输和代谢；Q. 次生代谢产物的生物合成、运输和分解代谢；R. 一般功能类；S. 功能未知；T. 信号转导机制；U. 细胞内运输、分泌和膀胱运输；V. 防御机制；Y. 核结构；Z. 细胞骨架

表 7-2　注释蛋白质数量最多的前 20 个代谢通路

编号	代谢通路	蛋白质个数（占比）	代谢通路编号
1	代谢途径	733（35.65%）	ko01100
2	次生代谢产物的生物合成	431（20.96%）	ko01110
3	核糖体	111（5.4%）	ko03010
4	植物–病原体互作	77（3.75%）	ko04626
5	糖酵解/糖新生	76（3.7%）	ko00010
6	光合生物的固碳作用	69（3.36%）	ko00710
7	植物激素信号转导	67（3.26%）	ko04075
8	内质网中的蛋白质加工	63（3.06%）	ko04141
9	丙酮酸代谢	63（3.06%）	ko00620
10	淀粉和蔗糖代谢	62（3.02%）	ko00500
11	剪接体	62（3.02%）	ko03040
12	氨基糖和核苷酸糖代谢	60（2.92%）	ko00520
13	氧化磷酸化	58（2.82%）	ko00190
14	RNA 转运	56（2.72%）	ko03013
15	苯丙烷生物合成	54（2.63%）	ko00940
16	光合作用	50（2.43%）	ko00195
17	嘌呤代谢	45（2.19%）	ko00230
18	蛋白酶体	45（2.19%）	ko03050
19	信使核糖核酸监测途径	43（2.09%）	ko03015
20	柠檬酸循环（TCA 循环）	42（2.04%）	ko00020

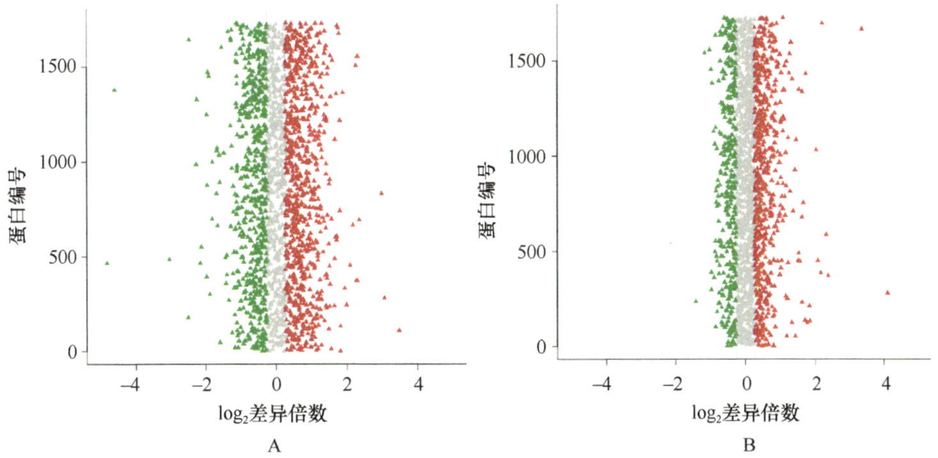

图 7-6　蛋白质丰度比分布

A. 南方泡桐四倍体 vs. 南方泡桐二倍体；B. ‘豫杂一号’泡桐四倍体 vs.‘豫杂一号’泡桐二倍体；差异倍数>1.2 的点分别用红色和绿色标出，红色为上调，绿色为下调

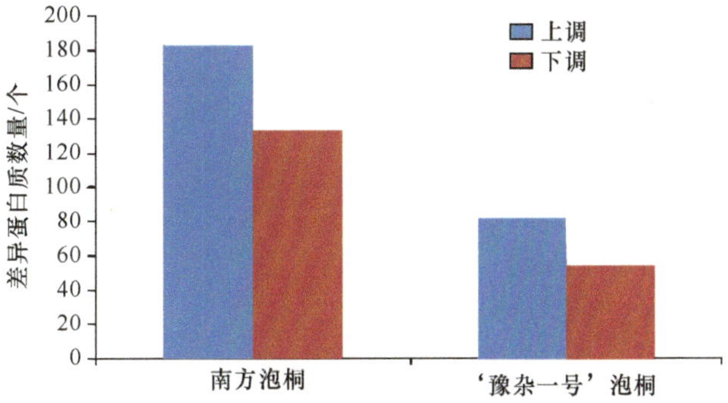

图 7-7　差异表达蛋白质数量

表 7-3　PA4 /PA2 差异表达蛋白 GO 显著富集分析

GO 分类	GO 条目	占比	P 值
细胞组分	大分子复合物	54/129，41.9%	0.0 001 716
	蛋白质酶体核心复合体	9/129，7.0%	0.0 004 652
	蛋白质酶体复合物	11/129，8.5%	0.0 013 614
	叶绿体基质	25/129，19.4%	0.0 015 637
	质体基质	25/129，19.4%	0.0 020 552
	核糖体	24/129，18.6%	0.0 021 074
	核糖核蛋白质复合物	25/129，19.4%	0.0 023 473
	细胞外	116/129，89.9%	0.0 084 351
	细胞质	106/129，82.2%	0.0 153 895
	质子转运 ATP 合酶复合物	3/129，2.3%	0.0 160 076
	蛋白质复合体	31/129，24.0%	0.0 161 866
	细胞质部分	88/129，68.2%	0.0 166 333
	质外体	17/129，13.2%	0.0 252 766
	酶复合体	4/129，3.1%	0.0 272 361
	细胞内细胞器	94/129，72.9%	0.0 291 754
	细胞器	94/129，72.9%	0.0 308 285
	胞质部分	15/129，11.6%	0.0 429 961

续表

GO 分类	GO 条目	占比	*P* 值
细胞组分	细胞外区	20/129，15.5%	0.0 462 957
	质子转运 ATP 合酶复合物	3/129，2.3%	0.0 463 076
	胞质核糖体	13/129，10.1%	0.047 274
分子功能	苏氨酸型内肽酶活性	9/202，4.5%	0.0 008 016
	苏氨酸型肽酶活性	9/202，4.5%	0.0 008 016
	GDP 甘露糖-3,5-吡喃酶活性	2/202，1.0%	0.0 178 662
	苹果酸酶活性	3/202，1.5%	0.0 192 686
	ATP 酶活性，与离子的跨膜运动耦合	4/202，2.0%	0.0 227 806
	质子转运 ATP 合成酶活性	4/202，2.0%	0.0 227 806
	质子转运 ATP 酶活性、旋转机制	4/202，2.0%	0.0 227 806
	氧化还原酶活性，作用于供体的 CH—OH 基团	15/202，7.4%	0.0 303 512
	未折叠蛋白结合	8/202，4.0%	0.031 404
	水解酶活性	6/202，3.0%	0.0 321 471
	内肽酶活性	13/202，6.4%	0.0 330 906
	氧化还原酶活性	55/202，27.2%	0.0 336 804
	氧化还原酶活性，作用于供体的硫基团	10/202，5.0%	0.0 385 631
	苹果酸脱氢酶活性	5/202，2.5%	0.0 397 075
	二硫化物氧化还原酶	8/202，4.0%	0.0 455 875
	谷氨酸氨连接酶活性	2/202，1.0%	0.0 488 533
	磷酸甘油酸脱氢酶活性	2/202，1.0%	0.0 488 533
	氨连接酶活性	2/202，1.0%	0.0 488 533
	酸性氨（或酰胺）连接酶活性	2/202，1.0%	0.0 488 533
生物学过程	细胞对压力的反应	10/198，5.1%	0.0 004 858
	对紫外线的反应	5/198，2.5%	0.0 019 631
	光形态发生	3/198，1.5%	0.0 026 701
	硫氨基酸代谢过程	6/198，3.0%	0.0 049 792
	细胞蛋白质分解代谢过程	11/198，5.6%	0.0 057 049
	参与细胞蛋白质分解代谢过程的蛋白质水解	11/198，5.6%	0.0 057 049
	代谢过程	176/198，88.9%	0.006 647
	对压力的反应	39/198，19.7%	0.0 067 677
	细胞大分子分解代谢过程	11/198，5.6%	0.0 090 581
	膜脂代谢过程	4/198，2.0%	0.0 090 897
	蛋白质分解代谢过程	12/198，6.1%	0.0 091 496
	糖脂生物合成过程	3/198，1.5%	0.0 095 787
	膜脂生物合成过程	3/198，1.5%	0.0 095 787
	对辐射的反应	12/198，6.1%	0.0 111 669
	对光刺激的反应	12/198，6.1%	0.0 111 669
	免疫系统过程	6/198，3.0%	0.0 113 944
	甘油醚代谢过程	7/198，3.5%	0.0 143 035
	醚代谢过程	7/198，3.5%	0.0 143 035
	对刺激的反应	57/198，28.8%	0.0 159 825

续表

GO 分类	GO 条目	占比	P 值
生物学过程	戊糖磷酸支路	6/198，3.0%	0.0 161 575
	NADPH 再生	6/198，3.0%	0.0 161 575
	含卟啉化合物代谢过程	6/198，3.0%	0.0 161 575
	含卟啉化合物的生物合成过程	6/198，3.0%	0.0 161 575
	四吡咯代谢过程	6/198，3.0%	0.0 161 575
	四吡咯生物合成过程	6/198，3.0%	0.0 161 575
	对碳水化合物刺激的反应	4/198，2.0%	0.0 162 163
	固有免疫应答	5/198，2.5%	0.0 172 701
	对热量的反应	7/198，3.5%	0.0 189 811
	细胞对化学刺激的反应	7/198，3.5%	0.0 189 811
	系统获得性耐药性	2/198，1.0%	0.0 193 308
	对几丁质的反应	2/198，1.0%	0.0 193 308
	细胞对热的反应	2/198，1.0%	0.0 193 308
	有机物代谢过程	134/198，67.7%	0.0 201 023
	含硫化合物代谢过程	8/198，4.0%	0.0 203 911
	植物型过敏反应	3/198，1.5%	0.0 214 946
	细胞蛋白质代谢过程	47/198，23.7%	0.0 215 341
	NADP 代谢过程	6/198，3.0%	0.0 221 388
	免疫反应	5/198，2.5%	0.0 249 519
	细胞凋亡	5/198，2.5%	0.0 249 519
	凋亡	5/198，2.5%	0.0 249 519
	细胞对含氧化合物的反应	5/198，2.5%	0.0 249 519
	程序性细胞死亡	4/198，2.0%	0.0 260 533
	对非生物刺激的反应	28/198，14.1%	0.0 279 693
	己糖代谢过程	15/198，7.6%	0.0 284 314
	吡啶核苷酸代谢过程	6/198，3.0%	0.0 294 535
	烟酰胺核苷酸代谢过程	6/198，3.0%	0.0 294 535
	稳态过程	10/198，5.1%	0.0 354 955
	葡萄糖代谢过程	13/198，6.6%	0.0 384 108
	半胱氨酸代谢过程	3/198，1.5%	0.0 386 194
	糖脂代谢过程	3/198，1.5%	0.0 386 194
	低聚糖生物合成过程	3/198，1.5%	0.0 386 194
	半胱氨酸生物合成过程	3/198，1.5%	0.0 386 194
	细胞对氧化应激的反应	3/198，1.5%	0.0 386 194
	蛋白质重折叠	3/198，1.5%	0.0 386 194
	质膜 ATP 合成耦合质子转运	3/198，1.5%	0.0 386 194
	细胞代谢过程	122/198，61.6%	0.0 386 388
	硫氨基酸生物合成过程	4/198，2.0%	0.0 387 816
	生物质量管理	11/198，5.6%	0.0 389 913
	丝氨酸家族氨基酸代谢过程	7/198，3.5%	0.0 391 934
	氧化还原过程	49/198，24.7%	0.0 407 315
	固有免疫反应	15/198，7.6%	0.0 413 633

续表

GO 分类	GO 条目	占比	*P* 值
生物学过程	对热量的反应	28/198，14.1%	0.0 424 952
	细胞对化学刺激的反应	11/198，5.6%	0.0 451 765
	系统获得性耐药性	11/198，5.6%	0.0 451 765
	对几丁质的反应	11/198，5.6%	0.0 451 765
	细胞对热的反应	11/198，5.6%	0.0 451 765
	有机物代谢过程	11/198，5.6%	0.0 451 765
	含硫化合物代谢过程	5/198，2.5%	0.046 093
	植物型过敏反应	12/198，6.1%	0.0 477 796
	细胞蛋白质代谢过程	6/198，3.0%	0.0 484 351
	NADP 代谢过程	6/198，3.0%	0.0 484 351

component）和分子功能（molecular function）这 3 个类别中，共有 529 个差异蛋白显著富集在 111 条 GO term 中。其中，大分子复合物（macromolecular complex）、叶绿体基质（chloroplast stroma）、核糖体（ribosome）、苏氨酸型肽链内切酶活性（threonine-type endopeptidase activity）、氧化还原酶活性（oxidoreductase activity）、细胞响应胁迫（cellular response to stress）、光形态发生（photomorphogenesis）、胁迫响应（response to stress）、固有免疫应答（innate immune response）、响应高温（response to heat）、有机质代谢过程（organic substance metabolic process）、非生物胁迫响应（response to abiotic stimulus）和葡萄糖代谢过程（glucose metabolic process）等显著富集。

‘豫杂一号’泡桐四倍体与二倍体相比，细胞组分中有 59 个差异蛋白显著富集在 25 条 GO term 中（表 7-4），包括叶绿体（chloroplast）、质体（plastid）、细胞外区（extracellular region）和细胞壁（cell wall）等。分子功能中有 77 个差异蛋白显著富集在 17 条 GO term 中，包括 NADP 活性（2-alkenal reductase [NAD（P）] activity）、二磷酸核酮糖羧化酶活性（ribulose-bisphosphate carboxylase enzyme activity）、氧化还原酶活性（oxidoreductase enzyme activity）和 RNA 绑定（rRNA bundling）等。生物学过程中有 79 个差异蛋白显著富集在 33 条 GO 条目中，包括光合作用、光吸收（photosynthesis，light harvesting），光合作用、光反应（photosynthesis，light reaction），光合作用（photosynthesis），对非生物刺激的反应（response to abiotic stimulus），活性氧代谢过程（reactive oxygen species metabolic process），氧化还原过程（oxidation-reduction process），碳固定（carbon fixation）和多糖分解代谢过程（polysaccharide catabolic process）等。

五、差异蛋白 KEGG 代谢通路富集分析

本节通过 KEGG 代谢通路，分析了解差异蛋白参与的最主要生化代谢和信号转导途径等生物学功能，将 *P* 值<0.05 定义为差异蛋白显著富集的代谢通路。通过对南方泡桐四倍体与二倍体之间差异蛋白的代谢通路分析，发现共有 239 个差异蛋白富集于 78 条代谢通路中。差异蛋白显著富集于 15 条代谢通路（表 7-5）。主要涉及氨基糖和核苷酸糖代谢（amino sugar and nucleotide sugar metabolism）、光合作用（photosynthesis）、植物激素信号转导（plant hormone signal transduction）、植物–病原体互作（plant-pathogen interaction）、苯丙烷生物合成（phenylpropanoid biosynthesis）及精氨酸和脯氨酸代谢（arginine and proline metabolism）等。

‘豫杂一号’泡桐四倍体与二倍体之间共有 108 个差异蛋白富集于 56 条代谢通路中，其中显著富集的代谢通路有 10 条（*P* 值<0.05）（表 7-6），包括光合作用–天线蛋白（photosynthesis - antenna proteins）、植物–病原体互作（plant-pathogen interaction）、过氧化物酶体（peroxisome）、植物激素信号转导（plant hormone signal transduction）和苯丙烷生物合成（phenylpropanoid biosynthesis）等。

表 7-4　PTF4/ PTF2 差异表达蛋白 GO 显著富集分析

GO 分类	GO 条目	占比	*P* 值
细胞组分	质外体	14/59，23.7%	0.000 132 6
	叶绿体	32/59，54.2%	0.000 202 2
	质体	33/59，55.9%	0.000 250 1
	细胞外区	15/59，25.4%	0.000 758 1
	叶绿体部分	19/59，32.2%	0.005 817 4
	质体部分	19/59，32.2%	0.006 187 2
	细胞质部分	44/59，74.6%	0.008 804 5
	细胞壁	11/59，18.6%	0.012 138 1
	外部封装结构	11/59，18.6%	0.012 138 1
	细胞质	51/59，86.4%	0.015 533 4
	叶绿体包膜	11/59，18.6%	0.019 197 5
	光系统 II	4/59，6.8%	0.019 906 7
	光合膜	10/59，16.9%	0.020 328 1
	叶绿体基质	12/59，20.3%	0.020 452 5
	质体包膜	11/59，18.6%	0.020 625 1
	类囊体膜	9/59，15.3%	0.021 090 5
	质体基质	12/59，20.3%	0.023 324 5
	类囊体	13/59，22.0%	0.024 013 3
	叶绿体类囊体膜	8/59，13.6%	0.030 057 5
	质体类囊体膜	8/59，13.6%	0.030 057 5
	类囊体部分	10/59，16.9%	0.035 909 3
	光系统	45/59，76.3%	0.041 098 3
	细胞器	45/59，76.3%	0.042 504 8
	叶绿体类囊体	8/59，13.6%	0.042 488 1
	质体类囊体	8/59，13.6%	0.042 488 1
分子功能	2-烯醛还原酶[NAD（P）]活性	7/77，9.1%	0.001 213 1
	氧化还原酶活性，作用于供体的 CH—CH 基团	7/77，9.1%	0.004 368 1
	二磷酸核酮糖羧化酶活性	2/77，2.6%	0.007 468 7
	氨连接酶活性	7/77，9.1%	0.009 304 2
	氧化还原酶活性	26/77，33.8%	0.009 669 1
	阳离子结合	24/77，31.2%	0.014 326 5
	血红素结合	5/77，6.5%	0.018 209 3
	四吡咯结合	5/77，6.5%	0.018 209 3
	转氨酶活性	3/77，3.9%	0.020 176 1
	转移酶活性，转移含氮基团	3/77，3.9%	0.020 176 1
	超氧化物歧化酶活性	2/77，2.6%	0.033 773
	氧化还原酶活性，作为受体作用于超氧化物自由基	2/77，2.6%	0.033 773
	rRNA 结合	2/77，2.6%	0.033 773
	甲基转移酶活性	4/77，5.2%	0.035 095 1

续表

GO 分类	GO 条目	占比	P 值
分子功能	离子结合	35/77，45.5%	0.043 354 4
	金属离子结合	20/77，26.0%	0.045 034 3
	抗氧化活性	5/77，6.5%	0.049 328
生物学过程	光合作用、光吸收	7/79，8.9%	9.623×10^{-6}
	光合作用、光反应	8/79，10.1%	0.000 138 2
	光合作用	12/79，15.2%	0.000 138 4
	对寒冷的反应	9/79，11.4%	0.001 444 4
	对温度刺激的反应	10/79，12.7%	0.002 328 1
	对非生物刺激的反应	16/79，20.3%	0.003 561 4
	活性氧代谢过程	3/79，3.8%	0.004 924 8
	对化学刺激的反应	16/79，20.3%	0.005 085
	前体代谢产物和能量的产生	12/79，15.2%	0.006 682 1
	氧化还原过程	25/79，31.6%	0.007 162 5
	对紫外线的反应	3/79，3.8%	0.007 565 8
	对辐射的反应	7/79，8.9%	0.007 965 3
	对光刺激的反应	7/79，8.9%	0.007 965 3
	紫外线防护	2/79，2.5%	0.008 83
	对药物的反应	2/79，2.5%	0.008 83
	细胞对过氧化氢的反应	2/79，2.5%	0.008 83
	对刺激的反应	27/79，34.2%	0.009 955 7
	碳固定	3/79，3.8%	0.010 897 8
	单体代谢过程	40/79，50.6%	0.013 134 8
	细胞对活性氧的反应	2/79，2.5%	0.017 023 7
	对无机物质的反应	12/79，15.2%	0.017 557 1
	多糖分解代谢过程	2/79，2.5%	0.027 355 1
	超氧化物代谢过程	2/79，2.5%	0.027 355 1
	茉莉酸刺激反应	2/79，2.5%	0.027 355 1
	对过氧化氢的反应	2/79，2.5%	0.027 355 1
	甘氨酸代谢过程	3/79，3.8%	0.031 581 6
	细胞对含氧化合物的反应	3/79，3.8%	0.031 581 6
	对压力的反应	17/79，21.5%	0.032 176 5
	细胞对压力的反应	4/79，5.1%	0.034 932 3
	细胞对氧化应激的反应	2/79，2.5%	0.039 567
	对金属离子的反应	10/79，12.7%	0.040 138 9
	丝氨酸家族氨基酸代谢过程	4/79，5.1%	0.040 193 3
	对内生刺激的反应	5/79，6.3%	0.045 387 2

六、蛋白质组与转录组关联的数量关系

本研究将基于泡桐基因组得到的二倍体、四倍体南方泡桐和‘豫杂一号’泡桐蛋白质鉴定结果与其

表 7-5　PA4 /PA2 差异表达蛋白代谢通路显著富集分析

编号	代谢通路	蛋白质个数（占比）	*P* 值	代谢通路 ID
1	氨基糖和核苷酸糖代谢	14（5.86%）	0.000 702 942	ko00520
2	蛋白酶体	11（4.6%）	0.001 143 483	ko03050
3	光合作用	11（4.6%）	0.002 487 276	ko00195
4	内质网中的蛋白质加工	13（5.44%）	0.002 555 805	ko04141
5	植物激素信号转导	6（2.51%）	0.002 785 076	ko04075
6	其他聚糖降解	8（3.35%）	0.003 092 284	ko00511
7	乙醛酸及二羧酸代谢	9（3.77%）	0.003 569 228	ko00630
8	卟啉与叶绿素代谢	7（2.93%）	0.003 640 251	ko00860
9	光合作用-天线蛋白	5（2.09%）	0.004 894 157	ko00196
10	核糖体	19（7.95%）	0.004 939368	ko03010
11	植物–病原体互作	8（3.35%）	0.006 890 516	ko04626
12	苯丙烷生物合成	5（2.09%）	0.01 709 642	ko00940
13	酪氨酸代谢	6（2.51%）	0.02 099 638	ko00350
14	果糖和甘露糖代谢	5（2.09%）	0.03 607 183	ko00051
15	精氨酸和脯氨酸代谢	6（2.51%）	0.04 114 121	ko00330

表 7-6　PTF4/ PTF2 差异表达蛋白代谢通路显著富集分析

编号	代谢通路	蛋白质个数（占比）	*P* 值	代谢通路 ID
1	光合作用-天线蛋白	8（7.41%）	1.27×10^{-6}	ko00196
2	抗坏血酸和阿糖二酸代谢	7（6.48%）	0.001 503 807	ko00053
3	乙醛酸及二羧酸代谢	7（6.48%）	0.004 012 752	ko00630
4	植物–病原体互作	3（2.78%）	0.0 116 403	ko04626
5	过氧化物酶体	5（4.63%）	0.0 207 327	ko04146
6	卟啉与叶绿素代谢	4（3.7%）	0.0 257 056	ko00860
7	光合作用	3（2.78%）	0.0 294 222	ko00195
8	植物激素信号转导	3（2.78%）	0.0 347 989	ko04075
9	半胱氨酸和蛋氨酸代谢	5（4.63%）	0.0 417 397	ko00270
10	苯丙烷生物合成	1（0.93%）	0.0 478 214	ko00940

转录组结果进行关联，当某一个蛋白质在转录组水平有表达量时，即为关联到。基于蛋白质鉴定结果，筛选出符合条件的可定量的蛋白质条件：该蛋白质可定量肽段≥1 时，计算肽段比例，以肽段比例的中值代表该蛋白质的比例。基于上述关联结果，设置蛋白质差异表达的标准：差异倍数＞1.2，*P* 值≤0.05：基因差异表达的标准：差异倍数≥2，FDR≤0.001 作为筛选差异表达的关联蛋白质和基因的条件。在鉴定、定量和显著差异的范围中，关联到的蛋白质和基因数量关系如表 7-7 所示。其中，二倍体和四倍体南方泡

表 7-7　所鉴定出的蛋白质与转录组关联情况

比较组	类型	蛋白质个数	基因个数	关联个数
PA4/PA2	鉴定	2 820	25 343	2 801
PA4/PA2	定量	1 734	25 343	1 726
PA4/PA2	差异表达	317	3 662	48
PTF4/PTF2	鉴定	2 820	25 046	2 792
PTF4/PTF2	定量	1 727	25 046	1 712
PTF4/PTF2	差异表达	138	4 261	38

桐的 1734 个定量蛋白质中，有 1726 个与转录组的基因相关联，但差异蛋白与差异基因相关联的数目只有 48 个。二倍体和四倍体‘豫杂一号’泡桐的 1727 个定量蛋白中，有 1712 个与转录组的基因相关联，但差异蛋白与差异基因相关联的数目只有 38 个。

七、差异表达蛋白与其对应基因的关联性分析

以 1.2 倍差异表达蛋白为基础，考虑蛋白质和基因的表达相关性，将在蛋白质水平和转录组水平关联到的所有的表达数据进行关联分析，计算 Person 相关系数，作出蛋白质及与其对应基因的关联分析图（图 7-8）。结果显示：PA4/PA2 的定量蛋白质与其基因的关联性 r=0.1017，PTF4/ PTF2 的定量蛋白质与其基因的关联性 r=0.0119，其间的相关性并不高，除了实验系统和数据类型不同导致的差异外，转录后蛋白质合成各步骤所受的限制，以及在此过程中的分子调控也有重要的影响。

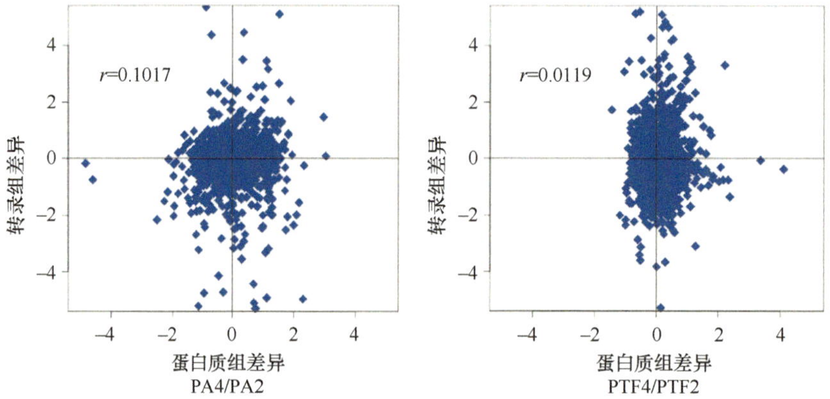

图 7-8　所有定量蛋白质和基因的表达关联

Li 等（2015）利用 RNA-Seq 和 iTRAQ 技术对梨发育的 3 个阶段进行整合分析，发现 35 个与梨的品质相关的差异基因和蛋白质，且多数关联差异蛋白参与了糖、香料和木质素的生物合成。钟云（2012）利用 iTRAQ 技术对红橘感染黄龙病菌后的根系蛋白质进行分析，共筛选出 78 个差异蛋白，与转录组关联且差异表达趋势相同的蛋白质有 36 个，主要参与防御反应、生物代谢、抗氧化和几丁质代谢等生物学途径。Liu 等（2014）利用 iTRAQ 技术对马铃薯休眠的过程：休眠期（dormancy stage，DT）、突破休眠期（release dormancy stage，DRT）和发芽期（sprouting tuber，ST）进行分析，一共鉴定了 1752 个蛋白质，其中 316 个蛋白质筛选为差异表达蛋白。进一步调查差异表达 DT vs.DRT 与 DRT vs.ST 的蛋白质和 mRNA 表达谱之间的相关性分别为 0.14 和 0.08，相关性较差。苏亚春（2014）利用 iTRAQ 技术对甘蔗感染黑穗病后的蛋白质进行分析，发现两个种的甘蔗健康苗和病苗的定量蛋白质与 mRNA 表达谱之间的关联性分别为 0.1502 和 0.2466。本研究通过对差异蛋白及与其对应的转录组关联性分析显示，南方泡桐四倍体与二倍体的蛋白质组与转录组的关联性 r=0.1017，‘豫杂一号’泡桐四倍体与二倍体的蛋白质组与转录组的关联性 r=0.0119，表明蛋白质组与转录组的相关性较差。究其原因，可能是转录后蛋白质合成各步骤所受的限制，以及不同基因受到不同的转录后调控的重要影响。南方泡桐和‘豫杂一号’泡桐与转录组关联性强的差异蛋白多数与抗逆、光合作用、能量代谢相关，如叶绿素 a/b 结合蛋白、半胱氨酸蛋白酶、丝氨酸乙醛酸氨基转移酶、多酚氧化酶、β-1,3-葡聚糖酶、过氧化物酶、超氧化物歧化酶、铁蛋白和抗病响应蛋白等。

八、关联的差异蛋白及其 qRT-PCR 验证

研究发现，在南方泡桐二倍体和四倍体中的 48 个关联差异蛋白与差异基因表达趋势相同的数量有 36

个（19 个均上调，17 个均下调）；在‘豫杂一号’泡桐二倍体和四倍体中 38 个关联差异蛋白与差异基因表达趋势相同的数量有 26 个（17 个均为上调，9 个均为下调）（表 7-8）。分别对其进行 GO 和 KEGG 分析，结果显示，这些蛋白质主要参与光合作用、防御反应、碳水化合物代谢、免疫系统过程、抗氧化和应激反应等生物学过程。

表 7-8　与转录组关联的差异蛋白分析表

编号	注释	蛋白质差异倍数	转录组差异倍数	FDR 值
	PA4/PA2			
PAU020593.2	甘露醇脱氢酶	1.973	15.363 245	1.62×10^{-72}
PAU023713.1	β-1,3-葡聚糖酶	1.357 5	1.151 940 6	5.62×10^{-38}
PAU027572.1	伸长起始因子 4A	2.059	2.072 542	1.60×10^{-70}
PAU029891.1	叶绿素 a/b 结合蛋白	2.867 5	5.090 383 5	0
PAU007241.1	GDSL 酯酶/脂肪酶	4.857	16.136 711	3.13×10^{-42}
PAU028397.1	60S 酸性核糖体蛋白	1.712 5	1.041 435 9	2.71×10^{-23}
PAU011169.1	MLP 蛋白	1.882 5	1.695 969	2.84×10^{-49}
PAU003345.1	40S 核糖体蛋白 S9	1.600 5	1.193 488 7	1.99×10^{-53}
PAU012456.2	叶绿体核酮糖二磷酸羧化酶	3.493 5	16.677 279	6.06×10^{-274}
PAU019965.1	硫氧还原蛋白	2.564	1.131 061 6	1.41×10^{-98}
PAU016439.1	超氧化物歧化酶	1.953 5	2.552 229 4	0
PAU012665.1	50S 核糖体蛋白	3.700 5	2.036 648 1	4.17×10^{-142}
PAU016466.1	肽甲硫氨酸亚砜还原酶	4.783	16.718 399	2.37×10^{-126}
PAU014818.1	芥子醇脱氢酶	2.137	3.436 496 7	5.54×10^{-135}
PAU005061.1	（3R）-羟基肉豆蔻酰-[酰基载体蛋白]脱水酶	2.729	1.333 505 1	3.01×10^{-5}
PAU005892.1	铁蛋白-4	1.731	1.517 557	2.26×10^{-49}
PAU001176.1	假想蛋白质	2.584 5	1.024 273 6	0.000 301 1
PAU021942.1	丝氨酸乙醛酸氨基转移酶	4.514 5	1.557 432 5	2.10×10^{-66}
PAU001474.1	多酚氧化酶	2.444 5	−1.435 774	1.15×10^{-20}
PAU004351.1	UPF0664 应激诱导蛋白	0.622	1.662 818 1	6.65×10^{-5}
PAU002452.1	肽基脯氨酰顺式-反式异构酶端粒酶 E	0.643	1.454 888 3	0.000 622 6
PAU005882.1	光诱导蛋白	0.553	7.611 586 2	8.98×10^{-91}
PAU015192.1	鼠李糖生物合成酶	2.21	−1.471 964	8.31×10^{-128}
PAU029584.1	GDP 甘露糖-3,5-吡喃酶	2.364	−1.976 483	4.77×10^{-71}
PAU028341.1	转酮醇酶	2.239	−1.066 863	0
PAU001115.1	抗病反应蛋白 2	2.25	−3.195 492	1.13×10^{-8}
PAU003825.1	花粉过敏原	4.924 5	−4.973 081	2.23×10^{-27}
PAU007362.1	线粒体导入内膜转移酶	1.833 5	−1.391 867	8.15×10^{-5}
PAU011024.2	乙酰鸟氨酸脱乙酰酶	2.268	−1.203 576	6.48×10^{-80}
PAU003426.1	40S 核糖体蛋白	1.683 5	−5.304 025	0
PAU016182.1	碳酸酐酶	1.255	−1.922 309	0
PAU004838.1	脂质转移蛋白	0.444 5	−1.874 59	2.78×10^{-6}
PAU003603.1	β-木糖苷酶/α-L-阿拉伯呋喃糖苷酶	0.420 5	−6.195 801	3.26×10^{-84}
PAU025386.3	花蜜蛋白	0.575	−1.413 909	2.10×10^{-55}
PAU028421.1	过氧化物酶 3	0.549 5	−1.591 727	2.55×10^{-37}
PAU002193.1	CDGSH 含铁硫结构域蛋白	0.666 5	−1.015 159	2.57×10^{-12}
PAU026292.1	肽甲硫氨酸亚砜还原酶	0.418	−1.126 218	3.30×10^{-9}
PAU008271.1	非特征蛋白质	0.664 5	−16.111 87	6.64×10^{-86}
PAU016386.1	半胱氨酸合成酶	0.69	−1.146 906	5.85×10^{-216}
PAU002967.1	（+）-新薄荷醇脱氢酶	0.615 5	−1.286 808	4.79×10^{-14}
PAU025665.1	Fasclin 阿拉伯半乳聚糖蛋白	0.388 5	−1.925 164	3.14×10^{-18}
PAU022736.1	Kivelin	0.175 5	−2.166 185	9.22×10^{-18}
PAU026819.1	半胱氨酸蛋白酶	0.601 5	−1.648 568	1.39×10^{-147}

续表

编号	注释	蛋白质差异倍数	转录组差异倍数	FDR 值
PAU008950.1	假定的果胶酶	0.701 5	−1.223 383	1.67×10^{-5}
PAU029621.1	线粒体外膜蛋白通道蛋白	0.705 5	−16.505 56	4.36×10^{-121}
PAU003524.1	Ferredoxin	0.285	−1.234 53	0
PAU029798.1	乙酰胆碱酯酶	0.209	−11.731 32	3.19×10^{-6}
PAU006261.1	GDSL 酯酶/脂肪酶	0.179 5	−15.978 35	1.03×10^{-37}
	PTF4/ PTF2			
PAU018369.1	超氧化物歧化酶	1.482	1.499 538	6.14×10^{-28}
PAU016977.1	叶绿体叶绿素 a/b 结合蛋白	1.972	2.100 311 7	0
PAU009241.1	轻微过敏原	0.714 5	−1.156 78	1.23×10^{-26}
PAU027332.1	类枯草杆菌蛋白酶	0.550 5	−1.492 573	5.31×10^{-34}
PAU017054.1	叶绿素 a/b 结合蛋白	1.826 5	1.135 095 1	0
PAU003939.1	超氧化物歧化酶	1.686 5	2.214 751 5	7.77×10^{-146}
PAU018081.1	半胱氨酸蛋白酶	0.579	−1.585 317	1.16×10^{-8}
PAU016435.1	抗病反应蛋白	1.995	3.044 872 8	1.08×10^{-55}
PAU025123.1	GDSL 酯酶/脂肪酶	0.515 5	−1.211 508	8.51×10^{-167}
PAU015581.1	β-1,3-葡聚糖酶	2.393 5	2.325 061	4.57×10^{-7}
PAU006335.1	层粘连蛋白	0.443 5	−2.009 208	1.05×10^{-19}
PAU029912.1	醛糖/酮还原酶	1.518 5	1.364 875 6	2.11×10^{-75}
PAU009776.1	叶绿素 a/b 结合蛋白	2.281	1.495 083 8	0
PAU002306.1	叶绿素 a/b 结合蛋白	1.749	1.777 286 6	0
PAU011071.1	HIPL1 蛋白	0.698	−1.563 601	5.19×10^{-58}
PAU016823.1	Rae1 样蛋白	0.689 5	−1.431 698	3.12×10^{-60}
PAU005072.1	丙酮酸脱氢酶	0.743	−1.298 15	9.59×10^{-63}
PAU025355.1	叶绿素 a/b 结合蛋白	1.748 5	1.965 007 5	0
PAU022950.1	叶绿素 a/b 结合蛋白	1.290 5	1.377 101 9	0
PAU016736.1	超氧化物歧化酶	1.559	2.004 756 9	1.20×10^{-41}
PAU018830.1	叶绿素 a/b 结合蛋白	2.103	2.115 483 2	0
PAU005856.1	过氧化物酶 3	2.009 5	3.601 172 7	1.01×10^{-7}
PAU006822.2	多酚氧化酶	1.602 5	1.576 519	7.15×10^{-135}
PAU014205.1	叶绿素 a/b 结合蛋白	1.928	2.744 092	0
PAU025317.1	脚手架附着因子	0.668 5	−2.865 601	0
PAU000550.1	丝氨酸乙醛酸氨基转移酶	1.513	2.619 953 9	0
PAU027774.1	诱导抗性蛋白 1	0.693 5	5.187 941 1	3.01×10^{-38}
PAU002159.1	未知蛋白质	0.562	1.059 034 8	4.71×10^{-9}
PAU029656.1	蛋白酶 Do	0.628 5	1.687 835 4	5.82×10^{-59}
PAU022469.1	脂氧合酶	1.292	−1.544 4	3.11×10^{-201}
PAU001064.1	未知蛋白质	0.569	1.666 253 9	1.26×10^{-21}
PAU005473.1	α-葡萄糖苷酶	1.213 5	−1.260 008	2.42×10^{-113}
PAU030571.1	叶绿体核酮糖二磷酸羧化酶活化瓶	0.489 5	3.074 416 3	0
PAU015956.1	α-半乳糖苷酶	1.641 5	−1.695 712	1.82×10^{-120}
PAU011942.1	转醛酶	1.689	−1.108 047	5.45×10^{-23}
PAU004470.1	富含脯氨酸的蛋白质	0.369 5	1.723 824 8	0
PAU005892.1	铁蛋白-4	1.425 5	−1.737 528	2.19×10^{-47}
PAU003953.1	未知蛋白质	0.752 5	1.675 404	1.74×10^{-47}

1. 光合作用相关蛋白

光合作用分为光反应与暗反应两部分，涉及气体交换、光能捕获转化与碳固定过程。Horn 等（2007）发现叶绿素 a/b 结合蛋白基因（chlorophyll a/b-binding protein，cab）在光系统中起捕获并收集光能，然后将光能传递给各自的光系统的作用。鉴定到的叶绿素 a/b 结合蛋白基因在四倍体南方泡桐（PAU029891.1）和‘豫杂一号’泡桐（PAU016977.1、PAU017054.1、PAU009776.1、PAU002306.1、PAU025355.1、PAU022950.1、PAU018830.1 和 PAU014205.1）在 mRNA 和蛋白质水平均为上调表达。在四倍体泡桐中，叶绿素 a/b 结合蛋白表达量升高，以便尽可能多地捕获光能，提高其光合速率。二磷酸核酮糖羧化酶（Rubisco）参与光合作用中 CO_2 的固定，催化 CO_2 和二磷酸核酮糖（RuBP）转变成两个分子的 3-磷酸甘油酸，并催化 O_2 和 RuBP 产生一分子磷酸甘油酸和磷酸乙醇酸（Galmés et al. 2011）。而 Rubisco 在植物体内必须经过 Rubisco 活化酶（rubisco activase，RCA）的活化才能体现出加氧酶和羧化酶的活性，所以 RCA 能在一定程度上影响 Rubisco 的活性（Lorimer and Miziorko，1980）。研究发现 RCA 在四倍体南方泡桐（PAU012456.2）和‘豫杂一号’泡桐（PAU030571.1）中在 mRNA 和蛋白质水平上表达量均升高。上调的 Rubisco 活化酶可能有助于四倍体植株固定更多的碳来合成有机物满足植物对能量的需求。

半胱氨酸蛋白酶（cysteine protease，Cyp）是蛋白质水解酶的一大类，广泛参与植物的器官分化、自然衰老和胁迫诱导的衰老过程等各种生理过程。大量研究证明在环境胁迫如干旱、低温与盐胁迫条件下会诱导 Cyp 的积累（Jennifer and John，1995）。羽扇豆（*Lupinus albus*）为极耐旱植物，刚出现水分胁迫时，植株茎中出现丝氨酸蛋白酶，当胁迫严重到一定程度时，Cyp 才被诱导（Pinheiro et al.，2005）。在水分胁迫时，抗旱性不同的小麦（*Triticum aestivum*）品种的 Cyp 诱导程度不同，通过比较分析发现虽然各个品种都诱导了 Cyp，但抗旱性越强的品系，Cyp 被诱导的水平越低（Grudkowska and Zagdanska，2004）。Cyp 参与植物的衰老过程（自然衰老与胁迫诱导的衰老）。Bhalerao 等（2003）分别取温室中展开的幼嫩叶片和生长于田间的即将衰老的欧洲山杨（*Populus tremula*）叶片建立文库，鉴定了 7 个不同的在老叶中被诱导的 Cyp。Guan 等（2002）在甘薯（sweet potato）叶片中分离到 Cyp，其在即将衰老的叶中高度特异表达，并对乙烯诱导高度响应。Carol 等（2002）在六出花（*Alstroemeria peruviana*）的花瓣中成功分离 Cyp，发现其表达在花瓣的衰老过程中显著上升。另外，如烟草（*Nicotiana tabacum*）*NTCyp23*（AB032168），番茄（*Lycopersicon esculentum*）的 *Cyp-3*（Z48736）和油菜（*Brassica napus*）的 *BnCyp12*（AF089848），这些基因在叶衰老时表达量均显著上升（Tadamasa et al.，2000）。植物 Cyp 定位于叶绿体中，降解光合作用必需酶 Rubisco 的大亚基（Renu et al.，1999）。二倍体泡桐在染色体加倍后 Cyp 的表达和活性在转录水平、转录后水平、翻译水平及翻译后水平均发生了变化。相较于二倍体，Cyp 在南方泡桐四倍体（PAU026819.1）和‘豫杂一号’泡桐四倍体（PAU018081.1）中 mRNA 和蛋白质水平都下调表达。与抗逆性、植物生长和光合作用负相关蛋白质编码的 Cyp 下调表达，可能提示四倍体泡桐的抗逆能力和光合作用要强于其二倍体，生长期可能较二倍体长。

2. 免疫过程、抗氧化相关蛋白

丝氨酸-乙醛酸氨基转移酶（serine-glyoxylate aminotransferase，SGAT）起到催化乙醛酸和丝氨酸之间的转氨基反应，并生成甘氨酸和羟基丙酮酸的作用。在高等植物中，光呼吸作用通过叶绿体、过氧化物酶体与线粒体 3 个细胞器协作进行。而 SGAT 定位于过氧化物酶体中，它将过氧化物酶体中氧化生成的乙醛酸通过转氨作用转化为甘氨酸，并把光呼吸中碳代谢和氮代谢紧密地联系在一起（Wingler et al.，2000）。研究发现，在光的作用下，SGAT 在黄瓜各种组织器官都有表达，但表达量不同，在绿色叶片中表达量最高，其次为茎、花、果实和根尖，说明在光呼吸旺盛的组织中 SGAT 含量最高。Taler 等（2004）对具有霜霉病抗性的甜瓜（*Cucumis melo*）P1 品系叶片的研究发现，SGAT 在甜瓜中的过量表达可以增强其对霜霉病的抗性。并指出植物抗性基因可抵抗病原菌的侵染，而 SGAT 的过量表达可直接起到抗病的作用，并把编码 SGAT 的基因命名为“enzymeresisrance”。Tian 等（2006）研究认为植物光呼吸在过氧化物酶体中生成 H_2O_2，它能激发植物细胞产生过敏性反应（hypersensitive response，HR），诱导抗菌物质的产生和细胞壁加厚等抗病反应，而 SGAT 是植物光呼吸途径中的酶类，在此过程中也应该发挥一定的作用。SGAT 在南方泡桐四倍体（PAU021942.1）和‘豫杂一号’泡桐四倍体（PAU000550.1）中在转录组水平和蛋白质水平均上调表达。可能说明在泡桐四倍体中，SGAT 高表达更有利于植株通过光呼吸把磷酸化乙醇酸催化生成磷酸甘油酸，并与卡尔文循环联系，从而提升叶绿体、线粒体与过氧化物酶体三者之间物质、信息和能量的交换，促进四倍体泡桐的生理代谢。另外，SGAT 的高表达可能促进乙醇酸氧化酶的活性，增强四倍体植株的抗病作用。

多酚氧化酶（polyphenol oxidase，PPO）为植物体内的铜结合酶。植物对病原菌防御系统的最后一道防线 SAR（systemic acquired response）是通过诱导防御相关蛋白质（如 PPO）的表达来获得的。Partington 等（1999）研究发现转入强启动子 PPO 表达上调的植株，能使植株产生胁迫应答机制 HR，从而使植株具有更强的抗病虫害能力。PPO 还起到调节细胞质中的氧化还原水平，并参与光氧化反应中电子传递，提高能量转换的作用（Vaughn et al. 1988；Trebst and Dep，1995）。研究显示：PPO 在四倍体南方泡桐（PAU001474.1）和‘豫杂一号’泡桐（PAU006822.2）中不论是在 mRNA 水平还是蛋白质水平表达均为上调。说明四倍体泡桐相比较于其亲本二倍体更易产生 HR 提高抗病能力，另外 PPO 在四倍体泡桐中表达上调有利于提高植株的氧化还原水平，增强其能量转化能力。

β-1,3-葡聚糖酶（beta-1,3-glucanase）是植物中典型的病程相关蛋白质，已被证实参与植物对病原体真菌的防御反应及植物的生长发育（Wan et al.，2011）。多数真菌细胞壁的主要成分是 β-1, 3-葡萄糖（β-1,3-glucan）聚合物，而 β-1,3-葡聚糖酶作为其水解酶在很多高等植物中被鉴定出来（靳敏峰和侯喜林，2008）。到目前为止，已经鉴定出如小麦（Bo et al.，2010）、玉米（Jondle et al.，1989）和水稻（Romero et al.，1998）等植物受病原菌诱导产生的多种 β-1,3-葡聚糖酶基因，研究结果表明在植物受真菌感染后，该类酶起到生化防御的作用。β-1,3-葡聚糖酶的抗病作用除了破坏病原菌细胞壁抑制真菌的生长与增殖外，其水解产物还可以作为激发子诱导植物产生系统抗性（Martínez-Núñez and Riquelme，2015）。另有研究报道显示，当植物受到病原菌或非生物胁迫后，β-1,3-葡聚糖酶在细胞中积累（Bo et al.，2010；杜良成和王钧，1992；蒋跃明等，1995）。利用导入外源 β-1,3-葡聚糖酶增强植物抗病性的成功事例较多，水稻、小麦和烟草等植物已获得了转 β-1,3-葡聚糖酶基因的植株（王全伟等，2008；顾丽红等，2008）。本研究发现，β-1,3-葡聚糖酶在四倍体南方泡桐（PAU023713.1）和‘豫杂一号’泡桐（PAU015581.1）在 mRNA 水平和蛋白质水平上均为上调，上调的 β-1,3-葡聚糖酶可能有助于在四倍体受到植原体感染时抑制病原体的生长和增殖，起到减少丛枝病症状的作用。

通过转录组学技术和蛋白质组学手段，确定了部分与多倍体优势相关代谢通路及抗性相关基因和蛋白质，有助于深入了解与揭示泡桐二倍体与四倍体差异的分子机制，为泡桐抗病和材性育种奠定基础。

不同的实验研究多次证明基因的转录水平和翻译水平表达并不是线性相关的。Griffin 等（2002）分析发现酵母在有无半乳糖的情况下 mRNA 和蛋白质的相关系数为 0.21。用 qRT-PCR 检测了南方泡桐和‘豫杂一号’泡桐两个种共有的差异表达蛋白在 mRNA 水平上的变化。每个样品进行三次重复，内参基因 18S rRNA 。结果如图 7-9 所示，PAU021739.1、PAU000500.1、PAU028398.1 和 PAU004038.1 的转录

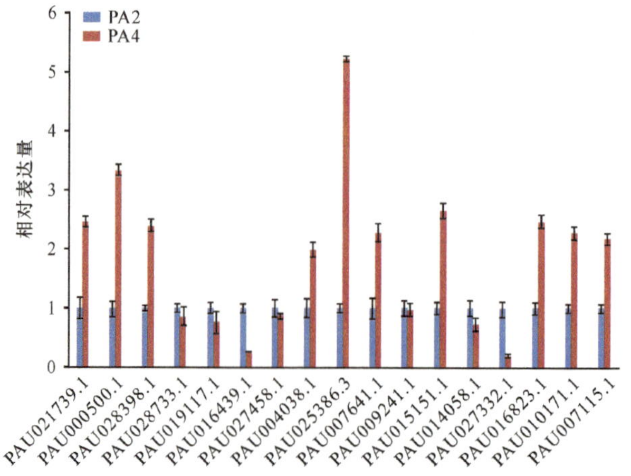

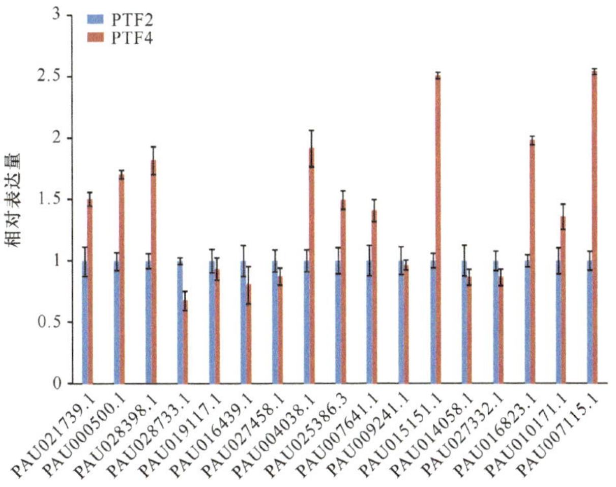

图 7-9　两个种共有的编码差异蛋白的基因的 qRT-PCR 分析

内参为 18S rRNA

水平是明显上调的，与它们的蛋白质表达水平相一致；PAU028733.1、PAU019117.1、PAU016439.1 和 PAU027458.1 蛋白质表达水平上调，但它们的转录水平却是下调；PAU009241.1、PAU014058.1 和 PAU027332.1 的蛋白质和转录表达水平一致，都是明显下调；PAU025386.3、PAU007641.1、PAU015151.1、PAU016823.1、PAU010171.1 和 PAU007115.1 的转录水平明显上调，但它们的蛋白质水平却是下调。实验结果进一步证实了蛋白质水平和 mRNA 水平的变化是不一致的。

参 考 文 献

陈全助. 2013. 福建桉树焦枯病菌鉴定及其诱导下桉树转录组和蛋白组学研究. 福建农林大学博士学位论文.

董小明, 郑巍薇, 尹荣华, 等. 2013. 利用 ChIP-seq 技术研究转录因子 EDAG 在全基因组的结合谱. 中国生物化学与分子生物学报, 29(6): 577-584.

杜良成, 王钧. 1992. 稻瘟菌诱导的水稻几丁酶、β-1,3-葡聚糖酶活性及分布. 植物生理学报, 18(1): 29-36.

顾丽红, 张树珍, 杨本鹏, 等. 2008. 几丁质酶和 β-1,3-葡聚糖酶基因导入甘蔗.分子植物育种, 6(2): 277-280.

蒋跃明, 马国华, 陈芳.1995. 芒果采后潜伏真菌活化与几丁酶、β-1, 3-葡聚糖酶的研究. 植物保护学报, 22(1): 80-84.

蒋智文, 周中军. 2009. 组蛋白修饰调节机制的研究进展.生物化学与生物物理进展, 36(10): 1252-1259.

靳敏峰, 侯喜林. 2008. 青花菜 β-1,3-葡聚糖酶基因的克隆、表达分析及其植物表达载体的构建. 南京农业大学学报, 31(2): 27-31

沙敬敬.2015. 甘蓝型冬油菜品种 Tapidor 春化前后全基因组组蛋白 H3K27me3 修饰变化及基因表达差异分析.华中农业大学博士学位论文.

苏亚春.2014.甘蔗应答黑穗病菌侵染的转录组与蛋白组研究及抗性相关基因挖掘. 福建农林大学博士学位论文.

王全伟, 曲敏, 张海玲, 等. 2008. 菜豆几丁质酶基因 Bchi 的克隆及其在转基因烟草中的表达. 分子植物育种, 6(1): 53-58.

薛高高. 2016. 转录因子和组蛋白修饰的分布特征以及高低表达基因的识别. 内蒙古大学博士学位论文.

杨靓, 李翔宇, 高鹏, 等. 2012. 野生大豆胁迫应答 LRR 类受体蛋白激酶基因的克隆及其表达特性分析. 大豆科学, 31(5): 717-724.

张肖晗, 赵芊, 谢晨星, 等. 2016. 参与植物天然免疫的 LRR 型蛋白. 基因组学与应用生物学, 35(9): 2513-2518.

钟云. 2012.Candidatus liberibacter asiaticus 诱导的柑橘转录组学及蛋白组学研究. 湖南农业大学博士学位论文.

Aiese Cigliano R, Sanseverino W, Cremona G, et al.2013.Genome-wide analysis of histone modifiers in tomato: gaining an insight into their developmental roles. BMC Genomics, 28(14): 57.

Alvarez M E, Nota F, Cambiagno D A. 2010. Epigenetic control of plant immunity. Mol Plant Pathol, 11(4): 563-576.

Alvarez-Venegas R, Abdallat A A, Guo M, et al. 2007. Epigenetic control of a transcription factor at the cross section of two antagonistic pathways. Epigenetics, 2(2): 106-113.

Baerenfaller K, Shu H, Hirsch-Hoffmann M, et al. 2016. Diurnal changes in the histone H3 signature H3K9ac|H3K27ac|H3S28p

are associated with diurnal gene expression in *Arabidopsis*. Plant Cell & Environment, 39(11): 2557-2569.
Batista P J, Chang H Y. 2013. Long noncoding RNAs: cellular address codes in development and disease. Cell, 152(6): 1297-1307.
Berr A, McCallum E J, Alioua A, et al. 2010. *Arabidopsis* histone methyltransferase SET DOMAIN GROUP8 mediates induction of the jasmonate/ethylene pathway in plant defense response to necrotrophic fungi. Plant Physiol, 154(3): 1403-1414.
Bhalerao R, Keskitalo J, Sterky F, et al. 2003. Gene expression in autumn leaves.Plant Physiol, 131(2): 430-442.
Bo L, Xiaodan X, Suping C, et al. 2010. Cloning and characterization of a wheat beta-1, 3-glucanase gene induced by the stripe rust pathogen *Puccinia striiformis* f. sp. Tritici. Mol Biol Reports, 37(2): 1045-1052.
Brusslan J A, Bonora G, Ruscanterbury A M, et al. 2015. A genome-wide chronological study of gene expression and two histone modifications, H3K4me3 and H3K9ac, during developmental leaf senescence. Plant Physiology, 168(4): 1246-1261.
Carol W, Michael K L, Gareth G, et al. 2002. Cysteine protease gene expression and proteolytic activity during senescence of Alstroemeria petals. J Exp Bot, 53(367): 233-240.
Castelló M J, Carrasco J L, Vera P. 2010. DNA-binding protein phosphatase AtDBP1 mediates susceptibility to two potyviruses in *Arabidopsis*. Plant Physiology, 153(4): 1521-1525.
Chae K, Isaacs C G, Reeves P H, et al. 2012. Arabidopsis SMALL AUXIN UP RNA63 promotes hypocotyl and stamen filament elongation. Plant Journal, 71(4): 684-697.
Chen G, Gharib T G, Huang C C, et al. 2002. Discordant protein and mRNA expression in lung adenocarcinomas. Molecular & Cellular Proteomics, 1(4): 304-313.
Chen Y F, Schaller G E. 2005. Ethylene signal transduction. Annals of Botany, 95(6): 901-915.
Choi S M, Song H R, Han SK, et al. 2012. HDA19 is required for the repression of salicylic acid biosynthesis and salicylic acid-mediated defense responses in *Arabidopsis*. Plant J, 71(1): 135-146.
Das M, Haberer G, Panda A, et al. 2016. Expression pattern similarities support the prediction of orthologs retaining common functions after gene duplication events. Plant Physiol, 171(4): 2343-2357.
Ding B, Wang G L. 2015. Chromatin versus pathogens: the function of epigenetics in plant immunity. Front Plant Sci, 6: 675.
Du Z, Li H, Wei Q, et al. 2013. Genome-wide analysis of histone modifications: H3K4me2, H3K4me3, H3K9ac, and H3K27ac in *Oryza sativa* L.Japonica. Molecular Plant, 6(5): 1463-1472.
Eitas T K, Nimchuk Z L, Dangl J L. 2008. *Arabidopsis* TAO1 is a TIR-NB-LRR protein that contributes to disease resistance induced by the Pseudomonas syringae effector AvrB. Proceedings of the National Academy of Sciences, 105(105): 6475-6480.
Fan S, Wang J, Lei C, et al. 2018. Identification and characterization of histone modification gene family reveal their critical responses to flower induction in apple. BMC Plant Biol, 18(1): 173.
Friml J. 2009. Auxin: a trigger for change in plant development. Cell, 136(6): 1005.
Galmés J, Ribas-Carbó M, Medrano H, et al. 2011. Rubisco activity in Mediterranean species is regulated by the chloroplastic CO_2 concentration under water stress. J Exp Bot, 62(2): 653-665.
Griffin TJ, Gygi SP, Ideker T, et al. 2002. Complementary profiling of gene expression at the tanscriptome and proteome levels in *Saccharomyces cerevisiae*. Mol.Cell. Proteomics, 1(4): 323-333.
Grini PE, Thorstensen T, Alm V, et al. 2009. The ASH1 HOMOLOG 2(ASHH2)histone H3 methyltransferase is required for ovule and anther development in *Arabidopsis*. PLoS One, 4(11): e7817.
Grudkowska M, Zagdanska B. 2004. Multifunctional role of plant cysteine proteinases.Acta Biochemical Polonica, 51(3): 609-624.
Guan H, Lin T, Mee N, et al. 2002. Molecular characterization of a senescence-associated gene encoding cysteine proteinase and its gene expression during leaf senescence in sweet tomato. Plant Cell Physiol, 43(9): 984-991.
Guenther M G, Levine S S, Boyer L A, et al. 2007. A chromatin landmark and transcription initiation at most promoters in Human cells. Cell, 130(1): 77-88.
Guo H, Ecker J R. 2004. The ethylene signaling pathway: new insights. Current Opinion in Plant Biology, 7(1): 40-49.
Gygi S P, Rochon Y, Franza B R, et al. 1999. Correlation between protein and mRNA abundance in Yeast. Molecular & Cellular Biology, 19(3): 1720-1730.
Hack C J. 2004. Integrated transcriptome and proteome data: the challenges ahead. Brief Funct Genomics & Proteomics, 3(3): 212-219.
He G, Elling A A, Deng X W. 2011. The epigenome and plant development. Annual Review of Plant Biology, 62(1): 411.
He G, Zhu X, Elling A A, et al. 2010. Global epigenetic and transcriptional trends among two rice subspecies and their reciprocal hybrids. Plant Cell, 22(1): 17.
He Y, Amasino R M. 2005. Role of chromatin modification in flowering-time control. Trends Plant Sci, 10(1): 30-35.
Heo J B, Sung S. 2011. Vernalization-mediated epigenetic silencing by a long intronic noncoding RNA. Science, 331(6013): 76-79.
Hok S, Danchin E G J, Allasia V, et al. 2011. An Arabidopsis(malectin-like)leucine-rich repeat receptor-like kinase contributes to downy mildew disease. Plant Cell & Environment, 34(11): 1944.
Horn R, Grundmann G, Paulsen H. 2007. Consecutive binding of chlorophylls a and b during the assembly in vitro of light-harvesting chlorophyll-a/b protein (LHCIIb). J Mol Biol, 366(3): 1045-1054.

Hwang I, Sheen J, Müller B. 2012. Cytokinin signaling networks. Annual Review of Plant Biology, 63(1): 353-380.

Jennifer T J, John E M. 1995. A salt- and dehydration-inducible pea gene, Cyp15a, encodes a cell-wall protein with sequence similarity to cysteine protease. Plant Molecular Biology, 28(6): 1055-1065.

Jondle D J, Coors J G, Duke S H. 1989. Maize leaf β-1, 3-glucanase activity in relation to resistance to *Exserohilum turcicum*. Can J Bot, 67(1): 263-266.

Kim J M, Sasaki T, Ueda M, et al. 2015. Chromatin changes in response to drought, salinity, heat, and cold stresses in plants. Front Plant Sci, 6: 114.

Kim J M, To T K, Ishida J, et al. 2012. Transition of chromatin status during the process of recovery from drought stress in *Arabidopsis thaliana*. Plant & Cell Physiology, 53(5): 847.

Kim J M, To T K, Nishioka T, et al. 2010. Chromatin regulation functions in plant abiotic stress responses. Plant Cell & Environment, 33(4): 604-611.

Kong Z, Xue Y. 2006. A novel nuclear-localized CCCH-Type zinc finger protein, OsDOS, is involved in delaying leaf senescence in rice. Plant Physiology, 141(4): 1376-1388.

Krichevsky A, Zaltsman A, Kozlovsky SV, et al. 2009. Regulation of root elongation by histone acetylation in *Arabidopsis*. J Mol Biol, 385(1): 45-50.

Li J, Huang X, Li L, et al. 2015. Proteome analysis of pear reveals key associated with fruit development and quality. Planta, 241(6): 1-17.

Li X, Wang X, He K, et al. 2008. High-resolution mapping of epigenetic modifications of the rice genome uncovers interplay between DNA methylation, histone methylation, and gene expression. Plant Cell, 20(2): 259.

Liu B, Ning Z, Zhao S, et al. 2014. Proteomic changes during tuber dormancy release process revealed by iTRAQ quantitative proteomics in potato. Plant Physiol Bioch, 86c: 181-190.

Liu H, Zhang H, Yang Y, et al. 2008. Functional analysis reveals pleiotropic effects of rice RING-H2 finger protein gene OsBIRF1 on regulation of growth and defense responses against abiotic and biotic stresses. Plant Molecular Biology, 68(1): 17-30.

Liu X, Luo M, Zhang W, et al. 2012. Histone acetyltransferases in rice (*Oryza sativa* L.): phylogenetic analysis, subcellular localization and expression. BMC Plant Biol, 12: 145.

Lorimer G H, Miziorko H M. 1980. Carbamate formation on the epsilon-amino group of a lysyl residue as the basis for the activation of ribulosebisphosphate carboxylase by CO_2 and Mg^{2+}. Biochemistry, 19(23): 5321-5328.

Lu F, Li G, Cui X, et al. 2008. Comparative analysis of JmjC domain-containing proteins reveals the potential histone demethylases in *Arabidopsis* and rice. J Integr Plant Biol, 50(7): 886-896.

Lu L, Liang J, Zhu X, et al. 2016. Auxin- and cytokinin-induced berries set in grapevine partly rely on enhanced gibberellin biosynthesis. Tree Genetics & Genomes, 12(3): 41.

Lu N, Xu Z, Meng B, et al. 2014. Proteomic analysis of etiolated juvenile tetraploid robinia pseudoacacia branches during different cutting periods. Int J Mol Sci, 15(4): 6674-6688.

Mackay V L, Li X, Flory M R, et al. 2004. Gene expression analyzed by high-resolution state array analysis and quantitative proteomics: response of yeast to mating pheromone. Molecular & Cellular Proteomics Mcp, 3(5): 477-489.

Malinowski R, Novák O, Borhan M H, et al. 2016. The role of cytokinins in clubroot disease. European Journal of Plant Pathology, 145(3): 543-557.

Man-Ho O, Clouse 'S D, Huber S C. 2012. Tyrosine Phosphorylation of the BRI1 receptor kinase occurs via a post-translational modification and is activated by the juxtamembrane domain. Frontiers in Plant Science, 3: 175.

Martínez-Núñez L, Riquelme M. 2015. Role of BGT-1 and BGT-2, two predicted GPI-anchored glycoside hydrolases/ glycosyltransferases, in cell wall remodeling in Neurospora crassa. Fungal Genet Biol, (15): doi: 10.1016.

Mikkelsen T S, Ku M, Jaffe D B, et al. 2007. Genome-wide maps of chromatin state in pluripotent and lineage-committed cells. Nature, 448(7153): 553-560.

Neph S, Vierstra J, Stergachis A B, et al. 2012. An expansive human regulatory lexicon encoded in transcription factor footprints. Nature, 489(7414): 83-90.

Oppikofer S, Geschwindner H. 2004. Plant responses to ethylene gas are mediated by SCF(EBF1/EBF2)-dependent proteolysis of EIN3 transcription factor. Cell, 115(6): 667-677.

Partington J C, Smith C, Paul B G. 1999. Changes in the location of polyphenol oxidase in potato tuber during cell death in response to inpact injury: com-parison with wound tissue. Planta, 207: 449-460.

Peng M, Ying P, Liu X, et al. 2017. Genome-wide identification of histone modifiers and their expression patterns during fruit abscission in Litchi. Front Plant Sci, 8: 639.

Petesch S J, Lis J T. 2012. Overcoming the nucleosome barrier during transcript elongation. Trends in Genetics, 28(6): 285-294.

Pieterse C M, Van d D D, Zamioudis C, et al. 2012. Hormonal modulation of plant immunity. Annual Review of Cell & Developmental Biology, 28(1): 489-521.

Pinheiro C, Kehr J, Ricardo C P. 2005. Effect of water stress on lupin stem protein analysed by two-dimensional gel electrophoresis.

Planta, 221(5): 716-728.

Potuschak T, Lechner E, Parmentier Y, et al. 2004. EIN3-dependent regulation of plant ethylene hormone signaling by two arabidopsis F box proteins: EBF1 and EBF2. Cell, 115(6): 679-689.

Renu K C, Srivalli B, Ahlawat Y S. 1999. Drought induces many forms of cysteine proteases not observed during natural senescence. Biochem Bioph Res Co, 255(2): 324-327.

Romero G O, Simmons C, Yaneshita M, et al. 1998. Characterization of rice endo-β-glucanase genes (Gn2-Gns14) defines a new subgroup with in the gene family. Gene. 223(1-2): 311-320.

Rothstein S K, Steven. 2009. Auxin-responsive SAUR39 gene modulates auxin level in rice. Plant Signaling & Behavior, 4(12): 1174.

Santner A, Estelle M. 2009. Recent advances and emerging trends in plant hormone signalling. Nature, , 459(7250): 1071-1078.

Springer N M, Napoli C A, Selinger D A, et al. 2003. Comparative analysis of SET domain proteins in maize and *Arabidopsis* reveals multiple duplications preceding the divergence of monocots and dicots. Plant Physiol, 132(2): 907-925.

Strahl B D, Allis C D. 2000. The language of covalent histone modifications. Nature, 403(6765): 41-45.

Tadamasa U, Shigemi S, Yuko O, et al. 2000. Circadian and senescence-enhanced expression of a tobacco cysteineprotease gene .Plant Mol Biol, 44(5): 649-657.

Taler D, Galperin M, Benjamin I, et al. 2004. Plant eR that encode photorespiratory enzymes confer resistance against disease. Plant Cell, 16(1): 172-184.

Tan D, Tan S, Zhang J, et al. 2013. Histone trimethylation of the p53 gene by expression of a constitutively active prolactin receptor in prostate cancer cells. Chinese Journal of Physiology, 56(5): 282.

Tan X, Calderonvillalobos L I A, Sharon M, et al. 2007. Mechanism of auxin perception by the TIR1 ubiquitin ligase. Nature, 446(7136): 640.

Tian B J, Wang Y, Zhu Y R, et al. 2006. Synthesis of the photorespiratory key enzyme serine: glyoxylate aminotransferase in C. reinhardtii is modulated by the light regime and cytokinin. Physiologia Plantarum, 127(4): 571-582.

Tian Q, Stepaniants S B, Mao M, et al. 2004. Integrated genomic and proteomic analyses of gene expression in Mammalian cells. Molecular & Cellular Proteomics, 3(10): 960-969.

Trebst A, Dep K B. 1995. Polyphenol oxidase and photosynthesis research. Photosynthesis Research, 46: 414-432.

Unwin R D, Griffiths J R, Whetton A D. 2010. Simultaneous analysis of relative protein expression levels across multiple samples using iTRAQ isobaric tags with 2D nano LC-MS/MS. Nat Protoc, 5(9): 1574-1582.

Van D K, Ding Y, Malkaram S, et al. 2010. Dynamic changes in genome-wide histone H3 lysine 4 methylation patterns in response to dehydration stress in Arabidopsis thaliana. BMC Plant Biology, 10(1): 238.

Vaughn K C, Lax A R, Duke S O. 1988. Polyphenol oxidase: the chloroplast oxidae with no established function. Plant Physiology, 72: 6496-6531.

Wan L, Zha W, Cheng X, et al. 2011. A rice β-1, 3-glucanase gene Osg1 is required for callose degradation in pollen development. Planta, 233(2): 309-323.

Wang C, Gao F, Wu J, et al. 2010. *Arabidopsis* putative deacetylase AtSRT2 regulates basal defense by suppressing PAD4, EDS5 and SID2 expression. Plant Cell Physiol, 51(8): 1291-1299.

Wang Z, Wang M, Liu L, et al. 2013. Physiological and Proteomic Responses of Diploid and Tetraploid Black Locust(Robinia pseudoacacia L.)Subjected to Salt Stress. Int J Mol Sci, 14(10): 20299-20325.

Wasinger V C, Cordwell S J, Cerpa-Poljak A, et al. 1995. Progress with gene-product mapping of the Mollicutes: Mycoplasma genitalium. Electrophoresis, 16(1): 1090-1094.

Wei Z, Zhong X, You J, et al. 2013.Genome-wide profiling of histone H3K4-tri-methylation and gene expression in rice under drought stress. Plant Molecular Biology, 81(1): 175-188.

Wiklund E D, Kjems J, Clark S J. 2016. Epigenetic architecture and miRNA: reciprocal regulators. Epigenomics, 2(6): 823-840.

Wingler A, Quick W P, Leegood R C, et al. 2000. Photorespiration: metabolic pathways and their role in stress protection. Phil Trans RSoc Lond, 355(1402): 1517-1529.

Xu C, He C. 2007. The rice OsLOL2 gene encodes a zinc finger protein involved in rice growth and disease resistance. Molecular Genetics and Genomics, 278(1): 85-94.

Xu J, Xu H, Liu Y, et al. 2015. Genome-wide identification of sweet orange (*Citrus sinensis*) histone modification gene families and their expression analysis during the fruit development and fruit-blue mold infection process. Front Plant Sci, 6: 607.

Yang H, Howard M, Dean C. 2014. Antagonistic roles for H3K36me3 and H3K27me3 in the cold-induced epigenetic switch at *Arabidopsis* FLC. Current Biology, 24(15): 1793-1797.

Yang T B, Poovaiah B W. 2000. Molecular and biochemical evidence for the involvement of calcium/calmodulin in auxin action. Journal of Biological Chemistry, 275(275): 3137-3143.

Yoh S M, Lucas J S, Jones K A. 2008. The Iws1: Spt6: CTD complex controls cotranscriptional mRNAbiosynthesis and HYPB/Setd2-mediated histone H3K36 methylation. Genes & Development, 22(24): 3422-3434.

Yong H C, Moon B C, Kim J K, et al. 2013. BWMK1, a rice mitogen-activated protein kinase, locates in the nucleus and mediates pathogenesis-related gene expression by activation of a transcription factor. Plant Physiology, 132(4): 1961-1972.

Yoo S D, Cho Y, Sheen J. 2009. Emerging connections in the ethylene signaling network. Trends in Plant Science, 14(5): 270.

Zeng J, Liu Y, Liu W, et al. 2013. Integration of transcriptome, proteome and metabolism data reveals the alkaloids biosynthesis in Macleaya cordata and Macleaya microcarpa. PLos One, 8(1): e53409.

Zhang W, Wu Y, Schnable J C, et al. 2011. High-resolution mapping of open chromatin in the rice genome. Genome Res. Genome Research, 22(1): 151-162.

Zhang X, Yazaki J, Sundaresan A, et al. 2006. Genome-wide high-resolution mapping and functional analysis of DNA methylation in arabidopsis. Cell, 126(6): 1189.

Zhou C, Zhang L, Duan J, et al. 2005. HISTONE DEACETYLASE19 is involved in jasmonic acid and ethylene signaling of pathogen response in *Arabidopsis*. Plant Cell, 17(4): 1196-1204.

第八章　泡桐的表观组

表观遗传（epigenetic）是指在核酸（DNA）序列不发生改变的情况下，基因的表达、调控和性状发生可遗传的改变（根本原因是表观遗传修饰的不同），即在未改变基因型的前提下改变表型。利用表观遗传学可用于研究某一疾病相关的生理或病理变化，结合测序技术，可用于研究植物病害的发病机制、早期预防等。随着高通量测序和生物信息学的快速发展，运用生物信息学的方法，在高通量测序的数据中可以发现许多传统实验无法挖掘的信息，对植物病害机理的研究起到巨大的推动作用。近几年，表观组学逐渐成为研究热点，如非编码 RNA（ncRNA），特别是长链非编码 RNA（lncRNA）和环状 RNA（circular RNA，circRNA），还有组蛋白修饰，以及 DNA/RNA 甲基化等，这些信息综合起来为科研提供新的研究思路。开展植物病害发生过程中表观组学研究，可结合多层次的信息进行整合分析，探索潜在的调控网络机制，为植物病害研究提供更全面的线索。

泡桐是我国一种重要的速生用材树种，由于其适应能力强、生长速度快、材质优良，在我国的种植已颇具规模，发展泡桐产业对我国木材短缺的缓解、生态环境的改善、经济建设的发展起着重要的作用。但是，在生产中，由植原体引起的泡桐丛枝病是制约泡桐产业发展的重要因素，由于泡桐丛枝植原体不能体外培养，严重限制了泡桐丛枝病发病机理的阐明。尽管近 30 年来，一直致力于泡桐丛枝病的研究，并取得了一定成果，但泡桐丛枝病的发生是一个非常复杂的过程，目前泡桐丛枝病发病机理仍未阐明，丛枝病防治的有效方法仍未建立，因此，还需要开辟新的途径进行研究。针对目前已开展的工作从以下几个方面对泡桐的表观组学研究进行了总结，①泡桐内源性竞争 RNA；②泡桐蛋白质修饰研究；③泡桐组蛋白修饰研究；④泡桐 RNA 甲基化；⑤泡桐 DNA 甲基化，将调控机制研究延伸到多层次结合的立体模式，有助于相对全面解读泡桐丛枝病的抗病及发病机理。以期为泡桐丛枝病发病机理的阐明提供理论基础，为挖掘泡桐抗病基因和培养抗病品种提供科学依据。

第一节　泡桐内源性竞争 RNA

一、泡桐转录组

（一）测序序列统计及质控

对分别来自健康白花泡桐树叶片（PF1/2/3）、感病白花泡桐树的发病叶片（PFI1/2/3）和健康叶片（PFYG1/2/3）文库进行测序，测序工作在深圳华大基因股份有限公司完成，测序仪器为 MGI2000，为了保证实验数据的准确性，对数据进行过滤。结果表明：PF 获得 394 799 972 条原始序列，PFI 获得 397 298 706 条原始序列，PFYG 获得 397 298 706 条原始序列，通过过滤后，PF 获得 380 759 594 条高质量序列，PFI 获得 383 798 324 条高质量序列，PFYG 获得 381 894 430 条高质量序列，9 个文库高质量序列占比均高于 95.60%，Q20 大于 97.02%，Q30 大于 92.38%（表 8-1）。结果表明，9 个文库测序质量好，每个文库都具有高质量序列。白花泡桐 9 个文库 G+C 含量均大于 46%（图 8-1A），表明碱基组成良好；碱基质量均大于 20（图 8-1B），说明测序质量较好，碱基质量合格，可进行后续分析。

表 8-1　测序数据统计

样本	原始序列	高质量序列	G+C 含量/%	Q20/%	Q30/%	高质量序列比例/%
PFI-1	132 432 902	127 765 198	47.64	98.01	94.81	96.48
PFI-2	132 432 902	128 197 364	46.81	98.08	94.97	96.80
PFI-3	132 432 902	127 835 762	47.48	98.20	95.29	96.53
PFYG-1	132 432 902	127 506 822	51.70	98.05	95.03	96.28
PFYG-2	132 432 902	127 784 006	47.99	98.02	94.86	96.49
PFYG-3	132 432 902	126 603 602	52.25	97.57	93.99	95.60
PF-1	129 934 168	126 030 976	46.86	97.90	94.89	97.00
PF-2	132 432 902	127 131 102	47.80	97.77	94.37	96.00
PF-3	132 432 902	127 597 516	46.64	97.78	94.38	96.35

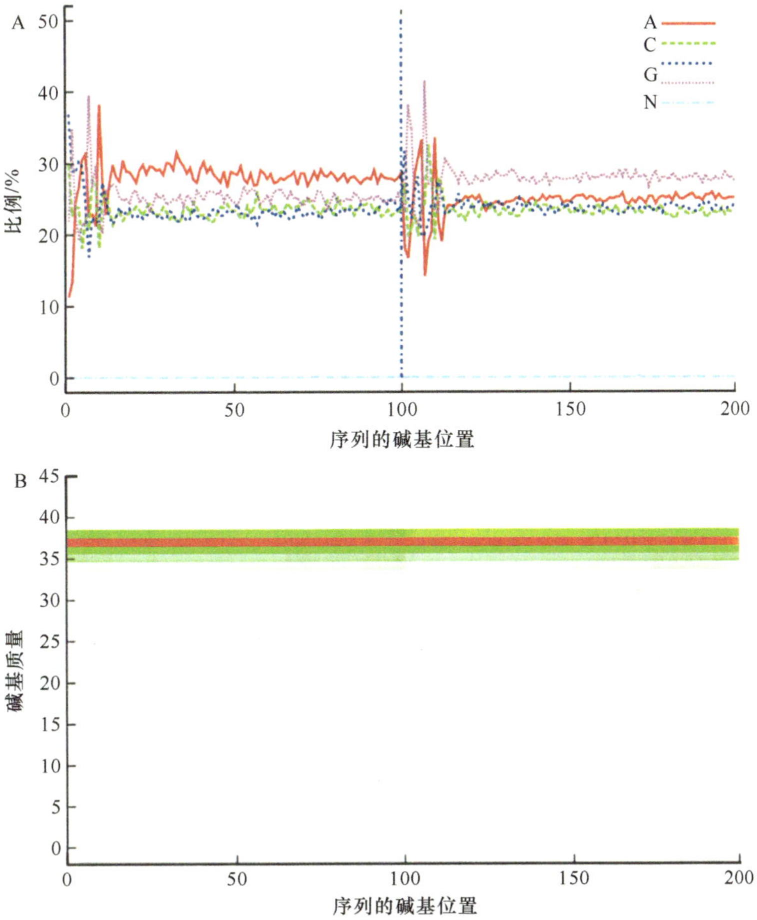

图 8-1　白花泡桐碱基含量（A）和质量（B）分布图（以 PF1 为例）

（二）基因组比对和功能分析

受样品质量和物种影响，去除核糖体的实验方法效率不稳定，而核糖体的污染会影响后续的分析，因此首先使用短序列比对工具 SOAP（Li et al.，2008a）将序列比对到核糖体数据库，最多允许 5 个错配，去除比对上核糖体的序列，将保留下来的数据用于后续分析。质控合格后用 HISAT（Kim et al.，2015a）将高质量序列比对到白花泡桐基因组（Cao et al.，2021）。使用 StringTie（Pertea et al.，2015）组装比对上的序列。采用 HISAT 和 StringTie 的链特异性模式进行比对和组装，能更准确地区分序列来源于正链或者负链，更加准确地统计转录本的数量和发现新的基因。转录本重构之后，可得到每个样品中所有的转录本序列，接着用 Cuffcompare（Trapnell et al.，2010）将组装得到的转录本与已知的 mRNA 进行比较，获得它们的位置信息。用 Cuffmerge（Trapnell et al.，2012）对组装结果进行合并，合并后的转录本作为最终的结果并用于后续的分析。在获得新转录本以后，将对转录本的编码能力进行预测，以区分 mRNA 及 lncRNA。使用三款预测软件及一个数据库进行预测。这三个软件分别是 CPC、txCdsPredict 及 CNCI；数据库为Pfam。三款预测软件都对转录本的编码能力进行打分，然后设置打分阈值区分 lncRNA 及 mRNA。pfam 为蛋白质数据库，转录本能够比对上 pfam 则认为它是 mRNA，否则为 lncRNA。四种判断方法至少有三种的判断一致，才确认该转录本为 mRNA 或者 lncRNA。三款软件的打分阈值如下：CPC_threshold = 0，大于 0 的转录本为 mRNA，小于 0 的为 lncRNA；CNCI_threshold = 0，大于 0 的转录本为 mRNA，小于 0 的为 lncRNA；txCdsPredict_threshold = 500，大于 500 的转录本为 mRNA，小于 500 的为 lncRNA。经过分析共鉴定到 45 234 个 mRNA，其中，31 985 个已知 mRNA，13 249 个新 mRNA，为了更好地了解基因功能，将鉴定到的 mRNA 进行 NR、NT、GO、KOG、KEGG、SwissProt 注释，分别注释到 44 163 个 mRNA（97.63%）、40 759 个 mRNA（90.11%）、34 495 个 mRNA（76.26%）、36 084 个 mRNA（79.77%）、36 192 个 mRNA（80.01%）、35 394 个 mRNA（78.25%）。例如，KOG 注释结果中，未知蛋白质、信号转导机制、功能未知三类是基因个数最多的（图 8-2）。

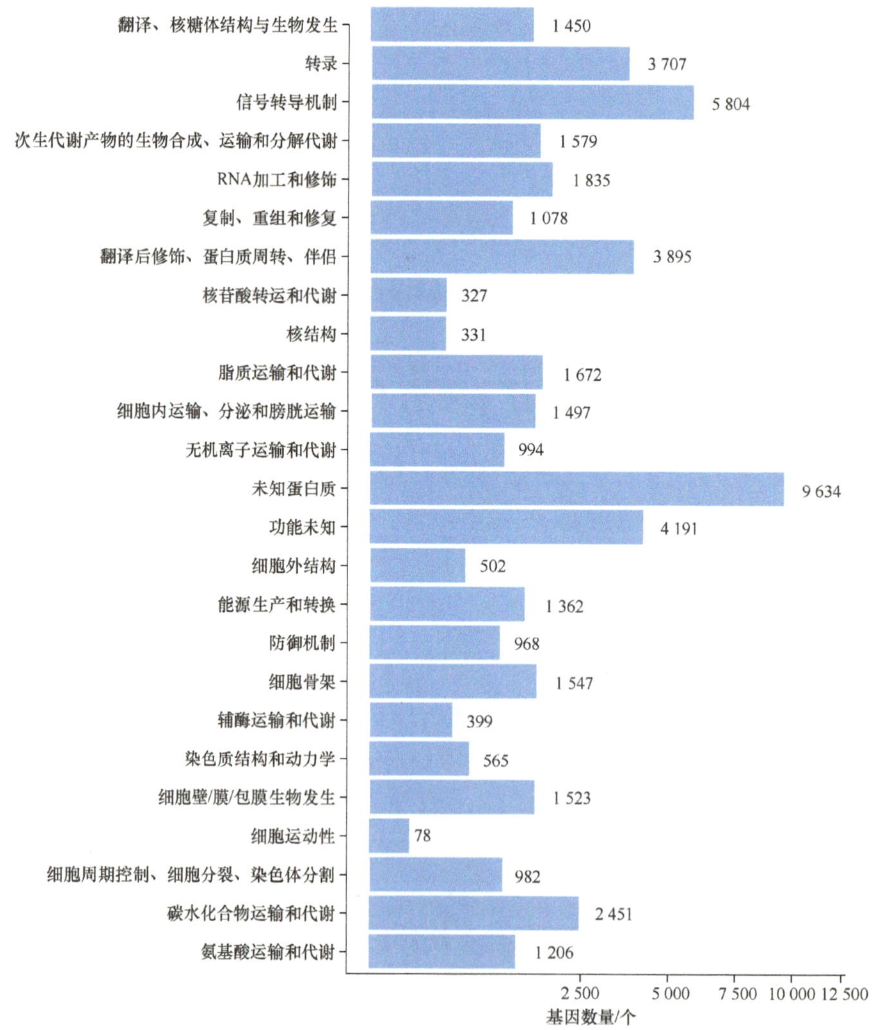

图 8-2　KOG 分类图

使用 Bowtie2（Langmead and Salzberg，2012）将高质量序列比对到参考序列，之后再使用 RSEM（Li and Dewey，2011）计算基因和转录本的表达量。使用差异分析软件 DEGseq（Wang et al.，2010）进行组间差异分析。鉴定出 PF、PFI、PFYG 三个样本间的差异表达基因（DEG），三组差异表达基因个数见图 8-3。健康树叶片和感病树发病叶片间差异基因有 8587 个 DEG，上调的 4221 个，下调的 4376 个；健康树叶片和感病树健康叶片间差异基因有 7428 个 DEG，上调的 4116 个，下调的 3312 个；感病树健康叶片和感病树发病叶片间差异基因有 6083 个 DEG，上调的 2400 个，下调的 3683 个。从差异基因个数可以看出，三个样品间，抗病树健康叶片和感病树发病叶片间差异基因个数最多，感病树健康叶片和发病叶片间差异基因个数最少，抗病树和感病树间的差异更大。

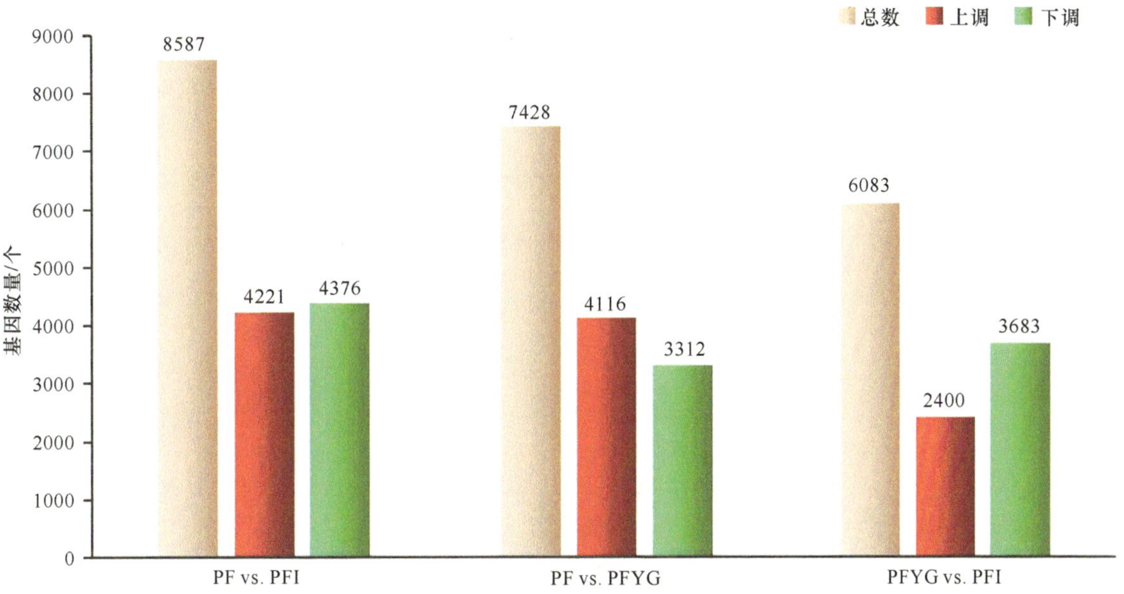

图 8-3　差异基因统计图

PF vs. PFI 鉴定出抗病相关 DEG，对其进行 GO 和 KEGG 富集分析，GO 富集分析表明细胞组分显著富集（*P* 值≤0.05）类别为 8 个，细胞周围（GO：0071944）最显著富集，分子功能显著富集（*P* 值≤0.05）类别为 30 个，氧化还原酶活性（GO：0016705）最显著富集，生物学过程显著富集（*P* 值≤0.05）类别为 29 个，苯丙烷代谢过程（GO：0009698，表 8-2）。通过 KEGG 数据库对 DEG 进行显著性富集分析（*P* 值≤0.05），结果显示 8587 个差异基因涉及 134 个 KEGG 代谢通路，显著富集的前三位分别是次生代谢产物的生物合成（biosynthesis of secondary metabolitess）、类黄酮生物合成（flavonoid biosynthesis）和苯丙烷生物合成（phenylpropanoid biosynthesis），分别有 1105 个、107 个 和 243 个基因参与。另外，光合作用–天线蛋白（photosynthesis-antenna proteins）、昼夜节律（circadian rhythm-plant）、植物–病原体互作（plant-pathogen interaction）和植物激素信号转导（plant hormone signal transduction）等都高度富集（表 8-3）。

PF vs. PFYG 鉴定出泡桐丛枝病潜伏期相关 DEG，对其进行 GO 和 KEGG 富集分析，GO 富集分析表明细胞组分显著富集（*P* 值≤0.05）类别为 8 个，核糖体（GO：0005840）最显著富集，分子功能显著富集（*P* 值≤0.05）类别为 30 个，氧化还原酶活性（GO：0016705）最显著富集，这与 PF vs. PFI 中的情况类似，生物学过程显著富集（*P* 值≤0.05）类别为 9 个，细胞对酸性化学物质的反应（GO：0071229，表 8-4）最显著富集。通过 KEGG 数据库对 DEG 进行显著性富集分析（*P* 值≤0.05），结果显示 7428 个差异基因涉及 134 个 KEGG 代谢通路，显著富集的前三位分别是次生代谢产物的生物合成（biosynthesis of secondary metabolitess）、倍半萜和三萜生物合成（sesquiterpenoid and triterpenoid biosynthesis）和植物–病原体互作

（plant-pathogen interaction），分别有 963 个、47 个和 298 个基因参与。另外，类胡萝卜素生物合成（carotenoid biosynthesis）、异喹啉生物碱生物合成（isoquinoline alkaloid biosynthesis）、ABC 转运（ABC transporter）等都高度富集（表 8-5）。

表 8-2　PF vs. PFI 的差异基因 GO 富集分析

GO 分类	GO 条目	差异基因个数	*P* 值
细胞组分	细胞外围	513	2.71×10^{-9}
	膜的固有成分	2 530	4.90×10^{-8}
	膜的组成部分	2 519	5.36×10^{-8}
	质膜	414	7.07×10^{-7}
	质外体	87	3.50×10^{-6}
	膜	2 762	0.00 026
	细胞壁	86	0.01 622
	外部封装结构	86	0.01 622
分子功能	氧化还原酶活性，作用于成对供体，结合或还原分子氧	290	1.42×10^{-20}
	单加氧酶活性	221	1.98×10^{-15}
	氧化还原酶活性	893	4.49×10^{-14}
	铁离子结合	232	2.18×10^{-13}
	四吡咯结合	251	5.84×10^{-11}
	血红素结合	234	3.85×10^{-10}
	跨膜转运蛋白活性	593	4.86×10^{-6}
	转运活性	618	2.18×10^{-5}
	次级活性跨膜转运蛋白活性	157	3.96×10^{-5}
	对苯二酚：氧化还原酶活性	33	5.28×10^{-5}
	2-氧戊二酸依赖性双加氧酶活性	58	7.12×10^{-5}
	柚皮素-3-加氧酶活性	18	0.000 16
	活性跨膜转运蛋白活性	260	0.000 17
	转移酶活性，转移己糖基	266	0.000 19
	外源跨膜转运蛋白活性	59	0.000 25
	过渡金属离子结合	603	0.000 47
	氧化还原酶活性，氧化金属离子	36	0.000 64
	苯丙氨酸解氨酶活性	9	0.002 62
	铁氧化酶活性	33	0.002 86
	氧化还原酶活性，氧化金属离子，氧作为受体	33	0.002 86
	反向转运蛋白活性	102	0.008 95
	氧化还原酶活性，二酚和相关物质作为供体，氧作为受体	46	0.013 04
	双加氧酶活性	91	0.018 32
	肽：质子转运体活性	25	0.019 12
	氨裂解酶活性	13	0.019 82
	UDP 糖基转移酶活性	156	0.027 38
	氧化还原酶活性，作用于供体的 CH—OH 基团	141	0.034 82
	同转运体活性	45	0.041 40
	溶质：质子同转运蛋白活性	43	0.045 27
	寡肽跨膜转运蛋白活性	25	0.047 30
生物学过程	苯丙烷代谢过程	50	1.37×10^{-8}
	次生代谢过程	57	4.34×10^{-8}
	木质素代谢过程	38	0.000 002 73

续表

GO 分类	GO 条目	差异基因个数	P 值
生物学过程	碳水化合物代谢过程	424	0.000 008 34
	苯丙素分解代谢过程	31	0.000 023 6
	木质素分解代谢过程	31	0.000 023 6
	细胞对内源性刺激的反应	111	0.000 061
	细胞碳水化合物代谢过程	150	0.000 11
	细胞壁生物发生	69	0.000 13
	二糖代谢过程	37	0.000 33
	激素介导的信号通路	103	0.000 47
	细胞壁大分子代谢过程	58	0.000 48
	细胞对激素刺激的反应	103	0.000 57
	细胞壁多糖代谢过程	54	0.000 89
	铁离子转运	35	0.001 14
	对内生刺激的反应	143	0.002 01
	肉桂酸生物合成过程	9	0.002 11
	肉桂酸代谢过程	9	0.002 11
	半纤维素代谢过程	48	0.003 47
	细胞对有机物的反应	116	0.005 44
	低聚糖代谢过程	46	0.005 46
	蔗糖代谢过程	20	0.005 66
	寡肽运输	24	0.010 69
	对激素的反应	135	0.012 66
	金属离子转运	103	0.015 86
	对生物刺激的反应	53	0.017 9
	化学稳态	93	0.027 74
	多糖代谢过程	148	0.037 49
	核碱基转运	7	0.045 3

表 8-3　PF vs. PFI 的差异基因 KEGG 代谢通路富集分析

序号	代谢通路	差异基因个数（占比）	P 值	代谢通路 ID
1	次生代谢产物的生物合成	1105（13.42%）	$2.433\ 456\times10^{-15}$	ko01110
2	类黄酮生物合成	107（1.3%）	$4.343\ 315\times10^{-12}$	ko00941
3	苯丙烷生物合成	243（2.95%）	$1.061\ 048\times10^{-8}$	ko00940
4	甘油酯代谢	127（1.54%）	$7.207\ 873\times10^{-7}$	ko00561
5	植物–病原体互作	335（4.07%）	$1.702\ 965\times10^{-6}$	ko04626
6	氰基氨基酸代谢	116（1.41%）	$2.752\ 671\times10^{-6}$	ko00460
7	淀粉和蔗糖代谢	246（2.99%）	$5.105\ 521\times10^{-6}$	ko00500
8	植物激素信号转导	330（4.01%）	$1.756\ 479\times10^{-5}$	ko04075
9	倍半萜和三萜生物合成	47（0.57%）	0.000 100 350 5	ko00909
10	二萜生物合成	54（0.66%）	0.000 157 239 8	ko00904
11	黄酮和黄酮醇生物合成	34（0.41%）	0.000 350 856 5	ko00944
12	昼夜节律–植物	114（1.39%）	0.000 543 997 5	ko04712
13	二苯乙烯、二芳基庚酸类和姜酚合成路径	44（0.53%）	0.000 706 584 4	ko00945
14	苯并噁嗪类生物合成	20（0.24%）	0.001 026 985	ko00402
15	光合作用–天线蛋白	17（0.21%）	0.001 053 977	ko00196

续表

序号	代谢通路	差异基因个数（占比）	*P* 值	代谢通路 ID
16	半乳糖代谢	106（1.29%）	0.001 212 441	ko00052
17	其他聚糖降解	80（0.97%）	0.001 679 524	ko00511
18	油菜素内酯生物合成	16（0.19%）	0.002 242 577	ko00905
19	脂肪酸降解	67（0.81%）	0.006 167 358	ko00071
20	酪氨酸代谢	50（0.61%）	0.007 095 717	ko00350
21	ABC 转运	96（1.17%）	0.007 974 355	ko02010
22	泛醌和其他萜类醌生物合成	39（0.47%）	0.01 204 916	ko00130
23	角质、木栓素和蜡的生物合成	47（0.57%）	0.01 384 726	ko00073
24	代谢途径	1700（20.65%）	0.01 403 711	ko01100
25	万古霉素耐药性	8（0.1%）	0.02 349 433	ko01502
26	糖酵解/糖新生	118（1.43%）	0.03 152 651	ko00010
27	叶酸的一个碳库	24（0.29%）	0.04 156 241	ko00670
28	吲哚生物碱生物合成	14（0.17%）	0.04 329 403	ko00901
29	异黄酮生物合成	26（0.32%）	0.04 484 398	ko00943

表 8-4　PF vs. PFYG 的差异基因 GO 富集分析

GO 分类	GO 条目	差异基因个数	*P* 值
细胞组分	核糖体	204	0.000 14
	质膜	356	0.001 37
	细胞外围	425	0.005 03
	无膜细胞器	469	0.015 90
	细胞内无膜细胞器	469	0.015 90
	核小体	41	0.026 37
	胞质核糖体	61	0.039 06
	DNA 包装复合体	44	0.040 14
分子功能	氧化还原酶活性，作用于成对供体，结合或还原分子氧	247	3.82×10^{-14}
	单加氧酶活性	189	9.54×10^{-11}
	多糖结合	49	8.00×10^{-7}
	铁离子结合	189	1.12×10^{-6}
	血红素结合	199	2.14×10^{-6}
	四吡咯结合	210	3.74×10^{-6}
	2-氧戊二酸依赖性双加氧酶活性	55	1.69×10^{-5}
	氧化还原酶活性	741	3.03×10^{-5}
	脱氧核糖核酸内切酶活性	27	0.000 26
	3'-5'脱氧核糖核酸外切酶活性	15	0.000 34
	双加氧酶活性	88	0.000 63
	跨膜转运蛋白活性	516	0.000 73
	核糖体的结构成分	183	0.001 11
	寡肽跨膜转运蛋白活性	26	0.001 16
	脱氧核糖核酸酶活性	30	0.001 30
	肽：质子转运体活性	25	0.001 81
	外脱氧核糖核酸酶活性	19	0.002 45
	外脱氧核糖核酸酶活性，产生 5'-磷酸单酯	19	0.002 45
	转移酶活性，转移己糖基	233	0.003 63

续表

GO 分类	GO 条目	差异基因个数	*P* 值
分子功能	溶质：质子转运体活性	42	0.004 56
	类异戊二烯结合	25	0.004 77
	激素结合	26	0.004 84
	转运活性	535	0.004 97
	脱落酸结合	23	0.007 18
	乙醇结合	25	0.007 52
	柚皮素-3-加氧酶活性	15	0.012 41
	溶质：阳离子转运体活性	42	0.013 96
	同转运体活性	42	0.02359
	蛋白磷酸酶抑制剂活性	24	0.027 48
	磷酸酶抑制剂活性	25	0.039 12
生物学过程	细胞对酸性化学物质的反应	10	0.001 50
	花粉-雌蕊相互作用	39	0.001 85
	对生物刺激的反应	52	0.002 04
	细胞识别	38	0.002 91
	花粉的识别	38	0.002 91
	脱落酸激活的信号通路	23	0.011 73
	细胞对脱落酸刺激的反应	23	0.018 35
	细胞对乙醇的反应	23	0.018 35
	细胞对内源性刺激的反应	93	0.043 77

表 8-5　PF vs. PFYG 的差异基因 KEGG 代谢通路富集分析

序号	代谢通路	差异基因个数（占比）	*P* 值	代谢通路 ID
1	次生代谢产物的生物合成	963（13.19%）	$2.800\,702\times10^{-11}$	ko01110
2	倍半萜和三萜生物合成	47（0.64%）	$3.933\,469\times10^{-6}$	ko00909
3	植物–病原体互作	298（4.08%）	$6.712\,078\times10^{-6}$	ko04626
4	类黄酮生物合成	80（1.1%）	$1.289\,75\times10^{-5}$	ko00941
5	苯并噁嗪类生物合成	22（0.3%）	$1.533\,509\times10^{-5}$	ko00402
6	苯丙烷生物合成	202（2.77%）	$2.829\,023\times10^{-5}$	ko00940
7	脂肪酸降解	70（0.96%）	$4.142\,552\times10^{-5}$	ko00071
8	核糖体	208（2.85%）	$5.317\,009\times10^{-5}$	ko03010
9	吲哚生物碱生物合成	19（0.26%）	$6.163\,524\times10^{-5}$	ko00901
10	氰基氨基酸代谢	98（1.34%）	0.000 167 174 9	ko00460
11	黄酮和黄酮醇生物合成	32（0.44%）	0.000 192 515 3	ko00944
12	二萜生物合成	49（0.67%）	0.000 215 976	ko00904
13	ABC 转运	88（1.21%）	0.004 783 341	ko02010
14	甘油酯代谢	96（1.31%）	0.007 136 939	ko00561
15	酪氨酸代谢	45（0.62%）	0.008 689 02	ko00350
16	类黄酮生物合成	26（0.36%）	0.010 821 69	ko00943
17	万古霉素耐药性	8（0.11%）	0.011 506 06	ko01502
18	类胡萝卜素生物合成	46（0.63%）	0.013 376 57	ko00906
19	异喹啉生物碱生物合成	28（0.38%）	0.022 540 89	ko00950
20	非同源端接	12（0.16%）	0.044 912 52	ko03450

PFYG vs. PFI 鉴定出发病期相关 DEG，对其进行 GO 和 KEGG 富集分析，GO 富集分析表明细胞组分显著富集（P 值≤0.05）类别为 27 个，微管（GO：0005874）最显著富集，分子功能显著富集（P 值≤0.05）类别为 37 个，氧化还原酶活性（GO：0052716）最显著富集，生物学过程显著富集（P 值≤0.05）类别为 42 个，苯丙烷代谢过程（GO：0046271，表 8-6）最显著富集。通过 KEGG 数据库对 DEG 进行显著性富集分析（P 值≤0.05），结果显示 5815 个差异基因涉及 132 个 KEGG 代谢通路，显著富集的前三位分别是类黄酮生物合成（flavonoid biosynthesis）、苯丙烷生物合成（phenylpropanoid biosynthesis）及淀粉和蔗糖代谢（starch and sucrose metabolism），分别有 76 个、176 个 和 183 个基因参与。另外，昼夜节律（circadian rhythm-plant）、ABC 转运（ABC transporter）和植物激素信号转导（plant hormone signal transduction）等都高度富集（表 8-7）。

表 8-6　PFYG vs. PFI 的差异基因 GO 富集分析

GO 分类	GO 条目	差异基因个数	P 值
细胞组分	微管	84	1.08×10^{-12}
	质外体	85	1.6×10^{-12}
	DNA 包装复合体	58	7.42×10^{-12}
	超分子聚合物	84	2.26×10^{-11}
	超分子纤维	84	2.26×10^{-11}
	聚合物细胞骨架纤维	84	2.26×10^{-11}
	微管细胞骨架	89	7.7×10^{-11}
	超分子配合物	101	1.34×10^{-8}
	细胞外区	169	0.000 000 029
	核小体	48	0.000 000 045
	染色体	145	0.000 000 126
	无膜细胞器	429	0.000 000 332
	细胞内无膜细胞器	429	0.000 000 332
	蛋白质-DNA 复合物	53	0.000 006 63
	驱动蛋白复合体	31	0.000 031 5
	微管相关复合体	41	0.000 082 9
	染色体，着丝粒区	29	0.000 31
	凝聚蛋白复合体	10	0.001 13
	染色质	64	0.001 76
	浓缩染色体，着丝粒区	19	0.002 26
	染色体区	35	0.003 32
	心轴	21	0.003 72
	细胞骨架	102	0.007 95
	细胞外围	353	0.020 65
	胞质大核糖体亚基	37	0.023 19
	核凝聚蛋白复合体	8	0.024 03
	浓缩核染色体	21	0.031 36
分子功能	对苯二酚：氧化还原酶活性	39	1.04×10^{-14}
	氧化还原酶活性，作用于二酚和相关物质作为供体，氧作为受体	54	1.64×10^{-12}
	氧化还原酶活性，作用于成对供体，结合或还原分子氧	195	1.13×10^{-9}
	氧化还原酶活性，作为供体作用于二酚和相关物质	56	1.29×10^{-9}
	微管结合	84	2.07×10^{-9}
	微管运动活性	61	5.08×10^{-9}
	微管蛋白结合	87	0.000 000 022

续表

GO 分类	GO 条目	差异基因个数	P 值
分子功能	运动活动	71	0.000 000 169
	单加氧酶活性	150	0.000 000 175
	氧化还原酶活性	623	0.000 000 179
	葡萄糖苷酶活性	57	0.000 000 746
	铜离子结合	53	0.000 003 65
	血红素结合	164	0.000 011 2
	四吡咯结合	173	0.000 017 1
	脱落酸结合	22	0.000 51
	铁氧化酶活性	28	0.000 62
	氧化还原酶活性，氧化金属离子，氧作为受体	28	0.000 62
	蛋白质异二聚活性	52	0.000 66
	激素结合	24	0.000 93
	氧化还原酶活性，氧化金属离子	29	0.001 02
	α-葡萄糖苷酶活性	12	0.001 15
	β-葡萄糖苷酶活性	44	0.001 8
	双加氧酶活性	73	0.002 02
	铁离子结合	145	0.002 14
	ATP 依赖性微管运动活性，加上末端定向	12	0.002 93
	ATP 依赖性微管运动活性	12	0.002 93
	α-1,4-葡萄糖苷酶活性	9	0.003 75
	麦芽糖-α-葡萄糖苷酶活性	9	0.003 75
	类异戊二烯结合	22	0.004 74
	蛋白磷酸酶抑制剂活性	22	0.007 04
	乙醇结合	22	0.007 04
	UDP 糖基转移酶活性	120	0.007 05
	磷酸酶抑制剂活性	23	0.008 24
	多糖结合	34	0.025 76
	蛋白激酶结合	25	0.026 56
	氧化还原酶活性，作用于成对供体，结合或还原分子氧，NAD（P）H 作为一个供体，结合一个氧原子	54	0.033 12
	激酶结合	25	0.035 76
	跨膜转运蛋白活性	407	0.048 09
生物学过程	苯丙素分解代谢过程	38	9.45×10^{-16}
	木质素分解代谢过程	38	9.45×10^{-16}
	木质素代谢过程	41	3.95×10^{-13}
	次生代谢过程	55	1.02×10^{-12}
	苯丙烷代谢过程	47	8.26×10^{-12}
	有丝分裂细胞周期过程	74	1.88×10^{-10}
	有丝分裂细胞周期	79	1.04×10^{-9}
	细胞周期	123	1.18×10^{-9}
	基于微管的运动	61	1.33×10^{-9}
	细胞周期过程	111	5.53×10^{-9}
	基于微管的过程	98	3.28×10^{-8}
	细胞或亚细胞成分的运动	63	5.98×10^{-8}
	细胞识别	38	8.59×10^{-6}

续表

GO 分类	GO 条目	差异基因个数	*P* 值
生物学过程	花粉的识别	38	8.59×10^{-6}
	细胞周期调控	80	1.21×10^{-5}
	花粉-雌蕊相互作用	38	1.75×10^{-5}
	细胞周期过程的调控	39	1.90×10^{-5}
	铁离子输运	31	0.000 1
	细胞壁生物发生	56	0.000 14
	细胞碳水化合物生物合成过程	77	0.000 37
	脱落酸激活的信号通路	22	0.001 14
	植物型次生细胞壁生物发生	17	0.001 28
	细胞对脱落酸刺激的反应	22	0.001 79
	细胞对乙醇的反应	22	0.001 79
	授粉	38	0.002 13
	多细胞生物过程	38	0.002 13
	芳香化合物分解代谢过程	69	0.002 4
	植物型细胞壁生物发生	33	0.003 1
	有机环状化合物分解代谢过程	70	0.003 97
	金属离子输运	82	0.008 93
	有丝分裂染色体浓缩	10	0.010 01
	多有机体过程	44	0.016 45
	过渡金属离子输运	35	0.022 18
	细胞碳水化合物代谢过程	109	0.022 55
	胞质分裂	18	0.023 79
	碳水化合物代谢过程	303	0.026
	细胞周期过程的负调控	20	0.032 58
	木聚糖生物合成过程	16	0.035 97
	染色体分离	41	0.038 94
	生殖过程	97	0.041 34
	平衡	31	0.045 09
	激酶活性的调节	36	0.049 61

表 8-7 PFYG vs. PFI 的差异基因 KEGG 代谢通路富集分析

序号	代谢通路	差异基因个数（占比）	*P* 值	代谢通路 ID
1	类黄酮生物合成	76（1.31%）	$2.255\ 265\times10^{-8}$	ko00941
2	苯丙烷生物合成	176（3.03%）	$5.509\ 129\times10^{-7}$	ko00940
3	淀粉和蔗糖代谢	183（3.15%）	$6.884\ 591\times10^{-6}$	ko00500
4	氰基氨基酸代谢	87（1.5%）	$8.942\ 687\times10^{-6}$	ko00460
5	次生代谢产物的生物合成	717（12.33%）	0.000 249 958	ko01110
6	黄酮和黄酮醇生物合成	26（0.45%）	0.000 745 488	ko00944
7	植物激素信号转导	225（3.87%）	0.003 550 02	ko04075
8	倍半萜和三萜生物合成	32（0.55%）	0.003 640 485	ko00909
9	ABC 运输工具	73（1.26%）	0.004 108 09	ko02010
10	核糖体	156（2.68%）	0.006 739 593	ko03010
11	半乳糖代谢	75（1.29%）	0.007 443 877	ko00052
12	甘油酯代谢	77（1.32%）	0.0 42 736	ko00561

续表

序号	代谢通路	差异基因个数（占比）	*P* 值	代谢通路 ID
13	脂肪酸生物合成	32（0.55%）	0.018 450 08	ko00061
14	二苯乙烯、二芳基庚酸类和姜酚合成路径	29（0.5%）	0.019 353 24	ko00945
15	二萜生物合成	34（0.58%）	0.021 503 52	ko00904
16	硒复合代谢	29（0.5%）	0.029 010 2	ko00450
17	丁酸代谢	15（0.26%）	0.032 615 47	ko00650
18	吲哚生物碱生物合成	11（0.19%）	0.039 182 73	ko00901
19	昼夜节律-植物	74（1.27%）	0.040 700 12	ko04712
20	苯并噁嗪类生物合成	12（0.21%）	0.047 918 61	ko00402

PF vs. PFI、PF vs. PFYG、PFYG vs. PFI 差异基因 GO 和 KEGG 分析结果表明，抗泡桐丛枝病、泡桐丛枝病潜伏期和发病期三个过程涉及相同 GO 条目和 KEGG 过程(图 8-4)，三个 GO 分类中，均是 PFYG vs.

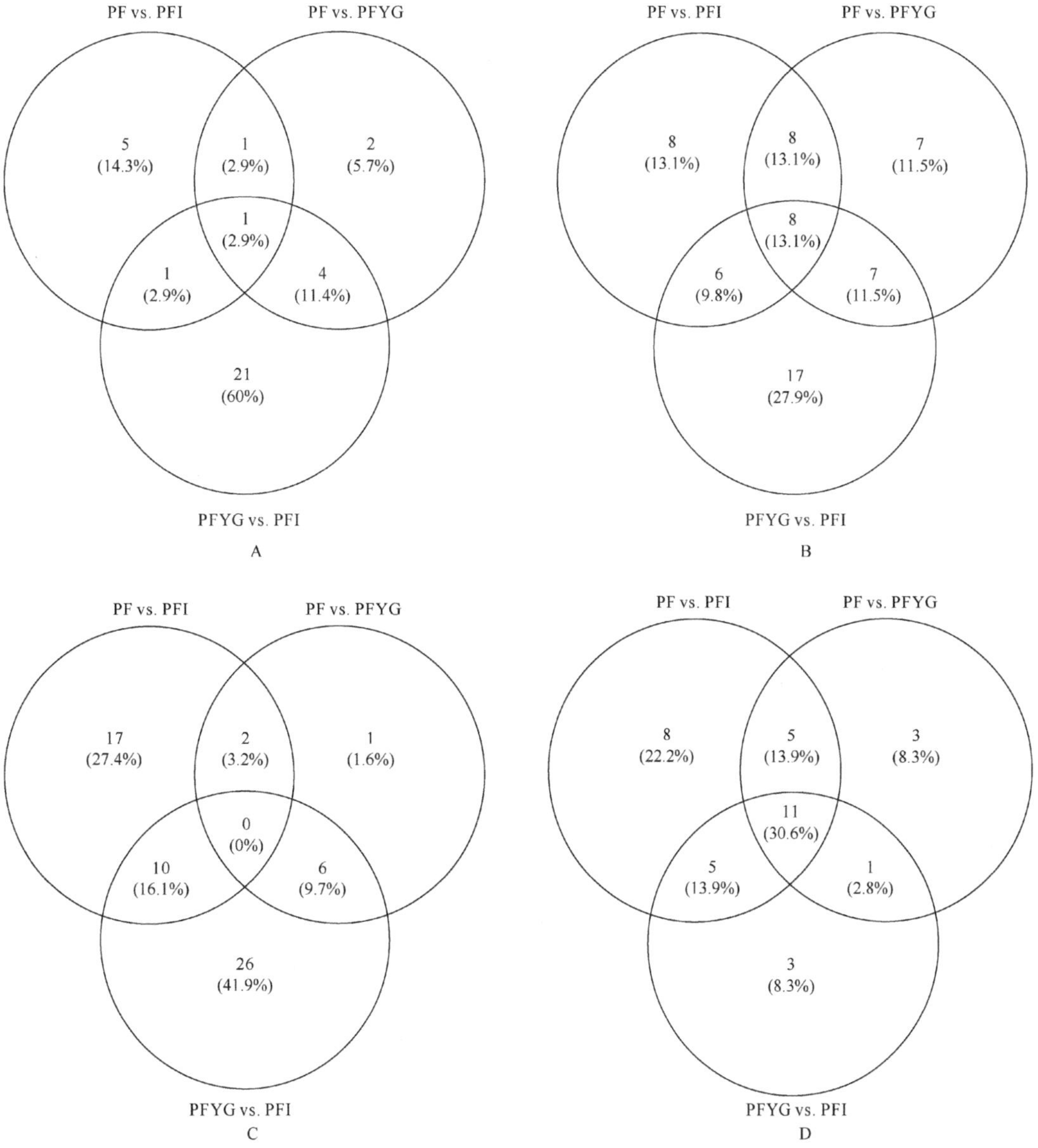

图 8-4　GO 和 KEGG 富集结果韦恩图

A. 细胞组分；B. 分子功能；C. 生物学过程；D. KEGG

PFI 即发病期过程特有 GO 条目最多，细胞组分、分子功能和生物学过程三个过程共有的 GO 条目有 1 个、8 个、0 个。KEGG 富集分析结果中共有的代谢通路有 11 条。

二、泡桐 lncRNA

（一）泡桐 lncRNA 的鉴定

以白花泡桐基因组为背景，将高质量序列比对到基因组上，将比对上的序列进行组装，利用 CPC（coding potential calculator）、txCdsPredict 和 CNCI（coding-non-coding index）三个软件和 pfam 数据库进行编码能力预测，根据本章第一节中提出的判定方法，共鉴定到 13 274 个 lncRNA（图 8-5）。

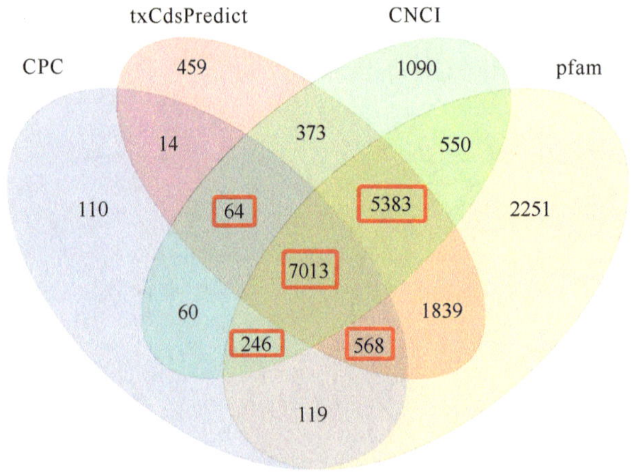

图 8-5　白花泡桐 lncRNA 鉴定结果统计图
红色圈出为鉴定到的 lncRNA

（二）泡桐 mRNA 和 lncRNA 特征的比较

对白花泡桐 mRNA 和 lncRNA 进行比较分析，结果表明，lncRNA 的外显子数目分布较为集中，大部分是 1，而 mRNA 的分布较为广泛，在不同外显子数目 mRNA 之间的占比相差不大（图 8-6A）。转录本长度方面，lncRNA 在小于 300bp 这一范围占比较大，其次是 300～400bp 和大于 1000bp 这两个范围，而 mRNA 在大于 1000bp 这一范围占比较大，其他长度范围占比变化不大（图 8-6B）。结果与番茄（Cui et al.，2017）、香蕉（Li et al.，2017b）、杨树（Tian et al.，2016）等物种类似。说明鉴定到的 lncRNA 测序结果可信度高。

（三）泡桐 lncRNA 靶基因的鉴定及分析

lncRNA 的功能主要通过 cis 或 trans 方式作用于靶基因来实现。cis 作用靶基因预测基本原理认为 lncRNA 的功能与其坐标邻近的蛋白质编码基因相关，因此将 lncRNA 邻近的 mRNA 筛选出来作为其靶基因。而 tran 调控则不依赖于位置关系，是通过计算结合能的方法进行预测。

为了研究泡桐 lncRNA 的生物学功能，对鉴定到的 13 274 个 lncRNA 进行靶基因预测，结果显示有 5713 个 lncRNA 靶向 7300 个基因，其中，1366 对 trans 调控，7976 对 cis 调控。在这个过程中，发现有的 lncRNA 可以靶向多个基因，也出现多个 lncRNA 靶向同一个基因，可能与 lncRNA 的位置及其序列有关。

鉴定出 PF、PFI、PFYG 三个样本间的差异表达 lncRNA（DEL），三组差异表达 lncRNA 个数见图 8-7。健康树叶片和感病树发病叶片间有 2649 个 DEL，上调的 1250 个，下调的 1399 个；健康树叶片和感病树

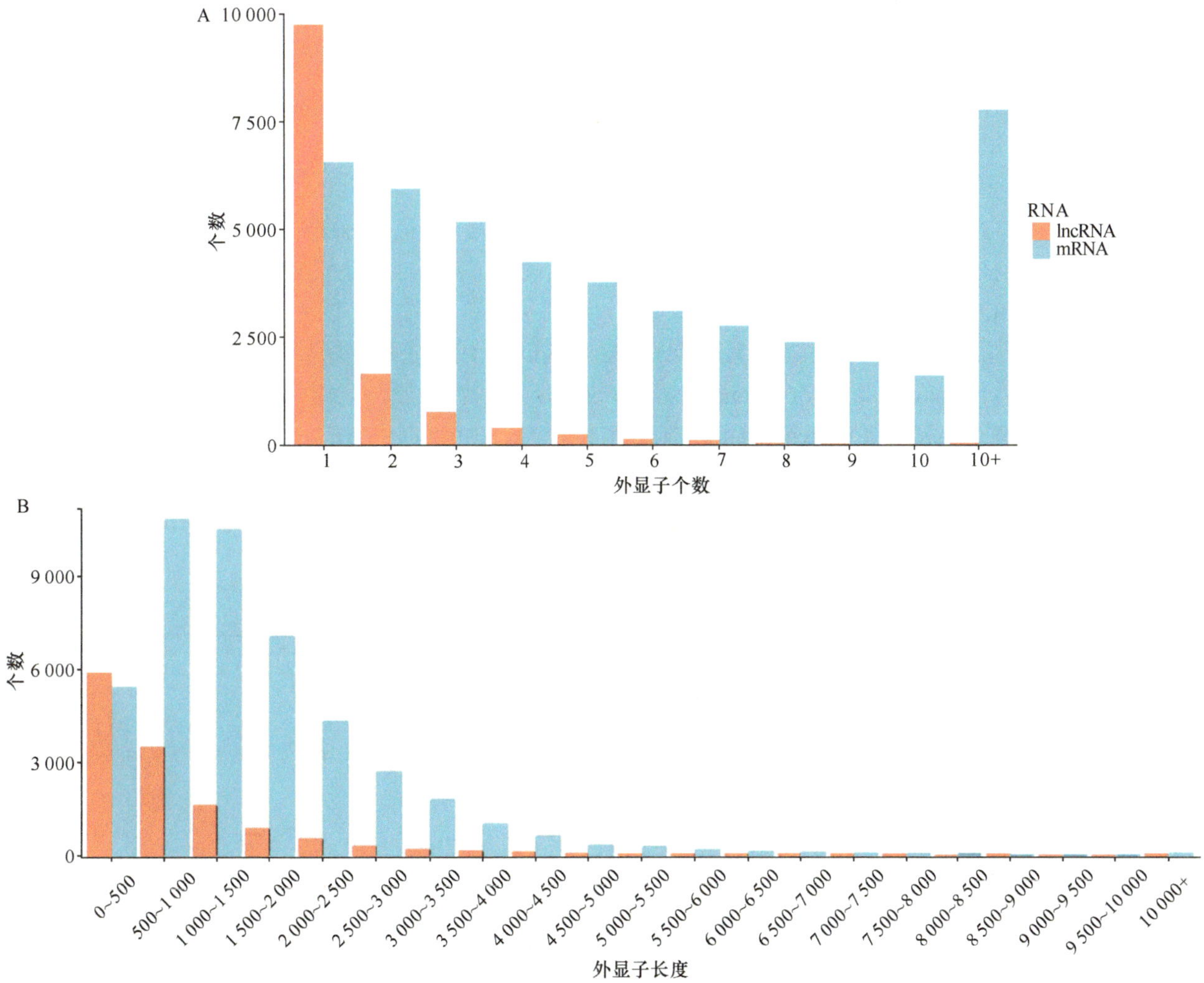

图 8-6　白花泡桐 lncRNA 和 mRNA 的比较

A. 外显子个数；B. 长度

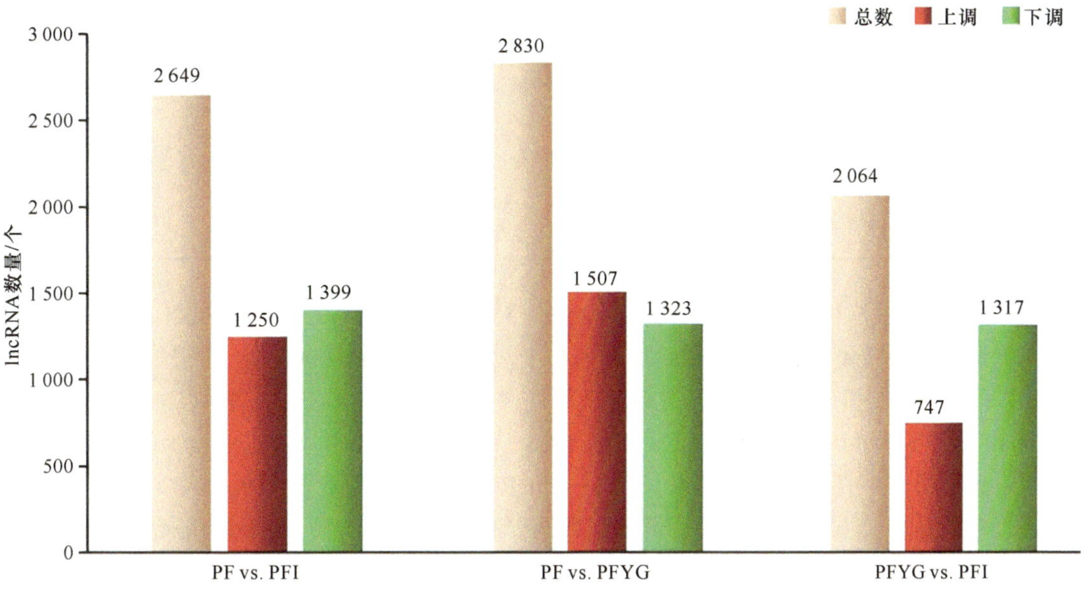

图 8-7　差异表达 lncRNA 统计图

健康叶片间有 2830 个 DEL，上调的 1507 个，下调的 1323 个；感病树健康叶片和感病树发病叶片间有 2064 个 DEL，上调的 747 个，下调的 1317 个。从差异 lncRNA 个数可以看出，三个样品间，抗病树健康叶片和感病树健康叶片间差异 lncRNA 个数最多，感病树健康叶片和发病叶片间差异 lncRNA 个数最少，抗病树和感病树间的差异比感病树两样本的差异大。

PF vs. PFI 鉴定出抗病相关 DEL，对其靶基因进行 GO 和 KEGG 富集分析，GO 富集分析表明细胞组分没有显著富集（*P* 值≤0.05）的 GO 条目，分子功能显著富集（*P* 值≤0.05）类别为 7 个，2-异丙基苹果酸合成酶活性（GO：0003852）最显著富集，生物学过程显著富集（*P* 值≤0.05）类别为 6 个，亮氨酸生物合成过程（GO：0009098，表 8-8）最显著富集。通过 KEGG 数据库对 DEG 进行显著性富集分析（*P* 值≤0.05），结果显示差异 lncRNA 的靶基因涉及 122 个 KEGG 代谢通路，显著富集的前三位分别是次生代谢产物的生物合成（biosynthesis of secondary metabolitess）、植物–病原体互作（plant-pathogen interaction）和类黄酮生物合成（flavonoid biosynthesis），分别有 179 个、60 个和 18 个基因参与。另外，苯丙烷生物合成（phenylpropanoid biosynthesis）、昼夜节律–植物（circadian rhythm - plant）、植物–病原体互作（plant-pathogen interaction）、油菜素内酯生物合成（brassinosteroid biosynthesis）和植物激素信号转导（plant hormone signal transduction）等都高度富集（表 8-9）。

表 8-8　PF vs. PFI 的差异 lncRNA 靶基因 GO 富集分析

GO 分类	GO 条目	靶基因个数	*P* 值
细胞组分	Cdc73/Paf1 复合体	5	0.116 42
	细胞解剖实体	621	0.288 17
	质膜	59	0.502 73
分子功能	2-异丙基苹果酸合成酶活性	5	0.000 7
	3-氧代-5-α-甾体-4-脱氢酶活性	5	0.001 55
	类固醇脱氢酶活性，作用于供体的 CH—CH 组	5	0.009 02
	几丁质酶活性	6	0.011 32
	甘油磷酸二酯酶活性	7	0.022 47
	RNA 导向的 DNA 聚合酶活性	8	0.022 55
	FMN 腺苷酸转移酶活性	6	0.027 22
	血红素结合	39	0.047 67
	苯丙氨酸解氨酶活性	4	0.048 76
生物学过程	亮氨酸生物合成过程	5	0.004 8
	泛素依赖蛋白通过 N 端规则途径的分解代谢过程	5	0.004 8
	亮氨酸代谢过程	5	0.040 47
	芳香族氨基酸的分解代谢过程	5	0.040 47
	肉桂酸生物合成过程	4	0.049 12
	肉桂酸代谢过程	4	0.049 12

PF vs. PFYG 鉴定出泡桐丛枝病潜伏期相关 DEL，对其靶基因进行 GO 和 KEGG 富集分析，GO 富集分析表明细胞组分显著富集（*P* 值≤0.05）类别为 9 个，核小体（GO：0000786）最显著富集，分子功能显著富集（*P* 值≤0.05）类别为 11 个，结构分子活性（GO：0005198）最显著富集，生物学过程显著富集（*P* 值≤0.05）类别为 11 个，翻译（GO：0006412，表 8-10）最显著富集。通过 KEGG 数据库对 DEG 进行显著性富集分析（*P* 值≤0.05），结果显示差异 lncRNA 的靶基因涉及 119 个 KEGG 代谢通路，显著富集的前三位分别是核糖体（ribosome）、黄酮和黄酮醇的生物合成（flavone and flavonol biosynthesis）和类黄酮生物合成（flavonoid biosynthesis），分别有 51 个、11 个和 17 个靶基因参与。另外，植物–病原体互作（plant-pathogen interaction）、内质网上的蛋白质加工（protein processing in endoplasmic reticulum）、

ABC 转运（ABC transporter）等都高度富集（表 8-11）。

表 8-9　PF vs. PFI 的差异 lncRNA 靶基因 KEGG 代谢通路富集分析

序号	代谢通路	靶基因个数（占比）	*P* 值	代谢通路 ID
1	次生代谢产物的生物合成	179（15.9%）	$2.539\ 89\times10^{-7}$	ko01110
2	植物–病原体互作	60（5.33%）	0.000 139 099	ko04626
3	类黄酮生物合成	18（1.6%）	0.001 093 072	ko00941
4	氨基糖和核苷酸糖代谢	31（2.75%）	0.001 703 622	ko00520
5	苯丙烷生物合成	39（3.46%）	0.002 327 229	ko00940
6	氮代谢	11（0.98%）	0.003 584 723	ko00910
7	RNA 降解	31（2.75%）	0.003 795 691	ko03018
8	昼夜节律–植物	22（1.95%）	0.004 141 128	ko04712
9	代谢途径	258（22.91%）	0.004 821 234	ko01100
10	缬氨酸、亮氨酸和异亮氨酸降解	13（1.15%）	0.004 973 864	ko00280
11	核黄素代谢	8（0.71%）	0.011 483	ko00740
12	内质网中的蛋白质加工	36（3.2%）	0.015 765 14	ko04141
13	二萜生物合成	10（0.89%）	0.019 230 75	ko00904
14	油菜素内酯生物合成	4（0.36%）	0.022 695 05	ko00905
15	氰基氨基酸代谢	18（1.6%）	0.024 35338	ko00460
16	二苯乙烯、二芳基庚酸类和姜酚合成路径	8（0.71%）	0.038 626 21	ko00945
17	植物激素信号转导	48（4.26%）	0.039 218 6	ko04075
18	糖酵解/糖新生	21（1.87%）	0.039 27324	ko00010
19	2-草酸代谢	12（1.07%）	0.042 218 48	ko01210

表 8-10　PF vs. PFYG 的差异 lncRNA 靶基因 GO 富集分析

GO 分类	GO 条目	靶基因个数	*P* 值
细胞组分	核小体	20	0.000 14
	DNA 包装复合体	20	0.001 37
	核糖体	49	0.005 03
	蛋白质 DNA 复合物	20	0.015 90
	无膜细胞器	93	0.015 90
	细胞内无膜细胞器	93	0.026 37
	染色质	21	0.039 06
	核糖体亚单位	24	0.039 13
	核糖体大亚基	14	0.040 14
分子功能	结构分子活性	54	0.000 000 125
	核糖体的结构成分	47	0.000 000 274
	蛋白质异二聚活性	21	0.000 001 1
	脱落酸结合	8	0.009 81
	FMN 腺苷酸转移酶活性	6	0.010 5
	2-异丙基苹果酸合成酶活性	4	0.013 75
	类异戊二烯结合	8	0.021 72
	蛋白磷酸酶抑制剂活性	8	0.025 15
	乙醇结合	8	0.025 15
	激素结合	8	0.033 39
	磷酸酶抑制剂活性	8	0.043 75

续表

GO 分类	GO 条目	靶基因个数	P 值
生物学过程	翻译	49	0.000 060 8
	肽生物合成过程	49	0.000 1
	酰胺生物合成过程	50	0.000 65
	肽代谢过程	50	0.000 8
	脱落酸激活的信号通路	8	0.010 92
	对温度刺激的反应	11	0.011 06
	细胞对脱落酸刺激的反应	8	0.012 83
	细胞对乙醇的反应	8	0.012 83
	细胞酰胺代谢过程	51	0.022 3
	细胞氮化合物生物合成过程	74	0.042 75
	低聚蛋白质复合物	6	0.049 92

表 8-11　PF vs. PFYG 的差异 lncRNA 靶基因 KEGG 代谢通路富集分析

序号	代谢通路	靶基因个数（占比）	P 值	代谢通路 ID
1	核糖体	51（5.4%）	7.82×10^{-9}	ko03010
2	黄酮和黄酮醇生物合成	11（1.17%）	1.48×10^{-5}	ko00944
3	类黄酮生物合成	17（1.8%）	0.000 406 641	ko00941
4	内质网上的蛋白质加工	36（3.81%）	0.001 016 451	ko04141
5	植物–病原体互作	47（4.98%）	0.002 743 492	ko04626
6	次生代谢产物的生物合成	131（13.88%）	0.003 136 323	ko01110
7	核黄素代谢	8（0.85%）	0.004 154 301	ko00740
8	氨基糖和核苷酸糖代谢	24（2.54%）	0.013 473 52	ko00520
9	脂肪酸降解	12（1.27%）	0.014 220 26	ko00071
10	脂肪酸代谢	12（1.27%）	0.016 149 68	ko01212
11	不饱和脂肪酸的生物合成	6（0.64%）	0.016 260 48	ko01040
12	苯丙烷生物合成	30（3.18%）	0.020 845 29	ko00940
13	缬氨酸、亮氨酸和异亮氨酸降解	10（1.06%）	0.022 373 07	ko00280
14	吞噬体	12（1.27%）	0.030 462 83	ko04145
15	ABC 转运	15（1.59%）	0.032 426 39	ko02010
16	二苯乙烯、二芳基庚酸类和姜酚合成路径	7（0.74%）	0.042 588 35	ko00945
17	二羧酸代谢	11（1.17%）	0.043 125 71	ko00630
18	二萜生物合成	8（0.85%）	0.043 484 43	ko00904
19	缬氨酸、亮氨酸和异亮氨酸生物合成	5（0.53%）	0.046 283 08	ko00290
20	半乳糖代谢	15（1.59%）	0.048 274 66	ko00052

PFYG vs. PFI 鉴定出发病期相关 DEL，对其靶基因进行 GO 和 KEGG 富集分析，GO 富集分析表明细胞组分显著富集（P 值≤0.05）类别为 11 个，核小体（GO：0000786）最显著富集，这与 PF vs. PFYG 中的结果类似，分子功能显著富集（P 值≤0.05）类别为 21 个，蛋白质异二聚化活性（GO：0046982）最显著富集，生物学过程显著富集（P 值≤0.05）类别为 7 个，脂质转运（GO：0006869，表 8-12）最显著富集。通过 KEGG 数据库对 DEG 进行显著性富集分析（P 值≤0.05），结果显示差异 lncRNA 的靶基因涉及 107 个 KEGG 代谢通路，显著富集的前三位分别是苯丙烷生物合成（phenylpropanoid biosynthesis）、类黄酮生物合成（flavonoid biosynthesis）、黄酮和黄酮醇的生物合成（flavone and flavonol biosynthesis），分别有 36 个、19 个、8 个基因参与，其中黄酮和黄酮醇的生物合成及类黄酮生物合成这两条代谢通路在

PF vs. PFYG 的 DEL 的靶基因中也显著富集（表 8-13）。

表 8-12　PFYG vs. PFI 的差异 lncRNA 靶基因 GO 富集分析

GO 分类	GO 条目	靶基因个数	P 值
细胞组分	核小体	27	7.6×10^{-22}
	DNA 包装复合体	27	1.68×10^{-20}
	蛋白质 DNA 复合物	27	1.45×10^{-18}
	染色质	27	6.26×10^{-14}
	染色体	31	0.000 000 13
	无膜细胞器	69	0.000 000 137
	细胞内无膜细胞器	69	0.000 000 137
	质外体	15	0.000 45
	质膜外侧	2	0.034 58
	细胞表面	2	0.034 58
	细胞外区	23	0.041 15
分子功能	蛋白质异二聚化活性	27	8.65×10^{-17}
	脂质结合	22	0.000 09
	四吡咯结合	32	0.000 13
	蛋白质二聚化活性	32	0.000 14
	单加氧酶活性	27	0.000 29
	血红素结合	29	0.000 77
	氧化还原酶活性，作用于成对供体，结合或还原分子氧	31	0.000 84
	氧化还原酶活性	83	0.001 62
	脱落酸结合	7	0.002 62
	甘油磷酸二酯酶活性	6	0.003 76
	几丁质酶活性	5	0.004 51
	铁离子结合	26	0.005
	类异戊二烯结合	7	0.005 37
	蛋白磷酸酶抑制剂活性	7	0.006 14
	乙醇结合	7	0.006 14
	激素结合	7	0.007 94
	磷酸酶抑制剂活性	7	0.010 15
	葡萄糖苷酶活性	11	0.017 83
	β-葡萄糖苷酶活性	10	0.023 22
	一元羧酸结合	7	0.036 55
	结构分子活性	28	0.047 68
生物学过程	脂质转运	15	0.000 43
	脂质定位	15	0.001 17
	脱落酸激活的信号通路	7	0.005 4
	细胞对脱落酸刺激的反应	7	0.006 23
	细胞对乙醇的反应	7	0.006 23
	对脱落酸的反应	9	0.006 96
	对乙醇的响应	9	0.006 96

表 8-13 PFYG vs. PFI 的差异 lncRNA 靶基因 KEGG 代谢通路富集分析

序号	代谢通路	靶基因个数（占比）	P 值	代谢通路 ID
1	苯丙烷生物合成	36（6.19%）	1.67×10^{-8}	ko00940
2	类黄酮生物合成	19（3.26%）	3.82×10^{-8}	ko00941
3	黄酮和黄酮醇生物合成	8（1.37%）	7.53×10^{-5}	ko00944
4	次生代谢产物的生物合成	92（15.81%）	0.000 235 863	ko01110
5	淀粉和蔗糖代谢	28（4.81%）	0.000 271 409	ko00500
6	氰基氨基酸代谢	15（2.58%）	0.000 550 89	ko00460
7	二萜生物合成	8（1.37%）	0.003 060 185	ko00904
8	酮体的合成与降解	3（0.52%）	0.003 308 788	ko00072
9	代谢途径	141（24.23%）	0.004 718 993	ko01100
10	硫代谢	5（0.86%）	0.007 654 733	ko00920
11	其他聚糖降解	10（1.72%）	0.009 908 069	ko00511
12	氨酰基 tRNA 生物合成	10（1.72%）	0.022 887 23	ko00970
13	α-亚麻酸代谢	6（1.03%）	0.027 666 39	ko00592
14	缬氨酸、亮氨酸和异亮氨酸降解	7（1.2%）	0.029 175 53	ko00280
15	不饱和脂肪酸的生物合成	4（0.69%）	0.037 170 83	ko01040
16	核糖体	20（3.44%）	0.038 556 95	ko03010
17	甘油酯代谢	11（1.89%）	0.043 016 68	ko00561
18	二苯乙烯、二芳基庚酸类和姜酚合成路径	5（0.86%）	0.048 939 06	ko00945

PF vs. PFI、PF vs. PFYG、PFYG vs. PFI 差异 lncRNA 的靶基因 GO 和 KEGG 分析结果表明，抗泡桐丛枝病，泡桐丛枝病潜伏期和发病期三个过程涉及相同 GO 条目和 KEGG 分析（图 8-8），三个 GO 分类中，均是 PFYG vs. PFI 即发病期过程特有 GO 条目最多，细胞组分、分子功能和生物学过程三个过程共有的 GO 条目有 0 个。KEGG 分析结果中共有的代谢通路有 6 条，其中有类黄酮生物合成（flavonoid biosynthesis），苯丙烷生物合成（phenylpropanoid biosynthesis）和缬氨酸、亮氨酸和异亮氨酸降解（valine, leucine and isoleucine degradation），这在之前的研究中也有类似的结果 （Fan et al.，2015a；2015b）。

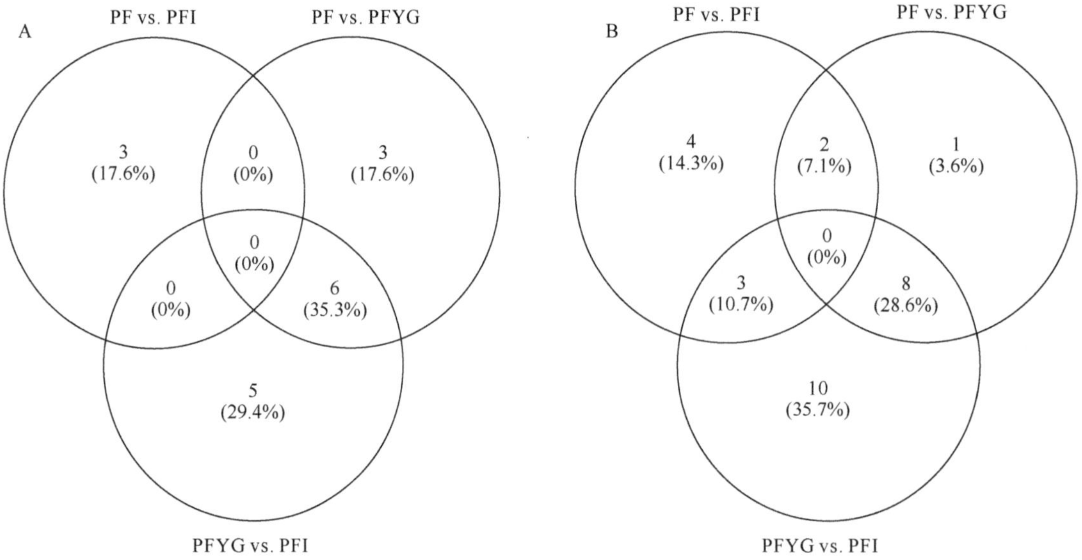

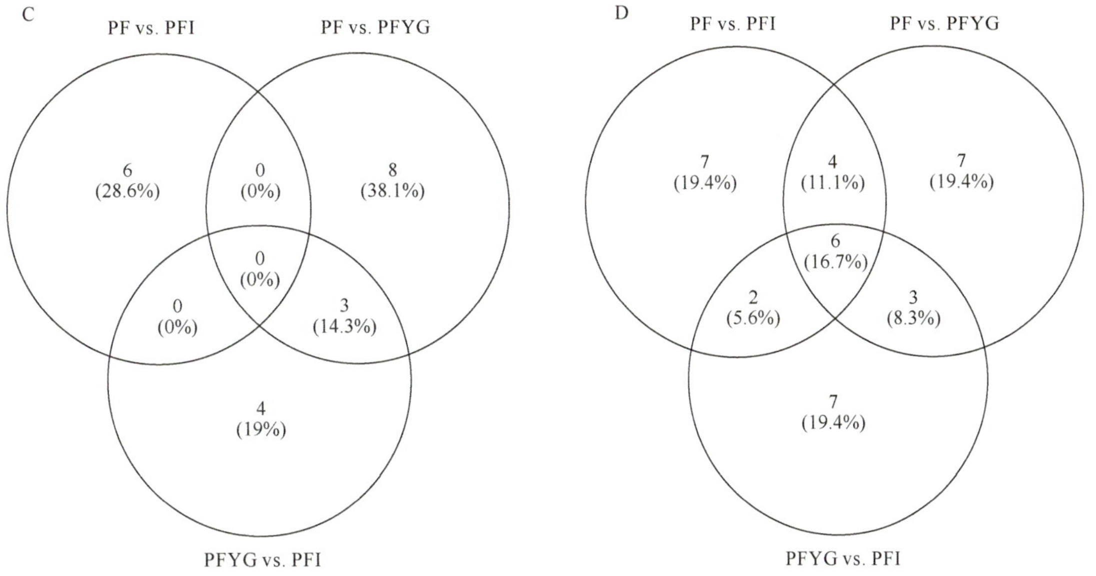

图 8-8　GO 和 KEGG 分析结果韦恩图

A. 细胞组分；B. 分子功能；C. 生物学过程；D. KEGG

（四）泡桐 lncRNA 家族分析

利用 INFERNAL（Nawrocki et al.，2019）将 lncRNA 比对到 Rfam 数据库，从而对 lncRNA 的家族进行注释。Rfam 是一个包含各种 ncRNA 家族信息的数据库，包括 RNA 的二级结构保守区域、mRNA 顺式作用元件和其他 RNA 元件。INFERNAL 根据 ncRNA 在进化层面上的共同祖先将 ncRNA 分成不同的家族。结果表明共有 1901 个 lncRNA 分别属于 683 个家族，大部分家族都只有一个 lncRNA，lncRNA 个数最多的 10 个家族见图 8-9，其中 RF01295 家族有 89 个 lncRNA，个数最多。

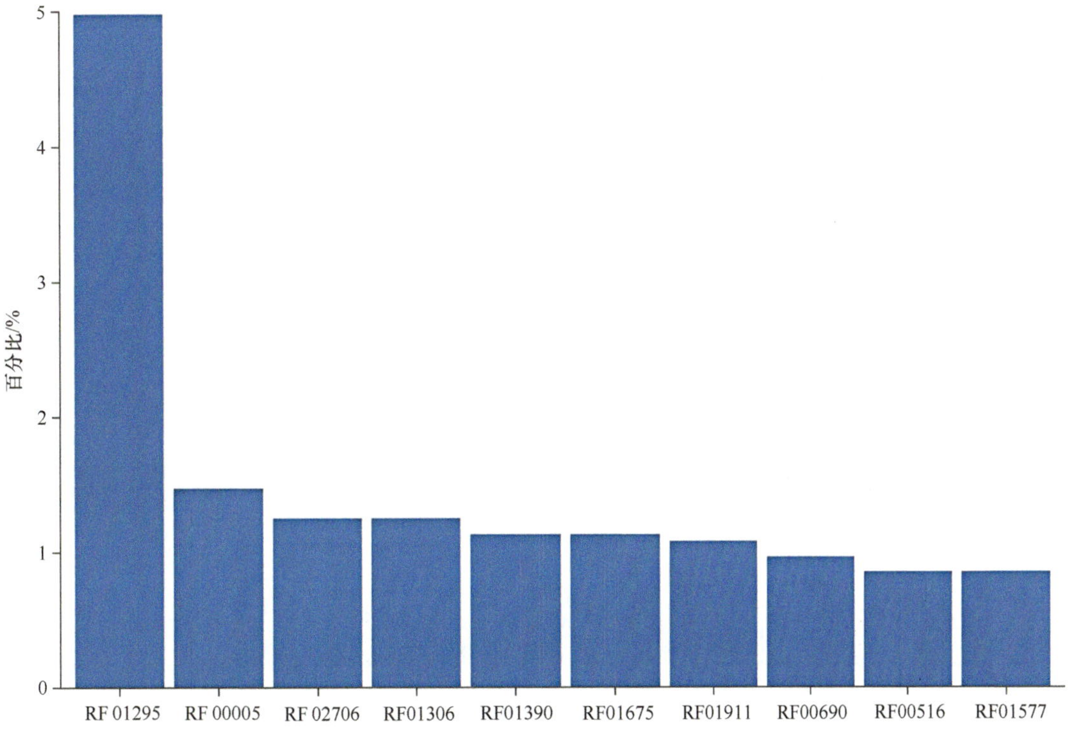

图 8-9　lncRNA 家族预测统计图

三、泡桐 miRNA

（一）泡桐 miRNA 的鉴定

用高通量测序技术分别构建白花泡桐 3 个样品 PF-1/2/3、PFI-1/2/3、PFYG-1/2/3 共 9 个 sRNA 文库。对测序数据进行分类整理，原始序列及去接头、去低质量、去污染和去长度小于 18nt 的序列等数据得到高质量序列见表 8-14。结果表明，每个文库中的高质量序列比例大多在 90%以上。小 RNA（small RNA，SRNA）的长度区间为 10～44nt，长度分布的峰值有助于判断 sRNA 的种类。9 个样品中的 sRNA 长度分布基本相似(图 8-10)：长度为 24nt sRNA 总数最多，其峰值最高；具有典型成熟的 miRNA 长度的 21nt sRNA 的数量位居第二，23nt sRNA 的数量位居第三；长度范围在 20～24nt sRNA 总数约占整个 sRNA 库的比例均为 90%。此结果表明 sRNA 库中富含 miRNA。

表 8-14 测序数据量统计

样品	原始序列	高质量序列	Q20/%	高质量序列占比/%	比对上的序列	比对上序列占比/%
PF-1	28 518 118	26 664 759	99.1	93.5	21 670 074	81.27
PF-2	29 146 522	28 123 562	98.4	96.49	19 520 259	69.41
PF-3	28 519 958	27 037 191	98.3	94.8	20 735 792	76.69
PFI-1	28 236 410	25 932 656	98.1	91.84	20 129 810	77.62
PFI-2	28 962 745	26 802 870	98.5	92.54	19 619 102	73.2
PFI-3	29 154 065	26 519 182	98.4	90.96	19 501 410	73.54
PFYG-1	29 519 260	27 830 582	98.2	94.28	15 654 804	56.25
PFYG-2	28 774 993	26 172 520	98.1	90.96	20 710 671	79.13
PFYG-3	28 460 752	26 731 260	98.2	93.92	16 509 926	61.76

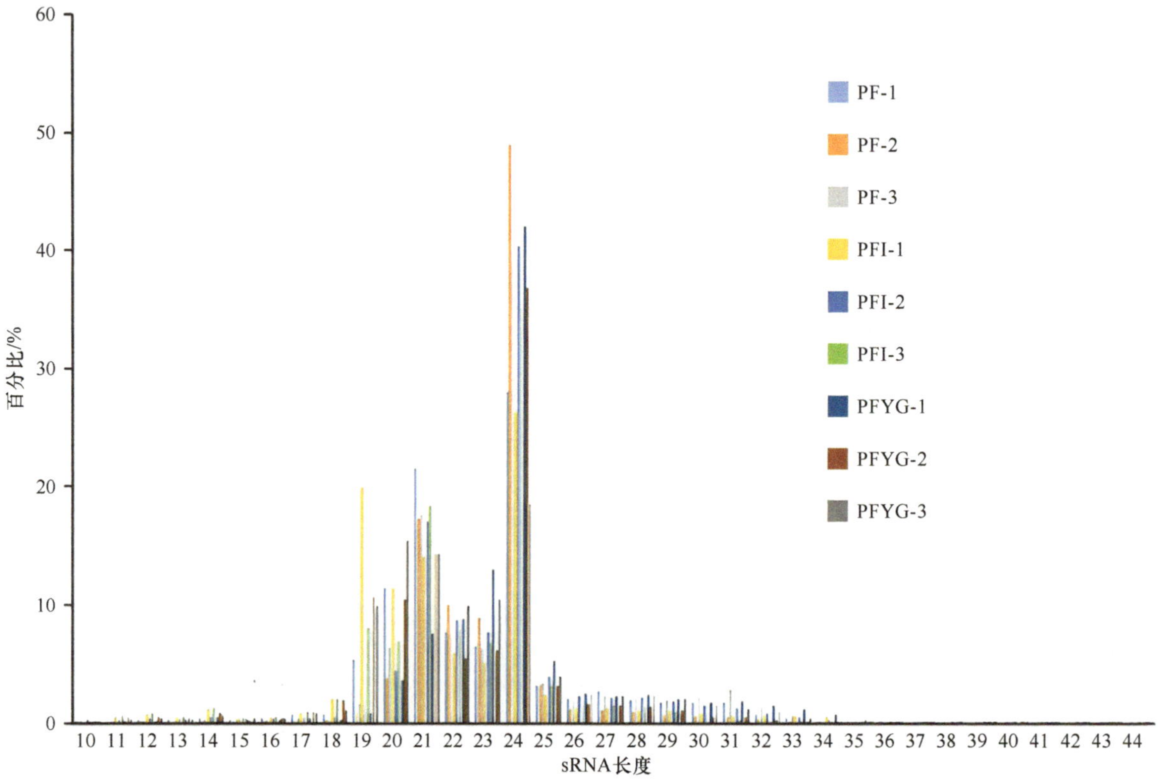

图 8-10 白花泡桐 sRNA 长度分布

通过与白花泡桐基因组和 miRbase 的比对，共鉴定到 327 个 miRNA，其中 148 个是已知 miRNA，这些 miRNA 属于 30 个 miRNA 家族；179 个是新 miRNA，命名从 pf-mir1 到 pf-mir179。对已知 miRNA 的 30 个家族进行分析（图 8-11），结果表明 miRNA 个数最多的是 miR166 家族（14 个），其次是 miR171 家族（12 个），接下来是 miR167 家族（10 个），8 个 miRNA 家族只有 1 个 miRNA。

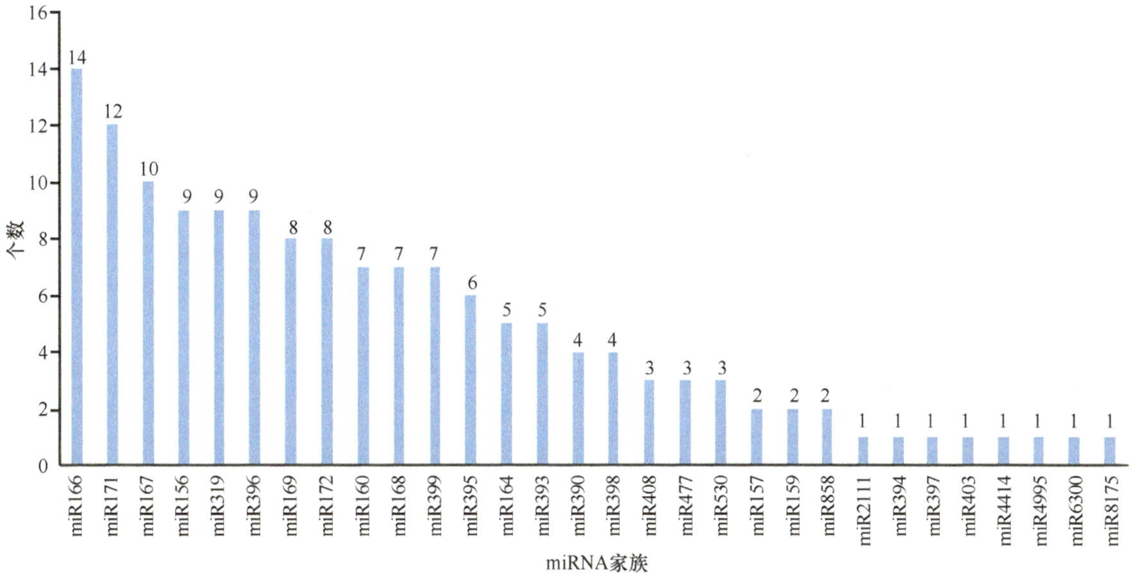

图 8-11　白花泡桐已知 miRNA 家族

（二）泡桐 miRNA 靶基因预测及分析

为了研究这 327 个 miRNA 的功能，用 Target Finder 和 psRobot 软件预测靶基因，结果显示 137 个 miRNA 预测出 248 个靶基因，615 对 miRNA-target 靶向关系，其中 111 个已知 miRNA，26 个新 miRNA。有些靶基因与 miRNA 是一对一，也有一对多的现象。比如 Pfo08g005510 是 8 个 miRNA 的靶基因，pf-miR156c 有 10 个靶基因。

鉴定出 PF、PFI、PFYG 三个样本间的差异表达 miRNA（DEM），三组差异表达 miRNA 个数见图 8-12。健康树叶片和感病树发病叶片间有 88 个 DEM，上调的 50 个，下调的 38 个；健康树叶片和感病树健康

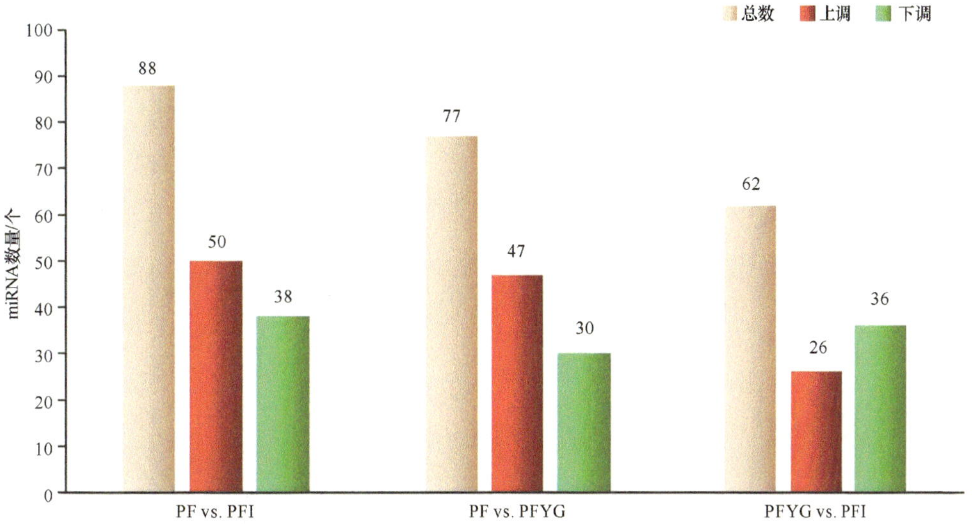

图 8-12　差异表达 miRNA 统计图

叶片间有 77 个 DEM，上调的 47 个，下调的 30 个；感病树健康叶片和感病树发病叶片间有 62 个 DEM，上调的 26 个，下调的 36 个。从差异 miRNA 个数可以看出，三个样品间，抗病树健康叶片和感病树发病叶片间差异基因个数最多，感病树健康叶片和发病叶片间差异基因个数最少，抗病树和感病树间的差异比感病树两样本的差异大。

PF vs. PFI 鉴定出抗病相关 DEM，对其靶基因进行 GO 和 KEGG 富集分析，GO 富集分析表明细胞组分显著富集（*P* 值≤0.05）类别为 7 个，细胞核（GO：0005634）最显著富集，分子功能显著富集（*P* 值≤0.05）类别为 9 个，DNA 结合（GO：0003677）最显著富集，生物学过程显著富集（*P* 值≤0.05）类别为 39 个，生长素激活的信号通路（GO：0009734，表 8-15）最显著富集。通过 KEGG 数据库对 DEM 的靶基因进行显著性富集分析（*P* 值≤0.05），结果显示差异 miRNA 的靶基因涉及 34 个 KEGG 代谢通路，显著富集的有 5 条代谢通路，分别是植物激素信号转导（plant hormone signal transduction）、RNA 降解（RNA degradation）、氮代谢（nitrogen metabolism）、单杆菌胺生物合成（monobactam biosynthesis）和硫代谢（sulfur metabolism），有 30 个、6 个、3 个、2 个和 2 个基因参与（表 8-16）。

表 8-15　PF vs. PFI 的差异 miRNA 靶基因 GO 富集分析

GO 分类	GO 条目	靶基因个数	*P* 值
细胞组分	细胞核	44	9.13×10^{-12}
	细胞内膜结合细胞器	51	0.000 000 773
	膜结合细胞器	52	0.000 001
	细胞器	53	0.000 020 3
	细胞内细胞器	52	0.000 031 9
	CCAAT 结合因子复合体	3	0.001 53
	细胞内部	52	0.021 89
分子功能	DNA 结合	48	2.19×10^{-22}
	核酸结合	51	1.16×10^{-12}
	DNA 结合转录因子活性	17	0.000 001 56
	杂环化合物结合	60	0.000 006 91
	有机环状化合物结合	60	0.000 007 17
	转录调节活性	17	0.000 007 4
	硫酸盐腺苷酸转移酶（ATP）活性	2	0.004 07
	硫酸腺苷酸转移酶活性	2	0.008 12
	硝酸盐跨膜转运蛋白活性	2	0.028 18
生物学过程	生长素激活的信号通路	8	0.000 000 169
	细胞对生长素刺激的反应	8	0.000 000 169
	转录调控，DNA 模板	18	0.000 001 18
	核酸模板转录的调控	18	0.000 001 18
	RNA 生物合成过程的调控	18	0.000 001 18
	RNA 代谢过程的调控	18	0.000 003 09
	含核碱化合物代谢过程的调控	18	0.000 004 74
	细胞大分子生物合成过程的调控	18	0.000 00506
	大分子生物合成过程的调控	18	0.000 0052
	细胞生物合成过程的调控	18	0.000 005 92
	生物合成过程的调控	18	0.000 006 31
	细胞对化学刺激的反应	10	0.000 013 8
	对生长素的反应	8	0.000 02
	基因表达调控	18	0.000 023 8
	氮化合物代谢过程的调控	18	0.000 066 4

续表

GO 分类	GO 条目	靶基因个数	*P* 值
生物学过程	初级代谢过程的调节	18	0.000 075 4
	激素介导的信号通路	8	0.000 077 4
	细胞对激素刺激的反应	8	0.000 080 3
	细胞对内源性刺激的反应	8	0.000 1
	细胞代谢过程的调节	18	0.000 11
	对化学物质的反应	11	0.000 14
	对激素的反应	9	0.000 24
	细胞对有机物的反应	8	0.000 26
	对内生刺激的反应	9	0.000 28
	大分子代谢过程的调控	18	0.000 36
	代谢过程的调节	18	0.000 52
	对有机物的反应	9	0.001 17
	小区通信	12	0.001 26
	细胞识别	4	0.006 02
	花粉的识别	4	0.006 02
	花粉-雌蕊相互作用	4	0.006 88
	细胞对硝酸盐的反应	2	0.008 47
	细胞对活性氮的反应	2	0.008 47
	授粉	4	0.013 33
	多细胞生物过程	4	0.013 33
	硫酸盐同化	2	0.039 16
	细胞对无机物质的反应	2	0.039 16
	多有机体过程	4	0.039 39
	细胞对刺激的反应	12	0.044 26

表 8-16　PF vs. PFI 的差异 miRNA 靶基因 KEGG 代谢通路富集分析

序号	代谢通路	靶基因个数（占比）	*P* 值	代谢通路 ID
1	植物激素信号转导	30（29.13%）	2.7367×10^{-19}	ko04075
2	RNA 降解	6（5.83%）	0.010 375 15	ko03018
3	氮代谢	3（2.91%）	0.010 426 36	ko00910
4	单杆菌胺生物合成	2（1.94%）	0.011 863 29	ko00261
5	硫代谢	2（1.94%）	0.023 965 48	ko00920

PF vs. PFYG 鉴定出泡桐丛枝病潜伏期相关 DEM，对其靶基因进行 GO 和 KEGG 富集分析，GO 富集分析表明细胞组分显著富集（*P* 值≤0.05）类别为 6 个，质外体（GO：0048046）最显著富集，分子功能显著富集（*P* 值≤0.05）类别为 21 个，对苯二酚：氧化还原酶活性（GO：0052716）最显著富集，生物学过程显著富集（*P* 值≤0.05）类别为 57 个，木质素分解代谢过程（GO：0046274，表 8-17）最显著富集。通过 KEGG 数据库对 DEG 进行显著性富集分析（*P* 值≤0.05），结果显示差异 miRNA 的靶基因涉及 36 个 KEGG 代谢通路，显著富集的有 5 条代谢通路，分别是植物激素信号转导（plant hormone signal transduction）、硒复合代谢（selenocompound metabolism）、单杆菌胺生物合成（monobactam biosynthesis）、牛磺酸和亚牛磺酸代谢（taurine and hypotaurine metabolism）和硫代谢（sulfur metabolism），有 29 个、3 个、2 个、2 个和 2 个基因参与（表 8-18）。

表 8-17 PF vs. PFYG 的差异 miRNA 靶基因 GO 富集分析

GO 分类	GO 条目	靶基因个数	P 值
细胞组分	质外体	20	1.55×10^{-18}
	细胞外部	21	5.26×10^{-10}
	核	48	4.73×10^{-8}
	质膜	20	0.000 082 4
	CCAAT 结合因子复合体	3	0.002 62
	细胞外围	20	0.003 07
分子功能	对苯二酚：氧化还原酶活性	20	1.85×10^{-33}
	氧化还原酶活性，作用于二酚和相关物质作为供体，氧作为受体	20	3.58×10^{-26}
	氧化还原酶活性，作为供体作用于二酚和相关物质	20	1.47×10^{-24}
	铜离子结合	20	2.3×10^{-24}
	DNA 结合	51	1.31×10^{-19}
	铁氧化酶活性	12	1×10^{-15}
	氧化还原酶活性，氧化金属离子，氧作为受体	12	1×10^{-15}
	氧化还原酶活性，氧化金属离子	12	2.36×10^{-15}
	核酸结合	53	6.3×10^{-9}
	结合	93	3.52×10^{-8}
	杂环化合物结合	69	0.000 1
	有机环状化合物结合	69	0.000 1
	过渡金属离子结合	24	0.000 3
	DNA 结合转录因子活性	15	0.000 98
	金属离子结合	36	0.003 03
	阳离子结合	36	0.003 38
	转录调节活性	15	0.003 39
	硫酸盐腺苷酸转移酶（ATP）活性	2	0.006 34
	硫酸腺苷酸转移酶活性	2	0.012 64
	氧化还原酶活性	25	0.021 18
	脂质结合	7	0.031 38
生物学过程	木质素分解代谢过程	20	1.19×10^{-36}
	苯丙素分解代谢过程	20	2.44×10^{-36}
	木质素代谢过程	20	2.65×10^{-33}
	苯丙烷代谢过程	20	7.3×10^{-30}
	次生代谢过程	20	1.95×10^{-28}
	芳香化合物分解代谢过程	20	7.33×10^{-21}
	有机环状化合物分解代谢过程	20	1.57×10^{-20}
	铁离子输运	12	6.01×10^{-16}
	铁离子稳态	12	7.13×10^{-15}
	过渡金属离子稳态	12	6.47×10^{-14}
	过渡金属离子输运	12	9×10^{-14}
	金属离子稳态	12	8.17×10^{-12}
	阳离子稳态	12	2.03×10^{-10}
	无机离子稳态	12	2.03×10^{-10}
	离子稳态	12	2.8×10^{-10}
	化学稳态	12	0.000 000 01
	细胞分解代谢过程	21	1.45×10^{-8}

续表

GO 分类	GO 条目	靶基因个数	P 值
生物学过程	金属离子输运	12	2.82×10^{-8}
	有机物分解代谢过程	21	0.000 000 838
	生长素激活的信号通路	8	0.000 001 2
	细胞对生长素刺激的反应	8	0.000 001 2
	阳离子迁移	12	0.000 002 28
	分解代谢过程	21	0.000 012 7
	细胞识别	6	0.000 025 3
	花粉的识别	6	0.000 025 3
	花粉-雌蕊相互作用	6	0.000 031
	稳态过程	12	0.000 033 3
	授粉	6	0.000 085 5
	多细胞生物过程	6	0.000 855
	对生长素的反应	8	0.000 13
	离子输运	12	0.000 14
	多有机体过程	6	0.000 44
	激素介导的信号通路	8	0.000 49
	细胞对激素刺激的反应	8	0.000 51
	细胞对内源性刺激的反应	8	0.000 65
	小区通信	14	0.000 69
	生物质量管理	12	0.000 85
	细胞对有机物的反应	8	0.001 63
	转录调控，DNA 模板	16	0.001 86
	核酸模板转录的调控	16	0.001 86
	RNA 生物合成过程的调控	16	0.001 86
	生物调节	28	0.002 75
	RNA 代谢过程的调控	16	0.003 97
	含核碱化合物代谢过程的调控	16	0.005 56
	细胞大分子生物合成过程的调控	16	0.005 85
	大分子生物合成过程的调控	16	0.005 97
	芳香族化合物的细胞代谢过程	24	0.006 15
	细胞生物合成过程的调控	16	0.006 61
	生物合成过程的调控	16	0.006 95
	细胞对化学刺激的反应	8	0.009
	有机环状化合物代谢过程	24	0.010 43
	对激素的反应	8	0.012 99
	对内生刺激的反应	8	0.015 01
	基因表达调控	16	0.019 5
	氮化合物代谢过程的调控	16	0.042 57
	初级代谢过程的调节	16	0.046 88
	对有机物的反应	8	0.048 62

PFYG vs. PFI 鉴定出发病期相关 DEM，对其靶基因进行 GO 和 KEGG 富集分析，GO 富集分析表明细胞组分显著富集（P 值≤0.05）类别为 6 个，质外体（GO：0048046）最显著富集，这与 PF vs. PFYG 中的结果类似，分子功能显著富集（P 值≤0.05）类别为 18 个，对苯二酚：氧化还原酶活性（GO：0052716）

表 8-18 PF vs. PFYG 的差异 miRNA 靶基因 KEGG 代谢通路富集分析

序号	代谢通路	靶基因个数（占比）	P 值	代谢通路 ID
1	植物激素信号转导	29（24.37%）	$2.190\ 69\times10^{-16}$	ko04075
2	硒复合代谢	3（2.52%）	0.008 624 662	ko00450
3	单杆菌胺生物合成	2（1.68%）	0.015 603 44	ko00261
4	牛磺酸和亚牛磺酸代谢	2（1.68%）	0.022 015 71	ko00430
5	硫代谢	2（1.68%）	0.031 287 05	ko00920

最显著富集，生物学过程显著富集（P 值≤0.05）类别为 46 个，木质素分解代谢过程（GO：0046274，表 8-19）最显著富集，剩下这两类的 GO 富集结果也与 PF vs. PFYG 中的结果类似。通过 KEGG 数据库对 DEG 进行显著性富集分析（P 值≤0.05），结果显示差异 miRNA 的靶基因涉及 35 个 KEGG 代谢通路，显著富集的有 5 条代谢通路，分别是植物激素信号转导（plant hormone signal transduction）、氮代谢（nitrogen metabolism）、单杆菌胺生物合成（monobactam biosynthesis）、牛磺酸和亚牛磺酸代谢（taurine and hypotaurine metabolism）和硫代谢（sulfur metabolism），有 29 个、3 个、2 个、2 个和 2 个基因参与（表 8-20）。

表 8-19 PFYG vs. PFI 的差异 miRNA 靶基因 GO 富集分析

GO 分类	GO 条目	靶基因个数	P 值
细胞组分	质外体	20	5.19×10^{-19}
	细胞外区	20	1.56×10^{-9}
	质膜	21	0.000 009 1
	细胞外围	21	0.000 5
	核	37	0.001 17
	CCAAT 结合因子复合体	3	0.003 43
分子功能	对苯二酚：氧化还原酶活性	20	4.4×10^{-34}
	氧化还原酶活性，作用于二酚和相关物质作为供体，氧作为受体	20	8.65×10^{-27}
	氧化还原酶活性，作为供体作用于二酚和相关物质	20	3.57×10^{-25}
	铜离子结合	20	5.58×10^{-25}
	铁氧化酶活性	12	4.59×10^{-16}
	氧化还原酶活性，氧化金属离子，氧作为受体	12	4.59×10^{-16}
	氧化还原酶活性，氧化金属离子	12	1.07×10^{-15}
	DNA 结合	41	8.25×10^{-13}
	核酸结合	43	0.000 062 5
	DNA 结合转录因子活性	16	0.000 092
	过渡金属离子结合	23	0.000 32
	转录调节活性	16	0.000 36
	结合	79	0.002 33
	金属离子结合	34	0.004 05
	阳离子结合	34	0.004 49
	硫酸盐腺苷酸转移酶（ATP）活性	2	0.005 92
	硫酸腺苷酸转移酶活性	2	0.011 81
	硝酸盐跨膜转运蛋白活性	2	0.040 93
生物学过程	木质素分解代谢过程	20	2.28×10^{-36}
	苯丙素分解代谢过程	20	4.67×10^{-36}
	木质素代谢过程	20	5.08×10^{-33}

续表

GO 分类	GO 条目	靶基因个数	P 值
生物学过程	苯丙烷代谢过程	20	1.39×10^{-29}
	次生代谢过程	20	3.71×10^{-28}
	芳香化合物分解代谢过程	20	1.38×10^{-20}
	有机环状化合物分解代谢过程	20	2.97×10^{-20}
	铁离子输运	12	9.44×10^{-16}
	铁离子稳态	12	1.11×10^{-14}
	过渡金属离子稳态	12	1.01×10^{-13}
	过渡金属离子输运	12	1.41×10^{-13}
	金属离子稳态	12	1.27×10^{-11}
	阳离子稳态	12	3.16×10^{-10}
	无机离子稳态	12	3.16×10^{-10}
	离子稳态	12	4.37×10^{-10}
	细胞分解代谢过程	22	3.35×10^{-9}
	化学稳态	12	1.55×10^{-8}
	金属离子输运	12	4.38×10^{-8}
	有机物分解代谢过程	22	0.000 000 241
	生长素激活的信号通路	8	0.000 001 72
	细胞对生长素刺激的反应	8	0.000 001 72
	阳离子迁移	12	0.000 003 5
	离子输运	14	0.000 003 62
	分解代谢过程	22	0.000 004 3
	稳态过程	12	0.000 050 8
	对生长素的反应	8	0.000 18
	细胞对化学刺激的反应	10	0.000 21
	激素介导的信号通路	8	0.000 7
	细胞对激素刺激的反应	8	0.000 73
	细胞对内源性刺激的反应	8	0.000 93
	生物质量管理	12	0.001 29
	细胞对有机物的反应	8	0.002 31
	对化学物质的反应	11	0.002 61
	对激素的反应	9	0.002 67
	对内生刺激的反应	9	0.003 15
	芳香族化合物的细胞代谢过程	24	0.010 78
	对有机物的反应	9	0.012 14
	细胞对硝酸盐的反应	2	0.016 94
	细胞对活性氮的反应	2	0.016 94
	有机环状化合物代谢过程	24	0.018 14
	细胞识别	4	0.019 87
	花粉的识别	4	0.019 87
	花粉-雌蕊相互作用	4	0.022 68
	细胞通讯	12	0.023 69
	授粉	4	0.043 51
	多细胞生物过程	4	0.043 51

表 8-20　PFYG vs. PFI 的差异 miRNA 靶基因 KEGG 代谢通路富集分析

序号	代谢通路	靶基因个数（占比）	*P* 值	代谢通路 ID
1	植物激素信号转导	29（26.13%）	2.85673×10^{-17}	ko04075
2	氮代谢	3（2.7%）	0.012 754 3	ko00910
3	单杆菌胺生物合成	2（1.8%）	0.013 677 09	ko00261
4	牛磺酸和亚牛磺酸代谢	2（1.8%）	0.019 329 8	ko00430
5	硫代谢	2（1.8%）	0.027 526 71	ko00920

PF vs. PFI、PF vs. PFYG、PFYG vs. PFI 差异 miRNA 的靶基因 GO 和 KEGG 分析结果表明，抗泡桐丛枝病、泡桐丛枝病潜伏期和发病期三个过程涉及相同 GO 条目和 KEGG 过程（图 8-13），三个 GO 分类中，均是 PFYG vs. PFI 即发病期过程特有 GO 条目最多，细胞组分、分子功能和生物学过程三个过程共有的 GO 条目有 2 个、6 个、17 个。KEGG 富集分析结果中共有的代谢通路有 3 条，其中植物激素信号转导（plant hormone signal transduction）在之前的研究中也发现其与泡桐丛枝病相关（Fan et al.，2015a；2015b）。

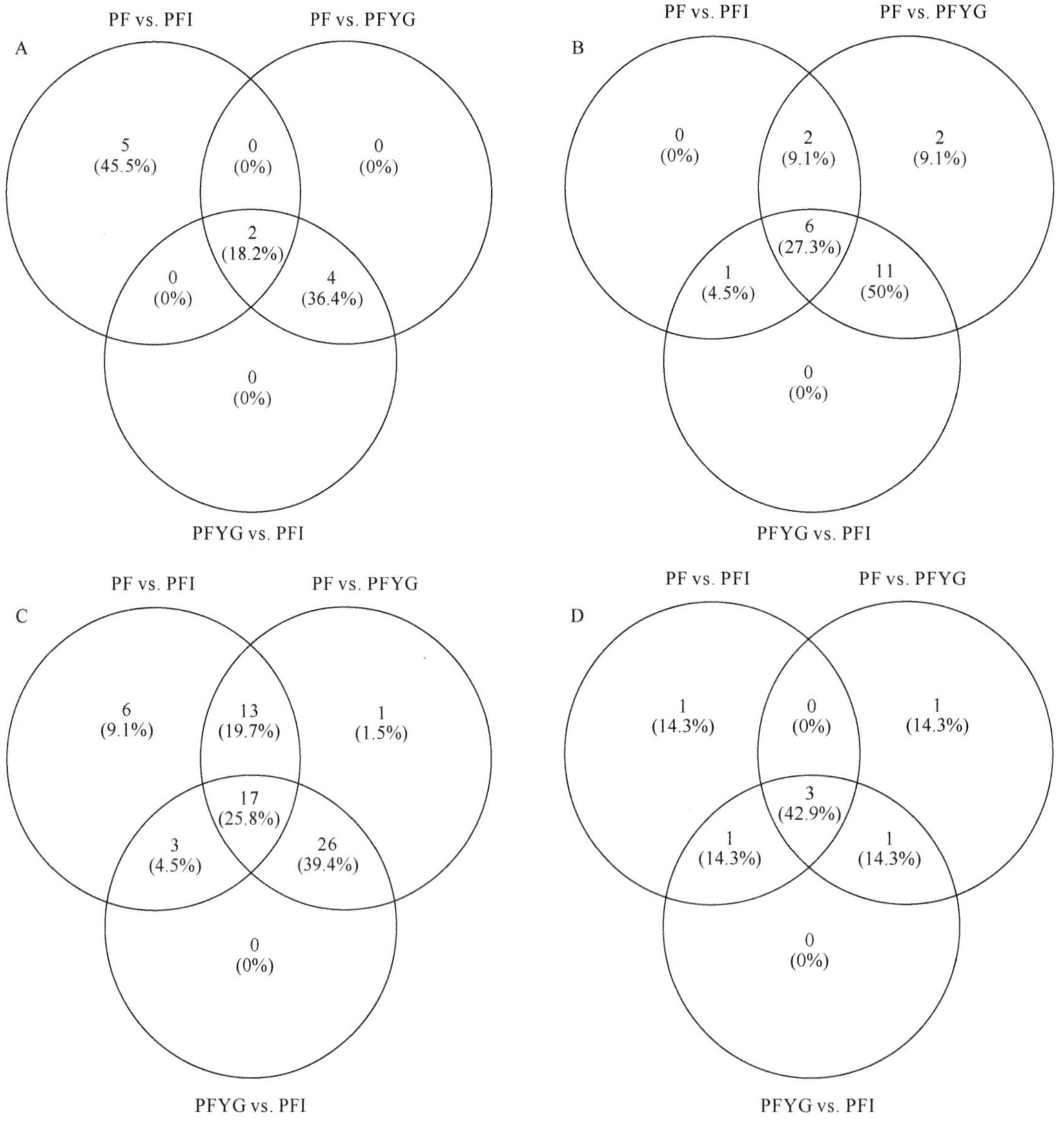

图 8-13　GO 和 KEGG 富集结果韦恩图

A. 细胞组分；B. 分子功能；C. 生物学过程；D. KEGG

四、泡桐 circRNA

（一）泡桐 circRNA 的鉴定

通过高通量测序，过滤掉低质量、接头污染及未知碱基 N 含量过高的序列，然后将得到的高质量序列比对到白花泡桐基因组，共得到约 1146M 高质量序列（表 8-21），用 CIRI（Gao，et al. 2015）、find_circ（Memczak，et al. 2013）这两款软件共鉴定到 3354 个 circRNA。

表 8-21　过滤后的序列质量统计

样品	Total 高质量序列/M	Q20/%	Q30/%	高质量序列比例/%
PFI-1	127.77	97.59	94.12	96.48
PFI-2	128.2	97.8	94.52	96.8
PFI-3	127.84	97.77	94.54	96.53
PFYG-1	127.51	97.53	94.16	96.28
PFYG-2	127.78	97.63	94.2	96.49
PFYG-3	126.6	97.11	93.19	95.6
PF-1	126.03	97.81	94.81	97
PF-2	127.13	97.35	93.65	96
PF-3	127.6	97.55	94.03	96.35

（二）差异表达 circRNA 分析

鉴定出 PF、PFI、PFYG 三个样本间的差异表达 circRNA（DEC），三组差异表达 circRNA 个数见图 8-14。健康树叶片和感病树发病叶片间有 125 个 DEC，上调的 66 个，下调的 59 个；健康树叶片和感病树健康叶片间有 111 个 DEC，上调的 52 个，下调的 59 个；感病树健康叶片和感病树发病叶片间有 48 个 DEC，上调的 25 个，下调的 23 个。从差异 circRNA 个数可以看出，三个样品间，抗病树健康叶片和感病树健康叶片间差异 circRNA 个数最多，感病树健康叶片和发病叶片间差异 circRNA 个数最少，抗病树和感病树间的差异比感病树两样本的差异大。

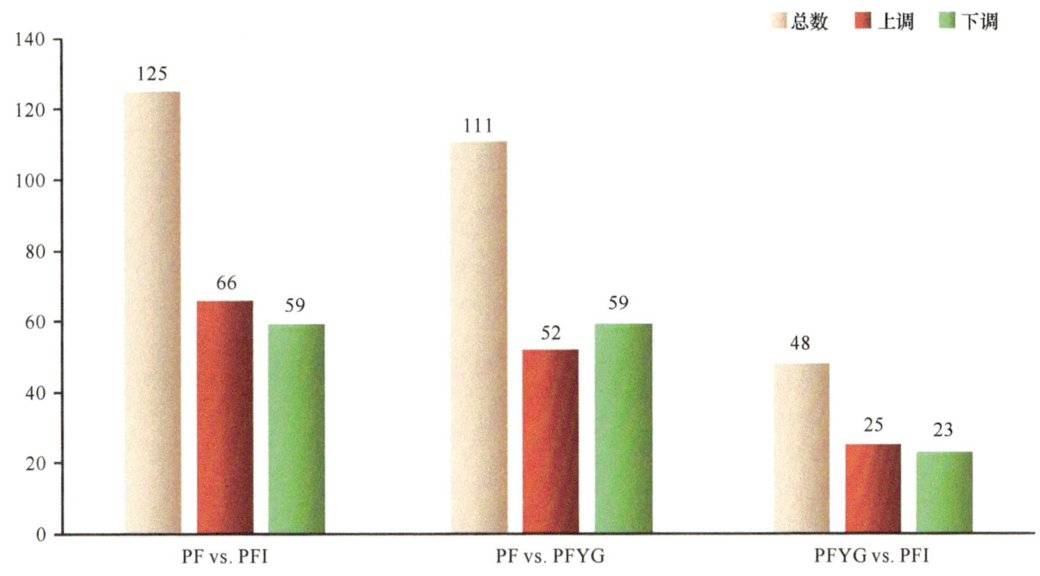

图 8-14　差异表达 circRNA 统计图

PF vs. PFI 鉴定出抗病相关 DEC，对其来源基因进行 GO 和 KEGG 富集分析，GO 富集分析表明细胞组分没有显著富集的 GO 条目，分子功能显著富集（*P* 值≤0.05）类别为 12 个，氧化还原酶活性（GO：0016491）最显著富集，生物学过程显著富集（*P* 值≤0.05）类别为 5 个，氮利用调节（GO：0006808，表 8-22）最显著富集。通过 KEGG 数据库对 DEG 进行显著性富集分析，结果显示差异 circRNA 的来源基因涉及 72 个 KEGG 代谢通路，显著富集的前三位分别是α-亚麻酸代谢（alpha-linolenic acid metabolism）、β-丙氨酸代谢（beta-alanine metabolism）和脂肪酸降解（Fatty acid degradation），分别有 5 个、5 个和 6 个基因参与。另外，酪氨酸代谢（tyrosine metabolism）、组氨酸代谢（histidine metabolism）和丙酮酸代谢（pyruvate metabolism）等都高度富集（表 8-23）。

表 8-22　PF vs. PFI 的差异 circRNA 来源基因 GO 富集分析

GO 分类	GO 条目	来源基因个数	*P* 值
细胞组分	信号识别颗粒，内质网靶向	2	0.054 67
	前核小体，大亚基前体	2	0.117 55
	信号识别粒子	2	0.132 83
	细胞质	31	0.189 99
分子功能	氧化还原酶活性	33	0.000 34
	氧化还原酶活性，作用于供体的 CH—OH 基团，NAD 或 NADP 作为受体	9	0.007 22
	乙酰鸟氨酸脱乙酰酶活性	2	0.018 61
	去甲基甲萘醌甲基转移酶活性	2	0.018 61
	S-腺苷甲硫氨酸：2-去甲基喹啉-8-甲基转移酶活性	2	0.018 61
	S-腺苷甲硫氨酸：2-去甲基甲萘醌甲基转移酶活性	2	0.018 61
	S-腺苷甲硫氨酸：2-去甲基甲萘醌-7-甲基转移酶活性	2	0.018 61
	邻苯二酚氧化酶活性	3	0.020 9
	氧化还原酶活性，作用于供体的 CH—OH 基团	9	0.025 69
	外源跨膜转运蛋白活性	5	0.028 78
	Rab-GDP 解离抑制剂活性	2	0.037 08
	DNA 聚合酶加工因子活性	2	0.037 08
生物学过程	氮利用调控	3	0.000 52
	细胞迁移	2	0.009 11
	细胞运动	2	0.009 11
	细胞定位	2	0.009 11
	前核糖核酸酶大亚基前体的组装	2	0.027 22

表 8-23　PF vs. PFI 的差异 circRNA 来源基因 KEGG 代谢通路富集分析

序号	代谢通路	来源基因个数（占比）	*P* 值	代谢通路 ID
1	α-亚麻酸代谢	5（3.09%）	0.000 129 141	ko00592
2	β-丙氨酸代谢	5（3.09%）	0.000 146 304	ko00410
3	脂肪酸降解	6（3.7%）	0.000 255 9	ko00071
4	磷脂酶 D 信号通路	5（3.09%）	0.000 673 566	ko04072
5	真核生物核糖体的生物发生	7（4.32%）	0.001 805 197	ko03008
6	缬氨酸、亮氨酸和异亮氨酸降解	4（2.47%）	0.006 351 878	ko00280
7	代谢途径	38（23.46%）	0.018 075 45	ko01100
8	酪氨酸代谢	3（1.85%）	0.019 670 63	ko00350
9	组氨酸代谢	2（1.23%）	0.026 484 23	ko00340
10	类固醇生物合成	2（1.23%）	0.029 062 79	ko00100
11	丙酮酸代谢	4（2.47%）	0.036 684 89	ko00620
12	精氨酸和脯氨酸代谢	3（1.85%）	0.038 202 51	ko00330
13	色氨酸代谢	3（1.85%）	0.044 296 37	ko00380

PF vs. PFYG 鉴定出泡桐丛枝病潜伏期相关 DEC，对其来源基因进行 GO 和 KEGG 富集分析，GO 富集分析表明细胞组分显著富集（P 值≤0.05）类别为 1 个，无膜细胞器（GO：0043228）最显著富集，分子功能显著富集（P 值≤0.05）类别为 11 个，乙酰鸟氨酸脱乙酰酶活性（GO：0008777）最显著富集，生物学过程显著富集（P 值≤0.05）类别为 12 个，细胞迁移（GO：0016477，表 8-24）最显著富集。通过 KEGG 数据库对 DEG 进行显著性富集分析（P 值≤0.05），结果显示差异 circRNA 的来源基因涉及 69 个 KEGG 代谢通路，显著富集的前三位分别是α-亚麻酸代谢（alpha-linolenic acid metabolism）、β-丙氨酸代谢（beta-alanine metabolism）和脂肪酸降解（fatty acid degradation）。另外，丙酮酸代谢（pyruvate metabolism）、色氨酸代谢（tryptophan metabolism）和组氨酸代谢（histidine metabolism）等都高度富集（表 8-25）。

表 8-24　PF vs. PFYG 的差异 circRNA 来源基因 GO 富集分析

GO 分类	GO 条目	来源基因个数	P 值
细胞组分	无膜细胞器	15	0.046 17
分子功能	乙酰鸟氨酸脱乙酰酶活性	2	0.019 24
	去甲基甲萘醌甲基转移酶活性	2	0.019 24
	S-腺苷甲硫氨酸：2-去甲基喹啉-8-甲基转移酶活性	2	0.019 24
	S-腺苷甲硫氨酸：2-去甲基甲萘醌甲基转移酶活性	2	0.019 24
	S-腺苷甲硫氨酸：2-去甲基甲萘醌-7-甲基转移酶活性	2	0.019 24
	纤维素合成酶活性	4	0.019 77
	纤维素合成酶（UDP 形成）活性	4	0.019 77
	GDP 解离抑制剂活性	2	0.038 31
	DNA 聚合酶加工因子活性	2	0.038 31
	氧化还原酶活性，作用于供体的 CH—OH 基团，NAD 或 NADP 作为受体	8	0.044 28
	氧化还原酶活性	28	0.045 85
生物学过程	细胞迁移	2	0.009 79
	细胞运动	2	0.009 79
	细胞定位	2	0.009 79
	倍半萜代谢过程	2	0.009 79
	倍半萜生物合成过程	2	0.009 79
	烯烃代谢过程	2	0.009 79
	烯烃生物合成过程	2	0.009 79
	反式-α-佛手柑油烯代谢过程	2	0.009 79
	反式-α-佛手柑油烯生物合成过程	2	0.009 79
	肌动蛋白丝束组件	3	0.016 42
	肌动蛋白丝束组织	3	0.016 42
	萜烯生物合成过程	2	0.029 25

表 8-25　PF vs. PFYG 的差异 circRNA 来源基因 KEGG 代谢通路富集分析

序号	代谢通路	来源基因个数（占比）	P 值	代谢通路 ID
1	β-丙氨酸代谢	6（4.03%）	6.82×10^{-6}	ko00410
2	脂肪酸降解	7（4.7%）	1.71×10^{-5}	ko00071
3	α-亚麻酸代谢	5（3.36%）	8.71×10^{-5}	ko00592
4	缬氨酸、亮氨酸和异亮氨酸降解	5（3.36%）	0.000 591 132	ko00280
5	组氨酸代谢	3（2.01%）	0.001 624 662	ko00340
6	核糖体	9（6.04%）	0.004 202 142	ko03010

续表

序号	代谢通路	来源基因个数（占比）	P 值	代谢通路 ID
7	精氨酸和脯氨酸代谢	4（2.68%）	0.004 887 343	ko00330
8	丙酮酸代谢	5（3.36%）	0.005 977 269	ko00620
9	色氨酸代谢	4（2.68%）	0.006 026 548	ko00380
10	糖酵解/糖新生	6（4.03%）	0.012 602 72	ko00010
11	代谢途径	36（24.16%）	0.013 418 51	ko01100
12	酪氨酸代谢	3（2.01%）	0.015 784 42	ko00350
13	赖氨酸降解	3（2.01%）	0.016 265 09	ko00310
14	类固醇生物合成	2（1.34%）	0.024 901 87	ko00100
15	甘油酯代谢	3（2.01%）	0.033 056 12	ko00561
16	乙醛酸及二羧酸代谢	3（2.01%）	0.043 843 47	ko00630

PFYG vs. PFI 鉴定出发病期相关 DEC，对其来源基因进行 GO 和 KEGG 富集分析，GO 富集分析表明细胞组分没有显著富集（*P* 值≤0.05）的 GO 条目，分子功能显著富集（*P* 值≤0.05）类别为 6 个，氨肽酶活性（GO：0004177）最显著富集，生物学过程显著富集（*P* 值≤0.05）类别为 8 个，氮利用调节（GO：0006808，表 8-26）最显著富集。通过 KEGG 数据库对 DEG 进行显著性富集分析（*P* 值≤0.05），结果显示差异 circRNA 的来源基因涉及 67 个 KEGG 代谢通路，显著富集的前三位分别是磷脂酶 D 信号通路（phospholipase D signaling pathway）、色氨酸代谢（tryptophan metabolism）和组氨酸代谢（histidine metabolism），分别有 4 个、3 个和 2 个基因参与。另外，核糖体（ribosome）、赖氨酸降解（lysine degradation）、精氨酸和脯氨酸代谢（arginine and proline metabolism）及甘油酯代谢（glycerolipid metabolism）等都高度富集（表 8-27）。

表 8-26　PFYG vs. PFI 的差异 circRNA 来源基因 GO 富集分析

GO 分类	GO 条目	来源基因个数	P 值
细胞组分	质膜	5	0.643 75
分子功能	氨肽酶活性	4	0.000 45
	金属氨肽酶活性	3	0.001 13
	金属外肽酶活性	3	0.003 26
	肽酶活性，作用于 L-氨基酸肽	9	0.021 6
	肽酶活性	9	0.036 21
	外肽酶活性	4	0.041 32
生物学过程	氮利用调控	3	0.000 020 7
	S-糖苷代谢过程	2	0.004 9
	S-糖苷分解代谢过程	2	0.004 9
	糖苷酸代谢过程	2	0.004 9
	糖苷酸分解代谢过程	2	0.004 9
	硫代葡萄糖代谢过程	2	0.004 9
	硫代葡萄糖分解代谢过程	2	0.004 9
	蛋白质引发剂蛋氨酸去除	2	0.012 21

PF vs. PFI、PF vs. PFYG、PFYG vs. PFI 差异 circRNA 的来源基因 GO 和 KEGG 分析结果表明，抗泡桐丛枝病、泡桐丛枝病潜伏期和发病期三个过程涉及相同 GO 条目和 KEGG 过程（图 8-15），三个 GO 分类中，细胞组分只在 PF vs. PFYG 中有富集的 GO 条目，且只富集到 1 个，所以三个比较组间未涉及共同的 GO 条目。分子功能和生物学过程两类也没有三个比较组共同的 GO 条目。KEGG 富集分析结果中

表 8-27　PFYG vs. PFI 的差异 circRNA 来源基因 KEGG 代谢通路富集分析

序号	代谢通路	来源基因个数（占比）	*P* 值	代谢通路 ID
1	磷脂酶 D 信号通路	4（5.63%）	0.000 248 083	ko04072
2	色氨酸代谢	3（4.23%）	0.004 988 247	ko00380
3	组氨酸代谢	2（2.82%）	0.005 516 063	ko00340
4	真核生物核糖体的生物发生	4（5.63%）	0.006 993 011	ko03008
5	核糖体	5（7.04%）	0.016 467 8	ko03010
6	β-丙氨酸代谢	2（2.82%）	0.020 323 78	ko00410
7	赖氨酸降解	2（2.82%）	0.026 614 83	ko00310
8	缬氨酸、亮氨酸和异亮氨酸降解	2（2.82%）	0.041 183 4	ko00280
9	精氨酸和脯氨酸代谢	2（2.82%）	0.041 843 38	ko00330
10	甘油酯代谢	2（2.82%）	0.043 847 17	ko00561

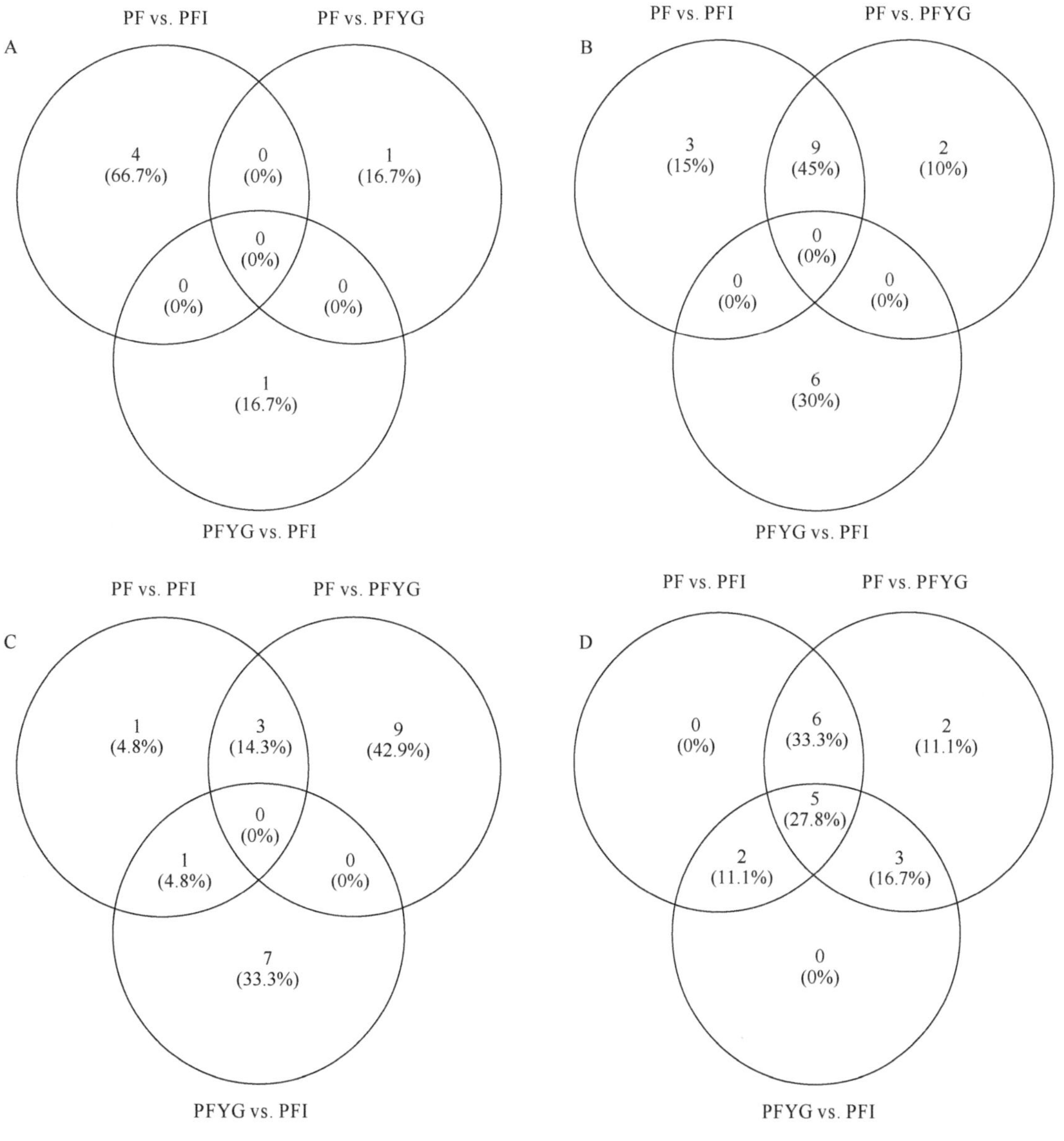

图 8-15　GO 和 KEGG 富集结果韦恩图

A. 细胞组分；B. 分子功能；C. 生物学过程；D. KEGG

共有的代谢通路有 5 条，全部是涉及氨基酸合成及代谢通路，这说明在抗病及发病过程可能与蛋白质的合成及代谢密切相关，这在枣树（Ji et al.，2009）及 lime 树（Monavarfeshani et al.，2013）的植原体病害研究中也有类似报道。

五、泡桐 ceRNA 网络

（一）泡桐 ceRNA 构建

利用本节鉴定出的转录本、miRNA、lncRNA 和 circRNA，根据 Meng 等（2012）的方法，对 circRNA（或 lncRNA）–miRNA–mRNA 三者之间的关系进行分析，并构建白花泡桐 ceRNA 调控网络，该结果为研究泡桐中 ceRNA 网络的互作机制奠定基础。结果显示共获得 3354 条 lncRNA-miRNA-mRNA 和 19 344 条 circRNA-miRNA-mRNA 互作关系，其中，464 个 mRNA，133 条 miRNA，262 条 lncRNA，1614 个 circRNA，随机挑选了部分网络进行展示（图 8-16）。

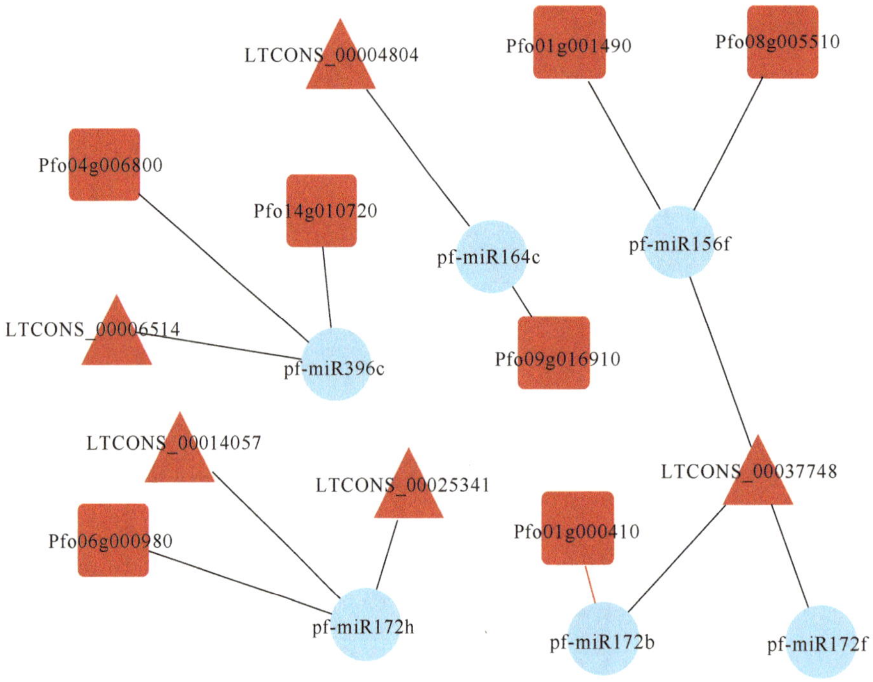

图 8-16　白花泡桐 ceRNA 网络

在 ceRNA 研究中，任何一类 RNA 分子都不是孤立的。根据三个比较组之间的分析结果，构建出的 ceRNA 网络如图 8-16 所示，6 个 miRNA，5 个 lncRNA 和 7 个 mRNA。

根据构建的 ceRNA 网络，将鉴定出的 mRNA，以及 miRNA 和 lncRNA 的靶基因，进行分析（表 8-28），找到了丛枝病相关的 mRNA。

含有 NAC 结构域的蛋白质 21/22（Pfo16g008420，NAC021）参与生长素信号的激活和侧根发育，而生长素与泡桐丛枝病的发生有关（Fan et al.，2014），NAC021 在抗病健康树中表达丰度较低，可能是其表达量低，导致激素失衡。CUC2（CUP-SHAPED COTYLEDON2，Pfo09g016910）属于植物特有的 NAC 家族 NAM 超家族成员。该基因在植物顶端分生组织的形成、器官原基的形成及边界的建立、叶边缘形态建成、花的形态建成及生长发育等过程中发挥作用，并受 miR164 的调控。顶芽、叶片及花都受泡桐丛枝病发生的影响，CUC2 在抗病健康树中表达量下调，未造成花和叶器官的异常发育。酪蛋白激酶Ⅱa 亚基（Pfo15g010590，CSNK2A）参与植物的生长发育过程的调节和昼夜节律代谢通路，昼夜节律与泡

表 8-28　丛枝病相关基因

	mRNA 编号	注释
丛枝病相关	Pfo16g008420	含有 NAC 结构域的蛋白质 21/22
	Pfo09g016910	protein CUP-SHAPED COTYLEDON 2
	Pfo15g010590	酪蛋白激酶Ⅱ a 亚基
	Pfo01g000410	5-甲基四氢蝶酰三谷氨酸-同型半胱氨酸甲基转移酶
	Pfo04g006800	可溶性环氧化物水解酶
	Pfo03g008760	WD 含重复蛋白 26
	Pfo06g000980	丝氨酸蛋白酶 EDA2
	Pfo14g010720	AGO1 蛋白
	Pfo06g002320	F-box 蛋白
	Pfo12g007860	AP2 家族转录因子
	Pfo07g002440	G-type lectin S-receptor-like 丝氨酸/苏氨酸蛋白激酶
	Pfo01g001490	squamosa 启动子结合蛋白 3
	Pfo08g005510	squamosa 启动子结合蛋白 6
	Pfo03g007510	RAX 转录因子家族 RAX2

桐丛枝病的发生相关（Fan et al.，2014），CSNK2A 在抗病树中下调，会影响生物钟相关 1（CCA1）的表达，进而影响 CCA1 参与的昼夜节律的调控和气孔的开合，最终影响植物的生长。5-甲基四氢蝶酰三谷氨酸-同型半胱氨酸甲基转移酶（Pfo01g000410，metE）参与半胱氨酸和甲硫氨酸代谢，metE 参与氨基酸的合成，其在健康树中低表达，未异常合成氨基酸。可溶性环氧化物水解酶（Pfo04g006800，EPHX2）参与过氧化物酶体代谢通路。环氧化物水解酶（epoxide hydrolase，EH）普遍存在于哺乳动物、昆虫、植物和微生物体内，是一类非常小的酶类家族，其可以作为信号转导分子调节内源性环氧化合物代谢，将环氧化物转换为相应的二醇。健康树中，EPHX2 的表达量较低，这可能是植原体未成功侵染，过氧化物酶体反应不激烈。WD 含重复蛋白 26（Pfo03g008760，WDR26）参与脱落酸、生长素、乙烯、光和胁迫的信号传递（Chuang et al.，2015），WDR26 的过表达会导致防御相关基因的上调，抗病树中 WDR26 上调，提高了防御反应，抵御住了植原体的侵染。F-box 蛋白（Pfo06g002320，F-box）是 AGO1 蛋白水平的新型负调节因子，可能在 ABA 信号转导和胁迫反应中发挥作用。F-box 是 SCF E3 泛素连接酶复合物的 F-box 亚基，可介导 14-3-3 蛋白的降解。而泛素化、14-3-3 蛋白在之前的研究中与泡桐丛枝病的发生相关（Cao et al.，2021）。AP2 家族转录因子（Pfo12g007860），参与开花的调控和先天免疫，其在抗病树中高表达，可能会增强其免疫反应，使其表现出抗病性。G 型凝集素 S 受体样丝氨酸/苏氨酸蛋白激酶（Pfo07g002440，GsSRK）参与 MAPK 级联反应，可抑制植物抗病信号传递，在抗病树中，其表达丰度不高，其抑制作用相对不大，抗病性可能是得益于此。squamosa 启动子结合蛋白 3/6 可通过泛素化调控下游基因表达造成腋芽丛生，其在抗病树中均高表达，抑制腋芽丛生症状的出现。MYB 家族是最重要的植物转录因子家族之一，根据 MYB 蛋白所含 MYB 保守结构域的数目和位置，将其分为 R1/R2-MYB、R2R3-MYB、R1R2R3-MYB 和 4R-MYB 4 个类型，其中，R2R3-MYB 类转录因子在 MYB 家族中含有成员最多，R2R3-MYB 类转录因子在植物中具有多样化的功能，对器官的形成、叶片的形态建成和细胞分化等具有重要的调节作用，并且参与对激素、调控和环境因子的应答。转录因子 RAX2（Pfo03g007510，RAX2）属于 R2R3-MYB 类，番茄 *BL*（*BLIND*）基因编码的转录因子属于 R2R3-MYB 亚家族，是参与调控植物侧枝形成的关键基因之一（Schmitz et al.，2002），*RAX* 是 *BL* 的同源基因，从烟草中分离出的 *NtRAX2* 基因，过表达时转基因植株会更早出现腋芽，说明 *NtRAX2* 基因可以促进植物侧枝发育（陈雅琼，2015）。在拟南芥中，RAX2 与腋生分生组织形成。在抗病树中，其表达丰度较低，这是其能保持健康形态的原因。

（二）泡桐 RAX2 功能验证

从以上相关基因中，挑选出可能与分枝调控相关的 RAX2 进行功能的初步验证。以 1 月龄的毛果杨无菌苗为转化受体，经过侵染、抗性愈伤形成、抗性愈伤组织分化出芽、抗性芽生根等过程，获得再生植株。当生根苗生长 30～40 天时，分别选取 6 株转基因苗提取 DNA 进行目的基因的 PCR 鉴定。以提取的 DNA 为模板，两个基因分别以重组质粒 pBI121-PfRAX2 为阳性对照，以（5′ATGGGAAGAGCACCTTGCTG-3′）和（5′CAAATATCAACAGAAAGTTCTGAGTTTC-3′）为上游和下游引物，都以野生毛果杨和 H_2O 为阴性对照，进行 PCR 扩增。结果表明 6 株转 *PfRAX2*（条带大小为 500bp）基因毛果杨苗中有 2 株扩增出了特异性条带，而野生型毛果杨和 H_2O 中未出现特异性的条带（图 8-17A）。因此，可以初步认为 *PfBRC1* 和 *PfRAX2* 基因已分别导入毛果杨基因组中，并获得了转基因再生植株。

图 8-17　转 *PfRAX2* 基因毛果杨的分子鉴定及分析

A. 转基因阳性苗鉴定，M. DL 2000，1. 阳性对照（质粒），2. 野生毛果杨（阴性对照），3. 水（阴性对照），4～6. 转基因苗；B. 野生毛果杨；C. 转 *PfRAX2* 基因株系

为了进一步研究 *PfRAX2* 基因的功能，在抗性芽生长到超过 1.5cm 时，将其进行剪切并放入生根筛选培养基中继续生长 10 天左右，从形态上可以发现转基因植株与野生型毛果杨出现明显的差异。转 *PfRAX2* 基因毛果杨植株与野生毛果杨相比，植株分枝明显增多（图 8-17C）。

第二节　泡桐的总蛋白质修饰组

泡桐丛枝病是由植原体引起的一种传染性病害，植原体很难体外培养，致使丛枝病的发病机理仍不清楚。利用高通量蛋白质组学、蛋白质翻译后修饰组学（乙酰化、磷酸化、巴豆酰化和泛素化），全面了解整个动态变化网络，找到被激活或抑制的关键信号通路和分子。

一、泡桐蛋白质乙酰化修饰

研究以健康毛泡桐幼苗（PT）、感病幼苗（PTI）为材料，利用 TMT 技术对 4 种处理的毛泡桐幼苗进行蛋白质组学、乙酰化修饰组学鉴定。研究共检测到 8963 个蛋白质，其中 276 个蛋白质的表达量随着植原体的侵染显著变化，而这些蛋白质主要参与次级代谢物合成、叶绿素代谢等通路当中。

（一）蛋白质乙酰化修饰鉴定

共鉴定到 2893 个蛋白质上的 5558 个乙酰化位点，其中 2210 个蛋白质上的 3992 个位点具有定量信息。以差异倍数值变化超过 2 倍作为显著上调、小于 1/2 作为显著下调的变化标准，PTI/PT 中差异表达的位点数据见表 8-29。

（二）差异修饰位点对应蛋白质的功能分析

基因本体（gene ontology，GO）是一个重要的生物信息学分析方法和工具，用于表述基因和基因产

表 8-29　乙酰化修饰水平差异表达统计

比较组	类型	上调（>2）	下调（<1/2）
PTI/PT	位点	395	14
	蛋白	333	8

注：*P* 值<0.05

物的各种属性。GO 注释分为 3 个一级大类：生物进程（biological process）、细胞组成（cellular component）和分子功能（molecular function），从不同角度阐释蛋白质的生物学作用。对差异修饰位点对应蛋白质进行 GO 分析，结果表明：乙酰化水平上调（表 8-30）的位点对应的蛋白质在三类中涉及最多的 GO 条目分别是代谢过程、细胞和结合。乙酰化水平下调则分别是（表 8-31）单一的生物过程、细胞、催化活性，无论上调或者下调，乙酰化水平变化对参与细胞这一 GO 条目的蛋白质影响较大。

表 8-30　PTI vs. PT 中上调乙酰化位点对应蛋白质在 GO 二级注释中的分布情况

GO 分类	GO 条目	蛋白质个数
生物学过程	代谢过程	146
	细胞过程	135
	单体过程	85
	生物调节	22
	本地化	18
	对刺激的反应	13
	细胞成分组织或生物发生	9
	细胞	40
	细胞器	39
	大分子复合物	22
分子功能	膜	170
	结合	135
	催化活性	15
	结构分子活性	10
	转运活性	7

表 8-31　PTI vs. PT 中下调乙酰化化位点对应蛋白质在 GO 二级注释中的分布情况

GO 分类	GO 条目	蛋白质个数
生物学过程	单体过程	5
	代谢过程	4
	细胞过程	4
	对刺激的反应	1
	本地化	1
细胞组分	细胞	3
	细胞器	1
	膜	1
分子功能	催化活性	4
	结合	3
	转运活性	1

二、泡桐蛋白质琥珀酰化修饰

（一）琥珀酰化修饰鉴定

共鉴定到位于 1217 个蛋白质上的 1970 个琥珀酰化位点，其中 1085 个蛋白质的 1723 个位点包含定量信息。以差异倍数值变化超过 2 倍作为显著上调、小于 1/2 作为显著下调的标准，PTI/PT 比较中差异修饰水平结果显示（表 8-32），与乙酰化相比，数量大幅度减少。

表 8-32　琥珀酰化修饰水平差异表达统计信息

比较组	类型	上调（>2）	下调（<1/2）
PTI/PT	位点	5	9
	蛋白质	4	7

注：*P* 值<0.05

（二）差异修饰位点对应蛋白质的功能分析

对差异修饰位点对应蛋白质进行 GO 功能分析，结果显示（图 8-18），生物学过程中，占比较大的是代谢过程和细胞过程；细胞组分中，占比较大的是细胞，分子功能中占比较大的结合。这个乙酰化修饰的结果类似，但涉及的蛋白质数量明显减少，这可能是由于在泡桐和植原体的相互作用中，乙酰化的作用要高于琥珀酰化。

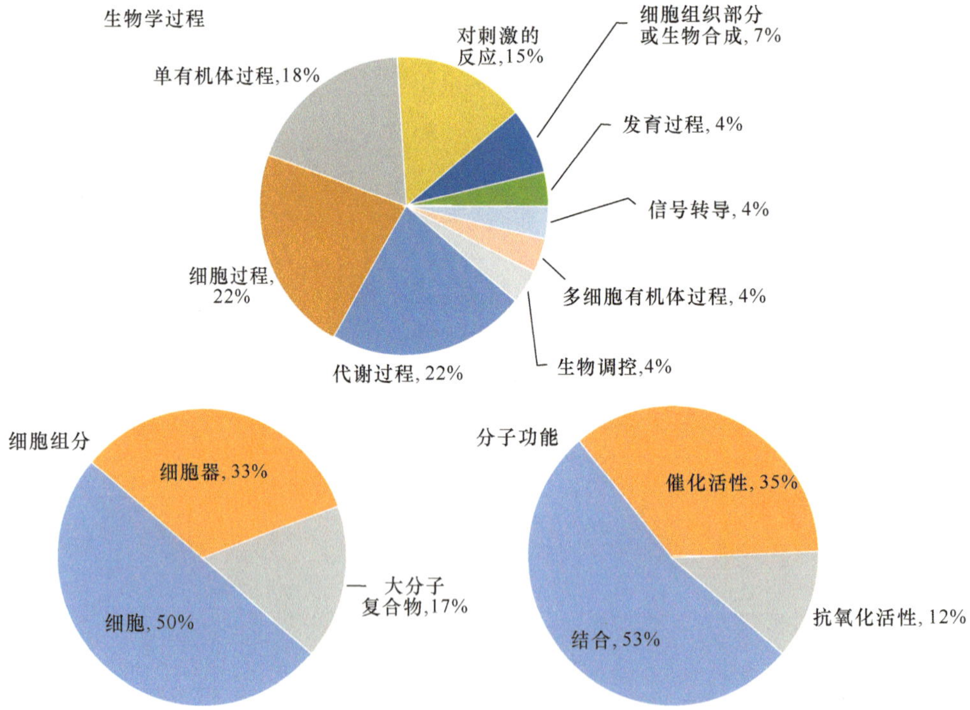

图 8-18　乙酰化修饰水平变化位点对应蛋白质的 GO 分析

三、泡桐蛋白质磷酸化修饰

通过 TMT 标记和磷酸化修饰富集技术及高分辨率液相色谱-质谱联用的定量蛋白质组学研究策略，以白花泡桐组培苗（PF）和感病幼苗（PFI）为材料，进行了磷酸化修饰蛋白质组学定量研究。

（一）磷酸化修饰鉴定

通过质谱分析共得到 560 976 张二级谱图。质谱二级谱图经蛋白质理论数据搜库后，得到可利用有效谱图数为 75 473，谱图利用率为 13.4%，通过谱图解析共鉴定到 19 414 条肽段，10 104 个磷酸化修饰肽段。为确保结果的高度可信，使用定位概率>0.75 的标准对鉴定数据进行了过滤。在白花泡桐中共鉴定到 2320 个蛋白质上的 4577 个磷酸化位点，其中 1085 个蛋白质上的 2373 个位点包含定量信息，将该数据用于后续的生物信息学分析。差异位点的筛选遵循以下的标准：1.5 倍为变化阈值，检验 $P<0.05$，PFI/PF 差异修饰位点信息结果显示，上调位点 51 个，下调 125（表 8-33）。

表 8-33　磷酸化修饰水平差异表达统计信息

比较组	类型	上调	下调
PFI/PF	位点	51	125
	蛋白质	48	95

（二）差异修饰位点对应蛋白质的功能分析

对差异修饰位点对应的蛋白质进行功能分析，结果显示（图 8-19），在生物学过程中，代谢过程占比最大，细胞组分中，膜涉及的蛋白质个数最多，分子功能中，结合这一 GO 条目比重最大。

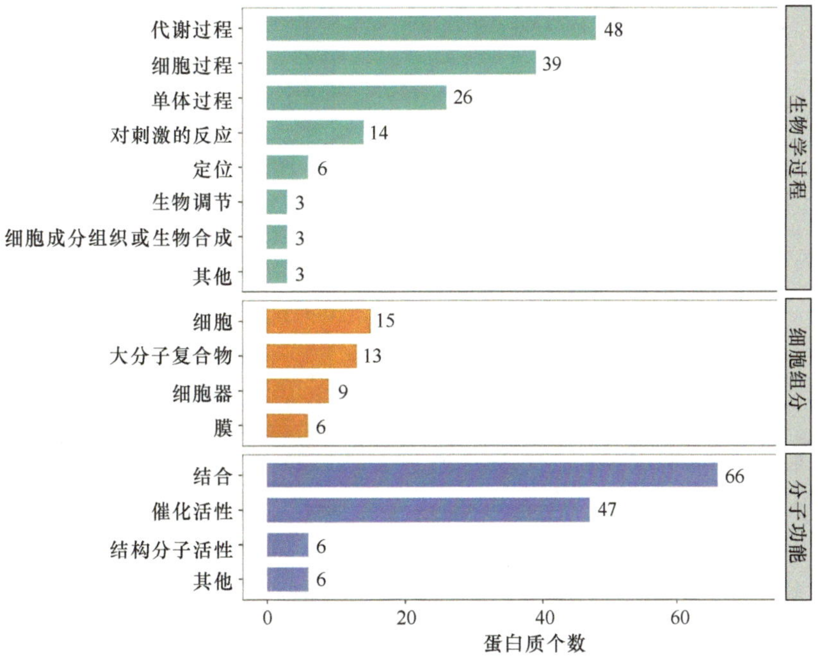

图 8-19　磷酸化修饰水平变化位点对应蛋白质的 GO 分析

四、泡桐蛋白质巴豆酰化修饰

（一）巴豆酰化修饰鉴定及分析

经质谱分析共得到 173 739 张二级谱图。质谱二级谱图经蛋白质理论数据搜库后，得到可利用有效谱图数为 23 180，谱图利用率为 13.3%，通过谱图解析共鉴定到 13 783 条肽段，12 798 个巴豆酰化修饰肽段。在白花泡桐中共鉴定到 2454 个蛋白质上的 6060 个巴豆酰化修饰位点，其中 1743 个蛋白质上的 4254

个位点包含定量信息。以 1.5 为阈值进行差异修饰分析，结果表明（表 8-34），修饰水平上调的位点有 103，下调的有 80。

表 8-34 巴豆酰化修饰水平差异表达统计信息

比较组	类型	上调	下调
PFI/PF	位点	103	80
	蛋白质	79	67

（二）差异修饰位点对应蛋白质的功能分析

对差异位点对应的蛋白质进行功能分析，蛋白相邻类的聚簇（clusters of orthologous groups，COG）分析结果表明，O 类翻译后修饰、蛋白质周转、伴侣蛋白和 C 类能量生产和转化是占比较大的两类功能（图 8-20）。

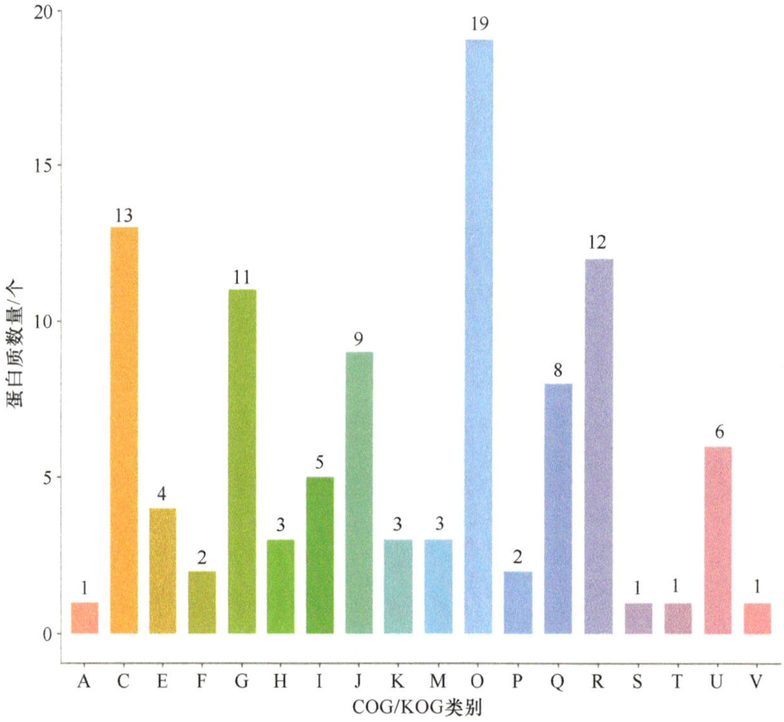

图 8-20 巴豆酰化修饰水平变化位点对应蛋白质的 COG 功能分类

A. RNA 加工和修饰；C. 能量生产和转化；E. 氨基酸运输和代谢；F 核苷酸运输和代谢；G. 碳水化合物运输和代谢；H. 辅酶运输和代谢；I. 脂质运输和代谢；J. 翻译、核糖体结构与生物发生；K. 转录；M. 细胞壁/膜/包膜生物发生；O. 翻译后修饰、蛋白质周转、伴侣蛋白；P. 无机离子转运和代谢；Q. 次生代谢产物生物合成、转运和分解代谢；R. 仅用于一般功能预测；S. 功能未知；T. 信号转导机制；U. 细胞内运输、分泌和囊泡运输；V. 防御机制

五、泡桐蛋白质泛素化修饰

（一）泛素化修饰鉴定

通过非标定量和泛素化修饰富集技术及高分辨率液相色谱-质谱联用的定量蛋白质组学研究策略，进行泛素化修饰蛋白质组学定量研究。通过质谱分析共得到 775 857 张二级谱图。质谱二级谱图经蛋白质理论数据搜库后，得到可利用有效谱图数为 289 538，谱图利用率为 37.3%，通过谱图解析共鉴定到 22 945 条肽段，11 089 个泛素化修饰肽段。一共鉴定到 3960 个蛋白质上的 11 446 个泛素化修饰位点，其中 3415

个蛋白质上的 9257 个位点具有定量信息。以差异修饰量变化超过 1.5 作为显著上调的变化阈值，结果显示，上调的位点有 2159 个，下调的有 457 个，从数量上看均比其他修饰要多（表 8-357）。

表 8-35　泛素化修饰水平差异表达统计信息

比较组	类型	上调	下调
PFI/PF	位点	2159	457
	蛋白质	1296	289

（二）差异修饰位点对应蛋白质的功能分析

对差异位点对应的蛋白质进行功能分析，KEGG 分析结果表明，生长素外排、对蔗糖的响应、离子跨膜转运的调控是显著富集的 3 条代谢通路。泛素化修饰水平的变化可能影响了这些通路的代谢（图 8-21）。

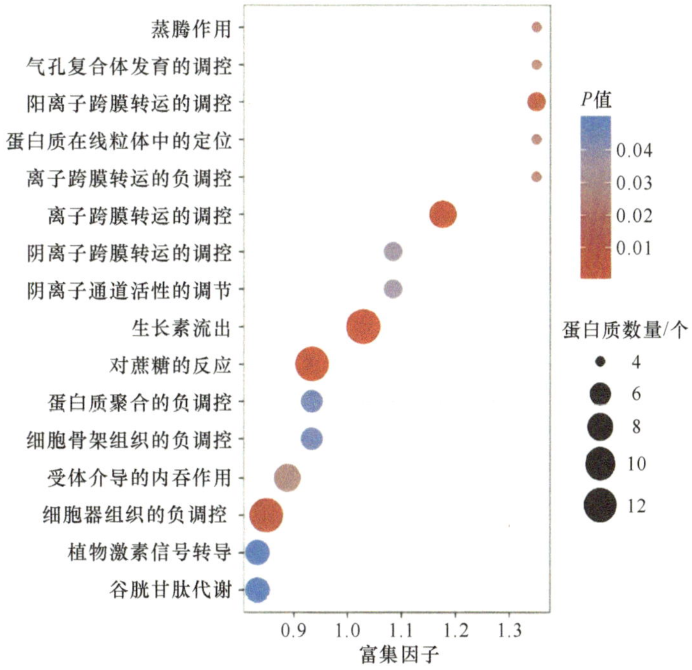

图 8-21　泛素化修饰水平变化位点对应蛋白的 KEGG 分析

第三节　泡桐的组蛋白修饰组学

基因的表达受多种因素共同调控，组蛋白修饰就是其中之一。作为表观遗传学中重要的一个分支，组蛋白修饰在生物生长发育及进化过程有着不可替代的作用。组蛋白分为 5 类：H1、H2A、H2B、H3、H4。组蛋白修饰可分为甲基化、乙酰化、磷酸化、泛素化等。由于组蛋白和其修饰的种类多样性，不同组蛋白上的不同位点可发生不同类型和不同数目的组蛋白修饰，且发挥的作用也不同。这些不同类型的组蛋白修饰之间也相互协作或制约，形成“组蛋白密码”，调控生物中的某些进程（Strahl and Allis，2000；蒋智文等，2009）。目前，已有一些研究者运用 ChIP-seq 技术去研究组蛋白对植物中目的基因的修饰水平（董小明等，2013；Baerenfaller et al.，2016）。本试验欲从表观遗传学中组蛋白修饰探究，揭示泡桐丛枝病的发病机理。

一、泡桐组蛋白质甲基化修饰

（一）ChIP-seq 数据处理及质量分析

实验以 PF 和 PFI 为材料，组蛋白甲基化类型包括 H3K4ME3，H3K36ME3，为了验证 ChIP-seq 获得的原始数据原始序列质量，对其进行了碱基分布及其质量分析检测。从部分分析图中可以看出，得到的原始序列数据可靠，可进行后续分析（图 8-22）。继续对原始数据进行去污染、去接头、去除低质量的数据之后，得到高质量序列，同时对高质量序列的碱基质量及其碱基分布也进行了检测以证明其可靠性（图 8-23），并统计得到数据基本信息（表 8-36）。

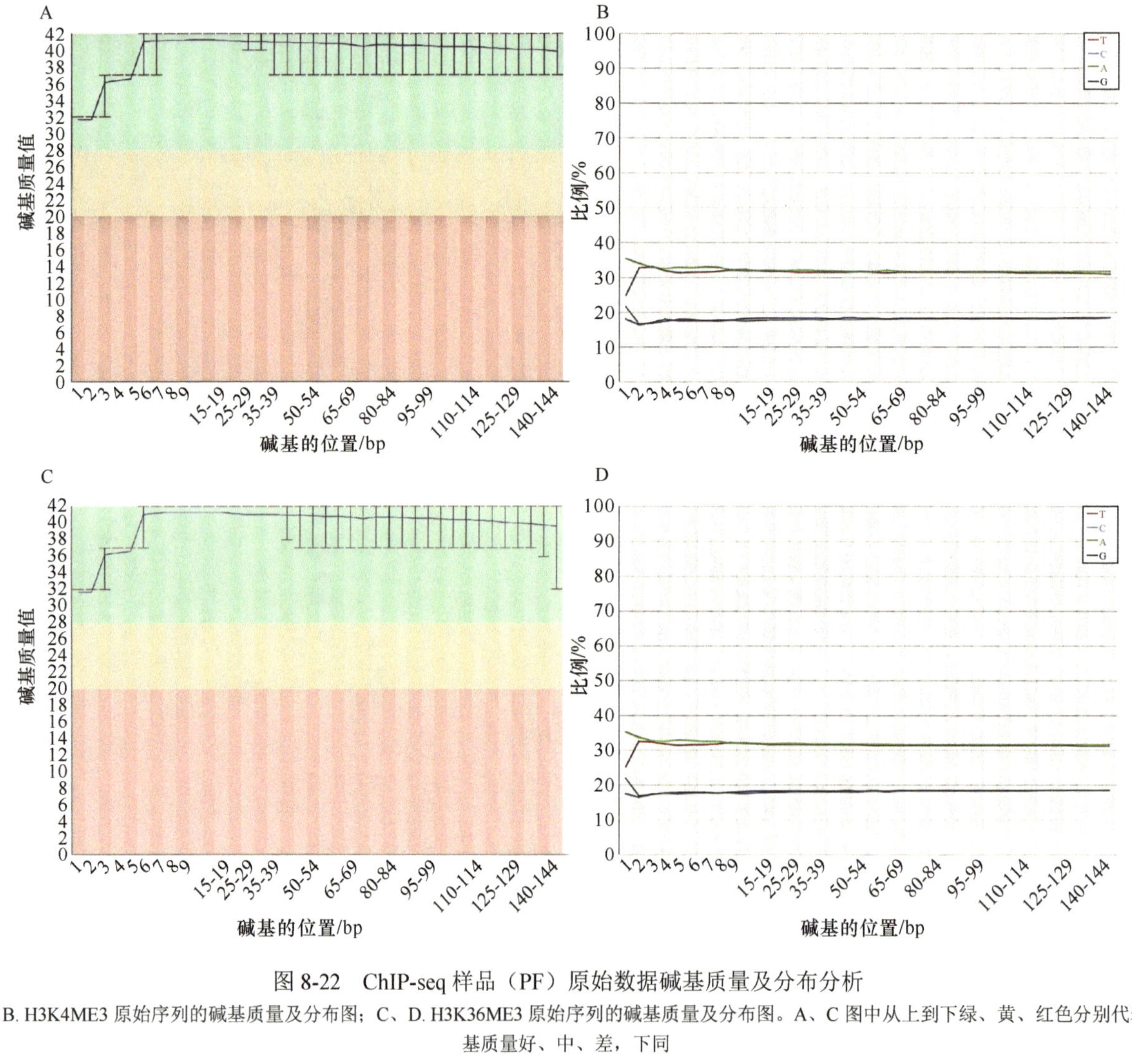

图 8-22　ChIP-seq 样品（PF）原始数据碱基质量及分布分析

A、B. H3K4ME3 原始序列的碱基质量及分布图；C、D. H3K36ME3 原始序列的碱基质量及分布图。A、C 图中从上到下绿、黄、红色分别代表碱基质量好、中、差，下同

通过表 8-37 可以看出，18 个样本平均得到原始序列 52 257 094 条，高质量序列 46 671 427 条，高质量序列的碱基 6 821 766 636 个。其中测序错误率≤1%的碱基数目所占比例平均为 99.44%，测序错误率≤0.1%的碱基数目所占比例平均为 97.93%，平均测序错误率为 0.0084%，平均 G+C 的数量占总的碱基数量的比例为 36.93%。综上所述 ChIP-seq 的基础数据质量可靠，能继续将得到的高质量序列进行比对到基因组上做后续分析。

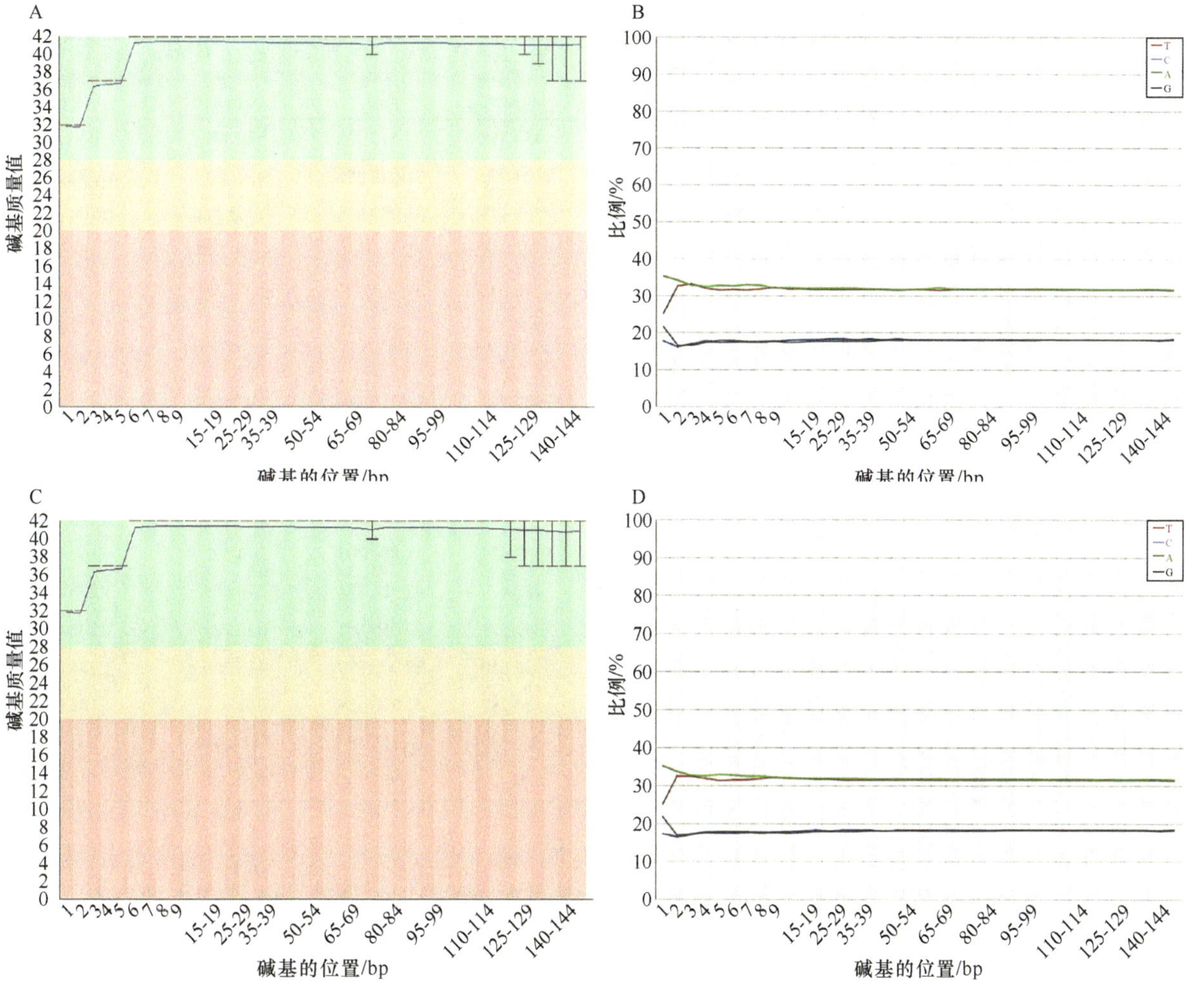

图 8-23　ChIP-seq 样品（PF）高质量序列数据碱基质量及分布分析

A、B. H3K4ME3 高质量数据的碱基质量及分布图；C、D. H3K36ME3 高质量数据的碱基质量及分布图

表 8-36　白花泡桐 ChIP-seq 基础数据统计

样品	原始序列	高质量序列	过滤后得到的总碱基数	Q20/%	Q30/%	测序错误率/%	GC/%
InPutPF-1	39 633 934	35 927 280	5 253 670 906	99.43	97.96	0.01	34.83
InPutPF-2	38 870 546	36 018 342	5 275 131 067	99.50	98.07	0.01	35.05
InPutPF-3	40 770 146	36 919 134	5 387 727 979	99.44	97.87	0.01	34.21
InPutPFI-1	129 861 952	116 610 776	17 086 355 600	99.47	98.08	0.01	34.93
InPutPFI-2	46 294 778	41 877 940	6 131 626 606	99.45	98.03	0.01	33.98
InPutPFI-3	45 548 292	41 824 912	6 129 921 950	99.46	98.05	0.01	35.16
IPPF-1H3K36ME3	42 017 810	38 366 562	5 599 637 078	99.43	97.85	0.01	36.44
IPPF-2H3K36ME3	42 439 836	38 853 218	5 673 245 227	99.43	97.90	0.01	34.96
IPPF-3H3K36ME3	59 719 266	54 852 616	8 036 115 494	99.46	98.02	0.01	35.02
IPPFI-1H3K36ME3	56 643 522	48 090 456	7 017 460 998	99.46	97.96	0.01	36.55
IPPFI-2H3K36ME3	49 956 598	43 361 398	6 337 809 999	99.48	98.01	0.01	36.34
IPPFI-3H3K36ME3	53 573 012	48 276 648	7 086 918 920	99.49	98.09	0.01	38.69
IPPF-1H3K4ME3	54 123 668	48 475 104	7 063 289 892	99.40	97.86	0.01	36.12
IPPF-2H3K4ME3	41 397 162	37 125 072	5 409 290 935	99.38	97.78	0.01	35.87
IPPF-3H3K4ME3	45 741 332	42 136 418	6 173 881 684	99.48	98.08	0.01	35.65
IPPFI-1H3K4ME3	60 934 130	49 365 138	7 209 365 174	99.47	97.98	0.01	38.10
IPPFI-2H3K4ME3	50 843 928	43 441 644	6 277 158 425	99.45	97.91	0.01	36.96
IPPFI-3H3K4ME3	42 257 778	38 563 034	5 643 191 506	99.43	97.90	0.01	39.94

表 8-37　比对到白花泡桐基因组上的序列数据统计

样品	高质量序列	比对上的序列	比对率/%	完美匹配的序列	单独一条匹配到参考序列上的序列	两条都比对到参考序列上的序列	两条分别比对到两条不同的参考序列的序列	两条分别比对到两条不同的参考序列，且比对质量≥5
InPutPF-1	35 927 280	30 972 883	86.21	29 594 264	458 858	30 514 025	570 741	373 475
InPutPF-2	36 018 342	31 446 660	87.31	30 244 614	404 090	31 042 570	453 351	282 501
InPutPF-3	36 919 134	31 926 117	86.48	30 148 778	566 178	31 359 939	1 005 111	704 171
InPutPFI-1	116 610 776	87 721 199	75.23	83 050 716	1 835 033	85 886 166	1 399 918	739 217
InPutPFI-2	41 877 940	31 237 850	74.59	29 596 470	736 645	30 501 205	506 556	288 342
InPutPFI-3	41 824 912	32 270 865	77.16	30 734 938	703 094	31 567 771	533 887	317 740
IPPF-1H3K36ME3	38 366 562	34 660 769	90.34	33 595 326	314 057	34 346 712	338 810	183 314
IPPF-2H3K36ME3	38 853 218	34 884 801	89.79	33 769 760	367 752	34 517 049	392 426	224 462
IPPF-3H3K36ME3	54 852 616	49 370 111	90.01	47 853 560	489 394	48 880 717	577 144	336 080
IPPFI-1H3K36ME3	48 090 456	41 680 645	86.67	39 935 620	498 413	41 182 232	281 291	157 855
IPPFI-2H3K36ME3	43 361 398	37 257 911	85.92	35 810 958	427 126	36 830 785	280 155	160 511
IPPFI-3H3K36ME3	48 276 648	42 236 832	87.49	40 822 524	367 629	41 869 203	274 596	160 157
IPPF-1H3K4ME3	48 475 104	43 364 853	89.46	41 737 110	438 479	42 926 374	546 589	296 341
IPPF-2H3K4ME3	37 125 072	32 454 638	87.42	31 400 118	399 077	32 055 561	348 227	202 430
IPPF-3H3K4ME3	42 136 418	38 287 959	90.87	37 195 570	335 860	37 952 099	413 266	234 886
IPPFI-1H3K4ME3	49 365 138	41 775 227	84.62	39 154 846	554 788	41 220 439	362 310	183 074
IPPFI-2H3K4ME3	43 441 644	36 636 987	84.34	34 308 488	520 530	36 116 457	1 019 049	534 149
IPPFI-3H3K4ME3	38 563 034	34 253 475	88.82	33 458 520	300 073	33 953 402	212 000	138 968

利用 BWA 软件将过滤后的高质量序列比对到白花泡桐基因组序列上，只有错配不超过 2 个碱基的序列才被视为比对到了泡桐基因组上的序列（Li et al.，2008b）。如表 8-36 所示，12 个样本试验中，平均有 39 579 988 条序列比对到了白花泡桐基因组，占了高质量序列总数的 87.98%。此结果与其他植物中 ChIP 基础数据的结果相似（Wei et al.，2013）。对比对到泡桐基因组的序列进行了更详细的划分，平均有 417 765 条是单独一条匹配到基因序列上的，39 579 988 条是两条都比对到参考序列上的序列。这 39 579 988 条序列，被分为 37 420 200 条是比对到同一条参考序列，并且两条序列之间的距离符合设置的阈值的序列，和 420 489 条是两条分别比对到两条不同的参考序列的序列。而 420 489 条序列中，又包括了 234 352 条是比对质量≥5 的序列。在 6 个 InPut 试验中，平均有 40 929 262 条序列比对到了白花泡桐基因组，占高质量序列的 81.16%。其中，平均有 783 983 条是单独一条匹配到基因序列上的序列，40 145 279 条（包括比对到同一条参考序列，并且两条序列之间的距离符合设置的阈值的 38 894 963 条序列，和两条分别比对到两条不同的参考序列的 744 927 条序列）是两条都比对到参考序列上的序列。而这 744 927 条序列中，又包括了 450 908 条是比对质量≥5 的序列。

（二）ChIP-seq 数据对基因组的分析

1. peak 在泡桐基因组的信息统计

根据泊松分布模型和软件，鉴定到了泡桐四个样品中的峰（peak），并对其基因组分布、长度、序列深度等进行统计分析，用于进一步鉴定组蛋白修饰是否存在某种结合模式。在排除 InPut 背景后，得出了 12 个样本得到的 peak 数量与长度统计分析（表 8-38）。从图 8-24 中可以看出，每个样品每种修饰的 peak 长度对应的数量范围均先上升后下降，且峰值大多在 1500bp 附近。样品的平均 peak 数量为 15 461 个，平均每个样的 peak 总长为 34 625 325bp，平均每个 peak 长为 2223bp 。

从不同样品间富集的 peak 来看，①在 PF 样品中，IPPF-1H3K4ME3 鉴定的 peak 数量最多，有 14 350

表 8-38　白花泡桐组蛋白甲基化修饰 peak 数量与长度统计

处理组	对照组	peak 数	总长度/bp	平均长度/bp	最大长度/bp	最小长度/bp
IPPF-1H3K36ME3	InPutPF-1	10 372	26 271 141	2 532.891	17 712	303
IPPF-2H3K36ME3	InPutPF-2	3 124	5 709 540	1 827.638	10 532	270
IPPF-3H3K36ME3	InPutPF-3	4 886	12 757 181	2 610.966	16 494	250
IPPFI-1H3K36ME3	InPutPFI-1	20 429	61 881 377	3 029.095	31 861	283
IPPFI-2H3K36ME3	InPutPFI-2	18 375	60 411 118	3 287.68	29 356	307
IPPFI-3H3K36ME3	InPutPFI-3	18 262	63 391 911	3 471.247	26 112	332
IPPF-1H3K4ME3	InPutPF-1	14 350	23 396 610	1 630.426	7 313	331
IPPF-2H3K4ME3	InPutPF-2	10 186	14 812 087	1 454.161	7 282	257
IPPF-3H3K4ME3	InPutPF-3	8 182	13 520 823	1 652.508	7 831	316
IPPFI-1H3K4ME3	InPutPFI-1	27 090	43 852 800	1 618.782	10 541	245
IPPFI-2H3K4ME3	InPutPFI-2	24 293	41 765 787	1 719.252	10 103	272
IPPFI-3H3K4ME3	InPutPFI-3	25 979	47 733 525	1 837.389	11 632	318

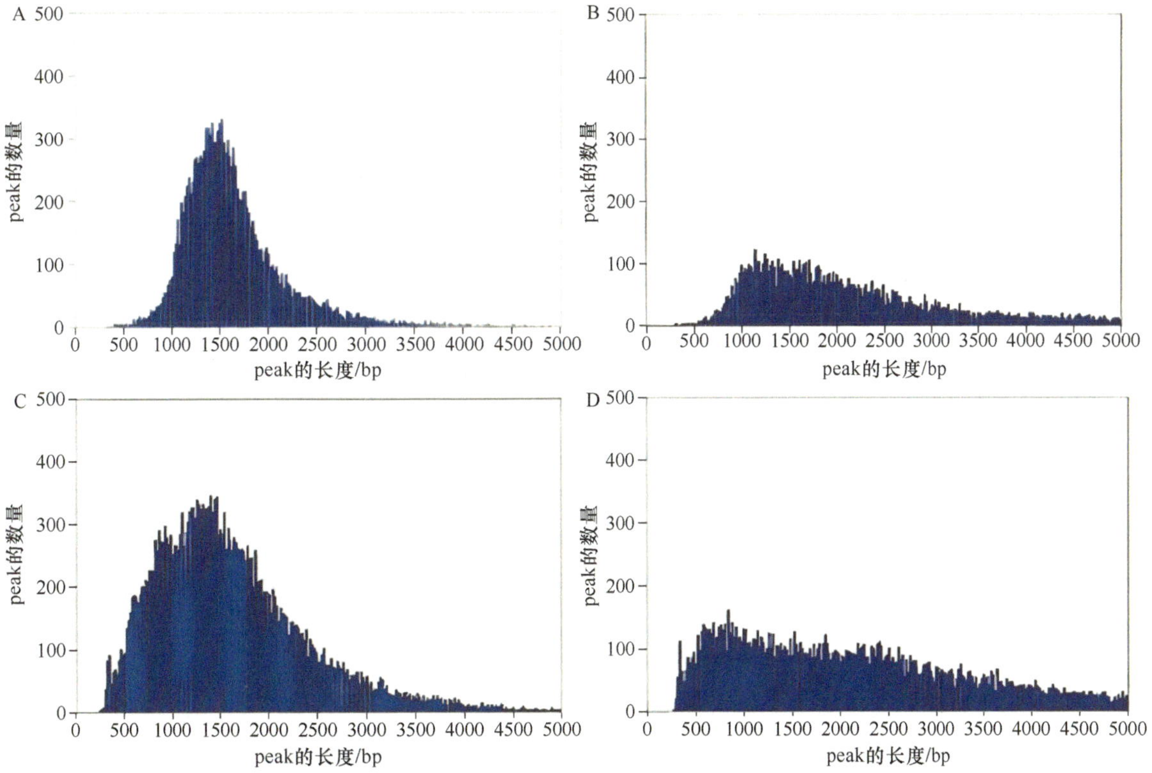

图 8-24　白花泡桐 peak 长度分析

A、B. H3K4ME3、H3K36ME3 在 PF 中的 peak 长度；C、D. H3K4ME3、 H3K36ME3 在 PFI 中的 peak 长度

条，其次是 IPPF-1H3K36ME3；IPPF-2H3K36ME3 鉴定的最少，有 3124 条。peak 总长最长的是 IPPF-1H3K36ME3，有 26 271 141bp，其次是 IPPF-1H3K4ME3；最短的是 IPPF-2H3K36ME3，为 5 709 540 bp。IPPF-3H3K36ME3 具有最长的 peak 平均长度，为 2610.97bp，其次是 IPPF-1H3K36ME3；IPPF-2H3K4ME3 的最短，为 1454.17bp。②在 PFI 样品中，IPPFI-1H3K4ME3 鉴定的 peak 数量最多（27 090 条），其次是 IPPFI-3H3K4ME3；IPPFI-3H3K36ME3 鉴定的最少（18 262 条）。IPPFI- 3H3K36ME3 中的 peak 总长最长（63 391 911bp），其次是 IPPFI-1H3K36ME3；IPPFI-2H3K4ME3 中的最短（41 765 787 bp）。对于 peak 平均长度，IPPFI-3H3K36ME3 的最长（3471.25bp），其次是 IPPFI- 2H3K36ME3；IPPFI-1H3K9AC 的最短

（1522.63bp）。

从组蛋白修饰上观察，发现：①对于 H3K4ME3 修饰，IPPFI-1 鉴定的 peak 数量最多，有 27 090 条，其次是 IPPFI-3；IPPF-3 鉴定的最少，有 8182 条。IPPFI-3 中的 peak 总长最长，为 47 733 525bp，其次是 IPPFI-1；IPPF-3 中的最短，为 13 520 823bp。对于 peak 平均长度，IPPFI-3 的最长，为 1837.38bp，其次是 IPPFI-2；IPPF-2 的最短，为 1431.64bp。②对于 H3K36ME3 修饰，IPPFI-1 鉴定的 peak 数量最多，有 20 429 条，其次是 IPPFI-2；IPPF-2 鉴定的最少，有 3124 条。IPPFI-3 中的 peak 总长最长，为 63 391 911 bp，其次是 IPPFI-1；IPPF-2 中的最短，为 5 709 540bp。对于 peak 平均长度，IPPFI-3 的最长，为 3471.25bp，其次是 IPPFI-2；IPPF-2 的最短，为 1827.64bp。

综上所述，研究发现 PF 样品中修饰获得的 peak 数相对来说比 PFI 都少。且 H3K4ME3 修饰富集到的 peak 总数基本比 H3K36ME3 的多。peak 在每个样品中的总长度分布和其总数量分布相似，但 H3K36ME3 的 peak 总长度要比 H3K4ME3 的 peak 总长要长。在每个样品中，peak 的平均长度没有其总数量和中长度相差的范围大，不同样品间相同修饰的平均长度无明显差异，且 H3K36ME3 修饰得到的 peak 平均长度明显比另外两个修饰 H3K4ME3 的长。初步认为，病苗中的植原体导致了泡桐中 H3K4ME3 和 H3K36ME3 两种修饰的整体水平升高，说明从枝病可影响泡桐中组蛋白的甲基化修饰水平。

2. peak 在泡桐基因上的分布特征

为了进一步去探讨组蛋白修饰的结合位点特征及对基因的调控机制，运用物种的 GFF3 注释信息，分析富集区间即 peak 在整个基因组范围和基因内的分布特征。从图 8-25 中可以看出在全基因组范围内，蛋白质编码区（CDS）所占的比例最多，基本上都超过了一半；其次是内含子（intron）和启动子（promoter），基本相差不大，但也有相差两倍的个别情况；5' 非编码区（5' UTR）和 3' 非编码区（3' UTR）是 peak 分布最少的两个区域，尤其是 3' UTR，占了不到 1%的比例。在基因组内，不包括基因区间（intergenic）区，其他四个区域的比例与在全基因范围的比例基本不变（图 8-26）。在全基因组中，这五个区域所占区

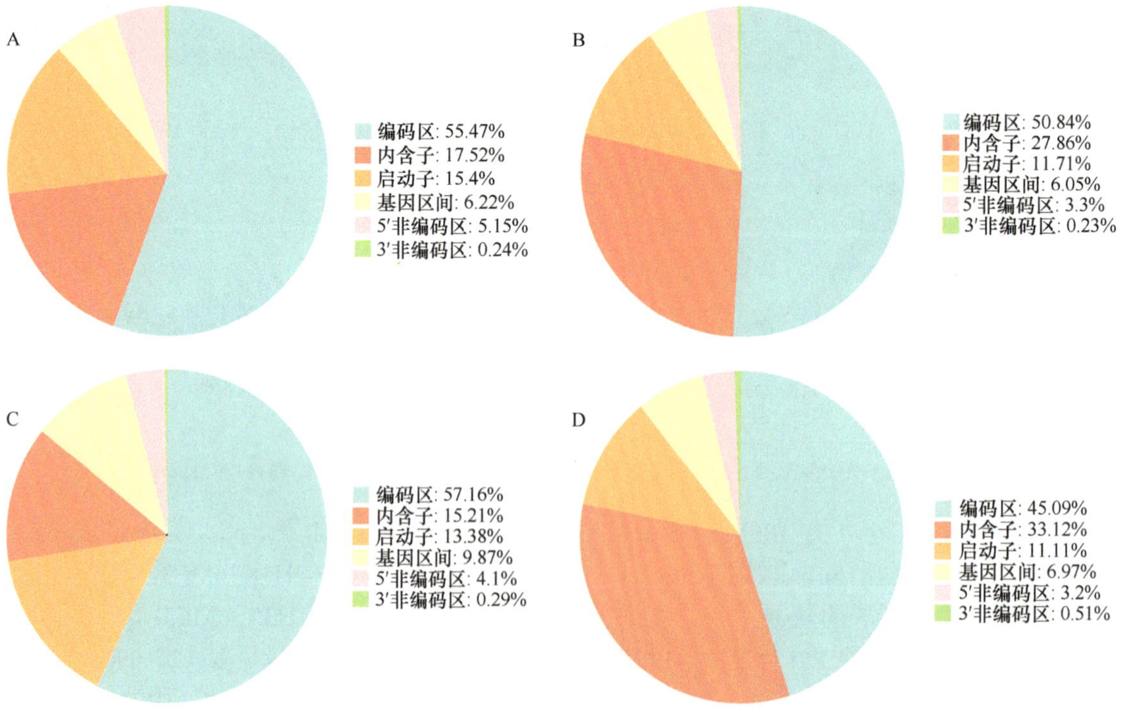

图 8-25　白花泡桐 peak 在基因组范围内的分布

A、B. H3K4ME3、H3K36ME3 在 PF 基因组范围内的分布；C、D. H3K4ME3、H3K36ME3 在 PFI 基因组范围内的分布

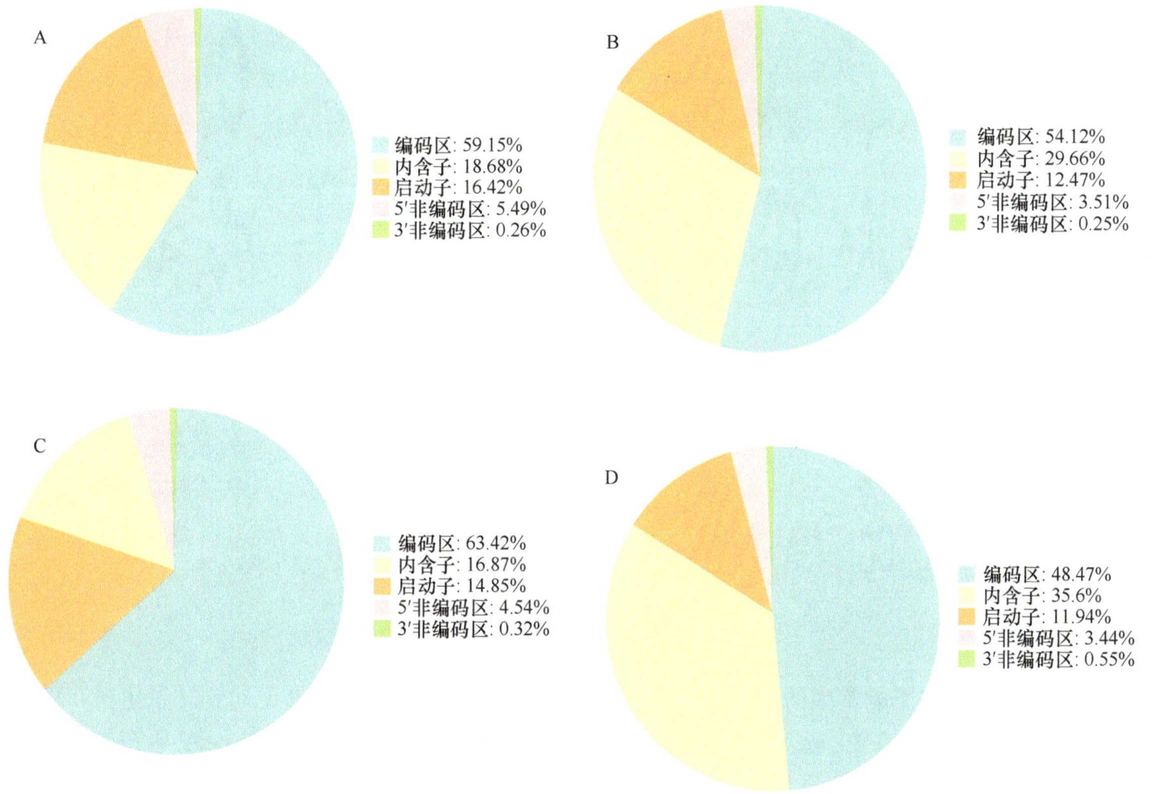

图 8-26　白花泡桐 peak 在基因内的分布

A、B. H3K4ME3、H3K36ME3 在 PF 基因内的分布；C、D. H3K4ME3、 H3K36ME3 在 PFI 基因内的分布

域大小不同，intergenic 所占的区域最大，但不是 peak 富集最多的；CDS 所占区域虽没有 intergenic 大，但却是 peak 富集最多的区域；promoter 所占的范围小得多，但其富集的 peak 数量按比例来看却很多。启动子相当于转录起始的一个“开关”，转录因子结合到启动子上，并与 RNA 聚合酶共同作用后，可直接影响转录的起始，使基因从转录起始位点开始向下游转录。这说明，在白花泡桐基因组中，H3K4ME3，H3K36ME3 在启动子附近的修饰水平较高，其很可能参与调控了泡桐基因的转录与表达，这一现象也与其他植物中的研究结果一致（Tan et al.，2013；沙敬敬，2015）。为了进一步研究组蛋白甲基化修饰在 promoter 启动子区域附近的 peak 富集情况，在 TSS 上下游对组蛋白修饰的水平进行了分析，以揭示其与转录调控的关系，结果表明在 TSS 极显著富集，在其他区域却很低，这在之前的研究中也有所报道（Guenther et al.，2007；Mikkelsen et al.，2007），更加印证了上述的理论。

3. peak 的基序（motif）分析

为了进一步理解组蛋白修饰对泡桐基因表达的调控机制，将 peak 按照 *P* 值从高到低排序，取前 1000 个 peak 的峰的上下游各 100bp 序列，运用 MEME 软件来预测 motif。图 8-27 是预测出的 motif 结果。

4. PF vs. PFI 比较组中修饰水平差异分析

在 PF vs. PFI 比较组中修饰水平差异的结果显示，在 H3K4ME3 修饰中，共得到 1821 个差异 peak，其在 1738 条基因富集，包括 1250 个上调 peak 和 571 个下调 peak；在 H3K36ME3 修饰中，共得到 1159 个差异富集的 peak（1107 个上调，52 个下调），富集在 986 个基因上。

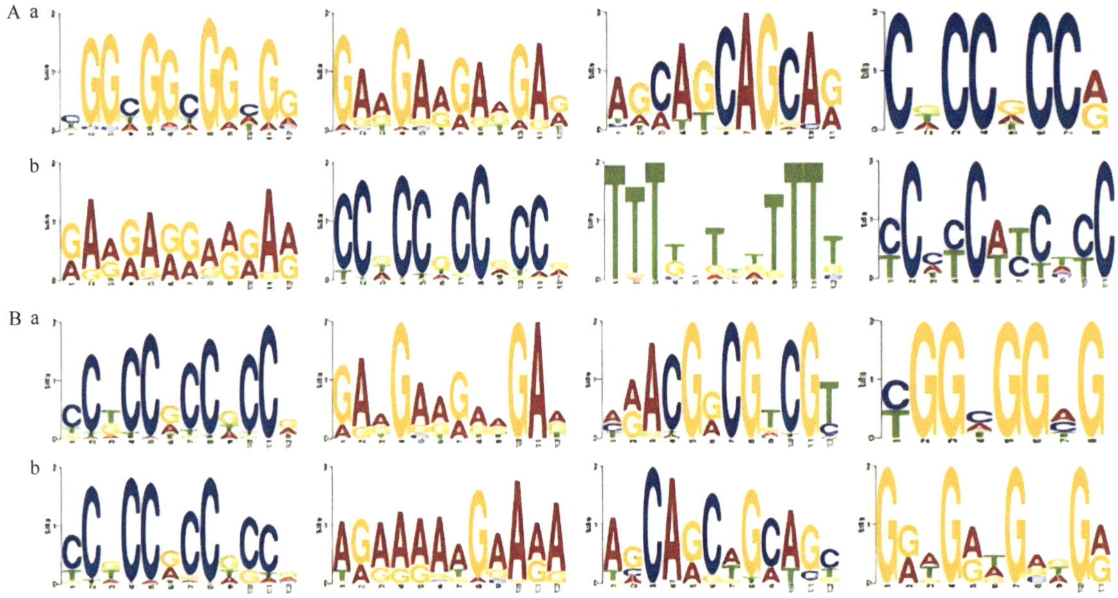

图 8-27 motif 特点分析

组蛋白的修饰可以影响基因的表达，所以在得到 ChIP-seq 数据后，将其比对到转录组上，以研究其与泡桐基因表达的关系。在 PF vs. PFI 比较组中，H3K4ME3 修饰中有 315 个差异 peak 所在的基因有差异表达，在 H3K36ME3 修饰中两者都差异的有 210 个。结果表明，组蛋白修饰只能最终影响一小部分基因的表达，从表 8-39 中可以看出，在组蛋白修饰水平和基因表达差异的基因中，大部分情况下受修饰正相关的居多，但是也有修饰水平与表达量趋势相反或不差异的情况，这是因为在植物生长发育过程，除了组蛋白修饰，DNA 甲基化、miRNA、转录因子等其他因素也会共同调控基因的表达（Wei et al.，2013）。PF vs. PFI 比较组中 peak 上调且基因表达量上调的比基因表达量下调的少，这可能是由于植原体及其他因素共同导致的。

表 8-39 方案筛选的基因组蛋白质修饰与表达量关系统计分析

组蛋白修饰水平与基因表达量的关系		PF vs. PFI
H3K4ME3	修饰上调且基因表达量上调	126
	修饰上调且基因表达量下调	83
	修饰下调且基因表达量下调	70
	修饰下调且基因表达量上调	36
H3K36ME3	修饰上调且基因表达量上调	110
	修饰上调且基因表达量下调	92
	修饰下调且基因表达量下调	6
	修饰下调且基因表达量上调	2

许多激素信号转导相关的基因被发现，这些植物激素的变化在植物和病原互作的关系中也占据了重要作用（Malinowski et al.，2016；Pieterse et al.，2012）。生长素在植物生长发育过程是重要的促进细胞伸长和根发育等的调节激素（Santner and Estelle，2009；Friml，2009）。生长素结合蛋白 ABP 是生长素的受体之一，可与生长素在膜上结合以促进生长素的信号转导。SAUR 作为生长素早期的诱导基因之一，和同为诱导基因的 AUX/IAA（auxin/indole-3-acetic acid）与 GH3（gretchen hagen 3）共同受生长素响应因子 ARF 的影响，ARF 可结合在它们的启动子区以激活或转录基因的表达（Tan et al.，2007）。目前，研究者们发现 SAUR 家族的作用可分为很多类：在拟南芥的细胞质膜中，可调节生长素转导，促进细胞增殖（Chae et al.，2012）；但在水稻的细胞质中，它抑制了生长素的合成和转导（Kant and Rothstein，2009）；

在细胞核中可连接生长素和 GA 这两个激素信号转导途径（Stamm and Kumar，2013）；它还可能涉及与钙调蛋白信号的调节（Yang and Poovaiah，2000）。其中，激素 GA 可促进种子萌发和茎的伸长，能与生长素相互作用促进植物的生长发育（Lu et al.，2016）。而 CK 作为植物中促进细胞分裂和芽分化的激素，通过与生长素的比例变化来调控植物的生长，例如，生长素/细胞分裂素的比值会在胁迫环境下降低（Hwang et al.，2012）。ABA 是植物中抑制生长，使叶片衰老的内源激素。在 ABA 信号转导途径中，外界的刺激可使 ABA 与 PYR/PYL/RCAR 和 PP2Cs 结合形成复合体，这就使之前与 PP2Cs 结合的 SnRK2 被释放出来，从而解除 PP2Cs 对 SnRK2 的抑制，促使 SnRK2 磷酸化进一步发生 ABA 后续生理反应，体现了 PP2C 对 ABA 的信号转导起抑制作用（Melcher et al.，2009）。并且，研究者们在拟南芥中发现 PP2C 参与了植物对外界病原菌刺激引起的 MAPK 级联反应，对植物抗逆境胁迫起重要作用（Castelló et al.，2010）。

ET 作为植物中的内源激素，动态影响着植物的生长发育和对逆境的胁迫（Guo and Ecker，2004；Yoo et al.，2009）。在被内质网上的受体结合后，可进一步促进 ET 反应过程中的两个重要转录因子（EIN3 和 EIL1）的积累（Chen and Schaller，2005），其中 EIN3 的水平还通过两个 F-box 蛋白（EBF1 和 EBF2）的泛素化降解来调控，所以，EBF1/2 对 ET 的信号转导起抑制作用（Oppikofer and Geschwindner，2004；Potuschak et al.，2004）。另外，EIN3 还可以结合在 ERF1（ethylene response factor 1）抗病防御基因相关的启动子区以调控其表达。在水稻中，Yong Hwa Cheong 等人发现，OsERF70 也是一种 ERF 基因，它作为 EIL1（EIN3-like 1）的靶基因，可被病原相关的丝裂原活化蛋白激酶 MAPK 磷酸化，促进抗病基因的表达（Yong et al.，2003）。有多个基因注释为 ERF，且存在 H3K4ME3 和 H3K9AC 组蛋白修饰。病苗中 ERF 的转录表达量与健康苗相比升高，MMS 试剂处理后表达量又降低，并且富集的 H3K4ME3 修饰水平也与在样品中的表达量水平正相关，说明泡桐病苗中的植原体也引起了 ET 信号转导途径中 EIN3d 积累，进一步使 ERF 启动子区发生更多的 H3K4ME3 修饰，促进 ERF 的转录表达，以抵抗植原体入侵。研究发现并不是每一个注释为 ERF 的基因在转录和组蛋白修饰水平都存在显著差异，它可能还受转录因子等的影响，且低水平的组蛋白的修饰差异也能引起 ERF 转录组高水平的差异，这与在水稻中得出的结论一致（Wei et al.，2013）。可以发现，植物中的激素并不是独立行使功能的，多种激素间相互作用，其间也参与了多种抗病相关蛋白质共同调控植物的生长发育，改变了泡桐体内激素平衡，促使幼苗节间变短，腋芽分化丛生，并且诱导植物抗病防御基因的产生，在外界病原侵害的过程中发挥重要的作用。

二、泡桐组蛋白质乙酰化修饰

（一）ChIP-seq 数据处理及质量分析

实验以 PF 和 PFI 为材料，组蛋白乙酰基化类型为 H3K9AC，为了验证 ChIP-seq 获得的原始数据原始序列质量，对其进行了碱基分布及其质量分析检测。从部分分析图中可以看出，得到的原始序列数据可靠，可进行后续分析（图 8-28）。继续对原始数据进行去污染、去接头、去除低质量的数据之后，得到高质量序列，同时对高质量序列的碱基质量及其碱基分布也进行了检测以证明其可靠性（图 8-29）。

通过表 8-40 可以看出，12 个样本平均得到原始序列 54 497 029 条，高质量序列 48 830 357 条，高质量序列的碱基 7 135 154 642 个。其中，测序错误率≤1%的碱基数目所占比例平均为 99.45%，测序错误率≤0.1%的碱基数目所占比例平均为 97.95%，平均测序错误率为 0.01%，平均 G+C 的数量占总的碱基数量的比例为 36.06%。综上所述，试验 ChIP-seq 的基础数据质量可靠，能继续将得到的高质量序列比对到基因组上做后续分析。

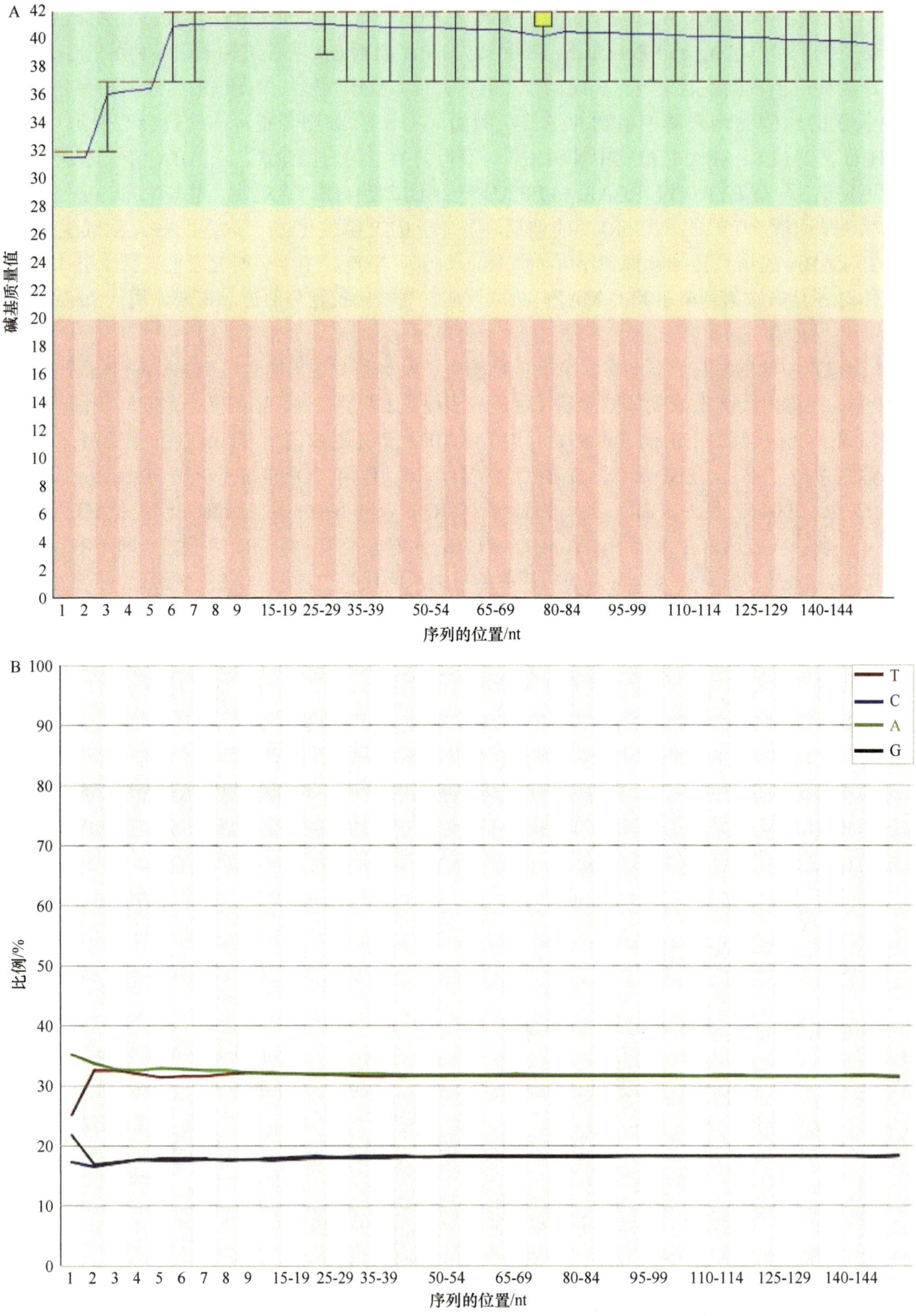

图 8-28 ChIP-seq 样品（PF）原始数据碱基质量（A）及分布（B）分析

A 图中从上到下绿、黄、红色分别代表碱基质量好、中、差，下同

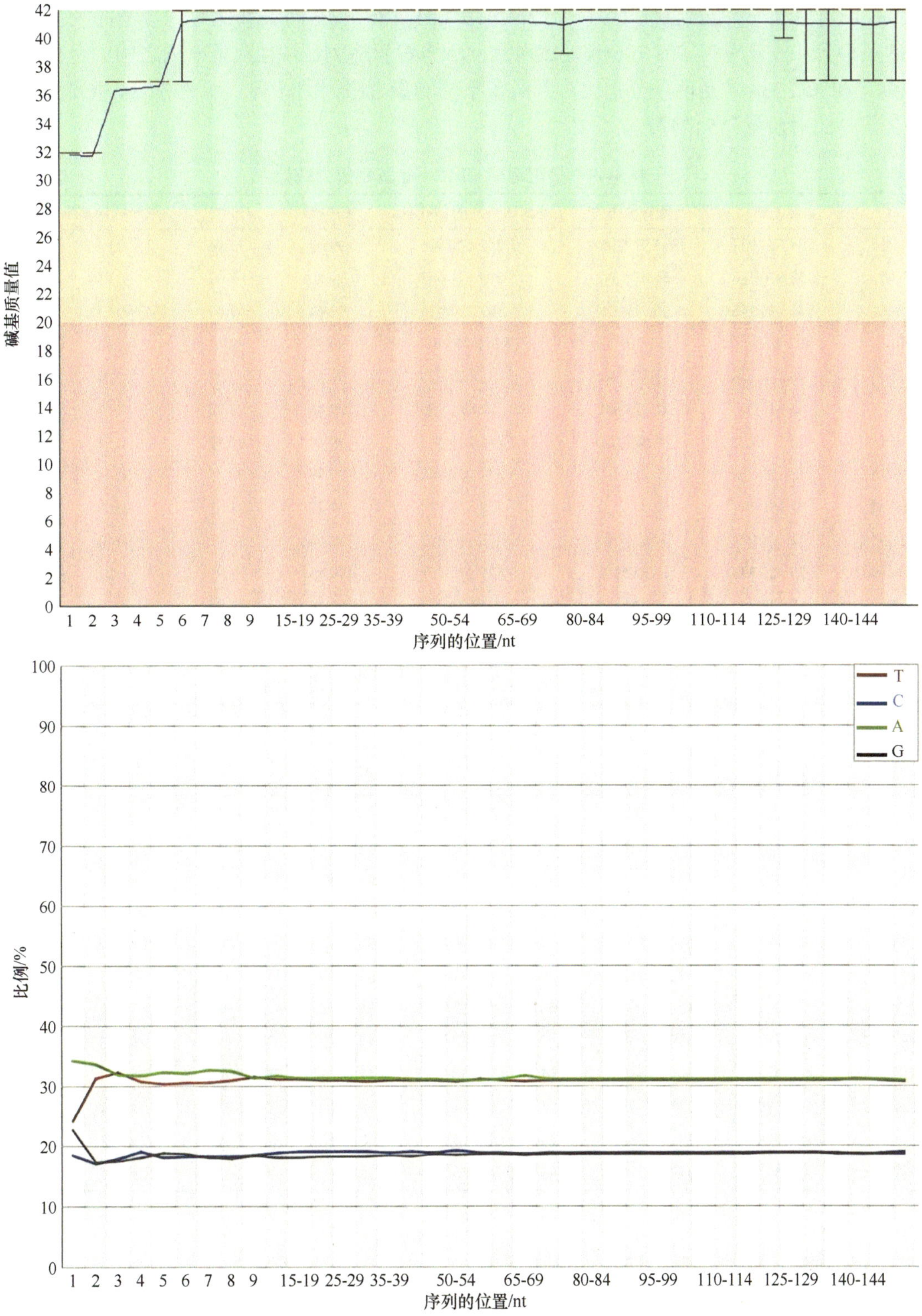

图 8-29　ChIP-seq 样品（PF）高质量序列数据碱基质量（A）及分布（B）分析

利用 BWA 软件将过滤后的高质量序列比对到白花泡桐基因组序列上。如表 8-41 所示，12 个样品平均有 39 663 369 条序列比对到了白花泡桐基因组，占了高质量序列总数的 82.07%。此结果与其他植物中 ChIP 基础数据的结果相似（Wei et al.，2013）。对比对到泡桐基因组的序列中进行了更详细的划分，平均有 612 183 条是单独一条匹配到基因序列上的，39 051 186 条是两条都比对到参考序列上的序列。这 39 051 186 条序列，被分为 37 902 706 条是比对到同一条参考序列，并且两条序列之间的距离符合设置的阈值的序列，和 552 334 条是两条分别比对到两条不同的参考序列的序列。而 552 334 条序列中，又包括了 323 819 条是比对质量≥5 的序列。

表 8-40　白花泡桐 ChIP-seq 基础数据统计

样品	原始序列	高质量序列	过滤后得到的总碱基数	Q20/%	Q30/%	测序错误率/%	GC/%
InPutPF-1	39 633 934	35 927 280	5 253 670 906	99.43	97.96	0.01	34.83
InPutPF-2	38 870 546	36 018 342	5 275 131 067	99.50	98.07	0.01	35.05
InPutPF-3	40 770 146	36 919 134	5 387 727 979	99.44	97.87	0.01	34.21
InPutPFI-1	129 861 952	116 610 776	17 086 355 600	99.47	98.08	0.01	34.93
InPutPFI-2	46 294 778	41 877 940	6 131 626 606	99.45	98.03	0.01	33.98
InPutPFI-3	45 548 292	41 824 912	6 129 921 950	99.46	98.05	0.01	35.16
IPPF-1H3K9AC	56 115 430	49 807 020	7 242 161 472	99.40	97.82	0.01	37.60
IPPF-2H3K9AC	42 153 150	38 319 132	5 593 307 140	99.39	97.76	0.01	35.38
IPPF-3H3K9AC	67 750 764	62 142 222	9 078 619 970	99.47	98.01	0.01	37.55
IPPFI-1H3K9AC	41 109 982	34 507 242	5 023 440 817	99.44	97.82	0.01	38.30
IPPFI-2H3K9AC	55 329 522	46 957 708	6 824 270 701	99.45	97.91	0.01	37.11
IPPFI-3H3K9AC	50 525 850	45 052 572	6 595 621 497	99.46	97.98	0.01	38.65

表 8-41　比对到白花泡桐基因组上的序列数据统计

样品	高质量序列	比对上的序列	比对率/%	完美匹配的序列	单独一条匹配到参考序列上的序列	两条都比对到参考序列上的序列	两条分别比对到两条不同的参考序列的序列	两条分别比对到两条不同的参考序列，且比对质量≥5
InPutPF-1	35 927 280	30 972 883	86.21	29 594 264	458 858	30 514 025	570 741	373 475
InPutPF-2	36 018 342	31 446 660	87.31	30 244 614	404 090	31 042 570	453 351	282 501
InPutPF-3	36 919 134	31 926 117	86.48	30 148 778	566 178	31 359 939	1 005 111	704 171
InPutPFI-1	116 610 776	87 721 199	75.23	83 050 716	1 835 033	85 886 166	1 399 918	739 217
InPutPFI-2	41 877 940	31 237 850	74.59	29 596 470	736 645	30 501 205	506 556	288 342
InPutPFI-3	41 824 912	32 270 865	77.16	30 734 938	703 094	31 567 771	533 887	317 740
IPPF-1H3K9AC	49 807 020	43 174 094	86.68	41 610 974	486 112	42 687 982	319 762	170 162
IPPF-2H3K9AC	38 319 132	33 791 935	88.19	32 760 668	316 437	33 475 498	346 853	201 417
IPPF-3H3K9AC	62 142 222	53 774 517	86.53	52 063 828	445 749	53 328 768	651 764	350 998
IPPFI-1H3K9AC	34 507 242	27 512 143	79.73	26 054 600	338 158	27 173 985	246 414	126 814
IPPFI-2H3K9AC	46 957 708	37 700 863	80.29	35 895 906	607 468	37 093 395	268 371	147 533
IPPFI-3H3K9AC	45 052 572	34 431 296	76.42	33 076 716	448 370	33 982 926	325 285	183 461

（二）ChIP-seq 数据在基因组的富集分析

1. peak 在泡桐基因组的信息统计

根据泊松分布模型和软件，鉴定到了泡桐四个样品中的 peak，并对其基因组分布、长度、序列深度等进行统计分析，用于进一步鉴定组蛋白修饰是否存在某种结合模式。从图 8-32 中可以看出，每个样品每种修饰的 peak 长度对应的数量范围均先上升后下降，且峰值大多在 1500bp 附近。6 个样品的平均 peak 数量为 18 401 个，每个样的 peak 总长为 31 889 345bp，平均每个 peak 长为 1743bp（表 8-42）。

在 PF 样品中，IPPF-1H3K9AC 鉴定的 peak 数量最多，有 18 498 条，其次是 IPPF-3H3K9AC；

IPPF-2H3K9AC 鉴定的最少，有 9928 条。Peak 总长最长的是 IPPF-3H3K9AC，有 35 521 677bp，其次是 IPPF-1H3K9AC；最短的是 IPPF-2H3K9AC，为 5 709 540bp。IPPF-3H3K9AC 具有最长的 peak 平均长度，为 2085.71bp，其次是 IPPF-1H3K9AC；IPPF-2H3K9AC 的最短，为 1662.06bp。在 PFI 样品中，IPPFI-1H3K9AC 鉴定的 peak 数量最多（23 373 条），其次是 IPPFI-2H3K9AC；IPPFI-3H3K9AC 鉴定的最少（19 727 条）。IPPFI-2H3K9AC 中的 peak 总长最长（38 378 799bp），其次是 IPPFI-1H3K9AC；IPPFI-3H3K9AC 中的最短（31 009 616bp）。对于 peak 平均长度，IPPFI-2H3K9AC 的最长（1756.71bp），其次是 IPPFI-3H3K9AC；IPPFI-1H3K9AC 的最短（1522.63bp）。从组蛋白修饰上观察，发现 IPPFI-1 鉴定的 peak 数量最多，有 23 373 条，其次是 IPPFI-2；IPPF-2 鉴定的最少，有 9928 条。IPPFI-2 中的 peak 总长最长，为 38 378 799bp，其次是 IPPFI-1；IPPF-2 中的最短，为 16 500 968bp。对于 peak 平均长度，IPPF-3 的最长，为 2085.71bp，其次是 IPPF-1；IPPFI-1 的最短，为 1522.63bp。以上结果表明，PF 样品中修饰获得的 peak 数相对来说比 PFI 都少。peak 在每个样品中的总长度分布和其总数量分布相似。在每个样品中，peak 的平均长度没有其总数量和中长度相差的范围大，不同样品间相同修饰的平均长度无明显差异。初步认为，病苗中的植原体导致了泡桐中 H3K9AC 修饰的整体水平升高，说明丛枝病可影响泡桐中组蛋白的乙酰化修饰水平。

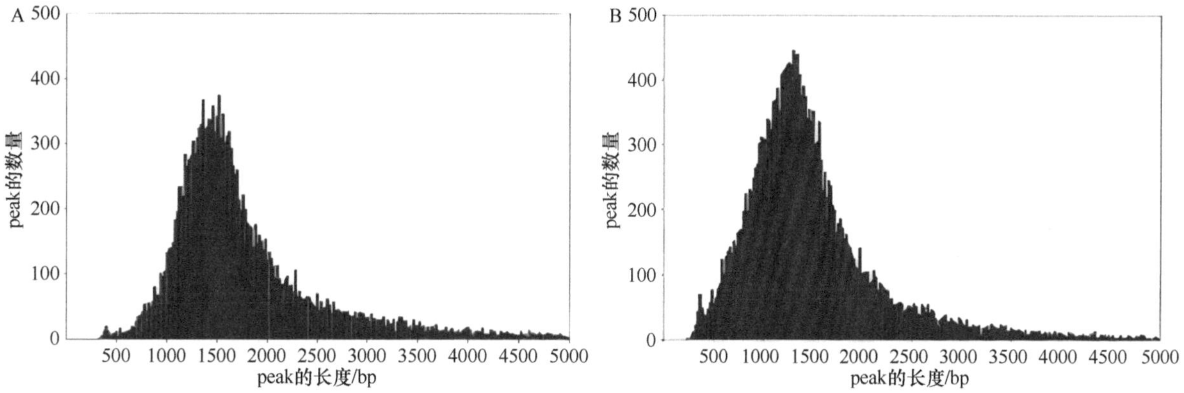

图 8-30　白花泡桐 peak 长度分析

A、B 分别为在 PF 和 PFI 中的 peak 长度

表 8-42　白花泡桐组蛋白乙酰化修饰 peak 数量与长度统计

处理组	对照组	peak 数	总长度/bp	平均长度/bp	最大长度/bp	最小长度/bp
IPPF-1H3K9AC	InPutPF-1	18 498	34 336 605	1 856.23	12 269	326
IPPF-2H3K9AC	InPutPF-2	9 928	16 500 968	1 662.06	8 753	362
IPPF-3H3K9AC	InPutPF-3	17 031	35 521 677	2 085.71	15 733	411
IPPFI-1H3K9AC	InPutPFI-1	23 373	35 588 403	1 522.63	9 708	243
IPPFI-2H3K9AC	InPutPFI-2	21 847	38 378 799	1 756.71	11 204	282
IPPFI-3H3K9AC	InPutPFI-3	19 727	31 009 616	1 571.94	8 194	297

2. peak 在泡桐基因上的分布特征

从图 8-31 中可以看出在全基因组范围内，CDS 所占的比例最多，基本上都超过了一半；其次是 intron 和 promoter，基本相差不大，但也有相差两倍的个别情况；5' UTR 和 3' UTR 是 peak 分布最少的两个区域，尤其是 3' UTR，占了不到 1%的比例。在基因组内，不包括 intergenic 区，其他四个区域的比例与在全基因范围的比例基本不变（图 8-32）。在全基因组中，这五个区域所占区域大小不同，intergenic 所占的区域最大，但不是 peak 富集最多的；CDS 所占区域虽没有 intergenic 大，但却是 peak 富集最多的区域；

promoter 所占的范围小得多，但其富集的 peak 数量按比例来看却很多。启动子相当于转录起始的一个“开关”，转录因子结合到启动子上，并与 RNA 聚合酶共同作用后，可直接影响转录的起始，使基因从转录起始位点开始向下游转录。这说明，在白花泡桐基因组中，H3K9AC 和 H3K4ME3、H3K36ME3 类似，在启动子附近的修饰水平较高。

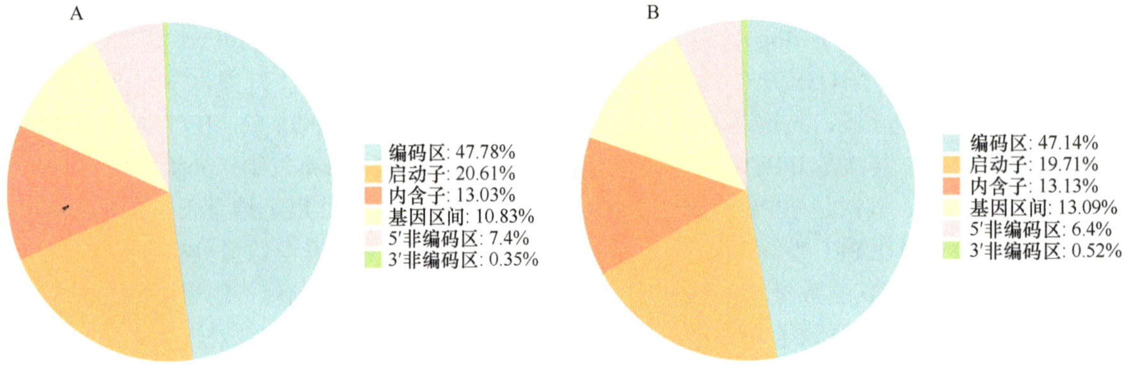

图 8-31 白花泡桐 peak 在基因组范围内的分布
A、B 分别为在 PF 和 PFI 基因组范围内的分布

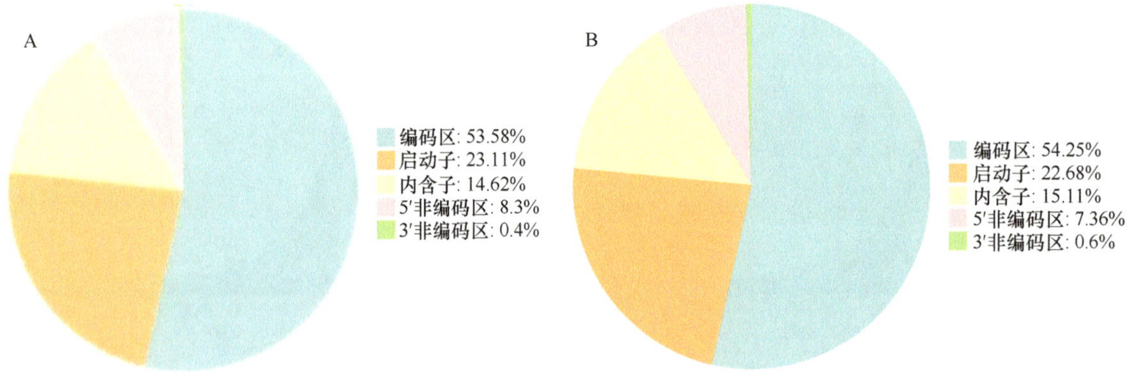

图 8-32 白花泡桐 peak 在基因内的分布
A、B 分别为在 PF 和 PFI 基因内的分布

通过 ChIP-seq 对白花泡桐健康苗（PF）、病苗（PFI）中三种组蛋白修饰 H3K4ME3、H3K36ME3、H3K9AC 的修饰水平进行全基因组的鉴定。在 H3K4ME3 修饰中，平均每个样品鉴定到了 48 537 429 条高质量序列，其中有 42 564 581（87.80%）条比对到泡桐基因组上，并得到富集区域 peak 数平均 17 604 个；在 H3K36ME3 修饰中，平均每个样品鉴定到了 48 238 151 条高质量序列，其中有 41 587 854（86.26%）条比对到泡桐基因组上，并得到富集区域 peak 数平均 13 504 个；在 H3K9AC 修饰中，平均每个样品鉴定到了 47 879 567 条高质量序列，其中有 38 805 871（81.27%）条比对到泡桐基因组上，并得到富集区域 peak 数平均 17 520 个。Wei 等（2013）检测了模式植物水稻在干旱胁迫条件下 H3K4ME3 在全基因上的修饰水平，发现在对照组中有 83.99%的序列比对到水稻基因组中，干旱胁迫下有 81.32%的序列比对上。

在植物中，组蛋白修饰 H3K4ME3、H3K36ME3、H3K9AC 被证明可促进其基因的表达（He et al.，2011；Zhang et al.，2011）。Yang 等（2014）在拟南芥中，研究组蛋白 H3K36ME3 和 H3K27ME3 在寒冷胁迫下的修饰水平变化与相互关系，发现 H3K36ME3 在寒冷条件下富集程度减少，在 TSS 附近富集，且与 H3K27ME3 呈负相关性。Du 等（2013）在 Oryza sativa L. Japonica 中也利用 ChIP-Seq 技术对两种组蛋白甲基化（H3K4ME2 和 H3K4ME3）和两种组蛋白乙酰化（H3K9AC 和 H3K27AC）的修饰情况进行了全基因组范围的检测。他们发现，组蛋白修饰在 TSS 富集，对基因的表达有促进作用。Brusslan 等（2015）

在全基因组水平对拟南芥不同时间点时 H3K4ME3 和 H3K9AC 的修饰水平检测来研究叶衰老过程相关的基因，发现 H3K4ME3 和 H3K9AC 与表达量升高的基因相关，且 H3K4ME3 修饰的水平是 H3K9AC 的两倍。组蛋白 H3K4ME3 和 H3K9AC 被认为有共有的基因结合位点和高度的协同作用（Kim et al.，2012）。H3K36ME3 具有促进转录延伸的作用，相当于转录延长的标志，其乙酰转移酶可与磷酸化的 RNA 聚合酶Ⅱ结合而促进转录（Yoh et al.，2009）。通过对富集到的 peak 进行全基因的及基因范围分布比例，发现 H3K4ME3、H3K36ME3、H3K9AC 在转录起始位点 TSS 区域富集度很高，并在下游出现峰值。且 H3K36ME3 在 TSS 之后基因内的富集程度明显比另外两个组蛋白修饰的高，进一步验证了它在转录延伸过程结合起促进作用。

3. peak 的 motif 分析

为了进一步理解组蛋白修饰对泡桐基因表达的调控机制，将 peak 按照 P 值从高到低排序，取前 1000 个 peak 的峰的上下游各 100bp 序列，运用 MEME 软件来预测 motif。图 8-33 是预测出的 motif 结果。

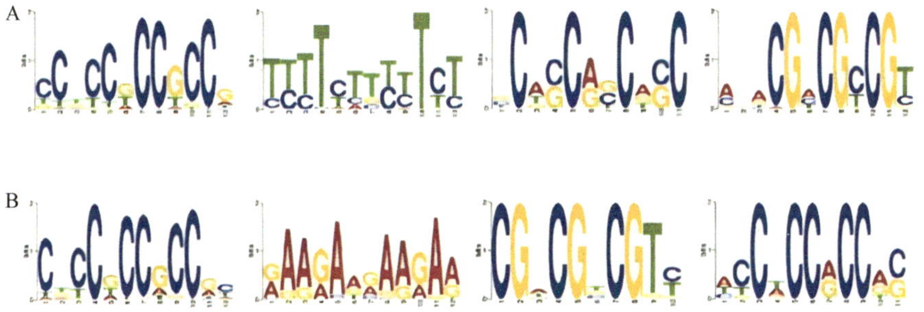

图 8-33　白花泡桐组蛋白乙酰化修饰 motif 特点

A. PF 中预测的 motif；B. PFI 中预测的 motif

4. PF vs. PFI 比较组中修饰水平差异分析

在 PF vs. PFI 比较组中修饰水平差异的结果显示，在 H3K9AC 修饰中，共在 2577 条基因附近得到 2727 个差异 peak，其中，上调修饰有 1788 个，下调修饰有 939 个。结合前面组蛋白甲基化修饰的结果分析，如图 8-34 所示，共有 141 个基因同时出现三种修饰，另外，有 117 个基因同时出现 H3K4ME3 和 H3K36ME3 修饰，164 个基因出现 H3K36ME3 和 H3K9AC 修饰，393 个基因上富集有 H3K4ME3 和 H3K9AC 修饰。

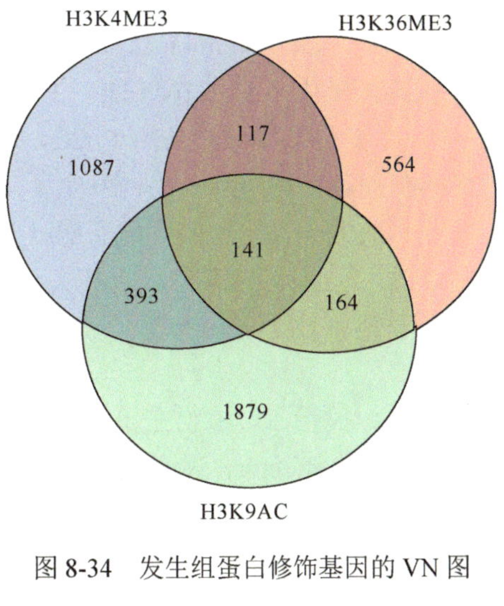

图 8-34　发生组蛋白修饰基因的 VN 图

组蛋白的修饰可以影响基因的表达，所以在得到 ChIP-seq 数据后，将其比对到转录组上，以研究其与泡桐基因表达的关系。在 PF vs. PFI 比较组中，H3K9AC 修饰中有 469 个差异 peak 所在的基因也差异表达。结果表明，组蛋白修饰只能最终影响一小部分基因的表达，从表 8-43 中可以看出，在组蛋白修饰水平和基因表达差异的基因中，大部分情况下受修饰正相关的居多，但是也有修饰水平与表达量趋势相反或不差异的情况，这是因为在植物生长发育过程，除了组蛋白修饰，DNA 甲基化、miRNA、转录因子等其他因素也会共同调控基因的表达（Wei et al.，2013）。PF vs. PFI 比较组中 peak 上调且基因表达量上调的比基因表达量下调得少，这可能是由植原体及其他因素共同导致的。

表 8-43　组蛋白修饰与表达量关系统计分析

组蛋白修饰水平与基因表达量的关系		PF vs. PFI
H3K4ME3	修饰上调且基因表达量上调	186
	修饰上调且基因表达量下调	107
	修饰下调且基因表达量下调	102
	修饰下调且基因表达量上调	74

通过将样品间富集的 peak 进行分析，鉴定出了与丛枝相关的 peak，发现这些不同修饰中的 peak 富集在了不同的基因上。H3K4ME3 中得到了 1158 个 peak，涉及 919 条基因；H3K36ME3 中共得到 752 个共富集在 558 个基因上的 peak；H3K9AC 中得到了 783 条基因，附近富集到 1059 个 peak。但是，不同的组蛋白修饰也会同时富集在相同的基因上发挥作用。在这些与丛枝病相关的 gene 中，也有些同时存在两个以上的组蛋白修饰。同时发生 H3K4ME3 和 H3K36ME3 修饰的有 49 个，同时发生 H3K36ME3 和 H3K9AC 的有 37 个，同时发生 H3K4ME3 和 H3K9AC 的有 81 个，三种修饰共同发生的有 11 个基因。这 11 个基因在 GO 和 KEGG 上的注释主要有 LRR（leucine rich repeats）型蛋白激酶，SAUR（small auxin up RNA）蛋白家族，PRA1（prenylated Rab acceptor 1）域蛋白家族，EBF1/2（EIN3-binding F-box protein），聚合线粒体蛋白，SEL1（suppressor-enhanceroflin）蛋白，线粒体转录终止因子蛋白，转录因子，RNA 解旋酶 SDE3 等。进一步将筛选出的 peak 富集到的基因与之前测得的转录组做关联，以研究白花泡桐中丛枝相关的组蛋白修饰水平最终对富集上的基因表达量的影响。关联后发现在关联上的基因中，有 4 个基因共同存在三种修饰。其中两个基因都注释到了植物激素信号转导途径，一个属于生长素信号转导途径的 SAUR 家族蛋白，一个属于 ET 信号转导途径的 EBF1/2。有 29 个基因共同发生了 H3K4ME3 和 H3K36ME3 修饰，有激素信号转导途径相关的 EBF1/2 和蛋白磷酸酶 PP2C（protein phosphatase 2C），锌指结构蛋白（zinc finger structural protein），光合体系 II 相关的 PsbW 蛋白，α亚麻酸代谢相关，病原相关的丝裂原活化蛋白激酶 MAPK（mitogen activated protein kinase），泛素交联酶，自噬相关的臂重复蛋白，丝氨酸/苏氨酸蛋白激酶等等。20 个基因共同发生了 H3K36ME3 和 H3K9AC 修饰，注释的有植物–病原体互作的亮氨酸重复的 LRR 型蛋白激酶，激素信号转导相关的 PP2C，BAG 家族分子伴侣，氰醇β葡萄糖基转移酶，6-磷酸葡糖酸脱氢酶，UDP-葡糖基转移酶等。共同发生了 H3K4ME3 和 H3K9AC 修饰的 38 个基因有丝氨酸/苏氨酸蛋白激酶，病原相关的 MAPK，磷脂酰肌醇-4-磷酸 5-激酶，过氧化物酶体相关的甲羟戊酸激酶，激素信号转导相关的 PP2C，生长素响应因子 ARF（auxin response factor），生长素结合蛋白 ABP（auxin-binding protein），剪接因子等。以上分析发现，这些被组蛋白修饰的丛枝相关基因与激素信号转导，植物–病原体互作关系密切。

LRR 型蛋白激酶是植物中重要的免疫相关蛋白，植物在识别病原相关分子模式 PAMP 后，启动 PTI 免疫；病原菌为了生存，向寄主释放效应因子 effector，又激发了植物的第二层免疫 ETI。而 LRR 型受体蛋白激酶富含重复的亮氨酸序列，在植物防御病原的 PTI 和 ETI 过程中都发挥重要作用（张肖晗等，2016）。在感染了霜霉病的拟南芥中，Hok 等人筛选出了 LRR 型蛋白，并发现此蛋白在拟南芥抗霜霉病的过程中十分重要，其突变体使拟南芥难以抵抗霜霉病的侵染，但将正常的 LRR 蛋白激酶转入突变体，拟南芥又恢复了对霜霉病的抗性（Hok et al.，2011）。除此之外，LRR 蛋白还发现在拟南芥抵抗其他病害中也有着不可替代的作用，例如包含 LRR 的 FLS2 基因可识别子鞭毛蛋白，而 FLS2 突变体却不能；LRR 型的 R 蛋白可抵抗丁香假单胞菌对拟南芥的侵染（Eitas et al.，2008）。除了对植物抗病性的影响，它还可以在植物抗非生物胁迫过程中表达量升高，发挥重要的信号转导作用（杨靓等，2012）。同时，LRR 蛋白激酶还参与调控激素的信号转导途径，研究证明 BRI1 作为 LRR 型蛋白，也是 BR 激素的受体，它和同为 LRR 型蛋白的 BAK1 一起，还可共同参与植物中的激素信号途径（Man-Ho et al.，2012）。而且在本文中注释到了许多 LRR 类蛋白上发生了 H3K4ME3、H3K36ME3、H3K9AC 修饰，基本上在病苗中表达量升高，在处理苗中下降，这说明在白花泡桐中，这三种组蛋白修饰共同调控 LRR 类蛋白促进其表达以抵抗泡桐中的植原体。

锌指结构的蛋白在植物中也很常见，可通过基因转录翻译，染色质修饰等对基因产生影响。研究发现，植物生长发育中的多种激素信号转导途径都受锌指蛋白的调控。Kong 在水稻中发现了一个可抑制叶片衰老的锌指蛋白，参与了 JA 信号转导途径（Kong and Xue，2006）。Xu 也发现了水稻中的一个锌指蛋白参与了 GA 激素的合成（Xu and He，2007）。并且将水稻中的锌指蛋白转化烟草中后，能促进烟草中抗病基因表达，提高烟草的抗病性（Liu et al.，2008）。筛选到很多锌指结构类蛋白，且发生了三种组蛋白修饰，大部分在病苗中表达量上升，且处理后下降，说明植原体病原菌也会促使植物中锌指结构蛋白的高表达以调控植物激素比例，抵抗丛枝病。

在染色质中，并不是每个核小体上都有很高的组蛋白修饰水平，染色质的可接近性主要受 DNA 上的结合因子和核小体等的影响（Neph et al.，2012）。在众多生物中，研究者们发现核小体的自由区域多发生在转录激活的基因上（Petesch and Lis，2012）。这是因为核小体间的紧密结合，致使转录因子很难结合到 DNA 序列上，而相对较为松散的核小体，使可被修饰的位点暴露，更易被结合上，使基因发挥作用。例如 H3K4ME3 修饰，它的修饰水平就与组蛋白 H3 的密度呈负相关关系。Van 研究发现，在拟南芥中 H3 组蛋白的密度高体现了核小体的高密度，此区域基因的表达量和 H3K4ME3 的表达量都很低，但是在核小体自由区域，组蛋白 H3 的数量虽然变低，但对应基因的表达量和 H3K4ME3 的修饰水平均升高（Van et al.，2010）。三种组蛋白修饰并不是单纯地促进所有基因的表达，在 H3K4ME3 修饰中有约 33.42%的 peak 富集的基因在转录组水平有表达，H3K36ME3 修饰中约有 46.81%的 peak，H3K9AC 修饰中约有 39.85%的 peak。并且，也只有一部分在组蛋白修饰和转录组水平都显著差异。不过对于三种修饰中，修饰水平上调的修饰对应表达量上调的基因偏多，修饰水平下调的对应表达量下调的基因偏多。在水稻的研究中也发现，组蛋白修饰只对一部分的基因起调控作用（Wei et al.，2013）。拟南芥中大部分的与叶片衰老相关的上调基因中，也发现组蛋白修饰的水平虽然在之前就被修饰，但修饰水平低于全基因组的平均水平，且上调的基因上富集的组蛋白修饰水平并没有明显的上调。同时，85%的下调基因仍然被修饰（Brusslan et al.，2015）。这可能是因为在生物中，基因的表达受多种因素的影响，例如表观遗传学中的另一个现象—DNA 甲基化，它通过在 DNA 上添加甲基来调控基因的表达（Zhang et al.，2006）；还有转录因子，可以与 RNA 聚合酶Ⅱ结合，并和组蛋白修饰一起，协同调控基因激活与转录（薛高高，2016；He et al.，2010）；并且，一些非编码 RNA 如 miRNA（microRNA），lncRNA（long non-coding RNA），circRNA（circular RNA）都对基因的表达有影响（Wiklund et al.，2016；Batista and Chang，2013；Heo and Sung，2011）。

综上所述，组蛋白修饰 H3K4ME3、H3K36ME3、H3K9AC 在白花泡桐基因转录起始位点附近富集，且 H3K36ME3 在起始位点后的富集程度比其他修饰高，验证了其在转录伸长中的作用；根据方案筛选出来的基因中，只有一部分基因的组蛋白修饰水平与转录表达水平正相关，体现了组蛋白修饰和其他转录因子等共同以某种机制调控基因的表达；这些与丛枝病密切相关的基因大多数是和植物激素和植物与病原互作相关的，说明白花泡桐中的植原体扰乱了体内激素的平衡，且与一些抗病防御基因共同作用调控抵抗丛枝病。通过对组蛋白修饰的研究，进一步了解了植原体对泡桐的影响，对挖掘其发病机理奠定了基础。

但是，还需要更多的研究，如与转录因子、DNA 甲基化、lncRNA 等相互关联以发现更详细的引发泡桐丛枝病发生的相关机制。

组蛋白修饰通过调控基因表达的方式在植物生长发育，如开花时间（He and Amasino，2005）、根伸长（Krichevsky et al.，2009）及胚珠和花药发育（Grini et al.，2009）等，以及对病原菌（Alvarez et al.，2010；Ding and Wang 2015）和非生物胁迫的响应（Kim et al.，2010；Kim et al.，2015b）过程中发挥重要作用。组蛋白甲基化和乙酰化修饰是由一系列修饰酶动态调控的。近年来，研究人员对拟南芥、水稻、番茄、柑橘、苹果和荔枝等物种中的组蛋白修饰酶基因家族进行了鉴定和特征分析（Springer et al.，2003；Lu et al.，2008；Liu et al.，2012；Aiese et al.，2013；Xu et al.，2015；Peng et al.，2017；Fan et al.，2018）。研究基于白花泡桐基因组，对白花泡桐的组蛋白甲基化（HMT）/去甲基化（HDM）以及乙酰化（HAT）/去乙酰化（HDAC）修饰酶基因家族进行了鉴定及分析。

为鉴定泡桐中的组蛋白甲基化（*HMTs*）/去甲基化酶（*HDMs*）、组蛋白乙酰化（*HATs*）/去乙酰化酶（*HDACs*）基因家族成员，从 Pfam 数据库（http://pfam.sanger.ac.uk/）下载各修饰酶基因家族结构域的 HMM 序列。然后，以这些序列作为查询序列，使用 HMMER3.0 软件（Finn et al.，2011）检索白花泡桐基因组，对白花泡桐组蛋白修饰酶各家族成员进行预测。对于 *HDT* 基因家族，由于 Pfam 数据库没有可用的 HMM 序列，故从 TAIR 数据库（https://www.arabidopsis.org/）下载拟南芥 *AtHDT* 基因编码的蛋白序列（*AtHDT1*，At3g44750；*AtHDT2*，At5g22650；*AtHDT3*，At5g03740；*AtHDT4*，At2g27840），并以此作为查询序列对白花泡桐基因组进行 Blastp 比对检索，预测白花泡桐中的 *PfHDTs* 基因家族成员。最后，使用 NCBI CDD（https://www.ncbi.nlm.nih.gov/Structure/cdd/wrpsb.cgi）、Pfam（http://pfam.xfam.org/）和 SMART（http://smart.embl-heidelberg.de/）数据库对鉴定到的 *PfHMTs* /*PfHDMs* 与 PfHATs / *PfHDACs* 基因进行结构域确认，获得最终可靠的泡桐组蛋白修饰酶基因，并对其进行重新命名。利用 pI/Mw 在线工具（https://web.expasy.org/compute_pi/）计算 PfHMs 蛋白的理论等电点（theoretical isoelectric point，pI）和分子量（molecular weight，Mw）。将 *PfHMs* 基因的完整氨基酸序列提交至 SMART 数据库（http://smart.embl-heidelberg.de/）进一步研究 PfHMs 修饰酶的结构域组成，包括 Pfam 结构域。

白花泡桐基因组共鉴定到 53 个 *PfHMTs* 基因和 28 个 *PfHDMs* 基因（表 8-44）。其中，53 个 *PfHMTs* 基因包括 51 个 *PfSDGs* 基因和 2 个 *PfPRMTs* 基因，而 28 个 *PfHDMs* 基因由 9 个 *PfHDMAs* 基因和 19 个 *PfJMJs* 基因组成（表 8-45）。对鉴定到的 PfHMTs 和 PfHDMs 蛋白进行理化性质分析，结果显示，PfSDGs 和 PfPRMTs 家族修饰酶的氨基酸数量分别为 145（PfSDG32）～2355（PfSDG37）和 641（PfPRMT2）～650（PfPRMT1），其分子量分别为 16 434.37（PfSDG32）～267 947.16Da（PfSDG37）和 72 646.39

表 8-44　泡桐中组蛋白修饰酶的类型及数量

基因类型	家族	成员个数
组蛋白甲基化	SDG	51
	PRMT	2
组蛋白去甲基化	HDMA	9
	JMJ	19
组蛋白乙酰化	HAG	39
	HAM	1
	HAC	3
	HAF	1
组蛋白去乙酰化	HDA	10
	SRT	2
	HDT	5

表 8-45　白花泡桐组蛋白甲基化修饰酶基因家族列表

基因名称	基因 ID	长度/bp	正负链	氨基酸	等电点	分子量/Da
		SDG 基因家族				
PfSDG1	Paulownia_LG1G000058	1 005	–	334	6.40	36 747.75
PfSDG2	Paulownia_LG1G000928	1 968	–	655	8.52	71 644.29
PfSDG3	Paulownia_LG0G000286	1 701	–	566	4.90	63 792.42
PfSDG4	Paulownia_LG2G000025	993	+	330	7.54	37 015.34
PfSDG5	Paulownia_WTDBG00068_ERROPOS550008G000005	2 145	–	714	8.47	78 126.32
PfSDG6	Paulownia_LG3G001417	3 144	–	1 047	8.60	118 904.62
PfSDG7	Paulownia_LG4G000080	2 478	+	825	7.87	92 033.00
PfSDG8	Paulownia_LG4G000504	2 655	–	884	5.75	98 222.93
PfSDG9	Paulownia_LG4G000577	1 110	–	369	9.08	41 469.84
PfSDG10	Paulownia_LG5G001077	2 709	+	902	8.85	100 921.94
PfSDG11	Paulownia_LG5G001178	4 407	+	1 468	6.33	165 258.50
PfSDG12	Paulownia_LG7G000596	1 443	–	480	5.72	53 376.58
PfSDG13	Paulownia_LG6G001160	1 152	+	383	4.74	42 601.89
PfSDG14	Paulownia_LG8G000020	1 227	+	408	5.30	47 617.74
PfSDG15	Paulownia_LG8G001493	3 594	–	1 197	5.49	136 551.77
PfSDG16	Paulownia_LG8G001550	1 404	+	467	4.66	52 159.42
PfSDG17	Paulownia_LG8G001947	1 245	+	414	8.89	47 595.71
PfSDG18	Paulownia_LG9G000221	1 050	+	349	8.91	39 779.72
PfSDG19	Paulownia_LG9G000259	3 207	+	1 068	8.99	120 674.21
PfSDG20	Paulownia_LG9G000609	2 928	–	975	5.86	109 413.93
PfSDG21	Paulownia_LG9G000644	2 322	+	773	6.07	86 729.08
PfSDG22	Paulownia_LG9G001084	1 545	–	514	4.93	57 447.65
PfSDG23	Paulownia_LG9G001265	2 154	–	717	6.41	80 551.73
PfSDG24	Paulownia_LG10G000571	2 844	+	947	7.97	107 602.59
PfSDG25	Paulownia_LG10G000634	1 497	+	498	5.56	55 904.61
PfSDG26	Paulownia_LG10G001313	2 277	–	758	5.15	84 636.28
PfSDG27	Paulownia_LG10G001398	5 337	–	1 778	7.95	194 167.41
PfSDG28	Paulownia_LG12G000020	2 496	+	831	7.59	92 960.74
PfSDG29	Paulownia_LG12G000334	1 110	–	369	9.03	41 551.01
PfSDG30	Paulownia_LG12G001093	2 643	–	880	5.69	97 990.15
PfSDG31	Paulownia_LG11G000306	1 458	–	485	5.77	54 492.70
PfSDG32	Paulownia_LG11G000860	438	+	145	4.59	16 434.37
PfSDG33	Paulownia_LG11G001209	2 061	–	686	8.95	76 290.14
PfSDG34	Paulownia_LG15G000331	4 371	+	1 456	6.98	159 912.18
PfSDG35	Paulownia_LG15G001269	3 483	–	1 160	8.64	130 822.20
PfSDG36	Paulownia_LG15G000229	1 545	+	514	8.06	58 676.35
PfSDG37	Paulownia_LG16G000136	7 068	–	2 355	6.60	267 947.16
PfSDG38	Paulownia_LG14G000371	1 485	–	494	4.97	56 195.02
PfSDG39	Paulownia_LG14G000381	1 632	+	543	7.45	60 691.97
PfSDG40	Paulownia_LG18G000013	4 734	–	1 577	8.7	175 864.19
PfSDG41	Paulownia_LG18G000295	3 942	–	1 313	5.73	144 014.65
PfSDG42	Paulownia_LG18G000416	1 386	–	461	5.37	52 217.93
PfSDG43	Paulownia_LG17G000633	1 950	–	649	5.27	73 522.94
PfSDG44	Paulownia_LG17G000634	1 617	–	538	5.59	61 286.31
PfSDG45	Paulownia_LG17G000679	1 953	–	650	6.16	73 083.37
PfSDG46	Paulownia_LG19G000696	2 295	–	764	8.73	85 403.20

续表

基因名称	基因ID	长度/bp	正负链	氨基酸	等电点	分子量/Da
PfSDG47	Paulownia_LG19G000911	1 050	–	349	6.72	39 995.60
PfSDG48	Paulownia_CONTIG01587G000002	2 061	–	686	8.55	75 297.14
PfSDG49	Paulownia_WTDBG01492G000001	1 647	+	548	5.62	62 227.36
PfSDG50	Paulownia_WTDBG01492G000002	1 419	+	472	5.43	53 941.86
PfSDG51	Paulownia_WTDBG01628G000003	2 115	+	704	5.53	80 571.80
		PRMT 基因家族				
PfPRMT1	Paulownia_LG7G001372	1 953	–	650	5.48	73 214.66
PfPRMT2	Paulownia_LG17G000887	1 926	+	641	5.82	72 646.39
		HDMA 基因家族				
PfHDMA1	Paulownia_LG0G001747	1 995	+	664	4.85	73 742.30
PfHDMA2	Paulownia_LG3G000384	2 427	+	808	5.82	88 808.05
PfHDMA3	Paulownia_LG6G000822	1 728	–	575	4.86	64 224.99
PfHDMA4	Paulownia_LG8G001744	2 385	+	794	8.85	88 432.51
PfHDMA5	Paulownia_LG9G001154	3 336	–	1 111	6.70	119 904.96
PfHDMA6	Paulownia_LG10G000765	1 338	+	445	5.38	49 620.93
PfHDMA7	Paulownia_LG10G001410	2 376	–	791	5.82	86 200.23
PfHDMA8	Paulownia_LG15G000308	2 316	+	771	5.92	83 947.91
PfHDMA9	Paulownia_LG15G000636	5 991	+	1 996	5.57	216 734.01
		JMJ 基因家族				
PfJMJ1	Paulownia_LG4G000472	2 484	–	827	6.55	92 035.09
PfJMJ2	Paulownia_LG5G000682	1 866	+	621	7.54	70 885.05
PfJMJ3	Paulownia_LG5G000737	3 198	–	1 065	5.60	121 547.29
PfJMJ4	Paulownia_LG5G000738	2 406	–	801	8.20	91 652.86
PfJMJ5	Paulownia_LG5G000751	1 983	+	660	6.74	75 175.81
PfJMJ6	Paulownia_LG7G000794	2 580	+	859	8.12	96 659.89
PfJMJ7	Paulownia_LG7G001139	5 568	–	1 855	6.79	212 199.30
PfJMJ8	Paulownia_LG6G000725	3 936	+	1 311	8.77	146 477.60
PfJMJ9	Paulownia_LG8G000130	2 679	+	892	6.33	101 454.36
PfJMJ10	Paulownia_LG8G000760	3 324	+	1 107	8.21	126 482.54
PfJMJ11	Paulownia_LG9G000246	5 934	+	1 977	8.72	217 737.58
PfJMJ12	Paulownia_LG9G000970	3 762	+	1 252	6.32	140 537.02
PfJMJ13	Paulownia_LG10G000543	3 798	–	1 265	7.43	142 483.12
PfJMJ14	Paulownia_LG16G001107	2 991	+	996	8.48	114 256.87
PfJMJ15	Paulownia_LG16G001145	2 850	+	949	5.90	107 264.43
PfJMJ16	Paulownia_LG18G000982	3 504	–	1 167	7.10	131 955.69
PfJMJ17	Paulownia_LG18G001165	2 640	+	879	6.94	99 201.42
PfJMJ18	Paulownia_LG19G000152	4 260	+	1 419	6.35	157 657.04
PfJMJ19	Paulownia_LG19G000361	3 438	–	1 145	7.16	129 924.17

（PfPRMT2）～73 214.66Da（PfPRMT1），与其氨基酸数目成正比，而其等电点范围分别为 4.59（PfSDG32）～9.08（PfSDG9）和 5.48（PfPRMT1）～5.82（PfPRMT2）。PfHDMAs 和 PfJMJs 家族修饰酶的氨基酸个数分别在 445（PfHDMA6）～1996（PfHDMA9）和 621（PfJMJ2）～1977（PfJMJ11），分子量范围分别为 49 620.93（PfHDMA6）～216 734.01Da（PfHDMA9）和 70 885.05（PfJMJ2）～217 737.58Da（PfJMJ11），也与它们的氨基酸个数成正比，等电点分别为 4.85（PfHDMA1）～8.85（PfHDMA4）和 5.6（PfJMJ3）～8.77（PfJMJ8）之间。这些结果表明，不同的 PfHMTs 和 PfHDMs 修饰酶之间的氨基酸个数相差比较大，且理化性质差异明显，这种差异可能是由于它们具有不同的生物学功能，参与不同的生物学过程。

白花泡桐基因组中共鉴定到 44 个 *PfHATs* 基因和 17 个 *PfHDACs* 基因（表 8-46）。其中，44 个 *PfHATs* 基因分为 39 个 *PfHAGs* 基因、1 个 *PfHAMs* 基因、3 个 *PfHACs* 基因和 1 个 *PfHAFs* 基因；而 17 个 *PfHDACs* 基因则包括 10 个 *PfHDAs* 基因、2 个 *PfSRTs* 基因和 5 个 *PfHDTs* 基因。理化性质分析结果表明，PfHAGs、PfHACs、PfHAM 和 PfHAF 各家族修饰酶的氨基酸数量范围分别在 155（PfHAG29）～1261（PfHAG21）、1420（PfHAC1）～1794（PfHAC3）、437（PfHAM1）和 1466（PfHAF1），分子量与其氨基酸数目成正比，范围分别在 17 492.06（PfHAG29）～142 646.4Da（PfHAG21）、160 312.97（PfHAC1）～202 040.38Da（PfHAC3）、50 499.63Da（PfHAM1）和 164 206.36Da（PfHAF1），等电点范围分别为 4.81（PfHAG8）～9.78（PfHAG34）、7.02（PfHAC1）～8.51（PfHAC3）、6.97（PfHAM1）和 5.19（PfHAF1）。而 PfHDAs、PfHDTs 和 PfSRTs 各家族修饰酶的氨基酸个数分别在 363（PfHDA10）～665（PfHDA3）、241（PfHDT3）～307（PfHDT1）和 386（PfSRT1）～475（PfSRT2）不等，分子量也与其各自的氨基酸数量成正比，分别为 40 132.76（PfHDA10）～74 433.21Da（PfHDA3）、26 419.69（PfHDT3）～33 510.47Da（PfHDT1）和 42 956.26（PfSRT1）～52 928.74Da（PfSRT2），等电点范围分别在 4.94（PfHDA5）～6.2（PfHDA1）、4.71（PfHDT1）～4.95（PfHDT4）和 9.28（PfSRT2）～9.42（PfSRT1）。上述结果表明，不同的 PfHATs 和 PfHDACs 修饰酶之间的理化性质和氨基酸数目变化明显，这可能是由于其各自具有的生物学功能和调控的生物学过程不同造成的。

表 8-46　白花泡桐组蛋白乙酰化修饰酶基因家族列表

基因名称	基因 ID	长度/bp	正负链	氨基酸	等电点	分子量/Da
			HAG 基因家族			
PfHAG1	Paulownia_LG1G000763	915	–	304	8.38	34 176.00
PfHAG2	Paulownia_LG0G000715	576	–	191	7.01	21 843.84
PfHAG3	Paulownia_LG2G000846	897	–	298	9.33	34 135.79
PfHAG4	Paulownia_LG3G000990	576	+	191	7.03	21 925.90
PfHAG5	Paulownia_LG4G000758	903	+	300	9.12	34 687.76
PfHAG6	Paulownia_LG5G000987	1 803	+	600	6.49	65 657.29
PfHAG7	Paulownia_LG5G001011	1 248	–	415	8.97	46 293.34
PfHAG8	Paulownia_LG7G001296	1 236	–	411	4.81	46 056.27
PfHAG9	Paulownia_LG7G001470	498	–	165	8.87	18 627.61
PfHAG10	Paulownia_LG6G000742	1 698	–	565	8.75	63 292.81
PfHAG11	Paulownia_LG6G000878	819	–	272	8.97	31 538.66
PfHAG12	Paulownia_LG6G000994	1 227	–	408	9.41	46 494.13
PfHAG13	Paulownia_LG6G001239	1 467	+	488	8.13	54 901.50
PfHAG14	Paulownia_LG9G000010	582	+	193	5.72	22 044.35
PfHAG15	Paulownia_LG9G000099	678	–	225	8.27	25 735.41
PfHAG16	Paulownia_LG9G000647	768	+	255	9.72	27 687.16
PfHAG17	Paulownia_LG9G001187	708	–	235	6.49	26 235.34
PfHAG18	Paulownia_LG9G001199	879	–	292	9.64	31 986.23
PfHAG19	Paulownia_LG12G000193	1 647	+	548	6.16	61 415.52
PfHAG20	Paulownia_WTDBG01285G000001	3 570	+	1 189	5.97	134 946.75
PfHAG21	Paulownia_LG12G000930	3 786	–	1 261	5.87	142 646.40
PfHAG22	Paulownia_LG11G000744	1 824	+	607	7.84	66 523.25
PfHAG23	Paulownia_LG11G000760	1 284	–	427	8.96	47 510.83
PfHAG24	Paulownia_LG13G000317	1 221	+	406	9.25	46 254.71
PfHAG25	Paulownia_LG15G000145	885	+	294	9.00	33 797.64
PfHAG26	Paulownia_LG16G000220	675	–	224	9.59	26 147.08

续表

基因名称	基因 ID	长度/bp	正负链	氨基酸	等电点	分子量/Da
PfHAG27	Paulownia_LG14G000248	549	+	182	9.77	20 386.58
PfHAG28	Paulownia_LG14G000550	894	+	297	8.36	33 962.93
PfHAG29	Paulownia_LG18G000334	468	+	155	8.22	17 492.06
PfHAG30	Paulownia_LG19G000143	864	+	287	9.57	31 606.46
PfHAG31	Paulownia_LG19G000153	735	+	244	6.49	26 896.98
PfHAG32	Paulownia_CONTIG01525G000003	750	+	249	5.87	27 781.67
PfHAG33	Paulownia_CONTIG01571G000157	1 962	–	653	6.29	72 227.30
PfHAG34	Paulownia_CONTIG01579G000020	663	–	220	9.78	24 594.33
PfHAG35	novel_model_1325_5afbe647	753	–	250	6.13	27 952.95
PfHAG36	novel_model_1590_5afbe647	1 962	+	653	6.16	72 111.02
PfHAG37	novel_model_231_5afbe647	525	+	174	7.74	20 351.42
PfHAG38	Paulownia_TIG00016941G000006	753	+	250	6.13	27 952.95
PfHAG39	Paulownia_WTDBG01843G000003	525	+	174	7.74	20 351.42
		HAM 基因家族				
PfHAM1	Paulownia_LG10G001464	1 314	+	437	6.97	50 499.63
		HAC 基因家族				
PfHAC1	Paulownia_LG5G001201	4 263	–	1 420	7.02	160 312.97
PfHAC2	Paulownia_LG8G001876	5 289	+	1 762	8.24	196 935.57
PfHAC3	Paulownia_LG16G000081	5 385	–	1 794	8.51	202 040.38
		HAF 基因家族				
PfHAF1	Paulownia_LG0G001430	4 401	–	1 466	5.19	164 206.36
		SRT 基因家族				
PfSRT1	Paulownia_LG5G000684	1 161	–	386	9.42	42 956.26
PfSRT2	Paulownia_LG8G001056	1 428	–	475	9.28	52 928.74
		HDA 基因家族				
PfHDA1	Paulownia_LG5G000638	1 326	–	441	6.20	48 148.41
PfHDA2	Paulownia_LG5G000650	1 503	–	500	5.17	56 406.26
PfHDA3	Paulownia_LG6G000512	1 998	–	665	5.28	74 433.21
PfHDA4	Paulownia_LG12G000533	1 176	+	391	5.12	42 729.25
PfHDA5	Paulownia_LG12G000596	1 317	–	438	4.94	49 649.95
PfHDA6	Paulownia_LG11G000457	1 479	–	492	5.64	55 414.78
PfHDA7	Paulownia_LG13G000594	1 686	+	561	5.52	62 183.29
PfHDA8	Paulownia_LG13G000945	1 416	+	471	5.36	53 142.50
PfHDA9	Paulownia_LG15G001268	1 395	+	464	5.16	52 318.77
PfHDA10	Paulownia_LG18G000167	1 092	+	363	5.88	40 132.76
		HDT 基因家族				
PfHDT1	Paulownia_LG2G001133	924	+	307	4.71	33 510.47
PfHDT2	Paulownia_LG4G001380	879	–	292	4.89	31 257.16
PfHDT3	Paulownia_WTDBG01923G000003	726	–	241	4.75	26 419.69
PfHDT4	Paulownia_CONTIG01579G000064	861	+	286	4.95	31 405.55
PfHDT5	novel_model_1677_5afbe647	912	–	303	4.88	32 971.00

白花泡桐基因组中共鉴定到 142 个 *PfHMs* 基因，这些 *PfHMs* 基因分为 4 大类（*HMTs*、*HDMs*、*HATs* 和 *HDACs*），属于 11 个基因家族（*SDGs*、*PRMTs*、*HDMAs*、*JMJs*、*HAGs*、*HAMs*、*HACs*、*HAFs*、*HDAs*、

SRTs、*HDTs*），与其他物种类似（Aiese et al.，2013；Xu et al.，2015；Fan et al.，2018）。将白花泡桐 *PfHMs* 各家族基因与其他物种 *HMs* 基因比较后发现，白花泡桐中这些家族中的基因个数与柑橘中各家族的基因个数较为接近。例如，白花泡桐 *PfJMJs*、*PfHAMs* 和 *PfHDAs* 家族分别有 19 个、1 个和 10 个家族成员。相应地，柑橘 *CsJMJs*、*CsHAMs* 和 *CsHDAs* 家族则分别包括 20 个、1 个和 9 个家族成员。然而，对于 *HAGs* 基因家族，白花泡桐、苹果、甜橙和番茄中鉴定到的 *HAGs* 家族成员个数远远多于拟南芥和水稻。当使用 AT1 结构域对拟南芥基因组进行 Blast 检索时，拟南芥中鉴定到 33 个 *HAGs* 家族成员（Aiese et al.，2013），这与白花泡桐中 *HAGs* 家族成员个数相接近。此外，研究还发现 *HMs* 基因个数与基因组大小不成正比。对白花泡桐 *PfHMs* 基因在染色体上的分布进行统计，结果表明 142 个 *PfHMs* 基因中，有 129 个 *PfHMs* 基因可以定位到白花泡桐染色体上，这可能是由于白花泡桐基因组的物理图谱不完整。然而，定位到染色体上的 129 个 *PfHMs* 基因在白花泡桐 20 条染色体上的分布不均衡，其中分布在 chr10 染色体上的 *PfHMs* 基因个数最多（14 个），而位于染色体 chr4 和 chr14 上的 *PfHMs* 基因个数最少（各 3 个），这与柑橘和苹果中 *HMs* 基因的分布情况类似（Xu et al.，2015；Fan et al.，2018）。

不同家族 HMs 修饰酶具有不同的保守结构域。对白花泡桐 PfHMs 各家族修饰酶的结构域分析结果表明，白花泡桐各家族成员中鉴定到的结构域与其他植物 HMs 家族修饰酶的结构域相似。例如，SET 结构域是 SDGs 家族的保守特征结构域，白花泡桐中所有 PfSDGs 家族修饰酶成员均具有该结构域。除此之外，不同组的 PfSDGs 家族成员修饰酶还具有其他额外的结构域。例如，I 组[E（z）-like]的 PfSDGs 家族成员通常还具有 CXC、SANT 结构域；Ⅱ组（ASH1-like）的 PfSDGs 家族成员通常还具有额外的 AWS、PostSET 或 zf-CW 结构域；Ⅲ组（TRX-like）家族成员通常还具有 Post-SET、PWWP、PHD、FYRN、FYRC 或 GYF 其他结构域。然而，同属于 III 组的 PfSDG15 和 PfSDG37 却只有 SET 结构域，这种情况在荔枝中也有发现（Peng et al.，2017）；IV 组的 PfSDGs 家族成员还额外具有 1 个 PHD 结构域；V 组成员则根据包含的结构域不同又进一步分为两个亚组。白花泡桐 PfJMJs 家族成员均含有的保守的 JmjC 结构域。与其他物种相比，其余各 HMs 修饰酶家族的特征保守结构域在白花泡桐中也都存在，如 PRMT5（PRMT 家族）、KAT11（HAC 家族）、TBP-binding（HAF 家族）、Acetyltransf_1（HAG 家族）、MOZ_SAS（HAM 家族）、Hist_deacetyl（HAD 家族）、SWIRM（HDMA 家族）和 SIR2（SRT 家族）等结构域，这也表明不同植物中的 HMs 修饰酶家族结构域是保守的。

近年来，研究人员在植物中鉴定到许多组蛋白修饰酶基因家族，并揭示了部分修饰酶在植物生长发育和胁迫响应过程中的调控作用。一些组蛋白修饰酶被证实在植物防御中发挥了重要作用，然而白花泡桐 PfHMs 修饰酶的功能尚不明确。先前许多研究表明，基因同源分析是一种可行的方法，能够预测由于物种形成事件而进化的不同物种中相似基因的未知功能。由于它们来自两个或多个物种的最后共同祖先中的一个基因，所以在新的进化类群中，同源基因通常具有相同的功能（Das et al.，2016）。因此，为了预测白花泡桐 PfHMs 修饰酶潜在的生物学功能，基于白花泡桐和拟南芥的系统进化分析结果，并结合已有文献报道对 PfHMs 修饰酶的功能进行预测。拟南芥组蛋白甲基转移酶 AtSDG8 通过调控 JA 或 ET 信号通路中的基因表达在植物对真菌的防御中发挥重要作用（Berr et al.，2010），而 AtSDG27 能够激活 WRKY70 和 SA 敏感基因来增强拟南芥对丁香假单胞菌（*Pseudomonas syringae*）的基础防御（Alvarez-Venegas et al.，2007）。系统进化分析结果表明，白花泡桐 *PfSDG27* 和 *PfSDG34* 是 *AtSDG8* 最近的同源基因，而 *PfSDG24* 是 *AtSDG27* 最近的同源基因。白花泡桐感染植原体后，这 3 个基因的表达水平下调，这表明 *PfSDG27*、*PfSDG34* 和 *PfSDG24* 可能参与了白花泡桐对植原体侵染的响应调控。具有 H3K9me1/2 去甲基酶活性的 AtJMJ27 通过介导 WRKY25 和病程相关蛋白的表达调控拟南芥对丁香假单胞菌的防御（Dutta et al.，2017）。白花泡桐中，*AtJMJ27* 的同源基因 *PfJMJ11* 表达水平在植原体侵染后下调。此外，拟南芥去乙酰化转移酶 AtHDA6 和 AtHDA19 也参与了拟南芥对病原菌的响应（Zhou et al.，2005；Choi et al.，2012）。白花泡桐中，*AtHDA6* 的同源基因 *PfHDA8* 以及 *AtHDA19* 的同源基因 *PfHDA2*、*PfHDA6* 和 *PfHDA9* 的表达水平在植原体侵染后均发生了变化，其中 *PfHDA2* 的表达水平显著上调。拟南芥 AtSRT2 修饰酶与植物的基础防御相关（Wang et al.，2010），*AtSRT2* 的同源基因 *PfSRT1* 在白花泡桐感染植原体后显著上调。白花泡桐感染植原体后，这些 *PfHMs* 基因的表达变化表明，它们可能参与了白花泡桐响应植原体侵染的调控过程。

第四节　泡桐的 RNA 甲基化组

一、m^6A 测序数据统计分析

首先，采用 TRIzol 试剂盒对白花泡桐丛枝病苗（PF）和 60mg/L MMS 处理苗（PFI-M60）的总 RNA 进行提取；然后，分别构建 4 个 m6A-Seq 库（PFI-1-IP，PFI-2-IP，PF-1-IP，PF-2-IP）和 4 个 RNA-Seq 库（PFI-1-input，PFI-2-input，PF-1-input，PF-2-input），将构建好的 m6A-Seq 文库（IP）和 RNA-Seq 文库（library）在 IlluminaNovaseq6000 平台上进行双端 2×150bp 测序。结果显示，m6A-Seq 文库有 7300 万～8300 万的序列数，RNA-Seq 文库有 4400 万～5600 万的序列数（表 8-47）。对测序原始数据进行处理，首先利用 Cutadapt（Martin，2011）以及本地的 Perl 脚本去除带接头（linker）的序列、含有 N（N 表示无法确定碱基信息）的比例大于 5%的序列、低质量序列（质量值 Q 质量值的碱基数占整个序列的 20%以上），从而得到高质量序列。然后使用 FastQC 对高质量序列进行质控。使用 bowtie（Langmead and Salzberg，2012）将高质量序列比对到参考基因组上。其中有效数据中有近 94%的序列比对到外显子上，其余序列比对到内含子或基因间区。

表 8-47　测序结果统计

样本 ID	原始序列数	有效序列数	比对的序列数	特有序列数	Q30/%	GC/%
PFI-1	44 346 086	42 431 496	3 869 042	24 717 069	91.11	45.13
PFI-1-IP	83 336 938	81 052 000	6 898 087	50 374 071	93.53	47.61
PFI-2	56 644 972	54 508 726	4 457 739	28 598 455	91.85	45.4
PFI-2-IP	78 948 590	76 779 916	6 520 040	47 787 912	93.67	47.52
PFIM60-1	48 174 988	46 456 732	4 302 210	27 503 094	92.02	45.41
PFIM60-1-IP	81 233 188	79 125 180	6 831 175	50 942 579	93.78	47.54
PFIM60-2	41 069 730	39 455 602	3 660 478	23 658 671	91.88	45.6
PFIM60-2-IP	73 786 254	72 188 438	6 237 597	47 128 643	94.14	47.49

二、白花泡桐 m^6A 图谱构建及 peak 分析

首先，利用 peak-calling 软件和 R 包 exomePeak（Robinson et al.，2010）在泡桐全基因组范围进行 m^6Apeak 扫描，获得 peak 在基因组上的位置和长度等信息，$r<0.05$ 为差异 peak 筛选阈值；然后，利用 chipseeker 进行 peak 注释及 peak 在基因功能元件上的分布分析。全基因组 peak 分析结果显示，MMS 处理丛枝病苗在不同染色体上发生 m^6A 修饰的基因数目不同，范围为 472～1014 个，其中数目较多的有 9 号染色体（1014 个）和 2 号染色体（1002 个），2 号染色体上鉴定出的 peak 数目最多（1506 个），14 号染色体上 peak 数目最少（702 个），为最多 peak 数目的一半；病苗中不同染色体上发生 m^6A 修饰的基因数目和 peak 数目的分布与 MMS 处理苗类似（表 8-48）。PaWB 植原体入侵导致了白花泡桐丛枝病苗 m6Apeak 的分布发生变化，如图 8-35 所示，构建了白花泡桐 m6A 修饰图谱（最外第一圈为染色体分布，第二圈为丛枝病苗 m^6Apeak 位置在染色体上的分布，第三圈为 MMS 处理丛枝病苗 m^6Apeak 位置在染色体上的分布）。m^6Apeak 在染色体上分布结果显示丛枝植原体入侵引起了病苗中 peak 数量的增加，在 MMS 处理丛枝病苗样本中，鉴定出了 13 505 个基因的 20 201 个 peak；在丛枝病苗样本中，鉴定出了 13 838 个基因的 20 568 个 peak，该结果说明丛枝植原体引起了泡桐 m^6A 修饰变化。

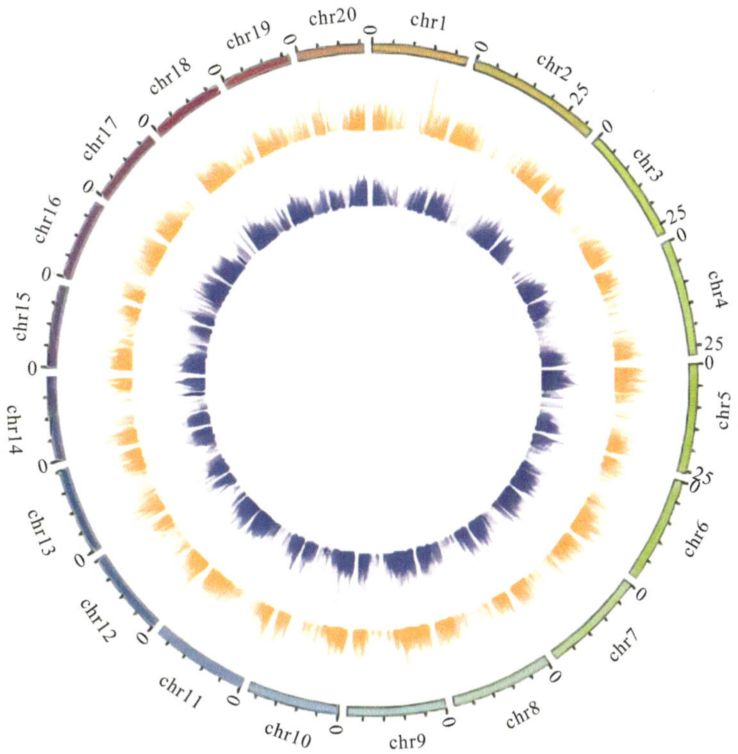

图 8-35　白花泡桐 m^6A 修饰图谱

由外到内第一圈为染色体分布 ，第二圈为丛枝病苗 m^6A peak 位置在染色体上的分布，第三圈为白花泡桐处理苗 m^6A peak 位置在染色体上的分布

表 8-48　染色体上发生 m^6A 修饰的基因数和 peak 数统计

染色体编号	peak 数统计/个		发生甲基化修饰的基因数统计/个	
	PFI	PFIM60	PFI	PFIM60
ch1	731	712	499	489
ch2	1564	1506	1052	1002
ch3	1146	1098	757	727
ch4	1026	1029	706	694
ch5	1283	1263	860	841
ch6	1212	1176	802	778
ch7	1284	1276	852	825
ch8	939	920	671	655
ch9	1496	1490	1008	1014
ch10	1035	1037	699	688
ch11	1187	1183	816	790
ch12	902	904	587	591
ch13	902	888	618	586
ch14	708	702	476	479
ch15	958	946	615	606
ch16	1018	993	686	678
ch17	751	714	496	472
ch18	942	888	634	593
ch19	738	727	493	485
ch20	746	749	510	510

peak 在基因组上的分布显示：两个样本中的 peak 主要分布在基因的转录起始位点 TSS 和转录终止位点 TES 附近（图 8-36A），且以 TES 附近最多。进 一步对差异 peak 在基因功能元件上的分布进行统计（图 8-36B），结果显示有 36.59%差异 peak 位于 3'UTR 区、 17.41%差异 peak 位于 5'UTR 区、21.85%差 异 peak 位于外显子 1 上、24.15%位于其他外显子上，表明泡桐丛枝病发生主要与 3'UTR 的 m^{6}A 修饰有关。通过丛枝病苗与 MMS 处理丛枝病苗的比较分析，共获得了 1807 个基因的 2050 个差异 peak，说明丛枝植原体入侵白花泡桐引起了 m^{6}A 修饰的变化（表 8-49）。

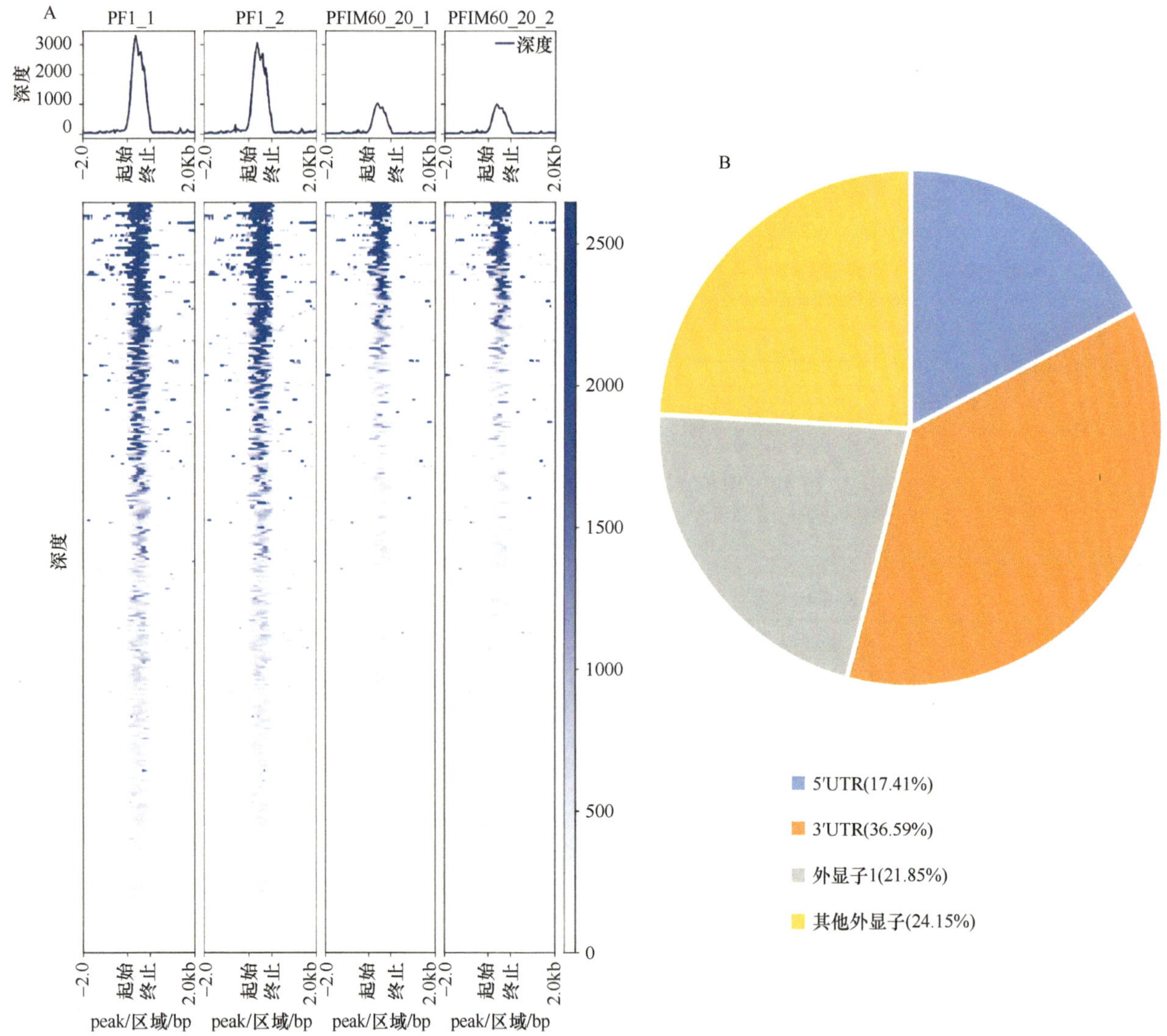

图 8-36 peak 峰富集区域分析

A. peak 峰在 TSS 和 TES 附近区域分布热图；B. peak 在基因元件上的分布

三、m^{6}A 基序的鉴定

为确定泡桐丛枝病 m^{6}A 发生相关的 m^{6}A 修饰基序序列，研究利用 HOMER 软件（Heinz et al.，2010）在差异 peak 分析的基础上进行基序预测，并将预测到的基序比对到 miRbase 数据库（$1\times10^{-20}<r<1\times10^{-10}$），共鉴定出 10 个高度富集的基序序列（表 8-50）。结果显示没有鉴定到在哺乳动物和酵母中保守的 m^{6}A 修饰基序 RRACH（R=A/G，H=A/C/U），但鉴定到的富集最显著的基序为 UUGUUUUGUACU（图 8-37），该基序与番茄、水稻和玉米等植物 m^{6}A 修饰特有的 UGUAYY（Y=C/U）基序序列类似，说明预

测结果有较高的可信度。这些基序序列容易被 m^{6}A 相关酶识别并结合，进而影响基因的表达。

表 8-49　白花泡桐丛枝病苗和处理苗差异 peak（部分结果）

序列名	起始位点	终止位点	长度	转录本	P 值	注释
chr1	197 933	199 767	1 835	Paulownia_LG1G000017.1	1.00E-283	3′ UTR
chr1	1 857 734	1 857 853	120	Paulownia_LG1G000177.1	1.60E-20	外显子 11
chr1	2 039 807	2 040 195	389	Paulownia_LG1G000190.1	1.00E-108	3′ UTR
chr1	2 362 060	2 362 209	150	Paulownia_LG1G000229.1	5.00E-41	外显子 1
chr1	2 378 382	2 378 817	436	Paulownia_LG1G000232.1	0.00E+00	3′ UTR
chr1	4 397 136	4 399 475	2 340	Paulownia_LG1G000368.1	2.00E-62	外显子 8
chr1	4 443 951	4 447 941	3 991	Paulownia_LG1G000372.1	1.00E-286	外显子 1
chr1	4 974 239	4 976 514	2 276	Paulownia_LG1G000388.1	0.00E+00	5′ UTR
chr1	12 072 008	1 2072 424	417	Paulownia_LG1G000515.1	0.00E+00	3′ UTR
chr1	13 935 268	13 936 367	1100	Paulownia_LG1G000535.1	0.00E+00	3′UTR

表 8-50　m^{6}A 的基序预测

序号	基序	r 值	lg P 值	靶标占比/%	所占背景的占比/%
1	UUGUUUUGUACU	1.00×10^{-18}	−43.2	14.45	8.07
2	GUAACUAU	1.00×10^{-17}	−41.2	9.73	4.73
3	UGUAAAUU	1.00×10^{-16}	−38.9	15.92	9.50
4	CAUUUUUGCUGU	1.00×10^{-16}	−38.1	17.49	10.82
5	UUGUAUGUAUUU	1.00×10^{-15}	−36.4	9.67	4.94
6	UUAUGAAAUUGU	1.00×10^{-14}	−33.8	13.78	8.21
7	UAUCAUUUUACU	1.00×10^{-13}	−31.4	6.52	3.00
8	UUAUUAUU	1.00×10^{-13}	−30.9	9.67	5.26
9	CUCCUCCCACCU	1.00×10^{-12}	−29.0	4.27	1.65
10	CACCCCUCCACC	1.00×10^{-12}	−28.3	4.27	1.67

图 8-37　泡桐丛枝病 m^{6}A 高比例基序

四、丛枝植原体对白花泡桐基因表达的影响

为研究丛枝病苗和 MMS 处理丛枝病苗的基因转录水平，在这两个样本的比 较结果中，共检测到 1877 个差异表达的基因。相较于 MMS 处理丛枝病苗，丛枝病苗的样本中有 754 个表达上调的基因、1123 个表达下调的基因。GO 富集分析表明，差异表达基因主要参与：膜和细胞壁等细胞成分；以 DNA 为模板的转录调控和次生代谢产物的生物合成过程等生物学过程；DNA 结合转录因子活性和氧化还原酶活性等分子功能（图 8-38）。KEGG 通路富集分析表明差异表达的基因主要参与植物昼夜节律、苯丙烷类生物合成、类黄酮生物合成和甘油酯代谢等途径（图 8-39）。

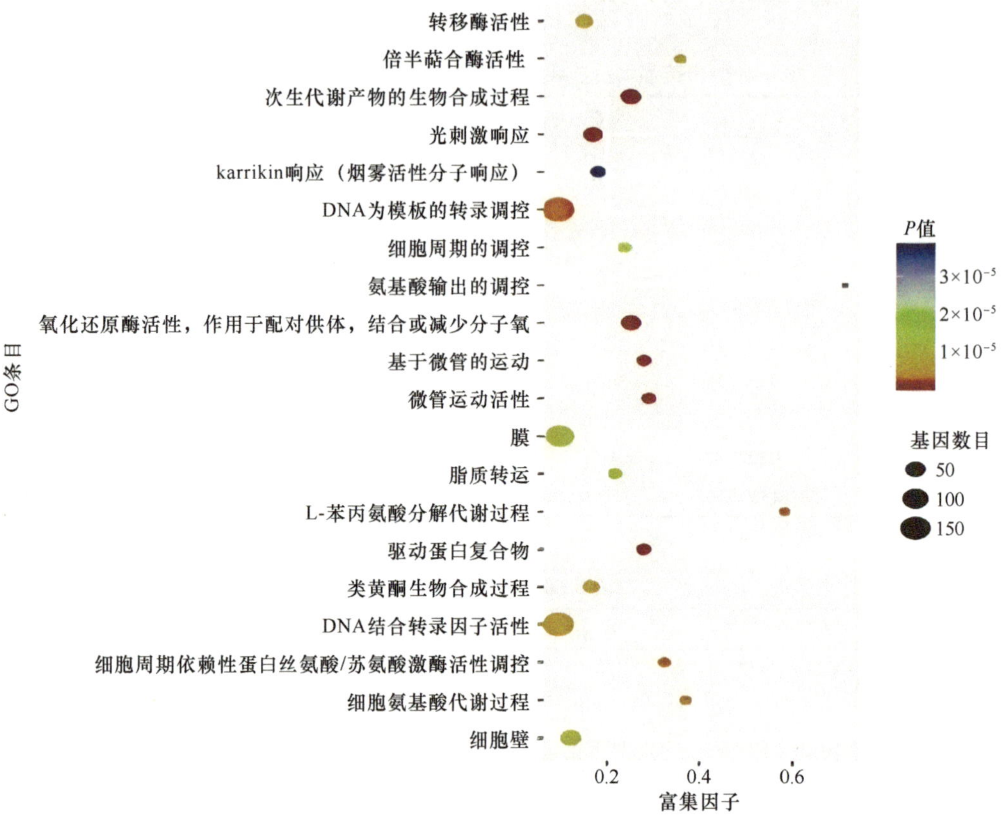

图 8-38　差异表达基因的 GO 功能注释

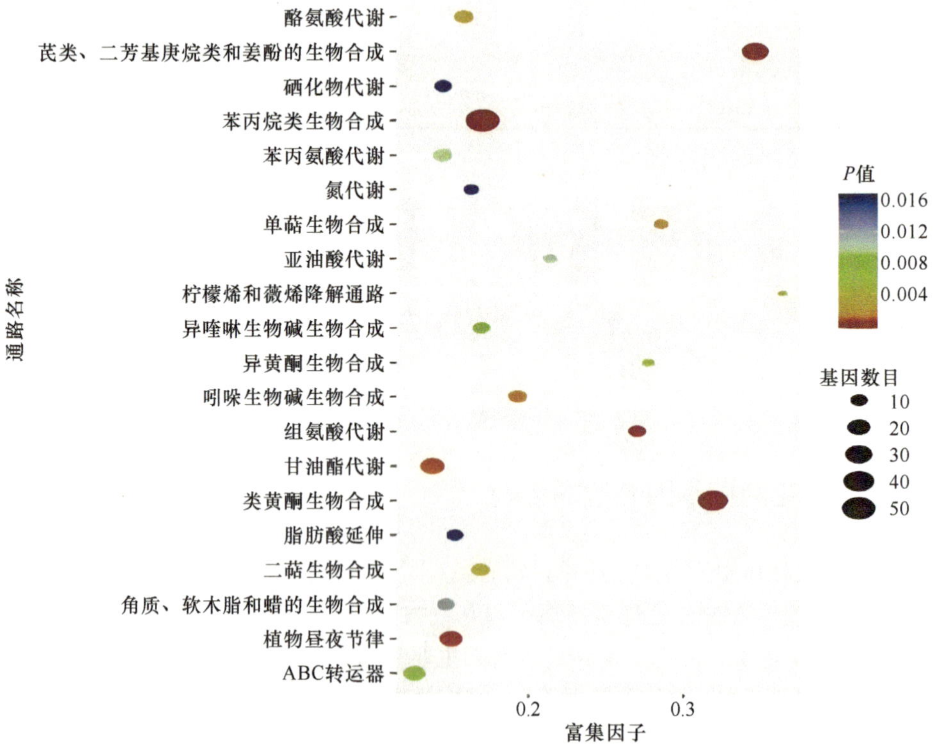

图 8-39　差异表达基因的 KEGG 代谢通路富集分析

五、MeRIP-qRT-PCR 验证

为分析目的基因 *STM*（*Paulownia_LG15G000976*）和 *CLV2*（*Paulownia_ LG2G00076*）的甲基化修饰水平，首先通过 MeRIP-Seq 数据得到目的基因相关的 peak 序列，然后根据 peak 序列设计引物，引物序列如表 8-51 所示。最后对 2 个基因进行 m^6A MeRIP-qRT-PCR 验证，结果显示 2 个甲基化基因的表达与测序结果一致（图 8-40），说明测序结果可靠性较高。

表 8-51　MeRIP-qRT-PCR 所用引物序列

引物名称	引物序列（5′→3′）
LG2G000076-F	CTCGGATCGGCGTTATAC
LG2G000076-R	TGGCGCCACCATCACTATC
LG15G000976-F	AGCTGGTGGGAATTGCAC
LG15G000976-R	ACTTACTTCACATGGAAAG

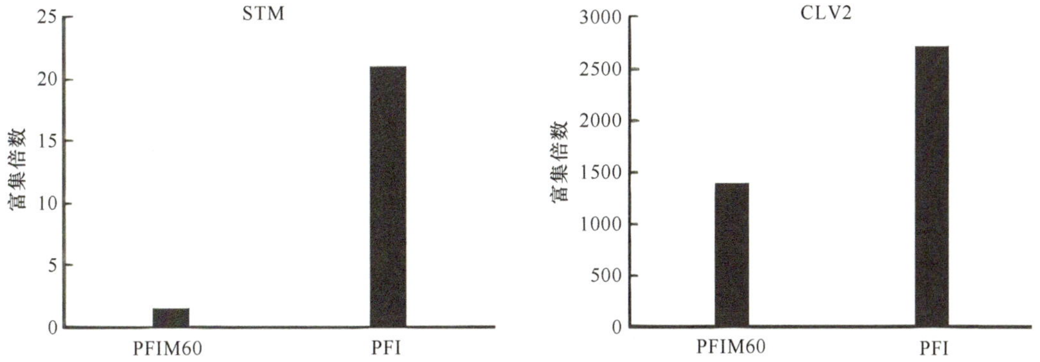

图 8-40　m^6A MeRIP-qRT-PCR 验证

六、m^6A 修饰影响选择性剪接

选择性剪接（AS）涉及多种生理过程，包括对非生物和生物胁迫的反应。目前已经发现了 4 种主要的 AS 类型：内含子保留（IR）、外显子跳跃（ES）、替代 5′剪接位点（A5SS）和 3′剪接位点（A3SS）（Barbazuk et al.，2008）。m6A 修饰可以通过促进外显子在转录水平的保留来影响选择性剪接。因此，研究结合 m6A 修饰和选择性剪接进行联合分析。首先，与丛枝病苗相比，MMS 处理丛枝病苗的样本中共发现 282 个 SE 型可变剪接差异显著的基因和 84 个 MXE 型可变剪接差异显著的基因。然后，m^6A 修饰与选择性剪接的联合分析表明，当 m^6A 甲基化程度增加时，有两个基因的选择性剪接与 m^6A 修饰之间存在相关性，分别是 F-box（Paulownia_LG17G000760）和 MSH5（Paulownia_LG8G001160）。为验证基因 F-box 与 MSH5 在丛枝病苗和 MMS 处理丛枝病苗中选择性剪接的变化，进行了 RT-PCR 分析。分析结果发现，经过 MMS 处理后，当 m^6A 甲基化程度增加时，在 MMS 处理丛枝病苗中，这两个基因的条带亮度均减弱（图 8-41），表明 m^6A 甲基化的程度影响了其选择性剪接事件。

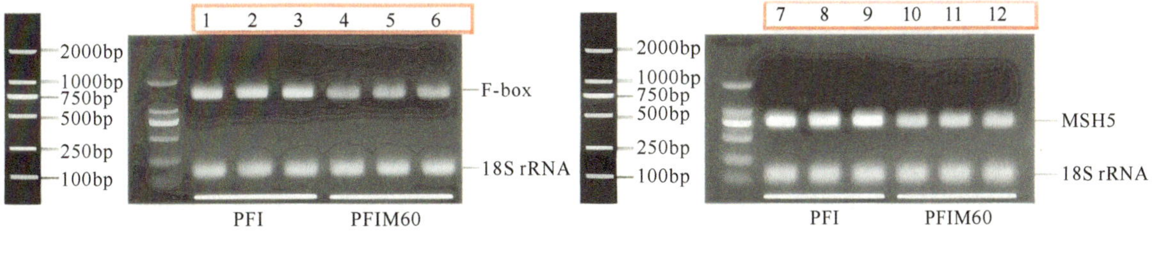

图 8-41　白花泡桐丛枝病苗（PFI）和 MMS 处理丛枝病苗（PFIM60）选择性剪接变化的验证分析

18S rRNA 为内参基因，1～3、7～8 为 PFI 样本，4～6、10～12 为 PFIM60 样本

第五节　泡桐的 DNA 甲基化组

一、MMS 处理对泡桐丛枝病幼苗 DNA 甲基化的影响

（一）MMS 处理对泡桐丛枝病幼苗的甲基化测序数据统计

对 2 种浓度 MMS 在不同时间点处理的 10 个样品进行全基因组甲基化文库构建，然后在 Illumina Hiseq 4000 平台进行 pair-end 2×150bp 测序，结果产出 100 910 022（PFI）、101 228 580（PFI-1）、107 645 878（PFI-2）、118 263 864（PF）、102 737 224（PF-1）、99 230 768（PF-2）、99 557 668（PFI60-5）、108 540 624（PFI60-5-1）、116 237 160（PFI60-5-2）、127 790 448（PFI60-10）、114 597 960（PFI60-10-1）、115 282 506（PFI60-10-2）、104 752 776（PFI60-15）、106 327 474（PFI60-15-1）、118 570 434（PFI60-15-2）等原始数据（表 8-52）。

表 8-52　MMS 处理幼苗经 WGBS 测序产生的数据统计

样本	原始数据		有效数据		Q20/%	Q30/%	GC/%
	序列数	碱基/G	序列数	碱基/G			
PFI	100 910 022	15.14	97 970 014	9.8	95.57	91.69	20.49
PFI-1	101 228 580	15.18	97 987 600	9.8	95.34	91.29	20.89
PFI-2	107 645 878	16.15	104 544 904	10.45	95.46	91.36	20.53
PF	118 263 864	17.74	113 968 326	11.4	94.28	89.18	21.65
PF-1	102 737 224	15.41	99 090 698	9.91	95.26	91.11	21.68
PF-2	99 230 768	14.88	95 822 304	9.58	94.55	89.7	21.83
PFI60-5	99 557 668	15.00	91 194 658	9.12	92.86	87.95	24.2
PFI60-5-1	108 540 624	16.28	98 116 042	9.81	93.83	89.07	22.54
PFI60-5-2	116 237 160	17.44	105 899 056	10.59	92.89	86.57	23.43
PFI60-10	127 790 448	19.17	112 047 572	11.20	91.36	84.67	25.72
PFI60-10-1	114 597 960	17.19	100 343 710	10.03	91.85	86.16	25.06
PFI60-10-2	115 282 506	17.29	96 673 026	9.67	93.08	88.2	23.76
PFI60-15	104 752 776	15.71	91 981 408	9.20	91.79	86.6	25.36
PFI60-15-1	106 327 474	15.95	91 111 800	9.11	92.99	88.1	24.29
PFI60-15-2	118 570 434	17.79	102 000 042	10.20	92.8	87.73	23.83
PFI60-20	115 919 876	17.39	107 697 784	10.77	93.78	89.65	23.47
PFI60-20-1	161 423 316	24.21	100 346 002	10.03	93.78	89.6	23.44
PFI60-20-2	120 390 444	18.06	107 474 118	10.75	94.54	90.59	23.16
PFI20-10	102 716 760	15.41	81 751 608	8.10	98.21	95.59	19.02
PFI20-10-1	337 545 654	50.63	107 874 398	14.90	97.05	93.21	18.47
PFI20-10-2	131 432 204	19.85	126 897 082	12.59	98.76	96.95	19.18
PFI20-30	192 457 100	28.87	94 271 858	13.05	97.09	93.27	18.68
PFI20-30-1	130 464 224	19.57	96 334 728	13.29	96.19	91.23	18.59
PFI20-30-2	177 591 670	26.64	97 414 798	13.48	97.37	93.8	18.83
PFI20R-20	133 680 016	20.05	104 934 668	14.52	97.72	94.24	19.01
PFI20R-20-1	123 222 172	18.48	104 002 056	10.33	98.27	95.69	19.42
PFI20R-20-2	178 418 768	26.76	102 568 984	14.20	97.4	93.85	18.85
PFI20R-40	122 868 446	18.43	111 402 516	11.03	97.54	94.56	19.44
PFI20R-40-1	193 034 580	19.30	101 092 326	10.02	98.39	95.78	19.64
PFI20R-40-2	101 620 298	15.24	90 380 936	8.94	96.96	93.43	19.29

然后对原始序列进行处理。在这一过程中，由于下机原始数据中可能含有测序接头序列（建库过程中引入）和低质量的测序数据（由测序仪器本身产生），使用 cutadapt（Martin 2011）和内部的 perl 脚本去除接头（linker），低质量碱基和未确定碱基的读数以获得高质量序列。最后将 10 个样品的有效序列比对到白花泡桐基因组上，每个样品三个生物学重复，30 个结果的比对率均在 40%～60%，覆盖率分别见表 8-53。结果表明样品可用于下游生物信息学分析。

表 8-53　MMS 处理幼苗的甲基化数据映射到基因组

样本	总序列数	特有序列数	特有序列数比对率/%	重复序列数	重复率/%	平均覆盖度/%	≥5x 覆盖度/%	≥10x 覆盖度/%	≥15x 覆盖度/%
PFI	100 910 022	43 371 127	42.98	8 143 439	8.07	18.21	5.37	1.81	0.77
PFI-1	101 228 580	42 951 286	42.43	8 098 286	8	18.08	5.28	1.77	0.75
PFI-2	107 645 878	46 147 788	42.87	9 881 892	9.18	18.23	5.81	2.06	0.9
PF	118 263 864	61 875 654	52.32	9 059 012	7.66	23.42	9.62	2.99	1.14
PF-1	102 737 224	54 841 130	53.38	7 540 912	7.34	22.95	8.33	2.33	0.85
PF-2	99 230 768	51 857 999	52.26	7 670 538	7.73	22.51	7.84	2.15	0.77
PFI60-5	91 194 658	38 813 768	42.56	4 193 331	4.6	22.26	5.38	1.46	0.56
PFI60-5-1	98 116 042	44 614 661	45.47	5 207 680	5.31	23	6.4	1.97	0.78
PFI60-5-2	105 899 056	46 113 285	43.54	5 792 249	5.47	23.2	6.57	2.04	0.81
PFI60-10	112 047 572	43 445 488	38.77	7 003 081	6.25	20.44	4.96	1.66	0.75
PFI60-10-1	100 343 710	39 870 201	39.73	6 026 030	6.01	20	4.55	1.46	0.66
PFI60-10-2	96 673 026	40 856 227	42.26	6 218 765	6.43	20.26	4.73	1.54	0.69
PFI60-15	91 981 408	35 425 539	38.51	5 404 885	5.88	20.56	3.6	1.02	0.46
PFI60-15-1	91 111 800	37 202 021	40.83	5 893 725	6.47	20.78	3.82	1.12	0.52
PFI60-15-2	102 000 042	41 917 434	41.1	6 842 493	6.71	21.58	4.44	1.37	0.63
PFI60-20	107 697 784	53 185 824	49.38	5 776 492	5.36	25.44	9.15	2.7	0.92
PFI60-20-1	100 346 002	49 660 284	49.49	5 253 220	5.24	25.08	8.5	2.36	0.79
PFI60-20-2	107 474 118	54 270 059	50.5	6 398 494	5.95	25.52	9.29	2.79	0.97
PFI20-10	81 751 608	46 426 151	56.79	9 893 108	12.1	22.04	5.74	1.26	0.4
PFI20-10-1	107 874 398	48 791 381	45.23	7 861 808	7.29	24.96	10.66	4.02	1.58
PFI20-10-2	126 897 082	71 549 886	56.38	16 940 875	13.35	24.46	9.1	2.93	1.05
PFI20-30	94 271 858	43 616 781	46.27	6 544 865	6.94	26.7	10.85	2.82	0.83
PFI20-30-1	96 334 728	43 972 347	45.65	5 227 049	5.43	27	11.61	3.17	0.95
PFI20-30-2	97 414 798	45 095 214	46.29	7 745 237	7.95	26.73	10.83	2.77	0.81
PFI20R-20	104 934 668	47 888 104	45.64	11 630 392	11.08	24.12	8.44	2.68	0.98
PFI20R-20-1	104 002 056	59 024 315	56.75	13 622 989	13.1	23.72	7.14	1.95	0.68
PFI20R-20-2	102 568 984	46 406 692	45.24	8 763 922	8.54	24.67	9.34	3.23	1.23
PFI20R-40	111 402 516	60 128 622	53.97	8 485 636	7.62	24.68	8.81	3.12	1.28
PFI20R-40-1	101 092 326	55 417 119	54.82	7 862 935	7.78	24.25	8.09	2.67	1.04
PFI20R-40-2	90 380 936	48 233 754	53.37	5 850 907	6.47	23.34	7.19	2.21	0.83

（二）MMS 处理对泡桐丛枝病幼苗的全基因组甲基化水平和模式统计

两种 MMS 浓度处理苗的基因组 DNA 用重亚硫酸盐处理后，甲基化的 C 是不发生变化的，未甲基化 C 脱氨基变成 U，经 PCR 变成 T，依据此原理进行甲基化位点的识别。DNA 甲基化水平由 house 和 MethPipe 中支持 C（甲基化）的序列数与总序列数（甲基化和未甲基化）之比来确定。在此基础上，进行 2 种 MMS 浓度处理苗的 DNA 甲基化水平（mCG、mCHG 或 mCHH）统计。使用 1000bp 窗（window）滑入基因区域，500bp 的 overlap（重叠）参数设置进一步分析染色体上 mCG、mCHG 和 mCHH 序列的 DNA 甲基化水平，依据每条染色体中序列上出现的 3 种甲基化的类型（≥1），统计样品的甲基化模式。

基于全基因组甲基化测序，研究对 20mg/L 和 60mg/L MMS 在不同时间点处理苗的甲基化水平和模式进行了统计，甲基化水平结果如表 8-54 显示，PFI 甲基化水平比 PF 甲基化水平高；在 60mg/L MMS 处理苗中，甲基化水平随着处理时间的延长，DNA 甲基化的总体水平逐渐降低，且 20 天时幼苗形态恢复为健康状态时的甲基化水平与健康苗的甲基化水平相近；在 20mg/L MMS 处理苗中，甲基化水平也是逐步降低，在随后的继代过程中（低浓度恢复 20～40 天）甲基化水平又逐渐升高，此时甲基化水平比 PFI 略高，部分原因可能是 MMS 试剂处理引起的。该结果说明丛枝病的发生与甲基化水平升高有关。

表 8-54　不同 MMS 处理样品的甲基化水平分析

样本	甲基化水平/%	样本	甲基化水平/%
PF	20.44	PFI60-20	20.68
PF-1	20.32	PFI60-20-1	20.82
PF-2	20.53	PFI60-20-2	21.11
PFI	23.38	PFI20-10	21.77
PFI-1	23.42	PFI20-10-1	20.38
PFI-2	23.46	PFI20-10-2	21.59
PFI60-5	24.72	PFI20-30	19.99
PFI60-5-1	24.95	PFI20-30-1	19.62
PFI60-5-2	24.87	PFI20-30-2	19.87
PFI60-10	23.19	PFI20R-20	22.80
PFI60-10-1	22.81	PFI20R-20-1	23.68
PFI60-10-2	22.91	PFI20R-20-2	22.59
PFI60-15	21.65	PFI20R-40	25.51
PFI60-15-1	21.38	PFI20R-40-1	25.59
PFI60-15-2	21.67	PFI20R-40-2	25.62

在 10 个样品的甲基化模式中，发现植原体侵染泡桐后 mCHH 类型由 50.64%升到 53.00%（表 8-55）。10 个样在同一时间点均以 mCHH 的甲基化类型比例最高，其次是 mCG，最少的为 mCHG。但是每种甲基化类型比例随着样品的形态变化不一致，mCG 类型的变化随着幼苗逐渐转变为健康状态，该类型的甲基化比例逐渐降低，mCHG 类型随 MMS 处理变化呈现的规律不明显，mCG 类型变化趋势一定程度上与 mCHH 相反。

表 8-55　不同 MMS 处理样品的甲基化模式分析

样本	mCG	mCHG	mCHH	样本	mCG	mCHG	mCHH
PF	27.69%	21.62%	50.69%	PFI60-20	29.82%	22.49%	47.70%
PF-1	27.78%	21.64%	50.59%	PFI60-20-1	29.94%	22.48%	47.58%
PF-2	27.68%	21.66%	50.65%	PFI60-20-2	30.12%	22.58%	47.30%
PFI	25.41%	21.61%	52.98%	PTIM20-10-1	29.40%	22.35%	48.25%
PFI-1	25.37%	21.58%	53.05%	PTIM20-10-2	28.48%	22.84%	48.68%
PFI-2	25.34%	21.68%	52.98%	PTIM20-10-3	29.12%	22.36%	48.52%
PFI60-5	23.10%	19.70%	57.21%	PTIM20-30-1	27.89%	21.36%	50.75%
PFI60-5-1	23.01%	19.90%	57.10%	PTIM20-30-2	27.74%	21.26%	51.00%
PFI60-5-2	22.95%	19.86%	57.19%	PTIM20-30-3	28.07%	21.35%	50.58%
PFI60-10	25.31%	21.87%	52.82%	PTIM20R-20-1	28.16%	21.90%	49.94%

续表

样本	mCG	mCHG	mCHH	样本	mCG	mCHG	mCHH
PFI60-10-1	25.45%	21.88%	52.67%	PTIM20R-20-2	28.93%	21.51%	49.56%
PFI60-10-2	25.54%	22.08%	52.37%	PTIM20R-20-3	27.80%	21.88%	50.32%
PFI60-15	26.14%	21.59%	52.27%	PTIM20R-40-1	26.16%	20.38%	53.46%
PFI60-15-1	26.18%	21.73%	52.10%	PTIM20R-40-2	26.46%	20.43%	53.12%
PFI60-15-2	26.06%	21.72%	52.22%	PTIM20R-40-3	26.03%	20.32%	53.65%

在 MMS 高浓度处理的幼苗中，随着处理时间的延长（10～20 天）mCHH 类型的甲基化比例逐渐降低，由 52.62%降到 47.53%，mCG 类型变化趋势则与 mCHH 相反，随着处理时间的延长（10～20 天）该类型的甲基化比例由 21.93% 升到 29.96%；在 MMS 低浓度处理的幼苗中，mCHH 类型随着处理时间的延长（10 天到恢复 40 天）该类型的甲基化比例逐渐升高，由 48.48%升到 53.41%，mCG 类型变化趋势则与 mCHH 相反，随着处理时间的延长（10 天到恢复 40 天）该类型的甲基化比例由 29.00% 降到 26.22%；该结果说明了丛枝病的发生与 mCHH 类型变化关系更密切。

（三）MMS 处理对泡桐丛枝病幼苗的碱基偏好性分析和甲基化图谱绘制

根据 20mg/L 高浓度和 60mg/L 低浓度 MMS 处理不同时间幼苗所呈现出的这 3 种甲基化模式在各个染色体上的分布情况，采用 R package 进行全基因组甲基化图谱和小提琴图的绘制（Zhang et al., 2013），结果显示 mCG 类型的甲基化水平最高，其次是 mCHG，最后是 mCHH（图 8-42），该结果说明泡桐感染植原体后发生的甲基化偏向于 mCG 类型。

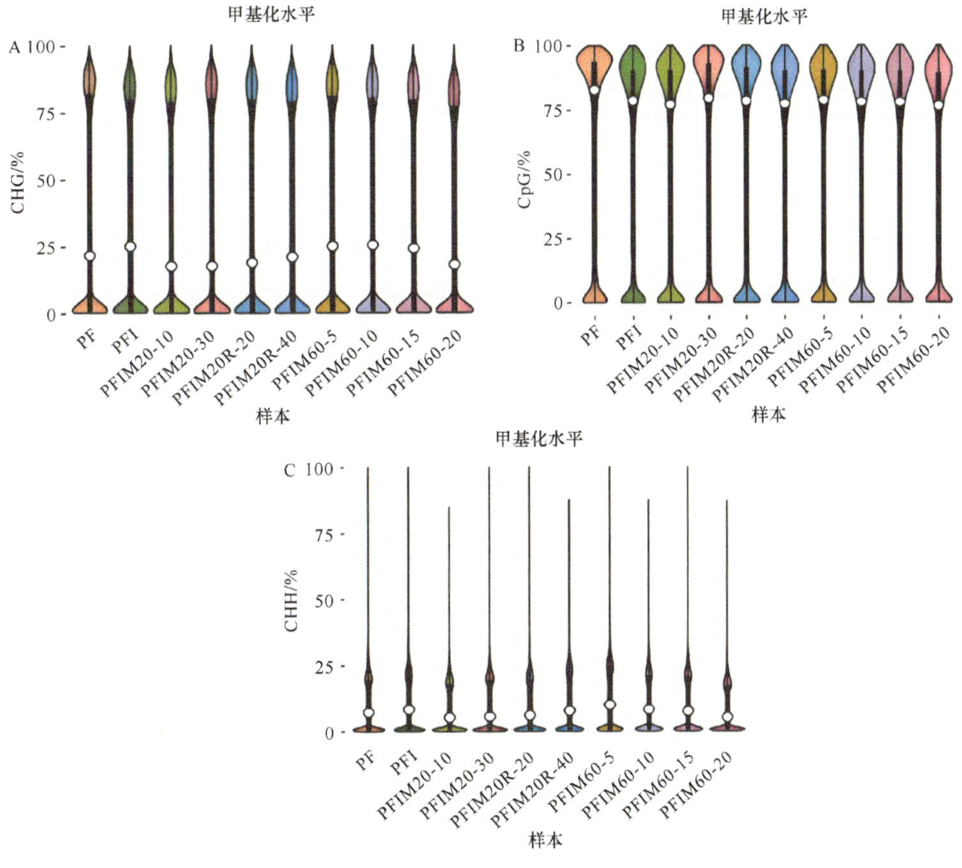

图 8-42　MMS 处理幼苗的碱基偏好性分析

根据上述碱基偏好性分析，按照序列数中的甲基化位点进行统计，然后采用 R package 进行甲基化图谱绘制（图 8-43），结果显示每个样品的 mCG 甲基化水平最高，即该类型的位点出现的频率比较高，其次是 mCHG，最后是 mCHH。

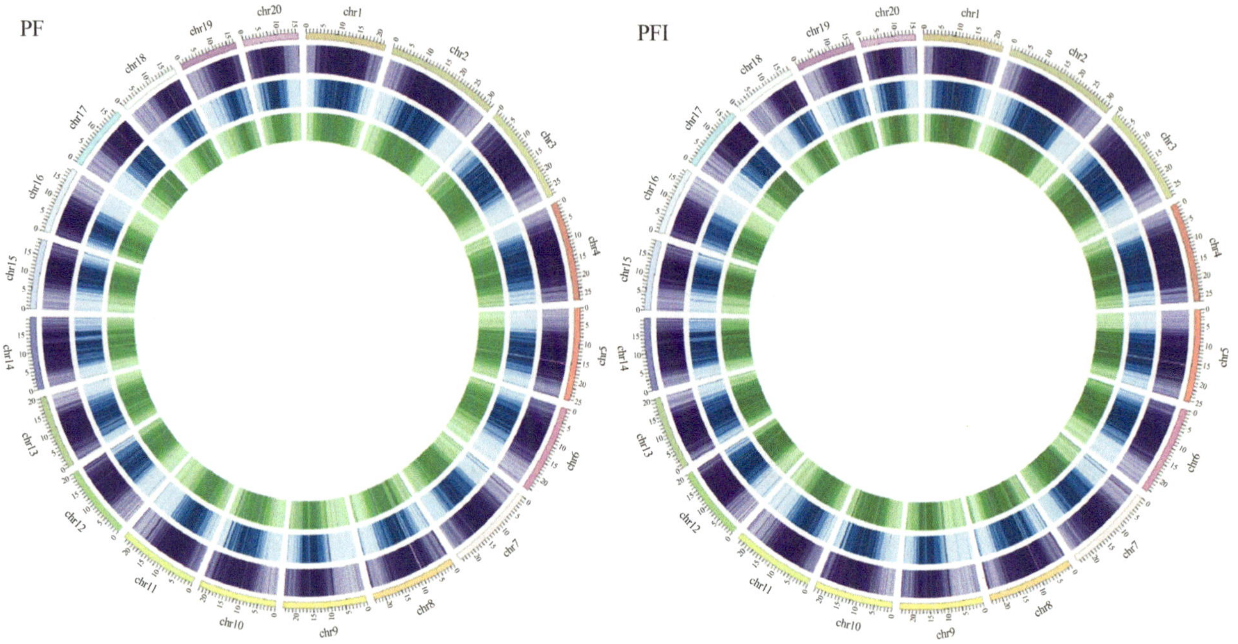

图 8-43　MMS 处理苗 mC 在泡桐染色体上的分布

最外一圈是根据对应染色体长度进行的标度呈现；随后的三圈（从外到内）分别表示相应染色体区间的 mCG、mCHG、mCHH 的甲基化背景展示（分别对应紫色、蓝色和绿色，颜色越深表示甲基化背景水平越高）；最内一圈表示相应区间的基因数目，颜色越深表示该区域的基因数目越多

（四）MMS 处理对泡桐丛枝病幼苗的差异甲基化区域分析

对不同比较组间的差异甲基化区域（DMR）统计采用 R package-MethylKit（Akalin et al.，2012）进行了统计，默认参数为（1000bp 滑窗，$P<0.05$）。通过不同样品基因组内相同区域的甲基化差异比率来计算 DMR。如果比值>1，则 DMR 被认为是高甲基化的；如果计算值<1，则 DMR 被认为是低甲基化的。结果显示，在统计 DMR 的过程中，按照相对 TSS（transcript start site）的位置分为近端（–200～+500bp）、中端（–200～–1000bp）、远端（–1000～2200bp）三类。同时又根据启动子 CpG O/E 值的不同将启动子区的序列再进一步细分为低、中、高（LCP、ICP 和 HCP）三类。结果显示不同比较组间 DMR 的数目差别较大，启动子中端的 DMR 数量最多。

（五）MMS 处理对泡桐丛枝病幼苗的甲基化基因的功能分析

通过 2 种 MMS 浓度处理不同时间点幼苗间的比较，共筛选出 9292 个 DMR。在这些 DMR 中，相同甲基化基因 369 935 个，有 13 358 个基因有功能注释。为进一步获得这些甲基化基因的功能和参与的代谢通路，首先将这些甲基化基因进行 GO 分类，结果显示甲基化基因主要被富集到 1098 GO 条目（图 8-44），其中主要集中在细胞膜（628）、 转录、DNA 模板（447）、线粒体（308）、细胞质（296）GO 条目中。

不同比较组间共有的甲基化基因进行 KEGG 富集分析（图 8-45），发现甲基化的基因主要集中在剪接（351）、氨基糖和核苷酸糖代谢（189）、真核生物中的核糖体生物发生（157）、谷胱甘肽代谢（93）、核苷酸切除修复（86）、吞噬（55）、二苯乙烯、二芳基庚烷和姜辣素生物合成（52）、倍半萜类化合物和三萜类化合物的生物合成（45）、异喹啉生物碱生物合成（43）等途径。

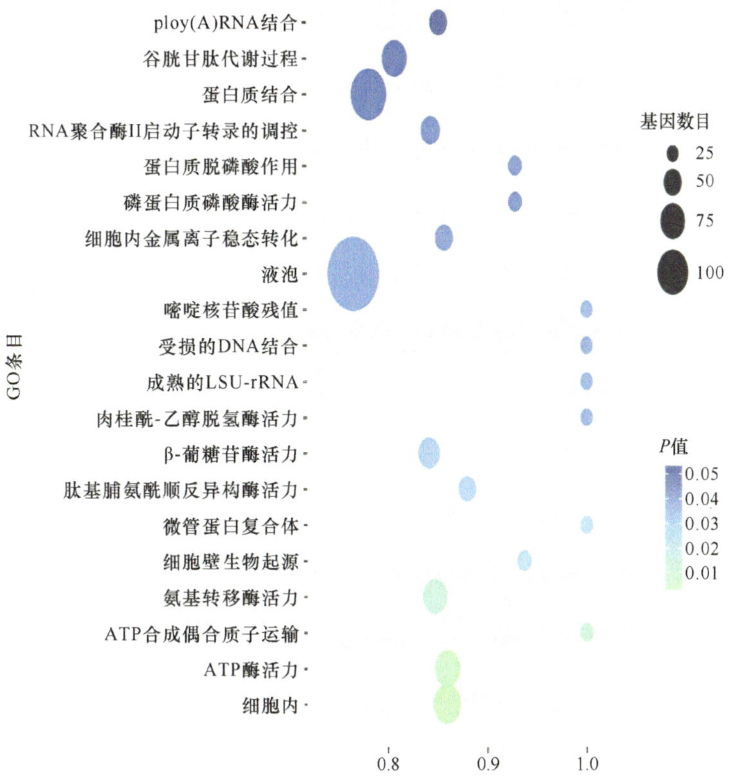

图 8-44　MMS 处理样品的甲基化基因的 GO 分析

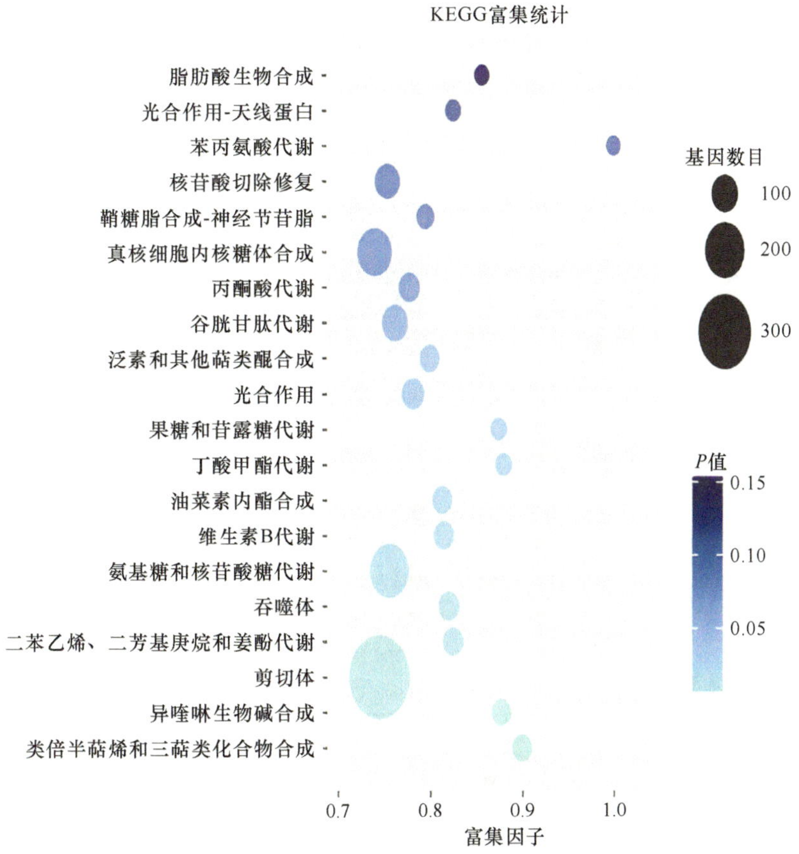

图 8-45　MMS 处理样品的甲基化基因的 KEGG 富集分析

二、利福平处理对泡桐丛枝病幼苗 DNA 甲基化的影响

（一）利福平处理苗的 DNA 甲基化测序结果分析

为评估白花泡桐病健苗及利福平处理丛枝病苗的 DNA 甲基化变化，使用 WGBS 方法分别产出各样品的原始数据，然后去除低质量碱基和未确定碱基的读数之后，获得了样品的高质量序列，样品的测序数据见表 8-56。其中有近一半的高质量序列成功映射到白花泡桐基因组上，覆盖率曲线和覆盖率分别见表 8-57，结果表明测序结果可用于下游生物信息学分析。

表 8-56　利福平处理幼苗经 WGBS 测序产生的数据统计

样本	原始数据		有效数据		Q20/%	Q30/%	GC/%
	序列数	碱基/G	序列数	碱基/G			
PFI	100 910 022	15.14	97 970 014	9.8	95.57	91.69	20.49
PFI-1	101 228 580	15.18	97 987 600	9.8	95.34	91.29	20.89
PFI-2	107 645 878	16.15	104 544 904	10.45	95.46	91.36	20.53
PF	118 263 864	17.74	113 968 326	11.4	94.28	89.18	21.65
PF-1	102 737 224	15.41	99 090 698	9.91	95.26	91.11	21.68
PF-2	992 307 68	14.88	95 822 304	9.58	94.55	89.7	21.83
PFIL100-5	100 482 596	15.07	91 819 938	9.18	94.87	90.22	21.19
PFIL100-5-1	103 144 376	15.47	92 846 476	9.28	95.6	91.75	20.9
PFIL100-5-2	102 948 070	15.44	93 997 612	9.40	95.24	91.22	21.5
PFIL100-10	100 139 826	15.02	96 277 386	9.63	95.18	91.22	22.65
PFIL100-10-1	110 514 960	16.58	101 596 062	10.16	94.37	88.94	22.44
PFIL100-10-2	105 435 438	15.82	95 471 214	9.55	95.31	91.27	22.21
PFIL100-15	124 848 388	18.73	111 866 170	11.19	92.12	85.53	24.77
PFIL100-15-1	103 501 714	15.53	99 199 796	9.92	92.7	87.2	24.43
PFIL100-15-2	110 734 488	16.61	93 175 250	9.32	92.62	86.97	24.36
PFIL100-20	106 789 910	16.02	100 215 086	10.02	94.68	90.39	20.96
PFIL100-20-1	113 007 566	16.95	104 212 304	10.42	95.55	91.75	20.8
PFIL100-20-2	104 427 888	15.66	98 297 430	9.83	94.44	89.87	21.17
PFIL30-10	198 221 352	19.82	111 607 726	11.04	97.59	94.65	19.11
PFIL30-10-1	159 422 166	23.91	97 389 698	13.43	96.31	91.46	18.57
PFIL30-10-2	137 921 412	20.69	100 267 914	13.86	97.68	94.12	19.07
PFIL30-30	249 658 396	37.45	98 592 582	13.54	97.34	93.84	18.81
PFIL30-30-1	172 655 586	25.90	95 539 596	13.06	96.44	91.77	18.9
PFIL30-30-2	115 672 894	17.35	91 063 518	8.93	97.32	94.14	20.18
PFIL30R-20	119 490 782	17.92	93 673 540	9.23	96.84	93.17	19.85
PFIL30R-20-1	175 210 086	26.28	100 159 618	13.82	96.32	91.5	18.51
PFIL30R-20-2	163 149 900	24.47	106 224 332	14.70	97.54	94.11	18.8
PFIL30R-40	111 397 252	16.71	77 826 192	7.69	98.24	95.64	21.08
PFIL30R-40-1	126 714 358	19.01	95 380 286	9.42	98.2	95.54	21.16
PFIL30R-40-2	187 091 340	28.06	98 999 376	13.65	97.5	94.04	19.46

（二）利福平处理苗的全基因组甲基化水平和模式统计

对 2 种浓度的利福平在不同处理时间点处理幼苗的甲基化水平和模式进行了统计，如表 8-58 显示。

表 8-57　利福平处理的甲基化数据映射到基因组

样本	总序列数	特有序列数	特有序列数比对率/%	重复序列数	重复率/%	平均覆盖度/%	≥5x 覆盖度/%	≥10x 覆盖度/%	≥15x 覆盖度/%	样本
PFI	100 910 022	43 371 127	42.98	8 143 439	8.07	18.21	12.9	5.37	1.81	0.77
PFI-1	101 228 580	42 951 286	42.43	8 098 286	8	18.08	12.72	5.28	1.77	0.75
PFI-2	107 645 878	46 147 788	42.87	9 881 892	9.18	18.23	13.19	5.81	2.06	0.9
PF	118 263 864	61 875 654	52.32	9 059 012	7.66	23.42	19.46	9.62	2.99	1.14
PF-1	102 737 224	54 841 130	53.38	7 540 912	7.34	22.95	18.51	8.33	2.33	0.85
PF-2	99 230 768	51 857 999	52.26	7 670 538	7.73	22.51	17.89	7.84	2.15	0.77
PFIL100-5	91 819 938	44 653 192	48.63	4 691 210	5.11	25.25	19.05	7.19	1.65	0.54
PFIL100-5-1	92 846 476	46 207 486	49.77	5 199 757	5.6	25.35	19.22	7.39	1.73	0.57
PFIL100-5-2	93 997 612	46 005 149	48.94	4 638 262	4.93	25.54	19.5	7.53	1.77	0.59
PFIL100-10	96 277 386	46 890 099	48.7	5 769 679	5.99	26.44	21.04	7.94	1.36	0.4
PFIL100-10-1	101 596 062	49 904 671	49.12	49 97 849	4.92	26.96	21.94	9.34	1.97	0.57
PFIL100-10-2	95 471 214	47 393 665	49.64	4 810 412	5.04	26.68	21.37	8.56	1.68	0.49
PFIL100-15	11 186 6170	47 434 377	42.4	6 737 915	6.02	25.58	19.38	6.82	1.55	0.59
PFIL100-15-1	99 199 796	42 887 586	43.23	5 669 805	5.72	24.84	18.15	5.93	1.33	0.51
PFIL100-15-2	93 175 250	40 408 331	43.37	5 308 877	5.7	24.45	17.51	5.44	1.18	0.45
PFIL100-20	100 215 086	51 766 595	51.66	5 887 249	5.87	24.09	18.18	8.54	2.64	0.91
PFIL100-20-1	104 212 304	54 996 925	52.77	6 447 429	6.19	24.41	18.65	9.05	2.96	1.05
PFIL100-20-2	98 297 430	50 477 704	51.35	5 750 504	5.85	23.94	17.96	8.3	2.5	0.85
PFIL30-10	111 607 726	60 254 372	53.99	9 070 376	8.13	25.24	19.03	7.97	2.51	1.05
PFIL30-10-1	97 389 698	42 192 567	43.32	6 690 544	6.87	24.75	18.79	7.86	2.43	0.98
PFIL30-10-2	100 267 914	44 596 648	44.48	11 517 327	11.49	23.35	16.82	6.46	1.85	0.72
PFIL30-30	98 592 582	47 152 319	47.83	6 433 858	6.53	27.8	24.25	12.66	2.84	0.71
PFIL30-30-1	95 539 596	45 057 885	47.16	4 930 264	5.16	27.73	24.13	12.44	2.73	0.68
PFIL30-30-2	91 063 518	49 443 744	54.3	50 96 901	5.6	27.57	22.93	9.74	1.67	0.44
PFIL30R-20	93 673 540	48114 741	51.36	7 479 417	7.98	23.86	16.89	5.9	1.49	0.59
PFIL30R-20-1	100 159 618	42 857 539	42.79	7 982 694	7.97	24.7	18.69	7.55	2.1	0.82
PFIL30R-20-2	106 224 332	46 167 638	43.46	10 719 487	10.09	24.41	18.33	7.45	2.11	0.82
PFIL30R-40	77 826 192	40 396 397	51.91	9 250 884	11.89	18.8	11.33	3.65	1	0.42
PFIL30R-40-1	95 380 286	49 696 089	52.1	11 483 900	12.04	20.33	13.04	4.77	1.48	0.63
PFIL30R-40-2	98 999 376	41 624 858	42.05	9 176 053	9.27	21.39	14.62	6	2.12	0.94

在利福平 100mg/L 浓度处理的幼苗中，随着幼苗形态逐渐转变为健康状态，甲基化水平由 21.65%降为 18.89%。在利福平 30mg/L 浓度处理的幼苗及随后继代中，形态观察显示幼苗先呈现健康状态，然后在继代过程中幼苗出现丛枝病状态，此时 DNA 甲基化水平由 22.72%降为 16.72%再升到 29.04%。

甲基化模式根据 read 数统计如表 8-59 所示。结果显示 10 个样品均以 mCG、mCHG 和 mCHH 为主，且 mCHH 的甲基化模式最多，其次是 mCG，最少的为 mCHG。不同样品间的甲基化模式也有差别，在利福平高浓度处理的幼苗中，mCHH 类型随着处理时间的延长（10 天到 20 天）该类型的甲基化比例逐渐降低，由 52.54%降到 51.21%；mCG 类型变化趋势则与 mCHH 相反，随着处理时间的延长（10 天到 20 天）该类型的甲基化比例由 26.15% 升到 27.62%。在利福平低浓度处理的幼苗中，mCHH 类型随着处理时间的延长（10 天到恢复 40 天）该类型的甲基化比例逐渐升高，由 49.21%升到 51.72%；mCG 类型变化趋势则与 mCHH 相反，随着处理时间的延长（10 天到恢复 40 天）该类型的甲基化比例由 28.73% 降到 27.78%。该结果说明了丛枝病的发生与甲基化水平和模式变化有关。

表 8-58　不同利福平处理样品的 DNA 甲基化水平

样本	甲基化水平	样本	甲基化水平
PF	20.44%	PFIL100-20	23.10%
PF-1	20.32%	PFIL100-20-1	23.38%
PF-2	20.53%	PFIL100-20-2	23.18%
PFI	23.38%	PFIL30-10	22.67%
PFI-1	23.42%	PFL30-10-2	21.95%
PFI-2	23.46%	PFIL30-10-2	23.54%
PFIL100-5	21.67%	PFIL30-30	16.69%
PFIL100-5-1	21.72%	PFIL30-30-1	16.49%
PFIL100-5-2	21.55%	PFIL30-30-2	16.98%
PFIL100-10	18.36%	PFIL30R-20	23.16%
PFIL100-10-1	19.39%	PFIL30R-20-1	22.46%
PFIL100-10-2	19.18%	PFIL30R-20-2	23.41%
PFIL100-15	18.58%	PFIL30R-40	29.41%
PFIL100-15-1	19.06%	PFIL30R-40-1	29.62%
PFIL100-15-2	19.04%	PFIL30R-40-2	28.09%

表 8-59　不同利福平处理样品的 DNA 甲基化模式分析

样本	mCG	mCHG	mCHH	样本	mCG	mCHG	mCHH
PF	27.69%	21.62%	50.69%	PFIL100-20	27.52%	21.15%	51.33%
PF-1	27.78%	21.64%	50.59%	PFIL100-20-1	27.74%	21.21%	51.05%
PF-2	27.68%	21.66%	50.65%	PFIL100-20-2	27.61%	21.14%	51.25%
PFI	25.41%	21.61%	52.98%	PTIL30-10-1	28.88%	21.79%	49.33%
PFI-1	25.37%	21.58%	53.05%	PTIL30-10-2	28.40%	22.19%	49.41%
PFI-2	25.34%	21.68%	52.98%	PTIL30-10-3	28.90%	22.21%	48.90%
PFIL100-5	24.37%	20.60%	55.02%	PTIL30-30-1	26.92%	21.49%	51.59%
PFIL100-5-1	24.33%	20.58%	55.10%	PTIL30-30-2	26.93%	21.48%	51.59%
PFIL100-5-2	24.44%	20.61%	54.95%	PTIL30-30-3	26.39%	21.12%	52.49%
PFIL100-10	26.60%	21.32%	52.08%	PTIL30R-20-1	27.72%	21.36%	50.91%
PFIL100-10-1	25.87%	21.31%	52.82%	PTIL30R-20-2	27.21%	21.76%	51.03%
PFIL100-10-2	25.99%	21.29%	52.72%	PTIL30R-20-3	27.38%	21.87%	50.75%
PFIL100-15	27.37%	22.23%	50.39%	PTIL30R-40-1	27.85%	20.47%	51.68%
PFIL100-15-1	27.20%	22.23%	50.58%	PTIL30R-40-2	27.75%	20.50%	51.74%
PFIL100-15-2	27.18%	22.27%	50.55%	PTIL30R-40-3	27.75%	20.50%	51.74%

（三）利福平处理苗的碱基偏好性分析和甲基化图谱绘制

根据 100mg/L 利福平高浓度试剂不同时间处理的幼苗和经过 30mg/L 低浓度处理的幼苗所呈现出的这 3 种甲基化模式在各个染色体上的分布情况，统计每个样品的碱基偏好性，3 种类型的甲基化水平如图 8-46 所示，结果显示 mCG 类型的甲基化水平最高，其次是 mCHG，最后是 mCHH，该结果说明泡桐感染植原体后发生的甲基化偏向于 mCG 类型。

根据上述碱基偏好性分析，按照序列数中的甲基化位点进行统计，然后采用 R package 进行甲基化图谱绘制（图 8-47），结果显示每个样品 mCG 甲基化水平最高，即该类型的位点出现的频率比较高，其次是 mCHG，最后是 mCHH。该结果与碱基偏好性的结果一致。

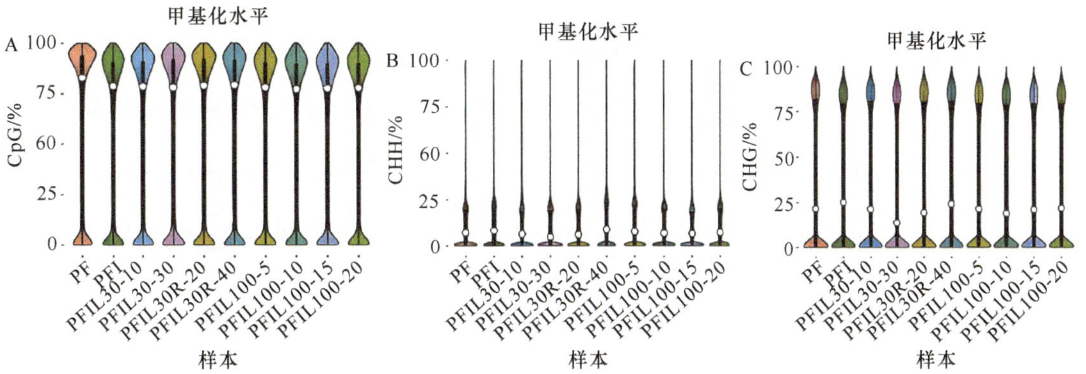

图 8-46 利福平处理样品的碱基偏好性分析

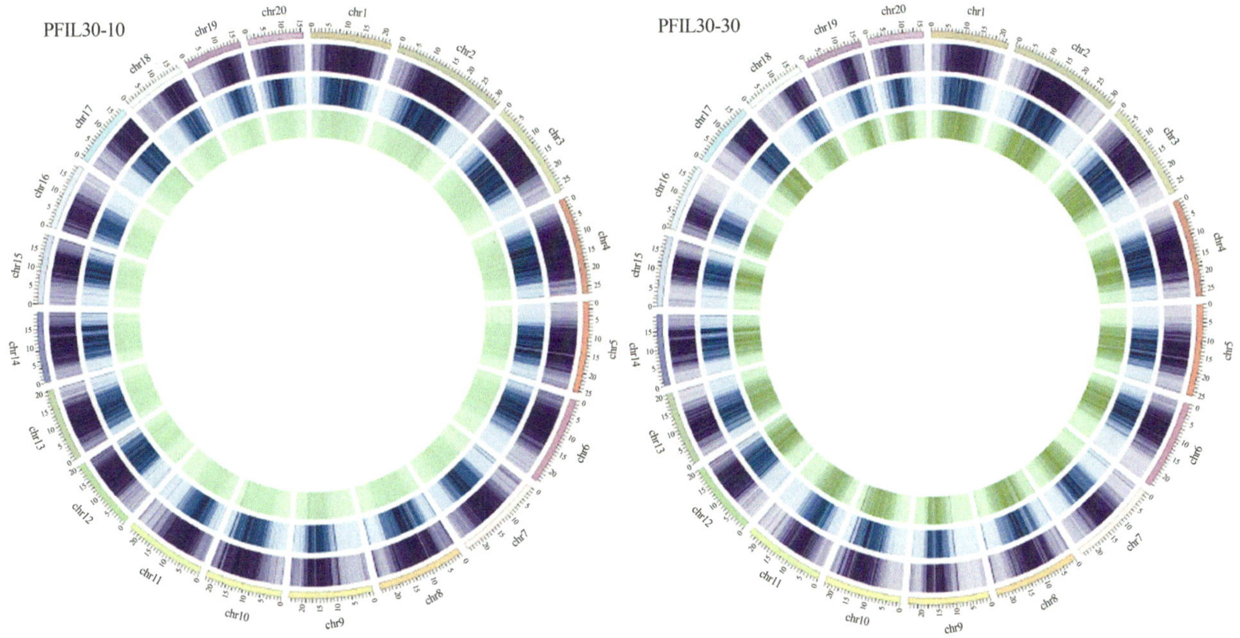

图 8-47 利福平处理苗的 mC 在泡桐染色体上的分布

最外一圈根据对应染色体长度进行的标度呈现；随后的三圈（从外到内）分别表示相应染色体区间的 mCG、mCHG、mCHH 的甲基化背景展示（分别对应紫色、蓝色和绿色，颜色越深表示甲基化背景水平越高）；最内一圈表示相应区间的基因数目，颜色越深表示该区域的基因数目越多

（四）利福平处理苗的差异甲基化区域分析

为解 DNA 甲基化对丛枝病的影响，对不同比较组间的 DMR 进行了统计。首先计算健康苗、病苗以及 100mg/L 利福平试剂处理苗中的差异 DMR，11 个比较组，不同比较组间 DMR 的数目差别较大，启动子中端 intermediate 的 DMR 数量最多。

（五）利福平处理苗的甲基化基因的功能分析

通过 2 种利福平浓度在不同时间点处理幼苗间的比较，共筛选出 10 259 个相同甲基化基因。为进一步获得这些甲基化基因的功能和参与的代谢通路，首先将这些甲基化基因进行 GO 分类，结果显示甲基化基因主要被富集到 1119 GO 条目（图 8-48），其中主要集中在质膜（692）、转录、DNA 模板（491）、线粒体（348）、细胞质（331）GO 条目中。将不同比较组间共有的甲基化基因进行 KEGG 通路富集分析（图 8-49），发现甲基化的基因主要集中在胞吞作用（463）、剪接体（380）、氨基糖和核苷酸糖代谢（200）、

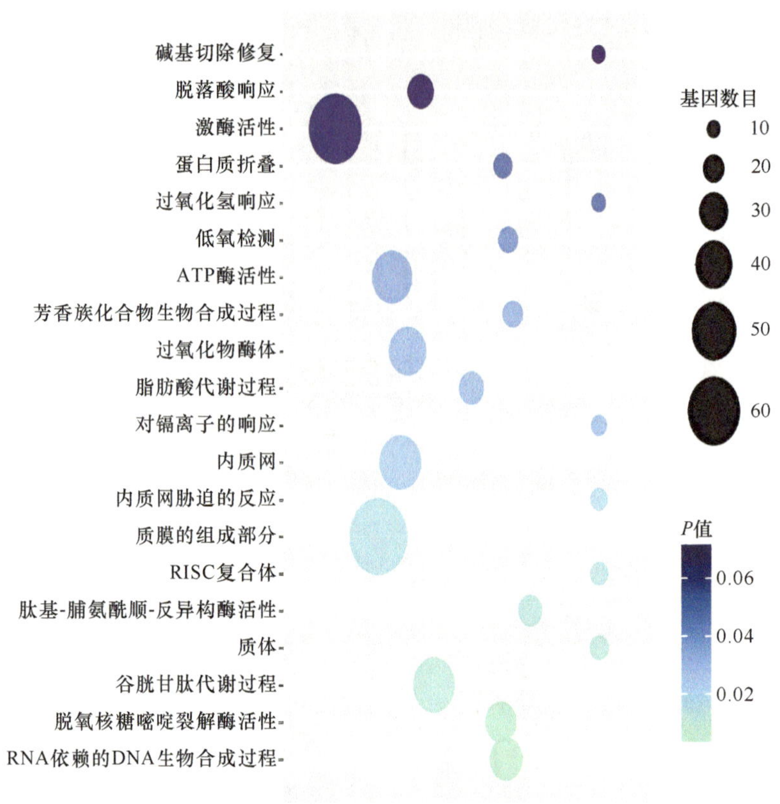

图 8-48 利福平处理获得的甲基化基因的 GO 分析

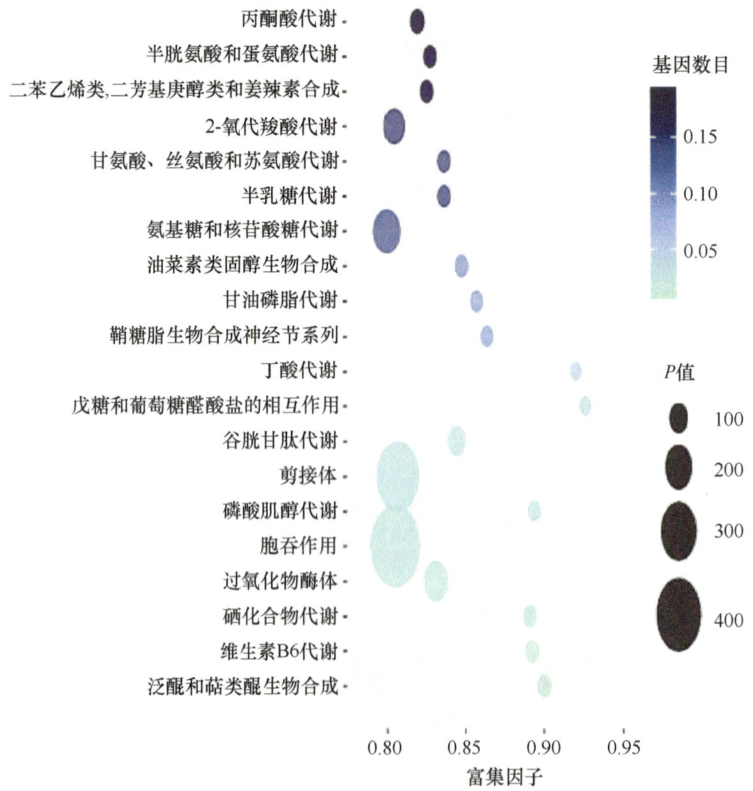

图 8-49 利福平处理获得的甲基化基因的 KEGG 分析

过氧化物酶体（172）、2-氧代羧酸代谢（136）、维生素B6代谢（58）、泛醌和萜类醌生物合成（54）、硒化合物代谢（49）等途径。

参考文献

陈雅琼. 2015. 烟草腋芽发育相关基因的克隆与功能分析. 中国农业科学院博士学位论文.

董小明, 郑巍薇, 尹荣华, 等. 2013. 利用ChIP-seq技术研究转录因子EDAG在全基因组的结合谱. 中国生物化学与分子生物学报, 29(6): 578-584.

蒋智文, 刘新光, 周中军. 2009. 组蛋白修饰调节机制的研究进展. 生物化学与生物物理进展,36(10): 1252-1259.

李冰冰, 王哲, 曹亚兵, 等. 2018. 丛枝病对白花泡桐环状RNA表达谱变化的影响. 河南农业大学学报, 52(3): 327-334.

沙敬敬. 2015. 甘蓝型冬油菜品种Tapidor春化前后全基因组组蛋白H3K27me3修饰变化及基因表达差异分析. 华中农业大学硕士学位论文.

王园龙. 2016. 干旱胁迫对不同种(品种)泡桐基因表达的影响. 河南农业大学硕士学位论文.

徐恩凯. 2015. 四倍体泡桐优良特性的分子机制研究. 河南农业大学博士学位论文.

薛高高. 2016. 转录因子和组蛋白修饰的分布特征以及高低表达基因的识别. 内蒙古大学硕士学位论文.

杨靓, 李翔宇, 高鹏, 等. 2012. 野生大豆胁迫应答LRR类受体蛋白激酶基因的克隆及其表达特性分析. 大豆科学, 31(5): 718-724.

张肖晗, 赵芊, 谢晨星, 等. 2016. 参与植物天然免疫的LRR型蛋白. 基因组学与应用生物学, 35(9): 2513-2518.

Aiese Cigliano R, Sanseverino W, Cremona G, et al. 2013. Genome-wide analysis of histone modifiers in tomato: gaining an insight into their developmental roles. BMC Genomics, 28(14): 57.

Akalin A, Kormaksson M, Li S, et al. 2012. MethylKit: a comprehensive R package for the analysis of genome-wide DNA methylation profiles. Genome Biology, 13(10): R87.

Alvarez M E, Nota F, Cambiagno D A. 2010. Epigenetic control of plant immunity. Mol Plant Pathol, 11(4): 563-576.

Alvarez-Venegas R, Abdallat A A, Guo M, et al. 2007. Epigenetic control of a transcription factor at the cross section of two antagonistic pathways. Epigenetics, 2(2): 106-113.

Baerenfaller K, Shu H, Hirsch-Hoffmann M, et al. 2016. Diurnal changes in the histone H3 signature H3K9ac|H3K27ac|H3S28p are associated with diurnal gene expression in Arabidopsis. Plant Cell & Environment, 39(11): 2557-2569

Barbazuk W B, Fu Y, McGinnis K M. 2008. Genome-wide analyses of alternative splicing in plants: Opportunities and challenges. Genome Research, 18: 1381-1392.

Batista P J, Chang H Y. 2013. Long noncoding RNAs: cellular address codes in development and disease. Cell, 152(6): 1298-1307.

Berr A, McCallum E J, Alioua A, et al. 2010. Arabidopsis histone methyltransferase SET DOMAIN GROUP8 mediates induction of the jasmonate/ethylene pathway genes in plant defense response to necrotrophic fungi. Plant Physiol, 154(3): 1403-1414.

Brusslan J A, Bonora G, Ruscanterbury A M, et al. 2015. A Genome-Wide Chronological Study of Gene Expression and Two Histone Modifications, H3K4me3 and H3K9ac, during Developmental Leaf Senescence. Plant Physiology, 168(4): 1246-1261.

Burge SW, Daub J, Eberhardt R, et al. 2013. Rfam 11.0: 10 years of RNA families. Nucleic Acids Res, 41(Database issue): D226-D232.

Cao Y B, Sun G L, Zhai X Q, et al. 2021. Genomic insights into the fast growth of Paulownias and the formation of Paulownia witches' broom. Molecular Plant, 14(10): 1668-1682.

Castelló M J, Carrasco J L,Vera P. 2010. DNA-Binding Protein Phosphatase AtDBP1 Mediates Susceptibility to Two Potyviruses in Arabidopsis. Plant Physiology, 153(4): 1521-1525.

Chae K, Isaacs C G, Reeves P H, et al. 2012. Arabidopsis SMALL AUXIN UP RNA63 promotes hypocotyl and stamen filament elongation. Plant Journal for Cell & Molecular Biology, 71(4): 684-697.

Chen Y F, Schaller G E. 2005. Ethylene signal transduction. Annals of Botany, 95(6): 901-915.

Choi SM, Song HR, Han SK, et al. 2012. HDA19 is required for the repression of salicylic acid biosynthesis and salicylic acid-mediated defense responses in Arabidopsis. Plant J, 71(1): 135-146.

Chuang H W, Feng J H, Feng Y L, et al. 2015. An Arabidopsis WDR protein coordinates cellular networks involved in light, stress response and hormone signals. Plant Sci., 241: 23-31.

Cui J, Luan Y S, Jiang N, et al. 2017. Comparative transcriptome analysis between resistant and susceptible tomato allows the identification of lncRNA 16397 conferring resistance to Phytophthora infestans by co-expressing glutaredoxin. Plant Journal, 89(3): 577-589.

Das M, Haberer G, Panda A, et al. 2016. Expression pattern similarities support the prediction of orthologs retaining common functions after gene duplication events. Plant Physiol, 171(4): 2343-2357.

Ding B, Wang GL. 2015. Chromatin versus pathogens: the function of epigenetics in plant immunity. Front Plant Sci, 6: 675.

Du Z, Li H, Wei Q, et al. 2013. Genome-Wide Analysis of Histone Modifications:H3K4me2, H3K4me3, H3K9ac, and H3K27ac in Oryza sativa L. Japonica. Molecular Plant, 6(5): 1463-1472.

Dutta A, Choudhary P, Caruana J, et al. 2017. JMJ27, an Arabidopsis H3K9 histone demethylase, modulates defense against *Pseudomonas syringae* and flowering time. Plant J, 91(6): 1015-1028.

Eitas T K, Nimchuk Z L,Dangl J L. 2008. Arabidopsis TAO1 is a TIR-NB-LRR protein that contributes to disease resistance induced by the Pseudomonas syringae effector AvrB. Proceedings of the National Academy of Sciences, 105(105): 6475-6480.

Fan G Q, Niu S Y, Zhao Z L, et al. 2016. Identification of microRNAs and their targets in Paulownia fortunei plants free from phytoplasma pathogen after methyl methane sulfonate treatment. Biochimie, 127: 271-280.

Fan G, Cao X, Niu S, et al. 2015a. Transcriptome, microRNA, and degradome analyses of the gene expression of Paulownia with phytoplamsa . BMC Genomics, 16(1): 896.

Fan G, Cao X, Zhao Z, et al. 2015b. Transcriptome analysis of the genes related to the morphological changes of Paulownia tomentosa plantlets infected with phytoplasma. Acta Physiol Plant, 37(10): 202.

Fan G, Dong Y, Deng M, et al. 2014. Plant-pathogen interaction, circadian rhythm, and hormone-related gene expression provide indicators of phytoplasma infection in *Paulownia fortunei* . Int J Mol Sci, 15(12):23141-23162.

Fan S, Wang J, Lei C, et al. 2018. Identification and characterization of histone modification gene family reveal their critical responses to flower induction in apple . BMC Plant Biol, 18(1): 173.

Finn RD, Clements J, Eddy SR. 2011. HMMER web server: interactive sequence similarity searching. Nucleic Acids Res, 39: W29- W37.

Friml J. 2009. Auxin: a trigger for change in plant development. Cell, 136(6): 1005.

Grini PE, Thorstensen T, Alm V, et al. 2009. The ASH1 HOMOLOG 2 (ASHH2) histone H3 methyltransferase is required for ovule and anther development in Arabidopsis. PLoS One, 4(11): e7817.

Guenther M G, Levine S S, Boyer L A, et al. 2007. A Chromatin Landmark and Transcription Initiation at Most Promoters in Human Cells. Cell, 130(130): 77-88.

Guo H, Ecker J R. 2004. The ethylene signaling pathway: new insights. Current Opinion in Plant Biology, 7(1): 40-49.

He G, Elling A A, Deng X W. 2011. The epigenome and plant development. Annual Review of Plant Biology, 62(1): 411.

He G, Zhu X, Elling A A, et al. 2010. Global Epigenetic and Transcriptional Trends among Two Rice Subspecies and Their Reciprocal Hybrids. Plant Cell, 22(1): 17.

He Y, Amasino RM. 2005.Role of chromatin modification in flowering-time control. Trends Plant Sci, 10(1): 30-35.

Heinz S, Benner C, Spann N, et al. 2010. Simple combinations of lineage-determining factors prime cis-regulatory elements required for macrophage and B-cell identities. Molecular Cell, 38(4):576-589.

Heo J B, Sung S. 2011. Vernalization-Mediated Epigenetic Silencing by a Long Intronic Noncoding RNA. Science, 331(6013): 76-79.

Hok S, Danchin E G J, Allasia V, et al. 2011. An Arabidopsis (malectin-like) leucine-rich repeat receptor-like kinase contributes to downy mildew disease. Plant Cell & Environment, 34(11): 1944.

Hwang I, Sheen J, Müller B. 2012. Cytokinin signaling networks. Annual Review of Plant Biology, 63(1): 353-380.

Ji X, Gai Y, Zheng C, et al. 2009. Comparative proteomic analysis provides new insights into mulberry dwarf responses in mulberry (Morus alba L.). Proteomics, 9(23): 5328-5339.

Joshi R K, Megha S, Basu U, et al. 2016. Genome wide identification and functional prediction of long non-coding RNAs responsive to Sclerotinia sclerotiorum infection in Brassica napus. PLoS One, 11(7): e0158784.

Kim D, Langmead B, Salzberg SL. 2015a. HISAT: a fast spliced aligner with low memory requirements. Nat Methods, 12(4): 357-360.

Kim D, Pertea G, Trapnell C, et al. 2013. TopHat2: accurate alignment of transcriptomes in the presence of insertions, deletions and gene fusions. Genome Biology, 14(4): R36.

Kim D, Salzberg S L. 2011. TopHat-fusion: an algorithm for discovery of novel fusion transcripts. Genome Biology, 12(8): R72.

Kim J M, Sasaki T, Ueda M, et al. 2015b. Chromatin changes in response to drought, salinity, heat, and cold stresses in plants. Front Plant Sci, 6: 114.

Kim J M, To T K, Ishida J, et al. 2012. Transition of Chromatin Status During the Process of Recovery from Drought Stress in Arabidopsis thaliana. Plant & Cell Physiology, 53(5): 847.

Kim J M, To T K, Nishioka T, et al. 2010. Chromatin regulation functions in plant abiotic stress responses. Plant Cell & Environment, 33(4): 604-611.

Kong Z,Xue Y. 2006. A novel nuclear-localized CCCH-Type zinc finger protein, OsDOS, is involved in delaying leaf senescence in rice. Plant Physiology, 141(4): 1376-1388.

Krichevsky A, Zaltsman A, Kozlovsky SV, et al. 2009. Regulation of root elongation by histone acetylation in Arabidopsis . J Mol

Biol, 385(1): 45-50.
Langmead B, Salzberg S L. 2012. Fast gapped-read alignment with bowtie 2. Nature Methods, 9(4): 357-359.
Li B, Dewey C N. 2011. RSEM: accurate transcript quantification from RNA-Seq data with or without a reference genome. BMC Bioinformatics, 12: 323.
Li R, Li Y, Kristiansen K, et al. 2008a. SOAP: short oligonucleotide alignment program. Bioinformatics, 24(5):713-714.
Li S X, Yu X, Lei N, et al. 2017a. Genome-wide identification and functional prediction of cold and/or drought-responsive lncRNAs in cassava. Scientific Reports, 7: 45981.
Li W B, Li C Q, Li S X, et al. 2017b. Long noncoding RNAs that respond to Fusarium oxysporum infection in 'Cavendish' banana (Musa acuminata). Scientific Reports, 7(1): 16939.
Li X, Wang X, He K, et al. 2008b. High-Resolution Mapping of Epigenetic Modifications of the Rice Genome Uncovers Interplay between DNA Methylation, Histone Methylation, and Gene Expression. Plant Cell, 20(2): 259.
Liu R N, Dong Y P, Fan G Q, et al. 2013. Discovery of genes related to witches broom disease in *Paulownia tomentosa*×*Paulownia fortunei* by a de novo assembled transcriptome. PLoS One, 8(11): e80238.
Liu X, Luo M, Zhang W, et al. 2012. Histone acetyltransferases in rice (*Oryza sativa* L.): phylogenetic analysis, subcellular localization and expression. BMC Plant Biol, 12: 145.
Lu F, Li G, Cui X, et al. 2008. Comparative analysis of JmjC domain-containing proteins reveals the potential histone demethylases in Arabidopsis and rice. J Integr Plant Biol, 50(7): 886-896.
Lu L, Liang J, Zhu X, et al. 2016. Auxin- and cytokinin-induced berries set in grapevine partly rely on enhanced gibberellin biosynthesis. Tree Genetics & Genomes, 12(3): 41.
Malinowski R, Novák O, Borhan M H, et al. 2016. The role of cytokinins in clubroot disease. European Journal of Plant Pathology, 145(3): 543-557.
Man-Ho O, Clouse S D, Huber S C. 2012. Tyrosine Phosphorylation of the BRI1 Receptor Kinase Occurs via a Post-Translational Modification and is Activated by the Juxtamembrane Domain. Frontiers in Plant Science, 3: 175.
Martin M. 2011. Cutadapt removes adapter sequences from high-throughput sequencing reads. EMBnet. Journal, 17(1): 10-12.
Melcher K, Ng L M, Zhou X E, et al. 2009. A Gate-Latch-Lock Mechanism for Hormone Signaling by Abscisic Acid Receptors. Nature, 462(7273): 602-608.
Meng Y J, Shao C G, Wang H Z, et al. 2012. Target mimics: an embedded layer of microRNA-involved gene regulatory networks in plants. BMC Genomics, 13: 197.
Mikkelsen T S, Ku M, Jaffe D B, et al. 2007. Genome-wide maps of chromatin state in pluripotent and lineage-committed cells. Nature, 448(7153): 553-560.
Monavarfeshani A, Mirzaei M, Sarhadi E, et al. 2013. Shotgun proteomic analysis of the Mexican lime tree infected with "Candidatus Phytoplasma aurantifolia". J Proteome Res, 12(2):785-795.
Nawrocki E P, Kolbe D L, Eddy S R. 2009. Infernal 1.0: inference of RNA alignments. Bioinformatics, 25(10): 1335-1337.
Neph S, Vierstra J, Stergachis A B, et al. 2012. An expansive human regulatory lexicon encoded in transcription factor footprints. Nature, 489(7414): 83-90.
Oppikofer S, Geschwindner H. 2004. Plant responses to ethylene gas are mediated by SCF(EBF1/EBF2)-dependent proteolysis of EIN3 transcription factor. Cell, 115(6): 667-677.
Peng M, Ying P, Liu X, et al. 2017. Genome-wide identification of histone modifiers and their expression patterns during fruit abscission in Litchi. Front Plant Sci, 8: 639.
Pertea M, Pertea G M, Antonescu C M, et al. 2015. StringTie enables improved reconstruction of a transcriptome from RNA-seq reads. Nature Biotechnology, 33(3): 290-295.
Petesch S J, Lis J T. 2012. Overcoming the nucleosome barrier during transcript elongation. Trends in Genetics, 28(6): 285-294.
Pieterse C M, Van d D D, Zamioudis C, et al. 2012. Hormonal modulation of plant immunity. Annual Review of Cell & Developmental Biology, 28(1): 489-521.
Potuschak T, Lechner E, Parmentier Y, et al. 2004. EIN3-dependent regulation of plant ethylene hormone signaling by two arabidopsis F box proteins: EBF1 and EBF2. Cell, 115(6): 679-689.
Robinson M D, Mccarthy D J, Smyth G K. 2010. edgeR: A bioconductor package for differential expression analysis of digital gene expression data. Bioinformatics, 26: 139-140.
Rothstein S K, Steven. 2009. Auxin-responsive SAUR39 gene modulates auxin level in rice. Plant Signal Behav 4:1174-1175. Plant Signaling & Behavior, 4(12): 1174.
Santner A, Estelle M. 2009. Recent advances and emerging trends in plant hormone signalling. Nature, 459(7250): 1071-1078.
Schmitz G, Tillmann E, Carriero F, et al. 2022. The tomato *Blind* gene encodes a MYB transcription factor that controls the formation of lateral meristems. P Natl Acad Sci USA, 99(2): 1064-1069.
Springer N M, Napoli C A, Selinger D A, et al. 2003. Comparative analysis of SET domain proteins in maize and Arabidopsis reveals multiple duplications preceding the divergence of monocots and dicots. Plant Physiol, 132(2): 907-925.

Stamm P, Kumar P P. 2013. Auxin and gibberellin responsive Arabidopsis SMALL AUXIN UP RNA36 regulates hypocotyl elongation in the light. Plant Cell Reports, 32(6): 759-769.

Strahl B D,Allis C D. 2000. The language of covalent histone modifications. Nature, 403(6765):41.

Tan D, Tan S, Zhang J, et al. 2013. Histone trimethylation of the p53 gene by expression of a constitutively active prolactin receptor in prostate cancer cells. Chinese Journal of Physiology, 56(5): 282.

Tan X, Calderonvillalobos L I A, Sharon M, et al. 2007. Mechanism of auxin perception by the TIR1 ubiquitin ligase. Nature, 446(7136): 640.

Tian J X, Song Y P, Du Q Z, et al. 2016. Population genomic analysis of gibberellin-responsive long non-coding RNAs in Populus. Journal of Experimental Botany, 67(8): 2467-248.

Trapnell C, Roberts A, Goff L, et al. 2012. Differential gene and transcript expression analysis of RNA-seq experiments with TopHat and Cufflinks. Nature Protocols, 7(3): 562-578.

Trapnell C, Williams B A, Pertea G, et al. 2010. Transcript assembly and quantification by RNA-Seq reveals unannotated transcripts and isoform switching during cell differentiation. Nat Biotechnol, 28(5): 511-515.

Van Dijk K, Ding Y, Malkaram S, et al. 2010. Dynamic changes in genome-wide histone H3 lysine 4 methylation patterns in response to dehydration stress in Arabidopsis thaliana. BMC Plant Biology, 10(1): 238.

Wang L, Feng Z, Wang X, et al. 2010. DEGseq: an R package for identifying differentially expressed genes from RNA-seq data. Bioinformatics, 26(1): 136-138.

Wang Z, Li B B, Li Y S, et al. 2018. Identification and characterization of long noncoding RNA in *Paulownia tomentosa* treated with methyl methane sulfonate. Physiology and Molecular Biology of Plants, 24(2): 325-334.

Wang Z, Li N, Yu Q, et al. 2021. Genome-Wide Characterization of Salt-Responsive miRNAs, circRNAs and Associated ceRNA Networks in Tomatoes. International Journal of Molecular Sciences, 22(22): 12238.

Wang Z, Zhai X Q, Cao Y B, et al. 2017. Long non-coding RNAs responsive to witches' broom disease in *Paulownia tomentosa*. Forests, 8(9): 348.

Wei Z, Zhong X, You J, et al. 2013. Genome-wide profiling of histone H3K4-tri-methylation and gene expression in rice under drought stress. Plant Molecular Biology, 81(1): 175-188.

Wiklund E D, Kjems J, Clark S J. 2016. Epigenetic architecture and miRNA: reciprocal regulators. Epigenomics, 2(6): 823-840.

Xu C,He C. 2007. The rice OsLOL2 gene encodes a zinc finger protein involved in rice growth and disease resistance. Molecular Genetics and Genomics, 278(1): 85-94.

Xu J, Xu H, Liu Y, et al. 2015. Genome-wide identification of sweet orange (*Citrus sinensis*) histone modification gene families and their expression analysis during the fruit development and fruit-blue mold infection process. Front Plant Sci, 6: 607.

Yang H, Howard M, Dean C. 2014. Antagonistic roles for H3K36me3 and H3K27me3 in the cold-induced epigenetic switch at Arabidopsis FLC. Current Biology, 24(15): 1793-1797.

Yang T B, Poovaiah B W. 2000. Molecular and biochemical evidence for the involvement of calcium/calmodulin in auxin action. Journal of Biological Chemistry, 275(275): 3137-3143.

Yoh S M, Lucas J S, Jones K A. 2009. The Iws1: Spt6: CTD complex controls cotranscriptional mRNA biosynthesis and HYPB/Setd2-mediated histone H3K36 methylation. Genes & Development, 22(24): 3422-3434.

Yong H C, Moon B C, Kim J K, et al. 2003. BWMK1, a rice mitogen-activated protein kinase, locates in the nucleus and mediates pathogenesis-related gene expression by activation of a transcription factor. Plant Physiology, 132(4): 1961-1972.

Yoo S D, Cho Y, Sheen J. 2009. Emerging connections in the ethylene signaling network. Trends in Plant Science, 14(5): 270.

Zhang H, Meltzer P, Davis S. 2013. RCircos: an R package for Circos 2D track plots. BMC Bioinformatics, 14: 244.

Zhang W, Wu Y, Schnable J C, et al. 2011. High-resolution mapping of open chromatin in the rice genome. Genome Research, 22(1): 151-162.

Zhang X O, Dong R, Zhang Y, et al. 2016. Diverse alternative back-splicing and alternative splicing landscape of circular RNAs. Genome Research, 26(9): 1277-1287.

Zhang X O, Wang H B, Zhang Y, et al. 2014. Complementary sequence-mediated exon circularization. Cell, 159(1): 137-147.

Zhang X, Yazaki J, Sundaresan A, et al. 2006. Genome-wide high-resolution mapping and functional analysis of DNA methylation in arabidopsis. Cell, 126(6): 1189.

Zhou C, Zhang L, Duan J, et al. 2005. *HISTONE DEACETYLASE19* is involved in jasmonic acid and ethylene signaling of pathogen response in Arabidopsis. Plant Cell, 17(4): 1196-1204.

第九章　泡桐的代谢组

代谢物是基因表达调控的终产物，其种类和数量变化是生物体对体内外环境变化的最终响应。植物内源代谢物在植物的生长发育过程中发挥着不可替代的作用（Pichersky and Gang，2000）。植物中的代谢物超过了 20 万种，既包括维持生长发育和生命活动所必需的初级代谢物，如氨基酸、脂质、核苷、糖类等物质，也包括与抗病和抗逆相关的次生代谢产物，如黄酮类物质和酚酰胺类物质等。植物细胞内的生命活动，如能量传递、信号释放与传导等大多发生于代谢物层面。因此，了解植物代谢物含量和种类将为木本植物优良性状的遗传改良提供资源，并促进科研工作者对植物生长发育的理解（Mabuchi et al.，2019）。此外，研究发现泡桐花具有一定的药用价值，在临床上其提取物广泛应用于治疗支气管炎、肺炎等。但目前对其药用成分还不清楚。因此，利用广泛靶向代谢组方法对泡桐叶片、芽和花进行代谢物分析，以期能够找到与泡桐优良特性或药用天然活性成分相关的代谢物，丰富其调控网络，为进一步培育优良的泡桐新品种提供研究基础。

第一节　泡桐芽的代谢物

一、总离子流

利用质控（QC）样本质谱检测分析代谢物提取和检测的重复性。总离子流图结果显示，代谢物检测总离子流曲线重叠性高（图 9-1），即保留时间和峰强度均一致，表明质谱对同一样品不同时间检测时，信号稳定性较好。

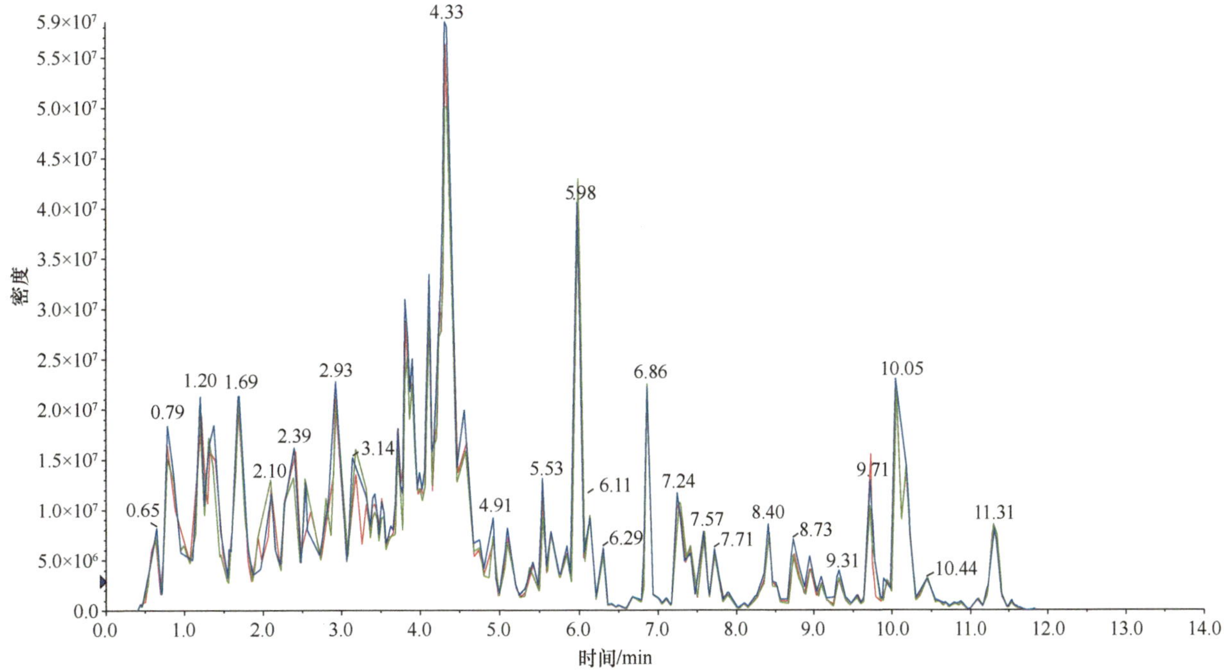

图 9-1　白花泡桐 QC 样本质谱检测 TIC 重叠图

二、泡桐芽代谢物主成分

白花泡桐代谢组数据（包括质控样品）主成分分析（PCA）获得 2 个主成分，累积 R^2X（X 轴方向保留原始数据信息百分比的平方）=0.762，Q^2（代表模型的累计预测率）=0.567，从图 9-2 中可以看出质控样品几乎完全重合，样品组内变异度小，表明泡桐样品质谱检测分析时较稳定，数据重复性好，可信度较高。

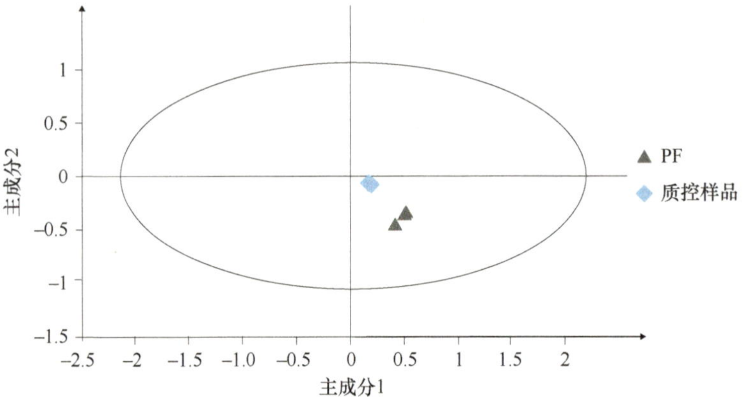

图 9-2　白花泡桐样品代谢组数据 PCA 分析

三、泡桐芽代谢物组成

结合本地代谢数据库（MWDB）、UPLC-MS/MS 矩阵中代谢物的保留时间、质荷比及碎片离子获得白花泡桐芽样品中代谢物种类及含量。在白花泡桐 4 个样品中共检测到 645 个代谢物（已知代谢物 398 种，未知代谢物 247 种），主要涉及氨基酸、维生素、植物激素、糖类及黄酮类等（表 9-1，仅包含已知代谢物）。

表 9-1　白花泡桐芽中检测到的已知代谢物（前 20）

编号	代谢物	物质二级分类	CAS
PT0029	2-脱氧腺苷-5-单磷酸	核苷酸及其衍生物	3393-18-8
PT0050	2-氨基异丁酸	有机酸及其衍生物	62-57-7
PT0104	2-脱氧腺苷-5-单磷酸	核苷酸及其衍生物	3393-18-8
PT0127	邻羟基肉桂酸	多酚	614-60-8
PT0142	1-氨基-1-环戊羧酸	氨基酸	52-52-8
PT0164	3-吲哚甲酸	吲哚及其衍生物	771-50-6
PT0198	2-脱氧腺苷	核苷酸及其衍生物	16373-93-6
PT0216	D-3-（2-萘基）-丙氨酸	氨基酸衍生物	76985-09-6
PT0250	2,6-二羟基-4-甲氧基查耳酮-4-新橙皮苷	黄铜	—
PT0270	3,4-二羟基苯甲醛	多酚	139-85-5
PT0291	6,2-二羟基黄酮	黄酮	92439-20-8
PT0315	1-甲氧基吲哚-3-甲醛	吲哚及其衍生物	67282-55-7
PT0343	5-羟基吲哚-3-乙酸	吲哚及其衍生物	54-16-0
PT0419	2,3,4,6-四氯苯酚	黄酮	—
PT0453	3,4,5-三羟基黄酮-5-*O*-己糖苷	黄酮	—
PT0455	3,4,5-三羟基黄酮-*O*-己糖苷	黄酮	—
PT0465	黄烷酮	黄酮	487-26-3

续表

编号	代谢物	物质二级分类	CAS
PT0476	3,4,5-黄酮-*O*-橙皮苷	黄酮	—
PT0492	3,4,5,5,7-五羟黄酮	黄酮	—
PT0546	β-（3,4-二羟苯基）丙烯酸	多酚	331-39-5
PT0555	黑芥子苷	碳水化合物	—

注：前 20，指检测到的前 20 种代谢物；“—”表示无 CAS 号；后同

第二节　泡桐叶片的代谢物

一、总离子流

为检测样本在相同处理方法下的重复性，每 10 个检测分析样本中插入 1 个质控样本（质控样本由所有样本提取物混合所得）。总离子流图（TIC 图）（图 9-3）重叠展示分析显示：代谢物检测总离子流曲线的保留时间和峰强度具有高度的一致性，重叠性高，说明质谱在不同时间对同一样本进行检测的信号具有较好的稳定性，代谢组学实验数据有效且可靠。

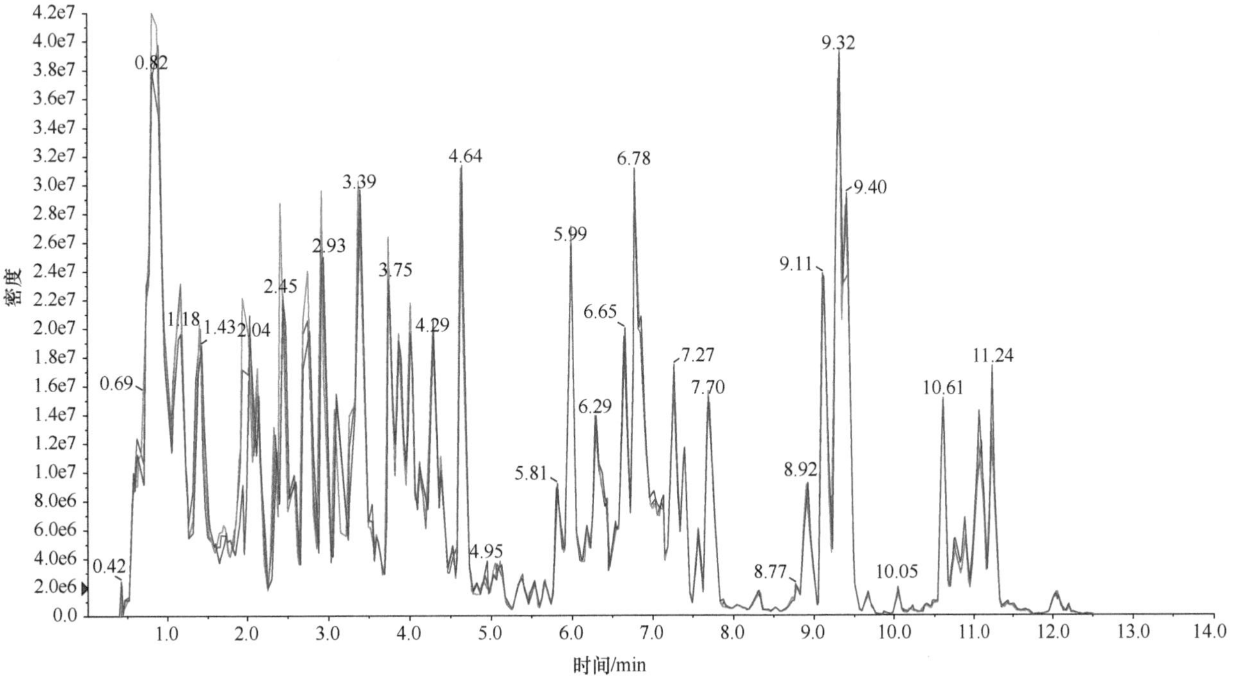

图 9-3　QC 样本质谱检测总离子流重叠图

二、泡桐代谢物质的组成

泡桐叶片样本中共检测到 1589 种代谢物质（表 9-2），主要包含生物碱、氨基酸及其衍生物、黄酮、木脂素和香豆素、脂质、核苷酸及其衍生物、有机酸、其他类、酚酸类、醌类、甾体、鞣质、萜类（图 9-4）。其中，黄酮类代谢物质种类最多，有 318 个，占所有代谢物质的 20.01%；其次是酚酸类代谢物质，有 301 个，占 18.94%；萜类代谢物质的数量次之，共有 186 个，占 11.71%；甾体、鞣质类代谢物质数量最少，均为 2 个，占 0.13%。对含量最多的代谢物种类进行分析显示，生物碱类物质最多，有 34 种，占 2.14%，

表 9-2　泡桐叶代谢物质分类（部分物质）

编号	化合物	物质二级分类	CAS
MW0155346	Phe-Thr-Asn-Lys	氨基酸及其衍生物	—
pmp001287	*N*-benzylmethylene isomethylamine	生物碱	—
MW0145429	Arg-Leu-Val-Glu	氨基酸及其衍生物	—
Lmhn002574	caffeoyl（p-hydroxybenzoyl）tartaric acid	酚酸类	—
MW0063708	sumaresinol	三萜	559-64-8
pmn001553	cimidahurinine	酚酸类	142542-89-0
Xmyn008071	gnetifolin B*	黄酮	140671-06-3
Zmhn003257	5,7,2-trhiyroxy-8-methoxyflavone*	黄酮	—
Lakn003294	2-β-D-glucopyranosyloxy-5-hydroxyphenylacetic acidmethylester	酚酸类	—
MWS2040	methanesulfonic acid	有机酸	75-75-2
Wbmn010746	negundoin A*	二萜	—
pmf0175	2-decanol*	醇类化合物	1120-06-5
pme2617	L-methionine Sulfoxide	氨基酸及其衍生物	3226-65-1
Lajp006634	3,5-dihydroxy-5,7,4-trimethoxyflavone malonyl glucoside	黄酮	—
MW0137591	cardamonin	查耳酮	19309-14-9
pmn001708	2,3,23-trihydroxyurs-12-en-28-oic acid（asiatic acid）	三萜	464-92-6
Lmsp008392	4,5-dihydroxy-3,5-dimethoxyflavone	黄酮	—
MWSHY0054	eupatorin；3,5-dihydroxy-4,6,7-trimethoxyflavone*	黄酮	855-96-9
Lmbn001981	2,5-dihydroxybenzaldehyde*	酚酸类	1194-98-5
Jmbp005771	gardenin D	黄酮	29202-00-4

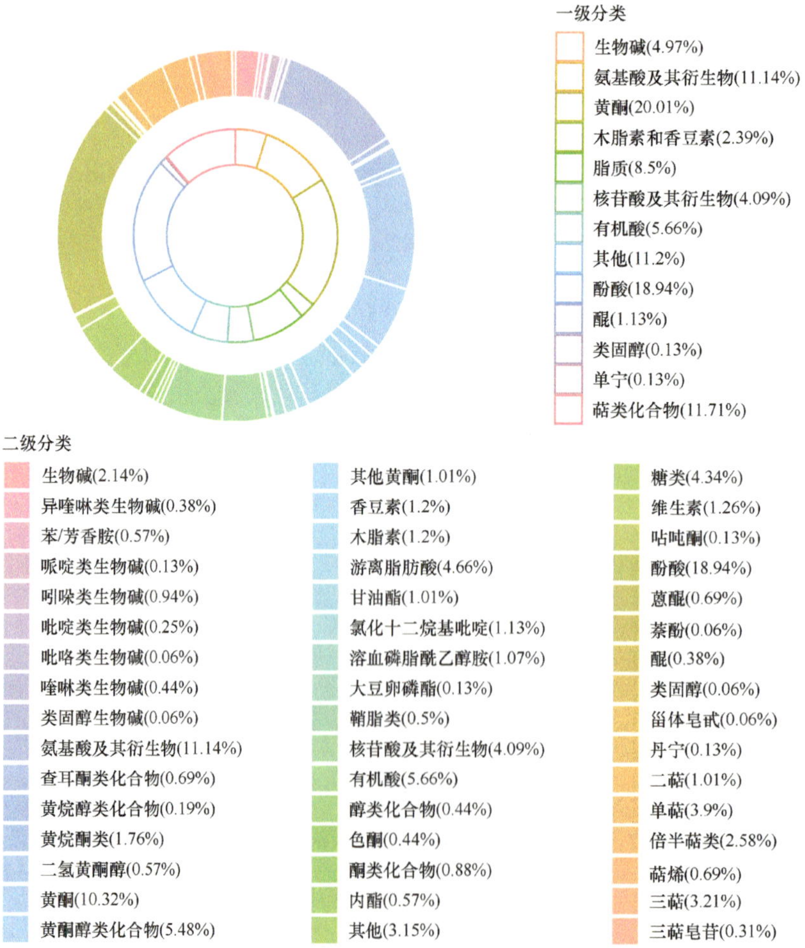

图 9-4　泡桐叶片代谢物质组成类别

其次为吲哚类生物碱，占 0.94%（15 种代谢物质）；而黄酮中，黄酮类代谢物最多，占 10.32%（164 种），其次为黄酮醇（flavonol）类代谢物质，占 5.48%（87 种），二氢黄酮（flavanone）类代谢物质数量次之，占 1.76%（28 种）；木脂素和香豆素类代谢物质，均占 1.20%（19 种）；游离脂肪酸类的代谢物质最多，占 4.66%（74 种）；倍萜类代谢物质有 62 种，占 3.90%，三萜类代谢物质有 51 种，占 3.21%，其次为倍半萜类代谢物质，占 2.58%（41 种）。

三、泡桐叶片代谢物质聚类

1589 种代谢物在不同条件下含量有明显差异，在鄂川泡桐中核苷酸及其衍生物在泡桐叶片中含量较高，黄酮类及其他的次生代谢相关的物质在叶片中的含量相对较少（图 9-5），而干旱条件下脂质和萜类含量则相对较高。

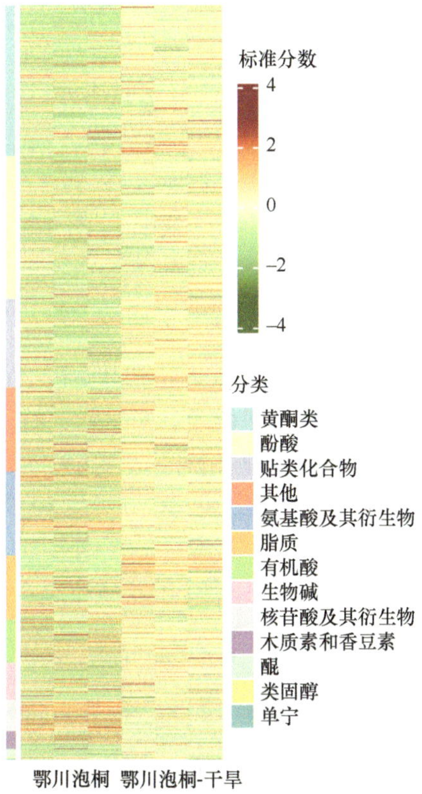

图 9-5　鄂川泡桐样品中代谢物含量聚类热图

第三节　泡桐花的代谢物

一、总离子流

为检测样本在相同处理方法下的重复性，利用软件Analyst处理原始下机质谱数据，并采用总离子流图（TIC图）（图 9-6）重叠展示分析质控样本的重复性，结果显示代谢物检测总离子流曲线的保留时间和峰强度具有高度的一致性，重叠性高，说明质谱在不同时间对同一样本进行检测的信号具有较好的稳定性，代谢组学实验数据有效且可靠。

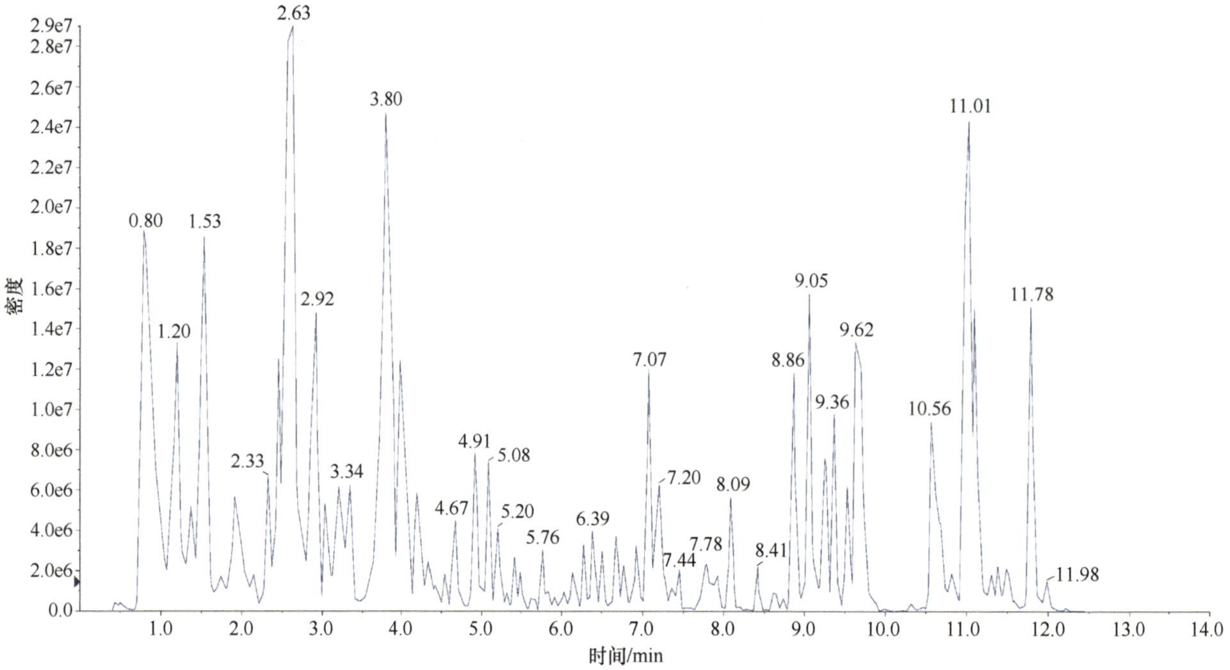

图 9-6　QC 样本质谱检测总离子流重叠图

二、泡桐花代谢物组成

白花泡桐花共鉴定到 1064 种代谢化合物，包括 41 种生物碱、238 种黄酮、49 种木质素和香豆素、55 种有机酸、57 种氨基酸及其衍生物、58 种核苷酸及其衍生物、83 种萜类、157 种脂质、209 种酚酸类和 117 种其他类（图 9-7）。其中，黄酮在白花泡桐花的代谢物中含量最多，占比为 22.37%；其次是酚酸类，占比为 19.64%；而生物碱的含量最少，只有 3.85%。在 238 种黄酮（物质一级分类）中，包括 9 种查耳酮、35 种二氢黄酮、10 种二氢黄酮醇、4 种花青素、91 种黄酮、76 种黄酮醇、2 种黄烷醇类和 11 种其他类黄酮。其中，如图 9-8 所示，物质二级分类中的黄酮占总黄酮含量的 38.24%，其次是黄酮醇，占比是 31.93%。黄烷醇类含量最少（0.84%）。

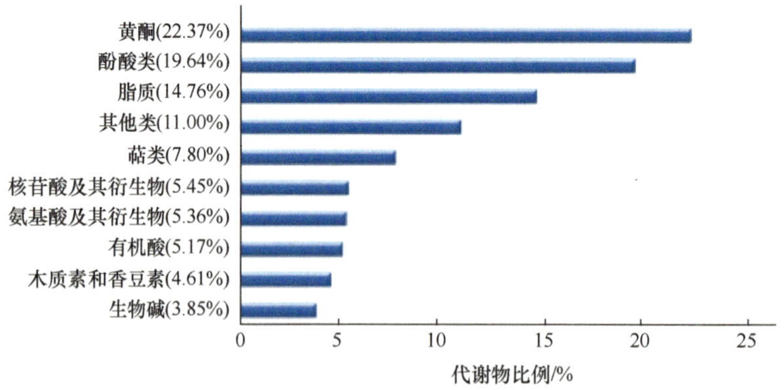

图 9-7　白花泡桐花代谢物组成

三、黄酮化合物含量

白花泡桐花的代谢物定量分析结果显示（表 9-3），黄酮类化合物中的木犀草素-7-*O*-葡萄糖苷（木犀草苷）在白花泡桐花的总黄酮中含量最高，其物质二级分类是黄酮；其次是穿心莲黄酮苷 D 苷元，其物

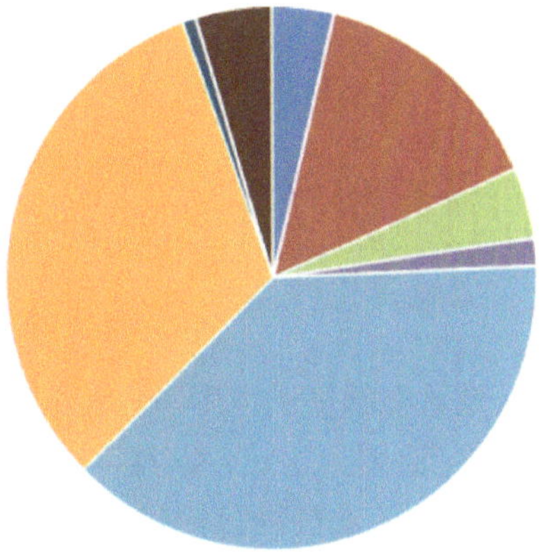

图 9-8　白花泡桐花黄酮类组成

表 9-3　白花泡桐花中黄酮类物质的含量分布（前 20）

编号	物质	物质二级分类	CAS
1	木犀草素-7-*O*-葡萄糖苷（木犀草苷）	黄酮	5373/11/5
2	穿心莲黄酮苷 D 苷元	二氢黄酮	—
3	二氢鼠李素	二氢黄酮	—
4	槲皮素-3-*O*-（2-*O*-对香豆酰）半乳糖苷	黄酮醇	—
5	3,5,7-三羟基黄烷酮（短叶松素）	二氢黄酮醇	548-82-3
6	5,7,2-三羟基-6-甲基-3-（3,4-亚甲二氧基苄基）色酮	其他类黄酮	—
7	木犀草素-7-*O*-葡萄糖醛酸苷	黄酮	29741-10-4
8	高圣草酚	二氢黄酮	446-71-9
9	华良姜素,熊竹素	黄酮醇	3301-49-3
10	没食子儿茶素-（4α→8）-没食子儿茶素	黄烷醇类	—
11	4,5-二羟基-3,5-二甲氧基黄酮	黄酮	—
12	木犀草素-7,3-*O*-二葡萄糖苷	黄酮	52187-80-1
13	槲皮素-4-*O*-葡萄糖苷（绣线菊苷）	黄酮醇	20229-56-5
14	川陈皮素（5,6,7,8,3,4-六甲氧基黄酮）	黄酮	478-01-3
15	山柰酚-3-*O*-槐三糖苷	黄酮醇	80714-53-0
16	芹菜素-7-*O*-（2-葡萄糖基）阿拉伯糖苷	黄酮	—
17	苜蓿素-7-*O*-葡萄糖苷	黄酮	32769-01-0
18	5,4-二羟基-7-甲氧基黄酮（樱花素）	二氢黄酮	2957-21-3
19	5-羟基-3-（2-羟基-4-甲氧基苄基）-7-甲氧基色满-4-酮	其他类黄酮	—
20	鼠李秦素	黄酮醇	552-54-5

质二级分类是二氢黄酮。此外，黄酮醇中的槲皮素-3-*O*-(2-*O*-对香豆酰)半乳糖苷、二氢黄酮醇中的 3,5,7-三羟基黄烷酮（短叶松素）、其他类黄酮中的 5,7,2-三羟基-6-甲基-3-(3,4-亚甲二氧基苄基)色酮和黄烷醇类中的没食子儿茶素-(4α→8)-没食子儿茶素的含量也是在总黄酮中含量较高的代谢物组分。

参 考 文 献

Mabuchi R, Tanaka M, Nakanishi C, Takatani N, Tanimoto S. 2019. Analysis of primary metabolites in cabbage (*Brassica oleracea* var. *capitata*) varieties correlated with antioxidant activity and taste attributes by metabolic profiling. Molecules, 24: 4282.

Pichersky E, Gang D R. 2000. Genetics and biochemistry of secondary metabolites in plants: an evolutionary perspective. Trends in Plant Science, 5(10): 439-445.

第十章　泡桐体外植株的高效再生系统

泡桐是玄参科泡桐属的落叶乔木，是重要的优质速生用材树种，在我国林业生产中占据特殊地位（蒋建平，1990）。泡桐材质轻、材性好，被广泛用于建筑、家具、乐器和工艺品制作。泡桐具有根系深、树冠稀、落叶迟等独特的生物学特性，是优良的农作物防护林，形成了重要的农桐兼作模式。泡桐是重要的速生用材林和生态防护林，具有重要的经济价值和生态价值。

木本植物离体再生主要包括器官发生和体细胞胚发生两种途径，器官发生是细胞多能性的体现，体细胞胚发生是细胞全能性的体现，建立木本植物高效离体再生系统为工厂化育苗提供技术支撑，具有重要的应用价值。木本植物器官发生通常包括直接器官发生和间接器官发生两条途径；直接器官发生是指外植体直接分化形成芽或根等器官，间接器官发生则需要先去分化形成愈伤组织，愈伤组织再分化形成芽或根等器官，进而再生完整植株（Xu，2018）。植物体细胞胚发生也分为直接发生和间接发生两种途径；直接体细胞胚发生是指外植体直接分化为胚状体，间接体细胞胚发生则需要先去分化形成胚性愈伤组织，再分化形成胚状体，胚状体经历类似于合子胚发育历程，再生成完整植株（Su et al.，2021）。其中木本植物多经历间接体细胞胚发生途径，研究体细胞胚胎发生为阐明植物胚胎的形成机理提供了理想模型。植物再生受多种因素影响，包括基因型、外植体类型、培养基、植物生长调节剂等；所以在愈伤组织、芽和根诱导的过程中，选择适合外植体、培养基、激素种类及浓度是培养成功的关键。

泡桐体外再生的研究经历了器官发生、体细胞胚胎发生两个主要阶段。多年来，科研人员在泡桐植株再生方面投入了大量的研究，取得了一定的成效，建立了体外高效再生体系。通过体外器官直接发生（翟晓巧等，2004）、愈伤组织再生植株（范国强等，2002）和体细胞胚胎发生（王安亭等，2005）等途径均已获得再生植株。泡桐体外再生的成功建立，为泡桐苗木繁育和丛枝病发生机理研究提供了技术支撑（范国强等，2005）。本章系统阐述泡桐在体外再生方面的研究现状，总结泡桐体外再生方法和规律，为泡桐工厂化育苗、高效遗传体系建立和基因编辑育种提供技术支撑。

第一节　泡桐器官发生途径

一、健康泡桐苗器官发生

（一）泡桐叶片外植体

收集毛泡桐（*Paulownia tomentosa*）、南方泡桐（*P. australis*）、白花泡桐（*P. fortunei*）、兰考泡桐（*P. elongata*）和‘豫杂一号’泡桐（*P. tomentosa*×*P. fortunei*）5 种基因型泡桐的种子。搓掉种子表面的翅，70%的乙醇浸泡 3min，0.1% 的氯化汞浸泡 5min，无菌水清洗种子 3～5 次，最后将种子接种至 PC 固体培养基，温度（25±2）℃，光周期为 16h/8h 培养，直至长出 5～6 片叶片，作为愈伤组织诱导材料。泡桐叶片可作为继代增殖的重要外植体（图 10-1）。

（二）泡桐叶片愈伤组织诱导

泡桐无菌苗叶片裁剪成 1cm×1cm 的正方形接种至 MS（murashige and skoog medium）、1/2MS、木本植物培养基（woody plant medium，WPM）、B_5、N_6 和 PC 6 种基本培养基，并添加一定浓度的萘乙酸

毛泡桐　南方泡桐　白花泡桐

兰考泡桐　‘豫杂一号’泡桐

图 10-1 泡桐叶片增殖

（NAA）和 6-苄氨基腺嘌呤（6-BA），培养 20 天统计叶片愈伤组织诱导率。愈伤组织的诱导率受基因型、培养基类型、激素等多种因素影响，且不同基因型泡桐叶片愈伤组织的最适培养基类型和激素浓度存在差异（范国强等，2002）。

1. 基因型对泡桐愈伤组织诱导率的影响

不同基因型泡桐叶片外植体的愈伤组织诱导能力存在差异，其中兰考泡桐愈伤组织诱导率最高。泡桐叶片愈伤组织诱导率分别为毛泡桐 88.9%，南方泡桐 83.3%，白花泡桐 83.3%，兰考泡桐 93.3%，‘豫杂一号’泡桐 92.6%；即愈伤组织诱导率：兰考泡桐＞‘豫杂一号’泡桐＞毛泡桐＞南方泡桐=白花泡桐（图 10-2）。

2. 培养基类型对泡桐叶片愈伤组织诱导率的影响

不同基因型泡桐叶片诱导愈伤组织能力在 6 种培养基上既有共性又存在差异。除 N_6 培养基外，其他 5 种基本培养基 MS、1/2MS、WPM、B_5、和 PC 均可以诱导 5 种基因型泡桐叶片形成愈伤组织；其中 MS 培养基诱导 5 种基因型泡桐叶片诱导愈伤组织率最高。其他 4 种培养基 1/2MS、WPM、B_5 和 PC 对 5 种基因型泡桐叶片诱导愈伤组织的能力趋势不同。MS 培养基可作为 5 种基因型泡桐叶片诱导愈伤组织的最适培养基，N_6 培养基不能作为泡桐叶片诱导愈伤组织的培养基，其他 4 种培养基 1/2MS、WPM、B_5 和 PC 也可作为泡桐叶片愈伤组织诱导的培养基（图 10-2）。

3. 植物激素对泡桐叶片愈伤组织诱导率的影响

植物激素对愈伤组织形成起着重要作用。植物离体培养并非某类激素单独作用的结果，植物的生理效应是多种激素间相互作用的综合表现（裴东等，1997）。生长素和细胞分裂素是植物离体培养常用的激素，通过两种激素不同浓度配比，可以定向诱导细胞分裂、生长及形态建成。激素对泡桐叶片愈伤组织的诱导既存在共性又存在差异。泡桐叶片愈伤组织诱导率随着激素浓度（NAA 和 6-BA）升高基本呈现先上升后下降的趋势。NAA、6-BA 及其相互作用均可以在较广的激素浓度组合范围内形成愈伤组织，但都只在较小的范围内有较高的诱导率（图 10-3 和图 10-4）。5 种基因型的泡桐叶片诱导愈伤组织的最适激素浓度存在较大差异；最高愈伤组织诱导率情况下的最适培养基分别为毛泡桐 MS+0.5mg/L NAA+4mg/L 6-BA（诱导率 92.5%），南方泡桐为 MS+0.3mg/L NAA+2mg/L 6-BA（诱导率 83.3%），白花泡桐为 MS+0.5mg/L NAA+4mg/L 6-BA（诱导率 85.7%），兰考泡桐为 MS+0.3mg/L NAA+6mg/L 6-BA（诱导率

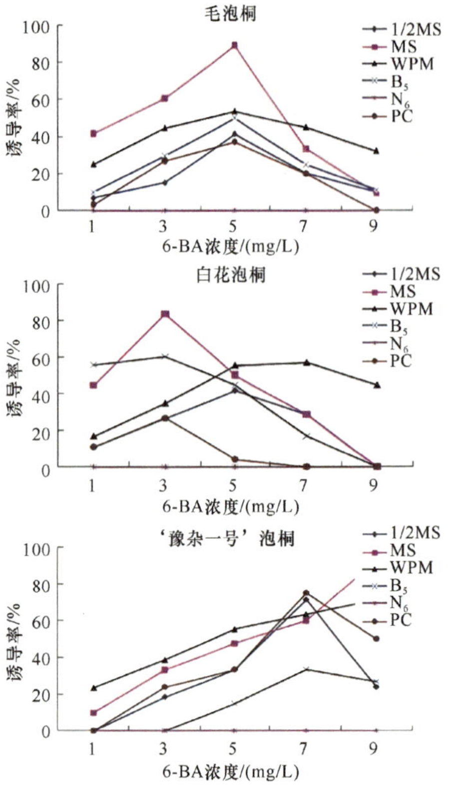

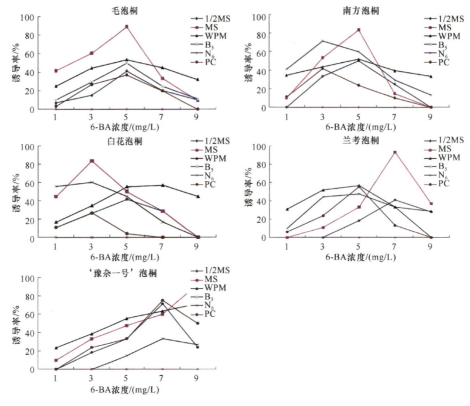

图 10-2 培养基类型对泡桐叶片愈伤组织诱导率的影响

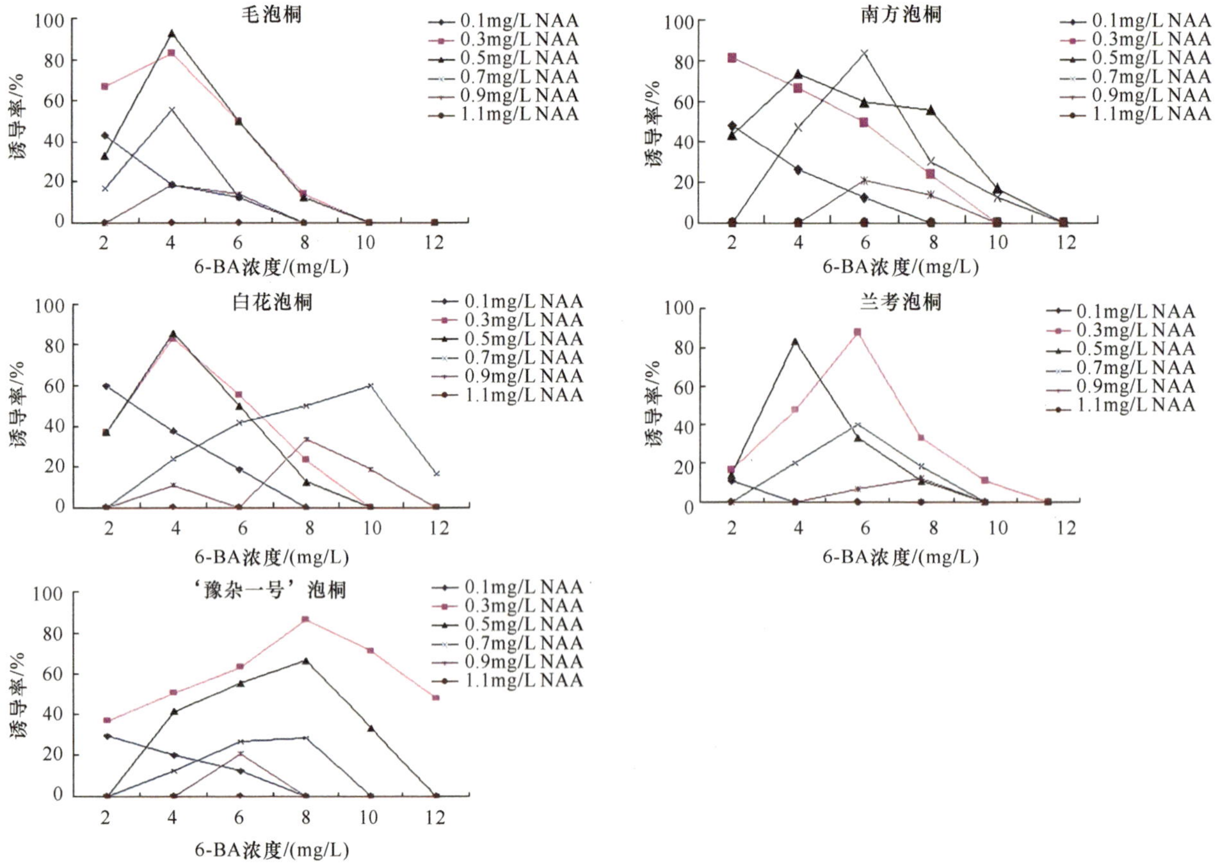

图 10-3 6-BA 浓度对泡桐叶片愈伤组织诱导率的影响

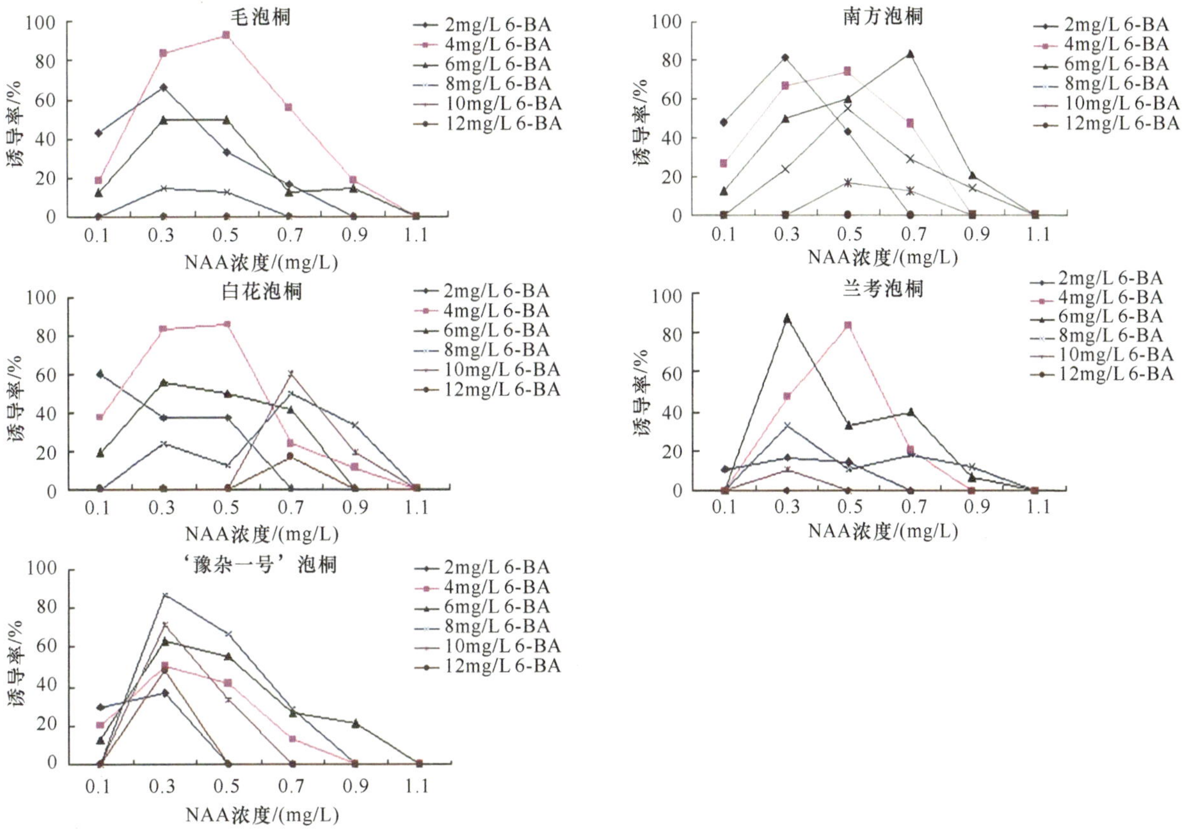

图 10-4　NAA 浓度对泡桐叶片愈伤组织诱导率的影响

87.5%），‘豫杂一号’泡桐为 MS+0.3mg/L NAA+8mg/L 6-BA（诱导率 86.6%）（图 10-3 和图 10-4）。

（三）泡桐叶片愈伤组织诱导不定芽

愈伤组织在培养条件下长至 1cm^3 左右时，将其转移到添加不同 NAA 和 6-BA 浓度的 MS 培养基上诱导芽（NAA 浓度为 0.1～1.1mg/L，6-BA 浓度为 8～12mg/L）。根据芽诱导率的高低，筛选出不同基因型泡桐芽诱导的最适培养基。以 MS 为基本培养基进行了 NAA 和 6-BA 的 18 种浓度组合配比。培养至 20 天统计叶片愈伤组织不定芽诱导率。影响泡桐叶片愈伤组织诱导不定芽的因素包括基因型、植物激素和光周期等。

1. 基因型对泡桐叶片愈伤组织诱导不定芽的影响

不同基因型泡桐叶片愈伤组织诱导不定芽能力存在差异。最适宜诱导条件下，南方泡桐和白花泡桐不定芽诱导率可达到 100%，毛泡桐、兰考泡桐和‘豫杂一号’泡桐不定芽诱导率在 90%～95%，即南方泡桐和白花泡桐高于毛泡桐、兰考泡桐和‘豫杂一号’泡桐。

2. 植物激素对泡桐叶片愈伤组织诱导不定芽的影响

泡桐叶片愈伤组织芽诱导率与培养基内的激素（NAA 和 6-BA）浓度密切相关（图 10-5）。当生长素浓度一定时，高浓度的 6-BA 有利于诱导芽。不同基因型泡桐叶片愈伤组织芽诱导最适 NAA 浓度不同，毛泡桐和南方泡桐叶片愈伤组织诱导芽的最适 NAA 浓度为 0.3mg/L；白花泡桐、兰考泡桐最适 NAA 浓度为 0.5mg/L；‘豫杂一号’泡桐为 0.7mg/L。毛泡桐和南方泡桐叶片愈伤组织诱导芽的最适培养基为 MS+0.3mg/L NAA+12mg/L 6-BA，白花泡桐和兰考泡桐最适培养基为 MS+0.5mg/L NAA+12mg/L 6-BA；

‘豫杂一号’泡桐最适培养基为MS+0.7mg/L NAA+12mg/L 6-BA。

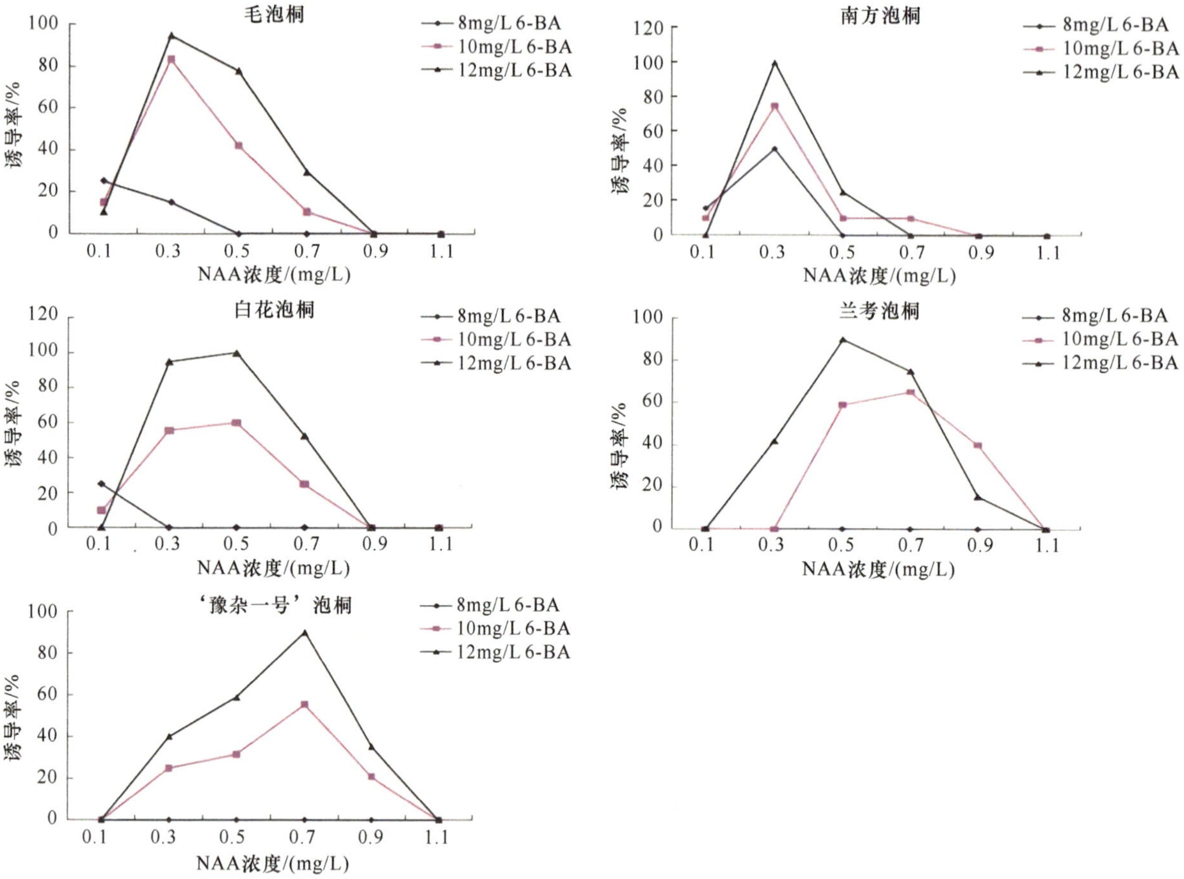

图10-5　激素对泡桐叶片愈伤组织诱导不定芽的影响

3. 光周期对泡桐叶片愈伤组织诱导不定芽的影响

光周期对泡桐叶片愈伤组织不定芽诱导具有明显的影响，且对不同泡桐基因型叶片愈伤组织存在一定的差异（表10-1）。当叶片愈伤组织芽诱导时间一定时，随着光周期中光照时间的延长泡桐叶片愈伤组织芽诱导率逐渐升高；当光周期中光照时间一定时，叶片愈伤组织不定芽的诱导率随着诱导时间的延长逐渐升高。24h连续光照处理是泡桐诱导叶片愈伤组织不定芽的最适光周期（范国强等，2007）。

表10-1　光周期影响泡桐不定芽诱导率

光周期	毛泡桐诱导率/%				兰考泡桐诱导率/%				白花泡桐诱导率/%			
	10天	20天	30天	40天	10天	20天	30天	40天	10天	20天	30天	40天
L_0D_{24}	0^a	1.7^e	13.3^d	16.7^d	0^a	3.3^d	10.0^d	11.7^d	0^b	0^c	0^d	1.7^d
L_8D_{16}	0^a	15.0^d	35.0^c	51.7^c	0^a	20.0^c	43.3^c	50.0^c	0^b	3.3^c	11.7^c	18.3^c
$L_{12}D_{12}$	0^a	23.3^c	41.7^b	61.7^b	0^a	25.0^c	65.0^b	88.3^b	0^b	26.7^b	45.0^b	56.7^b
$L_{16}D_8$	0^a	85.0^b	100^a	100^a	0^a	88.3^b	100^a	100^a	0^b	95.0^a	100^a	100^a
$L_{24}D_0$	3.3^a	93.3^a	100^a	100^a	1.7^a	95.0^a	100^a	100^a	15.0^a	98.3^a	100^a	100^a

注：L_0D_{24}表示光照0h黑暗24h，以此类推。同一列中不同小写字母表示差异显著（$P\leqslant0.05$）

（四）泡桐不定芽诱导生根

不定芽在培养基上长至3cm左右时，将芽从基部斜切，接种至添加不同浓度NAA（0～0.5mg/L）的

1/2MS 固体培养基（培养基中添加 2%蔗糖和 7%琼脂粉）。培养瓶放入培养室内观察生根情况，根据生根率、根长和根数挑选不同基因型泡桐根诱导最适培养基（图 10-6）。

图 10-6　泡桐不定芽诱导生根

1. 植物激素对泡桐不定芽诱导生根未产生明显影响

植物激素对泡桐不定芽诱导生根率影响不大，生根数量和长度存在差异。毛泡桐、南方泡桐、白花泡桐、兰考泡桐和‘豫杂一号’泡桐芽在生长素浓度为 0.1mg/L、0.3mg/L、0.5mg/L 及不含生长素的 1/2MS 培养基上生根率都能够达到 100%（表 10-2）。不同基因型泡桐诱导生根数量和根长最适激素浓度存在差

表 10-2　NAA 浓度对泡桐不定芽诱导生根的影响

基因型	NAA/(mg/L)	生根率/%	平均根数/条	平均根长/cm
毛泡桐	0.0	100	3	2.5
	0.1	100	5	3.0
	0.3	100	4	2.1
	0.5	100	2	1.8
南方泡桐	0.0	100	4	2.5
	0.1	100	8	3.0
	0.3	100	5	2.0
	0.5	100	3	1.5
白花泡桐	0.0	100	8	3.5
	0.1	100	6	2.4
	0.3	100	4	2.0
	0.5	100	2	1.8
兰考泡桐	0.0	100	5	2.5
	0.1	100	3	2.4
	0.3	100	4	1.7
	0.5	100	8	2.7
‘豫杂一号’泡桐	0.0	100	3	1.8
	0.1	100	5	2.6
	0.3	100	8	3.1
	0.5	100	4	2.5

异，且趋势不同。泡桐生根的平均根长随NAA浓度的变化与各自根数变化趋势相同。依据不定芽诱导生根数及其长度，筛选5种泡桐不定芽诱导生根最适培养基，其中，白花泡桐最适培养基为1/2MS+0mg/L NAA，毛泡桐和南方泡桐最适培养基为1/2MS+0.1mg/L NAA，‘豫杂一号’泡桐最适培养基为1/2MS+0.3mg/L NAA，兰考泡桐最适培养基为1/2MS+0.5mg/L NAA。

2. 光周期对泡桐不定芽诱导生根的影响

光周期对泡桐不定芽诱导生根能力具有重要影响，不同光周期对泡桐不定芽诱导生根的作用存在差异，同一光周期对不同基因型泡桐根诱导率存在差异（表10-3）。当诱导生根的时间 ≤5天时，毛泡桐、兰考泡桐和白花泡桐3种不同基因型泡桐不定芽诱导生根率均为0；当诱导生根时间≥9天时，除连续黑暗处理的不定芽诱导生根率较低外，其余4种光周期条件下根诱导率都可达到100%。诱导时间为7天时，光照时间长于或短于16h的光周期均会抑制毛泡桐和兰考泡桐不定芽诱导生根；当诱导时间为9天时，仅全黑暗处理才会抑制泡桐不定芽生根（范国强等，2007）。

表10-3 光周期影响泡桐生根诱导率（%）

光周期	毛泡桐					兰考泡桐					白花泡桐				
	0天	5天	7天	9天	11天	0天	5天	7天	9天	11天	0天	5天	7天	9天	11天
L_0D_{24}	0	0	0^b	60^b	100	0	0	0^c	80^b	100	0	0	0	40^b	92^b
L_8D_{16}	0	0	0^b	100^a	100	0	0	0^c	100^a	100	0	0	0	100^a	100^a
$L_{12}D_{12}$	0	0	0^b	100^a	100	0	0	40^b	100^a	100	0	0	0	100^a	100^a
$L_{16}D_8$	0	0	20^a	100^a	100	0	0	68.3^a	100^a	100	0	0	0	100^a	100^a
$L_{24}D_0$	0	0	0^b	100^a	100	0	0	0^c	100^a	100	0	0	0	100^a	100^a

注：同一列中不同小写字母表示差异显著（$P \leqslant 0.05$）

二、丛枝病泡桐器官发生

（一）丛枝病泡桐外植体的获得

丛枝病毛泡桐、白花泡桐和‘豫杂一号’泡桐当年生幼嫩枝条用0.1% $HgCl_2$消毒5min，再用无菌水清洗5遍后，接种于不含任何植物激素的PC固体培养基（添加20g/L蔗糖和6g/L琼脂），培养温度（25±2）℃，光照强度130μmol/（m^2·s），光周期16h/8h。40天可获得2～3对叶片的泡桐无菌苗用于不定芽诱导。

（二）丛枝病泡桐外植体诱导不定芽

丛枝病毛泡桐、白花泡桐和‘豫杂一号’泡桐的叶片、叶柄和茎段在含不同浓度NAA和6-BA组合培养基上进行芽诱导，统计芽诱导率。影响泡桐芽诱导率的因素包括基因型、外植体类型、植物激素和抗生素等。

1. 基因型对丛枝病泡桐不定芽诱导率的影响

不同基因型丛枝病泡桐诱导不定芽的能力存在差异。3种基因型丛枝病泡桐叶片最高芽诱导率：白花泡桐91.1%＞毛泡桐73.9%＞‘豫杂一号’泡桐47.8%；3种基因型丛枝病泡桐叶柄最高芽诱导率：毛泡桐42.1%＞白花泡桐32.8%＞‘豫杂一号’泡桐21.1%；3种基因型丛枝病泡桐茎段最高芽诱导率：‘豫杂一号’泡桐42.2%＞毛泡桐25.0%＞白花泡桐13.3%。

2. 外植体类型对丛枝病泡桐不定芽诱导率的影响

外植体类型对丛枝病泡桐不定芽诱导率具有明显影响，外植体诱导不定芽能力：叶片＞叶柄＞茎段。从枝病毛泡桐叶片、叶柄和茎段的最高不定芽诱导率分别是 73.9%、42.1%、25.0%；丛枝病白花泡桐叶片、叶柄和茎段的最高不定芽诱导率分别是 91.1%、32.8%、13.3%；‘豫杂一号’泡桐叶片、叶柄和茎段的最高不定芽诱导率分别是 47.8%、21.1%、42.2%。

3. 植物激素对丛枝病泡桐不定芽诱导率的影响

培养基中植物激素浓度及其组合对丛枝病毛泡桐、白花泡桐和‘豫杂一号’泡桐的叶片、叶柄和茎段诱导不定芽率均具有明显的影响；当 NAA 浓度一定时，随着 6-BA 浓度的升高，诱导生芽率出现先升高后降低的趋势；当 6-BA 浓度一定时，随着 NAA 浓度的升高，诱导生芽率也出现先升高后降低的趋势；但不同基因型和不同外植体的最适诱导浓度组合存在差异（表 10-4～表 10-6）。

表 10-4　植物激素对丛枝病毛泡桐不同外植体芽诱导的影响

植物激素		叶片诱导率/%			叶柄诱导率/%			茎段诱导率/%		
NAA/(mg/L)	6-BA/(mg/L)	10 天	20 天	30 天	10 天	20 天	30 天	10 天	20 天	30 天
0.1	0	0.0	0.0	0.0	0.0	0.0	0.0	0.0	0.0	0.0
	4	0.0	7.9	31.0	0.0	26.3	42.1	0.0	5.6	7.2
	8	0.0	14.0	42.1	0.0	11.7	26.2	0.0	7.8	8.3
	12	0.0	26.7	66.7	0.0	10.0	24.1	0.0	8.9	19.1
	16	0.0	13.3	58.3	0.0	6.7	11.1	0.0	7.2	16.1
	20	0.0	1.7	21.7	0.0	2.8	7.2	0.0	2.1	2.2
0.3	0	0.0	0.0	0.0	0.0	0.0	0.0	0.0	5.0	12.8
	4	0.0	3.3	5.0	0.0	6.7	15.0	0.0	7.8	13.3
	8	0.0	11.7	23.3	0.0	16.7	21.7	0.0	16.7	21.7
	12	0.0	13.3	46.7	0.0	13.3	31.7	0.0	2.8	11.8
	16	0.0	36.7	58.3	0.0	7.0	14.6	0.0	2.2	10.4
	20	0.0	11.1	42.6	0.0	0.0	14.1	0.0	1.7	5.9
0.5	0	0.0	0.0	2.2	0.0	0.0	0.0	0.0	0.0	0.0
	4	0.0	11.1	41.2	0.0	31.6	21.7	0.0	0.0	3.5
	8	0.0	50.0	58.8	0.0	14.8	37.5	0.0	5.0	7.4
	12	0.0	1.7	23.3	0.0	8.8	17.5	0.0	10.0	25.0
	16	0.0	0.0	6.1	0.0	1.7	6.7	0.0	1.8	3.3
	20	0.0	0.0	5.0	0.0	0.0	0.0	0.0	0.0	1.7
0.7	0	0.0	0.0	0.0	0.0	0.0	0.0	0.0	0.0	0.0
	4	0.0	0.0	1.7	0.0	1.7	18.3	0.0	0.0	6.7
	8	0.0	3.3	26.7	0.0	1.7	25.0	0.0	5.9	16.3
	12	0.0	20.0	45.0	0.0	3.9	21.7	0.0	8.9	13.3
	16	0.0	21.7	56.7	0.0	13.3	16.7	0.0	1.7	4.4
	20	0.0	14.4	33.3		4.4	6.7	0.0	0.0	2.2
0.9	0	0.0	3.5	16.3	0.0	0.0	0.0	0.0	0.0	0.0
	4	0.0	6.7	45.2	0.0	8.3	36.7	0.0	1.1	8.3
	8	0.0	50.0	72.2	0.0	7.4	12.5	0.0	3.5	13.7
	12	0.0	31.6	72.9	0.0	5.0	16.7	0.0	1.7	13.3
	16	0.0	16.1	50.9	0.0	1.7	14.3	0.0	0.0	6.3
	20	0.0	15.0	41.7	0.0	1.1	13.3	0.0	0.0	1.7

续表

植物激素		叶片诱导率/%			叶柄诱导率/%			茎段诱导率/%		
NAA/(mg/L)	6-BA/(mg/L)	10天	20天	30天	10天	20天	30天	10天	20天	30天
1.1	0	0.0	7.4	21.7	0.0	0.0	0.0	0.0	0.0	0.0
	4	0.0	20.0	38.6	0.0	3.5	4.2	0.0	1.7	6.1
	8	0.0	55.0	73.9	0.0	5.0	18.3	0.0	3.5	6.7
	12	0.0	15.0	71.7	0.0	3.9	12.3	0.0	0.0	1.9
	16	0.0	12.3	24.1	0.0	2.2	9.1	0.0	0.0	0.0
	20	0.0	8.3	39.4	0.0	0.6	5.6	0.0	0.0	0.0

表 10-5　植物激素对丛枝病白花泡桐不同外植体芽诱导的影响

植物激素		叶片诱导率/%			叶柄诱导率/%			茎段诱导率/%		
NAA/(mg/L)	6-BA/(mg/L)	10天	20天	30天	10天	20天	30天	10天	20天	30天
0.1	0	0	8.3	15.6	0	0	0	0	0	0
	4	0	15.6	25.0	0	5.0	8.9	0	0	0
	8	0	31.1	54.4	0	6.1	11.7	0	0	0
	12	0	43.9	68.3	0	8.9	17.8	0	0	0
	16	0	27.2	40.0	0	6.7	16.1	0	0	0
	20	0	17.2	27.2	0	5.0	7.8	0	0	0
0.3	0	0	17.8	31.7	0	0	1.1	0	0	0
	4	0	38.9	52.8	0	1.1	3.3	0	0	1.1
	8	0	58.9	73.9	0	5.0	10.6	0	1.1	3.3
	12	0	60.0	91.1	0	6.7	13.9	0	0.6	2.2
	16	0	54.4	83.9	0	5.6	10.0	0	0	1.1
	20	0	45.6	54.4	0	2.2	4.4	0	0	0
0.5	0	0	6.1	34.4	0	0	0	0	0	0
	4	0	11.1	45.6	0	4.4	8.9	0	0	0.6
	8	0	13.3	60.0	0	6.7	12.2	0	0.6	1.7
	12	0	17.2	69.4	0	10.6	13.5	0	1.1	4.4
	16	0	14.4	57.2	0	10.0	11.1	0	0.6	2.2
	20	0	0	10.0	0	6.7	8.9	0	0	0.6
0.7	0	0	0	0.6	0	0	0	0	0	0
	4	0	3.9	4.4	0	0.6	1.7	0	0	0
	8	0	10.0	19.4	0	5.0	8.9	0	0.6	2.2
	12	0	19.4	28.3	0	6.7	15.0	0	1.1	3.9
	16	0	15.6	25.6	0	15.6	17.2	0	3.3	6.1
	20	0	3.3	8.3	0	17.2	18.3	0	6.1	13.3
0.9	0	0	0	0.6	0	0	1.1	0	0	0
	4	0	1.7	2.8	0	6.7	10.0	0	0	1.7
	8	0	6.7	19.4	0	11.7	22.2	0	1.1	4.4
	12	0	21.1	30.0	0	16.1	28.3	0	2.8	6.7
	16	0	23.3	32.2	0	16.7	32.8	0	0	1.7
	20	0	35.0	44.4	0	13.9	23.9	0	0	0
1.1	0	0	0	0	0	0	2.2	0	0	0
	4	0	4.4	12.2	0	3.9	8.3	0	0	1.7
	8	0	25.6	40.0	0	6.1	10.6	0	1.1	4.4
	12	0	17.2	32.2	0	8.9	13.3	0	2.8	6.7
	16	0	10.6	23.9	0	10.0	16.7	0	0	1.7
	20	0	1.1	6.7	0	7.2	12.2	0	0	0

表 10-6 植物激素对丛枝病‘豫杂一号’泡桐不同外植体芽诱导的影响

植物激素浓度		叶片诱导率/%	叶柄诱导率/%	茎段诱导率/%
NAA/(mg/L)	6-BA/(mg/L)			
0.1	0	0.0	0.0	4.4
	4	7.8	7.8	17.8
	8	13.5	7.8	12.2
	12	14.4	8.9	10.0
	16	12.2	6.7	7.8
0.3	0	0.0	4.4	0.0
	4	8.9	12.2	7.8
	8	15.6	21.1	21.1
	12	47.8	15.6	42.2
	16	45.6	14.4	18.9
0.5	0	0.0	0.0	0.0
	4	10.0	3.3	10.0
	8	20.0	5.6	16.7
	12	18.9	18.9	12.2
	16	16.7	12.2	7.8
0.7	0	0.0	8.9	0.0
	4	11.1	15.6	21.1
	8	12.2	20.0	15.6
	12	16.7	6.7	12.2
	16	13.3	2.2	7.8
0.9	0	0.0	0.0	0.0
	4	3.3	6.7	7.8
	8	5.6	13.5	14.4
	12	13.3	9.0	12.2
	16	8.9	0.0	4.4

丛枝病毛泡桐叶片芽诱导的最适培养基为 MS + 1.1mg/L NAA + 8mg/L 6-BA，叶柄芽诱导最适培养基为 MS+ 0.1mg/L NAA + 4mg/L 6-BA，茎段芽诱导最适培养基为 MS+ 0.5mg/L NAA + 12mg/L 6-BA（表 10-4）。丛枝病白花泡桐叶片芽诱导的最适培养基为 MS + 0.3mg/L NAA + 12mg/L 6-BA，叶柄芽诱导最适培养基为MS + 0.9mg/L NAA + 16mg/L 6-BA，茎段芽诱导最适培养基为MS + 0.7mg/L NAA + 20mg/L 6-BA（表 10-5）。丛枝病‘豫杂一号’泡桐叶片芽诱导的最适培养基为 MS + 0.3mg/L NAA + 12mg/L 6-BA，叶柄芽诱导最适培养基为 MS + 0.3mg/L NAA + 8mg/L 6-BA，茎段芽诱导最适培养基为 MS + 0.3mg/L NAA + 12mg/L 6-BA（表 10-6）。

4. 抗生素对丛枝病泡桐芽诱导的影响

抗生素（利福平和土霉素）对丛枝病‘豫杂一号’泡桐叶片和茎段外植体的芽诱导均有抑制作用，且抑制作用随着抗生素浓度的升高而升高。当培养基中添加 20mg/L 利福平时，丛枝病‘豫杂一号’泡桐叶片诱导芽和茎段诱导芽最适培养基分别为 MS + 0.3mg/L NAA + 12mg/L 6-BA（最高诱导率 67.6%）和 MS + 0.2mg/L NAA + 12mg/L 6-BA（最高诱导率 32.5%）；当培养基中添加 20mg/L 土霉素时，丛枝病‘豫杂一号’泡桐叶片诱导芽和茎段诱导芽最适培养分别为 MS + 0.1mg/L NAA + 12mg/L 6-BA（最高诱导率 48.4%）和 MS + 0.3mg/L NAA + 12mg/L 6-BA（最高诱导率 50.8%）；即有抗生素的情况下，诱导芽再生的培养基中最适 NAA 和 6-BA 浓度也发生改变（刘飞等，2008）。

（三）丛枝病泡桐外植体诱导不定芽生根

1. 植物激素对丛枝病泡桐不定芽生根诱导的影响

植物激素对丛枝病泡桐不定芽生根诱导与健康泡桐不定芽生根诱导类似，对诱导率无明显影响，无须添加激素延长诱导时间即可诱导生根。根据丛枝病泡桐不定芽生根的时间和植物激素浓度两个指标，确定 1/2MS+0.5mg/L NAA 为丛枝病毛泡桐和丛枝病白花泡桐最适诱导培养基。当诱导不定芽生根的时间为 10 天时，诱导率随 NAA 浓度的升高呈现先升高后下降趋势；当诱导时间延长至 30 天时，不添加 NAA 也可以诱导不定芽生根（表 10-7）。

表 10-7 植物激素对丛枝病泡桐不定芽生根诱导的影响

外植体基因型	NAA/(mg/L)	根诱导率/%				
		10 天	15 天	20 天	25 天	30 天
丛枝病毛泡桐	0	81.7	95.0	95.0	98.3	100
	0.1	86.7	96.7	100	100	100
	0.3	96.7	100	100	100	100
	0.5	100	100	100	100	100
	0.7	85.0	96.7	100	100	100
	0.9	81.7	91.7	100	100	100
	1.1	68.3	90.0	100	100	100
丛枝病白花泡桐	0	81.7	91.7	96.7	96.7	100
	0.1	86.7	96.7	100	100	100
	0.3	91.7	100	100	100	100
	0.5	96.7	100	100	100	100
	0.7	90.0	100	100	100	100
	0.9	81.7	91.7	100	100	100
	1.1	76.7	90.0	100	100	100

植物激素对丛枝病‘豫杂一号’泡桐不定芽生根诱导影响不明显，可选择不含任何植物激素的 1/2MS 培养基作为诱导生根的最适培养基。以两种类型生长素 NAA 和吲哚-3-丁酸（IBA）诱导丛枝病‘豫杂一号’泡桐不定芽生根，当诱导时间为 5 天时，诱导率随着 2 种植物激素浓度升高出现先上升后下降的趋势；延长诱导时间至 10 天时，诱导率在 2 种生长素类型的 6 个浓度梯度（0～0.10mg/L）都可达到 100%（表 10-8）。

表 10-8 生长素类型对丛枝病‘豫杂一号’泡桐不定芽生根诱导的影响

生长素	诱导时间/天	根诱导率/%					
		0mg/L	0.02mg/L	0.04mg/L	0.06mg/L	0.08mg/L	0.10mg/L
NAA	5	80.0	85.0	90.0	80.0	75.0	70.0
	10	100	100	100	100	100	100
IBA	5	80.0	85.0	100	100	90	80
	10	100	100	100	100	100	100

2. 抗生素对丛枝病泡桐不定芽生根诱导的影响

抗生素（利福平和土霉素）对丛枝病‘豫杂一号’泡桐不定芽生根诱导均有抑制作用，且土霉素对根诱导的抑制作用明显大于利福平。在不添加任何抗生素的 1/2MS 培养基诱导不定芽生根，10 天时诱导率均为100%。在添加5种浓度梯度（20～100mg/L）土霉素的1/2MS培养基中诱导不定芽生根，当诱导时间为10天和20天时，均无根形成；而当诱导时间延长至30天时，仅土霉素浓度为20mg/L时有根形成。在添加5种浓度梯度（20～100mg/L）利福平的1/2MS培养基中诱导不定芽生根，当诱导时间为10天时，随着利福平浓度升高，诱导率逐渐降低；延长诱导时间至30天时，5种浓度均可使诱导率达到100%（表10-9）。抗生素类型、浓度和诱导时间均对不定芽生根诱导有影响，其中利福平抑制作用较弱，土霉素抑制作用较强（刘飞等，2008）。

表10-9　抗生素对丛枝病泡桐不定芽生根诱导的影响

抗生素类型	浓度/(mg/L)	根诱导率/%		
		10天	20天	30天
土霉素	0	100^a	100^a	100^a
	20	0^b	0^b	6.7^b
	40	0^a	0^a	0^a
	60	0^a	0^a	0^a
	80	0^a	0^a	0^a
	100	0^a	0^a	0^a
利福平	0	100^a	100^a	100^a
	20	50^a	100^a	100^a
	40	39^c	100^a	100^a
	60	23.3^d	93.3^b	100^a
	80	0^e	0^c	100^a
	100	0^e	0^c	100^a

注：不同小写字母表示差异显著（$P \leqslant 0.05$）

第二节　泡桐体细胞胚胎发生途径

一、泡桐胚性愈伤组织诱导

泡桐无菌苗叶片沿主脉切成1.0cm^{2}左右的正方形，茎段切成长度为1.5cm左右的小段作为外植体，接种于添加一定浓度植物激素NAA、2,4-二氯苯氧乙酸（2，4-D）和6-BA的MS固体培养基上诱导愈伤组织。培养条件为光照强度130μmol/(m^2·s)，光周期为16h/8h培养，温度（25±2）℃。根据材料质地不同分别采用临时压片和切片法，在显微镜下分辨出胚性和非胚性愈伤组织，并根据胚性愈伤组织诱导率筛选最适培养基。

（一）泡桐胚性愈伤组织形态学和细胞学观察

在MS培养基上，毛泡桐、白花泡桐和兰考泡桐的茎段和叶片生长10天时诱导出的愈伤组织在颜色、质地和形状3个方面有一定的相似性。愈伤组织的颜色分为白色、红色、黄色、浅黄色、浅绿色和黄绿色等；质地分为松软型和致密型；形状分为半透明絮状、不规则瘤状和分散颗粒状等。其中红色和黄色愈伤组织随着培养时间的延长颜色逐渐加深，红色变为红黑色，黄色变为黄褐色。白色愈伤组织多出现在培养基表面的外植体上，颜色逐渐变为浅绿色和绿色，培养基表面外植体白色愈伤组织有时也向半透明状发展。白色、浅黄色和绿色的愈伤组织通过临时压片观察，发现同样来源的外植体诱导的非胚性愈伤组织细胞比胚性愈伤组织细胞体积稍大，有大的中央液泡，排列疏松，核小，染色较浅；而胚性愈伤组织细胞体积较小，有很多分散的小液泡，排列紧密，细胞核大而圆，染色较深。由此可以认为，颜色为白色、浅黄色、浅绿色颗粒状的愈伤组织为胚性愈伤组织；非致密型、松软型及半透明絮状的愈伤组织为非胚性愈伤组织。利用泡桐胚性和非胚性愈伤组织形态学和细胞学特点，可以在短期内筛选出不同基因型不同外植体胚性愈伤组织诱导的最适培养基（图 10-7）。

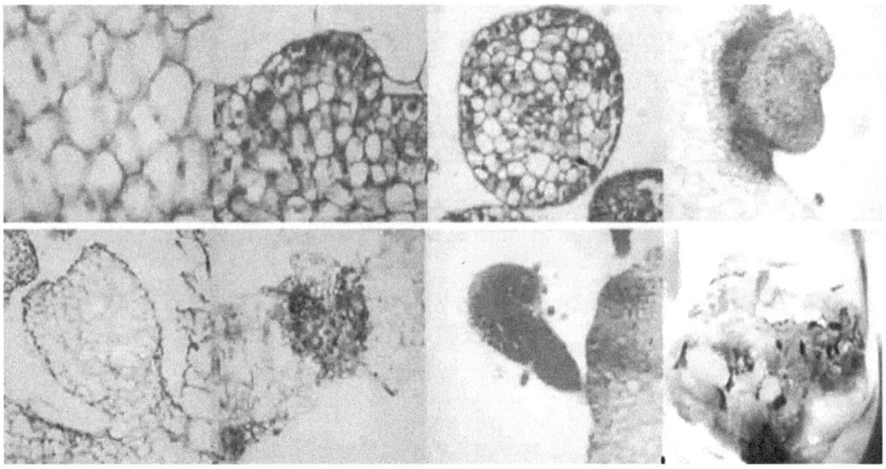

图 10-7　毛泡桐体细胞胚发生及植株再生（王安亭，2005）

（二）泡桐胚性愈伤组织诱导率的影响因素

1. 基因型对泡桐胚性愈伤组织诱导的影响

不同基因型泡桐胚性愈伤组织诱导率存在差异，叶片为外植体时白花泡桐胚性愈伤组织诱导率最高，叶片外植体胚性愈伤组织诱导率：白花泡桐 92.9%＞兰考泡桐 86.3%＞毛泡桐 83.3%。茎段外植体胚性愈伤组织诱导率：兰考泡桐 85.8%＞毛泡桐 46.7%＞白花泡桐 24.1%（表 10-10）。茎段为外植体时兰考泡桐胚性愈伤组织诱导率最高，毛泡桐和白花泡桐次之（表 10-10）。

表 10-10　外植体部位对泡桐胚性愈伤组织和非愈伤组织诱导的影响　　（单位：%）

基因型	外植体	愈伤组织	0.3mg/L NAA						0.3mg/L 2,4-D					
			6-BA/(mg/L)											
			5	8	11	14	17	20	5	8	11	14	17	20
毛泡桐	叶片	EC	31.0	46.7	55.2	71.4	83.3	67.8	0	0	0	0	0	0
		C	100	100	100	100	100	100	100	100	100	100	100	100
	茎段	EC	14.3	23.3	27.6	35.7	46.7	21.4	0	0	0	0	0	0
		C	100	100	100	100	100	100	100	100	100	100	100	100
白花泡桐	叶片	EC	28.6	41.4	60.0	92.9	72.5	53.6	0	0	0	0	0	0
		C	100	100	100	100	100	100	100	100	100	100	100	100
	茎段	EC	9.0	24.1	14.3	13.8	10.0	6.9	0	0	0	0	0	0
		C	100	100	100	100	100	100	100	100	100	100	100	100
兰考泡桐	叶片	EC	73.3	86.3	60.0	44.4	35.7	50.0	0	0	0	0	0	0
		C	100	100	100	100	100	100	100	100	100	100	100	100
	茎段	EC	66.7	75.8	85.8	58.7	41.4	30.0	0	0	0	0	0	0
		C	100	100	100	100	100	100	100	100	100	100	100	100

注：EC. 胚性愈伤组织；C. 愈伤组织

2. 外植体类型对泡桐胚性愈伤组织诱导率的影响

不同外植体类型胚性愈伤组织的诱导率存在差异，叶片外植体相较于茎段外植体胚性愈伤组织的诱导率更高。毛泡桐叶片和茎段外植体胚性愈伤组织诱导率最高分别可达 83.3%和 46.7%；白花泡桐叶片和茎段外植体胚性愈伤组织诱导率最高分别可达 92.9%和 24.1%；兰考泡桐叶片和茎段外植体胚性愈伤组织诱导率最高分别可达 86.3%和 85.8%（表 10-10）。

3. 植物激素对泡桐胚性愈伤组织诱导率的影响

体细胞转变为胚性细胞受到多种因素的影响，其中建立细胞间生理隔离、脱离母体是体细胞转变为胚性细胞的必要条件，但仅离体培养并非胚性细胞发生的充分条件，该过程也受到基因时空表达的影响。基因时空表达需要相应的诱导因子；细胞分化受多种因素调控，其中最重要的是植物激素（崔凯荣等，2000；邢更妹等，2000）。植物激素特别是生长素多被用于诱导体细胞胚发生，在许多物种中都有报道，包括龙眼（Lin et al.，2015）、大豆（Zheng et al.，2016）、拟南芥（Mozgova et al.，2017）、落叶松（Li et al.，2018）和棉花（Xu et al.，2019）等。不同的激素影响植物体胚发生的诱导（Ikeuchi et al.，2019）。

生长素类型影响胚性愈伤组织的诱导率，MS 培养基添加一定浓度的 NAA 和 6-BA 可诱导泡桐叶片和茎段产生胚性愈伤组织，但将 NAA 替换成 2，4-D 则不行。在 3 种基因型和 2 种外植体中，MS 基本培养基添加 0.3mg/L NAA 和 5～20mg/L 浓度梯度的 6-BA 都能诱导出胚性愈伤组织和非胚性愈伤组织；而 MS 基本培养基添加 0.3mg/L 2，4-D 和 5～20mg/L 浓度梯度的 6-BA 却未能诱导出胚性愈伤组织，仅能诱导出非胚性愈伤组织（表 10-10）。

不同基因型和不同外植体泡桐诱导胚性愈伤组织的最适培养基不同。不同 NAA 和 6-BA 浓度下，毛泡桐、白花泡桐和兰考泡桐的叶片和茎段外植体胚性愈伤组织诱导率多重比较结果表明（图 10-8，表 10-10），MS+0.3mg/L NAA+17mg/L 6-BA 可作为毛泡桐叶片和茎段胚性愈伤组织诱导最适培养基，其次是 MS+0.3mg/L NAA+14mg/L 6-BA 培养基。MS+0.3mg/L NAA+14mg/L 6-BA 可作为白花泡桐叶片胚性愈伤组织诱导最适培养基，其次是 MS+0.3mg/L NAA+17mg/L 6-BA 培养基；MS+0.3mg/L NAA+8mg/L 6-BA 可作为白花泡桐茎段胚性愈伤组织诱导最适培养基。MS+0.3mg/L NAA+8mg/L 6-BA 可作为兰考泡桐叶片外植体胚性愈伤组织诱导的最适培养基，MS+0.3mg/L NAA+11mg/L 6-BA 可作为兰考泡桐茎段外植体胚性愈伤组织诱导的最适培养基（图 10-5 和表 10-10）。

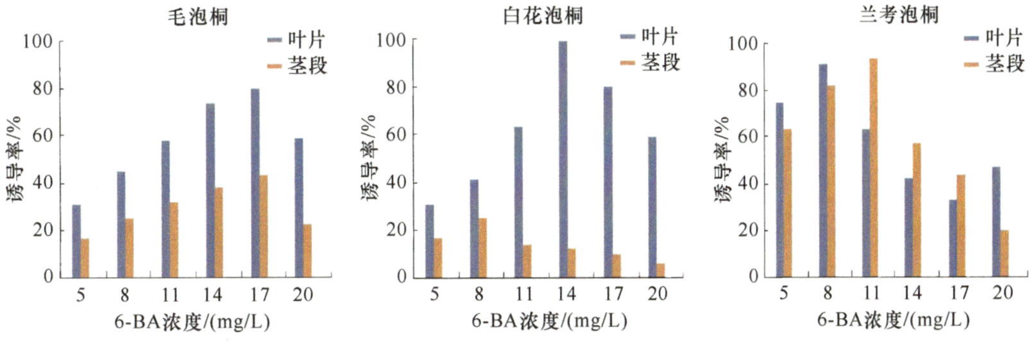

图 10-8　激素浓度对泡桐叶片和茎段胚性愈伤组织诱导率的影响

二、体细胞胚胎发生过程及植株再生

外植体类型对体细胞胚胎发生过程的影响，不同外植体类型胚发育进程不一致，而不同基因型则差异不大（表 10-11）。白花泡桐和毛泡桐仅在以叶片为外植体时，诱导早期原胚的时间存在差异，其他进程均一致，即白花泡桐叶片外植体出现早期原胚时间为 9 天，而毛泡桐相对较早为 6 天。比较外植体类型对体细胞胚发育进程的影响，2 种外植体均在 12 天左右时观察到球形胚形成，叶片外植体的心形胚和鱼雷形胚在 15 天同时出现，茎段外植体在 15 天形成心形胚，18 天形成鱼雷形胚；叶片外植体在 18 天观察到子叶形胚，茎段外植体则在 21 天才观察到子叶形胚。从早期原胚到子叶形胚，叶片外植体只需要 9 天或 12 天，而茎段外植体需要 15 天左右，表明叶片外植体的体细胞胚发育时间比茎段短（表 10-11）（史保新，2005；王安亭等，2005）。子叶形胚继续发育成芽，当芽生长至 3cm 左右时，从其茎的基部剪断转移至不添加任何植物激素的 WPM 培养基上诱导生根，15 天左右可形成完整再生植株。

表 10-11　不同外植体诱导泡桐体细胞胚发生过程

基因型	外植体	早期原胚	球形胚	心形胚	鱼雷形胚	子叶形胚
白花泡桐	叶片	9	12	15	15	18
	茎段	6	12	15	18	21
毛泡桐	叶片	6	12	15	15	18
	茎段	6	12	15	18	21

第三节　泡桐悬浮细胞系的获得及植株再生

一、泡桐悬浮细胞系的获得

（一）影响泡桐悬浮培养愈伤组织诱导的因素

将泡桐种子消毒后接种至无激素的 WPM 培养基上，当幼苗长至 30 天时，取顶端第 2 对叶片，在无菌条件下用剪刀剪成细长条状，取 2g 置于 200mL 含不同激素浓度的 MS、B_5、WPM、KMsP 液体培养基中，在 100r/min 的摇床上，(25±1)℃条件下暗培养，悬浮培养周期为 20 天。继代时先将培养基和愈伤组织静置 10min，然后将上清倒掉，再向培养瓶中加入新鲜液体培养基。继代培养第 7 天时，观察叶片愈伤组织褐化情况，褐化等级分为 4 级：0 级无褐化且颜色淡黄色，1 级轻度褐化且颜色黄色，2 级中度褐化且颜色黄褐色，3 级严重褐化且颜色褐色。继代培养第 20 天时，统计叶片愈伤组织诱导率，叶片愈伤组织诱导率=产生愈伤组织的叶片数/悬浮培养的总叶片数。根据愈伤组织生长情况和褐化情况，筛选最适宜培养基。

1. 培养基类型对泡桐悬浮愈伤组织诱导的影响

泡桐叶片接种在 MS、WPM、B_5 和 KM_8P 4 种基本培养基上，并根据 4 种指标：悬浮愈伤组织诱导率、愈伤组织产量、愈伤组织状态和褐化等级进行评价（表 10-12～表 10-15）。除 6-BA 浓度为 17mg/L 时不能诱导愈伤组织外，MS 培养基上愈伤组织诱导率均在 85%～93%，WPM 培养基上愈伤组织诱导率均在 70%～74%，B_5 培养基上愈伤组织诱导率均在 65%～72%，KM_8P 培养基上愈伤组织诱导率均在 63%～71%。愈伤组织产量，仅 MS 培养基上有产量最好的状态，WPM 和 B_5 培养基上产量中等和产量较低各占一半，而 KM_8P 培养基上基本都是产量较低的情况。愈伤组织状态，其中，MS 培养基和 WPM 培养基主要是颗粒小、疏松或颗粒小、紧密状态，B_5 培养基上的愈伤组织全部是颗粒大、疏松状态，KM_8P 培养基上的愈伤组织是颗粒小、紧密状态。愈伤组织褐化等级，MS 和 KM_8P 培养基上愈伤组织褐化等级为 3 级，B_5 和 WPM 培养基上愈伤组织褐化等级为 2 级。MS 培养基在最适激素配比情况下诱导率为 93%，产量最高，愈伤组织颗粒小，疏松，但褐化等级为 3 级严重褐化；WPM 培养基在最适激素配比情况下诱导率为 74%，产量中等，愈伤组织颗粒小，疏松，褐化等级为 2 级中度褐化；B_5 培养基在最适激素配比情况下诱导率为 72%，产量中等，愈伤组织颗粒大，疏松，褐化等级为 2 级中度褐化；KM_8P 培养基在最适激素配比情况下诱导率为 71%，愈伤组织产量低，颗粒小，紧密，褐化等级为 2 级中度褐化。在多种激素浓度配比情况下，MS 培养基的愈伤组织诱导率大多数在 80%以上，且当 NAA 浓度为 0.3mg/L 时，愈伤组织产量多数为最高，且愈伤组织状态多为颗粒小，疏松状态；因此诱导悬浮愈伤组织的最适培养基为 MS 培养基。

表 10-12　MS 培养基上愈伤组织诱导情况

激素浓度/（mg/L）		愈伤组织诱导率/%	愈伤组织产量	愈伤组织状态	褐化等级
NAA	6-BA				
0.1	9	85	++	颗粒小，紧密	3
0.1	11	90	++	颗粒小，紧密	3
0.1	13	89	++	颗粒小，紧密	3
0.1	15	90	++	颗粒小，紧密	3
0.1	17	0	—	—	—
0.3	9	90	++	颗粒小，疏松	3
0.3	11	91	+++	颗粒小，疏松	3
0.3	13	92	+++	颗粒小，疏松	3
0.3	15	93	+++	颗粒小，疏松	3
0.3	17	0	—	—	—
0.5	9	89	+	颗粒小，紧密	3
0.5	11	87	+	颗粒小，紧密	3
0.5	13	91	++	颗粒小，疏松	3
0.5	15	90	++	颗粒小，疏松	3
0.5	17	0	—	—	—

注：“—”表明无愈伤组织，“+”表明愈伤组织产量较低，“++”表明愈伤组织产量中等，“+++”表明愈伤组织产量最高

表 10-13　WPM 培养基上愈伤组织诱导情况

激素浓度/（mg/L）		愈伤组织诱导率/%	愈伤组织产量	愈伤组织状态	褐化等级
NAA	6-BA				
0.1	9	71	++	颗粒小，疏松	2
0.1	11	71	++	颗粒小，疏松	2
0.1	13	73	+	颗粒小，紧密	2
0.1	15	70	+	颗粒小，紧密	2
0.1	17	0	—	—	—
0.3	9	70	++	颗粒小，紧密	2
0.3	11	72	++	颗粒小，疏松	2
0.3	13	74	++	颗粒小，疏松	2
0.3	15	72	++	颗粒小，疏松	2
0.3	17	0	—	—	—
0.5	9	72	+	颗粒小，紧密	2
0.5	11	73	++	颗粒小，紧密	2
0.5	13	71	++	颗粒小，疏松	2
0.5	15	73	++	颗粒小，疏松	2
0.5	17	0	—	—	—

注：“—”表明无愈伤组织，“+”表明愈伤组织产量较低，“++”表明愈伤组织产量中等

表 10-14　B_5 培养基上愈伤组织诱导情况

激素浓度/(mg/L)		愈伤组织诱导率/%	愈伤组织产量	愈伤组织状态	褐化等级
NAA	6-BA				
0.1	9	67	+	颗粒大，疏松	2
0.1	11	67	+	颗粒大，疏松	2
0.1	13	69	+	颗粒大，疏松	2
0.1	15	68	+	颗粒大，疏松	2
0.1	17	0	—	—	—
0.3	9	68	++	颗粒大，疏松	2
0.3	11	65	++	颗粒大，疏松	2
0.3	13	68	++	颗粒大，疏松	2
0.3	15	70	++	颗粒大，疏松	2
0.3	17	0	—	—	—
0.5	9	68	++	颗粒大，疏松	2
0.5	11	67	++	颗粒大，疏松	2
0.5	13	69	++	颗粒大，疏松	2
0.5	15	72	++	颗粒大，疏松	2
0.5	17	0	—	—	—

注：“—”表明无愈伤组织，“+ ”表明愈伤组织产量较低，“++”表明愈伤组织产量中等

表 10-15　KM_8P 培养基上愈伤组织诱导情况

激素浓度/(mg/L)		愈伤组织诱导率/%	愈伤组织产量	愈伤组织状态	褐化等级
NAA	6-BA				
0.1	9	63	+	颗粒小，紧密	3
0.1	11	67	+	颗粒小，紧密	3
0.1	13	66	+	颗粒小，紧密	3
0.1	15	68	+	颗粒小，紧密	3
0.1	17	0	—	—	—
0.3	9	65	+	颗粒小，紧密	3
0.3	11	66	+	颗粒小，紧密	3
0.3	13	70	+	颗粒小，紧密	3
0.3	15	71	+	颗粒小，紧密	3
0.3	17	0	—	—	—
0.5	9	69	+	颗粒小，紧密	3
0.5	11	64	+	颗粒小，紧密	3
0.5	13	66	+	颗粒小，紧密	3
0.5	15	69	+	颗粒小，紧密	3
0.5	17	0	—	—	—

注：“—”表明无愈伤组织，“+ ”表明愈伤组织产量较低

2. 植物激素对泡桐悬浮愈伤组织诱导的影响

植物激素 NAA（0.1～0.5mg/L）和 6-BA（9～17mg/L）配成 15 种激素浓度组合，添加至 MS、WPM、B_5 和 KM_8P 4 种培养基中。在 4 种基本培养基上，6-BA 浓度为 17mg/L 时，叶片出现水浸状死亡，不能诱导出愈伤组织，分析原因可能是高浓度的 6-BA 引起液体中渗透压过大。在 MS 基础培养基上，当 NAA

浓度为 0.3mg/L，6-BA 浓度为 11mg/L、13mg/L 和 15mg/L 时，愈伤组织产量最高，愈伤组织状态为颗粒小、疏松状态，即产量高状态好。综合分析 MS + 0.3mg/L NAA + 15mg/L 6-BA 为泡桐悬浮愈伤组织诱导最适培养基，诱导率为 93%。

3. 肌醇影响泡桐悬浮愈伤组织的分散性

肌醇浓度影响悬浮培养愈伤组织的分散性（表 10-16）。在悬浮培养第 2 次继代结束时观察发现，当浓度为 25mg/L 时，悬浮液中的愈伤组织分散性好，但愈伤组织的产量少，可能是肌醇浓度难以满足愈伤组织的需求所致。当肌醇浓度为 50mg/L 时，愈伤组织分散性好，产量高。当浓度达到 75mg/L 以上时，愈伤组织结构致密，分散性差，呈圆球形，但愈伤组织产量高。因此肌醇的最佳选用浓度为 50mg/L。

表 10-16　肌醇对愈伤组织的影响

愈伤组织	浓度/(mg/L)						
	25	50	75	100	125	150	175
分散性	好	好	差	差	差	差	差
产量	+	+++	+++	+++	+++	++	++

注：“+ ”表示愈伤组织产量低，“++”表示愈伤组织产量中等，“+++”表示愈伤组织产量高

（二）影响泡桐悬浮培养愈伤组织褐化的因素

在无菌操作台上取泡桐从顶端数第 2 对叶，用剪刀剪成长条状，在无菌条件下称取 2g，分别置于 200mL MS、B_5、WPM、KM_8P 液体培养基中，不添加抗褐化剂，在 100r/min 的摇床上，(25±1）℃条件下暗培养。悬浮培养 20 天后用同种培养基继代，同时培养基中添加不同种类和浓度的抗褐化剂。抗褐化剂类型包括：二硫苏糖醇（DTT）、维生素 C（V_C）、硫代硫酸钠（$Na_2S_2O_3$）、半胱氨酸（cysteine）、柠檬酸（CA）需过滤灭菌、聚乙烯吡咯烷酮（PVP）。继代时先将培养基静置 10min，然后轻轻倒掉上清液，向培养瓶中加入与旧培养基相同体积的新鲜培养基。换液后第 7 天观察愈伤组织的褐化情况，确定其褐变等级。

1. 不同基本培养基对泡桐悬浮培养愈伤组织褐化的影响

将经过悬浮培养的叶片在相同的培养基上继代培养，由表 10-12～表 10-15 可知，叶片上的愈伤组织出现不同程度的褐化。MS 和 KM_8P 培养基上的愈伤组织褐化等级为 3，B_5 和 WPM 培养基上愈伤组织褐化等级为 2；所以不同的基本培养基影响继代培养的泡桐愈伤组织褐化程度。

2. 不同抗褐化剂对泡桐悬浮培养愈伤组织褐化的影响

抗褐化剂不能完全抑制泡桐愈伤组织褐化，只能在一定程度上缓解褐化程度。不同种类的抗褐化剂对抑制泡桐愈伤组织褐化差异较大，DTT、CA、V_C、$Na_2S_2O_3$ 无法抑制泡桐愈伤组织褐化，在 MS 培养基上添加 Cys 和 PVP 对愈伤组织褐化起到一定的抑制作用（表 10-17）。在 MS 培养基上，当 Cys 浓度为 100mg/L 时能将愈伤组织褐化程度由 3 级降至 2 级，但 Cys 浓度增加并不能使褐化程度继续降低。此外，当 Cys 浓度达到 300mg/L 以上时，培养基变为浅灰色，愈伤组织生长速度变慢，可能是 Cys 浓度过高对愈伤组织有毒害作用。在 MS 培养基上，当 PVP 浓度为 200mg/L 时无法抑制愈伤组织褐化程度，当浓度增加至 500mg/L 时，褐化程度降低至 2 级，但继续增加 PVP 浓度，褐化程度不再继续降低。

3. 改良 MS 培养基中大量元素对泡桐悬浮培养愈伤组织褐化的影响

在改良 MS 培养基（表 10-18 和表 10-19）中，调整大量元素 NH_4NO_3、KNO_3、KH_2PO_4、$CaCl_2$、$MgSO_4$ 的含量，观察其对愈伤组织褐化的影响。

表 10-17 抗褐化剂的抗褐化效果比较

抗褐化剂	浓度/（mg/L）	褐化等级				抗褐化剂	浓度/（mg/L）	褐化等级			
		MS	WPM	KM_8P	B_5			MS	WPM	KM_8P	B_5
DTT	0.06	3	2	3	2	$Na_2S_2O_3$	300	3	2	3	2
	0.10	3	2	3	2		500	3	2	3	2
	0.14	3	2	3	2		700	3	2	3	2
	0.18	3	2	3	2		900	3	2	3	2
	0.22	3	2	3	2		1100	3	2	3	2
	0.26	3	2	3	2		1300	3	2	3	2
	0.30	3	2	3	2		1500	3	2	3	2
V_C	10	3	2	3	2	CA	50	3	2	3	2
	30	3	2	3	2		100	3	2	3	2
	60	3	2	3	2		150	3	2	3	2
	100	3	2	3	2		200	3	2	3	2
	150	3	2	3	2		250	3	2	3	2
	210	3	2	3	2		300	3	2	3	2
	280	3	2	3	2		350	3	2	3	2
PVP	200	3	2	3	2	Cys	100	2	2	3	2
	500	2	2	3	2		200	2	2	3	2
	1000	2	2	3	2		300	2	2	3	2
	1500	2	2	3	2		400	2	2	3	2
	2000	2	2	3	2		500	2	2	3	2
	2500	2	2	3	2		600	2	2	3	2
	3000	2	2	3	2		700	2	2	3	2

注：MS 培养基和 KM_8P 培养基中激素为 0.3mg/L NAA+15mg/L 6-BA，WPM 培养基中激素为 0.3mg/L NAA+ 13mg/L 6-BA，B_5 培养基中激素为 0.5mg/L NAA+15mg/L 6-BA

表 10-18 改良 MS 培养基中改良成分的浓度组合 （单位：mg/L）

成分	A	B	C	D	E	F
NH_4NO_3	400	600	800	1000	1200	1400
KH_2PO_4	50	70	90	110	130	150
KNO_3	600	800	1000	1200	1400	1600
$CaCl_2$	110	150	190	230	270	310
$MgSO_4$	100	150	200	250	300	350

注：改良 MS 培养基中其他成分同 MS

NH_4NO_3 浓度在 600mg/L 以下时，组合 A、B、C、D 的愈伤组织不褐化，组合 E 和 F 的愈伤组织褐化等级为 1 级，且在不褐化的培养基中，随着 NH_4NO_3 浓度增加，愈伤组织生长逐渐加快，颗粒逐渐变小。NH_4NO_3 浓度为 800mg/L 时，组合 A 的愈伤组织不褐化，但生长速度较 NH_4NO_3 浓度为 600mg/L 的组合 C 和 D 慢，组合 B、C、D 的愈伤组织褐化等级为 1 级，组合 E 和 F 的愈伤组织褐化等级为 2 级。当 NH_4NO_3 的浓度增加到 1000mg/L 时，组合 A、B、C 的愈伤组织褐化等级为 1 级，组合 D、E、F 的愈伤组织褐化等级为 2 级。NH_4NO_3 的浓度为 1200mg/L 时，组合 A 和 B 的愈伤组织褐化等级为 1 级，组合 C、D、E 的愈伤组织褐化等级为 2 级，组合 F 的愈伤组织褐化等级为 3 级。NH_4NO_3 的浓度为 1400mg/L 时，组合 A、B、C 的愈伤组织褐化等级为 2 级，组合 D、E、F 愈伤组织褐化等级为 3 级。

KNO_3 的浓度为 600mg/L 时，组合 A、B、C 的愈伤组织不褐化，组合 D 和 E 的愈伤组织褐化等级为 1 级，组合 F 的愈伤组织褐化等级为 2 级。KNO_3 浓度为 800mg/L 时，组合 A 和 B 的愈伤组织不褐化，组合 C、D、E 的愈伤组织褐化等级均为 1 级，组合 F 的愈伤组织褐化等级为 2 级。KNO_3 浓度为 1000mg/L 时，组合 A 和 B 的愈伤组织不褐化，组合 C 和 D 的愈伤组织褐化等级为 1 级，组合 E 和 F 的愈伤组织褐化等级为 2 级。另外发现，在不褐化的组合中，随着 KNO_3 浓度的增加，愈伤组织的体积逐渐变小，生长逐渐加快。KNO_3 浓度为 1200mg/L 时，组合 A 和 B 的愈伤组织不褐化，组合 C 的愈伤组织褐化等级为 1 级，组合 D 和 E 的愈伤组织褐化等级为 2 级，组合 F 的愈伤组织褐化等级为 3 级。当 KNO_3 浓度为 1400mg/L

时，组合 A 和 B 的愈伤组织褐化等级为 1 级，组合 C、D、E 的愈伤组织褐化等级为 2 级，组合 F 的愈伤组织褐化等级为 3 级。当 KNO_3 浓度为 1600mg/L 时，组合 A 和 B 的愈伤组织褐化等级为 1 级，组合 C 和 D 的愈伤组织褐化等级为 2 级，组合 E 和 F 的愈伤组织褐化等级为 3 级。可见随着 KNO_3 浓度的增加，愈伤组织褐化逐渐加重。

表 10-19　改良 MS 培养基中不同改良成分浓度下愈伤组织褐化情况

成分	浓度/(mg/L)	褐化等级					
		A	B	C	D	E	F
NH_4NO_3	400	0	0	0	0	1	1
	600	0	0	0	0	1	1
	800	0	1	1	1	2	2
	1000	1	1	1	2	2	2
	1200	1	1	2	2	2	3
	1400	2	2	2	3	3	3
KNO_3	600	0	0	0	1	1	2
	800	0	0	1	1	1	2
	1000	0	0	1	1	2	2
	1200	0	0	1	2	2	3
	1400	1	1	2	2	2	3
	1600	1	1	2	2	3	3
KH_2PO_4	50	0	0	1	2	2	3
	70	0	0	1	2	2	3
	90	0	0	1	2	2	3
	110	0	0	1	2	2	3
	130	0	0	1	2	2	3
	150	0	0	1	2	2	3
$CaCl_2$	110	0	0	1	2	2	3
	150	0	0	1	2	2	3
	190	0	0	1	2	2	3
	230	0	0	1	2	2	3
	270	0	0	1	2	2	3
	310	0	0	1	2	2	3
$MgSO_4$	100	0	0	1	2	2	3
	150	0	0	1	2	2	3
	200	0	0	1	2	2	3
	250	0	0	1	2	2	3
	300	0	0	1	2	2	3
	350	0	0	1	2	2	3

注：当用一种成分进行浓度试验时，其他成分的浓度同组合“A、B、C、D、E、F”

KH_2PO_4、$CaCl_2$、$MgSO_4$ 三种成分的浓度试验时，组合 A、B 的愈伤组织均不褐化，但是愈伤组织生长速度慢，组合 C 的愈伤组织褐化等级为 1 级，组合 D 和 E 的愈伤组织褐化等级为 2 级，组合 F 的愈伤组织褐化等级为 3 级。可见，NH_4NO_3 和 KNO_3 对泡桐悬浮培养的愈伤组织褐化影响较大，根据愈伤组织的褐化情况和生长情况，筛选 NH_4NO_3、KNO_3 的最佳浓度为 600mg/L、1200mg/L。KH_2PO_4、$CaCl_2$、$MgSO_4$ 对泡桐愈伤组织褐化没有抑制作用，但对愈伤组织生长速度有一定影响，随着浓度增加，生长速度加快，因此 KH_2PO_4、$CaCl_2$、$MgSO_4$ 三种成分的最佳浓度为 150mg/L、310mg/L、350mg/L。

二、泡桐悬浮细胞生长状态

（一）悬浮细胞生长密度

泡桐悬浮细胞密度增长经历 3 个阶段：缓慢增长期、对数增长期和停滞期（图 10-9）。悬浮细胞起始密度对细胞生长周期和细胞最终密度影响较大，随着悬浮细胞起始密度增加，细胞生长周期缩短，最终悬浮细胞密度出现先升高后降低的趋势；当细胞处于停滞期时，继代周期继续延长，细胞密度开始下降，继代周期过长引起的细胞密度下降，可能是培养基中营养物质消耗殆尽所致。观察 4 种悬浮细胞起始密度条件下细胞生长密度的变化，起始密度分别为 1.49×10^7 个/mL、6.76×10^6 个/mL、4.36×10^6 个/mL 和 2.23×10^6 个/mL。当悬浮细胞起始密度为 1.49×10^7 个/mL 时，不经历缓慢增长期，直接进入对数增长期，且生长周期短，第 7 天进入生长停滞期，细胞密度最大为 4.514×10^7 个/mL。当起始密度为 6.76×10^6 个/mL 时，第 1～第 3 天是缓慢增长期，第 3～第 15 天是对数增长期，第 17 天进入停滞期，此时细胞密度最大为 4.924×10^7 个/mL，然后开始下降。起始密度为 4.36×10^6 个/mL 时，第 1～第 5 天为细胞缓慢增长期，第 5～第 21 天为对数增长期，然后进入生长停滞期；第 23 天时细胞密度最大为 4.764×10^7 个/mL，然后细胞密度开始下降；第 7 天时观察细胞活力为 90%。起始密度为 2.23×10^6 个/mL 时，第 1～第 11 天为细胞缓慢增长期，第 11～第 29 天为指数增长期，然后进入生长停滞期；第 31 天时细胞密度最大为 4.64×10^7 个/mL，随后细胞密度开始下降。

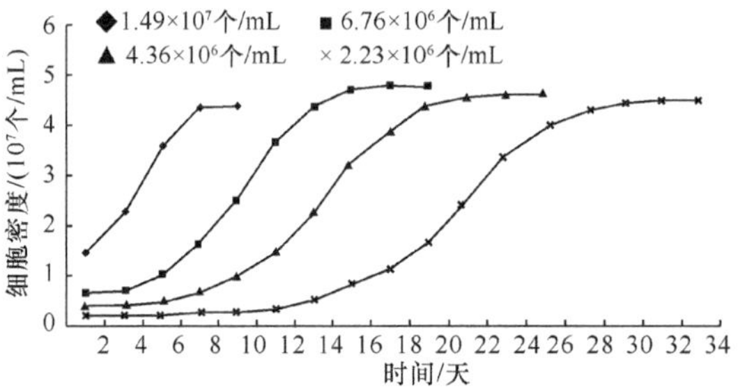

图 10-9　细胞密度增长曲线

（二）悬浮细胞干重变化

泡桐悬浮细胞干重增长经历 3 个阶段：缓慢增长期、对数增长期和停滞期（图 10-10）。悬浮细胞起始细胞干重对细胞干重增长周期有较大影响，随着起始细胞干重增加，细胞干重增长周期逐渐缩短。且细胞最终干重也随起始细胞干重增加而增加，但到一定程度时，细胞最终干重反而降低。观察 4 种悬浮细胞起始干重条件下细胞干重增长变化，起始干重分别为 2.04g/L、1.14g/L、0.64g/L 和 0.32g/L，对应起始密度为 1.49×10^7 个/mL、6.76×10^6 个/mL、4.36×10^6 个/mL 和 2.23×10^6 个/mL。当起始细胞干重为 2.04g/L 时，细胞干重增长没有缓慢增长期，直接进入对数增长期，且增长周期较短，第 9 天进入细胞停滞期，细胞干重最大为 12.8g/L，然后干重开始下降。起始细胞干重为 1.14g/L 时，第 1～第 5 天为细胞干重缓慢增长期，第 5～第 17 天为细胞干重对数增长期，第 17 天进入增长停滞期；第 19 天时细胞干重最大为 13.74g/L，随后干重开始下降。起始细胞干重为 0.64g/L 时，第 1～第 7 天为细胞干重缓慢增长期，第 7～第 23 天为细胞干重指数增长期，然后进入增长停滞期；第 25 天时细胞干重最大为 13.3g/L，然后细胞干重开始下降。起始细胞干重为 0.32g/L 时，第 1～第 11 天为细胞干重缓慢增长期，第 11～第 31 天为细胞干重指数增长期，然后进入增长停滞期；第 31 天时细胞干重最大为 12.2g/L，然后细胞干重开始下降。可见，细胞干重缓慢增长期比相应的细胞密度缓慢增长期延迟 2 天。在细胞密度指数增长期，细胞分裂速度快，生长迅速，干重也增加最快；在细胞密度进入停滞生长期后，细胞干重继续增加，比细胞密度停滞期推迟 2 天进入干重停滞期。这可能是细胞先进行分裂生长，然后再进行体积生长和干物质的积累所致。但起始干重为 0.32g/L（起始密度 2.23×10^6 个/mL）时，细胞干重增长高峰与细胞密度增长高峰同步，这可能是起始密度低，细胞分裂速度慢，营养物质积累速度与细胞分裂速度同步所致。

三、泡桐悬浮细胞的植株再生

泡桐悬浮细胞植株再生包括将悬浮培养基上培养得到的分散的愈伤组织转移至与液体培养基成分相

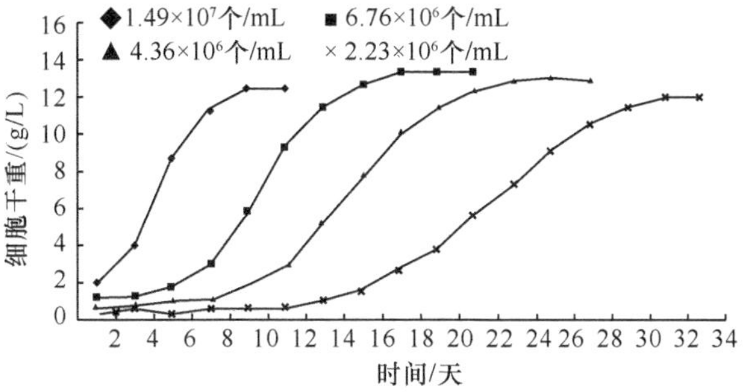

图 10-10　细胞干重增长曲线

同的固体培养基上(固体培养基中添加 500mg/L 水解酪蛋白和 100mg/L 半胱氨酸);再将诱导的颜色变绿、质地紧密的愈伤组织转移至芽诱导培养基上诱导芽，光照条件为 2000lx，温度条件为（25±1）℃；待分化出来的芽长至 1～2cm 时，从基部剪下置于含不同激素的 MS 培养基上诱导生根。

（一）泡桐悬浮细胞植株再生中愈伤组织芽诱导

经过悬浮培养得到质地分散的泡桐愈伤组织，转移至芽诱导培养基上诱导生芽，部分愈伤组织开始生长后立即变绿，随着愈伤组织继续生长，其质地逐渐变硬；部分愈伤组织先增殖成白色透明状，待长到一定时间后，在白色透明的愈伤组织上部开始出现绿色愈伤组织，随着诱导时间延长，上部绿色愈伤组织逐渐增大，下部白色愈伤组织逐渐褐化死亡，且继代白色水渍状愈伤组织，极易死亡。

变绿的愈伤组织在添加激素的分化培养基上诱导芽时，有些愈伤组织迅速生长，体积逐渐膨大，但仍为绿色致密型，长至一定时间后开始分化出芽，而有些绿色愈伤组织，又出现白色柔软的无分化能力的愈伤组织，可能是愈伤组织出现混乱无序的状态。培养基中激素浓度影响愈伤组织芽诱导率(表 10-20)。设置 MS 培养基中添加植物激素浓度 NAA 与 6-BA 浓度组合共 36 个，NAA 浓度（0.1～0.7mg/L），6-BA

表 10-20　不同激素浓度的培养基上愈伤组织的芽诱导情况

植物激素浓度/(mg/L)		芽诱导率/%	植物激素浓度/(mg/L)		芽诱导率/%
NAA	6-BA		NAA	6-BA	
0.1	7	0	0.5	7	0
0.1	9	1.7	0.5	9	0
0.1	11	3.3	0.5	11	1.7
0.1	13	6.7	0.5	13	3.3
0.1	15	8.3	0.5	15	5.0
0.1	17	5.0	0.5	17	8.3
0.1	19	5.0	0.5	19	10
0.1	21	3.3	0.5	21	13.3
0.1	23	1.7	0.5	23	11.7
0.3	7	0	0.7	7	0
0.3	9	1.7	0.7	9	0
0.3	11	5.0	0.7	11	0
0.3	13	8.3	0.7	13	1.7
0.3	15	13.3	0.7	15	3.3
0.3	17	16.7	0.7	17	5.0
0.3	19	15	0.7	19	5.0
0.3	21	15	0.7	21	8.3
0.3	23	13.3	0.7	23	6.7

注：基本培养基为改良 MS 培养基

浓度（7～23mg/L）；当 6-BA 浓度为 7mg/L 时，愈伤组织不能诱导生芽。当 NAA 浓度一定时，愈伤组织芽诱导率随着 6-BA 浓度的增加，先升高后下降；当 6-BA 浓度一定时，愈伤组织芽诱导率随着 NAA 浓度的增加，先升高后下降。培养基中激素浓度为 MS + 0.3mg/L NAA + 17mg/L 6-BA 是诱导愈伤组织生芽最适激素配比，诱导率最高为 16.7%。

（二）泡桐悬浮细胞植株再生中幼芽再生根

植物激素对泡桐悬浮细胞不定芽诱导生根率无明显影响，生根率在各种激素浓度下均为 100%，但不同激素浓度下生根数量存在差异，平均生根数量随着 NAA 浓度升高出现先增加后降低的趋势（表 10-21）。NAA 为 0mg/L 的 MS 培养基上，平均每个幼芽长出 4 条根，生长素为 0.1mg/L 时，平均每个幼芽长出 5 条根；生长素为 0.2mg/L 时，平均每个幼芽长出 4 条根；生长素为 0.3mg/L 和 0.4mg/L 时，平均每个幼芽长出 3 条根；当生长素增加到 0.5mg/L 时，平均每个幼芽长出 2 条根。因此泡桐幼芽再生根诱导最适培养基为 MS+0.1mg/L NAA。

表 10-21　MS 培养基上幼芽生根情况

生根情况	NAA 浓度					
	0mg/L	0.1mg/L	0.2mg/L	0.3mg/L	0.4mg/L	0.5mg/L
均根数	4	5	4	3	3	2
生根率/%	100	100	100	100	100	100

参考文献

崔凯荣, 邢更生, 周功克, 等. 2000. 植物激素对体细胞胚胎发生的诱导与调节. 遗传, (5): 349-354.

范国强, 董占强, 李峰稳, 等. 2007. 光周期对泡桐叶片体外植株再生影响研究. 西北植物学报, 27(1): 104-109.

范国强, 翟晓巧, 蒋建平, 等. 2002. 不同种泡桐叶片愈伤组织诱导及其植株再生. 林业科学, 38(1): 29-35.

范国强, 翟晓巧, 秦河锦, 等. 2005. 泡桐丛枝病株体外植株再生系统研究. 河南农业大学学报, 39(3): 254-258.

蒋建平. 1990. 泡桐栽培学. 北京: 中国林业出版社.

刘飞, 翟晓巧, 董占强, 等. 2008. 抗生素对豫杂一号泡桐丛枝病苗体外植株再生的影响. 河南农业大学学报, 42(1): 27-31.

裴东, 郑均宝, 凌艳荣, 等. 1997. 红富士苹果试管培养中器官分化及其部分生理指标的研究. 园艺学报, 24(3): 24-29.

史保新. 2005. 白花泡桐体细胞胚胎发生及植株再生. 河南农业, (6): 18-19.

王安亭. 2005. 外植体和基因型对泡桐体外植株再生的影响. 河南林业科技, 25(3): 31-33.

王安亭, 杨晓娟, 翟晓巧, 等. 2005. 毛泡桐体细胞胚发生及植株再生研究. 39(1): 46-50.

邢更妹, 李杉, 崔凯荣, 等. 2000. 植物体细胞胚发生中某些机理探讨. 自然科学进展, 10(8): 14-22.

翟晓巧. 2012. 泡桐体外植物再生及反义 LFY 基因遗传转化研究. 东北林业大学博士学位论文.

翟晓巧, 王政权, 范国强. 2004. 泡桐体外器官直接发生的植株再生. 核农学报, 18(5): 357-360.

Ikeuchi M, Favero D S, Sakamoto Y, et al.2019. Molecular mechanisms of plant regeneration. Annu Rev Plant Biol, 70: 377-406.

Li Z X, Fan Y R, Dang S F, et al. 2018. LaMIR166a-mediated auxin biosynthesis and signalling affect somatic embryogenesis in *Larix leptolepis*. Mol Genet Genomics, 293: 1355-1363.

Lin Y L, Lai Z X, Lin L X, et al. 2015. Endogenous target mimics, microRNA167, and its targets ARF6 and ARF8 during somatic embryo development in *Dimocarpus longan* Lour. Mol Breeding, 35: 227.

Mozgova I, Munoz-Viana R, Hennig L. 2017. PRC2 represses hormone-induced somatic embryogenesis in vegetative tissue of *Arabidopsis thaliana*. PLoS Genet, 13(1): e1006562.

Su Y H, Tang L P, Zhao X Y, et al. 2021. Plant Cell totipotency: insights into cellular reprogramming. Journal of Integrative Plant Biology , 63(1): 228-243.

Xu J, Yang X Y, Li B Q, et al. 2019. GhL1L1 affects cell fate specification by regulating GhPIN1-mediated auxin distribution. Plant Biotechnol J, 17: 63-74.

Xu L. 2018. De novo root regeneration from leaf explants: wounding, auxin, and cell fate transition. Current Opinion in Plant Biology, 41: 39-45.

Zheng Q L, Zheng Y M, Ji H H, et al. 2016. Gene regulation by the AGL15 transcription factor reveals hormone interactions in somatic embryogenesis. Plant Physiol, 172: 2374-2387.

第十一章 泡桐速生的分子机理

近些年来，气候变化一直是全球关注的重点，学者们针对如何在保证能源供应的前提下有效地减少CO_2排放这一问题展开了大量的研究工作。使用替代能源，包括各种生物质能源是减少CO_2排放的有效手段。基于此，全球范围内对速生类木本植物生物质的需求将快速增长。泡桐作为我国外贸出口的主要用材速生树种，在我国生态工程、农林业生产和出口创汇等方面发挥着重要的作用。泡桐属植物材质优良、生长极快，是世界上生长速度较快的树种之一，近年来引起了学术界和工业界的极大兴趣。与其他树种相比，泡桐具有许多优良特性，如易繁殖、投资少、便于栽培管理、环境适应性强等（Salem et al.，2022）。对于用材树种，生长快、轮伐期短是难得的优良性状，而泡桐是速生树种的代表之一，其生长迅速、轮伐期短，在正常情况下，泡桐6年内即可成材，年平均直径增长量可达3～4cm。据统计，十年生的泡桐胸径可达50cm，单株材积可达$0.5m^3$。

泡桐具有速生习性，但是其速生机理尚不明确。为了揭示泡桐速生机理，首先需要明确泡桐的光合碳固定途径。植物的光合碳固定途径有景天酸代谢（crassulacean acid metabolism，CAM）、C3和C4三种途径，相对应的植物分别是CAM、C3和C4植物。CAM植物指的是具有景天酸代谢途径的植物，该类植物生长环境极为缺水干旱，其在夜间吸收CO_2，通过磷酸烯醇丙酮酸羧化酶（PEPC）催化固定CO_2，以苹果酸的形式在液泡中储存，白天苹果酸被脱羧生成CO_2和丙酮酸，释放出的CO_2被再固定。常见的CAM植物有仙人掌、菠萝、百合、兰花、剑麻等。C3植物则是以卡尔文循环同化碳素，其在生长过程中吸收CO_2，首先合成的产物是光合碳循环中的三碳化合物。常见的C3植物有小麦、水稻、大豆、棉花等。C4植物与C3和CAM植物不同，其在生长过程中吸收CO_2，首先合成的是天门冬氨酸或苹果酸等含有4个碳原子的化合物，常见的C4植物有甘蔗、玉米等。相较于C3植物，C4植物具有更高的羧化效率、更低的CO_2补偿点和更高的水分利用效率。在对CO_2的利用效率方面，C4植物高于C3植物，C4植物的光合作用与其速生特性密切相关（Atkinson et al.，2016）。

为了揭示泡桐速生的分子机制，对泡桐的转录组、生理、生化等进行了分析。这些工作为阐明泡桐速生背后的机制并且为泡桐新品种的培育奠定了基础。

第一节 泡桐速生的特性

一、泡桐的生长特性

泡桐原产中国，在亚洲其他国家及在北美洲、大洋洲、欧洲等均有引种（Jakubowski，2022）。泡桐适宜生长在土壤肥沃、深厚、湿润但不积水的阳坡山地或平原、丘陵、岗地。其根分布深且广，喜光，不耐荫蔽，不宜在黏重的土壤中生长，喜疏松深厚、排水良好的土壤，不耐水涝，土壤pH宜在6.0～7.5，萌芽力、萌蘖力均强，生长快速。此外，泡桐吸滞粉尘能力强，对有毒气体的抗性较强。

泡桐的一个重要特性是生长速度快、年生长量大。泡桐的出芽期在5月中上旬，生长初期在5月中下旬至7月初，速生期在7月中下旬至9月初。十几年树龄的白花泡桐胸径比同龄杨树胸径要大2倍。泡桐人工纯林一般在造林之后的2～5年出现（王军荣，2008）。吕志海等（2020）对不同种源白花泡桐幼林期的生长特性进行了研究，结果发现1年生白花泡桐树高最高为5.5m，胸径最高为7.7cm，平均树高为4.7m，平均胸径为6.4cm。泡桐在整个生长过程中，一般情况下可以自然接干3～4次，偶尔可以自然接干 5 次。自然接干的树高生长量最大值出现在第一次接干，一般能够达到 3m 以上，之后随着自然接干次数增多，自然接干的树高生长量逐渐降低。另外，由于抚育管理措施的差别和土壤条件的差异，泡桐材积和胸径的连年生长量高峰出现的时间和数值大小存在一定的差异。其中，泡桐材积连年生长量高峰出现在 7～14 年，而泡桐胸径的连年生长量高峰在 4～10 年。不同种类泡桐的速生特性也存在一定的差异，如在北方地区，与兰考泡桐和楸叶泡桐相比，毛泡桐生长最慢，兰考泡桐生长快于楸叶泡桐。综上所述，泡桐年生长量大，生长速度快，具有速生特性。

二、泡桐的光合特性

光合作用是植物体内碳素的重要来源，同时也是植物生长发育的基础。光合作用把无机物转化为有机物，将光能转化为化学能，是植物体内最重要的化学反应，影响植物生长和农作物产量。董必珍等（2018）对 5 个种源白花泡桐的光合特性进行了研究，结果发现，5 个种源白花泡桐的平均叶绿素总量为 2.42mg/g。不同种白花泡桐叶片的叶绿素总量，叶绿素 a、叶绿素 b 虽然无显著性差异，但叶绿素 a 与叶绿素 b 的比值存在显著差异，表明不同种白花泡桐在相同环境下的补光能力不同。进一步研究发现，不同种源白花泡桐的净光合速率的范围为 20.71～30.76μmol/(m^2·s)，平均净光合速率为 27.22μmol/(m^2·s)（董必珍等，2018；吕志海等，2020）。侯佳敏等（2021）在对玉米的光合特性研究中发现，在种植密度适宜的情况下，玉米净光合作用速率为 28.9μmol/(m^2·s)。众所周知玉米为 C4 植物，白花泡桐表现出与 C4 植物相当的净光合速率，说明白花泡桐具有较高的光合效率。另外，吕志海等（2020）通过研究得出，不同种源白花泡桐的光饱和点平均值为 890μmol/(m^2·s)，光补偿点平均值为 40.05μmol/(m^2·s)，光合幅度平均值为 853μmol/(m^2·s)。光饱和点体现了泡桐对强光的适应能力，而光补偿点则体现了泡桐对弱光的适应能力。光合幅度是植物可利用的光强区域，体现了植物对光资源的利用效率。以上研究结果表明泡桐具有与 C4 植物相当的光合作用指标，这可能是泡桐能够快速生长的主要原因。

在之前的研究报道中可以得出，泡桐具有速生习性并且其光合作用指标与 C4 植物相当。为了进一步确定泡桐的光合碳固定途径，随机选取了几种 C4 光合碳固定途径植物和 C3 光合碳固定途径植物，并对它们的净光合速率进行了测定。其中，随机选取的 C4 光合碳固定途径植物为玉米、小米和高粱；选取的 C3 光合碳固定途径植物为拟南芥、烟草、杨树和枣树。如图 11-1A 所示，泡桐的净光合速率显著高于 C3 光合碳固定途径植物，而与 C4 植物接近。另外，同位素标记也可以作为一种区分 C4 植物和 C3 植物的有效手段（Von Caemmerer et al.，2014）。这是因为 C4 植物和 C3 植物不同的 CO_2 固定机制导致叶片有不同的碳同位素特征。在 C3 植物的叶肉组织中，含有二磷酸核酮糖羧化酶（Rubisco）的叶绿体数量众多，大气中的 CO_2 被吸收后在这里固定（Stata et al.，2014）。然而，在 C4 植物叶绿体中是由一种不同的

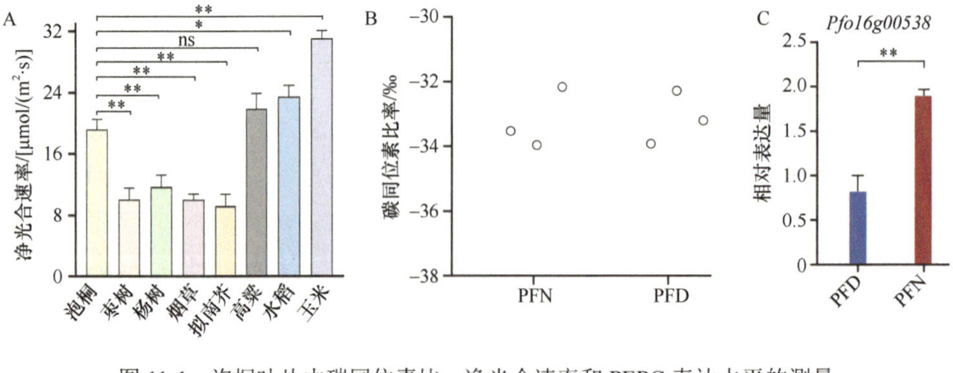

图 11-1　泡桐叶片中碳同位素比、净光合速率和 PEPC 表达水平的测量

A. C3 和 C4 植物的净光合速率比较。泡桐净光合速率与其他物种显著不同。B. 泡桐叶片碳同位素比的昼夜变化。C. 泡桐的 PEPC 夜间表达较高。使用单因素方差分析（A，Turkey's multiple comparisons 检验）和 *t* 检验（B 和 C）确定统计显著性（* 表示 $P < 0.05$，** 表示 $P < 0.01$，ns 表示不显著）。

酶——PEPC 酶来进行 CO_2 的捕获（Chollet et al.，1996）。由于 Rubisco 倾向于丰富的 ^{12}C 同位素而不是 ^{13}C 同位素，C3 植物最初通过 Rubisco 固定 CO_2，而 C4 植物最初则是由 PEPC 而非 Rubisco 固定 CO_2，因此在理论上，C3 植物固定的 $^{13}CO_2$ 的比例与 C4 植物存在差异。基于此，对泡桐叶片碳同位素比率的昼夜变化进行了检测。结果显示，无论是白天还是黑夜，泡桐叶片中的昼夜碳同位素比率没有显著性差异（图 11-1B）。假设泡桐仅进行 C3 植物典型的光合碳固定途径，那么泡桐叶片中的昼夜碳同位素比率将会有差异。因此，泡桐昼夜碳同位素比率的结果表明，在夜间泡桐可能存在其他碳固定途径。

Young 和 Lundgren（2023）对白花泡桐、毛泡桐和台湾泡桐的叶片生理指标进行了测定，结果发现三种泡桐的叶片生理指标与 C4 植物光合作用不一致，符合 C3 植物的典型特征。其研究结果表明三种泡桐的羧化效率（carboxylation efficiencies，CE）均低于 0.15mol/(m^2·s)，与 C3 植物光合作用一致。另外，三种泡桐的 CO_2 补偿点也符合 C3 植物的特征，最低的是白花泡桐（55.67μmol/mol），最高的是毛泡桐（63.81μmol/mol）。另外，三种泡桐叶片组织的碳同位素（$\delta^{13}C$）均小于–22‰，最小的是白花泡桐（–25.59‰），最大的为毛泡桐（–22.22‰）。C3 植物的 $\delta^{13}C$ 一般小于–22‰，C4 植物则大于–14‰（Young and Lundgren，2023）。因此，三种泡桐叶片组织的 $\delta^{13}C$ 与 C4 植物不一致，但符合 C3 植物的特征。

另外，针对泡桐白天和夜间的 PEPC 表达水平进行了检测。如图 11-1C 所示，夜间泡桐 PEPC 的表达水平高于白天。夜间泡桐表现出较高的 PEPC 表达水平这一结果进一步表明，泡桐的光合碳固定途径与 C3 植物存在一定的差别。对泡桐的光合特性进行研究发现泡桐的光合作用指标与 C3 植物差别较大，却与 C4 植物接近。为了确定泡桐的光合碳固定途径，需要对泡桐的叶脉解剖结构、转录组、生理生化等进行深入的研究。

第二节　泡桐速生的机理

一、泡桐的光合碳固定途径

（一）泡桐叶脉的解剖结构分析

泡桐表现出的速生习性和光合特性较为符合 C4 植物的特征，因此泡桐经常被认为是 C4 植物。另外，在干燥、炎热及盐碱等环境中，C4 植物的光合效率显著高于 C3 植物，在植物产量方面，C4 植物也更有优势。虽然泡桐的净光合速率接近 C4 植物，但是其光合作用机制是否与 C4 植物一致，还需要进一步的研究。实际上，C4 植物和 C3 植物在解剖学方面存在差异，C4 植物相较于 C3 植物具有更少的叶肉组织和更高的叶脉密度，此外，C4 植物的叶绿体主要定位在束鞘组织中，而不是叶肉组织（Lundgren et al.，2014，2019）。与 C3 植物相比，C4 植物的维管束鞘组织对于其进行光合作用的意义更为重大，这导致两种类型植物之间存在解剖学差异。C4 植物的束鞘组织使得其能够在较低的内部 CO_2 浓度下依然保持较高的光合作用速率（Osborne and Sack，2012）。C4 植物将 CO_2 集中在束鞘中的 Rubisco 周围，从而提高了碳固定效率。

为了进一步阐明泡桐光合碳固定途径，需要对泡桐的解剖结构进行深入研究。因此，为了确定泡桐的光合碳固定途径，对 C4 植物玉米与泡桐叶脉的解剖结构进行了对比分析。在 C4 植物成熟叶的侧脉横切解剖结构中，能够明显观察到分化的叶肉细胞及维管束鞘细胞。维管组织被维管束鞘细胞紧密围绕，这一结构由于排列形状与花环相似，而被称为花环结构，也被称为克兰茨结构。图 11-2A 显示的是泡桐成熟叶的侧脉横切解剖结构，而 11-2B 显示的则是 C4 植物玉米成熟叶的侧脉横切解剖结构。从泡桐成熟叶的侧脉横切解剖结构图可以看出，泡桐的叶脉解剖结构与 C4 植物存在较大差异。从图 11-2B 中可以看出，C4 植物中的维管束鞘细胞相较于 C3 植物更大。另外，C4 植物中维管束鞘细胞周围有 2～3 层叶肉细胞围绕。泡桐和 C4 植物玉米成熟叶的侧脉横切解剖结构结果显示，泡桐不具备 C4 植物花环结构这一典型解剖特征。Young 和 Lundgren（2023）研究了白花泡桐、毛泡桐和台湾泡桐的解剖结构，结果发现，三种泡桐在解剖学上与 C4 植物存在差异，但符合 C3 植物的典型特征。其研究结果表明三种泡桐的新鲜叶片的叶肉细胞中含有丰富的叶绿体，而叶脉周围的束鞘组织中叶绿体很少。另外，这三种泡桐的维管束之间的距离都很长，最小距离出现在毛泡桐（156.34μm），仍然高于 C4 植物（≤130μm）。这表明白花泡桐、毛泡桐和台湾泡桐与 C4 植物的解剖结构存在差异，这三种泡桐不是 C4 植物。

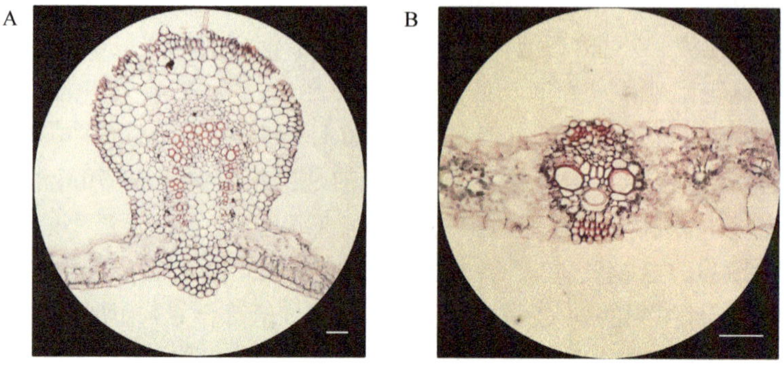

图 11-2　泡桐（A）和玉米（B）成熟叶的侧脉横切解剖结构

综上所述，尽管泡桐的净光合速率与 C4 植物相似，但其并不具备 C4 植物的典型特征。

（二）泡桐叶肉细胞卡尔文循环相关基因昼夜表达分析

泡桐虽然与 C4 植物典型的花环解剖结构存在较大差异，但与 C4 植物具有相似的净光合速率。为了进一步确定泡桐的光合碳固定途径，针对泡桐叶肉细胞的单细胞转录组数据进行分析。单细胞转录组数据显示，在泡桐的叶肉细胞中，1,5-二磷酸核酮糖羧化酶/加氧酶小亚基（RBCS）等参与卡尔文循环的基因表达量增高（图 11-3），表明泡桐叶肉细胞中卡尔文循环高度活跃。实际上，对于 C3 植物，卡尔文循环主要发生在叶肉细胞中，但在 C4 植物的叶肉细胞中不活跃，这也是 C4 植物与 C3 植物之间的一个显著区别（Chang et al.，2012）。由于泡桐叶肉细胞中存在高度活跃的卡尔文循环，所以泡桐符合 C3 植物的这一特征。

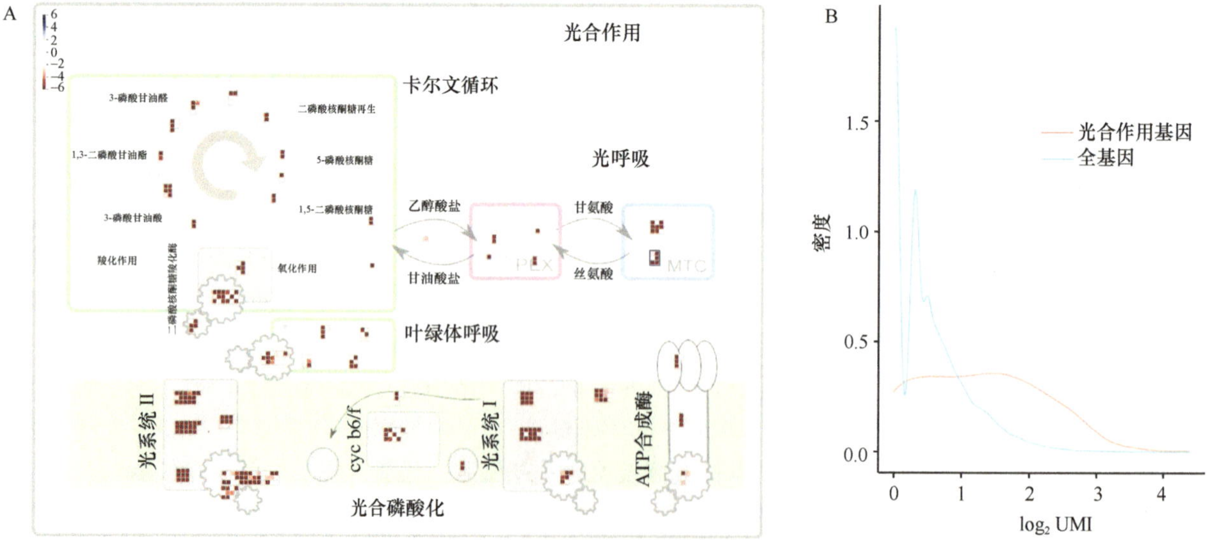

图 11-3　泡桐的叶肉细胞中光合作用基因的表达水平分布和代谢通路

A. Mapman 概述了泡桐的叶肉细胞中参与光合作用的基因。颜色方块表示由 Mapman 的在线基因注释工具 Mercator4（https://www.plabipd.de/portal/mercator4）识别的单个基因。B. 泡桐叶肉细胞光合作用基因的表达频率分布。Mapman 概述列出的光合作用基因在所有检测到表达的基因中显示出高表达水平。蓝线以总基因表达水平（UMIs）的对数表示频率分布。红线以光合作用中基因表达水平（UMI）的对数显示频率分布。

对泡桐叶肉细胞中卡尔文循环相关基因的昼夜表达进行分析并对比泡桐与 C4 植物玉米的叶脉解剖结构特征，证实了泡桐是典型的 C3 植物。泡桐作为 C3 植物，却与 C4 植物有着相当的净光合速率，说明泡桐除了 C3 光合碳固定途径之外，还可能有其他光合途径。

（三）泡桐的景天酸代谢途径

研究表明，CAM 途径可能参与泡桐光合碳固定途径（Wang et al.，2019），且 C3-CAM 光合碳固定途径在植物速生中扮演着重要角色（Liu et al.，2020）。另外，C4 植物与 C3 植物的 CO_2 补偿点存在较大差别。植物在进行光合作用吸收 CO_2 的同时也在释放 CO_2，CO_2 补偿点是在光照条件下，植物叶片进行光合作用所吸收的 CO_2 量和释放的 CO_2 量达到动态平衡，此时的 CO_2 浓度即是 CO_2 补偿点，也即是净光合作用为零时的 CO_2 浓度。C4 植物的 CO_2 补偿点仅为 10ppm，对于 C3 植物，其 CO_2 补偿点高于 C4 植物，一般为 40～60ppm。

泡桐叶脉的解剖结构分析表明泡桐不是 C4 植物，其表现出的速生习性和光合特性又显示出泡桐不同于一般的 C3 植物。因此，猜测泡桐是否通过 C3-CAM 光合碳固定途径获得较高的光合效率。CAM 途径是植物为应对干旱环境的一种生理生态适应（Lüttge，2010）。CAM 植物为了减少白天呼吸损耗的水分，在夜间张开气孔吸收 CO_2，通过 PEPC 酶催化固定 CO_2，以苹果酸的形式在液泡中贮存，白天在 Rubisco 酶的作用下苹果酸释放，CAM 植物重新吸收 CO_2。另外，由于环境条件、个体发育、基因类型等存在差异，CAM 植物表现出不同程度的 CAM 代谢特征，包括兼性 CAM（或 C3/CAM）植物类型和专性 CAM 植物类型。其中兼性 CAM（或 C3/CAM）植物是在长期进化过程中出现的生理生化特性和形态结构特征介于 CAM 植物和 C3 植物之间的一类植物。兼性 CAM（或 C3/CAM）植物不但能够在干旱等不良环境下触发响应不良环境的 C3/CAM 转换“应急”机制，提高植物生存能力，还能够在适宜环境下高效生产，这反映出兼性 CAM（或 C3/CAM）植物对不同环境有着较强的适应能力（Lüttge，2010）。为了明晰泡桐的光合碳固定途径，验证泡桐是否兼具 CAM 途径和 C3 途径，是否利用 CAM 途径固定 CO_2 补充 C3 途径，接下来对泡桐叶片昼夜气孔开关进行了研究。

首先在 24h 内对泡桐叶片气孔导度进行监测，结果显示泡桐叶片的气孔在白天和晚上均开放（图 11-4A）。由于 CAM 植物的气孔通常在晚上开放，泡桐气孔在夜间开放，说明 CAM 途径可能参与泡桐光合碳固定过程。为了进一步明确 CAM 碳固定途径是否参与泡桐光合作用过程，分析了泡桐中与 CAM 途径相关典型酶的表达情况，包括 7 个基因家族的 71 个候选基因成员：*RBCS* 基因及在 CAM 碳固定途径中 PEPC、磷酸烯醇丙酮酸羧激酶（PEPCK）、碳酸酐酶（CA）、NADP-苹果酸酶（NADP-ME）、苹果酸脱氢酶（MDH）和丙酮酸正磷酸盐双激酶（PPDK）6 种典型酶。在白花泡桐的 7 个基因家族中，NADP-ME、RBCS 和 CA 三个基因家族的基因拷贝数高于沟酸浆、芝麻和黄芩这三种 C3 植物的基因拷贝数。其中，白花泡桐中编码 RBCS 和 CA 蛋白的基因数量均高于沟酸浆、芝麻和黄芩这三种 C3 植物（图 11-4B）。这表明相对于 C3 植物，白花泡桐具有相对较高的基因拷贝数。该结果进一步表明，CAM 途径可能参与泡桐的光合碳固定过程。

泡桐 CAM 通路相关基因在白天和晚上的表达模式可能存在差异，为了明晰泡桐 CAM 通路相关基因的昼夜表达模式，分析了晚上 9：00 和上午 9：00 的泡桐叶片中相关基因的表达水平变化。结果显示，71 个基因中有 53 个基因在 3 个重复的至少一个中检测到了表达。在这 53 个基因中，表现出显著的昼夜差异的有 14 个基因。如图 11-4C 所示，在 CAM 通路中，在脱羧反应中，4 个基因家族 PEPCK、PPDK、NADP-ME 和 MDH 起到了关键作用，另外在泡桐碳固定途径中起作用的 RBCS 家族在白天显著高表达。在夜间，一个 MDH 和两个 CA 的表达水平高于白天。对于 PEPC 基因家族，所有基因在白天和夜间没有表现出显著的转录差异。然而，PEPC 的酶活性在白天和夜间却表现出显著的差异。在夜间泡桐 PEPC 的酶活性高于白天（图 11-4C 和图 11-4D）。在之前的研究报道中，薇甘菊 CAM 通路也得到了类似的结果（Liu et al.，2020）。另外，CAM 光合碳固定途径的其中一个特征就是柠檬酸盐在夜间积累。为了进一步

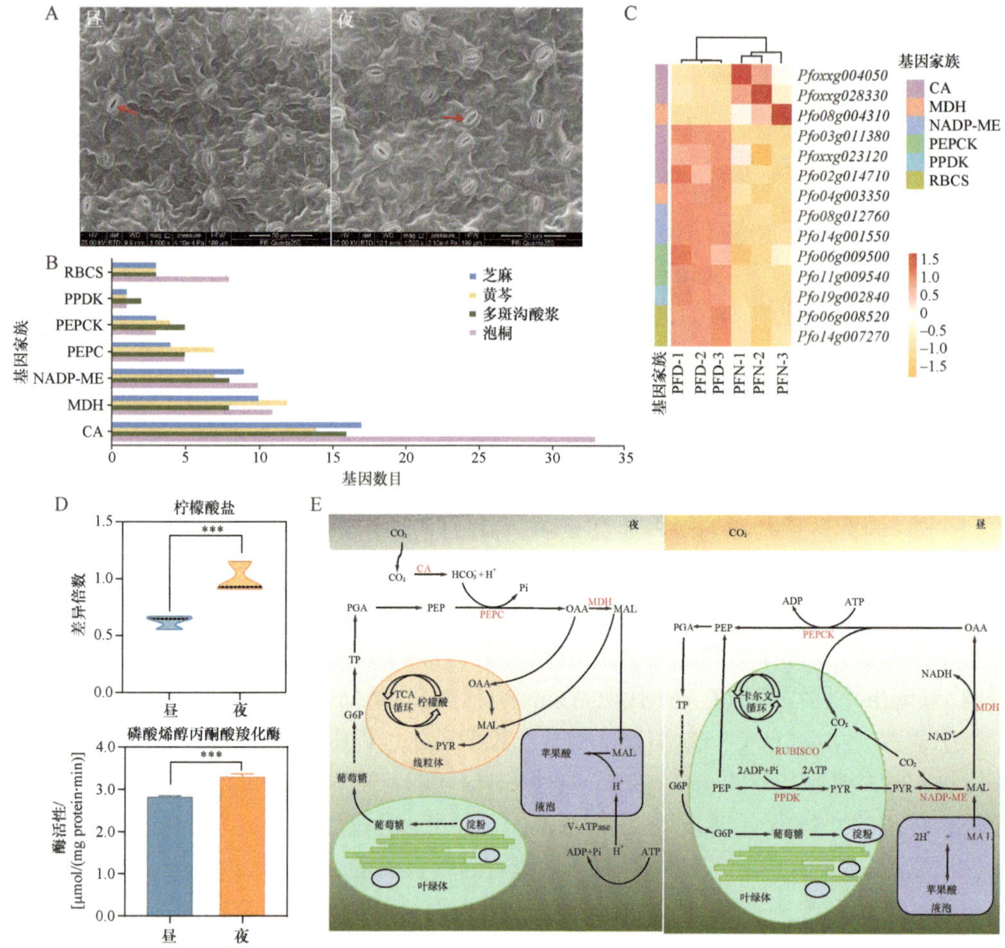

图 11-4　泡桐中的 CAM 光合作用

A. 上午 9：00 和晚上 9：00 泡桐叶片气孔扫描电子显微镜观察。箭头指示的为气孔。B. 泡桐、芝麻、黄芩和沟酸浆中碳固定相关基因数量的比较。CA，碳酸酐酶；PEPC，磷酸烯醇丙酮酸羧化酶；PEPCK，磷酸烯醇丙酮酸羧激酶；NADP-ME，NADP-苹果酸酶；MDH，苹果酸脱氢酶；PPDK，丙酮酸正磷酸二激酶；RBCS，核酮糖-1,5-二磷酸羧化酶/加氧酶小亚基。C. 泡桐 CAM 通路中关键基因的昼夜表达模式。D. 泡桐叶片中 PEPC 活性和柠檬酸盐含量的昼夜变化。使用双尾 *t* 检验确定统计显著性（n=3）。*** 表示 $P < 0.001$。E. 泡桐中 CAM 光合途径的模拟示意图。G6P，6-磷酸葡萄糖；TP，磷酸丙糖；PGA，3-磷酸甘油酸；PEP，磷酸烯醇丙酮酸；OAA，草酰乙酸；MAL，苹果酸；PYR，丙酮酸。虚线箭头表示多个代谢步骤

探究 CAM 途径是否参与泡桐的光合碳固定过程，对泡桐在白天和夜间的柠檬酸盐含量进行了检测。结果显示，泡桐叶片中柠檬酸盐的含量在夜间显著高于白天（图 11-4D）。因此，泡桐柠檬酸盐在夜间积累这一特征也再次证实了 CAM 途径参与泡桐的光合碳固定过程。

基于以上分析绘制了泡桐中 C3-CAM 光合途径的模拟示意图，如图 11-4E 所示，泡桐在白天通过 C3 途径进行光合碳固定，而在夜间气孔张开，进行 CAM 途径的补充，从而拥有与 C4 植物相当的净光合速率，进而实现相较于其他 C3 植物更为速生的生长习性。具体过程为，在白天，CO_2 进入泡桐叶肉细胞的叶绿体中，在二磷酸核酮糖羧化酶（Rubisco）的催化下，以及含有镁离子的环境中，被一个 RuBP 固定后形成两个三碳化合物（3-磷酸甘油酸），从而进行碳的固定。在夜晚，泡桐开放气孔，有利于大气中 CO_2 的进入，经过磷酸烯醇丙酮酸羧化酶的催化作用，与磷酸烯醇式丙酮酸发生化学反应生成一种四碳化合物——草酰乙酸（OAA），OAA 经过苹果酸脱氢酶的催化作用，进一步被还原为一种新的化合物——苹果酸，后者转移到液泡中进行贮存。此阶段中还会发生白天生成的碳水化合物向受体磷酸烯醇式丙酮酸的转变。而当逐渐出现光照时，气孔导度逐渐增加，CO_2 的吸收量越来越多直至高峰，固定的 CO_2 来源于两个途径，一个途径是从大气中吸收，另一个途径来源于苹果酸脱羧释放，CO_2 的固定包括二磷酸羧

化酶和 PEPC 两个催化过程，此时泡桐逐渐表现出 PEPC 活性降低和二磷酸羧化酶活性增强。

综上所述，泡桐是典型的 C3 植物，并且在夜间通过补充 CAM 途径实现更高的光合作用效率。这可能是泡桐与 C4 植物有着相当的净光合速率的主要原因，也是泡桐具有速生习性的主要原因。关于泡桐的 CAM 通路的详细调控机制还需要进一步研究，未来可以通过单细胞核 RNA-seq 技术或高通量单细胞测序技术对泡桐 CAM 机制进行深入探索。

二、泡桐速生相关基因分析

对于植物来说，其生长速率可能与光合效率、细胞壁形成、细胞增殖和分裂或者其他生物学过程有关（Li et al.，2017a，2017b；Wei et al.，2018；Liu et al.，2020）。为了解析细胞增殖和分裂及细胞壁形成等是否参与泡桐速生，对白花泡桐中与速生相关的基因家族进行了分析。结果表明，白花泡桐中与植物激素和细胞周期相关的基因有 47 个，涉及 19 个基因家族。泡桐高表达基因主要涉及细胞周期调控和植物激素信号传导，其中有 11 个基因来自串联重复，有 19 个基因来自最近的 WGD。此外，白花泡桐基因的拷贝数量显著高于黄芩（*S. baicalensis*）（9 个基因家族的 16 个基因）、沟酸浆（*M. guttatus*）（8 个基因家族的 13 个基因）、柚木（*T. grandis*）（10 个基因家族的 18 个基因）和芝麻（*S. indieum*）（11 个基因家族的 17 个基因）等唇形目植物。另外，与细胞周期调控相关的泡桐 10 个基因家族和与细胞分裂素生物合成相关的泡桐 4 个基因家族通过最近的 WGD 或串联基因复制显著扩张（图 11-5 和图 11-6A）。值得一提的是，与泡桐不同，黄芩、沟酸浆、柚木和芝麻不含有泡桐中 19 个基因家族中的 8 个基因，包括细胞周期蛋白家族蛋白 CYC1BAT、UDP-葡糖基转移酶 76C2 和 *S*-腺苷-L-蛋氨酸依赖性甲基转移酶超家族蛋白 GAMT1。通过对白花泡桐基因家族进行分析发现，其高表达基因与黄芩、沟酸浆、柚木和芝麻等唇形目植物存在显著性差异，这可能是泡桐作为典型的 C3 植物，却能在夜间通过补充 CAM 途径实现更高的光合作用效率的重要原因。

不同种泡桐的生长速度存在一定差异，与白花泡桐不同，毛泡桐及其他泡桐的生长速度稍慢。虽然毛泡桐的生长速度不及白花泡桐，但在基因组方面，据统计，约 85%的毛泡桐 cDNA 能够比对到白花泡桐，这说明毛泡桐基因组与白花泡桐基因组有着较高的相似度。因此白花泡桐与毛泡桐之间可以进行差异调控基因的比较转录组分析。通过对毛泡桐和白花泡桐的树干形成层、树干韧皮部和叶片等组织进行转录组测序，利用加权基因共表达网络分析（WGCNA），共获得 12 个与快速生长相关的基因表达模块，即为 FME1～12。其中，FME3 模块中的基因与韧皮部的生长和发育相关（图 11-6B），该模块包含 42 个参与细胞周期调节或植物激素途径的基因（图 11-5）。值得关注的是泡桐 FME4 模块，该模块只与白花泡桐形成层的生长和发育相关。FME4 模块中与激素信号传导有关的基因有 5 个，其中在白花泡桐中参与 CK 代谢的腺苷激酶 1 和其他一些基因显著扩张（图 11-5）。另外，FME3 富集于“生长素极性转运”“细胞周期调节”“木质部发育”“纤维素生物合成过程”“细胞壁组织”等 GO 条目。

由于 WGD 基因的 GO 富集分析中包含木质素和纤维素的生物合成相关基因，且泡桐中与木质素和纤维素合成相关的基因可能与泡桐的速生机理相关，所以有必要对木质素和纤维素相关基因家族进行分析。另外，在植物的形态发生过程中，木质素和纤维素发挥了重要的作用。基于此，对泡桐纤维素合成酶（CESA）基因家族进行了进一步的研究。结果显示，泡桐中一共鉴定到 18 个 CESA 基因，这一数量比黄芩、沟酸浆、油橄榄和芝麻基因组中的 CESA 拷贝数都多，是这 4 种植物的 1.3～2.3 倍。对泡桐 CESA 基因进行进一步的分析显示，泡桐中的 18 个 CESA 中有 14 个来自 WGD，其余 4 个 CESA 基因除了 *CESA9* 和 *CESA2* 外，剩下的两个来自串联复制（图 11-6C）。在这 18 个 CESA 基因中，有 15 个基因在泡桐形成层高度表达，包括 *CESA4*、*CESA7* 和 *CESA8* 基因的 6 个拷贝，其余三个 *CESA6* 则在泡桐韧皮部高度表达（图 11-6D 和图 11-7）。另外，*CslA*、*CslC*、*CslD* 和 *CslG* 等 38 个 CESA-like（*Csl*）基因在泡桐的形成层高度表达。

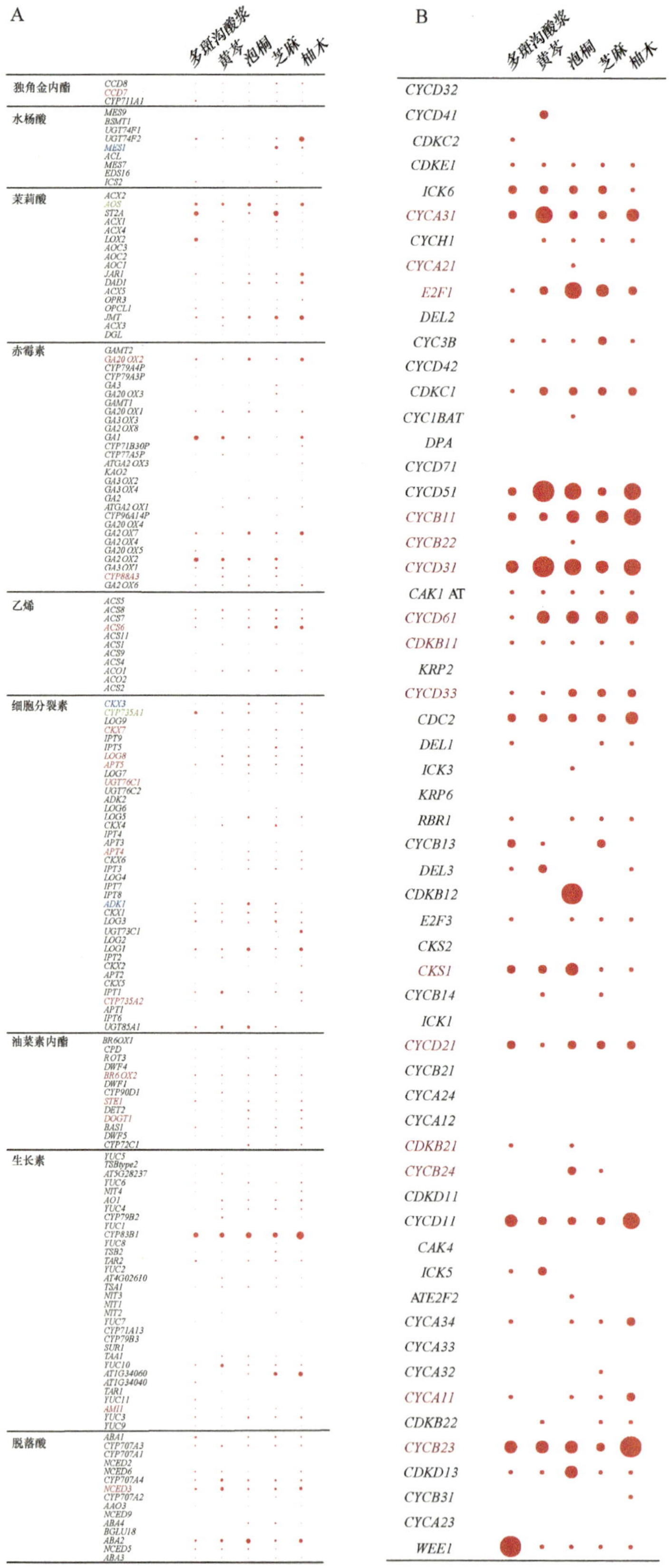

图 11-5　白花泡桐和其他四个唇形目物种中基因拷贝数分析

A. 植物激素和细胞周期调节；B. 相关的基因家族的拷贝数。圆圈的大小表示基因家族的不同拷贝数。棕色和红色的 ID 分别表示模块 FME3 和 FME4 中扩张的基因家族，紫色 ID 表示模块 FME3 和 FME4 中的基因家族。

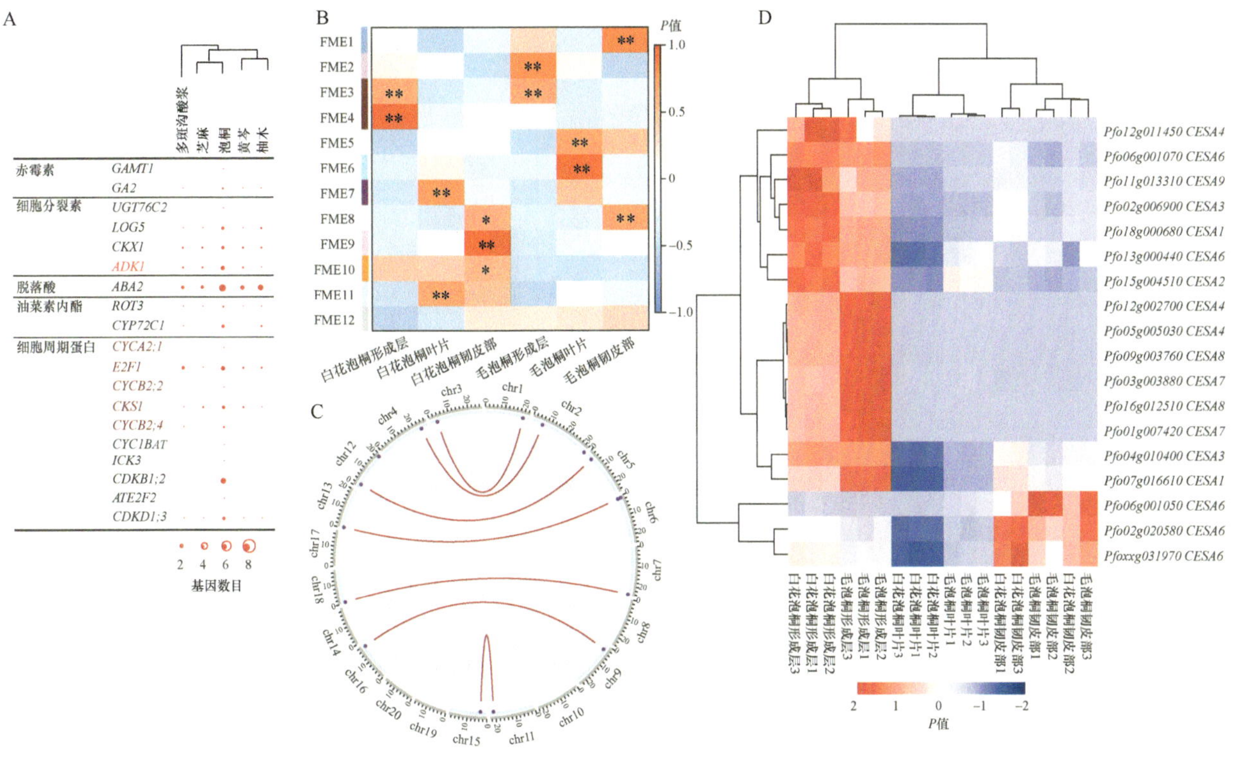

图 11-6　泡桐形态发生相关基因

A. *P. fortunei* 与 *S. indicum*、*S. baicalensis*、*T. grandis* 和 *M. guttatus* 中植物激素信号传导和细胞周期调控相关扩张基因家族比较。实心圆圈表示存在同源物，其大小对应于基因个数。细胞周期蛋白中的棕色 ID 表示模块 FME3 中扩展的基因家族。激素信号中的红色 ID 表示模块 FME4 中扩展的基因家族。B. 两种泡桐物种的三种组织中共表达模块与采样性状之间的相关性。热图颜色代表相关系数（*表示 $P<0.05$，**表示 $P<0.01$）。行代表不同的模块，列代表不同的样本。Camb，形成层。C. 18 个 CESA 在染色体上的分布。紫点代表 CESA 基因，中间的红线代表来自重复区域的同线块上的 16 个 CESA。D. 两种泡桐物种的三种组织中 CESA 编码基因的标准化 RNA-seq 数据热图

此外，泡桐基因组中含有 55 个与木质素生物合成相关的基因，在毛泡桐和白花泡桐不同组织中的三个重复中的至少一个中表达的有 48 个，其中在泡桐形成层中高度表达的基因有 28 个。这些结果表明，木质素生物合成相关基因、*Csls* 和 *CESAs* 可能在泡桐形态发生过程中发挥了重要作用。综上，通过对泡桐 CESA 基因家族进行分析发现，泡桐中 CESA 基因家族的扩张及其在形成层和韧皮部高表达有利于泡桐的快速生长。

泡桐是一种具有文化意义和经济价值的树木，其木材有许多潜在用途（Young and Lundgren，2023）。之前的研究普遍认为，由于泡桐的净光合作用速率与 C4 植物相当，所以泡桐是极少数采用 C4 光合碳固定途径的木本植物之一（Jakubowski，2022；Costea et al.，2021；Swiechowski et al.，2019），并且将泡桐作为研究 C4 植物光合作用演化的重要模型。通过对叶肉细胞的昼夜碳同位素比率和转录组及叶脉解剖结构进行分析，结果发现泡桐不是 C4 植物。同时，泡桐的昼夜碳同位素比率分析结果和叶肉细胞的转录组分析结果也表明泡桐具有典型的 C3 光合碳固定途径，这些结果均表明泡桐是 C3 植物。另外，最近的一项研究也表明，泡桐的生理和碳同位素数据与典型的 C4 植物不符，绝大多数初始 CO_2 固定可能是通过 Rubisco 而不是通过 PEPC（Young and Lundgren，2023）。由于 C3 植物最初通过 Rubisco 固定 CO_2，C4 植物最初则是由 PEPC 固定 CO_2，因此，这项研究结果也不支持泡桐为 C4 植物（Young and Lundgren，2023）。

虽然泡桐不是 C4 植物，但是与 C4 植物有着相当的净光合速率，并且能够适应炎热和干燥环境，这与 C3 植物存在一定的差异，说明泡桐除了 C3 光合碳固定途径外，还可能具有 CAM 光合途径。与 C3 植物不同，通过对 CAM 相关基因的转录组表达及泡桐昼夜气孔导度进行分析得出，泡桐较高的净光合作用速率可能是由于其在夜间通过补充 CAM 途径实现了更高的光合作用效率。

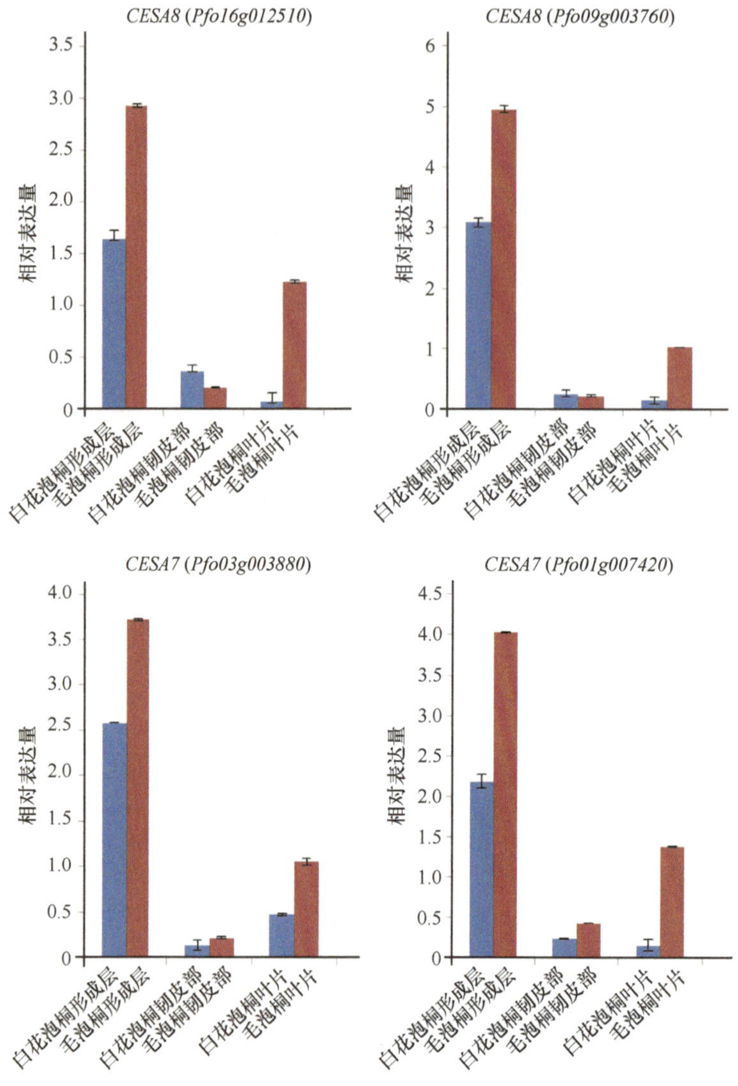

图 11-7　白花泡桐和毛泡桐中编码 *CESA* 的四种基因的 qRT-PCR 分析
两个颜色柱代表 *CESA* 在白花泡桐和毛泡桐的三种不同组织中的相对表达水平

本研究通过对泡桐的转录水平、生理生化和细胞学进行分析，以期阐明泡桐的速生机理。结果发现泡桐是典型的 C3 植物，同时具有 CAM 光合碳固定途径。泡桐通过 CAM 光合碳固定途径和 C3 光合碳固定途径获得较高的光合碳固定效率，这可能是泡桐虽作为 C3 植物却表现出与 C4 植物相似的速生特性的主要原因。本研究通过对泡桐速生机理的研究，为泡桐生长发育的相关研究提供了方向，为阐明泡桐速生机制并且为泡桐新品种的培育奠定了基础。

参考文献

董必珍, 吕成群, 黄宝灵, 等. 2018. 5 个种源白花泡桐光合特性比较.安徽农业科学, 46(17): 111-113, 132.

侯佳敏, 罗宁, 王溯, 等. 2021. 增密对我国玉米产量-叶面积指数-光合速率的影响. 中国农业科学, 54(12): 2538-2546.

陆新育. 1990. 泡桐根系分析、生长特点及其与农作物根系关系的研究.泡桐与农用林业, (2): 1-6.

吕志海，叶荣，汤景明，等. 2020. 不同种源白花泡桐光合特性及与生长量相关性分析. 湖北林业科技, 49 (5): 5-9.

王军荣. 2008. 白花泡桐速生丰产栽培技术. 湖北农林科技, (3): 64-67.

Atkinson R R L, Mockford E J, Bennett C, et al. 2016. C4 photosynthesis boosts growth by altering physiology, allocation and size. Nature Plants, 2(5): 1-5.

Chang Y M, Liu W Y, Shih A C, et al. 2012. Characterizing regulatory and functional differentiation between maize mesophyll and bundle sheath cells by transcriptomic analysis. Plant Physiol, 160: 165-177.

Chollet R, Vidal J, O'Leary M H. 1996. Phosphoenolpyruvate car-boxylase: A ubiquitous, highly regulated enzyme in plants. Annual Review of Plant Physiology and Plant Molecular Biology, 47(1): 273-298.

Costea M, Danci M, Ciulca S, et al. 2021. Genus *Paulownia*: versatile woodspecies with multiple uses—a review. Life Science and Sustainable Development, 2(1): 32-40.

Cui K, He C Y, Zhang J G, et al. 2012. Temporal and spatial profiling of internode elongation-associated protein expression in rapidly growing culms of bamboo. J Proteome Res, 11: 2492-2507.

Jakubowski M. 2022. Cultivation potential and uses of Paulownia wood: A review. Forests, 13: 668.

Li L, Cheng Z C, Ma Y J, et al. 2017a. The association of hormone signaling genes, transcription, and changes in shoot anatomy during moso bamboo growth. Plant Biotechnol J, 16: 72-85.

Li S, Zhen C, Xu W, et al. 2017b. Simple, rapid and efficient transformation of genotype Nisqually-1: a basic tool for the first sequenced model tree. Sci Rep, 7: 2638.

Liu B, Yan J, Li W H, et al. 2020. Mikania micrantha genome provides insights into the molecular mechanism of rapid growth. Nat Commun, 11: 340.

Lundgren M R, Dunning L T, Olofsson J K, et al. 2019. C4 anatomy can evolve via a single developmental change. Ecology Letters, 22(2): 302-312.

Lundgren M R, Osborne C P, Christin P A. 2014. Deconstructing Kranz anatomy to understand C4 evolution. Journal of Experimental Botany, 65(13): 3357-3369.

Lüttge U. 2010. Ability of crassulacean acid metabolism plants to overcome interacting stresses in tropical environments. AoB Plants, 2010: 1-15.

Osborne C P, Sack L. 2012. Evolution of C4 plants: A new hypothesis for an interaction of CO_2 and water relations mediated by plant hydraulics. Philosophical Transactions of the Royal Society, B: Biological Sciences, 367(1588): 583-600.

Peng Z H, Lu Y, Li L B, et al. 2013. The draft genome of the fast-growing non-timber forest species moso bamboo (*Phyllostachys heterocycla*). Nat. Genet, 45: 456-461.

Salem J, Hassanein A, El-Wakil D A, et al. 2022. Interaction between growth regulators controls in vitro shoot multiplication in *Paulownia* and selection of NaCl-tolerant variants. Plants, 11(4): 498.

Stata M, Sage T L, Rennie T D, et al. 2014. Mesophyll cells of C4 plants have fewer chloroplasts than those of closely related C3 plants. Plant, Cell and Environment, 37(11): 2587-2600.

Swiechowski K, Stegenta-Dabrowska S, Liszewski M, et al. 2019. Oxytree pruned biomass torrefaction: Process kinetics. Materials, 12(20): 287.

Von Caemmerer S, Ghannoum O, Pengelly J J L, et al. 2014. Carbon isotope discrimination as a tool to explore C4 photosynthesis. Journal of Experimental Botany, 65(13): 3459-3470.

Wang J Y, Wang H Y, Deng T, et al. 2019. Time-coursed transcriptome analysis identifies key expressional regulation in growth cessation and dormancy induced by short days in *Paulownia*. Sci Rep, 9: 16602.

Wei Q, Chen J, Ding Y L, et al. 2018. Cellular and molecular characterizations of a slow-growth variant provide insights into the fast growth of bamboo. Tree Physiol, 38: 641-654.

Young S N, Lundgren M R. 2023. C4 photosynthesis in *Paulownia*? A case of inaccurate citations. Plants, People, Planet, 5(2): 292-303.

第十二章　泡桐丛枝病发生的分子机理

1967 年，日本学者 Doi 等在研究桑萎缩病、马铃薯丛枝病、翠菊丛枝病和泡桐丛枝病时，发现植物韧皮部有一类与动物菌原体类似的原核生物，但这些原核生物既不能人工培养，又不能感染动物。于是，Doi 等将这类隶属柔膜菌纲的微生物称为植物类菌原体（mycoplasma like organism，MLO）。在 1994 年召开的第十届国际菌原体组织大会上，国际细菌系统分类委员会柔膜菌纲分类组织用植原体（Phytoplasma）取代了沿用 20 余年的 MLO。植原体是一类没有细胞壁的微生物，由细胞质、核糖体、线状核酸类物质及其外面包被的 3 层单位膜组成。据统计，植原体能够引起 1000 多种植物发生病害（Lee et al.，2000；范国强，2022），给农业、林业和花卉产业造成了巨大的经济损失。

泡桐丛枝病（*Paulownia* witches' broom，PaWB）是由植原体引起的一种传染性病害，在枝、干、根、花等器官中均可以表现症状。在患病初期，往往可见在树冠的一侧出现丛枝或黄化症状，然后蔓延至整株。主要症状是在腋芽和不定芽处大量萌发丛生，节间变短，叶片黄化变小，叶绿素含量减少，呼吸作用加强，光合效率降低。在冬季小枝干枯不脱落，呈鸟巢状，花器变成枝叶。成年泡桐树感病后会产生局部丛枝、黄化，影响到树木的生长，导致干形变差和材积减少；幼苗和幼树感病后，一般多半树冠发病、整个树冠或在主干、基部萌生丛枝，病树多在当年冬天或翌年初春死亡。泡桐丛枝病的发生直接影响泡桐经济效益和生态效益的发挥，严重制约着泡桐产业的发展。植原体感染泡桐的发病机制是一个复杂的相互作用过程，该过程既有泡桐为响应植原体入侵产生的自我防御机制，又有植原体在寄主植株体内为逃避寄主植株的防御反应而产生的适应机制。PaWB 发生的分子机制精细复杂，某一症状的产生可能是由不同的基因共同调控，过去虽然科技工作者在形态、细胞和分子水平上开展了大量的研究工作，但截至目前 PaWB 发生的分子机制尚未完全阐明，严重制约了其有效防治方法的建立。近年来，随着分子生物学和免疫学的快速发展及组学等技术的不断涌现，越来越多的证据表明，泡桐丛枝病发生既涉及植原体和泡桐细胞内一系列基因表达水平的变化，又涉及泡桐 DNA 甲基化、mRNA 甲基化和蛋白质翻译后修饰的变化，可以预料阐明泡桐丛枝病发生分子机理指日可待。

第一节　泡桐丛枝植原体及在泡桐树体内的年变化规律

一、植原体特性及传播

植原体（phytoplasma）是一类隶属于植原体候选属的革兰氏阳性菌，其内部结构由细胞膜、细胞质、核糖体和线状核酸类物质组成，与细菌相比细胞膜外无细胞壁保护（Doi et al.，1967）。植原体形态常为球形、椭圆形、长杆形和梭形等（Bertaccini，2007），裂殖和芽殖是其主要的繁殖方式。进一步进行抗生素筛选可知，植原体对青霉素类不敏感，但对四环素类敏感（Tatsuji et al.，1967；余凤玉等，2008）。迄今为止，植原体还不能参照传统的细菌分类方法进行菌落的形态学观察鉴定（杨毅等，2020；范国强，2022）。最早根据植原体的大小和形态（类似于动物和人身上引起呼吸系统疾病的支原体），科研工作者暂时将这类病原菌拟名为类菌原体（MLO）（Doi et al.，1967）；Lim 和 Sears（1989）将 MLO 和其他柔膜菌纲细菌的 16S rDNA 基因序列进行进化分析，发现 MLO 与无胆甾原体目的细菌亲缘关系较近，与支原体和螺原体亲缘关系相对较远；随后，在 1994 年的第十届国际菌原体组织大会上正式把 MLO 更名为植原体（Seemüller et al.，1998），从此以后，植原体在微生物中的系统进化和分类地位被正式确立。随着检测技术的进一步完善，1998 年，Lee 等采用限制性内切酶片段长度多肽性分析 16S rRNA 基因扩增片段，该方法具有操作简便和可用性强的特点（Lee et al.，1998）；随着网络植原体分类工具 iPhyClassifier 的开发和推广，目前仅需提供植原体 16S rRNA 序列，便可知道植原体所属的组和亚组（Zhao et al.，2013）。

近年来，随着 DNA 测序平台的精细完善，Oshima 等（2004）首次公布了洋葱黄化植原体（onion yellows phytoplasma strain M，OY-M）全基因组的测序结果。截至目前，9 个植原体株系的全基因组信息已被科研工作者陆续拼接完成，其中，按照发布的前后顺序分别为洋葱黄化植原体（Oshima et al.，2004）、翠菊黄化植原体（Bai et al.，2006）、澳大利亚葡萄黄化植原体（Tran-Nguyen et al.，2008）、苹果簇生植原体（Kube et al.，2008）、草莓致死黄化植原体（Andersen et al.，2013）、玉米丛矮病植原体（Orlovskis et al.，2017）、枣疯病植原体（Wang et al.，2018a）、长春花黄化植原体（https://www.ncbi.nlm.nih.gov/genome/76144）和泡桐丛枝植原体（Cao et al.，2021）。通过比较上述 9 种植原体的基因组信息发现：植原体基因组大小在 580～960kb，其遗传形式主要有染色体（线状和环状）和质粒，G+C 含量低（23%～29%）（表 12-1）。进一步研究发现，植原体是一种高度依赖其寄主代谢的病原微生物，仅含有最基本的代谢活动单元（DNA 复制、转录、翻译和蛋白质的转移），缺失了大量的生化代谢途径，如氧化磷酸化、三羧酸循环、ATP 合酶和磷酸戊糖途径，自身的代谢能力也非常薄弱（Tran-Nguyen et al.，2008；Hogenhout et al.，2008；李继东等，2019）。植原体中因含有大量编码转运蛋白的基因，能够从寄主细胞中吸收无机盐离子、氨基酸、糖类和寡肽等物质来完成其正常的生命活动。

表 12-1　9 种植原体基因组的基本特征

株系	16Sr 分组	引起病害	主要症状	基因组大小	染色体形态	质粒数量	GC 含量/%
翠菊黄化植原体	16SrI	翠菊黄化病	丛枝、叶片变黄变小	0.71Mb	环状	4	26.9
洋葱黄化植原体	16SrI	洋葱黄化病	叶片变黄变小	0.85Mb	环状	11	27.8
草莓致死黄化植原体	16SrXII	草莓致死黄化病	叶片黄化	0.96Mb	环状	0	27.2
长春花黄化植原体	16SrI	长春花黄化病	黄化	0.60Mb	环状	1	28.4
玉米丛矮病植原体	16SrI	玉米丛矮病	腋芽丛生、叶尖变黄缩短	0.58Mb	环状	0	28.5
澳大利亚葡萄黄化植原体	16SrXII	葡萄黄化病	叶片黄化变小	0.88Mb	环状	3	27.4
苹果簇生植原体	16SrX	苹果簇生病	花畸形、植株衰退	0.60Mb	线状	0	21.4
枣疯病植原体	16SrV	枣疯病	丛枝、叶变小、花变叶	0.75Mb	线状	0	23.2
泡桐丛枝植原体	16SrI	泡桐丛枝病	丛枝、叶变小、花变叶	0.89Mb	环状	2	27.35

（一）植原体的传播

植原体寄主包含植物界和动物界，其最常见的传播方式有以植物韧皮部为食的半翅目昆虫、嫁接和菟丝子（*Cuscuta* spp.）等（Hogenhout et al.，2008）。值得我们关注的是，植原体对昆虫载体往往具有有益或中性的影响，特别是在细菌和昆虫经过长时间共同进化的体系中，却能够引起植物寄主发生病害（Nault，1990；Beanland et al.，2000；Malembic-Maher et al.，2020）。前期科研工作者发现，植原体通过传播昆虫感染健康植物的过程可以分为 5 步：①传播昆虫吸食感病植株韧皮部过程中，植原体通过获得营养物质的方式进入昆虫体内（约几分钟），此过程称为昆虫获毒期；②植原体经过昆虫肠道与消化道的上皮细胞和淋巴，最后进入唾液腺，并在唾液腺等组织进行繁殖移动（10～21 天），称为潜伏期（穆雪等，2019）；③植原体携带者昆虫吸食新的植物韧皮部时，含植原体的唾液接触到健康植物的韧皮部；④植原体从侵染点向植物的顶端组织和根部传播；⑤植物呈现患病症状（Sugio et al.，2011），如最常见的症状包括丛枝（witches' broom）、花变叶（phyllody）、花变绿（virescence）、黄化（etiolation）、矮化（dwarf）和小叶（leaflet）等（Bertaccini and Duduk，2009）。由于植原体、传播昆虫和寄主植物之间存在着错综复杂的关系，多种植原体能被一种昆虫传播、一种植原体只能被一种昆虫传播和一种植原体能被多种昆虫传播的现象（Weintraub and Beanland，2006），如翠菊黄化植原体（chrysanthemum yellows phytoplasma）

被 3 种叶蝉传播（Bosco et al.，1997）；凹缘菱纹叶蝉（*Hishimonus sellatus*）能传播 6 种植原体（Weintraub and Beanland，2006）。

植原体传播昆虫以半翅目昆虫最常见，主要包括叶蝉科（Cicadellidae）、飞虱科（Delphacidae）、蝽科（Pentatomidae）、蛾蜡蝉科（Flatidae）和网蝽科（Tingidae）等（Weintraub and Beanland，2006）。据资料统计，地球上有 1000 多种植物被植原体感染（Bertaccini and Duduk，2009），我国已报道的植原体相关病害最常见的包含苜蓿丛枝病（陈耀等，1991）、槟榔黄化病（金开璇等，1995）、桑树萎缩病（李章宝，1992）、小麦蓝矮病（张秦风等，1993）、枣疯病（周俊义等，1998）和 PaWB（Hiruki，1999）等，严重影响了农作物产量和林木生产，给经济发展造成了严重的损失。

（二）植原体病害

植原体是寄生微生物，通过影响寄主植物的系统免疫、生长发育和形态建成等引起寄主植物患病。目前，已报道植原体引起的病害涉及 98 科 1000 多种植物，对农作物生产和林木经济造成严重的危害（Seemüller et al.，1998；Lee et al.，2000）。1967 年，Sameshima 报道水稻黄矮病在日本发病率达到 10%～50%，对水稻种植业造成巨大的经济损失（Sameshima，1967）。2001 年时，植原体在欧洲和北美洲地区苹果树上大暴发，直接导致德国经济损失 2500 万欧元，意大利损失约 1 亿欧元（Strauss，2009）。而在我国，报道最多的是 PaWB、枣疯病、小麦蓝矮病和桑树萎缩病等。PaWB 是由泡桐丛枝植原体感染引起的林业病害之一。PaWB 在我国危害十分严重，该病害可以造成幼树死亡，降低成年树的材积。20 世纪末，对我国主要泡桐种植区的调查显示，PaWB 每年发生面积为 88 万 hm^2，造成的经济损失约 1 亿元（田国忠和张锡津，1996）。枣疯病是我国比较普遍的一种植原体病害，几乎所有的枣树栽培区都会发生大规模或者小范围的枣疯病。枣树感染枣疯病植原体后，其生长发育受到很大的限制，幼树通常在 2 年内死亡，大树大部分在 6 年内也会枯死。我国河北省的枣树种植区，枣疯病的发病率一般为 5%～10%，一些严重的枣园发病率高达 60%～80%。由于枣树患病后死亡率极高，并且难以治疗，人们将其称为枣树上的“癌症”（周俊义等，1998）。我国陕西等地区，小麦蓝矮病频繁暴发，小麦感病后出现严重的矮化丛枝（高度仅为健康小麦的约 1/3）、植株表现黄化和抽穗减少（甚至不抽穗）等症状，造成发病较轻的田地产量减少 20%～40%，发病较重的田地减产 60%～80%，更严重的甚至绝收，给小麦粮食安全生产带来严重的经济损失（安凤秋等，2006）。

植原体入侵可引起植物寄主胼胝质积累、叶绿素活性降低和光合作用速率降低，碳水化合物代谢和内源激素紊乱（田国忠等，1994；赵会杰等，1995；雷启义等，2008），从而表现出明显的患病症状，如叶、花和枝等。叶片症状表现为变薄、变黄、变小和皱缩，如 PaWB 和小麦蓝矮病；花的症状表现为花变叶、花变绿，如 PaWB、辣椒植原体病和枣疯病等；枝的症状表现为顶端优势消失，腋芽丛生，常见的有 PaWB、枣疯病和苦楝簇顶病；其他的症状包括萎缩症状的桑树黄萎病和梨衰退病、黄化症状的榆树黄化病和洋葱黄化病及簇叶症状的苹果簇叶病等。

二、泡桐丛枝植原体

（一）泡桐丛枝植原体基因组

Cao 等（2021）采用 PacBio RSII 和 HGAP2.3 技术对泡桐丛枝植原体基因组进行了测序和组装，并得到泡桐丛枝植原体的完成图（图 12-1）。泡桐丛枝植原体由一条 891 641bp 的环状基因组和两个质粒组成，GC 含量为 27.35%，拥有 1147 个平均长度为 614bp 的开放阅读框（ORF）（704 697bp，占基因组的 79.03%），预测到 32 个平均长度为 79bp 的 tRNA，2 个平均长度为 108bp 的 5S rRNA，2 个平均长度为 1521bp 的 16S rRNA，2 个平均长度为 2865bp 的 23S rRNA。与其他测序完全的植物体基因组相比，泡桐丛枝植原体包含更多的 ORF，其中 98 个组成了 4 个潜在的移动单元（PMU）。这 4 个 PMU 的长度范围为 20～41kb。

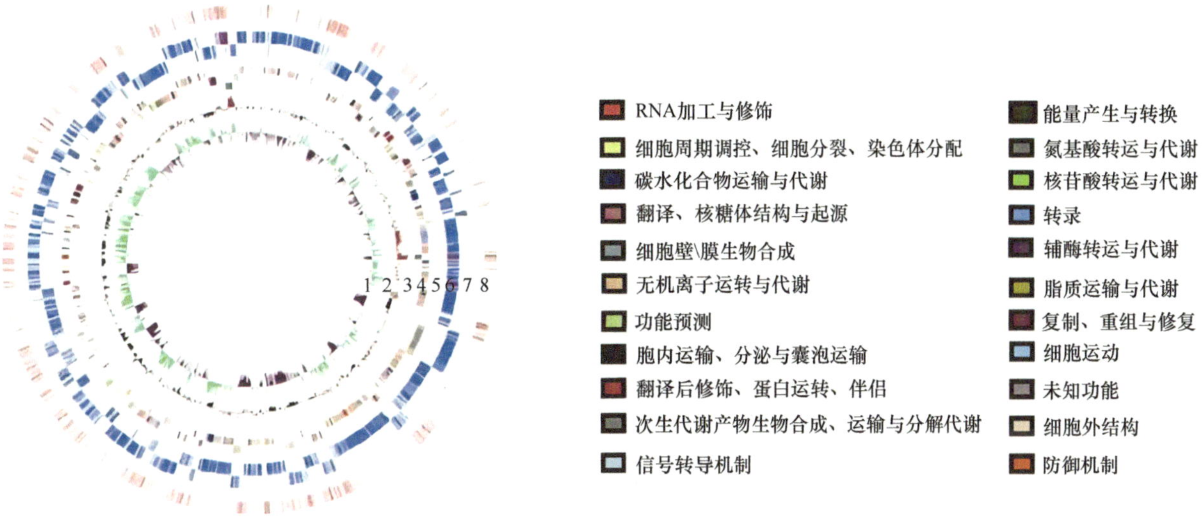

图 12-1 泡桐丛枝植原体基因组图谱

其中，PMU1 和 PMU2 中的 *hflB* 基因（未知的预测膜蛋白）位于 *himA* 基因（DNA 结合因子 HU）之后，而不是在其之前，而两个 PMU 中都缺少 *ssb* 基因（DNA 结合蛋白）。除了保守的基因外，我们在这 4 个 PMU 中都发现了一种内切核酸酶，它可能参与了 PMU 转移过程中对 DNA 的内部切割作用。PMU3 和 PMU4 具有典型的 PMU 特征，类似于复合转座子。PMU 在植原体基因组重组中发挥重要作用，并有助于植原体在宿主中的适应性（Bai et al.，2006；Toruño et al.，2010）。

（二）泡桐丛枝植原体效应子

基于泡桐丛枝植原体基因组测序结果，使用 SignalP（v4.0）、TMHMM（v2.0）、Phobius、ProtComp B（v6.0）和 CELLO（v2.5）软件预测效应子，结果表明，泡桐丛枝植原体共编码 73 个效应子，分别命名为 Pawb1～Pawb73，其中包括 Pawb18（SAP54 的同源蛋白）和 Pawb20（TENGU 的同源蛋白），但没有发现 SAP11 的同源蛋白（徐平洛，2020）。刘海芳（2021）通过白花泡桐和泡桐丛枝植原体 mRNA 和 miRNA（sRNA）互作模型，筛选出与 PaWB 发生特异相关的植原体 5 个基因（*PaWB-SAP54*、*Pawb20*、*PaWB-Imp*、*PaWB-Amp* 和 *PaWB-EF-Tu*）及 2 个 sRNA（*sRNA660* 和 *sRNA721*）在泡桐-植原体互作中起到了至关重要的作用。Cao 等（2021）构建 *Pawb-SAP54* 过表达载体转化木本植物毛果杨，*Pawb-SAP54* 转基因株系与野生型相比，表现出丛枝和矮化表型。据报道，植原体效应子 Pawb-SAP54 通过靶向 PfSPLa 诱导 PaWB 形成，且 PfSPLa 以蛋白酶体依赖的方式降解，进一步验证了 *PfSPLa RNAi* 转基因毛果杨出现分枝和矮化表型。

Pawb20 含有 70 个氨基酸，预测在 N 端的第 32 个氨基酸处有信号肽切割位点，第 12～第 31 位氨基酸蛋白质是其唯一的跨膜区，能够被 Sec 系统分泌到植原体细胞外，且与 TENGU 在不同物种间具有高度的保守性。TENGU 在本氏烟和拟南芥中过表达能够引起矮化和丛枝的表型。截至目前，仍然没有找出 TENGU 效应子在植物体内的靶标蛋白，其引起丛枝表型的机理仍需进一步探究（Hoshi et al.，2009；Minato et al.，2014）。

植原体定殖寄主韧皮部会引起筛板孔周围大量胼胝质的产生，同时，筛管与伴胞之间通过胞间连丝进行物质交换的通路也会被筛管一端团絮状的胼胝质包围堵塞，改变了物质交换量和渗透压大小，引起了植物内源激素等一系列生理生化过程的异常反应，从而导致丛枝的萌发。此外，矿质元素及氨基酸在植物丛枝病发生过程中有较大的变化。另外，酶的种类和酶的含量随丛枝病植物种的不同也表现出一定的差异。这意味着植原体侵入改变了泡桐基因的表达水平，从而引起一系列生理生化反应，最后导致丛枝病的发生。

三、丛枝病植原体在泡桐细胞中的分布

（一）丛枝病植原体在患丛枝病泡桐幼苗器官细胞中的分布

1. 泡桐幼苗器官（组织）中的植原体

毛泡桐和‘豫杂一号’泡桐的丛枝病组培苗的不同营养器官（叶片、茎段和叶柄）皆可用巢式 PCR 扩增出植原体 DNA 的特异片段（约 1.2kb），而同时扩增的两种泡桐的健康组培苗对照和空白对照没有出现特异片段（图 12-2）；用透射电子显微镜都可观察到毛泡桐和‘豫杂一号’泡桐丛枝病组培苗叶片、茎段、叶柄中植原体的存在。在切片中呈黑色，其形态为圆形、椭圆形，也有部分呈不规则形状，大小不一。在细胞内呈散状或集中分布，也有个别分布于细胞壁内（图 12-3）。毛泡桐和‘豫杂一号’泡桐的丛枝病组培苗的茎段、叶柄横切经 DAPI 染色后，丛枝病试材横切面呈现白色亮点、短粗亮线、小云片状或亮块，呈散状分布，健康的苗木则观察不到特异性荧光。亮点亮度与周围环境差别相当明显，观察到的亮点在试材的横切面上分布特点为环状，而健康植株则观察不到特异的荧光亮点。在茎段的纵切面上可以看到非常亮的点，与背景差别显著（图 12-3）。

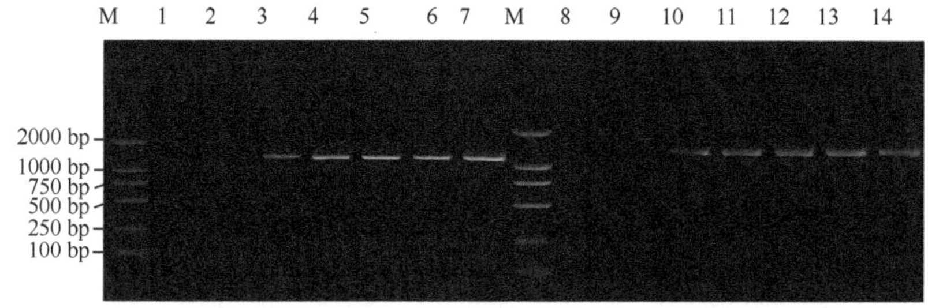

图 12-2 巢式 PCR 扩增植原体目的片段的结果

M.marker；1. 空白对照；2. 健康毛泡桐；3. 毛泡桐病苗悬浮细胞；4. 毛泡桐病苗愈伤；5. 毛泡桐病苗茎段；6. 毛泡桐病苗叶柄；7. 毛泡桐病苗叶片；8. 空白对照；9.‘豫杂一号’泡桐健苗；10.‘豫杂一号’泡桐病苗悬浮细胞；11.‘豫杂一号’泡桐病苗愈伤；12.‘豫杂一号’泡桐病苗茎段；13.‘豫杂一号’泡桐病苗叶柄；14.‘豫杂一号’泡桐病苗叶片

2. 泡桐幼苗愈伤组织细胞中的植原体

在毛泡桐和‘豫杂一号’泡桐的丛枝病组培苗叶片诱导的愈伤组织的植原体巢式 PCR 检测结果电泳图片中，同样均观察到 1.2kb 的植原体的特异片段，而同时做的健康组培苗体系和空白对照体系，均未检测出 1.2kb 的特异片段（图 12-2）。通过电子显微镜检测的毛泡桐和‘豫杂一号’泡桐的丛枝病组培苗叶片诱导的愈伤组织样品，均检测到圆形、椭圆形或是不规则形状的植原体（图 12-3）。毛泡桐和‘豫杂一号’泡桐的丛枝病组培苗叶片诱导的愈伤组织切片 DAPI 染色后，镜检时横切面呈现白色亮点，是 DAPI 与植原体 DNA 结合产生的特殊亮点，与茎段和叶柄的切片中的亮点特点一致（图 12-3）。

3. 泡桐悬浮细胞中的植原体

在巢式 PCR 的电泳结果中可以看到，毛泡桐和‘豫杂一号’泡桐悬浮细胞中可以检测到 1.2kb 的植原体存在特异片段。而同时做的健康组培苗对照和空白对照体系，均未检测出 1.2kb 的特异片段（图 12-2）。另外，观察电泳结果中植原体的含量发现，悬浮细胞反应体系对应的泳道中 1.2kb 特异条带亮度较病苗营养器官和愈伤组织弱，这可能与悬浮细胞中植原体含量较少有关。在对毛泡桐和‘豫杂一号’泡桐的丛枝病组培苗悬浮细胞样品的电子显微镜检测中，两个样品中均检测到了圆形或不规则形状的植原体。而且较其他细胞中有更多核糖颗粒和纤丝状物，类似脱氧核糖核酸（图 12-3）。悬浮细胞经 DAPI 染色后，涂布镜检，两种悬浮细胞内部呈现植原体 DNA 和 DAPI 结合的特殊白色荧光亮点（图 12-3）。

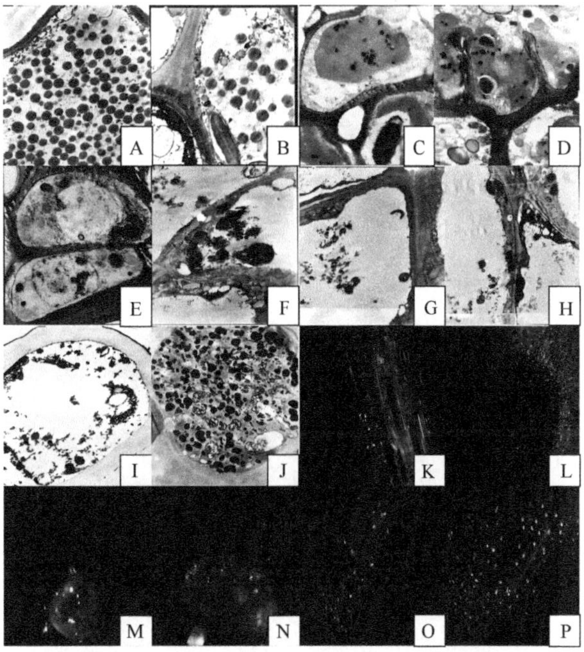

图 12-3　电子显微镜检测结果和 DAPI 染色结果

A. 丛枝病毛泡桐茎段（×6000）；B. 丛枝病‘豫杂一号’泡桐茎段（×6000）；C. 丛枝病毛泡桐叶柄（×8000）；D. 丛枝病‘豫杂一号’泡桐叶柄（×8000）；E. 丛枝病毛泡桐叶片（×8000）；F. 丛枝病‘豫杂一号’泡桐叶片（×8000）；G. 丛枝病毛泡桐叶片愈伤组织（×8000）；H. 丛枝病‘豫杂一号’泡桐叶片愈伤组织（×8000）；I. 丛枝病毛泡桐茎段横切；J. 丛枝病‘豫杂一号’泡桐茎段横切；K. 丛枝病毛泡桐茎段纵切；L. 丛枝病‘豫杂一号’泡桐茎段纵切；M. 丛枝病毛泡桐病苗悬浮细胞；N. 丛枝病‘豫杂一号’泡桐病苗悬浮细胞；O. 丛枝病毛泡桐病苗愈伤组织；P. 丛枝病‘豫杂一号’泡桐病苗愈伤组织

（二）丛枝植原体在不同患丛枝病程度泡桐树体内的分布

1. 轻度发病（少量叶片病变）泡桐树体内的植原体

根据巢式 PCR 检测结果（图 12-4），轻度发病程度植株植原体的分布范围，除了丛枝病枝条和叶片之外，同一主枝上邻近丛枝病发病部位的健康枝条和叶片也有较少植原体的分布，而其他营养器官检测结果呈阴性，没有检测到植原体的存在。除了患病部位和邻近的营养器官，并没有出现植原体在寄主体内的大范围扩散。由于发病部位附近的健康枝条和叶片也有少量植原体的存在，推测病原在寄主体内的运行规律是由发病部位先向邻近的营养器官进行扩散，而不是先向根部扩散。这可能是由于植原体的聚集还没有达到一定的浓度，或是寄主本身的防御机制起到了抵制植原体在其体内传播运输的作用，使植原体在感染初期只能聚集于患病部位及其邻近的营养器官，而不能扩散到较远的叶片、枝条、根部和

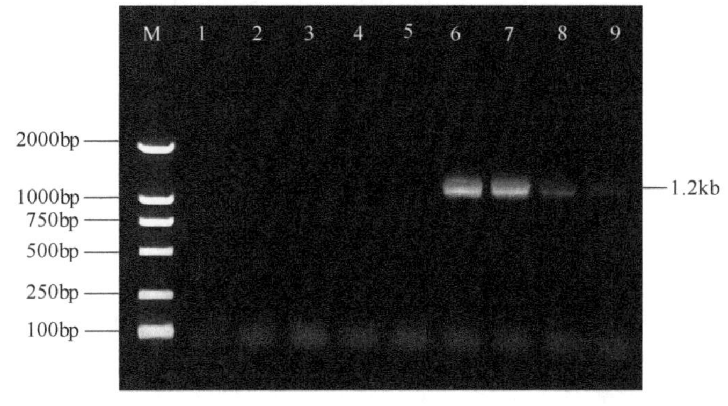

图 12-4　植原体在轻度发病植株体内的分布特点

M. marker；1. 对照；2. 健叶；3. 健枝；4. 主干韧皮部；5. 根；6. 丛枝病叶；7. 丛枝病枝；8. 附近叶；9. 附近枝

主干韧皮部。因此，在泡桐只有少量丛枝发生的阶段，进行丛枝病枝条物理清除，并将丛枝病发生部位及附近的健康枝条一并清除，可以有效地将植原体从泡桐植株体内清除，达到彻底治愈丛枝病的目的。泡桐丛枝病发生的最初阶段是治疗的最佳阶段，这个阶段进行物理治疗，不但效果良好，而且完全清除病原所需去除枝条较少，对植株的损伤相对较小。

2. 中度发病（叶片明显变小）泡桐树体内的丛枝植原体

巢式 PCR 对中度发病程度的植株检测结果表明（图 12-5），在中度患病的泡桐植株体内，植原体的分布具有对应性的特点。表现为患丛枝病相同方向的健康枝条、叶片、根和主干韧皮部中，同样可以检测到植原体的存在。在与发病部位不同方向的营养器官中，则没有检测到植原体的存在。

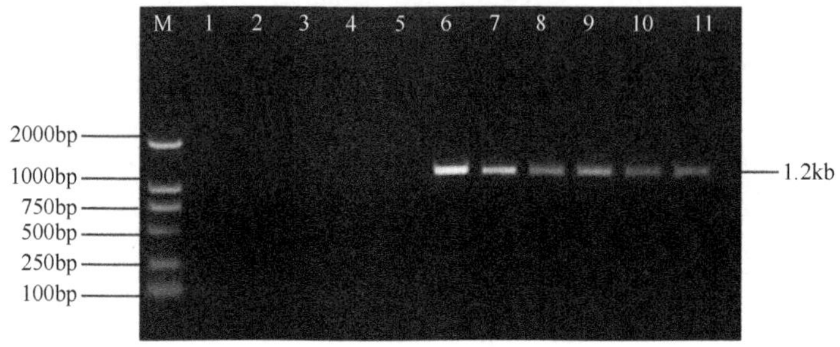

图 12-5　植原体在中度发病植株体内的分布特点

M. marker；1. 对照；2. 异侧健叶；3. 异侧健枝；4. 异侧主干韧皮部；5. 异侧根部；6. 丛枝病叶；7. 丛枝病枝；8. 同侧健叶；9. 同侧健枝；10. 同侧主干韧皮部；11. 同侧根部

丛枝病发病部位同侧的营养器官，可以检测到较低浓度的植原体的存在。说明泡桐丛枝病植原体纵向运输能力强，而横向运输能力相对较弱，也可能是泡桐自身的物质运输特点主要是纵向运输，抑制了植原体的横向扩散。对应性的分布特点说明，病原在中度发病程度的树木体内已经有了很大范围的扩散，不过因为其含量较低，不能达到致病浓度，所在部位没有产生病态、没有产生丛枝病症状。在患病植株中植原体的存在不只局限于发生丛枝病的部位，在外部表现为健康的营养器官中同样可以检测到植原体的存在，这也解释了通过外部手术去除丛枝部位以后，丛枝病会复发的现象。对于这种发病程度的树体，通过简单地切除患病部位和附近健康携带植原体的枝条，不能完全治愈丛枝病，因为植原体的存在范围还有根部、主干韧皮部。至于清除病枝条和附近健康枝条后的无丛枝病症状时间长短，取决于根部和主干韧皮部存在的植原体的扩散速度，及扩散到枝条后增殖达到致使丛枝病发生浓度的速度。如果实施枝条清除，去除枝条较多，会对实施手术的树木造成较大的伤害，对树木的生长不利，也不能彻底治愈丛枝病。所以达到这个发病程度以后，在没有有效治疗丛枝病的药物发明以前，树木携带植原体的状况很难改变。生长季节传毒昆虫活动，使患病树木又会成为下一个丛枝病传染源，会大大增加周围健康树木感染植原体的概率。所以对于含有较多丛枝病枝条的中度发病植株，比较合理的处理手段就是去除丛枝病枝条及附近较大范围的健康枝条，减少病原。等此类树木生长达到用材标准以后，优先采伐，并尽量将枝条转移，尽快烧毁。并且需要对根部进行处理，不使其萌发带植原体新芽，以免再次出现丛枝病植株。

3. 重度发病（没有正常叶片）泡桐树体内的植原体

在发病程度为重度的植株上，丛枝病枝条大量生长、生长状态旺盛，在树体上广泛分布。巢式 PCR 检测结果表明（图 12-6），植原体在植株中的分布呈现所有采集的营养器官都含有植原体的特征，植原体的分布在树体内呈现普遍性。

植原体的这种分布特点，可能是由于植原体的扩散，达到了原来发病程度较轻或中度发病程度的病树上不含植原体的营养器官，并增殖生长致使丛枝病发生；也可能是由于传毒昆虫传播植原体的作用，

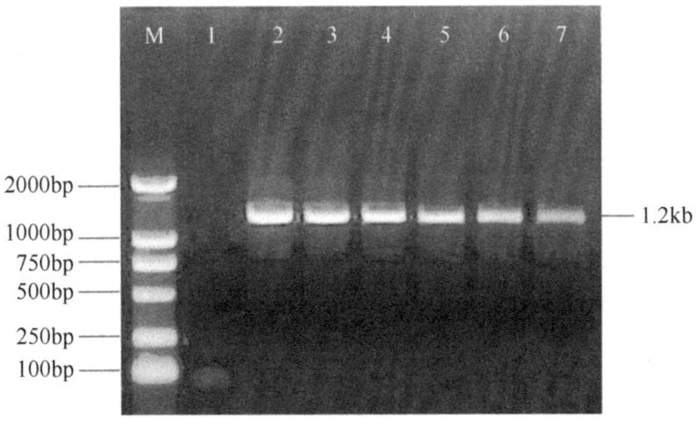

图 12-6　植原体在重度发病植株体内的分布特点

M. marker；1. 对照；2. 病叶；3. 病枝；4. 健叶；5. 健枝；6. 主干韧皮部；7. 根部

加剧了植株的病情恶化。患丛枝病严重植株的生长状态与相对病情较轻和健康的树木相比，生长状态明显不好，说明丛枝病枝条对营养的消耗明显限制了树木的正常生长活动。在这种发病程度的植株上，丛枝病枝条的生长明显占有优势，抑制了健康枝条的生长。而且取样时发现，其健康枝条表皮和韧皮部与木质部结合紧密，不如健康树体和发病程度较轻树体的健康枝条表皮和韧皮部从木质部上可轻易分离，其表皮和韧皮部组织含水量明显降低。

重度发病程度的树木生长状态不好。由于枝条和叶片生长不旺盛，而且丛枝大量生长，造成树体整体观感较差。在温度较高的生长旺季，这种树木会是一个对于周围所有泡桐威胁严重的传染源。鉴于此种树体在林分中的不良作用，一旦发现，应当进行及时的采伐，并对枝条进行清理及销毁，尽快清除传染源。

四、丛枝植原体在泡桐树体内的年分布规律

分别处理采集的 3 株生长于郑州 10～12 年生的新发病、中度发病和重度发病的毛泡桐不同器官或组织（生长季的根、枝条、叶片及主干韧皮部；休眠季的枝条、根及主干韧皮部），再用 DAPI 荧光和巢式 PCR 检测其不同器官或组织丛枝植原体的存在情况。

（一）植原体在叶片中的周年消长规律

叶片中植原体的周年消长规律：4 月泡桐枝条萌发时，叶片中植原体的存在处于一个非常低的水平。5 月、6 月、7 月 3 个月寄主的症状表现日益严重，植原体的浓度逐月上升。在泡桐丛枝病病症严重的 7 月含量达到最大，此后植原体含量下降。8～9 月，植原体浓度下降幅度较小。9～10 月，浓度剧烈下降，至 10 月即将落叶时达到较低的水平。总体而言，6～7 月，是病原浓度上升最明显的时期，叶片中的病原最高浓度出现在 7 月。9～10 月是一个病原浓度下降的明显期。不同发病程度的植株体内病原浓度有差异，但是周年消长规律一致。泡桐植原体相对含量的周年变化与温度密切相关。叶片中植原体含量（Y）与月平均气温（X）呈正相关，其指数函数关系为 $Y=0.0145\times e^{0.149X}$（$r=0.5066>0.001$），存在极显著的相关性（图 12-7）。

通过叶片中植原体的含量变化与植株叶片的生长周期对比，丛枝病叶片的生长决定着植原体的含量，叶片的生长旺季，植原体含量也随之急剧增加，当叶片的生长进入衰退期时，植原体的含量也随之下降。这种现象可能是由于植株在不同的生长季节，体内理化环境有很大差异，而植原体的生长对环境要求很高，在气温下降、植株生长衰退、生长环境不适宜的时候，会抑制植原体的生长繁殖。也可能是植原体的大量繁殖导致浓度过高，产生了自毒作用，抑制了自身的生存。

在生长季，泡桐丛枝病枝条上萌发的叶片与同期生长的健康枝条生长的叶片相比，叶片颜色明显发黄，而且叶面积小，叶脉和叶柄直径较小，叶柄长度短，叶间距较小，生长量低。由于丛枝病叶片的生

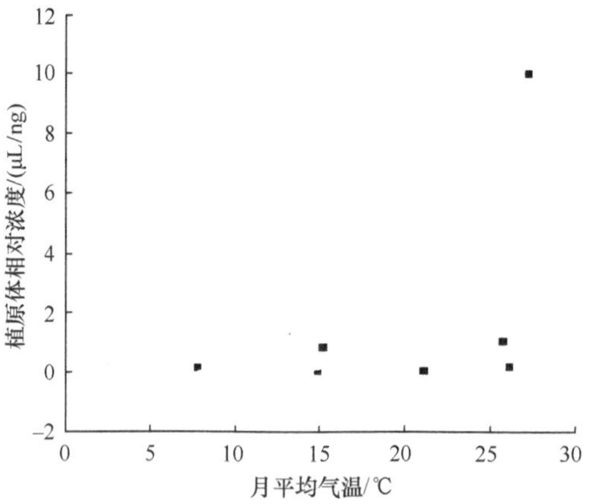

图 12-7 泡桐叶片植原体相对含量（Y）与月平均气温（X）的关系

每个点为 9 株平均值

长数量过多，部分叶片在 8 月下旬就出现边缘干枯、生长衰退，这种现象出现的时间较健康枝条的叶片提前大约一个月。这也从一个方面解释了植原体在叶片中的最高浓度出现的月份较早，未出现在植株生长最旺盛的 8 月、9 月。

作为落叶树种，泡桐叶片的生长时间较短。而在植原体相对浓度检测过程中，叶片中植原体的含量在一年中所能达到的最高水平，在所有的营养器官中，又是最高的。所以叶片是植原体的重要聚集和生长繁殖的场所。从枝病的防治一定要重视叶片的存在对植原体在树体内增殖和扩散的重要性。

（二）植原体在主干韧皮部中的周年消长规律

主干韧皮部中植原体周年含量变化检测过程中，都不能通过直接 PCR 检测到植原体的存在。DAPI 染色结果与 PCR 检测结果吻合，整年检测过程中多见散状分布的亮点，未见亮片状分布的特异荧光。说明植原体在地上、地下之间移动的量在一年内都不是很大（图 12-8）。与枝条、叶片中植原体含量对比，主干韧皮部中的含量要低得多。

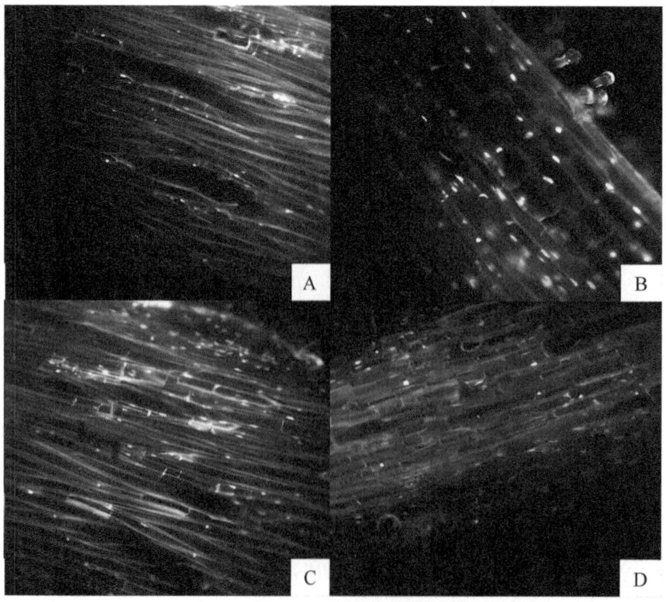

图 12-8 主干韧皮部 DAPI 染色结果

A. 5 月主干韧皮部；B. 7 月主干韧皮部；C. 10 月主干韧皮部；D. 12 月主干韧皮部

（三）植原体在毛泡桐枝条中的周年消长规律

检测结果表明，在病枝条中，4 月、5 月随温度回升，病原数量逐渐增加。7～8 月病原繁殖数量增加很快，8 月浓度达到最高，病症在 8 月达到最严重的程度。随秋季来临有所下降，但仍然保持较高水平。随季节变化，温度升高，丛枝病枝条生长旺盛，植原体含量会逐渐增高，并在 8 月达到全年的最大值，8～9 月是病原浓度下降最明显的时间，到 12 月植原体含量一直呈下降趋势。直到 1 月、2 月、3 月病枝中植原体浓度降到一年中的低值。DAPI 染色结果与 PCR 检测结果吻合，特异荧光亮度的变化趋势为，4 月以后逐渐上升，在 7 月、8 月、9 月荧光亮点连成片状，几乎呈圆环状分布。在冬季，一般呈亮点分布，未见亮片状分布的特异荧光（图 12-9）。枝条中植原体含量（Y）与月平均气温（X）也呈正相关，其指数函数关系为 Y=0.0003×e$^{0.2649X}$（r=0.7298＞0.001），相关性也极为显著（图 12-10）。

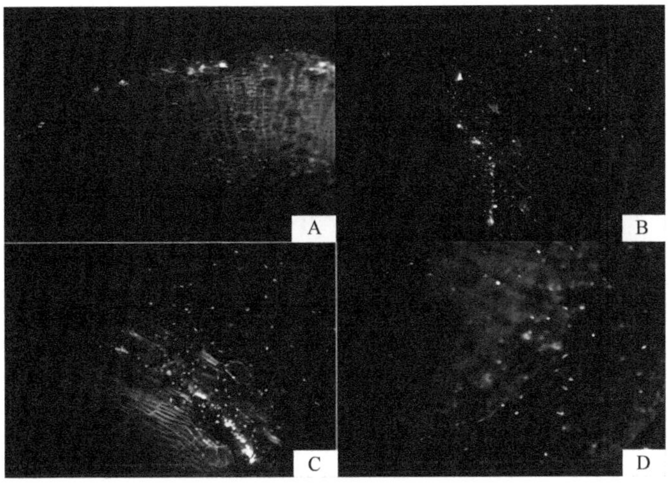

图 12-9　枝条 DAPI 染色结果

A. 4 月枝条；B. 7 月枝条；C. 8 月枝条；D. 12 月枝条

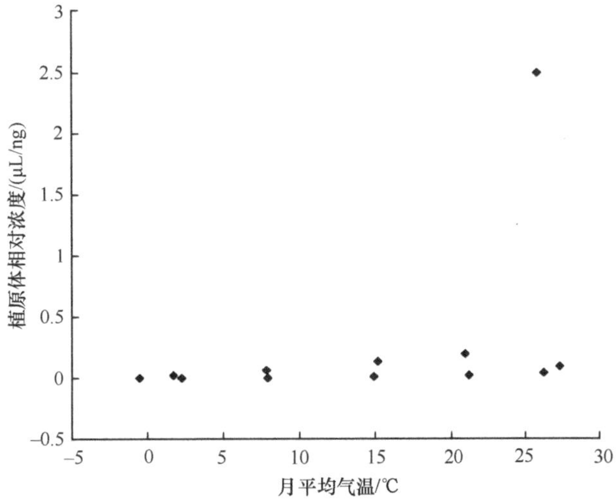

图 12-10　泡桐枝条植原体相对含量（Y）与月平均气温（X）的关系

每个点为 9 株的平均值

在取样过程中发现，丛枝病毛泡桐枝条除了主枝以外，其他直径较小的丛枝病枝条都会在越冬的过程中逐渐枯死。说明在冬季，丛枝病枝条在低温环境下抗逆性较弱。在春季萌发时，最初萌发的幼芽不表现出丛枝病症状或表现较轻的症状，这可能是由于对较低温度的不适，植原体还没有大量繁殖，浓度较低还不能致使丛枝病严重发生。夏季、秋季生长旺盛，丛枝病枝条则表现出典型的丛枝病症状，形成鸟巢状，在发病部位形成密集的直径较小的枝条密集区。能够成功越冬的丛枝病枝条，主要是直径较粗的枝条，在翌年的春天会成为新萌发丛枝的主枝，在其周围形成严重的发病组织。

毛泡桐的中度患病植株的枝条上，在4～5月还发现了部分丛枝病枝条上生长有花朵或花苞，只是其形态与健康枝条的花朵有差异。丛枝病花的花柄明显长于健康的花柄，但是花柄直径明显较健康花柄小，花萼的厚度较健康枝条的花萼明显变薄，花朵的形态呈现畸形发育，长度较短，而且呈青黄色，较健康的花朵生长量明显较少。在花期方面，5月上旬健康枝条上的泡桐花大多已经完全开放的时候，丛枝病枝条上的花才形成花苞或者处于开放初期，这可能与丛枝病枝条的畸形生长状态和营养供应不足有一定关系。

5月，对泡桐丛枝病枝条上开放的花苞进行取样，通过检测，其中植原体含量较高，每个体系检测所需的最低模板量为4ng。说明丛枝病枝条上的植原体可以传递到花器官部位。由于植原体的存在可能对花器官的营养运输和激素传递起到一定的抑制作用，造成了花器官的畸形生长形态。

（四）植原体在毛泡桐根中的周年消长规律

检测结果表明，12月到翌年的2月，通过直接PCR已经检测不到植原体的存在。到了3月以后，植原体才可以通过直接PCR检测到。3～4月是相对浓度上升幅度最大的月份。6月、7月、8月的病原含量逐渐升高，达到了一年中的相当高的水平。在9月中旬，病原浓度为全年最高。9月以后，平稳下降，到12月后已经通过直接PCR检测不到植原体的存在。DAPI染色结果与PCR检测结果吻合，特异荧光亮度的变化趋势为，4月以后亮点数目逐渐上升，在8月、9月荧光亮点最多、最亮，部分亮点连成片状。在冬、春季，多为亮点，未见亮片状分布的特异荧光。根中植原体含量（Y）与月平均气温（X）的函数关系为 $Y=0.0001\times e^{0.3331X}$（$r=0.8768>0.001$），同样存在显著的相关性（图 12-11）。但是相关性不如枝条和叶片显著，这表明植原体在泡桐根部对温度的敏感性较在茎叶中低。

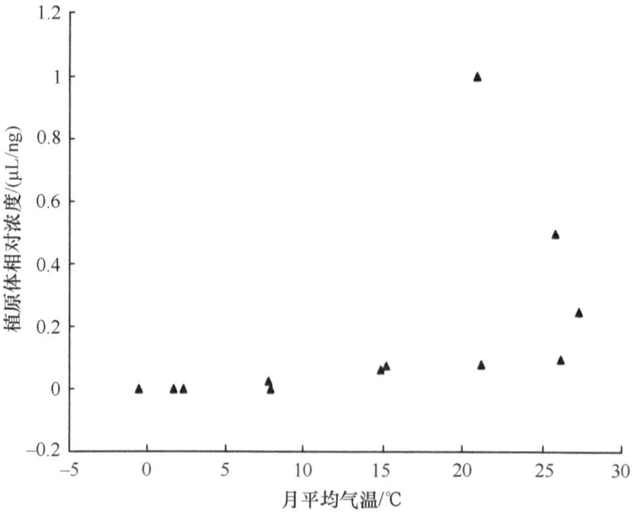

图 12-11　泡桐根部植原体相对含量（Y）与月平均气温（X）的关系
每个点为6株的平均值

根部的植原体相对浓度变化特点表现，植原体含量在9月达到最大，而到达一年中温度最高、生长最旺盛的7～8月，植原体的相对含量比9月要低。到达冬季以后，由于寄主生长活动的停滞，所以植原体的含量也随之下降，并没有随着冬季的到来由枝条转移到根部而在根部大量聚集，而是相对生长季节有了大幅度下降。这可能是由于寄主的生长状态影响到了植原体的繁殖和生长。植原体在地上营养器官中，寄主生长状态改变造成理化环境的改变，导致植原体降解和大部分死亡，所以植原体总体浓度急剧下降。而植原体为什么在秋冬季节变化的时候不转移到根部进行越冬，可能是由于植原体在寄主体内的扩散能力不足，及寄主的防御机制造成的。已有研究学者证明肼胝质的聚集对植原体的扩散有很好的阻止效果，由于肼胝质在患病部位及其附近营养部位的大量聚集，阻止了植原体的大量转移。在秋冬季节交替的时候，植原体的转移活动可能受到肼胝质的抑制，无法转移到根部进行越冬。检测结果确定，冬季植原体没有进行从枝条大批转移到根部躲避低温的运输活动。

由于根部生长在地下，一年中的地温对比地上温度变化不是特别剧烈。有研究人员认为植原体的含量在冬季由于植原体的回流变化会明显，而本实验证明，根部并不是冬季植原体聚集的场所。

（五）植原体在毛泡桐丛枝病枝条中的越冬能力

冬季泡桐植原体病原可以在地上部越冬，许多研究者对此提出质疑，认为冬季由于气温下降，植原体不能在地上部越冬，只能转移到根部越冬。还有学者认为，即使冬季能在地上病枝中，通过 DAPI 或者通过其他的检测方法检测到植原体病原的存在，也不能肯定冬季地上部确实存在有活性的植原体，植原体的存在可能是以死亡的状态存在，因为不能确定植原体是否还具有生理活性或感染、增殖能力。为了澄清此问题，在冬季地上部位样品中检测到植原体的前提下，于 2008 年 12 月，2009 年 1 月、2 月、3 月分别采集丛枝病病枝进行水培，观察水培枝萌发的幼芽的形态和生长状况，并取样进行植原体检测。检测结果表明，在新萌芽的叶片和枝条中，初期并不含有植原体，只是生长状态与健康的枝条表现出一些差异。这种差异的产生，可能是水培丛枝病枝条由于植原体的存在组织结构产生了变化，对营养运输的抑制造成的。

植原体向萌芽中的转移有一定的滞后，萌芽产生后，12 月需 30 天左右，1 月需 25 天左右，2 月需 10 天左右，3 月枝条水培萌芽后 5 天左右，植原体才能转移到新生芽中。新萌发枝条经 DAPI 染色后，也发现了特异荧光亮点的存在。通过水培，所有月份采集的枝条，不论是病枝条还是健康枝条，通过水培都萌发出了新生芽。同月份采集的健康枝条萌芽所需培养时间普遍较病枝条短，而且对生长状态对比，健康枝条新生芽叶面积大，叶色呈嫩绿色，而丛枝病枝条萌芽一般呈现黄绿色，健康枝条新生枝条直径、长度和叶间距也比丛枝病枝条萌芽长的多。不同月份之间，打破休眠所需时间不同，由 2008 年 12 月到 2009 年 3 月，萌芽所需时间呈明显下降趋势。3 月采集的枝条在采集时，部分已经有萌芽出现。丛枝病枝条萌芽的叶片生长状况普遍不好，最初没有茎节的分化，只有叶片的分化产生和生长，外观呈一簇叶片附着在枝条上。叶片生长也不旺盛，生长速度缓慢，叶片颜色为黄绿色，形状为狭长带状，与健康泡桐枝条萌发的接近卵圆形的叶片形状差异明显。丛枝病萌芽的叶片颜色对比健康叶片颜色有明显差异，较健康枝条叶片颜色浅，而且叶片厚度也不如健康枝条厚，叶面积较小，生长速度也较健康枝条慢。部分健康枝条所萌发的叶片上在培养的过程中会有一层白色粉状物质，而在所有丛枝病水培新萌发叶片上未见此种粉状物质的出现。在出芽时间达到 25 天左右的时候，部分丛枝病水培芽的芽基部出现了大量新生芽，表现出典型的丛枝病症状。冬季植原体可以在丛枝病枝条中越冬，而且具备感染枝条上新生萌芽的能力和致使丛枝病发生的能力。水培萌芽内的植原体只来自于枝条，所以推断冬季毛泡桐病枝条内有植原体活体存在。证明了毛泡桐丛枝病植原体周年存在于丛枝病病枝内，而且表明具有感染能力的植原体存在于冬季的丛枝病枝条内进行越冬。经过水培的枝条中所含植原体也较同期所采集未经水培的枝条所含植原体多。这可能是因为水培之后会打破枝条的休眠，枝条旺盛的生理活动又会促使植原体增殖。这说明植株冬季休眠时，植原体在枝条中的含量较生长季节上有一定的差异，但是丛枝病病枝条中的植原体同样具备活性和感染能力。

第二节　外源物质对泡桐丛枝病形态变化的影响

一、抗生素和维生素对丛枝病泡桐幼苗形态变化的影响

（一）四环素（TA）对丛枝病‘豫杂一号’泡桐幼苗形态的影响

由不同浓度的四环素处理患病幼苗结果（表 12-2 和表 12-3）可以看出，四环素对泡桐植原体有一定

的抑制作用，在一定天数内处理后的病苗能在外形上表现健康，但是其还会复发。不同浓度的四环素处理幼苗 7 天后对幼苗开始有一定的作用效果，表现为顶芽膨大减轻，叶片逐渐伸展变大，且有明显刚毛出现，而 100mg/L 四环素处理的苗顶端幼叶有失绿发白的现象，这是四环素对幼苗造成一定的毒害作用的结果。第 14 天后，三种浓度的腋芽几乎都消失，节间变得较长，叶片较大，除幼叶外，颜色比对照病苗更绿，大部分呈现健康状态。第 20 天后，25mg/L 四环素处理的幼苗顶芽又开始膨大，腋芽再次出现，病状复发。50mg/L 四环素处理的幼苗在第 23 天后也表现复发，第 30 天时 100mg/L 四环素处理的幼苗仅有很少一部分顶芽膨大，并且各浓度复发后的顶芽膨大的程度比病苗更严重。

表 12-2　四环素对第一代丛枝病‘豫杂一号’泡桐幼苗形态变化的影响

浓度/(mg/L)	生根	新生腋芽	叶片	幼苗顶芽
25	较多	较多	较大	++
50	较多	多	较大	+
100	较多	少	较大	+

注：+表示对照病苗的顶芽膨胀度，++表示顶芽比对照病苗膨胀明显，后同

表 12-3　四环素与继代丛枝病‘豫杂一号’泡桐幼苗复发丛枝病时间的关系

继代次数	浓度/(mg/L)	复发时间/天
1	25	20
	50	23
	100	30
2	25	22
	50	23
	100	JHJ
3	25	23
	50	25
	100	JHJ

注：JHJ 表示没有复发，后同

将各处理继代 3 次后发现，100mg/L 四环素处理的幼苗从第二代起 30 天内就不再复发，但将其转入不含四环素的 1/2MS 培养基中 10～20 天后又表现复发，且顶芽膨大比病苗更加严重。50mg/L 四环素和 25mg/L 四环素处理的幼苗随着继代次数的增加表现为复发时间比第一代推迟 2～3 天。由此可知，100mg/L 四环素对丛枝病的减轻在一定时间段内有明显的作用效果，但是它并不能完全抑制丛枝病的发生，在一段时间后还会表现复发。

（二）利福平（Rif）对丛枝病‘豫杂一号’泡桐幼苗形态的影响

由利福平处理的幼苗结果（表 12-4 和表 12-5）可以看出，利福平对丛枝病‘豫杂一号’泡桐幼苗形态有明显的作用效果，可以使病苗外表完全健康而不再复发。用利福平处理的幼苗 7 天后就表现出明显的作用效果，叶片和茎段上有较多明显的刚毛出现，叶片明显伸展，颜色嫩绿，50mg/L 利福平处理的幼苗开始生根，100mg/L 利福平处理幼苗在 12 天以后才有根长出，150mg/L 利福平处理中的幼苗则在 16 天后才有根形成。大约在 14 天以后，三种浓度处理的幼苗呈现完全健康，腋芽全部消失，叶片较大，并已经充分展开，呈现墨绿色，节间变得较长，全株被有浓密刚毛，生长量也较大。在第 25 天后，50mg/L 利福平处理的幼苗顶芽又出现膨大，并长出腋芽，表现出复发现象。而 100mg/L 利福平和 150mg/L 利福平处理中，30 天内没有复发，但是 150mg/L 利福平处理的幼苗生长量小于健康对照。

表 12-4　利福平对第一代丛枝病'豫杂一号'泡桐幼苗生长的影响

浓度/(mg/L)	生根	新生腋芽	叶片	幼苗顶芽
50	较多	少	大	+
100	较少	无	大	—
150	极少	无	大	—

注：—表示顶芽不膨大，后同

表 12-5　利福平对继代丛枝病'豫杂一号'泡桐幼苗在不同继代中的影响

继代次数	浓度/(mg/L)	死亡率/%	生根率/%	复发时间/天
1	50	0	7	25
	100	0	12	JHJ
	150	12	16	JHJ
2	50	0	7	27
	100	23	13	JHJ
	150	35	16	JHJ
3	50	5	7	29
	100	52	13	JHJ
	150	84	17	JHJ

将 3 种浓度处理的苗木分别继代 3 次后发现，50mg/L 利福平的处理中每代都有复发，但随着继代次数的增加每次复发的时间向后推迟 2～3 天。150mg/L 利福平处理的幼苗，在第二代第 13 天后，叶片上出现黄褐色斑点，并逐渐增多扩展至整株，大约 7 天后，部分叶片开始干枯并脱落，继代至第三代时，已经有 80%以上的幼苗死亡，而在 100mg/L 利福平的处理中，3 次继代均表现健康，总体生长量也较多，但也有超过 50%的幼苗死亡。

将 100mg/L 和 150mg/L 利福平处理后的各代幼苗分别转入不含利福平的 1/2MS 培养基中（每 30 天换一次新的培养基）后发现，100mg/L 利福平处理过的幼苗在第 20 天以后少量复发，部分死亡，150mg/L 利福平处理过的幼苗没有表现复发。由此可知，利福平对植原体的生长有很好的抑制作用，但它的存在不利于幼苗的生根，尤其是 150mg/L 利福平时对幼苗有较大的毒害作用，随着继代次数的增加和时间的延长，丛枝病的症状越来越轻，最后外部形态上完全健康，但是幼苗的死亡越来越严重。

（三）土霉素对丛枝病'豫杂一号'泡桐幼苗形态的影响

不同浓度土霉素处理对丛枝病'豫杂一号'泡桐幼苗形态变化影响结果（表 12-6）表明，土霉素处理对丛枝病幼苗病症有一定减轻作用。当土霉素浓度为 20mg/L、40mg/L、60mg/L 时，患病幼苗各处理在外部形态上与健康幼苗对照无明显差异，均无新生腋芽产生，叶片大、深绿，密被刚毛，顶芽正常。土霉素浓度为 80mg/L、100mg/L 时，患病幼苗两种处理均不能生根，叶片白化现象逐渐加重，开始脱落，最后死亡。

表 12-6　土霉素对丛枝病'豫杂一号'泡桐幼苗形态的影响

浓度/(mg/L)	生根	新生腋芽	叶片	幼苗顶芽
0	较多	多	小	+
20	较多	无	大	—
40	较多	无	大	—
60	少	无	大	—
80	*	*	*	*
100	*	*	*	*

注：*表示幼苗全部死亡，后同

以上结果表明，较高浓度的土霉素处理不利于幼苗的生长，以 20mg/L、40mg/L、60mg/L 的土霉素对丛枝病和健康泡桐幼苗作用效果较好。3 种处理的患病幼苗在外部形态上与健康幼苗对照相似，说明适宜浓度的土霉素对丛枝病泡桐幼苗体内植原体的生长和繁殖有一定的抑制作用。此外，随着土霉素处理浓度的升高，幼苗生长受到严重抑制，大部分不能生根，最后死亡。

（四）维生素 C（V_C）对丛枝病‘豫杂一号’泡桐幼苗形态的影响

从不同浓度的 V_C 处理丛枝病‘豫杂一号’泡桐幼苗结果（表 12-7 和表 12-8）可以看出，处理后的苗木 10 天后在 4g/L V_C、8g/L V_C 培养基中茎段开始变干褐死亡，30 天后全部死亡，在 2g/L V_C 中死亡也较多，表明 V_C 浓度大于 2g/L 时，对幼苗毒害作用大，苗木不能生根，最终导致幼苗死亡。在 0.1g/L V_C、0.5g/L V_C、1.0g/L V_C 这一梯度，7 天后 0.1g/L V_C 中的幼苗开始生根，15 天 后，0.5g/L V_C、1.0g/L V_C 中的幼苗部分叶片伸展开，尤其顶部叶片要稍大于对照，但腋芽仍较多。通过在 V_C 中三次继代的表现可以看出，整体而言，V_C 对丛枝病的减轻有一定的作用，但不是很明显。

表 12-7　V_C 对第一代丛枝病‘豫杂一号’泡桐幼苗形态的影响

浓度/(g/L)	生根	新生腋芽	叶片	幼苗顶芽
0	较多	多	小	+
0.1	较多	多	小	+
0.5	较多	多	小	+
1.0	少	多	小	+
2.0	无	多	小	+
4.0	*	*	*	*
8.0	*	*	*	*

表 12-8　V_C 对各代丛枝病‘豫杂一号’泡桐幼苗的影响

继代次数	浓度/(g/L)	死亡率/%	生根率/%	生根时间/天	幼苗顶芽
1	0.1	0	100	7	++
	0.5	5	100	11	+
	1.0	22	95	15	+
2	0.1	0	100	7	++
	0.5	4	100	10	+
	1.0	20	90	14	+
3	0.1	0	100	7	++
	0.5	6	100	12	+
	1.0	19	93	16	—

（五）抗生素和 V_C 同时作用时对丛枝病‘豫杂一号’泡桐幼苗形态的影响

由四环素、利福平和 V_C 同时作用对丛枝病‘豫杂一号’泡桐幼苗的影响结果（表 12-9）可以看出，组合（1）、（3）、（6）和（9）处理好于其他组合，且外表表现健康。处理 7 天时，这 4 种组合有了明显的作用效果，叶片展开，刚毛出现；第 12 天后组合（3）、（9）开始生根，节间变长，顶端不再膨大，腋芽也逐渐减少，组合（1）和（6）与（3）、（9）相似，只是生根时间晚 2～3 天，但组合（1）、（6）、（9）中有较多的顶端幼叶失绿发白。第 15 天后，4 种组合中幼苗腋芽全部消失，生长旺盛，除有幼叶发白外，与健康对照没有差别，其中以组合（3）长势最好，4 种组合继代 3 次后都没有复发，也没有死亡。而其他组合有的长势很差，如组合（2）、（4）、（7）、（10）、（13）在第一代时死亡过半，至第二代时几乎全部死亡；将各代分别转入不含外源物质的 1/2MS 培养基中发现，它们生根比健康对照要困难，而且没有完全死亡的所有组合的幼苗都表现复发，到第 60 天后各组合几乎全部死亡。

表 12-9　TA、Rif 和 V_C 共同对丛枝病‘豫杂一号’泡桐幼苗生长的影响

编号	死亡率/%	生根时间/天	在附加药物 1/2MS 中复发时间/天	在 1/2MS 中复发时间/天
（1）	0	14	JHJ	81
（2）	66	25	*	*
（3）	0	12	JHJ	76
（4）	57	—	*	20
（5）	32	24	JHJ	65
（6）	0	14	JHJ	49
（7）	58	—	*	*
（8）	0	12	JHJ	18
（9）	0	12	JHJ	59
（10）	86	—	*	*
（11）	0	13	JHJ	23
（12）	0	12	25	JHJ
（13）	52	—	*	20
（14）	0	9	29	*
（15）	43	26	24	*
（16）	7	11	*	*

由此可知，TA 和 Rif 共同使用时，它们在抑制植原体的生长方面有一定的作用，在两者浓度都稍高的情况下比单用一种较高浓度的药品对丛枝病的减轻更有效，而且对幼苗的伤害作用相对较小。而 V_C 在正交组合的各处理中没有表现出明显的作用效果，其浓度较大时明显影响幼苗的成活，这可能与其强还原性有关，但是任何一种组合最终都表现为对幼苗的毒害。对试验结果按照正交设计多因素综合平衡法，以死亡率最低、复发所需时间最长为最优，进行统计分析。从分析结果可以看出，复发时间最晚的水平分别是 Rif 12mg/L、TA 150mg/L 和 V_C 0，较晚的是 Rif 100mg/L、TA 50mg/L 和 V_C 0.5g/L。死亡率最低的水平是 Rif 80mg/L、TA 0 和 V_C 0，较低的是 Rif 100mg/L、TA 150mg/L 和 V_C 0.5g/L。因此综合考虑死亡率和复发时间得出组合 Rif 100mg/L+TA 150mg/L+V_C 0 为最优组合。通过极差分析可知，在表 12-10 中 TA 的极差最大（55.5＞48.8＞27.5），说明其浓度对幼苗的复发时间起主导作用，在表 12-11 中 V_C 的极差最大（63.3＞22.0＞8.3），说明其浓度在正交组合中对死亡率起主导作用。

表 12-10　抗生素和 V_C 处理丛枝病‘豫杂一号’泡桐幼苗复发时间极差

因素	利福平	四环素	V_C
水平 1（K1）	52.0	63.8	18.0
水平 2（K2）	40.8	20.0	21.3
水平 3（K3）	27.0	31.0	38.3
水平 4（K4）	3.3	8.3	45.5
极差（Ri）	48.8	55.5	27.5

表 12-11　三种物质处理丛枝病‘豫杂一号’泡桐幼苗死亡率的极差

因素	利福平	四环素	V_C
水平 1（K1）	30.8	21.0	63.3
水平 2（K2）	22.5	38.0	35.3
水平 3（K3）	21.5	25.3	1.8
水平 4（K4）	25.5	16.0	0.0
极差（Ri）	8.3	22.0	63.3

（六）外源物质协同对丛枝病‘豫杂一号’泡桐幼苗形态的影响

用 0.2mg/L 浓度的萘乙酸（NAA）结合正交设计的组合（1）、（3）、（6）、（9）处理丛枝病‘豫杂一号’泡桐幼苗分别记为（1）+0.2、（3）+0.2、（6）+0.2 和（9）+0.2（以下同）。结果表现为，7 天后四种组合中幼苗都生根（与对照相同），叶片展开，刚毛出现，4 种组合幼叶仍然有发白现象；第 12 天后，腋芽消失，呈现完全健康的状态；30 天后仍无复发；将各组合转入含有 0.2NAA 的 1/2MS 培养基中，60 天后，生长健壮，没有复发也没有死亡。用 3mg/L 浓度的 NAA 结合正交设计的组合（1）、（3）、（6）、（9）处理丛枝病‘豫杂一号’泡桐幼苗，分别记为（1）+3、（3）+3、（6）+3 和（9）+3，6～7 天后生根，但是随生长时间的延长，幼苗不但生长量小而且顶芽几乎不可见，叶片与茎段聚合到一起，生长很差。由此可见，0.2mg/LNAA 的存在明显地加速了幼苗的生根速度，显著地增强了幼苗的长势，提高了幼苗的生长量，对于促进四环素和利福平在抑制植原体、维持幼苗的成活和增强幼苗的长势方面有显著的作用，而过高浓度的 NAA 对幼苗的生长是不利的。

二、DNA 甲基剂对泡桐丛枝病发生的影响

（一）甲基磺酸甲酯（MMS）对‘豫杂一号’泡桐丛枝病幼苗形态变化的影响

MMS 对‘豫杂一号’泡桐丛枝病幼苗形态变化影响结果（表 12-12 和图 12-12）表明，不同浓度 MMS 对丛枝病幼苗形态变化的作用有明显差异。随着 MMS 浓度升高，丛枝病幼苗形态上转变为健康幼苗（图 12-12B～E），当 MMS 浓度达到 80mg/L 时，部分幼芽干枯（图 12-12 F），并且随着 MMS 浓度的继续升高，幼芽干枯现象越来越严重（图 12-12 G）。在幼芽生根方面，相同培养时间内，随着 MMS 浓度升高，生根率逐渐下降。当 MMS 浓度为 120mg/L 时，培养 30 天的有芽生根率只有 1.7%。另外，随 MMS 浓度升高，幼芽生第一条根的时间也逐渐延迟。也就是说，高浓度的 MMS 抑制了‘豫杂一号’泡桐丛枝病幼苗根的形成。在本试验浓度范围内，MMS 对丛枝病幼苗腋芽生长和顶芽膨大均有明显的抑制作用。并且，随着 MMS 浓度增大，处理幼苗的叶色由淡黄色变为淡绿色再到绿色，并披刚毛；叶片由小变大再变小；节间距由短变为正常再变短。这说明，适宜浓度的 MMS 可使丛枝病幼苗转变为健康幼苗，如果浓度过高则可抑制幼苗生长，直至引起幼苗死亡。

表 12-12　MMS 对‘豫杂一号’泡桐丛枝病组培幼苗形态变化的影响

浓度/(mg/L)	生根率/%	生第一根时间/天	新生腋芽	新生叶片及节间变化	顶芽生长
0	100	6	有	叶片小、淡黄色，无刚毛，节间短	膨大
20	98.3	7	无	叶片淡绿色，有刚毛，节间正常	正常
40	86.7	9	无	叶片绿色，有刚毛，节间正常	正常
60	78.6	12	无	叶片绿色，有刚毛，节间正常	正常
80	66.7	16	无	叶片绿色，有刚毛，节间正常	正常
100	6.7	21	无	叶片小、绿色，有刚毛、节间短	正常
120	1.7	30	无	—	死亡

（二）MMS 对毛泡桐丛枝病幼苗形态变化的影响

由 MMS 处理毛泡桐丛枝病幼苗形态变化结果（表 12-13 和图 12-13）可以看出，丛枝病幼苗形态变化与 MMS 浓度密切相关。随着 MMS 浓度升高，丛枝病幼苗形态上转变为健康幼苗（图 12-13B～G）。但是，当 MMS 浓度等于或大于 80mg/L 时，处理幼苗的生长明显受到抑制（图 12-13 E～G）。在幼芽生根方面，相同 MMS 浓度下，随着培养时间延长，幼芽生根率逐渐升高，但不同 MMS 浓度间存在着明显

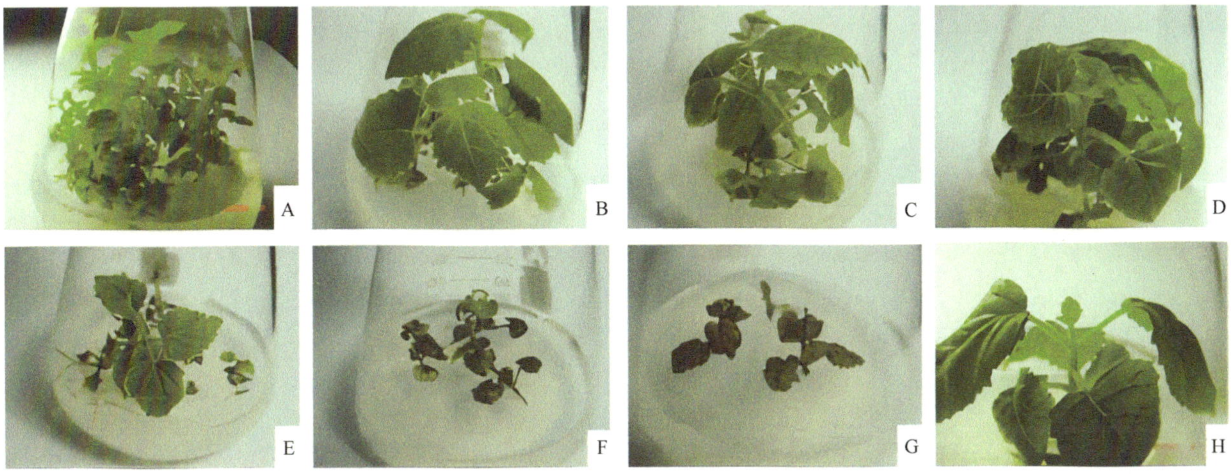

图 12-12　不同浓度 MMS 处理后‘豫杂一号’泡桐丛枝病幼苗的形态变化

A. 病苗；B. 20mg/L；C. 40mg/L；D. 60mg/L；E. 80mg/L；F. 100mg/L；G. 120mg/L；H. 健康苗

差异；相同培养时间内，随着 MMS 浓度增大，幼芽生根率变化趋势不同。培养 10 天时，随着 MMS 浓度增大，幼芽生根率逐渐降低；培养 20 天和 30 天时，除 MMS 浓度分别等于或小于 40mg/L 和 60mg/L 处理幼芽生根率皆可达到 100%外，其余幼芽的生根率则随 MMS 浓度增大逐渐降低。当 MMS 浓度为 120mg/L 时，培养 30 天的幼芽生根率只有 30%。此外，随 MMS 浓度升高，幼芽生第一条根的时间也逐渐延迟。也就是说，高浓度 MMS 抑制了毛泡桐丛枝病幼芽根诱导，从而在一定程度上导致高浓度 MMS 处理幼苗生长量的下降。在本试验浓度范围内，MMS 对丛枝病幼苗腋芽生长和顶芽膨大都有明显的抑制作用，并且，随着 MMS 浓度的增大，处理幼苗的叶色由淡黄色变为淡绿色和绿色，并披刚毛；叶片由小变大再变小；节间距由短变为正常再变短。这些观察结果说明，适宜浓度的 MMS 可使毛泡桐丛枝病幼苗转变为健康幼苗，但浓度过高则能抑制幼苗生长。该现象的产生可能与过高浓度 MMS 使毛泡桐 DNA 发生超甲基化，关闭幼苗生长相关基因有关。

表 12-13　MMS 对毛泡桐丛枝病组培幼苗形态变化的影响

浓度/(mg/L)	生根率/%	生第一根时间/天	新生腋芽	新生叶片及节间变化	顶芽生长
0	100	6	有	叶片小、淡黄色，无刚毛，节间短	膨大
20	100	6	无	叶片淡绿色，有刚毛，节间正常	正常
40	100	7	无	叶片绿色，有刚毛，节间正常	正常
60	100	9	无	叶片绿色，有刚毛，节间正常	正常
80	80.0	10	无	叶片绿色，有刚毛，节间正常	正常
100	58.3	11	无	叶片绿色，有刚毛，节间短	正常
120	30.0	16	无	叶片小、绿色，有刚毛，节间短	正常

（三）MMS 对白花泡桐丛枝病幼苗形态变化的影响

MMS 处理白花泡桐丛枝病幼苗形态变化结果（表 12-14 和图 12-14）表明，不同浓度 MMS 对丛枝病幼苗形态变化影响差异明显。在试验设置浓度范围内，丛枝病幼苗形态上皆可转变为形态上无丛枝病症状的幼苗（图 12-14 B～G），但随着浓度升高，MMS 对幼苗生长的抑制作用越来越明显。当 MMS 浓度大于 80mg/L 时幼苗基部叶片出现干枯现象，并且随着 MMS 浓度升高，叶片干枯现象愈发严重（图 12-14 F、G）。在幼芽生根方面，同一 MMS 浓度下，随着培养时间的延长生根率逐渐升高；相同培养时间内，随着 MMS 浓度升高，生根率逐渐下降。当 MMS 浓度为 120mg/L 时，培养 30 天的有芽生根率只有 26.3%。此外，随 MMS 浓度升高，幼芽生第一条根的时间也逐渐延迟。也就是说，高浓度的 MMS 抑制了白花泡

图 12-13　不同浓度 MMS 处理后毛泡桐丛枝病幼苗的形态变化

A. 病苗；B. 20mg/L；C. 40mg/L；D. 60mg/L；E. 80mg/L；F. 100mg/L；G. 120mg/L；H. 健康苗

桐丛枝病幼苗根的形成。此外，MMS 对丛枝病幼苗腋芽生长和顶芽膨大都有明显的抑制作用。并且 MMS 对白花泡桐丛枝病幼苗的形态特征具有明显的消除作用。MMS 处理丛枝病幼苗的叶色由淡黄色变为绿色，并披刚毛；叶片由小变大再变小；节间距由短变为正常。以上结果表明，一定浓度 MMS 可使白花泡桐丛枝病幼苗形态上转变为健康幼苗，但过高浓度的 MMS 则能抑制幼苗生长。

表 12-14　MMS 对白花泡桐丛枝病组培幼苗形态变化的影响

浓度/(mg/L)	生根率/%	生第一根时间/天	新生腋芽	新生叶片及节间变化	顶芽生长
0	100	6	有	叶片小、淡黄色，无刚毛，节间短	膨大
20	100	7	无	叶片淡绿色，有刚毛，节间正常	正常
40	100	9	无	叶片绿色，有刚毛，节间正常	正常
60	85.5	12	无	叶片绿色，有刚毛，节间正常	正常
80	57.5	15	无	叶片绿色，有刚毛，节间正常	正常
100	30.8	17	无	叶片绿色，有刚毛，节间短	正常
120	26.3	19	无	叶片小、绿色，有刚毛，节间短	正常

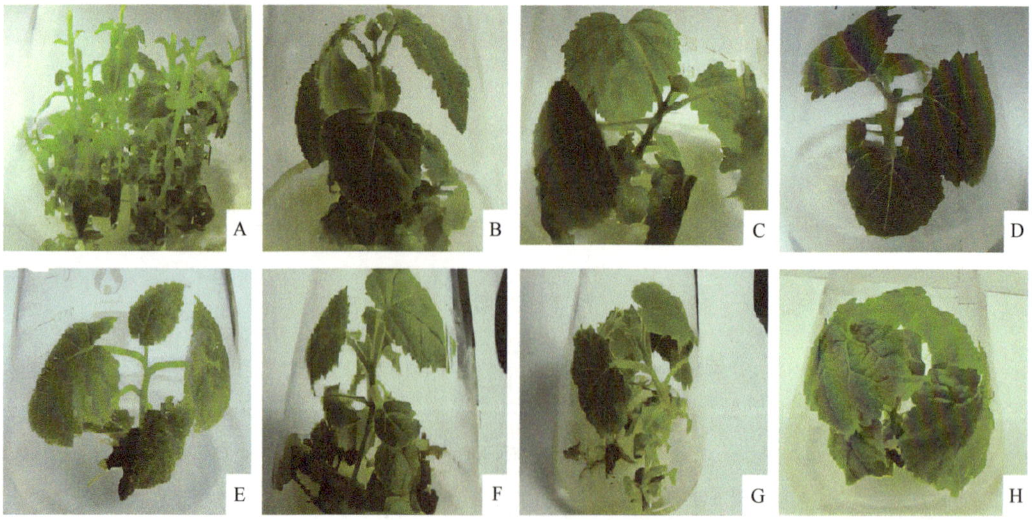

图 12-14　不同浓度 MMS 处理后白花泡桐丛枝病幼苗的形态变化

A. 病苗；B. 20mg/L；C. 40mg/L；D. 60mg/L；E. 80mg/L；F. 100mg/L；G. 120mg/L；H. 健康苗

（四）硫酸二甲酯对‘豫杂一号’泡桐丛枝病幼苗形态变化的影响

不同浓度、不同时长硫酸二甲酯溶液浸泡处理对‘豫杂一号’泡桐丛枝病幼苗形态变化的影响结果（表 12-15 和图 12-15）表明，硫酸二甲酯对‘豫杂一号’泡桐丛枝病发生具有一定的抑制作用。当硫酸二甲酯浓度为 10mg/L 时，处理后的丛枝病幼苗无腋芽萌发，新生叶片密披刚毛、叶色淡绿色，节间稍长，呈现健康幼苗形态。当硫酸二甲酯浓度为 25～75mg/L 时，虽然处理病苗的叶片变大、披刚毛，但

表 12-15　硫酸二甲酯对‘豫杂一号’泡桐丛枝病泡桐组培幼苗形态变化的影响

浓度/(mg/L)	处理时间/h	不同生根率/%			新生腋芽	新生叶片及节间距	顶芽生长
		10 天	20 天	30 天			
0		96.7	100	100	有	叶片小、淡黄色，无毛，节间短	膨大
25	3	56.7	66.7	73.3	无	叶片绿色，有刚毛，节间正常	正常
	5	50	56.7	63.3	无	叶片绿色，有刚毛，节间正常	正常
	7	45.8	53.3	54.2	无	叶片绿色，有刚毛，节间正常	正常
50	3	40	50	56.7	无	叶片绿色，有刚毛，节间正常	正常
	5	36.7	46.7	46.7	无	叶片绿色，有刚毛，节间正常	正常
	7	0	20	38.9	无	叶片绿色，有刚毛，节间正常	正常
75	3	10	10	10	无	叶片绿色，有刚毛，节间正常	正常
	5	6.7	10	13.3	无	叶片绿色，有刚毛，节间正常	正常
	7	0	0	0	死亡	死亡	死亡
100	3	0	0	0	死亡	死亡	死亡
	5	0	0	0	死亡	死亡	死亡
	7	0	0	0	死亡	死亡	死亡
150	3	0	0	0	死亡	死亡	死亡
	5	0	0	0	死亡	死亡	死亡
	7	0	0	0	死亡	死亡	死亡
200	3	0	0	0	死亡	死亡	死亡
	5	0	0	0	死亡	死亡	死亡
	7	0	0	0	死亡	死亡	死亡

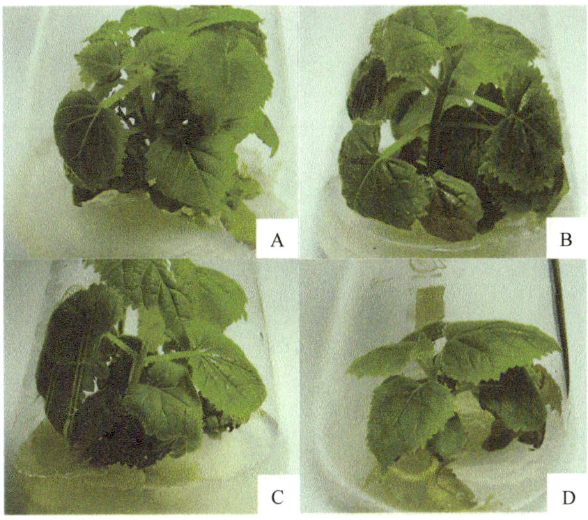

图 12-15　不同浓度硫酸二甲酯处理后‘豫杂一号’泡桐丛枝病幼苗的形态变化

A. 病苗；B. 25mg/L；C. 50mg/L；D. 75mg/L

生长量逐渐下降。此外，随着硫酸二甲酯浓度增大，浸泡时间的增加丛枝病幼芽生根数量逐渐减少，直至当浓度为 100mg/L 时，不管浸泡时间多长幼芽不能生根甚至死亡。当硫酸二甲酯浓度等于或大于 100mg/L 时，因毒害作用，处理幼苗全部死亡。该结果说明，硫酸二甲酯可使丛枝病幼苗形态呈现健康状态，但抑制了幼苗的生长量直至幼苗死亡。造成该结果的原因可能与硫酸二甲酯在抑制泡桐植原体生长、分裂的同时，也抑制了泡桐本身生长涉及的一系列生理生化过程中蛋白质的合成。

三、激素和抗生素处理对丛枝病泡桐苗形态变化的影响

（一）激素处理对丛枝病泡桐苗形态变化的影响

健康泡桐苗木没有腋芽，叶片上刚毛多，叶片大且叶色深绿色。因此，用激素及激素和抗生素处理患丛枝病泡桐苗木，从腋芽的有无、叶片上刚毛的变化及叶片大小和颜色的变化等方面，比较了不同处理的苗木形态上的差异，以观察不同处理的泡桐丛枝病变化情况。

观察继代一次 25 天后形态变化（表 12-16）发现，除处理①、④及⑦外，其他处理根部都膨大，根部长势旺而苗长势差。NAA 浓度相同，吲哚丁酸（IBA）浓度小时根部突起大，培养基内加 NAA 而不加 IBA 时根部基本不膨大，各处理的苗都有小腋芽，不加 IBA 培养基表面均有白色茸毛且根部都向下伸展，而加 IBA 后须根多，接近培养基处腋芽长势好。处理①是直接在 1/2MS 培养基上生长的丛枝病苗，其叶片光滑且没有出现刚毛，而健康泡桐苗刚毛明显，处理④及⑦叶片上的刚毛较多，因此这两个处理可能有呈健康苗的趋势，也就是 NAA 和脱落酸（Abscisic Acid，ABA）对抑制丛枝病效果较好。

表 12-16　激素处理第 1 代苗木形态变化

处理编号	根的变化	腋芽变化	叶片刚毛变化	叶片及苗变化
①	有少量根	有	无	小，叶尖变粗
②	膨大，须根多	有	少量刚毛	小
③	膨大，须根多	有	少量刚毛	小
④	不膨大，少量根	有	刚毛多	小
⑤	膨大，须根多	有	少量刚毛	小，苗顶端已枯
⑥	膨大，须根多	有	少量苗有刚毛	小，苗长势差
⑦	不膨大，少量根	有	刚毛较多	小
⑧	膨大，须根多	有	少量苗有刚毛	小
⑨	膨大，少量苗须根多	有	少量苗有刚毛	小

观察继代二次 25 天后形态变化（表 12-17）发现，处理④苗木长势好，叶片大。处理①叶片颜色较其他处理的深，顶端呈现丛枝病症状明显。处理⑥和⑦的苗顶端稍有变粗。处理③根部膨大程度较其他处理大。处理⑨的须根较其他处理的多。每个处理都还有腋芽，除处理①外其他处理叶片上都有或多或少的刚毛，也就是激素处理对抑制丛枝病有一定的效果。总体上每个处理都还有腋芽，叶片和苗木长势壮的腋芽长势也好，腋芽生长没有减轻的趋势。处理④及处理⑦叶片上的刚毛较多，叶片大且长势旺，丛枝病症状较第一次继代轻。

观察继代三次 25 天后形态变化（表 12-18）发现，叶片、腋芽和苗高基本上没有变化，变化主要发生在根部。处理④形成刚毛较多，除处理①外其他处理都有少量刚毛形成，各个处理都还有腋芽。处理④及⑦的根部不膨大，可能与所加激素的种类和浓度有关，这两个处理的苗长得最高，叶片最大，并且叶片形状酷似健康叶片，丛枝病症状较第二次继代轻。

表 12-17　激素处理第 2 代苗木形态变化

处理编号	根的变化	腋芽变化	叶片刚毛变化	叶片及苗变化
①	根变长向下伸展	有，但长势差	无	小，苗顶端粗
②	向下伸展须根多	有，但长势差	少量刚毛	少，淡绿，苗矮
③	膨大，须根多	有，但长势差	少量刚毛	少，淡绿，苗矮
④	根向下伸展多	有，基部长势旺	刚毛多	大，长势旺
⑤	粗壮，向下伸展	有，长势旺	少量刚毛	大，长势旺
⑥	粗壮，向下伸展	有，长势一般	少量刚毛	大，长势旺
⑦	根部向下伸展	有，基部长势旺	刚毛较多	大，颜色深
⑧	向下伸展须根多	有，基部长势旺	少量刚毛	大，颜色淡绿
⑨	向下伸展须根多	有，基部长势旺	少量刚毛	较大，颜色淡绿

表 12-18　激素处理第 3 代苗木形态变化

处理编号	根的变化	腋芽变化	叶片刚毛变化	叶片及苗变化
①	有少量根	有	无	小，顶端变粗
②	膨大，须根多	有，基部长势旺	少量刚毛	小，苗长高
③	膨大，须根多	有，基部长势旺	少量刚毛	小，苗长高
④	不膨大，向下伸展	有	刚毛多	大，苗节间短
⑤	膨大，须根多	有，但不明显	少量刚毛	小，苗长高
⑥	膨大，须根多	有，但较小	少量刚毛	小，苗长高
⑦	不膨大，须根多	有，基部长势旺	少量刚毛	大，苗长高
⑧	膨大，须根多	有，基部长势旺	少量刚毛	小，苗较高
⑨	膨大，须根多	有	少量刚毛	小，苗长高

观察继代四次 25 天后形态变化（表 12-19）发现，各处理基本都还有腋芽，但是处理⑧及⑨的腋芽变少了，可能是苗长势差造成的也可能是所加激素的种类和浓度等其他的原因造成的。处理④叶片颜色比处理⑦深且大，处理④及⑦叶片上的刚毛较多，其他加激素处理的苗上刚毛少，除这两个处理外，其他处理苗木长势不理想且较矮。除处理①和⑨外基本都有须根生成，这可能是处理①使病苗长得慢，而处理⑨所加激素浓度太高造成的。除处理④外，其他加激素的处理苗的颜色都变浅了且叶片变光滑了，总体上还是处理④及⑦的苗长势好，叶片上刚毛多且腋芽较其他加激素处理的少，这两个处理有健康苗的趋势，丛枝病症状较第三次继代轻。

表 12-19　激素处理第 4 代苗木形态变化

处理编号	根的变化	腋芽变化	叶片刚毛变化	叶片及苗变化
①	部分没有生根	有	无	小，苗长势差
②	膨大，须根多	有	少量刚毛	叶色浅光滑，苗长势差
③	膨大，苗大须根多	有	少量刚毛	叶色浅光滑，苗长势差
④	不膨大，有须根	有	刚毛多	大，色深，苗长势好
⑤	膨大，须根不多	有	少量刚毛	叶色浅光滑，苗长势差
⑥	膨大，须根不多	有	少量刚毛	叶色浅光滑，苗长势差
⑦	不膨大，有须根	有	刚毛较多	大，色浅光滑，长势好
⑧	膨大，有须根	有，但少量	少量刚毛	叶色浅光滑，苗长势差
⑨	膨大，无须根	有，但少量	少量刚毛	叶色浅光滑，苗长势差

观察继代五次 25 天后形态变化（表 12-20）发现，处理①和⑨叶片上没有发现刚毛，其他处理都有刚毛出现，每一处理或多或少都有须根形成，这可能是处理①没有加激素而处理⑨所加激素浓度过高造成的。处理②及③叶片较光滑，但处理②叶片上的刚毛较处理③多，处理④及⑦根部没有膨大且苗大叶

片也大，处理④叶片上的刚毛较处理⑦多且叶片颜色较处理⑦深，但两处理均有腋芽，除处理④及⑦叶片大外，其他处理叶片都较小，这两个处理丛枝病症状较第四次继代轻。

表 12-20　激素处理第 5 代苗木形态变化

处理编号	根的变化	腋芽变化	叶片刚毛变化	叶片及苗变化
①	少量细根	有所减少	无	小，苗顶端较粗
②	膨大，须根变长	有，较少	少量刚毛	小，叶色浅，叶片光滑
③	膨大，须根变长	有，较少	少量刚毛	小，叶色浅，叶片光滑
④	不膨大，须根多	有，但极少量	刚毛多	大，叶色深，叶片光滑
⑤	膨大，有须根	有，但极少量	少量刚毛	小，叶色浅，叶片光滑
⑥	膨大，须根少	有，较少	少量刚毛	小，叶片光滑
⑦	不膨大，少量须根	有，较少	刚毛较多	大，叶色深叶片光滑
⑧	膨大，少量须根	有，较少	少量刚毛	小，叶片光滑
⑨	膨大，须根少	无	无	小，叶片光滑

一般病苗叶片上刚毛少，而健康叶片上刚毛多、苗木叶片粗糙并且没有腋芽。因此，叶片上刚毛多且腋芽少的丛枝病症状较轻。综合以上 5 次继代苗木形态上变化发现，随着生长素浓度（在一定的范围内）的增大，腋芽的长势变差，丛枝症状有所减轻。这说明通过施加外源激素处理植物重现了内源激素的部分功能，因此激素处理对丛枝病症状的减轻有一定的作用。9 个处理的苗木丛枝病症状都随继代次数的增多而减轻。

（二）激素和抗生素处理对丛枝病泡桐苗形态变化的影响

通过观察激素和抗生素 16 个处理 25 天后形态变化（表 12-21）发现，刚长出的苗都没有腋芽，培养基中加抗生素利福平的苗长势比不加利福平的好，这些苗的叶片上刚毛明显且叶片深绿。每一个处理都有刚毛形成，而且多数处理刚毛多且明显，呈健康苗明显的处理刚毛明显且叶片深绿。处理①的苗木长势差、苗萎蔫，可能是所加利福平和四环素浓度太高对植物产生了毒害作用导致的。

表 12-21　激素和抗生素处理苗木形态变化

处理编号	根及培养基面的变化	腋芽变化	叶片刚毛变化	叶片及苗变化
①	有根，表面白色茸毛极少	少量腋芽	刚毛较②少	叶片浅绿，苗枯死率高
②	有根，表面白色茸毛极少	少量腋芽	刚毛明显	叶片浅绿且光滑
③	有根，表面无白色茸毛	大苗无腋芽	刚毛明显	叶片浅绿，苗有枯死发生
④	有根，表面无白色茸毛	少量腋芽	刚毛明显	叶片浅绿，苗有枯死发生
⑤	有根，表面白色茸毛极少	大苗有腋芽	刚毛明显	叶片浅绿，呈明显健康苗
⑥	有根，表面有白色茸毛	大苗有腋芽	刚毛明显	叶片浅绿，呈明显健康苗
⑦	有根，表面有白色茸毛	少量腋芽	刚毛明显	叶片浅绿，呈明显健康苗
⑧	有根，表面有白色茸毛	无腋芽	刚毛明显	叶片深绿，呈明显健康苗
⑨	有根，表面有白色茸毛	无腋芽	刚毛明显	叶片深绿，呈明显健康苗
⑩	根少，表面白色茸毛少	无腋芽	刚毛明显	叶片深绿，呈明显健康苗
⑪	根少，表面白色茸毛少	无腋芽	刚毛明显且多	叶片深绿，呈明显健康苗
⑫	培养基上须根长	无腋芽	刚毛明显	叶片深绿，呈明显健康苗
⑬	有根，基部膨大	少量腋芽	刚毛不明显	叶片浅绿且光滑
⑭	有根，基部稍膨大	少量腋芽	刚毛较⑬多	叶片浅绿且光滑
⑮	根少，基部不膨大	少量腋芽	刚毛同⑭	叶片浅绿且光滑
⑯	根少，表面白色茸毛少	少量腋芽	少量刚毛	叶片黄绿且光滑

观察形态变化发现处理⑨～⑫的苗都没有腋芽出现且叶片深绿呈明显健康苗，这几个处理是 NAA＋ABA＋利福平组成的处理，都没有加四环素，但是处理⑧（3mg/L NAA＋0.01mg/L ABA＋80mg/L 利福平＋50mg/L 四环素）也没有出现腋芽且叶片深绿呈明显健康苗，这可能是因为四环素的浓度比较合适。其

他处理（NAA＋四环素＋利福平、NAA＋ABA＋利福平＋四环素、NAA＋四环素）都出现了或多或少的腋芽，叶片黄绿且光滑，这可能是因为所加四环素浓度不合适，或者所加的浓度对植物产生了毒害，或者不在四环素的作用范围内。因此经过形态变化比较发现，单纯加利福平的处理和利福平及四环素都加但四环素浓度较低（50mg/L）的处理抑制丛枝病效果较好。外部形态比较发现，处理⑨控制丛枝病较其他处理好。

第三节　丛枝病发生与泡桐组学变化的关系

一、泡桐丛枝病发生的转录组分析

（一）丛枝病发生特异相关转录本的鉴定

利用过去获得的 18 个白花泡桐样本的 lncRNA、circRNA 和 miRNA 转录组数据，通过分析鉴定出 PaWB 相关的 lncRNA、circRNA 和 miRNA。

1. MMS 模拟 PaWB 恢复和发生过程中转录本的鉴定

在 60mg/L MMS 模拟 PaWB 恢复过程中，筛选到 184 个表达量呈下降趋势的转录本（图 12-16A）

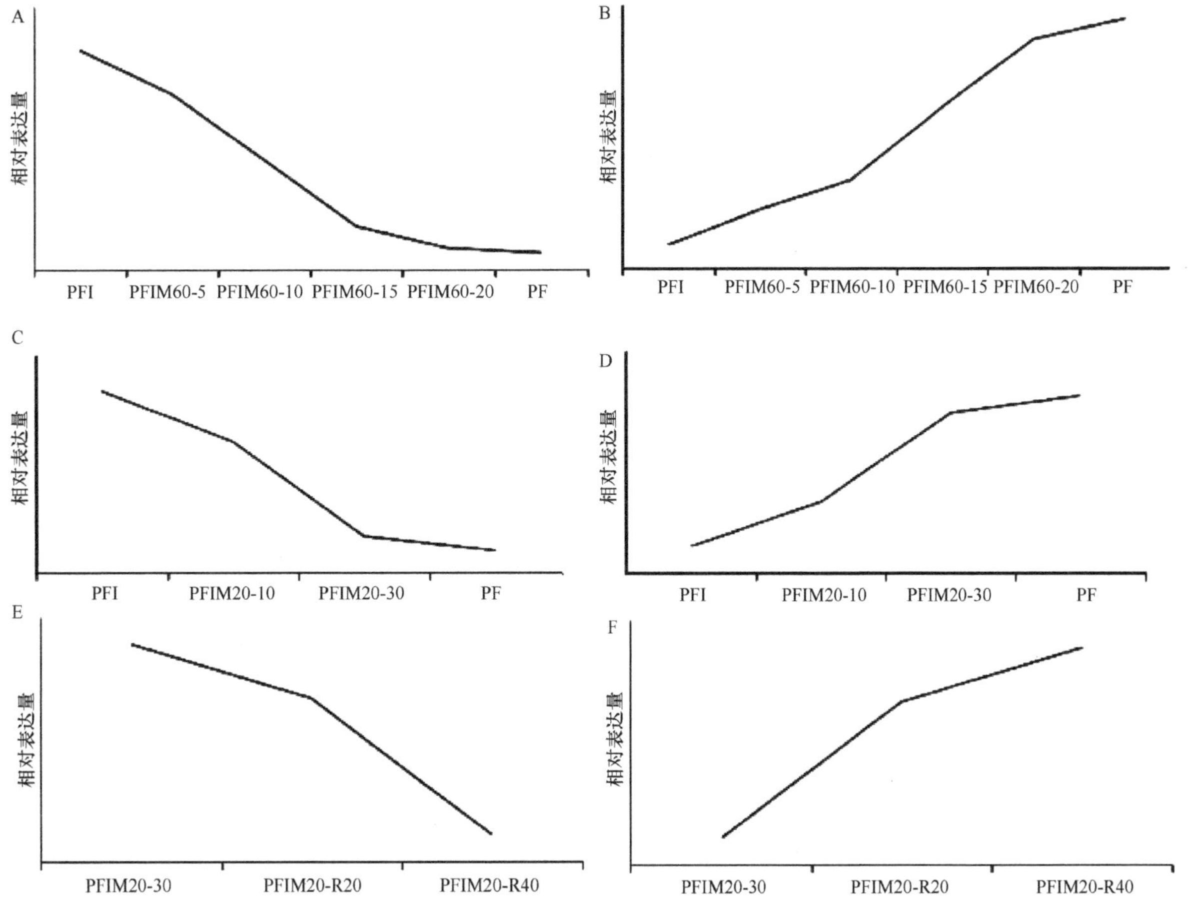

图 12-16　PaWB 相关 RNA 表达量变化趋势图

A. 60mg/L MMS 模拟 PaWB 恢复过程中 RNA 表达量呈下降趋势；B. 60mg/L MMS 模拟 PaWB 恢复过程中 RNA 表达量呈升高趋势；C. 20mg/L MMS 模拟 PaWB 恢复过程中 RNA 表达量呈下降趋势；D. 20mg/L MMS 模拟 PaWB 恢复过程中 RNA 表达量呈上升趋势；E. 20mg/L MMS 模拟 PawB 发病过程中 RNA 表达量呈下降趋势；F. 20mg/L MMS 模拟 PaWB 发病过程中 RNA 表达量呈上升趋势

和 225 个呈升高趋势（图 12-16B）的转录本（表 12-22）。同理，在 20mg/L MMS 模拟 PaWB 恢复过程中（图 12-16C、D），鉴定到表达量呈下降趋势的转录本 961 个，呈上升趋势的转录本 1104 个（表 12-23）；在 20mg/L MMS 模拟 PaWB 发病过程中（图 12-16E、F），鉴定到表达量呈下降和上升趋势的转录本 3903 个和 3003 个；然后找出同时在恢复过程中上调和发病过程中下调的转录本，结果鉴定到 293 个转录本，又鉴定到 169 个同时在恢复过程中下调和在发病过程中上调的转录本（图 12-17）。

表 12-22　60mg/L MMS 处理白花泡桐丛枝病苗对转录本的影响

比较组	表达量同时上升	表达量同时下降
PFI vs.PFIM60-5 和 PFIM60-5 vs.PF	3835	2747
PFI vs.PFIM60-10 和 PFIM60-10 vs.PF	6282	3813
PFI vs.PFIM60-15 和 PFIM60-15 vs.PF	5694	3512
PFI vs.PFIM60-20 和 PFIM60-20 vs.PF	5082	3384
所有比较组共同取交集	1083	557
去除不符合趋势后获得的转录本	225	184

表 12-23　20mg/L MMS 处理白花泡桐丛枝病苗对转录本的影响

比较组	表达量同时上升	表达量同时下降
PFI vs.PFIM20-10 和 PFIM20-10 vs.PF	3590	2631
PFI vs.PFIM20-30 和 PFIM20-30 vs.PF	3172	2654
所有比较组共同取交集	1972	1203
去除不符合趋势后获得的转录本	1104	961

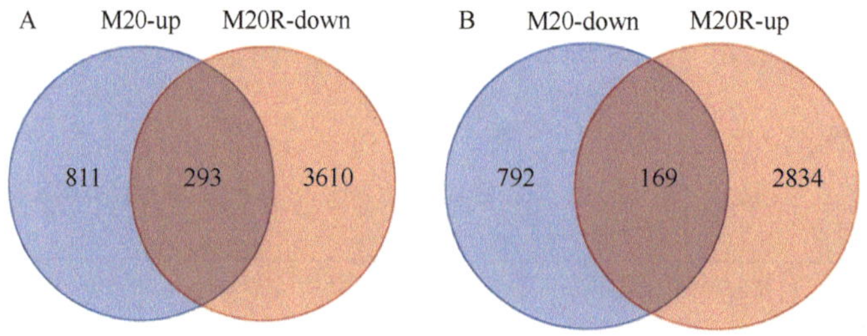

图 12-17　20mg/L MMS 处理组鉴定 PaWB 相关转录本

M20-up/down 表示 20mg/L MMS 处理组恢复过程中表达量升高/下降的转录本；M20R-up/down 表示 20mg/L MMS 处理组发病过程中表达量升高/下降的转录本

为了排除 MMS 试剂的影响，分别将 60mg/L 和 20mg/L MMS 组中获取的下调的转录本取交集，结果鉴定到 9 个 PaWB 相关的转录本。同理，在 60mg/L 和 20mg/L MMS 组中获取的上调的转录本筛选到 18 个 PaWB 相关的转录本（图 12-18）。这 27 个转录本是 MMS 处理组鉴定到的响应 PaWB 的转录本。

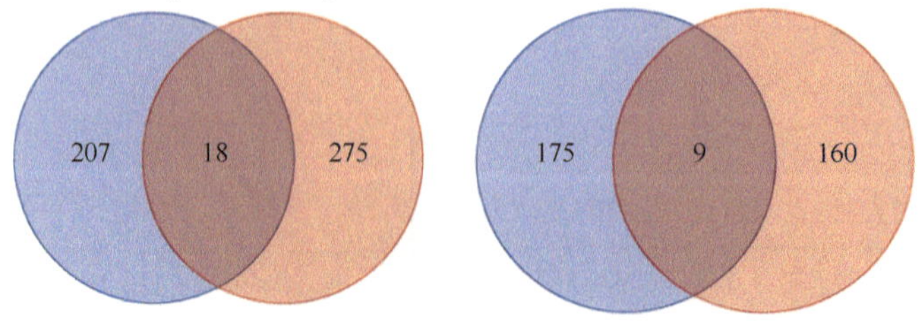

图 12-18　MMS 处理组鉴定 PaWB 相关转录本

M60-up/down 表示 60mg/L MMS 处理组恢复过程中表达量升高/下降的转录本；M20-up/down 表示 20mg/L MMS 处理组恢复过程中表达量升高/下降的转录本

2. Rif 模拟 PaWB 恢复和发病过程中转录本的鉴定

在 100mg/L Rif 模拟 PaWB 恢复过程中，筛选到表达量呈下降和升高趋势的转录本分别为 79 个和 47 个（表 12-24）。同理，在 30mg/L Rif 模拟 PaWB 恢复过程中，鉴定到表达量呈下降趋势的转录本 687 个，上升趋势的转录本 691 个（表 12-25）；在 30mg/L Rif 模拟 PaWB 发病过程中，鉴定到表达量呈下降和上升趋势的转录本 2000 个和 4254 个；然后找出同时在恢复过程中上调和发病过程中下调的转录本，结果鉴定到 50 个转录本，又鉴定到 62 个同时在恢复过程中下调和发病过程中上调的转录本（图 12-19）。

表 12-24　100mg/L Rif 处理白花泡桐丛枝病苗对转录本的影响

比较组	表达量同时上升	表达量同时下降
PFI vs.PFIL100-5 和 PFIL100-5 vs.PF	2398	1961
PFI vs.PFIL100-10 和 PFIL100-10 vs.PF	2747	2294
PFI vs.PFIL100-15 和 PFIL100-15 vs.PF	2275	2016
PFI vs.PFIL100-20 和 PFIL100-20 vs.PF	3307	3001
所有比较组共同取交集	335	277
去除不符合趋势后获得的转录本	79	47

表 12-25　30mg/L Rif 处理白花泡桐丛枝病苗对转录本的影响

比较组	表达量同时上升	表达量同时下降
PFI vs. PFIL30-10 和 PFIL30-10 vs.PF	3295	2084
PFI vs. PFIL30-30 和 PFIL30-3 vs.PF	2366	2289
所有比较组共同取交集	1072	897
去除不符合趋势后获得的转录本	691	687

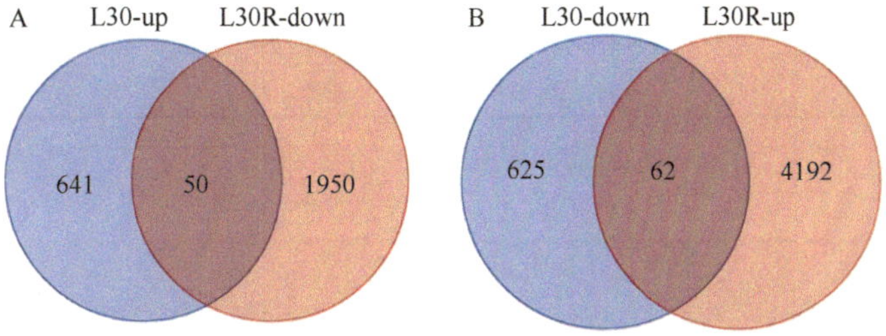

图 12-19　30mg/L Rif 处理组鉴定 PaWB 相关转录本

L30-up/down 表示 30mg/L Rif 处理组恢复过程中表达量升高/下降的转录本；
L30R-up/down 表示 30mg/L Rif 处理组发病过程中表达量升高/下降的转录本

为了排除 Rif 试剂的影响，分别将 100mg/L 和 30mg/L Rif 组中获取的下调的转录本取交集，结果鉴定到 8 个 PaWB 相关的转录本。同理，在 100mg/L 和 30mg/L Rif 组中获取的上调的转录本中筛选到 11 个与 PaWB 相关的转录本（图 12-20）。这 19 个转录本是 Rif 处理组鉴定到的响应 PaWB 的转录本。

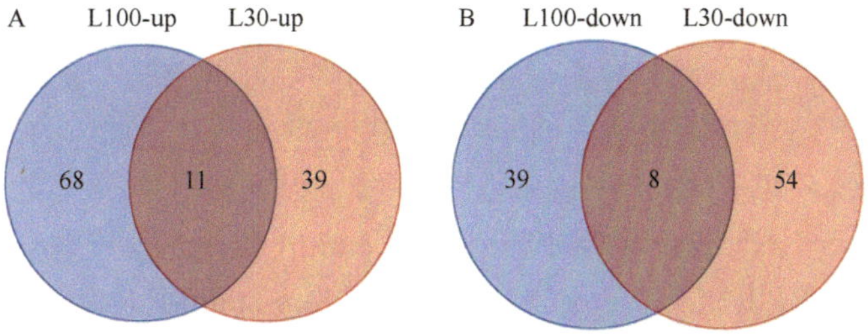

图 12-20　Rif 处理组鉴定 PaWB 转录本

L100-up/down 表示 100mg/L Rif 处理组恢复过程中表达量升高/下降的转录本；
L30-up/down 表示 30mg/L Rif 处理组恢复过程中表达量升高/下降的转录本

为了进一步排除MMS和Rif试剂的影响，将MMS处理组和Rif组处理组分别鉴定到的27个和19个PaWB相关的转录本进行对比，结果鉴定到17个与PaWB发生特异相关的转录本（表12-26和图12-21）。其中，在病苗中上调的基因主要有肌醇加氧酶（MIXO）、葡萄糖醛酸激酶（GLCAK）、9-顺式-环氧类胡萝卜素双加氧酶（NCED）等基因，这些基因主要参与了ABA信号转导、抗坏血酸代谢、磷酸肌醇代谢、糖类代谢、精氨酸和脯氨酸代谢及蛋白质的合成；下调的基因主要有cullin 1（CUL1）、泛素结合酶E2（E2）、squamosa启动子结合蛋白3（SPL3）等基因，它们主要参与泛素化介导的蛋白质降解及油菜素内酯的合成等。

表 12-26　PaWB 相关转录本

	转录本编号	功能注释	PF vs.PFI
1	Paulownia LG6G001100.1	多聚半乳糖醛酸酶（Pg）	下调
2	Paulownia LG3G000746.1	cullin 1（CUL1）	下调
3	Paulownia_LG5G000813.1	泛素结合酶 E2（E2）	下调
4	Paulownia_LG1G000147.1	squamosa 启动子结合蛋白 3（SPL3）	下调
5	Paulownia LG6G000583.1	squamosa 启动子结合蛋白 6（SPL6）	下调
6	Paulownia LG18G001137.1	脱落酸受体 Pyr1（Pyrl）	上调
7	Paulownia LG2G000706.1	肌醇加氧酶（MIXO）	上调
8	Paulownia_LG12G000481.1	葡糖醛酸激酶（GLCAK）	上调
9	Paulownia LG19G000854.1	延伸因子 1-α（eEF1A）	上调
10	Paulownia_LG11G000198.1	MADS box 蛋白（MADS-box）	上调
11	Paulownia LG0G000678，1	9-顺式-环氧类胡萝卜素双加氧酶（NCED）	上调
12	Paulownia_LG0G001995.1	泛素化结构域蛋白 DSK2a（DSK2）	下调
13	Paulownia LG5G000863.1	质体移动受损蛋白 2（PMI2）	下调
14	Paulownia LG10G001080.1	蓝光下的叶绿体运动蛋白 1（WEB1）	下调
15	Paulownia_LG5G000832.1	泛素化受体 Rad23c（RAD23）	下调
16	Paulownia_LG16G001329.1	叶绿体积累响应所需的 J 结构域蛋白（JAC1）	下调
17	Paulownia_LG14G000206.1	BRANCHED1-like（BRC1）	上调

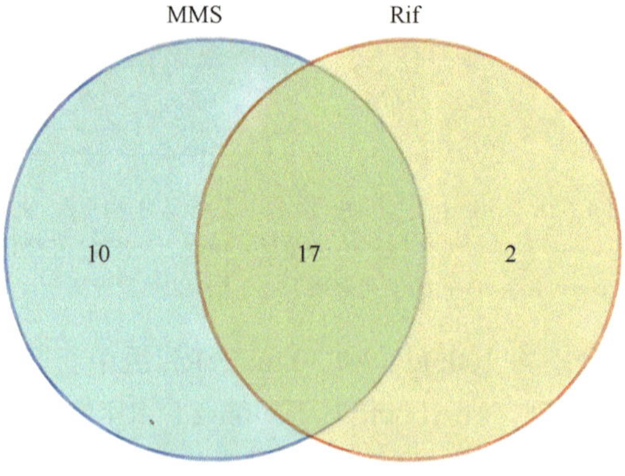

图 12-21　PaWB 相关转录本

多聚半乳糖醛酸酶（Pg）是一种果胶酶，在细胞壁的降解过程中起重要作用，先前研究表明，在泡桐中，木质素合成相关基因在感病后表达上调，以加固细胞壁来抵抗植原体的入侵（Fan et al.，2015a）。研究发现，感病后Pg下调，可能与增强细胞壁强度有关，这是泡桐对植原体入侵的一种响应。

cullin是真核细胞中能够调节细胞周期的调控因子。cullin1是泛素连接酶复合体的核心成分，其作为支架蛋白与SKP1蛋白、ROC蛋白及F-box蛋白一起构成Skp-cullin-F-box protein（SCF）复合体，SCF在生长素、茉莉酸信号转导、昼夜节律、泛素化等方面有重要的作用（任春梅，2004），这些代谢过程都与PaWB相关（Fan et al.，2015a；2015c；2015d）。cullin1的上调可以促进细胞增殖（周海云，2017）。感病后cullin1表达量升高，可能与腋芽丛生相关。

泛素结合酶 E2 是催化泛素与底物蛋白结合的第二个酶，在泛素化过程中起到关键作用，可将第一步活化的泛素转移到 E2 的半胱氨酸巯基上，进而与底物蛋白结合，对泛素化修饰的特异性和精准性起关键作用（Baloglu and Patir，2014）。在拟南芥中，泛素结合酶 E2 可以通过调控抗病基因来调节植物的抗病性（Unver et al.，2013）。水茄泛素结合酶 E2 基因能够响应黄萎病菌诱导过程（刘炎霖等，2015）。这些研究表明，泛素结合酶 E2 直接或者间接调控植物的逆境反应过程，推测泛素结合酶 E2 参与了对 PaWB 的响应。

SPL 家族蛋白是植物特有的一类具有多功能的转录因子，该家族成员蛋白质都含有 SBP 结构域，该结构域包含 2 个 Zn^{2+} 结合位点和 1 个核定位信号序列，在植物的生长发育和抗逆中起重要的调控作用（雷凯健和刘浩，2016）。大豆中，*SPL9d* 参与了分枝的调控（Sun et al.，2019b）。水稻中，*SPL14* 的突变可产生“理想株型”的水稻，突变体分蘖减少，抗倒伏，产量增加（Jiao et al.，2010；Miura et al.，2010）。同时，Wang 等（2018b）发现 *SPL6* 和穗顶端退化的“秃顶”表型有关，会造成顶端优势丧失。有研究表明，SPL 基因能影响类胡萝卜素合成相关基因类胡萝卜素裂解二氧合酶 7 的表达，该基因可以调控分蘖表型（Wang et al.，2020）。因此，推测 *SPL3/6* 可能与 PaWB 丛枝症状的产生相关。

植物生活在复杂多变的环境中，在这些环境中，植物与各种各样的微生物或病原体相互作用。植物与其攻击者之间相互作用的进化为植物提供了高度复杂的防御系统，与动物先天免疫系统一样，能识别病原体分子并激活防御反应。多种激素在该网络的调节中发挥着关键作用，这些激素的信号通路以拮抗或协同方式交叉联系，为植物提供了强大的适应能力，可以精细调节其免疫反应（Pieterse et al.，2009）。

植物激素参与调控各种生理代谢活动，较为典型的 5 类激素是生长素、赤霉素、细胞分裂素、脱落酸和乙烯。在泡桐丛枝病的研究中，科研工作者发现泡桐丛枝病的发生与激素水平的变化有关（王蕤等，1981）。脱落酸（ABA）在植物生长发育过程中起着重要的作用，9-顺式-环氧类胡萝卜素双加氧酶（NCED）在 ABA 的生物合成中起着重要的作用，是一个关键酶（Zhang et al.，2009）。NCED 在病苗中的上调，可能会引起 ABA 合成的增加。有研究表明，ABA 有抑制植物茎生长的作用，在之前的研究中也发现 NCED 与泡桐丛枝病有关（Liu et al.，2013；Fan et al.，2014；2015a；2015c；2015d），故推断 NCED 可能与节间变短这一泡桐丛枝病症状相关。

抗坏血酸又称为维生素 C，是一种多功能代谢物质，可以通过各种方式清除体内过剩的活性氧，在植物生长发育及抗逆中具有非常重要的作用。在响应 PaWB 的转录本中，葡萄糖醛酸激酶（GLCAK）和肌醇加氧酶（MIOX）在感病后表达量上调，这可能会造成抗坏血酸合成的增加。研究表明，抗坏血酸有促进有丝分裂和细胞伸长的作用（Arrigoni et al.，1997；Fry，1998），推测这可能与泡桐丛枝病的腋芽丛生症状相关。

泛素化结构域蛋白 DSK2a 和泛素化受体 Rad23c 属于含有 N 端类泛素化结构域和 C 端泛素相关结构域的蛋白质家族，DSK2 和 RAD23 都作为穿梭蛋白，能将泛素化标记的蛋白质转运到蛋白酶体（Lowe et al.，2006）。在植原体感染的拟南芥中，RAD23 与花变叶形态的产生有关（MacLean et al.，2014）。BES1 是油菜素内酯信号传递的正调节剂，DSK2 和 BES1 互作参与了分枝的调控（Wang et al.，2013；Nolan et al.，2017）。根据 DSK2 和 RAD23 的功能推测，DSK2 可能与丛枝形态有关，RAD23 可能与花变叶有关，这两种形态都是泡桐丛枝病的症状。

MADS-box 是一类调控植物生长发育的转录因子，含有约 58 个氨基酸组成的保守 DNA 结合结构域，在花、茎、叶等器官的发育中起着关键作用（李成儒等，2020；Tang et al.，2020）。在马铃薯中，MADS-box 在腋生分生组织中高表达，其通过调节细胞生长来介导腋芽的发育（Rosin et al.，2003）。在台湾泡桐中，MADS-box 可调控植株的形态建成，过表达 MADS 的转基因泡桐会出现腋芽增多的现象（Prakash and Kumar，2002）。Duan 等（2006）发现 MADS-box 可负调控植物分枝分蘖的激素——油菜素内酯 BR 的信号转导。Fan 等（2014）在白花泡桐丛枝病的研究中鉴定到了与 PaWB 相关的油菜素内酯不敏感-相关受体激酶 1（BAK1），BAK1 参与了 BR 信号转导（Li et al.，2002）。本研究中，MADS-box 在病苗中表达量升高，brassinosteroid-6-oxidase 2（BR6OX2）是 BR 合成的关键基因（Shimada et al.，2003），BR6OX2 和 BAK1 在病苗中表达量降低，推测 MADS-box 可能通过 BR6OX2 和 BAK1 调控 BR 的合成及信号转导，进而调控分枝，造成丛枝症状出现。

TCP 转录因子家族在植物的生长发育中起着重要的作用，可调节植株形态建成，并通过激素信号转导途径响应生物和非生物胁迫（冯雅岚等，2018）。玉米中的 TEOSINTE BRANCHED 1（TB1）是最早发现的可调控分枝的 TCP 转录因子（Doebley et al.，1997）。在拟南芥中，编码 AtTCP18 的 BRANCHED1（BRC1）在腋芽的分枝信号调控中起着非常关键的作用，BRC1 是 TB1 的同源基因（Aguilar-Martínez et al.，2007）。在马铃薯中，StBRC1a 在腋芽中特异性高表达，并可调控分枝（冯爽爽等，2020）。Hu 等（2020）发现 BRCI 参与了有调控分枝作用的 BR 和独脚金内酯（SL）的信号转导。在豌豆中，PsBRC1 的表达受 SL 和细胞分裂素（cytokinin，CK）的影响，其可调控腋芽的生长（Braun et al.，2012）。Wang 等（2018a）发现小麦蓝矮植原体的效应子 SWP1 和 BRC1 互作，并导致丛枝症状的出现。BRC1 可能也与泡桐丛枝植原体的效应子互作，导致丛枝症状产生。之前的研究中发现 PaWB 的发生与 CK 含量变化有关，病苗中的 CK 合成相关基因表达量升高（王蕤等，1981；Mou et al.，2013），BRC1 也可能影响了 BR、SL 和 CK 的信号转导，造成了丛枝。

（二）丛枝病发生特异相关 miRNA 的鉴定

1. MMS 模拟 PaWB 恢复和发病过程中 miRNA 的鉴定

在 60mg/L MMS 模拟 PaWB 恢复过程中，筛选到表达量呈下降和升高趋势的 miRNA 分别有 14 个和 4 个。同理，在 20mg/L MMS 模拟 PaWB 恢复过程中，鉴定到表达量呈下降趋势的 miRNA19 个，呈上升趋势的 miRNA24 个；在 20mg/L MMS 模拟 PaWB 发病过程中，鉴定到表达量呈下降和上升趋势的 miRNA 分别有 64 个和 52 个；然后找出同时在恢复过程中上调和在发病过程中下调的 miRNA，结果鉴定到 5 个 miRNA，又鉴定到 4 个同时在恢复过程中下调和发病过程中上调的 miRNA。

为了排除 MMS 试剂的影响，分别将 60mg/L 和 20mg/L MMS 组中获取的下调的 miRNA 取交集，结果鉴定到 3 个 PaWB 相关的 miRNA。同理，在 60mg/L 和 20mg/L MMS 组中获取的上调的 miRNA 中筛选到 2 个与 PaWB 相关的 miRNA。这 5 个 miRNA 是 MMS 处理组鉴定到的响应 PaWB 的 miRNA。

2. Rif 模拟 PaWB 恢复和发病过程中 miRNA 的鉴定

在 100mg/L Rif 模拟 PaWB 恢复过程中，筛选到表达量呈下降和上升趋势的 miRNA 分别有 4 个和 3 个。同理，在 30mg/L Rif 模拟 PaWB 恢复过程中，鉴定到表达量呈下降趋势的 miRNA 36 个，呈上升趋势的 miRNA 29 个；在 30mg/L Rif 模拟 PaWB 发病过程中，鉴定到表达量呈下降和上升趋势的 miRNA 分别有 90 个和 61 个；然后找出同时在恢复过程中上调和发病过程中下调的 miRNA，结果鉴定到 8 个 miRNA，又鉴定到 7 个同时在恢复过程中下调和发病过程中上调的 miRNA。

为了排除 Rif 试剂的影响，分别将 100mg/L 和 30mg/L Rif 组中获取的下调 miRNA 取交集，结果鉴定到 3 个与 PaWB 相关的 miRNA。同理，在 100mg/L 和 30mg/L Rif 组中获取的上调的 miRNA 筛选到 2 个 PaWB 相关 miRNA。这 5 个转录本是 Rif 处理组鉴定到的 PaWB 相关 miRNA。

为了进一步排除 MMS 和 Rif 试剂的影响，本研究将 MMS 处理组和 Rif 组处理组鉴定到的 5 个 PaWB 相关 miRNA 进行对比，结果鉴定到 4 个与 PaWB 发生特异相关的 miRNA（表 12-27）。对在病苗中上调的 pf-miR156f-5p、pf-miR159a-3p 和 pf-miR169f 的靶基因进行 GO 和 KEGG 分析，结果显示，最显著富集的 5 个 GO 条目（图 12-22A）是花药发育、DNA 结合转录因子活性、DNA 结合、以 DNA 为模板的转录调控、花粉精细胞分化。植物激素信号转导、类胡萝卜素的生物合成、植物与病原体的相互作用、植物昼夜节律、脂肪酸延长是最显著富集的 5 个 KEGG 代谢通路（图 12-22B）。上调的 miRNA 主要涉及植物激素、昼夜节律和植物病原互作等过程。

表 12-27　**PaWB 相关 miRNA**

	miRNA 名称	靶基因个数	PF vs.PFI
1	pf-miR122	24	下降
2	pf-miR156f-5p	17	上升
3	pf-miR159a-3p	15	上升
4	pf-miR169f	2	上升

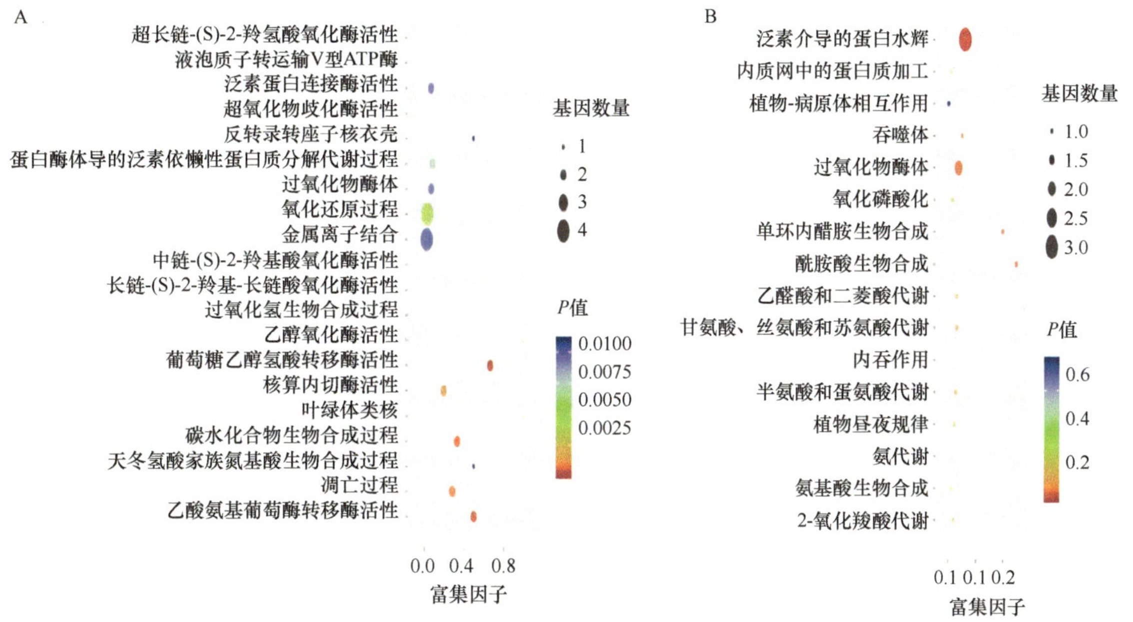

图 12-22　PaWB 相关且感病后上调的 miRNA 靶基因分析
A.GO 富集；B.KEGG 代谢通路富集

pf-miR122 在病苗中表达量降低，对其靶基因进行 GO 和 KEGG 分析，GO 富集结果显示，葡萄糖醛酸转移酶活性、乙酰氨基葡萄糖转移酶活性、碳水化合物的生物合成过程、凋亡过程、核酸内切酶活性是最显著富集的 5 个 GO 条目（图 12-23A）。最显著富集的 5 个 KEGG 代谢通路（图 12-23B）是泛素介导的蛋白质水解、赖氨酸生物合成、过氧化物酶体、抗生素生物合成、吞噬体。pf-miR122 主要与吞噬、泛素介导的蛋白水解、过氧化物酶体等有关。

经过上述分析，发现转录因子 MYB 在很多研究中都与植物抗逆有关（Thomas，2005；Fan et al.，2015a）。拟南芥感染丁香假单胞菌时，MYB30 在过敏反应中起到了调节作用（Raffaele et al.，2006）。在杨树中，MYB134 能响应病原体的侵染，同时发现 MYB134 的上调显著增加了转基因杨树中原花青素的浓度（Mellway et al.，2009）。pf-miR122 的靶基因 LRR 受体样丝氨酸/苏氨酸蛋白激酶 FLS2 基因、pf-miR159a-3p 的靶基因 MYB 功能域蛋白 30（MYB domain protein 30，MYB30）基因都参与了植物与病原相互作用。FLS2 在 Mou 等（2013）和 Liu 等（2013）的研究中被鉴定为响应丛枝病的基因。

光为高等植物的生长和发育提供了各种信号。在之前的研究中，Fan 等（2014）发现 MYB 转录因子 LHY、生物钟相关基因 1 和锌指蛋白 CO 基因等通过植物昼夜节律以响应植原体的入侵。pf-miR122 和 pf-miR159a-3p 共同的靶基因 MYB 转录因子 75（MYB75）、pf-miR159a-3p 的靶基因自由基锌指蛋白 DOF5.5（CDF1）都参与了植物昼夜节律这一代谢通路，本次鉴定到的 MYB75 是 MYB 转录因子 LHY 的下游基因，因此推测 pf-miR122 和 pf-miR159a-3p 可能通过植物昼夜节律来响应泡桐丛枝植原体的入侵。

miRNA156 是一种在植物中广泛存在的 miRNA，与植物的形态发育相关（Wang et al.，2019）。在拟南芥中，miR156 的过表达抑制了顶芽分生组织的活性，促进了腋芽的萌发和生长（Schwarz et al.，2008）。

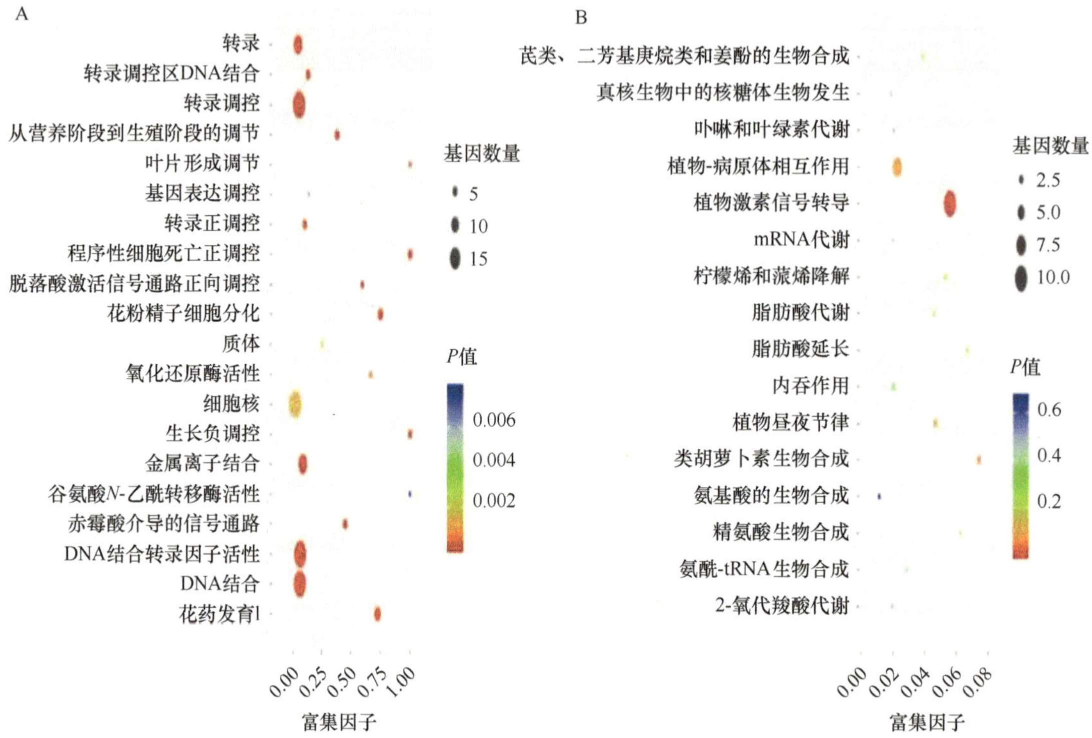

图 12-23　PaWB 相关且感病后下调的 miRNA 靶基因分析

A.GO 富集；B.KEGG 富集

miR156 可调控 SPL 基因在拟南芥叶原基中的表达量，抑制茎尖分生组织中新叶的生成，从而影响叶片的大小（Wang et al.，2008）。在水稻中，过表达 OsmiR156f 会造成分蘖增多的现象，同时也影响植株高度（Liu et al.，2015）。OsmiR156 及其靶基因 *OsSPL14* 影响水稻株形和产量（Jiao et al.，2010；Miura et al.，2010）。在苜蓿中，miRNA156 过表达植株出现了分枝增多、节间变短等表型；沉默其靶基因 *SPL13* 后，植株表现出侧枝增多（Gao et al.，2018）。在大豆中，miRNA156 过表达后，植株分枝增多、产量提高（Sun et al.，2019）。泡桐中 miR156f 在感病后表达上调，在毛果杨中过表达后植株出现异常分枝，推测其可能与 PaWB 的腋芽丛生相关。

（三）丛枝病发生特异相关 lncRNA 的鉴定

1. MMS 模拟 PaWB 恢复和发病过程中 lncRNA 的鉴定

在 60mg/L MMS 模拟 PaWB 恢复过程中，筛选到表达量分别呈下降和上升趋势的 lncRNA 21 个和 49 个。在 20mg/L MMS 模拟 PaWB 恢复过程中，鉴定到表达量呈下降趋势的 lncRNA 74 个，呈上升趋势的 lncRNA 91 个；在 20mg/L MMS 模拟 PaWB 发病过程中，鉴定到表达量分别呈下降和上升趋势的 lncRNA 414 个和 351 个；然后找出同时在恢复过程中上调和发病过程中下调的 lncRNA，结果鉴定到 20 个 lncRNA，又鉴定到 15 个同时在恢复过程中下调和在发病过程中上调的 lncRNA。为了排除 MMS 试剂的影响，分别将 60mg/L 和 20mg/L MMS 组中获取的下调的 lncRNA 取交集，结果鉴定到 5 个 PaWB 相关的 lncRNA。同理，在两组中获取的上调 lncRNA 中筛选到 3 个 PaWB 相关的 lncRNA。这 8 个 lncRNA 是 MMS 处理组鉴定到的 PaWB 相关 lncRNA。

2. Rif 模拟 PaWB 恢复和发病过程中 lncRNA 的鉴定

在 100mg/L Rif 模拟 PaWB 恢复过程中，筛选到表达量分别呈下降和上升趋势的 lncRNA 6 个和 4 个。

同理，在 30mg/L Rif 模拟 PaWB 恢复过程中，鉴定到表达量呈下降趋势的 lncRNA 80 个，呈上升趋势的 lncRNA 62 个；在 30mg/L Rif 模拟 PaWB 发病过程中，鉴定到表达量分别呈下降和上升趋势的 lncRNA 248 个和 500 个；然后，找出同时在恢复过程中上调和在发病过程中下调的 lncRNA，结果鉴定到 6 个 lncRNA，又鉴定到 21 个同时在恢复过程中下调和在发病过程中上调的 lncRNA。为了排除 Rif 试剂的影响，分别将 100mg/L 和 30mg/L Rif 组中获取的下调 lncRNA 取交集，结果鉴定到 3 个 PaWB 相关的 lncRNA。同理，在 100mg/L 和 30mg/L Rif 组中获取的上调 lncRNA 中筛选到 3 个 PaWB 相关的 lncRNA。Rif 处理组鉴定到 6 个 PaWB 相关 lncRNA。为了进一步排除 MMS 和 Rif 试剂的影响，将 MMS 处理组和 Rif 处理组分别鉴定到的 8 个和 6 个 PaWB 相关 lncRNA 进行对比，结果鉴定到 4 个与 PaWB 发生特异相关的 lncRNA（表 12-28）。

表 12-28　PaWB 相关 lncRNA

序号	lncRNA 编号	靶基因个数	PF vs.PFI
1	MSTRG.18394.1	193	下降
2	MSTRG.22708.1	121	上升
3	MSTRG.29927.1	67	上升
4	MSTRG.33514.1	211	下降

病苗中表达量升高的是 MSTRG.22708.1 和 MSTRG.29927.1，对其靶基因进行 GO 和 KEGG 功能分析，结果显示，对光刺激的反应、合胞体形成、对线虫的反应、叶绿体类囊体膜、叶绿素结合是最显著富集的 5 个 GO 条目（图 12-24A）。显著富集的 5 个 KEGG 代谢通路（图 12-24B）是核糖体、光合作用-天线蛋白、碳代谢、光合生物中的碳固定、糖酵解/糖异生。上调的 lncRNA 涉及光合作用及碳水化合物代谢等过程。

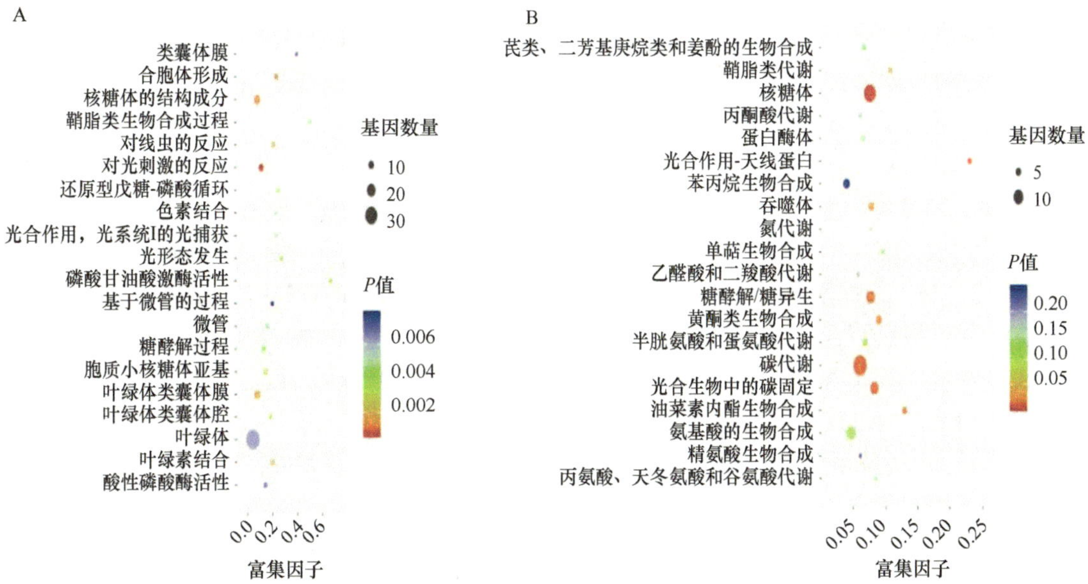

图 12-24　PaWB 特异相关且感病后上调的 lncRNA 靶基因分析
A.GO 富集；B.KEGG 代谢通路富集

MSTRG.18394.1 和 MSTRG.33514.1 在病苗中表达量下降，对其靶基因进行 GO 和 KEGG 功能分析，结果显示，RNA 聚合酶Ⅱ调控转录、对氧化应激的反应、对 karrikin 的响应、叶绿体、生长素生物合成过程的调控是最显著富集的 5 个 GO 条目（图 12-25A）。显著富集的 5 个 KEGG 代谢通路（图 12-25B）是植物昼夜节律、苯丙烷生物合成、泛醌和其他萜类醌生物合成、油菜素内酯生物合成、苯丙氨酸代谢。下调的 lncRNA 主要参与生长素、karrikin、油菜素内酯等激素代谢及苯丙烷类代谢。

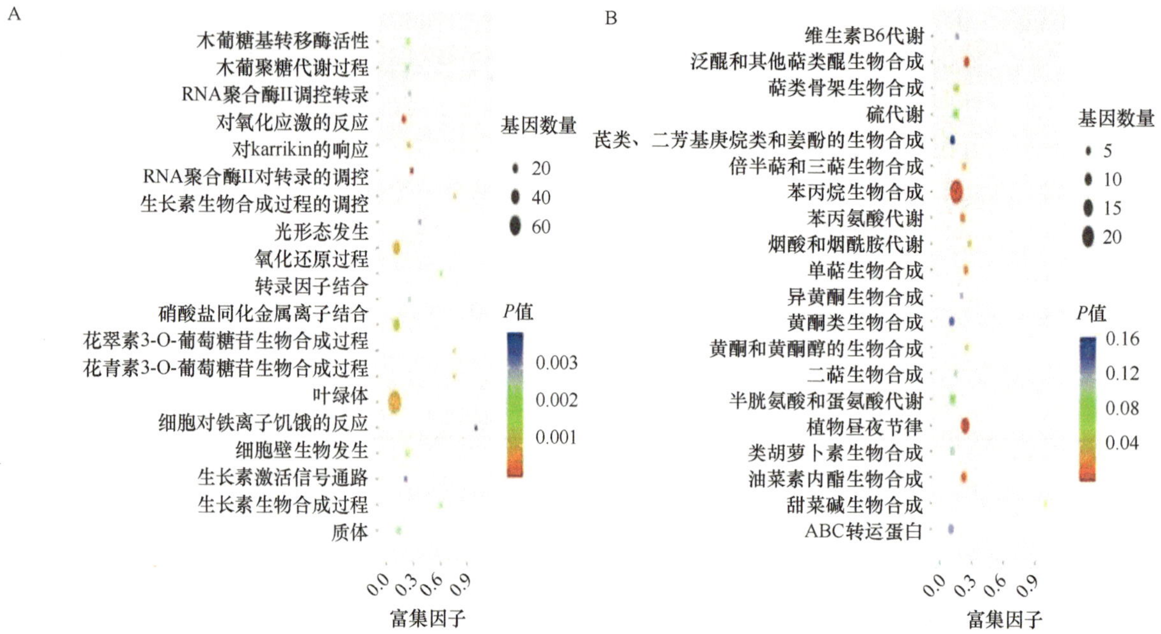

图 12-25　PaWB 相关且感病后下调的 lncRNA 靶基因分析

A.GO 富集；B.KEGG 代谢通路富集

植物收获光能以产生光合同化物。鉴于代谢中间产物在植物防御反应期间会发生改变，光合作用代谢产物很可能在其调整以满足机体需求时受到影响。在抗性反应期间，非必需细胞活动的数量减少（Somssich and Hahlbrock，1998）。许多研究表明，在接种病原体后、受伤后或激素处理后，光合作用速率会降低（Bolton，2009）。这反映了一个事实，即为了防御反应，合成防御相关化合物是首要任务，植物的光合作用速率降低是植物的一种适应策略（Niyogi，2000；Blokhina et al.，2003）。MSTRG.29927.1 的靶基因参与了光合作用相关代谢通路。MSTRG.29927.1 的靶基因光系统 Ⅱ psbS 蛋白（PSBS）、捕光系统 I 叶绿素 a/b 结合蛋白 2（LHCA2）、捕光系统 I 叶绿素 a/b 结合蛋白 3（LHCA3）、捕光系统Ⅱ 叶绿素 a/b 结合蛋白 3（LHCB3）都参与了光合作用。LHCA2、LHCA3、LHCB3 这些基因都在光合作用中与天线蛋白一起行使吸收光能的作用（Alboresi et al.，2008），MSTRG.29927.1 可能是通过其靶基因影响光吸收速率，进而影响光合作用（Chen et al.，2016）。其中，LHCA3 在植原体侵染的梨树中被发现是响应植原体入侵的蛋白质（Del Prete et al.，2011）。MSTRG.33514.1 的靶基因原/粪卟啉原III氧化酶（HEMY）、MSTRG.29927.1 的靶基因叶绿素 a 加氧酶（CAO）参与了叶绿素的合成。HEMY 是叶绿素生物合成中的一种重要酶类（Hansson and Hederstedt，1994；Che et al.，2000），CAO 是叶绿素 b 生物合成中的关键酶（Oster et al.，2000）。MSTRG.33514.1 和 MSTRG.29927.1 可能是通过其靶基因调节叶绿素的合成以响应植原体的入侵。

白花泡桐丛枝病发生特异相关 lncRNA（MSTRG.22708.1、MSTRG.29927.1、MSTRG.33514.1）的靶基因参与淀粉和蔗糖的代谢，如葡萄糖-1-磷酸腺苷酰转移酶、蔗糖合成酶、1,4-β-*D*-木聚糖合成酶、葡聚糖内切-1,3-β-*D*-葡萄糖苷酶、海藻糖-6-磷酸合成酶、β-淀粉酶、β-葡萄糖苷酶、葡聚糖内切-1,3-β-葡糖苷酶 1/2/3。这些 lncRNA 通过其靶基因可以调控泡桐体内淀粉和蔗糖的代谢，当光合作用受抑制时，泡桐为了抵抗植原体，必须做出反应，以保证免疫反应的正常进行（Monavarfeshani et al.，2013）。从植原体的角度来说，由于植原体缺乏代谢的蔗糖酶，它们可以使用葡萄糖或果糖为其供能（Oshima et al.，2004）。

（四）丛枝病发生特异相关 circRNA 的鉴定

1. MMS 模拟 PaWB 恢复和发病过程中 circRNA 的鉴定

在 60mg/L MMS 模拟 PaWB 恢复过程中，筛选到 133 个表达量呈下降趋势的 circRNA 和 73 个表达量呈升高趋势的 circRNA。同理，在 20mg/L MMS 模拟 PaWB 恢复过程中，鉴定到表达量呈下降趋势的 circRNA 397 个，呈上升趋势的 circRNA 304 个；在 20mg/L MMS 模拟 PaWB 发病过程中，鉴定到表达量呈下降和上升趋势的 circRNA 分别有 2030 个和 1254 个；然后找出同时在恢复过程中上调和发病过程中下调的 circRNA，结果鉴定到 62 个 circRNA，又鉴定到 85 个同时在恢复过程中下调和在发病过程中上调的 circRNA。为了排除 MMS 试剂的影响，分别将 60mg/L 和 20mg/L MMS 组中获取的下调 circRNA 取交集，结果鉴定到 8 个 PaWB 相关的 circRNA。同理，在 60mg/L 和 20mg/L MMS 组中获取的上调 circRNA 中筛选到 4 个 PaWB 相关 circRNA。这 12 个 circRNA 是 MMS 处理组鉴定到的 PaWB 相关 circRNA。

2. Rif 模拟 PaWB 恢复和发病过程中 circRNA 的鉴定

在 100mg/L Rif 模拟 PaWB 恢复过程中，筛选到表达量分别呈下降和上升趋势的 circRNA 7 个和 27 个。同理，在 30mg/L Rif 模拟 PaWB 恢复过程中，鉴定到表达量呈下降趋势的 circRNA 232 个，呈上升趋势的 circRNA 164 个；在 30mg/L Rif 模拟 PaWB 发病过程中，鉴定到表达量分别呈下降和上升趋势的 circRNA 393 个和 296 个；然后找出同时在恢复过程中上调和在发病过程中下调的 circRNA，结果鉴定到 10 个 circRNA，又鉴定到 51 个同时在恢复过程中下调和在发病过程中上调的 circRNA。为了排除 Rif 试剂的影响，分别将 100mg/L 和 30mg/L Rif 组中获取的下调 circRNA 取交集，结果鉴定到 4 个 PaWB 相关 circRNA。同理，在 100mg/L 和 30mg/L Rif 组中获取的上调 circRNA 中筛选到 3 个 PaWB 相关 circRNA。这 7 个 circRNA 是 Rif 处理组鉴定到的 PaWB 相关 circRNA。为了进一步排除 MMS 和 Rif 试剂的影响，将 MMS 处理组和 Rif 组处理组分别鉴定到的 12 个和 7 个 PaWB 相关的 circRNA 进行对比，结果鉴定到 6 个与 PaWB 发生特异相关的 circRNA（表 12-29）。感病后 circRNA7714、circRNA315 和 circRNA6856 都下调，它们主要涉及油菜素内酯的合成和抗坏血酸的代谢；circRNA466、circRNA2705 和 circRNA6438 均上调，这三个 circRNA 与 ABA 的合成及泛素化介导的蛋白质降解有关。

表 12-29　PaWB 相关 circRNA

circRNA 编号	hosting 基因	PF vs.PFI
circRNA7714	SPL3	下降
circRNA315	GLACK	下降
circRNA6856	GLACK	下降
circRNA466	RAD23	上升
circRNA2705	NCED	上升
circRNA6438	NCED	上升

在泡桐丛枝病的研究中，科研人员发现 PaWB 的发生与激素水平的变化有关（王蕤等，1981）。PaWB 相关 circRNA 的 hosting 基因参与了植物激素信号转导（ko04075，plant hormone signal transduction）。circRNA2705 和 circRNA6438 的 hosting 基因是 NCED，NCED 参与了 ABA 的生物合成，这两个 circRNA 可能通过其 hosting 基因影响 ABA 合成，改变 ABA 和细胞分裂素的比例，从而引起泡桐丛枝病发生（Fan et al.，2014；2015c）。circRNA315 和 circRNA6856 的 hosting 基因葡萄糖醛酸激酶（glucuronokinase，GLCAK）基因是抗坏血酸合成中的关键基因。GLCAK 是鉴定到的响应 PaWB 的转录本，这两个 circRNA 可能是通过 GLCAK 参与对 PaWB 的响应。

（五）白花泡桐丛枝病发生特异相关 ceRNA 网络的构建及分析

根据 Meng 等（2012）的方法，使用 Perl 或 Python 等脚本语言构建 circRNA（或 lncRNA）–miRNA–mRNA 三者的网络关系。针对三种 RNA 之间的关系，使用 Cytoscape 画出 ceRNA 网络关系图，在 ceRNA 研究中，任何一类 RNA 分子都不是孤立的。例如，lncRNA 可以在 mRNA 的 5′端结合发挥增强子的功能，提升 mRNA 的转录水平。circRNA 可以竞争结合 miRNA，间接提升 miRNA 对应靶基因的转录水平（Beermann et al.，2016）。根据之前研究鉴定到的 28 514 个转录本、5118 个 lncRNA、9927 个 circRNA 和 668 个 miRNA 构建 circRNA-miRNA-mRNA 和 lncRNA-miRNA-mRNA 调控网络，结果显示本研究共获得 36 531 条 lncRNA-miRNA-mRNA 和 84 445 条 circRNA-miRNA-mRNA 互作关系。鉴于全部互作网络过于庞大和复杂，仅展示鉴定到的与丛枝病有关的 17 个转录本、4 个 lncRNA、6 个 circRNA、4 个 miRNA 涉及的调控关系，结果见图 12-26，从图中发现了 circRNA7714-pf-miR156f-5p-SPL3/6 是关键的 ceRNA，感病后，circRNA7714 下调，pf-miR156f-5p（以下简称 miR156f）上调，SPL3/6 下调。

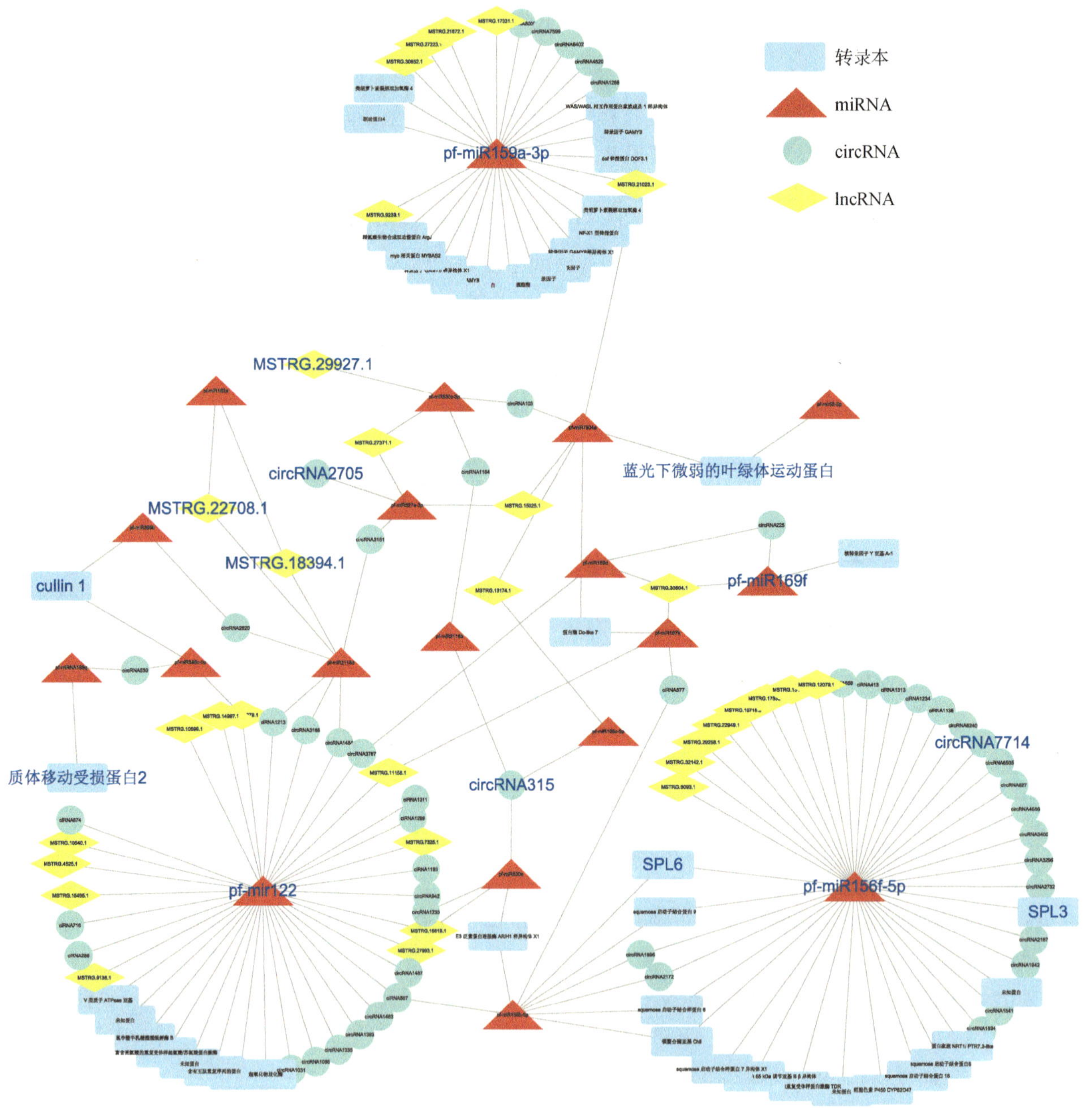

图 12-26 PaWB 相关 ceRNA 网络

此外，利用鉴定到的 PaWB 相关的 17 个转录本、4 个 lncRNA 及其靶基因、4 个 miRNA 及其靶基因、6 个 circRNA 及其 hosting 基因，以及 STRING 网站，对它们之间的调控网络进行分析，结果表明：9-顺式-环氧类胡萝卜素双加氧酶（Paulownia_LG0G000678.1，NCED）涉及 ABA 的生物合成，与其有调控关系的有 MSTRG.18394.1、pf-miR159a-3p、circRNA2705 和 circRNA6438。葡萄糖醛酸激酶（Paulownia_LG12G000481.1，GLCAK）是 MSTRG.33514.1 的靶基因，也是 circRNA315 和 circRNA6856 的 hosting 基因。肌醇加氧酶（MIOX）和延伸因子 1α（eEF1A）是 MSTRG.22708.1 的靶基因。squamosa 启动子结合蛋白 3（SPL3）是 miR156f 的靶基因。泛素化受体 Rad23c（RAD23）是 circRNA466 的 hosting 基因（图 12-27）。

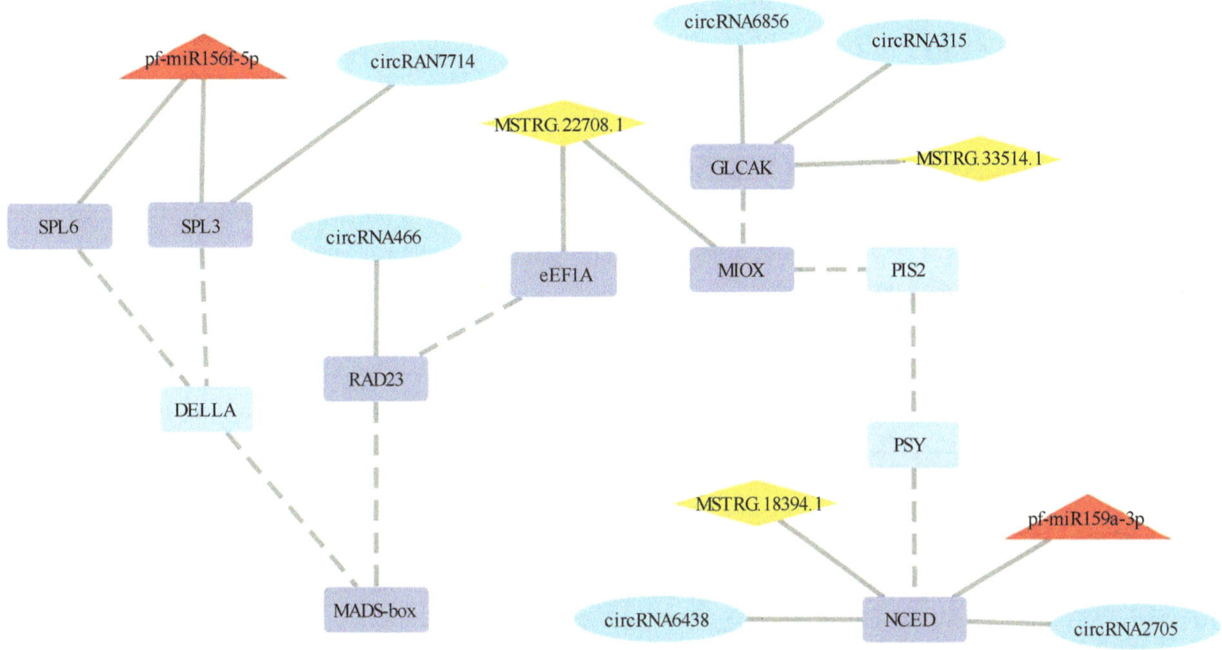

图 12-27　PaWB 相关 RNA 之间的关系图

GLCAK. 葡萄糖醛酸激酶；MIOX. 肌醇加氧酶；NCED. 9-顺式-环氧类胡萝卜素双加氧酶；PSY. 八氢番茄红素合成酶；SPL3. squamosa 启动子结合蛋白 3；eEF1A. 延伸因子 1-α；RAD23. 泛素化受体 Rad23c；MADS-box. MADS-box 蛋白；DELLA. DELLA 蛋白；PIS2. PIS2 蛋白

结合研究结果和文献报道，对以上 RNA 分子和 PaWB 之间的关系进行了分析，*MIOX* 和 *GLCAK* 参与了抗坏血酸合成途径，可能调控抗坏血酸的合成。抗坏血酸有促进细胞壁多糖分裂的功能，其可以促进细胞伸长（Arrigoni et al.，1997；Fry，1998），此外，抗坏血酸有清除 ROS 的作用，参与植物超敏（HR）反应。在烟草中，*SPL* 转录因子和 TIR-NB-LRR 受体之间的相互作用介导了植物 HR 反应。*SPL* 和穗顶端退化的“秃顶”表型有关，它通过抑制 ER 胁迫信号输出控制水稻穗细胞死亡，造成了顶芽死亡（Wang et al.，2018b），顶端优势丧失，这与 PaWB 的腋芽丛生可能相关，会导致侧枝生长。在植原体入侵的拟南芥中，RAD23 将 MADS-box 蛋白转运到 26S 蛋白酶体，导致了花变叶形态的产生，eEF1A 会影响 RAD23 参与的蛋白质降解（Chuang et al.，2005；MacLean et al.，2014）。SPL 和 DELLA 蛋白的结合也通过调控 *MADS* 基因，进而影响植物开花（Yu et al.，2012）。*NCED* 调控 ABA 的合成。感染后，*NCED* 上调，可能造成 ABA 合成的增加，这可能与感病泡桐的节间变短、叶片变小这种形态相关（Fan et al.，2014），ABA 含量的增加和 PYR1 的上调激活了 ABA 信号转导途径，SPL 会通过 PYR1 影响 ABA 信号转导，这可能增强了泡桐的抗逆性（刘妍等，2016；Chao et al.，2017）。分析结果表明，*PfSPL3* 可能调控多个基因进而造成病苗形态的变化。

为了进一步研究 PfSPL 在泡桐丛枝病中的作用，首先对白花泡桐基因组中的 SPL 基因家族成员进行了鉴定，步骤如下：①利用白花泡桐蛋白质数据构建本地蛋白质数据库；②从 Pfam 数据库（http://pfam.xfam.org/）下载 SBP 蛋白的隐马尔可夫模型文件（HMM，PF03110），并用 HMMER3.0 软件的 hmmsearch 工具（Finn et al.，2011）比对本地蛋白质数据库，鉴定匹配的 SBP 蛋白序列，阈值设为 $E<10^{-5}$；③搜索得到的 SBP 蛋白序列再提交到 PFAM（http://pfam.xfam.org/）数据库、NCBI 中对保守结构域进行分析预测的在线软件网站（https://www.ncbi. nlm.nih.gov/Structure/cdd/wrpsb.cgi）和蛋白质结构域分析系统

SMART（http://smart. embl-heidelberg.de/），进一步确认是否含有完整的 SBP 结构域，最终得到白花泡桐 SPL 基因家族的蛋白质序列；④利用 ExPASy（https://web.expasy.org/protparam/）工具计算 SPL 蛋白的物理和化学性质，包括氨基酸个数、分子质量大小和等电点。

利用在线软件 GSDS 对 SPL3 进行基因结构示意图的构建和分析（http://gsds.cbi. pku.edu.cn/）；利用蛋白质互作分析网站 STRING（https://string-db.org）分析 SPL3 及其互作蛋白之间的关系，结果获得 23 个 *PfSPL* 家族成员，其基因编号为 *PfSPL1*～*PfSPL23*（表 12-30）。随后，利用 SMART 数据库和 GenBank 的 CDD 程序对获得的候选基因的蛋白质序列进一步分析，结果显示，23 个蛋白质全部含有完整的 SBP 保守结构域，其中 3 个 PfSPL 还具有锚蛋白 ANK 结构域。23 个 PfSPL 蛋白分子质量从 22.15kDa 到 119.21kDa，最长的 PfSPL20 含有 1084 个氨基酸，而最短的 PfSPL11 只有 134 个氨基酸，等电点从 6.06～10.30，所有 PfSPL 蛋白均为不稳定蛋白。染色体分布统计结果表明，白花泡桐 20 条染色体中 chr6、chr8 和 chr16 分布最多，均有 3 个 *PfSPL* 基因，而 chr 5、chr 9、chr 11、chr 12、chr 13、chr 15、chr 17、chr 19 染色体上没有 *PfSPL* 分布（图 12-28）。

表 12-30　白花泡桐 PfSPL 基因家族

基因名称	结构域	基因 ID	蛋白质预测			
			氨基酸	分子质量/kDa	等电点 pI	原子组成
PfSPL1	SBP	Paulownia_LG0G000401	408	44.84	8.38	C1934H3016N586O612S18
PfSPL2	SBP	Paulownia_LG0G000402	325	36.05	8.46	C1556H2374N474O497S12
PfSPL3	SBP	Paulownia_LG1G000147	492	53.59	6.06	C2313H3652N666O746S27
PfSPL4	SBP	Paulownia_LG2G000070	367	39.19	8.96	C1692H2630N506O539S16
PfSPL5	SBP	Paulownia_LG3G001218	278	31.39	8.18	C1375H2088N412O414S12
PfSPL6	SBP	Paulownia_LG6G000583	433	48.38	7.61	C2074H3269N615O679S22
PfSPL7	SBP，ANK	Paulownia_LG4G000028	827	92.11	6.00	C4035H6330N1148O1248S38
PfSPL8	SBP	Paulownia_LG7G000029	326	36.01	8.32	C1545H2428N472O493S16
PfSPL9	SBP	Paulownia_LG7G000042	469	51.30	8.47	C2227H3469N643O713S20
PfSPL10	SBP	Paulownia_LG7G000348	477	52.44	8.35	C2264H3613N669O725S20
PfSPL11	SBP	Paulownia_LG8G000491	134	15.31	7.00	C637H1038N214O216S8
PfSPL12	SBP	Paulownia_LG8G001455	200	22.15	9.53	C917H1517N313O307S10
PfSPL13	SBP	Paulownia_LG8G001682	196	22.17	7.04	C928H1508N296O305S15
PfSPL14	SBP，ANK	Paulownia_LG10G000012	1006	111.41	6.98	C4881H7721N1399O1504S42
PfSPL15	SBP	Paulownia_LG10G000165	783	87.33	6.17	C3841H6094N1074O1165S43
PfSPL16	SBP	Paulownia_LG14G000280	471	51.76	8.45	C2252H3601N659O709S16
PfSPL17	SBP	Paulownia_LG14G000778	473	51.79	8.55	C2245H3512N654O706S26
PfSPL18	SBP	Paulownia_LG14G000793	159	17.78	10.30	C753H1226N250O228S11
PfSPL19	SBP	Paulownia_LG15G001258	1078	118.81	6.41	C5162H8164N1500O1617S53
PfSPL20	SBP	Paulownia_LG15G001260	1084	119.21	8.59	C5198H8247N1515O1603S50
PfSPL21	SBP，ANK	Paulownia_LG17G000022	1004	111.61	8.17	C4887H7761N1411O1501S41
PfSPL22	SBP	Paulownia_LG17G000272	793	87.96	7.13	C3851H6152N1088O1175S46
PfSPL23	SBP	Paulownia_TIG00016041G000006	370	39.42	9.35	C1705H2637N513O539S15

其次，将白花泡桐 SPL 家族的蛋白质序列与已报道的大豆、水稻、苜蓿中调控分枝分蘖的 SPL 序列（Jiao et al.，2010；Liu et al.，2015；Gao et al.，2018；Sun et al.，2019）进行分析，结果表明（图 12-29），*PfSPL4* 和 *PfSPL23* 这两个基因与大豆 GmSPL9 及水稻 OsSPL14 关系较近；*PfSPL3*、*PfSPL9*、*PfSPL17* 这三个基因与水稻 *OsSPL3*、*OsSPL12* 关系较近；*PfSPL8*、*PfSPL18* 与苜蓿的 *MtSPL13A* 关系比较近。结合它们的表达变化情况，可以得出 *PfSPL3* 与泡桐丛枝病发生密切相关，接着又对 SPL3 开展了蛋白质保守结构和基因结

构分析，结果显示 SPL3 具有 SBP 保守结构域，属于 SPL 基因家族（图 12-30A），且 SPL3 含有 3 个内含子、4 个外显子（图 12-30B）；其编码区长度 1479bp，492 个氨基酸，分子质量 53kDa，等电点 6.06。

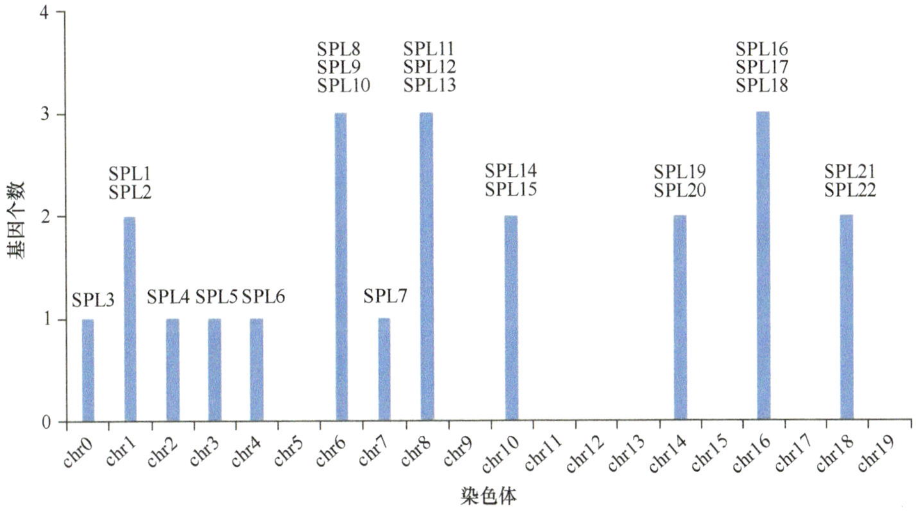

图 12-28　白花泡桐 PfSPL 家族染色体分布

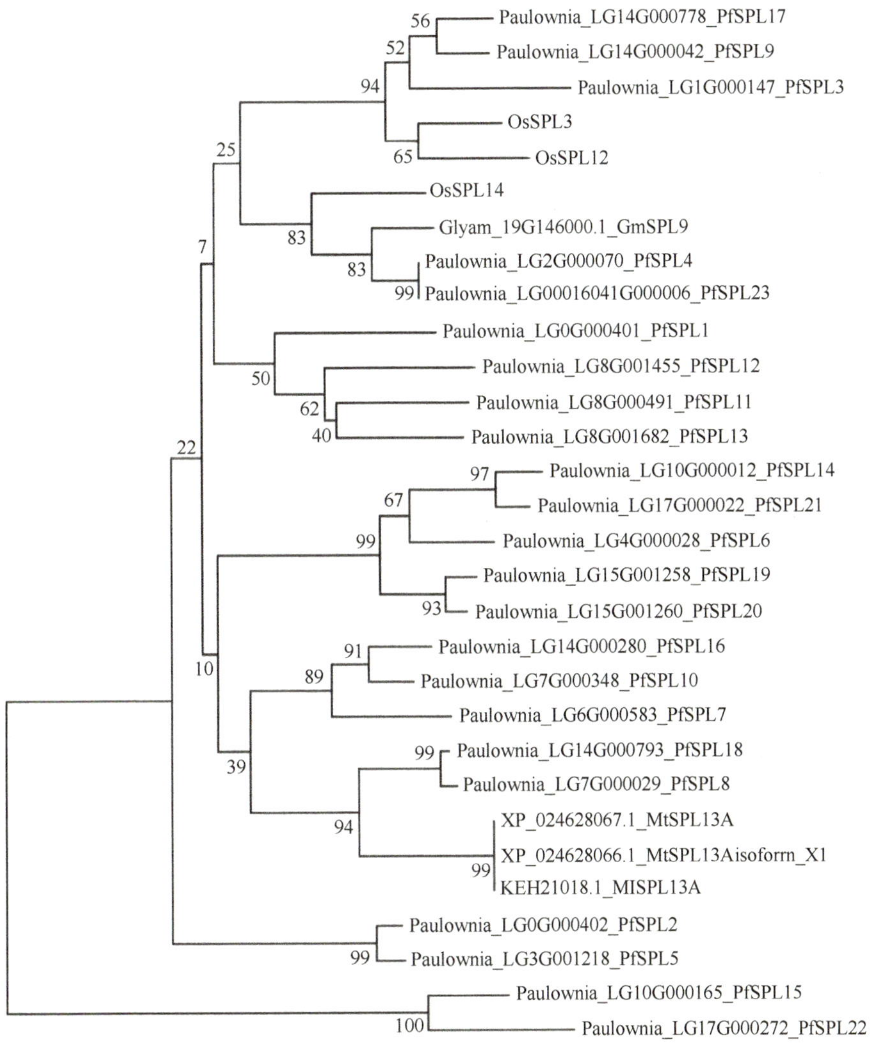

图 12-29　白花泡桐 PfSPL 家族

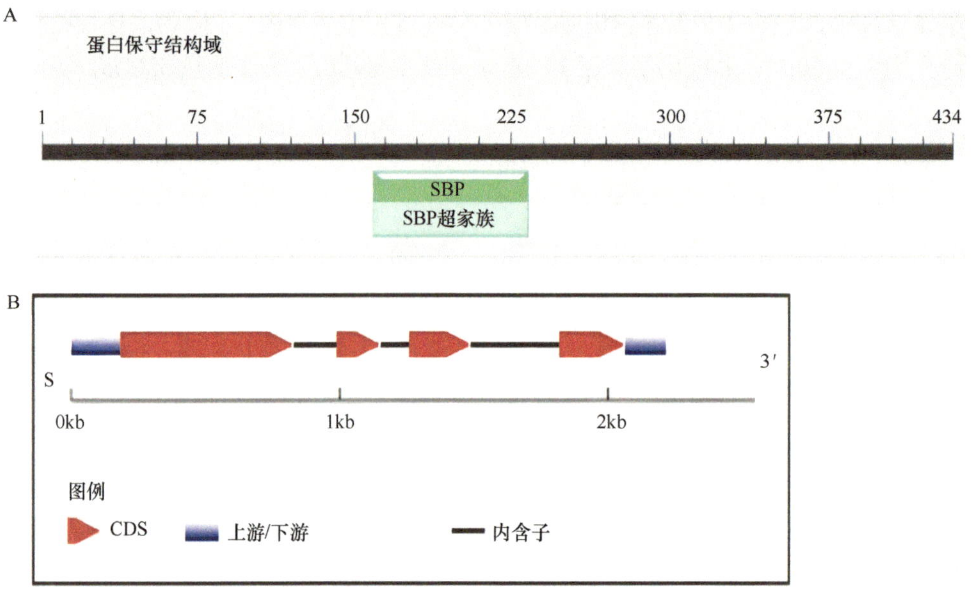

图 12-30　SPL3 蛋白的保守结构域（A）和基因结构（B）

SPL 基因家族是一种具有重要调控功能的转录因子，已相继在许多基因组已测序的植物中被鉴定，随着白花泡桐基因组测序的完成，泡桐 SPL 基因家族的研究亟待开展。从白花泡桐全基因组中共鉴定得到 23 个具有完整 SBP 结构域的 *PfbSPL* 基因。

已有研究表明，植物中许多 SPL 家族基因是 miR156 的靶基因，且 miR156/SPL 调控模式已成为调节植物生长发育的枢纽。拟南芥 16 个 *AtSPL* 基因中的 10 个（Gandikota et al.，2007）、番茄 15 个 *SlySPL* 基因中的 10 个（Salinas et al.，2012）、大豆 41 个 *GmSPL* 基因中的 17 个（Tripathi et al.，2017）、葡萄 18 个 *VvSPL* 基因中的 12 个（Hou et al.，2013）、水稻 19 个 *OsSPL* 基因中的 11 个（Xie et al.，2006）及油菜 58 个 *BnaSBP* 基因中的 44 个（Cheng et al.，2016）均被证明是 miR156 的靶基因。

通过 PaWB 相关 RNA 分子之间的调控关系分析和对 ceRNA 的网络预测均发现了 miR156f- SPL3/6 之间的靶向关系，PfSPL3 涉及其他 PaWB 相关转录本参与的调控网络，且 *PfSPL3* 和水稻中调控分蘖的 *SPL* 基因关系较近。过表达 miR156f 转基因植株出现异常分枝。在拟南芥、水稻、苜蓿和大豆等植物中均发现 miRNA156 与植物形态相关，特别是分枝。miR156 对 SPL9 和 SPL15 的调控可影响拟南芥的株型、发育阶段、花序结构等，造成分枝增多的现象（Schwarz et al.，2008）。MiR156-SPL 模块在水稻的形态建成中起到了重要的作用（Wang et al.，2018b）。改变 miR156e 的表达量后，可造成丛枝、分蘖增加、株高降低、抽穗期延长，这些改变是依赖于 miR156e 对独脚金内酯代谢途径的调控（Chen et al.，2015）。过表达 OsmiR156f 植株中 *OsSPL3*、*OsSPL12* 和 *OsSPL14* 的表达显著下调，影响了株高和分蘖（Liu et al.，2015）。在大豆中，*GmmiR156b* 负调控 *GmSPL3* 和 *GmSPL9*，进而影响下游基因 *GmSOC1* 和 *GmFUL*，造成营养生长期延长、开花时间延迟（Gao et al.，2015）。过表达 *GmmiR156b* 可大幅度增加大豆的分枝数目、主茎节数、主茎的粗度和三出复叶数目，进而显著增加单株荚果的数量，种子变大，单株产量可提高 46%～63%，这些变化由 *GmmiR156b* 的靶基因 *GmSPL9d* 和调控茎尖、侧生分生组织关键调控因子 GmWUS 之间的互作造成，miR156-SPL-WUS 为大豆高产育种提供了新思路（Sun et al.，2019）。在紫花苜蓿中，miR156-SPL13 模块参与调控枝条的分枝发育，过表达 miR156 的转基因植株表现出分枝增多、节间变短、开花时间延迟等，在 SPL13 沉默植株中观察到更多的侧枝及开花时间延迟（Gao et al.，2018）。以上结果表明，miR156 是通过其靶基因 *SPL* 或者与靶基因互作的某些蛋白质来调控顶端和腋生分生组织的活性，最终调控分枝的形成。故推测在白花泡桐中 miR156f 可能也是通过影响其靶基因的表达，进而改变下游相关代谢通路，最终造成腋芽丛生症状。

二、泡桐丛枝病发生的代谢组研究

先将超低温冷冻保存的白花泡桐健康苗、丛枝病苗及其对应的 MMS 处理苗材料真空冷冻干燥，经研磨、提取对代谢产物进行杂质吸附后，再用微孔滤膜过滤，样品提取物运用 LC–ESI–MS/MS（HPLC，Shim-pack UPLC SHIMADZU CBM20A system）进行分析。

（一）白花泡桐丛枝病发生相关代谢物分析

为了挖掘白花泡桐不同样品之间的差异代谢物，并确定与丛枝病发生相关的潜在代谢物，我们对 PCA 分析得到的差异主成分数据进行 PLS-DA 分析（图 12-31）。PLS-DA 得分图显示每两组样品之间明显分离，且组内明显聚类，进一步表明每两组样品的代谢组数据差异显著，表明当前 PLS-DA 模型解释和预测数据能力较好。同时，对 PLS-DA 进行模型验证（图 12-32），PLS-DA 模型排列实验（n=200）中左端任何一次随机排列产生的 R^2、Q^2 值均小于右端的原始数值，表明每两组样品的原始模型的预测能力大于任何一次随机排列 y 变量的预测能力，即模型未过拟合，可以根据 VIP 值进行后续差异代谢物筛选。依据差异代谢物的定义标准（fold change≥2 或 fold change≤05，且 VIP≥1），将鉴定到的 645 个代谢物在 PFI/PF、PFI-60/PFI、PF-60/PF 及 PFI-60/PF 这 4 组比对中进行分析，结果见表 12-31。为进一步筛选出与泡桐丛枝病发生密切相关的代谢物，根据分析方案，在 PFI/PF 中，有 109 个响应植原体感染的差异代谢物（51 个上调，58 个下调），主要涉及类黄酮、植物激素、生物碱及氨基酸衍生物；在 PFI-60/PF 中，有 297 个非差异的代谢物，经分析这些代谢物主要参与了类黄酮、多酚、氨基酸衍生物及氨酰-tRNA 等的生物合成；通过对比，在这两组比对中差异的代谢物有 321 个，主要是类黄酮和氨基酸衍生物等代谢物。在 PFI-60/PFI 中，有 94 个响应植原体感染的差异代谢物（70 个上调，24 个下调），主要是类黄酮、植物激素、氨基酸和碳水化合物等；在 PF-60/PF 中，共 102 个差异代谢物（44 个上调，58 个下调），这些

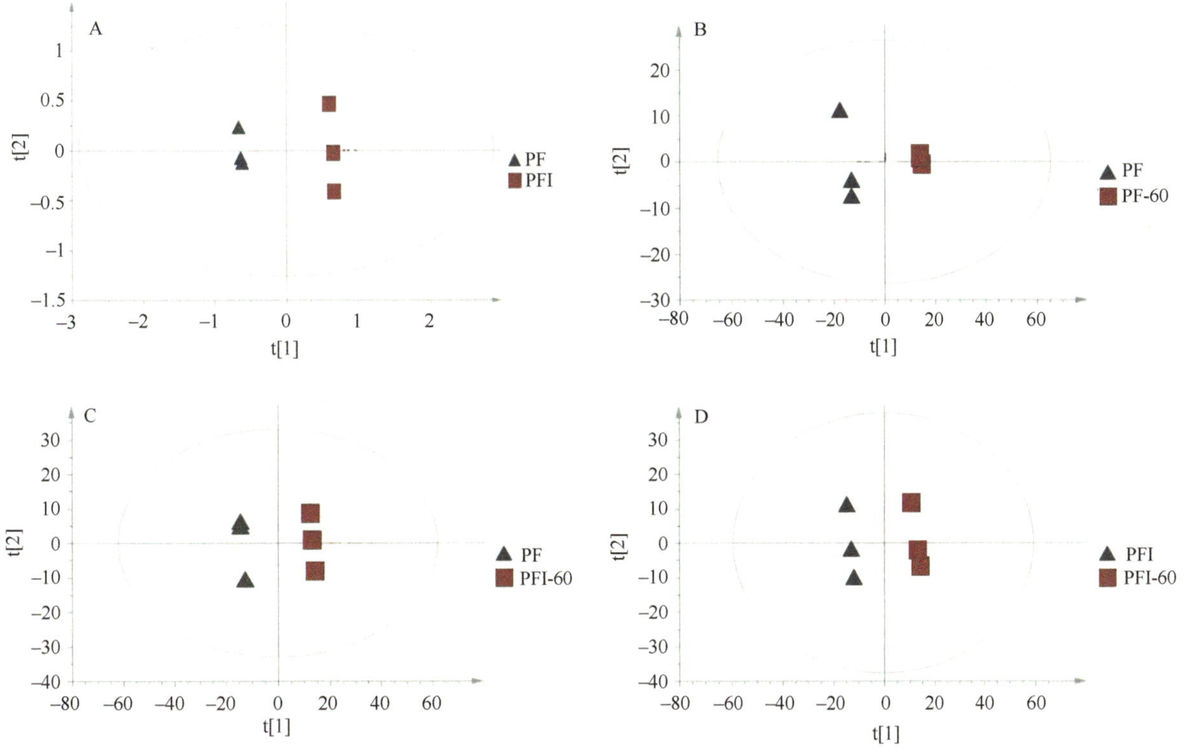

图 12-31　白花泡桐代谢组数据的 PLS-DA 得分图

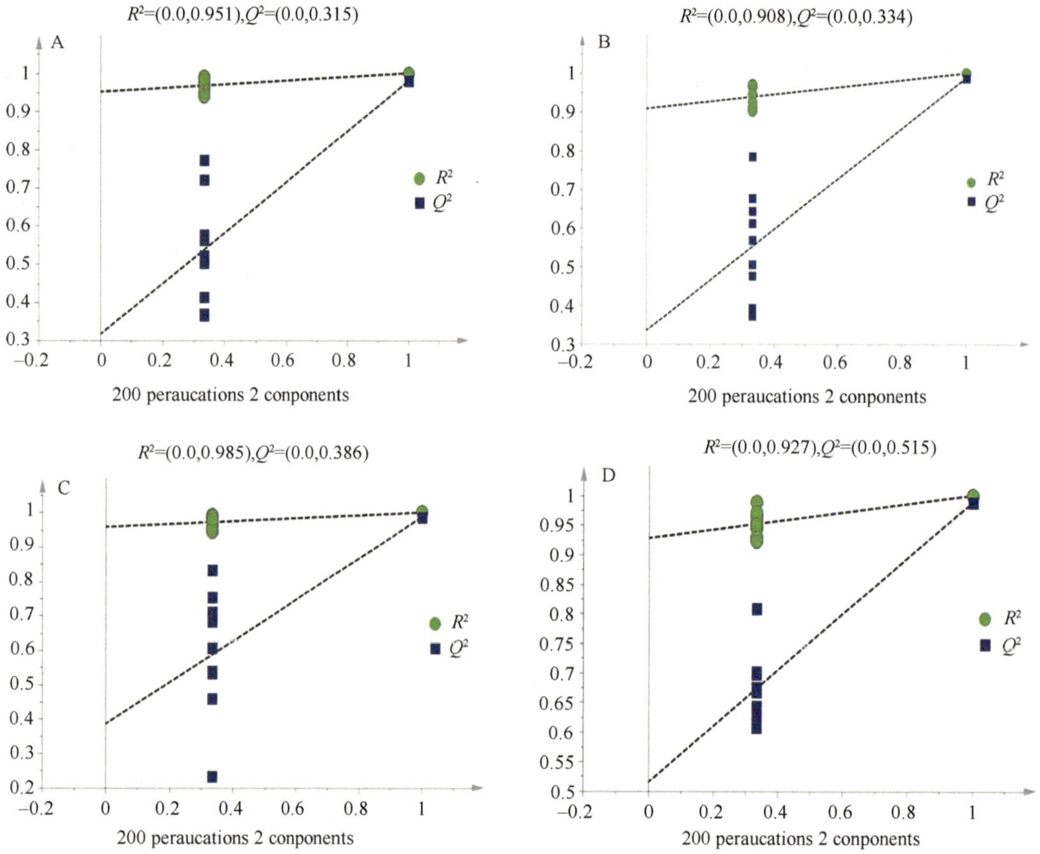

图 12-32　白花泡桐代谢组数据的 PLS-DA 模型

代谢物主要涉及类黄酮、植物激素、氨基酸衍生物和多酚类化合物；通过比较分析，在这两组比对中差异代谢物有 144 个。通过与上述 321 个代谢物取交集得到了 99 个可能与丛枝病发生密切相关的代谢物（图 12-33 和表 12-31）。

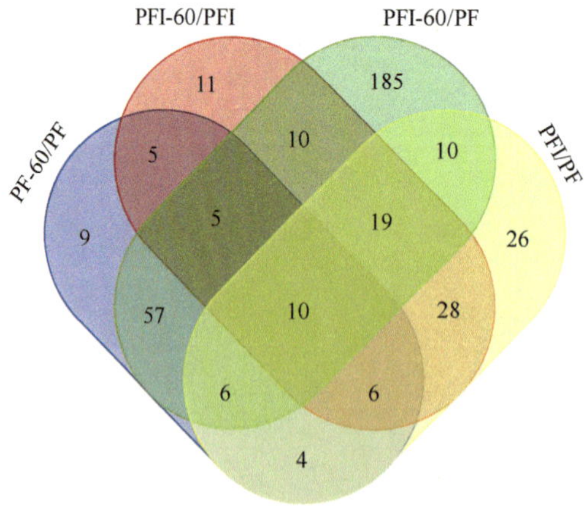

图 12-33　白花泡桐与丛枝病发生

进一步分析发现这些代谢物参与了激素合成及类黄酮的生物合成，研究表明植物激素的不平衡可能是导致丛枝症状发生的主要原因。在本研究中，IAA 及其螯合物含量在丛枝病苗中差异表达明显。这与我们之前的研究结果一致，表明泡桐丛枝病的发生可能与生长素含量变化相关。同时，有报道指出类黄酮类物质可作为抗氧化剂在植物响应生物胁迫中起重要作用。当植原体感染植物时，植物体内活性氧大

表 12-31　白花泡桐丛枝病发生相关代谢物

编号	名称	比较			分类
		PFI/PF	PFI-60/PFI	PF-60/PF	
PT0134	*L*-methionine	—	0.49	—	氨基酸
PT0197	homocystine	11.14	0.48	—	氨基酸衍生物
PT0019	ornithine	3.18	—	2.04	氨基酸衍生物
PT0466	coniferyl aldehyde	—	2.04	—	苯和苯类化合物
PT0076	trehalose	—	2.48	—	碳水化合物
PT0453	3′,4′,5′-tricetin 5-*O*-hexoside	0.01	45.38	—	黄酮类化合物
PT0492	3′,4′,5′-tricetin *O*-malonylhexoside	0.04	10.82	—	黄酮类化合物
PT0106	nicotianamine	—	—	2.23	维生素
PT0476	3′,4′,5′-tricetin *O*-rutinoside	0.08	4.59	—	黄酮类化合物
PT0450	apigenin *O*-malonylhexoside	7.69	0.42	—	黄酮类化合物
PT0186	niacinamide	—	—	0.41	维生素
PT0522	chrysoeriol	0.01	14.99	—	黄酮类化合物
PT0447	chrysoeriol *O*-feruloylhexosyl-*O*-hexoside	0.01	7.48	—	黄酮类化合物
PT0383	*C*-pentosyl-apigenin *O*-hexoside	6.26	0.46	—	黄酮类化合物
PT0592	acephate	—	—	2.01	药物
PT0082	agmatine Sulfate	—	—	2.16	酚胺
PT0371	hesperidin	0.01	37.12	—	黄酮类化合物
PT0491	methylchrysoeriol 5-*O*-hexoside	10.98	0.442	—	黄酮类化合物
PT0322	pelargonin *O*-hexosyl-*O*-hexoside	11.09	0.22	—	黄酮类化合物
PT0394	petunidin 3-*O*-rutinoside	0.05	8.382	—	黄酮类化合物
PT0567	Apo-13-zeaxanthinone	—	—	0.33	萜类化合物
PT0283	caffeic acid	—	—	2.8	多酚
PT0404	selgin *O*-hexoside	0.01	57.13	—	黄酮类化合物
PT0448	tricetin *O*-hexoside	0.02	4.51	—	黄酮类化合物
PT0470	tricetin *O*-malonylhexoside	0.01	9.37	—	黄酮类化合物
PT0077	*N*-benzoyltryptamine	—	—	3.19	胰蛋白酶及其衍生物
PT0187	*N*-hydroxy-L-tryptophan	—	—	2.04	氨基酸衍生物
PT0119	noradrenaline	—	—	2.12	其他
PT0433	tricin 7-*O*-hexoside	0.10	2.39	—	黄酮类化合物
PT0267	*N*-*p*-coumaroylputrescine derivative	—	—	2.14	酚胺
PT0406	papaverine	—	—	0.46	生物碱类
PT0321	phellodenol H *O*-hexoside	—	—	7.27	多酚
PT0150	phenylglycine	—	—	0.37	氨基酸衍生物
PT0505	tricin	0.04	8.74	—	黄酮类化合物
PT0339	tricin 5-*O*-hexosyl-*O*-hexoside	0.01	20.43	—	黄酮类化合物
PT0437	tricin *O*-rhamnosyl-*O*-malonylhexoside	0.01	31.75	—	黄酮类化合物
PT0373	methylApigenin C-hexoside	—	2.39	—	黄酮类化合物
PT0457	Selgin *O*-hexoside derivative	—	2.20	—	黄酮类化合物
PT0315	1-methoxyindole-3-carbaldehyde	—	0.48	—	吲哚及其衍生物
PT0468	IAA	0.32	2.11	—	吲哚及其衍生物
PT0639	linoleic acid	0.07	5.41	—	脂质

续表

编号	名称	比较			分类
		PFI/PF	PFI-60/PFI	PF-60/PF	
PT0643	1-methyladenosine	4.68	0.46	—	核苷酸衍生物
PT0112	adenine	—	3.26	—	核苷酸衍生物
PT0320	tuberonic acid hexoside	5.66	—	0.25	有机酸及其衍生物
PT0641	biflorin	0.11	3.03	—	其他
PT0635	protopine	3.41	—	2.82	其他
PT0272	esculin	—	0.39	—	其他
PT0175	*N*-*p*-coumaroylspermidine	0.14	2.32	—	酚胺
PT0417	ferulic acid	0.16	2.91	—	多酚
PT0319	vitamin B2	—	2.07	—	维生素
PT0128	1-adamantanamine	—	—	0.46	药物
PT0250	6′-dihydroxy-4-methoxychalcone-4′-*O*-neohesperidoside	—	—	84.81	黄酮类化合物
PT0499	2″,6″-*O*-diacetyloninin	—	—	0.19	其他
PT0029	2′-deoxyinosine-5′-monophosphate	—	—	2.09	核苷酸衍生物
PT0546	3,4-dihydroxycinnamic acid	—	—	0.39	多酚
PT0403	*O*-methylquercetin *O*-hexoside	0.01	51.83	—	黄酮类化合物
PT0013	4-acetamidoantipyrin	—	—	0.48	药物
PT0562	5,7-dimethoxyflavanone	—	—	0.41	黄酮类化合物
PT0179	5-hydroxytryptophan	—	—	2.61	胰蛋白酶及其衍生物
PT0538	9,17-octadecadiene-12,14-diyne-1,11,16-triol	—	—	0.38	脂质
PT0544	aminophylline	—	—	0.36	生物碱类
PT0500	apigenin	9.05	0.32	—	黄酮类化合物
PT0539	catechin	—	—	0.39	原花青素
PT0196	inosine	11.11	0.49	—	其他
PT0324	Chinese bittersweet alkaloid Ⅱ	—	—	0.23	生物碱类
PT0047	colchicine	—	—	2.06	生物碱类
PT0458	*C*-pentosyl-apeignin *O*-feruloylhexoside	—	—	4.02	黄酮类化合物
PT0143	cytidine	—	—	0.34	核苷酸衍生物
PT0537	epicatechin *O*-hexoside derivative	—	—	0.03	黄酮类化合物
PT0561	etoposide	—	—	2.48	药物
PT0612	LPC（1-acyl 18：3）	2.59	—	2.66	脂质
PT0309	ferulic acid *O*-hexoside	—	—	4.29	多酚
PT0528	fusaric acid	—	—	4.50	其他
PT0122	guanine	—	—	0.48	核苷酸衍生物
PT0168	guanosine 5′-monophosphate	—	—	0.38	核苷酸衍生物
PT0346	hesperetin	—	—	2.41	黄酮类化合物
PT0121	IAA-Asp-N-Glc	18.111 867 42	0.080 947 712	0.49	吲哚及其衍生物
PT0185	isonicotinamide	—	—	0.41	维生素
PT0598	LPC（1-acyl 16：1）	—	—	2.41	脂质
PT0563	LPC（1-acyl 16：2）	—	—	2.8	脂质
PT0618	LPC（1-acyl 18：1）	—	—	2.05	脂质
PT0600	LPC（1-acyl 18：2）	—	—	2.82	脂质

续表

编号	名称	比较			分类
		PFI/PF	PFI-60/PFI	PF-60/PF	
PT0296	lycoperodine	—	—	0.41	其他
PT0224	methoxyindoleacetic acid	—	—	2.01	植物激素
PT0360	methylisohaenkeanoside	—	—	0.32	其他
PT0318	mal-tyr-p	0.017 579 737	15.256 136 61	—	其他
PT0103	*N*-acetylneuraminic acid	—	—	2.69	其他
PT0566	nandrolone	—	—	0.33	药物
PT0601	polypodine B	—	—	2.15	萜类化合物
PT0531	senecionine	—	—	4.48	其他
PT0080	serotonin	—	—	2.28	氨基酸衍生物
PT0060	sn-Glycero-3-phosphocholine	—	—	3.38	脂质
PT0340	tricin *O*-hexosyl-*O*-hexoside	0.011 498 708	8.707 865 169	—	黄酮类化合物
PT0545	theobromine	—	—	0.47	生物碱类
PT0049	thiamin	—	—	4.13	维生素
PT0389	tricin 4′-*O*-（β-guaiacylglyceryl）ether 5-*O*-hexoside	—	—	3.37	黄酮类化合物
PT0414	tricin 4′-*O*-（β-guaiacylglyceryl）ether derivative	—	—	4.45	黄酮类化合物
PT0212	trigonelline	—	—	2.05	生物碱类
PT0261	tryptamine	—	—	0.40	胰蛋白酶及其衍生物

量迸发，以激活植物的防御系统，但大量的活性氧能对植物细胞和基因结构造成损坏，类黄酮类物质则可以作为抗氧化剂在此过程中发挥重要作用。这些结果表明，植原体感染激活了植物的防御反应并扰乱了植物的代谢过程，进一步诱导了抗氧化剂含量的增加及植物激素的不平衡。

（二）代谢组与转录组关联分析

通过 UPLC-MS/MS 代谢组学分析发现，与丛枝病发生相关的代谢物主要涉及激素合成及类黄酮的生物合成。在全长转录组研究中，植物激素信号转导（plant hormone singal transduction）途径中参与编码生长素信号转导的转录本 AFR（auxin response factor）(PAU024212.1）在丛枝病苗中表达量下调，但不明显，可以推测这可能与游离生长素的含量减少有关，而在代谢组研究中，生长素螯合物 IAA-GLU-N-ASP 的含量在植原体感染后的丛枝病幼苗中增多，这说明全长转录组的研究结果与 UPLC-MS/MS 分析结果相一致。此外，在全长转录组分析中参与编码赤霉素代谢的转录本赤霉素 2-*β*-氧化酶（GA2ox）(novel_model_288_58b93621）在植原体感染的泡桐幼苗内表达量上调，但在代谢组中赤霉素的含量表达下调，但是变化不明显，这说明植原体感染后泡桐体内的内源性植物激素代谢失衡，这可能是导致其出现丛枝和矮小症状的主要原因。

次生代谢产物在植物生命活动过程中发挥着重要作用，类黄酮是次生代谢产物的一大类，可由肉桂酸经肉桂酸-4-单加氧酶（4-coumarate-CoA ligase，4CL）、苯丙氨酸解氨酶（phenylalanine ammonia-lyase，PAL）、肉桂酸-4-羟化酶（cinnamate-4-hydroxylase，C4H）及 4-香豆酰辅酶 A 连接酶（4-coumarate-CoA ligase，4CL）等酶催化形成 CoA 酯，并进一步转化为类黄酮。在本研究中全长转录组数据分析显示参与该途径的 4-肉桂酸单加氧酶（4-coumarate-CoA ligase，4CL）(novel_model_1187_58b93621）表达量在病苗中增加，这可能诱导下游类黄酮类物质合成增多，而代谢组数据中多数类黄酮在植原体感染的病苗中含量也都增多，如芹菜素（apigenin）、芹菜素-*O*-丙二酰己糖苷（apigenin-*O*-malonylhexoside）等。研究报道，黄酮类物质主要作为抗氧化剂在植物响应逆境中发挥重要作用，推测当植原体感染泡桐时，泡桐体内活性氧大量迸发，以激活了泡桐的防御系统，但大量的活性氧能对植物细胞和基因结构造成损坏，类黄酮类物质则可以作为抗氧化剂在此过程中发挥重要作用。

三、泡桐丛枝病发生的蛋白质变化

（一）丛枝病发生对泡桐叶片蛋白质变化的影响

12 年生毛泡桐、白花泡桐和南方泡桐病株和健康株树冠中部阳面的病株病叶、病株健叶和健株健叶蛋白质双向电泳结果表明，以上三种泡桐健株健叶和病株健叶蛋白质图谱与其病株病叶的蛋白质在种类和含量上有很大的差异。从图 12-34、图 12-35 可以看出，毛泡桐健株健叶的蛋白质图谱与其病株健叶的相比，pI 6.9、MW 30kDa 的蛋白质在病株健叶中的含量比健株健叶中的有所减少；pI 6.0、MW 20kDa 和 pI 6.7、MW29kDa 的蛋白质在毛泡桐病株健叶中的含量也比其健株健叶中的有所下降；pI 6.8、MW 30 kDa 的蛋白质在病株健叶中的含量比其健株健叶中的高。图 12-35 和图 12-36 表明，毛泡桐病株病叶中的蛋白质含量与其病株健叶中的相比发生了较大变化，即 pI 7.0～7.1、MW 46kDa 的一组蛋白质在毛泡桐病株病叶中的含量远高于其病株健叶中的含量。将图 12-34 和图 12-35 比较后发现，在毛泡桐健株健叶和病株健叶中已有的 pI 为 6.8、MW 为 24kDa 的蛋白质在其病株病叶中消失了。

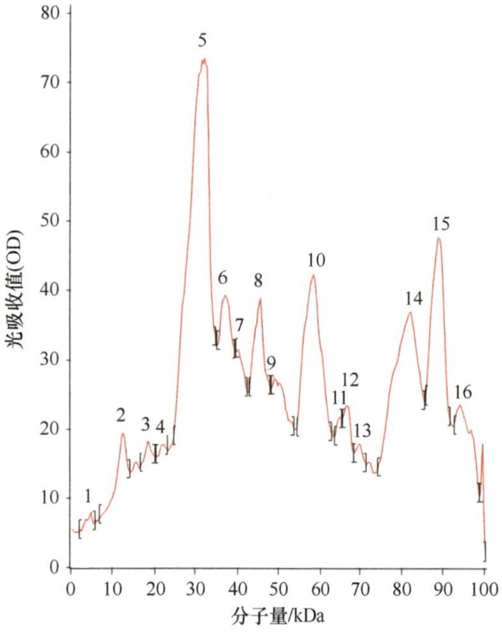

图 12-34 毛泡桐健株健叶

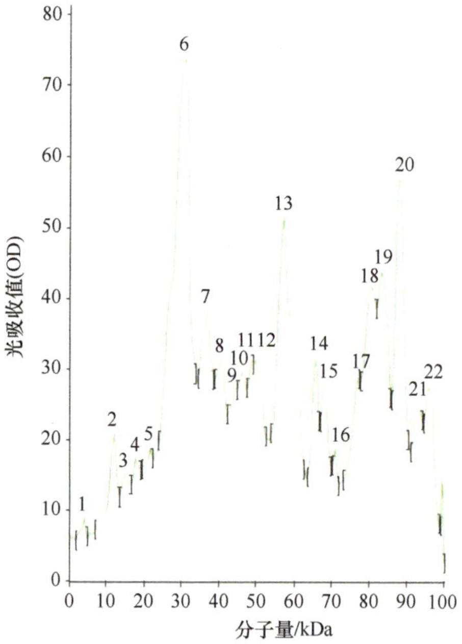

图 12-35 毛泡桐病株健叶

白花泡桐健株健叶的蛋白质图谱（图 12-37）与其病株健叶（图 12-38）的比较的结果和毛泡桐健株健叶与毛泡桐病株健叶的比较结果相似。比较图 12-37 和图 12-38 发现，在 pI 6.5～7.0、MW 24～30kDa，两种叶片的蛋白质种类和数量变化很大。一种蛋白质（pI6.8、MW 24kDa）在病株病叶中消失，其他 4 种蛋白质的含量在病株病叶中明显降低了。此外，pI 6.5、MW45kDa 的蛋白质在白花泡桐病株病叶中的含量明显高于其病株健叶。白花泡桐病株病叶中的蛋白质（图 12-39）与其健株健叶中的（图 12-37）相比，有着与图 12-38 和图 12-39 相比一致的变化趋势。此外，一种蛋白质（pI6.8、MW 24kDa）在其健株健叶和病株健叶中出现而在病株病叶中消失了。

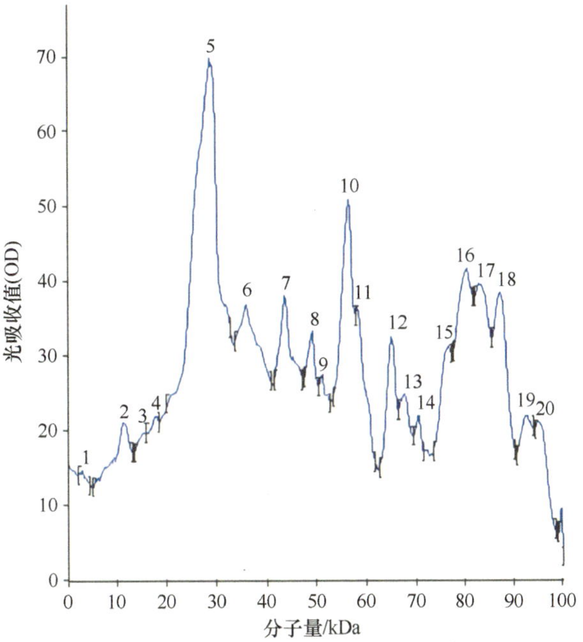

图 12-36　毛泡桐病株病叶

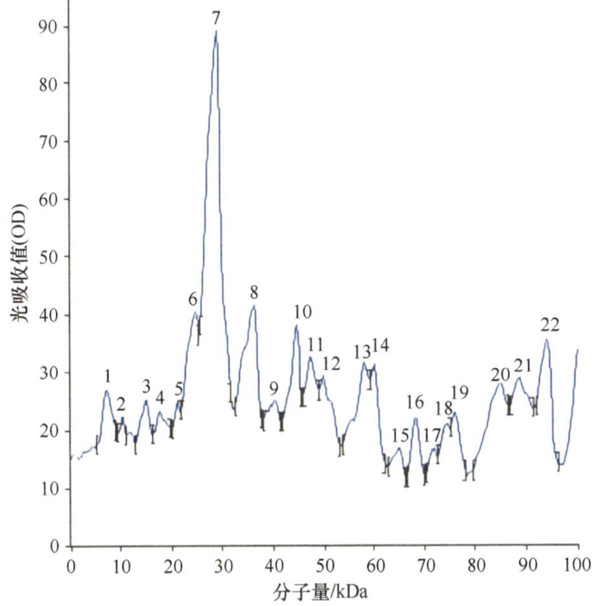

图 12-37　白花泡桐健株健叶

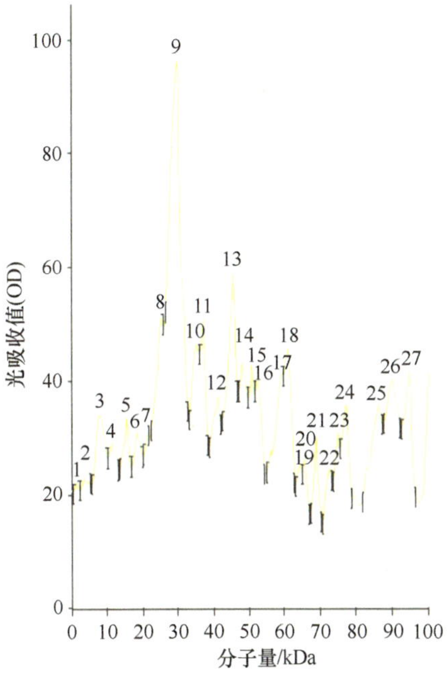

图 12-38　白花泡桐病株健叶

南方泡桐健株健叶中的蛋白质（图 12-40）与其病株健叶中的（图 12-41）比较后发现，除了 pI 6.6、MW46kDa 的蛋白质含量略有升高外，另外有多种蛋白质含量有所降低。图 12-40 和图 12-42 相比与图 12-41 和图 12-42 相比的变化趋势一致，但蛋白质升高或降低的趋势更为明显。此外，健叶中的一种蛋白质（pI 6.8、MW 24kDa）在其病叶中消失了。

如上所述，毛泡桐、白花泡桐和南方泡桐叶片的蛋白质变化比较复杂。在其健株健叶、病株健叶到病株病叶图谱上可以看出，其蛋白质既有量的变化又有质的变化。但是毛泡桐、南方泡桐和白花泡桐健株健叶、病株健叶和病株病叶中的蛋白质（pI 6.8、MW 24kDa）的变化趋势相一致，即这种蛋白质在三种泡桐的健株健叶和病株健叶蛋白质图谱中存在，而在其病株病叶中观察不到。由此可以推测这种蛋白质（pI 6.8、MW 24kDa）与丛枝病的发生有一定的关系。

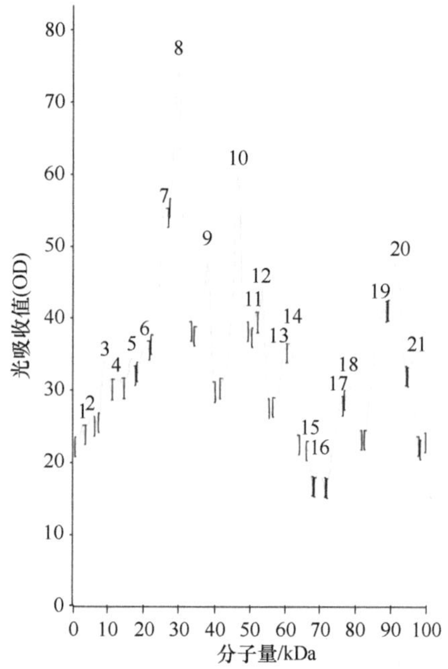

图 12-39　白花泡桐病株病叶

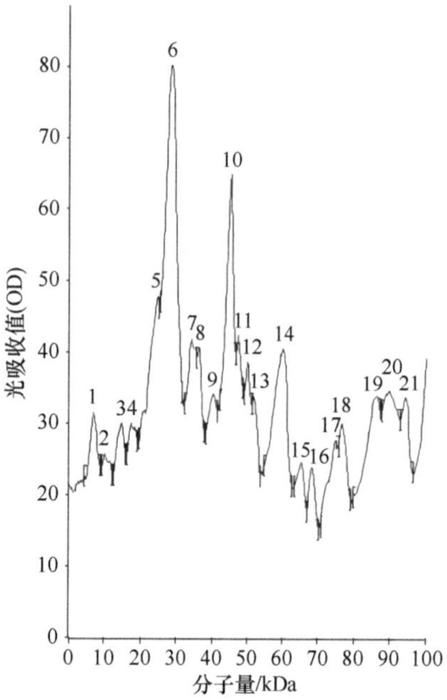

图 12-40　南方泡桐健株健叶

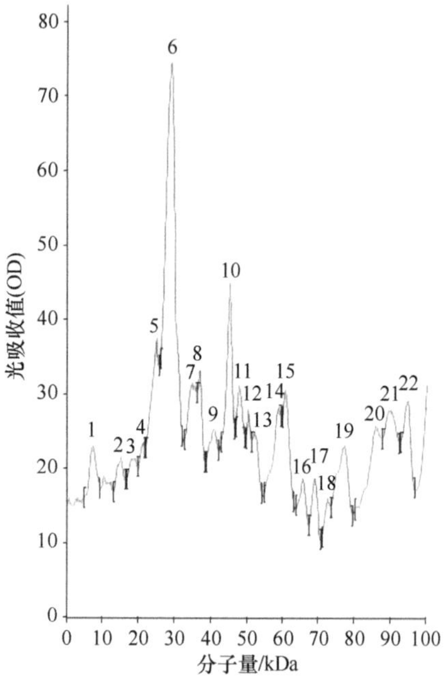

图 12-41　南方泡桐病株健叶

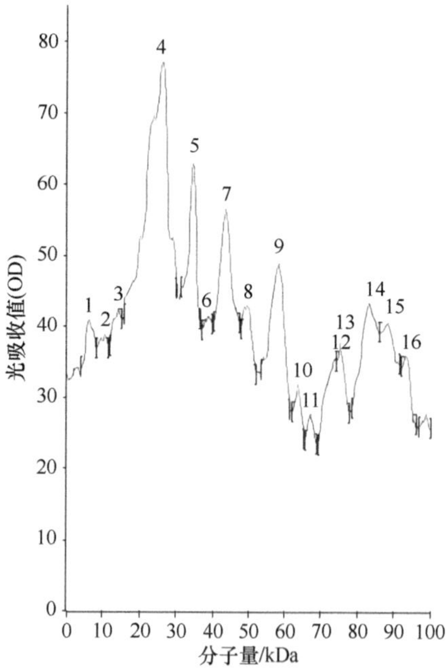

图 12-42　南方泡桐病株病叶

（二）泡桐丛枝病发生相关特异蛋白质亚细胞定位及功能分析

1. 特异相关蛋白质在泡桐叶片细胞中的位置

利用胶体金免疫定位方法进行特异相关蛋白质在‘豫杂一号’泡桐叶片细胞定位结果（图 12-43）表

明，特异蛋白质主要集中在细胞壁（图 12-43 A）、细胞质（图 12-43 C）和叶绿体（图 12-43 E）等区域。而在以免疫前血清代替抗特异相关蛋白质抗体的对照组（图 12-43 B，D，F）中相对区域均未发现金颗粒分布。表明该特异相关蛋白质主要分布于细胞壁、细胞质和叶绿体中。同时，还用病苗作了对照，在细胞的相同区域（图 12-43 G，H）均未发现金颗粒的分布，这证明了特异相关蛋白质是健康苗所特有、病苗中没有的，从而也证明了本实验室以前试验结果的准确性。

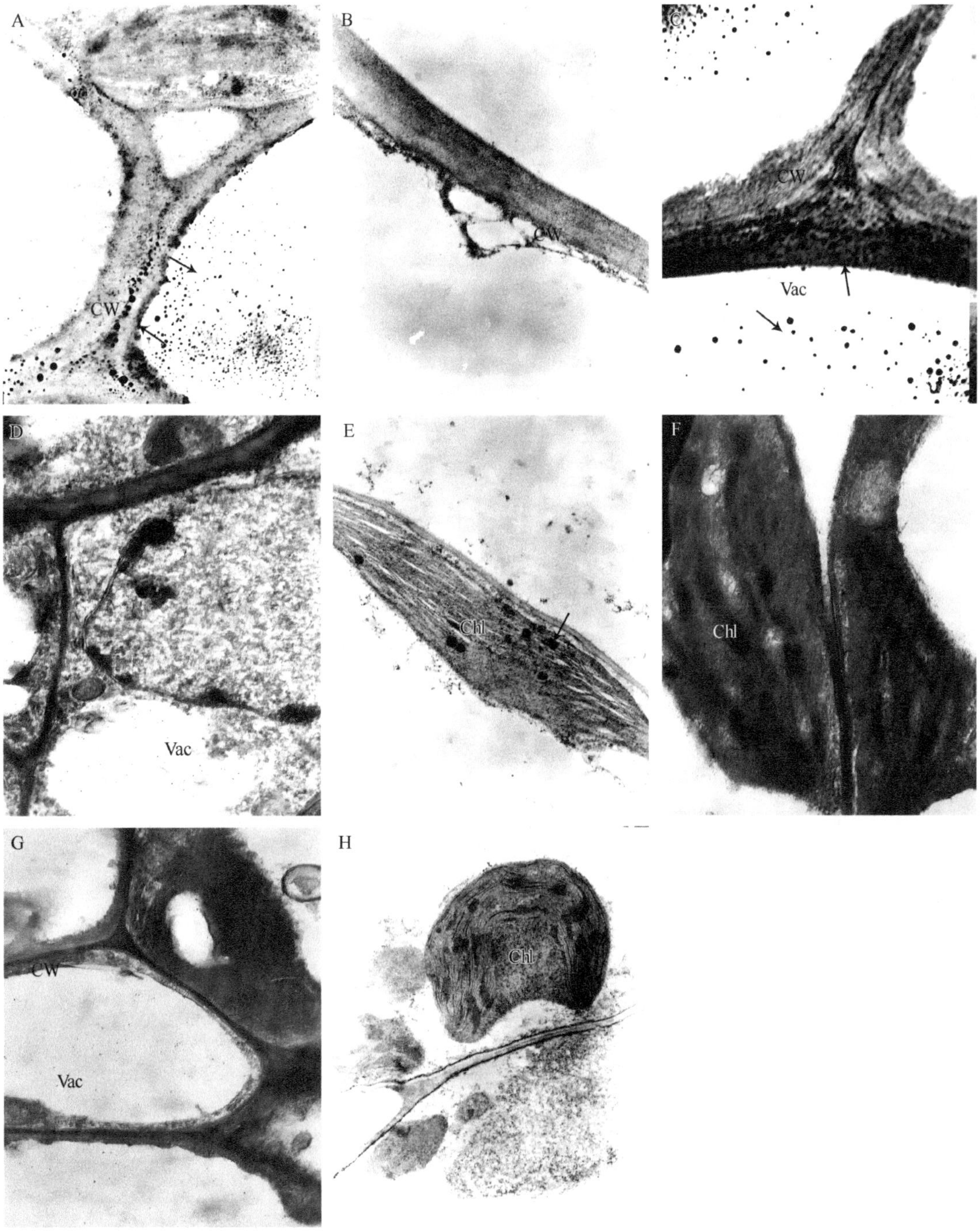

图 12-43　‘豫杂一号’泡桐叶片细胞免疫胶体金检测结果

A～F. 健康苗检测结果：A、C、E. 免疫金标抗血清检测结果；B、D、F. 免疫前血清检测结果；G、H. 患病泡桐苗叶片细胞免疫金标抗血清检测结果。CW. 细胞壁；Vac. 液泡；Chl. 叶绿体；箭头. 金颗粒

2. 特异相关蛋白质在泡桐顶芽细胞中的位置

利用胶体金免疫定位方法进行特异相关蛋白质在‘豫杂一号’泡桐顶芽细胞定位结果（图 12-44）表明，在以泡桐顶芽为材料进行的免疫金标定位中发现，胶体金颗粒集中分布在细胞壁、细胞质（图 12-44 A）和叶绿体（图 12-44C）等区域。而免疫前血清（图 12-44 B、D）对照处理中相对区域均未发现金颗粒分布。表明该特异相关蛋白质主要分布于细胞壁、细胞腔和叶绿体中。同时，还用病苗作了对照，在细胞的相同区域（图 12-44 E、F），均未发现金颗粒的分布。而且，这个结果也与叶片细胞中的检测结果相吻合，从而更确切地说明泡桐丛枝病发生特异相关蛋白质分布于细胞的细胞壁、细胞质和叶绿体中。

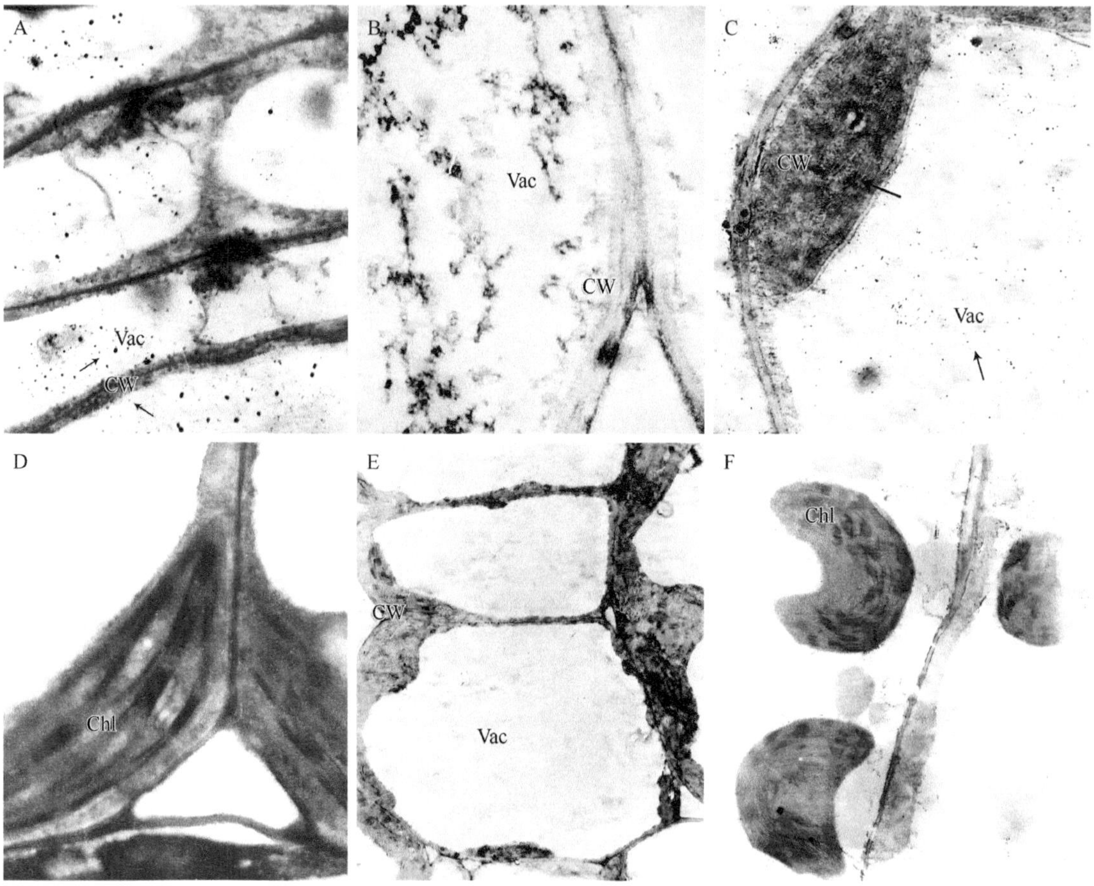

图 12-44　‘豫杂一号’泡桐顶芽细胞免疫胶体金检测结果

A～D. 健康苗检测结果：A、C. 免疫金标抗血清检测结果；B、D. 免疫前血清检测结果。E、F. 患病泡桐苗叶片细胞免疫金标抗血清检测结果。CW. 细胞壁；Vac. 液泡；Chl. 叶绿体；箭头. 金颗粒

（三）特异相关蛋白质的质谱分析

提取‘豫杂一号’健康泡桐苗总蛋白质，进行双向凝胶电泳分离，考马斯亮蓝染色后，切下特异相关蛋白质点，经脱色、还原、干胶、酶解等处理后，进行质谱（MALDI-TOF-MS）分析，得到相应的肽质量指纹图谱(PMF)(图 12-45)。通过 MALDI-TOF-MS 检测酶切后产生的肽段，进行数据库检索(Mascot)来实现对特异相关蛋白质的鉴定（图 12-46）。利用 Mascot 软件在 Green Plants 数据库中进行匹配，发现该特异相关蛋白质与水稻叶绿体分子伴侣 Q6K822_ORYSA 相匹配，得分为 73，远大于具有明显差异值的 59（$P<0.05$）。因此初步推断该特异蛋白为 Q6K822_ORYSA 的同源蛋白，Q6K822_ORYSA 为水稻叶绿体中的分子伴侣，根据分子伴侣的功能，推测该特异相关蛋白质的功能可能与细胞中某些蛋白质的正

确折叠或合成相关。

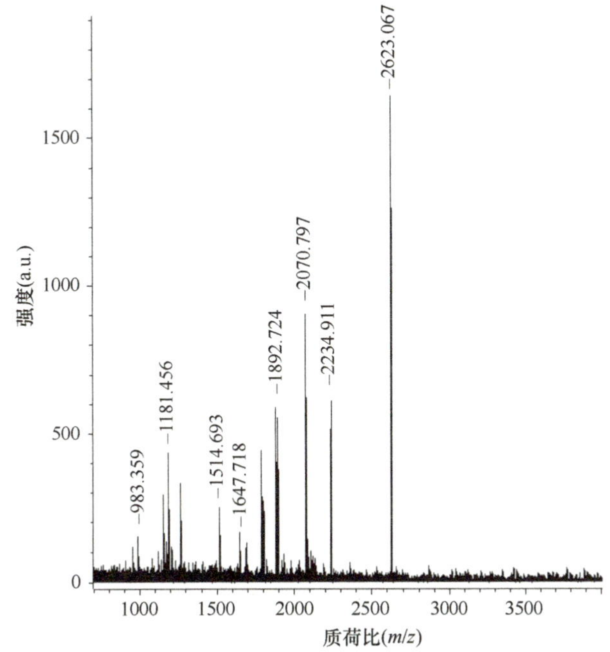

图 12-45　特异相关蛋白的 PMF 图

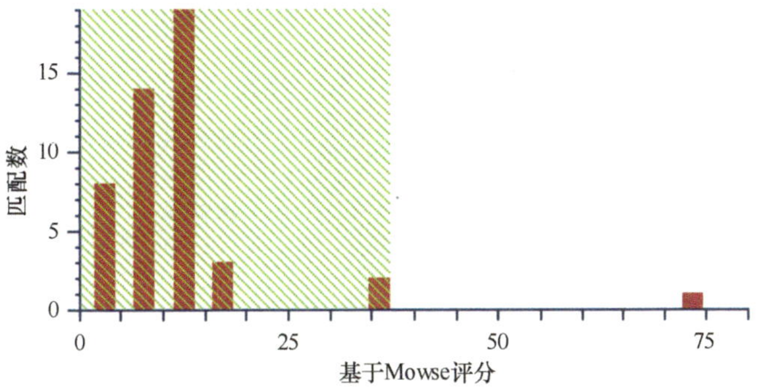

图 12-46　特异相关蛋白质的 PMF Mascot 数据库检索结果

四、泡桐丛枝病发生的表观遗传组变化

（一）丛枝植原体对白花泡桐染色体结构的影响

1. 丛枝植原体对白花泡桐染色质结构和基因表达的影响

为了研究白花泡桐丛枝病发生相关基因与染色质结构之间的关系，使用 NEBNext UltraTM RNA Library Prep Kit（NEB）试剂盒对 PF 和 PFI 进行 mRNA 文库构建，在 Illumina Hiseq X Ten 高通量测序平台进行双端测序，测序策略是 PE150。结果显示两个样本分别获得了 312Mb 和 307Mb 高质量序列，使用 bowtie2-x（Sam－N 1-1-2）（version 2.1.0）（Langmead and Salzberg，2012）软件将高质量序列比对到白花泡桐的参考基因组上。样本间的重复性通过计算重复样本间全基因组序列分布的 Spearman 相关性系数进行评估。两个样本获得的高质量序列分别比对到白花泡桐基因组上，比对率均达到 83%以上（表 12-32）。唯一比对的序列中，70%以上的序列能够比对到外显子区域。唯一比对序列在基因组上的分布统计如表 12-33 所示。总共鉴定到 24 871 个表达基因，这些基因中 10 894 个是显著差异表达，其中，5995 个上

调，4899 个下调（以健康苗为对照）。为了解其生物学功能，对这些差异表达基因（DEG）进行了 GO 功能分析和 KEGG 代谢通路分析，GO 功能分析显示这些差异表达基因主要富集在代谢过程、细胞过程、催化活性和结合活性等类目（图 12-47C）。KEGG 代谢通路分析可知，这些 DEG 主要参与光合作用、光合作用–天线蛋白和脂肪酸降解等通路（图 12-47D）。

表 12-32　白花泡桐转录组数据统计

样本	文库	过滤后的序列数	比对上的序列数	比对上的比例/%
PF	PF_1	100 688 920	87 118 618	86.52
	PF_2	103 701 322	89 561 596	86.36
	PF_3	107 355 454	92 576 497	86.23
PFI	PFI_1	103 738 518	86 675 944	83.55
	PFI_2	107 609 118	89 696 038	83.35
	PFI_3	95 898 588	79 856 499	83.27

表 12-33　白花泡桐序列在基因组上的分布

样本	PF 序列数	PF 比例/%	PFI 序列数	PFI 比例/%
外显子	27 988 970	69.55	27 013 825	73.99
内含子	3 408 893	8.47	2 468 715	6.76
基因间区	8 844 476	21.98	7 030 389	19.25

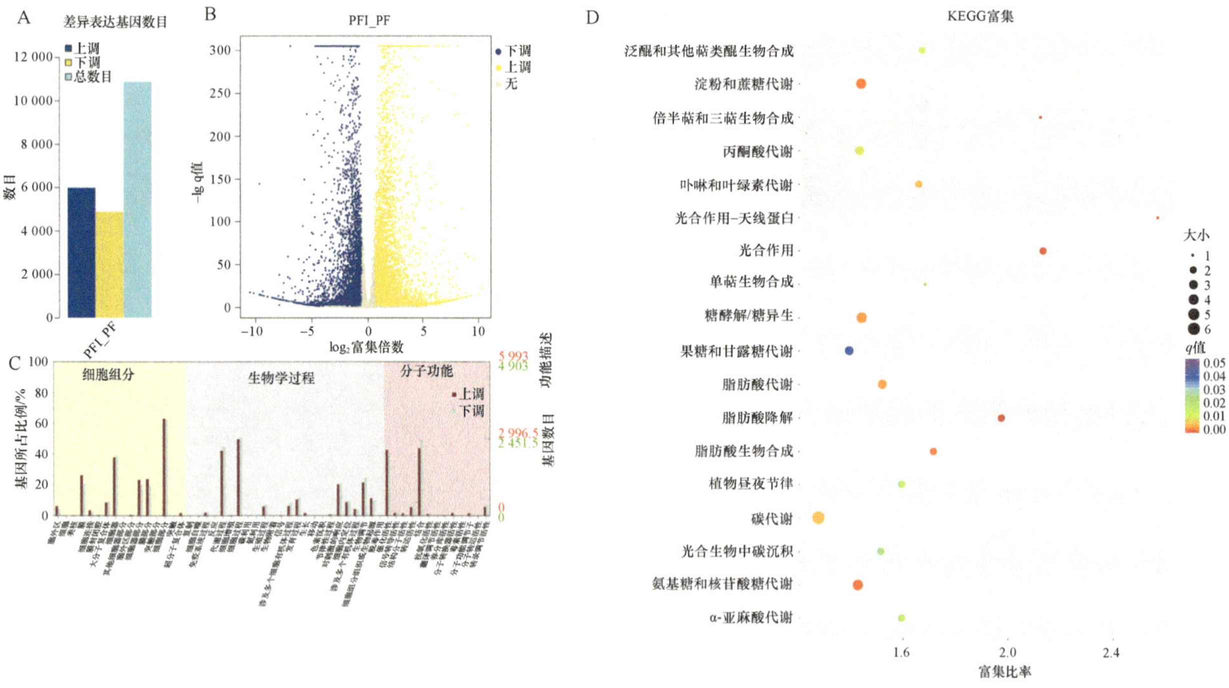

图 12-47　白花泡桐 RNA-Seq 数据

近年来，一些研究已揭示了 3D 染色质结构在发病机制或性状改善机制中所起的重要作用（Zhou et al.，2018c；Li et al.，2019）。在本研究中发现白花泡桐 PF 和 PFI 植株的 3D 染色质结构也发生了类似的变化。因此，首先分析了 PF 和 PFI 基因组中的 A/B 区室转换，发现大多数区室的状态在 PF 和 PFI 基因组中是保守的。但是有 10.52%的基因组区室从 A 转换为 B（图 12-48F），9.48%的基因组区室从 B 转化为 A，并

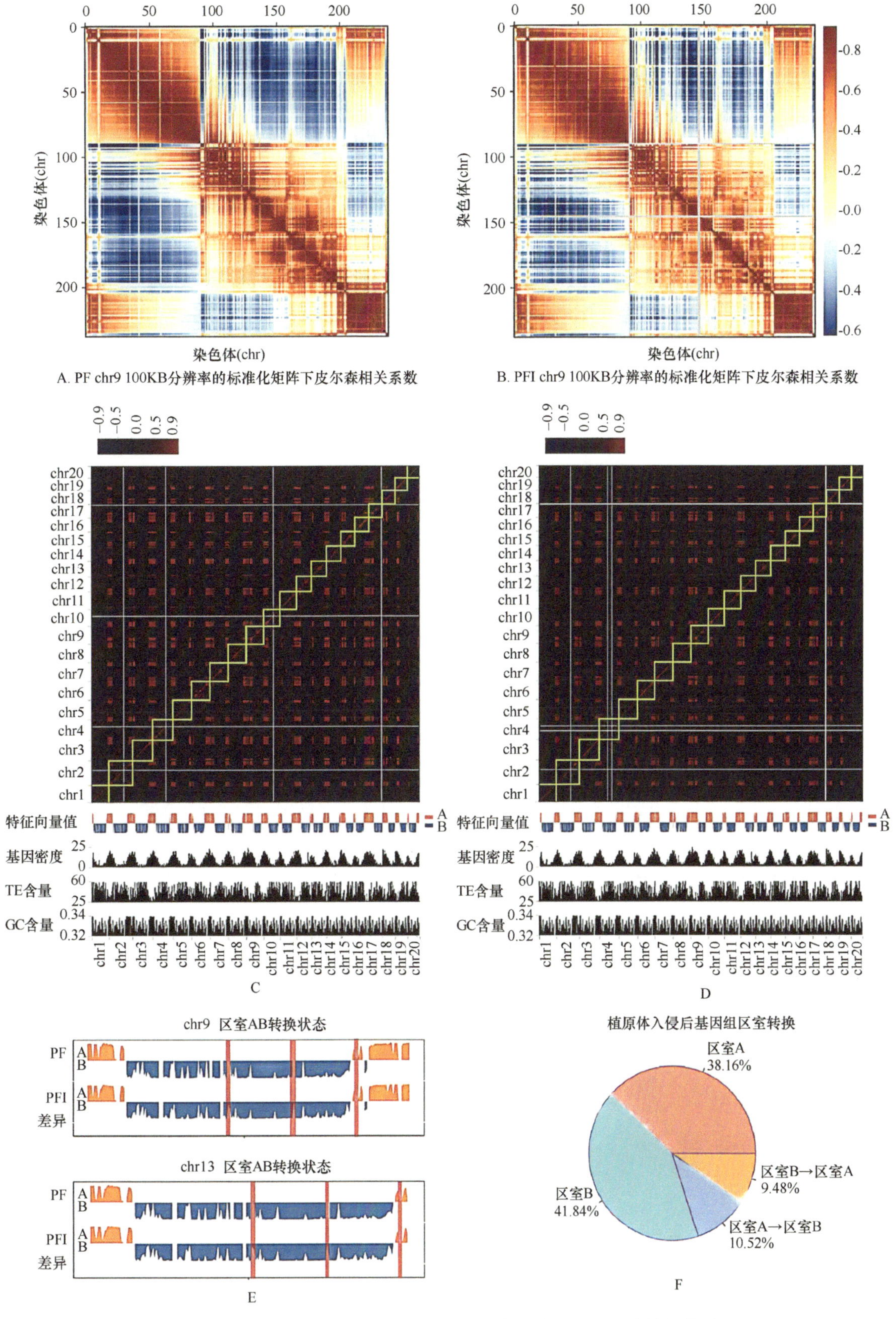

图 12-48　白花泡桐健康苗和丛枝病苗染色体内相互作用的棋盘模型

A，B.chr9 在 100kb 分辨率的 Pearson 相关图表明染色体区隔化和特征格纹模式；C，D.染色体内和染色体间相互作用的关系；E.chr9 和 chr13 的单条染色体用各自的特征向量分成 A/B 区室；F.PF 和 PFI 之间的区室变化鉴定了 1738 个受区室转换影响的基因。为了解染色质结构变化与基因表达之间的关系，对染色质区室转换区域进行基因表达水平的统计（图 12-49）。结果发现植原体入侵后当 A 区室转换为 B 区室时，基因表达水平显著下调，反之亦然（秩和检验，$P<0.01$）。综上结果表明，区室之间的转换可能与基因表达相关，这与之前的报道结果一致（Barutcu et al.，2015），而泡桐植原体的入侵可能在一定程度上影响了区室的转换。

在 Hi-C 热图中被视为“三角形”的高度自交互区域被称为拓扑相关结构域（topologically associating domain，TAD）。TAD 在基因组的结构和功能单元中发挥着至关重要的作用，并且是哺乳动物和一些植物基因组中的一个突出特征（Dixon et al.，2012；Dong et al.，2017）。此外，在 PF 和 PFI 的 Hi-C 图谱中，使用三种方法观察到泡桐具有典型的 TAD 格子图案。而基于 Forcato 等（2017）的研究表明没有任何一种算法可以被视为识别染色质相互作用的标准。综合 ChIP-Seq、RNA-Seq 和 Hi-C 等多组学数据后，发现绝缘分数是一种更适合后续分析的方法。根据基因组中 TAD 边界的位置，识别出样本之间的共性和特异性 TAD 边界。基于绝缘分数法，在 PF 和 PFI 中分别检测到 477 个和 510 个特异性 TAD 边界，且有 528 个 TAD 边界是共有的（图 12-50A）。在 PF 中预测的 TAD 边界中只有约 50%在 PFI 中保持相似的位置（图 12-50A），这表明 TAD 位置可能在植原体感染后发生了改变。此外，在 PF/ PFI 特异性的 TAD 边界中，32 个和 34 个基因表达上调，28 个和 50 个基因表达下调（图 12-50B）。此外，还计算了泡桐感染植原体后局部染色质结构相互作用变化的 TAD score。结果表明大多数 PFI∶PF 的 TAD score 在 40kb bin 大小时大于 1（图 12-51 C），表明 PFI 中的大多数 TAD score 较高。因此，推测植原体感染植物的染色质构象和 TAD 位置在一定程度上发生了变化。

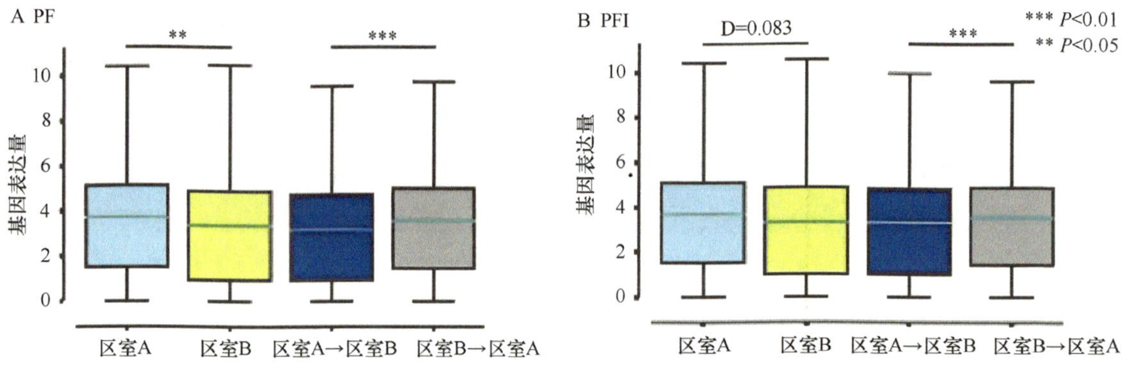

图 12-49　PF 和 PFI 中 A 和 B 区室转化与基因表达关系

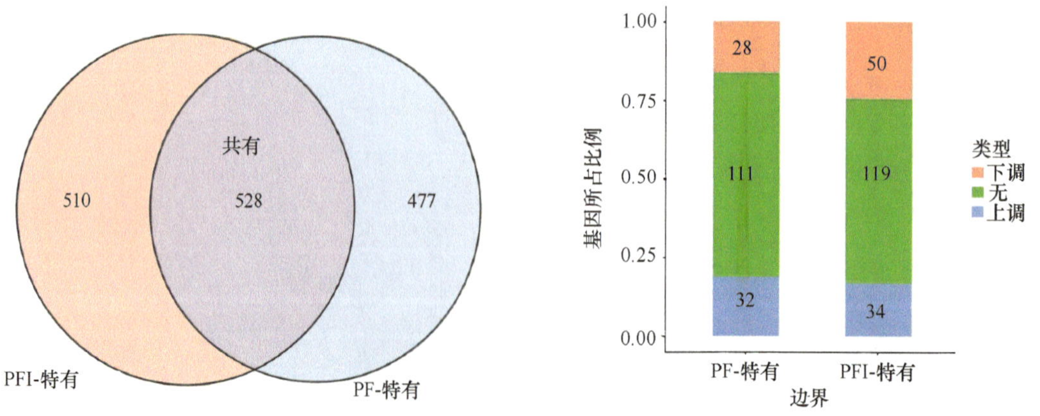

A. Insulation方法下拓扑结构域边界统计

B. 特有边界中的差异表达基因

图 12-50　TAD 边界在感染植原体后的变化

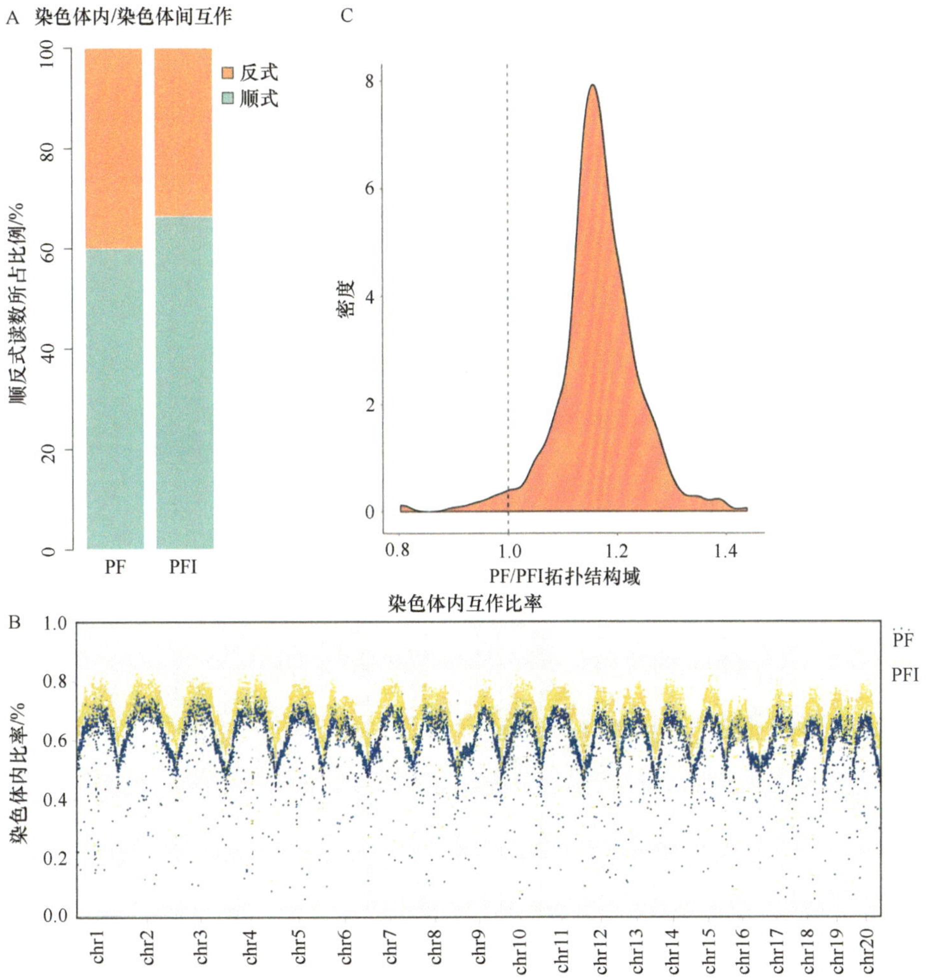

图 12-51　PF 和 PFI 染色体内（顺式）相互作用和染色体间（反式）相互作用的统计

A. PF 和 PFI 中染色体间（反式）相互作用和染色体内（顺式）相互作用序列的比例；B. 植原体感染后染色体内（顺式）相互作用的比率；C. 800kb 基因组距离下，20kb 分辨率下 PF/PFI 的 TAD 值

为了确定基因表达的变化是否与具有内部相互作用变化的 TAD 有关，根据 TAD score 的倍数变化对包含表达基因的 TAD 进行分类，并根据它们与所有 TAD 倍数变化的偏差对其进行分类。结果表明，这些 TAD 中表达基因的分布呈现一定的规律，即染色质相互作用升高的 TAD 将富集一些上调的基因，而染色质相互作用减少的 TAD 则富集了下调的基因（图 12-52A）。总之，这些数据揭示了 TAD 中转录表达和染色质相互作用频率之间可能存在某些正向的联系。之前有报道表明了染色质构象和转录水平的变化与 TAD 内的组蛋白修饰状态有关（Barutcu et al.，2015）。组蛋白修饰作为一种表观修饰形式，与染色质构象和转录调控有密切关系（Yan et al.，2019）。为了进一步探究植原体感染后泡桐染色质 TAD 内的表观遗传状态，重新分析了已发表的 PF 和 PFI 的 ChIP-Seq 数据（Yan et al.，2019）。表 12-34 详细统计了与基因激活相关的组蛋白 H3K4me3、H3K36me3 和 H3K9ac 的 ChIP-Seq 数据。通过计算 TAD 内 ChIP-Seq 信号的变化，研究发现染色质相互作用增强的 TAD 的 H3K4me3、H3K36me3 和 H3K9ac 的修饰水平升高，而相互作用减少的 TAD 在这些组蛋白中的修饰水平降低（图 12-52B～D）。这一结果与之前在短期激素诱导模型中的研究结果一致（Le Dily et al.，2014），其中 TAD 内部表观遗传活性的变化似乎对染色质构象变化和转录表达有积极影响。

在具有大基因组的植物中，从 Hi-C 数据的相互作用矩阵中检测到基因岛（称为环）之间的许多长距离染色质相互作用（Dong et al.，2020）。染色质环是数百个碱基的染色质精细结构，主要定位靠近基因位点的调控元件并募集 RNA 聚合酶Ⅱ以增强转录激活。在 PF 和 PFI 中共鉴定出 15 263 个染色质环和

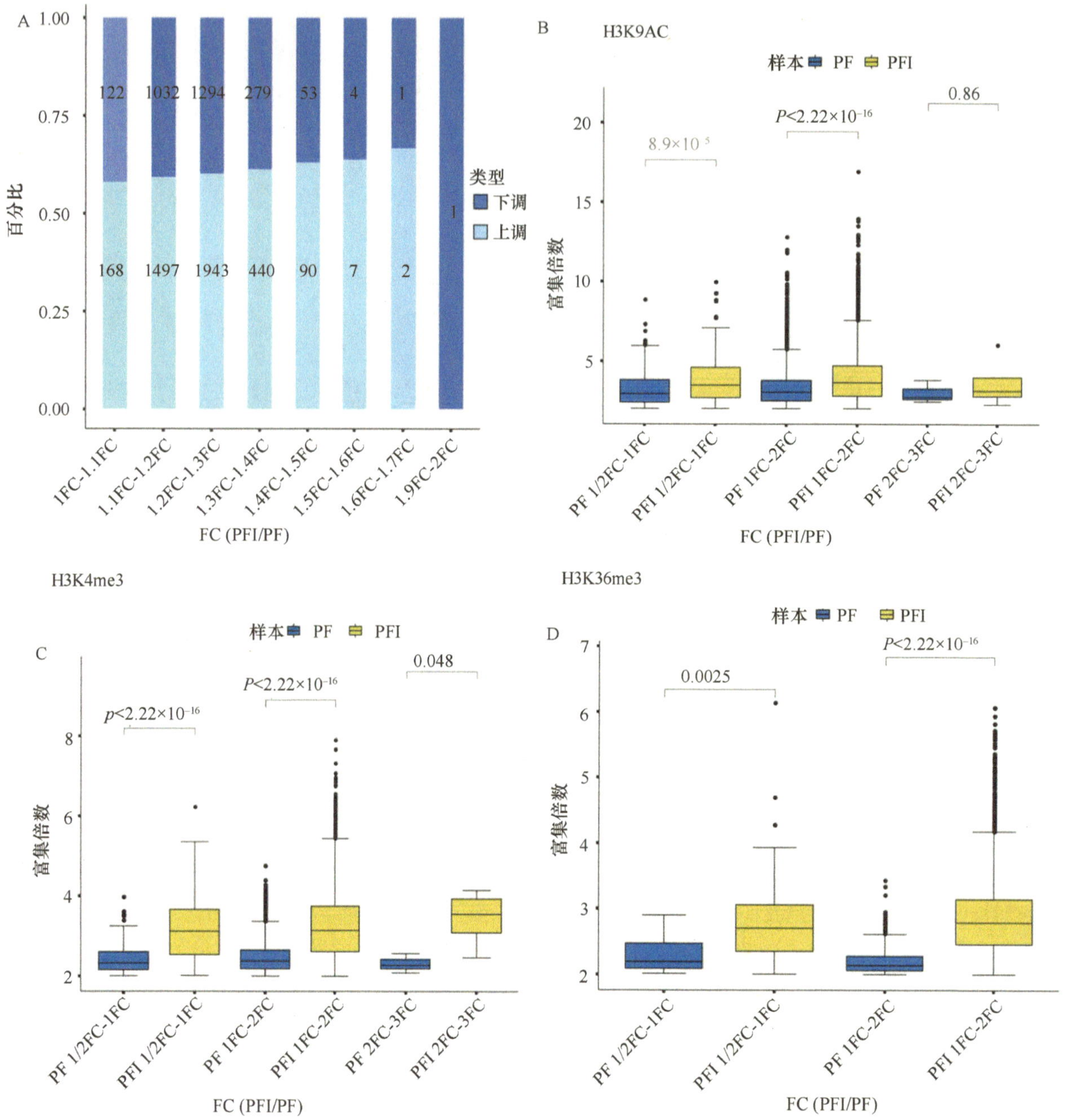

图 12-52　基于 TAD 值倍数变化（FC）不同类别的 TAD 中差异表达基因和组蛋白修饰的分布

A. TAD 中基因的富集；B（H3K9ac）、C（H3K4me3）和 D（H3K36me3）为在不同类别的 TAD 中富集的箱线图

表 12-34　ChIP-Seq 数据

修饰类型	样品	Peak 数量	Peak 总长/bp	Peak 平均长度/bp	修饰基因的量
H3K36me3	PF	891	1 816 127	2038	844
	PFI	13 583	62 101 426	4572	13 510
H3K4me3	PF	11 918	20 172 653	1693	11 054
	PFI	21 269	44 957 880	2114	19 286
H3K9ac	PF	15 627	28 909 620	1850	14 580
	PFI	18 110	35 185 070	1493	16 741

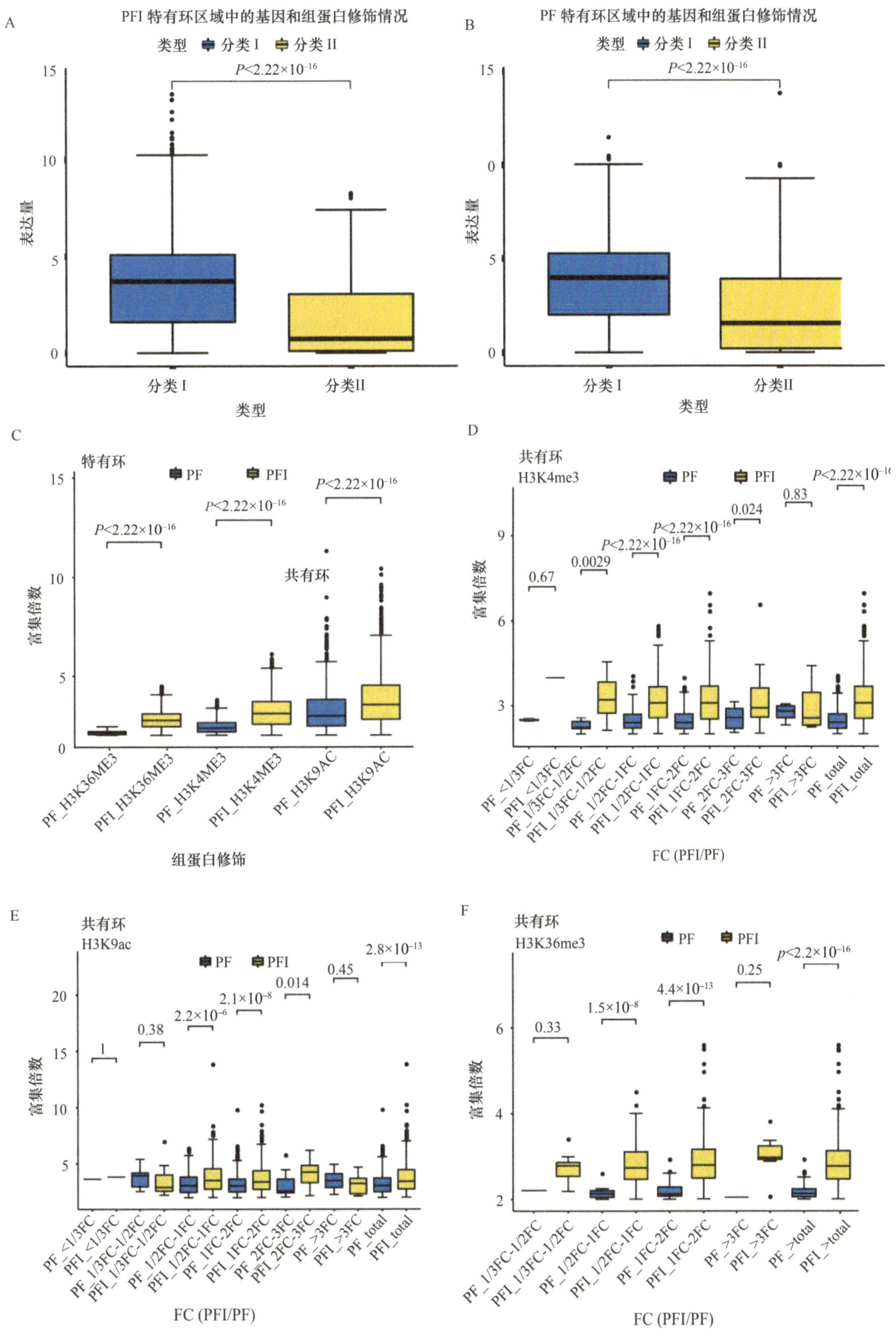

图 12-53　在 PF 和 PFI 中具有组蛋白修饰和基因表达的特有/共有环的箱线图

A、B. 特有环中有或没有组蛋白修饰的基因表达；C～F. 组蛋白修饰在特定/共有环中的峰值富集程度

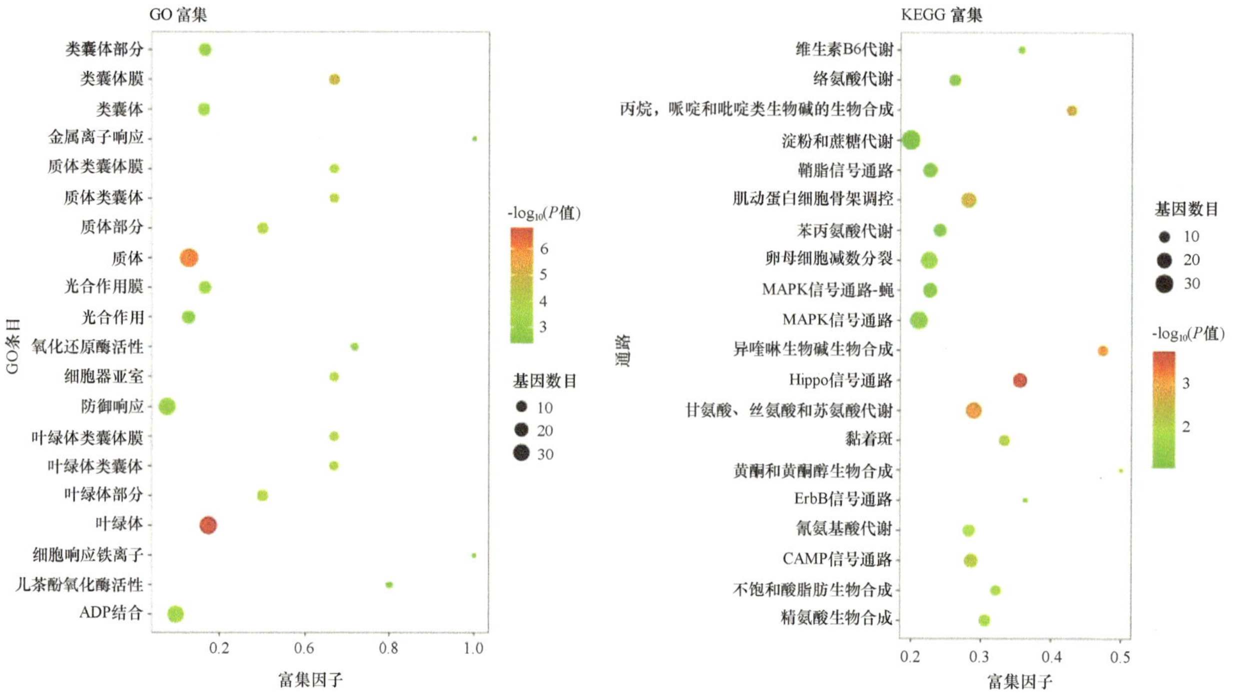

图 12-54　受染色质环变化影响的 5844 个基因 GO 和 KEGG 代谢通路分析

17 263 个染色质环。其中，5767 个和 7767 个为 PF 和 PFI 的特有环，且有 8277 个共有环。为了研究染色质环的改变与 PaWB 相关基因之间的相关性，分析了 PF 和 PFI 的 Hi-C 和 RNA-Seq 数据库，结果发现 PF 和 PFI 特有环中分别有 2304 个和 3540 个基因。共有环中共鉴定出 1919 个基因，其中 694 个基因是差异表达的。PF/PFI 特有环中的这些基因进一步分为与这 3 种组蛋白（H3K36me3、H3K4me3 和 H3K9ac）中的一种或多种相关的（Ⅰ类），以及与上述修饰无关的（Ⅱ类）（图 12-53A、B）。研究发现Ⅰ类的基因表达水平高于Ⅱ类，这与 Yan 等（2019）的研究一致，表明这些组蛋白标记几乎总是与转录激活相关。以上结果表明，这些环可能通过组蛋白修饰对基因产生顺式调控作用。为了了解受染色质环变化影响的基因的潜在功能，进行了 GO 和 KEGG 代谢通路分析，以对受环变化影响的 5844 个基因进行功能注释。GO 富集分析表明，这些基因在“质体”“叶绿体”和“防御反应”中显著富集。KEGG 代谢通路富集分析则表明，这些基因主要参与“甘氨酸、丝氨酸和苏氨酸代谢”“Hippo 信号”和“MAPK 信号”通路（图 12-54），并且在这些受环影响的基因中，2001 个编码了 54 个家族中的转录因子基因，包括 215 个 bHLH、84 个 WRKY 和 121 个 NAC 转录因子，参与了对胁迫的响应，并可能调节抗病相关基因的表达（Wang et al.，2019）。同时，也得到一些与植物抗逆性相关的其他转录因子家族，包括 bZIP、TCP 和 MYB。总之，这些结果解释了泡桐植原体感染的基因表达修饰方式之一是通过染色质环。Yoshida 等（1996）在肿瘤发病中发现，视黄酸受体基因 *rara* 是上调的，但是检测到启动子与调控元件之间是没有相互作用的，表明染色质交互在基因表达调控中仅仅作为部分因素。Li 等（2012）报道了与 RNA 聚合酶相关的、以启动子为中心的染色质交互能够促进基因转录表达，然而在白血病粒细胞中 PML/RARA 融合蛋白介导的染色质交互抑制了下游基因的表达。这些结果更加验证了染色质交互对基因表达调控的作用是复杂的。因此，白花泡桐中 3D 染色质结构变化与基因调控之间的关系仍需进一步的探究。

2. 丛枝植原体对白花泡桐染色质可及性调控区转录因子的影响

为分析植原体感染导致的差异结合位点关联的转录因子，基于 JASPAR 数据库（Fornes et al.，2020）的所有植物类转录因子权重矩阵（PWM），利用 chromVAR 软件（Schep et al.，2017）搜寻每个 motif 对应的变异指数（图 12-55）。经过分析，发现变异最显著的 motif 是 Rax 转录因子识别位点。Guo 等（2015）

研究发现 WRKY71 通过调控 Rax 转录因子的表达控制分枝数。

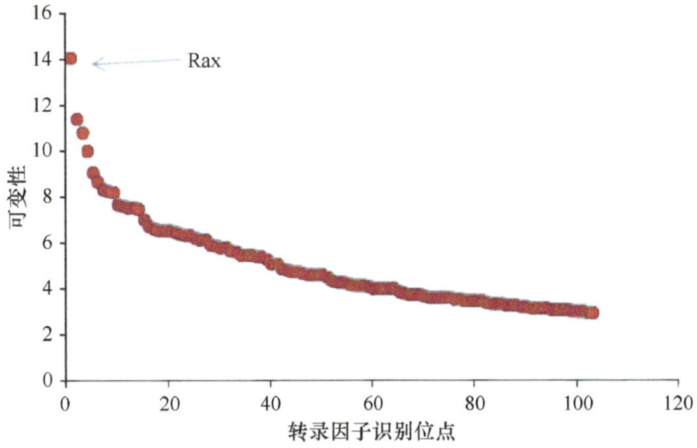

图 12-55　转录因子识别位点的差异指数分布

为探究泡桐丛枝病发生受染色质开放区域调控的模式，预测出转录因子调控模块，进而找到其相对应的转录因子，在健康苗比丛枝病苗更开放的区域检测出来 88 个转录因子家族（图 12-56），从枝病苗比健康苗中更开放的区域中检测到 28 个转录因子家族（图 12-57）。其中有在植物中较常见的转录因子，如 bHLH、AP2/ERF-ERF、WRKY 及与 MYB 相关等转录因子家族。bHLH 参与植物的生长发育及多种逆境胁迫（Sun et al.，2018）。AP2/ERF-ERF 能参与水稻生命周期的调控（Serra et al.，2013）。WRKY 参与植物防御、代谢及发育等多个生理活动，在生物胁迫与非生物胁迫过程中都有重要的调节作用（Dong et al.，2003）。这些研究表明本次实验预测出的转录因子在丛枝病发生过程中可能也具

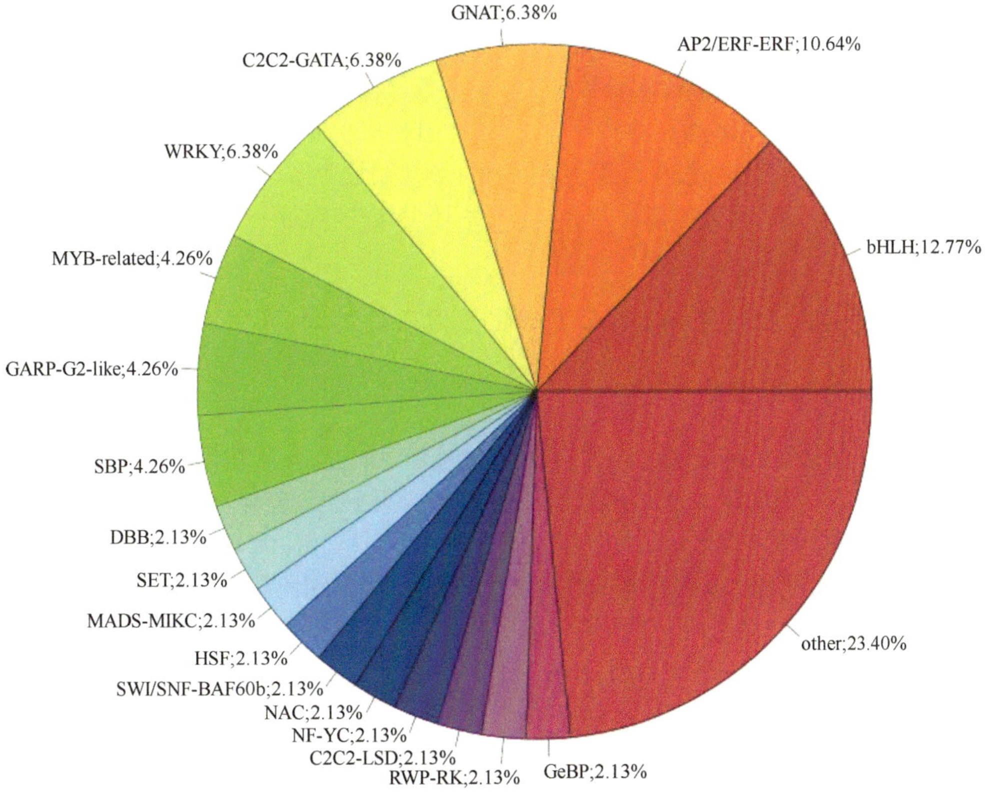

图 12-56　健康苗比丛枝病苗中更开放区域中转录因子家族统计分类

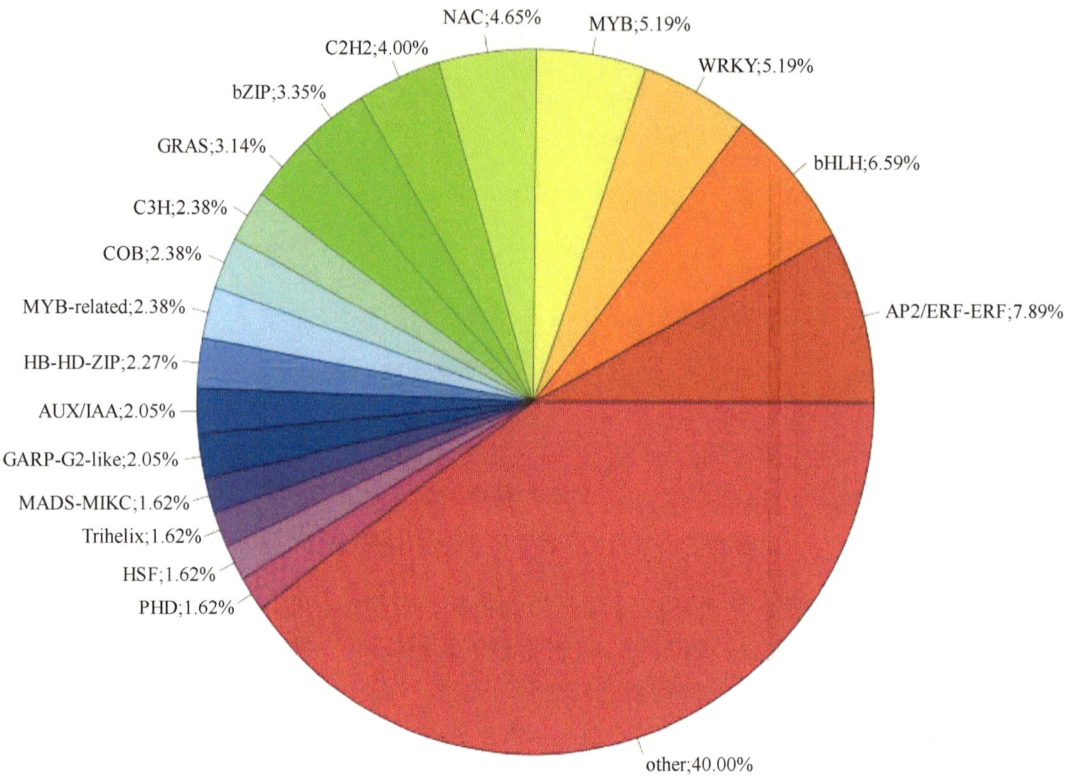

图 12-57　从枝病苗比健康苗中更开放区域中转录因子家族统计分类

有一定的调控作用，这些转录因子如何参与基因的表达，以及如何介导泡桐丛枝病的发生还有待进一步的研究与验证。

通过对泡桐健康苗、丛枝病苗及 MMS 和 Rif 处理苗进行 ATAC-Seq 的建库测序，用来研究泡桐丛枝病发生与染色质可及性变化间的关系。实验数据量充足且数据符合实验要求，鉴定的插入片段分布与 TSS 区域的富集情况均符合 ATAC-Seq 数据的特征。在泡桐中首次成功地完成 ATAC-Seq 的研究，填补了这一领域的研究空白。实验显示丛枝病发生过程中染色质可及性发生变化，并通过开放区域的转录因子富集分析，找到与泡桐丛枝病发病相关的转录因子，为之后研究这些转录因子在泡桐丛枝病发病过程中的作用奠定了基础。

（二）丛枝植原体对白花泡桐 DNA 甲基化基因表达的影响

1. DNA 甲基化对基因表达的影响

为了探讨 DNA 甲基化基因转录表达状况，将不同比较组之间 DNA 甲基化和前期的转录组测序结果进行了关联分析，结果显示只有 404 个发生甲基化的基因在转录组上呈现差异表达。为了确定 DNA 甲基化水平与基因表达之间的关系，在不同区域进行表达模式的分析，包括上游（启动子）、外显子、内含子和下游。如图 12-58 所示，各区域甲基化基因具有 4 种表达模式，包括：①甲基化水平上调，其基因表达上调，②甲基化水平下调，其基因表达下调，③甲基化水平上调，其基因表达下调，④甲基化水平下调，其基因表达上调。尽管 DMG 在基因组中表现出高 DNA 甲基化水平，但其在基因表达水平上的差异不明显。

2. DNA 甲基化差异基因的功能分析

为了进一步排除 2 种试剂处理对甲基化基因的影响，通过 2 种试剂的相同时间点不同比较组间的比较，获得共同甲基化的差异基因 404 个。GO 分类结果显示这些甲基化基因主要被富集到 50 个 GO 条目

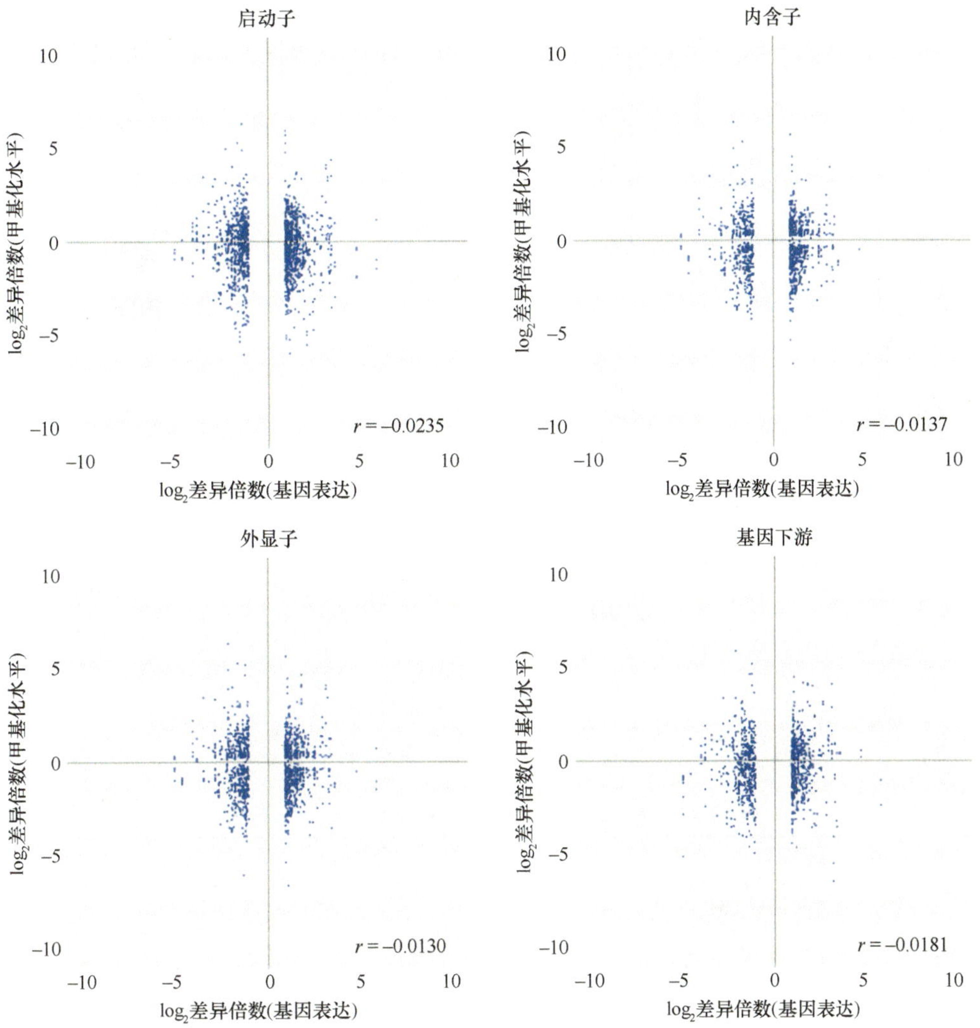

图 12-58　病健苗间基因的 DNA 甲基化水平与基因表达的模式分布

（图 12-59），其中氧化还原过程（97.90%）、调控转录（87.41%）、转录（83.92%）、相应钙离子（48.95%）以及蛋白质磷酸化（45.45%）是主要的 GO 条目；KEGG 通路富集分析显示，甲基化的基因主要集中在碳水化合物代谢（13.39%）、脂质代谢（12.50%）、氨基酸代谢（10.71%）、辅因子和维生素（8.04%）等途径（图 12-60，表 12-35）。

3. 基于转录组和 DNA 甲基化组的丛枝病相关基因的筛选

通过对 2 种试剂高低浓度处理的白花泡桐丛枝病幼苗的转录组测序，获得了大量的基因。然后采用 WGCNA 方法对这 2 种试剂处理获得的基因进行了共表达趋势分析，从 4 个模块中共获得 20 个与丛枝病发生相关的基因。为了进一步排除试剂处理和生长发育引起的差异基因，将转录组产生的 20 个差异基因与甲基化差异的基因进行了比对，最后筛选出甲基丙酮还原酶等 12 个与丛枝病相关的基因（表 12-36），且功能搜索发现这 12 个基因的主要功能涉及光合作用、植物防御和信号转导等方面。

（三）丛枝植原体对白花泡桐 RNA 甲基化修饰基因变化的影响

1. 丛枝病发生特有相关的 RNA 甲基化修饰基因

通过 m^6A 与转录组的关联分析，获得一些与植物-病原体互作、植物激素信号转导和植物分蘖相关的

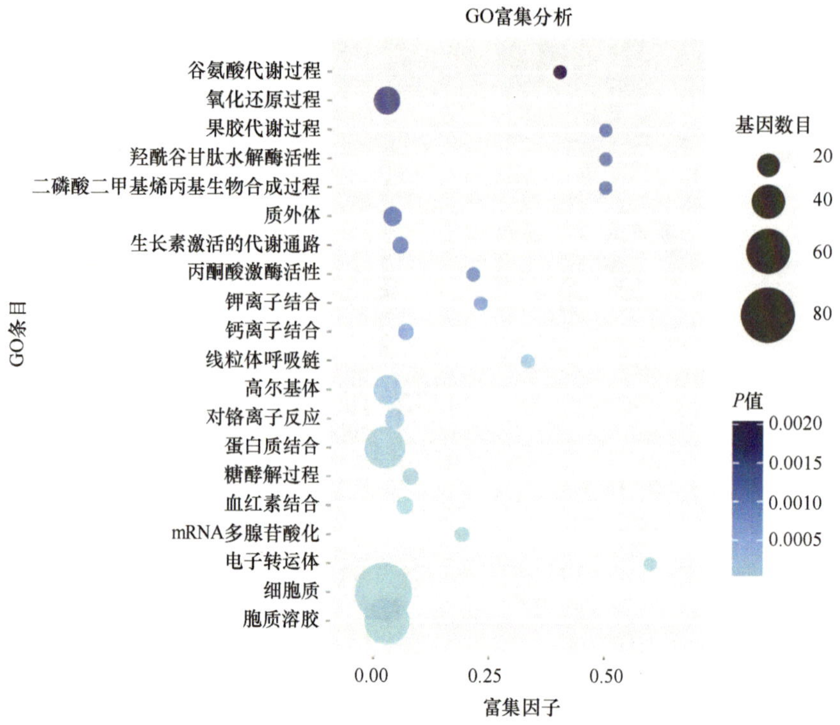

图 12-59 关联基因的 GO 分析

表 12-35 关联的甲基化基因的 KEGG 通路富集分析

KEGG 通路	比例/%
运输和分解代谢	2.68
信号转导	1.79
膜转运蛋白	0.89
转录	2.68
复制和修复	4.46
翻译	4.46
折叠、分拣和降解	5.36
能量代谢	4.46
脂质代谢	12.50
核苷酸代谢	1.79
其他氨基酸代谢	4.46
萜类化合物和聚酮类化合物的代谢	7.14
氨基酸代谢	10.71
概述	3.57
辅因子和维生素	8.04
碳水化合物代谢	13.39
其他次级代谢产物生物合成	6.25
甘氨酸生物合成和代谢	3.57
环境适应	1.79

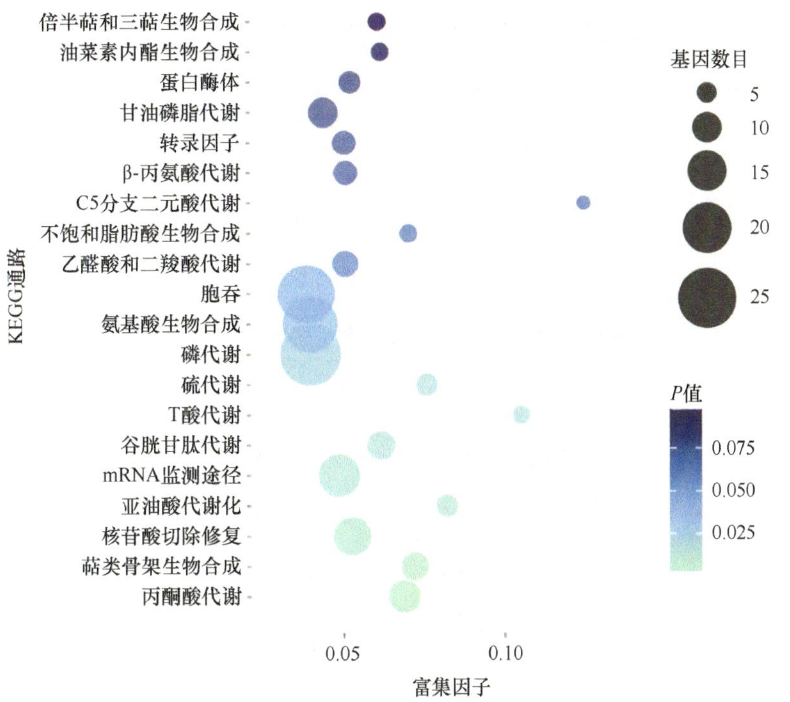

图 12-60 关联基因的 KEGG 通路富集分析

表 12-36 转录组与甲基化组相关联的基因

基因 ID	功能
PAULOWNIA_LG6G000886	甲基丙酮还原酶
PAULOWNIA_LG15G000908	RNA 结合蛋白 38
PAULOWNIA_LG15G000763	类囊体腔 29kDa 蛋白，叶绿体
PAULOWNIA_LG7G000047	叶绿体 a-b 结合蛋白 7，叶绿体
PAULOWNIA_LG15G000718	5&apos- 含核苷酸酶结构域的蛋白 4
PAULOWNIA_LG2G000393	ω-6 脂肪酸去饱和酶，叶绿体
PAULOWNIA_LG12G000436	丝氨酸乙醛酸氨基转移酶肽
PAULOWNIA_LG9G000504	顺反异构酶 FKBP53
PAULOWNIA_LG10G000433	铵转运蛋白 1
PAULOWNIA_LG1G000136	丝氨酸/苏氨酸蛋白激酶 At5g01020
PAULOWNIA_LG8G000482	含有 MACPF 结构域的蛋白质 NSL1
PAULOWNIA_LG6G000997	WRKY 转录因子 40

基因（表 12-37）。在植物-病原体互作和信号转导通路中筛选出了基因 *LIGHT-DEPENDENT SHORT HYPOCOTYLS 4*（*LSH4*）。据报道，*LSH4* 在茎尖中的过表达会导致营养期叶片生长受到抑制及花发育期间形成冗余的茎或芽，而在泡桐丛枝病苗中 *LSH4* 基因的 m^6A 修饰水平和转录水平都显著上调，同时根据该基因的 peak 分布推测丛枝植原体入侵泡桐导致泡桐 LSH4 3′UTR 区的 m^6A 修饰水平上调，进而增强 LSH4 mRNA 的稳定性并导致其表达水平上调，从而诱导泡桐丛枝症状的发生。在植物激素信号转导代谢通路中筛选出 4 个差异的基因 *SHORT-ROOT*、*LIGHT-DEPENDENT SHORT HYPOCOTYLS 4*、*HISTIDINE-CONTAINING PHOSPHOTRANSFER PROTEIN 1* 和 *REGULATORY pROTEIN npr5*，其中，SHORT-ROOT 蛋白参与根部放射状形成，在细胞分裂过程中起重要作用，HISTIDINE-CONTAINING PHOSPHOTRAN SFER PROTEIN 1 是一种细胞分裂素传感器组氨酸激酶和响应调节剂（ARR-B）之间的磷酸化介体，是

细胞分裂素信号通路的正调节剂。

表 12-37　m^{6}A 修饰发生变化的差异表达基因（部分）

基因	调控	
	m^{6}A	基因
调节蛋白类 NPR5	下调	下调
含组氨酸的磷酸转移蛋白 1	上调	上调
短根	下调	下调
光依赖的短下胚轴蛋白质 4	下调	下调
同种异体蛋白-1 异构体 X2	下调	下调
富含亮氨酸的类受体激酶蛋白 At5g49770	下调	下调
类多聚半乳糖醛酸酶抑制剂	下调	下调
类富含脯氨酸的蛋白质 4	上调	上调
类 G2/有丝分裂特异性细胞周期蛋白-1	下调	上调
ATP 依赖性 RNA 解旋酶	下调	上调
L-天冬氨酸氧化酶	下调	上调
八氢番茄红素合酶 2	下调	上调
果糖二磷酸醛缩酶 1	上调	上调

Gordon 等（2012）报道 *WUSCHEL*（*WUS*）与细胞分裂素存在相互增强的关系，并且在拟南芥的研究中，*STM*、*WUS*（Lenhard et al.，2002）和 *CLV3*（Nikolaev et al.，2007）这三个基因对维持茎端分生组织中的干细胞稳定性至关重要，其中 *STM* 在体内与 *WUS* 相互作用并募集 *CLV3* 以调控茎端分生组织的表达。而在白花泡桐的转录组中，*WUS* 基因的表达差异较小，但 *STM* 基因在丛枝病苗中具有较高的表达，m^{6}A 测序结果表明 *STM* 基因的 3′UTR 区 m^{6}A 修饰水平显著上调，因此本研究推测 PFI 中 *STM* m^{6}A 修饰水平上调有利于维持其稳定表达。在拟南芥中，m^{6}A 甲基化酶 FIP37 影响 *WUS* 和 *STM* 的表达并调节茎端分生组织的发育。这意味着此类 m^{6}A 修饰酶极可能在泡桐中参与调节 *STM* 基因的表达。

2. STM、CLV2 维持茎端分生组织的稳定性受 m^{6}A 修饰的调控

通过本地 BLAST 和保守结构域分析检测出白花泡桐中的 *STM* 和 *CLV2* 基因的同源物（表 12-38）。与拟南芥的 *STM*（AT1G62360）基因相对比，白花泡桐基因 Paulownia_LG15G000976 和 Paulownia_LG14G000617 都具有相同的 4 个保守结构域，即 KNOX2、KNOX1、Homeobox_KN 和 ELK，因此鉴定出这两个基因可能是白花泡桐中的 STM 同源基因的两个拷贝。白花泡桐的 Paulownia_LG2G000076 基因具有与拟南芥 *CLV2*（AT1G65380）基因相同的保守结构域 PLN00113 超家族。先前的研究表明 *STM* 和 *WUS* 结合 *CLV3* 的启动子并激活其转录表达，*CLV3* 和 *CLV2* 共同维持 *SAM* 组织中未分化干细胞的数量并调节正常茎末端的产生。转录组数据分析表明 *STM* 在丛枝病苗中具有较高的表达水平，而 m^{6}A 数据分析表明基因 *STM* 和 *CLV2* 在丛枝病苗中 m^{6}A 修饰水平升高。因此，泡桐丛枝病的发生可能与维持茎端分生组织稳定性的 *STM* 和 *CLV2* 密切相关，并且可能被 m^{6}A 修饰所调控。

表 12-38　保守域分析表

基因	基因 ID	显著性	m^{6}A 修饰水平	基因表达水平	结构域	结构域	结构域	结构域
STM	AT1G62360	—	—	—	KNOX2	KNOX1	Homeobox_KN	ELK
	Paulownia_LG15G000976	是	下调	下调	KNOX2	KNOX1	Homeobox_KN	ELK
	Paulownia_LG14G000617	是	下调	下调	KNOX2	KNOX1	Homeobox_KN	ELK
	Paulownia_LG7G001667	否	上调	下调	KNOX2	KNOX1	Homeobox_KN	ELK
CLV2	AT1G65380	—	—	—	PLN00113 超家族	—	—	—
	Paulownia_LG2G000076	是	下调	下调	PLN00113 超家族	—	—	—

（四）丛枝植原体对白花泡桐蛋白质修饰变化的影响

1. 丛枝病发生相关磷酸化蛋白

通过对两组试剂处理后定量到的蛋白质修饰位点进行ANOVA分析，在MMS处理组中共鉴定到4289个蛋白磷酸化修饰位点（1个丛枝植原体磷酸化修饰蛋白位点、4288个泡桐磷酸化修饰蛋白位点），在不同处理时间或处理浓度条件下存在差异（FDR<0.01），对应2191个蛋白质（1个丛枝植原体蛋白质、2190个泡桐蛋白质）。这些磷酸化蛋白包含了一些重要的调节因子，如转录因子、激酶、表观遗传调控因子等，这也说明磷酸化广泛参与了泡桐的生长发育过程。对这些差异蛋白进行KEGGd代谢通路富集分析，表明这些磷酸化蛋白主要富集在植物激素信号转导、MAPK级联信号传递、植物-病原互作、剪接体和mRNA转运等代谢通路。

同样地，在利福平处理组中，共鉴定到1079个蛋白质磷酸化修饰位点（1个丛枝植原体磷酸化修饰蛋白位点、1078个泡桐磷酸化修饰蛋白位点）在不同处理时间或处理浓度条件下存在差异，对应757个蛋白质（1个丛枝植原体蛋白质、756个泡桐蛋白质）。该试剂处理条件下的磷酸化修饰蛋白除了MMS组中所包含的一些调节因子外，还包含一部分能量、光合作用相关蛋白质及转运相关蛋白质等，如生长素输出载体、叶绿素a/b结合蛋白。KEGG代谢通路富集分析表明该试剂处理条件下的磷酸化蛋白主要富集在光合作用–天线蛋白、MAPK级联信号传递、植物-病原互作、剪接体和肌醇磷酸化代谢等通路。这些结果表明在白花泡桐丛枝病发生过程中，磷酸化修饰主要参与了植物抗病信号转导过程。

根据蛋白质聚类分析的标准，最终在MMS处理组中筛选得到264个磷酸化修饰位点（均为泡桐修饰位点），对应203个蛋白质可用于Mfuzz分析，最终得到10个类群（图12-61）。通过对这10个类群中的磷酸化蛋白位点表达趋势进行分析，大致可以分为以下几个类别：第一类中主要是类群8和类群10的磷酸化蛋白，这两个类群中蛋白质修饰位点随不同处理时间修饰表达水平变化一致，即在低浓度处理时修饰水平先升高再降低，恢复阶段同样是先降低再升高，高浓度处理时先升高后变化缓慢；第二类主要包含类群3和类群4中的修饰蛋白质，这两个类群中的蛋白质修饰位点在低浓度试剂处理时变化不明显，高浓度处理前5天修饰水平急剧下降后变化缓慢；其他的几个类群则变化趋势各异。这些修饰蛋白质不同的变化趋势可能是由于功能特异性和对试剂等的敏感性不同决定的。依据趋势分析、功能分类及代谢通路分析最终筛选到类群5和类群8中所含的磷酸化蛋白可能与丛枝病的发生有一定的关系，这两个类群包含85个修饰位点，对应66个磷酸化蛋白。在类群5中，磷酸化蛋白主要是与光合作用和信号转导相关，类群8中磷酸化蛋白主要与转录调控和抗病等相关。

同样地，利福平处理组样本共得到264个可用于类群分析的修饰位点。通过Mfuzz聚类分析共得到16个类群（图12-62），对这16个类群的蛋白质修饰位点的表达趋势进行分析发现，这些类群基本上可分为4类。I类包含类群3、类群4、类群9和类群14，共53个修饰位点，对应41个蛋白质。这几个类群的蛋白质修饰位点在不同的处理时间或浓度条件下都表现出了相似的表达模式，即随着不同的处理条件，蛋白质修饰位点的表达水平呈现先降低、再升高、再降低、再升高的表达趋势。II类（类群9和类群11）包含15个蛋白质修饰位点，这些蛋白质修饰位点在低浓度处理时前期基本没有变化，随着时间延长，修饰水平降低，恢复阶段修饰水平持续升高，高浓度处理呈先升高、再降低，之后变化缓慢的趋势。III类蛋白质修饰位点的表达模式（类群2和类群15）则随着处理时间或处理浓度的变化表现出先升高后降低，然后升高再降低的趋势。然而，剩余几个类群的蛋白质修饰位点变化随处理时间或者处理浓度的不同表现较为特殊。这些差异的变化可能是不同处理浓度及相关蛋白质自身对试剂的敏感性引起的，这也从一定程度上表明这些差异磷酸化蛋白丰度的变化趋势很可能与它们在丛枝病发生过程中的不同阶段发挥功能有关。对这些类群进行分析表明，磷酸化蛋白主要富集于类群4、类群16和类群7，该类群包含49个

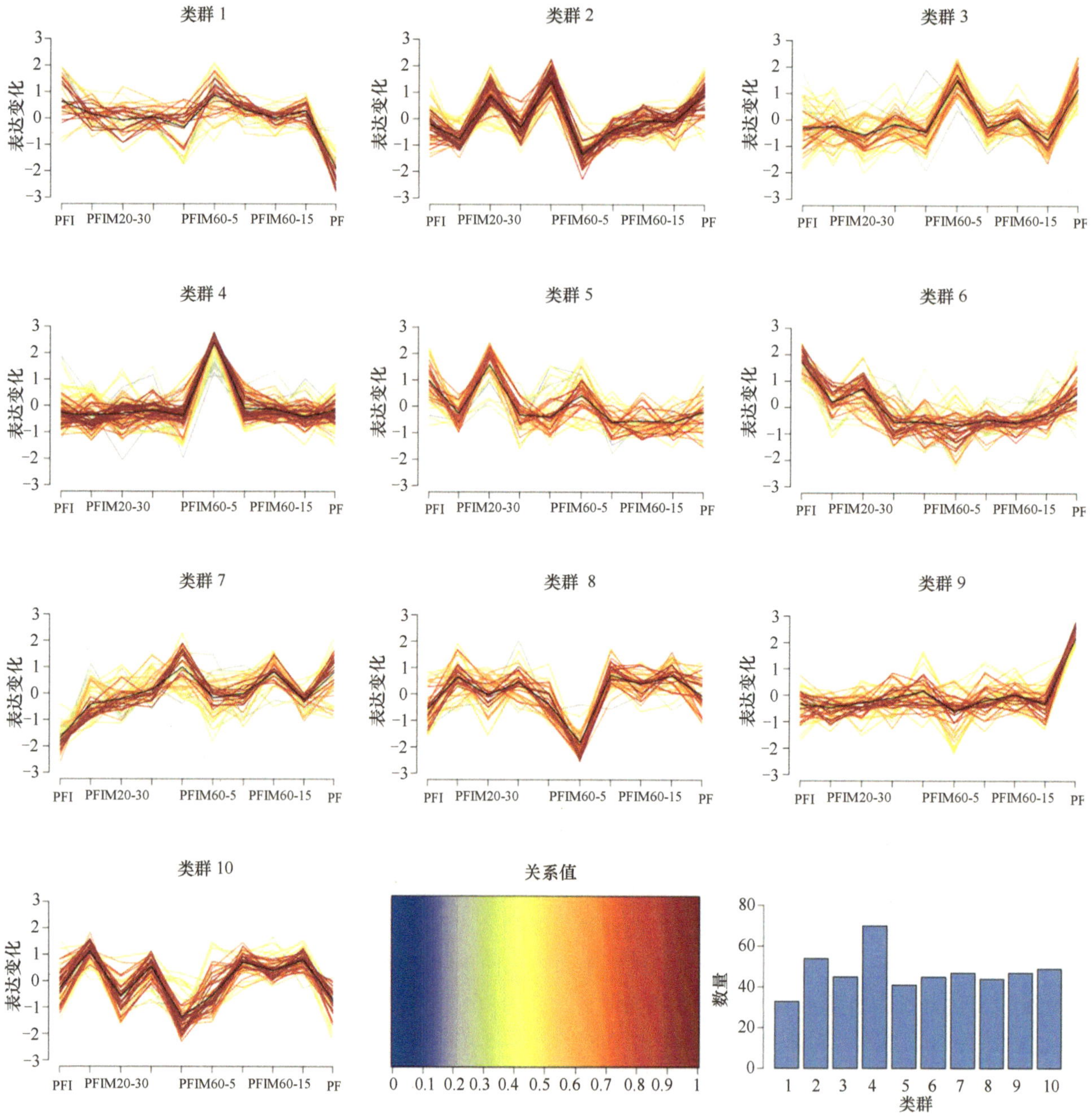

图 12-61　MMS 处理样本磷酸化蛋白位点趋势聚类

磷酸化蛋白位点，对应 33 个磷酸化蛋白。对这些修饰蛋白质进行 GO 和 KEGG 代谢通路富集分析，结果表明不同的类群中所含蛋白质的功能不同。GO 富集分析表明这些修饰蛋白质的主要功能是肽酶活性、转运活性、氧化还原活性、DNA 结合等。KEGG 代谢通路富集分析结果表明，这些蛋白质主要富集于光合作用、苯丙烷生物合成、植物-病原互作、淀粉和糖代谢及 MAPK 信号转导等相关代谢通路。同样，依据趋势分析、GO 富集分析及 KEGG 代谢通路分析，最终筛选出类群 6、类群 12 和类群 14 这三个类群中的修饰蛋白质可能与丛枝病的发生有密切关系。这三个类群包含 17 个磷酸化位点，对应 15 个磷酸化蛋白，这些磷酸化蛋白主要与抗病和光合作用等相关。

生物体内蛋白质的磷酸化和去磷酸化状态是动态平衡的，且磷酸化的发生是瞬时的。因此，为尽可能地筛选与丛枝病发生相关的磷酸化蛋白，将两种试剂处理条件下筛选到的与丛枝病发生可能相关的磷酸化蛋白都认为是潜在的丛枝病发生相关蛋白质，最终共找到 79 个与丛枝病发生相关的磷酸化蛋白，这些蛋白质功能多样，主要参与信号转导、呼吸作用和光合作用等。

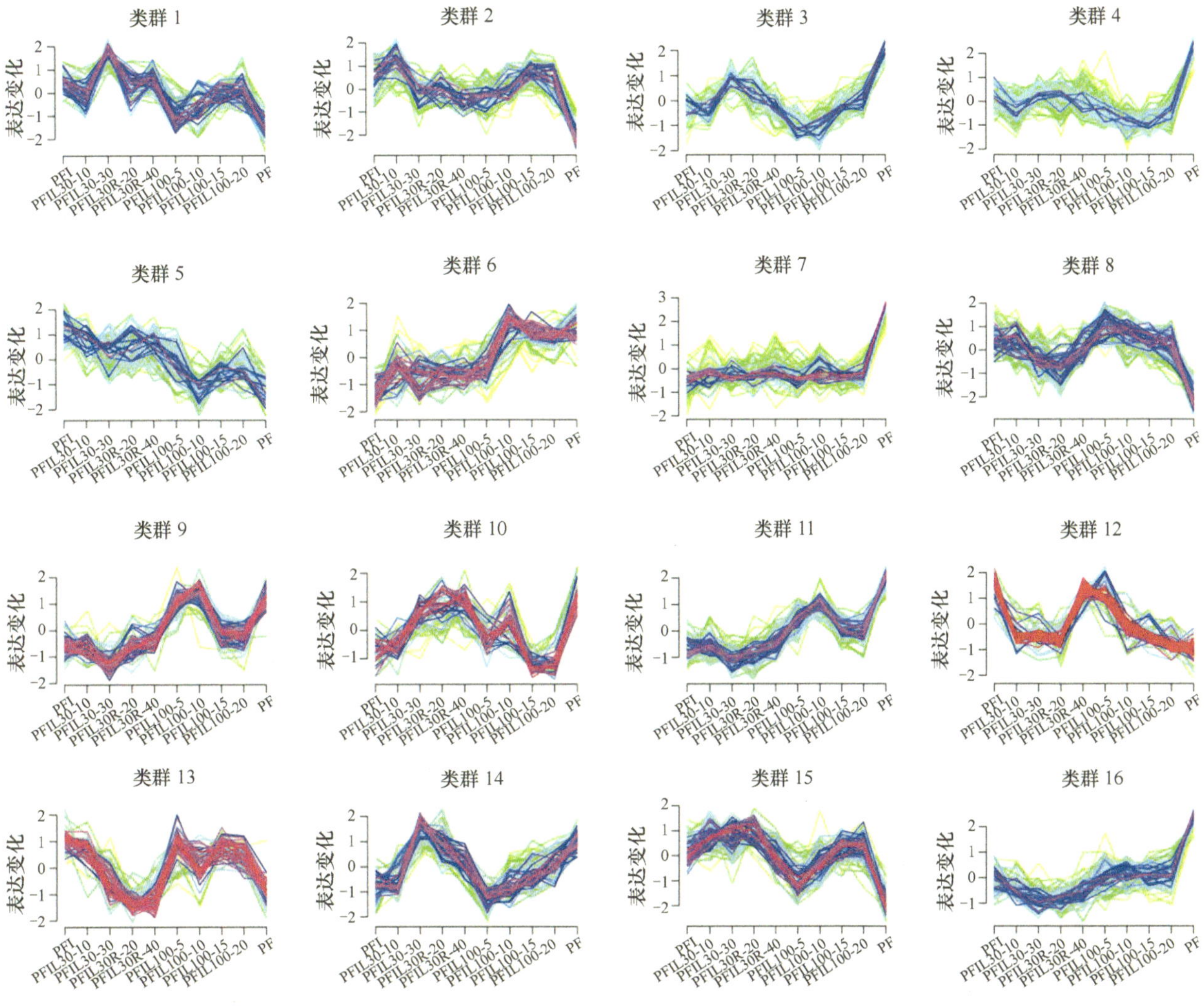

图 12-62　利福平处理样本磷酸化蛋白位点趋势聚类

2. 丛枝病发生相关乙酰化蛋白

植原体感染可能干扰宿主植物的多种代谢过程，包括初级代谢和次级代谢。先前的研究已经表明 PTM 在植物病原菌的互作中起着重要作用（Walley et al.，2018）。发生修饰的靶蛋白在不同处理浓度及不同处理时间点被差异乙酰化修饰，可以反映靶蛋白在不同时间点发挥的特定生物学功能，因此差异乙酰化蛋白的分析有助于发现重要的调控蛋白。在 MMS 处理组和利福平处理组中分别定量到 5254 个、3444 个乙酰化位点。不同试剂、不同处理条件下的差异乙酰化蛋白数量如表 12-39 所示，从表中可知，在两种试剂低浓度处理前期，差异乙酰化修饰蛋白的数量都是先升高再降低，而后随着处理时间的延长，两种试剂处理条件下差异乙酰化修饰蛋白数目基本无变化，这可能是由于高浓度处理条件下两种试剂对乙酰化修饰蛋白表达的影响主要集中在处理前期；低浓度处理及恢复发病条件下两种试剂对乙酰化修饰蛋白的表达变化影响不一，可能是两种试剂对乙酰化修饰蛋白的表达调控不一样引起的。

为分析与泡桐丛枝病发生相关的乙酰化修饰蛋白在不同处理条件下的表达情况，对两组试剂处理后定量到的蛋白质修饰位点进行了方差分析（ANOVA）。在 MMS 处理组中，共鉴定到 1291 个乙酰化修饰蛋白位点（3 个丛枝植原体乙酰化修饰蛋白位点、1288 个泡桐乙酰化修饰蛋白位点），在不同处理时间或

表 12-39 白花泡桐不同比较组中差异乙酰化蛋白质及位点个数

类型	利福平处理组			MMS 处理组		
	比较组	上调	下调	比较组	上调	下调
位点	PFIL100-10 vs. PF	90	131	PFIM60-10 vs. PF	66	214
蛋白质		75	112		62	142
位点	PFIL100-15 vs. PF	128	113	PFIM60-15 vs. PF	135	131
蛋白质		112	97		110	95
位点	PFIL100-20 vs. PF	116	114	PFIM60-20 vs. PF	95	186
蛋白质		98	101		83	124
位点	PFIL100-5 vs. PF	104	140	PFIM60-5 vs. PF	302	358
蛋白质		90	120		231	205
位点	PFIL30R-20 vs. PF	94	155	PFIM20R-20 vs. PF	37	123
蛋白质		83	129		33	84
位点	PFIL30R-40 vs. PF	84	146	PFIM20R-40 vs. PF	57	123
蛋白质		71	120		39	88
位点	PFIL30-10 vs. PF	105	110	PFIM20-10 vs. PF	227	272
蛋白质		91	86		180	174
位点	PFIL30-30 vs. PF	83	149	PFIM20-30 vs. PF	137	158
蛋白质		71	121		100	114
位点	PFI vs. PF	121	107	PFI vs. PF	228	235
蛋白质		108	85		186	150

处理浓度条件下存在差异（FDR＜0.01），对应 791 个蛋白质（3 个丛枝植原体蛋白质、788 个泡桐蛋白质）。这些乙酰化蛋白包含了一些重要的调节因子，如核糖体蛋白、光合作用相关蛋白及参与氧化还原的酶等，这也表明乙酰化广泛参与了泡桐的生物学过程。对这些差异蛋白进行 KEGGd 代谢通路富集分析表明，这些乙酰化蛋白主要富集在氧化磷酸化、糖酵解、谷胱甘肽代谢、乙醛酸和二羧酸代谢及光合有机体碳固定等代谢通路。同样地，在利福平处理组中，鉴定到 979 个蛋白乙酰化修饰位点（17 个丛枝植原体乙酰化修饰蛋白位点、962 个泡桐乙酰化修饰蛋白位点）在不同处理时间或处理浓度条件下存在差异（FDR＜0.01），对应 699 个蛋白质（13 个丛枝植原体蛋白质、686 个泡桐蛋白质）。该试剂处理条件下的乙酰化蛋白除了 MMS 组中所包含的一些调节因子外，还包含一部分组蛋白，如组蛋白 H2A 亚型 3、组蛋白 H3.2 及一些组蛋白甲基转移酶等。KEGG 代谢通路富集分析表明该试剂处理条件下的乙酰化蛋白主要富集在甘氨酸、丝氨酸和甲硫氨酸代谢、戊糖磷酸途径、糖酵解、乙醛酸和二羧酸代谢、卟啉和叶绿素代谢等通路。这些结果表明，在泡桐丛枝病发生过程中乙酰化修饰主要参与了能量代谢。

表达模式聚类分析在一定程度上更能反映蛋白质的表达变化与环境适应的关系，为进一步找出与丛枝病发生相关的乙酰化修饰蛋白及修饰位点，在 ANOVA 分析得到的显著差异表达蛋白和修饰位点基础上，进一步筛选出在 PFI vs. PF 比较组中差异倍数大于 1.5 且 P 值小于 0.05 的修饰蛋白质及修饰位点，然后选取表达量的标准差大于 0.4 的蛋白质和修饰位点用于表达模式聚类分析。最终在 MMS 处理组中筛选得到 189 个乙酰化修饰位点（186 个泡桐修饰位点、3 个丛枝植原体修饰位点），对应 140 个蛋白质（137 个泡桐蛋白质、3 个丛枝植原体蛋白质）。根据乙酰化蛋白在不同处理浓度及不同处理时间的表达趋势，利用 Mfuzz 方法将这些发生乙酰化修饰的蛋白质分为 10 个类群（图 12-63）。通过对这 10 个类群的蛋白质修饰位点进行分析发现，它们的乙酰化修饰蛋白聚类模式多样，其中类群 4 和类群 6 所包含的乙酰化修饰蛋白随试剂处理的表达变化趋势较为相似，即在低浓度处理、恢复发病及高浓度试剂处理过程中，这两类乙酰化修饰蛋白的表达水平均呈现先降低后升高的趋势。剩余的几个类群的表达变化趋势各异，这些类群的蛋白质修饰位点变化随处理时间或者处理浓度的不同，表现较为特殊。这些差异的变化可能

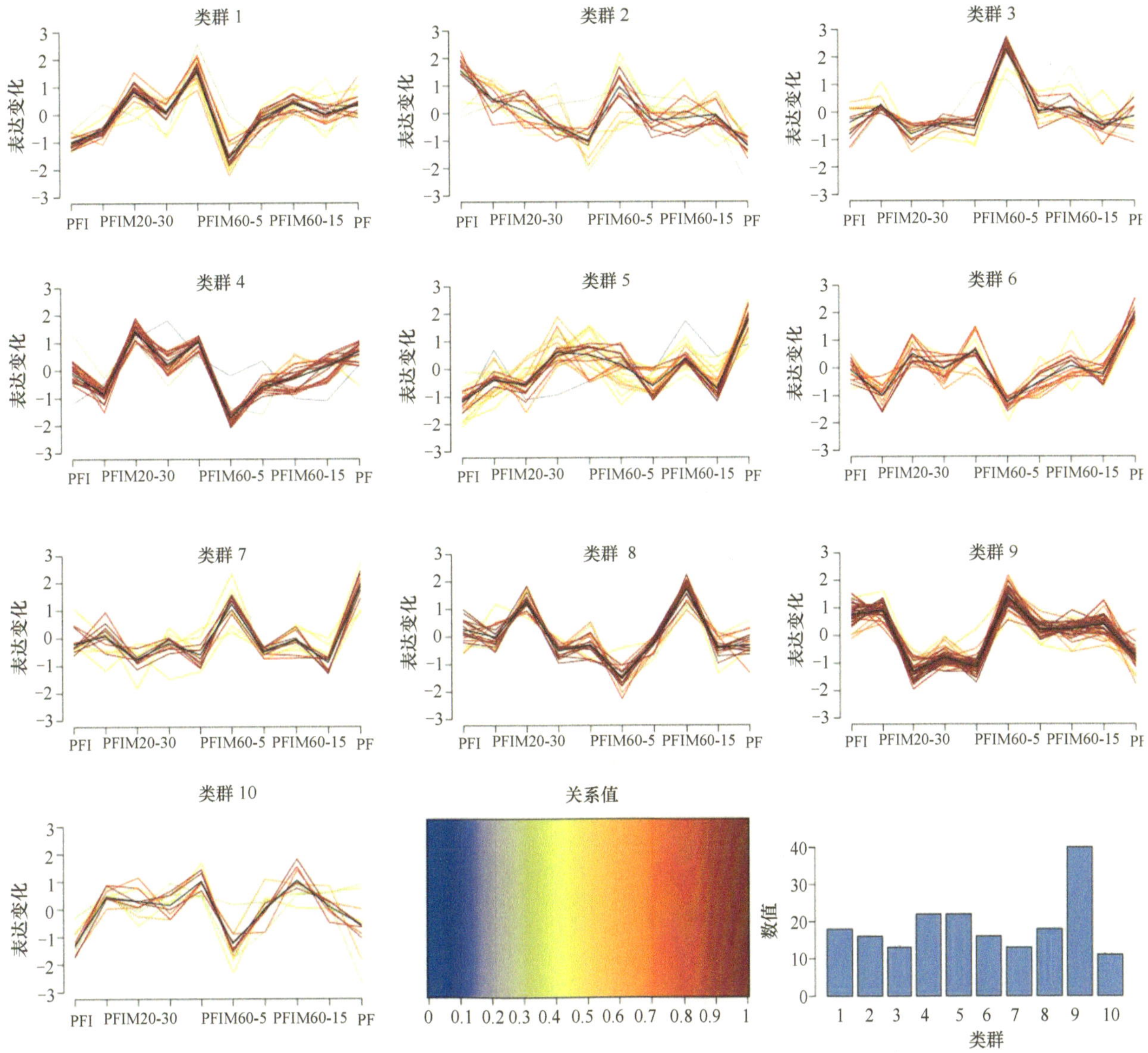

图 12-63　MMS 处理样本乙酰化蛋白位点趋势聚类

是不同处理浓度及相关蛋白质自身对试剂的敏感性引起的，也在一定程度上表明这些差异乙酰化蛋白丰度的变化趋势很可能与它们在丛枝病发生过程中的不同阶段发挥的功能有关。通过对这些蛋白质进行功能分析、趋势分析并结合前期的研究结果，认为类群 1、类群 8 和类群 9 中所含的修饰蛋白质可能是与丛枝病发生相关的乙酰化蛋白。这三个类群共含有 76 个修饰位点，对应 59 个修饰蛋白质。这些蛋白质功能涉及较多，但主要与核糖体蛋白、能量代谢及叶绿素合成相关。感染丛枝病的泡桐会伴随光合作用降低、叶绿素含量减少，该结果也与前期毛泡桐乙酰化修饰组学研究结果有相似之处，说明蛋白质乙酰化修饰在泡桐丛枝病发生过程中起到重要的作用。

同时，对利福平处理组的乙酰化修饰蛋白也进行了差异分析，共得到 317 个（304 个泡桐蛋白质，13 个丛枝植原体蛋白质）乙酰化修饰蛋白的 410 个乙酰化修饰位点（393 个泡桐蛋白质修饰位点，17 个丛枝植原体蛋白质修饰位点）。趋势聚类分析结果显示这些蛋白质可分为 10 个类群（图 12-64）。通过分析这些类群的修饰蛋白质表达差异变化，发现类群 4 和类群 7 在不同处理条件下表现出相同的趋势：随着处理时间或处理浓度的变化表现出先升高再降低、再升高后降低的表达趋势，这两个类群共包含 72 个蛋白质修饰位点。剩余的几个类群则表现出修饰水平随处理浓度和处理时间变化趋势各不相同。最终本研

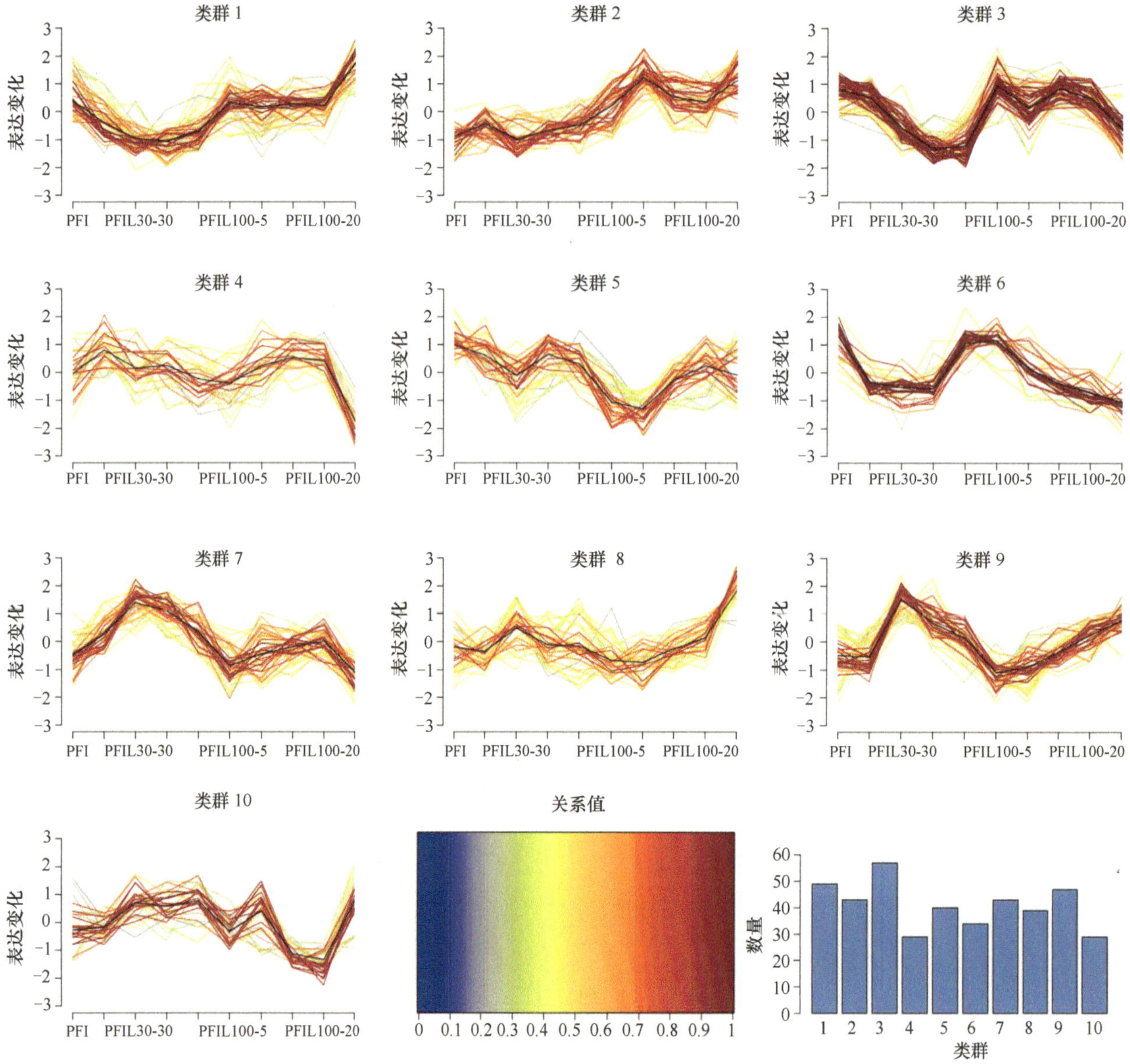

图 12-64 利福平处理样本乙酰化蛋白位点趋势聚类

究根据功能分析、GO 分析、表达趋势分析及文献报道筛选出类群 3、类群 6 和类群 9 所含的乙酰化修饰蛋白可能与丛枝病发生相关，这三个类群共包含 138 个乙酰化修饰位点，对应 122 个修饰蛋白质。这些蛋白质主要参与光合作用、能量代谢和核糖体蛋白等。

蛋白乙酰化修饰和磷酸化修饰都是动态平衡的，因此，为尽可能找到与丛枝病发生相关的乙酰化蛋白，本研究将两种试剂处理下鉴定到的乙酰化修饰位点都作为与丛枝病发生相关的乙酰化修饰位点，最终共筛选得到 214 个修饰位点（其中 17 个为丛枝植原体蛋白质修饰位点）为两种试剂处理后与丛枝病发生相关的修饰位点，对应 167 个乙酰化蛋白（其中 14 个为丛枝植原体蛋白质）。对这些蛋白质进行功能分析发现，它们与叶绿体合成、光合作用和呼吸作用等相关，这与之前在毛泡桐中的研究结果相似。虽然此次研究中有些结果与前期毛泡桐乙酰化修饰组学中筛选到的与丛枝病发生相关的蛋白质有不同之处，但是由于乙酰化修饰组学的动态可逆性，认为这些结果整体上仍然与前期结果相一致。

3. 丛枝病发生相关巴豆酰化蛋白

为研究丛枝植原体入侵前后泡桐蛋白质的巴豆酰化水平是否发生变化，对两种试剂处理条件下的巴豆酰化修饰蛋白位点进行差异分析。在MMS处理组和利福平处理组中，分别定量到9204个和4279个巴豆酰化修饰位点。不同试剂、不同处理条件下的差异巴豆酰化修饰蛋白数量如表12-40所示，从表中可知，两种试剂在高浓度处理条件下蛋白质的表达趋势相似，即随着处理时间的延长，差异蛋白数量先减少后增多，增多可能是由于处理过程中试剂抑制了泡桐蛋白质的表达，随着时间延长，试剂的作用减弱，该部分蛋白质的表达恢复正常；低浓度处理时，两种试剂发生修饰的蛋白质的表达趋势不一样，可能是试剂的作用对发生修饰蛋白质的影响不一样造成的，利福平处理对巴豆酰化蛋白的影响主要集中在处理的前几天，因此影响了大部分巴豆酰化修饰蛋白的表达，而MMS处理对巴豆酰化蛋白的影响主要集中在处理后期，恢复过程是泡桐逐渐发病的过程，在此过程中两种试剂处理条件下发生修饰的蛋白质表达趋势也不一致，利福平处理后恢复过程差异修饰蛋白质数量是增多的；MMS处理后恢复过程差异修饰蛋白质数量是减少的，这与它们对巴豆酰化修饰蛋白的作用原理是一致的，MMS处理对巴豆酰化蛋白的作用在后期，因此在刚开始恢复阶段大部分巴豆酰化修饰蛋白的表达情况是处于抑制状态，随后逐渐正常表达。

表12-40　白花泡桐不同比较组中差异巴豆酰化修饰蛋白及位点个数

类型	利福平处理组			MMS处理组		
	比较组	上调	下调	比较组	上调	下调
位点	PFIL100-10 vs. PF	173	133	PFIM60-10 vs. PF	77	290
蛋白质		125	98		68	157
位点	PFIL100-15 vs. PF	106	103	PFIM60-15 vs. PF	61	188
蛋白质		87	82		54	108
位点	PFIL100-20 vs. PF	111	112	PFIM60-20 vs. PF	175	380
蛋白质		82	91		134	239
位点	PFIL100-5 vs. PF	187	131	PFIM60-5 vs. PF	272	652
蛋白质		141	102		171	282
位点	PFIL30R-20 vs. PF	86	108	PFIM20R-20 vs. PF	143	255
蛋白质		74	84		116	155
位点	PFIL30R-40 vs. PF	126	98	PFIM20R-40 vs. PF	144	183
蛋白质		98	77		92	113
位点	PFIL30-10 vs. PF	69	76	PFIM20-10 vs. PF	344	472
蛋白质		56	61		255	246
位点	PFIL30-30 vs. PF	76	92	PFIM20-30 vs. PF	136	218
蛋白质		59	70		87	134
位点	PFI vs. PF	103	80	PFI vs. PF	251	405
蛋白质		79	67		165	211

为分析与泡桐丛枝病发生相关的巴豆酰化修饰蛋白在不同处理条件下的表达情况，对两组试剂处理后定量到的蛋白质修饰位点进行了方差分析（ANOVA）。在MMS处理组中共鉴定到2397个巴豆酰化蛋白位点（6个丛枝植原体巴豆酰化修饰蛋白位点、2391个泡桐巴豆酰化修饰蛋白位点）在不同处理时间或处理浓度条件下存在差异（FDR＜0.01），对应1092个蛋白质（3个丛枝植原体蛋白质、1089个泡桐蛋白质）。这些巴豆酰化蛋白包含了一些重要的调节因子，如核糖体蛋白、光合系统相关蛋白及参与氧化还原的酶等，这也表明了巴豆酰化广泛参与了泡桐的生物学过程。对这些差异蛋白进

行 KEGGd 代谢通路富集分析表明，这些巴豆酰化蛋白主要富集在核糖体、乙醛酸和二羧酸代谢及光合有机体碳固定等代谢通路。同样地，在利福平处理组中鉴定到 905 个蛋白质巴豆酰化修饰位点（7 个丛枝植原体巴豆酰化修饰蛋白位点、898 个泡桐巴豆酰化修饰蛋白位点）在不同处理时间或处理浓度条件下存在差异（FDR＜0.01），对应 594 个蛋白质（4 个丛枝植原体蛋白质、590 个泡桐蛋白质）。KEGG 代谢通路富集分析表明该试剂处理条件下的巴豆酰化蛋白主要富集在核糖体、硫代谢、糖酵解/糖异生和脂肪酸代谢等通路中。这些结果表明在泡桐丛枝病发生过程中，巴豆酰化修饰主要参与了蛋白质合成和能量代谢等生物学过程。

对 ANOVA 分析得到的显著差异表达巴豆酰化蛋白修饰位点进行表达模式聚类分析，最终在 MMS 处理组中筛选得到 209 个巴豆酰化蛋白修饰位点（204 个泡桐蛋白质修饰位点、5 个丛枝植原体蛋白质修饰位点），对应 131 个蛋白质（129 个泡桐蛋白质、2 个丛枝植原体蛋白质）。根据巴豆酰化蛋白在不同处理浓度、不同处理时间的表达趋势，利用 Mfuzz 方法将这些发生修饰的蛋白质分为 10 个类群（图 12-65）。对这 10 个类群中的修饰蛋白质表达趋势进行分析，可将其分为以下几个大类。第一

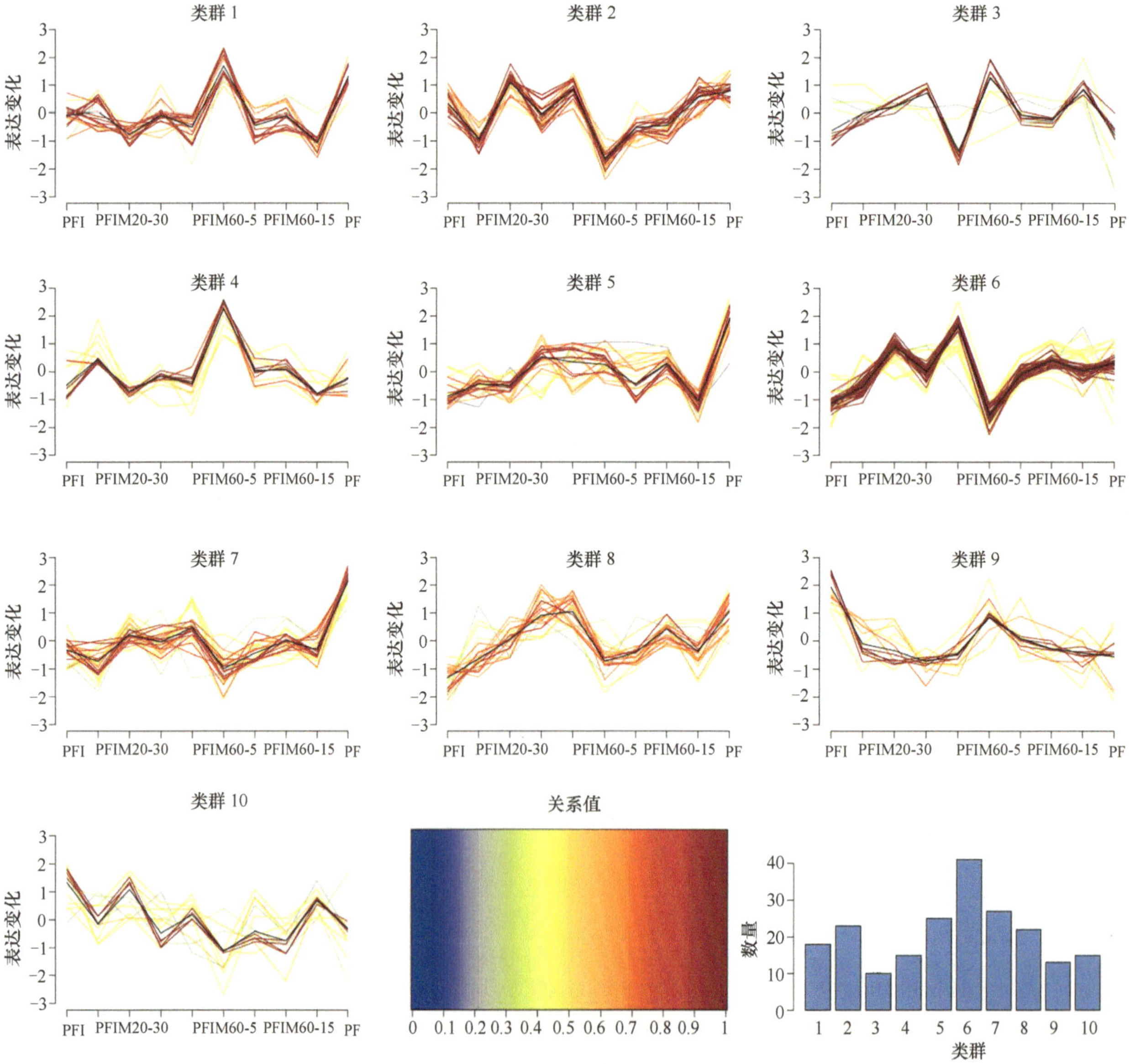

图 12-65　MMS 处理样本巴豆酰化蛋白位点趋势聚类

类包含类群 2、类群 6、类群 7 和类群 10，这 4 个类群包含 127 个修饰位点，对应 95 个修饰蛋白质，这些蛋白质的变化趋势较为相似，即在低浓度处理下变化缓慢或者先降低随后升高，在恢复发病阶段也是先降低后升高，而高浓度处理条件下不断升高后变化缓慢；第二类包含类群 1 和类群 4，这两个类群中的蛋白质修饰水平在低浓度试剂处理时先增加后降低，在恢复阶段先升高后缓慢变化，在高浓度处理时这些蛋白质的修饰水平先降低后不变然后再降低，这两个类群包含 69 个修饰位点，对应 49 个修饰蛋白质。剩余的几个类群变化趋势随处理浓度和处理时间变化各异。这些蛋白质不同修饰水平的变化可能是由于转移酶和去修饰酶的共同调控作用，也可能是不同的生命阶段发挥的生物学功能不同所引起的。最终依据功能分析、趋势聚类及前期文献报道筛选出类群 6 和类群 9 所含的修饰蛋白质可能与丛枝病的发生有密切关系，这两个类群包含 54 个修饰位点，对应 29 个蛋白质。这些蛋白质功能涉及较多，主要与氧化还原酶相关。

对利福平处理组的修饰蛋白质也进行差异分析，共得到 310 个巴豆酰化修饰位点（303 个泡桐蛋白质修饰位点、7 个丛枝植原体蛋白质修饰位点），对应 214 个修饰蛋白质（210 个泡桐蛋白质、4 个丛枝植原体蛋白质）。趋势聚类分析结果显示这些修饰蛋白质位点也可分为 10 个类群（图 12-66）。对这 10 个类群中的修饰蛋白质表达趋势进行分析，可将其分为以下几个大类：第一类包含类群 8 和类群 10，这两个类群包含 37 个修饰位点，对应 27 个修饰蛋白质，这两个类群中的蛋白质修饰水平表达趋势一致，即随着处理时间或处理浓度的变化表现出先升高再降低再升高后续变化缓慢的趋势；第二类包含类群 2 和类群 4，这两个类群中的蛋白质功能主要与光合作用和叶绿素合成等相关；第三类包含类群 1、类群 5 和类群 6，这三个类群包含的蛋白质修饰水平随处理时间和处理浓度表现出先降低、再升高、再降低的变化趋势，蛋白质功能主要是光合作用等。剩下的几个类群我们将其归为第四类，在这类中几个类群的修饰水平变化不同。这些差异变化可能是不同的蛋白质功能决定的。依据上述 MMS 样本分析原则，最终筛选出类群 2、类群 3 和类群 6 所含的修饰蛋白质可能与丛枝病的发生有密切关系，这三个类群包含 61 个修饰位点，对应 59 个蛋白质。这些蛋白质功能涉及较多，主要是与核糖体蛋白和酶活性相关。

同样地，蛋白质巴豆酰化修饰水平也是由修饰酶和去修饰酶的动态变化所决定的，因此不同时间点蛋白质的修饰水平可能存在差异。为了最大范围地筛选与丛枝病发生相关的巴豆酰化修饰蛋白，将两种试剂处理条件下得到的可能与丛枝病发生相关的巴豆酰化修饰蛋白作为最终潜在的、与丛枝病发生相关的蛋白质。最后得到 121 个蛋白质修饰位点可能与丛枝病的发生相关，对应 75 个修饰蛋白质，通过对这些修饰蛋白质进行功能分析发现，这些蛋白质主要参与核糖体蛋白、光合作用、能量代谢和氧化还原等生物学过程。感染丛枝病的泡桐，通常情况下光合作用降低，这也与前期的研究结果相一致。

蛋白质磷酸化和乙酰化是研究得最多、最透彻的蛋白质翻译后修饰，而巴豆酰化修饰作为新兴的蛋白质翻译后修饰，最近也引起了研究者的广泛关注。研究表明，乙酰化转移酶和蛋白激酶催化的蛋白质修饰能够识别特定的氨基酸序列，即其底物的磷酸化或乙酰化位点附近的氨基酸有一定的保守性，如在沼泽假单胞菌中的乙酰化转移酶 RpPat 能够识别并乙酰化 PK/RTXS/T/V/NGKX2K/R（Crosby and Escalante-Semerena，2014）。除了磷酸化和乙酰化外，还发现发生巴豆酰化修饰的赖氨酸附近的氨基酸也有一定的保守性。例如，14-3-3 的不同亚型乙酰化肽段含有 KcrE 和 AKcr 基序，26S 蛋白酶体的不同调控亚基乙酰化肽段含有 KcrY 和 K******KcrK 等基序，乙酰辅酶 A 乙酰基转移酶的乙酰化肽段含有 AKcr、GKcr 和 KcrR 等基序。14-3-3 蛋白在调控植物响应病原菌侵染的防御反应中起到重要作用（Oh et al.，2010；Teper et al.，2014），26S 蛋白酶体是生物体内降解蛋白质的主要途径，前期有研究表明植原体分泌的效应因子引起丛枝病主要是依赖于 26S 蛋白酶体途径（MacLean et al.，2011），蛋白质的巴豆酰化修饰可能会引起这些蛋白质的空间构象或功能发生变化，推测这些蛋白质的巴豆酰化修饰可能与丛枝病症状的产生具有一定的关系，但具体机制还有待后续试验进一步验证。

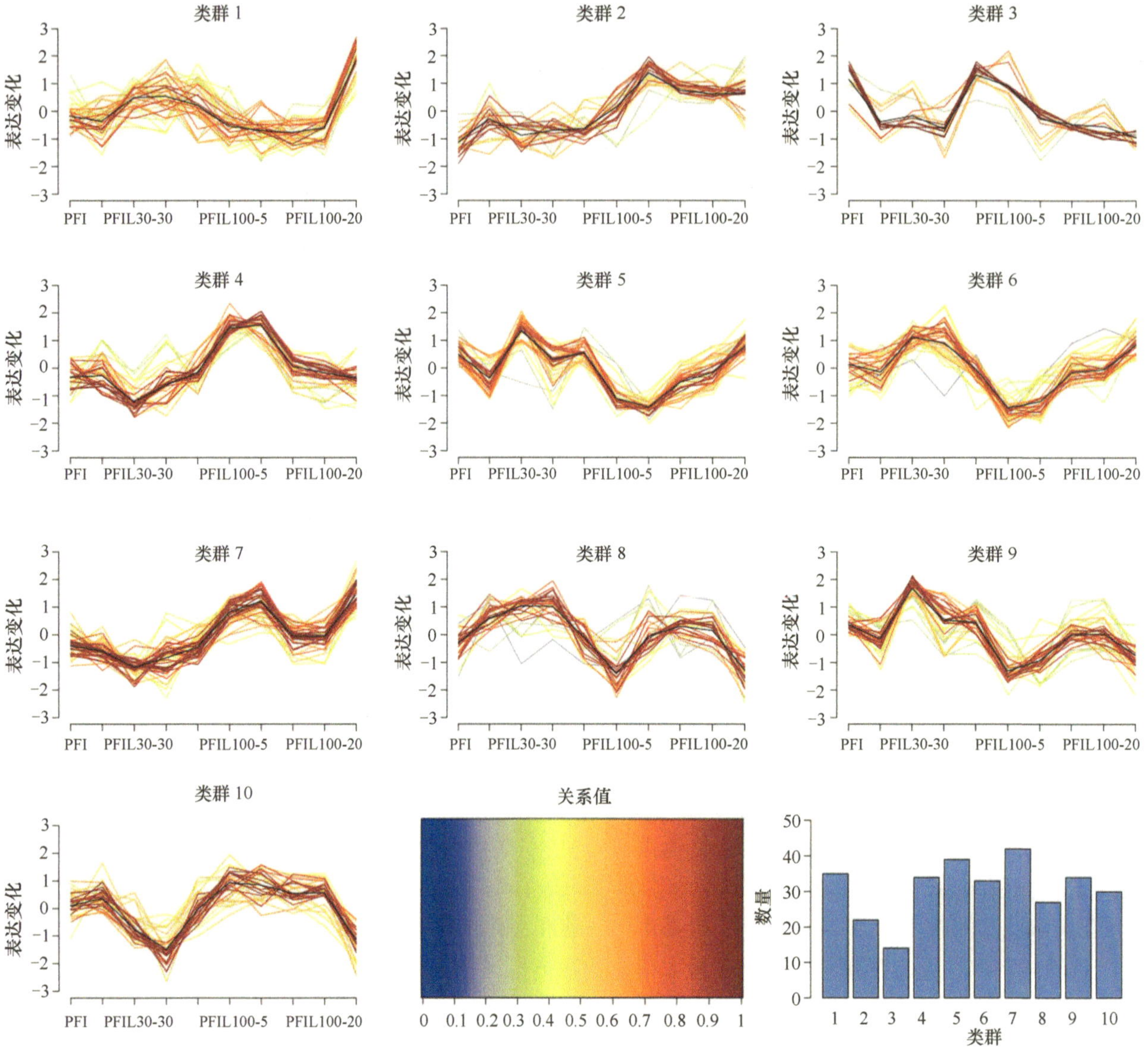

图 12-66　利福平处理样本巴豆酰化蛋白位点趋势聚类

4. 蛋白质磷酸化、乙酰化和巴豆酰化修饰相互作用

生物体中，蛋白质的各种翻译后修饰过程相互影响、相互协调，共同调控生命体的活动。在 MMS 处理组中分别鉴定到 2322 个、2630 个和 2927 个磷酸化、乙酰化和巴豆酰化蛋白，在利福平处理组中分别鉴定到 4089 个、2494 个和 2454 个磷酸化、乙酰化和巴豆酰化蛋白。为确定在丛枝病发生过程中，这三种修饰之间是否存在相互作用，将两种试剂处理条件下鉴定到的蛋白质进行两两修饰组学比对，如图 12-67 所示，在 MMS 处理组中有 841 个蛋白质同时发生了磷酸化和乙酰化修饰，1613 个蛋白质同时发生了乙酰化和巴豆酰化修饰，922 个蛋白质同时发生了磷酸化和巴豆酰化修饰，同时还发现有 573 个蛋白质同时发生了三种修饰。通过对这些同时发生三种修饰的蛋白质进行功能分析，发现它们主要富集在核糖体结构、RNA 结合、蛋白质特定结构域结合、单羧酸生物合成、翻译终止和核苷酸磷酸化等生物学过程。KEGG 代谢通路分析显示，它们主要参与了光合作用、生物有机体碳固定和光合作用–天线蛋白等代谢通路。同样地，在利福平处理组中，有 1489 个蛋白质同时发生了乙酰化和巴豆酰化修饰，有 492 个蛋白质同时发生了巴豆酰化和磷酸化修饰，有 557 个蛋白质同时发生了磷酸化和乙酰化修饰，

有

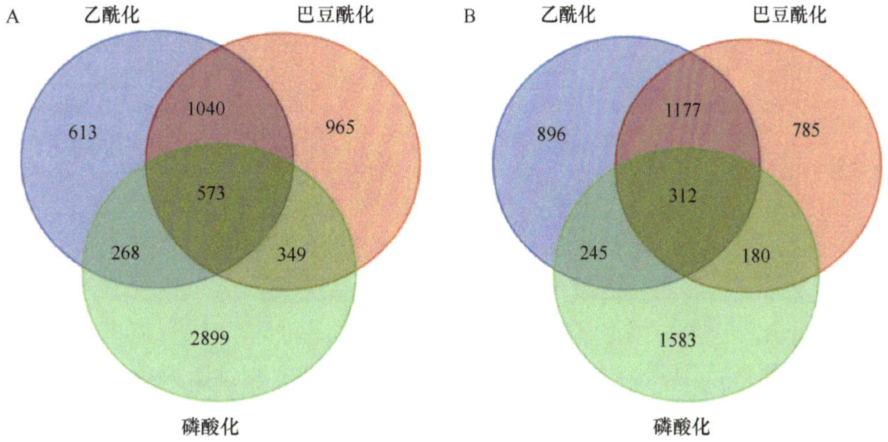

图 12-67　同时发生三种修饰的蛋白质
A. MMS 处理样本；B. 利福平处理样本

312 个蛋白质同时发生了三种修饰。GO 功能富集显示同时发生三种修饰的蛋白质主要富集在光受体活性、RNA 结合、原叶绿素酸酯还原酶活性、糖异生、调控 miRNA 代谢和核苷酸磷酸化等生物学过程。代谢通路分析发现这些发生三种修饰的蛋白质主要参与了生物有机体碳固定、光合作用–天线蛋白及卟啉和叶绿素代谢这几个生物学过程。进一步对两种试剂处理下同时发生三种修饰的蛋白质进行分析显示，179 个蛋白质在两种试剂处理下同时发生了三种修饰，这些蛋白质大都定位在叶绿体中，并且参与糖酵解/糖异生、光合作用、核糖体和 RNA 转运等代谢通路。此次研究及前期的文献都表明乙酰化和巴豆酰化修饰的主要作用是调控碳代谢和光合作用。进一步分析发现在光合作用中有 8 个蛋白质同时发生了磷酸化、乙酰化和巴豆酰化修饰，表明这三种修饰在调控感染丛枝病泡桐的光合作用中起到重要作用。光合作用是植物有机体生命活动最重要的代谢过程，主要发生在叶绿体中，其基本过程是将光能转化为化学能，并将其储存在糖键中。植原体入侵能引起泡桐光合作用降低，因此，三种蛋白质翻译后修饰在丛枝病发生的过程中有重要的调控作用。值得注意的是，通过研究还发现三个参与卟啉和叶绿素代谢的蛋白质，已知在感染植原体的泡桐中叶绿素合成减少，而叶绿素是光合作用的主要色素，因此该结果揭示了三种修饰可能在调控患丛枝病泡桐光合作用降低中发挥作用。

有机体蛋白质组的重要特征就是通过翻译后修饰来调节和精细调控蛋白质的功能。作为在原核生物和真核生物中研究最为广泛的两种蛋白质翻译后可逆修饰，蛋白质磷酸化和乙酰化积极参与各种细胞活动，具有多种生物学功能。巴豆酰化修饰是新型蛋白质翻译后修饰，在染色体构象和调控基因表达方面有重要作用。因此，这三种修饰机制之间的相互作用对于调节细胞活动具有非常重要的意义。然而，到目前为止磷酸化和乙酰化这两个组学的联合分析只在有限的物种中有报道，巴豆酰化也仅在 4 个植物中有研究。同时，有关这三个修饰组学的联合分析在植物中的研究还未见报道，尤其是在植原体感染的泡桐中。蛋白质的不同修饰类型之间相互协作，共同调控有机体的生命活动。泡桐丛枝病的发生是一个复杂的过程，不同的表型症状可能是不同的因素所调控的。因此，系统研究不同的蛋白质翻译后修饰并分析它们之间的相互关系，是阐明丛枝病发生分子机制的有效途径。本研究系统地分析了两种不同试剂处理条件下泡桐的蛋白质磷酸化、乙酰化和巴豆酰化修饰的变化情况。利用抗体富集和质谱技术，证实了泡桐中蛋白质磷酸化、乙酰化和巴豆酰化之间存在一定的相关性。在两种试剂处理条件下，共找到了 179 个同时发生三种修饰的蛋白质，这些蛋白质位于多种细胞组分中，调控多种生物学功能。磷酸化在细胞信号转导系统中扮演着重要的角色，乙酰化和巴豆酰化在能量代谢和光合作用中有重要的作用。这也说明蛋白质磷酸化修饰、乙酰化修饰和巴豆酰化修饰在泡桐丛枝病发生过程中具有重要的调控作用。为了验证这一假设，又进一步对这些同时发生三种修饰的蛋白质进行了 GO 功能注释和 KEGG 代谢通路分析，结果表明参与糖酵解/糖异生、光合作用、核糖体和 RNA 转运等途径的蛋白质由这三种蛋白质翻译后修饰共同调控，表明植原体入侵可能影响上述生物学过程的变化，但这仅仅是推测，还需后续进一步的实验验证。

分别利用 MMS 和利福平两种试剂的高浓度和低浓度处理来模拟植原体入侵和在泡桐体内丛枝植原体消失的过程。蛋白质组和三个修饰组学中，通过 Mfuzz 聚类对 18 个样本的修饰组数据进行趋势分析，最终分别找到 80 个、79 个、167 个和 75 个与丛枝病发生相关的磷酸化、乙酰化和巴豆酰化修饰蛋白。研究还发现一些表达变化不明显的蛋白质不一定与丛枝病发生无关；另一些在蛋白质水平表达无差异但修饰水平上有差异的蛋白质也参与了泡桐的多个生物学途径，可能与丛枝病某些形态的变化有直接的关系。另外，通过趋势聚类分析会隐藏一些与丛枝病相关的修饰或非修饰蛋白质，因此后续还需要进一步挖掘 Mfuzz 聚类分析的数据。

大量文献报道感染植原体的泡桐会出现一系列畸形症状，如腋芽丛生、叶片发黄、节间变短、叶片皱缩和花变叶等。丛枝病的发生是个复杂精细的过程，这些症状可能是由不同的机制调控的。蛋白质乙酰化可以通过影响酶的活性或蛋白质的功能来调节细胞的代谢状态（Walley et al.，2018）。在植原体入侵的植物中已发现了光合作用降低的相关酶，如参与淀粉合成的 1,5-二磷酸核酮糖羧化酶（Rubisco）。Rubisco 是限制植物光合作用和有机物积累的关键因素。研究表明，在植物中 Rubisco 特定位点的乙酰化修饰能够降低其活性（Finkemeier and Leister，2010；Gao et al.，2016）。同时，有研究表明在植原体入侵的植物中光合作用会降低，Rubisco 活性的降低可能是光合作用下降的关键因素，这在前期的毛泡桐研究中已得到证实。在本研究中，编码 Rubisco 和 Rubisco 小亚基的蛋白质均发生了乙酰化修饰，且 Rubisco 修饰水平的变化与丛枝植原体在泡桐植株体内的含量变化情况是一致的，而 Rubisco 的小亚基修饰水平与泡桐植株体内植原体含量的变化不一致。研究发现 Rubisco 小亚基同时还发生了巴豆酰化修饰，并且修饰水平在患丛枝病的植株体内升高，那么最终引起 Rubisco 活性降低的原因一方面可能是这两种修饰之间的竞争关系和 Rubisco 大亚基这三者之间共同调控引起的，另一方面也可能仅仅是 Rubisco 大亚基引起的，但这还需要进一步的实验验证。在毛泡桐中我们检测到 Rubisco 的大亚基发生了乙酰化修饰，且通过体外酶活实验验证了修饰水平的增加降低了 Rubisco 的活性（Cao et al.，2019）。两次实验中检测到的修饰亚基不同的原因可能是蛋白质的乙酰化修饰是个动态变化的过程，在某些采样时间点，它的修饰水平未能符合本研究预期的蛋白质表达丰度趋势，这也反过来说明了乙酰化修饰的可逆性。综上情况，说明 Rubisco 的乙酰化可能与丛枝病光合作用的降低相关。

叶片变黄是泡桐丛枝病发生的另外一个典型症状，该症状可能是较低的叶绿素含量导致的。原叶绿素酸酯还原酶（POR）可以催化原叶绿素形成叶绿素，该酶在叶绿素生物合成中起主要的调控作用。据报道，在蓝藻 por 突变体中，叶绿素的含量降低（Kada et al.，2003）。研究发现 POR 的乙酰化修饰水平在受感染的幼苗中升高，同时该酶在毛泡桐中的修饰水平也发生了同样的变化，且乙酰化修饰负调控 POR 的活性（Cao et al.，2019）。值得注意的是，POR 还发生了巴豆酰化和琥珀酰化修饰。那么该酶活性的降低是不是由这三种修饰同时介导的目前还不清楚，这需要后续试验进一步验证（Cao et al.，2019）。此外，在毛泡桐健康植株和感染丛枝病的植株中检测到叶绿素 a 和叶绿素 b 的含量要低于健康植株中的含量，这说明 POR 的乙酰化修饰导致了酶活的降低，同时也表明 POR 与叶绿素的合成相关。这些结果表明患病泡桐叶片黄化可能与乙酰化修饰之间存在密切的关系。

植物的免疫系统能够识别外源病原菌或微生物，并通过调控一些蛋白质的磷酸化和去磷酸化事件来激活植物的防御反应（Park et al.，2012）。丝裂原活化蛋白激酶（MAPK）和磷酸酶调控的级联反应主要是通过改变下游靶标蛋白的磷酸化状态向细胞内转导受体产生的信号，这些级联反应对寄主植物产生的抗性反应具有重要作用（Meng and Zhang，2013）。磷酸化和去磷酸化的级联能够激活植物的防御反应，包括调节一些转录因子和酶的反应，最终引起寄主生成一些防御相关的激素或抗菌化合物（Tena et al.，2011）。*CTR1* 是乙烯信号转导中的负调控元件，能够编码一个 Raf-like 丝氨酸/苏氨酸蛋白激酶，该酶属于丝裂原活化蛋白激酶，位于乙烯受体的下游能够并参与 MAPK 介导的级联反应。CTR1 的磷酸化在其活性与非活性状态中发挥重要的作用，磷酸化能够激活其活性状态（Mayerhofer et al.，2012）。在 *ctr1* 突变体中，拟南芥表现出持续的乙烯信号转导反应（Bleeker and Kende，2000）。乙烯不敏感因子 *EIN2* 和 *EIN3* 是 *CTR1* 的直接上位效应基因，这两个因子中的任意一个突变都能导致植物对乙烯不敏感（Bleeker and Kende，2000）。*EIN3* 主要是作为转录因子调控乙烯响应因子的表达。有研究表明，乙烯响应因子 AP1 与花发育有直接关系，在植原体入侵的拟南芥中 AP1 被 26S 蛋白酶体降解，拟南芥植株表现出花变叶的典型症状（MacLean et al.，2014）；此次研究发现，患丛枝病的泡桐中 CTR1 的磷酸化水平要高于健康植株。*CTR1* 和 *EIN3* 具有拮抗作用，表明 *CTR1* 活性的升高意味着 *EIN2* 的减少，而其调控的转录因子的表达也会随之减少，这也可能是引起花不育的直接原因。这些结果表明 CTR1 磷酸化可能与感染植原体的泡桐表现出花不育有一定的关系。同时还有研究发现，在病原菌感染的小麦中，TaEIL1 的表达量上调，使其抗病性增强。TaEIL1 是 EIN3 的同源物，表明 EIN3 在植物抗病中起到关键作用。上述结果也暗示着 CTR1 磷酸化的增强可能会引起泡桐抵抗植原体入侵的能力降低，导致泡桐防御系统被破坏，从而引起植原体在泡桐体内大量繁殖。

除了上述几个修饰蛋白质与泡桐丛枝病的发生有一定的关系之外，还发现一些水通道蛋白在磷酸化组学中表达变化明显。有研究表明，致病病原菌感染的植物中，水通道蛋白的含量会大量增加（Melo-Braga et al.，2012）。但是磷酸化修饰与水通道蛋白在抗病反应中的关系目前还不清楚，这可能是我们后续研究的关注点。综上所述，利用 PTMomics 方法研究了植原体入侵的幼苗中蛋白质修饰水平的变化情况。结果表明，在泡桐中蛋白质磷酸化、乙酰化和巴豆酰化修饰广泛存在。最终，本研究通过分析找到了部分与丛枝病症状发生相关的修饰蛋白质。虽然这些修饰蛋白质的功能有待进一步验证，但本研究丰富了泡桐蛋白质修饰组学信息，同时也为解析泡桐丛枝病的发生机理奠定了重要的理论基础。

5. 丛枝病发生相关组蛋白修饰变化

（1）组蛋白乙酰化

为探究组蛋白乙酰化修饰（H3K27ac）与基因表达的关系，对 H3K27ac 修饰与基因表达共同发生的概率进行了确定。结果发现，白花泡桐中（PF），93.60%发生 H3K27ac 修饰的基因在转录组中同时具有表达量（图 12-68），表明组蛋白乙酰化修饰与白花泡桐基因表达相关。

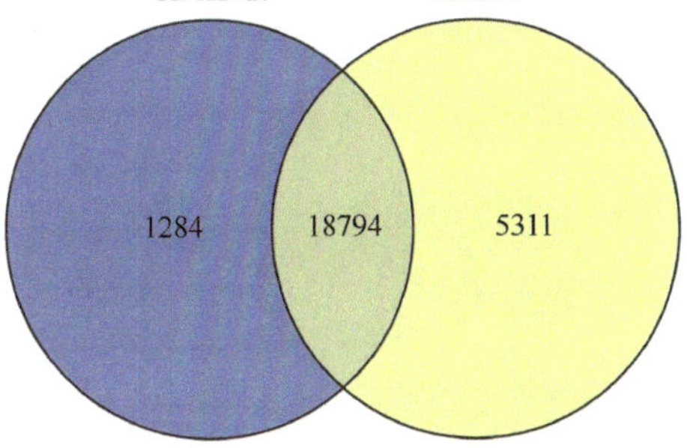

图 12-68　白花泡桐 PF 样本 H3K27ac 修饰基因与表达基因维恩图

植物在响应生物或非生物胁迫时，差异组蛋白修饰能够调控基因的表达，从而使植物能够对这些胁迫做出快速反应。为进一步研究白花泡桐基因的表达变化是否与组蛋白乙酰化修饰的变化相关，将白花泡桐感染植原体前后的差异表达基因与组蛋白甲基化差异修饰基因进行关联。结果发现，白花泡桐响应植原体入侵时，仅有 27.55%（2619）的 H3K27ac 差异修饰基因在转录水平同时差异表达（图 12-69）。这表明组蛋白乙酰化修饰调控了部分植原体响应基因的表达。将恢复过程中的差异表达基因和组蛋白甲基化差异修饰基因进行关联分析。结果发现，在 MMS 试剂模拟恢复过程中，PFI vs. PFIM60-5、PFI vs. PFIM60-20、PFIM60-5 vs. PFIM60-20 比较组分别有 23.13%（2255）、23.88%（1604）、27.26%（2177）的 H3K27ac 差异修饰基因在转录水平同时差异表达。而在 Rif 试剂模拟的恢复过程中，PFI vs. PFIL100-5、PFI vs. PFIL100-20、PFIL100-5 vs. PFIL100-20 比较组分别有 30.21%（2522）、21.02%（1868）、31.00%（2162）的 H3K27ac 差异修饰基因在转录水平同时差异表达（图 12-70）。这些结果表明，在恢复过程中，组蛋白乙酰化调控了部分基因的表达。将 ChIP-Seq 数据中筛选出的泡桐丛枝病密切相关的基因与转录组数据进行关联，结果发现白花泡桐响应植原体入侵时，钙结合蛋白 CML45 和 CML41、脱落酸受体 PYL2 和 PYL4、2C 类蛋白磷酸酶 50、丙二烯氧合酶、1-氨基环丙烷-1-羧酸氧化酶等一些与植物-病原互作或激素相关基因的组蛋白乙酰化修饰水平（H3K27ac）发生了变化，相应地，这些基因在转录水平也响应了植原体的入侵（表 12-41 和表 12-42）。

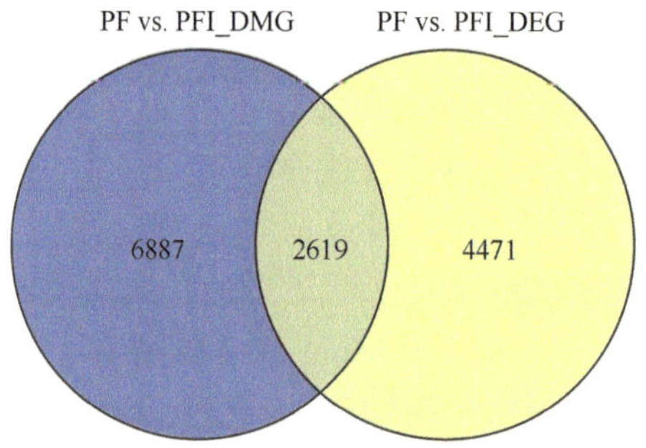

图 12-69　白花泡桐响应植原体入侵的 H3K27ac 差异修饰基因与差异表达基因维恩图

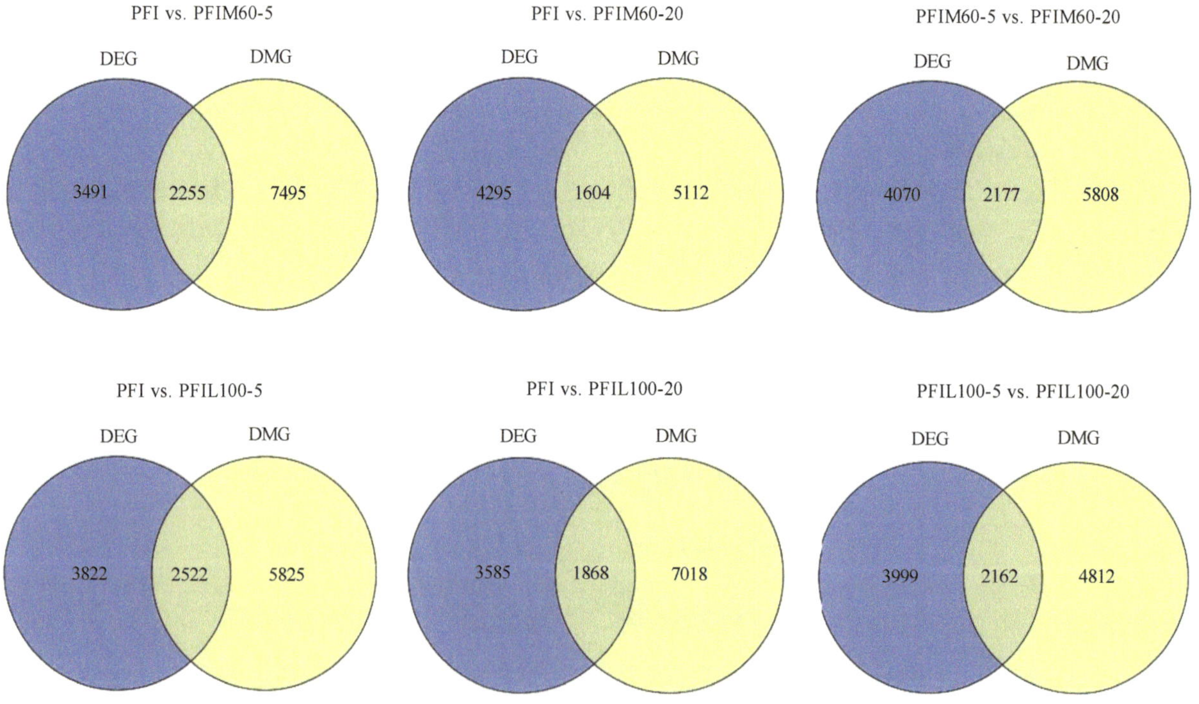

图 12-70　恢复过程中 H3K27ac 差异修饰基因与差异表达基因维恩图

表 12-41 H3K27ac 修饰调控的植物-病原互作相关基因列表

基因 ID	ChIP-Seq	RNA-Seq		功能注释
	差异倍数	差异倍数	q 值	
Paulownia_LG11G000989	1.59	5.16	1.15×10^{-61}	钙结合蛋白 CML45
Paulownia_LG11G000871	2.81	2.22	7.50×10^{-57}	钙结合蛋白 CML41
Paulownia_LG16G001097	1.39	3.20	2.46×10^{-3}	钙结合蛋白 PBP1
Paulownia_LG9G000599	1.53	3.00	1.3×10^{-130}	乙烯响应转录因子 2

表 12-42 H3K27ac 修饰调控的植物激素相关基因列表

基因 ID	ChIP-Seq	RNA-Seq		功能注释
	差异倍数	差异倍数	q 值	
Paulownia_LG0G001705	1.48	4.29	2.32×10^{-21}	丙二烯氧合酶
Paulownia_LG8G001593	1.31	9.08	0	丙二烯氧合酶
Paulownia_LG8G000745	1.89	2.69	0	1-氨基环丙烷-1-羧酸氧化酶
Paulownia_LG9G000737	3.47	2.22	9.73×10^{-26}	脱落酸受体 PYL4
Paulownia_LG18G000169	1.64	2.46	1.72×10^{-10}	脱落酸受体 PYL2
Paulownia_LG2G000807	0.63	0.06	0	2C 类蛋白磷酸酶 50
Paulownia_LG1G000276	0.75	0.05	1.54×10^{-284}	2C 类蛋白磷酸酶 50

植物防御反应涉及一系列的信号级联反应。作为一种重要的第二信使，钙离子（Ca^{2+}）在许多与生物和非生物胁迫相关的植物信号通路中发挥作用（Dodd et al.，2010）。据报道，植物利用 Ca^{2+} 信号作为响应病原菌识别的重要早期信号事件。植物感知病原菌后，由环核苷酸门控离子通道（cyclic nucleotide- gated ion channel，CNGC）控制的植物细胞质中游离 Ca^{2+} 浓度增加，这是激活植物防御反应的关键事件，有利于促进 ROS 的诱导和丝裂原活化蛋白激酶（mitogen-activated proteinkinase，MAPK）级联反应的激活（Ma，2011）。植物中，Ca^{2+} 感受器主要有 4 种类型，即钙调蛋白（calmodulin，CaM）、类钙调蛋白（CaM-like protein，CML）、类钙调蛋白磷酸酶 b 蛋白（calcineurin b-like protein，CBL）和钙离子依赖蛋白激酶（Ca^{2+}-dependent protein kinase，CDPK）。其中，CaM 和 CML 是一类具有 EF-hand 结构域的 Ca^{2+} 结合传感器，在信号转导级联过程中，它们能够通过 Ca^{2+} 诱导的构象变化将 Ca^{2+} 信号传递给下游靶蛋白，并与靶蛋白互作（Snedden and Fromm，2001）。越来越多的研究表明，这些 Ca^{2+} 感受器参与了植物对病原菌的响应，当 CaM/CML 基因表达失调或功能丧失后，植物的免疫反应将受到严重的影响。例如，烟草中编码 CaM 的基因 *NtCaM13* 沉默表达后，烟草对烟草花叶病毒（*Tobacco mosaic virus*，TMV）、青枯雷尔氏菌（*Ralstonia solanacearum*）、立枯丝核菌（*Rhizoctonia solani*）和瓜果腐霉（*Pythium aphanidermatum*）等病原菌的易感性增强（Takabatake et al.，2007）。过表达拟南芥中编码 CML 的 AtCML43 基因可以增强拟南芥对丁香假单胞菌番茄致病变种（*Pseudomonas syringae* pv. tomato）的超敏反应（Chiasson et al.，2005）。拟南芥的 CML9 也被证实参与了植物防御反应并可能调控植物的防御过程，在拟南芥响应丁香假单胞菌时，*CML9* 基因被快速诱导表达，而且野生型拟南芥对病原菌入侵的正常响应在 *CML9* 突变体或过表达株系中会发生变化（Leba et al.，2012）。Xu 等（2017）的研究表明定位于胞间连丝的 CML41 能够介导胼胝质依赖的胞间连丝的关闭以减少共生质体间的连通，从而作为对抗病原菌的关键防御。研究发现白花泡桐感染植原体后，钙结合蛋白 CML45 编码基因（Paulownia_LG11G000989）和钙结合蛋白 CML41 编码基因（Paulownia_ LG11G000871）的 H3K27ac 修饰水平升高。与此同时，在转录水平上，这两个钙结合蛋白 CML 的编码基因在白花泡桐丛枝病苗中的表达量显著高于健康苗中的表达量，与上述文献中报道的结果一致。这些结果表明，白花泡桐感染植原体后通过诱导表达 CML 编码基因来提高白花泡桐的防御反应，限制植原体在宿主体内的进一步传播，从而抵御植原体对白花泡桐的深度伤害。而在这一过程中，组蛋白 H3K27ac 修饰可能参与了对 CML

基因的表达调控。

转录因子是一类具有已知 DNA 结合域，能够与顺式元件相互作用从而调控基因表达的蛋白质。除了与植物生长发育和形态建成相关外，一些转录因子家族已被证实参与植物对生物胁迫的响应，如 WRKY 超家族、NAC 家族、MYB 家族、AP2/ERF 家族等。通过研究发现，乙烯响应转录因子 2 编码基因（Paulownia_LG9G000599）在白花泡桐病苗中的 H3K27ac 修饰水平和表达量均显著高于健康苗，这表明 H3K27ac 修饰可能参与了对乙烯响应转录因子的表达调控。

植物激素在调控植物生长发育和对非生物与生物胁迫的响应过程中发挥着重要作用（Bari and Jones，2009）。脱落酸（abscisic acid，ABA）参与植物生长发育多个阶段的调控，其主要生理功能有调控种子萌发、气孔运动和叶片衰老等。此外，ABA 还参与植物对生物和非生物胁迫的响应，是重要的植物激素之一（Lee and Luan，2012）。有研究表明，ABA 通过诱导气孔关闭、促进胼胝质沉积形成物理屏障，阻止病原菌的入侵，从而增强植物的抗病性（Ton and Mauch-Mani，2004）。ABA 也被发现能够抑制植物茎的伸长和生长（Arney and Mitchell，1969；Kaufman and Jones，1974）。Mou 等（2013）报道泡桐丛枝病患病植株叶片变小和节间缩短的症状也与 ABA 相关。ABA 信号通路被认为介导了大多数 ABA 引起的植物响应过程（Cutler et al.，2010）。ABA 受体 PYR/PYL/RCAR 蛋白、负调控因子 2C 类蛋白磷酸酶（PP2C）和正调控因子 snf1 相关蛋白激酶 2（SnRK2）是 ABA 信号感知和信号转导途径的核心信号元件。作为 ABA 信号转导的负调控因子，PP2C 家族成员通过与 SnRK2 相互作用，使 SnRK2 失去作用，抑制信号转导。当 ABA 被 PYR/PYL/RCAR 受体感知后，与 ABA 结合的 PYR/PYL/RCAR 受体和 PP2C 的磷酸酶结构域相互作用形成 ABA-PYR/PYL/RCARs-PP2C 复合体，解除 PP2C 对 SnRK2 的抑制作用，激活 SnRK2 使其能够靶向下游元件，发挥调控作用（Lee and Luan，2012）。Fan 等（2015d）研究发现泡桐感染植原体后，与 ABA 信号转导相关的基因表达水平发生了改变。研究发现，ABA 受体 PYL2（Paulownia_ LG18G000169）和 PYL4（Paulownia_LG9G000737）的 H3K27ac 修饰水平在白花泡桐感染植原体后上升。相应地，这两个 ABA 受体编码基因的表达量在感病后也显著上调。而 2 个编码负调控因子 2C 类蛋白磷酸酶 50 基因（Paulownia_LG2G000807 和 Paulownia_LG1G000276）的 H3K27ac 的修饰水平在白花泡桐病苗中降低，其表达量在病苗中显著下调。这些结果表明，在白花泡桐感染植原体的过程中，这些基因附近的染色质状态的变化为其转录水平的变化做好了准备。参与 JA 生物合成的丙二烯氧合酶编码基因（Paulownia_ LG0G001705 和 Paulownia_ LG8G001593）的 H3K27ac 修饰水平和表达量在白花泡桐感染植原体后均显著上调。1-氨基环丙烷-1-羧酸氧化酶（ACO）是乙烯合成途径中的最后一个酶，催化 1-氨基环丙烷-1-羧酸（ACC）生成乙烯。本研究中，编码 ACO 基因（Paulownia_LG8G000745）的 H3K27ac 修饰水平在白花泡桐感染植原体后升高，表达量也同时显著上调。这些结果表明，白花泡桐响应植原体入侵时，H3K27ac 修饰可能也参与了 JA 和 ET 的生物合成调控。

（2）组蛋白甲基化

为探究组蛋白甲基化修饰（H3K4me2 和 H3K9me1）与基因表达的关系，对 H3K4me2 和 H3K9me1 修饰与基因表达共同发生的概率进行确定。结果发现，白花泡桐中（PF），88.36%的 H3K4me2 修饰基因在转录组中同时表达，而 75.46%的 H3K9me1 修饰基因在转录组中同时表达（图 12-71），表明这两种组蛋白甲基化修饰类型与白花泡桐基因表达相关。

为进一步研究白花泡桐基因的表达变化是否与组蛋白甲基化修饰的变化相关，将白花泡桐感染植原体前后的差异表达基因与组蛋白甲基化差异修饰基因进行关联。结果发现，仅有 30.20%（2289）的 H3K4me2 差异修饰基因和 23.86%（478）的 H3K9me1 差异修饰基因在转录水平同时差异表达（图 12-72）。这表明，这两种组蛋白甲基化修饰类型调控了部分植原体响应基因的表达。同样地，将恢复过程中的差异表达基因和组蛋白甲基化差异修饰基因进行关联分析。结果发现，在 MMS 试剂模拟恢复过程中，PFI vs. PFIM60-5、PFI vs. PFIM60-20、PFIM60-5 vs. PFIM60-20 比较组分别有 26.13%（1518）、24.47%（869）、

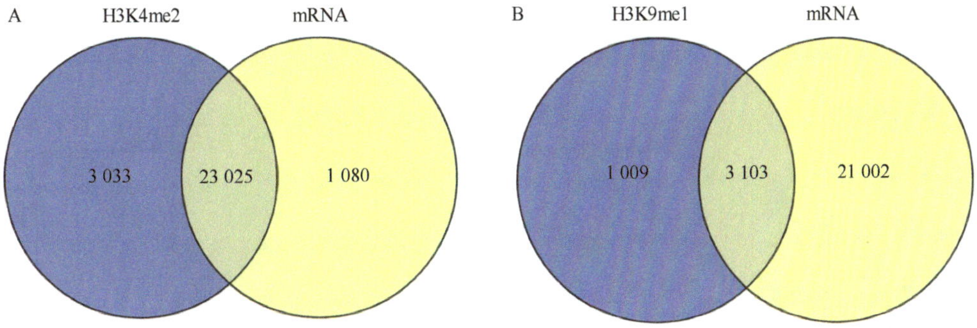

图 12-71　白花泡桐 PF 样本 H3K4me2（A）、H3K9me1（B）修饰基因与表达基因维恩图

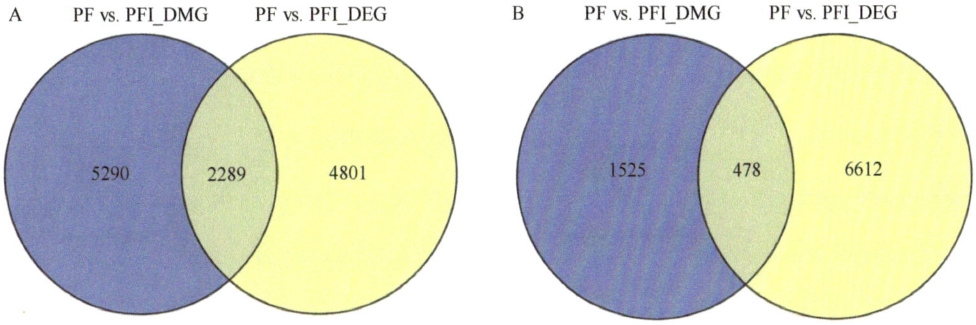

图 12-72　白花泡桐响应植原体入侵的 H3K4me2（A）、H3K9me1（B）差异修饰基因与差异表达基因维恩图

30.31%（1406）的 H3K4me2 差异修饰基因和 18.11%（203）、13.41%（375）、16.74%（358）的 H3K9me1 差异修饰基因同时在转录水平差异表达。而在 Rif 试剂模拟的恢复过程中，PFI vs. PFIL100-5、PFI vs. PFIL100-20、PFIL100-5 vs. PFIL100-20 比较组分别有 31.09%（1797）、27.23%（1129）、32.68%（1198）的 H3K4me2 差异修饰基因和 16.79%（604）、12.55%（466）、21.32%（314）的 H3K9me1 差异修饰基因同时在转录水平差异表达（图 12-73）。这些结果表明，在恢复过程中只有部分组蛋白甲基化差异修饰基因同时差异表达，由 H3K4me2 和 H3K9me1 这两种组蛋白修饰类型介导的转录调控也影响了一部分基因的表达。

将 ChIP-Seq 数据中筛选出的与泡桐丛枝病密切相关基因与转录组数据进行关联，结果发现白花泡桐响应植原体入侵时，防御素 J1-2、WRKY72 转录因子、乙烯响应转录因子 ERF062、赤霉素 20-氧化酶 1-D 和亚油酸 9S-脂氧合酶 6 等一些与植物-病原互作或激素相关基因的组蛋白甲基化水平（H3K4me2 或 H3K9me1）发生了变化，相应地，这些基因在转录水平也响应了植原体的入侵（表 12-43 和表 12-44）。

转录因子是一类具有已知的 DNA 结合域，能够与顺式元件相互作用调控基因表达的蛋白质。除了与植物生长发育和形态建成相关外，一些转录因子家族已被证实参与植物对生物胁迫的响应，如 WRKY 超家族、NAC 家族、MYB 家族和 AP2/ERF 家族等。WRKY 转录因子超家族具有高度保守的 WRKY 结构域，在调控植物对病原菌的防御反应相关的转录重编程过程中发挥着重要作用。在植物防御响应过程中，大多数拟南芥 WRKY 转录因子超家族成员的转录水平上调（Dong et al.，2003）。Bhattarai 等（2010）的研究表明 WRKY72 转录因子参与了番茄和拟南芥的基础免疫反应。研究发现，在泡桐感染植原体后，WRKY72 编码基因（Paulownia_LG14G000446）的 H3K4me2 修饰水平升高，其转录水平也显著上调，这表明 WRKY72 可能也参与了白花泡桐的基础防御反应，而 H3K4me2 修饰参与了对其表达的调控。此外，在白花泡桐病苗中，乙烯响应转录因子 ERF062 编码基因（Paulownia_LG16G001301）的 H3K4me2 修饰水平和表达量均显著高于健康苗，这表明 H3K4me2 修饰参与了对乙烯响应转录因子的表达调控。

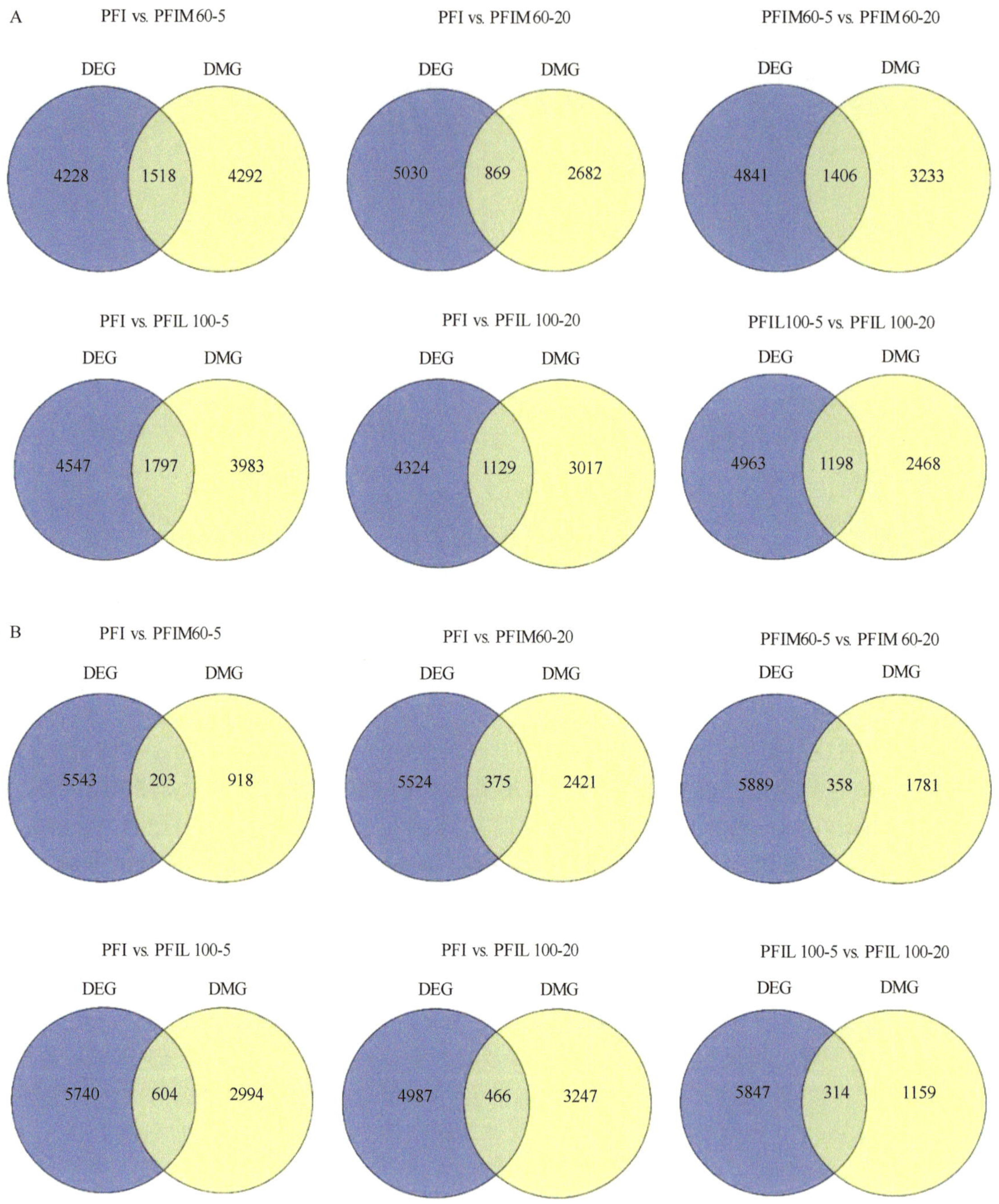

图 12-73 恢复过程中 H3K4me2（A）、H3K9me1（B）差异修饰基因与差异表达基因维恩图

表 12-43 H3K4me2 修饰调控的植物-病原互作相关基因列表

基因 ID	ChIP-Seq	RNA-Seq		功能注释
	差异倍数（PFI/PF）	差异倍数（PFI/PF）	q 值	
Paulownia_LG7G000601	1.29	11.75	5.38×10^{-20}	防御素 J1-2
Paulownia_LG14G000446	1.56	13.17	5.15×10^{-6}	WRKY 72 转录因子
Paulownia_LG8G001276	1.30	2.11	5.14×10^{-11}	钙结合蛋白 PBP1
Paulownia_LG10G000512	1.21	4.13	3.54×10^{-13}	乙烯响应转录因子 ERF062
Paulownia_LG16G001301	1.41	3.64	2.90×10^{-63}	细胞色素 P450710A1

表 12-44　H3K4me2 或 H3K9me1 修饰调控的植物激素相关基因列表

修饰类型	基因 ID	ChIP-Seq	RNA-Seq		功能注释
		差异倍数（PFI/PF）	差异倍数（PFI/PF）	q 值	
H3K4me2	Paulownia_LG9G000468	1.21	2.56	1.45×10^{-3}	赤霉素 20-氧化酶 1-D
H3K9mel	Paulownia_LG12G001063	1.32	4.23	1.61×10^{-16}	亚油酸 9S-脂氧合酶 6

植物防御素是一类分子质量小、富含半胱氨酸和三维结构的复杂碱性短肽，其主要功能是抑制一系列病原菌的生长繁殖，阻止其进一步入侵寄主植物，是植物防御体系的基本组成成分之一。植物防御素的表达主要有组成型表达和诱导表达（De Coninck et al.，2013）。作为防御响应的一部分，防御素的诱导表达通常可能与植物对生物胁迫的防御相关。Lee 等（2018）研究发现，过表达辣椒防御素 J1-1 基因的转基因烟草植株中，防御素 J1-1 含量增加，将烟草黑胫病菌（*Phytophthora parasitica* var. *nicotianae*）和瓜果腐霉（*Pythium aphanidermatum*）接种到该转基因烟草后，病症明显被抑制。此外，转基因植株中的 PR 基因同时也被诱导表达。防御素 J1-2 编码基因（Paulownia_LG7G000601）的 H3K4me2 修饰水平在白花泡桐感染植原体后升高，其表达水平也显著上调，这可能有助于阻止植原体在白花泡桐中进一步地扩散。

植物激素是一类小信号分子，在调控植物生长发育、对非生物和生物胁迫的响应过程中具有重要作用（Bari and Jones，2009）。茉莉酸（jasmonic acid，JA）被认为参与了植物对病原菌的响应（Penninckx et al.，1998）。通过研究发现，编码茉莉酸生物合成关键酶的基因在白花泡桐感染植原体后，其组蛋白修饰水平和转录水平同时发生了变化。脂氧合酶（LOX）是 JA 合成过程中的第一个关键酶基因，亚麻酸在 LOX 的催化下氧化生成 13-氢过氧化亚麻酸，后者在丙二烯氧合酶（AOS）的催化作用下转化为 12,13-环氧十八碳三烯酸，随后该物质在丙二烯氧化物环化酶（AOC）作用下生成 12-氧-植物二烯酸，再经过还原和三步 β-氧化形成 JA（Kombrink，2012）。白花泡桐丛枝病苗中，亚油酸 9S-脂氧合酶 6（Paulownia_LG12G001063）编码基因的 H3K9me1 修饰水平高于健康苗，相应地，该基因在白花泡桐病苗中的表达量也显著高于健康苗，表明白花泡桐响应植原体入侵时，H3K9me1 修饰可能参与了对 JA 生物合成的调控。

第四节　丛枝植原体效应子与泡桐丛枝病发生的关系

一、泡桐丛枝植原体效应子 Pawb20 的特性

（一）丛枝植原体效应子 Pawb20 的进化

为了研究植原体及泡桐 Pawb20 基因家族的进化关系，在 NCBI 数据库通过 blast 寻找植原体 16S rRNA 全长核苷酸序列和 Pawb20 氨基酸序列的同源物，并采用邻连法分别构建植原体 16S rRNA 系统发育树（图 12-74A）和 Pawb20 同源蛋白系统发育树（图 12-74B）。结果表明 34 个植原体 16S rRNA 序列可以分为 4 组，其中，PaWB 与淡竹丛枝（Henon bamboo witches' broom，HBWB），洋葱黄化（Onion yellows，OY）和马里兰翠菊黄化（Maryland aster yellows，AY1）植原体等属于 *Ca.* P. asteris 组（图 12-74A），表明各个植原体有不同的进化史。同时，Pawb20 及其同源蛋白的系统发育分析结果显示（图 12-74B），它们可以分为 4 组，Pawb20 与 AOF54737.1_MBS（玉米丛矮植原体），BAN15037.1_BamWB（竹丛枝植原体），BAN15033.1_SWB（漆树金帚植原体），BAH29766.1_OY-M（洋葱黄化植原体）和 OIJ44659.1_ROL（水稻橙叶植原体）相似性 100%（图 12-74C），说明 Pawb20 序列在不同植原体中具有高度的保守性。

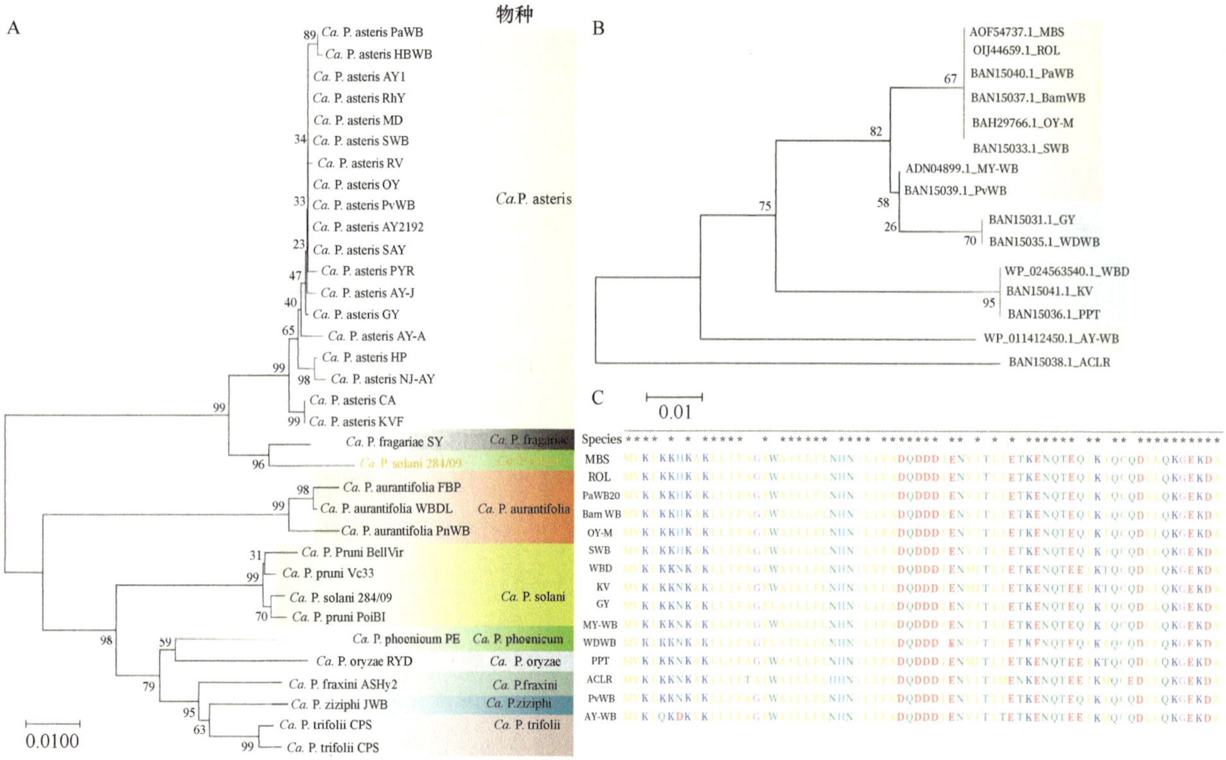

图 12-74　植原体 16S rRNA 家族的系统发育（A）、Pawb20 与同源蛋白的系统发育分析（B）和氨基酸序列比对（C）

A. 基于 16S rRNA 全长核苷酸序列所构建的植原体系统发生树，采用方法为邻近法，内部分支上的数字表示基于 1000 次重采样的 Bootstrap 支持度；B. Pawb20 与同源蛋白的系统发育分析；C. Pawb20 与同源蛋白的氨基酸序列比较：MBS. 玉米丛矮植原体，AOF54737.1；ROL. 水稻橙叶植原体，OIJ44659.1；PaWB. 泡桐丛枝植原体，BAN15040.1；Bam WB. 竹丛枝植原体，BAN15037.1；OY-M. 洋葱黄化植原体，WP_011160837.1；SWB. 漆树金帚植原体，BAN15033.1；WBD. 小麦假丝酵母植原体，AEH57827.1；KV. 叶状三叶草植原体，BAN15041.1；GY. 大蒜黄化植原体，BAN15031.1；MY-WB. 桑黄巫婆-金雀花植原体，ADN04899.1；WDWB. 水仙花丛枝植原体，BAN15035.1；PPT. 马铃薯紫顶植原体，BAN15036.1；ACLR. 杏黄卷叶植原体，BAN15038.1；PvWB. 瓷藤丛枝植原体，BAN15039.1；AY-WB. 星状念珠菌植原体，WP_011412450.1

（二）*Pawb20* 生物信息学分析

Pawb20 全长 213bp，编码 70 个氨基酸，全长蛋白质的相对分子质量 8187.55，等电点 5.54（表 12-45）。采用在线软件 TMHMM 对 Pawb20 蛋白质进行预测，结果表明，其信号肽是 N 端的前 32 个氨基酸，信号肽的切割位点位于第 32～第 33 位氨基酸之间（图 12-74A），其唯一的跨膜区位于第 12～第 31 位氨基酸之间（图 12-75B），三级结构含有两个 α-Helix 螺旋和一些卷曲（图 12-74C）。根据以上特征，推测 Pawb20 可能是分泌蛋白，从植原体内分泌到胞外发挥其功能。

（三）Pawb20 信号肽分泌功能验证

为了进一步验证 Pawb20 信号肽是否具有分泌功能，进行了分泌性验证试验，采用已报道的大豆疫霉菌 Avr1b 信号肽为阳性对照，pUSC2 空载体作为阴性对照。我们发现含有 $pUSC2^{Avr1b}$，pUSC2 和 $pUSC2^{Pawb20}$ 质粒的 YTK12 酵母菌株在 CMD-W 培养基上均可以正常生长。将单菌落置于 YPRAA 培养基上培养 72h 后，含有 $pUSC2^{Avr1b}$ 和 $pUSC2^{Pawb20}$ 质粒的菌株可以存活，但含 pUSC2 质粒的菌株不能生长（图 12-76）。并且，含有 $pUSC2^{Avr1b}$ 和 $pUSC2^{Pawb20}$ 质粒的菌株能将蔗糖分解为单糖，使 TTC 显色。这些结果表明 Pawb20 的信号肽具有分泌功能，能够将 Pawb20 分泌到植原体细胞外，证明了 Pawb20 是分泌蛋白。

（四）Pawb20 亚细胞定位

以前的报道中，以洋葱表皮细胞为实验材料，TENGU（Pawb20 同源蛋白）定位到细胞质中（Hoshi et

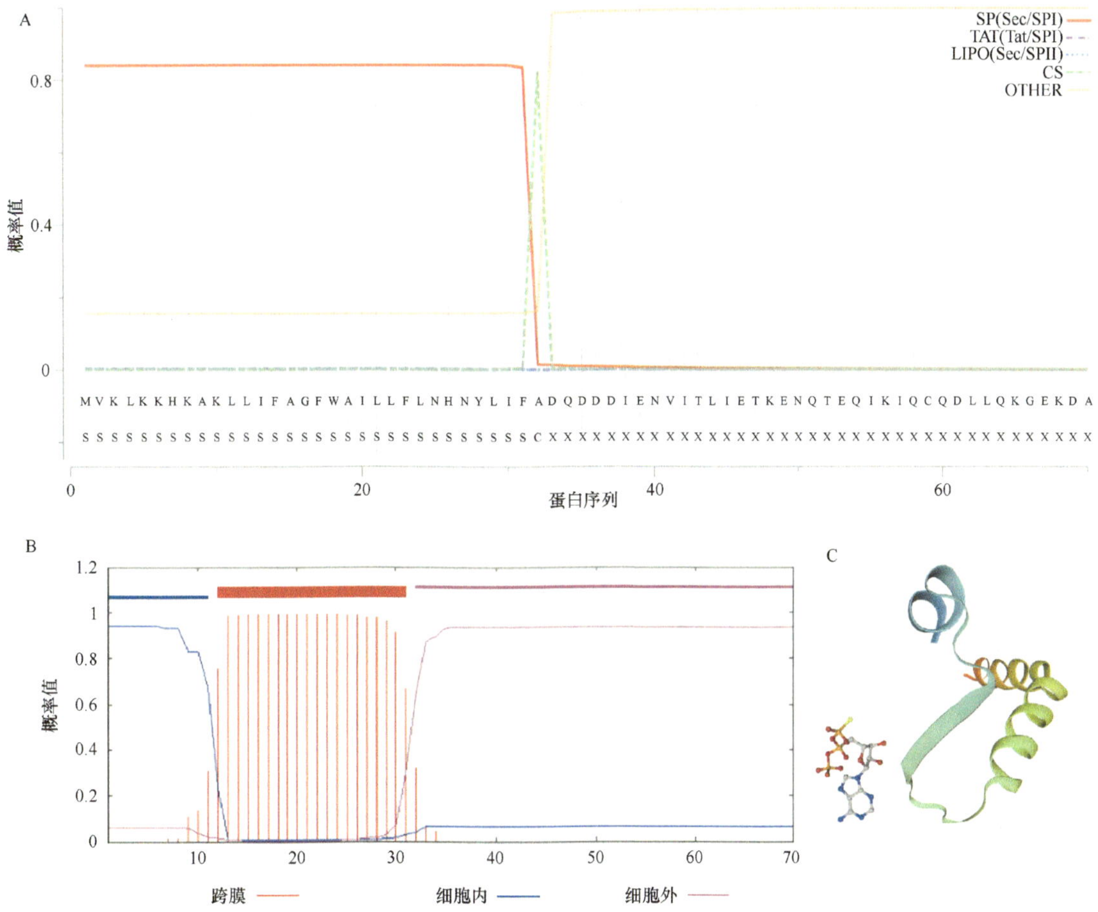

图 12-75　Pawb20 蛋白信号肽（A），跨膜区（B）和三维结构（C）预测

表 12-45　Pawb20 理化性质分析

样本名称	GC 含量/%	核苷酸长度/bp	氨基酸/个数	相对分子质量	等电点
Pawb20 全长	28.17	213	70	8187.55	5.54
Pawb20 去除信号肽	30.77	114	38	4402.81	4.02

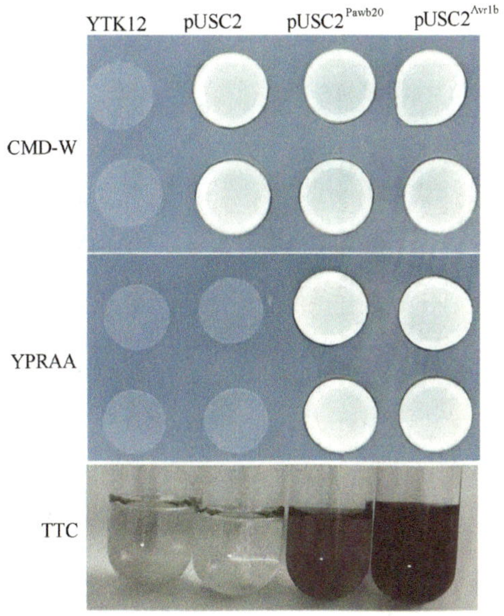

图 12-76　Pawb20 信号肽分泌功能验证

al.，2009）。为了进一步研究 Pawb20 蛋白的亚细胞定位，在烟草叶片中瞬时表达了 Pawb20-GFP，结果表明 Pawb20-GFP 定位到细胞膜、细胞质和细胞核中。为了更进一步证实 Pawb20-GFP 定位到细胞核中，我们把核定位信号（nuclear localization sequence，NLS，氨基酸序列 PKKKRKV）（Kalderon et al.，1984），融合至 Pawb20 蛋白质的 C 端，构建了表达 Pawb20-NLS-GFP 的重组载体并在烟草叶片中瞬时表达，结果表明，Pawb20-NLS-GFP 特异地定位在细胞核中，更进一步表明，Pawb20 定位在植物细胞核、细胞膜和细胞质（图 12-77）。

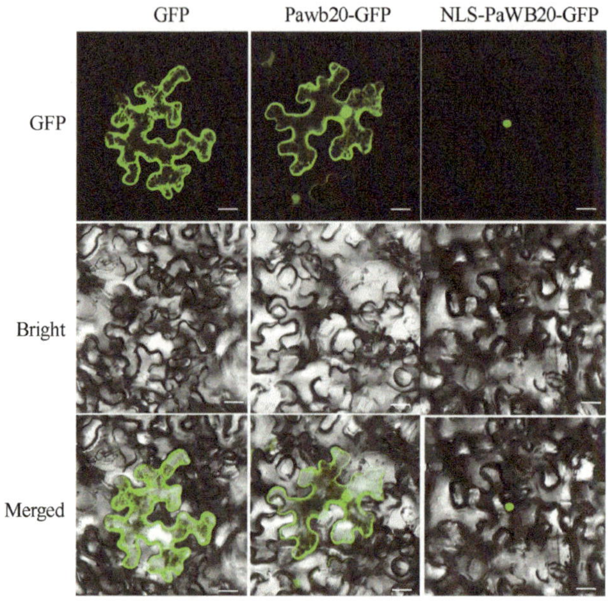

图 12-77　Pawb20 亚细胞定位

GFP. 绿色荧光蛋白（Green fluorescent protein）；Bright. 明场；Merged. 合并场；下同

为了更进一步验证 Pawb20 定位的准确性，通过本氏烟原生质体系统再次进行亚细胞定位实验。在烟草原生质体中共表达 pHBT-Pawb20-GFP 和细胞核 Marker（pHBT-NLS-mCherry），观察结果可知，Pawb20- GFP 定位在细胞核、细胞膜和细胞质中（图 12-78）。因此，进一步确定了 Pawb20 亚细胞定位情况。

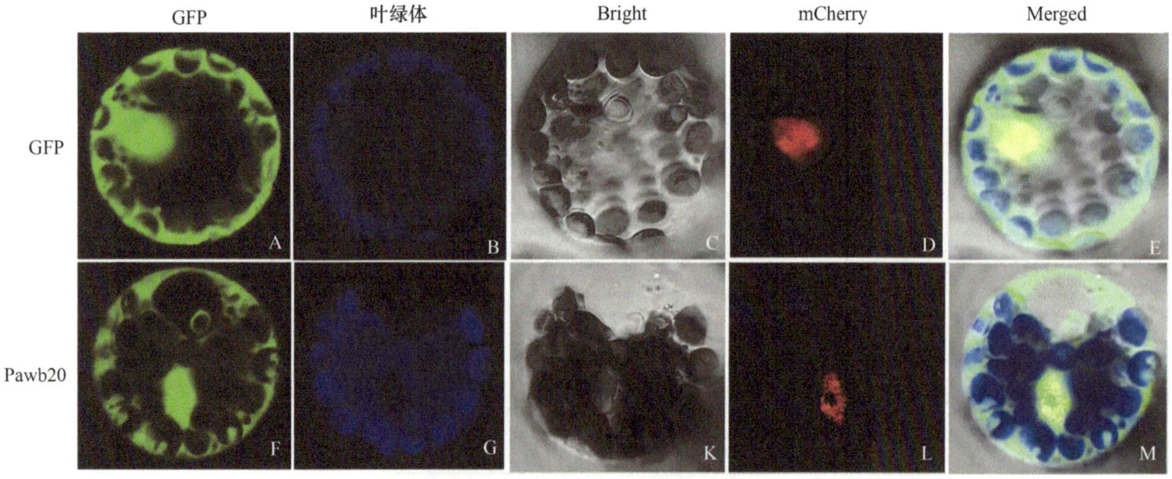

图 12-78　GFP（A～E）和 Pawb20 亚细胞定位（F～M）

A、F. GFP 绿色荧光；B、G. 叶绿体自发光；C、K. 明场；D、L. Marker 基因；E、M. 合并场；mCherry. 用 mCherry 染的细胞核

（五）Pawb20 通过胞间连丝进入相邻细胞

1. Pawb20 与内质网和胞间连丝共定位

已有研究表明植原体在植物体内专一寄生于韧皮部筛管细胞中，而效应子 TENGU（Pawb20 的同源蛋白）却可在顶端分生组织及薄壁组织中检测到（Hoshi et al.，2009）。对于效应子 TENGU 是怎么运动到顶端分生组织中去的，目前最得到认可的推测是效应子通过植物细胞间的胞间连丝从筛管细胞移动到其他组织细胞中，但是目前仍然缺乏直接的实验证据。

为了验证这一推测，并深入了解 Pawb20 在细胞间的移动特性，首先要了解 Pawb20 在细胞器中的定位情况，是否与胞间连丝共定位。采用农杆菌介导烟草瞬时表达体系，分别将 Pawb20-GFP 与内质网（ER）标记基因 mCherry-HDEC 和胞间连丝（PD）标记基因 mCherry-Tobacco mosaic virus（TMV MP-mRFP）共表达。结果表明，Pawb20-GFP 可定位到内质网（图 12-79A～D）和胞间连丝中（图 12-79E～H）。

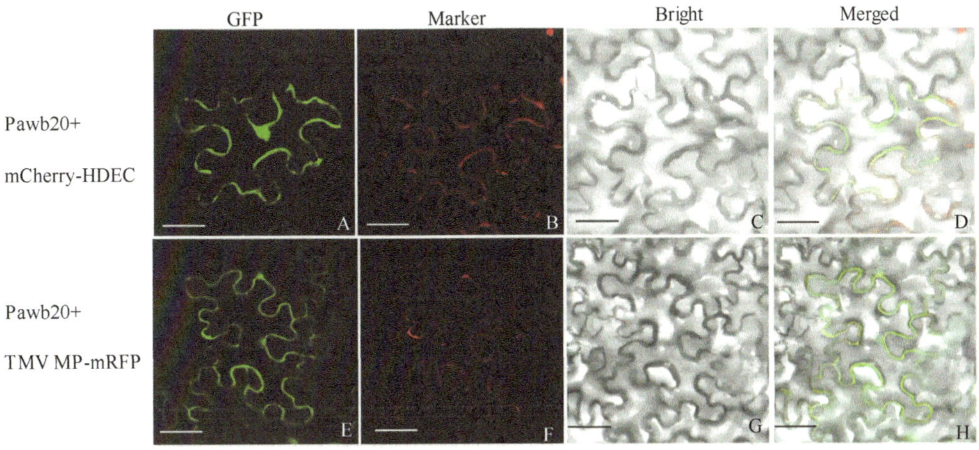

图 12-79　Pawb20 定位在 ER（A～D）和 PD（E～H）

2. Pawb20 具有在细胞间运动的能力

为了验证 Pawb20 是否具有在细胞间运动的能力，以 GFP-GFP 作为对照，采用含有 Pawb20-GFP 的质粒轰击本氏烟叶片的表皮细胞。结果表明，24h 后，GFP-GFP 共有 48 个荧光位点融合表达蛋白，均被局限于单个细胞内。同时，Pawb20-GFP 有 61 个融合表达蛋白的荧光焦点，其中有 31 个运动到邻近的细胞中（图 12-80 和表 12-46）。为了更进一步了解 Pawb20-GFP 和 GFP-GFP 在不同时间段内细胞间的运动情况，分别观察 10～12h、22～24h、34～36h 和 46～48h 在细胞间的运动效率。如表 12-47 所示，在轰击 10～12h，Pawb20-GFP（13.85%）从轰击位点开始发生胞间运动。在一定范围内，随着轰击时间的延长 Pawb20-GFP 胞间运动速率不断升高，在 22～24h 达到 38.10%，34～36h 达到 51.95%。而观察对照 GFP-GFP 一直局限于单细胞中，在不同时间段均没有发生胞间运动。进一步观察发现，最早被轰击的细胞荧光最强（标记为细胞 1），紧邻的细胞荧光较强（标记为细胞 2），第三层细胞荧光最弱（标记为细胞 3）（图 12-80B、C）。

3. 胞间连丝抑制剂抑制 Pawb20-GFP 的胞间运动

研究表明 BrefeldinA（BFA）通过破坏 ER 膜的完整性，Ca^{2+}可以关闭胞间连丝通道，从而抑制细胞内的蛋白质转运（Feng et al.，2016）。将含有 Pawb20-GFP 的质粒轰击烟草叶片 12h 后，再采用 20 μg/mL BFA，10mol/L Ca^{2+}处理 12h，观察 Pawb20-GFP 的胞间运动情况。结果表明，BFA 和 Ca^{2+}处理后均影响 Pawb20-GFP 的胞间运动效率，其中，Ca^{2+}显著影响 Pawb20-GFP 的胞间运动效率（表 12-48）。

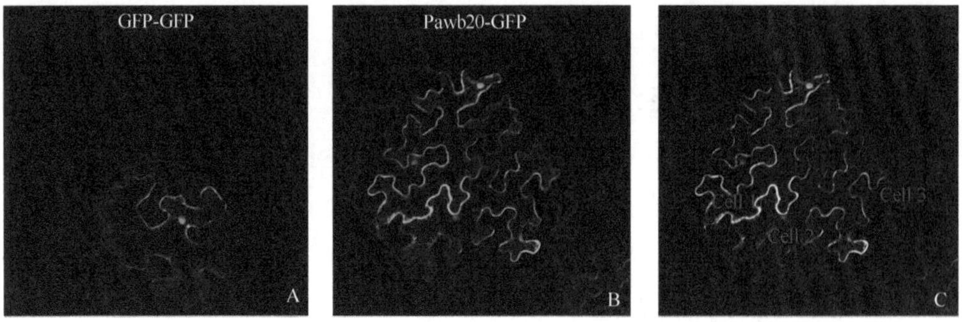

图 12-80　GFP-GFP（A）和 Pawb20-GFP（B、C）在本氏烟表皮细胞间的运动

表 12-46　Pawb20 轰击本氏烟叶表皮后细胞间的运动

轰击质粒	总信号数	1 个细胞数（占总数的比例）	2 个细胞数（占总数的比例）	*P* 值
Pawb20-GFP	61	30（48.33%）	31（51.67%）	＜0.001
GFP-GFP	48	48（100%）	0	

表 12-47　基因枪轰击本氏烟叶后 Pawb20-GFP 在不同时间点的胞间运动

轰击质粒	轰击后时长	荧光蛋白信号总数	1 个细胞数（占总数的比例）	2 个细胞数（占总数的比例）
GFP-GFP	10～12h	52	52（100%）	0
	22～24h	68	68（100%）	0
	34～36h	74	74（100%）	0
	46～48h	69	69（100%）	0
Pawb20-GFP	10～12h	65	56（86.15%）	9（13.85%）
	22～24h	84	52（61.90%）	32（38.10%）
	34～36h	77	37（48.05%）	40（51.95%）
	46～48h	79	40（50.63%）	39（49.37%）

表 12-48　胞间连丝抑制剂 BFA 和 Ca^{2+} 抑制 Pawb20-GFP 的胞间运动

轰击质粒	处理	总信号数	1 个细胞数（占总数的比例）	2 个细胞数（占总数的比例）	3 个细胞数（占总数的比例）
Pawb20-GFP	DMSO	55	18（32.73%）	25（45.45%）	12（21.82%）
	BFA	47	21（44.68%）	17（36.17%）	9（19.15%）
	Ca^{2+}	60	48（80.00%）	11（18.33%）	1（1.67%）

4. 内质网缺陷 *rhd3-8* 突变体中胞间运动速率下降

考虑到胞间连丝结构中含有内质网，为了进一步证实 Pawb20 可通过胞间连丝在细胞间移动，评估了内质网缺陷对 Pawb20 胞间运动的影响。采用基因枪法将 Pawb20-GFP 在拟南芥内质网缺陷突变体 *rhd3-8* 的叶片中进行表达，24h 后观察发现有 38 个 Pawb20-GFP 蛋白在野生型植株（WT）中发生了胞间移动，但是，在突变体 *rhd3-8* 中，有 25 个发生了胞间运动（表 12-49）。与野生型相比，Pawb20-GFP 在 *rhd3-8* 突变体内的运动速率降低但不显著。

表 12-49　*rhd3-8* 突变体影响 Pawb20-GFP 的胞间运动

轰击质粒	植物	总信号数	1 个细胞数（占总数的比例）	2 个细胞数（占总数的比例）	≥3 个细胞数（占总数的比例）
Pawb20-GFP	WT	58	20（34.48%）	23（39.66%）	15（25.86%）
	rhd3-8	62	37（59.68%）	22（35.48%）	3（4.84%）

（六）*Pawb20* 引起拟南芥丛枝表型

为探究 *Pawb20* 基因的功能，采用同源重组的方法将 Pawb20 构建至载体 pBI121 上（图 12-81A），再采用农杆菌浸花法侵染拟南芥植株，并根据 Wang 等（2018b）方法筛选获得 T_3 代 Pawb20 转基因纯合子。采用荧光显微镜观察发现，与对照相比，*35S::Pawb20* 株系的根部存在较强的绿色荧光信号（图 12-81B），并且通过 PCR 鉴定可知，转基因株系中含有 *Pawb20* 基因（图 12-81C）。观察表型发现，与 WT 相比，*Pawb20* 转基因株系在第 5 周时，能观察到 *Pawb20* 转化苗出现莲座，但不明显（图 12-82）。在第 6 周时，能够观察到明显的丛枝表型（图 12-83）。

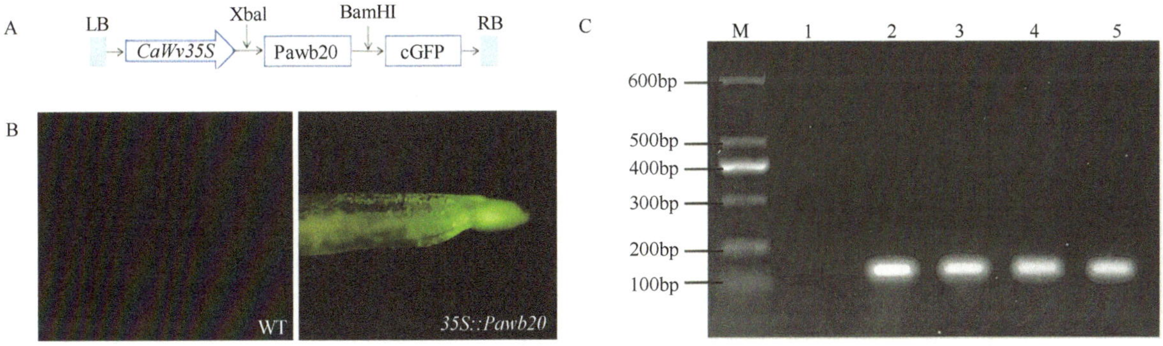

图 12-81　*Pawb20* 过表达载体示意图（A）、GFP 荧光观测（B）和 *Pawb20* 转化苗 PCR 鉴定（C）

M. marker，下同；1. 阴性对照 ddH2O；2. 阳性对照菌液；3～5. *Pawb20* 转化苗

图 12-82　5 周时观察 *Pawb20* 转基因引起拟南芥丛枝表型

图 12-83　*Pawb20* 转基因引起拟南芥丛枝表型

（七）*Pawb20* 引起毛果杨丛枝表型

为了进一步探究效应子 *Pawb20* 的功能，根据 Li 等（2017）方法将 *Pawb20* 转入木本模式植物毛果

杨中。通过筛选培养基（卡那浓度 30mg/L）初步筛出可能的阳性苗，再通过 RT-qPCR 检测 *Pawb20* 在 *Pawb20* 转基因拟南芥中基因表达量（图 12-84）。为了进一步研究 *Pawb20* 的功能，将 40 天的 *Pawb20* 阳性苗移栽到培养盆中。盆栽 60 天后，与对照植株相比，转 *Pawb20* 基因毛果杨植株表现出丛枝和矮化表型（图 12-85）。

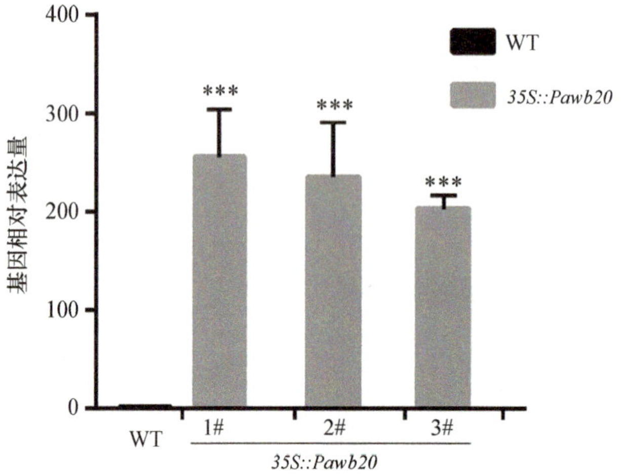

图 12-84　*Pawb20* 转基因植株 RT-qPCR 鉴定

***表示 $P<0.001$；后同

图 12-85　*Pawb20* 过表达引起毛果杨丛枝表型

（八）*Pawb20* 引起白花泡桐丛枝表型

为了在泡桐中验证 Pawb20 的功能，使用人工合成的 Pawb20 不含信号肽的片段，参考 Hou 等（2014）方法，对白花泡桐幼苗进行处理。结果发现，处理 3 周后，不同浓度的 Pawb20 均能引起白花泡桐腋芽萌发。1 μmol/L Pawb20 处理后可观察到明显的表型，而 2 μmol/L Pawb20 处理后有明显表型，但植株长势较弱，说明该浓度的 Pawb20 影响了白花泡桐的生长发育（图 12-86）。

二、丛枝植原体效应子 Pawb20 互作蛋白的筛选

前期研究发现植原体效应子 TENGU、SAP05、SAP11 和 SWP1 能够引起拟南芥出现丛枝和矮化表型（Hoshi et al.，2009；Sugio et al.，2011；Wang et al.，2018c；Huang et al.，2021）。SAP05、SAP11 和 SWP1

图 12-86　不同浓度 Pawb20 促进白花泡桐腋芽生长

诱导植物丛枝表型产生的机制已有报道。然而，TENGU（Pawb20 的同源基因）作为 OY-M 第一个被报道的植原体效应子，其在植物体内的靶蛋白是什么，效应子与靶蛋白的关系是什么，如何参与植物丛枝的调控，尚未见报道。近来 GST-Pull-down-MS 和酵母双杂交等技术已成为科研工作者寻找靶标蛋白常用的方法，推动了生物分子机制的研究进程。

为了阐明 *Pawb20* 基因是如何引起拟南芥、毛果杨和泡桐出现丛枝和矮化表型，通过 GST-Pull-down-MS 与酵母双杂交两种方法相结合的策略，寻找 Pawb20 在泡桐体内的靶标蛋白，并进一步利用酵母双杂交（yeast two-hybrid，Y2H）点对点，体外 GST 融合蛋白沉降技术（GST-Pull-down），体内免疫共沉淀（co-immunoprecipitation，Co-IP）和双分子荧光互补实验（bimolecular fluorescence complementation，BiFC）验证 Pawb20 与靶蛋白之间的关系。

（一）Pawb20-pGEX4T1 蛋白表达和纯化

为了研究效应子 Pawb20 引起植物丛枝表型的机理，通过 Pull-down 结合质谱检测（Pull-down-MS）来筛选 Pawb20 的潜在互作蛋白。原核诱导表达结果显示，30kDa 附近有明显条带，与 Pawb20-pGEX4T1 融合蛋白分子量相同，说明表达效果良好，可以继续放大培养并纯化（图 12-87A）。其次，对 Pawb20-pGEX4T1 蛋白纯化结果进行评估，表明已获得纯度较高的融合蛋白（图 12-87B），可以用于后续试验。

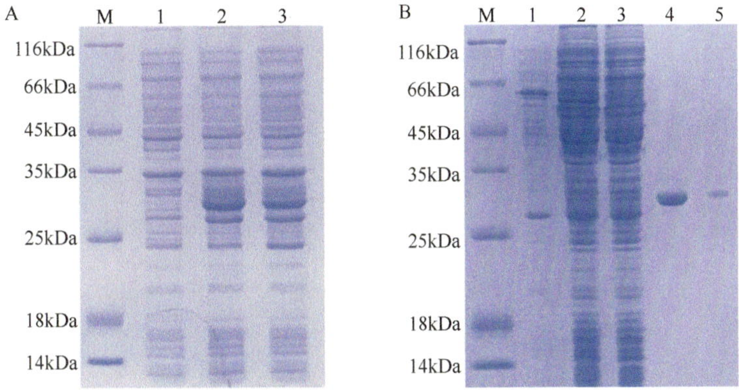

图 12-87　Pawb20-pGEX4T1 融合蛋白表达（A）和纯化检测（B）

（二）Pull-down-MS

HIS-Pull-down 检测结果显示，Pawb20-HIS 融合蛋白被成功地“拉”下来（图 12-88）。质谱结果发现，在 PF 样品中，Pawb20-GST 组共鉴定到 259 个蛋白质，对照组（GST）鉴定到 183 个蛋白质，通过比对发现 149 个蛋白质是 Pawb20 组特有的（附表 12-1）；在 PFI 样品中，Pawb20 组共鉴定到 164 个蛋白质，对照组鉴定到 523 个蛋白质，通过比对发现 55 个蛋白质是 Pawb20 组特有的（附表 12-2）。我们对 PF 特有的 149 个蛋白质和 PFI 特有的 55 个蛋白质取并集，共得到 204 个蛋白质可能是 Pawb20 的潜在互作蛋白。

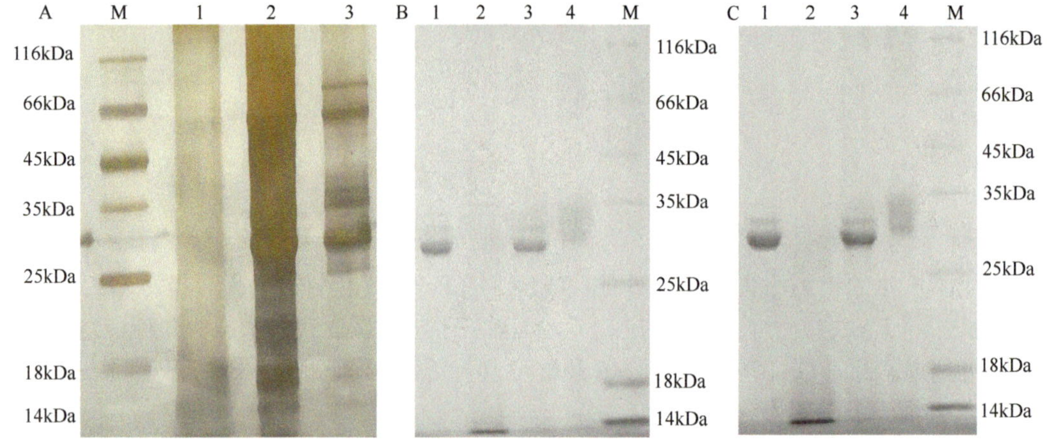

图 12-88 Pull-down 银染图（A）、PF（B）和 PFI（C）Pull-down 下拉样品 SDS-PAGE 电泳图

（三）Pawb20 毒性和自激活检测

Pawb20 自激活检测显示（图 12-89），阳性对照（pGADT7-largeT+pGBKT7-p53）、阴性对照（pGADT7-largeT+pGBKT7-laminC）和 pGADT7+pGBKT7-Pawb20 均在 SD/TL 缺陷培养基上正常生长，说明 pGBKT7-Pawb20 的表达对酵母细胞没有毒性，可以用于接下来的自激活验证。

从 pGADT7+pGBKT7-Pawb20 转化子中随机挑选 4 个菌落，点斑于 SD/TLHA 缺陷固体培养基上，发现其不能在 SD/TLHA+X-α-gal 缺陷平板生长，生长状态与阴性对照相同，而阳性对照可在 SD/TLHA+X-α-gal 缺陷平板生长且变蓝。结果说明 pGBKT7-Pawb20 不存在自激活，可以作为酵母诱饵蛋白，用于后续试验进行文库筛库。

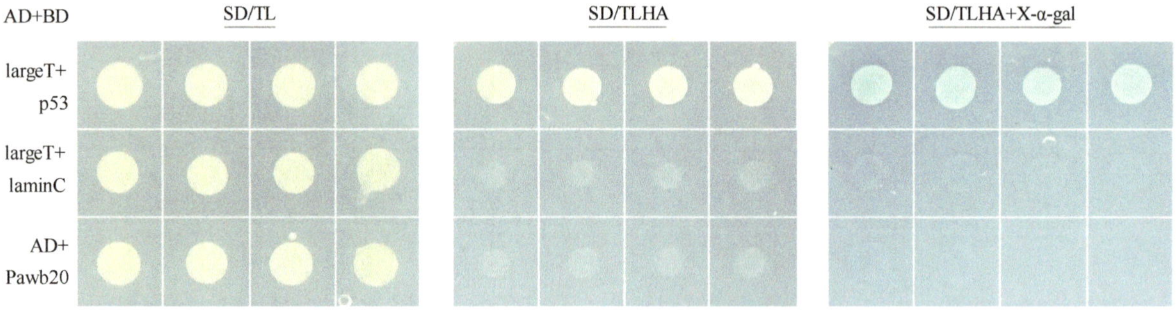

图 12-89 诱饵蛋白 pGBKT7-Pawb20 自激活检测

（四）cDNA 文库的筛选及阳性菌落的鉴定

为了探究 Pawb20 引起泡桐丛枝的分子机制，利用酵母筛选 Pawb20 在 PFI 中的潜在结合蛋白。以单转 Pawb20 为酵母感受态，筛选 PFI cDNA 酵母文库质粒，涂布到 SD/TL 培养基。同时，取 10 μL 菌液加到 90 μL 1×TE 后做 1∶10，1∶100 和 1∶1000 稀释，涂布到 SD/TL 固体培养基上，30 ℃倒置暗培养 3 天，统计其转化效率 9.7×10^6=平板上的克隆数×相应稀释倍数×10 000 μL（转化总体积）/100 μL（单个平板上涂的菌液体积）（图 12-90），结果表明，转化效率大于文库筛选的标准。挑取直径约 2mm 的单克隆，分别划线于 SD/TLHA+X-α-gal 培养基上（图 12-90A），筛选出变蓝的单菌落并提取质粒，PCR 扩增（图 12-91），测序，比对到泡桐基因组上，去除重复的基因后，共有 101 个潜在互作蛋白（附表 12-3）。将 Pull-down-MS 结果与 cDNA 文库的筛选结果取并集，共得到 305 个蛋白质可能与 Pawb20 存在潜在的互作关系（附表 12-1～附表 12-3）。

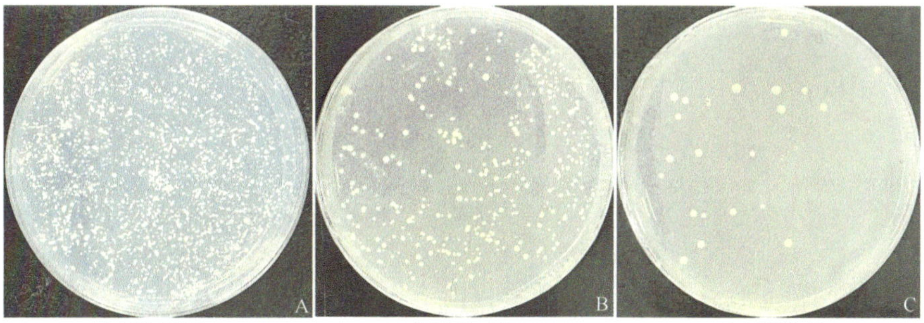

图 12-90　Pawb20 筛选文库的转化效率

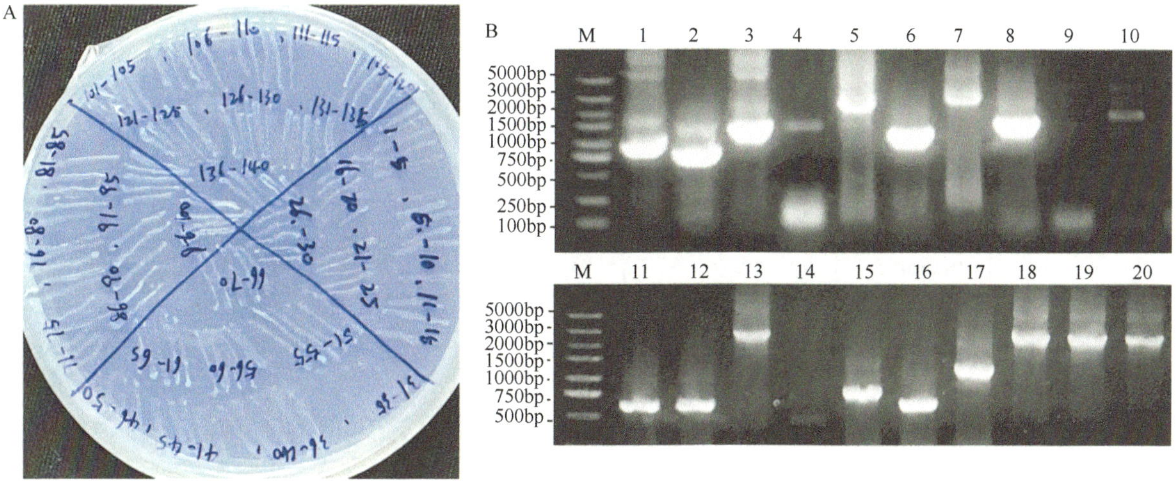

图 12-91　Pawb20 酵母双杂潜在互作蛋白 SD/TLHA+X-α-gal 筛选（A）和 PCR 验证（B）部分结果

（五）RNA 和 cDNA 质量检测

分别提取 PF 和 PFI 的总 RNA，并通过琼脂糖凝胶电泳检测 RNA 的质量。结果表明，PF 和 PFI 样品不拖带且条带清晰（图 12-91），其中包括最亮的 28S，18S 和亮度最弱 5S，说明 RNA 提取质量较好。将 PF 和 PFI 的 RNA 分别反转录为 cDNA 并检测，结果表明反转录后条带弥散（图 12-92），无明显主带，说明反转录完全，能够用于后续基因克隆实验。

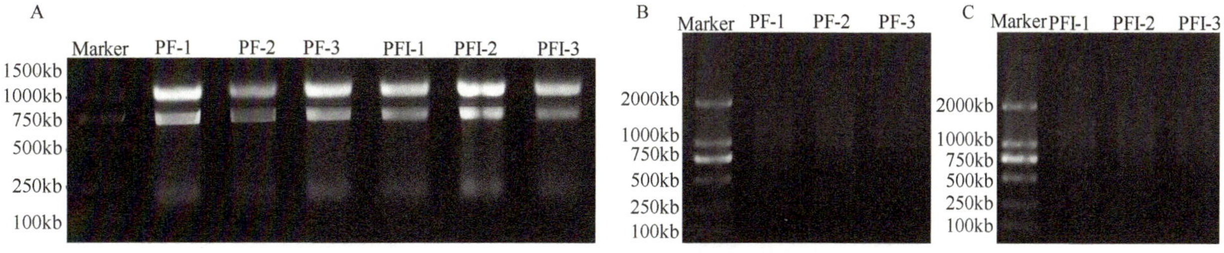

图 12-92　PF 和 PFI RNA（A）与 cDNA（B、C）电泳检测

（六）酵母双杂验证 Pawb20 与 PfSPL1 和 PfSPL10 互作

根据筛库结果发现 SPL 家族的成员 PfSPL1 和 PfSPL10，且 PfSPL10 在筛库结果中出现的频率最高，我们推测其与 Pawb20 可能存在互作关系。Yang 等（2023）通过分子对接分析出 *PfSPL1/4/5/9/10/11/13/23* 可能参与 PaWB 的发生。综合以上试验结果，分别克隆 *PfSPL1/4/5/9/10/11/13/23* 基因的全长 CDS 序列，并将它们分别连接到载体 pGADT7 上，以验证它们与 Pawb20 的互作关系。结果表明，同时含有 Pawb20 和 PfSPL1（或 PfSPL10）的转化子在 SD/TLHA+X-α-gal 培养基上可生长且颜色变蓝（图 12-93），说明

PfSPL1 和 PfSPL10 与 Pawb20 可能存在相互作用。

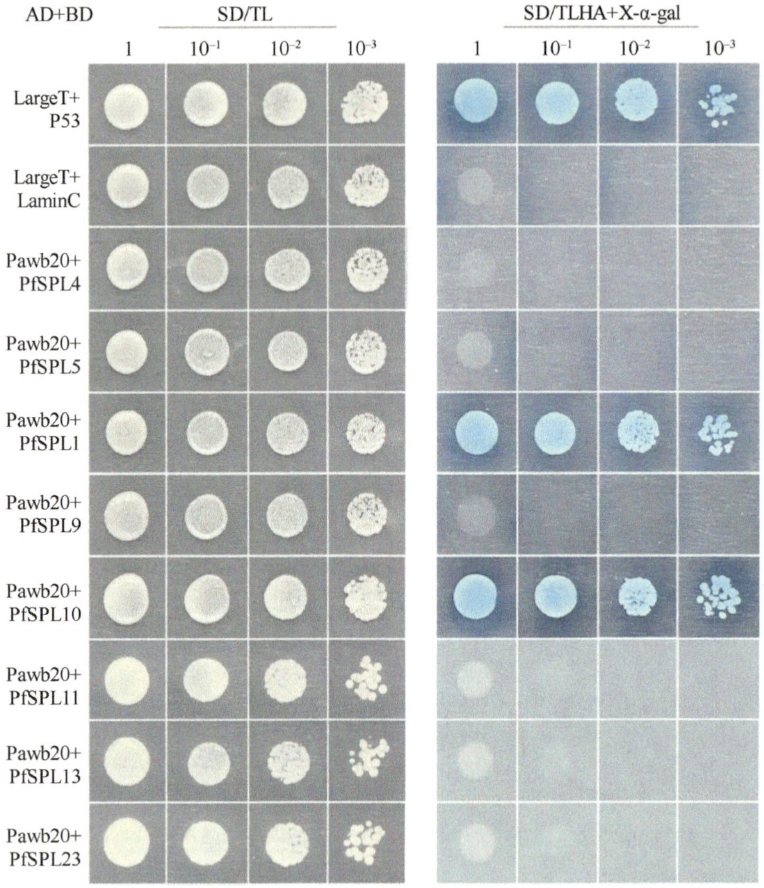

图 12-93　Y2H 点对点验证 Pawb20 与 PfSPL1 和 PfSPL10 相互作用

（七）体内和体外验证 Pawb20 与 PfSPL1 和 PfSPL10 互作

为了进一步验证 Pawb20 与 PfSPL1 和 PfSPL10 在植物体内相互作用，构建 PfSPL1-GFP-p1301S，PfSPL10-GFP-p1301S 和 Pawb20-GST-p1301S 进行体内 Co-IP 验证。Co-IP 结果发现，GFP（图 12-94A）和 GST（图 12-94B）抗体均证明 Pawb20 与 PfSPL1 在体内存在互作关系。同理，运用 GFP（图 12-94C）和 GST（图 12-94D）抗体均证明 Pawb20 与 PfSPL10 在体内存在互作关系。

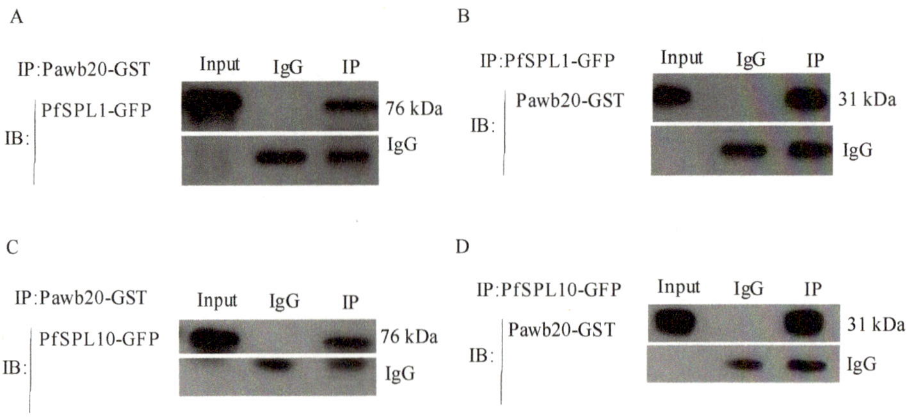

图 12-94　Co-IP 验证 Pawb20 分别与 PfSPL1 和 PfSPL10 相互作用

为进一步验证 Pawb20 与 PfSPL1 和 PfSPL10 在体外直接互作，构建 GST-Pawb20，HIS-PfSPL1 和 HIS-PfSPL10 进行体外 GST-Pull-down 验证。结果发现，HIS（图 12-95A）和 GST（图 12-95B）抗体均证明 Pawb20 与 PfSPL1 存在互作关系。同理，运用 HIS（图 12-95C）和 GST（图 12-95D）抗体均证明 Pawb20 与 PfSPL10 存在互作关系。

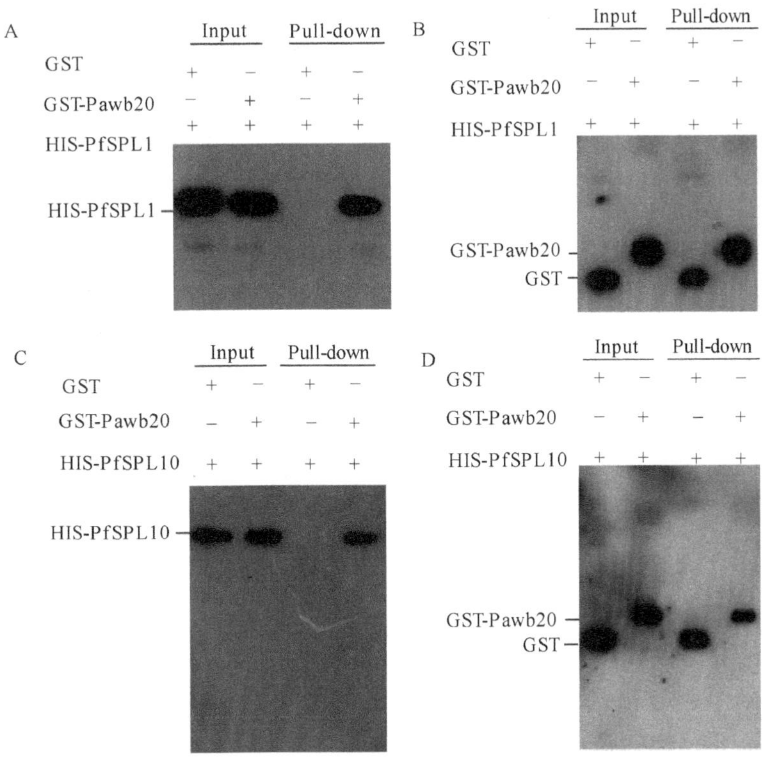

图 12-95　GST-Pull-down 分别检测 Pawb20 与 PfSPL1 和 PfSPL10 相互作用

综上可知，通过 Y2H、体内 Co-IP 和体外 GST-Pull-down 试验三种不同方法验证了 Pawb20 可分别与 PfSPL1 和 PfSPL10 存在互作。并且，同源比对发现，PfSPL10 与参与调控腋芽形成和分枝的拟南芥 SPL9 和大豆 GmSPL9d 的同源性很高（Sun et al.，2019）。因此，选择 PfSPL10 进行更为深入的研究。

（八）PfSPL10^{SBP} 是 Pawb20 与 PfSPL10 互作的关键结构域

为了探究 PfSPL10 与 Pawb20 互作的关键区域，分别将 PfSPL10 前 158 个氨基酸（PfSPL10$^{1\sim158}$），保守的 SBP 结构域（159～233 个氨基酸）（PfSPL10$^{159\sim233}$）和 C 端的 234～433 个氨基酸（PfSPL10$^{234\text{-}433}$）相对应的核苷酸序列克隆到酵母表达载体 pGADT7 上，构建了 3 个重组载体。将它们分别与 pGBKT7-Pawb20 共同转化至酵母 AH109 菌株，在 SD/TLHA+X-α-gal 培养基上观察生长和显色情况。结果发现，SBP 结构域是 Pawb20 与 PfSPL10 互作的关键区域，保守结构域两端氨基酸的缺失并不影响 Pawb20 与 PfSPL10 的互作（图 12-96）。

（九）Pawb20 与 PfDSK2b 互作关系验证

根据上述酵母双杂交筛库结果可知，PfDSK2b 与 Pawb20 可能存在潜在互作关系。泛素受体蛋白（dominant suppressor of KAR2b，DSK2b）作为穿梭蛋白，能够把泛素化底物转运至蛋白酶体进行降解，在植物生长发育、生物和非生物胁迫响应中发挥重要作用（Fu and Lin，2010；Zhang et al.，2021）。

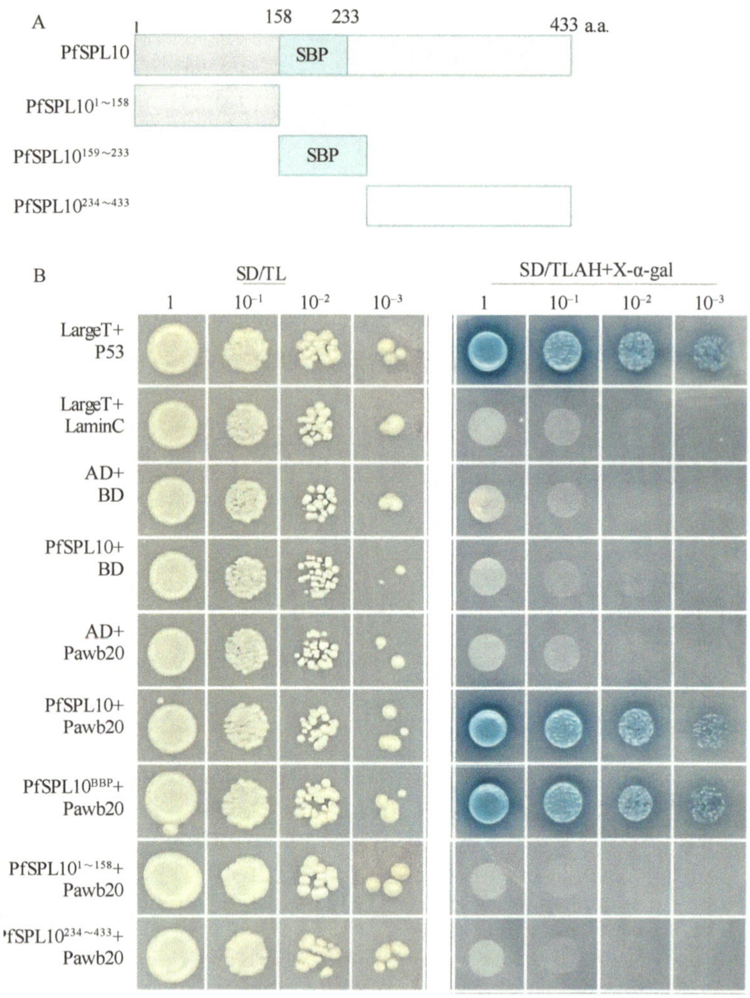

图 12-96　PfSPL10 结构示意图（A）和酵母双杂验证 Pawb20 与 PfSPL10 互作的关键区域筛选（B）

将 PfDSK2b 全长 CDS 序列克隆于 pGADT7 载体上，在酵母中以 Y2H 点对点方式验证其与 Pawb20 的互作关系。观察菌落生长情况可知，同时表达 Pawb20 与 PfDSK2b 的转化子在 SD/TLHA+X-α-gal 培养基上可正常生长且菌落颜色变为蓝色（图 12-97A），说明 PfDSK2b 与 Pawb20 可能存在相互作用。为了进一步验证 Pawb20 与 PfDSK2b 互作的真实性，又进行了体内 BiFC（图 12-97B）、体内 Co-IP（图 12-97C）和体外 GST-Pull-down（图 12-97D）试验，结果表明 PfDSK2b 与 Pawb20 在体内外均存在互作关系（图 12-97）。

（十）Pawb20 与 DSK2b 和 PfSPL10 形成异源多聚体

基于前期研究结果可知，Pawb20 分别与 PfDSK2b 和 PfSPL10 在体内外均互作，那么 DSK2b 与 PfSPL10 是否存在互作关系，通过 Y2H 试验发现 PfDSK2b 与 $PfSPL10^{236}$ 存在互作关系（图 12-98）。鉴于 Pawb20、PfDSK2b 和 PfSPL10 之间存在两两互作的关系，推测它们可以形成异源三聚体发挥功能。为了验证这一假设，首先用 PfDSK2b 对 PfSPL10 和 Pawb20 同时存在的体系进行体外 Pull-down 试验，结果表明，PfDSK2b 与 PfSPL10 和 Pawb20 有相互作用（图 12-99A）；然后，使用 PfSPL10 对 PfDSK2b 和 Pawb20 同时存在的体系进行 Pull-down 实验，同样可以证实 PfSPL10 与 PfDSK2b 和 Pawb20 之间存在互作关系（图 12-99B）。

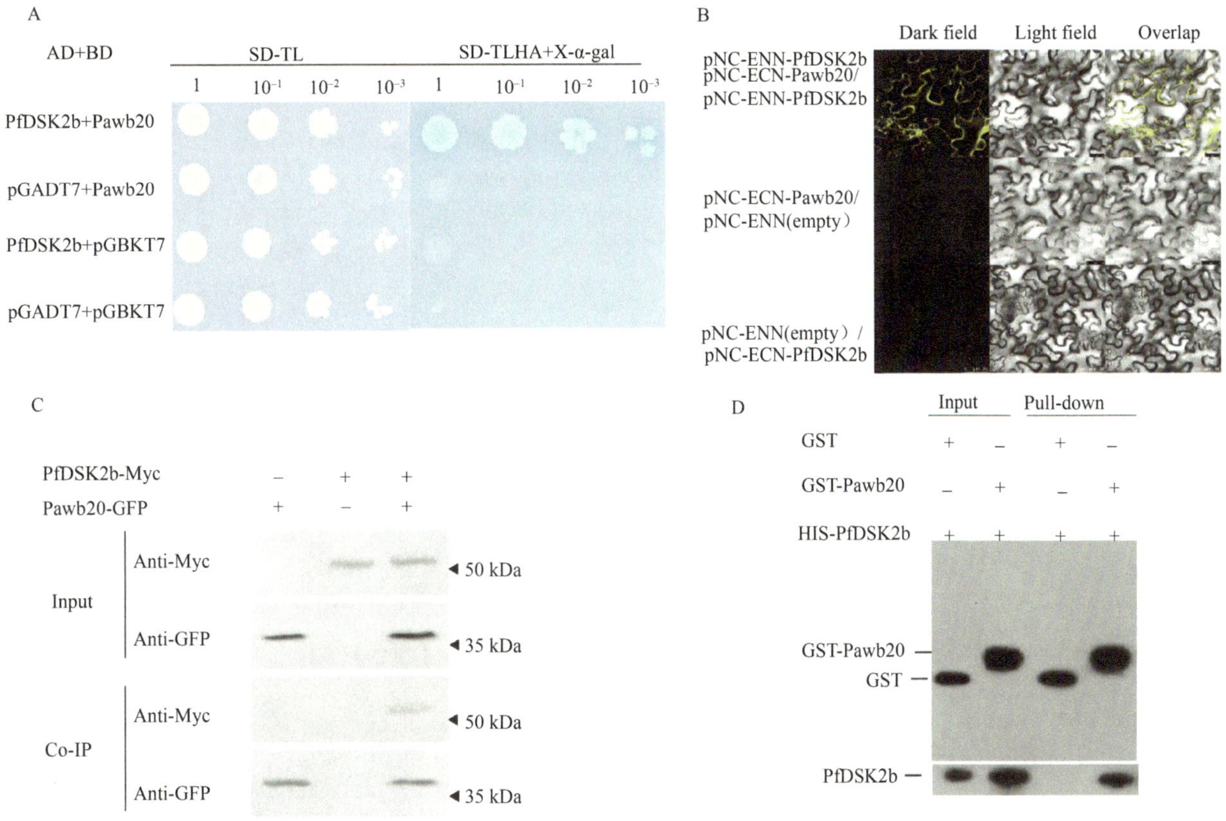

图 12-97　Y2H（A），BiFC（B），Co-IP（C）和 GST-Pull-down（D）分别检测 Pawb20 与 DSK2b 相互作用

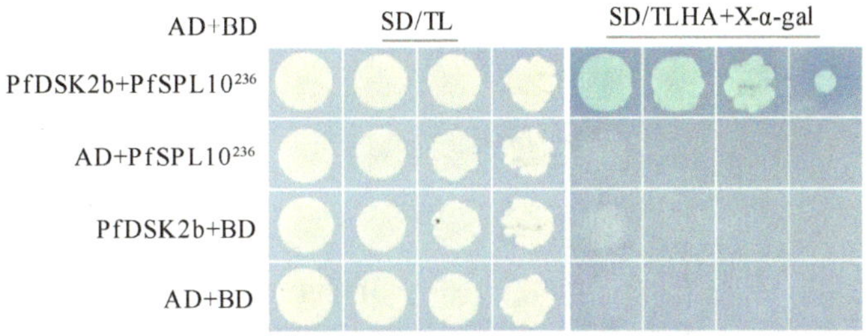

图 12-98　Y2H 验证 PfSPL10^{236} 和 PfDSK2b 相互作用

进一步验证 Pawb20、PfDSK2b 和 PfSPL10 三者的互作关系。首先采用 PfDSK2b Pull-down PfSPL10 和 Pawb20，结果表明，PfDSK2b 与 PfSPL10 和 Pawb20 有相互作用（图 12-99A）；反向 PfSPL10 Pull-down PfDSK2b 和 Pawb20，结果也证明，PfSPL10 与 PfDSK2b 和 Pawb20 之间存在互作关系（图 12-99B）。

同时表达了 3 个融合蛋白：PfDSK2b-GST、PfSPL10-GFP 和 Pawb20-3Xflag，利用它们进行 Co-IP 试验，验证三者之间存在的互作关系。分别采用对应的标签抗体进行免疫检测，PfDSK2b、PfSPL10 和 Pawb20 都能检测到阳性信号（图 12-100），这表明 PfDSK2b、PfSPL10 和 Pawb20 间存在互作关系。此外，为进一步挖掘 Pawb20 互作蛋白之间的关系，通过 Y2H 点对点试验和 BiFC 试验验证了 PfSPL1 和 PfSPL10 之间的互作关系。结果表明，PfSPL1 和 PfSPL10 之间存在互作关系（图 12-101）。

三、Pawb20 通过 26S 蛋白酶体降解途径影响 PfSPL10 的稳定性

通过氨基酸同源比对 PfSPL1、PfSPL10 和 AtSPL9，发现 PfSPL10 与 AtSPL9 的同源性最高，接下来在拟南芥中验证 *PfSPL10* 的功能。分别在拟南芥 *PfSPL10* 突变体（*spl9-2*）和突变体 *spl9-2* 中回补 *PfSPL10*

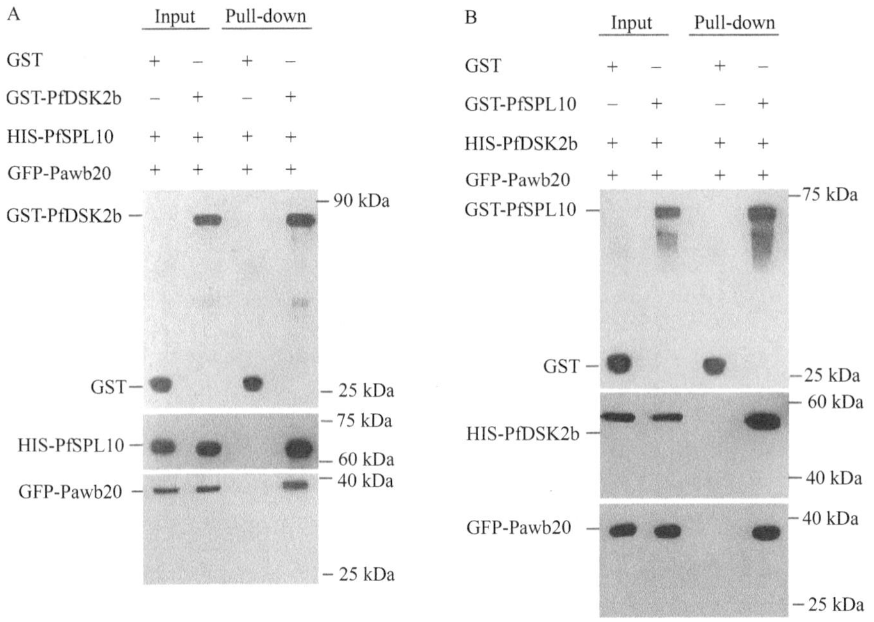

图 12-99　Pull-down 验证 PfDSK2b、PfSPL10 和 Pawb20 的相互作用

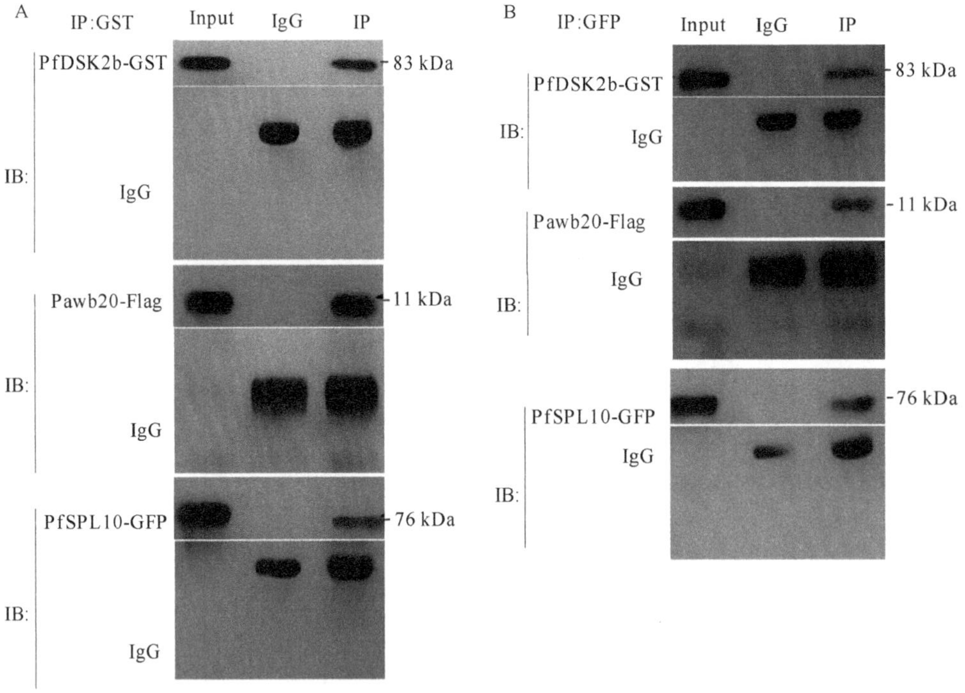

图 12-100　Co-IP 验证 PfDSK2b-GST、PfSPL10-GFP 和 Pawb20-Flag 相互作用

进行表型验证，确定 *PfSPL10* 的基因功能，并验证了 Pawb20 通过 26S 蛋白酶体途径影响 PfSPL10 蛋白的稳定性。

（一）*PfSPL10* 过表达抑制拟南芥分枝

根据前期研究可知，*AtSPL9* 转录因子在拟南芥丛枝中负调控腋芽生长（Schwarz et al.，2008；Sun et al.，2019）。基于前期比较拟南芥 AtSPL9 与 PfSPL1 和 PfSPL10 的氨基酸序列，发现 PfSPL10 与 AtSPL9 的氨基酸同源率最高（图 12-102）。因此我们选择 PfSPL10 继续研究效应子 Pawb20 在引起植物丛枝中的作用。

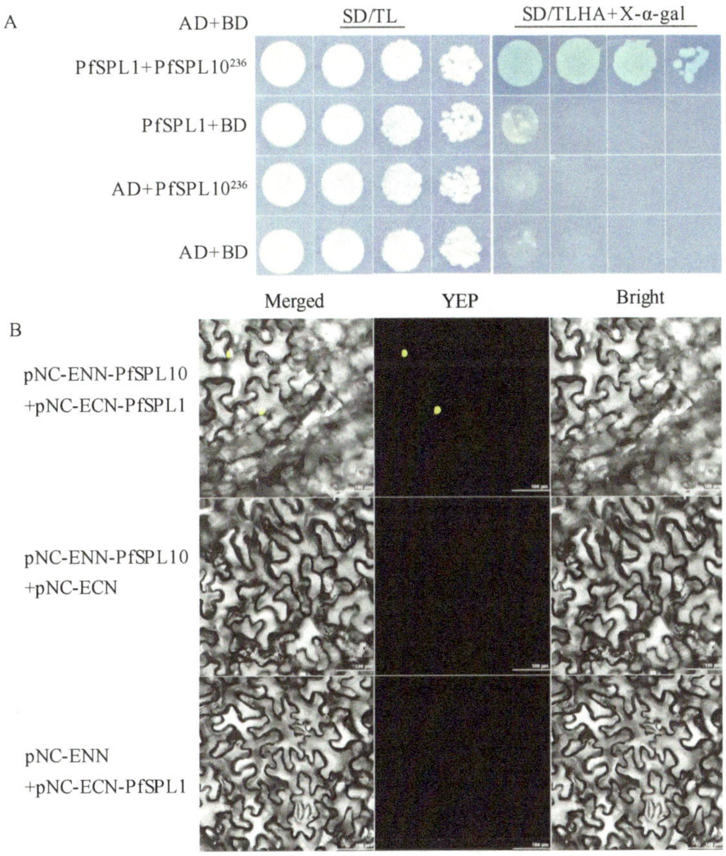

图 12-101　Y2H（A）和 BiFC（B）验证 PfSPL10236 与 PfSPL1 相互作用

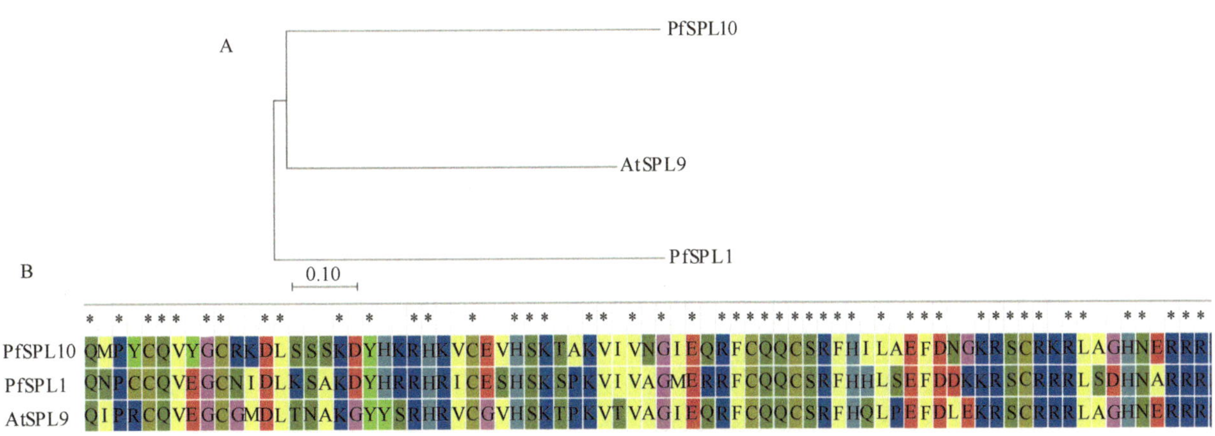

图 12-102　拟南芥中调控分枝的 AtSPL9 与 PfSPL1 和 PfSPL10 的进化分析（A）和序列比对（B）

为了验证 *PfSPL10* 的功能，在拟南芥 *PfSPL10* 突变体（*spl9-2*）和突变体 *spl9-2* 中回补 *PfSPL10* 进行表型验证。PCR 鉴定结果表明，在 500～750bp 有一条明显的目的条带，与菌液扩增出来的条带一致，表明质粒整合到泡桐基因组上（图 12-103）。*spl9-2* 植株与野生型植株（WT）相比，出现分枝增多和矮化表型，*spl9-2* 在 *PfSPL10* 回补后，表型与 *spl9-2* 相比分枝明显减少，回补了突变体 *spl9-2* 的部分分枝表型（图 12-104），这表明，*PfSPL10* 过表达抑制拟南芥分枝。

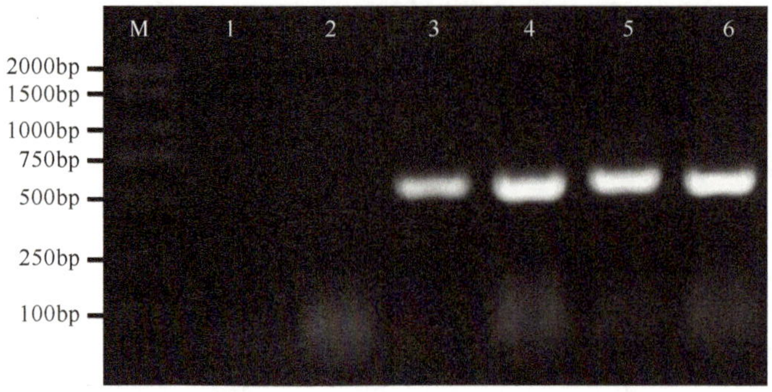

图 12-103　*35S*::*PfSPL10/spl9-2* 转化苗 PCR 鉴定

图 12-104　*PfSPL10* 过表达抑制拟南芥分枝

（二）泡桐丛枝植原体不影响 *PfSPL10* 基因表达量

前期研究表明，60mg/L 浓度的 MMS 可使丛枝植原体感染的白花泡桐幼苗分枝逐渐减少，直至恢复正常表型，且植株体内检测不到植原体（Zhai et al.，2010；王哲，2020）。为了探究 *PfSPLs* 基因，特别是 *PfSPL10*，在丛枝病发生过程中转录水平的变化情况，分析了 PF、PFI 和 MMS 处理患病幼苗的转录组数据。结果表明，白花泡桐无论患病与否、是否经试剂处理，包括 *PfSPL10* 在内的大部分基因，其表达量均无显著变化（图 12-105）。RT-qPCR 试验也证明 *PfSPL10* mRNA 丰度在病健苗样本中没有发生显著变化，与转录组结果一致。总而言之，从转录水平上看，从枝植原体侵染对 *PfSPL10* 的转录水平影响不

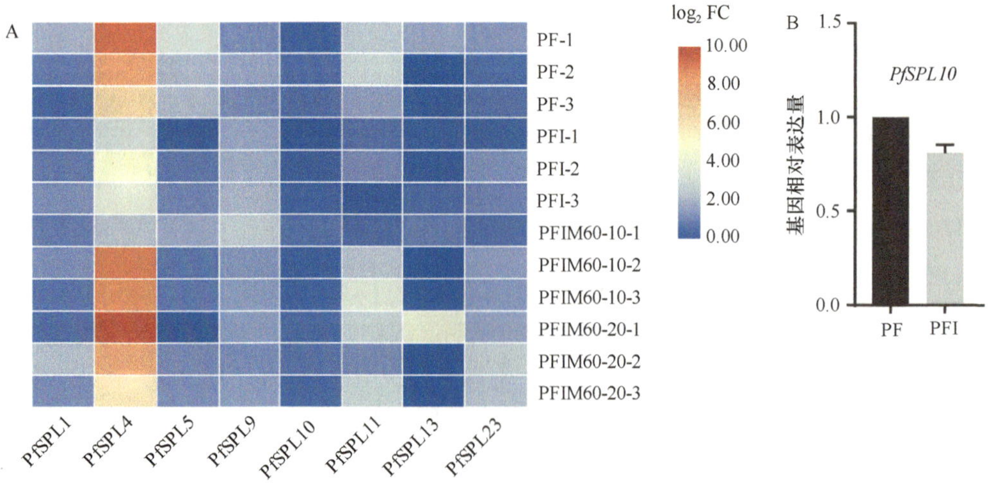

图 12-105　*PfSPLs* 的转录水平表达分析（A）和 RT-qPCR 验证 *PfSPL10* 相对表达量（B）

明显。RT-qPCR 进一步验证 *PfSPL10* 表达量在 PF 和 PFI 中变化不显著，与转录组结果一致。通过转录组和 RT-qPCR 结果表明，植原体侵染对 *PfSPL10* 转录水平的影响不显著。

（三）泡桐丛枝植原体影响 PfSPL10 蛋白的降解

为进一步分析植原体侵染是否影响 PfSPL10 的蛋白表达，通过 WB 检测白花泡桐病健苗中 PfSPL10 蛋白的丰度。由结果可知，患病幼苗中 PfSPL10 丰度显著降低；26S 蛋白酶体抑制剂环氧霉素（epoxomicin，E）处理后，PfSPL10 的表达增加（图 12-106），这说明丛枝植原体侵染影响了 PfSPL10 蛋白的稳定，且 PfSPL10 蛋白可能通过 26S 蛋白酶体途径被降解。

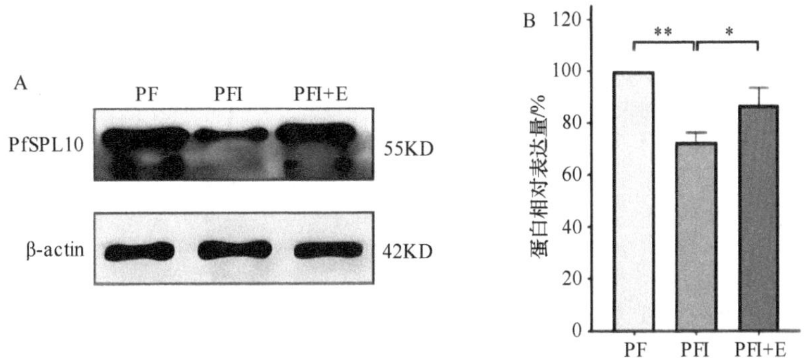

图 12-106　白花泡桐患丛枝病前后 PfSPL10 蛋白丰度（A）和 PfSPL10 蛋白相对表达量（B）

**表示 $P<0.01$；*表示 $P<0.05$；后同

（四）Pawb20 不影响 *PfSPL10* 的转录表达

为探究 Pawb20 是否直接影响 *PfSPL10* 的转录表达，将 PfSPL10-GFP 分别与 GFP 和 Pawb20-GFP 共注射于本氏烟叶片中。72h 后利用 RT-qPCR 检测 *PfSPL10* 的基因表达情况，结果表明，无论 Pawb20 是否存在，*PfSPL10* 的表达量差异都不显著（图 12-107），这意味着 Pawb20 对 PfSPL10 的影响不是在转录水平上实现的。

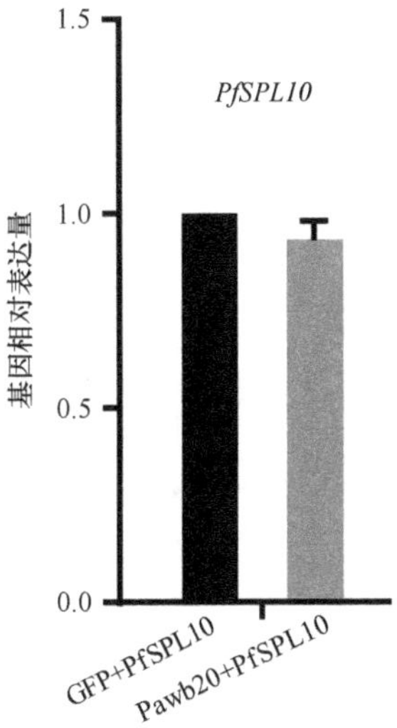

图 12-107　Pawb20 与 PfSPL10 共表达时 *PfSPL10* 表达量检测

（五）Pawb20 影响 PfSPL10 蛋白的降解

为探究 Pawb20 是否直接影响 PfSPL10 的表达量，将 PfSPL10-HIS 与 Pawb20-GFP 共表达 72h，再利

用 WB 检测 PfSPL10 的表达水平。由图 12-108 可知，Pawb20 存在时，PfSPL10 的表达水平显著降低，且环氧霉素（epoxomicin，E）处理后，PfSPL10 的丰度又明显增加，这表明 Pawb20 通过蛋白质降解途径来影响 PfSPL10 蛋白丰度。

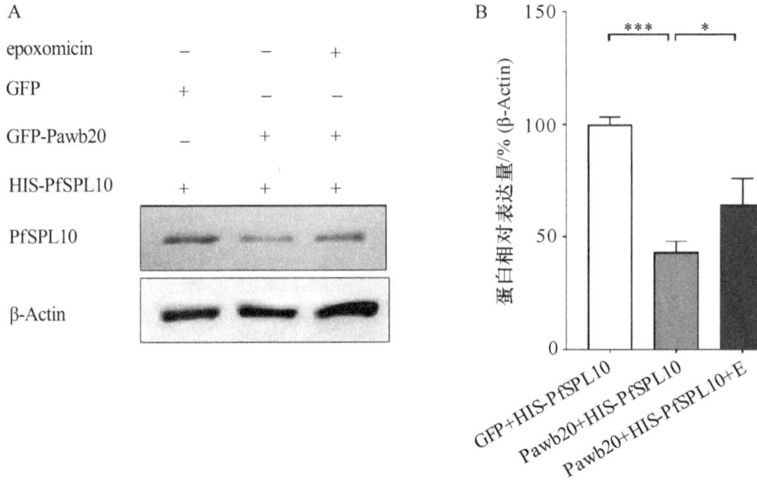

图 12-108　Pawb20 诱导 PfSPL10 蛋白的降解（A）和 PfSPL10 蛋白相对表达量（B）

（六）PfSPL10 发生泛素化并通过 26S 蛋白酶体途径降解

前期研究表明，泛素化参与植物丛枝病的形成（MacLean et al.，2014），本研究验证 PfSPL10 是否直接受泛素降解途径的调控。通过 PfSPL10 抗体检测 PfSPL10 的泛素水平在植原体感染后明显升高。在图 12-107 中 26S 蛋白酶体的抑制剂 epoxomicin 处理感染的幼苗后，PfSPL10 蛋白表达增加，再次证明 PfSPL10 发生的泛素化降解，导致 PfSPL10 蛋白失稳（图 12-109）。

在植物中，MG132 和环氧霉素是两种常用的 26S 蛋白酶体特异性抑制剂，通过对蛋白酶体活性的抑制可以抑制植物蛋白的降解（Üstün et al.，2013）。为验证 PfSPL10 蛋白的降解途径，分别采用 DMSO（对照），26S 蛋白酶体抑制剂环氧霉素（epoxomicin）和 MG132 处理 PF 和 PFI。结果表明 Pawb20 对 PfSPL10 的降解能够被 MG132 和 epoxomicin 明显抑制（图 12-110）。

为了验证 PfSPL10 蛋白的降解途径是否通过溶酶体系统，采用溶酶体抑制剂亮肽素（leupeptin）验证 PfSPL10 蛋白的降解。结果表明，leupeptin 不能抑制 PfSPL10 的蛋白降解（图 12-111）。综上可知，Pawb20

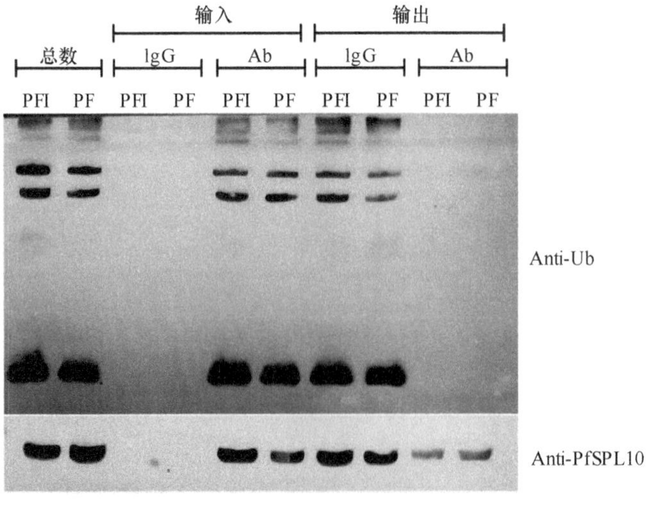

图 12-109　丛枝植原体感染幼苗中 PfSPL10 泛素水平检测

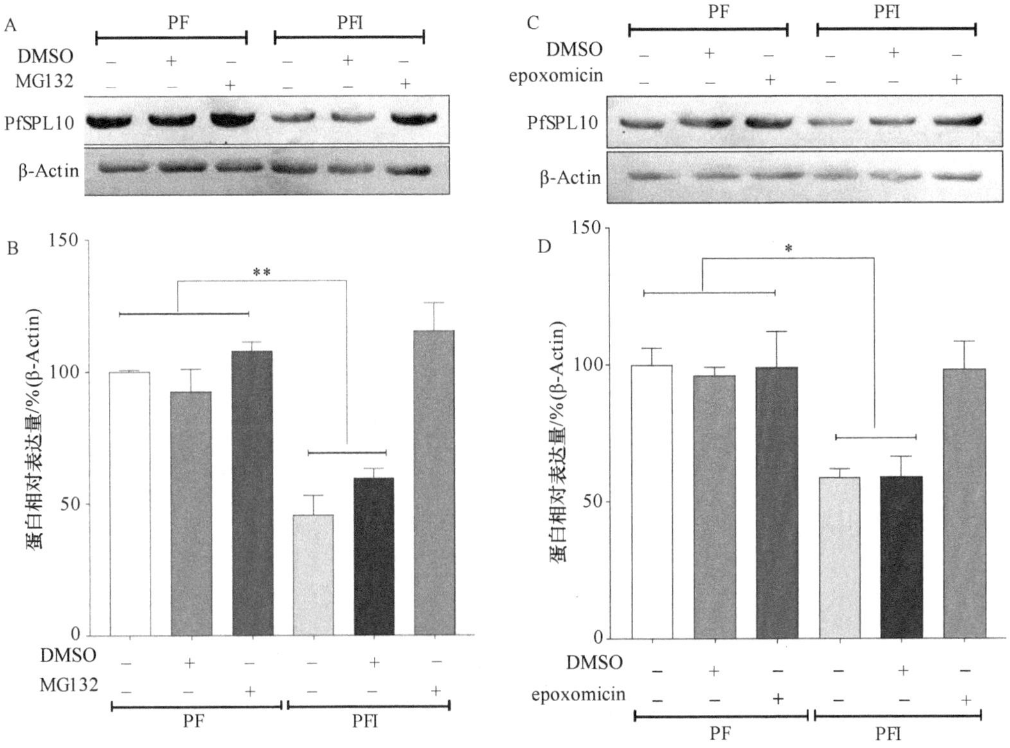

图 12-110　PfSPL10 蛋白降解被 MG132（A，B）和 epoxomicin（C，D）抑制

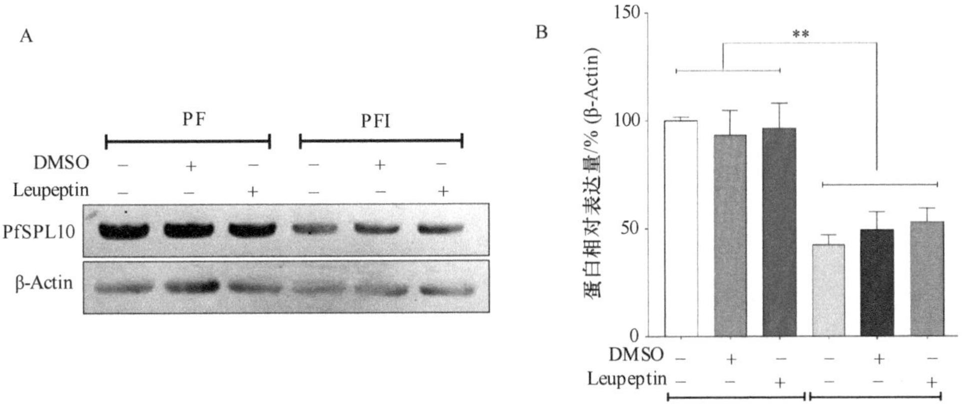

图 12-111　PfSPL10 降解不通过溶酶体途径

参与植物 26S 蛋白酶体途径促进靶标蛋白 PfSPL10 的降解，干扰其抑制腋芽生长的功能发挥，导致植物表现丛枝表型。

（七）PfSPL10 分别与 E3 连接酶 PfBTBa 和 26S 蛋白酶体亚基 PfRPT5 相互作用

1. 诱饵蛋白 PfSPL10 毒性和自激活检测

为进一步探究 PfSPL10 的具体降解过程，试验通过酵母双杂交技术筛选与其互作的 26S 蛋白酶体相关蛋白。由于 PfSPL10 在酵母中存在自激活现象，将其 CDS 序列截短（pGBKT7-PfSPL10^{433}、pGBKT7-PfSPL10^{333}、pGBKT7-PfSPL10^{285} 和 pGBKT7-PfSPL10^{236}）（图 12-112A）后分别与空载 pGADT7 共转至酵母 AH109 中，再进行自激活试验，结果表明，pGBKT7-PfSPL10^{285}，pGBKT7-PfSPL10^{333}，pGBKT7-PfSPL10^{433} 和 pGADT7 均在 SD/TL 和 SD/TLHA 缺陷培养基上生长，且在 SD/TLHA 缺陷培养基上变蓝，

说明 PfSPL10^{285}，PfSPL10^{333} 和 pGBKT7-PfSPL10^{433} 在 pGBKT7 载体上无毒性，均存在自激活现象（图 12-112）。

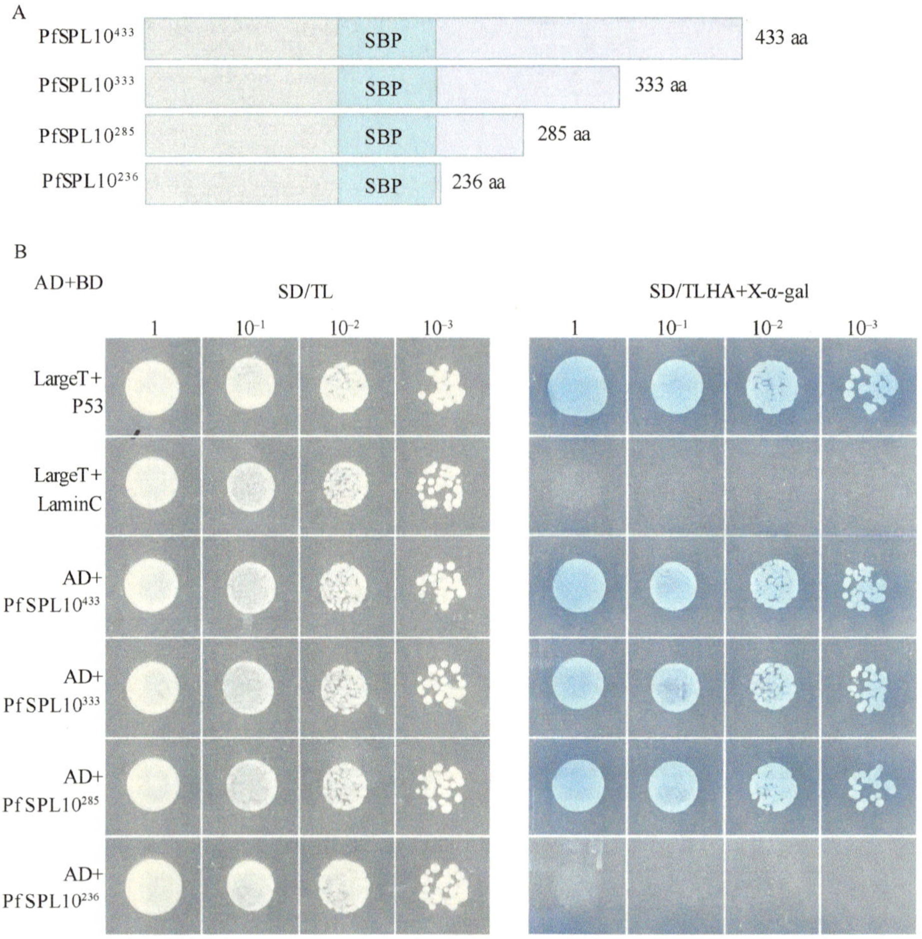

图 12-112　PfSPL10 的转录激活截短（A）和诱饵蛋白 pGBKT7-PfSPL10 毒性及自激活检测（B）

pGBKT7-PfSPL10^{236} 和 pGADT7 在 SD/TL 上正常生长，且在 SD/TLHA 不生长，说明当 PfSPL10 氨基酸长度在 1～236aa 时，pGBKT7-PfSPL10^{236} 无毒性且不存在自激活，所以选择 pGBKT7-PfSPL10^{236} 为诱饵蛋白，用于后续试验。

2. cDNA 文库的筛选及阳性菌落的鉴定

利用 pGBKT7-PfSPL10^{236} 为酵母诱饵蛋白，在 PFI 核 cDNA 文库中筛选 PfSPL10 的潜在结合蛋白。采用单转 PfSPL10^{236} 为酵母感受态，筛选 PFI 核 cDNA 酵母文库质粒，并涂布至 SD/TL 培养基。同时参照之前效应子 Pawb20 筛库方法，根据稀释倍数计算转化效率，由表 12-50 可知，转化效率均大于 1×10^{6}cfu/mL，符合文库筛选标准。30 ℃倒置暗培养 3 天，挑取直径约 2mm 的单克隆，分别划线于 SD/TLHA+X-α-gal 培养基上，筛选出变蓝的单菌落进行提质粒，PCR 扩增，测序，比对到泡桐基因组上，去除重复的基因后，共得到 31 个 PfSPL10 的潜在互作蛋白（表 12-51），其中包含 E3 连接酶 PfBTBa（Paulownia_LG10G000806）、26S 蛋白酶体亚基 PfRPT5（Paulownia_LG3G000516）、2 个 WOX 家族成员 WUSCHEL-related homeobox 1（Paulownia_LG7G000560）和 WUSCHEL-related homeobox 8（Paulownia_LG11G000374）。

表 12-50　PfSPL10 筛选丛枝植原体感染 cDNA 文库的转化效率

	稀释倍数					
	重复 I		重复 II		重复III	
	1∶100	1∶1000	1∶100	1∶1000	1∶100	1∶1000
单菌落数	156	25	135	12	248	32
转化体积	100×100μL	100×100 μL	102×100 μL	102×100 μL	105×100 μL	105×100 μL
总转化子	1.56×10^7	2.5×10^7	1.35×10^7	1.2×10^7	2.48×10^7	3.2×10^7
平均转化子	2.03×10^7		1.28×10^7		2.84×10^7	
转化效率	2.03×10^6cfu/mL		1.25×10^6cfu/mL		2.70×10^7cfu/mL	

表 12-51　PfSPL10 筛选 PFI cDNA 文库获得潜在互作蛋白

数目	基因 ID	Nr 注释
1	Paulownia_LG19G000456	ultraviolet-B receptor UVR8，transcript variant X1
2	Paulownia_CONTIG01580G000217	rhodanese-like domain-containing protein 10
3	Paulownia_LG4G000320	chloroplast stem-loop binding protein of 41kD
4	Paulownia_LG12G000513	DNA-directed RNA polymerase Ⅱ subunit 4-like
5	Paulownia_LG17G000024	*S*-adenosylmethionine synthase 2
6	Paulownia_LG3G000516	26S protease regulatory subunit 6A
7	Paulownia_LG0G001338	vitis vinifera actin-101
8	Paulownia_LG8G000298	chlorophyll a-b binding protein 21，chloroplastic
9	Paulownia_LG3G000158	glycine-rich RNA-binding protein
10	Paulownia_LG4G001254	zinc finger protein JACKDAW
11	Paulownia_LG17G000877	hypothetical protein-2
12	Paulownia_LG12G000730	zinc finger protein JACKDAW
13	Paulownia_LG4G001343	aquaporin TIP1
14	Paulownia_LG2G001456	uncharacterized protein At5g01610-like
15	Paulownia_LG0G000978	uncharacterized LOC105168923，transcript variant X1
16	Paulownia_LG2G000290	pathogenesis-related protein PR-1-like
17	Paulownia_LG11G000374	WUSCHEL-related homeobox 8
18	Paulownia_LG11G000602	ribulose bisphosphate carboxylase small chain
19	Paulownia_LG17G000876	cold and drought-regulated protein CORA-like
20	Paulownia_LG9G000722	hypothetical protein-1
21	Paulownia_LG16G000160	cytochrome b6-f complex iron-sulfur subunit 1
22	Paulownia_LG8G000487	auxin-repressed 12.5kDa protein
23	Paulownia_LG8G000421	protein CHUP1，chloroplastic
24	Paulownia_LG13G000179	photosystem I reaction center subunit Ⅵ
25	Paulownia_LG4G000149	60S ribosomal protein L18-2
26	Paulownia_LG7G000560	WUSCHEL-related homeobox 1
27	Paulownia_LG15G000655	cysteine proteinase 15A-like
28	Paulownia_LG1G000200	chlorophyll a-b binding protein
29	Paulownia_LG0G001760	NADH-ubiquinone oxidoreductase subunit 8-like
30	Paulownia_LG19G000180	erythranthe guttata clone MGBa-75A14
31	Paulownia_LG10G000806	BTB/POZ domain-containing protein

3. PfSPL10 与 PfBTBa 互作验证

根据上述筛库结果可知（表 12-51），PfSPL10 与 E3 连接酶 PfBTBa 可能存在潜在互作关系。克隆 PfBTBa 全长 CDS 于 pGADT7 载体上，Y2H 点对点验证了其与 pGBKT7-PfSPL10 的互作关系，结果表明，表达 PfSPL10 与 PfBTBa 的转化子在 SD/TLHA+X-α-gal 培养基上生长且颜色变蓝（图 12-113A），说明 PfSPL10 与 PfBTBa 可能存在互作关系。进一步体外验证 PfSPL10 与 PfBTBa 在体外互作的真实性，通过体外 GST-Pull-down（图 12-113B，C）验证 PfSPL10 与 PfBTBa 之间是否存在互作关系。结果表明，PfSPL10 与 PfBTBa 在 Y2H 和 GST-Pull-down 均存在互作关系（图 12-113B，C）。同理，通过体内 BiFC 验证 PfSPL10 与 PfBTBa 之间存在互作关系（图 12-113D）。结果表明，PfSPL10 与 PfBTBa 在 Y2H、GST-Pull-down 和 BiFC 均存在互作关系（图 12-113）。

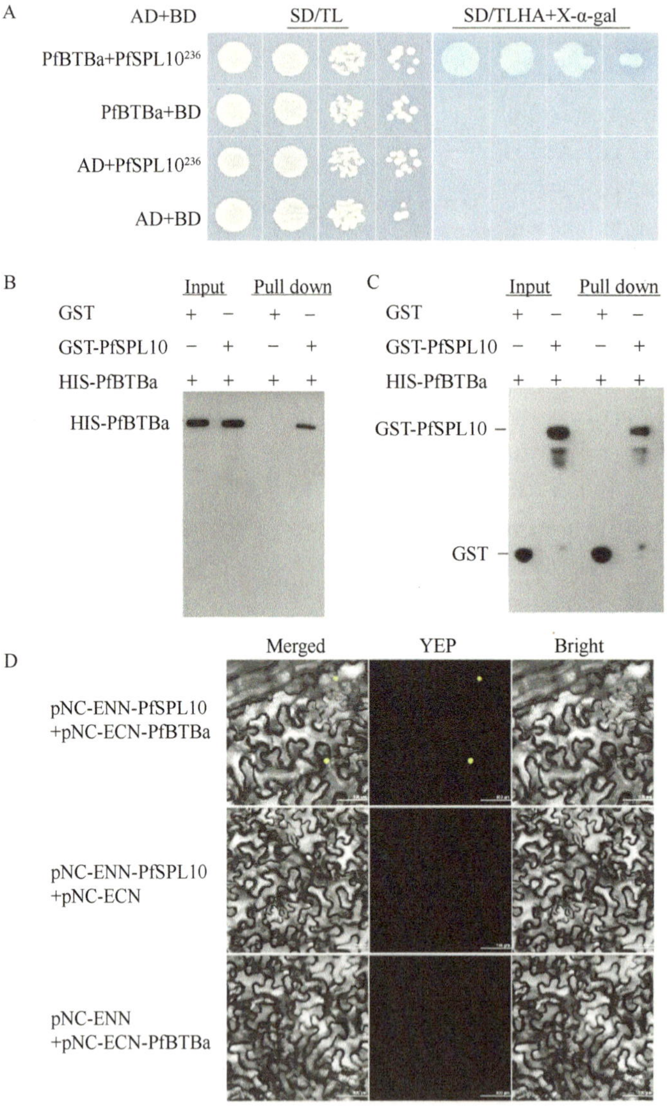

图 12-113 Y2H（A）、GST-Pull-down（B、C）和 BiFC（D）分别检测 PfSPL10 与 PfBTBa 相互作用

4. PfSPL10 与 PfRPT5 互作验证

同理，从表 12-49 结果可知，PfSPL10 和 26S 蛋白酶体亚基 PfRPT5 可能存在潜在互作关系。分别通过 Y2H 点对点、体外 GST-Pull-down 和体内 BiFC 存证明 PfSPL10 和 PfRPT5 存在互作关系（图 12-114）。

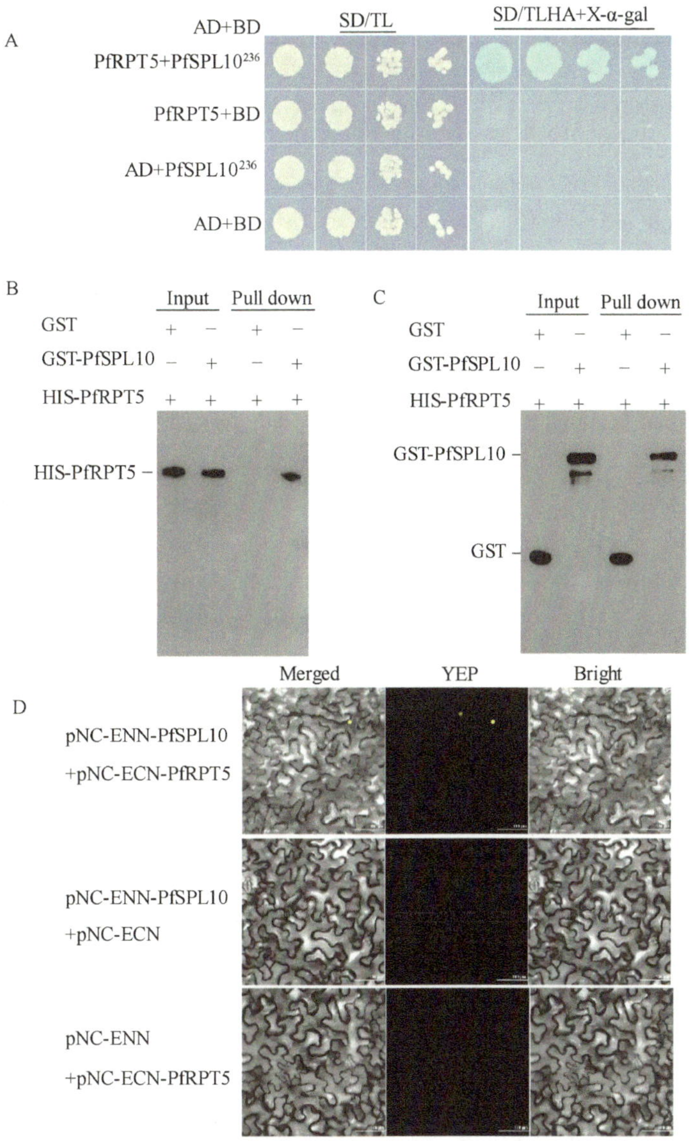

图 12-114　Y2H（A）、GST-Pull-down（B、C）和 BiFC（D）分别验证 PfSPL10 与 PfRPT5 相互作用

四、*PfWOX* 基因家族鉴定分析及 PfSPL10 与 PfWOX4 互作关系验证

（一）*PfWOX* 基因家族成员鉴定及特征分析

已经通过 GST-Pull-down 和 Y2H 试验证明了 PfSPL10 与 PfWOX4 存在相互作用。鉴于 *WOX* 基因家族成员在植物发育中是关键调控因子（Ji et al.，2010 ；Cheng et al.，2016），以白花泡桐基因组为基础对 *PfWOX* 家族成员进行系统分析。通过 BLAST 和 NCBI 数据库 CD-search，共鉴定到 21 个 *PfWOX* 基因家族成员（表 12-52），并根据它们在染色体上的位置命名为 *PfWOX1*～*PfWOX21*（图 12-115A）。21 个 *PfWOXs* 分布在 15 条染色体上；chr08、chr14 和 chr16 包含的基因数量最多（每个染色体上有 2 个）（图 12-115A）。序列分析表明 21 个 PfWOXs 所含氨基酸数量在 186～852 个，分子量在 21.64～33.33kDa，等电点在 5.12～9.71（表 12-52），主要定位在细胞核中，部分成员含有膜定位信号，表明 *PfWOXs* 作为转录因子调控下游靶基因在细胞核中的表达，其中一些可能在细胞质中发挥调控作用。

表 12-52 PfWOXs 蛋白的基本特征

基因名称	基因 ID	长度/bp	氨基酸	分子量	等电点	亚细胞定位	原子组成
PfWOX1	Paulownia_LG1G000884	762	253	27 811.81	5.65	Nucleus	C1222H1867N351O382S7
PfWOX2	Paulownia_LG4G001202	594	197	22 951.14	9.04	Nucleus	C1012H1575N293O295S12
PfWOX3	Paulownia_LG5G000525	714	237	26 641.68	9.20	Nucleus	C1166H1800N334O366S9
PfWOX4	Paulownia_LG7G000560	1002	333	38 005.00	9.01	Nucleus	C1656H2634N488O509S15
PfWOX5	Paulownia_LG6G000700	1098	365	40 648.82	5.40	Nucleus	C1740H2728N518O579S15
PfWOX6	Paulownia_LG6G001244	2535	844	92 441.79	6.33	Nucleus	C4056H6452N1146O1223S50
PfWOX7	Paulownia_LG8G000451	1140	379	41 829.77	6.37	Nucleus	C1845H2841N511O575S14
PfWOX8	Paulownia_LG9G000826	849	282	32 034.44	5.12	Nucleus	C1408H2141N391O448S10
PfWOX9	Paulownia_LG9G001186	888	295	33 595.19	6.37	Nucleus	C1479H2238N422O459S10
PfWOX10	Paulownia_LG10G001047	717	238	26 889.21	8.48	Nucleus	C1171H1829N343O362S12
PfWOX11	Paulownia_LG12G000762	561	186	21 642.74	9.05	Nucleus	C962H1494N278O273S10
PfWOX12	Paulownia_LG11G000374	789	262	29 549.14	6.01	Nucleus	C1869H2893N525O592S15
PfWOX13	Paulownia_LG13G000158	2550	849	93 015.30	6.06	Nucleus	C4075H6471N1151O1235S52
PfWOX14	Paulownia_TIG00016294G000008	1071	356	40 025.05	5.19	Nucleus	C1713H2667N509O570S16
PfWOX15	Paulownia_LG15G001091	729	242	27 291.80	9.33	Nucleus	C1199H1891N349O365S8
PfWOX16	Paulownia_LG16G001197	1161	386	42 670.59	6.41	Nucleus	C1671H2599N485O541S9
PfWOX17	Paulownia_LG16G001353	2559	852	33 335.76	5.90	Nucleus	C4100H6519N1153O1247S51
PfWOX18	Paulownia_LG14G000040	867	288	32 945.81	9.71	Nucleus	C1450H2312N426O422S15
PfWOX19	Paulownia_LG18G000226	2526	841	92 695.20	6.03	Nucleus	C4080H6479N1145O1222S49
PfWOX20	Paulownia_TIG00015986G000026	777	258	28 089.04	5.87	Nucleus	C1221H1874N362O386S9
PfWOX21	novel_model_1848_5afbe647	810	269	30 283.95	5.47	Nucleus	C1320H2066N372O420S13

（二）*PfWOXs* 系统发育分析

利用 PfWOXs 蛋白序列构建的系统发育树，在 21 个 PfWOXs 中鉴定出 9 对同源基因，即 PfWOX5/14、PfWOX4/8、PfWOX2/11、PfWOX10/15、PfWOX12/21、PfWOX6/7、PfWOX1/20、PfWOX6/13 和 PfWOX19/17（图 12-115B）。利用泡桐和拟南芥 WOX 蛋白序列构建的系统发育树显示 21 个 PfWOXs 被分为 5 亚群，聚类 3 支（古代支，中间支和现代支）（图 12-115B），这与之前研究中拟南芥 WOX 家族亚群的分类一致（Haecker et al.，2004），表明白花泡桐 WOX 家族是高度保守的。WOXs 在现代支中 PfWOXs 蛋白数量最多，有 11 个，在古代支中蛋白数量最少，只有 2 个，说明进化方向不同。PfWOXs 在各亚群中的分散分布表明，PfWOXs 基因的扩增发生在泡桐和拟南芥分化之前。

（三）*PfWOXs* 蛋白和基因结构分析

通过进行 PfWOXs 家族成员蛋白的 motif 分析（图 12-116D），发现同一进化分支的 PfWOXs motif 组成相似，不同进化分支的 PfWOXs motif 组成不同（图 12-116A，B）；motif 1 和 motif 2 在 21 个 PfWOXs 均存在，古代支和中间支所含 motif 较多（图 12-116D）。基于这种现象，推测 motif 组成的差异可能是 PfWOXs 功能分化的关键因素。

PfWOXs 基因结构分析表明，*PfWOXs* 结构相对简单，外显子数量范围为 2～18 个（图 12-116C），大部分有 3～4 个外显子；同一亚组的基因结构相似（图 12-116C）。基因结构分析表明，其具有相似外显子和内含子结构的基因在系统发育树中也具有较高的同源性，关系密切的基因在进化过程中具有相似的外显子和内含子结构。*PfWOXs* 基因家族不同成员的内含子和外显子的位置和数量不同，推测 *PfWOXs* 基因家族各个成员在进化过程中经历了强烈的分化。

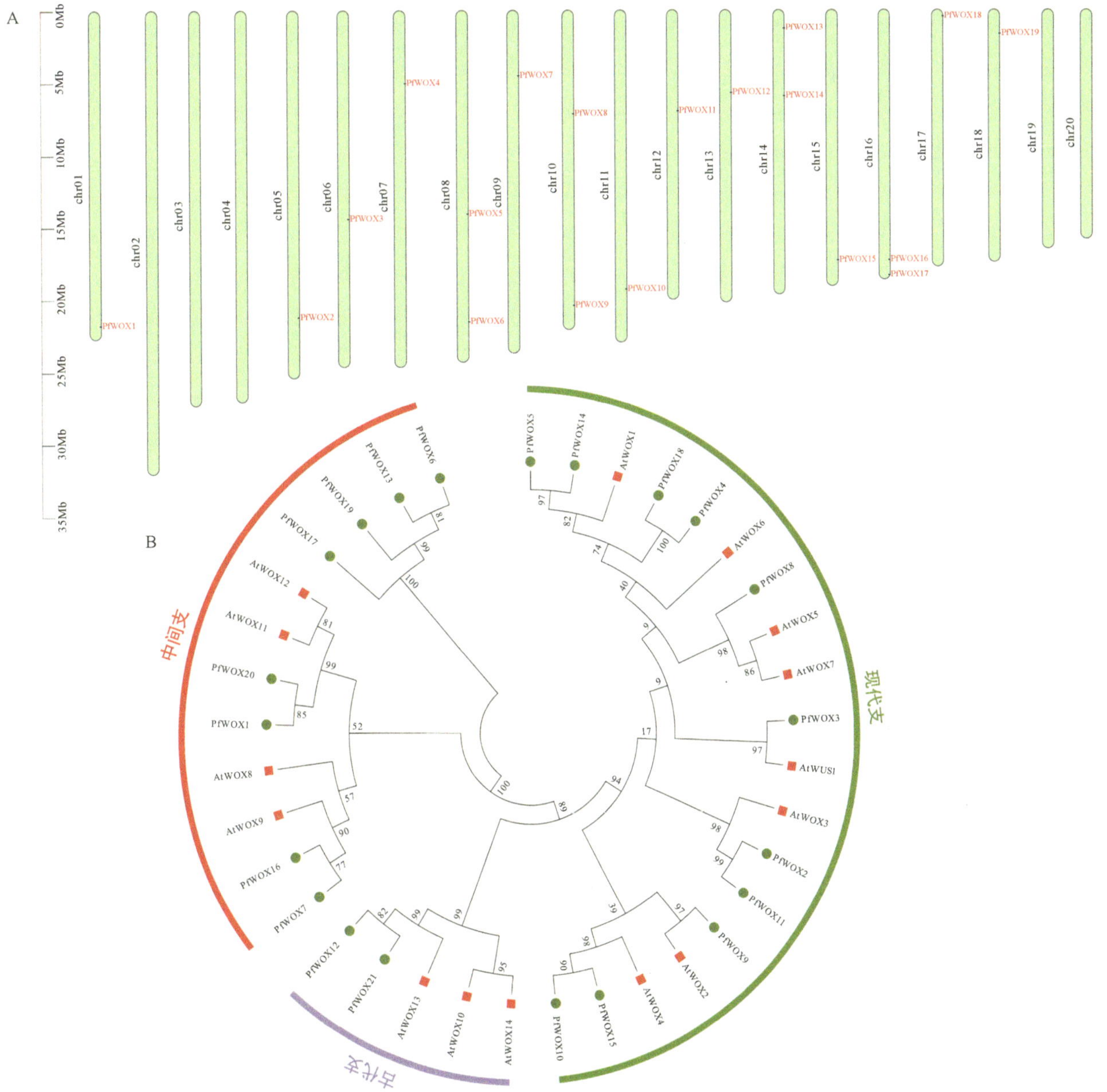

图 12-115 *PfWOXs* 家族成员的染色体定位（A）和拟南芥 *AtWOXs* 与 *PfWOXs* 基因家族的系统发育树（B）

（四）*PfWOXs* 共线性及选择压力特性分析

分析 PfWOXs 的同源进化关系结果表明，PfWOX5/14、PfWOX4/8、PfWOX2/11、PfWOX10/15、PfWOX12/21、PfWOX6/7、PfWOX1/20、PfWOX6/13 和 PfWOX19/17 具有同源性，分别在 chr01、chr05、chr8、chr9、chr10、chr11、chr13、chr14、chr15 和 chr16 上被检测，表明这 9 对 PfWOXs 可能有同源关系（图 12-117A）。共线性分析确定了 PfWOX2/11、PfWOX4/18、PfWOX5/14、PfWOX6/19、PfWOX7/17、PfWOX10/15 和 PfWOX10/15 的串联复制位点分别在 chr05、chr07、chr8、chr11、chr12、chr14、chr15、chr16、chr17 和 chr18 上（图 12-117A）。拟南芥和泡桐 WOXs 基因家族共鉴定出 12 对共线性基因，具有较高的同源性，共线性最高的基因对是在 chr12 上。一个 PfWOX 对应 2 个 AtWOXs 表明，在进化过程中，存在多个 PfWOXs 基因可能通过复制产生一个 PfWOX 基因（图 12-117B）。但没有发现 PfWOX6/13/17/19 与拟南芥 WOXs 相对应的基因，意味着新的基因是在进化后期产生的。由此可见，串联复制和片段复制

事件可能在 PfWOXs 基因家族的进化扩展中发挥了重要作用。

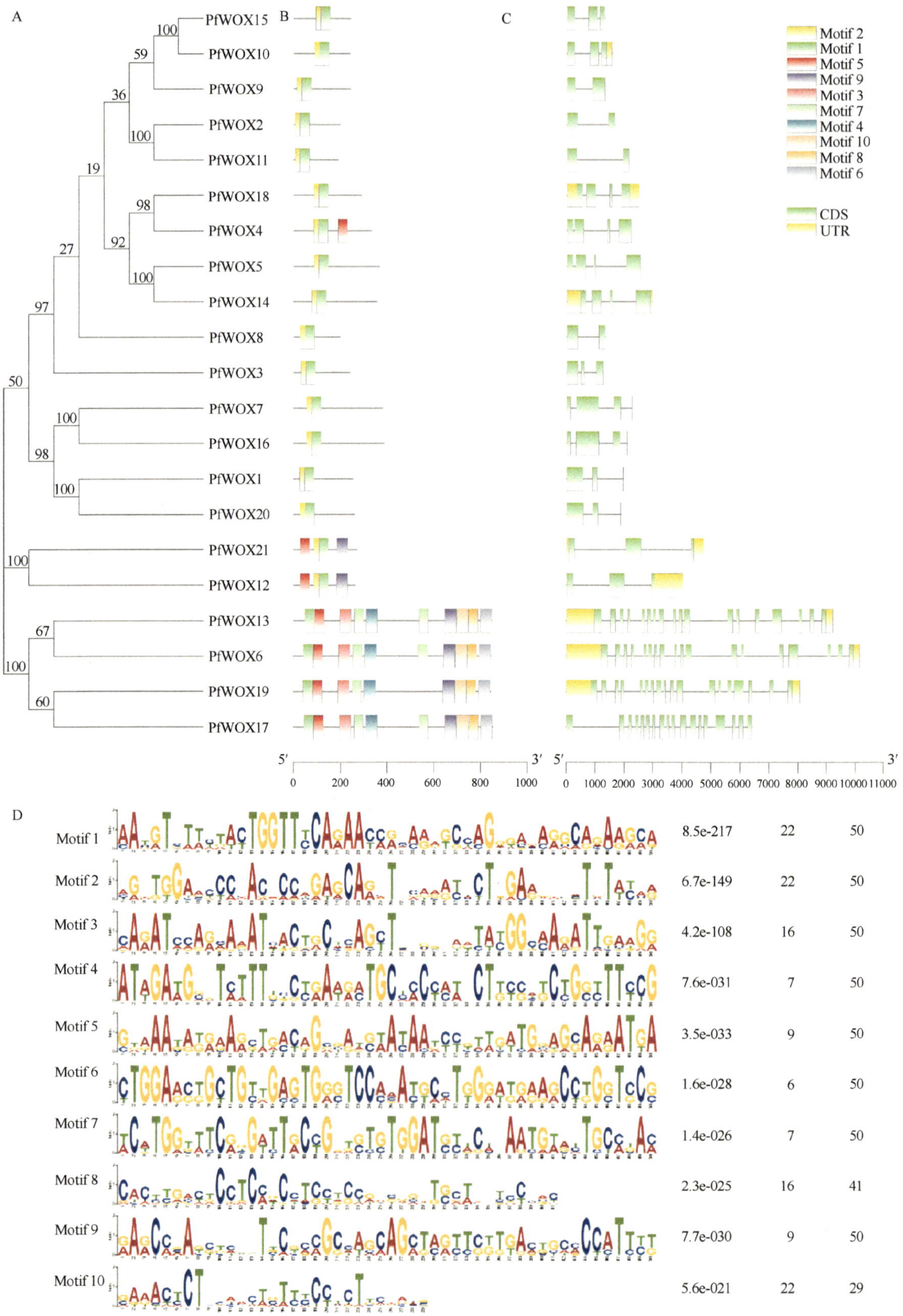

图 12-116 *PfWOXs* 基因家族的系统发育树（A）、motif 组成（B）、遗传结构分析（C）和保守基序预测（D）

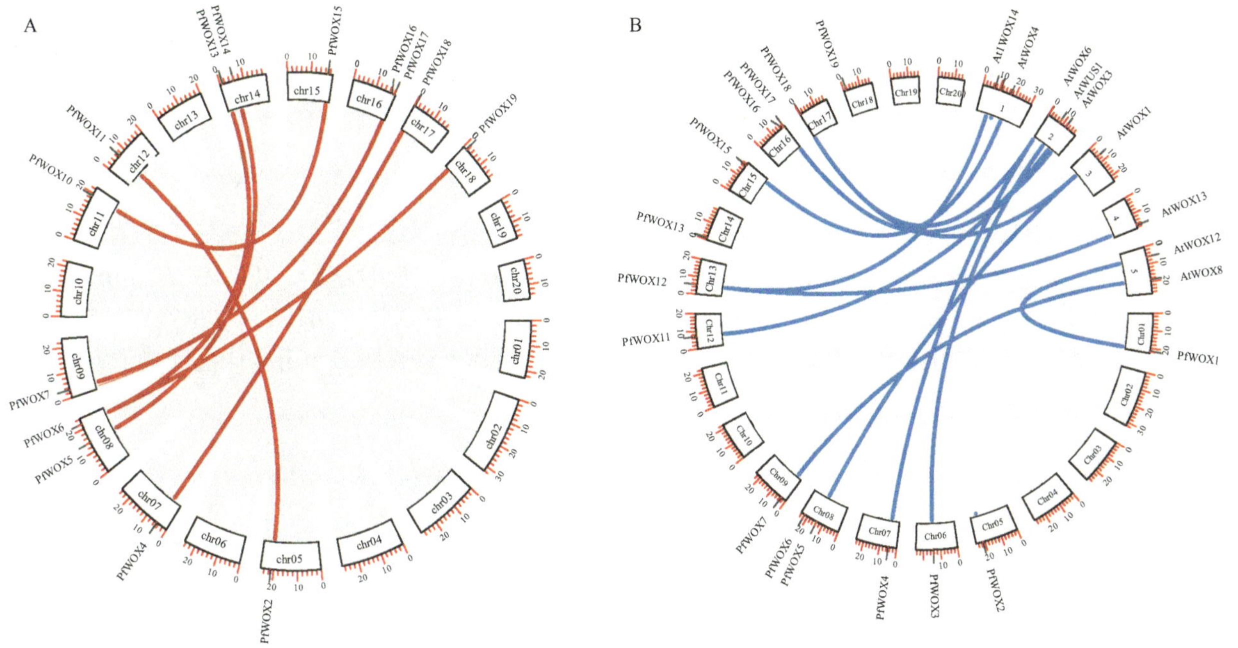

图 12-117　白花泡桐 *PfWOXs* 基因共线性分析（A）及白花泡桐和拟南芥 *PfWOXs* 基因共线性分析（B）

（五）PfWOXs 顺式元件分析

在 *PfWOXs* 基因启动子区发现了 24 种顺式作用元件（图 12-118），包括光响应元件、激素响应元件和应激响应元件。光响应元件在每个 *PfWOXs* 基因启动子区均有发现，且占据数量最多。激素

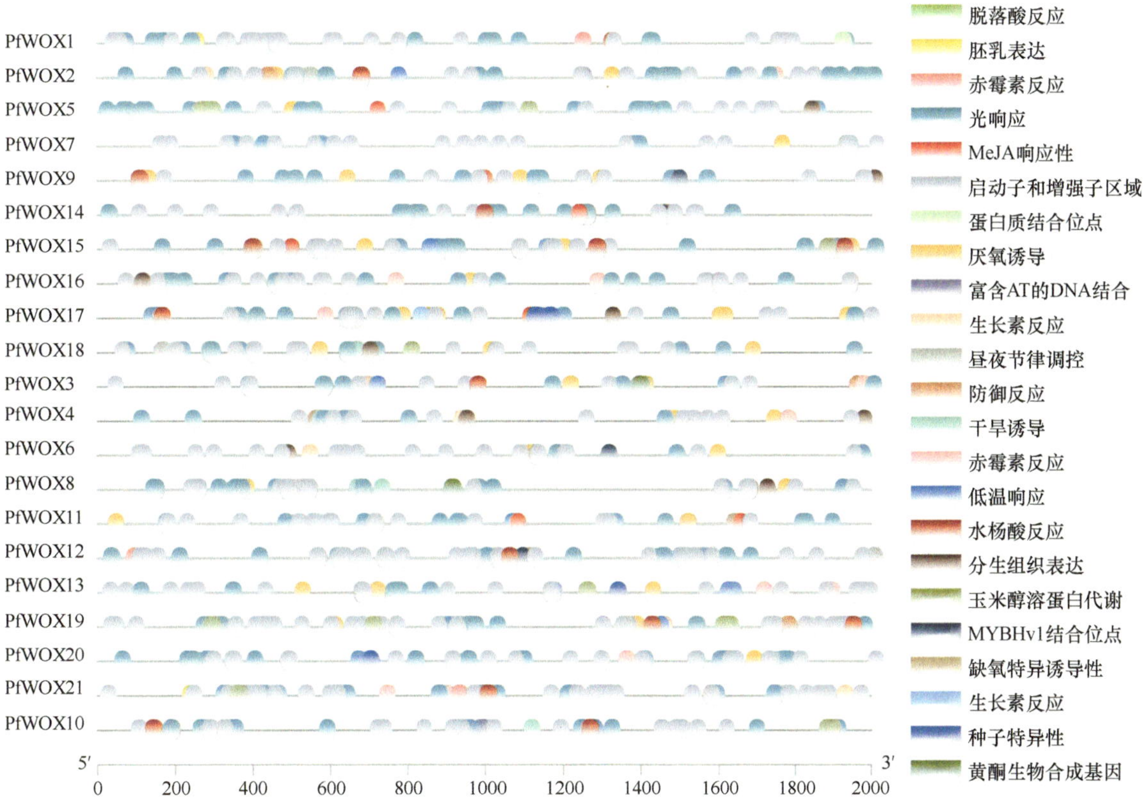

图 12-118　*PfWOXs* 基因启动子区域顺式调控元件分析

类元件包括水杨酸反应元件，茉莉酸甲酯（Methyl jasmonate，Me-JA）响应元件和 IAA 响应元件。少数 *PfWOXs* 基因启动子也含有特异的与昼夜节律调节、细胞周期调节、厌氧诱导、分生组织表达、非生物胁迫、防御启动子区域、胚乳相关的反应元件表达和与蛋白代谢、组织生长和发育相关的顺式元件。

（六）PfWOXs 基因响应植原体侵染分析

为了探索 *PfWOX* 基因家族在植原体侵染反应中的作用，利用转录组测序数据分析它们的表达情况，初步了解 *PfWOXs* 在 PaWB 发生中的作用。结果可知（图 12-119），*PfWOX10*、*PfWOX11*、*PfWOX4* 和 *PfWOX18* 在患病幼苗中表达量升高，而 *PfWOX6*、*PfWOX16*、PfWOX1、*PfWOX3*、*PfWOX7*、*PfWOX2* 和 *PfWOX8* 基因在患病幼苗中低表达。表明部分 *PfWOXs* 在表达上具有协同作用，这也反映了它们的功能冗余。

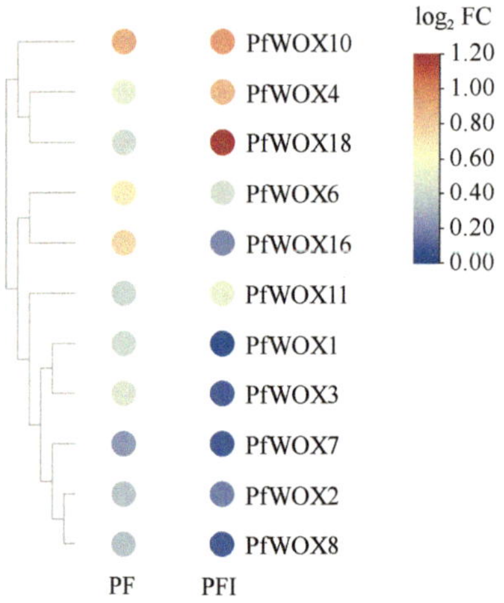

图 12-119　*PfWOXs* 基因对植原体感染的响应

（七）Y2H 点对点验证 PfSPL10 与 PfWOX4 间的互作关系

PfWOX4（Paulownia_LG7G000560）在 PfSPL10 互作蛋白筛选结果中出现的频率最高，推测其可能是 PfSPL10 的潜在互作蛋白。首先采用 Y2H 点对点验证 PfSPL10 与转录因子 PfWOX4 的互作关系。结果表明，PfSPL10 与 PfWOX4 转化子在 SD/TL 与 SD/TLHA+X-α-gal 缺陷平板生长且变蓝色，说明 PfSPL10 与 PfWOX4 可能存在互作（图 12-120），但是酵母双杂交技术存在假阳性的可能，PfSPL10 与 PfWOX4 蛋白互作关系还需要采用其他试验方法进行再次验证。

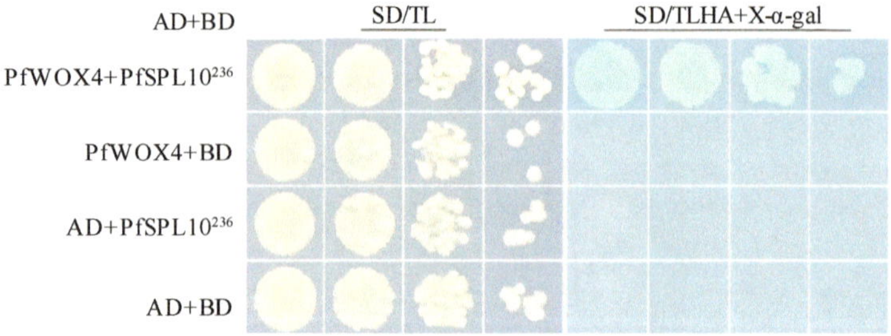

图 12-120　酵母双杂点对点验证 $PfSPL10^{236}$ 与 PfWOX4 的互作关系

（八）体外和体内验证 PfSPL10 与 PfWOX4 存在互作

为进一步在体外确认 PfSPL10 与 PfWOX4 互作的真实性，构建 GST-PfSPL10 和 HIS-PfWOX4 融合

蛋白，进行体外 GST-Pull-down 验证。HIS（图 12-121A）和 GST（图 12-121B）抗体的免疫印迹检测结果表明，PfSPL10 与 PfWOX4 存在互作关系。通过 BiFC 验证 PfSPL10 与 PfWOX4 在烟草体内存在互作（图 12-121C）。

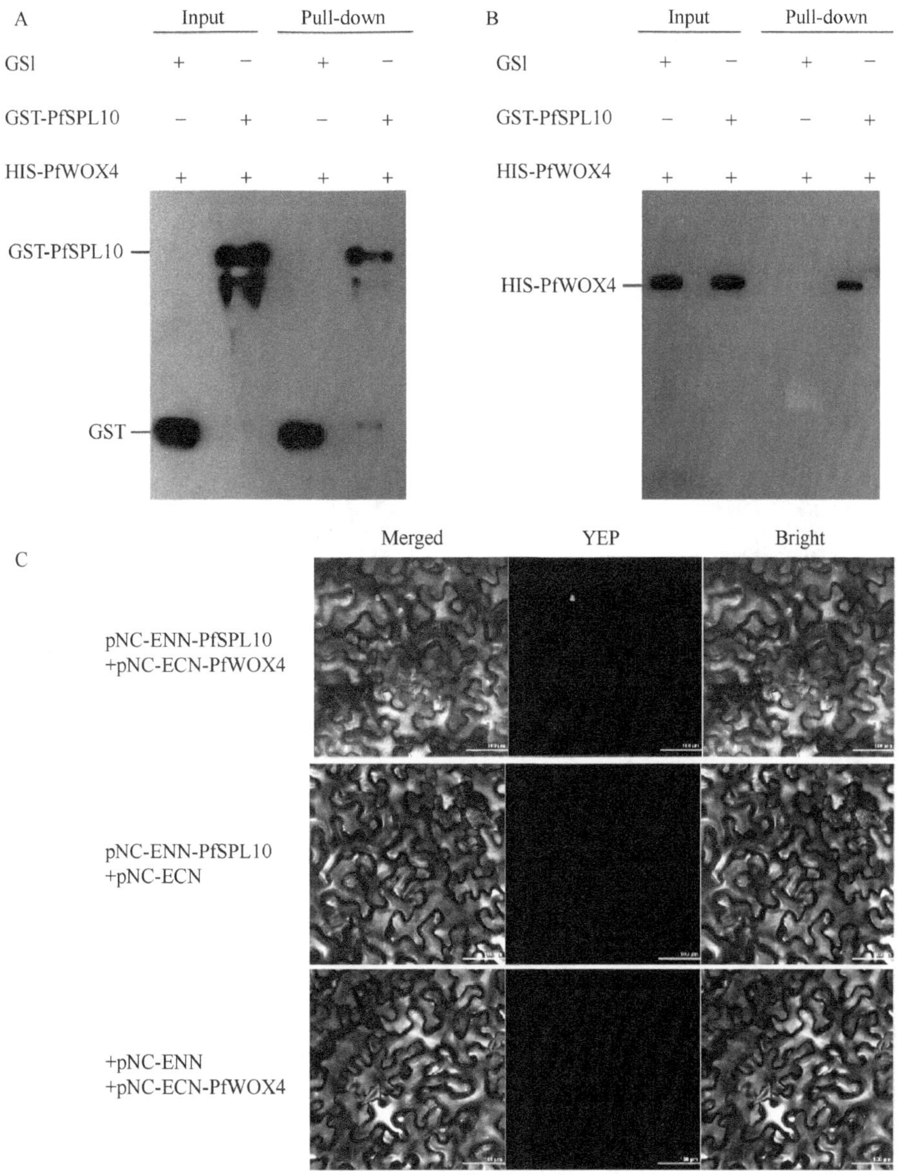

图 12-121　Pull-down（A、B）和 BiFC（C）检测 PfSPL10 与 PfWOX4 的相互作用

五、PfWOX4 影响生长素含量变化引起植物丛枝表型

（一）*PfWOX4* 引起拟南芥丛枝表型

为探究 *PfWOX4* 基因的功能，采用同源重组的方法将 *PfWOX4* 构建至载体 pBI121 上，采用农杆菌浸花法侵染拟南芥，并根据 Wang 等（2018b）方法筛选 T_3 代 *PfWOX4* 转基因纯合子，进一步采用 PCR 鉴定 *PfWOX4* 基因整合情况（图 12-122），筛选出阳性苗。观察 *35S*∷*PfWOX4* 株系表型，结果发现，与 WT 相比，*PfWOX4* 转基因株系表型在第 6 周时出现明显的丛枝表型（图 12-123）。

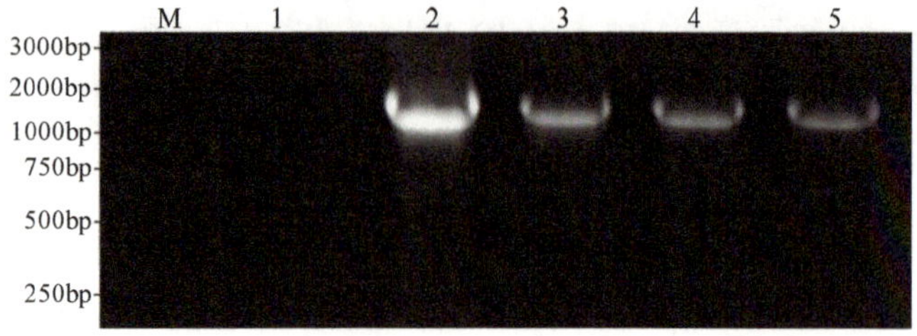

图 12-122　*PfWOX4* 过表达转化株系 PCR 鉴定

图 12-123　*PfWOX4* 过表达引起拟南芥出现丛枝表型

（二）PfSPL10 影响 PfWOX4 的蛋白质丰度

为了探究 PfSPL10 是否影响 PfWOX4 的蛋白表达，分别将 PfWOX4 与 PfSPL10 共表达于本氏烟叶片中，72h 后利用 WB 检测 *PfWOX4* 的基因表达情况，结果表明，发现 PfSPL10 存在时 PfWOX4 的蛋白丰度显著降低（图 12-124），这可能是因为 PfSPL10 抑制 *PfWOX4* 的转录导致的。

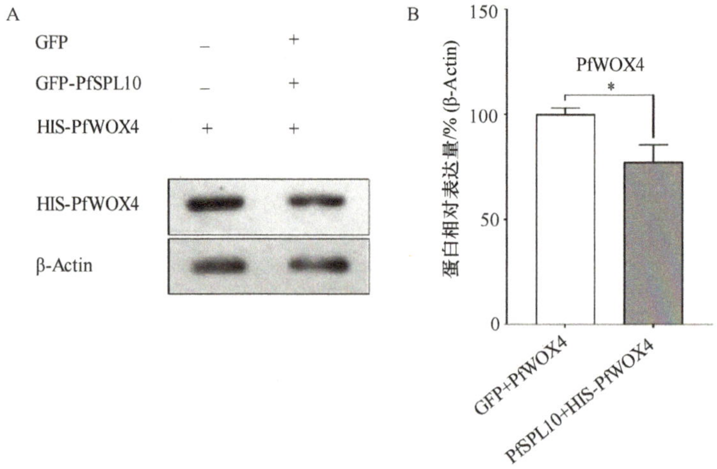

图 12-124　PfSPL10 影响 PfWOX4 的蛋白水平

（三）生长素含量与丛枝表型的关系分析

1. 植原体感染影响泡桐生长素含量

根据 PF 和 PFI 的形态变化与植原体对应关系，通过研究，测定了 PF 和 PFI 样品中的 IAA 含量。结果表明，IAA 含量在 PF 和 PFI 差异极显著，且在 PFI 中表达量降低，其中 IAA 含量差异极显著(图 12-125)。因此，后续采用 IAA 含量分析其与丛枝表型的关系。

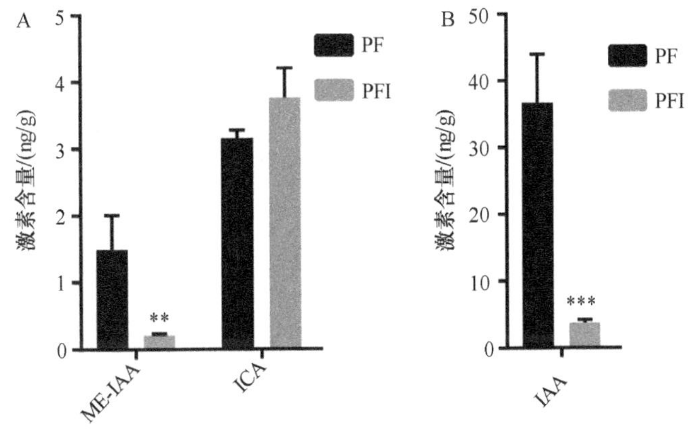

图 12-125　PF 和 PFI 样品中 IAA 含量

2. 转基因植株丛枝表型与生长素含量的关系分析

测定了 *spl9-2*、*35S∷PfSPL10/spl-2* 和 *35S∷PfWOX4* 拟南芥株系体内 IAA 含量。结果表明，对照 WT 体内的 IAA 含量最高，其次是 35S∷Pawb20、35S∷PfWOX4 和 35S∷PfSPL10/spl-2，突变体 spl9-2 体内的 IAA 含量最低（图 12-126），同时，根据 PF 和 PFI 样品中的 IAA 含量差异，发现 IAA 含量与植株的分枝趋势相反。

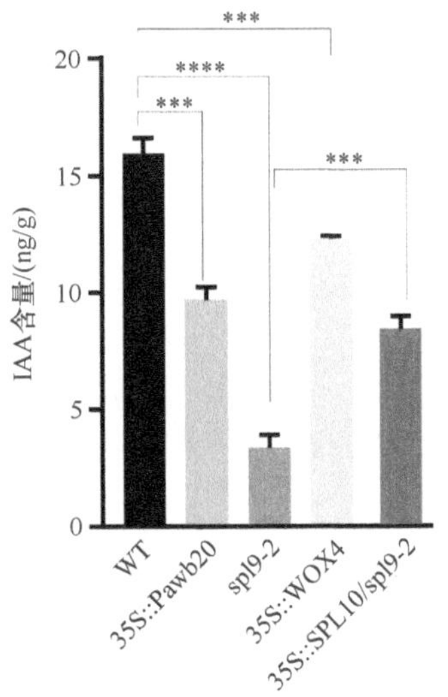

图 12-126　转基因株系生长素含量测定

（四）外源生长素处理抑制丛枝

采用 3mg/L NAA 处理丛枝植原体侵染的白花泡桐顶芽，30 天后植株腋芽消失，形态逐渐转变为健康苗状态（图 12-127）。这些结果进一步证明了 IAA 对植物分枝有抑制作用。

（五）Pawb20 引起泡桐丛枝的模型图

基于以上研究结果，绘制了关于丛枝植原体效应子 Pawb20 引起植物丛枝机理的分子机制模型

图 12-127　PFI（A，B）和 3mg/L NAA 处理抑制 PFI 丛枝症状（C～F）

图（图 12-128）。效应子 Pawb20 通过胞间连丝进入分生组织，与 PfSPL10 相互作用，促进 PfSPL10 的泛素化，并通过 26S 蛋白酶体系统降解，解除了 PfSPL10 对 *PfWOX4* 表达的抑制作用，从而引起植物体内 IAA 含量的变化，最终导致植物出现丛枝表型。初步阐明了 Pawb20 引起泡桐丛枝表型的机理，为 PaWB 发生机理研究奠定了基础，为抗病新品种培育和 PaWB 防治等提供理论基础和技术支撑。

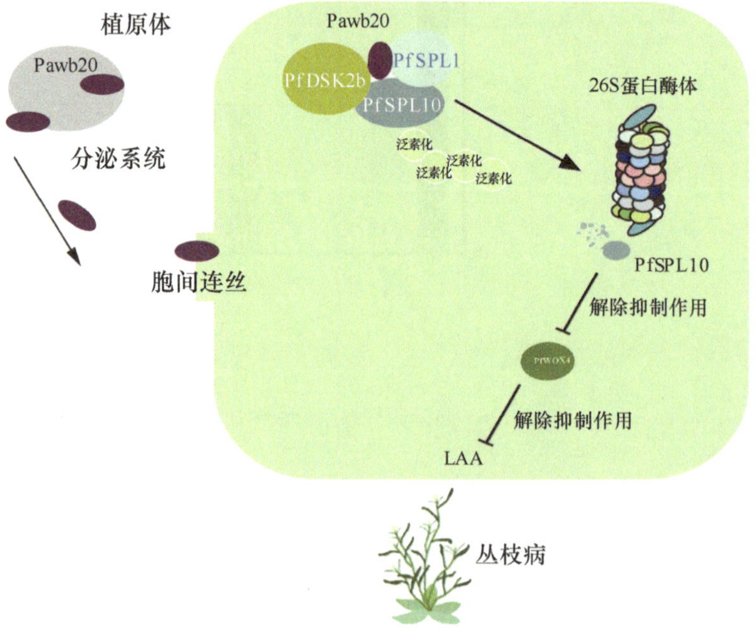

图 12-128　植原体效应子 Pawb20 引起植物泡桐丛枝的分子机制

通过鉴定丛枝植原体效应子 Pawb20 引起丛枝的致病性，并证明了 Pawb20 与靶蛋白 PfSPL10 相互作用，明确了 PfSPL10 泛素化并通过 26S 蛋白酶体系统降解，打破了植物体内原有的平衡，从而引起植物体内 IAA 含量的变化，最终导致植物出现丛枝表型，首次阐明了 Pawb20 引起泡桐丛枝表型的分子机制。但目前该研究还有待完善，如转录因子 PfWOX4 是如何引起 IAA 含量的变化，还需要进一步研究。

参 考 文 献

安凤秋, 吴云锋, 孙秀芹, 等. 2006. 小麦蓝矮病植原体延伸因子(*EF-Tu*)基因序列的同源性分析. 中国农业科学, 39(1): 74-80.

陈耀, 陈作义, 沈菊英, 等. 1991. 新疆苜蓿丛枝病病原研究. 植物病理学报, 21(3): 34.

范国强. 2022. 桐丛枝病发生的表观遗传学. 北京: 中国科学出版社.

冯爽爽, 罗嘉翼, 朱曦鉴, 等, 2020. 二倍体马铃薯 *StBRC1a* 功能缺失突变体的获得及其功能分析. 园艺学报, 47(1): 63-72.

冯雅岚, 熊瑛, 张均, 等. 2018. TCP 转录因子在植物发育和生物胁迫响应中的作用. 植物生理学报, 54(5): 709-717.

耿显胜. 2013. 泡桐丛枝植原体质粒基因 pPaWBNy-1-ORF5 和 pPaWBNy-2-ORF4 的功能分析.中国林业科学研究院博士学位论文.

金开璇, 孙福生, 陈慕容, 等.1995. 槟榔黄化病的病原的研究初报. 林业科学, 31(6): 556-558,560.

雷凯健, 刘浩. 2016. 植物调控枢纽 miR156 及其靶基因 SPL 家族研究进展. 生命的化学, 36(1): 13-20.

雷启义, 董志, 周江菊, 等. 2008. 泡桐丛枝病的分子生物学研究进展. 安徽农业科学, (22): 9609-9610, 9632.

李成儒, 董钠, 李笑平, 等. 2020. 兰科植物花发育调控 MADS-box 基因家族研究进展. 园艺学报, 47(10): 2047-2046.

李继东, 陈鹏, 倪静, 等. 2019. 植原体致病分子机理研究进展. 园艺学报, 46(9): 1691-1700.

李章宝. 1992. 我国桑树萎缩病的研究概况. 湖南农业科学, (6): 42-43.

刘海芳. 2021. 泡桐与丛枝植原体互作特异基因表达变化研究. 河南农业大学博士学位论文.

刘妍, 孟志刚, 孙国清, 等. 2016. 陆地棉 GhPYR1 基因的克隆和功能分析. 生物技术通报, 32(2): 90-99.

刘炎霖, 陈钰辉, 刘富中, 等. 2015. 水茄泛素结合酶 E2 基因 StUBCc 的克隆及黄萎病菌诱导表达分析. 园艺学报, 42(6): 1185-1194.

穆雪, 赵洋, 李春艳, 等. 2019. 国内外樱桃植原体(Phytoplasma)病害研究进展. 果树学报, 36(12): 1754-1762.

任春梅. 2004. 拟南芥 *Cullin1* 点突变影响茉莉素信号传导的研究. 湖南农业大学博士学位论文.

田国忠, 黄钦才, 袁巧平, 等. 1994. 感染 MLO 泡桐组培苗代谢变化与致病机理的关系. 中国科学, (5): 484-490.

田国忠, 张锡津. 1996. 泡桐丛枝病研究新进展. 世界林业研究, 9(2): 33-38.

王蕤, 王守宗, 孙秀琴. 1981. 激素对泡桐丛枝发生的影响. 林业科学, 17(3): 281-286.

王哲. 2020. 白花泡桐丛枝病发生相关 ceRNA 研究. 河南农业大学博士学位论文.

徐平洛. 2020. 泡桐丛枝植原体全基因组测序及其效应子的鉴定. 河南农业大学硕士学位论文.

杨毅, 姜蕾, 李世访. 2020. 植原体分类鉴定研究进展. 植物检疫, 34(5): 13-20.

余凤玉, 覃伟权, 朱辉等. 2008. 椰子致死性黄化病研究进展. 中国热带农业, 20(1): 42-44.

张秦风, 张荣, 任芝英, 等. 1993. 类菌原体引起的小麦蓝矮病. 微生物学报, 33(5): 361-364, 397.

赵会杰, 吴光英, 林学梧, 等. 1995. 泡桐丛枝病与超氧物歧化酶的关系. 植物生理学报, 31(4): 266-267.

周海云. 2017. *Cullin1* 在乳腺癌中的表达及其对人乳腺癌细胞株生物学行为影响的研究. 苏州大学博士学位论文.

周俊义, 刘孟军, 侯保林. 1998. 枣疯病研究进展. 果树科学, 15(4): 354-359.

Aguilar-Martínez J A, Poza-Carrión C, Cubas P. 2007. *Arabidopsis BRANCHED1* acts as an integrator of branching signals within axillary buds. Plant Cell, 19(2): 458-472.

Alboresi A, Caffarri S, Nogue F, et al. 2008. In *silico* and biochemical analysis of *Physcomitrella patens* photosynthetic antenna: identification of subunits which evolved upon land adaptation. PLoS One, 3(4): e2033.

Andersen MT, Liefting LW, Havukkala I, et al. 2013. Comparison of the complete genome sequence of two closely related isolates of '*Candidatus* Phytoplasma australiense' reveals genome plasticity. BMC Genomics, 2(14): 529.

Arney S E, Mitchell D L. 1969. The effect of abscisic acid on stem elongation and correlative inhibition. New Phytologist, 68(4): 1001-1015.

Arrigoni O, Calabrese G, Gara L D, et al. 1997. Correlation between changes in cell ascorbate and growth of *Lupinus albus* seedlings. Journal of Plant Physiology, 150(3): 302-308.

Bai X, Zhang J, Ewing A, et al. 2006. Living with genome instability: the adaptation of phytoplasmas to diverse environments of their insect and plant hosts. J Bacteriol, 188(10): 3682-3696.

Baloglu M C, Patir M G. 2014. Molecular characterization, 3D model analysis, and expression pattern of the *CmUBC* gene encoding the melon ubiquitin-conjugating enzyme under drought and salt stress conditions. Biochemical Genetics, 52(1): 90-105.

Bari R, Jones J D. 2009. Role of plant hormones in plant defence responses. Plant Molecular Biology, 69(4): 473-488.

Barutcu A R, Lajoie B R, Mccord R P, et al. 2015. Chromatin interaction analysis reveals changes in small chromosome and telomere clustering between epithelial and breast cancer cells. Genome Biology, 16(1): 214.

Beanland L, Hoy CW, Miller SA, et al. 2000. Influence of aster yellows phytoplasma on the fitness of aster leafhopper(homoptera: cicadellidae). Ann Entomol Soc Am, (2): 271-276.

Beermann J, Piccoli M T, Viereck J, et al. 2016. Non-coding RNAs in development and disease: background, mechanisms, and therapeutic approaches. Physiological Reviews, 96(4): 1297-1325.

Bertaccini A. 2007. Phytoplasmas: diversity, taxonomy, and epidemiology. Front Biosci, 12: 673-689.

Bertaccini A, Duduk B. 2009. Phytoplasma and phytoplasma diseases: a review of recent research. Phytopathol Mediterr, 48: 355-378.

Bhattarai K K, Atamian H S, Kaloshian I, et al. 2010. WRKY72-type transcription factors contribute to basal immunity in tomato and Arabidopsis as well as gene-for-gene resistance mediated by the tomato *R* gene *Mi-1*. Plant Journal, 63(2): 229-240.

Bleecker A B, Kende H. 2000. Ethylene: a gaseous signal molecule in plants. Annual Review of Cell and Developmental Biology, 16(1):1-18.

Blokhina O, Virolainen E, Fagerstedt K V. 2003. Antioxidants, oxidative damage and oxygen deprivation stress: a review. Annals of Botany, 91(2): 179-194.

Bolton M D. 2009. Primary metabolism and plant defense-fuel for the fire. Molecular Plant-Microbe Interactions, 22(5): 487-497.

Bosco D, Minucci C, Boccardo G, et al. 1997. Differential acquisition of Chrysanthemum yellows phytoplasma by three leafhopper species. Entomol Exp Appl, 83(2): 219-224.

Braun N, de Saint Germain A, Pillot J P, et al. 2012. The pea TCP transcription factor PsBRC1 acts downstream of strigolactones to control shoot branching. Plant Physiology, 158(1): 225-238.

Cao Y B, Fan G Q, Wang Z, et al. 2019. Phytoplasma-induced changes in the acetylome and succinylome of *Paulownia tomentosa* provide evidence for Involvement of acetylated proteins in witches' broom disease. Molecular & Cellular Proteomics, 18(6): 1210-1226.

Cao Y, Sun G, Zhai X, et al. 2021. Genomic insights into the fast growth of paulownias and the formation of Paulownia witches' broom. Mol Plant, 14(10): 1668-1682.

Chao L M, Liu Y Q, Chen D Y, et al. 2017. *Arabidopsis* transcription factors SPL1 and SPL12 confer plant thermotolerance at reproductive stage. Molecular Plant, 10(5): 735-748.

Che F S, Watanabe N, Iwano M, et al. 2000. Molecular characterization and subcellular localization of protoporphyrinogen oxidase in spinach chloroplasts. Plant Physiology, 124(1): 59-70.

Chen Y E, Liu W J, Su Y Q, et al. 2016. Different response of photosystem II to short and long-term drought stress in *Arabidopsis thaliana*. Physiologia Plantarum, 158(2): 225-235.

Chen Z, Gao X, Zhang J. 2015. Alteration of *osa-miR156e* expression affects rice plant architecture and strigolactones(SLs)pathway. Plant Cell Reports, 34(5): 767-781.

Cheng H, Hao M, Wang W, et al. 2016. Genomic identification, characterization and differential expression analysis of *SBP-box* gene family in Brassica napus. BMC Plant Biology, 16(1): 1-17

Chiasson D, Ekengren S K, Martin G B, et al. 2005. Calmodulin-like proteins from Arabidopsis and tomato are involved in host defense against *Pseudomonas syringae* pv. *tomato*. Plant Molecular Biology, 58(6): 887-897.

Chickarmane V S, Gordon S P, Tarr P T, et al. 2012. Cytokinin signaling as a positional cue for patterning the apical–basal axis of the growing Arabidopsis shoot meristem. Proceedings of the National Academy of Sciences, 109(10): 4002-4007.

Chuang S M, Chen L I, Lambertson D, et al. 2005. Proteasome-mediated degradation of cotranslationally damaged proteins involves translation elongation factor 1A. Molecular and Cellular Biology, 25(1): 403-413.

Crosby H A, Escalante-Semerena J C. 2014. The acetylation motif in AMP-forming acyl coenzyme A synthetases contains residues critical for acetylation and recognition by the protein acetyltran-sferase Pat of *Rhodopseudomonas palustris*. Journal of Bacteriology, 196(8): 1496-1504.

Cutler S R, Rodriguez P L, Finkelstein R R, et al. 2010. Abscisic acid: emergence of a core signaling network. Annual Review of Plant Biology, 61: 651-679.

De Coninck B, Cammue B P A, Thevissen K. 2013. Modes of antifungal action and in planta functions of plant defensins and defensin-like peptides. Fungal Biology Reviews, 26(4): 109-120.

Del Prete S, De Luca V, Capasso C, et al. 2011. Preliminary proteomic analysis of pear leaves in response to pear decline phytoplasma infection. Bulletin of Insectology, 64: S187-S188.

Dixon JR, Selvaraj S, Yue F, et al. 2012. Topological domains in mammalian genomes identified by analysis of chromatin interactions. Nature, 485(7398): 376-380.

Dodd A N, Kudla J, Sanders D. 2010. The language of calcium signaling. Annual Review of Plant Biology, 61: 593-620.

Doebley J, Stec A, Hubbard L. 1997. The evolution of apical dominance in maize. Nature, 386(6624): 485-488.

Doi M, Tetranaka M, Yora K, et al. 1967. Mycoplasma or PLT-group-like organisms found in the phloem elements of plants infected with mulberry dwarf, potato witches' broom, aster yellows or paulownia witches' broom. Ann Phytopathol Soc Japan, 33: 259-266.

Dong J X, Chen C H, Chen Z X. 2003. Expression profiles of the *Arabidopsis* WRKY gene superfamily during plant defense response. Plant Molecular Biology, 51(1): 21-37.

Dong P, Tu X, Chu PY, et al. 2017. 3D chromatin architecture of large plant genomes determined by local A/B compartments. Molecular Plant, 10(12): 1497-1509.

Dong P, Tu X, Li H, et al. 2020. Tissue-specific Hi-C analyses of rice, *foxtail millet* and maize suggest non-canonical function of plant chromatin domains. Journal of Integrative Plant Biology, 62(2): 201-217.

Duan K, Li L, Hu P, et al. 2006, A brassinolide-suppressed rice MADS-box transcription factor, OsMDP1, has a negative regulatory role in BR signaling. Plant Journal, 47(4): 519-531.

Fan G Q, Cao Y B, Niu S Y, et al. 2015c. Transcriptome, microRNA, and degradome analyses of the gene expression of *Paulownia* with phytoplamsa. BMC Genomics, 16(1): 1-15.

Fan G Q, Cao Y B, Zhao Z L, et al. 2015d. Transcriptome analysis of the genes related to the morphological changes of *Paulownia tomentosa* plantlets infected with phytoplasma. Acta Physiologiae Plantarum, 37: 202.

Fan G Q, Dong Y P, Deng M J, et al. 2014. Plant-pathogen interaction, circadian rhythm, and hormone-related gene expression provide indicators of phytoplasma infection in *Paulownia fortunei*. International Journal of Molecular Sciences, 15(12): 23141-23162.

Fan G Q, Xu E, Deng M, et al. 2015b. Phenylpropanoid metabolism, hormone biosynthesis and signal transduction-related genes play crucial roles in the resistance of Paulownia fortune to paulownia witches' broom phytoplasma infection. Genes Genomic, 37(11): 913-929.

Fan G, Niu S, Xu T, et al. 2015a. Plant–Pathogen Interaction-Related MicroRNAs and Their Targets Provide Indicators of Phytoplasma Infection in *Paulownia tomentosa* × *Paulownia fortunei*. PLoS One, 10(10): e0140590.

Feng Z, Xue F, Xu M, et al. 2016. The ER-membrane transport system is critical for intercellular trafficking of the nsm movement protein and Tomato Spotted Wilt Tospovirus. PLoS Pathog, 12(2): e1005443.

Finkemeier I, Leister D. 2010. Plant chloroplasts and other plastids. In: Encyclopedia of Life Sciences(ELS). John Wiley & Sons, Ltd: Chichester.

Finn R D, Clements J, Eddy S R. 2011. HMMER web server: interactive sequence similarity searching. Nucleic Acids Research, 39: W29-W37.

Forcato M, Nicoletti C, Pal K, et al. 2017. Comparison of computational methods for Hi-C data analysis. Nature Methods, 14(7): 679-685.

Fornes O, Castro-Mondragon J A, Khan A, et al. 2020. JASPAR 2020: update of the open-access database of transcription factor binding profiles. Nucleic Acids Research, 48(D1): D87-D92.

Fry S C. 1998. Oxidative scission of plant cell wall polysaccharides by ascorbate-induced hydroxyl radicals. Biochemical Journal, 332(2): 507-515.

Fu H, Lin YL, 2010. Fatimababy AS. Proteasomal recognition of ubiquitylated substrates. Trends Plant Sci, 15(7): 375-386.

Gandikota M, Birkenbihl R P, Höhmann S, et al. 2007. The miRNA156/157 recognition element in the 3′ UTR of the Arabidopsis SBP box gene *SPL3* prevents early flowering by translational inhibition in seedlings. Plant Journal, 49(4): 683-693.

Gao D, Li Y, Wang J, et al. 2015. GmmiR156b overexpression delays flowering time in soybean. Plant Molecular Biology, 89(4-5):353-363.

Gao R, Gruber M Y, Amyot L, et al. 2018. SPL13 regulates shoot branching and flowering time in *Medicago sativa.* Plant Molecular Biology, 96(1): 119-133.

Gao X, Hong H, Li W C, et al. 2016. Downregulation of rubisco activity by non-enzymatic acetylation of RbcL. Molecular Plant, 9(7): 1018-1027.

Guo D, Zhang J, Wang X, et al. 2015. The WRKY transcription factor WRKY71/EXB1 controls shoot branching by transcriptionally regulating *RAX* genes in Arabidopsis. Plant Cell, 27: 3112-3127.

Haecker A, Gross-Hardt R, Geiges B, et al. 2004. Expression dynamics of *WOX* genes mark cell fate decisions during early embryonic patterning in *A.thaliana*. Development, 131(3): 657-668.

Hansson M, Hederstedt L. 1994. Bacillus subtilis HemY is a peripheral membrane protein essential for protoheme IX synthesis which can oxidize coproporphyrinogen III and protoporphyrinogen IX. Journal of Bacteriology, 176(19): 5962-5970.

Hiruki, C. 1999. Paulownia witches' broom disease important in *East Asia*. Acta Hortic, 496: 63-68.

Hogenhout SA, Oshima K, Ammar El D, et al. 2008. Phytoplasmas: bacteria that manipulate plants and insects. Mol Plant Pathol, 9: 403-423.

Hoshi A, Oshima K, Kakizawa S, et al. 2009, A unique virulence factor for proliferation and dwarfism in plants identified from a phytopathogenic bacterium. Proc Natl Acad Sci USA, 106(15): 6416-6421.

Hou H M, Li J, Gao M, et al. 2013. Genomic organization, phylogenetic comparison and differential expression of the SBP-box family genes in grape. PLoS One, 8(3): e59358-59372.

Hou S, Wang X, Chen D, et al. 2014. The secreted peptide PIP1 amplifies immunity through receptor-like kinase 7. PLoS Pathog, 10(9): e1004331.

Hu J, Ji Y Y, Hu X T, et al. 2020. BES1 functions as the co-regulator of D53-like SMXLs to inhibit BRC1 expression in strigolactone-regulated shoot branching in *Arabidopsis*. Plant Communications, 1(3): 1-12.

Huang W, MacLean AM, Sugio A, et al. 2021. Parasitic modulation of host development by ubiquitin-independent protein degradation. Cell, 184(20): 5201-5214.

Ji J, Strable J, Shimizu R, et al. 2010. WOX4 promotes procambial development. Plant Physiol, 152(3): 1346-1356.

Jiao Y Q, Wang Y H, Xue D W, et al. 2010. Regulation of OsSPLI4 by OsmiR156 defines ideal plant architecture in rice. Nature Genetics, 42(6): 541-544.

Kada S, Koike H, Satoh K, et al. 2003. Arrest of chlorophyll synthesis and differential decrease of photosystems I and II in a cyanobacterial mutant lacking light-independent protochlorophyllide reductase. Plant Molecular Biology, 51(2): 225-235.

Kalderon D, Smith A E. 1984. In vitro mutagenesis of a putative DNA binding domain of SV40 large-T. Virology, 139(1): 109-137.

Kaufman P B, Jones R A. 1974. Regulation of growth in Avena (oat) stem segments by gibberellic acid and abscisic acid. Physiologia Plantarum, 31(1): 39-43.

Kombrink E. 2012. Chemical and genetic exploration of jasmonate biosynthesis and signaling paths. Planta, \236(5): 1351-1366.

Kube M, Schneider B, Kuhl H, et al. 2008. The linear chromosome of the plant-pathogenic mycoplasma '*Candidatus* Phytoplasma mali'. BMC Genomics, 9: 306.

Langmead B, Salzberg S L. 2012. Fast gapped-read alignment with bowtie 2. Nature Methods, 9(4): 357-359.

Le Dily, Bau D, Pohl A, et al. 2014. Distinct structural transitions of chromatin topological domains correlate with coordinated hormone-induced gene regulation. Genes & Development, 28(19): 2151-2162.

Leba L J, Cheval C, Ortiz-Martín I, et al. 2012. CML9, an *Arabidopsis* calmodulin-like protein, contributes to plant innate immunity through a flagellin-dependent signalling pathway. Plant Journal, 71(6): 976-989.

Lee H H, Kim J S, Hoang Q T N, et al. 2018. Root-specific expression of defensin in transgenic tobacco results in enhanced resistance against *Phytophthora parasitica* var. nicotianae. European Journal of Plant Pathology, 151(3): 811-823.

Lee I M, Davis R E, Gundersen-Rindal D E. 2000. Phytoplasma: phytopathogenic mollicutes. Annu Rev Microbiol, 54(1): 221-255.

Lee I M, Gundersen-Rindal D E, Davis R E, et al. 1998. Revised classification scheme of phytoplasmas based on RFLP analyses of 16S rRNA and ribosomal protein gene sequences. Int J Syst Evol Mic, 1998, 48(4): 1153-1169.

Lee S C, Luan S. 2012. ABA signal transduction at the crossroad of biotic and abiotic stress responses. Plant, Cell & Environment, 35(1): 53-60.

Lenhard M, Gerd Jürgens, Laux T. 2002. The WUSCHEL and SHOOTMERISTEMLESS genes fulfil complementary roles in Arabidopsis shoot meristem regulation. Development, 129(13):3195-3206.

Li E, Liu H, Huang L, et al. 2019. Long-range interactions between proximal and distal regulatory regions in maize. Nature Communications, 10(1):2633.

Li G L, Ruan X A, Auerbach R K, et al. 2012. Extensive promoter-centered chromatin interactions provide a topological basis for transcription regulation. Cell, 148(1-2): 84-98.

Li J, Wen J Q, Lease K A, et al. 2002. BAK1, an *Arabidopsis* LRR receptor-like protein kinase, interacts with BRI1 and modulates brassinosteroid signaling. Cell, 110(2): 213-222.

Li S, Zhen C, Xu W, et al. 2017. Simple, rapid and efficient transformation of genotype Nisqually-1: a basic tool for the first sequenced model tree. Sci Rep, 7(1): 2638.

Lim PO, Sears BB. 1989. 16S rRNA sequence indicates that plant-pathogenic mycoplasmalike organisms are evolutionarily distinct from animal mycoplasmas. J Bacteriol, 171: 5901-5906.

Liu Q, Shen G, Peng K, et al. 2015. T-DNA insertion mutant Osmtd1 was altered in architecture by upregulating MicroRNA156f in rice. Journal of Integrative Plant Biology, 57(10):819-829.

Liu R N, Dong Y P, Fan G Q, et al. 2013. Discovery of genes related to witches broom disease in *Paulownia tomentosa* Paulownia fortunei* by a *de novo* assembled transcriptome. PLoS One, 8(11): e80238.

Lowe E D, Hasan N, Trempe J F, et al. 2006. Structures of the Dsk2 UBL and UBA domains and their complex. Acta Crystallographica Section D: Biological Crystallography, 62(Pt 2): 177-188.

Ma W. 2011. Roles of Ca2+ and cyclic nucleotide gated channel in plant innate immunity. Plant Science, 181(4): 342-346.

MacLean A M, Orlovskis Z, Kowitwanich K, et al. 2014. Phytoplasma effector SAPS4 hijacks plant reproduction by degrading MADS-box proteins and promotes insect colonization in a RAD23-dependent manner. PLoS Biology, 12(4): e1001835.

MacLean A M, Sugio A, Makarova O V, et al. 2011. Phytoplasma effector SAP54 induces indeterminate leaf-like flower development in *Arabidopsis* plants. Plant Physiology, 157(2): 831-841.

Malembic-Maher S, Desqué D, Khalil D, et al. 2020. When a Palearctic bacterium meets a Nearctic insect vector: Genetic and ecological insights into the emergence of the grapevine Flavescence dorée epidemics in Europe. PLoS Pathog, 16(3): e1007967.

Mayerhofer H, Panneerselvam S, Mueller-Dieckmann J. 2012. Protein kinase domain of CTR1 from *Arabidopsis thaliana* promotes ethylene receptor cross talk. Journal of Molecular Biology, 415(4): 768-779.

Mellway R D, Tran L T, Prouse M B, et al. 2009. The wound-, pathogen-, and ultraviolet B-responsive MYB134 gene encodes an R2R3 MYB transcription factor that regulates proanthocyanidin synthesis in poplar. Plant Physiology, 150(2): 924-941.

Melo-Braga M N, Verano-Braga T, León I R, et al. 2012. Modulation of protein phosphorylation, N-glycosylation and lys-acetylation in grape (*Vitis vinifera*) mesocarp and exocarp owing to *Lobesia botrana* infection. Molecular & Cellular Proteomics, 11(10): 945-956.

Meng X Z, Zhang S Q. 2013. MAPK cascades in plant disease resistance signaling. Annual Review of Phytopathology, 51: 245-266.

Meng Y J, Shao C G, Wang H Z, et al. 2012. Target mimics: an embedded layer of microRNA- involved gene regulatory networks in plants. BMC Genomics, 13: 197.

Minato N, Himeno M, Hoshi A, et al. 2014. The phytoplasmal virulence factor TENGU causes plant sterility by down regulating of the jasmonic acid and auxin pathways. Sci. Rep, 4: 7399.

Miura K, Ikeda M, Matsubara A, et al. 2010. OsSPL14 promotes panicle branching and higher grain productivity in rice. Nature Genetics, 2010, 42(6): 545-549.

Monavarfeshani A, Mirzaei M, Sarhadi E, et al. 2013. Shotgun proteomic analysis of the Mexican lime tree infected with "*Candidatus Phytoplasma aurantifolia*". Journal of Proteome Research, 12(2): 785-795.

Mou H Q, Lu J, Zhu S F, et al. 2013. Transcriptomic analysis of *Paulownia* infected by paulownia witches' broom phytoplasma. PLoS One, 8(10): e77217.

Nault, LR. 1990. Evolution of an insect pest: maize and the corn leafhopper, a case study. Maydica, 5(2): 165-175.

Nikolaev S V, Penenko A V, Lavreha V V, et al. 2007. A model study of the role of proteins CLV1.CLV2, CLV3, and WUS in regulation of the structure of the shoot apical meristem. Russian Journal of Developmental Biology. 38(6): 383-388.

Niyogi K K. 2000. Safety valves for photosynthesis. Current Opinion in Plant Biology, 3(6): 455-460.

Nolan T M, Brennan B, Yang M, et al. 2017. Selective autophagy of BES1 mediated by DSK2 balances plant growth and survival. Developmental Cell, 41(1): 33-46.

Oh C S, Pedley K F, Martin G B. 2010. Tomato 14-3-3 protein 7 positively regulates immunity-associated programmed cell death by enhancing protein abundance and signaling ability of MAPKKK α. Plant Cell, 22(1): 260-272.

Orlovskis Z, Canale MC, Haryono M, et al. 2017. A few sequence polymorpHisms among isolates of Maize bushy stunt phytoplasma associate with organ proliferation symptoms of infected maize plants. Ann Bot, 119(5): 869-884.

Oshima K, Kakizawa S, Nishigawa H, et al 2004. Reductive evolution suggested from the complete genome sequence of a plant-pathogenic phytoplasma. Nature Genetics, 36(1): 27-29.

Oster U, Tanaka R, Tanaka A, et al. 2000. Cloning and functional expression of the gene encoding the key enzyme for chlorophyll b biosynthesis(CAO)from *Arabidopsis thaliana*. Plant Journal, 21(3): 305-310.

Park C J, Caddell D F, Ronald P C. 2012. Protein phosphorylation in plant immunity: insights into the regulation of pattern recognition receptor-mediated signaling. Frontiers in Plant Science, 3: 177.

Penninckx I A, Thomma B P, Buchala A, et al. 1998. Concomitant activation of jasmonate and ethylene response pathways is required for induction of a plant defensin gene in *Arabidopsis*. Plant Cell, 10(12): 2103-2113.

Pieterse C M, Leon-Reyes A, Van der Ent S, et al. 2009. Networking by small-molecule hormones in plant immunity. Nature Chemical Biology, 5(5): 308-316.

Prakash A P, Kumar P P. 2002. PkMADS1 is a novel MADS box gene regulating adventitious shoot induction and vegetative shoot development in *Paulownia kawakamii*. Plant Journal, 29(2): 141-151.

Raffaele S, Rivas S, Roby D. 2006. An essential role for salicylic acid in AtMYB30-mediated control of the hypersensitive cell death program in *Arabidopsis*. FEBS letters, 580(14): 3498-3504.

Rosin F M, Hart J K, Van Onckelen H, et al. 2003. Suppression of a vegetative MADS box gene of potato activates axillary meristem development. Plant Physiology, 131(4): 1613-1622.

Salinas M, Xing S, Höhmann S, et al. 2012. Genomic organization, phylogenetic comparison and differential expression of the SBP-box family of transcription factors in tomato. Planta, 235(6): 1171-1184.

Sameshima T. 1967. Occurrence and control of rice yellow dwarf disease in *Miyazaki Prefecture*(in Japanese). Plant Prot, 21:

47-50.
Schep A N, Wu B, Buenrostro J D, et al. 2017. ChromVAR: inferring transcription-factor-associated accessibility from single-cell epigenomic data. Nature Methods, 14(10): 975-978.
Schwarz S, Grande A V, Bujdoso N, et al. 2008. The microRNA regulated SBP-box genes SPL9 and SPL15 control shoot maturation in *Arabidopsis*. Plant Molecular Biology, 67(1-2): 183-195.
Seemüller E, Marcone C, Lauer U, et al.1998. Current status of molecular classification of the phytoplasmas. J Plant Pathol, 80(1): 3-26.
Serra T S, Figueiredo D D, Cordeiro A M, et al. 2013. *OsRMC*, a negative regulator of salt stress response in rice, is regulated by two AP2/ERF transcription factors. Plant Molecular Biology, 82: 439-455.
Shimada Y, Goda H, Nakamura A, et al. 2003. Organ-specific expression of brassinosteroid-biosynthetic genes and distribution of endogenous brassinosteroids in *Arabidopsis*. Plant Physiology, 131(1): 287-297.
Snedden W A, Fromm H. 2001. Calmodulin as a versatile calcium signal transducer in plants. New Phytologist, 151(1): 35-66.
Somssich I E, Hahlbrock K. 1998. Pathogen defence in plants-a paradigm of biological complexity. Trends in Plant Science, 3(3): 86-90.
Strauss E. 2009. Phytoplasma research begins to bloom. Science, 325: 388-390.
Sugio A, Maclean A M, Kingdom H N, et al. 2011. Diverse Targets of Phytoplasma Effectors: From Plant Development to Defense Against Insects. Annu Rev Phytopathol, 49(1): 175.
Sun X, Wang Y, Sui N, et al. 2018. Transcriptional regulation of bHLH during plant response to stress. Biochemical and biophysical Research Communications, 503(2): 397-401.
Takabatake R, Karita E, Seo S, et al. 2007. Pathogen-induced calmodulin isoforms in basal resistance against bacterial and fungal pathogens in tobacco. Plant and cell physiology, 48(3): 414-423.
Tang Y H, Wang J, Bao X X, et al. 2020. Genome-wide analysis of *Jatropha curcas* MADS-box gene family and functional characterization of the *JcMADS40* gene in transgenic rice. BMC Genomics, 21: 325.
Tatsuji I, Yoji D, Kiyoshi Y, et al. 1967. Suppressive Effects of Antibiotics of Tetracycline Group on Symptom Development of Mulberry Dwarf Disease. J Phytopathol, 33(4): 267-275.
Tena G, Boudsocq M, Sheen J. 2011. Protein kinase signaling networks in plant innate immunity. Current opinion in plant biology, 14(5): 519-529.
Teper D, Salomon D, Sunitha S, et al. 2014. *Xanthomonas euvesicatoria* type III effector X op Q interacts with tomato and pepper 14-3-3 isoforms to suppress effector-triggered immunity. Plant Journal, 77(2): 297-309.
Thomas E. 2005.Regulation of the Arabidopsis defense transcriptome.Trends in Plant ence, 10(2):71-78.
Ton J, Mauch-Mani B. 2004. β-amino-butyric acid-induced resistance against necrotrophic pathogens is based on ABA-dependent priming for callose. Plant Journal, 38(1): 119-130.
Toruño, T. Y., Musi, M.S., Simi, S,et al. 2010. Phytoplasma PMU1 exists as linear chromosomal and circular extrachromosomal elements and has enhanced expression in insect vectors compared with plant hosts. Molecular Microbiology, 2010, 77(6):1406-1415.
Tran-Nguyen L T T, Kube M, Schneider B, et al. 2008. Comparative Genome Analysis of "*Candidatus* Phytoplasma australiense"(Subgroup tuf-Australia I; rp-A)and "Ca. Phytoplasma asteris" Strains OY-M and AY-WB.Journal of bacteriology, 190(11): 3979-3991.
Tripathi R K, Goel R, Kumari S, et al. 2017. Genomic organization, phylogenetic comparison, and expression profiles of the SPL family genes and their regulation in soybean. Development Genes and Evolution, 227(2): 101-119.
Unver T, Turktas M, Budak H. 2013. In planta evidence for the involvement of a ubiquitin conjugating enzyme(UBC E2 clade)in negative regulation of disease resistance. Plant Molecular Biology Reporter, 31: 323-334.
Üstün S, König P, Guttman DS, et al. 2014, HopZ4 from Pseudomonas syringae, a member of the HopZ type III effector family from the YopJ superfamily, inhibits the proteasome in plants. Mol Plant Microbe Interact, 27(7): 611-623.
Walley J W, Shen Z X, McReynolds M R, et al. 2018. Fungal-induced protein hyperacetylation in maize identified by acetylome profiling. Proceedings of the National Academy of Sciences, 115(1): 210-215
Wang C, Wang Q, Zhu X, et al. 2019. Characterization on the conservation and diversification of miRNA156 gene family from lower to higher plant species based on phylogenetic analysis at the whole genomic level[J].Functional & Integrative Genomics, 19(6):1-20.
Wang J W, Schwab R, Czech B, et al. 2008. Dual effects of miR156-targeted *SPL* genes and *CYP78A5/KLUH* on plastochron length and organ size in *Arabidopsis thaliana*. The Plant Cell, 20(5): 1231-1243.
Wang J, Song L, Jiao Q, et al. 2018a, Comparative genome analysis of jujube witches'-broom Phytoplasma, an obligate pathogen that causes jujube witches'-broom disease. BMC Genomics, 19(1): 689.
Wang M, Liu M, Ran F, et al. 2018b. Global Analysis of *WOX* Transcription Factor Gene Family in Brassica napus Reveals Their Stress and Hormone-Responsive Patterns. Int J Mol Sci, 19(11): 3470.

Wang N, Yang H, Yin Z, et al. 2018c. Phytoplasma effector SWP1 induces witches' broom symptom by destabilizing the TCP transcription factor BRANCHED1. Mol Plant Pathol, 19(12): 2623-2634.

Wang Q, Sun A, Chen S, et al. 2018d. SPL6 represses signaling outputs of ER stress in control of panicle cell death in rice. Nature Plant. 4: 280-288.

Wang Y X, Shang L G Yu H, et al. 2020. A strigolactone biosynthesis gene contributed to the green revolution in rice. Molecular Plant, 13(6): 923-932.

Wang Y, Sun S, Zhu W, et al. 2013. Strigolactone/MAX2-induced degradation of brassinosteroid transcriptional effector BES1 regulates shoot branching. Developmental Cell, 27(6): 681-688.

Weintraub P G, Beanland L. 2006. Insect vectors of phytoplasmas. Annu Rev Entomol, 51: 91-111.

Xie K B, Wu C Q, Xiong L Z. 2006. Genomic organization, differential expression, and interaction of squamosa promoter-binding-like transcription factors and microRNA156 in rice. Plant Physiology, 142(1): 280-293.

Xu B, Cheval C, Laohavisit A, et al. 2017. A calmodulin-like protein regulates plasmodesmal closure during bacterial immune responses. New Phytologist, 215(1): 77-84.

Yan L J, Fan G Q, Li X Y. 2019. Genome-wide analysis of three histone marks and gene expression in *Paulownia fortunei* with phytoplasma infection. BMC Genomics, 20(1): 1-14.

Yang H, Zhai X, Zhao Z, et al. 2023. Comprehensive analyses of the *SPL* transcription factor family in *Paulownia fortunei* and their responses to biotic and abiotic stresses. Int J Biol Macromol, 226: 1261-1272.

Yoshida H, Kitamura K, Tanaka K, et al. 1996. Accelerated degradation of PML-retinoic acid receptor alpha(PML-RARA) oncoprotein by all-trans-retinoic acid in acute promyelocytic leukemia: possible role of the proteasome pathway. Cancer Research, 56(13): 2945-2948.

Yu S, Galvão V C, Zhang Y C, et al. 2012. Gibberellin regulates the *Arabidopsis* floral transition through miR156-targeted squamosa promoter binding-like transcription factors. Plant Cell, 24(8): 3320-3332.

Zhai X, Cao X, Fan G. 2010. Growth of Paulownia witches' broom seedlings treated with methylmethane sulphonate and SSR analysis. Sci. Silvae Sin, 46: 176-181.

Zhang H, Yang X, Ying Z, et al. 2021. Toxoplasma gondii UBL-UBA shuttle protein DSK2s are important for Parasite intracellular replication. Int J Mol Sci, 22(15): 7943.

Zhang M, Leng P, Zhang G, et al. 2009. Cloning and functional analysis of 9-cis-epoxycarotenoid dioxygenase(NCED)genes encoding a key enzyme during abscisic acid biosynthesis from peach and grape fruits. Journal of Plant Physiology, 166(12): 1241-1252.

Zhao Y, Wei W, Lee IM, et al. 2013. The iPhyClassifier, an interactive online tool for phytoplasma classification and taxonomic assignment. Methods Mol Biol, 2013, 938: 329-38.

Zhou Z K, Li M, Cheng H, et al. 2018. An intercross population study reveals genes associated with body size and plumage color in ducks. Nature Communications, 9(1): 1-10.

附表 12-1 Pawb20 蛋白 PF His-Pull-down

数目	基因 ID	Nr 注释
1	Paulownia_LG5G001304	40s 核糖体蛋白 s19-1
2	Paulownia_LG8G001282	叶绿素 a-b 结合蛋白 8，叶绿体
3	Paulownia_LG16G000420	叶绿素 a-b 结合蛋白 8，叶绿体
4	Paulownia_LG2G001334	5g02240 处的未表征蛋白质
5	Paulownia_LG6G001402	枯草杆菌蛋白酶样蛋白酶
6	Paulownia_LG4G001216	抗坏血酸过氧化物酶
7	Paulownia_LG10G001043	枯草杆菌蛋白酶样蛋白酶
8	Paulownia_LG4G000673	肉桂酰辅酶 a 还原酶 1
9	Paulownia_LG4G000672	肉桂酰辅酶 a 还原酶 1
10	Paulownia_LG4G000674	肉桂酰辅酶 a 还原酶 1
11	Paulownia_LG13G000396	酰基载体蛋白 4，叶绿体亚型 x1
12	Paulownia_LG13G000393	酰基载体蛋白 4，叶绿体亚型 x1
13	Paulownia_LG12G000073	60s 核糖体蛋白 l22-2
14	Paulownia_WTDBG01349G000003	60s 核糖体蛋白 l22-2
15	Paulownia_WTDBG01349G000002	60s 核糖体蛋白 l22-2
16	Paulownia_WTDBG01349G000001	60s 核糖体蛋白 l22-2 样
17	Paulownia_LG4G000160	60s 核糖体蛋白 l22-2
18	Paulownia_LG19G000376	蛋白 mimgu_mgv1a013716mg
19	Paulownia_LG8G001914	析氧增强蛋白 2-1，叶绿体
20	Paulownia_LG5G000243	14-3-3 样蛋白 16r
21	Paulownia_LG11G000161	14-3-3 样蛋白 16r
22	Paulownia_LG0G001618	40s 核糖体蛋白 s16
23	Paulownia_LG3G000245	40s 核糖体蛋白 s16
24	Paulownia_LG16G000206	光系统 II 修复蛋白 psb27-h1，叶绿体
25	Paulownia_LG3G000119	果糖二磷酸醛缩酶 1，叶绿体
26	Paulownia_LG0G001828	果糖二磷酸醛缩酶 1，叶绿体
27	Paulownia_LG12G001170	未表征蛋白质位点 105170205
28	Paulownia_LG4G001279	60s 核糖体蛋白 l12-3
29	Paulownia_LG2G001223	60s 核糖体蛋白 l12-3
30	Paulownia_LG12G000715	60s 核糖体蛋白 l12
31	Paulownia_LG9G000512	40s 核糖体蛋白 s20-2
32	Paulownia_LG19G000731	核糖体蛋白 s10p/s20e 家族蛋白亚型 1
33	Paulownia_LG11G000586	蛋白 mimgu_mgv1a012403mg
34	Paulownia_LG5G000818	蛋白 mimgu_mgv1a012403mg
35	Paulownia_LG6G000004	Atp 合酶 b 亚基
36	Paulownia_LG3G000447	白 mimgu_mgv1a012236mg
37	Paulownia_LG3G000398	叶绿素 a-b 结合蛋白 cp24 10a，叶绿体
38	Paulownia_LG0G001366	叶绿素 a-b 结合蛋白 cp24 10a，叶绿体
39	Paulownia_LG2G000635	Mlp 样蛋白 28
40	Paulownia_LG13G000775	叶绿素 a-b 结合蛋白 4，叶绿体
41	Paulownia_LG6G000478	叶绿素 a-b 结合蛋白 4，叶绿体
42	Paulownia_LG4G001050	蛋白 tic 62，叶绿体
43	Paulownia_LG4G000777	半胱氨酸蛋白酶抑制剂 a 样
44	Paulownia_LG1G000234	未表征蛋白位点 105161921

续表

数目	基因 ID	Nr 注释
45	Paulownia_LG8G001425	类钙调素阿拉伯半乳聚糖蛋白 13
46	Paulownia_LG1G000037	Dna 连接酶 1-样
47	Paulownia_LG2G000636	可能是乳酰谷胱甘肽裂合酶，叶绿体
48	Paulownia_LG3G001382	蛋白质曲率类囊体 1a，叶绿体样异构体 x2
49	Paulownia_LG4G001428	蛋白 mimgu_mgv1a017493mg
50	Paulownia_LG18G000043	At 合酶亚基，叶绿体
51	Paulownia_LG3G000618	S-腺苷甲硫氨酸合酶 1
52	Paulownia_LG3G000620	S-腺苷甲硫氨酸合酶 1
53	Paulownia_LG3G001061	30s 核糖体蛋白 2，叶绿体
54	Paulownia_LG3G000397	未表征蛋白质位点 105169209
55	Paulownia_LG16G001412	14kda 锌结合蛋白
56	Paulownia_LG11G000677	主要乳胶样蛋白 1
57	Paulownia_LG11G000675	主要乳胶样蛋白 1
58	Paulownia_LG4G000254	组蛋白 h2ax
59	Paulownia_LG18G000338	可能的组蛋白 h2a 变体 3
60	Paulownia_LG16G000680	蛋白 m569_08024
61	Paulownia_LG12G000119	组蛋白 h2ax
62	Paulownia_LG8G001252	蛋白 mimgu_mgv1a016126mg
63	Paulownia_LG7G001468	可能的组蛋白 h2a 变体 3
64	Paulownia_LG4G001137	蛋白 mimgu_mgv1a015602mg
65	Paulownia_LG4G000255	组蛋白 h2ax
66	Paulownia_LG4G000253	组蛋白 h2ax
67	Paulownia_LG3G000731	组蛋白 h2a.1
68	Paulownia_LG2G001298	组蛋白 h2a
69	Paulownia_LG12G000188	可能的组蛋白 h2a 变体 3
70	Paulownia_LG12G000187	可能的组蛋白 h2a 变体 3
71	Paulownia_CONTIG01580G000086	组蛋白 h2a
72	Paulownia_CONTIG01580G000085	组蛋白 h2a
73	Paulownia_LG7G000937	未表征蛋白质位点 104239453
74	Paulownia_LG12G000600	未表征蛋白 pf11_0207
75	Paulownia_LG3G000868	可能的 3-羟基异丁酰基辅酶 a 水解酶 3 亚型 x1
76	Paulownia_LG3G001139	3-羟基异丁酰基辅酶 a 水解酶 1
77	Paulownia_TIG00016935G000046	低质量蛋白质：磷酸肌醇磷酸酶 sac8
78	Paulownia_LG8G000652	假设蛋白 cisin_1g005893mg
79	Paulownia_LG3G001137	3-羟基异丁酰基辅酶 a 水解酶 1-样
80	Paulownia_LG2G001427	低质量蛋白质：磷酸肌醇磷酸酶 sac8
81	Paulownia_LG16G000744	可能的四酰基二糖 4 α apos-激酶，线粒体亚型 x1
82	Paulownia_LG15G000434	含 L 型凝集素结构域的受体激酶 s.6
83	Paulownia_LG8G001505	推测抗病蛋白 rga3
84	Paulownia_LG4G000744	蛋白 mimgu_mgv1a016559mg
85	Paulownia_LG14G000215	印度梨形孢菌不敏感蛋白 2
86	Paulownia_LG5G000393	Phd 指蛋白雄性减数分裂细胞死亡 1
87	Paulownia_LG5G000388	Phd 指蛋白雄性减数分裂细胞死亡 1
88	Paulownia_LG12G000384	转录因子 myb46

续表

数目	基因 ID	Nr 注释
89	Paulownia_LG15G000754	过氧化物酶体膜蛋白 11a
90	Paulownia_LG6G000497	蛋白 mimgu_mgv1a005038mg
91	Paulownia_LG1G000948	Snf1 相关蛋白激酶催化亚基 α kin10
92	Paulownia_LG2G001343	光诱导蛋白，叶绿体
93	Paulownia_LG8G000196	DNA 损伤结合蛋白 1
94	Paulownia_LG16G001344	DNA 损伤结合蛋白 1
95	Paulownia_LG3G000085	肽基脯氨酰顺反异构酶 1
96	Paulownia_LG13G001018	含 Rhodanes 样结构域蛋白 8，叶绿体
97	Paulownia_LG7G000516	类水果蛋白 pkiwi502
98	Paulownia_LG9G000412	皮瓣内切酶 gen-like 2 亚型 x1
99	Paulownia_LG8G001847	蛋白毛发双折射样 43
100	Paulownia_LG16G001207	蛋白毛发双折射样 38
101	Paulownia_LG0G000354	转酮酶，叶绿体
102	Paulownia_LG8G001521	抗病性 rpp13 样蛋白 4 亚型 x5
103	Paulownia_LG0G001687	成膜细胞定向驱动蛋白 2
104	Paulownia_LG5G000230	非特征蛋白 loc105178294
105	Paulownia_LG11G000152	非特征蛋白 loc105176447
106	Paulownia_LG8G001744	赖氨酸特异性组蛋白去甲基化酶 1 同源物 2
107	Paulownia_LG8G001283	Myb 家族转录因子 apl 样亚型 x1
108	Paulownia_LG6G000036	Snw/ski 相互作用蛋白
109	Paulownia_LG3G001283	非特征蛋白 loc105173219
110	Paulownia_LG4G001384	蛋白质 mimgu_U mgv1a001405mg
111	Paulownia_LG18G000208	低质量蛋白：受体样蛋白激酶 hsl1
112	Paulownia_WTDBG02204G000003	预测蛋白[拟南海链藻 ccmp1335]
113	Paulownia_LG17G001135	乙酰马兰乙酰酯酶
114	Paulownia_WTDBG00703G000001	乙酰马兰乙酰酯酶
115	Paulownia_LG6G001252	蛋白 reveille 4-like
116	Paulownia_LG15G000474	非特征蛋白 loc105179193
117	Paulownia_LG5G001533	蛋白质 mimgu_U mgv1a014490mg
118	Paulownia_LG11G001070	50s 核糖体蛋白 l12，叶绿体样
119	Paulownia_LG17G000467	Secologanin 合成酶样
120	Paulownia_LG17G000474	蛋白质 mimgu_u mgv1a026336mg
121	Paulownia_LG18G000131	肽基脯氨酸酸顺反异构酶 cyp57
122	Paulownia_LG17G000475	Secologanin 合成酶样
123	Paulownia_LG17G000473	蛋白质 mimgu_u mgv1a026336mg
124	Paulownia_LG17G000468	蛋白质 mimgu_u mgv1a026336mg
125	Paulownia_LG8G001201	非特征蛋白 loc105174843
126	Paulownia_WTDBG01114G000013	
127	Paulownia_WTDBG01736G000003	Atpb 基因产物（叶绿体）
128	Paulownia_LG7G000515	Atp 合酶 β 亚单位，线粒体样

附表 12-2 Pawb20 蛋白 PFI His-Pull-down

数目	基因 ID	Nr 注释
1	Paulownia_LG5G001304	40s 核糖体蛋白 s19-1
2	Paulownia_CONTIG01580G000131	核酮糖二磷酸羧化酶/加氧酶激活酶
3	Paulownia_LG15G000294	蛋白质 mimgu_u mgv1a006830mg
4	Paulownia_LG5G001503	肽基脯氨酸顺反异构酶 cyp38，叶绿体亚型 x1
5	Paulownia_LG11G000718	蛋白质 mimgu_u Mgv1A00959mg
6	Paulownia_LG7G001603	蛋白质 mimgu_u mgv1a008438mg
7	Paulownia_LG2G000822	类叶绿体 ω-酰胺酶
8	Paulownia_LG7G001416	蛋白质 mimgu_u mgv1a016919mg
9	Paulownia_LG11G000952	40s 核糖体蛋白 s19-3
10	Paulownia_LG14G000334	Remorin
11	Paulownia_LG18G000131	肽基脯氨酸顺反异构酶 cyp57
12	Paulownia_LG17G000474	蛋白质 mimgu_u mgv1a026336mg
13	Paulownia_LG17G000473	蛋白质 mimgu_u mgv1a026336mg
14	Paulownia_LG17G000467	类 Secologanin 合成酶
15	Paulownia_LG17G000475	类 Secologanin 合成酶
16	Paulownia_LG17G000468	假设蛋白质 mimgu_u mgv1a026336mg
17	Paulownia_LG18G000344	非特征蛋白 loc105164832
18	Paulownia_LG16G001344	Dna 损伤结合蛋白 1
19	Paulownia_LG8G000196	Dna 损伤结合蛋白 1
20	Paulownia_LG0G000488	含 Snf2 结构域的类 3 蛋白
21	Paulownia_LG5G000839	核酮糖二磷酸羧化酶小链，类叶绿体
22	Paulownia_LG10G001535	类骸骨蛋白
23	Paulownia_LG8G001066	半胱氨酸合酶 2
24	Paulownia_LG7G000783	蛋白 Abili2 样亚型 x1
25	Paulownia_LG18G001078	Rna 结合蛋白 fus 亚型 x1
26	Paulownia_WTDBG02384G000007	预测蛋白质
27	Paulownia_LG8G001939	蛋白质 mimgu_u Mgv1A01273MG
28	Paulownia_TIG00001202G000005	组蛋白 h2b
29	Paulownia_LG4G001348	可能组蛋白 h2b.1
30	Paulownia_LG19G000204	类组蛋白 h2b
31	Paulownia_LG19G000203	类组蛋白 h2b
32	Paulownia_LG19G000201	类组蛋白 h2b
33	Paulownia_LG12G000642	组蛋白 h2b
34	Paulownia_CONTIG01606G000004	类组蛋白 h2b
35	Paulownia_CONTIG01606G000003	类组蛋白 h2b
36	Paulownia_CONTIG01580G000084	组蛋白 h2b
37	Paulownia_LG18G001004	含 Cap-gly 结构域的连接蛋白 1
38	Paulownia_WTDBG02342G000002	未命名蛋白质
39	Paulownia_LG2G000484	氧化还原酶家族蛋白
40	Paulownia_LG7G001557	花粉特异蛋白 sf21-like
41	Paulownia_LG18G000171	花粉特异蛋白 sf21-like
42	Paulownia_LG4G000321	Ran gtpase 激活蛋白 1
43	Paulownia_WTDBG01685G000003	蛋白质转运蛋白 sec31 同源物 b
44	Paulownia_LG3G000981	低质量蛋白质：蛋白质转运蛋白 sec31 同源物 b-like
45	Paulownia_LG0G000726	蛋白质转运蛋白 sec31 同源物 b
46	Paulownia_LG19G000988	非特征蛋白 loc105166844

续表

数目	基因 ID	Nr 注释
47	Paulownia_LG5G001304	40s 核糖体蛋白 s19-1
48	Paulownia_CONTIG01580G000131	核酮糖二磷酸羧化酶/加氧酶激活酶，叶绿体样亚型 x1
49	Paulownia_LG15G000294	蛋白质 mimgu_u mgv1a006830mg
50	Paulownia_LG5G001503	肽基脯氨酸顺反异构酶 cyp38，叶绿体亚型 x1
51	Paulownia_LG11G000718	蛋白质 mimgu_u Mgv1A00959mg
52	Paulownia_LG7G001603	蛋白质 mimgu_u mgv1a008438mg
53	Paulownia_LG2G000822	类叶绿体 ω-酰胺酶
54	Paulownia_LG7G001416	蛋白质 mimgu_u mgv1a016919mg
55	Paulownia_LG11G000952	40s 核糖体蛋白 s19-3

附表 12-3　酵母双杂交筛选与 Pawb20 相关基因列表

数目	基因 ID	Nr 注释
1	Paulownia_LG8G000967	光系统 II 10kDa 多肽，叶绿体
2	Paulownia_LG19G000936	核糖体结合因子 PSRP1，叶绿体
3	Paulownia_LG4G000546	类富含甘氨酸的细胞壁结构蛋白
4	Paulownia_LG4G000116	组蛋白 H1 样
5	Paulownia_LG17G000877	冷干旱调节蛋白 CORA-like
6	Paulownia_TIG00001108G000006	非特征蛋白 AT5G0610
7	Paulownia_LG18G000658	非特征 LOC105179131
8	Paulownia_LG5G000240	40S 核糖体蛋白 S6 样
9	Paulownia_LG17G000876	类冷干旱调节蛋白 CORA
10	Paulownia_LG10G001055	低温诱导半胱氨酸蛋白酶
11	Paulownia_LG1G000848	质膜 ATP 酶 4
12	Paulownia_LG8G001788	阳离子氨基酸转运蛋白 8，液泡
13	Paulownia_LG10G000605	几丁质酶样蛋白 1，转录变体 X2
14	Paulownia_LG10G000826	类 FEZ 蛋白
15	Paulownia_LG8G000796	细胞色素 b561 和含 DOMON 结构域的蛋白 At4g17280
16	Paulownia_LG14G000028	非特征 LOC105159914
17	Paulownia_LG0G001753	葡聚糖内切-1,3-β-D-葡萄糖苷酶，转录变体 X1
18	Paulownia_CONTIG01580G000305	磷脂转运 ATP 酶 1 样
19	Paulownia_CONTIG01580G000304	磷脂转运 ATP 酶 1 样
20	novel_model_173_5afbe647	非特征 LOC105174670
21	novel_model_1722_5afbe647	含 Rhodanes 样结构域蛋白 9，叶绿体
22	Paulownia_LG8G000967	光系统 II 10kDa 多肽，叶绿体
23	Paulownia_LG17G000876	冷干旱调节蛋白 CORA-like
24	Paulownia_LG8G001592	未鉴定的 LOC105178484，转录变体 X1
25	Paulownia_LG8G000967	光系统 II 10kDa 多肽，叶绿体
26	Paulownia_LG15G001189	可能胆碱激酶 1，转录变体 X3
27	Paulownia_LG3G000046	非特征 LOC105173019
28	Paulownia_LG14G000439	UDP 半乳糖/UDP 葡萄糖转运蛋白 3
29	Paulownia_LG7G000091	光系统 II 核心复合蛋白 psbY，类叶绿体
30	Paulownia_LG8G000967	光系统 II 10kDa 多肽，叶绿体
31	Paulownia_LG15G000638	V 型质子 ATP 酶 16kDa 蛋白脂亚基
32	Paulownia_LG12G000838	铜运输 6
33	Paulownia_LG4G000546	富含甘氨酸的细胞壁结构蛋白样

续表

数目	基因 ID	Nr 注释
34	Paulownia_LG12G000310	富含甘氨酸的细胞壁结构蛋白样
35	Paulownia_LG7G001663	含泛素结构域的蛋白 DSK2a 样转录变体 X8
36	Paulownia_WTDBG01627G000001	类莲藕半胱氨酸蛋白酶抑制剂 12
37	Paulownia_LG16G001074	硫胺噻唑合酶 2，叶绿体
38	Paulownia_LG16G000802	非特征 LOC105168112
39	Paulownia_LG3G000321	富含半胱氨酸的跨膜结构域蛋白 A
40	Paulownia_LG9G000177	核糖体结合因子 PSRP1，叶绿体
41	Paulownia_LG3G001382	蛋白质曲率类囊体 1A，叶绿体
42	Paulownia_TIG00017057G000004	金属硫蛋白样蛋白 2 型
43	Paulownia_LG10G000605	几丁质酶样蛋白 1，转录变体 X2
44	Paulownia_LG6G000368	类镁转运蛋白 MRS2-3
45	Paulownia_LG2G001055	镁转运车 MRS2-3
46	Paulownia_LG8G000967	光系统 II 10kDa 多肽，叶绿体
47	Paulownia_LG8G000967	光系统 II 10kDa 多肽，叶绿体
48	Paulownia_LG1G000962	类 CAMP 调节磷蛋白 21
49	Paulownia_LG10G001055	低温诱导半胱氨酸蛋白酶
50	Paulownia_LG5G000210	非特征 LOC105171211
51	Paulownia_LG12G000211	含 KH 结构域蛋白 At4g18375 样（LOC105163387）
52	Paulownia_LG18G001158	类 Syntaxin-22
53	Paulownia_LG9G001227	咖啡酰硫代甲酸酯酶，misc\U RNA
54	Paulownia_LG2G000646	糖转运蛋白 14
55	Paulownia_LG17G000876	类冷干旱调节蛋白 CORA
56	Paulownia_LG1G000962	类 CAMP 调节磷蛋白 21
57	Paulownia_LG8G000967	光系统 II 10kDa 多肽，叶绿体
58	Paulownia_LG14G000698	光系统 II 核心复合蛋白 psbY，叶绿体
59	Paulownia_LG0G001363	非特异性脂质转移蛋白样蛋白 At2g13820
60	Paulownia_LG14G000043	10kDa 类伴侣蛋白
61	Paulownia_LG16G001074	硫胺噻唑合酶 2，叶绿体样
62	Paulownia_LG18G001116	类蛋白 GPR107
63	Paulownia_LG8G000265	La 相关蛋白 6A
64	Paulownia_LG11G000158	40S 核糖体蛋白 S6
65	Paulownia_LG8G000660	白蜡多泛素 11，转录变体 X2
66	Paulownia_LG8G000967	光系统 II 10kDa 多肽，叶绿体
67	Paulownia_LG0G000035	富含丝氨酸/精氨酸剪接因子 RS31 样，转录变体 X1
68	Paulownia_LG17G000876	类冷干旱调节蛋白 CORA
69	Paulownia_LG7G001663	含泛素结构域的蛋白 DSK2a 样转录变体 X8
70	Paulownia_LG8G000967	光系统 II 10kDa 多肽，叶绿体
71	Paulownia_LG7G000317	非特征 LOC105160017
72	Paulownia_LG4G001091	地黄扩张素（EXPA1）mRNA，完全 cds
73	Paulownia_WTDBG01627G000001	类莲藕半胱氨酸蛋白酶抑制剂 12（LOC104586062）
74	Paulownia_LG8G000967	光系统 II 10kDa 多肽，叶绿体
75	Paulownia_LG2G001415	LIMR 家族蛋白 At5g01460
76	Paulownia_LG8G000967	光系统 II 10kDa 多肽，叶绿体
77	Paulownia_LG8G001016	果糖二磷酸醛缩酶，细胞质同工酶 1

续表

数目	基因 ID	Nr 注释
78	Paulownia_LG8G001822	60S 核糖体蛋白 L18a 样蛋白
79	Paulownia_LG3G000321	富含半胱氨酸的跨膜结构域蛋白 A
80	Paulownia_LG3G000046	非特征 LOC105173019（LOC105173019）
81	Paulownia_LG14G000770	叶绿素 a-b 结合蛋白，叶绿体（LOC105168418）
82	Paulownia_LG10G001297	非特征 LOC105159382
83	Paulownia_LG2G000646	类糖转运蛋白 14
84	Paulownia_LG6G000583	鳞片启动子结合样蛋白 6
85	Paulownia_WTDBG01858G000001	非特征蛋白 C10orf62 同源物，转录变体 X3
86	Paulownia_LG9G001218	类跨膜蛋白 115
87	Paulownia_LG8G000967	光系统 II 10kDa 多肽，叶绿体
88	Paulownia_LG8G000967	光系统 II 10kDa 多肽，叶绿体
89	Paulownia_LG19G000791	类膜类固醇结合蛋白 1
90	Paulownia_LG16G001074	硫胺噻唑合酶 2，叶绿体
91	Paulownia_LG15G000606	非特征 LOC105166034
92	Paulownia_LG3G000254	DNA 定向 RNA 聚合酶 II、IV 和 V 亚基 3
93	Paulownia_LG16G001074	硫胺噻唑合酶 2，叶绿体样
94	Paulownia_LG1G000172	mec-8 和 unc-52 蛋白同源物 2 的抑制子（LOC105173726）
95	Paulownia_LG10G001024	Peamaclein 样，转录变体 X2
96	Paulownia_LG9G000538	推测的甘油-3-磷酸转运体 1
97	Paulownia_WTDBG01627G000001	类莲藕半胱氨酸蛋白酶抑制剂 12
98	Paulownia_LG17G000876	类冷干旱调节蛋白 CORA
99	Paulownia_LG16G000469	可能的谷胱甘肽 S-转移酶
100	Paulownia_LG15G000238	泛素折叠修饰因子 1
101	Paulownia_LG1G000147	类角鲨启动子结合蛋白 12

第三编　育种与栽培

第十三章　泡桐种质资源保存及利用

种质资源是指携带生物遗传信息的载体，具有实际或潜在的利用价值（刘旭等，2018）。种质是种质资源的核心，种质资源是种质的载体，植物种质资源包括植株、种子、无性繁殖器官（接穗、珠芽、试管苗等）、花粉，以及单个细胞（张雪松等，2022）。因此，保存种质资源，实质上是保护那些能决定生物某些性状的DNA序列（种质），是外在表现和内在本质的结合（王亚馥和戴灼华，1999）。

泡桐作为我国重要的速生优质用材和生态防护树种，在我国商品林建设和生态环境保护方面有着不可替代的作用。我国是泡桐种质资源最丰富、分布范围最广的国家，仅大陆就有9种2变种和众多变异类型。泡桐种质资源是新品种种质创新与培育的基础，种质资源的收集、保存、评估和利用是当今生物学及知识产权保护最重要的工作。

为此，加大对我国泡桐种质资源的清查力度，调查泡桐种质的类型、分布及保存现状，掌握泡桐种质资源的家底，制定统一保护规划，即设定一揽子资源保存方案，对野生资源保护、扩散引种利用、新型种质资源创制等人为活动情况进行统计分析，并结合泡桐的栽培模式及其标准化利用、生产开发利用方式方法及市场综合利用等情况开展综合科学分析，确立我国泡桐种质资源保护与长期利用总体规划，制定今后一个时期尤其是现阶段的泡桐种质资源保护重点工作、方式方法等，为泡桐树种保护利用及产业发展提供资源保障，也给泡桐产业的总体发展提供技术支持。

第一节　种质资源保存原则及规划

一、种质资源保存现状

早在20世纪70年代，世界各国就开展了森林种质资源（又称为基因资源）的收集与保存。1975年联合国粮食及农业组织（FAO）和环境规划署颁发的“森林基因资源保存方法学”作为全球基因资源保存的行动纲要。此后，许多国际组织对生物多样性问题进行专门研究，并相继开展植物种质资源保存工作，建立以农作物为主的种质种源库，在农业生产中引发了巨大的产业革命，引导着农业向着现代化方向发展；花卉业在欧美国家开展得较早，如蔷薇科月季类、茶树类、郁金香类及杜鹃、兰花、玉兰、牡丹、荷花、梅花、菊花、蜡梅、百合等，引导着产业化现代化发展步伐；中药材方面一大批名贵中草药种质资源得到保护（万兵，1990），建立国家药用植物种质资源库、国家中药种质资源库（四川）等（王继永等，2020），培育一大批优良新品种，为中医药现代化发展提供了坚强的技术支持；林木种质的果树资源方面，在猕猴桃、核桃、梨、桃、石榴、大枣、柿子、柑橘、苹果、葡萄等方面得到比较成功的保护与开发利用，正向着果树的产业化现代化迈进；在林木种质资源保存方面，因受自然地理和分布广而分散等影响因素较多，工作相对滞后，但先后在杉木、马尾松、杨树、油松、落叶松、水杉、银杏、楸树、泡桐等方面开展了种质资源的保护工作，引导着林业在育种、生态建设与林木产品精深加工利用等方面取得了可喜的进步。至2018年，全国已建设完成58个国家级作物种质资源圃（库），包括粮食、果树、蔬菜、棉麻、烟草等经济作物350多种；67个国家级专类花卉种质资源圃，涉及石斛、兰花、牡丹、杜鹃、鸢尾、梅、萱草等近70个科属的传统、珍稀濒危花卉，新优特品种，有潜在利用价值的花卉种质资源等，标志着我国花卉种质资源的保护利用站到了新的起点

（张雪松等，2022）。

中国农业科学院郑州果树研究所及山西、陕西、山东、河南、海南、湖北等地相继建立的葡萄、苹果、枣、梨、桃、猕猴桃、茶树、橡胶、杉木、马尾松、杨树等各类种质资源保存库（圃），其种质资源都得以严格的保护和开发利用，产生了显著的经济和社会效益。当今农业最根本的竞争是种质资源和种子产权保护与利用之间的竞争，谁拥有了植物种质资源，谁就拥有植物新种质创制的主动权；谁拥有了良种（新品种），谁就占领了种子市场的制高点及农林产业未来发展的方向。近年来，随着我国对知识产权保护工作的日益深入，植物新品种保护工作制度化顺利推进，特别是近年来国家实施的种子工程，都将为我国农林产业的可持续发展奠定坚实基础。因此，开展对泡桐种质资源的保存及创新利用，对泡桐产业的健康发展具有十分重要而深远的影响。

我国泡桐种质资源保护工作相对滞后。我国有泡桐属完整的植物种群，种间和种内变异丰富，在保持生物多样性和选择利用等方面具有重要意义。泡桐生长快、轮伐期短，优良基因资源容易流失；分布范围小的种群濒临灭绝；以及 20 世纪 70 年代以来，国内通过推广选择和杂交途径，选育出一批杂交组合、单株和无性系亟待保存。因此，全面开展泡桐种质资源调查、搜集和保护工作显得尤为重要。

二、泡桐种质资源的概念

泡桐是我国主要造林树种，对泡桐种质资源进行保存及利用具有十分重要的意义。

种质（germplasm），是指亲代通过有性生殖过程或体细胞直接传递给子代并决定其固有特性的遗传种质基因（宋朝枢等，1993）。

林木种质（tree germplasm），是指由其亲代传递给子代的遗传物质，包括具有不同遗传基础可用于遗传育种的泡桐林木群体、个体、器官、组织和基因等材料（周志春等，2015）。

林木种质资源（forest germplasm resource），是指林木种及种以下分类单位具有不同遗传基础的林木个体和群体的各种繁殖材料总称（宋朝枢等，1993）。

种质资源库（germplasm resource bank），是指保存林木资源的场所。按照保存方法不同将其划分为原地、异地和设施保存库三种；也可按搜集保存种质的性质分为种源种质库、家系种质库、无性系种质库和品种种质库。

林木种质资源库（store of forest trees germplasm resource），是指保存林木种质资源的场所（宋朝枢等，1993）。按照其保存方法分为原地、异地和设施保存库；也可按搜集保存种质的性质分为种源种质库、家系种质库、无性系种质库和品种种质库（周志春等，2015）。

种质资源异地保存库（ex situ conservation bank of germplasm resources），是指林木种质资源在原生境以外栽培保存的场所。

原地保存（in situ conservation）又称为就地保存，是指将种质资源在原生地进行保存。

异地保存（ex situ conservation）又称为迁地保存，是指将种质资源迁移出原生地栽培保存。

离体保存（in vitro conservation），是指种质资源的种子、花粉及根、穗条、芽等繁殖材料，离开母体进行贮藏保存。

林木种质资源异地保存库主库（main tree germplasm resources bank of ex situ conservation），是指泡桐在其主要分布区搜集保存的种质资源最丰富、最完整、最具代表性和种质利用研究水平最高的异地保存种质库。

林木种质资源异地保存库副库或备份库（duplicated tree germplasm resources bank of ex situ conservation），是指为确保泡桐种质资源的长期保存安全和利用，避免因生物和非生物因素造成潜在的丢失或损失，在其主库以外建立的保存主库中全部或部分种质的异地保存种质库。

种源（provenance），是指取得种子或繁殖材料的原产地理区域。

家系（family），是指同一植株（或无性系）的自由授粉子代，或由双亲控制授粉产生的子代总和，前者称为半同胞家系，后者称为全同胞家系（包括自交系）。

无性系（clone），是指由同一原株经营养繁殖所产生植株的总和。

品种（variety），是指经人工选育能适应一定的自然环境和栽培条件，遗传性状稳定一致，在产品数量和质量上符合要求，并作为生产资料使用的栽培植物群体。

杂交种（hybrid），简称杂种，是指由基因型不同的亲本交配所产生的子代。

地方品种（landrace），是指在当地的自然和栽培条件下，经长期选择培育而形成的品种，也称为农家品种。

以上是涉及泡桐种质资源库的保存及利用的有关概念，对规范泡桐种质资源库的建设、管理及利用具有指导性作用。

三、泡桐种质资源保存的原则与规划

（一）原则

鉴于泡桐各种所具有的区域性分布（最佳适生区、材性变异性）、广泛的适应性和易于形成新的杂交组合等特点，特制定该保存原则。

1）以保护泡桐各种（原始种）树种不灭绝，保存种的基因稳定性（不变异）和基因不丢失，并满足利用为目的。例如，针对各种及其变异类型，为保持其固有基因特性的稳定性，可采用原地保存、分气候区域分散保存、宜于杂交变异类型采取远距离或隔离方式分别保存等，以保护种质资源的基因稳定性和种源的纯度。

2）根据泡桐不同种的林木特性及现状采用相应的保存方法。例如，林木群体以原地保存为主，濒危类型、散生、保存困难等泡桐资源种类适宜于选择气候类型相似相近原则进行异地集中保存，以保护泡桐各类种质资源的完整性、基因的连续性。

（二）规划

1）开展泡桐林木种质资源调查（参照GB/T 14072-1993）是对泡桐种质资源进行保护的基础。这是泡桐种质资源保护的重要依据，为泡桐种质资源保护提供第一手资料，它与泡桐种质资源保护策略、基因保存方式方法的采纳至关重要，也是泡桐产业化开发利用的关键一步。

2）在泡桐林木种质资源调查基础上，按照自然生态区，以省（自治区、直辖市）为单位进行泡桐种质资源的保存规划及任务确认。这也是统一制定泡桐种质资源保护的策略，是泡桐种质资源创制及开发利用的基础与条件。

3）充分利用已建的自然保护区、林木良种基地、地理标志保护等。

4）凡规划中要求原地保存的，应在原生地搜集。

5）提出泡桐立体保存规划，条件适宜时建立保存库（也可以建立多树种综合保存库的种子库）。

6）根据泡桐各种的具体情况提出对其保存的期限、更新、营林措施等技术性指标要求。

泡桐种质资源保存应符合《中华人民共和国种子法》“第二章　种质资源保护”中第八条、第九条、第十条、第十一条之规定，即国家依法保护种质资源；有计划地普查、收集、整理、鉴定、登记、保存、交流和利用种质资源；国务院农业农村、林业主管部门应当建立种质资源库、种质资源保护区或者种质资源保护地；国家对种质资源享有主权；从境外引进种质资源的，依照国务院农业农村、林业主管部门的有关规定办理。这从制度上保护了我国生物种质资源，也为泡桐等植物的种质资源保存提供了法律依据。

第二节　泡桐种质资源的保存

一、泡桐种质资源保存方法

（一）泡桐种质资源保存现状

我国林木种质资源保存，是从1956年开始的自然保护区建设开始的，中国林木种子集团有限公司和中国林业科学研究院等林木良种及遗传改良机构结合种源、林分、家系、优树、特殊用途个体及无性系进行了种质资源保存，完成对杉木、马尾松等10多个主要针叶造林树种的种源林分和种源试验林群体不同程度的原地保存和异地保存。至1990年，全国已选出26 000株表现型优树，并对多数树种进行了异地保存（侯元凯等，1997）。至今，除了几个主要省份的课题组完成对泡桐种质资源的区域性调查外，目前关于泡桐种质资源的原地保存库建设未见报道。

在异地保存下，Guldager（1978）依保存目的不同分为：①维持原群体基因型频率不变的静态保存；②维持原群体基因频率不变的静态保存；③进化保存；④选择保存。黄启强（1989）依据对象基因群体的处理方法不同又把原境外保存分为：①个别基因库保存；②基因型保存；③选择保存；④树木园保存（侯元凯等，1997）等。在阔叶树种质资源保存方面，朱之悌（1992）对毛白杨（优树）种质资源保存的方式、程序、方法进行了基础研究，建立了毛白杨无性系根苗档案库和无性系花枝标本园。

我国的泡桐种质资源保存工作始于20世纪70年代初，河南农业大学（泡桐研究所）等单位进行了全国性的泡桐种质资源收集工作，以收集优树为主，兼顾种源、家系和类型，覆盖22个省156个县收集了18个种和变种的3000多份种质资源。此后，全国许多单位也进行了这项工作，其中中国林业科学研究院组织的全国优树收集规模最大，共选出泡桐优树885株。侯元凯等（1997）针对泡桐种质资源提出两种保存方法：①短期保存，结合优树收集区保存、与种源试验林保存相结合、与种子园保存相结合、与各类测定林相结合等；②长期保存，自然保护区保存（泡桐在稳定生境和自然选择压下，依靠天然种子更新或萌生形成相对稳定的与其他树种混交构成的自然保存群落）、设施保存（利用冷藏库、超低温库和组织培养室等设施进行种子、花粉和组织的长期保存，即现代化种质资源保存。对耐干燥林木种子能实现中期30年以上、长期50年以上保存），以及植物园保存（属分类系统保存）。泡桐建库保存构想：在南方桐区即长江以南地区，以白花泡桐、台湾泡桐为主要收集保存对象；西北桐区为干旱和半干旱地区，以毛泡桐为主要收集保存对象；北方桐区为黄淮海地区，主要收集泡桐优良无性系；西南高原即云贵川地区，以川泡桐为主要收集保存对象建立4个基因库。建设地点宜在国有林场，面积20～33hm^2。采取人工更新，过熟砍伐，依靠母树根萌发繁殖后继林即天然或人工次生林（侯元凯等，1997）。

我国的9种泡桐2变种及其变异类型中，分析其物候特性及其气候节律特点，各种及其变种对气候的影响具有明显的特征，分布区相对较为严格（也有跨度大的品种品系如白花泡桐、兰考泡桐等）。我国也是世界上泡桐种质资源最丰富、分布范围最广的国家。然而，由于自然和人为等原因，我国泡桐种质资源缺乏保护而日趋减少，特别是一些珍贵泡桐资源遭到毁灭性破坏或已濒临灭绝，严重威胁我国特有珍贵泡桐资源的生存与发展。泡桐种质资源原（异）地保存，以及针对挽救、保护和综合利用工作已迫在眉睫。其中，收集优良泡桐种质资源并进行无性繁殖是挽救和保护泡桐种质资源最有效的措施（李芳东等，2010）。鉴于此，一是将泡桐的种质资源保存建设划定为原产地野生群落保护类型（原地保存）和集中引种建立种质资源基因库保护类型（异地保存）2种和离体保存1种；二是实施多区域（点）的泡桐种质资源保护策略，以确保泡桐各种处于最佳保护状态。

为丰富我国泡桐的遗传多样性而开展的泡桐遗传育种、杂交育种、优良无性系选育、多世代连续遗传改良、造林栽培等领域的研究，丰富了泡桐种质资源，为泡桐产业发展提供了技术支撑。基因库按中华人民共和国国家标准《林木种质资源保存原则与方法》（GB/T 14072—1993）和中华人民共和国林业行业标准《林木种质资源异地保存库营建技术规程》（LY/T 2417—2015）种质资源异地保存标准营建。

（二）原地保存

1. 原则

1）设立泡桐种质资源保护区，应尽可能利用国家和地方建立的自然保护区和保护林。

2）建立原地保护区，应包括保存区内构成泡桐森林群体的全部树种；每个树种群体要有 3 个以上的保存点，并在其周围设立保护带。单独的泡桐群体和零星的个体也应建立保存点。

3）优良林分，古树名木及优树等的原地保存按国家及地方有关规定办理。

4）保存区的面积必须考虑到保存泡桐林木群体的生态和遗传稳定性。①保存面积≥50hm^2，面积不足 25hm^2 应全部保存，保存区内含两个树种，面积要增大 1/3，包含 3 个以上树种，面积要增大 2/3；②林木群体健康，无明显的病虫害及其他干扰，登记、观测记载和基因保存；③加强管护措施。

5）种质资源调查（优株），可以是单株或由 1 个或几个小型群落组成，原地生境相对稳定，是原地保存的另一保护形式（但存在一定的不确定性，如易损毁丢失等）；保护形式根据具体情况确定。也可以将其列入古树名木类型加以保护，加以编号、挂牌、登记、观测记载和基因保存重点保护，加强管护措施。为便于泡桐种质资源的保存和利用，可以在原地对泡桐优株通过无性繁殖方法建设泡桐母树林（园）和苗圃，这也是对泡桐种质资源的另外一种保护形式。

2. 保存方法

（1）选址

通过对泡桐各种（原始种）天然分布区原生态泡桐群落调查，选择白花泡桐、毛泡桐、楸叶泡桐、山明泡桐、南方泡桐等主要原始种（或天然杂交种）形成的自然群落，经鉴定符合原地保存建库要求的，提出建库方案报批后建库。库址选定后，应确定其是否在自然保护区或保护林内，若不是，可以申请为泡桐原地保存库的保护林区。

（2）建库

坐标及面积确定，开展林分调查，林分清理（抚育），泡桐小班及片林定位，单株统计，优株选定，防护林带设定及建设维护，制定抚育措施及经营方案及调查、登记、绘图（保存库坐标图、单株位置图）、拍照、建档及归档保存。

（3）基建

种质保存库建设首先应对道路、防火通道等基建项目区进行地面清理、平整、修建。泡桐原地种源保存库应满足以下要求：①首先规划修建道路，包括向外通达的大路（6～8m），保护区边缘的沿防火通道设环四周管（巡）护道路（1～2m，其外围可与防火通道合并），库区内部设主路（4～6m）、生产观测试验道路（2～3m）等；②环四周设隔离防火通道（宽度 30～50m），并制定相关制度、配备防火人员及设备；③建立有相应的生产管理用房、科研观测试验用房和苗木繁育圃等基础设施、设备，建设面积根据实际需要而定。同时，应配有水电路渠等附属基础设施等。

（4）标牌设置

在进入泡桐种质保存库区道路入口处设立明显标识牌，在泡桐种质保存库、小班（分区）优株、母树及母树林（由优株经无性繁殖而建立的用于育种、引种等需要的标准化人工林）、种源或家系等类标识牌，各类标识牌的设置可参照 LY/T 2417—2015 制成统一规格或永久性固定标识牌［载明建设单位、建设地点、建设内容、时间及具体位置地形图（含坐标位置等内容）］。

（5）保护林带

在泡桐林木种质保护库环四周管（巡）护道路外侧，应保留（建立）适当宽度的保护林带（5～10m），选择水土保持、水源涵养或防风防火等生态功能显著的树种（树高不得超出原地保存库树高）形成保护带。

（6）优株选定

从树龄、胸径/地径、树高、枝下高/干高、冠干比、冠径/冠高、冠形/透光度、叶型指数、感病指数及芽、花、果实等生物学性状和物候期等综合指标及技术参数等来确定，并同时进行连续观测记载分析，选定出初步符合要求的单株为优株，作为育种和繁殖材料，加强抚育管理。最后对选定的优株进行挂牌、登记、绘图、拍照/摄像、建档、归档、保存。

（7）搜集材料

包括泡桐的种子、苗木、枝、根、芽、叶、花、果实等繁殖材料。搜集方法参照 LY/T 2417—2015 执行。

3. 抚育管理

（1）抚育管护

泡桐种质保存库的管理，首先应对原地保存库区内的树木进行清理，清除枯死木、压倒木、病虫危害木、过密的灌木及其他影响到泡桐的下层木等；其次是在保持原生长状态情况下，加强对泡桐木的病虫害防治监测、松土除草（割灌）、扩穴、施肥和树体管理，清除枯死木等抚育措施，保存库内抚育管理措施要求一致。

（2）灾害防控

根据保存库内病虫害和有害动物的发生、发展和活动规律，采用有效措施及时防治。加强检疫，严禁危险性病虫害及其他有害生物引入保存库，做好护林防火工作。

（3）密度管理

不过多进行人工干预，保持原生态泡桐的正常生长发育。

4. 保存期限

原地保存的保存期限是长期保存。

5. 更新方式

以天然更新为主，辅以人工促进措施，保持其自然世代演替。

6. 档案管理

凡调查、搜集、保存的设计方案、请示及审批文件、实施计划、观测记载、总结报告、保存库基本情况、种质（优树、母树）登记及测定评价、保存库生产管理登记、相关试验的田间设计和试验结果，以及相关图表、图片、照片、音（影）像资料、标本、技术管理文件等。还包括基地的科研活动及项目实施、科普活动及图片、音（影）像资料等均应详细记载。档案要有专人负责，进行记载、整理、审查、归档及长期保存。应同时保存纸质版和电子版档案，技术支撑单位、生产单位和主管部门各存 1 份。

（三）异地保存

1. 原则

1）必须根据生态带和生态区，选择建立泡桐种质资源库的地点，并根据立地类型、小气候等条件，在每个种的分布区内，合理布局各种类型的泡桐种质资源保存点。

2）所收集的苗木应为壮苗，或收集种子、花粉、穗条、根、芽等进行繁殖或贮藏。

3）保存的主要形式有国家和地方建立的林木种质资源库，林木良种基地收集区（圃）、植物园、树木园及种质资源储藏库等。

2. 库址选择

（1）地点选择

在泡桐林木种质适生区内选择建库的地点。库址要求交通方便，利于长期保存，避免有害生物（兽、鼠、病虫等）和非生物（冻害、涝渍、地质灾害等）等不利因子的影响。

（2）立地选择

园地建库保存宜选择地形平缓、坡度不超过 25°（原则上根据山区丘陵区具体情况确定），土层深厚、排灌良好、小气候条件优越的立地建立泡桐种质资源保存库。但具体应当适地适树，依据应保存泡桐种质的生物学和生态学特性，确定适宜的海拔、坡向、土壤质地、土壤酸碱度（pH）等立地条件。

（3）泡桐种质资源库的数量

按照泡桐种质资源的育种区或种子区分别建库保存。同一种质资源应保存不少于 2 个不同地点的种质保存库中，其中，主库 1 个，副库（或备份库）不少于 1 个。以防止基因资源的意外损失或丢失。

3. 收集保存对象和数量

1）保存对象：①树种的种源群体；②部、省级复审评选出的泡桐优良单株、优良品种；③经遗传改良获得的抗性强的优良家系、无性系；④引进的品种、品系。

2）保存数量：①1 个种源不少于 50 个家系；②1 个家系 50 株以上；③1 个无性系 10 株以上；④引进树种，每种不少于 100 株。

4. 搜集材料

包括泡桐的种子、苗木、枝、根、芽、叶、花、果实的繁殖材料。搜集方法参照 LY/T 2417—2015 执行。

5. 无性系保存库和品种保存库

（1）区块划分

按地形划分为若干大区，下设小区。地势平坦地块可划分成正方形或长方形；山区沿山脊、山沟或道路等划界，应连接成片。小区按坡向、坡位和山脊等区划。大区界宽于定值 3～4m，小区间隔界宽于定值 1～2m。

（2）分区保存

按泡桐无性系和品种（系）的产地、特性等不同分区保存和管理。对于搜集的泡桐天然林优树无性系按其产地或气候带不存在同一个小区内。

（3）营建方法

林地准备：整地前清除植被和采伐剩余物。平地和地势平坦的缓坡地，可全面整地或带状整地，坡度较大的山地要求开设水平带，或修筑反坡梯田，带面宽 2～3m，带间距离 4～6m。按定植株行距挖栽植穴，穴直径 50～60cm，穴深 50～60cm。准备工作应在定植前的 1～3 个月完成，同时穴内施好基肥，具体施肥种类和数量按照 GB/T 15776 执行。

苗木培育：泡桐无性系或品种苗木可采用嫁接、埋根、扦插、组培等无性繁殖方法培育。其中，对稀缺的泡桐品种（系）、新培育的优良无性系可采用嫁接方法繁殖；埋根育苗是最直接和经济的手段。

栽植密度：一般定植株行距为 4m×6m；具体还应根据立地条件而定。

栽植时间：落叶后的秋栽或春栽为宜。

种植数量：每个无性系或品种（系）的种植株数为 6 株以上。

保存期限：长期保存。

6. 种源保存库和家系保存库营建

（1）保存库试验（或排列）设计

结合种源和家系测定建立种源和家系保存库。保存库内的地块形状尽量完整，土壤条件基本一致，试验设计按 LY/T 1340 执行。

（2）营建方法

1）林地准备：整地前清除植被和采伐剩余物。平地和地势平坦的缓坡地，可全面整地或带状整地，带状整地的带面宽 100cm×120cm，坡度较大的山地要求保留上坡或顶部的原有植被，采用块状整地，规格为（100～120cm）×（100～120cm）。按定植株行距挖栽植穴，穴直径 50～60cm，穴深 50～60cm。准备工作应在定植前的 1～3 个月完成，同时穴内施好基肥，具体施肥种类和数量参照 GB/T 15776 执行。

2）苗木培育和栽植：苗木培育按 GB/T 6001 和 LY/T 1000 执行。

3）种植数量：按 LY/T 1340 执行。

4）保存期限：长期保存。

7. 基础设施建设

（1）生产基础设施

泡桐栽植种源保存库应建立有相应的生产管理用房和苗木繁育圃等基础设施，建设面积根据实际需要而定。同时应配有水电路渠等附属基础设施。

（2）标牌设置

应设置泡桐种质保存库、分区或区组或重复、栽植行或水平条带、种源或家系或无性系或品种 4 类标识牌，各类标识牌的设置可参照 LY/T 2417—2015 制成统一规格或永久性的固定标识牌[载明建设单位、建设地点、建设内容、时间及具体位置地形图（含坐标位置等内容）]。

（3）保护林带

泡桐林木种质保护库应建立 2～3 行保护林带。栽种水土保持、水源涵养或防风防火等生态功能显著的树种形成保护带。结合种源和家系测定林建立的种源和家系保存库应在测定林的边缘建立 2～3 行同一树种的保护林带。

8. 抚育管理

（1）抚育管护

种质保存库建成后，加强松土除草（割灌）、扩穴、施肥和树体管理，及清除枯死木等抚育措施，死亡植株需于造林当年或翌年补植，保存库内抚育管理措施要求一致。

（2）灾害防控

根据保存库内病虫害和有害动物的发生、发展和活动规律，采用有效措施及时防治。加强检疫，严禁危险性病虫害及其他有害生物引入保存库，做好护林防火工作。

（3）密度管理

1）无性系保存库和品种保存库。及时伐除病虫严重的植株，促进保存植株正常生长发育。每个无性系或品种保存的植株不少于 6 株。

2）种源保存库和家系保存库。树木出现明显分化时，分 2～3 次伐除被压木、枯死木等，尽量使保留的植株在小区内分布均匀。每个种源和家系保留的株数不少于 30 株。

9. 档案管理

（1）登记、绘图

泡桐种植保存库苗木栽植后，应在现场及时登记、绘图、造册、存档。

（2）建档内容

凡调查、搜集、保存的设计方案、实施计划、观测记载、总结报告、经营管理等均应详细记载。包括各类可行性研究报告、相关审批文件、初步设计方案、作业设计方案、保存库基本情况、种质登记、种质测定评价、保存库生产管理登记、相关试验的田间设计和试验结果，及相关图表、图片、照片、影像声像资料、标本、技术管理文件等。

（3）建档要求

档案要有专人记载、整理、审查、归档，长期保存。应同时保存纸质版和电子版档案，技术支撑单位、生产单位和主管部门各存 1 份。

（四）离体保存

1. 保存原则

在原地、异地保存困难的泡桐各原始种、植物新品种及具有特殊优良性状的家系、无性系等种质资源，为防止其遗传物质丢失或基因退化，可以进行离体保存。可结合国家生物育种研究中心建设合并进行种子保存。

2. 保存方法

建立林木种质资源贮藏库，在特定条件下保存其活力（参照 GB/T 14072）。

种子资源贮藏库保存，即离体保存方式，依据泡桐种质资源保护的需要对离体的各种的种子、花粉及根、穗条、芽等繁殖材料，离开母体进行贮藏保存。地点多选择在科研、教学或与生产相结合的区域。

3. 保存数量（以 1 个保存号计）

1）种子：泡桐种子千粒重较小（5g 以下），保存数量不少于 50g。

2）穗、条、根、芽等：不少于 50 个。

3）花粉：不少于 50g。

4. 材料搜集

1）保存的种子要按照种子区或生态区，在具有代表性的树上搜集或按照优良林分、优树测定等有关方面的要求采种。

2）保存的穗、条、根、芽等繁殖材料，一般在休眠期搜集，要求健壮无病虫害。

3）花粉要选择有代表性的林木，选择花序枝或直接搜集或室内水培搜集。

5. 期限

根据保存材料特性和保存条件决定更新期限。

6. 更新

达到更新期限后，重新搜集保存。

7. 档案管理

凡调查、搜集、保存的设计方案、实施计划、观测记载、总结报告等均应详细记载。

通过对泡桐种质资源三种形式的保存，最大限度地保护了各种原始种、植物新品种及特殊的家系、地方品种等优良泡桐种质资源，有效地保持了泡桐种质资源的遗传稳定性，对泡桐的树木研究、遗传育种与品种改良及泡桐产业化发展有着极其重要的意义。

二、泡桐种质资源保存库（圃）建设

（一）原地保存

1. 标准及要求

1）泡桐原地保存，应遵循有关原则。

2）种质资源调查（优株）。原地生境相对稳定，往往由 1 株或几株组成的小型群落构成，泡桐种质资源原地保存能够保存更多的野生（人工）栽培类型，开展种质资源（优株）调查、研究泡桐生物群落内部树种（物种）间的关系，对保存泡桐种质资源（优株）、新种质资源创制、新品种培育及泡桐产业发展具有深远影响。

2. 保存现状

泡桐原始种的地域性十分明显。例如，白花泡桐种群间的遗传变异占总变异的 5.96%，种群内的遗传变异占总变异的 94.04%，这说明白花泡桐的遗传多样性主要存在于种群内。UPMGA 聚类结果显示，地理位置（纬度）相近种群聚在一起，进一步证明其具有明显地域性（李海英，2016）。实施原地保存为分析研究不同区域间的引种及其物候期变化提供了条件，同时可以免受环境影响而发生变异，有效保护原始种的优良特性及遗传力，而且稳定的原始种是遗传育种的天然好材料。因此，开展泡桐的原产地野生（原生态）类型的就地保护工作显得异常重要。由于我国自然气候类型较多，泡桐不同类型分布较为分散，加之我国人口众多等特点，给原地保护带来困难与挑战。目前，我国可以开展泡桐的原产地野生类型的就地保护（原地保存）的区域（类型）主要有：白花泡桐原产地湖南一带的山区丘陵区，目前广泛分布的贵州、云南地区及越南等地（陈龙清等，1995），以及热带短日照光周期白花泡桐稀有种质资源（冯昌林等，2020）；兰考泡桐自然分布区较为宽泛；毛泡桐自然分布的湖北西部山区、河南西北部山区是其原产地；楸叶泡桐的河南、山西、陕西自然分布的山区丘陵区，山明泡桐自然分布的河南西南部和湖北西北部山区（苌哲新和史叔兰，1989）；以及鄂川泡桐、南方泡桐、台湾泡桐等种类在我国西南部的山区丘陵区等地，泡桐各种的原始种自然分布区域的界限极为明显。这与侯元凯等（1997）的构想极为相似。因此，在条件允许情况下采取适当形式建立原产地野生类型的就地保护（原地保存）工作，为我国特有泡桐种群类型提供天然基因保存创造更优越的条件。有关种质资源调查及泡桐原地保存工作，全国各地科研单位和部门积极行动，针对泡桐种质资源开展了系统全面的调查，初步查清了家底，给出了具体答案及解决途径。

1973～1982 年，河南省（河南农学院泡桐研究所）组织 50 多个单位，开展为期 10 年的全国泡桐种质资源调查，先后到福建、江西、湖南、四川、湖北、辽宁、河北、山西、山东等 22 个省（自治区、直辖市）185 个县（市）进行调查，深入 194 个调查点，实地调查泡桐资源的白花泡桐、兰考泡桐、楸叶泡桐、山明泡桐和毛泡桐 5 个种，以白花泡桐和毛泡桐为主的不同地理种源 152 个、3166 个单株、15 个种内和种间变异类型 112 株和优树 128 株（蒋建平，1994）。泡桐团队后又组织了几次全面系统的泡桐种源调查，确定我国泡桐种质资源的 9 个种 2 变种及其变异类型，为泡桐遗传育种及其产业化发展奠定了基础。

国家林业和草原局泡桐研究开发中心完成了我国泡桐研究历史上最系统、最全面的泡桐种质资源调查，在 22 个省（自治区、直辖市）设置 200 多个调查点，系统开展了泡桐属的种、变种、变异类型、种源、优树、种间杂交等种质资源的调查、搜集研究工作（乔杰等，2013），以及对越南北部、中部、南部的白花泡桐的种质基因资源进行实地调查，进一步查清了几乎全部的各类泡桐种质种源，弄清楚了各种之间的相互关系及开发利用情况。

陕西省林业科学研究所于 1974～1976 年开展陕西省泡桐属植物种类分布及生物学特性调查，查明陕西的泡桐种类有毛泡桐、兰考泡桐、白花泡桐、楸叶泡桐 4 个种及光泡桐、眉县桐（后增加南方泡桐 1 个种）2 个变种泡桐。进一步确认了泡桐自然资源在陕西的分布和栽培范围大致为延安以南的暖温带半湿润季风气候区，该区域的年平均温度 9℃以上，极端最低气温–22℃。其主要分布状况是，毛泡桐分布在渭河两岸和秦巴山区广阔地带，光泡桐多集中在渭北汉塬渭河两岸及汉江以北地区，为楸叶泡桐分布最西界，在陕西省东汉塬韩城至临潼一带有野生群落，眉县桐栽培于眉县岐山的乡镇；兰考泡桐、白花泡桐为引进种，兰考泡桐多栽培于渭北汉塬及陇海路沿线，白花泡桐在武功、周至有零星栽培（樊军锋等，2005）。

山东省烟台市林业科学研究所，2014 年开展楸叶泡桐种质资源保存与新种质创新研究，对胶东地区楸叶泡桐分布及栽培情况等进行调查，查清了胶东楸叶泡桐资源状况；制定优树选择标准并进行收集，提出就地保护与集中保护相结合的资源保护策略（祁树安等，2016）。

贵州省林业科学研究院对泡桐种质资源进行调查，自然分布的泡桐主要是白花泡桐和川泡桐，也引种兰考桐、毛泡桐及南方桐等（陈波涛和龙秀琴，2005）。

湖北省西部地区是我国泡桐的分布中心、多度中心、多样化中心、次生起源中心，是泡桐最佳适生分布区，拥有泡桐属绝大多数的品种和类型（陈志远等，2000），是全国泡桐属品系最为丰富的省份，具有多样化的泡桐种质资源禀赋优势和地理条件（唐志强和王庆，2020）。周忠诚等（2016）提出开展省域泡桐种质资源普查，摸清家底，掌握域内泡桐品种的空间分布特征、演化规划，建立省市两级泡桐种质资源保存体系，开展种质资源的鉴定与评价；建立泡桐资源监测体系，及时、准确、客观地反映泡桐种质资源的数量、质量及其变化动态，为泡桐资源科学保护和合理化开发及高质量发展泡桐产业提供支撑。

其他省份和有关单位也不同程度地开展本域内的泡桐种质资源调查工作，基本澄清家底。实践证明，通过开展此类调查工作，为泡桐科研与生产提供了一手材料和充实的物质基础，促进了泡桐研究的系统性和规范性，对之后的一系列工作顺利开展影响深远。

（二）异地保存

1. 建设标准及要求

①异地保存要遵守有关规则，建库面积 1.33～3.33hm^2；②林分结构组成：纯林或仿生混交林；③品种搜集，开展全国协作联合，建立统一的标准和管理规范，统一使用平台建设，建立统一的品种品系登记、观测、使用制度，加快泡桐种源共享共建步伐，为泡桐资源化利用与开发搭建高水平架构；④以种类、种源、引种时间分类设立分区域（小区）；⑤登记、观测记载和基因保存。

2. 保存现状

异地保存也称为品种搜集圃（异地保存），即将各地品种品系进行搜集并集中保存的形式，有时也称为泡桐基因库类型。新中国成立后，为满足林业生态建设及农业生产的需要，国内系统性地开展了对泡桐资源调查与优良品种（品系）保护保存工作。例如，一是蒋建平（1994）主持开展的泡桐种质资源调查及引种、选育、推广工作；二是国家林业和草原局泡桐研究开发中心在河南省原阳县实验基地开展的泡桐种质资源搜集保存、研究及新品种培育，以及陕西、山东、广西等地相继开展的泡桐种源调查、搜集保存、研究及新品种的引选育推工作。其保存形式：可以根据我国气候类型及泡桐各种的生物学特性而定。为更好保持泡桐的基因特质，可将其划分为南方类群、西南类群、北方类群、过渡类群和特殊类群等。因此，泡桐基因库的建立应采取科学审慎的态度，因地制宜，选择多点分散建设（因其适应范围受温度等因子的限制）方式进行，以利于最大限度地保存其基因及基因类型的稳定性。

泡桐种质资源保存实践证明，多点分散保存的效果较好。例如，1973～1982 年，河南省经对全国泡桐种质资源进行普查，收集以白花泡桐和毛泡桐为主的不同地理种源 152 个，3166 个单株，21 300 个种根，32 700 根枝条，48 400 个果实，收集 15 个具有明显特点的种内和种间变异类型 112 株，选择收集无病优树 128 株，培育各类播种苗、埋根苗和嫁接苗 5 万多株。并在河南省禹州、扶沟、桐柏、洛阳、安阳、荥阳等地建立泡桐基因库，面积 230hm^2，为进行泡桐遗传改良、良种选育和应用研究打下了坚实基础（蒋建平，1994）。之后，河南农业大学泡桐课题组又相继建立四倍体泡桐种质资源圃 2 处，并构建泡桐育苗、栽培及标准化生产等配套技术体系。

2008 年 1 月至 2011 年 12 月，国家林业局泡桐研究开发中心，在 20 个省（自治区、直辖市）收集泡桐属种、变种、变异类型、种源、优树、种间杂交和航天育种无性系遗传资源 300 多个，利用分子标记开展资源亲缘关系和遗传多样性研究。经过 4 年时间的调查，收集了泡桐属的 11 个种和 2 个变种 6 个变型的繁殖材料 38 份、种间变异单株 12 个、种内变异类型 15 个、4 个泡桐原始种的种源 80 个、优良单株 92 棵、已鉴定无性系 38 个、未鉴定无性系 43 个、超级苗 51 株。在调查收集过程中，实测了 1500 多棵泡桐单株，取得数据 20 000 多个，得到树形、花序、花、果实、叶片等照片 5000 余张，先后繁育各类苗木 7.1 万株，其中嫁接苗 1.40 万株、埋根苗 2.78 万株、组培苗 1.42 万株、采用种子繁殖方法繁育地理种源实生苗 1.50 万株，为泡桐基因库和育种群体的建立提供了材料。在河南省原阳县（113°34′～113°52′E，34°53′～35°05′N）泡桐实验基地建立泡桐基因库 48hm^2，保存泡桐种质资源 369 份，创建由 90 个白花泡桐优树、22 个毛泡桐优树、70 个无性系组成的包括干形和材性改良、抗逆性和材色改良、速生性改良 3 个亚群体在内的泡桐优质抗逆群体 8hm^2（乔杰等，2013）。该基地建立起较完善的从泡桐幼苗到成苗、成材测试技术体系，为科研、育种、生产、科技服务提供成套技术体系。冯昌林等（2020）收集越南北部、中部、南部的白花泡桐的种质基因资源，在中国林业科学研究院热带林业实验中心开展越南白花泡桐种子育苗试验，建立 2.8hm^2 越南白花泡桐种质基因异地保存基因库，开展越南白花泡桐地理种质资源异地保存研究，填补国内缺乏适应热带短日照光周期白花泡桐种质资源空白，丰富了白花泡桐的种质遗传多样性，为泡桐的遗传育种、杂交育种、优良无性系选育、多世代连续遗传改良、造林技术、材性改良研究及产后加工等领域的研究提供种质资源和技术支撑。

陕西省林业科学研究所通过全国泡桐引种协作网等途径陆续从全国各地引种收集到泡桐种、变种及无性系材料等 55 份，其中 7 个种（楸叶泡桐、南方泡桐、川泡桐、台湾泡桐、毛泡桐、兰考泡桐、白花泡桐），变种及变异类型 4 个（宜昌泡桐、长阳泡桐、光泡桐、日本泡桐），人工杂种 4 个（毛泡桐×毛泡桐、光泡桐×毛泡桐、毛泡桐×白花泡桐、兰考泡桐×白花泡桐），1980 年在周至渭河试验站建立泡桐属植物引种收集圃，以满足生产及杂交育种需要（樊军锋等，2005）。

广西绿桐林业科技有限公司针对华南地区泡桐良种选育和栽培薄弱问题，对广西境内不同立地条件下现存的泡桐资源进行了调查，收集种质资源 5 份，选择优树 6 株；建立种质资源保存林 0.67hm^2，营建种质保存和种根采集林 10.67hm^2（李昆龙等，2016）。

山东省烟台市林业科学研究所查清了胶东地区楸叶泡桐资源状况；制定优树选择标准进行优树收集，提出就地保护与集中保护相结合的发展策略；共收集保存楸叶泡桐种质资源 24 份，建立种质资源圃 1 处，营建无性系测定林 3 块 3.4hm^2（祁树安等，2016）。

异地保存体现了保存与利用的紧密关系，即选择适宜于引种地栽培的泡桐种或品种、家系、无性系等，其实际利用价值和种质本身的地位超出预期。从 20 世纪 70 年代初至 90 年代，各地尤其是北方各省份先后选育出一批泡桐优良无性系并开展了生产应用研究，取得了良好的经济、生态和社会效益，如兰考泡桐农桐间作模式的成功推广即展现了泡桐优良树种的生态特性。从上述的泡桐种质资源圃建设与实践效果可以看出，泡桐种质资源的保存与利用是一脉相承的，凡是泡桐重点推广应用区，便是泡桐种质资源保护利用最好的地方，泡桐种质资源的保护（各种）工作开展得也较为系统和相对完善，泡桐科研成果在国内处于领先地位，所产出的遗传育种研究、良种培育、栽培技术与模式及其产业开发出的成果越多，成果转化率越高，对社会的贡献越大，真正发挥了泡桐作为中国特有重要树木资源优势，也充分显现出了泡桐的开发利用前景愈加光明而广阔。

（三）离体保存

1. 标准及要求

离体保存方法依照有关规则和要求严格进行保存。

2. 保存现状

一是需要对现有资源状况进行系统梳理，发现泡桐原始种可能丢失或优树、优株继续保护的，尽快利用国家种子工程项目加以保护；二是对不宜进行原地保存和异地保存，可能造成基因丢失的，采取离体保存；三是尽快建立异地保存规划，对原始种、植物新品种、优良家系及无性系全面实施离体基因保存。

离体保存是一种较为成熟的现代化种子储藏、基因保存应用技术手段，已被世界作为生物保护的基因（种子）工程广泛使用。随着中国式现代化和生物工程的发展，农（林）业种子保护工程及种子库的普遍建立将成为重点，而离体保存又是一种最经济、安全、适用的生物物种基因保存方式，泡桐等木本植物及其他物种的生物基因的保护工作将得以快速推进。

第三节　泡桐种质资源保存库（圃）管理

一、泡桐原地保存资源库（圃）管理

（一）泡桐资源保存库（圃）管理

1. 资源库（圃）建设

项目审批后，积极与林业部门合作，将泡桐种质资源原地保存库（圃）划入天然林自然保护区或林业保护区（已有的列入，未批的申请批复），保证项目顺利实施。其他工作还包括种子法、植物新品种保护条例等有关法规执行情况；种质资源保护与国家、省（自治区、直辖市）林业资源保护有关政策、林业项目建设衔接，确保基地各项工作正常运行。

2. 管理制度

建立日常管理制度，包括库（圃）管理、人员管理、生产资料管理、科研活动、科普活动、资金财务管理、安全生产等，保证泡桐资源保存库（圃）的安全高效运行，发挥其应有的作用及效益。

（二）资源圃管理

1. 树木群落

加强对泡桐资源库树木群落的日常管理工作。做到日常保护、群体生长观测、枯死木枝清理、病虫害检测及防护等工作的顺利开展和及时到位，适时适度开展人工干预等抚育措施，通过泡桐的自然根繁和天然杂交种的天然更新方式完成原地保存资源库的自然更新，或通过少量的人工干预措施辅助完成更新过程，保证泡桐原地保存基因库的完整性，使泡桐种质资源和原始树种群落得到完整有效的保护。

2. 优株

对选出的泡桐优株应重点加强保护。做到泡桐优株生长环境稳定、树木数据观测登记记载和档案保存完整，适度加强人工干预措施，确保优株的基因保存及科学利用，发挥泡桐资源库应有的价值。

3. 母树林

在原地保护资源库（圃）区内，按照母树林营建标准，对选出的优株采用无性繁殖方法营建人工林，即经过留优去劣的疏伐，为生产遗传品质较好的林木种子而营建的采种林分即为母树林。在适宜的环境条件下建立的母树林具有明显的优势，其营建技术简单，成本低、投产快，造林增益率一般为3%～7%，种子的质量及产量增益显著，是良种种子生产的主要形式之一。

4. 育种

根据育种有关要求，用搜集、选择、杂交、自交、多倍体育种及其他新技术育种等方式开展育种工作，按照程序进行播种育苗、嫁接育苗、无性繁殖育苗，观测选择出的优良无性系，选出目标优树营建试验林，然后进行区试、培育良种。

5. 苗木繁育

根据原地保存库（圃）建设要求，在库（圃）区内建立泡桐种质资源苗圃，对选择出的优株或母树，应按照良种原地保存的要求用无性繁殖的方法进行育苗，然后按照程序要求调运至异地保存库（圃）建库保存。或者对用于育种的杂交种子（人工或天然杂交种）的育苗，以及对本库（圃）区新培育出的良种进行育苗扩繁，都将用以满足泡桐种质资源保存的要求和生产需要。

6. 建档

做到一事一档，分类专项管理。包括资源库（圃）的短中长期规划、计划、申请、批复、科研及成果、科普活动、项目实施、资金管理及其照片、音影像资料、电子档案等，确保资料完整。

（三）安全管理

泡桐资源保存库（圃）的安全生产极为重要。应做到人员安全、生产安全，以及防火、防盗、防损毁等。在做好泡桐种质资源的知识产权保护前提下，始终把安全放在首位。

（四）档案管理

设立泡桐种质资源库（圃）档案库，做到专人负责，专项管理。这不仅关系到种质资源保存的成败，还关乎国家种质资源的安全及生态经济社会建设的安全与发展，必须严格管理。同时在符合国家安全的前提下，按照有关程序，做好泡桐种质资源库（圃）基地、科研单位、主管部门相应的材料备份储存管理工作，确保种质资源保护的安全。

二、泡桐异地保存资源库（圃）管理

（一）资源保存库（圃）管理

参照“一、泡桐原地保存资源库（圃）管理”中的“（一）泡桐资源保存库（圃）管理”部分。

（二）资源圃管理

1. 保存库营建

有关的原则及方法按照有关规定执行。各类泡桐种质资源保存库统称为泡桐种质资源基因库。

（1）无性系保存库和品种保存库

设立在地势平坦区，实施区块划分、分区保护原则。设立大区和小区，分别安排同类或相近的品种、品系建库保存。种植方法、管护措施按规定执行。

（2）种源保存库和家系保存库营建

结合种源和家系测定建立种源和家系保存库。保存库内的地块形状尽量完整、地势相近，土壤条件基本一致。种植方法、管护措施按规定执行。

2. 品种（种类）搜集

根据项目规划设计方案进行各类品种、品系、无性系和结合种源、家系进行搜集种质资源保存材料，按照设计方案进行定制、繁育和建库（圃）。泡桐的品种（种类）等种质资源材料搜集，应按照全国协作联合，统一技术标准和管理规范，建立统一的品种品系登记管理使用制度，确保资源的同一性、均衡性，提高泡桐种源资源化利用水平。

3. 保存库管理

保存库（圃）建成后，加强对资源库树木日常管理工作。做到日常保护、林木生长观测（物候期和树木生长指标）、病虫害检测与防护等工作的顺利开展和及时到位，加强人工抚育措施，确保对基因库树木的有效保护。

4. 优树选择

通过对基因库中各类种源的无性系的长期观测，从中选择出生长较为优良的单株再行根繁定植建圃，定植后的单株即为优树，对选出的优树应重点加强保护。继续观测树木生长状况，测定有关数据，进行登记记载和档案保存，加强管护措施，确保优树的基因保存和良种选育顺利进行，发挥资源库应有价值。

5. 育种

根据基因库建设情况和育种目标等有关要求，通过选择育种、杂交、自交、多倍体育种及其他新技术育种等方式开展育种工作，对按照程序获得的种子进行播种育苗、无性繁殖育苗、嫁接育苗，观测选择出的优良无性系，选出目标优树营建试验林，然后进行区试、培育良种。

6. 苗木繁育

在库（圃）区内建立泡桐种质资源苗圃，对选择出的良种、优树按照无性繁殖要求的方法进行育苗，可以自繁自推良种苗木，或者以协作委托转让方式进行扩繁育苗，扩大成果转化率，以满足对泡桐生产的需求。

7. 建档

实施分类建档，专项管理。包括资源库（圃）的短中长期规划、计划、申请、批复、科研及成果、科普活动、项目实施、资金管理及其照片、音影像资料、电子档案等，确保资料完整，不留存缺项。

（三）安全管理

安全生产极其重要。做到人员安全、生产安全，防火、防盗、防损毁等，在做好泡桐种质资源和知识产权保护前提下，始终把安全放在首位。

（四）档案管理

设立泡桐种质资源库（圃）档案库，做到专人负责、专项管理。这不仅关系到种质资源保存的成败，还关乎国家种质资源的安全及生态经济社会建设与发展，必须严格管理。同时在符合国家安全的前提下，按照有关程序要求，做好泡桐种质资源库（圃）基地、科研单位、主管部门相应的材料备份储存管理工作，确保种质资源保护的安全。

第四节　泡桐种质资源的利用

一、泡桐种质资源利用的意义

我国关于泡桐种质资源的研究及利用工作开展得较晚。但随着新中国的建设与对科研工作的加强，关于泡桐的研究也开始步入了正轨。1972 年，陕西省林业科学研究所符毓秦、王忠信、阎林首次开展了泡桐开花生物学观察及有性杂交试验（樊军锋等，2005）。陕西省林业科学研究院根据陕西省南北跨度长、气候差异大的特点，划分出三个与生产相结合的泡桐育种区，并分区制定育种目标。即陕北气候干旱、温凉的黄土高原南部及渭北旱源区、气候较温暖的关中平原区和气候温暖湿润的陕南地区，通过毛泡桐×白花泡桐人工杂交育种培育速生品种及抗丛枝病品种，通过白花泡桐天然杂种实生苗选育更速生品种，相继选育出一批良种、优株和品系，很快在陕西省和周边省（自治区、直辖市）生产中得到推广应用，发挥了显著的生态经济和社会效益。1973 年，河南省泡桐科研生产开始走上了融产学研于一体的道路，并全面开始在黄河故道沙区推广农桐间作模式，其生态经济社会综合效益凸显，随后泡桐在全国推广。河南农业大学泡桐课题组先后完成了泡桐的种质资源调查、引种、选种、育种、四倍体种质资源创制、基因图谱绘制、抗逆性研究及苗期鉴定、工厂化组培育苗、种植模式创新、材性等研究与产业化开发利用等系统化研究，比较系统地攻克了泡桐生物学、生理病理学、木材学、生态学等系列课题，解决了生产与产品开发中的技术难题，为泡桐产业可持续发展奠定了基础。目前，范国强团队正带领泡桐科研工作者向新的目标出发，并通过产学研相结合的方式，不断攻克新的难题，加快泡桐精深加工研发，为泡桐全产业链发展提供坚强的技术支持。

以往的泡桐育种目标，仅考虑到了泡桐的适应性、速生性、出材率等特性，没有考虑桐材材性及市场化目的，在今后的育种方面应提出更为科学全面的培育目标，也就是将产学研紧密结合，依据科研和市场需求定向精准靶向科学设定育种技术参数，如根据市场对桐材需求的材性优良、板材及中高低档次家具材、畜禽饲料添加及医药、化工等目标进行设定新的育种目标，更符合我国泡桐产业化可持续发展实际需要。同时，泡桐的良种选育、审定、推广等工作和程序应符合《中华人民共和国种子法》等有关规定和要求。

二、良种选育范畴

（一）原地保存资源圃选育

在原地保存库中，选择优树（依据育种目标选择）建立母树林，母树林中选取优良单株作为目标树，建立良种繁育圃和母树林，开展良种和稳定性状优良单株试验，然后进行多点试验，成功选择出良种（品种或品系）后，再在一定范围内开展推广种植。

贵州省林业科学研究院开展的田间试验，由贵州白花泡桐优树自根繁育的白花泡桐种苗和其他种源营建的泡桐对比试验林，贵州白花泡桐平均单株材积比其他省份白花泡桐种源提高 13.9%～61.9%，由贵州白花泡桐优树繁殖选出的优株单株材积比同龄一般白花泡桐提高 157.6%～700.4%；优树苗高和地径比一般白花泡桐提高 44.8%和 58.8%（陈波涛和龙秀琴，2005）。

（二）异地保存资源圃选育

在资源圃中，选择适宜当地生长的优良类型，在其中选择优良单株进行观测实验，从中选择出优良单株，再引种开展多点试验，成功选择出良种（品种或品系）后，再在一定范围内开展推广种植。

三、良种选育成效

作为泡桐良种的选育方法，主要是通过采用引种、选种、天然杂交育种、人工育种（杂交育种、新技术育种、多倍体育种、抗性育种）等手段完成并取得了可喜的成就，丰富了泡桐种质资源，满足了不同气候和立地条件及科研与生产、产业化发展的多种需求，支持着中国乃至世界泡桐学科及泡桐产业化发展方向。

优良（新）品种（良种、品系等）的选育既是推广方法及手段，又是植树造林的主要形式。一个优良（新）品种（良种、品系等）的培育过程极其严格，时间跨度较大，品种培育的价值即应用，因此要发挥良种的价值必须通过引种来实现之，以实现泡桐的标准化、产业化生产与升级改造。通过建立泡桐种质资源库（圃）不仅是对种质资源的有效保存措施，也是科研工作者能够顺利开展科学研究及科学利用的有效途径，这对于泡桐产业发展具有其他工作不可替代的作用。

参 考 文 献

苌哲新, 史叔兰. 1989. 中国泡桐属新植物. 河南农业大学学报, 23(1): 53-57.

陈波涛, 龙秀琴. 2005. 贵州省泡桐遗传育种策略. 贵州省林业科学研究院, 19(4): 10-12.

陈龙清, 王顺安, 陈志远, 等. 1995. 滇、黔地区泡桐种类及分布考察. 华中农业大学学报, 14(4): 392-396.

陈志远, 姚崇怀, 胡惠蓉, 等. 2000. 泡桐属的起源、演化与地理分布. 武汉植物学研究, 18(4): 325-328.

樊军锋, 周永学, 连文海. 2005. 陕西泡桐育种历史及展望. 西北林学院学报, 20(4): 80-84.

冯昌林, 叶金山, 谌红辉, 等. 2020. 热带短日照光周期白花泡桐育种材料杂交技术引进. https://www.caf.ac.cn/info/1687/42994.htm[2023-9-5].

侯元凯, 王明庚, 徐荣耀. 1997.泡桐属种质资源多样性保存方法探讨. 河南林业科技, (1): 18-21.

黄启强. 1989. 森林基因资源保存. 贵州林业科技, 17(2): 7.

蒋建平. 1994. 河南省泡桐研究的回顾与展望. 河南林业科技, 45(3): 1-5.

李芳东, 邓建军, 张悦, 等. 2010. 白花泡桐优树组织培养幼化技术研究. 中南林业科技大学学报, 30(8): 22-27.

李海英. 2016. 白花泡桐谱系地理及遗传多样性研究. 河南农业大学博士学位论文.

李昆龙, 黄宝灵, 唐朝辉, 等. 2016. 广西白花泡桐良种选育及其丰产栽培技术研究. http://www.gxltly,net/[2023-9-6].

刘旭, 李立会, 黎裕, 等. 2018. 作物种质资源研究回顾与发展趋势. 农学学报, 8(1): 1-6.

祁树安，工翔，李保进，等. 2016. 楸叶泡桐种质资源保存及新种质创新研究. https://kns.cnki.net/kcms2/article/abstract?v=Zw74qSZOFgh9G_bS91gslrH8j5Qv5CbXt4fiwMBKxxymRjwa_W4sJwQg70_v7HduozF8xubcKCoKO70IJ-H8feVHdxFpf54hsi8jcwKL-Q_ezbpDK5GWW_DGuPskZC6tUj4OwJxUyRICO5IeRUKagBpSrp4e-YhhFuk5bf7I0dVU2doL-Db_L2Me3Z5-bcb8&uniplatform=NZKPT&language=CHS[2023-9-6].

乔杰，李芳东，袁德义，等. 2013. 泡桐种质资源收集与基因库、育种群体建立技术. https://kns.cnki.net/kcms2/article/abstract?v=Zw74qSZOFgjaS7RHlDydgdgpkgrzUsewq0aeUpSfOm8r9d54pgNMGtld-210xOpe5edwPM82xOX8nZsi5EZoqDvps_fvWagp2vgyBTeSC9WlADmOSlH_389yIoNqtuTl3hDF9sDquoxkNZq0VMj1M5RRJOBFZBFd0Ckvw_rcf7kf01VhL-e7gB9MzXvV8RGG&uniplatform=NZKPT&language=CHS [2023-9-5].

宋朝枢，张清华，谢濑，等. 1993. GB/T 14072—1993 林木种质资源保存原则和方法. 北京：中国标准出版社.

唐志强，王庆. 2020. 湖北省发展泡桐产业的战略思考. 中国商论, (24): 162-163.

万兵. 1990. 中药材的种子与种质资源保护. 资源开发与保护杂志, 6(2): 103-105.

王继永，郑司浩，曾燕，等. 2020. 中药材种质资源收集保存与评价利用现状. 中国现代医药, 22(3): 311-321.

王亚馥，戴灼华. 1999. 遗传学. 北京：高等教育出版社.

张雪松，苏彦斌，陈小文，等. 2022. 我国植物种质资源的搜集、保护与发展. 中国野生植物资源, 41(3): 96-102.

周志春，金国庆，刘青华，等. 2015. LY/T 2417—2015 林木种质资源异地保存库营建技术规程. https://max.book118.com/html/2019/1126/8062061051002065.shtm[2023-9-5].

周忠诚，毛燕，鲁从平，等. 2016. 鄂中低丘岗地泡桐优良无性系 BH14 与 ZH65 的筛选. 西部林业科学, 45(5): 38-43.

朱之悌. 1992. 全国毛白杨优树资源收集、保存和利用的研究. 北京林业大学学报, (S3): 1-25.

Guldager P. 1978. Ex Situ Conservation Stands The Tropics Resources. FAO/UNEP, Rome: The Methodology of Conservation of Forest Genetic Resources, Report on a Polit Study.

第十四章　泡 桐 育 种

林木育种是按一定的育种目标，从林木自然变异或人工创造的遗传变异群体中选择优良品系，从而选育林木新品种的过程。泡桐育种的实质是创造变异、选择变异和利用变异。泡桐育种包括：选择育种、杂交育种和生物育种。泡桐选择育种，是在天然泡桐种内群体中，按一定的选择标准和育种目标，选出符合育种方向和市场需求的经济性状较好的优良个体或群体，再经过比较、鉴定、繁殖，选育出优良泡桐品种的育种方法，是对泡桐进行遗传改良的最常规育种手段。泡桐杂交育种是指泡桐不同基因型个体间通过人工授粉获得杂种，再从中选出优良个体的育种方法。种内杂交是同一类型泡桐不同品种（或类型）间的杂交，又称为近缘杂交；种间或属间杂交称为远缘杂交。通过杂交，可把双亲的优良特性综合在一起，形成新的品种；也可将双亲中控制同一性状的不同基因积累在子代中，创造出双亲不曾有过的、全新的性状。泡桐杂交亲本遗传性状的优劣，直接影响杂交后代遗传性状的好坏。因此慎重地选择杂交亲本是泡桐育种工作成败的关键。泡桐生物育种是指泡桐通过基因工程、细胞工程、酶工程和发酵工程等方法开展的育种，如染色体加倍的多倍体育种，转基因育种，通过分子标记的方法进行辅助育种等。倍性育种尤其是泡桐四倍体育种是通过化学诱变剂进行染色体加倍，获得四倍体泡桐（范国强等，2006；2007a；2007b；2009；2010），河南农业大学泡桐研究所已经选育四倍体泡桐新品种‘白四’泡桐、‘兰四’泡桐、‘毛四’泡桐、‘南四’泡桐、‘杂四’泡桐等，并进行示范推广应用，取得了显著的成效。

泡桐在新品种选育过程中，通过以上方法在泡桐育种不同阶段选育出新品种，提高泡桐林产品产量和品质，并进行示范推广，对整个泡桐产业的发展起着巨大的推进作用。但是，对于泡桐育种来说，随着科学技术的进步，一些先进的分子技术和基因组选择育种在泡桐育种中起着重要作用，泡桐常规育种结合分子育种和基因组选择育种，将会选育出更多更优的泡桐新品种。

第一节　泡桐的选择育种

选择育种，是从引种的材料中或自然界中选择符合育种目标的群体和个体，通过生长性状、抗逆性、抗病性等比较，进而选育出新品种。选择育种是一种简单有效的育种途径，泡桐通过种质资源选择并利用这些优良的变异材料，开展泡桐品种的选育，具有方法简单、周期短、效率高的优点。泡桐选择育种有着悠久的历史，是泡桐育种最早期的育种技术，国内系统的泡桐选择育种从 19 世纪 70 年代开始，主要集中在兰考泡桐、楸叶泡桐和毛泡桐的类型选择和优树选择。

一、引种

引种是选择育种的基础，泡桐引种是指从外地引进泡桐种质资源。引入的泡桐种质资源通过适应性观察、生长性状调查、产量试验、栽培示范试验，并对生育期、产量性状、抗逆性、适应性等鉴定，对表现好的优异材料，通过选择育种，按照林木新品种选育的各项程序进行，进而选育泡桐新品种，如果不能成为新品种，也可以作为种质资源，在泡桐杂交育种中作为亲本材料。20 世纪 90 年代河南省泡桐育种团队开展了泡桐种类资源的全面调查，摸清了河南省泡桐种类和分布，发现了楸叶泡桐和山明泡桐两个新种。同时，通过调查、收集和引种试验，先后从我国的 16 个省（自治区、直辖市）引进 6 个科近 100

个变种和类型，从中选出了在河南省有推广价值的白花泡桐及天然杂种的优良无性系，有效利用了现有优良自然资源，改变了河南省泡桐种类单一化现状，逐步实现河南省泡桐生产良种化（蒋建平，1994）。

（一）泡桐属树木的引种表现

泡桐的引种自 19 世纪 70 年代初开始，科技工作者开展了大规模的泡桐引种试验，引种范围包括泡桐所有种植区域，通过引种，对泡桐属树木在不同地区和不同条件下的表现有了更充分的认识。

1. 适应能力较强

引种实践表明，泡桐属树木有较强的生长适应能力，兰考泡桐分布于黄河中下游平原，已引种到我国的 22 个省（自治区、直辖市），并在很多地区成为主要造林树种。白花泡桐属于热带和亚热带地区树种，通过引种栽培，已经在河南、山东、陕西等省能够正常生长发育，并保持该树种的生长特性。

2. 种间差别明显

虽然泡桐属树木有较强的适应能力，但是泡桐各个种之间存在很大差别。温带地区的楸叶泡桐和毛泡桐引种到热带、亚热带地区能够正常生长发育，但生育期会缩短，生长量会减小。热带、亚热带地区的白花泡桐、台湾泡桐、南方泡桐和川泡桐引种到温带地区，生长期延长，封顶期推迟，木质化程度较差，并会出现不同程度的冻害现象。

（二）引种的方法

以育种为目的的泡桐引种，应根据育种目标进行合理的规划育种，并进行引种。

1. 选种

引种之前关键在选种，根据育种目标进行选种，选择合适的泡桐种类进行引种。以改良泡桐干形为育种目标时，可选择白花泡桐和楸叶泡桐；以速生为育种目标时，可选择白花泡桐和兰考泡桐；以提高木材品质为育种目标时，可选择毛泡桐和楸叶泡桐；以抗寒为育种目标时，可选择毛泡桐和川泡桐。

根据泡桐的适应性进行合理引种，要充分了解引种地区的生态条件、引种历史、栽培条件，才能实现合理引种。南方的泡桐引种到北方种植，要考虑到生长季节内日照延长，封顶延迟，抗寒能力降低。北方的泡桐引种到南方种植，要考虑日照短，泡桐提早封顶，生长不良等问题。

2. 引种栽植

引种的泡桐材料必须经过检疫，不能让带有检疫病虫的种子、种根、种条或苗木引种到新种植区，以免造成致命的病虫传播。为了保证引种成功，尽量缩小引种距离，短距离引种，生长适应性强，有利于引种成功。此外，引种后，及时做好生态适应性保护，尽量使引种苗木成活，才能达到引种的目的。

二、优树培育

选择育种是对引种的泡桐资源和自然界种植的泡桐资源通过选择育种方法开展泡桐新品种的选育。

（一）变异

泡桐在生长过程中，同一种类在不同分布范围内会存在着较大的变异，这些变异为泡桐育种提供了基础材料。泡桐种内出现的形态变异分为可遗传变异和非遗传变异，可遗传变异是遗传基础变化所引起的，如分枝角度，侧枝大小和多少，花蕾、花冠、花萼及果实的形状等性状；非遗传变异是受外界环境条件影响而引起的，如生长快慢、叶色深浅、叶片大小、花序长短及病虫害的轻重等性状。在可遗传变异中分枝特性的变异，以及分枝特性不同所引起的树冠形状、冠幅宽窄及干形等变异，是泡桐优树选择调查的重要指标。可遗传变异是选择育种工作考虑的重点，从可遗传变异中可选择泡桐优树。

（二）优树选择

优树是指在相同立地条件和同龄林分中，某些生长性状特别优良的单株。泡桐优树选择是从种植种群内，根据泡桐育种目标进行单株选择。并对从中选出的单株，采用无性繁殖进行繁殖，然后进行品种性状调查，符合育种目标的，开展区域试验、良种的审定，最终成为泡桐新品种。

泡桐属树木在长期生长过程中，由于各种外界条件的影响和天然杂交，个体间常出现变异，在变异群体中选择可遗传变异的一些特别优良个体，称为优树。通过选择育种，把这些优树进行繁殖，再根据育种目标进行鉴定，并进行多点区试、良种审定，再进行示范推广，实现选择育种的目的。

1. 优树标准

泡桐优树选择标准是一个综合指标，包括树冠、干形、生长速度、抗病性、抗逆性等。具体选择标准如下。

1）生长速度快，比对照木平均胸径提高 20%以上、单株材积提高 30%以上。

2）树干通直圆满，自然接干性能良好。

3）树皮光滑，无死节和机械损伤。

4）无丛枝病和其他严重的病虫害。

泡桐优树选择的年龄一般为生长期 3～5 年内进行。

2. 评选方法

根据泡桐的生长特性，多采用 3～5 株优势木对比法进行优树选择，具体方法如下所述。

（1）调查

在土壤条件较好、分布集中，并且是实生起源的片林中，通过调查，利用目测法找出树高、胸径生长突出的泡桐单株。

（2）初选

以泡桐单株为中心，测定泡桐树高、胸径、干高、冠幅、材积性状等，并对照优树标准，进行初选，并编号。

（3）复选

初选结束后，对所有初选到的优树调查指标进行综合评价，从中选出的优树为复选优树，应统一编号，做好保护。

三、选择育种的泡桐新品种

自从 20 世纪 70 年代以来，我国泡桐科研工作者及各级林业科技推广部门共同合作，选育出一大批先进适用的泡桐优良新品种，在生态建设、农田林网和生态防护林建设中发挥出了巨大的作用，在国家生态安全、粮食安全、生态文明建设中发挥了应有作用，并得到社会的广泛认可。

20 世纪 90 年代河南省开展了泡桐的选优工作：①开展泡桐不同地理种源区域性试验；②通过优树选择，进行子代鉴定，如河南省睢县选出‘睢优 1 号’兰考泡桐无性系；③实生选种，选育出‘豫选 1 号’泡桐，4～5 年生幼树材积生长比兰考泡桐大 30%～50%；④在同一种内进行了变异性调查，划分类型，从中发现优良的变异类型。例如，宜昌泡桐（蒋建平，1994）。国家林业局泡桐研究开发中心选育出泡桐优良无性系 40 余个（蒋建平，1994）。

陈志远（1982）根据鄂中低丘岗地实际情况，提出大力发展白花泡桐，并从当地实生泡桐资源中选择优树采集根段扩繁成无性系，并经过苗期和造林试验，从白花泡桐优树中选择出了‘BH14’，从兰考泡桐优树中选出‘ZH65’，‘BH14’、‘ZH65’具有速生、自然接干率高（63.3%，66.7%）、对丛枝病具有较强抗性等特点，其 10 年生胸径为 30.50cm、29.50cm，树高 19.80m、19.40m，单株材积为 0.6387m^3、0.6211m^3，比对照增益为 22.03%、18.86%；（王忠信，1992）。

陕西省林业科学研究所 1984 年选育了‘桐选 1 号’无性系，6 年生树高比对照兰考泡桐高 102%，丛枝病发病率低，适生范围广，适宜在黄河中下游及长江流域广大地区推广。1989 年选育了‘桐选 2 号’，1995 年选育‘陕桐 3 号’和‘陕桐 4 号’。贵州省林业科学研究院在“八五”期间，利用贵州白花泡桐和川泡桐优树进行人工杂交，经无性系苗期测定，选育出‘黔杂 1 号’～‘黔杂 4 号’4 个优良无性系，其中‘黔杂 3 号’和‘黔杂 4 号’表现较好。无性系繁殖及推广：对选择的优良繁殖材料（优树、优良杂种等）采种育苗，经实生苗苗期测定取合格种根进行无性系育苗试验和测定，表现稳定优良无性系有‘兴仁 3 号’、‘兴仁 30 号’、‘紫云 29 号’、‘独山 9 号’、‘德江 8 号’、‘仁怀 4 号’、‘安龙 11 号’和‘紫云 31 号’，高生长提高 15%～32%，胸径提高 35.8%～65%（远香美和罗凯，1993）。2013 年抚州市林业科学研究所和江西省林业科学院选育了‘桐优 1’、‘桐优 2’和‘桐优 3’。

第二节　泡桐的杂交育种

杂交育种是通过不同树木间杂交引起生物体产生遗传变异、从而创育新的遗传型的育种方式，利用有性杂交过程中基因重组产生的加性效应，可以综合双亲的优良性状，或利用非加性效应即杂交新品种性状超越亲本。

我国泡桐资源丰富，种间很少有生殖隔离现象，加上花期长、杂交技术简便、种子数量多、容易无性繁殖等特点，因此采用杂交育种是创造泡桐优良杂种、加速实现良种化的有效途径。泡桐属的杂交育种始于 1972 年，全国各地在泡桐杂交育种方面做了许多工作，河南、陕西、江苏、山东等地先后进行了杂交育种试验，并取得了很大的成就，推出了一系列优良的杂交组合和优良无性系应用于生产实践。河南省泡桐育种工作者育成了‘豫杂一号’、‘桐杂一号’泡桐等新品种，使抗病性和生长量有明显提高。

一、开花结果习性

泡桐为顶生圆锥花序，一般当年 6～8 月形成花序，翌年春季开花。不同种类泡桐开花树龄差异较大，毛泡桐、台湾泡桐、川泡桐开花树龄一般为 2～3 年，兰考泡桐、白花泡桐、南方泡桐和鄂川泡桐开花树龄一般为 4～5 年，楸叶泡桐开花树龄要 5 年以上。此外，各种泡桐的花期也不一致，在河南省开花顺序从早到晚先后顺序是白花泡桐＞楸叶泡桐＞山明泡桐＞南方泡桐＞兰考泡桐＞毛泡桐＞台湾泡桐＞川泡桐，开花前后相差 20 天以上，花期可延续 30 天左右，每朵花的可授粉期为 10 天左右。

不同泡桐种类开花的顺序不同，南方泡桐、台湾泡桐、兰考泡桐开花多数由中部先开，而后向上、下两端扩展；白花泡桐、楸叶泡桐则由花枝下部至上部依次开放。此外，在一个聚伞花序上，中间最高一朵花先开，然后两侧相继开放，一朵花的开放天数一般为 10～15 天，着生于阳面的花期短，阴面的花期长。

泡桐花有黏性，是典型的虫媒花，大多自花不育，在没有其他泡桐种类授粉的情况下，不能结实。毛泡桐、川泡桐、台湾泡桐、南方泡桐和白花泡桐，在自然授粉情况下，坐果率很高，可达 30%以上；兰考泡桐结果较少。泡桐果为蒴果，多数地区在 9 月下旬到 10 月下旬成熟。一个果实内种子 300～1000

粒，种子千粒重为 0.2～0.3g，成熟种子发芽率可达 80%左右，最高达 90%以上。

二、杂交亲本的选择

在杂交育种中，泡桐杂交的成败取决于杂交亲本的选择，亲本遗传基础制约着杂交后代的遗传特性，亲本选择是杂交育种工作的关键。

（一）根据育种目标

在选择杂交亲本时，以速生树种为主要目标时，可选兰考泡桐、白花泡桐等；以抗寒为主要目标时，可选毛泡桐等。同时还要考虑亲本性状互补的原则，选择具有一定的优良性状，并在改良的性状上能互相补充的亲本。

（二）根据生态分布

生态分布差异较大的种类和类型间杂交，杂交后代往往有较强的适应性，并可获得较高的杂交优势。南方的泡桐与北方的泡桐杂交，其杂交后代的生长量远远超过北方不同种类间的杂交后代，并且适应性强。

（三）根据性状遗传能力

不同种类的泡桐，其性状遗传能力的强弱有差异。兰考泡桐×白花泡桐、楸叶泡桐×白花泡桐的杂交后代，多表现为白花泡桐的特性；楸叶泡桐×毛泡桐和兰考泡桐×毛泡桐的杂交后代，多表现为毛泡桐的特性。

（四）根据亲缘关系

亲缘关系越近，亲本杂交亲和力较高，容易得到杂交种子，但后代性状变异较小，选择优异后代不容易；反之，亲缘关系越远，亲和力越小，后代分离越大，可能获得优异变异后代材料的机会更多。

三、杂交技术

（一）花粉的采集与储藏

泡桐花粉的采集通常是摘取即将开放的花朵，撕开花冠，取出花粉，摊于室内阴干，一般 48h 左右花药即自行开裂，散出花粉。充分阴干的花粉，在室内用纸或容器保存，有效活力可保持 1 个月以上；储存于干燥器内，花粉有效生活力可以保持 2 个月以上，如果再存放在低温条件下，则可保持 1 年以上。

（二）杂交过程

在泡桐开花中期，在生长发育良好的花枝，选留 10 朵左右发育正常、即将开放的花朵。把选留的花从下唇处竖向撕开 1/2，用镊子取出花药，然后用曲别针将花冠顶端扎紧或者套上纱布袋进行隔离。

在去雄 2～3 天后，选择晴天无风的上午进行授粉。授粉时先将曲别针或纱布袋去掉，随即用毛笔或橡皮头蘸取花粉，轻轻抹于柱头上，然后再用曲别针扎紧或者套上纱布袋，防止再次授粉。一般授粉一次即可，在授粉的同时，要记录授粉日期、亲本情况、授粉花朵数，授粉后挂牌，并在树上做好标记。

在正常情况下，授粉后 10 天以上花冠脱落，落花后 30 天为坐果盛期，在河南省不同泡桐种类 5 月下旬到 6 月上旬果实迅速膨大，7 月上旬以后一般不再坐果，9 月下旬到 10 月下旬成熟。果实成熟后及时采收，以防种子飞散，分组合采收，并挂牌标记。

四、杂交后代的培育与选择

（一）杂交后代的培育

泡桐杂交获得的种子，种子育苗后代分离较大，选择优良的单株，并经过一系列的鉴定工作，才能确定为优树。

杂交泡桐种子的贮藏和催芽处理等具体方法与一般泡桐种子育苗方法相同，泡桐杂交不容易成功，种子较小，育苗时必须精心管理。杂交种子一般可采用温室或塑料薄膜温床形式提前播种，由于种子数量少，稀播最好，有条件的地方可以采用基质育苗。严防种子混杂，播后立即插上标牌，标明种类、编号和播种日期，做好记载，画出田间种植图。为了进行后代比较，应和杂交种子一起播种，父母本的天然授粉种子作对照，当幼苗长出 30cm 左右时，即按 1m×1m 的株行距带土移栽，在杂交种苗的两边栽植亲本苗作对照，边行设置保护行 1～2 行。在良好的管理条件下，当年播种苗可达 3m 以上，并可进行初步的选择。

（二）杂交后代的选择

杂交后代一般分离严重，经过初选的泡桐单株，无性繁殖后，要重新进行大田种植，一般按照大田种植的株行距进行种植，并对泡桐生长性状、材性等进行调查和鉴定。对泡桐无性系各性状进行每木调查，调查性状包括冠幅、冠长、冠长与冠幅比、树高、主干高、接干高、全干高、通直度、胸径、主干径、接干径、胸径等，还要调查抗病性、抗逆性等性状，然后进行区域试验和良种审定。

五、天然杂交后代的利用

由于泡桐属不同种类之间没有明显的遗传障碍，一部分种类花期比较接近，所以，在种类集中分布区互相重叠的地区，容易发生天然杂交，产生种间天然杂种，尤其是楸叶泡桐、山明泡桐这些雄性败育的种类，所结种子均为天然杂交种子，所以有意识地在种类分布集中的地区采集种子育苗，开展实生选种工作，选种表现突出的杂交后代个体，也是利用杂种优势选育泡桐新品种的一个有效途径。泡桐杂交种‘9501’/‘9502’，属于泡桐属种间杂交种，其亲本分别来自我国南、北两个泡桐分布区的不同种类，即白花泡桐×毛泡桐天然授粉实生苗选育。具有速生、自然接干能力强、材质优良、抗逆性强等特点。因此杂种具有广泛的适应能力。其适应范围包括我国北方桐区的黄淮平原、西部半干旱黄土区和长江流域温暖湿润的浅山丘陵地区。在形态特征方面，两者有较为明显的区别：‘9501’的主干通直圆满，树冠卵形，冠幅中等，侧枝较粗；‘9502’的主干通直圆满，树冠长卵形，冠幅较窄，侧枝细，分枝角度大。1989 年，从白花泡桐天然杂种中选择培育出‘桐选二号’（徐光远等，1989），在山西等地推广应用。由河南省林业科学研究所从白花泡桐天然杂交中选育‘豫林一号’，7 年生树高、胸径和平均单株材积分别比兰考泡桐提高 9.8%～21.3%、13.4%～34.2%和 68.6%，具有较强的抗病、抗干旱和抗盐碱能力，是华北平原地区较理想的泡桐良种。由河南农业大学和河南省林业科学研究所于 1987 年从毛泡桐、白花泡桐天然实生苗中选育出的‘毛白 33’，其特点速生，树高、胸径、材积分别比兰考泡桐提高 15%、55%、75%，5 年生最大单株材积达 0.6987m^3，发病率低。

六、杂交选育的泡桐新品种

1979 年河南农业大学等单位从白花泡桐实生苗中选育出来的‘豫杂一号’泡桐。其生长量明显大于兰考泡桐，1 年生树高、胸径和材积分别比兰考泡桐提高 10%～30%、20%和 10%，同时其干形好，顶端优势明显，是四旁农桐间作较理想的树种。1984 年陕西省林业科学研究所选育了‘桐杂 1 号’无性系，6 年生树高比对照兰考泡桐高 51%，丛枝病发病率低，适生范围广，适宜在黄河中下游及长江流域广大地区推广。1988 年，陕西省林业科学研究所王忠信等从毛泡桐×白花泡桐杂交组合中成功选育出‘陕桐一号’和‘陕桐二号’2 个泡桐优良无性系（王忠信等，1988），其主要特点是干形好，速生性强，5 年生树材积生长分别比陕西当时主栽品种兰考泡桐大 62%和 43%。1995 年，陕西省林业科学研究所樊军锋等通过对 1983 年杂交材料连续 11 年生长特性、抗旱性、抗寒性、抗病性、木材材性等性状测定及综合评价，最终选育出了‘陕桐 3 号’和‘陕桐 4 号’2 个泡桐优良无性系（樊军锋等，1995）。这 2 个品种主要特征为速生性强，7 年生树材积分别比全国栽培数量最大的‘豫杂一号’大 48%和 64%。2000 年，‘陕桐 3 号’、‘陕桐 4 号’被陕西省林木良种审定委员会确认为林木良种，贵州省林业科学研究院杂交选育出‘黔杂 1 号’～‘黔杂 4 号’4 个优良无性系。贵州省林业科学研究院采用白花泡桐和川泡桐杂交，选育出‘黔杂 3 号’和‘黔杂 4 号’泡桐杂交种，‘黔杂 3 号’平均树高比川泡桐提高 97.8%，地径比白花泡桐提高 133.2%、比川泡桐提高 155.1%。‘黔杂 4 号’平均树高比白花泡桐提高 99.3%、比川泡桐提高 130%，地径比白花泡桐提高 39.18%、比川泡桐提高 32.5%（远香美和岑岭，1996）。国家林业局泡桐研究开发中心 2018 年选育了‘中桐 6 号’、‘中桐 7 号’、‘中桐 8 号’和‘中桐 9 号’。2020 年陕西省渭南市速生泡桐技术推广中心采用毛泡桐×白花泡桐杂交选育了‘陕桐 3 号’和‘陕桐 4 号’。

第三节　泡桐的诱变育种

多倍体是指体细胞中含有 3 个或 3 个以上染色体组的个体，多倍体在生物界广泛存在，常见于高等植物。根据植物细胞内染色体的起源，一般将其划分为同源多倍体和异源多倍体（舒尔兹-舍弗尔，1986）。在自然界多倍体物种里，常见的多倍体植物大多数属于异源多倍体，同源多倍体不到 10%，但多倍体研究和育种工作一般集中在同源多倍体上（路易斯，1984），常见的同源多倍体为同源四倍体和同源三倍体。随着科技的迅速发展，国内外研究学者在林木多倍体诱导工作中取得了巨大的进步，已成功诱导培育出大量的多倍体植株（李玉岭等，2022；Sattler et al.，2016），包括杨属、桑属、白蜡属、桦属等林木。

泡桐是我国重要的乡土造林树种，具有重要的生态和经济价值。国外早在 1942 年就进行了毛泡桐的人工多倍体诱导，但诱导率低且诱导的植物未能成功保存（平吉功，1950），此后，国内外再也未见泡桐四倍体植株诱导和育种方面的报道。河南农业大学泡桐团队前期在泡桐植株再生方面积累了大量研究经验，并建立了泡桐体外高效再生系统，为泡桐种质资源创新和新品种培育奠定了坚实基础。四倍体泡桐诱导不仅可以获得新的泡桐品种，提高泡桐品质，解决泡桐易患病的问题，而且可以创制新的种质资源，为进一步扩大种间、属间杂交，获得更多、更优的新品种提供材料。

一、植物诱变育种的种类

在自然条件下，机械损伤、射线辐射、温度骤变等物理因素可以使植物的染色体加倍，形成多倍体种群。随后发现一些化学因素，包括秋水仙素等也可以诱导促使染色体加倍（蔡旭，1988），因此化学因素诱导掀起了多倍体育种的热潮，林木多倍体的诱导研究工作也随之广泛展开。

二、泡桐无菌苗的获得及其四倍体诱导

以毛泡桐、白花泡桐、南方泡桐、兰考泡桐和‘豫杂一号’泡桐的种子为试验材料。依次将泡桐种子在 70%的酒精中消毒 30s，0.1%的氯化汞中消毒 5min，无菌水清洗 3～4 次，然后直接放入不含任何激素的 MS 培养基（含蔗糖 20g/L、琼脂粉 3.0g/L）中，置于光照时间为 16h/d，光照强度为 130μmol/(m^2·s)，温度为（25±2）℃的培养室培养。种子苗长至 2cm 时（约 20 天），再将其移至 1/2MS（含蔗糖 25g/L、

琼脂粉 3.0g/L）生根培养基中进行培养。获得 6～8 对叶片的泡桐无菌苗（约 40 天），作为同源四倍体泡桐的诱导材料。

秋水仙素是一种生物碱，能抑制细胞有丝分裂，对植物具有很强的多倍化效应（李玉岭等，2022）。秋水仙素诱导实验中通常采用固体培养处理、液体浸泡处理和双层培养处理等方法对外植体材料进行诱导。采用这三种方法，利用四因素三水平（表 14-1）的正交设计方案（表 14-2）进行 5 种四倍体泡桐植株的诱导，然后根据四倍体诱导率的大小筛选出最佳诱导方法和最适外植体。再者，进一步采用三因素三水平（表 14-3）、完全试验设计处理组合（表 14-4）进行 5 种四倍体泡桐的诱导，最后筛选出 5 种同源四倍体泡桐诱导的最佳组合。

表 14-1　L9（3^4）四倍体诱导处理设计方案

因素水平	A[秋水仙素浓度/（mg/L）]	B（共培养时间/h）		C（外植体）	D（预培养时间/天）
1	5	4（液）	24（固/双层）	茎段	0
2	10	8（液）	48（固/双层）	叶片	6
3	20	12（液）	72（固/双层）	叶柄	12

表 14-2　L9（3^4）处理组合

试验组合	A[秋水仙素浓度/（mg/L）]	B（共培养时间/h）	C（外植体）	D（预培养时间/天）
1	A_1	B_1	C_1	D_1
2	A_1	B_2	C_2	D_2
3	A_1	B_3	C_3	D_3
4	A_2	B_1	C_2	D_3
5	A_2	B_2	C_3	D_1
6	A_2	B_3	C_1	D_2
7	A_3	B_1	C_3	D_2
8	A_3	B_2	C_1	D_3
9	A_3	B_3	C_2	D_1

注：L9（3^3）采用与 L9（3^4）的处理组合相同

表 14-3　双层培养处理对泡桐叶片诱导四倍体的因素水平

因素水平	A[秋水仙素浓度/（mg/L）]	B（共培养时间/h）	E（预培养时间/天）
1	5	24（双层）	0
2	10	48（双层）	8
3	20	48（双层）	16

表 14-4　双层培养处理对泡桐同源四倍体诱导的因素组合

试验组合	A[秋水仙素浓度/（mg/L）]	B（共培养时间/h）	E（预培养时间/天）
1	A_1	B_1	E_1
2	A_1	B_1	E_2
3	A_1	B_1	E_3
4	A_1	B_2	E_1
5	A_1	B_2	E_2
6	A_1	B_2	E_3
7	A_1	B_3	E_1
8	A_1	B_3	E_2
9	A_1	B_3	E_3
10	A_2	B_1	E_1
11	A_2	B_1	E_2
12	A_2	B_1	E_3
13	A_2	B_2	E_1

续表

试验组合	A[秋水仙素浓度/（mg/L）]	B（共培养时间/h）	E（预培养时间/天）
14	A_2	B_2	E_2
15	A_2	B_2	E_3
16	A_2	B_3	E_1
17	A_2	B_3	E_2
18	A_2	B_3	E_3
19	A_3	B_1	E_1
20	A_3	B_1	E_2
21	A_3	B_1	E_3
22	A_3	B_2	E_1
23	A_3	B_2	E_2
24	A_3	B_2	E_3
25	A_3	B_3	E_1
26	A_3	B_3	E_2
27	A_3	B_3	E_3

多倍体植物最本质的特征是体细胞染色体数目增加，如秋水仙素能抑制或破坏细胞纺锤丝和初生壁的形成，因此当细胞分裂时，染色体分裂了，但由于没有纺锤丝把它们拉向两极，故仍留在细胞中央，成为一个重组核，同时由于细胞的初生壁不能形成，整个细胞没有分裂，而仅仅是染色体一分为二，便形成了染色体加倍。当染色体组成倍增加后，其细胞核与细胞质的比例关系发生变化，基因的剂量效应和互作效应等都会破坏原有的生理生化平衡，导致植株发生一系列的变化（Manzoor et al.，2019）。染色体计数法是多倍体植物鉴定最根本，也是最准确的方法，且染色体制片技术已日渐成熟。近年来，流式细胞仪计数法用于单细胞 DNA 含量测定作为鉴定多倍体的新手段得到了越来越广泛的应用，其原理是用染色剂对细胞进行染色后测定样品的荧光密度，荧光密度与 DNA 含量成正比，DNA 含量分布图可直接反映出不同倍性水平的细胞数（杭海英等，2019）。可采用染色体计数法和 BD FACS Calibur 流式细胞仪进行 5 种泡桐同源四倍体植株的鉴定。

（一）四倍体毛泡桐的诱导

1. 液体浸泡处理对四倍体毛泡桐诱导的影响

用含有秋水仙素的液体培养基诱导处理毛泡桐外植体均可获得四倍体泡桐植株，但不同秋水仙素浓度、处理时间和预培养时间对不同外植体的存活率和四倍体的诱导率的影响存在明显差异（表 14-5）。

表 14-5 液体浸泡处理、固体培养处理、双层培养处理对四倍体毛泡桐诱导及双层培养基处理对毛泡桐叶片诱导四倍体的影响

组合	液体浸泡处理			固体培养处理			双层培养处理			双层培养处理（叶片）		
	外植体存活率/%	芽诱导率/%	四倍体诱导率/%	外植体存活率/%	芽诱导率/%	四倍体诱导率/%	外植体存活率/%	芽诱导率/%	四倍体诱导率/%	外植体存活率/%	芽诱导率/%	四倍体诱导率/%
1	24.7	8.4	0c	66.7	26.7	0c	58.4	13.4	0c	38.4	16.7	0c
2	8.4	0	0c	38.4	20.0	5.0bc	34.7	13.3	6.7b	30.0	10.0	6.7bc
3	16.7	8.4	3.3ab	53.4	24.7	5.0bc	48.4	10.0	5.0bc	20.0	16.7	14.7ab
4	14.7	10.0	3.3ab	46.7	24.7	14.7a	23.3	15.0	15.0a	25.0	18.4	16.7a
5	15.0	5.0	0c	54.7	13.3	0c	43.4	14.7	3.3bc	28.4	13.4	3.4c
6	5.0	0	0c	40.4	10.0	3.4c	23.4	6.7	4.7bc	18.4	5.0	4.7c
7	8.4	4.7	0c	33.4	8.4	0c	25.0	6.7	4.7bc	25.0	16.7	8.4bc
8	13.3	3.3	4.7bc	43.3	45.0	5.0bc	34.7	14.7	6.7b	25.0	16.7	13.4ab
9	14.7	5.0	5.0a	38.4	24.7	10.0ab	28.4	25.0	18.7a	28.4	26.7	18.4a

注：平均数据采用 LSR 检测，同列数字后具相同小写字母表示在 P=0.05 水平上差异不显著，下同

由表 14-5 可知，经秋水仙素处理后，在不同预培养时间下，毛泡桐茎段、叶柄和叶片的最高存活率分别为 24.7%、16.7%和 14.7%，而最高的芽诱导率和四倍体诱导率则分别为 8.4%、8.4%、10%和 4.7%、3.3%、5.0%。组合 4 是毛泡桐芽诱导和四倍体诱导的最佳组合。此外，毛泡桐叶片存活率低于叶柄和茎段，而芽诱导率和四倍体诱导率明显高于茎段和叶柄。方差分析（表 14-6）表明，A 因素对毛泡桐的四倍体诱导率均未产生显著影响，B 因素、C 因素和 D 因素对毛泡桐的四倍体诱导率均影响显著。因此，泡桐四倍体的诱导对秋水仙素质量浓度和处理时间的要求不高，而对外植体及其生理状态要求比较严格。

表 14-6　液体培养基、固体培养基、双层培养基处理四倍体毛泡桐及双层培养基处理毛泡桐叶片诱导四倍体的方差变异

方差来源	自由度	液体浸泡处理					
		外植体存活率/%		芽诱导率/%		四倍体诱导率/%	
		MS	*F*	MS	*F*	MS	*F*
A	2	39.90	6.48*	8.22	2.65	2.49	2.00
B	2	7.99	4.30	22.96	7.41	7.99	6.41*
C	2	19.11	3.10	2.49	0.80	7.99	6.41*
D	2	114.29	18.06**	76.64	24.73**	14.51	9.23**
误差	9	6.16		3.06		1.89	
总和	17						

方差来源	自由度	固体培养处理					
		外植体存活率/%		芽诱导率/%		四倍体诱导率/%	
		MS	*F*	MS	*F*	MS	*F*
A	2	313.83	33.76**	124.42	22.15**	5.56	4.11
B	2	45.24	4.87*	14.90	2.17	13.04	2.59
C	2	355.46	38.23**	105.79	19.30**	35.04	6.97*
D	2	118.11	12.70**	67.24	12.26**	90.54	18.02**
误差	9	9.30		5.48		5.03	
总和	17						

方差来源	自由度	双层培养处理					
		外植体存活率/%		芽诱导率/%		四倍体诱导率/%	
		MS	*F*	MS	*F*	MS	*F*
A	2	578.77	66.87**	17.46	4.76	37.64	6.73*
B	2	9.68	4.12	7.94	0.80	15.31	2.74
C	2	9.66	4.12	122.46	12.37**	212.29	37.95*
D	2	418.16	48.31**	94.49	9.24**	48.98	8.76**
误差	9	8.66		9.90		5.59	
总和	17						

方差来源	自由度	双层培养处理（叶片）					
		外植体存活率/%		芽诱导率/%		四倍体诱导率/%	
		MS	*F*	MS	*F*	MS	*F*
A	2	48.66	4.86	96.59	4.08*	77.16	2.49
B	2	48.66	4.86	24.20	4.02	15.22	0.49
E	2	180.79	6.92**	116.50	4.92*	128.64	4.15*
误差	11	26.11		23.68		34.00	
总和	17						

注：MS. 平均平方和；*表示显著；**表示极显著；下同

2. 固体培养处理对四倍体毛泡桐诱导的影响

不同固体培养处理组合对四倍体毛泡桐植株的诱导影响不同（表 14-5）。对叶片而言，组合 4 的四倍体诱导率最高（14.7%）。当外植体为茎段时，组合 1 未诱导出四倍体，组合 6 的四倍体诱导率为 3.4%，组合 8 的四倍体诱导率为 5.0%。叶柄 3 个处理组合中仅在组合 3 中诱导出四倍体植株，诱导率为 5.0%。与毛泡桐的秋水仙素液体处理相比，固体培养基处理的外植体四倍体诱导率、芽诱导率和存活率均较高，不过四倍体诱导率与其存活率相比提高幅度较小。

表 14-6 说明，A 因素对泡桐外植体存活率产生了极显著影响，B 因素对泡桐外植体存活率产生了显著影响，但 A 因素和 B 因素对四倍体泡桐诱导率均未产生显著影响；C 因素对四倍体毛泡桐诱导率影响显著；D 因素对泡桐外植体的存活率和四倍体诱导率均影响极显著。即用包含秋水仙素的固体培养基诱导四倍体泡桐时，秋水仙素浓度和处理时间对四倍体泡桐诱导的影响不明显，但外植体种类及其状态至关重要。

3. 双层培养处理对四倍体毛泡桐诱导的影响

由表 14-5 可知，毛泡桐的茎段、叶柄和叶片三种外植体均能诱导出四倍体植株。比较三种外植体四倍体诱导率可以得出，最高四倍体诱导率出现在组合 9 中（18.7%），次之是组合 4（15.0%），说明叶片是诱导四倍体泡桐的最佳外植体。此外，三种外植体四倍体诱导率最高时的预培养时间大多为 12 天。

表 14-6 说明，A 因素、C 因素和 D 因素对三种泡桐的四倍体诱导率均产生了显著影响，即在双层培养法中，秋水仙素浓度、外植体种类和预培养时间均对泡桐四倍体的诱导产生了显著影响，这一点充分说明了外植体及其生理状态对秋水仙素的敏感程度存在很大差异。

综合三种诱导方法对毛泡桐四倍体诱导的影响及方差分析可知，液体浸泡处理时，外植体存活率过低，芽诱导率和四倍体诱导率也很低；双层培养处理时，其存活率较高，而四倍体诱导率较低；当秋水仙素加入固体培养基中时，可以明显提高外植体的存活数和四倍体变异植株个数，这表明固体培养处理为最优诱导方法。此外，三种方法中，叶片外植体明显优于茎段和叶柄，因此确定叶片可作为四倍体毛泡桐的诱导材料。

4. 双层培养处理对毛泡桐叶片诱导四倍体的影响

由表 14-5 可以看出，经秋水仙素诱导处理后，叶片存活率均有所下降，但未表现出与秋水仙素浓度严格的负相关关系，仅表现为随秋水仙素浓度的增大，叶片存活率的最大值降低；预培养时间为 6 天时的叶片存活率较预培养 0 天和 12 天时的存活率整体上较低，预培养时间为 8 天时的叶片存活率较预培养 0 天和 16 天时的存活率整体上较低。毛泡桐叶片在组合 1 中存活率最高，为 38.4%，叶片存活率最大值出现在秋水仙素 5mg/L 和不经过预培养或预培养时间最长（12 天或 16 天）的处理组合中，可以得出秋水仙素浓度和叶片预培养时间对泡桐叶片存活率影响很关键。

随着秋水仙素浓度的增大，毛泡桐的叶片芽诱导率整体上呈现下降趋势，但并不完全符合负相关关系，毛泡桐在组合 4 中达到最大芽诱导率，为 18.4%。秋水仙素处理时间越长，叶片受伤越严重，但泡桐叶片芽诱导率并不与处理时间呈反比例关系。在四倍体诱导率最优组合的选择上，毛泡桐最优的组合是秋水仙素 20mg/L＋处理 72h＋预培养 12 天，但从实际结果来看，最好的组合是 9，即秋水仙素 20mg/L＋处理 72h＋预培养 0 天，此时，四倍体诱导率可达 18.4%。从极差（表 14-7）来看，其值越大，表示该因素越重要。因此，本试验毛泡桐四倍体诱导的三个因素中，最重要的因素是预培养时间，其次是秋水仙素浓度和处理时间。方差分析的结果也证明了这一点。

由表 14-6 可知，秋水仙素浓度对毛泡桐的芽诱导率产生了显著影响，预培养时间对毛泡桐的存活率、芽诱导率和四倍体诱导率均产生了显著影响。同时，预培养改变了叶片的生理状态，进而对四倍体的获得非常重要。单从四倍体诱导率来看，预培养时间是影响毛泡桐四倍体诱导率的最重要因素。

表 14-7　四倍体毛泡桐诱导率的极差

因素水平	秋水仙素浓度/(mg/L)	处理时间/h	预培养时间/天
水平 1	36.60	46.80	43.40
水平 2	43.40	46.70	30.00
水平 3	76.80	63.30	83.40
极差	40.20	16.60	53.40

（二）四倍体白花泡桐的诱导

1. 液体浸泡处理对四倍体白花泡桐诱导的影响

利用秋水仙素液体浸泡法处理白花泡桐外植体均获得了四倍体泡桐植株（表 14-8），但不同秋水仙素浓度和处理时间、预培养时间对不同外植体的存活率和四倍体诱导率的影响存在明显的差异。

表 14-8　液体浸泡处理、固体培养处理、双层培养处理对四倍体白花泡桐诱导及双层培养基处理对白花泡桐叶片诱导四倍体的影响

组合	液体浸泡处理			固体培养处理			双层培养处理			双层培养处理（叶片）		
	外植体存活率/%	芽诱导率/%	四倍体诱导率/%	外植体存活率/%	芽诱导率/%	四倍体诱导率/%	外植体存活率/%	芽诱导率/%	四倍体诱导率/%	外植体存活率/%	芽诱导率/%	四倍体诱导率/%
1	18.4	6.7	0b	70.0	26.7	0c	56.7	25.0	0c	38.3	25.0	3.3d
2	3.3	3.3	0b	35.0	25.7	5.0abc	26.7	6.7	3.3c	23.3	15.7	3.3d
3	15.0	5.0	3.3ab	43.4	15.0	0c	48.4	8.4	3.3c	45.7	25.0	20.0a
4	10.0	6.7	5.0a	45.0	25.0	10.0a	25.0	20.0	16.7a	25.7	25.7	16.7b
5	15.7	5.7	5.7b	50.0	15.0	0c	45.0	8.4	5.7c	35.7	6.7	5.0d
6	5.0	0	0b	36.7	15.7	5.7c	26.7	6.7	5.7c	23.4	5.7	5.7d
7	5.0	0	0b	36.7	15.0	5.7c	26.7	5.0	3.3c	18.4	10.0	3.3d
8	15.7	3.3	0b	46.7	15.0	3.3bc	35.0	6.7	3.3c	15.0	15.0	13.3c
9	3.4	5.7	5.7b	30.3	20.0	8.4ab	25.0	15.0	10.0b	23.4	20.0	15.0bc

由表 14-8 可知，不同预培养时间的叶片、叶柄和茎段外植体经秋水仙素处理后的最高存活率分别为 10.0%、15.0%和 18.4%，而最高芽诱导率和四倍体诱导率则分别为 6.7%、5.0%、6.7%和 5.0%、3.3%、0%。表明白花泡桐经秋水仙素处理后，叶片存活率低于叶柄和茎段，而芽诱导率和四倍体诱导率明显高于茎段和叶柄。组合 4 是其芽诱导和四倍体诱导的最佳组合。方差分析（表 14-9）表明，A 因素和 B 因素对白花泡桐四倍体诱导率均未产生显著影响，C 因素和 D 因素对白花泡桐四倍体诱导率均影响显著。也就是说，四倍体泡桐的诱导对秋水仙素浓度和处理时间的要求不高，而对外植体及其生理状态要求比较严格。

表 14-9　液体培养基、固体培养基、双层培养基处理四倍体白花泡桐及双层培养基处理白花泡桐叶片诱导四倍体的方差变异

方差来源	自由度	液体浸泡处理						方差来源	自由度	固体培养处理					
		外植体存活率/%		芽诱导率/%		四倍体诱导率/%				外植体存活率/%		芽诱导率/%		四倍体诱导率/%	
		MS	*F*	MS	*F*	MS	*F*			MS	*F*	MS	*F*	MS	*F*
A	2	46.83	7.51**	17.42	9.41**	4.33	2.34	A	2	204.92	7.19**	34.93	2.94	12.87	2.64
B	2	17.35	2.78	8.29	4.48*	2.46	5.33	B	2	288.57	10.13**	75.95	6.06*	5.87	0.38
C	2	63.66	10.21**	4.33	2.34	7.96	4.30*	C	2	296.66	10.41**	29.48	2.48	5.50	5.13
D	2	106.46	17.07**	22.98	12.40**	15.64	6.29*	D	2	313.83	15.01**	79.48	6.70*	95.15	18.69**
误差	9	6.24		5.85		5.85		误差	9	28.49		15.87		4.88	
总和	17							总和	17						
方差来源	自由度	双层培养处理						方差来源	自由度	双层培养处理（叶片）					
		外植体存活率/%		芽诱导率/%		四倍体诱导率/%				外植体存活率/%		芽诱导率/%		四倍体诱导率/%	
		MS	*F*	MS	*F*	MS	*F*			MS	*F*	MS	*F*	MS	*F*
A	2	343.75	45.49**	30.12	3.74	32.16	8.68**	A	2	364.42	15.31**	175.31	10.30**	15.51	5.13
B	2	19.22	2.54	140.96	17.5**	22.98	6.20*	B	2	56.90	5.77	69.16	4.16*	45.29	4.46*
C	2	386.88	55.20**	76.38	9.49**	122.98	33.20**								
D	2	365.98	48.43**	150.64	18.71**	45.24	15.13**	E	2	133.62	4.15**	315.98	18.99**	298.05	29.33**
误差	9	7.56		8.05		3.70		误差	11	7.56		8.05		3.70	
总和	17							总和	17						

2. 固体培养处理对四倍体白花泡桐诱导的影响

表 14-8 表明，不同组合对四倍体植株的诱导影响不同。对于叶片而言，四倍体诱导率最高（10%）

时的组合中秋水仙素质量浓度、处理时间和预培养时间分别为 10mg/L、24h 和 12 天（组合 4）。当外植体为茎段时，组合 1 未诱导出四倍体植株。叶柄在三组中仅在组合 7 中诱导出四倍体植株，诱导率为 5.7%。秋水仙素加入固体培养基处理泡桐时，处理后的外植体存活率、芽诱导率和四倍体诱导率均较液体处理的高，尤其是存活率，但四倍体诱导率与其存活率相比提高幅度较小。

由表 14-9 可知，A 因素和 B 因素对泡桐的外植体存活率产生了极显著影响，但 A 因素和 B 因素对四倍体泡桐诱导率均未产生显著影响；C 因素对四倍体白花泡桐外植体存活率影响极显著；D 因素对泡桐外植体存活率和四倍体诱导率均影响极显著。即秋水仙素浓度和处理时间对白花泡桐四倍体诱导的影响不明显，而外植体种类及状态至关重要。

3. 双层培养处理对四倍体白花泡桐诱导的影响

表 14-8 说明，白花泡桐的茎段、叶柄和叶片三种外植体均能诱导出四倍体植株。比较三种外植体四倍体诱导率可以得出，白花泡桐最高四倍体诱导率出现在组合 4 和组合 9 中，说明叶片是诱导四倍体白花泡桐的最佳外植体。组合 4 是诱导四倍体植株的最佳组合，其四倍体诱导率最高达 16.7%，显著高于其他组合。三种外植体四倍体诱导率最高时的预培养时间大多为 12 天，且叶片四倍体诱导率明显高于茎段和叶柄。

表 14-9 说明，A 因素、B 因素、C 因素和 D 因素对四倍体白花泡桐诱导率影响显著。在双层培养法中，秋水仙素浓度、外植体种类和预培养时间均对白花泡桐四倍体的诱导产生了极显著影响，这一点说明外植体及其生理状态对秋水仙素的敏感程度存在很大差异。

综合三种诱导方法对四倍体泡桐诱导的影响及方差分析可以看出，液体浸泡处理对泡桐外植体的损伤最为严重，外植体存活率过低，芽诱导率和四倍体诱导率也很低；秋水仙素加入固体培养基中，可以明显提高外植体存活数和四倍体变异植株个数，但相对双层培养处理法，其存活率较高，而其四倍体诱导率较低，所以，双层培养处理为最优诱导方法。三种方法中，C 因素对四倍体白花泡桐诱导率除加入固体培养基中未对四倍体白花泡桐诱导率产生显著影响外，其他影响均达到显著水平，叶片外植体明显优于茎段和叶柄，尤其在双层培养法中，白花泡桐均利用叶片获得了较高的四倍体诱导率。因此确定叶片可作为四倍体白花泡桐的诱导材料。

4. 双层培养处理对白花泡桐叶片诱导四倍体的影响

由表 14-8 可以看出，经秋水仙素诱导处理后，叶片存活率均有所下降，但未表现出与秋水仙素浓度严格的负相关关系，仅表现为随秋水仙素浓度的增大，叶片存活率在三种秋水仙素浓度下的最大值降低；预培养时间为 6 天时的叶片存活率较预培养 0 天和 12 天时的存活率整体上较低，预培养时间为 8 天时的叶片存活率较预培养 0 天和 16 天时的存活率整体上较低；泡桐叶片存活率均未表现出与秋水仙素处理时间的相关关系。白花泡桐叶片在组合 3 中外植体存活率达到最大，为 45.7%，叶片存活率最大值出现在秋水仙素 5mg/L 和不经过预培养或预培养时间最长（12 天或 16 天）的处理组合中，可以得出秋水仙素浓度和叶片预培养时间对泡桐叶片存活率影响很关键。

随着秋水仙素浓度的增大，白花泡桐的叶片芽诱导率整体上呈现下降趋势，但并不完全符合负相关关系，白花泡桐在组合 4 中芽诱导率最大，为 25.7%。随着秋水仙素处理时间越长，叶片受伤越严重，但白花泡桐叶片芽诱导率并不与处理时间呈反比例关系。在四倍体诱导率最优组合的选择上，从各因素水平来看，白花泡桐在组合 3 中，四倍体诱导率为 20.0%，在组合 4 中，四倍体诱导率为 16.7%，而组合 9 的四倍体诱导率为 15.0%。此外，秋水仙素 20mg/L＋处理 72h＋预培养 12 天也是白花泡桐诱导四倍体植株的最优组合。从极差（表 14-10）来看，其值越大，表示该因素越重要。因此，本试验白花泡桐的三个因素中，最重要的因素是预培养时间，其次是秋水仙素浓度和处理时间。方差分析的结果也证明了这一点。

由表 14-9 可知，秋水仙素浓度对白花泡桐外植体存活率和芽诱导率均产生了显著影响；共培养时间对白花泡桐芽诱导率、四倍体诱导率影响显著；而预培养时间对白花泡桐的存活率、芽诱导率和四倍体诱导率均产生了显著影响，进一步说明了预培养改变的生理状态对成功获得四倍体非常重要。单从四倍体诱导率来看，预培养时间是影响四倍体白花泡桐诱导率最重要的因素，可能是因为预培养时间在一定范围内对白花泡桐四倍体诱导的影响较大，也可能是基因型材料不同造成的差异或正交试验中各因素效应互作影响了效应估计的精确度。

表 14-10　四倍体白花泡桐诱导率的极差

因素水平	秋水仙素浓度/(mg/L)	处理时间/h	预培养时间/天
水平 1	53.20	46.60	46.60
水平 2	46.70	43.20	16.50
水平 3	63.20	73.30	100.00
极差	16.50	30.10	83.51

（三）四倍体兰考泡桐的诱导

1. 液体浸泡处理对四倍体兰考泡桐诱导的影响

秋水仙素液体浸泡法处理兰考泡桐外植体均获得了四倍体泡桐植株（表 14-11），但不同的秋水仙素浓度和处理时间、预培养时间对不同外植体的存活率和四倍体诱导率存在明显的差异。

表 14-11 说明，经秋水仙素处理后，不同预培养时间的叶片、叶柄和茎段的最高存活率分别为 15%、16.7%和 23.4%，而最高芽诱导率和四倍体诱导率则分别为 17.5%、5.0%、8.4%和 6.7%、7.7%、7.7%。由此可知，兰考泡桐经秋水仙素处理后，叶片存活率低于叶柄和茎段，而芽诱导率和四倍体诱导率明显高于茎段和叶柄。组合 4 即质量浓度为 10mg/L 的秋水仙素处理 4h，预培养 12 天的叶片是其芽诱导和四倍体诱导的最佳组合。

方差分析（表 14-12）结果表明，秋水仙素浓度对兰考泡桐外植体存活率、芽诱导率及四倍体诱导率均未产生显著影响，外植体处理时间对兰考泡桐存活率、芽诱导率的影响极显著，而对四倍体诱导率的影响不显著，外植体对兰考泡桐存活率和四倍体诱导率产生了显著影响，而预培养时间对存活率、芽诱导率、四倍体诱导率均产生了极显著影响。由此可知，兰考泡桐四倍体的诱导对秋水仙素浓度和处理时间的要求不高，而对外植体及其生理状态要求比较严格。

表 14-11　液体浸泡处理、固体培养处理、双层培养处理对四倍体兰考泡桐诱导及双层培养基处理兰考泡桐叶片诱导四倍体的影响

组合	液体浸泡处理			固体培养处理			双层培养处理			双层培养处理（叶片）		
	外植体存活率/%	芽诱导率/%	四倍体诱导率/%	外植体存活率/%	芽诱导率/%	四倍体诱导率/%	外植体存活率/%	芽诱导率/%	四倍体诱导率/%	外植体存活率/%	芽诱导率/%	四倍体诱导率/%
1	23.4	8.4	0c	77.7	37.7	0c	67.7	20.0	0d	53.4	30.0	7.7c
2	7.7	0	0c	33.4	25.0	3.3bc	25.0	6.7	5.0cd	23.4	3.4	7.7c
3	15.0	5.0	7.7bc	45.0	28.4	0c	56.7	20.0	5.0cd	38.4	27.7	17.7c
4	15.0	17.5	6.7a	46.7	35.0	17.7a	38.4	26.7	23.4a	45.0	25.0	23.4a
5	16.7	7.7	0c	55.0	26.7	5.0b	57.7	18.4	3.4cd	47.7	13.4	5.0bc
6	0	0	0c	36.7	16.7	0c	33.7	10.0	0d	18.3	0	0c
7	6.7	7.7	0c	33.3	20.0	0c	28.4	8.4	0d	16.7	3.4	3.4c
8	13.3	3.3	7.7bc	45.0	20.0	5.0b	47.7	13.3	6.7c	35.0	27.7	27.7a
9	8.4	3.3	3.3b	33.4	26.6	10.0a	33.4	18.4	16.7b	35.0	15.0	17.7b

2. 固体培养处理对四倍体兰考泡桐诱导的影响

表 14-11 表明，不同组合对四倍体植株的诱导影响不同。对叶片而言，四倍体诱导率最高（17.7%）时的组合为组合 4。当外植体为茎段时，仅在组合 8 诱导出四倍体植株，诱导率为 5.0%。当外植体为叶柄时仅在组合 5 中诱导出四倍体植株，诱导率为 5.0%。秋水仙素加入固体培养基处理泡桐时，处理后的外植体存活率、芽诱导率和四倍体诱导率均较液体处理的高，尤其是存活率，但四倍体诱导率与其存活率相比提高幅度较小。

由表 14-12 可知，A 因素对兰考泡桐的四倍体诱导率影响极显著；B 因素对兰考泡桐的外植体存活率产生了极显著影响，但对泡桐四倍体诱导率未产生显著影响；C 因素对兰考泡桐四倍体诱导率影响显著；D 因素对兰考泡桐的存活率和四倍体诱导率均影响极显著。即秋水仙素加入固体培养基中诱导兰考泡桐四倍体过程中，秋水仙素浓度和处理时间对兰考泡桐四倍体诱导的影响不明显，而外植体种类及其状态至关重要。

3. 双层培养处理对四倍体兰考泡桐诱导的影响

表 14-11 表明，双层培养基下兰考泡桐的茎段、叶柄和叶片三种外植体均能诱导出四倍体植株，三种外植体四倍体诱导率最高时的预培养时间大多为 12 天。组合 4 是诱导四倍体植株的最佳组合，其四倍体诱导率最高达 23.4%，其次是组合 9，说明叶片是诱导四倍体兰考 泡桐的最佳外植体。此外，叶片四倍体诱导率明显高于茎段和叶柄。

由表 14-12 可知，在双层培养法中，秋水仙素浓度、外植体种类和预培养时间均对兰考泡桐四倍体的诱导产生了显著影响，这一点也说明了外植体及其生理状态对秋水仙素的敏感程度存在很大差异。由此可知，不同影响因素在不同方法处理中的影响效应亦存在一定差异。

综合三种诱导方法对四倍体兰考泡桐诱导的影响及方差分析（表 14-11，表 14-12）可以看出，液体浸泡处理对泡桐外植体的损伤最为严重，外植体存活率过低，芽诱导率和四倍体诱导率也很低；固体培养基处理可以明显提高外植体的存活数和四倍体变异植株个数，相对双层培养处理法，其存活率较高，但其四倍体诱导率较低，所以，双层培养处理为最优诱导方法。此外，在双层培养法中，兰考泡桐均利用叶片获得了较高的四倍体诱导率，叶片外植体诱导率明显优于茎段和叶柄，因为叶片可作为四倍体兰考泡桐诱导的材料。

4. 双层培养处理对兰考泡桐叶片诱导四倍体的影响

利用双层培养处理法对兰考泡桐叶片进行了四倍体植株的诱导。由表 14-11 可知，经秋水仙素诱导处理后，兰考泡桐叶片存活率均有所下降，但未表现出与秋水仙素浓度严格的负相关关系，仅表现为随秋水仙素浓度的增大，叶片存活率在三种秋水仙素浓度下的最大值降低；预培养时间为 6 天时的叶片存活率较预培养 0 天和 12 天时的存活率整体上较低，预培养时间为 8 天时的叶片存活率较预培养 0 天和 16 天时的存活率整体上较低；兰考泡桐叶片存活率均未表现出与秋水仙素处理时间的相关关系。兰考泡桐叶片在组合 1 和组合 4 中存活率较高，分别为 53.4%和 45.0%，叶片存活率最大值均出现在秋水仙素 5mg/L 和不经过预培养或预培养时间最长（12 天或 16 天）的处理组合中，可以得出秋水仙素浓度和叶片预培养时间对兰考泡桐叶片存活率影响很关键。

综合考虑，随着秋水仙素浓度的增大，兰考泡桐的叶片芽诱导率整体上呈现下降趋势，但并不完全符合负相关关系，兰考泡桐叶片在组合 4 中达到最大芽诱导率，为 25.0%；秋水仙素处理时间越长，叶片受伤越严重，兰考泡桐叶片芽诱导率并不与处理时间呈反比例关系。在四倍体诱导率最优组合的选择上，兰考泡桐叶片在组合 4 和组合 8 中四倍体诱导率最高，可分别达 23.4%和 27.7%。此外，秋水仙素 20mg/L ＋处理 72h＋预培养 12 天也是诱导四倍体兰考泡桐植株的最优组合；从极差（表 14-13）来看，其值越大，表示该因素越重要。因此，本试验兰考泡桐的三个因素中，最重要的因素是预培养时间，其次是秋水仙素浓度和处理时间。

由表 14-12 可以看出，秋水仙素浓度对兰考泡桐外植体存活率和四倍体诱导率产生了极显著影响，共培养时间对兰考泡桐外植体存活率、芽诱导率影响显著，而预培养时间对兰考泡桐的存活率、芽诱导率和四倍体诱导率均产生了极显著影响。单从四倍体诱导率来看，预培养时间是影响四倍体兰考泡桐诱导率的最重要因素，可能是因为预培养时间在一定范围内改变了叶片的生理状态，对兰考泡桐四倍体诱导的影响较大，也可能是基因型材料不同造成的差异或正交试验中各因素效应互作影响了效应估计的精确度。

表 14-12　液体培养基、固体培养基、双层培养基处理四倍体兰考泡桐及双层培养基处理兰考泡桐叶片诱导四倍体的方差变异

方差来源	自由度	液体浸泡处理						方差来源	自由度	固体培养处理					
		外植体存活率/%		芽诱导率/%		四倍体诱导率/%				外植体存活率/%		芽诱导率/%		四倍体诱导率/%	
		MS	F	MS	F	MS	F			MS	F	MS	F	MS	F
A	2	24.15	3.23	5.72	7.87	4.38	3.62	A	2	257.54	20.59**	57.20	3.88	35.32	18.69**
B	2	79.54	10.63**	52.04	16.99**	4.38	3.62	B	2	223.26	17.85**	49.67	3.37	7.81	0.96
C	2	35.20	4.71*	7.37	2.41	15.49	12.80**	C	2	547.37	43.28**	112.70	7.65**	35.32	18.69**
D	2	317.67	42.46**	57.20	18.68**	17.31	14.30**	D	2	266.00	27.27**	57.50	3.90	88.45	46.81**
误差	9	7.48		3.06		0.61		误差	9	12.51		14.74		7.89	
总和	17							总和	17						
方差来源	自由度	双层培养处理						方差来源	自由度	双层培养处理（叶片）					
		外植体存活率/%		芽诱导率/%		四倍体诱导率/%				外植体存活率/%		芽诱导率/%		四倍体诱导率/%	
		MS	F	MS	F	MS	F			MS	F	MS	F	MS	F
A	2	266.67	30.81**	37.92	5.64*	52.15	8.31**	A	2	137.64	9.62**	56.11	3.59	79.93	4.84**
B	2	16.83	7.95	47.38	7.04**	12.87	2.05	B	2	93.75	6.55*	97.09	6.22*	5.61	0.34
C	2	355.11	47.03*	17.90	7.77	313.37	49.96**								
D	2	688.11	79.50**	248.98	37.00**	150.50	23.99**	E	2	985.49	8.89**	729.03	46.70**	479.48	29.06**
误差	9	8.65		6.73		6.27		误差	11	4.31		15.61		16.50	
总和	17							总和	17						

表 14-13　四倍体兰考泡桐诱导率的极差

因素水平	秋水仙素浓度/(mg/L)	处理时间/h	预培养时间/天
水平 1	29.90	56.70	36.60
水平 2	56.70	56.60	10.00
水平 3	73.30	46.60	113.30
极差	43.40	10.10	103.30

（四）四倍体南方泡桐的诱导

根据之前研究毛泡桐、白花泡桐和兰考泡桐四倍体诱导的试验结果，直接研究了双层培养处理对南方泡桐叶片诱导四倍体植株的影响。由表 14-14 可以看出，经秋水仙素诱导处理后，南方泡桐叶片存活率均有所下降，但未表现出与秋水仙素浓度严格的负相关关系，仅表现为随秋水仙素浓度增大，叶片存活率在三种秋水仙素浓度下的最大值降低；预培养时间为 6 天时的叶片存活率较预培养 0 天和 12 天时的存活率整体上较低，预培养时间为 8 天时的叶片存活率较预培养 0 天和 16 天时的存活率整体上较低；南方泡桐叶片存活率均未表现出与秋水仙素处理时间的相关关系。南方泡桐叶片在秋水仙素 5mg/L＋处理 24h＋预培养 16 天中存活率最高，为 53.3%，叶片存活率最大值均出现在秋水仙素 5mg/L 和不经过预培养或预培养时间最长（12 天或 16 天）的处理组合中，可以得出秋水仙素浓度和叶片预培养时间对南方泡桐叶片存活率影响很关键。

表 14-14　双层培养处理对南方泡桐和‘豫杂一号’泡桐叶片诱导四倍体的影响

组合	双层培养处理叶片诱导南方泡桐四倍体			双层培养处理叶片诱导‘豫杂一号’泡桐四倍体		
	外植体存活率/%	芽诱导率/%	四倍体诱导率/%	外植体存活率/%	芽诱导率/%	四倍体诱导率/%
1	50b	25ab	0r	56.7b	30ab	0o
2	45c	23.3abc	0r	55bc	26.7abc	0o
3	53.3a	28.4a	0r	60a	38.7a	0o
4	40d	18.4cde	3.2q	50d	28.7cde	4.7m
5	36.7e	16.7de	0r	46.7e	20def	3.7n
6	43.3c	20bcd	0r	53.3c	25bcd	0o
7	33.3f	13.3ef	16.3g	40g	15fgh	18.3g
8	30g	13.3ef	8.4i	36.7h	18.7ghij	9.8i
9	40d	16.7de	6.8m	40g	16.7efg	7.8k
10	40d	18.4cde	5.8p	46.7e	20def	8.5j
11	36.7e	16.7de	3.3q	43.3f	16.7efg	5.7l
12	43.3c	26.7bcd	0r	53.3c	23.3cd	0o
13	35ef	13.3ef	9.9h	40g	16.7efg	13.6f
14	30g	13.3ef	8j	36.7h	15fgh	18.4g
15	36.7e	16.7de	6.5n	43.3f	20def	10.7h
16	30g	10fg	18.8a	33.3i	18.7ghij	17.6d
17	26.7h	6.7gh	17.4b	30j	8.4j	15.3e
18	33.3f	16.7f	16.3c	36.7h	13.3ghi	13.6f
19	36.7e	13.3ef	7.7k	43.3f	16.7efg	10.6h
20	33.3f	13.3ef	7.4l	40g	15fgh	9.8i
21	40d	18.4cde	6.2o	50d	28.7cde	8.6j
22	30g	10fg	15.5d	30j	13.3ghi	28.2a
23	26.7h	10fg	14.9e	26.7kl	10hij	19.6b
24	35ef	13.3ef	12.9f	33.3i	13.3ghi	18.7c
25	23.3i	6.7j	0r	25l	8.7l	0o
26	20j	0k	0r	28.7m	0m	0o
27	26.7h	3.3i	0r	28.4jk	3.3k	0o

随着秋水仙素浓度的增大，南方泡桐的叶片芽诱导率整体上呈现下降趋势，但并不完全符合负相关关系，南方泡桐叶片在秋水仙素 5mg/L＋处理 24h＋预培养 16 天中出芽率最高，为 28.4%。秋水仙素处理时间越长，叶片受伤越严重，但由于预培养因素的影响，泡桐叶片出芽率并不与处理时间呈反比例关系，可能是随着预培养时间延长，叶片处于分化状态，此时细胞代谢活动旺盛，具有一定的抗损伤能力。在四倍体诱导率最优组合的选择上，从各因素水平来看，南方泡桐叶片在组合 $A_2B_2E_1$（秋水仙素 10mg/L＋处理 72h＋预培养 0 天）中四倍体诱导率最高，为 18.8%。从极差（表 14-15）来看，其值越大，表示该因素越重要。因此，本试验南方泡桐的三个因素中，最重要的因素是秋水仙素浓度，其次是处理时间和预培养时间。

表 14-15　四倍体南方泡桐诱导率的极差

因素水平	秋水仙素浓度/(mg/L)	处理时间/h	预培养时间/天
水平 1	66.43	70.39	126.75
水平 2	147.82	126.41	106.57
水平 3	112.92	125.37	88.85
极差	86.39	56.02	33.9

由表 14-16 可以看出，秋水仙素浓度和共培养时间均对南方泡桐的外植体存活率、芽诱导率、四倍体诱导率均产生了极显著或显著影响。同时，单从四倍体诱导率来看，秋水仙素浓度是影响南方泡桐四倍体诱导率的最重要因素。

表 14-16　双层培养处理南方泡桐叶片诱导四倍体植株的方差变异

方差来源	*df*	外植体存活率/%		芽诱导率/%		四倍体诱导率/%	
		MS	*F*	MS	*F*	MS	*F*
重复	1	0.07	0.10	13.92	6.64	0.09	0.001
A	2	205.20	296.54**	475.35	55.97**	417.84	6.07**
B	2	270.62	396.09**	576.41	67.87**	228.59	3.32*
E	2	90.66	136.01**	79.42	9.35**	80.54	6.17
误差	46	0.69		8.49		68.82	
总和	53						

（五）四倍体‘豫杂一号’泡桐的诱导

结合上述不同泡桐品种四倍体诱导试验结果，进一步研究了双层培养处理对‘豫杂一号’泡桐叶片诱导四倍体植株的影响。由表 14-14 可知，经秋水仙素诱导处理后，‘豫杂一号’泡桐叶片存活率均有所下降，但未表现出与秋水仙素浓度严格的负相关关系，仅表现为随秋水仙素浓度的增大，叶片存活率在三种秋水仙素浓度下的最大值降低；预培养时间为 6 天时的叶片存活率较预培养 0 天和 12 天时的存活率整体上较低，预培养时间为 8 天时的叶片存活率较预培养 0 天和 16 天时的存活率整体上较低；泡桐叶片存活率均未表现出与秋水仙素处理时间的相关关系。‘豫杂一号’叶片在秋水仙素 5mg/L＋处理 24h＋预培养 16 天中存活率最高，为 60.0%，叶片存活率最大值均出现在秋水仙素 5mg/L 和不经过预培养或预培养时间最长（12 天或 16 天）的处理组合中，可以得出秋水仙素浓度和叶片预培养时间对‘豫杂一号’泡桐叶片存活率影响很关键。

随着秋水仙素浓度的增大，‘豫杂一号’泡桐的叶片芽诱导率整体上呈现下降趋势，但并不完全符合负相关关系，‘豫杂一号’叶片在秋水仙素 5mg/L＋处理 24h＋预培养 16 天中芽诱导率最高，为 38.7%。秋水仙素处理时间越长，叶片受伤越严重，但泡桐叶片芽诱导率并不与处理时间呈反比例关系，可能是随着预培养时间的延长，叶片细胞代谢活动旺盛，具有一定的抗损伤能力。

在四倍体诱导率最优组合的选择上，‘豫杂一号’叶片在秋水仙素 20mg/L＋处理 48h＋预培养 0 天中四倍体诱导率最高，为 28.2%；秋水仙素 20mg/L＋处理 72h＋预培养 12 天也是‘豫杂一号’泡桐诱导四倍体植株的最优组合；从极差（表 14-17）来看，其值越大，表示该因素越重要。因此，本试验‘豫杂一号’泡桐的三个因素中，最重要的因素是秋水仙素浓度，其次是处理时间和预培养时间。

由表 14-18 可知，秋水仙素浓度和共培养时间对‘豫杂一号’泡桐的外植体存活率、芽诱导率、四倍体诱导率均产生了极显著或显著影响，进一步说明了预培养改变的叶片生理状态对四倍体的成功获得非常重要。单从四倍体诱导率来看，秋水仙素浓度是影响四倍体‘豫杂一号’泡桐诱导率的最重要因素。

表 14-17　四倍体‘豫杂一号’泡桐诱导率的极差

因素水平	秋水仙素浓度/(mg/L)	处理时间/h	预培养时间/天
水平 1	77.32	84.65	128.73
水平 2	140.91	142.85	130.07
水平 3	113.18	123.55	99.25
极差	63.59	58.2	30.82

表 14-18　双层培养处理‘豫杂一号’叶片诱导四倍体植株的方差变异

方差来源	*df*	外植体存活率/%		芽诱导率/%		四倍体诱导率/%	
		MS	*F*	MS	*F*	MS	*F*
重复	1	0.04	0.01	14.76	8.60	8.80	0.12
A	2	390.38	124.83**	542.69	58.82**	384.02	5.10**
B	2	530.62	169.67**	736.07	79.77**	260.28	3.46*
E	2	55.74	17.82**	99.85	10.82**	74.37	0.99
误差	46	3.13		9.23		75.28	
总和	53						

三、泡桐四倍体苗的鉴定

（一）四倍体毛泡桐的鉴定

1. 毛泡桐染色体数目鉴定

在显微镜（40×10）下观察临时压片发现，毛泡桐的二倍体根尖染色体条数均为 $2n = 2x = 40$，而获得的诱导植株根尖染色体条数均为 $2n = 4x = 80$，未发现非整倍体的存在，而且变异植株根尖分生细胞体积增大，细胞核及核仁也随之增大。

2. 流式细胞仪鉴定

利用流式细胞仪对毛泡桐变异植株和二倍体植株叶片单细胞核相对 DNA 含量进行了分析。由图 14-1 可以看出，毛泡桐二倍体均在相对荧光强度为 50 的位置处出现一个单峰（G2 期小峰除外），而诱导获得的变异植株均在 100 位置处出现一个单峰（G2 期小峰除外），未发现在 50 和 100 位置处以外的任意峰出现，表明诱导获得的变异植株完全为同源四倍体植株。因此，成功获得染色体加倍的四倍体毛泡桐植株。

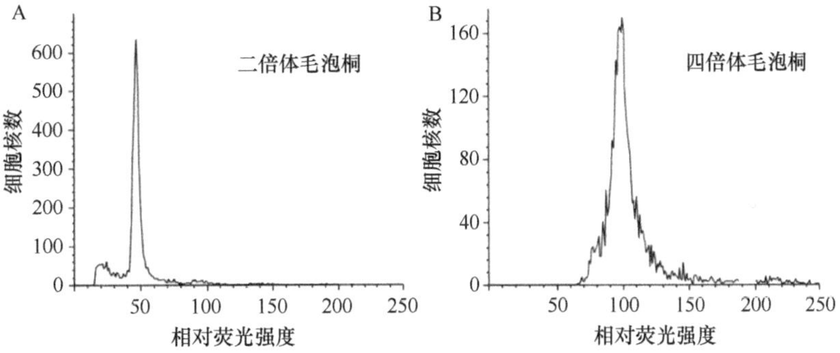

图 14-1　毛泡桐叶片单细胞 DNA 含量分布

（二）四倍体白花泡桐的鉴定

1. 白花泡桐染色体数目鉴定

在显微镜（40×10）下观察临时压片发现，白花泡桐的二倍体根尖染色体条数均为 $2n = 2x = 40$，而获得的诱导植株根尖染色体条数均为 $2n = 4x = 80$，未发现非整倍体的存在，而且变异植株根尖分生细胞体积增大，细胞核及核仁也随之增大。

2. 流式细胞仪鉴定

利用流式细胞仪对白花泡桐变异植株和二倍体植株叶片单细胞核相对 DNA 含量进行了分析。由图 14-2 可以看出，白花泡桐二倍体在相对荧光强度为 50 的位置处出现一个单峰（G_2 期小峰除外），而诱导获得的变异植株均在 100 位置处出现一个单峰（G_2 期小峰除外），未发现在 50 和 100 位置处以外的任意峰出现，表明诱导获得的变异植株完全为同源四倍体植株。因此，成功获得染色体加倍的四倍体白花泡桐植株。

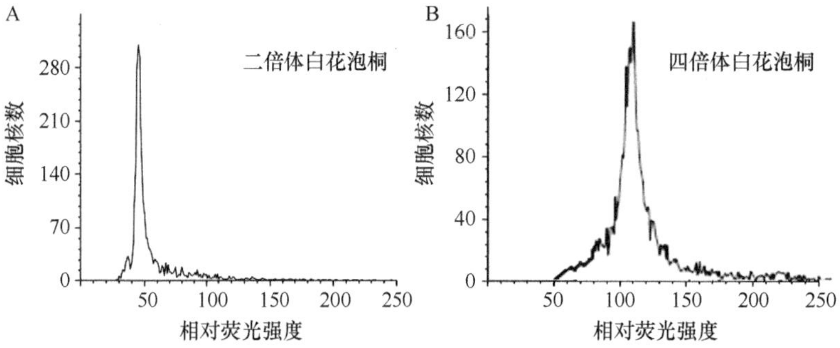

图 14-2　白花泡桐叶片单细胞 DNA 含量分布

（三）四倍体兰考泡桐的鉴定

1. 兰考泡桐染色体数目鉴定

在显微镜（40×10）下观察临时压片发现，兰考泡桐的二倍体根尖染色体条数均为 $2n = 2x = 40$，而获得的诱导植株根尖染色体条数均为 $2n = 4x = 80$，未发现非整倍体的存在，而且变异植株根尖分生细胞体积增大，细胞核及核仁也随之增大。

2. 流式细胞仪鉴定

利用流式细胞仪对兰考泡桐变异植株和二倍体植株叶片单细胞核相对 DNA 含量进行了分析。由图 14-3 可以看出，兰考泡桐二倍体在相对荧光强度为 50 的位置处出现一个单峰（G2 期小峰除外），而诱导获得的变异植株均在 100 位置处出现一个单峰（G2 期小峰除外），未发现在 50 和 100 位置处以外的任意峰出现，表明诱导获得的变异植株完全为同源四倍体植株。因此，成功获得染色体加倍的四倍体兰考泡桐植株。

（四）四倍体南方泡桐的鉴定

1. 南方泡桐染色体数目鉴定

在显微镜（40×10）下观察临时压片发现，南方泡桐的二倍体根尖染色体条数均为 $2n = 2x = 40$，而获得的诱导植株根尖染色体条数均为 $2n = 4x = 80$，未发现非整倍体的存在，而且变异植株根尖分生细胞体积增大，细胞核及核仁也随之增大。

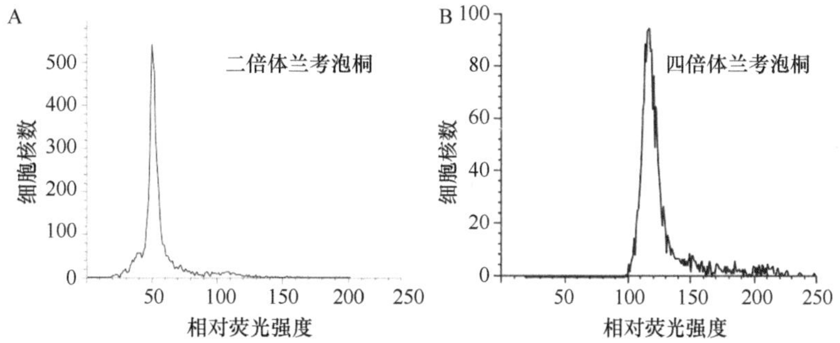

图 14-3　兰考泡桐叶片单细胞 DNA 含量分布

2. 流式细胞仪鉴定

利用流式细胞仪对南方泡桐变异植株和二倍体植株叶片单细胞核相对 DNA 含量进行了分析。由图 14-4 可以看出，南方泡桐二倍体在相对荧光强度为 50 的位置处出现一个单峰（G_2 期小峰除外），而诱导获得的变异植株均在 100 位置处出现一个单峰（G_2 期小峰除外），未发现在 50 和 100 位置处以外的任意峰出现，表明诱导获得的变异植株完全为同源四倍体植株。因此，成功获得染色体加倍的四倍体南方泡桐植株。

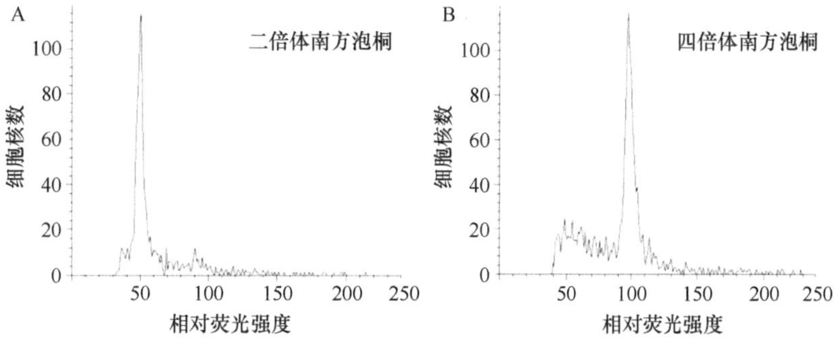

图 14-4　南方泡桐叶片单细胞 DNA 含量分布

（五）四倍体‘豫杂一号’泡桐的鉴定

1.‘豫杂一号’泡桐染色体数目鉴定

在显微镜（40×10）下观察临时压片发现，‘豫杂一号’泡桐的二倍体根尖染色体条数均为 $2n = 2x = 40$，而获得的诱导植株根尖染色体条数均为 $2n = 4x = 80$，未发现非整倍体的存在，而且变异植株根尖分生细胞体积增大，细胞核及核仁也随之增大。

2. 流式细胞仪鉴定

流式细胞仪对‘豫杂一号’泡桐变异植株和二倍体植株叶片单细胞核相对 DNA 含量进行了分析。由图 14-5 可以看出，‘豫杂一号’泡桐二倍体在相对荧光强度为 50 的位置处出现一个单峰（G2 期小峰除外），而诱导获得的变异植株均在 100 位置处出现一个单峰（G2 期小峰除外），未发现在 50 和 100 位置处以外的任意峰出现，表明诱导获得的变异植株完全为同源四倍体植株。因此，成功获得染色体加倍的四倍体‘豫杂一号’泡桐植株。

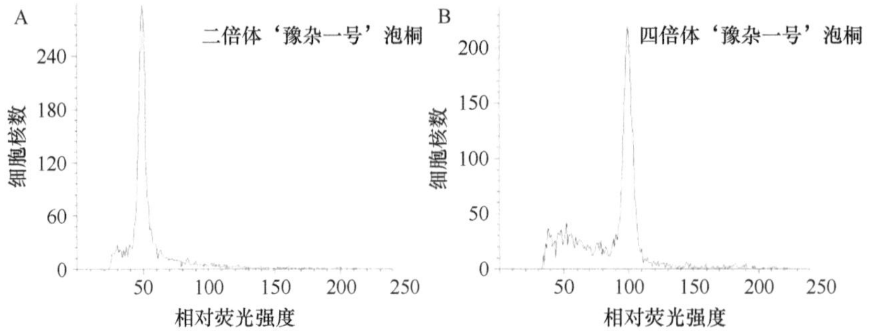

图 14-5 ‘豫杂一号’泡桐叶片单细胞 DNA 含量分布

四、泡桐四倍体植株再生体系建立

在植物组织培养过程中，外植体经过诱导能够重新进行器官分化，长出芽、根、花等器官，最后形成完整植株，这种经离体培养的外植体重新形成的完整植株称为再生植株。植物体外植株再生系统包括植物的器官再生、体细胞胚胎发生和原生质体游离及植株再生，它以细胞学说和细胞的全能性（Haberlandt，1969）为理论基础。高等植物的体细胞在一定条件下所诱导形成的胚称为细胞胚，大量研究表明，植物的体细胞具有形成胚的潜力，植物组织培养中体细胞胚胎的发生不仅具有普遍性，而且具有数量多、速度快、结构完整的特点，这为木本植物在细胞水平上进行遗传操作及品种改良提供了可靠依据和有效途径（李志勇，2003）。通过对 5 种四倍体泡桐诱导条件的初探，已经鉴定获得了同源四倍体泡桐植株。再通过对这 5 种四倍体泡桐体外植株再生进行研究，筛选出 5 种四倍体泡桐体外植株再生的最佳外植体，可建立 5 种四倍体泡桐的植株再生体系，以期为开展泡桐基因工程、细胞工程的研究和培育泡桐新品种奠定基础。

1. 四倍体毛泡桐植株再生体系的建立

（1）四倍体毛泡桐叶片愈伤组织诱导

由表 14-19 可以看出，四倍体毛泡桐在激素萘乙酸（NAA）质量浓度为 0.1～0.5mg/L 时，细胞分裂素 6-BA 质量浓度为 2～10mg/L 的 MS 培养基中，其叶片愈伤组织诱导率（简称愈伤率）均为 100%，但 6-BA 质量浓度增大为 12～20mg/L，叶片愈伤组织诱导率随着 6-BA 质量浓度的增大保持不变或降低；在 NAA 质量浓度为 0.7～4.1mg/L 时，6-BA 质量浓度为 2～8mg/L 的 MS 培养基中，其愈伤组织诱导率均为 100%。四倍体毛泡桐叶片除在培养基 MS＋0.1NAA＋18 6-BA 和 MS＋0.1NAA＋20 6-BA 中愈伤组织诱导率为 95%外，在其他所有培养基中的愈伤组织诱导率均为 100%，多重比较结果也说明除培养基 MS＋0.1NAA＋18 6-BA 和 MS＋0.1NAA＋20 6-BA 外，所有组合均差异不显著。从愈伤组织诱导率而言，大多培养基组合都可作为愈伤组织诱导培养基，但考虑到愈伤组织形态、质地及芽分化的能力等因素，选择四倍体毛泡桐叶片愈伤组织诱导最适培养基为 MS+0.3NAA+14 6-BA。方差分析结果表明（表 14-20），NAA 和 6-BA 对四倍体毛泡桐叶片愈伤组织的伴随概率分别为 0.066 和 0.454，均高于显著性水平（P=0.05），未对四倍体毛泡桐叶片愈伤组织诱导率造成显著影响。

表 14-19 不同植物激素组合对四倍体毛泡桐叶片愈伤组织诱导的影响

激素组合（NAA＋6-BA）/(mg/L)	四倍体愈伤率/%	激素组合（NAA＋6-BA）/(mg/L)	四倍体愈伤率/%
0.1＋2	100a	0.1＋10	100a
0.1＋4	100a	0.1＋12	100a
0.1＋6	100a	0.1＋14	100a
0.1＋8	100a	0.1＋16	100a

续表

激素组合（NAA＋6-BA）/(mg/L)	四倍体愈伤率/%	激素组合（NAA＋6-BA）/(mg/L)	四倍体愈伤率/%
0.1＋18	95b	0.7＋10	100a
0.1＋20	95b	0.7＋12	100a
0.3＋2	100a	0.7＋14	100a
0.3＋4	100a	0.7＋16	100a
0.3＋6	100a	0.7＋18	100a
0.3＋8	100a	0.7＋20	100a
0.3＋10	100a	0.9＋2	100a
0.3＋12	100a	0.9＋4	100a
0.3＋14	100a	0.9＋6	100a
0.3＋16	100a	0.9＋8	100a
0.3＋18	100a	0.9＋10	100a
0.3＋20	100a	0.9＋12	100a
0.5＋2	100a	0.9＋14	100a
0.5＋4	100a	0.9＋16	100a
0.5＋6	100a	0.9＋18	100a
0.5＋8	100a	0.9＋20	100a
0.5＋10	100a	4.1＋2	100a
0.5＋12	100a	4.1＋4	100a
0.5＋14	100a	4.1＋6	100a
0.5＋16	100a	4.1＋8	100a
0.5＋18	100a	4.1＋10	100a
0.5＋20	100a	4.1＋12	100a
0.7＋2	100a	4.1＋14	100a
0.7＋4	100a	4.1＋16	100a
0.7＋6	100a	4.1＋18	100a
0.7＋8	100a	4.1＋20	100a

表 14-20　四倍体毛泡桐叶片愈伤组织诱导的方差分析

方差来源	*df*	SS	MS	*F*	Sig.
NAA	5	8.333	4.667	2.250	0.066
6-BA	9	6.667	0.741	4.000	0.454
误差	45	33.333	0.741		
总计	59	48.333			

（2）四倍体毛泡桐叶片愈伤组织芽诱导

由表 14-21 可知，在一定的 NAA 质量浓度下，愈伤组织芽分化随着 6-BA 质量浓度的增加呈现先上升后下降的趋势。四倍体毛泡桐叶片愈伤组织芽分化的最适培养基为 MS+0.9NAA+16 6-BA，此时，芽分化率达到最高为 100%。此外，四倍体毛泡桐在 MS+0.9NAA+14 6-BA 和 MS+4.1NAA+18 6-BA 中亦获得了较高的芽诱导率，分别为 95%和 90%。所有组合间芽诱导率比较的结果表明 MS+0.9NAA+16 6-BA 与 MS+0.9NAA+14 6-BA 差异并不显著，而与其他任意组合差异显著。由方差分析结果（表 14-22）可以看出，NAA 和 6-BA 对四倍体毛泡桐叶片愈伤组织芽分化的伴随概率均为 0，低于显著性水平（P=0.05），因此，NAA 和 6-BA 均对四倍体毛泡桐芽诱导率造成了显著影响。

表 14-21　不同植物激素组合对四倍体毛泡桐愈伤组织芽分化的影响

激素组合（NAA+6-BA）/(mg/L)	四倍体愈伤率/%	激素组合（NAA+6-BA）/(mg/L)	四倍体愈伤率/%
0.1+2	0o	0.3+2	5no
0.1+4	20klm	0.3+4	10mno
0.1+6	20klm	0.3+6	10mno
0.1+8	20klm	0.3+8	20klm
0.1+10	35ij	0.3+10	30ijk
0.1+12	35ij	0.3+12	40hi
0.1+14	30ijk	0.3+14	65ef
0.1+16	15lmn	0.3+16	65ef
0.1+18	10mno	0.3+18	55fg
0.1+20	5no	0.3+20	50gh
0.5+2	5no	0.9+2	25jkl
0.5+4	5no	0.9+4	40hi
0.5+6	70de	0.9+6	40hi
0.5+8	70de	0.9+8	65ef
0.5+10	75cde	0.9+10	80cd
0.5+12	80cd	0.9+12	85bc
0.5+14	85bc	0.9+14	95ab
0.5+16	70de	0.9+16	100a
0.5+18	70de	0.9+18	85bc
0.5+20	55fg	0.9+20	75cde
0.7+2	5no	4.1+2	10mno
0.7+4	5no	4.1+4	40hi
0.7+6	65ef	4.1+6	40hi
0.7+8	65ef	4.1+8	75cde
0.7+10	80cd	4.1+10	75cde
0.7+12	80cd	4.1+12	75cde
0.7+14	85bc	4.1+14	75cde
0.7+16	80cd	4.1+16	85bc
0.7+18	75cde	4.1+18	90b
0.7+20	10mno	4.1+20	80cd

表 14-22　四倍体毛泡桐愈伤组织芽分化的方差分析

方差来源	*df*	SS	MS	*F*	Sig.
NAA	5	18 688.75	3 737.75	15.327	0.000
6-BA	9	25 308.75	2 812.08	14.531	0.000
误差	45	10 973.75	243.861		
总计	59	54 974.25			

（3）四倍体毛泡桐根的诱导

由表 14-23 可知，四倍体毛泡桐在无论是否附加生长素的生根培养基上均诱导出根，且生根率均达 100%。由于诱导出根的时间各异，且根的条数及粗壮程度随生长素含量不同而不同，选择 1/2MS+0.1NAA 作为四倍体毛泡桐幼芽生根的最适培养基。

表 14-23　四倍体泡桐芽的生根

NAA/(mg/L)	毛泡桐 生根百分率/%	白花泡桐 生根百分率/%	兰考泡桐 生根百分率/%	南方泡桐 生根百分率/%	‘豫杂一号’泡桐 生根百分率/%
0.0	100	100	100	100	100
0.1	100	100	100	100	100
0.3	100	100	100	100	100
0.5	100	100	100	100	100
0.7	100	100	100	100	100

2. 四倍体白花泡桐植株再生体系的建立

（1）四倍体白花泡桐叶片愈伤组织的诱导

从愈伤组织诱导率而言，大多培养基组合都可作为愈伤组织诱导培养基。由表 14-24 可以看出，四倍体白花泡桐叶片在激素 NAA 质量浓度为 0.1～0.5mg/L 时，6-BA 质量浓度为 2～10mg/L 的 MS 培养基中，其叶片愈伤组织诱导率为 100%，但 6-BA 质量浓度增大为 12～20mg/L，叶片愈伤组织诱导率随着 6-BA 质量浓度的增大保持不变或降低；在 NAA 质量浓度为 0.7～5.1mg/L 时、6-BA 质量浓度为 2～8mg/L 的 MS 培养基中，其愈伤组织诱导率为 100%，随后个别组合愈伤组织诱导率有所降低。四倍体白花泡桐叶片在培养基 MS＋0.3NAA＋20 6-BA 中，愈伤组织诱导率最低，为 65%，与其他组合差异显著。但考虑到愈伤组织形态、质地及芽分化的能力等因素，选择四倍体白花泡桐叶片愈伤组织诱导最适培养基为 MS+0.1NAA +10 6-BA。方差分析结果表明（表 14-25），NAA 对四倍体白花泡桐叶片愈伤组织的伴随概率为 0.001，6-BA 对四倍体白花泡桐叶片愈伤组织的伴随概率为 0，均低于显著性水平（P=0.05），NAA 和 6-BA 对四倍体白花泡桐叶片愈伤组织诱导率均影响显著。

表 14-24 不同植物激素组合对四倍体白花泡桐叶片愈伤组织诱导的影响

激素组合（NAA＋6-BA）/(mg/L)	四倍体愈伤率/%	激素组合（NAA＋6-BA）/(mg/L)	四倍体愈伤率/%
0.1＋2	100a	0.1＋12	100a
0.1＋4	100a	0.1＋14	95ab
0.1＋6	100a	0.1＋16	95ab
0.1＋8	100a	0.1＋18	85cd
0.1＋10	100a	0.1＋20	85cd
0.3＋2	100a	0.7＋12	100a
0.3＋4	100a	0.7＋14	100a
0.3＋6	100a	0.7＋16	100a
0.3＋8	100a	0.7＋18	100a
0.3＋10	100a	0.7＋20	90bc
0.3＋12	100a	0.9＋2	100a
0.3＋14	85cd	0.9＋4	100a
0.3＋16	80d	0.9＋6	100a
0.3＋18	70e	0.9＋8	100a
0.3＋20	65f	0.9＋10	95ab
0.5＋2	100a	0.9＋12	95ab
0.5＋4	100a	0.9＋14	90bc
0.5＋6	100a	0.9＋16	85cd
0.5＋8	100a	0.9＋18	85cd
0.5＋10	100a	0.9＋20	80d
0.5＋12	100a	5.1＋2	100a
0.5＋14	100a	5.1＋4	100a
0.5＋16	95ab	5.1＋6	100a
0.5＋18	95ab	5.1＋8	100a
0.5＋20	95ab	5.1＋10	100a
0.7＋2	100a	5.1＋12	100a
0.7＋4	100a	5.1＋14	100a
0.7＋6	100a	5.1＋16	100a
0.7＋8	100a	5.1＋18	85cd
0.7＋10	100a	5.1＋20	80d

表 14-25　四倍体白花泡桐叶片愈伤组织诱导的方差分析

方差来源	*df*	SS	MS	*F*	Sig.
NAA	5	590.000	118.000	4.784	0.001
6-BA	9	2135.000	237.222	9.617	0.000
误差	45	1110.000	24.667		
总计	59	3835.000			

（2）四倍体白花泡桐叶片愈伤组织芽诱导

由表 14-26 可以看出，在一定的 NAA 质量浓度下，愈伤组织芽分化的整体趋势随着 BA 质量浓度的增加呈现先上升后下降的趋势。四倍体白花泡桐叶片愈伤组织在 MS+0.1NAA+12 6-BA、MS+0.3 NAA+8 6-BA、MS+0.3 NAA+10 6-BA、MS+0.3NAA+12 6-BA 中芽分化率最高，均为 100%，且在 MS+0.1NAA+6 6-BA、MS+0.1NAA+8 6-BA、MS+0.1NAA+10 6-BA、MS+0.1NAA+14 6-BA 中获得了 90%以上的芽诱导率，考虑到芽丛状态、数量及成本，选择 MS+0.1NAA+10 6-BA 作为四倍体白花泡桐芽诱导最适培养基。由方差分析结果（表 14-27）可以看出，NAA 和 6-BA 对四倍体白花泡桐叶片愈伤组织的伴随概率分别为 0.000 和 0.001，均低于显著性水平（P=0.05），对四倍体白花泡桐叶片愈伤组织诱导率影响显著。

表 14-26　不同植物激素组合对四倍体白花泡桐愈伤组织芽分化的影响

激素组合（NAA＋6-BA）/(mg/L)	四倍体愈伤率/%	激素组合（NAA＋6-BA）/(mg/L)	四倍体愈伤率/%
0.1＋2	5no	0.5＋14	30ijk
0.1＋4	55g	0.5＋16	25jkl
0.1＋6	90abc	0.5＋18	25jkl
0.1＋8	90abc	0.5＋20	10mno
0.1＋10	95ab	0.7＋2	0o
0.1＋12	100a	0.7＋4	5no
0.1＋14	90abc	0.7＋6	15lmn
0.1＋16	35hij	0.7＋8	30ijk
0.1＋18	15lmn	0.7＋10	35hij
0.1＋20	0o	0.7＋12	45gh
0.3＋2	25jkl	0.7＋14	75de
0.3＋4	80cd	0.7＋16	60f
0.3＋6	85bcd	0.7＋18	60f
0.3＋8	100a	0.7＋20	20klm
0.3＋10	100a	0.9＋2	0o
0.3＋12	100a	0.9＋4	10mno
0.3＋14	30ijk	0.9＋6	20klm
0.3＋16	20klm	0.9＋8	25jkl
0.3＋18	15lmn	0.9＋10	25jkl
0.3＋20	15lmn	0.9＋12	30ijk
0.5＋2	5no	0.9＋14	25jkl
0.5＋4	10mno	0.9＋16	20klm
0.5＋6	15lmn	0.9＋18	15lmn
0.5＋8	85bcd	0.9＋20	15lmn
0.5＋10	65ef	5.1＋2	0o
0.5＋12	40hi	5.1＋4	5no
5.1＋6	5no	5.1＋14	20klm
5.1＋8	10mno	5.1＋16	25jkl
5.1＋10	15lmn	5.1＋18	15lmn
5.1＋12	20klm	5.1＋20	10mno

表 14-27　四倍体白花泡桐愈伤组织芽分化的方差分析

方差来源	*df*	SS	MS	*F*	Sig.
NAA	5	17 848.333	3 569.667	6.956	0.000
6-BA	9	18 206.667	2 022.963	3.942	0.001
误差	45	23 093.333	513.185		
总计	59	59 148.333			

（3）四倍体白花泡桐根的诱导

由表 14-23 可以看出，四倍体白花泡桐在无论是否附加生长素的生根培养基上均诱导出根，且生根率均达 100%。由于诱导出根的时间各异，且根的条数及粗壮程度随生长素含量不同而不同，选择 1/2MS 作为四倍体白花泡桐幼芽分化根的最适培养基。

3. 四倍体兰考泡桐植株再生体系的建立

（1）四倍体兰考泡桐叶片愈伤组织的诱导

从愈伤组织诱导率而言，大多培养基组合都可作为愈伤组织诱导培养基。由表 14-28 可以看出，四倍体兰考泡桐叶片在激素 NAA 质量浓度为 0.1～0.5mg/L 时，6-BA 质量浓度为 2～10mg/L 的 MS 培养基中，

表 14-28　不同植物激素组合对四倍体兰考泡桐叶片愈伤组织诱导的影响

激素组合（NAA＋6-BA）/(mg/L)	四倍体愈伤率/%	激素组合（NAA＋6-BA）/(mg/L)	四倍体愈伤率/%
0.1＋2	100a	0.7＋2	100a
0.1＋4	100a	0.7＋4	100a
0.1＋6	100a	0.7＋6	100a
0.1＋8	100a	0.7＋8	100a
0.1＋10	100a	0.7＋10	100a
0.1＋12	90a	0.7＋12	95a
0.1＋14	90a	0.7＋14	95a
0.1＋16	70c	0.7＋16	90a
0.1＋18	45e	0.7＋18	90a
0.1＋20	30f	0.7＋20	90a
0.3＋2	100a	0.9＋2	100a
0.3＋4	100a	0.9＋4	100a
0.3＋6	100a	0.9＋6	100a
0.3＋8	100a	0.9＋8	100a
0.3＋10	100a	0.9＋10	100a
0.3＋12	100a	0.9＋12	95a
0.3＋14	90a	0.9＋14	70c
0.3＋16	80b	0.9＋16	60d
0.3＋18	75bc	0.9＋18	60d
0.3＋20	70bc	0.9＋20	35f
0.5＋2	100a	7.1＋2	100a
0.5＋4	100a	7.1＋4	100a
0.5＋6	100a	7.1＋6	100a
0.5＋8	100a	7.1＋8	100a
0.5＋10	100a	7.1＋10	100a
0.5＋12	95a	7.1＋12	100a
0.5＋14	95a	7.1＋14	95a
0.5＋16	95a	7.1＋16	95a
0.5＋18	70cd	7.1＋18	95a
0.5＋20	45e	7.1＋20	90a

其叶片愈伤组织诱导率为100%，但6-BA质量浓度增大为12～20mg/L，叶片愈伤组织诱导率随着6-BA质量浓度的增大保持不变或降低；在NAA质量浓度为0.7～7.1mg/L时，6-BA质量浓度为2～8mg/L的MS培养基中，其愈伤组织诱导率为100%，随后个别组合愈伤组织诱导率有所降低。四倍体兰考泡桐叶片在培养基MS＋0.1NAA＋20 6-BA中，愈伤组织诱导率最低，为30%，与其他组合差异显著。但考虑到愈伤组织形态、质地及芽分化的能力等因素，选择四倍体兰考泡桐叶片愈伤组织诱导最适培养基为MS+0.3NAA+14 6-BA，四倍体兰考泡桐叶片愈伤组织诱导最适培养基为MS+0.3NAA+8 6-BA。方差分析结果表明（表14-29），NAA对四倍体兰考泡桐叶片愈伤组织的伴随概率为0.004，6-BA对四倍体兰考泡桐叶片愈伤组织的伴随概率为0.000，低于显著性水平（P=0.05），NAA、6-BA对四倍体兰考泡桐叶片愈伤组织诱导率均影响显著。

表14-29　四倍体兰考泡桐叶片愈伤组织诱导方差分析

方差来源	*df*	SS	MS	*F*	Sig.
NAA	5	2 147.083	429.417	4.013	0.004
6-BA	4	10 862.083	1 296.898	17.278	0.000
误差	49	4 815.417	107.009		
总计	59	17 824.583			

（2）四倍体兰考泡桐叶片愈伤组织芽诱导

由表14-30可以看出，在一定的NAA质量浓度下，愈伤组织芽分化随着6-BA质量浓度的增加呈现先上升后下降的趋势。四倍体兰考泡桐芽诱导率整体水平较低，最高出芽率仅达35%，确定培养基MS+0.7NAA+14 6-BA为四倍体兰考泡桐芽诱导最适培养基。由方差分析结果（表14-31）可以看出，NAA对四倍体兰考泡桐芽分化的伴随概率为0.031，低于显著性水平（P=0.05），对其产生显著影响，而6-BA对四倍体兰考泡桐的伴随概率为0.059，高于显著性水平（P=0.05），对其产生的影响不显著。

表14-30　不同植物激素组合对四倍体兰考泡桐愈伤组织芽分化的影响

激素组合（NAA＋6-BA）/(mg/L)	四倍体愈伤率/%	激素组合（NAA＋6-BA）/(mg/L)	四倍体愈伤率/%
0.1＋2	5ef	0.3＋18	0f
0.1＋4	5ef	0.3＋20	0f
0.1＋6	5ef	0.5＋2	0f
0.1＋8	10de	0.5＋4	0f
0.1＋10	0f	0.5＋6	15cd
0.1＋12	0f	0.5＋8	20bc
0.1＋14	0f	0.5＋10	5ef
0.1＋16	0f	0.5＋12	5ef
0.1＋18	0f	0.5＋14	5ef
0.1＋20	0f	0.5＋16	0f
0.3＋2	0f	0.5＋18	0f
0.3＋4	0f	0.5＋20	0f
0.3＋6	10de	0.7＋2	0f
0.3＋8	25b	0.7＋4	5ef
0.3＋10	10de	0.7＋6	10de
0.3＋12	5ef	0.7＋8	15cd
0.3＋14	0f	0.7＋10	20bc
0.3＋16	0f	0.7＋12	20bc

续表

激素组合（NAA＋6-BA）/(mg/L)	四倍体愈伤率/%	激素组合（NAA＋6-BA）/(mg/L)	四倍体愈伤率/%
0.7＋14	35a	0.9＋18	0f
0.7＋16	20bc	0.9＋20	0f
0.7＋18	10de	7.1＋2	0f
0.7＋20	5ef	7.1＋4	0f
0.9＋2	0f	7.1＋6	0f
0.9＋4	0f	7.1＋8	0f
0.9＋6	5ef	7.1＋10	0f
0.9＋8	20bc	7.1＋12	5ef
0.9＋10	25b	7.1＋14	15cd
0.9＋12	25b	7.1＋16	15cd
0.9＋14	20bc	7.1＋18	15cd
0.9＋16	5ef	7.1＋20	25b

表 14-31 四倍体兰考泡桐愈伤组织芽分化的方差分析

方差来源	*df*	SS	MS	*F*	Sig.
NAA	5	858.333	177.667	2.735	0.031
6-BA	4	1140.00	126.667	2.018	0.059
误差	49	2825.00	62.778		
总计	59	4823.33			

（3）四倍体兰考泡桐根的诱导

由表 14-23 可以看出，四倍体兰考泡桐在无论是否附加生长素的生根培养基上均诱导出根，且生根率均达 100%。由于诱导出根的时间各异，且根的条数及粗壮程度随生长素含量不同而不同，选择 1/2MS 作为四倍体兰考泡桐幼芽分化出根的最适培养基。

4. 四倍体南方泡桐植株再生体系的建立

（1）四倍体南方泡桐叶片愈伤组织的诱导

从愈伤组织诱导率而言，大多数植物生长调节物质组合培养基都可作为愈伤组织诱导培养基。由表 14-32 可知，四倍体南方泡桐在激素 NAA 质量浓度为 0.1～0.3mg/L 时，6-BA 质量浓度为 4～16mg/L 的 MS 培养基中，其叶片愈伤组织诱导率均为 100%，6-BA 质量浓度增大为 20mg/L，叶片愈伤组织诱导率随着 6-BA 质量浓度的增大保持不变或降低；在 NAA 质量浓度为 0.5～6.1mg/L 时，6-BA 质量浓度为 4～16mg/L 的 MS 培养基中，其愈伤组织诱导率均为 100%，随后愈伤组织诱导率有所降低。但考虑到愈伤组织形态、质地及芽分化能力等因素，选择 MS+0.3NAA+12 6-BA 作为四倍体南方泡桐叶片愈伤组织的最适培养基。方差分析结果表明（表 14-33），NAA 对四倍体南方泡桐叶片愈伤组织的伴随概率为 0.16，高于显著性水平（P=0.05），NAA 对四倍体南方泡桐叶片愈伤组织诱导率无显著影响，6-BA 对四倍体南方泡桐叶片愈伤组织的伴随概率均为 0.000，低于显著性水平（P=0.05），对四倍体南方泡桐叶片愈伤组织诱导率影响显著。

（2）四倍体南方泡桐叶片愈伤组织芽诱导

由表 14-34 可以看出，在 NAA 浓度一定时，随 6-BA 浓度增加，四倍体南方泡桐叶片愈伤组织芽诱导率呈现先上升后下降的趋势。但是，四倍体南方泡桐愈伤组织芽诱导率的变化幅度有一定的差异。当 NAA 浓度分别为 0.1mg/L 和 0.3mg/L 时，南方泡桐愈伤组织最高芽诱导率可达到 76.7%和 96.7%；当 NAA

表 14-32　不同植物激素组合对四倍体南方泡桐愈伤组织诱导率的影响

激素组合（NAA+6-BA）/(mg/L)	四倍体愈伤率/%	激素组合（NAA+6-BA）/(mg/L)	四倍体愈伤率/%
0.1+4	100a	0.7+4	100a
0.1+8	100a	0.7+8	100a
0.1+12	100a	0.7+12	100a
0.1+16	100a	0.7+16	100a
0.1+20	100a	0.7+20	98.4b
0.3+4	100a	0.9+4	100a
0.3+8	100a	0.9+8	100a
0.3+12	100a	0.9+12	100a
0.3+16	100a	0.9+16	100a
0.3+20	96.7c	0.9+20	96.7c
0.5+4	100a	6.1+4	100a
0.5+8	100a	6.1+8	100a
0.5+12	100a	6.1+12	100a
0.5+16	100a	6.1+16	100a
0.5+20	95.0c	6.1+20	96.7c

表 14-33　四倍体南方泡桐叶片愈伤组织诱导方差分析

方差来源	*df*	SS	MS	*F*	Sig.
NAA	5	5.90	6.18	6.66	0.16
6-BA	4	73.04	18.26	25.70	0.00
误差	49	34.81	0.71		
总计	59	113.75			

表 14-34　不同植物激素组合对四倍体南方泡桐愈伤组织芽分化的影响

激素组合（NAA+6-BA）/(mg/L)	四倍体愈伤率/%	激素组合（NAA+6-BA）/(mg/L)	四倍体愈伤率/%
0.1+4	26.6q	0.7+4	36.7o
0.1+8	46.7l	0.7+8	66.7h
0.1+12	56.7k	0.7+12	83.3c
0.1+16	76.7e	0.7+16	88.4b
0.1+20	33.3p	0.7+20	66.7h
0.3+4	33.3p	0.9+4	43.3m
0.3+8	75ef	0.9+8	60j
0.3+12	96.7a	0.9+12	73.3f
0.3+16	70g	0.9+16	76.7e
0.3+20	68.4gh	0.9+20	63.3i
0.5+4	40n	1.1+4	13.3r
0.5+8	80d	1.1+8	43.3m
0.5+12	88.4b	1.1+12	76.7e
0.5+16	83.3c	1.1+16	83.3c
0.5+20	70g	1.1+20	66.7h

浓度为 0.5mg/L 时，则为 88.4%。多重比较结果说明，所有植物激素组合间差异显著，但考虑到诱导出芽的生长状态和植物生长调节物质使用量等因素，选择 MS+0.3NAA+12 6-BA 为南方泡桐四倍体叶片愈伤组织芽诱导的最适培养基。由方差分析结果（表 14-35）可以看出，NAA 和 6-BA 对四倍体南方泡桐叶片

愈伤组织芽分化的伴随概率为 0.000，低于显著性水平（P=0.05），因此，NAA 和 6-BA 对四倍体南方泡桐叶片芽诱导率造成了显著影响。

表 14-35 四倍体南方泡桐愈伤组织芽分化的方差分析

方差来源	df	SS	MS	F	Sig.
NAA	5	4 327.99	865.60	16.97	0.00
6-BA	4	17 292.70	4 323.17	59.78	0.00
误差	49	3 543.29	72.31		
总计	59	25 164.73			

（3）四倍体南方泡桐根的诱导

由表 14-23 可以看出，四倍体泡桐在无论是否附加生长素的生根培养基上均诱导出根，且生根率均达 100%。由于诱导出根的时间各异，且根的条数及粗壮程度随生长素含量不同而不同，选择 1/2MS 作为四倍体南方泡桐幼芽分化根的最适培养基。

5. 四倍体‘豫杂一号’泡桐植株再生体系的建立

（1）四倍体‘豫杂一号’泡桐叶片愈伤组织的诱导

从愈伤组织诱导率而言，大多培养基组合都可作为愈伤组织诱导培养基。由表 14-36 可知，四倍体‘豫杂一号’泡桐在激素 NAA 质量浓度为 0.1～0.7mg/L 时，6-BA 质量浓度为 4～12mg/L 的 MS 培养基中，其叶片愈伤组织诱导率均为 100%，但 6-BA 质量浓度增大为 16～20mg/L，叶片愈伤组织诱导率随着 6-BA 质量浓度的增大保持不变或降低；在 NAA 质量浓度为 0.9～8.1mg/L 时，6-BA 质量浓度为 4～8mg/L 的 MS 培养基中，其愈伤组织诱导率均为 100%，随后愈伤组织诱导率有所降低。但考虑到愈伤组织形态、质地及芽分化能力等因素，选择 MS+0.5NAA+16 6-BA 作为四倍体‘豫杂一号’泡桐叶片愈伤组织的最适培养基。方差分析结果表明（表 14-37），NAA 和 6-BA 对四倍体‘豫杂一号’泡桐叶片的伴随概率均为 0，均低于显著性水平（P=0.05），NAA、6-BA 对四倍体‘豫杂一号’泡桐叶片愈伤组织诱导率影响显著。

表 14-36 不同植物激素组合对四倍体‘豫杂一号’泡桐愈伤组织诱导率的影响

激素组合（NAA+6-BA）/(mg/L)	四倍体愈伤率/%	激素组合（NAA+6-BA）/(mg/L)	四倍体愈伤率/%
0.1+4	100a	0.7+4	100a
0.1+8	100a	0.7+8	100a
0.1+12	100a	0.7+12	100a
0.1+16	95bc	0.7+16	93.3c
0.1+20	86.7e	0.7+20	75f
0.3+4	100a	0.9+4	100a
0.3+8	100a	0.9+8	100a
0.3+12	100a	0.9+12	96.7b
0.3+16	100a	0.9+16	90d
0.3+20	98.7c	0.9+20	86.7e
0.5+4	100a	8.1+4	100a
0.5+8	100a	8.1+8	100a
0.5+12	100a	8.1+12	95bc
0.5+16	100a	8.1+16	86.7e
0.5+20	98.7c	8.1+20	86.7e

表 14-37　四倍体‘豫杂一号’泡桐叶片愈伤组织诱导方差分析

方差来源	*df*	SS	MS	*F*	Sig.
NAA	5	268.50	53.70	4.62	0.00
6-BA	4	1489.16	372.29	32.02	0.00
误差	49	569.67	18.63		
总计	59	2332.03			

（2）四倍体‘豫杂一号’泡桐叶片愈伤组织芽诱导

由表 14-38 可以看出，在一定的 NAA 质量浓度下‘豫杂一号’泡桐叶片愈伤组织芽诱导率随着 6-BA 质量浓度的增加呈现先上升后下降的趋势。但是，四倍体‘豫杂一号’泡桐叶片愈伤组织芽诱导率的变化幅度有一定差异。‘豫杂一号’泡桐叶片芽诱导率整体水平较低，在 MS+0.5NAA+16 6-BA 培养基上，最高出芽率为 48.4%，在 MS+0.3NAA+12 6-BA 培养基上四倍体‘豫杂一号’泡桐芽诱导率为 28.7%。考虑到诱导出芽的生长状态和植物生长调节物质使用量等因素，选择 MS+0.5NAA+16 6-BA 为四倍体‘豫杂一号’泡桐叶片愈伤组织芽诱导的最适培养基。由方差分析结果（表 14-39）可以看出，NAA 和 6-BA 对四倍体‘豫杂一号’泡桐叶片愈伤组织芽分化的伴随概率为 0，低于显著性水平（P=0.05），因此，NAA 和 6-BA 对四倍体‘豫杂一号’泡桐叶片芽诱导率造成了显著影响。

表 14-38　不同植物激素组合对四倍体‘豫杂一号’泡桐愈伤组织芽分化的影响

激素组合（NAA＋6-BA）/(mg/L)	四倍体愈伤率/%	激素组合（NAA＋6-BA）/(mg/L)	四倍体愈伤率/%
0.1＋4	0k	0.7＋4	0k
0.1＋8	6.7i	0.7＋8	6.7i
0.1＋12	10h	0.7-12	13.3fg
0.1＋16	15ef	0.7＋16	20d
0.1＋20	8.4h	0.7＋20	18.7gh
0.3＋4	0k	0.9＋4	0k
0.3＋8	6.7i	0.9＋8	6.7i
0.3＋12	28.7d	0.9＋12	10h
0.3＋16	28.4c	0.9＋16	28.7d
0.3＋20	16.7e	0.9＋20	16.7e
0.5＋4	0k	8.1＋4	0k
0.5＋8	10h	8.1＋8	3.3j
0.5＋12	28.4c	8.1＋12	18.7gh
0.5＋16	48.4a	8.1＋16	20d
0.5＋20	43.3b	8.1＋20	13.3fg

表 14-39　四倍体‘豫杂一号’泡桐愈伤组织芽分化的方差分析

方差来源	*df*	SS	MS	*F*	Sig.
NAA	5	2069.08	413.82	13.81	0.00
6-BA	4	4850.11	1212.53	40.48	0.00
误差	49	1467.83	29.96		
总计	59	8387.20			

（3）四倍体‘豫杂一号’泡桐根的诱导

由表 14-23 可知，四倍体‘豫杂一号’泡桐在无论是否附加生长素的生根培养基上均诱导出根，且生根率均达 100%。由于诱导出根的时间各异，且根的条数及粗壮程度随生长素含量不同而不同，选择 1/2MS+0.1NAA 作为四倍体‘豫杂一号’泡桐幼芽分化根的最适培养基。

五、四倍体泡桐良种培育

待组织培养的四倍体泡桐培养根长到3cm以上时，将培养瓶口打开在光照条件下炼苗一周，再移至室外锻炼7天，随后移入盛有蛭石（经5%高锰酸钾消毒处理）的小花盆中，20天后移至盛有肥沃土壤的大花盆中，待新的根系长出生长稳固后移入种苗繁育基地，再进行移栽后管理等措施，并进一步进行区域试验。

1. 试验点布置及试验设计布局

根据泡桐生长的主要分布范围，为了充分观察'豫桐1号'泡桐在河南省不同地域的生长情况，2009年3月选择许昌市的禹州市、新乡市的长垣县、洛阳市的宜阳县作为'豫桐1号'泡桐的试验地点。

各试验点种植方式采用大穴定植，株行距为4m×5m，苗木规格为地径5cm以上、高3.5～4.0m。苗木生长过程中定期观察记录苗木的生长情况。

2. 试验点苗木观察及数据统计

（1）试验地点：河南省禹州市鸿畅镇

2009年3月在河南省许昌市禹州市鸿畅镇岗沟石村进行'豫桐1号'泡桐区域试验，以白花泡桐为对照。试验地土壤为褐壤土，土层较厚，土地肥沃。各年份按正常的土肥水管理和病虫害防治，无其他特殊处理，定期进行泡桐形态特征和生长特性观察并记录。期间分别于2012年7月、2014年7月和2016年9月在试验地点隔行随机各选取25株白花泡桐和'豫桐1号'泡桐测量其树高和胸径并计算其平均值，统计其丛枝病发生情况（表14-40）。

表14-40　河南省禹州市鸿畅镇不同树龄泡桐生长情况统计表

观察测量指标	树种	观察测量时间		
		2012年7月	2014年7月	2016年9月
树高/m	Ⅰ	10.6	14.8	17.0
	Ⅱ	11.9	15.7	18.4
胸径/cm	Ⅰ	12.3	16.9	21.4
	Ⅱ	15.2	20.5	26.3
丛枝病发病率/%	Ⅰ	27	40	72
	Ⅱ	0	20	29

注：Ⅰ：白花泡桐；Ⅱ：'豫桐1号'泡桐（下同）

根据以上'豫桐1号'泡桐和对照白花泡桐的观察统计结果，总结其生长情况如下。

截至2016年9月生长情况：7年生'豫桐1号'泡桐平均树高18.4m、平均胸径26.3cm；7年生白花泡桐平均树高17.0m、平均胸径21.4cm。'豫桐1号'泡桐的树高和胸径分别为对照的1.08倍和1.23倍。

'豫桐1号'泡桐主要形态特征：一年生幼叶大，叶卵圆形、边缘锯齿状，苗干红褐色，皮孔大、稀疏、突起。大树树皮青灰色，树干通直，自然接干能力强，树冠卵圆形，叶深绿色，有光泽，侧枝较细，分枝角度小。

'豫桐1号'泡桐显著特点为丛枝病发病率低，约为29%，而白花泡桐发病率约为72%；'豫桐1号'泡桐丛枝病发病率与对照相比约降低60%。

'豫桐1号'泡桐耐瘠薄，适应性强，栽培7年未发生严重病虫害，丛枝病发病率较低，且发病部位在主干的下部，不影响正常生长和木材材质。

（2）试验地点：河南省新乡市长垣县满村镇

2009 年 3 月在河南省新乡市长垣县满村镇邱村进行‘豫桐 1 号’泡桐区域试验，以白花泡桐为对照。试验地位于黄河故道区，土壤为褐壤土，土层较厚，土地肥沃。各年份按正常的土肥水管理和病虫害防治，无其他特殊处理，定期进行泡桐形态特征和生长特性观察并记录。期间分别于 2012 年 7 月、2014 年 7 月和 2016 年 9 月在试验地点隔行随机各选取 25 株白花泡桐和‘豫桐 1 号’泡桐测量其树高和胸径并计算平均值，统计其丛枝病发生情况（表 14-41）。

表 14-41　河南省新乡市长垣县满村镇不同树龄泡桐生长情况统计表

观察测量指标	树种	观察测量时间		
		2012 年 7 月	2014 年 7 月	2016 年 9 月
树高/m	I	10.6	15.7	17.1
	II	11.9	16.9	18.7
胸径/cm	I	12.3	17.2	24.5
	II	15.2	21.5	29.9
丛枝病发病率/%	I	16	32	73
	II	0	16	26

根据观察统计结果总结白花泡桐和‘豫桐 1 号’泡桐的生长情况如下。

截至 2016 年 9 月生长情况：7 年生‘豫桐 1 号’泡桐平均树高 18.7m、平均胸径 29.9cm；7 年生白花泡桐平均树高 17.1m、平均胸径 24.5cm。‘豫桐 1 号’泡桐的树高和胸径分别为对照的 1.09 倍和 1.22 倍。

‘豫桐 1 号’泡桐主要形态特征：一年生苗木幼叶大，叶卵圆形，边缘锯齿状，苗干红褐色、皮孔大、突起。大树树干通直，树冠卵圆形，叶深绿色，有光泽；侧枝较细，分枝角度小。

‘豫桐 1 号’泡桐显著特点为丛枝病发病率低，约为 26%，而白花泡桐发病率约为 73%；‘豫桐 1 号’泡桐丛枝病发病率与对照相比约降低 64%。

适应性：‘豫桐 1 号’泡桐耐瘠薄，树木生长健壮，栽培 7 年未发生严重病虫害，且发病部位在主干的下部，不影响正常生长和木材材质。

（3）试验地点：河南省洛阳市宜阳县林场

2009 年 3 月在河南省洛阳市宜阳县林场进行‘豫桐 1 号’泡桐区域试验，以白花泡桐为对照。试验地土壤为褐壤土，土层较厚，土地肥沃。按正常的土肥水管理和病虫害防治，无其他特殊处理，定期进行泡桐形态特征和生长特性观察并记录，分别于 2012 年 7 月、2014 年 7 月和 2016 年 9 月在试验地点隔行随机各选取 25 株白花泡桐和‘豫桐 1 号’泡桐测量其树高和胸径并计算平均值，统计其丛枝病发生情况（表 14-42）。

表 14-42　河南省洛阳市宜阳县林场不同树龄泡桐生长情况统计表

观察测量指标	树种	观察测量时间		
		2012 年 7 月	2014 年 7 月	2016 年 9 月
树高/m	I	11.3	15.9	18.1
	II	12.4	17.0	20.3
胸径/cm	I	12.8	17.5	22.2
	II	15.6	21.7	28.4
丛枝病发病率/%	I	20	36	72
	II	0	16	28

根据观察统计结果总结白花泡桐和‘豫桐 1 号’泡桐的生长情况如下。

截至 2016 年 9 月生长情况：7 年生‘豫桐 1 号’泡桐平均树高 20.3m、平均胸径 28.4cm；7 年生白花泡桐平均树高 18.1m、平均胸径 22.2cm。‘豫桐 1 号’泡桐的树高和胸径分别为对照的 1.12 倍和 1.28 倍。

‘豫桐 1 号’泡桐主要形态特征：一年生苗叶卵圆形、边缘锯齿状，苗干红褐色、皮孔突起。大树树干通直，叶深绿色，有光泽，侧枝较细。

‘豫桐 1 号’泡桐优良特点为泡桐丛枝病发病率低，约为 28%，而白花泡桐发病率约为 72%；‘豫桐 1 号’泡桐丛枝病发病率与对照相比约降低 61%。

适应性：‘豫桐 1 号’泡桐耐瘠薄，适应性强，树木生长健壮，栽培 7 年未发生严重病虫害。

‘豫桐 1 号’泡桐的成功诱导创造了泡桐新的种质资源。泡桐种质资源是泡桐优良基因的载体，切实保护现有保存种质资源的遗传多样性，努力推进改良创新利用是当前乃至长远泡桐种质资源研究工作的主要内容。因此，采用诱变的育种手段创制新的泡桐种质资源，对培育泡桐新品种、推动泡桐的进一步推广应用具有深远的意义。

由于染色体增加后基因剂量的增加和遗传背景的改变，多倍体育种不仅可以丰富物种种质资源，创造大量的优良品种，而且可广泛应用于遗传学研究中，如克服远缘杂交的不孕性和提高杂种的可育性。倍性育种是植物遗传改良的一条重要途径。在多倍体系列中，三倍体被认为是营养生长最好的。细胞体积增大所引起的巨大性及减数分裂紊乱而造成的不育性，从而使得三倍体成为无性繁殖和以获取材积为目标的林木育种的主要目标，‘豫桐 1 号’泡桐为三倍体泡桐的杂交育种奠定了良好的基础。

‘豫桐 1 号’泡桐在生长速度、材质上高于常规栽植的泡桐品种，尤其是抗丛枝病特性明显，决定了泡桐木材产量的提升，随之农民种植泡桐的积极性将显著提高，‘豫桐 1 号’泡桐必将具有良好的推广应用前景。

第四节　泡桐的分子育种

分子育种包括基因工程育种，主要是指通过植物遗传转化的方式进行育种，一般是指通过化学、物理及生物途径有目的地将外源基因导入受体植物的基因组中，使其在受体植物的细胞中表达，进而改良植物的遗传性状。目前已建立泡桐体外植株的高效再生系统，其愈伤、叶片和下胚轴等离体外植体均可诱导再生完整植株；且泡桐具有强大的根孽繁殖能力，断根极易再生芽，为泡桐遗传转化奠定了良好基础。泡桐遗传背景狭窄、种质资源匮乏等问题，导致品质改良缓慢。利用转基因技术可以定向改良植物性状，加速育种进程。农杆菌介导转化的植物转基因技术是当前应用最广泛的遗传转化方式，且近些年发根农杆菌介导的植物非组织培养的遗传转化也被大量地应用在木本植物中，其具有操作简便、转化效率高等特点（Cao et al.，2023）。前期通过多组学联合分析筛选泡桐关键性状的候选基因，有望利用基因工程手段改良泡桐性状，创制新种质，加速育种进程。

一、根癌农杆菌介导的泡桐遗传转化

根癌农杆菌 Ti 质粒介导的转基因方法是目前研究最多、技术体系最成熟的转基因方法。其原理是农杆菌在侵染植物细胞时，将其携带的 Ti 质粒上 T-DNA 区内的 DNA 包括目的基因和选择标记基因一起整合至植物基因组上，使其能在受体植物中稳定表达和遗传。目前根癌农杆菌介导的泡桐遗传转化体系已初步建立。泡桐根癌农杆菌介导的遗传转化主要分为 7 步：①筛选合适的泡桐遗传转化受体材料；②构建含目的基因的表达载体转化农杆菌；③将含目的基因的表达载体导入目标植物的细胞中；④筛选转化细胞；⑤抗性植物鉴定，组织化学和分子检测；⑥获得转基因植株，田间试验、遗传分析、性状鉴定和大规模种植。

（一）筛选合适的泡桐遗传转化受体材料

1. 泡桐种子无菌播种

挑选饱满的泡桐种子，搓去种子表面的翅，在超净工作台上分别用 0.1%升汞（$HgCl_2$）、10%次氯酸钠（NaClO）及 30%双氧水（H_2O_2）消毒 10min，消毒完毕后用无菌水清洗 2～3 次，最后用镊子夹取种子，接种到 1/2MS 培养基中，保持种子间距合理，10 天后统计种子萌发率。如表 14-43 所示，在相同处理时间下，0.1% $HgCl_2$ 处理后的种子萌发率明显低于另外两种试剂，10% NaClO 和 30% H_2O_2 处理后的种子萌发率都比较高，但 10% NaClO 处理后的种子几乎全部发霉，而 30% H_2O_2 处理后的种子脱菌率最高，最终选用 30% H_2O_2 作为白花泡桐种子处理的最佳试剂。

表 14-43　不同消毒剂对白花泡桐种子的影响

处理方式	种子数量/粒	种子萌发率/%	脱菌率/%
0.1%$HgCl_2$	600	17.83	83.33
10%NaClO	600	78.33	8.33
30%H_2O_2	600	81.67	66.67

使用 30% H_2O_2 对白花泡桐种子进行不同时间处理，种子萌发率和消毒脱菌率存在差异（表 14-44，图 14-6）。发现消毒 8min 和 10min 时，种子萌发率高至 80%以上，脱菌率分别为 58.33%和 65.83%，发霉种子较多；当消毒 12min 时，种子脱菌率为 85.67%，萌发率为 78.83%，萌发率较高，且发霉种子较少；当消毒时间增加到 14min 时，尽管脱菌率高达 91.67%，但种子萌发率显著降低至 56.67%；综合考虑最终确定白花泡桐种子最佳的消毒方式为 30% H_2O_2 消毒 12min。

表 14-44　不同消毒时间对白花泡桐种子的影响

处理方式	种子数量/粒	种子萌发率/%	脱菌率/%
30%H_2O_2 8min	600	83.33	58.33
30%$H_2O_2$10min	600	80.83	65.83
30%$H_2O_2$12min	600	78.83	85.67
30%$H_2O_2$14min	600	56.67	91.67

图 14-6　泡桐种子无菌播种

A. 处理后的种子；B. 发芽的种子

2. 泡桐下胚轴诱导生芽

植物激素浓度和配比影响泡桐下胚轴发芽率（表 14-45 和图 14-7）。设置 6-BA 浓度（16mg/L、18mg/L 和 20mg/L）和 NAA 浓度（0.1mg/L、0.2mg/L 和 0.3mg/L）激素组合诱导泡桐下胚轴产生愈伤组织和不定芽。剪取 1～1.5cm 白花泡桐下胚轴，接种到含有不同浓度 6-BA 和 NAA 的培养基中，观察下胚轴生长情况并统计下胚轴发芽率，结果如图 14-7 所示，随着 NAA 浓度增大，下胚轴发芽率逐渐降低并且长势变差，在加入 0.1mg/L NAA 的处理组中，下胚轴发芽率显著高于其他处理组，说明 0.1mg/L NAA 是白花泡桐下胚轴最适浓度。而在不同 6-BA 浓度的处理中，下胚轴发芽率相差较小，根据不同处理组中下胚轴的生长情况及发芽率统计，最终确定下胚轴分化最适培养基激素浓度配比为 0.1mg/L NAA 和 20mg/L 6-BA。

表 14-45　白花泡桐下胚轴最适分化培养基的筛选

处理组	6-BA/(mg/L)	NAA/(mg/L)	下胚轴数	下胚轴生长状况
1	16	0.1	60	不定芽多，长势好
2	16	0.2	60	不定芽较多，长势较好
3	16	0.3	60	不定芽较少，长势较差
4	18	0.1	60	不定芽较多，长势较好
5	18	0.2	60	不定芽较多，长势较好
6	18	0.3	60	不定芽较少，长势较差
7	20	0.1	60	不定芽多，长势好
8	20	0.2	60	不定芽较多，长势较好
9	20	0.3	60	不定芽较少，长势较差

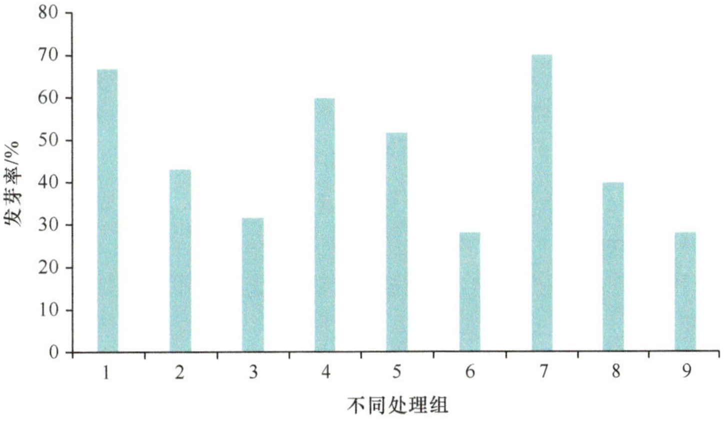

图 14-7　不同激素配比下泡桐发芽率

3. 泡桐再生过程中抗生素耐受性筛选

分别筛选泡桐下胚轴在分化培养基、MS 筛选培养基和 1/2MS 培养基中对卡那霉素（kanamycin，Kan）的耐受性。

将下胚轴接种到含有 0mg/L、5mg/L、10mg/L、15mg/L、20mg/L 的 Kan 筛选培养基中，培养 20 天后进行观察，结果如图 14-8 所示，发现白花泡桐下胚轴对卡那霉素比较敏感，随着浓度增大，下胚轴生长状态越来越差，低浓度卡那霉素便可以很好地抑制下胚轴愈伤组织的生成，当卡那霉素浓度到 5mg/L 后，外植体开始死亡。培养 30 天后，5mg/L 卡那霉素的培养基中还有部分存活，10mg/L、15mg/L、20mg/L 卡那霉素的培养基中下胚轴全部死亡。实验结果表示，10mg/L Kan 可作为下胚轴分化培养基筛选浓度。

为了确定白花泡桐在 MS 培养基中最适的筛选浓度，本试验设置 0mg/L、5mg/L、10mg/L、15mg/L 的卡那霉素对白花泡桐 MS 培养基进行浓度筛选。将分化培养基中分化的芽剪下，插入不同浓度卡那霉素的 MS 培养基中。结果显示（图 14-9），经过 20 天生长后，随着浓度增大，白花泡桐长势逐渐变差，在 5mg/L 卡那霉素的培养基中，白花泡桐幼苗生长虽然受到抑制，但仍可以正常生长，当浓度超过 10mg/L 后，白花泡桐幼苗生长受到明显抑制，叶片均出现皱缩、褐化，并在一段时间后死亡。依据白花泡桐在不同浓度卡那霉素 MS 培养基中的生长情况，最终确定 MS 筛选培养基中的卡那霉素浓度为 10mg/L。

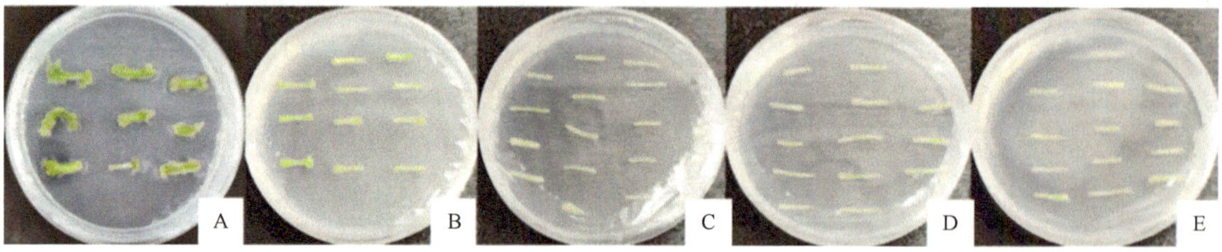

图 14-8 分化培养基中卡那霉素浓度的筛选
A～E 分别为 kan 筛选浓度 0mg/L、5mg/L、10mg/L、15mg/L 和 20mg/L

图 14-9 MS 培养基中卡那霉素浓度的筛选
A～D 分别为卡那霉素筛选浓度 0mg/L、5mg/L、10mg/L、15mg/L

将 MS 培养基中生长健壮的白花泡桐幼苗的顶芽剪下，分别放入 0mg/L、5mg/L、10mg/L、15mg/L 卡那霉素的 1/2MS 培养基中，以筛选在 1/2MS 培养基中抑制白花泡桐幼苗生根的卡那霉素浓度（图 14-10），培养 20 天后观察发现，在 5mg/L 卡那霉素的 1/2MS 培养基中，白花泡桐幼苗生根明显，10mg/L 卡那霉素的 1/2MS 培养基中，生根情况不明显，随着培养时间增加，出现生根的幼苗根部无明显伸长，其余幼苗也未出现生根，而 15mg/L 卡那霉素的培养基中，所有幼苗从始至终都没有发现生根，并且由于受到卡那霉素的影响，幼苗生长状态很差。综合以上结果，在白花泡桐下胚轴遗传转化体系中选用 10mg/L 卡那霉素作为生根筛选浓度。

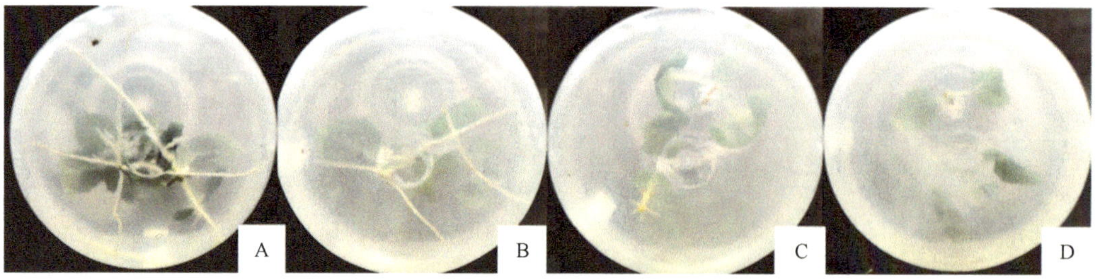

图 14-10 1/2MS 培养基中卡那霉素浓度的筛选
A～D 分别为放入 0mg/L、5mg/L、10mg/L、15mg/L 卡那霉素的 1/2MS 培养基

（二）构建含目的基因的表达载体及转化根癌农杆菌

1. 构建 pBI121-*Pawb20* 重组质粒

Pawb20 是前期鉴定的丛枝病致病基因，将 *Pawb20* 基因重组至 pBI121-GFP 载体，获得 pBI121-*Pawb20* 重组质粒。随后，将此重组质粒转化入大肠杆菌 DH5α 菌株，并挑选出单克隆菌落进行 PCR 验证。电泳结果如图 14-11 所示，条带位置与目的条带长度一致。将阳性菌液送至北京擎科生物科技股份有限公司、郑州分公司进行测序，并与目的基因进行序列比对，结果对比正确，证明 *Pawb20* 已经重组至 pBI121 表

达载体上。pBI121-*GUS* 空载也使用相同方法进行鉴定，结果如图 14-12 所示，条带位置正确。

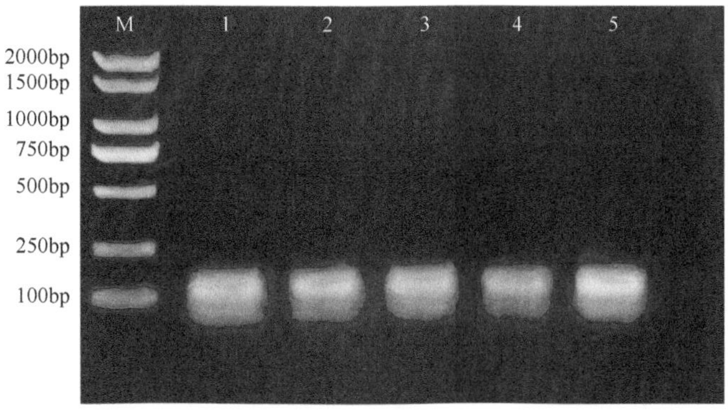

图 14-11 pBI21-*Pawb20* 重组质粒大肠杆菌菌落 PCR 鉴定结果

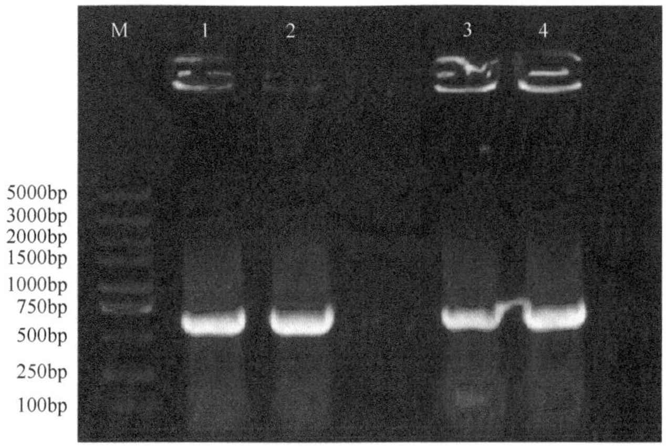

图 14-12 pBI121-*GUS* 大肠杆菌菌落 PCR 鉴定结果

2. 重组质粒转化农杆菌

将提取重组质粒 pBI121-*GUS* 及 pBI121-*Pawb20* 空载进行 GV3101 农杆菌转化，28℃暗培养 2～3 天后挑取农杆菌单菌落进行菌落 PCR 鉴定，结果如图 14-13 和图 14-14 所示，条带位置与目的条带位置相同，证明两种载体成功转化到 GV3101 农杆菌中，可以用于后续遗传转化实验。

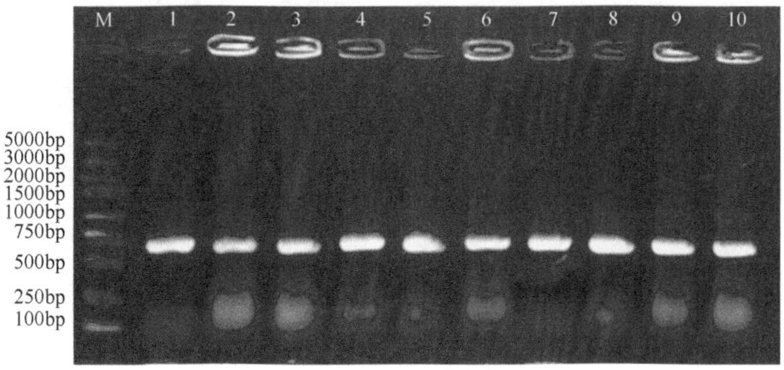

图 14-13 pBI121-*GUS* 农杆菌菌落 PCR 鉴定结果

根癌农杆菌活力检测及筛选最适活化时间。将活化培养的 5mL 农杆菌菌液加入到 200mL 液体 YEP 培养基中，培养基中加入 Kan、Rif 浓度为 50mg/L，放入 28℃摇床中，220r/min 进行培养，每隔 1h 进行 OD_{600} 菌液浓度检测。菌液在 0～4h 扩繁速度较慢，在 4～7h 呈对数生长，处于对数生长期的农杆菌已经被证明具有较高感染能力，结合白花泡桐下胚轴侵染条件，认为培养 5～6h 是适合白花泡桐下胚轴侵染的时间。

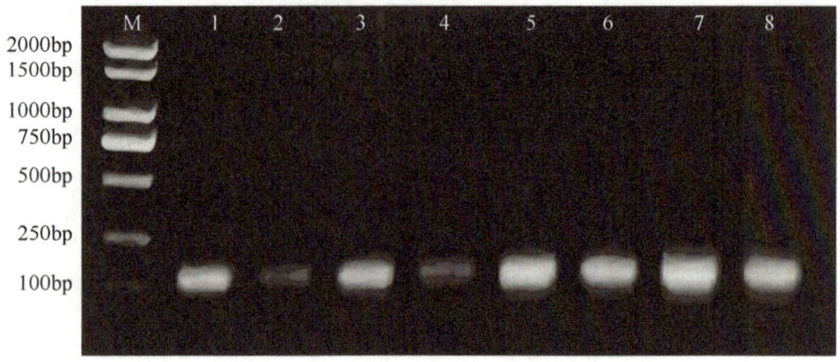

图 14-14　pBI21-*Pawb20* 农杆菌菌落 PCR 鉴定结果

（三）含目的基因的表达载体导入到目标植物的细胞

将下胚轴切成长度 1～1.5cm 的小段，放入活化好的农杆菌菌液中，抽真空 5min，摇 20min，侵染完毕后弃菌液，用无菌吸水纸吸干外植体表面的残留菌液，切口朝上转入进行共培养 4 天。

（四）筛选转化细胞

共培养结束后洗掉下胚轴表面农杆菌，将共培养后的下胚轴在含 200mg/L 头孢的无菌水中浸泡 5min，无菌蒸馏水清洗 3～5 次后用无菌吸水纸吸干表面残留水分，然后将外植体接种至筛选培养基上（添加 10mg/L 卡那霉素）进行抗性筛选。

（五）抗性植物鉴定

1. GFP 荧光鉴定

为了进一步鉴定转基因植株，本研究首先利用手持荧光仪对转化后的培养皿中的外植体进行观察，可以在共培养后脱菌的下胚轴中观察到明显的绿色荧光（图 14-15），然后对组培瓶中的幼芽进行观察，可以观察到绿色荧光，但信号微弱（图 14-15）。

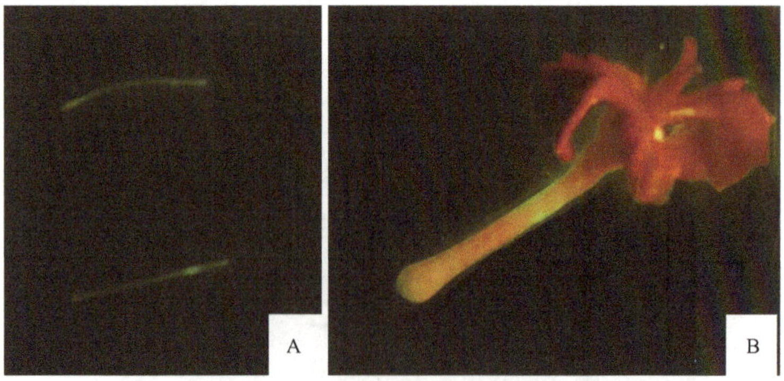

图 14-15　GFP 荧光观察

A. 下胚轴绿色荧光观察；B. 幼芽绿色荧光观察

2. GUS 染色和组织学观察

挑选一批转化 pBI121-*GUS* 空载质粒的下胚轴进行 GUS 染色（图 14-16），37℃放置 12h 后观察染色结果。染色结果显示，部分下胚轴出现蓝色，但是染色率较低，染色部位较少。将下胚轴用手术刀片切开后用电子显微镜进行观察，在细胞中成功观察到 GUS 表达，这一结果说明 GUS 在泡桐细胞中表达，可以用于泡桐遗传转化试验。

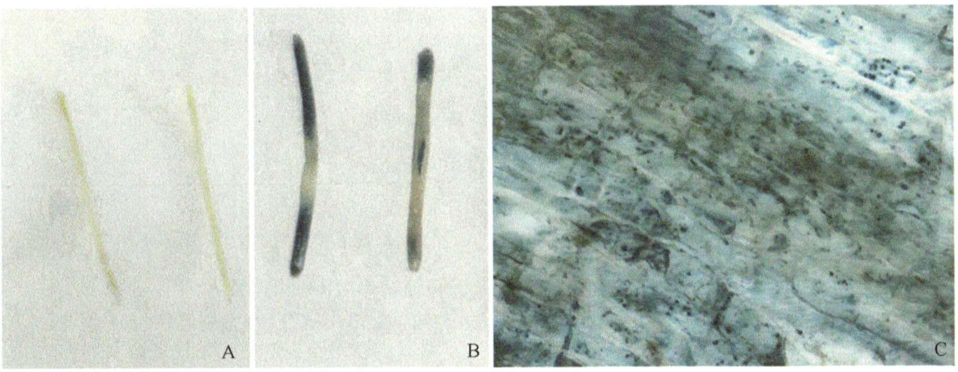

图 14-16　GUS 在白花泡桐下胚轴中的瞬时表达

A. 野生下胚轴 GUS 染色观察；B. 转基因下胚轴 GUS 染色观察；C. 电子显微镜观察 GUS 染色情况

3. PCR 阳性鉴定

选取 2 株在 1/2MS 培养基中筛选到的抗性植株，分别剪取其第二轮叶片，然后进行 DNA 提取，用提取到的 DNA 进行目的基因的 PCR 扩增，电泳结果显示转基因苗中出现与阳性对照一致的条带（图 14-17），说明 Pawb20 成功转入泡桐中，证明转基因体系可以用于后续的丛枝病基因的功能验证中。

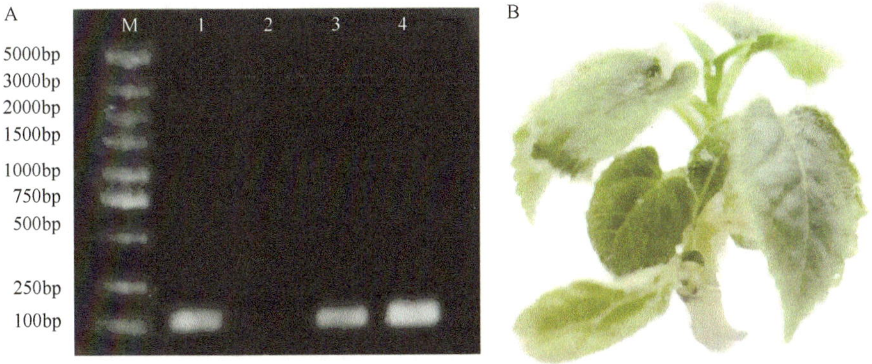

图 14-17　阳性植株的 PCR 鉴定

A. 转基因苗 PCR 检测；M. 对照，1. 阳性对照菌液，2. 阴性对照水，3、4. 转基因阳性植株的叶片；B. 转基因阳性芽

（六）影响泡桐下胚轴遗传转化效率的因素

1. 乙酰丁香酮对转化效率的影响

乙酰丁香酮是植物遗传转化中经常使用的一种增强转化率的试剂，为了提高泡桐下胚轴遗传转化效率，本试验在下胚轴侵染过程中向液体 MS 悬浮液中及共培养培养基中加入乙酰丁香酮（AS），并以不加 AS 的 MS 悬浮液和共培养培养基作为对照，分别重悬农杆菌对下胚轴进行侵染，在脱菌后使用 GUS 染色液对下胚轴进行染色（图 14-18），结果表明，加入 AS 后，下胚轴染色率显著提高，染色部位增多，说明乙酰丁香酮对泡桐下胚轴侵染有很好的促进作用。随后对比加入不同浓度 AS 侵染后下胚轴的生长状态，发现加入过多 AS 会导致下胚轴生长状态受到影响，对比不同浓度 AS 处理后下胚轴的染色率和存活率，最终确定泡桐下胚轴侵染中适宜加入 AS 的浓度为 80μmol/L。

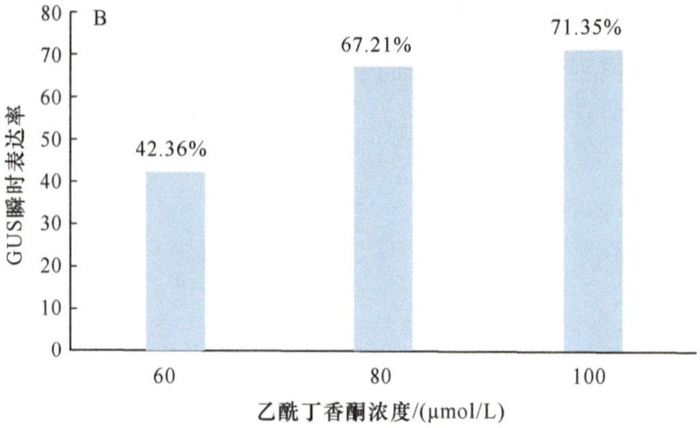

图 14-18 乙酰丁香酮对下胚轴转化效率的影响

A. 转化下胚轴 GUS 染色；B. 利用 GUS 报告基因检测乙酰丁香酮浓度增加对转化效率的影响

2. 农杆菌菌液浓度对遗传转化效率的影响

农杆菌菌液的浓度对下胚轴遗传转化有显著影响。当农杆菌菌液浓度过低，则仅有少量菌液能够接触外植体，导致转化效率低。相反，当菌液浓度过高，则可能会对外植体特别是那些较为幼嫩的外植体造成伤害，使外植体褐化甚至坏死。本试验设置 OD_{600}=0.4、0.6、0.8 三种菌液浓度对白花泡桐下胚轴进行侵染，试验结果如表 14-46 所示。试验结果表明，不同菌液浓度对白花泡桐下胚轴瞬时转化效率有较大影响。下胚轴瞬时转化率随着菌液浓度升高而升高，下胚轴在菌液浓度 OD_{600} 为 0.4 时 GUS 瞬时表达率较低，为 58.67%，当菌液浓度增加到 OD_{600} 为 0.6 时，下胚轴 GUS 瞬时表达率最高为 62.67%，但是下胚轴死亡率也随之增加，当菌液浓度 OD_{600} 为 0.8 时，下胚轴 GUS 瞬时表达率再次降低到 45.33%，死亡率更高。结合白花泡桐下胚轴在不同菌液浓度侵染后的 GUS 瞬时表达率和存活率，最终确定菌液浓度 OD_{600}=0.4 是下胚轴比较好的侵染浓度。

表 14-46 菌液浓度对下胚轴 GUS 瞬时表达率的影响

菌液浓度 OD_{600}	外植体数量	GUS 瞬时表达率/%
0.4	180	58.67
0.6	180	62.67
0.8	180	45.33

3. 侵染时间对遗传转化效率的影响

在植物遗传转化过程中，侵染时间的控制也是转化成功的关键。侵染时间太短，菌液无法充分接触外植体，侵染效率低，侵染时间过长，外植体状态也会变差，甚至直接死亡，侵染过长时间还会使外植体边缘附着更多农杆菌，导致后期脱菌困难。本试验为了确定白花泡桐下胚轴最适的侵染时间，对下胚轴分别进行 5min、10min、15min 和 20min 的真空侵染试验。根据表 14-47 所示，侵染时间对下胚轴中 GUS 的瞬时表达水平有明显影响。具体来看，当侵染时间为 5min 时，菌液与外植体的接触时间较短，导致染色率仅为 22.33%，下胚轴上出现的蓝色斑点也相对较少。然而，当侵染时间延长至 10min 时，GUS 的瞬时表达水平显著提升至 57.67%。进一步增加侵染时间至 15min 和 20min 时，尽管侵染时间有所增加，下胚轴中 GUS 的瞬时表达水平却并未出现显著的提高。下胚轴状态也逐渐变差，菌液对下胚轴的毒害作用也越强，导致下胚轴死亡率变高。综合以上结果考虑，真空侵染下胚轴 10min 后再浸泡至 20min 为白花泡桐下胚轴最佳侵染时间。

表 14-47 侵染时间对下胚轴 GUS 瞬时表达率的影响

侵染时间/min	外植体数量	GUS 瞬时表达率/%
5	180	22.33
10	180	57.67
15	180	43.67
20	180	36.33

4. 共培养时间对遗传转化效率的影响

遗传转化过程中的共培养步骤是让外植体被农杆菌侵染后一起培养，使外源目的基因转移和整合到植物基因组的过程，为了探究白花泡桐下胚轴在遗传转化过程中最合适的共培养时间，本试验设置共培养天数为 2 天、3 天、4 天、5 天，不同共培养时间结束后观察和统计白花泡桐下胚轴外植体染色效果和 GUS 瞬时表达率（表 14-48）。下胚轴在共培养两天时染色率较低，仅有 38.33%的下胚轴可以观察到蓝色斑点分布，共培养 3 天后的下胚轴染色率略微升高，到共培养 4 天后，染色率大幅提高，且下胚轴死亡率没有明显提高，共培养 5 天后的下胚轴，死亡率大幅提高，且外植体染色率也降低，考虑到可能是因为白花泡桐下胚轴较为幼嫩，最终确定白花泡桐下胚轴最佳共培养时间为 4 天。

表 14-48 共培养时间对下胚轴 GUS 瞬时表达率的影响

共培养时间/天	外植体数量	GUS 瞬时表达率/%
2	180	38.33
3	180	41.83
4	180	58.33
5	180	51.67

二、发根农杆菌介导的泡桐遗传转化

发根农杆菌与根癌农杆菌同属，但发根农杆菌侵染植物后，由 Ri 质粒诱导产生类似于不定根一样的毛状物，称为毛状根；Ri 质粒存在与根癌农杆菌 Ti 质粒结构相似的 T-DNA 区。发根农杆菌介导的遗传转化分为组培和非组培两种条件，其中组培条件下的遗传转化程序与根癌农杆菌介导的遗传转化无明显区别，只是转化的细胞诱导形成了毛状根，毛状根再诱导产生愈伤组织，进而再生完整植株。非组培条件下的毛根遗传转化相较于组培条件，操作更加简便，且转化周期更短。

（一）组培条件下的泡桐毛根遗传转化外植体的筛选

分别选择组培苗的顶芽、叶盘、叶柄、带节茎段作为外植体，用 MSU440 发根农杆菌进行侵染，侵染后接种至 MS 培养基（图 14-19 和图 14-20）。培养 20 天后观察外植体状态，以顶芽为外植体的茎基部可生根，且叶片和叶柄处也有根系发生；以带节茎段为外植体可以存活，但无毛状根发生；以叶盘和叶柄作为外植体，观察到明显的褐化现象，甚至出现死亡。所有以上结果表明，顶芽更适合作为毛根遗传转化的外植体。

（二）非组培条件下的泡桐毛根遗传转化

菌液活化及侵染液制备：挑取出–80℃保存的农杆菌 MSU440，在添加相应抗生素的 5mL LB 液体培养基中活化，次日（＞24h），将菌液以 1∶200 的比例接种到含抗生素的 20mL LB 液体培养基中，28℃、200r/min 摇床培养 12h 左右备用；将菌液 4000r/min、室温离心 5min，弃上清用 40mL MT 悬浮

图 14-19 顶芽作为外植体长出毛状根

A～D. 茎基部长出毛状根；E. 叶片长出毛状根；F. 叶柄长出毛状根

图 14-20 以叶盘、叶柄和带节茎段为外植体进行毛根遗传转化

A. 侵染后 0 天叶片状态；B. 侵染后 20 天叶片状态；C. 侵染后 0 天叶柄和带节茎段状态；D. 侵染后 20 天叶柄和带节茎段状态

培养基重悬，加入 50mg/L AS，用紫外分光光度计测定农杆菌菌液浓度，调整 OD_{600} 到 0.6～0.8，此为农杆菌侵染液，静置一段时间备用。

外植体准备：将泡桐种子播种在营养土中，待苗长 1 个月左右时，从茎基部剪掉，在茎段基部扎 5 个左右的孔，随后将茎段插入准备好的农杆菌侵染液中，于真空浓缩仪中抽真空 10min，打开放气阀，静置侵染 30min。

阳性根鉴定：将基质加入透气、保湿性好的容器中，浇水搅拌均匀使其充分湿润，随后将抽真空的茎段插入基质中，生长约 20 天长出根系，阳性根的鉴定依据荧光标签的种类，利用手持荧光灯观察。如图 14-21 所示，非组培条件下侵染后茎基部可以长出发绿色荧光的不定根。

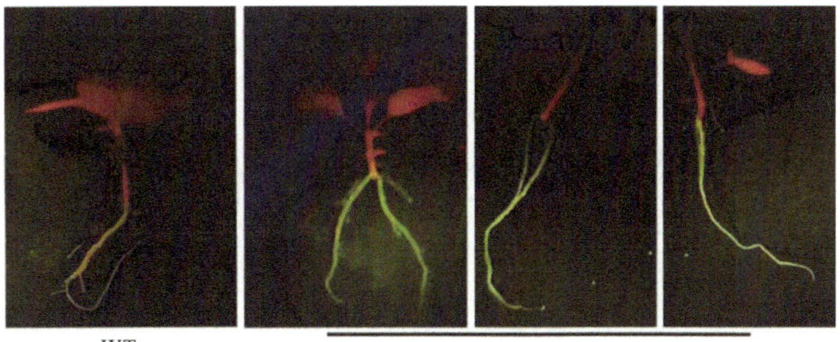

图 14-21　非组培条件下泡桐毛根遗传转化

参 考 文 献

蔡旭. 1988. 植物遗传育种学(第二版). 北京: 科学出版社.

陈志远. 1982. 泡桐属(*Puulownia*)在湖北省生长情况及其生态特性. 华中农学院学报, (2): 28-55.

范国强, 魏真真, 杨志清. 2009. 南方泡桐同源四倍体的诱导及其体外植株再生. 西北农林科技大学学报(自然科学版), 37(10): 84-90.

范国强, 曹艳春, 赵振利, 等. 2007a. 白花泡桐同源四倍体的诱导. 林业科学, 43(4): 31-35.

范国强, 杨志清, 曹艳春, 等.2006.秋水仙素诱导兰考泡桐同源四倍体. 核农学报, (6): 473-476, 547.

范国强, 杨志清, 曹艳春, 等. 2007b. 毛泡桐同源四倍体的诱导. 植物生理学报, (1): 109-111.

范国强, 翟晓巧, 魏真真, 等.2010.豫杂一号泡桐体细胞同源四倍体诱导及其体外植株再生. 东北林业大学学报, 38(12): 22-26.

樊军锋, 王忠信, 张正平, 等. 1995. 泡桐优良无性系——陕桐 3 号、4 号选育报告. 西北林学院学报, 10(3): 8-15.

杭海英, 刘春春, 任丹丹. 2019. 流式细胞术的发展、应用及前景. 中国生物工程杂志, 39(9): 68-83.

蒋建平. 1994. 河南省泡桐研究的回顾与展望. 河南林业科技, 45(3): 1-5.

李玉岭, 闫少波, 毛秀红, 等. 2022. 秋水仙素诱导林木多倍体研究进展. 农学学报, 12(8): 55-61.

李志勇. 2023. 细胞工程. 北京: 科学出版社.

路易斯 W H. 1984. 多倍体在植物和动物中的地位. 严育瑞, 鲍文奎译. 贵阳: 贵州人民出版社.

平吉功. 1950. 森林植物にぉける人为倍数の研究 II. キソ倍数体にぉけるの观察. Reports of the Kihara Institute for Biological Research, 4: 17-21.

舒尔兹-舍弗尔. 1986. 细胞遗传学. 刘大钧译. 南京: 江苏科学技术出版社.

王忠信. 1992. 我国泡桐育种的成就及发展方向概述. 陕西林业科技, (4): 70-72.

王忠信, 符毓秦, 樊军锋, 等. 1988. 泡桐优良无性系陕桐一号和陕桐一号的选育. 陕西林业科技, (4): 13-17.

徐光远, 魏安智, 樊瑞林, 等. 1989. 泡桐良种——“桐选二号”选育研究鉴定报告. 杨陵: 西北植物研究所.

远香美, 岑岭. 1996. 泡桐杂交育种及其无性系苗期选择初报.州林业科技, 24(3): 17-21.

远香美, 罗凯. 1993. 贵州白花泡桐种源及优树无性系选择试验. 贵州林业科技, 21(4): 10-17.

Cao X, Xie H, Song M, et al., 2023. Cut-dip-budding delivery system enables genetic modifications in plants without tissue culture. The Innovation, 4(1): 8.

Haberlandt G. 1969. Experiments on the culture of isolated plant cells. The Botanical Review, 35: 68-85.

Manzoor A, Ahmad T, Bashir M A, et al. 2019. Studies on colchicine induced chromosome doubling for enhancement of quality traits in ornamental plants. Plants, 8(7): 194.

Sattler M C, Carvalho C R, Clarindo W R. 2016. The polyploidy and its key role in plant breeding. Planta, 243(2): 281-296.

第十五章　四倍体泡桐的优良特性研究

植物多倍体化能够为植物提供更广泛的适应性和抗性，也是新品种创制的重要途径之一。通常而言，多倍体内基因剂量的增加和重复基因的表达使得多倍体植物在形态、生理、生化等方面较之前的二倍体发生很大的变化，通常表现为，多倍体植株株形巨大、细胞体积增大、根茎粗壮、叶片增厚增大、叶色加深、花朵大而质地加重、花期延长、光合酶数量增多、净同化增大、产量和品质及抗逆性提高等（Warner et al.，1987；Hilu，1993；Romero-Aranda et al.，1997；Mashkina et al.，1998；Ramsey and Schemske，1998；Wolfe，2001；Liu and Wendel，2002）。泡桐是重要的速生用材树种和绿化树种，因其具有生长迅速、材质优良、栽培历史悠久等优良特性，深受广大人民的喜爱。大力发展泡桐对于改善生态环境、缓解木材短缺、提高人们生活水平具有重要意义。但是，泡桐生产中存在的丛枝病发生严重和低干大冠等问题严重影响着泡桐产业的发展。因此，为解决泡桐在生产上存在的一系列问题并选育泡桐新品种，范国强等（2006，2007a，2007b，2009，2010）成功获得了兰考泡桐、白花泡桐、毛泡桐、南方泡桐和‘豫杂一号’泡桐的同源四倍体泡桐树种。赵振利等（2011）成功诱导了‘9501’泡桐的四倍体品种。加倍后的四倍体泡桐在抗寒性、抗旱性、抗盐胁迫能力等抗逆性方面，以及木材材性和生长等方面表现出优于其二倍体的优良特征。此外，借助高通量测序和转录组测序技术等新技术手段，从 SSR（简单重复序列）和 AFLP（扩增片段长度多态性）、DNA（脱氧核糖核酸）甲基化、转录组、蛋白质组及 microRNA（微小核糖核酸）5 个角度入手，对四倍体泡桐优良特性的分子机制进行了分析，可探索四倍体泡桐相较于其对应二倍体表现出生理、生化等优良特性的可能原因。

第一节　四倍体泡桐的优良特性

一、四倍体泡桐生物学特性

（一）四倍体泡桐器官形态

叶片是植物进行光合作用和呼吸作用的重要器官，其表皮、栅栏组织和海绵组织厚度及细胞结构紧密度等形态结构与植物的抗旱性（Dunbar et al.，2009；梁文斌等，2010；金龙飞等，2012）、抗寒性（余文琴和刘星辉，1995；吴林等，2005；何小勇等，2007；刘杜玲等，2012）等密切相关。国内外至今未见关于四倍体泡桐物候期、叶片显微结构和花粉及种子等方面的文献报道，为了解泡桐染色体加倍后物候期、叶片显微结构特征和花粉及种子的变化规律并阐明四倍体泡桐与其二倍体泡桐生长差异的机理，对四倍体泡桐的物候期进行观察，研究 4 种四倍体泡桐叶片显微结构的差异，对 3 种四倍体泡桐的花粉及种子的特征进行观察研究，探讨二倍体泡桐加倍后生物学特性发生的变化。

1. 四倍体泡桐物候期

一般二倍体植物加倍后其生命周期及生理活动均表现出不同的变化，其物候期也与原二倍体有所差异。5 年生二倍体及其四倍体泡桐均出现开花和结果现象，根据 2012 年观察的四倍体泡桐的物候期（表 15-1）可看出，5 种四倍体泡桐的腋芽膨胀、展叶、萌发新梢、封顶、叶片变色、落叶始、落叶盛、落叶末的时间与其二倍体泡桐相比变化均在 1～7 天的范围内。腋芽膨胀、展叶、萌发新梢四倍体泡桐均比其二倍体早1～6天，封顶、叶片变色、落叶始、落叶盛、落叶末四倍体泡桐也比其二倍体晚1～7天，四倍体泡桐的开花始、开花盛和开花末也比其二倍体提早1～7天，四倍体泡桐的现蕾时间和幼果形成也比其二倍体提早3～5天，而四倍体泡桐的果实成熟和种子飞散则均比二倍体稍晚。另外，连续5年的物候期观察结果表明二倍体泡桐及其四倍体变化不大。二倍体泡桐经过染色体加倍后物候期稍有变化，但仍保持着其原有的生物学特性。

表 15-1　二倍体及其四倍体泡桐 2012 年物候期

物候特征	出现时间（月-日）									
	四倍体毛泡桐（PT4）	二倍体毛泡桐（PT2）	四倍体‘豫杂一号’泡桐（PTF4）	二倍体‘豫杂一号’泡桐（PTF2）	四倍体兰考泡桐（PE4）	二倍体兰考泡桐（PE2）	四倍体白花泡桐（PF4）	二倍体白花泡桐（PF2）	四倍体南方泡桐（PA4）	二倍体南方泡桐（PA2）
腋芽膨胀	3-24	3-25	3-26	4-1	3-24	3-27	3-21	3-22	3-23	3-25
展叶	4-3	4-8	4-10	4-15	4-5	4-9	3-28	3-29	4-5	4-10
萌发新梢	4-10	4-12	4-15	4-21	4-10	4-13	4-11	4-15	4-10	4-12
开花始	4-6	4-10	4-8	4-15	4-2	4-6	4-2	4-3	4-5	4-10
开花盛	4-10	4-15	4-12	4-19	4-8	4-10	4-7	4-12	4-16	4-20
开花末	4-19	4-20	4-20	4-24	4-15	4-16	4-12	4-18	4-28	4-30
现蕾	9-1	9-6	9-10	9-15	9-12	9-16	9-3	9-7	9-8	9-13
幼果形成	6-22	6-25	6-15	6-20	6-25	6-20	6-21	6-24	6-20	6-24
果实成熟	10-1	9-28	10-8	10-6	9-29	9-26	9-23	9-20	10-4	10-1
种子飞散	10-14	10-11	10-18	10-16	10-19	10-10	10-19	10-12	10-13	10-9
封顶	9-15	9-13	9-20	9-14	9-20	9-13	9-15	9-10	9-18	9-25
叶片变色	10-18	10-16	10-19	10-15	10-16	10-15	10-16	10-14	10-21	10-15
落叶始	11-10	11-8	11-9	11-13	11-11	11-7	11-10	11-6	11-8	11-5
落叶盛	11-18	11-16	11-23	11-21	11-19	11-18	11-20	11-17	11-20	11-15
落叶末	11-25	11-21	11-30	11-28	11-22	11-20	11-27	11-25	11-24	11-22

注：PT4. 四倍体毛泡桐；PT2. 二倍体毛泡桐；PTF4. 四倍体‘豫杂一号’泡桐；PTF2. 二倍体‘豫杂一号’泡桐；PE4. 四倍体兰考泡桐；PE2. 二倍体兰考泡桐；PF4. 四倍体白花泡桐；PF2. 二倍体白花泡桐；PA4. 四倍体南方泡桐；PA2. 二倍体南方泡桐；下同

2. 四倍体泡桐叶片显微形态特征

二倍体及其四倍体泡桐叶片显微结构观察和测定结果（表 15-2 和图 15-1）表明，4种四倍体泡桐叶片与二倍体泡桐叶片细胞排列顺序基本一致；四倍体泡桐的叶片厚度、上表皮和下表皮厚度、栅栏组织厚度、栅海比、细胞结构紧密度等均大于其二倍体，而海绵组织厚度和细胞结构疏松度则正好相反。PF4、PTF4、PA4 和 PT4 的栅栏组织厚度分别比其二倍体增加了 10.58%、9.15%、13.33%和 7.64%；栅海比分别比其二倍体增加了 15.28%、14.29%、21.92%和 11.24%；细胞结构紧密度分别比其二倍体增加了 7.80%、1.54%、12.55%和 4.44%；栅海比和细胞结构紧密度均以 PT4 为最大，PTF2 最小，栅海比增幅最大的是 PA4 为 21.92%，细胞结构紧密。

表 15-2　四倍体泡桐与二倍体泡桐的叶片显微结构

种类	TUE/μm	TLE/μm	TPT/μm	TS/μm	TL/μm	P/S	CTR/%	SR/%
PF2	3.13±0.13def	3.08±0.15ef	12.47±0.24e	17.22±1.15a	35.90±1.17d	0.72d	34.74e	47.97a
PF4	3.22±0.22cd	3.19±0.76cd	13.79±0.89c	16.62±1.06b	36.82±1.26c	0.83c	37.45d	45.14c
PTF2	3.57±0.48b	3.83±0.48b	10.49±0.05g	16.75±1.74ab	34.64±1.30f	0.63e	30.29g	48.36a
PTF4	3.97±0.32a	4.05±0.09a	11.45±0.02f	16.00±0.35c	35.47±1.89e	0.72d	32.28f	45.11c
PA2	3.01±0.69f	3.03±0.31f	10.09±0.98h	15.23±0.67d	32.36±1.24g	0.73d	34.27e	47.06b
PA4	3.07±0.24ef	3.15±0.23de	13.33±0.45d	15.01±0.88d	34.56±1.45f	0.89b	38.57c	43.43e
PT2	3.20±0.31cde	2.89±0.42g	15.17±0.26b	17.04±2.09ab	38.30±1.08b	0.89b	39.61b	44.49d
PT4	3.30±0.12c	3.27±0.32c	16.33±0.45a	16.57±1.76b	39.47±1.56a	0.99a	41.37a	41.98f

注：同一列不同字母间表示 LSD 检验达显著水平（$P<0.05$）；TUE. 叶片上表面厚度；TL. 叶片厚度；TLE. 叶片下表皮厚度；TPT. 栅栏组织厚度；TS. 海绵组织厚度；CTR. 细胞结构紧密度；SR. 细胞结构疏松度；P/S. 栅栏组织厚度/海绵组织厚度

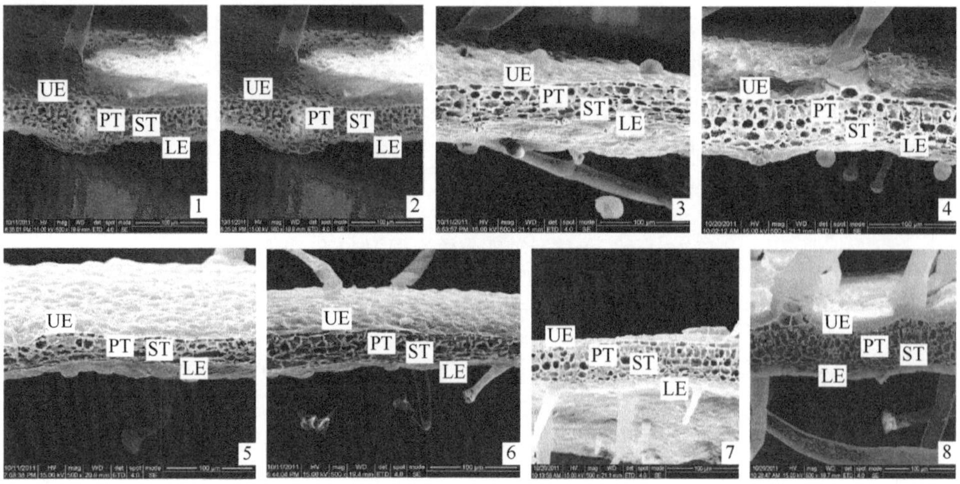

图 15-1　4 种四倍体泡桐及其二倍体泡桐叶片显微结构图

1. PF2；2. PF4；3. PTF2；4. PTF4；5. PA2；6. PA4；7. PT2；8. PT4；UE. 上表皮；LE. 下表皮；PT. 栅栏组织；ST. 海绵组织

3. 四倍体泡桐花粉形态特征

四倍体泡桐及其二倍体泡桐花粉粒的形态观察（图 15-2 和表 15-3）表明，四倍体泡桐的花粉粒极轴

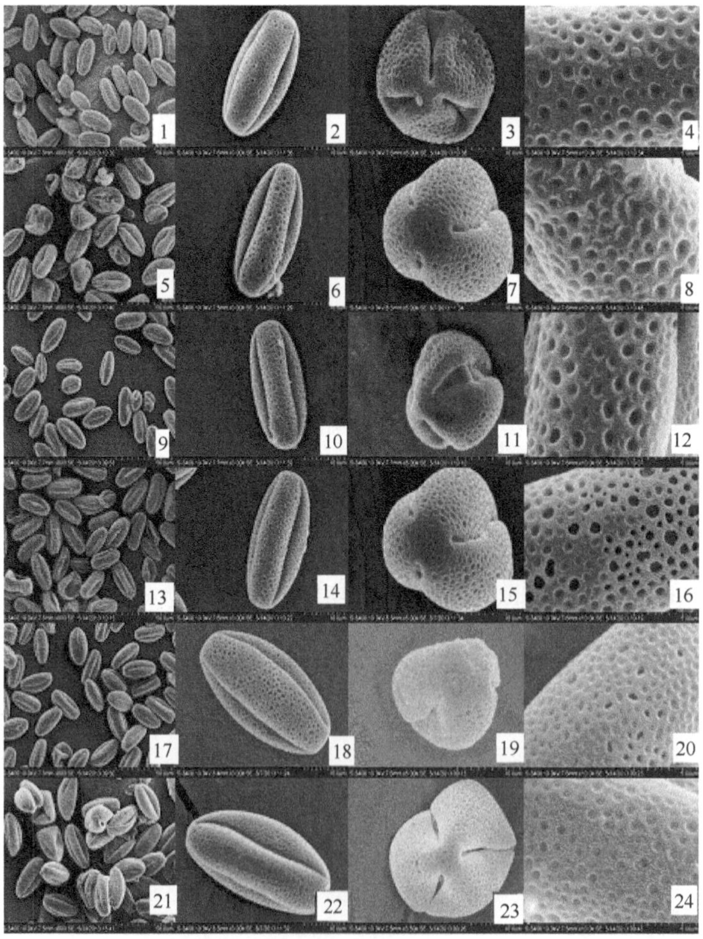

图 15-2　四倍体泡桐及其二倍体泡桐花粉形态扫描电镜观察结果

1～4. PTF2；5～8. PTF4；9～12. PE2；13～16. PE4；17～20. PT2；21～24. PT4。

1、5、9、13、17、21. 整体观；2、6、10、14、18、22. 侧面观；3、7、11、15、19、23. 极面观；4、8、12、16、20、24. 纹饰。

花粉粒整体 800 倍；花粉粒的侧面 3 000 倍；花粉极面 5 000 倍；花粉纹饰 10 000 倍

表 15-3　二倍体及其四倍体泡桐花粉形态特征指标

材料	极轴长/μm	赤道轴长/μm	花粉粒大小/μm²	极赤比	极面观	花粉畸形率/%
PTF2	28.32±0.14e	14.35±0.98c	406.39±5.46c	1.97±0.08b	三深裂圆形	18.27±0.24cd
PTF4	30.54±0.18c	15.16±0.23a	462.98±4.87b	2.01±0.07b	三浅裂圆形	20.16±0.38ab
PE2	26.42±0.03f	13.11±0.13d	346.37±3.42e	2.02±0.09b	三深裂圆形	19.34±0.51bc
PE4	28.65±0.05d	13.15±0.87d	376.74±4.18d	2.18±0.04a	三浅裂圆形	21.52±0.47a
PT2	31.42±0.57b	15.23±0.76a	478.53±3.79a	2.06±0.05ab	三浅裂圆形	17.39±0.62e
PT4	32.29±0.32a	14.83±1.23b	478.86±4.33a	2.18±0.06a	三深裂圆形	21.28±0.58a

长、赤道轴长、花粉粒大小和极赤比均大于其二倍体，极面观和纹饰基本一致。从花粉整体观可以看出四倍体泡桐花粉的畸形率稍大于二倍体；花粉侧面观形状基本一致；从极赤比看除了 PTF2 属于长球形外，其余均属于超长球形；从极面观看兰考泡桐四倍体和豫杂一号泡桐四倍体均为三浅裂圆形，其二倍体泡桐为三深裂圆形，毛泡桐四倍体为三深裂圆形，毛泡桐二倍体则为三浅裂圆形；四倍体泡桐与其二倍体泡桐的纹饰基本一致。PTF4、PE4 和 PT4 的极轴长分别比其二倍体长 7.84%、8.44%和 2.77%；PTF4 和 PE4 的赤道轴长分别比其二倍体长 5.64%和 0.31%，PT4 的赤道轴长比其二倍体小 2.63%；3 种四倍体泡桐 PTF4、PE4 和 PT4 的极赤比分别比其二倍体大 2.03%、7.34%和 5.83%；3 种四倍体泡桐 PTF4、PE4 和 PT4 的花粉畸形率分别比其二倍体高 10.34%、11.27%和 22.37%。

4. 四倍体泡桐种子形态特征及发芽率

四倍体泡桐与其二倍体泡桐种子形态学差异（图 15-3 和表 15-4）表明，四倍体泡桐 PT4 和 PTF4 的带翅种子长和宽、不带翅种子的长和宽均大于其二倍体，而 PE4 的带翅种子长和宽、不带翅种子的长和宽均小于其二倍体；PT4 和 PTF4 带翅种子长比其二倍体分别增加了 32.54%和 2.26%，带翅种子宽比其二倍体分别增加了 45.78%和 9.94%，不带翅种子长比其二倍体分别增加了 35.54%和 29.66%，不带翅种子宽比其二倍体分别增加了 6.56%和 11.86%；PE4 的带翅种子长、带翅种子宽、不带翅种子长和不带翅种子宽比其二倍体分别减少了 5.11%、35.44%、0.71%和 15.15%；3 种四倍体泡桐 PE4、PT4 和 PTF4 的千粒重分别比其二倍体高 1.55%、75.05%和 39.84%；3 种四倍体泡桐 PE4、PT4 和 PTF4 的发芽率分别比其二倍体低 7.25%、6.93%和 10.20%。

图 15-3　二倍体及其四倍体泡桐种子形态扫描电镜观察结果

1、2. PTF2；3、4. PTF4；5、6. PE2；7、8. PE4；9、10. PT2；11、12. PT4。

1、3、5、7、9、11. 带翅种子；2、4、6、8、10、12. 不带翅种子

表 15-4　二倍体及其四倍体泡桐种子性状

材料	带翅长/mm	带翅宽/mm	不带翅长/mm	不带翅宽/mm	千粒重/g	发芽率/%
PE2	4.90±0.12ab	3.16±0.24c	1.41±0.09bc	0.66±0.02a	0.2767±0.0012d	32.43±0.15a
PE4	4.65±0.23bc	2.04±0.14d	1.40±0.12bc	0.56±0.06d	0.2810±0.0023c	30.08±0.23c
PT2	3.35±0.34d	2.25±0.11d	1.21±0.15cd	0.61±0.04bc	0.1864±0.0034f	28.57±0.24d
PT4	4.41±0.16c	3.28±0.18bc	1.64±0.24a	0.65±0.01ab	0.3263±0.0056b	26.59±0.31f
PTF2	4.86±0.14ab	3.52±0.16b	1.18±0.16d	0.59±0.04cd	0.2435±0.0016e	30.58±0.27b
PTF4	4.97±0.26a	3.87±0.21a	1.53±0.12ab	0.66±0.02a	0.3405±0.0027a	27.46±0.19e

（二）四倍体泡桐光合特性

四倍体泡桐的优良生物学特性与其光合特性密切相关。相对于二倍体泡桐，其同源四倍体泡桐在净光合速率（Pn）、气孔导度（Gs）、胞间 CO_2 浓度（Ci）和蒸腾速率（Tr）等光合特性指标中具有优势。接下来对四倍体毛泡桐、白花泡桐、南方泡桐、兰考泡桐和‘豫杂一号’泡桐的光合特性进行阐述。

1. 四倍体毛泡桐的光合特性

将四倍体毛泡桐的光合特性与其二倍体进行对比，以便更好地揭示四倍体毛泡桐的光合特性。不同月份二倍体和四倍体毛泡桐净光合速率（Pn）的日变化曲线不同，由图 15-4 可知，5 月、7 月、9 月和 10 月二倍体、四倍体毛泡桐 Pn 的日变化均为单峰曲线，6 月和 8 月二倍体和四倍体毛泡桐 Pn 的日变化曲线为双峰型，存在“光合午休”现象；同时可以发现，5～10 月四倍体的 Pn 在全天各时间点均比二倍体高，表明四倍体毛泡桐具有更强的光合同化能力。不同月份二倍体、四倍体毛泡桐气孔导度（Gs）的日变化与 Pn 的日变化动态相似（图 15-5），两者呈正相关关系。从图 15-6 可知，二倍体和四倍体毛泡桐的胞间 CO_2 浓度（Ci）的变化趋势相同，在 5～10 月的日变化动态均呈“V”形曲线，Ci 均在 12：00～14：00 达到最低点。由图 15-7 可以看出，各月份不同时间点四倍体毛泡桐的蒸腾速率（Tr）均大于二倍体毛泡桐，Tr 与 Pn 之间呈现出明显的正相关关系。

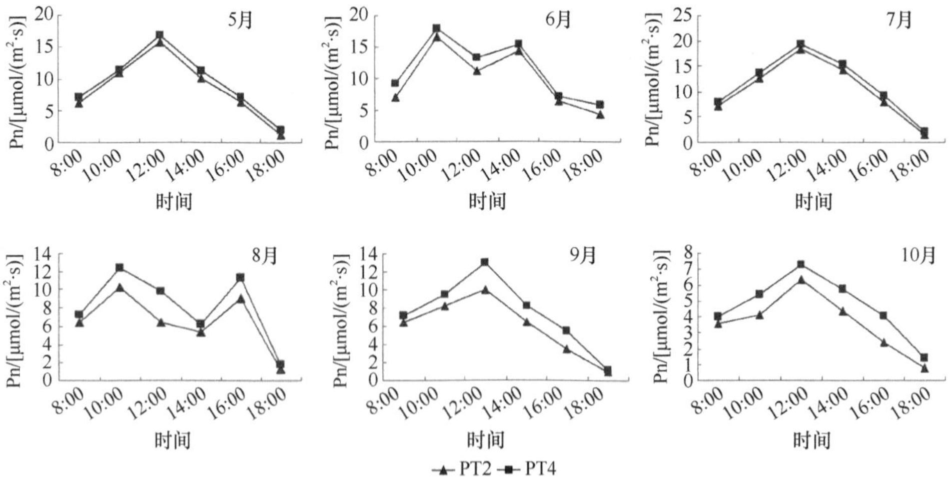

图 15-4　二倍体和四倍体毛泡桐不同月份的 Pn 日变化

2. 四倍体白花泡桐光合特性

四倍体与二倍体白花泡桐在不同月份的净光合速率（Pn）日变化规律不同。图 15-8 显示，5 月、7 月、9 月和 10 月二倍体和四倍体白花泡桐 Pn 的日变化动态均为单峰曲线，Pn 峰值出现在中午 12：00 附

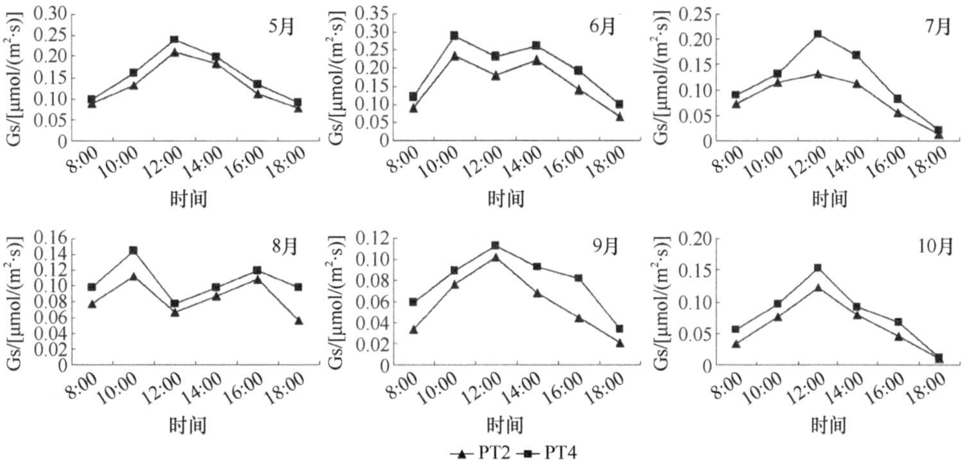

图 15-5　二倍体和四倍体毛泡桐不同月份 Gs 日变化

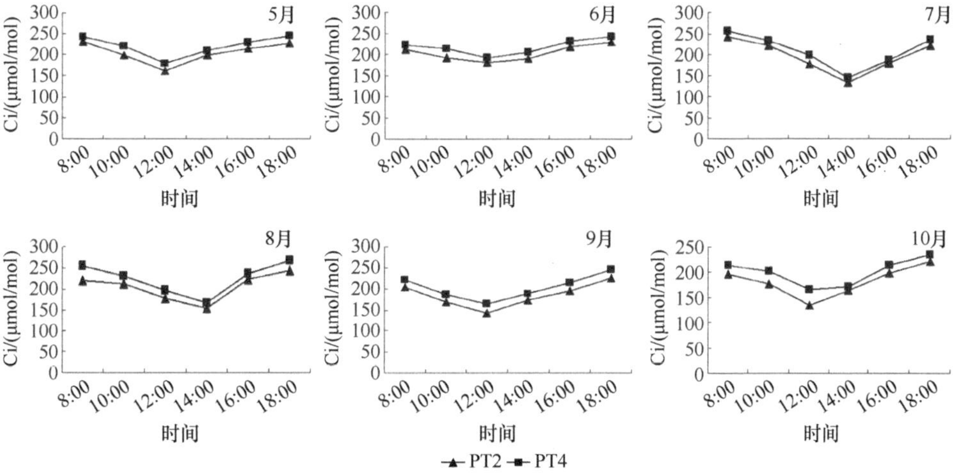

图 15-6　二倍体和四倍体毛泡桐不同月份 Ci 的日变化

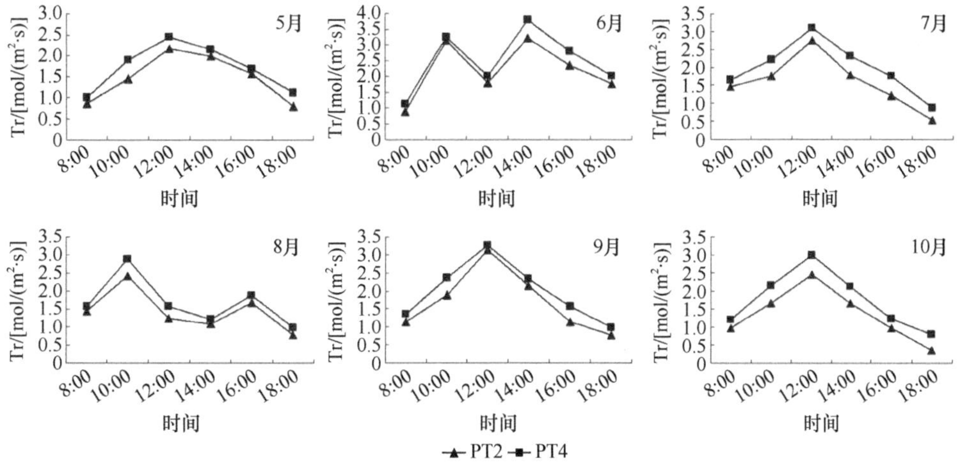

图 15-7　二倍体和四倍体毛泡桐不同月份 Tr 的日变化

近；而 6 月和 8 月二倍体和四倍体白花泡桐 Pn 的日变化曲线则为双峰型，Pn 峰值出现在 10：00 附近和 14：00～16：00，属于典型的“光合午休”现象。且 5～10 月各时段四倍体泡桐的 Pn 均大于二倍体，5 月、7 月、9 月、10 月峰值时四倍体的 Pn 比二倍体分别提高了 5.69%、14.54%、19.78%和 13.14%；6

月上午和下午峰值时四倍体的 Pn 比二倍体分别提高了 10.11%和 19.96%，8 月上午和下午峰值时四倍体的 Pn 比二倍体分别提高了 35.74%和 35.62%，显示出四倍体白花泡桐的光合作用优势。不同月份二倍体、四倍体白花泡桐 Gs 的日变化与 Pn 的日变化相似，呈平行变化趋势，峰值出现的时间也相似，两者呈正相关关系。从图 15-9 可以看出，不同月份和不同时间四倍体泡桐的 Gs 均大于二倍体泡桐，这可能是四倍体泡桐 Ci 均比二倍体高（图 15-10）的内在原因。另外，不同月份四倍体的 Tr 均大于二倍体的 Tr（图 15-11），且二倍体和四倍体白花泡桐的 Tr 与 Pn 存在明显的正相关关系。

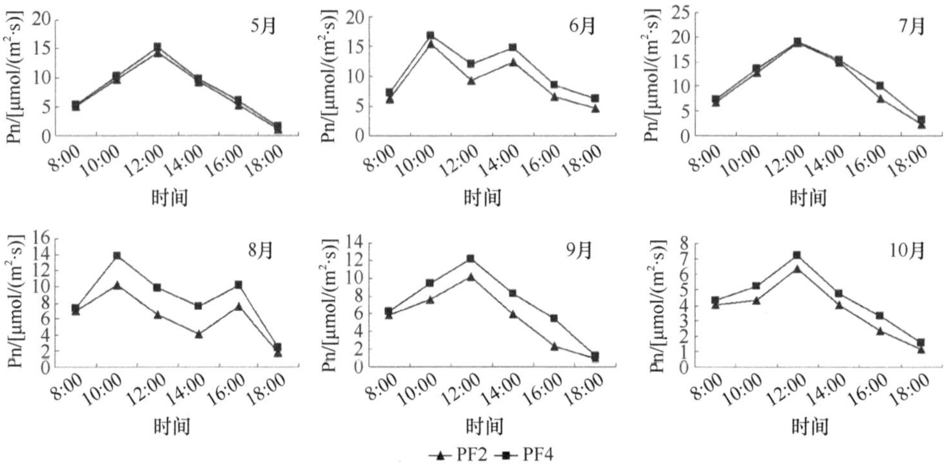

图 15-8 二倍体和四倍体白花泡桐不同月份的 Pn 日变化

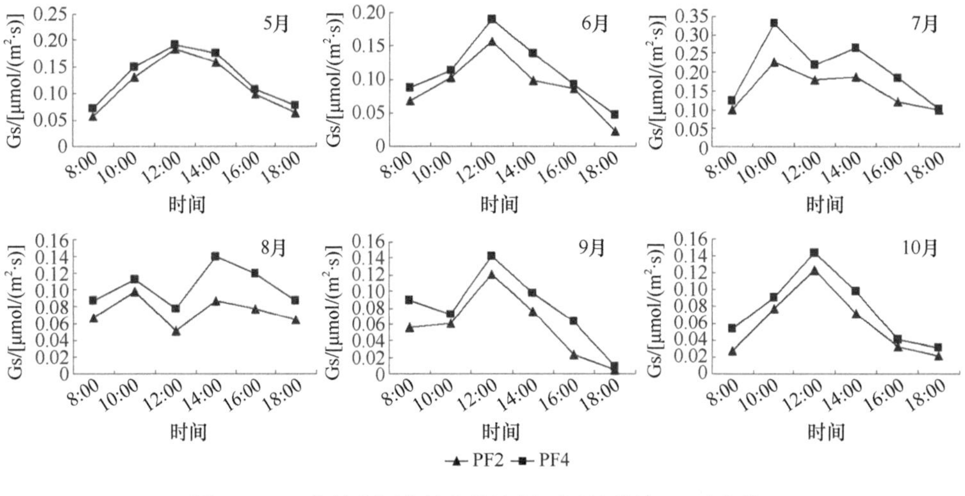

图 15-9 二倍体和四倍体白花泡桐不同月份的 Gs 日变化

3. 四倍体南方泡桐光合特性

由图 15-12 可知，5 月、7 月、9 月和 10 月二倍体和四倍体南方泡桐 Pn 的日变化曲线均为单峰，6 月和 8 月 Pn 的日变化曲线为双峰型，说明二倍体和四倍体南方泡桐可能也存在“光合午休”现象。不同月份四倍体的 Pn 均大于对应的二倍体，尤其 8～10 月，两者差异较为明显。由图 15-13 可以看出，不同月份二倍体和四倍体南方泡桐 Gs 的日变化与 Pn 的日变化相似，Gs 日变化与 Pn 日变化正相关。图 15-14 显示，二倍体和四倍体南方泡桐 Ci 的日变化趋势在不同月份均是单谷变化，先下降后上升，四倍体的 Ci 不同时间均大于二倍体的 Ci，且 Ci 与 Pn 的日变化呈负相关关系。图 15-15 表明，5～10 月各时段四倍体的 Tr 均大于二倍体，不同月份二倍体和四倍体南方泡桐的 Tr 与 Pn 存在明显的正相关关系。

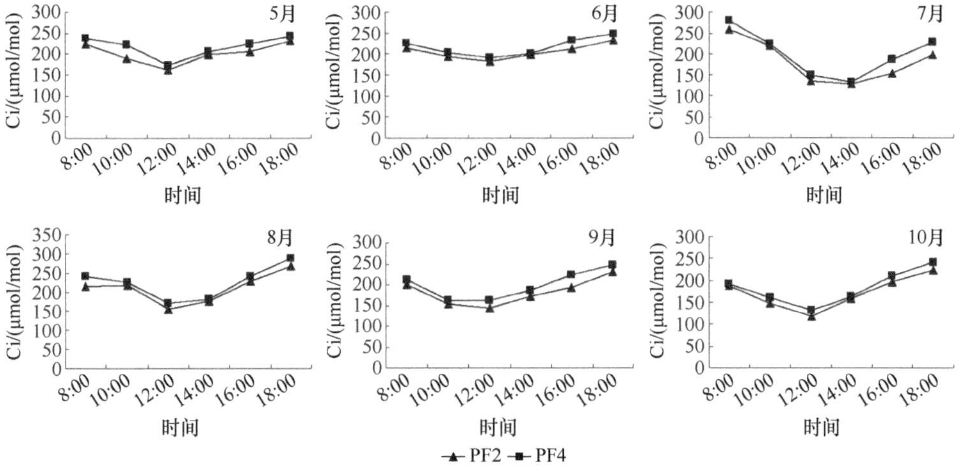

图 15-10　二倍体和四倍体白花泡桐不同月份 Ci 的日变化

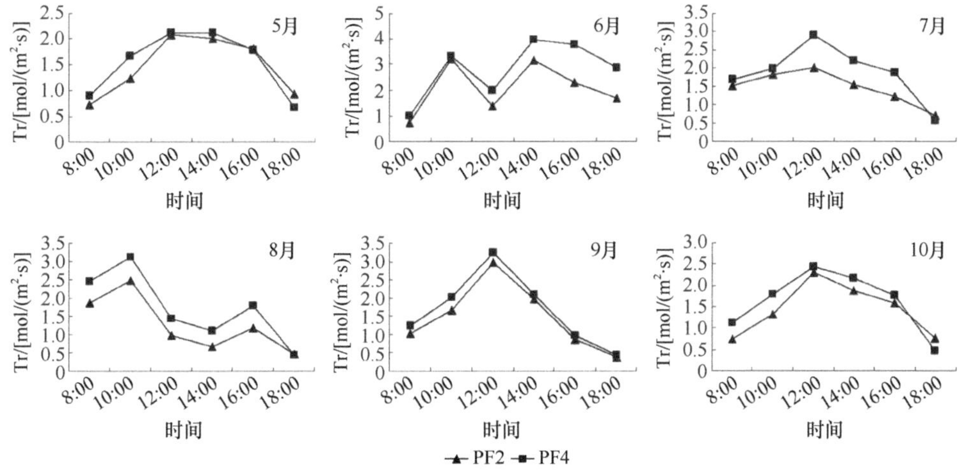

图 15-11　二倍体和四倍体白花泡桐不同月份 Tr 的日变化

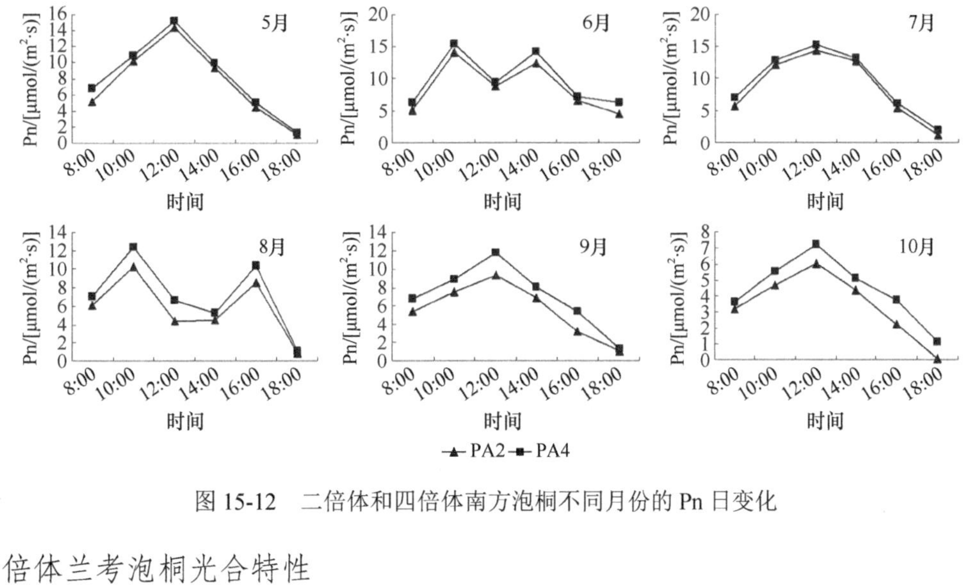

图 15-12　二倍体和四倍体南方泡桐不同月份的 Pn 日变化

4. 四倍体兰考泡桐光合特性

图 15-16 显示，5 月、7 月、9 月和 10 月二倍体和四倍体兰考泡桐 Pn 的日变化曲线均为单峰型，不

存在“光合午休”；而 6 月和 8 月二倍体和四倍体兰考泡桐 Pn 的日变化曲线为双峰型，而且不同时间点四倍体泡桐的 Pn 均大于二倍体。从图 15-17 可以看出，不同月份和不同时间四倍体泡桐的 Gs 均大于二

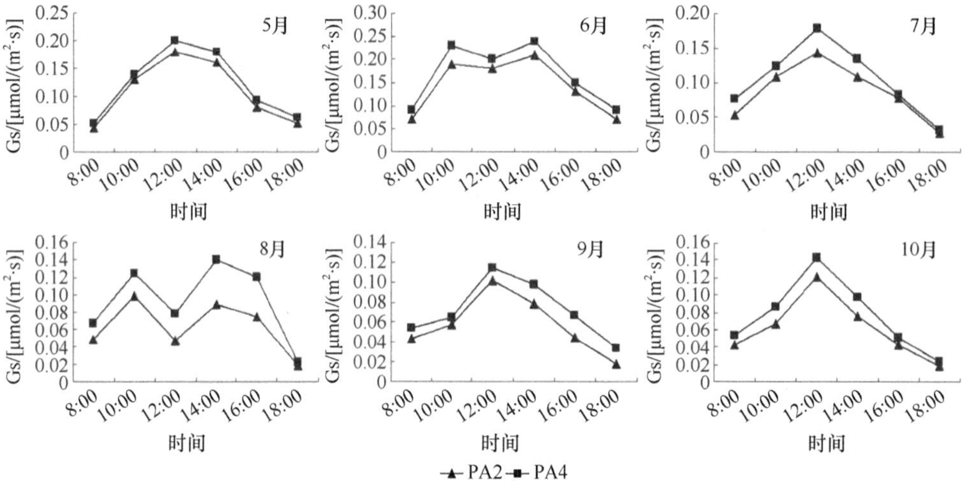

图 15-13　二倍体和四倍体南方泡桐不同月份 Gs 日变化

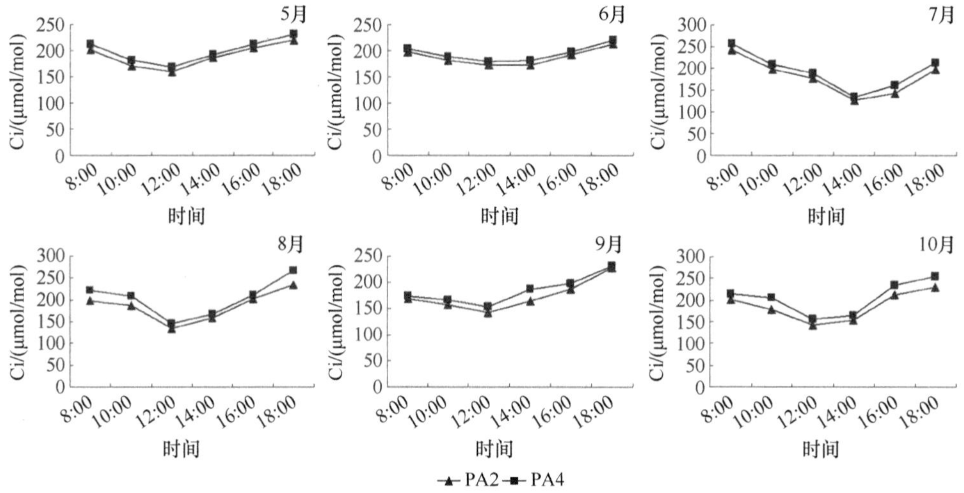

图 15-14　二倍体和四倍体南方泡桐不同月份 Ci 的日变化

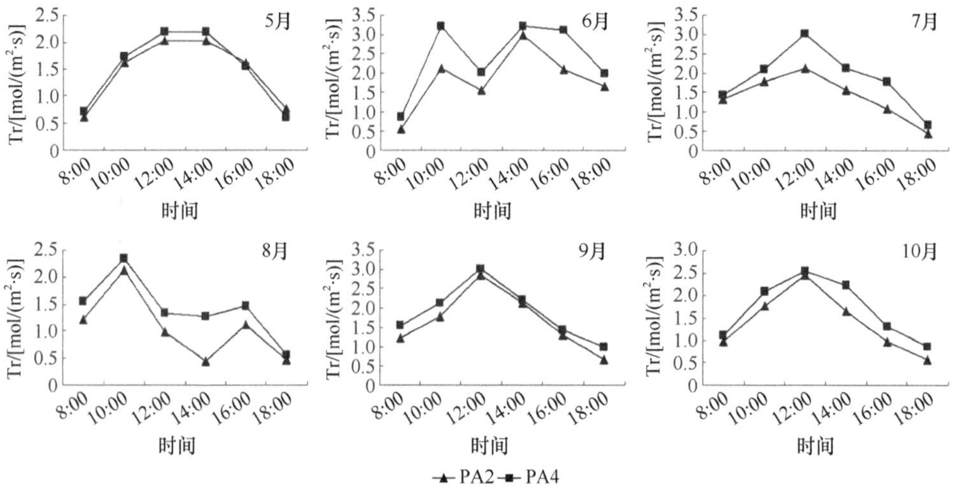

图 15-15　二倍体和四倍体南方泡桐不同月份 Tr 的日变化

倍体泡桐，且二倍体和四倍体兰考泡桐 Gs 的日变化与 Pn 的日变化正向相关。由图 15-18 可知，二倍体、四倍体兰考泡桐的 Ci 的日变化趋势在不同月份均呈“V”形曲线，Ci 与 Pn 的日变化呈负相关关系，说

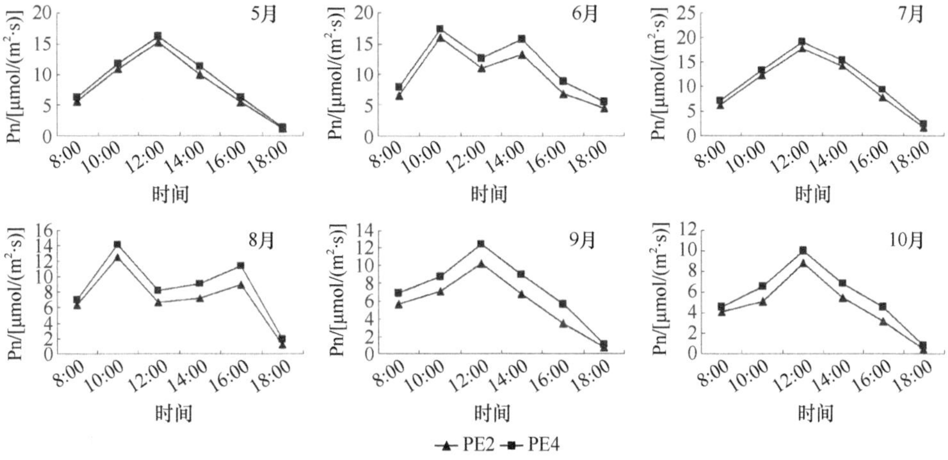

图 15-16　二倍体和四倍体兰考泡桐不同月份的 Pn 日变化

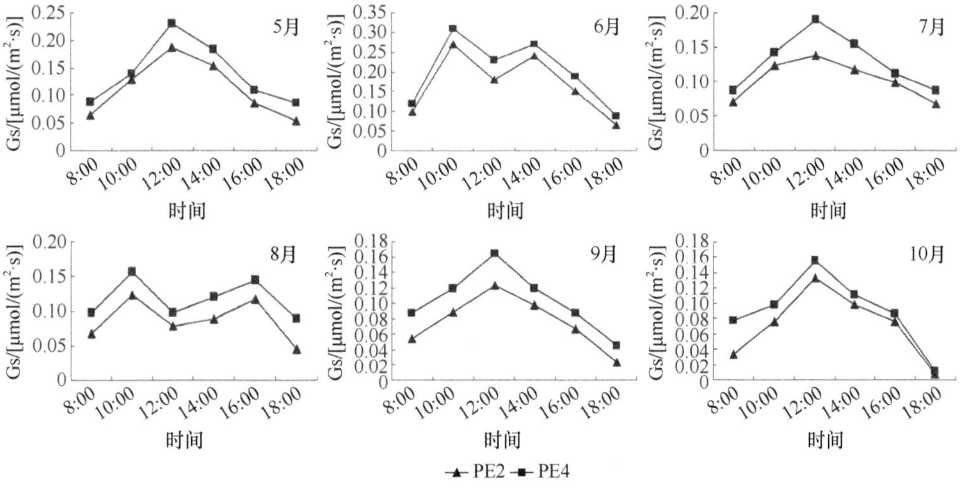

图 15-17　二倍体和四倍体兰考泡桐不同月份 Gs 日变化

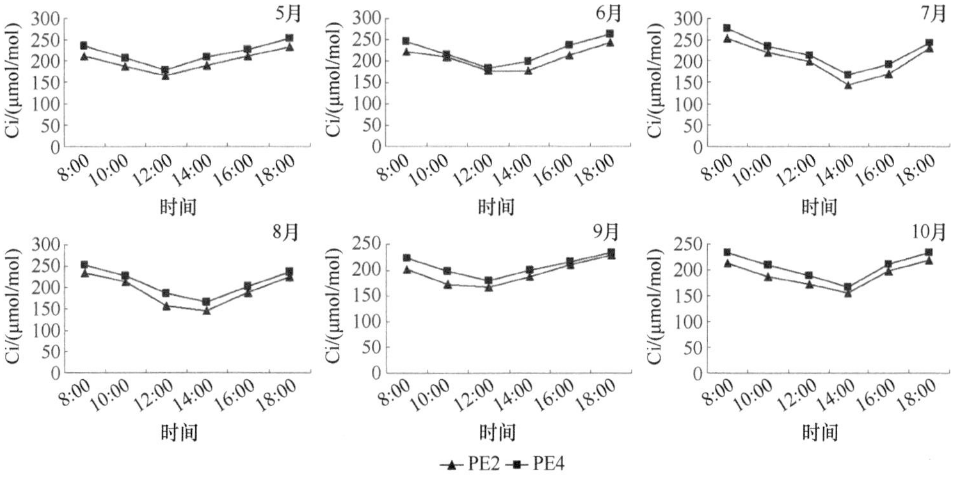

图 15-18　二倍体和四倍体兰考泡桐不同月份 Ci 的日变化

明二倍体、四倍体兰考泡桐光合作用可能均存在气孔限制。二倍体和四倍体兰考泡桐的 Tr 不同月份日变化与 Pn 和 Gs 的日变化相似（图 15-19），不同月份不同时间四倍体兰考泡桐的 Tr 均大于二倍体。

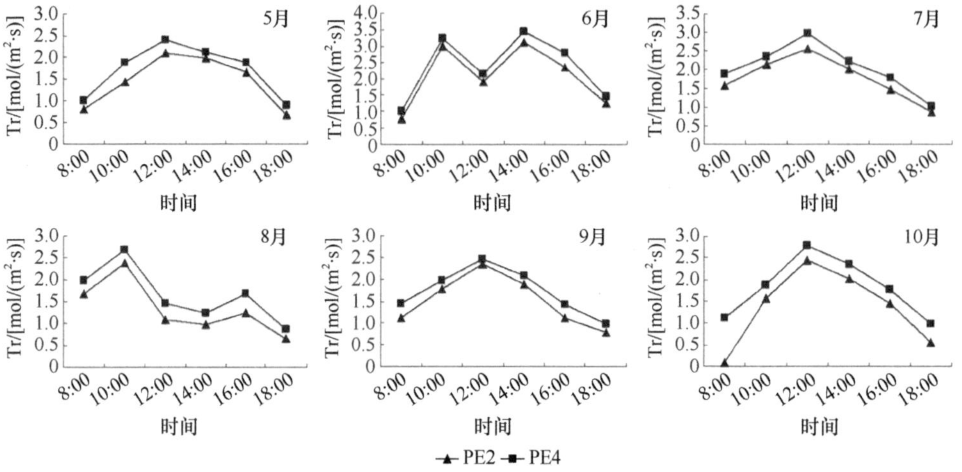

图 15-19　二倍体和四倍体兰考泡桐不同月份 Tr 的日变化

5. 四倍体‘豫杂一号’泡桐光合特性

图 15-20 显示，5 月、7 月、9 月和 10 月二倍体和四倍体‘豫杂一号’泡桐 Pn 的日变化曲线均为单峰，峰值时四倍体的 Pn 大于二倍体；6 月和 8 月二倍体、四倍体‘豫杂一号’泡桐 Pn 的日变化曲线为双峰型，峰值时四倍体的 Pn 也高于二倍体。从图 15-21 可以看出，不同月份二倍体和四倍体‘豫杂一号’泡桐 Gs 的日变化与 Pn 的日变化相似，两者正相关。从图 15-22 可知，二倍体和四倍体‘豫杂一号’泡桐的 Ci 的日变化趋势在不同月份均是单谷变化，先下降后上升。二倍体和四倍体‘豫杂一号’泡桐的 Tr 不同月份日变化与 Pn 和 Gs 的日变化相似（图 15-23），不同月份峰值时四倍体 Tr 均大于二倍体，不同月份二倍体和四倍体‘豫杂一号’泡桐的 Tr 与 Pn 显示出明显的正相关关系。

（三）四倍体泡桐生长特性

1. 四倍体泡桐的纤维形态

从表 15-5 可以看出，毛泡桐、白花泡桐、南方泡桐、兰考泡桐和‘豫杂一号’5 种四倍体泡桐树高

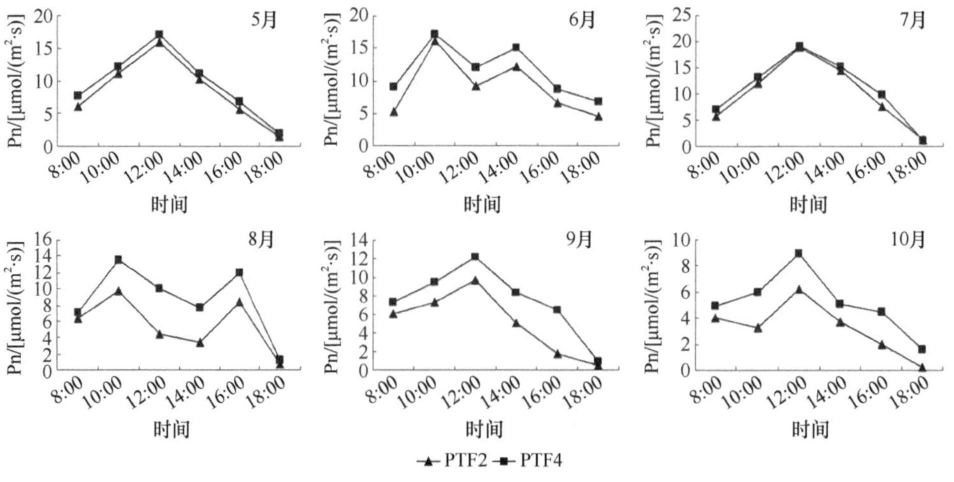

图 15-20　二倍体和四倍体‘豫杂一号’泡桐不同月份的 Pn 日变化

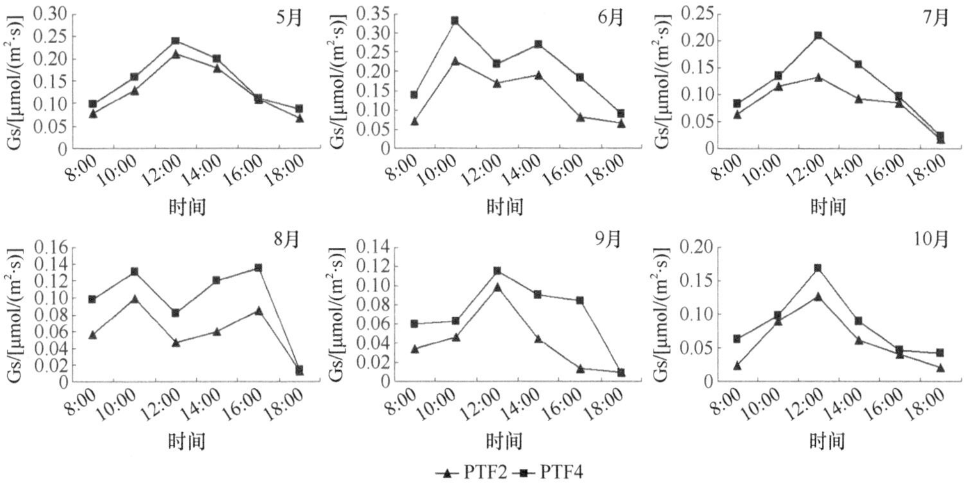

图 15-21　二倍体和四倍体‘豫杂一号’泡桐不同月份 Gs 日变化

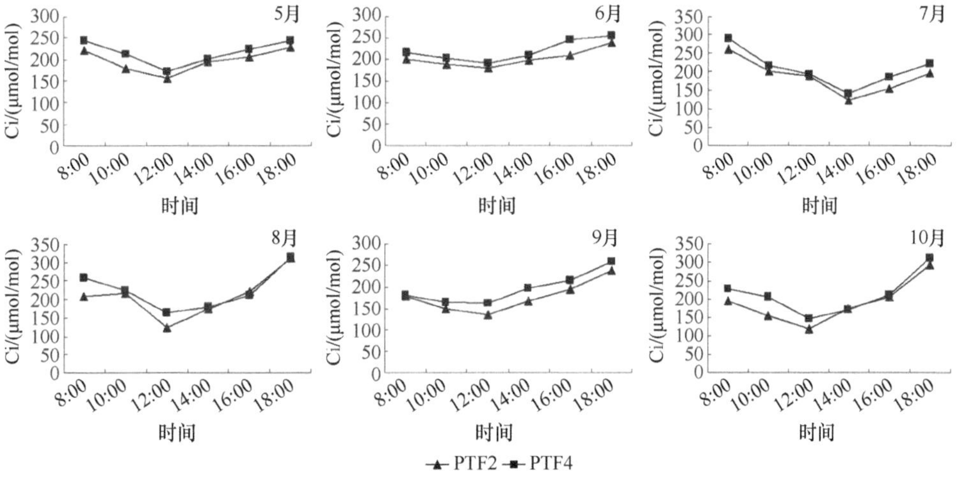

图 15-22　二倍体和四倍体‘豫杂一号’泡桐不同月份 Ci 的日变化

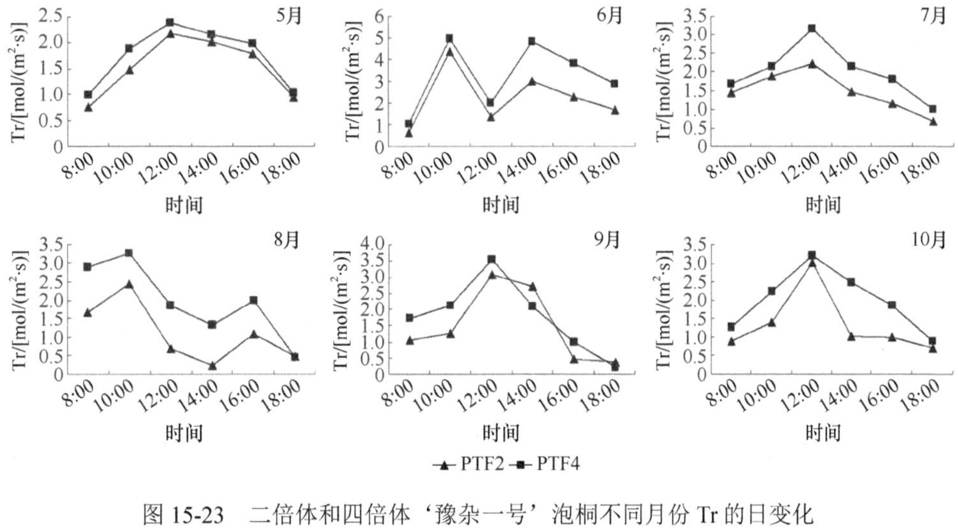

图 15-23　二倍体和四倍体‘豫杂一号’泡桐不同月份 Tr 的日变化

0cm 处纤维长度、宽度和纤维腔径均大于 CK，PE4 纤维长度最长，平均纤维长度达到 1079.40μm；PE4 纤维长宽比最大，为 26.78；在四倍体泡桐树干高度 35cm 处，TF4 纤维长度最长，平均纤维长度达到

1184.40μm（表 15-6）；表 15-7 显示，在树高 70cm 处，5 种四倍体泡桐的纤维长度、纤维宽度和纤维壁厚均大于 CK，纤维长度最大值为 PE4，平均纤维长度可达 1286.60μm；在树高 105cm 处，5 种四倍体泡桐的纤维长度、纤维长宽比、纤维壁厚和纤维壁腔比均大于 CK（表 15-8）。

表 15-5　四倍体泡桐 0cm 处纤维形态的变异

处理	纤维长度/μm	纤维宽度/μm	长宽比	纤维腔径/μm	壁厚/μm	壁腔比
PE4	1079.40±3.47a	43.68±15.10b	26.78±15.27a	28.98±0.73c	7.35±0.55a	0.28±0.03ab
PTF4	1058.90±5.73b	51.59±0.99a	20.97±15.37c	43.27±15.05a	4.33±0.18d	0.11±0.03b
PA4	799.4±15.68e	43.68±15.07b	19.11±0.81c	34.16±0.83b	4.76±0.10d	0.14±0.10ab
PT4	883.4±2.19d	36.4±15.04c	25.0±15.44ab	24.36±15.91d	6.02±0.12b	0.32±0.19a
PF4	897.8±2.02c	44.52±0.64b	20.95±0.77c	33.74±15.36b	5.39±0.12c	0.24±0.10ab
CK	779.8±2.87f	35.14±0.99c	23.66±15.07b	24.08±0.97d	5.53±0.15c	0.27±0.09ab

注：表中同列相同小写字母表示 5%水平差异不显著，下同。

表 15-6　四倍体泡桐 35cm 处纤维形态的变异

处理	纤维长度/μm	纤维宽度/μm	长宽比	纤维腔径/μm	壁厚/μm	壁腔比
PE4	1155.00±9.54b	37.38±0.66c	315.98±0.72a	28.28±15.21b	4.55±0.57c	0.17±0.09a
PTF4	1184.40±2.10a	42.56±15.09b	28.58±0.84b	28.84±15.16b	6.86±0.30b	0.24±0.10a
PA4	779.80±15.47e	47.46±0.90a	16.94±0.24d	34.16±2.73a	6.65±0.36b	0.20±0.20a
PT4	1072.40±0.95c	35.56±0.52cd	315.51±15.06a	20.02±15.04d	7.77±0.26a	0.47±0.32a
PF4	907.20±15.13d	42.28±2.48b	22.98±15.76c	29.54±0.48b	6.37±0.58b	0.25±0.12a
CK	700.00±4.36f	34.03±15.70d	215.32±2.60c	24.78±15.12c	4.63±0.50c	0.20±0.10a

表 15-7　四倍体泡桐 70cm 处纤维形态的变异

处理	纤维长度/μm	纤维宽度/μm	长宽比	纤维腔径/μm	壁厚/μm	壁腔比
PE4	1286.60±15.90a	44.80±15.57a	29.78±0.22b	30.80±0.61b	7.00±0.20b	0.24±0.11ab
PTF4	1006.60±0.70b	33.04±0.50c	315.34±0.85a	215.42±0.42d	5.81±0.13c	0.29±0.06ab
PA4	844.20±4.65d	41.30±15.59b	215.03±0.47e	315.92±0.82a	4.69±0.15d	0.16±0.11b
PT4	827.40±15.84e	33.46±0.78c	25.31±15.68d	23.52±0.57c	4.97±0.28d	0.23±0.10b
PF4	894.60±15.71c	32.90±0.70c	29.32±0.33b	17.64±0.09e	7.63±0.21a	0.45±0.19a
CK	775.60±15.14f	30.66±0.61d	27.04±0.62c	23.24±0.10c	3.71±0.11e	0.18±0.01b

表 15-8　四倍体泡桐 105cm 处纤维形态的变异

处理	纤维长度/μm	纤维宽度/μm	长宽比	纤维腔径/μm	壁厚/μm	壁腔比
PE4	1012.60±3.46b	44.80±2.31a	23.38±15.72c	315.36±0.66a	8.26±0.37a	0.33±0.02b
PTF4	1173.22±2.80a	36.26±15.22c	33.65±15.20b	23.50±0.90d	6.38±0.64b	0.29±0.08b
PA4	806.40±7.04e	35.42±15.23c	23.53±0.62c	24.50±0.79d	5.46±0.18d	0.24±0.03bc
PT4	861.00±3.69d	41.16±0.90b	22.64±0.56c	28.84±0.94b	6.16±0.17c	0.27±0.01bc
PF4	915.20±5.84c	28.00±0.58d	36.48±15.10a	14.84±15.16e	6.58±0.39bc	0.49±0.08a
CK	723.80±7.08f	34.30±0.37c	22.19±0.23c	26.04±0.13c	4.13±0.18e	0.18±0.05c

2. 四倍体泡桐叶绿素含量与叶面积

如表 15-9 所示，旺盛生长期（8 月）3 种四倍体泡桐叶片的叶绿素含量均比对应二倍体泡桐有所提高，其中以四倍体毛泡桐叶片叶绿素含量最大，达到 3.25mg/g，比二倍体毛泡桐提高了 2.85%；四倍体'豫杂一号'泡桐叶片叶绿素含量比二倍体提高了 3.65%；四倍体白花泡桐叶片叶绿素含量比二倍体提高了 6.69%。

表 15-9　四倍体泡桐与二倍体泡桐叶绿素含量的比较

种类	PTF4	PTF2	PT4	PT2	PF4	PF2
叶绿素含量/（mg/g）	3.12±0.03	3.01±0.02	3.25±0.04	3.16±0.03	2.87±0.01	2.69±0.02

从表 15-10 可以看出，四倍体与二倍体叶面积有显著差异，四倍体泡桐均比二倍体泡桐大。四倍体白花泡桐叶宽及叶面积最大，四倍体毛泡桐叶长和最大叶宽最大。毛泡桐、白花泡桐、‘豫杂一号’四倍体叶面积比二倍体分别增大了 12.60%、37.89%和 19.66%；四倍体与二倍体叶长、叶宽变化规律不同，四倍体毛泡桐和‘豫杂一号’泡桐的叶长均比其对应的二倍体长，而四倍体白花泡桐的叶长比其二倍体短；三种四倍体泡桐的叶宽均比其对应的二倍体宽。

表 15-10　四倍体泡桐与二倍体泡桐叶面积的比较

处理	叶面积/cm^2	叶长/cm	叶宽/cm	最大叶宽/cm
PT4	1311.38±12.71b	43.92±0.39a	33.36±0.93b	46.41±0.36a
PT2	1164.66±12.94c	39.94±0.76b	28.23±0.72c	45.63±0.41a
PF4	1372.39±6.39a	37.92±0.16d	34.77±0.18a	45.71±0.53a
PF2	995.29±10.13e	38.05±0.16c	26.89±0.27d	36.34±0.28c
PTF4	1132.43±6.04d	39.22±0.55b	28.60±0.87c	42.92±0.31b
PTF2	946.37±9.78f	37.68±0.76d	23.49±0.43e	34.65±0.48c

二、四倍体泡桐的抗寒性

（一）四倍体毛泡桐的抗寒性

1. 电导率的变化

泡桐的电导率受低温胁迫影响而发生变化，由图 15-24 可以看出，四倍体和二倍体毛泡桐在低温胁迫条件下，其电导率均随胁迫温度的降低而逐步增大，但四倍体毛泡桐在不同低温处理温度下，电导率均比其二倍体小，表明四倍体毛泡桐相对其二倍体具有较好的耐寒性。为进一步验证该判断，使用 Logistic 方程 $y=K/(1+\alpha e^{-bt})$①对四倍体和二倍体毛泡桐在不同处理温度下的电导率进行拟合，求各自对应的半致死温度。一般认为，相对电导率达到 50%时的温度可作为植物的半致死温度（LT_{50}）。结果求得四倍体和二倍体毛泡桐的 LT_{50} 分别为–11.9136℃和–13.1814℃，这进一步表明四倍体毛泡桐的耐寒性高于其对应二倍体。

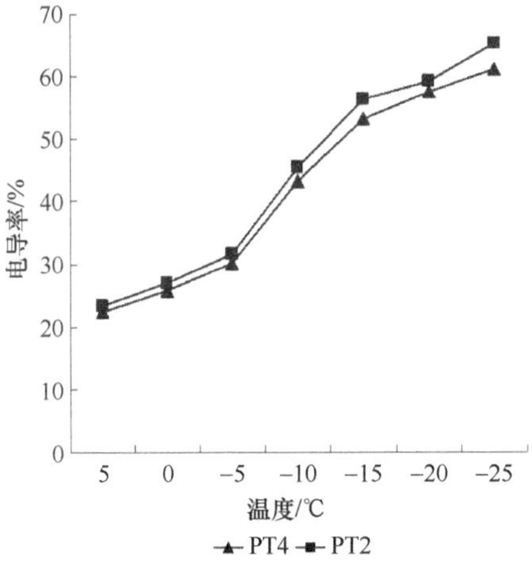

图 15-24　低温胁迫下毛泡桐电导率的变化

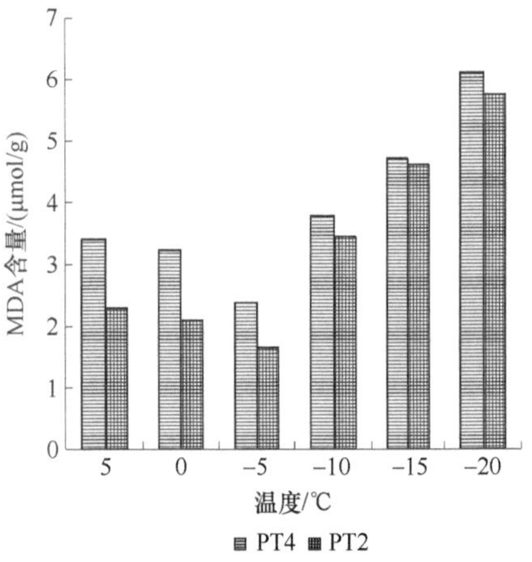

图 15-25　低温胁迫下毛泡桐 MDA 含量的变化

① y 为电导率；t 为温度；K 为极限电导率，为 100%；α 和 b 为待定系数；下同。

2. 人工低温对生理指标的影响

低温胁迫对泡桐的各项生理指标也产生影响，由图 15-25 可以看出，随温度降低，四倍体和二倍体毛泡桐的 MDA 含量都呈现出先降后升的趋势。而从图 15-26 和图 15-27 可以看出，两种毛泡桐的脯氨酸含量和可溶性糖含量在低温胁迫的初期也都不断增加，在–15℃时达到峰值，随后开始下降，同时可以看出四倍体毛泡桐在不同低温处理下的脯氨酸含量和可溶性糖含量均大于其对应二倍体。从图 15-28 也可以看出两种毛泡桐的可溶性蛋白含量亦呈先降后升再降的变化趋势且于–15℃时达到峰值，四倍体毛泡桐的可溶性蛋白含量亦高于其对应的二倍体，高出 9.11%。两种毛泡桐的 SOD、POD、CAT 的活性根据图 15-29、图 15-30 和图 15-31 也可以看出呈现先升后降的趋势，并于–15℃达到峰值后开始下降。同样四倍体毛泡桐在不同低温处理下的 SOD、POD、CAT 活性均高于对应二倍体。综上可以看出，四倍体毛泡桐的各项生理指标在低温胁迫下均优于其对应的二倍体。

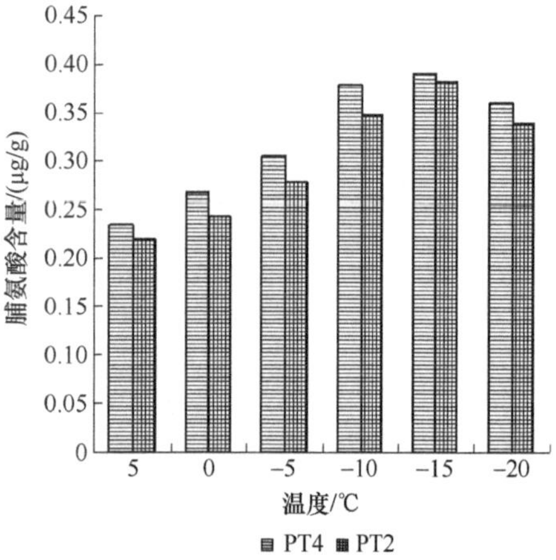

图 15-26 低温胁迫下毛泡桐脯氨酸含量的变化

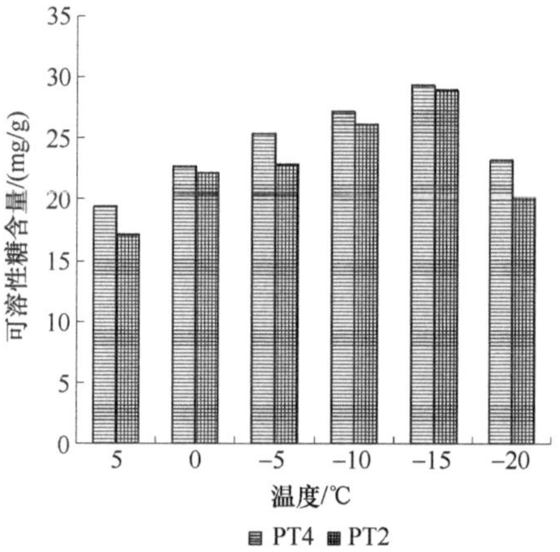

图 15-27 低温胁迫下毛泡桐可溶性糖含量的变化

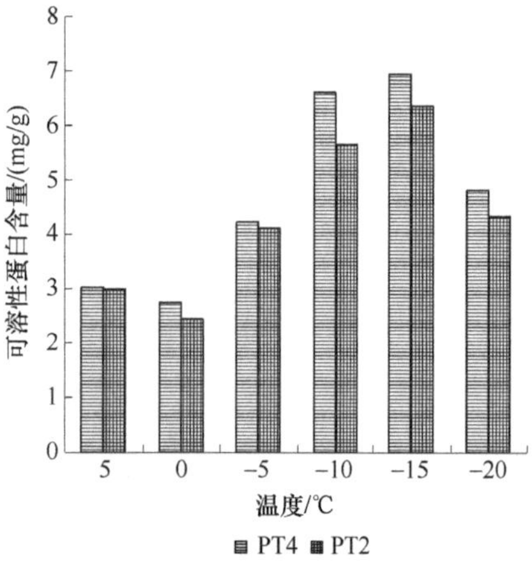

图 15-28 低温胁迫下毛泡桐可溶性蛋白含量变化

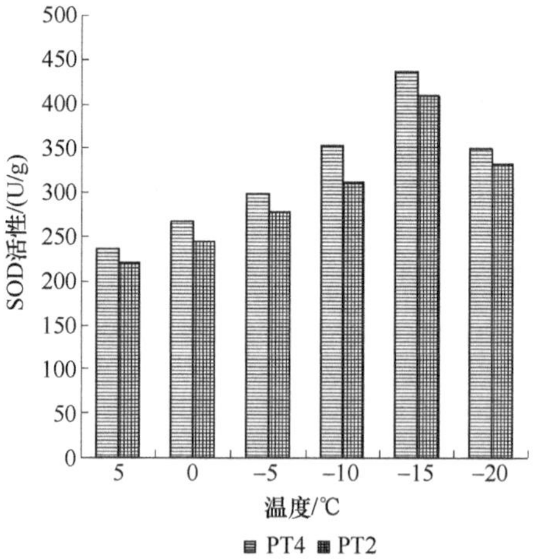

图 15-29 低温胁迫下毛泡桐 SOD 活性变化

（二）四倍体白花泡桐的抗寒性

1. 电导率的变化

为测定不同泡桐品种对低温胁迫的反应是否一致，接下来对白花泡桐的四倍体和二倍体在低温胁迫下的电导率进行测定，结果如图 15-32 所示：两种白花泡桐的电导率也均随胁迫温度的降低而增大，且在不同温度处理下，四倍体白花泡桐的电导率也均比其对应的二倍体小。为进一步准确判断两种白花泡桐的 LT_{50}，同样使用 Logistic 方程 $y=K/(1+\alpha e^{-bt})$ 将各处理温度下四倍体与二倍体白花泡桐的电导率进行拟合，分别求出白花泡桐四倍体与二倍体的 LT_{50} 为–12.5374℃和–10.5382℃，表明四倍体白花泡桐的抗寒能力比其二倍体强。

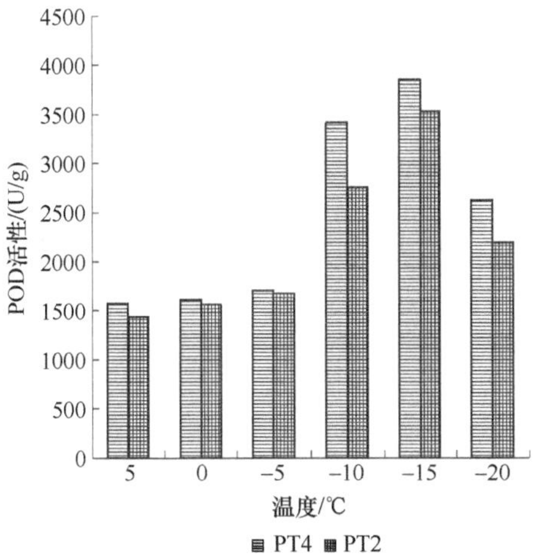

图 15-30　低温胁迫下毛泡桐 POD 活性变化

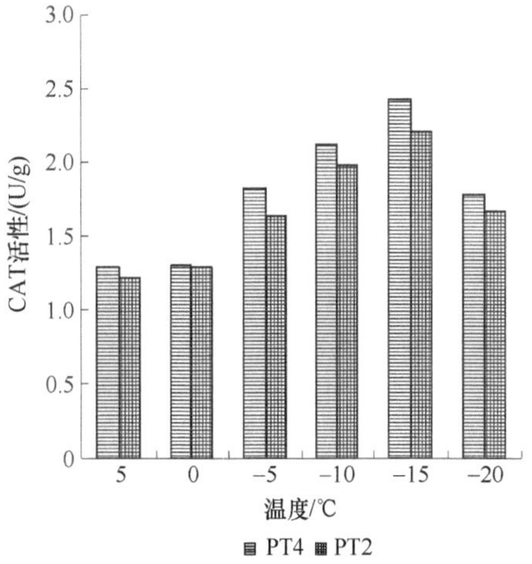

图 15-31　低温胁迫下毛泡桐 CAT 活性变化

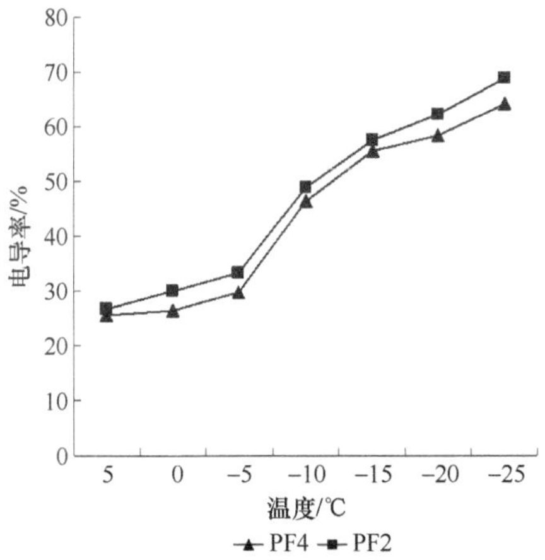

图 15-32　低温胁迫下白花泡桐电导率变化

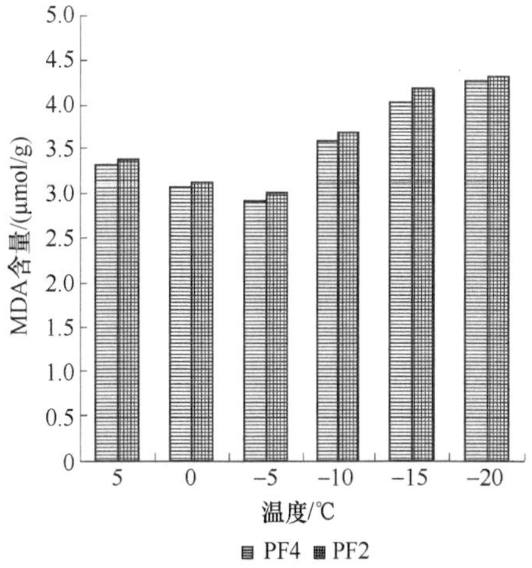

图 15-33　低温胁迫下白花泡桐 MDA 含量变化

2. 人工低温对丙二醛变化的影响

对低温胁迫对两种白花泡桐丙二醛含量的影响进行测定，根据图 15-33 可以看出四倍体与二倍体白花泡桐的 MDA 含量均随温度降低而呈现出先下降后上升的趋势。同时也可以看出，四倍体白花泡桐的 MDA 含量在测定的各低温温度下均高于其对应的二倍体。而由于低温胁迫初期两种白花泡桐的 MDA 含量增加可能与泡桐前期保护酶活性及渗透调节物质的增加相关，因此可以说明四倍体白花泡桐的膜脂过氧化程度高于其对应的二倍体。

3. 脯氨酸含量的变化

在关于脯氨酸含量的相关测定中，由图 15-34 中可以看出，四倍体与二倍体白花泡桐的脯氨酸含量在低温胁迫的初期也均呈不断增加的趋势，在–15℃时达到峰值随后开始下降；同时四倍体白花泡桐的脯氨酸含量在不同低温处理温度下也均大于其对应二倍体。由此可以说明四倍体在低温处理下调节稳定蛋白质结构和保护细胞内大生物分子的能力强于其对应的二倍体。而关于脯氨酸含量在低温超过–15℃时有所下降的现象，可能与泡桐一年生枝条在低温重度胁迫下的耐寒性有限相关。

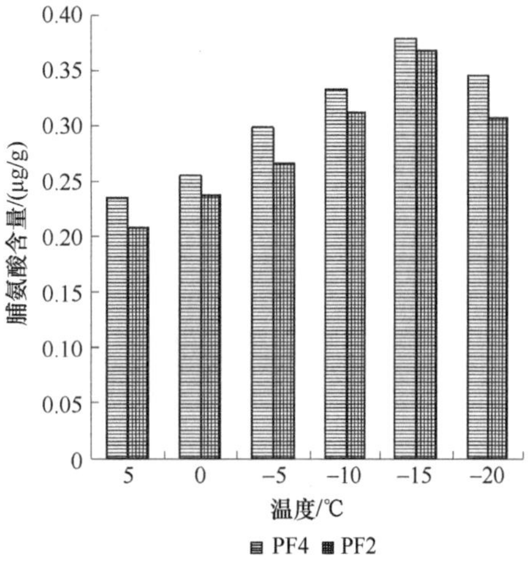

图 15-34　低温胁迫下白花泡桐脯氨酸含量变化

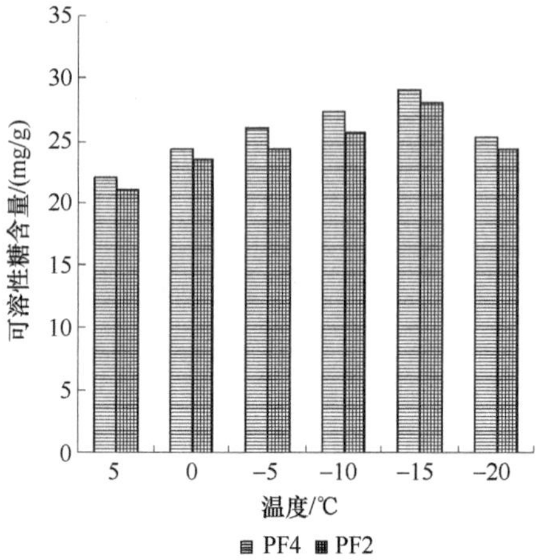

图 15-35　低温胁迫下白花泡桐可溶性糖含量变化

4. 可溶性糖、可溶性蛋白含量的变化

由图 15-35 可以看出，低温胁迫下两种白花泡桐的可溶性糖含量均表现出先升后降的趋势，并于–15℃达到峰值，且在不同低温处理温度下，四倍体白花泡桐的可溶性糖含量均大于其对应二倍体，而在峰值–15℃时，四倍体比其对应的二倍体高出 3.16%。其次是可溶性蛋白方面，从图 15-36 看出，两种泡桐的可溶性蛋白含量变化趋势与可溶性糖变化趋势略有不同，表现为先降后升再降，但也于–15℃时达到峰值，且四倍体白花泡桐的含量亦相对高于其对应二倍体，在峰值–15℃时的四倍体比其对应的二倍体高出 2.55%。综上可以看出四倍体白花泡桐在适度的低温胁迫中，通过提高可溶性糖和可溶性蛋白的含量来增强其抗寒性，表现出强于二倍体的抗寒能力。在低温胁迫初期两种渗透物质含量前期的升高可能与泡桐对低温的应激反应相关，而当–15℃达到峰值之后，随着温度降低，可溶性糖和可溶性蛋白的含量均开始明显地下降，反映出其低温调节能力的下降，可能是受到一年生枝条的低温胁迫承受能力范围有限的影响。

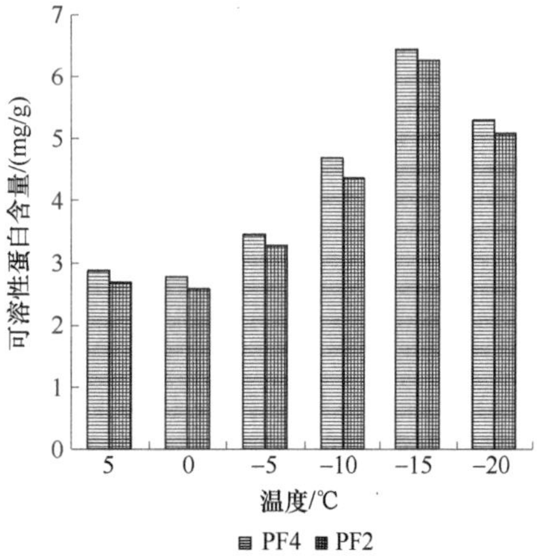

图 15-36　低温胁迫白花泡桐可溶性蛋白含量变化

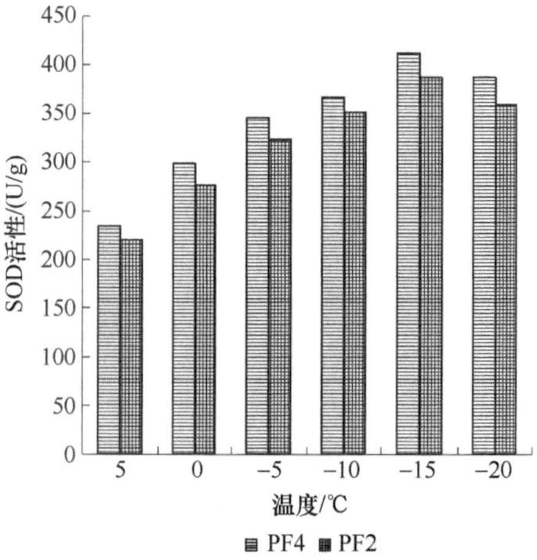

图 15-37　低温胁迫下白花泡桐 SOD 活性变化

5. SOD、POD 和 CAT 活性的变化

图 15-37、图 15-38 和图 15-39 反映的是低温胁迫对两种倍性白花泡桐的三种酶活性的影响。从图中可以看出，两种倍性白花泡桐的三种酶的活性也均呈现先升后降的变化，并于–15℃达到峰值，同时四倍体白花泡桐在不同低温处理温度下的三种酶活性均高于其对应的二倍体，SOD、POD 和 CAT 含量分别高出其二倍体 6.46%、6.55%和 9.63%。这都反映出四倍体泡桐的抗寒能力高于其对应的二倍体。而关于三种酶活性随着低温胁迫温度持续降低而出现大幅下降的现象则可能与胁迫温度超过其承受的范围进而导致保护酶活性失活相关。

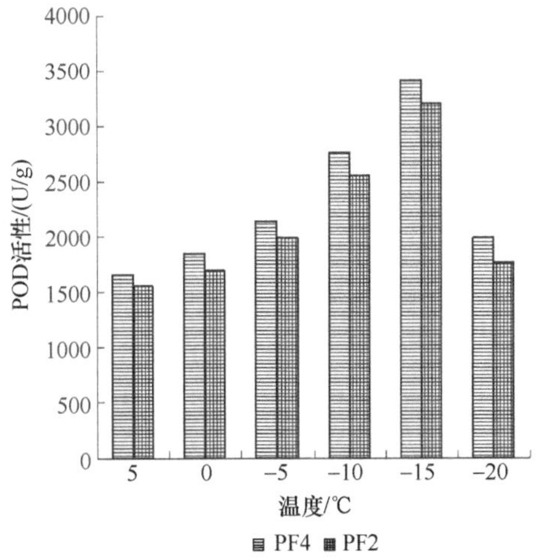

图 15-38　低温胁迫下白花泡桐 POD 活性变化

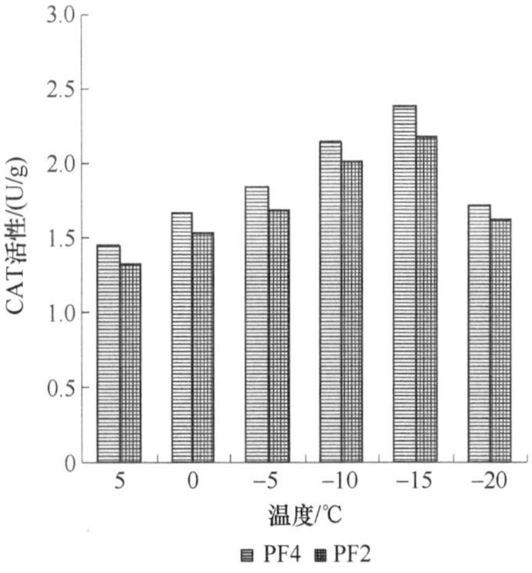

图 15-39　低温胁迫下白花泡桐 CAT 活性变化

（三）四倍体南方泡桐的抗寒性

1. 电导率的变化

进一步对南方泡桐的各项低温胁迫指标进行分析，首先是低温胁迫下四倍体与二倍体南方泡桐的电导率的变化。由图 15-40 可以看出两种南方泡桐的电导率均随胁迫温度的降低而逐步增大，且在不同低温温度处理下，四倍体南方泡桐的电导率均比其对应的二倍体小。同时，利用 Logistic 方程 $y=K/(1+\alpha e^{-bt})$ 将各低温处理温度下四倍体和二倍体南方泡桐的电导率进行拟合，以进一步准确求出两种泡桐的半致死温度，通过计算求得四倍体和二倍体南方泡桐的 LT_{50} 分别为–11.7532℃和–10.3707℃，这表明四倍体南方泡桐的抗寒性也强于其对应的二倍体。

2. 人工低温对南方泡桐生理指标的影响

在分析两种倍性的南方泡桐的电导率后，进一步分析其在低温胁迫条件下的各项生理指标。图 15-41 是关于两种倍性的南方泡桐品种在低温胁迫下的 MDA 含量变化图，可以看出与毛泡桐和白花泡桐一致，两种南方泡桐的 MDA 含量都随着温度的降低而呈先降后升的趋势，但四倍体的 MDA 含量在各低温下均高于其对应二倍体，这也进一步说明四倍体的膜脂过氧化程度高于二倍体，具有较好的抗寒能力。而图 15-42～图 15-46 则分别为低温胁迫下两种南方泡桐的脯氨酸含量、可溶性糖含量和三种酶的活性变化图，也都表现出先升后降的变化趋势，并于–15℃时达到峰值，且四倍体南方泡桐在不同低温处理下的各种物质的含量也均大于其对应的二倍体。图 15-47 是关于可溶性蛋白含

量的变化图，也同毛泡桐和白花泡桐一致，呈现出先降后升再降的变化趋势并于−15℃时达到峰值，同时不同低温处理温度下四倍体南方泡桐的可溶性蛋白含量也均高于其对应的二倍体。

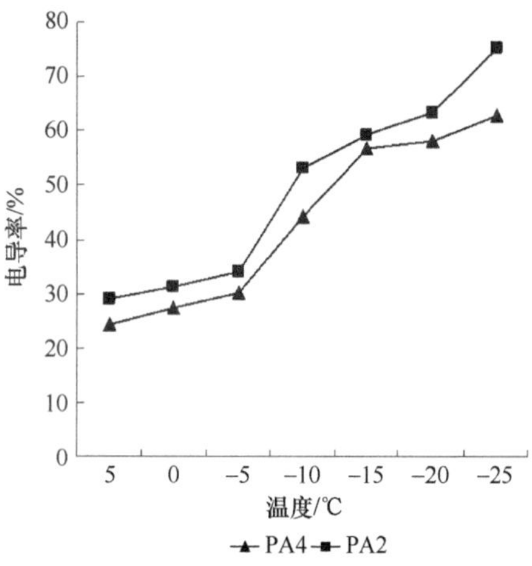

图 15-40　低温胁迫下南方泡桐电导率变化

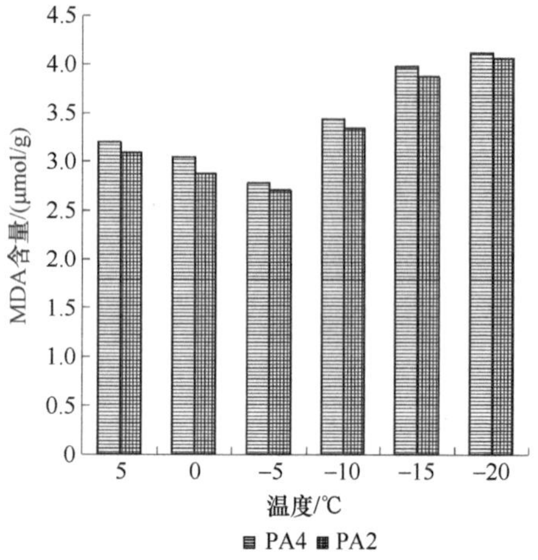

图 15-41　低温胁迫下南方泡桐 MDA 含量变化

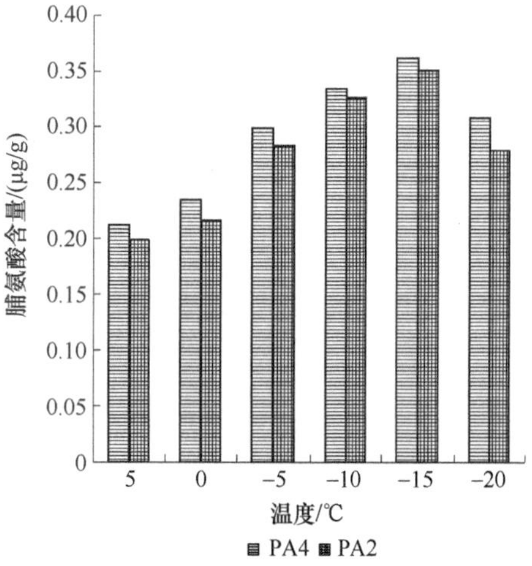

图 15-42　低温胁迫下南方泡桐脯氨酸含量变化

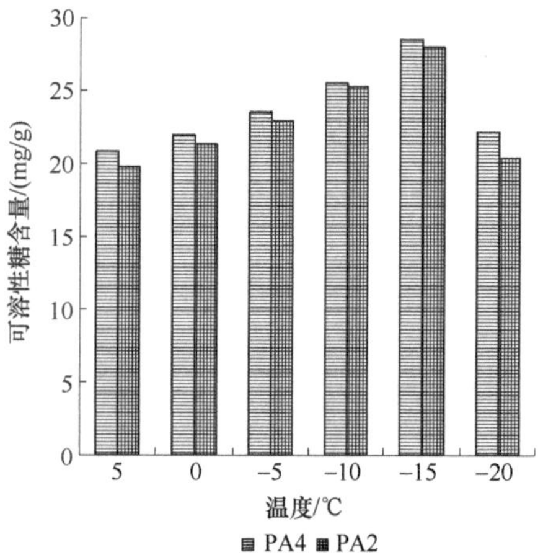

图 15-43　低温胁迫下南方泡桐可溶性糖含量变化

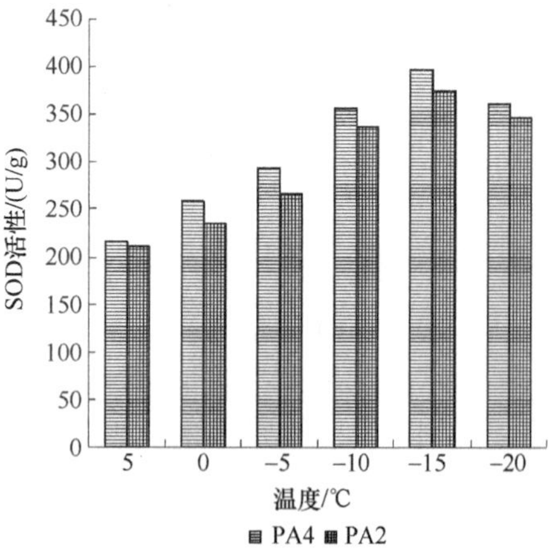

图 15-44　低温胁迫南方泡桐 SOD 活性变化

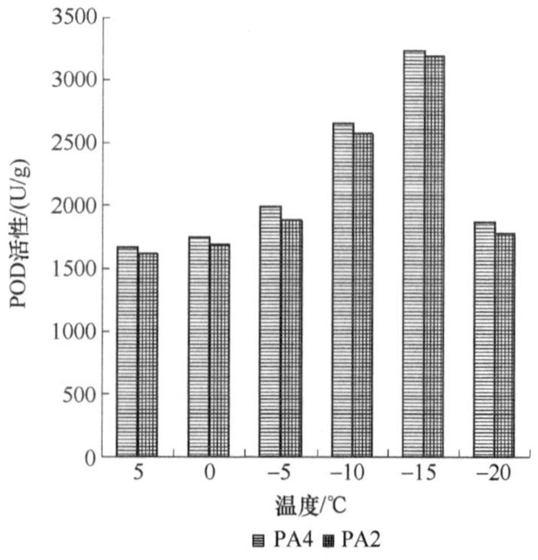

图 15-45　低温胁迫下南方泡桐 POD 活性变化

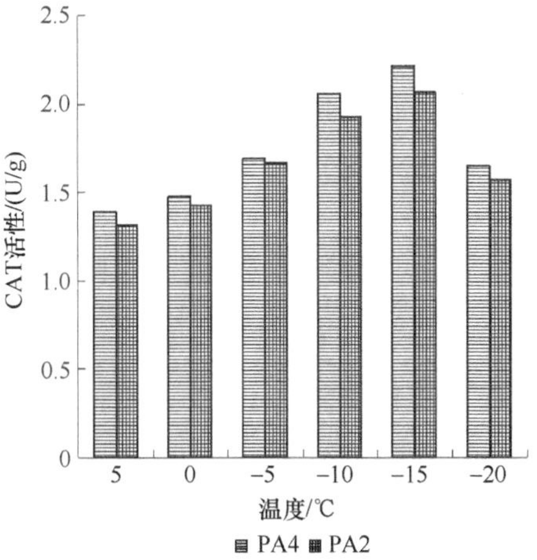

图 15-46　低温胁迫下南方泡桐 CAT 活性变化

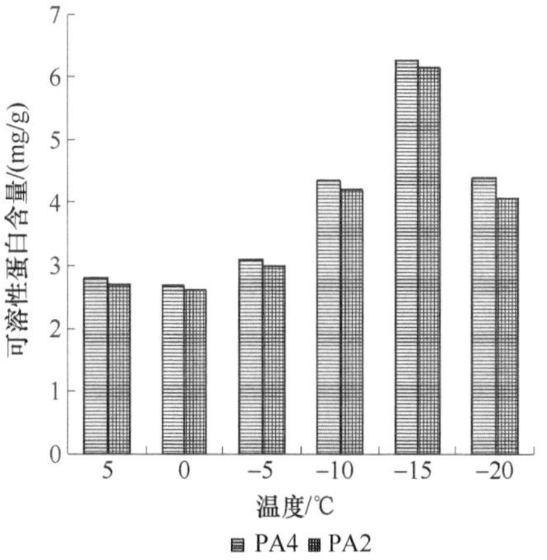

图 15-47　低温胁迫下南方泡桐可溶性蛋白含量变化

（四）四倍体兰考泡桐的抗寒性

1. 电导率的变化

使用同样流程对兰考泡桐的抗寒性进行检测。根据图 15-48 在低温胁迫下四倍体和二倍体兰考泡桐的电导率变化趋势图，亦可看出其电导率均随胁迫温度的降低而逐步增大。进一步利用 Logistic 方程 $y=K/(1+\alpha e^{-bt})$ 对各低温处理温度下四倍体与二倍体兰考泡桐的电导率进行拟合，分别求得四倍体和二倍体兰考泡桐的 LT_{50} 为–12.2911℃和–11.7141℃，同样表明四倍体兰考泡桐的抗寒性强于其二倍体。

2. 低温对兰考泡桐生理指标的影响

根据兰考泡桐低温胁迫下的各项生理指标的测定结果可以看出，两种泡桐的 MDA 含量在温度降低过程中呈现先降后升的变化趋势且四倍体兰考泡桐的 MDA 含量均高于其对应二倍体，表明四倍体兰考泡桐在低温胁迫条件下比其对应二倍体的膜脂过氧化程度高（图 15-49）。而低温胁迫条件下两种倍性兰考泡桐的脯氨酸含量、可溶性糖含量和三种酶的活性变化则根据图 15-50～图 15-54 中可以看出都呈现出先升后降并于–15℃时达到峰值的变化趋势，同时从图中可以看出四倍体在不同处理温度下的各项生理指标均高于其对应的二倍体。图 15-55 中的可溶性蛋白含量也同其他泡桐品种一致，表现出先降后升再降并于–15℃时出现峰值的变化趋势，同样四倍体兰考泡桐在不同处理温度下的可溶性蛋白含量也均高于其对应的二倍体。综上都可进一步表明四倍体泡桐相对于其二倍体而言，具有较强的抗寒能力。

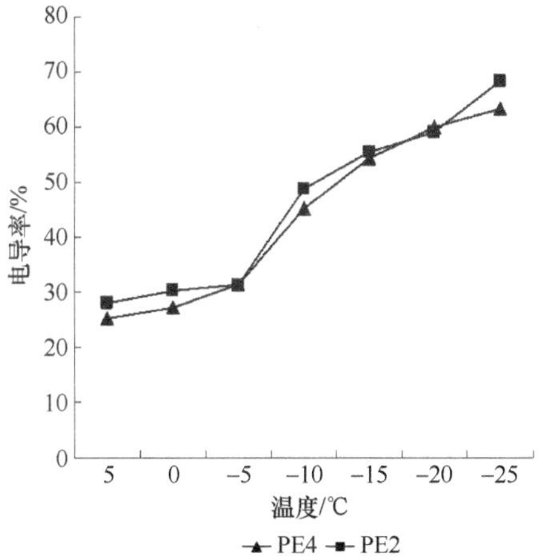

图 15-48　低温胁迫下兰考泡桐电导率变化

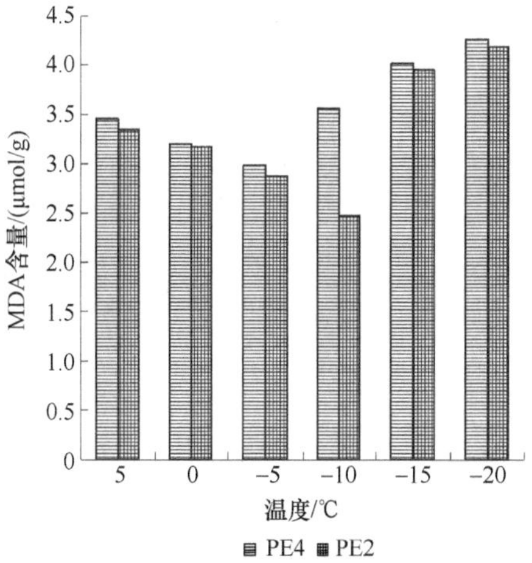

图 15-49　低温胁迫下兰考泡桐 MDA 含量变化

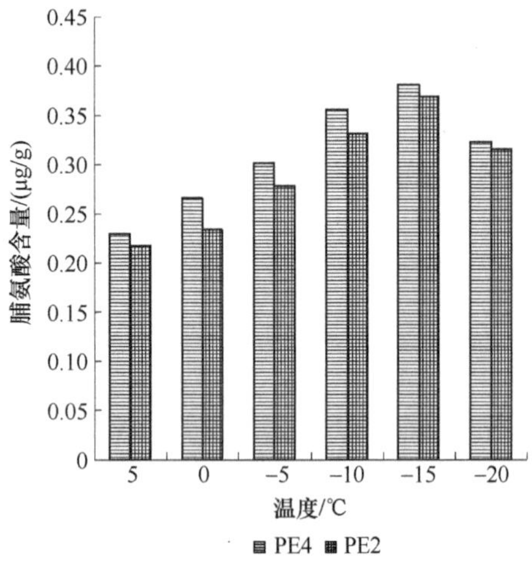

图 15-50　低温胁迫下兰考泡桐脯氨酸含量变化

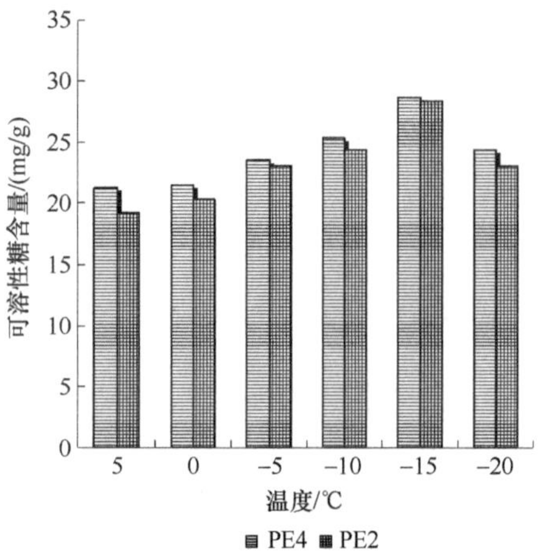

图 15-51　低温胁迫下兰考泡桐可溶性糖含量变化

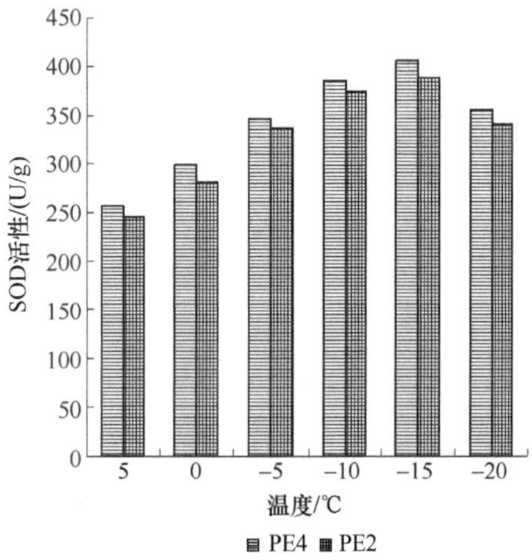

图 15-52　低温胁迫下兰考泡桐 SOD 活性变化

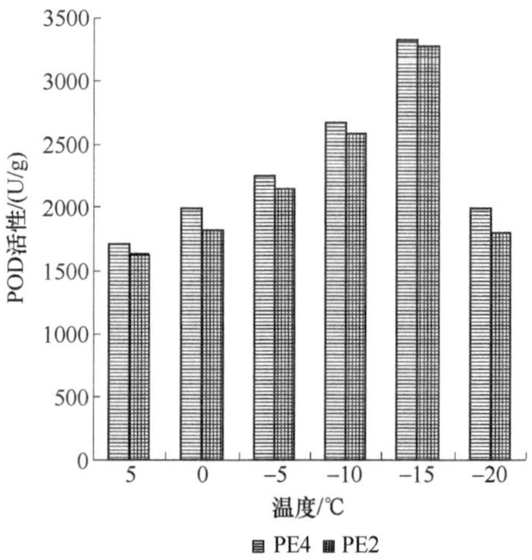

图 15-53　低温胁迫下兰考泡桐 POD 活性变化

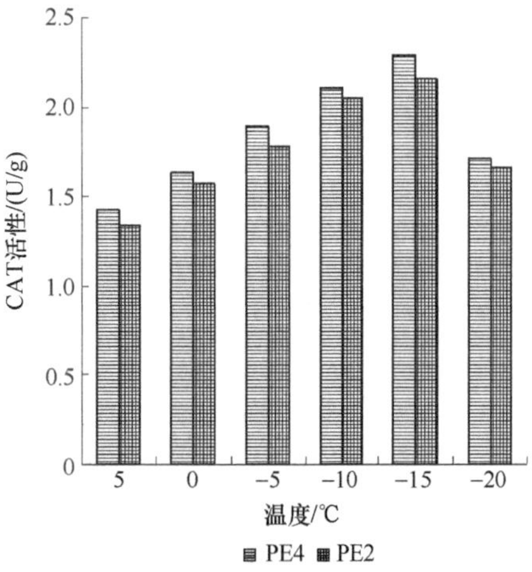

图 15-54　低温胁迫下兰考泡桐 CAT 活性变化

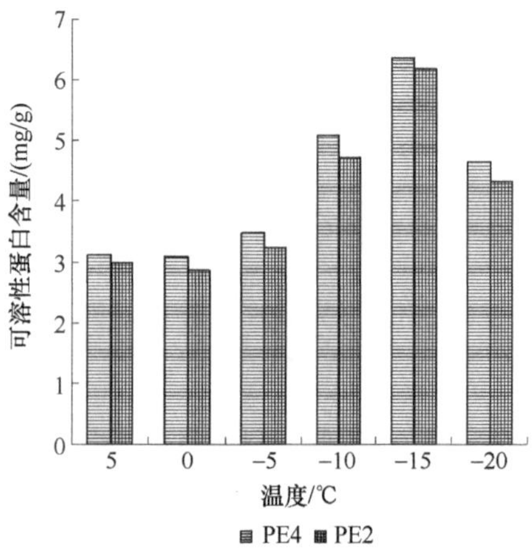

图 15-55　低温胁迫兰考泡桐可溶性蛋白含量变化

（五）四倍体‘豫杂一号’泡桐的抗寒性

1. 电导率的变化

对‘豫杂一号’泡桐的抗寒性进行分析，发现在低温胁迫条件下，四倍体与二倍体‘豫杂一号’泡桐的电导率也均随胁迫温度的降低而增大且四倍体‘豫杂一号’泡桐的电导率也高于对应的二倍体（图15-56）。进一步使用Logistic方程$y=K/(1+\alpha e^{-bt})$将各低温处理温度下四倍体和二倍体‘豫杂一号’泡桐的电导率进行拟合，分别求出其四倍体与二倍体的LT_{50}分别为–12.5462℃和–11.1568℃，表明四倍体‘豫杂一号’泡桐的抗寒性高于其对应的二倍体。

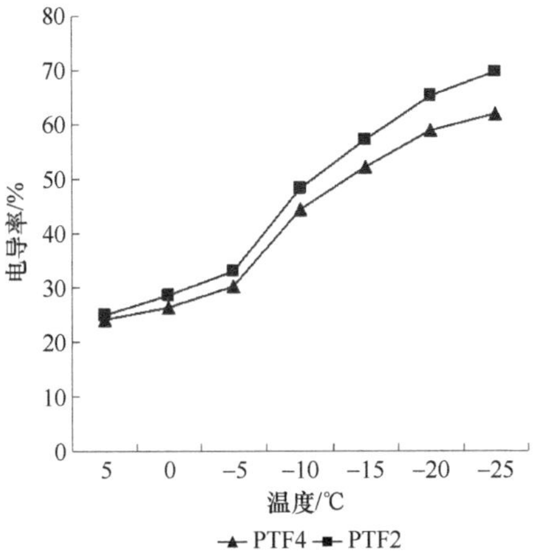

图15-56　低温胁迫‘豫杂一号’泡桐电导率变化

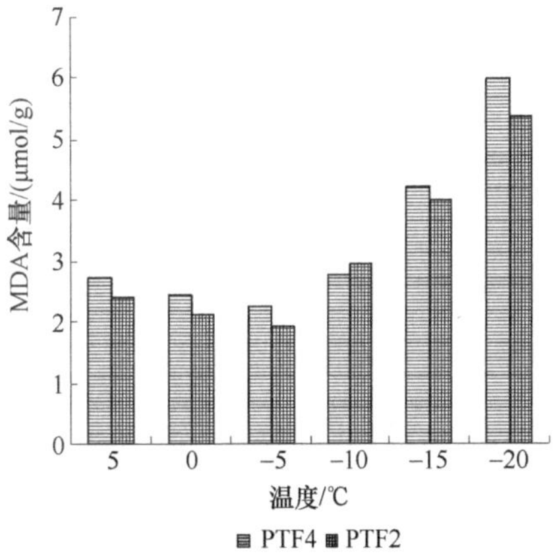

图15-57　低温胁迫‘豫杂一号’泡桐MDA含量变化

2. 人工低温对‘豫杂一号’泡桐生理指标的影响

为进一步检测两种不同倍性‘豫杂一号’泡桐的抗寒能力，对低温胁迫条件下两种‘豫杂一号’泡桐的MDA、脯氨酸含量、可溶性糖含量、可溶性蛋白含量及各种酶活性等各项生理指标进行测定。由图15-57可以看出，随着温度降低，四倍体‘豫杂一号’泡桐的MDA含量始终高于其对应的二倍体，且两种泡桐的MDA含量都呈现出先降后升的变化趋势，表明四倍体‘豫杂一号’泡桐的膜脂过氧化程度高于其对应的二倍体。而根据图15-58～图15-62可以看出，低温胁迫四倍体‘豫杂一号’泡桐的脯氨酸含量、可溶性糖含量和三种酶的活性也都高于其对应的二倍体，且都表现为先升后降的趋势并于–15℃时达到峰值。根据图15-63中关于可溶性蛋白含量的变化同样可以看出四倍体‘豫杂一号’泡桐明显高于其对应的二倍体，且呈现出先降后升再降的变化趋势并于–15℃时出现峰值。以上结果也进一步表明四倍体‘豫杂一号’泡桐的抗寒能力优于其对应的二倍体。

（六）四倍体泡桐抗寒性的综合评价

通过对毛泡桐、白花泡桐、南方泡桐、兰考泡桐和‘豫杂一号’泡桐5种泡桐品种各自的电导率及各项生理指标分别进行测定分析后，对这5种泡桐的四倍体与对应二倍体泡桐的上述8项抗寒指标参数进行综合汇总分析，详见表15-11。通过该表可以看出不同品种四倍体泡桐的电导率、MDA、脯氨酸、可溶性糖和可溶性蛋白含量及三种酶的活性在不同温度处理下均高于其对应的二倍体。可以得出5种泡桐的四倍体抗寒性均高于其对应的二倍体，其中四倍体毛泡桐的抗寒能力最强，四倍体‘豫杂一号’泡桐的抗寒性次之，二倍体的南方泡桐的抗寒性最弱。其综合抗寒能力由强到弱分别为PT4＞PTF4＞PF4＞PE4＞PT2＞PA4＞PE2＞PTF2＞PF2＞PA2。

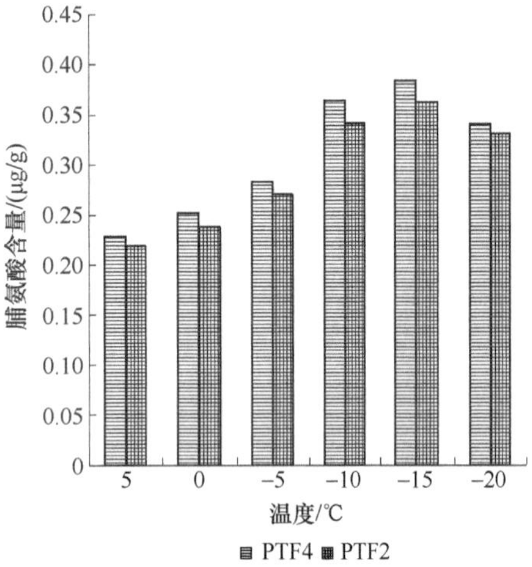

图 15-58　低温胁迫下‘豫杂一号’泡桐脯氨酸变化

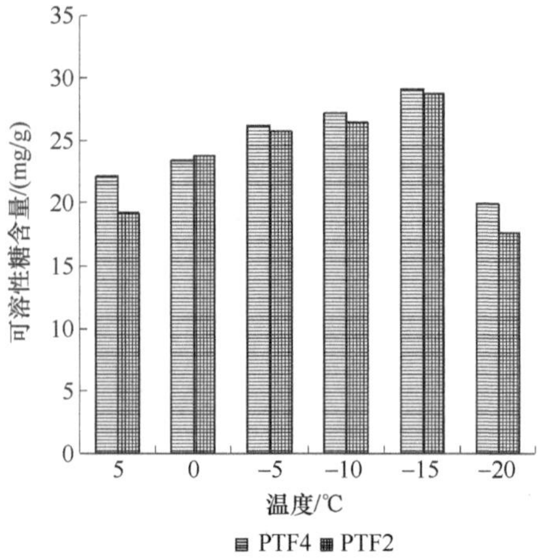

图 15-59　低温胁迫下‘豫杂一号’泡桐可溶性糖变化

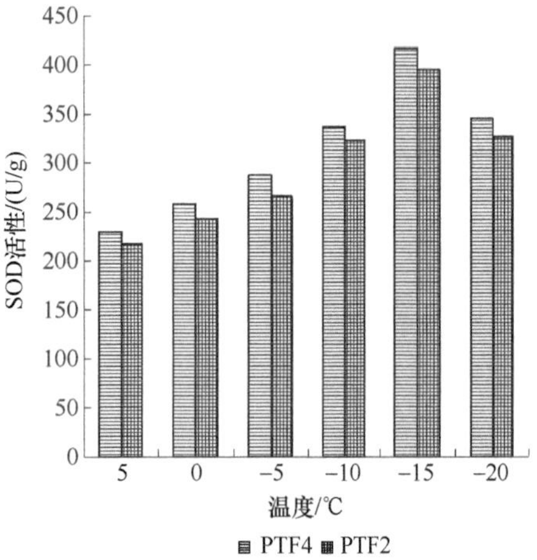

图 15-60　低温胁迫‘豫杂一号’泡桐 SOD 活性变化

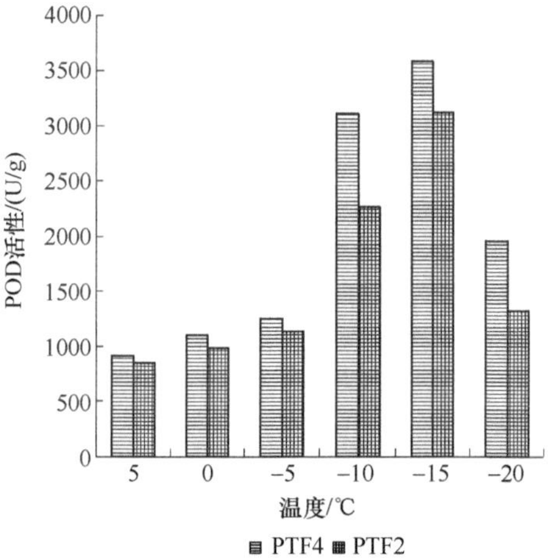

图 15-61　低温胁迫下‘豫杂一号’泡桐 POD 活性变化

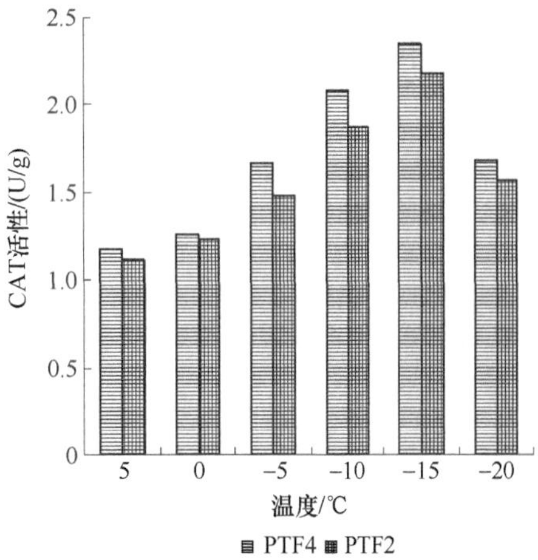

图 15-62　低温胁迫下‘豫杂一号’泡桐 CAT 活性变化

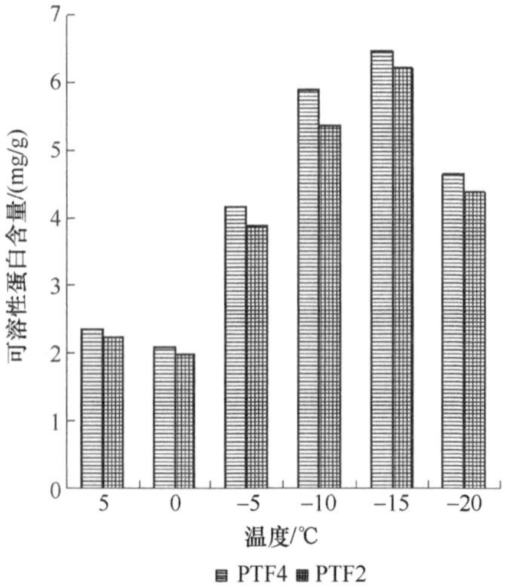

图 15-63　低温胁迫‘豫杂一号’泡桐可溶性蛋白变化

表 15-11　5 种四倍体泡桐与二倍体泡桐抗寒性综合评判

组合	可溶性糖	电导率	MDA 含量	SOD 活性	可溶性蛋白	脯氨酸含量	POD 活性	CAT 活性	综合评判	排序
PT4	0.1248	0.0941	0.0000	0.1349	0.1262	0.1284	0.1279	0.1254	0.8621	1
PT2	0.0883	0.0458	0.0123	0.0728	0.0347	0.0995	0.0702	0.0488	0.4723	5
PTF4	0.0767	0.1154	0.0672	0.0899	0.0505	0.1092	0.0789	0.0976	0.6856	2
PTF2	0.0767	0.0345	0.0974	0.0451	0.0094	0.0353	0.0000	0.0383	0.3368	8
PE4	0.0615	0.0806	0.0878	0.0685	0.0347	0.0963	0.0353	0.0767	0.5415	4
PE2	0.0401	0.0616	0.1042	0.0311	0.0063	0.0578	0.0268	0.0314	0.3593	7
PA4	0.0517	0.0418	0.1166	0.0471	0.0205	0.0385	0.0212	0.0488	0.3862	6
PA2	0.0000	0.0000	0.0727	0.0000	0.0000	0.0000	0.0131	0.0000	0.0858	10
PF4	0.0937	0.0580	0.0962	0.0793	0.0458	0.0899	0.0514	0.1115	0.6255	3
PF2	0.0143	0.0287	0.0991	0.0049	0.0205	0.0546	0.0152	0.0383	0.2756	9

三、四倍体泡桐的抗旱性

受非生物胁迫的影响，自然界中多数植物都会在其形态和生理生化等方面发生相应变化以适应生存环境。研究发现，在干旱胁迫条件下，植物叶片的相对含水量越大，叶片发生萎蔫的可能性越小，其抗旱能力也就越强。而植物品种的抗旱性与其细胞内的脯氨酸和可溶性糖含量及可溶性蛋白含量等生理指标密切相关。脯氨酸和可溶性糖含量越高、同时能够产生较多的可溶性蛋白或转化产生的可溶性蛋白含量越多、丙二醛含量越低、SOD 酶的活性较强，便越能够促使细胞维持较低的渗透势，进而起到阻止细胞膜解离、增强细胞保水能力和稳定细胞结构的作用，其抗旱能力也就越强。

（一）干旱胁迫对四倍体泡桐叶片可溶性糖含量和脯氨酸含量的影响

对干旱胁迫条件下的四倍体泡桐叶片的可溶性糖含量和脯氨酸含量进行分析，结果如图 15-64 和图 15-65 所示，在土壤不同相对含水量条件下 4 种四倍体泡桐叶片的可溶性糖和脯氨酸含量均高于其对应的二倍体，同时，随土壤干旱胁迫程度的增强而逐步增高。其中，可溶性糖含量在土壤相对含水量 25%条件下最大的为 PT4=0.65mg/g，最小为 PF2=0.57mg/g；脯氨酸含量最高的为 PTF4=123.4μg/g，最低为 PT2=112.9μg/g。根据上述结果可以看出四倍体泡桐的抗旱性高于其对应的二倍体。

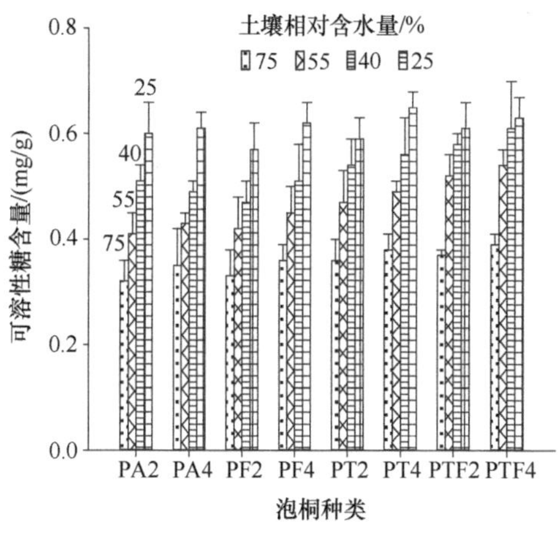

图 15-64　干旱胁迫下叶片可溶性糖含量的变化

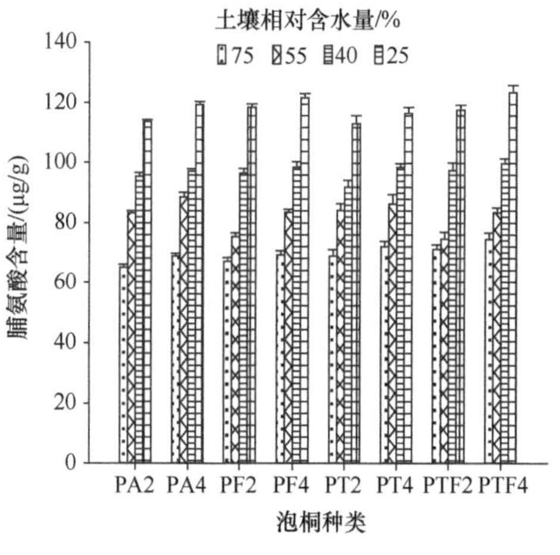

图 15-65　干旱胁迫下叶片脯氨酸含量的变化

（二）干旱胁迫对四倍体泡桐叶片叶绿素含量和相对含水量的影响

对 4 种泡桐的叶片相对含水量和叶绿素含量进行分析，结果如图 15-66 和图 15-67 所示。总体来看，南方泡桐（PA）、白花泡桐（PF）、毛泡桐（PT）、‘豫杂一号’（PTF）4 种四倍体泡桐叶片相对含水量和叶绿素含量都随土壤相对含水量的减少而逐渐下降，且在土壤不同相对含水量条件下均大于其对应的二倍体泡桐。就相对含水量而言，在土壤相对含水量为 25%的条件下，PA2、PA4、PF2、PF4、PT2、PT4、PTF2 和 PTF4 的叶片相对含水量比 CK 分别减少了 18.20%、17.55%、15.14%、16.91%、15.71%、14.89%、13.25%和 12.23%。由此可以看出，除 PF2 和 PF4 外，其余三种泡桐的四倍体叶片相对含水量减少的均小于其对应的二倍体，表明这些品种的四倍体的保水能力高于其对应的二倍体。其次就叶绿素含量而言，4 种四倍体泡桐叶片的含量均大于其对应的二倍体，也表明四倍体泡桐相对于其对应的二倍体在干旱胁迫条件下具有较好的适用能力。最后，将 4 种四倍体和二倍体泡桐的两项指标汇总来看，在土壤相对含水量为 25%时，PT4 的叶片含水量最高，为 75.56%，PF2 的叶片含水量最低，为 72.21%；PTF4 叶绿素含量最高，为 3.61mg/g，PF2 叶片叶绿素含量最低，为 2.92mg/g，可以看出四倍体泡桐的抗旱能力最强，二倍体 PF2 的抗旱能力最弱。

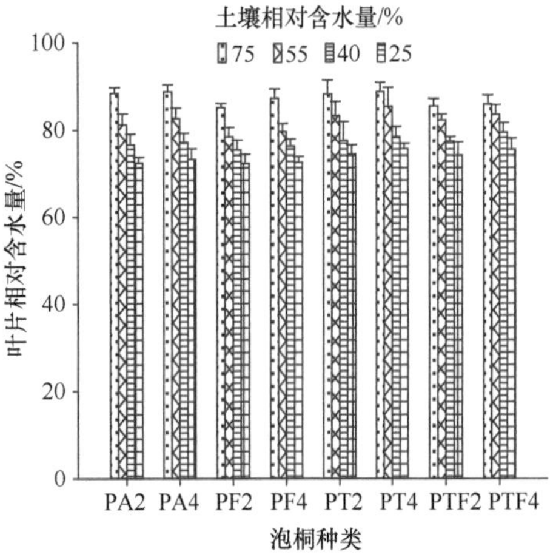

图 15-66　干旱胁迫下叶片相对含水量的变化

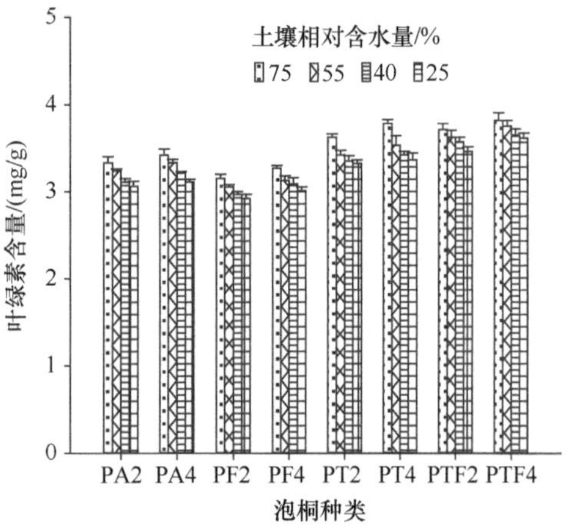

图 15-67　干旱胁迫下叶片叶绿素含量的变化

（三）干旱胁迫对四倍体泡桐叶片丙二醛含量和相对电导率的影响

在对 4 种泡桐干旱胁迫条件下叶片丙二醛含量和相对电导率变化的分析中，发现 4 种泡桐叶片丙二醛含量和相对电导率均随土壤干旱胁迫程度的加重而逐渐增加且四倍体泡桐叶片丙二醛含量和相对电导率在不同土壤相对含水量条件下均小于其二倍体（图 15-68 和图 15-69）。其中，在重度干旱条件下，PTF2 的丙二醛含量最高，为 6.72μmol/g，PA4 的丙二醛最低，为 6.49μmol/g；PT4 的相对电导率最小，为 33.57%，PA2 的相对电导率最大，为 43.27%，亦表明四倍体泡桐具有较好的抗旱能力。

（四）干旱胁迫对四倍体泡桐叶片 SOD 活性和可溶性蛋白含量的影响

从图 15-70 和图 15-71 中可以看出干旱胁迫条件对 4 种不同倍性泡桐叶片 SOD 活性和可溶性蛋白含量的影响。总体而言，四倍体泡桐及其二倍体泡桐叶片 SOD 活性和可溶性蛋白含量均随土壤相对含水量下降呈现先升高后下降的变化趋势且 4 种四倍体泡桐叶片 SOD 活性和可溶性蛋白含量在不同土壤相对含水量条件下也均分别大于其对应的二倍体。其中，在土壤相对含水量为 25%的条件下，PT4 的 SOD 活性最高，为 192.4U/g，PA2 的 SOD 活性最低，为 160.8U/g；PT4 的叶片可溶性蛋白含量最高，为 5.34mg/g，PA2 的叶片可溶性蛋白含量最低，为 4.65mg/g，可以看出 PA2 的抗旱能力最弱。

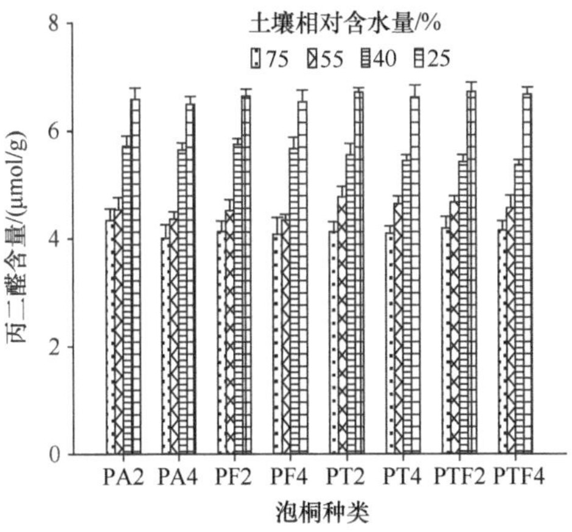

图 15-68　干旱胁迫下叶片丙二醛含量的变化

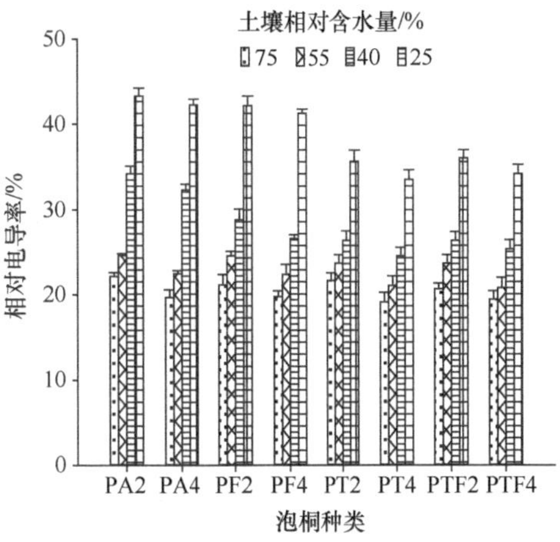

图 15-69　干旱胁迫下相对电导率的变化

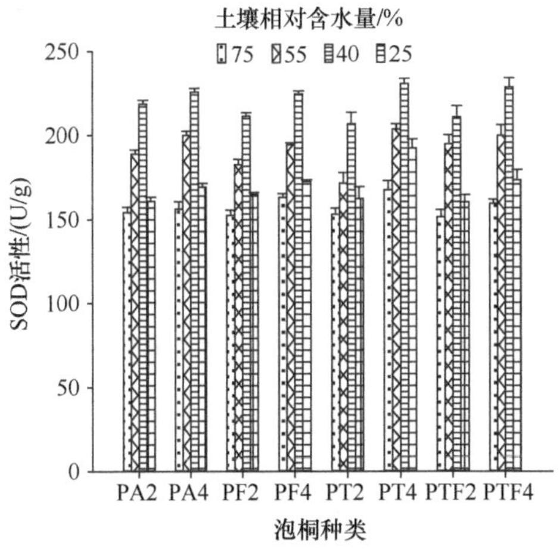

图 15-70　干旱胁迫下叶片 SOD 活性的变化

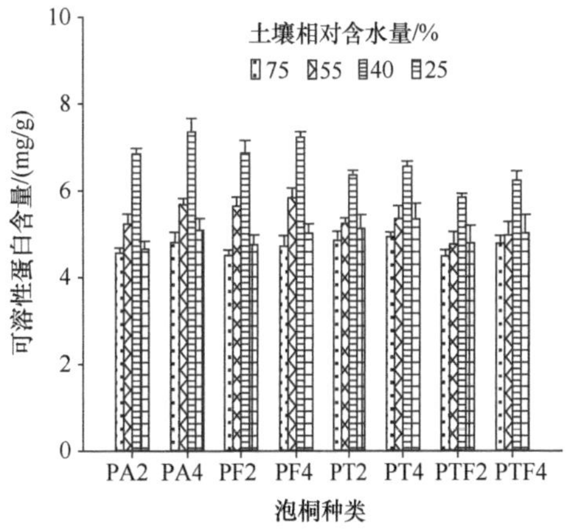

图 15-71　干旱胁迫下叶片可溶性蛋白含量的变化

（五）四倍体泡桐抗旱性的综合评价

在土壤相对含水量为 25%的条件下，对 4 种不同倍性泡桐的叶片可溶性糖、相对含水量、相对电导率、叶绿素含量等 8 项生理指标进行模糊隶属函数分析并进行综合评价，结果如表 15-12 所示。由表可见，4 种泡桐的四倍体的抗旱性均强于其对应的二倍性，抗旱性由大到小顺序为 PT4＞PTF4＞PA4＞PF4＞PT2＞PTF2＞PA2＞PF2，其中，抗旱性最强的是 PT4，抗旱性最弱的是 PF2。

表 15-12　四倍体及其二倍体泡桐抗旱性的综合评价

种类	相对含水量	相对电导率	超氧化物歧化酶	可溶性蛋白	脯氨酸	可溶性糖	叶绿素含量	丙二醛	隶属函数均值	排序
PA2	0.0047	0.0000	0.0022	0.0000	0.0047	0.0493	0.0263	0.0921	0.0224	7
PA4	0.0327	0.0132	0.0396	0.0769	0.0505	0.0658	0.0357	0.1513	0.0582	3
PF2	0.0000	0.0147	0.0200	0.0175	0.0435	0.0000	0.0000	0.0526	0.0185	8
PF4	0.0095	0.0266	0.0538	0.0629	0.0684	0.0822	0.0169	0.1250	0.0557	4
PT2	0.0732	0.1015	0.0093	0.0822	0.0000	0.0658	0.0752	0.0066	0.0517	5
PT4	0.1131	0.1296	0.1427	0.1206	0.0280	0.1315	0.0827	0.0658	0.1017	1
PTF2	0.0651	0.0963	0.0000	0.0245	0.0365	0.0329	0.1015	0.0000	0.0446	6
PTF4	0.1073	0.1205	0.0591	0.0629	0.0816	0.0987	0.1297	0.0329	0.0866	2

四、四倍体泡桐的耐盐性

植物的生长发育受盐胁迫影响，在盐胁迫条件下细胞膜透性、抗氧化酶活性和渗透调节物含量及MDA 发生变化。具体表现为在高强度盐胁迫条件下，植物细胞内自由基产生与消除的平衡遭到破坏，膜脂过氧化作用增强，膜结构破坏，进而导致MDA 含量和相对电导率升高，含水量和叶绿素含量下降，最终引起植物死亡。为维持正常的植物生命活动，在盐胁迫条件下，植物会通过提高细胞内脯氨酸、可溶性糖、可溶性蛋白含量及SOD 活性来保持较低的渗透势，维持正常的生理代谢活动，进而减轻盐胁迫对细胞的伤害。

（一）盐胁迫处理对四倍体泡桐叶片可溶性糖和脯氨酸含量的影响

首先对盐胁迫条件下4 种不同倍性泡桐的叶片可溶性糖和脯氨酸含量进行检测，结果如图15-72 和图15-73 所示，4 种四倍体泡桐的可溶性糖及脯氨酸含量在相同的NaCl 浓度下均大于其对应的二倍体，且随着NaCl 处理浓度增大，不同倍性的泡桐的叶片可溶性糖含量和脯氨酸含量都逐渐升高。其中，在NaCl 浓度为0.6%时可溶性糖和脯氨酸含量最高的都是PT4，分别是0.69mg/g 和119.7μg/g，最小的都是PF2，分别是0.61mg/g 和99.7μg/g。

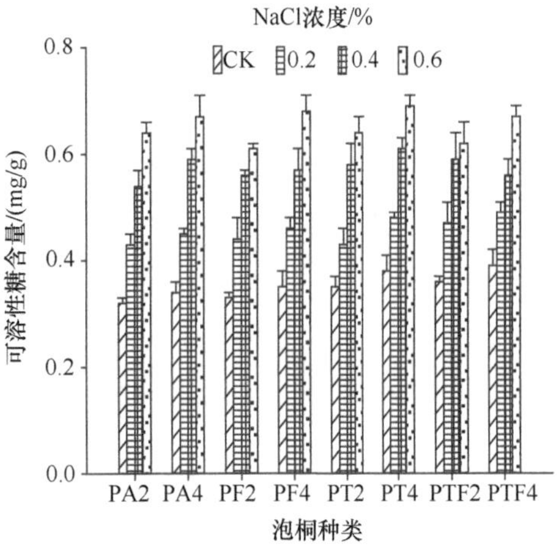

图15-72　盐胁迫下叶片可溶性糖含量的变化

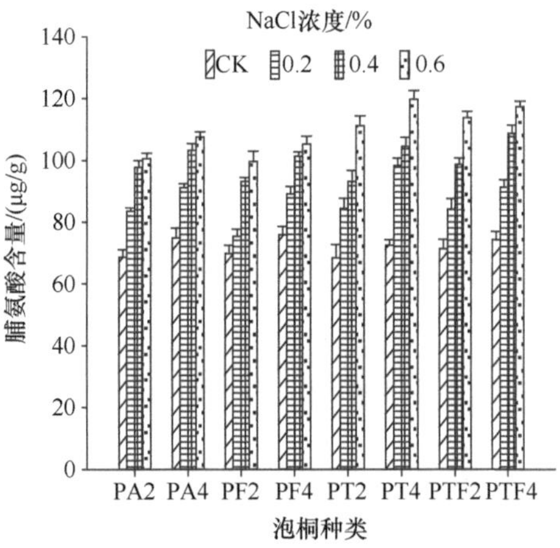

图15-73　盐胁迫下叶片脯氨酸含量的变化

（二）盐胁迫处理对四倍体泡桐叶片叶绿素含量和相对含水量的影响

图15-74 和图15-75 为4 种不同倍性泡桐的叶片在不同NaCl 浓度处理下相对含水量和叶绿素含量的测定结果，发现在不同处理浓度下，四倍体的叶片相对含水量和叶绿素含量均大于其对应的二倍体，同时随处理浓度的不断增加，4 种不同倍性的泡桐叶片相对含水量和叶绿素含量都呈现逐渐降低的变化趋势。其中在NaCl 处理浓度为0.6%时，叶片相对含水量和叶绿素含量最大的分别为PT4=75.17%和PTF4=3.17mg/g，最小的为PF2，分别为72.89%和2.61mg/g。

（三）盐胁迫处理对四倍体泡桐叶片丙二醛含量和相对电导率的影响

图15-76 和图15-77 为4 种不同倍性泡桐叶片的相对电导率和丙二醛含量受NaCl 处理的影响结果图，结果表明4 种四倍体泡桐叶片的相对电导率和丙二醛含量均小于其对应的二倍体，同时随着NaCl 浓度的增大，4 种不同倍性泡桐的相对电导率和丙二醛含量均呈现逐渐增大的变化趋势。其中在NaCl 浓度为0.6%时，叶片相对电导率最大的是PF2，为49.23%，最小的是PT4，为37.83%，丙二醛含量最大的分别是PA2，

为 7.24μmol/g，最小的是 PTF4，为 7.02μmol/g。由于丙二醛含量越大，细胞膜的过氧化伤害性越大，抗盐能力越弱，所以可以看出四倍体泡桐的耐盐胁迫能力强于二倍体。

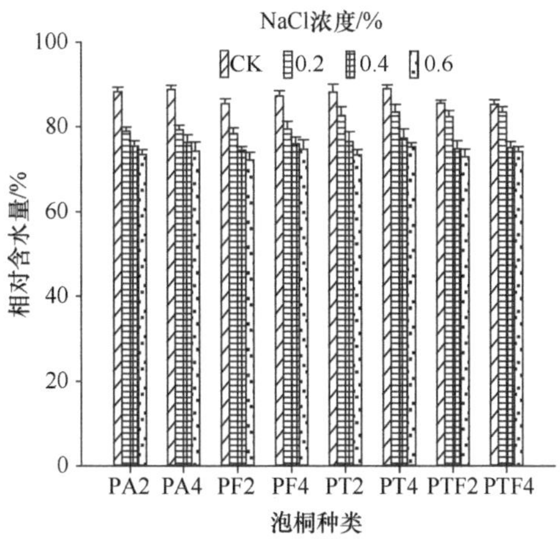

图 15-74　盐胁迫下叶片相对含水量的变化

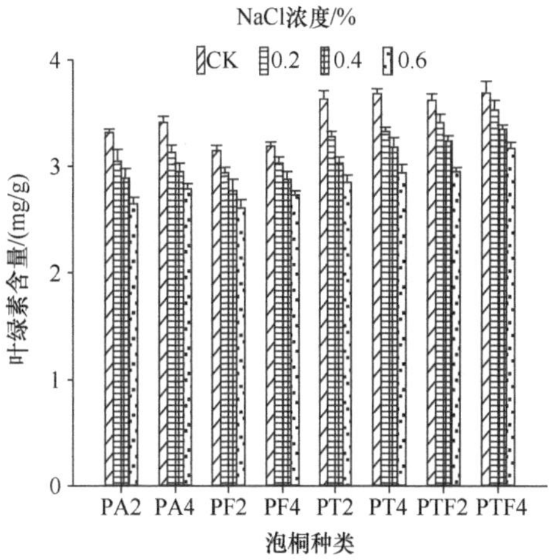

图 15-75　盐胁迫下叶片叶绿素含量的变化

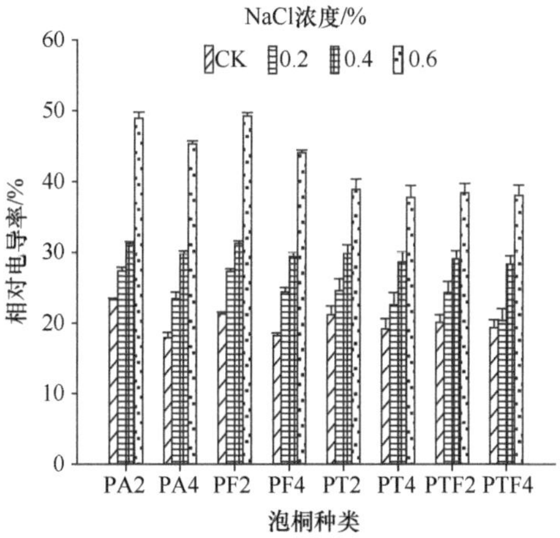

图 15-76　盐胁迫下叶片相对电导率的变化

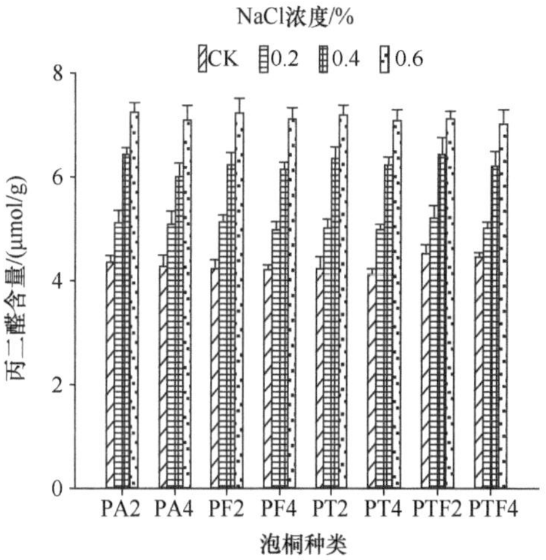

图 15-77　盐胁迫下叶片丙二醛含量的变化

（四）盐胁迫处理对四倍体泡桐叶 SOD 活性和可溶性蛋白含量的影响

由图 15-78 和图 15-79 关于 4 种不同倍性泡桐叶片 SOD 活性和可溶性蛋白含量受 NaCl 浓度影响的结果可以看出，在不同 NaCl 浓度处理下，四倍体泡桐叶片 SOD 活性和可溶性蛋白含量均大于其对应的二倍体，同时随 NaCl 浓度增加 4 种不同倍性泡桐叶片 SOD 活性和可溶性蛋白含量都呈现先升后降的变化趋势。其中，当 NaCl 浓度为 0.4%时，4 种不同倍性泡桐叶片 SOD 活性和可溶性蛋白含量上升幅度较大，SOD 活性增幅最大的是 PTF4，为 80.08%，可溶性蛋白质含量增幅最大为 PF4，为 56.11%。

（五）四倍体泡桐耐盐性的综合评价

使用 NaCl 处理浓度为 0.6%时的 4 种不同倍性的泡桐叶片的可溶性脯氨酸、可溶性糖、可溶性蛋白含量、质膜相对透性和 SOD 酶活性等 8 项指标的测定结果进行模糊隶属函数分析并汇总生成表 15-13，根据该表对 4 种泡桐耐盐性进行综合评价。结果显示，4 种不同倍性泡桐的耐盐性由强到弱的顺序为 PT4＞PTF4＞PF4＞PA4＞PTF2＞PT2＞PA2＞PF2，可以看出，四倍体泡桐的耐盐性均大于其对应的二倍体，

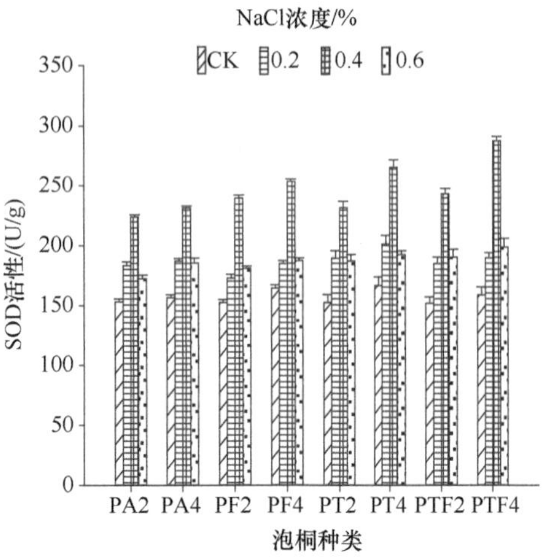

图 15-78 盐胁迫下叶片 SOD 活性的变化

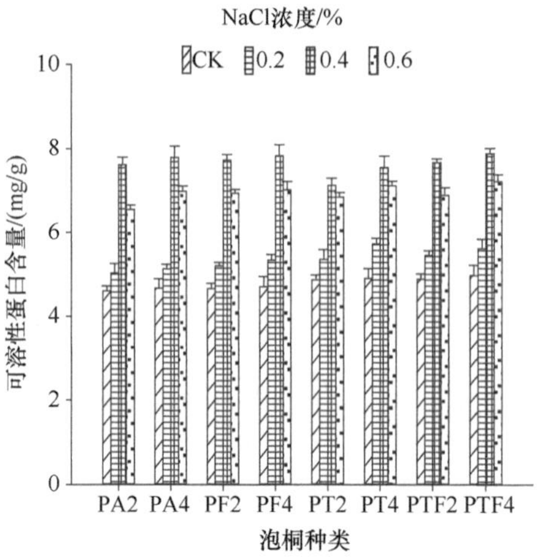

图 15-79 盐胁迫下叶片可溶性蛋白含量的变化

其中耐盐能力最强的为 PT4，耐盐能力最弱的为 PF2。分析四倍体抗盐能力强的原因，推测可能与四倍体泡桐的基因剂量效应和核质不平衡及与四倍体泡桐核 DNA 发生表观遗传变化有关，但也不排除可能与四倍体泡桐叶片结构的特殊性的联系。

表 15-13 四倍体及其二倍体泡桐耐盐性综合评价

种类	相对含水量	相对电导率	超氧化物歧化酶	可溶性蛋白	脯氨酸	可溶性糖	叶绿素含量	丙二醛	隶属函数均值	排序
PA2	0.0729	0.0033	0.0000	0.0000	0.0049	0.0681	0.0093	0.0000	0.0198	7
PA4	0.1231	0.0441	0.0582	0.0405	0.0425	0.1362	0.0417	0.0612	0.0684	4
PF2	0.0000	0.0000	0.0395	0.0359	0.0000	0.0000	0.0000	0.0041	0.0099	8
PF4	0.1482	0.0582	0.0670	0.0433	0.0305	0.1590	0.0278	0.0531	0.0734	3
PT2	0.0663	0.1168	0.0661	0.0276	0.0626	0.0681	0.0557	0.0204	0.0605	6
PT4	0.1793	0.1298	0.0892	0.0525	0.1089	0.1817	0.0765	0.0653	0.1104	1
PTF2	0.0430	0.1227	0.0794	0.0322	0.0762	0.0227	0.0789	0.0490	0.0630	5
PTF4	0.1147	0.1265	0.1172	0.0635	0.0959	0.1362	0.1299	0.0898	0.1092	2

五、四倍体泡桐木材理化特性

（一）四倍体泡桐木材物理力学性能

在对四倍体木材理化性质的分析部分，选用不同倍性的白花泡桐为研究对象，首先对其主要物理力学性能进行测试，结果如表 15-14 所示：四倍体白花泡桐的各项物理力学性能指标均优于其二倍体木材，其中四倍体木材的顺纹抗拉强度、抗弯强度、抗弯弹性模量、硬度和顺纹抗压强度分别比二倍体木材增大了 38.90%、26.13%、32.50%、18.36%和 17.28%。

表 15-14 两种泡桐物理力学性质的比较

试材	顺纹抗拉强度/MPa	抗弯强度/MPa	抗弯弹性模量/MPa	硬度/N	顺纹抗压强度/MPa
白花泡桐四倍体	50.17	40.30	3946.25	2034.67	19.95
白花泡桐二倍体	36.12	31.95	2978.33	1719.00	17.01

（二）四倍体泡桐木材化学性质

进一步通过冷水和热水抽提物、木质素、纤维素、半纤维素含量等指标对 5 种四倍体泡桐及对照组的化学性质进行测定，结果如表 15-15 所示：冷水和热水抽提物最大的均为 PT4，最小的为 PTF4；1%NaOH 抽提物最大的为 PT4，最小的为 PTF4；木质素含量最高的为 CK，最低的为 PTF4，从大到小为 CK＞PA4＞PT4＞PE4＞PF4＞PTF4；纤维素含量最高的为 PE4，最低的为 PA4，从大到小为 PE4＞PT4＞ PTF4＞PF4＞CK＞PA4 且含量均大于 40%，说明从纤维素含量角度而言可以用于造纸；半纤维素含量最高为 PT4，最低为 PA4。

表 15-15　四倍体泡桐木材化学性质的变化

处理	冷水抽提/%	热水抽提/%	1%NaOH 抽提/%	木质素/%	纤维素/%	半纤维素/%
PA4	8.89±0.03c	9.61±0.13c	24.55±0.10c	18.39±0.13b	43.72±0.15c	25.54±0.21c
PTF4	8.57±0.03c	8.78±0.11d	23.21±0.15d	13.45±0.17f	45.0±15.21b	26.89±0.09b
PE4	10.94±0.04a	11.35±0.16a	25.43±0.22b	15.43±0.22d	47.56±0.14a	26.83±0.11b
PT4	11.01±0.02a	11.52±0.13a	26.04±0.14a	16.87±0.21c	46.73±0.17a	28.49±0.06a
PF4	8.76±0.04c	9.45±0.16c	24.47±0.16c	14.81±0.15e	44.86±0.12b	28.41±0.07a
CK	9.85±0.02b	10.32±0.16b	24.65±0.13c	19.04±0.17a	44.84±0.18b	26.87±0.09b

注：同列不同小写字母表示两者之间差异显著，下同

（三）四倍体泡桐木材的白度和基本密度

对 5 种四倍体泡桐和对照二倍体泡桐的木材白度和基本密度进行检测的结果如表 15-16 所示。其中，白度最高的为 PTF4，最低的为 PT4，由高到低的排序为 PTF4＞PF4＞PA4＞PTF2＞PE4＞PT4，分别为 42.01、39.06、38.35、37.17、36.62 和 35.51。基本密度最大的为四倍体‘豫杂一号’泡桐，为 0.243g/cm^3，最小为二倍体‘豫杂一号’泡桐，为 0.223g/cm^3，四倍体白花泡桐、四倍体毛泡桐、四倍体南方泡桐、四倍体兰考泡桐的基本密度分别为 0.240g/cm^3、0.238g/cm^3、0.225g/cm^3 和 0.231g/cm^3，可以看出四倍体泡桐木材在基本密度方面四倍体泡桐大于对照的二倍体泡桐。

表 15-16　四倍体泡桐基本密度和白度

项目	PA4	PF4	PTF4	PE4	PT4	PTF2
基本密度/(g/cm^3)	0.225±0.04	0.240±0.01	0.243±0.04	0.231±0.02	0.238±0.03	0.223±0.02
白度	38.35±0.22	39.06±0.16	42.01±0.19	36.62±0.21	35.51±0.09	37.17±0.12

（四）四倍体泡桐木材的干缩性

烘干后四倍体泡桐的干缩情况如表 15-17 所示，可以看出四倍体泡桐的弦向、纵向、径向和体积干缩性均小于对照：弦向干缩性排序为 CK＞PA4＞PTF4＞PE4＞PF4＞PT4；纵向干缩性排序为 CK＞PA4＞PTF4＞PE4＞PT4＞PF4；径向干缩性排序为 CK＞PA4＞PTF4＞PE4＞PF4＞PT4；体积干缩性排序为 CK＞PA4＞PTF4＞PF4＞PT4＞PE4。总体来看，四倍体与一般木材的干缩性特征一致，弦向干缩率最大，纵向干缩率最小，径向干缩率介于二者之间。

表 15-17　四倍体泡桐干缩比较

处理	弦向/%	纵向/%	径向/%	体积/%
PA4	2.83±0.08b	2.63±0.09a	2.78±0.17a	2.61±0.13b
PTF4	2.64±0.04c	1.73±0.09b	2.36±0.18b	2.21±0.08c
PE4	2.43±0.13d	1.61±0.02c	2.24±0.16c	1.84±0.11e
PT4	2.15±0.25e	1.58±0.11c	1.89±0.17d	2.02±0.27d
PF4	2.20±0.10e	1.42±0.15d	2.17±0.12c	2.07±0.14d
CK	3.02±0.08a	2.72±0.26a	2.87±0.20a	2.67±0.16a

第二节　四倍体泡桐优良特性的分子机理

一、四倍体泡桐 SSR 和 AFLP 分析

（一）建立泡桐 SSR 分子标记体系

1. 确定 dNTP（脱氧核糖核苷三磷酸）浓度

如图 15-80 所示，不同的 dNTP 浓度明显影响了四倍体泡桐的 SSR 扩增产物量。在泳道 1～4，dNTP 浓度依次为 0.025mmol/L、0.100mmol/L、0.200mmol/L 和 0.300mmol/L。虽然这 4 个泳道对应的 4 个浓度电泳均出现了谱带，但不同 dNTP 浓度扩增谱带的亮度强度不同。具体表现为，0.100mmol/L 亮度最强，0.200mmol/L 次之，0.025mmol/L 亮度较弱，0.300mmol/L 最弱。随着 dNTP 浓度增大到 0.400mmol/L（泳道 5）和 0.500mmol/L（泳道 6）时，没有出现谱带。在 6 个 dNTP 浓度中，SSR 扩增的最清晰谱带出现在 0.100mmol/L，因此将四倍体泡桐 SSR 扩增的最适浓度确定为 0.100mmol/L。另外，dNTP 浓度过低或者过高均不利于改善四倍体泡桐 SSR 的扩增效果。

2. 确定引物浓度

引物浓度的不同会对四倍体泡桐 SSR 扩增产物量造成影响（图 15-81）。当引物浓度较高为 0.50μmol/L 和 0.70μmol/L 时（泳道 5 和泳道 6），SSR 扩增出的谱带明显，但是扩增产物量过剩，出现弥散现象。当引物浓度为 0.05μmol/L 时（泳道 1），引物浓度较低，谱带亮度过低。因此，过低或过高的引物浓度均对 SSR 扩增产生不良影响。经分析，将 0.30μmol/L 作为四倍体泡桐 SSR 扩增的适宜引物浓度。

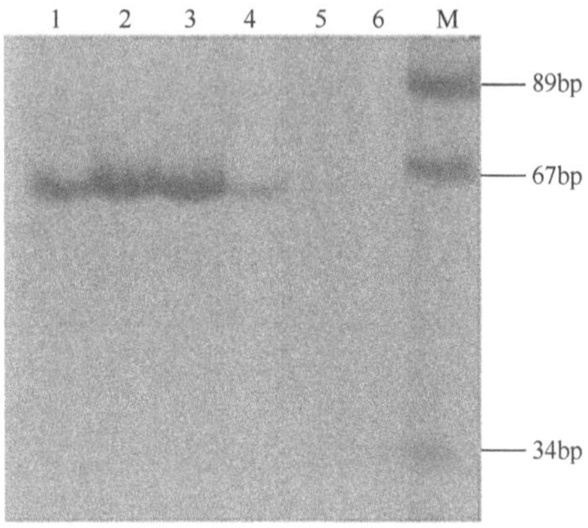

图 14-80　dNTP 浓度对 SSR 扩增的影响

1. 0.025mmol/L；2. 0.1mmol/L；3. 0.2mmol/L；4. 0.3mmol/L；5. 0.4mmol/L；6. 0.5mmol/L；M. marker

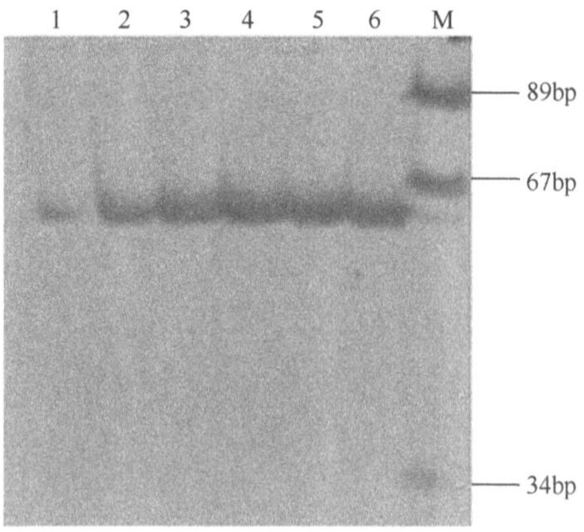

图 15-81　不同引物浓度对 SSR 扩增的影响

1. 0.05μmol/L；2. 0.2μmol/L；3. 0.3μmol/L；4. 0.4μmol/L；5. 0.5μmol/L；6. 0.7μmol/L；M. marker

3. 确定 *Taq* 酶（从水生栖热菌中分离出的具有热稳定性的 DNA 聚合酶）量

图 15-82 显示了不同 *Taq* 酶量对四倍体泡桐 SSR 扩增结果的影响，可以发现当 *Taq* 酶量为 6.25×10^{-3}U/μL 时（泳道 1），扩增的谱带亮度过低，随着 *Taq* 酶量不断增大，扩增的谱带清晰度与亮度均增强。当 *Taq* 酶量增大到 2.5×10^{-2}U/μL 和 3.125×10^{-2}U/μL 时（泳道 3 和泳道 4），扩增的谱带清晰度与亮度明显强于 *Taq* 酶量为 6.25×10^{-3}U/μL 和 1.25×10^{-2}U/μL 时（泳道 1 和泳道 2）。也即是随着 *Taq* 酶量的不断增加，四倍体泡桐 SSR 的扩增产物量也在逐渐增大。然而，随着 *Taq* 酶量进一步增大到 4.375×10^{-2}U/μL 时（泳

道 6)，弥散现象出现在扩增的谱带上。在四倍体泡桐 SSR 扩增体系中，考虑采用最少的 *Taq* 酶量获取最佳扩增结果。基于此，将四倍体泡桐 SSR 扩增体系的最优 *Taq* 酶量确定为 0.025U/μL。

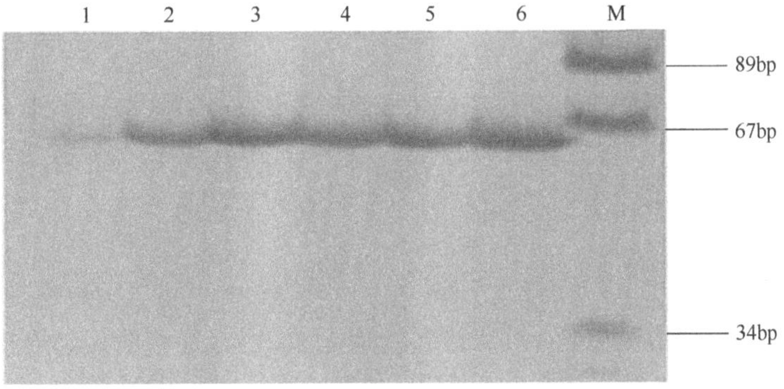

图 15-82　不同 *Taq* 酶用量对 SSR 扩增的影响

1. 6.25×10^{-3}U/μL；2. 1.25×10^{-2}U/μL；3. 2.5×10^{-2}U/μL；4. 3.125×10^{-2}U/μL；5. 3.75×10^{-2}U/μL；6. 4.375×10^{-2}U/μL；M. marker

4. 确定退火温度

如图 15-83 所示，退火温度对四倍体泡桐 SSR 的扩增产物量的影响明显。当退火温度较低时（泳道 1，45℃），谱带亮度较弱。随着退火温度升高至 47℃、50℃、53℃、55℃时（泳道 2～泳道 5），四倍体泡桐 SSR 的扩增产物条带明显。然而，随着退火温度进一步上升到 57℃时（泳道 6），四倍体泡桐 SSR 的扩增产物条带明显减弱。即在一定温度范围内，随着退火温度的逐渐升高，四倍体泡桐 SSR 扩增产物量逐渐增大。但是当退火温度达到一定程度时，随着退火温度升高，四倍体泡桐 SSR 扩增产物量逐渐下降。图 15-83 表明，当退火温度设定为 53℃时（泳道 4），四倍体泡桐 SSR 扩增产物的电泳条带亮度最强。由此，将四倍体泡桐 SSR 扩增的最适退火温度设定为 53℃。

5. 确定泡桐 DNA 浓度

图 15-84 表明了泡桐 DNA 浓度对四倍体泡桐 SSR 扩增结果的影响。虽然四倍体泡桐 DNA 浓度从 0.050ng/μL 增大到 0.250ng/μL，但是 SSR 扩增的谱带亮度没有明显的差别。这一结果表明，当泡桐 DNA 浓度在一定范围内变化时，四倍体泡桐 SSR 扩增效果变化不显著。由此，综合考虑节省模板用量和扩增产物的稳定性等因素，将 0.050ng/μL 作为泡桐 SSR 扩增的最适 DNA 模板浓度。

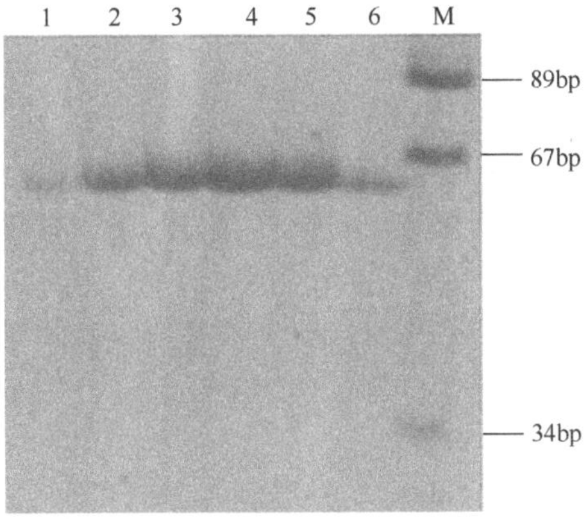

图 15-83　退火温度对 SSR 扩增的影响

1. 45℃；2. 47℃；3. 50℃；4. 53℃；5. 55℃；6. 57℃；M. marker

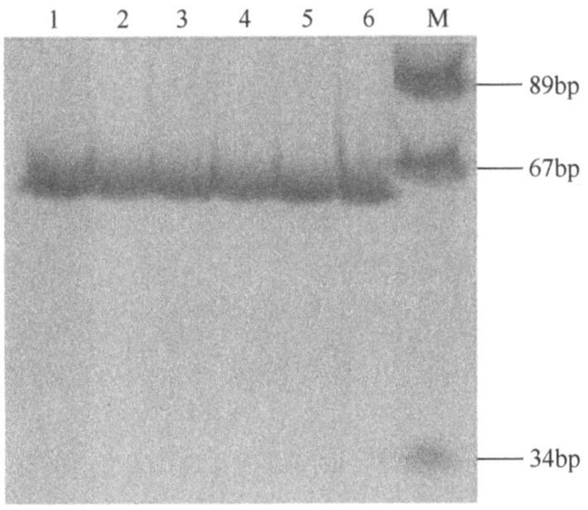

图 15-84　不同模板用量对 SSR 扩增的影响

1. 0.025ng/μL；2. 0.05ng/μL；3. 0.075ng/μL；4. 0.1ng/μL；5. 0.15ng/μL；6. 0.25ng/μL；M. marker

（二）建立泡桐 AFLP 分子标记体系

1. 优化 AFLP 连接反应体系

在四倍体泡桐 AFLP 连接反应体系中，连接时间影响较大。将连接时间分别设置为 4h、8h 和过夜连接。在完成反应后，将预扩增结果进行检测。发现预扩增反应的扩增量受到连接反应时间的影响。也即是随着连接时间增加，预扩增产物量也在增加。另外，在接头用量和 T4 连接酶方面，2U 的 T4 连接酶量和 0.5μL 的接头用量较合适。

2. 优化 AFLP 酶切反应体系

如图 15-85 所示，加入 200～700ng 的四倍体泡桐 DNA 时，经过酶切、连接、预扩增和选择性扩增后，在 2%的琼脂糖凝胶上进行电泳检测，都在 400bp 左右较为明亮，也都获得了清楚的扩增带。另外，不同 DNA 浓度的扩增条带均在 100～650bp。之后采用 6%聚丙酰胺变性胶进行电泳，结果显示不同 DNA 浓度的电泳条带清晰度差别不显著，条带多寡的变化也不明显。采用 500ng 的模板 DNA 进行酶切处理，酶切处理时间分别为 2h、3h、5h、7h 和 9h。结果发现，虽然酶切处理的时间不同，但是都可以完全切开 DNA 片段，并且差别不显著（图 15-86）。综合考虑 AFLP 的酶切反应体系，确定酶切处理时间为 3h。

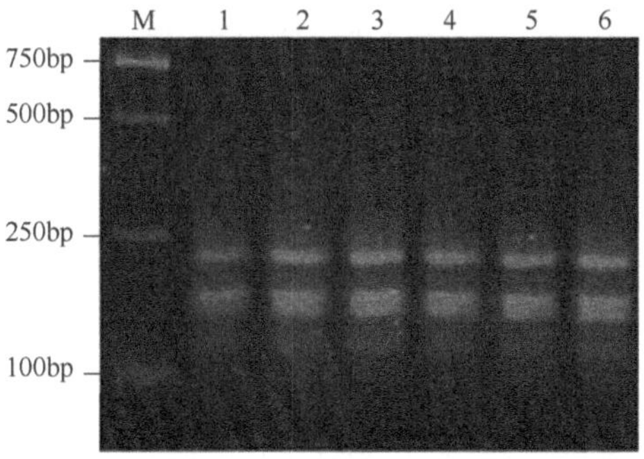

图 15-85　DNA 浓度对选择性扩增结果的影响

M. marker；1. 200ng；2. 300ng；3. 400ng；4. 500ng；5. 600ng；6. 700ng

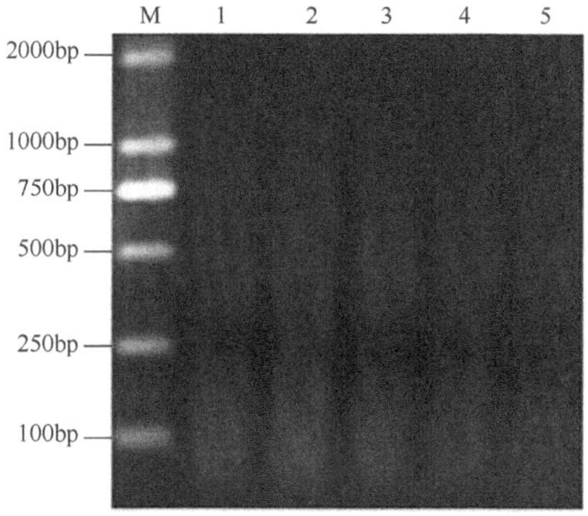

图 15-86　不同时间酶切的琼脂糖凝胶电泳

M. marker；1. 2h；2. 3h；3. 5h；4. 7h；5. 9h

3. 筛选 AFLP 反应选择性扩增引物

不用的引物对于 AFLP 反应体系 DNA 模板的结合能力是不同的，而且将进一步导致扩增产物片段的紧密度、分布、长度产生变化，所以在进行泡桐 AFLP 分析的过程中需要筛选引物组合。在泡桐的 AFLP 反应选择性扩增引物的研究中，采用 3 个选择性碱基作为选择性扩增引物。筛选 64 对引物组合需利用二倍体‘豫杂一号’DNA 样品。通过对最终聚丙烯酰胺凝胶上条带所反映的重复性、数目及清晰度情况，选出 96 对引物组合。图 15-87 展示了 46 对引物扩增结果的聚丙烯酰胺凝胶电泳结果。

4. 优化 AFLP 选择性扩增反应体系

如图 15-88 所示，AFLP 选择性扩增反应体系中 *Taq* 酶用量优化结果分布在泳道 1～4 中。*Taq* 酶用量结果表明，当 *Taq* 酶的浓度较低时（泳道 4），扩增产物量较少。随着 *Taq* 酶浓度逐渐升高，扩增产物量逐渐增加，当 *Taq* 酶浓度升高到 2U 时，扩增产物量迅速增加。基于此，在四倍体泡桐 AFLP 选择性扩增

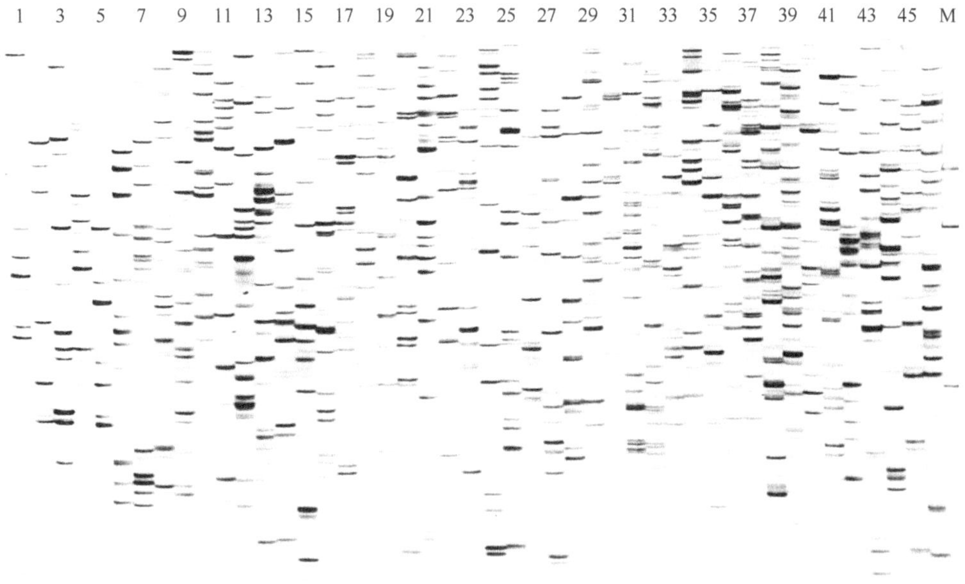

图 15-87 46 对引物的 AFLP 选择性扩增图

1～5. P2/M22、23、25、28、32；6～23. P5/M5、9、13、15、16、30、34、36、41、45、46、48、49、52、55、59、60、61；23～27. P8 /M21、33、52、57；28. P63/M63；29. P64/M64；30～46. P1/ M1、2、3、4、11、12、13、14、15、16、19、21、22、23、25、30、31；M. marker。P. 内切酶 *Pst* Ⅰ，P 后面的数字代表内切酶 *Pst* Ⅰ+NNN（选择性碱基）的不同编号；M. 内切酶 *Mse* Ⅰ，M 后面的数字代表内切酶 *Mse* Ⅰ+NNN（选择性碱基）的不同编号；P1/M1 表示 *Pst* Ⅰ1 与 *Mse* Ⅰ1 的选择性引物组合，P2/M22 表示 *Pst* Ⅰ2 与 *Mse* Ⅰ22 的选择性引物组合，以此类推

反应体系中确定 *Taq* 酶用量为 2U。在 AFLP 选择性扩增反应体系中，dNTP 用量优化试验结果如图 15-89 所示（泳道 1～4）。当 dNTP 浓度为 100μmol/L 和 200μmol/L 时（泳道 3 和泳道 4），产物量较多。随着 dNTP 浓度增大，当 dNTP 浓度大于 200μmol/L 时（泳道 1 和泳道 2），AFLP 选择性扩增反应体系中产物量减少。相关结果表明 dNTP 用量影响四倍体泡桐 AFLP 选择性扩增反应体系。由于 dNTP 与 *Taq* 酶存在竞争 Mg^{2+}作用，所以综合考虑在不影响 Mg^{2+}作用的同时增大四倍体泡桐 AFLP 选择性扩增反应的扩增产物量，设定 100μmol/L 作为四倍体泡桐 AFLP 选择性扩增体系中 dNTP 的最适浓度。由于扩增产物主带集中在 100～650bp，所以设定的 dNTP 最适浓度符合要求。

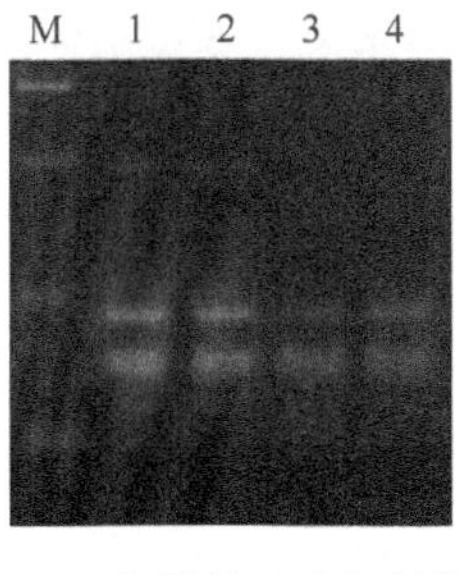

图 15-88 *Taq* 酶用量对选择性扩增的影响

M. maker；1. 2 U；2. 1.5 U；3. 1 U；4. 0.5 U

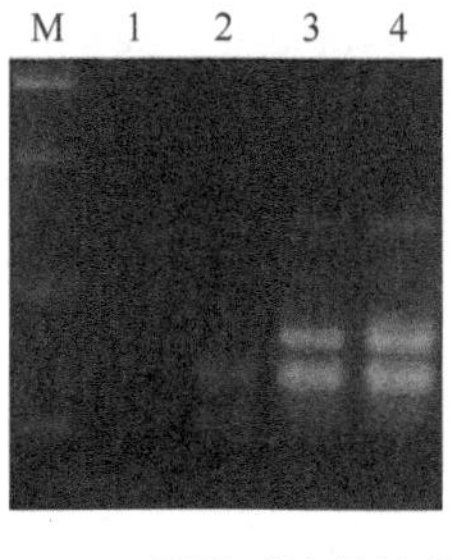

图 15-89 dNTP 用量对选择性扩增的影响

M. maker；1. 350μmol/L；2. 250μmol/L；3. 200μmol/L；4. 100μmol/L

不同引物浓度对四倍体泡桐 AFLP 预扩增反应影响不大（图 15-90）。当引物浓度大于 0.8μmol/L 时，虽然四倍体泡桐 AFLP 预扩增产物量增加，但是扩增片段仍然在 100～650bp。基于此，确定四倍体泡桐 AFLP 选择性扩增反应体系的引物浓度为 0.7μmol/L。在泡桐 AFLP 选择性扩增反应体系中，不同预扩增产物用量影响选择性扩增结果（图 15-91）。采用 500ng DNA 依次经过酶切、连接和预扩后，将稀释倍数分别设置为 5、10、20、30、40 和 50，经过选择性扩增后在 2%琼脂糖凝胶上进行电泳检测。结果显示，当稀释 40 倍、50 倍或者不稀释时效果较差，当稀释 5 倍、10 倍、20 倍和 30 倍时，效果较好，条带集中在 100～650bp，条带较清楚。综合考虑将稀释倍数 20 作为四倍体泡桐 AFLP 选择性扩增反应体系中预扩

产物最适稀释倍数。

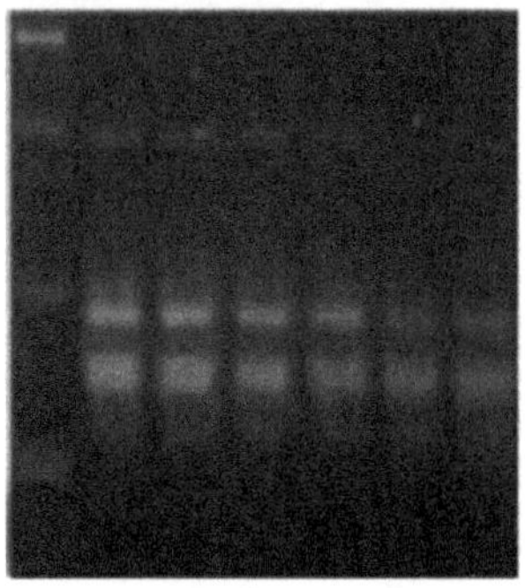

图 15-90 引物浓度对选择性扩增的影响

M. maker；1. 0.8μmol/L；2. 0.7μmol/L；3. 0.6μmol/L；4. 0.5μmol/L；5. 0.4μmol/L；6. 0.3μmol/L

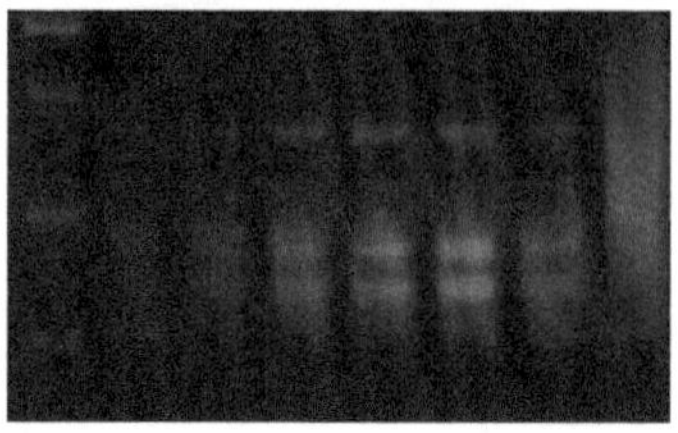

图 15-91 预扩增产物稀释倍数对选择性扩增的影响

M. maker；1. 50 倍；2. 40 倍；3. 30 倍；4. 20 倍；5. 10 倍；6. 5 倍；7. 1 倍

5. 优化 AFLP 预扩增反应体系

如图 15-92 所示，*Taq* 酶用量对四倍体泡桐预扩增反应同样没有显著影响（泳道 1～泳道 4）。当 *Taq* 酶浓度较低时（泳道 4），泡桐 AFLP 预扩增反应体系的扩增产物量较少。当 *Taq* 酶浓度增大到 2U 时，四倍体泡桐 AFLP 预扩增反应体系的扩增产物量迅速增加。基于此，将 2U 作为四倍体泡桐 AFLP 预扩增反应体系中的最适酶用量。图 15-93 显示了泡桐 AFLP 预扩增反应体系的 dNTP 用量（泳道 1～泳道 4）。结果表明，当 dNTP 的浓度为 100μmol/L 和 200μmol/L 时（泳道 3 和泳道 4），预扩增产物量较多。当 dNTP 浓度大于 200μmol/L 时（泳道 1 和泳道 2），AFLP 预扩增反应体系中预扩增产物量减少。由于 dNTP 与 *Taq* 酶竞争 Mg^{2+}，考虑在不影响 Mg^{2+}作用的同时增大四倍体泡桐 AFLP 预扩增反应体系扩增产物量，同样设定 100μmol/L 作为四倍体泡桐 AFLP 预扩增反应体系中 dNTP 的最适浓度。扩增产物主带集中在 100～650bp，因此设定的 dNTP 最适浓度符合预扩增要求。

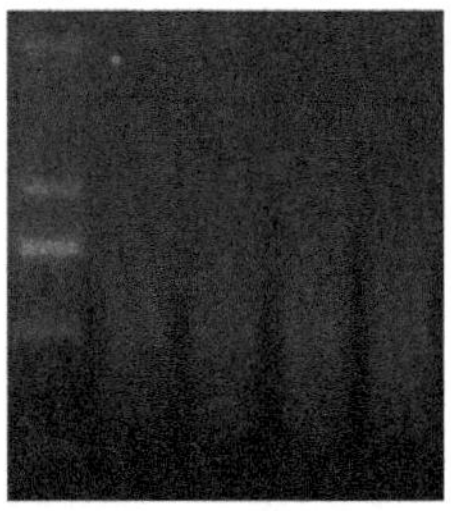

图 15-92 *Taq* 酶用量对预扩增的影响

M. maker；1. 2 U；2. 1.5 U；3. 1 U；4. 0.5 U

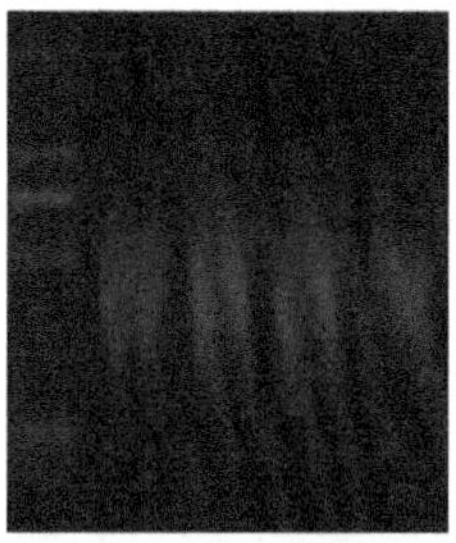

图 15-93 dNTP 用量对预扩增的影响

M. maker；1. 350μmol/L；2. 250μmol/L；3. 200μmol/L；4. 100μmol/L

图 15-94 显示了不同引物浓度对泡桐 AFLP 预扩增反应体系的影响。结果显示，引物浓度对四倍体泡桐 AFLP 预扩增反应没有显著影响。当引物浓度大于 0.8μmol/L 时，虽然四倍体泡桐 AFLP 预扩增产物量增加，但是电泳结果显示扩增片段仍在 100～650bp，符合要求。综合考虑，将 0.5μmol/L 设定为四倍体泡桐预扩增反应体系的引物浓度。不同连接产物用量对四倍体泡桐 AFLP 预扩增反应体系的影响如图 15-95 所示，当稀释倍数超过 10 时，虽然电泳结果显示条带分布在 100～650bp，但是四倍体泡桐 AFLP 预扩增产物量减小。基于此，将稀释倍数 10 作为四倍体泡桐 AFLP 预扩增反应体系的最适稀释倍数。

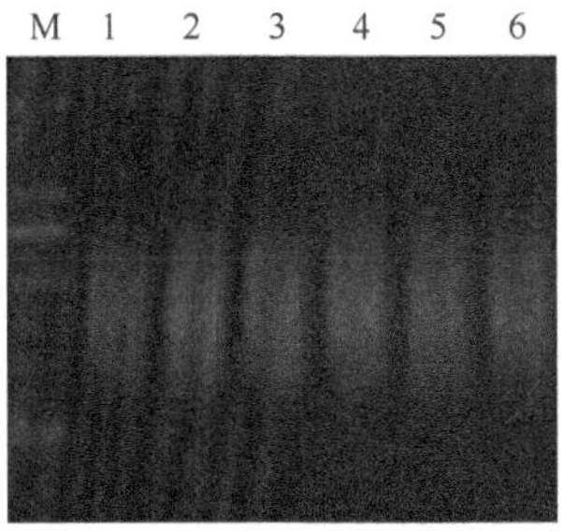

图 15-94　引物浓度对预扩增的影响

M. maker；1. 0.8μmol/L；2. 0.7μmol/L；3. 0.6μmol/L；4. 0.5μmol/L；5. 0.4μmol/L；6. 0.3μmol/L

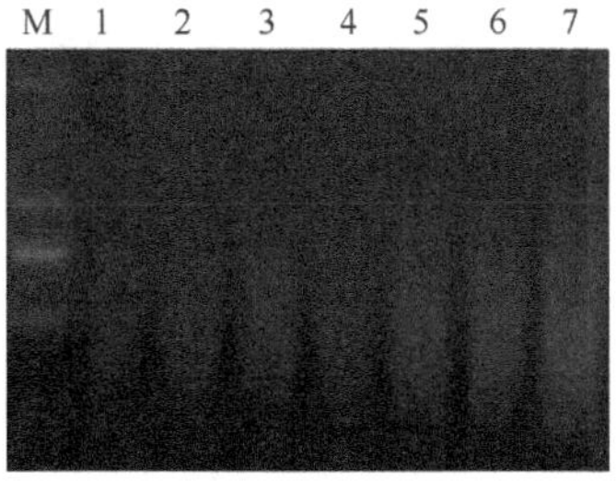

图 15-95　连接产物稀释倍数对预扩增的影响

M. maker；1. 50 倍；2. 40 倍；3. 30 倍；4. 20 倍；5. 10 倍；6. 5 倍；7. 1 倍

（三）4 种四倍体泡桐的 SSR 和 AFLP 分析

1. 四倍体白花泡桐幼苗的 SSR 和 AFLP 分析

为了便于进行对比分析，将四倍体白花泡桐与二倍体白花泡桐幼苗 DNA 的 SSR 扩增结果（图 15-96）进行对比展示。结果显示，四倍体白花泡桐幼苗 DNA 与其二倍体幼苗 DNA 经 45 对引物扩增后，在相同位置扩增出谱带并产生数量和大小相同的片段。虽然经不同引物 SSR 扩增后，四倍体与二倍体白花泡桐幼苗的 DNA 片段在数量上和大小上确实存在差异，但是需要明确的是，四倍体与二倍体白花泡桐幼苗 DNA 经过同一引物扩增后，其 DNA 片段在大小和数量上相同。综上所述，四倍体白花泡桐幼苗 DNA 一级结构未发生变化。

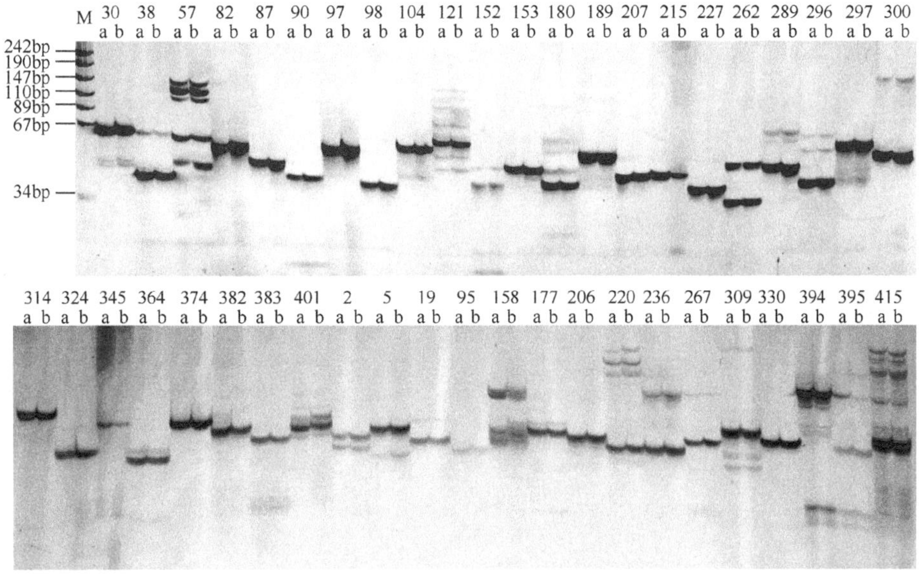

图 15-96　四倍体（a）与二倍体（b）白花幼苗 SSR 扩增电泳结果

M. marker；30、38、57……395、415. 引物编号

如图 15-97 和图 15-98 所示，四倍体白花泡桐幼苗 DNA 与其二倍体幼苗 DNA 经筛选出的 96 对引物扩增后，其 DNA 的 AFLP 分子标记酶切位点在同样的位置扩增出谱带，说明酶切位点未发生变化。每一对引物平均能够扩增出 50～70 条谱带，AFLP 扩增片段大小都小于 500bp。另外，图 15-99 和图 15-100 也说明，虽然经不同引物 AFLP 扩增后，四倍体与二倍体白花泡桐幼苗的 DNA 片段在数量上和大小上确实存在差异，但是，四倍体与二倍体白花泡桐幼苗 DNA 经过同一引物扩增后，其 DNA 片段在大小和数量上相同。上述 AFLP 结果同样表明，四倍体白花泡桐与二倍体白花泡桐幼苗 DNA 一级结构未发生变化。

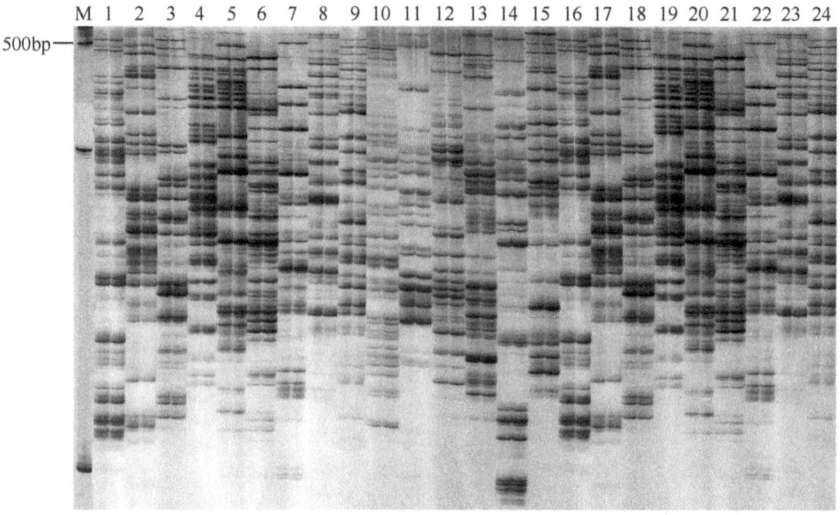

图 15-97　四倍体与二倍体白花泡桐幼苗 1～24 对引物的 AFLP 扩增电泳结果

M. marker；1、2、3……23、24. 引物编号

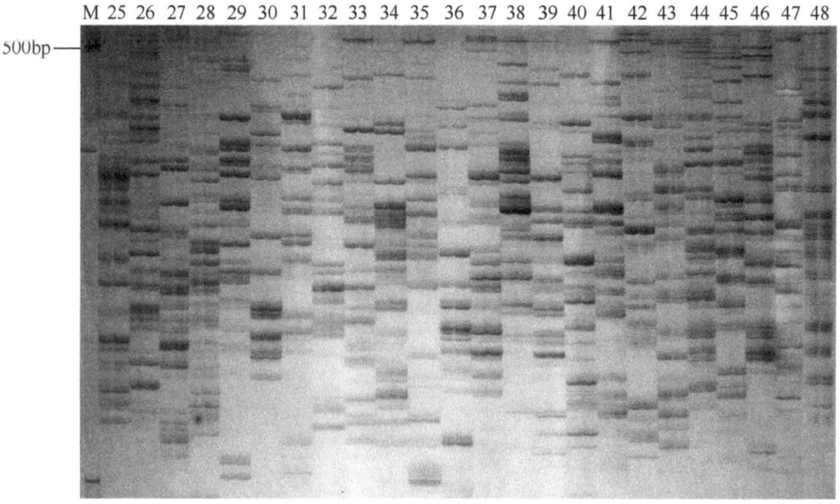

图 15-98　四倍体与二倍体白花泡桐幼苗 25～48 对引物的 AFLP 扩增电泳结果

M. marker；25、26、27……47、48. 引物编号

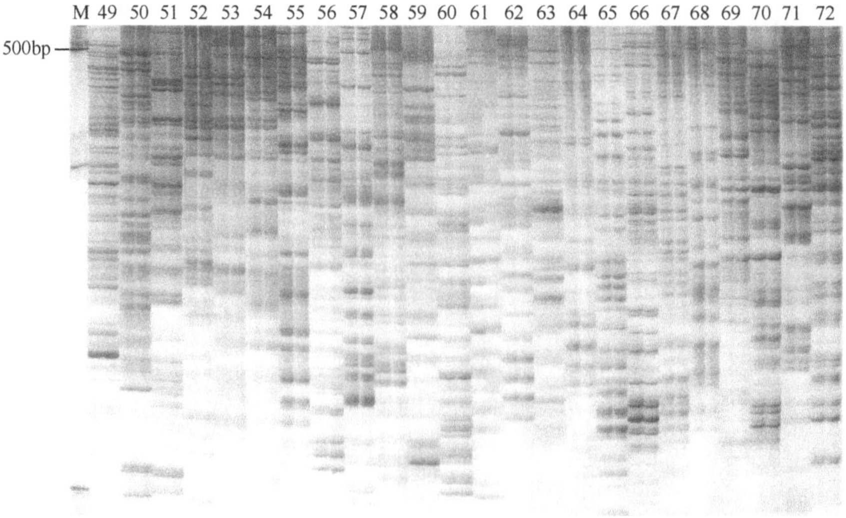

图 15-99　四倍体与二倍体白花泡桐幼苗 45～72 对引物的 AFLP 扩增电泳结果

M. marker；49、50、51……71、72. 引物编号

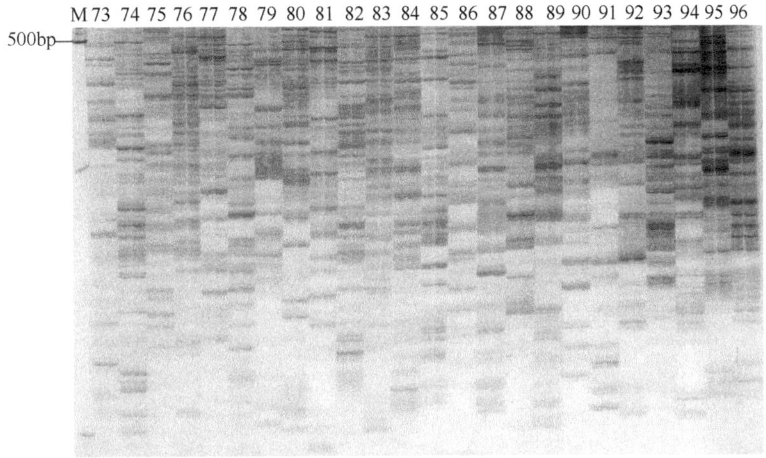

图 15-100　四倍体与二倍体白花泡桐幼苗 73～96 对引物的 AFLP 扩增电泳结果

M. marker；73、74、75……95、96. 引物编号

2. 四倍体‘豫杂一号’泡桐幼苗的 SSR 和 AFLP 分析

为了便于对四倍体‘豫杂一号’泡桐进行 SSR 分析，将四倍体‘豫杂一号’泡桐与其二倍体泡桐幼苗 DNA 的 SSR 扩增结果（图 15-101）进行对比显示。四倍体‘豫杂一号’泡桐幼苗的 SSR 结果表明，其与二倍体‘豫杂一号’泡桐幼苗的 DNA 扩增位点没有变化。同样，虽然经不同引物 SSR 扩增后，四倍体与二倍体‘豫杂一号’泡桐幼苗的 DNA 片段在数量上和大小上存在差异，但是，经过同一引物扩增后，四倍体与二倍体‘豫杂一号’泡桐幼苗 DNA 片段在大小和数量上相同。综上，四倍体‘豫杂一号’泡桐的 DNA 一级结构未发生变化。

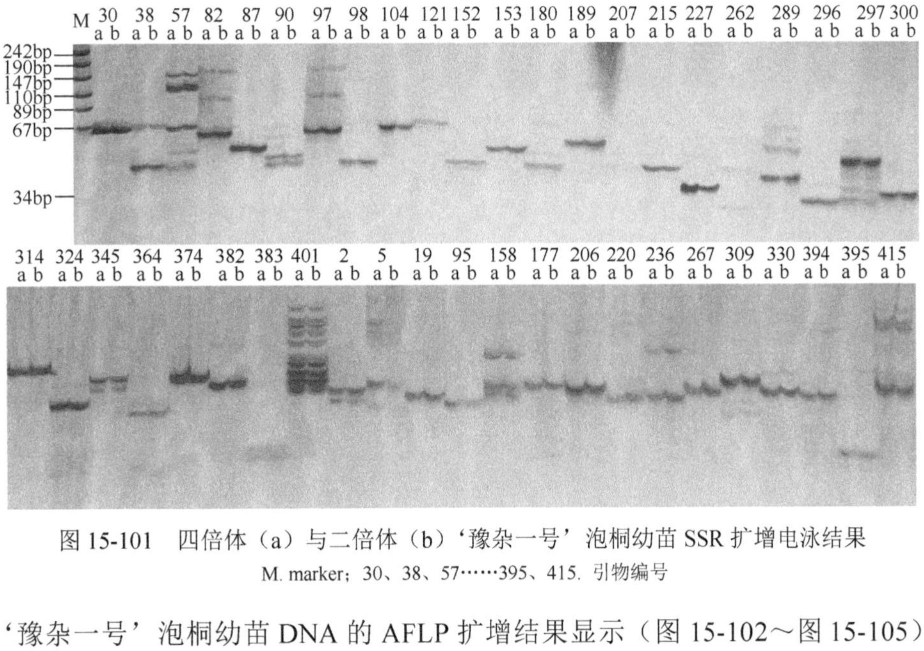

图 15-101　四倍体（a）与二倍体（b）‘豫杂一号’泡桐幼苗 SSR 扩增电泳结果

M. marker；30、38、57……395、415. 引物编号

四倍体‘豫杂一号’泡桐幼苗 DNA 的 AFLP 扩增结果显示（图 15-102～图 15-105），经 96 对引物扩增，四倍体‘豫杂一号’泡桐幼苗 DNA 的 AFLP 分子标记酶切位点相对于二倍体‘豫杂一号’的 AFLP 分子标记酶切位点没有发生改变。四倍体‘豫杂一号’与二倍体‘豫杂一号’泡桐幼苗 AFLP 扩增片段都小于 500bp，每一对引物平均能够扩增出 50～70 条谱带。虽然经不同引物 AFLP 扩增后，四倍体与二倍体‘豫杂一号’泡桐幼苗的 DNA 片段大小呈现多态性，但是，经过同一引物扩增后，四倍体与二倍体‘豫杂一号’泡桐幼苗 DNA 片段没有多态性。上述结果说明，四倍体‘豫杂一号’

泡桐幼苗与二倍体‘豫杂一号’泡桐幼苗的遗传背景相同。即四倍体‘豫杂一号’泡桐的 DNA 碱基序列没有发生改变。

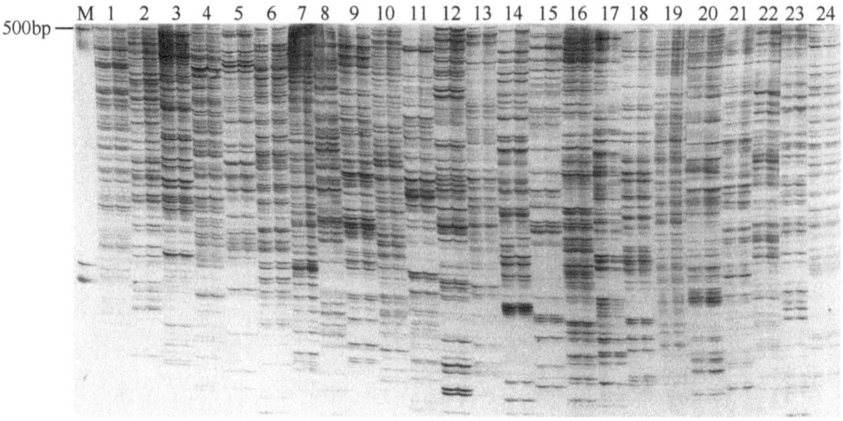

图 15-102　四倍体与二倍体‘豫杂一号’泡桐幼苗 1～24 对引物的 AFLP 扩增电泳结果

M. marker；1、2、3……23、24. 引物编号

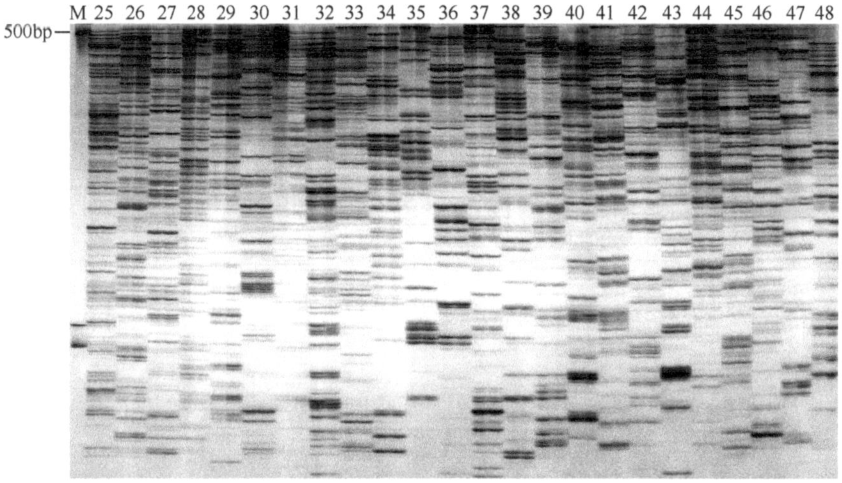

图 15-103　四倍体与二倍体‘豫杂一号’泡桐幼苗 25～48 对引物的 AFLP 扩增电泳结果

M. marker；25、26、27……47、48. 引物编号

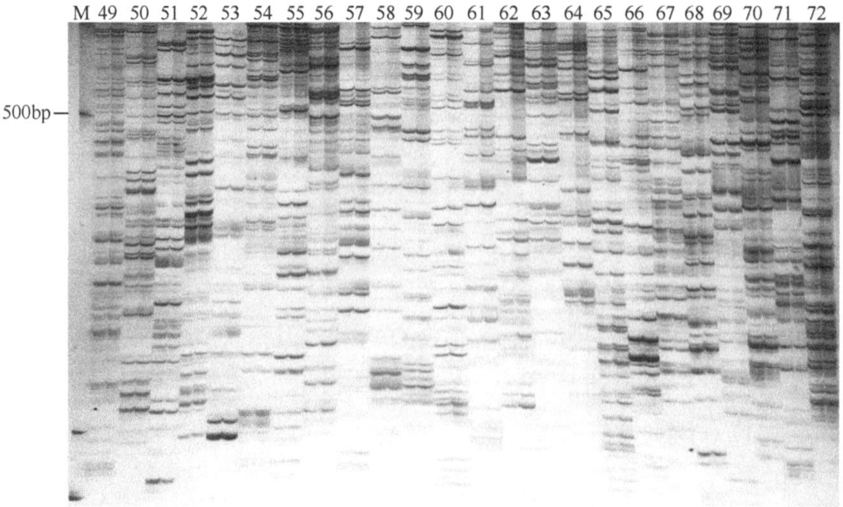

图 15-104　四倍体与二倍体‘豫杂一号’泡桐幼苗 49～72 对引物 AFLP 扩增电泳结果

M. marker；49、50、51……71、72. 引物编号

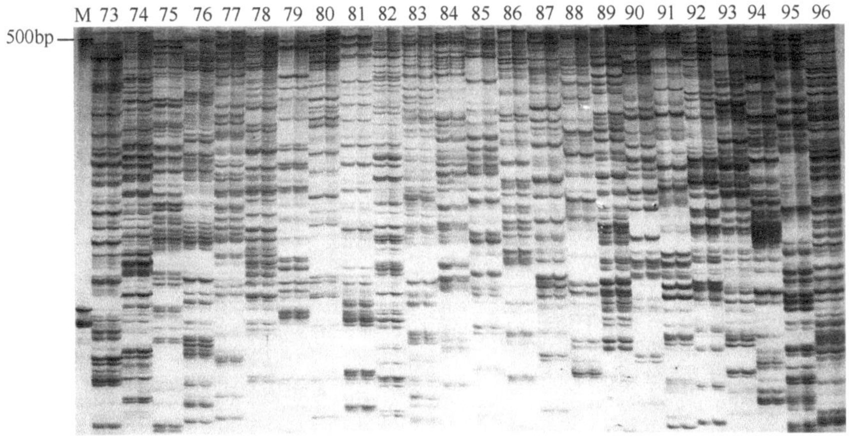

图 15-105　四倍体与二倍体‘豫杂一号’泡桐幼苗 73～96 对引物的 AFLP 扩增电泳结果

M. marker；73、74、75……95、96. 引物编号

3. 四倍体南方泡桐幼苗的 SSR 和 AFLP 分析

为了便于进行分析对比，同样呈现四倍体南方泡桐与二倍体南方泡桐幼苗 DNA 的 SSR 扩增结果（图 15-106）。结果显示，经过 45 对引物扩增，四倍体南方泡桐与二倍体南方泡桐幼苗 DNA 的片段数量和大小都没有发生改变，并且扩增条带都出现在同样的位置。虽然经不同引物 SSR 扩增后，四倍体与二倍体南方泡桐幼苗的 DNA 片段在数量上和大小上存在差异，但是，经过同一引物扩增后，四倍体与二倍体南方泡桐幼苗 DNA 片段在大小和数量上相同。综上，四倍体南方泡桐与二倍体南方泡桐遗传背景相同，四倍体南方泡桐 DNA 一级结构同样未发生变化。

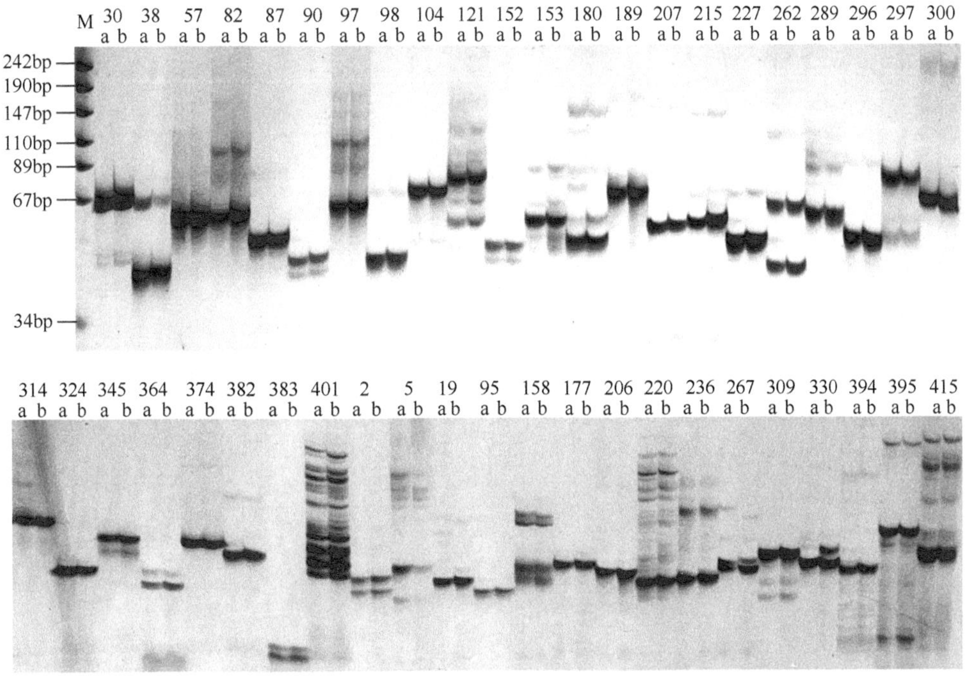

图 15-106　四倍体（a）与二倍体（b）南方泡桐幼苗 SSR 扩增电泳结果

M. marker；30、38、57……395、415. 引物编号

四倍体南方泡桐幼苗 DNA 与二倍体南方泡桐幼苗 DNA 的 AFLP 扩增结果显示（图 15-107～图 15-110），经 96 对引物 AFLP 扩增后，四倍体南方泡桐幼苗 DNA 与二倍体南方泡桐幼苗 DNA 的 AFLP 分子标记酶切位点同样没有改变，其扩增条带均在同样的位置。四倍体南方泡桐与二倍体南方泡桐幼苗

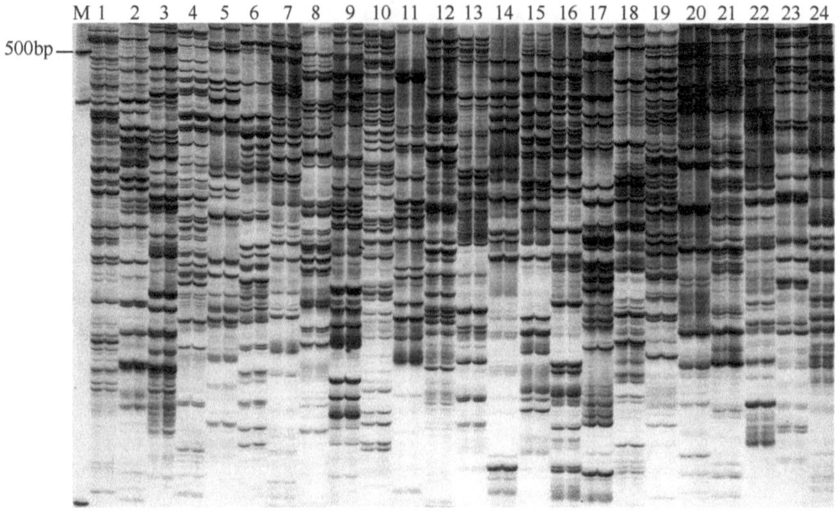

图 15-107　四倍体与二倍体南方泡桐幼苗 1～24 对引物的 AFLP 扩增电泳结果

M. marker；1、2、3……23、24. 引物编号

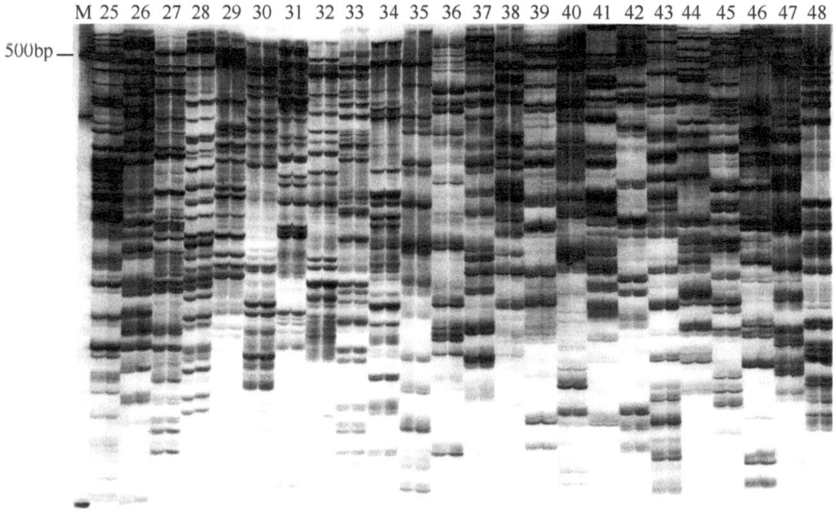

图 15-108　四倍体与二倍体南方泡桐幼苗 25～48 对引物的 AFLP 扩增电泳结果

M. marker；25、26、27……47、48. 引物编号

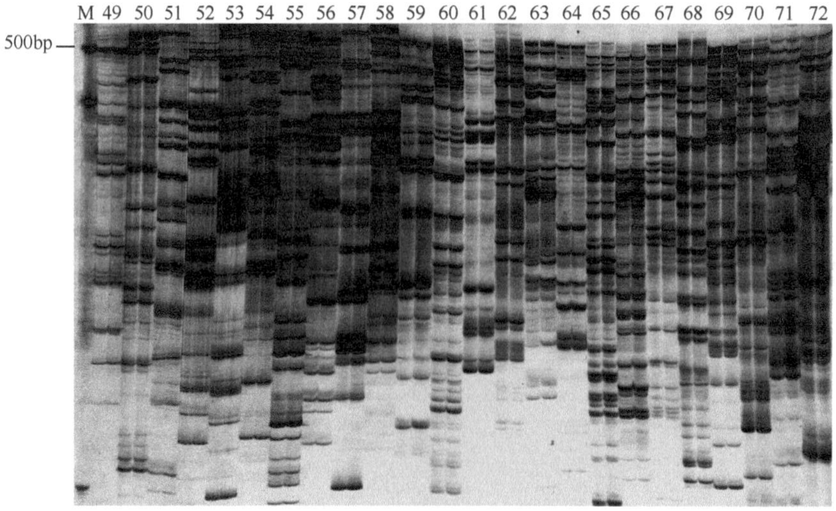

图 15-109　四倍体与二倍体南方泡桐幼苗 49～72 对引物的 AFLP 扩增电泳结果

M. marker；49、50、51……71、72. 引物编号

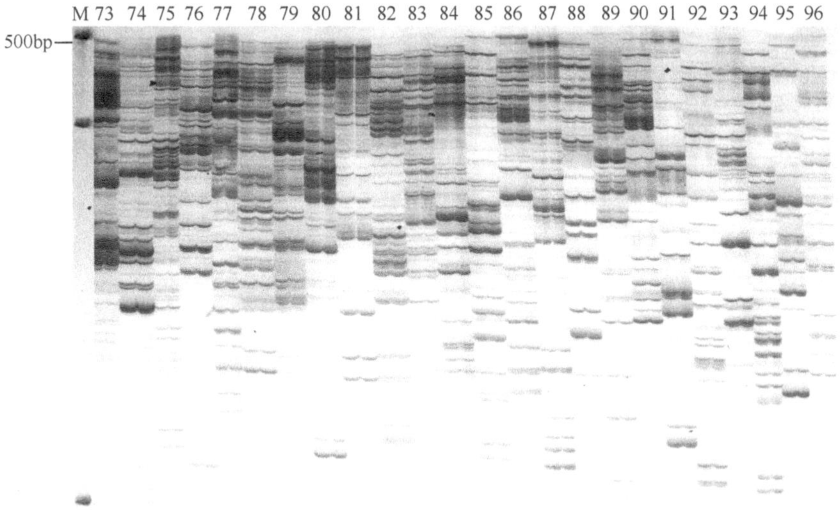

图 15-110　四倍体与二倍体南方泡桐幼苗 73～96 对引物的 AFLP 扩增电泳结果

M. marker；73、74、75……95、96. 引物编号

AFLP 扩增片段都小于 500bp，每一对引物平均能扩增出 50～70 条谱带。虽然经不同引物 AFLP 扩增后，四倍体与二倍体南方泡桐幼苗的 DNA 片段在数量上和大小上不相同，表现出多态性，但是，四倍体与二倍体南方泡桐幼苗 DNA 经过同一引物 AFLP 扩增后，其 DNA 片段在大小和数量上相同。综上所述，四倍体南方泡桐幼苗 DNA 一级结构未发生变化。

4. 四倍体毛泡桐幼苗的 SSR 和 AFLP 分析

如图 15-111 所示，相对于二倍体毛泡桐，四倍体毛泡桐幼苗 DNA 扩增产生的片段大小和数量没有发生变化。虽然经不同引物 SSR 扩增后，四倍体与二倍体毛泡桐幼苗的 DNA 片段在数量上和大小上存在差异，但是，经过同一引物扩增后，四倍体与二倍体毛泡桐幼苗 DNA 片段在大小和数量上相同。综上，四倍体毛泡桐与二倍体毛泡桐遗传背景相同，四倍体毛泡桐 DNA 一级结构也未发生变化。

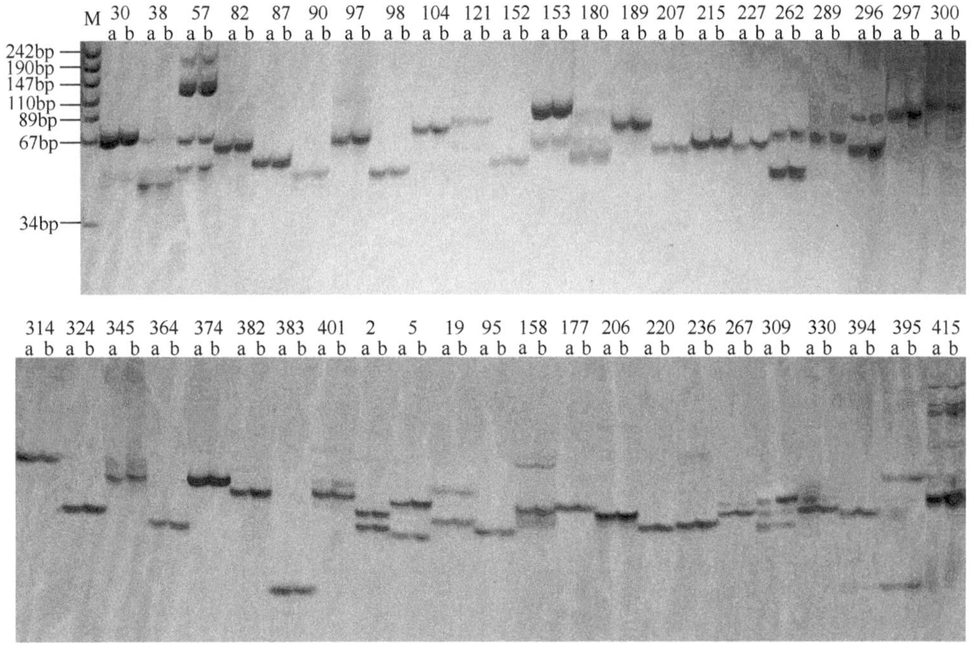

图 15-111　四倍体（a）与二倍体（b）毛泡桐幼苗 SSR 扩增电泳结果

M. marker；30、38、57……395、415. 引物编号

四倍体毛泡桐幼苗DNA与二倍体毛泡桐幼苗DNA的AFLP扩增结果显示（图15-112～图15-115），四倍体毛泡桐与二倍体毛泡桐幼苗AFLP扩增片段都小于500bp，每一对引物平均能够扩增出50～70条谱带。四倍体毛泡桐幼苗DNA与二倍体毛泡桐幼苗DNA的AFLP分子标记酶切位点同样没有改变。虽然经不同引物AFLP扩增后，四倍体与二倍体毛泡桐幼苗的DNA片段在数量上和大小上不相同，存在一定的差异，但是，经过同一引物AFLP扩增后，四倍体与二倍体毛泡桐幼苗DNA片段在大小和数量上相同。综上分析得出，四倍体毛泡桐幼苗DNA一级结构未发生变化。

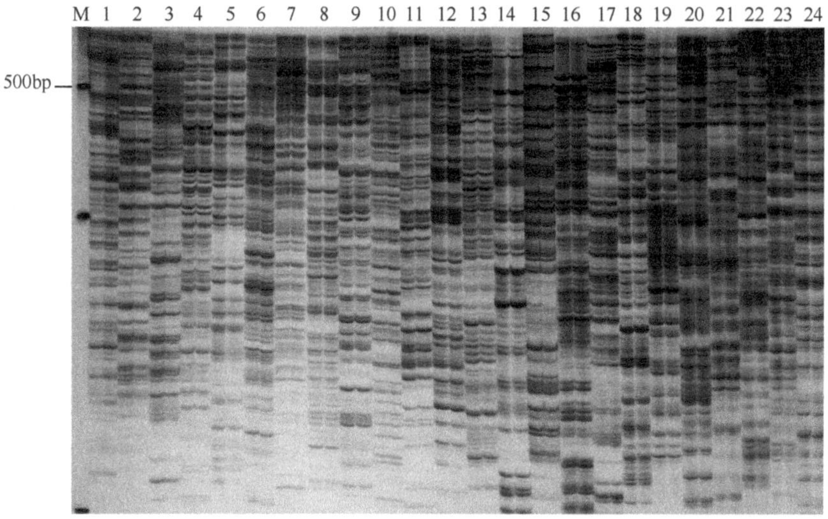

图15-112　四倍体与二倍体毛泡桐幼苗1～24对引物的AFLP扩增电泳结果

M. marker；1、2、3……23、24. 引物编号

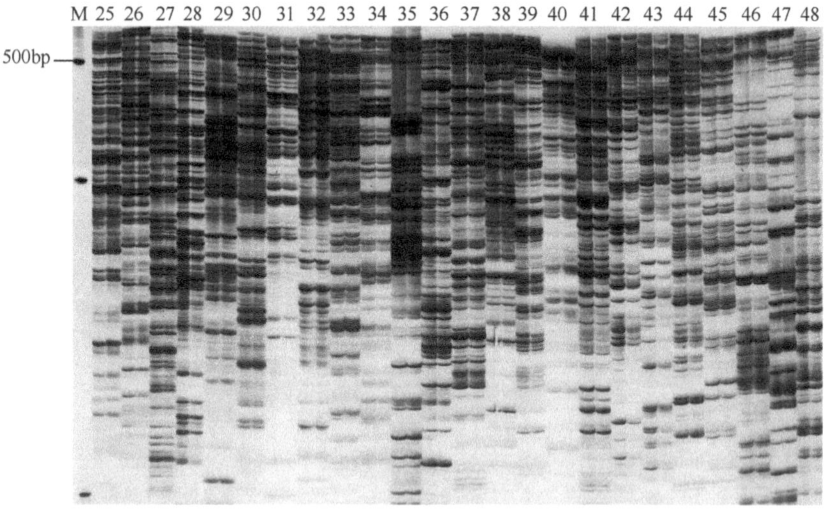

图15-113　四倍体与二倍体毛泡桐幼苗25～48对引物的AFLP扩增电泳结果

M. marker；25、26、27……47、48. 引物编号

二、四倍体泡桐的DNA甲基化分析

（一）建立四倍体泡桐MSAP（甲基化敏感扩增多态性）体系并筛选引物

1. 优化四倍体泡桐MSAP连接反应体系

泡桐MSAP连接体系的连接时间对其影响较大（图15-116）。随着连接时间的延长，如6h、8h、18h，

预扩增产物量呈现逐渐增加的变化趋势，因此选择 18h 作为本试验体系的连接反应时间。

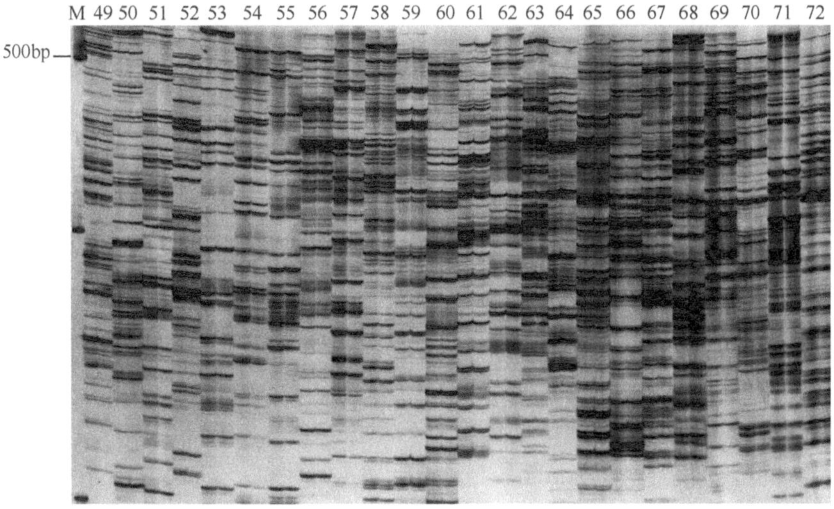

图 15-114　四倍体与二倍体毛泡桐幼苗 49～72 对引物的 AFLP 扩增电泳结果

M. marker；49、50、51……71、72. 引物编号

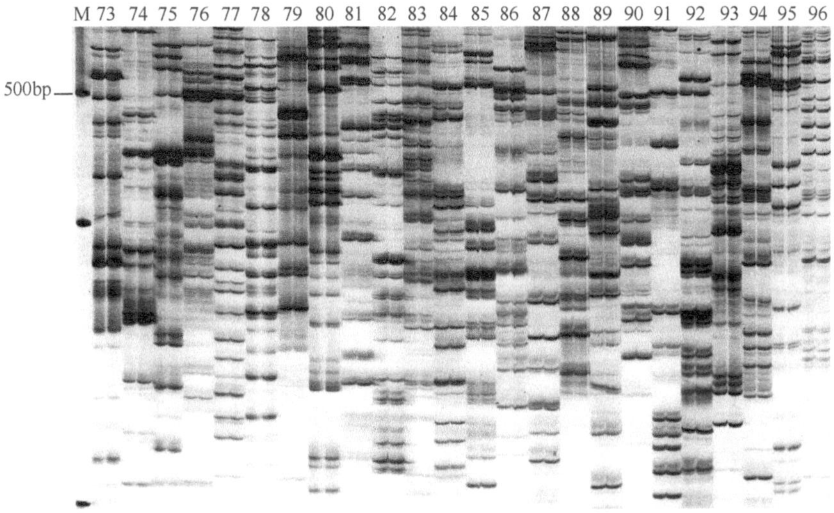

图 15-115　四倍体与二倍体毛泡桐幼苗 73～96 对引物的 AFLP 扩增电泳结果

M. marker；73、74、75……95、96. 引物编号

2. 优化四倍体泡桐 MSAP 酶切反应体系

在 AFLP 的基础上，将 300ng 模板 DNA 进行不同时间的酶切，用 1%琼脂糖电泳进行检测，发现不管是 4h、8h，还是 12h 的酶切，DNA 片段都完全裂解，几乎没有区别（图 15-117），因此本研究采用 8h 的酶切处理作为四倍体泡桐 MSAP 酶切反应体系。

3. 泡桐 MSAP 预扩增体系的优化

选择不同量的连接产物进行优化试验，结果（图 15-118）显示连接产物的量对预扩反应有较大影响。当使用连接产物原液进行扩增反应时，电泳条带会出现拖尾严重的情况（泳道 5），而原液的浓度太大，扩增时会影响到后续的检测，实验结果的准确性也将受影响。稀释倍数增加，条带也随之变弱，当连接产物稀释用量超过 50 倍时（泳道 2），条带亮度更弱，因此，可将连接产物稀释 10 倍用于泡桐 MSAP 预扩增体系。

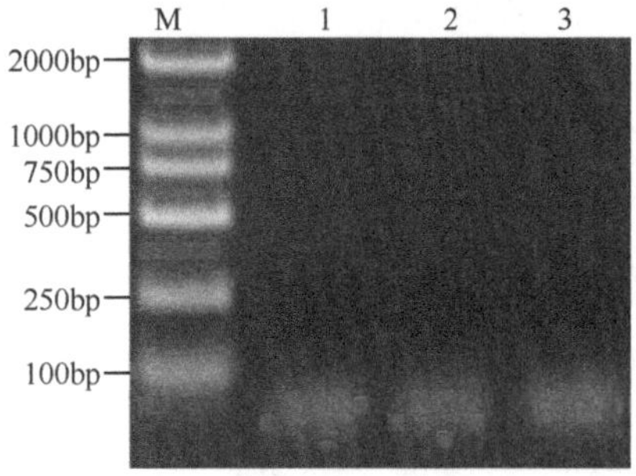

图 15-116　不同时间连接 DNA 的琼脂糖凝胶电泳
M. DNA marker；1. 6h；2. 8h；3. 18h

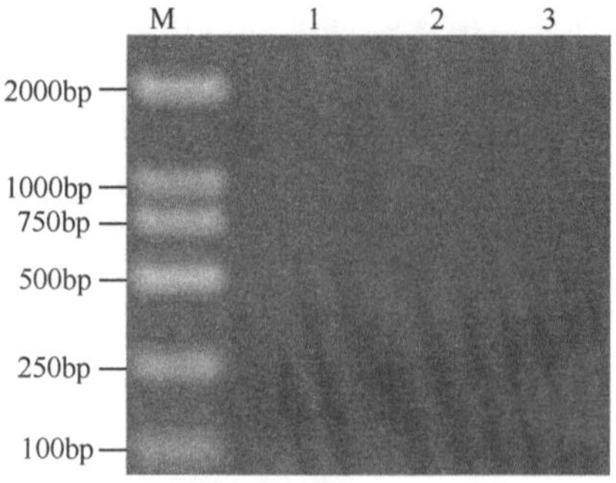

图 15-117　不同时间酶切 DNA 的琼脂糖凝胶电泳
M. DNA marker；1. 4h；2. 8h；3. 12h

dNTP 用量对预扩增反应有很大影响（图 15-119）。dNTP 为 25μmol/L 时，条带较弱（泳道 4），随着 dNTP 浓度增大，条带逐渐清晰，扩增产物也逐渐增多，在 dNTP 为 100μmol/L 的条件下，预扩增产量较高（泳道 2），当 dNTP 的浓度超过 100μmol/L 时，预扩增产物量减少，这种情况可能是因为 dNTP 与 *Taq* 酶竞争 Mg^{2+}，导致 *Taq* 酶活力下降，进而抑制了 PCR 反应（泳道 1）。因此，选择 100μmol/L 为预扩增体系中 dNTP 的适宜浓度。

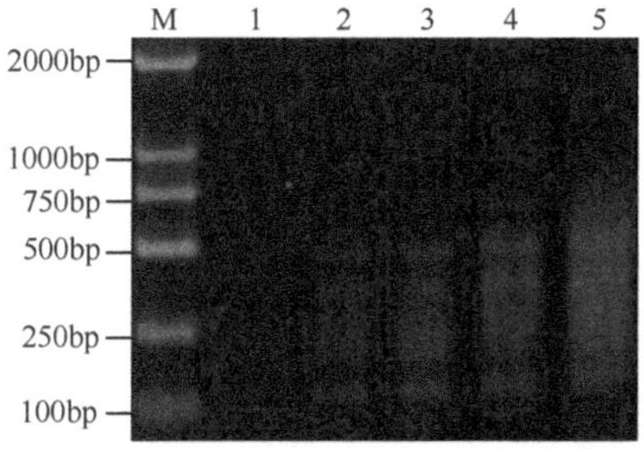

图 15-118　连接产物稀释倍数对预扩增的影响
M. DNA marker；1. 100 倍；2. 50 倍；3. 20 倍；4. 10 倍；5. 1 倍

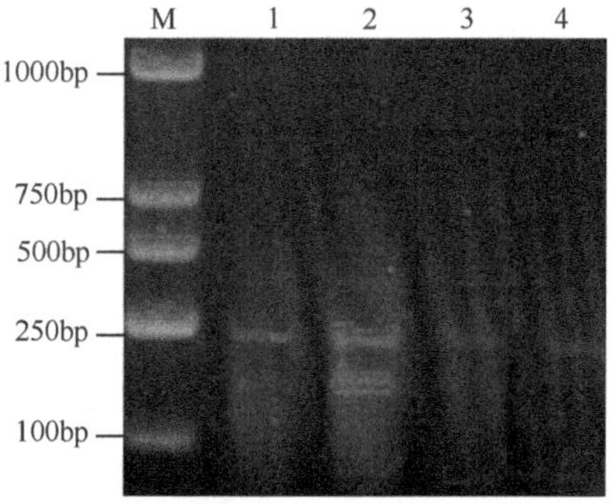

图 15-119　dNTP 用量对预扩增的影响
M. DNA marker；1. 200μmol/L；2. 100μmol/L；3. 50μmol/L；4. 25μmol/L

对引物浓度进行优化试验，结果（图 15-120）显示，引物浓度对预扩增产物有很大的影响。引物浓度为 0.3μmol/L 时，预扩增产率较小，随着引物浓度增加，扩增产物增加，扩增带型逐渐清晰，当引物浓度达到 1μmol/L 时产物最多，但存在出现二聚体的倾向。综合考虑，选择引物浓度为 0.5μmol/L（泳道 3）作为该体系的最佳引物浓度。

Taq 酶浓度优化试验结果（图 15-121）表明，*Taq* 酶的用量对预扩增反应影响最大。当 *Taq* 酶的量为 0.25U、0.5U、1U、2U 时，扩增产率逐渐增加，扩增带型逐渐清晰，但 *Taq* 酶量为 2U（泳道 1）时出现了严重的拖曳现象。因此，考虑到节约，在泡桐 MSAP 的预扩增体系中，选择 0.5U 作为 *Taq* 酶的最佳用量。

（二）优化四倍体泡桐 MSAP 选择性扩增反应体系

1. 不同预扩增产物用量对泡桐 MSAP 选择性扩增的影响

对预扩增产物用量进行优化实验（图 15-122），结果显示，预扩增产物用量对选择性扩增有较大的影响。对 300ngDNA 进行酶切、连接和预扩处理后，将预扩产物分别稀释 1 倍、20 倍、30 倍、80 倍和 150 倍，在 2%琼脂糖凝胶上进行电泳检测，结果显示用预扩增原液进行选择性扩增时，电泳条带主次不明显（泳道 5），且呈现弥散及拖曳严重的现象。随着稀释倍数的增加，泳道的带型变化不大（泳道 2、泳道 3、泳道 4）。为了保证实验的顺利进行，泡桐 MSAP 选择性扩增体系中的预扩产物以稀释 30 倍为宜。

2. dNTP 浓度对泡桐 MSAP 选择性扩增的影响

dNTP 的用量对选择性扩增有较大影响（图 15-123）。dNTP 的含量过小（25μmol/L）时，会形成二聚体和非特异性扩增产物（泳道 3 和泳道 4）。随着其浓度增加，选择性扩增产物更多，泳带更亮。当浓度增加到 200μmol/L 时，扩增产物的电泳结果出现拖拽严重现象，不利于正常实验。因此，泡桐 MSAP 选择性扩增体系中 dNTP 的最佳浓度为 100μmol/L。

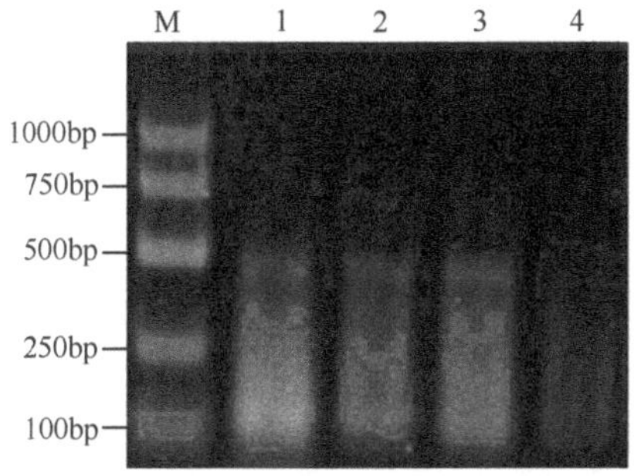

图 15-120　引物浓度对预扩增的影响

M. DNA marker；1. 1.0μmol/L；2. 0.7μmol/L；3. 0.5μmol/L；4. 0.3μmol/L

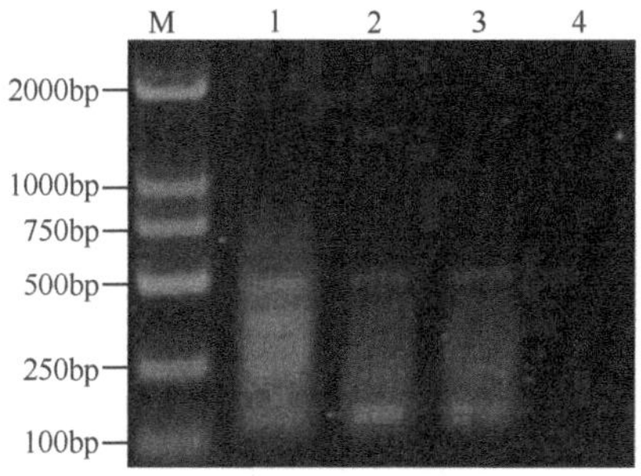

图 15-121　*Taq* 酶量对预扩增的影响

M. DNA marker；1. 2U；2. 1U；3. 0.5U；4. 0.25U

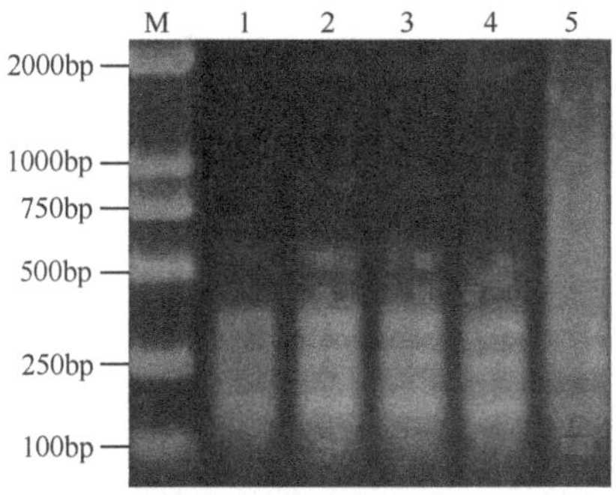

图 15-122　连接产物稀释倍数对选择性扩增的影响

M. DNA marker；1. 150 倍；2. 80 倍；3. 30 倍；4. 20 倍；5. 1 倍

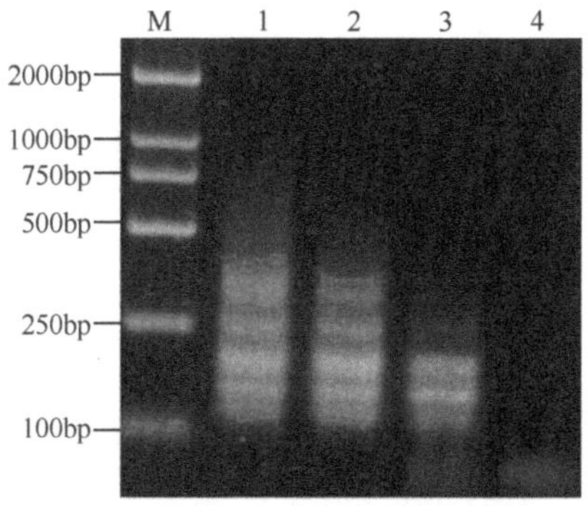

图 15-123　dNTP 用量对选择性扩增的影响

M. DNA marker；1. 200μmol/L；2. 100μmol/L；3. 50μmol/L；4. 25μmol/L

3. 引物浓度对泡桐 MSAP 选择性扩增的影响

对不同引物浓度进行优化，结果显示（图 15-124），引物浓度对选择性扩增反应的影响很大。扩增量会随引物浓度的增加而增加，条带呈现逐渐清晰的现象。但是引物与模板的比例过高，会有二聚体，因此引物浓度为 0.6μmol/L 较为合适。

4. *Taq* 酶浓度对泡桐 MSAP 选择性扩增的影响

Taq 酶不同浓度试验结果（图 15-125）显示，*Taq* 酶浓度对选择性扩增反应影响较大。在 *Taq* 酶浓度为 0.25U 条件下，泡桐 MSAP（泳道 4）无扩增产物。随着 *Taq* 酶浓度增加，条带逐渐清晰（泳道 2 和泳道 3），*Taq* 酶浓度为 2U 时，电泳条带有严重的拖尾现象，这是因为过多的酶会导致高错配率。因此，从经济性考虑，泡桐 MSAP 选择性扩增系统中选择 0.5U 作为 *Taq* 酶的最适用量。

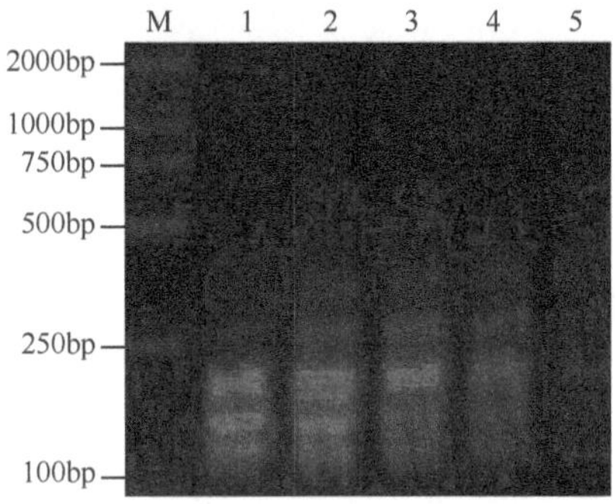

图 15-124　引物浓度对选择性扩增的影响

M. DNA marker；1. 1.0μmol/L；2. 0.8μmol/L；3. 0.6μmol/L；4. 0.4μmol/L；5. 0.2μmol/L

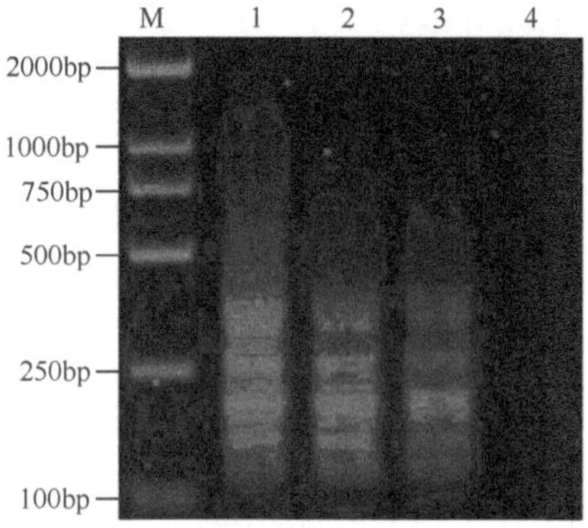

图 15-125　*Taq* 酶量对选择性扩增的影响

M. DNA marker；1. 2U；2. 1.0U；3. 0.5U；4. 0.25U

（三）筛选四倍体泡桐 MSAP 选择性扩增引物

在上述优化体系基础上，根据最终 4%聚丙烯酰胺凝胶上反映的条带的清晰度、数量和重复性，从 64 × 64 对引物组合中筛选出 96 对引物，并且 21 对引物的聚丙烯酰胺凝胶电泳结果如图 15-126 所示。优化后的泡桐 MSAP 选择性扩增系统中的引物扩增后具有清晰且多态性的电泳带，可用于泡桐的基因工程研究。MSAP 分析所用的接头和引物序列如表 15-18 所示。

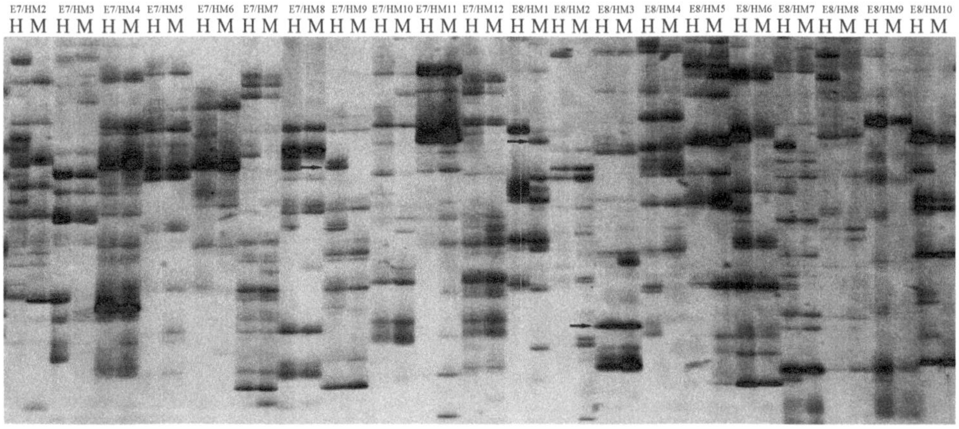

图 15-126　21 对引物的 MSAP 选择性扩增图

表 15-18　MSAP 分析所用的接头和引物序列

接头与引物	*Eco*R Ⅰ（E）	序列 *Hap* Ⅱ/*Msp* Ⅰ（HM）
接头	5'-CTCGTAGACTGCG TACC-3'	5'-GATCATGAGTCCTGCT-3'
	3'-CATCTGACGCA TGGTTAA-5'	3'-AGTACTCAGGACGAGC-5'
预扩引物	5'-GACTGCGTACCAATTCA-3'	5'-ATCATGAGTCCTGCTCGGT-3'
选择性扩增引物	E+AAA(E1)	HM+AAC (HM+1)
	E+AGG(E2)	HM+ATT (HM+2)
	E+TAC(E3)	HM+ACA (HM+3)
	E+TTT(E4)	HM+TGG (HM+4)
	E+TGA(E5)	HM+GTC (HM+5)
	E+TGT(E6)	HM+GGA (HM+6)

续表

接头与引物	*Eco*R Ⅰ（E）	序列 *Hap* Ⅱ/*Msp* Ⅰ（HM）
选择性扩增引物	E+GAC(E7)	HM+GCC (HM+7)
	E+CGC(E8)	HM+GAC (HM+8)
		HM+CTT (HM+9)
		HM+CTC (HM+10)
		HM+CGG (HM+11)
		HM+CCT (HM+12)

（四）4 种泡桐基因组 DNA 甲基化分析

电泳结束后，样品 DNA 经 *Hap* Ⅱ/*Eco*RI（H）和 *Msp* Ⅰ/*Eco*R Ⅰ（M）酶切后的产物进行统计分析，H 为 *Eco*R Ⅰ/*Hap* Ⅱ双酶切产物的电泳谱带，M 为 *Eco*R Ⅰ/*Msp* Ⅰ双酶切产物的电泳谱带。一个酶切位点用一条谱带代表，有谱带记作 1，无谱带则记作 0。将每个 DNA 样品的 H 和 M 扩增谱带划分为 4 种[种类 I（H，M=1，1），无甲基化发生；种类Ⅱ（H，M=1，0），单链 DNA 外甲基化；种类Ⅲ（H，M=0，1），双链 DNA 内甲基化；种类Ⅳ（H，M=0，0），双链 DNA 外甲基化]。DNA 甲基化类型可分为两种，即多态性和单态性类型。DNA 多态性类型包括：A（甲基化）型、B（去甲基化）型和 C（不定）型。其中，A 型中的 A1 和 A2 代表 DNA 重新甲基化（对照样 H 和 M 泳道均有带，而处理样仅 H 或 M 泳道有带），A3 和 A4 代表 DNA 超甲基化（对照样仅 H 或 M 有一条带，而处理样 H 和 M 泳道都没带）。B 型（B1、B2、B3 和 B4）代表 DNA 去甲基化，DNA 甲基化谱带与 A 型相反。C 型代表 DNA 甲基化的不确定性（对照样与处理样 DNA 甲基化差异谱带无法确定）。单态性类型为 D 型（对照样与处理样间 DNA 谱带相同）。同时，对样品的总 DNA 甲基化水平[（种类Ⅱ+种类Ⅲ）/（种类 I+种类Ⅱ+种类Ⅲ）×100%]和总 DNA 甲基化多态性[（A+B+C）/（A+B+C+D）×100%]及 DNA 单态性[D/（A+B+C+D）×100%]进行计算。

1. 四种泡桐二倍体与其四倍体 DNA 甲基化水平差异

（1）白花泡桐二倍体与同源四倍体 DNA 甲基化水平差异

结合 *Eco*RI 和 *Hap* Ⅱ-*Msp* Ⅰ的 96 条引物，利用 MSAP 对白花泡桐的二倍体和四倍体进行了分析。结果表明，白花泡桐二倍体的甲基化率低于同源四倍体（表 15-19）。在白花泡桐四倍体中扩增了 2512 个位点数，其中，占总扩增带数 12.94%的全甲基化位点数为 325 个，占总扩增带数 25.04%的半甲基化位点数为 629 个，占总扩增带数 37.98%的总甲基化位点数为 954 个。白花泡桐二倍体和四倍体的 CCGG 位点均主要为双链甲基化，且同源四倍体的总甲基化程度要比二倍体高。同样，同源四倍体的半甲基化水平也高于二倍体。这表明白花泡桐的同源四倍体在 DNA 甲基化水平上引起了表观遗传变异。

表 15-19　白花泡桐二倍体及其四倍体基因组 DNA 甲基化水平

倍性	总扩增带数	类型 I	比例/%	类型Ⅱ	比例/%	类型Ⅲ	比例/%	总甲基化点数	比例/%
二倍体	2357	1510	64.06	283	12.01	564	23.93	847	35.94
四倍体	2512	1558	62.02	325	12.94	629	25.04	954	37.98

（2）毛泡桐二倍体与同源四倍体 DNA 甲基化水平差异

对毛泡桐二倍体及其四倍体进行 MSAP 分析，经变性聚丙烯凝胶电泳结果表明毛泡桐同源四倍体的甲基化率比二倍体高（表 15-20）。毛泡桐四倍体共扩增出 2180 个位点数，其中占总扩增带数 14.13%的全甲基化位点为 308 个，占总扩增带数 24.45%的半甲基化位点数为 533 个，占总扩增带数 38.58%的总甲基化位点数为 841 个。二倍体和四倍体毛泡桐的 CCGG 位点以双链全甲基化为主，且同源四倍体的全甲基化高于二倍体。同样同源四倍体的半甲基化水平也高于二倍体。这表明毛泡桐的同源四倍体在 DNA 甲基化水平上引起了表观遗传变异。

表 15-20　毛泡桐二倍体及其四倍体基因组 DNA 甲基化水平

倍性	总扩增带数	类型 I	比例/%	类型 II	比例/%	类型III	比例/%	总甲基化点数	比例/%
二倍体	2262	1463	64.68	291	12.86	498	22.02	799	35.32
四倍体	2180	1339	61.42	308	14.13	533	24.45	841	38.58

（3）‘豫杂一号’泡桐二倍体与同源四倍体 DNA 甲基化水平差异

对‘豫杂一号’泡桐二倍体及其四倍体进行 MSAP 分析，对电泳谱带进行统计，结果表明（表 15-21），‘豫杂一号’泡桐二倍体的总 DNA 甲基化水平要比其同源四倍体低。‘豫杂一号’泡桐四倍体的 MSAP 扩增位点总数为2217个。其中，占总扩增位点14.98%的DNA全甲基化位点为332个，占总扩增位点24.81%的 DNA 半甲基化位点为 550 个，占总扩增位点 39.78%的 DNA 总甲基化位点为 882 个。也就是说，‘豫杂一号’泡桐四倍体的总 DNA 甲基化水平要比其二倍体高。此外，‘豫杂一号’泡桐二倍体和四倍体的 CCGG 位点主要为双链甲基化，且‘豫杂一号’泡桐四倍体的总 DNA 全甲基化和半甲基化水平均高于其二倍体。结果表明，‘豫杂一号’泡桐四倍体植株的 DNA 发生了甲基化修饰。

表 15-21　‘豫杂一号’泡桐二倍体及其四倍体基因组 DNA 甲基化水平

倍性	扩增总带数	种类 I 谱带	种类 II 谱带	种类III谱带	DNA 甲基化总谱带	总 DNA 甲基化水平/%
二倍体	2093	1331	269	493	762	36.41
四倍体	2217	1335	332	550	882	39.78

（4）南方泡桐二倍体与同源四倍体 DNA 甲基化水平差异

对南方泡桐二倍体及其同源四倍体进行 MSAP 分析，其扩增产物电泳结果（表 15-22）显示，南方泡桐同源四倍体的总 DNA 甲基化水平要比二倍体高。南方泡桐同源四倍体的扩增位点为 2214 个，其中，占总扩增位点 11.74%的全甲基化位点为 260 个，占总扩增位点 25.02%的半甲基化位点为 554 个，占总扩增位点 36.77%的总甲基化位点数为 814 个。此外，南方泡桐二倍体和四倍体的 CCGG 位点以双链全甲基化为主，且同源四倍体的 DNA 全甲基化和半甲基化水平均高于二倍体。结合南方泡桐二倍体染色体加倍前后 DNA 碱基序列的变化，可以推断南方泡桐同源四倍体 DNA 甲基化水平的提高可能是其生物学和木材理化性质未呈现倍增的主要原因之一。

表 15-22　南方泡桐二倍体及其四倍体基因组 DNA 甲基化水平

倍性	扩增总带数	种类 I 谱带	种类 II 谱带	种类III谱带	DNA 甲基化总谱带	总 DNA 甲基化水平/%
二倍体	2059	1352	201	506	707	34.34
四倍体	2214	1400	260	554	814	36.77

2.4 种四倍体泡桐 DNA 甲基化模式的变化

（1）白花泡桐四倍体 DNA 甲基化模式的变化

从表 15-23 和表 15-24 中可以看出，同源四倍体总甲基化多态性为 34.78%，甲基化状态（D 型）比率为 65.22%，位点如图 15-127 所示。由图 15-127 可见，在扩增的甲基化位点中，同源四倍体的去甲基化位点要比甲基化位点比率高。

表 15-23 白花泡桐二倍体及其四倍体 DNA 甲基化模式

酶切				DNA 甲基化状态变化		DNA 甲基化差异谱带数 二倍体–四倍体	带型
H	M	H	M	二倍体	四倍体		
1	1	0	1	CCGGGGCC	CCGGGGCC	39	A1
1	1	1	0	CCGGGGCC	CCGGCCGGGGCCGGCC	34	A2
0	1	0	0	CCGGGGCC	CCGGGGCC	127	A3
1	0	0	0	CCGGCCGGGGCCGGCC	CCGGGGCC	91	A4
0	1	1	1	CCGGGGCC	CCGGGGCC	50	B1
1	0	1	1	CCGGGGCC	CCGGCCGGGGCCGGCC	22	B2
0	0	0	1	CCGGGGCC	CCGGGGCC	145	B3
0	0	1	1	CCGGGGCC	CCGGGGCC	159	B4
0	1	1	0	CCGGGGCC	CCGGCCGGGGCCGGCC	7	C
1	1	1	1	CCGGGGCC	CCGGGGCC	942	D1
1	0	1	0	CCGGCCGGGGCCGGCC	CCGGCCGGGGCCGGCC	62	D2
0	1	0	1	CCGGGGCC	CCGGGGCC	260	D3

注：C 和 CC 为胞嘧啶甲基化

表 15-24 白花泡桐二倍体及其四倍体 DNA 甲基化状态变化

倍性	甲基化带数	总甲基化多态性带数								单态性带数	
		A 型	比率/%	B 型	比率/%	C 型	比率/%	合计	比率/%	D 型	比率/%
二倍体–四倍体	1938	291	15.02	376	19.40	7	0.36	674	34.78	1264	65.22

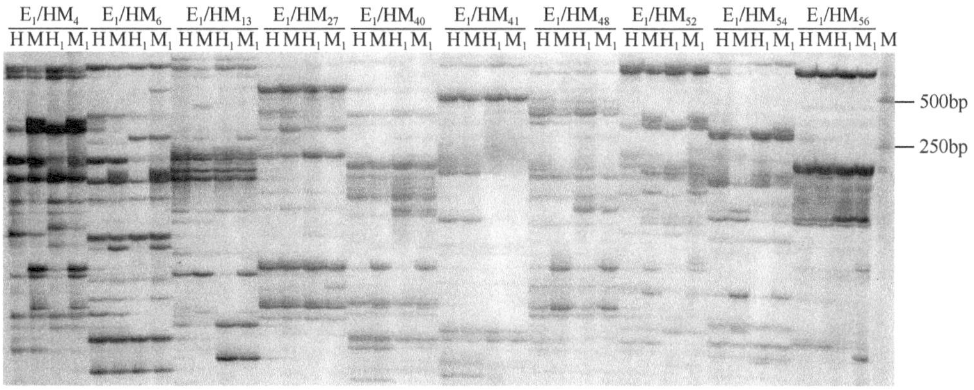

图 15-127 白花泡桐二倍体及其四倍体 DNA 甲基化模式变化

H. H_1 为 *Hap*Ⅱ/*Eco* R I 酶切；M. M_1 为 *Msp* I/*Eco* R I 酶切；H 和 M 泳道为二倍体的 MSAP 带型；H_1 和 M_1 泳道为四倍体的 MSAP 带型；下同

（2）毛泡桐四倍体 DNA 甲基化模式的变化

由表 15-25 和表 15-26 可知，毛泡桐同源四倍体的总甲基化多态性为 36.60%，甲基化（D 型）的比率为 63.40%，位点如图 15-128 所示。由此可见，在扩增的甲基化位点中，同源四倍体的去甲基化位点要比发生甲基化位点比率高。

表 15-25 毛泡桐二倍体及其四倍体 DNA 甲基化模式变化

酶切				DNA 甲基化状态变化		DNA 甲基化差异谱带数 二倍体–四倍体	带型
H	M	H	M	二倍体	四倍体		
1	1	0	1	CCGGGGCC	CCGGGGCC	32	A1
1	1	1	0	CCGGGGCC	CCGGCCGGGGCCGGCC	43	A2
0	1	0	0	CCGGGGCC	CCGGGGCC	123	A3
1	0	0	0	CCGGCCGGGGCCGGCC	CCGGGGCC	137	A4

续表

酶切				DNA 甲基化状态变化		DNA 甲基化差异谱带数 二倍体–四倍体	带型
H	M	H	M	二倍体	四倍体		
0	1	1	1	CCGGGGCC	CCGGGGCC	149	B1
1	0	1	1	CCGGGGCC	CCGGCCGGGGCCGGCC	22	B2
0	0	0	1	CCGGGGCC	CCGGGGCC	122	B3
0	0	1	1	CCGGGGCC	CCGGGGCC	79	B4
0	1	1	0	CCGGGGCC	CCGGCCGGGGCCGGCC	10	C
1	1	1	1	CCGGGGCC	CCGGGGCC	949	D1
1	0	1	0	CCGGCCGGGGCCGGCC	CCGGCCGGGGCCGGCC	51	D2
0	1	0	1	CCGGGGCC	CCGGGGCC	242	D3

注：C 和 CC 为胞嘧啶甲基化

表 15-26　毛泡桐二倍体及其四倍体 DNA 甲基化状态变化

倍性	甲基化带数	总甲基化多态性带数								单态性带数	
		A 型	比率/%	B 型	比率/%	C 型	比率/%	合计	比率/%	D 型	比率/%
二倍体–四倍体	1959	335	17.10	372	18.99	10	0.51	717	36.60	1242	63.40

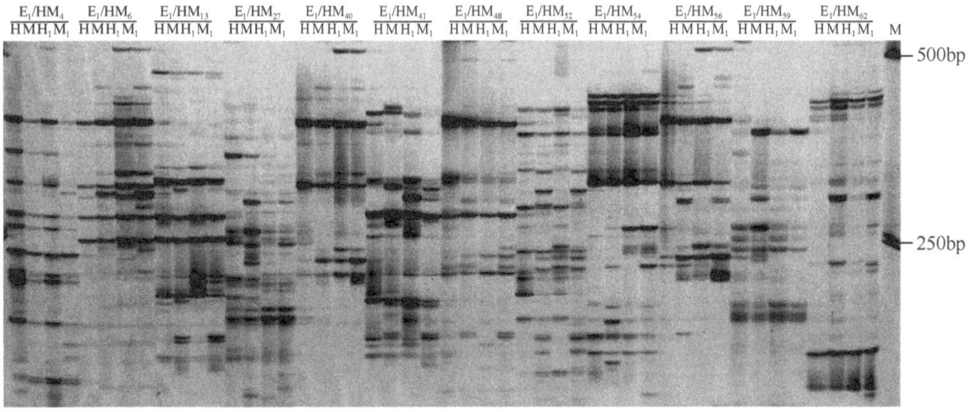

图 15-128　毛泡桐二倍体及其四倍体基因组 DNA 甲基化模式变化

（3）‘豫杂一号’泡桐四倍体 DNA 甲基化模式的变化

*Hap*Ⅱ/*Eco*RI 和 *Msp* I/*Eco*RI 酶切‘豫杂一号’泡桐二倍体和四倍体 DNA 后，MSAP 选择性扩增产物，扩增产物经电泳后结果（图 15-129，表 15-27 和表 15-28）显示，‘豫杂一号’泡桐二倍体和四倍体的 DNA 甲基化模式存在一定差异。‘豫杂一号’泡桐同源四倍体 DNA 甲基化多态性为 21.89%，DNA 甲基化单态性为 78.11%。也就是说，‘豫杂一号’同源四倍体泡桐 DNA 甲基化模式发生变化频率较高。

表 15-27　‘豫杂一号’泡桐二倍体及其四倍体 DNA 甲基化模式

酶切				DNA 甲基化状态变化		DNA 甲基化差异谱带数 二倍体–四倍体	带型
H	M	H	M	二倍体	四倍体		
1	1	0	1	CCGGGGCC	CCGGGGCC	17	A1
1	1	1	0	CCGGGGCC	CCGGCCGGGGCCGGCC	26	A2
0	1	0	0	CCGGGGCC	CCGGGGCC	59	A3
1	0	0	0	CCGGCCGGGGCCGGCC	CCGGGGCC	102	A4
0	1	1	1	CCGGGGCC	CCGGGGCC	89	B1
1	0	1	1	CCGGGGCC	CCGGCCGGGGCCGGCC	45	B2

续表

酶切				DNA 甲基化状态变化		DNA 甲基化差异谱带数 二倍体–四倍体	带型
H	M	H	M	二倍体	四倍体		
0	0	0	1	CCGGGGCC	CCGGGGCC	71	B3
0	0	1	1	CCGGGGCC	CCGGGGCC	30	B4
0	1	1	0	CCGGGGCC	CCGGCCGGGGCCGGCC	9	C
1	1	1	1	CCGGGGCC	CCGGGGCC	1181	D1
1	0	1	0	CCGGCCGGGGCCGGCC	CCGGCCGGGGCCGGCC	76	D2
0	1	0	1	CCGGGGCC	CCGGGGCC	342	D3

注：C 和 CC 为胞嘧啶甲基化

表 15-28　‘豫杂一号’泡桐二倍体及其四倍体 DNA 甲基化状态变化

倍性	甲基化带数	A 型		B 型		C 型		D 型	
		带数	比率/%	带数	比率/%	带数	比率/%	带数	比率/%
二倍体–四倍体	2047	204	9.97	235	11.48	9	0.44	1599	78.11

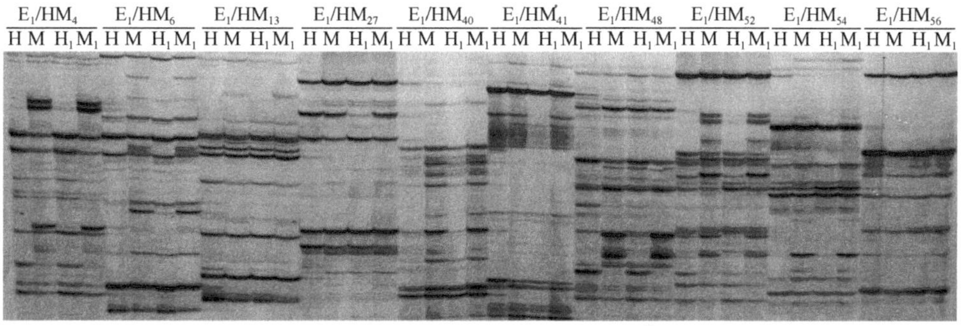

图 15-129　‘豫杂一号’泡桐二倍体及其四倍体 DNA 甲基化模式变化

（4）南方泡桐四倍体 DNA 甲基化模式的变化

从表 15-29、表 15-30 和图 15-130 可以看出，南方泡桐同源四倍体的总甲基化多态性比率为 40.80%，甲基化单态性（D 型）比率为 59.20%。结果表明，南方泡桐同源四倍体 DNA 的去甲基化发生频率高于其甲基化发生频率。

表 15-29　南方泡桐二倍体及其四倍体 DNA 甲基化模式

酶切				DNA 甲基化状态变化		DNA 甲基化差异谱带数 二倍体–四倍体	带型
H	M	H	M	二倍体	四倍体		
0	0	0	1	CCGGGGCC	CCGGGGCC	158	B3
0	0	1	1	CCGGGGCC	CCGGGGCC	192	B4
0	1	1	1	CCGGGGCC	CCGGGGCC	76	B1
1	0	1	1	CCGGGGCC	CCGGCCGGGGCCGGCC	23	B2
1	1	1	0	CCGGGGCC	CCGGCCGGGGCCGGCC	52	A2
1	1	0	1	CCGGGGCC	CCGGGGCC	23	A1
0	1	0	0	CCGGGGCC	CCGGGGCC	120	A3
1	0	0	0	CCGGCCGGGGCCGGCC	CCGGGGCC	86	A4
0	1	1	0	CCGGGGCC	CCGGCCGGGGCCGGCC	11	C
1	1	1	1	CCGGGGCC	CCGGGGCC	866	D1
1	0	1	0	CCGGCCGGGGCCGGCC	CCGGCCGGGGCCGGCC	36	D2
0	1	0	1	CCGGGGCC	CCGGGGCC	173	D3

注：C 和 CC 为胞嘧啶甲基化

表 15-30　南方泡桐二倍体及其四倍体 DNA 甲基化状态变化

倍性	甲基化带数	A 型		B 型		C 型		D 型	
		带数	比率/%	带数	比率/%	带数	比率/%	带数	比率/%
二倍体–四倍体	1816	281	15.47	449	24.72	11	0.61	1075	59.20

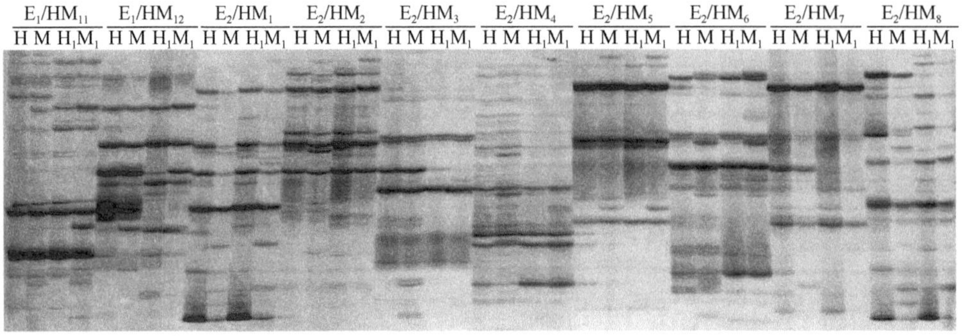

图 15-130　南方泡桐二倍体及其四倍体 DNA 甲基化模式变化

三、四倍体泡桐的转录组

基因组加倍产生的四倍体泡桐与其二倍体相比，由于表观遗传等发生变化，通常表现出新的优良表型，如四倍体泡桐相比之下生长更快，产量和品质提升，抗旱和盐胁迫等能力也有所增强等。因此基于转录组学的相关分析，对探索四倍体泡桐的优良分子机制具有重要意义。

（一）四倍体毛泡桐转录组

四倍体毛泡桐表现出比二倍体更高的产量和更强的抗性等优良性状，为了理解其与基因复制有关的分子机制，运用高通量测序技术对相关差异表达的单基因进行鉴定，并对两种倍性的毛泡桐的相关数据进行比较，其中在同源四倍体毛泡桐中发现了 2677 个显著差异表达的单基因，这可能与四倍体毛泡桐的优良性状相关。

分析发现，与二倍体泡桐相比，在光合生长方面，同源四倍体毛泡桐中编码捕光色素蛋白复合体（LHC）的差异表达基因全部上调。如图 15-131 所示，LHC 作为一种能量介质，能够参与有效光的捕获，促进光合作用的初级氧化还原反应，这些上调的差异表达基因能够增加四倍体毛泡桐的光合产物，还可进一步增强四倍体毛泡桐的细胞渗透调节能力。同时，与叶绿素合成密切相关的 6 个差异表达基因也出现上调，它们能够促进四倍体毛泡桐碳水化合物和生物质的积累。在光合作用途径中 2 个差异表达基因在四倍体毛泡桐中也出现上调。这些结果表明，四倍体毛泡桐可能主要通过提高酶活性和与光合作用相关的光合电子传递效率来提高光合作用，进而改善碳水化合物的生物合成及能量代谢。

在抗氧化方面，同源四倍体毛泡桐的过氧化物酶清除活性氧途径中的 21 个差异表达基因中，16 个出现上调，5 个出现下调。超氧化物歧化酶、过氧化氢酶等抗氧化酶能够降低活性氧，维持细胞膜的完整性，四倍体毛泡桐中过量表达的差异表达基因解释了同源四倍体毛泡桐相较于其二倍体表现出更高的抗氧化能力的原因。

在木材的质量方面，鉴定了四倍体毛泡桐在类苯丙酸生物合成途径中参与木质素合成的差异表达基因，如羟基肉桂酰辅酶 A、过氧化物酶（POD）和 β-葡萄糖苷酶等的差异表达基因都出现上调，其中 POD 是木质素生物合成最终途径的关键酶，POD 的上调可能引起四倍体毛泡桐的木质素增加。木质素是木材的主要成分，决定了木材的脆性和刚性，并且在保持细胞壁的结构完整性和保护植物免受病原体侵害方面也发挥着至关重要的作用。此外，也在四倍体毛泡桐中鉴定到一些间接影响木材品质的调控基因，如 *NAC*、*R2R3-MYB* 等。

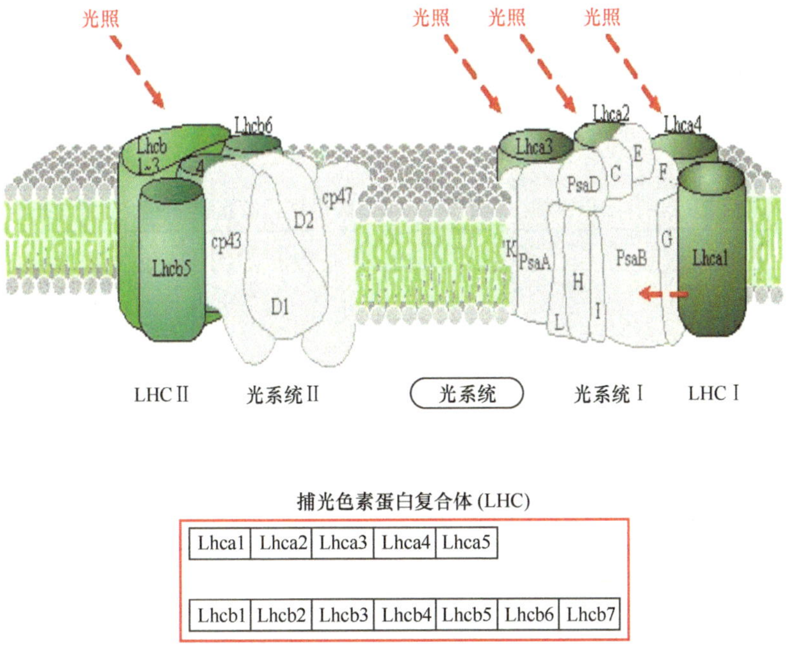

图 15-131　四倍体毛泡桐中关于光合作用的 LHC 的上调基因（红色框图内）

在关于抗非生物胁迫方面，常见的转录因子（TF）家族如 WRKY、MYB、NAC 和 R2R3-MYB 等都参与非生物胁迫。分析发现同源四倍体毛泡桐中的 MYB DNA 结合蛋白特别表达并上调，它能够激活或抑制内源基因的表达，并提高植物在各种环境中的适应性。同时 MYB DNA 连接蛋白的 B 调节因子有助于细胞分裂素（CTK）的增加，它不但能够增加植物对水分胁迫、冷害、植物疾病和害虫的耐受性，还在植株形态修饰方面发挥重要作用，这可能也与同源四倍体毛泡桐在植株高度、直径等方面优于其二倍体泡桐有关。此外，在淀粉和蔗糖代谢途径中也检测到 23 个差异表达基因。可以发现，与二倍体相比，同源四倍体毛泡桐可能通过调节内源基因表达和碳水化合物代谢的方式来适应非生物胁迫。

同时，在病原防御方面，四倍体泡桐中的 WRKY33 转录因子发生上调，WRKY33 是调节水杨酸盐和茉莉酸盐对植物防御素基因反应表达的级联的关键成员，该基因的上调有利于提高植物的抗性（Fan et al.，2015）。

综上可以发现，同源四倍体毛泡桐可能主要通过差异基因的表达，调控植物木质素生物合成、光合作用效率和产量、抗氧化酶活性和植物激素等，以提高生长速度、增强植物抗性、提升木材质量和调整植株形态等，进而使四倍体毛泡桐在生长、品质、抗性等方面表现出优良性状。

（二）四倍体白花泡桐转录组

四倍体白花泡桐同样表现出优于其二倍体的优良性状，通过使用 Illumina 基因组分析仪Ⅱx（GAⅡx）进行了转录组测序并对同源四倍体白花泡桐与其二倍体的转录组进行比较，发现在其完整的转录物中（18 984 个），共有 6.09%（1158 个）的转录本在同源四倍体白花泡桐和其二倍体之间存在明显的差异表达。与二倍体样本相比，同源四倍体白花泡桐中有 658 个转录本上调，500 个转录本下调。其中发生上调的转录本的差异在 2.17～10.65 倍，发生下调的转录本的差异在 2.59～10.89 倍。483 个转录本只在同源四倍体白花泡桐样本中被检测到，378 个转录本只在二倍体样本中被检测到。

将这些差异表达的转录本（DET）映射到 KEGG 数据库中，并与完整转录组进行比较，来重点寻找参与代谢途径的转录本。结果如表 15-31 所示，有多达 16 条 KEGG 途径被明显富集，其中“丙酮酸代谢”（map00620）、“光合生物的碳固定”（map00710）和“氧化磷酸化”（map00190）排名前三。“硫代谢”（map00920）和“光合作用–天线蛋白（map00196）”是能量代谢的一部分。在“氧化磷酸化”途径中，对应四个 V 型（液泡或液泡质子泵）H^+转运 ATP 酶亚单位的转录本被上调，分别是 K02155、K02147、K02154 和 K02145。“光合生物的碳固定”途径中对应于 K00025、K01006、K00873、K00029 和 K01595 五个酶的转录本中有 7 个发生上调，2 个发生下调。同时，这 5 个酶也在碳水化合物代谢相关的“丙酮酸代谢”途径中发挥作用，见表 15-32。

表 15-31　二倍体和四倍体的白花泡桐中 KEGG 通路显著富集了的差异表达转录本

路径条目	路径名称	DET 的数量	矫正 *P* 值
map00620	丙酮酸代谢	20	0.008
map00710	光合生物的碳固定	17	0.011
map00190	氧化磷酸化	11	0.023
map00720	原核生物的碳固定	9	0.009
map00860	卟啉和叶绿素的代谢	9	0.009
map00906	类胡萝卜素的生物合成	6	0.020
map00592	α-亚麻酸代谢	5	0.038
map00920	硫代谢	5	0.034
map00591	亚油酸代谢	5	0.015
map00670	叶酸-碳代谢通路	5	0.015
map00061	脂肪酸生物合成	4	0.021
map00590	花生四烯酸代谢	3	0.015
map00902	单萜类化合物的生物合成	3	0.012
map00196	光合作用-天线蛋白	2	0.038
map00785	硫辛酸的代谢	2	0.014
map00253	四环素的生物合成	2	0.016

表 15-32　白花泡桐中涉及前 3 个富集代谢通路的 14 个差异表达转录本的 KEGG 注释

组装转录本编号	KEGG 同源基因数据库编号	KEGG 描述	*E* 值	KEGG 代谢通路
m.14097	K02155	V 型 H^+转运 ATP 酶 16kDa 蛋白质亚单位	7.0×10^{-69}	map00190
m.54501	K02147	V 型 H^+转运 ATP 酶亚单位 B	1.0×10^{-45}	map00190
m.32555	K02154	V 型 H^+转运 ATP 酶亚单位 I	1.0×10^{-48}	map00190
m.33871	K02145	V 型 H^+转运 ATP 酶亚单位 A	1.0×10^{-48}	map00190
m.30899	K02144	V 型 H^+转运 ATP 酶 54kD 亚单位	7.0×10^{-48}	map00190
m.8309	K00029	苹果酸脱氢酶	1.0×10^{-34}	map00620，map00710
m.32221	K00029	（草酰乙酸-脱羧）（NADP+ ）	8.0×10^{-43}	map00620，map00710
m.28729	K00025	苹果酸脱氢酶	6.0×10^{-54}	map00620，map00710
m.37547	K01006	丙酮酸、正磷酸盐二激酶	6.0×10^{-46}	map00620，map00710
m.37548	K01006	丙酮酸、正磷酸盐二化酶	1.0×10^{-54}	map00620，map00710
m.41758	K00873	丙酮酸激酶	2.0×10^{-26}	map00620，map00710
m.43095	K00873	丙酮酸激酶	4.0×10^{-31}	map00620，map00710
m.50116	K01595	磷酸烯醇丙酮酸羧化酶	7.0×10^{-79}	map00620，map00710
m.50118	K01595	磷酸烯醇丙酮酸羧化酶	9.0×10^{-40}	map00620，map00710

为进一步探究二倍体白花泡桐与其同源四倍体白花泡桐遗传信息的差异，对与遗传信息存储和处理相关的差异表达转录本进行分析，发现在 KOG 数据库中有 135 个差异表达转录本被归入“信息存储和处理”这一大类中。其中含差异表达转录本最多的类别是“RNA 加工和修饰”，共有 49 个；其次是“翻译、核糖体结构和生物生成”类，有 37 个差异表达转录本，14 个发生上调，23 个下调；“复制、重组和修复”包括 17 个差异表达转录本，12 个发生上调，5 个下调；划入“转录”相关差异表达转录本也有 17 个；

归于“染色质结构和动态”的 8 个差异表达转录本中 6 个上调，2 个下调；这些结果表明遗传信息的传输通道可能在从二倍体到四倍体的转变过程中发生了变化。

根据表 15-32 和表 15-33 的相关内容，挑选 22 个差异表达转录本，利用 RT-qPCR 进行验证，结果如图 15-132 所示。有 12 个转录本在同源四倍体白花泡桐中的表达水平较其二倍体高，7 个转录本在同源四倍体中的表达水平低于其二倍体，3 个转录本在两者之间的表达几乎没有差异。12 个上调的转录本表明同源四倍体白花泡桐的能量和碳水化合物代谢水平可能高于其二倍体，其中 8 个上调的转录本与同源四倍体白花泡桐的碳固定有关，这有助于解释同源四倍体白花泡桐的木材密度和纤维长度比其二倍体优质的现象。而 7 个下调的转录本则证实了白花泡桐在多倍体化过程中染色质重塑、mRNA 加工和转录本调节等方面发生变化，有助于解释四倍体和二倍体泡桐的生理、生化和表型出现差异的可能原因（Zhang et al.，2014）。

表 15-33　白花泡桐中涉及遗传信息存储和处理的差异表达转录本的注释

组装转录本编号	功能描述	*E* 值
m.56286	5'-3'外切酶 HKE1/RAT1	9.0×10^{-11}
m.59998	染色质重塑复合物 SWI/SNF，组件 SWI2 和相关 ATP 酶（DNA/RNA 螺旋酶超家族）	4.0×10^{-27}
m.17815	染色质重塑蛋白 HARP/SMARCAL1，DEAD-box 超家族	8.0×10^{-7}
m.48610	聚腺苷酸结合蛋白（RRM 超家族）	7.0×10^{-6}
m.38370	翻译启动因子 3，亚单位 c（eIF-3c）	3.0×10^{-34}
m.58566	mRNA 裂解和聚腺苷酸化因子 II 复合体，BRR5（CPSF 亚单位）	1.0×10^{-110}
m.24433	RNA 解旋酶	9.0×10^{-6}
m.12316	含有 NAC 和翻译延伸因子 EF-TS，N 端结构域（TS-N）的转录因子	3.0×10^{-8}

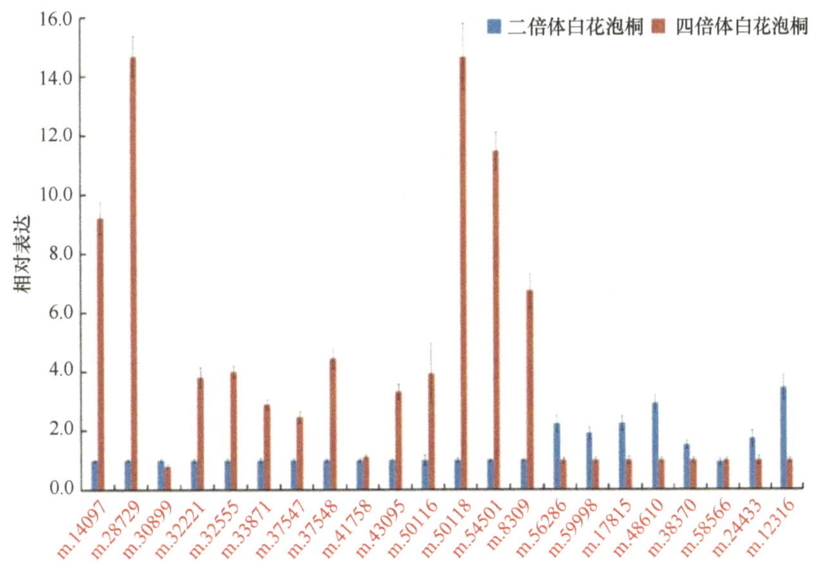

图 15-132　白花泡桐部分差异表达转录本的 RT-qPCR 分析结果
条形图表示平均值（±SD）

可以看出，在多倍体化的过程中，四倍体白花泡桐的转录本出现差异，使其固碳和能量代谢等能力上调，引起其生理、生化等差异，进而促使四倍体泡桐表现出生长快、木材质量好等优良特性。

（三）四倍体南方泡桐转录组

同源四倍体南方泡桐与二倍体南方泡桐相比，在产量、品质、生长和抗逆性方面也表现出明显优势。

为研究四倍体南方泡桐相较于其二倍体表现出优良特性的分子机制，使用 Illumina/Solexa 基因组分析仪平台，对二倍体和同源四倍体南方泡桐的转录组进行了配对末端测序，并比较了染色体加倍后基因表达的变化以探究引起性状差异的分子机制。

在分析中发现大量差异表达基因都与碳水化合物和能量代谢、细胞壁的生物合成、胁迫耐受性、刺激反应、细胞增殖、生长和生物调节相关，推测同源四倍体南方泡桐和其二倍体之间显著不同的生长速率、代谢活性和抗逆性差异可能与此有关。

首先是固碳和能量代谢方面，同源四倍体南方泡桐与其二倍体之间存在许多与碳和能量代谢相关的显著差异表达的单基因。许多参与光合作用碳固定、磷酸戊糖途径及编码光合作用 ATP 合酶 CF1 亚基等的差异表达基因在四倍体南方泡桐中发生显著上调，如编码叶绿素 a/b 结合蛋白的功能基因仅在四倍体泡桐中显著表达等。这解释了同源四倍体南方泡桐相较于其二倍体具有更强光合能力的部分可能原因。同时，四倍体南方泡桐中有较多参与氮代谢途径的相关差异基因也发生显著上调，如编码 NADH 的系列基因等。此外，四倍体南方泡桐在三羧酸循环（TAC）途径中也存在部分上调的差异表达基因，这都说明了同源四倍体南方泡桐具有较强的能量代谢能力。

其次是初级和次级细胞壁方面，四倍体南方泡桐中许多可能参与细胞分裂、膨胀、肌动蛋白骨架发育和果胶通路的差异表达基因发生显著上调。例如，参与分裂周期和果糖二磷酸醛缩酶的差异表达基因在四倍体南方泡桐中被上调 2.3～11.4 倍等。这都表明，四倍体南方泡桐比其二倍体发生了更多的初级和次级细胞壁的生物合成。此外，与次生细胞壁的纤维素合成、木质素生物合成和微纤维定向（微管蛋白）有关的差异表达基因在四倍体南方泡桐中也发生上调，由于微管蛋白在引导微纤维的定向和沉积中起着重要作用，该相关基因的上调可能引起四倍体南方泡桐具有更厚的壁和更高的木材密度，进而使四倍体南方泡桐表现出更好的木材特性和更快的生长速度。

同时在抗性方面，四倍体南方泡桐中大量编码转录因子和激酶的差异表达基因的表达都出现上调，如 ZFHD1 等。这些差异表达基因编码包括参与跨膜的被动和主动运输系统的水通道蛋白和离子通道蛋白、参与调节相容性溶质积累的 P5CS、参与保护和稳定细胞结构免受活性氧损伤的酶等。使得四倍体南方泡桐具有更强的适应生物和非生物胁迫的能力（Xu et al.，2015）。

综上，从转录组学角度出发，对同源四倍体南方泡桐相较于其二倍体而言具有更好的光合能力、生长速度、木材质量和抗性等优良性状的分子机制进行了解释。

（四）四倍体‘豫杂一号’泡桐转录组

同源四倍体‘豫杂一号’泡桐同样表现出比其二倍体更高的产量和抗性，为了理解与基因复制有关的分子机制并评估基因组复制对‘豫杂一号’泡桐的影响，使用 Illumina 测序技术对同源四倍体和二倍体‘豫杂一号’泡桐的转录组进行了比较，数据揭示了两个转录组之间基因表达的众多差异，包括 718 个上调和 667 个下调的差异表达基因。这有助于解释二倍体和同源四倍体‘豫杂一号’泡桐之间差异的分子机制。

转录组测序分析的结果表明四倍体‘豫杂一号’泡桐与其二倍体之间的形态学差异相关的差异表达基因主要分为三组。

第一组差异表达基因与细胞壁相关。四倍体‘豫杂一号’泡桐转录组中下调的差异表达基因中包括编码果胶细胞壁降解酶的基因，如尿苷二磷酸（UDP）酶切酶（PE）和聚半乳糖醛酸酶（PG），编码 PE 和 PG 的 3 个基因（*CL751.Contig2*、*CL5499.Contig1* 和 *CL9437.Contig2*），在四倍体‘豫杂一号’泡桐中分别下调 2.955 倍、2.359 倍和 2.331 倍，表明与二倍体‘豫杂一号’泡桐相比，同源四倍体‘豫杂一号’泡桐中发生的细胞壁降解更少。

第二组差异表达基因与光合作用相关。5 个参与光信号转导的基因，包括编码光敏色素（PHY）、光敏色素相互作用因子 3（PIF3）的差异表达基因等，在四倍体‘豫杂一号’泡桐中均出现上调，其中编码 TOC1 和 LHY/CCA1 的两个基因也均在四倍体中出现上调，它们与昼夜节律相关（图 15-133）。这说明同源四倍体‘豫杂一号’泡桐的光接收能力增强，光合作用速率提高，进而使得同源四倍体‘豫杂一号’泡桐具有更高的生长速率。

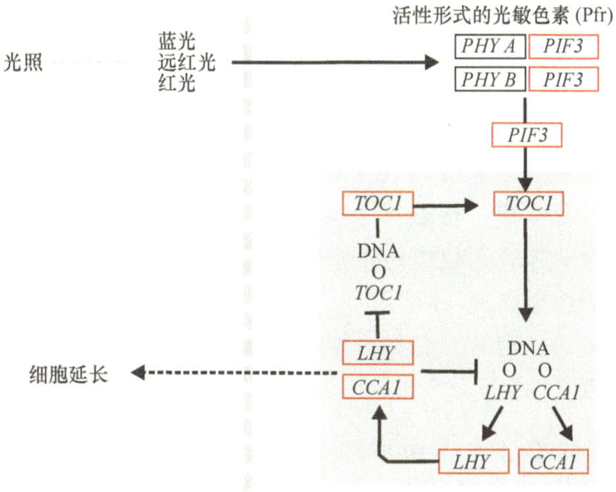

图 15-133 四倍体‘豫杂一号’泡桐光信号通路中上调的基因（红框中）

第三组差异表达基因与木质素生物合成相关，由图 15-134 可以看出，同源四倍体‘豫杂一号’泡桐与其二倍体相比，在木质素合成途径中，大量编码相应酶的转录因子出现上调，这为四倍体‘豫杂一号’泡桐具有更好的木材性质和较大的器官提供了解释（Li et al.，2014）。

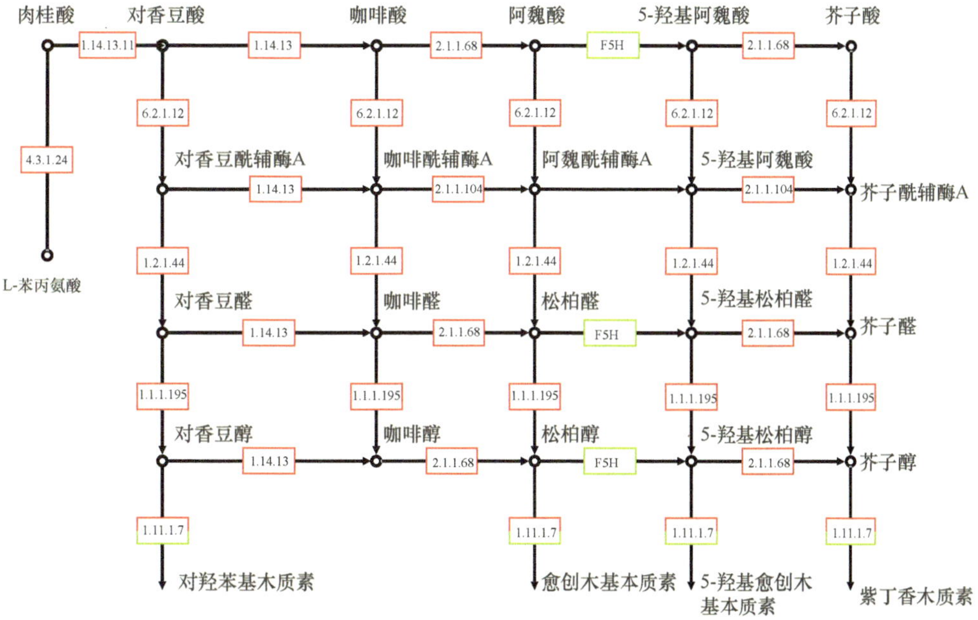

图 15-134 四倍体‘豫杂一号’泡桐木质素生物合成途径中上调的基因（红框中）

可以看出，同源四倍体‘豫杂一号’泡桐与其二倍体相比，通过增强细胞壁、提高光接收能力和光合效率及木质素积累等途径，表现出更好的产量和抗性。

四、四倍体泡桐蛋白质组学

高通量基因组和转录组测序技术为全面解析同源多倍体的基因组信息做出了巨大贡献，但由于蛋白质是基因的最终产物，是生物功能的直接执行者（Koh et al.，2012），因而蛋白质组是转录组的有效补充。此外，mRNA 与蛋白质之间并没有严格的线性关系（Gygi et al.，1999），因为转录后调控和翻译后修饰对蛋白质组有很大的影响（Alam et al.，2010），很难通过转录水平分析预测蛋白质的表达。因此，应用蛋白质组学方法研究同源多倍体将大大增加对其进化和适应性的理解。

迄今为止，只有少数研究检测了多倍体相对于其二倍体的蛋白质组变化，同源多倍体甘蓝（Albertin et al.，2005）、异源多倍体 *Tragopogon mirus*（Koh et al.，2012）、拟南芥多倍体（Ng et al.，2012）、四倍体刺槐（Wang et al.，2013b）和同源四倍体木薯（An et al.，2014）。然而，这些研究大多使用二维电泳，存在诸多问题，如疏水蛋白和低丰度、极端等电点等。同位素标记相对和绝对定量（iTRAQ）结合液相色谱-串联质谱（LC-MS/MS）技术，可以同时识别和定量多个样品中的蛋白质（Wiese et al.，2007），近年来被广泛应用于许多蛋白质组学研究。

因此，利用蛋白质组学的方法研究二倍体和四倍体泡桐的蛋白质组变化，对于更好地了解同源四倍体泡桐的优势性状具有重要意义。

（一）‘豫杂一号’泡桐四倍体蛋白质组

‘豫杂一号’泡桐是毛泡桐与白花泡桐杂交育种（*P. tomentosa* × *P. fortunei*）而成的优良品种。同源四倍体‘豫杂一号’泡桐具有包括抗旱性和抗丛枝病等优良性状，以‘豫杂一号’泡桐同源四倍体及其二倍体类型为材料，采用 iTRAQ 技术结合液相色谱-串联质谱（LC-MS/MS）技术，对同源二倍体、四倍体‘豫杂一号’泡桐叶片蛋白质组学变化进行了定量分析。共鉴定和定量了 2963 个蛋白质。其中，‘豫杂一号’泡桐四倍体与二倍体之间差异丰度蛋白 463 个，同源四倍体泡桐中非加性丰度蛋白 198 个，提示同源四倍体‘豫杂一号’泡桐在基因组合和加倍过程中存在非加性蛋白调控。研究发现，在 mRNA 水平发生显著变化的基因中，59 个基因编码的蛋白质的丰度水平变化一致，而另外 48 个表达水平变化显著的基因编码的蛋白质的丰度水平变化相反。在非加性蛋白中，参与翻译后修饰、蛋白转运和对胁迫反应的蛋白显著富集，这可能为同源多倍体的变异和适应提供了一些驱动力。实时荧光定量 PCR 分析证实了相关蛋白编码基因的表达模式。相关研究结果对基因组复制引起的蛋白质变化进行了阐述，还利用 RNA 测序数据对蛋白质丰度和 mRNA 表达水平的差异进行了相关性分析，提出了与泡桐适应性，特别是胁迫适应性相关的潜在目标基因。

通过 iTRAQ 对 Y2、Y2-2、Y4 和 Y4-2 幼苗叶片中提取的蛋白质进行定量蛋白质组学分析，共生成了 366 435 个蛋白质谱带。使用 Mascot 软件进行分析识别出 21 423 个与已知蛋白质匹配的谱带。其中，18 165 个特有谱带与 7477 个特有肽段和 2963 个蛋白质相匹配（图 15-135A），其中约 54%的蛋白质至少包含两个肽段（图 15-135B）。

这些蛋白质绝大多数大于 10kDa，尽管它们的分子量范围很广（图 15-135C）。大多数鉴定的蛋白质具有良好的肽覆盖率；59%的序列覆盖率超过 10%，33%的序列覆盖率为 20%（图 15-135D）。

差异丰度蛋白（DAP）的定义为相对丰度变化大于 1.2 倍且差异具有统计学意义（$P<0.05$）的蛋白质。在 Y4 和 Y2 的比较中，共识别出 463 个 DAP，265 个丰度较高，198 个丰度较低。在数量较多的前 10 个 DAP 中，只有 5 个可以与 GenBank 中具有已知功能的蛋白质相匹配。这些蛋白质被注释为脂质转移蛋白 2（*Salvia miltiorrhiza*，ABP01769.1gi144601657），40S 核糖体蛋白 S20-2 亚型 1（葡萄，XP_002265347.1），苯香豆素苄基醚还原酶同源物 Fi1（连翘，AAF64174.1），葡萄糖-6-磷酸脱氢酶（辣椒，AAT75322.1），叶绿素酶（田菁，BAG55223.1）。在前 10 个含量较低的蛋白质中，有 8 个可能与 GenBank 中具有已知功能的蛋白质相匹配。这些蛋白质被注释为乙酰拉马兰乙酰酯酶（*Striga asiatica*，ABD98038.1）、乙草酸酶 I（*Avicennia marina*，AAK06838.1）、乙酰拉马兰乙酰酯酶（*Striga asiatica*，ABD98038.1）、油菜素调节蛋白 BRU1（*Vitis vinifera*，XP_002270375.1）、甲基转移酶 DDB_G0268948（番茄，XP_004237334.1）、蛋白VITISV_028080（*V. vinifera*，CAN70727.1）、miraculin-like 蛋白（*V. vinifera*，

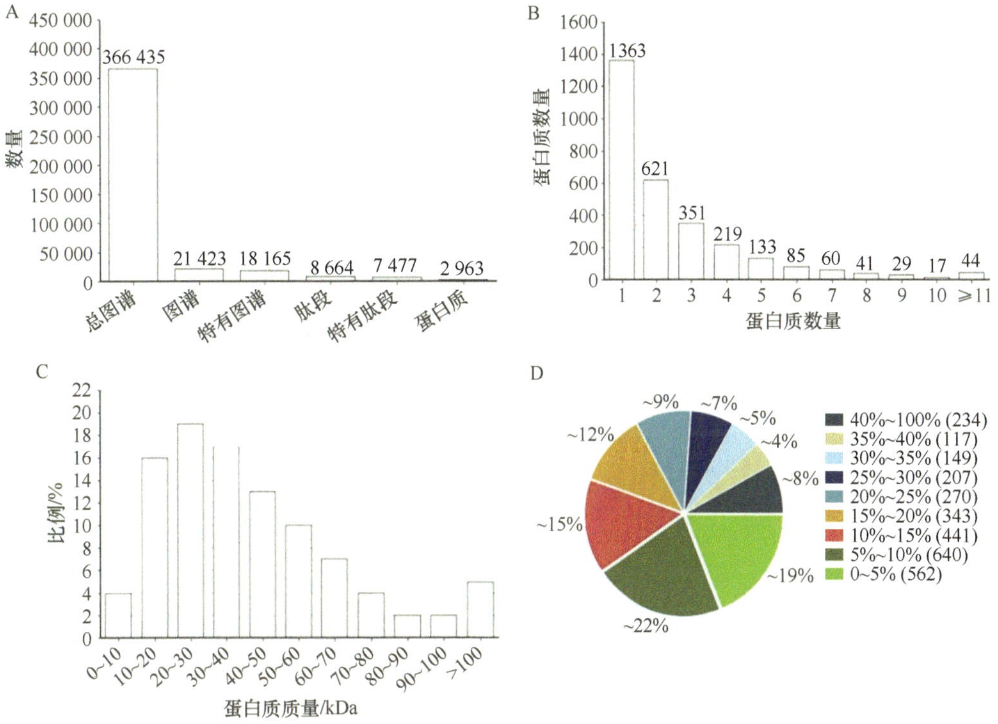

图 15-135　基于 iTRAQ 的蛋白质组

A. 通过搜索‘豫杂一号’转录组数据库，从 iTRAQ 蛋白质组中识别出的谱带、多肽和蛋白质；B. 使用 MASCOT 匹配蛋白质的多肽数量；C. 不同分子量蛋白质的分布；D. 识别的多肽覆盖的蛋白质。D 图的图例中百分数范围是蛋白的覆盖率，括号中的数字表示该覆盖率范围的蛋白数量，饼图里的百分数是基于括号中数字计算的百分比。图 15-139 同

XP_002266302.2）和 PRUPE_ppa005409mg（*Prunus persica*，EMJ12790.1）。有趣的是，在泡桐 Y4 和 Y2 的比较中发现了在泡桐耐胁迫反应中起重要作用的蛋白质。这些蛋白质包括 XP_002266352.1、XP_002329905.1、XP_004234931.1、XP_002513962.1、XP_004229610.1、XP_004234945.1、XP_002263538.1、xp_004246530.1、CAA54303.1、XP_004236869.1、XP_004246134.1、ABJ74186.1、AEO19903.1、XP_002276841.1、AFU95415.1、ABB16972.1、AFH08831.1、NP_178050.1、XP_002333019.1、AAK06838.1、XP_004234985.1、P32980.1、AA86324.1、CBI20688.3、ABK32073.1、ABK55669.1、XP_002320236.1、AFC01205.1、CAA06961.1、EMJ16250.1、ABF97414.1、AEO19903.1、AFA35119.1、CBI20065.3、O49996.1、CAJ00339.1、ADK70385.1、NP_001117239.1、ABK32883.1、CAJ19270.1、CAJ43709.1、XP_003626827.1、BAF62340.1、CAA82994.1、AEO45784.1、BAA89214.1、CAN74175.1、CAM84363.1、ABK94455.1、CBI24182.3、XP_002519217.1、XP_004251036.1、CAC43323.1、BAD02268.1、CAH17549.1、XP_002298998.1、ABS70719.1、CAH17986.1、XP_002513962.1、AFK42125.1、AFP49334.1、EMJ28736.1、XP_002276841.1、XP_002315944.1、CAC43318.1、P84561.1、CBI34207.3、AEG78307.1、CAH58634.1、AFM95218.1、AFJ42571.1、BAD10939.1、CBI21031.3、XP_002305564.1、XP_002313736.1、XP_004237334.1、YP_636329.1、AFJ42575.1、NP_001234431.1。

为了进行功能分析，对所有定量的蛋白质进行 GO 分析。在生物过程下，代谢过程（1950 个）和细胞过程（1830 个）是最具代表性的组；在细胞组分下，细胞（2290 个）和细胞部分（2290 个）是最大的两个类群；在分子功能下，催化活性（1518 个）和结合活性（1331 个）的表达最多（图 15-136）。这些结果表明，所识别的蛋白质几乎参与了‘豫杂一号’泡桐代谢的各个方面。

为了进一步了解这 2963 个蛋白质的功能，使用 COG 数据库将它们划分为 23 个类别。代表性最高的功能类别是“一般功能预测”和“翻译后修饰、蛋白质折叠、伴侣蛋白”，分别占鉴定蛋白的 16%和 14%（图 15-137）。

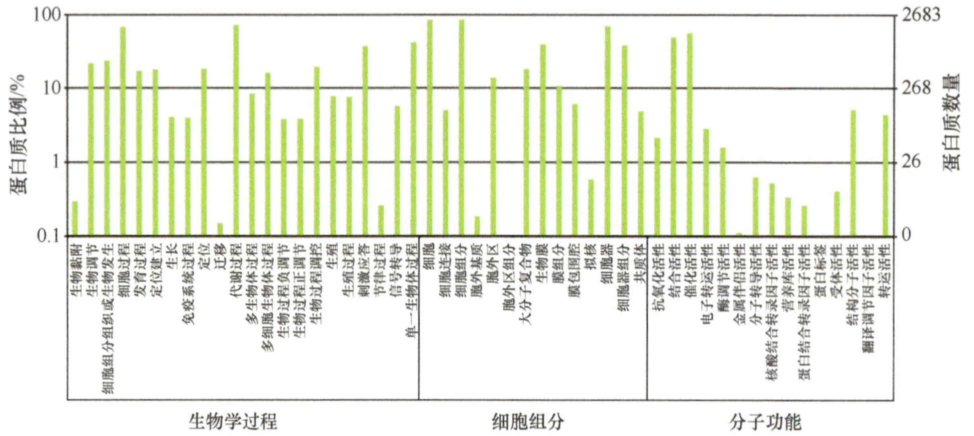

图 15-136　‘豫杂一号’叶片蛋白质组中蛋白质功能分类

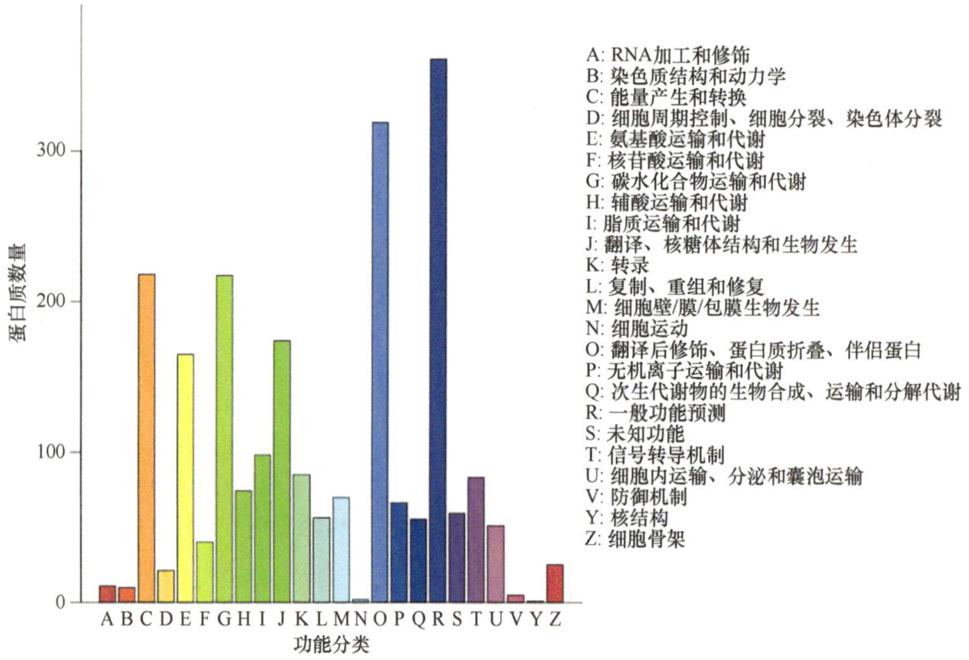

图 15-137　对‘豫杂一号’叶片蛋白质组 COG 功能分类注释

在更进一步的分析中，注释蛋白被映射到 121 个 KEGG 通路上。其中，“代谢途径”（758 个）的表达率显著高于其他途径，其次是“次生代谢产物生物合成”（455 个）和“核糖体”（116 个）。基于 KEGG 分析得出结论，大多数映射蛋白可能影响细胞成分的生物生成、翻译后修饰、蛋白质转运和对刺激的反应。

基于‘豫杂一号’四倍体（Y4）与二倍体（Y2）的比较，使用 GO、COG 和 KEGG 数据库检索和分析 DAP。DAP 被分配到三个主要 GO 类别下的 51 个功能组（图 15-138）。在生物学过程中，代谢过程和细胞过程最具代表性；在细胞组分方面，细胞和细胞部分是最大的两个类群；在分子功能方面，催化活性和结合活性表现最明显。有趣的是，DAP 的 GO 分类与所有已识别蛋白质的分类相似。在生物学过程、细胞成分和分子功能下，所有蛋白质和 DAP 亚群的 GO 富集项都是相同的。认为这些富集项可能与同源四倍体有关。

为了预测和分类 DAP 的可能功能，将它们分配到 COG 类别。根据其与 GenBank 中已知蛋白质的序列同源性，将 355 个 DAP 分为 20 类（表 15-34），占所有蛋白质的 11.98%。“翻译后修饰、蛋白质折叠、伴侣蛋白”类共 48 个，数量最多，其次是“能量产生和转换”（47 个）、“翻译、核糖体结构和生物发生”（46 个）、“一般功能预测”（41 个）、“碳水化合物运输和代谢”（38 个）、“氨基酸运输和代谢”（27 个）和“辅酶运输与代谢”（17 个）。最小的组是“细胞内运输、分泌和囊泡运输”，只有一种蛋白质。

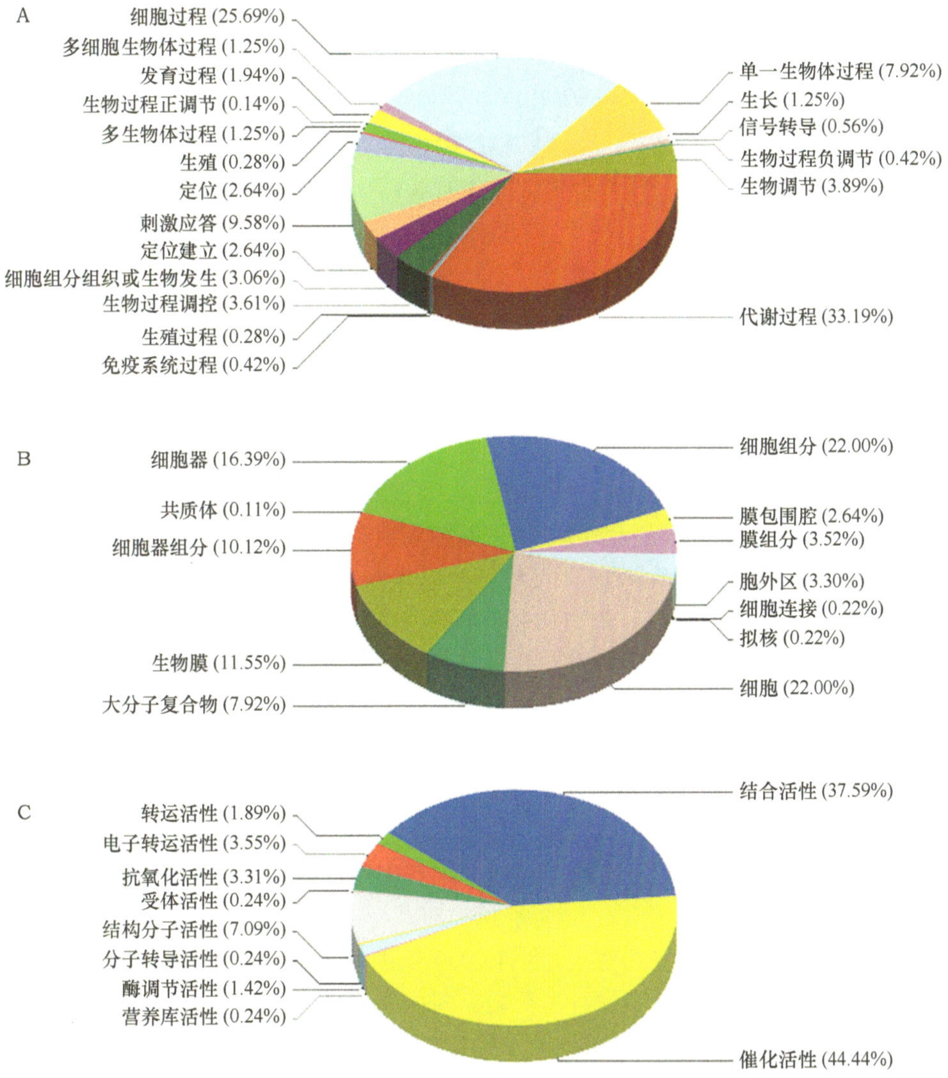

图 15-138　‘豫杂一号’叶片中检测到的 DAP 基因本体（GO）分类

A. 生物学过程 GO 分析；B. 细胞组分 GO 分析；C. 分子功能 GO 分析

表 15-34　‘豫杂一号’叶片中 DAP 的功能类别统计

编号	功能分类	DAP 数量
B	染色质结构和动力学	0
C	能量产生和转换	47
D	细胞周期控制、细胞分裂、染色体分配	2
E	氨基酸运输和代谢	27
F	核苷酸运输和代谢	6
G	碳水化合物运输和代谢	38
H	辅酶运输和代谢	17
I	脂质运输和代谢	13
J	翻译、核糖体结构和生物发生	46
K	转录	9

续表

编号	功能分类	DAP 数量
L	复制、重组和修复	4
M	细胞壁/膜/包膜生物发生	13
O	翻译后修饰、蛋白质折叠、伴侣蛋白	48
P	无机离子运输和代谢	17
Q	次生代谢产物的生物合成、运输和分解代谢	4
R	一般功能预测	41
S	未知功能	8
T	信号转导机制	9
U	细胞内运输、分泌和囊泡运输	1
Z	细胞骨架	3

DAP 被映射到 77 个 KEGG 代谢途径："代谢途径""次生的生物合成及代谢""核糖体""光合作用"高度富集，其次是"乙醛酸盐和二羧酸盐代谢""氨基糖和核苷酸糖代谢""丙酮酸盐代谢""光合生物的碳固定""其他聚糖降解""糖酵解/糖异生""淀粉和蔗糖代谢""内质网中的蛋白质加工"。

为了解释生物过程，如基因表达、蛋白质相互作用与细胞系统的结构和功能，研究蛋白质丰度和 mRNA 转录水平的相关性是必要的。但在不同的研究和不同的植物组织中，它们之间的相关系数是不同的。在酵母中，转录水平和蛋白质丰度之间有良好的相关性（Lackner et al.，2012），而在大多数植物组织中，如拟南芥的叶片和根（Lan et al.，2012；Ng et al.，2012）、油菜（Marmagne et al.，2010）、*Tragopogon mirus*（Koh et al.，2012）和小麦（Song et al.，2007），仅发现有限的相关性。一般来说，蛋白质丰度和 mRNA 表达水平之间的低相关性更常被观察到，而且更普遍。在 Lan 等（2012）进行的一项研究中，把 RNA 测序和基于 iTRAQ 的蛋白质组学都用于生成拟南芥根系的基因组表达和蛋白质组丰度数据，并报道了不一致的变化。

为了比较蛋白质丰度与转录水平的变化，将 iTRAQ 识别的丰度高和丰度低的 DAP 与之前转录组分析中识别的差异表达基因的上调和下调进行了比较。根据 $\log_2$ 比值＞1，P＜0.001，FDR＜0.001 的绝对倍数变化值筛选差异表达唯一基因（UniGene）。RNA 测序共检测到 1808 个相应的蛋白质编码基因。在表达水平发生显著变化的基因中，59 个基因编码的蛋白质丰度水平发生相应变化；这些基因中有 37 个表达上调，22 个表达下调，对应的蛋白质含量分别增加和减少。另有 48 个基因的表达水平发生显著变化，其编码的蛋白质丰度水平发生相反变化。发现有 252 个基因的转录水平发生了显著变化，而相应的蛋白质的丰度没有变化。相反，356 个蛋白质的丰度水平发生了显著变化，而对应的编码基因的表达水平没有变化。

上述研究结果显示，'豫杂一号'泡桐蛋白质组与转录组结果存在一定的相关性，但在部分鉴定到的组分中，两者相关性较小，甚至呈负相关。有几个因素可以解释蛋白质丰度和 mRNA 表达水平之间缺乏一致性。首先，人们普遍认为转录后调控和翻译后修饰可以控制翻译效率，这些过程可能导致 mRNA 表达水平和蛋白质丰度之间的不一致。例如，小 RNA，包括 microRNA，调节其靶基因的表达，在许多生物过程中发挥重要作用（Ha et al.，2009）。其次，检测 mRNA 表达和蛋白质丰度的不同实验技术的局限性可能在很大程度上导致了这个问题。最后，转录和翻译过程具有时间和空间的双重特征，使用不同的植物组织可能会导致不同的结果。对整个组织的蛋白质组学研究可能会描绘出更全面的图景，但对特定细胞器的研究可能会更准确地显示出差异。总之，上述研究结果对基因组复制引起的蛋白质变化进行了阐述，提出了与泡桐适应性，特别是胁迫适应性相关的潜在目标基因。

（二）白花泡桐四倍体蛋白质组

以二倍体和同源四倍体白花泡桐幼苗为材料，检测了盐胁迫下植物叶片蛋白质的变化。基于 Multiplex run iTRAQ 的定量蛋白质组学和 LC-MS/MS 方法鉴定了多达 152 个差异丰度蛋白。生物信息学分析表明，白花泡桐叶片对盐胁迫的反应是通过诱导代谢、信号转导和转录调控等共同反应机制进行的。本研究有助于更好地理解白花泡桐耐盐机制，并为植物（尤其是林木）的盐适应提供潜在的靶基因。

从对照和盐处理的二倍体（PF2、PFS2）和四倍体白花泡桐（PF4、PFS4）幼苗叶片中提取蛋白质，共生成 312 926 个谱带。用 Mascot 软件识别了 34 608 个与已知蛋白相匹配的蛋白质。其中，23 881 个特有谱带与 7040 个特有肽段和 2634 个蛋白质相匹配（图 15-139A），其中约 66%的蛋白质至少包含两个特有肽段（图 15-139B）。这些蛋白质绝大多数都大于 10kDa，尽管它们的分子量范围很广（图 15-139C）。大多数鉴定的蛋白质具有良好的肽覆盖率；45%的序列覆盖率超过 10%，22%的序列覆盖率为 20%（图 15-139D）。

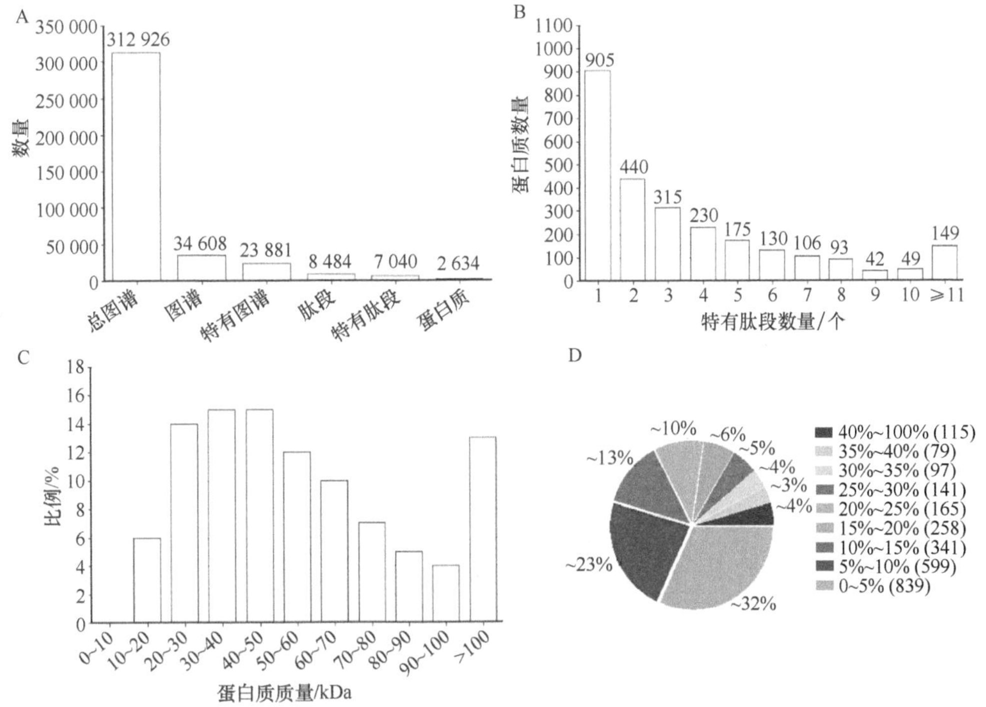

图 15-139　基于 iTRAQ 的泡桐蛋白质组研究综述

A. 从泡桐转录组数据库中检索到的谱带、多肽和蛋白质；B. 使用 Mascot 与蛋白质匹配的多肽数量；C. 鉴定蛋白质的分子量分布情况；D. 已识别的多肽对蛋白质的覆盖

为了进行功能分析，对所有定量蛋白质进行了 GO 分析。在生物学过程类别下，代谢过程（1 305 个）和细胞过程（1003 个）是最具代表性的组；在细胞组分类别下，细胞和细胞组分（1040 个）是两个最大的组；在分子功能类别下，以催化活性（1153 个）和结合活性（900 个）最多（图 15-140）。这些结果表明，所鉴定的蛋白质几乎参与了白花泡桐代谢的各个方面。

为了进一步了解这 2634 个蛋白质的功能，将它们分配到 COG 数据库中的 24 个类别中。代表性最高的功能类别是“一般功能预测”和“翻译后修饰、蛋白质折叠、伴侣蛋白”，分别约占鉴定蛋白质的 14%和 12%（图 15-141）。

注释蛋白被映射到 128 个 KEGG 通路上。其中，“代谢途径”（830 条）的表达率显著高于其他途径，其次是“次生代谢产物生物合成”（452 条）和“碳代谢”（192 条）。基于这些分析得出结论，大多数映射蛋白可能影响细胞成分的生物生成、翻译后修饰、蛋白质折叠和对刺激的反应。

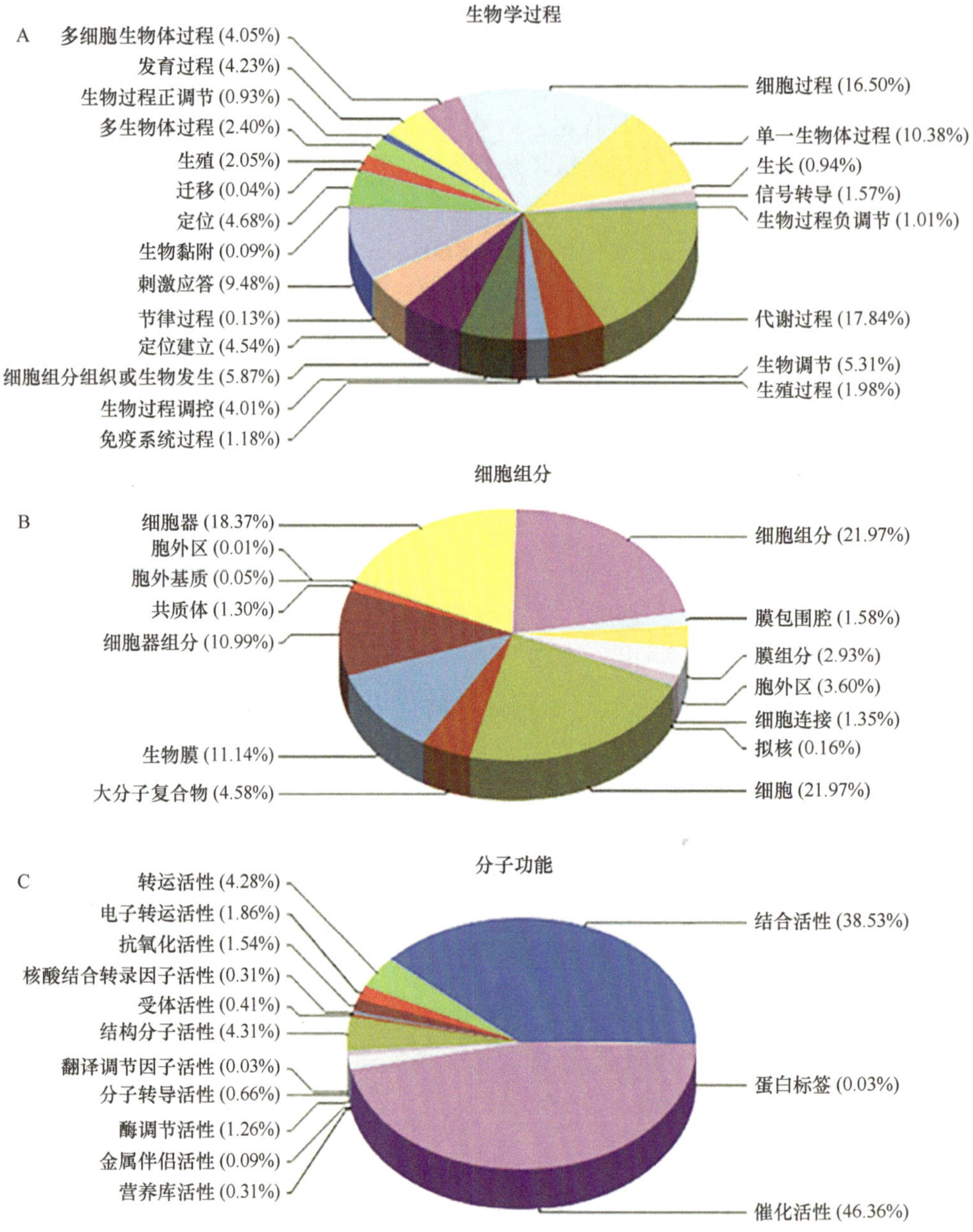

图 15-140 泡桐叶片中不同蛋白的 GO 分析

差异丰度蛋白（DAP）是指相对丰度变化为 1.2 倍或<0.84 倍且差异显著（$P<0.05$）的蛋白质。在 PF4 与 PF2 比较中，共鉴定出 767 个 DAP；360 个比较丰富，407 个比较不丰富。在 PFS2 与 PF2 比较中，共鉴定出 916 个 DAP，488 个较丰富，428 个较不丰富。在 PFS4 与 PF4 比较中，共识别出 712 个 DAP，390 个较丰富，322 个较不丰富。在 PFS4 与 PFS2 比较中，共识别出 693 个 DAP，399 个较丰富，294 个较不丰富。在二倍体和同源四倍体植物中鉴定了 PFS2 与 PF2 及 PFS4 与 PF4 比较的共同 DAP，以检测与盐胁迫有关的 DAP。然后将这些常见 DAP 的列表与 PF4 和 PF2 比较中的 DAP 列表进行比对，确定它们为仅在同源四倍体植物中与盐胁迫有关的 DAP。

然后利用 GO、COG 和 KEGG 数据库对同源四倍体特异性盐胁迫 DAP 进行分析。共有 152 个 DAP 被分配到三个主要 GO 类别下的 26 个官能团（图 15-142）。

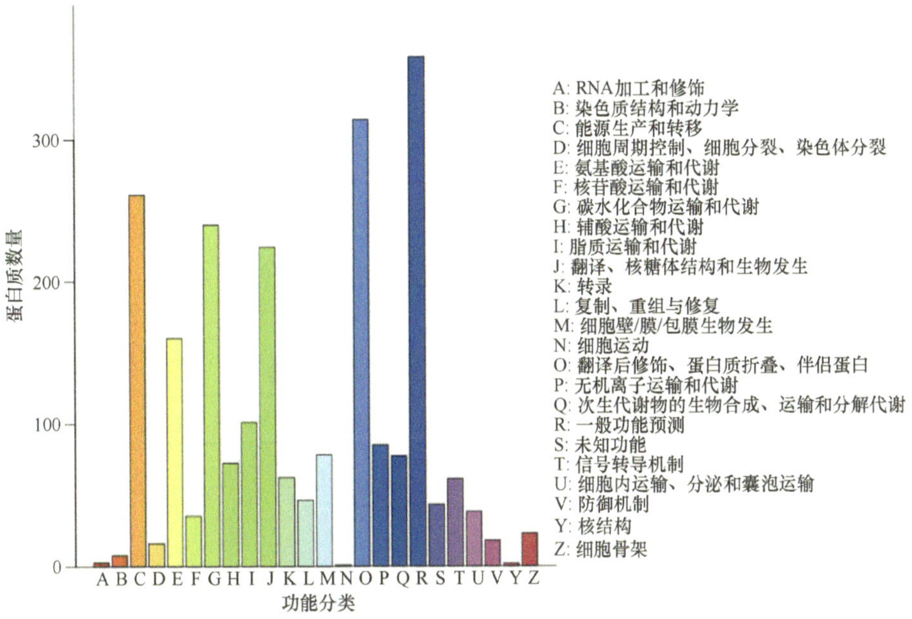

图 15-141　泡桐叶片不同蛋白质的同源基团簇功能分类

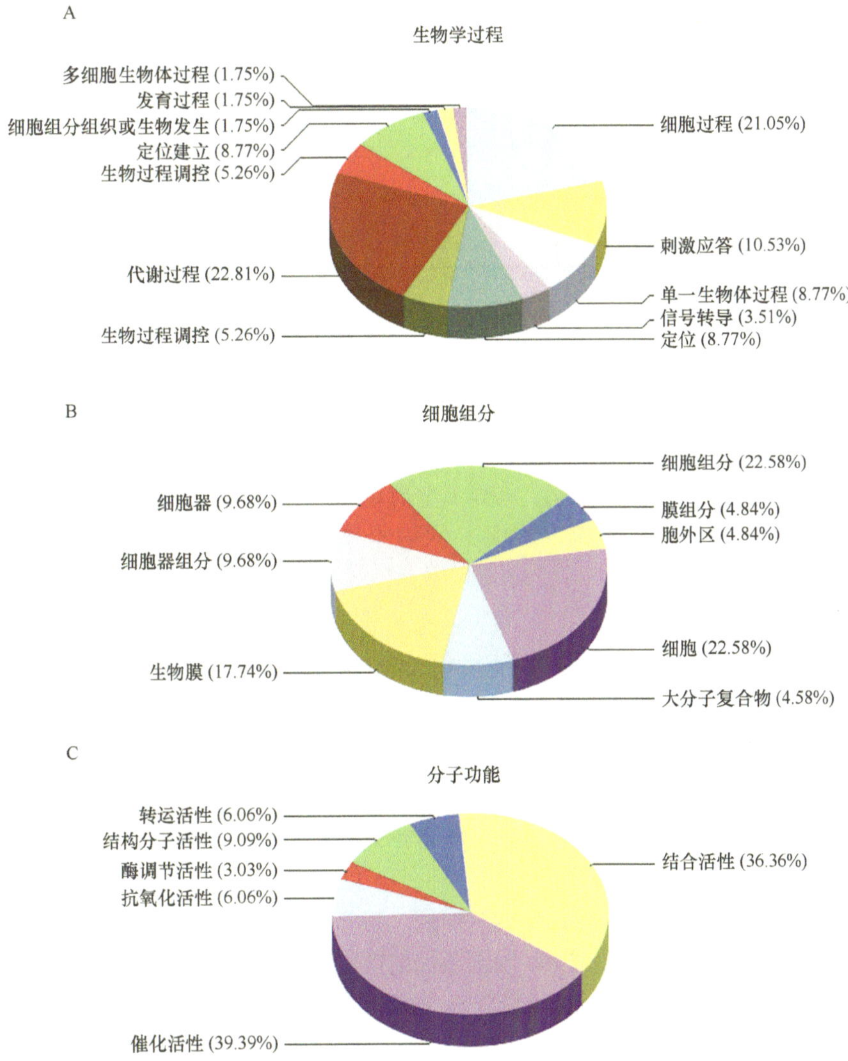

图 15-142　泡桐叶片差异丰度蛋白的 GO 分析

在生物学过程中，代谢过程和细胞过程最具代表性；在细胞组分中，细胞和细胞部分是最大的两个类群；在分子功能方面，催化活性和结合活性表现最明显。有趣的是，DAP的GO分类与所有已识别蛋白质的分类相似。在生物学过程、细胞组分和分子功能下，所有蛋白质和同源四倍体特异性盐胁迫DAP亚群的GO富集项相同。

为了预测和分类DAP的可能功能，将它们分配到COG类别。根据其与GenBank中已知蛋白质的序列同源性，28个DAP（占所有蛋白质的1.06%）被分为11类（表15-35）。“翻译后的修饰、蛋白质折叠、伴侣蛋白”类含有5种蛋白质，数量最多，其次是“能量产生和转换”（4种）、“翻译、核糖体结构和生物发生”（4种），“碳水化合物的运输和代谢”（4种），“一般功能预测”（3种）。

表15-35　白花泡桐叶片DAP的功能种类统计

编号	功能分类	DAP数量
C	能量产生和转换	4
E	氨基酸运输和代谢	2
G	碳水化合物运输和代谢	4
I	脂质运输和代谢	1
J	翻译、核糖体结构和生物发生	4
M	细胞壁/膜/包膜生物发生	2
O	翻译后修饰、蛋白质折叠、伴侣蛋白	5
P	无机离子运输和代谢	1
Q	次生代谢产物的生物合成、运输和分解代谢	1
R	一般功能预测	3
S	未知功能	1

为确认iTRAQ分析鉴定的DAP，采用RT-qPCR检测相应基因的转录本表达水平。RT-qPCR结果显示，在PFS2与PF2、PFS4与PF4比较中，其中，1个DAP对应的基因表达量与iTRAQ LC-MS/MS分析结果一致，而3个DAP对应的基因表达量则呈现相反的趋势。而在PFS2与PF2比较中，6个DAP对应的基因表达量在RT-qPCR和iTRAQ分析中呈现相同趋势，只有2个表达量相反。在PFS4与PF4比较中，7个DAP对应的基因表达量呈现相反趋势，只有1个表达量相同。这些差异可能归因于转录后和翻译后调节过程，可能一定程度上解释白花泡桐二倍体、四倍体对盐胁迫的反应。

（三）南方泡桐四倍体蛋白质组

多倍化是增加植物器官的大小和增强对环境胁迫的耐受性的原因。四倍体南方泡桐植株表现出优于二倍体的性状。前期的转录组学研究发现了一些相关基因，但调节南方泡桐主要特征和多倍体化影响的分子和生物学机制仍不清楚。比较了南方泡桐同源四倍体和二倍体植物蛋白质组，共鉴定和定量了3010个蛋白质，其中差异丰度蛋白773个。同源四倍体植株中与细胞分裂、谷胱甘肽代谢、纤维素、叶绿素和木质素合成相关的蛋白质含量差异较大。这些结果有助于补充基因组和转录组数据，对于深入认识对南方泡桐多倍化事件引起的变异机制有重要作用。

二倍体、四倍体叶片间表型差异如图15-143所示。与PA2植株相比，PA4植株的叶长和叶宽更大。与PA2相比，PA4细胞数量减少，尺寸增大。PA4植株的叶绿素含量也高于PA2植株，这可能是因为PA4叶片较厚的栅栏组织中含有大量的叶绿体，这是光合作用的主要场所。总体而言，这些变化可能导致在PA4植株中观察到更高的净光合速率。

图 15-143　南方泡桐二倍体（PA2）和四倍体（PA4）叶片表型的比较

A. PA2 的叶片；B. PA4 的叶片；C. 叶片长度和宽度；D. 叶片叶绿素含量。比例尺 =1cm。误差条表示平均的标准误差。
*. PA2 与 PA4 差异有统计学意义（$P<0.05$）

对 PA2 和 PA4 叶片中提取的蛋白质使用 iTRAQ 方法进行分析。为了使识别的蛋白质数量最大化，在数据库搜索过程中将肽段匹配误差限制在 10ppm 以下，共得到 366 435 个谱带。基于 Mascot 分析，获得了 21 982 个谱带，其中 17 230 个是特异谱带。鉴定了 8665 个肽，包括 7575 个特异肽和 3010 个蛋白质。为了描述这 3010 个被识别的蛋白质的功能，首先将它们映射到 COG 数据库。这些蛋白质被定位到 23 个类别。在 GO 分析中，鉴定出的蛋白质分为 54 组。为了预测识别的蛋白质所参与的主要代谢和信号转导通路，将其映射到 KEGG 通路，这些蛋白质被定位到 120 个通路。

在 3010 个鉴定蛋白质中检测到 773 个 DAP，其中 PA4 中 410 个 DAP 丰度高于 PA2，363 个 DAP 丰度低于 PA2（图 15-144）。使用 GO 富集分析来确定 DAP 的主要生物功能。生物过程类别下，“叶绿素生物合成过程”“氧化还原辅酶代谢过程”“光合作用” 等 122 个 GO 类别显著富集（$P<0.05$）。在细胞组分类别下，“叶绿体部分”、“质体部分” 和 “类囊体部分” 等 69 个 GO 显著富集。

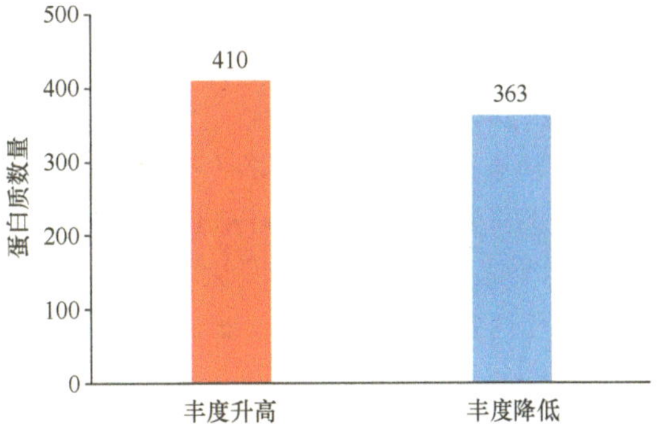

图 15-144　PA2 和 PA4 中差异丰富的蛋白质

分析表明，“铜离子结合”“离子结合”“过渡金属离子结合”等 49 个 GO 显著富集（图 15-145）。DAP 还被映射到 101 条 KEGG 代谢途径，包括高度富集的 “光合作用”“乙醛和二羧酸盐代谢”“代谢途径”

“谷胱甘肽代谢”“光合生物的碳固定”途径。在受 WGD 影响的蛋白质中，与细胞分裂、呼吸作用、叶绿素生物合成、碳固定和木质素生物合成相关的 DAP 可能为 WGD 诱导的变化提供相关信息。

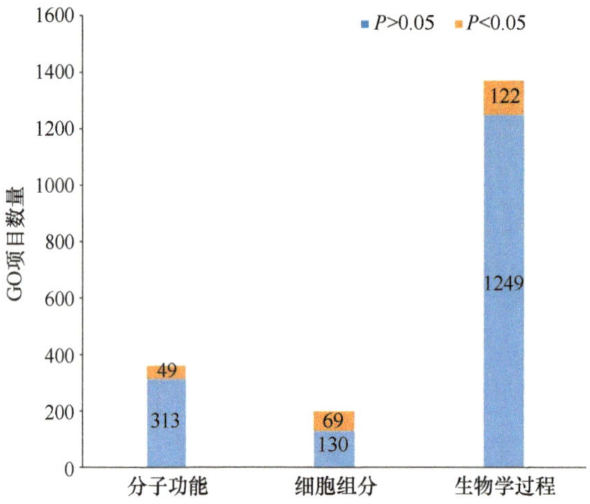

图 15-145　PA2 和 PA4 中差异蛋白的 GO 富集分析

$P<0.05$ 表示 GO 组显著富集

通过对转录组和蛋白质组数据的联合分析，可以评估转录和蛋白质图谱之间的一致性。iTRAQ 鉴定的具有转录变化的蛋白质被认为与转录组相关，研究了 iTRAQ 识别的 DAP 谱与先前研究中转录组水平数据中的 mRNA 表达谱之间的相关性。检测到 93 272 个在 PA2 和 PA4 植物中表达差异的 Unigene。其中，确定了 16 490 个差异表达 Unigenes（DEU），以确定基因表达的显著差异。通过 PA2 和 PA4 植物的比较，鉴定出 3010 个蛋白质和 93 272 个 Unigene。确定了 3010 个蛋白质与转录组相关。此外，1792 个蛋白质被定量和相关。检测到 773 个 *DAP* 和 16 490 个 DEU，其中 129 个 DAP 相关（表 15-36）。

表 15-36　转录与蛋白质组的相关性分析

组别	类型	蛋白质数量	基因数量	相关性数量
PA2 vs. PA4	鉴定	3 010	93 272	3 010
PA2 vs. PA4	定量	1 792	93 272	1 792
PA2 vs. PA4	差异表达	773	16 490	129

根据 mRNA 和蛋白质水平的变化模式，从量化的蛋白质中发现了 4 组蛋白质：第 1 组，mRNA 和蛋白质水平表现出相同的趋势（88 个蛋白质）；第 2 组，mRNA 和蛋白质水平呈现相反趋势（41 个蛋白）；第 3 组，mRNA 水平变化明显，蛋白质水平无变化（171 个）；第 4 组，蛋白质水平明显变化，但 mRNA 水平无变化（644 个蛋白质）。

综合研究了 PA2 和 PA4 蛋白质和 mRNA 谱的相关性。当考虑所有与同源转录相关的可量化蛋白质（1792 个）时，无论变化方向如何，都观察到相关性较差（r= 0.1363）（图 15-146A）。I 组和 II 组成员的蛋白质与转录水平之间的相关性分别为正相关（Pearson's r 值= 0.7654）和负相关（r =−0.7509）（图 15-146B 和 C）。蛋白质和转录水平之间的差异可能是因为 mRNA 的变化不一定导致蛋白质丰度的类似变化。或者，蛋白质组水平的变化可能在此研究中被低估了。此外，泡桐序列数据库的局限性也限制了 DAP 的鉴定。

为了验证 14 个 DAP 中 mRNA 水平的表达变化，进行了 RT-qPCR 分析。RT-qPCR 结果显示，13 种 DAP 在 mRNA 水平上的表达与其蛋白质表达一致(图 15-147)。另外一种 DAP 的 RT-qPCR 结果与 iTRAQ 结果的差异可能与转录后和/或翻译后调控过程有关。

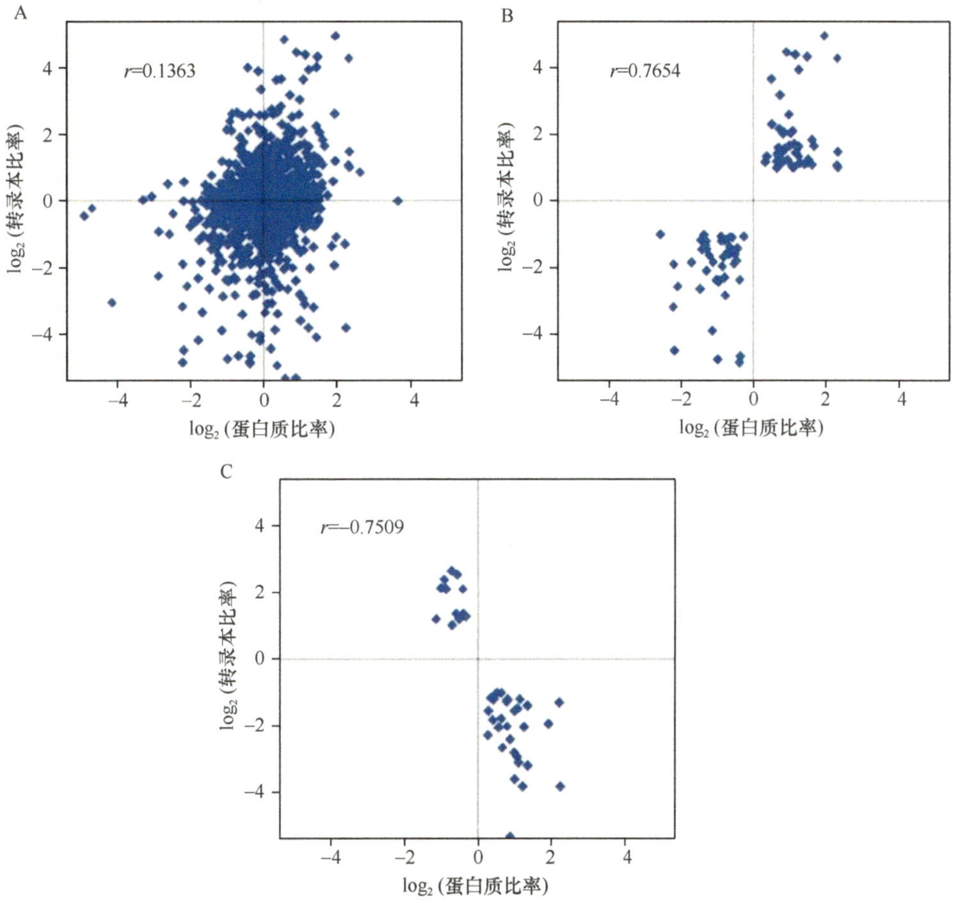

图 15-146　转录组和蛋白质组表达率的比较

A. mRNA 与蛋白质之间的相关性；B. mRNA 和蛋白质水平有相同的变化趋势；C. mRNA 和蛋白质水平呈相反的变化趋势。皮尔逊相关性系数 *r* 在坐标中显示

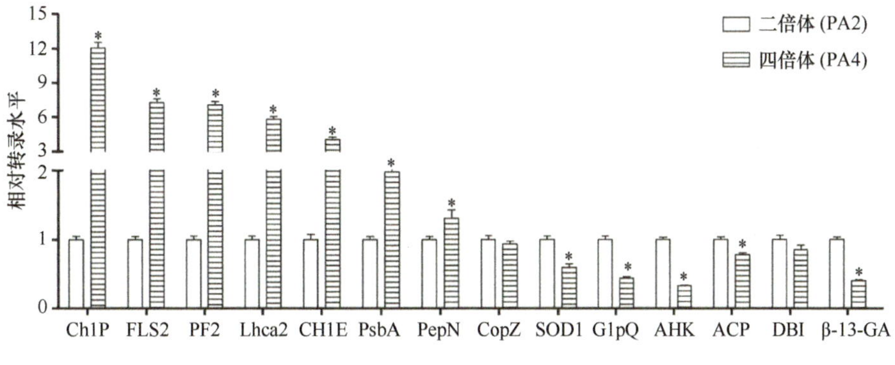

图 15-147　所选差异丰度蛋白在 mRNA 水平的表达

通过对与细胞分裂、GSH 代谢、纤维素、叶绿素和木质素合成相关的 DAP 的鉴定，可以帮助研究南方泡桐二倍体和同源四倍体之间的差异，并阐明多倍体事件的调控机制。研究结果对泡桐属植物 WGD 的变化有一定的参考价值，为泡桐新品种的选育和泡桐种质资源的拓展提供理论依据。

（四）毛泡桐四倍体蛋白质组

同源四倍体毛泡桐比二倍体表现出更好的光合特性和更高的抗逆性，但在蛋白质组水平上尚未确定其优势性状的潜在机制。采用 iTRAQ 相对定量和绝对定量，结合液相色谱-串联质谱技术，比较了同源四倍体和二倍体毛泡桐的蛋白质组学变化。本研究共鉴定出 1427 个蛋白质，其中 130 个蛋白质在同源四倍体和二倍体间差异表达。对差异表达蛋白的功能分析表明，在差异表达蛋白中，光合相关蛋白质和胁迫响应蛋白显著富集，提示它们可能是同源四倍体毛泡桐光合特性和胁迫适应性的重要组成部分。转录组和蛋白质组数据的相关性分析显示，差异表达蛋白中仅有 15 个（11.5%）存在二倍体和同源四倍体间的差异表达 Unigene。这些结果表明差异表达蛋白与之前报道的差异表达 Unigene 之间存在有限的相关性。本研究为更好地了解泡桐同源四倍体的优良性状提供了新的线索，为今后泡桐育种策略的制定奠定了理论基础。

以 PT2 和 PT4 样品中提取的蛋白质为材料，通过 iTRAQ 实验共生成了 386 933 个谱带。利用 Mascot 2.3.02 软件对这些样本的数据进行分析。其中，与已知蛋白质匹配的谱带共有 16 406 个，与特异谱带匹配的谱带共有 13 815 个。最后，在毛泡桐中鉴定出 1427 个蛋白质。

为了解所鉴定蛋白质的功能，将其分为生物学过程、细胞组分和分子功能三个主要类别进行 GO 分析（图 15-148）。在生物学过程类别下，17.57%的蛋白质与“代谢过程”有关，其次是“细胞过程”（16.46%）；在细胞组分类别下，“细胞”（21.92%）和“细胞部分”（21.92%）是最具代表性的，而在分子功能类别下，“催化活性”（44.5%）的蛋白质数量最多，其次是“结合活性”（41.58%）。

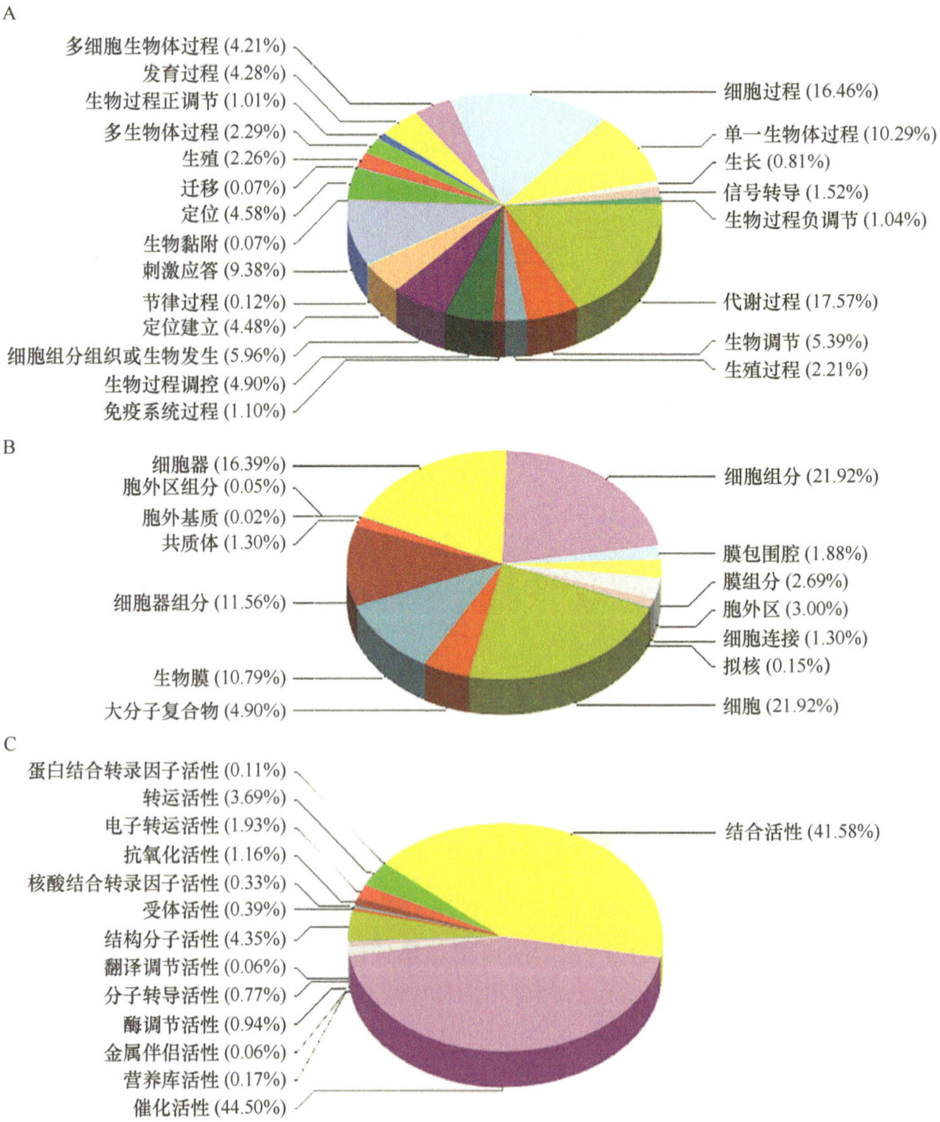

图 15-148　毛泡桐中鉴定蛋白的 GO 分析，1341 个蛋白（93.97%）被分为 50 个功能群。

A. 生物学过程；B. 细胞组分；C. 分子功能

此外，1241 个鉴定蛋白质被分配到 COG 数据库中的 23 个功能组（图 15-149）。最大的一类是“一般功能预测”，其次是“翻译后修饰、蛋白质折叠、伴侣蛋白”。许多被鉴定的蛋白质参与“能量产生和转换”、“碳水化合物运输和代谢”和“翻译、核糖体结构和生物发生”。KEGG 分析显示，鉴定的蛋白质参与 112 条通路。这些结果表明，所鉴定的蛋白质几乎参与了毛泡桐代谢的各个方面。

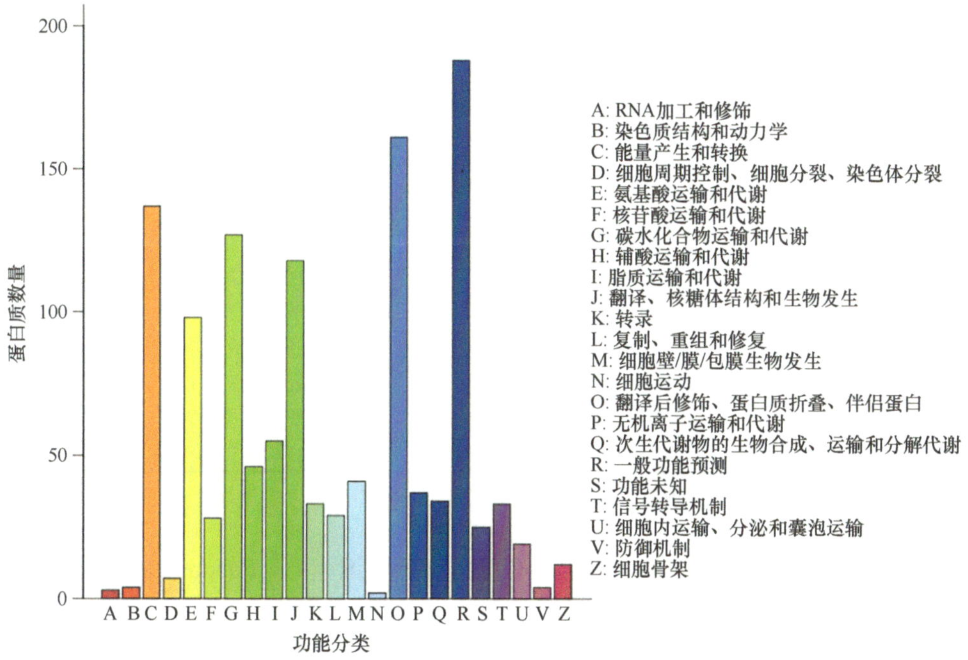

图 15-149　毛泡桐中鉴定蛋白的 COG 分析，969 个蛋白（67.90%）被分为 23 个功能群

在 1427 个鉴定蛋白质中，在 PT4 和 PT2 之间筛选出 130 个 fold＞1.2 和 P＜0.05 的 DEP。与 PT2 中蛋白质的丰度相比，PT4 中增加了 78 个（60%）蛋白质，减少了 52 个（40%）蛋白质。为了更好地理解 PT2 和 PT4 之间生物学过程的差异，对 DEP 进行了 GO 富集分析。

与抗逆境和光合作用相关的多个生物过程在 5%显著水平上富集，包括对细菌的防御反应（GO：0042742，$P = 1.29 \times 10^{-4}$）、对细菌的反应（GO：0009617，$P= 1.70 \times 10^{-4}$）、防御反应（GO：0006952，$P= 1.63 \times 10^{-2}$）、对生物刺激的反应（GO: 0009607，$P = 1.88 \times 10^{-2}$）、光合作用（GO: 0015979，$P = 3.78 \times 10^{-4}$）、类囊体膜组织（GO：0010027，$P = 5.96 \times 10^{-3}$）和光系统 II 组装（GO：0010207，$P = 8.92 \times 10^{-3}$）。此外，为了进一步揭示这些蛋白质可能参与的代谢途径，还进行了 KEGG 富集分析。研究结果显示 103 个 DEP 被映射到 60 个 KEGG 通路。其中，DEP 在核糖体（ko03010，$P = 2.97 \times 10^{-3}$）、光合作用体（ko00195，$P = 5.33 \times 10^{-3}$）和蛋白酶体（ko03050，$P = 3.16 \times 10^{-2}$）中以 5%显著水平富集。

光合作用是植物生长发育的基础，四倍体刺槐（Meng et al.，2014）、六倍体 *Miscanthus* × *giganteus*（Ghimire et al.，2016）、三倍体水稻（Wang et al.，2016）和三倍体胡杨（Liao et al.，2016）均有光合特性改善的报道。光合速率主要由光依赖反应、固碳和 CO_2 通过气孔进入植物决定。张晓申等（2013c）报道，与 PT2 相比，PT4 的净光合速率、气孔导度、胞间 CO_2 浓度和叶绿素含量都有所增加，这可能部分解释了 PT4 优越的光合特性。通过之前报道的转录组比较分析，发现 PT4 与 PT2 比较中光合作用相关基因上调，这表明 PT4 光合作用的改善可能主要归因于同源四倍体中酶活性和光合电子转移效率的提高（Fan et al.，2015）。在此研究中，发现了 14 个在非冗余蛋白序列（Nr）数据库中具有已知功能的 DEP 与毛泡桐光合作用相关（表 15-37）。在这些 DEP 中，有 7 个在 PT4 中的丰度高于 PT2，并被注释为叶绿体 Rubisco 激活酶（ABK55669.1），磷酸甘油酸激酶（AAA79705.1），叶绿体氧进化蛋白（ACA58355.1），光系统 I 反应中心亚基Ⅳ B（PsaE-2）（XP_011080143.1），推测细胞色素 b6f Rieske 铁硫亚基（ACS44643.1），光系统 I 反应中心亚基Ⅵ（P20121.1），原叶绿素氧化还原酶 2（AAF82475.1）。

表 15-37　PT2 与 PT4 之间与光合作用相关的 DEP

Unigene	登录号 [a]	蛋白质名称	FC[b]
m.40546	ABK55669.1	叶绿体 Rubisco 激活酶	1.839
m.20714	AAA79705.1	磷酸甘油酸激酶	1.311
m.22866	AAF82475.1	原叶绿素氧化还原酶 2	1.299
m.13987	ACA58355.1	叶绿体氧进化蛋白	1.280
m.13986	ACA58355.1	叶绿体氧进化蛋白	1.266
m.22039	XP_011080143.1	光系统 I 反应中心亚基 IV B	1.246
m.10882	ACS44643.1	推测细胞色素 b6f Rieske 铁硫亚基	1.229
m.17700	P20121.1	光系统 I 反应中心亚基 VI	1.219
m.48581	XP_002531690.1	叶绿素 A/B 结合蛋白	0.788
m.21971	BAH84857.1	推定的卟啉胆素原脱氨酶	0.764
m.27093	CAM59940.1	推定的镁原卟啉 IX 单甲基酯环化酶	0.750
m.13940	AAF19787.1	光系统 I 亚基 III	0.638
m.43677	P83504.1	氧进化增强蛋白 1	0.561
m.52524	ABW89104.1	甘油醛-3-磷酸脱氢酶	0.553
m.19368	AEC11062.1	光系统 I 反应中心亚基 XI	0.505

注：a. NCBI 登录号；b. FC 表示 PT4 蛋白与 PT2 蛋白的倍数变化；下同

人们普遍认为多倍体与相应二倍体相比，具有更高的耐胁迫能力（Podda et al.，2013；Wang et al.，2013b），同源四倍体泡桐对各种胁迫的适应性增强（Deng et al.，2013；Dong et al.，2014a，2014b，2014c；Xu et al.，2014；Fan et al.，2016）。研究发现在同源四倍体泡桐中，介导防御反应的胁迫响应基因和 miRNA 的表达水平分别显著上调和下调（Fan et al.，2014，2015）。在此研究中，发现与其二倍体前体相比，PT4 中 27 个具有已知功能的组成性防御反应蛋白表达差异（表 15-38）。其中 2-羟基异黄酮脱氢酶样蛋白（XP_011088284.1）、钙调蛋白（XP_010645766.1）、8-羟基香叶醇脱氢酶（Q6V4H0.1）、过氧化氢酶（AFC01205.1）、甲酸脱氢酶（XP_002278444.1）和丙酮酸脱氢酶 E1 - β 亚基（ADK70385.1）在 PT4 与 PT2 的比较中有上调的趋势。iTRAQ 数据中，发现 PT4 中丙酮酸脱氢酶复合体的一个亚基上调，这表明 TCA 循环增强了，这将确保 PT4 有足够的能量来抵抗压力。PT4 中的组成性表达蛋白丰度的变化可能有助于提高其潜在的胁迫适应能力。

表 15-38　PT2 和 PT4 之间与抗性反应相关的 DEPs

Unigene	登录号	蛋白质名称	FC
m.6249	XP_002266488.1	蛋白酶体亚基 β -6 型	6.8315
m.4321	ABE66404.1	DREPP4 蛋白质	2.447
m.13643	XP_004230814.1	可能是羧酸酯酶 7	2.4395
m.10909	XP_002263538.1	钙调素亚型 2	2.2845
m.54721	ACD88869.1	翻译起始因子	2.1205
m.49884	AFC01205.1	过氧化氢酶	1.8045
m.50291	AFP49334.1	致病相关蛋白 10.4	1.734
m.13367	ADM67773.1	40S 核糖体亚基相关蛋白	1.5375
m.64528	ADK70385.1	丙酮酸脱氢酶 E1 - β 亚基	1.477
m.48523	Q6V4H0.1	8-羟基香叶醇脱氢酶	1.471
m.11708	NP_001234515.1	温度诱导 lipocalin	1.316
m.27962	XP_002278444.1	甲酸脱氢酶	1.297
m.42262	XP_002514263.1	延伸因子	1.292

续表

Unigene	登录号	蛋白质名称	FC
m.64561	XP_004235848.1	甘氨酸- tRAN 连接酶 1	1.2565
m.26523	ABF46822.1	假定的亚硝酸盐还原酶	1.24
m.63348	AFD50424.1	不依赖钴胺的蛋氨酸合成酶	0.802
m.8635	ACB72462.1	延伸因子 1 - γ 样蛋白	0.794
m.6239	AAL38027.1	抗坏血酸盐过氧化物酶	0.771
m.10038	Q9XG77.1	蛋白酶体亚基 α -6 型	0.757
m.10949	AAZ30376.1	PHB1	0.7275
m.5417	Q05046.1	伴侣蛋白 CPN60-2	0.712
m.37390	XP_004134855.1	蛋白酶体亚基 α 7 型样	0.6895
m.64208	XP_003635036.1	热激同源蛋白 80 样	0.6875
m.8250	CAH58634.1	硫氧还蛋白依赖性过氧化物酶	0.66
m.1613	ABR92334.1	推定的二烯内酯水解酶家族蛋白	0.6485
m.60046	CAA05280.1	脂氧合酶同系物	0.624
m.29947	XP_002312539.1	MLP 蛋白	0.504

进一步采用 RT-qPCR 检测随机选择的 10 个 DEP 编码 Unigene 的表达。结果如图 15-150 所示。在所选蛋白质对应的 Unigene 中，根据 iTRAQ 数据，有 5 个 Unigene 的表达水平与 DEP 的变化趋势相似。其中 3 个编码蛋白酶体亚基 alpha-7-like、33kDa 核蛋白和 PHB1 的 Unigene 在 PT4 中丰度相对降低，2 个编码过氧化氢酶和依赖 NADP 的苹果酶的 Unigene 在 PT4 中丰度相对增加。这一结果表明这些蛋白质受转录调控。而编码 8-羟基香叶醇脱氢酶、磷酸甘油酸激酶、光依赖性 NADH：原叶绿素氧化还原酶 2、抗坏血酸过氧化物酶和叶绿体氧进化蛋白的其他 5 个 Unigene 与 iTRAQ 结果存在差异。这可能与转录后、翻译后和翻译后调控过程有关。

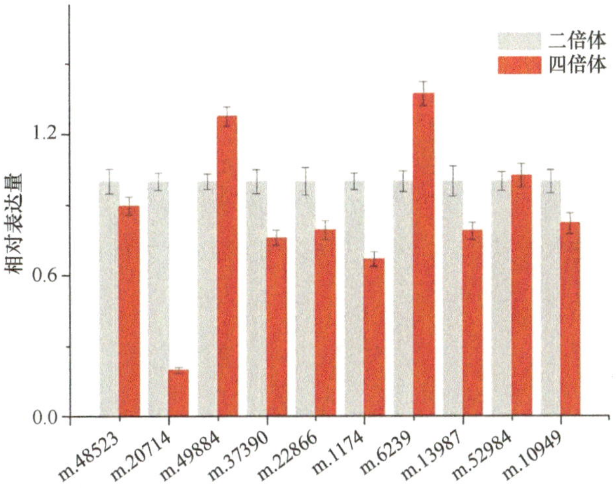

图 15-150　随机选取二倍体与同四倍体毛泡桐间的 10 个差异表达蛋白的 RT-qPCR 分析

m. 48523. 8-羟基香叶醇脱氢酶；m. 20714. 磷酸甘油酸激酶；m. 49884. 过氧化氢酶；m. 37390. 蛋白酶体亚基 α 7 型样；m. 22866. 原叶绿素氧化还原酶 2；m. 1174. 33kDa 核糖核蛋白；m. 6239. 抗坏血酸过氧化物酶；m. 13987. 叶绿体氧进化蛋白；m. 53984. NSDPH 依赖性苹果酶；m. 10949. PHB1。柱状图表示平均值（±SD）

采用基于 iTRAQ 的定量蛋白质组学方法对 PT4 和 PT2 的蛋白质丰度进行比较分析。共鉴定出 1427 种蛋白质，其中有 130 个蛋白质在 PT2 和 PT4 之间差异表达。根据 GO 和 KEGG 富集分析，光合作用相关蛋白质和胁迫响应蛋白在 PT2 和 PT4 之间显著富集。其中，叶绿体 Rubisco 激活酶、光系统 I 反应中心亚基Ⅳ B、光系统 I 反应中心亚基Ⅵ、磷酸甘油酸激酶、2-羟基异黄酮类脱水酶、钙调素、8-羟基香叶醇脱氢酶、过氧化氢酶和丙酮酸脱氢酶 E1-β 亚基在 PT4 中增加，可能是 PT4 优越的光合特性和胁迫适应性的原因。

五、四倍体泡桐 microRNA

（一）四倍体毛泡桐 microRNA

microRNA（miRNA）是一类内源性的 21～24 核苷酸（nt）单链非编码 RNA，主要来源于原核生物和真核生物的基因间区（Bartel，2004；Mallory and Vaucheret，2006；Voinnet，2009）。它们在许多生长发育过程的转录和转录后水平上发挥重要的调节作用，如发育时间、激素反应和对环境应激的反应（Filipowicz et al.，2005；Zhang et al.，2006）。在植物生长发育中，miRNA 通过调控基因表达发挥着重要作用。四倍体毛泡桐通常比它们的二倍体具有更好的物理特性和抗逆性（张晓申等，2012；翟晓巧等，2012），但 miRNA 在这种优势中的作用尚不清楚。

为了在毛泡桐（*P. tomentosa*）的转录水平上鉴定 miRNA，利用 Illumina 测序技术对二倍体和四倍体植物的文库进行了测序。序列分析鉴定出 37 个保守的 miRNA，属于 14 个 miRNA 家族；14 个新 miRNA，属于 7 个 miRNA 家族。其中，来自 11 个家族的 16 个保守 miRNA 和 5 个新 miRNA 在四倍体和二倍体中差异表达，大多数在四倍体中表达量更高。对 miRNA 靶基因及其功能进行鉴定和讨论，结果表明，毛泡桐中若干 miRNA 可能在四倍体的性状改良中发挥重要作用。

1. sRNA 的统计分析

通过 Illumina 测序，两个 sRNA 库分别产生了 14 520 461 个（毛泡桐二倍体，PT2）和 13 109 201 个（毛泡桐四倍体，PT4）序列。在丢弃低质量标签、适配器、污染物、短于 18nt 的序列和带有 poly-A 尾的序列后，剩下 8 135 669 个（PT2）和 11 919 705 个（PT4）有效序列（clean read）供进一步分析。在这两个文库中，大部分的有效序列长度为 21～24nt，是典型的 Dicer 衍生产物（图 15-151）。最丰富的一类 sRNA 为 24nt，平均约为 27%，而 21nt sRNA 平均约占有效序列的 15%。这些结果与包括拟南芥在内的许多植物的 sRNA 相似。在这两个文库中，共有 45.14%的 sRNA 与泡桐的 Unigene 相匹配，将匹配的清洁标签通过 GenBank、Rfam 和 miRBase 数据库分类注释为 miRNA、snoRNA、snRNA 和 tRNA（表 15-39）。使用相同数量的 RNA 构建这两个文库，并以类似的方式制备样品。两个文库中 sRNA 的数量非常相似（表 15-39），说明染色体加倍对毛泡桐分类影响不大。那些不能被注释到任何类别的 sRNA 将进行进一步分析，以预测新的 miRNA 和新的保守 miRNA。

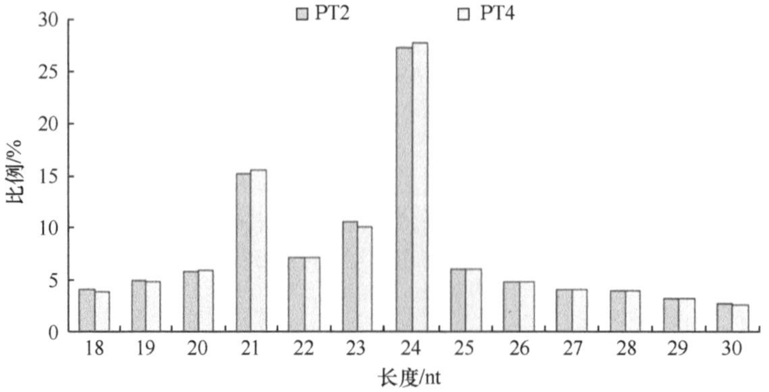

图 15-151　泡桐二倍体和四倍体的 sRNA 长度分布

表 15-39　毛泡桐二倍体和四倍体的 sRNA 分类及统计情况

类别	PT2				PT4			
	唯一匹配	比例/%	序列数	比例/%	唯一匹配	比例/%	序列数	比例/%
miRNA	2 763	0.1	960 773	8.29	2 429	0.1	911 671	8.84
snoRNA	1 216	0.04	13 450	0.12	1 272	0.05	17 407	0.17
snRNA	1 486	0.05	4 041	0.03	1 521	0.06	4 315	0.04
tRNA	21 508	0.77	349 773	3.02	14 182	0.59	250 937	2.43
其他	59 287	2.13	1 041 270	8.98	46 299	1.92	926 515	8.99
未注释	2 698 818	96.9	9 222 920	79.56	2 348 476	97.28	8 200 200	79.53

2. 保守和新型 miRNA 的鉴定

miRNA 序列使用 miRBase 18.0 进行评估。那些与已知 miRNA 有两次或更少错配的 miRNA 被定义为保守 miRNA。在这两个文库中，共有 35 个（PT2）和 37 个（PT4）不同的保守 miRNA 和 miRNA*（miRNA star）序列，属于 14 个 miRNA 家族。在这些家族中，paul-miR166 的数量最多，约占 PT2 文库中产生的阅读量的 91.55%，而 paul-miR858 和 pau-miR211 的数量最少（图 15-152）。21 个 miRNA 具有不止一个发夹结构，表明它们的主 miRNA 不同，这些 miRNA 家族的成员比其他 miRNA 家族的成员更多。除了保守的 miRNA，其余未注释的 sRNA 产生 13 个（PT2）和 14 个（PT4）序列，属于 7 个家族，使用更新的植物 miRNA 注释标准预测为潜在的新型 miRNA。

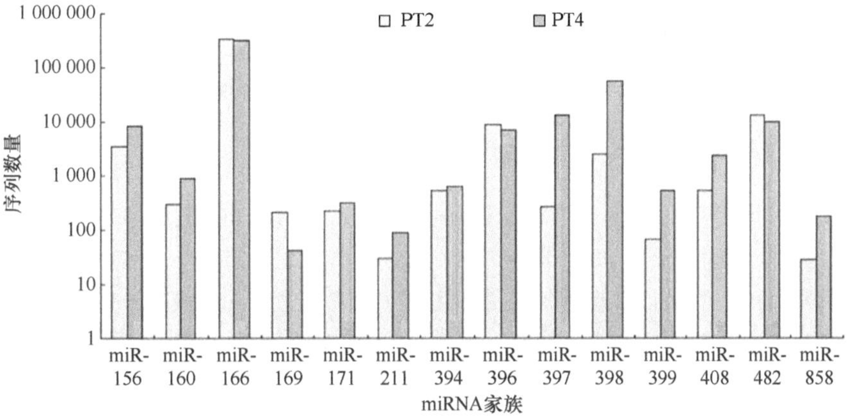

图 15-152　毛泡桐 miRNA 家族序列解读

3. 毛泡桐二倍体和四倍体中 miRNA 的表达分析

比较 PT2 和 PT4 中 miRNA 的相对表达丰度水平。所有保守的和新的 miRNA 都被归一化，并通过计算它们的 fold 比和 P 值进行分析。$P<0.05$，$\log_2$ 比值<-1 或>1 被认为具有显著的表达水平差异。属于 11 个 miRNA 家族的 16 个保守 miRNA 在 PT2 和 PT4 中表达差异显著（图 15-153A）。其中，miRNA pau-miR166-3p-1、pau-miR169 和 pau-miR169-3p 在 PT4 中表达较弱，而其他 miRNA 在 PT2 中表达较强；pau-miR169-3p 的相对表达量最低，pau-miR397-3p 的相对表达量最高。还检测到 5 种表达水平显著不同的新型 miRNA（图 15-153B），所有这些 miRNA 在 PT4 中表达更强。在所有的新 miRNA 中，只有 pau-miR4、pau-miR4-3p 和 pau-miR5 在 PT4 中的相对表达量较低。在 PT4 中，pau-miR2 的相对表达量最高，pau-miR4-3p 的相对表达量最低。

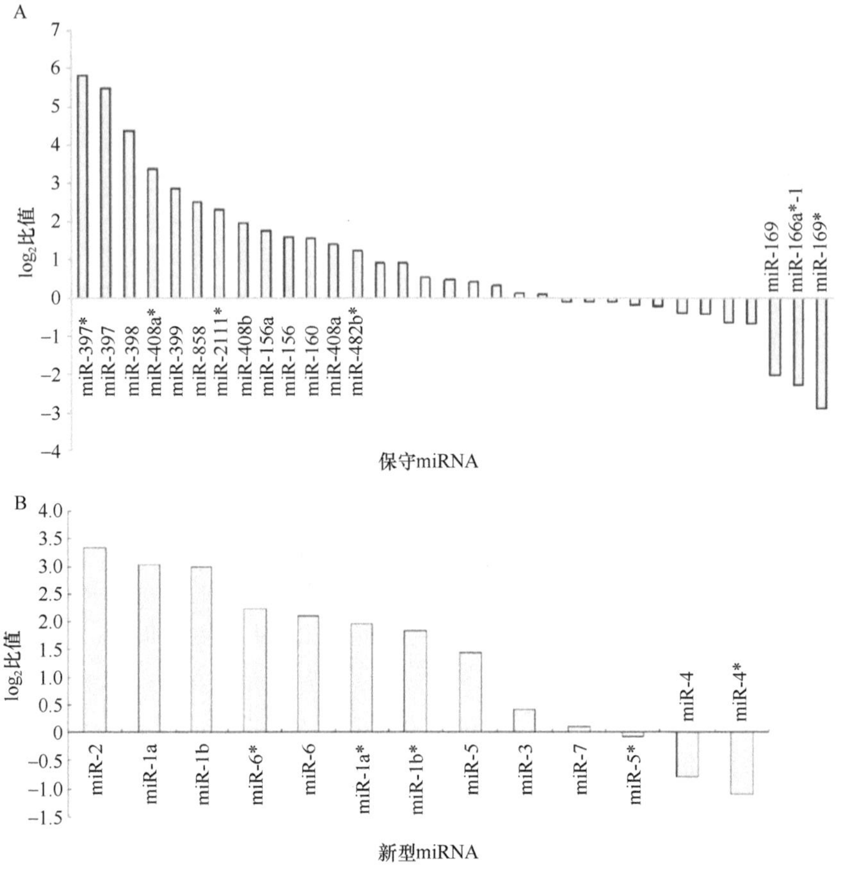

图 15-153 二倍体和四倍体毛泡桐中 miRNA 的差异表达

A. 保守 miRNA 的差异表达；B. 新型 miRNA 的差异表达

4. 毛泡桐 miRNA 的降解组分析靶点识别

为了更好地理解本研究中发现的毛泡桐 miRNA 的功能，采用降解组测序方法来识别毛泡桐 miRNA 的靶标。共产生了 30 个裂解片段的 20 991 041 个（PT2）和 19 870 270 个（PT4）的原始序列。去除低质量序列、适配器序列和冗余序列后，分别有 7 256 739 个和 6 522 175 个来自 PT2 和 PT4 降解组库的唯一序列可以完美地映射到泡桐转录组（表 15-40）。通过 PAIRFINDER 软件分析，221 对 miRNA 靶向转录本通过降解组测序得到确认。根据目标位点的特征相对丰度，对这些目标转录本选择和分类（图 15-154）。其中 130 个（130 个切割位点）属于第一类，102 个（195 个切割位点）属于第二类，只有 22 个（30 个切割位点）属于第三类。

表 15-40 PT2 和 PT4 中降解组测序结果

序列类型	序列数	
	PT2	PT4
总序列数	20 991 041	19 870 270
高质量序列数	20 959 687	19 823 683
适配器 3′无效序列数	4 895	5 084
插入片段无效序列数	12	22
适配器 5′污染的序列数	67 501	61 085
小于 18nt 的序列数	7 438	6 242
有效序列（特有）	20 879 841 （9 399 611）	19 751 250 （8 525 686）
匹配到转录组上的序列（特有）	17 147 888 （7 256 739）	16 347 595 （6 522 175）

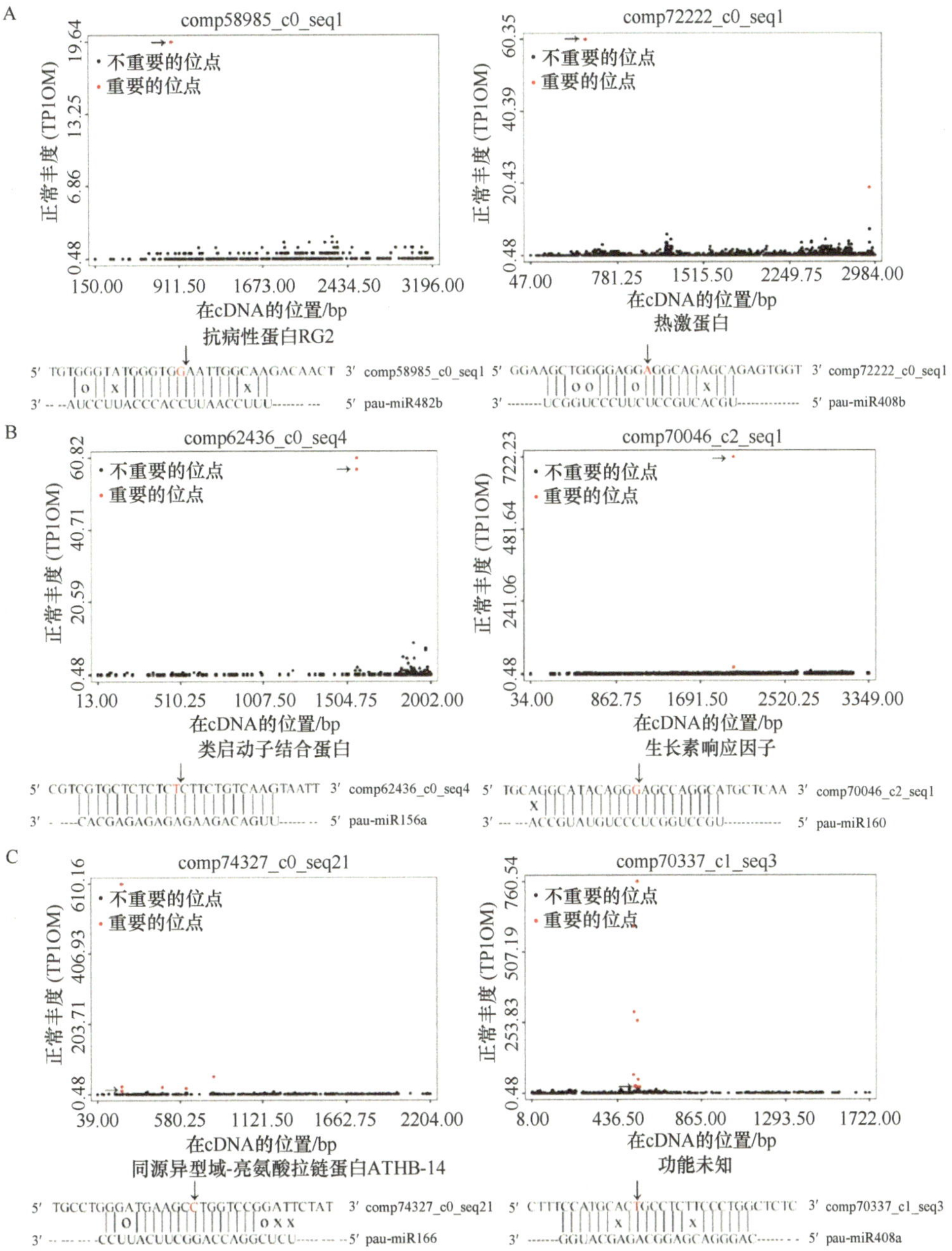

图 15-154　降解组测序确定的不同类别 miRNA 靶点的靶图（t-plot）

A. t-plot 图（上）和 miRNA：两个 I 类靶标 comp58985_c0_seq1 和 comp72222_c0_seq1 转录本的 mRNA 对齐（下）。箭头表示与 miRNA 定向裂解一致的签名。miRNA 中的实线和点：mRNA 对齐分别表示 RNA 碱基对匹配和 GU 不匹配，红色字母表示裂解位点。B. comp62436_c0_seq4 和 comp70046_c2_seq1，pau-miR156a 和 pau-miR160 的 II 类靶标。C. pau-miR166 和 pau-miR408a 的III类靶标 comp74327_c0_seq21 和 comp70337_c1_seq3

BlastX 对 SwissProt 数据库的搜索显示，这些 miRNA 靶标与其他植物蛋白质具有同源性。预测基因参与细胞发育过程，包括能量代谢、信号转导和转录调控等，在植物生长过程中具有重要作用。例如，在 PT4 中表达更强的 paul-mir398 靶向编码丝氨酸/苏氨酸蛋白激酶 abkC 的基因，abkC 是一种使丝氨酸或苏氨酸的 OH 基团磷酸化的激酶。编码 MYB 相关蛋白质、转录抑制因子 MYB5 和转录因子 WER（MYB66）的基因是 paul-mir858 的靶向基因。MYB 是一种参与植物生长和抗非生物胁迫的转录因子。这些蛋白质家族成员调节基因表达，以应对盐、干旱和寒冷胁迫。PT4 中表达较弱的 paul-mir169 被预测靶向编码核转录因子 Y 亚基（NFYB）的基因。NFYB 已被证明与 CCAAT/增强子结合蛋白 zeta、CNTN2、TATA 结合蛋白和 MYC 相互作用。

5. 毛泡桐 miRNA 及其靶标的表达模式分析

为了确定鉴定的 miRNA 的模式，并检测其在二倍体和四倍体植株中不同阶段的动态表达，用 RT-qPCR 分析测序后发现测序计数显著改变了 12 个保守 miRNA 和 2 个非保守 miRNA 的表达。RNA 不仅包括 30 天生长的二倍体和四倍体植株，还包括 6 个月和 1 年生长的植株。如图 15-155 所示，miRNA 表达水平随植物生长过程的变化而变化。结果表明，在二倍体和四倍体中，9 个 miRNA（pau-miR156a、pau-miR166-3p、pau-miR169-3p、pau-miR2111-3p、pau-miR396b、paumiR408b、pau-miR858、pau-miR6 和 pau-miR6-3p）的表达量在植株生长过程中呈现先升高后降低的变化模式。pau-miR397 和 pau-miR482b 在 6 个月和 1 年植株中表达量下降，pau-miR-169、pau-miR-398 和 pau-miR408a-3p 表达方式不同。

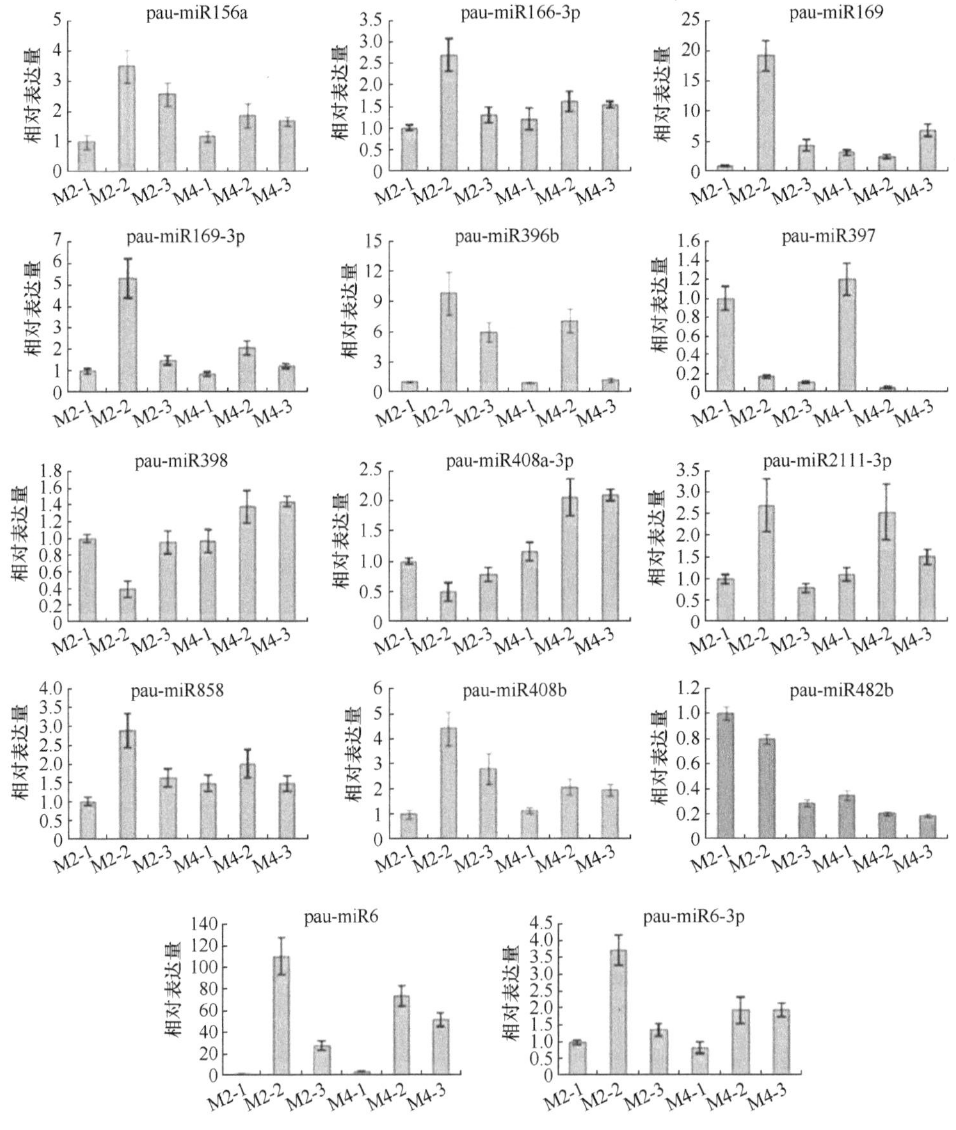

图 15-155 毛泡桐 miRNA 的 RT-qPCR 分析结果

从生长 30 天（M2-1、M4-1）、6 个月（M2-2、M4-2）、1 年（M2-3、M4-3）的二、四倍体植株中分离出 RNA。miRNA 的表达水平归一化为 U6。M2-1 中归一化 miRNA 水平被任意设置为 1

同时，发现 6 个月的毛泡桐植株的 miRNA 表达最为丰富，这可能意味着这段时间是植物生长最重要的时期。在二倍体和四倍体不同生长阶段 miRNA 表达的比较中，得到了两个生物学重复的结果是一致的。大多数 miRNA 的表达趋势与 Solexa 测序结果相似，只是有少数不同。但 3 个时期中只有 7 个 miRNA 在二倍体和四倍体之间表达趋势一致。pau-miR169-3p、pau-miR396b 和 pau-miR-482b 在四倍体 3 个阶段的表达量均低于二倍体，pau-miR397、pau-miR-398 和 pau-miR-408a-3p 则相反。其余 miRNA 在四倍体 3 个阶段的表达与二倍体有显著差异。这些结果表明，在毛泡桐生长发育过程中，miRNA 的表达是非常复杂和多样的。

为了检测 miRNA 及其靶基因之间的潜在相关性，采用 RT-PCR 方法分析了 11 个 miRNA 靶点在不同发育阶段的表达模式。这些靶点包括 pau-miR-156a 靶向的鳞状启动子结合样蛋白 12（comp62436_c0_ seq4）、pau-miR-396b 靶向的半胱氨酸蛋白酶 RD21a（comp68533_c0_seq1）和线粒体输入受体亚基 TOM6 同源物（comp41425_c0_seq1）、漆酶-4（comp13315_c0_seq1）和 pau-miR-397 靶向的 ABC 转运蛋白 G 家族成员 7（comp66172_c0_seq2）。pau-miR482b 靶向的抗病蛋白 RPP13（comp75351_c0_seq5）和抗病蛋白 RGA2（comp58985_c0_seq1）；pau-miR-408b 靶向的含五肽重复蛋白 At3g09060（comp66232_c1_seq3）和热休克蛋白（comp72222_c0_seq1）；pau-miR858 靶向的转录因子 WER（comp31199_c0_seq2）和 MYB 相关蛋白 P（comp56068_c0_seq1）。正如所预期的，除了漆酶-4 和 ABC 转运蛋白 G 家族成员 7 外（图 15-156），大多数基因的表达水平与相应 miRNA 的表达水平呈负相关。在三个发育阶段中，pau-miR-156a、pau-miR-408b 和 pau-miR-858 在 6 个月和 1 年植株期的 PT4 中表达量相对低于 PT2，而其编码 Squamosa 启动子结合样蛋白 12、含五肽重复蛋白、热休克蛋白、转录因子 WER 和 MYB 相关蛋白 P 的靶基因表达量相反（图 15-156）。

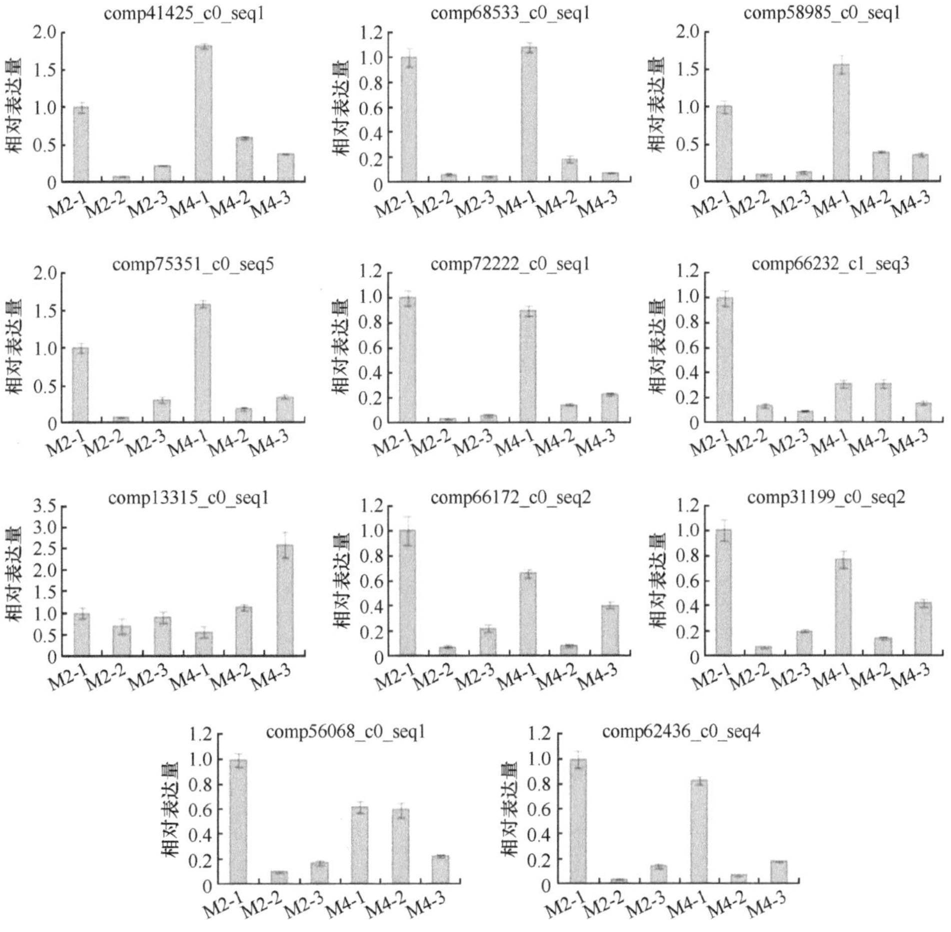

图 15-156　毛泡桐靶标基因的相对表达量

从生长 30 天（M2-1、M4-1）、6 个月（M2-2、M4-2）、1 年（M2-3、M4-3）的二倍体和四倍体植株中分离得到 RNA。靶蛋白的表达水平归一化为 18S rRNA。pau-miR396b 靶向的 comp68533_c0_seq1（半胱氨酸蛋白酶 RD21a）和 comp41425_c0_seq1（线粒体输入受体亚基 TOM6 同源物）；pau-miR397 靶向的 comp13315_c0_seq1（漆酶-4）和 comp66172_c0_seq2（ABC 转运蛋白 G 家族成员 7）；pau-miR482b 靶向的 comp75351_c0_seq5（抗病蛋白 RPP13）和 comp58985_c0_seq1（抗病蛋白 RGA2）；pau-miR408b 靶向的 comp66232_c1_seq3（含五肽重复蛋白 At3g09060）和 comp72222_c0_seq1（热休克蛋白）；pau-miR858 靶向的 comp31199_c0_seq2（转录因子 WER）和 comp56068_c0_seq1（MYB 相关蛋白 P）；由 pau-miR156a 靶向的 comp62436_c0_seq4（鳞胞启动子结合样蛋白 12）

此外，与 PT2 相比，PT4 中 pau-miR-396b 与其抗病蛋白 RPP13 和抗病蛋白 RGA2 的靶基因之间，以及 pau-miR482b 与其半胱氨酸蛋白酶 RD21a 和线粒体输入受体亚基 TOM6 的靶基因之间存在着相反的趋势。PT4 中 pau-miR396b 和 pau-miR482b 在各处理阶段的表达水平均显著低于 PT2，而其靶基因的表达水平则相反。这些结果表明，不同表达的 miRNA 导致其靶基因在不同发育阶段的表达水平不同。这些结果进一步证实了 miRNA 与其靶基因之间的负相关关系。

综上所述，这项研究通过对毛泡桐转录组的深度测序，比较了二倍体和四倍体毛泡桐的 sRNA，鉴定了 37 个独特的保守 miRNA 序列和 14 个在 PT2 和 PT4 之间表达水平显著不同的新 miRNA，并预测了它们的靶点和通路。通过比较这两个文库之间的 miRNA 表达水平发现，毛泡桐基因组的加倍并不是简单地将 miRNA 的表达增加 2 倍。一些 miRNA 在 PT4 和 PT2 中表达水平相似，而另一些 miRNA 在 PT4 中表达比 PT2 强或弱得多。这些数据表明，miRNA 的调控功能依赖于植物的代谢系统，miRNA 产物随 Dicer-like 酶处理的 pri- mRNA 的数量而变化，影响植物生长。这些结果表明，四倍体的 miRNA 调控可能比二倍体更复杂，从而产生更好的生理生化性状。因此，四倍体 miRNA 表达的显著改变可能在调控靶基因方面发挥重要作用，从而导致其生物学特性和木材品质相对于二倍体的提升。

（二）四倍体白花泡桐 microRNA

白花泡桐株型高大挺拔，具有良好的速生性状，是一种优良的泡桐种质资源。与二倍体品种相比，同源四倍体白花泡桐在生长性能和木材品质方面具有明显的优势（Fan et al.，2007；翟晓巧等，2012；张晓申等，2012）。microRNA（miRNA）通过转录本的直接切割、翻译抑制或染色质修饰在植物生长、发育及生物和非生物胁迫反应中发挥着重要的调节作用。从白花泡桐同源四倍体和相应的二倍体植物中构建了 4 个测序文库，得到 142 个保守的 miRNA 隶属于 41 个家族，同时也获得 38 个新的 miRNA。这些 miRNA 中，同源四倍体相对于二倍体有 58 个上调、30 个下调。采用降解组测序方法鉴定 miRNA 靶基因，通过实时 PCR 分析验证差异表达的 miRNA 及其靶基因。研究结果为进一步研究 miRNA 介导的白花泡桐基因调控的生物学功能奠定了基础，为进一步研究 miRNA 介导的 miRNA 在白花泡桐基因调控中的作用提供了参考。

1. 白花泡桐 sRNA 的分析

从 PF2 和 PF4 幼苗中构建了两个 sRNA 文库。通过高通量测序，总共产生了 9 774 977 个（PF2）和 14 422 555 个（PF4）的原始序列。在去除低质量读数、适配器和 5′引物污染物后，获得了 7 831 057（PF2）和 11 501 966（PF4）有效序列，1 522 556（PF2）和 3 188 730（PF4）特有序列。

表 15-41　PF2 和 PF4 的 sRNA 序列的注释

分类	PF2				PF4			
	特有 sRNA	比例/%	总 sRNA	比例/%	特有 sRNA	比例/%	总 sRNA	比例/%
miRNA	1 796	0.12	673 436	8.6	2 905	0.09	760 508	6.61
snoRNA	727	0.05	12 332	0.16	1 491	0.05	23 289	0.2
snRNA	975	0.06	2 352	0.03	1 661	0.05	4 689	0.04
tRNA	11 105	0.79	231 514	2.96	25 280	0.79	377 526	3.28
其他	31 878	2.03	729 055	9.31	64 825	2.03	999 027	8.69
未注释	1 476 075	96.98	6 182 368	78.95	3 092 568	96.98	9 336 927	81.18

序列的大小从 18～30nt 不等（图 15-157）。在两个库中，24nt 的序列最多，其次是 21nt 的序列。研究发现 PF4 文库中以 miRNA 为主的 21nt sRNA 比例低于 PF2 文库，而 24nt sRNA 在 PF4 文库中的比例

高于 PF2 文库。与 Rfam、miRBase 19.0 和泡桐 Unigene 数据库中的序列相匹配的 sRNA 序列，被分类为 miRNA 或非注释 sRNA，分别用于识别保守的或候选的新 miRNA。不同种类 sRNA 的数量和比例如表 15-41 所示。PF2 文库中未注释 sRNA 的比例为 78.95%，PF4 文库中未注释 sRNA 的比例为 81.18%，提示一些未知的 PF4 特异性 sRNA 尚未被发现。

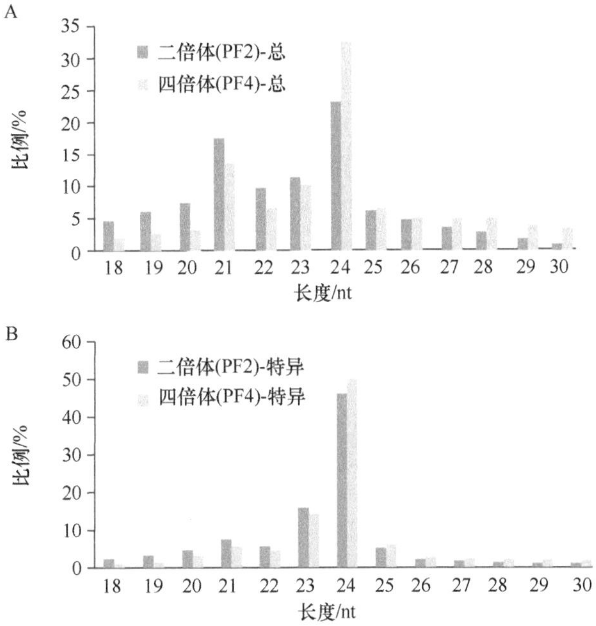

图 15-157　两个文库高通量测序得到的白花泡桐 sRNA 长度分布

A. 总序列的尺寸分布；B. 唯一序列的尺寸分布

2. 白花泡桐保守 miRNA 的鉴定

为了识别两个高通量测序库中的保守 miRNA，将唯一的序列与 miRBase 19.0 中的成熟 miRNA 序列进行了比较，允许出现两次不匹配。共鉴定出 41 个 miRNA 家族的 142 个保守 miRNA。在 41 个文库中，miR166 家族的数量最多，约占所有保守 miRNA 的 80%，其次为 miR159。其中 20 个被鉴定的 miRNA 属于 miR166 家族，而 41 个家族中的一些只有一个成员。miRNA 家族中 miR156/157、miR167、miR168、miR319、miR396、miR403、miR408 和 miR894 数量较多。相比之下，miRNA 家族 miR2111、miR2118、miR3630、miR3711、miR4414、miR482、miR4995、miR5072、miR5083 和 miR827 在两个文库中均表达极低。

3. 白花泡桐新 miRNA 的鉴定

使用 MIREAP 从白花泡桐 Unigene 数据库中鉴定了 38 个 miRNA 前体，这些前体总共产生了 38 个成熟的 miRNA。其中 15 个 miRNA 及其互补 miRNA*被认为是新 miRNA，而其他 23 个 miRNA 被认为是潜在的新 miRNA。成熟 miRNA 的长度从 20～23nt 不等，大多数为 22nt。成熟的 miRNA 序列定位在茎环结构内，其中近一半位于 3p 或 5p 臂。前体平均长度为 168nt，最小折叠自由能范围为–18.30～–154.60kcal/mol，平均为–60.35kcal/mol。在新鉴定的 miRNA 中，88.7%分别在两个库中检测到，2.27%仅在 PF2 库中检测到，9.09%出现在 PF4 库中。

4. 白花泡桐差异表达的 miRNA

对两个高通量测序库中的 miRNA 进行了差异表达分析。鉴定了 88 个这样的 miRNA，属于 40 个

miRNA 家族。其中，在 PF4 植株中，有 58 个基因上调，30 个基因下调。在差异表达的 miRNA 中，70 个（50 个在 PF4 中上调，20 个在 PF4 中下调）是保守的，18 个（8 个在 PF4 中上调，10 个在 PF4 中下调）是新 miRNA。其中一些 miRNA 的表达变化显著（在 PF4 中约 10 倍）。

5. 利用降解组分析鉴定白花泡桐 miRNA 靶点

为了更好地理解本研究中发现的泡桐 miRNA 的功能，进行了降解组测序用于识别 miRNA 的靶标。30 个裂解片段共获得 20 769 652 个（PF2）和 22 626 045 个（PF4）的原始序列。在去除低质量序列、适配器序列和冗余序列后，分别有 6 741 615 个和 6 937 219 个来自 PF2 和 PF4 降解组文库的唯一序列被完美地映射到白花泡桐转录组（表 15-42）。随后的 PAIRFINDER（2.0 版本）分析确认降解组文库中有 503 个 miRNA 靶向转录对。其中，486 个是保守 miRNA 的靶标，17 个是新型 miRNA 的靶标。目标转录本被汇集起来，并根据它们的相对丰度分为三类（图 15-158）。在确定的目标中，411 个（448 个切割位点）属于第一类，72 个（147 个）属于第二类，28 个（37 个）属于第三类。

表 15-42　PF2 和 PF4 中降解组测序结果

序列类型	序列数	
	PF2	PF4
总序列数	20 769 652	22 626 045
高质量序列数	20 709 730	22 581 241
适配器 3′无效序列数	2443	2941
插入片段无效序列数	27	99
适配器 5′污染的序列数	68 456	67 420
小于 18nt 的序列数	2350	2855
有效序列数（特有）	20 636 454（8 900 093）	22 507 926（9 515 387）
匹配到转录组上的序列数（特有）	16 983 905（6 741 615）	18 117 235（6 937 219）

使用 BlastX 将所有确定的目标基因与蛋白质数据库进行比对，并检索出与目标基因相似度最高的序列。许多序列（约 22.92%和 20.8%）与葡萄（*Vitis vinifera*）和番茄（*Lycopersicon esculentum*）具有较强的同源性，其次是胡杨（*Populus trichocarpa*）(8.3%)、马菊（*Antirrhinum majus*）(7.29%)、桃杏仁（*Amygdalus persica*）（7.29%）和辣椒（*Capsicum annuum*）。miRNA 靶基因被分为三个 GO 类别：生物学过程、细胞组分和分子功能。此外，通过 KEGG 通路分析对靶基因进行注释。发现了 19 种不同的路径，其中一些与 GO 的注释一致。最常见的表达途径包括："代谢途径""植物激素信号转导""精氨酸和脯氨酸代谢""类黄酮生物合成""次生代谢产物生物合成""半胱氨酸和甲硫氨酸代谢""苯丙素生物合成""植物-病原体互作""糖酵解/糖异生"。

6. RT-qPCR 确定预测 miRNA 及其靶基因

为了验证 miRNA 的存在和表达模式，在两个高通量测序文库中选取了 12 个表达模式不同的 miRNA 进行 RT-qPCR 分析。RT-qPCR 检测的 miRNA 表达模式与高通量测序的表达趋势相似（图 15-159）。与 PF2 中的表达相比，pfo-miR858b、pfo-miR398b、pfo-m0019 和 pfo-m0004-5p 在 PF4 发育的第一和第四阶段表达上调，在第二和第三阶段表达下调，pfo-miR166n、pfo-miR172a 和 pfo-miR393a 在 PF4 发育的 4 个阶段全部表达下调。PF4 中 fos-mir156b 的表达在第一阶段上调，在其他三个阶段下调。PF4 中 fos-m0016 的表达在前三个阶段下调，在第四个阶段上调。此外，随着植株发育，miRNA 的表达呈现出不同的趋势。在 PF2 植株中，pfo-miR156b 的表达量在第一阶段达到峰值，pfo-miR172a、

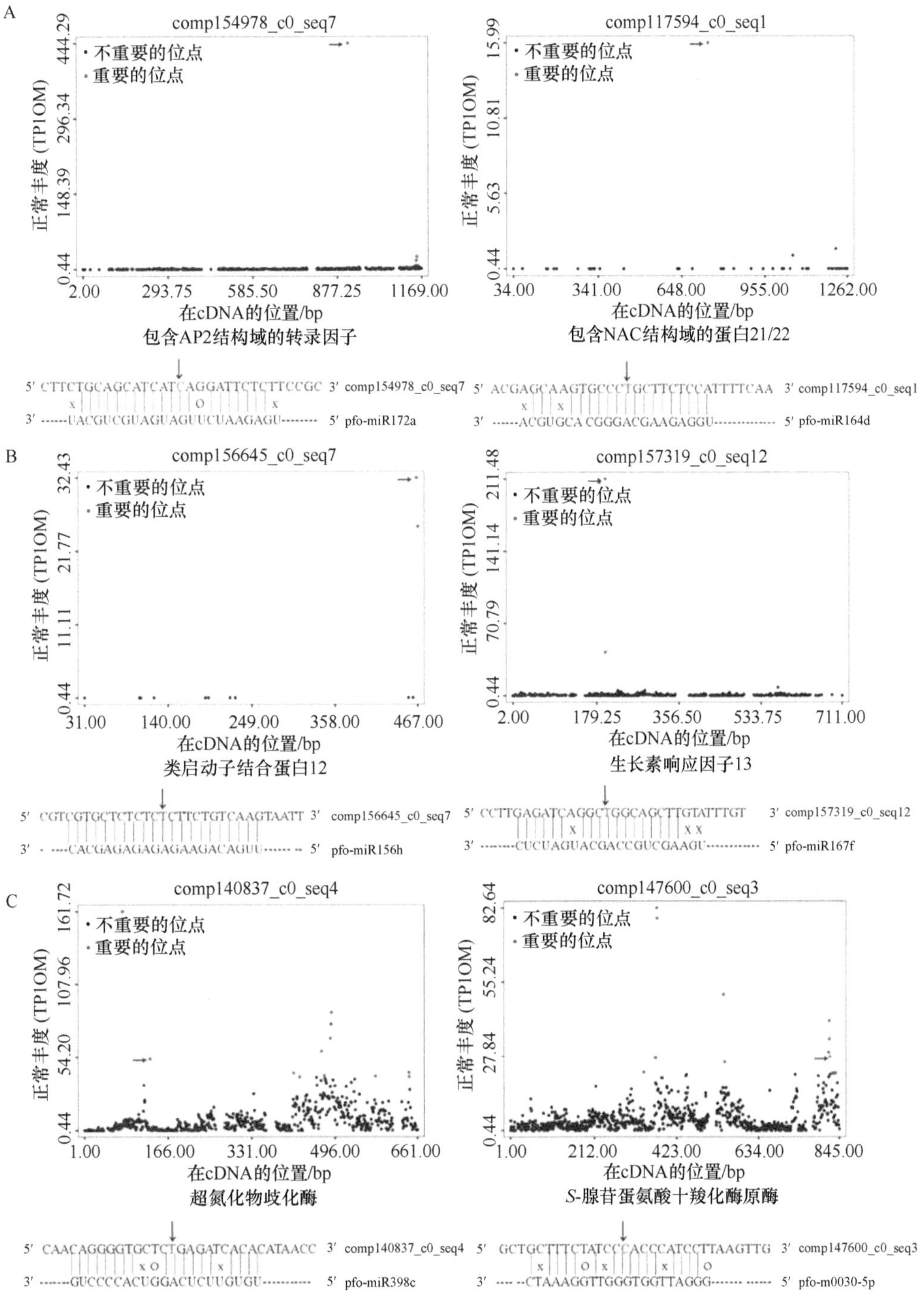

图 15-158　降解组测序确定的不同类别 miRNA 切割的靶位点（t-plot）

A. T-plot（上）和 miRNA：两个Ⅰ类靶标 comp154978_c0_seq7 和 comp117594_c0_seq1 转录本的 mRNA 对齐（下）。miRNA 中的实线和点：mRNA 对齐分别表示 RNA 碱基对匹配和 GU 不匹配，红色字母表示裂解位点。B. Ⅱ类靶标 comp156645_c0_seq7 和 comp157319_c0_seq12 用于 pf - mir156h 和 pf - mir167f。C. comp140837_c0_seq4 和 comp147600_c0_seq3，是 fos - mir398c 和 fos -m0030-5p 的Ⅲ类靶标

pfo-miR159b、pfo-miR398b、pfo-m0004-5p、pfo-m0016、pfo-m0019 和 pfo-m0030-5p 在第二阶段达到峰值，pfo-miR858b 和 pfo-miR393a 在第三阶段达到峰值。在 PF4 植株中，pfo-m0004-5p、pfo-m0019、pfo-m0016、pfo-miR166n、pfo-miR159b、pfo-miR172a 和 pfo-miR393a 在第一阶段的表达量较其他 3 个阶段的表达量最低。

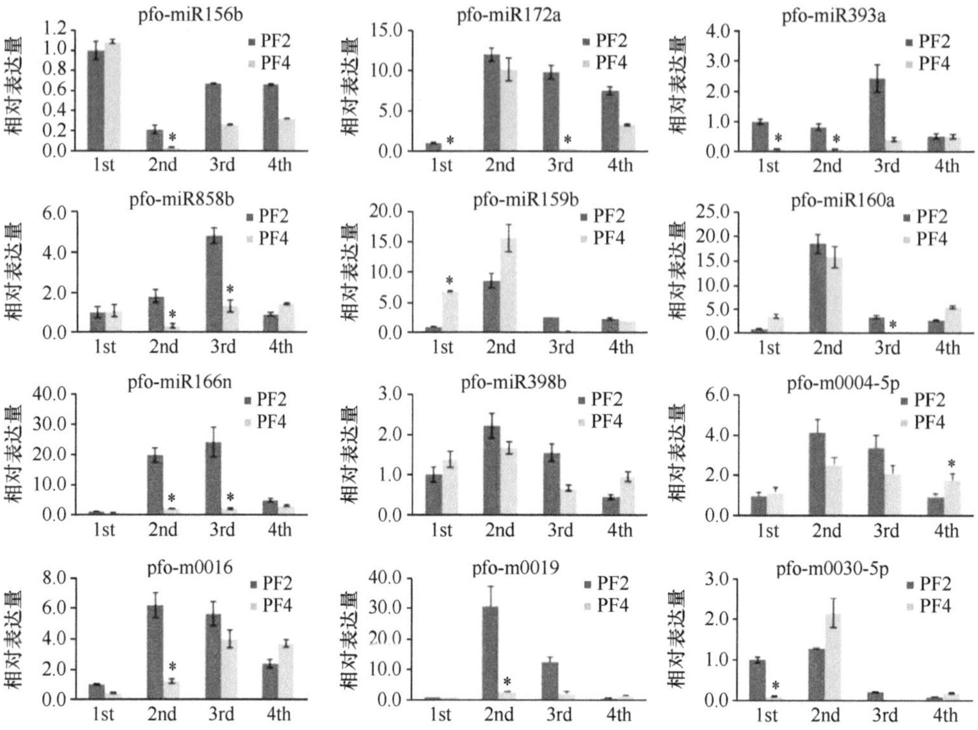

图 15-159　PF2 和 PF4 植物不同发育阶段 miRNA 表达的 RT-qPCR 验证

植物发育的四个阶段（1st. 30 日龄离体植株；2nd. 0.5a 龄幼苗；3rd. 1a 幼苗；4th. 2a 苗）分离总 RNA，每个样本进行 3 个独立的生物重复，每个生物重复进行 3 个技术重复。miRNA 的表达水平归一化为 U6。第 1 段的归一化 miRNA 水平被任意设置为 1。*同发育阶段 PF2 与 PF4 差异有统计学意义（$P<0.05$）

为了确定 miRNA 及其靶基因之间的潜在相关性，还通过 RT-qPCR 分析了 6 个 miRNA 靶基因在不同治疗阶段的表达模式。靶点包括 pfo-miR-156b 靶向的端粒启动子结合蛋白同源物 5（comp152071_c0_seq1）、pfo-mir172a 靶向的 AP2 结构域转录因子 4（comp154978_c0_seq7）、pfo-miR-160a 靶向的生长素反应因子 18（comp153967_c0_seq3）、pfo-mir159b 靶向的转录因子 GAMYB（comp132007_c0_seq1）、pfo-mir398b 靶向的 laccase21（comp156082_c0_seq4）和 pfo-m0030-5p 靶向的 *S*-腺苷甲硫氨酸脱羧酶原酶（comp147600_c0_seq3）。正如所预期的，靶基因的表达水平与相应 miRNA 的表达水平呈负相关。4 种 miRNA pfo-miR156b、pfo-miR159b、pfo-miR160a 和 pfo-miR398b 在 PF4 的后 3 个阶段表达水平相对于 PF2 较低，在第一个阶段表达水平较高，而它们的靶基因编码启动子结合蛋白同源物 5、转录因子 GAMYB。此外，pfo-miR172a 和新型的 pfo-m0030-5p 的表达水平与其目标基因 AP2 域转录因子 4（PF4 在所有发育阶段均高于 PF2）和 *S*-腺苷甲硫氨酸脱羧酶原酶的表达水平呈负相关。pfo-m0030-5p 的表达水平在第一和第三阶段 PF4 高于 PF2，在第二和第四阶段则低于 PF2（图 15-160）。这些结果表明，测序分析在第一阶段发现的 PF2 和 PF4 之间差异表达的 miRNA，在其他三个阶段也存在差异表达，这种表达差异导致了它们的靶基因表达水平的差异。

综上所述，白花泡桐 miRNA 在二倍体和同源四倍体之间存在表达差异。差异表达 miRNA 靶向的基因分析也发现，这些 miRNA 与四倍体白花泡桐的生理和环境适应密切相关，这些结果为今后白花泡桐高性能基因型的选择和调控提供了理论依据。

（三）四倍体南方泡桐 microRNA

为了研究 miRNA 在南方泡桐中起到的调控作用，采用小 RNA 文库的构建及 Solexa 测序和降解组测序分析的方法（Addo-Quaye et al.，2008；German et al.，2008）。在构建的二倍体、四倍体南方泡桐 miRNA

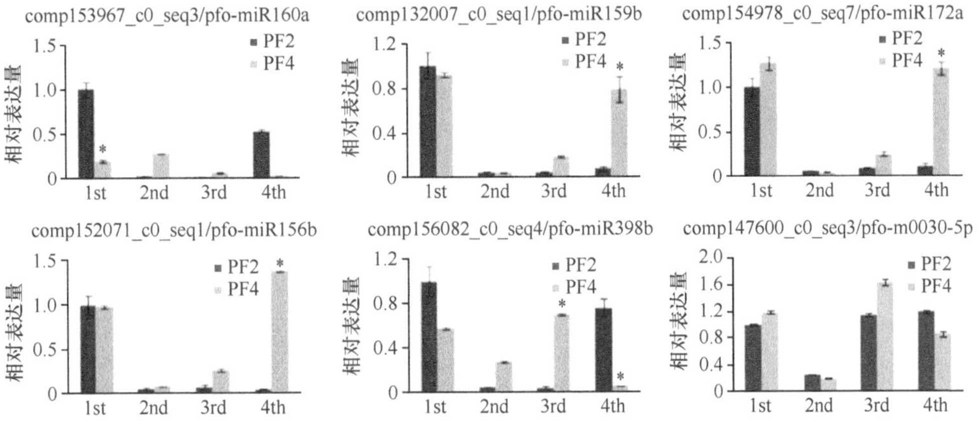

图 15-160　白花泡桐 miRNA 靶基因表达的 RT-qPCR 验证

植物发育的四个阶段（1st. 30 日龄离体植株；2nd. 0.5a 龄幼苗；3rd. 1a 生幼苗；4th. 2a 树苗）分离总 RNA，每个样本进行 3 个独立的生物重复，每个生物重复进行 3 个技术重复。靶标的表达水平归一化为 18SrRNA

文库和 4 个降解文库中，共鉴定出 15 个家族的 45 个保守的 miRNA 和 31 个潜在的新的候选 miRNA。其中 26 个 miRNA 表达上调（13 个保守 miRNA 和 13 个新 miRNA；15 个表达下调（3 个保守 miRNA 和 12 个新 miRNA）。一些 miRNA 的表达水平发生了显著变化，pas-miR169b-3p、pas-miR169c-3p、pas-miR396c-3p、pas-miR396d-3p、pas-miR171a、pas-miR171b 和 pas-miR171c 的表达水平在四倍体文库中增加或降低约 5 倍（表 15-43）。另外，在四倍体文库中检测到 21 种新的 miRNA，其表达水平比二倍体文库升高或降低小于 5 倍（表 15-44）。先前的研究已经表明，通过甲基化敏感性扩增多态性分析，在四倍体泡桐植物中，许多基因似乎在基因组复制后特别地甲基化（张晓申等，2013a）。据报道，DNA 甲基化参与诱导基因沉默，其可重新启动或改变基因表达水平（Shen et al.，2012）。事实上，研究发现四倍体文库中许多差异表达的 miRNA 的表达水平与它们在二倍体文库中的表达相比没有增加超过 2 倍。然而，这些 miRNA 中约有一半在两个文库中显著不同。一些 miRNA 在四倍体和二倍体文库中以相似的水平表达。这些结果表明四倍体中的基因组合并导致 miRNA 初级转录物和 miRNA 靶基因的非加性表达。

表 15-43　南方泡桐中的保守 miRNA

家族	miRNA	表达		差异倍数［log₂（PA4/PA2）］	*P* 值	miRNA*表达	
		PA2	PA4			PA2	PA4
MIR169	pas-miR169a-3p	252	142	−0.83	2.27E-08	180	87
	pas-miR169b-3p	244	0	−11.16	2.77E-74	173	0
	pas-miR169c-3p	244	0	−11.16	2.77E-74	173	0
	pas-miR169d	18	26	0.53	2.35E-01	0	0
	pas-miR169e	18	26	0.53	2.35E-01	0	0
MIR159	pas-miR159a-3p	117 706	141 387	0.26	0	115	83
	pas-miR159b-3p	1 312	85	−3.95	0	16	0
MIR408	pas-miR408a-3p	1 475	6 263	2.08	0	50	208
	pas-miR408b-3p	1 475	6 263	2.08	0	50	208
MIR396	pas-miR396a	7 879	6 831	−0.21	1.86E-18	142	153
	pas-miR396b	2 808	3 411	0.29	2.11E-15	120	263
	pas-miR396c-3p	0	30	8.13	9.61E-10	13	11
	pas-miR396d-3p	0	30	8.13	9.61E-10	13	11
MIR397	pas-miR397a	676	6 543	3.27	0	16	368
	pas-miR397b	678	6 601	3.28	0	16	368

续表

家族	miRNA	表达		差异倍数［log_2（PA4/PA2）］	P 值	miRNA*表达	
		PA2	PA4			PA2	PA4
MIR398	pas-miR398a-3p	532	3 071	2.53	0	44	1 042
	pas-miR398b-3p	532	3 071	2.53	0	44	1 042
	pas-miR398c-3p	532	3 071	2.53	0	44	1 042
MIR166	pas-miR166a-3p	178 621	189 900	0.09	3.20E-72	1 809	1 883
	pas-miR166b-3p	180 817	192 950	0.09	1.90E-82	141	332
	pas-miR166c-3p	550 961	563 946	0.03	2.62E-29	1 689	1 755
	pas-miR166d-3p	422 623	424 471	0.00	2.78E-01	373	236
	pas-miR166e-3p	50 932	51 265	0.01	4.71E-01	490	455
MIR160	pas-miR160a	718	1 445	1.01	8.76E-56	0	1
	pas-miR160b	30	40	0.41	2.38E-01	0	0
	pas-miR160c	30	40	0.41	2.38E-01	0	0
	pas-miR160d	30	40	0.41	2.38E-01	0	0
	pas-miR160e	30	40	0.41	2.38E-01	0	0
	pas-miR160f	30	40	0.41	2.38E-01	0	0
MIR156	pas-miR156a	2 251	3 231	0.51	5.59E-39	0	0
	pas-miR156b	2 251	3 221	0.51	4.75E-39	46	69
	pas-miR156c	1 349	2 284	0.76	1.94E-54	278	493
	pas-miR156d	1 349	2 284	0.76	1.94E-54	278	493
MIR164	pas-miR164	396	284	−0.48	1.51E-05	85	40
MIR167	pas-miR167	509	864	0.76	8.46E-22	18	27
MIR168	pas-miR168a	1 893	2 713	0.52	2.06E-33	143	236
	pas-miR168b	1 895	2 712	0.51	3.58E -33	137	185
MIR2118	pas-miR2118a-3p	109	136	0.32	8.78E-02	0	0
	pas-miR2118b-3p	109	136	0.32	8.78E-02	0	0
MIR482	pas-miR482a-3p	4 727	6 806	0.52	5.00E-83	0	0
	pas-miR482b-3p	4 529	4 723	0.06	5.48E-02	0	0
	pas-miR482c-3p	4 728	6 804	0.52	8.48E-83	0	0
MIR171	pas-miR171a	0	10	6.54	9.87E-04	0	0
	pas-miR171b	0	8	6.22	3.94E-03	0	0
	pas-miR171c	0	8	6.22	3.-94E-03	0	0

表 15-44　南方泡桐中鉴定的新 miRNA

miRNA	表达		差异倍数［log_2（PA4/PA2）］	P 值	miRNA*表达	
	PA2	PA4			PA2	PA4
pas-miR1	116	422	1.86	7.02E-42	106	74
pas-miR2	43	0	−8.65	1.0.9E-13	0	0
pas-miR3	8	3	−1.42	1.45E-01	6	5
pas-miR4a	6	0	−5.81	1.55E-02	0	0
pas-miR4b	6	0	−5.81	1.55E-02	0	0
pas-miR5a	7116	6078	−0.23	5.38E-20	208	223
pas-miR5b	7116	6078	−0.23	5.38E-20	208	223
pas-miR6a-3p	2125	4098	0.94	1.51E-139	67	71
pas-miR6b-3p	2125	4098	0.94	1.51E-139	67	71
pas-miR6c-3p	2125	4098	0.94	1.51E-139	67	71

续表

miRNA	表达		差异倍数［log₂（PA4/PA2）］	P 值	miRNA*表达	
	PA2	PA4			PA2	PA4
pas-miR7-3p	696	0	−12.67	1.51E-210	6	0
pas-miR8a-3p	29	0	−8.08	4.57E-01	0	0
pas-miR8b-3p	29	11	−1.4	5.48E-02	0	0
pas-miR9	8	0	−6.23	3.87E-03	0	0
pas-miR10-3p	10	0	−6.55	9.66E-04	0	0
pas-miR11-3p	17	0	−7.31	7.49E-06	0	0
pas-miR12	5	0	−5.55	3.11E-02	0	0
pas-miR13-3p	934	1506	0.69	5.10E-31	1128	1403
pas-miR14	10	28	1.48	3.45E-03	2	1
pas-miR15a	345	0	−11.66	9.86E-105	107	0
pas-miR16a-3p	0	19	7.47	1.95E-06	0	0
pas-miR16b-3p	0	19	7.47	1.95E-06	0	0
pas-miR16c-3p	0	19	7.47	1.95E-06	0	0
pas-miR17-3p	0	8	6.22	3.94E-03	0	7
pas-miR18-3p	0	11	6.68	4.94E-04	0	0
pas-miR19-3p	0	126	10.2	1.34E-38	0	0
pas-miR20-3p	0	54	8.98	5.87E-17	0	2
pas-miR21a	0	12	6.81	2.47E-04	0	9
pas-miR21b	0	12	6.81	2.47E-04	0	9
pas-miR22-3p	0	11	6.88	4.94E-04	0	0
pas-miR23-3p	0	28	8.03	3.84E-09	0	0

通过 RT-qPCR 获得的 miRNA 的表达模式显示，与二倍体相比，pas-miR156c、pas-miR 398a3p、pas-miR408a-5p 和 pas-miR22-3p 在四倍体中的表达量在 30 天的幼苗中上调，而在 2 年生的幼苗中 pas-miR319a-3p 的表达量则相反。此外，四倍体中的 pas-miR160a、pas-miR167、pas-miR171a、pas-miR397a、pas-mir1 和 pas-mir14 的表达在 30 天的植株中上调，并且在 2 年生幼苗中，PA4 表达下调，而 pas-mir3 表达则相反。因此，随着植物发育，部分 miRNA 的表达水平表现出不同的趋势。也有 6 个 miRNA（pas-miR160a、pasmiR167、pas-miR319a-3p、pas-miR398a、pas-miR408a-3p、pas-miR1）在两个阶段的二倍体和四倍体中具有相同的表达趋势。通过 RT-qPCR 验证了不同发育阶段差异表达的 miRNA 和转录靶的表达模式。结果表明，差异表达的 miRNA 导致其转录靶基因的表达水平不同（图 15-161）。并且还发现两个靶基因（*CL4211.Contig3* 和 *CL10503.Contig1*）的表达水平与其对应的 miRNA（pas-miR167 和 pas-miR171a）的表达水平不一致，这表明还存在其他调控靶基因表达的机制。

注释分析结果表明，除生长素响应因子 ARF 8 和稻草人样蛋白 SCL 15 的靶标外，其余靶标的表达水平与相应 miRNA 的表达水平呈负相关（图 15-162）。pas-miR160a、pas-miR167、pas-miR171 和 pas-mir1 在不同发育时期，其表达水平有显著差异，四倍体中的表达水平在 30 天幼苗期高于二倍体，在 2 年生幼苗期低于二倍体，而其转录靶 CL3173.Contig7、CL11603.Contig1、CL6407.Contig9、CL11078.Contig2、CL11078.Contig3 和 Unigene 9061 以与预期相反的方式表达，并且这些编码蛋白分别是生长素响应因子 ARF 10、ARF 18 和 ARF 6、SCL 6 和 SCL 22 及丝氨酸/苏氨酸蛋白激酶的成员。在两个处理阶段，四倍体中 pas-miR319 a-3p 的表达水平显著低于二倍体中的表达水平，而转录因子 TCP 4（CL9103.Contig3）的表达水平则相反。此外，与二倍体相比，四倍体中 pas-miR156 c 与其编码的 SPL6 和 SPL12（CL11428.Contig2 和 CL5129.Contig2）的靶基因之间及 pas-mir22-3p 与其编码含 CCCH 型锌指结构域蛋

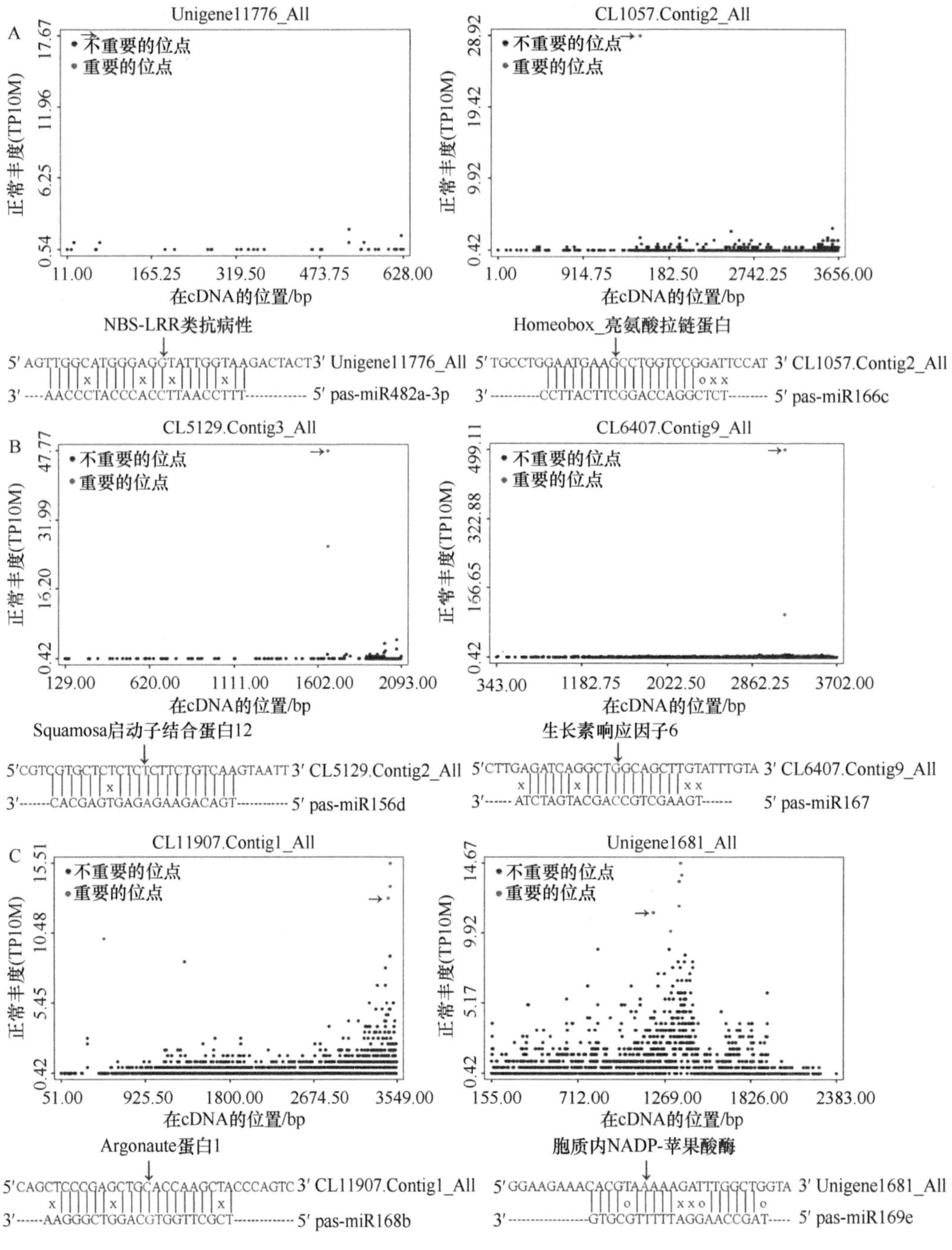

图 15-161　通过降解测序确定不同类别 miRNA 切割的靶位点

白 53（CL1197.Contig2）的靶基因之间观察到相反的趋势。这些结果表明，miRNA 和转录靶的表达模式在南方泡桐的生长发育中是复杂多变的。此外，这些结果也揭示了这些 miRNA 在植物从二倍体到同源四倍体的基因组复制变化中可能起到的作用。

南方泡桐中保守 miRNA 预测的靶基因与已验证的植物 miRNA 靶基因相似或功能相关，并被注释为参与多种生理过程。pas-miR156 靶向 SPL 蛋白家族，影响植物的不同发育过程，如叶发育、茎干成熟、阶段变化和开花（Rhoades et al.，2002）；以及 pas-miR167 靶向 ARF6 和 ARF 8，它们属于一类已知控制植物中多种过程的转录因子，包括调节雌蕊群和雄蕊成熟及种子传播（Nagpal et al.，2005；Kwak et al.，2009）。对差异表达 miRNA 的靶基因分析表明，其中一些靶基因可能在植物形态学和生理学中发挥重要作用。另外，pas-miR319a-3p 在 PA4 中的表达水平约是其在二倍体中的表达水平的 1/4，并且预测

pas-miR319a-3p 靶向 TCP 转录因子。预测 miR171 家族靶向 3 个 SCL 基因，其在四倍体植物中上调。预测 pas-miR1 和 pas-miR22-3p 分别靶向含 L 型凝集素结构域的受体激酶（lecRK）和含 CCCH 型锌指结构域的蛋白质，表明鉴定的 miRNA 靶基因除了可能参与植物发育外，还可能在生物和非生物胁迫中发挥重要作用。

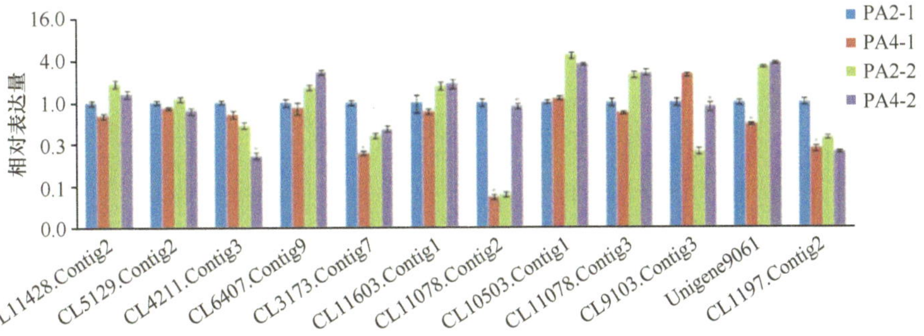

图 15-162　目的基因在南方泡桐中的相对表达水平

（四）四倍体‘豫杂一号’泡桐 microRNA

为了解同源四倍体和二倍体‘豫杂一号’泡桐植株中 miRNA 的功能，构建了同源四倍体和对应二倍体植株的 2 个小 RNA 文库和 2 个降解体测序文库，并进行分析（Sunkar and Zhu，2004；German et al.，2008）。从两个 sRNA 文库中共获得 49 个保守 miRNA，分属 15 个家族，其中 25 个为新 miRNA。其中 pau-miR156 家族有 13 个成员，远远多于其他 miRNA 家族。并且 pau-miR5a 可能是泡桐属植物中保守的 miRNA。在检测到的 74 个 miRNA 中，有 28 个 miRNA 在四倍体中的表达水平显著高于二倍体，表明这些 miRNA 的表达变化可能是对植物四倍体的响应。采用降解测序代替生物信息学预测进行 miRNA 靶点鉴定，识别出 30 个潜在靶点。其中，pau-miR482a-3p 和 pau-miR1 靶向相同的 4 种基因，pau-miR482a-3p 和 pau-miR4 靶向相同的 2 种基因。其他被预测具有相同靶点的 miRNA 都属于它们自己独特的家族。通过 GO 和 KEGG 注释，12 个独特的靶基因被注释为鳞状启动子结合样蛋白。这 12 个靶基因和另外 2 个基因（转录因子 TCP4 和可能的核氧还蛋白 1）的 KEGG 分析尚不清楚。对其他靶基因的注释表明，它们可能参与生长素介导的信号通路、蛋白质二聚化活性、DNA 结合、转录调控、细胞分裂、根冠发育和模式特异性过程（图 15-163）。

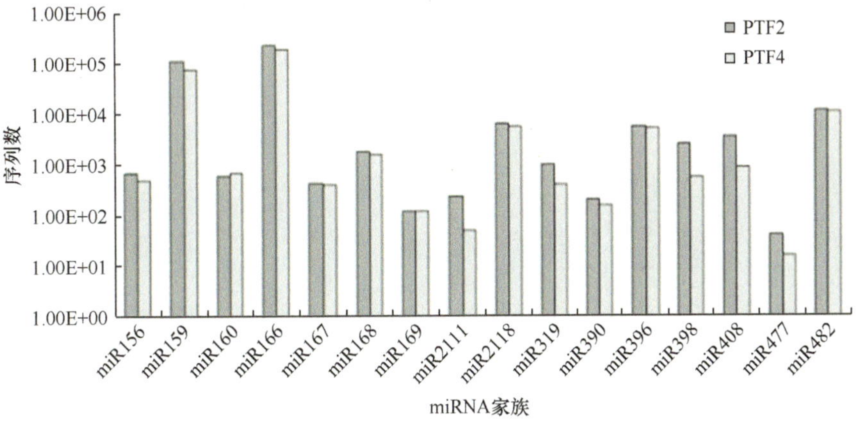

图 15-163　‘豫杂一号’泡桐 miRNA 家族序列解读

通过 RT-qPCR 验证，3 个保守的 miRNA（pau-miR2111-a、pau-miR398a-3p 和 pau-miR408-3p）在 PTF2 和 PTF_4 植物的 3 个生长阶段具有相同的表达模式。两种新的 miRNA（pau-miR6 和 pau-miR9）在第二阶段的两种基因型中具有最低的表达水平。此外，pau-miR319b-3p 和 pau-miR12a 在 PTF4 中的表达水平在第一

阶段和第三阶段高于 PTF2 中的表达水平，而在第二阶段低于 PTF2 中的表达水平。与 PTF2 中的 pau-miR6 表达水平相比，PTF4 在第一和第二阶段的表达水平较低，而在第三阶段的表达水平较高（图 15-164）。

此外，据报道，miRNA 主要通过调节转录因子基因的表达来调节基因表达（Mallory and Vaucheret，2006）。因此，多倍体中基因调控网络的变化可能是由转录因子表达模式的变化引起的。先前的研究已经表明 miR319 作用于 TCP 家族成员以调节叶的形态和生长（Palatnik et al.，2003）。pau-miR319b-3p 靶向编码转录因子 TCP4 的基因 *Cl9103.Contig2*。已知转录因子 TCP 家族控制多种发育性状，并在植物生长中发挥重要作用（Sarvepalli and Nath，2011）。因此，PTF4 中 pau-miR319b-3p 的下调导致同源四倍体植物中 TCP4 的上调，这对二倍体和多倍体植株外部形态和生长速度的巨大差异起着关键作用。

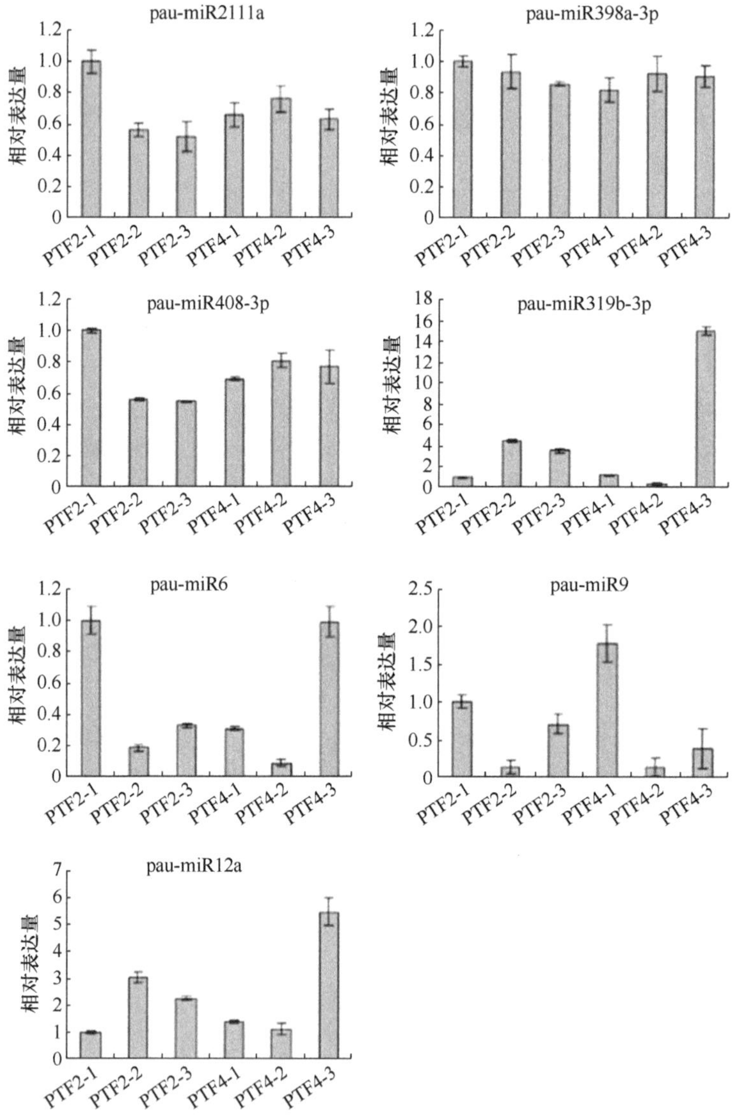

图 15-164　‘豫杂一号’泡桐中 miRNA 表达水平的验证

六、四倍体泡桐抗旱与抗盐胁迫分子机理

（一）四倍体泡桐抗旱分子机理

干旱胁迫下植物通常通过诱导各种相关基因和代谢途径来应对缺水，如光合作用、植物激素信号转

导和类黄酮途径等。为解释干旱条件下四倍体泡桐的抗旱能力高于其二倍体的生理特性，对两种倍性的不同泡桐的转录组进行分析，以探究其优良特性的分子机制。

在对同源四倍体和二倍体白花泡桐的抗旱性研究中发现，编码抗旱蛋白、调节蛋白及生长发育相关的基因在干旱条件下出现差异表达。首先是抗旱蛋白方面，两种不同倍性的白花泡桐材料中都观察到甲硫氨酸合酶转录本的诱导，而甲硫氨酸合酶的激活是对干旱的初始反应，因为通过该途径的流量增加为次级代谢化合物提供了甲基来源，而次级代谢化合物又为样品提供了适应性优势。因此，甲硫氨酸合酶高水平的增加或维持可能反映了更活跃的甲基化和渗透调节物质代谢。同时，两种材料中编码转运蛋白的基因也差异表达，以提高白花泡桐在干旱条件下的抗性。在调节蛋白方面，发现在土壤相对含水量为25%的条件下处理了12天的二倍体（PF2W25-12D）和同源四倍体白花泡桐（PF4W25-12D）的转录组中，编码干旱反应调节蛋白的基因积极响应，使得两种泡桐中包括WRKY和MYB在内的一些转录因子，包括钙结合蛋白、核酸结合蛋白、丝氨酸/苏氨酸蛋白、锌指蛋白等的调节蛋白及类黄酮等次级代谢产物在两种类型的泡桐（PF2W25-12D和PF4W25-12D）中都高度表达，以调节白花泡桐在干旱胁迫中的反应并提高其适应性。而在生长发育方面，发现一些差异表达基因编码细胞组分和多种激素，如调控植物生长的生长素、细胞分裂素及提高植物抗旱性的脱落酸等。同时还发现一些差异表达基因参与脱落酸和其他重要植物激素（如乙烯、生长素、玉米素和油菜素类等）之间的串扰，如在土壤相对含水量为25%条件下处理了12天的二倍体和同源四倍体白花泡桐的转录组中，一系列在玉米素生物合成途径中编码相关酶的基因都发生上调（图15-165）（Dong et al.，2014b）。

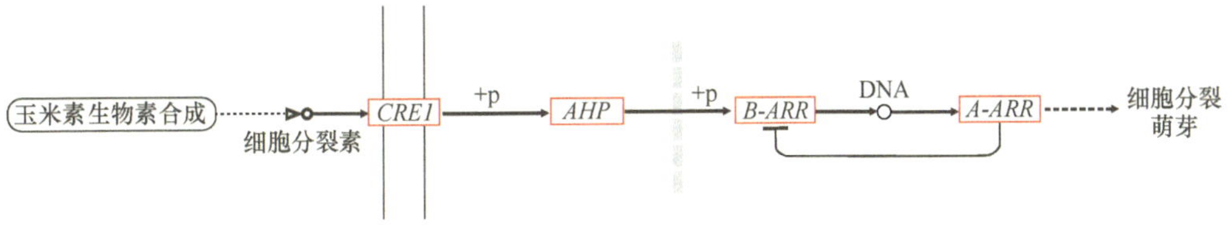

图15-165　干旱条件下两种倍性白花泡桐的玉米素生物合成途径中都上调的表达基因（红框中）

在对南方泡桐抗旱机制的研究中，使用Illumina基因组分析仪Ⅱx分析，对两种倍性的南方泡桐分别进行在干旱和对照处理条件下转录组的比较分析，筛选了在干旱条件下两种倍性南方泡桐一致上调和下调的常见且参与干旱响应和适应的差异表达基因，并进行了KEGG分析。发现在干旱处理条件下，可能参与葡萄糖和淀粉合成的基因出现下调，一个编码可溶性转化酶的基因也出现下调，而5种葡萄糖跨膜转运蛋白则均出现上调。同时在脱落酸合成方面，发现11个差异表达基因（如*PP2C*、*SnRK2*）在类胡萝卜素生物合成途径中上调，而类胡萝卜素途径是被子植物中ABA生物合成的唯一确定途径。在脱落酸分解方面，发现南方泡桐中3个参与ABA分解代谢的类*CYP707A*基因出现下调等。可以看出南方泡桐通过促进脱落酸合成并减少其分解的方式来积累脱落酸以调高对干旱环境的抗性。除脱落酸外，乙烯等其他激素也参与了植物的抗旱适应，而两种倍性的南方泡桐中，编码乙烯生物合成途径中关键酶的基因、生长素和油菜素类生物合成途径的相关基因及一系列编码玉米素生物合成途径中酶的基因均升高，这些变化都利于干旱条件下南方泡桐抗性和适应性的提升。这些上调和下调的差异表达基因也都为理解不同倍性南方泡桐的抗旱分子机制提供了帮助（Dong et al.，2014c）。

而在对同源四倍体‘豫杂一号’泡桐和其二倍体的抗旱性分析中发现，四倍体‘豫杂一号’泡桐的抗旱性高于其二倍体，为了获得‘豫杂一号’泡桐对干旱反应的分子机制的遗传信息，使用Illumina/Solexa基因组测序平台从头组装在对照条件下和干旱胁迫下生长的二倍体和同源四倍体‘豫杂一号’泡桐的叶片转录组，获得98 671个非冗余单基因，进而对两者的差异表达基因进行对比分析。发现对照条件下，二倍体‘豫杂一号’泡桐中上调的大多数差异表达基因的转录丰度高于其四倍体，然而在干旱胁迫条件下四倍体‘豫杂一号’泡桐相较于其对应的二倍体而言，其中上调的差异外显子（DEU）的转录丰度显著增加，尤其是参与ROS清除系统、氨基酸和碳水化合物代谢及植物激素生物合成和转导的DEU。同时，干旱胁迫下四倍体‘豫杂一号’泡桐中衰老相关蛋白质出现上调，且干旱胁迫期间积累了大量半乳糖醇和棉子糖，这可能也有助于提高干旱胁迫植物中的ROS清除。以上结果说明四倍体‘豫杂一号’泡桐通过增加代谢和防御相关单基因的丰度，以提高应对干旱胁迫的抗性，表现出更高的抗旱能力（Xu et al.，2014）。

1. 干旱胁迫下四倍体毛泡桐 microRNA 的变化

为了从基因水平更加深入地了解四倍体毛泡桐 microRNA 在干旱胁迫下的优良特性，本研究将二倍体毛泡桐作为对照，具有75%（对照）和25%（干旱胁迫）相对土壤含水量的二倍体和同源四倍体毛泡桐分别命名为PT2和PT2T，以及PT4和PT4T。干旱处理时间设置为0天、6天、9天和12天（萎蔫状态）。处理后，选择每组中3个生长条件一致的个体，采集每株完全展开的叶片（从顶端开始的第二对叶片）进行合并。仅在12天后才从充分浇水的PT2和PT4植物中采集样品。采摘后，立即将叶片样品冷冻在液氮中，并储存在–80℃以待使用。研究分析表明，干旱胁迫下，二倍体、四倍体毛泡桐 miRNA 的表达差异变化及其对目标靶基因的表达调控中，有8个miRNA家族中的41个保守miRNA和90个潜在的新miRNA，新的成熟miRNA序列的长度从20～23nt不等。在干旱胁迫下，pau-miR2191、pau-miR166a、pau-miR166b、pau-miR167b和pau-miR157具有非常高的表达水平，同时，除了pau-miR408a、pau-miR208b、pau-miR168和pau-miR390之外的所有保守miRNA都不同程度地上调。这些结果表明，显著差异表达的miRNA可能在毛泡桐的干旱胁迫反应中发挥重要作用。其次，降解组测序共鉴定了356个靶点和773个切割位点。表明miRNA可以有效切割靶基因（Addo-Quaye et al.，2008；German et al.，2008）。

在对选择的8个差异表达miRNA进行的RT-qPCR验证中发现（图15-166），5种miRNA表达（pau-miR396a、pau-miR159、pau-miR167a、pau-miR157和pau-miR26a）的趋势与高通量测序数据相似。在不同倍性的毛泡桐中，这5种miRNA的表达水平在干旱处理的第6天上调，在第9天下调，在第12天上调。为了确认降解序列分析的可靠性，调查miRNA与其靶标之间的潜在相关性并发现：3个靶标（CL401.Contig8_All、CL10153.Contig2_All和CL6480.Contig4_All）的表达模式与相应miRNA的表达模式呈负相关。5个靶标（CL13082.Contig3_All、CL13082.Contig2_All、CL1785.Contig11_All、CL16、Contig8_All和Unigene17325_All）与相应miRNA的表达水平呈正相关。这些结果表明，在干旱胁迫下的毛泡桐中，差异表达的miRNA及其靶点的表达模式复杂多样。

植物根通过吸收土壤中的水分和养分，在植物生长和发育，应对生物、非生物胁迫的过程中发挥着重要作用。生长素应答基因ARF6被预测为pau-miR167的靶标基因，在干旱胁迫后显著上调（Meng et al.，2010；Khan et al.，2011）；pau-miR156家族同之，同时pau-miR156的预测靶基因*SPL12*编码一种植物特异性转录因子，该转录因子在促进从幼年到成年生长、芽成熟、叶片发育和开花的过渡中发挥关键作用（Chuck et al.，2008；Cui et al.，2014），因此，泡桐在干旱胁迫下的形态和生理变化可能与miR156的负调节有关；pau-miR159的预测靶基因是*GAMYB*，在干旱胁迫后pau-miR159表达量也显著上调，据报道，MYB在干旱条件下调节气孔，其过度表达会导致对缺水的超敏反应（Oh et al.，2011）。根据miRNA与其靶标的负调节，MYB的表达水平可能促进了干旱胁迫下的保卫细胞收缩，导致气孔关闭并限制泡桐根的生长，从而进一步影响泡桐的根系的吸水能力。这些结果均表明了干旱胁迫反应是非常复杂的，由各种信号网络控制，miR156-SPL12、pau-miR167-ARF和pau-miR159-GAMYB调节可能促进毛泡桐的抗旱能力。

2. 干旱胁迫下四倍体‘豫杂一号’泡桐 microRNA 的优良特性

‘豫杂一号’作为毛泡桐与白花泡桐的杂交无性系，通过秋水仙素从二倍体亲本植物中获得了同源四

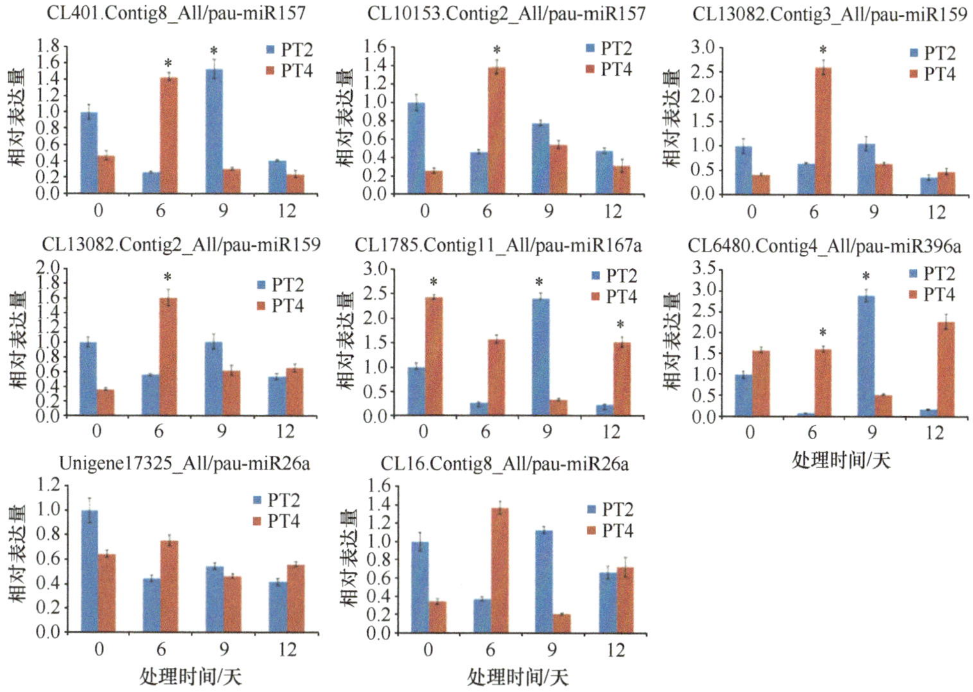

图 15-166　毛泡桐预测靶基因相对表达的 RT-qPCR 验证

倍体植株后，在‘豫杂一号’泡桐中构建了 PTF2W、PTF2T、PTF4W 和 PTF4T 4 个 sRNA 文库。在干旱胁迫前后，对于构建的‘豫杂一号’泡桐二倍体和四倍体 miRNA 文库和相应的降解文库中，共鉴定出属于 14 个 miRNA 家族的 30 个保守 miRNA 和 98 个新 miRNA。此外，还鉴定出 12 个相应的 miRNA*，这已被认为是真正的 miRNA 的有力证据（Meyers et al.，2008）。通过 sRNA 和降解序列测定，发现了 3 个保守的和 21 个新的 miRNA，其中 15 个被鉴定为主要的干旱响应 miRNA，同时在四倍体中赋予比二倍体更高的抗性。与保守 miRNA 的表达水平相比，大多数新 miRNA 的丰度相对较低。同时在干旱胁迫前后有 24 个 miRNA 差异表达，它们可能对‘豫杂一号’泡桐的干旱胁迫有响应。

经过 RT-qPCR 验证（图 15-167），在这些差异表达的 miRNA 中，pau-miR169d 在四倍体中表达更高，这意味着它赋予了四倍体植物一种进化优势（Adams，2007；Leitch and Leitch，2008），四倍体表现出比二倍体更好的特征。此外，还发现一些 miRNA 在干旱条件下表达差异，仅在四倍体中表达，这被认为是四倍体比二倍体具有更好的抗旱性的证据，如 pau-miR169d 和 pau-miR2911。miR169 被预测为胁迫相关转录因子编码基因和与生长发育有关的蛋白质，分析结果发现，相同 miRNA 靶向不同基因的调节模式是不同的，这一结果也揭示了在‘豫杂一号’泡桐干旱胁迫期间，miRNA 与推定的靶基因之间的调节关系是多变的和复杂的。研究表明，miR169 被预测为靶向 NFYA 编码基因，在‘豫杂一号’泡桐中，pau-miR169d 因干旱胁迫而下调表达。此外，pau-miR169d 在二倍体中的表达低于相应的四倍体中，表明四倍体比二倍体具有更高的抗旱性。同时，在干旱胁迫中，pau-miR160 和 pau-miR482a-f 显著差异表达，pau-miR160 的表达增加了约 5 倍，这与拟南芥中的表达一致，因此可以推断 pau-miR160 参与了抗旱性。pau-miR482a-f 的推定靶基因被注释为编码 E3 泛素蛋白连接酶和推定的砷泵驱动 ATP 酶，两者都对环境胁迫有反应。拟南芥中辣椒 E3 泛素连接酶同源 *Rma1H1* 基因的过度表达降低了水通道蛋白 AtPIP2-1 的表达，并抑制了 AtPIP2-2 从内质网向质膜的转运。质膜中 AtPIP2-1 的减少提高了植物的抗旱性（Lee et al.，2009）。CPSF30 可能是一种与 Fip1 协调的加工性内切酶，与拟南芥中植物 CPSF 的重排有关（Rao et al.，2009）。

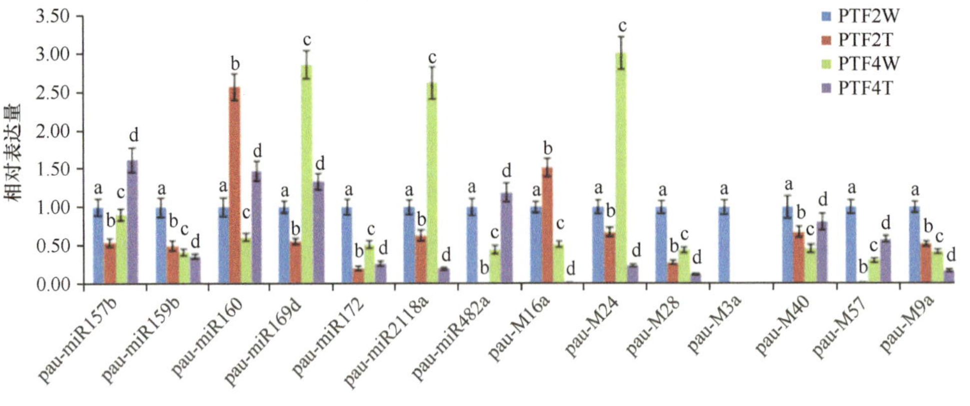

图 15-167 ‘豫杂一号’中 miRNA 的 RT-qPCR 结果

pau-M43 和 pau-M35 分别被预测为编码 CP12 和 CPSF30 的靶基因。这两种 miRNA 在干旱胁迫前后也差异表达，因此认为 CP12 蛋白和 CPSF30 可能对干旱有反应。NBS-LRR 基因家族是编码提高植物防御能力的抗病蛋白的最大基因家族。在这项研究中，pau-M40 在 PTF4W 与 PTF2W 的比较中被下调，并被预测为靶向 *NBS-LRR* 基因，这些都可能有助于‘豫杂一号’泡桐四倍体对干旱胁迫的防御能力，使四倍体表现出比二倍体更好的特征。

3. 干旱胁迫下四倍体南方泡桐 microRNA 的优良特性

干旱胁迫前后，在构建的二倍体、四倍体南方泡桐 miRNA 文库和 4 个降解文库中，共鉴定出 16 个 miRNA 家族的 33 个保守 miRNA，其中 pas-miR897 仅在二倍体中表达，而 pas-miR5239 仅在同源四倍体中表达。这一发现可能表明了干旱处理产生或抑制了一些新的 miRNA，它们可能在干旱胁迫反应中发挥重要作用。

RT-qPCR 验证分析结果发现（图 15-168），一些差异表达的 miRNA（pas-miR171a/b、pas-miR5、pas-miR16、pas-miR34、pas-miR39、pas-miR60、pas-miR68 和 pas-miR84）上调或下调 5 倍以上。具体而言，在干旱胁迫下，pas-miR84 是 miRNA 下调最多的（二倍体为下调 10.51 倍，同源四倍体为下调 9.83 倍），而 pas-miR68 是 miRNA 上调最多的（四倍体为 9.24 倍，同源二倍体为 8.62 倍）。在南方泡桐中鉴定这些干旱胁迫响应的 miRNA 可能有助于更好地理解参与防御反应的 miRNA，有可能培育出更好的抗旱树种。

在候选 miRNA 的靶点与干旱胁迫反应有关的研究中，鉴定的许多新 miRNA 靶基因被预测在植物对干旱或缺水胁迫的反应中起作用。预测 pas-miR79 的靶基因编码应激诱导的锌指蛋白、醇脱氢酶和含五肽重复序列的蛋白。在使用大规模的转录组数据来识别和分析干旱胁迫下二倍体和同源四倍体南方泡桐中的保守 miRNA 和新 miRNA。在鉴定出的 33 个保守的 miRNA 和 104 个新的 miRNA 中，其中 21 个在干旱胁迫下在两种南方泡桐基因型中都有差异调节。对 miRNA 表达模式及其靶标的生物学功能的生物信息学分析表明，这些 miRNA 和靶标基因参与了复杂的干旱胁迫反应途径。这些发现为泡桐植物中响应干旱胁迫的 miRNA 的未来研究提供了基础，并可能有助于阐明泡桐环境适应的分子机制。

4. 干旱胁迫下四倍体白花泡桐 microRNA 的优良特性

干旱胁迫前后，二倍体和四倍体白花泡桐中共获得 15 707 321 个（B2）、14 828 766 个（B2H）、14 153 413 个（B4）和 16 151 854 个（B4H）原始序列。土壤相对含水量分别为 75%和 25%。在构建的白花泡桐二倍体和四倍体 miRNA 文库和相应的降解文库中共鉴定出属于 14 个家族的 30 个保守 miRNA 及 88 个新的 miRNA。其中，miR169 是最大的家族，PfomR166a-3p 是最丰富的 miRNA，miR169b 仅在二倍体植物中检测到，而 miR399 仅在四倍体植物中检测出。在所有保守的 miRNA 中，还鉴定了一些与

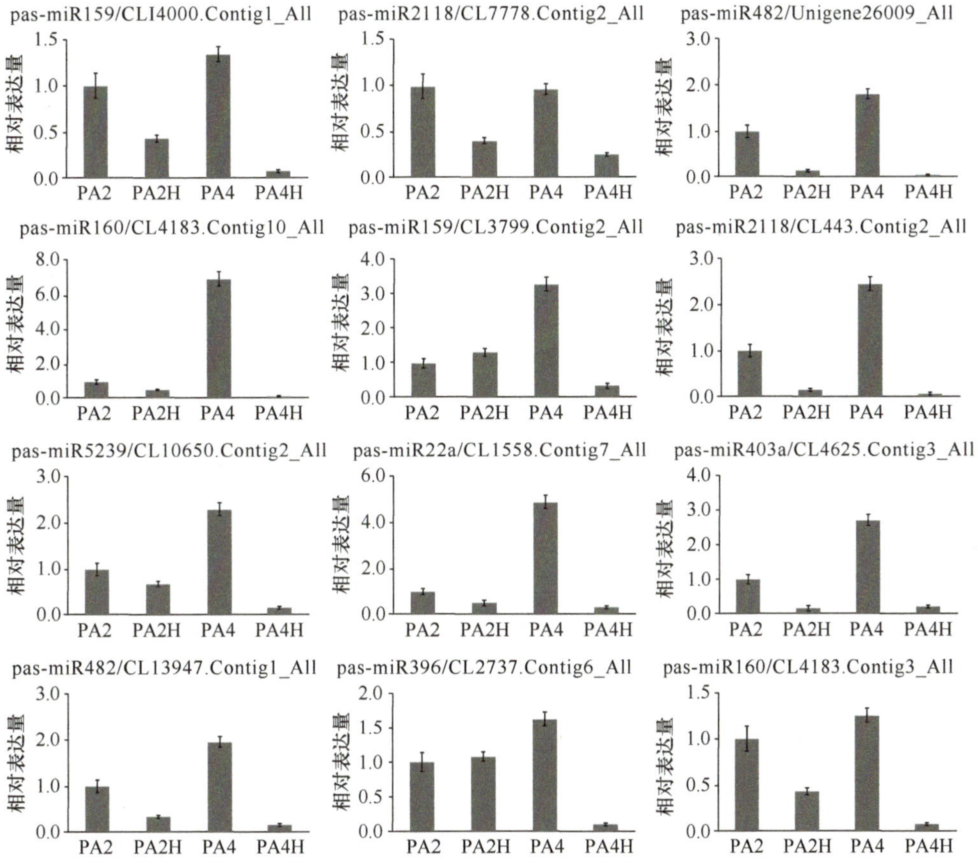

图 15-168　目标基因在南方泡桐中的相对表达水平

干旱相关的 miRNA，这些 miRNA 已在其他植物中得到证实，如 miR159、miR169 和 miR319。此外如前所述（Conesa et al.，2005），对靶标基因进行的 GO 分析及 KEGG 途径注释表明，靶基因主要参与代谢途径、植物激素信号转导和次级代谢产物的生物合成。

RT-qPCR 验证分析结果发现（图 15-169）：在干旱处理下，pfo-miR159a-3p、pfo-miR160 和 pfo-miR319 在两种泡桐基因型中被诱导，pfo-miR11a、pfo-miR22、pfo-miR169d 和 pfo-miR397a 被抑制。在干旱胁迫

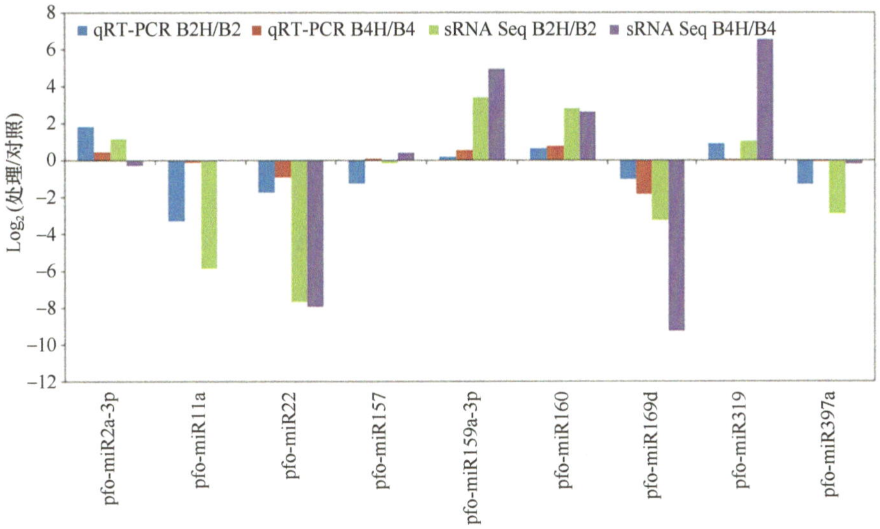

图 15-169　干旱胁迫下白花泡桐 RT-qPCR 分析结果

下，二倍体白花泡桐的 MSR 含量高于四倍体。这些结果表明，这些保守的 miRNA miR159、miR160、miR169 和 miR397 可能也有助于提高四倍体白花泡桐的抗旱性。据报道，白花泡桐同源四倍体比相应二倍体表现出更好的耐旱性（张晓申等，2013b）。

研究发现干旱胁迫可能会诱导新的 miRNA 调节基因表达，作为植物适应缺水的一种方式。干旱胁迫下，在叶中鉴定出几个预测的转录因子家族，包括 MYB、WRKY、bHLH、锌指、NAC、HSF 和 AP2/EREBP。转录因子 MYB 家族在植物响应干旱胁迫的信号通路中发挥关键作用。已发现 miR159 切割编码 MYB 转录因子的转录物，这意味着四倍体白花泡桐可能比二倍体白花泡桐具有更多 MYB 转录因子，并显示出更好的干旱胁迫耐受性。植物激素 ABA 参与干旱胁迫下的植物适应，本研究鉴定了干旱胁迫植物中差异表达的 WRKY 和 NAC-TF。研究发现干旱胁迫前后，二倍体和四倍体分别上调了 14 个和 13 个 WRKY TF。许多 NAC-TF 参与 ABA 信号传导，并且它们的生物合成在干旱胁迫下显著上调或下调。这说明了 ABA 在干旱胁迫反应和植物生长发育中发挥关键作用。在干旱胁迫下，pfo-miR 160 在二倍体和四倍体白花泡桐中都有差异表达，通过 RT-qPCR 验证（图 15-170），获得了在干旱胁迫下，pfo-miR160 的一个靶点 CL1881.Contig4 在四倍体白花泡桐中高于二倍体中。这一结果可能表明，四倍体保持了较高的生长素应答因子转录水平，这有助于其与二倍体相比生长得相对良好。

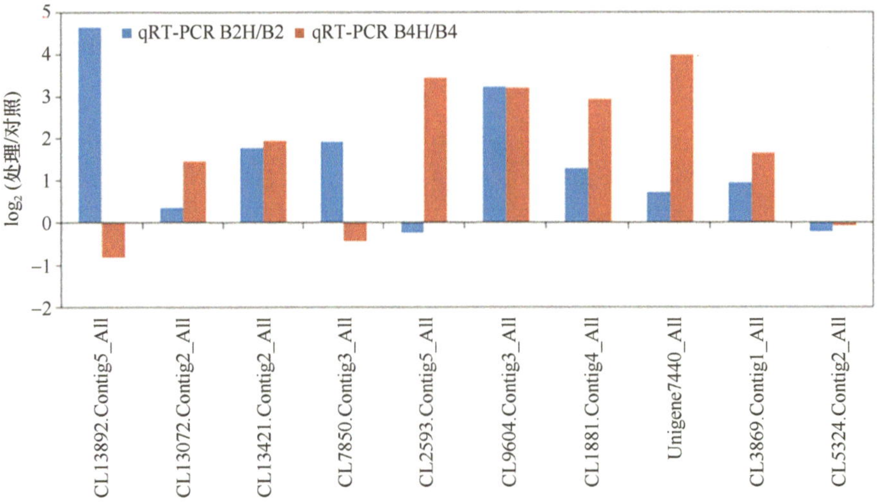

图 15-170　白花泡桐靶基因表达水平

通过二倍体和同源四倍体白花泡桐对干旱胁迫的生理响应的分析发现，干旱胁迫处理的白花泡桐，叶绿素和相对含水量降低；脯氨酸、丙二醛、可溶性糖和相对电导率增加；蛋白质含量和超氧化物歧化酶活性呈增加趋势，但差异未达到显著水平。此外，相对于白花泡桐二倍体，白花泡桐四倍体在水分充足和干旱胁迫条件下的可溶性糖含量和相对含水量始终较高，这些结果与其他学者先前的研究结果一致（张晓申等，2013b；Dong et al.，2014b）。与二倍体文库相比，同源四倍体文库中映射到白花泡桐基因组的序列百分比更低。这些发现表明，全基因组复制并不是简单地将基因表达增加 2 倍；基因组复制中基因的进化可能改变了基因结构，导致 2 种基因型的表达模式不同。此外，大多数 miRNA 家族的数量比先前研究中报道的要多，这可能是因为参考基因组序列的可用性，其中包含的信息比转录组数据更多。此外，当保守的 miRNA 被识别时，许多序列被过滤掉。两次比较中 miRNA 的不同表达模式表明，这些 miRNA 可能与两种泡桐基因型适应干旱胁迫能力的变化有关。

（二）四倍体泡桐抗盐胁迫分子机理

为探究四倍体泡桐相较于其二倍体所表现出的更高的抗盐能力的分子机制，以毛泡桐、白花泡桐和南方泡桐为分析对象，进行了转录组学分析。

首先是毛泡桐抗盐分子机制，以完整的毛泡桐基因组作为参考，使用下一代RNA测序技术分析了盐胁迫对二倍体和同源四倍体毛泡桐的影响，并鉴定了15 873个差异表达基因。分析发现，在植物激素方面，ABA在植物信号传导和适应非生物胁迫中发挥重要作用，ABA信号传导途径涉及PP2C、PYR/PYL、SnRK2和ABF。PP2C失活及SnRK2型激酶的激活能够诱导气孔关闭，在四倍体毛泡桐中SnRK2出现上调；而PP2C的下调和ABF的上调可能与植物盐响应基因相关，在四倍体毛泡桐中PP2C表达量相较于其二倍体出现下调，同时ABF表达量增加。除ABA外，一些其他激素如CK等，也对环境胁迫做出反应，调节植物对盐胁迫的适应性，使四倍体毛泡桐具有更强的抗盐能力。同时，光合作用方面，盐胁迫环境下会对植物光合活动的生理过程产生破坏，进而降低植物生长能力。而光系统Ⅱ复合体中的重要组成部分PsbQ外周蛋白能够在高盐条件下保持光系统Ⅱ的完整性，提高植物对盐胁迫的适应性。四倍体毛泡桐中相较于其二倍体而言，PsaQ表达水平发生上调，使四倍体毛泡桐相较于其二倍体表现出更强的抗盐能力（Zhao et al.，2017）。

其次是白花泡桐的抗盐分子机制，研究分析发现四倍体白花泡桐中与光合、植物生长发育及渗透相关的许多差异表达基因，相较于其二倍体在盐胁迫环境下出现上调，解释了四倍体白花泡桐在盐胁迫环境下适应能力强于其对应二倍体的可能原因。

首先是光合方面，四倍体白花泡桐的三个与光合作用相关的基因（*CL13291.Contig1*、*Unigene64782*、*Unigene4505*）在对照条件下及盐胁迫环境下均与其二倍体相比出现上调，它们分别编码TKTA、ATP合成酶CF1α亚基和叶绿素a/b结合蛋白，这能够帮助四倍体白花泡桐更好地适应盐胁迫环境并为其生长提供能量，如Unigene64782的上调使四倍体白花泡桐在盐胁迫环境下有更高的ATP合成能力，能够为其生长提供更多能量。

其次是生长发育方面，四倍体白花泡桐中三种与初生细胞壁合成相关的差异表达基因（*CL2574.Contig4*、*CL8577.Contig2*、*CL11064.Contig4*）与其对应二倍体相比均出现上调，其中*CL8577.Contig2*参与多维细胞生长及细胞壁纤维素和果胶代谢过程，*CL11064.Contig4*参与纤维素生物合成过程的调节。这可能也是四倍体白花泡桐木材的纤维长度、纤维纵横比、壁厚等大于其对应的二倍体的原因之一。此外还有两种与细胞壁果胶代谢过程相关的差异表达基因（*CL8577.Contig2*和*Unigene32735*）出现上调，其中*Unigene3275*被预测为编码PMT，PMT能够控制初级细胞壁内果胶的甲基酯化程度和模式，进而调节细胞伸长，这也解释了四倍体白花泡桐生长更快的部分原因。同时还有两个编码生长素的差异表达基因在四倍体白花泡桐中出现上调，也进一步表明四倍体生长速度高于其二倍体。此外，木质素的合成在植物耐盐适应性方面也发挥重要作用，四倍体白花泡桐中发现3个编码CCoAOMT的差异表达基因，分别是*CL1306.Contig3*、*Unigene60481*和*Unigene37840*，CCoAOMT对木质素的合成至关重要，其上调有利于木质素含量的增加及耐盐性的增强等。

在渗透调节方面，盐胁迫处理条件下四倍体白花泡桐中5种编码LEA的差异表达基因出现上调，LEA蛋白的积累可以提高植物的耐盐能力，保护植物细胞免受盐胁迫的损害。同时，四倍体白花泡桐中一种编码ALDH的差异表达基因也出现上调，这解释了四倍体白花泡桐中脯氨酸含量高于其二倍体的可能原因，而脯氨酸在渗透调节及活性氧的去除方面发挥多种作用，有助于四倍体白花泡桐更好地适应盐胁迫环境（Wang et al.，2019）。

最后是南方泡桐抗盐分子机制，四倍体南方泡桐同样比其二倍体表现出更强的抗盐能力，为探究其分子机制对其转录组进行比较分析。首先是在渗透调节方面，四倍体南方泡桐相较于其二倍体，一个参与甘氨酸甜菜碱生物合成的差异表达基因出现上调，该差异表达基因编码甜菜碱醛脱氢酶，这表明甘氨酸甜菜碱合成可能在四倍体南方泡桐的抗盐性中发挥作用，同时一个编码脯氨酸降解途径中的关键酶的差异表达基因在四倍体中表达下调，而脯氨酸对盐胁迫条件下维持细胞蛋白质和结构稳定、调节渗透方面具有重要作用，该基因的下调在增强四倍体南方泡桐的抗盐能力方面具有重要作用。而一个编码蔗糖合成酶家族的功能基因SUS4的下调可能会引起四倍体南方泡桐中可溶性碳水化合物的积累，以帮助四倍体南方泡桐适应盐胁迫。同时，与其二倍体相比，四倍体南方泡桐中几个编码热激蛋白、脱水蛋白和 LEA 蛋白的功能基因也均出现上调，这对于提升四倍体的耐盐能力方面具有积极作用。而在抗氧化方面，四倍体南方泡桐在盐胁迫条件下许多编码谷胱甘肽过氧化物酶、GST 和 APX 的功能基因都出现上调，帮助四倍体南方泡桐提升减少氧化损伤的能力。在信号传导方面，编码 ABC 转运蛋白、钾转运蛋白（KT2 和 KT5）、钠转运蛋白、钠通道和水通道蛋白的功能基因在四倍体南方泡桐中上调高于其二倍体中；两种编码钠转运蛋白的功能基因在四倍体中上调，在二倍体中下调；12 个编码单核苷酸门控离子通道蛋白的功能基因在四倍体南方泡桐中也出现上调，这都能够帮助四倍体南方泡桐更好地进行信号传导以适应盐胁迫环境。在盐胁迫信号被膜受体感知后，植物体内复杂的细胞内信号级联便被激活。盐胁迫信号通路可分为：① Ca^{2+}依赖性 SOS 通路调节离子稳态；② LEA 型基因（如 CDPK）的 Ca^{2+}依赖性信号激活；③ 渗透/氧化应激信号 MAPK 模块通路。在四倍体南方泡桐中，一些编码 SOS 通路的功能基因出现上调，如在盐胁迫下一些编码 SOS1、SOS2 和 SOS3 的功能基因相比其二倍体都出现上调，表明 SOS 信号级联通路可能在保护植物免受盐胁迫中发挥重要作用。同时，四倍体南方泡桐中 4 个编码 CDPK（*OsCPK12* 和 *OsCPK7* 的同源物）的功能基因相较于其二倍体出现上调，而 CDPK 可能是盐胁迫条件下植物细胞质中 Ca^{2+}离子流入的重要传感器，在盐胁迫信号转导中发挥重要作用，因此四倍体南方泡桐中上调的 CDPK 可能有助于提高其耐盐胁迫能力，表现出更好的抗性。此外，一些编码 MAP 激酶的差异表达基因在四倍体南方泡桐中也显著上调。有研究表明激活的 MAPK 级联既可以直接激活转录因子，也可以磷酸化传感器和激活子。因此，在盐度胁迫下四倍体南方泡桐的信号级联的调节可能通过激活响应性转录因子和蛋白激酶，进而增强其耐盐性（Dong et al.，2017）。

为鉴定盐胁迫应答 miRNA 并预测其靶基因，以盐胁迫处理和无盐处理的白花泡桐幼苗叶片为材料，构建了 4 个小 RNA 文库和 4 个降解文库。在白花泡桐中共检测到 53 个保守的 miRNA，分属于 17 个 miRNA 家族（其中有 12 个 miRNA 家族在白花泡桐中首次发现），134 个新的 miRNA。通过比较它们在二倍体和四倍体白花泡桐中的表达水平，发现有来自 7 个家族的 10 个保守 miRNA 和 10 个新 miRNA 在盐胁迫下表达显著差异。在这 10 个保守的和 10 个新的 miRNA 中，6 个保守的 miRNA（pfo-miR159b，pfo-miR408a/b，pfo-miR477，pfo-miR482e 和 pfo-miR530b）和 7 个新的 miRNA（pfo-miR15，pfo-miR28a/b，pfo-miR43a/b，pfo-miR56 和 pfo-miR64）也被发现在 PF4S/PF2S 比较中显著差异表达。并且，最终确定了 3 个保守的 miRNA（pfo-miR408a/B 和 pfo-miR482e）和 5 个新的 miRNA（pfo-miR28a/b、pfo-miR43a/b 和 pfo-miR56）是主要的盐胁迫相关 miRNA，它们在四倍体白花泡桐中赋予了比二倍体白花泡桐更高的耐盐性。

采用实时定量聚合酶链式反应（RT-qPCR）方法对 10 个差异表达的 miRNA 进行验证。在 PF2S/PF2U 和 PF4S/PF4U 的比较中，有 6 种 miRNA（pfo-miR5021a，pfo-miR159b，pfo-miR5239a，pfo-miR47，pfo-miR89a 和 pfo-miR38a）的表达水平上调，表明这些 miRNA 的表达可能因高盐度而增加。pfo-miR167a、pfo-miR11a 和 pfo-miR78 在 PF2S/PF2U 和 PF4S/PF4U 中的表达下调，表明这些 miRNA 的表达可能受到高盐度的影响。miRNA 在盐胁迫下的不同表达趋势表明，miRNA 可能在白花泡桐生长发育过程中发挥不同的作用。此外，发现除 pfo-miR167a 和 pfo-miR11a 外，其余 8 个 miRNA 在 PF2S 文库中表达量最高，表明这些 miRNA 可能在盐胁迫下的二倍体植物生长中发挥重要作用（图 15-171）。

通过 RT-qPCR 验证了 9 个预测靶基因的表达模式，发现靶基因的表达模式与相应的 miRNA 的表达模式呈负相关。5 个目标（CL5964.Contig1_All、CL13370.Contig1_All、CL3220.Contig4_All、CL637.Contig2_All 和 CL14940.Contig1_All）在 PF2S 中的表达水平显著高于 PF2U 中，在 PF4S 中的表达水平显著高于 PF4U 中。分别表现为 pfo-miR159b，pfo-miR5021 a，pfo-miR5239a，pfo-miR47 和 pfo-miR89a 在 PF2S/PF2U 和 PF4S/PF4U 比较中上调。此外，CL15613.Contig1_All、CL1879.Contig1_All 在 PF2S/PF2U 和 PF4S/PF4U 比较中均上调，而相应的 miRNA pfo-miR11a、pfo-miR167a 在 PF2S/PF2U 和 PF4S/PF4U 比较中下调。miRNA 的表达模式与其靶基因的表达模式呈负相关，表明这些 miRNA 负调控其靶基因（图 15-172）。

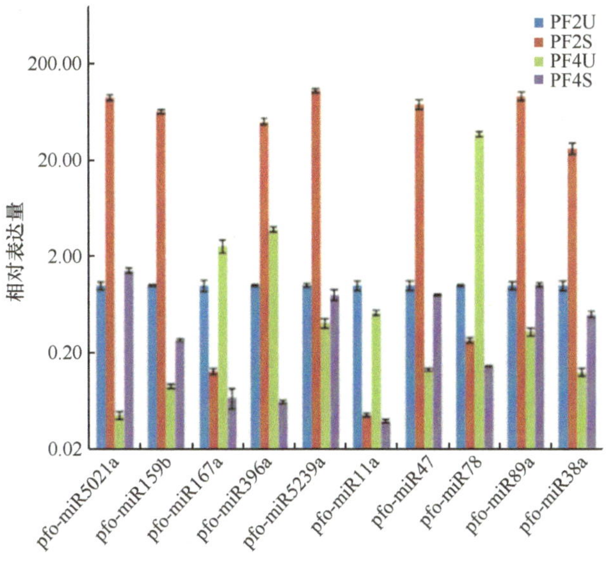

图 15-171　RT-qPCR 分析白花泡桐 miRNA 的相对表达量

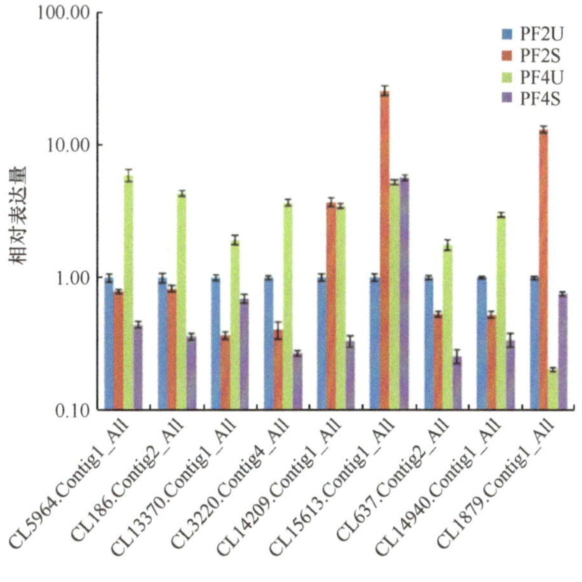

图 15-172　RT-qPCR 检测目的基因在白花泡桐中的相对表达量

此外，pfo-miR159b miRNA 在 PF2S/PF2U 和 PF4S/PF4U 比较中上调，在 PF4U/PF2U 和 PF4S/PF2S 比较中下调，靶向编码 GAMYB 转录因子基因。通过四倍体和二倍体的比较，发现 GAMYB 类转录因子在不同泡桐种的同一时期表达趋势一致，而在同一泡桐种的不同时期表达趋势不一致（Niu et al.，2014a，2014b）。有报道称 miR 319 靶向编码 MYB 样 DNA 结合域蛋白的基因，表明 miR159 不是唯一可以靶向编码 GAMYB 类转录因子的基因的 miRNA（Ren et al.，2013）。在盐胁迫下，GA 和 ABA 可能通过调控 GAMYB 类转录因子的表达，影响盐胁迫下白花泡桐的生长发育。高盐胁迫下，pfo-miR159 b 靶向的 GAMYB 类基因表达量增加；但四倍体中表达量的增加低于二倍体，表明四倍体比二倍体更能适应盐胁迫。

除 GAMYB 类基因外，通过降解产物测序还检测到编码 WRKY 和 bZIP 转录因子基因。预测这些基因是 pfo-miR73 的靶向基因。pfo-miR73 靶向编码 WRKY 的基因，并且在 PF4S/PF 4U 比较中下调，而在 PF4U/PF2U 比较中上调。因此，推测 WRKY 是 pfo-miR73 靶向基因编码的 ABA 的阻遏物；即 ABAR 通过跨越叶绿体包膜和胞质 C 末端结合 ABA，并且还与 WRKY 相互作用。盐处理后，质膜相对透性的提高使 ABAR 和 ABA 更容易跨越叶绿体膜。高浓度 ABA 使 WRKY 从细胞核进入细胞质，与 ABAR 相互作用，从而降低了细胞核中 ABA 应答基因的抑制。因此，在盐胁迫下，pfo-miR159b 靶向的 ABA 应答基因 GAMYB 的激活物在白花泡桐中增加（Chen et al.，2012）。

保守 miRNA pfo-miR530b 的表达水平在 PF2S/PF2U 和 PF4S/PF2S 比较中上调，而在 PF 4S/PF4U 比较中下调。盐胁迫下，pfo-miR530b 在四倍体中表达量下降，在二倍体中表达量上升，但四倍体中表达量仍高于二倍体。pfo-miR530b 的三个预测靶基因似乎不编码任何已知基因；因此，推测 pfo-miR530b 的靶基因可能编码一种新的与耐盐性相关的蛋白质。

pfo-miR28a/B 被鉴定为新的 miRNA，在 PF2S/PF2U 比较中下调，而在 PF4S/PF4U 和 PF4S/PF2S 比较中上调。这些 miRNA 有两个预测的靶基因，可能编码抗病蛋白和 ATP 酶。在盐胁迫下，pfo-mir28a/B 在二倍体和四倍体植株中的表达存在差异，抗病蛋白和 ATP 酶在四倍体中的表达量均高于二倍体。这一结果与盐胁迫下 MDA、可溶性糖和脯氨酸含量增加的结果相一致，并且四倍体的这种效应比二倍体更强。由此推测，四倍体的抗病蛋白和 ATP 酶可能与盐胁迫反应有关，再次表明四倍体的抗盐能力强于二倍体。

pfo-miR73 和 pfo-miR482a 的预测靶标编码 NBS-LRR 类抗病蛋白。pfo-miR73 在 PF4U/PF 2U 中表达上调，在 PF4S/PF2S 中表达下调，pfo-miR482a 在 PF4U/PF2U 中表达下调，与 pfo-miR28a/B 表达差异较大，进一步证实了抗病蛋白和 ATP 酶参与了白花泡桐耐盐性。此外，靶向抗病蛋白的 pau-miR482b 在四倍体白花泡桐中的表达量低于二倍体白花泡桐（Fan et al.，2014）。pas-miR482a/B/c-3 在四倍体白花泡桐的表达均高于二倍体白花泡桐（Niu et al.，2014b）。miR482 在不同泡桐种中的表达差异表明 miR482 在植物中普遍存在，并可能发挥着复杂的作用。

在此研究中，pfo-miR167a/B 和 pfo-miR73 的预测靶标编码生长素反应因子（ARF）。pfo-miR167a/B 的表达仅在 PF4S/PF4U 比较中下调，而 pfo-miR73 在 PF4S/PF4U 比较中下调，在 PF4U/PF2U 比较中上调。pas-miR167 在不同时期四倍体白花泡桐中的表达趋势与二倍体白花泡桐中不一致（Niu et al.，2014b）。表明在高盐胁迫下 ARF 基因在四倍体白花泡桐中的表达降低，并通过不同的途径调控多种生长素的表达，以应对高盐胁迫。

参 考 文 献

邓敏捷, 张晓申, 范国强, 等. 2013. 四倍体泡桐对盐胁迫生理响应的差异. 中南林业科技大学学报, 33(11): 42-46.

范国强, 曹艳春, 赵振利, 等. 2007a. 白花泡桐同源四倍体的诱导. 林业科学, (4):31-35, 143.

范国强, 魏真真, 杨志清. 2009. 南方泡桐同源四倍体的诱导及其体外植株再生. 西北农林科技大学学报(自然科学版), 37(10): 83-90.

范国强, 杨志清, 曹艳春, 等. 2006. 秋水仙素诱导兰考泡桐同源四倍体. 核农学报, 20(6): 473-476.

范国强, 杨志清, 曹艳春, 等. 2007b. 毛泡桐同源四倍体的诱导. 植物生理学通讯, (1): 109-111.

范国强, 翟晓巧, 魏真真, 等. 2010. 豫杂一号泡桐体细胞同源四倍体诱导及其体外植株再生. 东北林业大学学报, 38(12): 22-26.

何小勇, 柳新红, 袁得义. 2007. 不同种源翅荚木的抗寒性. 林业科学, 43(4): 24-28.

金龙飞, 范飞, 罗轩, 等. 2012. 芒果叶片解剖结构与抗旱性的关系. 西南农业学报, 25(1): 232-235.

梁文斌, 李志辉, 许仲坤, 等. 2010. 桤木无性系叶片显微结构特征与其抗旱性的研究. 中南林业科技大学学报, 30(2): 16-22.

刘杜玲, 张博勇, 彭少兵, 等. 2012. 基于早实核桃不同品种叶片组织结构的抗寒性划分. 果树学报, 29(2): 205-211.

吴林, 刘广海, 刘雅娟, 等. 2005. 越橘叶片组织结构及其与抗寒性. 吉林农业大学学报, 27(1): 48-50.

余文琴, 刘星辉. 1995. 荔枝叶片细胞结构紧密度与耐寒性的关系. 园艺学报, 22(2): 185-186.

翟晓巧, 张晓申, 赵振利, 等. 2012. 四倍体白花泡桐木材的物理特性研究. 河南农业大学学报, 46(6): 651-654,690.

张晓申. 2013. 四倍体泡桐特性研究. 河南农业大学硕士学位论文.

张晓申, 范国强, 赵振利, 等. 2013a. 豫杂一号泡桐二倍体及其同源四倍体的 AFLP 和 MSAP 分析. 林业科学, (10): 167-172.

张晓申, 刘荣宁, 范国强, 等. 2013b. 四倍体泡桐对干旱胁迫的生理响应研究. 河南农业大学学报, 47(5): 543-547,551.

张晓申, 翟晓巧, 范国强, 等. 2012. 四倍体泡桐叶片显微结构观察及抗逆性分析. 河南农业大学学报, 46(6): 646-650.

张晓申, 翟晓巧, 赵振利, 等. 2013c. 不同种四倍体泡桐光合特性的研究. 河南农业大学学报, 47(4): 400-404.

赵振利, 何佳, 赵晓改, 等. 2011. 泡桐 9501 体外植株再生体系的建立及体细胞同源四倍体诱导. 河南农业大学学报, 45(1): 59-65.

Adams K L. 2007. Evolution of duplicate gene expression in polyploid and hybrid plants. J Hered, 98: 136-141.

Adams K L, Wendel J F. 2005. Polyploidy and genome evolution in plants. Curr Opin Plant Biol, 8: 135-141.

Addo-Quaye C, Eshoo T W, Bartel D P, et al. 2008. Endogenous siRNA and miRNA targets identified by sequencing of the *Arabidopsis degradome*. Curr Biol, 18: 758-762.

Alam I, Sharmin S A, Kim K H, et al. 2010. Proteome analysis of soybean roots subjected to short-term drought stress. Plant Soil, 333: 491-505.

Albertin W, Brabant P, Catrice O, et al. 2005. Autopolyploidy in cabbage (*Brassica oleracea* L.)does not alter significantly the proteomes of green tissues. Proteomics, 5: 2131-2139.

An F, Fan J, Li J, et al. 2014. Comparison of leaf proteomes of cassava (*Manihot esculenta* Crantz) cultivar NZ199 diploid and autotetraploid genotypes. PLoS One, 9: e85991.

Bartel D P. 2004. MicroRNAs: genomics, biogenesis, mechanism, and function. Cell, 116: 281-297.

Chen L, Song Y, Li S, et al. 2012. The role of WRKY transcription factors in plant abiotic stresses. Biochimica et Biophysica Acta(BBA)-Gene Regulatory Mechanisms, 1819(2): 120-128.

Chen Z J. 2007. Genetic and epigenetic mechanisms for gene expression and phenotypic variation in plant polyploids. Annu Rev Plant Biol, 58: 377-406.

Chuck G, Candela H, Hake S. 2008. Big impacts by small RNAs in plant development. Curr Opin Plant Biol, 12: 81-86.

Comai L. 2005. The advantages and disadvantages of being polyploid. Nat Rev Genet, 6: 836-846.

Conesa A, Götz S, García-Gómez JM, et al. 2005. Blast2GO: a universal tool for annotation, visualization and analysis in functional genomics research. Bioinformatics(Oxford, England), 21: 3674-3676.

Cui L G, Shan J X, Shi M, et al. 2014. The miR156-SPL9-DFR pathway coordinates the relationship between development and abiotic stress tolerance in plants. Plant J, 80: 1108-1117.

Deng M, Zhang X, Fan G, et al. 2013. Comparative studies on physiological responses to salt stress in tetraploid Paulownia plants. J Cent South Univ For Technol, 33: 42-46.

Dong Y, Fan G, Deng M, et al. 2014a. Genome-wide expression profiling of the transcriptomes of four *Paulownia tomentosa* accessions in response to drought. Genomics, 104: 295-305.

Dong Y, Fan G, Zhao Z, et al. 2014b. Compatible solute, transporter protein, transcription factor, and hormone-related gene expression provides an indicator of drought stress in Paulownia fortunei. Funct Integr Genomics, 14: 1-13.

Dong Y, Fan G, Zhao Z, et al. 2014c. Transcriptome expression profiling in response to drought stress in *Paulownia australis*. Int J Mol Sci, 15: 4583-4607.

Dong Y, Fan G, Zhao Z, et al. 2017, Transcriptome-wide profiling and expression analysis of two accessions of *Paulownia australis* under salt stress. Tree Genetics & Genomes, 13(5): 1-15.

Dunbar-Co S, Sporck M J, Sack L. 2009. Leaf trait diversification and design in seven rare taxa of the Hawaiian *Plantago* radiation. Int J Plant Sci, 170: 61-75.

Fan G, Cao Y, Zhao Z, Yang Z. 2007. Induction of autotetraploid of Paulownia fortunei. Sci Silv Sin, 43(4): 31-35.

Fan G, Li X, Deng M, et al. 2016. Comparative analysis and identification of miRNA and their target genes responsive to salt stress in diploid and tetraploid *Paulownia fortune* seedlings. PLoS One, 11: e0149617.

Fan G, Wang L, Deng M, et al. 2015. Transcriptome analysis of the variations between autotetraploid *Paulownia tomentosa* and its diploid using high-throughput sequencing. Molecular Genetics and Genomics, 290(4): 1627-1638.

Fan G, Zhai X, Niu S, et al. 2014. Dynamic expression of novel and conserved microRNAs and their targets in diploid and tetraploid of *Paulownia tomentosa*. Biochimie, 102: 68-77.

Filipowicz W, Jaskiewicz L, Kolb F A, et al. 2005. Post-transcriptional gene silencing by siRNAs and miRNA. Curr. Opin. Struct. Biol, 15: 331-341.

German M A, Pillay M, Jeong D H, et al. 2008. Global identification of microRNA-target RNA pairs by parallel analysis of RNA ends. Nature Biotechnology, 26(8): 941-946.

Ghimire B K, Seong E S, Nguyen T X, et al. 2016. Assessment of morphological and phytochemical attributes in triploid and hexaploid plants of the bioenergy crop *Miscanthus* × *giganteus*. Ind Crop Prod, 89: 231-243.

Gygi S P, Rochon Y, Franza B R, et al. 1999. Correlation between protein and mRNA abundance in yeast. Mol Cell Biol, 19: 1720-1730.

Ha M, Lu J, Tian L, et al. 2009. Small RNAs serve as a genetic buffer against genomic shock in *Arabidopsis* interspecific hybrids and allopolyploids. Proc. Natl Acad Sci USA, 106: 17835-17840.

Hilu K W. 1993. Polyploidy and the evolution of domesticated plants. Am J Bot, 80(12): 1494-1499.
Khan G A, Declerck M, Sorin C, et al. 2011. microRNAs as regulators of root development and architecture. Plant Mol Biol, 77: 47-58.
Koh J, Chen S, Zhu N, et al. 2012. ComparatⅣe proteomics of the recently and recurrently formed natural allopolyploid *Tragopogon mirus* (Asteraceae) and its parents. New Phytol, 196: 292-305.
Kwak P B, Wang Q Q, Chen X S, et al. 2009. Enrichment of a set of microRNAs during the cotton fiber development. BMC genomics, 10: 457.
Lackner D H, Schmidt M W, Wu S, et al. 2012. Regulation of transcriptome, translation, and proteome in response to environmental stress in fission yeast. Genome Biology, 13: R25.
Lan P, Li W, Schmidt W. 2012. Complementary proteome and transcriptome profiling in phosphate-deficient *Arabidopsis* roots reveals multiple levels of gene regulation. Mol. Cell. Proteomics, 11: 1156-1166.
Lee HK, Cho SK, Son O, et al. 2009. Drought stress-induced Rma1H1, a RING membrane-anchor E3 ubiquitin ligase homolog, regulates aquaporin levels via ubiquitination in transgenic *Arabidopsis* plants. Plant Cell Online, 21: 622-641.
Leitch A, Leitch I. 2008. Genomic plasticity and the diversity of polyploid plants. Science, 320: 481-483.
Leitch I J, Benntt M D. 1997. Polyploidy in angiosperms. Trends Plant Sci, 2: 470-476.
Li Y, Fan G, Dong Y, et al. 2014, Identification of genes related to the phenotypic variations of a synthesized *Paulownia* (*Paulownia tomentosa*× *Paulownia fortunei*) autotetraploid. Gene, 553(2): 75-83.
Liao T, Cheng S, Zhu X, et al. 2016. Effects of triploid status on growth, photosynthesis, and leaf area in Populus. Trees, 30: 1-11.
Liu B, Wendel J F. 2002. Non-mendelian phenomena in allopolyploid genome evolution. Curr Genomics, 3(6): 489-505.
Mallory A C, Vaucheret H. 2006. Functions of microRNAs and related small RNAs in plants. Nature Genetics, 38 Suppl: S31-S36.
Marmagne A, Brabant P, Thiellement H, et al. 2010. Analysis of gene expression in resynthesized *Brassica napus* allotetraploids: transcriptional changes do not explain differential protein regulation. New Phytol, 186: 216-227.
Mashkina O S, Burdaeva L M, Belozerova M, et al. 1998. Method of obtaining diploid pollen of woody species. Lesovedenie, 34(1): 19-25.
Meng F, Peng M, Pang H, et al. 2014. Comparison of photosynthesis and leaf ultrastructure on two black locust (*Robinia pseudoacacia* L.). Biochem Syst Ecol, 55: 170-175.
Meng Y, Ma X, Chen D, et al. 2010 MicroRNA-mediated signaling involved in plant root development. Biochem Bioph Res Commun, 393: 345-349.
Meyers B C, Axtell M J, Bartel B, et al. 2008. Criteria for annotation of plant microRNAs. Plant Cell, 20: 3186-3190.
Nagpal P, Ellis C M, Weber H, et al. 2005. AuXIn response factors ARF6 and ARF8 promote jasmonic acid production and flower maturation. Development (Cambridge, England), 132(18): 4107-4118.
Ng D W, Zhang C, Miller M, et al. 2012. Proteomic divergence in *Arabidopsis* autopolyploids and allopolyploids and their progenitors. Heredity(Edinb), 108: 419-430.
Niu S, Fan G, Xu E, et al. 2014a. Transcriptome/Degradome-wide discovery of microRNAs and transcript targets in two *Paulownia australis* genotypes. PLoS One, 9(9), e106736.
Niu S, Fan G, Zhao Z, et al. 2014b. High-throughput sequencing and degradome analysis reveal microRNA differential expression profiles and their targets in *Paulownia fortunei*. Plant Cell, Tissue and Organ Culture(PCTOC), 119(3): 457-468.
Oh J E, Kwon Y, Kim J H, et al. 2011. A dual role for MYB60 in stomatal regulation and root growth of *Arabidopsis thaliana* under drought stress. Plant Mol Biol, 77: 91-103.
Osborn T C, Pires J C, Birchler J A, et al. 2003. Understanding mechanisms of novel gene expression in polyploids. Trends Genet, 19: 141-147.
Palatnik J F, Allen E, Wu X, et al. 2003. Control of leaf morphogenesis by microRNAs. Nature, 425(6955): 257-263.
Podda A, Checcucci G, Mouhaya W, et al. 2013. Salt-stress induced changes in the leaf proteome of diploid and tetraploid mandarins with contrasting $Na^{+}$and Cl^{-} accumulation behaviour. J Plant Physiol, 170: 1101-1112.
Ramsey J, Schemske D W. 1998. Pathways, mechanisms, and rates of polyploid formation in flowering plants. Annual Review Ecology and Systematic, 29(1): 467-501.
Rao S, Dinkins R D, Hunt A G. 2009. Distinctive interactions of the *Arabidopsis* homolog of the 30kD subunit of the cleavage and polyadenylation specificity factor(AtCPSF30)with other polyadenylation factor subunits. BMC Cell Biol, 10: 51.
Ren Y, Chen L, Zhang Y, et al. 2013. Identification and characterization of salt-responsive microRNAs in *Populus tomentosa* by high-throughput sequencing. Biochimie, 95(4): 743-750.
Rhoades M W, Reinhart B J, Lim L P, et al. 2002. Prediction of plant microRNA targets. Cell, 110(4): 513-520.
Romero-Aranda R, Bondada B R, Syvertsen J P, et al. 1997. Leaf characteristics and net gas exchange of diploid and autotetraploid citrus. Annals of Botany, 79(2): 153-160.
Sarvepalli K, Nath U. 2011. Hyper-activation of the TCP4 transcription factor in *Arabidopsis thaliana* accelerates multiple aspects of plant maturation. The Plant Journal : for Cell and Molecular Biology, 67(4): 595-607.

Shen H, He H, Li J, et al. 2012. Genome-wide analysis of DNA methylation and gene expression changes in two *Arabidopsis* ecotypes and their reciprocal hybrids. The Plant Cell, 24(3): 875-892.

Song X, Ni Z, Yao Y, et al. 2007. Wheat (*Triticum aestivum* L.) root proteome and differentially expressed root proteins between hybrid and parents. Proteomics, 7: 3538-3557.

Sunkar R, Zhu, J K. 2004. Novel and stress-regulated microRNAs and other small RNAs from *Arabidopsis*. The Plant Cell, 16(8): 2001-2019.

Voinnet O. 2009. Origin, biogenesis, and activity of plant microRNAs. Cell, 136: 669-687.

Wang M, Wang Q, Zhang B. 2013a. Response of miRNA and their targets to salt and drought stresses in cottont (*Gossypium hirsutum* L.). Gene, 530: 26-32.

Wang S, Chen W, Yang C, et al. 2016. Comparative proteomic analysis reveals alterations in development and photosynthesis-related proteins in diploid and triploid rice. BMC, Plant Biol, 16: 199.

Wang Z, Wang M, Liu L, et al. 2013b. Physiological and proteomic responses of diploid and tetraploid black locust (*Robinia pseudoacacia* L.) subjected to salt stress. Int J Mol Sci, 14: 20299-20325.

Wang Z, Zhao Z, Fan G, et al. 2019, A comparison of the transcriptomes between diploid and autotetraploid *Paulownia fortunei* under salt stress. Physiology and Molecular Biology of Plants, 25(1): 1-11.

Warner D A, Ku M S B, Edwards G E. 1987. Photosynthesis, leaf anatomy, and cellular-constituentes in the polyploid C4 grass *Panicun virgatum*. Plant Physiol, 84: 461-466.

Wiese S, Reidegeld K A, Meyer H E, et al. 2007. Protein labeling by iTRAQ: a new tool for quantitative mass spectrometry in proteome research. Proteomics, 7: 340-350.

Wolfe K H. 2001. Yesterday's polyploids and the mystery of diploidization. Nat Rev Gennt, 2(5): 333-334.

Xu E, Fan G, Niu S, et al. 2014. Transcriptome-wide profiling and expression analysis of diploid and autotetraploid *Paulownia tomentosa*× *Paulownia fortunei* under drought stress. PLoS One, 9(11): e113313.

Xu E, Fan G, Niu S, et al. 2015, Transcriptome sequencing and comparative analysis of diploid and autotetraploid *Paulownia australis*. Tree genetics & genomes, 11(1): 1-13.

Yoo M J, Liu X, Pires J C, et al. 2014. Nonadditive gene expression in polyploids. Genetics, 48: 485-517.

Zhang B, Pan X, Cobb G P, et al. 2006. Plant microRNA: a small regulatory molecule with big impact. Dev Biol, 289: 3-16.

Zhang X, Deng M, Fan G. 2014. Differential transcriptome analysis between *Paulownia fortunei* and its synthesized autopolyploid. International Journal of Molecular Sciences, 15(3): 5079-5093.

Zhao Z, Li Y, Liu H, et al. 2017. Genome-wide expression analysis of salt-stressed diploid and autotetraploid *Paulownia tomentosa*. PLoS One, 12(10): e0185455.

第十六章　泡桐育苗技术

泡桐育苗技术是一项重要的农业技术，它涉及泡桐树的繁殖、生长和管理等方面。泡桐作为一种经济价值较高的树种，其育苗技术的掌握对于提高泡桐种植产量、优化林业结构、促进经济发展具有重要意义。在泡桐育苗的过程中，从土地准备、播种方法到幼苗管理，每一个环节都至关重要。通过科学的育苗技术，可以有效地提高泡桐苗的成活率，保证其健康生长。随着农业科技的不断发展，泡桐育苗技术也在不断创新和完善。通过引进先进的种植技术、优化管理流程、提高种植效率，泡桐育苗技术正逐步走向成熟和标准化。

泡桐育苗主要包括播种育苗、埋根育苗、留根育苗、劈根嫁接育苗和组织培养育苗等方法。播种育苗具有不携带炭疽病和植原体，且种子数量多等优点。埋根育苗即扦插（根插）育苗，具有简单易操作、出苗速度快、出苗率较高、育苗成本低和抗病性强等优点。留根育苗利用遗留在土壤中较为发达的根系，经过一系列的技术措施，使其萌发长出新株，此方法具有操作方便、节省劳力等特点，但也存在出苗后苗木分布不均、生长差异很大、单位面积产苗量低的缺点。劈根嫁接育苗具有增强苗木的抗性和适应性等优点。组织培养育苗利用离体的茎段和根段进行培养，发育出一个完整植株的能力。该方法具有保留木本的优良特性、出苗速度快和不受区域限制等优点。

泡桐育苗技术的应用，可以有效地提高泡桐的成活率和生长速度，为泡桐的产业化发展提供有力支持。综上所述，泡桐育苗技术是一项具有广阔应用前景和重要实践意义的技术。通过掌握和应用这项技术，可以推动泡桐种植业的持续发展，为林业经济的繁荣作出贡献。

第一节　泡桐的播种育苗

播种育苗是泡桐常见的育苗方式之一。泡桐种子数量多，具有能在短期内提供大量苗木和种根的优点；泡桐种子因不携带炭疽病和植原体，可以有效地减少炭疽病和泡桐丛枝病的发生（李建峰，2014）；泡桐不同种间能进行异花传粉出现后代分离和天然杂交的现象，因此具有抗病并且速生的天然优势，通过播种苗，利用杂种优势，提高成活率，防止种性退化（金代钧，1986）。但是，泡桐种子具有个体较小、发芽慢、管理要求高、抗性弱和保苗不易等缺点。

在泡桐的播种育苗过程中，选择合适的播种时间和科学的播种方法至关重要。一般来说，泡桐的播种育苗多在春季进行，此时气温适宜，有利于种子的萌发和生长。在播种前，需要对种子进行催芽和消毒处理，以提高种子的发芽率和减少病虫害的发生率。播种后，还需要进行适时的灌溉、施肥和除草等管理工作，以确保泡桐苗木的健康生长。

此外，泡桐的播种育苗技术也在不断更新和完善。随着农业科技的发展，越来越多的新技术和新方法被应用到泡桐的育苗过程中，如使用生长调节剂促进苗木生长、采用生物防治技术控制病虫害等。这些技术的应用不仅提高了泡桐育苗的效率和品质，也为泡桐产业的可持续发展提供了有力支持。因此，研究和推广泡桐播种育苗技术对于促进泡桐产业的发展具有重要意义。通过科学合理地应用育苗技术，我们可以培育出更多优质、健壮的泡桐苗木，为泡桐树的广泛应用提供坚实的基础。

一、采种

我国泡桐种子在10月中旬前后成熟。泡桐蒴果多为长圆形或者长圆状椭圆形（图16-1），果皮木质，

图 16-1　泡桐种子及蒴果

厚 3～6mm，长度一般在 6.5～9.4cm，粗径为 3.0～4.3cm，一个蒴果含种子 3020～7056 粒，一粒种子的重量在 0.28～0.33g。高质量的种子具有更好的生长优势和生产潜力，而确定种子最佳成熟期是实际生产实践中丰产的基础。种子如果采收过早，容易造成其成熟度差、活力低、质量差；而采收过晚，则会导致种子收获减少及成熟后劣变引起活力降低。种子在成熟过程中，伴随母株不断提供营养，种子本身也发生着一系列生理变化，体现在外观形态和颜色变化、千粒重增加、含水量降低、营养物质（可溶性糖、淀粉和蛋白质等）积累、内源激素（GA、ABA 和乙烯等）含量变化等。王文章（1979）研究发现，成熟度对种子萌发有显著影响，除了与成熟过程中的生理生化变化有关外，也与种子内部发芽抑制物质有关；周健等（2016）研究表明，紫荆种子随着成熟度提高，种皮表面气孔消失，蜡质开始形成并逐渐加厚，角质层和栅栏层可能是影响种皮透性进而引起休眠的原因之一；杨玲（2007）研究表明，种皮机械障碍作用是限制调制干燥前发育中的花楸种子萌发的重要因素。由于不同植物有着不同的种子形成规律，所以其成熟特征也不尽相同。种子成熟度不仅影响种子发芽能力和出苗整齐度，还进一步影响幼苗的品质。蒴果在成熟过程中，由绿色变为黄褐色和灰黑色，并在蒴果的尖端略微有开裂，此时内部的种子已成熟，即为泡桐种子的采收适期。当种子采收早时，种子尚未十分成熟，影响种子质量，后期种子发芽率较低；当种子采收晚时，成熟后果皮开裂，轻小的种子极易脱落并随风飞散，会造成采不到种子。

采种的泡桐母本通常选择中龄或者壮龄、无植原体感染的健康植株。采集种子时，尽量选取树冠的中部、上部、向阳面及种子饱满的部位，这样的种子发育饱满充实，可以明显地提高种子的发芽率。在收集时，人们通常借助铁钩拧折果枝、高枝剪剪取蒴果和云梯人工摘取成熟的蒴果等方法。果枝采下后最好放在干燥通风的室内阴干，待蒴果开裂后收集种子，再用筛子除去果皮、胎座等杂物，然后装入麻袋、纸袋等容器内，放于干燥通风处，严防种子受潮发霉。

二、种子的处理及播种

泡桐种子个体较小、带羽翅、发芽慢和易受外界不良环境等影响，从而造成种子发芽难、管理要求高、抗性弱和苗期管理不易等缺点。为了克服种子育苗的弱点，不仅要求科学播种，而且后期苗期管理更加精细。科研工作者发现合理的种子催芽处理可以大大提高种子的发芽率。而保存好的种子也具有较高的发芽率，第二年的发芽率达到 90%以上，第三年发芽率仍达到 70%～80%。

（一）种子催芽处理

为了确保播种之后出苗快速整齐，需要在播种前对泡桐种子进行催芽处理。由于泡桐种子较小且带羽翅，催芽前应先去除种子的羽翅。通常将种子装入布袋内放在流动水源处，采用边浸水边揉搓的方法，反复进行，至挤压的水无浑浊的红紫色时为止。取出种子用 1%的硫酸铜溶液浸泡 10min 消毒。然后将种子置于 40℃的温水中浸泡并搅拌，待其自然冷却之后再浸泡 24h，取出种子置于 28℃左右的环境内进行催芽。用温水每天冲洗 1～2 次，连续 4～5 天之后，待种子有 5%左右露出白尖即可播种。

泡桐的种子小而轻，且与大多数植物种子一样具有较强的休眠性，属于需光性萌发种子，打破休眠及萌发需要温度和光照等外界条件。温度在打破植物休眠种子的休眠过程，从而促进种子萌发的作用已经得到了较多研究证明，一般的温度处理有低温处理、变温处理和高温处理，其中低温处理是较为常见的处理方式，其促进种子萌发的途径是通过打破种子休眠的同时也改变了需光种子的光敏感性从而促进种子萌发。刘震等（2004）研究发现白花泡桐种子适宜发芽的温度在 20～25℃，5℃的低温可促进不同种源白花泡桐种子发芽，5℃全光照处理 40 天效果最好；郑兰长等（1999）研究表明，光照处理有利于提高毛泡桐种子的发芽率和发芽势，室温贮藏不利于种子活力的保持。

此外，周佑勋（1988）采用不同浓度赤霉素溶液对白花泡桐种子浸种 24h，再于 30℃恒温条件下黑暗培养，结果表明，赤霉素溶液可促进白花泡桐种子萌发，且随浓度增加，种子发芽率和发芽长势均提高；孙宝珍等（1992）研究发现，生命力趋于丧失的泡桐种子，在一定的激光和 X 射线照射后，发芽率由 5%～7%提高到 47%～69%。

综上所述，选择适宜的光照时数、光周期、温度、光照强度及赤霉素处理液对泡桐种子进行处理均可得到较理想的发芽效果。在生产上建议采用地膜覆盖播种育苗，以创造良好的光、温、湿等条件，促进种子迅速整齐萌发。

（二）播种时期

泡桐种子的播种时期和播种方式在不同地区均有差异。在大田中常见的播种方法主要有撒播、条播及点播。撒播每 667m^2 用种量 0.5kg，条播每 667m^2 用种量 0.3kg，穴播每 667m^2 用种量 0.15kg。条播行距为 0.6m，穴播穴距 0.5m×0.6m。播前畦面、播沟及穴内先撒放一层细火烧土，播后用细火烧土覆盖。春季宜用撒播、条播和穴播，必要时夏季也可用条播、穴播来育苗，秋季只能用撒播，翌年早春剪干移栽，虽时间长、花工多，但可育出大苗。从长江流域至华北地区，泡桐种子的播种时间一般在 3 月中旬至 4 月中旬，华南或春季温度偏高的地区还可适当提前。不论什么地区，如遇寒潮或连续低温，不要硬性提早播种，否则，会因发芽后防护不当而引起“回芽”，或因积温不够而迟迟不能发芽，浪费人力和材料。

（三）播种

在生产中，塑料薄膜覆盖播种和薄膜棚电热温床育苗也是泡桐育苗的重要方法。按床面平整、土粒细匀的要求进行整理，灌足底水。将种子混沙或草木灰，均匀撒播于床面，然后筛盖细沙土，使种子似露非露。再用木板轻轻拍压，覆以稻草或草帘，洒水于其上，然后撤去草帘，也可将竹或细树枝弯成弓，架插于苗床两侧，上盖以塑料薄膜。薄膜四周用砖石压紧，以免风揭。

三、圃地选择

泡桐种子小，幼苗嫩弱，对整地的要求较高。圃地一般选择排灌水方便、地下水位低、土层深厚、疏松肥沃的田块，做到地面平整，土粒细碎，土质为砂壤土。地下水位过高、土质黏重的黏性土、地下害虫严重、发生线虫和从枝病的地方不宜选作苗圃地，同时尽量远离泡桐大树，以免传入病虫害。

根据各地不同的气候土壤条件，作高床、低床或斜床。在有春旱的华北或土壤通气透水较好的地区，一般采用低床。床宽 1m，埂宽 30～40cm，埂高 10～15cm；在春季多雨的长江流域，或土壤较黏重的地区，宜采用高床，床宽 0.6～1.0m，高 20cm，两床之间的步道宽 50cm。斜床规格与高床同，只是北高南低，便于排水和接受阳光。选好圃地之后，于 3 月初深翻，并施足基肥；开春之后进行浅耕细耙作床。要求在整地时做到上虚下实、土壤细碎、床面平整便于排水。在播种前 2～3 天，施用硫酸亚铁 75kg/hm^2 对床面土壤进行消毒，防止炭疽病等病害发生。做好苗床之后，要适当地对床面进行镇压并刮平，然后灌 1 次水，灌水时要注意保持床面平整。

四、苗期管理

根据泡桐播种育苗的生长发育特性，通常将播种苗的年生长分为出苗期、幼苗期、速生期和苗木硬化期4个时期。

（一）出苗期

出苗期在3月下旬至4月中旬，塑料薄膜覆盖时，既能提高温度，又能保持湿度，相对出苗比较容易，一般5～6天开始出苗，7～10天幼苗可全部出齐。在这个时期，苗床因有薄膜罩盖，无须经常浇水。如果发现地面发干，可洒水湿润地面和种子，发现杂草，立即拔除。如膜内地面温度猛升至40℃以上，在中午前后至下午4点，可将薄膜揭开一角，以利通气降温。

（二）幼苗期

图16-2　泡桐容器（穴盘）播种苗的幼苗期

泡桐幼苗长出真叶时，即进入幼苗期（图16-2）。在幼苗长出2对真叶前，根系很浅，出现表土干旱时应在中午用小孔喷壶喷浇，午间温度过高时，可揭开两头通风降温。风和日暖可适当露上一段时间，每隔天喷一次波尔多液防病。泡桐幼苗喜湿怕淹，因此要特别注意浇水不能一次太多，床面湿润即可。在幼苗长出3～4对真叶时，根系生长特别迅速，这时苗木的吸收能力和抗旱能力迅速提高，浇水次数可适当减少，炼苗蹲苗，促其根系生长，为圃苗移栽打下基础。待播种苗高达3cm以上，即可进行幼苗移植。一般在晴天，切小土块（成丛带土）移栽，株行距0.5m×1.0m，栽后立即浇水；阴雨天可裸根移栽，放晴后视需要浇水。幼苗期持续2个月左右，一般在4月中、下旬至7月上旬。

播种苗移植到育苗地后，应注意以下技术措施：一是间苗和定苗，待移植的幼苗成活稳定后，每栽植点选留1棵壮株，将其余去掉。二是灌水应视各地天气和土壤墒情而定，要合理适时。在北方春旱时期，在幼苗期水量不宜过多，保持床面湿润，最好采用喷水或侧方灌溉，切忌大水漫灌。在长江流域及其以南地区，如果春季墒情较好，无须过多浇水，还应注意床面排水良好。三是做好松土除草，为保墒和通气，给幼苗创造良好的生长环境，应勤于松土和除草，这对泡桐实生苗更为重要。

（三）速生期

图16-3　泡桐播种苗的速生期

从6月底到8月中下旬，泡桐幼苗生长加快，日生长可达5～8cm，甚至达到10cm以上。这一时期的生长量占全年生长量的75%左右，将这一段的生长时期称为速生期（图16-3）。因此速生期苗木管理是决定当年苗木能否出圃、培养优质壮苗的关键，特别是肥水管理尤为重要。其主要措施总结为以下5个方面：一是合理施肥。每667m^{2}施尿素30～35kg，一般在6月底、7月中旬和8月上旬分3次施入。施肥量第一次每667m^{2}施10～15kg，第二次10kg和第三次10kg，也可每隔20天左右施肥1次，每667m^2

追施硫酸铵或尿素 5～10kg 或人粪尿 5000kg。将氮素速效肥掺入稀释人粪尿中施用更好，施肥后应充分灌溉。施肥方法是在离苗木 20～30cm 处撒施。留床平茬苗和留根苗施肥期第一次可提前至 5 月底。二是及时浇水和排水。泡桐苗既怕旱又怕水淹，遇干旱要及时浇水，使土壤保持湿润。浇水要与施肥相结合，使肥料迅速发挥肥效。如遇暴雨连阴天，注意排除圃地积水。三是适时培土。适时培土可以增加幼苗基部生根，扩大有效营养面积。在 7 月上旬、下旬，各培 3cm 厚的湿土。四是及时抹芽。有些泡桐品种萌芽力强，应每隔 3～5 天抹芽一次，以免消耗水分和养分，影响苗木生长及株型。五是注意病虫害防护。此期苗木的主要病害有炭疽病、黑痘病，发病时可喷 500～800 倍退菌特加 50g 洗衣粉或用 1000 倍多菌灵防护。此期危害幼苗的害虫有叶蝉科（Cicadellidae）、飞虱科（Delphacidae）、蝽科（Pentatomidae）、蛾蜡蝉科（Flatidae）和网蝽科（Tingidae）等，用 40%的氧化乐果 800～1000 倍液喷雾。

（四）苗木硬化期

9 月播种苗生长减慢，10 月后期基本停止生长，进入苗木硬化期。在苗木硬化期应停止肥水，促进枝干木质化，利于安全越冬。

泡桐苗木出圃时的起苗、分级、检疫、包装与运输等方法请参照埋根育苗出圃方法。

第二节 泡桐的埋根育苗

埋根育苗即扦插（根插）繁殖育苗，其最大限度地保持了母本的生长速度快、干型通直、抗病性强等优良性状，并且此法简单易操作、出苗速度快、出苗率较高、育苗成本低，是目前泡桐生产中应用最广泛的育苗方式。当年生泡桐埋根苗丛枝病少，根系发育完整、吸收比例大，造林后成活率较高。

一、苗圃地选择

苗圃地是培育泡桐壮苗的基本条件，在选择泡桐苗圃地时，应当全面考虑，为苗木生长创造良好的条件。泡桐喜光、喜湿、喜肥、忌淹、忌旱，因此育苗地应选择靠近造林地、交通便利、地势平坦（在南方旱地育苗，应稍有坡度，以利排水）、背风向阳、光照充足、土层深厚（耕作层＞50cm）、土壤肥沃、排水灌溉方便、透水透气性良好的立地，土壤为褐土、砂壤土、壤土或沙质土，土壤 pH 为 5.5～7.5，地下水位在 150cm 以下的土地。以避免苗木风倒、风折、苗干弯曲。

另外，研究发现泡桐在重茬地上育苗生长不良，同样的水肥条件重茬地的泡桐苗高和地径分别比新育苗地育的苗小 25%和 30%。并且重茬次数越多，则苗木质量下降得越明显。因此，泡桐育苗不宜选择重茬地。泡桐育苗地还要尽量避开丛枝病病源及地下害虫较多的地方，尤其应避开泡桐大树，以防其传播病虫害。

二、苗圃地整理

（一）土壤耕作

泡桐种根含水量大，比较脆嫩，要求土壤深厚、疏松，所以需要精细整地。精细整地既能除去杂草和病虫害，又能改善土壤的理化性质，为泡桐苗木萌芽出土和健壮生长创造良好的条件。育苗前整地包括翻耕、耙地、镇压三个环节，要求做到深耕细整、地平土碎。需要特别注意的是：在气候干燥地区、降雨少、春季风较大的地区，秋冬季翻耕 40～50cm，注意翻后不耙，使其充分晾垡，以便增加积雪，冻死越冬害虫。待翌春土壤解冻后，再进行浅耕细耙，整平土壤表面，弄碎土块，做到上虚下实。气候温暖、湿润、降雨较多的地区，秋冬季翻耕 40～50cm，翌春顶凌耙地。春季整地，翻耕 40～50cm，随耕随耙。冬季有积雪地区，秋冬季翻耕 40～50cm，翌春解冻后再耙地。

（二）土壤施肥

土壤耕作应与施肥结合起来进行，一般在秋冬季翻耕或在翌春耙地时施足底肥，以有机肥为主、复合肥为辅，每 $667m^2$ 施有机肥 4～$5m^3$ 和复合肥 40～60kg。注意所施用的有机肥料必须经过充分腐熟后施入，防止传染病虫害。

（三）土壤消毒

为了建立无毒害环境，防止病虫危害，在整地和施肥的同时，也应对土壤进行消毒。土壤消毒主要采用化学药剂处理。其具体措施参见表 16-1。

表 16-1　土壤消毒措施

化学试剂	土壤消毒措施	备注
五氯硝基苯（75%）	每平方米用 4～6g，混拌适量细土，撒于土壤中；基质每立方米混入 20～30g，拌匀即可	灭菌
福尔马林（40%）	每平方米用 50mL，加水 2～6L，在播种前 8～15 天喷洒在苗圃地上，喷洒后用塑料薄膜覆盖 3～5 天，撤除薄膜，翻、晾无气味后即可使用；基质用(1∶100)～(1∶50)药液喷洒至基质含水量 60%即可，拌匀后用塑料薄膜覆盖 3～5 天，撤除薄膜，翻、晾无气味后即可使用	灭菌，增肥效
敌克松	每平方米用 4～6g，混拌适量细土，撒于土壤中；基质每立方米混入 20～30g，拌匀即可	灭菌
辛硫磷（50%）	每平方米用 2～3g，混拌适量细土，撒于土壤中，表面覆土；基质每立方米混入 10～15g，拌匀后用塑料薄膜覆盖 2～3 天	杀虫
代森锌	每平方米用 3～5g，混拌适量细土，撒于土壤中；基质每立方米混入 15～25g，拌匀即可	灭菌
硫酸亚铁（工业用）	每平方米用 3%的水溶液 0.5kg，于育苗前 7 天均匀地浇在土壤中；基质每立方米混入 25kg，拌匀后用塑料薄膜覆盖 24h 以上	灭菌，改良碱性土壤
代森铵	每立方米用 50%水溶代森铵 350 倍液 3kg 稀释液，浇灌土壤	灭菌，增肥效

资料来源：DB41/T 2295.3—2022《泡桐标准综合体第 3 部分：泡桐种苗繁育》

三、作床

目前泡桐埋根育苗，一般采用两种苗床：一是平床，这是应用比较早、比较普遍的一种苗床，适用于水分条件较好，不需要灌溉或排水良好的苗圃地。二是高垄苗床，是近年改进的一种苗床形式，适用于温度较低、降雨量多或排水不良的黏质土壤苗圃地。

（一）平床

床面高于步道 1～3cm，床面宽 100～200cm，步道宽 30～40cm，以育苗 1～3 行为宜。

（二）高垄苗床

高垄床按垄距 100cm，作成底宽 70～80cm、垄面宽 30～40cm、高 15～20cm、步道宽 30cm 的土垄。垄的行向以南北方向为宜。这种苗床使肥效更集中，土层更深厚，积水更易排除，春季地温较高，泡桐幼苗出土较早。一般高垄床比平床所育苗木早出土一个星期左右，苗木质量也得到提高。

四、种根采集与贮藏

种根是培育泡桐优质壮苗的重要因素。种根的选择和处理是否恰当，不仅直接影响苗木的质量，而且关系到以后大树的生长，应当引起足够重视。

（一）种源选择

根据区域适应性，选择适于当地生长的优良泡桐品种。

（二）种根采集

在泡桐良种的育苗地中选择粗度为1～2cm、无病虫害、无机械损伤的1～2年生的泡桐苗根作为育苗用种根，并将其剪成长度为13～15cm的种根条。种根缺乏时，直径在1cm以下或较短的泡桐根也可用于育苗。剪取种根时需要注意：种根上部（大头）应剪成平口，下部剪成斜口，以防止埋根时倒插。剪口应平滑，无劈裂，以利伤口愈合。

此外，种根特别缺乏的地方，也可采集无丛枝病的大树上的根作为种根。具体方法如下：在树干1m以外，用铁锹挖取适量0.5～3cm粗的根，以不影响大树生长为宜。此法发芽缓慢、出苗率低，苗木生长势较差，不宜在生产上大量推广。

为达到苗全苗壮、生长整齐、便于管理，种根剪好后需按粗度严格分级，并且在阴凉通风处晾晒3～5天后，再贮藏，以提高发芽能力。如调运种根，在调运前最好先经晾晒，使种根条中过多的水分蒸发，切忌成堆堆放，以防发霉、烂根。气温低于–2℃时不宜调运，以免受冻。

种根采集时间应在泡桐苗木的休眠期，即从泡桐落叶后至翌年春季发芽前均可进行采集，综合考虑各地不同情况，一般在2月下旬至3月中旬结合起苗进行较为适宜。注意种根采集气温应在0℃以上。

（三）种根贮藏

秋季和冬季采集的种根不能随即育苗时，应进行贮藏。目前泡桐种根的贮藏方法有两种：一种是湿沙坑藏法（实窖贮藏法），一种是空窖贮藏法。无论哪一种贮藏法，窖址都要选择在地势较高、背风向阳、排水良好的地方。

湿沙坑藏法：挖深80cm、宽100cm的贮藏沟，沟的长度由种根的数量决定。先在沟底铺5～10cm厚的湿沙（湿度以手握成团但没有水渗出，松手即散为宜），将荫晾后的种根平头（大头）向上排列于沟内，用湿沙填实种根之间的空隙；种根多时可上下排层，每放一层种根均加一层5～10cm厚的湿沙，再摆放第2层，最上层上部再覆盖20～30cm厚的湿沙，而后覆土封坑，封土厚度以种根不冻伤为宜。需要注意的是：放种根时应每隔100cm竖一草把或秸秆通气。贮藏期间，应每间隔一个月检查1次，若发现种根霉烂，需翻坑晾晒，或用浓度为0.1%的高锰酸钾溶液浸泡种根30min，晾干后再贮藏。另外，如沙土过干，需及时洒水保湿。

空窖贮藏法：先挖一条深100～150cm、宽200～250cm、沟长视种根数量而定的贮藏坑，上部用稻草搭成较厚的屋脊，脊高约80cm，然后在窖底铺约10cm厚的湿沙，把种根平头（大头）向上排列于窖内，排列2～3层。将湿润细沙撒于种根间隙，注意在两层种根间及最上部也要撒约5cm厚的湿沙，窖中间需留通道，以便检查。为使种根处于休眠状态，应通过开关窖门来调节窖内湿度和温度，使窖内保持湿润，温度控制在0～10℃。在育苗前一周，再将温度提高至12～18℃，加速种根内的养分转化，逐渐形成根和芽的原始体，直至部分种根皮有裂缝或露出少量根尖时取出育苗。此种根贮藏法，适于大量贮藏，便于检查和调控温度，后期还能起到催根作用。

五、种根催芽

种根催芽即为种根提供适宜发芽生根的条件，加速种根不定芽、不定根的分化，使幼苗的出土时间缩短，达到幼苗出苗快而整齐的目的。

种根催芽方法有阳畦催芽、温床催芽、火炕催芽、塑料大棚催芽等。在当前生产上广泛应用的是阳畦催芽、温床催芽和火炕催芽三种方法。

（一）阳畦催芽

埋根育苗前10～15天，在背风向阳处，挖一个宽100cm、深40cm、东西方向的阳畦，畦的长度以催芽的种根数量而定。畦底铺5cm厚的湿沙，将种根剪口较平的部位（大头）向上，单根竖直立放于坑内，并用湿沙填满种根间隙，种根上部再覆盖一层约10cm厚的湿沙，最后覆盖塑料薄膜。10～15天后幼芽即可萌发，80%的种根出现萌发露白时，应及时埋根育苗。

（二）温床催芽

春季树液流动前，选择地势高燥、背风向阳、排水较好处，挖一个宽度为100cm、深度为60cm、东西方向的坑，坑的长度以种根数量而定。首先在坑内填厚度为20～30cm由40%的麦秸和60%的牛粪等组成的酿熟物，注意将其加水搅拌均匀，再摊平踩实，然后覆盖厚度为3～5cm细碎且湿润的沙土。将种根剪口较平的部位（大头）向上均匀直立排放在坑内，种根间应保持一定的空隙，并用湿沙填充空隙。种根上部再覆盖厚度为10cm的细沙土，最后用塑料薄膜盖好。床内温度应保持在20～30℃，当超过35℃时应及时揭膜降温。10～15天后幼芽即可萌发，当80%种根萌发露白时，应及时埋根育苗。

（三）火炕催芽

泡桐的种根需要一定的温度才能萌发，当地温达到18℃时，种根开始发芽。为了提早种根的发芽时间，延长其生长期，采用火炕催芽效果较好。

在黄河中下游的泡桐栽培区，火炕催芽的时间一般为3月上旬。泡桐种根在炕内催芽两周左右至3月下旬即可移至圃地育苗。

1. 火炕制作

在背风向阳的地方，挖宽150cm、深50cm、东西方向的坑，坑的长度3～4m。在坑的一端30cm处挖一个供加温用的火口。为了调节温度，在火口的两侧各30cm处挖两个气眼，用砖砌成高于地面1m的烟囱。在坑的底部，挖3条东西方向的沟，深20～40cm、宽16cm，中间一条是火道，一端通火眼。构成双回龙式火道，沟的深度由气眼到火眼逐渐加深，沟的上面用小棍支成棚状。在坑的北沿筑30cm高的矮墙，南面不筑墙，借用地表。坑东西两面筑墙，与南北沿协调一致。最后用塑料薄膜覆盖于坑上部，构成背风向阳的斜面温床。

2. 催芽

火炕做好后，先在底部铺厚度为15cm的马粪土（马粪和细土的配比为2∶1，并喷水混匀），再在马粪土的上面撒厚1cm的细土。然后将分选好的种根，按3cm的株行距垂直平头（大头）向上直立于细土上。种根周围的空隙用马粪土填实，上面再撒厚度为5～6cm的马粪土，最后再覆盖塑料薄膜。需要注意的是：火炕的使用要由专人负责，使火炕保持恒温20～25℃。每天早、中、晚3次观察火炕的温度，低于20℃时需烧火提高温度，高于25℃时应打开气眼降低温度。同时还应经常检查马粪土的温度，若干燥还要及时洒温水，以保持湿润。正常情况下，种根6～7天愈合，10天左右绝大部分种根发芽，当种根幼芽长到1cm时，停止加温，逐渐揭去薄膜炼苗，再过3～5天后即可移至苗圃地育苗。

六、埋根

（一）埋根时间

泡桐埋根育苗的时间一般应在春季。黄河中下游地区以 2 月下旬至 3 月中旬（平均气温 4～8℃）为宜。其他地区，应根据不同的气候条件而定。在南方某些地方，也可以冬季埋根。北方各省不宜在冬季进行，冬季温度低易受冻害，而且土壤湿度大，种根伤口长期不能愈合，易造成烂根现象。

（二）埋根密度

图 16-4　容器埋根育苗

泡桐喜光，生长速度快，苗木叶面积大且叶柄长，需要较大的营养面积，育苗过密则阳光及营养不足，易造成苗高与地径的比值过大，节间过长，木质化程度差，干中空髓比例大。这样的苗木造林成活率低，即便成活，也易弯曲或风折；育苗过稀则单位面积产苗量少。因此，必须合理密植，才能实现优质、丰产。

根据目前的生产水平，苗床上株距为 90～100cm，每 667m^2 埋种根 660～830 株的密度是比较合理的。各地应根据对苗木质量的要求，育苗技术水平高低和立地条件不同，在保证优质丰产的前提下合理确定埋根密度，但一般每 667m^2 不要超过 1000 株。另外也可进行容器埋根育苗（图 16-4），可保证移植时幼苗不伤根，提高其成活率。

（三）埋根方法

为使苗木出苗均匀、整齐，苗木规格一致，一般将种根按粗细或不同等级分开育苗。埋根以前，先用过磷酸钙蘸根，然后依株行距在苗床上挖穴或用竹签引洞，再将准备好的种根剪口较平的部位向上，立放于穴内（若种根分不清大小头，则将种根平埋，以避免种根倒插），催过芽的种根应防止损伤嫩芽，埋土深度至种根的 2/3，挤实，然后封土高出种根顶端 1cm 为宜，以利保墒保温。埋根后要及时浇水，使种根与土壤密接。尤其对已催出嫩芽的种根，更应适时浇水，以利幼芽和幼根的生长。

北方各地还可以采取筑小温室、喷洒土面增温剂等措施提高地温，适当提前育苗，以延长生长期。

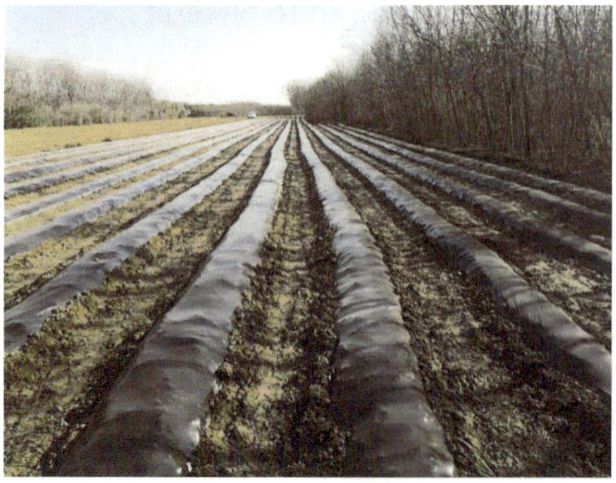

图 16-5　埋根后的地膜覆盖

七、地膜覆盖

地膜覆盖具有保持土壤良好结构和减免杂草危害的作用，改善泡桐苗木生态环境，延长其生长期，产生较好的育苗效益。例如，出苗率、成苗率高，苗木生长量大，根系发达，质量高等。

一般地膜育苗的埋根时间稍早于一般埋根育苗。埋根后立即顺床面覆盖一层厚度为 0.015mm 的透明地膜，并将地膜拉紧、铺平，再用土封严、压实，以防漏气（图 16-5）。在幼苗出土后，需尽快破膜，随即用湿土将口封好，使幼苗伸出。

八、苗期管理

根据泡桐埋根苗的生长特性，进行适时合理的抚育管理，是培育壮苗的重要措施。泡桐苗年生长过程大致分为出苗期、生长初期、速生期及生长后期 4 个阶段。

（一）出苗期

从埋根到 5 月上中旬苗木出齐、苗高 10cm 左右时为出苗期（图 16-6）。这一时期，温度对未催芽泡桐种根的发芽及生根具有决定性作用。如果地温较低，土壤湿度又过大，往往使种根发芽生根延迟，甚至造成烂根，因此，出苗期管理以松土保墒、提高地温为主。雨后及浇水后应及时松土，以便提高地温。

（二）生长初期

从苗木出齐到 6 月底为泡桐生长初期（图 16-7）。这一时期，苗木高生长较慢，根系生长较快。泡桐埋根苗的生长初期管理应做好以下 4 个方面的工作：一是定苗。苗高 20～30cm 时，对同一种根发出的多个萌蘖去弱留强，及时定苗。二是培土、除草。结合中耕除草对幼苗根部及时培土。三是追肥。6 月中旬，撤去塑料薄膜，在距离苗干 20～30cm 处挖穴或半月形沟为苗木追肥，一般每 667m^2 施尿素 20～30kg，注意施肥后封土。四是灌水。结合施肥进行灌水，施肥宜在早晚进行，避免高温时施肥，灼伤苗木。

图 16-6　泡桐埋根苗的出苗期

图 16-7　泡桐埋根苗的生长初期

（三）速生期

从 7 月初到 9 月上旬为泡桐速生期（图 16-8）。苗木地上、地下部分生长迅速，这一时期的抚育管理工作非常重要。一是及时除草。此期高温、高湿、降雨量大，杂草生长迅速，应结合施肥及时去除杂草。二是灌水。在高温干旱季节应保持土壤湿润，注意灌水。三是及时排水。雨季应保证排水沟畅通，雨后苗圃地没有积水。四是追肥。在 7 月上旬、7 月下旬、8 月中旬，各追施 1 次速效肥，开沟穴施，每 667m^2 每次施尿素 20～30kg。五是培土。7 月下旬应结合施肥对苗木根部培土，培土高度 5～10cm，加快埋根苗根系生长发育，提高苗木质量。六是抹芽。及时抹除苗木生长期萌发出的腋芽，促进苗干的生长。

（四）生长后期

9 月上旬之后，苗木高生长逐渐减慢，进入生长后期，至 10 月中、下旬封顶，高生长完全停止

（图 16-9）。9 月视墒情适量浇水，进入 10 月后要停止浇水追肥，防止因后期苗木旺盛生长造成苗干木质化程度差，影响安全越冬。

图 16-8　泡桐埋根苗的速生期

图 16-9　泡桐埋根苗的苗木硬化期

九、病虫害防治

泡桐苗期常见的病害有炭疽病、黑痘病、根结线虫病等，虫害有泡桐叶甲、网蝽、金龟子、地老虎等。要按照“预防为主、综合防治”的方针，做好病虫测报，采取人工捕捉、药剂和生物防治相结合的方法，加强病虫防治，保证泡桐苗木健康生长。如遇丛枝病发生，要及时连根拔除病株，并集中烧毁。病虫害防治的具体措施参见第十八章（泡桐主要病虫害防治）。

十、苗木出圃

（一）起苗

1. 起苗时间

泡桐起苗时间应与造林季节结合。冬季土壤冻结地区，除雨季造林用苗随起随栽外，在秋季苗木生长停止后与翌年春季苗木萌动前起苗较为适宜。为防止苗木受冻，应避免在 0℃以下起苗。

2. 起苗方法

泡桐起苗一般为裸根起苗，起苗时应保证苗木质量，尽量避免损伤苗根和苗干。并注意苗木根系的长度和数量，一般主根长度不小于 50cm、侧根幅宽度不小于 60cm。土壤过于干旱时，应在起苗前 5～6 天适当灌水，以防苗木根系受损，提高起苗质量。

（二）苗木分级

泡桐苗木质量一般分为两级，其质量标准如下。

Ⅰ级苗：地径 6cm 以上，苗高 5m 以上，树干通直，充分木质化，根系幅度 40cm 以上。

Ⅱ级苗：地径 4～6cm，苗高 4～5m，树干通直，充分木质化，根系幅度 40cm 以上。

（三）苗木假植

泡桐苗木一般采用随起随栽的方式。若起苗后不能立即栽植的苗木要立即假植。方法是：选取地势较高、背风且排水良好的地方，挖一条宽度约为100cm、深度为60～70cm的假植沟，沟的长度以苗木数量而定，将苗梢顺风斜放于沟内，然后以湿沙土覆盖，厚度以根部不受冻害为宜。假植期间应经常检查，以防苗木霉烂、风干及遭受鼠、蚁等危害。需要注意的是：风沙和寒冷地区的假植场地，应搭防风障。

（四）检疫

泡桐苗木异地运输时应按照国家有关法规进行检疫，防止危险性病虫害的传播。调运苗木前，应在圃地对黑痘病、炭疽病、根结线虫、腐烂病等病虫害进行检疫，一经发现即按《植物检疫条例》相关规定处理，严禁引进疫区的苗木。

（五）苗木包装和运输

泡桐苗木一般用草帘包装，方法是：先在草帘上铺一层湿稻草，然后将苗木根对根摆放在上面，如此一层苗木，一层稻草，依次堆放，最后用较厚的湿稻草覆盖，卷起草帘，用草绳横捆两道，以保证根部湿润不失水。再将注明树种名称、苗龄、等级、数量的标签附在包装明显的地方。需要注意的是：在装车和运输过程中应避免泡桐苗木损伤；还应避免在0℃以下运输苗木，以防苗木受冻。

（六）苗圃档案

苗圃档案的建立和管理按GB/T 6001—1985的相关规定执行。

第三节　泡桐的留根育苗

留根育苗是利用泡桐根蘖性较强的特性，在起苗后，利用遗留在土壤中较为发达的根系，经过一系列的技术措施，使其萌发长出新株。此法不用挖根重埋，操作方便，节省劳力，只要加强管理，也能培育出优质的泡桐苗木。但是出苗后苗木分布不均，生长差异很大，单位面积产苗量低，且一般只能连续留根1～2年，3年后则根系变深，侧根渐少，苗木产量及质量下降。

一、起苗与留根

为了使留根育苗的苗木分布均匀，在起苗时应注意留根。在不影响苗木质量的前提下，保留一些直径1.5cm以上较浅的侧根于苗圃地内，留根粗细、深浅大致相同，做到横竖成行，株行距一致。采用留根育苗一般进行一次后即要换茬，不能在同一圃地连续重茬。

需要注意的是：冬季起苗后，需及时埋填起苗穴，防止冻根，若春季起苗，需立即整地，将起苗穴略加填平，但不宜填土过深，以免影响萌芽或造成烂根。然后每667m^{2}施入基肥2500kg以上，整地深度以10～15cm为宜。耙平后筑成苗床，以利灌水。

二、苗木管理

（一）间苗与定苗

泡桐留根上萌发出来的幼苗多为丛生苗，为保证单位面积苗木的产量和质量，在苗高20～30cm时，除去生长瘦弱、有病虫害的幼苗，每穴可留 3～4 株，以便培育健壮苗木。间苗时间一般在 5 月中、下旬进行。

（二）抚育与管理

为保证苗木正常生长，在 4 月中、下旬间苗与定苗后，应及时追肥，每 667m^2 每次施入硫酸铵 10～12.5kg。追肥后，应立即灌溉。同时松土保墒及除草，而后及时培土，防止苗木倒伏。培土高度一般在 15～20cm。此外，还应及时进行排水和病虫害防治工作，保证苗木健康生长。

三、苗木出圃

苗木出圃时的起苗、分级、检疫、包装与运输等方法请参照埋根育苗的苗木出圃方法。

第四节　泡桐的劈根嫁接育苗

嫁接育苗是繁殖泡桐优良无性系的一种方法，此法操作技术简单，取材容易，当年即可培育出无性系苗木进行造林，同时亦可利用嫁接苗的自生根提高繁殖系数。泡桐育苗用枝接、芽接、劈根嫁接等方法均可成活（陈从梅和王玉峰，1983；季江令，1983；程春娜等，2008；乔杰等，2015；崔思贤和吴丹，2022）。崔思贤和吴丹（2022）研究发现，劈根嫁接泡桐成活率高、操作简便、育苗周期短、繁殖效率高、繁育成本低，能在一定程度上解决天然杂交发生的基因分离和重组，以及传统嫁接方法中存在的种根不足等问题，对泡桐栽培及优良种质推广都有重要意义。现将泡桐劈根嫁接育苗技术的要点总结如下，以供参考。

一、接穗和砧木的选择

在优良泡桐品种的圃地中选择树冠外围的无病虫害、无机械损伤的一年生（发育充实、生长健壮）中、长枝条为接穗条。

泡桐落叶 10～20 天后，挖取生长健壮的 1～5 年生壮苗根部一侧 4～20mm 粗的根作为砧木。并将其剪成 10～12cm 长的小段掩埋于湿润细沙中备用。

二、嫁接的时间和方法

室内劈根嫁接不受外界环境条件限制，在泡桐落叶后至翌春萌芽前均可进行；室外劈根嫁接一般在翌春 3 月中下旬为宜。

具体劈跟嫁接方法：先用切接刀将砧木（根）的上部削平，然后从中间垂直向下劈成两半，切口深 3～4cm。同时在接穗中部饱满芽的下部距芽 1.5cm 处下刀，将接穗削成外宽里窄的楔形，削面长 3～4cm。接着将削好的接穗（剪留 2 个芽为宜）插入砧木切口中，并对准形成层（砧木和接穗粗度相等）或一边对准（砧木较粗，接穗较细），再用塑料薄膜缠紧。根接后沙藏或第二年春季放于催芽坑内保湿、保温，使接口快速愈合成活。

三、根接苗的栽植与栽后管理

第二年春季土壤解冻后，平整育苗地，按行距 40～60cm 开 20cm 深的栽植沟，沟内灌水后按株距 15～20cm，将接口愈合的根接苗放入，封土后覆盖薄膜，以保持湿度，提高地温，促进新根生长。根接苗的具体整地和栽植技术请参考埋根育苗。

根接苗栽植后应时刻注意发芽情况，及时破膜，同时除去砧木上的萌芽，确保接芽旺盛生长。当接芽长至5～10cm高时，每株应选留1个壮芽（最好是迎风面），选留过晚则易造成苗干弯曲。当嫁接苗长至50cm高时，注意培土，厚度以20cm为宜，以利接穗自生根系的发育。

总之，根接苗栽植后应注意保持土壤湿度，减少接穗水分消耗，及时除萌、留芽、培土、防虫及加强水肥管理，确保其健康生长。

第五节　泡桐的组织培养

由于组织培养法繁殖植物的明显特点是快速，在成熟的条件下，每年可以数百万甚至数千万倍速度繁殖，因此对于一些繁殖系数低、扦插或嫁接不易成活、不能用种子繁殖的名特优植物品种的繁殖，意义重大。泡桐组织培养和其他植物组织培养流程基本一致，包括配制培养基、灭菌、接种、培养和移栽炼苗。

一、培养基配制

泡桐组织培养，适宜使用MS基本培养基，添加适当激素、蔗糖、琼脂等。

1. MS基本培养基

MS基本培养基主要包含MS大量元素、MS微量元素、MS铁盐和MS有机物。可以直接购买混合好的MS培养基基本成分粉剂，节约人力和时间，也可以购买培养基中所有化学药品，按照需要自己配制，节约费用。现以后者为例，介绍配置MS培养基的主要过程。配制MS基本培养基，一般先用蒸馏水将大量元素、微量元素等配制成10～100倍母液。

（1）配制MS大量元素母液

可以将大量元素配制成100倍的母液，使用时稀释100倍。

分别称取 NH_4NO_3 165g、 KH_2PO_4 17g、KNO_3 190g、 $CaCl_2 \cdot 2H_2O$ 44g、$MgSO_4 \cdot 7H_2O$ 37g，各自配成1L的母液。倒入5L棕色容量瓶中，混合均匀，贴上标签A，存放于冰箱中。

如果配制50倍MS大量元素母液，则分别称取以上无机盐重量全部减半，使用时稀释50倍。也可以将以上无机盐分别用少量蒸馏水彻底溶解后，然后再将它们混溶，最后定容成1L或2L的母液。以此类推，下不赘述。

（2）配制MS微量元素母液

可以将微量元素配制成100倍母液，使用时稀释100倍。需要使用万分之一天平称取药品。

分别称取KI 0.083g、$Na_2MoO_4 \cdot 2H_2O$ 0.025g、H_3BO_3 0.62g、$CuSO_4 \cdot 5H_2O$ 0.0025g、$MnSO_4 \cdot H_2O$ 1.69g、$CoCl_2 \cdot 6H_2O$ 0.0025g、$ZnSO_4 \cdot 7H_2O$ 0.86g，依次彻底溶解后，配成1L母液，倒入1L棕色容量瓶中，贴上标签B，存放于冰箱中。

（3）配制MS铁盐母液

可以配制成100倍MS铁盐母液，使用时稀释100倍。依次称取EDTA二钠3.73g、$FeSO_4 \cdot 7H_2O$ 2.78g，可以边加热边不断搅拌使它们彻底溶解，然后将两种溶液混合，最后配成1L母液，倒入1L棕色容量瓶中，贴上标签C，存放于冰箱中。

（4）配制MS有机物母液

可以配制成100倍MS有机物母液。依次称取肌醇10g、盐酸硫胺素（VB_1）0.01g、烟酸0.05g、甘氨酸0.2g、盐酸吡哆醇（VB_6）0.05g，配成1L母液，倒入1L棕色容量瓶中，贴上标签D，存放于冰箱中。

（5）配制激素母液

各种生长素和细胞分裂素要单独配制，不能混合在一起，生长素类一般要先用少量95%乙醇或1mol/L的NaOH溶解，细胞分裂素一般要先用1mol/L的盐酸溶解，然后再加蒸馏水定容。一般取100mg配成100mL母液，也可根据需要配制。

2. 配制培养基

以配置1L MS培养基为例，按顺序进行下面9个方面操作。

1）先用自来水将1L的量筒清洗干净，再用少量蒸馏水清洗2～3遍。

2）分别量取A、B、C、D 4种母液各10mL倒入1L的量筒中。

3）按设计好的方案添加各种激素，由于激素的用量很小，而且激素对组培植物的生长至关重要，所以最好用1mL或者200μL甚至量程更小的移液枪吸取，减少误差。

4）加蒸馏水定容至1L（注意：凹液面与1L的刻度相平），倒入不锈钢锅中。

5）称取4～8g琼脂粉（根据琼脂粉质量与所需培养基软硬确定），倒入锅中，盖上锅盖，放在电磁炉上加热至沸腾，直到琼脂粉熔化。期间称取20～30g蔗糖倒入锅中（根据组培配方确定蔗糖用量，一般继代增殖培养基用30g/L，生根培养基用20g/L），搅拌溶解。

6）先用精密试纸或酸度计初测pH，再通过加1mol/L HCl或1mol/L NaOH调溶液pH至5.8（建议使用酸度计，比较精确）。

1mol/L HCl配制：用量筒量取8.3mL，加蒸馏水，配成100mL溶液。

1mol/L NaOH配制：称取NaOH 4g，加蒸馏水溶解，配成100mL溶液。

7）趁热分装入培养瓶中。瓶中培养基厚度1cm左右。无盖的培养容器要用专用封口膜或牛皮纸封口，用橡皮筋或绳子扎紧。

8）放入灭菌锅，灭菌时间20～28min。

9）灭菌后从灭菌锅中取出培养基，平放在实验台上或操作台上令其冷却凝固。

二、灭菌

灭菌是组织培养重要的工作之一。灭菌是指用物理或化学方法，杀死物体表面和孔隙内的一切微生物或生物体，即把所有有生命的物质全部杀死。与此相关的一个概念是消毒，它是指杀死、消除或充分抑制部分微生物，使之不再发生危害作用。

植物组织培养对无菌条件的要求是非常严格的，甚至超过微生物的培养要求，这是因为培养基含有丰富的营养，稍不小心就引起杂菌污染。要达到彻底灭菌的目的，必须根据不同的对象采取不同的切实有效的方法灭菌，才能保证培养时不受杂菌的影响，使试管苗能正常生长。

常用的灭菌方法可分为物理的和化学的两类，即物理方法如干热（烘烧和灼烧）、湿热（常压或高压蒸煮）、射线处理（紫外线、超声波、微波）、过滤、清洗和大量无菌水冲洗等措施；化学方法是使用升汞、甲醛、过氧化氢、高锰酸钾、来苏水、漂白粉、次氯酸钠、抗菌素、乙醇等化学药品处理。这些方法和药剂要根据工作中的不同材料、不同目的适当选用。

培养基在制备后的24h内完成灭菌工序。高压灭菌的原理是：在密闭的蒸锅内，其中的蒸汽不能外溢，压力不断上升，使水的沸点不断提高，从而锅内温度也随之增加。在0.1MPa的压力下，锅内温度达121℃。在此蒸汽温度下，可以很快杀死各种细菌及其高度耐热的芽孢。

注意完全排除锅内空气，使锅内全部是水蒸气，灭菌才能彻底。高压灭菌放气有几种不同的做法，但目的都是要排净空气，使锅内均匀升温，保证灭菌彻底。常用方法是：关闭放气阀，通电后，待压力上升到0.05MPa时，打开放气阀，放出空气，待压力表指针归零后，再关闭放气阀。

关阀再通电后，压力表上升达到0.1MPa时，开始计时，维持压力0.1～0.15MPa，20～28min。按培养瓶大小和高压锅内放置的数量不同，保压时间有所不同。如果容器体积较大，但是放置的数量很少，也可以适当减少时间。

三、接种

接种时由于有一个敞口的过程，所以极易引起污染，这一时期主要由空气中的细菌和工作人员本身引起，所以接种室要严格进行空间消毒。接种室内定期用0.1%～0.3%的高锰酸钾溶液对设备、墙壁、地板等进行擦洗。除了使用前用紫外线灭菌外，还可在使用期间用 75%的乙醇喷雾，使空气中灰尘颗粒沉降下来。乙醇喷雾时，一定要注意防火。

1. 无菌操作的步骤

1）在接种 1h 前打开超净工作台和接种室紫外线灯进行杀菌，一般 20min 左右，可以安装定时开关进行消毒。

2）在接种前 20min，打开超净工作台的风机。

3）接种员先洗净双手，在缓冲间换好专用实验服，戴上一次性医用防护口罩，并换穿拖鞋等。

4）上工作台后，戴上一次性橡胶手套，用 75%乙醇棉球擦拭双手。然后擦拭工作台面。

5）取出已经高温高压灭菌好的镊子、剪刀或手术刀，从头至尾过火一遍，然后反复过火尖端处，放在已经高温高压灭菌好的培养皿上。

6）接种时，接种员的双手尽量不要离开工作台，接种室内尽量不要说话、走动和咳嗽等。

7）接种完毕后要及时清理干净超净工作台。

接种是将已消毒好的根、茎、叶等离体器官，经切割或剪裁成小段或小块，放入培养基的过程。现将接种前后的程序连贯地介绍。

2. 无菌接种的步骤

1）将初步洗涤及切割的材料放入烧杯，带入超净台上，用消毒剂灭菌，再用无菌水冲洗，最后沥去水分，取出放置在灭过菌的纱布或滤纸上。

2）材料吸干后，一手拿镊子、一手拿剪刀或解剖刀，对材料进行适当的切割。例如，叶片切成 $0.5cm^2$ 的小块；茎切成含有一个节的小段。微茎尖要剥成只含 1～2 片幼叶的茎尖大小等。在接种过程中要经常灼烧接种器械，防止交叉污染。

3）用灼烧消毒过的器械将切割好的外植体插植或放置到培养基上，茎尖、茎段要尽量尖端向上。然后将培养瓶稍微倾斜拿着，使瓶口靠近正在燃烧的酒精灯外焰，并将瓶口在火焰上方转动，使瓶口里外灼烧数秒钟，立刻封口，封口膜应该扎紧，瓶盖应该拧紧，防止污染。

四、培养

培养是指把泡桐培养材料放在培养室（无光、适宜温度、无菌）里，使之生长，增殖分化，生根，进一步再生出完整植株的过程。

1. 初代培养

初代培养旨在获得无菌材料和无性繁殖系（图 16-10）。初代培养时，常用诱导或分化培养基，即培养基中含有较多的细胞分裂素和少量的生长素。初代培养建立的无性繁殖系包括：茎梢、芽丛、胚状体和原

图 16-10　泡桐初代培养照片

球茎等。根据初代培养时发育的方向可分为顶芽和腋芽的发育、不定芽的发育、体细胞胚状体的发生与发育。

（1）顶芽和腋芽的发育

采用外源细胞分裂素，可促进顶芽或没有腋芽的休眠侧芽启动生长，从而形成一个微型的多枝多芽的小灌木丛状的结构。在几个月内可以将这种丛生苗的一个枝条转接继代，重复芽苗增殖的培养，即可获得很多嫩茎。然后将一部分嫩茎接种到生根培养基上，就能得到完整小植株。这种繁殖方式也称为微型繁殖，它不经过发生愈伤组织而再生，所以是最能使无性系后代保持原品种的一种繁殖方式。

茎尖培养可看作是这方面较为特殊的一种方式。它采用极其幼嫩的顶芽的茎尖分生组织作为外植体进行接种。在实际操作中，采用包括茎尖分生组织在内的一些组织来培养，这样便保证了操作方便且容易成活。

（2）不定芽的发育

在培养中由外植体产生不定芽，通常首先要经脱分化过程，形成愈伤组织的细胞。然后，经再分化，即由这些分生组织形成器官原基，它在构成器官的纵轴上表现出单向的极性（这与胚状体不同）。多数情况下它形成芽，后形成根。

另外一种方式是从器官中直接产生不定芽，泡桐具有从各个器官上长出不定芽的能力。当在试管培养的条件下，培养基提供了营养，特别是提供了连续不断的植物激素，使泡桐形成不定芽的能力被大大地激发出来。许多种类的外植体表面几乎全部为不定芽覆盖。

在不定芽培养时，也常用诱导或分化培养基。

（3）体细胞胚状体的发生与发育

体细胞胚状体类似于合子胚但又有所不同，它也通过球形、心形、鱼雷形和子叶形的胚胎发育时期，最终发育成小苗。但它是由体细胞发生的。胚状体可以从愈伤组织表面产生，也可从外植体表面已分化的细胞中产生，或从悬浮培养的细胞中产生。

2. 继代培养

在初代培养的基础上所获得的芽、苗、胚状体和原球茎等，数量都还不够，它们需要进一步增殖，使之越来越多，从而发挥快速繁殖的优势。

继代培养是继初代培养之后的连续数代的扩繁增殖培养过程。旨在繁殖出相当数量的无根苗，最后能达到边繁殖边生根的目的。继代培养的后代是按几何级数增加的过程。

继代培养中扩繁的方法包括：切割茎段、分离芽丛、分离胚状体等。切割茎段常用于有伸长的茎梢、茎节较明显的培养物。这种方法简便易行，能保持母种特性。培养基常是 MS 基本培养基；分离芽丛适于由愈伤组织生出的芽丛。培养基常是分化培养基。若芽丛的芽较小，可先切成芽丛小块，放入 MS 培养基中，待到稍大时，再分离开来继续培养。

增殖使用的培养基对于一种植物来说每次几乎完全相同，由于培养物在接近最良好的环境条件、营养供应和激素调控下，排除了其他生物的竞争，所以能够按几何级数增殖（图 16-11）。

在快速繁殖中初代培养只是一个必经的过程，而继代培养则是经常性不停地进行过程。但在达到相当数量之后，则应考虑使其中一部分转入生根阶段。从某种意义上讲，增殖只是储备母株，而生根才是增殖材料的分流，生产出成品。

3. 继代培养时材料的玻璃化

实践表明，当泡桐材料不断地进行离体繁殖时，有些培养物的嫩茎、叶片往往会呈半透明水迹状，这种现象通常被称为玻璃化。它的出现会使试管苗生长缓慢、繁殖系数有所下降。玻璃化为试管苗的生理失调症。

图 16-11　泡桐组培增殖照片

因为出现玻璃化的嫩茎不宜诱导生根，所以繁殖系数大为降低。在不同的种类、品种间，试管苗的玻璃化程度也有所差异。当培养基上细胞分裂素水平较高时，也容易出现玻璃化现象。在培养基中添加少量聚乙烯醇、脱落酸等物质，能够在一定程度上减轻玻璃化现象的发生。

呈现玻璃化的试管苗，其茎、叶表面无蜡质，体内的极性化合物水平较高，细胞持水力差，植株蒸腾作用强，无法进行正常移栽。这种情况主要是培养容器中空气湿度过高、透气性较差造成的，具体解决方法为：①增加培养基中的溶质水平，以降低培养基的水势；②减少培养基中含氮化合物的用量；③增加光照；④增加容器通风，最好进行 CO_2 施肥，这对减轻试管苗玻璃化现象有明显的作用；⑤降低培养温度，进行变温培养，有助于减轻试管苗玻璃化现象发生；⑥降低培养基中细胞分裂素含量，可以考虑加入适量脱落酸；⑦转入零激素 MS 基本培养基。

4. 生根培养

当泡桐材料增殖到一定数量后，就要使部分培养物分流到生根培养阶段。若不能及时将培养物转到生根培养基上去，就会使久不转移的苗子发黄老化，或因过分拥挤而使无效苗增多造成浪费。根培养是使再生苗生根的过程，这个过程目的是使生出的不定根浓密而粗壮。生根培养可采用 1/2MS 或者 1/4MS 培养基，全部去掉细胞分裂素，并加入适量的生长素（NAA、IBA 等）。

从胚状体发育成的小苗，常常有原先已分化的根，这种根可以不经诱导生根阶段而生长。但因经胚状体发育的苗数特别多，并且个体较小，所以也常需要一个低浓度或没有植物激素的培养基培养的阶段，以便壮苗生根（图 16-12）。

五、移栽炼苗

泡桐试管苗移栽是组织培养过程的重要环节，这个工作环节做不好，就会造成前功尽弃。为了做好试管苗的移栽，应该选择合适的基质，并配合以相应的管理措施，才能确保整个组织培养工作的顺利完成。

图 16-12　泡桐组培生根照片

试管苗由于是在无菌、有营养供给、适宜光照和温度、近 100%的相对湿度环境条件下生长的，所以在生理、形态等方面都与自然条件生长的小苗有着很大的差异。所以必须通过炼苗，通过控水、减肥、增光、降温等措施，使它们逐渐适应外界环境，从而使生理、形态、组织上发生相应的变化，使之更适合自然环境，只有这样才能保证试管苗顺利移栽成活。

从叶片上看，试管苗的角质层不发达，气孔的数量、大小也往往超过普通苗。由此可知，试管苗更适合在高湿的环境中生长，当将它们移栽到试管外环境时，试管苗失水率会很高，非常容易死亡。因此，为了改善试管苗的上述不良生理、形态特点，则必须经过与外界相适应的驯化处理，通常采取的措施有：要增加外界湿度、减弱光照；逐步降低试管内空气湿度等。

另外，对栽培驯化基质要进行灭菌，是因为试管苗在无菌的环境中生长，对外界细菌、真菌的抵御能力极差。为了提高其成活率，在培养基质中可掺入75%的百菌清可湿性粉剂200～500倍液，以进行灭菌处理。

1. 移栽用基质和容器

适合于栽种试管苗的基质要具备透气性、保湿性和一定的肥力，容易灭菌处理，并不利于杂菌滋生的特点，一般可选用珍珠岩、蛭石、砂子等，同时配合草炭土或腐殖土。一般用珍珠岩∶蛭石∶草炭土或腐殖土比例为 3∶1∶3，也可用砂子：草炭土或腐殖土为 1∶1。这些介质在使用前最好高压灭菌，或用至少 2 小时烘烤来消灭其中的微生物。要根据不同植物的栽培习性来进行配制，这样才能获得满意的栽培效果。以下介绍几种常见的试管苗栽培基质。

（1）河砂

河砂分为粗砂、细砂两种类型。粗砂即平常所说的河砂，其颗粒直径为 1～2mm。细砂即通常所说的面砂，其颗粒直径为 0.1～0.2nm。河砂的特点是排水性强，但保水蓄肥能力较差，一般不单独用来直接栽种试管苗。

（2）草炭土

草炭土是由沉积在沼泽中的植物残骸经过长时间的腐烂形成，其保水性好，蓄肥能力强，呈中性或微酸性反应，但通常不能单独用来栽种试管苗，宜与河砂等种类相互混合配成盆土而加以使用。

（3）腐殖土

腐殖土是由植物落叶经腐烂所形成。一种是自然形成，一种是人为造成，人工制造时可将秋季的落叶收集起来，然后埋入坑中，灌水保湿的条件下使其风化，然后过筛即可获得。腐叶上含有大量的矿质营养、有机物质，它通常不能单独使用。掺有腐殖土的栽培基质有助于植株发根。

（4）容器

栽培容器可用（8cm×8cm）～（10cm×10cm）的软塑料钵或无纺布平衡根系营养杯，优点是幼苗不用移栽，可以直接下地定植。

2. 移栽前的准备

当泡桐瓶苗根系长到 1cm 左右时，就要做移栽准备。移栽前将培养瓶移到温室不开口锻炼 1～2 天，然后开小口炼苗 1 天，完全打开瓶口炼苗 1 天，经受较低湿度的锻炼，以适应温室条件。

3. 移栽和幼苗的管理

从试管中取出发根的小苗，用自来水洗掉根部黏着的培养基，要全部除去，以防残留培养基滋生杂菌。但要轻轻除去，避免伤根。移栽前育苗基质要浇透水，用一个筷子粗的竹签在基质中插一小孔，放入小苗，注意幼苗较嫩，防止弄伤，栽后把苗周围基质压实。栽后及时喷雾保湿，前 3 天应保证空气湿度达 90%以上，减少叶面水分蒸发，尽量接近培养瓶的条件，但是也不要浇水过多，过多的水应迅速沥除，以利根系呼吸，让小苗始终保持挺拔的状态。后面几天小苗已经缓好苗，有生长趋势时，逐渐减少自动喷雾时间和次数，逐渐降低空气湿度，直到完全打开温室通风口，环境和外界基本相同，让小苗充分体验、适应外界条件（图 16-13）。为防止滋生细菌和真菌，提高移栽炼苗成活率，应每间隔 5～7 天喷洒 800～1000 倍多菌灵或托布津等除菌剂 1 次。

试管苗移栽后也要保持合适的温度和光照条件。冬春季地温较低时，可用电热线或其他电器来加温。温度过低会使幼苗生长迟缓，或不易成活。夏季温度过高，湿度过大，细菌真菌繁殖加速，应每隔 3～4 天喷洒除菌剂 1 次，温室上方应加盖遮阴网或喷洒水流，以降低温度，提高炼苗成活率。当泡桐小苗有了新的生长时，逐渐加强光照，后期可直接利用自然光照，以促进光合产物积累，增强抗性。一般炼苗 15 天左右，就可以择机移栽到大田定植了。

图 16-13　泡桐炼苗移栽照片

六、泡桐组织培养应用前景

（一）泡桐种质资源的保存

长期以来人们想了很多方法来保存植物种质资源，如储存果实、种子、块根、块茎、种球、鳞茎；用常温、低温、变温、低氧、充惰性气体等，这些方法在一定程度上收到了比较好的效果，但仍存在许多问题。主要问题是代价高，所占空间大，保存时间短，而且易受环境条件限制。植物组织培养结合超低温保存技术，可以给植物种质保存带来一次大的飞跃。因为保存一个细胞就相当于保存一粒种子，但所占的空间仅为原来的几万分之一，而且在–193℃的液氮中可以长时间保存，不像种子那样需要年年更新或经常更新。所以该技术也是保存泡桐种质资源的一种好方法。

（二）培育单倍体植株

通过植物组织培养技术，将泡桐的花药和花粉培养成单倍体植株，可以大大缩短育种年限，提高育种效率，简化新品种培育过程。

（三）培育多倍体植株

通过植物组织培养技术，用胚乳培养可获得三倍体植株，为诱导形成三倍体植物开辟了一条新途径。三倍体加倍后得到六倍体，可育成多倍体品种。也可以大大缩短育种年限，提高育种效率，简化新品种培育过程。

（四）培养细胞突变体

植物组织培养过程中，泡桐细胞或愈伤组织由于受到激素或药品的诱导，处在不断分生状态，它就容易受培养条件和外界压力（如紫外线、化学物质等）的影响而产生突变，从中可以筛选出有用的突变体，从而育成新品种。目前用这种方法已经筛选到抗病、抗盐、高蛋白质、高产等突变体，有些已经用于生产。

（五）胚胎培养

在植物远源杂交中，杂交果实往往在杂交早期或未成熟时，就停止生长，导致胚胎败育脱落，不能形成具有萌发力的成熟种子，这给远缘杂交造成极大困难。1925～1929 年，Laibach 用胚培养技术克服了亚麻种间杂交不亲和的障碍，首次获得杂种植物。这项技术发展至今，已经有许多种植物未成熟胚通过培养获得成功。

远缘杂交中，由于生理上和遗传上的障碍而不能杂交成功，泡桐母树树体高大，杂交育种不易操作。可采用试管授精加以克服，即将母本胚珠离体培养，使异种花粉在胚珠上萌发受精，产生的杂种胚在试管中发育成完整植株。

（六）细胞融合

通过原生质体融合，可部分克服有性杂交不亲和性，或远缘杂交障碍，而获得体细胞杂种，从而创造泡桐新种质或育成优良品种。

（七）基因编辑

基因编辑（gene editing），又称为基因组编辑（genome editing）或基因组工程（genome engineering），是一种新兴的能比较精确的对生物体基因组特定目标基因进行修饰的基因工程技术。基因编辑以其能够高效率地进行定点基因组编辑，在基因研究、基因治疗和遗传改良等方面展示出了巨大的潜力。今后可以通过基因编辑来修饰泡桐丛枝病相关内源基因，创制抗丛枝病新品种。泡桐组织培养技术为泡桐基因编辑工作奠定了基础。

（八）植物生物反应器

利用培养的植物细胞和组织细胞作为生物反应器，可以生产某些蛋白质、氨基酸、抗生素、疫苗等，如用生食蔬菜生产乙肝疫苗正在实验中。泡桐作为 1 味中药，具有祛风、解毒、消肿、止痛、化痰止咳之功效，也可以用于治疗筋骨疼痛、疮疡肿毒、红崩白带、气管炎等。未来以泡桐为植物生物反应器来生产某种药品化学成分、重要疫苗或者重要有机物质也皆有可能。

（九）工厂化繁育泡桐苗木

我国为全球第二大木材消费国和第一大木材进口国，木材对外依存度已超过 50%，木材供给安全已经成为国家亟待解决的重大战略问题。泡桐作为当前我国速生用材树种之一，恰好可以担负起时代赋予的满足国家木材供给的重大使命。工厂化繁育泡桐苗木，将对缓解我国木材紧缺状况、推动农村产业结构调整、促进国民经济发展起到重大作用。

参 考 文 献

安士有, 李景山, 陈灏, 等. 1999. 泡桐嫩枝全光自控弥雾扦插育苗技术. 河南林业科技, (2): 47.
白鑫鑫. 2015. 泡桐埋根育苗技术. 现代农村科技, 505(9): 36.
曹伟. 2007. 泡桐埋根育苗技术要点. 农家顾问, 297(12): 34-35.
曹艳春. 2007. 四倍体泡桐诱导及其体外植株再生的研究. 河南农业大学硕士学位论文: 1-57.
曹孜义, 刘国民. 1996. 实用组织培养技术教程. 甘肃: 甘肃科学技术出版社: 1-3.
陈从梅, 王玉峰. 1983. 泡桐优树的嫁接繁殖. 河南农林科技, 24(1): 12-14.
陈黑虎. 2010. 泡桐优质干材培育技术. 河北林业科技, (6): 94-95.
程春娜, 程彦龙, 刘二冬. 2008. 泡桐育苗技术. 农技服务, (10): 118.
崔思贤, 吴丹. 2022. 泡桐劈根嫁接育苗技术及其园林绿化应用. 现代农业科技, (16): 120-122.
杜丽勤, 柴方方, 范国辉, 等. 2012. 中原地区泡桐主要虫害及其防治. 植物医生, (5): 28-30.
杜明伦, 黄涛. 1979. 泡桐火炕催芽育苗方法. 林业科技通讯, (10): 7.
樊念社. 2010. 河南地区泡桐优质干材培育技术初探. 农家之友, (6): 91-92.
樊廷录, 王淑英, 王建华, 等. 2014. 河西制种基地玉米杂交种种子成熟期与种子活力的关系. 中国农业科学, 47(15): 2960-2970.
饭琢三男, 张绍宣, 余杰. 1989. 泡桐嫁接砧木种类与丛枝病的发病关系. 河南林业科技, (1): 45-46.

范国强, 翟晓巧, 李松林. 2002. 泡桐愈伤组织再生植株的诱导与培养. 植物学通报, (1): 92-97.
范国强, 翟晓巧, 马新业, 等. 2005. 两种基因型泡桐体细胞胚胎发生及植株再生. 核农学报, (4): 274-278.
冯其亚. 1993. 田间拱膜对泡桐埋根育苗的影响. 江苏林业科技, (S1): 11-12.
冯士明. 1983. 兰考泡桐埋根育苗技术. 云南林业, (3): 23.
冯仲铠, 白纪安. 2011. 泡桐埋根育苗技术要点. 现代农村科技, 416(16): 46.
高先敏. 2013. 泡桐埋根育苗关键技术. 农技服务, 30(1): 65.
高一龙. 2011. 泡桐新品种 9501 的特征特性及埋根育苗技术. 现代农业科技, 562(20): 218-219.
郭胜华, 杜迎军. 2019. 四倍体泡桐冬季温室快速繁育及丰产栽培技术. 湖北林业科技, 48(5): 47-49.
韩同丽, 牛苏燕, 邓敏捷, 等. 2012. 豫杂一号泡桐花药愈伤组织的诱导. 河南农业大学学报, 46(5): 530-534.
何传宪. 1984. 泡桐栽培. 咸宁: 湖北科学技术出版社: 12-15.
河北农业科学院林业研究所. 1960. 优良的速生树种——泡桐. 北京: 中国林业出版社: 10-15.
河南农学院园林系. 1982. 河南速生树种栽培技术——泡桐(修订本). 郑州: 河南科学技术出版社: 15-20.
河南省市场监督管理局. 2022. 泡桐标准综合体第 3 部分: 泡桐种苗繁育. DB41/T 2295. 3-2022. https://lyj.henan.gov.cn/2023/10-10/2827945.html[2023-9-5].
胡彩霞. 2014. 泡桐埋根育苗技术. 农技服务, 31(5): 124-125.
黄良汕. 2010. 杂交泡桐速生丰产栽培技术. 安徽林业, (3): 47-48.
黄钦才, 林静芳, 董茂山, 等. 1986. 泡桐杂种叶片培养中愈伤组织的诱导和不定芽的形成. 林业科学, (3): 291-294.
黄清枫, 刘开文. 1981. 泡桐播种育苗与埋根育苗. 贵州林业科技, (4): 44-45.
黄永平. 2011. 泡桐育苗技术. 林业与生态, (5): 30.
季江令. 1983. 楸叶桐的幼砧嫁接繁殖法. 山东林业科技, 3(3): 48-49.
姜翠丽. 2015. 泡桐育苗技术管理. 农业开发与装备, 167(11): 153.
姜启骏. 2022. 泡桐埋根育苗技术. 安徽林业科技, 48(2): 36-38.
蒋建平. 1990. 泡桐栽培学. 北京: 中国林业出版社: 3-74.
蒋建平, 苌哲新, 李荣幸, 等. 1980. 泡桐实生选种研究初报. 河南农学院学报, (2): 49-58.
蒋建平, 程绍荣, 李桂芳. 1981. 泡桐嫩芽培养研究报告. 河南农学院学报, (1): 17-24.
金代钧. 1986. 泡桐播种育苗研究初报. 广西科学院学报, (1): 44-48.
金晓. 1994. 泡桐埋根育苗法. 农村经济与技术, (2): 34.
李德勇. 1995. 泡桐的埋根育苗. 河北农业科技, (2): 31.
李发. 1995. 泡桐优质干材培育. 北京: 中国林业出版社: 30-55.
李芳东, 邓建军, 张悦, 等. 2010. 白花泡桐优树组织培养幼化技术研究. 中南林业科技大学学报, 30(8): 22-28.
李建峰. 2014. 浅谈泡桐丛枝病的发生与防治方法. 内蒙古林业调查设计, 37(4): 77, 90.
李立香, 毛秀红, 张演义, 等. 2009. 月季叶片组织培养的研究进展. 山东林业科技, 39(3): 159-161, 138.
李胜传. 2013. 泡桐的丰产栽培与病虫害防治技术. 农技服务, 30(9): 978-979.
李士杰, 于健, 郭世民, 等. 2015. 泡桐播种育苗技术. 现代农村科技, (8): 34.
李水祥. 1990. 泡桐薄膜覆盖播种育苗芽苗移栽技术. 河南林业科技, (1): 35.
李玉鹏. 2007. 泡桐插根育苗技术. 现代农业科技, (2): 16.
梁娟, 仝新友, 王玮, 等. 2004. 渭北旱塬泡桐埋根育苗技术研究. 陕西林业科技, (4): 13-16.
林启元. 1981. 泡桐埋根育苗生长规律. 河北林业科技, (3): 7-11.
刘飞, 范国强, 董占强. 2007. 泡桐离体开花培养系统的建立. 林业科学, (12): 56-63.
刘震. 1999. 低温湿层处理对毛泡桐种子发芽率的影响. 河南农业大学学报, (3): 279-281.
刘震, 王艳梅, 蒋建平. 2004. 不同种源白花泡桐种子的休眠生理生态研究. 生态学报, (5): 959-964.
麻婷婷. 2007. 泡桐生长性状及在苏北平原林农间作系统中的应用研究. 南京林业大学硕士学位论文: 1-48.
麻文礼, 陈光富. 2001. 良种泡桐埋根育苗技术研究. 林业科技通讯, (7): 11-13.
毛秀红, 刘翠兰, 燕丽萍, 等. 2010. 植物盐害机理及其应对盐胁迫的策略. 山东林业科技, 40(4): 128-130.
缪礼科, 张民宗. 1987. 泡桐地膜育苗. 北京: 中国林业出版社, 17-29.
宁红光. 2004. 泡桐埋根育苗技术要点. 中国林业产业, (1): 59.
齐藤明, 何文竹. 1979. 木本植物的组织培养. 世界科学译刊, (5): 42-46.
乔杰, 王炜炜, 王保平, 等. 2015. 楸叶泡桐嫁接无性系苗期生长优良品种选择. 东北林业大学学报, 43(10): 35-41.
曲金柱, 崔波, 马杰, 等. 2006. 白花泡桐叶柄愈伤组织再生植株的诱导与培养. 信阳师范学院学报(自然科学版), (4):

407-410.
山西省林业科学研究所. 1978. 怎样栽培泡桐. 太原: 山西人民出版社: 13-18.
施士争, 倪善庆. 1995. 泡桐组织培养系统性研究初报. 江苏林业科技, (3): 20-22, 28.
史秀梅, 施红霞. 2013. 泡桐特征特性及其育苗造林技术. 现代农业科技, 607(17): 196-197.
史忠礼. 1980. 植物组织培养在林业上的应用. 植物生理学通讯, (1): 11-15.
舒理慧, 梁耀云. 1984. 泡桐的组织培养. 植物杂志, (4): 13.
侣传杰. 2009. 泡桐插根育苗技法. 科技风, (17): 221.
宋红, 张忠山, 闫玉祥. 1996. 高温处理对种子发芽的影响. 东北林业大学学报, 24(6): 86-90.
宋惠君. 2007. 速生泡桐埋根育苗技术. 安徽农学通报, 82(12): 149-150.
苏江, 冼康华, 付传明, 等. 2017. 白花泡桐优树组织培养及产业化快繁技术. 广西植物, 37(11): 1386-1394.
孙宝珍, 陶栋伟, 周哲身, 等. 1992. 激光、X 射线与泡桐种籽生命力关系的研究. 河南林业科技, (3): 14-15.
田国忠, 黄钦才, 袁巧平, 等. 1994. 感染 MLO 泡桐组培苗代谢变化与致病机理的关系. 中国科学, (5): 484-490.
田国忠, 张锡津. 1996. 泡桐丛枝病研究新进展. 世界林业研究, 9(2): 33-38.
田景瑜, 李振卿, 毕巧玲, 等. 1988. 泡桐人工林嫁接更新试验研究. 林业实用技术, 22(10): 11-12.
王安亭, 杨晓娟, 翟晓巧, 等. 2005. 毛泡桐体细胞胚胎发生及植株再生研究. 河南农业大学学报, (1): 46-50.
王宝松. 2006. 泡桐栽培技术(二). 农家致富, (20): 36.
王国霞, 关欣, 范新, 等. 2016. 不同泡桐无性系埋根育苗特性及幼苗生长节律. 西北农业学报, 25(11): 1710-1715.
王海臣, 魏红彦, 张素梅. 2007. 兰考泡桐埋根育苗技术. 河北林业科技, 152(3): 64.
王军荣. 2008. 白花泡桐速生丰产栽培技术. 湖北林业科技, (3): 64-67.
王孟筱, 曹帮华, 崔田田, 等. 2019. 采种期对盐胁迫下泡桐种子萌发和幼苗生长的影响. 种子, 38(7): 18-23.
王万胜. 1977. 旱地泡桐埋根育苗应注意的几个问题. 陕西林业科技, (Z1): 27-28.
王文章. 1979. 红松种子抑制物质的初步研究. 植物生理学报, (4): 343-352.
王杨. 2019. 楸叶泡桐和台湾泡桐四倍体诱导及其体外植株再生体系建立. 河南农业大学硕士学位论文: 1-56.
吴红英, 吕月保, 吴玉华, 等. 2018. 泡桐埋根容器育苗技术. 林业实用技术, (2): 27-28.
吴红英, 王鹏良, 李清香, 等. 2019. 泡桐嫩枝容器扦插育苗试验. 林业科技通讯, (5): 96-98.
吴君, 房丽莎, 陈珺肄, 等. 2019. 多年生泡桐嫩枝扦插技术优化研究. 山东农业大学学报(自然科学版), 50(6): 954-958.
夏家超. 2004. 泡桐埋根育苗技术. 农村新技术, (2): 10.
夏四清. 2018. "9501"杂交泡桐埋根育苗及丰产技术. 安徽农学通报, 24(2): 71-72.
肖哲丽, 柳金凤. 2011. 植物组织培养的研究进展及新技术应用. 宁夏农林科技, 52(1): 13-14, 47.
徐光远, 魏安智, 杨途熙. 1992. 泡桐埋根育苗技术. 山西林业科技, (4): 46-48.
许庆国. 2008. 泡桐埋根育苗技术. 湖南林业, 609(5): 17.
续建国, 董凡德. 1985. 用薄膜棚电热温床培育泡桐播种苗技术介绍. 陕西林业科技, (1): 31-32.
杨俊秀, 张刚龙, 樊军锋, 等. 2007. 泡桐丛枝病与泡桐生长量的关系. 西北林学院学报, 22(2): 109-110.
杨玲. 2007. 花楸种子生物学和体细胞胚发生体系研究. 东北林业大学博士学位论文: 1-198.
杨娜. 2015. 泡桐插根育苗技术及主要病虫害防治措施. 中国园艺文摘, (10): 162, 176.
杨晓娟. 2005. 外源物质及培养条件对兰考泡桐叶片体外植株再生的影响. 河南农业大学硕士学位论文: 1-53.
姚焕英, 高志勇, 王君龙. 2016. 泡桐属植物生物学及药用价值研究. 渭南师范学院学报, 31(16): 29-34.
姚新玲. 2009. 泡桐埋根育苗技术. 河南农业, (13): 43.
佚名. 2006. 新疆石榴匍匐式实用栽培技术规程. 新疆林业, (1): 32-35.
翟晓巧. 2004. 泡桐叶片愈伤组织诱导及再生植株. 河南农业大学硕士学位论文: 1-56.
湛桂英. 1983. 怎样采集泡桐种籽. 河北林业科技, (3): 13.
张凤姣. 2012. 泡桐埋根育苗应把握六个关键环节. 河南农业, 297(13): 42-43.
张鸿. 2009. 泡桐埋根培育高干苗. 安徽林业, (1): 38.
张鹏. 2008. 不同发育阶段水曲柳种子的休眠与萌发生理. 东北林业大学博士学位论文: 1-98.
张鹏, 孙红阳, 沈海龙. 2007. 温度对经层积处理解除休眠的水曲柳种子萌发的影响. 植物生理学通讯, 43(1): 21-24.
张锡津, 田国忠, 李江山. 1994. 泡桐组织培养脱毒技术. 林业科技通讯, (2): 30.
张雨调. 1998. 泡桐苗速生期管理. 河南林业, (2): 20.
赵红军, 郭先辉, 杨鸿鹤. 2005. 泡桐埋根育苗技术. 林业实用技术, (2): 22.
赵蓬晖, 张江涛, 马红卫. 2001. 植物组织培养中的几个常见问题与对策. 河南林业科技, (2): 27-28.

郑兰长, 田国行, 蒋小平, 等. 1999. 不同种源毛泡桐种子发芽状况及其聚类分析. 生物数学学报, (1): 86-89.
中国林业科学研究院泡桐组, 河南省商丘地区林业局. 1980. 泡桐研究. 北京: 农业出版社, 124-136.
周健, 苏友谊, 代松, 等. 2016. 紫荆种子成熟过程中种皮和胚乳超微结构观察. 南京林业大学学报(自然科学版), 40(6): 27-32.
周永学. 2001. 泡桐埋根育苗技术. 陕西林业科技, (2): 69-71.
周永学, 樊军锋, 许喜明. 2003. 泡桐育苗方法比较研究. 陕西林业科技, (1): 18-21.
周佑勋. 1988. 白花泡桐种子萌发特性的研究. 林业科技通讯, (3): 24-26.
Ates S, Ni Y, Akgul M, et al. 2008. Characterization and evaluation of *Paulownia elongota* as a raw material for paper production. Afr J Biotechnol, 7(22): 4153-4158.
Carpenter B S, Cunnigham R T, Smith D N, et al. 1985. 层积贮藏、干藏以及赤霉素预处理泡桐种子的发芽力. 林业科技通讯, (10): 31-33.
Du T, Wang Y, Hu Q X, et al. 2005. Transgenic *Paulownia* expressing shiva-1 gene has increased resistance to *Paulownia* witches' broom disease. J Integr Plant Biol, 47: 1500-1506.
Ipekci Z, Gozukirmizi N. 2003. Direct somatic embryogenesis and synthetic seed production from, *Paulownia elongata*. Plant Cell Reports, 22(1): 16-24.
Katiyar A, Smita S, Lenka S K, et al. 2012. Genome-wide classification and expression analysis of MYB transcription factor families in rice and Arabidopsis. BMC Genom, 13: 544-544.
Krikorian A D. 1988. *Paulownia* in China: cultivation and utilization. Economic Botany, 42(2): 451.
Kucera B, Cohn M A, Leubner-Metzger G. 2005. Plant hormone interactions during seed dormancy release and germination. Seed Science Research, 15(4): 281-307.
Sugio A, MacLean A M, Kingdom H N, et al. 2011. Diverse targets of phytoplasma effectors: from plant development to defense against insects. Annu. Rev. Phytopathol, 49: 175-195.
Weintraub P G, Beanland L. 2006. Insect vectors of phytoplasmas. Annu Rev Entomol, 51: 91-111.
Yamauchi Y, Ogawa M, Kuwahara A, et al. 2004. Activation of gibberellin biosynthesis and response pathways by low temperature during imbibition of *Arabidopsis thaliana* seeds. Plant Cell, 16(2): 367-378.

第十七章　泡桐栽培技术

泡桐原产我国，种质资源丰富，生长快，材质优，丰产早，冠形优美，树干通直高大，花色美丽，是我国劳动人民栽培历史悠久的用材树种之一，也是古代制作乐器的良好材料。泡桐能极大地推动环境增优、生产增效、粮食增产、农业增收，作为我国优良的特产乡土树种，近年来在国内大部分地区都有大规模栽种。泡桐在我国的栽培由平原向丘陵和山区发展，由四旁栽植向山地成片或与其他树种混交方式造林的方向发展，适合于低山丘陵地区栽培。本章主要介绍泡桐速生丰产林栽培技术、泡桐防护林栽培技术、泡桐廊道林栽培技术、农桐间作等内容。

速生丰产林能够生产更多优质木材，有效地缓解市场木材供应问题。泡桐可以在短时期内长成大径良材，在工农业、建筑和国防等领域有着广泛的用途和重要的外贸出口价值。发展泡桐速生丰产林可以满足市场需求，并充分利用我国丰富的山区土地资源。

泡桐防护林在构建时要与农田基本建设一道推进、一体规划、同时进行，以达到节地增效的目的。泡桐防护林的栽植地一般选择沟旁地、渠旁地、路旁地及田块旁边的空地。营建泡桐防护林重点要抓好造林地的土地整理、泡桐的栽前准备和栽后护理、泡桐成林的管护和经营。

泡桐作为城市绿色廊道树种，对于人和生物都是一种资源。泡桐廊道林可起到隔离和阻碍的作用，一方面能够在一定程度上抑制城市的无序扩张，另一方面可作为城市内部的自然通风廊道，加快城市内空气的流通及与外界的能量交换；泡桐廊道林可以改善城市气候、增加湿度、缓解城市热岛效应。

第一节　泡桐速生丰产林栽培技术

一、造林整地

（一）造林地选择

泡桐速生丰产林造林地应选择光照充足、地面平整、土壤湿润肥沃、排水性良好、透气性良好的壤土或砂壤土地块，土壤酸碱度适中。不宜在低洼积水处、风口处造林。

（二）造林地清理

造林地上的灌木、杂草等植被全面清除。有条件的地方可将采伐杂物粉碎后施入林地，起到养分循环和保持水土的作用。

（三）整地时间

整地时间一般在9～12月，根据造林地的植被情况，在造林前一周左右完成整地、挖穴等工作。

（四）整地方式

整地方式根据海拔、坡度、立地条件、造林类型、劳动力情况等因地制宜合理选择。

1. 全面整地

在低海拔、坡度平缓、宜间种或套种的泡桐速生丰产林造林地，宜采用全垦方式整地。全面清除造林地的植被，整地深度 0.8～1.0m（图 17-1）。

图 17-1　全面整地

2. 局部整地

对于无风蚀、地表障碍物较少的采伐迹地、坡面平整的山地、局部土层较厚的石质山地等可采用局部整地。

3. 穴状整地

对于地势平缓和缓坡地带（或陡坡、水蚀和风蚀严重地带），一般在造林前一个月挖穴为宜。树穴为圆形穴地，穴直径 80～100cm，深度为 80cm 以上，穴面与原坡面基本持平或稍向内倾斜。挖穴时，把不同层次的土壤分别堆放，栽植苗木前，回填土至离穴 50～60cm，深挖浅栽（图 17-2）。

图 17-2　穴状整地

4. 鱼鳞坑整地

一般在冬季前进行为宜。在坑外侧围作一高约 10cm 半圆形边埂，坑穴大多呈近半月形，坑面水平或稍向内侧倾斜，坑穴长径 80～120cm，短径 60～100cm，坑深 80～100cm（图 17-3）。

图 17-3 鱼鳞坑整地

5. 水平带整地

在水肥条件较好的平坦地块，可以选择水平带整地。带面以地面为参照，带宽 1.0～3.0m，带宽依坡度大小而定，带的长度一般为 3.0～7.0m，整地深度一般为 30～50cm（图 17-4）。

图 17-4 水平带整地

6. 沟带整地

先在造林地挖水平带，在水平带的两侧堆 15cm 高的土埂，在土埂内挖沟，沟面保持水平，宽度约 0.5m，深度 0.5～1.0m，间距 1.5～2.0m，长度视造林行距而定。

（五）表土回填与基肥埋施

栽植前先将表土回填 10cm，每穴施适量基肥，可以选择饼肥 1.0kg 或复合肥 0.4～0.6kg，表土与基肥混匀后施入，最后回填 10cm 表土。

二、造林密度

（一）造林密度对泡桐生长的影响

泡桐是喜光树种，不同的造林密度在光能利用、有机物质的积累方面有很大差异。泡桐树冠、胸径、干高、材积生长量和单位面积木材生产量与造林密度紧密相关。

造林密度对泡桐生长的影响，分为两个阶段，第一阶段，在林分郁闭之前，造林密度对泡桐冠幅、胸径的生长影响较小；第二阶段，在林分郁闭以后，造林密度对泡桐冠幅、胸径的生长影响较大。

（二）泡桐造林密度设计

造林密度对泡桐的胸径、树高、单株材积生长量和单位面积木材生产量有显著影响。合理进行泡桐造林密度设计，对实现泡桐速生丰产有重要意义。

合理的造林密度是泡桐速生丰产的一项重要技术措施。泡桐速生丰产林造林株行距为 4～5m×5～6m，根据泡桐生长情况，生长期间可通过间伐调整造林密度。

三、植苗造林

（一）良种选择

在泡桐栽培过程中，选择抗逆性强、生长快、材质优良的泡桐树木品种是实现快速生长和高产的关键。根据栽培区划选择适合本地栽培的优良泡桐品种。

（二）苗木准备

选择达到Ⅰ级苗标准的泡桐苗木。在造林地附近的泡桐苗木可现栽现挖。泡桐苗木需尽快栽完，不能当天栽植的需先假植。

（三）栽植深度

穴的口径大小（50～60cm）和深度应略大于泡桐苗木根系。根据立地条件和土壤墒情确定栽植深度，栽时泡桐苗干竖直，根系舒展，砂壤土可适当栽深一些，略超过根颈即可。

（四）造林季节

春季造林：春季造林在泡桐萌动前进行，我国南方地区在立春后土壤墒情好时可以开始造林。北方地区在土壤解冻到适宜深度时即可进行。冬春季干燥多风、雨雪少的地区，主要利用雨水集中、空气湿度大的时间进行造林。

夏季造林：夏季在雨量比较集中时期造林。

秋季造林：秋季造林在泡桐落叶后至土壤上冻前。遇到干旱、土壤水分低、无灌溉条件的地区，可推迟造林时间。

（五）造林方法

栽植前，回填土并施入基肥。栽植采用“三埋两踩一提苗”方法：将泡桐苗放入栽植穴中央，用表土回填、覆盖树根（一埋）；用手往上提一下泡桐苗，使根系舒展（一提苗）；然后用脚将覆土踩实（一踩）；再回填表土，至与地面平齐（二埋）；再踩紧（二踩）；最后在苗木基部再盖一层松土（三埋）。栽后浇透水并培土约 10cm。

（六）容器苗造林

早春墒情较好或雨季时，可以进行泡桐容器苗造林，整地后随即进行。栽植坑不可太大，坑底要平，忌挖成“锅底坑”。栽植时将容器内土坨倒出或将容器底部割除直接植入坑内，填土挤实踏平，防止容器底部和容器周围悬空。

栽植时挖 1m×1m×1m 的树穴，每穴施入适量与土充分拌匀的基肥。撕破容器袋底部后放入穴内，浇透水后培土 20～30cm。

四、埋根造林

（一）种根选择

从 1～2 年生无病虫害发生的优良泡桐树上选择种根，种根直径粗 3～4cm，长 15～18cm，剪口一端呈 45°斜口，防止倒埋，按上粗下细扎成捆（图 17-5）。种根按粗细分级后进行育苗。秋冬季节采收的泡桐种根，可以在空窖中集中贮藏，贮藏时保持窖内湿润，温度 0～12℃，以利于泡桐根内养分转化产生愈合组织。

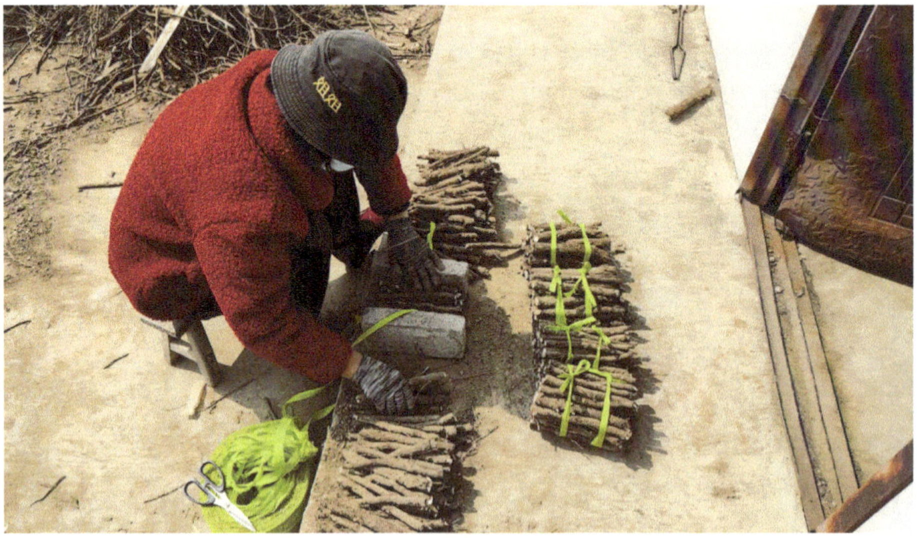

图 17-5　种根选择

（二）种根处理

为了埋根后出苗快、出苗齐，可以在 3 月中旬对泡桐种根进行温床催芽。方法：根据泡桐种根数量，温床建在背风向阳的地方，呈前低后高样式，先铺麦糠 20cm 做底层，再铺 2～3cm 细土，按大头朝上、小头朝下的方向，将泡桐种根插条垂直插入温床，上端与土平齐，浇足水后覆盖细土 1～2cm，再覆地膜，上方搭建高 50cm 的拱棚，拱棚上覆盖塑料薄膜，并将薄膜四周用土压实封严。经常检查床内温度，芽长至 1cm 左右即可到大田育苗。做到分级进行，随起随育，轻拿轻放。

泡桐幼苗叶大、喜光，适宜稀植，株行距 1m×1m 或 1m×0.8m，可培育出高 3～4m 或 4m 以上、地径 5～7cm 的大苗。

（三）埋根造林

埋根造林时应选择粗度一致的泡桐种根进行。埋根时按株行距定点挖穴或用竹签引洞，泡桐种根大头向上竖直插入穴中，上端略低于地面，覆土压实，使种根与土壤密接，再盖少量松土。采用宽行距、窄株距的方式栽植，方便管理操作。2 月中下旬至 3 月底均可进行埋根。

五、抚育管理

（一）培土

及时对新栽泡桐苗木进行培土、扶正，防止倒伏、根系裸露等。

（二）水肥管理

灌溉及排水。泡桐生长期内应适时适量浇水。雨季及时排水，避免造林地积水。

施肥。造林后 2～6 年，每年春末夏初，每株泡桐苗木施复合肥 0.3～0.5kg 或腐熟的农家肥 20～30kg，可采取穴状、环沟或纵沟方式施肥，施肥后及时浇水。

抹芽。泡桐造林后第二年，及时抹除苗干 2/3 以下的萌芽，只留下一个发育健壮的芽，保证主干高度。泡桐苗木生长较快、萌芽较多时，需重复抹芽 2～3 次，至枝条长到 0.5～1.0m。

松土除草。泡桐造林后 3 年内，每年春末夏初进行翻耕松土、割灌、锄草，根据林内地被物生长情况及时进行松土除草。

（三）接干

剪梢接干。剪梢接干应在春季泡桐萌发前进行。选取苗干上部迎风生长健壮、饱满、无机械损伤、无病虫害的腋芽作为接干芽，剪除接干芽以上的弱梢，剪口平滑，剪口距接干芽 2cm 左右，以便剪口愈合。在干芽下面留 3～4 个侧芽，以便发芽，其余的去掉。

春季泡桐树液流动前，用刀或锯将靠近地面的树干移开，保证横截面平整，覆盖 3～4cm 细土，并压实。泡桐发芽后保留一个健康的芽，去除多余的芽，在幼苗生长过程中及时擦拭腋芽萌发的侧枝。

（四）修枝间伐

修剪泡桐幼苗应在生长 3～5 年后进行，在泡桐休眠期进行修剪。修剪时注意保留生长旺盛的直立枝，适当剪除树冠下部枝条，保持树冠长度大于树高的 1/3。同时，去除多余的直立树枝，培育树干。修剪时要抚平伤口，防止泡桐树皮开裂。

当泡桐林分盖度为 0.8 时，应及时间伐。间伐后冠层应达到 0.6。

六、病虫害防治

（一）泡桐丛枝病

症状：丛生状，幼树多在主干或主枝上部丛生小枝小叶，形如扫帚或鸟窝。枝上大量萌发腋芽和不定芽，叶片小而黄，地上部分枯死；枝、叶、干、根、花都能表现症状，病株轻者生长缓慢，重者死亡。

化学防治：取利福平 120mg/L+四环素 50mg/L+α-萘乙酸 0.2mg/L 均匀混合溶液或利福平 100mg/L+甲基酸甲酯 60mg /L（硫酸二甲酯 50mg/L）均匀混合溶液，注射于泡桐树干基部髓心。拔根后，在 40～50℃的温水中浸泡 30min 或在 1000mg/L 的土霉素溶液中浸泡 12h，然后晾晒 2 天，使之生根。用 1000mg /L 四环素或 5%硼酸钠溶液，断根后灌根治疗。

春季环剥：春季树液流动前在泡桐病枝基部环剥，环剥部位在病枝基部或病枝下沿 1～3cm，环剥宽度为被剥病枝处枝的直径，环剥深至木质部。

修除病枝：泡桐停止生长至树液流动前 1 个月皆可进行病枝修除，对遗漏的病枝进行集中清除。

其他方法：①选用无毒苗（脱毒苗）、优质壮苗和抗病泡桐品种造林；②选用无病且生长健壮的泡桐苗木作种根，催芽前将种根用 50℃温水处理 10～15min，育苗地实行轮作，忌连作；③发现感染丛枝病泡桐株，及时拔除销毁，并对苗圃地土壤进行消毒处理；④加强泡桐苗木检疫，严禁病区苗木、种根运往无病区；⑤及时做好病虫害防治工作，提高泡桐林木免疫力，消灭侵染病源。

（二）泡桐溃疡病

症状：泡桐主干病斑椭圆形，少数为不规则形，初期树皮上有小型褐色水渍状斑，并流出褐色胶液，病皮腐烂呈褐色，深至木质部，外表不变色。病皮内产生许多黑色小点，顶破木栓层外露，为分生孢子器孔口处。湿度大时，分泌灰黄色丝状体为病菌分生孢子角。剥开病皮，在木栓层下有扁圆形黑色小颗粒，为分生孢子器。每年冬、春季节病斑向外扩展一圈。后期病皮暴裂，木质部裸露，呈阶梯状下陷，病部横断面呈扁圆形。1～3 年生泡桐幼树干部发病，病斑褐色，病斑围绕树干一圈，致全株死亡。

物理防治：选用泡桐良种壮苗，加强泡桐林栽培管理，适地适树，提高造林质量，栽植合适密度，及时修枝间伐。保护干部，减少伤口，修枝注意伤口平滑。清除侵染来源，及早砍伐泡桐病株或病死株，并及时烧毁。

去除病斑：为防止菌源扩大，应在 7 月前去除病斑。同时，刮擦斑点周围的皮肤，深入木质部。用 25%多菌灵 50 倍液或 50%氧化物 50 倍液或 4 倍苯甲曲霉 4 倍液或细菌毒素 100 倍液或 40%甲醇 50 倍液，待液干后，涂约 1mm 厚的黄油保护泡桐木质部。

化学防治：发病期 5～6 月可喷 100～150 倍波尔多液或 50%杀菌专用湿粉 800 倍液 2～3 次，保护泡桐新芽、幼叶。秋季预防，结合春秋预防。在发病前或发病初期，清除积液或病斑，用 100～200 倍多氧霉素液、100 倍 70%甲基托布津液、100 倍 50%多菌灵液喷洒树干和树枝，防止病菌侵入。

（三）泡桐黑痘病

症状：主要危害泡桐嫩叶、嫩梢和苗木主干。受害叶片多数沿叶脉呈现近圆形病斑，褐色或黑褐色，病斑破裂后形成穿孔；叶柄、叶脉、嫩梢上形成如疮痂状病斑，呈黑色，潮湿时出现灰白色霉层。泡桐病叶卷缩，病梢枯死。

发生规律：病菌以菌丝体和分生孢子盘在病组织中越冬。翌年，分生孢子成熟后靠风雨传播侵染，幼叶上出现病斑。从病菌皮孔处侵入，新梢生长期为发病盛期。在多雨潮湿天气，苗木栽植过密，长势弱易感染，患丛枝病的小枝、小叶上常感染有黑痘病，植株中下部发病较重。泡桐不同品种和杂交种之间抗病性有差异，管理粗放、栽植过密的实生苗圃地发生严重，泡桐黑痘病常与炭疽病混合发生。一年生实生苗和根生苗受害严重。

防治方法：多选择抗病泡桐品种，加强栽培管理，增强树势，提高植株抗病性。及时清理病株，减少疾病发生。避免连续裁剪。在疾病早期，可使用 50%聚锰锌可湿性粉剂 400～600 倍液或 25%咪胺 400～600 倍液，50%多菌灵可湿性粉剂 1000 倍液或 70%甲基肼可湿性粉剂 800 倍液进行预防和治疗。

（四）大袋蛾

症状：幼虫主要危害泡桐叶片、嫩枝和幼果，发生时可吃掉叶片，是一种灾难性的害虫。

发生规律：老幼虫在育儿袋中越冬。成虫羽化一般在傍晚前后，黄昏时雄蛾较为活跃，有趋光性，夜间 8～9 时吸引雄蛾最多。雌性一生都生活在育儿袋里，并在育儿袋里产卵。新孵化的幼虫从袋子里爬出来，聚集在周围的叶片上，然后蚕丝垂下来，顺风散开。随着年龄增长，囊袋逐渐增大，在取食和迁徙过程中囊袋都很活跃。三龄后，食叶穿孔或只留下叶脉。幼虫昼夜觅食，夜间严重时可听到吃树叶的沙沙声。干旱年份容易发生灾害。

（五）泡桐龟甲

症状：主要危害泡桐叶片，叶片被咬成网状，严重时树冠呈灰黄色，造成早落叶，影响泡桐生长。

发生规律：泡桐龟甲每年发生 2 代。成虫在树皮裂缝、树洞、表土和岩石中越冬。第二年 4 月下旬，它们开始活动，以新叶为食，交配和产卵。幼虫孵化时吃树叶。5 月下旬幼虫成熟化蛹，6 月上旬出现第二代幼虫。8 月中旬以后，第二代成虫逐渐出现，10 月底开始越冬。

防治方法：①根际注射。采用 5%吡虫啉乳剂、3%乙酰脒磷乳剂和 20%乙酰脒磷根际注射防治。一般泡桐胸径 3～5cm 应注射 2～3mL；胸径 6～10cm 应注射 4～7mL；胸径 11～15cm 应注射 8～12mL；胸径 16～20cm 应注射 14～16mL；胸径 20～30cm 应注射 18～26mL；胸径超过 31cm 的泡桐，注射 28mL 以上的药液。②叶面喷淋。采用高压喷雾器，将 25%吡虫啉凝胶悬浮液 1000 倍、5%吡虫啉乳化液 2500 倍、3%嘧啶乳化液 2000 倍、10%氯氰菊酯乳化液 3000 倍喷洒在泡桐叶表面。

（六）泡桐网蝽

症状：主要危害泡桐叶片，从叶片背面吸汁，受损叶片正面形成淡斑，背面有褐色斑驳的虫粪和分泌物，叶片变褐色脱落，嫩枝死亡，导致整株死亡。

发生规律：成虫在泡桐树底向阳面的皮缝中越冬。翌年 3 月下旬开始活动，4 月初吸食嫩叶的汁液，5 月初开始产卵。第一个卵子周期为 7～8 天，第二个和第三个卵子周期为 4～5 天。第一代若虫于 5 月中旬出现，6 月上旬达到高峰，第二代若虫于 7 月上旬出现，第三代幼虫于 8 月中旬出现。第三代成虫寿命最长，10 月中旬以后停止摄食，进入越冬期。成虫更敏感，有假死亡率。成虫、若虫多群集在叶背靠近叶柄的叶脉处取食危害。主要依靠苗木、原木运输，向远距离传播。

防治方法：①根际注射。成虫和幼虫发育阶段，根内注射 5%吡虫啉乳膏、3%啶乳膏或 20%胺磷防治。②叶面喷淋。叶面喷施 5%吡虫啉乳膏 2500 倍液或 3%啶乳膏 2000 倍液或 10%氯氰菊酯 3000 倍液防治。

第二节　泡桐防护林栽培技术

一、泡桐防护林的功能

（一）防风减害

泡桐防护林能发挥出较好的环境效益和生态效应，一是防风、阻风、挡沙；二是削弱风力和降低风速。在农作物的边侧或四周营造泡桐防护林，实现以树阻风、削弱风力、降低风害的目的。生长良好的泡桐防护林不仅可以作为农田生态系统的防护屏障、生态屏障和安全屏障，也可降低农田土壤风害发生概率。泡桐防护林防风减害体现在两个方面：一是改变风向，刮向农作物的有害风会受到泡桐防护林的强力阻拦，有害风的流向因被树木阻挡改变而偏离农作物；二是降低风力，泡桐防护林对风形成阻碍，使风的动量在受阻后被极大地减弱而在地面或近地面逐渐消散，强风变为弱风。在风沙较多、风力较大、危害较重的地区，效果显著。

（二）调节农田小气候

泡桐防护林可降低地表及近地层空气温差的变化，可使地下土壤不同深度的温度值差异不显著，同时对蒸发量、相对湿度、降水量等也有较大影响，能够为促进农作物正常生长发育、农作物增产增收提质等方面创造有利的气候环境。

（三）改良土壤属性

泡桐防护林能够在一定程度上改善土壤属性，一是降低和改善土壤盐渍化；二是提高土壤肥力。林带之所以能对土壤盐渍化进行治理和改善，是因为以下方面：一是防护林树木自身具有较强的生物排水功能，能够较大地提高林带周边的湿度；二是防护林树木对土壤具有抑制蒸发的作用，通过抑制土壤中水分的蒸发来降低表层土壤中的盐分含量、防止土壤因蒸发而返盐、改善表层土壤结构；三是防护林树木能有效强化土壤的淋溶作用，使盐分逐渐脱离表层土壤。林带对土壤肥力的提高，主要表现为防护林树木落到地面上的枯枝落叶经过自然沤制降解及微生物的分解作用，形成腐熟的天然有机肥料，改善土壤的理化性质，使表层土壤逐渐熟化并不断肥化，促进田地生产力的稳定提升。

二、泡桐防护林营建条件

在泡桐防护林营建中，应综合考虑当地农作物的生产特点、主害风和次害风的风向频率及农田的空间布局特征，结合田间道路和沟渠进行防护林带建设，因地制宜地选择结构紧密、疏透或通风的防护林带类型；在泡桐种类选择方面应优先选择适合本地区生态环境且在本地区生态效益明显的泡桐品种。各地栽培的主要种类有兰考泡桐、楸叶泡桐、毛泡桐、白花泡桐、四川泡桐、台湾泡桐等。其中，楸叶泡桐、兰考泡桐和毛泡桐是北方农田防护林营建的泡桐树种；白花泡桐和四川泡桐是南方农田防护林营建的泡桐树种。

三、泡桐防护林造林时间

在防护林营建前必须把泡桐的栽种时间确定好，因为栽种时间直接关系到泡桐幼树的成活和后期的生长发育。

春季造林：通常早春是一年当中最适宜的造林季节，此时泡桐未发芽，外界条件有利于根的生长，泡桐的生根能力最强，这时栽种最易成活。北方地区春季冻土溶解后及时进行栽种，不宜推迟。

秋季造林：在立地条件较好、气候适宜的地区，如果栽种及时，泡桐在栽植当年就能完成根的生长发育，第二年就能够进行根、茎、叶的全面生长，并且生长健壮，泡桐的抗旱和抗病虫害能力也能得到增强。

雨季造林：在夏季进行泡桐防护林建设。我国的华北地区及东南沿海部分地区，冬春季节气候较干燥、刮风天气较多、雨雪比较稀少，夏季雨水多、雨量大，这些地区适合开展雨季造林。在集中降雨期进行泡桐栽种，其中大雨过后的阴天栽种效果更好。

冬季造林：南方气候总体而言比较温暖湿润，土壤冻结期比北方要短得多，这些地区进行泡桐造林持续时间较长，在冬春时节都能开展植树造林。

泡桐造林季节的确定要根据地区、气候的不同及泡桐的生长特性等进行合理安排。

四、泡桐防护林的造林整地

我国土壤类型多样，从营林整地的角度进行划分，可将不同地区泡桐防护林造林地的土壤种类分为五大类型，即栗钙土类（包括栗钙土、棕钙土、灰钙土等）、褐色土类（包括褐色土、黄土等）、黑土类（包括黑钙土、黑土等）、草甸土类（包括草甸土、潮土等）和沙土类。按照不同地区造林地的种类及所在地的气候环境，尤其是降水强度、土壤理化性质的不同，对不同类型的土壤分别采取相应的整地方式、整地时间和整地规格。

（一）栗钙土类造林地的整地

栗钙土大多分布在我国北方较干旱地区及常年处于半干旱状态的草原地区。这类地区降水偏少，年蒸发量通常大于年降水量，水分在栗钙土中的循环深度较浅，一般仅几十厘米。栗钙土类土壤的腐殖质层相对较薄，土壤中的有机质含量通常仅1%～2%；钙积层在栗钙土中堆积的厚度一般在20～40cm，其在土壤中的深度不固定，一般在30～50cm或50～80cm；栗钙土土壤的地下水位通常大于10m。这些不利因素极大地阻碍了泡桐在栗钙土中的正常生长，因此，对这种类型的土地进行整地时，要提高土壤水分含量，打破和消除土壤中的钙积层。

（二）褐色土类造林地的整地

褐色土类土壤类型基本上都在我国华北一带。褐色土壤的土层较厚，土壤的保水性较强，有效贮水量在所有土壤类型中是比较高的。春季雨水通常比较稀少，温度逐渐升高，空气的相对湿度就会比较低，大风天气多且风力大，土壤中原本积蓄的水会明显减少，土壤的地下水位就会严重下降，一般会下降到4～10m，土壤因降水少、失水多而发生明显的干旱现象。因此，在泡桐造林前对褐色土类实施整地措施，可显著提高造林地土壤的蓄水容量和保墒能力。一般采用“三耕两耙一镇压”的方式进行整地效果最好，“三耕”就是分别在第一年秋季、第二年春季及第二年的秋季对土壤各深耕或松耕1次，“两耙”就是第一年秋季和第二年秋季对土壤翻耕后，用圆盘耙、钉齿耙等耙地，“一镇压”就是在第三年的春季对造林地的土壤进行均匀镇压，实施“三耕两耙一镇压”后土壤的造林蓄水保墒效果就很突出了。

（三）黑土类造林地的整地

黑土类土壤大多分布在我国东北的西部和内蒙古的东部一带。黑土类造林地的地下水位深度通常都在5～10m；地下水不能直接或间接对土壤进行供水，土壤中的水分几乎都来自大气降水；这类土地的水分循环深度通常在1m左右。黑土类造林地的土壤结构、土壤肥力及土壤质地都比较好，保水和持水能力较强，但土壤的有效水范围较窄。每年的春季仍会出现旱象，蒸发量较大时，表层土壤容易干燥板结，出现风蚀。风蚀不太严重的地区可采用全面整地的方式，以控制土壤水分散失。秋季对土壤进行翻耕并使土壤得到休养，能确保水分集中蓄存在20～30cm的土层中。风蚀现象比较严重的地区，以块状或穴状的方式进行整地效果较好。

（四）草甸土类造林地的整地

草甸土类土壤在东北西部的河岸边低阶地最为常见，潮土（浅色草甸土）常见于我国的黄河中下游平原及长江中下游平原地区。它们的共同特点是地形都比较平坦且开阔，土壤的土层都很深厚，土壤的地下水位通常在1～2.5m，草甸土类土壤中含有的丰富水分能使地下水直接或间接地参与土壤水分的循环过程中，土壤的透气性较好，泡桐在这类土壤中的造林效果非常好。草甸土类土壤宜采用全面整地的方式，整地深度控制在20～30cm。

（五）沙土类造林地的整地

沙土类土壤多存在于北方半干旱地区。此类土壤所在地气候比较干燥，其成土作用非常弱或极弱，腐殖质含量通常在 0.1%～1.5%，沙土类土壤主要以细砂（0.05～0.25mm）为主。这类土通常持水能力较差，极易干旱，雨水可较容易地湿透土壤深层，因此，沙土的水分循环深度比其他土类要大得多。沙土类土壤的上层一般是十几厘米厚的疏松砂质土，通常土壤表面的气温较高，蒸发速度比较快；下层土的含水量通常稳定在 2%～3%，变化幅度不大，下层土壤含水量占土壤总持水量的 50%～60%，能够保证泡桐的正常生长发育。因此，在沙土上栽种泡桐须采用深植的方式。

五、泡桐防护林造林密度

泡桐防护林造林密度要依苗木大小、气候环境、土质等相关因素进行确定，通常结合泡桐的高生长、径生长及冠幅增长量等情况确定栽植密度。

若林带设置为单行，株距定为 2m；若林带设置为双行，株行距为 3m×1m 或 4m×1m，若林带设置为 3 行或 3 行以上，株行距设置为 2m×2m 或 3m×2m。

六、泡桐防护林造林方法

在泡桐防护林营建中通常采用植苗或分殖的方法进行造林，其中植苗造林是绝大部分地区在泡桐防护林营建中使用的造林方法。

（一）植苗造林

植苗造林就是直接栽种泡桐苗木的造林方法。通过植苗造林培育的泡桐林带在抗旱、抗寒等抗逆性方面都表现得更好，并且成林快、郁闭早、长势强劲、防护性能好。造林上使用的泡桐栽植苗通常有三种，分别是实生苗、移植苗和插条苗。在植苗造林时，要对泡桐树苗的质量进行严格检测，剔除有病虫害、冻害及根衰弱、机械损伤较重的苗木。

为避免从起苗后到定植前失水过多，应采用截干、修枝、剪叶的方法对泡桐苗木的地上部分进行整形修剪。

主干被截去一部分的泡桐树苗通常称为截干苗，也称为根桩苗，截干苗适用于干旱、半干旱地区，在秋季造林时若以截干苗进行栽种更易成活。栽植时要根据环境条件和栽培条件选择适宜树龄的泡桐苗木。幼龄树的特点是育苗时间短，起苗、运苗、栽苗省工，根系不易受伤，且栽植后生长较快。在立地条件相对优良、管理条件比较完善的地区造林时，栽种 1～2 年生的泡桐幼苗能够达到生长快、成林快、防护强的效果。多年生泡桐苗木的根系发育较好，对外界环境的抗逆性较强，使用多年生泡桐苗木在自然条件比较恶劣的地区造林比小苗木要好，并且大苗木能较快地郁闭成型，能够更快地发挥防护效益。

泡桐植苗造林有两种方式，分别是裸根栽植和带土栽植，在实际生产中，要根据当地的气候和环境条件，灵活选用相应的栽植方式。为有效提高造林成活率，在泡桐苗木转移、搬运及栽种过程中，要对树木进行妥善保护和适当处理，做好从起苗到定植的防干保湿措施，确保泡桐苗木不失水、少失水。特别要做好以下几点：①做到起运栽衔接，即起苗、转运、栽种 3 个环节按先后顺序依次连贯进行；②做到泡桐苗木“二不离土”，即在起苗后不能及时出圃或运到造林地不能及时栽植时，要立即进行假植；③做到泡桐苗木“三不离水”，对泡桐进行捆包、运输、栽植时要保持一定的含水量，不让泡桐苗木因过分失水而萎蔫，影响成活率；④栽植时要规范做到“三埋两踩一提苗”，填土密实，土面高出根际 3cm 左右，确保泡桐苗木不窝根、不悬根、压实土。实践证明，泡桐苗木的含水率直接影响造林的成活率，以上几点不仅是苗木保湿保墒的重要措施，也是确保泡桐能成活、生长快、长势好的关键因素。

带土栽植比裸根栽植成活率高，因为带土泡桐苗木的根部能最大限度地避免和降低意外损伤及缺水的影响，栽种时能有效避免窝根或悬根，并且栽后能尽快适应新的生长环境。但是带土泡桐苗木的起苗和运输成本较高，不适宜用于大面积造林。

（二）分殖造林

分殖造林是把泡桐的营养器官如根、干、枝等作为造林材料直接进行造林的方法。其优点是技术简单，操作难度小，有利于大面积推广和应用。分殖造林包括埋干造林、插木造林等。

埋干造林又称为卧干造林，通常是把泡桐的枝条或主干截成相应的长度，截取规格一般为长2m左右、大头直径3～8cm，将这些枝干逐根平放在已翻耕挖好的沟中，然后填土并压实。埋干造林成活率较高，缺点是枝条萌发后长成的幼树间距大小不等，需要在萌芽后根据幼苗的生长形势逐年进行定干，最后按照1m的株行距保留幼树。这种方法适用于母树数量多、靠近河流的低地或水分充足的沙土地区。

插木造林分为插干和插条两种造林繁殖方式。插干造林的选材规格是，泡桐枝干2年生以上、长2～3m、粗3～8cm。定植时，埋入地下的深度大于50cm。适宜于地下水位和蓄水能力比较低的地区。

插条造林一般用细嫩的泡桐幼枝进行扦插造林。选材规格通常为1年生泡桐枝条，直径1cm左右，长度20cm左右。插条造林要选择土壤肥沃、栽培管理设施较完善的地块进行整地培垄，垄距75cm，直接在垄上进行插条繁殖，株间距设为25cm。插条造林与林带育苗结合起来，可有效减少泡桐造林工作的支出。泡桐起苗栽种时要做到起苗与定植相结合，即起苗时每隔1垄进行起苗，同时对保留垄上的苗木进行疏苗；泡桐生长2～3年后，根据长势情况，再以1m的株间距进行合理疏苗。

七、泡桐防护林的抚育和更新

泡桐防护林在营造后要落实好“三分造、七分管”，做好抚育管理，才能有效促进泡桐的生长发育，才能切实提升泡桐幼苗的成活率及林带的保存率。泡桐防护林的抚育包括幼龄林抚育、中龄林修枝和成熟林间伐，当泡桐防护林在结构和功能上生长发育至成熟时，泡桐的生长力逐渐减弱、生长量逐渐降低，此时就要结合泡桐的密度、干形等情况适时对防护林进行更新，以确保防护作用的持续性和稳定性。

泡桐防护林在幼龄林时期的生长发育状况影响着造林的成活率和保存率，同时也关系着中龄林和成熟林的预期防护效益。因此，对泡桐幼龄林加强抚育，为幼林的生长发育创造适宜的条件，才能有效促进泡桐防护林结构更完善、效益更显著。

（一）幼林抚育

泡桐幼林抚育的基本措施是松土和除草。及时清理泡桐造林地的杂草能够有效防止土壤中的水分和养分被杂草掠夺；栽后疏松土壤可使土壤毛细管断裂，减少土地水分蒸发，并能改良土壤结构，有利于雨水更多地向下层渗透。

根据立地条件、泡桐的长势情况及经营管理效果等确定造林地所需要的除草和松土年限。通常泡桐造林完成后林下的除草和松土工作要一直持续到树冠全面郁闭，一般3～7年。除草松土的时间及次数，根据杂草长势、泡桐长势及立地条件而定。造林后的1～3年，泡桐幼苗的抗逆性和抵抗力较弱，在此期间要严格按照“除早、除小、除了”的要求适时清理杂草、疏松土壤。除草松土的时间应做到尽早尽快，不宜过迟。除草方式及松土深浅，根据杂草长势和疏密高低、泡桐株行距和生长高度、土壤疏松度等确定。通常采用带状除草、块状除草和全面除草3种方式；松土深度依土壤情况而定，通常10cm左右，泡桐根部稍浅，泡桐根外侧相对深些，松土时避免机械对泡桐树体和根系造成损伤。

1. 带状抚育

方法是按照泡桐的栽植行向以窄带状对行间和泡桐树下进行除草松土，经过抚育后的地面高度与带间地面高度一致。抚育带的宽窄根据造林地泡桐的行间距而定。

2. 垄状抚育

在春季泡桐叶片展开之前进行垄状抚育，能够较大程度地提高土壤湿度。通常先把带内的杂草清理掉，然后在行间松土1～2次并培成土垄。培垄有利于促进保湿保墒和树木的生长发育，通过培垄，一方面能有效抑制泡桐林带内杂草的生长繁殖，另一方面可使土壤疏松肥沃，进一步促进泡桐吸收根和生长根的发育。

3. 全面抚育

泡桐防护林如果是与农作物以一定的距离间隔种植，需根据泡桐和农作物生长情况适时采取全面除草和松土的方式进行林带抚育。除治杂草方法主要有人工除草、覆盖作物、化学除草和机械除草等。

人工除草：是用手工或简单的工具进行除草，优点是不污染破坏生态环境，缺点是比较繁重，需要较多劳动力，且耗时耗力、效率较低。

覆盖作物：在泡桐林内可通过种植能够抑制杂草或覆盖地面的作物的方式来减少杂草。覆盖作物可选用自生能力较强的车轴草，黏土地可选用牧草作物苜蓿，肥沃的沙土可选择根系性能较强的羽扁豆。

化学除草：是使用各种化学药剂对杂草进行灭除的一种除草方式。优点是省工省时，成效快，缺点是残留的药剂长年累积会在一定程度上对土壤造成污染。

机械除草：机械除草不仅能有效地对杂草进行清除，还能兼顾疏松土壤。

以上各类除草措施中效率较高、见效较快、省时省工的是化学除草和机械除草这两种方式。造林初期的1～2年，泡桐幼苗比较脆弱，易遭药害，且化学除草会造成泡桐生长延缓和植株死亡，应选用机械除草。第3～第4年根据泡桐的长势可选用化学除草，但第3年使用机械除草要好于喷施除草剂，使用机械除草可有效降低泡桐根系遭受药害的概率。

（二）修枝

修枝作为一种抚育措施，一方面能调节泡桐枝干的生长空间，促进泡桐纵向和横向生长，使泡桐早成型并发挥最佳的防护效能，另一方面可调整泡桐林带结构，培育出比较圆满通直的干材。泡桐枝干的稀疏分布和叶片的数量决定了泡桐林带结构，人工造林后如果不对泡桐进行必要的修枝任其自然生长，就会因枝叶过度集中或极度稀疏导致泡桐林带结构不够合理，对泡桐适度修枝可以培育出良好的泡桐林带结构。泡桐的主干高度、冠幅大小及树冠体积决定了泡桐林带的有效防护距离，因此，需注意加强对单株泡桐及泡桐林带的干形和冠形的培育。

选留枝条是泡桐修枝作业中的关键一步。一般情况下要把泡桐主干上的萌蘖枝条及主枝上的过密交叉枝、病虫枝、生长衰弱枝在泡桐生长初期及时修剪除去。选留枝条的数量和方位根据泡桐的生长特性而定，为加强顶端优势，要在泡桐不同生长阶段及时疏除枝干上的竞争枝，以促进顶枝的生长；如果泡桐冠形发育不良、树冠偏斜失衡，按照抑强扶弱的原则，加大对健壮强势主侧枝的修剪。

修枝通常在泡桐幼林基本郁闭的时候进行，按照泡桐特性、树龄、生长情况及修枝间隔期等情况确定修枝的强度。一方面要根据泡桐长势、郁闭度等确定好需要保留的树冠和叶片，以保证泡桐通过叶片光合作用制造的养分能满足其正常的生长消耗和生长发育等生理活动；另一方面要将泡桐的枝干数量通过修枝调整到泡桐林带防护效果最好的疏透度。

修枝后泡桐林带的疏透度不大于0.4，按照修枝标准进行修剪能够确保泡桐防护林快速形成功能性强的泡桐林带结构。在对泡桐进行修枝时，一般用冠高比来控制修枝强度，冠高比即树冠长度与树木高度之比，强度修枝的冠高比为1∶3，中度修枝的冠高比为1∶2，弱度修枝的冠高比为2∶3。如果泡桐防护林的结构设置为疏透型结构，那么树冠下部与灌木上层之间主干上的枝条应尽量少修，以保持均匀的透光度。修枝强度的大小直接影响泡桐的生长发育和林带的防护效益，因此，修枝时既要考虑泡桐长势和农作物生长需求维持合适的林带疏透度，也要考虑能够满足泡桐营养生长和生殖生长所需的有效光合作用叶面积。泡桐造林地的整体修枝高度或部分修枝高度根据林带的宽度确定，宽林带可使修枝的高度尽量高一些，窄林带可使修枝的高度适当低一些，对于过窄的林带应少修或不修。

通常大部分地区泡桐修枝的适宜时间为早春树液开始流动前。尽量靠近泡桐树干的部位进行修枝，以确保不留杈或少留杈，修枝时一定要注意不撕裂树皮，切口要平滑不能粗糙或有毛边。修枝常用的工具主要是修枝剪、手锯等。

（三）间伐

泡桐林带郁闭后，受立地条件、光照等因素的影响，泡桐出现明显的分化，表现为泡桐的高度和粗度差异逐渐显著。根据生长发育和树冠面积，可将泡桐苗木分化分为5个等级。

Ⅰ级木：泡桐树冠明显超过大部分林冠层，接受的光照非常充分，生长旺盛，长势较好。

Ⅱ级木：泡桐树高和直径稍低于Ⅰ级木，构成林带的主冠层，受到的光照比较充分，树冠的冠形整体一致较发达，生长正常。

Ⅲ级木：在林冠层中占据一定的从属地位，泡桐高度、直径和树冠均为中等大小，树冠较狭窄。

Ⅳ级木：泡桐树冠侧方或上方被压，树冠狭而偏斜，发育不正常。

Ⅴ级木：濒于死亡或完全死亡的树木。

通过对泡桐进行间伐，一方面能有效改善泡桐的生长环境和林带结构，促进泡桐的正常生长，另一方面能使泡桐林分密度得到合理调节，使泡桐林带通风透光更加均匀，从而更好地持续发挥林带的防护作用。

间伐对象：间伐时要本着去密留稀、去过强过弱留健壮，林相一致、疏密相宜的原则，对不同等级的泡桐进行合理疏除。Ⅰ级木全部伐去，这些Ⅰ级木数量极少，会妨碍周围其他泡桐的正常生长发育，甚至会导致原本生长一致的泡桐出现新的分化，留之无益；Ⅱ级木伐去过密树，以免相互之间影响生长；Ⅲ级木一般不宜伐除，此类泡桐在生长良好的情况下有利于形成均匀疏透的林带；Ⅳ级木伐除过密树，此类泡桐虽然发育不良，但可起到透风荫蔽的作用，有利于促进泡桐林带的进一步郁闭和防止杂草的过高过多生长；Ⅴ级木全部伐除。

对于郁闭后泡桐林带生长相对整齐，分化现象不太明显、不太突出的泡桐，如果在造林时栽植密度比较大，可采用隔行或隔株的方式进行间伐，以保持良好的林带结构，并且隔行或隔株间伐也便于机械作业。

间伐时期：在泡桐分枝出现交叉或树冠发生重叠时开始间伐。在以后的各生长阶段可适时根据泡桐苗木等级、林龄及长势等确定间伐间隔期。一般在泡桐停止生长的冬季进行间伐，这个时期间伐有利于提高泡桐木材的利用价值和经济效益。

间伐强度：间伐不能过重也不能过轻，以改善泡桐生长发育、优化林带结构、增强防护作用为原则，进行合理间伐。通常间伐强度为25%～30%。

间伐方法：泡桐防护林带一般采用人工间伐，也可根据当地条件选用机械间伐。

（四）更新

泡桐在生长到完全成熟后，其长势开始逐渐衰弱，出现枯梢、枯枝、树势倾颓及病虫害加重等现象，最终整株泡桐会在2～3年内慢慢地自然衰亡枯死，林带结构也因泡桐的持续减少而由繁茂葱茏变得稀疏，防护效果逐渐减弱。因此，要使泡桐防护林的防护效益持续稳定，就必须做好泡桐防护林的更新工作，用新生林带代替衰老的林带。我国泡桐防护林的更新年龄为10～20年。

泡桐防护林更新的方式主要有植苗更新和埋干更新，两种更新分别与造林方法中的植苗造林、埋干造林方法相同。

在进行泡桐防护林更新时，需对更新的时间和泡桐的数量做出合理安排，避免一次更新过多或更新时间不合理而影响泡桐的防护效果。更新方式一般有 4 种，分别是全带更新、半带更新、带内更新和带外更新。

1. 全带更新

全带更新就是把总体上已经衰老或因泡桐衰亡过多而出现断带的泡桐林带一次性全部伐除，并在原地建立新林带，适用于风沙和风害较小的地区。全带更新的优点是能有效缓解林带胁地的弊端，并且形成的新林带材相整齐；缺点是恢复防护能力的时间较长。泡桐在全带更新中采用植苗造林效果更好。

具体做法：秋季先把需要更新的泡桐林带全部砍伐，连根清除，然后进行机翻整地，在第二年春季气温回升土壤解冻时采用如下方式进行更新，一是以种苗培育的方式开展泡桐林带更新，二是大苗更新。

在对造林地进行全带更新时为保留一定的防护功能，可根据当地条件采用隔带更新的方式，即隔一带砍一带，等到新栽泡桐成林后，能够对农作物起到有效防护作用的时候，再对保留的林带按照既定的更新方式进行伐植更新。

2. 半带更新

半带更新是将长势逐渐变差、衰老程度较大、衰亡数量较多的泡桐林带一侧的数行伐除，然后根据当地生产条件采用植苗造林方式，在原地建立新的泡桐林带。等到新泡桐林带能够发挥防护作用的时候，再将老泡桐林带伐除。在风沙较严重的地区使用半带更新效果更好。半带更新的方式不仅能有效节约土地，而且省苗省工。半带更新更适用于较宽的泡桐林带更新。

3. 带内更新

带内更新是在泡桐林带的行间或林带内伐木后的空隙地上，根据地形地势等实际情况开展带状或块状整地、造林，并依此按照既定的整地造林方法逐步实现对造林地全部泡桐的更新。带内更新的显著优点是既不会过多地占有土地，又能使老泡桐林带与新泡桐林带持续有效地发挥防护作用，缺点是整体林相不够整齐。

4. 带外更新

在泡桐林带的阳侧按照林带的设计宽度进行整地，造林方式根据当地的立地条件而定。老林带的伐除在新植泡桐林带郁闭之后进行。带外更新的缺点是占用土地比较多。

第三节　泡桐廊道林栽培技术

一、泡桐廊道林功能

泡桐属于阳性树，萌芽力强、生长迅速、树干笔直、树形高大，形态优美，生命力强，是各大公园、风景名胜区绿化的理想树种（图 17-6）。

图 17-6　泡桐在城市公园中的应用

泡桐主要用于城市绿化树种，与树叶常年灰绿色的雪松间植，枝叶相互交错，可以遮阴、引导人流，对阻隔城市噪声、降低粉尘污染效果显著（图 17-7）。

泡桐廊道林多分布在城市公园、湖泊、市内的铁路、河渠等人工或自然型的特殊通道，河渠沿线两边修建的道路，与河渠共同构成极具地域特色的带状廊道。道路绿化是城市绿地系统重要的组成部分，也是连接各组团绿地、展示城市形象的重要标志。泡桐不论是作为中央隔离带还是两侧隔离带栽植，既能起到车道分离作用，又能有效吸收和吸附汽车尾气，阻挡有害气体和灰尘扩散。

图 17-7　甘肃省兰州市某街道泡桐与雪松间植作行道树绿带

二、泡桐廊道林栽植

泡桐是喜温植物，如果能使早春的地温提高，即可促进桐苗早生根，提前出苗，延长生长期。地膜覆盖可以提高早春地温，保持土壤水分，改良土壤理化性质，减轻杂草滋生，抑制泡桐病虫害发生。覆膜对促进桐根愈合、生根和发芽十分有利。覆膜后出苗早，出苗集中，提高了出苗率。土壤中保持足够的水分，是苗木生长的重要前提，覆盖地膜后可以促进深层水向上移动，加大蒸发量。地膜切断土壤水分与近地气层水分交换的途径。通过土壤毛细管蒸发的土壤水蒸气，大部分被地膜阻挡凝结在膜壁，并且落回地表，有明显的保墒作用。覆膜后可以减少降水和灌水所造成的对土壤的冲刷，使覆膜区的土壤始终呈疏松状态，透气性良好，促使微生物活动旺盛。覆膜可以促使桐苗提前生根和出苗，使苗木提前进入速生期，高生长提前停止。地膜覆盖前，要施足底肥，保证充分的底墒。

覆膜时将膜拉紧、紧贴地面，边缘用湿土压实，以防散热、失水、风刮和杂草生长。如果先盖膜后插根，插根后在种植孔上封 5～10cm 厚土堆。如果先插根后覆膜，出苗后应及时破膜，以防烧伤幼苗，在破口周围用土把膜压实。

（一）栽植密度

泡桐廊道林栽植密度根据经营目的、间伐次数和土壤肥力确定。

道路林在道路两旁栽植，株行距为 4～5m×5～6m。

村镇林在镇、村、宅周围栽植，株行距为 3～5m×4～6m。

护岸林在河岸两旁栽植，株行距为 4～5m×5～6m。

（二）造林方法

泡桐廊道林造林的方法有植苗造林和埋根造林，以植苗造林最为普遍。

植苗造林所用苗木，一般为 1 年生苗或 2 年生根的平茬苗，苗高和地径分别为 2～4m 和 3～5cm。为了提高造林成活率和培育通直高干材，可采用截干造林。栽植时不宜太深，普遍比原苗根颈深 10～15cm。栽植时将泡桐苗木放入栽植穴中，把苗木扶正，然后用细土轻轻填入苗木的根系中，待根系填满虚土后，再用脚轻轻地把虚土踩实，然后再向根系穴中填土，填满后，把虚土踩实，使土壤与根系密接，然后为保证成活率，立即灌一次透水。为防止风吹树干摇动，可在树干基部堆土固定。

在土层深厚肥沃的地方可采用埋根造林。埋根造林可大大降低苗木成本和栽植费用，且造林技术简单，抗倒伏能力较强，是现在比较流行的造林方法。埋根造林的关键是种根与土壤要紧密结合；埋根时将泡桐种根大头向上直插于栽植穴中，上端略低于地面 1～2cm。若种根分不清大小头，则将种根平埋，以避免倒插种根，埋好后用水浇灌。埋根造林要防止人和畜误入造林地；对泡桐萌芽苗进行除萌，保留生长健壮的一枝作为目的苗培养。

（三）施肥

施肥有施基肥和施追肥两种方法，基肥常常采用腐熟的堆肥、厩肥或混合肥。在整地时将基肥与表土混合均匀后填入穴内，每穴 15～25kg 基肥或 1～2.5kg 饼肥，一般在 4～6 月进行追肥，可用各种速效肥，也可用腐熟的人粪尿和土杂肥等。施用方法是在离泡桐树干基部 50～70cm 处挖 30cm 深的圆形沟，然后均匀施入肥料，覆土封盖。注意挖沟时不要伤及根，不要使肥料附于泡桐树干或主根。施肥量要合理。

（四）加强保护

泡桐的皮很薄且损伤后很难愈合。要严防碰伤或被牲畜啃坏。为加强保护，泡桐在早期要免受日灼和冻害，初冬和早春可在树干上刷涂白剂或缠上稻草。

三、泡桐廊道林的抚育管理

（一）修枝间伐

泡桐栽植生长 4～5 年以后，上部树冠逐渐扩展，为让苗木茁壮成长需要适时采取修枝措施。初春泡桐刚刚开始萌芽时进行修枝效果最佳，修枝时使用锋利的修枝剪，修枝切口平滑有利于伤口快速愈合，泡桐恢复后进入正常生长。保留主干上 3 个大枝，其他枝条修剪疏除。林分郁闭度达到闭合状态下需要进行间伐，为了泡桐苗木生长发育不受影响，需要在林木分化还未表现出来以前进行间伐，通过考虑廊道林的造林密度大小和间伐材的利用价值等因素，大多数情况下每隔一行间伐一行，或者每隔一株间伐一株。

（二）高干培育

高干培育在促进泡桐快速生长、提高泡桐材质规格和木材利用率方面具有非常重要的作用。泡桐廊道林抚育中常常使用平茬法、抹芽法和接干法等高干培育方法。

1. 平茬法

泡桐生长过程中一般进行 1 次，大部分选择在泡桐苗木出圃时或者泡桐栽植 1 年后进行。在这时期，如果泡桐苗木出现严重倾斜、干形和生长状况不好、病虫害威胁时采用平茬法。大部分泡桐品种在春季树液流动前选择晴朗天气进行平茬效果最好。平茬时在靠近地面处用锋利工具快速截断，截面越平滑越好，避免劈裂。平茬后注意 4 天内切口不能覆土，过后可以用土覆盖，当萌条长至 10～15cm 时，留株生长健壮的，其余的全部除去。对主干弯曲生长或受到严重损伤的树，根桩以上部分全部截除，促使其重新萌生通直主干，一般当年可获 5m 左右的通直无节主干。平茬后的泡桐树干通直圆满，能提高泡桐木材的等级和经济价值。

2. 抹芽法

利用泡桐容易萌发徒长枝的特性，对于 1～3 年生长不良的泡桐树，剪去顶梢，使其长出健壮徒长枝，培育高干。

3. 接干法

接干法又称为平头接干法。因泡桐在每年春季到来前，其顶生芽已枯死，新枝生长只能依靠侧芽发育形成。这时需要对泡桐进行抹芽接干，去除与其对生的萌芽减缓二者之间的竞争，以保留生长健壮的萌芽，促进生长健壮萌芽接干。具体方法是：接干萌芽选择位于泡桐顶端生长健壮、芽体饱满的侧芽，用锋利修枝剪或刀片，倾斜 45°角去除接干萌芽的对出芽，切面平整光滑，避免撕裂。有关试验表明，接干后泡桐苗木恢复正常生长发育后适时进行修枝，修枝后保留 3 个主枝，能够促使新接干枝持续进行径向生长。定植 2～3 年后，主干不足 3m 或弯曲倾斜、胸径低于 10cm 时，去截干平头或枝平头，当年主干高可达 3～5m，总干高可达 7m 左右。泡桐可进行 2～3 次接干，当再次接干时一定要注意削口方向与上次相反，这样多次接干后能保证树干通直。试验表明经 2～3 次接干后可使树高达 15m 以上，干材长度超过 12m。

四、泡桐廊道林的改造

泡桐廊道林在其生长发育过程中，往往由于自然灾害、设计不合理或人为活动的破坏，出现生长低矮、缺苗断空、过早衰老等现象，致使林相残破，结构不好，不能发挥应有的防护效能。因此，为保证泡桐廊道林带的迅速成型、体系的完整性及发挥最大的防护效益，必须及时对结构不良、非正常衰老、林相残破等林带进行改造。常见的改造对象有小老树林带、结构不良林带和自由林网。

（一）泡桐小老树林带及其改造

小老树也称为“僵树”，泡桐小老树林带是因土肥水条件差或管理不善，生长量极为有限，未老先衰，无成长希望的林带。其主要特征是泡桐林木处于迅速生长期，年生长量却远不及在正常条件下的生长量，大多数无明显主干，树木分枝多，呈丛生状态。一般分布在干旱、土壤贫瘠、土层浅薄的沙地或栗钙土或黄土丘陵上。

泡桐小老树形成的原因主要有以下几个方面：①泡桐造林材料的遗传性不佳。在衰老的泡桐母树或小老树上采种造林或用多年生枝条扦插或埋干造林形成的林带。可以改用泡桐壮苗重新造林或采用嫁接方法改变其遗传性。嫁接法操作比较简便，适用于保存率比较高的泡桐小老树林带。②造林地地下水位深，土壤水分和养分不足。可通过种草施肥、引水灌溉加以改造。③土壤板结、杂草丛生。泡桐造林前整地粗放，造林后又缺乏及时的抚育管理以致土壤板结，杂草丛生，泡桐苗木长期生长不良而形成小老树。可采取深松土、培大垄的改造措施。深松抚育时间最好在雨季进行。④人畜损伤或病虫危害。泡桐幼树枝梢受到损伤后不具备顶端优势，往往造成多顶丛生的小老树。可采取平茬的办法，使其复壮。平茬后必须加强抚育，前两年除草、松土的同时行内培土，两三年后进行定干。⑤造林密度过大。泡桐苗木缺乏营养和水分。可采取降低密度的办法加以改造。

（二）结构不良泡桐林带及其改造

结构不良泡桐林带主要是指疏透度和断面形状不合理的泡桐林带。这类林带或者不能有效地制止土壤风蚀或在林带附近形成积沙现象，因而使农业生产有可能受到自然灾害的威胁。

1. 结构不良泡桐林带的表现及形成原因

疏透度不佳的泡桐林带包括疏透度过大（过于稀疏的泡桐林带）和疏透度过小（过于紧密的泡桐林带）。疏透度过大的泡桐林带，常常是乱砍滥伐和抚育管理不当所引起的；林带只剩中间生长快的泡桐 1 行或 2 行，这类疏透度过大的泡桐林带也起不到应有的防护作用。疏透度过小的泡桐林带常常由于造林初植密度过大或多次平茬形成灌丛状林带。

2. 结构不良泡桐林带的改造

对结构不良泡桐林带的改造应根据各自形成的缘由、恶性程度和防护目的采取不同的改造措施。

泡桐林带过于紧密可采取隔行除伐、隔株除伐和修枝的措施加以调节。有些平茬过于频繁的泡桐林带要减少平茬或停止平茬，加大株行距，定干培育成高大泡桐。

疏透度过大的泡桐林带如果是因保存率过低，可采用挖侧沟利用根蘖萌生幼树的方法进行改造。

空心泡桐林带是指中间泡桐苗木存活率很低，两边的泡桐已长起来，形成林带中空。空心泡桐林带在早期营造的较多，这类林带泡桐生产力很低，防护效益差。空心林带的改造措施包括空心林带的补植和修正两个方面：①宽空心泡桐林带的补植。须在前一年雨季到来之前进行全面整地，为了便于清除杂草和改善土壤水分状况，需整地深度 30cm 以上，进行补植。补植的泡桐苗木应与原林带两边的泡桐间隔 2～3m，并在它们之间挖一道窄沟，切断两边树木的根系，减轻两边树木对土壤养分水分的竞争。补植采用块状整地穴植泡桐大苗造林。②窄空心泡桐林带的修正。此类林带的修正原则上要求将林带南侧泡桐全部砍伐，保留北侧树木，然后在林带的空心部分进行整地和重新造林。

（三）泡桐自由林网及其改造

泡桐自由林网是指沿田边、地界和道旁营造起来的泡桐林带，多数是带向不一、结构不佳、网眼过小或有带无网。泡桐林带设计不合理主要是指林带走向过分偏离主害风的垂直方向，以致其防护效能严重地降低。另外，因为带距过窄（60～70m），与国家统一规划营造的林网和道路网彼此交错，造成地块零碎斜切，耕作不便。

泡桐自由林网主要分布于风沙比较严重的地区。因此，对泡桐自由林网的改造必须考虑风沙区的自然条件特点和设计要求。

与主害风方向的垂线交角小于或等于30°的泡桐自由林网均可保留，用滚带的方法改造成为主带的泡桐自由林带，在其阳面挖沟断根，按设计标准新造泡桐林带。

与主害风方向的垂线交角大于30°的泡桐自由林带，防护作用不大且又不利于土地集中成片，则可立即剔除。

第四节　农 桐 间 作

一、农桐间作功能

农桐（泡桐）间作是华北中部农田防护林区独具地区特点的防护林类型，即泡桐树栽种与农作物栽种相结合。通过对农桐间作的实施和推行，实现风沙干旱地区林茂粮丰人增收的显著成效。泡桐的根通常扎入地下很深、叶片萌发相对其他树种比较晚、冬季叶片凋落晚，研究表明，农田栽种泡桐树不会对农作物在光照和水分吸收等方面产生不利影响，泡桐树冠面积大、树冠分布均匀的特点在农田防护上得到很好的发挥。实践表明，农桐间作不仅能起到“以短养长”的作用，提高土地单位面积内的有效利用率，缓解农作物与泡桐之间因土地资源有限而长期存在的争地矛盾，还可借助对农作物的一系列培管措施，间接调节和改善泡桐幼树生长的小气候环境及立地条件。一方面能有效提升农田的农作物环境，另一方面可使农作物的产量得到较大提升。通过大量的农田小气候观测证明：实行农桐间作（同时施肥），有利于泡桐幼树的生长，对泡桐的加快和加粗生长有促进作用。间作后显著改善农田小气候，为多数作物创造更为有利的生长环境。对抗御干热风、干旱、早晚霜冻等自然灾害，有巨大的作用。农桐间作通过对温度、大气湿度、土壤水分及风速的改变，对作物有十分有利的调节作用。光照是影响多数作物生长的主要限制因子。通过对农桐间作的株行距、行向，以及相应的作物搭配等进行研究，普遍认为泡桐南北行向效果好于东西行向，间作有明显的增产作用。

二、农桐间作类型

适合农桐间作的农耕地很多，但究竟栽在什么地方，采取什么技术措施，以便最大限度地发挥农桐间作的经济效益和生态效益。因地制宜科学地规划造林地是一个十分重要的问题。根据不同的立地条件、经营目的和泡桐的生物学特性，可以把农桐间作人工栽培群落划分为3个类型。

（一）以农为主间作型

适宜于风沙危害较轻，地下水位在2m以下的地区，在保证粮食稳产高产的情况下，栽植少量泡桐，轮伐期较早，一般8～10年就砍伐利用，目前采用株距4～5m，行距30m、40m、50m不等，每亩2～4株的栽培方式，其经营目的是为培育中径材。

在泡桐和小麦间作人工栽培群落中，风、温、湿生态因子对小麦生长是有利的，不合理的结构可能使光变成减产因子，需要建立一个合理的透光型的泡桐和小麦间作人工栽培群落。影响群落内的光照因子主要有行距、株距、树龄、行向，同时小麦成熟期的早晚与灌浆期光照也有关系，行距主要根据泡桐树冠投影范围来确定，泡洞单向投影为树高的2.5倍，上下午两向投影为树高的5倍，行距只有在树高5倍条件下，才能保证行间树冠投影一日内不相重叠，株距应以近伐期树冠直径为准。在农桐间作条件下，泡桐轮伐期应小于自然成熟期，轮伐期定为12年，株距相当于8年生树冠直径，行向南北，选择早熟小麦品种，就可以构成一个合理的透光型泡桐和小麦人工栽培群落。一般情况下，泡桐和小麦间作人工栽培群落的行距50m，株距6m，南北行向，轮伐期12年，搭配小麦早熟品种。这一结构模式，可以保证行间投影不相重叠，确保小麦的光照要求，只有合理地、科学地配置农桐间作人工栽培群落的结构模式，才能不断地促进农作物增产，发挥农桐间作保护生态环境、提高光能利用率、促进农林生产发展的多种效益。

（二）以桐为主间作型

适宜栽植于沿河两岸的沙荒及人少地多的地区，株距5m，行距5m，每亩26株。泡桐栽植后5年，可以进行一次间伐，每亩13株，可以间种农作物，其经营目的是培养大径材。这个类型由于造林密度大，树冠很快郁闭，不能较长时间进行间种农作物，间作年限短，虽然防护效果很大，但由于农作物后期光照不足而减产，秋作物几乎不能种植，可间种一些耐阴的蔬菜、药材等，实现较高的经济效益。

可以实行农桐短期间作，长短结合。造林后前两年的间种方式：泡桐+小麦+棉花；泡桐+小麦+大豆；泡桐+小麦+蔬菜。

当泡桐生长到第三年，对秋季作物生长有影响时，应尽量间种一些耐阴作物或药材。其间种方式：泡桐+小麦+大蒜；泡桐+瓜类+大蒜；泡桐+薄荷；泡桐+蔬菜。

当泡桐生长到第四、第五年，对农作物生长影响较大时，只能与耐阴作物间种，其间种方式：泡桐+薄荷；泡桐+大蒜。

（三）农桐并重间作型

适宜于风沙危害较重的粉砂土、细砂土质，地下水位在3m以下的半耕地、废耕地上。以株距5～6m、行距10m、每亩11～13株为宜，其经营目的是防风固沙，培育中小径材。该类型的农耕地，在泡桐的防护作用下，一般可以提高农作物产量20%以上。大面积农耕地上，每亩12～15株，一般不进行间伐，可以供建筑用材。同时间种农作物，泡桐对农作物的促进作用尤为明显。

在条件比较差的地区，农桐并重间作型不仅可以改善生态环境，而且能明显改善农、林、牧的经济结构，获得以林促农、以林致富的经济效果。在平原地区，实行农桐间作人工栽培，可以充分利用光能和地力、调节气候、减轻自然灾害、促进生态平衡，农桐间作的经济效益有显著提高。

三、农桐间作的栽培技术

根据农桐间作人工栽培群落结构模式要求，除一般栽培技术和泡桐要求相同以外，还有其特殊要求，现简要分述如下。

（一）整地

整地可有效改善农作物和泡桐生长发育的立地条件，改良土壤结构和质地，增强土壤肥力、湿度及疏松透气性，抑制杂草生长，减少害虫和卵的数量。

整地方式可根据农桐间作的地形地势进行确定，通常有两种方式，一是全面整地，二是局部整地。

1. 全面整地

全面整地就是把土壤以统一的措施从上到下全部翻垦的整地方法。全面整地适用于地势没有大的起伏、宽阔平坦、土壤中无阻碍物的土地类型，通常使用中大型农机或动力机械设备进行综合整地，作业内容主要是清杂、翻耕、耙耱和镇压等，翻耕深度以18～25cm为宜。在储水保墒、抑制杂草、降低害虫等方面，采用全面整地的方式效果明显。

2. 局部整地

局部整地包括带状整地和块状整地。带状整地是依照泡桐种植行向进行整地的一种方式，通常宽度50～60cm，深10～25cm。高垄整地也属于带状整地的一种。块状整地是在已经确定好的泡桐栽植点，对土壤进行翻耕之后再挖成圆形或方形的穴状用以栽种泡桐，这种整地方式也称为穴状整地。块和穴的大小是根据泡桐苗木大小及立地条件等决定的。局部整地通常应用在立地条件较差的地区，如有风蚀的固定或半固定沙地、地势起伏较大的丘陵坡地、盐碱地、水湿地及缺乏作业条件的地方。

3. 整地时间

泡桐造林前选择恰当的整地时间进行整地是确保整地效果和造林效果的关键，特别是在降水偏少的易旱地区及立地条件较差的地区，把握住适宜的时间节点，对于增强土壤肥力和持水力尤其重要。除容易发生风蚀的半干旱地区及沙土类地区外，整地与造林之间相隔 1 年或 3 个月的时间，能使土壤在造林前蓄积大量的水分和养分。按照先农后林的方式进行整地，即提前在春季完成整地过程，然后种上农作物，等到农作物收割后进行泡桐造林，或在翌年土壤融解之后开展造林。

（二）适地适树进行规划

农桐间作人工栽培群落是林业集约经营的一种特殊形式，因农耕地上耕作技术和管理水平有很大的差异，要获得最大的经济效益，必须因地制宜适地适树进行规划。农桐间作规划，以不同立地条件、经营目的和泡桐生物学特性为依据，选择不同的间作类型（以农为主间作型，以桐为主间作型和农桐并重间作型）。采取统一规划，把地块、树和群众利益结合起来，农桐间作规划和以改土、治水结合，与农田基本建设结合，平原地区农桐间作和路、林、排、灌、电配套结合，把农田林网化，农桐间作和村庄“四旁”绿化结合起来，统一规划，合理布局。

（三）合理配置

农桐间作具有防风、固沙、防止干热风和早晚霜危害及调节农田小气候的作用。但农桐间作也有其不利的一面，只有在合理配置情况下，才可达到林茂粮丰的目的。

1. 配置的原则

农桐间作的配置要遵循以下原则：①最大限度地发挥其作用，扩大防护效果，减轻自然灾害；②要充分发挥农业机械的最大效率；③要与农田基本建设结合；④最大限度地提高经济效益和生态效益。

2. 泡桐行的走向

在农桐间作条件下，泡桐和农作物在地下部分，即在土壤中的水肥条件不存在对抗性矛盾，在地上部分的光能利用上，在不同树龄和生长季节存在一定矛盾，影响农桐间作效益的发挥。实践证明，农桐间作的行向不一定都要严格垂直于主要害风风向，可根据害风的危害程度、地块所处的地位、护路林的情况而定，南北走向的农桐间作，既可起到防护作用，又可延长光照条件、增强光照强度、减少遮阴时间，从而为农作物生长创造良好的环境，南北行向有以下优点：①对树冠垂直投影下的农作物减产影响小；②南北行向的树冠水平投影范围比较大，这个范围往往是农作物的丰产带；③有利于通风和光能利用；④有利于泡桐生长。

3. 泡桐的株行距

农桐间作的泡桐栽植密度，是影响农桐间作人工栽培群落结构模式的最重要因素。在适地适树的条件下，确定泡桐栽植密度，必须考虑立地条件、经营目的和经营水平及泡桐的生物学特性。

农桐间作林以农为主间作林，株行距 5～7m×30～50m；以桐为主间作林，株行距 5～7m×10～15m；农桐并重间作林，株行距 5～7m×20～25m。

（四）选好农作物品种

在农桐间作条件下，正确选好农作物品种，对于能否实现农桐间作的效益有很大关系。与小麦、大麦、谷子、玉米间作增产效果明显；与棉花间作产量无明显差异；与大豆、红薯、芝麻等间作有明显减产现象。在树冠垂直投影范围内应搭配一些耐阴作物，如谷子、蔬菜（芹菜、生姜、黄花菜）等，也可间种耐阴的中药，如薄荷等，发展多种经济，获得较高经济效益。

（五）选好泡桐品种

农桐间作选好泡桐品种非常重要。泡桐树冠生长的特征和分枝的角度不同，对农作物的光合作用影响很大。不同的泡桐品种透光率不同，如兰考泡桐，分枝角度大，枝叶稀疏，透光率大，对农作物的光合作用影响不大，是进行农桐间作较为理想的泡桐品种。毛泡桐干低，枝叶较为浓密，透光率较小，不适宜进行农桐间作。农桐间作选好泡桐品种，才能达到农桐双丰收的目的。

（六）泡桐苗木的规格

1. 苗木对农作物的影响

进入农田的泡桐苗木质量、规格好坏及苗木健壮与否，对农桐间作效益关系密切。树干高低对农作物产量影响也很大。高干泡桐下的农作物长得较好，产量也高。实践证明，最好选用高干壮苗进入农田，同时也可选用健壮的低干壮苗，通过人工接干，达到高干的目的。

2. 苗木规格及保护

壮苗标准（图 17-8)：①苗干通直圆满，组织充实；②苗高与地径比例是（60～70）∶1，即地径 7cm，

图 17-8 泡桐壮苗

要求苗高4.2～4.9m；③根系发育良好，且分布均匀；④无丛枝病及其他病虫危害、无机械损伤。

泡桐在起苗、运苗和栽植过程中要特别注意保护好根系，防止碰伤或折断，最好做到随起、随运、随栽，并进行涂白，提高造林成活率。

参考文献

鲍方. 2009. 成都市绿色道路廊道植物群落现状分析与生态功能研究. 四川农业大学硕士学位论文.

曹新孙. 1983. 农田防护林学. 北京: 中国林业出版社: 466-518.

陈晓波. 2014. 泡桐带叶栽植的益处及其技术. 现代农业科技, (17): 188.

陈亦安. 2013. 泡桐丰产栽培与病虫害防治技术. 农技服务, 30(12): 1335.

陈元祥. 2011. 泡桐杂交品种9501繁育及应用技术. 安徽林业科技, 37(5): 72-74.

程国华, 魏红, 王建兴, 等. 2014. 泡桐育苗及栽培技术. 中国园艺文摘, (10): 140-141.

程国华, 张广辉. 2009. 影响泡桐早期速生丰产重要因子的研究. 农技服务, 26(10): 75-76.

代兴波. 2017. 泡桐栽培管理技术. 中国园艺文摘, (12): 181-182.

董惠英, 杨喜田, 杨玉珍. 1999. 农桐间作不同栽培模式作物生物量研究. 河南农业大学学报, (4): 1-5.

樊念社. 2010. 河南地区泡桐优质干材培育技术初探. 农家之友, 302(6): 91-92.

付洪禹. 2015. 辽宁省彰武地区农田防护林网的栽培管理技术. 北京农业, 12(4): 90.

郭胜华, 杜迎军. 2019. 四倍体泡桐冬季温室快速繁育及丰产栽培技术. 湖北林业科技, (5): 47-49.

侯启创. 2010. 泡桐优良干型培养. 安徽林业, (3): 49.

胡智勇. 2014. 泡桐栽培管理技术. 安徽农学通报, 20(15): 118-120.

黄良汕. 2010. 杂交泡桐速生丰产栽培技术. 安徽林业, (3): 47-48.

姜晓装. 2012. 泡桐速生丰产栽培技术. 农村百事通, (13): 28-30.

蒋建平. 1990. 泡桐栽培学. 北京: 中国林业出版社: 285-314.

金继良. 2015. 四倍体泡桐引种试验研究. 安徽林业科技, 41(6): 32-34.

李广兴, 孙丽君. 2017. 泡桐速生丰产栽培技术. 现代农业科技, (1): 148-149.

李康琴, 李婷, 龚斌, 等. 2019. 红壤丘陵区泡桐林下湖北麦冬种植. 中国林副特产, (6): 52-53.

李莲枝. 2000. 泡桐栽培管理技术. 山西林业, (3): 21-22.

李玉鹏. 2007. 泡桐插根育苗技术. 现代农业科技, (2): 16.

廖洪标. 2012. 浅谈速生泡桐栽培技术. 科技研发, (25): 184-185.

林家生. 2021. 基于泡桐栽植与管理技术探究. 现代园艺, (12): 16-17.

刘俊龙. 2015. 泡桐种质资源收集及丘陵岗地引种栽培技术研究. 安徽农业大学硕士学位论文.

刘俊龙. 2017. 丘陵冈地泡桐栽培经营技术研究. 安徽林业科技, 43(4): 21-34.

刘盛福. 1989. 桐粮间作丰产栽培技术推广. 甘肃林业科技, (4): 32-37.

刘源澄. 2018. 泡桐树栽培技术要点及防虫防病举措研究. 农业与技术, (15): 95-97.

刘震, 宋立宁, 耿晓东, 等. 2008. 泡桐侧芽萌发成枝数量对树干生长的影响. 河南农业大学学报, (3): 283-288.

彭仁奎. 2010. 优良杂交泡桐品种"9501"营造技术探讨. 安徽农学通报, 16(7): 163-165.

平凡. 2010. 河南省河渠廊道绿化模式研究. 河南农业大学硕士学位论文.

齐振雄. 2015. 泡桐生长特性及其栽培技术. 福建农业科技, (6): 49-50.

申艳普. 2016. 泡桐栽培造林技术. 农业科技通讯, (9): 291-292.

施士争, 李晓储, 黄利斌, 等. 泡桐优良无性系苏桐3号栽培技术. 江苏林业科技, (3): 35-36.

宋晓斌, 张学武. 2002. 泡桐抗丛枝病优良品系及其栽培技术. 林业科技开发, (2): 45-46.

唐彦. 2015. 辽西地区农田防护林的栽培管理技术. 辽宁农业科学, (2): 89-90.

唐志强, 祝剑峰. 2019. 鄂中低丘岗地泡桐优良无性系丰产栽培技术. 园艺种业, (15): 82-83.

汪新林. 2012. 泡桐育苗造林技术. 现代农业科技, (13): 182-183.

王军荣. 2008. 白花泡桐速生丰产栽培技术. 湖北林业科技, 151(3): 64-65.

王克来. 2010. 泡桐丰产栽培管理技术. 农技服务, 27(4): 523-524.

王三营. 2017. 四倍体泡桐育苗高效管理技术综述. 现代园艺, (7): 79-80.

王霞. 2012. 泡桐丰产栽培管理技术. 农技服务, 29(11): 1218.
王宇良. 2009. 泡桐丰产栽培技术. 现代农业科技, (4): 40.
谢经荣, 徐梁, 柯尊发, 等. 2012. 湖北太子山兰考泡桐引种栽培试验. 林业科技开发, (4): 110-112.
胥文锋, 岳继珍. 2017. 泡桐繁殖与栽培技术. 现代农村科技, (6): 71-72.
徐兰宾. 2009. 泡桐栽培与管理初探. 现代农业科技, (24): 206.
徐青云. 2012. 沿江丘陵地区泡桐栽培技术. 现代农业科技, (22): 165-166.
闫春玲. 2002. 淮北地区泡桐育苗栽培管理配套技术. 林业实用技术, (1): 11-13.
杨金涛, 雷智慧. 2017. 泡桐繁殖育苗及栽培技术. 现代农村科技, (7): 48.
张凌宏. 2020. 怀化紫色土造林树种选择及引种栽培技术研究. 怀化学院学报, (5): 90-91.
周东雄. 1992. 红壤丘陵山地白花泡桐栽培方式研究. 福建林业科技, 28-32.
周永学, 樊军锋, 刘永红. 泡桐良种陕桐 3 号、4 号优良特性及栽培技术. 陕西林业科技, (1): 85-86.
周忠诚, 毛燕, 鲁从平, 等. 2016. 鄂中低丘岗地泡桐优良无性系 BH14 与 ZH65 的筛选. 西北林业科学, (5): 38-43.
朱海洋. 2008. 淮北地区泡桐育苗、栽培、管理技术. 现代园林, (5): 76-78.

第十八章　泡桐主要病虫害防治

泡桐种植有很好的发展前景，但泡桐在生长发育过程中常常遭受多种病虫害的严重危害，给泡桐生长造成毁灭性的灾害，农业生产也受到严重的影响。泡桐主要害虫有大蓑蛾、泡桐叶甲、泡桐网蝽、娇驼跷蝽、楸螟等。泡桐主要疾病有泡桐丛枝病、泡桐黑痘病、泡桐炭疽病、泡桐腐烂病、泡桐根结线虫病等。

我国泡桐栽植区尤其是黄河中下游和淮河流域的桐农间作区，是一个复杂的农林生态系统。多种农林昆虫种群组成的庞大生物群体，特别是各种农林害虫，是对农林业生产造成灾害的重大破坏因素。为控制农林害虫危害，只进行单一的某种病害和虫害防治，已远远不能适应当前农林业生产实际发展的需要。为此应从生态全局出发，对泡桐病虫害实行联防联控、统防统治、综合治理策略。重视监测预警，及时确定有利防治时机和防治指标；加强检疫检查和抚育管理；利用病虫害特点与习性，找到薄弱环节，开展灯光诱杀、粘捕等物理机械防治；天敌种类较多，优势种群明显，控制作用显著，应加强对天敌的开发利用；科学使用化学应急控制措施，确定药剂最佳使用浓度和经济用量，精准施药，高效防治。

第一节　泡桐主要虫害及防治技术

一、泡桐虫害种类

泡桐叶部害虫主要有大蓑蛾（*Clania variegata*）、泡桐叶甲（*Basiprionota bisignata*）、泡桐网蝽（*Eteoneus angulatus*）、茸毒蛾（*Calliteara pudibunda*）、细毛蝽（*Dolycoris baccarum*）、娇驼跷蝽（*Gampsocoris pulchellus*）；枝干害虫主要有楸螟（*Omphisa plagialis*）、日本履绵蚧（*Drosicha corpulenta*）；根部害虫主要有华北蝼蛄（*Gryllotalpa unispina*）、东方蝼蛄（*G. orientalis*）、小地老虎（*Agrotis ipsilon*）等。

二、泡桐虫害形态特征及防治技术

（一）大蓑蛾

大蓑蛾［*Clania variegata*（Snellen）］，属鳞翅目（Lepidoptera）蓑蛾科（Psychidae）。大蓑蛾别名：大袋蛾、布袋虫、吊包虫。属东洋、澳洲区系共有种。几乎遍布全国各地，主要分布于我国河南、山东、陕西、山西、河北、江苏、安徽、浙江、福建、台湾、江西、湖北、湖南、四川、云南、贵州、广东、广西等地。其中以黄河以南较为常见，长江及其以南各省受害较重。

1. 危害特点

主要以幼虫危害泡桐、杨、柳、榆、苹果、梨、桃、杏、葡萄、核桃、板栗、桑、茶、刺槐、樱花、柑橘、龙眼、冬青等多种林木，是多食性食叶害虫。以泡桐为主要寄主植物，其次危害刺槐、榆、法桐、杨、柳、苹果等树木和玉米、烟叶、大豆等农作物。一般将叶片吃成缺刻状，或仅留叶脉，影响树木及农作物生长；危害严重时可把整株树叶片食光，呈火烧状。造成作物减产，甚至树木死亡。大袋蛾幼虫

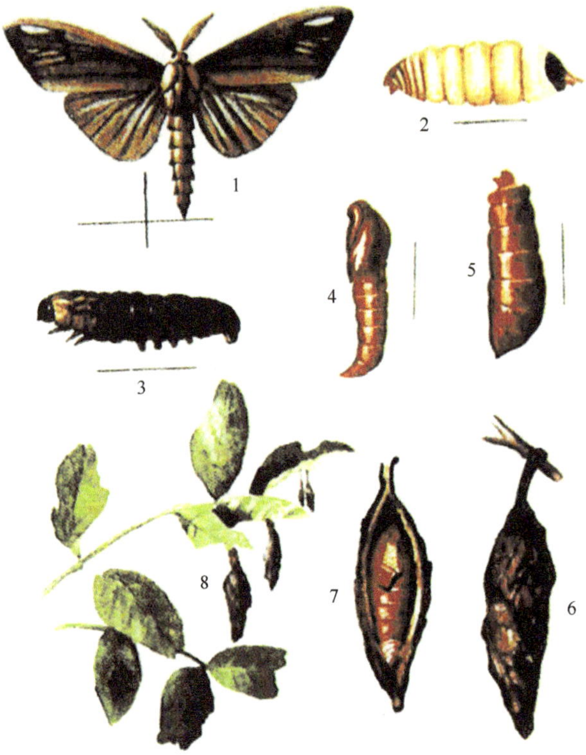

图 18-1　大袋蛾（仿王高平）

1. 雄成虫；2. 雌成虫；3. 幼虫；4. 雄蛹；5. 雌蛹；6. 袋囊；7. 卵产于袋囊中；8. 被害状

可负袋转移他叶作短距离传播，其长距离传播则靠风、气流或其他运载工具携带。

2. 形态特征

成虫。雄成虫有翅，体长 14～19.5mm，翅展 29～38mm。触角双栉齿状，体翅灰褐色，体黑褐色，前、后翅均暗褐色，前翅前缘翅脉黑褐色，翅面前后缘略带黄褐至赭褐色，前翅近外缘有 4 或 5 个长形半透明斑。雌成虫翅、足退化，无翅、无足，形状似蛆，体长 17～22mm，乳白色，头小淡赤色，后胸腹面及第 7 腹节后缘密生黄褐色丛毛环，胸背中央有 1 条褐色隆脊，表皮透明，腹内卵粒清晰可见（图 18-1）。

卵。卵为椭圆形，长 0.8mm，宽 0.5mm，淡黄色，有光泽。

幼虫。初龄幼虫体色黄色，少斑纹，3 龄时可区分雌雄。3 龄后雌虫个体明显大于雄虫个体。老熟幼虫雌性体长 28～38mm，粗壮，头部赤褐色，头顶有环状斑，胸部背板中央有纵沟 2 条，趾钩缺环。胸部黄褐色，胸部背板骨化。前、中胸背板有 4 条暗褐色纵带。老熟幼虫雄性体长 18～28mm，头黄褐色，头部蜕裂线及额缝白色。中间有一显著的白色“八”字形纹，胸部灰黄褐色，前、中胸背板中央有一白色纵带。背侧有 2 条褐色斑纹，腹部黄褐色，背面较暗，有横纹。

蛹。雌蛹头、胸的附属器均消失，雌蛹体长 23～30mm，枣红色。雄蛹体长 18～22mm，赤褐色。臀棘分叉，叉端各有钩刺 1 枚。

3. 生物学特性

大蓑蛾在长江流域和黄河流域每年发生 1 代，很少有发生 2 代的。当发生 2 代的时候，第 2 代幼虫一般不能越冬，在广州一年发生 2 代。大多以老熟幼虫在蓑囊中越冬，蓑囊挂在树枝条上。翌年春天一般不再活动取食，环境适宜时便开始化蛹。雌蛹历期在合肥为 12～26 天，在南昌平均 17 天；雄蛹历期在合肥 24～33 天，在南昌为 40 天。在山东 5 月上旬至 6 月中旬为化蛹期，5 月下旬至 6 月下旬为成虫羽化期，6 月中旬至 7 月中旬为幼虫孵化期，10 月上旬幼虫越冬。在江西 3 月下旬至 5 月上旬为化蛹期，4 月下旬至 5 月下旬为成虫羽化期，5 月中下旬至 6 月上旬为幼虫孵化期，10 月中下旬至 11 月幼虫越冬。在上海 3 月下旬至 5 月上旬为化蛹期，4 月下旬至 5 月下旬为成虫羽化期，5 月下旬至 6 月中旬为幼虫孵化期，10 月下旬至 11 月幼虫越冬。在浙江 4 月下旬为化蛹期，5 月上中旬为成虫羽化期，5 月下旬为幼虫孵化期，10 月中下旬至 11 月幼虫越冬。

大袋蛾在河南省 1 年发生 1 代，若遇天气干旱，气温偏高且持续时间长，食料充足，极个别年份少量大袋蛾有分化 2 代现象，但第二代幼虫不能越冬。幼虫 9 个龄期，以老熟幼虫在袋囊内越冬。翌年 4 月中旬雄虫开始化蛹，5 月上旬雌虫开始化蛹，5 月中下旬雌雄成虫同时开始羽化。成虫多在傍晚羽化。雄蛾黄昏后飞翔最为活跃，趋光性强。雌蛾羽化后仍留在蓑囊内分泌性信息素，雌成虫尾部伸出袋口，释放雌激素，雄成虫飞抵雌虫袋口将腹末伸入蓑囊内与之交配交尾。卵产于袋囊内，单雌产卵量数百至

4000 余粒不等。每雌平均产卵 3000～5000 粒，高者达 7000 粒。6 月中、下旬幼虫孵化。刚孵化出来的幼虫滞留在母袋蓑囊内啃食卵壳，在袋囊内停留 1～3 天。待晴朗天气的 9：00～11：00 或 14：00～16：00，分批蜂拥出袋，爬出蓑囊，幼虫从袋囊口吐丝下垂随风飘散，降落至寄主叶面，迅速爬行 10～15min，开始织袋，先啃取叶表面成碎片，并吐丝粘连，营造蓑囊，1～2h 将袋织成。再匿居囊内负囊爬行、取食叶肉危害。随着幼虫的取食、蜕皮、长大，蓑囊袋随虫体增大而逐渐地增宽加长增大。并以大叶碎片、小枝残梗零乱地缀贴于蓑囊外。幼虫喜欢聚集于树枝梢和树冠顶部危 害，受惊扰时可吐丝下垂，稍停又沿丝上树。1 龄、2 龄幼虫啃食叶肉残留表皮，3 龄后蚕食叶片成孔洞或仅留叶脉，4 龄后分散转移到树冠外围的叶背危害，5 龄进入暴食期，食量最大，危害最烈。7 月下旬至 8 月上、中旬食量大增，是幼虫危害的高峰期。9 月下旬至 10 月上旬，幼虫老熟，老熟幼虫陆续迁向枝梢端部，吐丝固定蓑囊于小枝上，封闭囊口，开始越冬。越冬幼虫抗寒力较强，越冬死亡率较低。

幼虫换龄前，将袋黏附于叶片背面或叶柄、树干等处，停止取食 1～3 天。幼虫蜕皮时，先从头壳与第一胸节间拉开，然后在胸节腹部纵向裂一条缝，幼虫从中脱出。幼虫有吐丝下垂之习性，可借风力扩散蔓延。幼虫一生可取食泡桐叶 1.4～1.6 片（计 410～560cm^2），危害期长达 80～100 天。

各虫态历期。雄蛹 32～34 天，雌蛹 16～20 天；雄成虫 2～5 天，雌成虫 15～20 天；卵历期 12～22 天；雄幼虫 293～314 天，雌幼虫 310～330 天，幼虫每龄期 6～12 天，3～8 龄期为危害活动期。

成虫羽化多在晴天的 9：00～16：00，雄成虫从蛹部裂口处钻出，袋口处常留半截蛹壳；雌成虫羽化后，仍留在袋内，吐黄色绒毛，堵塞袋口。交尾多在 20：00～21：00 开始，翌日 7：00 结束。无重复交尾和孤雌生殖习性。幼虫换龄期停食，并将袋固定在叶背面或叶柄上。幼虫为觅食，吐丝下垂，借风力传播蔓延。幼虫一生可取食泡桐叶 1.4～1.64 片（410～560cm^2）。大袋蛾在树冠上的分布，下层多于上层，雌虫多分布于中、上层。大袋蛾远距离扩散蔓延，主要靠携虫苗木远距离运输，近距离靠孵化期的风力传播扩散，据观察，此期间的传播扩散距离一般为 8～10km。

大蓑蛾属间歇性发生的害虫，其间歇周期多为 3～5 年。 一般 7～8 月气温偏高并且持续干旱的年份危害猖獗。多雨或大雨会影响幼虫孵化，还容易引起病害流行，致使虫口密度下降，不易成灾；但是，当 6～8 月降水量低于 300mm 以下时，较易暴发成灾。

大蓑蛾的天敌种类较多，寄生率较高。其中，寄生蝇类寄生率为 17%～53.6%，白僵菌、绿僵菌及大袋蛾核多角体病毒寄生率在 30%左右。大蓑蛾的天敌主要有蓑蛾黑瘤姬蜂（*Coccygomimus aterrima*）、舞毒蛾黑瘤姬蜂（*Coccygomimus disparis*）、家蚕追寄蝇（*Exorista sorbillans*）、筒须追寄蝇（*Exorista humilis*）、苏云金杆菌（*Bacillus thuringiensis*）、白僵菌（*Beauveria bassiana*）、灰喜鹊（*Cyanopica cyanainterposita*）、大山雀（*Parus major*）等。

4. 综合防控技术

1）营造混交林。避免大面积营造该虫喜食的寄主纯林，桐农间作时应以该虫不喜食的杨、柳树做防护林带，以阻隔传播，减轻该虫危害。

2）选用抗虫能力强的品种。

3）冬春人工摘除袋囊。冬季结合修剪、整枝、造型，人工摘除蓑囊、消灭越冬幼虫，压低虫口基数。切实做好对大袋蛾的虫情监测工作。每年树木落叶后，首先对交通干道的行道树和新造幼林进行虫情调查，发现虫袋及时摘除，对大面积发生区认真做好虫情监测，适时开展防治。

4）人工诱杀成虫。利用黑光灯、性诱剂诱杀雄蛾，效果显著。

5）树干基部注药防治。在幼虫发生期，为减轻化学农药对环境的污染，可采用树干基部钻孔方法，根据树干粗细确定注药数量，每树注孔 2～10 个，每孔注药液 2～3mL。可选药剂为 37%巨无敌乳油 1∶1 水溶液，也可注入 50%的久效磷乳油原液 2～3mL。

6）喷药防治。最佳防治时间为 7 月上、中旬。在初龄幼虫阶段，可用 90%的晶体敌百虫 1000 倍液喷雾防治。也可选用 20%杀铃脲悬浮剂 300～500mL/hm^2、25%灭幼脲 3 号悬浮剂 1.5～2.0L/hm^2、50%辛硫磷乳油或 90%晶体敌百虫 2.5～3.0kg/hm^2 或 4.5%高效氯氰菊酯乳油 1.5～2.0L/hm^2，加水 1500～3000kg 喷雾。要求喷雾细致均匀，特别要照顾到树冠顶梢部。

7）生物防治。招引益鸟、保护天敌，充分发挥天敌的自然控制作用。喷洒生物制剂防治。选用苏云金杆菌（含孢量 100 亿/mL）制剂 1.5～2.0L/hm^2 或大袋蛾 NPV 病毒制剂和 BT 乳剂防治。收集大袋蛾干缩僵死的幼虫体，制成大袋蛾 NPV 病毒粗提液，于 7 月上、中旬喷洒树冠。或使用苏云金杆菌（BT）乳剂，于 7 月上中旬喷洒树冠。也可以用飞机低容量或超低容量喷洒 25%灭幼脲Ⅲ号，用药量为 600g/hm^2。

8）严把检疫关。凡携带活虫的苗木、木材严禁输入、输出。

（二）泡桐叶甲

泡桐叶甲［*Basiprionota bisignata*（Boheman）］，属鞘翅目（Coleoptera）叶甲科（Chrysomelidae）。又称泡桐金花虫、北锯龟甲、泡桐二星叶甲、二点波缘龟甲、二斑波缘龟甲。在我国主要分布于河南、陕西、甘肃、山西、山东及华北、华南、西南等地。寄主主要为泡桐、楸树和梓树。

1. 危害特点

危害泡桐、梓、楸，是泡桐的重要害虫之一。成虫及幼虫危害泡桐叶片。成虫、幼虫均危害寄主叶片，啃食叶肉，使叶片呈网眼状。严重时树叶焦黄，似火烧状。6 月、7 月为危害高峰期。在 7 月、8 月被害叶片即呈网状，严重时整个树冠呈灰黄色，造成早期落叶，影响树木生长。

图 18-2　泡桐叶甲成虫

2. 形态特征

成虫。椭圆形，橙黄色，体长 12～13mm，宽 9.5～10.0mm，初羽化时淡黄色，后颜色逐渐加深，呈橙黄色。触角基部 5 节，淡黄色，端部各节黑色，前胸背板向外延伸，鞘翅背面凸起，中间有 2 条明显的隆起线，淡黄色。鞘翅两侧向外扩展，形成边缘，鞘翅边缘近末端部 1/3 处有 1 个椭圆形大黑斑。雄虫触角较雌虫触角长，并且稍弯曲（图 18-2）。

卵。卵橙黄色，长椭圆形，散产或数粒斜立或竖立成堆，上被一层毡状半透明胶质覆盖物，初为白色，逐渐变为黄色。

幼虫。老熟幼虫体长 10mm 左右，淡黄色，两侧灰褐色，纺锤形，体节两侧各有一浅黄色肉刺突，向上翘起，上附脱皮。末端两节背面有 1 对较大刺突，伸向背上方，上附蜕皮及粪便，长期不掉，形似羽毛扇状，每龄期为一层，是划分龄级的重要参考依据。

蛹。淡黄色，体长 9mm 左右，宽 6mm 左右，体侧各有 2 个三角形刺片，以尾部粘于叶面上（图 18-3）。

3. 生物学特性

河南省 1 年发生 2 代，仅有少数个体 1 代，部分个体 3 代或不完全 3 代。以成虫在地表枯枝落叶层下或树皮缝及地表土中越冬。翌年 4 月中、下旬出蛰，4 月初飞到新萌发的叶片上取食、交配、产卵。幼虫孵化后，啃食寄主植物的表皮，5 月下旬幼虫老熟，第一代幼虫 5 月上旬开始化蛹，6 月上旬始见成虫。第 2 代幼虫 6 月下旬孵出，7 月中旬开始化蛹，7 月下旬羽化出 2 代成虫。第 3 代幼虫 8 月上旬孵出，8 月底开始化蛹，9 月上旬可见成虫。1 代、2 代、3 代成虫于 10 月底开始越冬，各世代有重叠现象。10

月底至 11 月上、中旬成虫潜伏于石块下、树皮缝内及地被物下或表土中越冬。越冬场所随发生地理位置不同而有所变化。在浅山区，多集中在泡桐林附近的岗坡上越冬；在丘陵区，一般集中在林区内或林区附近的沟底越冬。在平原区，一般集中在林区内越冬。

幼虫孵化后，群集叶面，啃食上表皮，残留下表皮。使叶片呈网眼状，随后变黄干枯，易脱落。幼虫每次蜕的皮，附尾部，向体后上方翘起，形似羽毛扇状，长期不掉。6～7 月成虫常和幼虫同时发生，危险甚烈，常把表皮啃光。每雌虫可进行 5～8 次交尾，历时 40～60 天，一生可产卵 19～250 块，每块 1～5 粒，平均每块 2.32～2.56 粒。无孤雌生殖习性。成虫白天活动，产卵于叶背面、正面、叶柄及小枝梗上。数十个聚集一起，竖立成块。老熟幼虫化蛹前先分泌一些液体分泌物，使尾部牢固附着在叶片正面（少在背面）后才化蛹。蛹时而迎着阳光与叶片呈 90°直立，时而前后颤动。成虫羽化后，对叶面的上下表皮一并取食，与幼虫同时为害。该虫每年有 2 个危害高峰期，即 5 月下旬至 6 月中旬及 7 月下旬至 8 月中旬，对林业生产造成了较大的经济损失。

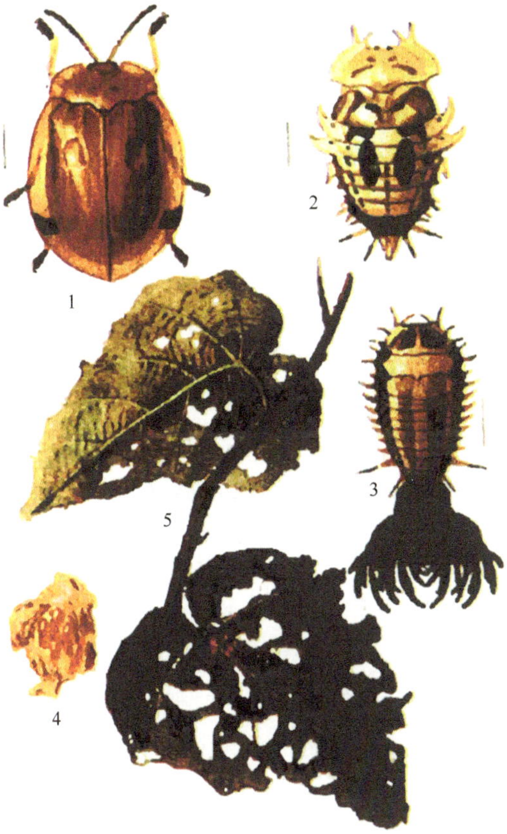

图 18-3　泡桐叶甲（河南省森林病虫害防治检验站，2005）

1. 成虫；2. 蛹；3. 幼虫；4. 卵；5. 被害状

成虫历期为 98～201 天，雌雄比例 1∶1。成虫可多次交尾，卵多产于叶片背面、嫩枝和叶柄上。每头雌虫平均产卵 131 块，最多产卵 250 块，每块卵平均 2.56～3.32 粒。卵历期分别为第一代 9 天、第二代 7 天。幼虫共 5 龄。其历期分别为第一代 22～26 天、第二代 21～24 天；蛹历期第一代 6 天、第二代 5 天。泡桐叶甲成虫、幼虫均取食叶片进行危害。第一代成虫期每头平均食叶量为 $96.19cm^2$，幼虫期每头平均食叶量为 $18.1cm^2$；第二代成虫期每头平均食叶量为 $112.48cm^2$，幼虫期每头平均食叶量为 $16.4cm^2$。每年有 2 次危害高峰期，即 5 月下旬至 6 月中旬和 7 月下旬至 8 月中旬。成虫 1 次可飞行 1min 左右，高度 1～10m，飞行距离 50～100m，最远 200m。雌雄成虫均无趋光性。

泡桐叶甲的天敌主要有叶甲姬小蜂、啮小蜂、螳螂、大黑蚂蚁、七星瓢虫、异色瓢虫、苹褐卷蛾长尾小蜂、猎蝽等。其中以叶甲姬小蜂、啮小蜂在卵期的寄生率较高，可以达到 70%以上。

4. 综合防控技术

1）营林措施。例如，合理间伐过密的纯林，保持片林通风透光；适当调整树种结构，最好营造混交林；加强管理，增强树势，提高林木抗病虫害的能力；人工营造杨树、苦楝、刺槐等林木防虫隔离带，阻止害虫的传播和蔓延。

2）人工捕杀幼虫、蛹等。出蛰后，组织群众对低矮幼树上的成虫进行人工捕杀。

3）树干基部注药防治。根据树干大小，一般胸径 5cm 以下，可以钻 1～2 个孔；胸径在 6～10cm 的，钻 3 个孔为宜；胸径在 11～19cm 的，可以钻 3～4 个孔；胸径达到 20～30cm，需要钻 4～5 个孔；胸径达到 31cm 以上的，钻 5 个以上的孔；孔距均等，孔深一般为 2～4cm，用 5%高氯·甲维盐微乳剂 300 倍液，每孔注入 2～3mL。对高大的泡桐树，还可以利用 5%吡虫啉乳油、3%啶虫咪乳油等原液进行根际注射防治。对于胸径 3～5cm 粗的树，注射 2～3mL 药液；对于 6～10cm 的粗树，可以注射 4～7mL 药液；11～15cm 的粗树，可以注射 8～12mL 药液；16～20cm 的粗树，需要注射 14～16mL 药液；20～30cm 的粗树，注射 18～26mL；31cm 以上的树，注射 28mL 以上的药液。

4）喷药防治。6 月上旬左右，当第一代幼虫孵化率达 70%以上时，利用高压喷雾器对叶面喷洒 2.5%溴氰菊酯乳油 1000～3000 倍液、5%吡虫啉乳油 2500 倍液、3%啶虫咪乳油 2000 倍液、10%氯氰菊酯 3000 倍液、25%灭幼脲III号 1000 倍液等农药进行喷雾防治。也可以用飞机超低容量或低容量喷洒灭幼脲类药物，每公顷施药量 375～525mL。超低容量每公顷喷药液 3750～5250mL，低容量每公顷喷药液 5100～7500mL。

5）保护和利用泡桐叶甲的天敌，利用益鸟进行治虫，利用天敌昆虫进行防治。

6）综合治理。应用营林、人工、生物、化学、物理等多种技术措施，因地制宜，因害设防，根据具体受害情况，科学合理地划分类型，有针对性地分类施策，进行综合防控和科学治理，以便控制泡桐叶甲的危害，提高防治效率。

（三）泡桐网蝽

泡桐网蝽（*Eteoneus angulatus* Drake & Maa），属半翅目（Hemiptera）网蝽科（Tingidae），又名角菱背网蝽。主要分布于我国江西、河南、山东、山西、湖南、广西、福建等地。

1. 危害特点

主要危害。主要危害泡桐、榆树等林木的叶片。主要以成虫和若虫聚集在叶背面吸食汁液进行危害。常在主脉的两侧危害。被害叶片正面形成苍白点、背面有褐色斑点状虫粪及分泌物。叶被害后表面呈现黄白色小点，严重时相连成苍白色，被害处常积集斑点状的褐黑色分泌物及蜕皮壳。受害树叶反卷变褐脱落，最后卷曲干枯，状如火烧，嫩梢枯死，甚至整株死亡。以 7～8 月危害严重。

2. 形态特征

成虫。体长 3.0～4.8mm，宽 1～2mm，体扁平，黄褐色。无单眼。触角 4 节，黑褐色，第 3 节细长，第 4 节略膨大。喙 4 节。前胸背板向后延伸盖住小盾片，有网状花纹，前翅不分革片与膜片，也有网状花纹。头、前胸背板深褐色，近似于等边三角形，侧角呈明显的锐角，三角突大，端角呈锐角，直伸达前翅中域中部以远。头顶背面正中有 1 对弧状隆起。前胸背板近似菱形，前端平，两侧角尖锐，后端三角突呈等边三角形，背板中央有 1 条纵隆脊伸达三角突的末端；前端近前缘处有 2 个近长方形的黑斑；背板上布满深褐色刻点，侧背板呈脊状。前翅淡黄褐色或灰黄色，翅端圆钝，长于腹部末端，具明显的褐斑，翅面上有很多网状纹，前缘脉呈圆弧状，后翅稍短于前翅，烟黄色，靠近翅脉处具蓝色闪光。雄虫腹部呈黄褐色，色泽较重，第 8 节近三角形。足黄褐色，较细长，跗节第 1 节末端有 2 个钩形爪，中间有 1 个垫（图 18-4）。

图 18-4　泡桐网蝽（一）

卵。长椭圆形，白色，长 0.6～0.8mm，宽 0.1mm 左右，中间有 1 个小黑点。

若虫。共 6 龄，初孵化时白色透明，随后逐渐变为浅青黄色，长椭圆形，体长 1～3mm，体宽 0.2～0.3mm，头部及刺突不明显（图 18-5）。

3. 生物学特性

泡桐网蝽 1 年发生 3～4 代，以成虫越冬。4 代区翌年 3 月下旬开始活动，产卵繁殖。卵数粒聚集在一起，5 月上旬孵化，成虫和若虫群集在叶背面，以取食叶面汁液危害寄主。

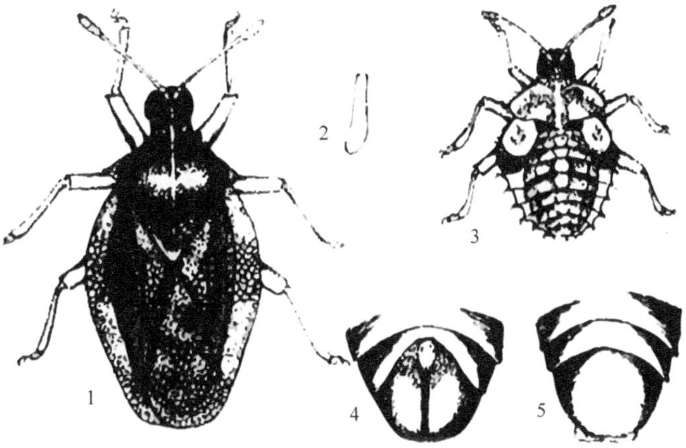

图 18-5　泡桐网蝽（二）

1. 成虫；2. 卵；3. 若虫；4. 雌虫尾部；5. 雄虫尾部

6 月底出现第二代若虫，7 月中旬出现第三代若虫，9 月上旬出现第 4 代若虫，危害至 10 月底，先后变为成虫越冬。成虫羽化 5～7 天后开始交尾，交尾后 3～5 天开始产卵，将卵产于叶背面的侧脉上，也有少量卵产在主脉梢头或散产在叶面上有孔洞边缘的叶肉内。雌成虫较雄成虫早羽化 3～4 天。成虫较敏感，受惊后立即转移，有假死性。成虫、若虫多群集在叶背靠近叶柄的叶脉处取食危害。7～8 月为危害盛期，品种间抗虫性有差异，其中兰考泡桐叶片受害率高，楸叶泡桐和毛泡桐较抗虫。泡桐网蝽主要靠苗木、原木运输，向远距离扩散蔓延。

泡桐网蝽在河南省一年发生 3 代，第一代成虫出现于 6 月中旬，第二、第三代分别出现于 7 月下旬和 8 月下旬。成虫、若虫多集中在叶片背面靠近叶柄的叶脉处取食，7～8 月危害最重。被害叶片初期背面出现暗红色小点，正面出现黄色小斑，后期叶片卷曲、变褐，干枯脱落，状如火烧，严重时死亡。兰考泡桐受害率高达 95%。以成虫在泡桐树干基部地面 1～4m 深处或向阳面的皮缝内越冬。翌年 3 月下旬越冬成虫出蛰，4 月上旬飞到泡桐树上，吸食幼嫩叶片汁液进行危害。补充营养后于 5 月上旬开始产卵。第一代卵历期 7～8 天，第二、第三代卵历期 4～5 天。第一代若虫于 5 月中旬出现，6 月上旬为盛期，第二、第三代若虫出现盛期分别为 7 月上旬和 8 月中旬。第一代成虫出现于 6 月中旬，6 月下旬为盛期，第二、第三代成虫期分别出现于 7 月下旬和 8 月下旬。成虫寿命第一、第二代 20～35 天，第三代 230 天左右。第三代成虫于 10 月中旬以后陆续停止取食，进入越冬期。成虫羽化 5～7 天后开始交尾，一般时间为 20～30min，交尾后 3～5 天开始产卵。产卵量 10～25 粒，卵多斜产于叶背面的侧脉上，常 10 多粒集中在一起，也有少量卵产在主脉梢头或散产在叶面上有孔洞边缘的叶肉内。雌成虫较雄成虫早羽化 3～4 天。越冬后雌性比率为 83%。成虫较敏感，受惊后立即转移，有假死性。成虫飞翔能力不强，活动靠爬行，或从一片叶子上飞到另一片叶子上，以后久停不动、在林间很少见到成虫飞翔。越冬代成虫多在树冠下层叶片上取食活动，第二、第三代成虫多在树冠中层以上进行取食活动。据观察，除第一代若虫发生比较整齐，其他各世代出现重叠现象，在同一时期内，成虫、卵、若虫均有发生。若虫期，以 4 龄、5 龄若虫活动能力较强，危害较重。在相同立地条件下，泡桐网蝽对不同品种的泡桐危害程度不同，其中兰考泡桐叶片受害率达 95%、秋叶泡桐受害率达 45%、毛泡桐受害率达 10%。由于泡桐网蝽的成虫、若虫飞翔活动能力不强，主要靠苗木、原木运输远距离扩散蔓延。

4. 综合防控技术

1）营林措施。加强泡桐栽培管理，增强树势，提高林木自身抵抗力。

2）冬季清园，降低成虫密度。秋末冬初树木落叶后，及时清除枯枝落叶、田间杂草并集中烧毁，减少虫源。

3）消灭越冬成虫。冬季深翻树冠下土壤，进行晾晒，消灭越冬成虫，压低虫口密度，减轻翌年危害。

4）严格泡桐检疫措施，加强产地和调运检疫，避免从疫区引进苗木。尤其对泡桐苗木要严格检疫。在泡桐网蝽发生期，泡桐苗木和新伐泡桐原木，不经检疫，不准运输。

5）根际注药防治。成虫、若虫发生期，对根部注射5%高氯·甲维盐微乳剂300倍液、5%吡虫啉乳油、3%啶虫咪乳油等原液防治。具体措施参考泡桐叶甲的防治方法。

6）叶面喷药防治。 4月下旬至5月中旬，对叶面喷洒5%吡虫啉乳油2500倍液、2.5%溴氰菊酯乳油3000～5000倍液。也可以在5月下旬，用3%的高渗苯氧威乳油4000倍液、3%啶虫咪乳油2000倍液、10%氯氰菊酯3000倍液等喷洒叶面进行防治。每隔20天左右喷1次。

（四）茸毒蛾

茸毒蛾 *Calliteara pudibunda*（Linnaeus），属鳞翅目 Lepidoptera、毒蛾科 Lymantriidae。又名：苹叶纵纹毒蛾、苹红尾毒蛾、苹毒蛾。主要分布于我国江苏、安徽、浙江、江西、河南、河北、山东、吉林、辽宁、湖北、陕西、山西等地。

1. 危害特点

主要危害泡桐、法国梧桐、杨树、柳树、榆树、栎树、栗树、李树、杏树、苹果树、梨树、山楂树、樱桃树等树木及玉米、棉花、红薯等农作物和多种草本。危害严重时可将全树叶片吃光，影响树木正常生长量。

2. 形态特征

成虫。雄蛾体褐色，前翅灰白色，分布黑色和褐色鳞片，雄虫翅展35～45mm，亚基线、内线、外线近平行，黑色微波浪形，缘毛灰白色与黑褐色相间；后翅白色带黑褐色鳞片，缘毛灰白色。雌虫翅展45～60mm。雌蛾色浅，内线和外线清晰，末端线和端线模糊。

图18-6　茸毒蛾幼虫

卵。产于树干上或叶面，呈块状，每块有卵80～500粒。

幼虫。老熟幼虫体长52mm，头部黄色，体黄绿色或黄褐色，幼虫的体毛和成虫的鳞片有毒，触及皮肤可引起红肿疼痒或皮肤过敏，吸入体内可引起黏膜中毒。第1～5腹节黑色，第5～8腹节微黑色，亚背线在第5～8腹节为间断的黑带，前胸两侧有向前伸的黄色毛束，第1～4腹节背面各有一赭黄色毛刷，毛刷周围有白色毛，第8腹节背面有一紫红色毛束（图18-6）。

茧。黄褐色，外附幼虫体毛。

3. 生物学特性

河南1年发生3代，东北1年发生1代，以幼虫越冬。长江下游地区1年发生3代，以蛹在树皮缝、杂草丛、屋檐下等处越冬。翌年4月中下旬成虫开始羽化；5月上旬出现第一代幼虫，6月下旬出现第二代幼虫，8月中旬出现第三代幼虫，9月上旬幼虫开始化蛹，进入越冬期。

成虫多在 21：00 后开始羽化，交尾、产卵。雌虫体肥大，仅作短距离飞行。成虫具趋光性，且雄性较雌性趋光性强。昼伏夜出，白天静伏于叶背、树木伤疤、裂缝处。成虫寿命 4～7 天。越冬代成虫产卵于树皮上，其他代成虫产卵于叶片上，呈块状排列。每头成虫产卵 500～1000 粒，呈块状，每块最少 24 粒，最多 323 粒，平均 200 粒。卵初产期为黄绿色，近孵化时为浅褐色。卵历期 10 天左右。幼虫共 5 个龄期，1～2 龄期群集生活，啃食叶肉。进入 3 龄期，分散取食。进入 5 龄期，食量大增，可将叶片食光。当百叶虫口密度达 40 头以上时，3～5 天可将整株叶片食光。一头幼虫一生食叶量为 4.5～5.5 片泡桐叶，3 龄以后的幼虫较活跃，善于爬行。受惊后体卷曲、收缩、假死落地片刻后，迅速爬行。第一代幼虫期 30 天，第二代幼虫期 29 天，第三代幼虫期 35～50 天。幼虫体色黑黄、浅黄等色多变。第一、第二代幼虫化蛹场所多数在树皮缝、枝杈、伤疤、丛枝中。第三代幼虫化蛹，大部分在寄主周围的土、杂草丛、石缝、柴垛、墙缝、饲草、屋檐等处，也有的在树上，树上占 4.5%，其余大发生年份，常群集结成茧块。

茸毒蛾靠成虫迁飞传播，靠交通工具携带幼虫远距离传播。在种植中纯林受害重，混交林受害轻。幼虫期茸毒蛾，常常从树上坠落下来到处爬行，落地幼虫爬到交通工具上，也会直接坠落到停放在路两旁的交通工具上，随交通工具远距离扩散蔓延。据河南省南阳市、洛阳市、平顶山市、周口市等地观察，一般开始在交通便利的法桐、泡桐等行道树上先发现茸毒蛾的危害，其后逐渐向四周泡桐林内扩散蔓延。具体到每个已发生的地区来看，从始见少量茸毒蛾到大范围发生，直至消退，一般需要 3～4 年，发生面积 2000～5300hm^2。从受害的严重程度来看，以泡桐、法桐等树种受害重，其他树种受害相对较轻；以林分划分，纯林受害重，混交林受害轻。一个发生过程之后，一是受害树木当年新梢干枯；二是因食料不足导致茸毒蛾越冬蛹被冻死的占 93.4%，仅有 6.6%的蛹羽化为成虫，但成虫所产卵的孵化率仅 3%～5%。

4. 综合防控技术

1）冬季清园。树木落叶后，结合冬剪，及时清除林间杂草及枯枝、落叶，刮除老翘皮，消灭越冬幼虫。清扫树干及屋檐等越冬蛹聚集处，以减少虫源。

2）营造林措施。加强栽培管理，增强树势，提高植株抵抗力；因地制宜地选择较抗虫品种；合理营造混合林。

3）摘卵除虫。结合日常管理，及时摘除卵块，消灭群居危害的幼虫。

4）生物防治。选用苏云金杆菌（含孢量 100 亿/mL）制剂 1.5～2.0 L/hm^2 ，兑水喷雾。

5）化学防治。茸毒蛾危害高峰期，叶面喷洒 2.5%溴氰菊酯 3000～5000 倍液或 90%敌百虫晶体 800～1000 倍液防治，防治效果较好。树干基部注药防治。胸径 5cm 以下，钻 1～2 个孔；胸径 6～10cm，钻 3 个孔；胸径 11～19cm，钻 3～4 个孔；胸径 20～30cm 钻 4～5 个孔；胸径 31cm 以上，钻 5 个以上孔；孔距均等，孔深 2～4cm，注射 25%噻虫嗪水分散粒剂 300 倍液或 37%巨无敌乳油原液，每孔注 2～3mL。

6）保护和利用天敌。

（五）细毛蝽

细毛蝽［*Dolycoris baccarum*（Linnaeus）］，属半翅目（Hemiptera）蝽科（Pentatomidae）。又名：斑须蝽、黄褐蝽、斑角蝽、节须蝽。主要分布于我国华中、华北、华南、西南等地。

1. 危害特点

主要危害泡桐、杨、柳、刺槐、苹果、梨、桃、山楂多种林木和果树及谷类蔬菜等农作物。以若虫群集嫩枝和幼叶进行刺吸茎叶危害，造成嫩叶干枯、嫩梢萎缩，抑制植物高生长。

2. 形态特征

成虫。黄褐色或黑褐色，体长 8～13mm，宽 4.5～7mm，全体上下及足部多纤细的绒毛和黑色小刻点。头黑褐色，触角 5 节、黑色，各节基部为黄白色，深浅相间如斑纹。单眼 2 个，少数缺，喙 4 节。前翅分为革片、爪片、膜片 3 部分，膜片上具多数纵行翅脉，发自于基部的一根横脉。中胸小盾片长，呈三角形，超过爪片。末端钝而光滑，淡黄色或黄白色。体侧各节结合处黄、黑相间。翅端长于腹末，膜质部分淡褐色。

卵。橘黄色，圆筒形，成块排列整齐。

若虫。体长 9mm 左右，黑褐色，密布绒毛和刻点。

3. 生物学特性

河南省 1 年发生 2～3 代，以成虫在杂草、枯枝落叶下、树皮缝、植物根际、土缝、石缝及屋檐下越冬。翌年 4 月开始活动，4 月下旬产卵，卵产于植物的叶片、嫩枝、花蕾和苞片上，卵竖立成块，每块 14～28 粒。一生可产卵 68～130 粒，卵经过 4～5 天孵化，若虫孵化以后，多聚集在卵块上不动，停留 2～3 天后开始分散活动，集结在泡桐幼苗嫩梢上吸食茎和叶上的汁液，被害叶最初呈褐色小点，后来逐渐皱缩，嫩茎被害后常流出褐色黏液。6 月初第一代成虫开始羽化，6 月中旬为产卵盛期。第二代成虫 7 月初羽化；第三代成虫 8 月中旬羽化。成虫 10 月上、中旬开始越冬。成虫飞翔能力较强。成虫、若虫均刺吸植物汁液。由于成虫寿命长，产卵期长，世代重叠严重。成虫还有吸食蚜虫、蝇类、棉铃虫幼虫汁液等习性。

4. 综合防控技术

1）通过清园消灭越冬成虫。春秋时节，结合日常生产，刮树皮、清除杂草、清除枯枝落叶，并集中烧毁，消灭越冬成虫。

2）人工捕捉成虫防治。在成虫盛发期，发动群众进行人工捕捉成虫，并集中清理销毁。

3）化学防治。若虫盛发期，用 90%敌百虫或 20%杀灭菊酯 1500～2000 倍液或 2.5%溴氰菊酯 3000～5000 倍液等喷雾。

4）生物防治。保护利用蝽卵蜂等天敌防治细毛蝽效果较好。蝽卵蜂对细毛蝽的卵寄生率很高，一般可达 35%～60%，要积极保护，充分利用。

（六）娇驼跷蝽

娇驼跷蝽［*Gampsocoris pulchellus*（Dallas）］，属半翅目（Hemiptera）跷蝽科（Berytidae）。别名：跷蝽。分布于河南、河北、山东、湖北、江西、广西、广东、陕西、云南、四川、西藏等地。

1. 危害特点

主要危害泡桐、苹果，是泡桐苗木的重要害虫。初孵若虫喜群集于泡桐嫩枝、幼叶吸食汁液，嫩枝受害后，流出褐色黏液，逐渐萎缩，停止高生长。幼叶受害后萎缩，不能展开。

2. 形态特征

成虫。体长 3.5～4.2mm，体狭长，黄褐色或灰褐色，形似大蚊。头顶圆鼓，向前伸。头部至胸部腹面呈黑色纵纹。触角褐色细长，第 1 节端部膨大，第 4 节纺锤形；末端白色，各节具黑色环纹。喙黄色，伸达后胸足基节之间。前胸背板发达，向上隆起，后缘中央及侧角上有 3 个显著的圆锥形突起。小盾片弯曲呈直立长刺。后胸两侧各具一个向后弯曲的长刺。足细长，其上具黑色环纹，各足腿节顶端膨大呈棒状。前翅黄白色，膜质透明，有紫色闪光。腹部纺锤形，黄绿色，背面具黑色斑块（图 18-7）。

卵。长椭圆形，长 0.6mm，宽 0.2mm，顶端有 2 个突起。表面有纵行刻纹，初产时乳白色，近孵化时呈黄白色。

若虫。共 5 龄。末龄时体黄绿色，细长，腹部中间膨大，端部尖细，稍向背上翘起，末端黑色。触角和足细长，各节上均具黑色轮纹。翅芽泡状，末端灰黑色，伸出腹部末端的长度约为腹部长的 1/3。

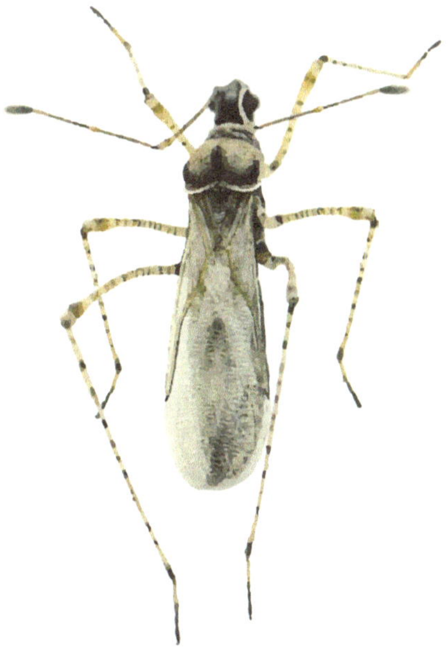

图 18-7　娇驼跷蝽

3. 生物学特性

河南省 1 年发生 3 代，有世代重叠现象。以第三代成虫在苗圃、林地附近的地埂、杂草及落叶下越冬。翌年 4 月上旬出蛰，待泡桐发芽后飞到幼芽嫩叶上危害。成虫羽化多在夜间进行，越冬代成虫出蛰后和其他代刚羽化后成虫都需补充营养，5～7 天即行交配。成虫不活泼，较稳定，轻微触动不逃走，严重受惊逃飞苗下。取食活动均在苗木上部的大片叶子背面，中部次之，下部很少。4 月下旬出现第一代卵，单粒，散产于植株上部叶片背面主侧脉间的毛茸中，或背面边缘处。刚孵化的若虫不大活动，很少爬行，多在叶柄附近栖息。2 龄若虫较活泼，在叶背爬行较频繁，但多集中在苗木幼嫩梢的顶端或嫩叶上取食。3 龄后稍有分散，可在叶片、叶柄等处活动。4 月上旬越冬代成虫飞到泡桐大树上危害，4 月下旬又飞到大田泡桐幼苗上危害；5 月至 6 月上旬出现第一代若虫危害高峰，7 月中旬出现第二代若虫危害高峰；8 月中、下旬出现第三代成虫危害高峰。9 月以后，成虫逐渐转移到苗木、林地边缘的小树叶片上，准备进入越冬。兰考泡桐、楸叶泡桐危害重，白花泡桐、川泡桐次之，台湾泡桐、米氏泡桐较抗虫害。娇驼跷蝽的天敌有草蛉、蚂蚁等。

4. 综合防控技术

1）营林措施。造林选择叶片多腺毛的抗虫泡桐品种，以降低危害。这些品种叶片上腺毛发达，而且具黏性，虫体不易活动，虫口数量较少，危害亦轻。通过不同抗性品种的轮作、镶嵌式种植等保护措施，延长抗虫品种的使用寿命，充分发挥其在害虫治理中的作用。

2）翻耕灭虫。冬季结合冬耕翻地，及时清除地面的落叶、林间的杂草，破坏娇驼跷蝽的栖息和隐藏场所。深耕还可以把害虫埋到很深的土中，使其窒息而亡，消灭越冬成虫。

3）药物防治。选用 20%杀灭菊酯乳油 1500 倍液或 2.5%溴氰菊酯乳油 3000～5000 倍液喷洒防治。主要以 5 月中旬第一代若虫发生盛期之前为防治最佳时期。

（七）楸螟

楸螟（*Omphisa plagialis* Wileman），属鳞翅目（Lepidoptera）、螟蛾科（Pyralidae）。又名：楸蠹螟。

主要分布于我国辽宁、北京、河北、河南、山东、山西、江苏、浙江、湖南、湖北、四川、云南、贵州、陕西、甘肃等地。

1. 危害特点

主要危害楸树、梓树等树种。以幼虫钻蛀茎干为害。幼虫钻入嫩枝蛀食髓部，受害处常形成瘤状突起，易遭风折，致使幼树难以形成主梢，影响树干生长。

图 18-8　楸螟

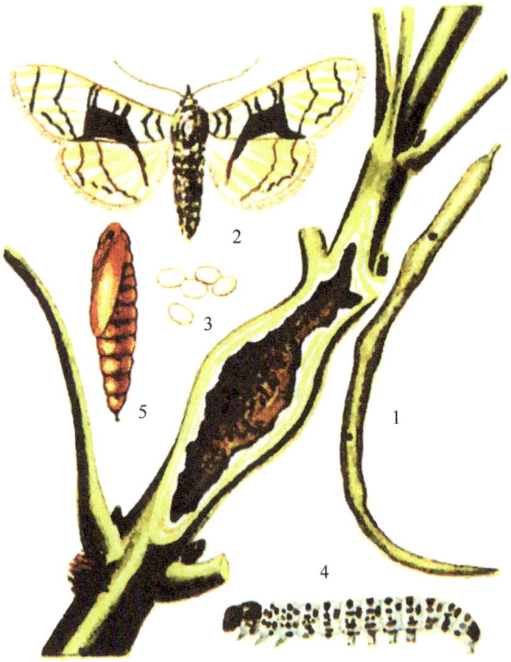

图 18-9　楸螟（河南省森林病虫害防治检验站，2005）

1. 被害状；2. 成虫；3. 卵；4. 幼虫；5. 蛹

2. 形态特征

成虫。体长 15～16mm，翅展约 36mm，体浅灰褐色，具细长的足。触角丝状，有单眼，下颚须及下唇须发达，下唇须常凸出。具腹部鼓膜器。翅白色，前翅近三角形。前翅近外缘处有深赭色波状纹 2 条，翅中央近内侧有一近正方形的赭色大斑纹。翅基处有 1 条褐色短横线。后翅有赭色横线 3 条，中、外横线的位置与前翅的波状纹相连。Sc 与 Rs 接近，平行或越过中室后有一小段合并（图 18-8）。

卵。椭圆形，红白色，长 1mm 左右。

幼虫。老熟幼虫体长 15～18mm，灰白色，前胸背板深褐色，分为 2 块。体节上背板处有 2 个赭褐色毛斑，气门上线和下线也有 1 个毛斑。仅具原生刚毛，腹足较短，具环形单行双序或三序的趾钩，或具 1 对横带趾钩（图 18-9）。

蛹。褐色，纺锤形。

3. 生物学特性

河南 1 年发生 2 代，以老熟幼虫在 1～2 年生被害枝条内越冬。翌年 3～4 月开始化蛹，5 月上旬成虫开始羽化，下午到晚上为羽化高峰，一般羽化比较集中，16：00～21：00 羽化率可达 90%以上。成虫白天静伏于叶背面，19：00 后开始活动，直到深夜，尤以 20：00～24：00 成虫最为活跃。成虫飞翔力强，飞翔高度可达到 10m 左右，最远距离可以达到 200～300m。成虫具趋光性。对黑光灯趋性强。成虫以 21：00～23：00 飞向黑光灯数量较多，到 23：00 以后极少。雄性成虫羽化较早，雄性成虫比雌性成虫早出现 1～2 天。雌雄虫比例为 1.14∶0.9。成虫寿命 2～8 天，雌性成虫寿命相对较长，雌性成虫比雄性成虫寿命长 1～3 天。成虫羽化后当晚即进行交尾，第 2 天晚上开始产卵，产卵量每雌 60～140 粒。卵历期 7～9 天，卵孵化大多在 9：00～11：00 和 15：00～17：00，卵孵化率可达 80%～95%。幼虫孵出后开始蛀干危害，一般在嫩梢距顶芽 5～10m 处进行蛀入。蛀入孔小如针尖，孔为黑色。初孵幼虫开始在嫩梢内盘旋蛀食，然后逐步向上向下进行危害。直到最后将嫩梢髓心蛀空。虫道长 15～20cm，宽 0.4～0.8cm，外部形成椭圆形或长圆形虫瘿，虫瘿直径 1.5～2.5cm、虫瘿相连，其形状好似山楂冰糖葫芦一般。从蛀入孔排出虫粪及木屑。一般 1 头幼虫可以蛀 1 个新梢，当遇到风吹新梢就会折断，幼虫便会转枝进行再次危害。也有个别初孵幼虫蛀入叶柄危害，造成叶部枯萎，这时，幼虫又会转入苗木下部进行危害。幼虫共 5 龄。第一代幼虫历期 17～47 天。第二代幼虫于 9 月底开始进入越冬休眠期，直到翌年 3～4 月，老熟幼虫开始羽化。老熟幼虫在虫道下端咬一圆形羽化孔，并且在孔的上方吐丝黏结木屑构筑蛹室进行化蛹。第一代蛹历期 6～38 天，平均 14 天；第二代蛹历期 16～47 天。第一代成虫羽化率 78%，第二代成虫羽化率可达到 82%以上。从危害程度上看，一般幼苗和 5 年生以下幼树危害相对严重，大树，尤其是高 4m 以上的树危害较轻，一般对 10m 以上的大树不进行危害；树的上部枝条危害较重，下部枝条危害较轻；发枝较早枝条且粗壮的危害严重，发枝晚枝条且细弱的危害较轻。长势旺、枝条粗壮的类型被害重；而长势弱、枝条细的类型被害轻。

4. 综合防控技术

1）加强检疫检查。严格苗木出圃检查，禁止带虫苗木外运，以防传播蔓延。

2）保护利用天敌。结合冬季修剪，将剪除的被害枝放入细密纱网中，注意观察，当天敌羽化高峰时打开纱网，释放天敌。从而利用天敌进行保护。同时，注意保护天敌，尽量选择对天敌较安全的农药品种，减少用药次数。

3）农业防治。积极开展清园工作，结合修剪，剪除被害的枝条或枝蔓，以消灭越冬虫源，剪除的枝蔓要及时处理，深埋或烧毁，消灭越冬幼虫，降低虫口密度。

4）药剂防治。掌握成虫期及幼虫孵化期，选用20%杀螟松或2.5%溴氰菊酯乳油、20%杀灭菊酯1500～2000倍液、90%敌百虫晶体800～1000倍液喷雾防治，毒杀成虫和初孵幼虫。或用50%敌敌畏500倍液涂抹被害部位，消灭幼虫及阻止成虫羽化。

（八）日本履绵蚧

日本履绵蚧［*Drosicha corpulenta*（Kuwana）］，属半翅目（Hemiptera）绵蚧科（Margarodidae）。别名：草履蚧、桑虱。华南、华中、华北、华东、西南、西北均有分布。主要分布于河北、河南、山东、辽宁、江西、福建等地。

1. 危害特点

主要危害泡桐、杨树、柿树、柳树、槐树、悬铃木、梨树、苹果树、桃树、无花果树、核桃树、樱桃树、栗树、楝树等树种。用口器刺吸树干汁液，其危害常使受害树木生长势减弱，枝梢干枯，造成树势衰弱，危害严重时能使树木死亡。如果不及时防治，危害严重的树木第一年叶片会枯黄，出现“头年黄（整株叶片枯黄）”现象，第二年枝梢会干枯，俗称“二年枯（整株枝梢干枯）”，第三年甚至会出现整株死亡的现象，俗称“三年死”（第3年整株死亡）。若虫、成虫密集于细枝芽基部刺吸危害，使芽不能萌发，或发芽幼叶枯死，常暴发成灾。

2. 形态特征

成虫。雄成虫体长5～6mm，体紫红色，头胸部淡黑色。翅展10mm左右。复眼较凸出。翅淡黑色。触角黑色，丝状，由10节组成，除第1节和第2节外，通常各节环生3圈细长毛。腹部末端有枝刺17根。雌成虫体长10mm左右，背面有皱褶，扁平椭圆形。体淡灰紫色，周缘、腹面淡黄色。背面稍隆起肥大。腹部有横皱褶和纵沟，形似草鞋。体被薄层白粉状蜡质分泌物（图18-10）。

图18-10　日本履绵蚧

卵。椭圆形，黄白色渐呈赤黄色，初产时黄白色渐呈黄赤色，产于白色绵状物样的卵囊之内。

若虫。与雌成虫极为相似。除体形较雌成虫小、色较深外，其他方面都与雌成虫相似。

拟蛹。褐色，圆筒形，长约5mm，外被白色绵状物。

3. 生物学特性

1年1代，一般以卵囊在土中越冬，也有少数以1龄若虫越冬。单雌产卵100～180粒。越冬卵孵化的若虫耐干、耐饥能力极强。越冬卵于第二年2月上旬至3月上旬孵化，孵化后的若虫开始仍停留在卵囊内。等到2月中旬以后，随着气温升高，若虫开始出土上树，到2月底前后若虫出土上树达到高峰期，后逐渐下降，到3月中旬左右若虫出土上树基本结束。当冬季气温偏高时，个别年份，当年12月就有少数若虫孵出，1月下旬开始出土上树。中午前后，一般10：00～14：00若虫喜好在树的向阳面活动，若虫沿树干爬至嫩梢或者幼芽等部位进行取食。初龄若虫行动较为迟缓，喜群居善隐蔽，一般成群爬到树洞或树杈等部位进行隐蔽群居。若虫于3月底4月初开始第1次蜕皮，蜕皮后虫体逐渐增大，并开始分泌蜡质物。到4月中旬或者下旬开始第2次蜕皮，这时候，雄若虫不再取食，而是潜伏于树皮缝或土缝、枯叶堆、杂草等处，分泌大量蜡丝缠绕进行化蛹。蛹期一般10天左右，到4月底5月初的时候，开始羽化为成虫。雄成虫羽化后不再取食危害，白天基本不活动，傍晚时分开始大量活动，主要目的是寻找雌成虫，并进行交尾。如果遇到阴雨天气，则整日进行活动，寿命大多10天左右。4月下旬至5月上旬，雌若虫开始进行第3次蜕皮，蜕皮后成为雌成虫，然后与雄成虫进行交尾。到5月中旬达到交尾高峰期，雄成虫交尾后即死亡。5月中或者下旬雌成虫开始下树，随后，即钻入树干周围的石块下或者土缝中等地方，进行产卵。先分泌白色绵状卵囊，然后将卵产于卵囊之中。产卵量一般每头雌虫可产卵40～60粒，多者可达120粒。雌虫产卵量的多少与土壤含水量有相关性，在5cm深的土壤处，当含水率达到18%～20%时，平均每头雌成虫产卵量为77.4粒；当土壤含水率低于3%的时候，雌成虫便会出现大量死亡的情况，有些存活的，也会出现因为虫体失水而干缩的现象，尤其是其受精卵也会大量失去活性。如果出现表土极度干燥的情况，成虫死亡以后，虫体失水变成干枯状，受精卵则全部死亡。

4. 综合防控技术

1）清除越冬虫卵。对于桐农间作地、果园等可结合生产实际，在进行冬耕、挖树盘、施基肥等环节，挖出树盘周围的越冬虫卵并进行处理，从而压低虫口密度，达到减轻发生量的目的。用废机油涂干时，为避免产生药害，可在树干先绑扎塑料薄膜，然后再涂上机油。

2）树干涂粘虫剂。根据其生物学特性，充分利用若虫在早春出土上树的特点，采用树干涂粘虫剂的方法，可以大量消灭若虫，大大提高防治效率。具体措施是，早春若虫出土上树之前，即2月上旬前后，绕树干基部一周涂粘虫剂或者粘虫胶环，先将老树皮刮平再涂抹，环宽20～30cm。要因地制宜，根据若虫出蛰早的习性，一般在2月10日前涂第1次。若虫出蛰盛期，每天早上涂胶1遍。粘虫剂可用废机油、棉油泥、柴油或蓖麻油0.5kg，先进行加热，等充分加热以后，再加入粉碎的松香0.5kg，待熔化以后便立即停火，即可备用。或者将棉油泥、沥青加热熔化后直接使用。为避免产生药害，用废机油涂干时，在涂粘虫剂前，先在树干绑扎塑料薄膜绕树干1周，然后把粘虫剂涂在塑料布上或者再涂上机油。

3）药草绳防治。在若虫上树前（12月底或翌年1月初），绑药草绳进行防治。将树干的老皮刮除，缠2圈草绳（大拇指粗），在其上缘绑一圈略长于树干周长、宽20～30cm的塑料薄膜，用喷雾器向草绳上喷25%蚧死净可湿性粉剂150～200倍液，以喷透为宜。然后将塑料薄膜向下反卷成喇叭口状，用大头针别紧接缝即可，可毒杀集聚于喇叭口下的日本履绵蚧，以后每隔10～15天喷一次药液，至危害期结束。

4）保护天敌。红缘瓢虫、大红瓢虫，均为日本履绵蚧天敌，注意保护利用。

（九）华北蝼蛄、东方蝼蛄

华北蝼蛄（*Gryllotalpa unispina* Saussure）、东方蝼蛄（*G. orientalis* Burmeister），属直翅目（Orthoptera）蝼蛄科（Gryllotalpidae）。别名：拉拉蛄、土狗子。主要分布在长江以北各省。

东方蝼蛄从19世纪20年代开始一直到90年代名称用的是非洲蝼蛄，后来经过大量查阅文献、对照标本、实际考证，证实我国的非洲蝼蛄应为东方蝼蛄。东方蝼蛄分布十分广泛，几乎遍布全国各地，其中南方省份受害较重。华北蝼蛄在俄罗斯西伯利亚、土耳其、蒙古国等国外都有分布。国内主要分布在中北部省份河南、河北、山东、山西和东北的辽宁及吉林的西部、西北的陕西等地区，盐碱地、砂壤地分布较多；在黄河沿岸和华北西部地区 2 种蝼蛄常常混合发生，但以华北蝼蛄为主；东北三省除了辽宁省、吉林省西部以外，主要是东方蝼蛄发生区。

1. 危害特点

蝼蛄为杂多食性害虫，能危害多种作物，包括各种蔬菜、果树、林木的种子和幼苗，在泡桐上主要危害泡桐播种的种子及苗木的根。蝼蛄成虫、若虫都在土中咬食刚播下的种子和幼芽，或者将幼苗咬断，使幼苗枯死。其危害特征主要为受害株的根部呈乱麻状，因为蝼蛄的活动，可以将表土层串成许多隧道，使种子架空，苗根脱离土壤，由于苗土分离，造成幼苗失水而枯死，甚至造成缺苗断垄，群众有“不怕蝼蛄咬，就怕蝼蛄跑”之说。在温室或保护地内，由于气温高，蝼蛄活动早，加之幼苗集中，受害更加严重。

2. 形态特征

（1）华北蝼蛄

成虫。体长 36～56mm，黄褐色，体肥大，前胸背板盾形，背板背面中央长心脏形凹斑，暗红色，凹陷不明显。腹部末端近圆筒形。前翅黄褐色，覆盖腹部不足 1/2；后翅纵卷成尾状。前足腿节内侧外缘弯曲，缺刻明显。后足胫节背侧内缘有刺 1～2 个或消失（图 18-11）。

卵。椭圆形，近孵前长 2.4～2.8mm。最初乳白色，后变为黄褐色，最后暗灰色。

若虫。末端近圆筒形，黄褐色。共 13 龄，5 龄、6 龄若虫与成虫相似。

（2）东方蝼蛄

成虫。灰褐色，体长 30～35mm，体瘦小，腹部末端近纺锤形。前胸背板卵圆形，背板中央长心脏形斑小，凹陷明显。前翅灰褐色，能覆盖腹部的 1/2。前足腿节内侧外缘较直，缺刻不明显后。足胫节背面内侧有刺 3～4 个（图 18-12）。

图 18-11　华北蝼蛄

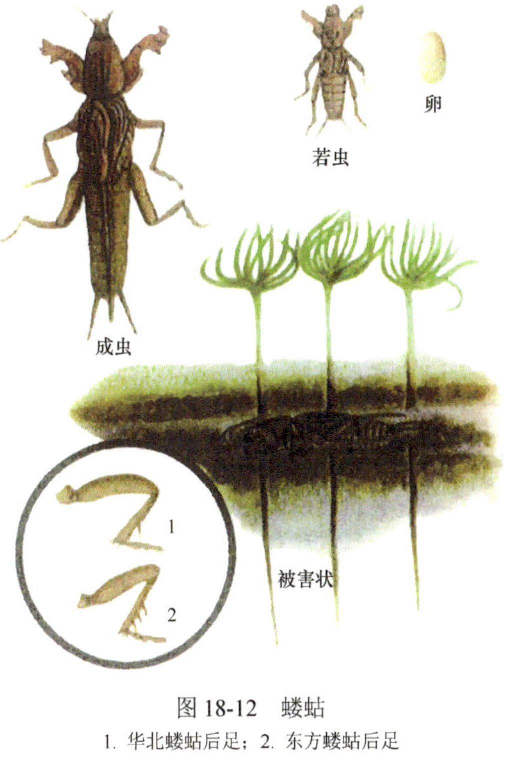

图 18-12　蝼蛄

1. 华北蝼蛄后足；2. 东方蝼蛄后足

卵。椭圆形，初产乳白色，后变灰褐色。近孵前长 3.0～3.2mm。最初黄白色，后变为黄褐色，最后暗紫色。

若虫。末端近纺锤形。灰褐色。共 9 龄，2～3 龄若虫体形与成虫相近。

3. 生物学特性

华北蝼蛄 3 年左右完成 1 个世代，在河南、北京、山西、安徽等地以成虫和若虫越冬。越冬场所多数位于土层下 60～100cm 深处。越冬成虫于翌春开始活动，华北地区，3～4 月苏醒，上升到表土层活动危害，在地面可见新鲜的虚土堆。5 月上旬至 6 月中旬，进入危害盛期。6 月开始交尾产卵。6 月下旬至 8 月，由于温度高，若虫潜入土中越夏，成虫进入产卵盛期，一般喜好在轻度盐碱化的菜田里或田埂上、渠道旁边、路两侧的土壤中进行产卵，先作 10～25cm 深的卵室，然后将卵产在卵室之内，每头雌虫可产卵 120～160 粒，卵期 20～25 天。6 月中下旬，卵孵化为若虫，8 月上旬至 9 月中旬危害秋菜和冬麦，形成第二次危害高峰。秋后，10～11 月，以 8～9 龄若虫进行越冬。越冬若虫，第 2 年继续危害，第 2 年 4 月上中旬开始活动危害，当年蜕皮 3～4 次，至秋季，达 12～13 龄，以大龄若虫再入土越冬。第 3 年春季越冬后又开始活动，到夏季 8 月上中旬左右若虫老熟，蜕最后一次皮羽化为成虫，成虫经过补充营养，进入越冬期，即以成虫越冬。第 4 年 5～7 月越冬成虫交配，6～8 月产卵。

据在河南郑州饲养结果，华北蝼蛄完成 1 代共需 1131 天。其中，卵期为 11～23 天，若虫共 12 龄，历期为 692～817 天，成虫期 278～451 天。

东方蝼蛄在长江以南地区 1 年 1 代，在河南、山西、陕西、辽宁等地 2 年 1 代。据江苏省徐州市农业科学院观察，东方蝼蛄 2 年 1 代，以成虫、若虫越冬。越冬成虫于 5 月开始产卵，盛期在 6～7 月，产卵期长达 120 余天。雌虫产卵 3～4 次，单雌产卵量百余粒，卵历期 15～28 天。当年孵化的若虫发育至 4～7 龄后，在土中越冬，至第 2 年再蜕皮 2～4 次，羽化为成虫。若虫共 9 龄，历期 400 余天。当年羽化的成虫少数可产卵，大部分越冬后，于翌年方才产卵，成虫寿命为 8～12 个月。在 2 年 1 代，其交尾、产卵及若虫孵化都比华北蝼蛄早 20 天左右。活动危害规律与华北蝼蛄相似。产卵场所多选择在潮湿地方，如河道、池塘和沟渠附近等。

根据东方蝼蛄的活动规律，可将其一年的活动危害分为 4 个时期。

越冬休眠期：从立冬前后即 11 月上旬至翌年 2 月下旬，成虫、若虫停止活动，一 虫一洞，在 40～60cm 深处土中休眠，头部朝下。苏醒危害期：立春前后即 2 月上旬当气温回升到 5℃左右，蝼蛄洞穴深度由 45.3cm 左右上移到 36.2cm 左右；到 3 月上旬惊蛰前后则继续沿洞穴深度上升到 31.8cm，中午当气温超过 10℃时，开始危害幼苗；清明前后 4 月上旬至小满时节 5 月下旬，当 20cm 左右的土壤温度上升到 14.9～26.5℃的时候，危害最为严重，达到高峰时期。越夏繁殖危害期：6～8 月气温升高，当平均气温达到 23.5～29℃时，为蝼蛄产卵的盛期，对夏播作物危害严重。秋播作物暴食危害期：8 月（立秋节气以后，新羽化的成虫和当年孵化的若虫已经达 3 龄以上，需要取食，以便为其生长发育积累营养物质从而抵御寒冷做好越冬准备，所以秋播作物受到严重危害。11 月上旬以后即停止危害。

两种蝼蛄均是昼伏夜出，晚上 9：00～11：00 达到活动取食高峰期。有强烈的趋光性，在 40W 黑光灯下，可诱到大量东方蝼蛄。有趋化性和趋粪性，蝼蛄对香、甜等物质特别嗜好，对未腐熟的马粪等有机质也有趋性。有喜湿性，蝼蛄喜欢在潮湿的地方生活，东方蝼蛄比华北蝼蛄更加喜湿，经常在沿河两岸、渠道两旁、菜园地内的低洼地、水浇地等场所栖息，华北蝼蛄经常栖息于盐碱低湿地等场所。

蝼蛄对土壤温湿度有一定的要求，华北蝼蛄适宜的土壤湿度为 18%，东方蝼蛄适宜的土壤湿度为 22%，小于 15%时，活动减弱。气温在 12.5～19.8℃，20cm 深土壤温度在 12.2～19.9℃，最适宜活动。

4. 综合防控技术

防治蝼蛄的根本方法是改造环境，改良盐碱地，人工防治结合药剂防治。

1）人工防治。早春或夏季组织人工挖窝，消灭若虫和卵。也可人工捕捉若虫，在清晨若虫入土前进行。诱杀成虫：利用马粪和灯光进行诱杀，利用黑光灯诱杀成虫。在田间挖 30cm 左右见方、深 20cm 左右的坑，将潮湿的马粪放入其中，盖上草，于每天清晨进行捕杀。

2）农业防治措施。通过深翻土壤、适时中耕等措施，清除杂草，消灭产卵场所。不施未腐熟有机肥等，破坏蝼蛄生活繁殖的场所。

3）毒饵诱杀。将青菜切后，加 90%敌百虫晶体，拌匀，傍晚时分，撒入苗圃地诱杀幼虫。可用 90%晶体敌百虫拌麦麸或炒香的豆饼，加水，拌饵料制成毒饵。在无风、傍晚放入苗穴内进行诱杀。利用糖醋液诱杀成虫：将糖、醋、酒、面粉及 90%敌百虫晶体按 3∶1∶1∶2∶1 的比例调制成糖醋液进行诱杀。

4）药物防治。每亩用 5%辛硫磷颗粒剂 1～1.5kg，加细土 15～30kg，制成毒土，撒在地面，再进行耕耙或栽前沟施。苗床上危害严重时，可用 50%辛硫磷乳油 100 倍液灌药。

5）挖窝消灭虫和卵。根据蝼蛄在地表造成虚土堆的习性，早春查找虫窝。找到虫窝后，先向下挖土，挖到 45cm 深左右，便可以找到蝼蛄。夏季可以在蝼蛄产卵盛期到蝼蛄盛发地去查找卵室，铲掉表土，等发现洞口以后，再往下挖 10～18cm，就会找到卵，继续往下挖 8cm 左右，能挖到雌虫，便可以将雌虫及卵一并消灭。

6）土壤处理。每亩用 90%敌百虫晶体 1～1.5kg 在犁地前撒入土面，犁地时翻入土中可以毒杀蝼蛄。

（十）小地老虎

小地老虎［*Agrotis ipsilon*（Rottemberg）］，属鳞翅目（Lepidoptera）夜蛾科（Noctuidae）。

别名：土蚕、切根虫、夜盗虫等。小地老虎属于世界性大害虫，国外分布于世界各洲，小地老虎在全国各地均有发生，以沿海、沿河、沿湖土壤湿润、杂草多的旱作区发生最重。

1. 危害特点

小地老虎是多食性害虫，可危害多种林木、果树的幼苗及豆科、十字花科多种蔬菜，主要以幼虫危害作物的幼苗，切断幼苗近地面的茎部，使整株死亡，造成缺苗断垄，严重的甚至毁种。

2. 形态特征

成虫。体中型，深褐色。体长 16～23mm，翅展 42～54mm，前翅由内横线、外横线分成 3 段，前翅暗褐色，其前缘及外横线至内横线区域呈黑褐色，在内横线和外横线之间有明显的肾状纹，其外侧有一明显的黑色三角形纹，尖端指向外缘，在亚外缘线内有 2 个尖端向内的黑色三角形纹，三纹尖端相对（图 18-13 和图 18-14）。

图 18-13　小地老虎

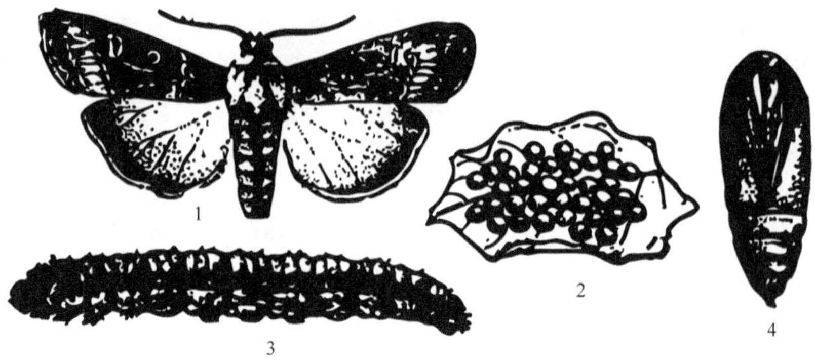

图 18-14　小地老虎
1. 成虫；2. 卵；3. 幼虫；4. 蛹

卵。呈半球形，表面有纵横隆起纹，初产时乳白色，孵化前灰黑色。背面中央有 2 条淡褐色纵带，臀节背部黄褐色，中央有 2 条深褐色纵带。

蛹。体长 18～23mm，赤褐色，有光泽，末端黑色，有 1 对分叉的臀棘。

3. 生物学特性

小地老虎每年 1～7 代，发生世代数自南向北呈阶梯式逐渐下降。在黄河以北 1 年发生 3～4 代，长江以南 1 年发生 6～7 代。在南岭以南年发生 6～7 代区，幼虫冬春危害小麦、油菜、蔬菜、绿肥等作物，此处为国内的虫源地；南岭以北黄河以南 4～5 代区是我国的主要危害区，以 1 代幼虫在 4～6 月危害春播作物幼苗；黄河以北及西北海拔 1600m 以上的地区大致为年发生 2～3 代区，在 7 月、8 月危害蔬菜及旱作作物幼苗，此处是小地老虎在我国的主要度夏场所及秋季向南回迁的虫源地。就全国范围看，除南岭以南地区有 2 代危害：冬季危害蔬菜、油菜及绿肥，春季危害蔬菜、玉米等外，其他地区，当地无论有几个世代，都是以当地发生最早的一代造成生产上的危害，其后各代种群数量骤减，不造成灾害。小地老虎具有迁飞习性，在河南不能越冬，由南方迁飞而来的越冬代成虫多在 3 月上旬开始出现，产卵盛期多在 4 月中旬，第 1 代幼虫发生盛期在 4 月下旬至 5 月中旬。第 1 代成虫发生盛期为 5 月下旬至 7 月上旬，第 2 代成虫为 7 中旬至 8 月中旬，第 3 代成虫为 9 月上旬至 10 上旬。成虫白天隐藏在阴暗处或枯叶杂草丛中，夜晚活动，黄昏以后活动最强，并交尾产卵。有明显的趋光性和趋化性，对糖、醋、酒及枯萎的杨树枝有强烈趋性，对黑光灯有趋性。

卵散产或成堆，多产在土块上和地面上的缝隙内，少数产在枯草茎、根须、杂草和幼苗叶片的背面。每次产卵量在千粒左右。幼虫共 6 龄，少数 7～8 龄。1～2 龄幼虫昼夜活动，大多数集中在嫩叶上，啃食叶肉，残留表皮，呈天窗状。3 龄以后，白天躲在表土下，夜间外出活动危害，将叶片吃成孔洞或缺刻，4 龄以后可以咬断幼苗嫩茎，因此，防治小地老虎必须在 3 龄以前施药。幼虫有假死性。幼虫老熟后，多在蔬菜或杂草根际的土中筑蛹室化蛹。土质疏松、团粒结构好、保水性强的壤土、黏壤土发生严重。

4. 综合防控技术

1）农业防治。早春及时铲除地头、地边、田埂路旁、田间杂草，能消灭一部分卵或幼虫。播种前进行春耕细耙，消灭土中卵粒和幼虫。秋季翻犁进行土壤晒白，可杀死大量幼虫和蛹。

2）诱杀成虫和幼虫。利用糖醋液诱杀器（盆）诱杀成虫。将白酒、水、红糖、醋按 1∶2∶3∶4 的比例，加入少量农药，配制成糖醋液，放入诱杀器（盆）诱杀成虫。利用其趋光性，用黑光灯诱杀成虫。用杨树枝、泡桐树叶诱集小地老虎幼虫。将杨树枝或者老泡桐树叶用水浸湿，均匀放置在地上，每公顷 1000～1200 片叶，待到第二天清晨人工捕捉幼虫杀死。

3）药剂防治。①喷施药液。幼虫始发期和危害盛期，叶面喷施 25%灭幼脲Ⅲ号胶悬剂 2000 倍液、5%高氯·甲维盐微乳剂 3000 倍液等。②撒毒土、毒沙。50%辛硫磷乳油 0.5kg 加水适量，喷拌在 125～175kg 细土上，顺垄施在幼苗根际附近，形成 6cm 宽的药带，每亩撒施 20kg。③毒饵诱杀。50%辛硫磷乳油每亩用 50g，拌棉籽饼 5kg 或用铡碎的鲜草制成毒饵、毒草，每公顷用毒饵 15～20kg。于傍晚在受害作物田间每隔一定距离堆施，或在作物苗际附近围施，毒杀小地老虎。

第二节　泡桐主要病害及防治技术

一、泡桐病害种类

泡桐苗期病害主要有苗木猝倒病、苗木茎腐病、苗木白绢病、泡桐根结线虫病。泡桐幼龄林病害主要有泡桐丛枝病、泡桐黑痘病、泡桐炭疽病。泡桐成熟林病害主要有泡桐溃疡病、泡桐腐烂病、泡桐根朽病。

二、泡桐病害症状及防治技术

（一）苗木猝倒病

1. 分布及危害

苗木猝倒病又称为苗木立枯病，是全国广泛分布、全年均可发生的常见苗木病害之一。实生幼苗最易感病。发病率达 30%～60%不等，严重时可达 70%～90%。主要危害松、杉等针叶树苗木，也危害泡桐、杨树、臭椿、榆树、枫杨、桦树、银杏、桑树、刺槐等多种阔叶树幼苗。

2. 症状

因发病时期不同，苗木受害状况及表现特点不同，可出现以下 4 种症状类型。

1）种芽腐烂型。种芽还未出土或刚露出土，即被病菌侵染死亡。

2）茎叶腐烂型。苗木出土后因过于密集、光照不足、高温雨湿天气等，嫩叶和嫩茎感病而腐烂。病部常出现白色丝状物，往往先从顶部发病再扩展至全株，也称为首腐或顶腐型猝倒病。

3）猝倒型。幼苗出土不久，嫩茎尚未木质化，病菌自茎基部侵入，受侵部呈现水渍状腐烂，幼苗迅速倒伏，此时嫩叶仍呈绿色，随后病部向两端扩展，根部相继腐烂，全苗干枯。多发生于 4 月中旬至 5 月中旬多雨时期，是最严重的一种类型。

4）立枯型。幼苗木质化后，苗根染病腐烂，茎叶枯黄，苗木枯死但站立不倒，极易拔起，也称为根腐型猝倒病（图 18-15）。

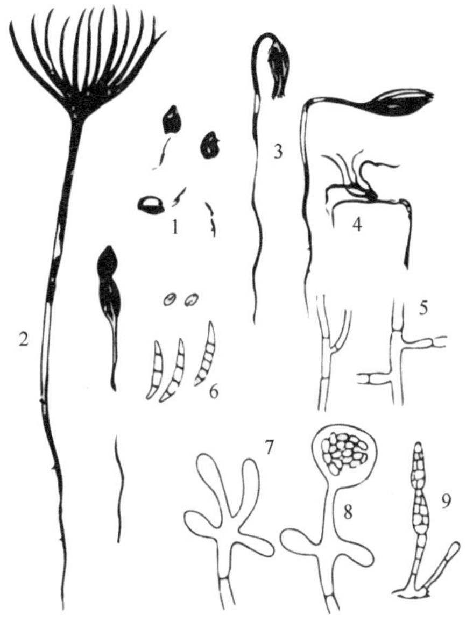

图 18-15　苗木猝倒病

1. 种芽腐烂型；2. 茎叶腐烂型；3. 猝倒型；4. 根腐型；5. 丝核菌菌丝；6. 镰刀菌大、小分生孢子；7. 腐霉菌游动孢子囊；8. 腐霉菌泡囊及游动孢子；9. 交链孢菌

3. 病原

引起苗木猝倒病的原因有非侵染性病原和侵染性病原两大类。非侵染性病原包括以下因素：圃地积水，造成根系窒息；土

壤干旱，表土板结；地表温度过高，根颈灼伤。侵染性病原主要是真菌中的腐霉菌 *Pythium* spp.、丝核菌 *Rhizoctonia* spp.和镰刀菌 *Fusarium* spp.。

腐霉菌属于鞭毛菌门卵菌纲霜霉目腐霉属。无隔，无性阶段产生孢子囊，囊内产生游动孢子，在水中游动到达侵染部位。有性阶段产生厚壁而色泽较深的卵孢子。常见的有德巴利腐霉 *Pythium debaryanum* Hesse 和瓜果腐霉 *Pythium aphanidermatum*（Eds.）Fitz.。

丝核菌属于半知菌门丝孢纲无孢目丝核菌属。菌丝分隔，分枝近直角，分枝处明显缢缩。初期无色，老熟时浅褐色至黄褐色。菌核黑褐色，质地疏松。常见的是立枯丝核菌 *Rhizoctonia solani* Kuhn.。

镰刀菌属于半知菌门丝孢纲瘤座菌目镰孢属。菌丝多隔无色，无性阶段产生大小两种分生孢子：一种是大型多隔镰刀状的分生孢子，另一种为小型单胞卵圆形的分生孢子。分生孢子着生在分生孢子梗上，分生孢子梗集生于垫状的分生孢子座上。有性阶段很少发现。常见的有腐皮镰刀菌 *Fusarium solani*（Mart.）App.et Wollenw.和尖孢镰刀菌 *Fusarium oxysporum* Schl.。

4. 发病规律

腐霉菌、镰刀菌、丝核菌都是土壤习居菌，腐生性很强，可在病株残体和土壤中存活多年，所以土壤带菌是最重要的侵染来源。它们分别以卵孢子、厚垣孢子和菌核等度过不良环境，可借雨水、灌溉水传播，一旦遇到适合的寄主和潮湿的环境，便侵染危害。多数病菌生长的最适温度为 25～30℃，在 23～28℃时，苗木发病最多。腐霉菌和丝核菌的生长温度为 4～28℃。腐霉菌多在土温 12～23℃时危害严重；丝核菌生长适温为 24～28℃，但温度稍低时危害严重。镰刀菌的生长适温为 10～32℃，以土温 20～30℃时致病较多。引起苗木猝倒病的病原菌可在土壤中长期存活，在适宜条件下进行再侵染。

猝倒病自播种至苗木木质化后都可被害。发生的时期，因各地气候条件的不同而存在差异。病菌主要危害 1 年生幼苗，种子发芽至苗木木质化前是发生苗木猝倒病的重要时期。尤其 5～6 月，幼苗出土后，种壳脱落前发病最为严重。1 年中可连续多次侵染发病，造成病害流行。轻则影响苗木品质及移栽存活率，重则造成苗木死亡。

苗木猝倒病的发生除受温度、湿度影响外，还与下列因素关系密切。

1）长期连作感病植物，土壤中积累了较多的病原菌。前作是松、杉、银杏、漆树等苗木，或是马铃薯、棉花、豆类、瓜类、烟草等感病植物，土壤中累积的病菌就多，苗木易于发病。

2）土壤理化性状与苗木猝倒病的发生有密切关系，积水、干旱、土壤板结、贫瘠等直接影响植株的正常生长，并加重苗木猝倒病的发生和发展。苗圃土壤黏重，透气性差，蓄水力小，易板结，苗木生长衰弱容易得病。再遇到雨天排水不良积水多，有利于病菌的活动而不利于种芽和幼苗的呼吸与生长，种芽易窒息腐烂。

3）圃地粗糙，苗床太低，床面不平，圃地积水，施未腐熟的有机肥料，常混有病株残体，将病菌带入苗床，均有利于病菌繁殖，不利于苗木生长，苗木易发病。

4）播种过迟，幼苗出土较晚，此时遇连阴雨天气，湿度大有利于病菌生长。而苗木幼嫩，抗病性差，病害容易流行。

5）种子质量差，发芽势弱，发芽力低。幼苗出土后阴雨连绵，光照不足，木质化程度低。雨天操作，造成土壤板结。覆土太厚、揭草揭膜不及时、施用未充分腐熟的生肥等，均可加重病害流行。

5. 综合防控技术

苗木猝倒病的防治应采取以栽培技术为主的综合防控治理措施，培育壮苗，提高抗病性。结合苗木发病情况，及早发现，及时防治，才能有效控制病情。

1）选好圃地，改良土壤。加强营林管理，增施有机肥料，可以促进苗木健壮生长和提高抗病力。苗圃地宜设在空气流通、灌溉方便、排水良好、地势开阔而不易淹水和低洼潮湿的地方。土壤质地以砂壤土为好，并要细致整地。肥沃度要适中，农家肥要充分腐熟后施用。避免在前作是感病植物的熟地上育苗，不选用瓜菜地和土质黏重、排水不良的地块作为圃地。此外在新垦山地建圃育苗也可有效预防苗木猝倒病。

2）选用抗病品种，精选种子。选用成熟饱满、品质优良的抗病品种的健康种子，适时播种，加强苗期管理，培育壮苗。此外，采用高床育苗或营养钵育苗可有效降低病害发生。

3）播前进行种子消毒。种子可以用50～55℃的温水浸种，或用福美双等药剂拌种。或将种子用0.5%高锰酸钾溶液（60℃）浸泡2h后播种。

4）加强土壤消毒。圃地土壤消毒对苗木猝倒病有显著控制作用。播种前可利用阳光暴晒土壤和苗圃，有条件地区可采用高温蒸汽、化学熏蒸剂等进行土壤消毒。可撒施98%棉隆微粒剂5～6kg/667m^2，耙匀浇水，覆膜3～6天后揭膜，7天后翻地、栽植。或用72.2%普力克水剂400～600倍液浇灌苗床、土壤，用量为3L/m^2，间隔15天。此外，还可选用以五氯硝基苯为主的混合药剂处理土壤，五氯硝基苯与代森锰锌或敌克松（比例为3∶1）混合，4～6g/m^2，以药土沟施。或用2%～3%硫酸亚铁浇灌土壤。

5）清理病株与化学防治相结合。发现零星病株时，要及时清理，消灭和减少初侵染源。幼苗出土后，可喷洒64%杀毒矾可湿性粉剂300～500倍液或喷1∶1∶200（生石灰∶硫酸铜∶水）波尔多液，每隔10～15天喷洒1次。发病初期可直接浇灌药液治疗，常用药剂有5%井冈霉素水剂1500倍液、8%宁南霉素水剂1000倍液、50%甲基托布津可湿性粉剂500～800倍液或50%多菌灵可湿性粉剂800～1000倍液等进行喷洒或灌根，每隔10天1次，共施药3～5次。

6）生物防治。通过人工引入拮抗微生物，利用有益的微生物，通过营养和生态位竞争、抗生作用、寄生作用、溶菌作用及诱导抗性等机制来抑制病害。例如，利用木霉菌、假单孢杆菌、芽孢杆菌的相关制剂，进行喷雾、灌根、拌种均可有效控制病害发生。

（二）苗木茎腐病

1. 分布及危害

苗木茎腐病主要发生在夏季高温炎热的地区，是苗木上的一种重要病害。主要危害泡桐、银杏、马尾松、侧柏、杉木、水杉、杜仲、乌桕、刺槐、核桃、香椿等多种树木，其中以杉木、泡桐、银杏、杜仲苗木最易感病。

2. 症状

苗木发病初期，茎基部变褐色，叶片失绿发黄，顶梢和叶片逐渐枯萎。随后病斑包围茎基部，并迅速向上扩展，全株枯死，叶片下垂，但不脱落。有些树种茎基部皮层较厚，发病后期，病苗茎基部皮层皱缩，内皮组织腐烂变为海绵状或粉末状，灰白色，并有许多黑色小菌核。严重受害的苗木，病菌侵入木质部和髓部，髓部中空、变褐色，且有小菌核。病菌扩展到根部时，根部皮层腐烂。当拔出病苗时，根部皮层全部脱落，仅剩木质部。茎基部皮层较薄的苗木，发病后病部皮层坏死但不皱缩，坏死皮层紧贴于木质部，剥开病部皮层，在皮层内和木质部表面也产生许多黑色小菌核。

当年生苗木最易发病，随着苗木生长，抗病力逐渐增强。2年生苗木，只有在严重发病的年份，才会感病。

3. 病原

苗木茎腐病的病原是甘薯小核菌（*Sclerotium bataticola*），属半知菌门丝孢纲无孢菌目小核菌属。当产生分生孢子器时，称为菜豆壳球孢菌（*Macrophomina phaseolina*）。病菌在泡桐、银杏、松、杉等病苗上，一般不产生分生孢子器，只产生小菌核，菌核黑褐色，扁球形或椭圆形，表面光滑，细小如粉末状。在芝麻病株上常产生分生孢子器，埋生于病部表皮下；分生孢子器有孔口，成熟后外露；分生孢子单胞、

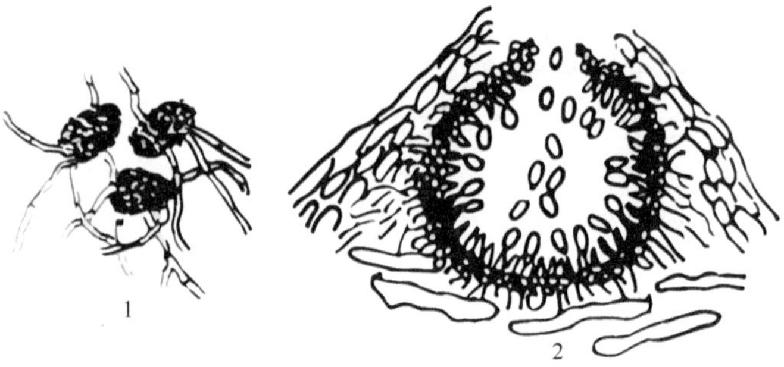

图 18-16 苗木茎腐病病原菌
1. 菌核；2. 分生孢子器及分生孢子

无色、长椭圆形，先端稍弯曲（图 18-16）。

4. 发病规律

苗木茎腐病病原菌是一种土壤习居菌，以菌丝和菌核在病苗和土壤中越冬。该病菌是一种弱寄生菌，通常在土壤中营腐生生活，在适宜条件下自伤口侵入寄主植物进行危害。喜高温湿润环境，生长适宜温度30～32℃，在pH4～9 都能良好生长。病害的发生与植物生长状况和环境条件有密切关系。6～8 月，雨季过后，土壤温度骤升，苗木茎基部常被灼伤，为病菌侵染创造了条件，苗木生长较弱，抗病力低下，很易感病。在苗床低洼容易积水处，苗木生长较差，发病率也显著增加。气温高且高温天气持续时间长的情况下，苗木茎腐病发生尤其严重。

5. 综合防控技术

1）增施有机肥。育苗时用有机肥如棉籽饼、豆饼或充分腐熟的厩肥等农家肥作基肥或追肥，可提高土壤肥力，促进苗木健壮生长，提高抗病力。条件允许时，结合秋冬季施基肥，施入生物菌肥，促进土壤中拮抗微生物的繁殖，抑制病菌，降低发病率和减轻发病程度。

2）搭阴棚。7～8 月高温季节，在苗床上搭阴棚遮阴，降低苗床温度，减轻苗木根颈部受灼伤的程度，可起到防病作用。遮阴时间为 10：00～16：00，雨天不遮盖，遮阴时间过长，也会影响苗木生长，9 月以后撤除阴棚。此外，夏季在苗木行间盖草、浇水，雨后及时松土，也可降低苗床土温，有利于苗木生长，减少发病。

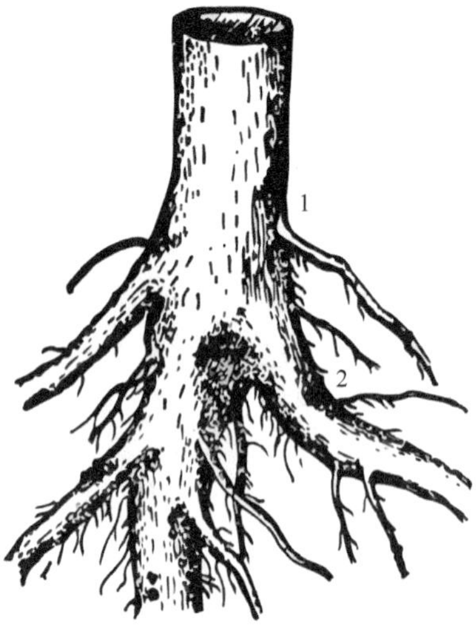

图 18-17 苗木白绢病
1. 病根；2. 病菌菌核

3）轻病株可用 70%噁霉灵可湿性粉剂 2000 倍液或 25%咪鲜胺乳油 1000 倍液、50%氯溴异氰尿酸水溶性粉剂 1500 倍液等灌根处理。

（三）苗木白绢病

1. 分布及危害

苗木白绢病又称为菌核性根腐病，分布较广。常见寄主有泡桐、油桐、松树、乌桕、柑橘、茶、葡萄等。白绢病一般发生在苗木上，植物受害后轻者生长衰弱，重者植株死亡。

2. 症状

主要发生于植物根茎基部。发病初期，病部皮层变褐，逐渐向四周扩展，并在病部产生白色绢状菌丝，菌丝扇形扩展、蔓延至周边表土层之上，后期在病苗感病部位或土表菌丝层上形成茶褐色、油菜籽状菌核。苗木受害后，根茎基部及根部皮层腐烂，水分和养分输送被阻断，叶片萎黄，全株死亡（图 18-17）。

3. 病原

苗木白绢病病原为半知菌门丝孢纲无孢目小核菌属的齐整小核菌 *Sclerotium rolfsii* Sacc.。菌丝体白色，较纤细，分枝繁茂。老菌丝粗为 2～8μm，分枝不呈直角，具隔膜。菌核初呈乳白色至微黄色，后为茶褐色或棕褐色，球形至卵圆形，大小 1～2μm，表面光滑具光泽。菌核表层由 3 层细胞组成，外层棕褐色，表皮层下为假薄壁组织，中心部位为疏丝组织，两种组织均无色，外观呈白色。有性态为罗氏阿太菌 *Athelia rolfsii*（Cruiz）Tu. & Kimbrough.，属担子菌门。

4. 发病规律

病菌以菌丝和菌核在病株残体、杂草或土壤中越冬，菌核可在土壤中存活 5～6 年。在适宜条件下，菌核产生菌丝进行侵染。病菌可由病苗、病土和水流传播，直接侵入或从伤口侵入。病菌在 18～28℃且高湿条件下，从菌核萌发至新菌核再形成仅需 8～9 天。土壤疏松湿润、栽植过密有利于发病；连作地发病严重；在 pH5～7 土壤中发病较多，而在碱性土壤中发病较少；土壤黏重板结的园地，发病率高。

5. 综合防控技术

1）选好圃地。要求不积水、透水性良好、不连作，前作不是茄科等易感病的植物。加强管理，及时松土、除草，并增施磷钾肥和有机肥，促进苗木生长健壮，增强抗病能力。

2）外科治疗。用刀将根茎部患病组织彻底刮除，用 15%三唑酮可湿性粉剂 500 倍液或 401 抗菌素 50 倍液或 1%硫酸铜溶液消毒伤口，再涂波尔多浆等保护剂，然后覆盖新土。

3）药剂防治。用 70%五氯硝基苯粉剂或 80%敌菌丹粉剂进行土壤消毒，可预防苗期发病。苗木消毒可用 70%甲基托布津可湿性粉剂或 70%多菌灵可湿性粉剂 800～1000 倍液、2%石灰水、0.5%硫酸铜溶液浸 10～30min。发病初期，用 1%硫酸铜溶液或用 10μL/L 萎锈灵或 25μL/L 氧化萎锈灵浇灌苗木根系，可防止病害蔓延。

（四）泡桐根结线虫病

1. 分布及危害

泡桐根结线虫病在我国分布较为广泛。主要危害泡桐、金丝垂柳、梓树、楸树、合欢、石榴、海棠、桂花、樱花、女贞、苹果、桃等多种树木的苗木。病株生长缓慢、停滞，严重时苗木凋萎枯死。泡桐病苗率可达 20%～30%。

2. 症状

危害根部，主要侵染当年生新根。病株的大根、侧根、细根受害后，形成许多大小不等的瘤状物。根瘤初期灰白色至黄白色，表面光滑；老化后褐色，表面粗糙，质软，最后破裂腐烂。小根上的瘤 1～3mm，大根上的瘤可达 10mm 以上。瘤内有 1 至数个白色颗粒状物，即根瘤线虫的雌成虫。病株须根减少，根尖肿大。根变细变硬，严重时丧失形成新根的能力，根系吸收机能减弱。受害苗木生长衰弱，叶小而黄，易脱落或枯萎，有时继发枝枯，地上部逐渐萎蔫枯死。严重者苗木矮小黄化，甚至整株枯死（图 18-18）。

3. 病原

泡桐根结线虫病由多种根结线虫引起。根结线虫生活史包括卵、幼虫和成虫 3 个阶段。卵长圆形；小幼虫线形，两端尖，无色透明；雄成虫与幼虫相似但较长；雌成虫梨形或球形。根据雌成虫会阴花纹特征和 2 龄幼虫长度的差异，将根结线虫分成许多种，已鉴定的有南方根结线虫 *Meloidogyne incognita*（Kofoidet & White）Chitwood、爪哇根结线虫 *M. javanica*（Treub）Chitwood 和花生根结线虫 *M. arenaria*（Neal）Chitwood。南方根结线虫雌成虫长 0.51～0.69mm，会阴花纹背弓高，腹面线纹比背弓宽；2 龄幼

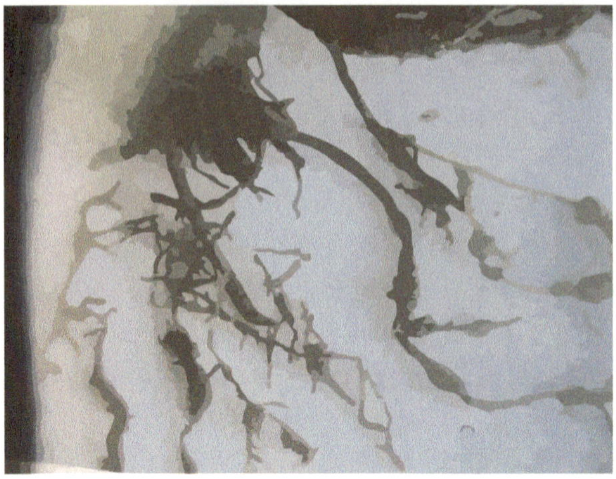

图 18-18　泡桐根结线虫病症状

虫长 0.36～0.39mm。花生根结线虫雌成虫长 0.51～1mm，会阴花纹的背弓半圆或平，线纹平滑或波浪状，有的花纹向两侧延伸成肩状；2 龄幼虫长 0.4～0.49mm。

根结线虫 2 龄幼虫从根冠处侵入根系，使细胞膨大并使周围细胞分裂加快形成瘿瘤。根结线虫在瘤内蜕皮 3 次变为成虫，雌成虫一般营孤雌生殖。卵聚集于后端胶质卵块中，卵块暴露在破裂的根瘤外。根结线虫一般 40～50 天完成 1 代，但雌成虫在夏季高温季节，约 20 天完成 1 代，1 年繁殖数代，能进行多次侵染，多次发病。

4. 发病规律

根结线虫以 2 龄幼虫或卵在土壤中或以未成熟雌虫在病瘤内越冬。病土是最主要的侵染来源。当夏季 5～9 月温度适宜时，根结线虫在卵内发育为 1 龄幼虫，蜕皮后破卵而出，成为有侵染力的 2 龄幼虫，当接触到幼根时即侵入。在病土内越冬的 2 龄幼虫，可直接侵入寄主的幼根。根结线虫在根皮和中柱之间侵染危害，刺激寄主中柱组织，形成巨型细胞供线虫生活。巨型细胞周围又分裂成许多小型细胞，最后形成根瘤。

根结线虫虫瘿也可随病残体在土中越冬，翌年环境适宜时，越冬卵孵化为幼虫入侵寄主。幼虫从根的先端入侵，在根里生长发育，几经蜕皮发育为成虫，雌雄成虫交尾产卵或孤雌生殖产卵，在适宜条件下孵化为幼虫再次侵染。根结线虫好气性，适宜在砂土或壤土中生活，多分布于 10～30cm 深的土层中。

根结线虫主要依靠种苗、肥料、工具、流水及线虫本身的移动进行传播。带病的种根和苗木为远距离传播媒介，流水为近距离传播媒介，带有病原线虫的肥料、农具、土壤也可传播此病，泡桐重茬育苗发病重。

线虫生存的重要因素是土壤温度和湿度，温度超过 40℃或低于 5℃时，根结线虫会缩短其活动时间或失去侵染力。当土壤干燥时，根结线虫卵和幼虫即死亡。

5. 综合防控技术

1）选择抗病品种，加强植物检疫，禁止带病苗木、种根运出圃地，防止根结线虫扩展、蔓延。选择无病苗木种植，加强栽培管理，合理施肥灌水，增强树势，提高树体抗病力。

2）在有根结线虫发生的圃地，应避免连作感病寄主，应与松、杉、柏等不易感病的树种轮作 2～3 年。起苗后将圃地土表根瘤清除烧毁或深翻掩埋，并大水冬灌，使线虫窒息。

3）带病的种根和苗木，应清除病根、病株或用 48℃热水浸根 15min，杀死病瘤内线虫。

4）药剂处理土壤。将 15%铁灭克颗粒剂分别按 4～6g/m^2 及 1.2～2.6g/m^2 的用量拌细土制成毒土，施于播种沟或种植穴内。也可用10%克线磷颗粒剂、10%丙线磷颗粒剂或3%辛硫磷颗粒剂、3%米乐尔颗粒剂处理土壤，用量为30～60kg/hm^2。

5）轻病株，可用2%阿维菌素乳油800倍液或41.7%氟吡菌酰胺悬浮剂2000倍液等进行穴施或沟施。

（五）泡桐丛枝病

1. 分布及危害

泡桐丛枝病又称为泡桐扫帚病、鸟巢病、疯枝病、桐疯病、桐龙病，是泡桐的危险性病害。在我国泡桐栽培区普遍发生，分布于河北、河南、陕西、安徽、湖南、湖北、山东、江苏、浙江、江西、台湾等地。泡桐的主产区河南、山东、河北北部、安徽、陕西南部、台湾等地危害较为严重。泡桐一旦染病，全株各个部位均可表现症状。染病的幼苗、幼树常于当年枯死。大树感病后，常引起树势衰退，材积生长量大幅度下降，发病严重时植株死亡。在河南、山东、陕西等地，苗期发病率为1%～8%，1～3年生幼树发病率为5%～10%，3～5年生幼树发病率可达30%～50%，10年生树木发病率可达100%。幼苗及幼树重病株当年枯死，2～3年生病树的胸径比健康树生长量降低1/6左右，树高降低1/5，材积降低1/4以上。有数据显示，泡桐丛枝病每年造成的经济损失超过1亿元。

2. 症状

泡桐丛枝病危害泡桐的枝、干、叶、花、果、根。植株感病后症状主要表现为丛枝型和花变枝叶型两种类型。

1）丛枝型：丛枝型主要表现为在个别枝条上腋芽和不定芽大量萌发，侧枝丛生，节间变短，叶片黄而小，且薄，有时皱缩。整个枝条呈扫帚状。幼树和大树发病，多从个别枝条开始，枝条上的腋芽和不定芽萌发出不正常的细弱小枝，小枝上的叶片小而黄，叶序紊乱，发病小枝又抽出不正常的更细弱的小枝，造成局部枝叶密集成丛，形成鸟巢状。冬季呈扫帚状，且易枯死。有些病树多年只在一边枝条发病，没有扩展，仅由于病情发展使枝条枯死。有的树随着病害逐年发展，丛枝现象越来越多，最后全株都呈丛枝状态而枯死。幼苗发病则植株矮化。一年生苗木发病，表现为全株叶片皱缩，边缘下卷，叶色发黄，叶腋处丛生小枝，发病苗木当年即枯死。

2）花变枝叶型：花变枝叶型表现为花瓣变为叶状，花柄或柱头生出小枝，花萼明显变薄，花托多裂，花蕾变形，有越季开花现象。感病植株第2年发芽早，萌芽密，顶梢枯死。大树上有时花器变形，柱头或花柄变成小枝，小枝上的腋芽又抽出小枝，如此反复形成丛枝。病树根部须根明显减少，并有变色现象，地下根系也呈丛生状（图18-19）。

图18-19　泡桐丛枝病症状

3. 病原

泡桐丛枝病的病原为植原体Phytoplasma，植原体是植物菌原体的简称，是一类介于细菌与病毒之间的病原物，体积小于细菌而大于病毒。它没有细胞壁，但有单位膜；有细胞结构，细胞内含有蛋白质体、RNA及DNA和代谢物质。植原体的基本形态随周围物理性质的改变而改变，因此受外力如植物体内水分、胞液的浓度及胞间渗透压的影响，脆弱的单位膜会呈现不同的形态，一般有球形、椭圆形、长杆形、梭形、带状等。由于生长周期的不同，植原体还会呈现初生体、小球体、大球体和丝状等形态。泡桐丛枝病的病原大多呈圆形或椭圆形，大小不一，直径为 200～820nm。具有界限明显的 3 层单位膜，厚度约为 10nm，单位膜由两层蛋白质中间夹一层类脂质构成，呈现出两暗一明的 3 层膜状结构，内含有核糖核蛋白体颗粒和脱氧核糖核酸的核质样纤维。植原体通过二均分裂、出芽生殖和形成小体后再释放出来 3 种形式繁殖。植原体难以人工培养。植原体在植物体内只存在于韧皮部筛管和伴胞细胞内，通过筛孔在筛管中流动而感染整个植株，为系统性侵染病害。

4. 发病规律

植原体专性寄生于植物的韧皮部筛管系统，植物的维管系统遍布整个植物体，所以任何有韧皮部分化的部位都有被植原体定植的可能。泡桐丛枝病的植原体在寄主体内的分布通常是不均匀的，高浓度的植原体多出现在已明显表现丛枝症状的枝条的幼茎、叶柄和叶脉中；黄化叶片及叶柄和叶脉中植原体数量较少；染病幼苗或幼树的根部可检测到植原体，但 5 年生以上的泡桐根部植原体的浓度大大降低。植原体在寄主筛管中随树体的营养流向运行。泡桐丛枝病的植原体在寄主体内随季节变化而有一定的变动性，存在季节运行现象。但也可在寄主上部越冬。

植原体大量存在于韧皮部输导组织的筛管内，随汁液流动而侵染全株。病害主要通过嫁接、媒介昆虫、病根繁殖、病苗调运等方式进行传播。目前，导致泡桐丛枝病不断扩展蔓延的关键途径是种苗带病和媒介昆虫传毒。现在已经证实烟草盲蝽 *Cyrtopeltis tenuis* Reuter、茶翅蝽 *Halyomorpha picus* Fabricius、小绿叶蝉 *Empoasca flavescens*（Fabricius）、斯氏珀蝽 *Plautia stali* Scott、中华拟菱纹叶蝉 *Hishimonoides chinensis* Aufriev 等刺吸式口器媒介昆虫通过取食行为，在泡桐植株之间传播病害。植原体侵入泡桐植株后引起一系列病理变化，病叶叶绿素含量明显减少，树木同化作用降低，能量积累减少，枝叶呈现瘦小、黄化、营养不良而逐渐枯死。植原体在树体内可严重干扰叶内氨代谢，导致枝叶增生，树木出现病态。有时泡桐受侵染后不表现症状，这些无症状的植株可能会被选为采根母树。用病株的树根育苗，幼苗当年发病或定植 1～2 年后发病。用病枝叶浸出液以摩擦、注射、针刺等方法接种泡桐实生苗，均不发生丛枝病。此外，种子、病株周边土壤也不传病。

在我国种根育苗一直是泡桐繁育的主要途径。所以在没有有效检疫技术和种苗检验措施的情况下，带病种根及由此繁育的无症状带毒苗成为病害向无病区和轻病区近距离和远距离传播的主要途径。而在重病区，带病种根的直接危害则导致苗期、幼林树发病率不断上升，从而造成经济损失越来越大。目前，在许多地方泡桐栽培面积的扩大和集约化经营，也为传毒昆虫传播病害创造了有利条件。同时，发病区的毒源植株充足，且又为多年生植物，所以媒介昆虫的传毒频率很高。有研究报道，茶翅蝽的有效活动范围可达 2km，但实际传毒的有效距离会小于此值。这是因为泡桐树冠大，叶浓密，很适宜昆虫的取食和繁殖，因而长距离迁飞的频率降低。泡桐丛枝病发病率从高到低依次为片林、行道树、桐农间作林、散植泡桐，出现此现象的原因是由于病害的传播频率随着病株与健株之间距离的增大而降低。在我国许多特殊生态条件下，如南方山区泡桐与其他树种的混交林，沿海某些特殊气候带、大中城市的公园散植和被高大建筑物隔离的泡桐树，其发病率往往较低，这也与媒介昆虫传毒受限有关。

泡桐丛枝病的发生与育苗方式、地势、气候因素及泡桐品种有关。丛枝病的发生蔓延与不同地理条件、立地条件和生态环境有一定关系。发病具有一定的地域性，一般高海拔地区往往较轻，有资料表明在河南嵩山海拔 1000m 以上栽种的泡桐基本不发病。相对湿度大、降雨量多的地区发病轻。用种子育苗在苗期和幼树未见发病。实生苗根育苗代数越多发病越重。根繁苗、平茬苗发病率显著增高。泡桐不同无性系及杂交组合间的抗病性存在明显差异。泡桐不同品种之间，兰考泡桐、楸叶泡桐、毛泡桐发病率高，而白花泡桐、川泡桐、台湾泡桐较抗病。

5. 综合防控技术

植原体病害是侵染性极强的病害，寄主范围较广。泡桐丛枝病的防治，应以预防措施为主，从影响病害发生的各个环节入手进行综合治理。

1）建立无病种苗繁殖体系，培育无病苗木。严格选用无病母树供采种和采根用。注意从实生苗根部采根。采根后用 40～50℃温水浸根 20～30min，或用 50℃温水加土霉素（浓度为 0.1%）浸根 20min，有较好防病效果。不用留根苗或平茬苗造林，发病严重的地方最好用种子培育实生苗。育苗地实行轮作，忌连作。

2）选育抗病品种，选用无毒苗（脱毒苗）、优质壮苗和抗病品种造林。实行桐农间作，少造或不造单一桐林和单一泡桐行道树。对于其他造林地种植泡桐也以营造混交林为好。

3）消除侵染源。一方面加强检疫，防止植原体传入未发病地域；另一方面及时检查苗圃和幼林地，发现病株及时刨除销毁，彻底清除带毒植株。

4）环状剥皮。由于植原体在寄主体内随寄主同化产物运行，可在春季树液流动前，在病枝基部或病枝下面 1～3cm 处将韧皮部环状剥除。环剥宽度因环剥部位的枝条粗细而定，一般为被环剥病枝的直径，通常为 5～10cm。环剥要深达木质部，以不能愈合为度，以阻止植原体由根部向树体上部回流。

5）截枝法。树木停止生长至树液流动前 1 个月皆可进行病枝修除，也可于夏季修除抽生的丛生枝条。与病枝连在一起的健康枝条，也要截到主干分枝处为止。用利刃或锯子把病枝从基部切除，伤口要求光滑不留茬，注意不撕裂树皮。截枝后创口处涂 1∶9 土霉素碱、四环素或凡士林药膏等进行消毒保护。若有新萌生的病枝可再次修除，使病原不能下行到根部。

6）药物治疗。泡桐发病后，及早用 1 万单位/mL 的兽用土霉素或硫酸四环素溶液，用树干髓心注射或根吸治疗。具体方法如下：①髓心注射。1～2 年生幼苗或幼树髓心松软，可直接用针管将药液注入髓部。树龄 4 年以上的树木，可于树干基部病枝一侧呈 45°上下钻两个洞，深至髓心，之后将药液慢慢注入其中。也可用利福平 120mg/L+四环素 50mg/L+α-萘乙酸 0.2mg/L 混合液或利福平 100mg/L+甲基磺酸甲酯 60mg/L（硫酸二甲酯 50mg/L）混合液，注射于树干基部髓心，每次 30～50mL。在春季树液流动后至夏末注射，一般在夏季注射效果好。②根吸治疗。夏季天气炎热，叶片蒸腾拉力强，将兽用四环素配成 10 000～20 000 单位/mL 的溶液装在瓶内，在距干基 50cm 远处挖开土壤，在暴露的根中选 1cm 粗细的根截断，插入四环素药液瓶，瓶口用塑料薄膜盖严，药液可迅速被吸入树体。

7）叶面喷药。在苗木生长季节，用 2000 单位/mL 的土霉素溶液，每隔 1 周喷洒叶面 1 次，连续 3～4 次，结合树皮四周针液注射，疗效更加明显。在夏末至秋季，使用前述髓心注射所用的利福平-四环素液、利福平-DNA 甲基液等药剂喷洒幼树叶面，喷洒药液剂量为树干髓心注射用量的 50～100 倍。

8）积极采取防虫治虫措施是预防泡桐丛枝病发生和流行的重要手段之一。5～7 月，在叶面喷施 5%吡虫啉乳油 2500 倍液或 3%啶虫咪乳油 2000 倍液，防治茶翅蝽、烟草盲蝽等传毒媒介昆虫。

（六）泡桐黑痘病

1. 分布及危害

泡桐黑痘病是泡桐的一种常见病害，在我国泡桐栽植区发生普遍。该病害多发生在泡桐幼苗上，一年生实生苗和根生苗受害严重，致使病株矮小、病梢枯死。可危害兰考泡桐、毛泡桐、白花泡桐、日本泡桐和各种杂交泡桐。

2. 症状

主要危害泡桐的叶片、叶柄和嫩茎。叶上病斑近圆形，直径 0.5～2mm，褐色至黑褐色，多沿叶脉发生，易破裂成穿孔。受害叶柄、叶脉、嫩梢上的病斑椭圆形，凸起如疮痂状，初期病斑为淡褐色，潮湿时产生灰白色霉层，后期变为黑褐色，病叶卷缩，病梢枯死。病害严重时，苗干上病斑呈串状或成排纵向排列。

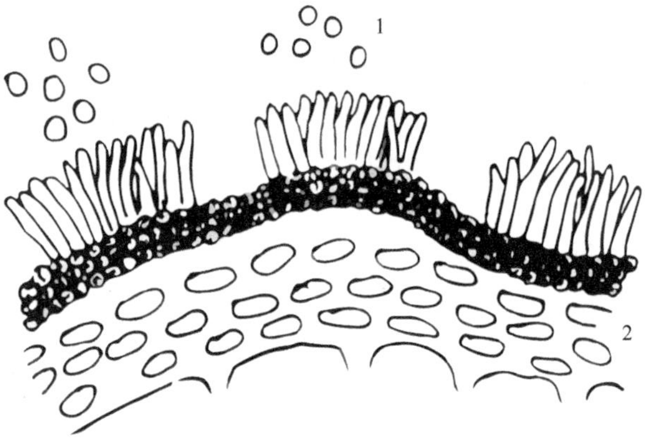

图 18-20 泡桐黑痘病病原菌（袁嗣令，1997）
1. 分生孢子；2. 分生孢子盘

3. 病原

泡桐黑痘病的病原为泡桐痂圆孢菌 *Sphaceloma paulowniae* Hara。属半知菌门腔孢纲黑盘孢目痂圆孢属。分生孢子盘大小不一，直径 41～69μm。分生孢子梗成纵行排列，不分枝，无色、无隔膜，长 10～12μm。分生孢子单胞、无色，卵圆形或长椭圆形，大小（4～5μm）×（2～3μm）（图 18-20）。

4. 发病规律

病菌主要以菌丝体和分生孢子盘在病枝、病叶的病斑内越冬。翌年 3～4 月，从越冬病斑上产生分生孢子，借气流传播，进行初侵染。分生孢子萌发最适温度 25°C，萌发最低相对湿度 75%，最适 pH 5.6。4 月中、下旬可在幼叶上见到新病斑。病菌多从叶柄、嫩梢、幼茎的皮孔处侵入，潜育期 3～6 天。5～6 月新梢生长期为发病盛期，叶片、小枝上有大量黑痘出现，每年 7～8 月发病最严重，直到秋季为止。

5～7 月多雨天气，苗木过密，弱小苗易感病。罹患丛枝病的小枝、小叶上常感染有黑痘病，因此靠近泡桐大树下的苗木发病较重。泡桐不同品种和杂交种之间抗病性有差异，兰考泡桐、白花泡桐、‘豫选 1 号’泡桐发病率高；山明泡桐、楸叶泡桐和‘豫杂 1 号’泡桐等较抗病。

5. 综合防控技术

1）冬季应彻底清除病苗和病枝叶，并进行销毁，减少病源。病害发生初期，应及时清除病株，防止病害扩散蔓延。

2）选用楸叶泡桐、‘豫杂一号’、山明泡桐等优良泡桐品种。在重病区，应选用白花泡桐等抗病品种育苗。要避免在泡桐林附近育苗，苗床地不能连作。埋根苗穗要注意检疫，禁止从病苗上剪取。

3）苗床地在播种前每亩撒施 1～1.5kg 敌克松，进行土壤消毒。种子播前可用 0.3%的敌克松原粉进行拌种。

4）加强苗期管理，留苗密度要适当，每亩留苗 800～900 株。及时浇水施肥，促进泡桐苗木健壮生长，增强抗病能力。

5）幼苗出土后，每 15 天喷施 1 次 1∶1∶200 的波尔多液或 65%代森锌可湿性粉剂 500 倍液进行预防。5～6 月发病期，对发病的泡桐苗木交替喷施 40%戊唑·咪鲜胺水乳剂 1500 倍液或 40%嘧菌酯·戊唑醇悬浮剂 3000 倍液，每隔 15 天左右喷施 1 次，共喷施 3～4 次，有较好的防治效果。

（七）泡桐炭疽病

1. 分布及危害

泡桐炭疽病是泡桐实生幼苗上的主要病害，在泡桐栽植地区普遍发生。常使泡桐播种育苗遭受毁灭性损失，死苗率可达 70%～80%，导致播种育苗失败。对细弱的根生苗危害也较重。

2. 症状

主要危害泡桐叶片、叶柄和嫩梢。当泡桐幼苗长出 1～2 对真叶时开始发病，此时，实生幼苗尚未木质化；发病初期，叶片和幼茎上出现暗绿色点状斑，后扩大为褐色近圆形斑，周围黄绿色，直径约 1mm，可使幼苗倒伏枯死。苗木长出 3 对真叶以后，幼苗已木质化；茎、叶柄和叶片上出现许多失绿斑点，后扩大变褐，叶上病斑近圆形，茎和叶柄上病斑椭圆形，微凹陷，长 1～2mm；在潮湿条件下，病斑上常长出许多小黑点（分生孢子盘），突破表皮，散出粉红色胶状分生孢子堆。严重时病斑常连片、破裂，造成大量落叶，茎部干缩，常呈黑褐色枯死，但不倒伏。埋根苗由于植株高大，病斑仅发生在叶柄和幼茎上，造成叶片早落。幼树的叶柄和丛枝病枝，也常感染炭疽病，造成叶片变黄早落。

3. 病原

泡桐炭疽病的病原为盘长孢状刺盘孢菌 *Colletotrichum gloeosporioides* Penz.，属半知菌门腔孢纲黑盘孢目炭疽菌属。病菌的分生孢子盘在寄主表皮下或角质层下形成，直径 200～300μm，后突破表皮外露；分生孢子盘常有褐色刚毛，大小为（40～56μm）×（3～3.5μm）；分生孢子单生于分生孢子梗顶端，单胞、无色，长卵圆形或椭圆形，大小（15～20μm）×（3.5～4μm）（图 18-21）。

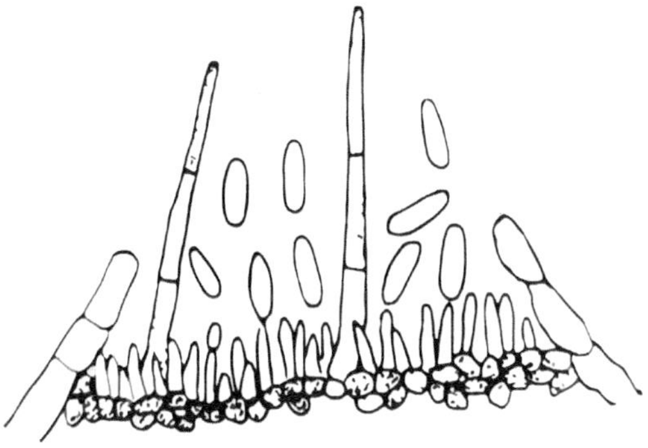

图 18-21 泡桐炭疽病病原菌（王守正，1994）
分生孢子盘及分生孢子

4. 发病规律

病菌主要以菌丝体在茎和枝上的病组织内越冬。翌年 4～5 月，在温湿度适宜时产生新的分生孢子，借助风雨传播，进行初次侵染。在苗木整个生长季节中，病菌可重复产生、重复侵染。4 月中下旬，留床苗开始发病；5 月中旬至 6 月上旬，实生苗开始发病，7 月中下旬为发病盛期，可持续到 8 月底，9 月之后病害基本停止发展。病害流行程度与降水量关系密切。在泡桐苗木生长季节，高温多雨、排水不良、苗木栽植过密、通风透光不好、苗木生长势弱等有利于炭疽病的发生，病害扩展蔓延快。苗圃管理粗放、育苗技术欠缺、肥水条件薄弱等，常导致苗木生长较弱，易于病害发生。

5. 综合防控技术

1）苗圃地应选择在距离泡桐林较远的地方；苗圃地应避免重茬，如必须重茬时，应彻底清理圃地，销毁病苗及病枝叶。冬季深翻圃地，播种前，将硫酸亚铁均匀撒在地表，然后翻入土中，进行土壤消毒，可有效减少初侵染源。

2）提高育苗技术，加强圃地管理。苗床地四周开设排水沟，降低苗床湿度。播种密度适当，出苗后应及时间苗、除草和追肥，促进泡桐苗木健壮生长，提高抗病能力。

3）采用温床塑料薄膜育苗和小苗移栽，可减少炭疽病发生。

4）5～6 月，幼苗出土后，可喷施 1%石灰等量式波尔多液预防炭疽病发生。在苗木生长期内，可喷施 65%代森锌可湿性粉剂 500 倍液或 50%退菌特可湿性粉剂 800 倍液。发病初期，喷施 37%苯醚甲环唑水分散粒剂 5000 倍液、15%吡唑醚菌酯悬浮剂 2000 倍液、60%防霉宝超微可湿性粉剂 1000 倍液、5%霉能灵水剂 1000 倍液等，间隔 10～15 天，连续施药 2～3 次。注意交替用药。

（八）泡桐溃疡病

1. 分布及危害

泡桐溃疡病主要分布于我国泡桐栽培区。主要危害 2～5 年生泡桐幼树，常导致树木死亡。此外，该病还可危害杨树、核桃树、国槐、松树、苹果树、海棠树等树木。

2. 症状

有溃疡型和枝枯型 2 种症状类型。

1）溃疡型：病斑多出现在主干胸径以下。3 月中下旬树干皮层开始出现 1cm 大小、褐色水渍状圆形病斑，手压有褐色臭水流出。以后皮下的坏死组织扩大变褐，病斑失水干缩下陷，发展成长椭圆形或长条形斑，散生许多小黑点（分生孢子器）。当病斑包围树干时，上部即枯死。5 月下旬病斑周围形成隆起的愈伤组织，中央裂开，形成典型的溃疡症状。

2）枯梢型：在当年定植的幼树主干上先出现不明显的红褐色小病斑，2～3 个月后病斑迅速包围主干，致使上部梢头枯死。

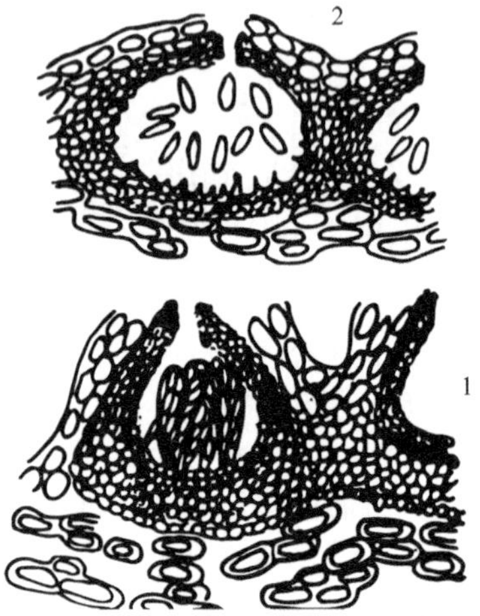

图 18-22 泡桐溃疡病病原菌
1.子囊壳、子囊及子囊孢子；2. 分生孢子器及分生孢子

3. 病原

泡桐溃疡病的病原为葡萄座腔菌 *Botryosphaeria dothidea*（Moug.）Ces. et De Not. 属子囊菌门格孢腔菌目。无性阶段为群生小穴壳菌 *Dothiorella gregaria* Sacc.。子座黑色，很发达，位于寄主表皮内，不规则形，成熟时突破表皮外露。分生孢子器群生于子座内，大小为（200～210μm）×（180～200μm）。分生孢子梗不分枝，分生孢子单胞、无色、纺锤形，大小为（20～23μm）×（4.5～5μm）。子囊腔 4～5 个群生于子座内，子座黑色，大小为（930～1168μm）×（358～550μm）。子囊腔为桃形，大小为（175～179μm）×（230～275μm），内生棒形子囊，有短柄，大小为（46～49μm）×（11～13μm），内含 8 个子囊孢子，成双行排列。子囊间有侧丝。子囊孢子单胞、无色、近椭圆形，大小为（16～18.4μm）×（7.9～9.2μm）（图 18-22）。

4. 发病规律

病菌以菌丝体在病皮内或以分生孢子器和子囊腔在病死植株上越冬。翌春，分生孢子和子囊孢子遇雨后释放出来，在适宜温湿条件下萌发，并从树干下部的皮孔等处侵入树皮，于秋末或春夏季节出现数个小型水渍状病斑，并溢出褐色胶滴。轻者削弱树势，生长缓慢；重者病斑环绕树干，使病树当年枯死。

主要发生于苗木移植过程中，3 月下旬开始发病，4 月中旬至 5 月下旬为发病高峰期，6 月初基本停止，10 月后又稍有发展。该病可侵染树干、根茎和大树枝条，但主要危害树干的中部和下部。发病初期树干皮孔附近出现水泡，水泡破裂后流出带臭味的液体，内有大量病菌。病部最后干缩下陷形成溃疡斑，病斑处皮层变褐腐烂，当病斑横向扩展，环绕树干一圈后，树木即死亡。

病斑多出现在树干背阴面，有时向阳面树皮发生日灼处，或初冬天气突变、降雪降温使根颈的背阴面受冻处也易发病。以白花泡桐和兰考泡桐受害严重，树龄多为 3～4 年生的幼树，其次为 5～6 年生的中龄树和 1～2 年生的小树，个别病树也有 16 年生的。病株多发生在庭院内外或片林内，桐农间作很少发病，似与树冠郁闭度有关。林地积水或新移栽的幼树，树势衰弱易发病。

5. 综合防控技术

1）选育抗病树种，为泡桐造林培育良种壮苗。起苗时尽量避免伤根，运输时保持水分。

2）定植前用 ABT3 号生根粉溶液蘸根，定植时浇足底水，定植后对幼树干部喷施 5406 细胞分裂素 1000 倍液。

3）早春和晚秋，对庭院内外和成片林的泡桐幼树，树干基部 1.5m 以下涂刷石灰乳、白涂剂或波尔多浆进行保护。或用 0.5°Bé 石硫合剂、1∶1∶160 的波尔多液喷干，可预防感染，降低发病率。若发病率在50%以上时，可平茬。

4）早春，刮除病株溃疡病斑，用50%退菌特可湿性粉剂50倍液、40%福美砷可湿性粉剂50倍液或苯腐灵4倍液涂抹伤口，待药液干后，涂抹厚约1mm黄油，保护木质部，提高防治效果。在病害发生前和发病初期，对树干、大枝等部位喷洒43%戊唑醇悬浮剂2000倍液或38%噁霜·嘧铜菌酯水剂1000倍液等进行防治。

（九）泡桐腐烂病

1. 分布及危害

泡桐腐烂病又称为泡桐烂皮病，是泡桐的重要病害之一。主要分布于我国山东、河南、安徽、陕西及湖南等泡桐栽培区，发病率一般为23%～26%，对泡桐的生长和材质造成很大危害与损失。其中楸叶泡桐、兰考泡桐、毛泡桐、白花泡桐等受害严重。此外，还危害杨树、柳树、国槐、松树、槭树、樱花树、接骨木、花楸树、桑树、木槿等树木。

2. 症状

腐烂病发生在主干、主枝和侧枝上，病菌侵染树干和树枝的皮部。表现为干腐和枝枯2种症状类型。

1）干腐型：主要发生在主干、大枝及分岔处。大树主干病斑椭圆形，少数为不规则形，下陷，病皮腐烂呈褐色，深至木质部，但外表不变色，所以初期有很大隐蔽性。病斑初期呈暗褐色水渍状，微隆起，病皮皮层腐烂变软，手压病部有水渗出，随后失水下陷，病部呈现浅砖红色，有明显的黑褐色边缘，病变部分分界明显。后期在病部产生许多黑色针尖状小突起，即病菌的分生孢子器。雨后或潮湿天气，从针尖状小突起处挤出橘黄色卷丝状物（分生孢子角）。腐烂的皮层、纤维组织分离如麻状，易与木质部剥离。秋季，在死亡的病组织上长出黑色小点，即病菌的子囊壳。病斑于每年冬、春季向外扩展一圈，宽窄不一，纵向扩展比横向扩展速度快。后期病皮暴裂，木质部裸露，呈阶梯状下陷，病部横断面呈扁圆形。病斑包围树干一圈后，导致树木死亡。

2～4年生树干上的病斑很明显，呈灰褐色，长椭圆形、菱形或不规则形，开始水渍状，褐色边缘微突起，深达木质部，以后病斑的内部树皮组织腐烂变褐，有酒糟味，下陷呈溃疡病斑，外表不变色，不易发现，最后病斑上长出许多黑色点状子座，顶破栓皮层，微外露，并能从子座内挤出橘黄色卷丝状分生孢子角。剖开病皮，皮下有明显的扁圆形黑色子座。病斑逐年扩大后，病皮下木质部表面呈黑褐色同心轮状。当病斑环绕树干一圈后，上部或全株枯死。

2）枝枯型：主要发生在小枝上。小枝染病后很快变色枯死，无明显的腐烂溃疡症状。后期病枝病皮上也产生黑色点状子座和橘黄色卷丝状分生孢子角。大树枝条上的病斑表面变色不明显，内部树皮坏死后，在表皮下产生稀疏的黑点状子座，顶口外露。

3. 病原

泡桐腐烂病的病原为子囊菌门的泡桐黑腐皮壳菌 *Valsa paulowniae* Miyabe et Hemmi，属子囊菌门球壳菌目。无性阶段为泡桐壳囊孢菌 *Cytospora paulowniae*。病菌的子座有大小两种：大型子座宽（2～3mm）、高（1.8～2mm），内聚生有长颈烧瓶状子囊壳6～10个，孔口外露，子囊壳大小为（343～522μm）×（342～481μm），颈长756～825μm，粗96～178μm。子囊棍棒形或长椭圆形，大小为（27～34μm）×（5.4～7μm），内含8个子囊孢子，单胞、无色、香蕉形，大小为（11～12μm）×（1.1～1.4μm）。小型子座大小为1mm×1.3mm，内生一个不规则形分生孢子器，孔口外露，器宽1003～1237μm，高481～550μm，颈长472～550μm。沿器内壁密生细长无色的分生孢子梗，大小为（16～23μm）×（0.7～1μm）；分生孢子单胞、无色、香蕉形，大小为（3.5～4.5μm）×（0.8～1μm）（图18-23）。

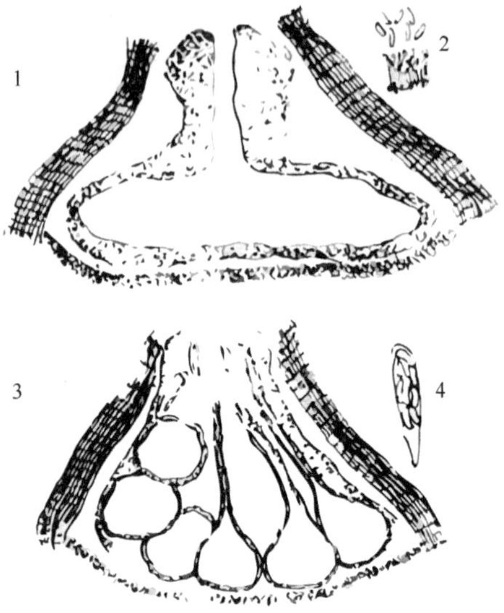

图 18-23　泡桐腐烂病病原菌
1. 分生孢子器；2. 分生孢子梗及分生孢子；3. 子座及子囊壳；4. 子囊及子囊孢子

4. 发病规律

病菌以菌丝体、分生孢子器和子囊壳在病组织内越冬，越冬后的子囊孢子及分生孢子于 5～11 月释放，有萌发及侵染能力。病菌的孢子靠风雨、昆虫传播，从伤口及死亡组织侵入寄主。泡桐腐烂病菌是一种弱寄生菌，6～8 月虽能侵染泡桐，但由于泡桐正值生长旺盛期，抗扩展能力强，病菌很难在侵染点扩展致病，有潜伏侵染现象，至晚秋树势转弱后才出现病斑。至翌年 3 月、4 月，泡桐进入生长期前为病斑扩展盛期，5 月初基本停止扩展。

病菌分生孢子器 4 月开始形成，5～6 月大量产生，顶破木栓层外露，为分生孢子器孔口处。湿度大时，分泌灰黄色至橘黄色卷丝状物，为病菌分生孢子角。剥开病皮，在木栓层下有较大的扁圆形黑色小颗粒，直径 0.6～2.5mm，为分生孢子器。有时还有成堆的圆形黑色小颗粒，直径约 0.5mm，一般 20～30 个集成一堆，为病菌子囊壳。子囊壳于 11～12 月在枯枝或病死组织上出现。病菌在 4～35℃均可生长，但以 25℃生长最适宜。分生孢子和子囊孢子萌发的适宜温度为 25～30℃。菌丝生长最适 pH=4。

泡桐腐烂病的发生和流行与气候条件、树龄、树势、树皮含水量、栽培管理措施等有密切关系。病菌只能危害生长衰弱的树木或濒临死亡的树皮组织。如果立地条件不良、栽培管理措施不当等因素削弱树势，可促进病害大发生。冬季受冻害或春季干旱、夏季发生日灼伤，也易诱发此病。泡桐苗木移栽时伤根过多、移栽后灌水不及时或灌水不足、树木修剪过度等均易造成病害严重发生。有研究表明，病菌有潜伏侵染现象，若苗木中带菌率很高，一旦条件适宜，病害就会突然大发生。

发病部位以树干中、下部及基部为主，方向以南向、西南向为多。严寒地区与季节，泡桐树干西南面发生的冻害伤口，是导致泡桐腐烂病发生的主要诱因。泡桐遭受水浸、日灼造成各种损伤后，或植株过密生长不良，也易感染腐烂病。泡桐不同品种间发病轻重程度有差异，秋叶泡桐较毛泡桐抗病，在相同立地条件下，前者发病株率为 42%，后者发病株率达 63%。

5. 综合防控技术

1）加强出圃苗木检查，严禁带病苗木出圃；重病苗木要烧毁，以免传播蔓延。随起苗随栽植，避免伤根过多或伤及主干造成干部皮层损伤，栽植后及时浇水灌溉，以保证成活率，提高抗病力。加强泡桐林栽培管理，提高造林质量。选用良种壮苗，适地适树，避免低洼地栽植泡桐，片林栽植不易过密，及时修枝间伐。修枝应在晚春进行，剪口要平滑通畅，以利愈合。科学修剪，做到勤修、轻修、及时修、合理修，及时去除病枝和枯枝。病重和枯死的泡桐要及时伐除。秋季树干涂白，防止灼伤和冻害；春季干旱时，注意灌水，以增强树势。

2）选育抗病品种。北方严寒地区年平均气温在 9℃以下、绝对最低气温在–22℃以下不宜栽植泡桐，或在冬季采取树干涂白等防寒措施。

3）发病初期，可用 70%甲基托布津可湿性粉剂或 50%多菌灵可湿性粉剂 200 倍液、80%“402”抗菌素 200 倍液进行喷雾。或用 2～3°Bé 石硫合剂、苯腐灵 4 倍液、1%杆菌肽、福美砷油液（40%福美砷 1 份、煤油 1 份、洗衣粉 0.2 份、水 20 份）涂抹病斑 1～2 次，涂前先用锋利的小刀将病组织纵横交叉划破深达木质部或彻底刮除老病皮，再刮去病斑四周 1～2cm 的好皮，再行涂药。涂药 5 天后，再用 50～100ppm 赤霉素涂于病斑周围，可促进病部产生愈伤组织，并阻止复发。待药液干后，涂抹厚约 1mm 涂伤剂，保护木质部，提高防治效果。

附：涂伤剂的配制

（1）材料

松香、蜂蜡、动物油、乙醇、松节油、豆油、硫酸铜、熟石灰等。

（2）用具

电炉、锅、塑料袋、油灰刀、毛刷等。

（3）涂伤剂类型

1）固体保护剂。取松香 4 份、蜂蜡 2 份、动物油 1 份。先把动物油放在锅里加热熔化，然后将旺火拆掉，立即加入松香和蜂蜡，再用文火加热并充分搅拌，待冷凝后取出，装入塑料袋密封备用。使用时，只要稍微加热令其软化，然后用油灰刀将其抹在伤口上即可，一般用此保护剂封抹较大的伤口。

2）液体保护剂。取松香 10 份、动物油 2 份、乙醇 6 份、松节油 1 份。先把松香和动物油一起放入锅内加温，待熔化后立即停火，稍冷却后再倒入乙醇和松节油，同时随时搅拌均匀，然后倒入瓶内密封贮藏，以防乙醇和松节油挥发。使用时用毛刷涂抹即可，这种液体保护剂适用于较小的伤口。

3）豆油铜素剂。取豆油、硫酸铜、熟石灰各 1 份，先把硫酸铜、熟石灰研成细粉，然后把豆油倒入锅内熬煮至沸腾，再把硫酸铜、熟石灰加入油中，充分搅拌，冷却后即可用于涂抹树木伤口。

4）波尔多浆。取硫酸铜 0.5kg、生石灰 1.5kg、水 7.5kg，用 4kg 水配制石灰乳，3.5kg 水配制硫酸铜溶液，将硫酸铜溶液倒入石灰乳中搅拌均匀即可。

5）白涂剂。取生石灰 5kg、石硫合剂原液 0.5kg、盐 0.5kg、动物油 0.1kg、水 20kg，用少量热水将生石灰和盐分别化开，然后将两液混合并倒入剩余的水，再加入石硫合剂、动物油搅拌均匀即成。

（十）泡桐根朽病

1. 分布及危害

泡桐根朽病是一种危害严重的根部病害，分布广泛，尤其在温带地区普遍发生。几乎所有乔灌木树种和一些草本植物都能受害，主要危害泡桐、松、栎、赤杨、柳、桑、梨和苹果等树木。不论成年树或幼树都能受害，引起树木根系及根颈部皮层和木质部腐朽，最后整株枯萎死亡。

2. 症状

严重感染蜜环菌的树木树叶变黄、早落或叶部发育受阻，叶形变小，枝叶稀疏，有时枝条表现为自顶端向下枯死。在病根的皮层与木质部之间常有白色扇形菌膜存在，同时在病根皮层内、病根表面及病根周围的土壤内，可见到深褐色或黑色扁圆形根状菌索。此外，病根皮孔增大、皮孔数量增多也是蜜环菌根朽病的典型症状之一。

发病后，病株根部的边材和心材都产生腐朽。腐朽初期，病部表现暗淡的水渍状，后来呈暗褐色。腐朽后期，病部呈淡黄色或白色，柔软，海绵状，边缘有黑色线纹。秋季，在即将死亡或已经死亡的病株干基部位和周围地面常出现成丛的蜜环菌子实体（图 18-24）。

图 18-24　泡桐根朽病病原菌

1. 子实体、担子及担孢子；2. 根状菌索

3. 病原

泡桐根朽病的病原为担子菌门伞菌纲伞菌目蜜环菌属的蜜环菌（*Armillariella mellea*）。病菌的子实体伞状。菌盖圆形，中央略突起，直径 5～15cm，浅土黄色、蜜黄色至浅黄褐色。老后棕褐色，上表面具有平伏或直立的淡褐色毛状小鳞片，有时近光滑，边缘具条纹。菌柄实心，位于菌盖中央，细长、圆柱形，稍弯曲，纤维质，内部松软渐变至空心，基部稍膨大，黄褐色，上半部具有一白色膜状菌环，幼时常呈双层，松软，后期带奶油色。菌肉白色。菌褶初为白色，后略呈红褐色，老后常出现暗褐色斑点，直生或略呈延生。担孢子无色、卵圆形，大小为 8～9μm×5～6μm。子实体连接在根状菌索上，从病株干基、根系及土中的菌索上长出。

许多研究认为，蜜环菌是由一些生理小种组成的复合种（也有划分成若干个独立种的）。这些生理小种在致病性和生活习性方面都有一定差异。蜜环菌的子实体可以食用，我国东北地区称它为“榛蘑”。蜜环菌的菌丝体和根状菌索顶端能发光，可作为研究生物发光现象的材料。

4. 发病规律

蜜环菌广泛分布于各地林区土壤内，通常处于一种腐生状态。从蜜环菌子实体上产生的大量担孢子成熟后，随气流传播，飞落在树木上。在适宜的环境条件下，担孢子萌发长出菌丝体，从干基向下延伸至根部，又从根部长出黑色菌索，在表土层内扩展延伸，菌索内部组织有明显分化。当菌索顶端接触到活立木根部时，沿根部表面延伸，长出白色菌丝状分枝，直接侵入或通过根部表面的伤口侵入根部。

侵入立木根部组织的菌丝体，在形成层内延伸直达根颈，再蔓延到主根及侧根内。在受害根部皮层与木质部间形成肥厚的白色扇形菌膜，并从已经死亡的根部长出新的菌索。当菌丝体在受害树木根颈部分形成层内引起环割现象后，树木便很快枯萎死亡。

随着病株衰亡，干基部分出现树皮干裂并剥离主干的现象。病原菌从根部沿主干向上延伸，引起干基腐朽，在皮层内木质部表面常能见到网状交织的菌索。在温暖潮湿季节，主干上的菌索也能向下延伸到地面转移到邻近的活立木根部继续进行侵染。此外，带有蜜环菌菌索或菌丝体的枯立木被伐倒以后，堆置在潮湿环境下或用作矿坑支柱，常能看到菌索继续扩展蔓延并产生子实体。

生长健壮的树木能抵抗蜜环菌的侵染。受其他不良环境因素影响（如干旱、冻害、害虫侵害等）而衰弱的树木较易感染根朽病。各种年龄的树木都能受害。据资料记载，10～20 年生的幼树感病后，2～3 年就能枯萎死亡；而大树感病后，有时能持续存活 10 年以上。新采伐迹地上，常有大量新伐树桩存在，为蜜环菌的生长繁殖提供极为有利的条件，如果营林措施不当，根朽病可严重发生。

5. 综合防控技术

1）在适宜环境条件下，健壮成长的树木能抵抗蜜环菌的侵染。因此，防治根朽病最有效的措施是通过合理的营林栽培管理措施，促进树木生长健壮。

2）蜜环菌广泛分布于林区内，采用挖沟隔离中心病株或中心病区，并将病区内的病树加以清除，可有效阻止根状菌索扩展蔓延，减轻病害的发生。

3）大量新采伐残桩的存在是造成根朽病严重发生的诱导因素。因此，在新开发的林区内应彻底清理残桩，或者在采伐前 1 年将要采伐的树木进行环状剥皮，这样可以促进一些无害腐生真菌在残桩上生长发育，阻止蜜环菌的入侵。

4）发现根朽病株时，可将病树的病根切除并销毁，伤口消毒，并用防水涂伤剂加以保护。病株周围的土壤可用硫酸亚铁、二硫化碳进行处理。这样既能消毒土壤，又能促进绿色木霉菌（*Trichoderma viride*）和哈茨木霉菌（*Trichoderma harzianum*）等生防菌的快速大量繁殖，通过营养竞争、重寄生、细胞壁分解酵素，以及诱导植物产生抗性等多重机制，对病原菌产生拮抗作用，抑制蜜环菌的滋生，具有保护和防治双重功效。

参 考 文 献

杜丽勤, 吴玉州, 张少辉, 等. 2012. 泡桐主要病害及防治方法.植物医生, 25(6): 29-30.

韩召军, 杜相革, 徐志宏.2008. 园艺昆虫学. 第 2 版.北京: 中国农业大学出版社: 48-71,98-137,166-180,186-195,228-236, 302-320.

河南省林业厅.1988. 河南森林昆虫志. 郑州: 河南科学技术出版社: 65-98.

河南省森林病虫害防治检疫站. 2005. 河南林业有害生物防治技术. 郑州: 黄河水利出版社: 99-115.

侯启昌, 尚忠海. 2010. 林果蔬菜病虫害防治. 北京: 中国农业科学技术出版社: 85-97.

李文霞, 陶海燕, 马冬梅. 2014. 泡桐几种常见病害的发生与防治技术. 农业与技术, 34(1): 66.

刘建华, 李秀生, 李久禄, 等. 1992. 泡桐新病害——溃疡病原菌的研究. 河南农业大学学报, (2): 207-210.

苗金波, 陈俊超, 李俊中. 1988. 深翻闷灌防治泡桐根结线虫病. 森林病虫通讯, (1): 33-34.

邵力平, 沈瑞祥, 张素轩, 等. 1984. 真菌分类学. 北京: 中国林业出版社: 309-333.

王守正. 1994. 河南省经济植物病害志. 郑州: 河南科学技术出版社.

王勋. 2017. 泡桐的栽培技术及病虫害防治. 农业与技术, 37(8): 112.

萧刚柔. 1992. 中国森林昆虫. 北京: 中国林业出版社(增订本): 688-690.

杨有乾, 李秀生. 1982. 林木病虫害防治. 郑州: 河南科学技术出版社: 62-89.

袁嗣令. 1997. 中国乔、灌木病害. 北京: 科学出版社.

张殿勋, 韩露, 丁建领. 2014. 泡桐丛枝病综合防治措施的效果分析. 安徽农学通报, 20(12): 90-91.

张星耀, 骆有庆. 2003. 中国森林重大生物灾害. 北京: 中国林业出版社: 22-56.

赵忠懿, 钱振国, 田野, 等. 1996. 泡桐病虫害研究进展. 河南林业科技, (3): 40-43.

第十九章　农（林）桐复合经营

农桐间作是我国劳动人民和科技工作者在生产实践中创造出来的一种林农经营形式，极具中国特色和优势。该模式始于20世纪70年代，为适应当时的农业生产条件和为农作物生产创造良好的生态环境，高校科研单位共同协作，创造出农桐间作随地势地块设计营建泡桐林网的适宜生产方式。因农桐间作模式选择的树种适宜、建造成本低、见效快、效果好，所以该模式很快在全国得到推广普及，为改善生态、促进粮食增产发挥了重要作用。多年来科技人员对其生态效益进行过定位观测，证明其生态经济效益显著，对农作物的优质、稳产、高产起到了生态屏障与保护作用。

经过长期实践探索，科学工作者在农桐复合经营、林桐复合生态建设及农田防护林工程等方面取得了成功经验，为生态建设、粮食安全、经济文化和社会发展提供了范例与参考，同时也为泡桐产业的健康可持续发展提供了广阔的空间。

第一节　农桐复合经营

一、农桐间作模式探索

（一）农桐间作模式实践

农用林业（农林复合生态系统）是一门林业生态应用学科，在生产实践中有着极其重要的地位和作用。我国传统的农林间作（农桐、农果、农桑、农枣、农柿、农条等间作模式）有着悠久的历史和丰富的经验。

1964年在兰考县的定位试验观测：大面积农桐间作，降低风速35%～40%，地面水分蒸发量减少10%，空气湿度提高10%～15%，改善了农田小气候，为农作物稳产高产创造了有利条件。小麦增产11.1%～38.8%，谷子增产20%左右。7年生泡桐树高10.4m，胸径30.4 ㎝，单株材积0.29m^3。据山东地区观测：发生干热风期间，桐麦间作田比空旷区的风速降低42%～55%，水分蒸发减少44.7%～50%，空气相对湿度增加9%～29%。全光下日间中午气温降低0.4～1.2℃，削弱了干热风强度。结果测得小麦增产22.4%，谷子增产20%，玉米增产10.6%，大豆减产8.9%，棉花基本平产，红薯减产38.7%。从总体上看，在农耕地特别是风沙严重的农耕地上，农桐间作具有防风、防沙、抵御干热风、防止晚霜等自然灾害和调节农田小气候的作用，采用的各种农业技术措施，均对泡桐生长有很大的促进作用，从而促进农作物稳产高产（蒋建平，1979）。

20世纪70年代以来，泡桐作为农田防护林工程适宜的树种（品种、品系），广泛应用于各地农桐间作保护粮食丰产稳产的生产实践中。张凤娇（2013）调查比较兰考县农桐间作地小麦，总产值提高11%，产投比高出6.7%；农桐间作比非农桐间作田每667m^{2}增加收入178元。1994～1995年，兰考县两次被评为全国油料生产百强县（李盛滢，2019）。至2008年，风沙土类仅占兰考县土壤总面积1.37%，兰考县平均土壤有机质含量升至1.43%。据观测，泡桐间作农田光照和风力的阻挡，风速降低30%～50%，空气湿度提高7%～10%，夏季气温降低0.4～1.0℃，月蒸发量减少30%，耕作层含水量增加7%～10%。证明农桐间作可改善农田小气候、提高农作物抵御自然灾害的能力。这对于长期受风沙、干旱、干热风灾害严重影响的兰考农区实现粮食稳定高产有至关重要的作用。2017年，兰考县生产总值285.50亿元，同比增长 9.5%；兰考县粮食种植面积 93 811hm^2，全年粮食产量 53.21 万 t，比 2016 年增长 1.4%；平均每 667m^2 产粮 458.5kg，高于全国粮食产量平均水平（冯述清等，1998）。

李树人等（1980）开展农桐间作人工栽培群落光照研究，提出泡桐和小麦的合理结构模式：行距 50m，株距 6m，南北行栽植，轮伐期 12 年，种植早熟小麦品种。这样可以保证行间投影不相重叠，株间有大量直射光通过，使小麦灌浆期透光率达 35%，透光量在 18 000lx 以上，满足小麦对光照条件的需求。同时研究了不同类型农桐间作的物质循环和生物量变化，提出适合河南省不同生态类型区和不同经营目的农桐间作 3 种结构模式，即以农为主间作型、以泡桐为主间作型、农桐并重间作型，充分体现了“因地制宜”和“适地适树”原则。

农桐间作和农田防护林都具有显著的抗干热风能力（王广钦等，1983）。农桐间作田风速可降低 40%～50%，夏季平均气温降低 0.4～1℃，相对湿度提高 7%～10%，绝对湿度增大 2～4g/m^3，减轻了干热风对小麦的危害。同时，田间土壤蒸发量减少 34%，含水量提高 7%～10%。例如，1981 年河南省普遍遭受特大干旱威胁条件下，睢县和郑州市郊区观测在 5 月 14 时无林地空气相对湿度均在 20%以下，气温最高达 39℃，干热风严重威胁小麦的生育。农桐间作地空气相对湿度提高 2～2.8 倍，风速降低 30%，气温平均下降 1.5～2.0℃，水面蒸发减少 30%～38%，土壤水分增大 23%。小麦平均增产 5%，千粒重增加 3.1g，生长期延长 3～5 天。

（二）间作粮食增产的几何关系

关于推广农桐间作，人们普遍担心的是农作物的产量问题。1978 年，睢县蓼堤公社崔楼大队东队及睢县泡桐科研站（1980）对农桐间作地夏秋作物的产量进行调查，按机械随机设点原则抽样和样本资料分析。结果表明：除泡桐行距 30m 以下间作地中夏秋作物（小麦、玉米）有减产情况外，30m 以上行距的间作地中夏秋作物（小麦、玉米）均为增产。例如，以 1979 年秋季崔楼东队一块泡桐–玉米的间作地，样地的泡桐林带为东西走向，株行距 5m×60m，林带行长约 300m。选择有代表性的两行各 6 株树的范围内随机机械设样调查，调查线自北向南设置，第一条调查线设在林带北侧的林冠下 1/4 冠幅处，第二、第三、第四、第五、第六、第七、第八条调查线分别设在距林带北侧树 1/8、1/4、3/8、1/2、5/8、3/4、7/8 行距处，第九条调查线设在林带南侧林冠下 1/4 冠幅处。每条调查线在 6 株树范围内连续设置 10 个样点，每样点连续调查 10 株玉米，共 900 株玉米。调查样点范围内的林带的泡桐平均树高 10.3m、枝下高 4.2m、冠幅 9.8m、胸径 32.6cm，9 年树龄。

农桐间作地夏玉米各线位增减产变化规律是：间作地泡桐林带南林冠下较对照（第一条调查线）减产 25.2%，林带的北林冠下（第九条调查线）减产 60.5%；林带的北林沿外（第八条调查线）减产 14.6%，林带的带间及距北侧林带 7.5m 范围内（第二条调查线）增产 28%，15m 范围内（第三条调查线）增产 48.2%，22.5m 范围内（第四条调查线）增产 37.4%，30m 范围内（第五条调查线）增产 26.7%，37.5m 范围内（第六条调查线）增产 15.7%，45m 范围内（第七条调查线）增产 4.7%。最高增产线出现在距北侧林带 15m 范围内约 1.5 倍树高地方。从整个地块看，尽管间作地存在明显的减产区，但由于农桐间作改变了农田小气候，增产区占地比远超减产区，单位面积净增产 12%。对照地平均产量以 3008.7kg/hm^2 计算，可多收玉米 390kg/hm^2，加上麦季增收小麦和泡桐木材收入，农桐间作地较无林地增收 661.5 元/（hm^2·a），同时泡桐叶还可压绿肥。因此，在适宜地区推广农桐间作模式，对发展农林业生产和生态安全有重大意义。

（三）促进粮食增产的理论依据

董中强（1980）关于农桐间作泡桐与小麦争光现象，在商丘连续开展农桐间作田光照强度观测实验。首先，夏播作物因生长季正处在盛夏，此时泡桐枝叶繁茂，因泡桐对林下作物有遮阴争光现象，造成夏播作物不同程度减产；其次是麦桐间作，由于泡桐和小麦生育周期是错开的，基本不存在争光现象。同时，农桐间作还为小麦创造了良好生态环境，间作地小麦比对照地小麦表现有明显增产。从地域上看，河南省小麦大部分在寒露前后播种，当小麦出苗后泡桐落叶；春季小麦返青至拔节孕穗期，光照需求增高，但泡桐一般至谷雨前后发芽，至泡桐展叶期小麦已进入后期。为此泡桐和小麦争光问题主要是调查 5 月中、下旬和 6 月上旬光照能否满足小麦生育需要。5 月中旬到 6 月上旬，在泡桐冠幅内东西南北 4 个方位选有代表性的 4 个点，每点以照度计观测地面、距地面 20cm 和旗叶处的光照强度，在其外选 4 个代表性点作对照。每天日出后的 7 时至日落前 17 时每 2h 观测 1 次（每天观测且更换观测点以保证数据代表性），整理资料得出小麦生育后期日均光照强度和透光率，得出光照分布规律。太阳光的一部分为植物叶层所反射，另一部分透过叶层到达地面，其余为植株叶片光合作用所吸收。从农业气象角度不仅要分析作物群体不同层次的光照强度，还应了解不同层次的透光率（T）。据农业资料，小麦对光照强度要求分“低—高—低”三阶段，即小麦生长初期的光吸收率低，返青后的光吸收率渐高，拔节至孕穗光吸收率达到高峰，后又降低。小麦光合作用在一定范围内，光吸收随光照强度的增加而增加，超过极值，光合强度达到“光饱和点”。小麦要求最适光照强度 8000～12 000lx，最小光照强度 800～2000lx。一般自然光照的强度为 2 万～3 万 lx，当达到自然光的 1/3～1/4 时即达到光饱和点。而农桐间作田小麦光照分布规律是：①麦田光照强度自上而下呈线性递减。②透光率（T）分布是地面最小、20cm 次之、旗叶处较大；树冠下 T 均比对照小，树冠下 T 为对照 2/3。③光照强度变化。光照强度和 T 早晚均小，11～13 时最大。具体是泡桐树冠下地面平均光照强度 4060lx，T=5.1%；20cm 为 8725.5lx，T=11.1%；旗叶处为 30 833.9lx，T=41.3%。可见，地面光照强度只有早晚短时间不足，但后期小麦下部叶片已枯死，此时 20cm 处的光照强度正处在小麦最适合光照强度范围。可见，旗叶为小麦后期的功能叶，所以旗叶处光照强度关系极大。从旗叶处平均光照强度 30 833.9lx 看已达到饱和点，显然光照强度已经偏高，尤其午间光照强度近 50 000lx 显得过高；对照点达 70 000lx 就更高了。总体而言，农桐间作小麦光照条件良好，不存在光照不足问题，相反为小麦的后期生长提供了较好的光照条件。

农桐间作地小麦生长和产量关系，是通过农桐间作小麦生长状况和粒重产量进行测定确立。测得泡桐树下小麦株矮，节间短，穗长，穗粒数多、千粒重高。尤其是千粒重连续 5 年测得均为距树越远千粒重越小，农桐间作田小麦千粒重均比对照增加 1g 左右，如五里杨大队农桐间作‘郑州 761’品种小麦平均千粒重 43.4g，对照 42.6g。桐麦间作小麦灌浆时间长，晚熟 3 天左右，间作田小麦比对照增产 10%左右。说明推广实施农桐间作模式在黄河故道及中下游地区的可行性。

（四）间作对粮食产量及品质的影响

农桐间作系统中泡桐对小麦产量的影响主要是千粒重（卢琦等，1997）。小麦产量的变化趋势为，距树行越近，产量越低；与对照相比，距树行 5m 处减产 2.1%，距树行 2m 处减产 3.7%，树行处减产 15.6%；严重遮阴区，当光合有效辐射（PAR）减少率大于 17.0%和 4.0%时，分别开始影响小麦产量和千粒重。泡桐对小麦产量的显著影响范围在距树行 5m 以内，对千粒重的显著影响范围则延伸到距树行 10m 以内。农桐间作不同结构对夏作物小麦产量的影响表现为，泡桐种植密度越大（5m×10m；5m×15m），距树行不同位置的产量变化幅度越小，田间的相对产量较低；密度越小（5m×20m；5m×30m；5m×40m），形成的增产带和减产带越明显；5m×20m 的株行距增产带占带宽的 45%，5m×30m、5m×40m 的增产带占带宽达 60%～80%。秋作物产量随树龄的增加而下降，间作 6 年以后，减产幅度达 10%以上（玉米为 11%～28%，棉花为 21%～33%）。农桐间作的小麦品质各项指标变化的总趋势是蛋白质和粗脂肪含量明显提高，淀粉含量下降，灰分含量略有提高。间作后玉米品质的变化为千粒重、粗脂肪和淀粉含量提高，灰分和粗纤维含量降低；总趋势是产量大幅度降低，品质略微提高。间作后棉花纤维品质中细度有所降低，其他品质特性稍有增强，总体品质基本持平。

分析桐麦间作增产的原因较多，但最主要的是泡桐调节了农田小气候，使田间和地面温度降低，空气相对湿度增大，减少了直射光，增加了散射光，为小麦后期生长创造了较好的环境。经据连续 5 年对间作田间小气候的观测，农桐间作可降低田间温度 2℃左右，增加空气相对湿度 10%左右。目前普遍认为影响河南小麦增产的限制因素是小麦后期温度偏高，籽粒灌浆期短。小麦抽穗后正处在 5 月，日照时间渐长，光照强度剧增，晴天中午前后自然光照达十几万 lx，由此产生高温影响小麦生长发育。小麦最适宜的灌浆温度为 20～22℃，但河南省绝大部分地区 5 月下旬日均温度多在 22℃以上，最高温度超过 30℃，这样对小麦灌浆不利，因此常造成“逼熟”，使千粒重降低。我国的青海柴达木盆地、西藏高原、甘肃、宁夏部分地区和云南丽江地区等小麦千粒重高达 50g，高产田达 11 250～15 000kg/hm^2，分析其原因主要是小麦生长后期田间温度较低致使灌浆期拉长的缘故。从河南小麦千粒重变化来看，哪年小麦生长后期温度偏低，空气湿度大，哪年千粒重高而增产，相反则千粒重下降而减产，进一步证明河南小麦后期温度高、灌浆时间短是影响粒重的主要原因。因此，小麦生长后期如何降低温度（田间气温及地表温度）是提高小麦千粒重的主要途径与栽培措施。小麦生长期尤其是生长后期除灌水可降低麦田温度外，因地制宜积极发展农桐间作模式，改善农田小气候是一项行之有效的栽培措施。

（五）结论

1）农桐间作改变农田小气候，促进粮食优质高效生产，是行之有效的林农种植模式。

2）泡桐是比较理想的农林间作树种之一。首先，泡桐的主根深、须根少、发叶晚、冠稀疏。经田间调查泡桐的吸收根多分布在 40～100cm 深的土层中，占总根量的 76%，0～40cm 表土层仅占 12%，小麦、玉米等的根系集中分布在表土层 0～40cm，避免了农桐地下部分的水肥之争。其次，泡桐根系具有强大贮水能力，湿润了根系周围的土壤，相对改善了耕作层水分状况。最后，泡桐根系水平分布较少。例如，山西林业科学研究所通过实验测得以箭杆毛白杨胁地系数为“1”时，泡桐则为“0.45”，大官杨为“1.25”。

3）泡桐冠疏，有利于农作物生长发育。其冠下有良好的透光度，透光率较柳树、椿树、杨树分别大 11%、27%、10%。据测定，冠下片光面积占 5%～10%（最高 20%以上），光斑总光强为全光照的 50%，对群体下层农作物的生长具有重要作用；带间，由于植物的吸收、反射和遮阴，在 30～40cm 的泡桐行间，平均照度减少 20%～40%。实践观测证明 5 月无林区的光照度在 5 万～8 万 lx，过强光照可减缓植物的代谢机能，出现“光休眠”，影响有机质的合成和积累。小麦的适宜光照在 2 万～3 万 lx（与董中强（1980）研究数据基本一致）。强光经农桐间作群体过滤、反射和吸收，可调整光照强度，为小麦生长发育创造有利条件。

4）据王广钦等（1983）引用日本学者矢吹和宫川（1970 年）的材料，农作物的光合强度在低风速区随风速升高而上升，当风速超过一定限度，光合作用强度下降。例如，在光照强度为 2.51014J/(cm·min) 条件下，若风速大于 30cm/s，其光合作用强度降低，在无林地的平原区，夏季午间的光强和风速一般都超标，从而出现午休现象；而农桐间作田光照和风速均低于无林区，其光合强度相对高于无林地。

5）减缓 CO_2 的浓度扩散。农桐间作防风和改善小气候的作用致使作物、土壤呼吸排出的 CO_2 不能很快被气流带走（受近地气层乱流扩散影响），相对增加了近地层 CO_2 浓度，适宜的光照为农作物光合作用创造了有利条件。特别是 C4 植物玉米 CO_2 补偿点低（5～l0ppm CO_2 浓度即可完成光合作用）。因此，在适宜模式下的农桐间作生态系统中，玉米的带间增产率较 C3 植物小麦尤为显著。

6）泡桐脱落物可以熟化土壤。泡桐的叶、花富含 N、P、K 等元素，8～10 年生泡桐每株每年可产树叶 100kg，每 50kg 干叶中 N、P、K 含量为 2.96%、0.19%、0.41%。泡桐叶、花用来饲养家畜或沤肥后又归还于土壤中，对提高土壤肥力和熟化土壤起到良好作用。

经长期多点研究与实践证明，选择窄冠高干抗病虫能力强的泡桐品种（品系），采用适宜的农桐间作模式可以为农作物生长创造有益的复合生态空间，为农作物优质高产高效生产创造有利条件。另外农桐间作模式在减弱农作物早晚霜灾害等方面也有积极的效果。农桐间作模式保证了粮食安全，成功实现了林农双赢目标，值得在高标准农田建设和农桐复合经营中大力推广应用。

二、农桐复合生态系统建立

（一）农桐复合生态系统类型

从 20 世纪 50 年代起，农桐复合种植模式首先在河南省黄泛区平原地区（黄河中下游）试验成功，然后在河南全省推广，很快在山东省的西南部、安徽省北部、江苏省徐淮地区和河北省南部等平原地区逐步推广，后来迅速普及（郦振平和张纪林，1992）。据统计，全国农桐间作面积达 306.67 万 hm^2，其中，河南 171.87 万 hm^2，山东 86.33 万 hm^2，河北 21.67 万 hm^2，安徽 13.93 万 hm^2，陕西 8 万 hm^2，江苏近 3.33 万 hm^2。这种农桐间作是我国劳动人民在长期与风、沙、水、旱等自然灾害斗争的生产实践中，探索出的一种适合生态、经济发展要求的农林复合经营形式。但关于它的效益估算，特别是对粮食产量的影响，在人们的思想认识上一直分歧较大。农桐间作对增加单位面积经济产量，保障农作物的增产增收发挥了积极作用。农桐间作是一种最佳的农林间作种植模式（优于其他间作树种），这一结论在 20 世纪 60 年代初就已经被研究证实。

泡桐与农作物组合不同，所引起全年作物产量变化也不尽相同。据核算，泡桐与小麦+玉米（或谷子）间作的增产效应较大，增产率为 9.22%～9.86%；泡桐与小麦+大豆或棉花间作的增产效应较小，增产率为 4.24%～6.12%；泡桐与小麦+山芋间作具有减产效应，减产率为 5.66%。泡桐与其他作物间作组合的产量效应有待研究。

1. 农桐间作的生态效应

农桐间作泡桐与农作物间作的互补和竞争关系及原理主要有以下几个方面。

1）农桐间作的肥水互补效应。泡桐和农作物根系在土壤中的分层分布特性，是进行农桐间作的有利条件。农作物的大部分根系分布在 0～40cm 的土壤表层（耕作层），其中棉花的垂直根系虽达 40cm，水平吸收根绝大部分都集中在 0～20cm 的深度。而且农作物的正常管理一般在 40cm 的耕作层内进行，大量的 N、P、K 存留在耕作层内，保证了农作物正常生长。而泡桐的吸收根 88%密集在 40cm 以下的非耕作层内，能够摄取深层土壤中的营养成分及截流吸收耕作层内随雨水下渗转换为地下的水径流及可能丢失的养分，提高了土壤水分和养分利用率。农桐间作的根系在土壤中所利用的水肥因素，基本上不存在彼此对抗性矛盾。相反，降水季能通过树冠、树干截留雨水，避免形成径流冲刷土壤，使多数雨水截入地下予以贮存；在干旱季节，泡桐还可以通过蒸腾作用吸收较深层的地下水，增加空气湿度减少土壤水分蒸发。泡桐的叶、花含有丰富的 N、P、K，间作地比对照地每年向土壤中多提供 19.5kg（N）、4.91kg（P）、10.74kg（K）等养分，能够使小麦增产 18%（陆新育等，1981；孙鸿良等，1987；李树人等，1985）。因此，在农作物正常管理下促进了泡桐的生长，泡桐落叶还田和减少田间水分蒸发为农作物创造了有利的肥水条件，两者表现为肥水互补效应。

2）农桐间作改善麦田小气候。在农桐间作的人工栽培生态群落中，光、热、水、土等生态因子有利于小麦生长发育。李树人等（1980）研究了光对小麦各生育期的影响。4 月中旬以前，尚未开花展叶的泡桐对小麦遮阴影响甚微；4 月中、下旬，泡桐开花期其透光率为 88%～93%，对小麦光照影响不大；5 月泡桐抽枝展叶，（树冠下或其遮阴处）透光率为 30%～50%，对小麦的开花灌浆可能有影响；6 月上旬小麦收割，一年中小麦受遮阴时间仅 1 个月左右。即使是 5 月间，单冠型泡桐的平均透光量 20 383lx，透光率 34.8%，南北行泡桐林带的透光量 18 592lx，透光率 26.6%。而小麦对光照的要求为透光率 33%，群落内照度在 16 000lx 以上就可满足小麦的生长发育。农桐间作所引起的温湿调控变化对小麦的生长发育极为有利。小麦生长前期，由于泡桐尚未落叶，小麦田间温度可增加 0.2～1℃；小麦生长后期，泡桐能降低空气温度 0.2～1.2℃，空气相对湿度提高 7%～10%；若在干旱年份，气温平均下降 1.5℃～2.0℃，相对湿度提高 2～2.8 倍（陆新育等，1981）。

北京农业科学院等认为，在北京地区如果仅将 10 月下旬至 11 月上旬的田间温度提高 2℃，可使小麦增产 172.5kg/hm^2；仅在 6 月上旬的田间温度即降低 2℃，小麦增产 l65kg/hm^2。用 360kg 水在小麦籽粒灌浆期喷雾 7.5 天，可增加空气相对湿度 2%～6%，降低温度 0.8～2.6℃，增加叶片相对含水量 11%～15%，使小麦增产 17.2%～17.6%（许大全等，1987）。干热风是华北地区突出的农业自然灾害。它对小麦造成的危害是干旱风、低湿和高温造成的植株体内水分失衡、代谢紊乱、细胞膜损伤、灌浆速度减慢、千粒重降低等所致。农桐间作田，泡桐在降低风速和田间温度、提高空气相对湿度三方面都发挥了效应抵御了干热风危害，促进了小麦增产丰收。康立新等（1989）用模糊聚类法分析小麦生物量的积累动态，4 月下旬泡桐行间的生物量积累区域只有两类，5 月中旬，泡桐新叶新梢生长迅速，庞大的树冠使小麦田水热平衡发生了新的变化，从而出现了减产区、平产区、增产区 3 种类型的生物量积累区域，其中距西泡桐行 2～8m 或东泡桐行 6～8m 为平产区；5 月下旬，由于干热风的影响，生物量积累区域在泡桐行间发生了明显的变化，其中距西泡桐行 2～4m 和距东泡桐行 2～l0m 为平产区。其原因在于，西边泡桐行削弱了西南向的干热风，使其背风面小麦受害减轻，穗重增加正常，而离东边泡桐行 10m 以内，正是迎风面风力增大的范围，小麦受干热风危害重，穗重增加减慢。如果增加农桐间作防护林面积，则可以进一步消减邻近东边行对小麦减产的影响程度，可见建设完整的农田林网系统对农作物增产的意义重大。

3）秋熟作物主要气象要素变化的趋利避害。在秋熟作物生长期，农桐间作田里主要气象要素变化规律是：农桐间作区光照强度、气温、风速均比对照区降低，相对湿度增加。孙兆清等（1987）测定间作区平均光照强度 28 354lx，比对照区降低 45.1%；作物株高 2/3 处的光照强度比对照降低 37.8%；7～10 月的日均极端气温 20.3～33.46℃，比对照区减少 2.89℃。平均蒸发量比对照减少 18%。这些气象要素的变化，加之华北地区的阴雨天气集中在秋熟作物生长期内，泡桐又处于旺盛生长期间，大多数秋熟作物光饱和点比较高。因此，光的因子对于秋熟作物可能成为减产因子，特别是树冠下胁地减产尤为严重。但作物因种类不同减产程度各异，谷子的光饱和点较低，抽穗期 3 万 lx 左右，冠下减产较棉花等作物略轻；山芋光饱和点不高，明显的减产原因可能是间作地日较差较小，不利于淀粉积累。当然，农桐间作对秋熟作物也有益处。例如，从光能利用来看，间作田光能利用率 1.1%～1.37%，高于国内作物的平均光能利用率 0.4%，农桐间作的立体用光，提高了光资源的经济利用率（杨修，1986）。另外，泡桐能降低风速，防止作物倒伏和增加间作区的 CO_2 浓度（增强光合作用）等；秋末寒流侵袭或发生早霜时，间作区尚有明显的保温和提高晚秋作物的抗冻能力等。

2. 间作经济效益分析

农桐间作具有明显而稳定的经济效益。多项研究表明，农桐间作对农作物的影响而产生的每公顷收益为小麦增加 255.15 元，玉米增加 3 元，谷子增加 105.45 元，山芋减少 238.5 元，大豆减少 39.6 元，棉花减少 1112.1 元；若以 1 年中不同间作物组合的成本收益计算，除了泡桐+小麦+棉花间作有一处为平收以外，其余不同组合均有增收，产值增加约为 20%。张纪林（1990）用完全成本法核算，农桐间作轮伐期时的年均净现值为 433.95～875.4 元/hm^2，每投入 1 元的生产费用，能够收到 75.45（35.1～115.65）元的收益，内部报酬率为 35.69%～72.20%。农桐间作的投资经济效益显著高于单一农作物种植和其他多项农林项目。这些研究结果与泡桐对麦田所起的温湿度变化比较，是对农桐间作增产机理的充分论证；而干热风是华北地区突出的农业自然灾害（影响小麦等多种农作物尤其是经济作物果蔬花卉等的发育及效益），进一步说明农桐间作模式建立的重要性。

中国人民大学农业经济系展广伟（1989）、中国农业科学院农业经济与发展研究所黄仁（1985）、北京林业大学林经系陈建成（1986）等分别核算了农桐间作的经济效益，均得出一致结论。

（二）农桐间作模式演进

我国农桐间作的发展过程，大致可分为 3 个阶段。起始阶段在 20 世纪 50 年代，当时河南省东部沙荒地区群众在总结经验的基础上，创造了林农种植制度。其特点是：泡桐栽植密度较大，防风固沙能力较强（当时黄河故道区滚动半滚动沙丘，因条件所限亟需以广植林带加以治理），对农作物胁地影响也较大，但大区域内由于可耕地面积的扩大而致区域性粮食产量增加，这种种植制度一直延续到60年代。发展阶段是 70 年代后期，提出用高干壮苗的泡桐栽成南北行向，株行距为（5～6m）×（40～60m）；农作物夏熟以小麦为主，秋熟以玉米、谷子为主，减产的山芋安排在幼林地里，树冠下种植耐荫作物等。提升阶段在 80 年代，这阶段农桐间作经营技术体系初具雏形（当时农田灌溉条件得到初步改善），李树人（1980）、蒋建平等（1981）等提出透光型泡桐–小麦群落模式结构（M），即行距为树高 5 倍（5*H*）×50m，株距以 8 年生树冠直径（Da）计算，南北行向（R1–n），轮伐期 12 年（F12），间作农作物为早熟小麦品种（E）。该结构可保证农林间作林带的行间投影不重叠，林带株间在 7～8 年生有大量直射光通过，小麦灌浆期透光率达 35%左右（透光量在 1.8 万 lx 以上），可以满足小麦的光照要求。同时在采伐前的 4～5 年加栽一行泡桐或用萌芽更新法来合理经营和实现永续利用。黄仁等（1985）提出泡桐最佳采伐年限 10～15 年，最佳间作模式 5m×（40～50m），最佳间作组合依择优前提不同而异。全面权衡的结果为泡桐–小麦–玉米组合，既有良好的生态效益，又有最大的经济效益。从上述农桐间作技术演变可知，农桐间作的研究经历了相当长的时间由泡桐或农作物的单一运动形态为认识和研究对象，发展到以泡桐–农作物复合运动形态相互联系转换的全面认识和综合研究阶段。打破过去孤立研究农桐间作问题的立场和方法，而是以泡桐和农作物相互联系为基本出发点，多角度、多空间、多层次，综合研究和揭示两者之间的本质联系。至此，泡桐营造和农作物栽培及复合经营管理技术所组成的农桐间作复合经营技术体系初具雏形。

对照农桐间作区对生态环境的要求和经济社会发展的需要，现有农桐间作经营技术体系还有发展完善的空间。微观上讲，泡桐良种壮苗、病虫防治、定向培育、永续利用、全产业链精深加工技术有待深入研究；树冠下耐阴作物（如蔬菜类的大蒜、芹菜、生姜、黄花菜及花草等）和起源于较荫蔽处的中草药（地黄、板蓝根、柴胡）等经济作物有待深度开发。宏观上，单项增产技术有待配套组装，趋利避害的调控技术有待研制，整体优化技术有待进一步拓宽，以及泡桐碳汇林建设急需深度融合发展等。

农桐间作不能单纯地认为将泡桐栽在农田里，它应该是对自然资源的合理与充分利用，形成我国独具特色的多功能、高效益的平原及山前丘陵区农区分类高效栽培的复合群落。农桐间作是满足生态环境和经济社会发展需要而建立的农林复合经营形式。农桐间作经营技术体系的雏形在光能利用率、土地生产率、劳动生产率、资金收益率等方面较不间作地均有显著提高，符合我国生态农业发展的大方向。因此，这种通过生态效益来谋求经济效益和社会效益相统一的种植实践具有重要意义。

随着现代农业的发展和林业生态建设进入新阶段，探索泡桐农桐间作与沟河路渠及生态村镇绿化的融合发展，尤其是高标准农田建设的新特点、新变化，给农桐林网建设和泡桐产业发展提供了新的发展机遇，选择大网格、窄冠宽行密植、多林种结合及乔灌花草相结合，适宜单一农作物规模化种植（如一村一品、标准化种植等），并能够与现代观光农业融合发展新模式，是探索未来农桐间作的新方向。

第二节　林桐复合经营

一、竹桐间作复合模式

泡桐因其具有强大的根系，能从根际环境吸收养分和水分维持植物体的正常生长，还向根际环境释放大量有机物（碳水化合物、氨基酸、有机酸和多种酶等物质）。泡桐根系分泌物通过改变根际环境土壤理化性质，增加各种生物有效养分，促进各种养分转化和传递，有助于提高土壤酶活性和微生物含量，促进泡桐的生长发育。土壤酶和微生物数量是土壤肥力和质量的生物活性指标，决定根际土壤各种物质的循环和代谢速率，对泡桐的森林生态系统能量转化和生态平衡具有重要作用。研究表明，不同胁迫环境、植物种类、根际环境的理化性质和气候环境等因素均会影响根系分泌物的数量和性质。

毛竹（*Phyllostachys heterocycla*）是我国南方林区分布最广、面积最大的经济林竹种。毛竹单一群落引起的严重地力衰退和易诱发病虫害蔓延是影响竹子纯林生产力下降的重要原因，因此构建竹木混交林是防治地力衰退和减少病虫危害的有效途径。在营建的竹木混交经营模式中，选择在毛竹林中可以更新、生长良好，又有利于改善生态环境的阔叶树种是关键。林榕华（2021）在毛竹林中混种白花泡桐，经适量开放空间，造林成活率和保存率均在95%以上，6年生林龄白花泡桐平均树高及胸径达9.7～9.8m、15.4～16.5cm，单株材积0.0870～0.1033m^3，生长良好，在毛竹林冠层中处于中高层，占据生长空间相对稳定。混种白花泡桐的竹林与毛竹纯林相比，平均胸径、产笋量、产材量和现存竹材量均显著提高。白花泡桐种植后短期内进行截干造林保存率95%以上，高于裸露山地85%～95%造林保存率。其中，混种白花泡桐对毛竹平均胸径的影响产生更大效果，进一步佐证混种白花泡桐利于毛竹的生长。

毛竹林混种白花泡桐改善了竹林结构，拓宽了白花泡桐种植空间，能够提高竹林生产力，而且还优化了竹子林分的生态环境。钟武洪等（2010）对毛竹林主要食叶害虫黄脊竹蝗进行研究，发现遭受黄脊竹蝗危害的毛竹生长势减弱，材质变脆，出笋减少，甚至导致不发笋，立竹枯死等。红头芫菁（*Epicauta ruficeps*）是黄脊竹蝗的主要天敌，1只红头芫菁幼虫可食黄脊竹蝗卵60～120粒，能有效控制黄脊竹蝗危害。红头芫菁成虫喜食泡桐叶，适量的泡桐叶被红头芫菁食后，能重新长出新叶，对林木生长影响不大（余罕浪和张建强，2012）。在竹林地混种泡桐对防控黄脊竹蝗危害有积极的效果，实现了优势树种互补双增目标和生物的相融共生结果。

二、桐茶复合生态系统

茶树对光的适应范围较窄，在春、夏茶期间，茶树的光饱和点只有自然光强的1/2左右。光照强度主要影响光合作用的进程，在光照达到饱和点之前，茶树的光合强度与光照正相关；超过其光饱和点时，则茶树的呼吸作用加强，净光合速率下降。此外，光照强度还将影响到茶树含氮物质的代谢（唐荣南，1998），因此茶鲜叶的氨基酸和茶多酚含量与光照强弱有关。由于茶树光饱和点只有夏季自然光的20%~50%，所以夏季强烈的光照给茶树生长带来了不利的影响，茶叶的产量和品质明显下降。我国大部分茶区夏秋两季的茶鲜叶，纤维素含量较多，叶质硬化，花青素和多酚类物质含量高，使得茶叶滋味苦涩、香气低而淡。由此看来，林茶间作的茶园内光照强度的减弱和漫射光比例的增多，有利于茶树的生长和茶叶品质的提高（张洁和刘桂华，2005）。光的性质对茶树生长发育也有很大影响，漫射光多的条件下茶树新梢内含物丰富，持嫩性好，品质优良，而夏秋季强烈的直射光不利于茶叶优良品质的形成（舒庆龄和赵和涛，1990）。沈洁（2005）研究表明，纯茶园和林–茶、茶–草间作茶园，3个处理的光强仅为对照的58.37%、62.35%和67.99%。其最终结论是泡桐–茶间作效果优于草–茶间作模式。

（一）小气候影响

傅松玲等（1996）从气候方面分析桐–茶混交林茶叶质量提升原因。

1. 春茶形成期

桐–茶混交林改变了茶园田间小气候，其中尤以每年3月以后的地温、气温和空气湿度都明显利于茶叶的适时萌发，提升叶片的质量与产量。据调查，混交林内3月日平均气温10.2℃，纯茶园为9.5℃；混交林内空气相对湿度87%，纯茶园82.5%。由于春季林内的平均气温较高且稳定，空气相对湿度大，利于≥10℃有效积温的积累和防止晚霜危害，有利于春茶的萌发和生长发育。茶叶的品质也相对得到改善。

2. 春茶采收及夏茶形成期

4～5月，是夏茶芽体萌发和春茶采收盛期，混交林内气温和湿度均比对照茶园稍高，泡桐发叶迟（4

月 20 日左右盛花期，4 月 22 日左右叶芽开始生长），林下茶叶能得到充分光照，利于提高春茶质量。6 月是夏茶形成期，泡桐对茶树有一定遮阴庇护作用。

3. 秋茶形成期

秋茶形成期的 7～9 月，是当地高温季节。阳光的强辐射易使茶叶纤维素含量增多，氨基酸成分减少，茶叶产量和品质下降。此时常遇干旱，秋茶常表现出芽小叶瘦。而混交林中，由于泡桐的遮阴、保湿、减风效果明显，林下茶叶得到良好的庇护。

倪善庆等（1990）对茶园间种白花泡桐的生态效益研究也得出类似结论。即茶园间种白花泡桐后，白花泡桐能为茶园创造受光强度小、空气相对湿度增大、茶园小环境温度降低的适生生态环境，而且极大改善和提高了茶园的土壤肥力，从而有利于三大综合效益的发挥，进一步改善了茶叶品质，是实现茶叶产业绿色发展的一个有益途径。这一模式与我国南方各地历史茶叶主产区的古代传统生产方式，在茶园间和四周营建防护林或森林内部林间隙地进行高品质茶种植而生产出优质茶叶的种植模式及思想不谋而合，至今深得古老茶区及具有现代生态理念种植者及商家茶客们的青睐。例如，采取简单的在茶园的茶树的行间间作大豆方式，即可减轻病虫危害而减少茶叶农药污染，实现绿色生产和节本增效之双重目的；林茶间作在增加生物多样性、减少病虫危害（如泡桐间作）的同时，也改善了生态环境，为茶树生长创造了适宜的日照时长，降低了茶园温度、增加了空气湿度，克服了干旱、日灼烧等灾害，提高了茶的产量与品质，增加了种植效益，同时也为人们提供了优质绿色的高等级茶品，满足了市场的需求。

近年来，对多个古今茶园种植模式的调查及生产实践充分证明了茶林混合种植这一科学种植观点。根据茶园情况首先因害设防营建茶园防护林，然后坚持因地制宜、适地适树原则，积极推广林茶间作复合经营的绿色种植模式，对改进我国茶区种植方式、提高茶叶种植水平、提升茶叶品质质量具有十分重要的意义。

（二）土壤及根系

傅松玲等（1996）通过对泡桐–茶树复合系统生物量的比较发现，系统中泡桐与纯泡桐林中泡桐的各器官生物量、茶树与纯茶园中茶树生物量结构差异均不显著；复合系统中茶树侧根相对略少，而吸收根所占比例明显大于纯茶园。这可能是混交林中的泡桐通过大量落花、落叶，将其从土壤深层中吸收的养分部分归还林地，使林地表层土壤肥力增强，导致茶树生出较多吸收根。纯茶园中土地养分相对较贫瘠，复合导致侧根较为发达。

倪善庆等（1990）分析间种白花泡桐的茶园，发现土壤中速效营养成分 N、P、K 分别增加 51.0%、204.35%、64.92%，这是因为泡桐根系代谢物及其分泌物与土壤微生物形成了共生关系，提高了土壤中有效营养成分活性，极大改善和提高了土壤肥力，促进了茶树健壮生长，进而改善和提高了茶叶品质。

（三）经济效益

桐–茶间作模式所呈现出的有利互生关系，从生物生长量、质量及效益分析均为净增长，从地上地下关系看是相互促进关系，从生态发展角度上看是绿色可持续发展关系。（傅松玲等，1996）桐茶混交林地上地下成层有序，竞争小、互益大，能够充分利用环境、能源、地力等，同时混交林郁闭较纯林早，能有效遏制病虫害的发生；混交林总生物量较之各自纯林要高，其中混交林较纯林增长 12.8%。1983～1987 年桐茶混交林茶叶亩产 76.48kg，泡桐亩均蓄积量增长 0.2973m^3，纯茶园的茶叶平均亩产量 33.51kg。可见，泡桐在多个地方、不同气候带（区）、不同土壤类型上与多种植物的间作模式均显示出其相（兼）容性，具体适宜的泡桐的生态间作类型尚需要实践探索。

桐–林混交模式是一项多种群、多功能、低投入、高产出、持续稳定的林业复合经营系统，其适宜的类型应坚持因地制宜、适地适树原则，如与用材林、经济林、灌木林等多种形式，增加了系统在空间和时间上的多样性，能充分挖掘生物资源潜力，最大限度地提高土地和气候资源的立体利用率；桐林混交实现了种群在不同生态位上的“共生互补”“相互依存”，增加了系统抵御自然灾害的能力；在体现生态、社会效益的同时，应实现多目标、多层次、多方位地组织林木及林下生产经营，是实现经济环境协调发展的有效途径（方建民和刘洪剑，2010）。

三、林桐复合生态系统发展及展望

我国的农桐复合经营模式始创于20世纪50年代末，70～80年代进入发展高潮。据统计，我国农桐复合经营模式曾发展到2000多万亩（李芳东等，1998）。20世纪60年代初，国内开始出现有关农桐间作的科技文献。1973年在吴中伦院士倡导下，全国性的泡桐科技协作网迅速形成，推动了农桐间作研究。70年代后期，开始对农桐间作的效益和管理种植技术进行初步研究。受当时条件限制，研究主要采取流动不定位的方式进行。80年代以来农桐间作研究得到国家和国际支持，极大推动了农桐间作复合生态系统的研究向深层次发展。20世纪70年代以来国内外农桐间作复合生态系统主要成果：①泡桐是强阳性树种，具有根系分布深、树冠稀疏等特性，适宜与农作物复合经营；②间作系统具有减低风速和降低环境温度的作用，有助于提高系统抵御灾害天气能力，但由于对光的截留对提高系统内作物的产量有副效应；③农桐间作6年生后，适宜的间作泡桐密度为5m×（40～50m），泡桐最佳采伐年限10年；④幼龄间作林营养补给效果仍存在争议，但接干修枝有利于农作物生长发育和提高其产量品质，这与陈作州等（2012）的研究一致；⑤适地适树，选择适宜的树种品种品系，研究不同桐种叶面积指数变化规律、树冠对光的截留、光质和光量的时空变化规律、系统内农作物光能结合及系统效应评价方法等数量化研究，为农作物绿色发展提供良好生态环境，是农桐复合经营系统研究的重点。

目前关于农桐复合经营的研究内容集中在：①农桐复合经营对农田生态环境的效应包括农田小气候的变化规律、水分平衡规律、光辐射分布规律、能量平衡规律、养分和物质循环规律等；②农桐复合经营的生物效应包括复合系统对农作物生长发育和产量的影响，对作物的光合、呼吸、蒸腾等生理状况的影响及对农田动物和土壤微生物区系的影响；③农桐复合经营的效益包含经济效益和社会效益；④农桐复合经营模式优化（杨修和李文华，1998）。刘乃壮和熊勤学（1990）从农桐复合生态系统的农田光辐射分布计算机模拟研究复合系统和最佳结构，泡桐3年生前，最佳间作结构为5m×10m；4～5年生最佳模式5m×20m；6年生为5m×30m；7年生为5m×40m。吴运英和熊勤学（1991）从能量平衡与作物产量关系探讨，得出泡桐7年生最佳结构为5m×35m。陈恩亮（1991）从复合经营后作物产量逐年变化，确定泡桐初植密度5m×（20～30m），6～7年生后隔行间伐5m×（40～60m）。孔德平和贾志强（2011）提出（4～6m）×（50～70m）。何群（1991）从经济分析角度优化，提出泡桐密度5m×40m最佳。（万福绪和陈平，2003）报道了蒋建平等用层次分析法（AHP）对210种间作模式的生态、经济效益研究，泡桐3年生密度为5m×（20～30m），4年生5m×（40～60m），6年生后5m×120m，经济、生态和社会效益综合权重最高。

竺肇华等（2000）对农桐间作的生态、生物、经济和社会效益及模式优化开展了全面系统、多学科研究。主要是泡桐生物量、根系生长和生物量利用，光、热、水变化规律和能量平衡状况，农田水分状况和蒸散变化规律等多方面的分析。并根据光辐射分布规律、产量分布规律、能量平衡和综合经济评价等应用计算机模拟，选择出优化模式，比现有大面积的农桐间作模式在生态和经济效益上有显著提高。这是一个全新的思路。

农桐复合经营生态系统当前需解决的问题是：①开展全面系统的研究。现有成果多属于局部点状的单一结构、个别年度的内容，缺乏农桐复合系统连续性、系统功能完整性的基础数据及综合分析及评价。需要开展在生态系统水平上对其物质生产、养分循环、水分平衡和能量流通的综合系统研究。②复合系统内物种之间的互作关系研究。不同作物对光照、水分和养分需求不同，如何按照作物的生理生态学原理，建立作物科学种植模式，即合理搭配作物，增加作物间的互补性，提高系统整体生产力水平。③全面着力研发智能信息系统，为科学决策提供服务。④开展农桐复合系统的泡桐碳汇林及其营林技术研究。⑤开展以泡桐为主的混交林复合系统营建农田防护林工程的研究。⑥营建具有公益林性质的森林组成广域性林网，拓展农田防护林职能及范围，为构建多形态农桐复合经营生态系统提供理论支持。

第三节　农田防护林经营

一、农田防护林的意义

农田防护林是一种仿自然人工生态防护林，其建设原则是因害设防。农田防护林工程是防治自然灾害，改善气候、土壤、水文条件，创造有利于农作物和牲畜生长繁殖环境，以保证农牧业稳产高产，为人们提供多种效用的人工生态系统。

农田防护林的防护效应和意义：一是改善农区生态环境。农田防护林是农田生态系统的屏障，也是防止农田土壤遭受风害影响的主要措施。研究表明林带可直接改变主风向，能减弱林带背风面风力，减弱农作物遭受风害影响。此外，还能够减少林带内近地层的气温，稳定地表土壤层温度，以及调节林网内部环境温湿度，进而达到改良土壤盐渍化、增加土壤肥力之目的。二是增加粮食、果蔬、中药材、草等的产量品质。农田防护林能够改善农业生态环境，优化作物生长条件，达到防害减灾、提高作物光能利用率和能量转化率，实现粮食增产、改善品质的目的。例如，我国北方平原农区农田防护林体系庇护下的小麦、玉米、大豆和草的产量可分别提高 5.41%、5.42%、3.74%和 3.68%，蔬菜与果树的增产效应则更加明显（赵燕等，2016），建园（果、菜、花卉、中药材等）时应首先对园区科学规划、营建复合型的防护林体系。三是改善人居环境。树木具有吸毒、滤尘、降噪、杀菌、光合吸收空气中 CO_2、制造氧气等功能，达到净化空气、改善环境的目的。同时，农田防护林与农田、道路、村庄之间构筑起绿色屏障，使树木、农田、道路及村庄浑然一体，优化农村人居环境（缪雨薇，2014）。

泡桐农田防护林在保护农田生态、提高作物产量的同时，伴随着一定程度的负效应，林带的胁地是林带负效应的主要原因。胁地的主要原因是树木根系与作物争夺水分和养分，以及树冠遮阴引起日照时数减少、光照强度减弱及小气候的变化。实际上，林带的胁地作用，与不同的地区（气候）、土壤、环境、树种等多种因素有关。可以结合实际在林间及林下种植兼容耐阴的蔬菜、草、花卉、中草药、菌类等植物，还可以进行适度规模的林下养殖业，因地制宜开展多种经营，以求发挥出更大效益。总体而言，泡桐农田防护林体系在保障生态安全、粮食安全、经济和社会安全等方面发挥着巨大作用，起到了屏障保护及绿色发展相协调的积极作用，已经得到社会的接受和认可。

二、国内外研究概况

（一）国外农田防护林研究进展

森林是陆地生态系统的主体。从古至今，森林和人类始终有着不解之缘。近年来，环境资源问题日趋严重，生态安全与粮食安全成为与人类生存质量密切相关的问题。作为生态建设的重要措施，农田防护林依然作为农田生态系统的屏障。从国家层面上看，不少国家广泛开展了农田防护林人工生态工程建设工作，包括俄罗斯、美国、中国、加拿大、英国、法国、丹麦、瑞士、意大利、德国、日本等 40 个国家，其中历史最悠久、规模最大的为俄罗斯、美国和中国。

早在 19 世纪初，苏格兰就针对平原地区土壤侵蚀和干旱风害问题，营建了农田防护试验林。直到 20 世纪 30 年代美国等国家才因为生态环境恶化，开始有计划、大规模地营造农田防护林，如美国西部大平原各州防护林工程。到 50 年代苏联斯大林改造大自然计划及日本的治山治水防护林工程等（朱教君，2013）。随后伴随着全球环境问题的愈演愈烈，农田防护林建设逐渐被国际社会所认同。至 70 年代我国开启“三北”防护林等大规模的农田防护林建设工程，正在发挥着越来越显著的生态、经济和社会效益。

作为国家造林工程，苏联是营造农田防护林最早的国家。1843 年起，在俄罗斯和乌克兰干旱草原地区营造防护林，主要是防止干旱，解决不利气象条件下的农田保护问题。1895 年马萨尔斯基专门研究土壤风蚀的各种因素，为建立农田防护林学说提供了基础。19 世纪 90 年代，科学家图库蔡耶夫考察受干旱侵害的草原及森林草原地区，在乌克兰栽植实验性防护林带。后来威廉斯和维索克改进了防护林营造方法。1932 年着重研究林带对小气候的影响，探求不同防护林带结构对小气候各要素的影响，为营造农田防护林提供理论依据。1949 年，苏联欧洲部分在草原和森林草原上营造农田防护林，并实行草田轮作、修建池塘和水库，以确保农业稳产高产计划的实施，即“斯大林改造大自然计划”（1949～1965 年）。其中营造农田防护林是重要内容，其规模在世界历史上是空前的，为提高农作物产量与品质及改善人类生存环境作出了贡献。

美国农田防护林主要在中西部大平原地区。1 个多世纪前，为改变平原的单调景观和防风固沙，在河岸、农田及居民区附近植树造林，这便是农田防护林建设的开端。1873 年，美国通过“木材教育法案”（TCA），号召农场营造防护林带。1924 年由“Clarke-Menary 计划”提供资金，营造农田防护林，保护农田、牧场，改善小气候，提高作物、牧草和牲畜产量（Caborn，1957）。19 世纪后期美国各种自然灾害频繁，农田防护林工程建设采取乔灌木结合、针阔树种搭配，树种主要有桑树、柽柳、美国李、白榆、胡颓子、锦鸡儿及美国皂荚等 40 多种。最初林带由 10～21 行组成，多数林带长 400～800m，宽 15～30m，带间距 400～800m。1975 年以后，占地少的窄林带受到重视，特别对单行林带、双行密植的窄林带更为重视。在印第安纳、密歇根、威斯康星、明尼苏达、达科他、内布拉斯加等州营造单行林带保护果园。目前美国北部农场的防护林带一般由 7～8 行树木组成，大平原的南部则由 4～5 行树木组成。在灌溉地区及雨量充沛地区，林带一般由 1～2 行组成。林带行距 2.4～4.2m，灌木株距 0.9～1.8m，矮乔木株距 2.4～3.6m，高乔木株距 3～5.4m。为防止土壤侵蚀，林带内配置由 1 年生高秆草本植物组成的防风带。考虑到农场主的要求，防护林带多沿农场边界设置。林带方向均采用与主害风垂直方向，带间距离为 12～24 倍树高。林带横断面形状有两种形式，其一是对称形，即主乔位于中间，亚乔位于主乔两侧，灌木最外；其二是三角形，即一侧栽慢生、长寿树种，另一侧栽速生树种（范志平等，2000）。

1866 年，丹麦开垦犹特兰岛沙荒地区，开始营造农田防护林。18 世纪，苏格兰在受强风袭击的滨海地区营造林带。19 世纪英格兰在东部荒地推广应用农田防护林防止沙漠北移。北非的摩洛哥、阿尔及利亚、突尼斯、利比亚和埃及 5 国 1970 年联合在撒哈拉沙漠北部边缘地区建设一条跨国工程，即“北非五国绿色坝工程”（1970～1990 年），全长 1500km，宽 20km，造林面积 300 万 hm^2，主要采用桉树、合欢、木麻黄、柽柳等树种（范志平等，2000）。

新西兰属于海洋性气候，土层浅和大风是该地区林带不稳定的主因，因此树种选择主要考虑土层厚度、降水量、风害、排水条件和雪害等，桉树、辐射松和杨树广为栽种。造林后通过修枝和树体整修，维持理想的 40%～50%疏透度。为使林带持续发挥功能，选用至少由 2 种寿命不同的树种组成 2 行林带，以利更新。澳大利亚林带长度要求达到林带预期高度的 12 倍，以减轻林带边际损失。为避免林带通道造成的风口，让断口与风向呈 45°夹角以减缓风口危害。一般林带中有 1～2 行高大乔木，以获得理想的疏透度，并根据树木遮阴要求搭配高矮树种。在林带中种植灌木保姆带，使乔木林带尽早发挥防护效益，同时为慢生树种提供早期庇护。单行林带选用自地面至树梢均有适当枝叶分布的树种；多行林带树种选择灌木或亚乔木减轻高大乔木林带枝下的漏风问题。要考虑树种自然更新能力，以节省造林费，所选树种要求能为野生动物提供食物和栖息、庇护场所（范志平等，2000）。

以上介绍的是不同国家营建农田防护林的工程方法，类型各异，但都是结合当地实际而且经过多轮选择才确定下来的，模式和树种结构各异，为我国建设农田防护林工程提供了较大的参考价值。我国的泡桐农田防护林建设工程，应因地制宜，选择适宜的树种品种，创新栽培模式，努力把泡桐农田防护林建设成为新时代高质量健康生产的新模式。

（二）国内农田防护林概况

我国劳动人民提倡在农田周围种树历史悠久，《国语》记载，我国早在公元前550年，为防御风沙等自然灾害，就已经习惯在耕地边缘、房前屋后种植树木，以堵风口。周朝时，开始栽植“行道树”。《周礼》：“野庐氏掌达国道路，至于四畿。比国郊及野之道路、宿息、井、树”。隋炀帝大业年间（605～618年），“发淮南民工开邗沟，渠旁皆树以柳。”1068～1076年，北宋重视种植林木，“令民即其地植桑榆或所宜木”。南宋大规模兴修好田，“凡好岸皆为长堤，植榆柳成行。”1875年，清军督新疆，令兵沿玉门迪化数千里植树造林。然而，大规模地发展防护林还是在新中国成立后（雷娜，2017）。新中国成立至今，我国防护林发展大致分为3个阶段：第一阶段为20世纪50年代初，以防治风沙为目的。由国家统一规划，在我国东北西部和黄河故道等风沙严重地区，营造4000多公里长的防风固沙林，其结构多以宽林带、大网格为主。第二阶段为60年代初，以改善农田小气候、防御自然灾害为目的，把防护林的营造作为农田基本建设，“山、水、田、林、路”综合治理的重要内容之一。大力推广以窄林带、小网格为主要结构模式，不仅造林速度快，而且造林规模大，几乎遍布全国所有农区。至70年代末，开始把多层次的防护林与林粮间作有机结合，形成了较为完备的农林复合生态系统。与此同时，我国还把干旱和半干旱地区的东北、西北和华北北部，即“三北”防护林体系，作为国家重点防护林建设工程，其规模远远超过闻名世界的美国“罗斯福防护林”和苏联“斯大林改造大自然计划”等工程。我国的农田防护林建设范围由东北西部、内蒙古自治区、河北坝上、陕北、冀西等地，逐渐扩展到西北、华北平原、长江中下游、东南沿海地区。1978年“三北”防护林体系工程启动以来，先后又启动长江中上游防护林体系工程、沿海防护林体系工程、平原绿化工程、太行山绿化工程、黄河中游防护林体系工程、淮河太湖流域防护林体系工程、珠江流域防护林体系工程、辽河流域防护林体系工程、退耕还林工程、天然公益林保护工程等林业生态工程建设。目前，中国已成为世界上规模最大的林业生态工程建设国家，也是农田防护林体系最完善的国家。

农田防护林形式大致分3种：第一种是林带形式，在农田周围营造的带状林分，林带往往在农田中交织成网，称为“农田防护林网”，国内外应用得最为普遍。第二种是林农间作形式，在农田间种植树木，株行距较大，近于散生状态。我国中北部有些地区采用泡桐、椿树、枣树、柿树等在农田中间作（主要是防风沙危害），非洲塞内加尔采用合欢树间作于小麦与花生田间。第三种是林岛形式，即树丛或小片林。俄罗斯西西伯利亚森林草原地带星罗棋布地分布面积为0.5～1.5hm^2的林岛式防护林。随着农田防护林的迅速发展，其作用逐渐超出护田防灾、增加作物产量的范围。它不仅有防风固沙、调节气候、保护农田的功能，而且改变了农区与农田的单一景观格局，增加了植物种群相依存的动物微生物种群，丰富了生物多样性，增强了农田系统稳定性和整体生态功能，提高了农作物的产量及品质。

在农田防护林的树种选择上，由于杨树和柳树的速生性和易成活性，在世界各地都作为农田防护林主栽树种。美国、中国和苏联农田防护林建设中，杨树和柳树是重要的组成树种；联合国粮食及农业组织曾推荐杨树和柳树作为果园防护树种（吴中伦等，1989），这也导致了世界上现有农田防护林树种中，杨柳树约占90%。20世纪70年代以来，泡桐作为农田防护林工程适宜的树种（品种、品系），广泛应用于各地农桐间作保护粮食丰产稳产的生产实践中。20世纪70年代以来，杨柳树因其速生、出材率高、成本低、管理技术简单等特点，依然成为我国农田防护林和用材林的主要树种，对实现我国木材安全生产发挥着不可替代的作用。然而，以杨柳树种的农田林网存在更新周期短，无叶期防护效能低，胁地和病虫害严重、飞絮等问题。为解决农田防护林建设中这一关键问题，我国开展了大量的调查研究工作，试验的结果是以营建混交林（带）的综合生态功能为最佳。例如，杉木、泡桐、香樟和檫树可作为丘陵红壤区农田防护林优良树种，树种配置以泡桐与香樟、泡桐与杉木混交的效益最佳（范志平等，2000）；中北部的平原农区以营建乔灌草本相结合的混交林，并与沟、路、渠、村镇等自然地貌相结合，构建多层次的农田防护林体系效果更佳。后来，全国各地包括沿海地区结合当地实际对农田防护林工程进行了实践探索，提出了具体建构模式，发挥出了积极效果。其中，江苏旱作农区提出了“三林四带”思想，以“欧美杨为主，泡桐镶边，杨树和刺槐混交”的多树种配置模式，经济技术效果优于杨树纯林带。开槽低植优于挖穴栽植造林，可提高造林成活率、利于杨树幼林生长和根系发育。目前我国农田防护林体系还存在时空分布上过于单一化，采伐更新和代际转换后，其生态服务功能将陡然骤降或消失，这种经营状态和方式直接影响到农业灾害区的生态需求。在相当长时间内，大范围内农田防护林的经营处于粗放管理的水平上，远不能满足持续利用目标的要求。要保证农田防护林发挥最大、最稳定的防护功能，采取科学的经营方式是农田防护林管理方面的当务之急。如何按照可持续利用的思想规范农田防护林的经营活动，并进而达到合理经营的目的成为关键。我国在树种选择和营建防护林结构上，尤其是在当前和今后一个时期，应根据分区、分类、分功能营建适合各地的不同的防护林类型的标准建设体系，选好用好树（草）种品种，突出生态功能、发挥经济和社会功能，全面提升防护林综合生态防护功能，为建设美丽中国做贡献。

纵观农田防护林领域的研究史，俄罗斯、中国、美国、英国、加拿大、法国等国开展了大量的研究。20 世纪 50 年代，苏联的《森林土壤改良学》将农田防护林研究作为主要内容；60 年代英国农田防护林的研究迅猛发展；中国从 60 年代开始系统开展农田防护林研究，曹新孙出版的《农田防护林学》，系统总结国内外农田防护林研究成果，把农田防护林研究发展成为一个独立的新学科，形成完整的农田防护林学理论体系，填补了该领域的研究空白。80 年代以来，随着生态学的不断发展，生态学原理更加深入地应用到农田防护林领域，形成了农田防护林生态学研究高潮。到了 20 世纪的 80 年代末、90 年代初，随着苏联解体，中国、美国成为世界防护林大国，而中国则是建立防护林经营理论与技术体系最主要的国家。《防护林经营学》的出版发行，标志着防护林经营理论与技术体系框架的形成（姜凤岐等，2003；Zhu，2008）。防护林经营主要包括：防护成熟与阶段定向经营、结构配置优化与结构调控、衰退机制与更新改造。以前，防护林学主要以狭义防护林（如水源涵养林、农田防护林、水土保持林、防风固沙林等人工防护林）为研究对象。而实际上，所有森林生态系统均具有防护功能，只是在经营过程中人们赋予的关注度不同而已。因此，随着大林业观的形成和陆地生态系统的提出，广义的“防护林”——生态公益林（forest for public benefit）或防护性森林（以发挥森林防护效能或生态功能）应成为未来该领域的主要研究对象（朱教君，2013）。

三、泡桐农田防护林营造

（一）树种选择依据

选择作为农田防护林的主要树种，首先是高大健壮的乔木树种，同时必须具有足够强大的生长指标和较长的寿命，以满足其抵御自然灾害的能力，保护农作物生长发育，保证粮食安全生产。农田防护林主要树种的特征，是树木具有较大的树高、胸径和材积生长，生长健壮，寿命长，而且病虫害发生较轻，具有环境友好性能等综合指标。

1. 高生长

林带的主要功能是降低风速。故林带所降低风速的能力越大，则其防护农田的范围越广（赵宗哲，1965）。林带的有效防护范围，因主林木的高度而定，主林木越高，有效防护范围越大。幼龄林带的高生长越快，其发挥的农田防护作用越早且大。

2. 胸径生长

树木的胸径与高生长呈正相关，为此可将树木的胸径生长情况作为树木生长旺盛的重要标志。年龄、树高均相同的树木，其胸径越大，树势越旺盛，生命力越强，寿命越长，才能最大限度发挥林带的防护效能。

3. 材积生长

树木材积体现了树木的强度及活力，立木蓄积大小成为生长和抵御风等的主要指标，而树干材积是材积的重要组成部分，是树高与胸径生长的综合结果。通过树干材积的生长路径，推算出树木的材积收获、生长的盛衰和寿命长短等，为林带抚育更新提供依据。

4. 寿命长和生长健壮

树木寿命，是指从幼苗长到大树，直至其各种生长趋于停止阶段。长寿树种是指生长旺盛，树势健壮，抵抗自然灾害及病虫害的侵袭等综合能力强的树种。树木的寿命越长，林带越能长久发挥防护作用，可避免因林木更替频繁造成的防护间歇期而影响粮食安全。这与赵永斌和汤玲（1999）在选择京九绿色长廊造林树种时，提出生态经济、适应性和可持续效益原则相一致。

5. 泡桐树种地位的确立

宋海燕（2007）从造林保存率、胸径、树高、冠幅、抗逆性等方面，采用线性模型对山东平原农田林网树种筛选，最优树种为意大利杨、泡桐、刺槐和旱柳。施士争等（2017）以江苏地域性乔木乡土树种或乡土化树种为对象，从生长速度、造林维护成本、适生范围、木材价值、树冠透光度、冠型结构、胁地效应、防风范围、抗逆性、病虫害和生理污染 11 个方面，分黄淮平原、里下河平原和沿海平原 3 种主要地貌，23 个树种以泡桐、白榆、枫杨、水杉、落羽杉、池杉、苦楝、旱柳、榉树和国槐排名前列。泡桐在河南等地的造林绿化树种的地位中仅次于杨树。由于泡桐的广泛适应性和特有价值，多地均将其列为农田防护林体系首选树种。孔德平和贾志强（2011）调查豫东平原农田防护林体系，农桐间作模式（砂质壤土类型）为株距（4～6m）×（50～70m），综合运用林学、生态经济学、生物工程学及产业生态学理论，提出平原林网采用乔、灌、花、草分层布局，用材林、果树、园林绿化苗木与花卉等立体栽培，林、农、牧等多产业复合经营的现代农（林）业模式，提高农田防护林生态系统内的物质利用率和能量转化率，构建多种生物共生互补，使产业协调发展，实现生态延续、防护效能增强的目标。

（二）泡桐树种品种（品系）

依据农田防护林树种要求，泡桐的高生长及中幼龄时期的高生长量大，树体高大，生长快，中幼林周期长、生命力旺盛，适宜于作为农田防护林树种。

泡桐具有生长快、成材早、材质优良、繁殖容易、栽培历史悠久等优良特性，特别是具有独特的生物学特性，病虫危害轻，宜与农作物间作，形成我国独特的华北平原农区农桐间作栽培群落。泡桐既能改善生态环境条件，保障农业稳产高产，又能在短期内提供大量的商品用材，解决木材供需矛盾。生产上大面积栽培的泡桐品种有：兰考泡桐、白花泡桐、楸叶泡桐、毛泡桐、山明泡桐、四倍体泡桐等。

农桐间作模式在具体配置泡桐品种时，主要采用窄冠型、主根扎得深、侧根延展性弱，生长迅速、材质优、寿命长、抗病虫能力强的种类（品种、品系）。

（三）配置模式

泡桐农田防护林主林带，垂直于主要害风时防护效益最大与偏角不能大于 30°的结论是基于较宽林带与大网格情况而提出的，不适于窄林带及小网格护田林。正方形林网的林带方向可灵活掌握，特别适宜有多种害风方向的地区。主害风方向单一地区，以长方形林网为好。采用“欧美杨为主，泡桐镶边，杨树和刺槐混交”等多树种混交林立体种植的配置模式，效果优于杨树等纯林带；也可与白蜡等寿命长的树种搭配延长防护林的采伐更新周期；或者与公益林性质森林结合组成林网，拓展农田防护林范围，因地制宜进行设计。

林带与地形地物相结合。农田防护林设计应与护路林、护岸林、环村林及城镇森林相融合，既节省耕地，又能构成综合性防护林体系。例如，林带与道路结合植树于道路两侧，与渠道结合植树于渠道两侧，与护岸林结合植树于河流两岸等。做到林网、路网、水网融合。多地高标准农田林网因地制宜，采取一路两沟两行树的配置模式，在田间四周形成沟、渠、桥、井、路、树六位一体的配套格局，达到“田成方、林成网、渠相通、路相连、旱能浇、涝能排”的高标准农田建设标准。各地应因地制宜，探索农田防护林体系营建模式，以确保农业丰产丰收。

泡桐农田防护林应坚持与时俱进、不断创新的配置模式，因地制宜，建设防风固沙型、农田林网农桐间作型、沟河路渠复合型、乡村绿化美化型、（土壤重金属污染、采矿宕口等）生态修复型及乔灌花草结合型、定向原料林培育型、全树利用产业化生产型等多形态复合生态模式，发挥泡桐在农田防护林工程中的重要作用。

（四）建设与管理

1. 规划建设

我国现有农田防护林经营管理不健全，现行的一家一户型农业经营模式因为胁地影响了农民建设农田防护林的积极性。但随着我国新一轮大规模的高标准农田建设工程的实施，网格化、机械化、现代化、智能化现代农业的推广应用，构建新的完善的农田防护林体系将迎刃而解。

各地区政府应制定统一规划，营建以干线道路和大的天然沟渠为第一层次的生态防护林体系，以农田林网工程为架构的农田防护林体系，选择适宜的泡桐树种及其品种品系，设计多树种多林种多形态融合，大力营建泡桐长效多功能的混交林，制定统一的农田防护林体系建设技术标准，选好用好树种，栽好管好生态林带，因地制宜，采取切实有效的管护办法，为生态安全、粮食安全和经济社会发展作出积极贡献。

2. 树体管护

农田防护林以杨树、泡桐为主。常用的欧美杨、兰考泡桐等，速生性强，但杨树的树冠高大，水平根系延深得远，伸展范围广，任其自由生长会造成高胁地，影响农民种粮积极性（王齐瑞等，2020）。经调查，适合豫东沙区农田防护林的前 10 个树种（单树种纯林带类型依次排序）：‘107’杨、毛白杨、马褂木、楸树、香椿、泡桐、白榆、栾树、法桐、白蜡。对栽植技术和管护措施进行了改良，效果明显。

凸位栽植：20～40cm 土层树木（以‘107’杨为例）的根数超过平位栽植树木的 52.9%；凹位栽植，0～20cm 土层根数极少，平位栽植根数是凹位栽植的 3.4 倍；而凹位栽植 20～40cm 土层树木总根数是平位栽植的 1.18 倍，说明凹位栽植能显著降低杨树土壤表层中的根系。

修枝控冠：修枝（以‘107’杨为例）对林带内透率影响不大，不会减弱农田防护林的防护效能。修枝后树冠农田垂直投影面积减少 33%，达到对农作物增产提质的效果。欧美杨农田防护林调控增产效果显著，其中以小麦和油菜最高，均超过 10%。玉米、花生、大豆 3 种作物的平均增产率也达到 5%。实地测定中相对于胁地减产区增产更大，增产率均超过 50%，减胁效益显著。这与樊巍等（2011）、陈作州等（2012）的研究结果一致。

如果运用全生态系统理念，采用外侧种欧美杨、内侧种泡桐及灌木花草，与村庄绿化相融合，形成一个林网–农作物的稳定生态系统，优质高效粮食安全得到保障，良好田园生态得以恢复。

（五）问题与对策

从目前世界实践来看，农田防护林一方面表现出生物稳定性不足，即由于树种之间的矛盾造成的不稳定或由于病虫害造成的不稳定性突出（需要加紧进行系统性研究与实践协作）；另一方面表现出生态稳定性不足，即树木与土壤水分的矛盾、树木与极端气候因子的矛盾、树木和土壤养分及盐分之间的矛盾等造成的不稳定性也很严重。严重时这些不稳定因素可能会导致其毁灭性破坏。因此，必须坚持适地适树原则，宜乔则乔、宜桐则桐、宜乔冠花草等则相结合，更加迫切需要构建一个布局合理、结构完整、功能齐全的农田防护林人工生态工程。实施科学的营造林再造林，改进管护措施，促进农田防护林工程可持续发展。

解决农田防护林这一生态系统的多样性和稳定性问题，重点发展农田防护林的合理空间布局、树种组成与配置、高质量营造林新方法及其优化经营管理模式等。为此，应重点需要解决以下问题：不同类型多树种（花草等）的林网结构、功能和优化研究；把大区域生态、环境、资源的综合开发治理作为主要目标，开发退化与脆弱生态区农田防护林的生态恢复技术；以农田防护林生态系统为主，重视等级结构特征、空间属性和异质性配置；以大尺度泡桐农田防护林生态空间镶嵌的稳定性建立农业生态可持续景观，运用科学的生态规划和管理，减少造林的盲目性与分散性；最大限度地减轻林木的胁地效应，使广大农民意识到防护林的巨大作用，创建人类活动与生态相协调的生存空间。

农田防护林既是高水平的泡桐人工林复合生态系统，又可以推广之为天然公益林的长效高质量发展的防护林生态系统，实现泡桐人工纯林混交林与天然林相统一的陆地森林系统，最终实现集生态防护、涵养水源、碳汇等多功能于一体、人与自然和谐共生的综合性泡桐生态体系，并最大限度发挥其应有的价值与作用。

参考文献

曹新孙. 1983. 农田防护林学. 北京: 中国林业出版社.
陈恩亮. 1991. 中低产农区农桐间作经营模式与经济效益调查研究. 泡桐与农用林业, (1): 30-38.
陈建成. 1986. 农桐间作的经济效益. 林业经济论坛, (3): 32-40.
陈作州, 张宇清, 吴斌, 等. 2012. 农田防护林修枝对其附近光照强度及小麦产量的影响. 麦类作物学报, 32(3): 516-522.
董中强. 1980. 农桐间作地小麦光照条件的分析. 河南农林科技, (11): 27-29.
樊巍, 赵东, 杨喜田, 等. 2011. 杨树农田防护林带单木枝面积的变化. 林业科学, 47(10): 184-188.
范志平, 关文彬, 曾德慧, 等. 2000. 农田防护林人工生态工程的构建历史与现状. 水土保持学报, 14(5): 49-54.
方建民, 刘洪剑. 2010. 农林复合生态系统机理研究文献综述. 安徽林业, (Z1): 87-89.
冯述清, 王文彬, 闫正升, 等. 1998. 建立专业集团开发优势资源发展平原农区林业产业. 河南林业科技, 118(2): 16-19, 23.
傅松玲, 张桦, 刘胜清. 1996. 茶林间作效益分析. 茶业通报, (4): 27-28.
何群. 1991. 农桐间作的经济评价. 泡桐与农用林业, (1): 60-74.
黄仁. 1985. 发展桐农间作, 提高经济效益. 农业技术经济, (4): 31-34.
黄仁, 朱希刚, 王建章. 1985. 发展粮桐间作提高经济效益. 农业技术经济, (4): 31-34.
姜凤岐, 朱教君, 曾德慧, 等. 2003. 防护林经营学. 北京: 中国林业出版社.
蒋建平. 1979. 我国泡桐科技发展的现状与展望. 河南农学院学报, 4(2): 33-38.
蒋建平, 李荣幸, 程绍荣, 等. 1981. 关于农桐间作的几个问题. 河南农学院学报, (3): 1-8.
康立新, 张纪林, 倪竞德, 等. 1989. 泡桐对小麦生长发育和土壤水盐含量的影响动态. 生态学杂志, (1): 1-4, 10.
孔德平, 贾志强. 2011. 关于平原农区农田防护林体系改扩建工程建设的思考. 农业科技与信息, (16): 26-27.
雷娜. 2017. 中国平原地区农田防护林研究进展. 农村经济与科技, 28(16): 33-35, 37.
李盛滢. 2019. 泡桐产业链在兰考县经济发展中的作用. 乡村科技, (12): 43-47.
李树人. 1980. 泡桐苗期物质积累、消耗和光能利用的研究. 河南农学院学报, (3): 10-17.
李树人, 蒋建平, 李发, 等. 1980. 农桐间作人工栽培群落的光照研究. 河南农业大学学报, (1): 11-24.

李树人, 刘正芳, 刘炳文. 1985. 泡桐林物质流研究(III)泡桐林的养分循环. 河南农业大学学报, (2): 109-118.
郦振平, 张纪林. 1992. 农桐间作效益的研究概述. 江苏林业科技, (1): 34-38.
林榕华. 2021. 毛竹林中混种白花泡桐的经营效果分析. 林业勘察设计, (4): 45-48.
刘乃壮, 熊勤学. 1990. 农桐间作农田太阳辐射分布的计算机模拟. 泡桐与农用林业, (2): 18-29.
卢琦, 阳含熙, 慈龙骏, 等. 1997. 农桐间作系统辐射传输对农作物产量和品质的影响. 生态学报, (1): 38-46.
陆新育, 竺肇华, 张振修. 1981. 农桐间作效益的研究. 农业气象, (1): 82-89, 99.
缪雨薇. 2014. 江苏沿海防护林优化目标模式选择及措施研究. 南京林业大学博士学位论文.
内鸽善兵卫. 1988. 农林、水产与气象. 重庆: 重庆出版社.
倪善庆, 兰肇华, 方跃闵. 1990. 茶园间种泡桐生态及经济效益的研究. 林业科学, (6): 51-53.
沈洁. 2005. 茶草复合生态系统的生态生理特性及草产量研究. 安徽农业大学硕士学位论文.
施士争, 路明, 王红玲, 等. 2017. 江苏苏北杨树农田林网更新主栽树种选择研究. 江苏林业科技, 44(6): 27-31.
舒庆龄, 赵和涛. 1990. 不同茶园生态环境对茶树生育及茶叶品质的影响. 生态学杂志, (2): 15-19.
宋海燕. 2007. 高标准农田林网建设技术研究. 山东农业大学硕士学位论文.
睢县蓼堤公社崔楼大队东队, 睢县泡桐科研站. 1980. 农桐间作地夏玉米产量分析. 河南农林科技, (7): 23-26.
孙鸿良, 娄安如, 陈敬峰, 等. 1987. 河南商丘地区桐麦间作生态效益的多元分析. 农业环境科学学报, (5): 5-8.
孙兆清, 姜岐峰, 梁万选. 1987. 论农桐间作之效益. 泡桐, (1): 31-33.
唐荣南. 1998. 农林复合经营技术——林茶复合经营类型与技术. 林业科技开发, (6): 54-57.
万福绪, 陈平. 2003. 桐粮间作人工生态系统的研究进展. 南京林业大学学报(自然科学版), (5): 88-92.
王广钦, 徐文波, 廖晓海, 等. 1983. 农桐间作与作物产量. 河南农学院学报, (1): 29-37.
王齐瑞, 黄进勇, 赵辉. 2020. 豫东沙区农田防护林调控增效技术研究. 河南林业科技, 40(1): 1-4.
吴运英, 熊勤学. 1991. 桐麦间作地能量平衡和水分利用状况及其与产量的关系. 林业科学, 27(4): 410-416.
吴中伦, 徐化成, 等. 1989. 中国农业百科全书林业卷(上). 北京: 农业出版社.
许大全, 李德耀, 沈允钢, 等. 1987. 田间小麦叶片光合作用“午睡”现象的研究——II.喷雾对小麦光合作用与籽粒产量的影响. 作物学报, (2): 111-115.
杨修. 1986. 农桐间作生态系统生物量和生产力的研究. 河南农业大学学报, (4): 485-509.
杨修, 李文华. 1998. 农桐复合经营的研究进展和趋势. 农村生态环境, 14(2): 49-52.
余罕浪, 张建强. 2012. 黄脊竹蝗的生物学特性与综合防治措施. 现代农业科技, (18): 118-119.
张凤姣. 2013. 兰考县农桐间作模式与效益的调查分析报告. 现代园艺, (6): 190.
张纪林. 1990. 农桐间作技术经济效果动态分析. 林业经济, (6): 37-42, 29.
张洁, 刘桂华. 2005. 板栗茶树间作模式的生态学基础. 经济林研究, (3): 5-8, 31.
赵燕, 王利滨, 崔琳, 等. 2016. 农田防护林研究现状和展望. 防护林科技, 156(9): 78-79.
赵永斌, 汤玲. 1999. 京九绿色长廊建设树种选择研究初探. 安徽林业科技, (3): 30-31.
赵宗哲. 1965. 华北地区农田防护林主要造林树种的选择. 林业科学, (2): 38-49.
钟武洪, 练佑明, 张贤开. 2010. 黄脊竹蝗生物学特性及其天敌保护利用. 湖南林业科技, 37(5): 57-59.
朱教君. 2013. 防护林学研究现状与展望. 植物生态学报, (9): 872-888.
竺肇华, 陆新育, 熊耀国, 等. 2000. 农桐间作综合效能及优化模式的研究. 北京: 中国林业科学研究院林业研究所科技成果.
Caborn J M. 1957. Shelterbelts and Microclimate. London: Edinburgh: HM Stationery Office.
Zhu J J. 2008. Wind shelterbelts. *In*: Jørgensen S E, Fath B D. Ecosystems. Oxford: Elsevier.

第四编　加工与利用

第二十章　泡桐木材的特性

泡桐木材的密度较低、重量轻，在家具制作、装饰和乐器板材方面非常适用。它的轻盈特性使得泡桐家具易于搬动和摆放，也减轻了负重对地板和其他家具的压力，其材性满足地震多发带地区的家居建材需求。此外，泡桐木材的轻盈特性也成为制作工艺品和雕刻品的理想选择。另外，泡桐木材具有较低的收缩率和膨胀率，能够在不同的环境条件下保持稳定。这意味着泡桐木材不易变形和开裂，能够长时间保持其原始的形状和结构。此外，泡桐木材还具有一定的耐腐蚀性，能够抵抗虫蛀和腐烂。泡桐木材还具有良好的加工性能。由于纹理细腻，不易破裂和碎裂，泡桐木材非常适合各种加工工艺，如切割、雕刻、钻孔等。它还具有良好的黏接性，可以很好地与其他材料结合，如胶水、油漆等。因此，泡桐木材在家具制作、装饰品制作和手工艺制作等领域广泛应用。此外，泡桐木材还具有一定的美观性。它的颜色较浅，呈淡黄色或浅棕色，具有一定的自然美感。纹理细腻、均匀，没有明显的瑕疵和痕迹，泡桐木材的家具和装饰品具有简洁、雅致的外观。

我国以往对泡桐培育研究主要关注生长速度，包括生长量、干型、径级等指标，没有将市场关注的优良材性作为第一指标，造成了树木生长快、成材早，而材质疏松、密度下降、颜色劣化，出现加工企业抵触速生材倾向，形成生产速度快、后期木材产品加工经济效益不明显甚至下降的局面，出现树木培育与木材市场脱节的现象（常德龙等，2018）。随着人们对高品质桐木需求的呼声不断提高，桐木加工企业为研发高品质、高附加值产品，对泡桐木材品质如密度、强度、花纹（立丝度）提出了更高要求，这就需要从材料源头上培育出优质泡桐资源。国外研究资料显示，树木生长过快，会导致与木材强度相关的关键指标——木材密度下降（常德龙等，2018）。以往研究没有对泡桐主要资源材种、分布、材质特性、主要用途、目标产品等做出全面的调查与分析，造成资源与市场需求不匹配，速生材不受欢迎，资源不能满足市场需求，出现降等、降价甚至遭到抵制或弃用，急需详细调查分析市场供需状况，确立正确的泡桐发展战略（常德龙等，2018）。本章总结了泡桐的木材特性，并指出急需开展速生泡桐加工利用研究，同时确立正确的泡桐培育目标，发展优良泡桐品系，提高桐木品质，以缓解我国对高品质泡桐木材的供需矛盾，改善栽植区生态环境，提升泡桐产业在国内外市场的竞争力和出口创汇能力等（常德龙等，2018）。

第一节　泡桐木材的解剖特性

一、木材颜色

干燥后的桐材材色基本一致，心边材没有大的区别，边材颜色略浅，灰白色，仅1～2年轮宽，横切面呈灰红褐或浅红褐色；干后材面上往往出现黑褐色条纹状斑块，俗称色斑，是泡桐材的变色缺陷（常德龙，2016）。

泡桐树木幼龄时有髓心（通常直径2cm左右），但成材后基本消失，在造材过程中迹象不明显，或看不见。髓心外层称为环髓带或髓鞘，其薄壁细胞较内部的小，壁较厚，宽（约2mm）而明显（常德龙，2016）。

年轮通常宽1～4cm，多数为2cm左右。轮内管孔由内往外逐渐减少、减小，早晚材带间不明显，所以应将泡桐属视为半环孔材，只有很少很窄的生长轮才有点像环孔材。因为年轮起始处有很少木纤维，几乎全为导管及轴向薄壁组织。

二、显微结构

泡桐材由导管、木纤维及木薄壁组织（木射线及轴向薄壁组织）组成。

（一）组织比量

8 种泡桐的木材组织比量，以 1.3m 高处的圆盘为准，种间虽有差异（表 20-1）（成俊卿，1983a），但各树种的树龄不同，降低了比较价值；不过可以看出作为造纸原料的主要成分——木纤维，无论树龄大小其比量都在 50%以上，与有名的造纸原料树种——杨树 *Populus* spp.相差不大（常德龙，2016）。因为泡桐材年轮始处的木纤维含量很少，约为外部平均的 1/20（表 20-1），所以宽轮的木纤维比量常比窄轮为高，导管比量则相反。故泡桐生长越快，年轮就越宽，就越有利于作造纸原料（成俊卿，1983a）。

表 20-1　8 种泡桐材在 1.3m 高处导管的木材分子大小及组织比量

树种	生长轮内部比量/%	生长轮外部比量/%	均值/%	生长轮内部长度/μm	生长轮外部长度/μm	均值/μm	宽度/μm
南方泡桐	25.3	5.9	6.7	276	322	299	137
楸叶泡桐	26.8	7.2	9.9	358	404	381	132
兰考泡桐	27.5	7.2	9.1	362	425	394	154
川泡桐	29.2	5.5	10.0	341	388	365	162
泡桐	23.8	7.2	9.0	308	347	328	177
台湾泡桐	25.8	6.8	8.6	260	353	307	143
毛泡桐	33.7	8.4	11.8	285	335	310	140
光泡桐	28.0	6.2	8.3	215	280	248	119
均值	27.5	6.8	9.2	301	357	329	146

注：比量测定采用规则点测法；按生长轮内、外部宽度比例计算

（二）导管

初生木质部的导管为径列复管孔或管孔径列，开始小，以后增大，直至后生木质部。紧接的次生木质部导管也往往减小，以后又增大。导管穿孔单一，纹孔呈互列，心材导管内常含侵填体。比量，8 种平均占 9.2%（表 20-1），由髓向外（表 20-2，表 20-3）或由下往上（表 20-4）均明显增加，但前者有较大变化。长度，生长轮内部较外部短，8 种平均分别为 301μm 和 357μm，以兰考泡桐为最长，光泡桐为最短（表 20-1）；由髓向外增长（表 20-2，表 20-3），由下往上则有减短趋势。但无规律（表 20-5）。直径，8 种平均为 146μm（表 20-1），以泡桐（白花泡桐）为最宽，光泡桐为最窄，无论是由髓向外（表 20-2，表 20-3）或由下往上（表 20-4）均有增大（成俊卿，1983a）。

表 20-2　8 种泡桐材在 1.3m 高处导管由髓往外木材分子大小及组织比量的变化（一）

生长轮	内部长度/μm	外部长度/μm	宽度/μm	比量/%	轴向薄壁组织比量/%
3	279	339	103	6.2	22.4
5	281	335	132	7.9	26.8
7	300	360	145	8.8	29.2
9	307	365	162	11.6	30.2
11	323	382	168	11.7	30.6
13	345	399	164	12.5	31.8
15	365	411	161	11.0	36.2

续表

生长轮	内部长度/μm	外部长度/μm	宽度/μm	比量/%	轴向薄壁组织比量/%
17	358	448	172	9.6	30.1
19	339	396	198	10.0	33.6
21	375	402	173	6.2	26.6
23	370	413	164	9.2	34.9
25	337	395	124	11.9	32.2
27	377	394	183	11.5	31.4
29	378	397	186	13.4	29.5
31	382	381	169	14.0	29.5
33	378	361	211	13.8	30.9
3、5、7 轮平均值	284	345	127	7.6	26.1

表 20-3　8 种泡桐材在 1.3m 高处导管由髓往外木材分子大小及组织比量的变化（二）

生长轮	内部长度/μm	外部长度/μm	均值/μm	宽度/μm	内部比量/%	外部比量/%	均值/%
3	323	407	365	114	19.0	3.9	5.5
5	320	340	330	125	24.7	4.1	7.1
7	313	376	345	135	26.5	4.0	7.5
9	290	348	319	164	29.1	5.3	10.8
11	309	391	350	151	27.2	5.2	8.8
13	291	413	352	154	30.2	5.4	8.6
15	332	385	359	168	30.0	6.6	11.3
17	342	413	378	177	29.6	4.9	9.0
19	339	396	368	198	26.4	6.1	10.0
21	375	402	389	173	24.5	4.4	6.2
23	370	413	389	164	24.3	5.2	9.2
25	337	395	366	124	33.6	6.0	11.9
27	377	394	386	183	30.9	5.3	11.5
29	378	397	388	186	33.9	7.3	13.4
31	382	381	382	169	39.9	5.4	14.0
33	378	361	370	211	35.6	6.5	13.8
平均值	341	388	365	162	29.1	5.4	9.9

表 20-4　川泡桐在不同高度上导管的木材分子大小及组织比量

离地面高度/m	生长轮内部长度/μm	生长轮外部长度/μm	均值/μm	宽度/μm	生长轮内部比量/%	生长轮外部比量/%	均值/%
1.3	341	388	365	162	29.2	5.5	10.0
3.3	354	391	373	174	36.1	6.9	13.2
5.3	318	354	336	193	37.1	7.8	15.2
7.3	335	376	356	198	37.7	7.7	14.5
9.3	283	339	311	187	36.6	7.0	13.1
12.2	336	391	364	207	44.1	10.2	18.3
均值	328	373	351	187	36.8	7.5	14.1

表 20-5　8 种泡桐材在 1.3m 高处木纤维轴向薄壁组织由髓往外木材分子大小及组织比量的变化

生长轮	长度/μm	宽度/μm	比量/%	轴向薄壁组织比量/%
3	917	34.1	62.9	22.4
5	1033	35.3	55.2	26.8
7	1129	36.3	53.1	29.2

续表

生长轮	长度/μm	宽度/μm	比量/%	轴向薄壁组织比量/%
9	1144	37.0	50.1	30.2
11	1164	37.3	49.8	30.6
13	1228	45.1	44.8	31.8
15	1228	45.1	44.8	36.2
17	1237	38.6	53.2	30.1
19	1223	398	51.3	33.6
21	1241	43.6	61.6	26.6
23	1259	41.6	50.1	34.9
25	1230	42.7	51.7	32.2
27	1200	45.4	52.8	31.4
29	1229	46.5	51.3	29.5
31	1159	46.8	50.5	29.5
33	267	39.0	7.3	30.9
3、5、7 轮平均值	1026	35.2	57.1	26.1

（三）木纤维

有两种类型，除具一般形态的一类外，另有一类是中部宽大，两端骤然尖削，有的与纺锤薄壁细胞区别小，容易混淆。壁甚薄，纹孔具缘。比量，8 种平均占 54.1%（表 20-6），由髓向外有减少趋势，但有起伏（表 20-5，表 20-7）；由下往上减少，至 9.3m 起又增加（表 20-8）。长度，8 种平均为 1095μm（表 20-6），由髓向外和由下往上均有增长趋势（表 20-5，表 20-7，表 20-8）。直径，8 种平均宽 36.3μm（表 20-6），由髓向外增大（表 20-5，表 20-7）；在不同高度上以 1.3m 处为最大，往上较小，且几无变化（表 20-8）（成俊卿，1983a）。

表 20-6　8 种泡桐材在 1.3m 高处木纤维木射线轴向薄壁组织的木材分子大小及组织比量

树种	木纤维					木射线			轴向薄壁组织		
	生长轮内部比量/%	生长轮外部比量/%	均值/%	长度/μm	宽度/μm	比量/%	高度/μm	宽度/μm	生长轮内部比量/%	生长轮外部比量/%	均值/%
南方泡桐	3.8	57.2	54.9	1043	36.0	9.6	288	38.0	62.3	27.3	28.8
楸叶泡桐	1.6	62.2	53.8	1128	35.7	9.2	276	47.0	61.8	21.4	27.1
兰考泡桐	2.6	61.4	56.0	1120	35.1	9.7	295	50.8	60.5	21.8	25.2
川泡桐	3.8	64.0	52.8	1199	41.6	6.0	257	40.6	61.5	24.5	31.2
泡桐	4.6	55.7	50.1	1190	41.9	9.9	262	43.4	61.8	27.3	30.9
台湾泡桐	3.5	62.1	56.7	1180	34.0	8.8	210	37.0	64.1	22.0	25.9
毛泡桐	2.8	59.8	52.3	941	33.0	7.9	301	33.0	56.8	23.8	28.1
光泡桐	3.0	57.2	55.9	957	33.1	9.5	261	34.2	61.8	22.4	26.3
均值	3.2	60.0	54.1	1095	36.3	8.8	269	40.5	61.3	23.8	27.9

注：比量测定采用规则点测法；按生长轮内、外部宽度比例计算

表 20-7　8 种泡桐材在 1.3m 高处木纤维由髓往外木材分子大小及组织比量的变化

生长轮	长度/μm	宽度/μm	内部比量/%	外部比量/%	均值/%
3	1037	37.3	4.1	67.5	60.0
5	1086	38.2	5.1	68.1	58.7
7	1132	38.1	6.0	64.1	55.0
9	1204	38.2	29.1	5.3	51.5

续表

生长轮	长度/μm	宽度/μm	内部比量/%	外部比量/%	均值/%
11	1282	39.6	27.2	5.2	53.1
13	1227	41.1	30.2	5.4	52.4
15	1243	44.9	30.0	6.6	46.0
17	1258	41.0	29.6	4.9	55.1
19	1223	39.8	26.4	6.1	51.3
21	1241	43.6	24.5	4.4	61.6
23	1259	41.6	24.3	5.2	50.1
25	1230	42.7	33.6	6.0	51.7
27	1200	45.4	30.9	5.3	52.8
29	1229	46.5	33.9	7.3	51.3
31	1159	46.8	39.9	5.4	50.5
33	1180	40.9	35.6	6.5	48.1
平均值	1199	41.6	29.1	5.4	53.1

表 20-8　川泡桐在不同高度上木纤维的木材分子大小及组织比量

离地面高度/m	长度/μm	宽度/μm	生长轮内部比量/%	生长轮外部比量/%	均值/%
1.3	1199	41.6	3.8	64.0	52.8
3.3	1303	36.2	4.1	64.3	51.6
5.3	1178	36.0	4.5	65.2	49.9
7.3	1207	36.5	3.8	65.4	50.8
9.3	1193	36.1	3.2	67.8	54.8
12.2	1340	36.8	4.9	67.9	53.2
均值	1237	37.2	4.1	65.8	52.1

（四）木射线

同型单列及多列，位于轴向薄壁组织间者往往比位于木纤维间者为宽。比量，8 种平均占 8.8%，以川泡桐为最小，兰考泡桐为最大（表 20-6），由下往上变化不大；由髓心向外通常有降低趋势（表 20-9，表 20-10）（常德龙，2016），川泡桐从 29 轮起又增高。高 1～50 细胞，宽 1～8 细胞，8 种平均分别为 269μm 和 40.5μm（表 20-6）；由髓向外和由下往上有增加趋势，但变化不规则（表 20-9，表 20-10，表 20-11）。射线高度与宽度的大小并不一致，如毛泡桐的射线为 8 种中的最高者，但最窄（表 20-6）。

表 20-9　8 种泡桐材在 1.3m 高处木射线轴向薄壁组织由髓往外木材分子大小及组织比量的变化（一）

生长轮	高度/μm	宽度/μm	比量/%	轴向薄壁组织比量/%
3	242	38.3	8.6	22.4
5	283	42.5	10.1	26.8
7	265	42.5	8.8	29.2
9	263	40.5	8.2	30.2
11	271	38.0	7.7	30.6
13	293	43.8	7.7	31.8
15	290	48.3	7.6	36.2
17	281	42.5	7.2	30.1
19	260	43.0	5.1	33.6
21	265	40.0	5.7	26.6

续表

生长轮	高度/μm	宽度/μm	比量/%	轴向薄壁组织比量/%
23	273	41.0	5.9	34.9
25	274	40.0	4.3	32.2
27	293	49.0	4.3	31.4
29	280	41.0	6.0	29.5
31	282	41.0	6.1	29.5
33	267	39.0	7.3	30.9
3、5、7 轮平均值	263	41.1	9.2	26.1

表 20-10　8 种泡桐材在 1.3m 高处木射线轴向薄壁组织由髓往外木材分子大小及组织比量的变化（二）

生长轮	木射线			轴向薄壁组织		
	长度/μm	宽度/μm	比量/%	内部比量/%	外部比量/%	均值比量/%
3	207	31	6.6	71.4	21.9	27.9
5	222	31	6.7	64.3	20.9	27.5
7	234	39	6.7	61.8	25.0	30.7
9	209	39	6.3	58.8	23.1	31.5
11	249	41	6.0	63.8	26.2	32.1
13	269	45	6.4	60.2	28.3	32.5
15	266	45	5.8	60.6	28.0	36.8
17	264	44	5.8	61.1	24.9	30.0
19	260	43	5.1	65.8	25.3	33.6
21	265	40	5.7	67.9	26.5	26.6
23	273	41	5.9	55.7	25.1	34.9
25	274	40	4.3	61.1	25.5	32.2
27	293	49	4.3	54.4	22.9	31.4
29	280	41	6.0	51.2	22.2	29.5
31	282	41	6.1	55.0	22.8	29.5
33	267	39	7.3	61.3	24.5	30.0
平均值	257	40.6	5.9	60.9	24.5	31.0

表 20-11　川泡桐在不同高度上木射线轴向薄壁组织的木材分子大小及组织比量

离地面高度/m	木射线			轴向薄壁组织		
	高度/μm	宽度/μm	比量/%	生长轮内部比量/%	生长轮外部比量/%	均值/%
1.3	257	40.6	6.0	61.5	24.5	31.2
3.3	272	39.0	6.1	55.4	22.6	29.1
5.3	262	40.6	6.6	52.9	20.3	28.3
7.3	286	37.2	6.2	54.5	20.4	28.5
9.3	268	42.0	6.6	54.3	18.3	25.5
12.2	311	46.8	6.1	45.0	15.7	22.4
均值	276	41.0	6.3	53.9	20.3	27.5

注：木材绝干重为基准

（五）轴向薄壁组织

主为薄壁组织束，多由 2 个细胞组成，少数 4 个，川泡桐偶见 3 个，纺锤薄壁细胞则很少（成俊卿，1983a）。

第二节　泡桐木材的物理特性

一、密度

木材密度因树种不同其差别很大。密度通常是表明木材物理和强度性质的重要指标，研究泡桐树种的木材密度，即可对泡桐材的物理和强度性质作出适当评价。种间的木材密度：8 种泡桐材的气干密度都是属于最轻等级的，种间虽有差异，但变化范围并不太大（表 20-12）（常德龙，2016）。

表 20-12　8 种泡桐材在 1.3m 高处的气干（含水率 15%）密度

树种	株数	试样数	平均值/（g/cm³）	标准差/（g/cm³）	变异系数/%
川泡桐	3	46	0.257	0.042	16.3
兰考泡桐	3	24	0.279	0.029	10.4
泡桐	3	20	0.282	0.036	12.8
南方泡桐	3	23	0.287	0.044	15.5
光泡桐	3	24	0.315	0.037	11.8
楸叶泡桐	3	29	0.316	0.037	11.7
毛泡桐	3	26	0.319	0.021	6.7
台湾泡桐	3	15	0.328	0.039	12.1

二、渗透性

木材渗透性是指气体和液体在木材内流动的速度，是关系到木材防腐、制浆和干燥处理的重要性质。有学者认为泡桐木材渗透性好，但常德龙等（2013）对泡桐木材渗透性进行研究，发现其渗透性不佳，经干燥的泡桐浸水实验、浸渍化学试剂单体都很难，同杨木对比进行水浸渍实验，5cm 厚、40cm 宽、200cm 长的杨木板材 5h 就可浸透，而相同规格的泡桐板材浸泡时间是杨树的 9 倍时还没有完全浸透，很多速生木材改良研究发现，泡桐木材在做浸渍实验时浸水、浸渍化学试剂很难（常德龙等，2013；常德龙，2016）。

三、干缩性

木材干缩性是指木材所含水分在纤维饱和点以下时，其尺寸或体积随含水率降低而缩小的性质。木材干缩性大小的等级：根据苏联的分级方法，以气干材体积干缩系数为准，通常分为 4 级，干缩小：小于 0.45%，干缩中：0.46%～0.55%，干缩大：0.56%～0.65%，干缩甚大：大于 0.65%。

8 种泡桐材的体积干缩系数为 0.269%～0.371%（表 20-13），与表 20-12 一样都表明泡桐材的干缩性很小；同样其湿胀性亦很小。这是泡桐材的一项很重要的优良性质，有利于木制品如家具、工艺品、容器和其他生活用品等的制作和使用（常德龙，2016）。

四、共振性质

声学性能：泡桐木材具有较好的导音性，是极好的乐器制作材料。尤其是兰考泡桐是制作高品质古筝、古琴、琵琶等的优良材料，自古以来，我国就有用泡桐制作乐器的传统。8 种泡桐与乐器用材鱼鳞云杉的基本声学性能检测结果列于表 20-14。从表中可以看出，泡桐都是共振性非常好的乐器用材（常德龙，2016）。

表 20-13　8 种泡桐材的体积干缩系数

树种	干缩系数/%		
	径向	弦向	体积
川泡桐	0.074	0.195	0.269
南方泡桐	0.093	0.179	0.272
毛泡桐	0.093	0.207	0.301
兰考泡桐	0.098	0.213	0.310
光泡桐	0.107	0.208	0.333
泡桐	0.094	0.268	0.362
楸叶泡桐	0.112	0.259	0.371
台湾泡桐	0.134	0.238	0.371

表 20-14　8 种泡桐材及鱼鳞云杉的基本声学性质

树种	株数	试样数	气干密度均值/（g/cm³）	动弹性模量均值/（1000kg/cm²）	顺纹传声速度均值/（m/s）	声辐射品质常数均值/［m⁴/（kg·s）］	对数缩减量均值（δ）	声阻抗平均值/（Pa·s /cm³）
川泡桐	3	34	0.239	55.8	4785	20.84	0.0252	11.44
泡桐	4	37	0.252	49.9	4565	14.56	0.0212	14.38
南方泡桐	3	22	0.253	48.6	4330	17.26	0.0239	10.96
兰考泡桐	3	71	0.261	43.4	3988	15.43	0.0300	10.40
台湾泡桐	3	49	0.262	64.9	4922	19.11	0.0248	12.89
楸叶泡桐	3	37	0.299	60.6	4442	14.95	0.0264	13.31
光泡桐	5	52	0.301	60.1	4360	14.17	0.0254	13.51
毛泡桐	5	30	0.321	66.0	4489	14.06	0.0236	14.27
鱼鳞云杉	—	31	0.432	116.9	5166	12.41	0.0238	22.00

东北林业大学李司单（2011）对泡桐木材的声学性能进行了深入的研究，通过对比泡桐试材与云杉对照样动态弹性模量与动态刚性模量之比（*E*/*G*）的差异，*E*/*G* 的值可有效表达乐器用材频谱曲线的包络线特性，*E*/*G* 值高，其音色更趋于丰富，其乐器发声的自然程度及旋律的突出性比较显著。

泡桐 *E*/*G* 的平均值分别为 55.220 和 51.513，云杉对照样的 *E*/*G* 平均值分别为 21.978 和 22.102，泡桐的 *E*/*G* 值明显高于云杉，因此泡桐在人耳的听觉心理上要比云杉更趋于自然婉转，音色赋予多变，而云杉对中、低音区的补偿更加明显。造成泡桐与云杉较大音色差异的原因在于泡桐是阔叶材中的环孔材，具有丰富的导管，导管比率增大意味着木材空腔增多而实质物质少，而导管内部又具有丰富的侵填体，这使得泡桐的内部结构相对于云杉复杂很多，此时泡桐内部的导管可以看作是多个小的共鸣腔，而音色=纯音+变换+混合方式，也就是说音色与振源特性和谐音有直接关系，泡桐结构的复杂使得其在振源特性上就已经与云杉有区别，导致泡桐谐波衰减率快，音色趋于多变柔和，频值较复杂（刘镇波等，2012）。

通过对泡桐加工而成的琵琶、月琴、阮等民族乐器的共鸣面板进行振动模态分析，认为桐木制成的琵琶、月琴、阮用面板都具有良好的发音效果（李司单，2011；刘镇波等，2012）。

泡桐材基本声学性质的比较试验结果如下：泡桐木材的声学特性虽赶不上鱼鳞云杉，但是在制作民族传统乐器上，其音色更悠扬悦耳、委婉舒缓。

五、热学性能

木材的热学性质通常包括比热、导热系数和导温系数等。试验采用国产 DRM-1 型脉冲法导热系数测定仪，以3块试样为一组，两边的厚式样尺寸为12cm×12cm×4（厚度）cm，中间薄试样为12cm×12cm×1.2cm，含水率为10%～13%。

（一）比热

比热是指1000g的材料当温度升高或降低1℃时所吸收或放出的热量［kcal/（kg•℃）］。木材加热处理，如冰冻木材的融化，木材蒸煮、浸注和干燥等，在计算所需热量时则必须了解该木材的比热（*C*）数值（常德龙，2016）。

8种泡桐材的比热为0.394～0.423kcal/（kg•℃）（表20-15），基本上不受密度的影响，同时也不存在方向性的差异。但含水率的影响很大，因为水的比热（1.000）比绝干材大几倍，所以木材比热随含水率的增高而增大，呈抛物线关系；温度的影响也是如此。

表20-15 8种泡桐材的热学性质

树种名称	产地	热流方向	密度/（g/cm^3）	导热系数/[kcal/（m•h•℃）]	导温系数/（$\times10^{-3}$m^2/h）	比热/[kcal/（kg•℃）]	蓄热系数S_{24}/[kcal/（m^2•h•℃）]	含水率/%	温度/℃
泡桐	浙江	弦向	0.246	0.065	0.631	0.412	1.311	12.96	21.7
		径向	0.262	0.076	0.716	0.336	1.457	13.33	
		轴向	0.275	0.158	1.719		1.961	10.39	
川泡桐	四川	弦向	0.259	0.063	0.607	0.397	1.300	10.27	20.6
		径向	0.258	0.069	0.677	0.389	1.349	10.13	
		轴向	0.281	0.195	1.786		2.351	10.10	
兰考泡桐	河南	弦向	0.274	0.071	0.625	0.419	1.449	12.43	22.6
		径向	0.259	0.074	0.673		1.452	12.54	
南方泡桐	浙江	弦向	0.274	0.067	0.615	0.394	1.380	12.93	21.2
		径向	0.266	0.074	0.731		1.402	12.41	
台湾泡桐	浙江	弦向	—	—	—	—	—	—	—
		径向	0.304	0.078	0.651	0.394	1.558	11.04	18.7
楸叶泡桐	河南	弦向	0.312	0.073	0.561	0.423	1.562	12.73	22.4
		径向	0.327	0.086	0.613		1.776	12.71	
光泡桐	河南	弦向	0.321	0.077	0.611	0.405	1.586	11.32	17.6
		径向	0.306	0.078	0.616		1.604	10.58	
毛泡桐	河南	弦向	0.341	0.080	0.570	0.409	1.702	13.03	22.4
		径向	0.335	0.081	0.598		1.696	12.66	

（二）导热系数

木材导热性以导热系数（λ）表示，为木材传导热量能力的热物理特性指标。即1h内通过断面积1m^2、长1m、两端断面积温度差1℃的材料的热量［kcal/（m•℃）］。材料的导热系数越小，则隔热保温的性能越好。建筑部门把导热系数小于0.20kcal/（m•h•℃）的材料称为保温隔热材料。8种泡桐材的横纹导热系数为0.063～0.086（表20-15），略高于软木，而与矿棉和泡沫混凝土近似，为已测近40种木材中导热系数最小的树种，保温隔热性能最好。其余树种，除密度甚大的麻栎（0.206）、盘壳青冈（0.212）、红椆（0.230）、海南子京（0.226）外，导热系数均小于0.20，说明泡桐木材通常确系保温隔热的优良材料，最适宜用作居室建筑和室内装修（常德龙，2016）。

西北林学院的行淑敏（1995）于1995年在《陕西林业科技》发表学术论文，其研究结果表明：桐木导热系数比一般木材小，用17种常见木材作对比试验，其他木材发火点（自燃）均在270℃以下，而泡桐高达450℃，表明其耐火性很强。这一特性表明桐木作为房屋建筑装饰材料，比其他木质材料更有利于保温隔热、难燃、降低火灾风险。

导热系数除随木材的含水率（20℃时水的导热系数比空气大10倍以上）、温度（温度增高时孔隙中的空气导热系数和胞壁间的辐射热也增加）的增高而增大外，又与纹理方向有关（顺纹方向的导热系数比横纹者约大 1.8 倍，径、弦向相差很小，通常径向略大于弦向）（刘镇波等，2011）。

（三）导温系数

导温系数是指木材在加热或冷却时各部分温度趋于一致的能力，又称为热扩散系数。导温系数（a）是反映不稳定传热条件下物体内部温度变化的热物理性质。木材的加热或冷却处理过程大都属于不稳定传热，因此在计算木材冷、热处理时需要了解木材的导温系数。导温系数越大，表明木材内部各处达到同样温度的速度亦越大（常德龙，2016）。

8 种泡桐材的弦向导温系数为 0.000 561～0.000 631m^2/h（表 20-15），为已测近 40 种木材中导温系数最大者，冷、热处理时降温、升温都较快，木材温度较易一致（常德龙，2016）。

六、电绝缘性质

介电性质（绝缘性质）是评价各种泡桐材的材质、加工处理和利用的一项重要指标。与评价其他绝缘材料一样，评价木材的介电性质，主要是根据它们的交、直流电阻率，交流电的介电常数和介质损耗等指标。木材的绝缘性通常随木材的含水率（纤维饱和点内）（表 20-16～表 20-18）、密度和温度的降低而增大，横纹比顺纹大（常德龙，2016）。

表 20-16　8 种泡桐材与其他木材弦锯板（径向）在 1MHz 交流电场中不同含水率下的介电常数

树种	含水率/%									
	10.06	10.34	10.72	11.36	11.98	11.99	12.44	15	15.61	18.05
川泡桐	—	1.933 12	—	—	—	—	—	—	—	—
台湾泡桐	—	—	1.980 92	—	—	—	—	—	—	—
泡桐	—	—	—	1.951 55	—	—	—	—	—	—
轻木	2.015 91	2.046 5	2.088 77	2.161 94	2.235 26	2.236 46	2.291 26	2.629 57	2.71728	3.09843
南方泡桐	2.028 94	2.047 21	2.072 28	2.115 19	2.157 6	2.158 29	2.189 62	2.376 68	2.42356	2.62051
光泡桐	2.122 05	—	—	—	—	—	—	—	—	—
楸叶泡桐	2.203 99	2.228 89	2.263 12	2.321 98	2.380 45	2.381 4	2.424 78	2.687 01	2.753 58	3.036 71
毛泡桐	2.228 79	2.257 79	2.297 74	2.366 63	2.435 33	2.436 46	2.487 59	2.799 61	2.879 55	3.222 83
兰考泡桐	2.321 81	2.348 24	2.384 6	2.447 1	2.509 21	2.510 22	2.556 31	2.835 04	2.90582	3.207 07
糠椴	2.607 01	2.642 51	2.691 48	2.776	2.860 41	2.861 8	2.924 7	3.309 77	3.408 77	3.835 27
木棉	2.623 03	2.667 34	2.728 66	2.835 16	2.942 29	2.944 06	3.024 39	3.524 92	3.655 92	4.230 49
拟赤杨	2.721 4	2.739 67	2.764 66	2.807 27	2.849 17	2.849 86	2.880 67	3.062 41	3.107 38	3.293 97
红松	2.731 53	2.768 33	2.819 07	2.906 65	2.994 08	2.995 5	3.060 64	3.459 04	3.561 38	4.001 93
小叶杨	2.866 59	2.901 97	2.950 69	3.034 6	3.118 15	3.119 52	3.181 63	3.559 25	3.655 65	4.068 09
核桃楸	2.905 97	2.938 67	2.983 64	3.060 93	3.117 73	3.138 98	3.195 94	3.540 22	3.627 58	3.999 13
马尾松	3.248 55	3.301 81	3.375 49	3.503 31	3.631 76	3.633 87	3.730 09	4.328	4.484 07	5.166 71
苦槠	3.342 36	3.397 73	3.474 35	3.607 31	3.740 97	3.743 17	3.843 32	4.466 31	4.629 08	5.341 68
鸡毛松	3.409 09	3.460 83	3.532 3	3.656 02	3.78	3.782 03	3.874 7	4.446 74	4.59507	5.239 54
白桦	3.493 31	3.548 25	3.624 19	3.755 79	3.887 83	3.889 99	3.988 78	4.600 45	4.759 53	5.452 79
槭木	3.596 56	3.655 78	3.737 71	3.879 89	4.022 76	4.025 11	4.132 16	4.797 63	4.971 41	5.731 79
水曲柳	3.817 06	3.882 74	3.973 69	4.131 7	4.290 78	4.293 39	4.412 74	5.157 64	5.352 95	6.210 98
荷木	3.956 87	4.025 5	4.120 54	4.285 71	4.452 04	4.454 77	4.579 59	5.359 23	5.563 79	6.463 18
麻栎	4.335 5	4.415 93	4.527 48	4.721 78	4.917 95	4.921 18	5.068 74	5.996 43	6.241 46	7.325 85
海南子京	6.641 97	6.755 17	6.911 89	7.184 13	7.458 06	7.462 56	7.668 03	8.949 3	9.284 94	10.758 2

表 20-17　8 种泡桐材与其他木材弦锯板（径向）在 1MHz 交流电场中不同含水率下的损耗角正切值

树种	含水率/%									
	10.06	10.34	10.72	11.36	11.98	11.99	12.44	15	15.61	18.05
毛泡桐	0.028 948 1	0.029 204 5	0.029 553 6	0.030 153 7	0.030 744 7	0.030 755 3	0.031 192 5	0.033 800 3	0.034 451 6	0.037 192 9
光泡桐	0.037 155	—	—	—	—	—	—	—	—	—
马尾松	0.047 242 2	0.047 445 0	0.047 717 8	0.048 185 9	0.048 641 8	0.048 647 4	0.048 982 4	0.050 924 9	0.051 398 4	0.053 337 2
台湾泡桐	—	—	0.050 329	—	—	—	—	—	—	—
楸叶泡桐	0.048 144 9	0.049 096 4	0.050 422	0.052 732 7	0.055 071 9	0.055 108 7	0.056 872 2	0.068 036 2	0.071 006 8	0.084 234 5
白桦	0.049 679 8	0.050 078 3	0.050 6256	0.051 559 7	0.052 483 2	0.052 496 5	0.053 177 8	0.057 213 7	0.058 219 7	0.062 423 8
荷木	0.049 745 1	0.052 427 6	0.056 300 2	0.063 480 5	0.071 311 6	0.071 443 1	0.077 737 4	0.125 649	0.140 877	0.222 633
南方泡桐	0.050 489 4	0.051 563 2	0.053 056 7	0.055 671 1	0.058 328 4	0.058 37	0.060 379 6	0.073 186 3	0.076 621 4	0.092 038 6
鸡毛松	0.052 604 1	0.053 032 2	0.053 617 9	0.054 619 8	0.055 608 3	0.055 622 4	0.056 350 8	0.060 682	0.061 761 8	0.066 278 1
苦楝	0.053 263 5	0.054 035 6	0.055 106 1	0.056 952 1	0.058 803 1	0.058 831 5	0.060 211 6	0.068 705 3	0.070 899	0.080 395 2
拟赤杨	0.055 538	0.056 987 6	0.059 014 7	0.062 593 6	0.066 270 5	0.066 331 5	0.069 135 3	0.087 492 3	0.092 542 2	0.115 833
海南子京	0.055 639 1	0.056 015 7	0.056 528 8	0.057 403 7	0.058 264	0.058 276	0.058 908 8	0.062 642 6	0.063 563 8	0.067 398 5
红松	0.058 792 2	0.060 213	0.062 195 6	0.065 682 5	0.069 248 4	0.069 307 5	0.072 021 1	0.089 592 2	0.094 375 7	0.116 203
泡桐	—	—	—	0.068 956	—	—	—	—	—	—
核桃楸	0.068 871 6	0.070 610 6	0.073 034 8	0.077 312 6	0.081 695 9	0.081 771 1	0.085 109 9	0.106 871	0.112 829	0.140 171
小叶杨	0.070 990 5	0.072 659 1	0.074 986	0.079 071 5	0.083 245 4	0.083 314 4	0.086 486 8	0.106 949	0.112 501	0.137 742
川泡桐	—	0.077 612	—	—	—	—	—	—	—	—
兰考泡桐	0.075 523 1	0.078 501 9	0.082 737	0.090 392	0.098 482 7	0.098 618 9	0.104 954	0.149 525	0.162 684	0.227 966
槭木	0.077 266 3	0.078 986	0.081 387 9	0.085 591 4	0.089 873 2	0.089 943 5	0.093 188	0.114	0.119 61	0.144 947
麻栎	0.077 941 7	0.080 519 3	0.084 158 9	0.090 665 1	0.097 449 6	0.097 559 6	0.102 805	0.138 473	0.148 657	0.197 459
轻木	0.095 512 5	0.099 717 2	0.105 719	0.116 66	0.128 341	0.128 54	0.137 754	0.204 268	0.224 373	0.326 61
水曲柳	0.108 194	0.112 049	0.117 497	0.127 277	0.137 532	0.137 702	0.145 673	0.200 588	0.216 481	0.293 655
糠椴	0.111 32	0.115 916	0.122 456	0.134 32	0.146 912	0.147 126	0.157 004	0.227 277	0.248 221	0.353 143
木棉	0.149 865	0.156 682	0.166 433	0.184 246	0.203 318	0.203 641	0.218 733	0.328 526	0.361 96	0.533 372

表 20-18　8 种泡桐材与其他木材弦锯板（径向）在交流 1MHz 下电阻率　（单位：Ω·cm）

树种	含水率/%			
	10.06	10.34	10.72	11.36
水曲柳	4.42×10^{6}	4.19×10^{6}	3.91×10^{6}	3.47×10^{6}
木棉	4.65×10^{6}	4.37×10^{6}	4.02×10^{6}	3.50×10^{6}
海南子京	5.01×10^{6}	4.89×10^{6}	4.74×10^{6}	4.49×10^{6}
麻栎	5.52×10^{6}	5.24×10^{6}	4.90×10^{6}	4.36×10^{6}
糠椴	6.45×10^{6}	6.12×10^{6}	5.70×10^{6}	5.05×10^{6}
苦槠	6.58×10^{6}	6.32×10^{6}	5.98×10^{6}	5.46×10^{6}
槭木	6.76×10^{6}	6.51×10^{6}	6.19×10^{6}	5.68×10^{6}
核桃楸	9.00×10^{6}	8.68×10^{6}	8.26×10^{6}	7.61×10^{6}
鸡毛松	9.17×10^{6}	8.94×10^{6}	8.63×10^{6}	8.13×10^{6}
荷木	9.31×10^{6}	8.69×10^{6}	7.90×10^{6}	6.73×10^{6}
轻木	9.55×10^{6}	9.01×10^{6}	8.32×10^{6}	7.27×10^{6}
小叶杨	9.74×10^{6}	9.42×10^{6}	9.00×10^{6}	8.34×10^{6}
白桦	1.04×10^{7}	1.02×10^{7}	9.87×10^{6}	9.35×10^{6}
兰考泡桐	1.10×10^{7}	1.05×10^{7}	9.84×10^{6}	8.83×10^{6}
红松	1.13×10^{7}	1.09×10^{7}	1.03×10^{7}	9.51×10^{6}

续表

树种	含水率/%			
	10.06	10.34	10.72	11.36
马尾松	1.18×10^7	1.15×10^7	1.12×10^7	1.07×10^7
拟赤杨	1.22×10^7	1.17×10^7	1.12×10^7	1.03×10^7
泡桐	—	—	—	1.38×10^7
楸叶泡桐	1.71×10^7	1.65×10^7	1.59×10^7	1.48×10^7
南方泡桐	1.78×10^7	1.72×10^7	1.66×10^7	1.55×10^7
川泡桐	—	2.37×10^7	—	—
台湾泡桐	—	—	1.91×10^7	—
光泡桐	2.31×10^7	—	—	—
毛泡桐	2.80×10^7	2.75×10^7	2.68×10^7	2.57×10^7

（一）介电常数

木材介电常数是指木材作为电容器两个极板间介质时与电极间为真空时的电容质之比。介电常数（ε）越小则表明木材的绝缘性越好。含水率相同时，8 种泡桐材的介电常数除较轻木稍高或近似外，比其他树种均低（表 20-16），表明泡桐材的绝缘性好（常德龙，2016）。

（二）介质损耗

木材在交流电场外，单位时间内，因发热而消耗的能量，通常以介质损耗角正切值（tgδ）（功率因数）来表示。值越小木材在电场中消耗的能量也越少，绝缘性则越好。从表 20-17 可以看出，除兰考泡桐、川泡桐和泡桐外，其他泡桐材的介质损耗都较低，比其他大多数树种更适合作电绝缘材料（常德龙，2016）。

（三）电阻率

电流通过材料的阻力以电阻率（Υ）的大小来表示，即单位面积上，单位长度之间所具有的电阻值，亦称为体积电阻率，以 Ω • cm 为单位。电阻值越大，阻碍电流通过的能力越好，则绝缘性越佳。含水率降低时电阻率增大，在纤维饱和点以下时二者的关系明显；低于 5%时则两者呈直线关系，电阻率急剧增加。此外，电阻率与交流电的频率、损耗正切值呈正比关系。试验结果证明 8 种泡桐材的交流电阻率通常较其他树种为高（表 20-19）（常德龙，2016）。

表 20-19　不同含水率时的体积电阻率　（单位：Ω·cm）

树种	11.98	11.99	12.44	15	15.61	18.05
水曲柳	3.10×10^6	3.09×10^6	2.84×10^6	1.77×10^6	1.58×10^6	1.01×10^6
木棉	3.05×10^6	3.05×10^6	2.76×10^6	1.58×10^6	1.38×10^6	8.08×10^5
海南子京	4.26×10^6	4.26×10^6	4.10×10^6	3.31×10^6	3.14×10^6	2.56×10^6
麻栎	3.90×10^6	3.89×10^6	3.59×10^6	2.26×10^6	2.02×10^6	1.30×10^6
糠椴	4.49×10^6	4.48×10^6	4.11×10^6	2.54×10^6	2.26×10^6	1.42×10^6
苦槠	5.00×10^6	4.99×10^6	4.68×10^6	3.24×10^6	2.97×10^6	2.10×10^6
槭木	5.23×10^6	5.22×10^6	4.92×10^6	3.50×10^6	3.22×10^6	2.33×10^6
核桃楸	7.02×10^6	7.01×10^6	6.62×10^6	4.75×10^6	4.39×10^6	3.21×10^6
鸡毛松	7.68×10^6	7.67×10^6	7.36×10^6	5.81×10^6	5.49×10^6	4.38×10^6
荷木	5.77×10^6	5.76×10^6	5.14×10^6	2.72×10^6	2.33×10^6	1.27×10^6
轻木	6.38×10^6	6.37×10^6	5.80×10^6	3.39×10^6	2.98×10^6	1.78×10^6
小叶杨	7.74×10^6	7.73×10^6	7.33×10^6	5.40×10^6	5.02×10^6	3.75×10^6

续表

树种	11.98	11.99	12.44	15	15.61	18.05
白桦	8.88×10^6	8.87×10^6	8.54×10^6	6.89×10^6	6.54×10^6	5.33×10^6
兰考泡桐	7.95×10^6	7.93×10^6	7.35×10^6	4.77×10^6	4.30×10^6	2.84×10^6
红松	8.75×10^6	8.74×10^6	8.24×10^6	5.86×10^6	5.41×10^6	3.91×10^6
马尾松	1.02×10^7	1.02×10^7	9.90×10^6	8.20×10^6	7.85×10^6	6.56×10^6
拟赤杨	9.57×10^6	9.56×10^6	9.04×10^6	6.58×10^6	6.10×10^6	4.50×10^6
楸叶泡桐	1.38×10^7	1.38×10^7	1.31×10^7	9.90×10^6	9.26×10^6	7.07×10^6
南方泡桐	1.45×10^7	1.44×10^7	1.38×10^7	1.05×10^7	9.79×10^6	7.53×10^6
毛泡桐	2.47×10^7	2.46×10^7	2.39×10^7	2.02×10^7	1.94×10^7	1.65×10^7

表 20-19 表明泡桐材具有较高的电阻率及较低的介电常数和介质损耗角正切值，是绝缘材料的理想指标值，因此比其他树种更适于作电绝缘材料。但介电常数和介质损耗角正切值较低，能量消耗虽小，可是产生的热量也小，因而不利于泡桐材的高频干燥和高频胶合（常德龙，2016）。

七、力学性质

（一）强度

泡桐材很轻软，强度亦很低（表 20-20～表 20-22），不适宜作为强度为主要条件的基建材（常德龙，2016）。但就强重比（质量系数）而论，泡桐材的等级均有所提高，多数树种的质量系数都接近或达到中等等级（表 20-20～表 20-22），通常都适于制作要求木材轻而强度相对大的某些物品，如航空、船舶、包装箱等方面的利用（常德龙，2016）。

表 20-20　6 种泡桐材的主要物理、力学性质（一）

树种	试材采集地	密度/(g/cm³)		干缩系数/%			顺纹抗压强度/(kgf/cm²)	抗弯强度/(kgf/cm²)	抗弯弹性模量/(1000kgf/cm²)
		基本	气干	径向	弦向	体积			
楸叶泡桐	河南嵩县	0.233	0.290	0.093	0.216	0.344	196	329	54
兰考泡桐	河南扶沟	0.209	0.264	0.076	0.187	0.292	159	289	42
	河南兰考	0.243	0.283	0.147	0.269	0.453	197	356	44
川泡桐	四川沐川	0.219	0.269	0.107	0.216	0.334	160	363	52
泡桐	四川古蔺	0.258	0.309	0.110	0.210	0.320	188	405	63
毛泡桐	河南扶沟	0.236	0.315	0.105	0.203	0.327	223	406	48
	安徽宿州	0.231	0.278	0.079	0.164	0.261	200	381	50
光泡桐	河南扶沟	0.279	0.347	0.107	0.208	0.333	220	415	58

注：$1kgf/cm^2=9.80665N/cm^2=98066.5Pa$

表 20-21　6 种泡桐材的主要物理、力学性质（二）

树种	试材采集地	顺纹抗剪强度/(kgf/cm²)		抗压强度/（kgf/cm²）				顺纹抗拉强度/(kgf/cm²)	冲击韧性/[(kgf·m)/cm²]
				横纹局部抗压强度比例极限		横纹全部抗压强度比例极限			
		径面	弦面	径向	弦向	径向	弦向		
楸叶泡桐	河南嵩县	41	47	28	20	17	11	521	0.171
兰考泡桐	河南扶沟	44	44	22	16	14	12	394	0.132
	河南兰考	40	39	24	22	16	12	—	0.180
川泡桐	四川沐川	42	35	21	24	14	18	518	0.214
泡桐	四川古蔺	56	50	29	27	21	19	563	0.325

续表

树种	试材采集地	顺纹抗剪强度/(kgf/cm²)		抗压强度/（kgf/cm²）				顺纹抗拉强度/(kgf/cm²)	冲击韧性/[(kgf・m)/cm²]
				横纹局部抗压强度比例极限		横纹全部抗压强度比例极限			
		径面	弦面	径向	弦向	径向	弦向		
毛泡桐	河南扶沟	51	56	35	28	20	20	605	0.348
	安徽宿州	47	45	23	22	16	13	343	0.240
光泡桐	河南扶沟	59	54	30	30	17	20	568	0.416

表 20-22　6 种泡桐材的主要物理、力学性质（三）

树种	试材采集地	硬度/(kgf/cm²)			抗劈力/(kgf/cm)		质量系数
		端面	径面	弦面	径面	弦面	
楸叶泡桐	河南嵩县	151	87	94	7.7	8.3	1810
兰考泡桐	河南扶沟	125	84	86	7.6	6.3	1697
	河南兰考	195	99	122	6.5	6.3	1954
川泡桐	四川沐川	171	114	121	7.6	6.1	1944
泡桐	四川古蔺	215	124	124	7.6	7.4	1919
毛泡桐	河南扶沟	183	117	135	10.9	9.6	1997
	安徽宿州	189	98	106	7.0	6.0	2090
光泡桐	河南扶沟	198	142	143	10.2	9.8	1830

6 种泡桐材中以在河南扶沟的兰考泡桐的强度为最低，其质量系数亦最低。强度较高的为光泡桐、毛泡桐；但质量系数以毛泡桐较高，其次为兰考采的兰考泡桐及川泡桐（表 20-20～表 20-22）（常德龙，2016）。泡桐木材的力学强度较低。泡桐木材的利用主要是发挥其优良的物理特性，而不在木材强度方面（常德龙，2016）。

（二）耐磨性

试样分端、径、弦三面，尺寸为 5cm×5cm×2.5cm（厚），含水率 15%左右，在 Kollmann 磨损试机上进行试验，每块摩擦 1000 次。试验前后的试样重量差，除以试样原重，即得重量磨损率（%）；并随即测定木材硬度、密度和含水率（成俊卿，1983b）。

磨损率越大，木材的耐磨性就越小。重、硬的木材通常比轻、软的木材的耐磨性高（表 20-23），但又受管孔大小和分布、早晚材宽度等构造因子的影响。端面的耐磨性总是比纵面的大（径、弦面的差别不大）（表 20-23），因为前者是横向磨断木材细胞，后者为顺纹撕裂细胞（成俊卿，1983b）。

泡桐材的种间耐磨性差异不大，都是很不耐磨的（表 20-23）。

表 20-23　8 种泡桐木材的磨损率

树种	摩擦面	试样数	含水率/%	密度/（g/cm³）	硬度/（kgf/mm²）	重量磨损率/%
南方泡桐	端面	11	11.55	0.259	2.63	0.774
	径面	11	11.24	0.288	0.72	0.953
	弦面	11	10.94	0.283	0.80	0.798
楸叶泡桐	端面	9	11.08	0.349	2.79	0.831
	径面	9	11.22	0.332	0.80	0.897
	弦面	8	11.08	0.326	0.80	0.865
兰考泡桐	端面	14	10.15	0.302	2.29	0.946
	径面	17	10.32	0.283	0.70	1.420
	弦面	15	10.24	0.285	0.70	1.410

续表

树种	摩擦面	试样数	含水率/%	密度/（g/cm³）	硬度/（kgf/mm²）	重量磨损率/%
川泡桐	端面	16	9.61	0.262	2.75	1.097
	径面	16	9.59	0.260	0.60	1.737
	弦面	16	9.87	0.264	0.62	1.601
泡桐	端面	15	11.21	0.266	2.21	0.824
	径面	15	11.01	0.273	0.59	1.050
	弦面	15	10.58	0.278	0.71	0.898
台湾泡桐	端面	17	10.90	0.275	2.26	0.937
	径面	17	10.69	0.271	0.50	1.953
	弦面	17	10.47	0.265	0.58	1.636
毛泡桐	端面	14	10.33	0.350	2.59	0.940
	径面	12	10.44	0.326	0.81	1.109
	弦面	14	10.96	0.329	0.83	1.095
光泡桐	端面	18	8.70	0.326	3.00	0.825
	径面	19	9.07	0.338	0.82	1.206
	弦面	18	8.77	0.327	0.83	1.088
平均	端面	—	—	0.299	2.57	0.897
	径面	—	—	0.296	0.69	1.291
	弦面	—	—	0.296	0.73	1.174
其他 18 种阔叶树材平均[38]	端面	—	—	0.711	6.22	0.159
	径面	—	—	0.705	2.29	0.374
	弦面	—	—	0.706	2.49	0.307

注：1kgf/mm²=9.80665N/mm²=9.80665MPa

第三节　泡桐木材的化学特性

一、化学成分

构成木材的化学成分主要为纤维素和半纤维素及木质素，其次是浸提物和少量的无机物。8 种泡桐与 57 种阔叶树材相比，木材主要成分的差别不大；但次要成分浸提物在各种溶剂中的含量，泡桐材的数值明显增大，其中冷水和热水的浸提物大多成倍增加见表 20-24 和表 20-25（常德龙，2016）。

表 20-24　8 种泡桐材的化学成分含量（%）（一）

树种	灰分	冷水浸提物	热水浸提物	1%NaOH 浸提物	苯-乙醇浸提物	克-贝纤维紫
南方泡桐	0.46	4.18	6.20	22.45	4.36	54.73
楸叶泡桐	0.51	8.74	11.34	26.03	10.00	53.10
兰考泡桐	0.74	7.99	10.60	25.74	9.69	52.82
川泡桐	0.33	6.15	8.91	27.81	7.32	52.99
泡桐	0.73	7.23	8.70	22.52	7.12	53.99
台湾泡桐	0.29	5.43	7.59	24.97	5.48	55.02
毛泡桐	0.19	7.57	10.78	26.80	9.70	57.71
光泡桐	0.21	7.35	10.30	26.65	9.55	54.56
平均	0.43	6.83	9.30	25.37	7.90	54.37
其他 57 种阔叶树材平均	0.61	3.31	4.67	19.67	4.16	57.53

注：木材绝干重为基准

表 20-25　8 种泡桐材的化学成分含量（%）（二）

树种	克-贝纤维紫中的α纤维紫	木质紫	戊聚糖	木材中的α纤维紫	热水浸提液中的还原糖（以葡萄糖计）	单宁	树皮中的单宁
南方泡桐	74.66	24.11	23.95	40.86	1.12	0.61	—
楸叶泡桐	74.71	21.92	20.56	39.67	2.28	0.71	1.22
兰考泡桐	74.21	24.11	23.31	39.20	1.57	0.67	—
川泡桐	72.65	22.64	25.35	38.50	1.63	1.38	—
泡桐	77.77	24.68	20.89	40.37	1.73	0.44	—
台湾泡桐	75.35	22.63	25.06	41.46	1.29	1.20	3.50
毛泡桐	74.42	20.87	24.78	40.72	2.11	1.65	1.66
光泡桐	74.51	21.64	24.02	40.65	2.09	1.54	2.98
平均	74.79	22.73	23.49	40.18	1.73	1.03	2.34
其他 57 种阔叶树材平均	77.27	23.66	21.13	43.68	—	—	—

注：木材绝干重为基准

浸提物填充于细胞腔内，并渗透至细胞壁中。浸提物只是木材中的少量成分，并非细胞壁必不可少的构成成分；但它对木材材性和利用的影响却很大。泡桐材的浸提物含量高，易对木材"色斑"、胀缩、渗透、酸碱度等产生影响（常德龙，2016）。

二、酸度

木材酸碱度是以木材所含水分的 pH 来表示，pH 的测定有两种方法（李新时和杜亚明，1963）。pH 过低很可能加快腐蚀与之接触的金属。泡桐的 pH 对材色、油漆、胶合及木材对金属的腐蚀、木材防腐或木材改性等均有影响。人造板的热压胶合固化时，木材酸度对胶合剂的固化和固化剂的加入量会有重要影响。8 种泡桐材的 pH 均值低于与之对比的 39 种阔叶树材的均值（表 20-26）；而不同泡桐材间酸度则以兰考泡桐和南方泡桐为较小，毛泡桐和光泡桐为较大（常德龙，2016）。

表 20-26　8 种泡桐材的 pH

树种	Ⅰ法测得的 pH	Ⅱ法测得的 pH
南方泡桐	4.93	5.00
楸叶泡桐	4.70	4.78
兰考泡桐	5.03	5.08
川泡桐	4.57	4.62
泡桐	4.84	4.88
台湾泡桐	4.50	4.50
毛泡桐	4.03	4.14
光泡桐	4.22	4.20
平均	4.61	4.65
其他 39 种阔叶树材平均	5.08	5.27

三、泡桐浸提物

泡桐材富含浸提物，浸提物存在于细胞腔内，并渗透至细胞壁中。浸提物只是构成木材的少量成分，亦非细胞壁构成的必要成分；但它对木材材性和利用的影响很大。泡桐材的浸提物含量特别高，对"色斑"的产生、木材胀缩、单体浸注、木材酸度等都有影响（常德龙，2016）。

四、色斑

新伐或湿泡桐材锯解后，成材色浅而均匀，也有少量原木在砍伐后即发现有变色情况，多数是泡桐在储存或加工过程中，出现黑褐色斑块。有一部分变色是由化学物质变色引起，但是也有一部分是由变色菌变色引起，无论是化学变色还是真菌变色，都对木材质量构成重大影响，外贸出口中桐木产品经常由于变色而被降等或退货，目前，经国家林业和草原局泡桐研究开发中心及国内外相关研究人员的长期研究攻关，变色基本可控、可调、可防、可治（常德龙，2016）。

第四节　桐木市场分析及发展建议

泡桐木材应用市场主要在中国、日本、澳大利亚和欧美等国家和地区，不同国家对泡桐木材有着不同的认知。了解其消费倾向，有针对性地发展泡桐资源，有利于产业健康可持续发展（常德龙，2016）。

一、市场分析

（一）日本市场

日本是泡桐木材加工利用强国，也是引领桐木产品高端消费的国家，研究日本市场发展趋势，对于培育我国泡桐产业具有重要的借鉴意义（常德龙等，2018）。

日本企业对桐木家具材料选择颇有讲究，对一些泡桐树种情有独钟。日本国内使用泡桐木材制造家具，传统工艺与现代技术融为一体，其质量、生产档次、制造技术等在世界首屈一指，引导国际桐木高端消费市场。据调查了解，日本有独特的桐木文化，日本人将桐木与幸福、吉祥、婚姻喜庆联想在一起，桐木是幸福、吉祥的象征，这一点与我国古代有些相同。年轻人结婚时父母都要送给他们一套全新的桐木家具。进行祝福，美好生活从使用桐木家具开始。桐木尺寸稳定性好，加之日本家具的气密性好，所以桐木家具防潮防湿（常德龙等，2018）。日本是地震、台风等自然灾害多发国家，桐木还是安全友好型材料，轻质家具不易造成砸伤碰伤。因桐木细胞腔大，相对密闭，保温隔热性能好，冬暖夏凉，质感好，桐木又是非常好的保温隔热、节能材料，桐木家具及其制品在日本特别受欢迎。从衣柜、餐桌、椅子、卫生间地板，到墙壁装修材料大多采用桐木材料（常德龙等，2018）。

日本是桐木家具制造水平最高的国家，件件都是精品，其制造方法仍保持我国古代传统榫卯结构，基本不用金属钉或胶黏剂，完全是纯天然桐木家具（常德龙等，2018）。做工精细，严丝合缝，没有一点粗制滥造的痕迹。木材纹理细腻、平行均匀，俗称立丝度，有似丝绢下垂之势，颇具美感（常德龙等，2018）。表面色泽柔和，丝绢乳白色调，给人以清雅别致的格调。日本桐木家具精巧、美观、耐用、纯天然，深受人们喜爱（常德龙等，2018）。

（二）中国市场

中国桐木家具的制造历史最为悠久，早在2600年前就有制造桐木家具的记载；随着时代变迁，传统桐木加工技艺丢失（常德龙等，2018）。由于消费观念的变化，国内过度追求红木类又重又硬的木材消费，加上泡桐速生、材质软，以至中国高端消费者倾向于将泡桐木材列为劣质低档木材（常德龙等，2018）。河南、山东少数龙头企业曾尝试用桐木做家具，但因桐木特色加工工艺与技术水平不高，市场占有率低，部分只在国内城乡使用，少量出口到日本和欧美国家，但是价格一般，附加值不高（常德龙等，2018）。中国城市桐木家具市场占有率极低，只有乡镇、农村用桐木做家具，工艺粗糙，不讲究纹理、花纹、色调、白度、立丝度等质地搭配，质量不高，价格低（常德龙等，2018）。中国主要是生产桐木拼板，出口到日本和欧美国家用于二次深加工（常德龙等，2018）。

（三）美国市场

因泡桐栽培是农桐间作型，可再生循环，不砍伐破坏天然林，符合欧美人的环保理念，且泡桐木材耐水、耐腐蚀、耐火、轻便，易于加工，近年来，欧美市场不断扩大。意大利人用桐木制造实木家具、棺木的很多，每年从中国进口约 3 万 m^3（常德龙等，2018）。法国、德国、英国也从我国进口桐木，用于制造全桐家具。美国近年来也从我国进口桐木进行纯实木家具制造，同时进口中低档家具，补充其低端市场需求。欧美市场虽接受速生桐，但其消费倾向仍是材质好、密度高的桐木，特别青睐楸叶泡桐、毛泡桐的材质，这一点与中国、日本一致。欧美市场对桐木年轮宽窄、立丝度、颜色不敏感，只是崇尚木材纹理色泽自然（常德龙等，2018）。欧美桐木家具大多是属于中低档次的，价格便宜，基本与中国持平（常德龙等，2018）。

二、发展建议

为提升泡桐在国内外市场竞争力，提出以下发展建议。

（一）加强速生泡桐木材利用研究

通过表面纹理细化美化、表面硬化强化、材性改良、变色防治、保证自然色泽持久等现代科技手段，解决年轮过宽、密度过低、变色严重、加工劈裂、掉块起毛等关键技术难题，为速生泡桐木材找到有效利用途径，提高产品加工附加值，研发轻质高强、经久耐用、美观大方、受市场欢迎的高值高端产品，改变我国低价销售资源的现状（常德龙等，2018）。

（二）开展速生泡桐木材家具制造技术研究

解决速生桐木家具产品视觉效果差、结构不稳、连接件不牢、表面硬度低、耐冲击性能差等制造难题，改变我国泡桐家具制造技术落后的不利局面，树立泡桐木材也能制造高质量家具的理念，为桐木家具产业提供技术支持（常德龙等，2018）。

（三）培育优良品种

大力培育群众认可的、口碑好的优良桐种，如楸叶泡桐、毛泡桐、白花泡桐，以保持资源品质优质高效。基于国内外人们普遍喜欢泡桐木材颜色淡雅、丝绢色泽的消费趋势，应栽种高密度、高白度、高质量、高价值、高性能泡桐优良品系，满足供给侧需求，为泡桐产业可持续发展提供资源品种支撑（常德龙等，2018）。

参 考 文 献

常德龙. 2016. 泡桐研究与全树利用. 武汉: 华中科技大学出版社.
常德龙, 黄文豪, 张云岭, 等. 2013. 4 种泡桐木材材色的差异性. 东北林业大学学报, 41(8): 102-104, 112.
常德龙, 李芳东, 胡伟华, 等. 2018. 国内外泡桐木材市场分析与我国发展对策. 世界林业研究, 31(1): 57-62.
成俊卿. 1983a. 泡桐属木材的性质和用途的研究(一). 林业科学, (1): 57-63, 114-116.
成俊卿. 1983b. 泡桐属木材的性质和用途的研究(二). 林业科学, (2): 153-167.
李司单. 2011. 民族乐器用木质泡桐面板振动特性与模态分析. 东北林业大学硕士学位论文.
李新时, 杜亚明. 1963. 木材酸度的初步研究. 林业科学, (3): 263-266.
刘镇波, 李司单, 刘一星, 等. 2011. 阮、月琴共鸣面板的振动特性. 东北林业大学学报, 39(12): 74-76.
刘镇波, 李司单, 刘一星, 等. 2012. 琵琶共鸣面板的振动模态分析. 北京林业大学学报, 34(2): 125-132.
行淑敏. 1995. 三居室职工住宅客厅家具设计与室内陈设. 陕西林业科技, (3): 50-54.

第二十一章　桐木家具制作

桐木家具是使用桐木材料制作的家具，桐木是一种常见的木材，具有许多独特的特点，因此在家具制作中得到广泛应用。桐木不易变形和开裂，可以保持家具结构的稳定性和完整性。这使得桐木家具在长期使用过程中能够保持良好的形状和功能。另外，桐木具有较好的抗菌性能，能够有效地抑制细菌和真菌的生长。这使得桐木家具相对于其他木材制作的家具更加卫生和健康。特别是在潮湿环境下，桐木具有较好的防霉性能，能够有效地防止霉菌滋生，保持家具的清洁和卫生。桐木材料的纹理清晰美观，颜色较为均匀，具有一定的装饰性。这使得桐木家具不仅具有实用性，还具有艺术性，能够为家居环境增添一份自然和温馨的氛围。与此同时，桐木还具有较轻的重量，使得桐木家具相对于其他木材制作的家具更加便于搬迁和移动。这使得家庭或办公场所可以更加灵活地进行家具布置和调整，满足不同需求。桐木家具的样式丰富多样，可以制作各种不同的家具，如床、椅子、桌子、柜子等。同时，桐木材料还具有较好的可塑性，可以根据设计师的要求制作出各种形状和结构的家具。无论是现代简约风格还是古典复古风格，桐木家具都能够满足不同风格的装饰需求。桐木家具以其优良的材质和独特的性能，成为许多家庭和办公场所首选的家具。它不仅具有良好的耐久性和抗菌性能，还具有装饰性和可塑性，能够满足不同风格和性能的装饰要求。在使用和保养上需要注意防潮和防虫，定期清洁和保养，以延长家具的使用寿命。无论是家庭还是办公场所，选择桐木家具都能够为空间增添一份自然和温馨的氛围。

本章对桐木家具制作技术、制作工艺和桐木变色机制进行讨论概括，为桐木家具研究和开发利用提供参考。

第一节　泡桐木材变色机制

一、泡桐木材变色类型研究

（一）微生物变色类型的确定

选取已发生变色的兰考泡桐（*Paulownia elongata*）木材制作试样，试样规格为10cm×10cm×5cm［长×宽×高（$L\times R\times T$）］，共60块。

根据区分木材微生物与非微生物变色类型的试验方法，用饱和乙二酸水溶液和过氧化氢（双氧水）对泡桐材进行涂刷脱色处理。测量脱色前后的木材色度学值。

用饱和乙二酸水溶液和过氧化氢（双氧水）水溶液对变色材进行处理，可以明确地区分木材微生物与非微生物变色类型。如用饱和乙二酸水溶液对变色材进行涂刷脱色处理后，木材色斑能够消除，则木材变色类型为非微生物变色；而用过氧化氢对变色材进行涂刷脱色处理后，木材色斑能够消除，则木材变色类型为微生物变色。

对泡桐变色材进行饱和乙二酸水溶液和过氧化氢（双氧水）水溶液脱色处理，处理前后的木材色度学值如表21-1所示。结果表明，用饱和乙二酸水溶液处理前后，木材色差ΔE^*为0.32，说明处理前后木材材色变化很不明显，表明泡桐材面上的色斑没有除去；而用过氧化氢（双氧水）进行涂刷脱色处理，脱色前后木材色差ΔE^*为11.51，变化很明显，表明经处理后木材表面的红色色斑得到了很好的消除，可把泡桐色斑脱掉。根据以上研究结果，可以认为泡桐材变色属于微生物变色，而不是化学变色或光变色。

表 21-1 泡桐木材变色种类的判别

化学处理方法	脱色	L^*	a^*	b^*	ΔE^*
饱和乙二酸水溶液	脱色前	56.48	6.74	16.5	36.29
	脱色后	56.40	6.69	16.8	35.97
过氧化氢水溶液	脱色前	57.09	6.49	17.2	35.63
	脱色后	69.42	1.12	15.6	24.12

注：L^*表示有光照条件下泡桐材亮度变化；a^*表示有光照条件下泡桐材红度变化；b^*表示有光照条件下泡桐材黄度变化；ΔE^*表示有光照条件下泡桐材色差变化

（二）泡桐木材光变色试验

1. 表面变色观测方法

选取已发生变色的兰考泡桐木材制作试样，试样规格为 10cm×10cm×5cm（$L\times R\times T$），共 60 块。分成两组，各 30 块，一组用透明塑料薄膜封闭，光线可自由透入；另一组用黑纸及黑色塑料薄膜封闭，保证光线不能透入。进行室外风蚀试验，并分阶段测试颜色变化。

2. 泡桐木材不同深度变色测试方法

将刚采伐的试材立即锯解，然后制成 10cm×10cm×5cm（$L\times R\times T$）的试样，共 10 块。将试样置于试验台上，使其自然变色。12 个月后，进行不同深度表面的材色测定。测试时，不同深度表面先用手工刨切，用游标卡尺量测深度，然后测色。测色方法及计算统计方法与脱色前后木材材色测定相同。

泡桐木材在室外风蚀条件下，亮度下降，变红度、变黄度升高，色差增大。受光照的木材和不受光照的木材同时具有劣化倾向，但有光和无光的差异不明显，说明光对泡桐木材变色所起作用有限，试验结果显示，泡桐变色不属于光变色类型（图 20-1～图 20-4）。

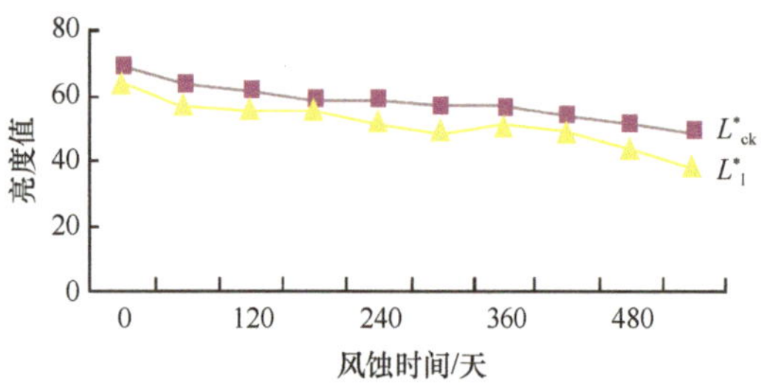

图 21-1 室外风蚀泡桐材亮度的变化

L^*_{ck}为无光照条件下泡桐材亮度变化；L^*_1为有光照条件下泡桐材亮度变化

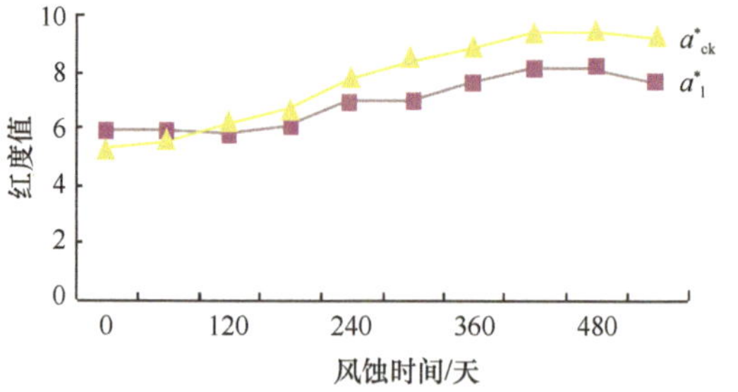

图 21-2 室外风蚀泡桐材变红度的变化

a^*_{ck}为无光照条件下泡桐材红度变化；a^*_1为有光照条件下泡桐材红度变化

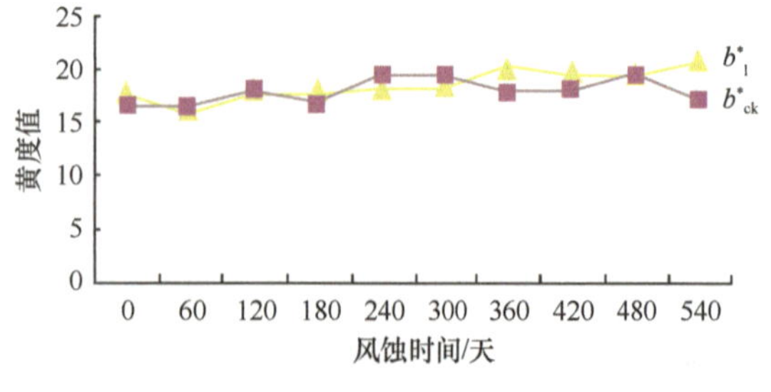

图 21-3 室外风蚀泡桐材变黄度的变化

b^*_{ck}为无光照条件下泡桐材黄度变化；b^*_1为有光照条件下泡桐材黄度变化

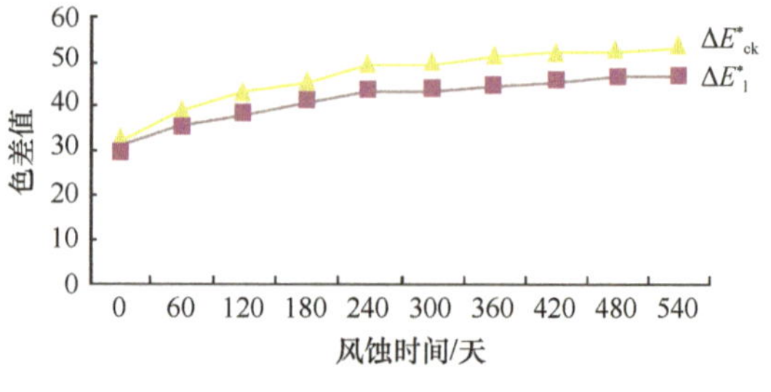

图 21-4 室外风蚀泡桐材色差的变化

ΔE^*_{ck}为无光照条件下泡桐材色差变化；ΔE^*_1为有光照条件下泡桐材色差变化

为进一步确定泡桐材的变色类型，对泡桐材不同深度变色表面的材色进行了测定，结果如表 21-2 所示。结果发现由表及里色度学指标变化规律性不明显，表明变色不仅发生在木材表面，而是深入木材内部。有研究表明，木材化学变色一般只存在于木材表层部分，而微生物真菌引起的变色，不但存在于木材表面，而且可以深入木材内部，即由表及里都有色变出现。因此从泡桐木材不同深度变色色度学测定结果来看，泡桐材变色的确是微生物变色，这一研究进一步证实了前述泡桐材变色类型确定的正确性。

表 21-2　泡桐木材不同深度变色表面的色度学值

	深度								
	0mm	1mm	3mm	5mm	7mm	9mm	12mm	15mm	20mm
L^*	76.9	56.1	59.2	60.3	58.8	61.5	64.1	62.2	60.4
a^*	10.9	5.6	5.7	5.4	5.6	6.4	5.5	5.3	5.2
b^*	19.2	16.8	16.7	16.7	16.3	16.6	16.3	15.9	16.6
ΔE^*	26.56	34.12	30.21	19.18	31.54	29.67	27.89	28.58	29.88

二、泡桐木材变色机理研究

（一）泡桐木材变色真菌的分离与鉴定

导致泡桐木材变色的真菌，经中国科学院微生物研究所鉴定是链格孢菌（*Alternaria alternate*）和一种根霉菌（*Rhizopus* sp.）。交链孢霉属（*Alternaria*）链格孢菌的菌丝暗色至黑色，分生孢子梗和分生孢子也都具有类似颜色，常为暗橄榄色。分生孢子梗短，有隔膜，单生或丛生，大多数不分枝，顶端着生孢子。分生孢子纺锤形或倒棒状，多细胞，有横的和竖的隔膜，呈砖壁状。分生孢子常数个成链。该属菌是土壤、空气、工业材料上常见的腐生菌，它们也是某些栽培植物的寄生菌。根霉属（*Rhizopus* sp.）俗称面包霉，与毛霉属很类似，常在馒头、甘薯等腐败的食物上出现。在自然界中的分布也很广泛，土壤、空气中都有很多根霉孢子。根霉是一属引起谷物、果蔬等霉腐的霉菌。根霉属菌丝体呈棉絮状，菌丝顶端着生黑色孢子囊。根霉的气生性强，大部分菌丝为匍匐于营养基质表面的气生菌丝，称为蔓丝。蔓丝生节，从节向下分枝，形成假根状的基内菌丝，假根深入营养基质中吸收养料。土壤、空气、工业材料上常见的腐生菌，也是某些栽培植物的寄生菌。

（二）染菌泡桐材多酚氧化酶活性测定

酶的活性检测分析是用 Shimadzu UV-300 分光光度计测定，温度 25℃±0.5℃。用 H_2O_2 溶液及 pH=7.0 的磷酸缓冲溶液测定其在 436nm 处的反应活性。

从图 21-5 可以看出，无菌材曲线 I 的值都接近零，酶的活性非常低，曲线II的值是曲线 I 的10 多倍甚至几十倍，即染菌材酶的活性明显比未染菌材高得多，酶的活性与木材变色菌有着非常密切的关系，说明变色菌促使酶的活性增强，而酶的活性正是木材发生氧化还原反应的促进剂，进而加快了木材氧化变色。从曲线中可以看出，染菌材中酶的活性在一定时间内随着时间延长而增大，并且在木材砍伐后的 5～8 个月达到顶点，与变色菌的生存及泡桐木材变色有着协同作用。

（三）变色泡桐木材颜色变化规律

变色初期，木材表面有霉菌滋生，木材变红、变褐，随着时间延长，木材内部的颜色越来越深，到后期木材变黑，发生龟裂。无菌条件下存放的泡桐，木材一直保持本色，没有发生变黑变褐现象。由图

21-6 可以看出未经处理的染菌泡桐木材色差 ΔE^*变化非常明显，随着时间推移，数值呈上升趋势，木材表现为白度下降，木材前期由乳白色变红，后期逐渐变黑、变暗；而经过处理的无菌材，色差基本保持不变，木材也保持其原有本色。图 21-7 亮度 L^*指标显示，染菌材亮度逐渐下降，由原来的 70 多下降到 50 左右，并随时间推移，木材亮度仍会继续降低；无菌泡桐木材亮度基本保持稳定。从图 21-8 和图 21-9 可见，染菌泡桐木材的变红度 a^*、变黄度 b^*呈波浪式发展，但总体而言，木材颜色是朝着变暗、变深的方向进行；无菌泡桐木材的变红度 a^*、变黄度 b^*指标基本保持稳定。

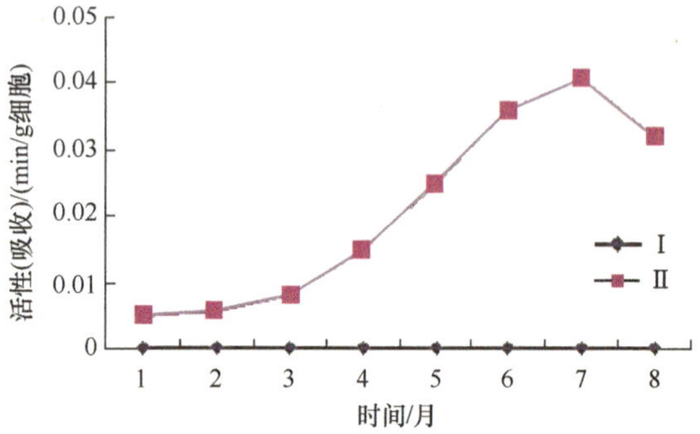

图 21-5　泡桐木材酶的活性

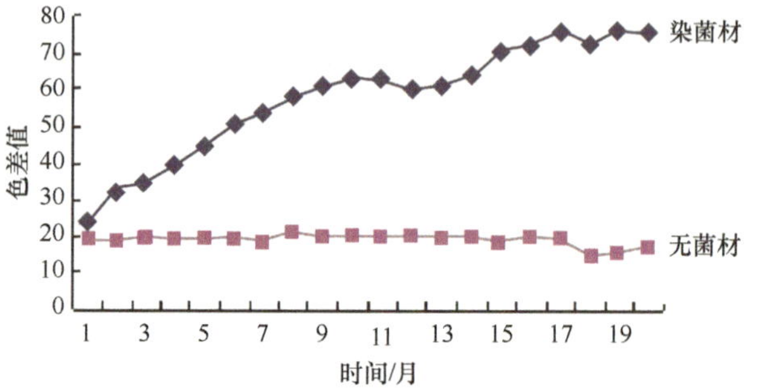

图 21-6　染菌泡桐木材与无菌泡桐木材色差变化趋势对比

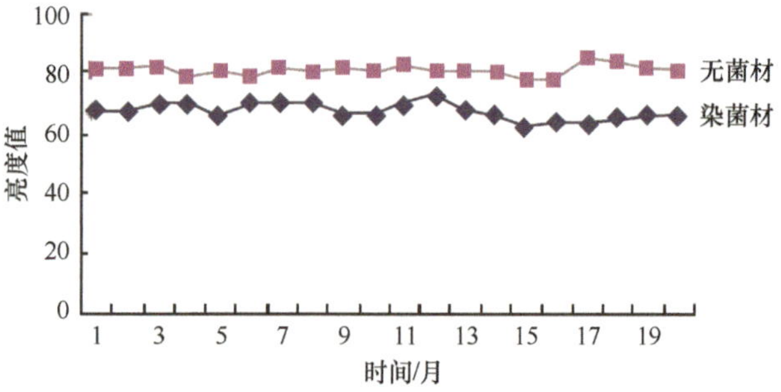

图 21-7　染菌泡桐木材与无菌泡桐木材亮度指标变化趋势对比

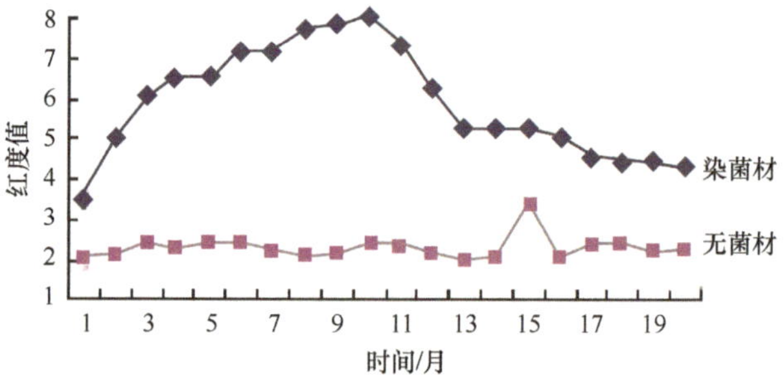

图 21-8　染菌泡桐木材与无菌泡桐木材红度指标变化趋势对比

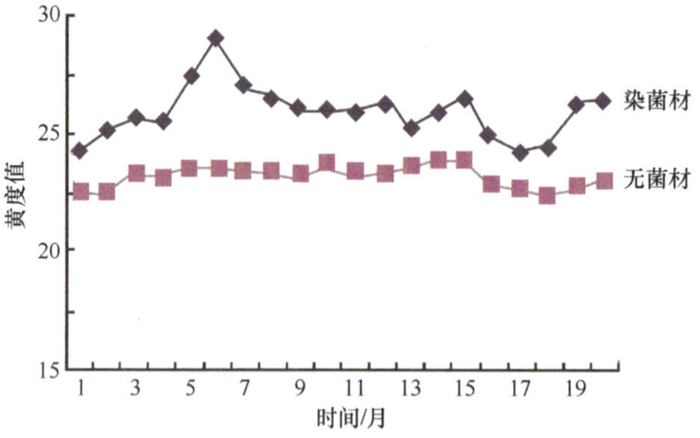

图 21-9　染菌泡桐木材与无菌泡桐木材黄度指标变化趋势对比

链格孢菌（*Alternaria alternata*）和一种根霉菌（*Rhizopus* sp.）在适宜的条件下，生长很快，其菌丝迅速深入木材内部，把木材的主要成分如纤维素、半纤维素、木质素等不同程度地降解，并伴有变色现象。木材真菌引起的变色是一个复杂的过程，主要是真菌及其分泌物中的酶和木材的化学成分共同作用的结果，具体地讲，是在适合的条件下，变色真菌在木材内生长发育，并分泌各种酶，这些酶是真菌在木材上赖以生存的基质如单糖、酚类等物质被分解成各种产物产生变色的前驱物质，使木材表面和内部发生褐色、红色和黑色变色，还可使木材亮度降低，材色变暗。

（四）真菌作用下泡桐木材成分含量变化

含水率，苯乙醇、热水、冷水、1% NaOH 抽提物，灰分、木质素、综纤维素、综纤维素中 α-纤维素、戊聚糖参照有关国家标准方法测定；热水抽提物中还原糖按有关标准方法测定；pH 按国家标准方法测定。

表 21-3　真菌作用的变色泡桐木材化学成分

分析项目	正常材/%	变色材/%	变化趋势	变化幅度
含水率	8.98	12.69	↑	大
苯乙醇抽提物	2.34	4.28	↑	大
热水抽提物	5.01	5.87	↑	小
冷水抽提物	2.10	3.47	↑	小
1%NaOH 抽提物	18.19	21.48	↑	小
热水抽提物中还原糖	1.81	1.74	↓	小
灰分	0.40	0.41	↑	小
木质素	21.33	21.30	↓	小
综纤维素	77.60	76.10	↓	小
综纤维素中 α-纤维素	76.21	77.02	↑	小
戊聚糖	26.13	22.75	↓	大
pH	4.64	4.50	↓	小

注：向上的箭头表示变化趋势升高，向下的箭头表示变化趋势降低，下同

从表 21-3 可以看出，泡桐木材正常材的含水率低于变色材的含水率。泡桐正常材的苯乙醇抽提物含量低于变色材的苯乙醇抽提物含量。表明经变色菌作用，木材中脂肪酸、脂肪烃、萜类化合物、芳香族化合物含量增加，可能是由于部分糖类化合物在木材变色过程中发生降解作用，有机物含量随之增加。

泡桐木材正常材的热水、冷水抽提物含量低于变色材的热水、冷水抽提物含量。能溶于热水、冷水中的主要木材成分有单糖、低聚糖、部分淀粉、果胶、糖醇类、可溶性无机盐及部分黄酮和醌类化合物等。木材变色中热水、冷水抽提物含量可能主要是单糖、低聚糖及糖醇类化合物含量增加引起的。

泡桐木材正常材的 1% NaOH 抽提物含量低于变色材的 1% NaOH 抽提物含量。在稀碱溶液中除了可溶出能被热水、冷水抽提的化合物之外，还有部分聚合度较低、支链较多的耐碱性较弱的半纤维素可被降解溶出，所以变色泡桐木材的 1% NaOH 抽提物含量提高，表明在木材变色过程中，在真菌作用下，有少部分半纤维素降解反应发生。

泡桐木材正常材的木质素含量为 21.33%，与变色材的木质素含量 21.30%变化不大，而泡桐木材正常材的综纤维素含量为 77.60%，高于变色材的综纤维素含量 76.10%。这些试验数据表明，在真菌引起的木材变色过程中，真菌对木质素这一木材的主要化学组分无分解或降解作用，而对综纤维素中的化学成分也不存在着分解或降解作用，因此其含量下降不明显。

为了分析泡桐木材中综纤维素含量变化产生的原因，即真菌主要作用于何种聚糖，对变色前后泡桐木材的综纤维素中的 α-纤维素作了进一步分析测定。如表 21-3 所示，泡桐木材正常材的综纤维素中 α-纤维素含量为 76.21%，变色材的综纤维素中 α-纤维素含量为 77.02%，在变色前后泡桐木材的综纤维素中 α-纤维素含量变化不明显，即木材中纤维素和抗碱的半纤维素的含量变化很小。说明具有结晶结构的纤维素及聚合度较高、支链较少的半纤维素在真菌引起的木材变色过程中，不易发生分解或降解反应。

分析在真菌引起的泡桐木材变色过程中，木材的主要化学成分纤维素、半纤维素和木质素的含量变化，其中半纤维素的含量发生了较大变化，为了证实这一推测，测定了变色前后泡桐木材中半纤维素的主要成分戊聚糖的含量变化。在表 21-3 中，泡桐木材正常材的戊聚糖含量为 26.13%，变色材的戊聚糖含量为 22.75%，戊聚糖含量在泡桐木材变色前后发生了较大变化，含量明显降低。表明变色前后综纤维素含量的变化主要是半纤维素中戊聚糖含量变化引起的。

在真菌引起的泡桐木材变色前后，pH也发生了相应的变化，寄生在木材中的真菌在繁殖和生长过程中可释放出二氧化碳等酸性挥发物，有助于提高木材的酸度，给真菌繁殖创造有利环境。

由上述试验结果分析可以推论：泡桐木材在真菌引起的变色中，木材主要化学成分半纤维素发生降解或分解，是真菌的主要食物营养源。

（五）真菌作用下泡桐木材成分结构变化

1. 变色泡桐木材的傅里叶变换红外光谱仪（FTIR）分析

试样取自兰考泡桐（*Paulownia elongata*）木材的心材部分，高度位于树木胸径以上，所取试样具有代表性，而且无缺陷。

木材的红外光谱比木质素和纤维的更为复杂，常用于定性分析，定量较少。采用KBr压片法测得泡桐正常材与变色材的FTIR吸收光谱归属见表21-4。

表21-4 兰考泡桐木材的FTIR吸收光谱归属

正常材波数/cm^{-1}	变色材波数/cm^{-1}	官能团	基因说明
3316	3405	—OH	O—H伸展振动
2918	2922	$—CH_3$，$—CH_2$	C—H伸展振动
1735	1735	C═O	C═O伸展振动（聚木糖）
1650	1637	C═C	C═C木质素侧链上的碳双键
1959		苯环	芳环骨架伸展振动（木质素）
1507	1508		芳环骨架伸展振动（木质素）
1463	1473	骨架	CH_2对称弯曲（纤维素和半纤维素）
1425	1428	$—CH_3$，$—CH_2$	CH_2剪刀振动（纤维素）
1375	1375	—CH	CH_3弯曲振动（木质素）
1332	1330	C—O	紫丁香基芳环的C—O伸展振动（木质素）
1244	1247	C—O	愈创木基芳环的C—O伸展振动（木质素）
1230	1232	C—O	C—O振动（乙酰基）
1158	1151	C—O—C	愈创木基芳环的C—O伸展振动（木质素）
1124	1111		O—H 伸缩和弯曲
896	896	异头碳（C_1）	β-异头碳（C_1）的振动
611	618		C—H_2 C—O—H 振动

1）真菌引起的泡桐木材化学成分均发生了较大变化。

2）与正常材相比，变色泡桐木材的与C═O振动相关的红外吸收谱峰1744cm^{-1}、1734cm^{-1}有些减弱，即具有羧基的半纤维素和少量纤维素发生变化。

3）变色材的木质素特征吸收1508cm^{-1}、1270cm^{-1}、1266cm^{-1}（G型）相对比较稳定，即木质素变化不大。

4）变色材具有的多糖类特征吸收1200cm^{-1}，1153cm^{-1}，以及1112cm^{-1}相对减弱，即在变色菌作用下，半纤维素发生较多的降解反应。

从红外谱图数据可以推测，在真菌作用下，半纤维素比纤维素和木质素更易发生降解反应。这一推测与化学成分定量分析的结果相符合。

2. 变色泡桐木材的化学分析光电子能谱（ESCA）分析

从表21-5可以看出，正常材C_1峰面积为68.91%，变色材增加到73.92%，变色材中木质素的含量相对比例增加，这与 FTIR 和化学成分定量分析结果一致。变色前后木材中 C_2 含量变化较小（15.11%～15.02%），C_3 显著减少（15.98%～11.06%）。产生这一现象的原因是具有羟基结构的纤维素（C_2）变化较小，具有羧基结构的半纤维素（C_3）含量大部分降低，这与 FTIR 和化学成分定量分析结果一致。

表 21-5　变色前后泡桐木材的 ESCA 波谱分析

项目	正常材			变色材		
	C_1	C_2	C_3	C_1	C_2	C_3
[eV]PP	284.25	285.75	287.25	284.75	286.40	287.70
HW/eV	2.22	2.00	2.50	2.52	1.72	1.50
PH/eV	95.56	20.00	19.56	93.66	27.73	12.68
PA/%	68.91	15.11	15.98	73.92	15.02	11.06

注：[eV]PP. 化学位移电子能；HW. 半峰宽；PH.峰高；PA.峰面积

三、泡桐木材变色防治技术研究

（一）物理法控制泡桐木材变色

配制不同 pH 酸碱溶液，将用作腐朽试验的泡桐小试件放入溶液中浸泡 24h，并用抽真空、加压法反复处理，使木块内外的酸碱度尽量一致。把处理过的泡桐试件放在真菌培养瓶中进行腐朽试验，6 周后进行颜色测试。

研究发现 pH 为 4～6 时，真菌的活动能力较强，代谢能力也最旺盛，分解酶的活力也高，真菌产生的色素亦多，因而这时木材所受影响也最大。从图 21-10 pH-ΔE^*曲线可以看出，在 pH 为 4～6 时，木材受真菌影响最明显，色差达到最高，随着 pH 的逐渐升高，真菌生长所需环境的关键因子发生了变化，真菌的繁殖能力受到限制，菌丝不能很好地吸取木材细胞中储存的各种养分（如淀粉和糖类），也不会再溶蚀木材细胞壁，如纤维素、半纤维素和热水抽提物等，木材降解速度下降，同时真菌分泌的色素也相应减少，所以色差减小。但 pH 不能过小或过大，过小则木材产生酸变色，过大则产生碱变色。

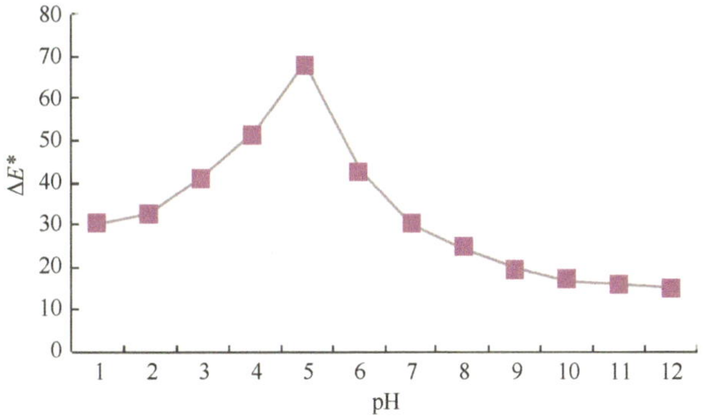

图 21-10　色差随 pH 变化曲线

（二）物理化学法防治泡桐木材变色

1. 单一化学试剂的选择

将新伐兰考泡桐（*Paulownia elongata*）锯解成 18mm 厚的板材，再制成 18mm×60mm×100mm（$L\times R\times T$）尺寸试件备用，测色面为径切面或弦切面，尺寸允许误差纵向为±2mm，横向为±1mm，无死节、夹皮、活节。并将制备好的试件放置冰箱内冷藏。以试剂的浓度、温度、处理时间为因素，考虑部分因子的交互作用，采用七因素三水平 18 次正交试验设计，见表 21-6～表 21-8。

表 21-6　亚硫酸氢钠试验设计 L18（3^7）七因素三水平

试剂	浓度/%	温度/℃	处理时间/天
	0.1	25	3
亚硫酸氢钠	0.3	40	5
	0.5	60	7

表 21-7　碳酸钠筛选试验设计 L18（3^7）七因素三水平

试剂	浓度/%	温度/℃	处理时间/天
	0.1	25	3
碳酸钠	0.3	40	5
	0.5	60	7

表 21-8　硼砂筛选试验设计 L18（3^7）七因素三水平

试剂	浓度/%	温度/℃	处理时间/天
	0.1	25	3
硼砂	0.3	40	5
	0.5	60	7

从亚硫酸氢钠处理泡桐木材的试验结果表 21-9～表 21-14 可见，亚硫酸氢钠对泡桐木材的亮度、变红度、变黄度及白度的影响都达到了极显著水平，说明适当使用亚硫酸氢钠溶液处理木材可有效防止泡桐木材变色，能提高木材的白度。其原因可能是亚硫酸氢钠对微生物产生的多酚氧化酶有抑制作用，以防其促使木材变色。

表 21-9　亚硫酸氢钠试验结果

试验号	A×B	A×C	EMP	Err	ΔE^*	TW	L^*	a^*	b^*
1～4	1	1	1	1	46.04	37.92	72.92	−15.07	14.75
5～8	2	2	2	2	56.98	30.83	67.09	−5.42	14.99
9～12	3	3	3	3	57.16	31.71	67.66	−5.84	14.55
13～16	1	2	3	3	76.02	35.99	71.45	−12.35	14.75
17～20	2	3	1	1	42.02	35.44	70.39	−11.18	14.04
21～24	3	1	2	2	50.10	36.63	70.64	−11.02	13.15
25～28	2	3	2	3	79.90	21.46	54.42	15.04	10.50
29～32	3	1	3	1	64.55	26.65	63.04	1.28	14.55
33～36	1	2	1	2	57.79	29.54	66.23	−4.06	15.22
37～40	3	2	2	1	65.24	33.75	71.40	−12.66	16.90
41～44	1	3	3	2	53.90	31.74	69.04	−8.35	16.24
45～48	2	1	1	3	52.00	33.66	69.90	−9.80	15.24
49～52	2	1	3	2	45.63	31.75	68.90	−8.35	15.98
53～56	3	2	1	3	58.07	31.47	66.35	−4.12	13.27
57～60	1	3	2	1	65.73	30.84	65.95	−3.65	13.46
61～64	3	3	1	2	71.00	24.53	59.30	7.05	12.73
65～68	1	1	2	3	46.31	22.84	60.06	6.07	15.48
69～72	2	2	3	1	74.34	23.79	57.45	10.23	11.25

注：A.浓度；B.温度；C.时间；EMP. 空列；Err. 误差项；ΔE^*. 总色差；TW. 白度；L^*. 亮度；a^*. 变红度；b^*. 变黄度；下同

表 21-10 亚硫酸氢钠处理泡桐木材的亮度分析

项目	A	B	A×B	C	A×C	EMP	Err
K_1	418.01	398.39	405.65	390.82	405.46	405.09	401.15
K_2	413.68	395.97	388.15	396.73	399.97	389.56	401.20
K_3	360.50	397.83	398.39	404.64	386.76	397.54	389.84
Ave K_1	69.67	66.40	67.61	65.14	67.58	67.52	66.86
Ave K_2	68.95	66.00	64.69	66.12	66.66	64.93	66.87
Ave K_3	60.08	66.31	66.40	67.44	64.46	66.26	64.97
R	9.58	0.40	2.92	2.30	3.12	2.59	1.89
SS	341.91	0.54	25.77	16.02	30.48		34.39
Fr.d. f	2	2	4	2	4		3
MS	170.96	0.27	6.44	8.01	7.62		11.46
F	14.91	0.02	0.56	0.70	0.67		
差异显著性	**	ns	ns	ns	ns	ns	

注：$F_{0.10}$（2，17）=2.64；$F_{0.10}$（4，17）=2.31；$F_{0.05}$（2，17）=3.59；$F_{0.05}$（4，17）=2.96；K_1. 第一个因素水平数；K_2. 第二个因素水平数；K_3. 第三个因素水平数；Ave K_1. 第一个因素平均提取方差值；Ave K_2.第二个因素平均提取方差值；Ave K_3. 第三个因素平均提取方差值；R.极差；SS.离均差平方和；F.统计量；MS. 均方；Fr.d.f.自由度；**. 差异极显著；ns. 差异不显著；下同

表 21-11 亚硫酸氢钠处理泡桐木材的变红度分析

项目	A	B	A×B	C	A×C	EMP	Err
K_1	—	—	—	—	—	—	—
K_2	—	—	−9.48	—	—	—	—
K_3	35.61	—	—	—	−6.93	—	—
Ave K_1	−9.52	−4.39	−6.24	−2.22	−6.15	−6.20	−5.17
Ave K_2	−8.45	−3.62	−1.58	−3.81	−4.73	−1.94	−5.03
Ave K_3	5.94	−4.02	−4.22	−6.00	−1.16	−3.90	−1.83
R	15.46	0.77	4.66	3.79	4.99	4.26	3.34
SS	893.8	1.78	65.39	43.40	79.45		97.23

注：“—”表示数值太小被程序忽略不计

表 21-12 亚硫酸氢钠处理泡桐木材的变黄度分析

项目	A	B	A×B	C	A×C	EMP	Err
K_1	92.67	85.61	89.90	79.16	89.15	85.25	84.95
K_2	84.65	88.57	82.00	85.72	86.38	84.48	88.31
K_3	79.73	82.87	85.15	92.17	81.52	87.32	83.79
Ave K_1	15.45	14.27	14.98	13.19	14.86	14.21	14.16
Ave K_2	14.11	14.76	13.67	14.29	14.40	14.08	14.72
Ave K_3	13.29	13.81	14.19	15.36	13.59	14.55	13.96
R	2.16	0.95	1.32	2.17	1.27	0.47	0.75
SS	14.22	2.71	5.27	14.10	4.97		2.55
Fr.d. f	2	2	4	2	4		3
MS	7.11	1.35	1.32	7.05	1.24		0.85
F	8.35	1.59	1.55	8.28	1.46		
差异显著性	**	ns	ns	**	ns		

表 21-13　亚硫酸氢钠处理泡桐木材的总色差分析

项目	A	B	A×B	C	A×C	EMP	Err
K_1	331.32	383.83	345.79	362.35	304.63	326.92	357.92
K_2	337.57	321.83	350.87	386.28	388.44	364.26	335.40
K_3	393.89	357.12	366.12	314.15	369.71	371.20	369.46
Ave K_1	55.22	63.97	57.63	60.39	50.77	54.49	59.65
Ave K_2	56.26	53.64	58.48	64.38	64.74	60.71	55.90
Ave K_3	65.65	59.52	61.02	52.36	61.62	61.93	61.58
R	10.43	10.33	3.39	12.02	13.97	7.45	5.68
SS	395.89	322.37	37.31	449.92	645.02	291.38	
Fr.d.f	2	2	4	2	4	3	
MS	197.95	161.19	9.33	224.96	161.25	97.13	
F	2.04	1.66	0.10.	2.32	1.66		
差异显著性	ns	ns	ns	ns	ns		

表 21-14　亚硫酸氢钠处理泡桐木材的白度分析

项目	A	B	A×B	C	A×C	EMP	Err
K_1	199.6	185.4	188.8	183.0	189.4	192.5	188.3
K_2	202.1	178.9	176.9	182.5	185.3	176.3	185.0
K_3	148.8	186.1	184.7	185.0	175.7	181.6	177.1
Ave K_1	33.27	30.90	31.48	30.50	31.58	32.09	31.40
Ave K_2	33.69	29.83	29.49	30.42	30.89	29.39	30.84
Ave K_3	24.80	31.03	30.79	30.84	29.29	30.27	29.52
R	8.88	1.20	1.99	0.42	2.29	2.70	1.88
SS	301.6	5.21	12.26	0.60	16.57		33.92

用碳酸钠水溶液防止泡桐木材变色的研究结果见表 21-15～表 21-20，从表中可见，其对木材的颜色指标均有不同程度的影响，对变黄度的影响最大，达到了极显著水平；浓度和温度的交互作用对总色差的影响也达到了显著水平，说明使用碳酸钠处理泡桐木材会受温度的影响，温度低，效果较好，估计是与真菌生长的条件有关系，其主要作用在于破坏真菌生长的环境。

表 21-15　碳酸钠处理泡桐木材试验结果

试验号	A	C	A×C	EMP	Err	ΔE^*	TW	L^*	a^*	b^*
1～4	1	1	1	1	1	58.85	29.21	65.90	−3.97	15.12
5～8	2	2	2	2	2	77.69	18.83	55.88	12.37	15.54
9～12	3	3	3	3	3	37.65	21.93	57.03	10.73	13.10
13～16	1	2	2	3	3	43.78	16.51	52.95	16.48	15.27
17～20	2	3	3	1	1	60.36	24.12	60.70	4.83	14.73
21～24	3	1	1	2	2	101.63	10.05	42.69	33.02	13.39
25～28	2	1	3	2	3	78.52	18.94	54.98	13.13	14.36
29～32	3	2	1	3	1	80.33	20.31	54.19	15.10	11.88
33～36	1	3	2	1	2	39.34	21.02	56.31	11.63	13.54
37～40	3	3	2	2	1	51.07	28.79	64.25	−0.86	13.65
41～44	1	1	3	3	2	71.71	22.26	58.68	7.15	14.53
45～48	2	2	1	1	3	84.26	16.15	52.28	18.08	15.10
49～52	2	3	1	3	2	58.51	24.93	61.80	3.19	15.08
53～56	3	1	2	1	3	69.60	24.15	60.04	5.60	14.08

续表

试验号	A	C	A×C	EMP	Err	ΔE^*	TW	L^*	a^*	b^*
57～60	1	2	3	2	1	30.34	10.72	44.77	29.45	14.71
61～64	3	2	3	1	2	82.27	18.26	53.20	16.64	12.85
65～68	1	3	1	2	3	46.12	23.92	60.01	5.86	14.11
69～72	2	1	2	3	1	78.19	21.05	55.36	13.35	12.26

表 21-16　碳酸钠处理泡桐木材的亮度分析

项目	A	B	A×B	C	A×C	EMP	Err
K_1	354.02	353.08	338.62	337.65	336.87	348.43	345.17
K_2	322.95	349.50	341.00	313.27	344.79	322.58	328.56
K_3	334.05	308.44	331.40	360.10	329.36	340.01	337.29
Ave K_1	59.00	58.85	56.44	56.28	56.15	58.07	57.53
Ave K_2	53.82	58.25	56.83	52.21	57.46	53.76	54.76
Ave K_3	55.68	51.41	55.23	60.02	54.89	56.67	56.22
R	5.18	7.44	1.60	7.80	2.57	4.31	2.77
SS	82.63	205.09	8.34	182.87	19.84		80.96
Fr.d. f	2	2	4	2	4		3
MS	41.32	102.54	2.08	91.43	4.96		26.99
F	1.53	3.8	0.08	3.39	0.18		
差异显著性	ns	**	ns	*	ns		

*. 差异显著，下同

表 21-17　碳酸钠处理泡桐木材的变红度分析

项目	A	B	A×B	C	A×C	EMP	Err
K_1	43.50	44.61	66.60	68.28	71.28	52.81	57.90
K_2	92.57	50.91	64.95	108.12	58.57	92.97	84.00
K_3	75.31	116.6	80.23	35.38	81.93	66.00	69.88
Ave K_1	7.25	7.44	11.10	11.38	11.88	8.80	9.65
Ave K_2	15.43	8.49	10.83	18.02	9.76	15.50	14.00
Ave K_3	12.62	19.38	13.37	5.90	13.66	11.00	11.65
R	8.18	11.94	2.55	12.12	3.89	6.69	4.35
SS	207.20	524.67	23.44	442.26	45.59		196.57
Fr.d. f	2	2	4	2	4		3
MS	103.60	262.33	5.86	221.13	11.40		65.52
F	1.58	4.00	0.09	3.37	0.17		
差异显著性	ns	**	ns	*	ns		

表 21-18　碳酸钠处理泡桐木材的变黄度分析

项目	A	B	A×B	C	A×C	EMP	Err
K_1	87.04	86.33	87.28	83.74	84.68	85.42	82.35
K_2	87.26	84.87	87.07	85.35	84.34	85.76	84.93
K_3	79.00	82.10	78.95	84.21	84.28	82.12	86.02
Ave K_1	14.51	14.39	14.55	13.96	14.11	14.24	13.73
Ave K_2	14.54	14.15	14.51	14.23	14.06	14.29	14.16
Ave K_3	13.17	13.68	13.16	14.04	14.05	13.69	14.34
R	1.38	0.70	1.39	0.27	0.07	0.61	0.61

续表

项目	A	B	A×B	C	A×C	EMP	Err
SS	7.38	1.54	7.52	0.23	0.02		2.53
Fr.d. f	2	2	4				3
MS	3.69	0.77	1.88				0.84
F	4.38	0.92	2.22				
差异显著性	**	ns	ns	ns	ns		

表 21-19　碳酸钠处理泡桐木材的总色差分析

项目	A	B	A×B	C	A×C	EMP	Err
K_1	381.23	373.00	290.14	458.50	429.70	394.68	359.14
K_2	364.22	405.81	437.53	398.67	359.67	385.37	431.15
K_3	404.77	371.41	422.55	293.05	360.85	370.17	359.93
Ave K_1	63.54	62.17	48.36	76.42	71.62	65.78	59.86
Ave K_2	60.70	67.64	72.92	66.45	59.95	64.23	71.86
Ave K_3	67.46	61.90	70.42	48.84	60.14	61.70	59.99
R	6.76	5.73	24.57	27.57	11.67	4.08	12.00
SS	138.20	125.69	2193.38	2339.38	535.88		620.93
Fr.d. f	2	2	4	2	4		3
MS	69.10	62.85	548.34	1169.69			207.00
F	0.33	0.30	2.65	5.65			
差异显著性	ns	ns	*	**	ns		

表 21-20　碳酸钠处理泡桐木材的白度分析

项目	A	B	A×B	C	A×C	EMP	Err
K_1	136.47	136.64	123.62	125.66	124.37	133.09	134.20
K_2	110.48	132.69	123.32	100.08	129.83	110.35	114.83
K_3	123.48	101.10	123.49	144.69	116.23	126.99	121.40
Ave K_1	22.75	22.77	20.60	20.94	20.73	22.18	22.37
Ave K_2	18.41	22.12	20.55	16.68	21.64	18.39	19.14
Ave K_3	20.58	16.85	20.58	24.12	19.37	21.17	20.23
R	4.33	5.92	0.05	7.44	2.27	3.79	3.23
SS	56.29	126.48	0.01	167.03	15.61		78.52

使用硼砂水溶液防止泡桐木材变色的研究结果见表 21-21～表 21-26，从表中可见，硼砂的浓度对泡桐木材的亮度、变红度、白度的影响均达到了极显著水平，说明使用硼砂可有效防止木材变红并提高木材白度。其原因可能是硼砂对某些真菌有抑制作用。

表 21-21　硼砂处理泡桐木材试验结果

试验号	B	A×B	C	A×C	EMP	Err	ΔE^*	TW	L^*	a^*	b^*
1～4	1	1	1	1	1	1	52.92	33.09	69.67	−8.93	15.44
5～8	2	2	2	2	2	2	43.92	40.17	74.38	−16.57	14.26
9～12	3	3	3	3	3	3	66.70	37.57	72.62	−14.17	14.62
13～16	1	1	2	2	3	3	81.76	40.53	74.49	−17.59	14.05
17～20	2	2	3	3	1	1	29.14	42.88	78.41	−23.78	16.61
21～24	3	3	1	1	2	2	58.21	38.93	74.18	−16.62	15.19
25～28	1	2	1	3	2	3	45.33	38.40	73.45	−15.49	14.82
29～32	2	3	2	1	3	1	66.24	26.46	62.08	2.91	13.70

续表

试验号	B	A×B	C	A×C	EMP	Err	ΔE^*	TW	L^*	a^*	b^*
33～36	3	1	3	2	1	2	54.94	27.63	64.75	−1.49	15.46
37～40	1	3	3	2	2	1	62.15	34.70	70.47	−10.20	14.86
41～44	2	1	1	3	3	2	49.85	34.75	71.38	−11.75	15.91
45～48	3	2	2	1	1	3	57.22	32.13	67.29	−4.69	13.80
49～52	1	2	3	1	3	2	31.35	41.17	76.88	−21.61	16.33
53～56	2	3	1	2	1	3	57.40	39.06	73.60	−15.73	14.36
57～60	3	1	2	3	2	1	82.47	39.13	74.86	−17.75	15.81
61～64	1	3	2	3	1	2	62.08	28.93	64.24	−0.70	13.52
65～68	2	1	3	1	2	3	58.61	32.18	66.94	−5.00	13.45
69～72	3	2	1	2	3	1	51.86	31.82	70.22	−10.61	17.97

表 21-22　硼砂处理泡桐木材的亮度分析

项目	A	B	A×B	C	A×C	EMP	Err
K_1	425.81	429.20	422.09	432.50	417.04	417.96	425.71
K_2	452.42	426.79	440.63	417.34	427.91	434.28	425.81
K_3	401.68	423.92	417.19	430.07	434.96	427.67	428.39
Ave K_1	70.97	71.53	70.35	72.08	69.51	69.66	70.95
Ave K_2	75.40	71.13	73.44	69.56	71.32	72.38	70.97
Ave K_3	66.95	70.65	69.53	71.68	72.49	71.28	71.40
R	8.46	0.88	3.91	2.53	2.99	2.72	0.45
SS	214.73	2.35	50.97	22.12	27.18		23.25
Fr.d. f	2	2	4	2	4		3
MS	107.36		12.74	11.06	6.79		7.75
F	13.85		1.64	1.43	0.88		
差异显著性	**	ns	ns	ns	ns		

表 21-23　硼砂处理泡桐木材的变红度分析

项目	A	B	A×B	C	A×C	EMP	Err
K_1	−66.31	−74.52	−62.51	−79.13	−53.94	−55.32	−68.36
K_2	−113.08	−69.92	−92.75	−54.39	−72.19	−81.63	−68.74
K_3	−30.38	−65.33	−54.51	−76.25	−83.64	−72.82	−72.67
Ave K_1	−11.05	−12.42	−10.42	−13.19	−8.99	−9.22	−11.39
Ave K_2	−18.85	−11.65	−15.46	−9.06	−12.03	−13.61	−11.46
Ave K_3	−5.06	−10.89	−9.09	−12.71	−13.94	−12.14	−12.11
R	13.78	1.53	6.37	4.12	4.95	4.39	0.72
SS	573.21	7.04	135.60	61.01	74.79		61.68
Fr.d. f	2	2	4	2	4		3
MS	286.60		33.90		18.70		20.56
F	13.94		1.64				
差异显著性	**	ns	ns	ns	ns		

表 21-24　硼砂处理泡桐木材的变黄度分析

项目	A	B	A×B	C	A×C	EMP	Err
K_1	88.99	89.12	90.22	93.79	88.01	89.29	94.49
K_2	92.35	88.29	93.79	85.14	90.96	88.39	90.67
K_3	88.92	92.85	86.25	91.33	91.29	92.58	85.10

续表

项目	A	B	A×B	C	A×C	EMP	Err
Ave K_1	14.83	14.85	15.04	15.63	14.67	14.88	15.75
Ave K_2	15.39	14.71	15.63	14.19	15.16	14.73	15.11
Ave K_3	14.82	15.48	14.38	15.22	15.21	15.43	14.18
R	0.57	0.76	1.26	1.44	0.55	0.70	1.57
SS	1.28	1.97	4.74	6.62	1.09		9.05
Fr.d. f	2	2	4	2	4		3
MS							
F							
差异显著性	ns	ns	ns	ns	ns		

表 21-25 硼砂处理泡桐木材的总色差分析

项目	A	B	A×B	C	A×C	EMP	Err
K_1	332.76	335.59	380.55	315.61	324.55	313.74	344.78
K_2	340.37	305.20	258.82	393.69	352.07	350.69	300.35
K_3	339.06	371.40	372.82	302.89	335.57	347.76	367.06
Ave K_1	55.46	55.93	63.43	52.60	54.09	52.29	57.46
Ave K_2	56.73	50.87	43.14	65.62	58.68	58.45	50.06
Ave K_3	56.51	61.90	62.14	50.48	55.93	57.96	61.18
R	1.27	11.03	20.29	15.13	4.59	6.16	11.12
SS	5.52	366.02	1548.55	805.71	63.95		525.09
Fr.d. f	2	2	4	2	4		3
MS			387.14	402.86			175.03
F			2.21	2.31			
差异显著性	ns	ns	ns	ns	ns		

表 21-26 硼砂处理泡桐木材的白度分析

项目	A	B	A×B	C	A×C	EMP	Err
K_1	212.41	216.82	207.31	216.05	203.90	203.72	208.02
K_2	241.70	215.44	226.57	207.29	213.91	223.51	211.58
K_3	185.36	207.21	205.59	216.13	221.66	212.24	219.87
Ave K_1	35.40	36.14	34.55	36.01	33.98	33.95	34.67
Ave K_2	40.28	35.91	37.76	34.55	35.65	37.25	35.26
Ave K_3	30.89	34.54	34.27	36.02	36.94	35.37	36.65
R	9.39	1.60	3.50	1.47	2.96	3.30	1.97
SS	264.66	9.00	45.23	8.61	26.43		45.17
Fr.d. f	2	2	4	2	4		3
MS	132.33						15.05
F	8.79						
差异显著性	**	ns	ns	ns	ns		

2. 混合试剂防止泡桐木材变色

将新伐兰考泡桐（*Paulownia elongata*）锯解成 18mm 厚的板材，再制成 18mm×60mm×100mm（$L×R×T$）尺寸试件备用，测色面为径切面或弦切面，尺寸允许误差纵向为±2mm，横向为±1mm，无死节、夹皮、活节。并将制备好的试件放置冰箱内冷藏。本试验设置一种防变色处理配方，对泡桐按照 L18

（37）正交试验设计进行处理，处理试件均为随机抽样，处理时间 5 天。亚硫酸氢钠、碳酸钠、硼砂因素和水平设置，见表 21-27。

表 21-27　因素和水平设置

水平	因素		
	亚硝酸氢钠（A）/%	碳酸钠（B）/%	硼砂（C）/%
1	0.05	0.05	0.01
2	0.2	0.2	0.05
3	0.5	0.5	0.2

防止生物变色有多种办法，如传统的木材干燥法、水泡法等，在一定程度上可起到防变色的作用。但因各个工厂的生产条件不一样，有些不能及时处理，在木材锯解前就发生了变色；有些在运输和使用过程中，木材所受自然环境如湿度、温度等因素的影响也大为不同，所以不能有效防止微生物对木材的侵袭，处理过的板材出现“返色”。当传统的方法不能满足生产要求时，就要使用化学试剂进行防治。

本试验根据真菌变色机理，使用亚硫酸氢钠抑制酶的活性，减少其对木材的降解；碳酸钠用以改变木材内的 pH，硼砂用以杀菌、抑菌，这三种试剂组成的配方，对防止木材变色有很好的作用。

从表 21-28～表 21-30 分析结果可见 C 因素对处理试件亮度（L*）作用有显著性差异，且随着 C 因素水平增大而增大，且 C_2 较好。观测 T 值，即 $A_1B_3C_2$ 较好。A 因素对处理试件变红度（a*）作用有极显著的差异，因为变红度（a*）值为正变红，变红度（a*）值为负变蓝，其中以 A_1 为较好。观测 T 值，即 $A_1B_1C_1$ 较好。A 因素和 B 因素对处理试件的变黄度（b*）有极显著作用。其中以 A_1、B_1 较好。观测 T 值，即 $A_1B_1C_1$ 较好。

表 21-28　防变色处理试件亮度（L^*）方差分析

来源	自由度	离差平方和	均方	F	$F_{0.1}$	$F_{0.05}$	显著性
B	2	10.32	5.16	2.52	3.01	4.26	ns
C	2	13.66	6.83	3.33	3.01	4.26	*↑
A×C	4	8.44	2.11	1.03	2.69	3.63	ns
剩余	9	18.45	2.05				
总和 L^*	17	50.87					
	A	B	A×B	C*	A×C	B×C	e
T_1	407.29	404.32	403.57	396.66	402.06	402.08	397.63
T_2	402.81	398.17	403.29	408.74	400.09	408.28	408.39
T_3	401.67	409.28	404.91	406.37	409.62	401.41	405.75

注：剩余=（A+A×B+ B×C+e）；T 表示列号，e 表示误差，下同

表 21-29　防变色处理试件变红度（a^*）方差分析

来源	自由度	离差平方和	均方	F	$F_{0.1}$	$F_{0.05}$	显著性
A	2	140.06	70.03	10.41	2.86	3.98	**
A×C	4	56.54	14.14	2.10	2.54	3.36	ns
剩余	11	73.98	6.73				
总和 L^*	17	270.58					
	A**	B	A×B	C	A×C	B×C	e
T_1	−2.57	0.22	4.99	1.15	−0.37	8.41	18.00
T_2	−11.00	8.92	2.70	6.92	−4.85	−3.77	−3.38
T_3	27.96	5.25	6.70	6.32	19.61	9.75	−0.23

注：剩余=（B+A×B+C+B×C+e）

表 21-30　防变色处理试件变黄度（b^*）方差分析

来源	自由度	离差平方和	均方	F	$F_{0.1}$	$F_{0.05}$	显著性
A	2	10.74	5.37	6.32	2.86	3.98	** ↑
B	2	15.64	7.82	9.2	2.86	3.98	** ↑
C	2	4.37	2.19	2.58	2.86	3.98	ns
剩余	11	9.39	0.85				
总和 L^*	17	40.14					
	A**	B**	A×B	C	A×C	B×C	e
T_1	139.87	138.42	145.73	142.26	143.01	143.1	143.83
T_2	148.62	150.02	146.43	147.55	149.84	149.83	147.85
T_3	150.51	150.55	146.84	149.19	146.15	146.07	147.32

注：剩余=（A×B+A×C+B×C+e）

表 21-31 分析结果表明配方中 A 因素和 B 因素对处理试件的总色差（ΔE^*）有极显著作用，其中以 A_1、B_1 较好。观测 T 值，即 $A_1B_1C_2$ 较好。

表 21-31　防变色处理试件总色差（ΔE^*）方差分析

来源	自由度	离差平方和	均方	F	$F_{0.1}$	$F_{0.05}$	显著性
A	2	17.37	8.69	9.99		** ↑	
B	2	9.81	4.91	5.64		** ↑	
A×C	4	6.06	1.52	1.75		ns	
剩余	9	7.81	0.87				
总和 L^*	17	41.05					
	A**	B**	A×B	C	A×C	B×C	e
T_1	190.78	193.65	197.97	201.69	197.95	198.33	202.39
T_2	199.82	204.38	198.34	196.22	203.08	196.74	196.22
T_3	205.05	197.62	199.34	197.74	194.62	210.58	197.04

注：剩余=（A×B+C+B×C+e）

表 21-32 分析结果表明配方中 A 因素和 B 因素对处理试件的白度（TW）有极显著作用，其中以 A_1、B_1 较好。A×C 对处理试件的白度（TW）有显著作用。观测 T 值，即 $A_1B_1C_2$ 较好。

表 21-32　防变色处理试件白度（TW）方差分析

来源	自由度	离差平方和	均方	F	$F_{0.1}$	$F_{0.05}$	显著性
A	2	23.87	11.93	10.65	3.01	4.26	** ↓
B	2	23.99	12.00	10.71	3.01	4.26	** ↓
A×C	4	13.75	3.44	3.07	2.69	3.63	*
剩余	9	10.12	1.12				
总和 L^*	17	71.37					
	A**	B**	A×B	C	A×C*	B×C	e
T_1	141.53	139.7	131.58	128.34	132.96	133.11	127.97
T_2	128.41	122.86	131.4	135.69	124.99	132.85	134.95
T_3	125.71	133.09	132.67	131.62	137.7	129.69	132.73

由表 21-33 可得 $A_1B_1C_2$ 为配方中最佳处理组合配方，见表 21-34。

3. 物理化学法处理与物理法处理对比研究

表 21-35 分析结果表明最佳配方处理试件与 45℃温水处理（工厂传统处理方法）试件相比较，在亮

度（L^*）和白度（TW）方面有极显著提高；在变红度（a^*）、总色差（ΔE^*）方面有极显著降低；变黄度（b^*）则无显著差异。

表 21-33 对处理试件各材色指标的作用效果

各因素效果 较好效果配置	处理试件观测材色指标					结论
	亮度	变红度（a^*）	变黄度（b^*）	总色差（ΔE^*）	白度（TW）	
A 因素	ns	**	** ↑	** ↑	** ↓	A_1
B 因素	ns	ns	** ↑	** ↑	** ↓	B_1
C 因素	* ↑	ns	ns	ns	ns	
A×B	ns	ns	ns	ns	ns	
A×C	ns	ns	ns	ns	*	$(A\times C)_2$
A×B	ns	ns	ns	ns	ns	
较好效果配置	$A_1B_3C_2$	$A_1B_1C_1$	$A_1B_1C_1$	$A_1B_1C_2$	$A_1B_1C_1$	$A_1B_1C_2$

表 21-34 最佳处理组合配方

项目	试剂			处理时间/天
	亚硫酸氢钠（A）/%	碳酸钠（B）/%	硼砂（C）/%	
浓度	0.05	0.05	0.05	5

表 21-35 最佳配方与 45℃温水处理效果方差分析

	亮度（L^*）		变红度（a^*）		变黄度（b^*）		总色差（ΔE^*）		白度（TW）	
	温水	配方	温水	配方	温水	配方	温水	配方	温水	配方
X	61.82	76.89	6.99	2.17	17.73	18.72	37.93	24.79	19.77	35.41
$X_1–X_2$	–15.07		4.82		–0.99		13.14		–15.64	
S^2	4.54	5.30	9.44	2.19	0.61	4.48	4.09	6.99	2.65	16.05
n	20	20	20	20	20	20	20	20	20	20
t	–29.1		7.87		–1.91		22.53		–15.9	
$t_{0.05}$	2.02		2.02		2.02		2.02		2.02	
$t_{0.01}$	2.7		2.70		2.70		2.70		2.70	
显著性	Ns	** ↑	ns	** ↓	ns	ns	ns	** ↓	ns	** ↑

X 代表平均值；$X_1–X_2$ 表示两次测得平均值的差；S^2 代表样本方差；t 代表差异显著性；n 代表样本含量，即从总体中抽取进行分析的个体数量；$t_{0.01}$、$t_{0.05}$ 是设置的显著性水平；下同

以上所研究的泡桐防变色最佳配方的防变色效果，较 45℃温水处理防变色效果，材色指标均好于 45℃温水处理效果，且有极显著差异。

4. 最佳配方处理试件与外贸出口 A 级板样品色泽对照检验

将泡桐防变色最佳配方处理试件与外贸出口 A 级板样品材色指标对比研究。

表 21-36 检验结果表明，经最佳防变色配方处理的泡桐，其材色指标除变黄度（b^*）与外贸出口 A 级板变黄度（b^*）材色指标无显著差异外（但能达到 A 级板标准），其余材色指标均好于外贸出口 A 级板，且有极显著差异，显著性均达到 95%以上。

表 21-36 最佳配方处理试件与外贸出口 A 级板材色指标方差分析

来源		平均值	自由度	S^2	t	$t_{0.05}$	$t_{0.01}$	显著性
亮度（L^*）	配方	76.89	20	5.30	2.72	2	2.65	** ↑
	A 级板	75.29	50	4.62				
变红度（a^*）	配方	2.17	20	2.19	–4.01	2	2.65	** ↓
	A 级板	6.19	50	18.7				

续表

来 源		平均值	自由度	S^2	t	$t_{0.05}$	$t_{0.01}$	显著性
变黄度（b^*）	配方	18.72	20	4.48	–1.11	2	2.65	
	A 级板	19.22	50	2.10				
总色差（ΔE^*）	配方	24.79	20	6.99	–4.64	2	2.65	** ↓
	A 级板	28.00	50	6.50				
白度（TW）	配方	35.41	20	16.05	2.54	2	2.65	* ↑
	A 级板	33.08	50	9.99				

5. 经济效益分析

根据生产实际和试验测试，计算工业生产桐木拼板时的成本。

每浸泡处理 1m³ 毛边桐板需用水 0.7m³。依此可得采用最佳防变色配方（表 21-35）处理 1m³ 毛边泡桐板所需工业成本，见表 21-37。即采用最佳防变色配方处理 1m³ 毛边泡桐板所需工业成本 4.17 元。

表 21-37 配方处理毛边泡桐板材工业成本

试剂名称	浓度/%	单价/(元/kg)	用量/kg	费用/(元/m³)
亚硫酸氢钠	0.05	3.8	0.35	
碳酸钠	0.05	3.6	0.35	4.17
硼砂	0.05	4.5	0.35	

根据工业生产常温水处理泡桐木板方法，生产 1m³ 泡桐木拼板成品需要水泡处理毛边桐板 2.1m³（按照：原木∶成品=3∶1；原木∶毛板=1∶0.7 计算）。而 1m³ 泡桐木拼板成品中 A 级、B 级、C 级板比例 3∶3∶4。通过采用最佳防变色配方处理 2.1m³ 毛边泡桐板，并加工成成品，可得其经济效益，见表 21-38。

表 21-38 防变色配方处理泡桐经济效益

处理方法	成品数量				
	成本（成品）/(元/m³)	等级数量/m³	等级单价/(元/m³)	产量/(元/m³)	增量/(元/m³)
配方	8.76	A 级：0.35	4500	3643	754.24
		B 级：0.56	3500		
		C 级：0.09	1200		
水泡		A 级：0.3	4500	2880	
		B 级：0.3	3500		
		C 级：0.4	1200		

由表 21-38 可知，采用最佳防变色配方处理从计算分析可知，生产 1m³ 泡桐木拼板，可带来新增经济效益 754.24 元。

河南省泡桐主产区每年可生产泡桐成品板 23 万 m³，全国每年可生产 60 万 m³。如果采用此技术防止泡桐木材变色，可为河南省泡桐木材加工企业新增经济效益 7348 万元，全国可增 45 254 万元。每年可为外贸桐木出口企业挽回因变色而造成的经济损失 7542 万～15 084 万元。防止泡桐木材变色可使桐木产品明显升值，必将导致泡桐原木价格的上浮，这将给栽植泡桐的农民带来好处，会提高他们种植泡桐的积极性，由此可带来巨大的生态效益和社会效益。

（三）泡桐木材的渗透性改善

对每一试件重复两次测定，分别计算出其气体渗透性数据，以平均值作为该试件的最终结果，见表 21-39。并将结果进行方差分析，见表 21-40。

表 21-39　气体渗透性测定结果

试件	A/cm²	L/cm	t/s	ΔP_m/cm	Δh/cm	$\bar{h}$ /cm	V_r/cm³	$\bar{K}_g$ / [10^{-3}cm³/（cm²·s）]	K_g/[10^{-3}cm³/（cm²·s）]
1	2.61	10.02	10801	74.7	15.2	9.7	1229.17	82.46	85.85
	2.61	10.02	10803	76.0	16.45	10.08	1223.53	89.24	
2	2.6	10.01	10801	76.0	18.8	11.33	1208.72	101.95	96.48
	2.62	10.02	10801	76.0	16.8	10.2	1225.54	91.01	
3	2.52	10.01	9645	76.0	19.4	11.5	1202.65	121.96	119.52
	2.56	10.05	10254	76.0	19.8	11.7	1201.26	117.07	
4	2.62	10.04	10627	75.6	19.5	11.55	1203.72	107.00	102.27
	2.60	10.01	10825	75.6	18.1	10.85	1212.18	97.54	
5	2.67	10.05	10221	76.0	23.0	13.3	1178.17	128.73	132.33
	2.63	10.02	10056	76.0	23.9	13.75	1172.26	135.92	
6	2.68	10.04	9112	76.0	23.4	13.5	1178.59	146.25	146.85
	2.65	10.02	9537	76.0	24.7	14.15	1169.77	147.44	
7	2.65	10.06	8499	76.0	18.7	11.05	1211.24	127.17	126.20
	2.63	10.02	8910	76.0	19.3	11.45	1208.98	125.23	
8	2.59	10.00	10807	76.0	24.5	14.05	1182.92	133.23	137.98
	2.60	10.01	9125	76.4	22.3	12.85	1196.59	142.72	
9	2.56	10.02	8798	75.7	20.2	12.00	1201.71	136.77	140.78
	2.60	10.04	8475	76.0	20.6	11.50	1212.94	144.79	

注：A.试件横截面积，L.试件长度，t.时间，ΔP_m.压力差，$\triangle h$.高度差，$\bar{h}$.平均液体渗入高度，V_r.体积，K_g.横截面每秒流过的气体流量，$\bar{K}_g$. K_g均值

表 21-40　气体渗透性方差分析

变异来源	自由度	离差平方和	均方	均方比	F	显著性
浓度	2	1946.73	973.37	12.9	$F_{0.05}$=6.94	*
时间	2	1444.38	722.9	9.58	$F_{0.05}$=6.94	*
剩余	4	301.78	75.45			*

结果表明，NaOH 作为渗透剂，对杂交泡桐木板材进行渗透性改善时，浓度和时间对试验结果影响极显著，可靠性达 95%。从表 21-39 可得试验 6 效果最佳，即处理浓度为 0.2%，处理时间 48h。NaOH 溶液能较好地改善泡桐木材的渗透性。因为 NaOH 溶液能较好地浸提泡桐木材中的内含物，并打开泡桐木材中的部分闭塞纹孔，所以经 NaOH 溶液处理后的杂交泡桐的渗透性具有一定的提高。

1. 泡桐木材渗透性改善与脱色和防变色关系

NaOH 溶液对泡桐木材色值影响研究试验设计对照样：取泡桐试材 36 块，不进行任何处理。取泡桐试材 36 块，经过 NaOH 溶液（浓度 0.2%，48h）浸泡处理。处理结束后，置于室内气干 10 天，与对照样同时进行色泽测定，并将测定色值结果进行平均数 t 检验。待处理样和对照样置于室内老化半年后进行色泽测定，并将色值测定结果进行平均数 t 检验。

处理样与对照样未老化色值分析，见表 21-41。

结果表明，处理样与对照样所观测色值均无差异，即 NaOH 溶液对泡桐试材无漂白污染作用。处理样和对照样置于室内老化半年后色值分析，见表 21-42。

表 21-41　处理样与对照样未老化的色值方差分析

色值	试样	范围	平均值	观测数	标准差	t	$t_{0.01}$	显著性
白度	处理样	25.9～41.5	34.5	36	3.77	1.259	2.00	
（TW）	对照样	27.6～38.0	33.6	36	2.48			

续表

色值	试样	范围	平均值	观测数	标准差	t	$t_{0.01}$	显著性
亮度	处理样	65.2～74.8	69.7	36	2.72	–0.29	2.00	
（L^*）	对照样	64.4～75.1	69.9	36	2.14			
总色差	处理样	42.7～60.9	51.9	36	4.98	0.235	2.00	
（ΔE^*）	对照样	42.8～61.7	51.7	36	3.84			

表 21-42　处理样和对照样老化半年后色值方差分析

色值	试样	范围	平均值	观测数	标准差	t	$t_{0.01}$	显著性	
白度	处理样	29.5～42.6	35.06	36	3.7	5.00	2.66	**	↑
（TW）	对照样	26.3～38.2	31.20	36	2.68				
亮度	处理样	64.7～74.6	69.58	36	2.54	3.29	2.66	**	↑
（L^*）	对照样	63.0～72.0	67.62	36	2.45				
总色差	处理样	42.8～60.9	52.13	36	4.73	–3.57	2.66	**	↓
（ΔE^*）	对照样	47.7～64.3	55.96	36	4.39				

注：↑表示所观测色值增大，↓表示所观测色值减小

处理后的处理样与对照样放置室内老化半年后，所观测色值均有极显著性差异，差异性在 99%以上。从平均值观测，处理样各观测色值均好于对照样色值。NaOH 溶液对泡桐板材的色泽无漂白污染作用，但对泡桐板材防变色有极显著作用。

因为 NaOH 溶液中的 OH^-，不具备对木材进行漂白作用，所以 NaOH 溶液不能提高杂交泡桐板材白度。但是 OH^-离子对木材中的内含物具有浸提作用，同时提高木材内的 pH，起到抑制真菌作用，防变色效果也就随之提高。

2. 泡桐木材的脱色技术

试验采用多种化学试剂组合配方对经渗透性改善处理后的变色泡桐进行脱色处理，通过对处理试件色泽的 5 个观测值（亮度、变红度、变黄度、白度、总色差）测定与分析，筛选出最佳配方及工艺。并将最佳配方及工艺处理试件与试件处理前和外贸出口 A 级、C 级板材色值进行对照检验。

将新伐杂交泡桐锯解成 18mm 厚的板材，放置室外 6～8 个月，待其发生变色，再制成 18mm×60mm×100mm 尺寸试件备用，测色面为径切面或弦切面，尺寸允许误差纵向为±2mm，横向为±1mm，无死节、夹皮、活节。

试验设置两种脱色处理配方，通过对渗透性改善（用 0.2%的 NaOH 溶液浸泡 3 天）后的变色杂交泡桐试件，采用 L8（2^7）正交试验设计进行脱色处理，筛选出最佳配方。

试验要求：处理试件均为随机抽样，处理时间 6 天，并且每一次试验重复 4 次。

配方一：处理试剂为 H_2O_2、$NaHCO_3$、$NaHSO_3$、$C_{18}H_{29}NaO_3S$，各因素水平和工艺设置见表 21-43。

表 21-43　配方一因素水平和工艺设置

	因素			
	H_2O_2	$NaHCO_3$	$NaHSO_3$	$C_{18}H_{29}NaO_3S$
1	1%	0.05%	0.05%	0.01%
2	5%	0.10%	0.10%	0.05%

注：处理时间为 6 天

配方二：处理试剂为 H_2O_2、$NaHCO_3$、脲、$MgSO_4$，各因素水平和工艺设置见表 21-44。

将以上最佳配方一、配方二处理试件一年后色值与外贸出口 A 级板材色值比较，得出其方差分析结果见表 21-45～表 21-50。

表 21-44 配方二因素水平和工艺设置

序号	因素			
	H_2O_2	$NaHCO_3$	脲	$MgSO_4$
1	3%	0.05%	0.05%	0.01%
2	8%	0.21%	0.10%	0.05%

注：处理时间为 6 天

表 21-45 脱色处理试件一年后亮度（L^*）方差分析

来源	自由度	离差平方和	均方	F	$F_{0.1}$	$F_{0.05}$	显著性
A	1	1.8	1.8	1	2.91	4.23	
B	1	3.84	3.84	2.13			
C	1	39.12	39.12	21.74			** ↑
B×C	1	9.12	9.12	5.07			** ↑
D	1	3.7	3.7	2.06			
剩余	26	46.79	1.8				
T	31	104.35					
	A	B	A×B	C	A×C	B×C	D
T_1	1258.48	1249.15	1255.07	1237	1255.08	1246.15	1249.25
T_2	1250.9	1260.23	1254.31	1272.38	1254.3	1263.23	1263.23

注：剩余=（A×B+A×C+e）。↑表示观测值随因素水平增大而增大，↓表示观测值随因素水平增大而减小，下同

表 21-46 脱色处理试件一年后变红度（a^*）方差分析

来源	自由度	离差平方和	均方	F	$F_{0.1}$	$F_{0.05}$	显著性
A	1	65.47	65.47	9.47	2.93	4.26	** ↑
B	1	29.44	29.44	4.26			** ↓
A×B	1	51.13	51.13	7.39			** ↓
C	1	35.77	35.77	5.17			** ↓
A×C	1	24.43	24.43	3.53			* ↑
B×C	1	41.15	41.15	5.95			** ↓
D	1	26.75	26.75	3.87			* ↑
e	24	165.89	6.91				
T	31	440.03					
	A	B	A×B	C	A×C	B×C	D
T_1	110.55	135.25	143.43	138.38	127.2	140.4	124.16
T_2	146.92	122.22	114.04	119.09	130.27	117.07	133.31

表 21-47 脱色处理试件一年后变黄度（b^*）方差分析

来源	自由度	离差平方和	均方	F	$F_{0.1}$	$F_{0.05}$	显著性
A	1	12.19	12.19	7.67	2.91	4.23	** ↑
B	1	3.71	3.71	2.33			
A×B	1	14.92	14.92	9.38			** ↑
C	1	28.11	28.11	17.68			** ↓
A×C	1	15.39	15.39	9.68			** ↑
剩余	26	41.05	1.59				
T	31	115.37					
	A	B	A×B	C	A×C	B×C	D
T_1	297.08	312.4	296.03	321.95	295.86	307.72	308.45
T_2	316.83	301.51	317.88	291.96	318.05	306.19	305.46

注：剩余=（B×C+D+e）

表 21-48　脱色处理试件一年后总色差（ΔE^*）方差分析

来源	自由度	离差平方和	均方	F	$F_{0.1}$	$F_{0.05}$	显著性
A	1	41.06	41.06	6.06	2.93	4.26	** ↑
B	1	4.36	4.36	0.64			
A×B	1	1.31	1.31	0.19			
C	1	21.24	21.24	3.13			* ↓
A×C	1	12.89	12.89	1.90			
B×C	1	13.87	13.87	2.05			
D	1	9.60	9.60	1.42			
e	24	162.6	6.78				
T	31	266.93					
	A	B	A×B	C	A×C	B×C	D
T_1	343.04	367.07	364.4	374.2	351.01	371.7	369.93
T_2	379.29	355.26	357.93	348.13	371.32	350.63	352.4

表 21-49　脱色处理试件一年后白度（TW）方差分析

来源	自由度	离差平方和	均方	F	$F_{0.1}$	$F_{0.05}$	显著性
A	1	42.54	42.54	10.53	2.93	4.26	** ↓
B	1	32.63	32.63	8.08			** ↑
A×B	1	37.27	37.27	9.22			** ↓
C	1	158.82	158.82	39.31			** ↑
A×C	1	35.91	35.91	8.89			** ↓
B×C	1	37.66	37.66	9.32			** ↑
D	1	31.83	31.83	7.88			** ↑
e	24	96.97	4.04				
T	31	473.63					
	A	B	A×B	C	A×C	B×C	D
T_1	606.99	585.16	605.21	561.21	604.7	583.17	585.52
T_2	581.53	603.36	583.31	627.31	583.83	605.35	603

表 21-50　配方一对处理试件各色值的作用效果

因素	亮度（L^*）	变红度（a^*）	变黄度（b^*）	总色差（ΔE）	白度（TW）	结论
A 因素		** ↑	** ↑	** ↑		A_1
B 因素		** ↓				B_1
C 因素		** ↓	** ↓	* ↓	** ↑	C_2
D 因素	** ↑	* ↑				D_2
A×B		** ↓	** ↑			T_1（A×B）
A×C		* ↑	** ↑			T_1（A×C）
B×C	** ↑	** ↓			** ↑	T_2（B×C）
较好效果配置	$A_1B_1C_2D_2$	$A_1B_2C_2D_1$	$A_1B_1C_2D_2$	$A_1B_1C_2D_2$	$A_1B_1C_2D_2$	$A_1B_1C_2D_2$

试验结果表明 C 因素和 B×C 对处理试件的亮度（L^*）有极显著作用。其中 $TC_2–TC_1$=35.38，处理试件的亮度（L^*）随着 C 因素浓度增大而增大，即 C_2 较好。而 T_2（B×C）$–T_1$（B×C）=17.08，即 T_2（B×C）较好。观测试验结果，可得试验 2 较好，且符合 C_2、T_2（B×C）较好条件，即 $A_1B_1C_2D_2$ 较好。

结果表明 A 因素、B 因素、C 因素及 A×B、B×C 对处理试件一年后变红度（a^*）色值均有极显著作用，D 因素、A×C 对处理试件一年后变红度（a^*）色值均有显著作用。其中 TA_1=110.55、TA_2=146.92；TB_1=135.25、TB_2=122.22；TC_1=138.38、TC_2=119.09；TD_1=124.16、TD_2=133.31；T_1（A×B）=143.43、

T_2（A×B）=114.04；T_1（A×C）=127.2、T_2（A×C）=130.27；T_1（B×C）=140.4、T_2（B×C）=117.07，可得处理试件变红度（a^*）色值随着 A 因素、D 因素浓度水平增大而增大，随着 B 因素、C 因素浓度水平增大而减小，即 A_1、B_2、C_2、D_1 较好。交互作用中以 T_2（A×B）、T_1（A×C）、T_2（B×C）较好。观测试验结果，可得试验 4 为较好，即 $A_1B_2C_2D_1$ 较好。

结果表明，A、A×B、C、A×C 对处理试件变黄度（b^*）色值均有极显著作用。其中，TA_1=297.08、TA_2=316.83；TC_1=321.95、TC_2=291.96；T_1（A×B）=296.03、T_2（A×B）=317.88；T_1（A×C）=295.86、T_2（A×C）=318.05 处理试件变黄度（b^*）色值随着 A 因素水平浓度增大而增大，随着 C 因素水平浓度增大而减小，即 A_1、C_2 较好。交互作用中以 T_1（A×B）、T_1（A×C）较好。观测试验结果，可得试验 2 较好，即 $A_1B_1C_2D_2$ 较好。

试验结果表明 A 因素对处理试件的总色差（ΔE^*）有极显著作用，C 因素对处理试件的总色差（ΔE^*）有显著性作用。其中 TA_1=343.04、TA_2=379.29；TC_1=374.2、TC_2=348.13。处理试件总色差（ΔE^*）随着 A 因素水平浓度增大而增大，随着 C 因素水平浓度增大而减小，及 A_1、C_2 较好。观测试验结果可得试验 2 较好，即 $A_1B_1C_2D_2$ 较好。

结果表明配方一中各因素及其相互间的交互作用对处理试件白度（TW）色值均有极显著作用。根据 TA_1=606.99、TA_2=581.53；TB_1=585.16、TB_2=603.36；TC_1=561.21、TC_2=627.31；TD_1=585.52、TD_2=603；T_1（A×B）=605.21、T_2（A×B）=583.31；T_1（A×C）=604.7、T_2（A×C）=583.83；T_1（B×C）=583.17、T_2（B×C）=605.35，可得处理试件白度（TW）色值随着 A 因素水平浓度增大而减小，随着 B 因素、C 因素、D 因素水平浓度增大而增大，即 A_1、B_2、C_2、D_2 较好。交互作用 T_1（A×B）、T_1（A×C）、T_2（B×C）较好。观测试验结果，可得试验 2 较好，即 $A_1B_1C_2D_2$ 较好。综合以上配方一对处理试件各色值的作用效果，见表 21-50。其中以配方 $A_1B_1C_2D_2$ 为配方一中最佳处理组合配置，见表 21-51。

表 21-51 配方一最佳处理组合配置

项目	因素			
	H_2O_2	$NaHCO_3$	$NaHSO_3$	$C_{18}H_{29}NaSO_3$
浓度	1%	0.05%	0.1%	0.05%
处理时间	4 天		2 天	

结果表明 A 因素和 B×C 对处理试件亮度（L^*）有极显著作用，D 因素对处理试件亮度（L^*）有显著作用。根据 TA_1=1298.06、TA_2=1317.06；T_1（B×C）=1298.56、T_2（B×C）=1316.56；TD_1=1314.56，TD_2=1300.56。亮度（L^*）值随着 A 因素水平浓度增大而增大，即 A_2 较好；随着 D 因素水平浓度增大而减小，即 D_1 较好；交互作用 T_2（B×C）较好。观测试验结果，可得试验 6 效果较好，即 $A_2B_1C_2D_1$ 效果较好，见表 21-52。

表 21-52 脱色处理试件一年后亮度（L^*）方差分析

来源	自由度	离差平方和	均方	F	$F_{0.1}$	$F_{0.05}$	显著性
A	1	11.28	11.28	5.45	2.91	4.21	** ↑
A×C	1	4.68	4.68	2.26			
B×C	1	10.13	10.13	4.89			** ↑
D	1	6.13	6.13	2.96			* ↓
剩余	27	55.99	2.07				
T	31	88.21					
	A	B	A×B	C	A×C	B×C	D
T_1	1298.06	1303.84	1310.98	1305.28	1313.68	1298.56	1314.56
T_2	1317.06	1311.28	1304.14	1309.84	1301.44	1316.56	1300.56

注：剩余=（B+A×B+C+e）

结果表明 A×C 对处理试件的变红度（a^*）有显著作用，根据 T_1（A×C）=114.03、T_2（A×C）=97.33，交互作用 T_2（A×C）较好。观测试验结果，可得试验 2 较好，即 $A_1B_1C_2D_2$ 较好，见表 21-53。

表 21-53　脱色处理试件一年后变红度（a^*）方差分析

来源	自由度	离差平方和	均方	F	$F_{0.1}$	$F_{0.05}$	显著性
A	1	4.25	4.25	1.47	2.93	4.26	
B	1	7.37	7.37	2.55			
A×B	1	2.15	2.15	0.74			
C	1	0.34	0.34	0.12			
A×C	1	8.72	8.72	3.01			*↓
B×C	1	0.01	0.01	0.00			
D	1	1.67	1.67	0.58			
e	24	69.38	2.89				
T	31	93.89					
	A	B	A×B	C	A×C	B×C	D
T_1	99.85	98	109.83	107.34	114.03	105.4	102.03
T_2	111.51	113.36	101.53	104.02	97.33	105.96	109.33

配方二脱色处理试件一年后变黄度（b^*）值方差分析，见表 21-54。结果表明 A 因素和 D 因素对处理试件变黄度（b^*）有极显著作用，根据 TA_1=290.65、TA_2=268.57；TD_1=265.91、TD_2=293.31，可得处理试件变黄度（b^*）随着 A 因素水平浓度增大而减小，随着 D 因素水平浓度增大而增大，即 A_2、D_1 较好。观测试验结果，可得试验 6 较好，即 $A_2B_1C_2D_1$ 较好，见表 21-54。

表 21-54　脱色处理试件一年后变黄度（b^*）方差分析

来源	自由度	离差平方和	均方	F	$F_{0.1}$	$F_{0.05}$	显著性
A	1	15.24	15.24	4.26	2.93	4.26	**↓
B	1	0.88	0.88	0.25			
A×B	1	4.71	4.71	1.32			
C	1	6.28	6.28	1.76			
A×C	1	1.57	1.57	0.44			
B×C	1	0.08	0.08	0.02			
D	1	23.46	23.46	6.56			**↑
e	24	85.78	4.04				
T	31	138					
	A	B	A×B	C	A×C	B×C	D
T_1	290.65	282.26	273.47	286.7	276.07	280.4	265.91
T_2	268.57	276.96	285.75	272.52	283.15	278.82	293.31

结果表明 D 因素对处理试件的总色差（ΔE^*）有极显著作用，A 因素对处理试件的总色差（ΔE^*）有显著作用。根据 TD_1=298.92、TD_2=325.33；TA_1=321.04，TA_2=303.21。可得处理试件的总色差（ΔE^*）随着 D 因素水平浓度增大而增大，即 D_1 较好；随着 A 因素水平浓度增大而减小，即 A_2 较好。观测试验结果，可得试验 7 较好，即 $A_2B_2C_1D_1$ 较好，见表 21-55。

结果表明 A 因素、D 因素对处理试件的白度（TW）有极显著作用，根据 TA_1=669.48、TA_2=708.35；TD_1=706.14、TD_2=668.69，可得处理试件的白度（TW）随着 A 因素水平浓度增大而增大，随着 D 因素水平浓度增大而减小，即 A_2、D_1 较好，见表 21-56。观测试验结果，可得试验 7 较好，即 $A_2B_2C_1D_1$ 较好。综合以上配方二对处理试件各色值的作用效果，见表 21-57。其中以配方 $A_2B_2C_1$ 为配方二中最佳处理组合配置，见表 21-58。

表 21-55　脱色处理试件一年后总色差（ΔE^*）值方差分析

来源	自由度	离差平方和	均方	F	$F_{0.1}$	$F_{0.05}$	显著性
A	1	9.93	9.93	3.06	2.89	4.21	* ↓
A×B	1	6.26	6.26	1.93			
D	1	21.80	21.80	6.73			** ↑
剩余	28	90.84	3.24				
T	31	128.83					
	A	B	A×B	C	A×C	B×C	D
T_1	321.04	315.94	305.05	316.08	311.79	316.37	298.92
T_2	303.21	308.31	319.2	308.17	312.46	307.88	325.33

注：剩余=（B+C+A×C+B×C+e）

表 21-56　脱色处理试件一年后白度（TW）值方差分析

来源	自由度	离差平方和	均方	F	$F_{0.1}$	$F_{0.05}$	显著性
A	1	54.78	54.78	5.92	2.93	4.26	** ↑
B	1	15.58	15.58	1.68			
A×B	1	23.27	23.27	2.52			
C	1	5.35	5.35	0.58			
A×C	1	10.45	10.45	1.13			
B×C	1	14.59	14.59	1.58			
D	1	43.83	43.83	4.74			** ↓
e	24	222.08	9.25				
T	31	389.93					
	A	B	A×B	C	A×C	B×C	D
T_1	669.48	676.25	701.06	680.87	696.56	676.61	706.14
T_2	708.35	698.58	673.77	693.96	678.27	698.22	668.69

表 21-57　配方二对处理试件各色值的作用效果

各因素效果及较好效果配置	处理试件观测色值					结论
	亮度（L^*）	变红度（a^*）	变黄度（b^*）	总色差（ΔE^*）	白度（TW）	
A 因素	** ↑		** ↓	* ↓	** ↑	A_2
B 因素						
C 因素						
D 因素	* ↓		** ↑	** ↑	** ↓	弃除
A×C		* ↓				T_2（A×C）
B×C	** ↑					T_2（B×C）
较好效果配置	$A_2B_1C_2D_1$	$A_1B_1C_2D_2$	$A_2B_1C_2D_1$	$A_2B_2C_1D_1$	$A_2B_2C_1D_1$	$A_2B_2C_1$

表 21-58　配方二最佳处理组合配置

浓度			处理时间
H_2O_2	$NaHCO_3$	脲	
8%	0.21%	0.05%	6 天

最佳配方一、二处理试件与试件处理前色值方差分析对照检验结果表明，最佳配方一处理试件一年后色值与试件处理前色值比较，亮度和白度有极显著提高，变红度和总色差有极显著降低，变黄度有显著降低；最佳配方二处理试件一年后色值与试件处理前色值比较，亮度和白度有极显著提高，变红度和总色差有极显著降低，见表 21-59。

表 21-59　最佳配方一、配方二处理试件与试件处理前色值方差分析

来源		平均值	自由度	S^2	t	$t_{0.05}$	$t_{0.01}$	显著性
亮度	配方一	76.99	25	4.02	28.61	2	2.65	** ↑
（L^*）	配方二	80.37	25	7.53	30.98			** ↑
	处理前	50.36	50	19.07				
变红度	配方一	5.64	25	13.46	−7.69	2	2.65	** ↓
（a^*）	配方二	3.09	25	20.35	−10.01			** ↓
	处理前	10.89	50	4.61				
变黄度	配方一	18.3	25	11.67	2.24	2	2.65	* ↓
（b^*）	配方二	20.73	25	4.53	−1.04			
	处理前	20.03	50	8.67				
总色差	配方一	24.31	25	3.07	−17.30	2	2.65	** ↓
（ΔE^*）	配方二	22.96	25	5.52	−18.13			** ↓
	处理前	44.44	50	31.41				
白度	配方一	35.87	25	7.09	11.74	2	2.65	** ↑
（TW）	配方二	38.61	25	14.17	18.66			** ↑
	处理前	16.22	50	27.93				

将以上最佳配方一、配方二处理试件一年后色值与外贸出口 A 级板材色值比较，得出其方差分析，见表 21-60。

表 21-60　最佳配方一、配方二处理试件与外贸出口 A 级板材色值方差分析

来源		平均值	自由度	S^2	t	$t_{0.05}$	$t_{0.01}$	显著性
亮度	配方一	76.99	25	4.02	3.26	2	2.65	** ↑
（L^*）	配方二	80.37	25	7.53	8.66			** ↑
	A 级板	75.29	50	4.62				
变红度	配方一	5.64	25	13.46	−0.53	2	2.65	
（a^*）	配方二	3.09	25	20.35	−2.84			** ↓
	A 级板	6.19	50	18.7				
变黄度	配方一	18.3	25	11.67	−1.6	2	2.65	
（b^*）	配方二	20.73	25	4.53	3.57			** ↑
	A 级板	19.22	50	2.10				
总色差	配方一	24.31	25	3.07	−6.42	2	2.65	** ↓
（ΔE^*）	配方二	22.96	25	5.52	−8.17			** ↓
	A 级板	28.00	50	6.5				
白度	配方一	35.87	25	7.09	3.74	2	2.65	** ↑
（TW）	配方二	38.61	25	14.17	6.60			** ↑
	A 级板	33.08	50	9.99				

检验结果表明经最佳脱色配方一脱色后的变色杂交泡桐，其色值除变红度（a^*）和变黄度（b^*）与外贸出口 A 级板变红度（a^*）和变黄度（b^*）色值无显著差异外（但能达到 A 级板标准），其余色值均好于外贸出口 A 级板，且有极显著差异，显著性达到 99%。

经最佳脱色配方二脱色后的变色杂交泡桐，其色值除变黄度（b^*）达不到外贸出口 A 级板变黄度（b^*）色值标准外，其余色值均好于外贸出口 A 级板，且有极显著差异，显著性达到 99%。

3. 经济效益分析

根据生产实际和试验测试，计算工业生产桐木拼板时的成本。

每浸泡处理 1m^3 杂交泡桐板需用水 0.7m^3。依此可得采用最佳脱色配方一（表 21-61）和最佳脱色配方二（表21-61）处理1m^{3}杂交泡桐板所需工业成本。采用最佳脱色配方一处理1m^{3}杂交泡桐板所需工业成本费31.15元；采用最佳脱色配方二处理 1m^3 杂交泡桐板所需工业成本费 177.98 元（表 21-61）。

表 21-61　最佳脱色配方一和最佳脱色配方二处理杂交泡桐板工业成本

配方	试剂名称	浓度	单价/(元/kg)	用量/(kg/m^3)	费用/(元/m^3)
配方一	NaOH	0.2%	3.21	1.4	31.15
	H_2O_2	1%	3.00	7	
	$NaHCO_3$	0.05%	2.80	0.35	
	$NaHSO_3$	0.10%	2.80	0.7	
	$C_{12}H_{29}NaSO_3$	0.05%	7.80	0.35	
配方二	NaOH	0.2%	3.20	1.4	177.98
	H_2O_2	8%	3.00	56	
	$NaHCO_3$	0.2%	2.80	1.4	
	脲	0.05%	4.50	0.35	

根据工业生产常温水处理桐板方法，生产 1m^3 桐木拼板成品需要水泡处理杂交泡桐板 2.1m^3（按照原木∶成品=3∶1；原木∶毛板=1∶0.7 计算）。通过采用最佳脱色配方一和最佳脱色配方二各处理 2.1m^3 杂交泡桐板，并加工成成品，经测试可得其经济效益，见表 21-62。即，采用最佳脱色配方一处理生产 1m^3 杂交泡桐板，可带来新增经济效益 2014.58 元；采用最佳脱色配方二处理生产 1m^3 杂交泡桐板，可带来新增经济效益 1681.24 元。

表 21-62　最佳脱色配方一和配方二处理杂交泡桐板经济效益

处理方法	成本（1m^3 成品）	成品等级数量	等级单价	产值	经济效益（净增值）
配方一	65.42 元	A 级：0.24m^3	4500 元/m^3	3280 元/m^3	2014.58 元/m^3
		B 级：0.56m^3	3500 元/m^3		
		C 级：0.2m^3	1200 元/m^3		
配方二	373.76 元	A 级：0.25m^3	4500 元/m^3	3255 元/m^3	1681.24 元/m^3
		B 级：0.54m^3	3500 元/m^3		
		C 级：0.2m^3	1200 元/m^3		
变色板		A 级：0m^3	4500 元/m^3	1200 元/m^3	
		B 级：0m^3	3500 元/m^3		
		C 级：1m^3	1200 元/m^3		

可见采用最佳脱色配方一、配方二处理杂交泡桐板，具有较好经济效益。同时还可以扩大杂交泡桐工业用途，改变人们关于杂交泡桐板脱色难、等级差的观念，促进速生丰产杂交泡桐栽培种植，具有良好的社会效益。

（四）泡桐木材变色防治技术

1. 南方雨淋法泡桐木材脱色研究

（1）雨淋对泡桐木材材色的影响

6 种从不同地区采集的泡桐，甘肃兰考泡桐（GSLK）、湖北毛泡桐（HBM）、湖南白花泡桐（HNBH）、兰考兰考泡桐（LKLK）、山东楸叶泡桐（SDQY）、山东豫林泡桐（SDYL），各12株，锯制板材，厚2cm，在湖北咸宁赤壁市（29.46°~29.91°N，113.53°~114.22°E，年平均气温16.9°C，降雨量1251~1608mm）进行自然雨淋2年，搭支架摆放，板材垂直横梁放置，每周板面正反调换一次，使其均匀得到雨水冲刷。雨水冲刷过程中进行取样测色，在雨淋处理后的板材上取样，截取宽度为20cm左右的试件，试件尺寸为400mm×200mm×20mm，气干3个月至平衡含水率，刨削掉表层2mm的灰质等物质，借助烘箱烘干至含水率10%±2%，同时将前期采集的试件置于实验室室内同期存放作为对照试验，借助烘箱烘干至含水率10%±2%，以供材色指标测试。经型号为CR-400测色仪测试颜色变化规律。

从表21-63、表21-64可以看出，亮度的F值为178.7013，P值为1.9525×10^{-153}，组间差异达到了极显著水平。表明经过雨淋处理的泡桐，不同种间的亮度差异极显著。

表21-63　6种泡桐雨淋试验亮度（L^*）指标对比

项目	GSLK	HBM	HNBH	LKLK	SDQY	SDYL
雨淋	73.96±1.76	77.75±1.87	78.10±1.99	75.48±1.92	76.57±2.27	76.87±2.46
未雨淋	71.77±2.10	71.34±2.75	76.47±2.37	71.58±1.89	72.73±2.52	72.50±2.56
变化值	2.19	6.41	1.63	3.9	3.84	4.37
提高幅度/%	3.1	9.0	2.1	5.5	5.3	6.0

注：测定值以平均值±标准误表示，下同

表21-64　6种泡桐雨淋试验亮度（L^*）方差显著性分析

变量	来源	平方和	自由度	均方和	F值	显著性
L^*	种间	3 731.908 6	5	746.381 73	178.701 3	$1.952\ 5\times10^{-153}$**
	误差项	7 192.278 7	1 722	4.176 7		
	总和	10 101 091.51	1 728			

注：*代表显著；**代表极显著，下同

6种人工林泡桐雨淋试验变红度（a^*）测试结果与分析见表21-65，可以看出，经过雨淋处理的泡桐材变红度指标也有所变化，但是变化幅度不大，均未超过1。处理后的变红度指标比较接近，变红度指标在5.2~5.65变化。除了山东楸叶泡桐外，其他5种泡桐的变红度均有所减小，说明未经过雨淋处理的泡桐材色在CIE1976标准色度学表色系统中更偏向红色，经过处理有所减弱。但是在视觉效果上并不明显。

表21-65　6种泡桐雨淋试验变红度（a^*）指标对比

项目	GSLK	HBM	HNBH	LKLK	SDQY	SDYL
雨淋	5.65±0.62	5.43±0.77	5.20±0.77	5.25±0.58	5.21±0.82	5.23±0.78
未雨淋	5.25±0.44	5.10±0.44	4.49±0.47	4.86±0.56	5.31±0.52	5.19±0.52
变化值	0.4	0.33	0.71	0.39	−0.1	0.04

从表21-66中可以看出6种泡桐经过雨淋处理，各种间变红度指标方差分析差异性也达到了极显著水平。

表21-66　6种泡桐雨淋试验变红度（a^*）方差显著性分析

变量	来源	平方和	自由度	均方和	F值	显著性
a^*	种间	52.055 6	5	10.411 1	19.881 0	$2.587\ 23\times10^{-19}$**
	误差项	901.761 4	1 722	0.523 7		
	总和	49 962.809 7	1 728			

6 种人工林泡桐雨淋试验变黄度（b^*）测试结果与分析。表 21-67 显示，经过雨淋处理的 6 种泡桐变黄度无明显变化规律。甘肃兰考泡桐、兰考兰考泡桐、山东楸叶泡桐和山东豫林泡桐的变黄度指标均为雨淋处理试件低于未雨淋对照试件，湖北毛泡桐和湖南白花泡桐的为雨淋处理高于未雨淋处理。但是 6 种泡桐的变黄度指标变化幅度不大，视觉效果上并不明显。

表 21-67　6 种泡桐雨淋试验变黄度（b^*）指标对比

	GSLK	HBM	HNBH	LKLK	SDQY	SDYL
雨淋	18.29±0.82	17.27±0.93	17.31±1.34	17.13±1.19	17.14±1.22	16.70±1.20
未雨淋	19.19±1.44	16.65±1.34	17.06±1.48	17.36±1.45	19.11±1.79	18.30±1.64
变化值	−0.9	0.62	0.25	−0.23	−1.97	−1.6

从表 21-68 可以看出，经过雨淋处理的变黄度指标方差显著性分析的 F 值为 78.4449，P 值为 $2.851\ 71\times10^{-74}$，达到了极显著水平。

表 21-68　6 种泡桐雨淋试验变黄度（b^*）方差显著性分析

变量	来源	平方和	自由度	均方和	F 值	显著性
b^*	种间	522.607 4	5	104.521 5	78.444 9	$2.851\ 71\times10^{-74}$**
	误差项	2 294.424 4	1 722	1.332 4		
	总和	521 531.763 6	1 728			

6 种人工林泡桐雨淋试验总色差（ΔE^*）测试结果与分析见表 21-69，甘肃兰考泡桐、湖北毛泡桐、山东豫林泡桐、山东楸叶泡桐的雨淋总色差均低于未雨淋对照，变化幅度分别为 53.90%、70.60%、44.10%、24.10%，表明经过雨淋处理后，泡桐的材色变得更稳定均一。雨淋处理前的泡桐木材总色差变化范围为 4.36~7.78，处理后的泡桐木材总色差变化范围为 2.29~4.19，6 种泡桐的总色差值更加接近。由表 21-70 可以看出，总色差的 F 值为 69.5540，P 值为 $2.173\ 93\times10^{-66}$，不同种间的总色差达到了极显著水平。

表 21-69　6 种泡桐雨淋试验总色差（ΔE^*）指标对比

	GSLK	HBM	HNBH	LKLK	SDQY	SDYL
雨淋	2.58±1.36	2.29±1.32	4.19±1.92	2.74±1.13	3.66±1.36	3.15±1.57
未雨淋	5.60±2.05	7.78±2.58	5.90±1.95	4.36±1.31	4.82±2.08	5.63±2.41
变化值	3.02	5.49	1.71	1.62	1.16	2.48
色差降低/%	53.90	70.60	19.80	37.20	24.10	44.10

注：测定值以平均值±标准误表示

表 21-70　6 种泡桐雨淋试验总色差（ΔE^*）方差显著性分析

变量	来源	平方和	自由度	均方和	F 值	显著性
ΔE^*	种间	737.931 2	5	147.586 2	69.554 0	$2.173\ 93\times10^{-66}$**
	误差项	3 653.903 2	1 722	2.121 9		
	总和	21 007.745 3	1 728			

6 种人工林泡桐雨淋试验白度（TW）测试结果与分析见表 21-71，雨淋试验对 6 种泡桐白度的影响变化规律与亮度基本一致。变化幅度最大的为湖北毛泡桐，白度增加 12%。经过雨淋处理后，湖南白花泡桐的白度值提高不大，为 2.5%。从表 21-72 可以看出白度的 F 值达 172.5255，P 值为 5.2045×10^{-149}，种间白度值差异达到了极显著水平。

（2）雨淋试验对泡桐板材表面总酚含量的影响

表 21-73 的数据显示，几种泡桐板材经过雨淋处理，表面总酚含量均有变化。室内对照未处理泡桐，

湖北毛泡桐的总酚含量最高，为 1.6870mg/g，其次是兰考兰考泡桐为 0.8605mg/g。甘肃兰考泡桐和山东楸叶泡桐的总酚含量相差不大，分别为 0.7644mg/g 和 0.7483mg/g。湖南白花泡桐和山东豫林泡桐的相差也不大，分别为 0.6774mg/g 和 0.6500mg/g。

表 21-71　6 种泡桐雨淋试验白度（TW）指标对比

	GSLK	HBM	HNBH	LKLK	SDQY	SDYL
雨淋	64.73±1.79	68.83±2.10	69.19±2.20	66.52±2.10	67.97±2.44	68.17±2.74
未雨淋	61.39±2.09	61.39±2.68	67.48±2.45	62.78±1.96	62.80±2.52	63.24±2.56
变化值	3.34	7.44	1.71	3.74	5.17	4.93
白度提高/%	5.4	12.0	2.5	6.0	8.2	8.0

表 21-72　6 种泡桐雨淋试验白度（TW）方差显著性分析

变量	来源	平方和	自由度	均方和	*F* 值	显著性
*W**	种间	4 340.797 5	5	868.159 5	172.525 5	5.204 5×10^{-149}**
	误差项	8 665.217 3	1 722	5.032 1		
	总和	7 890 975.49	1 728			

表 21-73　雨淋试验 6 种泡桐总酚含量值对比

树种名称	雨淋处理总酚含量/（mg/g）	未雨淋处理总酚含量/（mg/g）	酚含量变化/（mg/g）	降比/%
GSLK	0.743 4±0.091 7b	0.764 4±0.057 4bc	0.020 931	2.74
HBM	1.312 3±0.280 5d	1.687 0±0.455 6cd	0.374 648	22.21
HNBH	0.587 0±0.096 7a	0.677 4±0.134 2a	0.090 393	13.34
LKLK	0.732 5±0.137 8b	0.860 5±0.091 7b	0.128 006	14.87
SDQY	0.666 0±0.071 0c	0.748 3±0.077 8cd	0.082 392	11.01
SDYL	0.594 0±0.053 4d	0.650 0±0.054 1e	0.056 098	8.63

注：同列含有相同字母表示两者之间在 α=0.05 水平上差异显著

经过雨淋处理的泡桐，6 种泡桐的总酚含量均有所下降。其中，雨淋试验对湖北毛泡桐表面总酚含量影响最大，雨淋后表面总酚含量为 1.3123mg/g，比雨淋前降低了 22.21%。湖南白花泡桐、兰考兰考泡桐和山东楸叶泡桐的雨淋处理总酚变化值相差不大，分别为 0.090 393mg/g、0.128 006mg/g 和 0.082 392mg/g。山东豫林泡桐变化量为 0.0561mg/g，雨淋前后总酚含量变化率为 8.63%。雨淋试验对甘肃兰考泡桐表面总酚含量的影响最小，雨淋处理后的表面总酚含量为 0.7434mg/g，雨淋处理前总酚含量为 0.7644mg/g，降低了 2.74%。

经过雨淋处理，6 种泡桐表面总酚含量变化幅度（%）依次为湖北毛泡桐、兰考兰考泡桐、湖南白花泡桐、山东楸叶泡桐、山东豫林泡桐、甘肃兰考泡桐。

从表 21-74 可以看出，不同树种间的泡桐总酚含量存在着较大变异，均达到了极显著水平。室内对照的 *F* 值为 203.7547，*P* 值为 7.09×10^{-97}，达到极显著差异。雨淋处理后的 *F* 值为 195.2137，*P* 值为 1.22×10^{-94}，也达到了极显著差异。表明雨淋前后，泡桐材表面的总酚含量均达到极显著差异。

表 21-74　雨淋处理总酚含量方差显著性分析

来源	变量	平方和	自由度	均方和	*F* 值	显著性 *P* 值
树种名称	雨淋处理	20.060 89	5	4.012 178	195.213 7	1.22×10^{-94}**
	误差项	6.535 774	318	0.020 553	—	—
	总和	219.968 6	324	—	—	—
	未雨淋处理	41.811 76	5	8.362 352	203.754 7	7.09×10^{-97}**
	误差项	13.051 13	318	0.041 041	—	—
	总和	316.112 8	324	—	—	—

泡桐表面总酚含量变化值与材色变化值相关性分析。从表 21-75 可以看出雨淋处理总酚含量变化值与各材色指标变化值的相关性。雨淋处理总酚含量变化值与亮度指标变化值呈正相关（R=0.010 543 435，P=0.004 418），相关性达到了极显著水平。说明总酚含量值变化越大，亮度指标变化值也越大。与变黄度（R=0.672 109 701，P=0.000 397）呈正相关，且表现出极显著的相关性。与变红度（R=0.111 820 365，P=0.037 19）、总色差（R=0.972 437 945，P=0.025 646）、白度（R=0.767 597 806，P=0.024 244）均呈正相关性，且表现出显著的相关性。表明总酚含量变化越大，亮度、变红度、变黄度、总色差及白度的变化越大。这也解释了前面分析的，湖北毛泡桐的雨淋前后亮度、白度和总色差值变化最大。

表 21-75　雨淋处理前后总酚含量变化值与材色指标变化值相关性分析

	酚含量变化值	亮度	变红度	变黄度	总色差	白度
酚含量变化值	1					
亮度	1.05×10^{-2}**					
	$P=4.42\times10^{-3}$	1				
变红度	1.12×10^{-1}*	2.49×10^{-1}**				
	$P=3.72\times10^{-2}$	$P=1\times10^{-117}$	1			
变黄度	6.72×10^{-1}**	5.66×10^{-2}**	1.68×10^{-1}**			
	$P=3.97\times10^{-4}$	$P=4.71\times10^{-5}$	$P=1.7\times10^{-150}$	1		
总色差	9.72×10^{-1}*	5.16×10^{-2}**	2.26×10^{-1}**	6.36×10^{-1}		
	P=0.025 646	$P=3.5\times10^{-230}$	$P=1.27\times10^{-30}$	P=0.493 202	1	
白度	7.68×10^{-1}*	-2.65×10^{-1}**	1.40×10^{-1}	4.50×10^{-1}	7.62×10^{-1}	
	P=0.024 244	$P=2.71\times10^{-17}$	P=1.1×10^{-179}	$P=4.41\times10^{-27}$	$P=2.6\times10^{-208}$	1

经过雨淋处理的泡桐材色指标均有不同程度的改变且各材色指标种间差异均达到极显著水平。经过雨淋处理的亮度和白度有所提升，总色差有所降低。其中，湖北毛泡桐在亮度、白度和总色差指标中的变化最大，材色质量提升也最大；其次是山东楸叶泡桐。这与木材表面总酚含量有着密切的关系。木材颜色的产生主要与木质素、木材抽提物有关，在木材生长过程中，产生各种结构的木质素、色素、单宁及其他氧化物质，沉积或深入木材的细胞壁上。这些化学物质常常含有各种发色、助色基团的化学结构，可吸收各种波长的可见光，使木材呈现各种颜色。

2. 水处理脱色技术研究

（1）处理工艺优选试验

水处理正交试验对亮度指标（L^*）的影响。从表 21-76 可以看出，经过水处理的泡桐材亮度都有不同程度的提升。因素 A 在处理温度为 40℃时的 K 值最大，为 2.773，因素 B 在第 3 水平处理时间为 18 天时 K 值最大，为 2.65，因素 C 在第 1 水平 1 天换 1 次水时 K 值最大，为 2.493，因素 D 在第 1 水平 pH 为 7 时 K 值最大，为 2.932。4 个因素中因素 D（pH）的 R 最大，为 1.443，说明 pH 对试验结果影响最大。因素 C（换水频率）的 R 值最小为 0.289，对试验结果影响最小。当水处理温度 40℃，处理时间 18 天，换水频率为 1 天 1 次，pH 控制在 7 左右，泡桐材的亮度提升幅度最大见表 21-77。

表 21-76　水处理泡桐材亮度（L^*）指标对比

试验号	亮度			试验号	亮度		
	处理前	处理后	变化值		处理前	处理后	变化值
1	74.78	76.28	1.50	4	73.27	76.32	3.05
2	75.58	75.87	0.29	5	75.25	76.94	1.69
3	73.62	74.92	1.29	6	74.57	76.25	1.68

续表

试验号	亮度			试验号	亮度		
	处理前	处理后	变化值		处理前	处理后	变化值
7	71.20	74.26	3.06	18	69.77	74.62	4.85
8	72.40	73.93	1.53	19	71.66	73.60	1.94
9	74.53	74.89	0.36	20	72.04	75.23	3.19
10	72.71	74.26	1.55	21	74.50	74.59	0.09
11	71.42	74.81	3.39	22.	70.08	74.81	4.73
12	72.79	75.27	2.49	23	72.65	74.47	1.82
13	73.55	75.05	1.5	24	73.14	77.01	3.87
14	73.87	77.41	3.53	25	74.39	76.29	1.91
15	74.34	75.54	1.20	26	73.93	75.07	1.15
16	71.12	74.32	3.20	27	71.89	76.43	4.54
17	72.04	75.29	3.25				

表 21-77　4 个因素对泡桐材亮度变化影响分析表

K 值	A（温度）	B（处理时间）	C（换水频率）	D（pH）
K_1	1.606	1.748	2.493	2.932
K_2	2.773	2.563	2.204	1.502
K_3	2.582	2.65	2.263	2.527
R	1.167	0.902	0.289	1.443

从表21-78 可以看出，4 个因素温度、时间、换水频率和 pH 中，只有 pH 的显著性小于0.05，对试验结果有显著性影响。其他 3 个因素对试验结果没有显著性影响。

表 21-78　水处理泡桐材亮度（L^*）指标方差分析

变异来源	偏差平方和	自由度	方差	F 值	显著水平
温度	7.0623	2	3.5312	2.5957	0.1022
时间	4.4599	2	2.2300	1.6392	0.2218
换水频率	0.4195	2	0.2097	0.1542	0.8582
pH	9.7766	2	4.8883	3.5934	0.0486*
误差项	24.4866	18	1.3604		
总和	191.5761	26			

从图 21-11 可以看出，温度由常温升至 40℃时，随着温度的升高亮度变化幅度增大，在 40°C时达到顶峰。随后，随着温度的升高亮度的变化值有所下降；随着处理时间的增长，亮度的变化值不断变大；当换水频率为 1 天 1 次时泡桐的亮度变化值最大，但是在 2 天换 1 次水时变化幅度又有所下降；当 pH 在 7~9 变化时，亮度的变化幅度与 pH 无明显的线性变化趋势，在 pH 为 7 时亮度的变化趋势最大，pH 由 7 升 8 时变化幅度降低，由 8 升至 9 时又有所升高。

水处理正交试验对变红度指标（a^*）的影响。从前文分析得出，变红度的变异系数比较大，从表 21-79 可以看出，27 组试验，大部分经过处理的泡桐变红度指标均有提升，个别试件的变红度有所下降，但是变化不大，在视觉效果上不明显。从表 21-80 可以看出，各因素 K 值最大的依次为 A_1=0.653、B_2=0.583、C_3=0.592 和 D_2=0.642。在不考虑交互作用的时候最佳的处理工艺为温度为常温、处理时间为 12 天、换水频率为 3 天 1 次、pH 调整至 8。

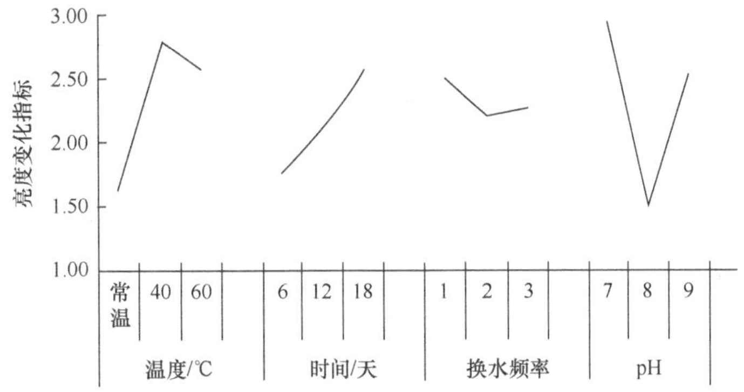

图 21-11　水处理工艺因素与亮度变化指标的关系

图中换水频率的 1、2、3 分别表示 1 天 1 次、2 天 1 次、3 天 1 次，下同

表 21-79　水处理泡桐材变红度（a^*）指标对比

试验号	变红度			试验号	变红度		
	处理前	处理后	变化值		处理前	处理后	变化值
1	4.31	4.96	0.65	15	4.06	4.99	0.93
2	3.77	4.49	0.71	16	4.57	5.07	0.50
3	4.48	7.73	0.26	17	4.64	5.2	0.56
4	3.97	4.83	0.86	18	5.51	4.69	0.82
5	3.77	4.47	0.70	19	4.85	4.48	0.37
6	4.01	4.53	0.52	20	4.25	4.64	0.39
7	4.75	4.25	−0.50	21	4.35	4.90	0.55
8	4.37	4.85	0.49	22	4.48	4.94	0.46
9	3.52	4.71	1.19	23	4.90	4.66	−0.24
10	4.33	4.96	0.63	24	5.48	4.92	−0.56
11	5.18	4.83	−0.35	25	4.54	4.65	0.11
12	4.16	4.48	0.32	26	5.25	4.70	−0.55
13	4.34	4.89	0.55	27	4.44	4.63	0.18
14	3.95	4.39	0.43				

表 21-80　4 个因素对泡桐材变红度影响分析表

K 值	A（温度）	B（处理时间）	C（换水频率）	D（pH）
K_1	0.653	0.470	0.514	0.438
K_2	0.566	0.583	0.491	0.642
K_3	0.379	0.544	0.592	0.518
R	0.274	0.113	0.101	0.214

从表 21-81 方差分析表可以看出，对试验结果影响最大的是因素 A（温度），F 值最大，为 3.8891。4 个因素对试验结果只有因素 A 有显著性影响。从图 21-12 可以看出各因素与变红度变化值之间的关系。随着温度升高变红度的变化值逐渐减小。当温度从 40℃升至 60℃时，变红度变化值的变化幅度高于从常温升至 40℃。因素 C（换水频率）对变红度变化值的影响与亮度一致，都为换水频率为 2 天 1 次时，变化值最小。pH 对变红度变化呈非线性影响。当 pH 在 7~9 变化时，随着 pH 增大，变化值先上升后减小，在 pH 为 8 时变化值最大。

表 21-81　水处理泡桐材变红度（a^*）指标方差分析

变异来源	偏差平方和	自由度	方差	*F* 值	显著水平
温度	0.3536	2	0.1768	3.8891	0.0395*
时间	0.0597	2	0.0298	0.6566	0.5306
换水频率	0.0505	2	0.0252	0.5549	0.5837
pH	0.1911	2	0.0955	2.1012	0.1513
误差项	0.8183	18	0.0455		
总和	9.1318	26			

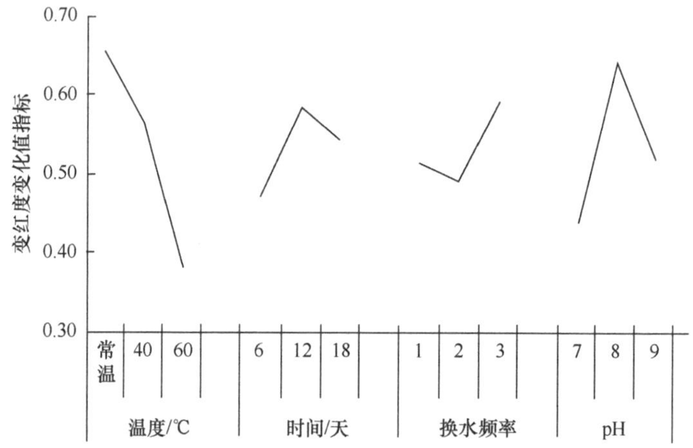

图 21-12　水处理工艺因素与变红度变化值指标的关系

水处理正交试验对变黄度指标（b^*）的影响。通过极差分析表 21-82 可以看出，经过水处理后的泡桐，部分试件的变黄度指标值变大，部分变小。通过对 *K* 值的分析可得最优的工艺参数为 $A_3B_3C_1D_3$，即在不考虑交互作用的情况下，最佳工艺为温度 60℃、处理时间为 18 天、换水频率为 1 天 1 次、pH 为 9，见表 21-83。

表 21-82　水处理泡桐材变黄度（b^*）指标对比

试验号	变黄度			试验号	变黄度		
	处理前	处理后	变化值		处理前	处理后	变化值
1	17.09	18.70	1.61	15	18.50	18.40	−0.10
2	16.24	17.35	1.12	16	15.98	18.32	2.34
3	21.00	17.77	−3.23	17	19.43	17.84	−1.59
4	17.21	17.73	0.52	18	20.26	16.93	−3.33
5	20.01	17.29	−2.72	19	19.75	16.41	−3.34
6	15.70	17.19	1.50	20	15.14	16.75	1.61
7	20.73	16.04	−4.69	21	18.32	17.66	−0.66
8	16.47	17.98	1.51	22	15.69	17.31	1.62
9	16.48	18.03	1.55	23	19.10	16.87	−2.24
10	17.00	17.45	0.45	24	21.70	17.58	−4.12
11	19.69	17.48	−1.21	25	18.32	16.58	−1.74
12	15.01	16.47	1.46	26	21.76	17.12	−4.64
13	20.23	17.62	−2.61	27	15.55	17.33	1.78
14	15.34	16.19	0.86				

表 21-83　4 个因素对泡桐材变黄度影响分析表

K 值	A（温度）	B（处理时间）	C（换水频率）	D（pH）
K_1	2.05	1.632	2.102	1.588
K_2	1.55	1.81	1.944	1.108
K_3	2.417	2.574	1.97	3.321
R	0.867	0.942	0.158	2.213

从方差分析表 21-84 中可以看出各因素对试验结果影响的显著性。温度的 F 值为 4.5050，大于 $F_{0.05}$（2，26）=3.37，说明对试验结果达到了显著性影响。时间和 pH 的 F 值分别为 5.9658 和 32.2682，均大于 $F_{0.01}$（2，26）=5.53，对试验结果的影响达到了极显著水平。比较 F 值大小可得对试验结果影响的主次顺序，为 pH＞时间＞温度＞换水频率。

表 21-84　水处理泡桐材变黄度（b^*）指标方差分析

变异来源	偏差平方和	自由度	方差	F 值	显著水平
温度	3.4067	2	1.7033	4.5050	0.0259*
时间	4.5113	2	2.2556	5.9658	0.0100**
换水频率	0.1291	2	0.0645	0.1707	0.8444
pH	24.4011	2	12.2105	32.2682	1.1159×10^{-6}**
误差项	6.8058	18	0.3781		
总和	147.8547	26			

*代表显著；**代表极显著

从关系图 21-13 可以看出，当温度由常温升至 40℃时变黄度的变化值有所下降，由 40℃升至 60℃时变黄度的变化值有所上升，在 60℃时达到峰值。随着处理时间增长，变黄度变化值增大。在处理 6 天和 12 天时，变黄度的增幅很小。在处理时间达到 18 天时，变黄度增长很快。换水频率对试验结果的影响较小。pH 由 7~8 变化时，增长幅度有所下降，由 8~9 时又有所上升。在 pH=9 时达到峰值。由以上分析可得，获得最好的变黄度的处理工艺为温度为 60℃、处理时间 18 天、换水频率 1 天 1 次、pH 为 9。

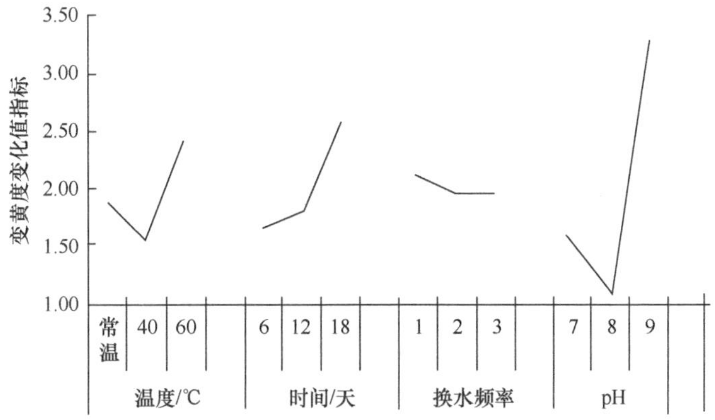

图 21-13　水处理工艺因素与变黄度变化值指标的关系

水处理正交试验对总色差（ΔE^*）指标的影响，总色差表示的是颜色稳定性的指标，值越小表明材色越稳定。从表 21-85 可以看出，经过水处理的泡桐，总色差的值均有减小。因素 A（温度）在第 3 水平时的 K 值最大，为 2.913，因素 B 也在第 3 水平时的 K 值最大，为 2.968，因素 C 在第 3 水平时的 K 值最大，为 2.4，因素 D 在第 3 水平的 K 值最大，为 3.946。最佳工艺为处理温度为 60℃、处理时间为 18 天、换水频率为 1 天 1 次，pH 为 9。通过极差 R 值可以看出，因素 D（pH）对试验结果影响最大，其次是处理时间。换水频率对试验结果影响最小。

表 21-85　水处理泡桐材总色差（ΔE^*）指标对比

试验号	总色差			试验号	总色差		
	处理前	处理后	变化值		处理前	处理后	变化值
1	24.02	23.88	0.14	15	25.10	24.28	0.82
2	23.31	22.80	0.51	16	26.66	25.22	1.44
3	27.22	24.36	2.86	17	27.60	24.21	3.39
4	25.28	23.24	2.04	18	30.07	24.15	5.92
5	25.24	22.43	2.81	19	28.12	24.69	3.42
6	23.42	22.93	0.50	20	25.42	23.53	1.89
7	29.02	23.90	5.11	21	24.93	24.61	0.32
8	25.73	25.31	0.42	22	27.44	24.25	3.19
9	24.81	23.46	1.35	23	26.97	24.23	2.74
10	25.71	24.77	0.94	24	28.21	22.64	5.58
11	27.82	24.32	3.50	25	25.06	22.58	2.47
12	24.69	23.32	1.37	26	27.61	23.88	3.73
13	26.78	24.21	2.58	27	25.76	22.88	2.88
14	23.85	21.41	2.43				

从表 21-86 可以看出，时间的 F 值=4.0324，大于 $F_{0.05}$（2，26）=3.37，对试验结果有显著影响，pH 的 F 值=16.7364，大于 $F_{0.01}$（2，26）=5.53，对试验结果有极显著影响。其他两个因素对试验结果影响显著性不明显。

表 21-86　水处理泡桐材总色差（ΔE^*）指标方差分析

变异来源	偏差平方和	自由度	方差	F 值	显著水平
温度	6.2490	2	3.1245	3.1738	0.0660
时间	7.9395	2	3.9697	4.0324	0.0357*
换水频率	0.0042	2	0.0021	0.0021	0.9979
pH	32.9530	2	16.4765	16.7364	0.0001**
误差项	17.7204	18	0.9845	—	—
总和	218.2335	26	—	—	—

*代表显著；**代表极显著；下同

从图 21-14 可以看出随着温度升高，总色差变化值也有所升高，当温度由常温升至 40℃，总色差的变化速率要高于从 40℃升至 60℃。但是在 60℃处达到峰值。随着时间的增长总色差的变化值越大。但是在由 6 天升至 12 天时的变化速率大于 12 天升至 18 天，可能是早期木材中的变色物质随着水溶液的浸泡而渗出，材色变化较大，后期变色物质渗出较少，材色变化较小。换水频率对试验结果影响很小，因

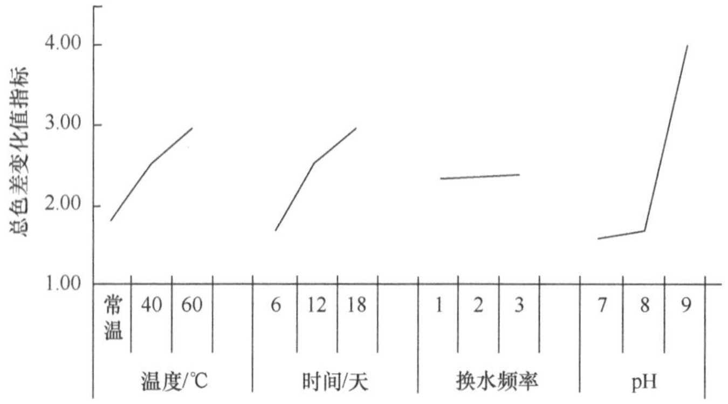

图 21-14　水处理工艺因素与总色差变化值指标的关系

此趋势图基本为一条直线。pH 在 7～8 变化时基本为水平直线，但是 pH 由 8 升至 9 时总色差的变化幅度增大。根据以上分析为了保证得到较好的总色差泡桐材，处理工艺参数为温度为 60℃、处理时间为 18 天、换水频率为 1 天 1 次，pH 为 9。

水处理正交试验对白度指标的影响。白度在泡桐进出口中具有重要的意义，一般白度变大，泡桐材的等级也会有所提升，具有更高的经济价值。从表 21-87 可以看出，经过水处理的泡桐材白度均有所提升。根据 K 值确定工艺参数，可以看出因素 A（温度）的 K_3 最大为 2.913，因素 B（处理时间）K_3 值最大，为 2.968，因素 C（换水频率）的 K_3 值最大为 2.4，因素 D 在第 3 水平时的 K 值最大，为 3.946。最佳的处理工艺为温度为 60℃、处理时间为 18 天、换水频率为 1 天 1 次、pH 调整为 9。通过对极差 R 的分析，从表 21-88 可以看出，各因素对试验结果的主次影响为 pH＞处理时间＞处理温度＞换水频率。

表 21-87 水处理泡桐材白度（TW）指标对比

试验号	白度			试验号	白度		
	处理前	处理后	变化值		处理前	处理后	变化值
1	66.102	67.013	0.911	15	65.292	66.384	1.092
2	67.090	67.212	0.122	16	62.670	65.217	2.537
3	63.818	65.996	2.178	17	62.712	66.278	3.566
4	64.594	67.379	2.786	18	60.189	65.941	5.751
5	65.744	68.167	2.424	19	62.236	65.087	2.851
6	66.316	67.513	1.197	20	63.844	66.616	2.772
7	61.541	65.884	4.343	21	65.464	65.679	0.215
8	63.871	64.943	1.073	22	61.691	65.996	4.304
9	65.546	66.468	0.923	23	63.372	65.8 19	2.447
10	64.056	65.412	1.356	24	63.034	68.087	5.053
11	62.235	65.958	3.723	25	65.334	67.722	2.388
12	64.647	66.757	2.110	26	63.788	66.343	2.555
13	63.992	66.152	2.160	27	63.575	67.636	4.061
14	65.702	68.986	3.284				

表 21-88 4 个因素对泡桐材变白度影响分析表

K 值	A（温度）	B（处理时间）	C（换水频率）	D（pH）
K_1	1.749	1.664	2.37	1.584
K_2	2.488	2.521	2.38	1.62
K_3	2.913	2.968	2.4	3.946
R	1.164	1.307	0.03	2.362

从表 21-89 可以看出，时间的 F 值=4.0324，大于 $F_{0.05}$（2，26）=3.37，对试验结果有显著影响，pH 的 F 值=16.7364，大于 $F_{0.01}$（2，26）=5.53，对试验结果有极显著影响。其他两个因素对试验结果的影响显著性不明显。

表 21-89 水处理泡桐材总色差（ΔE^*）指标方差分析

变异来源	偏差平方和	自由度	方差	F 值	显著水平
温度	6.2490	2	3.1245	3.1738	0.0660
时间	7.9395	2	3.9697	4.0324	0.0357*
换水频率	0.0042	2	0.0021	0.0021	0.9979
pH	32.9530	2	16.4765	16.7364	0.0001**
误差项	17.7214	18	0.9845		
总和	218.2335	26			

表 21-90 显示 4 个因素对试验结果影响的显著性。pH 的 F 值最大，为 5.6156，大于 $F_{0.01}$（2，26）=5.53，说明本次试验中，pH 对试验结果有极显著影响，是影响试验结果的主因素。其他 3 个因素对试验结果均未达到显著性影响。

表 21-90　水处理泡桐材白度（TW）指标方差分析

变异来源	偏差平方和	自由度	方差	F 值	显著水平
温度	7.3520	2	3.6760	2.8442	0.0845
时间	7.7028	2	3.8514	2.9799	0.0762
换水频率	0.1586	2	0.0793	0.0613	0.9407
pH	14.5157	2	7.2579	5.6156	0.0100**
误差项	23.2642	18	1.2925		
总和	225.1705	6			

图 21-15 显示的是各因素与白度变化值的关系。白度是随着处理温度升高而变大的。在常温升至 40℃的变化增幅速率要大于 40℃升至 60℃。白度也是随着处理时间增长变化值变大。关于 pH 对白度的影响，当 pH 由 7~8 时，白度的变化值没有增长反而有所下降。当 8~9 时，白度值有所提升，在 pH=9 时达到了峰值。

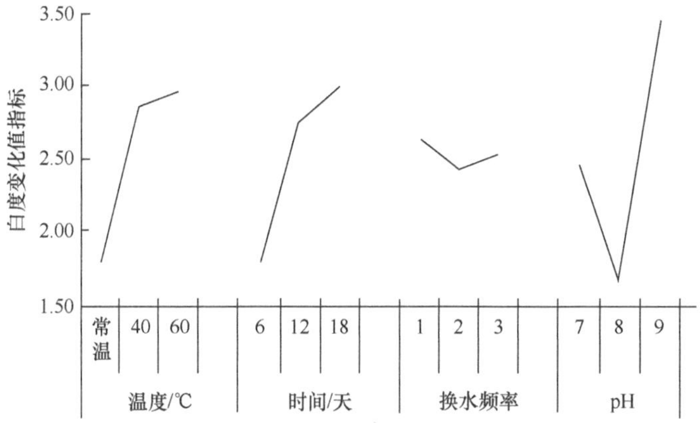

图 21-15　水处理工艺因素与白度变化值指标的关系

通过以上分析可以得出，获得最优的白度泡桐板材，水处理工艺为温度 60℃、处理时间 18 天、换水频率 1 天 1 次、pH=9。

对泡桐材进行水处理，目的是通过水处理后，泡桐材材色更加均一、白度更高，材色质量更优。通过以上分析可以看出，变黄度、总色差和白度的变化值最佳工艺均在温度为 60℃，即 60℃时变黄度的变化值最大，总色差变化最大，所得泡桐总色差值最小，白度提升也最大。处理时间在 18 天时亮度、变黄度、总色差和白度变化值最大。亮度、变黄度和白度在换水频率为 1 天 1 次时，变化值最大，变红度和总色差在 3 天 1 次时变化值最大，可获得最好的材色指标。

通过方差分析可以看出，换水频率对试验结果影响不显著，为了考虑处理成本，选择换水频率为 3 天 1 次。pH 对亮度有显著性影响，对变黄度、总色差和白度有极显著影响。当 pH=7 时，为亮度的最佳工艺，经过处理的泡桐试件获得最好的亮度指标值，但是当 pH=9 时对变黄度、总色差和白度获取最佳的材色指标值最好，综合考虑选取最佳 pH 为 9。综上所述，水处理泡桐材的最佳工艺为温度 60℃、处理时间为 18 天、换水频率 3 天 1 次、pH=9。

（2）水处理最佳工艺生产试验

从表 21-91 可以看出经过水处理的泡桐材亮度均值由 72.8 提升至 74.35，提升率为 2.08%。变红度也有所提升，提升度为 4.9%，材色更偏向红色。变黄度也有所提升，由 18.35 提升至 20.81，提升度为 11.83%。总色差有所减小，从 27.85 降低到 25.16，表明处理后的材色更加均一。水处理对白度影响最大，均值从 53.8 提升到了 71.36，提升率达到 24.61%。

表 21-91　水处理最佳工艺处理材色指标

材色指标	处理前		处理后		变化值	变化率/%
	均值	标准差	均值	标准差		
L^*	72.80	1.86	74.35	1.88	1.55	2.08
a^*	4.69	0.45	4.93	0.51	0.24	4.90
b^*	18.35	1.05	20.81	1.00	2.46	11.83
ΔE^*	27.85	1.86	25.16	1.95	2.70	9.68
TW	53.80	9.29	71.36	5.78	17.56	24.61

水处理后的方差分析如表 21-92 显示了各材色指标的 F 值。亮度的 F 值为 29.8921，差异性达到了极显著水平。变红度的 F 值为 5.654 166、P=4.75×10^{-17}，达到了极显著水平。变黄度的 F 值为 7.720 277、P=4.59×10^{-24}，达到了极显著水平。总色差的 F 值为 35.897 98，达到了极显著水平。白度的 F 值为 5.485 467，达到了极显著水平。表明经过水处理的泡桐在种内各材色指标均达到极显著水平。

表 21-92　水处理材色指标方差分析

变量	来源	平方和	自由度	均方和	F 值	显著性
L^*	试件号	821.358 5	35	23.467 39	29.892 1	9.16×10^{-71}
	误差项	197.837 6	252	0.785 07		
	总和	1 592 979	288			
a^*	试件号	33.253 9	35	0.950 111	5.654 166	4.75×10^{-17}
	误差项	42.345 43	252	0.168 037		
	总和	7 087.171	288			
b^*	试件号	149.963 7	35	4.284 676	7.720 277	4.59×10^{-24}
	误差项	139.857 5	252	0.554 99		
	总和	125 063.2	288			
ΔE^*	试件号	912.805 4	35	26.080 16	35.897 98	9.64×10^{-79}
	误差项	183.079 9	252	0.726 508		
	总和	183 358.4	288			
TW	试件号	9 560.127	35	273.146 5	5.485 467	1.9×10^{-16}
	误差项	12 548.23	252	49.794 57		
	总和	1 488 869	288			

雨淋脱色、水处理桐木板材加工产品与外贸出口 A 级板对照试验。将以上雨淋脱色、水处理加工产品两年后色值与外贸出口 A 级板材色值进行比较，各取试样 100 块，测定颜色指标，得出其方差分析，见表 21-93。

表 21-93　桐材墙壁板产品试样与外贸出口 A 级板材色值方差分析

来源		平均值	自由度	S^2	t	$t_{0.05}$	$t_{0.01}$	显著性
亮度	雨淋脱色	76.99	99	4.02	3.26	2	2.65	**↑
（L^*）	水处理	80.37	99	7.53	8.66			**↑
	A 级板	75.29	99	4.62				

续表

来源		平均值	自由度	S^2	t	$t_{0.05}$	$t_{0.01}$	显著性
变红度	雨淋脱色	5.64	99	13.46	–0.53	2	2.65	
（a^*）	水处理	3.09	99	20.35	–2.84			** ↓
	A 级板	6.19	99	18.7				
变黄度	雨淋脱色	18.3	99	11.67	–1.6	2	2.65	
（b^*）	水处理	20.73	99	4.53	3.57			** ↑
	A 级板	19.22	99	2.10				
总色差	雨淋脱色	22.31	99	3.07	–6.42	2	2.65	** ↓
（ΔE^*）	水处理	22.90	99	5.52	–8.17			** ↓
	A 级板	25.15	99	6.5				
白度	雨淋脱色	67.87	99	7.09	3.74	2	2.65	** ↑
（TW）	水处理	67.61	99	14.17	6.60			** ↑
	A 级板	64.08	99	9.99				

检验结果表明经脱色后的泡桐板材，其色值除变红度（a^*）和变黄度（b^*）与外贸出口 A 级板变红度和变黄度色值无显著差异外，但能达到 A 级板标准，其余色值均好于外贸出口 A 级板，且有极显著差异，显著性达到 99%。

3. 木材蓝变脱出

（1）脱色剂浓度（A）、处理时间（B）、温度（C）及脱色剂酸碱度（D）等影响因子的方差分析

因发生蓝变的木材 L^*（亮度），a^*（红绿轴色品指数）在脱色试验中变化不明显，不能真实反映蓝变木材脱色前后视觉效果差异，故本试验暂省略对其分析，主要对 b^*（黄蓝轴色品指数）和总色差 ΔE^*进行分析。从表 21-94 正交试验方差分析中得知，脱色剂浓度（A）和脱色剂酸碱度（D）对黄蓝轴色品指

表 21-94　正交试验方差分析

方差来源		平方和	自由度	均方和	F	显著性	说明
变黄度（b^*）	A	5.937 622	2	2.968 811	17.495 99	***	$F_{(2,6)}$（0.10）=3.46
	B	2.861 6	2	1.430 8	8.432 086	**	$F_{(2,6)}$（0.05）=5.14
	C	0.588 156	2	0.294 078	1.733 079		$F_{(2,6)}$（0.01）=10.9
	D	5.766 289	2	2.883 144	16.991 14	***	$F_{(4,6)}$（0.10）=3.18
	A×B	0.732 111	4	0.183 028	1.078 631		$F_{(4,6)}$（0.05）=4.53
	A×C	2.172 578	4	0.543 144	3.200 895	*	$F_{(4,6)}$（0.01）=9.15
	B×C	0.970 733	4	0.242 683	1.430 198		
	误差	1.01 8111	6	0.169 685			
	总计	20.865 4	26				
总色差	A	148.478 6	2	74.239 3	10.457 53	***	
（ΔE^*）	B	95.472 2	2	47.736 1	6.724 222	**	
	C	38.413 27	2	19.216 63	2.705 493		
	D	194.422 8	2	97.211 41	13.693 43	***	
	A×B	66.069 27	4	16.517 32	2.326 669		
	A×C	49.238 84	4	12.309 71	1.733 976		
	B×C	121.187 9	4	30.296 98	4.267 705	*	
	误差	42.594 76	6	7.099 126			
	总计	780.428 6	26				

*代表显著；**代表次极显著；***代表极显著

数 b^*及总色差 ΔE^*的影响达到了极显著水平，说明两因素对脱色效果起到关键作用。从反应过程中也可以看出，木材蓝变脱出与脱色剂的使用量有直接关系，同时，pH 达到一定的条件后，反应才能进行，起到引发与终止的作用。处理时间（B）也达到了次极显著的水平，说明脱色反应需要一定时间，时间过短达不到脱出蓝变的效果，只有经过一段时间化学反应，才能达到理想的脱色效果。脱色剂浓度（A）与温度（C）的交互作用 A×C 对 b^*的影响达到显著水平，因为脱色是吸热反应，试验结果也表明药剂在一定的温度下反应效果好。处理时间（B）与温度（C）的交互作用 B×C 对 ΔE^*的影响达到显著水平，说明反应经过一定的时间且达到适宜温度，蓝变木材脱色的总色差 ΔE^*才能理想。温度（C）单独影响因子没有达到显著水平，但从试验中仍能感到受其影响。根据表 21-95 总色差 ΔE^*分析中达到显著水平的影响因素 K 值，蓝变木材脱色最佳组合为 $A_2B_2C_2D_2$ ，即在脱色剂浓度为 3%，处理时间 3h，温度为 40°，酸碱度 pH=7 时，樟子松微薄木材蓝变可以脱出。其他木材因其本身特性不同脱色因子最佳组合会有一定差异。

表 21-95　总色差 ΔE^*达到显著水平的影响因素 K 值

K	A	B	C	D	B×C
K_1	342.17	334.25	327.91	345.37	286.28
K_2	302.72	311.27	303.97	305.42	322.98
K_3	293.51	292.88	306.52	287.61	329.14

（2）木片厚度及处理时间对蓝变木材脱色效果的影响

表 21-96 显示：不同处理时间，脱色深度不一样，时间越短，脱色深度越浅，时间越长，脱色深度越深。樟子松、橡胶木、香樟木、竹子木材处理 1h，蓝变均不能脱出；加热 3h，脱色深度达 1mm；加热 5h，脱色深度达 3mm；加热 7～9h，脱色深度达 5mm，甚至更深。泡桐木材较难脱出，加热 5h，脱色深度达 1mm；加热 7h，脱色深度达 3mm；加热 9h，脱色深度达 5mm 甚至更深。不难看出，脱色效果、脱色深度与处理时间有直接关系，处理时间越长，脱色深度越深，处理时间短，处理效果不理想，甚至表层蓝变亦不能脱出。这也说明，木材越厚，脱色难度越大。泡桐木材蓝变更加难以脱出，这是由于泡桐木材渗透性差，脱色剂难以进入木材发挥作用。樟子松、橡胶木、香樟木和竹子较泡桐材易脱出，这与它们的渗透性好有关。

表 21-96　蓝变木材在不同脱色处理时间、不同深度层的观察结果

材种	观测深度/mm	处理时间/h				
		1	3	5	7	9
泡桐	1	0	0	1	1	1
	2	0	0	0	1	1
	3	0	0	0	1	1
	4	0	0	0	0	1
	5	0	0	0	0	1
樟子松	1	0	1	1	1	1
橡胶木	2	0	0	1	1	1
香樟木	3	0	0	1	1	1
竹子	4	0	0	0	1	1
	5	0	0	0	1	1

注：表中观察结果“1”代表蓝变可完全脱出，“0”代表蓝变不能脱出

（3）脱色剂浓度对木材脱色效果的影响

表 21-97 显示：在木材传统脱色中广泛使用的双氧水，由低到高的 3 种不同浓度药液均不能脱出蓝变

木材色斑；脱色剂 TSBL（TS 代表脱色，BL 代表蓝变，TSBL 是一种强脱色剂）的 1%药液不能脱出蓝变色斑，3%时即可脱出 4 种木材蓝变，5%亦可，只是因药力强，脱色速度更快。试验结果说明，一定浓度的 TSBL 药液在适宜条件下，能够达到脱出木材蓝变之目的。

表 21-97　脱色剂浓度对木材脱色效果的影响

树种	H_2O_2			TSBL		
	1%	5%	20%	1%	3%	5%
泡桐	0	0	0	0	1	1
樟子松	0	0	0	0	1	1
橡胶木	0	0	0	0	1	1
香樟木	0	0	0	0	1	1
竹子	0	0	0	0	1	1

注：表中观察结果“1”代表蓝变可完全脱出，“0”代表蓝变不能完全脱出

（4）处理温度对蓝变木材脱色效果的影响

从表 21-98 中可以看到，温度对脱色剂 TSBL 脱色效果影响明显，温度较低时，虽有一定效果，但不能脱出木材蓝变色素，即温度低于 40℃时脱色反应很慢，这是因为脱色剂对蓝变木材的氧化还原反应是吸热反应，需要热能，需要提高温度，当超过 40℃时，反应迅速，蓝变色素很快消失。

表 21-98　不同温度下对蓝变木材脱色效果的观察结果

树种	温度			
	20℃	30℃	40℃	50℃
泡桐	0	0	1	1
樟子松	0	0	1	1
橡胶木	0	0	1	1
香樟木	0	0	1	1
竹子	0	0	1	1

注：表中观察结果“1”代表蓝变可完全脱出，“0”代表蓝变不能完全脱出

（5）脱色液酸碱度 pH 对蓝变木材脱色效果的影响

由表 21-99 可知，酸碱度 pH 对蓝变木材脱色影响明显，中性的药液基本处于平衡状态，反应很慢，当酸碱度处于酸性状态，即低于 7 时，H^+离子多时，反应启动，脱色速率明显提高，且随着酸性增强，脱色反应更彻底。结果显示，酸性状态下，蓝变木材色斑可以去除。当脱色剂处于碱性状态，大于 7 时，OH^-离子多时，药液脱色反应基本处于停止状态，蓝变色斑不能脱出。由此看出，H^+和 OH^-基团对 TSBL 脱色液有调控作用。

表 21-99　不同酸碱度 pH 条件下对蓝变木材脱色效果的观察结果

树种	pH				
	5	6	7	8	9
泡桐	1	1	1	0	0
樟子松	1	1	1	0	0
橡胶木	1	1	1	0	0
香樟木	1	1	1	0	0
竹子	1	1	1	0	0

注：表中观察结果“1”代表蓝变可完全脱出，“0”代表蓝变不能完全脱出

第二节　桐木家具制作流程

一、桐木家具结构分析

结构是指产品或物体各元素之间的构成方式与接合方式。结构设计就是在制作产品前预规划、确定或选择连接方式、构成形式，并用适当的方式表达出来的全过程。家具结构设计是家居设计的重要组成部分，包括家具零部件的结构及整体的装配结构。家具结构设计的任务是研究家具材料的选择、零部件自身和其相互间的接合方法及家具局部与整体构造的相互关系。家具结构是直接为家具功能服务的，但它本身在一定的材料和技术条件下，以及在牢固而耐久的要求下也有着自己不同的结构方式。合理的家具结构可以增强制品的强度，节省原材料，提高工艺性。同时，不同的结构，由于其本身所具有的技术特征，可以加强家具造型的艺术性。因此，结构设计除了满足家具的基本功能要求外，还必须寻求一种简洁、牢固而经济的构筑方式。

家具产品通常都是由若干个零部件按照功能与构图要求，通过一定的接合方式组装构成的，家具产品的接合方式多种多样，且各有优势和缺陷。零部件接合方式的合理与否，将直接影响到产品的强度与稳定性、实现产品的难易程度（加工工艺），以及产品的外在形式（造型）。产品的零部件需要用原材料制作，而材料的差异将导致连接方式的不同。家具是一种实用产品，在使用过程中必须要有一定的稳定性。由于使用者的爱好不同，家具产品具有各种不同的风格类型。不同类型的产品有不同的连接、构成方式。相同的产品，也可以采用不同的连接方式。家具不仅是产品，也是商品。在生产、制造、运输、销售过程中，也要考虑到经济成本。因此在家具设计中结构尤为重要。

现在木制品结构大都以榫接合为主要特征的框式结构和以板件通过连接件接合为主的板式结构两种结构形式。目前，泡桐木制品市场主要依靠出口，并以来样加工为主要形式，家具形式多为箱体式结构，因此零部件制造多采用传统的榫胶接合方式、板式零部件或框架接合的形式，如木框嵌板结构和木框镶板结构，而部件之间的连接结构则为框式或板式。

（一）榫接合

榫接合是由榫头和榫眼或榫槽组成，将榫头插入榫眼（或榫槽）内，把两个零部件结合起来的一种方法。榫接合是榫头和榫眼都要涂胶，以保证有足够的结合强度。榫接合持续了几千年至今仍占据很重要的地位，传统的实木家具生产多采用榫接合。

一般来说，榫在接触的表面会产生摩擦力和压力，而在结构上又有重力在起作用。所以要达到的一个主要目标就是使两个或三个连接的结构在上下、前后和左右都不能随意松动。有些结构通过重力起作用，有些则通过摩擦力起作用，但总体而言就是保证有足够的接触面。通过重力作用将一些可移动的部件结构变成不可移动或固定的结构。在装完之后，由于重力和摩擦力的作用越来越结实。

榫卯结构在日常生活中随处可见，如在一些玩具中使用的六轴孔明锁结构，通过互相咬合的缺口来达到相互牵制的目的，一旦完成安装，则此结构为永久牢固性结构。传统实木家具的原材料是实木，而现代实木家具的原材料是实木或有相近加工和连接特征的材料，如实木拼板、集成材、胶合木等材料都可以用与实木相同（或极为相近）的连接方法和加工方法制造家具。现代实木家具既有框架式结构，又有板式结构。结构既有整体式，又有拆装式，但拆装式结构的比例越来越高。整体式实木家具以榫接合为主，拆装式实木家具则采用连接件接合，或是榫接合与连接件接合并用。泡桐木家具亦是如此。我国泡桐木家具在设计、制造过程中仍然延续传统的榫胶接合方式为主的品种、造型，多采用装配后榫头端头不可见的暗榫接合。这种榫接合榫头的长度较明榫接合短，接合断面较小的榫眼零件时可能会影响接合强度，但因榫头端头不外露，不会影响表面装饰效果。

泡桐家具传统结合方式主要有以下几种。

1）榫头连接：把一块板修剪后剪成舌状榫头与另一块板的纵向表面进行配合。常用于书桌及其他外露框架家具腿的组装。榫头既能穿过另一块板，也能终止在另一块板中，这种结构形式被称为“开口榫”和“闭口榫”。也可设计成平榫连接、插肩榫连接、裂口楔钉榫连接等。

2）侧边连接：把两块板边对边接合在一起，常用胶水和凹槽来连接搁架嵌板的侧面。包括平接、搭接、舌榫连接及花键连接。

3）碰接：常用于把物体边缘固定到块状木料，以及用于连接架子和隔板。

4）端接：用一块横档连在板的端部，以防止面板的开裂和弯曲。常用于橱柜、门、盒盖、书桌面等。常见的有端部斜接和端部花键连接。

5）槽接：垂直连接两块板，一端板的末端插入另一块板表面的凹槽，可与碰接归为一类。典型的有平槽接、半搭槽接和楔形榫槽接。

6）搭接：包括平搭接和斜搭接，两块板以垂直的角度在纵向表面进行互锁。搭接的接合处断面重合良好。因此，主要用于隐藏壁板转角的结构及连接两块方形部件，不让其端面暴露。在标准斜接中，面板一般切成45°角，或在六角形或八角形接合中，两块板都大于45°角，每个有角度的配件都能作为平斜接而被设计采用。

（二）钉接合

钉接合是各种结合接口中最简便、操作最方便的结合方法。它是借助钉与木质材料之间的摩擦力将被结合材料连接起来的一种方法。通常与胶黏剂配合使用，有时只起辅助作用。钉子的种类很多，主要有金属、竹制、木制，强度小，只适用木制品内部的接合处及外形要求不高的地方，钉接合大多是不可多次拆装的。钉接合的握钉力与基材的种类、密度、含水率及钉子的直径、长度和钉入深度、方向有关。圆钉应在持钉件的横纹理方向进钉，纵向握钉接合强度低应避免采用。泡桐家具极少部分零部件采用此种连接方式。

（三）木螺钉接合

木螺钉也称为木螺丝，是一种金属制的简单的连接构件。这种接合不能多次拆装，否则会影响制品的强度。木螺钉接合比较广泛地使用在家具的桌面板、椅座板、柜面、柜顶板、脚架、塞角、抽屉滑道等零部件的固定，拆装式家具的背板固定也可用螺钉接合，拉手、门锁、碰珠及金属连接件的安装也可使用。木螺钉接合的优点是操作简单、经济且易获得不同规格的标准螺钉。

（四）连接件接合

连接件种类很多，应用范围也较广，特别是近年来各种新型连接件的不断出现，带来了家具结构的一次深刻变革，拆装家具（knock down furniture，KD）和待装家具（ready to assemble furniture，RTA）也因此有了很大发展。采用拆转连接件设计生产的家具，工艺简单，拆装方便，完全可以实现先油漆后组装的生产工艺过程。与传统的家具生产方式相比，拆装家具和待装家具便于实现机械化、自动化生产，零部件更易实现标准化、系列化和通用化。这也给产品的包装、运输、储存带来了巨大方便。常用的连接件主要有：偏心连接件、塞孔螺母连接件、直角式倒刺螺母连接件、倒刺固定螺钉连接件、膨胀销偏心连接件、搭扣式偏心连接件、倒钩式偏心连接件等。其中，金属偏心连接件（由倒刺螺母、连接杆、偏心轮组成，俗称“三件式”）在板式家具中应用最为广泛，因为它具有结合强度高、不影响产品美观、拆装方便、孔位便于机械化加工的优点。在泡桐家具中，已经有部分零部件采用此种连接方式，但由于泡桐材质松软，连接强度不高，连接过后也不易多次拆装。

（五）胶接合

胶接合是指零部件之间借助胶层对其的相互作用而产生的胶着力的接合方法。在家具生产中，胶接合一般是指单独用胶接合零部件的方法。在目前出口的泡桐家具中，此种连接方法较为常见，常用于箱体结构或框架结构的搭口接触处。

另外，随着集成材制品的发展，采用指接集成或包覆的结构及合适的加工工艺制造出的泡桐木零部件也应运而生，而且这类零部件的综合性能还优于普通框架接合的零部件，这也是泡桐木制品实现纯板式结构的有效技术路线。

二、泡桐家具加工工艺过程

（一）原材料制备

材料选择：在实际生产过程中每种产品对泡桐木原料的材质要求各不相同，选择原材料需按照具体要求进行。一般不允许有影响木材强度的缺陷，如腐朽和比较严重的色变及已开裂的板材均不可使用。直径不超过且生长牢固、不影响木材强度的死节黑节，可以出现在不可见面或半可见面，小范围的挖补可以出现在不可见面。

材料干燥：泡桐木种类虽然很多但干燥特性非常相近。泡桐材容易干燥，无论是天然干燥或高温室干燥，通常都不会产生翘裂等干燥缺陷。

干燥过程中应注意的问题：干燥过程中窑内的温湿度和干燥基准确定的数值相比较不会有较大的变动，特别是在木材含水率较高的干燥初期阶段。如果此时操作不当温度过高很容易产生泡桐木材皱缩的缺陷。

最终含水率的确定：泡桐木板材干燥的终含水率应是 8%～10%。只有当家具的含水率和使用环境的温湿度条件相适应，家具在使用过程中才不会变形，而与适合人居住的室内温、湿度条件相对应的木材含水率也是 8%～10%。

干燥应力的消除：经过高温干燥的泡桐木板材即使采用正确的干燥基准和操作方法出窑后或多或少还会存在一定的干燥应力，如果直接进行下一步的加工必将造成部件以至最终产品的变形。因此需要在平衡室经过一段时间的平衡使木材内残存的干燥应力降低，同时木材厚度上的含水率梯度也会得到很好的改进。

（二）家具生产工艺

1. 拼板工艺

干燥后的毛料将进入车间经过刨、锯、挑选、开摔、指接、涂胶、压合接长、拼板接宽等工序，根据部件的尺寸和形状加工成指接材、拼板材供以后的部件制作使用。

加工拼板材的小木条含水率要求为 8%～10%。过高、过低或木条之间含水率差异过大都是造成部件产生开胶、开裂、翘曲、变形等缺陷的原因之一，所以在加工之前应对要加工的原材料进行含水率检验，满足要求的材料方可进入加工工序。

由于泡桐木材质软、纤维韧性强，在刨光和铣指接齿的过程中如果所用的刀具不够锋利，切削面上往往会出现起毛现象，使整个加工面不光滑。因此加工时要保持刀锋的锋利并尽量减少逆向切削木材。泡桐木的横向抗拉力也较差，若指接时纵向压力过大会造成指榫根部开裂。生产中应根据所用胶黏剂的工艺技术要求和指接木条的尺寸规格确定合理的指接压力大小。

胶黏剂的质量和性能对家具部件的胶合质量和环保性能有重要影响，应根据泡桐木家具的特点和性能要求，有所选择地使用胶黏剂。对强度和防水性有一定要求的家具和部件选择胶黏剂时更应考虑是否能满足性能的要求。

2. 部件加工工艺

拼板后的桐木毛坯部件经过挑选、锯切、砂光、修补、铣型、钻孔、油漆等工艺过程加工成可以组装的家具部件。由于各种原因拼板后的毛坯部件总是存在着一定的缺陷，所以加工前应进一步加以挑选并用腻子修补。一是把不合格且不可修补的毛坯部件挑出，以免进入下一道工序造成更大的浪费。二是把可修补的毛坯部件挑选出来进行修补，确保进入下一道工序的部件都是合格品。

3. 油漆涂饰工艺

常用的家具涂饰油漆分为清漆和色漆。经常使用的是一种半遮盖、半透明的灰色漆，透过油漆面能看到泡桐木的纹理，但整个油漆面的颜色一致。这样既能让顾客看到实木的木纹，同时又消除了木材的色差，使颜色统一。

4. 家具部件的砂光

部件在修补后经定厚砂光，使整个部件的厚度统一。此时要调整好砂光机定厚辊，避免出现砂光波浪纹，这种加工缺陷在涂饰油漆后会更加明显，进而影响整个家具的视觉效果。泡桐木材质较软，粗砂时会起毛，所以砂纸号不可以跳跃太大，否则会造成板面的厚度不均匀、板面光洁度不好，从而影响漆面的性能。砂光后到油漆涂饰前的时间间隔应尽量短，如果存放时间过长受外界环境温湿度变化的影响，板件会由于吸潮而光洁度不好，进而影响涂饰后的漆面性能。存放时间过长板件还会因外界的温湿度变化而翘曲变形，而对于辊涂二艺来说哪怕是轻微的变形也会造成漆面厚薄不均。

5. 表面涂饰的工艺环境

油漆涂饰区域应通风换气，以保证空气的流动，及时排出大量挥发的溶剂，并保持空气清洁无灰尘。

（三）家具的包装、储存与安装

包装前要对每片部件进行检验，合格的部件方可包装，这是对产品质量最后的把关。目前泡桐家具多采用成品包装的形式。未来发展方向应采用平板式包装。每个包装箱内配备整套的五金件、连接件、安装具和一份详细的安装说明书，以保证普通顾客根据安装说明就可对家具进行安装，无须请专业人员。

三、全桐家具

试验材料取自兰考县，树种为兰考泡桐（*Paulownia elongata*），数量为 6 株，树龄为 15 年，树高 13m，胸径 45cm，年轮平均 1.5cm。树木长势良好，树干通直高大，树木健康，材质较为均匀，木材无腐朽，无虫蛀。

（一）家具结构与强度

传统泡桐实木家具采用手工或机械加手工的加工方式，而现代实木家具强调要采用工业化加工方式，并要符合绿色产品要求，即在材料、结构、加工工艺、产品流通等方面必须与现代社会需求、先进生产装备、先进技术保持基本一致。

板材平面与立面结构采用榫槽结合，榫及槽尺寸为内隐形梯形。一般来说，榫在接触的表面会产生摩擦力和压力，而在结构上又有重力在起作用。所以要达到的一个主要目标就是使两个或三个连接的结构在上下、前后和左右都不能随意松动。有些结构通过重力起作用，有些则通过摩擦力起作用。但总体而言就是保证有足够的接触面。传统的榫接结构的特点在于将几个部件所接合的复杂的力学系统的实现，通过力的传递和重力的作用将一些可移动的部件结构变为不可移动或固定的结构。在装完之后，由于重力和摩擦力的作用越来越结实。

榫槽结构：板材平面与立面结构，采用榫槽结合，榫及槽尺寸为内隐形梯形尺寸，长边为27mm，短边为21mm，榫/槽高度为10mm，深度为10mm，具体参照图21-16和图21-17。

图21-16　榫槽接合示意图A

图21-17　榫槽接合示意图B

（二）木质连接件的作用与意义

木质连接件在全桐木家具制造中起到加强和固定作用，特别是泡桐人工林速生木材，材质疏松，强度低，使用木螺钉尤为重要。其中，长螺钉用于大尺寸、大规格家具制造，或者承重部位的使用，如家具表面与侧面的连接与加强；短螺钉用于腿部或者小尺寸部件的连接，用于提高抗冲击性及尺寸稳定性功能；楔形木螺钉主要用于容易松动、滑落部位的连接，如椅子腿部与横撑的连接；楔形沟槽的数量可以根据需要进行调整，总体而言是要保证提高强度，同时降低制造成本，螺钉表面不至于过度复杂，以使用过程中不至于退出为主；木螺钉的材质，以木材稳定性好、强度高的树种为主，如竹子、桦木、榆木、白蜡等强度高、色泽稳定、韧性好的树种木材。8款木螺钉，长短型各4款（图21-18），以提高桐木家具连接的强度，提高桐木家具的整体稳定性，木螺钉的使用相当于钢筋混凝土中的钢筋作用，起到连接与加固的作用。主要用于解决人们所说的泡桐木材金属钉握钉力不好的问题。

全桐木椅子结构设计见图21-19～图21-24。

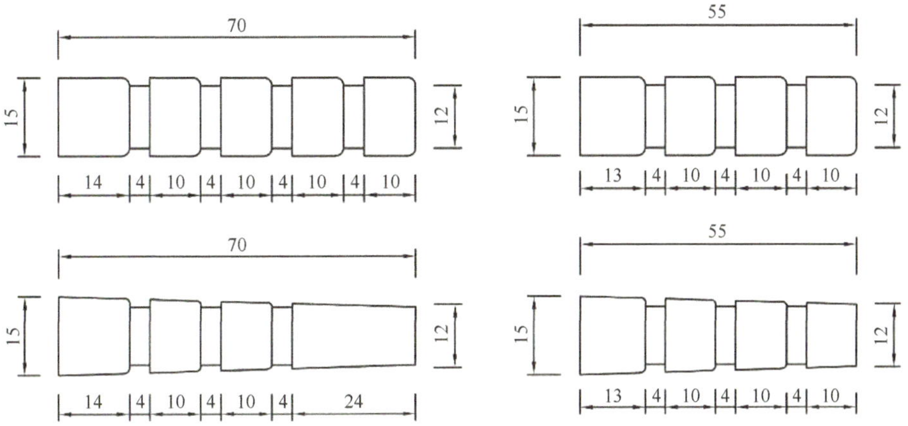

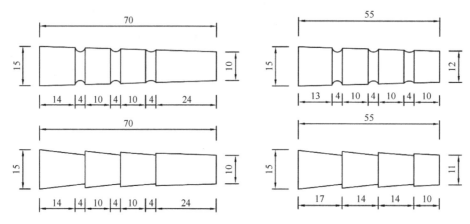

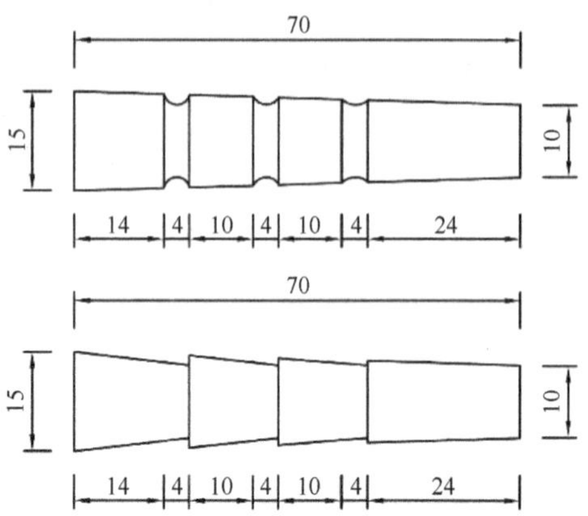

图 21-18　木螺钉设计图

图中数字的单位为 mm，下同

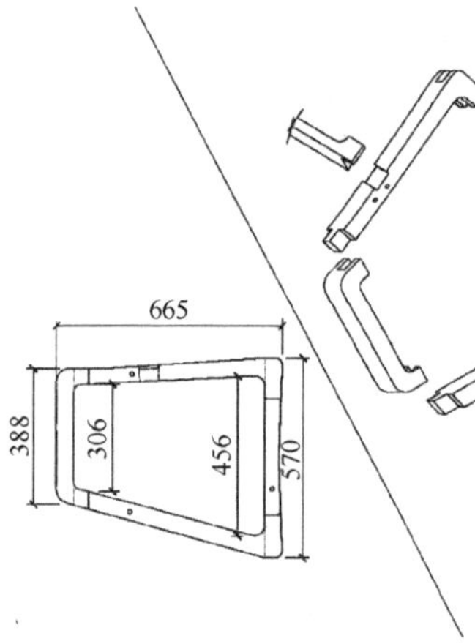

图 21-19　桐木椅子设计图——组合轴侧图

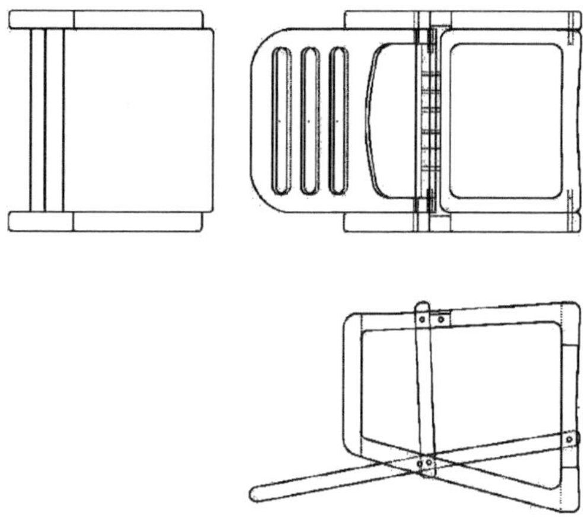

图 21-20　桐木椅子设计图——三视图

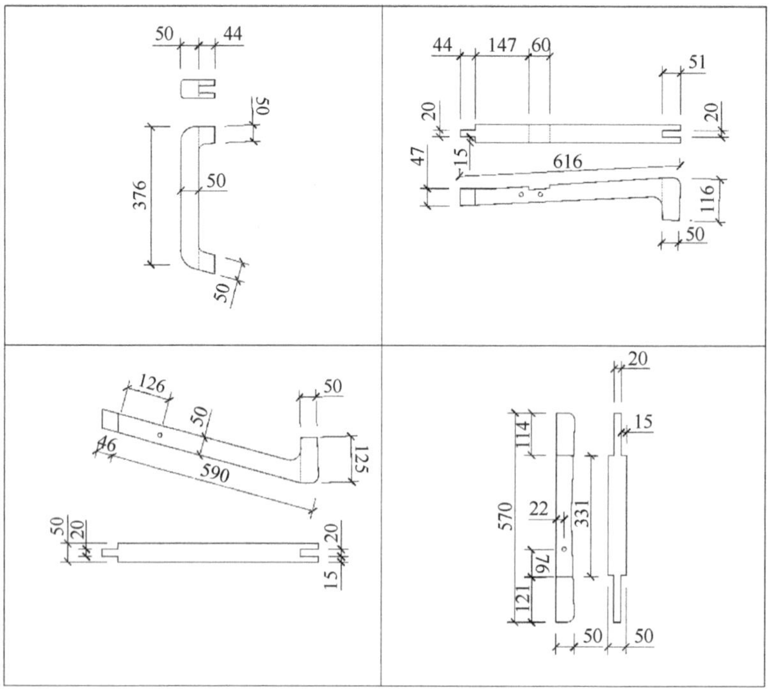

图 21-21　桐木椅子设计图——腿部分解详图

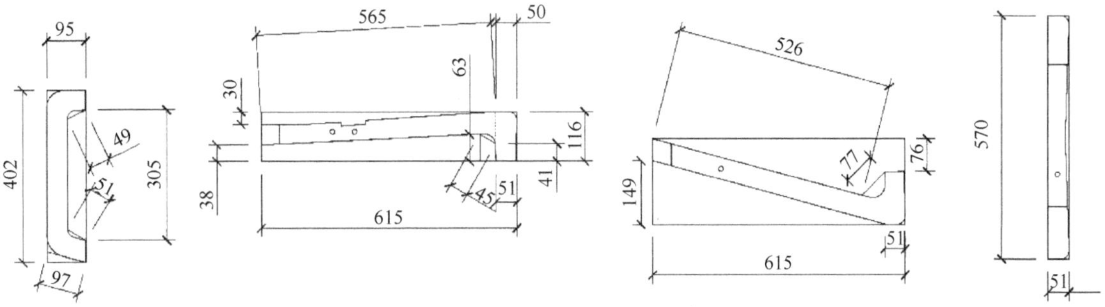

图 21-22　桐木椅子设计图——小板裁切法

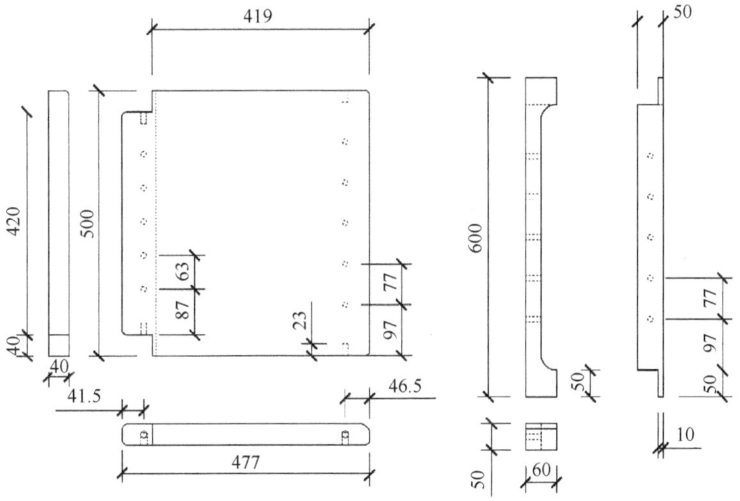

图 21-23　桐木椅子设计图——座面、前撑详图

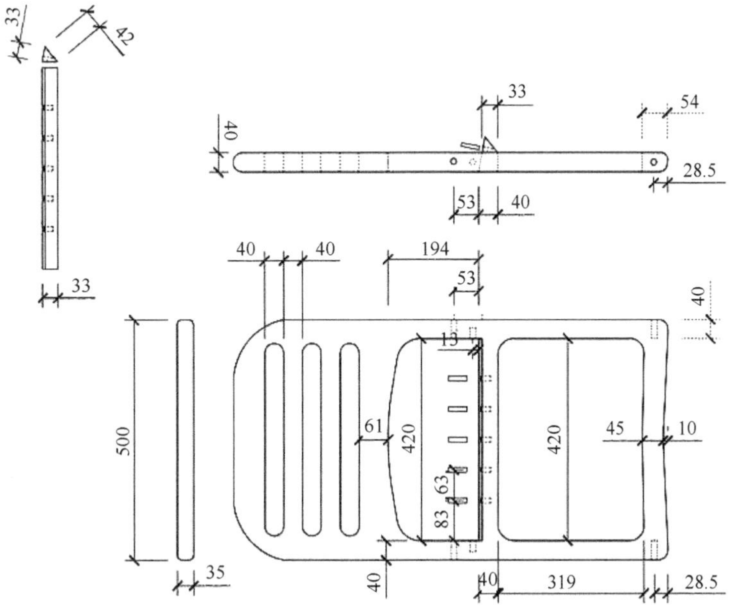

图 21-24　桐木椅子设计图——靠背详图

全桐木桌子结构设计见图 21-25～图 21-27。

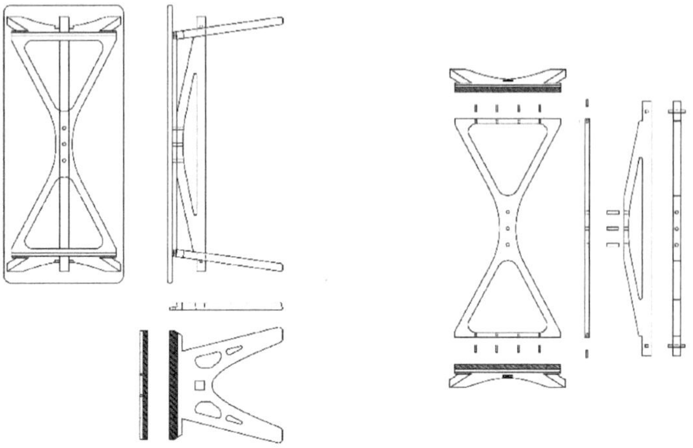

图 21-25　桐木桌设计图——各部分三视图

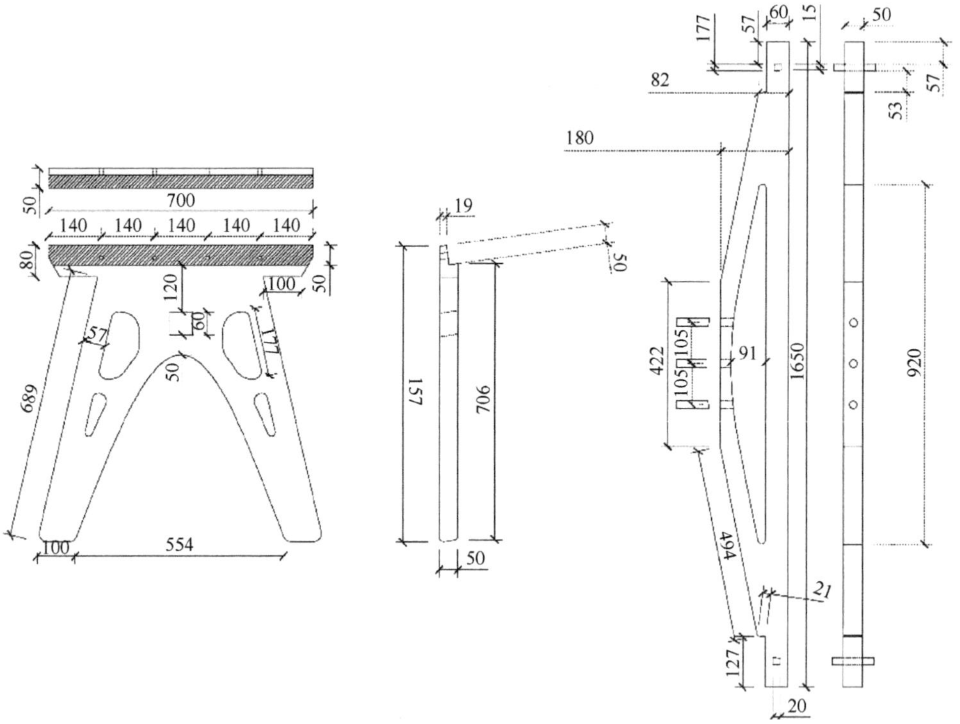

图 21-26　桐木桌设计图——竖撑分解详图

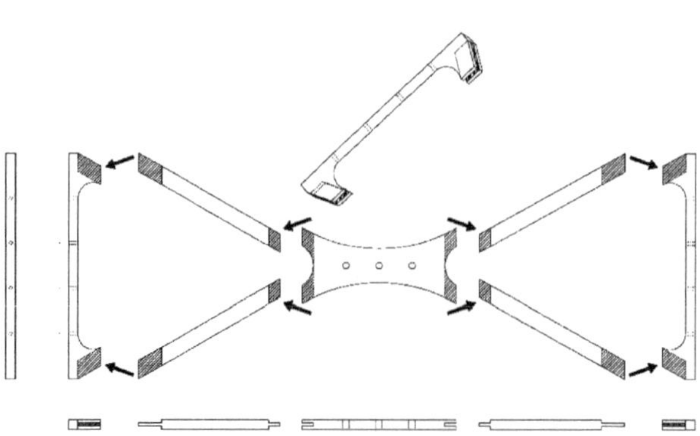

图 21-27　桐木桌设计图——平撑分解组合详图

（三）全桐家具检测

1. 主要尺寸及其偏差测定

试件应放置在平板或平整地面上，采用精确度不低于 1mm 的钢直尺或卷尺进行测定。尺寸偏差为产品标识值与实测值之间的差值。

2. 形状和位置公差测定

（1）翘曲度测定

应采用精确度不低于 0.1mm 的翘曲度测定器具。选择翘曲度最严重的板件，将器具放置在板件的对角线上进行测量，以其中最大距离为翘曲度测定值。

（2）平整度测定

采用精确度不低于 0.01mm 的平整度测定器具。选择不平整程度最严重的 3 个板件，测量其表面上 0～150mm 长度内与基准直线间的距离，以其中最大距离为平整度测定值。

（3）邻边垂直度测定

采用精确度不低于 1mm 的钢直尺或卷尺，测定矩形板件或框架的两对角线、对边长度，其差值即为邻边垂直度测定值。

（4）位差度测定

采用精确度不低于 0.1mm 的位差度测定器具。应选择测试的相邻表面间距离最大部位进行测定，在该相邻表面中任选一表面为测量基准表面，将器具的基面安放在测量基面上，用器具的测量面对另一相邻表面进行测量（并沿着该相邻表面再测量一个或以上部位），当测定值同为正（或负）值时，以最大绝对值为位差度测定值；当测定值为正负时，以最大的绝对值之和为位差度测定值，并以最大测定值为位差度评定值。

（5）分缝测定

采用精确度不低于 0.01mm 的塞尺测定。测定前应先将抽屉或门来回启闭 3 次，使抽屉或门处于关闭位置，然后测量分缝两端内侧 5mm 处的分缝值，取其最大值作为分缝的评定值。

（6）底脚平稳性测定

将试件放置在平板或平整地面上，采用精确度不低于 0.01mm 的塞尺测量底脚或底面与平板间的距离，记录最大值为测量值。

（7）下垂度、摆动度测定

采用精确度不低于 1mm 的钢直尺或卷尺测定。将钢尺放置在与试件测量部位相邻的水平面和侧面上，将试件伸出总长的 2/3 处，测量抽屉水平边的自由下垂和抽屉侧面左右摆动的值，以测得的最大值作为下垂度和摆动度的测定值。

3. 写字桌检测

检验依据为《木家具通用技术条件》（GB/T3324—2017）。

检测机械：河南省钢木软体家具产品质量监督检验中心专用检测设备，检测结果如表 21-100 所示。

4. 桐木方凳检测

检验依据为《木家具通用技术条件》（GB/T3324—2017）。

检测机械：河南省钢木软体家具产品质量监督检验中心专用检测设备，检测结果如表 21-101 所示。

表 21-100　写字桌检测结果

序号	检验项目	试验条件	试验结果	结论
1	翘曲度	对角线长度	2.0mm	满足长度≥1400mm，
2	临边垂直度（面板、框架）	对角线/对边长度	2mm	满足≤3.0mm
3	平整度	桌面	0.11mm	≤0.2mm
4	垂直静载荷	750N	零部件无破损	符合要求
5	水平静载荷	100kg	牢固部件无永久性松动	符合要求
6	桌面垂直冲击	冲击高度	无破裂	符合要求
7	桌面水平耐久性试验	水平载荷 100kg，冲击 10 000 次	无变形、无位移，使用正常	符合要求
8	稳定性	桌边中心施加 600N 载荷	无倾翻	符合要求

表 21-101　方凳检测结果

序号	检验项目	试验条件	试验结果	结论
1	翘曲度	面板、正视面对角线长度	0.5mm	满足长度≤700mm，≤1.0mm
2	临边垂直度（面板、框架）	对角线/对边长	1 度	满足对角线长度＜1000mm，长度差≤2.0mm
3	底脚稳定性	底脚与水平面差	1.0mm	要求≤2.0mm
4	座面、椅背静载荷	1200N、410N	零部件无破损	符合要求
5	椅腿向前静载荷	375N	牢固部件无永久性松动	符合要求
6	椅腿侧向静载荷	加载 300N	无变形	符合要求
7	座面冲击试验	冲击高度 140mm	无变形、无位移，使用正常	符合要求
8	稳定性	侧面中心施加 600N 载荷	无倾翻	符合要求

（四）泡桐木材表面强化处理

试验中所用的合成树脂，选用市场中原料较多、生产中易于控制且符合环境要求的热固类树脂。其中酚醛树脂，因带有颜色不宜选用，三聚氰胺–甲醛树脂色浅、耐水、化学性质稳定，兼耐腐性能，因此，采用合成的改性低分子三聚氰胺–甲醛树脂（MF）为浸渍试剂。

以三聚氰胺和甲醛为原料（大试样试验可选用工业品）合成低分子树脂。三聚氰胺和甲醛的物质的量比为 1∶（2.5～3），经混合搅拌均匀后，用 NH_3 或 8%NaOH 调至 pH 8～9，然后移至带有电动搅拌装置、回流冷凝管和温度计的三口烧瓶中，加入适量的稀释剂，并加入改性剂 1（其用量为反应物重量的 10%～15%）。将三口烧瓶置于 70℃恒温水浴锅中，5～10min 加热反应液至 70℃，恒温搅拌反应 10min，使甲醛与三聚氰胺发生加成反应。然后用 12%HCl 调节 pH 至 5.5，加入改性剂 2 和改性剂 3（其用量为反应物重量的 25%～30%），继续搅拌 5min，进行醚化反应。停止反应，用 10%$NaHCO_3$，调至中性，在 40～45℃条件下减压蒸馏，去除水分，得到低分子 MF 树脂，其分子量为 350～380，减压蒸馏前比重为 1.17～1.25（20℃）。

加入改性剂的目的是增加三聚氰胺-甲醛树脂的塑性，减少脆性，即降低树脂分子量，减少立体交联度。采用内增塑剂，内增塑剂可选用氨基、亚氨基（如双氰胺、己内酰胺、三乙醇胺、对甲苯硫酰胺、硫脲等）和多基醇类（如乙二醇、1,2-丙二醇、葡萄糖等），试验中采用多元醇作内增塑剂。

1. 泡桐木材表面硬化处理

将合成的低分子树脂配制成浓度为 2%～10%的水溶液，加入 0.5%～1%色精、5%～21%透明聚酯涂料等涂刷泡桐木材表面，待其干燥固化后，即可达到提高桐材表面硬度之目的。

经树脂改性处理的木材随处理液浓度的提高而硬度提高，重量损失率降低，即耐磨性提高。其主要原因是经改性后的木材，树脂与木材组分发生交联反应，纤维间的结合力增大，见图 21-28。

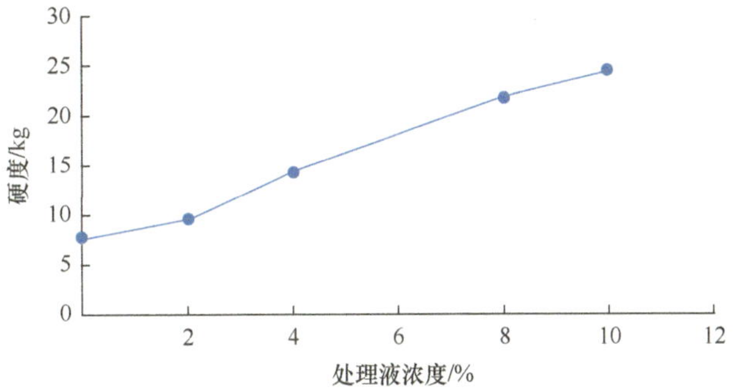

图 21-28　树脂浓度对木材硬度的影响

2. 泡桐木材表面碳化处理

烤桐用的桐木基材可以是自然生长的实木独板，也可以是实木拼板、指接板、细木工板。所述烤桐家具是指经烧烤上色桐木制作的衣柜、橱柜、桌椅、百叶窗、包装盒、悬挂家具（挂件、托盘）等。

将泡桐板材含水率调整到 5%～14%，然后将桐木板材放置好，液化气经喷嘴点燃，调控施加 0.1～10 个压力氧气助燃，调整火焰喷嘴与板材距离保持在 50～500mm，移动速度 0.1～30m/s，调控碳化强度，然后进行铜刷拉灰，配置环保水性上色剂、打蜡，晾干即可。

烘烤桐木板材过程中，增压助燃氧气的压力为 0.1～10 个大气压力。喷嘴发出的火焰温度控制在 500～1500℃。

火焰在木材表面驻留时间为 0.1～20s。

火焰喷嘴距离烧烤桐材距离为 50～500mm。喷嘴移动速度为 0.1～30m/s。

橙红色调色剂配方：清洁自来水 30%～60%，白乳胶 1%～10%，滑石粉 25%～65%，炭黑色精 0.1%～5%，铁黄色精 0.1%～6%，大红色精 0.1%～8%。

灰白色调色剂配方：清洁自来水 30%～60%，白乳胶 1%～12%，滑石粉 25%～58%。

黑色调色剂配方：清洁自来水 30%～60%，白乳胶 1%～10%，滑石粉 25%～65%，炭黑色精 0.1%～10%。

人工火烤桐木上色彻底解决了泡桐木材变色引起的质量风险；使用的液化气加增压氧气助燃碳化方式，使碳化燃烧安全可靠，温度可控可调，碳化桐材表面清洁无汽油污渍，产品表面质量高，实现产品上色，色调均一，木纹凸凹感强，立体别致，骨感美观；水式上色，无毒无味、环保、色泽自然、淡雅、清晰，着色质量高。提高烤桐视觉美观效果，提升泡桐木材价值，拓宽泡桐木材利用途径。

从表 21-102 中可以看出，泡桐板材顺弯、翘弯变形均达到极显著水平，也就是说即使泡桐是尺寸稳定性相当好的木材，但是如果处理不当也会发生明显的变形；分析得知，处理方式（常规法即未浸泡、冷水处理、冷水循环、热处理、温水处理）对变形的影响达到极显著水平；说明不同的处理影响变形，这与处理影响木材内含物有关；锯材方法径切与弦切影响变形；放置方式（平放与立放）对干燥过程中的变形也会有明显影响；表中还显示，几种因子的交互作用对变形的影响也达到了极显著水平，说明几种因子的影响并不是单独的，而是共同作用影响变形。泡桐家具板材对变形控制要求极其严格，不允许有大的尺寸变形，这就要求在生产过程中要按照变形的影响因子作用，严格控制其对变形的影响，使其降到最低。

表 21-102　板材变形方差分析

方差来源	因变量	平方和	自由度	均方	F	显著性
变形模式	顺弯	8 204.93	20	410.25	4 097.76	0
	翘弯	1 494.86	20	74.74	3 190.87	0
处理方式	顺弯	28.11	4	7.03	70.21	$4.181\ 35\times10^{-41}$
	翘弯	1.58	4	0.40	16.87	$2.101\ 55\times10^{-12}$
锯材方法	顺弯	7.48	1	7.48	74.73	$4.237\ 14\times10^{-16}$
	翘弯	2.04	1	2.04	87.30	$3.051\ 25\times10^{-18}$
放置方式	顺弯	1 460.84	1	1 460.84	1 4591.68	$1.424\ 9\times10^{-243}$
	翘弯	5.14	1	5.14	219.43	$4.680\ 16\times10^{-37}$
处理×锯材	顺弯	8.57	4	2.14	21.40	$2.042\ 64\times10^{-15}$
	翘弯	0.43	4	0.11	4.63	0.001 235 081
处理×放置	顺弯	12.70	4	3.18	31.72	$8.393\ 56\times10^{-22}$
	翘弯	0.62	4	0.15	6.61	$4.282\ 13\times10^{-5}$
锯材×放置	顺弯	1.50	1	1.50	15.03	0.000 131 906
	翘弯	0.06	1	0.06	2.49	0.115 819 045
处理×锯材×放置	顺弯	12.84	4	3.21	32.06	$5.332\ 8\times10^{-22}$
	翘弯	1.21	4	0.30	12.87	$1.234\ 82\times10^{-9}$
误差项	顺弯	28.03	280	0.10		
	翘弯	6.56	280	0.02		

表 21-103、表 21-104 显示，径切、弦切材，平放、立放等对顺弯、翘弯变形的影响，可以看出，径切材比弦切材变形稍小，板材立放比平放变形幅度小，从泡桐板材产品要求来讲，尽可能要减少变形因素造成的不利影响。

表 21-103　顺弯变形观测

锯材方法	放置方式	变形/mm	标准差	试件数
径切	立放	2.26	0.39	90
	平放	6.86	0.41	75
	平均	4.35	0.40	165
弦切	立放	2.72	0.53	60
	平放	7.04	0.78	75
	平均	5.12	0.65	135
平均	立放	2.44	0.50	150
	平放	6.95	0.63	150
	平均	4.70	0.57	300

表 21-104　翘弯变形观测

锯材方法	放置方式	变形/mm	标准差	试件数
径切	立放	2.00	0.19	90
	平放	2.30	0.19	75
	平均	2.14	0.24	165

续表

锯材方法	放置方式	变形/mm	标准差	试件数
弦切	立放	2.20	0.18	60
	平放	2.43	0.17	75
	平均	2.33	0.21	135
平均	立放	2.08	0.21	150
	平放	2.37	0.21	150
	平均	2.22	0.25	300

表 21-105 为处理方法对顺弯、翘弯造成桐木板材变形的影响，可以得出处理方法有利于减少木材内含物、降低内部吸水能力，则变形较小。

表 21-105　处理方法对泡桐板材变形的影响

变形	处理方法	变形/mm	标准差	下限/mm	上限/mm	试件数
顺弯	常规法	5.22	0.04	5.14	5.30	60
	冷水浸泡（28℃）	4.87	0.04	4.79	4.95	60
	冷水循环	4.41	0.04	4.33	4.49	60
	干燥处理（60℃）	4.71	0.04	4.63	4.79	60
	温水浸泡（50℃）	4.39	0.04	4.31	4.47	60
翘弯	常规法	2.28	0.02	2.24	2.32	60
	冷水浸泡（28℃）	2.10	0.02	2.06	2.13	60
	冷水循环	2.26	0.02	2.22	2.30	60
	干燥处理（60℃）	2.30	0.02	2.26	2.34	60
	温水浸泡（50℃）	2.23	0.02	2.19	2.27	60

（1）板材长度选择

桐木沿生长方向的弯曲变形比较突出，虽然程度不大，但基本与长度呈线性关系，即长度越大，弯曲变形表现越明显。故大规格板材，必须考虑控制泡桐木材变形的问题。通过基材雨淋 1 年或 40～60℃水浸 18 天、径切法制材、选择适宜规格、立放立面干燥、含水率控制在 8%～13%、背面铣削平行浅沟槽等措施，控制大规格板材变形。

（2）厚度选择

一般桐木家具面板厚度在 20～30mm，侧板在 10～20mm，从经济角度考虑是越薄越好，但是从强度、可靠性上考虑厚些比较好。

（3）宽度选择

根据泡桐原木的直径及小头直径，考虑泡桐原木髓心问题，泡桐拼板单条宽度应确定在 50～200mm，随着宽度增加，要满足质量标准，生产难度逐渐增大，具体可以根据拼板造材标准加工桐木板材。

（4）板材含水率控制

通过试验，泡桐板材如果未经干燥，木材含水率往往高低不一，致使产品在使用过程中干缩湿胀不一致，出现变形比较严重的现象；试验证明：泡桐板材含水率定在 10%～13% 比较好，这个参数需要根据具体用户的当地平衡含水率确定。含水率过低，产品运到客户手中，会适应当地的气候，围绕平衡含水率上浮；含水率过高，板材到当地后会干缩，下降到平衡含水率附近；如果板材含水率控制不当，桐木板就会出现开裂、翘曲等缺陷，产生大的尺寸稳定性问题。

（5）软质桐材高光洁加工技术

在相同刨切参数条件下，晚材刨削表面质量优于早材刨削表面质量。径、弦切面刨削表面质量评定主要取决于刨削表面早、晚材相对比例。随着进料速度增加，刨削表面粗糙度增加，早、晚材部位也是随着进料速度增大，逐渐出现泡桐木纤维起毛、撕裂，甚至出现挖切、凹坑，表面质量降低；当进料速度为 5m/min 时，表面粗糙度质量最优，但过低的进料速度不利于生产，因此，在满足一定的泡桐木刨削表面质量前提下，可以尽量提高进料速度，以便提高生产效率，此处推荐进料速度为 20m/min。

随着刨削深度增大，刨削表面粗糙度先减小后增大。早、晚材部位随着刨削深度的增大，逐渐出现泡桐木纤维起毛、撕裂，表面质量降低。当刨削深度过小时，刨刀对工件的主要作用可以近似看作磨削，从而破坏已加工工件表面质量，造成起毛现象，因此当刨削深度为 3mm 时，表面质量最优。

根据实际生产对生产效率的需要，结合表面粗糙度要求，可以确定最优的切削参数：进料速度为 20m/min，刨削深度为 3mm。

（6）低色差涂饰技术

用醇酸清漆和木蜡油采用新工艺涂饰，用封闭底漆替代腻子封底，对木材色度指标影响较小，基本不改变木材本身色调，木材涂饰泡桐板材颜色均匀一致，不会出现色差大、色调深浅不一的缺陷。SPSS 分析表明，新工艺透明涂饰其色度指标与传统工艺相比有极显著改进。这主要得益于使用封闭型涂饰底漆，其封闭效果好，渗入木材量小，使用量低，不会像传统腻子那样含有一些无机矿物质成分，因不同木材部位附着量不一致，导致对光的吸收与反射不一而出现色差偏高。

醇酸清漆和木蜡油采用新老工艺涂饰后，木材亮度均有下降，总色差提高，色度指标劣化，但采用新工艺涂饰亮度下降较少，比老工艺分别高 4.62 和 5.41，偏差分别低 3.47 和 2.72，变异系数分别低 5.64% 和 4.25%；总色差新工艺比老工艺分别低 0.94 和 6.10，偏差分别低 2.80 和 1.80，变异系数分别低 7.04% 和 3.89%，新工艺效果明显好于老工艺。

仿珍贵木材色调涂饰正交试验表明：色精涂饰量为 11g/ m^3、面漆涂饰量为 37g/ m^3 可使桐材表面涂饰达到理想效果。8 种珍贵木材色调验证试验结果表明：应用新工艺涂饰法进行桐材仿珍贵木材涂饰效果好，总色差偏差小，色度均一，颜色稳定，即使色调变化最大的乌木的亮度变异系数也仅有 3.63%，总色差变异系数为 1.34%，比老工艺低很多，新工艺涂饰适合泡桐木材仿珍贵木材涂饰。

泡桐木材家具用板材加工工艺流程图见图 21-29。

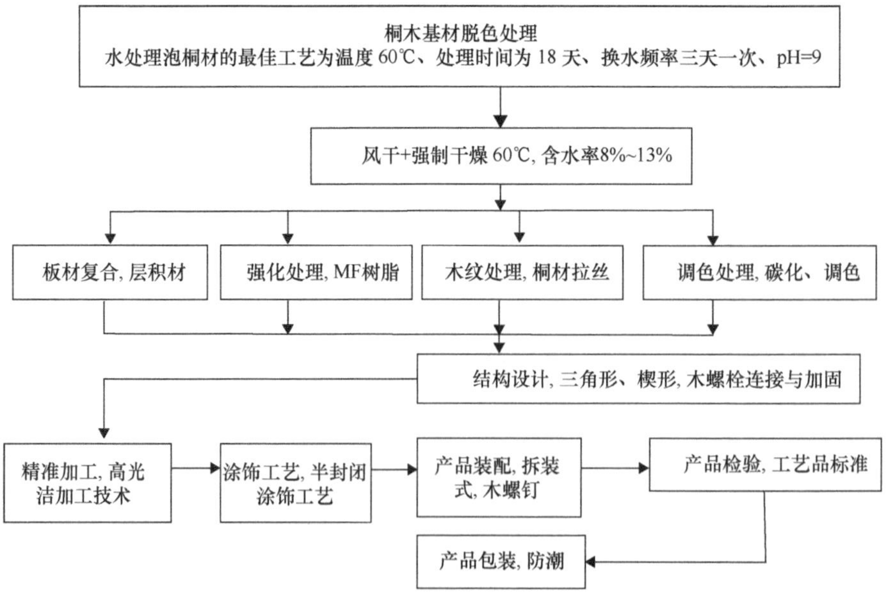

图 21-29 泡桐木材家具用板材加工工艺流程

第三节　主要桐木家具产品展示

主要桐木家具产品见图21-30～图21-64。

图21-30　桐木三斗橱

图21-31　桐木四斗组柜

图21-32　桐木四斗柜

图21-33　桐木五斗橱

图21-34 桐木六斗橱

图21-35　桐木六斗柜

图 21-36 桐木七斗橱

图 21-37 桐木八斗橱

图 21-38 桐木九斗柜

图 21-39 桐木斗柜组合

图 21-40 桐木鞋柜

图 21-41 桐木橱柜

图 21-42 桐木大衣柜

图 21-43 桐木定制衣柜

图 21-44 桐木组合挂衣柜

图 21-45 桐木挂衣柜内部

图 21-46 桐木组合大衣柜

图 21-47 桐木组合柜（一）

图 21-48 桐木组合柜（二）

图 21-49 桐木家具组合图（一）

图 21-50 桐木家具组合图（二）

图 21-51 桐木家具组合图（三）

图 21-52　桐木书柜（一）

图 21-53　桐木书柜（二）

图 21-54　桐木书柜（三）

图 21-55　桐木电视柜及斗柜

图 21-56　桐木学习桌（一）

图 21-57　桐木学习桌（二）

图 21-58　桐木学习桌（三）

图 21-59　桐木学习桌（四）

图 21-60　桐木桌椅

图 21-61　桐木学习桌椅

图 21-62　桐木桌子

图 21-63　桐木儿童组合床

图 21-64　桐木家具展示

参 考 文 献

常德龙. 2002. 真菌致泡桐木材变色机理及防治技术研究. 中国林业科学研究院硕士学位论文.
常德龙. 2005. 人工林木材变色与防治技术研究. 东北林业大学博士学位论文.
常德龙, 陈玉和, 胡伟华, 等. 1997. 用低分子树脂进行泡桐木材表面强化的研究. 林产工业, (6): 7-10.
常德龙, 胡伟华, 张云岭. 2016. 泡桐研究与全树利用. 武汉: 华中科技大学出版社.
常德龙, 宋湛谦, 黄文豪, 等. 2006. 真菌对泡桐木材化学成分及其结构的影响. 北京林业大学学报, (3): 145-149.
常德龙, 张云岭, 马志刚, 等. 2015. 泡桐材墙壁板两种涂饰工艺效果差异. 东北林业大学学报, 43(2): 116-118.
戴向东, 曾献, 李敏秀, 等. 2007. 中日传统家具结构形式的比较. 木材工业, (6): 34-36, 40.
韩黎雪. 2015. 泡桐材色质量控制研究. 中国林业科学研究院硕士学位论文.
李江晓. 2009. 基于木材材质特性的桐木家具设计研究. 河南农业大学硕士学位论文.

李小清, 常建民, 白淑玉. 2008. 真菌对东北白桦木材化学成分的影响. 东北林业大学学报, (5): 56-57.
司传领. 2002. 板式家具角部结合性能的研究. 东北林业大学硕士学位论文.
吴昊. 2011. 基于材料物理属性的杉木家具造型设计研究. 中南林业科技大学硕士学位论文.
许雅雅, 常德龙, 胡伟华, 等. 2021. 雨淋对不同泡桐品系木材颜色的影响. 东北林业大学学报, 49(9): 90-94.
张洵. 2007. 传统家具结构在现代材料和工艺中的探索. 江南大学硕士学位论文.
张英杰, 杨巍巍, 陈峰副, 等. 2015. 家具质量管理与检测. 北京: 中国轻工业出版社.

第二十二章　泡桐装饰材的研发

泡桐木是一种轻质、柔软且具有良好加工性能的木材，常被用于家具、墙面、天花板、门窗和其他室内装饰材料的制作。泡桐木装饰以其轻巧、优雅和自然的特点而受到广泛喜爱。泡桐木的质地柔软，易于加工和塑造，因此可以用于各种不同设计的装饰材料。泡桐木具有独特的纹理和色彩，可以为室内空间增添温暖和舒适的感觉。泡桐家具是泡桐木装饰中最常见和流行的选择。泡桐家具具有简约、清新、轻盈的特点，适合各种室内风格。泡桐家具可以定制成各种不同的款式和设计，以满足不同消费者的需求。泡桐家具不仅在家庭中使用广泛，也在商业空间中得到了应用，如酒店、咖啡馆、办公室等。除了家具，泡桐木还可以用于墙面、天花板和门窗的装饰。泡桐墙面可以为室内空间增添柔和的光线和自然的氛围，让人感觉更加舒适和放松。泡桐天花板可以营造出温馨的居住环境，使整个空间更加温暖和宜人。而泡桐门窗则可以提供轻盈、通透的视觉效果，增强室内外的联系。

泡桐木材中有一种光泽被称为丝绢光泽，柔和美观。此光泽的明显与否是衡量木材材质优劣的重要指标。木材的切削加工是高效地开发利用木材资源的重要手段，其中木材刨削是重要的木材切削加工方式之一。木材的切削表面质量是评价木材切削加工的主要指标，进料速度和刨削深度是木材刨削加工中两个重要的刨削参数，直接影响着木材刨削的生产效率和表面质量。因此，分析研究进料速度和刨削深度对泡桐木刨削表面质量的影响具有重要的理论和实践意义。泡桐木材采用传统涂饰工艺处理多出现质量缺陷，产品颜色不均一、色差大、装饰效果不好，不美观，降低了桐材产品经济价值，影响了对泡桐木材规模化的深加工利用。因此，为研发高品质装饰墙壁板高附加值产品提供有效技术支撑，研究解决泡桐木材涂饰后颜色失真、色差大等技术问题刻不容缓。开展泡桐木材天然色涂饰和针对市场不同需求进行了多种珍贵木材色尝试，分析比较了泡桐木材涂饰效果，确定了相关工艺及参数。

第一节　泡桐装饰与审美

一、我国传统家具的装饰色彩与人文

人类对美的感觉最先是与自然和色彩的美的素材联系在一起的。任何装饰包括家具本身都是有色彩的。家具的装饰色彩主要通过以下途径获得。

基材的固有色家具是以木质为主要基材的一类产品。木材是一种天然材料，附在木材上的本色就是木材的固色。木材种类繁多，固有色也十分丰富，如栗木的暗褐、红木的暗红、檀木的黄色、椴木的象牙黄、白松的奶油白等。木材的固有色或深沉或淡雅，都有着十分宜人的特点。木材的固有色可以通过透明涂饰或打蜡抛光而加以固定。保持木材固有色和天然纹理的家具一直受到世人的青睐。此外，青铜、石材也有各自的基本色彩，或古朴凝重或晶莹剔透。

保护性的涂饰色家具一般都需进行涂饰处理以提高其耐久性和装饰性。涂饰分为两大类，一类是保护纹理可见的透明涂饰，一类是覆盖其纹理的不透明涂饰。透明涂饰大多数需进行染色处理，染色可以改变木材的固有色，可以使深色变浅，更可以使浅色变深，使木材色泽更加均匀一致，使低档木材具有名贵木材的外观特征。不透明涂饰更是一种人造色，色彩加入涂料中，将木材纹理和固有色完全覆盖，我国传统漆木家具多属此类。

附加材料的色彩如珐琅、象牙、贝壳、石材、金银等作为镶嵌装饰材料时所表示的色彩，又如我国传统家具上的五金件的金属色彩等。

色彩本无美丑之分，一块单独的色彩我们是无法认定其美与丑的。只是由于一种色彩处在几种色彩的对比之下，再融入人的个人感情色彩之后，才表现出美或丑。因此，人们对色彩的反应是带有人文情感的。例如，《道德经》中有“五色令人目盲”一说，这是中国古代道家哲学从养生角度来看待色彩的。而画界则有“色多不鲜”的说法，是出于视觉心理的考虑。

二、我国传统家具装饰色彩与人文

我国古代关于色彩有阴阳五行之说“五色配五行和五方位”，视“青、赤、黄、黑、白”为正色，其他色彩为间色。正色在中国多数时代为上层权贵统治阶层所专用，被视为高贵之色。古人在礼制上有“苍璧礼天”之说，“苍”是指青色，也包括蓝色。我们平常称天是青天、苍天、蓝天。古时还称天帝为青帝。“青”也是祥和、安宁的象征，体现了一种空灵的美。“黄”色是五色之一，《易经》载“天玄而地黄”，五行中土居中，故黄色为中央正色。《易经》又载：“君子黄中通理，正位居体，美在其中，而畅于四支，发于事业，美之至也。”所以黄色自古以来被当作居中的正统颜色，为中和之色，居诸色之上。于是，黄袍成为皇帝的专用服装，将当上皇帝称为“黄袍加身”，而象征至高权威与地位的皇帝宝座也以黄色为主调，或以黑漆为底，于其上描金而使黄色更为醒目。

“红色”是人类最早识的色彩之一，火是红色，太阳也是红色，因为红色给人“温暖”的感觉，给人以希望和满足，能够产生一种美感。所以，我国古代将“红妆”代表妇女的盛装，按清朝的制度，凡经皇帝钦定的章本都由内阁用朱画批发下去，称为“红本”。民间更以红色为喜庆之色，被大量用于婚寿与节庆等民俗活动中。而这大概也是故宫、紫禁城采用黄屋顶与红墙身的原因吧。可以说，红黄是具有文化符号意义的色彩。

“黑色”在中国上古时也被视为支配万物的帝王之色，夏商周时天子的冕服即为黑色。严格说来，黑、白、灰都不包括在色彩中，因物体对光线全吸收而显黑色，全反射则为白色，它们可以和任何冷色彩并置一起，不但不显唐突而且可为其他色彩增辉，所以经常在绘画与服装中被采用。而绘画装饰也是传统家具（如屏风类家具等）的一种装饰形式。俄罗斯抽象派大师康丁斯基对黑白两色有过精彩描绘，他说：“白色虽为无色，但可看出一种伟大的沉默，而那沉闷绝不会是死的，而是新生的无，是诞生之前的无。而黑色是绝对的虚无，是永远沉默似的内在音调。”白色在传统家具中的应用多以贝壳、螺钿与银线的镶嵌形式而出现。

在中国几千年的历史长河中，黑红两色在先秦和两汉时期的漆具上多见。“黑色”作为家具用色实际上贯穿了我国传统家具的历史，直到清代的紫檀家具文化中，都可以看到黑色的运用。

由于正色中权威色彩的变迁，后世渐渐打破了先秦时期的约束，故而红色、黑色在家具中也可作为主色调应用，并且红色还在民间带上了中国民间艺术特有的喜庆意义。事实上，红色在中国历史上不仅代表喜庆之色，还是一种等级制度的体现。《礼记》中载“楹，天子丹，诸侯黝，大夫苍，士黈”，意即在古代营造宫室建筑时，天子的宫殿建筑室内柱子是刷红色的，其他人则不能用。“朱门酒肉臭，路有冻死骨”也说明红色是权贵阶层的象征。

在家具漆饰方面，中国自古就有“北方尚黑，南方尚红”的风俗。直到今天，山西家具以黑漆家具著称。而南方则以红漆家具保持着这种古风，如旧时江南人家嫁女时，必以朱金木雕刻家具陪嫁，发嫁队伍首尾不见，从千工床、到扛箱及林林总总的子孙桶、红脚桶等，一路上朱金鲜亮，喜气洋洋，场面蔚为壮观。

从配色上说，中国古代往往通过图案的规整性布局使前景色与背景色拉开距离从而增强图案的鲜明度，这种情况下，前景的色彩与图案是一体的，或者说色彩就是图案。此法在汉代的漆器中见得较多。汉代也有使用其他如绿灰色之类杂色的情况，它们有时是作为两种基本色的过渡而使用。

由于中国士大夫阶层的兴起、面向大众的佛教文化的传播及社会经济的进步发展，魏晋之后的中国出现了两种文化走向，一种是朝着清峻、沉稳的雅文化方向发展，另一种是向浓烈、欢快的俗文化方向发展，有时也会有这两种势头合流的情况。

我国的绘画艺术自宋开始，达到了一个很高的境界，绘画艺术也更为普及地融入屏风类家具之中。当时的绘画喜用玄色，但家具很少用。自明代以来，随着文人文化与硬木家具的融合，以花梨木为代表的木质本色家具以其清晰秀美自然的质地与色彩受到推崇，从而影响到后世家具的审美趣味的发展。

三、我国传统家具装饰图案与内涵

装饰艺术的表达形式丰富多样，其最主要、最普遍的表现形式就是图案。图案一般表现装饰纹样的形式，即按照一定的规律，经过抽象、变化等方案而规则化、定型化的图形。任何形式的纹样均是一种带有某种特殊意义的符号，或者说是一种特殊的文化语言。因为装饰纹样一般都包含各种各样的寓意性，不同时期的表现形式往往还受到其表达内容的制约。家具上的各种装饰纹样常常反映出一个民族特有的气质，体现着民族思想观念、民族道德观念和民族的行为模式、审美情趣等，与民族的艺术、道德、信仰、风俗和生活习惯紧密地联系在一起，是民族历史文明的重要标志。

原始社会的物质生活和文化理念大都与彩陶、玉器及其纹饰密切相关，我国地方辽阔，原始文化的发源地遍布南北，红山文化的勾龙、仰韶文化的彩陶、河姆渡文化的骨雕、良渚文化的玉器，创造了多种纹样语言。在图案组织方面，单独纹样、连续纹样都有所出现，特别是二方连续更是丰富多彩，既体现了主客观的结合、现实与理想的统一，也体现了人类的基本审美特点：图腾崇拜、宗教观念、符号含义、写实到抽象的升华。

我国商周前的家具装饰以单独纹样为主，并采用对称式构图，装饰纹样有饕餮纹、蝉纹、夔纹、云雷纹等，装饰图案神秘、威严，体现出一种秩序与韵律的美感。进入春秋战国，家具的装饰艺术除继续保留单独纹样的二方连续图案外，还产生了四方连续图案。装饰纹样包括动物纹样、植物纹样、自然纹样、几何纹样等。构图清新活泼，呈现出强烈的动感，同时，雕刻手法也被应用于家具装饰中。汉代家具装饰纹样有龙凤、神仙、云气、花草、几何纹等，其中云气纹样体现了祥瑞、升仙的意识和求全求满的审美取向。魏晋南北朝时期家具装饰题材有动物纹样、几何纹样及有关的植物纹样等，如作为佛教象征的莲花和忍冬纹被大量运用到家具上，成为富有时代特征的标志，给人一种清新脱俗的感觉。

到唐代，家具的装饰纹样转向自然化和情趣化，常用花朵、卷草、飞禽走兽、人物山水等现实生活题材。唐代家具装饰图案构图自由，色彩明快，丰富华丽，雍容大度。宋代家具装饰的最大特点是融构造、构件于整体之中，既丰富了家具样式和视觉效果，又强化了结构的稳定性和使用功能的合理性，其装饰风格极为素雅秀美，不作大面积雕饰。元代家具厚重粗大，装饰上喜欢采用如意云纹作为装饰题材，雕饰繁缛华美，具有雄伟、豪放、华美的艺术风格。

明清时期是中国传统家具发展的顶峰阶段，其高超的艺术成就对周围邻国乃至欧洲大陆都有不可低估的影响，为世人所瞩目，而其装饰与家具和造型取得了珠联璧合、相得益彰的效果，是体现明清家具卓越成就和优秀艺术水平的重要组成部分。明清家具无论是选材加工，还是造型装饰，都达到了登峰造极的水平，堪称中国传统家具的理想的优秀定式和风范，即“芙蓉出水”般的明式家具和“错彩镂金”般的清式家具。

明式家具纹饰题材的运用有其倾向性和选择性，植物题材有松、竹、梅、兰、石榴、灵芝、牡丹、莲花等；风景题材有山石、流水、村居、楼阁等；动物题材有各种龙纹、祥麟、喜鹊等；几何纹样包括各种攒接的纹样，如波纹、冰裂纹等。自明代嘉靖年间起，家具的装饰题材逐渐趋向含有吉祥意义的内容，如方胜、盘长、万字、如意、云头、龟背、等纹。明式家具纹式题材寓意大都比较雅逸超脱，增强了明式家具的典雅气质。在选择纹饰题材方面，明代工匠也十分讲究场合，这使得明式家具的纹饰题材比较符合特定的使用环境和使用对象的要求，少有牵强附会。

清式家具以雕绘繁复、绚丽华贵见长，其装饰纹样也相应地体现着这种美学思想。清代家具纹饰图案的题材在明代的基础上进一步发展拓宽，植物纹、动物纹、风景纹、人物纹、几何纹无所不有，十分丰富。吉祥图案是清式家具最喜爱选用的装饰题材，采用象征、谐音等方法，寓意吉祥、富贵，几乎达到了图必有意、意必吉祥的程度。民间家具多采用吉庆有余、莲生贵子等；宫廷贵族则多采用二龙戏珠、五福捧寿等。另外，还常见八卦、明暗八仙等图案。这些吉祥图案中，如意隐喻事事如意，蝙蝠取其谐音，佛手、桃子、石榴寓意多福、多寿、多子多孙等。总之题材丰富多彩，整体来说其寓意大多出自老百姓的朴素生活意愿或统治者炫耀权力财富的功能要求，不如明式来得超逸。

中国传统家具的装饰纹样题材大致可归纳为五大类，即动物纹样、植物纹样、山水人物纹样、几何纹样和吉祥图案或文字。

动物纹样：自然界的各种动物由于生态、环境、条件、遗传等因素，形成了各种不同的生态属性，人们就借物喻志，附会象征。常见的有蟠龙纹、蟠虎纹、凤纹、麒麟纹、鹿纹、鹤纹、鸳鸯纹、喜鹊纹等。大都选用人们崇拜喜爱之物，其中以龙纹、凤纹最为普遍和突出。

龙为华夏民族崇拜的图腾，被尊为华夏之神。传说龙为鳞虫之长，它刚强劲健，富于变化，性猛而威，能兴云雨利万物，使风调雨顺，丰衣足食。我国古代传说的龙有多种，各具不同形态。然而最常见的是黄龙。它有角、有爪、蛇身在众龙中声誉最高，属于最高等级的瑞兽，被历代视为神圣崇拜物。在家具装饰中的龙纹分为变体龙纹和写实龙纹。龙纹多分布在家具的牙头、牙条、券口、挡板、腿足、角牙、围子等处，且体量较小，与大片的素面形成鲜明的对比。而写实龙纹常见于宫廷家具，如宝座上的龙纹。民间亦见架类家具的搭脑和牙子、架子床的牙板、束腰和床帷等。装饰手法有透雕、浮雕、圆雕等。

凤，古人称之为神鸟，百鸟之王，出于东方君子之国，飞时百鸟相随，见则天下安宁，其时声若萧，清高雍容。凤在皇宫寓为后妃之像，以凤为装饰的器物多为后所专用。历代又以凤为瑞鸟，认为它是羽虫之美丽的，有圣王出则凤凰现。其形象为鸿前麟后，蛇颈鱼尾，鹤额鸳腮，龙纹龟背，燕额鸡喙，五色具备。《大戴礼记·易本命》云："有羽之虫三百六十而凤凰为之长。"传说凤凰非梧桐不栖，非竹实不食，非礼泉不饮。雄为凤，雌为凰，雄雌同飞而鸣，遂以"凤鸣朝阳"寓高才逢时，"莺凤和鸣"为新人婚礼之辞。凤纹在家具应用中十分普遍。

植物纹样有牡丹纹、灵芝纹、莲花纹、海棠纹及梅、兰、竹、菊、松、葡萄等。另有各种植物变形图案，如西番莲纹、卷草纹、反草纹、缠枝纹、芝麻梗、藤等。还有各种植物什锦图案，如蔬菜及各种瓜果等。植物纹样深受当时绘画的影响，极具富丽堂皇、绚丽多彩之美，充分体现出一种强烈的雍容华贵的审美追求。

"松、梅、竹"，均属于耐寒植物，俗称"岁寒三友"。松树也是长寿的象征。梅花因能于老干上发新枝，又能御寒开花，故象征不老不衰。梅花五瓣，民间又借以表示五福。竹象征不刚不柔，因滋生易、成长快，喻子孙众多。

西番莲纹，明末清初之际，海上交通发达，由于中国与西方的文化往来频繁，西方的建筑、雕刻和装饰艺术逐渐为中国所应用。自清雍正、乾隆及嘉庆时期，出现了模仿西式建筑及室内装饰的风气。为充实和布置这些西洋式殿堂，曾经做过一些用西洋花纹装饰的家具。这样，在清代家具中，除主要用传统纹饰外，用西洋纹饰装饰的家具亦占有一定的比重。这种西洋花纹在西方统称为巴洛克或洛可可，因为这种花纹首先出现在法国路易十五时代，所以又称为路易十五样式。对这种西洋纹饰，中国统称为西番莲。西番莲本为西洋传入的一种花卉匍地而生。花朵如中国的牡丹，有人称为西洋莲，又有人称为西洋菊。根据这些特点，多以其形态作缠枝花纹，极适合作边缘装饰。

缠枝纹又名万寿藤，传统吉祥纹样，寓意吉庆。因其结构连绵不断，故又具生生不息之意，是以一种藤蔓卷草经提炼概括变化而成的图案，纹样委婉多姿、富有动感。这种纹饰起源于汉代，盛行于南北朝、隋唐、宋元和明清。缠枝以牡丹组成的称为缠枝牡丹，以莲花组成的称为缠枝莲，此外还有缠枝葡萄等。

山水人物纹：如八仙过海、西湖十景、桃李佛手、凤穿牡丹、双龙戏珠、松鼠葡萄、琴棋书画等图案纹样。图案多取自历代名人画稿，画面中刻画亭台楼榭、树石花卉，由近及远，层次分明，展现的是带有情节性和故事性的画面。常装饰在屏风、柜门、柜身两侧及箱面、桌案面等面积较大的看面上。一般情况下施彩漆或软螺钿镶嵌，使用最多的是硬木雕刻。

八仙过海中的八仙指的是道教中的八位仙人。装饰图案如只雕出八仙手中之物，称暗八仙，寓意祝颂长寿之意。

几何纹样：有绳纹、回纹、盘肠纹、灯笼纹、冰裂纹、人字纹、方花纹、方汉纹、波纹、灵格纹、龟背纹、连环纹等。

吉祥图案或文字：在漫长的岁月里，我们的祖先创造了许多向往美好生活、寓意吉祥的图案。这些图案巧妙地运用人物、走兽、花鸟、日月星辰、风雨雷电、文字等，以神话传说、民间谚语为题材，通过借喻、比拟、双关、谐音、象征等手法，创造出图形与吉祥寓意完美结合的美术形式。还有直接将吉祥文字作为装饰的，常用的吉祥文字有福、禄、寿、喜，双龙捧寿、五富团寿等，还有用各种书法或变体形式组成百福、百禄、百寿、百喜图，常与室内艺术品或屏风雕刻结合起来，体现出书法艺术、民族艺术和传统文化相应相生，颇具意味。

中国传统吉祥图案是中华民族传统文化重要的组成部分，是表现民族历史的一套完整的形式艺术。先人们通过这些直观可感的完美形式，表达对幸福美满和财富的热切与渴望。

如意是我国普遍使用的吉祥图案。它随佛教从印度传入我国（梵语阿那律之意），僧侣说教时为了备忘，将其要点记录在上，经常应用。如意也是佛具之一。寺庙供奉的菩萨像多有手持如意的，在我国，如意的用法有多种。背痒而手搔不着，仿如意形状制成手指形搔痒挠。旧时文官朝奏时，也将奏文写在如意形的象牙上备忘，也有将如意用作指挥与护身之具。在图案造型上有如意头的是如意的端头，多为心形、灵芝形、云形。后常以灵芝、祥云表示如意吉祥之物。

第二节　泡桐装饰材的加工

一、桐材基本材性

（一）泡桐材色

泡桐装饰材研究中对蓄积量大、栽种范围广的白花泡桐（HNB）、毛泡桐（HBM）、甘肃天水兰考泡桐（GSL）、河南兰考县兰考泡桐（LKL）、楸叶泡桐（SDQ）、‘毛白 33’（TF33）、‘豫林 1 号’（YL1）等泡桐进行研究。这里所说的泡桐种类是指不同泡桐品种在不同立地或者同种不同立地的材种进行采集编号分析。所选取的试材信息见表 22-1。根据泡桐的不同地理分布区，选取该地域最具代表性的泡桐种和杂交无性系作为研究对象，试材取自按生长方向树干高 1.3～1.6m 的胸径处位置，并参照国家行业标准制取试验所需的试件，然后严格按照国家行业标准进行干燥处理和测量，得出相关数据。

表 22-1　所取试材信息表

树种名称	采集地区	试材标记	采集株数	平均树龄/年	主干均高/m	平均胸径/cm	密度	硬度	抗劈裂
楸叶泡桐	山东高密	SDQ	6	14.8	5.5	38	8	4	8
兰考泡桐	河南兰考	LKL	6	16.5	7.0	49	8	4	8
兰考泡桐	甘肃天水	GSL	6	25.6	4.3	32	8	4	8
白花泡桐	湖南湘潭	HNB	6	16.7	4.5	37	8	4	8
毛泡桐	湖北南漳	HBM	6	21.8	5.7	38	8	4	8
豫林 1 号	山东高密	YL1	6	12.7	7.1	48	8	4	8
毛白 33	河南荥阳	TF33	6	14	6.5	44	8	4	8

在树木胸径处截取用于测试密度、硬度、抗劈裂的圆盘，厚度为 8cm，备用。根据泡桐生长特性，过渡带的材性与心边材均不同，故将过渡带试材记为中材，依次将心材、中材和边材标记为 C、M、S，以此作为试件在盘中位置的代号，即试材在径向上的划分。

所取试材的树龄在 12.7 年以上，根据文献，泡桐的幼龄材界定年限为 11 年，故所取试材均属于成熟材，年轮宽度分布在 0.2～6cm，平均宽度大于 0.4cm，密度试件的尺寸为 50mm×50mm×50mm。试件共计 1008 块。硬度试件尺寸为 70mm×50mm×50mm，数量为 504 块；抗劈裂试件尺寸为 50mm×20mm×20mm，分径面和弦面，共 672 块。其中，密度试件烘箱（103℃±2℃）干燥成为全干，测试全干密度；测试硬度和抗劈裂的试件含水率按照要求调整至 12%，测试温度为 20℃±2℃，相对湿度 65%±5%。

显著性水平设置为 $\alpha=0.05$，所得材色指标均值数据如表 22-2 所示，7 类泡桐的色度指标总色差（ΔE^*）、亮度（L^*）、变红度（a^*）、变黄度（b^*）、白度（TW）在种间与株间的差异均达到显著水平，这说明不同桐种、不同单株泡桐木材在颜色上都是不尽相同的。

表 22-2　不同种源泡桐材料材色指标对比

指标	GSL	HBM	HNB	LKL	SDQ	YL1	TF33
L^*	70.70±0.04	69.96±0.04	76.48±0.04	71.79±0.04	71.13±0.04	72.00±0.04	74.83±0.04
a^*	5.25±0.01	5.21±0.01	4.56±0.01	4.93±0.01	5.41±0.01	5.15±0.01	4.95±0.01
b^*	19.31±0.02	16.81±0.02	17.69±0.02	17.45±0.02	18.92±0.02	18.69±0.01	7.69±0.02
ΔE^*	5.45±0.29	7.59±0.29	5.84±0.29	4.54±0.29	9.96±0.29	6.89±0.29	5.75±0.29
TW	61.35±0.04	61.21±0.04	67.56±0.04	62.34±0.04	62.86±0.04	62.80±0.04	65.89±0.04

综合以上 5 个颜色指标来看，白花泡桐最好，‘毛白 33’次之，比白花泡桐白度低 2.4%，楸叶泡桐、兰考泡桐、‘豫林 1 号’和毛泡桐接近，白花泡桐白度比楸叶泡桐、兰考泡桐、‘豫林 1 号’、毛泡桐高 4%～10%不等。

经方差分析，不同部位的泡桐木材颜色指标差异均达到极显著水平，即通过大量数据分析，泡桐木材顶部颜色最好，中部稍差，下部最差，见表 22-3。

表 22-3　泡桐树干不同部位颜色指标值对比

颜色指标	部位	均值	偏差	下限	上限
亮度	B	71.54	0.02	71.49	71.59
	M	72.48	0.02	72.43	72.53
	T	72.97	0.02	72.92	73.02
变红度	B	5.17	0.00	5.16	5.18
	M	5.04	0.00	5.04	5.05
	T	4.98	0.00	4.97	4.99
变黄度	B	18.09	0.01	18.07	18.12
	M	18.15	0.01	18.12	18.18
	T	17.99	0.01	17.97	18.02
总色差	B	7.51	0.18	7.15	7.87
	M	17.92	0.18	17.56	18.29
	T	5.59	0.18	5.23	5.95
白度	B	62.49	0.02	62.44	62.53
	M	63.41	0.02	63.36	63.46
	T	63.95	0.02	63.91	64.00

注：B、M、T 分别表示树干的下部、中部、顶部

经方差分析，不同部位的泡桐木材颜色指标差异均达到极显著水平，即通过大量数据分析，泡桐木材心、边部位颜色最好，中部稍差，见表 22-4。

表 22-4 泡桐木材盘位直径方向颜色指标对比

颜色指标	部位	均值	偏差	下限	上限
亮度	C	72.81	0.02	72.76	72.86
	M	71.81	0.02	71.76	71.86
	S	72.37	0.02	72.32	72.42
变红度	C	5.09	0.00	5.08	5.10
	M	5.09	0.00	5.08	5.10
	S	5.02	0.00	5.01	5.03
变黄度	C	18.33	0.01	18.31	18.36
	M	17.93	0.01	17.90	17.95
	S	17.98	0.01	17.95	18.01
总色差	C	9.84	0.18	9.48	10.20
	M	10.68	0.18	10.32	11.04
	S	10.51	0.18	10.14	10.87
白度	C	63.69	0.02	63.64	63.74
	M	62.80	0.02	62.75	62.85
	S	63.36	0.02	63.31	63.41

注：C、M、S 代表木材圆盘的心、中、边部位试材

如图 22-1 显示，不同种类的泡桐在室内干燥清爽环境下存放，随着时间的变化颜色有劣化趋势，其主要原因在于这一阶段，木材内含物在自然干燥状态下，有缓慢释放、向外迁移的趋势，并且与空气中的氧发生氧化还原反应，特别是木材在加工成板材后变化尤为明显，几乎呈一定比例下降，但是，半年过后颜色趋于稳定，呈缓慢下降趋势。泡桐木材在储存过程中的颜色变化规律，通过 2 年的 5 次颜色测试观察，7 种泡桐均在干燥后半年内白度变化明显，其中前 6 个月楸叶泡桐相对下降了 14%，甘肃产兰考泡桐下降了 12%，其他几种泡桐白度下降幅度非常接近，均在 10%左右，以后持续下降，但下降速度较慢，且趋于一致，7 种泡桐 2 年后白度都基本下降了 12%~14%。

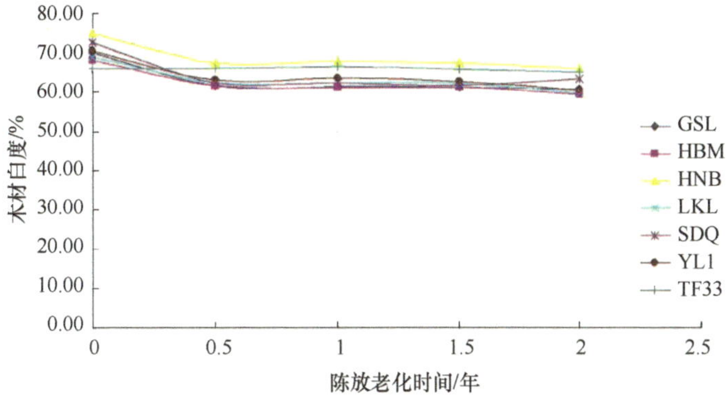

图 22-1 不同种源泡桐木材白度随时间变化规律

（二）泡桐密度研究

密度试件尺寸测量使用数显游标卡尺，每个试件尺寸为 3 次测量的平均数；METTLER TOLEDO AL204 AL204 天平，精度为 0.0001g；每种泡桐的密度为 6 株泡桐、3 个区位共 144 个试件，密度试件的

尺寸为 50mm×50mm×50mm。7 种泡桐试件共计 1008 块。其中，密度试件烘箱（103℃±2℃）干燥成为全干，测试全干密度；采用 Excel 对数据进行整理，用 SPSS 软件选择 LSD 法对测试结果进行多重比较分析。

在 7 种泡桐中（表 22-5），绝干密度白花泡桐最高，达 0.2845g/cm³，楸叶泡桐仅较其低 0.81%；毛泡桐、河南兰考泡桐、甘肃兰考泡桐、'毛白 33' 泡桐居中，较白花泡桐分别低 4.60%、11.12%、11.31%、11.70%，杂交泡桐 '豫林 1 号' 的密度最低，较白花泡桐低 14.62%。

表 22-5　不同种源泡桐绝干密度比较

树种	平均值/(g/cm³)	偏差/(g/cm³)	样本数
GSL	0.2523	0.0218	144
HBM	0.2714	0.0367	144
HNB	0.2845	0.0407	144
LKL	0.2562	0.0210	144
SDQ	0.2822	0.0231	144
YL1	0.2429	0.0245	144
TF33	0.2512	0.0170	144

从表 22-6 可知，不同地域的兰考泡桐之间，密度没有显著性差异，甘肃产兰考泡桐与'毛白 33'也没有显著差异；白花泡桐与楸叶泡桐之间密度无显著差异；河南产兰考泡桐与'毛白 33'的密度比较达到显著差异；其他品种之间的密度比较均达到极显著差异。

表 22-6　不同种源泡桐间密度平均差两两多重比较分析

	GSL	HBM	HNB	LKL	SDQ	SDYL
HBM	0.0191**					
HNB	0.0322**	0.0131**				
LKL	0.0039	0.0152**	0.0283**			
SDQ	0.0298**	0.0108**	0.0023	0.0260**		
SDYL	0.0095**	0.0285**	0.0417**	0.0133**	0.0393**	
TF33	0.0012	0.0202**	0.0333**	0.0050*	0.0310**	0.0083**

*表示差异显著；**表示差异极显著；下同

从表 22-7 得知，通过大量数据的分析，泡桐种间、不同样株的密度均达到极显著差异。这说明不同品种泡桐、同品种不同单株泡桐的密度也不尽相同。

表 22-7　不同种源泡桐密度主体间效应的检验分析

来源	平方和	自由度	均方	*F*	显著性
模型	70.3499	42	1.6750	4677.8403	0
树种	0.2313	6	0.0386	107.6734**	7.2×10^{-104}
样株	0.0406	5	0.0081	22.6914**	1.42×10^{-21}
交互作用	0.3777	30	0.0126	35.1585**	9.3×10^{-133}
误差	0.3459	966	0.0004		
总计	70.6958	1008			

（三）不同种源泡桐硬度差异

硬度试件尺寸为 70mm×50mm×50mm，数量为 504 块；试件含水率按照要求调整至 12%，测试温度为 20℃±2℃，相对湿度 65%±5%。硬度测试使用力学试验机 MWD-20，每株泡桐圆盘分心、中、边取材，每区取 4 个，6 株共计 72 个试件，7 种桐材共计 504 块试件，每个试件测试端面、径面、2 次弦面，取其均值进行分析。采用 Excel 对数据进行整理，用 SPSS 软件选择 LSD 法对测试结果进行多重比较分析。

不同种源泡桐间的硬度差异采用多重比较分析，结果见表 22-8。从表 22-8 可知，白花泡桐的硬度值为 1614.35N，排位最高，楸叶泡桐次之并接近，较白花泡桐低 5.30%，兰考泡桐、毛泡桐、'毛白 33'的硬度相近，较白花泡桐低 9.90%左右，'豫林 1 号'的最低，比白花泡桐低 18.56%。来自长江流域的白花泡桐和毛泡桐的偏差较大，这可能与南方雨水丰沛、生长的环境有关，来自北方的泡桐偏差较小，可能与其生长的黄河流域气候土壤相对变化不大有关，有待进一步证实。经分析（表 22-9）得知，除河南产兰考泡桐、毛泡桐和'毛白 33'之间硬度差异不显著外，其他 4 种泡桐之间差异均达到显著或极显著。

表 22-8　不同种源泡桐硬度比较

树种	平均值/N	偏差/N	试件数
GSL	1387.19	176.56	72
HBM	1454.50	357.18	72
HNB	1614.35	401.42	72
LKL	1449.32	165.24	72
SDQ	1528.75	299.07	72
YL1	1314.66	214.73	72
TF33	1472.60	130.52	72

表 22-9　不同种源泡桐间硬度两两差异显著性比较

	GSL	HBM	HNB	LKL	SDQ	SDYL
HBM	67.31*					
HNB	227.16**	159.85**				
LKL	62.13*	5.18	165.03**			
SDQ	141.56**	4.25**	85.60**	79.42**		
SDYL	72.53**	139.84**	299.69**	134.66**	214.08**	
TF33	85.41**	18.10	141.75**	23.28	56.15*	157.94**

（四）不同种源泡桐的抗劈裂强度差异

抗劈裂试件尺寸为 50mm×20mm×20mm，因分别按径向、弦向取材，每棵树木圆盘制作 16 个，6 株共计 96 个试件，7 种类共 672 块。试件含水率按照要求调整至 12%，测试温度为 20℃±2℃，相对湿度 65%±5%。抗劈裂强度亦用力学试验机 MWD-20，分别测试径面、弦面指标数值。采用 Excel 对数据进行整理，用 SPSS 软件选择 LSD 法对测试结果进行多重比较分析。

从表 22-10 可知，大多数泡桐的抗劈裂强度是弦面大于径面，这很可能与泡桐木材解剖特性属于半环孔材有关，导管、木纤维及木薄壁组织组成的变化影响到抗劈裂强度的变化。7 个树种的比较中，白花泡桐值最高，径面为 13.52N/mm，弦面为 13.89N/mm，'豫林 1 号'最低，径面为 8.32N/mm，弦面为 8.65N/mm，其均值较白花泡桐低达 38.09%，其他几种泡桐品种的相近，较白花泡桐低 12%左右。同一品种不同地域的兰考泡桐，甘肃产的泡桐比河南产的高，其原因在于当地气候干旱，气温低，生长速度相对慢，年轮小，对抗劈裂强度会有提升作用。

表 22-11 显示，7 种泡桐的抗劈裂强度在径面和弦面的分别比较分析中，达到极显著水平。从表 22-12 得知，径面与弦面的相关系数为 0.72，且达到极显著水平。这说明木材的抗劈裂强度与泡桐品种、地域、生长速度等特性密切相关。

表 22-10　不同种源泡桐抗劈裂强度比较

树种	平均值/（N/mm）		偏差/（N/mm）		数量
	径面	弦面	径面	弦面	
GSL	11.43	11.92	1.06	1.49	48
HBM	11.96	12.11	1.82	2.15	48
HNB	13.52	13.89	2.22	2.20	48
LKL	10.81	10.59	1.47	1.86	48
SDQ	11.71	12.29	1.69	2.37	48
YL1	8.32	8.65	0.92	1.14	48
TF33	10.55	10.89	0.72	0.68	48

表 22-11　不同种源泡桐间抗劈裂差异显著性分析

来源	因子	平方和	*df*	均方	*F* 值	显著性
树种	径面	726.02	6	121.00	53.77	**
	弦面	779.62	6	129.94	40.40	**
误差	径面	740.39	329	2.25		
	弦面	1 058.23	329	3.22		
总计	径面	43 500.44	336			
	弦面	46 105.56	336			

表 22-12　径面与弦面相关性分析

类别	项目	径面	弦面
径面	Pearson 相关系数	1	0.716 274
	Sig.		3.92×10^{-54}
	样本数	336	336
弦面	Pearson 相关系数	0.716 274	1
	Sig.	3.92×10^{-54}	
	样本数	336	336

注：显著性 Sig.小于 0.01 为极显著

有些泡桐木材密度过低、硬度差、材质松软，在加工过程中木材表面易磕碰变形，加工时容易劈裂，影响板材质量。泡桐墙壁板材性研究旨在确定哪些种类泡桐木材密度大、硬度高、抗劈裂强度大，以避免或减少泡桐木材在切削加工时产生冲击变形、劈裂、起毛、掉块等缺陷，确保产品质量。

对 7 种泡桐试材的密度、硬度、抗劈裂强度进行测定，结果表明：白花泡桐材性最优，其密度、硬度、抗劈裂强度分别达 0.2845g/cm^3、1614.35N、13.71N/mm，楸叶泡桐次之，其三种材性指标较白花泡桐分别低 0.81%、5.30%、12.44%，毛泡桐、兰考泡桐和‘毛白 33’居中，‘豫林 1 号’最低，其密度、硬度、抗劈裂强度分别较白花泡桐低 14.62%、18.56%、38.09%；综合 3 种材性指标的分析结果，白花泡桐和楸叶泡桐是泡桐墙壁板加工的最适宜桐种。

二、适于桐材的加工工艺

从价值、出材率、变形、强度、缺陷等因素考虑墙壁板的长度、厚度、宽度，并确定泡桐造材、板材预处理、干燥等工艺设置（表 22-13）。

表 22-13　桐材需求标准（厚度按照 10mm，宽度按照 100mm）

尺寸/mm	等级	翘曲度	死节	缺棱	裂纹	腐朽	加工波纹	划痕	出材率/%	价格/元
900	优等品	GB/T15036. 1—2001	不许有	不许有	不许有	不许有	不许有	不许有	28	3100～3700
	合格品		≤2		GB/T15036.1—2001		不明显	轻微	29	2700～3400
1200	优等品		不许有		不许有		不许有	不许有	25	3800～4500
	合格品		≤3		GB/T15036.1—2001		不明显	轻微	26	3500～4200
1500	优等品		不许有		不许有		不许有	不许有	22	5000～6000
	合格品		≤4		GB/T15036.1—2001		不明显	轻微	23	4600～5500
1800	优等品		不许有		不许有		不许有	不许有	20	7000～10000
	合格品		≤5		GB/T15036.1—2001		不明显	轻微	21	6600～8000

（一）变形控制实验

取规格为 400cm×40cm×3cm 的板材进行观测实验，处理方法分为常规法（未浸泡）、冷水处理、冷水循环、热处理、温水处理；锯材方法上分为径切材和弦切材；放置方式分为垂直立放和平放（表 22-14）。采用 SPSS 软件及相关图表进行分析。

表 22-14　实验设计

处理方式	类别	试样数
处理方式	常规法	60
	冷水浸泡 28℃	60
	冷水循环	60
	热处理 60℃	60
	温水浸泡 50℃	60
锯材方法	径切	165
	弦切	135
放置方式	立放	150
	平放	150

从表 22-15 可以看出，泡桐板材顺弯、翘弯变形均达到极显著水平，也就是说即使泡桐是尺寸稳定性相当好的木材，但是如果处理不当也是会发生明显的变形。分析得知，处理方式（常规法即未浸泡、冷水处理、冷水循环、热处理、温水处理）对变形的影响达到极显著水平；说明不同的处理影响变形，这与处理中影响木材内含物有关；锯材方法径切与弦切影响变形；放置方式（平放与立放）对干燥过程中的变形也会有明显影响；同时分析显示，几种影响因子的交互作用对变形的影响也达到了极显著水平，说明几种因子的影响并不是单独的，而是共同作用影响变形。泡桐墙壁板对变形控制要求极其严格，不允许有大的尺寸变形，这就要求在生产过程中要按照变形的影响因子作用，严格控制其对变形的影响，使其降到最低。

表 21-15　板材变形方差分析

方差来源	因变量	平方和	自由度	均方	F	显著性
变形模式	顺弯	8 204.93	20	410.25	4 097.76	0
	翘弯	1 494.86	20	74.74	3 190.87	0
处理方式	顺弯	28.11	4	7.03	70.20	$4.181\ 35\times10^{-41}$
	翘弯	1.58	4	0.40	16.87	$2.101\ 55\times10^{-12}$
锯材方法	顺弯	7.48	1	7.48	74.73	$4.237\ 14\times10^{-16}$
	翘弯	2.04	1	2.04	87.30	$3.051\ 25\times10^{-18}$

续表

方差来源	因变量	平方和	自由度	均方	F	显著性
放置方式	顺弯	1 460.84	1	1 460.84	14 591.68	$1.424\ 9\times10^{-243}$
	翘弯	5.14	1	5.14	219.43	$4.680\ 16\times10^{-37}$
处理×锯材	顺弯	8.57	4	2.14	21.40	$2.042\ 64\times10^{-15}$
	翘弯	0.43	4	0.11	4.63	0.001 235 081
处理×放置	顺弯	12.70	4	3.18	31.72	$8.393\ 56\times10^{-22}$
	翘弯	0.62	4	0.15	6.61	$4.282\ 13\times10^{-5}$
锯材×放置	顺弯	1.50	1	1.50	15.03	0.000 131 906
	翘弯	0.06	1	0.06	2.49	0.115 819 045
处理×锯材	顺弯	12.84	4	3.21	32.06	$5.332\ 8\times10^{-22}$
×放置	翘弯	1.21	4	0.30	12.87	$1.234\ 82\times10^{-9}$
误差项	顺弯	28.03	280	0.10		
	翘弯	6.56	280	0.02		

表 22-16 和表 22-17 显示了径切、弦切材，平放、立放等对顺弯、翘弯变形的影响，可以看出，径切材比弦切材变形稍小，板材立放比横放变形幅度小，从泡桐墙壁板产品要求而言，尽可能要减少变形因素造成的不利影响。

表 22-16　顺弯变形观测

锯材方法	放置方式	变形/mm	标准差	试件数
径切	立放	2.26	0.39	90
	平放	6.86	0.41	75
	平均	4.35	0.40	165
弦切	立放	2.72	0.53	60
	平放	7.04	0.78	75
	平均	5.12	0.65	135
平均	立放	2.44	0.50	150
	平放	6.95	0.63	150
	平均	4.70	0.57	300

表 22-17　翘弯变形观测

锯材方法	放置方式	变形/mm	标准差	试件数
径切	立放	2.00	0.19	90
	平放	2.30	0.19	75
	平均	2.14	0.24	165
弦切	立放	2.20	0.18	60
	平放	2.43	0.17	75
	平均	2.33	0.21	135
平均	立放	2.08	0.21	150
	平放	2.37	0.20	150
	平均	2.22	0.25	300

表 22-18 为处理方法对顺弯、翘弯造成桐木板材变形的影响，可以得出处理方法有利于减少木材内含物、降低内部吸水能力，则变形较小。

表 22-18　处理方法对泡桐板材变形的影响

变形	处理方法	变形/mm	标准差	下限/mm	上限/mm	试件数
顺弯	常规法	5.22	0.04	5.14	5.30	60
	冷水浸泡（28℃）	4.87	0.04	4.79	4.95	60
	冷水循环	4.41	0.04	4.33	4.49	60
	干燥处理（60℃）	4.71	0.04	4.63	4.79	60
	温水浸泡（50℃）	4.39	0.04	4.31	4.47	60
翘弯	常规法	2.28	0.02	2.24	2.32	60
	冷水浸泡（28℃）	2.10	0.02	2.06	2.13	60
	冷水循环	2.26	0.02	2.22	2.30	60
	干燥处理（60℃）	2.30	0.02	2.26	2.34	60
	温水浸泡（50℃）	2.23	0.02	2.19	2.27	60

（二）板材长度选择

桐木沿生长方向的弯曲变形比较突出，虽然程度不大，但基本与长度呈线性关系，即长度越大，弯曲变形体现越明显。故大规格板材，必须考虑控制泡桐木材变形的问题。通过基材雨淋 1 年或 40～60℃水浸泡 18 天，径切法制材，选择适宜规格，立放立面干燥，含水率控制在 8%～13%，背面铣削平行浅沟槽等措施，控制大规格装饰材变形。

（三）厚度选择

一般厚度在 8～15mm，从经济角度考虑是越薄越好，但是从强度、可靠性上考虑越厚越好，经过加工试验，泡桐最薄的墙壁板可加工到 8mm，如果再薄就容易破损、边缘碎裂，合格品率大大下降。

（四）宽度选择

根据泡桐原木的直径及小头直径，考虑到泡桐原木髓心问题，泡桐墙壁板宽度应确定在 100～200mm，随着宽度增加，要满足质量标准，生产难度逐渐增大，据调查，一般生产 100mm 宽度墙壁板较为适宜，从模数、生产难易程度、出材率、经济因素考虑，100mm 为佳。

（五）板材含水率控制

通过实验，泡桐板材如果未经干燥，木材含水率往往高低不一，致使产品在使用过程中，出现干缩湿胀不一致、变形比较严重的现象；当经过人工强制干燥，变形得到大大控制，但是，最终木材含水率控制在多少是比较关键的，是越低越好呢还是定在一定范围内比较好。实验证明：泡桐板材含水率控制在 10%～13%比较好，这个参数需要参考具体用户的当地平衡含水率确定。含水率过低，产品运到客户手中，会适应当地的气候，围绕平衡含水率上浮；含水率过高，板材到当地后会干缩，下降到平衡含水率附近；如果板材含水率控制不当，墙壁板就会出现开裂翘曲等缺陷，产生大的尺寸稳定性问题，影响安装、结构问题等一系列质量事故。

（六）原木锯材方法

木材的含水率在纤维饱和点（各树种平均约为 30%）以下时，吸收水分则膨胀，失去水分则收缩，这种现象被称为干缩湿胀。这一特性在木材的纵向、弦向和径向呈现很大的差异。研究表明，纵向收缩最多不超过 0.2%，而弦向收缩却高达 12%，径向收缩约为弦向的 1/2。依据这一差异，制材和加工时，应最大可能将木材锯解成径切板。这样，可以大大减少木材的干缩湿胀及翘曲变形，提高木材的使用价值和改善木制品的加工质量。

三、桐材墙壁板生产工艺

（一）防劈裂技术

选用毛泡桐（*P. tomentosa*）为加工对象，试件产地为河南郑州，木材经过窑干处理后，含水率为达到 9%。按照 ASTM D1666–87 标准制备标准刨削试样，试样规格为 910mm×102mm×20mm（长×宽×厚）。

设备：选用六轴四面刨，如图 22-2 所示；试验时仅采用下水平第一刀轴进行刨削试验。刨刀参数为刀齿为 4 个，刀具前角 25°，楔角 50°，后角 15°，刀齿材料为硬质合金。

图 22-2　四面刨刨削试验

触针式表面粗糙度测量仪一套，采用 LI 型金刚石触针表面测量仪对切削加工表面进行粗糙度测试，如图 22-3 所示。LI 型金刚石触针表面测量仪采用电感式位移传感器，测量表面的高度值，在量程较小的条件下，分辨率及精度较高，表面粗糙度 Ra 测量范围为 0.05～100μm。

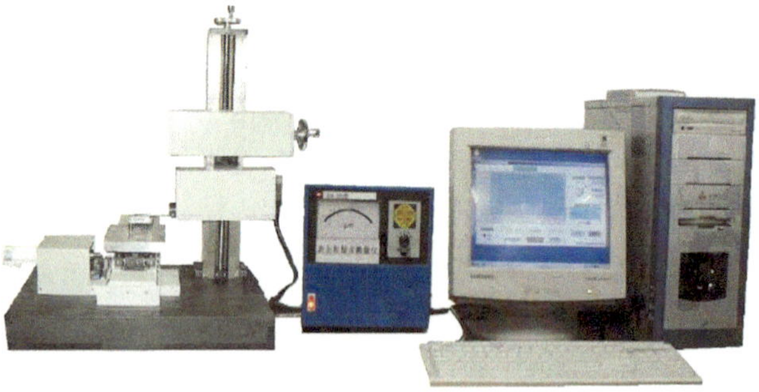

图 22-3　LI 型金刚石触针表面测量仪

体式显微镜及其配套设施一套，通过采用奥林巴斯 SZX16 体视显微镜，如图 22-4 所示。能够清楚地看到刨削后木材表面的质量，可以分辨出其中可能产生的一些木材缺陷，试验中所用放大倍数为 14 倍。

刨削加工示意图如图 22-5 所示，将泡桐木原木加工成符合试验要求的标准试件，通过四面刨下水平第一刀轴进行刨削加工，加工后评定下表面质量优劣。

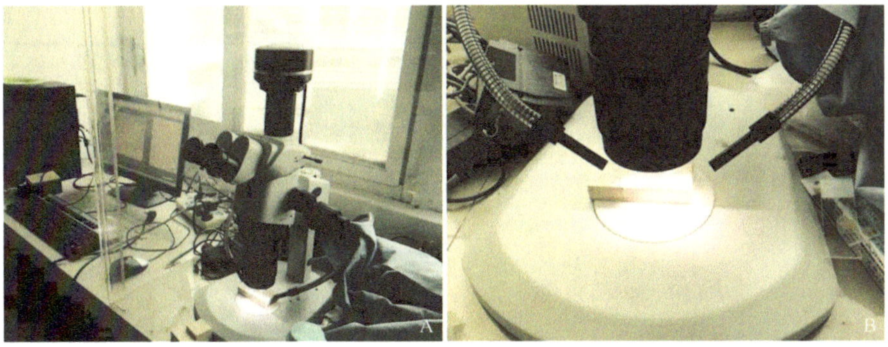

图 22-4　奥林巴斯 SZX16 体视显微镜

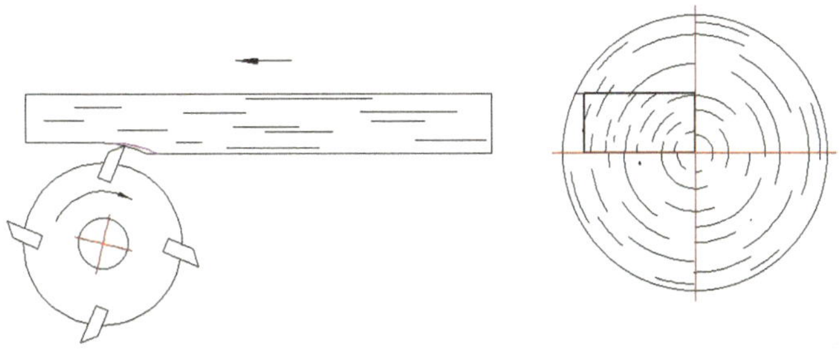

图 22-5　刨削加工原理图

对规格泡桐木试件进行顺纹弦切面逆向刨削，共分两组。第一组试验选择刨削参数为刨削厚度为 3.0mm，刨刀转速为 5000r/min，改变进料速度为 5.0m/min（实际为 6.0m/min）、10.0m/min、15.0m/min（实际为 14.0m/min）、20.0m/min、25.0m/min、30.0m/min。第二组选择刨削参数为进料速度为 20m/min，刨刀转速为 5000r/min，改变刨削深度为 1.0mm（实际为 0.7mm）、3.0mm、7.0mm。在每种刨削参数下，进行刨削试验 5 次，然后进行表面粗糙度测试 5 次，取平均值（表 22-19 和表 22-20）。

表 22-19　不同进料速度径、弦切面逆向刨削

刨削方向	固定参数	进料速度/(m/min)
径向刨削	刨削厚度 3.0mm； 刨刀转速 5000r/min	5
		10
		15
		20
		25
		30
弦向刨削	刨削厚度 3.0mm； 刨刀转速 5000r/min	5
		10
		15
		20
		25
		30

表 22-20　不同刨削深度径、弦切面逆向刨削

刨削方向	固定参数	进料速度/（m/min）	刨削厚度/mm
径向刨削	刨刀转速 5000r/min	5	1
		5	3
		5	7
		15	1

续表

刨削方向	固定参数	进料速度/（m/min）	刨削厚度/mm
径向刨削	刨刀转速 5000r/min	15	3
		15	7
		20	1
		20	3
		20	7
弦向刨削	刨刀转速 5000r/min	5	1
		5	3
		5	7
		15	1
		15	3
		15	7
		20	1
		20	3

如图 22-6 所示为进料速度 20m/min、切削厚度 7.0mm 条件下，径切面刨削加工后早晚材表面质量体式显微镜下照片，照片放大倍数为 14 倍。图中左侧为早材部分，可以看出明显的起毛和挖切现象，右侧为晚材部分，出现有起毛现象，但是数量较少，伴有极少数的挖切存在。从图中可以看出，相对于早材部位的刨削表面质量，晚材部位较好。

如图 22-7 所示为刀具转速 5000r/min、切削厚度 3mm 时进料速度对径切面刨削表面粗糙度的影响，从图中可以看出当进料速度由 5m/min 增加到 30m/min，刨削表面粗糙度数值随之增大，即刨削表面质量随之下降。

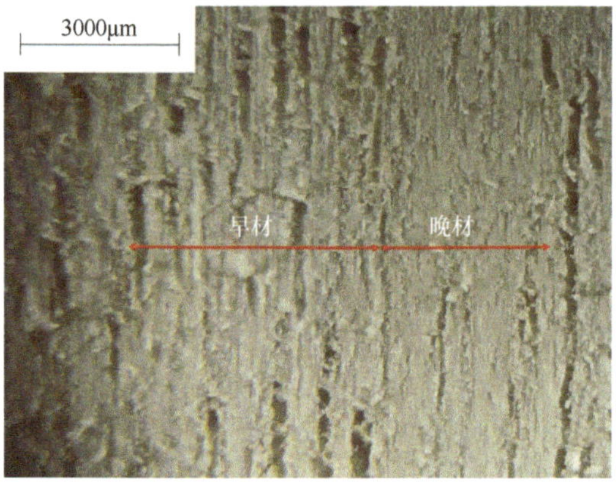

图 22-6　刨削加工后早晚材表面质量

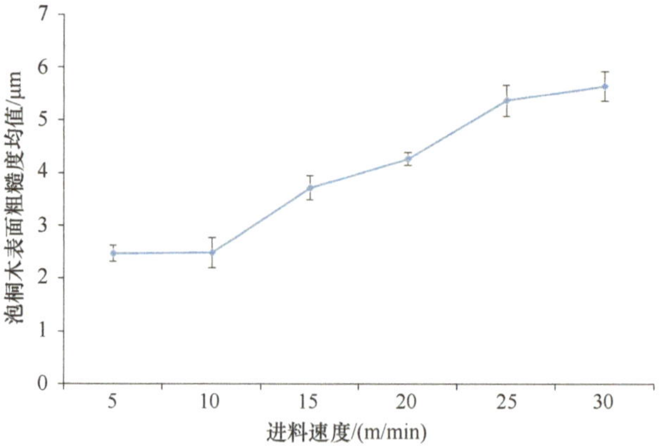

图 22-7　进料速度对刨削表面粗糙度的影响

图 22-8 所示为进料速度分别在 5m/min 和 30m/min 条件下，对径切面刨削表面用体视显微镜采集到的图像。从图 22-8 中可以看出，其他条件不变的情况下，在低进料速度时，早材部位的泡桐木纤维略有撬起，晚材部位没有明显的纤维撕裂现象；而在高进料速度条件下，早材和晚材部位均出现明显的起毛、挖切或凹坑等缺陷。

图 22-9 所示为在刨刀转速为 5000r/min，进料速度分别为 5m/min、15m/min、20m/min 的纵向刨削条件下，刨削深度对泡桐木径切面刨削表面粗糙度的影响。从图中可以看出，在其他条件不变的情况下，刨削深度由 1mm 增加到 7mm，刨削表面粗糙度先减小后增大。图 22-9 中箭头所指点处的刨削参数为刨刀转速为 5000r/min，进料速度为 20m/min，刨削深度为 3mm。

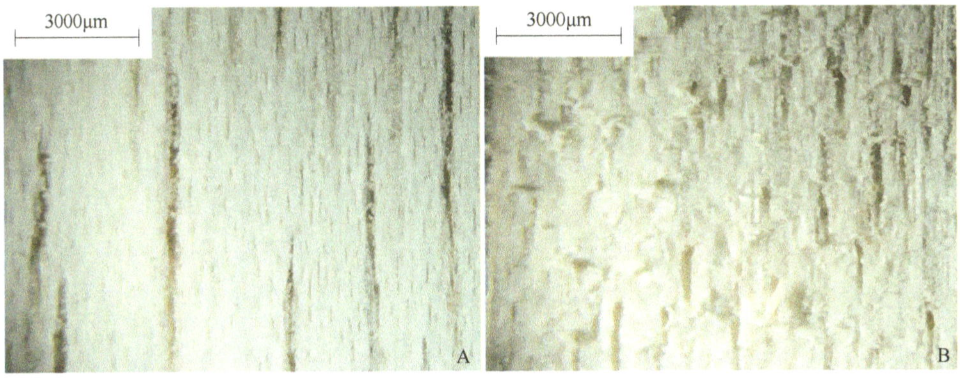

图 22-8　不同进料速度条件下刨削表面图像

A. 进料速度为 5m/min；B. 进料速度为 30m/min

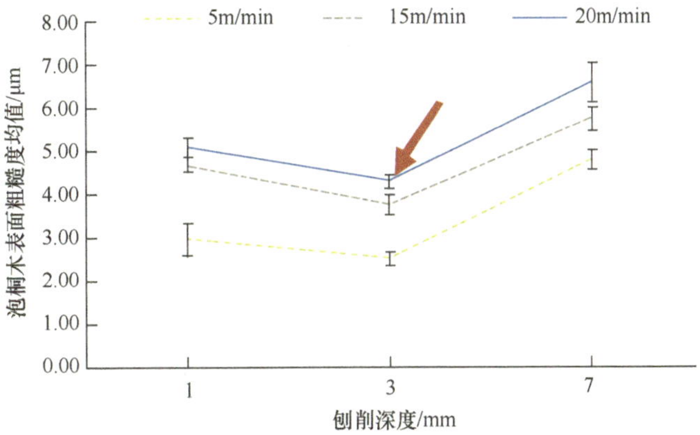

图 22-9　刨削深度对刨削表面粗糙度的影响

图 22-10 所示为在刨刀转速 5000r/min、进料速度 15m/min、刨削深度分别为 3mm 和 7mm 的刨削条件下，刨削表面两处早、晚材部位的体式显微镜照片。从图中可以看出，刨削深度为 3mm 时，刨削表面无明显挖切凹坑，而刨切深度为 7mm 时，已加工表面出现了明显的起毛和挖切。

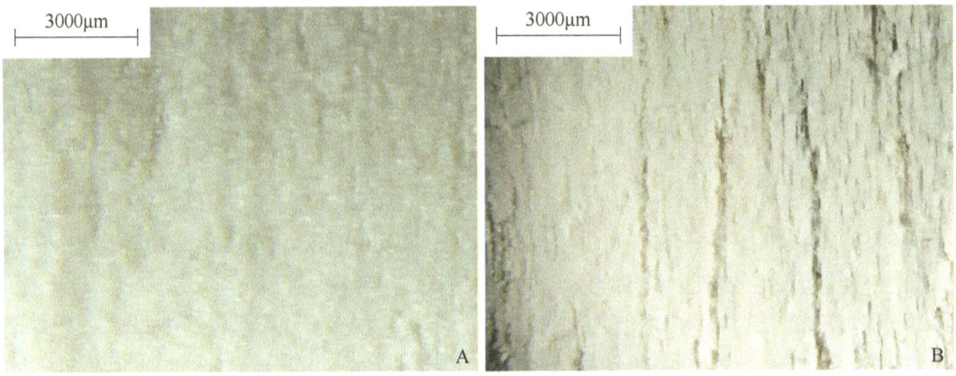

图 22-10　不同刨削深度条件下刨削表面照片

A. 刨削深度为 3mm；B. 刨削深度为 7mm

结合实际生产需求，并考虑刨削质量，现确定上述刨削参数为最佳刨削参数。当表面粗糙度值为 4.27μm 时，认为表面质量符合实际生产要求，因此上述最优参数是合理的，最优参数下刨削所得刨削表面质量如图 22-11 所示。

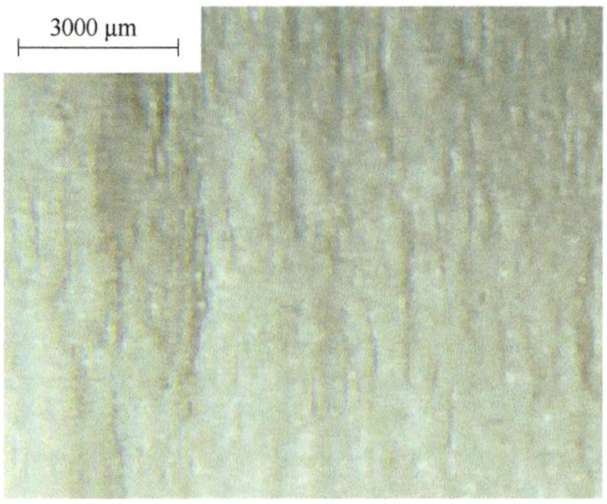

图 22-11　最优参数下刨削表面

相对于早材部位的刨削表面质量，晚材部位较好。这主要是因为，早材部位的密度低于晚材部位的密度，造成早材的横向抗拉强度低于晚材，容易产生劈裂，也就是早材切削过程的挖切现象。径、弦切面刨削表面质量评定主要取决于刨削表面早、晚材的相对比例。这主要是早、晚材刨削质量的差异性，径切面早、晚材交替，导致刨削质量并不均匀。同时，弦切面试件存在全早材、全晚材及局部早、晚材三种可能性，弦切面刨削表面质量根据其早晚材的相对比例存在不确定性。因此，径、弦切面刨削表面质量尚不能使用统一的评定标准，其质量好坏主要取决于刨削表面晚材所占比例。刨削过程中的单个刀齿的工作角度主要是由进料速度和刨刀转速决定，当在铣刀转速一定的条件下，随着进料速度的增加，运动后角增大，工作前角增大，工作后角减小。较大的工作前角易形成纵向切削时的挖切现象，而较大的工作后角造成后刀面与刨削表面摩擦增大，导致纤维束被撕裂，许多个体纤维或小束纤维松散于板材表面并与板材保持一定角度产生起毛现象，增加了表面粗糙度，降低了表面质量。同时，随着进料速度增大，切割间距逐渐增大，从而导致刀具对试件切割不均匀，进一步加剧了刨削表面的质量。在铣刀转速和进料速度不变的条件下，随着铣削深度的增加，单个刀齿的平均切削厚度增大，易造成切削表面产生起毛现象，增加了表面粗糙度，降低了表面质量，同时随着刨削深度增加，后刀面对工件已加工表面的作用力增大，进一步破坏已加工表面刨削质量。这也就说明，在其他条件不变的情况下，随着刨削深度增加，刨刀单个刀齿的平均切削厚度增大，而平均切削厚度的增加，降低了刨削表面质量。当刨削深度过小时，刨刀对工件的主要作用可以近似看作磨削，从而破坏已加工工件的表面质量，造成起毛现象。

（二）桐材表面涂饰均一性研究

试材：兰考泡桐（*Paulownia elongata*），取自兰考县固阳镇，10 株，树龄 16 年，主干高 7m，平均胸径 49cm。取去掉原木根部的主干材，前期处理后加工成 1800mm×100mm×10mm 规格的墙壁板。

素板：泡桐木材经防变色处理、未加任何涂料涂饰的墙壁板。

涂料：醇酸清漆品牌：紫荆花，叶氏化工集团有限公司；木蜡油品牌：切瑞西，上海切瑞西化学有限公司；聚氨酯清漆品牌：大宝，东莞大宝化工制品有限公司；以上油漆涂料均在郑州当地建材装饰市场采购。

试验仪器如下。

天平：型号 YP1002N，精度为 0.01g。

测色仪：型号为 CR-400，柯尼卡美能达（中国）投资有限公司。

方法：透明涂饰新老工艺采用对照法，素板、新老工艺各采用 20 块板材对照，每块板样均匀分布测定 5 个点颜色色差，然后计算均值。待漆膜干后置于室内一年，用以观察耐光色牢度。

老工艺：按照表面清洁、打磨砂光、打腻子、砂光、底漆、面漆，漆种分别为常用的木蜡油、醇酸清漆。

新工艺：工艺按照表面清洁、打磨砂光、封闭底漆、面漆，漆种分别为醇酸清漆、木蜡油。

仿珍贵木材涂饰：针对聚氨酯清漆涂饰，采用 L18（3^7）设计见表 22-21，考虑色精、面漆、老化时间及交互作用因素，每因素 3 个实验水平，每个水平实验采用 20 块板材，每块板样均匀分布测定 5 个点颜色，筛选最佳实验工艺参数。设计 8 种珍贵木材色调，每个色调选择色差均一的 10 片墙壁板用作涂饰材料，每片墙壁板涂饰后随机选取 5 个点测试颜色，3 次重复、共计 150 个样点，对其进行颜色检测。

表 22-21　仿珍贵木材（樱桃）试验设计 L18（3^7）七因素三水平

因素水平	A 色精用量/（g/m^2）	B 面漆用量/（g/m^2）	C 老化时间/月
1	7	33	6
2	11	37	12
3	15	41	18

分析方法：采用 Excel 对数据进行整理，用 SPSS 软件选择 LSD 法对测试结果进行多重比较分析。

1. 新旧涂饰工艺对泡桐木材色泽的影响

通过表 22-22 可以看出，醇酸清漆和木蜡油采用新老工艺涂饰后，木材亮度均有下降，总色差提高，色度指标劣化，但采用新工艺涂饰亮度下降较少，醇酸清漆和木蜡油的比老工艺分别高 4.62 和 5.41，偏差分别低 3.47 和 2.72，变异系数分别低 5.64%和 4.25%；新工艺总色差比老工艺的分别低 0.94 和 6.10，偏差分别低 2.80 和 1.80，变异系数分别低 7.04%和 3.89%，新工艺效果明显好于老工艺。

表 22-22　透明色调涂饰新老工艺比较

项目	漆种	亮度	偏差	变异系数/%	总色差	偏差	变异系数/%
素板		76.11	1.69	2.22	24.81	1.62	6.55
老工艺	醇酸清漆	63.19	4.88	7.72	39.31	4.18	10.63
	木蜡油	66.64	4.22	6.33	37.51	3.53	9.41
新工艺	醇酸清漆	67.81	1.41	2.07	38.37	1.38	3.59
	木蜡油	72.05	1.50	2.08	31.41	1.73	5.51
新旧差异	醇酸清漆	4.62 ↑	−3.47 ↓	−5.64 ↓	−0.94 ↓	−2.80 ↓	−7.04 ↓
	木蜡油	5.41 ↑	−2.72 ↓	−4.25 ↓	−6.10 ↓	−1.80 ↓	−3.89 ↓

反映到视觉效果方面，就是用老工艺涂饰后，泡桐板材整体色感不均，颜色深浅不一，特别是在年轮结合处早材与晚材色差变化明显，这很可能与泡桐木材是半环孔材、密度低、孔隙率大有关。兰考泡桐密度虽然适中，但也只有 0.25g/cm^3，传统涂饰工艺是涂饰前要进行打腻子填堵管腔，因泡桐木材不同部位空隙不一致，导致腻子附着量分布不均，造成木材油漆涂饰后的反光率不一致，故看起来泡桐材不同部位颜色深浅、色调不一。针对泡桐木材密度低、孔隙率大的特性，不用打腻子添堵孔腔，而使用封闭透明底漆进行封堵的新工艺，实验效果明显。新工艺透明涂饰对木材色度指标影响较小，基本不改变木材本身色调，其视觉效果是泡桐板材颜色均匀一致，不会出现色差大、色调深浅不一的缺陷。

由表 22-23 SPSS 分析结果可看出，新工艺透明涂饰其色度指标与老工艺相比有极显著改进，木材纹理清晰自然，涂饰色差小，色调饱满，这主要得益于使用封闭型涂饰底漆，其封闭效果好，使用量少，渗入木材量小，不会像腻子那样含有一些无机矿物质成分，因其在不同木材部位附着量不一致，进而对光的吸收与反射不一致形成色差，基本保持木材原有色调。与置于室内一年的样品板进行比较，未发现材色有明显变化。

表 22-23 泡桐板材涂饰效果分析

因变量	平方和	自由度	均方	F	Sig.	显著性
亮度	303 024.99	15	20 201.67	5 404.88	0	**
误差	2 930.34	784	3.74			
变红度	82 972.75	15	5 531.52	6 899.03	0	**
误差	628.60	784	0.80			
变黄度	41 544.84	15	2 769.66	2 411.95	0	**
误差	900.27	784	1.15			
总色差	276 690.68	15	18 446.05	6 673.38	0	**
误差	2 167.07	784	2.76			
白度	268 293.54	15	17 886.24	5 488.78	0	**
误差	2 554.81	784	3.26			

2. 仿珍贵木材色调涂饰效果分析

木材色泽主要取决于总色差，其变异系数越小，说明木材不同部位颜色趋向一致，表面色感均匀，不会出现深浅不同的色调。板材油漆涂饰效果关键取决于色调轻重，用量多少，颜色是否均一。仿珍贵木材色调涂饰正交试验见表 22-24，由此看出：色精、面漆涂饰量对漆膜色差影响达到极显著，交互作用达到显著水平，时间老化对漆膜影响未达到显著水平，色精、面漆涂饰量均是试验水平 2 的效果好，最佳涂饰工艺组合为 $A_2B_2C_2$，即色精涂饰量 11g/m^2，面漆涂饰量为 37g/m^2。

表 22-24 仿珍贵木材色调涂饰正交优选试验结果分析

项目	A	B	A×B	C	A×C	电磁脉冲	误差
K_1	430.05	436.84	433.51	437.37	439.67	437.63	437.19
K_2	425.87	431.08	439.73	436.42	436.42	436.18	438.33
K_3	454.82	442.82	437.5	436.95	438.22	436.93	435.22
Ave K_1	71.68	72.81	72.25	72.90	73.28	72.94	72.87
Ave K_2	70.98	71.85	73.29	72.74	72.74	72.70	73.06
Ave K_3	75.80	73.80	72.92	72.83	73.04	72.82	72.54
R	4.82	1.96	1.04	0.16	0.54	0.24	-0.19
SS	4.5343	0.6382	0.1839	0.0042	0.0491	0.0097	0.0458
Fr.d. f	2	2	4	2	4		3
MS	2.2672	0.3191	0.0460	0.0021	0.0123		0.0153
F	1133.59	20.88	3.01	0.14	0.80		
Sig.	**	**	*	ns	ns		

注：$F_{0.10}$（2，17）=2.64，$F_{0.10}$（4，17）=2.31，$F_{0.05}$（2，17）=3.59，$F_{0.05}$（4，17）=2.96；ns. 差异不显著，下同

仿珍贵木材色调验证试验结果见表 22-25，研究表明：应用新工艺涂饰法进行仿珍贵木材涂饰效果好，色差偏差小，色度均一，颜色稳定，即使色调变化最大的乌木的明度变异系数也仅有 3.63%，总色差变异系数是 1.34%，比老工艺的色调指标要好很多，证明新工艺适合泡桐木材仿珍贵木材涂饰。

表 22-25 8 种色调涂饰验证结果

色调	明度	偏差	变异系数/%	总色差	偏差	变异系数/%
茶青	31.90	1.03	3.24	64.35	0.71	1.10
红木	28.36	0.62	2.17	70.48	0.22	0.31
胡桃	28.09	0.80	2.86	66.89	0.72	1.07

续表

色调	明度	偏差	变异系数/%	总色差	偏差	变异系数/%
琥珀	33.78	0.73	2.16	71.93	0.37	0.51
梨木	35.86	0.82	2.28	67.97	0.34	0.50
乌木	32.93	1.20	3.63	63.77	0.85	1.34
橡木	44.22	1.03	2.32	64.57	0.40	0.61
樱桃	31.35	0.68	2.18	70.32	0.31	0.43

（三）桐材墙壁板生产经济效益分析

泡桐木材可以加工的产品类型很多，建筑装饰材、家具等属于规模化工业加工利用潜在用途产品，现就其加工利用进行效益分析。其他未介绍的产品加工效益分析与此类同。

传统工艺生产的泡桐墙壁板，大多企业没有考虑到不同泡桐品系特性，桐木材质特点，加之桐材变色防治、表面加工缺陷控制、变形、涂饰等技术不过关，A、AB 及 B 级品率很低，而三级品（C）率很高，降低了企业效益。林业公益性行业科研专项“泡桐装饰材新产品研发及优良品系选育研究”，在不同泡桐品系基本材性（颜色、密度、硬度、强度等）评价、泡桐木材变色预防、板材表面加工缺陷如掉块和脆裂等克服、变形控制、油漆涂饰色差过大等关键技术取得突破并应用，研发的墙壁板可使 A、AB 或 B 级品率大幅度提高。计算如下：原木 $1m^3$，净板出材率 35%，即 $1m^3$ 原木可生产净板成品为 $0.35m^3$，其中，A 级品占 50%，B 级品占 30%，C 级品占 20%，按照 A 级板 12 000 元/m^3，B 级板 9000 元/ m^3，C 级板 4800 元/ m^3，其中加工剩余物中 50%的材积可用于生产细木工板，售价 2800 元/ m^3，碎料剩余物按 30%计算，用于纤维板 MDF 制造，价格按 400 元/m^3，其他 20%按损耗损失。售价：0.35×50%×12000+0.35×30%×9000+0.35×20%×4800+(1–0.35)×50%×2800+(1–0.35)×30%×400=4369 元；原木到厂成本：1600 元/ m^3；加工/管理成本：1000 元/m^3；总成本：2600 元/m^3；利润=收益–总成本=4369–2600=1769 元；利润率=利润/收益=1769/4369=40.5%。

如果生产传统的拼板，原木 $1m^3$，收益 2720 元，总成本 2450 元，利润 270 元，利润率 9.9%（表 22-26）。

表 22-26　墙壁板、拼板产品生产利润率分析

项目	出材率	售价/（元/m³）	收益/（元/m³）	原料成本/（元/m³）	加工成本/（元/m³）	管理成本/（元/m³）	总成本/（元/m³）	利润/（元/m³）	利润率/%
墙壁板			4369	1600	800	200	2600	1769	40.5
主产品	0.35	3381	3381						
A	50%	12000	2100						
B	30%	9000	945						
C	20%	4800	336						
剩余物	0.65%	988	988						
边角料	50%	2800	910						
碎料	30%	400	78						
损耗	20%	0	0						
拼板			2720	1400	850	200	2450	270	9.9
主产品	0.4	1808	1808						
A	50%	5000	1000						
B	30%	4200	504						
C	20%	3800	304						
副产品									
剩余物	0.6%	912	912						
边角料	50%	2800	840						
碎料	30%	400	72						
损耗	20%	0	0						

第三节　主要装饰材产品展示

主要装饰材产品展示见图 22-12～图 22-23。

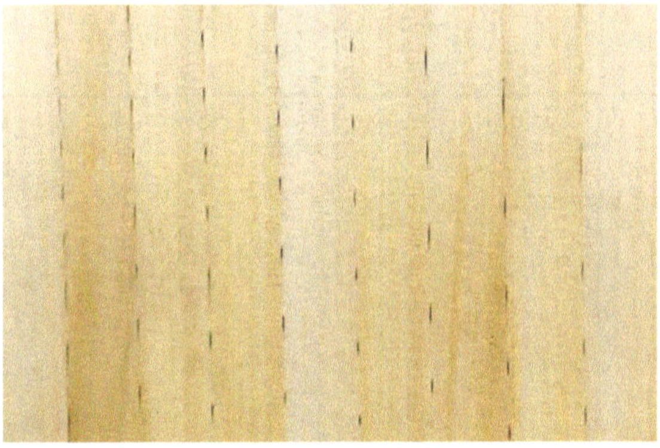

图 22-12　装饰壁板板材（一）

图 22-13　装饰壁板板材（二）

图 22-14　装饰壁板板材（三）

图 22-15　装饰壁板展示（一）

图 22-16　装饰壁板展示（二）

图 22-17　装饰壁板展示（三）

图 22-18　装饰壁板展示（四）

图 22-19　装饰壁板展示（五）

图 22-20　装饰壁板展示（六）

图 22-21　装饰壁板展示（七）

图 22-22　装饰壁板展示（八）

图 22-23　装饰壁板展示（九）

参 考 文 献

常德龙, 胡伟华, 张云岭. 2016. 泡桐研究与全树利用. 武汉: 华中科技大学出版社.
常德龙, 张云岭, 胡伟华, 等. 2014. 不同种类泡桐的基本材性. 东北林业大学学报, 42(8): 79-81.
常德龙, 张云岭, 马志刚, 等. 2015. 泡桐材墙壁板两种涂饰工艺效果差异. 东北林业大学学报, 43(2): 116-118.
戴向东. 2007. 中日传统家具文化比较研究. 中南林业科技大学博士学位论文.
戴向东, 曾献, 黄艳丽, 等. 2007. 中日传统家具的用材文化比较. 林产工业, (6): 11-14.
郭晓磊. 2012. 中密度纤维板切削加工机理的研究. 南京林业大学博士学位论文.

黄文豪, 滕雨, 常德龙, 等. 2016. 刨切参数对纵向刨切泡桐木材表面质量的影响. 东北林业大学学报, 44(2): 86-88.
金维诺. 2004. 深入浅出专业通俗读中国纹样史. 收藏家, (2): 45-46.
李坚. 2006. 木材保护学. 北京: 科学出版社.
李坚. 2008. 生物质复合材料学. 北京: 科学出版社.
李敏秀. 2003. 中西家具文化比较研究. 南京林业大学博士学位论文.
许雅雅, 常德龙, 胡伟华, 等. 2021. 雨淋对不同泡桐品系木材颜色的影响. 东北林业大学学报, 49(9): 90-94.
尹妮. 2012. 中国传统吉祥纹样在现代家居设计中的重构. 西安工程大学硕士学位论文.
张肖. 2009. 中日传统家具审美意识的比较研究. 中南林业科技大学硕士学位论文.

第二十三章　泡桐乐器的研究与利用

随着经济水平的提高，人们越来越重视精神上的需求。乐器是祖先留给我们的宝贵的精神财富，一直以来都是精神娱乐的重要产品。中国民族乐器以吹、拉、弹、打为主要演奏形式，几千年来不断丰富和发展。如今，除了铜管乐器，大多数的乐器制作都离不开木材。木材的材质会引起乐器性能和质量的差异，目前适合制作乐器的木材仅集中在少数几个树种的某些部位（刘镇波等，2010）。在选取木材时，乐器制作者往往通过敲击和经验来判断，主观性较强。限于不同的乐器制作者的经验和水平不同，生产出来的乐器水平参差不齐。由于缺乏科学统一的标准，不仅限制了民族乐器的规模化生产，而且造成木材资源的浪费。产生这种现状的主要原因是：懂音乐的不懂木材，懂木材的不懂音乐。要想解决这个问题，就要结合音乐和木材综合考虑，了解民族乐器共鸣构件所用木材的声学振动性能和乐器发声的音色及品质的内在联系，建立关于乐器制作选材的客观的评价方法（刘镇波等，2010）。泡桐木材具有优良的声振动特性，加强桐材音板利用相关研究有助于提高泡桐的经济附加值，为民族乐器专用泡桐新品种的选育奠定理论基础，有助于延长泡桐产业链，促进泡桐产业发展。

第一节　木材在我国民族乐器中的作用

中华民族有着深厚的历史文化积淀，中国民族乐器作为传统文化的载体，代代相传，已有8000年历史，见证了中华民族的发展，记录了我国特有的音乐文化和祖先们的聪明才智（陈惠庆，2001；刘镇波等，2010）。一直以来，我国民族乐器都在人们的精神生活中发挥重要作用，这些在诗词歌赋中都有记载。现如今人们生活节奏加快，可以将其作为陶冶情操的一种方式。材质对乐器音色、音质等性能的发挥起重要作用。如今制作民族乐器的材料主要集中在木材、竹材、皮革、金属等（田元，2007；赵娴，2007），其中木材是民族乐器共鸣构件的重要用材之一，对乐器声学品质有重要影响（黄英来，2013）。一方面，没有一种树种能制作所有的乐器，另一方面同一乐器的不同部位对木材的要求也不尽相同。乐群和芦芒（1977）曾分析了制作乐器常用树种的特性和用途。他们认为乐器的种类非常多，而每种乐器对树种和材质的具体要求是不完全相同的。在具体选择时，除了要考虑木材的材性、构造及音色等特性外，还要关注木材的资源、分布及运输条件等。为了降低生产成本，尽量就地取材。例如，柏木、侧柏和桑木等木材质地坚硬、纹理通直，常用来制作鼓梆；水曲柳、白皮榆、大叶榆等木材力学强度较高、花纹美观、弯曲性能较好，常用来制作军鼓的鼓圈；泡桐木材质地轻软、传声性较强、容易加工，常用来制作各种乐器的共振板；黄檀木木材沉重、质地坚硬、强度高，常用来制作民族乐器的弦轴等。虽然我国林木资源非常丰富，但仅有少数几种树种的某些特定部位适合制作民族乐器，这使得乐器用材原料成本增加。而且，我国民族乐器在制作上主要根据技师们的“观、掂、敲、听”等，主观性较强，缺乏科学客观的评价方法（黄英来，2013），这使得生产出来的乐器产品参差不齐，阻碍了我国民族乐器产业的发展。因此，建立我国民族乐器用木材的科学选材评价方法至关重要。

第二节　民族乐器音板用材的振动性能

音板是乐器最重要的构件，它可以把琴弦振动产生的能量放大并辐射到空气中，从而使乐器发出优美动听的声音（刘镇波等，2010）。生产高品质乐器的关键在于控制好音板的质量（雷福娟等，2017）。我国大多数民族乐器的音板均采用木材制作而成，主要是利用了木材的振动特性和其良好的声学品质特性（李坚，2002）。了解影响民族乐器音板声学品质的影响因素及评测方法，对民族乐器音板用材的科学选材有重要意义。

一、影响民族乐器音板声学品质的因子

（一）木材物理性质对振动性能的影响

木材密度会影响其振动性能。沈隽（2001）、涂道伍和邵卓平（2012）研究发现，对于大多数树种，当木材密度在 0.4～0.5g/cm^3 时，木材振动性能较好。

木材含水率也会对其振动性能产生影响。北京乐器研究所联合中国林业科学研究院木材工业研究所研究了我国主要树种木材的声学性能，发现在一定的范围内随着木材含水率增加，振动的对数衰减加快（李源哲等，1962）。马丽娜（2005）研究了水曲柳及泡桐等 6 个树种振动特性与木材含水率的关系，发现当木材含水率在 7%左右时，其振动性能较优良。

另外，尺寸稳定性好的木材由于不易变形和开裂，振动性能也较稳定（雷福娟等，2017）。

（二）木材宏观构造对振动性能的影响

生长轮宽度与木材的声振动特性密切相关。刘一星等（2001）以云杉属的 8 个树种木材为研究对象，发现当木材的生长轮宽度在 1.0～1.5mm 时，大多数木材的比动弹性模量和声辐射阻尼常数值较大，损耗角正切值较小，振动性能较优良。

晚材率及其变异系数也与声振动特性有关。对于大多数云杉属树种，当晚材率在 15%～28%时，木材声振动性能表现优良。当晚材率变异系数较小时，木材晚材率分布较均匀，木材声振动性能较优良（沈隽，2001）。

（三）木材显微构造对振动性能的影响

纤维素结晶度与木材声振动特性参数有很强的相关性。研究发现对于大多数树种，适当增加纤维素结晶度，有利于提高木材振动效率。且当纤维素结晶度值在 56%～65%时，木材各项声振动特性参数达到较优水平（刘一星等，2001；马丽娜，2005）。

细胞壁 S2 层纤丝角影响木材声振动性能。对于云杉属的大多数树种，当木材 S2 层纤丝角在 9°～17°时，值越小，由于比动弹性模量和声辐射阻尼常数值越大，对数缩减量越小，木材振动性能越好（沈隽，2001）。

（四）木材主要缺陷对振动性能的影响

木材缺陷，如木材的斜纹、节子、裂纹、腐朽、虫眼、应力木等都会对音板声振动性能产生影响。在对云杉属木材构造的研究中发现，节子、斜纹的存在严重降低了木材振动效率。裂纹会导致木材纤维（管胞）被撕裂、分离。腐朽、虫眼会导致细胞壁结构物质破坏。应力木损耗角正切值较正常材大，声辐射品质常数较正常材低（成俊卿，1985）。因此腐朽、虫眼、裂纹、应力木的存在会不同程度地降低木材的振动效率（沈隽，2001；雷福娟等，2017）。

（五）音板的结构对振动性能的影响

音板的厚度要适宜，过厚会影响振动效果，过薄则音色不佳（雷福娟等，2017）。音板的厚度分布也会影响音质的优劣。佘亚明和王湘（1986）认为在面板振动时反射波强的位置适当增加厚度，可改善乐器的声学品质。

（六）加工工艺对振动性能的影响

音板声学品质特性还受木材的锯切工艺、干燥质量、尺寸稳定性及共振板与肋木的胶合质量等的影响（雷福娟等，2017）。

音板会因干缩湿胀而变形。乐群和芦芒（1978）研究发现为了提高桦木的物理力学性能指标，可以将其浸渍在苯乙烯单体中；另外，经过活性酚醛树脂浸渍的木材，其防裂、防变形的效果增强，尺寸稳定性增强，振动性能更稳定。

胶黏剂对音板的性能影响较大。北京乐器研究所第二研究室（1979）以泡桐、色木等树种为研究对象，比较了改性白胶乳液与鱼胶对音板性能的影响，并进行了生产性试验。

二、民族乐器音板声学品质测评方法

长期以来，我国民族乐器音板声学品质的评测主要是依靠乐器技师们丰富的实践经验，技师们通过“观、掂、敲、听”等形式来判断。这种评测方法有诸多不科学之处，技师们的水平参差不齐，没有明确的指标和参数，主观性较强等，这制约着民族乐器的标准化和规模化生产，这也是导致民族乐器售价偏高的原因。随着计算机技术的快速发展，科学客观评价音板的声学品质成为可能。

（一）模态试验分析法

音板声学品质模态试验分析法是通过试验采集激励力信号、振动响应信号，得出频响函数，来估算音板的固有频率、阻尼系数、固有振型等模态参数，再对这些参数分析得出音板固有振动特性。

模态试验测量系统安装前要进行边界条件的设置，激励方式、激励器、传感器、数据采集分析仪器的选择等。计算机技术的快速发展使得模态分析软件代替硬件成为可能，能方便快捷地进行分析，如ModalView模态分析软件。这种分析方法具有测量准确、结果可靠的优点。然而由于测定过程相对复杂、成本较高、用时较长等原因目前无法应用于生产（雷福娟等，2017）。

（二）基于ANSYS有限元评测法

基于ANSYS有限元评测音板声学品质的方法是将分析的音板结构分解成互不重叠的有限个微小单元体，相邻单元间用节点相连，用这些离散的单元体的振动特性来代表整个音板的振动特性，再借助ANSYS有限元软件计算出音板的固有频率、阻尼系数、固有振型等振动特性参数，得出音板的固有振动特性。ANSYS有限元法在评测过程中是借助ANSYS软件进行模拟，无须制作音板和安装试验装置，总体而言较方便快捷、省时、成本低。然而，这种方法对操作者水平要求较高，操作者不仅要了解乐器结构还要能熟练掌握建模软件等的操作，因此未能在实际生产中推广（雷福娟等，2017）。

综上所述，目前民族乐器音板的声学品质评测还无法在生产中普及。后期，可以结合人工智能和机器学习领域等的最新研究成果，将操作程序简单化；也可以引入虚拟仪器模拟人耳进行声音采集和分析，使软件操作者不受技术水平的限制（雷福娟等，2017）。

第三节　民族乐器泡桐音板的制作

一、评选优质原料

泡桐是速生树种，成材周期短。泡桐属资源丰富，且泡桐种间木材差别不大。乐群和芦芒（1977）及张辅刚（1990a）介绍了泡桐适合作乐器的宏观特征、性能与用途。泡桐木材具有质地较轻、纹理通直、纹路优美、易干燥、不易开裂、传声性较强、易于加工等特性，其木材声辐射品质常数较大，声阻抗小，是民族乐器音板的优良用材。

选材是制作泡桐音板的第一道也是至关重要的一道工序，它对于乐器最终音效的呈现起关键作用。张辅刚（1991a）曾对原木的选择进行讨论。不同树龄及同一树龄不同部位的泡桐木材，其年轮宽度、晚材率、节子数量存在着差异，这些都会影响木材的声振动特性。在实际的乐器生产中，乐器技师们利用手指节或小木槌敲击木材来进行判断。通常选择易于振动，音质响亮、浑厚的木材作为音板（张辅刚，1990b）。

应选取年轮均匀，晚材率在 15%～28%的木材来制作音板，同时要避免节子、斜纹、应力木、腐朽等木材本身的缺陷。另外，同块音板应尽量选取结构相近的木材（雷福娟等，2017）。张辅刚（1991c）还介绍了木管乐器选材的标准，及在密度、材色、年轮和宏观构造等方面的具体要求。当选材的影响因子较多时，可以利用综合坐标法辅助选择（黄英来，2013）。

二、设计合理的音板结构

不同乐器之所以音色不同，主要是由于它们的音板在尺寸、形状、结构上各不相同。在制作乐器时应根据每种乐器的特点来进行设计。为了使乐器有更好的音色和音质，需要对乐器结构进行微调，然而单纯依靠手工操作往往事倍功半。若借助 ANSYS 有限元等计算机软件辅助进行结构设计，可以模拟改变音板结构产生的不同振动特性，分析得出更优的结构（雷福娟等，2017）。

三、控制制作工艺

锯切方向会对音板产生重要影响。由于木材有各向异性的特点，锯切的方向不同，物理力学性质也会产生一定的差别。张辅刚（1991b）研究了不同锯切方法与技术条件对乐器共鸣板的影响。田祝延（1995）研究了木材在不同方向的传声速度，说明拨弦乐器的面板应选用径向材。雷福娟等（2017）指出径切板具有振动性能高、不易干缩、不易变形开裂、尺寸较稳定等优点。在比较了三开原木、四开原木、六开原木三种下锯方法后，孙友富和潘运军（2001）发现三开原木下锯效果最好，能获得较高的出材率。此外，在下锯时应尽量避开缺陷部位，以免影响音板的振动特性。

木材的尺寸稳定性会影响音板的振动特性，通过物理、化学等处理能够提高木材的尺寸稳定性。如对木材进行高温热处理可以通过降低木材的吸湿性来提高木材的尺寸稳定性（冯德君和赵泾峰，2011）。另外，可以在木材表面添加防水剂，或者通过浸渍处理堵塞水分通道。但是在对音板用材进行处理时，应考虑是否影响了其振动性能（雷福娟等，2017）。

木材的干燥质量对音板的形状和声学品质的稳定性均有直接影响。由于木材本身会根据环境湿度的变化产生干缩湿胀，所以必须对音板用材进行干燥，以使木材含水率和环境湿度保持平衡（雷福娟等，2017）。如果干燥不充分会使音板发生变形甚至开裂，干燥方法不当也会影响乐器发音的效果和稳定性。长时间缓慢的自然干燥，可以完全释放木材的内应力。张辅刚（1992）探讨了对乐器用材自然干燥的优缺点、操作要点和贮存方式等。雷福娟等（2017）认为可以先采用自然干燥，当含水率降到 15%左右采用人工干燥，直到含水率稳定在 6%～9%，最后需对木材进行恒温恒湿处理，从而使木材内部含水率保持均匀，消除应力。

第四节　影响民族乐器泡桐音板质量的因素

一、泡桐产地

河南省兰考县以生产民族乐器而著称，这里仅乐器生产厂就有 100 余家。这很大程度上是因为当地的自然气候条件适宜泡桐生长，而泡桐木材又是制作民族乐器的重要材料。汤二法（2008）曾分析了兰考县适宜栽植泡桐的原因。这里地处黄河流域中下游地区，土壤水分养分充足，泡桐生长较快、木质疏松。当地的土壤为砂质土，土质疏松，这使得泡桐根部向下生长的阻力较小，根部透气性好，易于分解土壤养分。而且，土壤几乎不存在胀缩性，不会损伤泡桐根系。另外，当地土壤的酸碱度接近中性，适宜泡桐生长。

二、泡桐音板的选材

一般而言，树龄 10 年以上的木材才能达到制作音板的标准，如古筝、琵琶面板在选材时头径须大于 36cm。在年生长期内又以立冬到春分时期取材最佳，这是由于这个时期的木材毛细孔经过“扩张—收缩—再扩张”后密度适中。同一棵树，阳面和阴面的木材特性也存在较大差异。阳面生长较快，纹理较粗放；而阴面生长缓慢，纹理更密集。根据乐器的发音要求，在同一棵树上搭配阳面和阴面的木材作为音板，往往能得到较好的效果。在此基础上，音板选材时应注意避开腐朽、虫蛀、疤节、裂痕等明显的缺陷。虽然不同乐器对纹路的宽度要求不同，例如，琵琶、古筝、古琴以 1.8～2.5cm 为好，而大小阮面板以 1.5～2.2cm 为佳，但是在纹理选择时都应保持纹路通直、宽窄一致（汤二法，2008）。

除了根据这些经验来选择制作乐器的板材，也有学者提出可以借助构建模型来实现对板材的科学选择。在一项关于泡桐木制造月琴的研究中，Yang 等（2017b）基于制作原料信息和关于月琴音质的评价，提出了月琴音质预测模型。研究者利用支持向量机法，建立了基于木材振动性能的月琴音质预测评价模型。该研究利用径向基函数建立了月琴音板木材音质评价模型，并进行了仿真预测。结果表明，利用 MATLAB 仿真可以根据音板木材的振动性能实现对月琴音质的预测，分类准确率可达 90.00%，可为月琴音板木材的选择提供理论指导。在一项关于泡桐木制作琵琶音板的研究中，以琵琶音板振动特性为基础，运用多元选择模型，根据音板振动数据预测琵琶音质，结果表明模型预测精度为 87.78%，这表明该预测模型可用来指导乐器厂中琵琶音板木材的选择（Yang et al.，2017a）。

第五节　桐木乐器介绍

泡桐乐器是使用泡桐木材制作的乐器。泡桐木由于具有良好的导音性和共鸣性能，非常适合制作乐器，如琵琶、古琴、古筝、阮等，具有其他木材无法比拟的优点。泡桐木材制成的音板有良好的声音振动特性和共鸣性能，音色浑厚、清脆、饱满。其木材纹路通直、纹理优美，可以制作出精美的乐器外观。另外，泡桐木质疏松，密度较小，制成的乐器较为轻便。泡桐乐器能产生富有变化的音色，而且具有较好的声音稳定性，这使得其适宜演奏多种多样的音乐风格和音乐形式，有利于音乐的创作和表达。在制作泡桐乐器时，技师们根据不同乐器的发声特点选择一定树龄的泡桐。为了整体效果的发挥，常常需要选择不同部位的泡桐木材。总体而言，泡桐乐器以其良好的音质和精美的外观而备受欢迎，给人们带来艺术享受。

一、琵琶

琵琶（图 23-1～图 23-4），木制，音箱呈半梨形，为传统弹拨乐器，音质清亮、饱满。最早在汉代有记载，在唐代盛行。演奏时竖抱，左手按弦，右手弹奏，通过双手演奏技法的不断变换使得它的音域甚为宽广。其低音浑厚，中音稳重，高音清亮，几乎可以在任何调之间进行切换，是可独奏、伴奏、重奏、合奏的重要民族乐器，有较强的艺术感染力。因此，琵琶也有“民族乐器之王”的美誉（李楠，2023）。

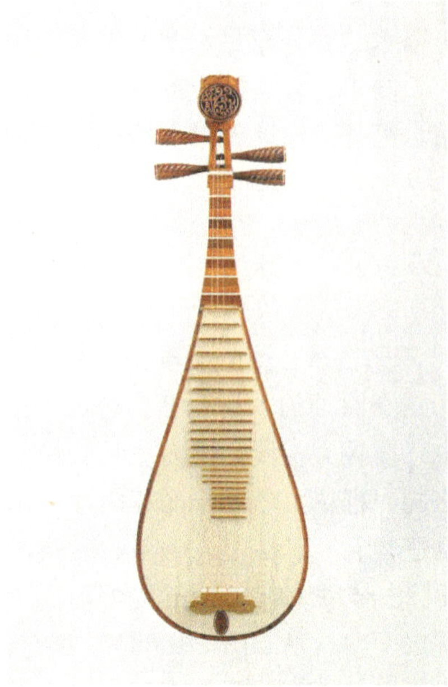

图 23-1　桐木琵琶正面图

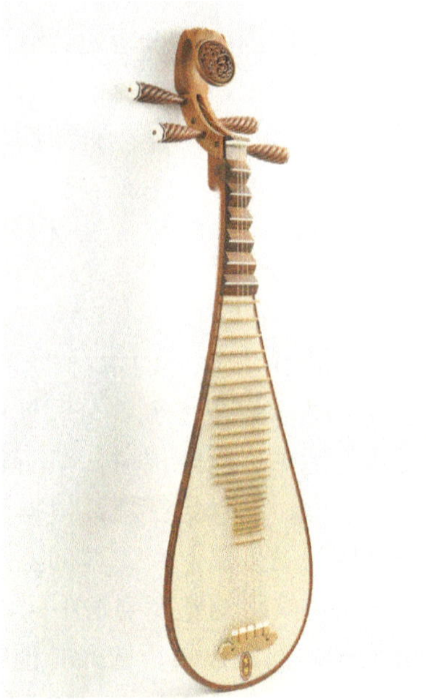

图 23-2　桐木琵琶侧面图

图 23-3　桐木琵琶背面图

图 23-4　桐木琵琶平面图

二、古筝

古筝（图 23-5～图 23-19）又名“秦筝”，是我国传统民族乐器之一，至今已有 2000 多年的历史（张冉，2022）。因弹弦后发出“筝筝然”的声音而得名，声音浑厚、音乐圆润、音域宽广，既可以用右手为主弹奏，也可以双手配合弹奏。由于其具有很强的艺术表现力和精致的造型，在民族乐器中最受欢迎。演奏形式包括独奏、合奏、伴奏、伴唱等，演奏时可以从低音区到高音区，因而起伏较大（李军，2010）。

图 23-5　桐木古筝（一）

图 23-6　桐木古筝（二）

图 23-7　桐木古筝（三）

图 23-8　桐木古筝（四）

图 23-9　桐木古筝（五）

图 23-10　桐木古筝（六）

图 23-11　桐木古筝（七）

图 23-12　桐木古筝（八）

图 23-13　桐木古筝（九）

图 23-14　桐木古筝（十）

图 23-15　桐木古筝（十一）

图 23-16　桐木古筝（十二）

图 23-17　桐木古筝（十三）

图 23-18　桐木古筝（十四）

图 23-19　桐木古筝（十五）

三、古琴

古琴（图 23-20～图 23-22）是世界上最早的弹拨乐器之一，至今已有 3000 余年的历史。古琴的节奏有非均分性，古琴演奏代表了我国历史上最悠久、最富有民族精神、最高的艺术水平。它对社会、文学、哲学、历史等领域的影响是其他乐器无法比拟的，已经被联合国教科文组织列为非物质文化遗产（睹史陀，2018）。

图 23-20　桐木古琴（一）

图 23-21　桐木古琴（二）

图 23-22　桐木古琴（三）

四、阮

阮（图 23-23～图 23-25）是弹拨弦乐器，有四根弦。名字的由来相传是魏晋时期名士阮咸擅长演奏琵琶，且在此基础上改良，并创作了很多关于阮的作品，后人为了纪念他而称这种乐器为阮咸（贾真珍，2021）。目前主要有大阮、中阮、小阮和低音阮四种。与琵琶相比，它的特点是在琴面上有两个开孔（陈通等，1994）。

图 23-23　阮正面图（一）

图 23-24　阮背面图（二）

图 23-25　阮侧面图（三）

参考文献

北京乐器研究所第二研究室. 1979. 乐器木材合成粘合剂的应用. 乐器科技, (4): 13-15.
陈惠庆. 2001. 中国乐器工业发展的战略. 上海轻工业, (4): 12-14.
陈通, 郑敏华, 蔡秀兰. 1994. 阮的声学特性. 声学学报, 19(5): 339-342.
成俊卿. 1985. 木材学. 北京: 中国林业出版社.
睹史陀. 2018. 古琴的文化角色(一): 乐器. 金融博览, (13): 2.
冯德君, 赵泾峰. 2011. 热处理木材吸湿性及尺寸稳定性研究. 西北林学院学报, 26(2): 200-202.
黄英来. 2013. 几种典型民族乐器木质共鸣体的声学振动性能检测与分析. 东北林业大学博士学位论文.
贾真珍. 2021. 阮咸器名由来考. 艺术评鉴, (5): 20-22.
乐群, 芦芒. 1977. 乐器一些常用树种的特性和用途. 乐器科技, (3): 33-44.
乐群, 芦芒. 1978. 乐器木材改性技术. 乐器科技, (2): 39-43.
雷福娟, 黄腾华, 陈桂丹. 2017. 音板声学品质的主要影响因子及其评测方法. 陕西林业科技, (5): 85-89, 94.
李坚. 2002. 木材科学. 北京: 高等教育出版社: 263.
李军. 2010. 京剧乐队中的特色乐器——古筝. 乐器, (11): 54-56.
李楠. 2023. 琵琶声声: 诗, 韵, 情——浅析琵琶的艺术之美. 戏剧之家, (15): 111-113.
李源哲, 李先泽, 汪溪泉, 等. 1962. 几种木材声学性质的测定. 林业科学, (1): 59-66.
刘一星, 沈隽, 刘震波, 等. 2001. 结晶度对云杉属木材声振动特性参数的影响. 东北林业大学学报, 29(2): 4-6.
刘镇波, 刘一星, 于海鹏, 等. 2010. 我国民族乐器共鸣用木材声学品质的研究现状与发展趋势. 林业科学, 46(8): 151-156.
马丽娜. 2005. 木材构造与声振性质的关系研究. 安徽农业大学硕士学位论文.
佘亚明, 王湘. 1986. 初探板共振乐器的板厚度分布. 乐器, (6): 3-4.
沈隽. 2001. 云杉属木材构造特征与振动特性参数关系的研究. 东北林业大学博士学位论文.
孙友富, 潘运军. 2001. 径切板生产工艺流水线的设计和布置. 林产工业, (4): 30-32.
汤二法. 2008. 泡桐音板的探讨. 乐器, (7): 15-17.
田元. 2007. 我国古代乐器的主要类型. 音乐天地, (3): 56-58.
田祝延. 1995. 拨弦乐器面板选材问题. 中国音乐, (4): 19.
涂道伍, 邵卓平. 2012. 木材密度对声振动特性参数的影响. 安徽农业大学学报, 39(3): 361-364.
张辅刚. 1990a. 简述乐器用木材. 中国木材, (5): 36-37.
张辅刚. 1990b. 木材的声学性质. 中国木材, (6): 32-34.
张辅刚. 1991a. 乐器用原木的选择. 中国木材, (1): 30.
张辅刚. 1991b. 音板用材的锯切方法及技术条件. 中国木材, (1): 28-29.
张辅刚. 1991c. 木管乐器. 中国木材, (4): 43-44.
张辅刚. 1992. 乐器用材的自然干燥. 中国木材, (1): 44-46.
张冉. 2022. 古筝源流与浙派古筝发展概述. 黄河之声, (17): 31-33.
赵娴. 2007. 对中国古代乐器研究的认识. 南阳师范学院学报, (5): 70-73.
Yang Y, Liu Z, Liu Y. 2017a. Prediction of lute acoustic quality based on soundboard vibration performance using multiple choice model. Journal of Forestry Research, 28(4): 855-861.
Yang Y, Liu Y, Liu Z, et al. 2017b. Prediction of Yueqin acoustic quality based on soundboard vibration performance using support vector machine. Journal of Wood Science, 63: 37-44.

第二十四章　泡桐非木质资源的开发利用

泡桐是我国重要的速生用材树种和优良的绿化造林树种。其木材材质优良，纹理美观，材质轻而韧，性能稳定，耐酸耐腐，导音性好，易于加工，便于雕刻，广泛用于制作家具、乐器、胶合板、航空模型、车船衬板、空运水运设备及雕刻手工艺品等。目前，泡桐作为一种优质的木材，其木质部分已经被广泛利用。但是，非木质部分的利用价值尚需要进一步的发掘，比如利用泡桐的花、叶、树皮等部分，可以更充分地利用泡桐资源，实现资源的最大化利用。

泡桐可以用于净化空气、吸收空气中的有害物质、提高室内空气质量。泡桐的花朵、树叶和树皮等都具有一定的非木质利用价值。泡桐花朵具有很高的观赏价值，可用于城市绿化、园林景观等。同时，泡桐花朵还可以制成花茶，具有清热解毒、提神醒脑的功效。泡桐花的颜色可以用于染料，可以制作出各种文化衫、围巾、帽子等，其色彩鲜艳、持久性强。泡桐树叶富含蛋白质、维生素和多种微量元素，是一种优质的饲料原料。泡桐树皮具有很好的透气性和吸湿性，是一种优质的天然材料。它可以用于制作家具、工艺品和建筑材料等。泡桐树皮还可以用于制作乐器和音响设备等，能够带来独特的声音效果。此外，泡桐木材加工过程中会产生大量的废弃物，如木屑、木粉等。这些废弃物可以用于制造各种产品，如木制玩具、木制工艺品等。此外，泡桐木屑还可以用于制作生物质能源，如生物质炭和生物质燃料等。此外，泡桐除木材外，其花、叶、果、皮、根均可入药，具有一定的药用价值，可用于治疗一些常见疾病。古时对泡桐的药用价值就有所记载，如《本草纲目》中记述：“桐叶……主恶蚀疮着阴，皮主五痔，杀三虫。花主敷猪疮，消肿生发。”泡桐属的树木含有许多对人类健康有潜在益处的植物化学物质。在中国，泡桐已被用作治疗炎症性支气管炎、扁桃体炎、淋病、创伤性出血、哮喘和高血压的传统草药。因此，泡桐作为一种可再生资源，其非木质利用价值丰富多样，可以为人们的生活和经济发展带来多种益处。

第一节　泡桐花的开发利用

泡桐花，系玄参科泡桐属植物干燥的花。泡桐花是一种常见的中药材，具有很好的药用价值。根据传统中医理论，泡桐花具有清热解毒、止咳平喘、祛风止痛等功效，常用于治疗急性结膜炎、乳腺炎、痈疖等疾病。泡桐花资源相当丰富，春季花开时采收可直接药用或者晒干备用。鲜泡桐花中总黄酮的含量较高，以鲜泡桐花直接入药较好（王宝华等，2003）。民间用其治疗多种感染性疾病，疗效较好。泡桐花含有丰富的挥发性成分，可以用于制作香料和化妆品。泡桐花在生态方面也具有重要价值。它们可以吸收空气中的有害物质，净化空气，提高室内空气质量。同时，泡桐花还可以用于园林景观中，为城市绿化和生态修复作出贡献。近年来，随着人们对中药研究的深入，泡桐花的化学成分逐渐被揭示。本节将详细介绍泡桐花的化学成分及其药理作用，以期为进一步研究提供参考。

一、化学成分

泡桐花是一种具有独特香气的植物，其化学成分复杂多样。依据目前研究结果，泡桐花的化学成分包括挥发性成分、黄酮类化合物、苷类化合物、萜类化合物、苯丙素类化合物、其他酚类化合物、甾体类化合物和微量元素等。通过对这些成分的分析，可以更好地了解泡桐花的药理作用和临床应用。

（一）黄酮类

黄酮类化合物是泡桐花中的主要活性成分之一。泡桐花中的黄酮类化合物主要包括槲皮素、山奈酚、异鼠李素等。张培芬和李冲（2008）从阴干白花泡桐花的乙酸乙酯部位分离鉴定了 11 种黄酮类化合物：3′-*O*-甲基二丙醇、6-香叶基-3,3′,5,7-四羟基-4′-甲氧基黄烷酮、高北美圣草素、5,7,4′-三羟基-3′-甲氧基黄酮、3′-甲氧基木犀草素-7-*O*-β-D-葡萄糖苷、芹菜素-7-*O*-β-D-葡萄糖苷、山奈酚-7-*O*-β-D-葡萄糖苷、槲皮素-3-*O*-β-D-葡萄糖苷、山奈酚-3-*O*-β-D-葡萄糖苷、槲皮素-7-*O*-β-D-葡萄糖苷和木犀草素-7-*O*-β-D-葡萄糖苷。杜欣等（2004）从毛泡桐花的 95%乙醇提取物中确定 5 种黄酮类化合物，分别为 5,4′-二羟基-7,3′-二甲氧基双氢黄酮、5-羟基-7,3′,4′-三甲氧基双氢黄酮、diplacone、minulone 和洋芹素。李晓强等（2009）从白花泡桐花中分离得到洋芹素、木犀草素、橙皮素、柚皮素-7-*O*-β-D-葡萄糖苷等黄酮类化合物。从白花泡桐花的 50%丙酮-水提取物中分离得到 4 种新的 *C*-香叶基黄酮，泡桐酮 D、泡桐酮 E、泡桐酮 F、泡桐酮 G（Zhang et al.，2020）。段文达等（2007）从白花泡桐花中分离到 3′-*O*-甲基双丙酮。Jin 等（2015）从泡桐花中分离到 3′-*O*-甲基-5′-羟基双丙酮、dihydrotricin、5,7-二羟基-3′,4′,5′-三甲氧基黄烷酮、3′-*O*-methyl-5′-hydroxydiplacol。Meng 等（2014）从毛泡桐花中分离到 3′-*O*-methyldiplacol、4′,5,7-三羟基-3′,5′-二甲基氧黄酮。Dai 等（2015）从毛泡桐花中分离到槲皮素、苜蓿素-7-*O*-β-D-吡喃糖苷。

（二）苯丙素类

苯丙素类化合物是泡桐花中的一种主要成分，主要包括绿原酸、咖啡酸等。Zhang 等（2020）从白花泡桐花中分离到泡桐苷 B、泡桐苷 C、泡桐苷 D、泡桐苷 E、泡桐苷 F。Stochmal 等（2022）分离到毛蕊糖苷、肉苁蓉苷 F、甲氧基马鞭草糖苷和羟基马鞭草糖苷。

（三）萜类

泡桐花中还含有萜类化合物，包括齐墩果酸、熊果酸、倍半萜内酯、胡萝卜苷、β-谷甾醇、脱落酸（段文达等，2007；Chung et al.，2010；Meng et al.，2014）等。李晓强等（2009）从白花泡桐花中分离得到落叶酸。

（四）挥发性物质

泡桐花中含有丰富的挥发性成分，主要包括醇类、酮类、酯类和醛类等化合物。这些化合物赋予了泡桐花独特的香气。泡桐花中醇类化合物的含量较高，主要包括芳樟醇、香橙醇等。泡桐花中的酮类化合物主要包括紫罗酮、黄酮等。泡桐花中的酯类化合物主要包括乙酸乙酯、丁酸乙酯等。泡桐花中的醛类化合物主要包括糠醛、壬醛等。

毛泡桐花中含有较丰富的挥发油，潘晓辉和田涛（2003）利用水蒸气蒸馏法从毛泡桐花中提取挥发油得率为 1.6%。郑敏燕等（2009）利用固相微萃取-气相色谱-质谱联用技术研究毛泡桐花挥发性成分，其主要挥发性成分为茴香烯（25.88%）、3-辛酮（14.08%）、对甲氧基茴香醚（12.06%）、茴香酸甲酯（9.32%）、雪松烯（4.50%）和罗勒烯（4.34%）等化合物。张玉玉等（2010）从兰考泡桐花中共鉴定出 67 种挥发性成分，其中，烃类 36 种、酯类 10 种、醛类 9 种、酮类 4 种、酚类 2 种、醇类 5 种和酰胺类化合物 1 种。王晓等（2005）用水蒸气蒸馏法和 GC-MS 技术对泡桐花精油的化学成分进行分析，主要为苯甲醇、1,2,4-三甲氧基苯、2-甲氧基-3-（2-丙烯基）-苯酚、3,4-二甲氧基苯酚、二十三烷和二十五烷等，其含量依次为 13.28%、8.34%、6.14%、3.99%、3.68%和 3.24%。李晓强等（2009）从白花泡桐花中分离到 1-乙酰基-2-（3′-羟基）十八烷酸甘油酯。来自埃及的毛泡桐花精油含有香叶基香叶醇（18.05%）作为主要化合物，其次是十六烷（11.61%）（Ibrahim et al.，2013）。Ferdosi 等（2020）通过 GC-MS 分析白花泡桐花中的精油，发现橙花内酯是提取物中的主要化合物，其他化合物包括二十五烷（3.95%）、十八烷（4.77%）、（*E*）-5,9-

二甲基-2-十一碳二烯-1-酮（3.02%）、二十七烷（2.81%）和（*E*，*E*，*E*）-3,7,11,15-四甲基-1,3,6,10,14-十五碳五烯（2.68%）。

（五）其他

除了黄酮类化合物外，泡桐花中还含有其他酚类化合物，如儿茶素、没食子酸等。李晓强等（2009）从白花泡桐花中分离得到熊果苷和4-羟苄基-β-D-葡萄糖苷。泡桐花中还含有一定量的微量元素，如钙、铁、锌等。崔令金等（2015）对三个地区‘9501’泡桐花的营养成分进行了分析，泡桐花水分、蛋白质、纤维、脂肪、灰分分别占总干重的8.69%～9.08%、11.5%～12.8%、10.7%～13.6%、5.6%～6.0%、5.4%～9.4%；钙、磷的矿质元素含量分别为0.59%～0.63%、0.59%～0.73%，钙磷比为1.85%～1.91%；泡桐花含有18种氨基酸，总含量为8.97%～9.06%，必需氨基酸含量为3.76%～3.91%，必需氨基酸指数（EAAI）平均值为1.1。

二、功能活性

泡桐花可以作为一味中药材，具有清肺利咽、解毒消肿的作用，常用于治疗肺热咳嗽、急性扁桃体炎、菌痢、急性肠炎等病症。同时，泡桐花还可以用于治疗慢性支气管炎、支气管扩张等病症，能够缓解咳嗽、咳痰等症状。泡桐花也可以作为食材使用，具有很好的清热解毒功效。在中医食疗中，泡桐花被用于多种疾病的辅助治疗，如感冒、腮腺炎、扁桃体炎等上呼吸道感染，以及支气管肺炎、支气管哮喘、急性结膜炎、软组织感染、痢疾、手足癣、水火烫伤、脱发等。例如，鲜泡桐花捣碎敷脸可用于寻常痤疮的辅助治疗，泡桐花煎水泡脚可用于治疗足癣等。此外，泡桐花还可以用于提取生物活性成分，如黄酮类化合物、绿原酸、槲皮素等，这些成分具有多种药理作用，如抑菌、降血压、抗炎、抗氧化等，可以用于治疗多种疾病。泡桐花的药理作用主要与其化学成分有关。如前所述，泡桐花中的黄酮类化合物具有抗氧化、抗炎、抗肿瘤等多种药理作用；酚类化合物和三萜类化合物具有抗炎、抗菌、抗氧化等药理作用；苯丙素类化合物具有抗炎、抗菌等药理作用。由于泡桐花化学成分相对比较复杂，各个成分之间都有其相对独立或协同的药理作用，这些作用间直接或间接相互影响，具有综合性。

（一）抗炎活性

泡桐花具有抗炎作用，可以减轻炎症反应，缓解炎症引起的疼痛和肿胀等症状。研究表明，泡桐花的提取物能够抑制炎症介质的释放，减轻炎症反应，对关节炎、痛风等炎症性疾病具有一定的辅助治疗作用。李寅超等（2006b）发现泡桐花总黄酮可以降低哮喘模型小鼠支气管肺泡灌洗液（BALF）中的白细胞总数，抑制支气管黏膜嗜酸性粒细胞的聚集，降低了发生气道炎症时毛细血管的通透性，对哮喘气道炎症具有一定的治疗作用。泡桐花乙醇提取物对二甲苯致小鼠耳肿胀和乙酸引起的小鼠毛细血管通透性增加有明显抑制作用。陈保红等（2007）发现泡桐花总黄酮可显著延长致敏豚鼠的引喘潜伏期，不同程度地抑制小鼠支气管肺泡灌洗液中的嗜酸性粒细胞和白细胞总数及气道上皮特异性趋化因子的过度表达，消除气道炎症。

从泡桐花中分离的化合物中，3′-*O*-methyl-5′-hydroxydiplacol，3′-*O*-甲基-5′-羟基双丙酮、diplacol、diplacone、3′-*O*-methyldiplacol、6-geranyl-4′,5,7-trihydroxy-3′,5′-dimethoxyflavanone对脂多糖（LPS）诱导的小鼠巨噬细胞RAW264.7细胞中一氧化氮产生显示出有效的抑制活性，IC_{50}值范围为1.48～16.66 μmol/L（Jin et al.，2015）。从白花泡桐花提取物中分离出的4种*C*-香叶基黄酮类化合物泡桐酮D、泡桐酮E、泡桐酮F和泡桐酮G，显示出强大的抗炎活性。它们在H9c2心脏细胞中对脂多糖诱导的炎症中，可以降低血清IL-6和TNF-α水平，表现出有效的保护作用（Zhang et al.，2020）。

（二）抗菌活性

付明哲和陆刚（1999）用泡桐花黄酮粗提物对鸡白痢沙门氏菌、猪霍乱沙门氏杆菌、大肠杆菌、金黄色葡萄球菌、肺炎双球菌的药敏实验表明，泡桐花黄酮提取物对金黄色葡萄球菌、肺炎双球菌的抑菌效果优于红霉素。魏希颖等（2008）发现泡桐花提取液的不同萃取部分对金黄色葡萄球菌、枯草芽孢杆菌和大肠杆菌，均有一定的抑制作用，其中对金黄色葡萄球菌作用最强。泡桐花乙醇提取物对黑曲霉和枯草芽孢杆菌具有稳定的抑菌性能（段媛媛等，2013）。Ibrahim 等（2013）发现来自埃及的毛泡桐花精油含有十六烷（11.61%），对枯草芽孢杆菌、大肠杆菌和金黄色葡萄球菌具有抗菌活性。此外，泡桐花还具有抗病毒的作用，可用于治疗病毒性感染疾病。毛泡桐花的甲醇提取物具有抗病毒活性，具有对手足口病的主要病原体肠道病毒 71（EV71）的抗病毒活性。提取物中的芹菜素阻断 EV71 感染的 EC_{50} 值为 11.0μmol/L（Ji et al.，2015）。

（三）杀虫、除草活性

泡桐中的泡桐素能够提高除虫菊酯杀虫功效，进而有效杀灭蚊蝇及其幼体，增强除虫剂的作用，为开发绿色低毒杀虫剂提供可能。从毛泡桐花的乙酸乙酯萃取物中分离到一种对乙氧基苯甲醛的物质，其具有除草活性，在高浓度下活性甚至高于对照除草剂（袁忠林等，2009）。

（四）抗氧化活性

泡桐花类黄酮是天然多酚，抗氧化活性是其最基本的生物活性，涉及衰老、炎症、癌症、糖尿病和神经退行性疾病，对人类健康保护非常重要。泡桐花类黄酮可以清除体内的自由基，防止氧化损伤，保护细胞免受损伤。研究表明，泡桐花的提取物中含有丰富的抗氧化成分，如黄酮类化合物、绿原酸等，能够有效地清除体内的自由基，预防衰老和慢性疾病的发生。毛泡桐花粗黄酮可以显著地抑制猪油的氧化作用，这种抑制作用随黄酮添加量的增加而增大（孟志芬等，2008）。对毛泡桐果实提取物的正丁醇、乙酸乙酯和甲醇萃取部分进行研究发现，其有很强的清除自由基的能力（Smejkal et al.，2007）。Zhang 等（2020）从白花泡桐花中分离的 5 种新的苯丙素苷中，泡桐苷 B、泡桐苷 D 和泡桐苷 F 在大鼠肾近端小管细胞系 NRK52e 细胞中均表现出优异的抗氧化活性。

（五）止咳平喘

泡桐花具有清肺解热、止咳平喘、清肝明目等功效，常用于治疗肺热咳嗽等病症。泡桐花还可用于治疗慢性支气管炎、支气管扩张等病症，能够缓解咳嗽、咳痰等症状。嗜酸性粒细胞特异性趋化因子（eotaxin）是嗜酸性粒细胞（EOS）高度选择性的化学趋化剂，在哮喘发病过程中能够使 EOS 选择性增加。而泡桐花挥发油可以通过抑制 eotaxin 的表达，清除募集在气道内的 EOS，从而减轻气道炎症，有助于哮喘的治疗。

（六）增强免疫

泡桐花具有免疫调节作用，可以调节机体的免疫功能，增强抵抗力，预防感染疾病。研究表明，泡桐花的提取物能够调节免疫细胞的活化和分化，增强机体的免疫力，对于免疫系统疾病具有一定的辅助治疗作用。付明哲和陆刚（1999）发现泡桐花黄酮对昆明种小鼠脾脏有增重作用，可以明显增加小鼠腹腔巨噬细胞吞噬百分率和吞噬指数，并且可提高淋巴转化率。研究表明，毛泡桐花多糖（PTFP）是一种主要含葡萄糖和鼠李糖的高分子杂多糖，在促进猪瘟疫苗接种后的非特异性和特异性免疫反应方面发挥了强有力的增强作用。PTFP 通过改善刀豆球蛋白 A（ConA）、脂多糖（LPS）和猪瘟病毒（CSFV）E2 刺激的 CSFV 免疫小鼠脾细胞生长和自然杀伤细胞活性，表现出明显的免疫增强作用。类似地，PTFP 处理显著提高了猪瘟免疫小鼠的猪瘟 E2 特异性 IgG、IgG1、IgG2a 和 IgG2b 抗体的滴度及 IFN-γ 和 IL-10 的水平。PTFP 作为 CSFV 的佐剂，通过刺激体液和细胞免疫反应，为 CSFV 提供有效的保护（Chen et al.，2023）。此外，适当剂量的 PTFP 可以提高鸡对 ND 疫苗的免疫效力，能显著促进淋巴细胞增殖，提高血清抗体滴度，提高血清 IFN-γ 浓度（Yang et al.，2019）。白花泡桐花多糖（PFFPS）是一种水溶性化合物，由 10 个单糖组成，主要是半乳糖（28.61%）、鼠李糖（18.09%）、葡萄糖（15.21%）和阿拉伯糖（15.91%）。PFFPS 可提高细胞和体液免疫。注射 PFFPS 的鸡表现出白细胞计数增加及 IL-2 和 IFN-γ 浓度升高（Wang et al.，2019）。

（七）营养增重

施任波和习冬（2006）在 3 个月内每日在 55～60 日龄的仔猪饲料中按比例添加干泡桐花进行饲喂，饲料中添加干泡桐花的实验组体重均比未添加组有明显增加，并且猪痢疾和肠炎等疾病的发病率大大降低，而据《中药大辞典》记载，泡桐花能够治疗上呼吸道感染、支气管炎、菌痢、急性肠炎等疾病，从而提高了猪的抗病能力，这是猪生长快的一个重要原因。

（八）抗肿瘤活性

泡桐花具有抗肿瘤作用，可以抑制肿瘤细胞的生长和扩散。研究表明，泡桐花的提取物能够抑制肿瘤细胞的增殖和转移，诱导肿瘤细胞凋亡，对癌症的治疗具有一定的辅助作用。Oh 等（2000）发现从泡桐花中获得的三氯甲烷和乙酸乙酯提取物对人肿瘤细胞系 A549、SK-OV-3、SK-MEL-2、XF498 和 HCT15 表现出显著的细胞毒性活性。从泡桐花中获得了几种细胞毒性化合物，具体有 2-羟基-4(15),11(13)-真二甲基二烯-8β,12-内酯、2,3-二氢-4-羟基-1(15),11(13)-黄原酸酯-8β,12-内酯、大黄酚、大黄素和大黄素甲醚。

（九）神经保护活性

Kim 等（2010）报道了毛泡桐花的甲醇提取物具有神经保护特性。该提取物以剂量依赖的方式降低了原代培养的大鼠皮层细胞中谷氨酸诱导的毒性。保护免受谷氨酸诱导的损伤在预防神经退行性疾病方面发挥着至关重要的作用。谷氨酸是一种内源性氨基酸，作为兴奋性神经递质。尽管它通过促进神经可塑性、神经元存活和学习过程在神经系统中发挥着重要作用，但它也可以促进神经退行性疾病的发展，如阿尔茨海默病、帕金森病或癫痫。从毛泡桐花的甲醇提取物中分离出的 5 种黄烷酮（5,4′-二羟基-7,3′-二甲氧基-黄烷酮、5-羟基-7,3′,4′-三甲氧基黄烷酮，diplacone、minulone 和异曲霉菌内酯）中，异曲霉菌内酯具有最强的神经保护能力，将其与浓度为 1μmol/L 和 10μmol/L 的大鼠皮层细胞孵育，细胞活力分别提高到 43%和 78%。

（十）降血脂活性

在高脂饮食的小鼠中，白花泡桐花提取物降低了血浆中的总胆固醇浓度，防止了肝脏脂质积聚，并促进了体重减轻。HDL 水平升高，而血浆胰岛素和葡萄糖浓度降低。这些作用可归因于 5′-AMP 活化蛋白激酶（AMPK）途径的上调和胰岛素受体底物（IRS1）的激活。AMPK 在调节脂质代谢中发挥重要作用，而 IRS1 激活胰岛素信号级联。在补充提取物的小鼠中，AMPK 和 IRS1 的磷酸化水平显著增加（Liu et al.，2017）。

（十一）其他

泡桐属植物还具有治疗烧伤、生发、降血压和保肝等功效。毛泡桐花提取物可通过其关键物质芹菜素对抗肠道病毒（EV71）的感染（Ji et al.，2015）。泡桐花中含有多种生物活性成分，如黄酮类化合物、绿原酸、槲皮素等，具有降血压的作用。研究表明，泡桐花的提取物能够扩张外周血管，降低血压，对于高血压病的治疗具有一定的辅助作用。泡桐花具有保肝作用，可以保护肝脏免受损伤，促进肝脏再生和修复。研究表明，泡桐花的提取物能够抑制肝脏纤维化的发生和发展，保护肝脏功能，对肝炎、肝硬化等肝脏疾病具有一定的辅助治疗作用。

三、用途

泡桐花含有黄酮类、萜类、挥发油等多种化学成分，具有抗菌、平喘、抗过敏等功能，能增强免疫功能和促进免疫器官的发育，并具有抗肿瘤、抗氧化、抗病毒、降血糖、降血脂等作用。泡桐花还具有其他广泛的药理活性。临床用于治疗呼吸道感染、支气管肺炎、急性扁桃体炎、痢疾、急性肠炎、急性结膜炎和流行性腮腺炎、不同程度的烧伤、手足癣等，是一种值得开发和利用的生物活性资源。总之，泡桐花已成为我国重要的传统中药材，因此具有广泛的应用前景。

（一）临床治疗

泡桐花在临床上具有很好的治疗炎症的功效，可以预防泌尿系统感染。自 1990 年起，福建省屏南县医院为预防外伤性截瘫患者发生泌尿系感染并发症，对 52 例患者采用了泡桐花煎服的方法进行预防，结果显示，其中 50 例患者取得了显著效果，总有效率高达 96%以上（林玉清和张章娟，2001）。泡桐花浸膏对支气管哮喘的临床治疗具有一定的疗效。泡桐花浸膏可明显地抑制肺组织炎性细胞的浸润，且能够明显延长豚鼠诱喘潜伏期（张永辉等，2002）。毛泡桐花总黄酮对哮喘小鼠气道炎症和气道重塑有一定的治疗效果（王凯和李岚，2020）。

白花泡桐花提取物（EPF）具有抗肥胖、降血脂和降血糖的作用（Liu et al.，2017）。EPF 对富脂肪饮食的有害作用具有敏感性，并具有保护作用。与高脂肪饮食（HFD）小鼠相比，补充 EPF（50mg/kg 和 100mg/kg）会显著降低小鼠 23.42%和 31.26%的体重，EPF 可以抑制胰岛素抵抗或有助于治疗典型的糖尿病。喂养白花泡桐花提取物（EPF）的小鼠的胰岛素水平降低。在 HFD 喂养的小鼠肝脏中添加 EPF 可明显降低脂质液泡和脂质滴。EPF 膳食补充剂部分或完全防止了与 HFD 摄入相关的所有这些改变，表明 EPF 可能是一种富含天然黄酮类的提取物及 IRS-1 的激活剂，通过调节参与肝脏葡萄糖和脂质代谢的下游基因的表达，从而降低血糖和血脂。

（二）饲料添加剂

泡桐的花朵是无氮提取物和粗蛋白的良好来源，这使泡桐成为动物饲料的优良来源。Ding 和 Zhang（2018）采用不同浓度的泡桐花提取物给孕鼠灌胃，探讨其致畸作用。研究发现泡桐对大鼠既无致畸作用，又无生长抑制作用，可作为新型饲料添加剂应用于动物生产。

施仁波和习东（2006）在仔猪饲料中添加干泡桐花粉，发现泡桐花作为猪的饲料添加剂能明显提高饲料报酬（6.74%～9.93%），试验组比对照组增重 21.30%～26.70%，可提前出栏 15 天；同时，泡桐花作为猪的饲料添加剂可大大降低猪痢疾、肠炎等常见疾病的发病率。

（三）食品和化妆品

大量研究已表明，泡桐花的提取物对多种病原菌如金黄色葡萄球菌、伤寒杆菌、痢疾杆菌、大肠杆菌、铜绿假单胞菌、布氏杆菌、革兰菌和酵母菌等均具有一定的抑制作用。因此，泡桐花提取物可以应用于食品行业作为防腐剂对食物进行保鲜。同时，泡桐花朵还可以制成花茶，具有清热解毒、提神醒脑的功效。此外，泡桐花含有丰富的挥发性成分，可以用于制作香料和化妆品等产品，具有天然、环保等优点。这些产品通常具有芳香宜人、天然健康的特点，受到消费者的喜爱。

总之，泡桐花的非木质利用多种多样，不仅具有实用性和美观性，还具有一定的文化价值、生态价值和药用价值。随着人们对泡桐花认识的深入，它的应用领域将会更加广泛。

第二节　泡桐果实的开发利用

泡桐果实作为一种重要的中药材和食材，其化学成分和药理作用备受关注。

一、化学成分

泡桐果实含有多种化学成分，主要包括黄酮类化合物、生物碱、脂肪酸、挥发油等。泡桐果实中富含黄酮类化合物，如槲皮素、山柰酚、异鼠李素等。泡桐果实中的生物碱主要为苦参碱和氧化苦参碱等。泡桐果实中含有丰富的脂肪酸类化合物，如亚油酸、亚麻酸、油酸等。泡桐果实中含有多种挥发油类化合物，如桉油醇、莰烯、樟脑等。研究人员在毛泡桐果实中分离出 25 种香叶基黄酮，其中 diplacone、6-香叶烯基柚皮素（mimulone）、3′-*O*-methyl-diplacone、3′-*O*-methyldiplacol、4′-*O*-methyldiplacol 也存在于白花泡桐中（Smejkal et al.，2007；张培芬和李冲，2008）。李传厚等（2014）和高天阳等（2015）应用多种色谱技术进行分离纯化，从毛泡桐果实中分离得到乌苏酸、芝麻素、2α,3α,19α-三羟基-12-烯-28-乌苏酸、木犀草素、小麦黄素-7-*O*-β-D-葡萄糖苷、豆甾醇、熊果酸、泡桐素、20,24,25-三羟基达玛烷-3-酮、十六烷酸、香草酸、异香草酸、对羟基苯甲酸、3′,4′,5,7-四羟基-6-[7-羟基-3,7-二甲基-2(E)-辛烯]二氢黄酮。王英爱等（2017）从楸叶泡桐果皮中分离纯化得到 8-羟基-9-甲氧基-1,2,3,5,6,10b-六氢吡咯骈[2,1-a]异喹啉-3-酮、8,9-二甲氧基-1,2,3,5,6,10b-六氢吡咯骈[2,1-a]异喹啉-3-酮、2α,3α,23-三羟基-12-烯-28-齐墩果酸、肉豆蔻酸、蛇菰宁、tomentin B、tomentin D、tomentin E、tomentin C。从白花泡桐新鲜成熟果实中分离得到 7 个新的 *C*-香叶基黄酮类化合物，即 fortunones F～fortunones L，这些新分离的化合物都具有由香叶基修饰的环状侧链（Xiao et al.，2023）。Gao 等（2015）从楸叶泡桐果实中分离得到新的香叶基黄酮类化合物 isopaucatalinone B。

二、功能活性

（一）抑菌活性

泡桐果实中含有多种抗菌成分，如黄酮类化合物、生物碱等，这些成分具有广谱抗菌作用，可以抑制多种细菌的生长和繁殖。研究表明，泡桐果实的提取物对多种细菌具有明显的抑制作用，可以用于治疗细菌性感染疾病。Smejka 等（2008）从毛泡桐果实中分离的 6 种 *C*-香叶基黄烷酮化合物对革兰氏阳性菌蜡样芽孢杆菌、枯草芽孢杆菌、粪肠球菌、李斯特菌、肠炎沙门氏菌和金黄色葡萄球菌均有抑制活性。从毛泡桐果实中分离出的香叶基黄烷酮对金黄色葡萄球菌及其几种耐甲氧西林菌株表现出抗菌活性。mimulone 和 3′-*O*-methyldiplacol 的作用最强，最小抑菌浓度（minimal inhibitory concentration，MIC）为 2～4μg/mL（Navrátilová et al.，2013）。

（二）抗氧化活性

泡桐果实中的黄酮类化合物具有抗氧化作用。这些成分能够清除体内的自由基，防止氧化损伤，保护细胞免受损伤。此外，泡桐果实还能够提高机体的抗氧化能力，预防衰老和慢性疾病的发生。从毛泡桐果实中提取的香叶基黄酮类化合物 diplacone 和 3′-*O*-methyl-5′-hydroxydiplacone 表现出最强大的抗氧化活性（Zima et al.，2010）。从泡桐果实中提取的香叶基黄烷酮类化合物 diplacone 和 3′-ethyl-5′-methyldiplacone 具有较强的自由基清除活性（Smejkal et al.，2007）。

从泡桐果实中分离的 diplacone、paucatalinone A 和 paucatalinone C 在 10μmol/L 时明显保护早衰的人胚肺二倍体成纤维细胞免受 H_2O_2 诱导的衰老（Tang et al.，2017）。

（三）抗肿瘤活性

泡桐果实中的生物碱和黄酮类化合物具有抗肿瘤作用。这些成分能够抑制肿瘤细胞的增殖和转移，诱导肿瘤细胞凋亡，同时能够提高机体的免疫力预防癌症的发生。研究表明，泡桐果实的提取物可以抑制肿瘤细胞的生长和扩散，对癌症的治疗具有一定的辅助作用。毛泡桐果实中的 *C*-香叶基黄酮的细胞毒性活性已经在不同的细胞系中进行了测试。化合物 diplacone、schizolaenenone C、3′-*O*-methyldiplacone 和 3′-*O*-methyl-5′-hydroxydiplacone 对乳腺癌（MCF-7）、T 淋巴细胞白血病（CEM）、多发性骨髓瘤（RPMI 8226 和 U266）、宫颈癌症细胞（HeLa）、单核细胞白血病细胞系 THP-1 和正常 BJ 成纤维细胞系均具有活性（EC_{50} ＜10μmol/L）（Smejkal et al.，2010）。此外，化合物 mimulone、3′-*O*-methyl -5′-*O*-methyldiplacone、3′,4′-*O*-dimethyl-5′-hydroxydiplacone、6-香叶基-5,7-二羟基吲哚-3′,4′-二甲氧基黄酮、3′-*O*-methyldiplacol、tomentodiplacone M、tomentodiplacone N 和 tomentodiplacone L 也显示出潜在的细胞毒性作用，所有这些都具有显著的抑制 THP-1 细胞活力的作用，IC50 值＜10μmol/L（Hanáková et al.，2015）。此外，与对照细胞相比，paucatalinone A 对人癌症细胞 A549（IC_{50}=8.9μmol/L）表现出良好的抗增殖作用，G1 期细胞的百分比明显增加，S 期和 G2/M 期细胞的比例下降（Gao et al.，2015）。tomentodiplacone B 在 5μmol/L 或更高浓度下可以通过直接抑制细胞周期蛋白依赖性激酶 2 信号通路以剂量依赖性方式抑制人类单核细胞白血病（THP-1）细胞生长，这是一种可能的机制（Kollár et al.，2011）。从毛泡桐果实中分离出的 12 种香叶基黄酮类化合物，包括 paulodiplacone A、tomentone Ⅱ、tomentone B、tomentodiplacone P、paulodiplacone B、tomentoflavone A 和 3′-*O*- methyl- 5′-hydroxyisodiplacone 等，已证明对人单核细胞白血病细胞系 THP-1 具有抗增殖和细胞毒性作用。diplacone 在这两方面都表现出最强的活性，而 3′-*O*-methyl-5′-hydroxydiplacone 表现出相对较强的抗增殖作用，但细胞毒性较弱（Molčanová et al.，2021）。其中 diplacone 和 3′-*O*-methyl-5′-hydroxydiplacone 被发现是从毛泡桐果实中分离出的最具活性的 *C*-香叶基黄酮（Zima et al.，2010）。此外，另一种香叶基类黄酮（CJK-7）在 HCT-116 人结肠癌细胞系中上调自噬并诱导天冬氨酸特异性半胱氨酸蛋白酶依赖性细胞死亡（Singh et al.，2018）。泡桐果实中的 tomentodiplacone B 可通过抑制细胞周期蛋白 cyclin 1 和 cyclin A2，使周期蛋白依赖的蛋白激酶 CDK2 的活性降低，下调 Rb 的磷酸化水平，影响白血病细胞中核酸的合成，从而抑制白血病细胞的产生（Smejkal et al.，2008）。

毛泡桐果实氯仿提取物中分离的熊果酸对 MCF-7 和 HepG2 细胞系表现出显著的细胞毒性。毛泡桐果实氯仿提取物中分离的熊果酸对肝癌发生具有抑制作用，口服熊果酸治疗组与氯仿提取物相比显示出显著效果（Ali et al.，2019）。从白花泡桐的新鲜成熟果实中分离得到的 *C*-香叶化黄烷酮对人肺癌细胞 A549 更敏感，具有潜在的抗肿瘤作用（Xiao et al.，2023）。Gao 等（2015）从楸叶泡桐果实中分离到的新型香叶基黄烷酮 paucataline A 对人肺癌 A549 细胞具有良好的抗增殖作用，与对照细胞相比，G1 期细胞比例明显增加，S 期和 G2/M 期细胞比例下降。

（四）抗炎活性

泡桐果实中的黄酮类化合物和生物碱具有明显的抗炎作用。这些成分能够抑制炎症介质的释放，减轻炎症反应，缓解炎症引起的疼痛和肿胀等症状。研究表明，泡桐果实的提取物可以抑制炎症介质的释放，减轻炎症反应，对关节炎、痛风等炎症性疾病具有一定的辅助治疗作用。在从毛泡桐果实中分离出的 9 种香叶基黄酮类化合物中，mimulone 和 diplacone 具有抗炎作用（降低了 COX-2 活性），diplacone 下调了肿瘤坏死因子 α（TNF-α）和单核细胞趋化蛋白 1（MCP-1）的表达（Cheng et al.，2019）。毛泡桐果实中的香叶基黄酮也表现出抗炎活性。几种化合物（diplacone、tomentodiplacone、 mimulone H 和 3′,4′-*O*-dimethyl-5′-hydroxydiplacone）通过阻止 IκB 降解来抑制 TNF-α 的表达。IκB 降解使转录因子 NF-κB 转移到细胞核，激活 TNF-α 的转录（Hanáková et al.，2015）。tomentodilacone O 抑制环氧合酶 COX-1 的活性，研究表明与布洛芬相比，COX-1 的选择性高于 COX-2（Hanáková et al.，2017）。

从毛泡桐的成熟果实中分离出 6 种新化合物、1 种二氢黄酮醇和 5 种 *C*-香叶化黄烷酮及 13 种已知化合物。在用人肺泡基底上皮细胞进行的生物活性试验中，毛泡桐提取物中的乙酸乙酯部分及从该部分中分离出的新化合物均显著降低了 TNF-α 诱导的促炎细胞因子（IL-8 和 IL-6）的表达。此外，发现大多数分离物能抑制人嗜中性粒细胞弹性蛋白酶（HNE）活性，其半数抑制浓度（IC_{50}）值范围为（2.4±1.0）～（74.7±8.5）μmol/L。化合物 17 通过非竞争性抑制表现出了最高的抑制活性[抑制常数(K_i)=3.2μmol/L]（Ryu et al.，2017）。

（五）抑酶活性

Cho 等（2012）从毛泡桐果实中分离的香叶基黄酮类化合物，包括 6-香叶基-3,3′,5,5′,7-五羟基-4′-甲氧基黄烷、二氢黄酮（diplacone）和 6-香叶烷基-3′,5,5′,7-四羟基-4′-甲氧基黄烷酮。这些化合物能抑制乙酰胆碱酯酶（AChE）（acetylcholine esterase）和丁酰胆碱酯酶（BChE）的活性。这一抑制作用导致突触中乙酰胆碱和丁酰胆碱的浓度增加，而这两种神经递质对于正常大脑功能是必不可少的。AChE 和 BChE 的功能失调可能会有效减轻阿尔茨海默病的症状。研究还发现，在具有抑制人体 AChE 和 BChE 活性的黄酮类化合物中，diplacone 展现出了最强的抑制作用。具体而言，diplacone 对 AChE 的半数抑制浓度（IC_{50}）为 7.2μmol/L，而对 BChE 的 IC_{50} 则更低，为 1.4μmol/L。

Cho 等（2013）选择 12 种泡桐 *C*-香叶基黄酮来检测它们对严重急性呼吸综合征冠状病毒木瓜蛋白酶样蛋白酶的抑制作用，所有这些都具有剂量依赖性，IC_{50} 值在 5.0～14.4μmol/L。具有 3,4-二氢-吡喃基团部分的 *C*-香叶基黄酮显示出比其母体化合物更好的抑制作用，并且 tomentin B 被认为是一种可逆抑制剂，IC_{50} 为 6.1μmol/L。此外，还对 9 种泡桐果中的 *C*-香叶基黄酮类化合物的环氧合酶（COX-1 和 COX-2）和 5-脂氧合酶（5-LOX）进行了抑制试验，以检测其抗炎作用。化合物 mimulone、diplacone、3′-*O*-methyl-5′-hydroxydiplacone，3′,4′-*O*-dimethyl-5′-hydroxydiplacone 和 tomentodiplacone O 显示出显著的效应，COX-1 的 IC_{50} 值范围为 1.8～26.3μmol/L，COX-2 的 IC_{50} 值范围为 4.2～10.6μmol/L，优于参考抑制剂布洛芬（IC_{50} 为 6.3μmol/L 和 4.2μmol/L）。diplacone 是最好的抑制剂（IC_{50} 为 1.8μmol/L 和 4.2μmol/L），但对 COX-1 和 COX-2 没有选择性（COX-1/COX-2 选择性比率为 0.43）。尽管 tomentodiplacone O 表现出较弱的抑制作用（IC_{50} 为 26.3μmol/L 和 9.5μmol/L），但其对 COX-2 具有更高的选择性（COX-1/COX-2 选择性比率为 2.8）。同时，选择化合物 diplacone、3′-*O*-methyl-5′-hydroxydiplacone、3′-*O*-methyl-5′-*O*-methyldiplacone、tomentone 和 paulownione C 测定其对 5-LOX 的影响。diplacone（IC_{50}=0.05μmol/L）和 3′-*O*-methyl-5′-hydroxydiplacone（IC_{50}=0.06μmol/L）作为阳性对照显示几乎 10 倍于齐留通（zileuton）（IC_{50}=0.35μmol/L）的活性（Hanáková et al.，2017）。此外，研究发现化合物 3′-*O*-methyldiplacone、6-香叶基-5,7,3′,5′-四羟基-4′-甲氧基黄酮、prokinawan、tomentin J、isopaucatalinone B 和 tomentin A 通过 HNE 底物 MeOSuc-AAPV-pNA 可明显抑制人嗜中性粒细胞弹性蛋白酶（HNE）的活性，IC_{50} 值范围为 2.4～8.4μmol/L（Ryu et al.，2017）。

毛泡桐果实的甲醇提取物被鉴定为蛋白质酪氨酸磷酸酶 1B（PTP1B）和 α-葡萄糖苷酶抑制剂的来源，这是治疗肥胖和糖尿病的重要靶点。从提取物中分离出的 8 种 *C*-香叶基黄酮类化合物显示出对 PTP1B 强大的抑制作用。mimulone 对 PTP1B 最有效，IC_{50} 为 1.9μmol/L（$NaVO_4$ 为阳性对照，IC_{50}=32.6μmol/L），而 6-香叶基-3,3′,5,5′,7-五羟基-4′-甲氧基黄烷对 α-葡萄糖苷酶显示出强大的抑制作用，IC_{50}=2.2μmol/L，而参考抑制剂 voglibose 的 IC_{50} 为 24.5μmol/L（Song et al.，2017）。

（六）抗病毒活性

从毛泡桐果实中分离的化合物显示出抗病毒活性。它们抑制严重急性呼吸综合征冠状病毒 2 型（SARS-CoV）的木瓜蛋白酶样蛋白酶；含有少见的 3,4-二氢-吡喃基团的化合物显示出了最大的活性（Cho et al.，2013）。

（七）抗寄生虫活性

泡桐果实中 *C*-香叶基黄酮类化合物的抗寄生虫活性主要涉及 7 种未修饰的 *C*-香叶基黄烷酮对利什曼原虫的影响，包括 mimulone、diplacone、3′-*O*-methyldiplacone、3′-*O*-methyl-5′-hydroxydiplacone。化合物 3′-*O*-methyldiplacone 和 3′-*O*-methyl-5′-*O*-methyldiplacone 表现出显著的抗利什曼原虫活性，对杜氏利什曼原虫（*Leishmania donovani*）的 IC_{50} 值分别为 10.4μmol/L 和 12.7μmol/L，对巴西利什曼原虫（*Leishmania braziliensis*）的 IC_{50} 值分别为 11.3μmol/L 和 8.0μmol/L，而作为阳性对照的米替福新为 9.5μmol/L 和 6.7μmol/L（Navrátilová et al.，2016）。

（八）神经保护作用

在原代培养的大鼠皮层细胞中研究了毛泡桐果中的 mimulone 和 diplacone 对谷氨酸诱导的神经毒性的保护作用。研究发现，只有 diplacone 在 10μmol/L 时微弱减弱谷氨酸诱导的毒性（Kim et al.，2010）。

（九）其他

泡桐果实中的生物碱具有降血压的作用，可以扩张外周血管，降低血压，对高血压病的治疗具有一定的辅助作用。同时，泡桐果实还可以降低血脂，预防心血管疾病的发生。泡桐果实还具有其他多种功能活性，如保肝作用、免疫调节作用等。研究表明，泡桐果实的提取物可以保护肝脏免受损伤，促进肝脏再生和修复；同时还可以调节免疫细胞的活化和分化，增强机体的免疫力，对免疫系统的疾病具有一定的辅助治疗作用。

三、用途

泡桐果实是一种具有多种功效和作用的中药材和食材，其化学成分主要包括黄酮类化合物、生物碱、脂肪酸类化合物和挥发油类化合物等。这些成分使其具有抗炎、抗菌、抗氧化、降血压和抗肿瘤等多种药理作用，可以用于治疗多种疾病。

泡桐果实可以作为食材使用，具有很好的清热解毒功效。在中医食疗中，泡桐果实被用于多种疾病的辅助治疗，如感冒、腮腺炎、扁桃体炎等上呼吸道感染，以及支气管肺炎、支气管哮喘、急性结膜炎、软组织感染、痢疾、手足癣、水火烫伤、脱发等。

泡桐果是我国的传统中药，有祛痰、止咳平喘作用。中医上，使用泡桐果实用于慢性气管炎和咳喘等疾病的治疗。河南省防治慢性气管炎泡桐协作组曾使用泡桐果（煎剂、片剂、注射液）在河南多地临床治疗哮喘和慢性气管炎患者 950 例，气管炎患者的咳、痰、喘及肺部体征得到显著改善，总有效率为 85%～95%，且未发现泡桐果有明显的毒副作用（李寅超等，2006a）。泡桐果丰富的化学成分，尤其是具有生物活性多样、广泛的黄酮类物质，从而赋予泡桐果具有上述抗炎、抗氧化、抑菌、抗肿瘤等诸多药理活性，且效果显著，因此不仅可以作为中药材具有广泛的临床应用价值，也具有应用于食品行业作为防腐剂对食物进行保鲜的潜在价值。

除了食用和药用价值外，泡桐果实还有其他用途，泡桐果实中的泡桐籽可以用于制作肥皂和润滑油等工业产品。总之，泡桐果实具有多种用途，广泛应用于食用、药用和工业等领域，展现出极高的应用价值和社会效益。

第三节 泡桐叶的开发利用

泡桐枝繁叶茂，且叶片大。据统计，一棵十年树龄的泡桐树平均每年产鲜叶约 100kg，折合成干叶约 28kg。泡桐叶中含有大量木质素、纤维素、半纤维素，是生物质的重要原料（金鹏等，2021）。同时泡桐叶中还含有丰富的脂肪、蛋白质及铁、锰、锌、镁等矿质元素，具有良好的饲用价值。近年来随着对泡桐叶研究的深入，泡桐叶中的萜类、黄酮类、甾醇类、烷烃类和脂肪酸类等化学成分也被广泛研究。

一、化学成分

（一）萜类

泡桐叶中的萜类成分主要为熊果酸和齐墩果酸，与白花泡桐其他部位的熊果酸含量相比，叶中的含量最高，可达 1.17%（陈旅翼等，2007）。此外，不同泡桐种属、产地、采收时间和储存方法均会影响泡桐叶中熊果酸或齐墩果酸的含量。在白花泡桐、兰考泡桐和毛泡桐中，熊果酸和齐墩果酸的含量在白花泡桐叶片中最高，其次是兰考泡桐叶片，毛泡桐叶片中两者的含量最低；与白花泡桐叶相比，台湾泡桐叶中未检测到齐墩果酸（杨德泉等，2016）；对源于 10 个产地的白花泡桐叶中的熊果酸含量进行了检测，其中宏成制药 4 号原料基地中熊果酸的含量最高（李科等，2011）；分别对 5～10 月泡桐叶片中熊果酸和齐墩果酸的含量进行动态监测，发现泡桐叶中两者的含量随时间的增加逐渐增加，10 月份含量达到最高；与新鲜泡桐叶和冷藏泡桐叶相比，阴干的泡桐叶中熊果酸和齐墩果酸含量均较高（邢雅丽，2015）。与此同时，提取方式对泡桐萜类含量的测定影响较大。陈静等（2020）利用超声辅助提取法对毛泡桐中的熊果酸成分进行了提取，通过单因素试验和正交试验优化得到熊果酸提取率最大值为 0.742%，提取条件为 90%的乙醇作提取溶剂，固液比 1∶20（g/mL）、超声时间 40min、超声功率 350W、提取温度 65℃、提取 3 次。泡桐叶粉碎后粒径的差异也会造成熊果酸提取率的差异，超微处理后的白花泡桐叶粉末更有利于熊果酸的提取（余晓晖等，2008）。

李阳等（2013）根据熊果酸及泡桐叶中其他物质的溶解特性，利用酸碱法对泡桐叶粗提液中的熊果酸进行了初步纯化，当碱液 pH=10、酸液 pH=4、稀释倍数为 1.5 倍时，熊果酸的纯度为 6.48%。余晓晖等（2010）利用大孔吸附树脂法对白花泡桐叶中熊果酸进行了富集纯化，通过筛选，最佳的树脂为 AB-8 大孔吸附树脂，在吸附溶剂和解吸附溶剂分别为 60%和 95%的乙醇时，熊果酸的纯度为 83.02%。邢雅丽（2014）依次采用正己烷淋洗、醇溶和酸沉淀法对泡桐叶粗提液中的熊果酸进行了除杂，除杂后，熊果酸的纯度为 39.1%。进一步采用硅胶色谱分离法对初步纯化的熊果酸粗品分离后，熊果酸纯度可达 87.4%，并含有 9.8%的齐墩果酸。

此外，泡桐叶中还发现有环烯醚萜类化合物梓醇、桃叶珊瑚苷、7-羟基甲酮苷，以及其他萜类成分，如山楂酸、2α,3β,19β-三羟基-乌苏酸-28-*O*-β-*D*-吡喃半乳糖苷、3α-羟基-熊果酸、23-羟基-乌苏酸、19α-羟基-乌苏酸、2α,3α-二羟基-12-烯-28-乌苏酸、2α,3,23α-三羟基-12-烯-28-乌苏酸、2α,3,19β,23-四羟基-12-烯-28-乌苏酸、2α-羟基-齐墩果酸、3,28β-二羟基-乌苏烷等（Adach et al.，2020，2021；李晓强，2008；张德莉等，2011；张德莉和李晓强，2011）。

（二）黄酮类

梁峰涛（2007）在白花泡桐叶石油醚部分分离鉴定到 5 种黄酮类成分，分别为 diplatone、3′-*O*-methyldiplacone、mimulone、洋芹素、木犀草素。李晓强等（2008）利用硅胶色谱柱层析法在白花泡桐中也分离鉴定到 mimulone、洋芹素、木犀草素三种黄酮类成分。张德莉和李晓强（2011）利用硅胶色谱柱层析法在毛泡桐中分离鉴定到洋芹素和木犀草素两种黄酮类成分的同时，还鉴定到高北美圣草素。李科等（2011）测定了湘西宏成制药公司 4 处原料基地中白花泡桐叶木犀草素的含量，研究发现，不同产地白花泡桐叶中木犀草素的含量也存在差异。此外，洋芹素等黄酮的糖苷类化合物也在泡桐叶中被发现（Stochmal et al.，2022）。

（三）苯丙素苷类

Kim 等（2008）利用凝胶色谱法对朝鲜毛泡桐叶水溶性部分进行了分离，分离鉴定到毛蕊花糖苷、异毛蕊花糖苷、紫葳新苷 Ⅱ、(*R*,*S*)-7-hydroxy-7-(3,4-dihydroxyphenyl)-ethyl-*O*-α-L-rhamnopyranosyl (1→3)-β-*D*- (6-*O*-caffeoyl)-glucopyranoside 4 种苯丙素苷类化合物。Adach 等（2021）通过紫外和质谱分析，在泡桐叶中鉴定到异毛蕊花糖苷、羟基毛蕊花糖苷 I、羟基毛蕊花糖苷 Ⅱ、甲氧基毛蕊花糖苷 4 种苯丙素苷类化合物。此外，在泡桐叶中也鉴定到了肉苁蓉苷 F（Stochmal et al.，2022）。

（四）烷烃和脂肪酸

郭洪伟等（2021）对白花泡桐叶中的脂溶性成分进行了提取和检测，在同样使用石油醚作为提取溶剂的情况下，与超声辅助提取法相比，索氏提取法提取和鉴定的白花泡桐叶成分更为全面，共鉴定出 44 种（占总样品的 98.2%），而超声辅助提取仅鉴定出 28 种成分（占总样品的 89.67%）。索氏提取法得到的白花泡桐叶脂溶性成分中烷烃类和烯烃类成分的相对含量更高。通过综合分析，亚麻酸在白花泡桐叶脂溶性成分中占比最大，平均含量达 18.4%，其次为棕榈酸、亚油酸、角鲨烯、三十三烷，平均含量分别为 13.2%、8.84%、7.6%、5.8%。

（五）其他

此外，甾醇类成分胡萝卜苷和 β-谷甾醇在白花泡桐叶和毛泡桐叶中被鉴定到（李晓强等，2008；张德莉和李晓强，2011），光泡桐叶中也鉴定到 β-谷甾醇（杨军仁等，2005）。1-乙酰基-2-（3′-羟基）十八烷酸甘油酯、咖啡酸在泡桐叶中均被鉴定到（Adach et al.，2021；梁峰涛，2007）。

二、功能活性

（一）抗菌活性

绒叶泡桐叶丙酮和乙醇提取物对白菜软腐病菌、猕猴桃溃疡病菌、水稻白叶枯病菌和金黄色葡萄球菌均具有较好的抑菌效果，其中绒叶泡桐叶丙酮提取物对白菜软腐病菌的抑菌效果最为显著（臧爱梅，2017）。泡桐叶提取物对革兰氏阳性菌金黄色葡萄球菌和蜡样芽孢杆菌的抗菌效果较好，对革兰氏阴性菌肠球菌和大肠杆菌的抗菌效果较差（Dżugan et al.，2021）。

（二）抗氧化活性

Adach 等（2020）对泡桐叶提取物及其组分的抗氧化活性进行了研究，结果表明，泡桐叶提取物及其组分在 10μg/ml 和 50μg/ml 的两个高浓度下，可显著抑制 H_2O_2/Fe 诱导的血浆脂质过氧化。在所有测试浓度（1～50μg/ml）下，组分 C 和 D 也被发现可以保护血浆蛋白免受 H_2O_2/Fe 诱导的羰基化。Rodríguez-Seoane 等（2020）利用超临界流体对泡桐叶中的抗氧化活性物质进行了萃取，结果表明，在 20MPa 和 35°C 下可获得最大萃取产率，较高的温度和压力提高了提取物的自由基清除能力。此外，添加乙醇作为极性改性剂在 30MPa 和 10MPa 下分别使产率提高 50%或超过 100%，并在 30MPa 下泡桐叶提取物的 ABTS 自由基清除率加倍。

（三）抗血凝活性

通过研究泡桐叶提取物及其不同组分对静息血小板非酶脂质过氧化值、凝血酶激活的血小板中的酶促脂质过氧化值、静息和活化的血小板中产生超氧化物阴离子值；血小板对 I 型胶原和纤维蛋白原的黏附值、腺苷二磷酸、胶原、凝血酶及细胞外乳酸脱氢酶活性的影响发现，泡桐叶粗提物比其不同组分的抗血小板性能更强，10μg/ml 的泡桐叶提取物即可抑制血小板活化的 5 个参数（Adach et al.，2021）。再者，基于血栓形成分析系统研究了泡桐叶提取物及其 4 个不同组分对全血血栓形成的影响，结果发现泡桐叶三个组分（A、B、C）降低了通过血栓形成分析系统测量的药时曲线下面积（AUC），富含三萜类化合物的泡桐叶组分 D 表现出最强的抗凝血活性（Stochmal et al.，2022）。

（四）治疗灼伤

白花泡桐叶可作为烧伤油中的主要成分，通过添加白花泡桐叶的脂溶性成分，复方桐叶烧伤油在面积小于 29%的Ⅱ度烧烫伤中表现出较好的治疗效果，能改善烧烫伤后出现的疼痛、肿胀、渗液等状况，加快伤口愈合，减少伤口感染。分别对复方桐叶烧伤油和白花泡桐叶脂溶性成分进行了分析，鉴定到白花泡桐叶中的α-生育酚和鲨烯可能在复方桐叶烧伤油发挥药效中起到了关键的作用（郭洪伟等，2021）。

（五）治疗冻疮

民间有用泡桐叶治疗冻疮的偏方，具体方法为，将霜桐叶加水煮沸后导入瓷盆中备用，手足冻疮用熏蒸法熏蒸患处，当温度降低时，将患手或患足浸入药液中，边浸洗、边搓洗患处，直至水凉为止。面部和耳朵冻疮使用消毒棉签蘸取霜桐叶煮沸冷却液进行涂抹（赵留振，2003）。

三、用途

（一）饲料及饲料添加剂

泡桐叶营养成分高，含有 18 种氨基酸及丰富的维生素、微量元素和矿物质，可用于饲养家畜。其粗脂肪含量为 10.36%，粗蛋白含量为 16.30%，粗纤维含量较低，仅占 16.95%，不仅可以提供家畜全面的养分，促进家畜生长，还有利于家畜的消化和吸收。同时，饲喂泡桐叶可以提高猪的抗病能力（陈乙林，2008）。Özelçam 等（2021）对干燥和青贮泡桐叶的干物质、粗灰分、粗蛋白、醚提取物、无氮提取物、粗纤维、中性洗涤纤维、酸性洗涤纤维和酸性洗涤木质素、缩合单宁、平均总挥发性脂肪酸、体外有机物消化率、代谢能、CO_2 和 CH_4 的产生量、叶片的缓冲能力、水溶性碳水化合物、pH、乳酸比和乙酸比进行了系统比较，研究发现泡桐干叶是一种优质的替代饲料，青贮形式为中等质量的替代饲料。张丁华等（2007）研究了泡桐叶作为饲料添加剂对三元仔猪体重的影响，当泡桐叶添加量为 5%～10%时，猪仔体重平均增重 12.38%～14.57%。Al-Sagheer 等（2019）研究了 0%、15%和 30%的泡桐叶添加量对兔子生长性能、营养物质消化率、血液生化和肠道微生物群的影响。体内研究结果表明，在兔子饲料中使用高达 15%的泡桐叶代替苜蓿干草对它们的生长性能、营养物质消化率和血液成分没有任何负面影响。此外，当泡桐叶粉加入饲料中，盲肠中大肠菌群、肠杆菌科物种和细菌总数都有所下降。因此，泡桐叶添加到饲料中可能减少家兔中盲肠致病菌。

（二）生物产氢

泡桐叶中含有大量木质素、纤维素、半纤维素，通过预处理可把纤维素转化成糖类等有机生物质。

金鹏等（2021）以楸叶泡桐叶为底物，利用 HAU-M1 光合产氢细菌对泡桐叶的产氢能力进行了研究，通过比较楸叶泡桐叶与其他基质的产氢效果，发现楸叶泡桐叶的产氢效果介于秸秆类和能源草类产氢基质之间，当底物质量浓度为 25g/L 时，光合产氢试验获得最大产氢潜能和产氢速率，分别为 168.79ml 和 6.51ml/h。Zhang 等（2022）以泡桐不同部位为底物，研究了泡桐木质纤维素的光发酵产氢潜力。结果表明，泡桐叶片的产氢量最大，为 67.11ml/g，能量转化效率为 4.74%。同时，在多种泡桐品种中，陕西泡桐叶的光发酵产氢潜力更强，最大产氢量为 98.83ml/g，能量转化效率为 7.18%。

（三）除草

绒叶泡桐叶水提物、石油醚提取物、乙醇提取物和丙酮提取物对黄瓜和葎草种子胚根均表现出抑制作用，其中，绒叶泡桐叶乙醇提取物对黄瓜和葎草种子胚根的抑制率均较高（罗兰等，2004）。此外，在研究绒叶泡桐叶提取物对反枝苋和生菜的抑制作用中发现，绒叶泡桐叶石油醚、丙酮、乙醇 3 种溶剂的提取物对反枝苋和生菜种子胚根伸长均具有较好的抑制作用，其中，绒叶泡桐叶乙醇提取物对这两种植物种子胚根伸长的抑制作用明显，对反枝苋抑制作用更大。因此，泡桐叶提取物对杂草有一定的抑制作用（臧爱梅等，2007）。

（四）吸附

兰考泡桐叶表面粗糙，呈树枝状毛刺。泡桐叶片反面静态水接触角为 131°，疏水性能较好；叶片正反两面静态油接触角为 0°，具有超亲油性能。因此，兰考泡桐叶同时具备超亲油和良好的疏水性能，可用作油污吸附剂，当叶片处理温度为 140℃，吸油性能最高，饱和吸油量可达 10.7g/g（李红等，2013）。以酸性橙 52 为染料，研究了毛泡桐叶粉对染料的吸附能力，通过对体系溶液 pH、生物吸附剂浓度、染料浓度、生物吸附剂量、温度和接触时间的函数的平衡、动力学和热力学参数研究发现，毛泡桐叶对酸性橙 52 的最大吸附量为 10.5mg/g，具有作为生物吸附剂的潜力（Deniz and Saygideger，2010）。为了研究泡桐叶去除污染土壤中金属的潜力，对污染土壤中重金属的生物累积因子和迁移因子进行了评估，结果发现实验中的两种泡桐（毛泡桐×白花泡桐杂交泡桐和兰考泡桐×白花泡桐杂交泡桐）叶均具有吸附土壤金属铅、铜和锌的能力（Tzvetkova et al.，2015）。

第四节　泡桐树皮的开发利用

一、化学成分

司传领等（2009）利用凝胶色谱结合薄层色谱法对毛泡桐皮 70%丙酮提取物乙酸乙酯萃取相中的化学成分进行了分离纯化，通过理化性质和波谱解析，鉴定出 5 种化合物，分别为 2 种酚酸类化合物对香豆酸和咖啡酸及 3 种苯丙素类化合物毛蕊花糖苷、异毛蕊花糖苷和肉苁蓉苷 F。Si 等（2011）同样利用凝胶色谱结合薄层色谱法对毛泡桐正丁醇可溶性部分进行了分离纯化，共鉴定出 9 种化合物，分别为 2 种黄酮类化合物柚皮素和槲皮素，2 种酚酸类化合物肉桂酸和没食子酸及 5 种苯丙素类化合物苁蓉苷 F、紫葳新苷 Ⅱ、异紫葳新苷Ⅱ、毛蕊花苷和异毛蕊花苷。Si 等（2009）在毛泡桐茎皮中还发现 4 种芹菜素衍生物。王凯等（2019）在毛泡桐皮中分离纯化出 8 种化合物，包括上述 5 种苯丙素类化合物苁蓉苷 F、紫葳新苷 Ⅱ、异紫葳新苷Ⅱ、毛蕊花苷和异毛蕊花苷的同时，还有葡糖二苯乙烯、木犀草素和鞣花酸。Kim 等（2007）在朝鲜毛泡桐皮中鉴定到 3 种苯丙素类化合物，分别为苁蓉苷 F、紫葳新苷Ⅱ和异紫葳新苷Ⅱ。此外，刘彦民等（2008）利用 HPLC 方法在毛泡桐干燥树皮中鉴定到苯丙素类化合物丁香苷。Kang 等（1999）在毛泡桐茎皮中分离鉴定出呋喃醌类化合物甲基-5-羟基-二萘酚[1,2-2′,3′]呋喃-7,12-二酮-6-羧酸盐。

二、功能活性

（一）抗氧化活性

利用油脂酸败法对毛泡桐皮原粉、毛泡桐皮黄酮粗提物及其大孔树脂纯化物的抗氧化活性进行了测定，根据油脂的过氧化值和诱导期计算抗氧化系数，比较了不同毛泡桐皮黄酮提取物的抗氧化能力。结果表明，在相同浓度下，毛泡桐皮黄酮纯化物的抗氧化活性大于毛泡桐皮黄酮提取物大于毛泡桐皮原粉，样品的抗氧化活性随浓度的增加而增加。通过比较发现，0.1%毛泡桐皮黄酮纯化物的抗氧化能力与0.02%BHT的抗氧化能力相当，0.06%毛泡桐皮黄酮纯化物的抗氧化能力与0.05%维生素C的抗氧化能力相当，0.1%毛泡桐皮黄酮纯化物的抗氧化系数大于2，具有较强的抗氧化能力（王占斌等，2012）。王凯等（2019）对毛泡桐皮中分离的8种化合物葡糖二苯乙烯、木犀草素、鞣花酸、苁蓉苷F、紫葳新苷Ⅱ、异紫葳新苷 Ⅱ、毛蕊花苷和异毛蕊花苷分别进行了DPPH抗氧化活性测定，结果发现除葡糖二苯乙烯，其余7种化合物均表现出较强的抗氧化活性。从泡桐皮分离出的紫葳新苷 Ⅱ，在体外多种系统中均表现出抗氧化活性，紫葳新苷 Ⅱ在0.1mg/ml浓度下可消除约80.75%的超氧自由基，在8mg/ml浓度下对金属螯合作用的抑制率为22.07%。此外，紫葳新苷 Ⅱ显示出较强的还原力，可保护由羟基自由基诱导的氧化蛋白损伤（Si et al.，2013a）。

（二）抗炎活性

利用脂多糖诱导的急性肺损伤动物模型，研究了毛泡桐甲醇茎皮提取物的保护作用。研究发现毛泡桐茎皮提取物能够抑制脂多糖刺激的RAW 264.7巨噬细胞中IL-6和TNF-α的产生，并抑制脂多糖诱导的急性肺损伤小鼠中性粒细胞和巨噬细胞的募集。毛泡桐茎皮提取物还降低了活性氧和促炎细胞因子的水平，降低了脂多糖小鼠血清中一氧化氮和肺中诱导型一氧化氮合酶的水平，减弱了炎症细胞的浸润和肺中单核细胞趋化蛋白-1的表达。此外，毛泡桐茎皮提取物抑制了肺NF-κB的激活和超氧化物歧化酶3的表达减少（Lee et al.，2018）。研究发现经70%的乙醇泡桐皮总黄酮预处理的RAW246.7巨噬细胞上清液中促炎细胞因子一氧化氮、IL-6和IL-1β的表达降低，且呈剂量依赖性方式，表明泡桐皮总黄酮能够有效抑制IL-6蛋白和IL-6 mRNA及IL-1β mRNA的表达（李丽妍等，2021）。综上，均可说明泡桐皮具有良好的抗炎效用。

（三）抗病毒活性

在毛泡桐茎皮甲醇提取物中，利用正己烷、氯仿和水液-液萃取结合硅胶柱色谱法分离法纯化了一种化合物。根据光谱数据，该化合物被鉴定为呋喃醌类化合物甲基-5-羟基-二萘酚[1,2-2′,3′]呋喃-7,12-二酮-6-羧酸盐。当使用HeLa细胞进行标准抗病毒测定时，该成分可使病毒细胞病变效应显著降低。该化合物对脊髓灰质炎病毒1型株和3型株的半数抑制率分别为0.3μg/ml和0.6μg/ml，表现出对脊髓灰质炎病毒1型和3型的抗病毒活性（Kang et al.，1999）。

（四）神经保护活性

从泡桐皮分离出的紫葳新苷 Ⅱ可通过增强细胞超氧化物歧化酶和过氧化氢酶的活性、降低丙二醛和细胞内ROS的水平，提高经过H_2O_2预处理的PC12细胞活力。此外，紫葳新苷 Ⅱ抑制了由H_2O_2诱导的细胞凋亡和Bax/Bcl-2的值，表现出神经保护活性（Si et al.，2013a）。

（五）治疗蜇伤

民间有用新鲜泡桐皮治疗野蜂蜇伤的偏方，具体方法为，当被野蜂蜇伤后，立即拔出野蜂的毒针，并将新鲜泡桐皮捣碎，将泡桐皮汁液涂抹于伤口处，此方法可以迅速消肿止痛（赵留振，2003）。

三、用途

（一）吸附

泡桐皮在*N*,*N*-二甲基甲酰胺中，以次磷酸钠作为催化剂，经过柠檬酸改性，改性后的泡桐皮在pH=2、Cr（Ⅵ）初始浓度为30mg/L时，表现出较好的吸附性能，吸附平衡时间为120min。利用准二级动力学方程对泡桐皮的吸附过程进行了模拟，结果显示，改性后泡桐皮对Cr的最大吸附率可达96.78%，具有作为生物吸附剂的潜力（揭诗琪等，2015）。

（二）燃料

为研究泡桐皮作为固体生物燃料的潜力，对泡桐皮燃烧过程中所产生的热值和灰分进行了分析，结果显示，泡桐皮的灰分含量为2.99%，产生的能量为13.414～18.9688kJ/g，该指标符合生物燃料生产标准（ISO 17225-2：2014）的要求。因此，泡桐皮有作为固体生物燃料的潜力（Kamperidou et al.，2018）。

第五节　泡桐根的开发利用

一、化学成分

Si等（2013b）利用硅胶色谱结合凝胶色谱法对泡桐根95%乙醇提取物的化学成分进行了分离纯化，通过理化性质和波谱解析，鉴定出5种苯丙素类化合物，分别为苁蓉苷F、紫葳新苷 Ⅱ、异紫葳新苷Ⅱ、毛蕊花苷和异毛蕊花苷。

二、功能活性

（一）抗菌、抗溃疡活性

利用吲哚美辛诱导的雄性白化大鼠消化性溃疡模型，研究了兰考泡桐根乙醇提取物的抗菌和抗溃疡活性。采用琼脂稀释法测定了兰考泡桐根提取物对口服吲哚美辛（30mg/kg），4种细菌的临床分离株（金黄色葡萄球菌、铜绿假单胞菌、肉毒杆菌和大肠杆菌）诱发溃疡的影响。结果表明，根提取物在300mg/kg时对伤寒沙门氏菌的抗菌直径为18.12mm+0.9mm；在400mg/kg时对肺炎克雷伯氏菌的抑菌直径为20.14mm+0.0mm，抗溃疡潜力更高，抑制率为87.71%。因此，根提取物表现出了抗菌和抗溃疡活性（Umaru et al.，2023）。

（二）抗氧化活性

Si等（2013b）对95%乙醇提取物中分离纯化的5种苯丙素类成分进行了抗氧化活性测定，通过ABTS和DPPH自由基清除检测，与维生素E（分别对DPPH和ABTS的IC_{50}为6.8μmol/L和0.8mmol/L）相比，5种成分中苁蓉苷F、异紫葳新苷Ⅱ、毛蕊花苷和异毛蕊花苷对DPPH的IC_{50}范围为5.9～6.7μmol/L，对ABTS的IC_{50}范围为1.0～2.1μmol/L，表现出显著的抗氧化活性。

（三）治疗肩炎

民间有用泡桐根治疗肩炎的偏方，具体方法为，将新鲜去土的泡桐根切碎后放入锅内加入适量水武火煎煮，30min 后去掉泡桐根渣，再次文火煎煮，当液体黏稠后去火收膏，将熬制的膏体贴敷于患处，有治疗肩炎的功效（赵留振，2003）。

（四）治疗疔疖

民间有用泡桐根皮膏治疗疔疖的偏方，具体方法为，将鲜泡桐根洗净，去外层青皮和木质部分，留二层白皮，加水文火煎熬，1.5h 后去渣，再继续煎熬至棕褐色呈黑棉油状，膏体置入器皿中备用。将患处用酒精棉球消毒或生理盐水冲洗干净后，涂抹泡桐根膏体，有治疗疔疖的功效（史宪莹，1984）。

三、用途

（一）造纸

王锦依和郭宗英（1981）对兰考泡桐根的制浆造纸能力进行了研究，结果表明，兰考泡桐根材的纤维长度与干材近似，但根材宽度大于干材，同时也大于枝材。就纤维长度而言，干材较根材好。由于根材抽出物含量高，纤维素含量低，根材与干材、枝材化学成分差别较大，因此根材处理中化学制浆药品消耗大而纸浆率低，这给蒸煮、漂白都会带来困难。综合考虑蒸煮结果和纸浆性质，如能进一步提高其漂白浆白度，兰考泡桐根材有望与干材和枝材一样作为文化用纸。

（二）吸附

为了研究泡桐根去除污染土壤中金属的潜力，对污染土壤中重金属的生物累积因子和迁移因子进行了评估。结果发现实验中的两种泡桐（毛泡桐×白花泡桐杂交泡桐和兰考泡桐×白花泡桐杂交泡桐）根均具有吸附土壤金属铁、铅、镁和钠的能力（Tzvetkova et al.，2015）。

综上，泡桐是一种常见的速生树种，广泛应用于木材加工和家具制造等领域。然而，泡桐的非木质利用可以进一步发掘其潜在价值，减少资源浪费，提高资源利用率。泡桐非木质利用可以减少对森林等生态系统的破坏。例如，制作隔板和家具等可以使用泡桐木代替其他珍贵木材，从而保护珍稀树种。泡桐还可以用于生态修复和园林景观中，为保护环境作出贡献。泡桐的非木质利用还可以创造新的经济增长点。例如，泡桐树叶可以用于制作饲料、肥料和生物质能源等产品，具有广阔的市场前景。同时，泡桐花也可以用于制作香料、化妆品和药品等产品，具有很高的经济价值。此外，泡桐作为一种具有独特魅力的植物，其非木质利用可以传承和弘扬中华文化。例如，泡桐花可以用于制作艺术品和装饰品等，具有很高的文化价值和艺术价值。最后，为了提高泡桐非木质利用的效率和品质，需要不断进行科技创新。例如，开发泡桐树叶和花的深加工技术、泡桐木的防腐处理技术等，可以推动科技创新和产业发展。总之，泡桐作为一种具有多种利用价值的植物，其非木质利用价值非常广泛，并且正在不断得到发掘和拓展，对于提高泡桐资源利用率、保护环境、创造经济价值、传承文化及推动科技创新等均具有重要的意义。我们应该更加重视泡桐的非木质利用，充分发挥其多元化的生态、药用和经济价值。随着人们对泡桐非木质利用的深入研究，其应用领域将会更加广泛，为人类的发展和进步作出贡献。总之，泡桐非木质利用的研究现状表明，未来需要进一步加强科技创新和产业合作，推动泡桐非木质利用的可持续发展。

参考文献

陈保红, 李寅超, 赵宜红, 等. 2007. 泡桐花总黄酮抗哮喘豚鼠气道炎症的作用机制探讨. 时珍国医国药, 18(2): 357-358.
陈静, 董家新, 赵丰丽. 2020. 超声辅助提取泡桐叶熊果酸工艺研究. 安徽农业科学, 48(9): 190-192.

陈旅翼, 赵磊, 余晓晖, 等. 2007. 白花泡桐不同部位的熊果酸含量测定. 中药材, (8): 914-915.
陈乙林. 2008. 泡桐叶在养殖业中的应用. 农家科技, (5): 34.
崔令金, 王保平, 乔杰, 等. 2015. 不同地区"9501"泡桐花营养成分分析. 天然产物研究与开发, 27: 47-51.
杜欣, 师彦平, 李志刚, 等. 2004. 毛泡桐花中黄酮类成分的分离与结构确定. 中草药, 35(3): 3.
段文达, 张坚, 谢刚, 等. 2007. 白花泡桐花的化学成分研究. 中药材, 30(2): 3.
段媛媛, 李娇, 王自立, 等. 2013. 泡桐花提取物抑菌性能稳定性研究. 山西农业科学, 41(9): 938-940, 944.
付明哲, 陆刚. 1999. 泡桐花黄酮抗菌作用及对免疫机能的影响. 中国兽医杂志, (5): 46-47.
高天阳, 李传厚, 唐文照, 等. 2015. 毛泡桐果实化学成分研究. 中药材, 38(3): 524-526.
郭洪伟, 刘一涵, 田云刚, 等. 2021. 复方桐叶烧伤油及其原料脂溶性成分分析. 中成药, 43(10): 2906-2909.
揭诗琪, 乔丽媛, 李明明, 等. 2015. 改性生物质材料对 Cr(Ⅵ)的吸附性能. 中国有色金属学报, 25(5): 1362-1369.
金鹏, 张全国, 路朝阳, 等. 2021. 楸叶泡桐叶光合生物产氢实验研究. 太阳能学报, 42(7): 444-449.
李传厚, 王晓静, 唐文照, 等. 2014. 毛泡桐果化学成分研究. 食品与药品, 16(1): 12-14.
李红, 刘兵, 徐万飞, 等. 2013. 兰考泡桐叶疏水亲油性能及油性污染物的除去. 实验室研究与探索, 32(12): 21-23.
李科, 吾鲁木汗·那孜尔别克, 乔杰, 等. 2011. HPLC 测定不同产地白花泡桐中熊果酸和木犀草素的含量. 药物生物技术, 18(3): 251-255.
李丽妍, 黄涛, 兰翀. 2021. 泡桐内桐皮总黄酮的提取方法及其应用. CN202111129076.0.
李晓强. 2008. 白花泡桐叶乙酸乙酯部分的化学成分研究. 兰州大学硕士学位论文.
李晓强, 武静莲, 曹斐华, 等. 2008. 白花泡桐叶化学成分的研究. 中药材, 46(4): 850-852.
李晓强, 张培芬, 段文达, 等. 2009. 白花泡桐花的化学成分研究. 中药材, 32(8): 3.
李阳, 陈旅翼, 余晓晖, 等. 2013. 酸碱处理法纯化白花泡桐叶中熊果酸的工艺研究. 安徽农业科学, 41(8): 3371-3373.
李寅超, 赵宜红, 傅蔓华, 等. 2006a. 泡桐果总黄酮抗支气管哮喘变应性炎症的实验研究. 中医研究, 19(8): 3.
李寅超, 赵宜红, 李寅丽, 等. 2006b. 泡桐花总黄酮抗 BAIB/c 小鼠哮喘气道炎症的实验研究. 中原医刊, 33(19): 16-17.
梁峰涛. 2007. 白花泡桐叶石油醚部分的化学成分研究. 兰州大学硕士学位论文.
林玉清, 张章娟. 2001. 泡桐花预防泌尿系感染. 浙江中医杂志, 36(3): 125.
刘彦民, 杨燕子, 罗定强, 等. 2008. HPLC 法测定 9 种药材中紫丁香苷的含量. 西北药学杂志, (5): 286-288.
罗兰, 孟昭礼, 袁忠林. 2004. 绒叶泡桐提取液对黄瓜和葎草种子胚根伸长的抑制作用. 植物保护学报, (3): 335-336.
孟志芬, 郭雪峰, 隗伟. 2008. 毛泡桐花黄酮抗氧化性的初步研究. 光谱实验室, 25(5): 4.
潘晓辉, 田涛. 2003. 毛泡桐花挥发油的提取. 安康学院学报, 15(4): 69-71.
施仁波, 习冬. 2006. 饲料中添加泡桐花对猪增重效果的影响. 畜牧兽医杂志, 25(6): 2.
史宪莹. 1984. 泡桐根皮膏治疗疖. 中原医刊, (2): 49.
司传领, 吴磊, 许杰, 等. 2009. 毛泡桐(原变种)内桐皮的化学成分. 纤维素科学与技术, 17(4): 47-52.
王宝华, 高增平, 江佩芬, 等. 2003. 鲜泡桐花与阴干泡桐花化学成分的对比研究. 北京中医药大学学报, 26(3): 2.
王锦依, 郭宗英. 1981. 泡桐木材综合利用. 河南农林科技, (7): 29-31.
王凯, 李岚. 2020. 泡桐花总黄酮调节 Wnt/β-catenin 信号通路对哮喘小鼠气道重塑的实验研究. 中药材, 43(4): 968-973.
王凯, 刘岩, 王萱, 等. 2019. 毛泡桐树皮酚类化合物的提取及抗氧化活性分析// 2019 楚天骨科高峰论坛暨第二十六届中国中西医结合骨伤科学术年会[2024-6-12].
王晓, 程传格, 刘建华, 等. 2005. 泡桐花精油化学成分分析. 林产化学与工业, 25(2): 99-102.
王英爱, 薛景, 贾献慧, 等. 2017. 楸叶泡桐果皮的化学成分研究. 中药材, 40(7): 1590-1594.
王占斌, 赵德明, 刘红, 等. 2012. 毛泡桐皮黄酮提取物抗氧化作用研究. 中国饲料, (6): 22-24.
魏希颖, 张延妮, 白玲玲, 等. 2008. 泡桐花油的 GC-MS 分析及抑菌作用研究. 天然产物研究与开发, 20(1): 87-90.
邢雅丽. 2014. 泡桐叶中熊果酸的超声波提取与分离研究. 中国林业科学研究院博士学位论文.
邢雅丽. 2015. 泡桐叶中熊果酸的超声波提取与分离研究(摘要). 生物质化学工程, 49(4): 59-60.
杨德泉, 韩湘云, 彭勇, 等. 2016. 土家药桐叶与台湾泡桐叶的鉴别研究. 中国民族医药杂志, 22(12): 22-24.
杨军仁, 宋莉, 徐燕, 等. 2005. 光泡桐叶化学成分研究. 中药材, (10): 33-34.
余晓晖, 赵磊, 陈旅翼, 等. 2010. 大孔吸附树脂对白花泡桐叶中熊果酸的富集研究. 中成药, 32(5): 773-775.
余晓晖, 赵磊, 邵晶, 等. 2008. 超微粉碎与常规粉碎对白花泡桐叶中熊果酸提取率的影响. 中药材, 31(10): 1562-1564.
袁忠林, 罗兰, 臧爱梅, 等. 2009. 绒叶泡桐花中除草活性成分的分离与除草活性. 农药学学报, 11(2): 239-243.
臧爱梅. 2017. 绒叶泡桐提取液对 6 种细菌抑菌活性的研究. 现代农业科技, (21): 112-114.
臧爱梅, 罗兰, 孟昭礼, 等. 2007. 绒叶泡桐叶提取物对植物种子胚根生长的抑制作用. 现代农业科技, (12): 50-52.

张德莉, 李晓强. 2011. 毛泡桐叶化学成分研究. 中药材, 34(2): 232-234.
张德莉, 李晓强, 李冲. 2011. 白花泡桐叶三萜类化学成分研究. 中国药学杂志, 46(7): 504-506.
张丁华, 王艳丰, 何志生. 2007. 泡桐叶对育肥猪生产性能的作用. 畜牧与兽医, (5): 33-34.
张培芬, 李冲. 2008. 白花泡桐花黄酮类化学成分研究. 中国中药杂志, 33(22): 2629-2632.
张永辉, 刘宗花, 杜红丽, 等. 2002. 中药泡桐花浸膏对哮喘豚鼠肺组织作用的病理学研究. 新乡医学院学报, 19(6): 3.
张玉玉, 孙宝国, 黄明泉, 等. 2010. 兰考泡桐花的挥发性成分分析研究. 林产化学与工业, 30(3): 88-92.
赵留振. 2003. 泡桐的临床外用. 中医外治杂志, (2): 48.
郑敏燕, 魏永生, 古元梓. 2009. 固相微萃取-气相色谱-质谱法分析毛泡桐花挥发性成分. 质谱学报, 30(2): 88-93.
Adach W, Żuchowski J, Moniuszko-Szajwaj B, et al. 2020. Comparative phytochemical, antioxidant, and hemostatic studies of extract and four fractions from *Paulownia* clone in vitro 112 leaves in human plasma. Molecules, 25(19): 4371.
Adach W, Żuchowski J, Moniuszko-Szajwaj B, et al. 2021. In vitro antiplatelet activity of extract and its fractions of *Paulownia* clone in vitro 112 leaves. Biomedicine & Pharmacotherapy = Biomedecine & Pharmacotherapie, 137: 111301.
Al-Sagheer A A, Abd El-Hack M E, Alagawany M, et al. 2019. Paulownia leaves as a new feed resource: chemical composition and effects on growth, carcasses, digestibility, blood biochemistry, and intestinal bacterial populations of growing rabbits. Animals : an Open Access Journal from MDPI, 9(3): 95-107.
Ali S A, Ibrahim N A, Mohammed M M D, et al. 2019. The potential chemo preventive effect of ursolic acid isolated from *Paulownia tomentosa*, against *N*-diethylnitrosamine: initiated and promoted hepatocarcinogenesis. Heliyon, 5(5): e01769.
Chen X, Yu Y, Zheng Y, et al. 2023. Structural characterization and adjuvant action of *Paulownia tomentosa* flower polysaccharide on the immune responses to classical swine fever vaccine in mice. Front Vet Sci, 10: 1271996.
Cheng C L, Jia X H, Xiao C M, et al. 2019. *Paulownia C*-geranylated flavonoids: their structural variety, biological activity and application prospects. Phytochem Rev, 18(3): 549-570.
Cho J K, Curtis-Long M J, Lee K H, et al. 2013. Geranylated flavonoids displaying SARS-CoV papain-like protease inhibition from the fruits of *Paulownia tomentosa*. Bioorg Med Chem, 21(11): 3051-3057.
Cho J K, Ryu Y B, Curtis-Long M J, et al. 2012. Cholinestrase inhibitory effects of geranylated flavonoids from *Paulownia tomentosa* fruits. Bioorg Med Chem, 20(8): 2595-2602.
Chung I M, Kim E H, Jeon H S, et al. 2010. Protective effects of isoatriplicolide tiglate from *Paulownia coreana* against glutamate-induced neurotoxicity in primary cultured rat cortical cells. Nat Prod Commun, 5(6): 851-852.
Dai B, Hu Z, Zhang L W. 2015. Simultaneous determination of six flavonoids from *Paulownia tomentosa* flower extract in rat plasma by LC-MS/MS and its application to a pharmacokinetic study. J Chromatogr B Analyt Technol Biomed Life Sci, 978-979: 54-61.
Deniz F, Saygideger S D. 2010. Equilibrium, kinetic and thermodynamic studies of acid Orange 52 dye biosorption by *Paulownia tomentosa* Steud. leaf powder as a low-cost natural biosorbent. Bioresource Technology, 101 14: 5137-5143.
Ding L, Zhang Y. 2018. Teratogenic effect of *Paulownia* flower extract on rats. Agricultural Biotechnology, 7(4): 100-101, 105.
Dżugan M, Miłek M, Grabek-Lejko D, et al. 2021. Antioxidant activity, polyphenolic profiles and antibacterial properties of leaf extract of various *Paulownia* spp. Clones. Agronomy, 11(10): 2001.
Ferdosi M F H , Khan I H , Javaid A , et al. 2020. Identification of antimicrobial constituents in essential oil from *Paulownia fortunei* flowers. Mycopath, 18(2): 53-57.
Gao T Y, Jin X, Tang W Z, et al. 2015. New geranylated flavanones from the fruits of *Paulownia catalpifolia* Gong Tong with their anti-proliferative activity on lung cancer cells A549. Bioorg Med Chem Lett, 25(17): 3686-3689.
Hanáková Z, Hošek J, Babula P, et al. 2015. *C*-Geranylated flavanones from *Paulownia tomentosa* fruits as potential anti-inflammatory compounds acting via inhibition of TNF-α production. J Nat Prod, 78(4): 850-863.
Hanáková Z, Hošek J, Kutil Z, et al. 2017. Anti-inflammatory activity of natural geranylated flavonoids: cyclooxygenase and lipoxygenase inhibitory properties and proteomic analysis. J Nat Prod, 80(4): 999-1006.
Ibrahim, El-Hawary, Mohammed MMD, et al. 2013. Chemical composition, antimicrobial activity of the essential oil of the flowers of *Paulownia tomentosa*(Thunb.)Steud. growing in Egypt. Journal of Applied Sciences Research, 9(4): 3228-3232.
Ji P, Chen C, Hu Y, et al. 2015. Antiviral activity of *Paulownia tomentosa* against enterovirus 71 of hand, foot, and mouth disease. Biological & Pharmaceutical Bulletin, 38(1): 1-6.
Jin Q, Lee C, Lee D. et al. 2015. Geranylated flavanones from *Paulownia coreana* and their inhibitory effects on nitric oxide production. Chem Pharm Bull, 63(5): 384-387.
Kamperidou V, Lykidis C, Barmpoutis P. 2018. Utilization of wood and bark of fast-growing hardwood species in energy production. Journal of Forest Science, 64(4): 164-170.
Kang K H, Huh H, Kim B K, et al. 1999. An antiviral furanoquinone from *Paulownia tomentosa* Steud. Phytotherapy Research: An International Journal Devoted to Pharmacological and Toxicological Evaluation of Natural Product Derivatives, 13(7): 624-626.

Kim J, Si C, Bae Y. 2007. Epimeric phenylpropanoid glycosides from inner bark of *Paulownia coreana* Uyeki. Holzforschung, 61(2):161-164.

Kim J, Si C, Bae Y. 2008. Phenylpropanoid glycosides from the leaves of *Paulownia coreana*. Natural Product Research, 22: 241-245.

Kim S K, Cho S B, Moon H I. 2010. Neuroprotective effects of a sesquiterpene lactone and flavanones from *Paulownia tomentosa* Steud. against glutamate-induced neurotoxicity in primary cultured rat cortical cells. Phytother Res, 24(12): 1898-1900.

Kollár P, Bárta T, Závalová V, et al. 2011. Geranylated flavanone tomentodiplacone B inhibits proliferation of human monocytic leukaemia(THP-1)cells. Br J Pharmacol, 162(7): 1534-1541.

Lee J, Seo K, Ryu H W, et al. 2018. Anti-inflammatory effect of stem bark of *Paulownia tomentosa* Steud. in lipopolysaccharide (LPS)-stimulated RAW264. 7 macrophages and LPS-induced murine model of acute lung injury. Journal of Ethnopharmacology, 210: 23-30.

Liu C, Ma J, Sun J, et al. 2017. Flavonoid-rich extract of *Paulownia fortunei* flowers attenuates diet-induced hyperlipidemia, hepatic steatosis and insulin resistance in obesity mice by AMPK pathway. Nutrients, 9(9): 959.

Meng Z F, Guo X F, Zhu Y, et al. 2014. Analysis of antioxidant properties and major components of the extract of *Paulownia tomentosa* Steud flowers. Advanced Materials Research, 1010-1012: 164-177.

Molčanová L, Kauerová T, Dall'Acqua S, et al. 2021. Antiproliferative and cytotoxic activities of *C*-geranylated flavonoids from *Paulownia tomentosa* Steud. fruit. Bioorg Chem, 111: 104797.

Navrátilová A, Nešuta O, Vančatová I, et al. 2016. *C*-geranylated flavonoids from *Paulownia tomentosa* fruits with antimicrobial potential and synergistic activity with antibiotics. Pharm Biol, 54(8): 1398-1407.

Navrátilová A, Schneiderová K, Veselá D, et al. 2013. Minor *C*-geranylated flavanones from *Paulownia tomentosa* fruits with MRSA antibacterial activity. Phytochemistry, 89: 104-113.

Oh J, Zee O, Moon H. 2000. Cytotoxic compounds from the flowers of *Paulownia coreana*. Korean Journal of Pharmacognosy, 31(4): 449–454.

Özelçam H, İpçak H H, Özüretmen S, et al. 2021. Feed value of dried and ensiled paulownia(*Paulownia* spp.)leaves and their relationship to rumen fermentation, in vitro digestibility, and gas production characteristics. Revista Brasileira de Zootecnia, 50: e20210057.

Rodríguez-Seoane P, Díaz-Reinoso B, Domínguez H. 2020. Supercritical CO_2 extraction of antioxidants from *Paulownia elongata* × *fortunei* leaves. Biomass Conversion and Biorefinery, 12: 3985-3993.

Ryu H W, Park Y J, Lee S U, et al. 2017. Potential anti-inflammatory effects of the fruits of *Paulownia tomentosa*. J Nat Prod, 80(10): 2659-2665.

Si C, Lu Y, Qin P, et al. 2011. Phenolic extractives with chemotaxonomic significance from the bark of *Paulownia tomentosa* var. *tomentosa*. BioResources, 6(4). DOI: 10.15376/biores.6.4.5086-5098.

Si C, Shen T, Jiang Y, et al. 2013a. Antioxidant properties and neuroprotective effects of isocampneoside Ⅱ on hydrogen peroxide-induced oxidative injury in PC12 cells. Food and Chemical Toxicology, 59: 145-152.

Si C, Wu L, Liu S, et al. 2013b. Natural compounds from *Paulownia tomentosa* var. *tomentosa* root and their antioxidant effects. Planta Medica, 79(13): 1100.

Si C, Wu L, Zhu Z, et al. 2009. Apigenin derivatives from *Paulownia tomentosa* Steud. var. *tomentosa* stem barks. Holzforschung, 63(4): 440-442.

Singh M P, Park K H, Khaket T P, et al. 2018. CJK-7, a novel flavonoid from *Paulownia tomentosa* triggers cell death cascades in HCT-116 human colon carcinoma cells via redox signaling. Anticancer Agents Med Chem, 18(3): 428-437.

Smejkal K, Chudík S, Kloucek P, et al. 2008. Antibacterial *C*-geranylflavonoids from *Paulownia tomentosa* fruits. J Nat Prod, 71(4): 706-709.

Smejkal K, Holubova P, Zima A, et al. 2007. Antiradical activity of *Paulownia tomentosa*(Scrophulariaceae)extracts. Molecules (Basel, Switzerland), 12(6): 1210-1219.

Smejkal K, Svacinová J, Slapetová T, et al. 2010. Cytotoxic activities of several geranyl-substituted flavanones. J Nat Prod, 73(4): 568-572.

Song Y H, Uddin Z, Jin Y M, et al. 2017. Inhibition of protein tyrosine phosphatase(PTP1B)and α-glucosidase by geranylated flavonoids from *Paulownia tomentosa*. Journal of Enzyme Inhibition and Medicinal Chemistry, 32(1): 1195-1202.

Stochmal A, Moniuszko-Szajwaj B, Zuchowski J, et al. 2022. Qualitative and quantitative analysis of secondary metabolites in morphological parts of *Paulownia* clon in vitro 112® and their anticoagulant properties in whole human blood. Molecules, 27(3): 980.

Tang W Z, Wang Y A, Gao T Y, et al. 2017. Identification of *C*-geranylated flavonoids from *Paulownia catalpifolia* Gong Tong fruits by HPLC-DAD-ESI-MS/MS and their anti-aging effects on 2BS cells induced by H_2O_2. Chin J Nat Med, 15(5): 384-391.

Tzvetkova N, Miladinova K, Ivanova K, et al. 2015. Possibility for using of two *Paulownia* lines as a tool for remediation of heavy metal contaminated soil. Journal of Environmental Biology, 36(1): 145.

Umaru I J, Osagie A S, Chizoba A M, et al. 2023. Antiulcer effects of the methanolic root extracts of *Paulownia elongata* on indomethacin-induced peptic ulcer in male albino rats. World Journal of Advanced Research and Reviews, 19(2): 178-188.

Wang Q, Meng X, Zhu L, et al. 2019. A polysaccharide found in *Paulownia fortunei* flowers can enhance cellular and humoral immunity in chickens. Int J Biol Macromol, 130: 213-219.

Xiao C M, Li J, Kong L T, et al. 2023. New cyclic *C*-geranylflavanones isolated from *Paulownia fortunei* fruits with their anti-proliferative effects on three cancer cell lines. Fitoterapia, 168: 105542.

Yang H, Zhang P, Xu X, et al. 2019. The enhanced immunological activity of *Paulownia tomentosa* flower polysaccharide on Newcastle disease vaccine in chicken. Biosci Rep, 39(5): BSR20190224.

Zhang J K, Li M, Du K, et al. 2020. Four *C*-geranyl flavonoids from the flowers of *Paulownia fortunei* and their anti-inflammatory activity. Nat Prod Res, 34(22): 3189-3198.

Zhang Q, Jin P, Li Y, et al. 2022. Analysis of the characteristics of *Paulownia* lignocellulose and hydrogen production potential via photo fermentation. Bioresource Technology, 344: 126361.

Zima A, Hosek J, Treml J, et al. 2010. Antiradical and cytoprotective activities of several *C*-geranyl-substituted flavanones from *Paulownia tomentosa* fruit. Molecules, 15(9): 6035-6049.

第二十五章　泡桐产业现状与发展对策

泡桐作为重要的工业原料树种，是森工企业的主要生产原料，也是我国传统的重要出口物资。就木材加工而言，河南、山东、安徽等地先后涌现出一批桐木交易所、桐材加工厂、桐材制品销售公司等企业；而造纸、家具与乐器加工、中医药开发、畜禽饲料与化工等林产化工产品生产等方面而言，已经或正在形成新的产业，发挥着愈来愈明显的产业发展实力和发展后劲。但是，目前还存在着科研单位泡桐良种选育地位不够突出，针对不同木材及特殊用途泡桐林木等专项品种培育劲头及成果储备不足；第一产业的泡桐区域化栽培格局及产业化经营效果不明显，以泡桐为主要原料的森工企业缺乏桐木原料（优质原料稀缺），如生产中缺少大径材及优质家具材，不能满足泡桐加工利用二产的需求等问题十分明显。

总体来看，我国作为用材林泡桐及其加工业现已初步发展形成产业链，但泡桐产业的综合利用及其科研工作相对滞后。国内泡桐材的利用主要在人造板工业方面，如桐木拼版、刨花板、胶合板、中密度纤维板、细木工板、木塑复合板材、室内装饰薄木、家居建筑用材、薄木贴面等（陈静和刘娟，2013）；泡桐的全树利用及其产业化发展日渐成形，拓宽了泡桐产业的发展领域。因此，加快泡桐优质原料林区域化、基地化、产业化建设，是当前和今后一个时期首要解决的问题；加快泡桐优良品种的选育及栽培区划定向培育工作，加强对泡桐精深加工及全树综合利用的科研攻关及其标准化生产、产业化开发、市场化经营，优化调整产业政策，融合一二三产协同发展，对统筹泡桐产业发展意义重大。

第一节　泡桐产业发展现状

一、泡桐的类型及利用

泡桐是我国重要的短中期速生多用途树种（李宗然，1995；常德龙，2016；胡伟华等，2016），品系较多（蒋建平，1990；李芳东等，2007），各树种种类间的材质差异较大（常德龙，2005；常德龙等，2014；段新芳等，2005；黄文豪等，2014；茹广欣等，2007）。近现代科技人员对中国泡桐进行系统调查研究，弄清了我国泡桐主要种类、区域分布、栽培技术与种植模式及其推广应用、材性特点与培育利用、产品加工技术等，开展了较为系统性的研究，为泡桐现代产业发展提供了技术支持。

为了做好泡桐产业，需要了解和掌握泡桐的生物学特性及其全树利用价值的规律。首先应对其品种类群进行栽培区域优化，其次是根据其利用价值（产业）进行科学分类。按照泡桐的产业化及其开发利用价值进行分类，可分为如下类型：①生态防护类型；②农田防护林类型；③园林绿化美化类型；④工业原料林类型；⑤中医药开发利用类型；⑥畜禽饲料及添加剂利用类型等。下面结合生产实践就以上泡桐的栽培及利用逐一论述。

（一）泡桐主要类群与产业化

泡桐是我国特有树种，生长迅速，易繁殖，成活率高，适应性强，一般分布于北纬 20°～40°、东经 98°～125°，在海拔 1200m 以下的丘陵、山地、岗地、平原能够良好生长，其耐寒能力较强，在年降水量 400～500mm 的地方均能生长，先后被越南、日本等亚洲多个国家引种栽培（饭冢三男，1989；崔令军，2016），现已遍布世界各地。第九次森林资源清查结果显示，我国森林覆盖率为 22.96%，森林总面积 2.20

亿亩，森林总蓄积量 175.60 亿 m^3，占全世界森林面积的 5.51%（排名第五）和世界森林蓄积量的 3.34%（排名第六），其森林采伐和木材供给与森林固碳是相容的；其中人工林面积 7954.28 万 hm^2，占乔木林面积的 36.45%和乔木林森林蓄积量的 19.86%。全国乔木林优势树种（组）面积、蓄积主要为杉木林（6.33%、5.0%）、杨树林（4.59%、3.59%）、桉树林（3.04%、1.26%）。我国木材年消费量 55 675.16 万 m^3，其中工业和建材折合木材消费量 42 081.77 万 m^3，木质林产品出口折合木材 10 686.17 万 m^3，其他增加库存的木材消耗 678.61 万 m^3，木材对外依存度达 53.62%（国家林业和草原局，2019）。我国人均木材消费（原木和锯木）约 0.4m^3，与世界人均木材消费（原木和锯木）0.6m^3 仍有差距，按照世界人均木材消费水平计算我国每年需增加木材供给 2.8 亿 m^3。中国森林资源总体上呈现数量持续增加、质量稳步提升、功能不断增强趋势。我国人工用材林主要集中在华南地区（广东、广西、海南和福建）、华中地区（安徽、江西、河南、湖北和湖南）和西南地区（重庆、四川、云南、贵州和西藏），这里资源丰富，同时其采伐限额也大，与现实生产相符合；华东地区（上海、江苏、浙江和山东）、华北地区（北京、天津、河北、山西和内蒙古）、东北地区（辽宁、吉林、黑龙江）以天然林保护为主体、人工林建设为补充的森林分布及木材供给格局。

泡桐属有些种对气候反应十分敏感，特别是低温常成为某些种的分布限制因子（陈志远等，2000）。例如，华东泡桐只能在 1 月平均气温 6℃以上地区生长，台湾泡桐（华东泡桐）为 4℃以上，白花泡桐和川泡桐为 0℃以上，而毛泡桐和楸叶泡桐可耐 1 月平均 8℃低温（蒋建平，1990）。因此，低温成为有些南方种北移的限制因子。例如，华东泡桐在湖北南部、四川南部就成了它分布的北缘，向北引种难以成活。白花泡桐在山东南部、河南南部可正常生长。而毛泡桐和兰考泡桐分布跨越纬度很大，为广域性种，楸叶泡桐是一个典型的北方种，其分布南缘为江苏北部和安徽北部（陈志远等，1996）。至于那些狭域性种，均为杂交起源，可能因产生的时间不长或受扩散条件所制，还停留在较小分布区域。邢雅丽等（2013）将泡桐种质资源分布划分为 9 种 2 变种和众多变异类型。以 9 种泡桐染色体核型聚类分析，发现与种的分布区有密切的相关性，一类为东南类，主要分布于我国东部和南部，包括华东泡桐、白花泡桐、台湾泡桐和兰考泡桐；另一类为西北类，主要分布于我国西部和北部，包括川泡桐、建始泡桐、毛泡桐、兴山泡桐和楸叶泡桐（梁作和陈志远，1997）。这一结果，除兰考泡桐分在东南类外，与刘乃壮和高永刚（1993）按气候生态特性的分类基本一致。在云南、贵州考察中都有兰考泡桐新分布的发现（陈龙清等，1995），进一步说明兰考泡桐自然分布的原产地是在南方。

依据泡桐种质资源品种类型所具有的生物学特性对主要品种类群分类，并根据其种的自然属性优势开展区域化种植以期实现其产业化发展之目的。适宜于泡桐各品种具体产业化布局分述如下。

1. 毛泡桐、光泡桐

原始种。本属中最耐寒的品种，对干旱、严寒和风沙抵抗力很强。毛泡桐分布跨越纬度很大，为广域性种。泡桐的集中产区包括河南、山东、江苏和安徽北部、河北南部及陕西、山西等省的一部分地区，这里居住着全国 30%的人口，社会经济的发展属于中等水平（侯知正，1988）。光泡桐是毛泡桐的变种，分布范围较毛泡桐稍窄，在甘肃东部、陕西、山西、河北、河南、山东、湖北、四川北部有栽培或野生。栽培适生区域同毛泡桐，可适度规模建立产业基地。北方泡桐种植区，主要由黄淮海平原为中心的山西、河北、山东、河南分布区构成。北方种植区主要种植毛泡桐，主要用于木材生产和盐碱地治理，Si 等（2008）在毛泡桐木材中分离出苯乙醇等苷类化合物，对泡桐的林产化工生产及全树利用具有重要意义，李寅超等（2006）发现毛泡桐中的总黄酮可用于制造抑制支气管炎的药物。毛泡桐木材密度大、年轮均匀、立丝度美观，是制造家具的优等材料。现阶段的泡桐产业中，毛泡桐的优良材性没有得到重视，致使其栽培推广受限制，其资源大幅减少，濒临枯竭（仅山区、偏僻、交通不便地区有零星分布）。由于中国毛泡桐货源不足，日本制作桐木家具主要采伐日本本土毛泡桐，进口多产自美国、巴西、乌拉圭等地的毛泡桐。因此，在湖北西部山区，河南的太行山、伏牛山的山区及浅山、丘陵地带，直至辽宁南部的浅山丘陵区均可作为本种的适宜栽培区，并适度进行产业化基地化开发，以培育出优质的家具用材，同时综合开发本种在畜禽饲料、医药、化工等方面的价值，以形成新的朝阳产业。

2. 白花泡桐

原始种。其起源可能是毛泡桐经长期自然选择分化出的一个较“年轻”种。赵建波研究发现泡桐在南方地区的核心分布区是以长江中下游平原，周边湖南、江西、湖北、四川、贵州等省份均有不同分布，白花泡桐在山东南部、河南南部可正常生长，适合南方的水热条件（气候适宜，雨热同期，极其适宜泡桐树木生长）。研究发现白花泡桐的株高对地理位置的响应程度强于地径（宋露露等，1996）。邱乾栋（2013）研究发现白花泡桐随着经度的增加亨特白度和明度有增大的趋势，总色差也有所降低。胡伟华等（2016）调查长江流域主要栽培白花泡桐、毛泡桐等，其他种也有少量种植（安培钧等，1995；陈静和刘娟，2013；胡伟华等，2016）。因此，白花泡桐生产基地应主要建立在长江流域，因受气候变化影响，可适度扩展至山东南部、河南黄河中下游、湖北、江西等地建立白花泡桐栽培区，大力开展基地化产业化标准化种植，培育出性能更加优良的白花泡桐板材，以满足市场需求。

3. 楸叶泡桐和园冠泡桐

楸叶泡桐是原始种，可认为它是毛泡桐早期演化而成的新种，非杂交起源；园冠泡桐（又称为河南泡桐）是楸叶泡桐和毛泡桐的天然杂交种。楸叶泡桐和园冠泡桐主要分布于山东胶东一带及河南省伏牛山以北和太行山的浅山丘陵地区，在河北、山西、陕西等省也有分布。楸叶泡桐在不同地方的称谓不同，如小叶桐、长葛桐、密县桐（河南）、楸皮桐（河南嵩县）、本地桐（河南林县）、山东桐、胶东桐（山东）、无籽桐（河北）、眉县桐（陕西）等。楸叶泡桐材质优良、密度大、白度高、年轮均匀、立丝度好，是制作桐木家具的上好材料，经济价值很高，其优异的材性被桐木加工业界广泛认同，是泡桐中的珍稀资源。目前，楸叶泡桐大径级树木资源日渐稀少，在我国只有山东、河南、河北、山西、陕西黄河流域有分布，在其他地区基本没有分布。楸叶泡桐是一个典型的北方种，其分布南缘为江苏北部与安徽北部生长也较为良好，楸叶泡桐在日本也有引种和栽植（饭塚三男，1989），是东亚区域泡桐属独有的高等级树木资源。日本商人曾以河南、陕西等地的楸叶泡桐木材为原料，制作上等桐木家具、民族乐器或高级工艺品。因楸叶泡桐在农桐间作时树木的吸收根 88%分布在离地表 40cm 以下的土层中，而农作物根系 90%以上分布在 40cm 以上耕作层中，且树冠及透光度俱佳，适宜于农桐间作被广泛应用。针对该泡桐树种的建议一是在山东胶东一带及河南省伏牛山以北和太行山的浅山丘陵地区，在河北、山西、陕西等传统产地作水土保持及生态防护林，并适度进行规模化种植；二是在黄河中下游平原区作生态防护林、农桐间作高标准农田防护林等使用。积极开展标准化产业化种植，以期建立我国用于制作上等（优质）桐木家具、民族乐器或高级工艺品的原料林生产基地。

4. 兰考泡桐

兰考泡桐分布跨越纬度很大，为广域性种，该种自然分布的原产地是在南方，集中分布于河南省东部平原地区和山东省西南部，在安徽北部，河北、山西、陕西、四川、湖北等省均有引种。由于兰考县栽培兰考泡桐的示范效应，各地在适生区域大面积推广，兰考泡桐发展非常迅速。由于其速生特性，建议在河南东部平原地区和山东西南部、安徽北部建立生态防护林、速生用材林和农桐间作高标准农田防护林，实施基地化产业化标准化大面积种植，满足板材、造纸、民族乐器、畜禽饲料、医药、化工等综合需求。

5. 南方泡桐、台湾泡桐

树圆锥状或广圆锥状；叶广卵状心形，多锯齿，叶背密生分枝毛和腺毛，初生叶及叶柄略带紫色；

果椭圆状。南方泡桐分布于东起浙江、福建经江西至广东北部、湖南及四川、湖北、湖南、贵州四省交界的山区。南方泡桐可以作为生态防护林和基地原料林基地化生产，用作板材、造纸材等原料林生产基地。

台湾泡桐又名华东泡桐，应与南方泡桐同为一个种，并将南方泡桐作为异名（陈志远，1986），其起源为白花泡桐华东泡桐的杂交种已为台湾学者所证实（Hu and Chang，1975）。在浙江、福建、台湾、广东、广西、江西、湖南等省，以及湖北西南、四川东南地区有分布，大多生长在海拔 200～1000m 山地，多野生。由于台湾泡桐（南方泡桐）耐 4℃ 以上温度限制因子影响，适宜于在上述的南方地区开展区域化栽培。该种特性与南方泡桐类似，用途类同南方泡桐。因此，可参照之进行小规模产业开发利用。

6. 川泡桐、鄂川泡桐

川泡桐是原始种，可能是华东泡桐向我国西南地区侵移的一个地理宗（geographical race），分类学上可视为亚种。树冠伞状或圆锥状。川泡桐多野生，分布于宜昌、湖北西部、湖南西部及四川、贵州、云南山地。湖北南部、四川南部是川泡桐分布的北缘，向北引种难以成活。因此，应限制其发展范围，适度发展。

鄂川泡桐主干通直。分布于湖北西部恩施地区，四川东部及四川盆地，野生或栽培。该种特性类似川泡桐，用途类同南方泡桐。

以上仅就泡桐的各种生物学特性适宜的地区并结合其市场价值对泡桐主要类群栽植范围进行初步分类，因特殊需要也可打破界限适度引种栽培。其区域化分类如下：①东南类、②西北类、③西南类；也可以划分为长江中下游区域、黄河中下游区域、西北区域、东北区域等。

（二）泡桐分类经营

泡桐的分类定向培育也是泡桐一二三产业标准化、产业化融合发展的重要环节之一。该类型分类主要依据其生态价值、生产应用途径进行分类，并进行培育利用，初步分类如下。

1. 生态防护类型

泡桐主要用于长江以北，直至辽宁南部广大地区，应用于防护风沙和干热风、抵御低温等自然灾害影响的生态防护林建设工程。该类型泡桐是林业生态建设的主要类型，也是泡桐产业化发展的主体，占据着重要的位置及成分。

泡桐本身是亚热带树种，同时抗干旱、耐瘠薄、耐盐碱，树根扎得深、抗倒伏，抵御大风能力强，因此适宜作生态防护林工程及农区栽培，也是北方地区农区树种更换（如杨柳飞絮、病虫害严重及胁地影响农作物生产等）及山丘区推广种植的首选树种。

经田间实验与长期的生产实践证明，对适用于不同地类的品种类群区分如下：耐盐碱类型选择兰考泡桐、毛泡桐、楸叶泡桐；耐干旱类型选择毛泡桐、楸叶泡桐；速生优质抗泡桐丛枝病类型选择白花泡桐、毛泡桐、楸叶泡桐、四倍体泡桐；生态效果好、自然接干能力强、出材率高的生态原料林类型选择兰考泡桐，其具有间歇性连续接干能力强（接干 3～5 次），四倍体泡桐 5 年连续接干能力强（5 年生接干率达 80%以上），属高大乔木类型。以上这些泡桐类型及特点都为各类生态防护林工程建设提供了优质泡桐资源。而且，目前的杨柳科植物生态防护林，因杨柳树雌株的年自然生长量大、出材率高、抗多种病虫害等因素而作为用材林选种的第一目标，而被长期用于生态防护林工程。近几年来，又因雌株杨柳树的杨（柳）絮（种子）的飞絮量大，对人们的生产生活环境和部分农作物生产造成不利影响，社会对替代雌株杨柳生态建设工程的呼声渐高，除了选择出适宜林业生态建设所需的杨柳树雄株（现有‘2025’杨、红叶杨、碧玉杨等应用于生产中）外，考虑到生态防护林工程对农作物胁地的影响等因素，无疑泡桐是目前生态防护林工程中其他不适宜树种的最佳替换树种之一。

泡桐兼具抗干旱、耐瘠薄、耐盐碱及树根深、抗倒伏，适宜在农区栽培等多种特性，因此大力发展农田林网成为推广泡桐栽植的形式之一，引起国内外的浓厚兴趣并广泛引种，并通过泡桐材的产后加工及其综合利用带动泡桐产业规模化经营，泡桐产业随之形成。

2. 农田防护林类型

主要是因害设防建立农田防护林。主要防御对农作物造成危害的各种自然灾害，如低温（旱晚霜）冻害、干旱、风沙、干热风、日灼等。该类型是我国农田防护林建设的主体，与一般生态防护林共同构建了农田生态防护的重要工程，其产业地位比较突出，加之农田及其周边的土层深厚、土壤肥沃，树木生长健壮，树高与材积较高大，生长及更新较为容易，农田生态防护效果好，其产业发展潜力巨大，是实现泡桐产业化的主要类型。

泡桐适宜作农桐间作类型的生态效用机理是：①其适应性强，根系深、(耕作层）须根少，树冠透光率高（Hu and Chang，1975)，是提高森林覆盖率及克服农林争地矛盾（胁地）的树种；泡桐（毛泡桐为例）的吸收根88%分布在距地表40cm以下的土层中，而农作物的吸收根90%以上集中分布在40cm以上的耕作层中，泡桐的林粮矛盾较小，形成立体互补关系。②可降低农田风速，减少地面蒸发，增加空气相对湿度；夏季可降低田间温度。③泡桐适于作农田林网具有抗御干旱、风沙、干热风、旱晚霜雪灾害。④根系具有吸附土壤深层中重金属等，叶背密布茸毛及其分泌的黏液具有吸附灰尘和二氧化硫等污染物，极少有病虫害、无环境污染，其叶可防虫、花可食用、加工饲料等优势，对全面提高农产品质量、保障粮食安全具有重大意义。利用其抗旱性，选择在土层深厚的山丘区发展泡桐丰产林替代杨树更为适合。同时将适宜地区已成熟的大面积杨树林直接更新为泡桐，可以解决杨柳飞絮问题。泡桐适于农林间作、营造农田林网、城镇园林绿化和“四旁”植树，能够短期内扩大绿地覆盖面积，改善生态环境、获得木材（孙志强和乔杰，2006)。

综上所述：作为农田防护林工程的适宜泡桐树（品）种，应利用其高干、深根性、窄冠形（分枝角度小）及树冠稀疏、自然接干能力强的品种类型（特性)。冠形为椭圆形（或长椭圆形)、圆锥形，具体品种类型如楸叶泡桐、毛泡桐（广卵形)、白花泡桐（圆形)、四倍体泡桐（窄冠形）等抗泡桐丛枝病品种。农田防护林的泡桐类型在其相应适宜区开展大面积引种应用前，应首先进行田间试验，然后再进行大面积推广应用为妥。通过生态防护林、高标准农田建设等形式逐步形成高效利用型的泡桐产业发展模式，可以迅速发展成为泡桐产业的主要组分。

3. 园林绿化美化类型

主要用于城镇绿化美化，扩绿增荫，净化环境，庇护家园。利用泡桐的深根性、速生性等特性，融合其生态效果好、树形美观、速生性强的特点，适宜作园林绿化美化树种使用，也可快速建立起城镇防护林体系。作行道树，泡桐具有花色鲜艳美丽、花量大花期长，冠大、林荫效果好等特性，同时其叶大、叶背面密布茸毛及其分泌的黏液具有吸附灰尘和二氧化硫等污染物，以及极少病虫害、无环境污染，其叶可防虫、花可食用、加工饲料等优势，作为城镇行道树使用经济实用。树种可选择树干高大、干形通直，自然接干能力强，抗泡桐丛枝病等病虫害的泡桐品种，如兰考泡桐、毛泡桐、楸叶泡桐、白花泡桐、四倍体泡桐等优良品种；树种生长缓慢寿命长的类型选择毛泡桐、楸叶泡桐、四倍体泡桐等良种。另外，泡桐可作为目前城镇村庄杨柳飞絮严重树种的替换树种等，构建起强大的城镇生态防护系统，逐步形成泡桐产业，形成城镇绿化良性循环发展的新格局。

随着我国城镇化水平的提高，该类型在林业生态绿化中的比例显著增加，泡桐在该类型中的地位也日益突出，对构筑泡桐产业格局的影响较大，是泡桐产业发展的有益补充，应积极加以引导扶持，是培育泡桐产业新的增长点之一。

4. 工业原料林类型

泡桐主要用于制作家具、板材、纸张、乐器等。随着木材工业的迅猛发展，原有的发展模式已不能满足社会对木材的大量需求，特别是天然林禁伐令的实施以来，企业定向培育工业用的专用原料林随之诞生，杨树、泡桐等工业原料林发展迅速，规模较大，是现代木材生产的重要方式，更是形成和构建泡桐产业发展的主要形式。

家具材原料林。除纤维、半纤维与木质素、糖类等指标外，主要应考虑其密度、亨特白度，及其总色差、明度和变黄度等对家具材的影响因素。基于国内外人们普遍喜欢泡桐木材颜色淡雅、丝绢色泽的消费趋势，应栽种木质部具有高密度、高白度、年轮均匀度、立丝度等高质量、高价值、高性能泡桐优良品种（系），以满足供给侧需求。考虑到以上分析及泡桐距离其原产地越近质量越好且稳定等因素，如湖北、湖南、江西等南方省份作为泡桐原产地之一，最佳适生分布区，泡桐资源丰富，栽培历史悠久，栽培面积较大。选择白花泡桐主要在长江中下游地区的山区、丘陵区栽植（庞宏东等，2022；李玲等，2020）；选择毛泡桐、楸叶泡桐在河南、山东、江苏和安徽北部、河北南部及陕西、山西的丘陵山区栽植；四倍体泡桐（牛敏等，2010）适应性强，在对应品种原产地栽植，也可在各地引种试栽，然后扩大其推广应用范围。作为家具材不建议采取速生培育管理方式，主要在丘陵山区、村庄绿化、城镇绿化等，建立生态防护林工程等使用，保持足够长的生长年限，以确保所需木材的优良品质。

板材原料林。首先考虑的是树木的出材率，同时保持纤维、半纤维较高含量，以及低含量的木质素、糖类等指标外，还应考虑其密度、亨特白度，及其总色差、明度和变黄度等对板材的影响因素。选择接干能力强的泡桐品种（系）是首选，如兰考泡桐、毛泡桐、四倍体泡桐、白花泡桐等。其次是考虑能够保持足够长的生长年限，以确保所需木材的优良品质。如果培育速丰林，其材质密度下降，含糖量略微提升，可以采取人工改良技术，提高板材质量、提升各项质量控制指标，建立不同模式的原料林基地，采用先密后疏措施培育大径材，以满足市场对板材的不同需要和质量要求。

造纸材原料林。主要考虑的是树木速生性及材积和出材率，纤维、半纤维含量，木材白度（漂白成本）等因素影响造纸的质量及效益。例如，选择接干能力强的品种兰考泡桐及毛泡桐、白花泡桐和四倍体泡桐等，建立不同模式的原料林基地，种植模式与板材、家具材培育基地相结合，做到立体开发、综合利用；也可以采用苗林一体化技术直接营建造纸林基地。泡桐的枝材、根材在整株生物量中所占比例比较高；泡桐枝材木纤维含量、纤维长度随枝龄的增加呈现递增趋势，并逐渐（4 年生龄枝丫材）接近树干材；泡桐化学性质稳定，综纤维素含量高；用枝材、根材制得的纸浆理化性质符合国家标准，多数物理强度指标表现优异，可作为造纸纤维原料进行资源化综合利用（温道远等，2020）。

5. 乐器类型

选择质地较轻的兰考泡桐等作为民族乐器等的原料林基地组织生产。该类型既是实现泡桐产业全树利用的传统类型，又开辟了泡桐产业发展提质增效的新方法，具有客观的发展前景，在产业发展中占据着极为重要的地位。

该基地最好选在丘陵山区土层较厚的水土保持林工程、村庄绿化、城镇绿化及生态防护林等工程中使用，保持足够长的生长年限，以确保所需木材的优良品质。或选择密度大的四倍体泡桐用于乐器制作，之后建立原料林基地。

通过以上几种工业原料林类型的规模化种植，逐渐发展成为一个强大的泡桐产业体系，以解决和满足国内各种原料林的短缺和长远需求，保证木材和产业化布局安全，在形成促进产业良性发展的良好局面中发挥出应有的生态、经济和社会效益。

6. 中医药开发利用

主要用于泡桐的医药价值产品开发生产。该类型是我国独有的泡桐医药开发类型，又因其独特的医疗效果，目前已实现了某些现代药物的产业化生产，发展前景十分广阔，为泡桐产业提供了新的发展空间。

泡桐的叶、花、果和树皮均可入药，如《本草纲目》记述："桐叶……主恶蚀疮着阴，皮主五痔，杀三虫。花主敷猪疮，消肿生发"。近年来国内外学者通过对泡桐的化学成分和药理研究，发现其具有消除炎症、抗病毒、抗氧化等药用价值（Skaltsa et al.，1994；Fedoreyev et al.，2000；Hrano et al.，2001；Romanova et al.，2001；Georgetti et al.，2003；Martin et al.，2003；范一菲等，2006；Smejkal et al.，2007；孟志芬等，2008；袁忠林等，2009；Khantamat et al.，2010；李传厚等，2013）。此外，泡桐叶还能够作为动物的饲料、农作物肥料使用；同时，还具有除臭、灭杀蚊虫等功效。最早以研究毛泡桐为多，近年对兰考泡桐、白花泡桐、楸叶泡桐、四倍体泡桐等的叶、根、茎、皮、花部位进行研究，发现其叶、花、皮、果、根、木均有不同药用价值。了解泡桐植物资源与化学的研究进展，可以全方位、多层次综合开发利用泡桐资源（邢雅丽等，2013）。泡桐是一种重要的民族药物原材料，其资源丰富，分布广泛。例如，湘西宏成制药有限公司研发治疗烧伤的"复方桐叶烧伤油"（国药准字为Z20063825）便是以泡桐叶为主要原料制成（李科等，2011）。泡桐作为传统中药材，具有疗效显著且多样的化学成分及活性物质，其临床价值和药理活性显而易见。目前，人们对泡桐属植物的研究多集中在化学成分、药理作用及临床应用等方面。随着泡桐的药用价值逐渐被认知，比较系统的研究将逐步展开，相信不远的将来各类制成药品在临床上的成功实践，将大力加快泡桐第一产业发展，现代中医药产业发展强大的局面得以全面实现，这也为泡桐的全树利用提供新的可能。

7. 畜禽饲料及添加剂

主要用于畜禽类的饲料添加、防疫治病等。该类型不仅在医药理论及其主要成分人工提取方面实现了新突破，更为泡桐林副产品综合利用提供了技术支持。同时又丰富了畜禽业植物添加物种类，不仅为畜禽产业发展提供了充足的物质支持，而且对畜禽产业绿色健康发展影响深远。为此，可以预见泡桐产业是一项环境友好型朝阳产业，具有强大的生命力和广阔的发展前景。

在畜禽饲料研究方面，赵建波（2010）认为兰考泡桐总黄酮可作为理想植物饲料添加剂（因其原材料易获得）。张培芬和李冲（2008）从白花泡桐花的乙酸乙酯液中分离并鉴定出 11 个黄酮类化合物；另有多人从泡桐中分离提取出其他活性物质等，均为泡桐饲料生产提供技术支撑。泡桐花量大、有益成分含量高，可作为主要畜禽饲料添加剂，也可将泡桐叶直接作为畜禽饲料用，效果明显。泡桐叶、花作畜禽饲料生产的利用，以及泡桐产业附属产品（叶花果等）的加工利用，必将随着泡桐栽培及加工利用产业发展形成一道新的风景线。

8. 林产化工提取

林产化工提取是泡桐林副产品精深加工利用的主要形式。泡桐全树均可提取各类有益的化合物，用于医药、化工、食品添加等领域，发展前景极为广阔。随着泡桐产业的健康发展，以及用于培育特种用途的林产化工特用原料林建设，将构建出泡桐产业新的增长引擎，丰富、完善和拉长泡桐产业链、精深加工产业链，促进泡桐产业增产增效。

例如，从毛泡桐木材中分离出苯乙醇等苷类化合物，其花（芽）果皮根中含量也极高，这对林产化工生产具有重要意义（Si et al.，2008）；白花泡桐中所提取的乙酸乙酯可作为工业生产中的良好有机溶剂

（张培芬，2011）；其叶、花、果皮、根中提取的黄酮类活性物质等，为泡桐林产化工提供新方法、新途径，给泡桐产业发展带来新的机遇和发展空间。

目前，我国泡桐资源主要品系生产性状：中国在黄河流域主要栽种兰考泡桐、杂交泡桐，如毛白33、‘豫林1号’等速生泡桐，和少量的毛泡桐、楸叶泡桐、四倍体泡桐。长江流域主要栽种白花泡桐、毛泡桐等种类，其他种如四倍体泡桐也开始推广种植，但目前还缺乏统一的规划（安培钧等，1995；陈静和刘娟，2013；胡伟华等，2016）。泡桐木材兼有其他硬木树种不具备的优良特性，应该把泡桐作为我国主要的优良工业树种重点进行栽培、加工、利用（侯知正，1988）。具体措施是：依据以上划分的类型，科学分析并积极开展区域化栽培、定向培育、采用分类经营方式等科学造林模式；更新和加强管护措施培育高质量的桐材，兼顾泡桐碳汇林建设发挥其应有的价值；充分发挥我国在地理、气候、交通、加工利用等领域优势，调整产业布局，做到资源共享；充分利用市场化手段，实现产业化经营、规模化发展，做大做强泡桐产业。

科学的规划与选择必定会给泡桐产业发展带来不一样的生态、经济和社会良好效果。总之，各地应根据泡桐的生态和使用价值（市场）来组织安排生产，以便更准确获取所需要的泡桐及其木材等生态经济社会产品。如果各地根据生态建设和生产需要进一步做好产业发展规划，泡桐生产将会迅速发展成为一项重要的基础产业，进而形成一二三产深度融合的产业集群，为解决我国生态安全、木材安全问题，促进经济和社会发展作出应有贡献。

二、泡桐原木

自人类诞生以来，木材就作为人们居住、制作工具和燃料的材料，是当今世界公认的四大材料之一，也是唯一可以再生的材料。作为纯天然产品，木材所具有的独特的表面触觉特性、视觉环境学特性、听觉特性和调节特性，是其他材料所无法比拟的。在林学及木材学、森林经理学的概念范畴里，森林中的用材林种类很多，不同树种的材性差异很大，评价木材性质优劣的主要指标有硬度、纹理、材色、抗压抗拉强度、加工特性等。材色也是木材质量的一个重要评价指标。

（一）桐木材性

泡桐以其比重小、燃点高、耐腐蚀、防湿性能好、音响功能好、木材光泽好，以及其材质均匀、加工容易、色泽淡雅、尺寸稳定性好等特性，被广泛应用于建筑、家具、工艺品、乐器、航模、包装等领域。而相对于泡桐天然林木材材性，泡桐人工林木材特性研究得还不够全面，影响了泡桐速生材的加工利用。研究表明，木材的密度、硬度、抗劈裂度等性能是木材的基本特性，影响板材表面加工的质量及其使用价值（成俊卿，1985；李坚，1994；姜景民等，1999；李晓储等，1999；刘一星，2004；李坚，2006；王秀花等，2011；黎素平，2012）。段新芳和安培钧（1995）及段新芳等（1996）研究了兰考泡桐的密度，但是分析的指标和泡桐树种较单一。成俊卿（1983c）在20世纪80年代分析了散生原种泡桐木材的密度、强度等指标，但未涵盖栽培广泛的白花泡桐及新培育的速生杂交泡桐品种，因此有一定的局限性。目前，国内对集约栽培泡桐木材材性的研究还不深入，对研发高品质桐材室内装饰产品等缺乏有效技术支持。

桐材具有纹理美观、丝绢光泽，质轻，干燥后吸水率低，尺寸稳定性好等优点；桐材细胞腔内含物高，细胞管道堵塞重，木材细胞内外空气交换性差，木材燃烧时外部空气不能及时向内部补充，所以，其阻燃性能好；桐材强度比高，单位质量力学强度大，抗吸水性强，不易变形等特性，理论上是作高档家具和室内装饰材的上等材料。同时，由于材质疏松，内部孔隙率大，且相对封闭，其保温隔热性能好，作建筑装饰更适合我国住房建设节能减排的能源战略。另外，由于桐材材质均匀，声共振性好，制作的乐器音质音色优美。泡桐木材还具有其他硬木树种所缺乏的优良特性，将泡桐作为我国优良工业原料林树种进行重点培育、加工、利用，前景广阔（成俊卿，1983a；1983b；1983c）。

（二）泡桐原木

原木采伐。桐木采伐以深秋为宜，原因是春夏雨水多，不易干燥，易生虫害。另外，落叶后至发芽前是泡桐的伤流期，采伐导致树液浸出，影响木材品质。深秋生长缓慢（无伤流），材质稳定，而且树体内单宁含量相对减少，利于板材脱色处理。为此，桐木采伐时间应以深秋为宜。采伐后，桐原木造材时应截取掉根部，不去头。桐木根部纹理杂乱，且单宁酸含量最为集中，锯掉作他用（同时也可防止单宁进一步扩散至木质部其他部分），以阻隔其木质部的单宁及色素等物质扩散转移，避免影响板材色泽质量（青川，1987）。

原木选材、造材：购进的原木，应根据产品规格及用料要求，进行选材、分级、分类加工。国内现有的桐木品种，能用于桐木家具加工的较少。特别是桐木家具正面用材难寻。现有的适宜作高档家具的优质桐木品种较少，如光泡桐、毛泡桐、楸叶泡桐等品种的桐原木易制作上好的家具及高档桐木家具表面装饰材料等；在板材加工前应先选材、分级。

泡桐的集中产区包括河南、山东、江苏和安徽北部、河北南部及陕西、山西等省的一部分地区。最早出口日本的桐木拼板和锯材，主要用于家具和木制品生产。我国桐材加工设备简陋，脱色技术差，易变色，降低了家居制品的外观质量。而美国、日本等国的桐木不存在这个问题。日本主要用泡桐原木生产贴面用刨切单板，采用径级大，材长 3～4m，年轮在 1cm 以内的无节原木。我国桐材的径级小、材长 2～3m 占 80%，年轮宽（2～3cm）而不均匀，材质软，不适于作为面板，特别是内部有死结、夹皮多，影响出材率及价值。而美国等国的桐材多产于天然林，径级大、年轮密、材质硬、适于作为面板，高等级板材的出材率及价值高。美国等将材长 4m、径级 30～40cm 的泡桐原木按根出售，比我国按材积出售的平均价格高出 8 倍（侯知正，1988）。中国的毛泡桐原木货源不足，日本制作高档桐木家具主要采伐本土的毛泡桐，但因产量有限，每年要进口产自美国、巴西、乌拉圭等地的毛泡桐资源。我国速生泡桐资源多，用于家具加工的品种少，木材质量差，影响了桐材的加工及泡桐产业的发展。

国内桐材的利用主要是在人造板工业。用于桐木拼板、刨花板、胶合板、中密度纤维板、细木工板、木塑复合板材、室内装饰薄木、家居建筑用材、薄木贴面等均是较好的材料（陈静和刘娟，2013）。以往对泡桐培育的研究主要关注其速生性，包括生长量、干型、径级等指标，未将市场所需的优良材性作为第 1 指标，至今仍多以栽培速生树种品种（系）为主的造林局面，导致其材质疏松、密度下降、颜色劣化，加工业不景气现象。泡桐木材加工效益差的直接原因是，泡桐的品种培育与木材市场之间出现脱节。随着人们对高品质桐材需求的不断提升，研发高品质、高附加值的桐木加工产品，对泡桐的木材品质如密度、强度、花纹（立丝度）提出更高要求（常德龙，2015），这就需要从材料源头上培育出更优质的泡桐资源来满足市场需求。国外研究证明，树木生长过快，会导致与木材强度相关的关键指标——木材密度的下降（Dumail et al.，1998；Tsehaye et al.，2000；Machado and Cruz，2005；Garab et al.，2010；Gonalves et al.，2011；Wagner et al.，2013；Xavier et al.，2014；Cui et al.，2015）。以往研究没有对泡桐主要资源泡桐材种类特性及分布、材质特性、主要用途、目标产品等作出全面调查分析，造成资源与市场需求不匹配，产供销互不衔接，不能满足桐材市场的需求；同时，由于泡桐速生材需求急剧下降，出现木材降价及出口障碍。因此，必须对市场供需状况开展全面调查，做好品种区域化、产业化、标准化规划，及时调整产业发展方向，以确立泡桐产业新的发展思路与战略。

认真分析泡桐市场动态及发展趋势，开展急需的速生泡桐加工利用研究，确立正确的泡桐培育目标，加快研究优良泡桐品种（系），提出良种优势栽培区概念；依据泡桐不同品种的异质性，通过定向培育、改进抚育措施及延长采伐年限等手段，不断提高我国桐材产量与品质，满足市场对优良家具材、造纸、医药化工、畜禽饲料等全树利用及碳汇等不同功能目标的需求，促进泡桐产业优质、高效、健康发展，缓解我国高中低不同档次品质的桐材供需矛盾，改善社会生产和人居生态环境，提升桐材的市场竞争能力具有现实意义（常德龙等，2018）。

三、板材加工

在古籍《桐谱》《本草纲目》中均有关于泡桐树的名称种类特征及种植、采伐、材性及用途等的简略记载。近代有关泡桐树材性和利用方面只有个别论著有极少记载（日本木材加工技术协会，1997），至20世纪的研究还缺乏科学试验数据（Steams，1944；Hu，1959；熊仓国雄，1974；鄢陵县林业科学研究所，1975；刘国富，1982；Tang et al.，1980）。进入21世纪，关于泡桐材性的研究渐多，但单一树种、某一区域的分析多，关于材性系统性研究与合作仍是短板，建立全国泡桐研究协作网，研发桐材加工系列新产品，为泡桐产业发展提供技术支持。

板材加工包括改性与加工两个阶段。改性处理可以改善板材的物理化学属性，包括桐材的脱色提质、辅以增强材料、阻燃及其他处理等特殊技术处理，使其更符合加工目标板材的各项指标；加工不同板材的工艺复杂，需要根据市场随之探索、改进。

（一）桐材的改性

近年来，国内对桦树、杨树、松树、杉树等木材的压缩强化的材性研究较多，关于泡桐木材材性的研究较少（胡伟华，1999），在一定程度上制约泡桐产业的发展。

桐材改性包括脱色处理、尺寸稳定性、可塑化、软化处理、增强处理、塑合木防腐防虫处理、阻燃处理、防风化处理、林木塑化9个方面。

泡桐材首先将其解锯成板材，然后加以改性强化处理，以增加板材的美观、实用，扩大应用范围，从而实现增值增效。

1. 脱色提质

该环节是桐材加工的第一关口，它关系到桐材的质量提升、稳定及定级，直接影响到桐材的市场价值与价格，关系到整体产业经济效益。

泡桐材锯解后在贮藏、干燥过程中，木材中部分有机物发生氧化作用而产生浅红色条状、块状色斑，随后色斑日渐加深至深褐色或黄褐色，板面的色加深变暗直至失去光泽，严重影响桐材及其制品的外观质量（张斌等，2007）。木材颜色主要与木材中的木质素和沉积在木材中的细胞腔和细胞壁的抽提物有关，木材中的一些化合物分子含有发色基团和助色集团，当其在某种化合物中以一定形式结合，通过对可见光的吸收和反射性能的不同而显现出不同的材色（郑志峰，2005）。武应霞等（2003）发现材色在不同生长期、不同种类、种内不同个体和种间杂交组合间差异极为显著；王新建等（1999）对31个泡桐无性系的木材颜色测定发现，不同的无性系间木材颜色达到极显著水平；茹广欣等（2007）比较了不同泡桐无性系间木材白度，木材白度达极显著水平。另外，木材颜色广义遗传力达80.60%，木材颜色与其他性状相关性均不强。关于泡桐木材性质的研究较深入的是木材密度（段新芳和安培钧，1995）、木材纤维性质（段新芳和安培钧，1992）、力学性质（Kaygin et al.，2009；翟骁巧等，2012；Salari et al.，2013）等。国外对木材变色机理的研究较早，早在20世纪初，美国一些学者开始研究化学变色机理（Bailey，1910）。美国学者Zabel和Morrel（1992）将木材变色分为5类，即木材内部化学物质变色（包括酶类变色）、木材接触化学物质变色、木材早期腐朽变色、木材表面或内部真菌滋生变色和光变色。概括起来可分为化学变色、微生物变色和光变色三大类。20世纪70年代，中国和日本对泡桐材的变色机理进行多方面研究。早期的研究者认为泡桐木材变色属于化学变色。引起泡桐变色的成分可能是木材中的内含物，如多酚类物质（侯知正，1988），也有报道是泡桐中的可溶性物质单宁（Bailey，1910）。国外关于泡桐变色机理，有些人认为与糖和变色物质有关；但有报道称使泡桐材变红的主要成分是溶于水和甲醇的酚类物质；还有人认为是有机酸。祖勃荪和周勤（1998）研究了桐材成分变色行为，发现其中的梓醇在弱酸（桐材 pH 为 5.5）条件下发生水解反应极易发生变色（前期变红，后渐加深至褐色、黑色）。泡桐素和芝麻素也会导致桐材变色发黄，而且是在 pH、水、光照、氧气和温度等综合影响下进行的。泡桐素、芝麻素的作用较缓慢，而且使木材变黄。常德龙等（2001）从兰考泡桐中分离出引起木材变色的真菌。化学变色主要是木材与酸、碱、酶、金属离子氧化剂、还原剂等接触而产生的木材材色改变（Bailey，1910），具有羧基的半夏为苏荷少量纤维素发生降解，引起木材发生变色。这与余少文等（1988）的桐材浸提物成分分析类似。黄荣文和董明光（2002）研究云南铁杉在干燥中的变色原因是，组分中的多种抽提物如有机酸、单宁、黄酮、酚类化合物、过渡金属（Fe^{3+}）等，以及褐腐菌和枝孢菌所致。

桐材产区不同、泡桐的木材部位不同，其材色差异化明显。了解这些将利于用材、制材、取材时做到合理利用桐材。韩黎雪等（2014）对 6 种人工林泡桐（湖南南塘白花泡桐、湖北南漳毛泡桐、河南兰考兰考泡桐、甘肃天水兰考泡桐、山东高密楸叶泡桐、山东高密豫林泡桐）分析发现，湖南白花泡桐的亮度、变红度和白度最大，变黄度居中，总色差最小。湖南白花泡桐的材色视觉感最明亮、最白，材色最均一、稳定，材色质量最优；其次是山东楸叶泡桐；其他几种泡桐的材色指标相差不大。表明种间、种内材色指标均达到极显著差异。在生产加工中选取湖南白花泡桐，无须经材色处理。对材色质量欠佳的泡桐品种可经材色处理提高其品质。木材材色与遗传变异有关（Montes et al.，2008），而不同立地生长环境对材色会产生影响。例如，在土壤肥沃和降水量丰富地区，泡桐的遗传变异对材色影响不大；将材色差的泡桐品种栽植到降水量丰沛的温暖湿润区，其材色质量将明显优化，以期获取更高收益，佐证了泡桐区域栽培的意义。

泡桐木的变色过程十分复杂，是所含各种成分和外界环境综合作用的结果，仅依靠个别成分不能完全准确地预测出材色优劣，而应从某一大类化学成分如酚类物质等来综合考虑。武应霞等（2003）的研究中提到花色、种子颜色与木材材色也有一定关系。胡伟华等（2001）分析真菌侵蚀前后泡桐材的主要成分纤维素、半纤维素、木质素发生变化。其主要原因一是泡桐材内部糖分在木材变色过程中发生降解；二是综纤维素含量的变化，主要是由于半纤维素中戊聚糖含量的变化引起。通过控制真菌食物源的降解或分解，控制真菌的生长，从而抑制由真菌引起的变色。对锯解后的桐材主要采用浸泡、漂白等方式提高白度（常德龙等，1994；胡伟华等，2001；张云玲等，2001），实现脱色改善其外观。常德龙等（1994）的桐材防变色实验不仅验证了致桐材变色物质的存在，也为桐材脱色提供了技术支持。实际生产中常用的桐材脱色技术主要有以下几种。

（1）水脱色法

该办法是一种经济易行的桐材处理方式，处理效果较为彻底，便于被市场接受。

许雅雅等（2021）以白花泡桐、毛泡桐、兰考泡桐（产地包括甘肃天水和河南兰考）、楸叶泡桐及优良无性系‘毛白 33’（*Paulownia* × ‘Tefu 33’）、‘豫林 1 号’（*Paulownia fortunnei* CLY ‘YL01’）的木材为对象，分析泡桐不同品系、不同部位、不同立地条件的材色差异及材色（随时间）变化趋势；研究雨淋环保法对优化泡桐材色的影响。表明：①不同立地泡桐材色不同，如河南兰考泡桐白度和亮度略高于甘肃兰考泡桐，兰考泡桐总色差较低；甘肃比河南兰考泡桐偏红、偏黄；②不同部位材色差异大，下部白度最低；③不同种类的桐材在干燥清爽室内环境存放，颜色随时间有劣化趋势；④桐材经反复雨淋、干燥，水分的反复浸入和渗出，木材内部发色物质随水分溶解、渗出、冲洗，保证材色均匀性和稳定性。雨淋材亮度高于未雨淋材（雨淋后材色更为均一，色差显著变小，白度、亮度明显提升），其中毛泡桐变化最大（未雨淋桐材亮度 71.34，雨淋后 77.75，提升 9%，白度提升 10.81%）。材色品质受雨淋影响程度，由大到小依次为湖北毛泡桐、山东楸叶泡桐、山东豫林泡桐、甘肃兰考泡桐、兰考县兰考泡桐、湖南白花泡桐。水脱色是常用桐木脱色法（包括温/冷水处理法、流水浸出法和水池浸泡析出法等），具有简单、经济、效果好等特点。

（2）化学脱色法

该办法处理过程简单易行，时间短，但不彻底，与水脱色法结合效果更佳。是一种简约化处理方式，利于短时间快速处理桐材。

国内的研究主要分两类：一类是溶剂浸泡。即用水作溶剂，把木材中的变色成分溶解出来；另一类是化学处理。即用氧化剂或还原剂处理木材，使木材中的变色成分分解或使其发色基团发生结构改变，或者利用酸性或碱性药剂处理，使其结构发生变化，达到防变色目的。具体方法有：一是用石油醚、乙醇（1∶1）等有机溶剂配成一定比例溶液浸泡桐材脱色法，但有机溶剂易挥发、易燃，容易造成环境污染；二是用稀盐酸（0.1mol/L）、稀氢氧化钠（0.1mol/L）、稀草酸、淡氨水等溶液浸泡或用过氧化氢涂刷脱色法。这些方法虽可消除部分色斑，但不久色斑又会重现。最有效的方法是，用含有脱色剂、渗透剂、防变色剂及抑制剂的综合配方（Chen and Huang，2000）处理变色桐材。但由于泡桐材变色原因复杂，变色严重时，脱色处理不彻底。

（3）火烧诱导变色法

该办法用于处理陈旧木、变色木等，充分利用和节约资源，用来制造仿古家具、墙饰、玩具工艺品等，开拓了桐材利用空间，是一种节约型经济利用方式。

在桐材储运中有些表面产生红色斑，影响其等级和经济价值，导致优质木材得不到更好利用。通过火烧诱导变色处理，不仅解决了桐材色斑色差不均等问题，还可凸显其木纹立体感，提高经济价值。火烧诱导桐材变色的主要工艺有：速度 5cm/s、距火源距离 3cm、3 次处理。其中，速度对材色因子的影响最为显著，其中对变红度、总色差和白度的变化值的影响达极显著；距离对材色指标变黄度影响显著，对总色差和白度影响极显著；3 次处理对变红/黄度、总色差和白度的影响达极显著（许雅雅等，2021）。

2. 辅以增强材料

该方法是解决桐材强度不足问题的一种手段。

桐材的特点是密度小、材质轻，但其材质轻软、结构疏松、强度低，因此应用空间受限。玻璃纤维强度高、弹模大、价格低，是一种性价比较高的增强材料。采用玻璃纤维与酚醛树脂复合，制备玻璃纤维增强树脂（GFRP），再用 GFRP 与泡桐单板复合制备 GFRP 增强泡桐复合材料，发挥桐材密度低、GFRP 强度高的特性，制作轻质高强材料（刘俊，2010）。

3. 阻燃及其他处理

充分利用桐材的可阻燃物理性能，生产用于工业、建筑、墙饰等特殊用途的防火材料。随着城镇化、工业化及建筑业的蓬勃发展，其市场发展空间巨大，是泡桐产业振兴的又一利好途径。

桐材阻燃研究：桐材的阻燃处理方法可分为物理和化学两种。物理方法是将木材的加工余料或经处理的枝丫材与水泥、石膏、石棉纤维等难燃或不燃材料混合，制成阻燃效果良好的水泥刨花板、石膏纤维板等阻燃装饰材料；也可用难燃涂料、膏状物覆盖在木材表面，隔断木材与火焰和氧气的直接接触。化学方法是将阻燃剂浸注入木材内部，使其具有阻燃性能的处理方法。一般分为常压浸渍、高压灌注两种方法。河南农业大学吴晓梅等（2025）以植酸为主要原料，分别通过层层组装法、两步法、溶胶－凝胶法 3 种方式，合成植酸基阻燃剂（植酸－壳聚糖全生物质阻燃剂、植酸铵－环糊精膨胀型阻燃剂、植酸铵－硅溶胶环保阻燃剂），在泡桐木材表面构建阻燃涂层进行燃烧试验。试验制备的植酸-壳聚糖阻燃木材，其总热释放量降幅较大（36.32%），残炭量较天然木材提升 1.6 倍以上，热稳定性显著提高；采用两步法制备的植酸铵－环糊精阻燃木材点燃时间最长，两个热释放速率峰值较天然木材下降明显；植酸铵－环糊精阻燃剂对木材燃烧过程中的烟气释放影响较小。另外，这种阻燃剂可用于浸泡板材、胶合板用单板或刨花板的贴面板，生产阻燃性能好、符合要求的木质阻燃板。经处理的板材可应用到室内装饰和湿度较小的禁火场所（胡伟华，1999）。

随着大径级材和名贵家具用材的减少，采用调色技术改良劣质材、仿制名贵木材的效果初显。泡桐木由于纹理好、色泽光亮而深受人们喜爱。因泡桐材的液体渗透性好，易干燥，使其在材色处理方面有一定空间。对桐材进行染色也是一个趋向，利用泡桐材原有的特性进行预处理，选择适合泡桐染色的染料和相应溶剂来处理泡桐材，将会取得良好效果。泡桐木染色将会给人们带来更加丰富多彩的桐木制品，给人以天然美的享受（胡伟华，1999）。

结合生产加工品性质与特点，开展相应的尺寸稳定性、可塑化、软化、脱色提质、增强、塑合木防腐防虫、防风化、林木塑料化等处理，以满足市场对桐材产品的质量要求，为桐木创造更大的经济价值空间。

（二）桐木板材

木材密度是木材最重要的材质特性之一。研究发现，楸叶泡桐、白花泡桐、毛泡桐木材的绝干密度高，最高达 0.2845g/cm^3；兰考泡桐、‘毛白 33’居中，较白花泡桐低 9.21%、11.70%；杂交泡桐‘豫林 1 号’密度最低，较白花泡桐低 14.62%。楸叶泡桐、白花泡桐、毛泡桐适于制作优质、抗冲击的家具材及高端装饰材；‘豫林 1 号’等速生桐材强度和密度低，适合制作低强度的一般装饰材；兰考泡桐、‘毛白 33’及其他毛白系列杂交种密度中上，可用于普通家具制造及建筑装饰材（常德龙，2016）。兰考泡桐另外一优良特性是材质轻韧，木材密度低（0.23～0.27g/cm^3），比一般木材轻 40%左右。泡桐质轻无味，耐腐耐酸、防湿隔潮，干燥后不易吸水返潮，易于自然保存。由于泡桐材干缩系数较小，尺寸稳定，不易变形，木材利用率高。桐木所具有的轻韧性被用作军事等方面；泡桐材具多孔、空隙度较大，导热系数比其他木材小，易作保温隔热材料；其电绝缘性强，易作电绝缘材料。

1. 板材（锯材）

板材（锯材）是对原木材进行的初步处理，其质量优劣关系到桐材的利用价值及效益，是桐材进入市场的第一阶段，必须根据市场要求认真处理好，满足市场端需求，以争取市场效益的最大化。

根据桐材的产地、品种、规格、质量等标准，先按要求将原木锯解成标准规格的板材（锯材或毛板）。毛板材应留足加工及干缩余量，再将毛板齐边修整，截断加工，剔除树节、树芯等缺陷，最后对初加工的成品分级，再制成长、宽、厚度符合毛板尺寸要求的商品板材。例如，制作通用办公桌的抽屉侧板及抽屉面的桐木材，约为 1200mm×1000mm×7mm 等尺寸的拼板，拼板也用来制作家庭用木箱等。

脱色处理。泡桐毛板板材制作完成后，应立即进行脱色处理，防止变色降等级，影响板材质量及效益。

（1）干燥脱色法。人工干燥法：加工后的桐材毛板材必须在水池中浸泡 10 天左右，进行快速脱色初处理，消除板材表面色斑，使板面材色一致。为深度除色可加入碳酸钠、漂白粉、生石灰等再行浸泡；浸泡后立即码好通风垛气干，7～8 天后再烘干。如果采用中国台湾 100m^3 蒸汽干燥窑自动烘干，其码垛及安窑步骤可按程序进行。毛板材初始平均含水率 46%，干燥后的成品含水率 8%～10%，干燥时间为 92h。干燥时应注意以下几点：①干燥开始用干球升温，控制相对湿度及平衡含水率；②为使桐木板材在干燥中保持不变色，中间切勿向窑内喷淋。加工后的板材分 A、B、C、D 级 4 个等级。即 A 级板全白色，木纹为径切板（立丝纹）；B 级板略带杂色（但不明显），木纹略有弦切板（山水纹）；C 级板粉红色、黑色较明显，木纹为弦切板；D 级板粉红色、黑色明显而多，木纹为弦切板。分级后的合格品进行包装、贮存。

（2）冷水浸泡法。将板材纵横叠放、相互间压平，码垛于水泥池中，用木杠等压紧后放水浸泡，3～7 天换 1 次水。经处理后的板材色泽洁白，材性稳定，板材易作气干和烘干。然后，将浸泡后的板材架成“人”字形气干 1 个月左右；再采用“品”字形或堆垛自然干燥 1 个月左右，其间须倒垛 1～3 次。当桐木板材含水率达 18%～30%时，经脱色、干燥后的板材色泽和性质即达到初步要求，最后对成品分级、包装、登记、入库、贮存待用。

圆木锯截时，要锯解成径面板，且以年轮线细狭为佳（上等材）；弦面板和有较宽年轮线的板材次之，常用于家具的侧面料使用。在油漆方面，日本家具要求亚光油漆，国内家具推崇亮光油漆。日本家具的颜色多为浅色、灰白色或木材本色。油漆时，用草根刷子顺着年轮的纹理刷，使年轮线凸起，这样板材纹理清晰和富有立体感。这种做法可以在制作高档家具等时借鉴使用。

板材加工是桐材加工利用的上游，与中下游加工端联系紧密，应严格根据下游的生产需求进行组织安排生产，形成全产业链生产体系，以满足市场需要。

2. 拼板

拼板是将桐材加工剩余料或小料加工拼接成为需要的一种板材。它不仅提高了桐材利用率，还进一步对桐材不同部位材性进行统一优化，稳定了桐材使用性能，扩充了桐材利用空间，形成新的产业种类，增加了泡桐产业经济效益。其具体方法如下所述。

1）细木工板。为提高泡桐木材利用率，可将边材、小料加工，制成细木工板，用作板式家具、车船卧铺底板、门、绘图板等。桐木细木工板性能稳定、质量轻、板面平整、花纹美观。

制作工艺：将边材、小料锯成木条，含水率控制在 12%以下，保持干湿均匀。最好的单一木条长 35cm，厚 12mm、16mm、20mm，宽 22～25mm。木条烘干后回潮（自然晾干）5 天。木条排列，将相邻木条年轮的径向、弦向交错排开；再涂胶、热压。压制成的细木工板，须放置 35 天左右，待胶完全固化，板性稳定后，将成品分级、登记、入库、贮存。

2）净拼板。净拼板曾是出口日本的家具材的一种特制板材。根据日本家具板材净料规格要求，净拼板料长为 21mm，毛板厚 25mm，加工余量 4mm，板材误差±1mm。圆木下锯时锯径面板（避免弦面板）。年轮清晰均匀的板材供制（出口）高档家具和刨制贴面单板用。板材的浸泡、气干与制作高档（出口）家具相同。板材烘干，一般温度 30～35℃，烘烤 30h 左右；冬季气温低烘烤时间相应延长；夏季温度高，烘烤时间可适当缩短。烘干的板材含水率 7%～12%，出炉后回潮 24h 即可加工。对缝胶拼时，选择材色、花纹一致的拼接，剔除有明显缺陷品。胶拼用动物胶胶接强度较高，但胶易变质，会在板面上出现黑缝线，尤其夏季常见。采用乳液胶（乳白胶）、聚乙酸乙烯，可避免黑缝线出现，胶接力仅次于动物胶。

板材分级：根据板面节疤大小和数量及夹皮、青皮、黄线、紫色、褐色斑痕、黑胶线等分级。最后经包装、登记、入库、贮存待用。

3. 刨花板

为充分利用加工剩余废材提高木材利用率，可将剩余材削片加工成刨花板，如用加工剩余的刨花，先制成 0.5～1.0cm 长碎片，掺拌酚醛胶 8%～12%，采用三段加压法热压成型。桐木刨花板质量轻、尺寸稳定、板面平整、花纹清秀，是制作家具的良好材料。

利用泡桐木材质轻、易压缩、色泽淡雅、着火点高等特点，选其作为原材料，研制一种密度低、强度高且表面易加工的刨花板。在刨花板生产中不添加防水剂，吸水厚度膨胀率满足标准要求，生产成本较低。泡桐刨花板的热压工艺为泡桐小径材、枝丫材及其加工剩余物的资源化利用提供参考。在满足刨花板使用性能前提下，为降低成本及满足环保等要求，可将其加工工艺参数定为，密度 0.4g/cm^3、施胶量 15%、热压力 2.25MPa（戴玉玲，2016）。

4. 陈化木墙壁板

主要是对表面变色桐材的利用。桐材环保碳化仿鸡翅木技术，形成陈化木和鸡翅木的效果。研发的烤桐墙壁板，具有大径级和通直度高等优点，拥有独特的美学价值，应用于室内装修、高档家具领域。

兰考县建立的桐木墙壁板生产线，曾年出口 1200m^3 高等级桐木墙壁板，较传统桐木拼板增值 50%以上，年增产值 960 万元，为泡桐材高附加值利用开辟新的途径（中国林业科学研究院泡桐中心，2018）。

1998 年我国出台“天然林保护工程”政策，使木材供求市场局面发生根本转变。天然硬阔叶木材禁伐，木制品企业发展遇到木材原料短缺的瓶颈。同时我国木材用材结构也发生根本性改变，基建用材量大大减少，而木地板用材、建筑装修用材和家具用材的需求空间大幅度上升。据资料统计，2003 年我国木地板产量 8642.46 万 m^2，其中实木地板及实木复合地板 6297.74 万 m^2，占整个地板市场份额的 73%，比 2002 年增长 11 个百分点。我国室内装修面积平均每年递增 25%，2005 年我国室内装修材料总产值超 6000 亿元，带动装饰材料总产值超过 4000 亿元。我国家具产业发展势头迅猛，已成为仅次于美国的家具生产大国，年产值增长率 15%～23%，家具出口持续增长。

5. 改性材和重组木

为提高桐材的强度及延展性，构建新型的复合木材材料，可利用桐材的轻韧性、耐腐蚀、防火、不易变形等特性，与其他木材组合生产出市场所需要的复合性能材料。

随着我国家具产业的发展，家具出口量持续增长，为人工林改性木材提供了广阔的发展空间。张亚梅等（2016）对杨木（*Populus* spp.）、泡桐（*Paulownia* spp.）、柳木（*Salix* spp.）三种速生材开展了速生轻质木材制备高性能重组木的适应性研究：①以低密度泡桐、杨树和柳树速生轻质木材为原料，旋切 6～7mm 厚单板，经疏解、浸胶、干燥、热压，制备高性能重组木的工艺可行；②在重组木与其木材的密度比约为 2.50 时，泡桐重组木的尺寸稳定性最好，杨木重组木的弯曲性能最优，柳木重组木的胶合性能最佳（张亚梅等，2016）。重组木包括多木重组木、重组竹和木竹重组材等（顾东兰，2008）。重组木是 20 世纪 80 年代由澳大利亚首创的一种人造实体木材（王恺和肖亦华，1989；Scholes，1990），它是将速生小径材、枝丫材及制材边角料等廉价质地材料，经碾搓设备加工成横向不断裂、纵向松散交错而又相连的网状木束，再经干燥、铺装、施胶和热压（或模压）而制成（胡伟华等，2016）。顾东兰（2008）利用淡竹（*Phyllostachys glauca*）和兰考泡桐（*Paulownia elongata*）制成木竹重组材（材料为 4 年生桐竹混交林，酚醛树脂作胶黏剂）。适宜的木竹重组材竹束、木束质量分数比 0.25∶0.75，密度为 0.8g/cm^3，胶合性能良好，尺寸稳定性、静曲强度（MOR）、弹性模量（MOE）均与不同混杂比的木竹重组材无显著差异，但顺纹抗压、顺纹抗剪较低。木竹重组木对缓解木材加工资源的结构性短缺矛盾具有实际意义。东北林业大学等系统研究重组木复合刨花板的形成理论和力学模型，综合了重组木和刨花板两种材料的优点，是兼具强度、成本、实用性、可加工性、表面质量等特性的新型人造板材（段新芳等，2005；2007；李芳东等，2007；茹广欣等，2007）。

我国泡桐人工林发展空间较大，其改性材在密度、表面硬度、耐磨性、尺寸稳定性等方面性能稳定，完全可与天然阔叶板材相媲美，对实现人工林替代天然林目标意义深远（林海等，2006）。随着市场需求的新变化和科技水平的进步，更多安全耐用新型材料的研发将不断涌现，惠及社会、造福人民的靓丽桐材新产品，将满足人们对各类新型桐木板材不断增长的市场需求。

四、造纸

木纤维是构成树木木质部的主要成分之一，也是造纸原料林木浆的主要成分。泡桐材的木纤维量高达 50%以上（与温道远等（2020）的泡桐 4~7 年干材龄枝材和根材木纤维含量均高于 60%，树干材木纤维含量 79.63%，是理想的造纸纤维材料一致），是制作刨花板、纤维板、纸张等产品的优良原料材料（成俊卿，1983a；1983b；Koubaa et al.，1998；覃先锋，2003；黎明和杨芳绒，2008）。泡桐种间木纤维的长度与宽度有差异。以 99%可靠性认为 6 种泡桐中兰考泡桐木纤维最长、长宽比最大；以 95%可靠性认为‘95-02’泡桐与南方泡桐木纤维最宽。成俊卿（1983a；1983b；1983c）研究发现兰考泡桐木纤维长、长宽比大适宜作造纸和器乐板材原料，由此推及兰考泡桐表现较优。泡桐种间木纤维的壁厚与腔径比有差异。6 种泡桐木纤维细胞壁厚度在 2.0～2.7μm、腔径比在 0.20～0.26，具有壁薄、腔大的特性，而且具有良好的染色效果，适宜作造纸和生产纤维原料（成俊卿，1983a；1983b；1983c；覃先锋，2003）。泡桐不同部位木纤维结构也有差异。取多年生植株的幼枝，测得的木纤维长度、宽度、壁厚、腔径、长宽比、壁腔比均小于成熟材、近熟材的指标值。这可能是由于所用幼枝的木纤维发育尚不十分成熟（Koubaa et al.，1998）。不同立地条件下泡桐的木纤维结构有差异。实验测得木纤维最长的是兰考泡桐，平均纤维长度大于毛泡桐，这与蒋建平（1990）的研究相同，各种泡桐纤维长度测试结果却有差异（蒋建平，1990）。这可能与取材泡桐的立地条件有关，其内在机理有待研究（黎明和杨芳绒，2008）。泡桐纤维素的生物合成对泡桐的生长发育、木材品质构成具有重要意义。

为研究不同倍性泡桐木材特性变异规律，赵振利等（2020）分析四倍体南方泡桐、四倍体毛泡桐、四倍体‘豫杂一号’泡桐及其对应二倍体的木材纤维形态、干缩率、基本密度、白度、力学性能和化学成分。纸浆用材对木材纤维形态性状有较高要求，纤维长度和纤维长宽比是衡量造纸原料质量优劣的重要指标。造纸原料用材的木材纤维长度越长、长宽比越大，其抗撕裂性和强固性较好，造纸制浆有较大的结合面积，其制成品纸张的撕裂度、抗拉强度、耐破度和耐折度等特性较强（方红和刘善辉，1996；牛敏等，2010；张平冬等，2014；陈柳晔等，2017）。综合对桐材特性的研究，四倍体‘豫杂一号’泡桐是适宜制造家具等木材工业和造纸工业的优良品种，可大面积推广应用（牛敏等，2010）。生产实践证明：泡桐木材比其他纤维原料更适合于现代化工艺流程的造纸业大生产；易造出高品质的纸品，且生产效率高，环境污染轻、易治理（李忠正，2006；伍艳梅等，2018）。因此，结合我国造纸行业的发展实际和国内现有资源，先后制定出“草木并举，因地制宜，逐步增加木材比重，过渡到以木为主”的方针。林业部门根据国外经验，提出林纸结合，发展造纸工业原料林基地，将造纸原料转为以木为主。为丰富造纸原料，实现泡桐枝材、根材等资源化利用，分析泡桐枝材、根材生物量占比、纤维比率、纤维形态，探究制浆造纸性能。泡桐种质资源丰富，泡桐枝材、根材占其总生物量的 40.19%；其木纤维含量高，纤维长度与长宽比大，符合工业用材标准。其中，泡桐枝材纤维含量占枝材体积的 45.00%～74.03%、纤维长度分布为 579.5～988.1μm，纤维含量和纤维长度均随枝龄呈现递增趋势，并逐渐接近树干材。4～7 年龄枝材及根材物理性质优异，可作为造纸用纤维原料。泡桐枝丫材、根材制浆的特点是，其灰分含量低，抽出物较多；木质素含量较低，综纤维素含量高；纸浆的白度高，性能优良。泡桐枝材、根材制得的纸浆理化性质符合国家标准，多数物理强度指标表现优异。泡桐废弃枝材、根材可以作为造纸纤维原料进行资源化利用（温道远等，2020）。将泡桐废弃的枝丫材、根材作为造纸的纤维原料资源化利用，开辟泡桐资源利用新途径，符合我国林纸一体化工程建设发展战略，弥补了我国造纸原料不足。

良好的造纸用纤维原料要求含纤维素高、木质素少、抽出物含量少（方桂珍，2002），且综纤维素含量高的原料，纤维之间交织容易，质量较好，成浆得率较高，而木材中水溶性化合物导致木材颜色较深（李坚，1993），不利于造纸工业。泡桐材的纤维长度大、纸张的撕裂度、抗拉强度、耐破度和耐折度高（陈佩蓉等，1995），纤维长宽比大纸张强度高（陈振德等，2000），纤维壁厚度大、壁腔比大、腔径比小，则木材密度高、强度大（刘忠，2007），适宜作造纸材使用。四倍体白花泡桐较二倍体白花泡桐更适宜作为造纸原料。以 7 年生四倍体白花泡桐和二倍体白花泡桐为材料，研究其木材纤维形态及化学成分的差异表明，四倍体白花泡桐木材纤维长度、宽度、长宽比、壁厚、壁腔比及腔径比随树龄增加及树高增长的变化趋势基本相同，但变化幅度有差异。四倍体白花泡桐木材的纤维长度、长宽比，纤维壁厚、壁腔比、腔径比均比其二倍体大，而纤维宽度比其二倍体小。四倍体白花泡桐木材的冷水、热水、1% NaOH、苯–醇抽出物、木质素含量比其二倍体分别减少 4.47%、5.08%、12.24%、43.68%、20.09%；纤维素、综纤维素含量增加 3.54%、3.57%。综合分析，四倍体白花泡桐更适合作为造纸原料，进行工业生产，并适合大面积推广（刘喜明，2005）。木材纤维形态的变化规律是反映木材性能的重要指标，纤维形态直接关系到木材质量、纸浆与纸张的性能（宋允，2016）。纤维长度是纤维形态中最为重要的因子，它能够显著影响纸浆和纸张性质中抗撕裂和抗拉强度、耐破度、耐折度及木材的抗拉和抗弯的强度等（翟晓巧等，2012）。

我国人工林木材主要包括杉木、落叶松、杨木、泡桐、桉树等树种，它具有生长速度快、产量高、采伐周期短等特点，木材中的幼龄材比例较高，导致材质较差、密度及表面硬度低等缺点。可以用作林产工业生产的人工用材林面积 2415.08 万 hm^2，蓄积量为 83 438.72 万 m^3，其中，中幼龄林面积占 85.5%，蓄积占 71.7%；近、成、过熟林面积占 14.5%，蓄积占 28.3%。当前，受市场原材料成本等因素影响，多数企业造纸用的纸浆大多来自国外进口，短期可行但资源有限，市场的不确定因素增多将影响纸浆结构与来源。因此，为长期满足人们日益增长的纸类需求，必须加快营建包括泡桐在内的造纸原料林基地建设规划。

造纸泡桐原料林基地建设，应统筹规划，做好生态建设与国家、社会、（造纸）企业的深度融合；视树种品种特性，因地制宜；视工程特点灵活安排造林模式与适度规模发展，做到与各级工程项目紧密相结合，用足用活国家政策，依据泡桐属植物特性在全国各适生区建立造纸原料林标准化生产基地；科学统筹规划国内国际大市场盘，灵活安排国外造林、国际合作建厂就地加工等模式，做大做强泡桐造纸产业，满足国内外市场对纸品日益增长的需求。同时考虑泡桐碳汇林建设特点，充分发挥出泡桐的生态经济社会综合功能。

五、家具加工

随着家具工业的快速发展，不仅木材量消耗迅速增加，对材料的质量要求也越来越高，特别是结构强度也随之提高。家具价值的高低与材料质量优劣密切相关。加工中因材料运用不当会给家具的色泽、纹理、质感造成不协调之感，甚至会导致翘曲变形、松动等结构性破坏。用于制作家具的天然林木由于树种、树龄和立地条件等优势，一般为径级大、材质好、强度高、缺陷少的优质原木。泡桐人工林为了追求短期产量，材质较差，尤其是中幼林材结构疏松，力学强度较低，易形成应力木，极易开裂翘曲，胶合性、涂饰性、尺寸稳定性和耐久性较差（李坚，1993）。泡桐材是我国轻软木材中材质较优的木材，气干密度 0.19～0.40g/m^3。泡桐具有速生丰产、纹理美丽、色泽淡雅、尺寸稳定、材轻质优、不易变形和翘曲、耐湿、隔潮、电绝缘性强、导热性低、耐腐蚀性强、易自然干燥、音波传导良好、易加工等优点。然而由于泡桐材质疏松、易变色和难着漆等问题限制其用途（宋允，2016）。因此，在培育家具用材时应专门做好规划（长期、中期、短期）设计，选择适合的泡桐品种（品系）良种，在适宜的区域造林，并力求与生态林、水土保持林、碳汇林等工程相结合，开展科学造林再造林工程，优化抚育措施，以获得所需要的优质家具木材。

毛泡桐木材密度大、年轮均匀、立丝度美观，是制造家具的优等材料。毛泡桐耐寒、耐旱能力强，分布范围极广。光泡桐属毛泡桐变种，适合在中部地区栽培生产家具原料林。楸叶泡桐材质优良、密度大、白度高、年轮均匀、立丝度好，是制作桐木家具的上好材料，经济价值很高，其优异的材性得到桐木加工业界广泛认同，是泡桐中的珍稀资源。四倍体泡桐新种质的育成，不仅表现出生长速度快、抗泡桐丛枝病，而且与其对应二倍体泡桐相比，基本密度和白度都明显提高、总色差小、纹理均匀，是制作桐木家具的上好材料，经济价值高。白花泡桐在长江中下游地区栽培，其材质优良（密度中等、白度明度高、总色差小、纹理均匀），优于其他产区的桐材，也是制作家具的好材料。为此，可将毛泡桐、楸叶泡桐、光叶泡桐、白花泡桐、四倍体泡桐及非速生的其他泡桐，纳入制作家具专用的工业原料林中科学培养，在全国适宜地区建立家具原料林标准化生产基地。通过采用定向培育方式生产出符合家具质量要求的桐材产品，尤其是应分析日本等国对桐木高档次家具的质量要求，深入挖掘中国式传统榫卯结构家具精髓及其制作工艺，统筹国内外市场，做大做强泡桐家具产业。

小结：应科学分析我国目前主栽泡桐品系的木材密度、应用价值、色度等指标，认真研究国内外泡桐木材市场，重点分析引领高端桐木家具的中国与日本、欧美等地区市场差异，满足市场在桐木质量、密度、纹理、色泽及产品品质、制造工艺等方面的不同需求。培育出适应不同类型市场要求的、材质优良的家具材泡桐品种（品系等），建立相对称的标准化原料林生产基地。优化整合现有家具产业，拉长产业链，树立桐木家具的品牌意识、强化企业信誉，逐步开辟中国家具产业新高地；统筹传统家具与现代家具紧密结合，与现代建筑及其材料相结合，充分发挥泡桐产业全产业链优势，创新林业产业发展新路径。

六、乐器加工

泡桐材保温隔热绝缘性能优良，共振性非常好，辐射阻尼高，内摩擦小，是优良的弦乐器用材，可与著名的乐器用材鱼鳞云杉齐名（王桂岩等，2001）。目前泡桐的乐器加工以兰考县产业最具有代表性。兰考地处黄河淤积平原这个独特的地理位置，受特殊的气候、土壤影响，生产的泡桐木质疏松度适中，不易变形，抗热耐腐能力强，制成的民族乐器音板纹路清晰美观，共鸣程度高，透音性能好，具有优良的声学品质，经鉴定兰考泡桐木材是制作民族乐器的最佳材料。泡桐木纤维长、长宽比大适宜作造纸和器乐板材原料（成俊卿，1983a；1983b；1983c），综合评价兰考泡桐的表现较优。兰考泡桐从此由“平民百姓”摇身一变成为“王公贵族”，身价倍增，一度成为支撑兰考经济发展的特色资源。兰考县现有农桐间作面积 50 多万亩，桐木活木蓄积量 115 万 m^3，泡桐数量 1000 多万棵，年采伐量 2 万 m^3，是我国名副其实的桐木生产基地，有“泡桐之乡”之美誉。国内用桐木音板制作民族乐器的知名厂家，95%以上选用兰考生产的桐木音板制作各种高档的民族乐器。经多年发展，堌阳镇从事文化产业（民族乐器、乐器音板及各种乐器配件生产加工）企业 106 家，从业人员 1 万多人，产品有古筝、古琴、琵琶、二胡、大中小阮、扬琴、柳琴、新筝、月琴、马头琴、冬不拉等 20 多种，30 多个系列的民族乐器，以及各种民族乐器的音板、架子、码子、贝雕等配件产品。乐器品牌有河南省著名商标“弘音牌”（国家专利产品）、“三好牌”两个，上海著名商标“敦煌牌”一个，以及“龙音”“君谊”“大豫龙华”“大河”“焦桐”“鸣韵”等 30 多个著名的民族乐器品牌。年产销各种民族乐器 40 万台，音板及配件 50 多万套，年产值 15 亿元。产品畅销全国，远销到日本、新加坡、马来西亚、美国、英国、德国等市场（Bruno et al.，2013）。

1998 年用泡桐木制作的小提琴和三圆小提琴，十多年后琴音色尚好（何薇，2016）。2010 年在一只发音较差的大提琴上用泡桐做面板，发音较原来面板好，特别在高音区上从第一把至高把清澈透亮，触点敏感，无时滞、反应快，对琴弓的回报积极，轻触松透，能承受大力度。低音稍差，这与低音梁材料的选择和尺寸安装位置有非常大的关系，较为准确的测试必须有仪器测得完整数据，涉及跨多学科的物理测试，如力学、物理声学、材料学等。泡桐在大提琴、小提琴和三圆小提琴的实验应用，可用来制作西洋乐器。琴板料最好是径切，但传统老琴如琵琶、古琴、柳琴、阮古筝系列等，习惯以弦切且以山形花纹为荣。从现代提琴制作中，认识到在发音、受力上弦切不如径切板有优势，开始用径切面板。国内外用泡桐木制作传统意大利小提琴资料少，应选用各地产材料开展筛选实验，以求得更科学的数据。

桐材经冷/热水和苯醇抽提，声学振动性能发生改变，其中冷水抽提改良效果较优：①经冷水抽提处理，桐材密度减小 2.29%，抽提出来的物质含量 8.03g，占木材总质量的 12.3%。较动弹性模量（E/ρ）和声辐射品质常数（R）提高 2.11%、3.43%，分别为 23.75GPa 和 20.46m^4/（kg·s）。阻抗 ω 和衰减 δ 系数 1.15Pa·s/m 和－0.048，比未处理桐材降低 1.26%和 4.21%比动弹性模量（秦丽丽，2017）。（E/G）值 17.49，增加 4.31%。②糠醇浸渍处理，桐材尺寸稳定性显著提高。声阻抗 ω 和衰减 δ 系数两参数得到有效改善。从振动音色评价指标 E/G 看，当处理工艺条件为糠醇改性液浓度 25%，固化 8h，能明显提高桐材的音色品质；其他工艺条件下，均降低音色品质。

泡桐在乐器制作中应用广泛，打破了传统固有民族乐器中的应用范畴。泡桐的乐器应用将随着其产业发展不断拓宽，优良泡桐品种（如四倍体泡桐）的育成和先进乐器制作工艺的不断突破，泡桐及与其他材质结合的乐器产业将迎来新的发展机遇。

七、中医药开发利用

泡桐的叶、花、果、种子、根、皮和木质部均可入药。中医认为，泡桐叶味苦寒，主治恶蚀疮着阴。皮主五痔，杀三虫。根具有祛风、解毒、消肿、止痛等功效，用于筋骨疼痛，疮疡肿毒，红崩白带。果有化痰止咳的功效，用于气管炎。花性寒，味微苦，主治清热解毒，用于支气管炎、急性扁桃体炎、菌痢、急性肠炎、急性结膜炎、腮腺炎、疖肿等。此外，泡桐花中含有丰富的精油成分，含有三萜、倍半萜、黄酮类、β-谷甾醇、环烯醚萜苷、苯丙素苷、木脂素苷等多种化学成分，具有疏风散热、清肝明目、清热解毒、燥湿止痢之功能，花还可治“青春痘”（姚焕英等，2016）。

《本草纲目》：“桐叶……主恶蚀疮着阴，皮主五痔，杀三虫。花主敷猪疮，消肿生发”。泡桐作为传统中药，具有疗效显著且多样的化学成分，其临床价值和药理活性显而易见。近年来，国内外学者通过对泡桐的化学成分和药理研究，发现其具有消除炎症、抗病毒、抗氧化等功效（孟志芬等，2008；袁忠林等，2009）；其中，毛泡桐中总黄酮可用于制造抑制支气管炎的药物（李寅超等，2006）。

毛泡桐（原变种）是著名的药用阔叶树种，民间用于治疗淋病、支气管炎、高血压、痔疮、细菌学腹泻、炎症性支气管炎、丹毒、痈、上呼吸道感染、咳嗽、痰多、外伤出血、腮腺炎、哮喘、扁桃体炎、结膜炎和肿胀等症（胡海燕，2014）。毛泡桐（原变种）木质部95%乙醇常温浸提得粗提物，其中总多糖、总单宁、总黄酮和总多酚含量 12.59%、33.78%、25.56%和 40.16%。采用清除 DPPH、羟基和超氧阴离子自由基三种体外抗氧化活性评价法，乙酸乙酯萃取相清除效果较强。抑菌活性评价采用牛津杯法。以细菌（大肠杆菌、金黄色葡萄球菌、枯草杆菌、沙门氏菌）和真菌（黑曲霉、黑根霉）抑菌活性评价，细菌在一定浓度范围内正己烷萃取相和乙酸乙酯萃取相的抑菌性能较强，但对真菌无抑制效果。抗炎活性采用测定NO 抑制率的方法，各萃取相的抗炎活性随样品浓度的增加而增加，萃取相由强到弱依次为乙酸乙酯萃取相、水溶性、正丁醇萃取相、粗提物、正己烷萃取相、二氯甲烷萃取相。采用索氏抽提法对毛泡桐（原变种）木质部中挥发性成分提取，抽提物采用 GC-MS 化学成分鉴定，得到 2,2,3-三甲基戊烷、2,4-二（1,1-二甲基）苯酚、棕榈酸甲酯、弥罗松酚、β-谷甾醇、豆甾烷-3,5-二烯 6 种化合物。这不仅确定了毛泡桐（原变种）木质部的抗菌消炎有效成分，为探索毛泡桐（原变种）木质部的药理活性奠定基础，为进一步开发高附加产值抗炎产品及产业化提供可能。王凯等（2019）分析毛泡桐树（根）皮中酚类化合物的抗氧化活性，毛泡桐根皮入药治跌打损伤的药用机理是：抗气道炎症、抗炎、镇痛、增强免疫力、抗肿瘤。提取毛泡桐（原变种）树皮活性成分获得 8 种酚类化合物，通过清除 DPPH 自由基法评价抗氧化活性能力，其中 7 种酚类化合物具有较强的抗氧化活性。以上研究为临床抗衰老应用研究提供新思路，也为毛泡桐（原变种）树皮开发高附加产值抗炎产品提供可能性（树皮是一种丰富且可再生的生物资源）。

泡桐属植物的医药研究集中在化学成分、药理及临床应用等方面。以往研究的种主要为毛泡桐，对其他种研究较少；对其植物器官的研究集中在叶、根、皮部分，茎其次，近年来对花的研究增多。关于泡桐属植物不同部分成分的研究还比较少。关于泡桐属植物药理活性的调研、数据收集和实验分析等还停留在比较低的水平。随着社会进步和高新技术的应用，人们对泡桐属植物的研究会达到一个更新的水平上，该属植物在医疗方面的价值会愈发明显。目前，人们对食品安全问题日益重视，寻找绿色健康安全的食品添加剂是今后研究的热点，泡桐属植物是未来发展的新方向（李科等，2011）。邢雅丽等（2013）综述了泡桐植物的资源分布、各种的生物学特征及泡桐各组织部位的化学成分研究现状。泡桐的叶、花、皮、果、根、木均有不同的药用价值。这些也为泡桐资源综合开发利用提供支持。泡桐属植物的茎、叶、花萼花冠、果实均可作药用，用于治疗支气管肺炎、急性扁桃体炎、肠炎等各种炎症（高天阳等，2014）。

现代医药研究表明，泡桐属植物含有黄酮类、苯丙素类、生物碱、有机酸、挥发油及萜类等有益人体的生物活性物质（张德莉和李晓强，2011），尤其是香叶基黄酮类化合物，是泡桐属植物的代表性成分，且具有结构变化和生物活性多样性，是治疗不同炎症的活性物质基础，开发利用前景较大（张德莉和李晓强，2011；Bruno et al.，2018）。白花泡桐的果实、花、叶等在民间也作为草药用于治疗多种急慢性炎症。经对该植物的花与叶中的化学成分分离与鉴定，得到黄酮（苷）、三萜与酚酸类化合物（张培芬和李冲，2008；冯卫生等，2018；Liu et al.，2021）；前期从白花泡桐的果实中得到3个新的黄烷酮类衍生物（司传领等，2009），进一步研究白花泡桐果皮与花芽中的化学成分，果皮中得到6个黄烷酮，其中5个为碳取代香叶基黄烷酮类化合物（Ⅰ～Ⅴ）。泡桐属植物含有多种类型的有机化合物，以碳取代香叶基二氢黄酮类成分最丰富，多存在于果皮中（薛景等，2018），苯乙醇苷类化合物存在于种子与树皮中（薛景等，2018；Cheng et al.，2019）。在分离化合物中发现，白花泡桐果皮化学成分以结构变化多样的香叶基黄酮类化合物为主，可作为该类天然化合物的植物源。花芽中天然化合物的种类更具多样性，苯乙醇苷类化合物含量非常高，尤其是毛蕊花糖苷，分离物有效成分超过0.1%。毛蕊花糖苷是一具有多种药理活性的天然产物，在中药与化妆品领域应用广泛（司传领等，2009），为泡桐属植物花芽开发作为该化合物的植物资源提供依据（郭梦环等，2020）。泡桐属植物花序硕大，顶生拟圆锥状或拟圆筒状三回三出聚伞花序；春季先花后叶，花芽量大、花蕾质量好，便于采收和产业化加工利用。

泡桐木质部所含有的芝麻素能够抑制结核杆菌，泡桐花的无水乙醇提取物具有广谱抗菌功效，对黑曲霉、橘青霉、黑根霉、米曲霉、绿色木霉、大肠杆菌、枯草芽孢杆菌、金黄色葡萄球菌和肠炎沙门氏菌等均有一定的抑制作用（冯亦平等，2014）。乳链球菌和金黄色葡萄球菌能够被紫葳新苷Ⅰ抑制，而紫葳新苷Ⅰ可从泡桐属植物中分离获得。经泡桐的花及果实提取制成的注射液，能抑制伤寒杆菌、大肠杆菌等。湘西宏成制药有限公司开发生产的治疗烧伤的“复方桐叶烧伤油”（国药准字为Z20063825）的主要原料（Moura et al.，2015）即为桐叶，这为振兴泡桐民族医药及其现代医药产业化提供了示范。

泡桐作为传统中药，已证明其具有多样的化学成分且疗效显著，因此其临床疗效和药理活性是显而易见的。目前，人们对泡桐的木质部、叶、花、果、种子、根和皮等多种有效成分的研究已日臻完善，其有效成分的提取及其产品制剂等医药产业化开发条件日渐成熟。随着泡桐产业的发展壮大，泡桐民族医药产业将在现代医药发展中占有重要位置，这也为泡桐现代医药开发利用及其产业化提供了一条崭新的途径。

泡桐中医利用民间偏方：①泡桐花：春季采收。有解毒消炎作用，治红白菌痢。用法：鲜泡桐花50～100g炒食，每日2次。清肺解毒泡桐花：春季花开时采收泡桐花，晒干或鲜用。桐花味苦、性寒，具有清肺利咽、解毒消肿之功效。泡桐花可食用也可药用。治脚气：收集桐花置于阴凉处晾干。取一把干桐花、少许白矾于砂锅中，加适量清水；砂锅置火上，水烧开后煮2min。待以温水泡脚。治痤疮：人的青春发育期，青少年脸上易生痤疮，宜用桐花治疗。春天桐花期，晚上临睡前先以温水洗净脸，取鲜桐花数枚，双手揉搓至出水，在患部反复涂擦，擦到桐花无水为止。第二天早晨，洗净脸。连用一周，效果较佳。治腮腺炎：取桐花25g，水煎取液，加入适量白糖服用。②泡桐叶：夏季采收（与泡桐花有相似作用）。制成片剂，治腮腺炎。每日3次，每次2～3片。若将鲜叶捣烂外敷效果更好。对痈肿及无名肿毒，可用鲜泡桐叶适量，捣烂外敷，每日换药 2 次。③泡桐皮：春夏剥取泡桐树干之皮（去粗皮），治牙痛、牙龈肿痛，取50g煎服，每日2次。④泡桐果：夏季采收。有降压消炎、化痰、止咳平喘作用。治高血压，鲜泡桐果25～50g，煎服，每日2次。气管炎，鲜泡桐果25～50g，煎服，每日2次。⑤泡桐根：秋季采挖。治筋骨疼痛，取50g煎服，每日2次。治疮疖，取25～50g水煎服，每日2次。或鲜根皮适量捣烂外敷；治白带，取100～200g赤猪肉同煮，吃肉喝汤，分2次，1天服完。⑥泡桐木屑（锯末）：治风湿性气管炎。取250g，用100g煎水趁热连渣倾入 150g 锯末中，拌匀，热敷患处，并反复揉搓。此法还可治咳嗽，取 50～100g，煎服，每日2次。⑦桐花炒西芹：取新鲜桐花适量，猪瘦肉100g，西芹300g，生姜、大葱各适量。先将桐花在开水中煮 2～3min，捞出切成小段；西芹切成小段；猪肉切成薄片。锅中放适量食用油，放入瘦肉片先炒，再放入西芹与桐花同炒，然后加入生姜、大葱、盐等调味品即可。经常食用，具有清肺利咽的作用，可用于治疗因肺火过旺导致的干咳少痰，以及咽喉炎、咽喉肿痛、急性扁桃体炎、腮腺炎等。

可见，泡桐作为民族医药，可以在条件成熟的传统医药领域进行市场化开发，也可以生产泡桐有效成分抽提物用以制作现代医药产品的前体物。为此，还应加强泡桐属植物药理活性研究，加快临床应用，为泡桐现代中医药产业深度开发提供保障。

八、畜禽饲料与化工

泡桐花自古就有饲用的记载。近现代关于泡桐叶、花可作为畜禽饲料或添加剂的实践与研究较多。泡桐叶中不但粗脂肪、粗蛋白等成分含量较高，还有较多的铁、锰、锌等成分，适宜作畜禽饲料并具有促进其发育的功能（邢雅丽等，2013）。泡桐花的营养成分含量中，粗蛋白 10.8%～14.8%、粗脂肪 3.5%～6.4%、粗纤维 11.3%～13.6%、灰分 5.4%～6.1%。蛋白质氨基酸组分齐全，微量元素丰富。钙磷含量为 0.55%～0.72%和 0.21%～0.42%，钙磷含量比玉米小麦中略高，用泡桐叶花作饲料可弥补常规饲料钙不足等（崔令军等，2014）。赵建波（2010）研究了兰考泡桐花中主成分总黄酮是理想的植物饲料添加剂。宋扬等（2013）证实饲料中添加泡桐花粉和泡桐花粗提物均能提高肉鸡的生长性能、屠宰性能及其品质。具体配方是添加 0.4%的泡桐花黄酮粗提物最佳，其次是 0.2%的泡桐花黄酮粗提物和 0.4%的泡桐花原粉。徐立丽和李丽妍（2021）利用二甲苯致小鼠耳肿胀模型和 LPS 诱导小鼠巨噬细胞 RAW264.7 炎症模型，评价泡桐花提取物抗炎活性。泡桐花水提物对金黄色葡萄球菌、四联球菌、大肠杆菌和沙门氏菌的抑制作用最为显著，其醇提物对白色念珠菌有一定的抑制作用。相对于泡桐花醇和酮提物，其水提物中含有大量的可溶性糖苷类、黄酮苷类、有机酸、生物碱类化合物。大量研究表明糖苷类化合物具有抗菌活性（李世杰等，2018；张文超等，2023）。对中草药饲料添加剂的研发发现，具有良好抑菌功效的活性物质主要有多糖、酚类和萜类等物质，通过改变细胞膜的通透性，抑制和调控细菌遗传物质的表达而起到抑菌作用（张彩云等，2010）。这些也可以印证泡桐花水提物抑菌效果好于有机溶剂提取物的现象。动物和细胞模型试验表明，泡桐花水提物具有良好的抗炎活性，且 2.0mg/ml 的泡桐花水提物与 20μg/ml 的阳性药物阿司匹林的抗炎活性接近，均可以显著下调 LPS 诱导的 NO 大量表达。此外，泡桐花水提物显著的抑菌抗炎活性，其在饲料添加途径中可操作性强，即泡桐花添加剂的直接添加或者制备水提物的添加方式比有机溶剂提取物添加方式更加方便、安全、环保。这有利于泡桐作为理想的动物饲料添加剂的产业开发。关于泡桐（毛泡桐、白花泡桐等）叶花果皮根作为畜禽猪鸡兔的饲料、添加剂及提高其免疫力的研究及应用技术条件较为成熟，是实现泡桐林副产品综合利用的重点，可以开展产业化生产加工。

Si 等（2008）从毛泡桐木材中分离出苯乙醇苷类等化合物，对林产化工具有重要意义；张培芬（2011）从白花泡桐花中提取的乙酸乙酯，可作为工业生产的良好有机溶剂。泡桐的木材提取物苯乙醇苷类、乙酸乙酯等研究已进入生产应用阶段，为泡桐林产化工业产业化奠定了基础，实现产业化为期不远。泡桐叶还能够作为农作物肥料，同时还有除臭，灭杀蚊虫、杀蛆的功效等。相信在不远的将来，作为泡桐第一产业的林副产品叶花（芽）果皮根畜禽猪鸡兔的饲料添加剂及提高其免疫力的推广以及在人们的日常生活等方面的广泛应用，都将为泡桐的全树利用培育出新的朝阳产业而不断开辟新的途径。

综述：泡桐是我国多用途优良适生树种。经过我国科技工作者的长期不懈努力，已取得丰富的科研成果，为泡桐产业发展奠定了坚实的科学基础。随着我国泡桐的栽培模式不断创新、生态应用领域模式及应用普及，泡桐的木材及全树利用精深加工全产业链研发日益完善，泡桐产业化初具规模，全树利用与开发已为社会广泛认可，市场开拓与发展前景广阔。大力发展泡桐产业并构建与强化全产业链协调发展，加速培育并依托国内外两个市场，泡桐产业必将在我国林业生态文明建设、林业产业及社会经济发展中占据重要地位、取得新的更大辉煌。

第二节　泡桐产业发展中的问题及对策

一、泡桐产业存在的问题

泡桐产业的发展现状是泡桐种类（品种、品系）的区域栽培划分不明显，主导品种不明确，技术标准不统一，品牌意识不强，当家产品开发不突出，未形成主导产业。按照第九次森林清查结果和现实生产分析，优良速生树种仍是当前和今后一个时期我国加速发展的主要类型，而泡桐因其广泛的适应性和特有价值无疑是最佳选择树种。现将泡桐产业发展中存在的问题概述如下。

（一）产学研结合存在弊端

1. 优良品种选育落后于现实生产需要

泡桐品种选育应根据我国林业生态文明建设和产业发展需要设立综合的育种指标，如今后一个时期首先，选育适应中国高标准农田工程建设标准的泡桐品种类型，并研究其产品开发及全树利用价值，做到一二三产深度融合，综合发展泡桐产业优势；其次，针对泡桐材家具、板材、造纸、畜禽饲料、医药、化工、乐器制造及土壤生态修复治理等各领域分类进行科学规划，强化从原料林基地（含生态防护林等类型）建设到产品研发及加工全过程要素，突出研究相对应的经济技术指标来开展育种工作。应加快建立全国泡桐产业发展联盟组织（协会），统一协调指导我国泡桐产学研一体化发展格局，为做强做大泡桐产业提供支持。

2. 良种区域化研究不明晰

良种区域化工作应结合不同树种（品种、品系）特性、不同市场需求目的确定其种植区域的具体地点、规模、质量标准、栽培模式、融资、产品开发及市场发展方向等问题统筹规划，坚持以市场为导向统一或区域协调规模经营，定向培育生产出既能融合林业生态文明建设需要又能够满足林产品加工所需要的林产品，以期吻合泡桐产业化发展需求之综合目标。

3. 材性研究及利用差异化

目前我国的泡桐材性研究工作仍局限于各地现有的资源，零星的、简单的重复性研究居多，但不全面、不系统、不精细。例如，一是制作家具材、板材的树种有哪些，各品种材性如何评价？怎样确定种植地点、规模及其市场化链接，以及如何实现其效益最大化等；二是对于家具材、板材的系统化加工、制作工艺标准化程度不高；三是科研储备不足，品牌意识不强，产业化经营能力较弱；四是市场调查与科技支撑落后于现实生产需要。作为当务之急是将市场需求目标设立为今后一个时期科研工作者研究的重点目标，研究全产业链市场开发经营与具体加工工艺（含传统榫卯结构工艺等），实现泡桐产业可持续发展目标。

4. 成果转化模式须加强

现有的科研成果转化模式没有走出传统科研的老路，应根据市场需求设立短期、中期和长期发展目标，加强科研（成果）储备，走可为泡桐全产业链提供高附加值产品的大科研观之路，解决产业发展中的“急、愁、盼”等老大难问题，运用市场化手段灵活破解“成果转化难”传统命题。

（二）原木和板材等加工利用优势不明显

应加强速生泡桐木材利用研究。通过桐材的表面纹理细化美化、表面硬化强化、材性改良、防变色技术、保持自然色泽持久等现代科技手段，解决年轮过宽、密度过低、变色严重、加工劈裂、掉块起毛等关键技术难题，研发轻质高强、经久耐用、美观大方、绿色环保等广受市场欢迎的高值高端产品。同时，延长采伐期限等手段的生态（防护林、水土保持林、生态恢复修复林等）或原料林的泡桐人工林，可以通过加强管理措施等方法来提高泡桐材的质量，以满足泡桐板材产业发展需要。

（三）家具加工未形成主导产业

桐木家具是我国特色家具之一，已为世界广泛接受与认可。但由于过去我国家具加工没有挖掘出传统桐木家具的制作工艺（如榫卯结构备受现代人的喜爱），没有对品种类群按照要求分类，只是经简单加工制作出粗糙的普通泡桐材家具，没有得到社会及市场认可。由此造成我国以原木、板材等出口原料为主、到国外加工附加值不高的局面；普通速生泡桐材制造的家具只能按照低档家具出口欧美普通家居市场，未形成主导产业，制约泡桐家具产业良性循环发展的步伐。

（四）乐器、工艺品制作市场受限

国内泡桐的乐器制作有 30 多个系列的民族乐器，以及各种民族乐器的音板、架子、码子、贝雕等配件产品，应用范围受限。探索泡桐的木材在西洋乐器、高中低档工艺品中的开发利用的产品仅有大小提琴的试制作品，未见新的进展。这与泡桐作为大的树种地位不相符，亟须加强开发。

（五）造纸业未形成基础产业

造纸工业是一个与国民经济发展和人类文明进步息息相关的重要产业（张静，2006）。纸的生产和消费水平是衡量一个国家文明程度和现代化水平的标志之一，现代工业发达国家一般都拥有发达的造纸工业。造纸工业是国民经济的基础产业，是国际上公认的“永不衰竭”工业，造纸工业对其他产业的发展会产生不同程度影响。随着国民经济的发展，中国对纸产品的需求不断提高。2009 年中国第一次超越美国，成为世界上纸和纸板生产量最高的国家，占世界总量的 23.3%（中国造纸协会，2001）。中国木浆进口贸易规模大，是世界第一大木浆进口国和净进口国。从长期看，全球造纸木浆需求以每年 2.3%的速度增长，预计 2030 年将达到 9000 万 t（燕荣荣，2019）。从区域看，中国是最大的商品木浆市场，占全球份额的 35%，将以 3.6%的幅度增长，2030 年增长到全球份额的 42%。2022 年，进口木浆价格同比上涨 9.64%～33.18%（陆文荣，2023）。这一年，进口的针叶浆、阔叶浆、化机浆年均价格创 5 年内新高；本色木浆年均价更是创 5 年内第二新高。2022 年，针叶木浆全年均价 7142 元/t，同比上涨 13.28%；阔叶木浆全年均价 6326 元/t，同比上涨 27.67%；本色浆全年均价 6571 元/t，同比上涨 9.64%；化机浆全年均价 5306 元/t，同比上涨 33.18%。木浆价格高会对特种纸、生活用纸及白卡纸生产企业造成成本压力，毛利率普遍下滑。目前，我国造纸工业一是还存在着进口木浆依存度高所带来的潜在市场风险和不确定性增高；二是国内天然林保护及工业原料林的严重不足所带来的压力巨大；三是国内造纸行业分散经营度高，未形成基础产业；四是国际市场长远经营度不高。由此带来的造纸工业发展不稳定性增加，给造纸工业可持续发展造成一定困难。

（六）泡桐全树利用亟待加强

中国是泡桐的原产地，是多用途树种，适宜广泛种植和规模化发展及作为重要碳汇树种使用。泡桐的传统全树利用历史悠久，为现代泡桐全树开发利用提供了借鉴。加强泡桐的叶花果皮根及木质部等的全树中医药化工开发加工利用前景广阔；其叶花果皮在畜禽饲料及添加剂中的加工利用对我国肉蛋奶类绿色食品生产意义重大。实现泡桐的全树利用及其产业化开发开创了林业绿色低碳经营的新模式，为其他树种现代林业可持续发展提供新的思路。此外，作为重要的碳汇树种，应综合采取措施，提高泡桐林的碳汇能力。应根据碳汇林建设要求，通过采取延长树木采伐年限、造林再造林、改进抚育措施等，提高森林系统（含林地）的碳汇能力，满足我国碳汇林发展需要。

（七）产业化发展架构不清晰

前面的系统性研究与分析充分证明，泡桐作为我国重要的优良速生树种，发展潜力极大，但产业化发展路径和趋势不明显；系统性的科学研究和前期产品的成功研发，为科研成果转化为现实生产力提供了支持范例。大力发展泡桐产业，包括全树的加工利用可谓后力勃发。实施泡桐的分类经营，全面开发，力促形成全产业链产业化发展格局，强势推进和构建一二三产业深度融合的产业化经营，做大做强泡桐产业前景广阔。

二、泡桐产业发展对策

（一）加强现有品种资源的整合、保存及培育利用

加快建立完善泡桐林木种质资源库（圃），收集现有品种资源并进行保存及培育利用；建立新品种育种团队（选）培育适应高标准农田工程建设需要的泡桐品种类型，适应家具制造、板材及造纸工业原料林基地良种，解决好家具材、板材中泡桐品种的速生与优质和长寿之间的关系。结合常规育种与现代育种拓宽育种渠道，如四倍体泡桐育种等，建立速生、材质优、抗病虫的优良品种体系。建立适宜于制作乐器、医药、畜禽饲料、化工等针对性强的各类特色品种培育和基地化生产布局等。科学规划建立统一的良种评价体系，统一指导全国泡桐产业一体化发展问题，真正做到产学研深度融合发展。

坚持适地适树原则。大力培育适宜于本地发展和群众认可的、口碑好（桐材颜色淡雅、丝绢色泽、高密度、高白度、高质量、高价值品种/系）的优良桐种，如楸叶泡桐、毛泡桐、白花泡桐及四倍体泡桐等。综合考虑泡桐的材质、木材蓄积与出材率及其综合特性，以及应有的生态碳汇价值属性，处理好产业发展与碳汇林长寿泡桐品种的有机结合。科学组织安排加工利用的规模化生产，改变传统造林方式（应多营建不同林种、乔灌草结合不同类型的混交林）和管理措施（包括适度延长采伐期、改进抚育措施等），以保持桐材优质高效性能和生态功能，为泡桐产业可持续发展提供品种技术等服务（常德龙等，2018）。

（二）积极开展泡桐良种区域化栽培试验

统筹规划，尽早划定优势栽培区，突出发挥良种适宜的原产地及相近似区域的品种优势。例如，白花泡桐在长江中下游地区生长所特有的优良材性，同时可以解决非适生区桐材的白度低、需要二次漂白等环境污染问题，促进泡桐优质高效生产模式及其产业化迅速发展。

（三）加大泡桐优良品种的材性研究力度

通过对不同地区、不同树种品种（品系）的系统性材性研究，解决木材高效利用问题。加强桐材加工绿色环保处理研究，解决环境友好、应用前景好的桐材强化处理工艺，实现增值增效；加强全树利用研究，解决可持续发展问题；加强泡桐中医药开发利用研究，发挥其传统医药科学价值。加强高标准农田防护林工程科研攻关，解决林茂粮丰、互利共赢问题。总之，科研工作应根据生产和市场需求及时调整思路，加大科研研发力度，提高储备能力建设，以吻合国民经济和社会发展的需要。

（四）利用泡桐速生、材性优良、环境友好型特点，加大不同区域、不同模式的推广和基地建设

施士争（1999）探究了兰考泡桐与淡竹混交复合模式中生物种群共生的竞争作用。通过 3 种密度的桐竹混交试验，验证在复层混交条件下培育泡桐单板材的可能性。试验首先利用两个树种的互补优势，桐竹混交在沿海地区有较强的抗风倒能力，综合了竹的韧性和桐树的树高特性的显著防护效果。其次是互利性，一是提高泡桐生物产量。能显著地提高泡桐的枝下高和主干高，使树干形数和圆满度显著增大，泡桐单板出材量提高 50%以上。单位面积出材量以 6m×8m 模式最高，而蓄积量稍小，符合大径单板材培养目标。泡桐冠下层被淡竹侵占空间，强化泡桐自然整枝力和加粗接干生长，其形数与树干饱满度均得以提高。二是稳定淡竹林系统。混交林系统的淡竹立竹量和单位生物量未显著降低。与纯林相比（泡桐或淡竹纯林），混交林经营模式可行。刘森（2020）研究了南方泡桐人工林土壤微生物（施肥对其群落结构和多样性影响）、细菌、真菌多样性与管理措施具正相关关系。综合考虑影响土壤微生物的各类因子，

延长施肥年限一定程度增加泡桐林木蓄积量，这为延长人工林采伐期、优化林业生产结构及产能升级奠定基础（夏诗琪等，2020）。同时，南方泡桐人工林种植对于国家后备用材具有深远的意义（泡桐南方种很多，是泡桐的宜生区）。此外，还有家具材、造纸材、板材等多种造林模式研究成果可供借鉴。但泡桐种植模式的创新永不停步，所带来的生态、经济与社会效益将愈加明显，加大不同区域、不同模式的栽培推广与标准化基地化建设、全面实施泡桐的分类经营任重而道远。

（五）发展壮大家具装饰产业

泡桐以其具有适应性强、速生、生态效益好等优良特性被引入世界各地。泡桐木材及其家具制作、文化已被世界广泛接受。深入挖掘我国固有的泡桐树种木材优势、传统家具制造（如榫卯结构、油漆技术、制造技术等）优势、泡桐文化优势、现代科技优势、现代加工提取（纹理更凸显、着色技术等）制造优势等潜力，再创中国泡桐家具品牌指日可待。日本是泡桐木材加工利用强国，也是引领桐木产品高端消费的国家，研究日本家具加工市场及其发展趋势，对于培育我国泡桐产业有重要借鉴（常德龙等，2018）。认真分析国内外室内桐材装饰材料的特点，拓宽桐材加工领域应用市场。

（六）发展造纸工业的途径

以木材为主要原料是现代造纸工业的基本特征。木浆已成为一种原料型的木质林产品，也是林产品国际贸易中的重要商品。但是，当前一个时期内，受耕地和生态保护等政策影响，一定程度限制造纸工业原料林基地的建设，是瓶颈也是机遇。一是要选择适宜良种（尤其是纤维含量高、白度高、纤维长度和纤维长宽比大的白花泡桐、兰考泡桐、四倍体泡桐等），在最适宜地区营建高质量泡桐原料林基地。二是充分利用国际市场资源，多渠道获取优质泡桐木材纤维资源，包括进口木浆、进口木材（木片）、进口废纸、海外开发森林资源等，尽可能拓宽国际供给渠道，如借鉴日本海外泡桐森林资源培育的成功经验。南美地区地域广阔，林业资源丰富，一些木浆出口量大，与我国开展贸易合作的巴西、智利等国家便是跨国经营的首选地区。三是企业在政府的支持下，与国外大型林纸企业建立长期的合作伙伴关系，达成包括造林（泡桐生态林及原料林基地）在内的资源（泡桐原料林基地的适宜生长地）合作协定，既可缓解我国造纸木材原料短缺问题，又可给合作方带来经济和环保的利益。长远来看，务必要建设好国内泡桐造纸原料林基地，满足我国长期木浆造纸原料短缺问题。同时，结合泡桐基地的各类枝丫材的充分利用，生产出国内生产生活所急需的纸张等，满足人民日常生活需求。

（七）市场开发亟待加强

依托国际国内两个市场，合理开发泡桐全产业链；实施分类经营，整合现有产业，构建板材、家具、乐器及工艺品、造纸、中医药及畜禽饲料添加剂开发利用、化工等拳头优势产业、优势产品。建立泡桐原木和板材生产统一标准（分类），完善栽培及精深加工标准化体系，全面实施标准化、品牌化战略，做强做大泡桐产业，提升泡桐产业质量与效益。建立泡桐产业化标准化平台，如家具材（原木）和家具、板材、造纸材等系列化配套技术及产品的标准化生产体系，创建农业和工业（含林产化工及有机溶剂等）标准化示范园区，加强泡桐全产业链标准化监测手段建设并实施资源共享，为泡桐优良树种产业化种植、优势产品的高附加值生产加工经营开辟新天地，这还需要实现产学研与市场化开发的紧密结合，以完成泡桐产业化的靓丽转身。

（八）大力发展乐器工艺品产业

发展壮大乐器工艺品产业，必须强化提高桐材在民族乐器中的制作水平，探索在现代乐器中的应用力度，在制作高中低档工艺品水平上下功夫。提起提琴类材料，人们自然会想到云杉、枫木尤以欧洲阿尔卑斯山材料为最好（何薇，2016）。这是因为提琴成型于文艺复兴时期的欧洲，意大利巨匠阿马蒂、斯特拉底利、瓜奈里把提琴推至顶峰，无疑是以云杉、冷杉为制琴原料。300 多年来，全世界的提琴制作者都在用云杉、冷杉做提琴面板。1998 年，曾用泡桐木做小提琴和三圆小提琴，10 多年琴音色尚好；2010 年在发音较差的大提琴上用泡桐做面板进行试验，发音比原面板好，高音区从第一至高把清澈透亮，触点敏感，无时滞、反应快，琴弓回报积极，轻触松透，大力度也能承受。低音稍差，可能与低音梁材料和尺寸安装位置有关，需经跨多学科如力学、物理声学、材料学等物理测试。传统老琴如琵琶、古琴、柳琴、阮古筝系列等的琴板料，历史上以弦切山形花纹为荣。现代制琴技术汲取提琴经验，如弦切板不如径切板在发音、受力上有优势，而改用径切面板。国内外用泡桐木制作传统意大利小提琴的资料少，需要在材料选取、科学实验中加以攻克。

利用泡桐木材的特质属性，积极开发高中低档工艺品前景看好，如制作实木类儿童玩具和航空模型等（相比现代塑料、纸质和实木类，泡桐木材轻盈且具特有的纹理、色泽、芳香气味等），更环保、更安全，深受顾客的喜爱。制作泡桐实木类室内摆件，更具亲和力等。制作室内泡桐实木类装饰材料，构建人与自然和谐共生的空间环境，给人以更自然、和谐、舒适和安全感。

（九）强化产学研一体化开发利用新格局

应加强泡桐产学研一体化、系统性研究与开发利用力度；加大泡桐科研与技术创新平台建设；构建和发挥泡桐产业行业协作机制职能，整合现有资源、开放共享发展成果平台、协调市场良性循环的新格局。

如何做大做强泡桐产业是一个大命题，必须从泡桐的区域化、基地及原料林类型（性质）与市场对接的关系和角度出发，确定种植业的全新目标，并适度规划产业发展规模。应从桐材材性的角度出发，从不同产品的需求端设定目标参数值，整合成体系研究设计配套的各分项目标。实行泡桐产学研的协同推进、分类研究、分阶段实施、系统化精细化深度开发泡桐潜质制度；持续增强科研储备能力，多出科技含量高的林产加工品种。应鼓励支持泡桐全产业链创立实施品牌意识，建立健康可持续发展、市场化经营的科学支撑体系，是促进泡桐科学发展振兴壮大、实现产业化经营的正确道路。

参考文献

安培钧, 段新芳, 樊军锋, 等. 1995. 三种泡桐无性系木材材性及纤维形态的研究. 西北林学院学报, 10(1): 34-37.

常德龙. 2005. 人工林木材变色与防治技术研究. 东北林业大学博士学位论文.

常德龙. 2015. 科技工艺品质, 三位一体高大上: 解析日本泡桐产业发展之道. 中国绿色时报, 2015-11-26, B02.

常德龙. 2016. 泡桐研究与全树利用. 武汉: 华中科技大学出版社.

常德龙, 陈玉和, 马志刚. 1994. 泡桐木材防变色处理配方优选试验研究. 木材工业, 8(4): 18-22.

常德龙, 胡伟华, 黄文豪, 等. 2001. 真菌侵染对泡桐材微观结构及主要组分的影响. 东北林业大学学报, 3: 25-27.

常德龙, 李芳东, 胡伟华, 等. 2018. 国内外泡桐木材市场分析与我国发展对策. 世界林业研究, 31(1): 57-62.

常德龙, 张云岭, 胡伟华, 等. 2014. 不同种类泡桐的基本材性. 东北林业大学学报, 42(8): 79-81.

陈静, 刘娟. 2013. 从创意产业的角度谈兰考泡桐的本土化设计. 艺术与设计(理论), 2(4): 37-39.

陈柳晔, 史小娟, 樊军锋. 2017. 秦白杨系列品种木材材性及纤维形态的研究. 西北林学院学报, 32(1): 253-258.

陈龙清, 王顺安, 陈志远, 等. 1995. 滇、黔地区泡桐种类分布考察. 华中农业大学学报, 14(4): 392-398.

陈佩蓉, 屈维均, 何福望. 1995. 制浆造纸实验. 北京: 中国轻工业出版社.

陈振德, 谢立, 许重远, 等. 2000. 国产榧属植物种子氨基酸的测定. 中药材, 23(8): 456-458.

陈志远. 1981. 泡桐属(*Paulownia*)在湖北省的分布. 华中农学院学报, (1): 49-53.

陈志远. 1986. 泡桐属(*Paulownia*)分类管见. 华中农业大学学报, 5(3): 262-265.

陈志远, 梁作, 冯兴伟. 1996. 浙、苏、皖三省泡桐属种类和分布考察初报. 华中农业大学学报, 15(1): 86-88.

陈志远, 姚崇怀, 胡惠蓉, 等. 2000. 泡桐属的起源、演化与地理分布. 武汉植物学研究, 18(4): 325-332.

成俊卿. 1983a. 泡桐属木材的性质和用途的研究(一). 林业科学, (1): 57-63, 114-116.

成俊卿. 1983b. 泡桐属木材的性质和用途的研究(二). 林业科学, (2): 153-167.

成俊卿. 1983c. 泡桐属木材的性质和用途的研究(三). 林业科学, (3): 284-291, 339-340.
成俊卿. 1985. 木材学. 北京: 中国林业出版社.
崔令军. 2016. 泡桐装饰材优良品系选育技术研究. 中国林业科学研究院博士学位论文.
崔令军, 王保平, 乔杰, 等. 2014. 泡桐花营养成分分析评价. 食品工业科技, 35(24): 338-341.
戴玉玲. 2016. 泡桐刨花板的热压工艺研究. 林业机械与木工设备, 44(3): 16-19.
段新芳, 安培钧. 1992. 兰考泡桐木纤维长度变异规律初探. 西北林学院学报, 7(4): 15-21.
段新芳, 安培钧. 1995. 陕西兰考泡桐木材基本密度株内变异的研究. 西北林学院学报, 10(4): 17-20.
段新芳, 常德龙, 孙芳利, 等. 2005. 木材变色防治技术. 北京: 中国建材工业出版社.
段新芳, 王鸿三, 高玉东, 等. 1996. 兰考泡桐全树木材构造和基本密度的比较研究. 东北林业大学学报, 24(3): 61-65.
饭冢三男. 1989. 日本的泡桐育种. 河南林业科技, (4): 49, 47.
范一菲, 孔德虎, 陈志武, 等. 2006. 杜鹃花总黄酮对心肌缺血损伤的保护作用. 安徽医科大学学报, 41(2): 157-160.
方桂珍. 2002. 20 种树种木材化学组成分析. 中国造纸, 21(6): 79-80.
方红, 刘善辉. 1996. 造纸纤维原料的评价. 北京木材工业, 16(2): 19-22.
冯卫生, 张靖柯, 吕锦锦, 等. 2018. 泡桐花化学成分研究. 中国药学杂志, 53(18): 1547-1551.
冯亦平, 程杰瑞, 陈丽君, 等. 2014. 泡桐花提取物广谱抑菌性能的研究. 山西农业大学学报(自然科学版), 34(6): 571-576.
高天阳, 李传厚, 唐文照, 等. 2014. 泡桐属中黄酮类化合物的研究进展. 药学研究, 33(6): 352-356.
顾东兰. 2008. 木竹重组材关键工艺及性能研究. 南京林业大学硕士学位论文.
郭梦环, 甘露, 司婧, 等. 2020. 毛蕊花糖苷的药理作用及作用机制研究进展. 中成药, 42(8): 2119-2125.
国家林业和草原局. 2019. 2018 年度全国林业和草原发展报告. 北京: 中国林业出版社.
韩黎雪, 常德龙, 张云岭, 等. 2014. 人工林泡桐木材不同生长部位材色的差异性. 东北林业大学学报, 42(10): 95-99.
何徽. 2016. 中国原产泡桐木在西洋拉线乐器上的运用. 黄河之声, (20): 122-123.
侯知正. 1988. 泡桐利用的几个经济问题. 林业科技通讯, (1): 21-26.
胡海燕. 2014. 毛泡桐(原变种)木质部次生代谢成分的研究. 天津科技大学硕士学位论文.
胡伟华. 1999. 泡桐木改性处理技术研究综述. 林业产业, 26(2): 16-19.
胡伟华, 常德龙, 黄文豪, 等. 2016. 泡桐植物源的综合利用研究阐述. 天然产物研究与开发, 28(增刊 2): 349-354.
胡伟华, 常德龙, 李福海, 等. 2001. 真菌侵蚀前后泡桐材化学成分变化剖析. 东北林业大学学报, 29(1): 7-8.
黄荣文, 董明光. 2002. 云南铁杉干燥过程中变色的控制. 木材工业, 2: 37-39.
黄文豪, 常德龙, 唐玉红, 等. 2014. 四种泡桐材抗劈力研究. 研究与开发,(1): 8-11.
姜景民, 孙海菁, 吕本树. 1999. 火炬松木材基本密度的株内变异. 林业科学研究, 12(1): 97-102.
蒋建平. 1990. 泡桐栽培学. 北京: 中国林业出版社.
黎明, 杨芳绒. 2008. 不同种泡桐木纤维的形态学分析. 东北林业大学学报, 36(10): 26-27.
黎素平. 2012. 降香黄檀树皮率、心材率及木材密度研究. 广西林业科学, 41(2): 86-90.
李传厚, 唐文照, 王晓静, 等. 2013. 泡桐属植物的研究进展. 药学研究, 32(9): 534-538.
李芳东, 乔杰, 等. 2007. 中国泡桐属种质资源图谱. 北京: 中国林业出版社.
李坚. 1993. 森林资源结构的变化与未来的家具用材. 家具, 4: 4.
李坚. 1994. 木材科学. 哈尔滨: 东北林业大学出版社.
李坚. 2006. 木材保护学. 北京: 科学出版社.
李科, 吾鲁木杆·那孜尔别克, 张代贵, 等. 2011. 湘西宏成制药公司不同基地泡桐的分子鉴定. 吉首大学学报(自然科学版), 32(4): 83-87.
李玲, 庞宏东, 唐万鹏, 等. 2020. 品种、密度及造林模式对南方低山丘陵区泡桐幼林生长的影响. 湖北林业科技, 49(5): 1-4, 9.
李世杰, 李勇, 曾海英. 2018. 茯苓多糖的酶解工艺及抑菌性研究. 中国酿造, 37(5): 177-180.
李晓储, 黄利斌, 王伟, 等. 1999. 杉木木材基本密度变异的研究. 林业科学研究, 12(2): 179-184.
李寅超, 赵宜红, 李寅丽. 2006. 泡桐花总黄酮抗 BALB/c 小鼠哮喘气道炎症的实验研究. 中原医刊, 33(19): 16-17.
李忠正. 2006. 中国造纸工业发展的大趋势. 江苏造纸, (1): 2-8.
李宗然. 1995. 泡桐研究进展. 北京: 中国林业出版社.
梁作, 陈志远. 1997. 泡桐属细胞分类学研究. 华中农业大学学报, 16(6): 609-661.
林海, 王岩, 陈忠东, 等. 2006. 人工林改性木材研究及应用前景. 林业机械与木工设备, 34(6): 11-13.
刘国富. 1982. 白花泡桐、四川泡桐木材物理力学性质和用途研究. 泡桐文集. 北京: 中国林业出版社.
刘俊. 2010. GFRP/泡桐复合材料的研究. 南京林业大学硕士学位论文.

刘乃壮, 高永刚. 1993. 泡桐的气候生态特性探讨. 林业科学, 29(5): 438-444.
刘森. 2020. 施肥年限对泡桐人工林土壤微生物群落结构和多样性的影响. 中南林业科技大学硕士学位论文.
刘喜明. 2005. 加杨和兰考泡桐家具用材浸渍强化研究. 内蒙古农业大学硕士学位论文.
刘一星. 2004. 中国东北地区木材性质与用途手册. 北京: 化学工业出版社.
刘忠. 2007. 制浆造纸概论. 北京: 中国轻工业出版社.
陆文荣. 2023. 浙江省造纸工业 2022 年运行报告及 2023 年展望. 造纸信息, (5): 39-46.
孟志芬, 郭雪峰, 隗伟. 2008. 毛泡桐花黄酮抗氧化性的初步研究. 光谱实验, 25(5): 914-916.
牛敏, 高慧, 赵广杰, 等. 2010. 欧美杨 107 应拉木的纤维形态与化学组成. 北京林业大学学报, 32(2): 141-144.
庞宏东, 李玲, 杨代贵, 等. 2022. 南方丘陵山地泡桐人工林立地类型划分与质量评价. 中南林业科技大学学报, 42(8): 40-46.
秦丽丽. 2017. 三种处理法改良泡桐木材声学振动性能的研究. 东北林业大学硕士学位论文.
青川. 1987. 全桐“和式”家具加工技术研究. 家具, 37(3): 5-7.
邱乾栋. 2013. 泡桐材色评价指标的筛选和材色优良单株选择. 中国林业科学研究院博士学位论文.
日本木材加工技术协会. 1997. 世界有用木材 300 种. 北京: 中国林业出版社.
茹广欣, 何瑞珍, 朱秀红, 等. 2007. 泡桐无性系间材性的差异. 河南农业大学学报, 41(5): 531- 535.
施士争. 1999. 桐竹混交培育泡桐单板材的研究. 江苏林业科技, 26(1): 21-24.
司传领, 吴磊, 许杰, 等. 2009. 毛泡桐(原变种)内桐皮的化学成分. 纤维素科学与技术, 17(4): 47-52.
宋露露, 熊耀国, 赵丹宁. 1996. 白花泡桐栽培北界种源选择的排期试验. 林业科学研究, (6): 598-601.
宋扬, 毛薇, 王亚锴, 等. 2013. 泡桐花活性物质对肉鸡生长性能、屠宰性能及肉品质的影响. 饲料工业, 34(15): 14-17.
宋允. 2016. 摭谈民族乐器产业的跨越式发展. 市场研究, (9): 48-49.
孙志强, 乔杰. 2006. 河北省大力推广泡桐的前景与建议. 河北林业科技, (增刊 9): 25-39.
覃先锋. 2003. 木材加工制造工艺技术标准实用手册. 银川: 宁夏大地音像出版社.
王桂岩, 王彦, 李善文, 等. 2001. 13 种木材物理力学性质的研究. 山东林业科技, (2): 1-11.
王凯, 刘岩, 王萱, 赵建彤. 2019. 毛泡桐树皮酚类化合物的提取及抗氧化活性分析. 武汉: 2019 楚天骨科高峰论坛暨第二十六届中国中西医结合骨伤科学术年会论文集: 287-288.
王恺, 肖亦华. 1989. 重组木国内外概况及发展趋势. 木材工业, (1): 40-43.
王新建, 张秋娟, 杨玉金, 等. 1999. 31 个泡桐无性系性状相关性研究. 林业通讯, (2): 7-11.
王秀花, 马丽珍, 马雪红, 等. 2011. 木荷人工林生长和木材基本密度. 林业科学, 47(7): 138- 144.
温道远, 韩晓雪, 杨金橘, 等. 2020. 泡桐纤维变化及其制浆造纸研究. 林产工业, 57(2): 41-45.
吴晓梅, 李含音, 王飞. 2025. 直酸基阻燃剂对泡桐木材燃烧性能和热稳定性的影响. 东北林业大学学报, 53(3): 125-130.
伍艳梅, 黄荣凤, 高志强. 2018. 木材横纹压缩应力-应变关系及其影响因素研究进展. 林产工业, 45(11): 11-16.
武应霞, 张玉洁, 董小云, 等. 2003. 泡桐材色变异规律的研究. 林业科学研究, 16(3): 319-322.
夏诗琪, 王培玲, 张丽, 等. 2020. 中草药饲料添加剂的抑菌研究及应用现状. 江西农业大学学报, 42(6): 1231-1236.
邢雅丽, 毕良武, 赵振东, 等. 2013. 泡桐植物资源分布及化学成分研究进展. 林产化学与工业, 33(6): 35-140.
熊仓国雄. 1974. 桐之栽培法. 东京: 日本东洋馆出版社.
徐立丽, 李丽妍. 2021. 泡桐花提取物抑菌抗炎活性评价. 安徽农业科学, 49(22): 170-173.
许雅雅, 常德龙, 胡伟华, 等. 2021. 雨淋对不同泡桐品系木材颜色的影响. 东北林业大学学报, 49(9): 90-94.
薛景, 王英爱, 贾献慧, 等. 2018. 楸叶泡桐种子的苯乙醇苷类化学成分研究. 食品与药品, 20(5): 325-328.
鄢陵县林业科学研究所. 1975. 泡桐资料. 许昌: 鄢陵县林业局.
燕荣荣. 2019. 全球纸浆市场分析与展望. 中华纸业, 40(15): 51-55.
姚焕英, 高志勇, 王君龙. 2016. 泡桐属植物生物学及药用价值研究. 渭南师范学院学报, 31(16): 29-34.
余少文, 沈其丰, 祖勃荪. 1988. 兰考泡桐木材浸提物成分分析. 第五届全国波谱学学术会议论文摘要集. 福州: 中国物理学会波谱学专业委员会: 401-402.
袁忠林, 罗兰, 臧爱梅, 孟昭礼. 2009. 绒叶泡桐花中除草化学成分的分离与除草活性. 农药学学报, 11(2): 239-243.
翟骁巧, 张晓申, 赵振利, 等. 2012. 四倍体白花泡桐木材的物理特性研究. 河南农业大学学报, 46(6): 651-654, 690.
张斌, 郭明辉, 王金满. 2007. 木材干燥变色的研究现状及其发展趋势. 森林工程, 1: 37-39.
张彩云, 刘松雁, 魏昆鹏. 2010. 中草药活性多糖在畜牧业中的应用. 江西饲料, (3): 16-17, 25.
张德莉, 李晓强. 2011. 毛泡桐叶化学成分研究. 中药材, 34(2): 232-234.
张静. 2006. 我国木浆资源获取途径研究. 北京林业大学硕士学位论文.

张培芬. 2011. 白花泡桐花乙酸乙酯部分的化学成分研究. 兰州大学硕士学位论文.
张培芬, 李冲. 2008. 白花泡桐花黄酮类化学成分研究. 中国中药杂志, 33(22): 2629-2633.
张平冬, 吴峰, 康向阳, 等. 2014. 三倍体白杨杂种无性系的纤维性状遗传变异研究. 西北林学院学报, 29(1): 78-83.
张文超, 吴素英, 张梦蛟, 等. 2023. 白花泡桐果皮和花芽的化学成分研究. 食品与药品, 25(1): 5-12.
张亚梅, 余养伦, 李长贵, 等 2016. 速生轻质木材制备高性能重组木的适应性研究. 木材工业, 30(3): 41-44.
张云玲, 常德龙, 黄文豪, 等. 2001. 稀碱液和防变色剂处理对桐木板材色泽的影响. 南京林业大学学报, 25(1): 49-52.
赵建波. 2010. 兰考泡桐花化学成分及抑菌活性研究. 华东理工大学硕士学位论文.
赵振利, 王晓丹, 范国强. 2020. 二倍体及其同源四倍体泡桐木材特性的变异分析和评价. 河南农业大学学报, 54(5): 803-809.
郑志峰. 2005. 木材的颜色是如何产生的. 云南林业, 2: 32.
中国林科院泡桐中心. 2018. 泡桐加工新技术研发及优良品系选育研究取得阶段性成果. 林业科技通讯, (7): 67.
中国造纸学会. 2011. 中国造纸年鉴(2011). 北京: 中国轻工业出版社.
竺肇华. 1981. 泡桐属植物的分布中心及区系成分的探讨. 林业科学, 17(3): 271-280.
祖勃荪, 周勤. 1998. 兰考泡桐木材成分的变色行为及其变色过程. 林业科学, 34(3): 97-103.
Bailey I W. 1910. Oxidizing enzymes and their relation to "sap stain" in lumber. Botanical Gazette, 50: 142-147.
Bruno F, Spaziano G, Liparulo A, et al. 2018. Recent advances in the search for novel 5-lipoxygenase inhibitors for the treatment of asthma. European Journal of Medicinal Chemistry, 153: 65-72.
Chen Y H, Huang W H. 2000. Study on promoting effects of NaOH pretreatment on wood bleaching. Chemistry and Industry of Forest Products, 20(1): 52-56.
Cheng C, Jia X, Xiao C, et al. 2019. *Paulownia C*-geranylated flavonoids: their structural variety, biological activity and application prospects. Phytochemistry Reviews, 18(3): 549-570.
Cui L J, Wang B P, Qiao J, et al. 2015. Wood color analysis and integrated selection of *Paulownia* clones grown in Hubei Province, China. Forestry Studies, 62(1): 48-57.
Dumail J F, Castera P, Morlie P. 1998. Hardness and basic density variationin the juvenile wood of maritime pine. Annals of Forest Science, 55(8): 911-923.
Fedoreyev S A, Pokushalova T V, Veselova M V, et al. 2000. Isoflavonoid production by callus cultures of *Maackia amurensis*. Fitolerapia, 71(4): 365-372.
Garab J, Keunecke D, Hering S, et al. 2010. Measurement of standard and off-axis elastic moduli and Poisson's ratios of spruce and yew wood in the transverse plane. Wood Science and technology, 44(3): 451-464.
Georgetti S, Casagrande R, Mambro VD, et al. 2003. Evaluation of the antioxidant activity of different flavonoids by the chemi-luminescence method. AAPS PharmScitech, 5(2): 111-115.
Gonalves R, Trinca A J, Cerri D G P. 2011. Comparison of elastic constants of wood was determined by ultrasonic wave propagation and static compression testing. Wood and Fiber Science, 43(1): 64-75.
Hrano R, Sasamoto W, Matsumoto A, et al. 2001. Antioxidant ability of various flavonoids against DPPH radicals and LDL oxidation. Journal of Nutritional Science and Vitaminology, 47(5): 357-363.
Hu S Y A. 1959. Monograph of the genus *Paulownia*. Quarterly Journal of the Taiwan Musium, 12(1): 36-48.
Hu T W, Chang H J. 1975. A new species of *Paulownia* from Taiwan, *P. taiwaniana*. Taiwaniana, 20(2): 165-170.
Kaygin B, Gunduz G, Aydemir D. 2009. Some physical properties of heat-treated Paulownia(*Paulownia elongata*)Wood. Drying Technology, 27(1): 89-93.
Khantamat O, Chaiwangyen W, Limtrakul P. 2010. Screening of flavonoids for their potential inhibitory effect on p-glycoprotein activity in human cervical carcinoma kb cells. Chiang Mai Medical Journal, 43(2): 45-56.
Koubaa A, Hernandez R, Beaudoin M, et al. 1998. Interclonal, intraclonal and within-tree variation in fiber length of hybrid poplar clones. Wood and Fiber Science: Journal of the Society of Wood Science and Technology, 30(1): 40-47.
Liu H, Jia X, Wang H, et al. 2021. Flavanones from the fruit extract of *Paulownia fortunei*. Phytochemistry Letters, 43: 196-199.
Machado J S, Cruz H P. 2005. Within stem variation of Maritime pine timber mechanichal properties. Holz als Roh- und Werkstoff, 63(2): 154-159.
Martin H D, Beutner S, Frixel S, et al. 2003. Modified flavonoids as strong photoprotecting UV-absorbers and antioxidants. Konin klijke Vlaamse Chemische Vereniging, 1(1): 288-291.
Montes C S, Hernandez R E, Beaulieu J, et al. 2008. Geneit viriation in wood color and its correlation with tree groeth and wood density of *Calycophyllum* at an early age in the Peruvian Amazon. New Trees, 35(1): 57-73.
Moura F A, De Andrade K Q, Dos Santos J C F, et al. 2015. Antioxidant therapy for treatment of inflammatory bowel disease: does it work. Redox Biology, 6: 617-639.
Romanova D, Vachalkova A, Cipak L, et al. 2001. Study of the antioxidant effect of apigenin, luteolin and quercetin by DNA

protective method. Neoplasma, 48(2): 104-107.

Salari A, Tabarsa T, Khazaeian A, et al. 2013. Improving some of the applied properties of oriented strand board(OSB) made from underutilized low quality paulownia(*Paulownia fortunie*)wood employing nano-SiO_2. Industrial Crops & Products, 42: 1-90.

Scholes W A. 1990. Scrimber, another way to stretch the timber supply. World Wood, 31(5): 14-16.

Si C L, Liu Z, Kim J, et al. 2008. Structure elucidation of phenylethanoid glycosides from *Paulownia tomentosa* Steud. var. *tomentosa* wood. Holzforschung, 62(2): 197-200.

Skaltsa H, Verykokidou E, Harvala C, et al. 1994. UV-B protective potential and flavonoid content of leaf hairs of *Quercus ilex*. Phytochemistry, 37(4): 987-990.

Smejkal K, Holubova P, Zima A, et al. 2007. Antiradical sctivity of *Paulownia tomentosa*(Scrophulariaceae) extracts. Molecules, 12(6): 1210-1219.

Steams J. 1944. Paulownia as a tree of commerce. American Forests. 50: 60-61, 95-96.

Tang R C, Carpenter S B, Wittwer R F, et al. 1980. Paulownia-a crop tree for wood products and reclamation of surface-mined land. Southern Journal of Applied Forestry, 4: 19-24.

Tsehaye A, Buchanan A H, Walker J C F. 2000. Selecting trees for structural timber. Holz als Roh- and Werkstoff, 58(3): 162-167.

Umaru I J, Osagie A S, Chizoba A M, et al. 2023. Antiulcer effects of the methanolic root extracts of *Paulownia elongata* on indomethacin-induced peptic ulcer in male albino rats. World Journal of Advanced Research and Reviews, 19(2): 178-188.

Wagner L, Bader T K, Auty D, et al. 2013. Key parameters controlling stiffness variability within trees: a multiscale experimental-numerical approach. Trees, 27(1): 321-336.

Xavier J, Monteiro P, Morais J J L, et al. 2014. Moisture content effect on the fracture characterisation of *Pinus pinaster* under mode I. Journal of Materials Science, 49(21): 7371-7381.

Zabel R A, Morrell J. 1992. Wood Microbiology: Decay and its Prevention. New York: Academic Press.

第五编　研 究 展 望

第二十六章　泡桐研究展望

泡桐是我国栽培历史悠久的树种之一，也是我国重要的用材树种、乡土树种和防护林树种，因其具有生长迅速、材质优良和栽培历史悠久等优良特性，特别是泡桐具有独特的深根性和展叶晚等生物学特性，能够与农作物间作形成我国独具特色的农林复合系统，深受广大农民的喜爱（蒋建平，1990）。泡桐木材纹理美观，不翘不裂，防潮隔热性能好，导音性好，轻而韧，易于加工，便于雕刻，广泛用于工业和国防方面，其制作的家具、乐器等产品大量出口于东南亚等国家（范国强，2022）。近年来，在医学上发现泡桐的叶、花、木材有消炎、止咳、利尿和降压等功效（Guo et al.，2023）。因此泡桐在改善生态环境、保障粮食安全、出口创汇和提高农民收入等方面起着重要作用，在我国的经济社会发展过程中发挥了重要作用。但是，泡桐生产中一直存在优良品种少、“低干大冠”和丛枝病发生严重等问题，严重影响了泡桐产业的发展。针对生产上的这些问题，林业科技工作者利用常规育种方法培育了多个泡桐新品种，但总体数量偏少，远远不能满足我国生产上对泡桐的需要。围绕泡桐品种培育和栽培技术等方面开展研究，以期解决“低干大冠”问题，但由于泡桐自身的生态学和生物学特性，研究结果也不甚理想。对于泡桐丛枝病发生严重的问题，生产上通过切断植原体传播途径、砍除病枝和化学药剂喷洒等措施进行防治，均没有收到良好的防治效果，且病状容易复发。此外，科技工作者对泡桐丛枝病的发生机理也进行了研究，找到了一些调控丛枝病发生的关键基因和蛋白质，但目前该方面研究处于前期阶段，其研究成果尚未应用到对丛枝病的防治阶段。虽然围绕泡桐品种培育、丰产栽培技术和病虫害防治等方面做了大量研究，但泡桐生产上的问题未能得到完全解决，因此，仍需充分开辟新的研究途径挖掘其应用潜力。

根据现代林业发展的国家战略需求，随着现代生物技术的发展，通过开展泡桐基础生物学研究、泡桐丛枝病发生分子机理和泡桐产业化高值化利用研究，揭示泡桐重要目标性状形成的分子生物学基础，利用分子育种技术培育泡桐优质新品种，能从根本上解决泡桐生产中存在的问题，同时也将为我国现代林木育种的发展作出重要贡献。

第一节　泡桐生物学研究

一、泡桐分类学研究

泡桐是我国具有悠久种植历史和广泛分布的树种之一，其独特的生长习性、丰富的物种多样性及广泛的应用价值，使得泡桐在植物分类学领域具有不可忽视的地位。1835 年荷兰学者 Siebold 和 Zuccarini 建立泡桐属以后，日本学者就对泡桐属进行了分析探究并将其研究结果录入《日本植物志》，英国和法国也先后对泡桐属植物的命名作出了巨大贡献（彭海凤等，1999）。关于泡桐属归科困难的问题由来已久，大量中外研究学者对其进行了深入的分析研究。传统的分类学将泡桐属归为玄参科，Hu（1959）首次将毛泡桐归入紫葳科；龚彤（1976）则从泡桐的形态特征和性状方面来讲，其位置应介于玄参科和紫葳科两者之间；陈志远（1986）在对花粉的形态进行比较研究时，发现泡桐植物的花粉形态与紫葳科的花粉形态差异大，而与玄参科花粉的数量和外壁雕纹非常相似，应归入玄参科；但 2003 年 APG Ⅱ 分类中却将泡桐属划分为单一的科，并与列当科、胡麻科和透骨草科等 21 个类群组成了唇形目，当然也有利用分子标记认为泡桐属应该自成一科（Bremer et al.，2002；Yi and Kim，2016）。为了进一步明确泡桐的系统进化关系，通过与透骨草科、列当科、茄科、茜草科和葡萄科中 9 个近缘材料进行比较基因组分析，结果表明：泡桐科在 40.92 百万年时从透骨草科和列当科最近的共同祖先分化而来（Cao et al.，2021）。但是泡桐属在管状花目中的系统分类位置仍需要更多的数据来进行探究。

泡桐属植物在经过自然迁徙、种间杂交和反复回交等漫长的生长演化过程，演化出许多表型过渡性杂种群集，因此使得该属种质资源较为丰富。对泡桐属内物种的分类研究，最早是根据数量（Vos et al.，1995）、形态学（苌哲新和史淑兰，1989）和花粉形态学（熊金桥和陈志远，1991）等进行分析研究，将泡桐分为 9 个种和 2 个变种，其中包括鄂川泡桐、南方泡桐、楸叶泡桐、兰考泡桐、川泡桐、白花泡桐、台湾泡桐、毛泡桐和毛泡桐变种光叶泡桐等。后来人们发现，在某些情况下表型性状并不能真正反映出物种的遗传变异和亲缘关系，为了更加精确、清晰地分析种群的系统发育和分类情况，必须深入到分子乃至更深层次的研究水平进行分析和验证。马浩和张冬梅（2001）利用限制性片段长度多态性分子标记将泡桐属内不同植物分为南方泡桐、毛泡桐和白花泡桐；卢龙斗等（2001）利用随机扩增多态性技术将 7 种泡桐植物归为 *P. fortunei* 和 *P. elongate* 这两类；莫文娟等（2013）利用简单重复序列分子标记技术对 21 个泡桐植物进行了亲缘关系的研究，并将其分为三大类群；Yi 和 Kim（2016）利用下一代测序技术，对毛泡桐的完整叶绿体基因组进行测序，并结合外围群构建泡桐的系统发育树，结果与 APG 分类系统类似，毛泡桐与韩国特有泡桐种形成一个单系群，与列当科（Orobanchaceae）显示出密切的关系，并聚为姐妹类群，但他们只对泡桐属中的毛泡桐完整基因组进行了测序和分析，并没有对属内其他泡桐的进化关系进行深入的研究。

迄今为止，这些研究最大限度上提高了人们对泡桐属植物系统发育关系的了解。但是泡桐属内出现的杂交和基因渗透现象，造成了种间和种内在形态上的变异，给基于传统形态学的研究带来一定的困扰。而在分子水平上，关于泡桐属内的亲缘关系远近及近缘科属之间分类的研究尚不够深入，所得结果仍存在一定的争议。因此，泡桐属的系统地位及种间系统发育关系仍存疑，并没有统一的准则应用于进一步的科学理论研究和实际生产应用中，所以需要采用其他技术手段来对泡桐属的种群分类及系统发育问题进行研究。

二、泡桐种质创新利用与展望

泡桐作为速生用材树种，极易成材，在缓解我国木材短缺问题上发挥了重要作用。因此开展泡桐种质创新、实施“双碳”和乡村振兴战略及解决泡桐产业“卡脖子”问题具有十分重要的政治、经济、生态和社会意义。

泡桐种质资源收集保存与评价，开展资源本底调查，收集保存国内外泡桐种质资源，在此基础上建立异地种质资源保护鉴定圃。对收集到的泡桐种质资源进行适应性、抗逆性和遗传多样性的筛选，通过深入调查和分析，利用形态指标、分子标记等手段进行泡桐种质资源优良品系鉴定。通过泡桐树种调查和形态特征的图像采集，建立树种图像库，记录表型信息数据，定性二元性状和多态性状，以一致性和稳定性表型特征为形态标记评估泡桐品种的特异性。通过整合相关标本平台的数据，建立包括物种分布、生态习性在内的分类数据库辅助鉴定；最终构建基于表型数据、分子指纹和物种分布信息等在内的多维度种质资源鉴定体系。在建立种质资源精准鉴定与评价技术体系上，筛选优异种质资源或优良品系并进行高效繁育。

杂交育种，通过综合不同亲本的优良性状，丰富杂种后代的遗传变异及利用杂种优势等途径选育泡桐良种，杂交育种是选育泡桐良种、加速实现良种化的有效途径。我国泡桐属种类较多，资源丰富，具有完整的泡桐属植物种群，各个种间杂交均有不同程度的亲和力，加上泡桐花期长、杂交技术简便、种子数量多、容易无性繁殖保持杂种优势，这为选育良种、实现泡桐生产良种化提供了有利条件。

分子聚合育种，传统育种方法培育泡桐品种已获得了重大成就，然而由于受到育种材料遗传背景狭窄、选择效率低等多因素约束，近年来我国林木传统育种工作已进入平台期，急需构建更高效的育种技术体系。随着现代生物技术的发展，利用基因工程、基因组技术与常规育种技术创制林木优异种质，可大幅缩短育种周期，实现性状的定向改良。快速挖掘与鉴定泡桐优良性状的分子调控网络，研发泡桐高通量定向分子选育新技术，筛选和创制优异新品种。利用基因编辑技术和遗传转化体系，快速高效地对泡桐优异性状进行改良和选育。以分子标志辅助选择为技术中心，利用泡桐基因组精细图谱等分子遗传信息，在基因组、转录组或系统水平上全面分析基因功能，发掘泡桐多性状有利等位基因，创建多基因聚合资料，育成优良新种类（组合）。同时，结合现代生物学、林业物联网等各种技术，提高育种效率，缩短良种培育周期。

构建多目标育种群体，培育泡桐新品种。木材密度和色度指标是木材最重要的材质特性之一，在影响泡桐木材价值的很多技术经济指标中，泡桐的木材密度和色度是其中最重要的两个指标。现有泡桐虽然生长速度快且容易成材，但木材的密度小，且木材白度小易变色，生长年轮不均匀，不符合现有消费者的用途需求，极大降低了其经济价值。因此，培育密度大、白度高、生长年轮均匀的泡桐良种能为制造高端桐木家具提供优质木材资源，显著提升泡桐的经济价值。泡桐木质疏松、导音好、不易变形、共鸣性强，做成音板后音质较好，是制作各种民族乐器的良好材料，被称为“琴桐”。但现有泡桐品种木材存在纤维长宽比小、木材干缩率大、生长年轮宽度不均匀等特性，降低了木材的声学振动性能和共鸣板的振动效率，对振动频谱有一定的影响，影响了乐器的价值。因此，培育纤维长宽比大、木材干缩率小、生长年轮宽度均匀的泡桐良种能缓解乐器共鸣板用优质木材资源匮乏的问题，提高我国民族乐器产品的声学品质。泡桐在生长发育过程中往往受到生物因素和非生物因素等周围环境的不良影响，其中，由植原体侵染引起的泡桐丛枝病是一种传染性病害，具有发病率高、致病范围广等特点，在泡桐主栽区发病率达到 85%以上，易造成小树死亡、大树生长缓慢等情况，严重影响了泡桐产业的发展（田国忠和张锡津，1996）。因此，培育抗逆性和适应性强的泡桐良种能提高抗生物胁迫和非生物胁迫的能力，降低泡桐生产中病虫害的发生。

第二节　泡桐基础理论研究

一、泡桐基因组学研究

森林不仅是陆地生态系统的主体，还为人类提供基本的物质基础和生存环境。然而，全球气候变化、人口持续暴增等问题日益威胁着森林生态系统的稳定。应对上述挑战的策略之一就是提高森林生产力、适应力和可持续性，而森林基因组学在这一过程中起着至关重要的作用。泡桐作为我国栽培历史最为悠久的重要乡土树种之一，在我国林业发展过程中发挥着重要作用，开展泡桐功能基因组学研究，在系统水平上将泡桐基因组序列与基因功能（包括基因网络）及表型有机联系起来，揭示泡桐的生长发育、代谢调节和遗传进化等生物学机制，为生态保护和环境保护提供科学依据和技术支撑。

泡桐全基因组学研究。通过现代生物技术解析多个泡桐品种的全基因组信息，揭示林木重要目标性状的基因组学特征和环境适应性的基因组基础。基于基因组学的方法通过修饰泡桐基因组中的一个或多个基因直接显著地提高泡桐生产力和适应性。分子育种中的有效遗传标记和基因的识别，对提高调控林木复杂性状的关键基因和积累遗传力较低的数量性状的基因有着重要作用。比较不同组织和不同发育阶段、正常状态和疾病状态，以及体外培养的细胞中基因表达的差异。开展转基因和基因剔除研究揭示关键基因的调控功能。开展多倍体泡桐复杂基因组组装研究工作，阐明泡桐进化的机制。对基因组序列进行鉴定和描述推测的基因、非基因序列及其功能分析，鉴定 DNA 序列中的关键基因；通过核苷酸序列的同源性比较推测基因组内相似功能的基因，搜索在进化中来自共同祖先的同源基因，阐明泡桐基因家族起源、分化及功能。

泡桐蛋白质组学研究。研究泡桐细胞内所有蛋白质及其动态变化规律，研究不同时间和空间发挥功能的特定蛋白质群体，从蛋白质水平阐明泡桐全部蛋白质的表达、存在方式（修饰形式）、结构、功能和相互作用方式等的表达模式及功能模式，探索泡桐蛋白质作用模式、功能机理、调节控制和新陈代谢等蛋白质整体活动规律。利用高灵敏度的分析仪器、特定的样品预处理方法及新兴的蛋白质富集技术，能够在样品量有限的情况下，从微量样品中制备出具稳健性、高通量、高产率和高重复性的蛋白质组学样本，开展微量蛋白质组学研究。利用液相色谱质谱联用技术结合数据库检索的方法，对样本中的混合蛋白进行定性鉴定分析。以泡桐体内源性多肽和低分子量蛋白质为研究对象，研究多肽组的结构、功能、变化规律及其相关关系，开展多肽组学研究。开展磷酸化、糖基化、乙酰化、泛素化等修饰蛋白质组学研究，分析其在细胞信号转导、调控细胞增殖、发育、分化、凋亡过程中所起的重要作用。

泡桐代谢组学研究。代谢组学与生物科学、分析化学、化学计量学及生物信息学等多种学科密切相关，是系统生物学研究中的一个重要环节，随着分析检测技术的发展，特别是基于质谱及核磁共振的代谢谱分析的发展，代谢组学的研究领域在不断扩展。开展泡桐代谢组学研究，为区分不同的泡桐品种、探索不同泡桐代谢物积累的特点及进化规律、识别具有潜在健康益处的生物活性化合物、构建泡桐发育过程中的时空代谢图谱、监测泡桐对不同生态环境和胁迫的代谢响应等方面的研究提供科学依据。通过对基因组、转录组、蛋白质组、表观组和代谢组等不同水平的组学进行整合和分析，可以相互验证和补充，将有助于全面、深入地研究泡桐代谢在合成、调控和进化过程中的多样性和自然变异等方面的机制。

随着现代生物技术的不断发展，从基于基因水平的研究到基于细胞、组织和器官水平的研究，从基于单一基因的研究到基于多个基因相互作用的研究，将更加全面和系统地揭示基因及其调控机制的生物学过程和功能特性。未来的工作就是要进一步完善和发明各种大规模获得基因功能线索和确认基因功能的新技术和新方法，并想办法读懂这些序列。随着不断深入，系统开展比较基因组学、蛋白质组学和代谢组学研究，构建决定育种性状形成的基因调控网络，阐明重要目标性状形成的生物学基础，也必将为人类健康和环境保护等领域的发展带来更多的科学依据和技术支撑。

二、重要株型形成的分子基础

针对我国泡桐生产上高产、优质、高抗性状提升所面临的关键限制因素，利用现代生物技术系统深入开展优良泡桐抗逆、高产、优质等重要性状形成的分子基础研究，挖掘性状形成的关键控制基因，精细定位关键遗传位点，克隆关键调控因子和结构基因并鉴定生物学功能，阐明其分子调控网络。

泡桐优异种质资源形成与演化的分子基础。应用多重组学、泛组学、人工智能和系统生物学等技术方法，构建泡桐微核心种质全景组学特征，揭示泡桐从原始种到地方品种再到现代品种发展过程中重要性状的形成与演化规律，挖掘优异性状形成的关键调控基因，阐明关键基因等位变异和单倍型的分布和遗传效应，针对不同研发基因组预测和选择方法，开展地方品种等种质资源的育种价值评估，为拓宽种源遗传基础和突破性新品种培育提供技术和基因资源支撑。

泡桐主要优良性状形成的分子基础。综合利用生理学、生态学、遗传学、发育学、分子生物学等技术手段，鉴定、克隆决定泡桐木材品质、抗逆和速生等重要目标性状的关键基因，解析其分子和生理生化机制；克隆泡桐重要性状关键调控基因并解析其生物学功能，阐明其对目标性状提高的遗传效应，明确基因与基因、基因与环境互作机制，明确多性状遗传互作机制，构建重要性状形成的分子调控网络，创制对泡桐重要育种性状提升有显著效应的优异新基因资源。

泡桐抗病虫的分子基础。针对我国泡桐在生产上生物胁迫提升所面临的关键瓶颈问题，研究泡桐（炭疽病、腐烂病、植原体、泡桐网蝽等）等重要病虫害胁迫的应答机制，挖掘泡桐抗病虫的关键基因，解析寄主-病原生物互作的分子调控网络，阐明泡桐病原信号识别、传导、免疫响应的分子生物学基础，揭示泡桐协调生长和防御的平衡机制，创制对病虫害胁迫应答有显著提升的优异新基因资源。

泡桐耐盐碱等环境胁迫的分子基础。针对我国泡桐在生产中遇到的盐碱等环境胁迫关键限制因素，研究泡桐对盐碱、干旱、低高温、重金属离子等逆境信号的感知、应答和适应的分子基础，挖掘泡桐响应环境胁迫的关键调控基因，阐明其对环境胁迫性状提高的遗传效应，揭示逆境环境下泡桐生长发育的可塑性机制，构建泡桐响应环境胁迫的分子调控网络，创制对环境胁迫性状提升有显著效应的优异新基因资源。

随着研究的不断深入，开展泡桐重要性状形成的分子基础研究，鉴定并克隆重要的产量、品质、抗性相关的基因，阐述泡桐优势形成的机理及生长、发育等规律方面，必将大大推动植物发育生物学、植物生理学和植物遗传学等学科的发展。

三、泡桐丛枝病发生机理及防治研究

泡桐丛枝病是由植原体引起的传染性病害，植原体可通过具刺吸式口器的叶蝉、飞虱、木虱、蝽等半翅目昆虫感染1000多种植物。在被感染的植物中，植原体主要定殖于韧皮部的筛管细胞中，引起植物的病症有丛枝、黄化、植株退化矮缩、花变叶、花绿化及韧皮部黑斑坏死等。泡桐被植原体侵染后，在枝、干、花、根部都可表现出病状，发病时枝条上的腋芽和不定芽萌发出不正常的细弱小枝，病小枝又抽出不正常的细弱小枝，表现为局部枝叶密集成丛，影响枝、干生长量和干形，能导致幼树死亡，大树生长量缓慢、蓄材量降低，显著降低了泡桐的木材产量和价值，给泡桐产业造成了巨大的经济损失。因此，开展泡桐丛枝病发生机理和防治技术研究，具有重要的意义。

自植原体发现以来，科研工作者对植原体进行了大量研究，包括繁殖方式、传播途径及在寄主体内的变化规律等，但因植原体不能在离体条件下培养，很难进行生理生化特性、代谢需求、致病机理及与寄主互作等方面的研究，致使植原体与寄主之间相互作用的分子机制不清楚。植原体主要通过获取寄主体内的代谢产物而寄生于寄主植物中，因此，清楚了解植原体和寄主植物之间的差异代谢途径及这些差异的代谢途径与丛枝病害发生的关系将进一步揭示丛枝病的发病机理。植原体侵染寄主后，病原自身的生长繁殖会引起植物的形态、生理生化、组织（细胞）和分子水平等一系列变化。近年来，通过研究发现植原体是通过其 Sec 分泌蛋白系统分泌的效应蛋白直接作用于寄主细胞，扰乱植物生长素生物合成及信号传导途径，导致植株体内生长素和细胞分裂素比例失调，促使植株出现丛枝和矮小症状，从而引起寄主植物发病。目前，虽然国内外科研工作者通过基因组学、蛋白质组学、microRNA 和代谢组学等技术研究发现了丛枝病发病的相关调控基因，但泡桐丛枝病发生的分子机理还没有阐释清楚，尤其是泡桐受到植原体侵染时，能从被感染部位释放信号分子，建立起高度特异性和具有限制性的自身免疫应答，进一步激发系统抗病性，从而抵御病原菌的侵染，即泡桐的防御机制是什么不清楚。同时植原体将哪些效应蛋白分泌到宿主细胞中并如何干扰触发免疫也不清楚，而这些则是泡桐丛枝病发生分子机理的关键科学问题，在这些方面开展深入系统研究则能全面深刻揭示泡桐丛枝病的发生分子机理。

随着现代生物技术的发展，尤其是基因组学研究的普及和深入，越来越多的病原真菌的全基因组序列被揭示。目前，枣疯病植原体基因组、翠菊黄化植原体基因组、草莓致死黄化植原体基因组、小麦蓝矮植原体基因组、长春花小叶植原体基因组、花生丛枝植原体基因组、澳大利亚葡萄黄化植原体基因组和苹果簇生植原体基因组等序列被阐明。目前研究人员已绘制出了白花泡桐基因组精细图谱和泡桐丛枝植原体基因组完整图谱，在此基础上，通过生物信息学预测，鉴定出引起泡桐丛枝植原体感染典型症状及植原体与寄主互作的一些效应蛋白，研究这些效应蛋白与寄主互作的机理。此外，随着更多种植原体株系全基因组序列的测定，在此基础上进行的比较基因组学、转录组学及功能基因组学研究，鉴定出更多的植原体效应蛋白，使人们深入了解植原体的致病机制、介体传毒和病原寄主互作的机理，掌握植原体病害的发生流行规律，最终全面揭示泡桐丛枝病发生的分子机理，从而为泡桐抗病品种的选育及泡桐丛枝病的防控提供理论依据。

对泡桐丛枝病的防治技术研究，一直是国内外学者和林业工作者关注的问题，目前也总结出了防治泡桐丛枝病的相关措施，主要有培育优质壮苗、选育和推广抗病品种、选择适宜的造林方式、药物预防和治疗、修除病枝和清除侵染源等，在生产上起到了一定的防病作用。然而，目前这些措施的防治效果有限，经过一段时间其防治效果逐渐消失，不能从根本上消除丛枝病害。其中，药物预防和治疗措施中用到的四环素和土霉素等药物为常用抗生素，敏感性和特效性不强，治疗效果一般。随着科学的进步，分子研究手段的进步和研究技术水平的提高，植物抗病细胞工程在植物病害防治上已经开展与应用，今后将结合现代分子编辑技术，进一步发掘新的抗病基因和改造原有抗病基因，定向培育出泡桐抗病新品种。此外，将在揭示泡桐丛枝病发生和丛枝植原体抑制泡桐免疫反应的分子机理的基础上，研发泡桐丛枝病特效防治药物，建立更加科学高效的泡桐丛枝病综合防控技术体系。

第三节　泡桐产业化高值化利用

与其他树种相比，泡桐具有很多优良特性。泡桐展叶晚、落叶早、透光率高且根系发达，主要分布于地表下 50cm 的土壤层，不与农作物争夺阳光和养分，是我国北方地区最常见的农林防护林和间作树种。泡桐材属于轻质用材，干缩系数较小、不变形、不翘裂、干燥耐腐、透音性好，加上纹理美观、材色优雅，这使其为生物质及家具、飞机、玩具和乐器的生产提供了重要资源。泡桐因其所含的化合物而被中医用于治疗各种疾病，其叶、花、果均可入药，有化痰止咳、消肿解毒之功效。大量种植泡桐对缓解我国木材短缺、提高生态环境和提高人民生活水平等方面具有重要作用，有力助推我国生态文明建设、黄河流域生态保护和高质量发展、碳达峰碳中和、乡村振兴等国家重大战略实施。

随着人们对高品质桐木需求的呼声不断提高，桐木加工企业为研发高品质、高附加值产品，对泡桐木材品质如密度、强度、花纹提出了更高要求。今后，将围绕泡桐产业发展的重大科技需求开展攻关，进行泡桐加工利用研究，针对专用泡桐品种选育的关键问题，采用分子标记和表型精准鉴定与生物技术相结合的方法，选育适宜高端民族乐器优质大尺寸音板制作和高档全桐家具制造专用泡桐品种。创建制造高档全桐家具加工及配套生产技术和泡桐装饰材高质量加工关键技术，解决速生桐木家具产品视觉效果差、结构不稳、连接件不牢、表面硬度低、耐冲击性能差等制造难题，研发出高品质墙壁板、地板等装饰新产品，开辟泡桐加工利用新途径。改进泡桐在古筝、古琴和琵琶等民族乐器的制作工艺，提升民族乐器泡桐音板制作关键技术。开展对泡桐全株部位的多酚、多糖、多肽生物活性的综合评价，研究泡桐药物防治的成分和分子机理，并建立起一套绿色高效的泡桐药用成分提取富集工艺，综合开发泡桐系列绿色功能食品和轻工产品，提高泡桐药用资源的综合利用率。综上，通过确立正确的泡桐培育目标，发展优良泡桐品系，提供优良家具用材，研发高附加值产品，构建包括泡桐育苗、造林、木材加工、综合利用等上下游的全产业链，带动泡桐产业优质、高效、健康发展，提升泡桐产业在国内外市场的竞争力和出口创汇能力。

参 考 文 献

苌哲新, 史淑兰. 1989. 中国泡桐属新植物. 河南农业大学学报, 23(1): 53-58.
陈志远. 1986. 泡桐属(*Paulownia*)分类管见. 华中农业大学学报, (3): 53-57.
范国强. 2022. 泡桐表观遗传学. 北京: 中国科学出版社.
龚彤. 1976. 中国泡桐属植物研究. 中国科学院大学学报, 14(2): 38-50.
蒋建平. 1990. 泡桐栽培学. 北京: 中国林业出版社.
卢龙斗, 谢龙旭, 杜启艳, 等. 2001. 泡桐属七种植物的 RAPD 分析. 广西植物, 21(4): 335-338.
马浩, 张冬梅. 2001. 泡桐属植物种类的 RFLP 分析. 植物研究, 21(1): 136-139.
莫文娟, 傅建敏, 乔杰, 等. 2013. 泡桐属植物亲缘关系的 ISSR 分析. 林业科学, 49(1): 61-67.

彭海凤，孙君艳，张淮，等. 1999. 电泳分析法在泡桐属植物分类中的研究与应用. 信阳农林学院学报, (4): 1-5.

田国忠，张锡津. 1996. 泡桐丛枝病研究新进展. 世界林业研究, 9(2): 33-38.

熊金桥，陈志远. 1991. 泡桐属花粉形态及其与分类的关系. 河南农业大学学报, (3): 280-284.

Bremer B, Bremer K, Heidari N, et al. 2002. Phylogenetics of asterids based on 3 coding and 3 non-coding chloroplast DNA markers and the utility of non-coding DNA at higher taxonomic levels. Molecular Phylogenetics & Evolution, 24(2): 274-301.

Cao Y B, Sun G L, Zhai X Q, et al. 2021. Genomic insights into the fast growth of paulownias and the formation of *paulownia* witches' broom. Mol Plant, 14(10): 1668-1682.

Group T A P. 2003. An update of the Angiosperm Phylogeny Group classification for the orders and families of flowering plants: APG Ⅱ. Bot J Linn Soc, 141: 399-436.

Guo N, Zhai X Q, Fan G Q. 2023. Chemical composition, health benefits and future prospects of paulownia flowers: A review. Food Chemistry, 412: 135496.

Hu S Y. 1959. A monograph of the genus *Paulownia*. Quarterly Journal of the Taiwan Museum: 1-54.

Vos P, Hogers R, Bleeker M, et al. 1995. AFLP: a new technique for DNA fingerprinting. Nucleic Acids Research, 23(21): 4407.

Yi D K, Kim K J. 2016. Two complete chloroplast genome sequences of genus *Paulownia* (Paulowniaceae): *Paulownia coreana* and *P. tomentosa*. Mitochondrial DNA Part B, 1(1): 627-629.

附表一　泡 桐 专 利

序号	专利类别	专利名称	专利号	第一权利人	第一发明人
1	发明专利	一种防治泡桐丛枝病的药物及其使用方法	ZL 200810231019.1	河南农业大学	范国强
2	发明专利	防治泡桐丛枝病的药物	ZL 200610107024.2	河南农业大学	范国强
3	发明专利	一种秋水仙素诱导楸叶泡桐同源四倍体的培育方法	ZL 201410634165.4	河南农业大学	范国强
4	发明专利	一种泡桐容器自动化育苗的方法及自动化装置	ZL 201910508399.7	河南农业大学	范国强
5	发明专利	一种植物植原体基因组的测序方法	ZL 201811354428.0	河南农业大学	范国强
6	发明专利	一种基于 m^6A 甲基化测序研究泡桐丛枝病的方法	ZL 202111386710.9	河南农业大学	范国强
7	发明专利	泡桐木材脱色处理装置	ZL 201210097035.2	国家林业局泡桐研究开发中心	常德龙
8	发明专利	以泡桐木材为原料制造生态型泡桐木质墙板的方法	ZL 201310112762.6	国家林业局泡桐研究开发中心	张云岭
9	发明专利	木材色斑脱色杯	ZL 201310046227.5	国家林业局泡桐研究开发中心	常德龙
10	发明专利	泡桐木材脱色处理方法	ZL 201310112589.X	国家林业局泡桐研究开发中心	胡建华
11	发明专利	一种利用杨木或杨木和泡桐制造仿珍贵木材方法	ZL 201410164118.8	国家林业局泡桐研究开发中心	张云岭
12	发明专利	用软质速生林木制造高密度板材的方法	ZL 201310166370.8	国家林业局泡桐研究开发中心	常德龙
13	发明专利	泡桐板材立式喷淋防变色处理方法	ZL 201410124858.9	国家林业局泡桐研究开发中心	常德龙
14	发明专利	一种生态型泡桐木质墙板的制备方法	ZL 201510025237.X	国家林业局泡桐研究开发中心	张云岭
15	发明专利	一种白花泡桐叶的 HPLC 指纹图谱鉴别方法	ZL 202210894468.4	吉首大学	黄佳
16	发明专利	一种白花泡桐叶的 HPLC 质量检测方法	ZL 202210884591.8	吉首大学	魏华
17	发明专利	泡桐花提取物在制备雌激素类药物中的应用	ZL 202210887155.6	河南中医药大学	郑晓珂
18	发明专利	一种白花泡桐叶的气质联用指纹图谱鉴别方法	ZL 202210884781.X	吉首大学	魏华
19	发明专利	基于泡桐木材质的家具生产工艺及智能生产线	ZL 202111305622.1	徐夕华	徐夕华
20	发明专利	一种基于生物酶预处理漂白泡桐的方法	ZL 202210176186.0	西北农林科技大学	楚杰
21	发明专利	一种泡桐木材多层阻燃防火板制造方法	ZL 202210873645.0	中国林业科学研究院经济林研究所	常德龙
22	发明专利	一种直接诱导四倍体泡桐叶柄再生出不定芽的高效启动培养基及应用	ZL 202010303206.7	山东省林业科学研究院	毛秀红
23	发明专利	一种培养粗壮四倍体泡桐苗的增殖培养基配方及应用	ZL 202010303416.6	山东省林业科学研究院	毛秀红
24	发明专利	一种直接诱导四倍体泡桐大田茎段再生出不定芽的高效启动培养基及应用	ZL 202010303269.2	山东省林业科学研究院	毛秀红
25	发明专利	一种促进四倍体泡桐组培苗生根的培养基及应用	ZL 202010303818.6	山东省林业科学研究院	毛秀红
26	发明专利	一种诱导四倍体泡桐继代增殖培养基及应用	ZL 202010303055.5	山东省林业科学研究院	毛秀红
27	实用新型	泡桐杂交隔离袋	ZL 202210985997.5	河南省林业科学研究院	翟晓巧
28	实用新型	一种泡桐苗扶正装置	ZL 202220138874.3	江苏省农业科学院宿迁农科所	蔡卫佳
29	实用新型	一种泡桐样品取样袋	ZL 202121633384.2	河南农业大学	范国强
30	实用新型	一种泡桐接干矫正装置	ZL 202220119974.1	江苏省农业科学院宿迁农科所	王昊
31	实用新型	四倍体泡桐培育工具	ZL 202221475709.3	张方悦	张方悦
32	实用新型	一种泡桐种植用保温透光保护装置	ZL 202123002752.6	武汉维尔福生物科技股份有限公司	黄钧
33	发明专利	一种利用叶子繁殖泡桐的育苗方法	ZL 202210919629.0	广西特色作物研究院	曾成
34	实用新型	用于四倍体泡桐的田间管理装置	ZL 202221474797.5	于胜伟	于胜伟

续表

序号	专利类别	专利名称	专利号	第一权利人	第一发明人
35	实用新型	一种提高泡桐抗性的营养装置	ZL 202220851021.4	河南省林业科学研究院	翟晓巧
36	实用新型	四倍体泡桐苗圃育苗装置	ZL 202221474780.X	张方悦	张方悦
37	实用新型	一种泡桐树肥水管理装置	ZL 202122133690.6	孙颖	孙颖
38	实用新型	一种泡桐育苗根部防护装置	ZL 202123050943.X	武汉维尔福生物科技股份有限公司	胡江勇
39	实用新型	多功能的四倍体泡桐棚室结构	ZL 202221475708.9	孟庆巍	孟庆巍

附表二　泡 桐 标 准

序号	标准类别	标准名称	标准编号	发布日期	发布部门	第一起草单位	第一起草人
1	行业标准	泡桐丛枝病防治技术规程	LY/T 2213-2013	2013-10-17	国家林业局	河南农业大学	范国强
2	行业标准	泡桐育苗技术规程	LY/T 2114-2013	2013-07-01	国家林业局	国家林业局泡桐研究开发中心	王保平
3	行业标准	四倍体泡桐苗木繁育技术规程	LY/T 2206-2013	2014-01-01	国家林业局	河南农业大学	范国强
4	行业标准	四倍体泡桐丰产栽培技术规程	LY/T 2207-2013	2014-01-01	国家林业局	河南农业大学	范国强
5	行业标准	实木壁板	LY/T 3221-2020	2020-12-29	国家林业和草原局	国家林业和草原局泡桐研究开发中心	黄文豪
6	地方标准	泡桐标准综合体 第 1 部分：泡桐种质资源收集与保存	DB41/T 2295.1-2022	2022-09-16	河南省市场监督管理局	河南农业大学	范国强
7	地方标准	泡桐标准综合体 第 2 部分：泡桐良种培育	DB41/T 2295.2-2022	2022-09-16	河南省市场监督管理局	河南农业大学	范国强
8	地方标准	泡桐标准综合体 第 3 部分：泡桐种苗繁育	DB41/T 2295.3-2022	2022-09-16	河南省市场监督管理局	河南农业大学	范国强
9	地方标准	泡桐标准综合体 第 4 部分：栽培管理	DB41/T 2295.4-2022	2022-09-16	河南省市场监督管理局	河南农业大学	范国强
10	地方标准	泡桐标准综合体 第 5 部分：泡桐丛枝病防治	DB41/T 2295.5-2022	2022-09-16	河南省市场监督管理局	河南农业大学	范国强
11	地方标准	泡桐组织培养快繁殖技术规程	DB41/T 1930-2019	2019-11-21	河南省市场监督管理局	河南农业大学	范国强
12	地方标准	泡桐丛枝病植原体保存体系建立规范	DB41/T 1376-2017	2017-04-24	河南省质量技术监督局	河南农业大学	范国强
13	地方标准	泡桐木材热处理与纳米防腐复合处理技术规范	DB34/T 3421-2019	2019-11-04	安徽省市场监督管理局	阜南县天亿工艺品有限公司	张晓玲
14	地方标准	泡桐栽培技术规程	DB41/T 414-2015	2015-03-02	河南省质量技术监督局	濮阳市林业科学院	张存义
15	地方标准	泡桐栽培技术规程	DB36/T 774-2014	2014-03-17	江西省质量技术监督局	江西省林业科学院	江香梅
16	地方标准	泡桐组培容器育苗技术规程	DB36/T 775-2014	2014-03-17	江西省质量技术监督局	江西省林业科学院	江香梅
17	地方标准	泡桐培育技术规程	DB34/T 1585-2012	2012-02-23	安徽省质量技术监督局	安徽省林业科学研究院	于一苏
18	地方标准	泡桐栽培技术规程	DB3412/T 7-2021	2021-12-22	阜阳市市场监督局	阜阳市林业局	殷辉

附表三　泡桐软件著作权

序号	软件著作权名称	国家	授权号	授权日期	第一著作权人
1	泡桐丛枝病发生组蛋白乙酰化变化监测系统	中国	2019RS0777826	2017-05-09	范国强
2	泡桐丛枝病发生代谢变化监测系统	中国	2019RS0777883	2017-05-25	范国强
3	林木病害观测系统 V1.0	中国	2019SR0931400	2018-05-17	范国强
4	泡桐丛枝病发生转录组变化监测系统	中国	2019SR0777860	2018-06-02	范国强
5	林农复合经营监测系统	中国	2019SR0569839	2018-08-22	翟晓巧
6	林分间伐经营监测系统 V1.0	中国	2019SR0739112	2018-08-28	翟晓巧
7	泡桐高生长信息管理系统	中国	2019SR0865760	2017-06-14	范国强
8	林木丛枝病发病过程监控系统	中国	2019SR0984508	2018-04-03	范国强
9	泡桐木材脱色程序管理系统	中国	2022SR0656807	2021-11-15	范国强
10	泡桐实木壁板制作流程管理系统	中国	2022SR0656806	2021-11-28	范国强
11	泡桐种苗标准化应用中试基地管理系统 V1.0	中国	2022SR0319834	2021-10-25	赵振利
12	泡桐标准化栽培观测系统 V1.0	中国	2022SR0267270	2021-10-27	翟晓巧
13	林木生长野外观测系统	中国	2018SR1033874	2018-05-18	翟晓巧
14	林木育苗苗圃监控系统	中国	2018SR984838	2018-06-05	范国强
15	扦插育苗远程观测系统	中国	2018SR1033667	2018-06-20	任媛媛
16	林木遗传多样性监测系统	中国	2018SR0816681	2018-08-09	任媛媛
17	泡桐与红薯间作监测系统 V1.0	中国	2019SR0714690	2018-09-07	范国强
18	林木高干培育观测系统 V1.0	中国	2019SR0361377	2018-09-19	范国强
19	泡桐丛枝病植原体效应蛋白功能验证监测系统 V1.0	中国	2019SR0355209	2018-09-04	范国强
20	林木生殖生长观测系统 V1.0	中国	2019SR1109807	2019-01-14	翟晓巧
21	泡桐愈伤组织悬浮培育监测系统 V1.0	中国	2019SR0692332	2018-09-14	范国强
22	林木定向高效培育经济评估系统 V1.0	中国	2019SR1109796	2019-01-22	翟晓巧
23	泡桐丛枝病发生 3D 基因组变化观测系统 V1.0	中国	2019SR1074245	2019-05-08	范国强
24	泡桐速生丰产观测系统 V1.0	中国	2019SR0562472	2018-09-14	范国强
25	林木抚育管理监控系统 V1.0	中国	2019SR0733444	2018-09-26	翟晓巧
26	泡桐组蛋白甲基化变化观测系统 V1.0	中国	2019SR1184018	2018-09-24	翟晓巧
27	林木年生长周期观测系统 V1.0	中国	2019SR0407810	2018-10-15	范国强
28	泡桐与花生间作生长监控系统 V1.0	中国	2019SR0696646	2018-09-27	范国强
29	泡桐离体快速繁殖监测系统 V1.0	中国	2019SR0129377	2018-10-08	范国强
30	泡桐丛枝病防治监测系统 V1.0	中国	2019SR0129375	2018-10-08	范国强
31	泡桐容器育苗造林生长监控系统 V1.0	中国	2019SR0722502	2018-10-12	范国强
32	泡桐遗传转化过程监测系统 V1.0	中国	2019SR0604324	2018-10-15	范国强
33	泡桐林密度控制生长监控系统 V1.0	中国	2019SR0711664	2018-10-15	范国强
34	泡桐组蛋白磷酸变化观测系统 V1.0	中国	2019SR1184002	2018-10-16	翟晓巧
35	泡桐与小麦间作监测系统 V1.0	中国	2019SR0714919	2018-10-19	范国强

续表

序号	软件著作权名称	国家	授权号	授权日期	第一著作权人
36	泡桐丛枝病苗组织培养监测系统 V1.0	中国	2019SR0245861	2018-10-21	翟晓巧
37	泡桐丛枝病植原体监测系统 V1.0	中国	2019SR0245864	2018-10-21	翟晓巧
38	泡桐丛枝病特性早期评价监测系统 V1.0	中国	2019SR0714679	2018-10-21	范国强
39	泡桐埋根育苗监测系统 V1.0	中国	2019SR0673892	2018-10-22	范国强
40	泡桐丛枝病 DNA 甲基化修复监测系统 V1.0	中国	2019SR0622351	2018-10-24	范国强
41	泡桐林修枝抚育监控系统 V1.0	中国	2019SR0711068	2018-10-25	范国强
42	泡桐染色体三维构象观测系统 V1.0	中国	2019SR1248609	2018-11-06	翟晓巧
43	泡桐接杆特性监控系统 V1.0	中国	2019SR0715863	2018-11-08	范国强
44	泡桐抗丛枝病特征评估系统 V1.0	中国	2019SR1267548	2018-11-16	翟晓巧
45	泡桐与油用牡丹间作生长监控系统 V1.0	中国	2019SR0709581	2018-11-27	范国强
46	泡桐丛枝病叶片形态变化观测系统 V1.0	中国	2019SR1080044	2018-12-27	范国强
47	泡桐叶绿体观测系统 V1.0	中国	2019SR1075335	2019-01-14	范国强
48	泡桐幼苗叶片形态观测系统 V1.0	中国	2020SR0825303	2020-03-12	翟晓巧
49	泡桐抗逆性评价观测系统 V1.0	中国	2020SR0956075	2020-03-15	赵振利
50	泡桐丛枝植原体与寄主互作研究监测系统 V1.0	中国	2020SR0957683	2020-03-24	范国强
51	泡桐蛋白质巴豆酰化变化观测系统 V1.0	中国	2020SR0825310	2020-04-24	曹喜兵
52	泡桐 RNA 甲基化观测系统 V1.0	中国	2020SR0955232	2020-04-25	范国强
53	泡桐抗丛枝病早期鉴定观测系统 V1.0	中国	2020SR0825068	2020-05-23	翟晓巧
54	泡桐顶芽连年生长观测系统 V1.0.0	中国	2020SR0143213	2020-11-30	翟晓巧
55	泡桐丛枝病防治施药配方咨询系统 V1.0	中国	2021SR0295614	2021-05-23	李烜桢
56	泡桐板琵琶制作管理系统 V1.0	中国	2022SR0487323	2021-10-21	赵振利
57	泡桐板古筝制作管理系统 V1.0	中国	2022SR0487322	2021-10-25	翟晓巧
58	泡桐桐板加工流程管理系统 V1.0	中国	2022SR0319835	2021-11-05	赵振利
59	泡桐种质资源特性登记系统	中国	2022SR0299132	2021-11-16	翟晓巧

附表四　泡桐新品种权

序号	品种	品种权号	授权日	第一培育人	第一品种权人
1	森桐 1 号	20080016	2008-05-29	韩一凡	上海森海林业科技有限公司
2	森桐 2 号	20080017	2008-05-29	韩一凡	上海森海林业科技有限公司
3	白四泡桐 1 号	20130095	2013-12-31	范国强	河南农业大学
4	毛四泡桐 1 号	20130096	2013-12-31	范国强	河南农业大学
5	兰四泡桐 1 号	20130097	2013-12-31	范国强	河南农业大学
6	南四泡桐 1 号	20130098	2013-12-31	范国强	河南农业大学
7	杂四泡桐 1 号	20130099	2013-12-31	范国强	河南农业大学
8	泡桐兰白 75	20130092	2013-12-31	茹广欣	河南农业大学
9	泡桐 1201	20130091	2013-12-31	茹广欣	河南农业大学
10	黄金桐	20160162	2016-12-19	彭纪南	江西一方林业工程有限公司
11	绿桐 1 号	20160153	2016-12-19	李昆龙	李昆龙
12	绿桐 2 号	20190355	2019-12-31	李昆龙	李昆龙
13	绿桐 3 号	20190356	2019-12-31	李昆龙	李昆龙
14	绿桐 4 号	20190357	2019-12-31	李昆龙	李昆龙
15	新桐 1 号	20200251	2020-12-21	陈政璋	广东新桐林业科技有限公司
16	中桐 1 号	20210002	2021-06-25	李芳东	国家林业和草原局泡桐研究开发中心
17	中桐 10 号	20210684	2021-12-31	李芳东	国家林业和草原局泡桐研究开发中心
18	中桐 11 号	20210685	2021-12-31	王保平	国家林业和草原局泡桐研究开发中心
19	中桐 12 号	20210686	2021-12-31	乔杰	国家林业和草原局泡桐研究开发中心
20	中桐 19 号	20210687	2021-12-31	冯延芝	国家林业和草原局泡桐研究开发中心
21	中桐 20 号	20210688	2021-12-31	赵阳	国家林业和草原局泡桐研究开发中心
22	泡桐 1201	20130091	2013-12-25	茹广欣	河南农业大学
23	泡桐兰白 75	20130092	2013-12-25	茹广欣	河南农业大学

附表五　泡 桐 良 种

序号	品种	编号	第一培育单位	第一培育人
1	‘白四’泡桐	豫 R-SV-PF-044-2010	河南农业大学	范国强
2	‘兰四’泡桐	豫 R-SV-PE-045-2010	河南农业大学	范国强
3	‘毛四’泡桐	豫 S-SV-PF-025-2014	河南农业大学泡桐研究所	范国强
4	‘南四’泡桐	豫 S-SV-PF-026-2014	河南农业大学泡桐研究所	范国强
5	‘杂四’泡桐	豫 S-SV-PF-027-2014	河南农业大学泡桐研究所	范国强
6	‘豫桐 1 号’泡桐	豫 S-SV-PF-004-2016	河南农业大学	范国强
7	‘豫桐 2 号’泡桐	豫 S-SV-PE-005-2016	河南农业大学	范国强
8	‘豫桐 3 号’泡桐	豫 S-SV-PA-006-2016	河南农业大学	范国强
9	‘豫桐 4 号’泡桐	豫 S-SV-PE-017-2019	河南农业大学	范国强
10	‘中桐 6 号’泡桐	豫 S-SV-PT-043-2018	国家林业局泡桐研究开发中心	王保平
11	‘中桐 7 号’泡桐	豫 S-SV-PT-044-2018	国家林业局泡桐研究开发中心	冯延芝
12	‘中桐 8 号’泡桐	豫 S-SV-PT-045-2018	国家林业局泡桐研究开发中心	李芳东
13	‘中桐 9 号’泡桐	豫 S-SV-PT-046-2018	国家林业局泡桐研究开发中心	乔　杰
14	桐优 1	赣 S-SC-PT-002-2013	抚州市林业科学研究所	徐　辉
15	桐优 2	赣 S-SC-PF-003-2013	抚州市林业科学研究所	徐　辉
16	桐优 3	赣 S-SC-PF-004-2013	抚州市林业科学研究所	徐　辉
17	天桐 C22	赣 R-ETS-CI-004-2014（5）	江西一方林业工程有限公司	朱培林
18	陕桐 3 号	QLS032-K013-2000	陕西省渭南市速生泡桐技术推广中心	周永学
19	陕桐 4 号	QLS033-K014-2000	陕西省渭南市速生泡桐技术推广中心	周永学
20	苏桐 3 号	苏 S-SC-PJ-010-2009	江苏省林业科学研究院	倪善庆
21	向阳	苏 R-SC-PF-004-2019	江苏省林业科学研究院	施士争
22	烟楸桐 3 号	鲁 R-SV-PCA-001-2015	烟台市林业科学研究所	祁树安
23	烟楸桐 4 号	鲁 R-SV-PCA-002-2015	烟台市林业科学研究所	祁树安
24	烟楸桐 5 号	鲁 R-SV-PCA-003-2015	烟台市林业科学研究所	祁树安

附表六　泡 桐 论 文

	论文名称（中文）	刊名	日期	论文作者（第一作者和通讯作者）
1	Fe、Mn 掺杂 APP/硅凝胶对泡桐的阻燃抑烟性能	中南林学院学报	2024-01	王勇、袁光明
2	连作对白花泡桐生长及根内外微生物群落的影响	森林与环境学报	2023-07	赵振利、范国强
3	生物酶预处理对桐木脱色的影响	林业科学	2023-05	李书磊、楚杰
4	裂纹长度对泡桐木材声学振动性能的影响	林业工程学报	2023-05	万珂、刘镇波
5	基于全基因组重测序的泡桐属植物遗传关系分析	中南林学院学报	2023-05	赵阳、乔杰
6	表面活性剂协同超声波提取泡桐花总黄酮及其抗氧化活性研究	化学与生物工程	2023-04	朱秀红、茹广欣
7	短日照诱导白花泡桐顶芽死亡过程相关基因的表达	林业科学	2023-02	李顺福、刘震
8	不同生物炭种类和用量对镉胁迫下小麦幼苗光合特性和镉积累的影响	河南农业大学学报	2023-01	朱秀红、茹广欣
9	抽提处理对泡桐木材声学振动性能的影响	林业科学	2023-02	李瑞、刘镇波
10	超声波辅纤维素酶提取泡桐花总黄酮工艺及其抗氧化研究	饲料研究	2022-11	朱秀红、茹广欣
11	GA_3 对 NaCl 胁迫下‘泡桐 1201’幼苗生理代谢及离子吸收的影响	广西植物	2022-10	朱秀红、茹广欣
12	铅镉胁迫下泡桐 1201 幼苗的生理机制响应	湖北农业科学	2022-10	朱秀红、茹广欣
13	葎草化感活性对白花泡桐种子萌发及幼苗生长的影响	西部林业科学	2022-08	朱秀红、茹广欣
14	南方丘陵山地泡桐人工林立地类型划分与质量评价	中南林学院学报	2022-07	庞宏东、唐万鹏
15	白花泡桐 TCP 家族分析及其对丛枝病和干旱的响应	森林与环境学报	2022-06	韩建霞、范国强
16	泡桐 WPR 基因家族鉴定及其对丛枝植原体的响应	森林与环境学报	2022-05	常梦悦、范国强
17	白花泡桐 NCED 基因家族分析及其对丛枝植原体的响应	河南农业大学学报	2022-04	徐赛赛、范国强
18	泡桐 E2 基因家族分析及对丛枝植原体的响应	森林与环境学报	2022-03	江小羊、范国强
19	截干对泡桐根冠协同生长及平茬接干的影响	河南农业大学学报	2022-03	耿晓东、刘震
20	短日照诱导白花泡桐顶芽死亡过程相关基因的表达	林业科学	2022-02	李顺福、刘震
21	变色泡桐木材脱色后组分及热稳定性	中南林学院学报	2022-01	许雅雅、常德龙
22	干旱胁迫对泡桐幼苗生长和叶绿素荧光参数的影响	中南林业科技大学学报	2021-06	张雅梅、朱秀红
23	赤霉素对盐胁迫下泡桐种子萌发及幼苗生理特性的影响	种子	2021-06	朱秀红、张威
24	白花泡桐幼苗对盐、干旱及其交叉胁迫的生理响应	西部林业科学	2021-06	朱秀红、茹广欣
25	不同热解温度泡桐生物炭孔隙结构及其差异	河南农业大学学报	2021-05	朱秀红、茹广欣
26	泡桐丛枝病相关 microRNAs 测序及其靶基因预测	森林与环境学报	2021-03	王利美、范国强
27	白花泡桐二倍体和同源四倍体抗逆基因差异表达的研究	河南农业大学学报	2021-03	赵晓改、赵振利
28	白花泡桐二四倍体的蛋白质组差异分析	森林与环境学报	2020-11	孙华乐、范国强
29	二倍体及其同源四倍体泡桐木材特性的变异分析和评价	河南农业大学学报	2020-10	赵振利、范国强
30	泡桐根系应答铅锌矿胁迫的转录组分析	中南林学院学报	2020-08	韩良泽、陈明利
31	泡桐幼苗对铝胁迫的生理响应	中南林学院学报	2020-07	刘森、涂佳
32	白花泡桐丛枝病发生过程中全基因组 DNA 甲基化差异分析	河南农业大学学报	2020-06	赵振利、范国强
33	干旱复水对楸叶泡桐幼苗光合和叶绿素荧光的影响	中南林学院学报	2020-04	冯延芝、乔杰

续表

	论文名称（中文）	刊名	日期	论文作者（第一作者和通讯作者）
34	多年生泡桐嫩枝扦插技术优化研究	山东农业大学学报（自然科学版）	2019-12	吴君、刘震
35	四倍体楸叶泡桐的诱导及鉴定	绿色科技	2019-12	张变莉、范国强
36	四倍体楸叶泡桐体外植株再生系统建立	河南林业科技	2019-12	张变莉、范国强
37	干旱胁迫对豫杂一号泡桐基因表达谱的影响	河南农业大学学报	2019-11	谢博洋、范国强
38	亚热带泡桐人工林土壤养分利用效率研究	中南林学院学报	2019-11	刘鸿宇、李春华
39	植原体感染前后毛泡桐叶绿体全基因组测序分析	河南农业大学学报	2019-08	林丹、范国强
40	利福平和甲基磺酸甲酯对感染植原体毛泡桐中长链非编码RNA变化的影响	河南农业大学学报	2019-08	李小凡、范国强
41	泡桐高密度分子遗传图谱的构建	中南林业科技大学学报	2019-07	李文杨、范国强
42	水肥控制对楸叶泡桐苗期生长和生物量及其分配的影响	中南林学院学报	2019-07	段伟、王群
43	泡桐高密度分子遗传图谱的构建	中南林学院学报	2019-07	李文杨、范国强
44	基于流式细胞仪对不同品种泡桐倍性及白花泡桐基因组大小的测定	河南农业大学学报	2019-06	林丹、范国强
45	‘豫杂一号’泡桐叶绿体基因组序列及特征分析	河南林业科技	2019-06	林丹、翟晓巧
46	泡桐属植物亲缘关系研究	河南林业科技	2019-06	林丹、翟晓巧
47	泡桐丛枝病相关 lncRNAs 的表达和调控	森林与环境学报	2019-03	李文杨、范国强
48	基于 iTRAQ 量化蛋白质组学技术的泡桐丛枝病分析	河南农业大学学报	2018-10	魏振、赵振利
49	白花泡桐和毛泡桐丛枝病发生与蛋白质表达谱变化	西北林学院学报	2018-10	张雯宇、翟晓巧
50	硫酸二甲酯对患丛枝病毛泡桐蛋白组的影响	南京林业大学学报（自然科学版）	2018-09	邓敏捷、范国强
51	泡桐丛枝病发生过程中的蛋白质组学研究	西南林业大学学报（自然科学）	2018-07	赵振利、范国强
52	丛枝病对白花泡桐环状 RNA 表达谱变化的影响	河南农业大学学报	2018-06	李冰冰、范国强
53	南方低山丘陵区泡桐无性系主要性状的综合选择	林业科学研究	2017-12	冯延芝、李芳东
54	基于光响应曲线特征参数的楸叶泡桐优良无性系选择	西北林学院学报	2017-11	段伟、周海江
55	利福平对毛泡桐长链非编码 RNA 表达谱变化的影响	河南农业大学学报	2017-10	李永生、范国强
56	盐胁迫对南方泡桐基因表达的影响	河南农业大学学报	2017-08	李冰冰、范国强
57	泡桐丛枝病发生与代谢组变化的关系（英文）	林业科学	2017-06	曹亚兵、范国强
58	秋冬季节泡桐顶芽形态及显微结构变化分析	西北林学院学报	2017-01	王国霞、刘震
59	泡桐新品种南四泡桐 1 号	农村百事通	2016-12	曹艳春、翟晓巧
60	周年温度变化对泡桐丛枝病植原体分布和消长的影响	河南农业科学	2016-10	曹亚兵、范国强
61	白花泡桐二倍体及四倍体响应盐胁迫的蛋白质组变化的研究	河南农业大学学报	2016-10	曹亚兵、范国强
62	不同种四倍体泡桐及其二倍体花粉和种子的形态差异分析	河南农业大学学报	2016-10	李晓煜、范国强
63	长期施肥对第四纪红壤泡桐林蓄积量及基础地力的影响	中南林学院学报	2016-09	涂佳、吴立潮
64	人工调控对泡桐顶芽生长发育的影响	林业科学	2016-08	王艳梅、刘震
65	泡桐新品种‘南四泡桐 1 号’	林业科学	2016-08	曹艳春、范国强
66	泡桐良种‘天桐 C22’	林业科学	2016-07	李康琴、朱培林
67	基于 cpDNA rps16 序列分析兰考泡桐与白花泡桐和毛泡桐的遗传关系	林业科学研究	2016-03	莫文娟、傅建敏
68	育苗方式对脱毒泡桐苗生长及经济效益的影响	林业工程学报	2015-11	苗作云、王勇
69	利用高通量测序分析白花泡桐盐胁迫相关 microRNAs	河南农业大学学报	2015-08	王园龙、范国强
70	同源四倍体台湾泡桐体外植株再生系统的建立	河南农业科学	2015-07	张变莉、范国强
71	泡桐优良无性系“TF33”干材表型性状杂种优势研究	林业科学研究	2015-06	王楠、叶金山

续表

	论文名称（中文）	刊名	日期	论文作者（第一作者和通讯作者）
72	白花泡桐二倍体及其同源四倍体的 AFLP 和 MSAP 分析	河南农业大学学报	2015-04	翟晓巧、范国强
73	坡向、坡位对泡桐人工林土壤养分空间分布的影响	中南林学院学报	2015-04	张顺平、于鑫
74	泡桐丛枝植原体胸苷酸激酶的原核表达、纯化及酶活性测定	林业科学研究	2014-12	宋传生、田国忠
75	泡桐丛枝植原体河北平山和江西吉安株系胸苷酸激酶基因多态性分析	林业科学	2014-08	宋传生、田国忠
76	白花泡桐材色优良单株的选择	林业科学研究	2014-04	邱乾栋、李芳东
77	甲基磺酸甲酯对毛泡桐丛枝病苗 DNA 甲基化的影响	林业科学	2014-03	曹喜兵、范国强
78	毛泡桐二倍体及其同源四倍体的 AFLP 和 MSAP 分析	中南林学院学报	2014-01	翟晓巧、范国强
79	四倍体泡桐对盐胁迫生理响应的差异	中南林学院学报	2013-12	邓敏捷、范国强
80	泡桐的 microRNAs 及其功能预测	林业科学	2013-11	牛苏燕、范国强
81	豫杂一号泡桐二倍体及其同源四倍体的 AFLP 和 MSAP 分析	林业科学	2013-10	张晓申、范国强
82	泡桐 ITS 序列测定及特征分析	中南林学院学报	2013-10	申响保、袁德义
83	泡桐丛枝植原体 pPaWBNy-2-ORF4 编码蛋白的抗体制备和表达分析	林业科学研究	2013-08	耿显胜、林彩丽
84	基于 Illumina 高通量测序的泡桐转录组研究	林业科学	2013-06	邓敏捷、范国强
85	泡桐顶芽死亡机制研究进展	林业科学	2013-04	王艳梅、刘震
86	泡桐属植物亲缘关系的 ISSR 分析	林业科学	2013-01	莫文娟、李芳东
87	1 年生泡桐不同部位顶芽内源激素的动态变化	林业科学	2012-07	王艳梅、刘震
88	湖北太子山兰考泡桐引种栽培试验	林业工程学报	2012-07	谢经荣、乐祥明
89	白花泡桐优树试管嫁接幼化及组培快繁技术研究	林业科学研究	2011-10	邓建军、黄琳
90	白花泡桐羟基肉桂酰辅酶 A 还原酶 mRNA 全序列克隆及序列分析	西北林学院学报	2011-07	陈占宽、王军军
91	白花泡桐种源遗传多样性的 ISSR 分析	中南林学院学报	2011-07	李芳东、袁军
92	TCS 基因转化泡桐及抗病能力	林业科学	2011-05	刘静、冯殿齐
93	白花泡桐优树种质资源收集保存及繁殖技术研究	中南林学院学报	2011-04	邓建军、李荣幸
94	甲基磺酸甲酯处理的豫杂一号泡桐丛枝病幼苗的生长及 SSR 分析	林业科学	2010-12	翟晓巧、范国强
95	白花泡桐优树组织培养幼化技术研究	中南林学院学报	2010-08	李芳东、刘昌勇
96	泡桐幼龄林配方施肥的初步研究	中南林学院学报	2010-06	卢漫、赵建平
97	泡桐速生丰产施肥技术研究进展	中南林学院学报	2010-02	吴立潮、卢漫
98	不同经营措施条件下泡桐幼林抗冰灾能力分析	林业科学研究	2010-02	吴建平、吴晓芙
99	丛枝病植原体侵染对泡桐组培苗组织内 H_2O_2 产生的影响	林业科学	2010-09	田国忠、郭民伟
100	泡桐脱毒组培和规模化生产关键技术改进	林业工程学报	2009-11	田国忠、黄钦才
101	苏北地区抗风泡桐无性系的筛选	林业工程学报	2009-09	张维玲、赵忠宝
102	兰考泡桐苗木顶芽的萌发与接干	林业科学	2009-03	侯元凯、翟明普
103	泡桐丛枝植原体抗原膜蛋白基因序列分析与蛋白结构预测	林业科学	2009-02	岳红妮、史英姿
104	毛泡桐与白花泡桐正反交 F_1 无性系自然接干性状遗传变异的比较研究	西北林学院学报	2009-01	叶金山、杨文萍
105	兰考泡桐无性系自然接干性状的遗传变异研究	西北林学院学报	2008-11	叶金山、杨文萍
106	白花泡桐无性系自然接干性状的遗传变异研究	西北林学院学报	2008-09	叶金山、杨文萍
107	土霉素对豫杂一号泡桐丛枝病幼苗形态和 DNA 甲基化水平的影响	林业科学	2008-09	黎明、范国强

续表

	论文名称（中文）	刊名	日期	论文作者（第一作者和通讯作者）
108	白花泡桐天然杂种无性系自然接干性状的遗传变异研究	西北林学院学报	2008-07	叶金山、杨文萍
109	泡桐丛枝病发生特异相关蛋白质亚细胞定位及质谱鉴定	林业科学	2008-04	范国强
110	泡桐自然接干性状的遗传变异	林业科学	2008-03	叶金山、杨文萍
111	泡桐离体开花培养系统的建立	林业科学	2007-12	刘飞、范国强
112	白花泡桐同源四倍体的诱导	林业科学	2007-04	范国强
113	抗生素对泡桐丛枝病植原体和发病相关蛋白质的影响	林业科学	2007-03	范国强
114	泡桐丛枝病与泡桐生长量的关系	西北林学院学报	2007-03	杨俊秀、高智辉
115	修枝促接干对泡桐光合特性影响的研究	林业科学研究	2007-02	王保平、胡昊
116	泡桐辐射诱变抗病性选择	西北林学院学报	2006-11	张刚龙、杨俊秀
117	泡桐叶甲自然种群生命表的组建与分析（Ⅰ）	西北林学院学报	2006-11	王平
118	生长季节中泡桐叶形态特征及其相关性研究	林业科学研究	2006-10	李素艳、乔杰
119	用活性染料对泡桐单板仿红木进行染色的影响因素	中南林学院学报	2006-02	廖齐、邓洪
120	泡桐脱毒组培苗的生产和育苗技术	林业工程学报	2006-01	田国忠、黄钦才
121	泡桐种源抗丛枝病性状的遗传变异	林业科学研究	2005-12	茹广欣
122	陕西泡桐育种历史及展望	西北林学院学报	2005-11	樊军锋、连文海
123	泡桐属不同种和种源对丛枝病抗性调查	西北林学院学报	2005-11	杨俊秀、李文爱
124	修枝促接干对泡桐枝生长动态影响的研究	林业科学研究	2005-10	王保平、茹广欣
125	贵州省泡桐遗传育种策略	林业工程学报	2005-07	陈波涛、龙秀琴
126	泡桐生长季节中叶片养分吸收变化规律的研究	林业科学研究	2005-04	王保平、胡昊
127	泡桐侧芽萌发成枝接干规律	林业科学	2005-04	刘震
128	枣疯病和泡桐丛枝病原植原体分离物的组织培养保藏和嫁接传染研究	林业科学研究	2005-02	田国忠、赵俊芳
129	泡桐杂种花的形态变异分析	林业科学研究	2005-02	茹广欣
130	泡桐材色变异规律的研究	林业科学研究	2003-06	武应霞、李书民
131	泡桐修枝促接干技术及其效应的研究	林业科学研究	2003-04	王保平、韩保军
132	泡桐顶侧芽休眠发育的温度特性研究	林业科学	2004-05	刘震、蒋建平
133	泡桐在华南地区的引种技术	林业工程学报	2004-03	谢卫权、徐东山
134	泡桐苗、根两用育苗技术	林业工程学报	2003-11	黄宝强、陈兴高
135	泡桐木材变色的物理化学因素	林业工程学报	2003-07	苗平、李崇富
136	乳源木莲与白花泡桐混交造林效应	林业工程学报	2003-03	林文革、廖国华
137	泡桐丛枝病发生相关蛋白质的电泳分析	林业科学	2003-03	范国强
138	泡桐属植物育种值预测方法的研究	林业科学	2003-01	马浩、陈新房
139	泡桐抗丛枝病优良品系及其栽培技术	林业工程学报	2002-03	宋晓斌、张学武
140	不同种泡桐叶片愈伤组织诱导及其植株再生	林业科学	2002-01	范国强、蒋建平
141	根癌农杆菌对感染植原体的泡桐组培苗症状的影响	林业科学研究	2001-06	田国忠、裘维蕃
142	泡桐苗期年生长参数的分析研究	林业科学研究	2001-06	傅大立、李宗然
143	水双相法分离泡桐幼苗根细胞质膜的研究	林业科学	2001-01	洪剑明、郑槐明
144	接干和施肥对不同初植苗高泡桐幼树主干生长影响的研究	林业科学研究	2000-12	范国强
145	泡桐优良无性系苏桐 3 号的选育应用	林业工程学报	2000-03	王伟、王宝松
146	白花泡桐混交林营造技术	林业工程学报	1999-11	方金龙

续表

	论文名称（中文）	刊名	日期	论文作者（第一作者和通讯作者）
147	泡桐林内同翅目、半翅目昆虫种类及其动态研究	林业科学研究	1999-10	孙志强、董溯权
148	抗病和感病泡桐无性系组培苗对嫁接传染植原体的不同反应	林业科学	1999-07	田国忠、朱水芳
149	稀碱液对泡桐木防变色作用的研究	西北林学院学报	1999-06	胡伟华、陈玉和
150	泡桐干形培育研究进展	林业科学	1999-05	侯元凯、翟明普
151	兰考泡桐木材成分的变色行为及其变色过程	林业科学	1998-05	祖勃荪、周勤
152	毛泡桐种源育种值早期预测的研究	林业科学研究	1998-03	马浩、沈熙环
153	泡桐丛枝病发生与叶片蛋白质和氨基酸变化关系的研究	林业科学研究	1997-12	范国强，蒋建平
154	淮北平原砂姜黑土兰考泡桐立地分类与评价及生长模型的研究	中南林学院学报	1997-09	李铁华、邓华锋
155	类菌原体的侵入对泡桐组织和细胞的影响	林业科学研究	1997-08	宋晓斌、马松涛
156	泡桐大袋蛾防治技术的研究	林业工程学报	1997-07	孙金钟、王克日
157	泡桐耐旱性与膜脂肪酸饱和度关系的研究	林业科学研究	1997-06	宋露露、赵丹宁
158	丛枝病对泡桐不同部位细胞差别透性的影响	西北林学院学报	1997-06	宋晓斌、郑文锋
159	泡桐灰天蛾颗粒体病毒包涵体蛋白及其 DNA 的研究	中南林学院学报	1997-06	周国英
160	中龄兰考泡桐胶合板材林营养补给效应的研究	林业科学研究	1997-04	王保平、周道顺
161	泡桐木材压缩硬化研究初报——泡桐压缩木回弹率的影响因素	中南林学院学报	1997-03	陈玉和、李强
162	白花泡桐栽培北界种源选择的苗期试验	林业科学研究	1996-12	宋露露、赵丹宁
163	用 PCR 扩增 16S rDNA 检测泡桐组培苗丛枝病类菌原体	林业科学	1996-11	李江山、邱并生
164	泡桐丛枝病的抗性与维生素 C 关系的研究	林业科学研究	1996-08	巨关升、阮大津
165	泡桐胶合板材林最适经营密度及主伐年龄研究	林业科学研究	1996-06	李宗然、张春味
166	幼龄兰考泡桐胶合板材林营养补给效应的研究	中南林学院学报	1996-06	李宗然、周海江
167	兰考泡桐林分结构规律研究	林业科学研究	1996-04	李芳东、李煜延
168	黄淮海平原兰考泡桐的气候生态区划	中南林学院学报	1996-03	邓华锋、李铁华
169	间接免疫荧光显微术检测泡桐丛枝病原 MLO 的研究	林业科学研究	1996-02	田国忠、黄文胜
170	泡桐树冠结构与生长性状遗传相关的研究	西北林学院学报	1995-12	赵丹宁、宋露露
171	陕西兰考泡桐木材基本密度株内变异的研究	西北林学院学报	1995-12	段新芳、安培钧
172	泡桐优良无性系——陕桐 3 号、4 号选育报告	西北林学院学报	1995-09	樊军锋、吴水泉
173	泡桐茶叶混交效益测算	林业工程学报	1995-05	刘仙校
174	泡桐组培苗丛枝病原体 PCR 检测	林业科学研究	1995-04	王克日、庞辉
175	三种泡桐无性系木材材性及纤维形态的研究	西北林学院学报	1995-03	安培钧、刘学政
176	白花泡桐树冠结构、生长性状的选择对于形改良的影响	林业科学研究	1995-02	赵丹宁、徐作华
177	不同土壤质地泡桐幼龄林生长的研究	林业科学研究	1995-02	张春味、刘同彬
178	泡桐幼树平头接干对其生长量的影响	林业工程学报	1995-02	任满田、张冰
179	良种泡桐无性系引种试验苗期表现	林业工程学报	1995-02	王永昌
180	泡桐萌芽更新保留萌条株数的探讨	林业工程学报	1994-11	刘玉礼、张义花
181	南亚热带泡桐速生丰产栽培技术	林业工程学报	1994-08	汤锦文
182	18 个泡桐无性系数量性状遗传距离的分析	西北林学院学报	1994-06	魏安智、杨焕叶
183	两种新选泡桐无性系抗寒性的测定	西北林学院学报	1994-06	毛远、史青华
184	泡桐杂种无性系叶抗旱性的初步研究	西北林学院学报	1994-06	梅秀英、杜纪山
185	泡桐苗期性状差异和相关的研究	林业科学研究	1994-04	熊耀国、曾宗泽

续表

	论文名称（中文）	刊名	日期	论文作者（第一作者和通讯作者）
186	泡桐对丛枝病原 MLO 的抗性研究	林业科学研究	1994-04	田国忠、徐刚
187	泡桐萌芽更新两种方式效果探讨	林业工程学报	1994-02	刘玉礼、张文健
188	关于界定意杨、泡桐幼龄期与成熟期的研究	林业工程学报	1994-02	王婉华、龚蒙
189	温度处理和茎尖培养结合脱除泡桐丛枝病类菌原体（MLO）	林业科学	1994-01	张锡津、黄钦才
190	泡桐的气候生态特性探讨	林业科学	1993-10	刘乃壮、高永刚
191	泡桐丛枝病脱毒组培苗电子显微镜检测	林业科学研究	1993-08	孙福生、田国忠
192	泡桐无性系苗期昼夜生长节律的研究	林业科学	1993-06	王世绩、熊耀国
193	泡桐优良无性系早期选择的研究	林业科学研究	1993-05	魏安智、杨途熙
194	泡桐无性系苗期年生长动态分析	林业科学研究	1993-03	赵丹宁、徐刚
195	泡桐人工林生态系统养分循环的研究	林业科学	1993-02	杨修、吴刚
196	泡桐萌芽更新技术要点	林业工程学报	1992-12	刘玉礼
197	泡桐丛枝病发病规律与防治	林业工程学报	1992-12	吕喜堂、李延福
198	兰考泡桐木纤维长度变异规律初探	西北林学院学报	1992-12	段新芳、安培钧
199	丛枝病对泡桐叶片解剖构造生理生化及材性的影响	西北林学院学报	1992-12	陈育民
200	泡桐无性系遗传稳定性和生长适应性	林业科学研究	1992-10	赵丹宁、宋露露
201	泡桐丛枝病感病指示植物的病理变化——Ⅰ.同工酶、酚及酚相关酶	中南林学院学报	1992-07	胡勤学、丁达明
202	泡桐留圃林速生性试验初报	林业工程学报	1991-12	王世东、李之义
203	泡桐丛枝病研究综述	西北林学院学报	1991-12	陈育民、景耀
204	泡桐灰天蛾颗粒体病毒形态结构的初步研究	中南林学院学报	1991-12	周国英、张世敏
205	泡桐丰产林合理密度及间伐依据的探讨	林业工程学报	1991-10	闫苏华
206	泡桐腐烂病的发生与防治	林业工程学报	1991-10	张振田
207	注射传播泡桐丛枝病类菌原体的初步研究	中南林学院学报	1991-07	胡勤学、丁达明
208	安徽亳县泡桐立地质量评定	林业科学	1991-05	潘国兴、张忠远
209	泡桐胶合板的研制	林业工程学报	1991-04	宋开奴
210	茶园间种泡桐生态及经济效益的研究	林业科学	1990-12	倪善庆、方跃闵
211	泡桐生物量的研究	林业科学研究	1990-10	陆新育、常显明
212	浅谈泡桐接干技术	林业工程学报	1990-10	舒世何
213	泡桐基因文库的构建及 actin 基因同源顺序的亚克隆	林业科学研究	1990-08	孙威、李继耕
214	稀土对泡桐苗木生长效应的研究	林业科学研究	1990-06	郑槐明、张维栋
215	泡桐木材流体渗透性与扩散性的研究	林业科学	1990-06	鲍甫成、胡荣
216	长春花感染泡桐丛枝病原（MLO）后过氧化物同功酶的变化	林业科学研究	1990-05	田国忠、汪跃
217	泡桐组培苗 VA 菌根的研究	林业科学研究	1990-03	郭秀珍、毕国昌
218	豫林一号泡桐的杂种优势	林业科学	1989-10	王德永、朱文书
219	应用 ^{32}P 和 ^{86}Rb 对泡桐丛枝病病枝、叶吸收磷钾规律的研究	林业科学	1989-10	杨俊秀
220	澄城县杨家陇试区泡桐生长调查分析	西北林学院学报	1989-07	王忠林、朱清科
221	兰考泡桐和刺槐幼苗最适营养需要的研究	林业科学	1989-03	贾慧君、T. Ingestad
222	河南周口地区泡桐速生丰产综合技术	林业工程学报	1988-12	董启元、宋保乾
223	兰考泡桐根插苗的生长和营养状况的研究	林业科学研究	1988-10	贾慧君、郑槐明
224	泡桐无性系主要数量性状遗传力的研究	林业科学研究	1988-08	熊耀国

续表

	论文名称（中文）	刊名	日期	论文作者（第一作者和通讯作者）
225	泡桐丛枝病类菌原体（MLO）病原传染长春花研究初报	林业科学研究	1988-03	金开璇
226	赴澳大利亚传授泡桐栽培技术	林业科学研究	1988-03	陆新育、张维栋
227	泡桐林营养元素的积累和循环	林业科学	1988-03	李树人、刘正芳
228	泡桐害虫及其区系的初步研究	中南林学院学报	1987-12	文定元、王月兰
229	泡桐幼树人工剪梢接干技术	林业工程学报	1987-10	刘玉礼
230	浙选一号泡桐在生产实践中的应用	林业工程学报	1987-10	王茂芝、朱志建
231	应用 ^{32}P 和 ^{86}Rb 对泡桐丛枝病的示踪试验	西北林学院学报	1987-07	杨俊秀
232	关于兰考泡桐木材变色成分的初步研究	林业科学	1987-08	祖勃荪、黄洛华
233	泡桐杂种叶片培养中愈伤组织的诱导和不定芽的形成	林业科学	1986-06	黄钦才、徐廷玉
234	泡桐花叶病两种病原分离物的鉴定	林业科学	1986-05	孙丽娟
235	泡桐等 14 种阔叶树材的点着温度及燃烧热值试验	林业科学	1985-08	刘燕吉、李玉栋
236	土壤中磷钾含量之比值与泡桐丛枝病之间的关系	西北林学院学报	1984-06	杨俊秀、孟得顺
237	泡桐属木材的性质和用途的研究（三）	林业科学	1983-06	成俊卿
238	泡桐属木材的性质和用途的研究（二）	林业科学	1983-05	成俊卿
239	泡桐属木材的性质和用途的研究（一）	林业科学	1983-03	成俊卿
240	泡桐蒸腾作用的初步研究	林业科学	1982-08	余健普、张立中
241	一年生泡桐苗的木材解剖特征	林业科学	1982-05	蔡少松、游彭士
242	泡桐、红杉和巨杉的器官培养与发生的初步试验	林业科学	1981-08	郭达初、林证明
243	泡桐属植物的分布中心及区系成分的探讨	林业科学	1981-06	竺肇华
244	激素对泡桐丛枝发生的影响	林业科学	1981-06	王蕤、孙秀琴
245	激光对泡桐生长发育的影响	林业科学	1979-06	芦翠乔、王桂凤
246	泡桐丛枝病病原及传染途径的研究	林业科学	1978-08	金开璇、张为俊
247	泡桐杂种优势利用	林业科学	1977-06	河南省泡桐杂种优势利用协作组
248	泡桐埋条育苗技术经验总结	林业科学	1965-08	蒋绍曾、丁家志

	论文名称（英文）	刊名	日期	论文作者
1	Forests and forestry in China	Journal of Forestry	2024-04	Wen-Yue Hsiung, Frederic C. Johnson
2	Forest tree improvement in the People's Republic of China	Journal of Forestry	2024-04	Robert C. Kellison, John A. Winieski
3	Fire behavior of furfurylated paulownia wood	Wood Material Science & Engineering	2024-04	Peter Rantuch, Jozef Martinka
4	Insights into the Paulownia Shan tong (*Fortunei* × *tomentosa*) essential oil and in silico analysis of potential biological targets of its compounds	Foods	2024-03	Călin Jianu, Matilda Rădulescu
5	Paucatalinone A from *Paulownia catalpifolia* Gong Tong elicits mitochondrial-mediated cancer cell death to combat osteosarcoma	Frontiers in Pharmacology	2024-03	Ganyu Wang, Yuankai Zhang
6	Densification of fast-growing paulownia wood for tough composites with stab resistance	Cellulose	2024-03	Changjie Chen, Xinhou Wang
7	Exploring the effects of different fertilizer application durations on the functional microbial profiles of soil carbon and nitrogen cycling by using metagenomics in *Paulownia* plantations in a subtropical zone	European Journal of Forest Research	2024-03	Sen Liu, Sheng Lu
8	*Paulownia* trees as a sustainable solution for CO_2 mitigation: assessing progress toward 2050 climate goals	Frontiers in Environmental Science	2024-02	Hesham S, Mohamed Ashour

续表

	论文名称（英文）	刊名	日期	论文作者
9	Effect of the particle geometry on lightweight particleboard from *Paulownia* using high-frequency pressing technology	Wood Material Science & Engineering	2024-02	Paul Röllig, Martin Direske
10	Investigation of inhibition kinetics of various plant extracts on polyphenol oxidase enzyme from *Paulownia tomentosa* and binding mechanism by molecular docking	Molecular Catalysis	2024-02	Cengiz Cesko, Serap Yılmaz Ozguven
11	Effects of multi-strain pretreatment on thermochemical properties and component structure of paulownia	Journal of Analytical and Applied Pyrolysis	2024-02	Kaiyuan Li, Yanyan Zou
12	Phytotoxic effects and potential allelochemicals from water extracts of *Paulownia tomentosa* flower litter	Agronomy	2024-02	Yali Xiao, Zhiqiang Yan
13	Genome-wide identification of the *Paulownia fortunei* Aux/IAA gene family and its response to witches' broom caused by phytoplasma	International Journal of Molecular Sciences	2024-02	Jiaming Fan, Guoqiang Fan
14	Comprehensive analysis of the GRAS gene family in *Paulownia fortunei* and the response of DELLA proteins to paulownia witches' Broom	International Journal of Molecular Sciences	2024-02	Yixiao Li, Guoqiang Fan
15	Research on the end-milling surface quality of *Paulownia* based on response surface model in terms of force and chip morphology	Forests	2024-02	Jinxin Wang, Pingxiang Cao
16	Catalytic pyrolysis of *Paulownia* wood and bio-oil characterization	Energy Sources, Part A: Recovery, Utilization, and Environmental Effects	2024-01	Derya Yildiz, Sait Yorgun
17	Evaluation of P5CS and ProDH activity in *Paulownia tomentosa* (Steud.) as an indicator of oxidative changes induced by drought stress	PeerJ	2024-01	Joanna Kijowska-Oberc, Ewelina Ratajczak
18	3D connected porous structure hard carbon derived from paulownia xylem for high rate performance sodium ion battery anode	Journal of Energy Storage	2024-01	Jiang Xu, Shifei Huang
19	Ultrasound-assisted enzymatic extraction of polysaccharides from Paulownia flowers: process optimization, structural characterization, antioxidant and hypoglycemic activities	Microchemical Journal	2024-01	Tingting Lv, Juan Tao
20	Valorization of fast-growing *Paulownia* wood to green chemicals and green hydrogen	Green Chemistry	2024-01	Li Quan Lee, Hong Li
21	Co-pyrolysis of thermoplastic polyurethane with paulownia wood: Synergistic effects on product properties and kinetics	Fuel	2023-12	Kaiyuan Li, Yanyan Zou
22	Bioinformatic analysis of the BTB gene family in *Paulownia fortunei* and functional characterization in response to abiotic and biotic stresses	Plants	2023-12	Peipei Zhu, Guoqiang Fan
23	Durability of heat-treated *Paulownia tomentosa* and *Pinus koraiensis* woods in palm oil and air against brown- and white-rot fungi	Scientific Reports	2023-12	Intan Fajar Suri, Nam Hun Kim
24	Vibration properties of *Paulownia* wood for Ruan sound quality using machine learning methods	Journal of Forestry Research	2023-12	Yang Yang
25	Perspectives on antimicrobial properties of *Paulownia tomentosa* Steud. fruit products in the control of *Staphylococcus aureus* infections	Journal of Ethnopharmacology	2023-11	Gabriela Škovranová, Alice Sychrová
26	Phytosynthesis of silver nanoparticles by *Paulownia fortunei* fruit exudates and its application against *Fusarium* sp. causing dry rot postharvest diseases of banana	Biocatalysis and Agricultural Biotechnology	2023-11	Meysam Soltani Nejad, Meisam Zargar
27	Construction of a high-density *paulownia* genetic map and QTL mapping of important phenotypic traits based on genome assembly and whole-genome resequencing	International Journal of Molecular Sciences	2023-10	Yanzhi Feng, Yang Zhao
28	The inhibition of β-catenin activity by luteolin isolated from paulownia flowers leads to growth arrest and apoptosis in cholangiocarcinoma	International Journal of Biological Macromolecules	2023-10	Haibo Yang, Guoqiang Fan
29	Growth of *Paulownia* ssp. interspecific hybrid 'Oxytree' micropropagated nursery plants under the influence of plant-growth regulators	Agronomy	2023-09	Wojciech Litwińczuk, Beata Jacek
30	Structural characterization and adjuvant action of *Paulownia tomentosa* flower polysaccharide on the immune responses to classical swine fever vaccine in mice	Frontiers in Veterinary Science	2023-09	Xiaolan Chen, Haifeng Yang

续表

	论文名称（英文）	刊名	日期	论文作者
31	Mineral coating enhances the carbon sequestration capacity of biochar derived from *Paulownia* biowaste	Agronomy	2023-09	Liang Xiao, Fengxiang Han
32	Genome-wide characterization of calmodulin and calmodulin-like protein gene families in *Paulownia fortunei* and identification of their potential involvement in paulownia witches' broom	Genes	2023-07	Lijiao Li, Guoqiang Fan
33	Response of human blood platelets to preparations from leaves of *Paulownia* clon in vitro 112	Biomedicine & Pharmacotherapy	2023-07	Natalia Sławińska, Beata Olas
34	N6-methyladenosine modification changes during the recovery processes for paulownia witches' broom disease under the methyl methanesulfonate treatment	Plant Direct	2023-07	Pingluo Xu, Guoqiang Fan
35	New cyclic *C*-geranylflavanones isolated from *Paulownia fortunei* fruits with their anti-proliferative effects on three cancer cell lines	Fitoterapia	2023-05	Cheng-Mei Xiao, Xian-Hui Jia
36	The stability of transcription factor PfSPL1 participates in the response to phytoplasma stress in *Paulownia fortunei*	International Journal of Biological Macromolecules	2023-05	Haibo Yang, Guoqiang Fan
37	Production of AC from bamboo, orange, and *Paulownia* waste—Influence of activation gas and biomass maturation	Materials	2023-05	Carlos Grima-Olmedo, Ramón Rodríguez-Pons Esparver
38	Evaluation of adsorption efficiency on Pb(II) ions removal using alkali-modified hydrochar from *Paulownia* leaves	Processes	2023-04	Marija Koprivica, Jelena Dimitrijević
39	Diplacone Isolated from *Paulownia tomentosa* mature fruit Induces ferroptosis-mediated cell death through mitochondrial Ca^{2+} Influx and mitochondrial permeability transition	International Journal of Molecular Sciences	2023-04	Myung-Ji Kang, Mun-Ock Kim
40	The miR167-OsARF12 module regulates rice grain filling and grain size downstream of miR159	Plant Commun	2023-04	Yafan Zhao, Ting Peng
41	Radial variability of selected physical and mechanical parameters of juvenile paulownia wood from extensive cultivation in Central Europe—Case study	Materials	2023-03	Karol Tomczak, Arkadiusz Tomczak
42	Identification of genes involved in regulating terminal bud growth and death during long and short days in *Paulownia*	South African Journal of Botany	2023-03	Shunfu Li, Zhen Liu
43	Genome-wide identification and expression of the *Paulownia fortunei* MADS-box gene family in response to phytoplasma infection	Genes	2023-03	Minjie Deng, Guoqiang Fan
44	Particleboard production from *Paulownia tomentosa* (Thunb.) Steud. grown in Portugal	Polymers	2023-02	Bruno Esteves, Luísa P Cruz-Lopes
45	Impact of salinity on the energy transfer between pigment-protein complexes in photosynthetic apparatus, functions of the oxygen-evolving complex and photochemical activities of photosystem II and photosystem I in two *Paulownia* lines	International Journal of Molecular Sciences	2023-02	Martin A Stefanov, Emilia L Apostolova
46	Binderless self-densified 3mm-thick board fully made from (Ligno)cellulose nanofibers of *Paulownia* sawdust	Waste and Biomass Valorization	2023-02	Elmira Kaffashsaei, Mehrab Madhoushi
47	A carotenoid cleavage dioxygenase 4 from *Paulownia tomentosa* determines visual and aroma signals in flowers	Plant Science	2023-02	Lucía Morote, Lourdes Gómez-Gómez
48	Chemical composition, health benefits and future prospects of *Paulownia* flowers: A review	Food Chemistry	2023-01	Na Guo, Guo-Qiang Fan
49	*Paulownia* organs as interesting new sources of bioactive compounds	International Journal of Molecular Sciences	2023-01	Natalia Sławińska, Beata Olas
50	Genome-wide analysis of specific PfR2R3-MYB genes related to paulownia witches' broom	Genes	2022-12	Xiaogai Zhao, Guoqiang Fan
51	Experimental study on the bending and shear behaviors of Chinese paulownia wood at elevated temperatures	Polymers	2022-12	Lingfeng Zhang, Kai Guo
52	A potential host and virus targeting tool against COVID-19: Chemical characterization, antiviral, cytoprotective, antioxidant, respiratory smooth muscle relaxant effects of *Paulownia tomentosa* Steud	Biomedicine & Pharmacotherapy	2022-12	Fabio Magurano, Maurizio D'Auria
53	Plant-based nano-fertilizer prepared from *Paulownia tomentosa:* fabrication, characterization, and application on Ocimum basilicum	Chemical and Biological Technologies in Agriculture	2022-11	Yousef Sohrabi, Ali Reza Yousefi

续表

	论文名称（英文）	刊名	日期	论文作者
54	Comprehensive analyses of the SPL transcription factor family in *Paulownia fortunei* and their responses to biotic and abiotic stresses	Int J Biol Macromol	2022-11	Haibo Yang, Guoqiang Fan
55	Characterization of a translucent material produced from *Paulownia tomentosa* using peracetic acid delignification and resin infiltration	Polymers	2022-10	Kyoung-Chan Park, Se-Yeong Park
56	Effect of macronutrients and micronutrients on biochemical properties in *Paulownia shantung*	Plant Cell, Tissue and Organ Culture	2022-08	Yasin Dumani, Hossein Ramshini
57	The effect of ensiled paulownia leaves in a high-forage diet on ruminal fermentation, methane production, fatty acid composition, and milk production performance of dairy cows	Journal of Animal Science and Biotechnology	2022-08	Haihao Huang, Adam Cieslak
58	Phytoremediation of soil contaminated by organochlorine pesticides and toxic trace elements: Prospects and limitations of *Paulownia tomentosa*	Toxics	2022-08	Aigerim Mamirova, Stefan Jurjanz
59	Microbial community, metabolic potential and seasonality of endosphere microbiota associated with leaves of the bioenergy tree *Paulownia elongata* × *fortunei*	International Journal of Molecular Sciences	2022-08	Małgorzata Woźniak, Magdalena Frąc
60	Selected properties of densified hornbeam and *Paulownia* wood plasticised in ammonia solution	Materials	2022-07	Przemysław Mania, Edward Roszyk
61	Manufacturing of hemicellulosic oligosaccharides from fast-growing *Paulownia* wood via autohydrolysis: Microwave versus conventional heating	Industrial Crops and Products	2022-07	Pablo G. del Río, Beatriz Gullón
62	The impact of *Paulownia* leaves extract on performance, blood biochemical, antioxidant, immunological indices, and related gene expression of broilers	Frontiers in Veterinary Science	2022-07	Shimaa A Sakr, Mona M Elghareeb
63	Effect of *Paulownia* leaves extract levels on in vitro ruminal fermentation, microbial population, methane production, and fatty acid biohydrogenation	Molecules	2022-07	Bogumiła Nowak, Adam Cieslak
64	*C*-geranylated flavonoids from *Paulownia tomentosa* Steud. fruit as potential anti-inflammatory agents	Journal of Ethnopharmacology	2022-06	Lenka Molčanová, Karel Šmejkal
65	Structural properties and hydrolysability of *Paulownia elongate*: The effects of pretreatment methods based on acetic acid and its combination with sodium sulfite or sodium sulfite	International Journal of Molecular Sciences	2022-05	Hanxing Wang, Jie Chu
66	Enhancing biohydrogen production from lignocellulosic biomass of paulownia waste by charge facilitation in Zn doped SnO_2 nanocatalysts	Bioresource Technology	2022-05	Nadeem Tahir, Quanguo Zhang
67	An experimental study on pore structural changes of ultrasonic treated Korean paulownia (*Paulownia coreana*)	Wood Science and Technology	2022-04	Eun-Suk Jang, Chun-Won Kang
68	Identifying key environmental factors for *Paulownia coreana* habitats: Implementing national on-site survey and machine learning algorithms	Land	2022-04	Yeeun Shin, Kyungjin An
69	Improvement of combustible characteristics of *Paulownia* leaves via hydrothermal carbonization	Biomass Conversion and Biorefinery	2022-03	Marija Koprivica, Jelena Dimitrijević
70	Interaction between growth regulators controls in vitro shoot multiplication in *Paulownia* and selection of NaCl-tolerant variants	Plants	2022-02	Jehan Salem, Naglaa Loutfy
71	Conformational changes in three-dimensional chromatin structure in *Paulownia fortunei* after phytoplasma infection	Phytopathology	2022-02	Bingbing Li, Tao Liu
72	Qualitative and quantitative analysis of secondary metabolites in morphological parts of *Paulownia* clon in vitro 112® and their anticoagulant properties in whole human blood	Molecules	2022-02	Anna Stochmal, Adam Cieslak
73	Titanium dioxide nanoparticles affect somatic embryo initiation, development, and biochemical composition in *Paulownia* sp. seedlings	Industrial Crops and Products	2022-02	Yasin Dumani, Fatemeh Amini
74	Pressurized solvent extraction of *Paulownia* bark phenolics	Molecules	2022-01	Paula Rodríguez-Seoane, Herminia Domínguez
75	Assessing the economic profitability of *Paulownia* as a biomass crop in Southern Mediterranean area	Journal of Cleaner Production	2022-01	Riccardo Testa, Giuseppina Migliore

续表

	论文名称（英文）	刊名	日期	论文作者
76	Analysis of the characteristics of paulownia lignocellulose and hydrogen production potential via photo fermentation	Bioresource Technology	2021-11	Quanguo Zhang, Xueting Zhang
77	In vitro study on the effect of cytokines and auxins addition to growth medium on the micropropagation and rooting of *Paulownia* species (*Paulownia hybrid* and *Paulownia tomentosa*)	Saudi Journal of Biological Sciences	2021-11	Marwa E Mohamad, Ahmed S Gendy
78	Sequential extraction of antioxidants from paulownia petioles with sc-CO_2 and with subcritical water and formulation of hydrogels with the residual solids	Food and Bioproducts Processing	2021-10	P. Rodríguez-Seoane, H. Domínguez
79	Genomic insights into the fast growth of paulownias and the formation of Paulownia witches' broom	Mol Plant	2021-10	Yabing Cao, Guoqiang Fan
80	Antioxidant activity, polyphenolic profiles and antibacterial properties of leaf extract of various *Paulownia* spp. clones	Agronomy	2021-10	Małgorzata Dżugan, Wojciech Litwińczuk
81	The possibility of using *Paulownia elongata* S. Y. Hu × *Paulownia fortunei* Hybrid for phytoextraction of toxic elements from post-industrial wastes with biochar	Plants	2021-09	Kinga Drzewiecka, Mirosław Mleczek
82	The effect of different concentrations of total polyphenols from *Paulownia* hybrid leaves on ruminal fermentation, methane production and microorganisms	Animals	2021-09	Julia Puchalska, Adam Cieślak
83	Transcriptome analysis of cambium tissue of *Paulownia* collected during winter and spring	Diversity	2021-09	Zachary D. Perry, Nirmal Joshee
84	The response of the invasive princess tree (*Paulownia tomentosa*) to wildland fire and other disturbances in an Appalachian hardwood forest	Global Ecology and Conservation	2021-07	Angela R. Chongpinitchai, Roger A. Williams
85	Valorization of artichoke industrial by-products using green extraction technologies: Formulation of hydrogels in combination with *Paulownia* extracts	Molecules	2021-07	Gabriela Órbenes, Herminia Domínguez
86	Fast-growing *Paulownia* wood fractionation by microwave-assisted hydrothermal treatment: a kinetic assessment	Bioresource Technology	2021-07	Pablo G Del Río, Gil Garrote
87	Effect of long-term fertilization on soil microbial activities and metabolism in *Paulownia* plantations	Soil Use and Management	2021-07	Sen Liu, Lichao Wu
88	Edaphic variables influence soil bacterial structure under successive fertilization of *Paulownia* plantation substituting native vegetation	Journal of Soils and Sediments	2021-06	Sen Liu, Lichao Wu
89	Preparation of activated carbon from the wood of *Paulownia tomentosa* as an efficient adsorbent for the removal of acid red 4 and methylene blue present in wastewater	Water	2021-05	Sultan Alam, Muhammad Zahoor
90	Full-length SMRT transcriptome sequencing and microsatellite characterization in *Paulownia catalpifolia*	Scientific Reports	2021-04	Yanzhi Feng, Jie Qiao
91	Formulation of bio-hydrogels from Hericium erinaceus in *Paulownia elongata* × *fortunei* autohydrolysis aqueous extracts	Food and Bioproducts Processing	2021-04	Paula Rodríguez-Seoane, Herminia Domínguez
92	Tagasaste, leucaena and paulownia: three industrial crops for energy and hemicelluloses production	Biotechnology for Biofuels	2021-04	Alberto Palma, Francisco López
93	Role of flavonoids and proline in the protection of photosynthetic apparatus in *Paulownia* under salt stress	South African Journal of Botany	2021-03	Martin Stefanov, Emilia L. Apostolova
94	Characterization of photosynthetic pathway genes using transcriptome sequences in drought-treated leaves of *Paulownia catalpifolia* Gong Tong	Journal of Plant Growth Regulation	2021-03	Yanzhi Feng, Baoping Wang
95	Antiproliferative and cytotoxic activities of *C*-geranylated flavonoids from *Paulownia tomentosa* Steud. fruit	Bioorganic Chemistry	2021-03	Lenka Molčanová, Karel Šmejkal
96	In vitro antiplatelet activity of extract and its fractions of *Paulownia* clone in vitro 112 leaves	Biomedicine & Pharmacotherapy	2021-02	Weronika Adach, Adam Cieslak
97	Hemicellulosic bioethanol production from fast-growing *Paulownia* biomass	Processes	2021-01	Elena Domínguez, Lucília Domingues
98	Sequential two-stage autohydrolysis biorefinery for the production of bioethanol from fast-growing *Paulownia* biomass	Energy Conversion and Management	2020-12	Elena Domínguez, Aloia Romaní
99	Hygrothermal treated paulownia hardwood reveals enhanced sound absorption coefficient: An effective and facile approach	Applied Acoustics	2020-11	Haradhan Kolya, Chun-Won Kang

续表

	论文名称（英文）	刊名	日期	论文作者
100	Hydrothermal extraction of valuable components from leaves and petioles from *Paulownia elongata* × *fortunei*	Waste and Biomass Valorization	2020-11	Paula Rodríguez-Seoane, Herminia Domínguez
101	Supercritical CO_2 extraction of antioxidants from *Paulownia elongata* × *fortunei* leaves	Biomass Conversion and Biorefinery	2020-09	Paula Rodríguez-Seoane, Herminia Domínguez
102	Comparative phytochemical, antioxidant, and hemostatic studies of extract and four fractions from *Paulownia* clone in vitro 112 leaves in human plasma	Molecules	2020-09	Weronika Adach, Adam Cieslak
103	Land suitability assessment for *Paulownia* cultivation using combined GIS and Z-number DEA: A case study	Computers and Electronics in Agriculture	2020-09	Mostafa Abbasi, Samira Bairamzadeh
104	Genome-wide DNA methylation analysis of paulownia with phytoplasma infection	Gene	2020-09	Xibing Cao, Guoqiang Fan
105	Phytochemical characteristics of *Paulownia* trees wastes and its use as unconventional feedstuff in animal feed	Animal Biotechnology	2020-08	Mahmoud Alagawany, Mohamed E Abd E-Hack
106	Formosolv pretreatment to fractionate *Paulownia* wood following a biorefinery approach: Isolation and characterization of the lignin fraction	Agronomy	2020-08	Elena Domínguez, Alberto de Vega
107	Potential of *Paulownia* sp. for biorefinery	Industrial Crops and Products	2020-07	Paula Rodríguez-Seoane, Herminia Domínguez
108	Comparative study of biorefinery processes for the valorization of fast-growing *Paulownia* wood	Bioresource Technology	2020-06	Pablo G Del Río, Aloia Romaní
109	Modifying crystallinity, and thermo-optical characteristics of *Paulownia* biomass through ultrafine grinding and evaluation of biohydrogen production potential	Journal of Cleaner Production	2020-06	Wang Yi, Nadeem Tahir
110	Mushroom residue modification enhances phytoremediation potential of *Paulownia fortunei* to lead-zinc slag	Chemosphere	2020-04	Liangze Han, Zhiming Liu
111	The potential of *Paulownia fortunei* seedlings for the phytoremediation of manganese slag amended with spent mushroom compost	Ecotoxicology and Environmental Safety	2020-03	Mengying Zhang, Liangze Han
112	Comparison of the complete plastomes and the phylogenetic analysis of *Paulownia* species	Scientific Reports	2020-02	Pingping Li, Hongwei Wang
113	Time-coursed transcriptome analysis identifies key expressional regulation in growth cessation and dormancy induced by short days in *Paulownia*	Scientific Reports	2019-11	Jiayuan Wang, Xuewen Wang
114	Correction: Phytoplasma-induced changes in the acetylome and succinylome of *Paulownia tomentosa* provide evidence for involvement of acetylated proteins in witches' broom disease	Mol Cell Proteomics	2019-08	Yabing Cao, Zhibin Gu
115	Phytoplasma-induced changes in the acetylome and succinylome of *Paulownia tomentosa* provide evidence for involvement of acetylated proteins in witches' broom disease	Mol Cell Proteomics	2019-06	Yabing Cao, Zhibin Gu
116	The potential chemo preventive effect of ursolic acid isolated from *Paulownia tomentosa*, against *N*-diethylnitrosamine: initiated and promoted hepatocarcinogenesis	Heliyon	2019-06	Sanaa A Ali, Esraa A Refaat
117	*Paulownia C* -geranylated flavonoids: their structural variety, biological activity and application prospects	Phytochemistry Reviews	2019-06	Chun-Lei Cheng, Wen-Zhao Tang
118	In vitro propagation protocols and variable cost comparison in commercial production for *Paulownia tomentosa* × *Paulownia fortunei* hybrid as a renewable energy source	Applied Sciences	2019-06	Mariusz Pożoga, Lilianna Jabłońska
119	Low-input crops as lignocellulosic feedstock for second-generation biorefineries and the potential of chemometrics in biomass quality control	Applied Sciences	2019-05	Abla Alzagameem, Margit Schulze
120	Accumulation and subcellular distribution of heavy metal in *Paulownia fortunei* cultivated in lead-zinc slag amended with peat	International Journal of Phytoremediation	2019-05	Qianni Zhang, Liangze Han
121	Continuous hydrogen production by dark and photo co-fermentation using a tubular multi-cycle bio-reactor with *Paulownia* biomass	Cellulose	2019-05	Yi Wang, Nadeem Tahir

续表

	论文名称（英文）	刊名	日期	论文作者
122	The enhanced immunological activity of *Paulownia tomentosa* flower polysaccharide on Newcastle disease vaccine in chicken	Bioscience Reports	2019-05	Haifeng Yang, Chunmao Jiang
123	Genome-wide analysis of three histone marks and gene expression in *Paulownia fortunei* with phytoplasma infection	BMC Genomics	2019-03	Lijun Yan, Xiaoyu Li
124	Paulownia leaves as a new feed resource: Chemical composition and effects on growth, carcasses, digestibility, blood biochemistry, and intestinal bacterial populations of growing rabbits	Animals	2019-03	Adham A Al-Sagheer, Ayman A Swelum
125	Alcoholic extracts from *Paulownia tomentosa* leaves for silver nanoparticles synthesis	Results in Physics	2019-03	Yosari S. Pontaza-Licona, Hernandez-Martínez
126	Undescribed *C*-geranylflavonoids isolated from the fruit peel of *Paulownia catalpifolia* T. Gong ex D.Y. Hong with their protection on human umbilical vein endothelial cells injury induced by hydrogen peroxide	Phytochemistry	2019-02	Ying-Ai Wang, Yun-Xue Zhao
127	A polysaccharide found in *Paulownia fortunei* flowers can enhance cellular and humoral immunity in chickens	International Journal of Biological Macromolecules	2019-01	Qiuju Wang, Ruiliang Zhu
128	A comparison of the transcriptomes between diploid and autotetraploid *Paulownia fortunei* under salt stress	Physiol Mol Biol Plants	2019-01	Zhe Wang, Heping Cao
129	ceRNA cross-talk in paulownia witches' broom disease	International Journal of Molecular Sciences	2018-08	Guoqiang Fan
130	Genome-wide identification and profiling of microRNAs in *Paulownia tomentosa* cambial tissues in response to seasonal changes	Gene	2018-07	Zongbo Qiu, Liang Zhang
131	A comparison of the transcriptomes between diploid and autotetraploid *Paulownia fortunei* under salt stress	Physiology and Molecular Biology of Plants	2018-07	Zhe Wang, Guoqiang Fan
132	Transcriptome and small RNA sequencing analysis revealed roles of PaWB-related miRNAs and genes in *Paulownia fortunei*	Forests	2018-07	Bingbing Li, Guoqiang Fan
133	Comparative transcriptomics analysis of phytohormone-related genes and alternative splicing events related to witches' broom in *Paulownia*	Forests	2018-06	Yanpeng Dong, Guoqiang Fan
134	Comparative analysis of microrna expression in three *Paulownia* species with phytoplasma infection	Forests	2018-05	Xibing Cao, Guoqiang Fan
135	Identification and characterization of long noncoding RNA in *Paulownia tomentosa* treated with methyl methane sulfonate	Physiol Mol Biol Plants	2018-05	Zhe Wang, Guoqiang Fan
136	Soil bacterial community responses to long-term fertilizer treatments in *Paulownia plantations* in subtropical China	Applied Soil Ecology	2018-03	Jia Tu, Lichao Wu
137	Regulation of long noncoding RNAs responsive to phytoplasma infection in *Paulownia tomentosa*	International Journal of Genomics	2018-02	Guoqiang Fan
138	Genome-wide analysis of gene and microRNA Expression in diploid and autotetraploid *Paulownia fortunei* (Seem) Hemsl. under drought stress by transcriptome, microRNA, and degradome sequencing	Forests	2018-02	Zhenli Zhao, Guoqiang Fan
139	Identification and characterization of long noncoding RNA in *Paulownia tomentosa* treated with methyl methane sulfonate	Physiology and Molecular Biology of Plants	2018-02	Zhe Wang, Guoqiang Fan
140	combined Analysis of mRNAs and miRNAs to identify genes related to biological characteristics of autotetraploid *Paulownia*	Forests	2017-12	Xibing Cao, Guoqiang Fan
141	The effect of hot water pretreatment on the heavy metal adsorption capacity of acid insoluble lignin from *Paulownia elongata*	Journal of Chemical Technology and Biotechnology	2017-11	Hanchi Chen, Shijie Liu
142	CJK-7, a novel flavonoid from *Paulownia tomentosa* triggers cell death cascades in HCT-116 human colon carcinoma cells via Redox signaling	Anti-Cancer Agents in Medicinal Chemistry	2017-10	Mahendra Pal Singh, Sun Chul Kang
143	Genome-wide expression analysis of salt-stressed diploid and autotetraploid *Paulownia tomentosa*	PLoS One	2017-10	Zhenli Zhao, Guoqiang Fan
144	Potential anti-inflammatory effects of the fruits of *Paulownia tomentosa*	Journal of Natural Products	2017-10	Hyung Won Ryu, Sei-Ryang Oh

续表

	论文名称（英文）	刊名	日期	论文作者
145	Genome-wide expression analysis of salt-stressed diploid and autotetraploid *Paulownia tomentosa*	PLoS One	2017-10	Zhenli Zhao, Guoqiang Fan
146	Inhibition of protein tyrosine phosphatase (PTP1B) and α-glucosidase by geranylated flavonoids from *Paulownia tomentosa*	Journal of Enzyme inhibition and Medicinal Chemistry	2017-09	Yeong Hun Song, Ki Hun Park
147	Long non-coding RNAs responsive to witches' broom disease in *Paulownia tomentosa*	Forests	2017-09	Zhe Wang, Guoqiang Fan
148	Comparative proteomic analysis of *Paulownia fortunei* response to phytoplasma infection with dimethyl sulfate treatment	International Journal of Genomics	2017-09	Zhen Wei, Guoqiang Fan
149	Agro-forestry management of *Paulownia plantations* and their impact on soil biological quality: The effects of fertilization and irrigation treatments	Applied Soil Ecology	2017-09	José L. Moreno, Francisco R. López-Serrano
150	Flavonoid-rich extract of *Paulownia fortunei* flowers attenuates diet-induced hyperlipidemia, hepatic steatosis and insulin resistance in obesity mice by AMPK pathway	Nutrients	2017-08	Chanmin Liu, Wei Yang
151	Anti-inflammatory effect of stem bark of *Paulownia tomentosa* Steud. in lipopolysaccharide (LPS)-stimulated RAW264.7 macrophages and LPS-induced murine model of acute lung injury	Journal of Ethnopharmacology	2017-08	Jae-Won Lee, Sei-Ryang Oh
152	First report of leaf spot caused by *Corynespora cassiicola* on *Paulownia coreana* in Korea	Plant Disease	2017-08	H. Lee, H. D. Shin
153	Dissecting the proteome dynamics of the salt stress induced changes in the leaf of diploid and autotetraploid *Paulownia fortunei*	PLoS One	2017-07	Minjie Deng, Guoqiang Fan
154	Comparative proteomic analysis of autotetraploid and diploid *Paulownia tomentosa* reveals proteins associated with superior photosynthetic characteristics and stress adaptability in autotetraploid *Paulownia*	Physiol Mol Biol Plants	2017-07	Lijun Yan, Yongsheng Li
155	Activity of catalase enzyme in *Paulownia tomentosa* seeds during the process of germination after treatments with low pressure plasma and plasma activated water	Plasma Processes and Polymers	2017-07	Nevena Puač, Petrović
156	Quantitative proteome-level analysis of paulownia witches' broom disease with methyl methane sulfonate assistance reveals diverse metabolic changes during the infection and recovery processes	PeerJ	2017-07	Zhe Wang, Yabing Cao
157	Discovery of microRNAs and their target genes related to drought in *Paulownia* "Yuza 1" by high-throughput sequencing	International Journal of Genomics	2017-06	Minjie Deng, Guoqiang Fan
158	Identification of *C*-geranylated flavonoids from *Paulownia catalpifolia* Gong Tong fruits by HPLC-DAD-ESI-MS/MS and their anti-aging effects on 2BS cells induced by H_2O_2	Chinese Journal of Natural Medicines	2017-06	Wen-Zhao Tang, Yun-Xue Zhao
159	Comparative proteomic analysis of autotetraploid and diploid *Paulownia tomentosa* reveals proteins associated with superior photosynthetic characteristics and stress adaptability in autotetraploid *Paulownia*	Physiology and Molecular Biology of Plants	2017-05	Lijun Yan, Yongsheng Li
160	Proteome profiling of *Paulownia* seedlings infected with phytoplasma	Front Plant Sci	2017-05	Xibing Cao, Wenshan Liu
161	Implications of polyploidy events on the phenotype, microstructure, and proteome of *Paulownia australis*	PLoS One	2017-05	Zhe Wang, Yabing Cao
162	Genome of paulownia (*Paulownia fortunei*) illuminates the related transcripts, miRNA and proteins for salt resistance	Scientific Reports	2017-04	Guoqiang Fan
163	Proteome profiling of *Paulownia* seedlings infected with phytoplasma	Frontiers in Plant Science	2017-03	Xibing Cao, Guoqiang Fan
164	RNA-seq analysis of the salt stress-induced transcripts in fast-growing bioenergy tree, *Paulownia elongata*	Journal of Plant Interactions	2017-03	Michel Chaires, Chhandak Basu
165	Implications of polyploidy events on the phenotype, microstructure, and proteome of *Paulownia australis*	PLoS One	2017-03	Zhe Wang, Guoqiang Fan
166	Stereoselective synthesis of the *Paulownia* bagworm sex pheromone	Chinese Chemical Letters	2017-03	Zhi-Feng Sun, Zhen-Ting Du

续表

	论文名称（英文）	刊名	日期	论文作者
167	Drought stress-induced changes of microRNAs in diploid and autotetraploid *Paulownia tomentosa*	Genes Genomics	2017-01	Xibing Cao, Yuanlong Wang
168	Chemical and physical properties of *Paulownia elongata* biochar modified with oxidants for horticultural applications	Industrial Crops and Products	2016-12	Steven F. Vaughn, Steven C. Peterson
169	Evaluation of strategies for second generation bioethanol production from fast growing biomass *Paulownia* within a biorefinery scheme	Applied Energy	2016-12	Elena Domínguez, Gil Garrote
170	Synergistic effect on thermal behavior and char morphology analysis during co-pyrolysis of paulownia wood blended with different plastics waste	Applied Thermal Engineering	2016-09	Lin Chen, Jun Zhao
171	Identification of microRNAs and their targets in *Paulownia fortunei* plants free from phytoplasma pathogen after methyl methane sulfonate treatment	Biochimie	2016-08	Guoqiang Fan, Lu Yang
172	Quantitative proteomic and transcriptomic study on autotetraploid *Paulownia* and its diploid parent reveal key metabolic processes associated with *Paulownia* autotetraploidization	Frontiers in Plant Science	2016-07	Yanpeng Dong, Guoqiang Fan
173	Transcriptome and degradome of microRNAs and their targets in response to drought stress in the plants of a diploid and its autotetraploid *Paulownia australis*	PLoS One	2016-07	Suyan Niu, Guoqiang Fan
174	Identification of microRNAs and their targets in *Paulownia fortunei* plants free from phytoplasma pathogen after methyl methane sulfonate treatment	Biochimie	2016-06	Guoqiang Fan
175	Soil quality assessment under different *Paulownia fortunei* plantations in mid-subtropical China	Journal of Soils and Sediments	2016-06	Jia Tu, Lichao Wu
176	Carbonization of reaction wood from *Paulownia tomentosa* and *Pinus densiflora* branch woods	Wood Science and Technology	2016-05	Yue Qi, Nam-Hun Kim
177	Changes in transcript related to osmosis and intracellular Ion homeostasis in *Paulownia tomentosa* under salt stress	Front Plant Sci	2016-05	Guoqiang Fan, , Yongsheng Li
178	Physico-chemical pretreatment technologies of bioconversion efficiency of *Paulownia tomentosa* (Thunb.) Steud	Industrial Crops and Products	2016-04	Xiaokun Ye, Yongyou Hu
179	Adsorption of Ag^{+} ions on hydrolyzed lignocellulosic materials based on willow, paulownia, wheat straw and maize stalks	International Journal of Environmental Science and Technology	2016-04	S. Vassileva, D. R. Mehandjiev
180	Comparative analysis and identification of miRNAs and their target genes responsive to salt stress in diploid and tetraploid *Paulownia fortunei* seedlings	PLoS One	2016-02	Guoqiang Fan
181	Effects of salinity on the photosynthetic apparatus of two *Paulownia* lines	Plant Physiology and Biochemistry	2016-02	Martin Stefanov, Emilia L Apostolova
182	Discovery of microRNAs and transcript targets related to witches' broom disease in *Paulownia fortunei* by high-throughput sequencing and degradome approach	Mol Genet Genomics	2016-2	Suyan Niu, Lin Cao
183	Purification and concentration of paulownia hot water wood extracts with nanofiltration	Separation and Purification Technology	2015-12	Yipeng Xie, Shijie Liu
184	Transcriptome, microRNA, and degradome analyses of the gene expression of *Paulownia* with phytoplamsa	BMC Genomics	2015-11	Guoqiang Fan
185	Effects of fungal exposure on air and liquid permeability of nanosilver- and nanozincoxide-impregnated *Paulownia* wood	International Biodeterioration & Biodegradation	2015-11	Hamid R, Maliheh Akhtari
186	Plant-pathogen interaction-related microRNAs and their targets provide indicators of phytoplasma infection in *Paulownia tomentosa* × *Paulownia fortunei*	PLoS One	2015-10	Guoqiang Fan
187	Improving sustainability in the remediation of contaminated soils by the use of compost and energy valorization by *Paulownia fortunei*	Science of the Total Environment	2015-09	Paula Madejón, Engracia Madejón
188	Discovery of microRNAs and transcript targets related to witches' broom disease in *Paulownia fortunei* by high-throughput sequencing and degradome approach	Molecular Genetics and Genomics	2015-08	Suyan Niu, Lin Cao

续表

	论文名称（英文）	刊名	日期	论文作者
189	Influence of plant growth regulator upon in vitro propagation of *Paulownia* sp.	Journal of Biotechnology	2015-08	Marcel Danci, Cerasela Petolescu
190	Kinetics study of enzymatic hydrolysis of *Paulownia* by dilute acid, alkali, and ultrasonic-assisted alkali pretreatments	Biotechnology and Bioprocess Engineering	2015-05	Xiao-kun Ye, Yuancai Chen
191	Preparation and characterization of activated carbons from *Paulownia* wood by chemical activation with H_3PO_4	Journal of the Taiwan Institute of Chemical Engineers	2015-03	Sait Yorgun, Derya Yıldız
192	Transcriptome analysis of the variations between autotetraploid *Paulownia tomentosa* and its diploid using high-throughput sequencing	Molecular Genetics and Genomics	2015-03	Guoqiang Fan
193	*C*-geranylated flavanones from *Paulownia tomentosa* fruits as potential anti-inflammatory compounds acting via inhibition of TNF-α production	Journal of Natural Products	2015-03	Zuzana Hanáková, Karel Šmejkal
194	Irrigation effects on diameter growth of 2-year-old *Paulownia tomentosa* saplings	Journal of Forestry Research	2015-01	Javad Eshaghi Rad, Seyed Rostam Mousavi Mirkala
195	Activated porous carbon prepared from paulownia flower for high performance supercapacitor electrodes	Electrochimica Acta	2015-01	Jiuli Chang, Kai Jiang
196	Plant-pathogen interaction, circadian rhythm, and hormone-related gene expression provide indicators of phytoplasma infection in *Paulownia fortunei*	International Journal of Molecular Sciences	2014-12	Guoqiang Fan
197	Plant-pathogen interaction, circadian rhythm, and hormone-related gene expression provide indicators of phytoplasma infection in *Paulownia fortunei*	International Journal of Molecular Sciences	2014-12	Guoqiang Fan
198	Morphological changes of *Paulownia* seedlings infected phytoplasmas reveal the genes associated with witches' broom through AFLP and MSAP	PLoS One	2014-11	Xibing Cao, Guoqiang Fan
199	Transcriptome-wide profiling and expression analysis of diploid and autotetraploid *Paulownia tomentosa* × *Paulownia fortunei* under drought stress	PLoS One	2014-11	Enkai Xu, Guoqiang Fan
200	Genome-wide expression profiling of the transcriptomes of four *Paulownia tomentosa* accessions in response to drought	Genomics	2014-09	Yanpeng Dong, Guoqiang Fan
201	Phytochemical profile of *Paulownia tomentosa* (Thunb). Steud.	Phytochemistry Reviews	2014-08	Kristýna Schneiderová, Karel Šmejkal
202	Identification of genes related to paulownia witches' broom by AFLP and MSAP	International Journal of Molecular Sciences	2014-08	Xibing Cao, Guoqiang Fan
203	Quality of trace element contaminated soils amended with compost under fast growing tree *Paulownia fortunei* plantation	Journal of Environmental Management	2014-08	P Madejón, E Madejón
204	Activated carbon produced from paulownia sawdust for high-performance CO_2 sorbents	Chinese Chemical Letters	2014-06	Xiao-Li Zhu, Xing-Bin Yan
205	Tree barks as a natural trap for airborne spores and pollen grains from China	Science Bulletin	2014-04	Xiaoyan Song, Chengsen Li
206	Compression strength of hollow sandwich columns with GFRP skins and a paulownia wood core	Composites Part B: Engineering	2014-04	Lu Wang, David Hui
207	Differential transcriptome analysis between *Paulownia fortunei* and its synthesized autopolyploid	International Journal of Molecular Sciences	2014-03	Xiaoshen Zhang, Guoqiang Fan
208	Transcriptome expression profiling in response to drought stress in *Paulownia australis*	International Journal of Molecular Sciences	2014-03	Yanpeng Dong, Guoqiang Fan
209	Activated carbon produced from paulownia sawdust for high-performance CO_2 sorbents	Chinese Chemical Letters	2014	Xiao-Li Zhu, Xing-Bin Yan
210	Microtube bundle carbon derived from *Paulownia sawdust* for hybrid supercapacitor electrodes	ACS Applied Materials & Interfaces	2013-05	Xiangrong Liu, Honggang Fu
ˈ1	Inhibitory effect and mechanism of antiproliferation of isoatriplicolide tiglate (PCAC) from *Paulownia coreana*	Molecules	2013-02	Christophe Wiart
	ˑt of thermal modification by hot pressing on performance properties of paulownia wood boards	Industrial Crops and Products	2013-02	Zeki Candan, Oner Unsal
	.d mechanical properties of extruded poly(lactic .)-based *Paulownia elongata* biocomposites	Industrial Crops and Products	2012-11	Brent Tisserat, Victoria L. Finkenstadt

续表

	论文名称（英文）	刊名	日期	论文作者
214	Ultramorphological and physiological modifications induced by high zinc levels in *Paulownia tomentosa*	Environmental and Experimental Botany	2012-09	Elisa Azzarello, Stefano Mancuso
215	Fast growing biomass as reinforcing filler in thermoplastic composites: *Paulownia elongata* wood	Industrial Crops and Products	2012-08	Nadir Ayrilmis, Alperen Kaymakci
216	Improving some of applied properties of oriented strand board (OSB) made from underutilized low quality paulownia (*Paulownia fortunie*) wood employing nano-SiO_2	Industrial Crops and Products	2012-06	Ayoub Salari, Ahmadreza Saraeian
217	Inhibitory effect and mechanism on antiproliferation of isoatriplicolide tiglate (PCAC) from *Paulownia coreana*	Molecules	2012-05	Samil Jung, Myeong-Sok Lee
218	Microbial activity in soils under fast-growing Paulownia (*Paulownia elongata* × *fortunei*) plantations in Mediterranean areas	Applied Soil Ecology	2011-11	Manuel Esteban Lucas-Borja, Manuela Andrés-Abellán
219	Analysis of liquid and solid products from liquefaction of paulownia in hot-compressed water	Energy Conversion and Management	2011-02	Peiqin Sun, Junwu Chen
220	Direct liquefaction of paulownia in hot compressed water: Influence of catalysts	Energy	2010-12	Peiqin Sun, Junwu Chen
221	Neural fuzzy model applied to autohydrolysis of *Paulownia* trihybrid	Journal of the Taiwan Institute of Chemical Engineers	2010-11	Minerva A. M. Zamudio, Ascensión Alfaro
222	Neuroprotective effects of a sesquiterpene lactone and flavanones from *Paulownia tomentosa* Steud. against glutamate-induced neurotoxicity in primary cultured rat cortical cells	Phytotherapy Research	2010-11	Soo-Ki Kim, Hyung-In Moon
223	Corrigendum to "Equilibrium, kinetic and thermodynamic studies of Acid Orange 52 dye biosorption by *Paulownia tomentosa* Steud. leaf powder as a low-cost natural biosorbent" [Bioresour. Technol. 101 (2010) 5137–5143]	Bioresource Technology	2010-10	Fatih Deniz, Saadet D. Saygideger
224	Antiradical and cytoprotective activities of several *C*-geranyl-substituted flavanones from *Paulownia tomentosa* fruit	Molecules	2010-08	Ales Zima, Milan Zemlicka
225	Influence of the application renewal of glutamate and tartrate on Cd, Cu, Pb and Zn distribution between contaminated soil and *Paulownia tomentosa* in a pilot-scale assisted phytoremediation study	International Journal of Phytoremediation	2010-08	S. Doumett, M. Del Bubba
226	Equilibrium, kinetic and thermodynamic studies of acid Orange 52 dye biosorption by *Paulownia tomentosa* Steud. leaf powder as a low-cost natural biosorbent	Bioresource Technology	2010-03	Fatih Deniz, Saadet D. Saygideger
227	A furanquinone from *Paulownia tomentosastem* for a new cathepsin K inhibitor	Phytotherapy Research	2010-03	Youmie Park, Heeyeong Cho
228	Isolation and structural characterization of the milled-wood lignin from *Paulownia fortunei* wood	Industrial Crops and Products	2009-04	Jorge Rencoret, José C. del Río
229	Preparation of high-surface area activated carbons from *Paulownia* wood by $ZnCl_2$ activation	Microporous and Mesoporous Materials	2009-03	Sait Yorgun, Hakan Demiral
230	Some physical properties of heat-treated paulownia (*Paulownia elongata*) wood	Drying Technology	2009-01	Bulent Kaygin, Deniz Aydemir
231	The distribution and phytoavailability of heavy metal fractions in rhizosphere soils of *Paulowniu fortunei* (seem) Hems near a Pb/Zn smelter in Guangdong, PR China	Geoderma	2009-01	J. Wang, Z. X. Jin
232	Characteristics of wood-polymer composite for journal bearing materials	Composite Structures	2008-11	Seong Su Kim, Dai Gil Lee
233	Thidiazuron-induced high-frequency plant regeneration from leaf explants of *Paulownia tomentosa* mature trees	Plant Cell, Tissue and Organ Culture	2008-08	E. Corredoira, A. M. Vieitez
234	Heavy metal distribution between contaminated soil and *Paulownia tomentosa*, in a pilot-scale assisted phytoremediation study: influence of different complexing agents	Chemosphere	2008-06	S Doumett, M Del Bubba
235	Antibacterial *C*-geranylflavonoids from *Paulownia tomentosa* fruits	Journal of Natural Products	2008-04	Karel Šmejkal, Margita Dvorská
236	Anti-herbivore structures of *Paulownia tomentosa*: Morphology, distribution, chemical constituents and changes during shoot and leaf development	Annals of Botany	2008-03	Sawa Kobayashi, Shiro Kohshima

续表

	论文名称（英文）	刊名	日期	论文作者
237	Geranylated flavanones from the secretion on the surface of the immature fruits of *Paulownia tomentosa*	Phytochemistry	2008-03	Teigo Asai, Yoshinori Fujimoto
238	Structural characterization of the acetylated heteroxylan from the natural hybrid *Paulownia elongata/Paulownia fortunei*	Carbohydrate Research	2008-02	Virgínia M. F. Gonçalves, M. Rosário M. Domingues
239	Antiradical activity of *Paulownia tomentosa* (Scrophulariaceae) extracts	Molecules	2007-09	Karel Smejkal, Margita Dvorska
240	A first report of *Paulownia elongata* as a host of Meloidogyne spp. in Florida	Plant Disease	2007-09	R. Kaur, D. W. Dickson
241	*C*-geranyl compounds from *Paulownia tomentosa* fruits	Journal of Natural Products	2007-08	Karel Šmejkal, Václav Suchý
242	The involvement of nitric oxide in ultraviolet-B-inhibited pollen germination and tube growth of *Paulownia tomentosa* in vitro	Physiologia Plantarum	2007-07	Jun-Min He, Xiao-Ping She
243	Flame retardancy of paulownia wood and its mechanism	Journal of Materials Science	2007-06	Peng Li, Juhachi Oda
244	Antiradical activity of *Paulownia tomentosa* (Scrophulariaceae) extracts	Molecules	2007-06	Karel Smejkal, Margita Dvorska
245	New perspectives for *Paulownia fortunei* L. valorisation of the autohydrolysis and pulping processes	Bioresource Technology	2007-03	S. Caparrós, L. Jiménez
246	First report of witches'-broom disease in a *Cannabis* spp. in China and its association with a phytoplasma of elm yellows group (16SrV)	Plant Disease	2007-02	Y. Zhao, Q. Liu
247	Optimization of *Paulownia fortunei* L. autohydrolysis—organosolv pulping as a source of xylooligomers and cellulose pulp	Industrial & Engineering Chemistry Research	2006-12	S. Caparrós, M. J. Díaz
248	Structure and function of microbial communities during the early stages of revegetation of barren soils in the vicinity of a Pb/Zn smelter	Geoderma	2006-12	Chongbang Zhang, Chongyu Lan
249	The involvement of hydrogen peroxide in UV-B-inhibited pollen germination and tube growth of *Paeonia suffruticosa* and *Paulownia tomentosa* in vitro	Plant Growth Regulation	2006-09	Jun-Min He, Chen Huang
250	Lead and cadmium in leaves of deciduous trees in Beijing, China: development of a metal accumulation index (MAI)	Environmental Pollution	2006-06	Yan-Ju Liu, Hui Ding
251	Transgenic *Paulownia* expressing shiva-1 gene has increased resistance to Paulownia witches' broom disease	Journal of Integrative Plant Biology	2005-12	Tao Du, Mu-Lan Lin
252	The effect of magnetic field on *Paulownia* tissue cultures	Plant Cell, Tissue and Organ Culture	2005-10	Orkun Yaycili, Sema Alikamanoglu
253	Gibberellic acid nitrite stimulates germination of two species of light-requiring seeds via the nitric oxide pathway	Annals of the New York Academy of Sciences	2005-06	Vladan Jovanović, Radomir Konjević
254	Indirect somatic embryogenesis and plant regeneration from leaf and internode explants of *Paulownia elongata*	Plant Cell, Tissue and Organ Culture	2004-12	Zeliha Ipekci, Nermin Gozukirmizi
255	Carbonic anhydrase activity and photosynthetic rate in the tree species *Paulownia tomentosa* Steud. effect of dimethylsulfoxide treatment and zinc accumulation in leaves	Journal of Plant Physiology	2004-01	Galia N Lazova, Katya Velinova
256	Direct somatic embryogenesis and synthetic seed production from *Paulownia elongata*	Plant Cell Reports	2003-06	Z Ipekci, N Gozukirmizi
257	Five years of *Paulownia* field trials in North Carolina	New forests	2003-05	Ben A. Bergmann
258	PkMADS1 is a novel MADS box gene regulating adventitious shoot induction and vegetative shoot development in *Paulownia kawakamii*	The Plant Journal	2002-02	A Pavan Prakash, Prakash P Kumar
259	Callus induction from leaves of different paulownia species and its plantlet regeneration	Journal of Forestry Research	2001-12	Fan Guo-qiang, Bi Hui-tao
260	A differentially expressed bZIP gene is associated with adventitious shoot regeneration in leaf cultures of *Paulownia kawakamii*	Plant Cell Reports	2001-11	R. K. Low, P. P. Kumar

续表

	论文名称（英文）	刊名	日期	论文作者
261	Protein diversity of *Paulownia* plant leaves and clusters	Journal of Forestry Research	2001-03	Zhai Xiao-giao, Fan Guo-qiang
262	High frequency plant regeneration from nodal explants of *Paulownia elongata*	Plant Biology	2001-03	Z. Ipekci, N. Gozukirmizi
263	Seed bank formation during early secondary succession in a temperate deciduous forest	Journal of Ecology	2000-06	Laura A. Hyatt, Brenda B. Casper

附表七 泡 桐 著 作

序号	著作名称	国家	书号	出版年份	出版社	主编
1	桐谱	中国		1981 年版校注本	中国农业出版社	陈翥
2	泡桐	中国	1603150	1978	科学出版社	河南省《泡桐》编写组
3	泡桐河南速生树种栽培技术	中国	161056	1974	河南人民出版社	河南农学院园林系
4	泡桐栽培	中国	1630456	1984	湖北科学技术出版社	何传宪
5	泡桐栽培	中国	16200.34	1986	安徽科学技术出版社	张泽当
6	泡桐栽培学	中国	ISBN 7-5038-0560-9	1990	中国林业出版社	蒋建平
7	四倍体泡桐	中国	ISBN 978-7-5542-0583-9	2013	中原出版传媒集团	范国强
8	中国泡桐属种植资源图谱	中国	ISBN 978-7-5038-7067-5	2013	中国林业出版社	李芳东 乔杰
9	泡桐丛枝病发生机理	中国	ISBN 978-7-5542-1154-0	2015	中原农民出版社	范国强 翟晓巧
10	泡桐研究与全树利用	中国	ISBN978-7-5680-2084-8	2016	华中科技大学出版社	常德龙 胡建华 张云岭
11	泡桐科植物种质资源志	中国	ISBN978-7-5509-2329-4	2019	黄河水利出版社	范永明
12	泡桐丛枝病研究进展	中国	ISBN978-7-5509-2284-6	2019	黄河水利出版社	翟晓巧 范国强
13	泡桐丛枝病发生的表现遗传学	中国	ISBN978-7-03-073264-4	2022	科学出版社	范国强
14	现代泡桐遗传育种学	中国	ISBN978-7-03-076649-6	2023	科学出版社	范国强

附表八 泡桐获奖成果

序号	获奖名称	获奖类别	获奖等级	获奖时间（年）	颁发部门	第一获奖单位	第一完成人
1	泡桐属基因库的营建与基因资源的研究利用	国家科学技术进步奖	三等奖	1990	国务院	河南农业大学	蒋建平
2	泡桐新品种豫杂一号的选育	国家技术发明奖	三等奖	1991	国务院	河南农业大学	蒋建平
3	泡桐丛枝病发生机理及防治研究	国家科学技术进步奖	二等奖	2010	国务院	河南农业大学	范国强
4	四倍体泡桐种质创制与新品种培育	国家科学技术进步奖	二等奖	2015	国务院	河南农业大学	范国强
5	速生抗病泡桐良种选育及产业升级关键技术	国家科学技术进步奖	二等奖	2024	国务院	河南农业大学	范国强
6	豫杂一号、豫选一号泡桐的选育	林业部科学技术进步奖	三等奖	1982	林业部	河南农业大学	蒋建平
7	泡桐种质资源研究	林业部科学技术进步奖	三等奖	1984	林业部	河南农业大学	蒋建平
8	黄淮海平原中低产地区泡桐速生丰产综合配套技术研究	林业部科学技术进步奖	三等奖	1986	林业部	河南农业大学	蒋建平
9	泡桐壮苗培育成套技术研究	林业部科学技术进步奖	三等奖	1986	林业部	河南农业大学	蒋建平
10	泡桐速生抗病品种选育	林业部科学技术进步奖	三等奖	1988	林业部	河南农业大学	蒋建平
11	泡桐良种选育与丰产栽培研究	河南省重大科学技术成果奖	二等奖	1978	河南省人民政府	河南农业大学	蒋建平
12	泡桐新品种——豫杂一号	河南省重大科学技术成果奖	三等奖	1980	河南省人民政府	河南农业大学	蒋建平
13	泡桐新品种——豫选一号	河南省重大科学技术成果奖	三等奖	1981	河南省人民政府	河南农业大学	蒋建平
14	泡桐种质资源研究	河南省重大科学技术成果奖	三等奖	1982	河南省人民政府	河南农业大学	蒋建平
15	泡桐速生丰产综合技术研究	河南省重大科学技术成果奖	三等奖	1983	河南省人民政府	河南农业大学	蒋建平
16	不同农桐间作类型经济效益研究	河南省科学技术进步奖	三等奖	1986	河南省人民政府	河南农业大学	蒋建平
17	白花泡桐引种与选择	河南省科学技术进步奖	三等奖	1986	河南省人民政府	河南农业大学	蒋建平
18	农桐间作生态系统物质循环和生物量的研究	河南省科学技术进步奖	三等奖	1992	河南省人民政府	河南农业大学	蒋建平
19	泡桐丛枝病病原检测及应用技术研究	河南省科学技术进步奖	二等奖	1997	河南省人民政府	河南农业大学	蒋建平
20	泡桐栽培学	河南省科学技术进步奖	二等奖	1998	河南省人民政府	河南农业大学	蒋建平
21	泡桐无丛枝病病原菌检测苗的繁育造林及高干定向培育研究	河南省科学技术进步奖	二等奖	2002	河南省人民政府	河南农业大学	范国强
22	泡桐体外植株高效再生系统建立及应用技术研究	河南省科学技术进步奖	二等奖	2003	河南省人民政府	河南农业大学	范国强
23	泡桐丛枝病发生机理及防治研究	河南省科学技术进步奖	一等奖	2009	河南省人民政府	河南农业大学	范国强
24	四倍体泡桐创制及推广应用	河南省科学技术进步奖	一等奖	2011	河南省人民政府	河南农业大学	范国强

续表

序号	获奖名称	获奖类别	获奖等级	获奖时间（年）	颁发部门	第一获奖单位	第一完成人
25	四倍体泡桐特性及栽培技术	河南省科学技术进步奖	二等奖	2012	河南省人民政府	河南农业大学	范国强
26	四倍体泡桐新品种培育及其优良特性的分子机理	河南省科学技术进步奖	一等奖	2014	河南省人民政府	河南农业大学	范国强
27	泡桐丛枝病发生的组学研究及其应用	河南省科学技术进步奖	一等奖	2017	河南省人民政府	河南农业大学	范国强
28	泡桐丛枝病发生的表观遗传学研究及其应用	河南省科学技术进步奖	一等奖	2020	河南省人民政府	河南农业大学	范国强
29	泡桐新品种培育与产业提升关键技术	河南省科学技术进步奖	一等奖	2022	河南省人民政府	河南农业大学	范国强